执业资格考试丛书

注册岩土工程师专业案例
考点精讲·解题流程·历年真题

（上册）

李东坡 李东胜 尹 磊 杨 博 编著

中国建筑工业出版社

图书在版编目（CIP）数据

注册岩土工程师专业案例考点精讲·解题流程·历年真题：上、下册/李东坡等编著. —北京：中国建筑工业出版社，2020.5（2021.3重印）
（执业资格考试丛书）
ISBN 978-7-112-25105-6

Ⅰ.①注… Ⅱ.①李… Ⅲ.①岩土工程-资格考试-题解 Ⅳ.①TU4-44

中国版本图书馆CIP数据核字（2020）第077349号

本书依据"考试大纲"规定的考试要求，通过对历年案例真题、规范条文的潜心研究和总结，按照考试指定的最新规范进行编写。本书内容主要分为以下专题：1 土力学专题；2 构造地质学专题；3 岩土勘察专题；4 土工试验及工程岩体试验专题；5 荷载与岩设方法专题；6 地基基础专题；7 桩基础专题；8 地基处理专题；9 边坡工程专题；10 基坑工程专题；11 抗震工程专题；12 特殊性岩土专题；13 不良地质专题；14 公路工程专题；15 铁路工程专题；16 水利水电水运工程专题；17 其他规范专题。本书历年案例几乎全覆盖，独创总结的表格式"解题思维流程"和各种知识点附图更是"如虎添翼"；上册知识点详解，犹如"速查手册"；下册配套真题详解，便于考生一边查阅知识点，一边练习，最大化地帮助考生深刻全面地掌握知识点，程序化快速高效解题，并且配套有视频教程、作业练习、讨论答疑等众多服务。

本书可供参加注册岩土工程师专业考试的考生全面备考使用，亦可作为土木建筑界从业人员、高等院校师生参考资料。

责任编辑：刘瑞霞
责任校对：姜小莲

执业资格考试丛书
注册岩土工程师专业案例考点精讲·解题流程·历年真题
李东坡 李东胜 尹 磊 杨 博 编著
*
中国建筑工业出版社出版、发行（北京海淀三里河路9号）
各地新华书店、建筑书店经销
北京红光制版公司制版
北京建筑工业印刷厂印刷
*

开本：787×1092毫米 1/16 印张：82 字数：2036千字
2020年7月第一版 2021年3月第二次印刷
定价：**238.00**元（上、下册）（含数字资源）
ISBN 978-7-112-25105-6
(37189)

版权所有 翻印必究
如有印装质量问题，可寄本社退换
（邮政编码 100037）

前　言

自 2002 年起，我国开始进行注册土木工程师（岩土）职业考试（以下简称注册岩土考试），并从 2012 年起正式实施注册土木工程师（岩土）执业签字签章制度，使得此证书含金量极高，但注册岩土专业考试通过率极低已被考生众所周知。特别是从 2018 年开始，虽然此年考试真题和历年真题既一脉相承又稳中有变，核心考点仍然是考查的重点，但专业案例考试由 30 题选做变为 25 题必做，考试范围、难度进一步加大，出题组恨不得每道题都考两三个知识点，恨不得每道题把所考查的知识点所有的"坑"都填满。

那么对 2019 年注册岩土考试专业案例真题整体分析，会发现如下特点：

① 核心知识点仍然是一脉相承，虽然 2019 年案例题目设置新颖，但经过数据统计分析，可以看出，核心知识点仍然没有太大变化。核心知识点就是重点，不抓住此重点，复习就没有针对性；不抓住重点，考试更不可能通过。

② 题干设置新颖，很多题犹如"披着狼皮的羊""纸老虎"，题核常见，但是考查灵活运用，比如 2019C17 赤平面投影图，极偏的知识点，但是题核就是边坡稳定性平面滑动法；又比如 2019C22，问建筑与已有水池的最小防护距离，题核就是自重湿陷量计算，剩下的工作就是查表；再比如 2019D17，洞口仰坡坡角不宜大于下列哪个选项的数值，题核是隧道围岩等级计算，剩下的工作也是查表。

③ 计算量不再是问题，纵观 2019 年全部案例真题，计算量很大的题目已经占比很少，重点是思维量加大了，对基本概念、基本原理、基本计算公式，要求能够极其灵活地运用。以往是题目可能会做，但是算不完，现在已经变成了，只要读懂题，和题核结合起来，求解没问题，否则干着急，误以为题很难。这要求考试最好识记基本公式，理解基本原理，以做到灵活运用。现在一定要建立一个观点：把开卷考试当做闭卷！自己要思考闭卷的情况下，可以更多地做对哪些题！

④ 铁路工程和公路工程考查力度加大，2019 年铁路工程涉及的每一本规范都考了一道题，即铁路勘察、铁路桥涵、铁路支挡、铁路隧道、铁路不良地质；公路工程、公路路基和公路隧道各一道。所以，这要求更加全面地复习，每一本规范都不能轻易放弃。

那么，针对 2019 年真题的特点以及未来考查的趋势，新形势、新情况、新变化，考生尽早复习为上策，全面复习为上策，解题高效为上策。为了让大家尽早复习、合理复习、高效复习、精心编著了本书。

(1) 本书核心优势

优势一：深度学习基础，深刻理解原理

本书加强对土力学（及基础工程）基本理论和知识点的指导学习和灵活运用，为此编者特意添加了土力学专题，将土力学基本原理和基本公式与注册岩土案例紧密结合。最大化使得大家高效深入夯实土力学基本功！

优势二：紧扣历年真题，全面讲解考点

本书以知识点、规范条文及注岩真题为主轴。几乎涵括注册岩土专业考试100%的题型、知识点和2002~2019年全部案例真题。对知识点、规范条文的原理及联系深度讲解，深刻理解其本质，且进行了表格式解题思维流程总结，制作了真题分类表，可以很清晰地看出各知识点考查频率。对知识点、规范条文相关的注岩真题全部编录在一起，内容和题量都比较大，精准把握知识点如何考查，对每一道题的"前身今生"一目了然，可以理解知识点、规范条文的方方面面。对案例真题，按照解题思维流程，全部采用最新规范及《工程地质手册》（第五版），进行了极其详细的解析，这样就可以全面掌握知识点及解题思维流程。

优势三：立足解题本质，提炼解题流程

本书独创性地将案例真题所涉及的知识点、规范条文，全部总结成了"解题思维流程表格"，在理解的基础上可以达到程序化快速高效解题，在考场上事半功倍，最大化地提高解题速度，可以毫不客气地说，本书的实用性超乎想象。并且上册知识点详解，就犹如"速查手册"，下册配套真题详解，便于考生一边查阅知识点，一边练习。

优势四：作业直播录播，多种增值服务

加入我们学习群，以本书为基础，编者会带领考生学习、讨论和答疑，会有每日一练、专项练习、模拟练习等多种方式增强考生的学习效果。还会给考生增加补充学习资料和模拟题，指导和规范考生的答题书写格式，以求更加全面掌握知识点，更加熟练解题。

更重要的是，我们还配备了直播课程和录播课程，使得学习更高效，效果更明显，极大地提高了一次性就通过考试的概率。这些课程中的很多已经作为公开课的形式，免费以飨考生。

（2）学习本书重点注意事项

① 重点掌握各知识点"解题思维流程"，考生不要只看题"感觉上懂了"，一定要按照"解题思维流程"，实打实拿出考场的状态去解题，这样才能深刻理解知识点，提高解题速度。

② 本书对历年案例真题几乎全覆盖，对同一个知识点一定前后对比学习，了解知识点历年考查的变化，这样才能举一反三，有的放矢。

③ 可以结合我们视频课程，视频课程与本书完全配套，并且高于本书，可以更快地学习，结合视频三个月的时间就可以全面地进行完一轮复习。

④ 学习某小节知识点时，一定要翻看所标注的规范条文出处，本书是对规范条文的解题流程总结，结合规范理解能够更加深入和透彻。

（3）对本书真题解答的说明

为了使考生通俗易懂地理解每道真题，熟练掌握知识点的"解题思维流程"，本书对案例真题的解答完全依照解题思维流程，是从深刻理解知识点的角度去编写的，有详尽的文字说明和所用的公式表达式，真正做到了"一看就懂"。但考场上考生答题，按照考试规定的答题格式书写即可，没必要如此详尽，尽可能地提高解题速度。现举例说明，比如2017C7（详细解答在本书××页），考生考场上可按如下格式书写即可：

【解】$z/b = 1.5/2 = 0.5$；$E_{s1}/E_{s2} = 12/3 = 4$；查表 $\theta = (23° + 25°)/2 = 24°$

$p_c = 20 \times 1.5 = 30 \text{kPa}$；$p_z = \dfrac{2(160-30)}{2 + 2 \times 1.5 \tan 24°} = 77.9 \text{kPa}$；

$p_{cz} = 30 + (20-10) \times 1.5 = 45 \text{kPa}$

$\gamma_m = 45/3 = 15 \text{kN/m}^3$；

粉土，黏粒含量为大于10%，按软弱下卧层具体土性查表 $\eta_d = 1.5$；

$f_{az} = f_{ak} + \eta_d \gamma_m (d' - 0.5) = 70 + 1.5 \times 15 \times (3 - 0.5) = 126.25 \text{kPa}$；

最终验算 $p_z + p_{cz} = 77.9 + 45 = 122.9 \text{kPa} \leqslant f_a = 126.25 \text{kPa}$，软弱下卧层承载力满足要求。

(4) 对本书其他说明

① 本书中题号标注中"C"表示专业考试第二天的上午，"D"表示专业考试第二天的下午，如 2018C10，表示 2018 年专业考试第二天上午的案例第 10 题。

② 本书讲解内容中所有规范均采用最新规范，具体可见本书上册附件一。

(5) 联系本书编者

答疑解惑、索取本书电子版附加资料和练习、报名编者的视频学习全程班等诸多事宜，请联系我们，联系方式如下：

QQ 群	微信公众号	编者助教微信	视频公开课网页
685140975	申申土木	15300886561	shenshen.ke.qq.com

由于本书编者水平有限，难免存在错误和不妥之处，恳请广大考生和专家批评指正。

目　录

上　册

1　土力学专题 ··· 1
　1.1　土的物理性指标 ··· 2
　　1.1.1　土的颗粒特征 ··· 2
　　　1.1.1.1　基本概念 ··· 2
　　　1.1.1.2　颗粒分析试验 ·· 2
　　　1.1.1.3　颗粒分析试验成果应用 ·· 3
　　1.1.2　土的三相特征 ··· 4
　　1.1.3　土的物理特征 ··· 7
　　　1.1.3.1　无黏性土的密实度及相关试验 ·· 7
　　　1.1.3.2　粉土的密实度和湿度 ··· 8
　　　1.1.3.3　黏性土的稠度及相关试验 ··· 8
　　1.1.4　土的结构特征 ·· 10
　　　1.1.4.1　黏性土的活性指数 ·· 10
　　　1.1.4.2　黏性土的灵敏度 ··· 10
　　　1.1.4.3　黏性土的触变性 ··· 10
　　1.1.5　土的工程分类 ·· 10
　　1.1.6　土的压实性及相关试验 ··· 12
　　1.1.7　室内三相指标测试试验 ··· 13
　　　1.1.7.1　含水率试验 ··· 13
　　　1.1.7.2　密度试验 ·· 13
　　　1.1.7.3　土粒相对密度试验 ·· 14
　1.2　地下水 ·· 14
　　1.2.1　土中水的分类 ·· 14
　　1.2.2　土的渗流原理 ·· 16
　　　1.2.2.1　渗流中的总水头和水力坡降 ·· 16
　　　1.2.2.2　渗透系数简介 ··· 17
　　　1.2.2.3　达西渗透定律 ··· 17
　　　1.2.2.4　成层土的等效渗透系数 ·· 18
　　1.2.3　孔隙水压力计算 ·· 18
　　　1.2.3.1　无渗流情况下水压力计算 ··· 18

1.2.3.2　有渗流情况下水压力计算 ……………………………………… 20
　　　1.2.3.3　存在承压水情况下水压力计算 …………………………………… 21
　　　1.2.3.4　存在超静孔隙水压力的计算 ……………………………………… 21
　　　1.2.3.5　物体所受孔隙水压力与浮力的关系 ……………………………… 21
　1.2.4　二维渗流与流网 ……………………………………………………………… 21
　1.2.5　渗透力和渗透变形 …………………………………………………………… 22
　1.2.6　渗透系数测定 ………………………………………………………………… 23
　　　1.2.6.1　室内渗透试验 ……………………………………………………… 23
　　　1.2.6.2　现场抽水试验 ……………………………………………………… 24
　　　1.2.6.3　现场压水试验 ……………………………………………………… 26
　　　1.2.6.4　现场注水试验 ……………………………………………………… 28
　1.2.7　地下水流向流速测定 ………………………………………………………… 28
　1.2.8　地下水的矿化度 ……………………………………………………………… 29
1.3　土中应力 …………………………………………………………………………… 29
　1.3.1　有效应力原理 ………………………………………………………………… 29
　1.3.2　自重应力 ……………………………………………………………………… 30
　　　1.3.2.1　自重应力计算基本方法 …………………………………………… 30
　　　1.3.2.2　竖直稳定渗流下自重应力计算 …………………………………… 31
　　　1.3.2.3　有承压水情况下自重应力计算 …………………………………… 32
　　　1.3.2.4　水位升降时的土中自重应力变化 ………………………………… 32
　1.3.3　基底压力 ……………………………………………………………………… 32
　1.3.4　附加应力 ……………………………………………………………………… 35
　　　1.3.4.1　基底附加压力 ……………………………………………………… 35
　　　1.3.4.2　地基附加应力 ……………………………………………………… 35
1.4　固结试验及压缩性指标 …………………………………………………………… 37
　1.4.1　固结试验和压缩曲线 ………………………………………………………… 37
　1.4.2　压缩系数 ……………………………………………………………………… 38
　1.4.3　压缩指数 ……………………………………………………………………… 39
　1.4.4　压缩模量 ……………………………………………………………………… 39
　1.4.5　体积压缩系数 ………………………………………………………………… 39
　1.4.6　超固结比 ……………………………………………………………………… 40
　1.4.7　压缩模量、变形模量、弹性模量之间的区别和联系 ……………………… 40
　1.4.8　回弹曲线和再压缩曲线 ……………………………………………………… 41
　1.4.9　固结系数 ……………………………………………………………………… 42
1.5　地基最终沉降 ……………………………………………………………………… 43
　1.5.1　由降水引起的沉降 …………………………………………………………… 43
　1.5.2　给出附加应力曲线或系数 …………………………………………………… 44
　1.5.3　e-p 曲线固结模型法——堆载预压法 ……………………………………… 44
　1.5.4　e-$\lg p$ 曲线计算沉降 ……………………………………………………… 45

		1.5.5 规范公式法及计算压缩模量当量值	46
		1.5.6 回弹变形	52
	1.6	地基变形与时间的关系	53
		1.6.1 单面排水饱和土单向应力条件下的超孔隙水压力	53
		1.6.2 单面排水超孔隙水压力的消散规律	54
		1.6.2.1 基本假设（一维课题）	55
		1.6.2.2 微分方程的建立（竖向固结）	55
		1.6.2.3 微分方程的解析解	55
		1.6.2.4 工程中常用的"0"型解析解	57
		1.6.3 单面排水平均固结度	58
		1.6.4 双面排水平均固结度	60
		1.6.5 地基沉降与时间的关系	60
	1.7	土的抗剪强度	61
		1.7.1 土的抗剪强度机理	61
		1.7.2 极限平衡理论	62
		1.7.3 两向应力条件下的超孔隙水压力	64
		1.7.3.1 各向等压应力与孔压系数 B	65
		1.7.3.2 偏差压力与孔压系数 A	65
		1.7.4 土的抗剪强度试验	66
		1.7.4.1 直剪试验	66
		1.7.4.2 三轴试验	67
		1.7.4.3 无侧限抗压强度试验	69
		1.7.5 应力路径分析法	70
		1.7.5.1 应力路径的基本概念	70
		1.7.5.2 K_0、K_f 和 f 线的基本概念	70
		1.7.6 土的抗剪强度指标	73
		1.7.6.1 直剪试验指标	73
		1.7.6.2 三轴试验指标	73
		1.7.6.3 无侧限试验指标	78
	1.8	土压力计算基本理论	78
		1.8.1 朗肯土压力	80
		1.8.1.1 朗肯土压力理论基础	80
		1.8.1.2 朗肯主动土压力计算公式推导	80
		1.8.1.3 朗肯被动土压力计算公式推导	82
		1.8.1.4 墙后土体顶部作用着竖向有效压力	83
		1.8.1.5 无渗流时水压力的计算	84
		1.8.1.6 计算多层土总主动土压力	84
		1.8.1.7 水土分算或合算	84
		1.8.1.8 朗肯主动土压力整体思维流程	84

1.8.1.9　朗肯被动土压力整体思维流程 ·· 85
　1.8.2　有渗流等特殊情况朗肯主动土压力 ·· 86
　1.8.3　地震液化对朗肯主动土压力的影响 ·· 86
　1.8.4　库仑主动土压力 ·· 87
　1.8.5　楔体法主动土压力 ·· 91
　1.8.6　坦墙土压力计算 ·· 93
　　　1.8.6.1　坦墙的定义 ·· 93
　　　1.8.6.2　坦墙土压力计算方法 ··· 94
　1.8.7　墙背形状有变化 ·· 95
　　　1.8.7.1　折线形墙背 ·· 95
　　　1.8.7.2　墙背设置卸荷平台 ··· 95
　　　1.8.7.3　墙后滑动面受限 ··· 95

1.9　各规范对土压力的具体规定 ··· 96
　1.9.1　地基基础规范对土压力具体规定 ·· 96
　　　1.9.1.1　对重力式挡土墙土压力计算 ··· 96
　　　1.9.1.2　对基坑水压力和土压力的规定 ··· 96
　1.9.2　边坡工程规范对土压力具体规定 ·· 96
　　　1.9.2.1　一般情况下土压力 ··· 96
　　　1.9.2.2　对于重力式挡土墙土压力的计算 ··· 96
　　　1.9.2.3　当边坡的坡面倾斜、坡顶水平、无超载时水平土压力 ········· 97
　　　1.9.2.4　有限范围填土的主动土压力 ··· 98
　　　1.9.2.5　局部荷载引起的主动土压力 ··· 98
　　　1.9.2.6　坡顶地面非水平时的主动土压力 ··· 99
　　　1.9.2.7　二阶竖直边坡、坡顶水平且无超载作用 ······························· 100
　　　1.9.2.8　地震主动土压力 ··· 101
　　　1.9.2.9　坡顶有重要建筑物时的土压力修正 ······································· 101
　　　1.9.2.10　无外倾结构面的边坡侧向主动岩石压力 ····························· 102
　　　1.9.2.11　有外倾结构面的边坡侧向主动岩石压力 ····························· 103
　　　1.9.2.12　当边坡的坡面倾斜、坡顶水平、无超载时水平岩石压力 ·· 104
　　　1.9.2.13　地震主动岩石压力 ··· 105
　　　1.9.2.14　坡顶有重要建筑物时的岩石压力修正 ································· 105
　1.9.3　基坑工程规范对土压力具体规定 ·· 106
　　　1.9.3.1　一般情况下基坑主动土压力 ··· 106
　　　1.9.3.2　局部附加荷载作用下主动土压力 ··· 106
　　　1.9.3.3　支护结构顶低于地面，其上采用放坡或土钉墙 ··················· 106

1.10　边坡稳定性 ·· 107
　1.10.1　平面滑动法 ·· 108
　　　1.10.1.1　滑动面与坡脚面不同，无裂隙 ··· 108
　　　1.10.1.2　滑动面与坡脚面不同，有裂隙 ··· 110

            1.10.1.3 滑动面与坡脚面相同 ·· 111
        1.10.2 折线滑动法 ·· 114
            1.10.2.1 传递系数显式法边坡稳定系数及滑坡推力计算 ·············· 114
            1.10.2.2 传递系数隐式法边坡稳定系数及滑坡推力计算 ·············· 116
        1.10.3 圆弧滑动面法 ·· 118
            1.10.3.1 整体圆弧法 ·· 118
            1.10.3.2 瑞典条分法 ·· 119
            1.10.3.3 毕肖普条分法 ·· 120
            1.10.3.4 边坡规范条分法 ·· 122
        1.10.4 边坡稳定性其他方面 ·· 123
            1.10.4.1 边坡滑塌区范围 ·· 123
            1.10.4.2 土坡极限高度 ·· 124
            1.10.4.3 土质路堤极限高度计算 ·· 125
    1.11 地基承载力 ·· 125
        1.11.1 地基承载力的概念 ·· 125
        1.11.2 竖向荷载下地基的破坏形式 ·· 126
        1.11.3 临塑荷载与临界荷载计算公式 ··· 127
        1.11.4 极限荷载计算公式 ·· 127
        1.11.5 地基模型 ··· 128
        1.11.6 各规范对地基承载力的具体规定 ·· 129
2 构造地质学专题 ·· 130
    2.1 岩层的产状 ··· 130
        2.1.1 产状 ·· 130
        2.1.2 真倾角和视倾角之间的换算 ·· 131
    2.2 岩层厚度 ·· 132
        2.2.1 基本概念 ·· 132
        2.2.2 具体情况下岩层厚度计算 ·· 133
3 岩土勘察专题 ·· 135
    3.1 各类工程勘察基本要求 ··· 142
        3.1.1 房屋建筑和构筑物 ·· 142
            3.1.1.1 房屋建筑和构筑物详勘孔深 ·· 142
            3.1.1.2 房屋建筑和构筑物取样及测试 ·· 142
    3.2 勘探和取样 ··· 143
        3.2.1 取土器技术标准 ·· 143
        3.2.2 泥浆护壁时泥浆的计算 ·· 143
        3.2.3 岩土试样的采取 ·· 144
            3.2.3.1 测定回收率法 ·· 144
            3.2.3.2 室内试验评价法 ·· 145
    3.3 现场原位测试 ·· 145

3.3.1 载荷试验 ·· 145
　　3.3.1.1 浅层平板载荷试验 ·· 146
　　3.3.1.2 深层平板载荷试验 ·· 146
　　3.3.1.3 黄土浸水载荷试验 ·· 147
　　3.3.1.4 螺旋板载荷试验 ··· 147
　　3.3.1.5 岩石地基载荷试验 ·· 147
3.3.2 静力触探试验 ·· 147
　　3.3.2.1 基本指标的测定 ··· 148
　　3.3.2.2 静探径向固结系数 ·· 148
　　3.3.2.3 具体工程应用 ·· 148
3.3.3 圆锥动力触探试验 ·· 149
　　3.3.3.1 试验类型及数据 ··· 149
　　3.3.3.2 能量指数 ··· 149
　　3.3.3.3 荷兰公式求动贯入阻力 q_d（MPa） ·· 149
　　3.3.3.4 重型圆锥动力触探确定碎石土密实度 ·· 150
　　3.3.3.5 超重型圆锥动力触探确定碎石土密实度 ······································ 150
　　3.3.3.6 其他工程应用 ·· 151
3.3.4 标准贯入试验 ·· 151
　　3.3.4.1 标贯试验仪器数据 ·· 151
　　3.3.4.2 标贯试验击数的确定 ·· 152
　　3.3.4.3 其他工程应用 ·· 152
3.3.5 十字板剪切试验 ··· 152
　　3.3.5.1 机械式（开口钢环式十字板剪切试验） ······································ 152
　　3.3.5.2 电测式（电阻应变式十字板剪切试验） ······································ 153
　　3.3.5.3 抗剪强度修正 ·· 153
　　3.3.5.4 其他工程应用 ·· 154
3.3.6 旁压试验 ·· 155
　　3.3.6.1 旁压试验原理简介 ·· 155
　　3.3.6.2 矫正压力及变形量 ·· 156
　　3.3.6.3 利用预钻式旁压曲线的特征值评定地基承载力、不排水抗剪强度
　　　　　 及侧压力系数 ··· 156
　　3.3.6.4 预钻式旁压试验确定旁压模量 E_m ·· 157
　　3.3.6.5 自钻式旁压试验求侧压力系数 K_0 ··· 157
3.3.7 扁铲侧胀试验 ·· 157
3.3.8 现场直接剪切试验 ·· 158
　　3.3.8.1 基本概念 ··· 158
　　3.3.8.2 布置方案、适用条件及试体剪切面应力计算 ································ 159
　　3.3.8.3 比例强度、屈服强度、峰值强度、残余强度、剪胀强度 ··············· 160
　　3.3.8.4 抗剪强度参数的确定 ·· 160

3.3.9	波速测试	161
3.3.9.1	波速计算	161
3.3.9.2	动剪切模量、动弹性模量和动泊松比计算	161
3.3.10	岩体原位应力测试	162
3.3.11	激振法测试	162

3.4 水和土腐蚀性评价 162
  3.4.1 水和土对混凝土结构腐蚀性评价 162
  3.4.2 水和土对钢筋混凝土结构中钢筋的腐蚀性评价 164
  3.4.3 土对钢结构的腐蚀性评价 164

3.5 岩土参数的分析和选定 167
  3.5.1 标准值的计算 167
  3.5.2 线性内插法 167
    3.5.2.1 单线性内插法 167
    3.5.2.2 双线性内插法 168

3.6 岩石和岩体基本性质和指标 170
  3.6.1 岩石基本性质和指标 170
    3.6.1.1 岩石的坚硬程度及饱和单轴抗压强度 170
    3.6.1.2 岩石风化程度分类 171
    3.6.1.3 岩石质量指标 RQD 172
    3.6.1.4 岩石的软化性和吸水性 172
  3.6.2 岩体基本性质和指标 172
    3.6.2.1 岩体的完整程度 172

3.7 工程岩体分级 174
  3.7.1 按岩石坚硬程度和岩体完整程度定性划分 175
  3.7.2 岩体基本质量指标 BQ 和指标修正值 [BQ] 175
  3.7.3 围岩工程地质分类 177

3.8 建筑工程地质勘探与取样技术 178
3.9 高层建筑岩土工程勘察 179

4 土工试验及工程岩体试验专题 182
4.1 土工试验 183
4.2 工程岩体试验 187

5 荷载与岩设方法专题 189
5.1 荷载基本概念 190
5.2 设计极限状态 191
5.3 抗力 192
5.4 设计状况 192
5.5 荷载组合 192
5.6 设计方法 193
  5.6.1 全概率法 193

5.6.2　分项系数设计方法 ·· 193
　　5.6.3　单一安全系数方法（又称为总安全系数法） ·························· 194
　　5.6.4　容许应力法 ··· 194
5.7　极限值、容许值、特征值、基本值、平均值、标准值和设计值
　　 的概念详述和区分 ··· 195
　　5.7.1　从抗力的极限状态和工作状态来看 ·· 195
　　5.7.2　从统计和设计方法角度来看 ·· 195
　　5.7.3　交叉命名 ·· 196
5.8　各主要规范主要计算内容采用的设计方法、极限状态和作用效应
　　 组合总览 ·· 197

6 地基基础专题 ··· 201
6.1　地基承载力特征值 ··· 206
　　6.1.1　岩石地基承载力特征值 ·· 207
　　　6.1.1.1　由岩石载荷试验测定 ·· 207
　　　6.1.1.2　根据室内饱和单轴抗压强度计算 ···································· 207
　　6.1.2　由平板载荷试验确定 ·· 209
　　　6.1.2.1　浅层平板载荷试验确定地基承载力特征值 ······················ 209
　　　6.1.2.2　深层平板载荷试验确定地基承载力特征值 ······················ 209
　　6.1.3　根据土的抗剪强度指标确定地基承载力特征值 ······················· 210
　　6.1.4　地基承载力特征值深宽度修正 ·· 211
　　6.1.5　基底压力与地基承载力特征值验算关系 ································· 212
6.2　基础设计类——深度、宽度、底面积、最大竖向力等 ······················· 213
　　6.2.1　由土的抗剪强度确定的地基承载力特征值 ····························· 213
　　6.2.2　经深宽度修正后地基承载力特征值 ·· 214
6.3　软弱下卧层 ··· 215
6.4　地基变形其他内容 ··· 217
　　6.4.1　大面积地基荷载作用引起柱基沉降计算 ································· 217
　　6.4.2　建筑物沉降裂缝与沉降差 ··· 218
6.5　地基稳定性 ··· 219
　　6.5.1　地基整体稳定性 ··· 219
　　6.5.2　坡顶稳定性 ··· 219
　　6.5.3　抗浮稳定性 ··· 220
6.6　无筋扩展基础 ··· 221
6.7　扩展基础 ·· 222
　　6.7.1　柱下独立基础 ·· 223
　　　6.7.1.1　柱下独立基础受冲切 ·· 223
　　　6.7.1.2　柱下独立基础受剪切 ·· 226
　　　6.7.1.3　柱下独立基础受弯 ··· 228
　　6.7.2　墙下条形基础 ·· 229

　　　　6.7.2.1 墙下条形基础受剪切 ……………………………… 229
　　　　6.7.2.2 墙下条形基础受弯 …………………………………… 230
　　6.7.3 高层建筑筏形基础 ………………………………………… 231
　　　　6.7.3.1 高层建筑筏形基础抗倾覆验算 …………………… 231
　　　　6.7.3.2 梁板式筏基正截面受冲切 ………………………… 231
　　　　6.7.3.3 梁板式筏基受剪切 …………………………………… 232
　　　　6.7.3.4 平板式筏基相关验算 ………………………………… 233
6.8 地基动力特性测试 …………………………………………………… 233

7 桩基础专题 ………………………………………………………………… 235

7.1 各种桩型单桩竖向极限承载力标准值 ……………………… 240
　　7.1.1 普通混凝土桩（桩径<0.8m） ……………………………… 241
　　7.1.2 大直径桩（桩径≥0.8m）及大直径扩底桩 …………… 241
　　7.1.3 钢管桩 ……………………………………………………………… 242
　　7.1.4 混凝土空心桩 …………………………………………………… 243
　　7.1.5 嵌岩桩 ……………………………………………………………… 244
　　7.1.6 后注浆灌注桩 …………………………………………………… 245
　　7.1.7 单桥静力触探确定 ……………………………………………… 246
　　7.1.8 双桥静力触探确定 ……………………………………………… 247
7.2 单桩和复合基桩竖向承载力特征值 …………………………… 248
7.3 桩顶作用荷载计算及竖向承载力验算 ………………………… 249
7.4 受液化影响的桩基承载力 ………………………………………… 250
7.5 负摩阻力桩 …………………………………………………………… 251
　　7.5.1 中性点 l_n ………………………………………………………… 251
　　7.5.2 负摩阻力桩下拉荷载标准值 Q_g^n ……………………… 251
　　7.5.3 负摩阻力桩承载力验算 …………………………………… 252
7.6 桩身承载力 …………………………………………………………… 253
　　7.6.1 钢筋混凝土轴心受压桩正截面受压承载力 ………… 253
　　7.6.2 打入式钢管桩局部压屈验算 ……………………………… 255
　　7.6.3 钢筋混凝土轴心抗拔桩的正截面受拉承载力 …… 255
7.7 桩基抗拔承载力 ……………………………………………………… 255
　　7.7.1 呈整体破坏和非整体破坏时桩基抗拔承载力 …… 255
　　7.7.2 抗冻拔稳定性 …………………………………………………… 256
　　7.7.3 膨胀土上抗拔稳定性 ………………………………………… 257
7.8 桩基软弱下卧层验算 ……………………………………………… 258
7.9 桩基水平承载力特征值 …………………………………………… 259
　　7.9.1 单桩水平承载力特征值 …………………………………… 259
　　7.9.2 群桩基础中基桩水平承载力特征值 …………………… 262
　　7.9.3 桩身配筋长度 …………………………………………………… 264
7.10 桩基沉降计算 ………………………………………………………… 264

  7.10.1 桩中心距不大于6倍桩径的桩基 ·· 264
  7.10.2 单桩 单排桩 疏桩 ·· 266
  7.10.3 软土地基减沉复合疏桩 ·· 269
    7.10.3.1 软土地基减沉复合疏桩承台面积和桩数及桩基承载力关系 ·· 269
    7.10.3.2 软土地基减沉复合疏桩基础中心沉降 ······························ 269
 7.11 承台计算 ··· 271
  7.11.1 受弯计算 ·· 271
    7.11.1.1 第i基桩净反力设计值N_i（不计承台及其土重）或最大净反力设计值N_{max} ·· 272
    7.11.1.2 两柱条形承台和多柱矩形承台正截面弯矩设计值 ·············· 272
    7.11.1.3 等边三桩承台的正截面弯矩设计值 ································ 272
    7.11.1.4 等腰三桩承台的正截面弯矩设计值 ································ 273
    7.11.1.5 其他弯矩设计值 ·· 273
  7.11.2 轴心竖向力作用下受冲切计算 ·· 273
    7.11.2.1 柱下矩形独立承台受冲切计算 ······································ 273
    7.11.2.2 三桩三角形承台受冲切计算 ··· 275
    7.11.2.3 四桩及以上承台受角桩冲切计算 ··································· 276
    7.11.2.4 其他受冲切计算 ·· 277
  7.11.3 受剪切计算 ··· 278
    7.11.3.1 一阶矩形承台柱边受剪切计算 ······································ 278
    7.11.3.2 二阶矩形承台柱边受剪切计算 ······································ 279
    7.11.3.3 其他受剪切计算 ·· 280
 7.12 桩基施工 ··· 280
  7.12.1 内夯沉管灌注桩桩端夯扩头平均直径 ··································· 280
  7.12.2 灌注桩后注浆单桩注浆量 ·· 281
 7.13 建筑基桩检测 ·· 282
  7.13.1 桩身内力测试 ·· 285
  7.13.2 单桩竖向抗压静载试验 ··· 286
  7.13.3 单桩竖向抗拔静载试验 ··· 287
  7.13.4 单桩水平载荷试验 ··· 288
  7.13.5 钻芯法 ··· 289
  7.13.6 低应变法 ·· 289
  7.13.7 高应变法 ·· 291
  7.13.8 声波透射法 ··· 292

8 地基处理专题 ·· 294
 8.1 换填垫层法 ·· 298
  8.1.1 相关概念及一般规定 ··· 298
  8.1.2 换填垫层法承载力相关计算 ·· 298
  8.1.3 换填垫层压实标准及承载力特征值 ··· 299
  8.1.4 换填垫层法变形计算 ··· 300

8.2 预压地基 ······ 301
8.2.1 一级瞬时加载太沙基单向固结理论 ······ 302
8.2.2 一级或多级等速加载理论——按《建筑地基处理技术规范》 ······ 304
8.2.3 多级瞬时或等速加载理论——按《水运工程地基设计规范》 ······ 305
8.2.4 一级瞬时加载考虑涂抹和井阻影响 ······ 305
8.2.5 预压地基抗剪强度增加 ······ 306
8.2.6 预压地基沉降 ······ 307
8.2.6.1 预压沉降基本原理法 ······ 307
8.2.6.2 预压沉降 e-p 曲线固结模型法 ······ 307
8.2.6.3 预压沉降 e-$\lg p$ 曲线法 ······ 308
8.2.6.4 根据变形和时间关系曲线求最终沉降量或固结度 ······ 308

8.3 压实地基和夯实地基 ······ 309
8.3.1 相关概念及一般规定 ······ 309
8.3.2 压实填土质量控制 ······ 309
8.3.3 压实填土的边坡坡度允许值 ······ 310
8.3.4 强夯的有效加固深度 ······ 310
8.3.5 强夯置换法地基承载力 ······ 311
8.3.6 压实地基和夯实地基承载力修正 ······ 311

8.4 复合地基 ······ 311
8.4.1 置换率和等效直径 ······ 312
8.4.2 碎石桩和砂石桩 ······ 315
8.4.3 灰土挤密桩和土挤密桩 ······ 317
8.4.3.1 灰土挤密桩和土挤密桩复合地基承载力 ······ 318
8.4.3.2 灰土挤密桩和土挤密桩加水量问题 ······ 319
8.4.4 柱锤冲扩桩 ······ 319
8.4.5 水泥土搅拌桩 ······ 320
8.4.5.1 水泥土搅拌桩承载力 ······ 320
8.4.5.2 水泥土搅拌桩喷浆提升速度和每遍搅拌次数 ······ 322
8.4.6 旋喷桩 ······ 322
8.4.7 夯实水泥土桩 ······ 323
8.4.8 CFG桩 ······ 324
8.4.9 素混凝土桩 ······ 325
8.4.10 多桩型 ······ 325
8.4.10.1 有粘结强度的两种桩组合 ······ 325
8.4.10.2 有粘结强度桩和散体桩组合 ······ 326
8.4.11 复合地基压缩模量及沉降 ······ 326

8.5 注浆加固 ······ 328
8.5.1 水泥浆液法 ······ 328
8.5.1.1 水泥浆液注浆量的确定 ······ 328

8.5.1.2 水泥用量的确定 ·· 329
　8.5.2 硅化浆液法 ·· 329
　　　8.5.2.1 单液硅化法注浆量的确定 ·· 329
　　　8.5.2.2 硅酸钠（水玻璃）溶液稀释加水量 ·· 330
　8.5.3 碱液法 ·· 330
　　　8.5.3.1 碱液法注浆量的确定 ·· 330
　　　8.5.3.2 碱液溶液的配制 ··· 331
8.6 微型桩 ·· 332
　8.6.1 树根桩 ·· 332
　8.6.2 预制桩 ·· 332
　8.6.3 注浆钢管桩 ·· 333
8.7 建筑地基检测 ··· 333
　8.7.1 地基检测静载荷试验 ·· 337
　8.7.2 复合地基静载荷试验 ·· 337
　8.7.3 多道瞬态面波法 ·· 339
　8.7.4 各处理地基质量检测 ·· 339
8.8 既有建筑地基基础加固技术 ·· 339

9 边坡工程专题 ·· 342
9.1 重力式挡土墙 ··· 349
　9.1.1 重力式挡土墙抗滑移 ·· 349
　9.1.2 重力式挡土墙抗倾覆 ·· 350
　9.1.3 有水情况下重力式挡土墙稳定性计算 ·· 352
9.2 锚杆（索） ·· 354
　9.2.1 单根锚杆（索）轴向拉力标准值 N_{ak}（对应锚杆整体受力分析） ······· 354
　9.2.2 锚杆（索）钢筋截面面积应满足的要求（对应杆体的受拉承载力验算） ······· 354
　9.2.3 锚杆（索）锚固段长度及总长度应满足的要求（对应杆体抗拔承载力验算） ······· 354
　9.2.4 锚杆（索）的弹性变形和水平刚度系数 ·· 355
9.3 锚杆（索）挡墙 ·· 356
　9.3.1 侧向岩土压力确定 ··· 356
　9.3.2 锚杆内力计算 ··· 357
9.4 岩石喷锚支护 ··· 357
　9.4.1 侧向岩石压力确定 ··· 357
　9.4.2 锚杆所受轴向拉力标准值 ··· 357
　9.4.3 采用局部锚杆加固不稳定岩石块体时，锚杆承载力应满足要求 ········· 358
9.5 桩板式挡墙 ·· 358
　9.5.1 地基的横向承载力特征值 ··· 358
　9.5.2 桩嵌入岩土层的深度 ·· 359
9.6 静力平衡法和等值梁法 ··· 359
　9.6.1 静力平衡法 ·· 359

17

		9.6.1.1 静力平衡法基本计算公式	359
		9.6.1.2 立柱和锚杆采用静力平衡法分析	360
	9.6.2	等值梁法	361
9.7	建筑边坡工程鉴定与加固技术		362

10 基坑工程专题 ······ 365

10.1 支挡结构内力弹性支点法计算 ······ 372
- 10.1.1 主动土压力计算 ······ 372
- 10.1.2 土反力计算宽度 ······ 373
- 10.1.3 作用在挡土构件上的分布土反力 ······ 373
- 10.1.4 锚拉式支挡结构的弹性支点刚度系数 ······ 374
- 10.1.5 支撑式支挡结构的弹性支点刚度系数 ······ 374
- 10.1.6 锚杆和内支撑对挡土结构的作用力 ······ 375

10.2 支挡结构稳定性 ······ 375
- 10.2.1 支挡结构抗滑移整体稳定性整体圆弧法 ······ 375
- 10.2.2 支挡结构抗倾覆稳定性 ······ 376
  - 10.2.2.1 悬臂式支挡结构抗倾覆及嵌固深度 ······ 376
  - 10.2.2.2 单层锚杆和单层支撑支挡结构抗倾覆及嵌固深度 ······ 376
  - 10.2.2.3 双排桩支挡结构抗倾覆及嵌固深度 ······ 377
- 10.2.3 支挡结构抗隆起稳定性 ······ 378
- 10.2.4 渗透稳定性 ······ 379

10.3 锚杆 ······ 380
- 10.3.1 锚杆极限抗拔承载力标准值 ······ 380
- 10.3.2 锚杆轴向拉力标准值 ······ 380
- 10.3.3 锚杆的极限抗拔承载力应符合的要求 ······ 381
- 10.3.4 锚杆非锚固段长度及总长度 ······ 381
- 10.3.5 锚杆杆体的受拉承载力要求 ······ 381

10.4 双排桩 ······ 382

10.5 土钉墙 ······ 383
- 10.5.1 土钉极限抗拔承载力标准值 ······ 383
- 10.5.2 单根土钉的轴向拉力标准值 ······ 384
- 10.5.3 单根土钉的极限抗拔承载力验算（满足抗拔强度） ······ 384
- 10.5.4 土钉轴向拉力设计值及应符合的限值 ······ 384
- 10.5.5 基坑底面下有软土层的土钉墙结构坑底隆起稳定验算 ······ 385

10.6 重力式水泥土墙 ······ 385
- 10.6.1 重力式水泥土墙抗滑移 ······ 385
- 10.6.2 重力式水泥土墙抗倾覆 ······ 386
- 10.6.3 重力式水泥土墙其他内容 ······ 387

10.7 基坑地下水控制 ······ 388
- 10.7.1 基坑截水 ······ 388

	10.7.2	基坑涌水量	388
	10.7.3	基坑内任一点水位降深计算	391
	10.7.4	降水井设计	392
10.8	建筑基坑工程监测		393
10.9	建筑变形测量		395

11 抗震工程专题 ……………………………………………………… 398
11.1 抗震工程基本概念 ……………………………………………… 398
11.1.1 场地和地基问题 ……………………………………………… 398
11.1.2 地震动及设计反应谱等问题 ………………………………… 400
11.2 中国地震动参数区划图 ………………………………………… 404
11.3 建筑工程抗震设计 ……………………………………………… 406
11.3.1 场地类别划分 ………………………………………………… 407
11.3.2 设计反应谱 …………………………………………………… 409
11.3.2.1 建筑结构的地震影响系数 …………………………… 409
11.3.2.2 水平和竖向地震作用计算 …………………………… 410
11.3.3 液化判别 ……………………………………………………… 411
11.3.3.1 液化初判 ……………………………………………… 411
11.3.3.2 液化复判及液化指数 ………………………………… 412
11.3.3.3 打桩后标贯击数的修正及液化判别 ………………… 413
11.3.4 天然地基抗震承载力验算 …………………………………… 414
11.3.5 桩基液化效应和抗震验算 …………………………………… 415
11.4 公路工程抗震设计 ……………………………………………… 416
11.4.1 场地类别划分 ………………………………………………… 417
11.4.2 设计反应谱 …………………………………………………… 418
11.4.3 液化判别 ……………………………………………………… 419
11.4.3.1 液化初判 ……………………………………………… 419
11.4.3.2 液化复判 ……………………………………………… 420
11.4.4 天然地基抗震承载力 ………………………………………… 421
11.4.5 桩基液化效应和抗震验算 …………………………………… 421
11.4.6 地震作用 ……………………………………………………… 422
11.4.6.1 挡土墙水平地震作用 ………………………………… 422
11.4.6.2 挡土墙地震土压力 …………………………………… 423
11.4.6.3 挡土墙稳定性 ………………………………………… 424
11.4.6.4 路基土条的地震作用及抗震稳定性验算 …………… 424
11.5 水利水电水运工程抗震设计 …………………………………… 426
11.5.1 场地类别划分 ………………………………………………… 428
11.5.2 设计反应谱 …………………………………………………… 429
11.5.3 液化判别 ……………………………………………………… 430
11.5.3.1 液化初判 ……………………………………………… 430

		11.5.3.2 液化复判	431
	11.5.4	地震作用	432
		11.5.4.1 水平向和竖向设计地震加速度代表值	432
		11.5.4.2 水平向地震惯性力代表值	433
		11.5.4.3 其他地震作用及抗震稳定性	435

12 特殊性岩土专题 436

12.1 湿陷性土 437
    12.1.1 新近堆积黄土的判断 441
    12.1.2 黄土湿陷性指标 442
    12.1.3 黄土湿陷性评价及处理厚度 444
        12.1.3.1 自重湿陷量计算 444
        12.1.3.2 湿陷量计算 445
    12.1.4 设计 445
        12.1.4.1 总平面设计 445
        12.1.4.2 地基计算 446
        12.1.4.3 桩基 447
    12.1.5 地基处理 448
        12.1.5.1 湿陷性黄土场地上建筑物分类 448
        12.1.5.2 地基压缩层厚度 448
        12.1.5.3 处理厚度 448
        12.1.5.4 平面处理范围 449
        12.1.5.5 具体地基处理方法和计算 450
    12.1.6 其他湿陷性土 450

12.2 膨胀土 451
    12.2.1 膨胀土工程特性指标 453
    12.2.2 大气影响深度及大气影响急剧层深度 454
    12.2.3 基础埋深 455
    12.2.4 变形量 455
    12.2.5 桩端进入大气影响急剧层深度 457

12.3 冻土 457
    12.3.1 冻土类别 458
    12.3.2 冻土物理性指标及试验 458
    12.3.3 冻胀性等级和类别 458
    12.3.4 融沉性分级 460
    12.3.5 冻土浅基础基础埋深 461

12.4 盐渍土 463
    12.4.1 盐渍土分类 465
    12.4.2 盐渍土溶陷性 467

12.5 红黏土 468

12.6 软土	469
12.6.1 软土的定义	469
12.6.2 饱和状态的淤泥性土重度	471
12.6.3 软土地区相关规定	471
12.7 混合土	471
12.8 填土	472
12.9 风化岩和残积土	472
12.10 污染土	473

13 不良地质专题 · 475

13.1 岩溶与土洞	475
13.1.1 溶洞顶板稳定性验算	475
13.1.2 溶洞距路基的安全距离	476
13.1.3 注浆量计算	477
13.1.4 岩溶发育程度	477
13.2 危岩与崩塌	477
13.3 泥石流	480
13.3.1 密度的测定	480
13.3.1.1 称量法	480
13.3.1.2 体积比法	480
13.3.1.3 经验公式法	480
13.3.2 流速的计算	481
13.3.2.1 根据泥石流流经弯道计算	481
13.3.2.2 稀性泥石流流速的计算	481
13.3.2.3 黏性泥石流流速的计算	482
13.3.2.4 泥石流中石块运动速度的计算	484
13.3.3 流量的计算	484
13.3.3.1 泥石流峰值流量计算	484
13.3.3.2 一次泥石流过程总量计算	486
13.4 采空区	486
13.4.1 采空区场地的适宜性评价	486
13.4.2 采空区地表移动变形最大值计算	486
13.4.3 小窑采空区场地稳定性评价	487

14 公路工程专题 · 488

14.1 公路工程地质勘察	489
14.2 公路桥涵地基与基础设计	494
14.2.1 地基承载力特征值及修正值	496
14.2.2 基底压力及地基承载力验算	497
14.2.3 桩基础	498
14.2.3.1 支撑在土层中钻（挖）孔灌注桩单桩轴向受压承载力特征值	498

14.2.3.2　支撑在基岩上或嵌入基岩中的钻（挖）孔桩、沉桩轴向受压承载力特征值 …… 499
　　　14.2.3.3　摩擦型桩单桩轴向受拉承载力特征值 …………………………… 500
　　14.2.4　沉井基础 …………………………………………………………………… 501
　14.3　公路路基设计 …………………………………………………………………… 502
　　14.3.1　滑坡地段路基 ……………………………………………………………… 507
　　14.3.2　软土地区路基 ……………………………………………………………… 507
　　14.3.3　膨胀土地基 ………………………………………………………………… 507
　14.4　公路隧道设计 …………………………………………………………………… 508
　　14.4.1　公路隧道围岩级别 ………………………………………………………… 511
　　14.4.2　公路隧道围岩级别的应用 ………………………………………………… 512
　　14.4.3　公路隧道围岩压力 ………………………………………………………… 512
　14.5　公路隧道涌水量计算 …………………………………………………………… 513
　14.6　公路工程抗震规范 ……………………………………………………………… 514

15　铁路工程专题 ……………………………………………………………………… 515
　15.1　铁路工程地质勘察 ……………………………………………………………… 516
　15.2　铁路工程不良地质勘察 ………………………………………………………… 519
　15.3　铁路工程特殊岩土勘察 ………………………………………………………… 524
　　15.3.1　软土路基临界高度 ………………………………………………………… 526
　15.4　铁路桥涵地基与基础设计 ……………………………………………………… 527
　　15.4.1　地基基本承载力及容许承载力 …………………………………………… 528
　　15.4.2　软土地基容许承载力 ……………………………………………………… 529
　　15.4.3　基础稳定性 ………………………………………………………………… 530
　　15.4.4　桩基础 ……………………………………………………………………… 531
　　　15.4.4.1　按岩土的阻力确定钻（挖）孔灌注摩擦桩单桩轴向受压容许承载力 … 531
　　　15.4.4.2　群桩作为实体基础的检算 …………………………………………… 532
　　15.4.5　特殊地基 …………………………………………………………………… 532
　15.5　铁路路基设计 …………………………………………………………………… 533
　15.6　铁路路基支挡结构设计 ………………………………………………………… 537
　　15.6.1　重力式挡土墙 ……………………………………………………………… 539
　　15.6.2　加筋挡土墙 ………………………………………………………………… 539
　　15.6.3　土钉墙 ……………………………………………………………………… 540
　　15.6.4　锚杆挡土墙 ………………………………………………………………… 542
　　15.6.5　预应力锚索 ………………………………………………………………… 542
　15.7　铁路隧道设计 …………………………………………………………………… 543
　　15.7.1　铁路隧道围岩级别 ………………………………………………………… 546
　　15.7.2　隧道围岩压力 ……………………………………………………………… 547
　　　15.7.2.1　非偏压隧道围岩压力按规范求解 …………………………………… 547
　　　15.7.2.2　偏压荷载隧道围岩压力 ……………………………………………… 550
　　　15.7.2.3　非偏压隧道围岩压力其他解法 ……………………………………… 551

| 15.7.2.4 明洞荷载计算方法 ································· 553
| 15.7.2.5 洞门墙计算方法 ··································· 555

16 水利水电水运工程专题································· 558
16.1 水利水电工程地质勘察································· 559
16.1.1 水利水电工程围岩级别确定························· 561
16.2 水运工程岩土勘察····································· 563
16.3 水运工程地基设计····································· 566
16.4 水电工程水工建筑物抗震设计························· 567

17 其他规范专题··· 568
17.1 城市轨道交通岩土工程勘察··························· 569
17.2 城市轨道交通工程监测技术··························· 573
17.3 供水水文地质勘察····································· 575
17.4 碾压式土石坝设计····································· 577
17.4.1 渗透稳定计算····································· 578
17.4.1.1 渗透变形初步判断························· 578
17.4.1.2 双层结构地基排水盖重层··················· 579
17.4.1.3 坝体和坝基中的孔隙压力··················· 579
17.5 土工合成材料应用技术································· 580
17.5.1 反滤与排水··· 582
17.5.1.1 用作反滤的无纺土工织物基本要求··········· 582
17.5.1.2 反滤材料的具体要求························· 582
17.5.1.3 反滤材料的排水····························· 583
17.5.2 加筋挡土墙内部稳定验算··························· 583
17.5.3 加筋土坡设计····································· 585
17.6 生活垃圾卫生填埋处理技术··························· 586
17.7 岩土工程勘察安全····································· 588
17.8 地质灾害危险性评估··································· 590

附录 2020年度全国注册土木工程师（岩土）专业考试所使用的标准和
法律法规（草案）··· 592

23

1 土力学专题

土力学的理论与计算中涉及的土的指标大致分为以下几类（见表1.0-1）：

（1）物理性指标包括颗粒相对密度、土体含水量和天然重度；这三个指标是用来衡量土的孔隙大小、密实程度并可间接判断土的力学性能。此外，还有用于描述土的塑性和土颗粒成分的指标：液限、塑限、有效粒径和限定粒径。

（2）压实性指标包括最优含水量和最大干密度。当把土作为材料时，如基坑回填、土坝、路堤等填土工程，压实性指标是一组主要的控制指标。

（3）渗透性指标包括渗透系数和固结系数。它描述了地下水在土中的渗流特性和在附加应力作用下土的固结特性。

（4）力学性指标又可以分成变形指标和强度指标。变形指标包括土的压缩系数、压缩模量、变形模量、弹性模量、回弹模量、压缩指数以及回弹指数等。这类指标是用来描述土的应力和应变关系。强度指标主要指土的黏聚力和内摩擦角，用来描述土的强度规律。

土的主要指标　　　　　　表 1.0-1

分类		指标名称	符号	量纲	测定方法
物理性指标		土体天然密度 土体天然重度	ρ γ	g/cm³ kN/m³	环刀法
		土粒相对密度	G_s	—	比重瓶法
		含水量	w	%	烘干法
		液限	w_L	%	落锥法或蝶式仪法
		塑限	w_P	%	搓条法
		有效粒径	d_{10}	mm	砂土：筛分法
		限定粒径	d_{60}	mm	黏性土：比重计
压实性指标		最优含水量	w_{0P}	%	击实试验
		最大干密度	$\rho_{\max}$	kN/m³	
渗透性指标		渗透系数	k	cm/s	砂土可直接测
		固结系数	C_v, C_h	cm²/s	固结试验测
力学性指标	变形指标	压缩系数	a	kPa⁻¹	单向压缩试验 （固结试验）
		压缩模量	E_s	kPa	
		压缩指数	C_c	—	
		回弹指数	C_s	—	
	强度指标	快剪	c_u, φ_u	黏聚力：kPa 摩擦角：°	直接剪切试验
		固结快剪	c_{cu}, φ_{cu}		
		慢剪	c', φ'		
		不排水剪	c_u, φ_u		三轴剪切试验
		固结不排水剪	c_{cu}, φ_{cu}		
		排水剪	c'_d, φ'_d		

1.1 土的物理性指标

1.1.1 土的颗粒特征

1.1.1.1 基本概念

土力学教材；《土工试验方法标准》8

土是经过漫长的地质历史并在各种复杂的自然环境和地质作用下形成的。所以，土随着形成的时间、地点、环境以及方式的不同，其性质也各有差异。因此，在研究土的工程性质时，强调对其成因类型和地质历史方面的研究具有重要的意义。

具体来说，土是由岩石风化、搬运、沉积而成的三相体系。三相为固相、液相和气相。固相是构成土的主要部分，称为"土粒"，土粒垒叠成"骨架"。土粒之间有孔隙，孔隙内充满水（液相）和气（气相）。

土的固体部分是各种矿物颗粒和有机质的集合体。很多土的描述和分类都是以土粒大小为依据的。土粒的大小称为粒径。随着颗粒大小的不同，土的性质可以有很大的差异。因此，人们常常按照粒径的范围，把工程性质相近的土粒合并为一组，称之为粒组，这样就有了若干粒组，如砾、砂、粉和黏，粒组之间的分界尺寸称为界限粒径。界限粒径即粒组的分界线没有严格的定义，我国有交通系统、水利电力系统和工业与民用建筑系统等。常用的粒组划分界线标准见表 1.1-1。

表 1.1-1

粒组名称		粒径范围（mm）	一般特征
漂石或块石		>200	透水性很大，无黏性，无毛细水
卵石或碎石		200~20	
圆砾或角砾	粗	60~20	透水性大，无黏性，毛细水上升高度不超过粒径大小
	中	20~5	
	细	5~2	
砂粒	粗	2~0.5	易透水，当混入云母等杂质时透水性减小，而压缩性增加，无黏性，遇水不膨胀，干燥时松散；毛细水上升高度不大，但随粒径变小而增大
	中	0.5~0.25	
	细	0.25~0.10	
	极细	0.10~0.075	
粉粒	粗	0.075~0.01	透水性小，湿时稍有黏性，遇水膨胀小，干时稍有收缩；毛细水上升高度较大较快，极易出现冻胀现象
	细	0.01~0.005	
黏粒		<0.005	透水性很小，湿时有黏性、可塑性，遇水膨胀大，干时收缩显著；毛细水上升高度大，但速度不快

1.1.1.2 颗粒分析试验

某粒组的土粒含量定义为该粒组的土粒质量与干土总质量之比。测定土中各粒组颗粒质量所占该土总质量的百分数，确定粒径分布范围的试验称为土的颗粒分析试验。土颗粒的形状往往是不规则的,很难直接量测土粒的大小。因而只能通过一些分析方法来定量地描述土粒的大小。颗粒分析试验分为下面 4 种方法。

具体方法	方法简介	使用粒径
筛分法	利用一套孔径由大到小的筛子,将按规定方法取得的一定质量的干试样放入一次叠好的筛中,置振筛机上充分振摇后,就可以按孔径的大小将颗粒分组,然后再称量,并计算出各个粒组占总质量的百分数	0.075~60mm
密度计法又称为"沉降法、比重计法"	将一定量的土样放在量筒中,然后加纯水,经过搅拌使土的大小颗粒在水中均匀分布,制成一定量的均匀浓度的土悬液。静止悬液,让土粒沉降,在土粒下沉过程中,用密度计测出在悬液中对应于不同时间的不同悬液密度,根据密度计读数和土粒下沉时间,就可计算出小于某一粒径的颗粒占土样的百分数	小于 0.075mm
移液管法	将一定量的土样放在量筒中,然后加纯水,经过搅拌使土的大小颗粒在水中均匀分布,制成一定量的均匀浓度的土悬液。静止悬液,让土粒沉降。先计算出某粒径的颗粒自液面下沉到一定深度所需要的时间,并在此时间间隔用移液管自该深度处取出固定体积的悬液,将取出的悬液蒸发后称干土质量,通过计算此悬液占总悬液的比例来求得此悬液中干土质量占全部试样的百分数	小于 0.075mm

当土中粗细兼有时,应联合使用筛析法和密度计法或筛析法和移液管法

(1) 筛分法:按下式计算出小于某土粒粒径的土粒含量百分数 $X(\%)$

$$X = \frac{m_i}{m} \times 100\%$$

式中 m_i、m ——分别为小于某粒径的土粒质量及试样总质量。

(2) 密度计法和移液管法具体计算公式,可见《土工试验方法标准》8,此处不再详述。

1.1.1.3 颗粒分析试验成果应用

根据筛分法和密度计法就可以测得土样中各种大小颗粒的直径及其所占的比例。在工程实践中,常以一条累积百分率曲线来表示,见图 1.1-1。横坐标为粒径,由于土粒粒径的值域很宽,因此采用对数坐标表示;纵坐标为小于某粒径的累计百分含量。这条曲线同

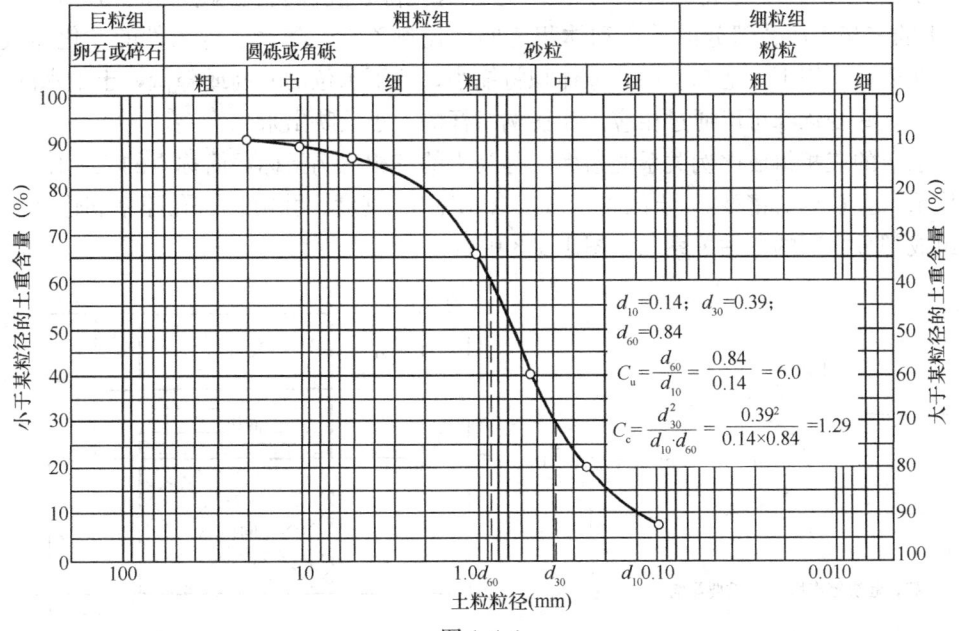

图 1.1-1

时反映了不同粒径土粒的分布,所以又称之为颗粒粒径级配曲线。土中各种大小的粒组中土粒的相对含量称之为土的级配。

从粒径分布曲线上可以得到三个经常使用的常数:d_{10}、d_{30}、d_{60}。

据此可得到两个系数,不均匀系数 $C_u = \dfrac{d_{60}}{d_{10}}$;曲率系数 $C_c = \dfrac{d_{30}^2}{d_{10} \cdot d_{60}}$

土的颗粒特征解题思维流程总结如下:

粒径分布曲线上小于某粒径的土粒含量为10%时所对应的粒径(有效粒径)(mm) d_{10}	粒径分布曲线上小于某粒径的土粒含量为30%时所对应的粒径(中值粒径)(mm) d_{30}	粒径分布曲线上小于某粒径的土粒含量为60%时所对应的粒径(限制粒径)(mm) d_{60}
不均匀系数 $C_u = \dfrac{d_{60}}{d_{10}}$	曲率系数 $C_c = \dfrac{d_{30}^2}{d_{10} \cdot d_{60}}$	

【注】①土的级配的好坏可由土粒均匀程度和粒径分布曲线的形状来决定,而土粒均匀程度和粒径分布曲线的形状又可用不均匀系数 C_u 和曲率系数 C_c 来衡量。

C_u 小,曲线陡;C_u 大,易压密;

C_c 过大,台阶在 $d_{10} \sim d_{30}$ 间;C_c 过小,台阶在 $d_{30} \sim d_{60}$ 间;

一般认为,砾、砂,$C_u \geqslant 5$ 且 $C_c = 1 \sim 3$ 时,级配良好,否则,级配不良。

② 另外颗粒试验一般结合土层分类定名、判别填料可用性(具体见《铁路路基设计规范》附录A)、渗透变形判别(具体见"1.2.5 渗透力和渗透变形解题思维流程")出题。

1.1.2 土的三相特征

土力学教材

土是由固体土粒、空气和水组成的三相体系(图1.1-2)。固相是构成土的主要部分,称为"土粒",土粒垒叠成"骨架"。土粒之间有孔隙,孔隙内充满水(液相)和气(气相)。土的三相组成各部分的质量和体积之间的比例关系,随着各种条件的变化而改变。例如,在荷载作用下,地基土中孔隙体积将缩小;地下水位的升高或降低,土中水的含量会改变。这些变化都可以通过相应三相比例指标的大小反映出来。

表示土的三相组成比例关系的指标,称为土的三相比例指标,简称土的三相比,包括土粒比重(土粒相对密度)、土的含水量(含水率)、密度、孔隙比、孔隙率和饱和度等。各个组成部分之间的各种关系示于图1.1-3中。

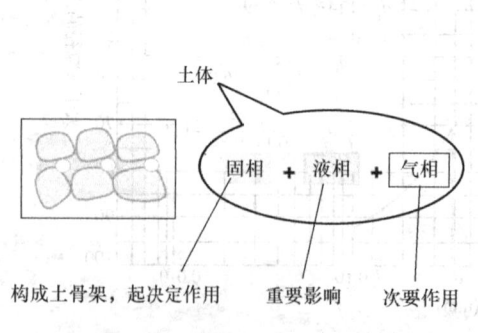

图1.1-2

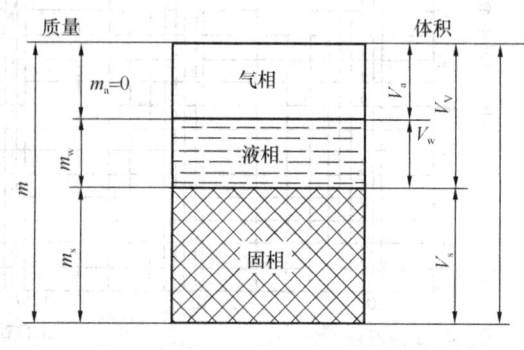

图1.1-3 土的三相图

其中：

m_s：土颗粒质量

m_w：土中水的质量

m：土体总质量，一般气体的质量忽略不计，所以 $m = m_s + m_w$

V_s：土颗粒体积

V_w：土中水的体积

V_a：土中气的体积

V_v：土中孔隙的总体积 $V_v = V_w + V_a$

V：土体的总体积 $V = V_s + V_v = V_s + V_w + V_a$

【注】土中气的质量一般忽略不计，但其体积万不可忽略不计。

下面介绍各种三相比例指标的定义。

(1) 三个一般由实验室直接测定的指标，亦称之为三个基本指标。

① 土粒相对密度（土粒比重）：$G_s = \dfrac{m_s}{V_s \rho_w} = \dfrac{\rho_s}{\rho_w}$（$\rho_w$ 为 4℃时纯水的密度 1.0g/cm³）（土粒相对密度在数值上等于土粒的密度。并且注意有的书籍和规范用 d_s 表示）

② 土的含水率（含水量）：$w = \dfrac{m_w}{m_s} \times 100\%$

【注】(a) 对于含水率 w，规范中有时以百分数出现，有时以小数出现，有时去掉百分号取整，且不同规范规定也不尽相同，注意辨别；为了计算方便，注岩真题解答中多以小数出现；

(b) 特别注意湿陷性黄土，当饱和度达到 85% 时，即称之为饱和黄土，此时对应的天然密度是饱和度达到 85% 的密度，并不是传统意义上的饱和密度，传统意义上的饱和密度是指饱和度达到 100% 时所对应的密度。

③ 土的天然密度（g/cm³）ρ 和重度（kN/m³）γ：$\rho = \dfrac{m}{V}$，$\gamma = g\rho = 10\rho$

（g 为重力加速度，若题目没有特殊说明取 9.81，一般情况下取 10）

(2) 描述土的孔隙体积相对含量的指标

土的孔隙比 e /孔隙率 n：$e = \dfrac{V_v}{V_s}$；$n = \dfrac{V_v}{V} = \dfrac{e}{1+e}$

土的饱和度 S_r：$S_r = \dfrac{V_w}{V_v} \times 100\%$

【注】此三个基本指标，一般由实验室直接测定其数值。下面所介绍的其他三项比例指标一般根据基本指标换算得到。

(3) 特殊条件下土的密度和重度

干密度（g/cm³）ρ_d 与干重度（kN/m³）γ_d：

$\rho_d = \dfrac{m_s}{V}$（相当于饱和度 $S_r = 0$ 时土的密度）；$\gamma_d = 10\rho_d$

饱和密度（g/cm³）ρ_{sat} 与饱和重度（kN/m³）γ_{sat}：

$\rho_{sat} = \dfrac{m_s + V_v \rho_w}{V}$（相当于饱和度 $S_r = 100\%$ 时土的密度）；$\gamma_{sat} = 10\rho_{sat}$

有效密度（浮密度）（g/cm³）ρ' 与有效重度（浮重度）（kN/m³）γ'：

$$\rho' = \frac{m_s - V_s \rho_w}{V}; \quad \gamma' = 10\rho'$$

【注】①土的三相比例指标中的质量密度指标共有 4 个，土的密度 ρ、干密度 ρ_d、饱和密度 ρ_{sat} 和有效密度（浮密度）ρ'。与之对应，土的重力密度（简称重度）指标也有 4 个，土的天然重度、干重度 γ_d、饱和重度 γ_{sat} 和有效重度（浮重度）γ'。其定义分别是 $\gamma = g\rho$、$\gamma_d = g\rho_d$、$\gamma_{sat} = g\rho_{sat}$、$\gamma' = g\rho'$。式中 g 重力加速度，$g \approx 9.81 \text{m/s}^2$，实际中可近似取 $g \approx 10 \text{m/s}^2$。这样，重度本质上就是以重力代替质量。发明重度这个概念在岩土工程是一大创举，大家在后面就会体会到使用重度计算各种力的时候多么方便。在国际单位体系中，质量密度的单位是 kg/m^3，重力密度（重度）的单位是 N/cm^3，但在国内的工程实践中，一般情况下，分别为 g/cm^3 和 kN/m^3。

② 土样的干密度 ρ_d 并非是将土进行烘干、压实后的密度，干密度仅是土颗粒的质量与土体积的比值。所以四个密度的大小关系一般情况下为 $\rho_{sat} > \rho > \rho_d > \rho'$。

根据三相关系，土的类型可以简单分为：

当土骨架的孔隙全部被水占满时，这种土称为完全饱和土；

当土骨架的孔隙仅含空气时，就成为干土；

一般在地下水位以上地面以下一定深度内的土的孔隙中兼含空气和水，此时的土体属三相系，称为湿土。

【注】工程上一般认为饱和度达到 80% 即为饱和土（湿陷性土取饱和土 85% 为饱和土），当饱和度达到 100% 称之为完全饱和土。所以做题的时候，一定要注意区分是完全饱和土还是饱和土。

那么土的三相比例指标之间如何换算呢，这是注岩考试的重点和核心，可以单独考，也可以综合在其他知识点，务必掌握。

土的三相特征解题思维流程总结如下：

---

① "一般情况，不涉及前后两种状态" 类

确定未知量和已知量，直接使用 "一条公式"

$$e = \frac{V_v}{V_s} = \frac{G_s(1+w)\rho_w}{\rho} - 1 = \frac{G_s \rho_w}{\rho_d} - 1 = \frac{G_s w}{S_r} = \frac{n}{1-n} = \frac{G_s \rho_w}{\rho_{sat} - \frac{e\rho_w}{e+1}} - 1 = \frac{G_s \rho_w}{\rho' + 1 - \frac{e\rho_w}{e+1}} - 1$$

且：$\rho_{sat} = \rho' + \rho_w = \rho' + 1$，$\gamma_{sat} = \gamma' + g = \gamma' + 10$

---

② "体积变化，孔隙变化" 类——固结模型（比如填方压实，地震密实）

计算示意图

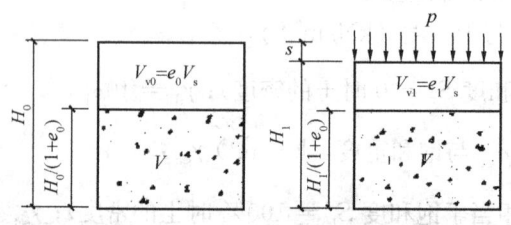

续表

解法（1）：土颗粒体积不变原理	
前一种状态： 土层厚度 H_0 或土体体积 V_0 土的孔隙比 e_0	后一种状态： 土层厚度 H_1 或土体体积 V_1 土的孔隙比 e_1
$\dfrac{H_0}{1+e_0} = \dfrac{H_1}{1+e_1} \rightarrow \dfrac{V_0}{1+e_0} = \dfrac{V_1}{1+e_1}$ 利用"一条公式"重点求出前后状态的孔隙比	

解法（2）：土颗粒质量不变原理	
前一种状态： 土体体积 V_0 土的干密度 ρ_{d0}	后一种状态： 土体体积 V_1 土的干密度 ρ_{d1}
$m_s = \rho_{d0} V_0 = \rho_{d1} V_1$ 利用"一条公式"重点求出前后状态的干密度	

③ "体积不变，水量变化"类——加水模型（比如试样加水，黄土增湿）

解法：土颗粒质量不变原理	
前一种状态： 土体质量 m_0 土体含水率 w_0	后一种状态： 土体质量 m_1 土体含水率 w_1
$m_s = \dfrac{m_0}{1+w_0} = \dfrac{m_1}{1+w_1}$	

④ 与特殊土相结合，此时尚需与特殊性岩土专题相关知识点结合

【注】解题时，一定要弄清，前后两种状态已知哪些量，未知哪些量，哪些量是不变的，直接利用"一条公式"和相应模型求解即可。还有，完全没必要画"三相图"，纯浪费时间。"一条公式"也没必要记，考试时，拿出来，直接用即可，但要求必须熟练运用，做题速度才能快，现在考试对解题速度要求越来越高。

1.1.3 土的物理特征

根据土颗粒大小，土可简单分为：①黏性土：颗粒很细，如粉质黏土，黏土；②无黏性土：颗粒较粗，甚至很大。砂、碎石、甚至堆石（直径几十厘米甚至1米）；

【注】粉土准确的说介于砂类土和黏性土之间的土类。土的具体分类指标可见本专题"1.1.5 土的工程分类"。

土的物理状态，是指土的松密和软硬状态。对于粗粒土，是指土的松密程度；对于细粒土则是指土的软硬程度或称为黏性土的稠度。

1.1.3.1 无黏性土的密实度及相关试验

《土工试验方法标准》12；《岩土工程勘察规范》3.3

碎石土的密实度可根据圆锥动力触探锤击数确定，具体见"3.3.3 圆锥动力触探试验"。

砂土密（实）度在一定程度上可根据天然孔隙比 e 的大小来评定。但对于级配相差较大的不同类土，则天然孔隙比 e 难以有效判定密实度的相对高低。例如就某一确定的天然孔隙比，级配不良的砂土，根据该孔隙比可评定为密实状态；而对于级配良好的土，同样

具有这一孔隙比，则可能判为中密或者稍密状态。因此，为了合理判定砂土的密实度状态，在工程上提出了相对密实度 D_r 的概念。

这里涉及最小干密度和最大干密度试验，本试验适用于粒径不大于 5mm 的土，且粒径 2～5mm 的试样质量不大于试样总质量的 15%。砂的最小干密度试验宜采用漏斗法和量筒法，砂的最大干密度试验采用振动锤击法。本质原理就是测得砂土最松散和最密实状态下质量和体积，利用干密度定义即可求得。具体试验过程可见《土工试验方法标准》第 12 节，此处不再赘述。

最小干密度 ρ_{min} 和最大孔隙比 e_{max} 是统一对应的，最大干密度 ρ_{max} 和最小空隙比 e_{min} 是统一对应的，所以相对密实度 D_r 有两种表达方式。

天然干密度 ρ (g/cm³)	最小干密度 ρ_{min} (g/cm³)	最大干密度 ρ_{max} (g/cm³)
天然孔隙比或填筑孔隙比 e	最大孔隙比 $e_{max}=\dfrac{\rho_w G_s}{\rho_{dmin}}-1$	最小孔隙比 $e_{min}=\dfrac{\rho_w G_s}{\rho_{dmax}}-1$
相对密实度 $D_r=\dfrac{e_{max}-e}{e_{max}-e_{min}}=\dfrac{\rho_{dmax}(\rho_d-\rho_{dmin})}{\rho_d(\rho_{dmax}-\rho_{dmin})}$		
本试验必须进行两次平行测定，两次测定的差值不得大于 0.03g/cm³，取两次测值的平均值		

显然，当 e 接近于 e_{min} 时，D_r 接近于 1，土呈密实状态，当 e 接近于 e_{max} 时，D_r 接近于零，土呈松散状态。通常根据 D_r 可以把粗粒土的松密状态分为下列三种：

$0<D_r\leqslant 0.33$　松散；$0.33<D_r\leqslant 0.67$　中密；$0.67<D_r\leqslant 1$　密实。

【注】经常与"1.1.2 土的三相特征解题思维流程"相结合。

砂土的密实度也可以根据标准贯入试验锤击数实测值 N 划分为密实、中密、稍密和松散，具体见"3.3.4 标准贯入试验"。

1.1.3.2　粉土的密实度和湿度

粉土的密实度应根据孔隙比 e 划分为密实、中密和稍密；其湿度应根据含水量 w 划分为稍湿、湿、很湿。具体见下表。

孔隙比 e	$e<0.75$	$0.75\leqslant e\leqslant 0.90$	$e>0.9$
粉土密实度	密实	中密	稍密
含水量 w(%)	$w<20$	$20\leqslant w\leqslant 30$	$w<30$
粉土湿度	稍湿	湿	很湿

1.1.3.3　黏性土的稠度及相关试验

《土工试验方法标准》9；《岩土工程勘察规范》3.3；土力学教材

根据土颗粒大小，土可简单分为：①黏性土：颗粒很细，如粉质黏土、黏土；②无黏性土：颗粒较粗，甚至很大，如砂、碎石、甚至堆石（直径几十厘米甚至 1 米）。

【注】粉土准确地说，介与两者之间。

土中细颗粒部分，由于颗粒粒径极细，次生矿物表面具有很高的表面能。它把水分子和水化离子吸附在颗粒表面成为双电层水膜。它被认为是使土具有黏性和塑性的主要原因。

1.1 土的物理性指标

由于含水量不同,黏性土可以呈现出固态、半固态、可塑状态及流动状态。而且土的体积也会随之变化。含水量很大时,土成为泥浆,是一种黏滞流动的液体,呈流动状态。随着含水量逐渐减少,流动性特点渐渐消失,显示出一种可塑的特性,土体可以塑造成任何形状而不产生裂缝,外力解除之后能保持已有的变形而不恢复原状,称为塑性。含水量继续减少,土的塑性逐渐消失,从可塑状态变到半固体状态。在这一变化过程中,土的体积随着含水量减少而减少。但当含水量小于某一界限时,土体积不再随含水量减少而变化,这种状态称为固态。

黏性土由一种状态转到另一种状态的含水量称为界限含水量,流动状态与可塑状态之间的分界含水量定义为液限 w_L,可塑状态与半固体状态的分界含水量称为塑限 w_P。半固体状态与固体状态的分界含水量称为缩限 w_S。

土可塑性的大小可用处在塑性状态的含水量变化范围来衡量,这个范围就是液限和塑限之差,称为塑性指数 I_P,即

$$I_P = w_L - w_P$$

塑性指数用不带百分数的数值表示。塑性指数在一定程度上综合反映了黏性土的各种特征。因此,工程上采用按塑性指数对黏性土进行分类。

如果用土的天然含水量 w 与塑性指数 I_P 进行比较,就可以用来评价天然条件下土的软硬状态,这一状态指标称为液性指数 I_L,以小数表示,即

$$I_L = \frac{w - w_P}{w_L - w_P} = \frac{w - w_P}{I_P}$$

解题思维流程总结如下:

液限 w_L	塑限 w_P	天然含水量 w
塑性指数 $I_P = w_L - w_P$,用不带百分数的数值表示,对黏性土进行分类		
液性指数 $I_L = \frac{w - w_P}{w_L - w_P} = \frac{w - w_P}{I_P}$,以小数表示,评价天然条件下土的软硬状态		
黏性土的软硬状态		

状态	坚硬	硬塑	可塑	软塑	流塑
I_L	$I_L \leqslant 0$	$0 < I_L \leqslant 0.25$	$0.25 < I_L \leqslant 0.75$	$0.75 < I_L \leqslant 1.00$	$1.00 < I_L$

界限含水量的测定

① 液、塑限联合测定法,适用于粒径小于 0.5mm 以及有机质含量不大于试样总质量 5% 的土。

使用液、塑限联合测定仪(即 76g 圆锥仪),绘制含水率与圆锥下沉深度的关系图确定液限和塑限。液限指标 w_L 有两个,下沉深度为 17mm 所对应的含水率为液限,下沉深度为 10mm 所对应的含水率为 10mm 液限。下沉深度为 2mm 所对应的含水率为塑限 w_P。

② 碟式仪液限试验,适用于粒径小于 0.5mm 的土。

以击次为横坐标,含水率为纵坐标,在单对数坐标纸上绘制击次与含水率关系曲线,取曲线上击次为 25 所对应的整数含水率为试样的液限。

③ 滚搓法塑限试验,适用于粒径小于 0.5mm 的土。

此试验自行参阅《土工试验方法标准》9.4,不涉及公式,纯经验性的方法。

④ 收缩皿法缩限试验，适用于粒径小于 0.5mm 的土。

制备时的含水率（原土样）w（%）		湿试样的体积 V_0（cm³）
干试样的质量 m_d（g）	干试样的体积（使用蜡封法测得）V_d（cm³）	水的密度 ρ_w（g/cm³）
土的塑限含水率（%）$w_n = w - \dfrac{V_0 - V_d}{m_d} \rho_w \times 100\%$，准确至 0.1%		

1.1.4 土的结构特征

1.1.4.1 黏性土的活性指数

黏性土按液限 w_L 和塑性指数 I_P 分类，实际上是根据全部土颗粒吸附结合水的能力分类，虽然两种土的塑性指数很接近，但性质可能却有很大的差异。例如，高岭土（以高岭石类矿物为主的土）和皂土（以蒙脱石类矿物为主的土）是两种完全不同的土，只根据塑性指数，可能无法区别这两种土所包含不同黏土矿物成分的不同。不同黏土矿物吸附结合水的能力是不同的，比如蒙脱石＞伊利石＞高岭石，或者说不同黏土矿物表面活性的高低不同。为了衡量不同黏土矿物吸附结合水的能力，可用塑性指数 I_P 与黏粒（粒径＜0.02mm的颗粒）含量百分数的分子之比值表示，称为活性指数，用 A 表示，具体计算公式如下：

$$A = \frac{I_P}{P_{0.002}}$$

式中　$P_{0.002}$——黏粒（粒径＜0.02mm 的颗粒）含量百分数，用百分数的分子来表示。

根据上式即可计算皂土的活性指数为 1.11，而高岭土的活性指数为 0.29，所以使用活性指数 A 就可以把两者区别开来。黏性土按活动指数的大小可分为三类，如下：

黏性土类别	非活性黏性土	正常黏性土	活性黏性土
活性指数 A	$A < 0.75$	$0.75 \leqslant A \leqslant 1.25$	$A > 1.25$

1.1.4.2 黏性土的灵敏度

见本专题"1.6.2.3 无侧限抗压强度试验"。

1.1.4.3 黏性土的触变性

与土的结构性密切相关的另一种特性是黏性土的触变性。结构受破坏，强度降低以后的土，若静置不动，则土颗粒和水分子及离子会重新组合排列，形成新的结构，强度又得到一定程度的恢复。这种含水量和密度不变，土因重塑而软化，又因静置而逐渐硬化，强度有所恢复的性质，称为土的触变性。例如，在黏性土中打桩时，往往利用振扰的方法，破坏桩侧土和桩尖土的结构，以降低打桩的阻力，但在打桩完成后，土的强度可随时间部分恢复，使桩的承载力逐渐增加，这就是利用了土的触变性机理。

1.1.5 土的工程分类

《岩土工程勘察规范》3.3

在工程建设中，为了对地基土进行工程评价、恰当地选择计算指标和施工方案，必须对土进行工程分类。

土的分类和命名的方式很多，比如地基土按沉积年代可划分为：①老沉积土：第四纪

1.1 土的物理性指标

晚更新世 Q3 及其以前沉积的土，一般呈超固结状态，具有较高的结构强度；②新近沉积土：第四纪全新世近期沉积的土，一般呈欠固结状态，结构强度较低。还可以根据地质成因分为残积土、坡积土、洪积土、冲积土、湖积土、海积土、风积土和冰积土，具体可参见《工程地质学》教材，此处不再详细介绍。

在现有规范中，地基土一般按照颗粒级配和塑性指标划分，为碎石土、砂土、粉土和黏性土四大类。

① 土的分类

1 碎石土	指粒径大于 2mm 的颗粒含量超过总土重 50% 的土	又细分为漂石，块石，卵石，碎石，圆砾，角砾。具体见下表
2 砂土	指粒径大于 2mm 的颗粒含量不超过全重的 50%，而粒径大于 0.075mm 的颗粒含量超过全重的 50% 的土	又细分为漂石，块石，卵石，碎石，圆砾，角砾。具体见下表
3 粉土	指粒径大于 0.075mm 的颗粒含量不超过 50%，且塑性指数 $3 < I_P \leqslant 10$ 的土	$3 < I_P \leqslant 10 \rightarrow$ 粉土 $10 < I_P \leqslant 17 \rightarrow$ 粉质黏土
4 黏土	指塑性指数 $I_P > 10$ 的土	$I_P > 17 \rightarrow$ 黏土

【注】①根据《土工试验方法标准》，使用液、塑限联合测定仪（即 76g 圆锥仪），液限指标有两个，下沉深度为 17mm 所对应的含水率为液限，下沉深度为 10mm 所对应的含水率为 10mm 液限。根据《岩土工程勘察规范》进行粉土和黏性土命名时，一定要使用 10mm 液限。

② 定名时，应根据颗粒级配由大到小以最先符合者确定。

② 碎石类土细分

土的名称	颗粒形状	颗粒级配
漂石	圆形及亚圆形为主	粒径大于 200mm 的颗粒质量超过总质量 50%
块石	棱角形为主	
卵石	圆形及亚圆形为主	粒径大于 20mm 的颗粒质量超过总质量 50%
碎石	棱角形为主	
圆砾	圆形及亚圆形为主	粒径大于 2mm 的颗粒质量超过总质量 50%
角砾	棱角形为主	

③ 砂土细分

土的名称	颗粒级配
砾砂	粒径大于 2mm 的颗粒质量占总质量 25%～50%
粗砂	粒径大于 0.5mm 的颗粒质量超过总质量 50%
中砂	粒径大于 0.25mm 的颗粒质量超过总质量 50%
细砂	粒径大于 0.075mm 的颗粒质量超过总质量 85%
粉砂	粒径大于 0.075mm 的颗粒质量超过总质量 50%

【注】① 土的命名和分类，各类工程相应规范上均有，基本大同小异，但对于特殊土，以及各类规范土命名的表格备注以及条文说明，应引起足够的重视。考场上一定根据

具体的工程翻到相应规范的条文，一般是比较简单的，翻到就赚到，防止掉"坑"。一般题目没有特定性说明，按建筑工程处理即可，本节是以《岩土工程勘察规范》内容讲解。

② 此外，自然界中，还分布着许多特殊性质的土，如黄土、软土、红土、冻土、膨胀性土、有机质土、混合土等。它们的分类需详查各自相应的规范。

1.1.6 土的压实性及相关试验

《土工试验方法标准》13

在建造路堤、土坝等填土工程时，需要了解土的压实性。土的压实性是指把土作为材料，采用一定的压实功能和方法，将具有一定级配和含水量的松土压实到具有一定强度的某种密实度土层的性质。土的压实效果与颗粒级配和含水量有关。级配良好的土容易被压实，这是因为在压实功能作用下，颗粒重新排列，粗颗粒之间的孔隙可以被细颗粒所充填，从而可以得到较高的密实度和强度。含水量对土的压实性具有十分明显的影响，由于水膜的润滑作用可促使颗粒移动，但当孔隙中出现自由水时，又会阻止土的压实。

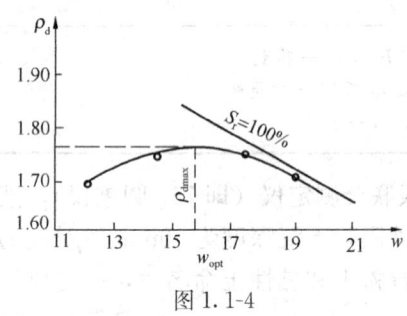

图 1.1-4

压实曲线的特点是有一峰值（图 1.1-4），峰值所对应的为最大干密度 ρ_{dmax} 和最优含水量 w_{opt}，这说明当土的含水量等于最优含水量时其压实效果最好。

当土的含水量小于最优含水量时，土的压实效果随着含水量的增大而增大，这是因为含水量比较小时，土粒间阻力较大，土粒相对移动困难，压实效果比较差；含水量逐渐增加，结合水膜逐渐增厚，土粒因颗粒之间的润滑作用而易移动，所以压实效果较好。但当含水量增大到一定程度（大于最优含水量）之后，孔隙中出现了自由水，水是不可压缩的，由自由水充填的孔隙阻止土粒移动，因此，这时压实效果随着含水量增加又趋于下降。

击实试验具体过程可见《土工试验方法标准》13，特别是针对轻型击实试验涉及最大干密度的修正。涉及具体计算和解题思维流程总结如下：

某点处试样的天然密度 ρ_0（g/cm³）	该点处试样的含水率 m_1（%）
① 试样的干密度（g/cm³）$\rho_d = \dfrac{\rho_0}{1+0.01w_1}$	
② 试样最大干密度可有 ρ_d-w 曲线确定，取曲线峰值点对应的纵坐标为最大干密度 ρ_{dmax}（g/cm³），相应的横坐标为最优含水率 w_{opt}。	
③ 最大干密度和最优含水率校正（适用于轻型击实试验）	
粒径大于 5mm 土的质量百分数 P_5	粒径大于 5mm 土粒的饱和面干相对密度 G_{s2}
粒径小于 5mm 土击实试样的最大干密度 ρ_{dmax}（g/cm³）	
校正后最大干密度（g/cm³）$\rho'_{dmax} = \dfrac{1}{\dfrac{1-P_5}{\rho_{dmax}} + \dfrac{P_5}{\rho_w G_{s2}}}$	
粒径大于 5mm 土粒的吸着含水率 w_{ab}	试样最优含水率 w_{opt}
校正后最优含水率 $w'_{opt} = w_{opt}(1-P_5) + P_5 w_{ab}$	

【注】与《建筑地基基础设计规范》6.3 相比较

对于黏性土和粉土填料,无试验资料时,按下式计算最大干密度(g/cm³)

$p_{dmax} = \eta \dfrac{\rho_w G_s}{1+0.01 w_{opt} G_s}$,其中 G_s 为土粒相对密度,压实系数 $\lambda_c = \dfrac{p_d}{p_{dmax}}$,经验系数 η,粉黏取 0.96,粉土取 0.97。

压实填土地基压实系数控制值

结构类型	填土部位	压实系数 λ_c	控制含水量(%)
砌体承重及框架结构	在地基主要受力层范围内	≥0.97	$w_{opt} \pm 2$
砌体承重及框架结构	在地基主要受力层范围以下	≥0.95	$w_{opt} \pm 2$
排架结构	在地基主要受力层范围内	≥0.96	$w_{opt} \pm 2$
排架结构	在地基主要受力层范围以下	≥0.94	$w_{opt} \pm 2$
地坪垫层以下及基础底面标高以上		≥0.94	

1.1.7 室内三相指标测试试验

1.1.7.1 含水率试验

《土工试验方法标准》5

本试验目的是测定含水率 w 指标,计算公式是根据含水率 w 定义或三相比换算推导而来,不难理解。所以考场上,关于土的物理性质指标的室内土工试验,包括后面的密度试验等,即便翻不到规范中相应公式,也大都可以直接根据三相比定义或换算求得。

本试验方法适用于粗粒土、细粒土、有机质土和冻土。

其相关解题思维流程总结如下:

① 测定含水率常用的方法是烘干法,先称出天然土的质量 m_0(g),然后放在烘箱中,在 100~105℃ 常温下烘干,称得干土质量 m_d(g),按含水率定义可算得。

含水率 $w = \left(\dfrac{m_0}{m_d} - 1\right) \times 100\%$(准确至 0.1%)

② 层状和网状冻土试验

冻土试样质量 m_1(g)	糊状试样质量 m_2(g)	糊状试样的含水率 w_h(%)

含水率 $w = \left[\dfrac{m_1(1+0.01 w_h)}{m_2} - 1\right] \times 100\%$(准确至 0.1%)

③ 本试验必须对两个试样进行平行测定,测定的差值:当含水率小于 40% 时为 1%;当含水率大于等于 40% 时为 2%,对层状和网状构造的冻土不大于 3%。取两个测值的平均值,以百分数表示

【注】真题中,一般是只根据一次试验的数据,计算结果,此时不用计算差值和平均值。

1.1.7.2 密度试验

《土工试验方法标准》6、41

本试验目的是测定密度指标

① 环刀法,适用于细粒土。本质是利用环刀测得试样体积和质量,利用密度的定义求解。

1 土力学专题

试样的质量 m_0 (g)	试样的体积 V (cm³)	试样天然含水率 w_0 (%)
试样的湿密度 (g/cm³) $\rho_0 = \dfrac{m_0}{V}$ 准确到 0.01g/cm³		试样的干密度 $\rho_d = \dfrac{\rho_0}{1+0.01w_0} = \dfrac{\dfrac{m_0}{V}}{1+0.01w_0}$
应进行两次平行测定，两次测定的差值不得大于 0.03g/cm³，取两次测值的平均值		

② 蜡封法，适用于易破裂土和形状不规则的坚硬土。本质是利用"蜡封后排水"测得试样体积和质量，利用密度的定义求解。

试样原质量 m_0 (g)	蜡封试样质量 m_n (g)	蜡封试样在纯水中的质量 m_{nw} (g)
纯水在 T ℃时的密度 ρ_{wT} (g/cm³)		蜡的密度 ρ_n (g/cm³)
蜡封试样的体积 (cm³) $V_n = \dfrac{m_n - m_{nw}}{\rho_{wT}}$		蜡的体积 (cm³) $V'_n = \dfrac{m_n - m_0}{\rho_n}$
试样的天然密度 $\rho_0 = \dfrac{m_0}{V_n - V'_n} = \dfrac{m_0}{\dfrac{m_n - m_{nw}}{\rho_{wT}} - \dfrac{m_n - m_0}{\rho_n}}$		
应进行两次平行测定，两次测定的差值不得大于 0.03g/cm³，取两次测值的平均值		

【注】 关于蜡封试验内容：《土工试验方法标准》6、《工程岩体试验方法标准》2.3.9 中都有，注意区别采用土工试验方法标准直接计算的是土试样湿密度，使用工程岩体试验方法标准直接计算的是岩石干密度。

③ 现场灌水法和灌砂法，见《土工试验方法标准》41 和本书补充资料，本书不再详述。

1.1.7.3 土粒相对密度试验

《土工试验方法标准》7

对小于、等于和大于 5mm 土颗粒组成的土，应分别采用比重瓶法、浮称法和虹吸管法测定比重（相对密度）。

常用比重瓶法

先将比重瓶注满纯水，称瓶加水的质量 m_1(g)。然后把烘干土若干克 m_s(g) 装入该空比重瓶内，再加纯水至满，称瓶加土加水的质量 m_2(g)，按下式计算土粒相对密度：

$$G_s = \dfrac{m_s}{m_1 + m_s - m_2}$$

这里历年真题还未考到过，所以不再过多解释，关于其他方法和计算公式，可自行参阅《土工试验方法标准》7。这里较简单，属于"翻到就赚到"。

1.2 地 下 水

1.2.1 土中水的分类

土中水，水可以处于液态、固态和气态。土中水与固体颗粒之间并不是机械混合，而是有机地参加土的结构,对土的性状起到巨大的影响。土性质的变化不完全与土的湿度变化成正比,而是一种复杂的物理-化学变化。土性质不仅取决于水的绝对含量,而且取决于水的形态、结构以及介质的物理条件及化学成分。

土中水有一部分以结晶水的形式存在于土粒矿物内部,称为矿物内部结合水,从土的工程性质上分析,可以把矿物内部结合水当作矿物颗粒的一部分。

存在于土中的液态水,具有许多特点:如介电常数高、表面张力小、压缩性低等。特别是水分子是一个极性分子,在电场作用下具有定向排列的特性。同时它极易与被溶解的物质(阳离子)结合而成水化离子。由于土的颗粒表面通常带有负电荷,因此,水在带电的固体介质之间,受到表面电荷电场的作用,根据受静电引力作用的强弱,土中水可划分为四种类型:强结合水、弱结合水、重力水和毛细水。具体定义及性质见表1.2-1。

土中水的分类   表1.2-1

水的类型		定义	特征
结合水	强结合水	紧靠土颗粒表面的水,颗粒表面电荷静电引力最强,把水化离子和极性水分子牢固地吸附在颗粒表面上形成固定层	① 没有溶解能力,不能传递静水压力,只有吸热变成蒸汽时才能移动。 ② 极其牢固地结合在土粒表面上,其性质接近于固体。 ③ 密度约为 $1.2\sim2.4\text{g/cm}^3$,冰点为 $-78°$
	弱结合水	紧靠于强结合水的外围形成的一层水膜,在这层水膜里的水分子和水化离子仍受到一定程度的静电引力	仍然不能传递静水压力,但水膜较厚的弱结合水能向邻近的较薄的水膜处缓慢转移
自由水	重力水	一般存在于地下水位以下的透水土层中,不受土粒表面电荷电场影响的水	① 性质和普通水一样,能传递静水压力,冰点为 $0°$,具有溶解能力。 ② 密度在 $4°C$ 时为 1g/cm^3,重度为 9.8kN/m^3
	毛细水	存在于地下水位以上或非饱和土的较大孔隙中,受到水与空气交界面上表面张力作用的自由水	毛细水的弯液面和土粒接触处的表面张力反作用于土粒,使之相互挤紧,这种力称为毛细压力
	承压水	承压水一般位于两个不透水层之间	承压性是承压水的重要特征

毛细水上升高度和毛细压力的计算可参考图1.2-1加以说明。

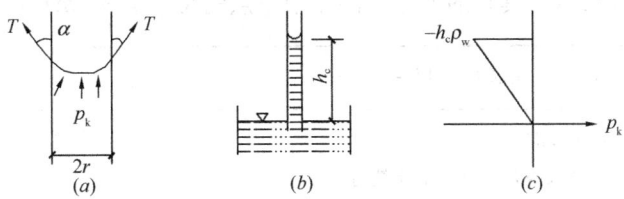

图 1.2-1 毛细作用

对于指定的液体和毛细管材料,其表面的张力 T 和湿润角 α 都有特征的数值。紧接弯液面内的水压力 p_k 可按弯液面的平衡条件进行计算,见图1.2-1(a),如以大气压力作为基准面,各铅直方向力的总和为

$$T \cdot 2\pi r \cos\alpha + p_k \pi r^2 = 0, \quad 即 \quad p_k = -\frac{2T\cos\alpha}{r}$$

式中　T——表面张力;

α——湿润角；

r——毛细管半径。

为了确定毛细高度，可令毛细压力等与毛细水柱的重量，见图 1.2-1 (b)，所以

$$h_c \gamma_w - \frac{2T\cos\alpha}{r} = 0, \text{ 即 } h_c = \frac{2T\cos\alpha}{\gamma_w r}$$

可以看到，如果以大气压力作为基准面，毛细压力就会按静水压力的规律，从紧接弯液面底下的最小值 $-h_c\gamma_w$ 增大到自由水面处为 0，见图 1.2-1 (c)。毛细压力是一个负值，它反作用于土的颗粒上，相当于增加了一个附加应力（附加应力的概念见本专题 "1.3.4 附加应力"）。

1.2.2 土的渗流原理

1.2.2.1 渗流中的总水头和水力坡降

土是一种多孔介质，由固体颗粒组成的骨架和充填骨架间孔隙流体（水和空气）所组成，土骨架间的孔隙是连通的。孔隙中的流体可以在本身重力和其他外力作用下流动。这就是水的渗流运动。

土中水可以在水头差、电位差、温度差、离子浓度差等势能作用下产生相应的渗流运动。土力学中对饱和状态的情况，通常只考虑在水力梯度作用下孔隙水的渗流运动。土具有被水等液体透过的性质叫渗透性。

地下水：地下水位以下的重力水。除特殊情况外，地下水总是处在运动状态之中。

地下水的运动方式的分类：

① 按流线形态分为：层流、湍流。

② 按水流特征随时间的变化状况分为：稳定流运动、非稳流运动。

③ 按水流在空间上的分布状况分为：一维流动、二维流动、三维流动。

（1）各种水头概念及水力梯度

水的渗流是由水头势能驱动，从水头高（势能大）的地方流向水头低（势能小）的地方。

水头：单位重量水体所具有的能量。渗流中一点的总水头 h（m）可用下式表示：

总水头＝位置水头＋压力水头＋流速水头，即 $h = z + \frac{u}{\gamma_w} + \frac{v^2}{2g}$

式中：$z \rightarrow$ 位置水头 $\rightarrow$ 相应于基准面

$\frac{u}{\gamma_w} \rightarrow$ 压力水头 $\rightarrow$ 相应于孔隙水压力 $\rightarrow$ 测压管水柱高度

$\frac{v^2}{2g} \rightarrow$ 流速水头 $\rightarrow$ 近似等于 0

它们的物理意义均代表单位重量水体所具有的各种机械能

流速水头近似等于 0，那么总水头可以简化为：$h = z + \frac{u}{\gamma_w}$

【注】其中，一定要重点理解孔隙水压力 u。

孔隙水压力 u：把饱和土体中由孔隙水来承担或传递的压力定义为孔隙水压力，常以 u 表示。其值等于该点的测压管水柱高度 h_w 与水的重度 γ_w 的乘积。

$$u = h_w \gamma_w \begin{cases} \text{静孔隙水压力：} \rightarrow \text{由静水位产生} \\ \text{超静孔隙水压力：} \rightarrow \text{由渗流、荷载等引起} \end{cases} \rightarrow \text{共同组成测压管水柱高度}$$

当连通的两点水头不一致的时候，就有了水头损失，水头损失就是两点总水头的差值 $\Delta h = h_1 - h_2$。那么，渗流流过单位长度时的水头损失，称为平均水力梯度（或称为水力坡降），用 i 表示，即 $i = \dfrac{\Delta h}{l}$。具体解题思维流程如下：

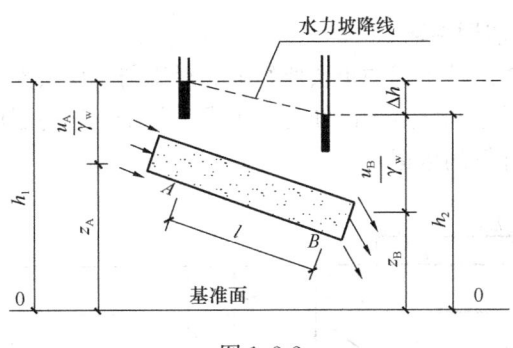

图 1.2-2

设基准面			
A 点 位置水头 z_A (m)	A 点测压管水柱高度 h_{wA} (m)（或孔隙水压力 u_A）	B 点 位置水头 (m) z_B	B 点测压管水柱高度 h_{wB} (m)（或孔隙水压力 u_B）
A 点总水头 (m) $h_1 = z_A + h_{wA} = z_A + \dfrac{u_A}{\gamma_w}$		B 点总水头 (m) $h_2 = z_B + h_{wB} = z_B + \dfrac{u_B}{\gamma_w}$	
总水头差 (m) $\Delta h = h_1 - h_2$		渗流流过总长度 l (m)	
平均水力梯度（水力坡降）$i = \dfrac{\Delta h}{l}$			
物理意义：渗流流过单位长度时的水头损失，无量纲			

1.2.2.2 渗透系数简介

k 为反映土的透水性能的比例系数，称为渗透系数，物理意义：水力坡降 $i=1$ 时的渗流速度，单位：mm/s，cm/s，m/s，m/d 等，解题时注意单位的统一。

渗透系数常用单位换算

$$\text{cm/s} = \frac{\text{cm}}{\text{s}} = \frac{0.01\text{m}}{\dfrac{1}{24 \times 60 \times 6}\text{d}} = 864\text{m/d}$$

$$\text{m/d} = \frac{1}{864}\text{cm/s}$$

1.2.2.3 达西渗透定律

由于土体中的孔隙一般非常微小，水在土体中流动时的黏滞阻力很大、流速缓慢，因此，其流动状态大多属于层流。关于层流的性质，达西总结出了著名的渗流定律，称为"达西渗透定律"即

平均水力梯度 $i = \dfrac{\Delta h}{l}$	
渗透系数 k (cm/s)	渗流断面面积 A (cm²)
渗流速度 (cm/s) $v = ik$	渗透量 (cm³/s) $Q = vA = ikA$

【注】①渗流速度 v 是一种假想的平均流速，因为它假定水在土中的渗透是通过整个

土体截面来进行的，而实际上，渗透水仅仅通过土体中的孔隙流动，实际平均流速 v_s 要比假想的平均流速 v 大很多。

$$v < v_s = \frac{v}{n} = \frac{(1+e)v}{e} \leftarrow n\text{ 为孔隙率}$$

② 渗流速度和渗流量计算公式，即为达西定律。只适用于层流情况，故一般只适用于中砂、细砂、粉砂等。

1.2.2.4 成层土的等效渗透系数

天然沉积土往往由渗透性不同的土层所组成。对于与土层层面平行和垂直的简单渗流情况，当各土层的渗透系数和厚度为已知时，可求出整个土层与层面平行和垂直的平均渗透系数，作为进行渗流计算的依据。

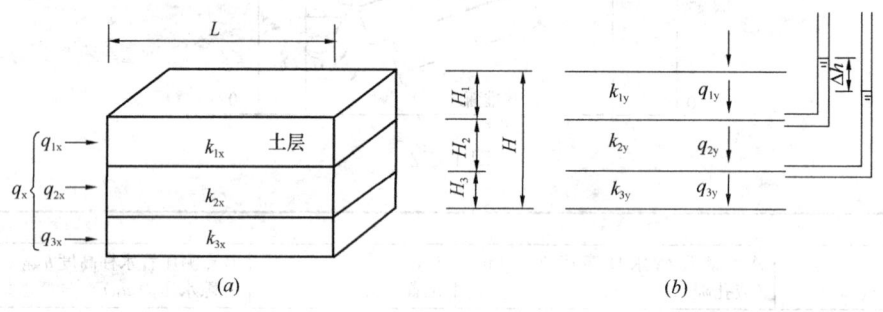

图 1.2-3

各土层厚度 h_i (m)	
水平土层平均渗透系数（cm/s）$k_h = \dfrac{\sum k_i h_i}{\sum h_i}$	竖向土层平均渗透系数（cm/s）$k_v = \dfrac{\sum h_i}{\sum \dfrac{h_i}{k_i}}$

【注】水平渗流重要结论：
① 每层土水头损失都相等，并且都等于总水头损失：$\Delta h_i = \Delta h$；$i_1 = i_2 = i_i$
② 总流量等于各层土流量之和：$q = \sum q_i$

竖直渗流重要结论：
① 每层土水头损失一般不相等，但总水头损失等于各层土水头损失之和：$\sum \Delta h_i = \Delta h$
② 每层土流量相等：$q = q_i$；$k_1 i_1 = k_2 i_2 = k_i i_i \rightarrow k_1 \dfrac{\Delta h_1}{h_1} = k_2 \dfrac{\Delta h_2}{h_2} = k_i \dfrac{\Delta h_i}{h_i}$

1.2.3 孔隙水压力计算

1.2.3.1 无渗流情况下水压力计算

孔隙水压力 u 是指把饱和土体中由孔隙水来承担或传递的压力定义为孔隙水压力，常以 u 表示，本质上是静水压强，单位是 kPa。其值等于该点的测压管水柱高度 h_w 与水的重度 γ_w 的乘积。

$$u = h_w \gamma_w \rightarrow \begin{cases} \text{静孔隙水压力：} \rightarrow \text{由静水位产生} \\ \text{超静孔隙水压力：} \rightarrow \text{由渗流、荷载等引起} \end{cases} \rightarrow \text{共同组成测压管水柱高度}$$

孔隙水压力 u 具有如下两个特征：

① 作用方向与受压面垂直,并指向受压面。

② 任一点孔隙水压力的大小和受压面方向无关,后者水作用于同一点上各方向的孔隙水压力大小相等。

如图 1.2-4（a）所示,静水中有一垂直平板 AC,平板上 B 点距静水面处垂直距离为 h,则 B 的孔隙水压力 $u_B = h\gamma_w$,垂直并指向受压面 AB。假定 B 点位置固定不动,平板 AC 绕 B 点转动一个方位,变成图 1.2-4（b）的情况。AC 改变方位前后,作用在 B 点的孔隙水压力大小仍然保持不变,仍为 $u_B = h\gamma_w$,但是作用方向发生了改变。

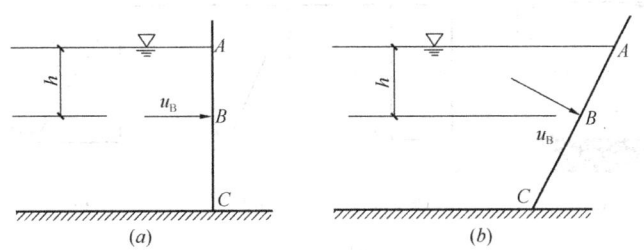

图 1.2-4

由孔隙水压力 u 的基本计算公式 $u = h_w \gamma_w$ 可知,u 与水深成线性函数关系。把某一受压面上 u 随水深的这种函数关系表示成图形,称为水压力分布图。其绘制规则是:

（1）按一定比例,用线段长度代表该点水压力的大小。

（2）用箭头表示水压力的方向,并与作用面垂直。

因为 u 与 h_w 为一次线性关系,故在深度方向水压力为直线分布,只要绘出两个点的水压力即可确定此直线。在图 1.2-5 中,A 点在自由水面上,其水压力 $u_A = 0$;B 点在水位下垂直距离 h,其水压力 $u_B = h\gamma_w$,用带箭头线段 DB 表示。连接直线 AD,则 ADB 即表示 AB 面上水压力分布图。

图 1.2-6 和图 1.2-7 为土力学中常见的代表性水压力分布图。

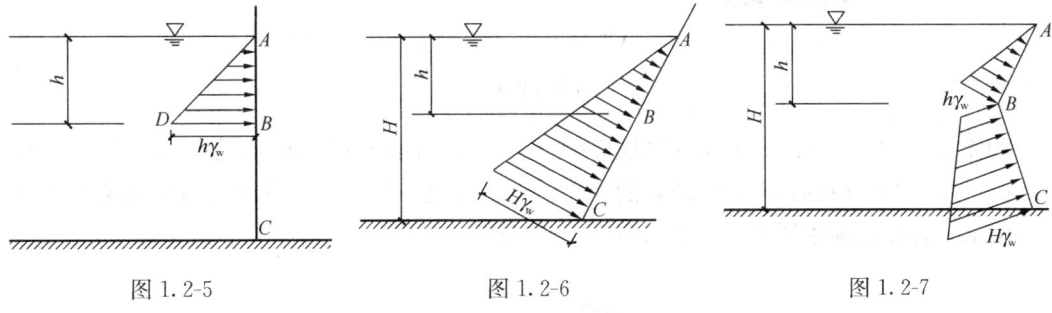

图 1.2-5 　　　　　　　图 1.2-6 　　　　　　　图 1.2-7

孔隙水压力作用于与之接触的固体表面上的总和,也就是合力,称为总水压力,用 E_w 表示,单位是 kN 或 kN/m。总水压力 E_w 计算解题思维流程总结如下:

作用面顶端处水压力 u_1(kPa)
作用面底端处水压力 u_2(kPa)
作用面长度（或面积）:L
总水压力大小（kN 或 kN/m）:$E = \dfrac{1}{2}(u_1 + u_2)L$
作用方向:垂直于作用面

【注】此处不讨论作用于曲面上的总水压力。

1.2.3.2 有渗流情况下水压力计算

图1.2-8（a）中A、B、C三点测压管水头（图1.2-8（b）所示）（或总水头）没变化，因此土层中无地下水渗流，各点测压管水柱高度如图1.2-8（c）所示，各点孔隙水压力如图1.2-8（d）所示。

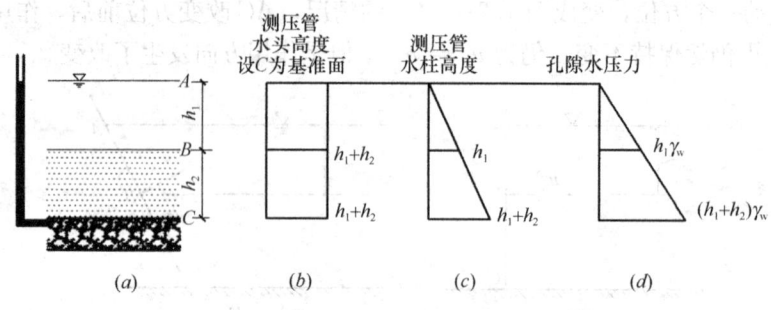

图1.2-8

地下水有渗流时可分为水流向下渗流和水流向上渗流两种情况。图1.2-9（a）中A、B两点测压管水头一致，均大于C点测压管水头（图1.2-9（b）所示），因此存在有B点到C点的竖直向下的渗流。各点测压管水柱高度如图1.2-9（c）所示，各点孔隙水压力如图1.2-9（d）所示。

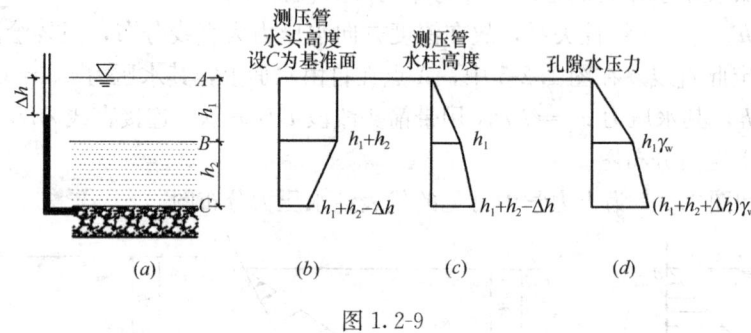

图1.2-9

图1.2-10（a）中A、B两点测压管水头一致，均小于C点测压管水头（图1.2-10（b）所示），因此存在有C点到B点的竖直向上的渗流。各点测压管水柱高度如图1.2-10（c）所示，各点孔隙水压力如图1.2-10（d）所示。

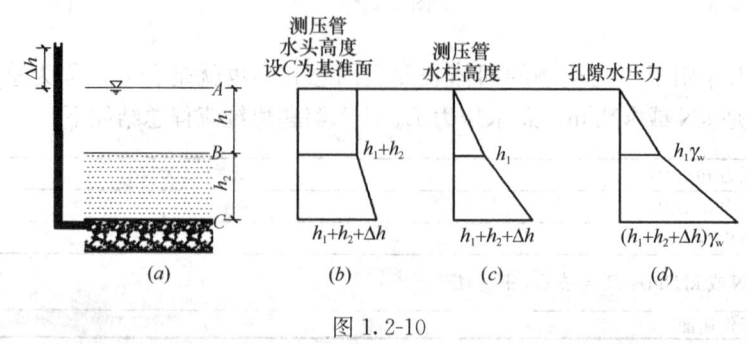

图1.2-10

1.2.3.3 存在承压水情况下水压力计算

承压水一般位于两个不透水层之间,承压性是承压水的重要特征。计算承压水水压力重点是确定计算位置处的测压管水柱的高度,然后判断是否有渗流,按照有无渗流的情况进行相应计算即可。

1.2.3.4 存在超静孔隙水压力的计算

关于超静孔隙水压力的计算,见本专题"1.6.1 单面排水饱和土单向应力条件下的超孔隙水压力"。

1.2.3.5 物体所受孔隙水压力与浮力的关系

当物体完全淹没于静止液体中时,作用于物体上的静水总压力等于该物体表面上所受静水压力的总和,静水总压力只有一个铅垂向上的力,其大小等于该物体所排开的同体积的水重,即 $F = \gamma_w V$。这一原理称为阿基米德原理。液体对完全淹没物体的作用力,由于方向向上故也称上浮力,上浮力的作用点在物体被淹没部分体积的形心,该点称为浮心。

1.2.4 二维渗流与流网

土力学教材

当渗流场中水头及流速等渗流要素不随时间改变时,称之为稳定渗流,在均匀且各向同性介质中的稳定渗流中,可以使用图解法即画"流网"的方法,求孔隙水压力、各点的水力坡降及流速和渗流量等。一组曲线称为流线,它们代表渗流的方向。一组曲线称为等势线,在任一条等势线上各点的总水头是相等的;等势线和流线垂直交织在一起形成的网格叫流网。流网示意图见图 1.2-11。

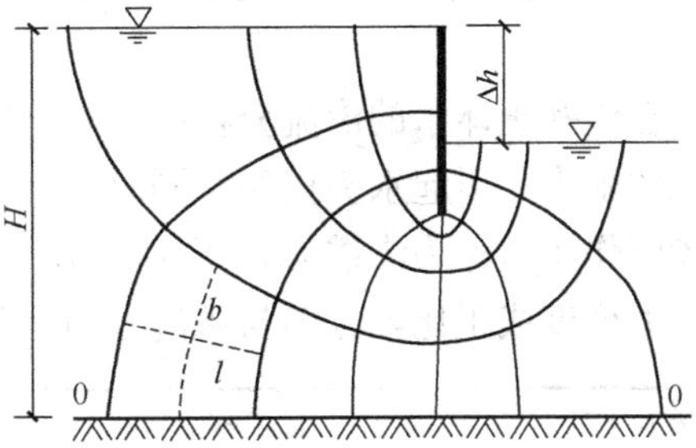

图 1.2-11

流网性质:
① 流线与等势线彼此正交;
② 每个网格的长宽比 $c = b/l$ 为常数;为了标准化,可以取 $c = 1$,即为曲边正方形;
③ 相邻等势线间的水头损失相等;
④ 各流槽的渗流量相等;
⑤ 与上下游水位变化无关,即总水头差 Δh 为常量;
⑥ 与 k 无关;
⑦ 等势线上各点测管水头 h 相等。

流网的解题思维流程总结如下:

确定流线条数	确定等势线条数
总水头差(m)Δh	等势线间隔数 N_d = 等势线条数 − 1
等势线间的水头损失 $\Delta h_i = \dfrac{\Delta h}{N_d}$	

续表

每两条等势线间的水力梯度 $i = \dfrac{\Delta h_i}{l_i} = \dfrac{\Delta h}{N_d l_i}$ l_i 为两条等势线间平均流线长度	某点孔隙水压力（kPa） $u = (H - n \cdot \Delta h_i - z)\gamma_w$ n 为该点与最高水面的等势线间隔数 z 为该点位置水头（m）
渗透系数 k (cm/s)	
每个流槽的流量（cm³/s） $\Delta q = Aki = (b_i \times 1) \times k \dfrac{\Delta h_i}{l_i} = k \dfrac{\Delta h_i b_i}{l_i} = k \dfrac{\Delta h}{N_d} \cdot \dfrac{b_i}{l_i}$	
流槽数 $N_f = $ 流线条数 -1	
总渗流量（cm³/s） $q = \Delta q \cdot N_f = k\Delta h \cdot \dfrac{N_f}{N_d} \cdot \dfrac{b_i}{l_i}$	

【注】① 确定流线条数时，勿漏掉沿着挡水构件和沿着不透水层底的这两条；
② 最大水力梯度处，即最短流线处。

1.2.5 渗透力和渗透变形

土力学教材；
《水利水电工程地质勘察规范》附录G；
《工程地质手册》（第五版）P1253～1260

在饱和土体水的渗流分析中，把土颗粒骨架视为不可变形的刚体，发生渗流时，受到土粒的阻力，引起水头损失，同时水也对土颗粒施加渗流作用力，单位体积土骨架所受到的渗流作用力称为渗透力，用 J 表示。渗透力是一种体积力，单位是 kN/m³。力的大小和水力梯度成正比，方向与渗流方向一致。

渗透力		
总水头差 Δh (m)		渗流流过总长度 l (m)
平均水力坡降 $i = \dfrac{\Delta h}{l}$	单位体积渗透力（kN/m³） $J = \gamma_w i$	
	单位面积渗透压力（kPa） $p_J = Jh = \gamma_w ih$（h 为相应土层计算厚度）	

土工建筑物及地基由于渗流作用而出现的变形或破坏叫做渗透破坏。
渗透破坏类型：
（1）管涌：在渗流作用下，土体中的细颗粒在粗颗粒所形成的通道中被移动、带走的现象叫管涌。
　　原因：内因——有足够多的粗颗粒形成大于细粒直径的孔隙（颗粒级配情况）；
　　外因——渗透力足够大。
（2）流土：在自下而上的渗流发生时，渗流压力的大小超过土重度，土颗粒完全失重，土体的表面隆起、浮动或某颗粒群悬浮、移动的现象称为流土。
发生流土的条件：当竖向渗流力等于土体的有效重量（浮重度）时，土体就处于流土临界状态。只要发生自下而上的渗流且水力梯度大于或等于临界水力梯度,就会出现流土现象。以濒临渗透破坏时的水力梯度称为临界水力梯度,用 i_{cr} 表示。

$$J = \gamma_w i \geqslant \gamma' = \frac{G_s - 1}{1 + e} \gamma_w \rightarrow i_{cr} = \frac{\gamma'}{\gamma_w} = (G_s - 1)(1 - n) = \frac{G_s - 1}{1 + e}$$

《水利水电工程地质勘察规范》附录 G,对渗透变形判别做了更加详细的规定,分得更详细,分为流土、管涌、接触冲刷、接触流失四种。

渗透变形类型判别

确定相应粒径:有效粒径 d_{10};限制粒径 d_{60}		不均匀系数 $C_u = \dfrac{d_{60}}{d_{10}}$	
黏性土	流土	临界水力比降(坡降) $i_{cr} = \dfrac{\gamma'}{\gamma_w} = (G_s - 1)(1 - n) = \dfrac{G_s - 1}{1 + e}$	
无黏性土 不均匀系数 $C_u \leqslant 5$	流土		
确定其他相应粒径:d_3;d_5;d_{20};d_{70}			
无黏性土 不均匀系数 $C_u > 5$	粗细颗粒区分粒径 $d = \sqrt{d_{70} \cdot d_{10}}$	孔隙率 $n = \dfrac{e}{1 + e}$	土的渗透系数 k (m/s)
	细粒土含量 $P < 25\%$	$25\% \leqslant P < 35\%$	$P \geqslant 35\%$
	管涌	过渡型	流土
	$i_{cr} = \dfrac{42 d_3}{\sqrt{\dfrac{k}{n^3}}}$	$i_{cr} = 2.2(G_s - 1)(1 - n)^2 \dfrac{d_5}{d_{20}}$	$i_{cr} = (G_s - 1)(1 - n)$
允许水力比降:$i_{允许} = i_{cr}/K$		安全系数 K,一般取 $1.5 \sim 2.0$;渗流稳定对水工建筑物危害较大,取 2;特别重要的工程可取 2.5	

【注】①求孔隙率或孔隙比时,利用"1.1.2 土的三相特征解题思维流程",一般较简单,直接利用"一条公式"即可。

$$e = \frac{V_v}{V_s} = \frac{G_s(1 + w)\rho_w}{\rho} - 1 = \frac{G_s \rho_w}{\rho_d} - 1 = \frac{G_s w}{S_r}$$

$$= \frac{n}{1 - n} = \frac{G_s \rho_w}{\rho_{sat} - \dfrac{e \rho_w}{e + 1}} - 1 = \frac{G_s \rho_w}{\rho' + 1 - \dfrac{e \rho_w}{e + 1}} - 1$$

②《水利水电工程地质勘察规范》附录 G 中,临界水力比降和允许水力比降分别用 J_{cr}、$J_{允许}$ 表示,这里为了统一,统一用符号 i_{cr}、$i_{允许}$ 表示。

③《碾压式土石坝设计规范》对于渗透变形的判断仍沿用旧方法,具体可参考附录 C,此处不再介绍。

1.2.6 渗透系数测定

1.2.6.1 室内渗透试验

土力学教材;《土工试验方法》16

渗透系数是直接衡量土的透水性强弱的一个重要的力学性质指标。实验室内测定渗透系数可分为:常水头试验和变水头试验。

常水头法是在整个试验过程中，水头保持不变。常水头法适用于透水性强的无黏性土。变水头法在整个试验过程中，水头是随着时间而变化的，适用于透水性弱的黏性土。

室内渗透试验求解渗透系数解题思维流程总结如下：

常水头试验，适用于粗粒土	变水头试验，适用于细粒土
时间 t (s) 时间 t 内的渗出水量 Q (cm^3) 试样的断面积 A (cm^2) 两测压管中心间距（试样高度）L (cm) 两侧管的水头差 H (cm) 渗透系数 (cm/s) $k_T = \dfrac{QL}{AHt}$	测读水头的起始时间和终止时间 t_1, t_2 (s) 变水头管的截面积 a (cm^2) 试样的断面积 A (cm^2) 渗径即试样高度 L (cm) 起始水头和终止水头 H_1, H_2 (cm) 渗透系数 $k_T = 2.3 \dfrac{aL}{A(t_1-t_2)} \lg \dfrac{H_1}{H_2}$
根据计算的渗透系数，应取 3~4 个在允许差值范围内的数据的平均值，作为试样在该孔隙比下的渗透系数（允许差值不大于 2×10^{-n}）	

【注】本试验以水温 20℃为标准温度，标准温度下的渗透系数应按下式计算：

T℃时试样的渗透系数 k_T (cm/s)	
T℃时水的动力黏滞系数 η_T (kPa·s)	20℃时水的动力黏滞系数 η_{20} (kPa·s)
标准温度时试样的渗透系数 (cm/s) $k_{20} = k_T \dfrac{\eta_T}{\eta_{20}}$	

水的动力黏滞系数、黏滞系数比、温度校正值，可查《土工试验方法标准》表 8.3.5-1。

1.2.6.2 现场抽水试验

《工程地质手册》（第五版）P1233~1240

基本概念

完整井：贯穿整个含水层，在全部含水层厚度上都安装有过滤器并能全断面进水的井。揭穿整个含水层，并在整个含水层厚度上都进水的井。

非完整井：未完全揭穿整个含水层，或揭穿整个含水层，但只有部分含水层厚度上进水的井。

潜水井：揭露潜水含水层的水井。又称无压井。

承压水井：揭露承压含水层的水井。又称有压井。

交叉命名：

现场抽水试验类型：潜水完整井，潜水非完整井，承压水完整井，承压水非完整井（图 1.2-12）。

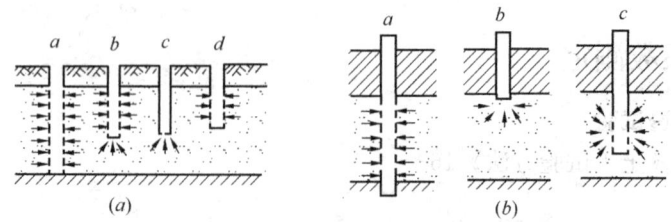

图 1.2-12 完整井和非完整井
(a) 潜水井；(b) 承压水井

1.2 地下水

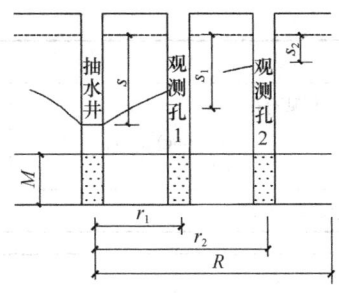

图 1.2-13

利用现场抽水试验确定渗透系数 k，或者反求其中的过程量，比如抽水井抽水量 Q，必须首先确定井的类型以及观测孔的个数，确定相应的计算公式，这里公式较多，万不可用错，然后直接代数据即可。

各类井解题思维流程总结如下：

① 潜水完整井——单孔抽水/一个观测孔/两个观测孔

潜水含水层厚度 H(m)			
抽水孔 降深 s(m)	观测孔 1 水位降深 s_1(m)	观测孔 2 水位降深 s_2(m)	
抽水孔 半径 r(m)	观测孔 1 到抽水孔距离 r_1 (m)	观测孔 2 到抽水孔距离 r_2 (m)	抽水影响半径（单孔抽水） (m) $R=2s\sqrt{Hk}$
抽水井抽水量 Q(m³/d)			
单孔抽水，渗透系数 (m/d) $k=\dfrac{0.732Q}{(2H-s)\cdot s}\lg\dfrac{R}{r}$	一个观测孔 (m/d) $k=\dfrac{0.732Q}{(2H-s-s_1)(s-s_1)}\lg\dfrac{r_1}{r}$	两个观测孔 (m/d) $k=\dfrac{0.732Q}{(2H-s_1-s_2)(s_1-s_2)}\lg\dfrac{r_2}{r_1}$	
注：如果测量多次，则计算平均值，注意剔除异常值			

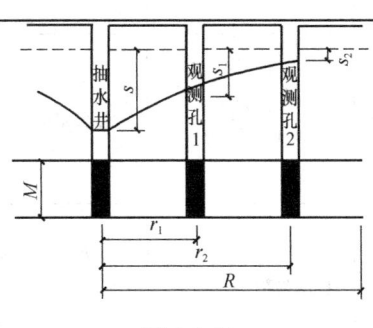

图 1.2-14

② 承压水完整井——单孔抽水/一个观测孔/两个观测孔

承压水含水层厚度 M(m)			
抽水孔 降深 s(m)	观测孔 1 水位降深 s_1(m)	观测孔 2 水位降深 s_2(m)	
抽水孔 半径 r(m)	观测孔 1 到抽水孔距离 r_1 (m)	观测孔 2 到抽水孔距离 r_2 (m)	抽水影响半径（单孔抽水） (m) $R=10s\sqrt{k}$

续表

抽水井抽水量（m³/d）Q		
单孔抽水（m/d）	一个观测孔（m/d）	两个观测孔（m/d）
$k = \dfrac{0.366Q}{M \cdot s} \lg \dfrac{R}{r}$	$k = \dfrac{0.366Q}{M(s-s_1)} \lg \dfrac{r_1}{r}$	$k = \dfrac{0.366Q}{M(s_1-s_2)} \lg \dfrac{r_2}{r_1}$

注：如果测量多次，则计算平均值，注意剔除异常值

③ 潜水完整井——根据水位恢复速度计算渗透系数

潜水含水层厚度 H (m)		抽水井半径 r_w (m)
最初始水位降深 s_1 (m)	观测时间 t (d)	第二次水位降深 s_2 (m)

渗透系数（m/d）$k = \dfrac{3.5 r_w^2}{(H+2r_w) \cdot t} \ln \dfrac{s_1}{s_2}$

注：随着观测时间越长，k 越稳定，所以此处不用计算平均值

④ 其他井根据水位恢复速度计算渗透系数

根据水位恢复速度计算渗透系数

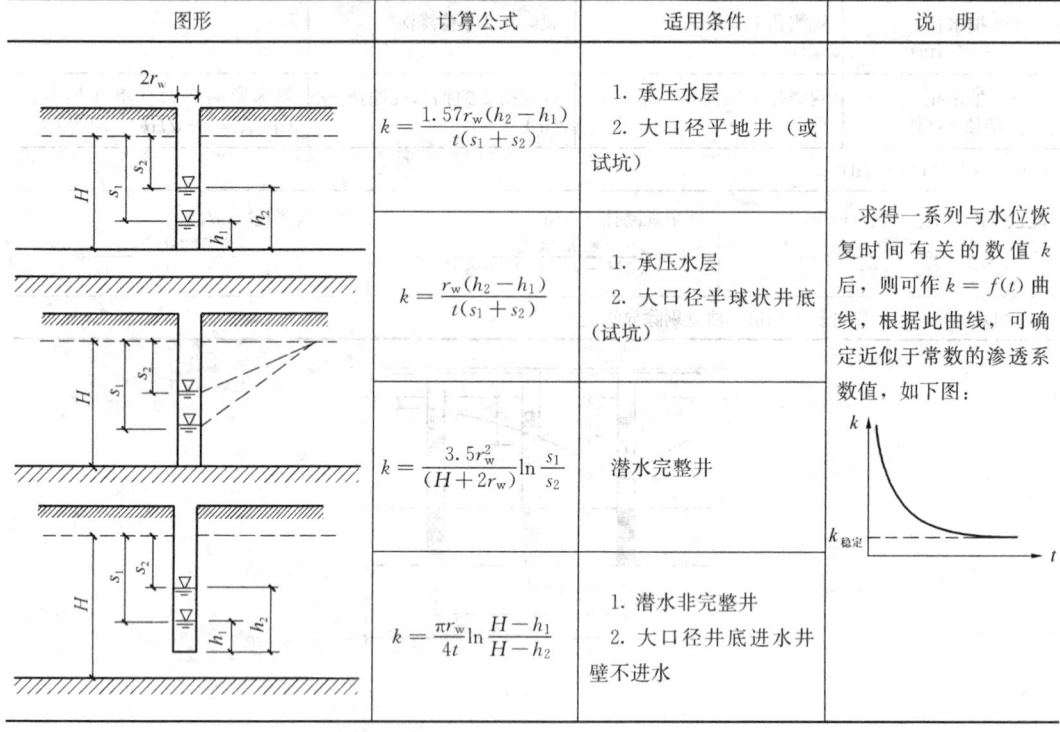

图形	计算公式	适用条件	说　明
	$k = \dfrac{1.57 r_w (h_2-h_1)}{t(s_1+s_2)}$	1. 承压水层 2. 大口径平地井（或试坑）	求得一系列与水位恢复时间有关的数值 k 后，则可作 $k=f(t)$ 曲线，根据此曲线，可确定近似为常数的渗透系数值，如下图：
	$k = \dfrac{r_w(h_2-h_1)}{t(s_1+s_2)}$	1. 承压水层 2. 大口径半球状井底（试坑）	
	$k = \dfrac{3.5 r_w^2}{(H+2r_w)t} \ln \dfrac{s_1}{s_2}$	潜水完整井	
	$k = \dfrac{\pi r_w}{4t} \ln \dfrac{H-h_1}{H-h_2}$	1. 潜水非完整井 2. 大口径井底进水井壁不进水	

1.2.6.3　现场压水试验

《水利水电工程钻孔压水试验规程》DL/T 5331—2005；
《工程地质手册》（第五版）P1240～1247

基本概念

钻孔压水试验：用栓塞将钻孔隔离出一定长度的孔段，并向该孔段压水，根据一定时

1.2 地下水

间内压入水量和施加压力大小的关系来确定岩体透水性的一种原位渗透试验。

试段长度：压水试验时水可以进入岩体的孔段长度。单栓塞隔离时为栓塞底部至孔底的长度，双栓塞隔离时为两栓塞之间的长度。

试验压力：作用在试段内的实际平均压力。

管路压力损失：水流经工作管路因流体摩阻而损失的压力值。

栓塞：将钻孔隔离出单独封闭孔段的试验设备。

透水率：表达试段岩体透水性的指标。透水率的计量单位为吕荣，符号为 Lu。

钻孔压水试验一般随钻孔的加深自上而下地用单栓塞分段隔离进行。对于岩体完整、孔壁稳定的孔段，可在连续钻进一定深度（不宜超过 4m）后，用双栓塞分段进行压水试验。试验段长度一般为 5.0m。

压水试验宜按三级压力五个阶段进行，即按 $P_1 - P_2 - P_3 - P_4(=P_2) - P_5(=P_1)$ 进行，其中 $P_1 < P_2 < P_3$，P_1、P_2、P_3 三级压力宜分别为 0.3MPa、0.6MPa 和 1.0MPa。

压水试验确定渗透系数，首先确定 P-Q 曲线类型，使用相应的试验段压力（P_1 或 P_3）进行计算，当然确定第三试验段压力 P_3 也是重点。

现场压水试验解题思维流程总结如下：

	一般情况 $P_3 = 1.0$MPa
确定第三试验段压力	当压力表安设在与试验段连同的测压管上 压力表指示压力 P_p（MPa） 压力表中心至压力计算零线的水柱压力 P_z（MPa） 试验压力（MPa）$P_3 = P_p + P_z$
	当压力表安设在进水管 管路压力损失 P_s（MPa） 试验压力（MPa）$P_3 = P_p + P_z - P_s$

压力计算零线的确定：

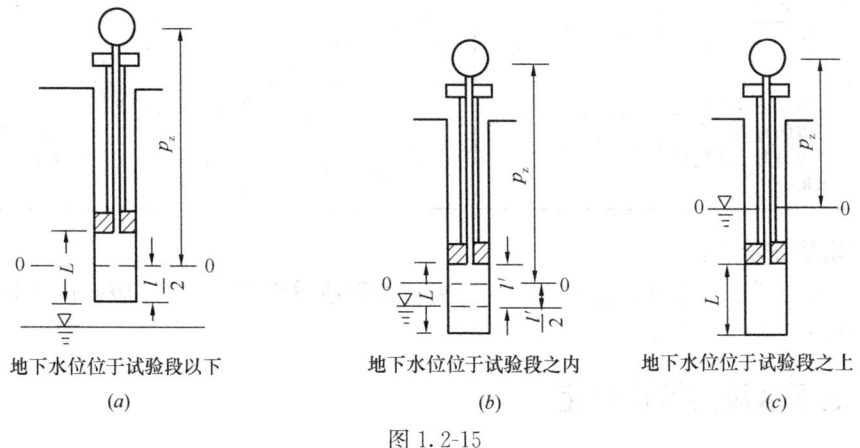

地下水位位于试验段以下　　地下水位位于试验段之内　　地下水位位于试验段之上
(a)　　　　　　　　　　　　　(b)　　　　　　　　　　　　　(c)

图 1.2-15

p_z—水柱压力（自压力表中心至压力计算零线的铅直距离）；L—试验段长度；l'—地下水位以上试验段长度

压力计算零线（0—0）按以下三种情况确定：

① 地下水位位于试验段以下时，以通过试段 1/2 处的水平线作为压力计算零线，见图 1.2-15 (a)；

② 地下水位位于试段之内时，以通过地下水位以上试段1/2处的水平线作为压力计算线，见图 1.2-15 (b)；

③ 地下水位位于试验之上时，且试段在该含水层中，以地下水位线作为压力计算零线，见图 1.2-15 (c)。

试验段透水率计算	第三阶段的压入水量 Q_3 (L/min) 试段长度 l (m) 试段透水率 (Lu) $q = \dfrac{Q_3}{lP_3}$ 注意：试段透水率取两位有效数字，透水率小于0.10Lu时记为零
岩体渗透系数计算	(D) 1 当试验段位于地下水位以下，透水性较小（$q<10$Lu），P-Q 曲线为 A（层流）型时 压入流量 Q (m³/d) 试验水头 H (m) 试段长度 l (m) 钻孔半径 r_0 (m) 岩体渗透系数 (m/d) $k = \dfrac{Q}{2\pi Hl}\ln\dfrac{l}{r_0}$ (D.1) (D) 2 当试验段位于地下水位以下，透水性较小（$q<10$Lu），P-Q 曲线为 B（紊流）型时，可以第一阶段试验压力 P_1（换算成水头，以米计）和压入流量 Q_1 代入式（D.1）近似计算渗透系数

【注】①试验水头 H 可根据试验压力 P 换算得来，1m 水柱压力为 9.8kPa（根据题意，可近似为10kPa），如当 $P_3 = 1.0$MPa 时，换算成试验水头近似为100m。

② P-Q 曲线类型及曲线特点

P-Q 曲线类型及曲线特点   表 1.2-2

类型名称	A 型（层流）	B 型（紊流）	C 型（扩张）	D 型（冲蚀）	E 型（充填）
P-Q 曲线					
曲线特点	升压曲线为通过原点的直线，降压曲线与升压曲线基本重合	升压曲线凸向 Q 轴，降压曲线与升压曲线基本重合	升压曲线凸向 P 轴，降压曲线与升压曲线基本重合	升压曲线凸向 P 轴，降压曲线与升压曲线不重合，呈顺时针环状	升压曲线凸向 Q 轴，降压曲线与升压曲线不重合，呈逆时针环状

1.2.6.4 现场注水试验

这里注岩真题还未考过，岩友可自行参阅《工程地质手册》（第五版）P1247～1253，介绍得很详细，不再赘述。

1.2.7 地下水流向流速测定

土力学教材

《工程地质手册》（第五版）P1230～1233

地下水的流向可用三点法测定。沿等边三角形（或近似的等边三角形）的顶点布置钻孔，以其水位高程编绘等水位线图。垂直等水位线并向水位降低的方向为地下水流向，三点间孔距一般取 50～150m。

地下水流向流速测定解题思维流程总结如下：

确定孔位置（需要自己画大地坐标轴确定点位的时候，正北方向为 x 轴，和数学中平面直角坐标系是反着的）	
确定等势线：将静水位相等的点相连接即可	
确定流线：流线与等势线垂直，即确定了水流方向，从水势高处向水势低处流	
总水头差（m）Δh	渗流流过总长度（m）l
平均水力坡降 $i = \dfrac{\Delta h}{l}$	
渗透系数 k（cm/s）	渗流速度（cm/s）$v = ki$

1.2.8　地下水的矿化度

《工程地质手册》（第五版）P1216

矿化度或总矿化度：单位体积地下水中可溶性盐类的质量，常用单位为 g/L 或 mg/L。

计算方法：全部阴阳离子含量的总和（HCO_3^- 含量取一半）				
地下水按矿化度分类				
类别	淡水	低矿化水（微咸水）	中矿化水（咸水）	高矿化水（盐水）	卤水
矿化度（g/L）	<1	1～3	3～10	10～50	>50

1.3　土　中　应　力

土中应力包含基底压力、自重应力和附加应力，其中附加应力分为基底附加压力和地基附加应力。

【注】土力学中所称的压力，很多时候是指单位宽度或者单位面积上的压力，当压力是指单位面积上压力时，此时和"应力"概念是等效的，这点务必注意。比如自重，有的教材称为自重压力，有的称为自重应力，当然更准确的表达是"应力"，这样就能和物理学、材料力学相统一。

1.3.1　有效应力原理

自重应力（自重压力）：由于土体本身自重引起的应力，土颗粒上受到的"重力"，可分为竖向自重应力和水平向自重应力。

有效应力原理：饱和土体内任一平面上受到的总应力 σ 可分为两部分土体自重应力 σ' 和孔隙水压力 u，并且 $\sigma = \sigma' + u$。

有效应力原理的作用：

① 有效应力一般很难直接测得。当总应力已知或容易测得时，然后对孔隙水压力测

定或算定，通过有效应力原理，就可以求得有效应力。

② 土的变形与强度都只取决于有效应力。孔隙水压力对土颗粒间摩擦、土粒的破碎没有贡献，并且水不能承受剪应力，因而孔隙水压力对土的强度没有直接的影响；孔隙水压力在各个方向相等，只能使土颗粒本身受到等向压力，由于颗粒本身压缩模量很大，故土粒本身压缩变形极小。因而孔隙水压力对变形也没有直接的影响，土体不会因为受到水压力的作用而变得密实。因此土自重压力，一般情况下均指有效自重压力。

1.3.2 自重应力

1.3.2.1 自重应力计算基本方法

① 均质土的自重应力

在计算土中自重应力时，假设天然地面是半空间（半无限体）表面的无限大的水平面，在任意竖直面和水平面上均无剪应力存在。

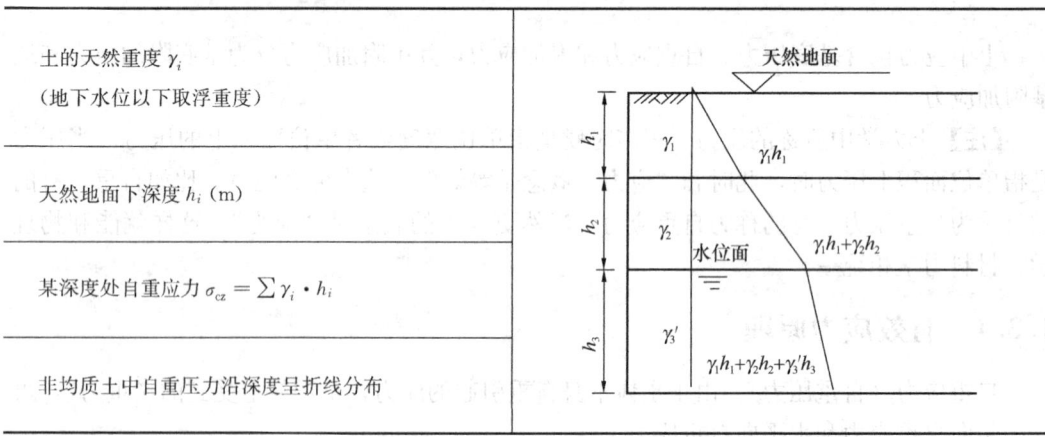

土的天然重度 γ（地下水位以下取浮重度）
天然地面下任意深度 z（m）
深度 z 处自重应力 $\sigma_{cz} = \gamma \cdot z$
可以看出自重应力 σ_{cz} 随深度按直线规律分布，其斜率为重度 γ

② 成层土的自重应力计算

土的天然重度 γ_i（地下水位以下取浮重度）
天然地面下深度 h_i（m）
某深度处自重应力 $\sigma_{cz} = \sum \gamma_i \cdot h_i$
非均质土中自重压力沿深度呈折线分布

【注】在地下水位以下，如埋藏有不透水层（例如岩层或只含结合水的坚硬黏土层），由于不透水层中不存在水的浮力，所以不透水层顶面的自重应力值及其以下深度的自重应力值应按上覆土层的水土总重计算。

③ 水平向的侧向自重应力计算

1.3 土中应力

地基中除有作用于水平面上的竖向自重压力外，在竖直面上还作用有水平向的侧向自重应力，侧向自重应力 σ_{cx} 和 σ_{cy} 与自重应力 σ_{cz} 成正比，而剪应力均为 0。

$$\sigma_{cx} = \sigma_{cy} = K_0 \sigma_{cz}$$

式中比例系数 K_0 称为静止侧压力系数
K_0 具体可见 "5.1.1 朗肯主动土压力"

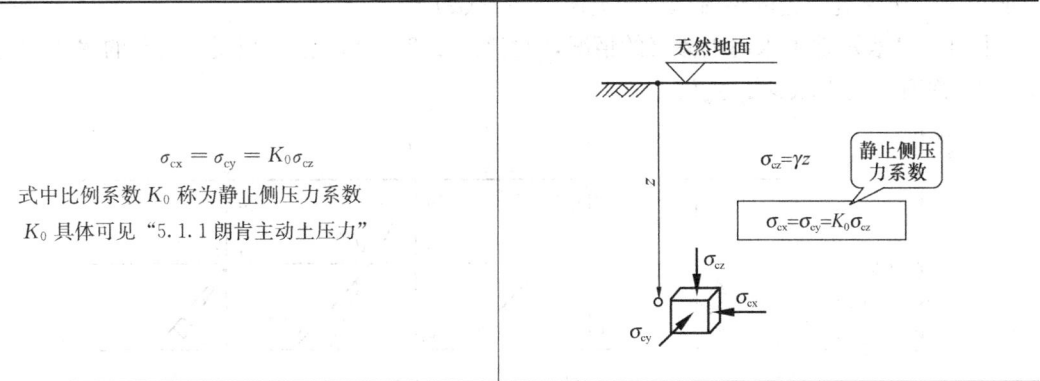

1.3.2.2 竖直稳定渗流下自重应力计算

图 1.3-1（a）表示土层中无地下水渗流的情况，土层底部 C 点测压管水位和 A 点相平，这时 A、B、C 各点的总应力，孔隙水应力和有效应力分别示于图 1.3-1 中（b）、（c）、（d）中。

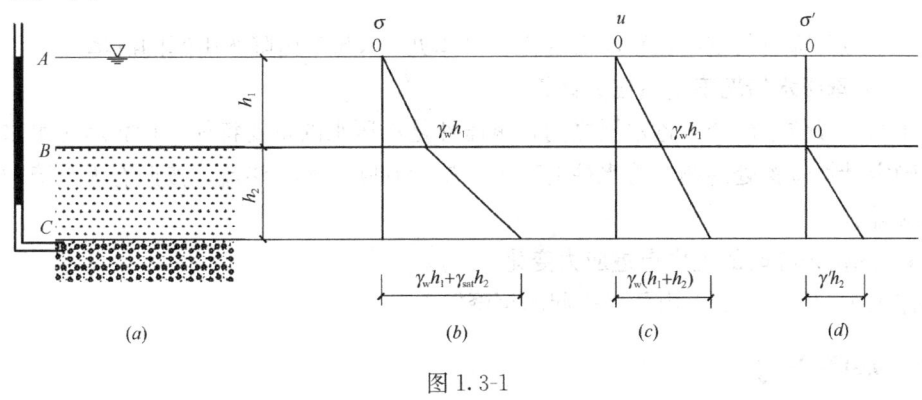

图 1.3-1

地下水有渗流时可分为水流向下渗流和水流向上渗流两种情况，水流向下渗流情况如图 1.3-2（a）所示。若土层底部 C 点测压管的水位低于 A 点，水势差为 h。图 1.3-2（b）表示竖向剖面上总应力 σ 的分布，图 1.3-2（c）为孔隙水应力 u 的分布，可以看由于 C 点

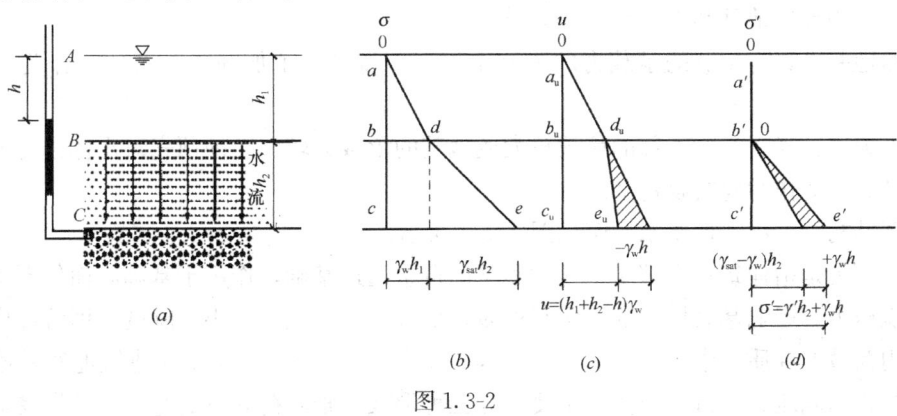

图 1.3-2

的水头比无渗流情况低 h，因此孔隙水压力分布图为 $a_u-b_u-c_u-e_u-d_u$，图中阴影部分表示因渗流造成的损失，按有效应力的概念，C 点的有效应力相应增加了 $\gamma_w h$，阴影部分的面积是由于渗流引起的渗流压力，见图 1.3-2（d）。

图 1.3-3 表示地下水向上渗流的情况，对比图 1.3-2 情况正好相反，C 点的水压力增加 $\gamma_w h$；而有效应力减少了 $\gamma_w h$。

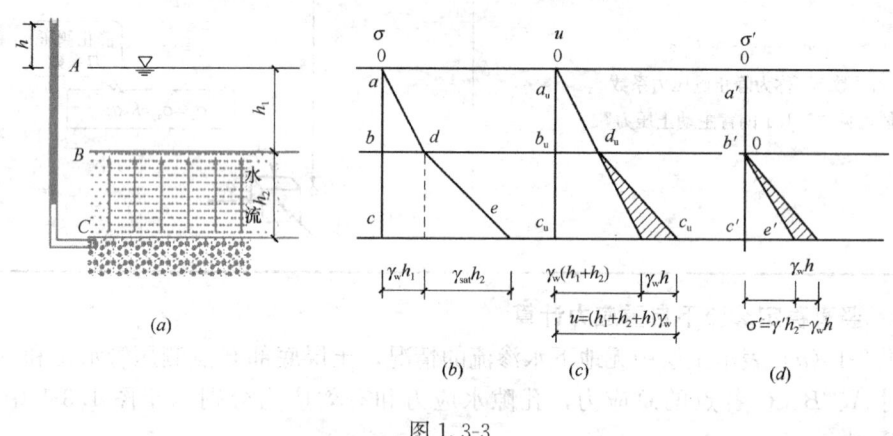

图 1.3-3

地下水位升降时的土中自重应力变化，具体见"1.5.1 由降水引起的沉降"。

1.3.2.3　有承压水情况下自重应力计算

承压水一般位于两个不透水层之间，承压性是承压水的重要特征。计算承压水水压力重点是确定计算位置处的测压管水柱的高度，然后判断是否有渗流，按照有无渗流的情况进行相应计算即可。

1.3.2.4　水位升降时的土中自重应力变化

具体见本专题"1.5.1 由降水引起的沉降"。

1.3.3　基底压力

《建筑地基基础设计规范》5.2.2

地基是指承受由基础传来的荷载的土层，地基不是建筑物的组成部分。地基按土层性质不同，分为天然地基和人工地基两大类。

天然地基：具有足够的承载力的天然土层，不需经人工加固或改良便可作为建筑物地基。

人工地基：当建筑物上部的荷载较大或地基的承载力较弱，须预先对土体进行人工加固或改良后才能作为建筑物地基。

上部结构、基础与地基示意图如图 1.3-4 所示。

基底压力是指建筑物上部结构荷载和基础自重通过基础，作用于基础底面传至地基的单位面积压力。影响基底压力的因素有很多，如基础的形状、大小、刚度、埋置深度、基础上作用荷载的性质（中心、偏心、倾斜等）及大小、地基土性质。《建筑地基基础设计规范》中将基底压力进行了简化，主要分为三种形式，轴心荷载下的基础，其所受荷载的

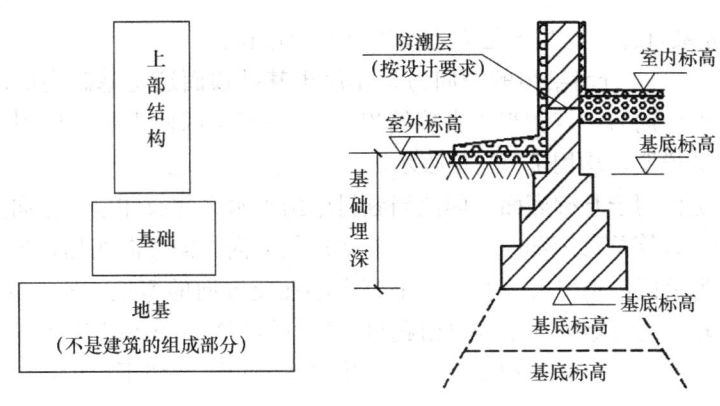

图 1.3-4

合力通过基底形心。基底压力假定为均匀分布；对于单向偏心荷载下的矩形基础，基底压力假定为线性分布，基底两边缘最大、最小压力计算公式，是按材料力学短柱偏心受压公式推导而来。

分布形式如图 1.3-5 所示：

图 1.3-5 (a) 为偏心距 $e=0$ 轴心压力情况；

图 1.3-5 (b) 为偏心距 $0<e\leqslant\dfrac{b}{6}$ 小偏心受压情况，其中 $e=\dfrac{b}{b}$ 为大小偏心分界点；

图 1.3-5 (c) 为偏心距 $e>\dfrac{b}{6}$ 大偏心受压情况，特别要注意对于大偏心受压，基底存在零压力区和非零压力区，非零压力区的面积比较重要，一定要会求。

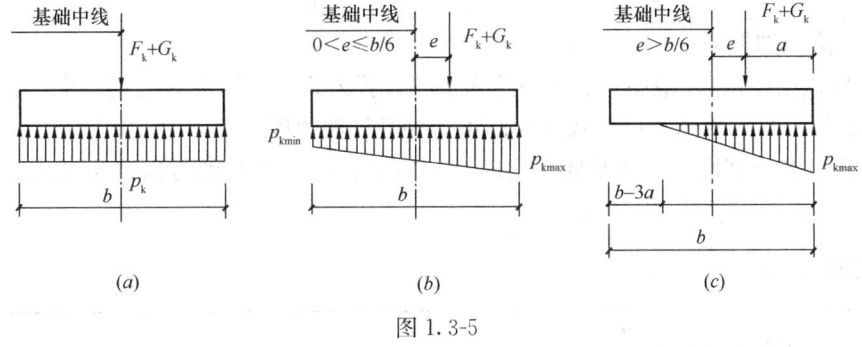

图 1.3-5

(1) 矩形/条形基础下基底压力的计算解题思维流程总结如下

① 判断偏心距

基础力矩作用方向的边长 b （不一定是短边）		基础另一个方向的边长 l （条形基础，则设 $l=1$）
对基础受力分析	相应于作用标准组合，上部结构传至基础顶面的竖向力 F_k	
	基础自重及其上土总重力 $G_k=\gamma_G \cdot bl \cdot d$ 其中 γ_G 为基础及其上土平均重度，无题目无特殊说明，一般取 $20kN/m^3$，水下取浮重度 $10kN/m^3$； d 基础埋深，若室内外埋深不一致时，取平均埋深。	
	相应于作用标准组合，上部结构传至基础底面的力矩值（弯矩值）M_k	
判断偏心距 $e=\dfrac{M_k}{F_k+G_k}\geqslant\dfrac{b}{6}$ （更准确的 $e=\dfrac{\Sigma F_{kiy}e_{kiy}\pm\Sigma F_{kix}e_{kix}\pm M_k}{\Sigma F_{kiy}+G}=\dfrac{\text{总力矩和}}{\text{总竖向力}}\geqslant\dfrac{b}{6}$）		

【注】a. 一定要注意，这里 b 是力矩作用方向的边长。

b. 做题时，一定要分清给出的竖向力是作用于基础顶面还是基础底面。若直接给出作用于基础底面的竖向力，就相当于直接给出了 F_k+G_k，因此本书中作用于基础底面的竖向力，若无特殊说明，均用 F_k+G_k 表示。

c. 式中 M_k 是作用于基础底面，因此当题目中给出水平荷载和偏心竖向力的时候，一定要计算弯矩和。计算总弯矩和时，一定注意弯矩的方向，同方向相加，异方向相减；若计算出偏心距 e 为负值，则代表偏心距 e 偏离中心在负方向的弯矩一侧，应取其绝对值，再与 $b/6$ 进行比较；总弯矩和的组成可由题目中的直接弯矩、水平力产生的弯矩、偏心竖向力产生的弯矩等组成，不要漏掉某一个力产生的弯矩；G_k 一般不产生弯矩。

② 轴心受压（$e=0$）

基底平均压力 $p_k = \dfrac{F_k+G_k}{bl} = \dfrac{F_k}{bl} + \gamma_G d$

③ 小偏心受压 $\left(0 < e \leqslant \dfrac{b}{6}\right)$

最大基底压力 $p_{kmax} = \dfrac{F_k+G_k}{bl} + \dfrac{M_k}{W} = \dfrac{F_k+G_k}{bl}\left(1+\dfrac{6e}{b}\right) = p_k + \dfrac{M_k}{W} = p_k\left(1+\dfrac{6e}{b}\right)$
最小基底压力 $p_{kmin} = \dfrac{F_k+G_k}{bl} - \dfrac{M_k}{W} = \dfrac{F_k+G_k}{bl}\left(1-\dfrac{6e}{b}\right) = p_k - \dfrac{M_k}{W} = p_k\left(1-\dfrac{6e}{b}\right)$

【注】a. W 基础底面抵抗矩，对于矩形基础 $W = \dfrac{lb^2}{6}$，且一定要注意 b 是力矩作用方向的边长，边长勿取混。

b. 之所以给出最大/最小基底压力这么多的计算公式，是因为题目较多变，根据题目给的已知数据，直接找到相应公式代入即可，提高做题速度。

c. 当题目要求基底某一侧基底压力时，一定要根据力矩和的方向确定是求最大还是最小基底压力。这个需要自己判断。

④ 大偏心受压 $\left(\dfrac{b}{6} < e\right)$

此时非零应力区面积 $= 3a \cdot l = 3\left(\dfrac{b}{2}-e\right)l$	
最小基底压力 $p_{kmin} = 0$	最大基底压力 $p_{kmax} = \dfrac{2(F_k+G_k)}{3la} = \dfrac{2(F_k+G_k)}{3l\left(\dfrac{b}{2}-e\right)}$

【注】判定大小偏心除了根据偏心距 e 与 $\dfrac{b}{6}$ 大小关系进行判定，也可根据题中给的基底压力分布形式进行判断，当基底不出现零压力区，即为小偏心；当基底出现零压力区，即为大偏心。

（2）圆形基础下基底压力的计算

此时，偏心距 e 要与 $\dfrac{d}{8}$ 进行比较，d 为圆形基础直径，基础底面抵抗矩 $W = \dfrac{\pi d^3}{32}$，计

算流程是一致的，即

① 轴心受压 ($e = 0$)

基底平均压力 $p_k = \dfrac{4(F_k + G_k)}{\pi d^2}$

② 小偏心受压 $\left(0 < e \leqslant \dfrac{d}{8}\right)$

最大基底压力 $p_{kmax} = \dfrac{4(F_k + G_k)}{\pi d^2} + \dfrac{M_k}{W} = p_k + \dfrac{M_k}{W} = \dfrac{4(F_k + G_k)}{\pi d^2}\left(1 + \dfrac{8e}{d}\right)$
最小基底压力 $p_{kmin} = \dfrac{H(F_k + G_k)}{\pi d^2} - \dfrac{M_k}{W} = p_k - \dfrac{M_k}{W} = \dfrac{4(F_k + G_k)}{\pi d^2}\left(1 - \dfrac{8e}{d}\right)$

1.3.4 附加应力

土力学教材

附加应力是指建筑物修建以后，建筑物重量等外荷载在地基中引起的应力，所谓的"附加"是指在原来自重应力基础上增加的压力。分为基底附加压力和地基附加应力。

1.3.4.1 基底附加压力

基底附加压力是作用在基础底面的压力与基底自重应力之差。是引起地基附加应力和变形的主要因素。

基底平均压力 p_k	基底自重应力 σ_{cz}
基底附加压力 $p_0 = p_k - \sigma_{cz}$	

【注】计算基底平均压力 p_k 和基底自重应力 σ_{cz} 时，注意与"1.3.3 基底压力"、"1.3.2 自重应力"相结合。

1.3.4.2 地基附加应力

土力学教材；《建筑地基基础设计规范》附录 K

地基附加应力是指在地面大面积堆载、真空预压或基底附加压力等新增外加荷载作用下地基土体中引起的应力。地基附加应力的大小和荷载的大小、分布形式、面积及应力在土中扩散的形式息息相关。

(1) 地面大面积堆载和真空预压引起的地基附加应力

这种形式下的地基附加应力比较简单，由于一般都是大面积作用，所以直接假定地基附加应力就等于地面施加的荷载值。对于这种方法的应用可见"1.5.3 e-p 曲线固结模型法——堆载预压法""1.5.4 e-$\lg p$ 曲线计算沉降"

(2) "扩散角"法

这种方法的计算详见"6.3 软弱下卧层"。

(3) 角点法

这种方法一般假定地基土是各向同性的、均质的线性变形体，而且在深度和水平方向上都是无限延伸的，即把地基看成是均质的线性变形半空间（半无限体）。采用弹性力学中关于弹性半空间的理论推导出来的。这种方法可以计算基底矩形均布荷载、条形荷载、三角形荷载、圆形基础均布荷载等。简单来讲

某深度处地基附加应力＝基底附加压力×附加应力系数

附加应力系数，规范中根据基础形式和荷载形式已总结成表格，直接查相应表格即可。计算方法和流程如下：

确定基底附加压力 $p_0 = p_k - \sigma_{cz}$		
确定角点位置：把基础分成块数 n		
每一块短边 b'		每一块长边 l'
确定计算深度，从基底算起 z	z/b' l'/b'	根据基础形式和荷载形式，查规范中相应表格，确定附加应力系数 α
地基附加应力 $\sigma_z = \alpha \cdot p_0$		

【注】①对于基底下任一点的附加应力，特别是计算点不在角点下的情况，一定要根据具体情况，确定是否需要"分块"以及"怎样分块"，把"计算点"分到角点位置，然后按"应力叠加"计算即可。以矩形基础为例，各种情况分块如下（图1.3-6）。

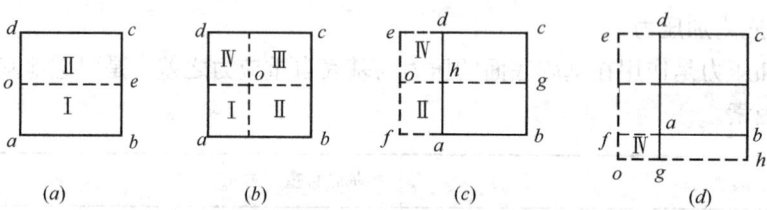

图 1.3-6　角点法计算 o 点附加应力

(a) 荷载面边缘；(b) 荷载面内；(c) 荷载面边缘外侧；(d) 荷载面角点外侧

(a) 计算点 o 在荷载面边缘，此时 $\sigma_z = (\alpha_{\mathrm{I}} + \alpha_{\mathrm{II}}) \cdot p_0$

式中 α_{I} 和 α_{II} 分别表示相应于面积Ⅰ和Ⅱ的角点应力系数。必须指出，查规范表格时所取用边长 l 应为一个矩形荷载面的长度，而 b 则为宽度，比如确定 α_{I} 时，$l = oe$ 边，$b = od$，而不是原基础的长边和短边。以下各种情况相同，不再赘述。

(b) 计算点 o 在荷载面内，此时 $\sigma_z = (\alpha_{\mathrm{I}} + \alpha_{\mathrm{II}} + \alpha_{\mathrm{III}} + \alpha_{\mathrm{IV}}) \cdot p_0$

可以看出若计算点恰好在基础中心，$\alpha_{\mathrm{I}} = \alpha_{\mathrm{II}} = \alpha_{\mathrm{III}} = \alpha_{\mathrm{IV}}$，此时 $\sigma_z = 4\alpha_{\mathrm{I}} \cdot p_0$，这就是利用角点法求矩形均布荷载中心点下的计算公式。但应注意当题目及有些规范查表所得直接为中点附加应力系数，不用再乘以4倍，例如《公路桥涵地基与基础设计规范》附录J。

(c) 计算点 o 在荷载边缘外侧，此时荷载面 $abcd$ 相当于由Ⅰ（$ofbg$）与Ⅱ（$ofah$）之差和Ⅲ（$oecg$）和Ⅳ（$oedh$）之差合成的，所以

$$\sigma_z = (\alpha_{\mathrm{I}} - \alpha_{\mathrm{II}} + \alpha_{\mathrm{III}} - \alpha_{\mathrm{IV}}) \cdot p_0$$

(d) 计算点 o 在荷载角点外侧，此时荷载面 $abcd$ 相当于由Ⅰ（$ohce$）与Ⅳ（$ogaf$）两个面积中扣除Ⅱ（$ohbf$）和Ⅲ（$ogde$）合成的，所以

$$\sigma_z = (\alpha_{\mathrm{I}} - \alpha_{\mathrm{II}} - \alpha_{\mathrm{III}} + \alpha_{\mathrm{IV}}) \cdot p_0$$

② 可以看出，附加应力系数 α 是 z_i/b' 与 l'/b' 的函数（此处仅以矩形基础为例，其他基础形式略不同，但都是基底下深度和基础几何尺寸的函数），所以总结为表格查询（即规范中各角点法附加应力系数表格），方便使用。

③ 三角形分布的矩形荷载以及圆形部分的均布荷载，解题思维流程基本一致，只不过附加应力系数 α 查表不同，请自行阅读，深刻理解了矩形/条形分布均布荷载，其他都是不难理解的，而且对于矩形/条形分布均布荷载一定要掌握，这是用规范法求解地基沉降的基础，见"1.5.5 规范公式法及压缩模量当量值"。

1.4 固结试验及压缩性指标

《土工试验方法标准》17；土力学教材

1.4.1 固结试验和压缩曲线

土的压缩性是土的主要特性之一，地基的沉降主要是由于地基土在上部建筑物荷载作用下体积压缩变形引起的。在外力作用下，土颗粒重新排列，土体体积减小的现象称为压缩。通常，土粒本身和孔隙水的压缩量可以忽略不计，在研究土的压缩时，认为土体压缩主要是孔隙中体积一部分水和空气被挤出，封闭气泡被压缩。土的压缩随时间增长的过程称为土的固结。渗透性较大的土，如砂土，加荷后，孔隙中的水较快排出，压缩完成得快；渗透性小的土，如黏土，加荷后，孔隙中的水缓慢排出，且土颗粒间的力作用使压缩完成得慢。

土的压缩性可以通过室内试验和现场试验来测定，用相应的压缩性指标来评价土的压缩性。

室内侧限压缩试验即单向固结试验。特点：

① 由于刚性护环所限，只在竖直方向上进行压缩，而不能产生侧向变形；
② 变形是由孔隙体积的减小引起的，土颗粒大小、体积和质量均没有变化；
③ 固结容器高度为 20mm，所以试样初始高度 $H_0 = 20$mm。

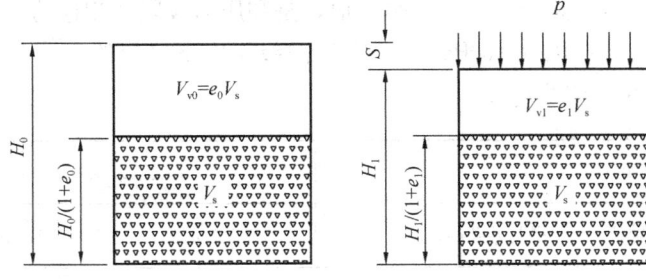

图 1.4-1

根据固结试验各级荷载 p_i 相应的稳定压缩量 S_i，可求得相应孔隙比 e_i（图 1.4-1）

$$\frac{H_0}{1+e_0} = \frac{H_i}{1+e_i} \rightarrow e_i = e_0 - \frac{1+e_0}{H_0}(H_0 - H_i) \rightarrow e_i = e_0 - \frac{1+e_0}{H_0}S_i$$

建立压力 p_i 与相应的稳定孔隙比 e_i 的关系曲线，称为土的压缩曲线，或 e-p 曲线（图 1.4-2）。e-p 曲线反映了土受压后的压缩特性。压缩性不同的土，e-p 曲线的状态也不相同，曲线越陡，说明同一压力增量下孔隙比减小越显著，因而土的压缩性越高。所以，曲线上任一点的切线斜率的绝对值 α（压缩系数）就表示了相应压力 p_i 作用下土的压缩性。如图 1.4-3 所示。

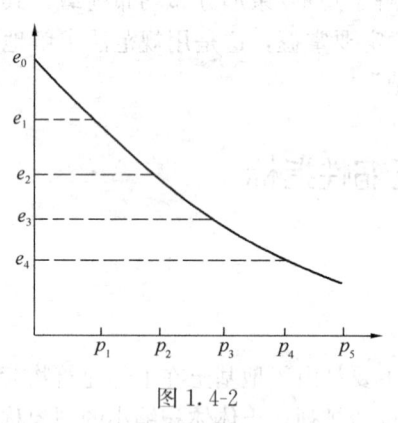

图 1.4-2

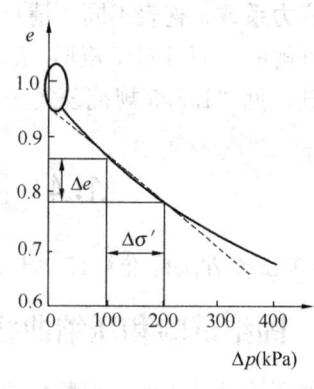

图 1.4-3

1.4.2 压缩系数

土的压缩系数 a 是指土体在侧限条件下孔隙比减小量与有效应力增量的比值，即 e-p 曲线某范围的割线斜率 $a = \Delta e/\Delta p$，另外要特别注意，很明显斜率是负的，压缩系数还有后面的其他系数都是正的，因此这里所说的斜率，一般都是指斜率的绝对值，下同。

起始压力 p_1（MPa）	末段结束压力 p_2（MPa）
起始压力对应的孔隙比 e_1（不是初始孔隙比）	末段结束压力对应的孔隙比 e_2
压缩系数（MPa^{-1}）$a = \dfrac{\Delta e}{\Delta p} = \dfrac{e_1 - e_2}{p_2 - p_1}$	

对于同一土样，压缩系数 a 不是一个定值，是和压力段紧密相连的。为了便于比较土的压缩性大小，通常规定以 0.1MPa、0.2MPa 两级压力下对应的压缩系数为标准，称为 a_{1-2}，常用来衡量土的压缩性高低。

此时起始压力 $p_1 = 0.1$MPa	末段结束压力 $p_2 = 0.2$MPa
$p_1 = 0.1$MPa 对应的孔隙比 e_1（不是初始孔隙比）	$p_2 = 0.2$MPa 对应的孔隙比 e_2
压缩系数（MPa^{-1}）$a_{1-2} = \dfrac{e_1 - e_2}{0.2 - 0.1}$	

a_{1-2}	$a_{1-2} \geq 0.5$MPa^{-1}	0.5MPa$^{-1} > a_{1-2} \geq 0.1$MPa^{-1}	$a_{1-2} < 0.1$MPa^{-1}
土的压缩性类别	高压缩性土	中压缩性土	低压缩性土

【注】对于同一土样，由于压缩系数 a 不是一个定值，因此解题时，一定要注意题目中所求压缩系数 a 是哪一个压力段的，如果是判断土的压缩性类别，一定要使用 a_{1-2}。

1.4.3 压缩指数

土的固结试验的结果也可以绘在半对数坐标上，即坐标横轴 p 用对数坐标，而纵轴 e 用普通坐标，由此得到的压缩曲线称为 $e\text{-}\lg p$ 曲线（图1.4-4）。在较高的压力范围内，$e\text{-}\lg p$ 曲线近似地为一直线，可用直线的斜率——压缩指数 C_c 来表示土的压缩性高低，即

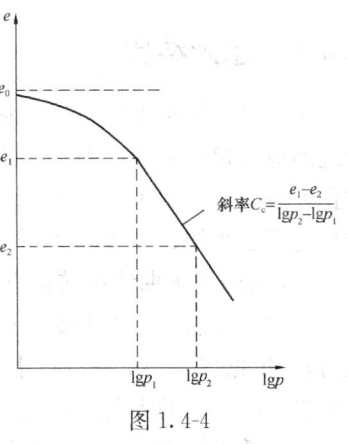

图 1.4-4

起始压力 p_1（MPa）	末段结束压力 p_2（MPa）
起始压力对应的孔隙比 e_1（不是初始孔隙比）	末段结束压力对应的孔隙比 e_2
压缩指数（无量纲）$C_c = \dfrac{e_1 - e_2}{\lg p_2 - \lg p_1} = \dfrac{e_1 - e_2}{\lg \dfrac{p_2}{p_1}}$	

【注】对于同一土样，压缩指数 C_c 是定值，是在较高的压力范围内直线段的斜率。这一点一定要和压缩系数 a 进行区分。

1.4.4 压缩模量

是指土体在侧限条件下的竖向附加应力与相应的竖向应变之比，即

起始压力 p_1（MPa）	末段结束压力 p_2（MPa）	初始孔隙比 e_0
起始压力对应的孔隙比 e_1	末段结束压力对应的孔隙比 e_2	
压缩模量（MPa）$E_s = \dfrac{\Delta p}{S/H} = \dfrac{\Delta p}{\Delta e/(1+e_0)} = \dfrac{1+e_0}{a} = \dfrac{(1+e_0)(p_2 - p_1)}{e_1 - e_2}$		

1.4.5 体积压缩系数

土的体积压缩系数定义为土体在单位应力作用下的体积应变，它与土的压缩模量互为倒数。

起始压力 p_1（MPa）	末段结束压力 p_2（MPa）	初始孔隙比 e_0
起始压力对应的孔隙比 e_1	末段结束压力对应的孔隙比 e_2	
体积压缩系数（MPa^{-1}）$m_v = \dfrac{1}{E_s} = \dfrac{a}{1+e_0}$		

【注】（a）同压缩系数 a、压缩指数 C_c 一样，体积压缩系数 m_v 越高，土的压缩性越高，而压缩模量 E_s 越高，土的压缩性越小。

（b）和压缩系数 a，压缩模量 E_s 一样，对于同一土样，由于体积压缩系数 m_v 不是一个定值，因此解题时，一定要注意题目中所求是哪一个压力段的。

1.4.6 超固结比

土不是一种纯弹性材料，它具有某些特殊性能，其中之一就是它能够把历史上曾经承受过的应力信息贮存起来。只要经受过外力作用，在土体内部或多或少会留下一些痕迹，这种痕迹就反映了土体的应力历史。原状土 $e\text{-}\lg p$ 曲线可以分为两段：当压力较小时，曲线接近于水平线；当 p 较大时，则成为向下斜的另一条直线。而扰动土没有这样的性质。习惯上，把 $e\text{-}\lg p$ 曲线的转折点所对应的压力称为先期固结压力或前期固结压力，用 p_c 表示，也就是土层在历史上受过最大的固结压力（指土体在历史固结过程中所受的最大有效应力）。根据应力历史，可将土分为正常固结土、超固结土和欠固结土三类，正常固结土在历史上所经受的先期固结压力等于现有覆盖土重；超固结土层历史上曾经受过大于现有覆盖土重的先期固结压力；而欠固结土层的先期固结压力则小于现有覆盖土重。先期固结压力 p_c 与现有覆盖土重 p_{cz} 的比值定义为超固结比 OCR 即

$$OCR = \frac{p_c}{p_{cz}}$$

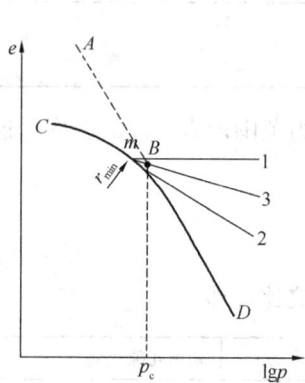

图 1.4-5 确定先期固结压力的卡萨格兰德作图法

正常固结土、超固结土和欠固结土的超固结比分别为 $OCR=1$、$OCR>1$ 和 $OCR<1$。确定先期固结压力 p_c 最常用的方法是卡萨格兰德（Casagrande A）建议的经验作图法，作图步骤如下（图1.4-5）：

（1）在 $e\text{-}\lg p$ 曲线上寻找曲率半径最小的点 m；

（2）过 m 作水平线 $m1$ 和曲线的切线 $m2$；

（3）作 $\angle 1m2$ 的平分线 $m3$；

（4）向上延长 $e\text{-}\lg p$ 曲线的直线段，与 $m3$ 相交，交点为 B 点；

（5）B 点所对应的有效应力即为先期固结压力 p_c。

必须注意的是，按这种经验方法或其他类似的经验方法确定的先期固结压力只能是一种大致估计，因为原状土样往往并不是"原状"，取样过程中的扰动会歪曲 $e\text{-}\lg p$ 曲线的形状和位置。土样扰动的程度对试验成果的可靠性和准确度影响很大。

现有覆盖土重 p_{cz} 的计算，也就是土自重，可参见土力学专题1.3.2自重应力。

【注】整个岩土工程符号表达有些是不统一的，要从概念上去理解符号，而不是从符号上去理解概念。比如 p_c 这里表示先期固结压力，而在地基基础专题中 p_c 更多的表示"自重应力"，当然常见的是正常固结土，先期固结压力和现状土自重压力是相等的。此点学习的时候一定要注意。

1.4.7 压缩模量、变形模量、弹性模量之间的区别和联系

压缩模量 E_s 和变形模量 E_0 是反映土在不同约束条件下的变形特性指标。

压缩模量 E_s，如前所述，是土体在侧限条件下的应力与应变的比值。侧限条件，形象地说就是只允许土体竖向变形，不允许其侧向膨胀。通过室内固结试验确定。

变形模量 E_0，是土体在无侧限条件下的应力与应变的比值。无侧限条件，形象地说就

是既允许土体竖向变形,同时也允许其侧向膨胀。主要通过室外现场原位试验方法测得,具体可见岩土勘察专题"3.3.1.1(2)浅层平板载荷试验确定变形模量"、"3.3.1.2(1)深层平板载荷试验确定变形模量"。

弹性模量 E,是土体在无侧限条件下瞬时压缩的应力应变模量。可通过三轴重复压缩试验确定。

土并非理想弹性体,因此它的变形包括了可恢复的变形(弹性变形)和不可恢复的变形两部分。因此,在静荷载作用下计算土的变形时所采用的变形参数为压缩模量 E_s 或变形模量 E_0;在侧限条件假设下,通常地基沉降计算的分层总和法公式都采用压缩模量 E_s,见本专题"1.5 地基最终沉降"章节;当运用弹性力学公式时,则用变形模量 E_0 或弹性模量 E 进行变形计算,比如在动荷载(如车辆荷载、风、地震)作用时,采用弹性模量 E,其原因是冲击荷载或反复荷载每一次作用的时间短暂,由于土骨架和土粒未被破坏,不发生不可恢复的变形,只发生土骨架的弹性变形,部分土中水排出的压缩变形、封闭土中气的压缩变形,都是可恢复的弹性变形。也因此,弹性模量 E 远大于变形模量 E_0。

压缩模量 E_s 和变形模量 E_0 两者在理论上是完全可以互相换算的。换算关系如下

$$E_0 = \frac{(1+\mu)(1-2\mu)}{1-\mu} E_s$$

式中 μ 为土的泊松比(泊松比定义为横向应变与纵向应变之比值),常见土的经验泊松比见下表。

土的泊松比 μ	碎石土	砂土	粉土	粉质黏土	黏土
	0.27	0.30	0.35	0.38	0.42

泊松比 μ 也可以通过土静止侧压力系数 K_0 进行计算,$\mu = \dfrac{K_0}{1+K_0}$

关于静止侧压力系数 K_0,可见本专题"1.8"。

【注】必须指出,上式只不过是压缩模量 E_s 和变形模量 E_0 两者之间的理论关系,是假定土是弹性体,根据弹性力学和材料力学的理论进行推导的。实际上,土是非弹性体,况且由于现场载荷试验测定 E_0 和室内压缩试验测定 E_s 时,有些无法考虑到的因素,使得上式不能准确反映两者之间的实际关系。这些因素主要有:压缩试验的土样容易受到扰动(尤其是低压缩性土);载荷试验与压缩试验的加荷速率、压缩稳定的标准都不一样等。根据统计资料,土越坚硬则倍数越大,上述换算关系差距越大,而软土则比较接近。

1.4.8 回弹曲线和再压缩曲线

在室内固结试验过程中,如加压到某值 p_i 后不再加压(相应于图1.4-6(a) $e\text{-}p$ 曲线中的 ab 段压缩曲线),而是进行逐级退压到零,可观察到土样的回弹,测定各级压力作用下土样回弹稳定后的孔隙比,绘制相应的孔隙比与压力的关系曲线,图1.4-6(a)中的 bc 段曲线,称为回弹曲线。由于土样已在压力 p_i 作用下压缩变形,卸压完毕后,土样并不能完全恢复到初始孔隙比 e_0 的 a 点处,这就显示出土的压缩变形是由弹性变形和残余

变形两部分组成的,而且以后者为主。如重新逐级加压,可测得土样在各级压力下再压缩稳定后的孔隙比,从而绘制再压缩曲线,如图中 cdf 所示。其中 df 段像是 ab 段的延续,犹如其间没有经过卸压和再加压过程一样。在半对数曲线上,如图 1.4-6 (b) 所示 e-$\lg p$ 曲线,也同样可以看到这种现象。

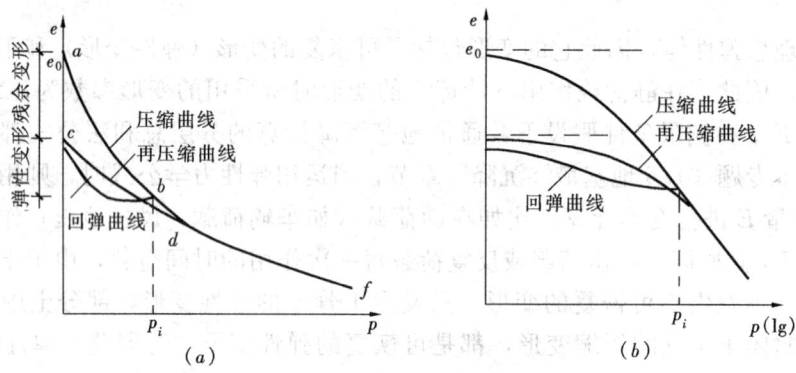

图 1.4-6　土的回弹曲线和再压缩曲线
(a) e-p 曲线;(b) e-$\lg p$ 曲线

在 e-$\lg p$ 曲线上,卸载段和再加载段的平均斜率称为土的回弹指数或再压缩指数 C_s (如图 1.4-7 所示),C_s 也基本不随压力 p 的变化而变化。C_s 具体计算公式如下表格所示:

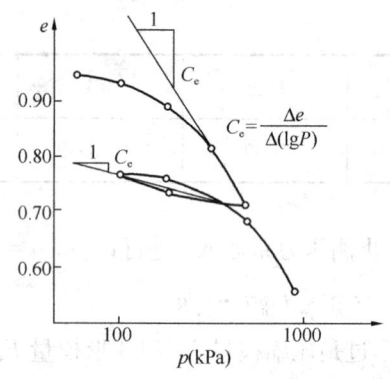

图 1.4-7　e-$\lg p$ 坐标系中土的压缩曲线

回弹再压缩曲线上起始压力 p_1 (MPa)	末段结束压力 p_2 (MPa)
起始压力对应的孔隙比 e_1 (不是初始孔隙比)	末段结束压力对应的孔隙比 e_2
压缩指数(无量纲)$C_s = \dfrac{e_1 - e_2}{\lg p_2 - \lg p_1} = \dfrac{e_1 - e_2}{\lg \dfrac{p_2}{p_1}}$	

1.4.9　固结系数

固结系数 c:反映了土的固结性质即孔压消散的快慢,是渗流系数 k、压缩系数 a、天然孔隙比 e_0 的函数,一般通过固结试验直接测定。和渗透系数相统一,分为竖向固结系数 c_v 和径向固结系数 c_h。理论计算公式如下:

$$c_v = \frac{k_v(1+e_0)}{\gamma_w \alpha} = \frac{k_v E_s}{\gamma_w}; \quad c_h = \frac{k_h(1+e_0)}{\gamma_w \alpha} = \frac{k_h E_s}{\gamma_w}$$

以竖向固结系数 c_v 为例，规范中给出的其他计算方法如下：

某级压力下土样的初始高度 h_{i-1} (cm)	某级压力下土样的终了高度 h_i (cm)
最大排水距离 $\bar{h}$ (cm)，等于某级压力下试样的初始和终了高度的平均值之半，即 $\bar{h} = \frac{1}{2} \times \frac{h_{i-1}+h_i}{2}$	
固结度达到 90% 所需要的时间 t_{90} (s)	固结度达到 50% 所需要的时间 t_{50} (s)
时间平方根法 (cm²/s) $c_v = \frac{0.848\bar{h}^2}{t_{90}}$	时间对数法 (cm²/s) $c_v = \frac{0.197\bar{h}^2}{t_{50}}$

【注】a. 固结系数的应用见地基处理专题 "8.2 预压地基"；

b. 固结试验时双面排水，故最大排水距离 $\bar{h}$ 取一半，双面排水和单面排水的概念介绍见地基处理专题 "8.2 预压地基"；

c. 固结度的概念介绍亦见地基处理专题 "8.2 预压地基"。

1.5 地基最终沉降

地基的沉降，针对不同情况，可以采取多种方法计算。虽然地基不是弹性体，这些方法的基本原理大都是材料力学最基本的变形原理，即

变形＝应变×变形厚度

但是土体毕竟不是弹性体，所以有时再乘经验系数进行调整。变形厚度即压缩土层的厚度，不难确定，重点是确定应变。

应变＝应力/模量

基础沉降模量计算最终总变形时，采用压缩模量 E_s，而产生应变的应力，更准确地说是附加应力，计算方法根据题目的条件，采用具体的方法。下面逐一讲述。

1.5.1 由降水引起的沉降

土力学教材；《工程地质手册》（第五版）P719

地基在自重应力作用下，变形已经完成，但是当地下水位下降，土中孔隙水压力减小，根据有效应力原理，自重应力就会增加，增加的这部分自重应力，就相当于原土层的"附加应力"，从而引起地面大面积沉降的严重后果。因此计算由降水引起的沉降，重点是确定有效应力土层的增加量。计算公式及解题思维流程如下：

尽量画示意图，直接画压缩层有效应力增加图或者压缩层降水前后有效应力图，画图步骤：

① 画出全部透水土层，标注层底埋深和计算层厚，并标出水位初始位置；

② 标出水位最终位置；

③ 画出竖向有效应力增加曲线，并在土分层处标出数值。

然后根据土层压缩模量 E_s 的不同（有时尚需再根据有效应力增量线性变化拐点处

进行分层，逐层计算每层的沉降量。叠加求和即为总沉降量，具体解题思维流程总结如下：

基底下压缩土层分层层号	每层厚度 h_i (m)	每层层顶竖向有效应力增量 Δp_{i1} (kPa)	每层层底竖向有效应力增量 Δp_{i2} (kPa)	每层平均竖向有效应力增量 (kPa) $\Delta p_i = \dfrac{\Delta p_{i1} + \Delta p_{i2}}{2}$	每层压缩模（MPa） $E_{si} = \dfrac{1+e_{0i}}{a_i}$
第1层					
第2层					
第3层					
沉降计算经验系数 ψ_s（给就乘，不给就不乘）					

最终沉降量（mm） $s = \psi_s \sum \dfrac{\Delta p_i}{E_{si}} h_i$

【注】①有时候画前后竖向有效应力图，有时候直接画竖向有效应力增加图，哪个好画画哪个！

② 层压缩量＝层顶沉降－层底沉降；

③ 仅有水位下降，最终水位以下，透水层有效应力也是增加的！但水位下不透水层及其下土层有效应力基本不变，因此不会引起不透水层沉降；

④ kPa-MPa-m-mm；觉得这个不好记，就统一单位，使用 kPa-m，最后根据选项再转化。

1.5.2 给出附加应力曲线或系数

这种情况计算沉降比较简单，因为各层土附加应力，根据给出的附加应力曲线或系数，很简单地就可以求出。根据土层压缩模量 E_s 的不同（有时尚需再根据附加应力线性变化拐点处）进行分层，逐层计算每层的沉降量。叠加求和即为总沉降量，计算公式和解题思维流程总结如下：

基底下压缩土层分层层号	每层厚度 h_i (m)	每层层顶附加应力 Δp_{i1} (kPa)	每层层底附加应力 Δp_{i2} (kPa)	每层平均附加应力 (kPa) $\Delta p_i = \dfrac{\Delta p_{i1} + \Delta p_{i2}}{2}$	每层压缩模（MPa） $E_{si} = \dfrac{1+e_{0i}}{a_i}$
第1层					
第2层					
第3层					
沉降计算经验系数 ψ_s（给就乘，不给就不乘）					

最终沉降量（mm） $s = \psi_s \sum \dfrac{\Delta p_i}{E_{si}} h_i$

1.5.3 e-p 曲线固结模型法——堆载预压法

《工程地质手册》（第五版）P719

此处沉降计算公式是根据"固结模型"推导而来，可见"1.4 固结试验及压缩性指标"。重点是确定土层初始平均自重 p_0 以及最终平均自重加附加应力之后压力 p_1。计算公式及解题思维流程总结如下：

初始平均自重 p_0 (kPa)	查表对应 e_0	该层土层厚度 h (m)
最终平均自重＋附加应力 p_1 (kPa)	查表对应 e_1	
① 按 e-p 曲线固结基本原理求解（m）$s = \dfrac{e_0 - e_1}{1 + e_0} h$		
② 题目中明确给出是"堆载预压法"，要求使用《建筑地基处理技术规范》求解，或直接给出沉降经验系数，就乘沉降经验系数 ζ		
《建筑地基处理技术规范》5.1.12 沉降经验系数 ζ，无经验时对正常固结饱和黏性土地基可取 $\zeta = 1.1 \sim 1.4$，荷载较大或地基软弱土层厚度大时应取较大值。		
按地基处理规范求解（m）$s = \zeta \dfrac{e_0 - e_1}{1 + e_0} h$		

【注】① 层压缩量＝层顶沉降－层底沉降；
② 利用题目给的数据求孔隙比时，线性插值。

1.5.4 e-$\lg p$ 曲线计算沉降

《工程地质手册》P437～438

上一节是利用 e-p 曲线即孔隙比 e 和压力 p 的对应关系计算基础沉降。在"1.4 固结试验及压缩性指标"中已讲解过孔隙比 e 和压力 p 还可以用另一种表达，即 e-$\lg p$，所以也可以利用 e-$\lg p$ 曲线计算地基变形，使用 e-$\lg p$ 曲线一般只计算单层土的沉降。如果计算多层土，仍然是计算出每层的沉降然后叠加即可。计算公式及解题思维流程如下：

压缩土层厚度 h (m)		土层初始孔隙比 e_0	
确定应力历史： 欠固结 正常固结 超固结		土层平均自重压力（水下取浮重度）(kPa) $p_{cz} = \dfrac{p_{层顶} + p_{层底}}{2}$ p_z 土层平均附加压力 p_c 土层先期固结压力	
压缩指数 $C_c = \dfrac{e_i - e_{i+1}}{\lg p_{i+1} - \lg p_i}$		回弹指数 $C_s = \dfrac{e_i - e_{i+1}}{\lg p_{i+1} - \lg p_i}$	
欠固结 $s = \zeta \dfrac{h}{1+e_0} \left[C_c \lg \left(\dfrac{p_{cz} + p_z}{p_c} \right) \right]$		正常固结 $s = \zeta \dfrac{h}{1+e_0} \left[C_c \lg \left(\dfrac{p_{cz} + p_z}{p_{cz}} \right) \right]$	
超固结	$p_{cz} + p_z \leq p_c$	$s = \zeta \dfrac{h}{1+e_0} \left[C_s \lg \left(\dfrac{p_{cz} + p_z}{p_{cz}} \right) \right]$	
	$p_{cz} + p_z > p_c$	$s = \zeta \dfrac{h}{1+e_0} \left[C_s \lg \left(\dfrac{p_c}{p_{cz}} \right) + C_c \lg \left(\dfrac{p_{cz} + p_z}{p_c} \right) \right]$	

注意：关于沉降经验修正系数 ζ 的处理：如题目中无特殊说明，不用乘沉降经验修正系数 ζ（给就乘，不给就不乘）。

1.5.5 规范公式法及计算压缩模量当量值

《建筑地基基础设计规范》5.3.1～5.3.9

(1) "分层总和法"计算公式的推导

规则中规定计算最终沉降采用"分层总和法",本质上也是根据"变形=应变×变形厚度"及"应变=应力/模量",由"1.5.1 由降水引起的沉降"及"1.5.2 给出附加应力曲线或系数计算沉降"可知,如果知道基底 $0\sim zm$ 范围内平均附加压力 $\Delta \bar{p}_z$,且此范围内压缩模量 E_s 不变,就可以使用公式 $s=\psi_s\Sigma\dfrac{\Delta \bar{p}_z}{E_s}z$($\psi_s$ 为沉降计算经验系数)求得此范围土层的沉降。

由"1.3.3.2 地基附加应力"节可知基础底面处基底压力为 p_0(假定),利用角点法可以求得基底 zm 处(从基底开始算)附加应力 αp_0(假定基底 z 处附加应力系数为 α),但是实际情况下附加应力不是线性分布的,如果按基底 $0\sim z$ 范围内平均附加应力 $\Delta \bar{p}_z = \dfrac{p_0+\alpha p_0}{2} = p_0 \cdot \dfrac{1+\alpha}{2}$ 计算沉降,这样误差较大,当然如"1.5.1 由降水引起的沉降"及"2.5.2 给出附加应力曲线或系数计算沉降"节所讲,题目直接告之是线性分布的,这样求平均值当然没问题。那么基底 $0\sim z$ 范围内平均附加应力 $\Delta \bar{p}_z$ 如何求才能提高精度呢?通过对附加应力加权平均提高其计算精度(通俗地可以理解为对厚度加权平均,只不过分得极其细)。

假定基底 $0\sim zm$ 范围内地基土是均质的,此范围内压缩模量为 E_s,所以此范围内沉降量(变形量)为 $s=\int_0^z \varepsilon dz = \int_0^z \dfrac{\sigma_z}{E_s}dz$

式中 ε 为土的侧限压缩应变,σ_z 为基底 $0\sim z$ 范围内任意深度的附加应力;由"1.3.3.2 地基附加应力"节可知,$\sigma_z=\alpha p_0$,α 为基底 $0\sim zm$ 范围相应基底深度处的附加应力系数。

因此 $s=\int_0^z \dfrac{\alpha p_0}{E_s}dz = \dfrac{\dfrac{1}{z}\int_0^z \alpha dz \cdot p_0}{E_s}z$,由此可看出 $\dfrac{1}{z}\int_0^z \alpha dz \cdot p_0$ 为基底 $0\sim zm$ 范围的平均附加应力,称 $\dfrac{1}{z}\int_0^z \alpha dz$ 为基底 $0\sim zm$ 范围内平均附加应力系数(一定要注意这里的"平均",指对附加应力系数按厚度加权平均),用符号 $\bar{\alpha}$ 表示,即 $\bar{\alpha}=\dfrac{1}{z}\int_0^z \alpha dz$。因此 $s=\dfrac{\bar{\alpha}p_0}{E_s}z$。

由"1.3.3.2 地基附加应力"节可知,附加应力系数 α 是 z_i/b' 与 l'/b' 的函数(此处仅以矩形基础为例,其他基础形式略不同,但都是基底下深度和基础几何尺寸的函数),已经总结为表格供查询(即规范中各角点法附加应力系数 α 表格),方便使用。由平均附加应力系数 $\bar{\alpha}=\dfrac{1}{z}\int_0^z \alpha dz$ 的表达式,可看出平均附加应力系数 $\bar{\alpha}$ 是附加应力系数 α 的函数,因此本质上也是 z_i/b' 与 l'/b' 的函数,所以也可以总结为表格供查询(即规范中各附加应

力系数 $\bar{\alpha}$ 表格）。

【注】 必须说明的是，$\bar{\alpha}$ 为平均附加应力系数，其含义为从基底下至基底下任意深度 z 范围内的附加应力系数按厚度加权平均值，且必须从基底处起算。

若地基是成层土，需要计算基底下角点某范围 $z_{i-1} \sim z_i$ 的沉降（假定此范围内压缩模量不变，均为 E_s），不能通过表格查得 $z_{i-1} \sim z_i$ 深度范围内的平均附加应力系数，因为平均附加应力系数 $\bar{\alpha}$ 必须从基底起算，这时候要分别查表得到基底 $0 \sim z_{i-1}$ m 范围平均附加应力系数 $\bar{\alpha}_{i-1}$，和基底 $0 \sim z_i$ 范围平均附加应力系数 $\bar{\alpha}_i$。

$0 \sim z_{i-1}$ 范围的沉降 $s_1 = \dfrac{\bar{\alpha}_{i-1} p_0}{E_s} z_{i-1}$（无论 $0 \sim z_{i-1}$ 范围土层压缩模量是多少，都可以视为同 $z_{i-1} \sim z_i$ 范围压缩模量相同）；

$0 \sim z_i$ 范围的沉降 $s_2 = \dfrac{\bar{\alpha}_i p_0}{E_s} z_i$；

所以基底下角点 $z_{i-1} \sim z_i$ 的沉降 $s' = s_2 - s_1 = \dfrac{\bar{\alpha}_i p_0}{E_s} z_i - \dfrac{\bar{\alpha}_{i-1} p_0}{E_s} z_{i-1} = p_0 \cdot \dfrac{z_i \bar{\alpha}_i - z_{i-1} \bar{\alpha}_{i-1}}{E_s}$

【注】 由 $z_{i-1} \sim z_i$ 的沉降计算公式 $s' = p_0 \cdot \dfrac{z_i \bar{\alpha}_i - z_{i-1} \bar{\alpha}_{i-1}}{E_s} = \dfrac{p_0 \cdot \dfrac{z_i \bar{\alpha}_i - z_{i-1} \bar{\alpha}_{i-1}}{z_i - z_{i-1}}}{E_s} (z_i - z_{i-1})$

即可看出，$z_{i-1} \sim z_i$ 深度范围内土层的角点位置处平均附加应力即为 $p_0 \cdot \dfrac{z_i \bar{\alpha}_i - z_{i-1} \bar{\alpha}_{i-1}}{z_i - z_{i-1}}$，若求中点位置，乘"分的块数"即可（后面会详细分析）。

那么基底 $0 \sim z$m 范围角点位置的沉降，就可以将压缩模量相同的土层分为同一层，求得此层的沉降，然后再叠加即可，公式为 $s' = p_0 \sum\limits_{i=1}^{n} \dfrac{z_i \bar{\alpha}_i - z_{i-1} \bar{\alpha}_{i-1}}{E_{si}}$。

当然以上是理论上求解，实际中肯定有误差，比如每一层压缩模量不可能是定值，仅仅假定为定值，所以最终公式还要乘沉降经验系数 ψ_s，即

$$s = \psi_s s' = \psi_s p_0 \sum \dfrac{z_i \bar{\alpha}_i - z_{i-1} \bar{\alpha}_{i-1}}{E_{si}}$$

(2) 压缩模量当量值

基底 $0 \sim z$m 范围沉降 $s = \psi_s p_0 \sum \dfrac{z_i \bar{\alpha}_i - z_{i-1} \bar{\alpha}_{i-1}}{E_{si}}$，将此公式进行变形

$$s = \psi_s p_0 \sum \dfrac{z_i \bar{\alpha}_i - z_{i-1} \bar{\alpha}_{i-1}}{E_{si}} \cdot \dfrac{1}{z\bar{\alpha}} \cdot z\bar{\alpha} = \psi_s p_0 \dfrac{z\bar{\alpha}}{\dfrac{z\bar{\alpha}}{\sum \dfrac{z_i \bar{\alpha}_i - z_{i-1} \bar{\alpha}_{i-1}}{E_{si}}}} = \psi_s p_0 \dfrac{z\bar{\alpha}}{\dfrac{\sum z_i \bar{\alpha}_i - z_{i-1} \bar{\alpha}_{i-1}}{\sum \dfrac{z_i \bar{\alpha}_i - z_{i-1} \bar{\alpha}_{i-1}}{E_{si}}}}$$

那么令 $\overline{E}_s = \dfrac{\sum z_i \bar{\alpha}_i - z_{i-1} \bar{\alpha}_{i-1}}{\sum \dfrac{z_i \bar{\alpha}_i - z_{i-1} \bar{\alpha}_{i-1}}{E_{si}}} = \dfrac{z\bar{\alpha}}{\sum \dfrac{z_i \bar{\alpha}_i - z_{i-1} \bar{\alpha}_{i-1}}{E_{si}}}$，称为压缩模量当量值，此时沉降计算公式可以表达为 $s = \psi_s p_0 \dfrac{z\bar{\alpha}}{\overline{E}_s}$。

由此可以看出压缩模量当量值 $\overline{E}_s$ 的物理意义相当于基底 $0 \sim z$m 范围土层压缩模量的"平均值"，即当已知基底 $0 \sim z$m 范围压缩模量当量值 $\overline{E}_s$，此时不用分层，直接查得 $0 \sim z$m 范围平均附加应力系数 $\bar{\alpha}$，则沉降计算为 $s = \psi_s \dfrac{\bar{\alpha} p_0}{\overline{E}_s} z = \psi_s p_0 \dfrac{z\bar{\alpha}}{\overline{E}_s}$

【注】 为何基底下深度 z_i 和 $0 \sim z_i$ 范围内平均附加应力系数 $\bar{\alpha}_i$ 总是以"$z_i \bar{\alpha}_i$"即两者相乘的形式出现呢？这是为了计算过程方便，在后面"解题思维流程"中就可以知晓。

(3) 地基变形计算深度

地基变形计算深度可按下面 3 条确定。

① 沉降比法

在由计算深度向上取厚度为 Δz 的土层计算变形值 $\Delta s'_n$ (mm)	基础宽度 b (m)	≤2	2<b≤4	4<b≤8	8<b
	Δz (m)	0.3	0.6	0.8	1.0

在计算变形范围内第 i 层土的计算变形值 $\Delta s'_i$ (mm)

要求 $\Delta s'_n \leqslant 0.025 \sum_{i=1}^{n} \Delta s'_i$

【注】 a. 当计算深度下部仍有较软土层时，应继续计算，即至少计算至软土层底。

b. 采用本条确定地基变形计算深度，计算过程偏复杂，计算量较大，考试不常用，常利用下面②简化计算。

c. 在《岩土工程勘察规范》4.1.19 中：地基变形计算深度，对中、低压缩性土可取附加压力等于上覆土层有效自重压力 20% 的深度；对于高压缩性土层可取附加压力等于上覆土层有效自重压力 10% 的深度。这种方法为应力比法。勘察阶段采用应力比法属于估算，确定计算深度较简单；沉降比法精度高，计算较为复杂。

② 简化计算

当无相邻荷载影响，基础宽度在 $1 \sim 30$ m 范围内时，基础中点的地基变形计算深度 z_n 也可按以下简化公式进行计算。

$$z_n = b(2.5 - 0.4 \ln b)$$

③ 刚性下卧层的影响

当基底持力层为坚硬土层，下卧软弱土双层土时，会发生应力扩散现象，一般土层均按正常的应力扩散计算地基变形；但当存在刚性下卧层时，会发生应力集中现象，因此造成地基变形的增大效应，对应的变形要乘变形增大系数。

在计算深度范围内存在基岩时，z_n 可取至基岩表面；当存在较厚的坚硬黏性土层，其孔隙比小于 0.5、压缩模量大于 50MPa，或存在较厚的密实砂卵石层，其压缩模量大于 80MPa 时，z_n 可取至该层土表面。此时，地基土附加压力分布应考虑相对硬层存在的影响，即要乘变形增大系数，按下式计算地基最终变形量。

当地基中下卧基岩面为单向倾斜、岩面坡度大于 10%，基底下的土层厚度大于 1.5m 时，应符合下列规定：

(a) 当结构类型和地质条件符合规范表 6.2.2-1 的要求时，可不作地基变形验算。

地基土承载力特征值 f_{ak} (kPa)	四层及四层以下的砌体承重结构、三层及三层以下的框架结构	具有 150kN 和 150kN 以下吊车的一般单层排架结构	
		带墙的边柱和山墙	无墙的中柱
≥150	≤15%	≤15%	≤30%
≥200	≤25%	≤30%	≤30%
≥300	≤40%	≤50%	≤70%

1.5 地基最终沉降

(b) 当不满足上述条件时,应考虑刚性下卧层的影响,按下式计算地基的变形。

基底下的土层厚度 h(m)	基础宽度 b(m)					
刚性下卧层对上覆土层的变形增大系数 β_{gz}	h/b	0.5	1.0	1.5	2.0	2.5
	β_{gz}	1.25	1.17	1.12	1.09	1.00
变形计算深度相当于实际土层厚度计算确定的地基最终变形计算值 s_z(mm)						
具刚性下卧层时,地基土的变形计算值(mm) $s_{gz} = \beta_{gz} s_z$						

【注】刚性下卧层的影响,历年案例尚未考过,应予以重视。

(4) 矩形基础分块

由于 $0 \sim z_m$ 范围平均附加应力系数 $\bar{\alpha}$ 是根据角点法求得,因此求解基底下某点最终沉降时,一定要分块,分块的原理同"1.3.3.2 地基附加应力"节,因此变形计算的时候不要忘记"块数"的叠加,常见的分块如下:

矩形基础荷载求中心点	分块数 $n = 4$
矩形基础荷载之外长边范围内(两部分)	分块数 $n = 2$
条形基础中心	分块数 $n = 4$
条形基础终点处	分块数 $n = 2$

【注】当存在相邻荷载时,应计算相邻荷载引起的地基变形,其值可按应力叠加原理,采用角点法计算。

(5) 整体规范公式法计算沉降及计算压缩模量当量值解题思维流程及注意点,总结如下:

确定角点位置:把基础分成块数 n;及确定基底下哪一个范围的沉降					
	每一块短边 b'	每一块长边 l'			
确定计算深度及分层	层底-埋深 z_i	z_i/b'	l'/b'	层底平均附加应力系数 $\bar{\alpha}_i$ (查表)	$z_i\bar{\alpha}_i - z_{i-1}\bar{\alpha}_{i-1}$	每层土压缩模量 E_{si}
第1层土						
第2层土						
第3层土						
基底附加应力 $p_0 = p_k - p_c$ 注意水位	沉降计算经验系数 ψ_s 根据 $\bar{E}_s$ 以及 p_0 和 f_{ak} 关系查表	$\bar{E}_s$	2.5	4.0	7.0	15.0	20.0
		$p_0 \geq f_{ak}$	1.4	1.3	1.0	0.4	0.2
		$p_0 \leq 0.75 f_{ak}$	1.1	1.0	0.7	0.4	0.2
压缩模量当量值 $$\bar{E}_s = \frac{\sum z_i\bar{\alpha}_i - z_{i-1}\bar{\alpha}_{i-1}}{\sum \frac{z_i\bar{\alpha}_i - z_{i-1}\bar{\alpha}_{i-1}}{E_{si}}} = \frac{z\bar{\alpha}}{\sum \frac{z_i\bar{\alpha}_i - z_{i-1}\bar{\alpha}_{i-1}}{E_{si}}}$$	最终沉降 $$s = \psi_s p_0 \sum \frac{n \cdot (z_i\bar{\alpha}_i - z_{i-1}\bar{\alpha}_{i-1})}{E_{si}} = \frac{\psi_s p_0 n \cdot z\bar{\alpha}}{\bar{E}_s}$$					

【注】① 一定要结合基础形式及所求点的沉降，合理分块；

② 最后乘以块数 n 即可，不用在每一层的平均压缩模量那里都乘；

③ 压缩模量当量值的主要作用是查表求沉降经验系数；如果是一层均质土，那么压缩模量当量值和压缩模量是一样的；

④ 公式法一般都是计算某一个点，比如基础中心点，因为按照公式法计算，基础下面每一个地方的沉降都是不一样的，基础中心点沉降最大，所以一般对于建筑基础而言，就求中心点的，用中心点代替整个基础沉降；

⑤ 分层时，根据不同的压缩模量分层即可；

⑥ 求基底下某深度处附加应力，和规范公式法求沉降解题思维流程是一样的，只不过在规范中查的表格不一样；

⑦ 求一层土的压缩，沉降经验系数未给或者无法确定，取1；

⑧ 注意计算深度的确定和刚性下卧层的影响；

⑨ 矩形基础均布荷载时，平均附加应力系数本书已收录，见表1.5-1。其他基础形式荷载形式，如矩形基础三角形分布荷载，圆形基础均布荷载，圆形基础三角形分布荷载，平均附加应力系数查《建筑地基基础设计规范》附录K相应表格；

⑩ 圆形基础求中心点沉降，则不用分块，相当于 $n=1$，此时"z_i/b' 与 l'/b'" 换为 "z_i/d"，d 为圆形基础直径，然后查相应的平均附加应力系数 $\bar{\alpha}_i$《建筑地基基础设计规范》附录K.0.3。

矩形面积上均布荷载作用下角点的平均附加应力系数 $\bar{\alpha}_i$（规范附录K.0.1）

注：① 条形基础查 $l/b=10$ 这列；或者说当 $l/b \geqslant 10$ 时，均按条形基础处理；

② b 为矩形基础短边，l 为矩形基础长边；（这里的 b、l，相当于解题思维流程中的 b'、l'。一定要根据题意，看是否将基础分块，分成几块，按照分块后每块基础的短边和长边查表）

③ z 为层底埋深－基础埋深。

矩形面积上均布荷载作用下角点的平均附加应力系数 $\bar{\alpha}_i$　　表 1.5-1

l/b z/b	1.0	1.2	1.4	1.6	1.8	2.0	2.4	2.8	3.2	3.6	4.0	5.0	10.0
0.0	0.2500	0.2500	0.2500	0.2500	0.2500	0.2500	0.2500	0.2500	0.2500	0.2500	0.2500	0.2500	0.2500
0.2	0.2496	0.2497	0.2497	0.2498	0.2498	0.2498	0.2498	0.2498	0.2498	0.2498	0.2498	0.2498	0.2498
0.4	0.2474	0.2479	0.2481	0.2483	0.2483	0.2484	0.2485	0.2485	0.2485	0.2485	0.2485	0.2485	0.2485
0.6	0.2423	0.2437	0.2444	0.2448	0.2451	0.2452	0.2454	0.2455	0.2455	0.2455	0.2455	0.2455	0.2456
0.8	0.2346	0.2372	0.2387	0.2395	0.2400	0.2403	0.2407	0.2408	0.2409	0.2409	0.2410	0.2410	0.2410
1.0	0.2252	0.2291	0.2313	0.2326	0.2335	0.2340	0.2346	0.2349	0.2351	0.2352	0.2352	0.2353	0.2353
1.2	0.2149	0.2199	0.2229	0.2248	0.2260	0.2268	0.2278	0.2282	0.2285	0.2286	0.2287	0.2288	0.2289
1.4	0.2043	0.2102	0.2140	0.2164	0.2180	0.2191	0.2204	0.2211	0.2215	0.2217	0.2218	0.2220	0.2221
1.6	0.1939	0.2006	0.2049	0.2079	0.2099	0.2113	0.2130	0.2138	0.2143	0.2146	0.2148	0.2150	0.2152

1.5 地基最终沉降

续表

z/b \ l/b	1.0	1.2	1.4	1.6	1.8	2.0	2.4	2.8	3.2	3.6	4.0	5.0	10.0
1.8	0.1840	0.1912	0.1960	0.1994	0.2018	0.2034	0.2055	0.2066	0.2073	0.2077	0.2079	0.2082	0.2084
2.0	0.1746	0.1822	0.1875	0.1912	0.1938	0.1958	0.1982	0.1996	0.2004	0.2009	0.2012	0.2015	0.2018
2.2	0.1659	0.1737	0.1793	0.1833	0.1862	0.1883	0.1911	0.1927	0.1937	0.1943	0.1947	0.1952	0.1955
2.4	0.1578	0.1657	0.1715	0.1757	0.1789	0.1812	0.1843	0.1862	0.1873	0.1880	0.1885	0.1890	0.1895
2.6	0.1503	0.1583	0.1642	0.1686	0.1719	0.1745	0.1779	0.1799	0.1812	0.1820	0.1825	0.1832	0.1838
2.8	0.1433	0.1514	0.1574	0.1619	0.1654	0.1680	0.1717	0.1739	0.1753	0.1763	0.1769	0.1777	0.1784
3.0	0.1369	0.1449	0.1510	0.1556	0.1592	0.1619	0.1658	0.1682	0.1698	0.1708	0.1715	0.1725	0.1733
3.2	0.1310	0.1390	0.1450	0.1497	0.1533	0.1562	0.1602	0.1628	0.1645	0.1657	0.1664	0.1675	0.1685
3.4	0.1256	0.1334	0.1394	0.1441	0.1478	0.1508	0.1550	0.1577	0.1595	0.1607	0.1616	0.1628	0.1639
3.6	0.1205	0.1282	0.1342	0.1389	0.1427	0.1456	0.1500	0.1528	0.1548	0.1561	0.1570	0.1583	0.1595
3.8	0.1158	0.1234	0.1293	0.1340	0.1378	0.1408	0.1452	0.1482	0.1502	0.1516	0.1526	0.1541	0.1554
4.0	0.1114	0.1189	0.1248	0.1294	0.1332	0.1362	0.1408	0.1438	0.1459	0.1474	0.1485	0.1500	0.1516
4.2	0.1073	0.1147	0.1205	0.1251	0.1289	0.1319	0.1365	0.1396	0.1418	0.1434	0.1445	0.1462	0.1479
4.4	0.1035	0.1107	0.1164	0.1210	0.1248	0.1279	0.1325	0.1357	0.1379	0.1396	0.1407	0.1425	0.1444
4.6	0.1000	0.1070	0.1127	0.1172	0.1209	0.1240	0.1287	0.1319	0.1342	0.1359	0.1371	0.1390	0.1410
4.8	0.0967	0.1036	0.1091	0.1136	0.1173	0.1204	0.1250	0.1283	0.1307	0.1324	0.1337	0.1357	0.1379
5.0	0.0935	0.1003	0.1057	0.1102	0.1139	0.1169	0.1216	0.1249	0.1273	0.1291	0.1304	0.1325	0.1348
5.2	0.0906	0.0972	0.1026	0.1070	0.1106	0.1136	0.1183	0.1217	0.1241	0.1259	0.1273	0.1295	0.1320
5.4	0.0878	0.0943	0.0996	0.1039	0.1075	0.1105	0.1152	0.1186	0.1211	0.1229	0.1243	0.1265	0.1292
5.6	0.0852	0.0916	0.0968	0.1010	0.1046	0.1076	0.1122	0.1156	0.1181	0.1200	0.1215	0.1238	0.1266
5.8	0.0828	0.0890	0.0941	0.0983	0.1018	0.1047	0.1094	0.1128	0.1153	0.1172	0.1187	0.1211	0.1240
6.0	0.0805	0.0866	0.0916	0.0957	0.0991	0.1021	0.1067	0.1101	0.1126	0.1146	0.1161	0.1185	0.1216
6.2	0.0783	0.0842	0.0891	0.0932	0.0966	0.0995	0.1041	0.1075	0.1101	0.1120	0.1136	0.1161	0.1193
6.4	0.0762	0.0820	0.0869	0.0909	0.0942	0.0971	0.1016	0.1050	0.1076	0.1096	0.1111	0.1137	0.1171
6.6	0.0742	0.0799	0.0847	0.0886	0.0919	0.0948	0.0993	0.1027	0.1053	0.1073	0.1088	0.1114	0.1149
6.8	0.0723	0.0779	0.0826	0.0865	0.0898	0.0926	0.0970	0.1004	0.1030	0.1050	0.1066	0.1092	0.1129
7.0	0.0705	0.0761	0.0806	0.0844	0.0877	0.0904	0.0949	0.0982	0.1008	0.1028	0.1044	0.1071	0.1109
7.2	0.0688	0.0742	0.0787	0.0825	0.0857	0.0884	0.0928	0.0962	0.0987	0.1008	0.1023	0.1051	0.1090
7.4	0.0672	0.0725	0.0769	0.0806	0.0838	0.0865	0.0908	0.0942	0.0967	0.0988	0.1004	0.1031	0.1071
7.6	0.0656	0.0709	0.0752	0.0789	0.0820	0.0846	0.0889	0.0922	0.0948	0.0968	0.0984	0.1012	0.1054
7.8	0.0642	0.0693	0.0736	0.0771	0.0802	0.0828	0.0871	0.0904	0.0929	0.0950	0.0966	0.0994	0.1036

续表

z/b \ l/b	1.0	1.2	1.4	1.6	1.8	2.0	2.4	2.8	3.2	3.6	4.0	5.0	10.0
8.0	0.0627	0.0678	0.0720	0.0755	0.0785	0.0811	0.0853	0.0886	0.0912	0.0932	0.0948	0.0976	0.1020
8.2	0.0614	0.0663	0.0705	0.0739	0.0769	0.0795	0.0837	0.0869	0.0894	0.0914	0.0931	0.0959	0.1004
8.4	0.0601	0.0649	0.0690	0.0724	0.0754	0.0779	0.0820	0.0852	0.0878	0.0893	0.0914	0.0943	0.0938
8.6	0.0588	0.0636	0.0676	0.0710	0.0739	0.0764	0.0805	0.0836	0.0862	0.0882	0.0898	0.0927	0.0973
8.8	0.0576	0.0623	0.0663	0.0696	0.0724	0.0749	0.0790	0.0821	0.0846	0.0866	0.0882	0.0912	0.0959
9.2	0.0554	0.0599	0.0637	0.0670	0.0697	0.0721	0.0761	0.0792	0.0817	0.0837	0.0853	0.0882	0.0931
9.6	0.0533	0.0577	0.0614	0.0645	0.0672	0.0696	0.0734	0.0765	0.0789	0.0809	0.0825	0.0855	0.0905
10.0	0.0514	0.0556	0.0592	0.0622	0.0649	0.0672	0.0710	0.0739	0.0763	0.0783	0.0799	0.0829	0.0880
10.4	0.0496	0.0537	0.0572	0.0601	0.0627	0.0649	0.0686	0.0716	0.0739	0.0759	0.0775	0.0804	0.0857
10.8	0.0479	0.0519	0.0553	0.0581	0.0606	0.0628	0.0664	0.0693	0.0717	0.0736	0.0751	0.0781	0.0834
11.2	0.0463	0.0502	0.0535	0.0563	0.0587	0.0609	0.0644	0.0672	0.0695	0.0714	0.0730	0.0759	0.0813
11.6	0.0448	0.0486	0.0518	0.0545	0.0569	0.0590	0.0625	0.0652	0.0675	0.0694	0.0709	0.0738	0.0793
12.0	0.0435	0.0471	0.0502	0.0529	0.0552	0.0573	0.0606	0.0634	0.0656	0.0674	0.0690	0.0719	0.0774
12.8	0.0409	0.0444	0.0474	0.0499	0.0521	0.0541	0.0573	0.0599	0.0621	0.0639	0.0654	0.0682	0.0739
13.6	0.0387	0.0420	0.0448	0.0472	0.0493	0.0512	0.0543	0.0568	0.0589	0.0607	0.0621	0.0649	0.0707
14.4	0.0367	0.0398	0.0425	0.0448	0.0468	0.0486	0.0516	0.0540	0.0561	0.0577	0.0592	0.0619	0.0677
15.2	0.0349	0.0379	0.0404	0.0426	0.0446	0.0463	0.0492	0.0515	0.0535	0.0551	0.0565	0.0592	0.0650
16.0	0.0332	0.0361	0.0385	0.0407	0.0425	0.0442	0.0469	0.0492	0.0511	0.0527	0.0540	0.0567	0.0625
18.0	0.0297	0.0323	0.0345	0.0364	0.0381	0.0396	0.0422	0.0442	0.0460	0.0475	0.0487	0.0512	0.0570
20.0	0.0269	0.0292	0.0312	0.0330	0.0345	0.0359	0.0383	0.0402	0.0418	0.0432	0.0444	0.0468	0.0524

1.5.6 回弹变形

《建筑地基基础设计规范》5.3.10 及条文说明

当建筑物地下室基础埋置较深时，地基土的回弹变形量可按如下进行计算：

基坑底面以上自重压力 p_c，水位下取浮重度
土的回弹模量 E_{ci}（按土的固结试验回弹曲线的不同应力段计算）
回弹沉降经验系数 ψ_c
回弹变形量 $s_c = \psi_c \sum_{i=1}^{n} \dfrac{p_c}{E_{ci}} (z_i \bar{\alpha}_i - z_{i-1} \bar{\alpha}_{i-1})$

【注】①基坑开挖后，基坑先回弹，层先回弹，产生回弹变形，然后在土层上进行建筑，此时因为有了基底压力，故先把回弹的量压回去，基底压力等于坑底以上土层自重时，坑底土被压缩至原高程位置，当基底压力继续增大时，产生的基底附加压力为正，此

时再正常压缩。回弹再压缩总沉降是以基坑开挖回弹高程为基准点的，因此回弹再压缩总变形量＝压缩变形量＋回弹变形量。

② 计算方法同"1.5.5 规范公式法及计算压缩模量当量值"使用角点法，且确定土的回弹模量 E_{ci} 是重点和难点。

1.6 地基变形与时间的关系

1.6.1 单面排水饱和土单向应力条件下的超孔隙水压力

饱和土是由固体颗粒构成的骨架及由水充满的孔隙所组成的。当受外力作用时，同样将由孔隙水应力和有效应力所平衡。由外荷载引起的孔隙水应力，称为"超孔隙水应力"。超孔隙水应力将会随着时间而逐渐消散，从而有效应力会随着时间逐渐增加。所以超孔隙水应力和有效应力都是时间的函数。这里首先讨论在加荷瞬时的孔隙水应力问题。

在实际工程中的大面积均布荷载和室内压缩试验可以认为是单向应力条件。饱和土层的表面瞬时作用一均布荷载时，孔隙水应力和有效应力的变化可以图 1.6-1 所示饱和土单向受力模型加以说明。

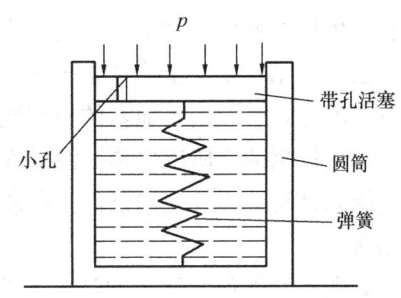

图 1.6-1 饱和土单向受力模型

图中的弹簧代表土颗粒构成的骨架；模型中的水代表土孔隙中的水；带孔活塞代表土的透水性。当活塞上瞬时作用外力 p 时，外力将由弹簧和水两者来承担。水承担的部分简称为孔隙水应力 u；弹簧所承担部分为有效应力 σ'，按照平衡条件，应有

$$p = u + \sigma'$$

上式的物理意义是土的孔隙水应力 u 与粒间有效应力 σ' 对外荷载的分担作用。

在加荷瞬时（$t=0$），孔隙水来不及从小孔中流出，整个模型的体积不变，这时弹簧无压缩变形，自然弹簧不受力。则有

$$t=0 \begin{cases} u = p \\ \sigma' = 0 \end{cases}$$

【注】这里所说的有效应力准确地说是指外荷载 p 引起的土层中有效应力增量，因为实际土层中，由于土层自重，沉降已稳定的情况下，土层本身受到自重引起的有效应力。

随后，由于水受到 p 压力的作用，将从小孔中流出，水压下降，u 逐渐减小，如果 p 一次施加后不再卸去而且保持常量，即外荷总应力不变，则应有

$$t=0 \begin{cases} u < p \\ \sigma' = p - u > 0 \end{cases}$$

这时，弹簧受力而且产生压缩变形，因而活塞开始下降，模拟了外荷载逐渐转移的过程，骨架承受外荷载的一部分而产生孔隙体积的压缩。随着小孔中的水逐渐流出，弹簧继续受力压缩直至全部承受外力 p 为止，亦即

$$t \to +\infty \begin{cases} u \to 0 \\ \sigma' = p \end{cases}$$

此时，无压力水头，模型中的水停止流出，活塞沉降稳定，土体变形稳定。如果再加下一级荷载，则又重复发生上述的压力分担过程。

应说明以下几点：

① 长期作用的超载，它所引起的孔隙应力已消散，故这部分荷载已转化为骨架应力；

② 瞬时卸载，黏土层的有效应力不变，卸载应力导致负的孔隙水应力；

③ 负孔隙水应力消散，黏土层将会发生吸水膨胀。

④ 一定要注意，此模型是单向排水，即水只能从上面活塞孔隙中排出，不能从下面排出。对应于预压地基中单向排水情况，即水只能从黏土或软土层顶部排水，不从底部排水。

1.6.2 单面排水超孔隙水压力的消散规律

前面已经讨论了土中的总应力、孔隙水压力和有效应力等问题。对于由外荷载引起的超孔隙水压力，它将会随着时间慢慢消散，相应土的有效应力慢慢增加；与此同时，土的体积发生压缩变形。这个过程又称为固结。所以研究超孔隙水压力消散规律又称为固结理论。土的固结现象使土体产生压缩变形，同时也使土的强度增加。因此，土的固结既使地基发生沉降，也控制着地基的稳定性。这是土力学中最基本的课题之一。这一理论是以达西定律为依据的，所以也称为渗透固结理论。它是由太沙基于1925年提出的。这里只介绍一维固结理论。其使用条件为荷载面积远大于可压缩土层厚度，地基中孔隙水主要沿竖向渗流。

如图1.6-2（a）所示的是一维固结的情况之一，其中厚度为 H 的饱和土层的顶面是透水的、底面是不透水的。该土层在自重作用下的固结变形已经完成，只是由于透水面上一次施加的连续均布荷载 p_0 才产生土层的固结变形。此连续均布荷载 p_0 引起的地基附加应力沿深度均匀分布为 $\sigma_z = p_0$，其在时间 $t = 0$ 时全部由孔隙水承担，土层中超孔隙水压力沿深度均为 $u = \sigma_z = p_0$。由于土层下部边界不透水，孔隙水向上流出，上部边界超孔隙水压力首先全部消散，而有效应力开始全部增长，向下形成消散曲线，即增长曲线；随时间的推后 $t > 0$，土层中某点的超孔隙水压力逐渐变小；而有效应力逐渐变大。

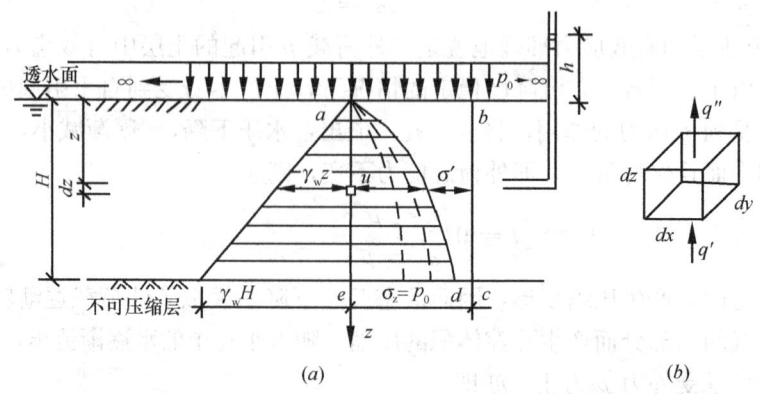

图1.6-2 饱和土层孔隙水压力（或有效应力）的分布随时间而变化
(a) 一维固结情况之一；(b) 单元体

1.6.2.1 基本假设（一维课题）

一维固结理论的基本假设如下：

(1) 土层是均质、各向同性和完全饱和的；
(2) 土粒和孔隙水都是不可压缩的；
(3) 土中附加应力沿水平面是无限均匀分布的，因此土层的固结和土中水的渗流都是竖向的；
(4) 土中水的渗流服从于达西定律；
(5) 在渗透固结中，土的渗透系数 k 和压缩系数 α 都是不变的常数；
(6) 外荷是一次骤然施加的，在固结过程中保持不变；
(7) 土体变形完全是由土层中超孔隙水压力消散引起的。

1.6.2.2 微分方程的建立（竖向固结）

微分方程的具体推导此处不再赘述，各土力学教材上均有，直接给出一维固结维分方程，即下式：

$$c_v \frac{\partial^2 u}{\partial z^2} = \frac{\partial u}{\partial t} \qquad (1.6\text{-}1)$$

式中 c_v——土的竖向固结系数（cm²/s）；
  t——施加竖向荷载后的某时刻；
  z——饱和土层顶面下某深度；
  u——单元体中 t 时刻 z 处的超孔隙水压力，如图 $u = h\gamma_w$。

这一方程不仅适用于假设单面排水的边界条件，也可用于双面排水的边界条件。

【注】对其中基本概念的说明

① 渗透系数 k：反映土的透水性能的比例系数，物理意义：水力坡降 $i=1$ 时的渗流速度，常用单位：mm/s，cm/s，m/s，m/d 等，具体可见本专题"1.2.2 土的渗流原理"。分为竖向渗透系数 k_v 和水平向渗透系数 k_h。

② 固结系数 c：反映了土的固结性质即孔压消散的快慢，是渗透系数 k、压缩系数 α、天然孔隙比 e_0 的函数，一般通过固结试验直接测定，具体可见本专题"1.2.2 土的渗流原理"。和渗透系数相统一，分为竖向固结系数 c_v 和径向固结系数 c_h，计算公式如下：

$$c_v = \frac{k_v(1+e_0)}{\gamma_w \alpha} = \frac{k_v E_s}{\gamma_w}; \quad c_h = \frac{k_h(1+e_0)}{\gamma_w \alpha} = \frac{k_h E_s}{\gamma_w}$$

1.6.2.3 微分方程的解析解

单向固结微分方程即式（1.6-1）可根据土层的边界条件和初始条件求得其解。

土层为单面排水，起始超静孔隙水压力为线性分布。如图 1.6-3 所示。

设土层排水面的起始超孔隙水压力为 p_1，不透水面的起始超孔隙水压力为 p_2，两者的比值为：$\alpha = \dfrac{p_1}{p_2}$。

【注】此处应当注意，p_1 恒表示排水面的应力，p_2 恒表示不透水面的应力，而不是应力分布图的上边和下边的应力。

深度 z 处的起始超孔隙水压力 u_z 为：

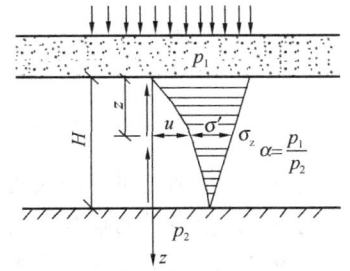

图 1.6-3 单面排水条件下超静孔隙水压力的消散

$$u_z = p_2\left[1+(\alpha-1)\frac{H-z}{H}\right]$$

求解的起始条件和边界条件为:

当 $t=0$,$0\leqslant z\leqslant H$ 时 $u=p_2\left[1+(\alpha-1)\frac{H-z}{H}\right]$;

当 $0<t<\infty$,$z=0$ 时 $u=0$;

当 $0<t<\infty$,$z=H$ 时 $\frac{\partial u}{\partial z}=0$;

当 $t=\infty$,$0\leqslant z\leqslant H$ 时 $u=0$。

根据以上的初始条件和边界条件,采用分离变量法可求得式(1.6-1)的特解如下:

$$u(z,t)=\frac{4p_2}{\pi^2}\sum_{m=1}^{\infty}\frac{1}{m^2}\left[m\pi\alpha+2(-1)^{\frac{m-1}{2}}(1-\alpha)\right]\cdot\sin\frac{m\pi z}{2H}\cdot e^{-\frac{m^2\pi^2}{4}T_v} \quad (1.6\text{-}2)$$

在实用中常取第一项值,即取 $m=1$ 得:

$$u(z,t)=\frac{4p_2}{\pi^2}\left[\alpha(\pi-2)+2\right]\cdot\sin\frac{\pi z}{2H}\cdot e^{-\frac{\pi^2}{4}T_v} \quad (1.6\text{-}3)$$

式中 m——正奇数(1、3、5……);

        H——压缩土层最远的排水距离(cm);

        T_v——竖向固结时间因数(无量纲),按下式计算:

$$T_v=\frac{c_v t}{H^2}$$

        t——固结历时(s)。

实际工程中,作用于饱和土层中的起始超静水压力分布比较复杂,即比值 $\alpha=\frac{p_1}{p_2}$ 情况比较复杂,但实用上可以足够准确地把实际上可能遇到的起始超静水压力分布近似地分为五种情况处理,如图1.6-4所示。其中当起始超孔隙水压力分布为矩形时,一般称为"0"型,即第1种情况;当起始超孔隙水压力分布为正三角形时,称为"1"型,即第2种情况;当起始超孔隙水压力分布为倒三角形时,称为"2"型,即第3种情况。

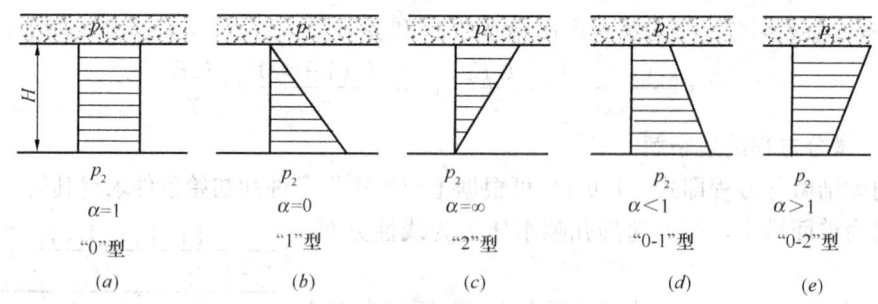

图 1.6-4 几种不同的起始超孔隙压力分布图

情况1:基础底面积很大而压缩土层较薄的情况。

情况2:相当于无限宽广的水力冲填土层,由于自重压力而产生固结的情况。

情况3:相当于基础底面积较小,在压缩土层底面的附加应力已接近零的情况。

情况4:相当于地基在自重作用下尚未固结就在上面修建建筑物基础的情况。

情况 5：与情况 3 相似，但相当于在压缩土层底面的附加应力还不接近于零的情况。

1.6.2.4 工程中常用的"0"型解析解

此时即为图 1.6-4 所示第 1 种情况。

此时 $\alpha=1$，边界条件即为：

求解的起始条件和边界条件为：

当 $t=0$，$0 \leqslant z \leqslant H$ 时 $u=p_1$；

当 $0<t<\infty$，$z=0$ 时 $u=0$；

当 $0<t<\infty$，$z=H$ 时 $\dfrac{\partial u}{\partial z}=0$；

当 $t=\infty$，$0 \leqslant z \leqslant H$ 时 $u=0$。

可得到特解

$$u(z,t)=\frac{4p_0}{\pi}\sum_{m=1}^{\infty}\frac{1}{m}\cdot\sin\frac{m\pi z}{2H}\cdot e^{-\frac{m^2\pi^2}{4}T_v} \tag{1.6-4}$$

在上述边界条件下，固结微分方程的解析解式（1.6-4）具有如下特点：

(1) 孔压 u 用无穷级数表示；

(2) 孔压 u 与 p 成正比；

(3) 每一项的正弦函数中仅含变量 z，表示孔压在空间上按三角函数分布；

(4) 每一项的指数函数中仅含变量 t 且系数为负，表示孔压在时间上按指数衰减；

(5) 随着 m 的增加，以后各项的影响急剧减小。

根据上述特点（5），在时间 t 不是很小时，式（1.6-4）取一项即可满足一般工程要求的精度，此时即取 $m=1$ 得：

$$u(z,t)=\frac{4p_0}{\pi}\cdot\sin\frac{\pi z}{2H}\cdot e^{-\frac{\pi^2}{4}T_v} \tag{1.6-5}$$

按式（1.6-4），可以绘制不同 t 值时土层中的超静孔隙水压力分布曲线（u-z 曲线），如图 1.6-5 所示。从 u-z 曲线随 t（或 T_v）的变化情况可看出渗流固结过程的进展情况。u-z 曲线上某点的切线斜率反映该点处的水力梯度和水流方向，即 $i=-\dfrac{1}{\gamma_w}\dfrac{\partial u}{\partial z}$。

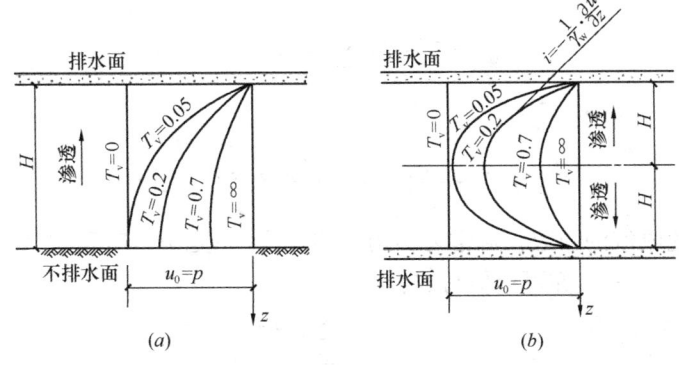

图 1.6-5 土层在固结过程中超静孔隙水压力的分布
(a) 单面排水；(b) 双面排水

1.6.3　单面排水平均固结度

为了衡量超孔隙水压力消散的程度，也就是有效应力增大的程度（超孔隙水压力和有效应力都是时间的函数），采用固结度 U 表示。

$$\bar{U}_t = \frac{t\text{时刻有效应力}}{\text{最终时刻的有效应力}} = 1 - \frac{t\text{时刻超孔隙水压力}}{t=0\text{超孔隙水压力}}$$

如前所示如果土层一次瞬时施加荷载为 p，t 时刻土层有效应力为 σ'_t，超孔隙水压力为 u_t，显然

$$t = 0 \text{ 时 } \sigma'_{t=0} = 0,\ u_{t=0} = p;$$
$$t = +\infty \text{ 时 } \sigma'_{t=+\infty} = p;\ u_{t=+\infty} = 0,$$
$$\text{任何 } t \text{ 时刻均满足 } \sigma'_t + u_t = p$$
$$t \text{ 时刻固结度 } \bar{U}_t = \frac{\sigma'_t}{p} = 1 - \frac{u_t}{p}$$

土层中某点的固结度对实际工程意义不大，因此常采用预压土层的平均固结度。则平均固结度

$$\bar{U}_t = \frac{t\text{时刻有效应力图面积}}{\text{最终时刻的有效应力图面积}} = 1 - \frac{t\text{时刻超孔隙水压力图面积}}{t=0\text{超孔隙水压力图面积}}$$

【注】这里的面积指的是力与土层厚度的面积，如有效应力图面积指的是该层平均有效应力与土层厚度的乘积，超孔隙水压力图面积指的是该层平均超孔隙水压力与土层厚度的乘积。

用公式表示即为

$$\bar{U}_t = \frac{\int_0^H u_0 dz - \int_0^H u_{zt} dz}{\int_0^H u_0 dz} = 1 - \frac{\int_0^H u_{zt} dz}{\int_0^H u_0 dz} \tag{1.6-6}$$

对于"0"型初始超孔隙水压力，即图 1.6-4 所示情况 1，将式（1.6-4）代入式（1.6-6），积分后化简可得：

$$\bar{U}_{t1} = 1 - \frac{8}{\pi^2} \sum_{m=1}^{\infty} \frac{1}{m} \cdot e^{-\frac{m^2\pi^2}{4}T_v} \tag{1.6-7}$$

或

$$\bar{U}_{t1} = 1 - \frac{8}{\pi^2}\left(e^{-\frac{\pi^2}{4}T_v} + \frac{1}{9}e^{-\frac{9\pi^2}{4}T_v} + \Lambda\right) \tag{1.6-8}$$

由于括号内是快速收敛的级数，通常为实用目的在 T_v 不是很小时采用第一项已经有足够精度，此时，式（1.6-7）亦可近似写成：

$$\bar{U}_{t1} = 1 - \frac{8}{\pi^2} e^{-\frac{\pi^2}{4}T_v} \tag{1.6-9}$$

式（1.6-7）给出的 $\bar{U}_t$ 和 T_v 之间的关系可用图 1.6-6 中的曲线①表示，可以看出，$\bar{U}_t$ 和 T_v 之间具有一一对应的递增关系，且 T_v 是 $\bar{U}_t$ 表达式中唯一一个变量，因而时间因数 T_v 是一个反应土层固结度的参数。

1.6 地基变形与时间的关系

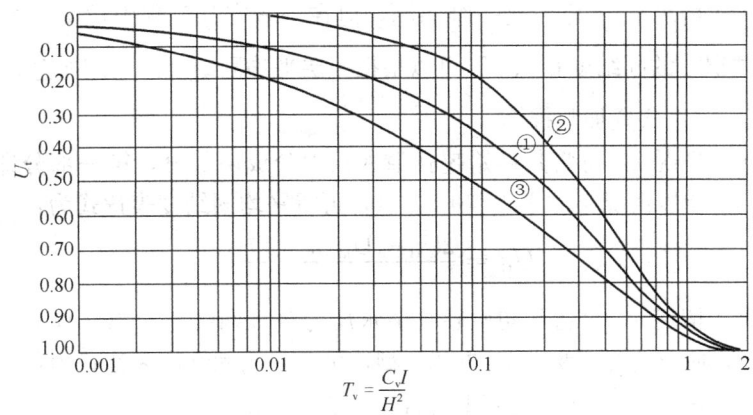

图 1.6-6 U_t-T_v 关系曲线

对于"1"型初始超孔隙水压力，即图 1.6-4 情况 2，按同样的计算方法，可得平均固结度表达式为：

$$\bar{U}_{t2} = 1 - 1.03\left(e^{-\frac{\pi^2}{4}T_v} + \frac{1}{27}e^{-\frac{9\pi^2}{4}T_v} + \Lambda\right) \tag{1.6-10}$$

对于"2"型初始超孔隙水压力，即图 1.6-4 情况 3，按同样的计算方法，可得平均固结度表达式为：

$$\bar{U}_{t3} = 1 - 0.59\left(e^{-\frac{\pi^2}{4}T_v} + 0.37e^{-\frac{9\pi^2}{4}T_v} + \Lambda\right) \tag{1.6-11}$$

这两种情况下的 $\bar{U}_t$ 和 T_v 关系曲线如图 1.6-6 中的曲线②和曲线③所示。也可利用表 1.6-1 查相应于不同固结度的 T_v 值。

U_t-T_v 对照表 表 1.6-1

固结度 U_t (%)	时间因数 T_v		
	T_{v1}(曲线①)	T_{v2}(曲线②)	T_{v3}(曲线③)
0	0	0	0
5	0.002	0.024	0.001
10	0.008	0.047	0.003
15	0.016	0.072	0.005
20	0.031	0.100	0.009
25	0.048	0.124	0.016
30	0.071	0.158	0.024
35	0.096	0.188	0.036
40	0.126	0.221	0.048
45	0.156	0.252	0.072
50	0.197	0.294	0.092
55	0.236	0.336	0.128
60	0.287	0.383	0.160
65	0.336	0.440	0.216
70	0.403	0.500	0.271
75	0.472	0.568	0.352
80	0.567	0.665	0.440
85	0.676	0.772	0.544
90	0.848	0.940	0.720
95	1.120	1.268	1.016
100	∞	∞	∞

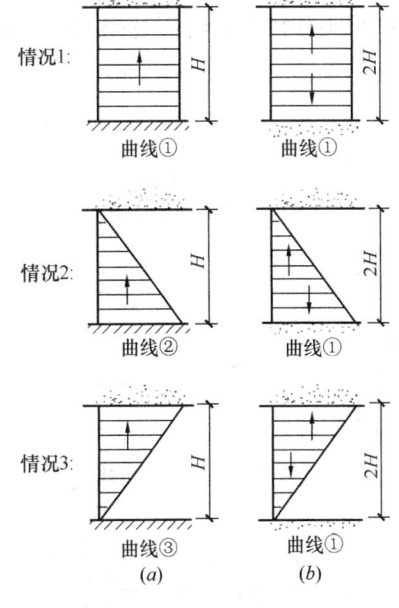

图 1.6-7 一维渗流固结的三种基本情况
(a) 单面排水；(b) 双面排水

尽管图 1.6-4 情况 4、5 已不是一维问题，但在一般实际工程中常按一维问题近似求解。情况 4 和情况 5 的固结度 $\bar{U}_{t4}$、$\bar{U}_{t5}$ 可以根据土层平均固结度的物理概念，利用情况 1、2、3 的 $\bar{U}_t$ 和 T_v 关系式叠加与推算。

对于图 1.6-4 情况 4，可将其初始超孔隙水压力分成两部分，第一部分即情况 1，第二部分即情况 2，所以情况 4 称之为"0-1"型，可得平均固结度表达式为：

$$U_{t4} = \frac{2U_{t1} + U_{t2}(a-1)}{1+a} \tag{1.6-12}$$

对于图 1.6-4 情况 5，可将其初始超孔隙水压力分成两部分，第一部分即情况 1，第二部分即情况 3，所以情况 5 称之为"0-2"型，可得平均固结度表达式为：

$$U_{t5} = \frac{1}{1+a}[2U_{t1} + (1-\alpha)U_{t3}] \tag{1.6-13}$$

或

$$U_{t5} = \frac{1}{1+a}[2U_{t1} + (a-1)U_{t2}] \tag{1.6-14}$$

1.6.4 双面排水平均固结度

如果压缩土层上下两面均为排水面，由于可以线性叠加，则无论压力分布为哪一种情况，和情况 1 一样，只要在竖向固结时间因数 T_v 计算公式 $T_v = \dfrac{c_v t}{H^2}$ 中以 $H/2$ 代替 H，就可按式（1.6-7）、式（1.6-8）和式（1.6-9）计算，亦即情况 1，计算固结度。

1.6.5 地基沉降与时间的关系

由于土层沉降，只与土层有效应力有关，因此固结过程中超孔隙水压力消散的过程，也就是有效应力增大的程度，也就是土层沉降的过程。因此平均固结度 U 也指地基土在某一压力作用下，经历时间 t 所产生的固结变形（沉降）量与最终总固结变形（沉降）量之比，即

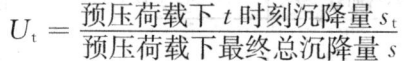

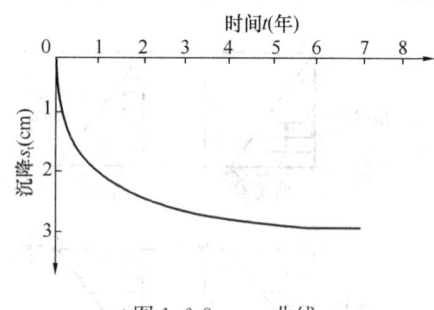

图 1.6-8 $s_t\text{-}t$ 曲线

【注】① 固结度可分为竖向固结度 $\bar{U}_z$、径向固结度 $\bar{U}_r$ 和总固结度 $\bar{U}$；

② 固结度两种表达方式本质上是一样的，一般用"沉降"来表示的多，即第二种表达。

以时间 t 为横坐标，沉降 s_t 为纵坐标，可以绘出沉降与时间关系曲线，如图 1.6-8 所示。

对一层土的沉降与时间关系，按土层平均固结度的定义：

$$\bar{U}_t = \frac{\int_0^H \sigma'_{zt} dH}{pH} = \frac{\dfrac{\alpha}{1+e_1}\int_0^H \sigma'_{zt} dH}{\dfrac{\alpha}{1+e_1}pH} = \frac{s_t}{s} \quad \text{或} \quad s_t = s\bar{U}_t$$

从平均固结度角度，可以解决沉降与时间关系的三种问题：

① 知道土层的最终沉降量 s 和固结度 $\bar{U}_t$，就可以求得基础在时间 t 达到的沉降量 s_t。

② 如果求达到某一沉降量 s_t 所需时间 t，可先计算终沉降量 s，进而求得固结度 $\bar{U}_t$，再进而反求出所需时间 t。

③ 根据前一阶段测定的沉降-时间曲线，推算以后的沉降-时间关系。前述情况 1~5 固结度与时间的关系可写成如下统一的形式：

$$\bar{U}_t = 1 - \alpha e^{-\beta t} \tag{1.6-15}$$

如果已知一系列沉降量与时间的关系，可先计算最终沉降量 s，然后可求出各时刻实测沉降量对应的固结度 U，即可根据式（1.6-15）拟合求取参数 α 和 β，在此基础上可求出此后任一时刻的固结度和沉降量。

1.7 土的抗剪强度

1.7.1 土的抗剪强度机理

土力学教材

此节重点掌握土处于极限破坏状态时摩尔应力圆，(有效) 最大、最小主应力的关系，破坏面的位置。

地基的破坏表现为土体的滑动（图 1.7-1）。土体滑动时，通常可以找到贯通的滑动面。所以，土的强度问题实质上就是土体内一部分土体与另一部分土体之间的相对滑动的抵抗力。因此土的抗剪强度是指土体对于外荷载所产生的剪应力的极限抵抗能力。

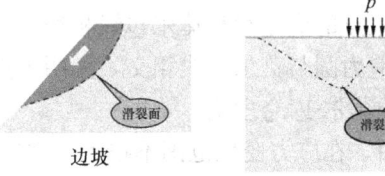

图 1.7-1

在外荷载的作用下，土体中任一截面将同时产生法向应力和剪应力，其中法向应力作用将使土体发生压密，而剪应力作用可使土体发生剪切变形。当土中一点某一截面上由外力所产生的剪应力达到土的抗剪强度时，它将沿着剪应力作用方向产生相对滑动，该点便发生剪切破坏。土的破坏主要是由于剪切所引起的，剪切破坏是土体破坏的主要特点。

库仑强度理论

该理论认为，如果任一平面上的剪应力等于材料的抗剪强度时，材料便出现破坏。若沿任一平面的抗剪强度为 τ_f，该平面上的法向应力为 σ，则材料抗剪强度库仑准则的表达式为：

| 无黏性土：$\tau_f = \sigma \tan\varphi$ | 黏性土：$\tau_f = \sigma \tan\varphi + c$ |

土的强度是指一部分土体相对于另一部分土体滑动时的抵抗力，实质上就是土体与土体之间的摩擦力。所以土的抗剪强度是符合摩擦定律的。因为它是同一种材料不同部分之

间的摩擦，为区别于不同材料之间的摩擦，特称为内摩擦，这就是内摩擦角 φ，相应的系数 $\tan\varphi$ 称为内摩擦系数。当然对于黏性土而言，不仅仅有摩擦，土颗粒之间还有黏聚力 c。

由于后来有效应力原理的发展，人们认识到土体内的剪应力只能由土骨架承担，只有有效应力的变化才能引起抗剪强度的变化。因此，上述库仑公式按有效应力表达为：

| 无黏性土：$\tau_f = \sigma' \tan\varphi'$ | 黏性土：$\tau_f = \sigma' \tan\varphi' + c'$ |

式中 σ' 为土体受到的法向有效应力，φ' 为土体有效内摩擦角，c' 为土体有效黏聚力。以上实际上将土的抗剪强度分成了总应力表达法和有效应力表达法。

【注】① 关于有效应力原理可见本专题 1.3.1。

② 黏性土：颗粒很细，如粉土、粉质黏土、黏土；无黏性土：颗粒较粗，甚至很大。砂、碎石、甚至堆石（直径几十 cm 甚至 1m）。

1.7.2 极限平衡理论

（1）莫尔理论

莫尔继库仑的早期研究工作之后，提出了材料的剪切破坏理论。这和材料力学上内容是一致的。莫尔认为，根据试验得到的各种应力状态下的极限应力圆具有一条公共包络线，如图 1.7-2 所示。一般来讲，这条包络线是曲线，并被称为莫尔包（络）线或抗剪强度包线。

关于莫尔包（络）线或抗剪强度包线的运用：

① 如果材料中某点的应力圆位于包线之下，表明该点安全；

② 如果某点的应力圆与莫尔包线相切，表明该点处于极限平衡状态；

③ 如果应力圆与莫尔包线相交，说明该点已经破坏。

（2）土的莫尔-库仑理论

试验证明，在应力变化范围不很大的情况下，土的莫尔破坏包线可以近似地用直线代替，该直线的方程与库仑公式一致。这种用库仑公式来表示莫尔包线的强度理论就称为莫尔-库仑强度理论，示意图如图 1.7-3 所示。

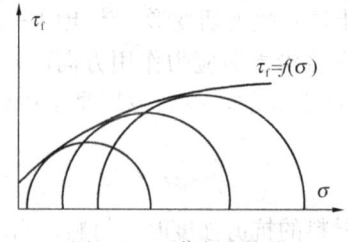

图 1.7-2 莫尔包络线

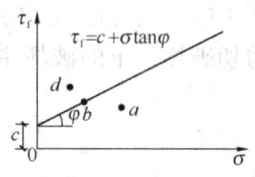

图 1.7-3 破坏包线

可以看出抗剪强度代表土体在任一平面上可以承受的最大剪应力。任何一组剪应力与法向应力的关系，如落在强度包线以下时，如图 1.7-3 中 a 点，表示它处于安全应力状态；如落在线上（图中 b 点），则表明这一应力状态会使材料破坏。图 1.7-3 中 d 点的应力状态处在包线之上，实际上是不可能的，因为到达这一应力状态之前，破坏就已经发生了。

当土体中某一微体单元上受到大小主应力 σ_1 和 σ_3 作用时（图1.7-4），可以在 $\tau\sigma$ 平面上作莫尔应力圆，如图1.7-5所示，表示任意平面的法向应力和剪应力。

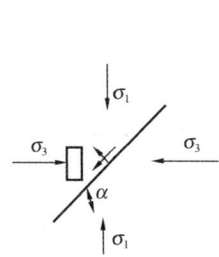

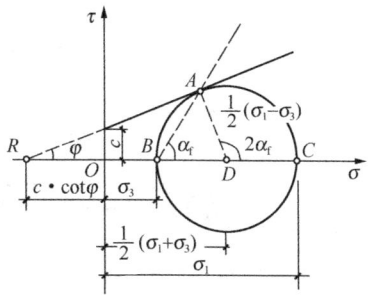

图1.7-4 土体中某点受到的大小主应力　　图1.7-5 土体中某点极限平衡时的摩尔圆

从莫尔应力圆可以看出：

圆心坐标 $\left(\dfrac{\sigma_1+\sigma_3}{2},0\right)$	圆半径 $\dfrac{\sigma_1-\sigma_3}{2}$	应力圆方程 $\left(\sigma_\alpha-\dfrac{\sigma_1+\sigma_3}{2}\right)^2+\tau_\alpha^2=\left(\dfrac{\sigma_1-\sigma_3}{2}\right)^2$
土体 α 平面上法向应力和切应力 $\sigma_\alpha=\dfrac{\sigma_1+\sigma_3}{2}+\dfrac{\sigma_1-\sigma_3}{2}\cos2\alpha;\ \tau_\alpha=\dfrac{\sigma_1-\sigma_3}{2}\sin2\alpha$		

可用摩尔圆表示任一平面上的法向应力，由此可见，两个主应力值使应力圆与强度包线相切时，切点 A 这一平面上的剪应力和法向应力满足库仑强度理论的破坏条件，这个面即为破坏面。

破坏面上，即土处于极限状态时，大小主应力 σ_1 和 σ_3 的关系满足：

黏性土时（如图1.7-5所示）	无黏性土（即黏聚力 $c=0$）
$\sigma_3=\sigma_1\tan^2\left(45°-\dfrac{\varphi}{2}\right)-2c\tan\left(45°-\dfrac{\varphi}{2}\right)$	$\sigma_3=\sigma_1\tan^2\left(45°-\dfrac{\varphi}{2}\right)$
$\sigma_1=\sigma_3\tan^2\left(45°+\dfrac{\varphi}{2}\right)+2c\tan\left(45°+\dfrac{\varphi}{2}\right)$	$\sigma_1=\sigma_3\tan^2\left(45°+\dfrac{\varphi}{2}\right)$

换言之，只要大小主应力 σ_1 和 σ_3 满足上式的关系，土就处于极限破坏状态。

若主应力 σ_1 和 σ_3 构成的摩尔圆落在强度包线以下，破坏便不会发生，由于材料中的应力永远不能超过它的强度。摩尔圆不可能突出到强度包线之上。凡达到破坏时的应力圆都和强度包线相切。

再来研究破坏面即切点 A 的位置，从图1.7-5中可以看出

破坏面与最大主应力作用面成 $45°+\varphi/2$ 的夹角；

与最大剪应力面成 $\varphi/2$ 的夹角；

破坏面与最小主应力作用面成 $45°-\varphi/2$ 的夹角。

（此处要看清是与力的夹角还是与力的作用面的夹角）

由于内摩擦的作用，破坏既不发生在最大主应力作用面，也不发生在最大剪应力作用

面。通常情况下，只要土样均质，应力均匀，试件内就会出现两组共轭破裂面，如图 1.7-6 所示。

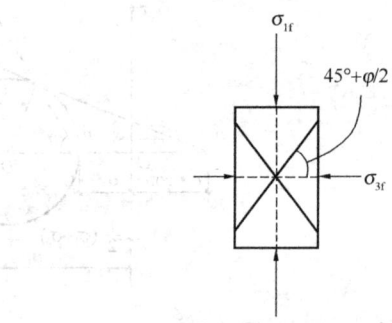

图 1.7-6　土中的共轭破裂面

(3) 土体极限破坏状态解题思维流程总结如下，用有效应力指标来表示。

黏性土	无黏性土
$\sigma_1' = \sigma_3' \tan^2\left(45° + \dfrac{\varphi'}{2}\right) + 2c'\tan\left(45° + \dfrac{\varphi'}{2}\right)$	$\sigma_1' = \sigma_3' \tan^2\left(45° + \dfrac{\varphi'}{2}\right)$
$\sigma_1' = \sigma_3' \tan^2\left(45° - \dfrac{\varphi'}{2}\right) - 2c'\tan\left(45° - \dfrac{\varphi'}{2}\right)$	$\sigma_1' = \sigma_3' \tan^2\left(45° - \dfrac{\varphi'}{2}\right)$
破坏面与最大主应力作用面成 $45° + \dfrac{\varphi'}{2}$ 的夹角，与最大剪应力面成 $\dfrac{\varphi'}{2}$ 的夹角 破坏面与最小主应力作用面成 $45° - \dfrac{\varphi'}{2}$ 的夹角 (此处要看清是与力的夹角还是与力的作用面的夹角)	
最大剪切应力坐标：$\left(\dfrac{\sigma_1' + \sigma_3'}{2}, \dfrac{\sigma_1' - \sigma_3'}{2}\right)$ 摩尔应力圆：圆心坐标 $\left(\dfrac{\sigma_1' + \sigma_3'}{2}, 0\right)$，圆半径 $\dfrac{\sigma_1' - \sigma_3'}{2}$	

【注】① 牢记核心：如果土中某一点有效最大、最小主应力的关系符合上述公式时，说明该点的应力状态达到极限平衡条件，也就是破坏了；

② 公式中有效应力换为总应力，亦可，此时需将有效黏聚力和有效内摩擦角，换为总应力黏聚力和总应力内摩擦角。

1.7.3　两向应力条件下的超孔隙水压力

两向应力状态下饱和土的孔隙应力大小与土的孔隙应力系数有关。两向应力可以分解成为两种应力状态，如图 1.7-7 所示。当土单元体上瞬时作用力系 σ_1 和 σ_3 时，在不排水

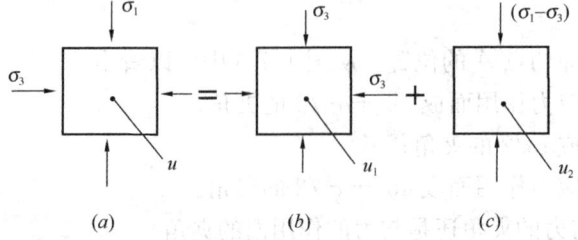

图 1.7-7　两向应力状态

条件下，引起的孔隙应力 u 相当于由均匀压力 σ_3 作用下产生的孔隙应力 u_1 和偏差应力 $\sigma_1-\sigma_3$ 作用下产生的孔隙应力 u_2 叠加而成，即 $u=u_1+u_2$。

均匀压力 σ_3 与其作用下产生的孔隙应力 u_1 之间的关系可表达为 $u_1=B\sigma_3$，系数 B 被称为孔隙水压力系数，它表示各向均匀压力条件下的孔隙水压力系数。

偏差应力 $\sigma_1-\sigma_3$ 与其作用下产生的孔隙应力 u_2 之间的关系可表达为 $u_1=BA(\sigma_1-\sigma_3)$，系数 A 也称为孔隙水压力系数，它表示 σ_3 不变，只施加偏差应力增量 $\sigma_1-\sigma_3$ 条件下的孔隙水压力系数。

于是可以得到

$$u=u_1+u_2=B\sigma_3+BA(\sigma_1-\sigma_3)=B[\sigma_3+A(\sigma_1-\sigma_3)] \tag{1.7-1}$$

1.7.3.1 各向等压应力与孔压系数 B

B 的具体表达式推导过程不再赘述，可参见土力学教材，具体为：

$$B=\frac{1}{1+n\dfrac{C_\text{f}}{C_\text{sk}}} \tag{1.7-2}$$

式中 C_f ——孔隙流体的体积压缩系数；

C_sk ——土骨架的体积压缩系数；

n ——土的孔隙率。

B 是在各向均匀压力条件下的孔隙水压力系数，它的大小与土的饱和度有关。对于饱和土，因为水的压缩性比土骨架的压缩性低得多，$C_\text{f}\approx 0$，所以 $B=1$，对于干土，孔隙的压缩接近无穷大，$C_\text{f}\to\infty$，所以 $B=0$。因此非饱和土的 B 在 $0\sim 1$ 之间，饱和度越大，B 越接近于 1。

1.7.3.2 偏差压力与孔压系数 A

孔隙应力系数 A 的数值取决于偏差应力 $\sigma_1-\sigma_3$ 所引起的体积变化。因此，A 值的变化范围比较大，在弹性条件下 $A=1/3$，对于某些灵敏性黏土在剪应力作用下具有剪缩性，这类土的 A 值会很大，甚至大于 1，对于某些具有剪胀性的超固结黏土，在偏应力作用下体积膨胀，产生负的孔隙应力，这类土的 A 值可能是负的。斯开普顿等通过试验给出了各种土的 A 值大小，如表 1.7-1 所示。用于计算土体破坏和地基沉降时要用不同的数值。

孔隙压力系数 A　　　　　　　表 1.7-1

土样（饱和）	用于计算土体破坏	用于计算地基沉降
很松的细砂	2~3	
灵敏性黏土	1.55~2.5	>1
正常固结黏土	0.7~1.3	0.5~1
轻度超固结黏土	0.3~0.7	0.25~0.5
严重超估计黏土	−0.5~0	0~0.25

由于孔压系数 B 和 A 都是应力的函数，所以一个试验过程中它们一般不是常数，只是为了简化，将其认为是一个常数。

1.7.4 土的抗剪强度试验

土的抗剪强度试验的主要目的是要确定破坏包线及其相应的强度指标 c 和 φ，或者 c' 和 φ'。试验的主要方法是直接剪切试验（直剪试验）、三轴剪切试验（三轴试验）、无侧限抗压强度试验和十字板剪切试验。

1.7.4.1 直剪试验

《土工试验方法标准》21

直剪试验仪器示意图如图 1.7-8（a）所示，剪切盒由上下两部分所组成，上盒固定不动，下盒可自由移动。土样装在上下盒之间，直径为 64mm，相当于面积 A 为 $3cm^2$，厚度为 25mm。试验时把土样装入盒内，试样底部和顶部设置两块透水石，通过承压板对土样施加竖向荷载 P，推动下盒施加剪切力 T，T 可由量力环测得。土样破坏时，在上下盒之间形成剪切面，即破坏面（图 1.7-8b）。破坏面上的竖向应力和剪应力分别为

$$\sigma = \frac{P}{A}; \tau = \frac{T}{A}$$

取 3~4 个同一类土、重度与含水量大致相同的土样，分别在不同竖向荷载作用下进行剪切，于是就可以得到土的抗剪强度与法向应力的关系（图 1.7-8c）。

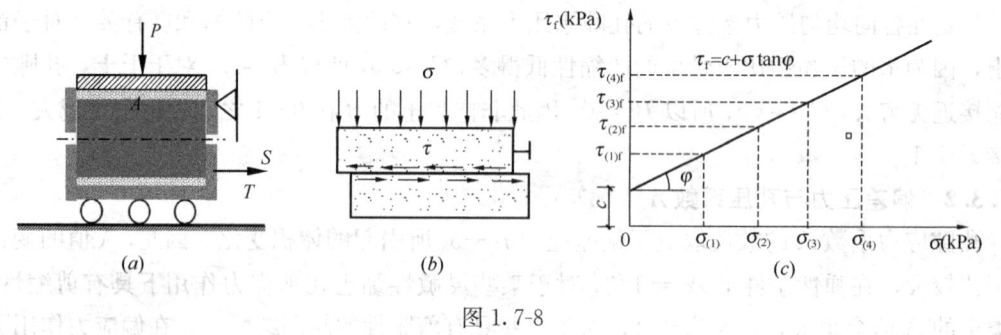

图 1.7-8

直剪试验无法测量孔隙水压力，也无法严格控制排水条件，只能以加荷快慢来控制。分为以下三类：

直剪类型	试验过程	试验成果
快剪	在试样施加竖向力后，不固结，快速施加水平剪应力使试样剪切	快剪强度指标 c_q、φ_q
固结快剪	在试样施加竖向力后，排水固结，待固结稳定，再快速施加水平剪应力使试样剪切	只能得到一条总应力包线，无法得到有效应力包线，固结快剪强度指标 c_{cq}、φ_{cq}
慢剪	在试样施加竖向力后，排水固结，待固结稳定，再缓慢施加水平剪应力使试样剪切	相当于有效应力包线，慢剪强度指标 c_d、φ_d

【注】① 直接剪切试验强度取剪应力与剪切位移关系曲线上剪应力的峰值，无峰值时，取剪切位移 4mm 所对应的剪应力为抗剪强度。

② 《土工试验方法标准》中讲述的是室内直剪试验，野外现场直剪试验也可以做，具

体内容见《工程地质手册》（第五版）P264。

③ 测得不同情况的抗剪强度指标，是为了和实际工程中的实际工况来对应的，实际工况中受力和排水情况会有不同。

1.7.4.2 三轴试验

《土工试验方法标准》19

三轴试验比直剪试验"高级"，因为它精准，可以准确地控制排水条件和测量孔隙水压力，但是高级的并不一定好，因为做起来复杂成本高，适合的才是最好的！三轴试验的基本原理是土样在两个主应力作用下达到破坏，再从破坏状态下的应力条件出发，根据莫尔-库仑强度理论确定破坏面和破坏面上的法向应力和剪应力，从而得到土的抗剪强度包线及其强度指标。

三轴剪力仪构造比较复杂，不再介绍。

三轴试验也分三种：

（1）不排水试验（UU试验）（图1.7-9）

试验过程：

① 在不排水条件下，施加周围压力增量 σ_3（试样有效应力不变，剪应力为 0, $u \neq 0$, 体积无变化）。

② 然后在不允许水进出的条件下，逐渐施加附加轴向压力 q，直至试样剪破（试样有效应力不变，剪应力增大，$u \neq 0$，体积无变化）。

成果：得到不排水抗剪强度指标 $c_u = \dfrac{\sigma_1 - \sigma_3}{2} = \dfrac{\sigma_1' - \sigma_3'}{2}$

虽然三个试样的周围压力不同，但破坏时的主应力差相等，三个极限应力圆的直径相等，因而强度包线是一条水平线。$\sigma_1 - \sigma_3 = \sigma_1' - \sigma_3'$。

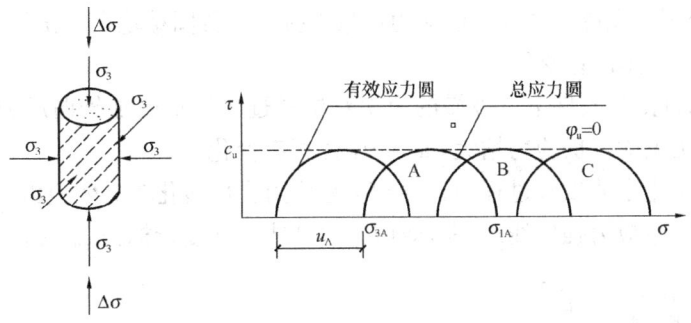

图 1.7-9

（2）固结不排水试验（CU试验）（图1.7-10）

试验过程：

① 施加部分围压允许试样在周围应力增量下排水，待固结稳定（试样有效应力增大，剪应力为 0, $u = 0$，体积有变化）。

② 然后在不允许水进出的条件下，逐渐施加附加轴向压力 q，直至试样剪破（试样有效应力不变，剪应力增大，$u \neq 0$，体积无变化）。

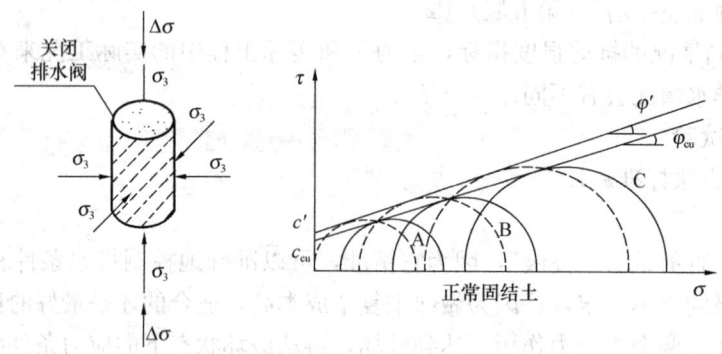

图 1.7-10

成果:

① 将总应力圆在水平轴上左移 u 得到相应的有效应力圆,按有效应力圆强度包线可确定 c'、φ'。

② 确定孔隙水压力系数:

施加周围压力 σ_3	施加周围压力产生的孔隙水压力 u_0
初始孔隙水压力系数 $B = \dfrac{u_0}{\sigma_3}$	
试样破坏时,主应力差产生的孔隙水压力 u_f	
试样破坏时孔隙水压力 $A_f = \dfrac{u_f}{B(\sigma_1 - \sigma_3)}$	

(3) 固结排水试验(CD 试验)(图 1.7-11)

试验过程:

① 施加部分围压允许试样在周围应力增量下排水,待固结稳定(试样有效应力增大,剪应力为 0,$u = 0$,体积有变化)。

② 在允许水进出的条件下以极慢的速率对试样逐渐施加附加轴向压力,直至试样剪破(试样有效应力增大,剪应力增大,$u = 0$,体积有变化)。

成果:在整个排水剪试验过程中,$u = 0$,总应力全部转化为有效应力,所以总应力圆即是有效应力圆,总应力强度线即是有效应力强度线,强度指标为 c_d、φ_d。

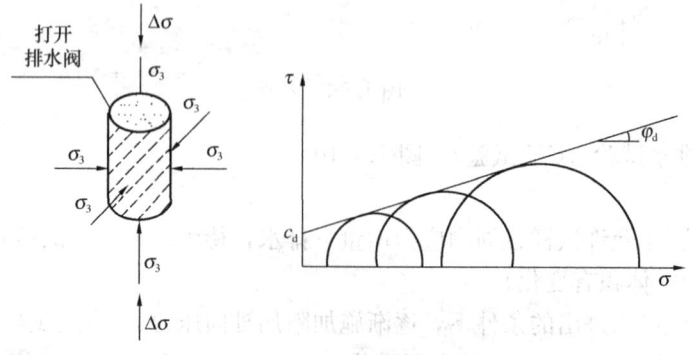

图 1.7-11

1.7.4.3 无侧限抗压强度试验
《土工试验方法标准》20

无侧限抗压强度试验实际上是三轴压缩不固结不排水试验的一种特殊情况。把一个直径为 $3.5\sim4.0\mathrm{cm}$，高约为直径两倍的试样，在 $\sigma_3=0$ 的条件下施加轴向压力，直到土样破坏为止。

无侧限抗压强度，相关知识点解题思维流程总结如下：

无侧限抗压强度试验所得的饱和黏土极限应力圆的水平切线就是破坏包线		
试验前试样的横截面积 A_0（cm²）	试验破坏时总应变 ε_u	试样破坏时（或应变达到20%的塑流破损时）的总荷载 P_u（N）
① 无侧限抗压强度（kPa）$q_u = \dfrac{10(1-\varepsilon_u)P_u}{A_0}$		
（根据试验结果只能做一个极限应力圆 $\sigma_1 = q_u$，$\sigma_3 = 0$）		
② 对饱和软黏土（$\varphi \approx 0$），土的不排水抗剪强度（kPa）$\tau_f = c_u = \dfrac{q_u}{2}$		
原状土无侧限抗压强度 q_u（kPa）		重塑土无侧限抗压强度 q'_u（kPa）
饱和黏土灵敏度（kPa）$S_t = \dfrac{q_u}{q'_u}$		

【注】① 土灵敏度

天然状态下的黏性土通常都具有一定的结构性，当受到外来因素的扰动时，土粒间的胶结物质以及土粒、离子、水分子所组成的平衡体系受到破坏，土的强度降低，压缩性增大。土的结构性对强度的这种影响，一般用灵敏度来衡量。

土的灵敏度通常采用无侧限抗压强度试验或十字板剪切试验测定（十字板剪切试验见岩土勘察专题"3.3.5 十字板剪切试验"）。土的灵敏度是以原状土的强度与该土经过重塑（土的结构性彻底破坏）后的强度之比来表示，重塑试样具有与原状试样相同的尺寸、密度和含水量，如下

$$S_t = \frac{q_u}{q'_u} = \frac{c_u}{c'_u} \tag{1.7-3}$$

② 土力学上一般根据灵敏度将饱和软黏土分为：$1 < S_t \leq 2$ 低灵敏；$2 < S_t \leq 4$ 中等灵敏；$4 < S_t$ 高灵敏。

《工程地质手册》上分类为 ≤ 1 不灵敏；$1\sim 2$ 低灵敏；$2\sim 4$ 中等灵敏；$4\sim 8$ 灵敏；$8\sim 16$ 很灵敏；>16 流动。

可见灵敏度的分类标准，还是有些细小的差别，因此考试时务必根据题目要求采用相

应规范作答，如果未指定规范，则根据选项，可采用土力学或《工程地质手册》进行分类。

1.7.5 应力路径分析法

1.7.5.1 应力路径的基本概念

应力路径是指土体受力、发生、发展和变化的过程，这一过程实际上就是一条应力变化的轨迹线。例如图 1.7-12 所示为一个常规三轴试验的应力变化过程。土样开始时的应力条件为 $\sigma_1 = \sigma_3$ 即图上的 A 点。然后，竖向增加压力使 σ_1 逐渐增大，$\sigma_1 = \sigma_1'$, σ_1'', $\sigma_1'''\cdots$，直至破坏。与主应力面不同方向面上的应力可用应力圆表示。随着 σ_1 的增加，应力圆慢慢膨胀，为了方便地反映应力变化的过程，可以任意选取某一个面上的应力变化作为代表，如图中，AC 是表示与大主应力面夹角为 $60°$ 面上应力变化轨迹线，AB 是夹角为 $45°$ 面上的应力变化轨迹线。AC 和 AB 都称为应力路径线，所以应力路径线有无数条。不难看出，采用与主应力面夹角为 $45°$ 面上的应力变化轨迹线来代表土体单元受力过程最为方便。如图中的 AB 线，就是目前称做的应力路径线。这样，就无需画出应力圆，即可以知道土体单元受力的全过程。

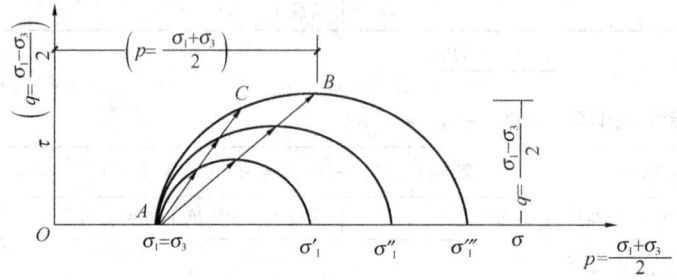

图 1.7-12 常规三轴试验的应力变化过程

AB 线实质上就是应力圆顶点的连线，所以它们的纵坐标代表最大剪应力，用 q 来表示，$q = \dfrac{\sigma_1 - \sigma_3}{2}$；横坐标代表正应力，用 p 来表示，$p = \dfrac{\sigma_1 + \sigma_3}{2}$，同理，反过来，只要在 p-q 应力平面内任作一条线，也就不难理解单元体受力变化的过程了。

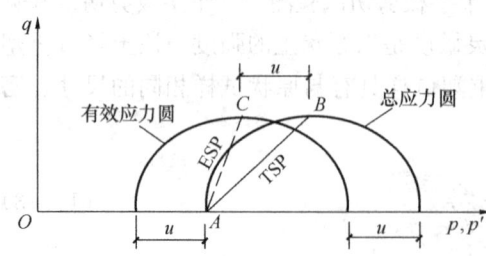

图 1.7-13 总应力路径与有效应力路径

土体受力过程中由于排水条件的不同，有总应力和有效应力的概念。同理，应力路径也有总应力路径和有效应力路径之分。如图 1.7-13 所示。总应力圆顶点的连线称为总应力路径，用 TSP（Total Stress Path）作标记（见图中 AB 线）。有效应力圆顶点的连线，称为有效应力路径，用 ESP（Effective Stress Path）作标记（见图中 AC 线）。TSP 线与 ESP 线之间的距离等于孔隙水压力 u，有效应力原理仍然适用。

1.7.5.2 K_0、K_f 和 f 线的基本概念

图 1.7-14 表示单向固结试验以及关于 K_0 线的概念。图 1.7-14（a）表示压缩试验的

加荷过程和剪应力与压缩变形的关系,每加一级荷载,当变形稳定后都可以相应画出一个应力圆,如图 1.7-14(b)所示,这些应力圆都是在特定条件下的应力圆,即无侧向变形。因此,它们的小主应力 σ_3 与大主应力 σ_1 之比都等于 K_0,所以这些圆称为 K_0 圆。若把 K_0 圆的顶点连起来,这条应力路径线就称为 K_0 线。K_0 线上任一点的纵坐标 $q=\dfrac{1-K_0}{2}\sigma_1$,横坐标 $p=\dfrac{1+K_0}{2}\sigma_1$,它的坡度

$$\tan\beta=\frac{1-K_0}{1+K_0} \tag{1.7-4}$$

K_0 线具有以下三方面含义:

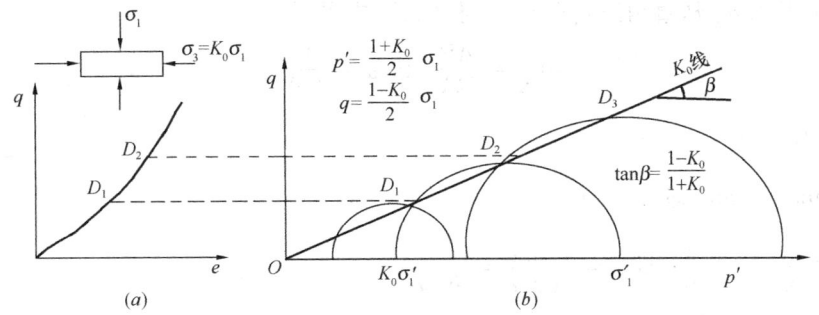

图 1.7-14 固结试验与 K_0 线

(1) 如果应力变化条件是沿着 K_0 线走,标志着土样的变形只有单向压缩而无侧向变形;
(2) 如果应力变化是沿着 K_0 线发展,标志土样不会发生强度破坏;
(3) K_0 线上各点都是圆的顶点,所以 K_0 线代表静止土压力状态,也就是土的自重应力状态。因此 K_0 线也就是土层的天然应力条件。

图 1.7-15 表示三轴试验极限条件时的应力路径线。图 1.7-15(a) 表示一组土样的三轴试验及其应力-应变曲线。破坏时的峰值强度分别为 p_1、p_2 和 p_3,相应的应力圆示于图 1.7-15(b) 中。这组应力圆都满足极限条件,它们的公切线就是大家所熟悉的强度包线,称为 f 线或 φ 线。这组圆的顶点连线称为 K_f 线。这两条线具有相同的含义,都表示破坏条件。但在应力路径分析中都采用 K_f 线而不用 f 线。

K_f 线与 f 线之间的关系可以从图 1.7-16 中得到。f 线的坡角为 φ,截距为 c;K_f 线的

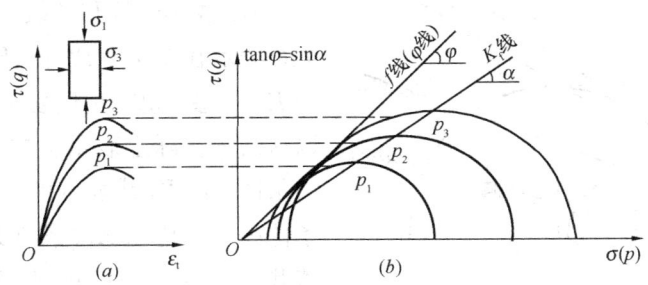

图 1.7-15 三轴极限状态及其应力路径线

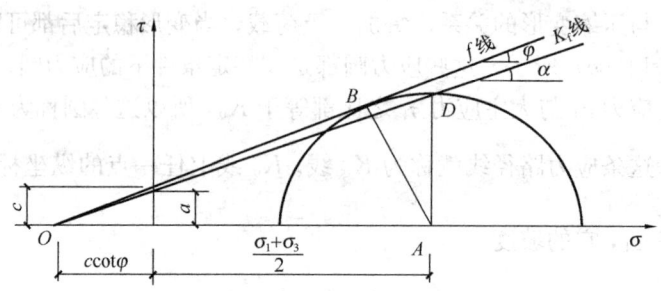

图 1.7-16　f 线与 K_f 线之间的关系

坡角为 α，截距为 a。从直角三角形 OAB 和 OAD 中可得

$$\sin\varphi = \frac{AB}{OA}, \quad \tan\alpha = \frac{AD}{OA}$$

因为 $AB = AD$

所以 $\sin\varphi = \tan\alpha$ 即 $\varphi = \arcsin(\tan\alpha)$

又因为 $\dfrac{c}{\tan\varphi} = \dfrac{a}{\tan\alpha}$ 即 $c = \dfrac{a\tan\varphi}{\tan\alpha} = \dfrac{a}{\cos\varphi}$

根据上述关系，就可以利用应力路径的方法求得土的抗剪强度参数。首先把三轴试验的结果整理在 p-q 坐标系统内，然后把每条应力路径的终点连接起来求得 K_f 线，如图 1.7-17 所示，根据 K_f 线的坡度角 α 和截距 a，按上述关系计算土的抗剪强度参数 c 和 φ。

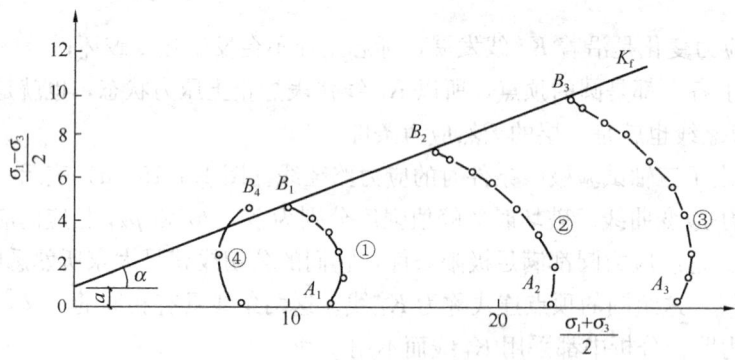

图 1.7-17　三轴试验的应力路径线

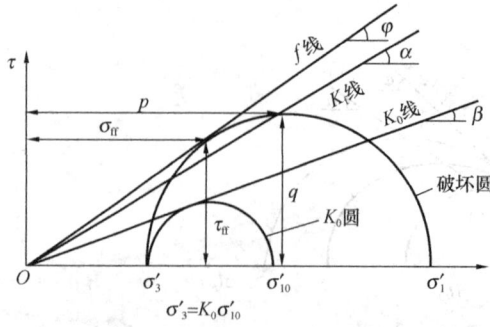

图 1.7-18　K_0，K_f，f 线的关系

K_0 线、K_f 线和 f 线三条特征线之间的关系表示在图 1.7-18 中。K_0 线上的点都代表 K_0 状态，也就是代表天然应力状态，所以这条线实际上表示土样在土中的初始应力条件。而 K_f 线表示极限状态，一切应力条件都不能超越 K_f。若在地面上增加一个荷载，地基中各点的应力只能在 K_0 线与 K_f 线之间变化。

1.7.6 土的抗剪强度指标

1.7.6.1 直剪试验指标

(1) 慢剪试验

慢剪试验的要点是保证试验中试样要能充分排水，不能累积孔隙水压力。施加垂直应力 σ 后，要让试样充分排水固结，加剪应力的速率也很缓慢，让剪切过程中的超静孔隙水压力完全消散。这种试验与三轴固结排水试验方法相对应。

用慢剪试验测得的指标称为慢剪强度指标，标记为 c_s 和 φ_s。由于试样中没有孔隙水压力，总应力就是有效应力，所以这种指标与有效应力强度指标相当。经验表明，由于试验仪器和方法的不同，c_s 和 φ_s 一般略高于三轴试验有效强度指标 c' 和 φ'。所以，作为有效强度指标应用时，常乘以 0.9 的系数。

(2) 固结快剪试验

固结快剪试验的要点是，加垂直应力 σ 后，让试样充分固结，之后快速进行剪切，通常要求试样在 3~5min 内剪坏，以尽量减少试样的排水。对于黏性土，这种试验与三轴固结不排水试验方法相对应。用固结快剪试验测得的指标称为固结快剪指标，标记为 c_{cq} 和 φ_{cq}。

(3) 快剪试验

快剪试验的要点是，加垂直法向应力 σ 后，不让试样固结，立即快速进行剪切，通常要求在 3~5min 内将试样剪坏，以尽量减少试样的排水。对于黏性土，这种试验与三轴不排水试验方法相对应。用这种试验方法测得的抗剪强度指标，称为快剪强度指标，标记为 c_q 和 φ_q。

需要注意的是，直剪试验采用加载速率控制试样的排水固结条件。但实际上，试样的排水固结状况不但与加荷速率有关，而且还决定于土的渗透性和土样的厚度等因素。因此，各类试验方法所测得的指标的差别与土的性质关系很大。如果是黏性较大的土样，进行快速剪切时，能保持孔隙水压力基本不消散，密度基本不变化，此时固结快剪和快剪试验分别与三轴固结不排水和不排水试验的性质基本相同。但对于低黏性土或无黏性土，因为试样很薄，边界不能保证绝对不排水，所以在规定的加载速率下，土样仍能部分排水固结，甚至接近完全排水固结。这时固结快剪和快剪试验测得的抗剪强度指标与三轴固结不排水或不排水试验测得的强度指标就会有较大的差别。

1.7.6.2 三轴试验指标

本节主要讨论各种不同排水条件下三轴试验强度指标的特点以及它们之间的相互关系。

(1) 三轴固结排水试验

在固结排水三轴试验中，排水阀门始终打开。试样先在周围压力 σ_3 作用下充分排水固结，稳定后缓慢增加轴向偏差应力 $(\sigma_1 - \sigma_3)$ 进行剪切，让试样在剪切过程中充分排水。这样，试样中始终不出现超静孔隙水压力，总应力恒等于有效应力。用这种试验方法测得的抗剪强度称为排水强度。相应的抗剪强度指标称为排水强度指标 c_d 和 φ_d。因为试样内的应力始终为有效应力，所以 c_d 和 φ_d 也可视为就是有效应力抗剪强度指标 c' 和 φ'。

在三轴试验中，将施加在试样上的有效围压力 σ_3 作为试样的当今有效固结应力，并以此划分黏土试样属于正常固结状态或超固结状态。当有效围压力 σ_3 大于或等于土样的先期固结压力 σ_p 时，称土样处于正常固结状态，而当 σ_3 小于土样的先期固结压力 σ_p 时，则土样处于超固结状态。按照这一标准，不论是从正常固结土层还是从超固结土层取出的土样，在三轴试验中都可能是正常固结状态，也有可能是超固结状态。这取决于试验中所施加的有效固结压力 σ_3 是大于还是小于天然状态下土样的先期固结压力。这一点与地基中正常固结土与超固结土的定义有所差别。

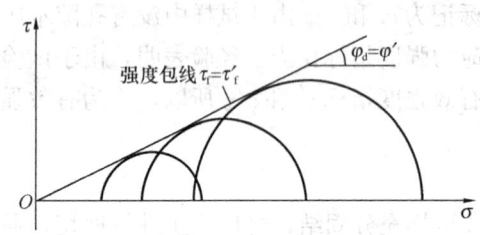

图 1.7-19 砂土和正常固结黏土的破坏包线

根据上述的讨论可知，对在实验室中恒处于正常固结状态的黏土，当 $\sigma_3=0$ 时，必然有 $\sigma_p=0$，表示这种土历史上从未受过任何应力的固结，必定处于很软弱的泥浆状态，抗剪强度 $\tau_f=0$。这表明，同无黏性土一样，实验室正常固结黏土的抗剪强度包线应该通过原点，如图 1.7-19 所示。因此，对三轴固结排水试验，砂土和正常固结黏土的抗剪强度均可表示为：

$$\tau_f = \sigma\tan\varphi_d, \quad c_d = 0 \tag{1.7-5}$$

正常固结黏土的黏聚强度 $c_d=0$，并不意味着这种土不具有黏聚强度，而是因为正常固结状态的土，其黏聚强度也如摩擦强度一样与压应力 σ 近似成正比，两者区分不开，使得黏聚强度实际上隐含于摩擦强度内。这也说明，强度参数 c 和 φ 在物理意义上并不严格"真实"地分别反映黏聚和摩擦两个抗剪强度分量，而通常是"你中有我，我中有你"，从而变成仅为计算参数的含义。

图 1.7-20 给出了超固结黏土峰值强度破坏包线和残余强度破坏包线的示意图。超固结黏土的应力应变关系曲线具有峰值（图 1.7-20），在土的峰值强度之后，土发生应变软化，随变形增大偏差应力不断减小，最后趋于稳定，此时对应土的残余强度。试验结果表明，超固结黏土的破坏包线不过原点，即 $c_d=c'\neq 0$。对于残余强度，由于大变形会完全破坏土的结构强度和咬合作用，所以，超固结黏土残余强度的破坏包线是通过原点的直线。

天然土在土层中都曾经受过某一先期固结压力 σ_p 的固结。当 σ_p 大于三轴试验的围压力 σ_3 时，土样处于超固结状态。在超固结段内，试样的实际密度大于正常固结时的密度。按密度大、抗剪强度高的道理，超固结段的抗剪强度曲线应在正常固结状态的抗剪强度曲线之上，并且是一段曲线。为便于计算，用直线段 ab 代替。当 $\sigma_p<\sigma_3$ 后，变为正常固结土，其抗剪强度回到正常固结土的强度包线 oc 上。

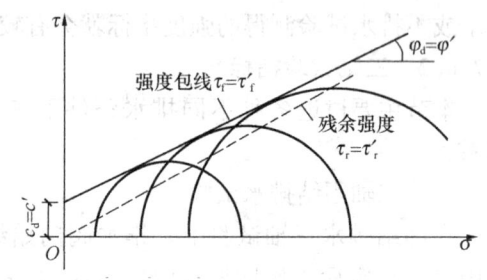

图 1.7-20 超固结黏土的破坏包线

因此，天然状态的黏性土在实验室中所测得的强度包线是两段折线 ab 和 bc，其折点在 $\sigma_p=\sigma_3$ 的破坏圆的切线上，如图 1.7-21 所示。由于两段折线不便于工程应用，在实用上再简化成图中的点划线 de，这样，强度包线就又回复到库仑抗剪强度公式。

综上所述，对于超固结黏土和天然黏土，由固结排水三轴试验所得到的强度包线可统一采用下式来表示：

$$\tau_f = c_d + \sigma\tan\varphi_d \quad (1.7\text{-}6)$$

式中 c_d——排水试验的黏聚力；

φ_d——排水试验的内摩擦角。

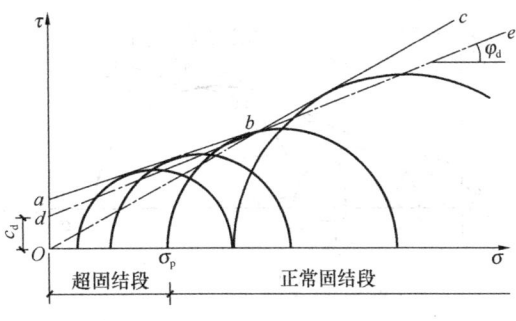

图 1.7-21 天然黏土的破坏包线

(2) 三轴固结不排水试验

在进行固结不排水三轴试验时，首先让土样在围压力 σ_3 作用下充分排水固结。之后，关闭排水阀门，逐步施加轴向偏差应力 $(\sigma_1-\sigma_3)$ 进行不排水剪切。在剪切过程中，试样内将出现一定数值的超静孔隙水压力，其值可以通过孔压量测系统进行测定。用这种试验方法测得的总应力抗剪强度称为固结不排水强度，用 c_{cu} 和 φ_{cu} 表示。由于可测定试验过程中的孔隙水压力 u，所以，该种试验也可用来确定土体的有效应力强度指标 c' 和 φ'。由于不排水剪切时一般 $u \neq 0$，因此测得的总应力强度指标和有效应力强度指标并不相同。

如图 1.7-22 (a) 所示，和固结排水试验一样，正常固结黏土的总应力固结不排水强度包线是通过原点的直线，也即 $c_{cu}=0$。可表达为：

$$\tau_f = \sigma\tan\varphi_{cu}$$

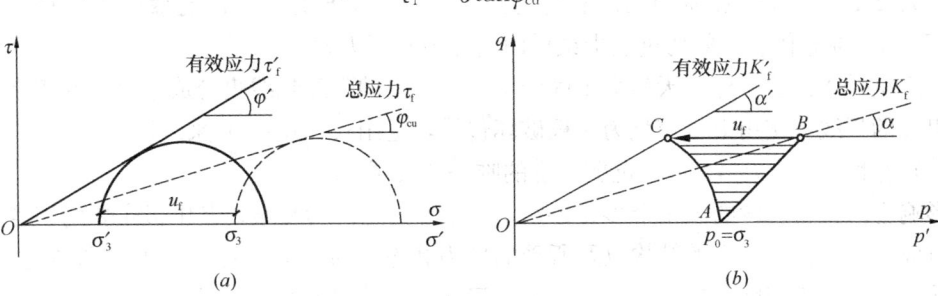

图 1.7-22 正常固结黏土的破坏包线和破坏主应力线
(a) 破坏包线；(b) 破坏主应力线

若将总应力 σ 坐标改换成有效应力 σ' 坐标，则每个破坏莫尔圆将沿 σ 轴平移一段距离，其值等于孔隙水压力的大小。正孔压向左移，负孔压则向右移。有效应力破坏莫尔圆的公切线就是有效应力强度包线，其抗剪强度指标即为有效强度指标 c'、σ'。对于正常固结黏土，剪切时总是产生正孔隙水压力 u，图 1.7-22 (b) 分别给出了其总应力和有效应力路径以及破坏主应力线。图中 AB 为不排水剪切总应力路径，AC 为有效应力路径，ABC 阴影部分代表试验过程中试样内的孔隙水压力。

对正常固结黏土，同样有 $c'=0$，且由图 1.7-22 (a) 可知 $\varphi_{cu} < \varphi'$。

如图 1.7-23 (a) 所示，超固结黏土的总应力固结不排水强度包线也是一条不通过原点的直线，即 $c_{cu} \neq 0$，可采用下式来表示：

$$\tau_f = c_{cu} + \sigma\tan\varphi_{cu} \quad (1.7\text{-}7)$$

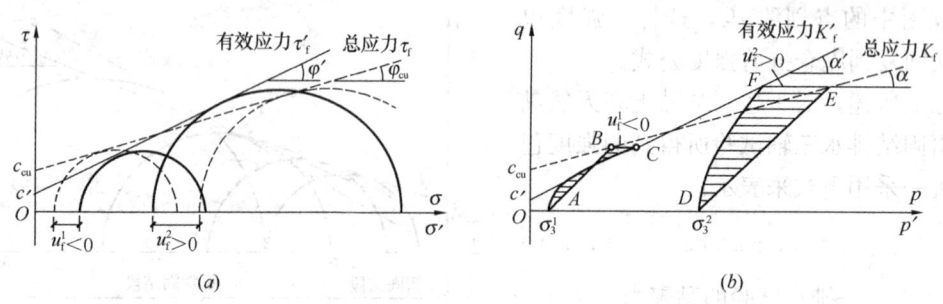

图 1.7-23 超固结黏土的破坏包线和破坏主应力线
(a) 破坏包线；(b) 破坏主应力线

对强超固结状态的试样，在进行剪切时通常具有较为显著的剪胀趋势，在不排水条件下会产生负孔隙水压力。因此，当从总应力莫尔圆绘制有效应力莫尔圆时，靠近坐标原点附近的莫尔圆，固结压力 σ_3 较小，往往远小于先期固结压力 σ_p，试样处于强超固结状态，剪切破坏时的孔隙水压力常为负值，有效应力莫尔圆将向右侧移动；而远离坐标原点的莫尔圆，固结围压 σ_3 增大，接近先期固结压力 σ_p，试样破坏时的孔隙水压力 u 一般会为正值，有效应力莫尔圆相反向左侧移动。因此，如图 1.7-23 (a) 所示，对固结不排水三轴试验，超固结黏土的总应力和有效应力强度包线呈剪刀交叉的形式，也即有：$\varphi' > \varphi_{cu}$，$c' < c_{cu}$。

图 1.7-23 (b) 分别给出了超固结黏土总应力和有效应力路径以及破坏主应力线。图中，AB、DE 分别为不排水剪切的总应力路径，AC、DF 为相应的有效应力路径，ABC 和 DEF 阴影部分代表在剪切过程中试样内的孔隙水压力。

同固结排水试验一样，天然黏土固结不排水试验的强度包线也分成超固结和正常固结两段组成的折线。实用上也简化为一根破坏包线，也用式（1.7-7）来表示。

(3) 黏性土密度-有效应力-抗剪强度的唯一性关系

影响土的抗剪强度的因素众多，特别是对于黏性土更为复杂，其中最主要的因素包括土的组成、土的密度、土的结构以及所受的应力状态。对于同一种土，组成和结构相同，则抗剪强度取决于密度和应力，而这两者之间又是密切相关的。

在总结分析大量试验成果的基础上，亨开尔等学者证实，对同一种饱和正常固结黏土，存在单一的有效应力强度包线，且破坏时土样的含水量（密度）和强度之间存在唯一性关系，与试验的类型、排水条件和应力路径等无关。这一规律被称做是黏性土的密度-有效应力-抗剪强度的唯一性关系。之后，进一步的研究还表明，对具有相同前期固结压力的超固结黏土也有相似的规律。应力历史相同的同一种黏土，密度越高，抗剪强度越大；平均有效应力越高，抗剪强度也越大。

(4) 三轴不固结不排水剪切试验

三轴不固结不排水剪切试验简称不排水剪，也常简称为 UU 试验。将从地基中取出或由实验室制备的黏土土样放在三轴仪的压力室内，在排水阀门关闭的情况下施加围压 σ_3。不让试样内的孔隙水排出，饱和试样不压密，σ_3 所引起的超静孔隙水压力也不消散。然后，增加偏差应力 $(\sigma_1 - \sigma_3)$ 进行剪切，在这一过程中也关闭排水阀门不让试样排水。用这种试验方法测得的总应力抗剪强度称为不排水强度，用 c_{uu} 和 φ_{uu} 或 c_u 和 φ_u 表示。

首先分析不固结不排水试验中试样的工作状态。如果试样是饱和的，则在整个试验过程中试样的孔隙比（或含水量 w）保持不变。根据黏性土"密度-有效应力-抗剪强度"唯一性关系，不论在试样上所施加的围压力 σ_3 多大，破坏时土的抗剪强度必定相同。试验结果如图 1.7-24 所示，表明尽管各试验的围压力 σ_3 不同，但抗剪强度相同，即破坏状态应力莫尔圆的直径 $\dfrac{\sigma_1-\sigma_3}{2}$ 相等，因此，其总应力抗剪强度包线是一根与各个半径相等的破坏莫尔圆相切的水平线。因此，饱和黏土 UU 试验的内摩擦角 $\varphi_u=0$，黏聚力

$$c_u=\frac{(\sigma_1-\sigma_3)_f}{2} \tag{1.7-8}$$

式中　　c_u——不排水强度。

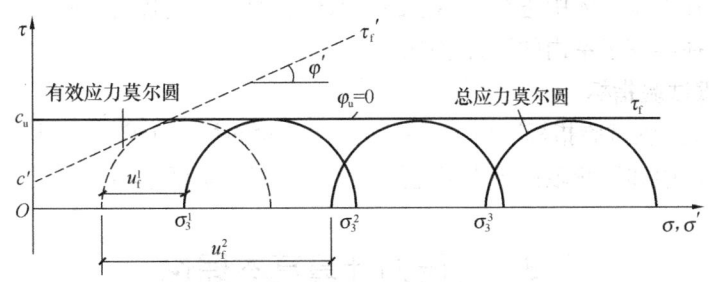

图 1.7-24　饱和黏土不固结不排水强度包线

不排水强度 c_u 的大小取决于土样所受的先期固结压力（或试样密度）。先期固结压力越高，土样的密度越大，不排水强度 c_u 也越高。

由于饱和土的孔隙水压力系数 $B=1.0$，所产生的孔隙水压力 $u=\sigma_3$，因此若扣除孔隙水压力 u，则所有的总应力莫尔圆会集中为一个唯一的有效应力莫尔圆，即图 1.7-22 中的虚线圆。因为只能得到一个有效莫尔圆，所以无法根据不固结不排水试验结果绘制有效应力强度包线，当然也无法确定土体的有效应力强度指标 c' 和 σ'。

应该指出 $\varphi_u=0$ 并不意味着该黏土不具有摩擦强度。由于在剪切面上存在有效应力就应该有摩擦强度，只不过是在这种试验方法中，摩擦强度隐含于黏聚强度内，两者难以区分。

实际上，同一种饱和黏土的不排水强度 c_u 和固结不排水抗剪强度指标 c_{cu}、φ_{cu} 之间存在一定的相互关系。从不固结不排水试验中得知，如土样经受过某种先期固结应力，具有一个相应的密度，则不排水试验将会得出一种相应的不排水强度。因此，如果让几个试样分别在几种不同的周围应力 σ_{3i} 作用下固结，将固结后的试样进行不排水剪切试验，就可得到几种不同的不排水强度，或者说，得出几个直径不同的破坏应力莫尔圆，如图 1.7-25 所示。这几个莫尔圆的公切线也就是固结不排水试验的破坏包线，并对应固结不排水抗剪强度指标件 c_{cu}

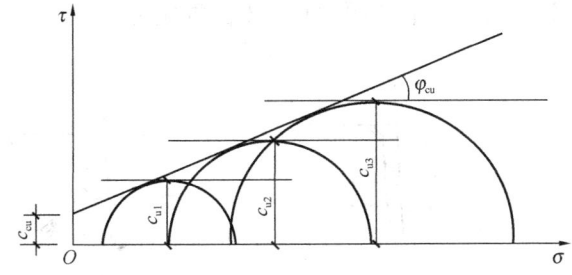

图 1.7-25　固结不排水强度包线和不排水强度指标的关系

和 φ_{cu}。反之，和固结不排水试验强度包线相切的每一个莫尔圆均对应于一个具有相同先期固结压力和相同密度的土样的不排水强度指标 c_{ui}。

对于饱和土的三轴不固结不排水试验，因为试验中所施加的有效周围压力 $\sigma'_3 = 0$，近似于前面提到的无侧限压缩试验，因此，可以把无侧限压缩试验近似看成是 $\sigma_3 = 0$ 的 UU 试验。由于不施加周围压力 σ_3，所以无侧限压缩试验只能测得一个通过原点的破坏莫尔圆。但正如前面讨论的，饱和黏土的不排水破坏包线就是一根水平线，即 $\varphi_u = 0$。将该规律应用于无侧限压缩试验，就可用无侧限抗压强度 q_u 来换算土的不固结不排水强度 c_u。

不固结不排水的实质是保持试验过程中土样的密度不变，原位十字板试验一般也能满足这一条件，故可以认为用十字板试验测得的抗剪强度 τ_f 也相当于不排水强度 c_u。不过十字板剪切试验是在原位土体中进行，不会因为取样而使土体受扰动，所以，十字板试验测得的抗剪强度往往会高于室内的不排水强度 c_u。

1.7.6.3 无侧限试验指标

如"1.7.6.2 三轴试验指标"所述，一定要注意对同样的土样，三轴不固结不排水试验、固结不排水试验和无侧限试验指标之间的关系，以期灵活运用。

1.8 土压力计算基本理论

（1）相关基本概念

土压力通常是指挡土墙后的填土因自重或外荷载作用对墙背产生的侧压力。由于土压力是挡土墙的主要外荷载，因此，设计挡土墙时首先要确定土压力的性质、大小、方向和作用点。

挡土墙土压力的大小并不是一个常数，其大小和分布规律不仅与挡土墙的高度、填土的性质有关，还与挡土墙的刚度及其位移的方向与大小密切相关。挡土墙可能的位移方向不同，墙背面承受土压力的类型与大小不同。根据墙的位移情况和墙后土体所处的应力状态，土压力可分为以下三种：

① 静止土压力：如图1.8-1（a）所示，静止土压力相当于用挡土墙替代左侧那部分土体。因此，在墙后土体作用下，墙保持原来位置，不发生任何方向的位移，墙后土体处于弹性平衡状态（或称之为静止状态），此时作用在挡土墙背的土压力称为静止土压力，用 E_0 表示。所以可按照在竖向自重应力作用下计算侧向应力的方法来计算静止土压力（相关概念可见本专题"1.3.2 自重应力"）。船闸边墙和地下室侧墙通常按静止土压力计算。

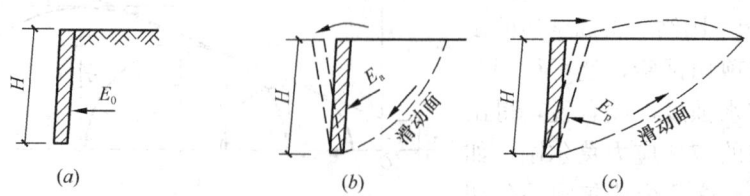

图 1.8-1 土压力与滑动方向
(a) 静止土压力；(b) 主动土压力；(c) 被动土压力

1.8 土压力计算基本理论

② 主动土压力：挡土墙在墙后土体作用下，逐渐向前移动，如图1.8-1(b)，土压力随着减小，直至墙后土体进入极限平衡状态，形成一组滑动面，土压力达到最小值，此时土体给予墙背上的土压力称为主动土压力，用E_a表示。一般情况下，都允许挡土墙有微小的位移，所以挡土墙设计按主动土压力计算居多。

③ 被动土压力：挡土墙在外力作用下，墙被推向土体，作用在墙上的土压力随之增大，直至墙后土体进入极限平衡状态，形成一组滑动面，土压力达到最大值，此时土体给予墙背上的土压力称为被动土压力，用E_p表示，如图1.8-1(c)所示。例如拱桥桥台的填土压力按被动土压力计算。

【注】① 侧向土压力单位是kN或kN/m。挡土墙计算均属平面应变问题，故在土压力计算中，一般取一延米的墙长度，因此压力的单位一般取kN/m，即一般计算的是作用于挡土墙每延米长度上的侧向土压力。

② 由挡土墙墙后土的位移情况也可看出，相同土性情况下，$E_a < E_0 < E_p$。

③ 侧向土压力和竖向土压力有关。土的竖向土压力，前面专题已经详细讲解，如自重压力、附加压力等，比较熟悉。侧向土压力和竖向土压力是有关系的，理解了"关系"，求解侧向土压力就变得容易起来。

④ 若无特殊说明，后面提到"土压力"概念时均指"侧向土压力"。

(2) 静止土压力E_0

如前所示，静止土压力E_0可按照在竖向自重应力作用下计算侧向应力的方法来计算。假定墙后土体均质，在土体表面下任意深度z处取一微小单元体，在单元体的顶面作用着竖向的土自重压力γz，那么该处静止土压力强度$e_0 = K_0 \gamma z$，单位是kPa。可以看出静止土压力强度即为侧向自重应力σ_{cx}和σ_{cy}（可见本专题"1.3.2自重应力"），与土自重压力γz成比例，其中比例系数K_0称之为静止土压力系数。

由静止土压力强度$e_0 = K_0 \gamma z$知，在均质土中，静止土压力沿墙高呈三角形分布，取单位墙长，则作用在墙上静止土压力强度的合力即为静止土压力，计算公式为：

$$E_0 = \frac{1}{2}(0 + e_0)h = \frac{1}{2}\gamma h^2 K_0$$

【注】① 注意单位，不要犯糊涂。静止土压力E_0单位，准确应为kN/m，若单位写成kN亦可，此时相当于乘了单位墙长，也就是1m。按公式计算出来的土压力，一般均指作用于每延米挡土墙上的土压力，有时候题目给出挡土墙的具体长度，此时一定要乘长度，得到具体土压力的大小，无论静止土压力，还是后面要讲到的主动土压力E_a、被动土压力E_p均是这样处理。

② 静止土压力E_0的计算注岩真题案例还没有直接考过，但是静止土压力E_0的公式推导过程值得学习和理解，后面研究主动土压力E_a、被动土压力E_p计算公式，也是先研究出相应的主动土压力强度e_a、被动土压力强度e_p。土压力强度确定了，再乘相应的"作用面积"（如果是每延米，则乘"作用高度"），就可以得到主动土压力E_a和被动土压力E_p。因此土压力强度（e_0，e_a，e_p）和土压力（E_0，E_a，E_p），两者的概念不要混淆。

静止土压力E_0的计算并不复杂，但静止侧压力系数K_0准确地测定并不简单，一般可通过室内试验直接测定，在无条件时也可按$K_0 = 1 - \sin\varphi'$经验公式计算，其中φ'为土的有效内摩擦角。但应注意此公式对于砂性土和正常固结黏性土具有一定的可靠性，而对超固结黏性土却会有较大的误差。

（3）主动土压力 E_a 和被动土压力 E_p

主动土压力 E_a 和被动土压力 E_p 的计算，实质上是土的抗剪强度理论的一种应用，主要采用朗肯理论和库仑理论进行求解。根据不同挡土墙和墙后土体的性质，采用相应的计算方法，这也是规范中的规定。下面详细介绍这两种理论及其对应的土压力计算公式。

1.8.1 朗肯土压力

1.8.1.1 朗肯土压力理论基础

朗肯土压力理论是通过研究弹性半空间体内的应力状态，根据土的极限平衡条件而得出的土压力计算方法。

朗肯土压力理论的假设有两点：①挡土墙背竖直、光滑；②墙后填土面水平。

【注】 利用朗肯主动土压力和朗肯被动土压力极限平衡理论求解时，一定要注意其两个假设，严格地说只有满足这两个假设的时候才可以使用朗肯理论进行计算。

在本专题"1.7.2 极限平衡理论"节已知，当土体处于极限平衡的时候大小主应力的关系为：

非黏性土	黏性土
$\sigma_3 = \sigma_1 \tan^2\left(45° - \dfrac{\varphi}{2}\right)$	$\sigma_3 = \sigma_1 \tan^2\left(45° - \dfrac{\varphi}{2}\right) - 2c \tan\left(45° - \dfrac{\varphi}{2}\right)$
$\sigma_1 = \sigma_3 \tan^2\left(45° + \dfrac{\varphi}{2}\right)$	$\sigma_1 = \sigma_3 \tan^2\left(45° + \dfrac{\varphi}{2}\right) + 2c \tan\left(45° + \dfrac{\varphi}{2}\right)$

为了便于朗肯主动土压力的公式推导，此处先引入朗肯主动土压力系数 K_a 和被动土压力系数 K_p 的概念，观察上式中大小主应力的关系，可发现和内摩擦角 φ 有关，其中 $\tan^2\left(45° - \dfrac{\varphi}{2}\right)$ 被称为主动土压力系数，即 $K_a = \tan^2\left(45° - \dfrac{\varphi}{2}\right)$；其中 $\tan^2\left(45° + \dfrac{\varphi}{2}\right)$ 被称为被动土压力系数，即 $K_p = \tan^2\left(45° + \dfrac{\varphi}{2}\right)$；因此当土体处于极限平衡的时候大小主应力的关系可化为：

非黏性土	黏性土
$\sigma_3 = \sigma_1 K_a ; \sigma_1 = \sigma_3 K_p$	$\sigma_3 = \sigma_1 K_a - 2c \sqrt{K_a} ; \sigma_1 = \sigma_3 K_p + 2c \sqrt{K_p}$

土体处于极限平衡的时候大小主应力的关系即为朗肯主动土压力和被动土压力的理论依据。

1.8.1.2 朗肯主动土压力计算公式推导

当地面水平时，土体内每一竖直面都是对称平面，因此竖直和水平截面上的剪应力都等于零，因而相应截面上的法向应力 σ_z 和 σ_x 都是主应力。朗肯用一个墙背竖直且光滑（无摩擦力）的挡土墙来代替另一半的土体，这样并没有改变原来的应力条件和边界条件。

图 1.8-2 表示朗肯土压力理论的基本概念，当挡土墙墙背 aa 向左移动 Δa 值时，墙后

1.8 土压力计算基本理论

土体中离地表任意深度 z 处单元体的应力状态将会随之而变化,竖向应力 $\sigma_1=\gamma z$ 保持不变,而水平向的应力 $\sigma_3=\sigma_x$ 却逐渐由静止状态的侧压力减少至极限平衡状态即破坏状态的主动土压力,见图 1.8-2（c）。一组滑动面的方向见图 1.8-2（a）。

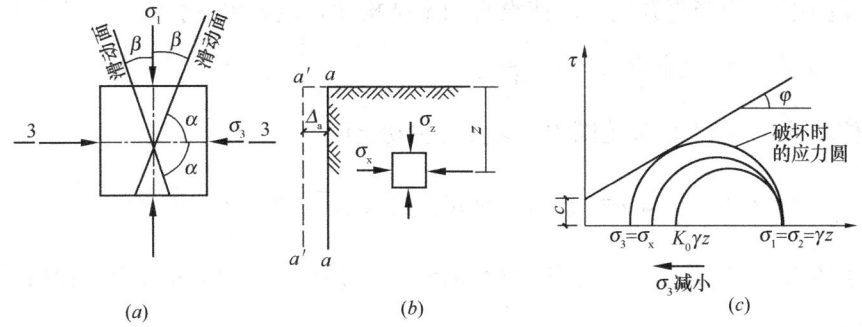

图 1.8-2　主动土压力的概念
(a) 滑动面；(b) 在光滑墙背后土中应力；(c) 朗肯主动状态

根据土力学的强度理论,当达到主动破坏状态时,作用在墙背上的土压力强度 e_a 即为小主应力 σ_3,竖向土压力强度为大主应力 σ_1,此时 $\sigma_1=\gamma z$,因此:

无黏性土：
$$e_a = \sigma_3 = \sigma_x = \gamma z \tan^2\left(45°-\frac{\varphi}{2}\right) = \gamma z K_a$$

黏性土：$e_a = \sigma_3 = \sigma_x = \gamma z \tan^2\left(45°-\frac{\varphi}{2}\right) - 2c \tan\left(45°-\frac{\varphi}{2}\right) = \gamma z K_a - 2c\sqrt{K_a}$

墙后土压力强度 e_a 的分布,从公式可看出,随着深度呈直线变化,一组滑动面的方向分别与大主应力平面（水平面）的夹角为 $45°+\frac{\varphi}{2}$,与小主应力平面（竖直面）的夹角为 $45°-\frac{\varphi}{2}$。

取单位墙长计算, h 深度范围内,无黏性土主动土压力

$$E_a = \frac{1}{2}(0+e_a)h = \frac{1}{2}(0+\gamma h K_a)h = \frac{1}{2}\gamma h^2 K_a$$

也可看出主动土压力 E_a 作用点的位置通过三角形的形心,即作用在离墙底以上 $z=\frac{h}{3}$ 处。

图 1.8-3（b）表示墙后填土为黏性土时的主动土压力强度 e_a 分布。黏性土的主动土压力包括两部分,一部分是自重引起的土压力 $\gamma z K_a$；另一部分是由于黏聚力造成的负侧向土压力 $2c\sqrt{K_a}$,墙后土压力是这两部分叠加的结果,其中 abd 部分是负侧压力,对墙背来说是拉应力,但实际上

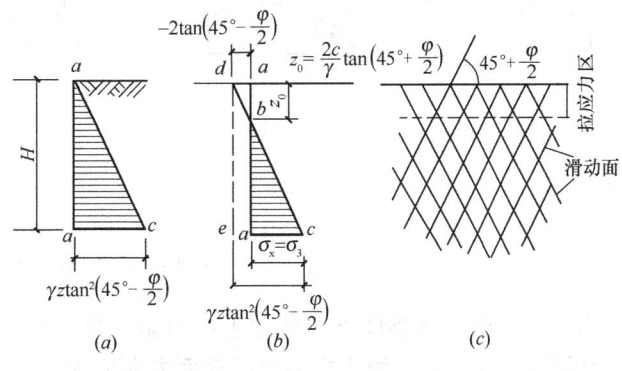

图 1.8-3
(a) 无黏性土；(b) 黏性土；(c) 一组滑动面

墙与土之间在很小的拉应力作用下就会分离，在拉力区范围内的土将会出现裂缝，故计算土压力时，这部分应略去不计即记为0，因此作用在墙背上的土压力仅是 abc 部分。

拉应力区的深度 z_0 常称为临界直立高度，这一高度表示在填土无表面荷载的条件下，在 z_0 深度范围内可以竖直开挖，即使没有挡土结构物，边坡也不会失稳。临界直高度由 $e_a = \gamma z_0 K_a - 2c\sqrt{K_a} = 0$ 可推得 $z_0 = \dfrac{2c}{\gamma \sqrt{K_a}}$。

取单位墙长计算，h 深度范围内，黏性土主动土压力

$$E_a = \frac{1}{2}(0 + e_a)(h - z_0) = \frac{1}{2}(0 + \gamma h K_a - 2c\sqrt{K_a})(h - z_0) = \frac{1}{2}\gamma(h - z_0)^2 K_a$$

主动土压力 E_a 是通过三角形压力分布图 abc 的形心！即作用点的位置离墙底 $z = \dfrac{h - z_0}{3}$ 的高度。

1.8.1.3 朗肯被动土压力计算公式推导

图 1.8-4 表示被动土压力的基本概念。当挡土墙受到外力作用而推向土体时见图 1.8-4（a），填土中任意一单元土体上竖向应力 $\sigma_z = \gamma z$ 保持不变，而水平向应力 σ_x 逐渐增大。在这种情况下，竖向变成小主应力方向，而水平向成为大主应力方向。σ_x 增大至墙后填土发生朗肯被动破坏时，滑动面与大主应力平面即与竖直面的夹角为 $45° + \dfrac{\varphi}{2}$，与小主应力平面即与水平面的夹角为 $45° - \dfrac{\varphi}{2}$，被动破坏时作用在墙上的土压力即为大主应力 $\sigma_x = \sigma_1$，根据极限平衡条件可写出

无黏性土：$e_p = \sigma_x = \sigma_1 = \gamma z \tan^2\left(45° + \dfrac{\varphi}{2}\right) = \gamma z K_p$

黏性土：$e_p = \sigma_x = \sigma_1 = \gamma z \tan^2\left(45° + \dfrac{\varphi}{2}\right) + 2c \tan\left(45° + \dfrac{\varphi}{2}\right) = \gamma z K_p + 2c\sqrt{K_p}$

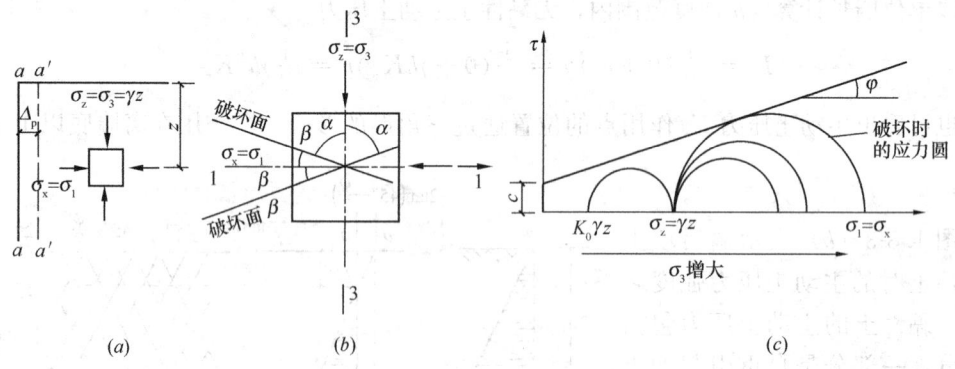

图 1.8-4 被动土压力的概念
(a) 在光滑墙后土中应力；(b) 滑动面；(c) 朗肯被动破坏

由上式可知，无黏性土的被动土压力呈三角形分布；黏性土的被动土压力呈梯形分布，如图 1.8-5 所示。填土中一组滑动面方向见图 1.8-5（c）。

每延米挡土墙被动土压力

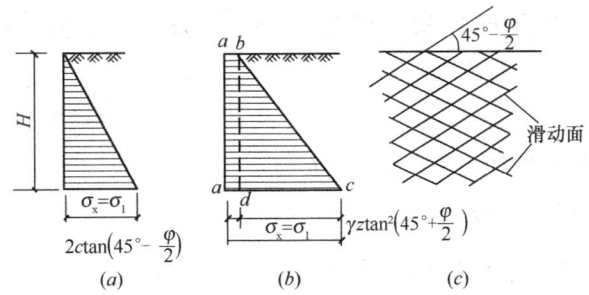

图 1.8-5 墙背被动土压力分布
(a) 无黏性土;(b) 黏性土;(c) 滑动面

无黏性土:$E_p = \frac{1}{2}(e_{p0} + e_{ph})h = \frac{1}{2}(0 + \gamma h K_p)h = \frac{1}{2}\gamma h^2 K_p$

黏性土:$E_p = \frac{1}{2}(e_{p0} + e_{ph})h = \frac{1}{2}(0 + 2c\sqrt{K_p} + \gamma h K_p + 2c\sqrt{K_p}) = \frac{1}{2}\gamma h^2 K_p + 2ch\sqrt{K_p}$

合力作用点通过三角形或梯形形心。

【注】① 朗肯土压力理论应用半空间中的应力状态和极限平衡理论,概念比较明确,公式简单易于记忆,但为了使墙后的应力状态符合半空间的应力状态,必须假设墙背是直立的、光滑的和墙后土体面是水平的,因而使其应用范围受到限制,并使计算结果与实际有所出入,所得主动土压力偏大,而被动土压力偏小。

② 以上推导为朗肯主动土压力和被动土压力基本公式,即墙后填土顶部竖向有效压力为0,也不考虑土中水及渗流的影响。

1.8.1.4 墙后土体顶部作用着竖向有效压力

由朗肯主动土压力基本公式的推导即可看出,在求某层土侧向土压力时,重点是:

① 确定该层土顶部竖向有效压力 P_0,那么该层顶部主动土压力强度 $e_{a0} = P_0 K_a$。

② 确定该层土底部竖向有效压力 $P_1 = P_0 + \gamma h$(水下取浮重度),那么该层底部主动土压力强度 $e_{a1} = P_1 K_a = e_{a0} + \gamma h K_a$。

③ 该层主动土压力 $E_a = \frac{1}{2}(e_{a0} + e_{a1})h$。这是计算主动土压力的基本公式,所有的"变式"都是由它推导而来。之所以有"变式"是为了针对不同情况快速求解。

下面针对墙后土体顶部作用着竖向有效压力 P_0 时,主动土压力不同的"变式"进行推导。

无黏性土层:

该层顶部作用着竖向有效压力 $P_0 = \sum \gamma_j h_j + q$,顶部主动土压力强度 $e_{a0} = P_0 K_a$

该层底部竖向有效压力 $P_1 = P_0 + \gamma h$,底部主动土压力强度 $e_{a1} = P_1 K_a = e_{a0} + \gamma h K_a$

因此 $E_a = \frac{1}{2}(e_{a0} + e_{a1})h = \frac{1}{2}(2P_0 + \gamma h)K_a h$;

黏性土层:

该层顶部作用着竖向有效压力 $P_0 = \sum \gamma_j h_j + q$,顶部主动土压力强度 $e_0 = P_0 K_a - 2c$

$\sqrt{K_a}$，若 $e_0 < 0$，说明有自稳段，根据 $P_0 K_a + \gamma z_0 - 2c\sqrt{K_a} = 0$ 可得 $z_0 = \frac{1}{\gamma}\left(\frac{2c}{\sqrt{K_a}} - P_0\right) = \frac{-e_0}{\gamma K_a}$

此时该层底部竖向有效压力 $P_1 = P_0 + \gamma h$

底部主动土压力强度 $e_1 = P_1 K_a - 2c\sqrt{K_a} = e_0 + \gamma h K_a$

该层主动土压力 $E_a = \frac{1}{2}\gamma(h-z_0)^2 K_a \leftarrow (e_0 < 0, h > z_0)$

若 $e_0 \geq 0$，则 $E_a = \frac{1}{2}(e_0 + e_1)h \leftarrow (e_0 \geq 0)$

1.8.1.5 无渗流时水压力的计算

确定顶部水压力强度 e_{w0} 和底部水压力强度 e_{w1}；

水压力 $E_w = \frac{1}{2}(e_{w0} + e_{w1})h = \frac{1}{2}\gamma_w h_w \leftarrow (e_{w0} = 0)$

1.8.1.6 计算多层土总主动土压力

计算多层土，一定要根据水位和土层来分层，逐层计算再相加，即 $E_{a总} = \sum E_{ai}$

1.8.1.7 水土分算或合算

砂土和粉土水土分算，此时采用土的浮重度和有效应力抗剪强度指标；

黏性土按实际经验水土分算或水土合算，水土合算时采用饱和重度和总应力抗剪强度指标。（原则：能水土分算尽量分算）

1.8.1.8 朗肯主动土压力整体思维流程

具体如下所示：

该层重度 γ	黏聚力 c	内摩擦角 φ	主动土压力系数 $K_a = \tan^2\left(45° - \frac{\varphi}{2}\right)$	
计算厚度 h	①无黏性土层或水		②黏性土层	
简单情况：该层顶部竖向有效压力=0	$E_a = \frac{1}{2}\gamma h^2 K_a$		$z_0 = \frac{2c}{\gamma\sqrt{K_a}} \to E_a = \frac{1}{2}\gamma(h-z_0)^2 K_a$	
该层顶部竖向有效压力 $P_0 = \sum\gamma_j h_j + q$	该层顶部主动土压力强度 $e_{a0} = P_0 K_a$		该层顶部主动土压力强度 $e_{a0} = P_0 K_a - 2c\sqrt{K_a}$	若 $e_0 < 0$，则 $z_0 = \frac{1}{\gamma}\left(\frac{2c}{\sqrt{K_a}} - P_0\right) = \frac{-e_{a0}}{\gamma K_a}$
该层底部竖向有效压力 $P_1 = P_0 + \gamma h$	该层底部主动土压力强度 $e_{a1} = P_1 K_a = e_{a0} + \gamma h K_a$		该层底部主动土压力强度 $e_{a1} = P_1 K_a - 2c\sqrt{K_a} = e_{a0} + \gamma h K_a$	
	$E_a = \frac{1}{2}(e_{a0} + e_{a1})h$ $= \frac{1}{2}(2P_0 + \gamma h)K_a h$		$E_a = \frac{1}{2}(e_{a0} + e_{a1})h \leftarrow (e_0 \geq 0)$ $= \frac{1}{2}\gamma(h-z_0)^2 K_a$ $\leftarrow (e_0 < 0, h > z_0)$	
③无渗流时水压力	顶部主动水压力强度 e_{w0}		水压力 $E_w = \frac{1}{2}(e_{w0} + e_{w1})h$	
	底部水压力强度 e_{w1}		$= \frac{1}{2}\gamma_w h_w^2 \leftarrow (e_{w0} = 0)$	

1.8 土压力计算基本理论

续表

	主动土压力或静水压力方向垂直于墙背，主动滑动面与水平面成夹角$45°+\frac{\varphi}{2}$		
	土压力作用点位置z（到该土层底部距离）		
特殊情况：仅地面荷载引起的土压力 $z=\frac{h}{2}$	$e_0>0$ 直角梯形分布 $z=\frac{h}{3}\cdot\frac{2e_0+e_1}{e_0+e_1}$	$e_0=0$ 三角形分布 $z=\frac{h}{3}$	$e_0<0$ 三角形分布 $z=\frac{h-Z_0}{3}$
计算多层土总主动土压力	每层土主动土压力相加即可 $E_{a\&}=\sum E_{ai}$ 计算多层土，一定要根据水位和土层来分层，逐层计算再相加		

【注】 ① 仅对于土质边坡采用重力式挡土墙，按《建筑边坡工程技术规范》11.2.1、《建筑地基基础设计规范》6.7.3，土压力乘以增大系数，5~8m，乘1.1；>8m乘1.2。

如果题目中指定参考这两本规范之一，就乘；如果未指明，就相当于按照基本土压力原理计算的，此时要小心，乘不乘由题目选项定，一般倾向不乘。

② 震时砂土液化瞬间，内摩擦角变为0°，高度和饱和重度均未变，此时亦可水土合算。震后砂土内摩擦角不为0°，注意高度和饱和重度的变化（结合题意），此时水土分算。

③ 与土的三相比联系起来；$\frac{h_1}{1+e_1}=\frac{h_2}{1+e_2}$。

④ 一定要看清题目要求计算哪部分土压力：荷载产生的土压力，某层土产生的土压力，水压力，不包括水压力的土压力，总水土压力等，根据要求计算。

1.8.1.9 朗肯被动土压力整体思维流程

具体如下所示：

①计算一层土			
该层重度 γ	黏聚力 c	内摩擦角 φ	被动土压力系数 $K_p=\tan^2\left(45°+\frac{\varphi}{2}\right)$
该层厚度 h	①无黏性土层		②黏性土层
简单情况：若该层顶部竖向有效压力=0	$E_p=\frac{1}{2}\gamma h^2 K_p$		$E_p=\frac{1}{2}\gamma h^2 K_p+2ch\sqrt{K_p}$
该层顶部竖向有效压力 $P_0=\sum\gamma_j h_j+q$	该层顶部被动土压力强度 $e_0=P_0 K_p$		该层顶部被动土压力强度 $e_0=P_0 K_p+2c\sqrt{K_p}$
该层底部竖向有效压力 $P_1=P_0+\gamma h$	该层底部被动土压力强度 $e_1=P_1 K_p=e_0+\gamma h K_p$		该层底部被动土压力强度 $e_1=P_1 K_p+2c\sqrt{K_p}=e_0+\gamma h K_p$
该层主动土压力	$E_p=\frac{1}{2}(e_0+e_1)\cdot h$ $=\frac{1}{2}(2P_0+\gamma h)K_p\cdot h$		$E_p=\frac{1}{2}(e_0+e_1)\cdot h$ $=\frac{1}{2}(2P_0+\gamma h)K_p\cdot h+2ch\sqrt{K_p}$
被动土压力或静水压力方向垂直于墙背，被动滑动面与水平面成夹角$45°-\frac{\varphi}{2}$			
土压力作用点位置z（到该土层底部距离）			
特殊情况：仅地面荷载引起的土压力 $z=\frac{h}{2}$	$e_0>0$ 直角梯形分布 $z=\frac{h}{3}\cdot\frac{2e_0+e_1}{e_0+e_1}$		$e_0=0$ 三角形分布 $z=\frac{h}{3}$
②计算多层土总被动土压力	每层土被动土压力相加即可 $E_{p\&}=\sum E_{pi}$ 计算多层土的时候，一定要根据水位和土层来分层		

【注】①砂土和粉土水土分算，此时采用土的浮重度和有效应力抗剪强度指标；

黏性土按实际经验水土分算或水土合算，水土合算时采用饱和重度和总应力抗剪强度指标。（原则：能水土分算尽量分算）

②没有增大系数的说法。

1.8.2 有渗流等特殊情况朗肯主动土压力

土中有渗流，就有了水头损失，土体中还多了竖向渗透力，因此这里本质就是本节所讲主动土压力和本专题中"1.2.5 渗透力和渗透变形"相结合，具体解题思维流程如下：

①计算土压力			
该层重度 γ 或 γ'	黏聚力 c	内摩擦角 φ	主动土压力系数 $K_a = \tan^2\left(45°-\dfrac{\varphi}{2}\right)$
该层计算厚度 h	①无黏性土层		②黏性土层
该层顶部竖向有效压力 P_0	该层顶部主动土压力强度 $e_0 = P_0 K_a$		该层顶部主动土压力强度 $e_0 = P_0 K_a - 2c\sqrt{K_a}$	若 $e_0 < 0$，则 $z_0 = \dfrac{1}{\gamma}\left(\dfrac{2c}{\sqrt{K_a}} - P_0\right) = \dfrac{-e_0}{\gamma K_a}$
该层底部竖向有效压力 P_1	该层底部主动土压力强度 $e_1 = P_1 K_a$		该层底部主动土压力强度 $e_1 = P_1 K_a - 2c\sqrt{K_a}$
	$E_{sa} = \dfrac{1}{2}(e_0 + e_1) \cdot h$ 特殊情况：当 $P_0 = 0$，自上而下渗流时 $E_{sa} = \dfrac{1}{2}(\gamma' + 10i)h^2 K_a$		$E_{sa} = \dfrac{1}{2}(e_0 + e_1)\cdot h\ (e_0 \geqslant 0)$ $= \dfrac{1}{2}\gamma(h-z_0)^2 K_a \leftarrow (e_0 < 0, h > z_0)$
②计算水压力			
水层高度 h_w			
该层顶部水压力强度 u_0			水压力 $E_{wa} = \dfrac{1}{2}(u_0 + u_1)\cdot h_w$
该层底部水压力强度 u_1			
③总主动水土压力 $E_a = E_{sa} + E_{wa}$			

相联知识点及解题注意点：

①有渗流等特殊情况朗肯主动土压力，本质是竖向力受力分析，计算 P_0、P_1、u_0、u_1 是重点。

②与渗流知识点相结合，见"1.2.5 渗透力和渗透变形解题思维流程"，注意水头差和渗透力的计算。计算土层竖向有效压力 P_0 和 P_1 时，注意渗透压力；计算水压力强度时注意水头损失。

总水头差 Δh	渗流流过总长度 l
平均水力坡降 $i = \dfrac{\Delta h}{l}$	单位体积渗透力 $J = \gamma_w i$
	单位面积渗透压力 $P_J = JH = \gamma_w ih$（h 为相应土层计算厚度）

1.8.3 地震液化对朗肯主动土压力的影响

地震液化瞬间，即砂土或粉土完全液化时，砂土或粉土内摩擦角变为 0°，此时液化土的土压力性质就犹如水压力，完全按照水压力计算方式计算即可。

【注】①液化时，液化土压力和水压力可分算，也可合算。分算时，计算液化土压力

使用土的有效重度；合算时，直接使用土的饱和重度。

②液化后，土的内摩擦角不再为0°，此时要按照朗肯或库仑计算公式，但要注意是否有"震陷"，且与"三相比换算"相结合，计算相应的三项指标。

1.8.4 库仑主动土压力

(1) 墙后土体表面无荷载，且黏聚力为0（即$q=0$，$c=0$）的情况

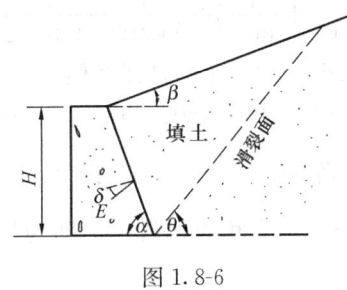

图 1.8-6

朗肯土压力理论是通过研究弹性半空间体内的应力状态，根据土的极限平衡条件而得出的土压力计算方法，并且有两点假设：①挡土墙背竖直、光滑；②墙后填土面水平。那么对于墙后填土面不水平即有坡度、墙背有倾斜以及墙与土之间有摩擦的情况，就要使用库仑土压力理论进行求解。库仑土压力是根据墙后土体处于极限平衡状态形成一滑动楔体时，从楔体的静力平衡条件得出的土压力计算理论，其基本假设为：①滑动土楔体为刚体，即看作一个整体；②滑动破坏面为一平面；③墙后填土是理想的散粒体（即黏聚力$c=0$）。

如图 1.8-6 所示，墙后土体垂直高度H，土重度γ，土内摩擦角φ即滑动破坏面间的摩擦角φ，黏聚力$c=0$；

墙后土坡面与水平面夹角β，支挡结构墙背与水平面夹角（反倾时为钝角）α，土与支挡结构墙背的摩擦角δ。

首先假定破坏面为θ，对图 1.8-7 中所示滑动楔体 ABC 单独进行受力分析，研究其平衡条件，可看出其仅受到三个力的作用，如下：

① 土体与挡墙之间的土压力E_a，方向为斜向上，并与挡墙面法线的角度为摩擦角δ；

② 滑动楔体的自重G，其方向为竖直向下，大小为$G = \frac{1}{2}\gamma H^2 \cdot \left(\frac{1}{\tan\alpha} + \frac{1}{\tan\theta}\right) \cdot \left[1 + \left(\frac{1}{\tan\alpha} + \frac{1}{\tan\theta}\right) \div \left(\frac{1}{\tan\beta} - \frac{1}{\tan\theta}\right)\right]$；

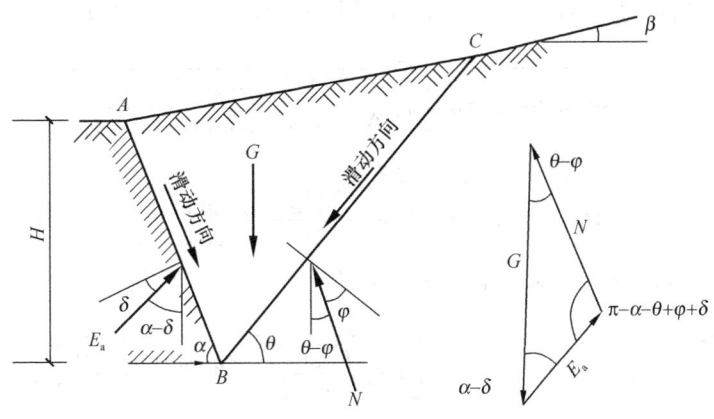

图 1.8-7 库仑土压力理论概念

③ 滑动面下土体施加的支持力N，方向为斜向上，并与滑动面法线的角度为内摩擦

角 φ。

此三力平衡，因此可形成"合力三角形"，由三角形性质正弦定理可知

$$\frac{E_a}{\sin(\theta-\varphi)} = \frac{G}{\sin(\theta-\varphi+\alpha-\delta)}, 因此$$

$$E_a = \frac{G\sin(\theta-\varphi)}{\sin(\theta-\varphi+\alpha-\delta)}$$

$$= \frac{\sin(\theta-\varphi)}{\sin(\theta-\varphi+\alpha-\delta)} \cdot \frac{1}{2}\gamma H^2 \cdot \left(\frac{1}{\tan\alpha}+\frac{1}{\tan\theta}\right) \cdot \left[1+\left(\frac{1}{\tan\alpha}+\frac{1}{\tan\theta}\right)\div\left(\frac{1}{\tan\beta}-\frac{1}{\tan\theta}\right)\right]$$

在式中 γ、H、α、β、δ 和 φ 都是已知的，而滑动面与水平面的夹角 θ 是任意假定的，也就是说，E_a 是 θ 的函数，很明显，当 $\theta=\varphi$ 时，$\sin(\theta-\varphi)=0$，则 $E_a=0$；当 $\theta=180°-\alpha$ 时，则 $\frac{1}{\tan\alpha}+\frac{1}{\tan\theta}=0$，即很显然此时 $G=0$，$E_a=0$；所以当 $\varphi<\theta<180°-\alpha$，即 θ 在这两者之间变动时，E_a 应有一个最大值，此最大值即为主动土压力，相应的滑动面即为最危险的滑动面。

为求主动土压力，可用微分学中求极值的方法求 E_a 的最大值，为此可令 $\frac{dE_a}{d\theta}=0$，从而求得使 E_a 为极大值时墙后土体的破坏角 θ_{cr}，这就是最危险滑动面的滑角，将求得的 θ_{cr} 代入到 E_a 表达式，即可得到 $E_a=\frac{1}{2}\gamma h^2 K_a$，其中

$$K_a = \frac{\sin^2(\varphi+\alpha)}{\sin^2\alpha\sin(\alpha-\delta)\left[1+\sqrt{\frac{\sin(\varphi+\delta)\sin(\varphi-\beta)}{\sin(\alpha-\delta)\sin(\alpha+\beta)}}\right]^2}, 称之为库仑主动土压力系数。$$

此公式适用于墙后土体表面无荷载，且黏聚力为 0（即 $q=0$，$c=0$）的情况。

【注】求解 θ_{cr} 具体值的过程，不再推导，明白库仑土压力原理即可，这样就加深了对库仑土压力的理解，并且库仑土压力的推导过程也有助于后面理解"1.8.5 楔体法主动土压力"。

"无荷载，黏聚力为 0"，所对应的特殊情况：

① 无荷载，黏聚力为 0，墙后土体水平（即 $q=0$，$c=0$，$\beta=0°$）

$$K_a = \frac{\sin^2(\varphi+\alpha)}{\sin^2\alpha\sin(\alpha-\delta)\left[1+\sqrt{\frac{\sin(\varphi+\delta)\sin(\varphi-0°)}{\sin(\alpha-\delta)\sin(\alpha+0°)}}\right]^2}$$

$$= \frac{\sin^2(\varphi+\alpha)}{\sin^2\alpha\sin(\alpha-\delta)\left[1+\sqrt{\frac{\sin(\varphi+\delta)\sin\varphi}{\sin(\alpha-\delta)\sin\alpha}}\right]^2}$$

② 无荷载，黏聚力为 0，墙背垂直（即 $q=0$，$c=0$，$\alpha=90°$）

$$K_a = \frac{\sin^2(\varphi+90°)}{\sin^2 90°\sin(90°-\delta)\left[1+\sqrt{\frac{\sin(\varphi+\delta)\sin(\varphi-\beta)}{\sin(90°-\delta)\sin(90°+\beta)}}\right]^2}$$

$$= \frac{\cos^2\varphi}{\cos\delta\left[1+\sqrt{\frac{\sin(\varphi+\delta)\sin(\varphi-\beta)}{\cos\delta\cos\beta}}\right]^2}$$

③ 无荷载，黏聚力为 0，墙背垂直，墙后填土水平（即 $q=0$，$\alpha=90°$，$\beta=0$，$c=0$）

$$K_a = \frac{\sin^2(\varphi+90°)}{\sin^2 90° \sin(90°-\delta)\left[1+\sqrt{\dfrac{\sin(\varphi+\delta)\sin(\varphi-0°)}{\sin(90°-\delta)\sin(90°+0°)}}\right]^2}$$

$$= \frac{\cos^2\varphi}{\cos\delta\left[1+\sqrt{\dfrac{\sin(\varphi+\delta)\sin\varphi}{\cos\delta}}\right]^2}$$

(2) 墙后土体表面有荷载，黏聚力为 0（即 $q\neq 0$，$c=0$）的情况

此时主动土压力系数

$$K_a = k_q \cdot \frac{\sin(\alpha+\beta)}{\sin^2\alpha \sin^2(\alpha+\beta-\varphi-\delta)} \left\{\begin{array}{l}[\sin(\alpha+\beta)\sin(\alpha-\delta)+\sin(\varphi+\delta)\sin(\varphi-\beta)] \\ -2\sqrt{\sin(\alpha+\beta)\sin(\alpha-\delta)\sin(\varphi+\delta)\sin(\varphi-\beta)}\end{array}\right\}$$

$$k_q = 1 + \frac{2q\sin\alpha\cos\beta}{\gamma H \sin(\alpha+\beta)}$$

主动土压力 $E_a = \dfrac{1}{2}\gamma h^2 K_a$

将 K_a 代入并化简可得到 $E_a = \dfrac{1}{2}\gamma h^2 K_a + qhK_a \dfrac{\sin\alpha\cos\beta}{\sin(\alpha+\beta)}$

此时式子中 $K_a = \dfrac{\sin^2(\varphi+\alpha)}{\sin^2\alpha \sin(\alpha-\delta)\left[1+\sqrt{\dfrac{\sin(\varphi+\delta)\sin(\varphi-\beta)}{\sin(\alpha-\delta)\sin(\alpha+\beta)}}\right]^2}$，和 $q=0$ 时无黏性土主动土压力系数是相同的，由此也可以看出此时主动土压力由两部分组成，一部分是土中引起来的主动土压力 $\dfrac{1}{2}\gamma h^2 K_a$，一部分是墙后土体表面均布荷载 $q=0$ 引起的主动土压力 $qhK_a \dfrac{\sin\alpha\cos\beta}{\sin(\alpha+\beta)}$，并且也可认为均布荷载 $q=0$ 不会引起滑动面位置的变化，即滑动面位置与没有荷载 q 时相同。

"有荷载，黏聚力为 0"，所对应的特殊情况：

① 有荷载，黏聚力为 0，墙后土体水平（即 $q\neq 0$，$c=0$，$\beta=0°$）

$$K_a = \frac{\sin^2(\varphi+\alpha)}{\sin^2\alpha \sin(\alpha-\delta)\left[1+\sqrt{\dfrac{\sin(\varphi+\delta)\sin\varphi}{\sin(\alpha-\delta)\sin\alpha}}\right]^2}$$

$$E_a = \frac{1}{2}\gamma h^2 K_a + qhK_a \frac{\sin\alpha\cos 0°}{\sin(\alpha+0°)} = \frac{1}{2}\gamma h^2 K_a + qhK_a$$

② 有荷载，黏聚力为 0，墙背垂直（即 $q\neq 0$，$c=0$，$\alpha=90°$）

$$K_a = \frac{\cos^2\varphi}{\cos\delta\left[1+\sqrt{\dfrac{\sin(\varphi+\delta)\sin(\varphi-\beta)}{\cos\delta\cos\beta}}\right]^2}$$

$$E_a = \frac{1}{2}\gamma h^2 K_a + qhK_a \frac{\sin 90°\cos\beta}{\sin(90°+\beta)} = \frac{1}{2}\gamma h^2 K_a + qhK_a$$

③ 有荷载，黏聚力为 0，墙背垂直，墙后填土水平（即 $q\neq 0$，$\alpha=90°$，$\beta=0$，$c=0$）

1 土力学专题

$$K_a = \frac{\cos^2\varphi}{\cos\delta\left[1+\sqrt{\dfrac{\sin(\varphi+\delta)\sin\varphi}{\cos\delta}}\right]^2}$$

$$E_a = \frac{1}{2}\gamma h^2 K_a + qhK_a \frac{\sin 90°\cos 0°}{\sin(90°+0°)} = \frac{1}{2}\gamma h^2 K_a + qhK_a$$

【注】由此也可看出，只要墙背垂直或墙后填土水平，则 $E_a = \dfrac{1}{2}\gamma h^2 K_a + qhK_a$，但式中的主动土压力系数 K_a 必须取相应情况对应的计算公式。

(3) 黏性土库仑主动土压力计算公式

以上公式的推导，仅仅适用于墙后土体无黏性土即黏聚力为 0（即 $c=0$）的情况，对于库仑土压力而言，最一般的情况是，地表均布荷载 q，挡墙墙背与水平面夹角（反倾时为钝角）α，土与挡墙墙背的摩擦角 δ，墙后填土表面与水平面夹角 β，此时公式的表达即为规范中给出的公式。

主动土压力 $E_a = \dfrac{1}{2}\gamma h^2 K_a$，其中

$$K_a = \frac{\sin(\alpha+\beta)}{\sin^2\alpha\sin^2(\alpha+\beta-\varphi-\delta)}\left\{\begin{array}{l} k_q[\sin(\alpha+\beta)\sin(\alpha-\delta)+\sin(\varphi+\delta)\sin(\varphi-\beta)] \\ +2\eta\sin\alpha\cos\varphi\cos(\alpha+\beta-\varphi-\delta) \\ -2\sqrt{k_q\sin(\alpha+\beta)\sin(\varphi-\beta)+\eta\sin\alpha\cos\varphi} \\ \times\sqrt{k_q\sin(\alpha-\delta)\sin(\varphi+\delta)+\eta\sin\alpha\cos\varphi} \end{array}\right\}$$

$$k_q = 1 + \frac{2q\sin\alpha\cos\beta}{\gamma H\sin(\alpha+\beta)},\ \eta = \frac{2c}{\gamma H}$$

【注】一般情况下公式推导和以上推导过程相同，但是多了一个力即地表均布荷载 q，就变得复杂很多，因此不再详细推导，会使用即可。这种"一般情况"计算也很复杂，所以注岩真题一般就稍微简化些，即把条件特殊化。本质上其他特殊情况都是此一般情况简化而来。

(4) 库仑主动土压力解题思维流程如下：

一般情况下，只计算一层土				
挡墙高度 h	该层重度 γ	土体内摩擦角 φ	土体黏聚力 c	地表均布荷载 q
挡墙墙背与水平面夹角（反倾时为钝角）α		土与挡墙墙背的摩擦角 δ	墙后填土表面与水平面夹角 β	

一般情况（如示意图）

$$K_a = \frac{\sin(\alpha+\beta)}{\sin^2\alpha\sin^2(\alpha+\beta-\varphi-\delta)}\left\{\begin{array}{l} k_q[\sin(\alpha+\beta)\sin(\alpha-\delta)+\sin(\varphi+\delta)\sin(\varphi-\beta)] \\ +2\eta\sin\alpha\cos\varphi\cos(\alpha+\beta-\varphi-\delta) \\ -2\sqrt{k_q\sin(\alpha+\beta)\sin(\varphi-\beta)+\eta\sin\alpha\cos\varphi} \\ \times\sqrt{k_q\sin(\alpha-\delta)\sin(\varphi+\delta)+\eta\sin\alpha\cos\varphi} \end{array}\right\}$$

$$k_q = 1 + \frac{2q\sin\alpha\cos\beta}{\gamma H\sin(\alpha+\beta)},\ \eta = \frac{2c}{\gamma H}$$

特殊情况①墙后填土水平，黏聚力为 0（即 $\beta=0$，$c=0$）

$$k_q = 1 + \frac{2q}{\gamma H}$$

$$K_a = \frac{1}{\sin\alpha\sin^2(\alpha-\varphi-\delta)}\left\{\begin{array}{l} k_q[\sin\alpha\sin(\alpha-\delta)+\sin\varphi\sin(\varphi+\delta)] \\ -2k_q\sqrt{\sin\alpha\sin(\alpha-\delta)\sin\varphi\sin(\varphi+\delta)} \end{array}\right\}$$

续表

特殊情况②无荷载，黏聚力为0（即 $q=0$, $c=0$）
$$K_a = \frac{\sin^2(\varphi+\alpha)}{\sin^2\alpha\sin(\alpha-\delta)\left[1+\sqrt{\frac{\sin(\varphi+\delta)\sin(\varphi-\beta)}{\sin(\alpha-\delta)\sin(\alpha+\beta)}}\right]^2}$$
特殊情况③无荷载，墙背垂直，墙后填土水平，黏聚力为0（即 $q=0$, $\alpha=90°$, $\beta=0$, $c=0$）
$$K_a = \frac{\cos^2\varphi}{\cos\delta\left[1+\sqrt{\frac{\sin(\varphi+\delta)\sin\varphi}{\cos\delta}}\right]^2}$$
主动土压力 $E_a = \frac{1}{2}\gamma h^2 K_a$

【注】①计算时，由于角度众多，一定要对应。

② 仅对于土质边坡采用重力式挡土墙，按《建筑边坡工程技术规范》11.2.1、《建筑地基基础设计规范》6.7.3，土压力乘以增大系数：5~8m，乘1.1；>8m乘1.2。

如果题目中指定参考这两本规范之一，就乘；如果未指明，就相当于按照基本土压力原理计算的，此时要小心，乘不乘由题目选项定，一般倾向不乘。

③ 库仑主动土压力会与其他考点综合起来出题，库仑主动土压力计算不要嫌复杂，也务必掌握。

④ 使用库仑土压力计算有个缺点，即无法直接确定滑动面（或称之为破裂面）倾角 θ_{cr}，《建筑边坡工程技术规范》6.2.10 正好弥补此点。

1.8.5 楔体法主动土压力

楔体法计算原理和推导过程同"库仑土压力"的推导过程，基本假设为：①滑动土楔体为刚体，即看作一个整体；②滑动破坏面为一平面。只不过利用楔体法求解时，题目中已经指定滑裂面，或者说告知滑动楔体的形状，一般为三角形，此时直接根据楔体力学平衡即可，求解。下面对最复杂的情况进行推导，其他情况，都是在此基础上对公式进行的简化。

如图 1.8-8 所示，对图中所示滑动楔体 ABC 单独进行受力分析，研究其平衡条件，可看出其仅受到四个力的作用，如下：

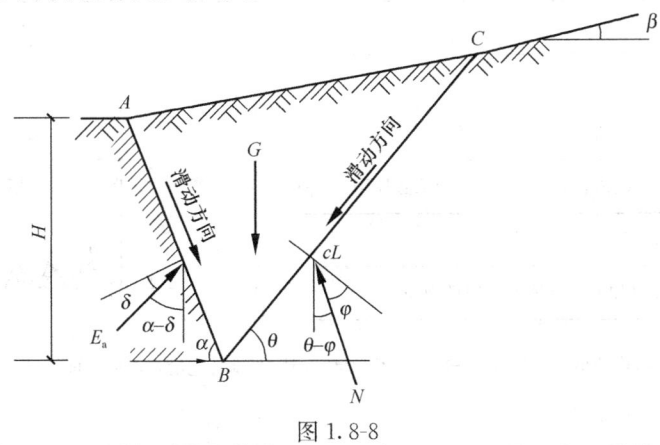

图 1.8-8

① 土体与挡墙之间的土压力 E_a，方向为斜向上，并与挡墙面法线的角度为摩擦角 δ；

② 滑动楔体的自重 G，其方向为竖直向下，大小为 $G = \dfrac{1}{2}\gamma H^2 \cdot \left(\dfrac{1}{\tan\alpha}+\dfrac{1}{\tan\theta}\right) \cdot \left[1+\left(\dfrac{1}{\tan\alpha}+\dfrac{1}{\tan\theta}\right)\div\left(\dfrac{1}{\tan\beta}-\dfrac{1}{\tan\theta}\right)\right]$；

③ 滑动面下土体施加的支持力 N，方向为斜向上，并与滑动面法线的角度为内摩擦角 φ；

④ 滑动面上的黏聚力 cL。

四个力就不能形成"合力三角形"，因此采用"直角坐标系"进行求解。（当然三个力的时候，也可以使用直角坐标系推导，有兴趣的朋友可以将"库仑土压力"三力平衡，根据"直角坐标系"再推导一遍，加深理解）

水平方向受力平衡：$N\sin(\theta-\varphi) = cL\cos\theta + E_a\sin(\alpha-\delta)$

竖直方向受力平衡：$N\cos(\theta-\varphi) + cL\sin\theta + E_a\cos(\alpha-\delta) = G$

上两式联立，消去 N，即可得到 $E_a = \dfrac{G\sin(\theta-\varphi)-cL\cos\delta_R}{\sin(\theta-\varphi+\alpha-\delta)}$

此即为黏性土一般情况下主动土压力表达式。

若墙背垂直光滑即 $\alpha=90°$，$\delta=0°$，此时表达式化简为 $E_a = G\tan(\theta-\delta_R) - \dfrac{cL\cos\delta_R}{\cos(\theta-\delta_R)}$

若墙后为无黏性土，则 $c=0$，此时无黏性土一般情况下主动土压力表达式为

$$E_a = \dfrac{G\sin(\theta-\varphi)}{\sin(\theta-\varphi+\alpha-\delta)}$$

若墙背垂直光滑即 $\alpha=90°$，$\delta=0°$，此时表达式化简为 $E_a = G\tan(\theta-\delta_R)$

解题时，根据不同情况选择合适公式即可快速求解。楔体法-三角形平衡法主动土压力解题思维流程如下：

适用条件：滑动面为平面，且指明滑动面的位置或者滑动土体侧面的三角形形状			
墙后土体垂直高度 H	土重度 γ	黏聚力 c	土内摩擦角 φ
确定相关角度		示意图	
墙后土坡面与水平面夹角 β			
支挡结构墙背与水平面夹角（反倾时为钝角）α			
土与支挡结构墙背的摩擦角 δ（如果是土体内部破坏则 $\delta=\varphi$）			
滑动面与水平方向的夹角 θ			
滑动面间的摩擦角 δ_R（如果是土体内部破坏则 $\delta_R=\varphi$）			

若墙后土面水平，应验算满足 $\alpha\geqslant\theta\geqslant 45°+\dfrac{\varphi}{2}$；若不满足，当墙背垂直光滑，墙后土面水平，按 $\theta=45°+\dfrac{\varphi}{2}$ 重新确定滑动面，其他情况根据题意确定。

		续表
滑体自重	图示情况 $G = \frac{1}{2}\gamma H^2 \cdot \left(\frac{1}{\tan\alpha} + \frac{1}{\tan\theta}\right)$ $\cdot \left[1 + \left(\frac{1}{\tan\alpha} + \frac{1}{\tan\theta}\right) \div \left(\frac{1}{\tan\beta} - \frac{1}{\tan\theta}\right)\right]$	若$\beta=0°$（土水平，墙背不垂直） $G = \frac{1}{2}\gamma H^2 \cdot \left(\frac{1}{\tan\alpha} + \frac{1}{\tan\theta}\right)$ 若$\beta=0°$，$\alpha=90°$（土水平，墙背垂直） $G = \frac{1}{2}\gamma H^2 \cdot \frac{1}{\tan\theta}$
无黏性土主动土压力	$E_a = \frac{G\sin(\theta-\delta_R)}{\sin(\theta-\delta_R+\alpha-\delta)}$	若$\alpha=90°$，$\delta=0°$（墙背垂直光滑） $E_a = G\tan(\theta-\delta_R)$
黏性土主动土压力	$E_a = \frac{G\sin(\theta-\delta_R) - cL\cos\delta_R}{\sin(\theta-\delta_R+\alpha-\delta)}$	若$\alpha=90°$，$\delta=0°$（墙背垂直光滑） $E_a = G\tan(\theta-\delta_R) - \frac{cL\cos\delta_R}{\cos(\theta-\delta_R)}$

【注】①计算时，由于角度众多，一定要对应。

② 如果墙背垂直光滑，墙后土面水平，这时候需验算是否出现朗肯主动土压力滑裂面，即应满足$\alpha \geqslant \theta \geqslant 45° + \frac{\varphi}{2}$。

③ 仅对于土质边坡采用重力式挡土墙，按《建筑边坡工程技术规范》11.2.1、《建筑地基基础设计规范》6.7.3，土压力乘以增大系数：5~8m，乘1.1；>8m乘1.2。

如果题目中指定参考这两本规范之一，或者直接给出增大系数，就乘；如果未指明，就相当于按照基本土压力原理计算的，此时要小心，乘不乘由题目选项定，一般倾向不乘。

1.8.6 坦墙土压力计算

1.8.6.1 坦墙的定义

对于主动土压力计算，按照前述库仑假定，当墙移动直至墙后土楔体破坏时，有两个滑动面产生。一个是墙的背面，另一个是土中某一平面（图1.8-9）。无疑，这种假定在$\delta \ll \varphi$时是比较合理的，但是当墙背粗糙度较大，$\delta \approx \varphi$时，就可能出现两种情况：一种情况是若墙背较陡，倾角α较小，则上述假定仍可成立；另一种情况是，如果墙背较平缓，倾角α较大，则墙后土体破坏时滑动土楔可能不再沿墙背AB滑动，而是

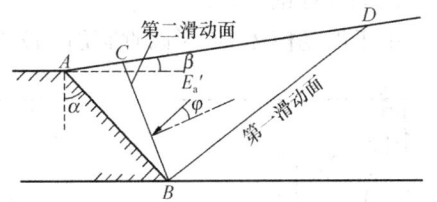

图1.8-9 坦墙与第二滑动面

沿如图1.8-9所示的BC和BD面滑动，两个滑动面将均发生在土中。这时，称BD为第一滑动面，BC为第二滑动面。工程中常把出现第二滑动面的挡土墙定义为坦墙。在这种情况下，滑动土楔BCD乃处于极限平衡状态，而位于第二滑动面与墙体之间的棱体ABC则尚未达到极限平衡状态，它将贴附于墙背AB上与墙一起移动，故可将其视为墙体的一部分。

显然，对于坦墙，库仑公式不能用来直接求出作用在墙背AB面上的土压力，但却可用其求出作用于第二滑动面BC上的土压力E_a'。要注意的是，由于滑动面BC也存在于

土中，是土与土之间的摩擦，E'_a 与 BC 面法线的夹角不是 δ 而应是 φ。这样，最终作用于墙背 AB 面上的主动土压力 E_a 就是 E'_a 与三角形土体 ABC 重力的合力。

根据前述可知，产生第二滑动面的条件应与墙背倾角 α，墙背与土摩擦角 δ，土的内摩擦角 φ，以及填土坡角 β 等因素有关，一般可用临界倾斜角 α_{cr} 来判别，当墙背倾角 $\alpha >\alpha_{cr}$ 时，认为能产生第二滑动面，应按坦墙进行土压力计算。研究表明，$\alpha_{cr}=f(\delta,\varphi,\beta)$。可以证明，当 $\delta=\varphi$ 时，α_{cr} 可用下式表达：

$$\alpha_{cr}=45°-\frac{\varphi}{2}+\frac{\beta}{2}-\frac{1}{2}\arcsin\frac{\sin\beta}{\sin\varphi}$$

若填土面水平，$\beta=0°$，则：

$$\alpha_{cr}=45°-\frac{\varphi}{2} \tag{1.8-1}$$

1.8.6.2 坦墙土压力计算方法

对于填土面为平面（$\beta=0°$）的坦墙（$\alpha>\alpha_{cr}$），朗肯与库仑两种土压力理论均可应用。下面以图 1.8-10 所示的 $\beta=0°$、$\delta=\varphi$ 的坦墙为例，说明其土压力计算方法。

按库仑理论计算：

根据式（1.8-1），$\alpha_{cr}=45°-\frac{\varphi}{2}$，则墙后滑动土楔将以过墙踵 C 点的竖直面 CD 面为对称面下滑，两个滑动面 BC 和 $B'C$ 与 CD 夹角都应是 $45°-\frac{\varphi}{2}$，

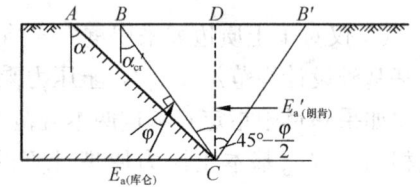

图 1.8-10 坦墙的土压力计算

从而两个滑动面位置均为已知，根据库仑理论即可求出作用于第二滑动面 BC 上的库仑土压力 $E'_{a(库仑)}$ 的大小和方向（与 BC 面的法线成夹角 φ）。最后作用于 AC 墙背上的土压力 E_a 就是土压力 $E'_{a(库仑)}$ 与三角形土体 ABC 的重力 W（竖向）的向量和。

按朗肯理论计算：

由于滑动楔体 BCB' 以垂直面 CD 为对称面，故 CD 面可视为无剪应力的光滑面，符合朗肯的竖直光滑墙背条件。当填土面水平时，可按前述朗肯理论，用求出作用于 CD 面上的朗肯主动土压力 $E'_{a(朗肯)}$（方向水平）。最后作用在 AC 墙背上的土压力 E_a 应是土压力 $E'_{a(朗肯)}$ 与三角形土体 ACD 的重力 W 的向量和。

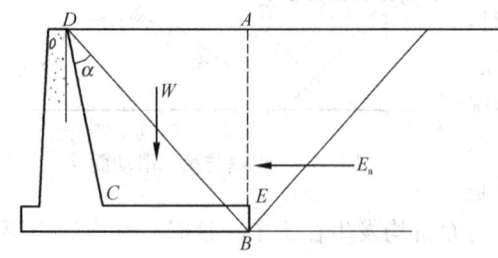

图 1.8-11 L 形挡土墙土压力计算

同样理由，对于工程中经常采用的一种 L 形的钢筋混凝土挡土墙（图 1.8-11），当墙底板足够宽，使得由墙顶 D 与墙踵 B 的连线形成的倾角 α 大于 α_{cr} 时，作用在这种挡土墙上的土压力也可按坦墙方法进行计算。通常可用朗肯理论求出作用在经过墙踵 B 点的竖直面 AB 上的主动土压力 $E'_{a(朗肯)}$。在对这种挡土墙进行稳定分析时，底板以上 $DCEA$ 范围内的土重 W，可作为墙身重量的一部分来考虑。

1.8.7 墙背形状有变化

1.8.7.1 折线形墙背

当挡土墙墙背不是一个平面而是折面时（图1.8-12a），可用墙背转折点为界，分成上墙与下墙，然后分别按库仑理论计算主动土压力E_a，最后再叠加。

首先将上墙AB当作独立挡土墙，计算出主动土压力E_{a1}，这时不考虑下墙的存在。然后计算下墙的土压力。计算时，可将下墙背BC向上延长交地面线于D点，以DBC作为假想墙背，算出墙背土压力分布，如图1.8-12（b）中DCE所示。再截取与BC段相应的部分，即$BCEF$部分，算出其合力，即为作用于下墙BC段的总主动土压力E_{a2}。

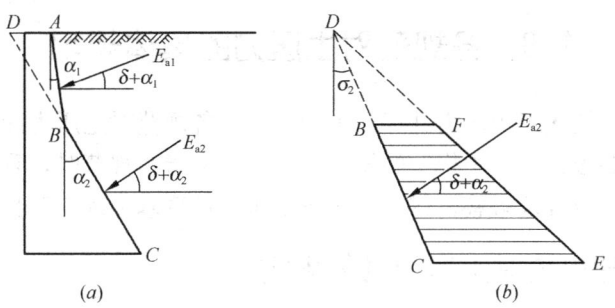

图1.8-12　折线墙背土压力计算

1.8.7.2 墙背设置卸荷平台

为了减少作用在墙背上的主动土压力，有时采用在墙背中部加设卸荷平台的办法，见图1.8-13（a），它可以有效地提高重力式挡土墙的抗倾覆稳定安全系数，并使墙底压力更均匀。此时，平台以上H_1高度内，可按朗肯理论计算作用在AB面上的土压力分布，如图1.8-13（b）所示。由于平台以上土重W已由卸荷台DBC承担，故平台下C点处土压力变为零，从而起到减少平台下H_2段内土压力的作用。减压范围，一般认为至滑动面与墙背交点E处为止。连接图1.8-13（b）中相应的C'和E'，则图中阴影部分即为减压后的土压力分布。显然卸荷平台伸出越长，则减压作用越大。

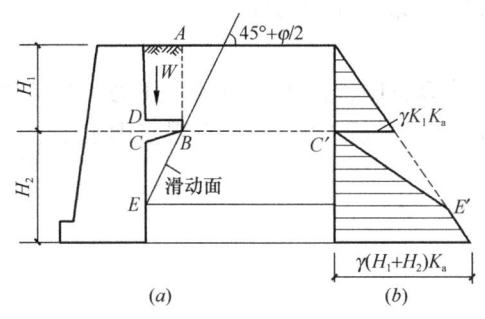

图1.8-13　带卸荷台的挡土墙土压力

1.8.7.3 墙后滑动面受限

在一些情况下墙后的土体的范围有限，不能发生朗肯或库仑理论所确定的滑动面。这种情况如图1.8-14所示。在图1.8-14（a）中，墙后开挖范围有限，如果原山坡是岩体，则滑动面不可能通过岩体；如果山坡是土体，则要分别验算通过填土和通过原状土的两种滑动面的土压力，取较大的为设计值。图1.8-14（b）是在基坑围护结构中常见的情况，由于城市建筑物密集，新建建筑物基坑的桩墙围护结构与既有建筑物的基础或先期围护结构相距很近，不能按朗肯或者库仑土压力的数解法公式计算主动土压力。在这类情况下，可以选取在所考虑的土体中最外的滑动面，通过楔体极限平衡的力三角形计算土压力。

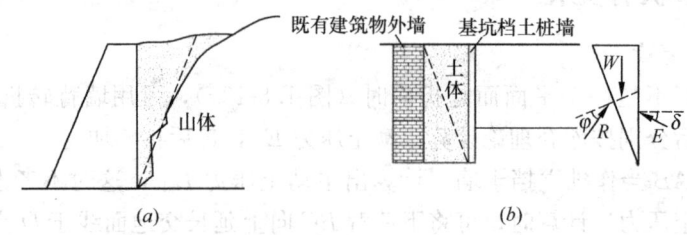

图 1.8-14 墙后土体受限的情况

1.9 各规范对土压力的具体规定

前面 1.8 节详细阐述了土压力计算基本理论，但各规范对土压力计算的具体规范略有区别，解题时一定要根据题干中指明的规范解答，当未指明规范时，看题干具体条件适合哪一本规范，则按相应规范解答，或者直接按土压力计算基本理论解答。

1.9.1 地基基础规范对土压力具体规定

1.9.1.1 对重力式挡土墙土压力计算

（1）《建筑地基基础设计规范》6.7.3 条第 1 款公式（即公式（6.7.3-1）$E_a = \frac{1}{2}\psi_a \gamma h^2 K_a$）对重力式挡土墙土压力计算的规定，与《建筑边坡工程技术规范》11.2.1 条基本相同，具体可见本专题"1.9.2.2 对于重力式挡土墙土压力的计算"。

（2）有限范围填土主动土压力

《建筑地基基础设计规范》6.7.3 条第 2 款中计算有限范围填土主动土压力，与《建筑边坡工程技术规范》6.2.8 条基本相同，具体可见本专题"1.9.2.4 有限范围填土的主动土压力"。

1.9.1.2 对基坑水压力和土压力的规定

《建筑地基基础设计规范》9.3

具体见本专题"1.9.3 基坑工程规范对土压力具体规定"，两者的规定基本相同。

1.9.2 边坡工程规范对土压力具体规定

1.9.2.1 一般情况下土压力

《建筑边坡工程技术规范》6.2.1～6.2.7

根据规范 6.2.1～6.2.7 条规定，一般情况下土压力计算，即按照 1.8 节所述朗肯土压力、库仑土压力或楔体法等计算方法计算即可。

1.9.2.2 对于重力式挡土墙土压力的计算

对于重力式挡土墙主动土压力按在 1.8 节所述朗肯土压力、库仑土压力或楔体法计算的基础上再乘增大系数 ψ_a，挡墙高度 5～8m 时，增大系数取 1.1；大于 8m 时，增大系数取 1.2。

【注】①增大系数 ψ_a 仅是针对于土质边坡重力式挡土墙,对于岩质边坡重力挡土墙以及其他类型的挡土墙(如悬臂式挡墙和扶壁式挡墙)不乘增大系数。

②增大系数 ψ_a 仅针对于主动土压力,被动土压力不乘。

③从历年案例真题分析,针对于土质边坡重力式挡土墙,是否就一定乘增大系数,稍微有点混乱。可按以下两种情况去分析:

(a) 如果题干指明是否乘增大系数,按照题干要求处理。

(b) 如果题目中指定参考这两本规范之一,且符合"土质边坡重力式挡土墙",就乘;如果未指明,此时小心,尽量试算,乘不乘由题目选项定,比如乘了增大系数,此时没有对应的选项,那就说明不用乘,假如乘与不乘增大系数,都有对应的选项,此时按乘增大系数来处理。

④特殊的,根据《建筑地基基础设计规范》公式(6.7.3-1)中主动土压力系数 K_a,对于高度小于或等于5m的挡土墙,当填土质量满足设计要求且排水条件符合本规范第6.7.1条的要求时,其主动土压力系数也可按附录L中图L.0.2查得,当地下水丰富时,应考虑水压力的作用。

1.9.2.3 当边坡的坡面倾斜、坡顶水平、无超载时水平土压力

《建筑边坡工程技术规范》6.2.10

当边坡的坡面为倾斜、坡顶水平、无超载时(规范图6.2.10),水平土压力的合力以及边坡破坏时的平面破裂角可按下列公式计算:

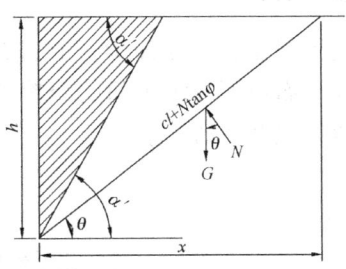

规范图 6.2.10 边坡的坡面为倾斜时计算简图

一般情况下,只计算一层土		
边坡垂直高度 h	土体重度 γ(水位下用浮重度)	
边坡坡面与水平面夹角 α'	土体内摩擦角 φ	土体黏聚力 c
参数 $\eta = \dfrac{2c}{\gamma H}$		
土体的临界滑动面与水平面的夹角 $$\theta = \arctan\dfrac{\cos\varphi}{\sqrt{1+\dfrac{\cot\alpha}{\eta+\tan\varphi}}-\sin\varphi}$$ 特殊的:当 $\alpha = 90°$ 或倾斜边坡坡高为临界高度时,$\theta = 45°+\varphi/2$		
水平土压力系数 $$K_{a水平} = (\cot\theta - \cot\alpha')\tan(\theta-\varphi) - \dfrac{\eta\cos\varphi}{\sin\theta\cos(\theta-\varphi)}$$		
水平主动土压力合力 $$E_{a水平} = \dfrac{1}{2}\gamma h^2 K_a$$		

【注】 ①本公式与库仑土压力计算公式的结果是一致的，但要注意区别：本公式计算的是水平主动土压力合力 $E_{a水平}$ 以及水平主动土压力系数 $K_{a水平}$，而库仑土压力计算的是总主动土压力合力 E_a（方向并不总是水平的）以及主动土压力系数 K_a。

②本公式正好弥补了库仑土压力无法直接确定破裂角的缺点，即当边坡的坡面为倾斜、坡顶水平、无超载时，可以直接利用此公式确定边坡破坏时平面破裂角。

1.9.2.4 有限范围填土的主动土压力

《建筑边坡工程技术规范》6.2.8

《建筑地基基础设计规范》6.7.3

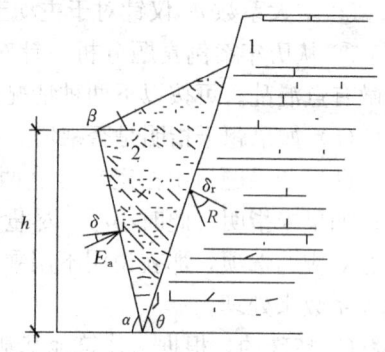

地基规范图 6.7.3　有限填土挡土墙
土压力计算示意
1—岩石边坡；2—填土

如地基规范图 6.7.3 所示当支挡结构后缘有较陡峻的稳定岩石坡面，岩坡的坡角 $\theta \geqslant 45° + \frac{\varphi}{2}$ 时，应按有限范围填土计算土压力，取岩石坡面为破裂面。根据稳定岩石坡面与填土间的摩擦角按下式计算主动土压力系数以及主动土压力合力：

$$E_a = \frac{1}{2}\gamma H^2 K_a$$

$$K_a = \frac{\sin(\alpha+\beta)}{\sin(\theta-\beta)\sin(\alpha-\delta+\theta-\delta_r)}\left[\frac{\sin(\alpha+\theta)\sin(\theta-\delta_r)}{\sin^2\alpha} - \eta\frac{\cos\delta_r}{\sin\alpha}\right]$$

$$\eta = \frac{2c}{\gamma H}$$

当填土为无黏性土，即黏聚力 $c=0$ 时，主动土压力系数可化简为下式，即地基基础规范中公式（6.7.3-2）。

$$K_a = \frac{\sin(\alpha+\theta)\sin(\alpha+\beta)\sin(\theta-\delta_r)}{\sin^2\alpha\sin(\theta-\beta)\sin(\alpha-\delta+\theta-\delta_r)}$$

式中　θ——稳定岩石坡面倾角；

δ_r——稳定岩石坡面与填土间的摩擦角，根据试验确定。

当无试验资料时，按边坡规范，可取 $\delta_r = (0.40 \sim 0.70)\varphi_k$，其中 φ_k 为填土的内摩擦角标准值，对于黏性土和粉土取低值，对砂性土和碎石土取高值。按地基基础规范，可取 $\delta_r = 0.33\varphi_k$。

1.9.2.5 局部荷载引起的主动土压力

《建筑边坡工程技术规范》6.2.9，附录 B

（1）距支护结构顶端作用有线分布荷载时（规范图 B.0.1），附加侧向压力分布可简化为等腰三角形，最大附加侧向土压力可按下式计算：

$$e_{h,max} = \left(\frac{2QL}{h}\right)\sqrt{K_a}$$

式中　$e_{h,max}$——最大附加侧向压力（kN/m）；

$$e_{h,\max} = \left(\frac{2QL}{h}\right)\sqrt{K_a}$$

h ——附加侧向压力分布范围（m），$h = a(\tan\beta - \tan\varphi)$，$\beta = 45° + \varphi/2$；

——线分布荷载标准值（kN/m）；

K_a ——主动土压力系数，$K_a = \tan^2(45° - \varphi/2)$。

（2）距支护结构顶端作用有宽度的均布荷载时，附加侧向压力分布可简化为有限范围内矩形（规范图 B.0.2），附加侧向土压力可按下式计算：

$$e_h = K_a \cdot q_L$$

式中 e_h ——附加侧向土压力（kN/m²）；

K_a ——主动土压力系数，$K_a = \tan^2(45° - \varphi/2)$；

q_L ——局部均布荷载标准值（kN/m）。

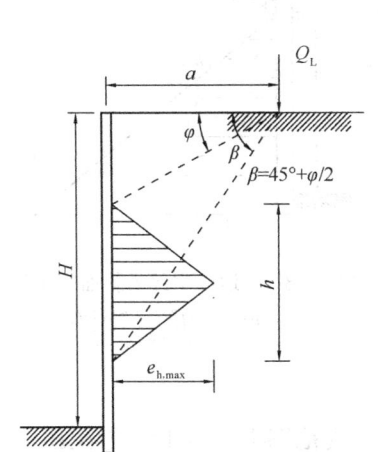

规范图 B.0.1 线荷载产生的附加侧向压力分布图

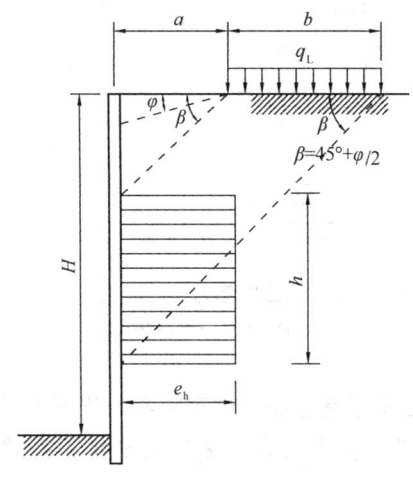

规范图 B.0.2 局部荷载产生的附加侧向压力分布图

1.9.2.6 坡顶地面非水平时的主动土压力

当坡顶地面非水平时，支护结构上的主动土压力可按下列规定进行计算：

（1）坡顶地表局部为水平时（规范图 B.0.3-1），支护结构上的主动土压力可按下列公式计算：

$$e_a = \gamma z \cos\beta \cdot \frac{\cos\beta - \sqrt{\cos^2\beta - \cos^2\varphi}}{\cos\beta + \sqrt{\cos^2\beta - \cos^2\varphi}}$$

$$e'_a = K_a \gamma(z + h) - 2c\sqrt{K_a}$$

式中 β ——边坡坡顶地表斜坡面与水平面的夹角（°）；

c ——土体的黏聚力（kPa）；

φ ——土体的内摩擦角（°）；

γ ——土体的重度（kN/m³）；

K_a ——主动土压力系数，$K_a = \tan^2(45° - \varphi/2)$；

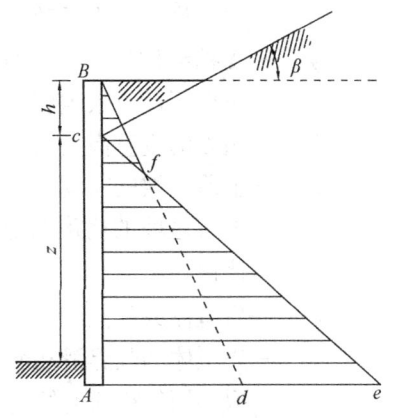

规范图 B.0.3-1 地面局部为水平时支护结构上主动土压力的近似计算

e_a、e'_a —— 侧向土压力（kN/m^2）；

z —— 计算点的深度（m）；

h —— 地表水平面与地表斜坡和支护结构相交点的距离（m）。

(2) 坡顶地表局部为斜面时（规范图 B.0.3-2），计算支护结构上的侧向土压力时可将斜面延长到 c 点，则 $BAdfB$ 为主动土压力的近似分布图形。

(3) 坡顶地表中部为斜面时（规范图 B.0.3-3），支护结构上主动土压力可按本条第 1 款和第 2 款的方法叠加计算。

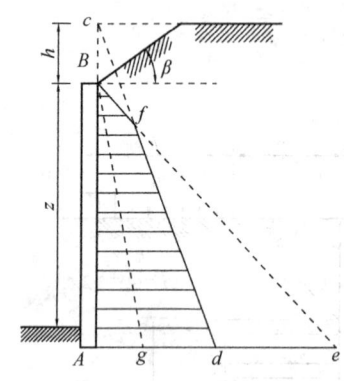

规范图 B.0.3-2 地面局部为斜面时支护结构上主动土压力的近似计算

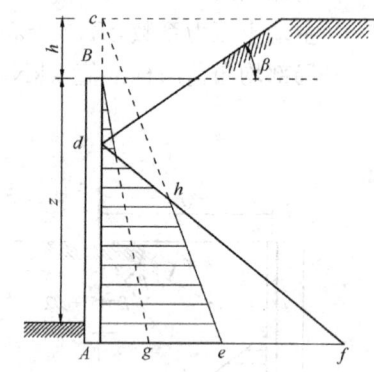

规范图 B.0.3-3 地面中部为斜面时支护结构上主动土压力的近似计算

1.9.2.7 二阶竖直边坡、坡顶水平且无超载作用

当边坡为二阶且竖直、坡顶水平且无超载时（规范图 B.0.3-4），岩土压力的合力应按下列公式计算：

$$E_a = \frac{1}{2}\gamma h^2 K_a$$

$$K_a = \left(\cot\theta - \frac{2a\xi}{h}\right)\tan(\theta-\varphi) - \frac{\eta\cos\varphi}{\sin\theta\cos(\theta-\varphi)}$$

式中 E_a —— 水平岩土压力合力（kN/m）；

K_a —— 水平岩土压力系数；

γ —— 支挡结构后的岩土体重度，地下水位以下用有效重度（kN/m^3）；

h —— 边坡的垂直高度（m）；

a —— 上阶边坡的宽度（m）；

ξ —— 上阶边坡的高度与总的边坡高度的比值；

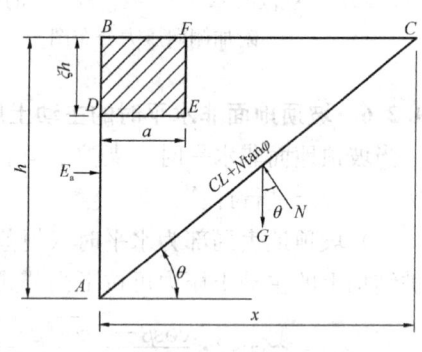

规范图 B.0.3-4 二阶竖直边坡的计算简图

φ —— 岩土体或外倾结构面的内摩擦角（°）；

θ —— 岩土体的临界滑动面与水平面的夹角（°）。当岩体存在外倾结构面时，θ 可取外倾结构面的倾角，取外倾结构面的抗剪强度指标；当存在多个外倾结构面时，应分别计算，取其中的最大值为设计值；当岩体中不存在外倾结构面时，边坡破坏时的平面破裂角 θ 可按下式计算：

1.9 各规范对土压力的具体规定

$$\theta = \arctan\left(\sqrt{1 + \frac{2a\xi}{h(\eta + \tan\varphi)}} - \sin\varphi\right)$$

$$\eta = \frac{2c}{\gamma h}$$

式中　c——岩土体或外倾结构面的黏聚力（kPa）；

1.9.2.8 地震主动土压力

考虑地震作用时，作用于支护结构上的地震主动土压力可按公式 $E_\mathrm{a} = \frac{1}{2}\gamma'h^2 K_\mathrm{a}$ 计算，主动土压力系数应按下式计算：

$$K_\mathrm{a} = \frac{\sin(\alpha+\beta)}{\sin^2\alpha\sin^2(\alpha+\beta-\varphi-\delta)\cos\rho}\left\{\begin{array}{l}k_\mathrm{q}[\sin(\alpha+\beta)\sin(\alpha-\delta-\rho)+\sin(\varphi+\delta)\sin(\varphi-\beta-\rho)]\\+2\eta\sin\alpha\cos\varphi\cos(\alpha+\beta-\varphi-\delta)\cos\rho\\-2\sqrt{k_\mathrm{q}\sin(\alpha+\beta)\sin(\varphi-\beta-\rho)+\eta\sin\alpha\cos\varphi\cos\rho}\\\times\sqrt{k_\mathrm{q}\sin(\alpha-\delta-\rho)\sin(\varphi+\delta)+\eta\sin\alpha\cos\varphi\cos\rho}\end{array}\right\}$$

$$k_\mathrm{q} = 1 + \frac{2q\sin\alpha\cos\beta}{\gamma H\sin(\alpha+\beta)}, \eta = \frac{2c}{\gamma H}$$

式中　ρ——地震角，可按表 1.9-1 取值。

地震角 ρ 　　表 1.9-1

类别	7 度		8 度		9 度
	0.10g	0.15g	0.20g	0.30g	0.40g
水上	1.5°	2.3°	3.0°	4.5°	6.0°
水下	2.5°	3.8°	5.0°	7.5°	10.0°

1.9.2.9 坡顶有重要建筑物时的土压力修正

《建筑边坡工程技术规范》7.1.1，7.2.3～7.2.5

抗震设防烈度为 7 度及 7 度以下地区，土质边坡坡顶有重要建（构）筑物时，其主动土压力按表 1.9-2 进行调整。

土质边坡坡顶有重要建筑物时侧向土压力取值　　表 1.9-2

	$a < 0.5H$	E_0
无外倾结构面	$0.5 \leqslant a \leqslant 1.0H$	$E'_\mathrm{a} = \frac{1}{2}(E_0 + E_\mathrm{a})$
	$1.0H < a$	E_a
有外倾结构面	按无外倾结构面处理	取两者计算结果的大值
	按规范 6.2 条计算的侧向土压力×增大系数 1.3	

注：① E_a——主动岩土压力合力，E'_a——修正主动岩土压力合力，E_0 静止土压力合力；
② a——坡脚线到坡顶重要建（构）筑物基础外边缘的水平距离；
③ 对多层建筑物，当基础浅埋时 H 取边坡高度；当基础埋深较大时，若基础周边与岩土间设置摩擦小的软性材料隔离层，能使基础垂直荷载传至边坡破裂面以下足够深度的稳定岩土层内且其水平荷载对边坡不造成较大影响，则 H 可从隔离层下端算至坡底；否则，H 仍取边坡高度；
④ 对高层建筑物应设置钢筋混凝土地下室，并在地下室外墙临边坡一侧设置摩擦小的软性材料隔离层，使建筑物基础的水平荷载不传给支护结构，并应将建筑物垂直荷载传至边坡破裂面以下足够深度的稳定岩土层内时，H 可从地下室底标高算至坡底；否则，H 仍取边坡高度。

1.9.2.10 无外倾结构面的边坡侧向主动岩石压力

《建筑边坡工程技术规范》4.1.3～4.1.4，6.3.3

岩质边坡按照其破坏形式分为滑移型与崩塌型。滑移型破坏又可以分为有外倾结构面情况（硬性结构面与软弱结构面）和无外倾结构面的情况（均质岩体、破碎岩体与只有内倾结构面的岩体）。具体分类可见规范表4.1.3，此处不再赘述。

对无外倾结构面情况的岩质边坡，应以岩体等效内摩擦角按侧向土压力方法计算侧向岩石压力，称为"岩石等效等摩擦角法"，即此时岩体本身具有的抗剪强度 c、φ，等效为"等效黏聚力 $c_e=0$ 和等效内摩擦角 φ_e"，采用库仑土压力计算。计算公式总结如下：

挡墙高度 H	岩石重度 γ	岩石等效内摩擦角 φ_e	地表均布荷载 q
挡墙墙背与水平面夹角（反倾时为钝角）α	岩石与挡墙墙背的摩擦角 δ，可取 $(0.33\sim0.50)\varphi_s$		墙后岩石上表面与水平面夹角 β

一般情况（如1.8.4库仑主动土压力中图1.8-6）

$$K_a = \frac{\sin(\alpha+\beta)k_q}{\sin^2\alpha \sin^2(\alpha+\beta-\varphi_e-\delta)} \left\{ \begin{array}{l} [\sin(\alpha+\beta)\sin(\alpha-\delta)+\sin(\varphi_e+\delta)\sin(\varphi_e-\beta)] \\ -2\sqrt{\sin(\alpha+\beta)\sin(\varphi_e-\beta)\sin(\alpha-\delta)\sin(\varphi_e+\delta)} \end{array} \right\}$$

$$k_q = 1 + \frac{2q\sin\alpha\cos\beta}{\gamma H \sin(\alpha+\beta)}$$

特殊情况①墙后岩石上表面水平（即 $\beta=0°$）

$$k_q = 1 + \frac{2q}{\gamma H}$$

$$K_a = \frac{k_q}{\sin\alpha \sin^2(\alpha-\varphi_e-\delta)} \left\{ \begin{array}{l} [\sin\alpha\sin(\alpha-\delta)+\sin\varphi_e\sin(\varphi_e+\delta)] \\ -2\sqrt{\sin\alpha\sin(\alpha-\delta)\sin\varphi_e\sin(\varphi_e+\delta)} \end{array} \right\}$$

特殊情况②无荷载（即 $q=0$）

$$K_a = \frac{\sin^2(\varphi_e+\alpha)}{\sin^2\alpha \sin(\alpha-\delta)\left[1+\sqrt{\frac{\sin(\varphi+\delta)\sin(\varphi_e-\beta)}{\sin(\alpha-\delta)\sin(\alpha+\beta)}}\right]^2}$$

特殊情况③无荷载，墙背垂直，墙后岩石上表面水平（即 $q=0, \alpha=90°, \beta=0$）

$$K_a = \frac{\cos^2\varphi_e}{\cos\delta \cdot \left[1+\sqrt{\frac{\sin(\varphi_e+\delta)\sin\varphi}{\cos\delta}}\right]^2}$$

主动岩石压力

$$E_a = \frac{1}{2}\gamma H^2 K_a$$

【注】边坡岩体等效内摩擦角标准值及所对应的破裂角按表1.9-3确定。

边坡岩体等效内摩擦角及破裂角　　　　表1.9-3

边坡岩体类型	Ⅰ	Ⅱ	Ⅲ	Ⅳ
等效内摩擦角 φ_e	$\varphi_e > 72°$	$72° \geqslant \varphi_e > 62°$	$62° \geqslant \varphi_e > 52°$	$52° \geqslant \varphi_e > 42°$

续表

边坡岩体类型			Ⅰ	Ⅱ	Ⅲ	Ⅳ
破裂角	坡顶无建筑荷载	永久性边坡	$45°+\varphi/2$（当Ⅰ类时可取 75°左右）			
		临时性边坡和基坑边坡	82°	72°	62°	$45°+\varphi/2$
	坡顶有建筑荷载	临时性边坡和基坑边坡	$45°+\varphi/2$（当Ⅰ类时可取 75°左右）			

关于等效内摩擦角 φ_e 取值的注：

① 适用于高度不大于 30m 的边坡，当高度大于 30m 时，应作专门研究；
② 边坡高度较大时宜取较小值；高度较小时宜取较大值；当边坡岩体变化较大时，应按同等高度段分别取值；
③ 已考虑时间效应；对于Ⅱ、Ⅲ、Ⅳ类岩质临时边坡可取上限值，Ⅰ类岩质临时边坡可根据岩体强度及完整程度取大于 72°的数值；
④ 适用于完整、较完整的岩体，破碎、较破碎的岩体可根据地方经验适当折减；
⑤ 表中边坡岩体类型可根据规范表 4.1.4 确定。

1.9.2.11 有外倾结构面的边坡侧向主动岩石压力

《建筑边坡工程技术规范》6.3.1，6.3.3

（1）当外倾结构面为硬性结构面时，主动岩土压力合力，具体思维流程如下：

挡墙高度 H	岩石重度 γ	地表均布荷载 q
边坡外倾结构面黏聚力 c_s		外倾结构面内摩擦角 φ_s
边坡外倾结构面倾角 θ		墙后岩石上表面与水平面夹角 β
岩石与挡墙背的摩擦角 δ，可取 $(0.33\sim0.50)\varphi_s$		
系数		
$$k_q=1+\frac{2q\sin\alpha\cos\beta}{\gamma H\sin(\alpha+\beta)},\eta=\frac{2c_s}{\gamma H}$$		
主动土压力系数		
$$K_a=\frac{\sin(\alpha+\beta)[k_q\sin(\alpha+\theta)\sin(\theta-\varphi_s)-\eta\sin\alpha\cos\varphi_s]}{\sin^2\alpha\sin(\alpha-\delta+\theta-\varphi_s)\sin(\theta-\beta)}$$		
主动岩石压力		
$$E_a=\frac{1}{2}\gamma H^2 K_a$$		
① 当有多组外倾结构面时，并取其大值。应计算每组结构面的主动岩石压力		
② 再根据题意，与岩石按等效内摩擦角法计算方法的结果进行比较，取两种结果的较大值		
③ 此时破裂角：取按岩石等效等摩擦角法确定与外倾结构面两者中的较小值		

（2）沿缓倾的外倾软弱结构面滑动时

此时边坡侧向主动岩石压力，本质就是"楔体法-三角形平衡法"中黏性土，墙背垂直光滑即 $\alpha=90°$、$\delta=0°$ 时计算公式，公式推导不再赘述，计算示意图如下，具体思维流程如下：

岩石重度 γ	边坡外倾结构面黏聚力 c_s
边坡外倾结构面倾角 θ	
外倾结构面内摩擦角 φ_s	
滑体自重 $G = \gamma \cdot v$	
滑动面长度 L	
水平主动岩石压力合力 $E_a = G\tan(\theta - \varphi_s) - \dfrac{cL\cos\varphi_s}{\cos(\theta - \varphi_s)}$	

【注】示意图

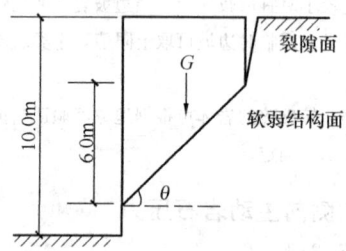

（3）当边坡沿外倾软弱结构面破坏时，侧向岩石压力应按本规范第 6.3.1 条和第 6.3.2 条计算，破裂角取该外倾结构面的倾角，同时应按本条第 1 款进行验算。

1.9.2.12　当边坡的坡面倾斜、坡顶水平、无超载时水平岩石压力

当边坡的坡面为倾斜、坡顶水平、无超载时，水平岩石压力的合力以及边坡破坏时的平面破裂角可按下列公式计算：

边坡垂直高度 H	岩体重度 γ（水位下用浮重度）	边坡坡面与水平面夹角 α'
1. 当岩体中不存在外倾结构面时		
岩体等效内摩擦角 φ		
破裂角	$\theta = \arctan\dfrac{\cos\varphi_s}{\sqrt{1 + \dfrac{\cot\alpha'}{\tan\varphi_s}} - \sin\varphi_s}$	
水平土压力系数	$K_{a\text{水平}} = (\cot\theta - \cot\alpha')\tan(\theta - \varphi)$	
水平主动土压力合力	$E_{a\text{水平}} = \dfrac{1}{2}\gamma H^2 K_a$	
2. 当存在外倾结构面时		
外倾结构面的内摩擦角 φ_s		外倾结构面的内摩擦角黏聚力 c_s
参数	$\eta = \dfrac{2c_s}{\gamma H}$	
破裂面	$\theta = \arctan\dfrac{\cos\varphi_s}{\sqrt{1 + \dfrac{\cot\alpha'}{\eta + \tan\varphi_s}} - \sin\varphi_s}$	

1.9 各规范对土压力的具体规定

续表

水平土压力系数	$K_{a水平} = (\cot\theta - \cot\alpha')\tan(\theta - \varphi_s) - \dfrac{\eta\cos\varphi_s}{\sin\theta\cos(\theta - \varphi_s)}$
水平主动土压力合力	$E_{a水平} = \dfrac{1}{2}\gamma H^2 K_a$
3. 当存在多个外倾结构面时，应分别计算，取其中的最大值为设计值	

1.9.2.13 地震主动岩石压力

考虑地震作用时，作用于支护结构上的地震主动岩石压力可按公式 $E_a = \dfrac{1}{2}\gamma h^2 K_a$ 计算，主动土压力系数应按下式计算：

$$K_a = \frac{\sin(\alpha+\beta)\left[k_q\sin(\alpha+\theta)\sin(\theta-\varphi_s+\rho) - \eta\sin\alpha\cos\varphi_s\cos\rho\right]}{\cos\rho\sin^2\alpha\sin(\alpha-\delta+\theta-\varphi_s)\sin^2(\theta-\beta)}$$

$$k_q = 1 + \frac{2q\sin\alpha\cos\beta}{\gamma H\sin(\alpha+\beta)}$$

式中 ρ——地震角，可按表 1.9-1 取值。

【注】规范 6.3.5 条主要是针对有外倾结构面的地震主动岩石压力的计算。

1.9.2.14 坡顶有重要建筑物时的岩石压力修正

抗震设防烈度为 7 度及 7 度以下地区，岩质边坡坡顶有重要建（构）筑物时，其主动土压力按表 1.9-4 进行调整。

岩质边坡坡顶有重要建筑物时侧向岩石压力取值　　　　　表 1.9-4

无外倾结构面	$a < 0.5H$	$E'_a = \beta_1 E_a$
	$a \geqslant 0.5H$	E_a
有外倾结构面	按无外倾结构面处理	取两者计算结果的大值
	按规范 6.3.1 和 6.3.2 条计算的侧向土压力×增大系数 1.15	

表注：① E_a 为主动岩土压力合力，E'_a 为修正主动岩土压力合力，E_0 为静止土压力合力；
② β_1 为主动岩石压力修正系数，按表 1.9-5 取值；
③ a 为坡脚线到坡顶重要建（构）筑物基础外边缘的水平距离；
④ 对多层建筑物，当基础浅埋时 H 取边坡高度；当基础埋深较大时，若基础周边与岩土间设置摩擦小的软性材料隔离层，能使基础垂直荷载传至边坡破裂面以下足够深度的稳定岩层内且其水平荷载对边坡不造成较大影响，则 H 可从隔离层下端算至坡底；否则，H 仍取边坡高度；
⑤ 对高层建筑物应设置钢筋混凝土地下室，并在地下室侧墙临边坡一侧设置摩擦小的软性材料隔离层，使建筑物基础的水平荷载不传给支护结构，并应将建筑物垂直荷载传至边坡破裂面以下足够深度的稳定岩土层内时，H 可从地下室底标高算至坡底；否则，H 仍取边坡高度。

主动岩石压力修正系数 β_1 取值　　　　　表 1.9-5

边坡岩体类型	Ⅰ	Ⅱ	Ⅲ	Ⅳ
主动岩石压力修正系数 β_1	1.30		1.30～1.45	1.45～1.55

表注：① 当裂隙发育时取大值，裂隙不发育时取小值；
② 坡顶有重要既有建（构）筑物对边坡变形控制要求较高时取大值；
③ 对临时性边坡及基坑边坡取小值。

1.9.3 基坑工程规范对土压力具体规定

1.9.3.1 一般情况下基坑主动土压力
《建筑基坑支护技术规程》3.4.2~3.4.6

根据规程3.4.2~3.4.6条规定，一般情况下土压力计算，按照1.8节所述朗肯土压力、库仑土压力或楔体法等计算方法计算即可。

1.9.3.2 局部附加荷载作用下主动土压力
《建筑基坑支护技术规程》3.4

局部附加荷载作用下主动土压力的计算，重点是确定局部附加荷载产生附加竖向压力和作用范围。计算示意图（规程图3.4.7）及解题思维流程如下：

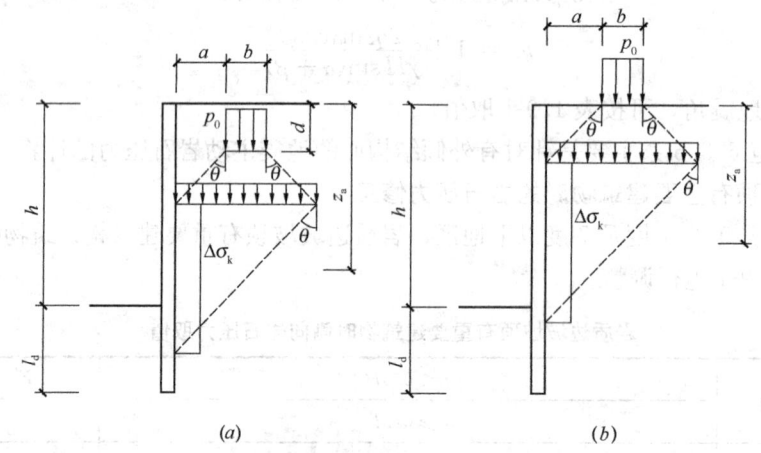

规程图3.4.7　局部附加荷载作用下的土中附加竖向应力计算
（a）条形或矩形基础；（b）作用在地面的条形或矩形附加荷载

局部荷载外边缘至基坑距离 a	与基坑边垂直方向基础尺寸 b	与基坑边平行方向基础尺寸 l（条形基础 $l=1$）	基础埋深 d
局部附加荷载产生的土压力作用范围	$z_a \in \left[d + \dfrac{a}{\tan\theta}, d + \dfrac{3a+b}{\tan\theta} \right]$（$\theta$ 为附加荷载扩散角）		
	一般情况下 $\theta=45°\to z_a \in [d+a, d+3a+b]$		
局部附加荷载在作用范围产生的附加竖向压力	条形基础（规程图3.4.7a）$\Delta\sigma_k = \dfrac{p_0 b}{b+2a}$	矩形基础（规程图3.4.7b）$\Delta\sigma_k = \dfrac{p_0 b l}{(b+2a)(l+2a)}$	

接下来，依据前面所讲"1.9.3.1 一般情况下基坑主动土压力"计算即可，此时注意分层

1.9.3.3 支护结构顶低于地面，其上采用放坡或土钉墙

当支护结构顶部低于地面，其上方采用放坡或土钉墙时，支护结构顶面以上土体对支护结构的作用宜按库仑土压力理论计算，也可将其视作附加荷载按下式计算土中附加竖向

应力标准值，计算示意图见规程图 3.4.8：

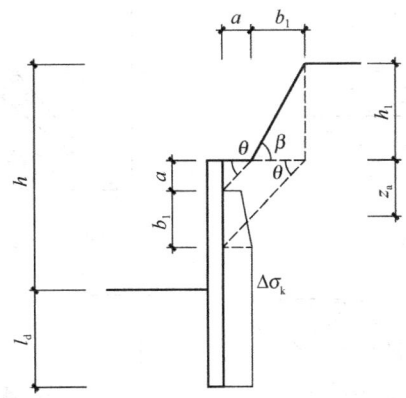

规程图 3.4.8 支护结构顶部以上采用放坡或
土钉墙时土中附加竖向应力计算

地面至支护结构顶面的竖向距离 h_1（m）	支护结构顶面以上土的黏聚力 c（kPa）
支护结构顶面以上土的天然重度 γ（kN/m³）对多层土取各层土按厚度加权的平均值	支护结构顶面以上土的主动土压力系数 K_a 对多层土取各层土按厚度加权的平均值
支护结构顶面以上土自重所产生的单位宽度主动土压力标准值（kN/m） $E_{ak1} = \frac{1}{2}\gamma h_1^2 K_a - 2ch_1\sqrt{K_a} + \frac{2c^2}{\gamma}$	
支护结构外边缘至放坡坡脚的水平距离 a（m）	放坡坡面的水平尺寸 b_1（m）
支护结构顶面至土中附加竖向应力计算点的竖向距离 z_a（m）	

作用范围的附加竖向压力（kPa）	当 $z_a < a$ 时	$\Delta\sigma_k = \gamma h_1$
	当 $a \leqslant z_a \leqslant a+b_1$ 时	$\Delta\sigma_k = \frac{\gamma h_1}{b_1}(z_a - a) + \frac{E_{ak1}(a+b_1-z_a)}{K_a b_1^2}$
	当 $E_a > a+b_1$ 时	$\Delta\sigma_k = \gamma h_1$

接下来，依据前面所讲"1.9.3.1 一般情况下基坑主动土压力"计算即可，此时注意分层

1.10 边坡稳定性

边坡失稳，也叫边坡的滑动，一般指边坡在一定范围内一部分土体整体地沿着某一个面（曲面或平面）产生向下和向外移动。边坡失稳现象无论在山区或平原，在各种土层内部都可能发生。

对于土质边坡，黏性土的破坏面基本上为圆弧形，无黏性土的破坏面基本上为直线形。

对于岩质边坡，多沿软弱结构面发生滑移，破坏面可分为直线形、折线形等。因此边坡稳定性此节，主要讲解三种方法：整体圆弧法、平面滑动法和折线滑动法。如图 1.10-1～图 1.10-4 所示。

1 土力学专题

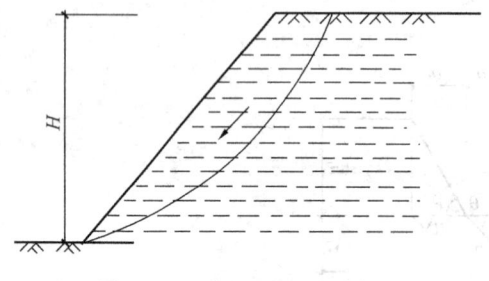

图 1.10-1　圆弧形滑动示意图

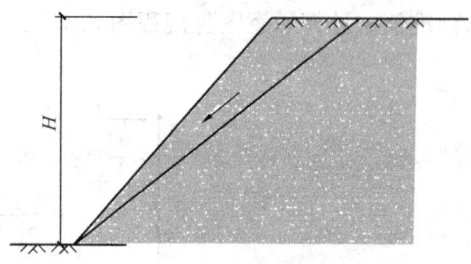

图 1.10-2　直线形滑动示意图

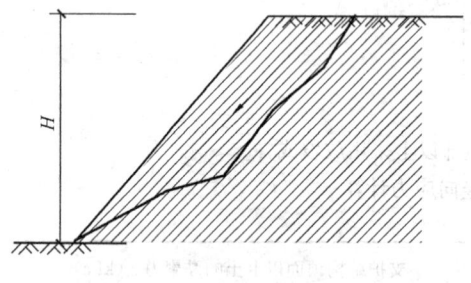

图 1.10-3　折线形滑动示意图

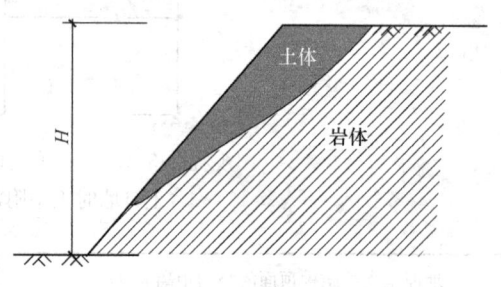

图 1.10-4　界面滑动示意图

1.10.1　平面滑动法

1.10.1.1　滑动面与坡脚面不同，无裂隙

《建筑边坡工程技术规范》附录 A.0.2

滑动面与坡脚面不同，无裂隙的平面滑动法分析边坡稳定性，本质是对滑体受力分析，分别计算出滑体各种力大小及其方向，比如孔隙水压力、滑体重力、滑动面黏聚力等，然后分解为平行于滑动面和垂直于滑动面两个方向的力，进而计算出抗滑力和滑动力。稳定系数 $K=\dfrac{抗滑力}{滑动力}$。

对此种情况典型滑体图进行受力分析，如图 1.10-5 所示。

其中：滑坡脚至坡顶高度 H；水位高度 H_w；坡脚 α 或 $\tan\alpha$；滑动面倾角 θ；滑动面摩擦角 φ；滑动面黏聚力 c。

① 滑动面孔隙水压力 u（假定三角形分布）

高度 H_w 处水压力强度 $e_0=0$；坡脚处水压力强度 $e_1=\gamma_w H_w$，作用范围为 $\dfrac{H_w}{\sin\theta}$，因此 $u=\dfrac{1}{2}(e_0+e_1)\cdot\dfrac{H_w}{\sin\theta}=\dfrac{1}{2}\gamma_w\cdot\dfrac{H_w^2}{\sin\theta}$，方向垂直于滑动面向上。

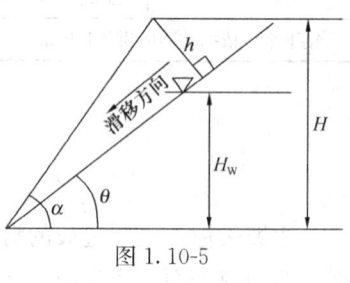

图 1.10-5

② 单位长度滑体重力 W，方向竖直向下。

$$W=\gamma\cdot v=\frac{1}{2}\gamma H^2\cdot\left(\frac{1}{\tan\theta}-\frac{1}{\tan\alpha}\right)$$

或 $W=\gamma\cdot v=\gamma\cdot\dfrac{1}{2}hA$ ←（h 为三角形滑体滑面上的高）

1.10 边坡稳定性

平行于滑动面且向下分量为 $W\cos\theta$

垂直于滑动面且向下 $W\sin\theta$

③ 单位长度黏聚力

单位长度滑动面的面积数值上等于滑动面线段长度 $A=\dfrac{H}{\sin\theta}$

且单位面积上黏聚力为 c

单位长度黏聚力 cA，黏聚力沿着滑动面向上。

所以图 5.3-7 所示情况下，稳定系数 $K=\dfrac{(W\cos\theta-u)\tan\varphi+cA}{W\sin\theta}$

当孔隙水压力 $u=0$，黏性土（$c\neq 0$）时，上式可化简为

$$K=\frac{\tan\varphi}{\tan\theta}+\frac{cA}{W\sin\theta} \text{ 或 } K=\frac{\tan\varphi}{\tan\theta}+\frac{2c}{h\gamma\sin\theta}$$

当孔隙水压力 $u=0$，非黏性土（$c=0$）时，可进一步化简为 $K=\dfrac{\tan\varphi}{\tan\theta}$

【注】一定要深刻理解上述受力分析及稳定系数 K 的推导过程，如果题目中还存在其他力，如上分析即可。

综上，滑动面与坡脚面不同，无裂隙，边坡稳定性思维流程如下：

图示情况受力分析			
滑坡脚至坡顶高度 H		水位高度 H_w	
坡脚 α 或 $\tan\alpha$	滑动面倾角 θ	滑动面摩擦角 φ	滑动面黏聚力 c
滑动面孔隙水压力（假定三角形分布，方向垂直于滑动面向上） $u=\dfrac{1}{2}\gamma_w\cdot\dfrac{H_w^2}{\sin\theta}$			
单位长度滑动面的面积数值上等于滑动面线段长度（黏聚力沿着滑动面向上） $A=\dfrac{H}{\sin\theta}$			
单位长度滑体重力（方向竖直向下） $W=\gamma\cdot v=\dfrac{1}{2}\gamma H^2\cdot\left(\dfrac{1}{\tan\theta}-\dfrac{1}{\tan\alpha}\right)$ 或 $W=\gamma\cdot v=\gamma\cdot\dfrac{1}{2}hA$ ←（h 为三角形滑体滑面上的高）			
图示情况稳定系数 $K=\dfrac{(W\cos\theta-u)\tan\varphi+cA}{W\sin\theta}$	$u=0$；黏性土（$c\neq 0$） $K=\dfrac{\tan\varphi}{\tan\theta}+\dfrac{cA}{W\sin\theta}$ 或 $K=\dfrac{\tan\varphi}{\tan\theta}+\dfrac{2c}{h\gamma\sin\theta}$ （h 为三角形滑体滑面上的高）		$u=0$，非黏性土（$c=0$） $K=\dfrac{\tan\varphi}{\tan\theta}$

$K=\dfrac{\text{抗滑力}}{\text{滑动力}}$ 其他受力情况：具体问题具体受力分析，分别计算出滑体各种力大小及其方向，比如孔隙水压力、滑体重力、滑动面黏聚力等，然后分解为平行于滑动面和垂直于滑动面两个方向的力，进而计算出抗滑力和滑动力。

【注】①角度多，各种角度对应。其中坡脚 α 只用于计算 W，此时用到 $\tan\alpha$ 的值，如果题目给的是坡率，直接就是 $\tan\alpha$ 的值，不用再转化为 α 的值。

滑动面倾角，有些题目用 β 表示。

② 注意与锚杆（锚索）相结合，相当于受力分析的时候，多了锚杆力，且应注意锚杆力一定要放在稳定系数表达式 K 分子的位置。

1.10.1.2 滑动面与坡脚面不同，有裂隙

《建筑边坡工程技术规范》附录 A.0.2

滑动面与坡脚面不同，有裂隙的平面滑动法分析边坡稳定性，本质也是对滑体受力分析，就如同无裂隙的情况，不同的是有裂隙的情况下，裂隙中有水，此时多了裂隙水压力，同时滑动面上水压力的计算也有变化。

对此种情况典型滑体图进行受力分析，如图 1.10-6 所示。

已知：滑坡脚至坡顶高度 H；裂隙充水高度 Z_w，裂隙总高度 Z

坡脚 α 或 $\tan\alpha$；滑动面倾角 θ；滑动面摩擦角 φ；滑动面黏聚力 c

裂隙静水压力 v

Z_w 处水压力强度 $e_1 = \gamma_w Z_w$，作用范围为 Z_w

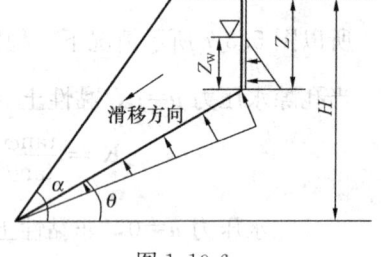

图 1.10-6

因此 $v = \frac{1}{2}(0 + e_1) \cdot Z_w = \frac{1}{2}\gamma_w Z_w^2$，方向垂直于裂隙面。

【注】一定要注意题目 v 的方向，v 作用方向永远垂直于裂隙面，也就是说是随着裂隙面的变化而变化，如图 1.10-6 所示裂隙面是竖直的，因此裂隙静水压力 v 的方向是水平的。具体问题具体分析。

① 滑动面孔隙水压力 u（假定三角形分布）

裂隙底部水压力强度 $e_0 = \gamma_w Z_w$；坡脚处水压力强度 $e_1 = 0$，作用范围为 $\frac{H-z}{\sin\theta}$

因此 $u = \frac{1}{2}(e_0 + e_1) \cdot \frac{H-Z}{\sin\theta} = \frac{1}{2}\gamma_w Z_w \cdot \frac{H-Z}{\sin\theta}$，方向垂直于滑动面向上。

② 单位长度滑体重力 W

$W = \gamma \cdot v = \frac{1}{2}\gamma H^2 \cdot \left(\frac{1-Z^2/H^2}{\tan\theta} - \frac{1}{\tan\alpha}\right)$，方向竖直向下。

平行于滑动面且向下分量为 $W\cos\theta$

垂直于滑动面且向下 $W\sin\theta$

③ 单位长度黏聚力

单位长度滑动面的面积数值上等于滑动面线段长度 $A = \frac{H-Z}{\sin\theta}$

且单位面积上黏聚力为 c

单位长度黏聚力 cA，黏聚力沿着滑动面向上。

所以图 1.10-6 所示情况下，v 水平方向，u 垂直于滑动面向上。

抗滑移稳定系数 $K = \frac{(W\cos\theta - u - v\sin\theta)\tan\varphi + cA}{W\sin\theta + v\cos\theta}$

当 $v = u = 0$，黏性土（$c \neq 0$）时，上式可化简为

$$K = \frac{\tan\varphi}{\sin\theta} + \frac{cA}{W\sin\theta}$$

当孔隙水压力 $v = u = 0$，非黏性土（$c = 0$）时，可进一步化简为 $K = \frac{\tan\varphi}{\tan\theta}$

【注】一定要深刻理解上述受力分析及稳定系数 K 的推导过程,如果题目中还存在其他力,如上分析即可。

对于抗倾覆而言,受力分析过程是相同的,分别计算出滑体所受的力(如 v、W)的大小、方向、作用点及至滑坡脚点力臂,进而计算出抗倾覆力矩和倾覆力矩即可。

$$抗倾覆稳定系数 F_t = \frac{抗倾覆力矩}{倾覆力矩}$$

【注】抗倾覆分析时,不用分析黏聚力,因为黏聚力沿着滑动面向上,会通过滑坡脚点,因此不会产生力矩。

综上,滑动面与坡脚面不同,有裂隙,边坡稳定性思维流程如下:

图示情况受力分析			
滑坡脚至坡顶高度 H		裂隙充水高度 Z_w	裂隙总高度 Z
坡脚 α 或 $\tan\alpha$	滑动面倾角 θ	滑动面摩擦角 φ	滑动面黏聚力 c
裂隙静水压力(此时 v 水平方向) $v = \frac{1}{2}\gamma_w Z_w^2$			
(一定要注意题目 v 其他的方向,比如沿着滑动面方向,具体问题具体分析)			
滑动面孔隙水压力(此时 u 垂直于滑动面向上) $u = \frac{1}{2}\gamma_w Z_w \cdot \frac{H-Z}{\sin\theta}$			
单位长度滑动面的面积数值上等于滑动面线段长度(黏聚力沿着滑动面向上) $A = \frac{H-Z}{\sin\theta}$			
单位长度滑体重力(方向竖直向下) $W = \gamma \cdot v = \frac{1}{2}\gamma H^2 \cdot \left(\frac{1-Z^2/H^2}{\tan\theta} - \frac{1}{\tan\alpha}\right)$			
图示情况 v 水平方向;u 垂直于滑动面向上 $K = \frac{(W\cos\theta - u - v\sin\theta)\tan\varphi + cA}{W\sin\theta + v\cos\theta}$		$v = u = 0$ 黏性土($c \neq 0$) $K = \frac{\tan\varphi}{\tan\theta} + \frac{cA}{W\sin\theta}$	$v = u = 0$ 非黏性土($c = 0$) $K = \frac{\tan\varphi}{\tan\theta}$
$K = \frac{抗滑力}{下滑力}$	其他受力情况:具体问题具体受力分析,分别计算出滑体各种力大小及其方向,比如孔隙水压力、滑体重力、滑动面黏聚力等,然后分解为平行于滑动面和垂直于滑动面两个方向的力,进而计算出抗滑力和滑动力。		
抗倾覆稳定系数 $F_t = \frac{抗倾覆力矩}{倾覆力矩}$	一定要受力分析,分别计算出滑体所受的力(如 v、W)的大小、方向、作用点及至滑坡脚点力臂,进而计算出抗倾覆力矩和倾覆力矩即可。		

【注】①角度多,各种角度对应。其中坡脚 α 只用于计算 W,此时用到 $\tan\alpha$ 的值,如果题目给的是坡率,直接就是 $\tan\alpha$ 的值,不用再转化为 α 的值。

滑动面倾角,有些题目用 β 表示。

② 注意与锚杆(锚索)相结合,相当于受力分析的时候,多了锚杆力。

1.10.1.3 滑动面与坡脚面相同

土力学教材

滑动面与坡脚面相同的情况,本质上就是分析坡脚面上的单元体土颗粒的滑动,或者无限长边坡稳定性;

图 1.10-7 表示一无限边坡示意图,坡脚面或滑动面倾角 θ,滑动面摩擦角 φ,黏聚力

c，滑坡竖直高度 H，H 范围内厚度加权平均重度 γ_m，取单位长度的滑动土条进行受力分析。

可知：① 滑动土条自重 $G=\gamma_m \cdot v=\gamma_m \cdot H\cos\theta$，方向竖直向下，将此力分解，即可得到沿着滑动面向下的滑动力 $G_t=G\sin\theta=\gamma_m H\cos\theta\sin\theta$，以及垂直于滑动面向下的分力 $G_n=G\cos\theta=\gamma_m H\cos\theta\cos\theta$，此分力即产生沿着滑动面向上的抗滑力（即摩擦力）$f=G_n\tan\varphi=\gamma_m H\cos^2\theta\tan\varphi$；

② 滑动面黏聚力 $c\times 1=c$；

③ 不计滑动土条两侧应力，或者说滑动土条两侧应力近似认为互相抵消。

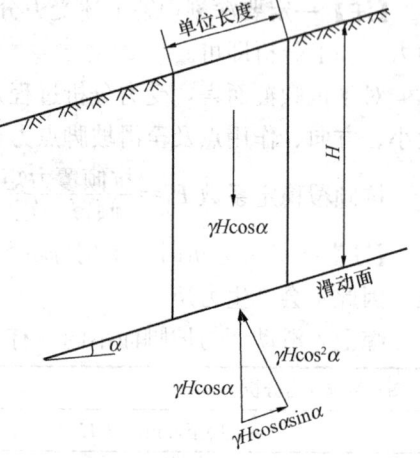

图 1.10-7　作用在单元体上的力

所以抗滑移稳定系数 $K=\dfrac{抗滑力}{滑动力}=\dfrac{f+c}{G_t}=\dfrac{\gamma_m H\cos^2\theta\tan\varphi+c}{\gamma_m H\cos\theta\sin\theta}=\dfrac{\tan\varphi}{\tan\theta}+\dfrac{c}{\gamma_m H\cos\theta\sin\theta}$

如果是无黏性土坡，则 $c=0$，上式即可化简为 $K=\dfrac{\tan\varphi}{\tan\theta}$。

当然对于无黏性土坡，也可按如下推导，就是分析坡脚面上的单元体土颗粒的滑动，概念更清晰，如图 1.10-8 所示，取一单元体进行分析，不计单元体两侧应力，因此单元体仅受自重 G，将此力分解沿着滑动面向下的分力 $G_t=G\sin\theta$ 即为滑动力，自重垂直于坡面向下的分力产生的摩擦力 $f=G_n\tan\varphi=G\cos\theta\tan\varphi$ 即为抗滑力，因此

$$K=\frac{抗滑力}{滑动力}=\frac{f}{G_t}=\frac{G\cos\theta\tan\varphi}{G\sin\theta}=\frac{\tan\varphi}{\tan\theta}$$

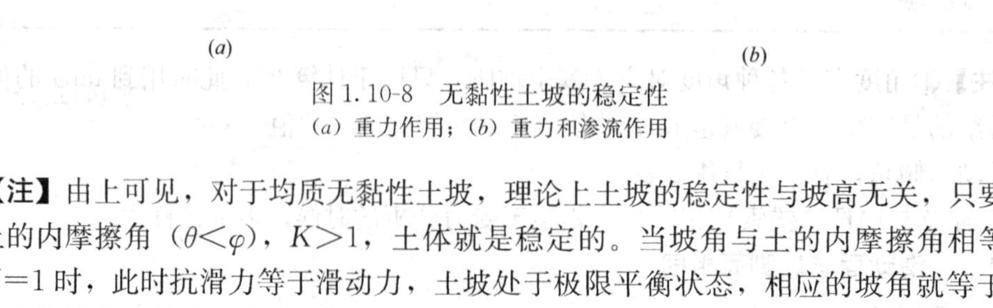

图 1.10-8　无黏性土坡的稳定性
(a) 重力作用；(b) 重力和渗流作用

【注】 由上可见，对于均质无黏性土坡，理论上土坡的稳定性与坡高无关，只要坡角小于土的内摩擦角（$\theta<\varphi$），$K>1$，土体就是稳定的。当坡角与土的内摩擦角相等（$\theta=\varphi$），$K=1$ 时，此时抗滑力等于滑动力，土坡处于极限平衡状态，相应的坡角就等于无黏性土的内摩擦角，特称之为自然体止角。

当无黏性土坡有渗流的情况时，渗流方向可分为顺坡即平行于坡面流出坡面和水平方向流出坡面两种情况，如图 1.10-8 (b) 所示。

当渗流方向为顺坡即平行于坡面流出坡面时，取坡面上渗流溢出处的单元土体进行受力分析，既然是单元体取单位体积即可，因此此时受到两个力：

① 单位体积自重 $G=\gamma'$（此时有了渗流，使用有效重度）；

② 单位体积渗透力 $J=\gamma_w i\left(水力梯度 i=\dfrac{\Delta h}{l}=\sin\theta\right)$，方向沿着坡面向下。

则此时单元体下滑的滑动力为 $G\sin\theta+J=\gamma'\sin\theta+\gamma_w\sin\theta$，抗滑力仍然是滑体自重垂直于坡面向下的分力产生的摩擦力，为 $G\cos\theta\tan\varphi=\gamma'\cos\theta\tan\varphi$。

$$K=\dfrac{抗滑力}{滑动力}=\dfrac{G\cos\theta\tan\varphi}{G\sin\theta+J}=\dfrac{\gamma'\cos\theta\tan\varphi}{\gamma'\sin\theta+\gamma_w\sin\theta}=\dfrac{\gamma'}{\gamma_{sat}}\cdot\dfrac{\tan\varphi}{\tan\theta}$$

【注】通过有无渗流时，稳定系数 K 的计算公式可知，当坡面有顺坡渗流时，无黏性土坡的稳定系数降低 $\dfrac{\gamma'}{\gamma_{sat}}$ 倍，此值约为 1/2，因此稳定系数约降低一半。

当渗流方向为水平方向流出坡面时，取坡面上渗流溢出处的单元土体进行受力分析，仍然是受到自重和渗透力这两个力的作用，只不过此时渗透力大小和方向发生了改变。

① 单位体积自重 $G=\gamma'$（此时有了渗流，使用有效重度）；

② 单位体积渗透力 $J=\gamma_w i\left(水力梯度 i=\dfrac{\Delta h}{l}=\tan\theta\right)$，方向水平方向朝向坡外。则此时单元体下滑的滑动力为 $G\sin\theta+J\cos\theta=\gamma'\sin\theta+\gamma_w\tan\theta\cos\theta$，

抗滑力为 $(G\cos\theta-J\sin\theta)\tan\varphi=(\gamma'\cos\theta-\gamma_w\tan\theta\sin\theta)\tan\varphi$。

$$K=\dfrac{抗滑力}{滑动力}=\dfrac{(G\cos\theta-J\sin\theta)\tan\varphi}{G\sin\theta+J\cos\theta}$$
$$=\dfrac{(\gamma'\cos\theta-\gamma_w\tan\theta\sin\theta)\tan\varphi}{\gamma'\sin\theta+\gamma_w\tan\theta\cos\theta}=\dfrac{\gamma'-\gamma_w\tan^2\theta}{\gamma_{sat}}\cdot\dfrac{\tan\varphi}{\tan\theta}$$

【注】如图 1.10-8 所示，水力梯度 $i=\dfrac{\Delta h}{l}$，当渗流方向顺坡时，Δh 为垂直高度，l 为相应沿坡面的斜长，故 $i=\sin\theta$；当渗流为水平往外时，Δh 为垂直高度，l 相应为水平方向边长，故 $i=\tan\theta$。

滑动面与坡脚面相同，边坡稳定性分析具体，具体解题思维流程如下：

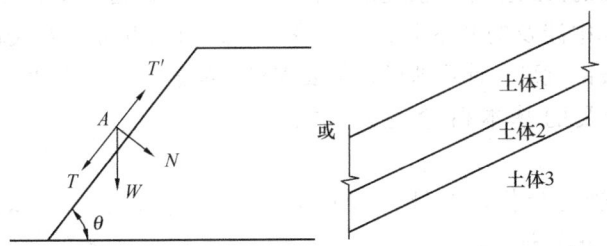

坡脚面或滑动面倾角 θ	滑动面摩擦角 φ（沿土内滑动则为内摩擦角）	
	非黏性土（$c=0$）	黏性土（$c\neq 0$）
	土饱和重度 γ_{sat}	黏聚力 c
		滑坡竖直高度 H
	土有效重度 γ'	H 范围内厚度加权平均重度 γ_m
无渗流	$K=\dfrac{\tan\varphi}{\tan\theta}$	$K=\dfrac{\tan\varphi}{\tan\theta}+\dfrac{c}{\gamma_m H\cos\theta\sin\theta}$
渗流方向顺坡即平行于坡面流出坡面	$K=\dfrac{\gamma'}{\gamma_{sat}}\cdot\dfrac{\tan\varphi}{\tan\theta}$	$K=\dfrac{\gamma'H\cos^2\theta\tan\varphi+c}{(\gamma'+\gamma_w)H\cos\theta\sin\theta}$
渗流方向为水平方向流出坡面	$K=\dfrac{\gamma'-\gamma_w\tan^2\theta}{\gamma_{sat}}\cdot\dfrac{\tan\varphi}{\tan\theta}$	$K=\dfrac{(\gamma'\cos^2\theta-\gamma_w\sin^2\theta)H\tan\varphi+c}{\gamma_{sat}H\cos\theta\sin\theta}$

【注】关于黏性土坡渗流稳定性公式的推导可见本书补充资料。

1.10.2 折线滑动法

在山区，会出现沿着稳定层面的折线形滑动土体（或岩体），如图 1.10-9 所示。要求验算是否会滑动，是否需要设置承受滑坡推力的挡墙等。为此，近似地以折线 $a_1b_1b_2\cdots b_n$ 代表稳定层面，并把滑动土体划分成为 n 块，如图 1.10-9 所示。并作以下简化假定：

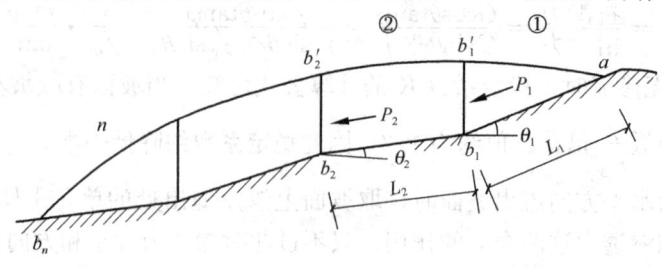

图 1.10-9

① 不考虑各块滑动体自身相互挤压作用；
② 不考虑各分块两侧面上的摩擦力；
③ 各段滑体上的推力作用方向与滑动面平行，且在侧面上分布为矩形。

折线滑动法分为显示求解和隐式求解，《建筑地基基础设计规范》和《岩土工程勘察规范》规定按显示法求解。《建筑边坡工程技术规范》规定按隐式法求解。解题时，一定要看清题目是否指明规范。

1.10.2.1 传递系数显式法边坡稳定系数及滑坡推力计算

《建筑地基基础设计规范》6.4.3
《岩土工程勘察规范》5.2.8

传递系数显式法的公式推导比较复杂，且推导过程对解题意义不大，因此不再进行具体的推导，只对公式中涉及的基本概念进行说明。此知识点考查方式较稳定，完全可以"标准化"，因此"按部就班"计算即可，但要求对流程熟练，这样计算才能有速度。

(1) 公式中涉及的基本概念说明，如图 1.10-10 所示

对第 1 块进行受力分析，本身自重 G_1，黏聚力 $R_1=G_1\cos\theta_1\tan\varphi_1+c_1l_1$

可得到下滑力 $T_1=G_1\sin\theta_1$，沿着第 1 块滑面向下；

抗滑力 $R_1=G_1\cos\theta_1\tan\varphi_1+c_1l_1$，沿着第 1 块滑面向上；

若 $R_1<T_1$，则受力不平衡，因此会对第 2 块产生推力，称之为剩余下滑推力（或剩余下滑力），用 P 来表示。为了增加安全储备，引入安全系数 γ_t，这样第 1 块的剩余下滑推力可表示为 $P_1=\gamma_t T_1-R_1$。

再对第 i 块进行分析

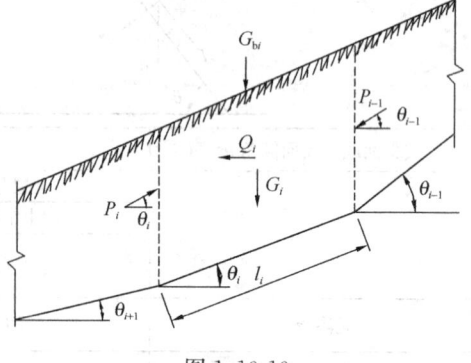

图 1.10-10

1.10 边坡稳定性

下滑力 $T_i = G_i \sin\theta_i$，沿着第 i 块滑面向下；

抗滑力 $R_i = G_i \cos\theta_i \tan\varphi_i + c_i l_i$，沿着第 i 块滑面向上；

这样第 i 块的剩余下滑推力 P_i 由两部分组成，第一部分，如同第 1 块，自身下滑力 T_i 和抗滑力 R_i 不平衡引起的，此部分的大小为 $\gamma_t T_i - R_i$；第二部分，为第 $i-1$ 块剩余下滑推力 P_{i-1} 传递过来的，大小为 $P_{i-1}\psi_i$（其中 $P_{i-1}\psi_i$ 称为传递系数，表示第 $i-1$ 块剩余下滑推力传递到第 i 块部分，大小为 $\psi_i = \cos(\theta_{i-1} - \theta_i) - \sin(\theta_{i-1} - \theta_i)\tan\varphi_i$）。所以第 i 块的剩余下滑推力 P_i 的大小为 $P_i = \gamma_t T_i - R_i + P_{i-1}\psi_i$。

这样按传递系数法计算时，先要从上向下计算，首先计算第 1 块的剩余下滑力 P_1，再计算 P_2，一直到最下面一块的 P_n。若最后的剩余下滑力 $P_n \leqslant 0$ 时，就说明所考虑的土坡是稳定的；否则不稳定。P_n 称为整个滑坡推力，如果求修建支挡结构物来支承滑坡推力 P_n 时，一般可假定推力作用点在滑坡最后一块的一半厚度处，作用方向为沿着最后一块的滑动面向下。

滑坡整体的稳定系数计算公式为 $F_s = \dfrac{\sum R_1\psi_2\psi_3\cdots\psi_n + R_2\psi_3\cdots\psi_n + \cdots + R_{n-1}\psi_n + R_n}{\sum T_1\psi_2\psi_3\cdots\psi_n + T_2\psi_3\cdots\psi_n + \cdots + T_{n-1}\psi_n + T_n}$

可以看出稳定系数 F_s 就是将每一块的抗滑力 R_i 和下滑力 T_i 都传递到最后一块，最后一块上抗滑力/下滑力即为稳定系数。

（2）传递系数显式法求解块数越多，计算量则越大，因此一般注岩案例题目不会超过 3 块，所以解题思路流程中也使用到了三块，具体如下：

块号	滑块重力	滑带长度	滑动面倾角	黏聚力	内摩擦角	传递系数
1	G_1	l_1	θ_1	c_1	φ_1	
2	G_2	l_2	θ_2	c_2	φ_2	$(1 \to 2)\psi_2 = \cos(\theta_1 - \theta_2) - \sin(\theta_1 - \theta_2)\tan\varphi_2$
3	G_3	l_3	θ_3	c_3	φ_3	$(2 \to 3)\psi_3 = \cos(\theta_2 - \theta_3) - \sin(\theta_2 - \theta_3)\tan\varphi_3$

安全系数 γ_t

受力分析	下滑力	抗滑力	剩余下滑推力/剩余下滑力
第 1 块	$T_1 = G_1 \sin\theta_1$	$R_1 = G_1 \cos\theta_1 \tan\varphi_1 + c_1 l_1$	$P_1 = \gamma_t T_1 - R_1$
第 2 块	$T_2 = G_2 \sin\theta_2$	$R_2 = G_2 \cos\theta_2 \tan\varphi_2 + c_2 l_2$	$P_2 = \gamma_t T_2 - R_2 + P_1\psi_2$
第 3 块	$T_3 = G_3 \sin\theta_3$	$R_3 = G_3 \cos\theta_3 \tan\varphi_3 + c_3 l_3$	$P_3 = \gamma_t T_3 - R_3 + P_2\psi_3$

边坡稳定系数 $F_s = \dfrac{R_1\psi_2\psi_3 + R_2\psi_3 + R_3}{T_1\psi_2\psi_3 + T_2\psi_3 + T_3}$（若两块 $F_s = \dfrac{R_1\psi_2 + R_2}{T_1\psi_2 + T_2}$）

【注】① 安全系数 γ_t 与稳定系数 F_s 的区别，安全系数 γ_t 是人为引入的，相当于加了一定的安全储备，一般题目会直接给出，稳定系数 F_s 是通过力的平衡和传导计算得来。

《建筑地基基础设计规范》规定，对地基基础设计等级为甲级的建筑物宜取 $\gamma_t = 1.30$；乙级取 $\gamma_t = 1.20$，丙级取 $\gamma_t = 1.10$。

② 剩余下滑推力方向：平行于此滑块的滑动面；作用点：与下一个滑块相邻处滑块厚度的中间。

③ 计算剩余下滑推力时，若计算到中间第 i 块，就出现剩余下滑推力 $P_i < 0$，可认为第 $1 \sim i$ 块处于稳定平衡态，计为 $P_i = 0$。

④ 滑动面倾角如果是滑移的反方向，则取负值。
⑤ 看清题目最终要求剩余下滑推力，还是剩余下滑推力的水平分量值。
⑥ 计算滑块重力时，水下取浮重度。
⑦ 传递系数显示法和隐式法的区别见下一节"1.10.2.2 传递系数隐式法边坡稳定系数及滑坡推力计算"。

1.10.2.2 传递系数隐式法边坡稳定系数及滑坡推力计算

《建筑边坡工程技术规范》A.0.3

（1）"传递系数显示法"和"传递系数隐式法"的区别

深刻理解两者的区别，也就理解了"传递系数隐式法"。

上一节讲解的是"传递系数显示法"，此节讲解"传递系数隐式法"，两者之间区别主要有三点，对照着讲解，就会理解得更加清楚了。依次为：

① 传递系数的计算不同

"传递系数显示法"中，第 $i-1$ 块传递到第 i 块的传递系数表达式为：$\psi_i = \cos(\theta_{i-1} - \theta_i) - \sin(\theta_{i-1} - \theta_i)\tan\varphi_i$，与安全系数和稳定系数是无关的。

"传递系数隐式法"中，传递系数 $\psi_i = \cos(\theta_{i-1} - \theta_i) - \dfrac{\sin(\theta_{i-1}\theta_i)\tan\varphi_i}{F_{st}}$，可以看出传递系数与安全系数或稳定系数是相关的。（和稳定系数 F_s 也相关第③点中会说明）

【注】安全系数，在《建筑地基基础设计规范》和《岩土工程勘察规范》用 γ_t 表示。《建筑边坡工程技术规范》用 F_{st} 表示。同一个概念，不同规范中用不同符号表达，太常见了。

② 剩余下滑推力的计算不同

"传递系数显示法"中，第 i 块剩余下滑推力 $P_i = \gamma_t T_i - R_i + P_{i-1}\psi_i$，安全系数与滑动力相乘。

"传递系数隐式法"中，第 i 块剩余下滑推力 $P_i = T_i - \dfrac{R_i}{F_{st}} + P_{i-1}\psi_i$，抗滑力要除以安全系数或稳定系数。（和稳定系数相关第③点中会说明）

③ 稳定系数 F_s 的计算不同

"传递系数显示法"中，稳定系数 F_s 表达式为

$$F_s = \frac{\sum R_1\psi_2\psi_3\cdots\psi_n + R_2\psi_3\cdots\psi_n + \cdots + R_{n-1}\psi_n + R_n}{\sum T_1\psi_2\psi_3\cdots\psi_n + T_2\psi_3\cdots\psi_n + \cdots + T_{n-1}\psi_n + T_n}$$

"传递系数隐式法"中，计算稳定系数 F_s，用不到安全系数 F_{st}，需将安全系数 F_{st} 用稳定系数 F_s 代替，来计算传递系数$\left(\text{即此时 }\psi_i = \cos(\theta_{i-1} - \theta_i) - \dfrac{\sin(\theta_{i-1}\theta_i)\tan\varphi_i}{F_s}\right)$，令最后一块的剩余下滑力 $P_n = T_n - \dfrac{R_n}{F_s} + P_{n-1}\psi_i = 0$（计算剩余下滑力也是将安全系数 F_{st} 用稳定系数 F_s 代替），反求出稳定系数 F_s。

之所以称之为"隐式法"，就是因为这种方法稳定系数 F_s 无法直接求出，必须反求。

（2）依然是以三块为模型，"传递系数隐式法"解题思路流程如下：

1.10 边坡稳定性

块号	安全系数 F_{st}					稳定系数 F_s
	滑块重力	滑带长度	滑动面倾角	黏聚力	内摩擦角	传递系数
1	G_1	l_1	θ_1	c_1	φ_1	
2	G_2	l_2	θ_2	c_2	φ_2	$(1\to2)\psi_2=\cos(\theta_1-\theta_2)-\dfrac{\sin(\theta_1-\theta_2)\tan\varphi_2}{F_{st}}$
3	G_3	l_3	θ_3	c_3	φ_3	$(2\to3)\psi_3=\cos(\theta_2-\theta_3)-\dfrac{\sin(\theta_2-\theta_3)\tan\varphi_3}{F_{st}}$
受力分析	下滑力		抗滑力			剩余下滑推力/剩余下滑力
第1块	$T_1=G_1\sin\theta_1$		$R_1=G_1\cos\theta_1\tan\varphi_1+c_1l_1$			$P_1=T_1-\dfrac{R_1}{F_{st}}$
第2块	$T_2=G_2\sin\theta_2$		$R_2=G_2\cos\theta_2\tan\varphi_2+c_2l_2$			$P_2=T_2-\dfrac{R_2}{F_{st}}+P_1\psi_2$
第3块	$T_3=G_3\sin\theta_3$		$R_3=G_3\cos\theta_3\tan\varphi_3+c_3l_3$			$P_3=T_3-\dfrac{R_3}{F_{st}}+P_2\psi_3$

求稳定系数,用不到安全系数 F_{st},此时需将安全系数 F_{st} 用稳定系数 F_s 代替,令最后一块山坡的剩余下滑力 $P_n=0$,反求出稳定系数 F_s。

【注】 ①此处安全系数 F_{st} 是人为引入的,按《建筑边坡工程技术规范》查表确定,具体如下:

边坡工程安全等级

边坡类型		边坡高度 H(m)	破坏后果	安全等级
岩质边坡	岩体类型为Ⅰ或Ⅱ类Ⅲ	$H\leqslant15$	很严重	一级
			严重	二级
			不严重	三级
	岩体类型为Ⅲ或Ⅳ类	$15<H\leqslant30$	很严重	一级
			严重	二级
		$H\leqslant15$	很严重	一级
			严重	二级
			不严重	三级
土质边坡		$10<H\leqslant15$	很严重	一级
			严重	二级
		$H\leqslant10$	很严重	一级
			严重	二级
			不严重	三级

边坡稳定安全系数 F_{st}

表注:当边坡稳定性系数 F_s 小于稳定安全系数 F_{st} 时,应对边坡进行处理

边坡类型 稳定安全系数 边坡工程安全等级		一级	二级	三级
永久边坡	一般工况	1.35	1.30	1.25
	地震工况	1.15	1.10	1.05
临时边坡		1.25	1.20	1.15

② 剩余下滑推力方向：平行于此滑块的滑动面；作用点：分为矩形分布、梯形分布、三角形分布，此点与地基基础设计规范的规定是不同的。

③ 计算剩余下滑推力时，若计算到中间第 i 块，就出现剩余下滑推力 $P_i < 0$，可认为第 $1 \sim i$ 块处于稳定平衡态，计为 $P_i = 0$。

④ 滑动面倾角如果是滑移的反方向，则取负值。

⑤ 看清题目最终是要求剩余下滑推力，还是要求剩余下滑推力的水平分量值。

⑥ 计算滑块重力时，水下取浮重度。

1.10.3 圆弧滑动面法

1.10.3.1 整体圆弧法

《工程地质手册》（第五版）P1098

整体圆弧法适用于内摩擦角 $\varphi = 0$，此时滑动面没有摩擦力，因此受力情况分析比较简单，其本质是分析计算抗滑力矩和滑动力矩，则稳定系数 $K = \dfrac{抗滑力矩}{滑动力矩}$

如图 1.10-11 情况，此时抗滑力矩只有黏聚力 c 产生，滑动圆弧全长为 $L = 2\pi R \cdot \dfrac{\theta}{360}$，所对应抗滑力臂即滑动圆弧半径 R；

滑动力矩只有土体自重即滑动力 W（水下取浮重度）产生，所对应滑动力臂 d；

因此 $K = \dfrac{抗滑力矩}{滑动力矩} = \dfrac{cLR}{Wd}$

亦可如图 1.10-12 所示进行受力分析，相当于具有"阻滑段"，此时土体一部分自重相当于会产生抗滑力，如 W_2，所对应抗滑力臂 d_2；

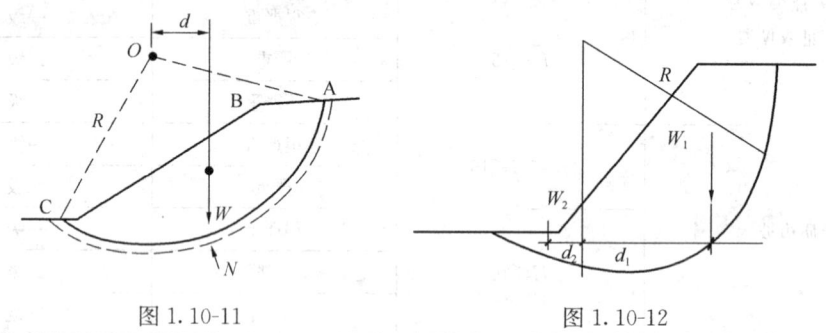

图 1.10-11　　　　图 1.10-12

此时稳定系数 $K = \dfrac{抗滑力矩}{滑动力矩} = \dfrac{W_2 d_2 + cLR}{W_1 d_1}$

综上，解题时，一定要根据题意，进行具体受力分析，确定所有抗滑力及所对应的抗滑力臂，确定所有滑动力及所对应的滑动力臂，然后抗滑力矩/滑动力矩即为稳定系数。

【注】① 浮力不计入抗滑力矩或滑动力矩的计算，浮力和土重力相互抵消，即取浮力和土体自重的合力，计入到抗滑力矩和滑动力矩的计算中，这也是水下取浮重度的原因。

② 整体圆弧法，不仅边坡工程稳定性计算适用，地基整体稳定性、基坑工程整体稳

定性都适用，本质是一样的，可相互参考。

地基工程整体稳定性，可参考"6.5.1 地基整体稳定性"；

基坑工程整体稳定性，可参考"10.2.1 支挡结构抗滑移整体稳定性整体圆弧法解题思维流程"。

③ 若坡面有水的渗流，与本专题"1.2.5 渗透力和渗透变形解题思维流程"相结合，确定渗透力的大小、方向和作用点。

总水头差 Δh	渗流流过总长度 l
平均水力坡降 $i=\dfrac{\Delta h}{l}$	单位体积渗透力 $J=\gamma_w i$
	单位面积渗透压力 $p_J=Jh=\gamma_w ih$（h 为相应土层计算厚度）

1.10.3.2 瑞典条分法

实际工程中土坡轮廓形状比较复杂，由多层土构成，$\varphi>0$，有时尚存在某些特殊外力（如渗流力，地震作用等），此时滑弧上各区段土的抗剪强度各不相同，并与各点法向应力有关。为此，常将滑动土体分成若干条块，分析每一条块上的作用力，然后利用每一土条上的力和力矩的静力平衡条件，求出安全系数表达式，其统称为条分法，可用于圆弧或非圆弧滑动面情况。

瑞典条分法是条分法中最古老而又最简单的方法，如图 1.10-13 所示。

(1) 此法基本假定如下：

① 假定滑动面为圆柱面及滑动土体为不变形的刚体；

② 忽略土条两侧面上的作用力，或者说，假定条块两侧的作用力大小相等，方向相反且作用于同一直线上，所以可以不予考虑；

③ 土条底面法向力的平衡，注意并不满足所有静力平衡；

④ 整个滑动土体力矩平衡，即所有土条的滑动力矩之和=抗滑力矩之和；

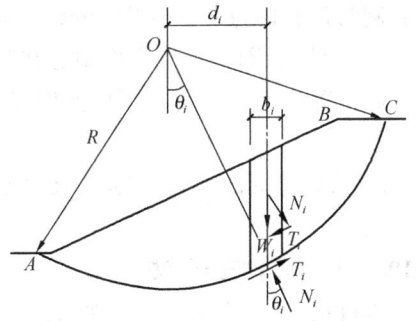

图 1.10-13 瑞典条分法

⑤ 各土条底部滑动面上稳定安全系数 F_{si} 均等于整个滑动面的稳定安全系数 F_s，或者说各土条底部滑动面上稳定安全系数都相等，都是 F_s。

(2) 受力分析及公式推导

如图 1.10-13 中取条块 i 进行受力分析，土条 i 的重力 W_i 沿该条滑动面的中点分解为切向力 $T_{wi}=W_i \sin\theta_i$ 和法向力 $N_{wi}=W_i \cos\theta_i$

滑动面以下部分土体对该土条的反力的两个分量分别表示为法向力 N_i 和抗剪力 T_i。

根据径向力的平衡条件，有 $N_i=N_{wi}=W_i \cos\theta_i$

抗剪力 T_i，可能发挥的最大值等于土条底面上的抗剪强度与滑弧长的乘积，为 $(c_i+\sigma_i \tan\varphi_i)l_i$，方向与滑动方向相反。当土坡处于稳定状态时，并假定各土条底部滑动面上稳定安全系数 F_{si} 均等于整个滑动面的稳定安全系数 F_s，所以此时各土条底部实际发挥的抗剪力为 $T_i=\dfrac{(c_i+\sigma_i \tan\varphi_i)l_i}{F_s}=\dfrac{c_i l_i+N_i \tan\varphi_i}{F_s}$

1 土力学专题

最后按照滑动土体的整体力矩平衡：

土体产生的滑动力矩为 $\sum W_i d_i = \sum W_i R \sin\theta_i$

滑动面上的抗滑力矩为 $\sum T_i R = \sum \dfrac{c_i l_i + N_i \tan\varphi_i}{F_s} R$

整个滑动土体力矩平衡，即所有土条的滑动力矩之和＝抗滑力矩之和，所以

$$\sum W_i d_i = \sum T_i R \quad \text{即} \quad \sum W_i R \sin\theta_i = \sum \dfrac{c_i l_i + W_i \cos\theta_i \tan\varphi_i}{F_s} R$$

化简后可得：稳定安全系数 $F_s = \dfrac{\sum(c_i l_i + W_i \cos\theta_i \tan\varphi_i)}{\sum W_i \sin\theta_i}$

瑞典条分法也可用有效应力进行分析，此时土条底部实际发挥的抗剪力

$$T_i = \dfrac{[c'_i + (\sigma_i - u_i)\tan\varphi'_i] l_i}{F_s} = \dfrac{c'_i l_i + (W_i \cos\theta_i - u_i l_i)\tan\varphi'_i}{F_s}$$

故

$$F_s = \dfrac{\sum[c'_i l_i + (W_i \cos\theta_i - u_i l_i)\tan\varphi'_i]}{\sum W_i \sin\theta_i}$$

式中　c'_i、φ'_i——各土条有效应力强度指标；

u_i——第 i 土条底面重点处的（超）孔隙水压力。

(3) 公式说明及运用

① 计算时需注意土条的位置，如图 1.10-13 所示，当土条底面中心在滑弧圆心 O 的垂线右侧时，剪切力 $T_{wi} = W_i \sin\theta_i$ 方向与滑动方向相同，起剪切作用，取正号（即此时角度 θ_i 取正值）；而当土条底面中心在圆心的垂线左侧时，$T_{wi} = W_i \sin\theta_i$ 方向与滑动方向相反，起抗剪作用，取负号（即此时角度 θ_i 取负值）。T_i 则无论何处其方向均与滑动方向相反。

② 假定不同的滑弧，则可求出不同的 F_s 值，其中最小的 F_s 值即为土坡的稳定安全系数。

1.10.3.3　毕肖普条分法

毕肖甫于 1955 年提出一个考虑土条侧面力的土坡稳定分析方法，称毕肖甫法。

(1) 此法基本假定如下：

① 假定滑动面为圆柱面及滑动土体为不变形的刚体；

② 考虑土条两侧面上的作用力；

③ 当采用简化毕肖普条分法时，土条不满足所有静力平衡；

④ 整个滑动土体力矩平衡，即所有土条的滑动力矩之和＝抗滑力矩之和；

⑤ 各土条底部滑动面上稳定安全系数 F_{si} 均等于整个滑动面的稳定安全系数 F_s，或者说各土条底部滑动面上稳定安全系数都相等，都是 F_s。

(2) 受力分析及公式推导

图 1.10-14 中从圆弧滑动体内取出土条 i 进行分析。作用在条块 i 上的力，除了重力 W_i 外，滑动面上有抗剪力 T_i 和法向力 N_i，条块的侧面分别有法向力 P_i、P_{i+1} 和切向力 H_i、H_{i+1}。

若条块处于静力平衡状态，根据竖向力平衡条件，应有

$$\sum F_z = 0 \,, \quad W_i + \Delta H_i = N_i \cos\theta_i + T_i \sin\theta_i$$

即

$$N_i \cos\theta_i = W_i + \Delta H_i - T_i \sin\theta_i \qquad\qquad ①$$

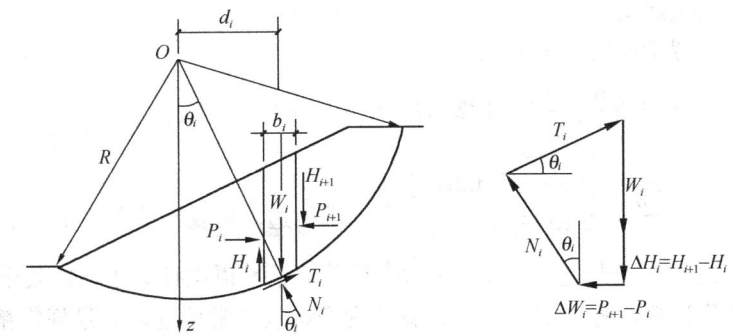

图 1.10-14 毕肖甫法条块作用力分析

如上一节所示,各土条底部实际发挥的抗剪力为

$$T_i = \frac{(c_i + \sigma_i \tan\varphi_i)l_i}{F_s} = \frac{c_i l_i + N_i \tan\varphi_i}{F_s} \qquad ②$$

①②两式联立整理后得:$N_i = \dfrac{W_i + \Delta H_i - \dfrac{c_i l_i}{F_s}\sin\theta_i}{\cos\theta_i + \dfrac{\sin\theta_i \tan\varphi_i}{F_s}} = \dfrac{1}{m_{\theta i}}(W_i + \Delta H_i - \dfrac{c_i l_i}{F_s}\sin\theta_i)$

式中 $m_{\theta i} = \cos\theta_i + \dfrac{\sin\theta_i \tan\varphi_i}{F_s}$

考虑整个滑动土体的整体力矩平衡条件,各土条的作用力对圆心力矩之和应为零。这时条间力 P_i 和 H_i 成对出现,大小相等,方向相反,相互抵消,对圆心不产生力矩。滑动面上的正压力 N,通过圆心,也不产生力矩。因此,只有重力 W_i 和滑动面上的抗剪力 T_i 对圆心分别产生滑动力矩 $\sum W_i d_i$ 和抗滑力矩 $\sum T_i R$,二者相等。

所以 $\sum W_i d_i = \sum T_i R$ 即 $\sum W_i R \sin\theta_i = \sum \dfrac{c_i l_i + W_i \cos\theta_i \tan\varphi_i}{F_s} R$

代入 N_i 的值,化简整理后可得:$F_s = \dfrac{\sum \dfrac{1}{m_{\theta i}}[c_i b_i + (W_i + \Delta H_i)\tan\varphi_i]}{\sum W_i \sin\theta_i}$

这就是毕肖等法的土坡稳定一般计算公式。式中 $\Delta H_i = H_{i+1} - H_i$,仍然是未知量。如果不引进其他的简化假定,上式仍然不能求解。毕肖甫进一步假定 $\Delta H_i = 0$,实际上也就是认为条块间只有水平作用力 P_i 而不存在切向力 H_i,或者假设两侧的切向力相等,即 $\Delta H_i = 0$。

于是上式进一步简化为 $F_s = \dfrac{\sum \dfrac{1}{m_{\theta i}}[c_i b_i + W_i \tan\varphi_i]}{\sum W_i \sin\theta_i}$

这称为简化毕肖普公式。式中,参数 $m_{\theta i}$ 包含有稳定安全系数 F_s。因此不能直接求出稳定安全系数 F_s,而需要采用试算的办法,迭代求算 F_s 值。

同上节所述,简化毕肖普公式,也可采用有效应力抗剪强度指标表达,如下式

$$F_s = \dfrac{\sum \dfrac{1}{m'_{\theta i}}[c'_i b_i + (W_i - u_i b_i)\tan\varphi'_i]}{\sum W_i \sin\theta_i} \; ; \; m'_{\theta i} = \cos\theta_i + \dfrac{\sin\theta_i \tan\varphi'_i}{F_s}$$

(3) 公式说明及运用

① 试算时，可先假定 $F_s = 1.0$；

由式 $m_{\theta i} = \cos\theta_i + \dfrac{\sin\theta_i \tan\varphi_i}{F_s}$ 计算出各 θ_i 所相应的 $m_{\theta i}$ 值；

再代入式 $F_s = \dfrac{\sum \dfrac{1}{m_{\theta i}}[c_i b_i + W_i \tan\varphi_i]}{\sum W_i \sin\theta_i}$ 中，求得边坡的稳定安全系数 F'_s；

若 F'_s 与 F_s 之差大于规定的误差，用 F'_s 计算 $m_{\theta i}$，再次计算出稳定安全系数 F''_s；如此反复迭代计算，直至前后两次计算的安全系数非常接近，满足规定精度的要求为止。通常迭代总是收敛的，一般只要 3~4 次就可满足精度的要求。

尚需注意，当 θ_i 为负时，$m_{\theta i}$ 有可能趋近于零，此时 N_i 将趋近于无限大，显然不合理，故此时简化毕肖普法不能应用。当任一土条的 $m_{\theta i} \leqslant 0.2$ 时，简化毕肖普法计算的 F_s 值误差较大，最好采用其他方法。此外，当坡顶土条的 θ_i 很大时，N_i 可能出现负值，此时可取 $N_i = 0$。

假定不同的滑弧，则可求出不同的 F_s 值，其中最小的 F_s 值即为土坡的稳定安全系数。

② 与瑞典条分法相比，简化毕肖普法是在不考虑条块间切向力的前提下，满足力多边形闭合条件，就是说，隐含着条块间有水平力的作用，虽然在竖向力平衡条件的公式水平作用力未出现。所以它的特点是：(a) 满足整体力矩平衡条件；(b) 满足各条块力的多边形闭合条件，但不满足条块的力矩平衡条件；(c) 假设条块间作用力只有法向力没有切向力；(d) 满足极限平衡条件。由于考虑了条块间水平力的作用，得到的安全系数较瑞典条分法略高一些。很多工程计算表明，毕肖普法与严格的极限平衡分析法，即满足全部静力平衡条件的方法（如下述的简布法）相比，计算结果甚为接近。

1.10.3.4 边坡规范条分法

边坡规范附录 A.0.1Z 中条分法，称之为边坡规范条分法，其本质就是考虑了地面竖向附加荷载、水平荷载和孔隙水压力的简化毕肖甫法，推导过程不再赘述，计算过程与简化毕肖普法相同，也需要试算迭代。计算示意图（图 1.10-15）和具体公式如下：

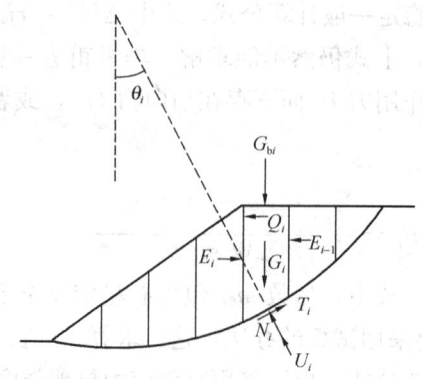

图 1.10-15 圆弧形滑面边坡计算示意

$$F_s = \frac{\sum \frac{1}{m_{\theta i}}[c_i l_i \cos\theta_i + (G_i + G_{bi} - U_i \cos\theta_i)\tan\varphi_i]}{\sum[(G_i + G_{bi})\sin\theta_i + Q_i \cos\theta_i]}$$

$$m_{\theta i} = \cos\theta_i + \frac{\sin\theta_i \tan\varphi_i}{F_s}$$

$$U_i = \frac{1}{2}\gamma_w(h_{wi} + h_{w,i-1})l_i$$

式中 F_s——边坡稳定性系数；

c_i——第 i 计算条块滑面黏聚力（kPa）；

φ_i——第 i 计算条块滑面内摩擦角（°）；

l_i——第 i 计算条块滑面长度（m）；

θ_i——第 i 计算条块滑面倾角（°），滑面倾向与滑动方向相同时取正值，滑面倾向与滑动方向相反时取负值；

U_i——第 i 计算条块滑面单位宽度总水压力（kN/m）；

G_i——第 i 计算条块单位宽度自重（kN/m）；

G_{bi}——第 i 计算条块单位宽度竖向附加荷载（kN/m），方向指向下方时取正值，指向上方时取负值；

Q_i——第 i 计算条块单位宽度水平荷载（kN/m），方向指向坡外时取正值，指向坡内时取负值；

h_{wi}、$h_{w,i-1}$——第 i 及第 $i-1$ 计算条块滑面前端水头高度（m）；

γ_w——水重度，取 $10kN/m^3$；

i——计算条块号，从后方起编。

1.10.4 边坡稳定性其他方面

1.10.4.1 边坡滑塌区范围

《建筑边坡工程技术规范》3.2.3

边坡滑塌区范围（图 1.10-16）可按下式估算：

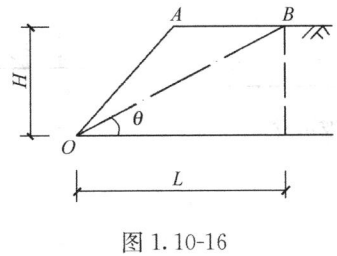

图 1.10-16

$$L = \frac{H}{\tan\theta}$$

式中 L——边坡坡顶塌滑区外缘至坡底边缘的水平投影距离（m）；

H——边坡高度（m）；

θ——坡顶无荷载时边坡的破裂角（°），按表 1.10-1 确定。

表1.10-1

边坡岩体类型			Ⅰ	Ⅱ	Ⅲ	Ⅳ
破裂角 θ	土质边坡	直立	$45°+\varphi/2$			
		倾斜	$(\beta+\varphi)/2$，β 坡面与水平面的倾角			
	无外倾结构面直立岩质边坡	坡顶无建筑荷载 永久性边坡	$45°+\varphi/2$（当Ⅰ类时可取 $75°$ 左右）			
		坡顶无建筑荷载 临时性边坡和基坑边坡	$82°$	$72°$	$62°$	$45°+\varphi/2$
		坡顶有建筑荷载 临时性边坡和基坑边坡	$45°+\varphi/2$（当Ⅰ类时可取 $75°$ 左右）			
	有外倾结构面直立岩质边坡	硬性结构面	按无外倾结构面的取值与外倾结构面倾角两者种的小值			
		软弱结构面	外倾结构面倾角			
	倾斜岩质边坡	无外倾结构面	按边坡规范式（6.2.10-3）计算（或见本书专题1.9.2.12当边坡的坡面倾斜、坡顶水平、无超载时水平岩石压力）			
		有外倾结构面	外倾结构面倾角			

1.10.4.2 土坡极限高度

（1）无黏性土边坡

当边坡为砂、砾或碎石土时（$c=0$），从图1.10-17及"1.10.1.3 滑动面与坡脚面相同"可知，无渗流时安全系数 $K=\dfrac{\tan\varphi}{\tan\beta}$。

当 A 点处于极限平衡时，即 $K=1$ 时，此时 $\tan\varphi=\tan\beta$，$\varphi=\beta$。故边坡角 θ 小于土的内摩擦角 φ 时则稳定，此时 $K>1$。

（2）当为饱和软黏性土直立边坡时，示意图如图1.10-18所示。

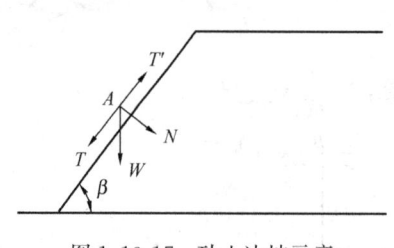
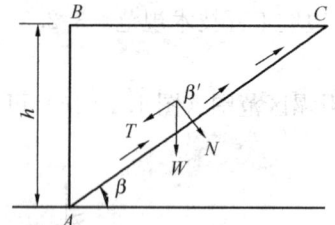

图1.10-17 砂土边坡示意 　　图1.10-18 黏性土边坡示意

此时 $\varphi_u=0°$，$c=\dfrac{\gamma h}{4}\sin2\beta$

当土体处于极限平衡状态时，此时破裂角 $\beta=45°$

则饱和软黏土直立边坡的极限高度 $H_u=\dfrac{4c}{\gamma}$

按经验公式则为 $H_u=\dfrac{3.84c}{\gamma}$

（3）当为黏性土倾斜边坡时，示意图如图1.10-19所示。

此时 $c \neq 0, \varphi \neq 0$，当土体处于极限平衡状态时，此时破裂角 $\alpha = \dfrac{\beta + \varphi}{2}$

则黏土倾斜边坡的极限高度

$$h = \frac{2c\sin\beta\cos\varphi}{\gamma \sin(\beta-\alpha)\sin(\alpha-\varphi)} = \frac{2c\sin\beta\cos\varphi}{\gamma \sin^2\left(\dfrac{\beta-\varphi}{2}\right)}$$

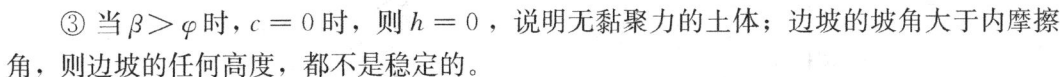

图 1.10-19　有黏聚力土坡的破坏

① 当 $\beta = \varphi$ 时，$h = \infty$，即边坡的坡角等于内摩擦角时，则边坡的高度达到无限大，仍处于平衡状态。

② 当 $\beta > \varphi$ 时，即为陡坡，则 c 值愈大，边坡高度愈高，即边坡高度随黏聚力的大小而增减。

③ 当 $\beta > \varphi$ 时，$c = 0$ 时，则 $h = 0$，说明无黏聚力的土体；边坡的坡角大于内摩擦角，则边坡的任何高度，都不是稳定的。

④ 当 $c > 0$ 时，将 $\beta = \dfrac{\pi}{2}$ 代入上式，即可求得垂直边坡的最大高度

$$h_{90°} = \frac{2c\cos\varphi}{\gamma \sin\left(45° - \dfrac{\varphi}{2}\right)}$$

1.10.4.3　土质路堤极限高度计算

具体见铁路工程专题。

1.11　地基承载力

1.11.1　地基承载力的概念

地基承载力是指地基土单位面积上承受荷载的能力，在工程设计中，必须使建筑物基础底面压力不超过规定的承载力，以保证地基土不致破坏。地基承载力和边坡稳定性及土压力问题在本质上是一致的，它们都是考虑土中的剪应力与土的抗剪强度之间的关系。在地面荷载作用下，地基土有压缩也有剪切，因此地基的承载力包含着两种极限条件：一种是由于地基的沉降使得建筑物的结构不能承受时的最大荷载；另一种是根据地基中塑性区，即滑动面发展的程度来确定地面荷载的大小。相应的概念如图 1.11-1 所示。

图 1.11-1 (a) 表示在地面局部荷载作用下地基的沉降曲线。从曲线的特性可以判断基底下塑性区发展的情况，大致可以把曲线分成三个阶段：oa 段，p-s 成直线关系，这时地基土体以压密为主，地面荷载引起的剪应力尚未达到土的强度条件，所以没有塑性区开展，对应的地面最大荷载 p_{cr} 称为临塑荷载，见图 1.11-1 (b)；当地面荷载继续增大，沉降曲线不再符合直线关系，见图 1.11-1 (a) 中的 ab 段，说明基底下有局部塑性区开展，即局部剪应力达到强度条件，见图 1.11-1 (c)；当地面荷载继续增大，达到 p_u 时，地基的沉降急剧增加，说明地基中的塑性区已经连成整片，承载力完全丧失。地面荷载 p_u 称为极限荷载。极限荷载与临塑荷载之间的任意一个数值称为临界荷载。

除了上述方法确定临塑荷载、临界荷载和极限荷载，还可以通过理论计算求得地基的

极限荷载，再除以安全系数来得到地基的容许承载力。安全系数的大小与上部结构的特点有关。对地基的沉降（不均匀沉降）适应能力较强的结构物，安全系数可以取小一些。对沉降适应能力很差的结构物或装修要求很高或具有重要政治经济意义的建筑物则安全系数应该取得大一些。地基承载力安全系数通常为 2～3 之间。

从概念上讲，临塑荷载和临界荷载都属于容许荷载，只是对应的安全系数不同。

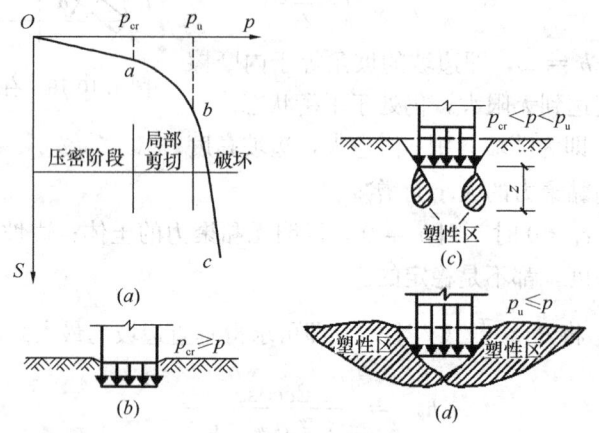

图 1.11-1　地基破坏过程三个阶段
(a) p-s 曲线；(b) 压密阶段；(c) 剪切阶段；(d) 破坏阶段

1.11.2　竖向荷载下地基的破坏形式

以上所描述的地基从压密到失稳过程的 p-s 曲线，仅仅是载荷试验所归纳的一类常见的 p-s 曲线，它所代表的破坏形式，称为整体剪切破坏。但是它并不是地基破坏的唯一形式。在松、软的土层中，或者荷载板的埋置深度较大时，经常会出现图 1.11-2 (a) 中所示的 b 型和 c 型的 p-s 曲线。b 型曲线的特点是板底的压应力 p 与变形量 s 的关系，从一开始就呈现非线性变化，且随着 p 的增加，变形加速发展，但是直至地基破坏，仍然不会出现曲线 a 那样明显的沉降突然急剧增加的现象。相应于 b 型曲线，荷载板下土体的剪切破坏也是从基础边缘开始，且随着基底压应力 p 的增加，极限平衡区在相应扩大。但是荷载进一步增大，极限平衡区却限制在一定的范围内，不会形成延伸至地面的连续破裂面，如图 1.11-2 (c) 所示。地基破坏时，荷载板两侧地面只略为隆起，但沉降速率加大，总沉降量很大，说明地基也已破坏，这种破坏形式称为局部剪切破坏。局部剪切破坏的发展是渐进的，即破坏面上的抗剪强度未能同时发挥出来，所以地基承载的能力较低。b 型曲线由于没有明显的转折点，只能根据曲线上坡度变化比较强烈处，定为极限荷载 p_u。图 1.11-2 (a) 中的 c 型曲线表示地基的第三种破坏形式，它与 b 型曲线相类似，但是变形的发展速率更快。试验中，由于板下土体被压缩，荷载板几乎是垂直下切，两侧不发生土体隆起，地基土沿板侧发生垂直的剪切破坏面，这种破坏形式称为冲剪破坏，也称刺入剪切破坏，如图 1.11-2 (d) 所示。

整体剪切破坏、局部剪切破坏和冲剪破坏是竖直荷载作用下地基失稳的三种破坏形式。实际产生哪种形式的破坏取决于许多因素，主要的是地基土的特性和基础的埋置深度。当土质比较坚硬、密实，基础埋深不大时，通常将出现整体剪切破坏。如地基土质松

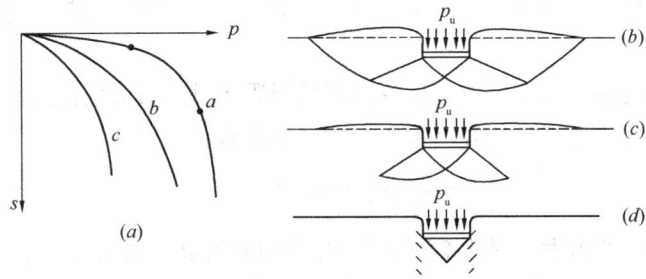

图 1.11-2 竖直荷载下地基的破坏形式

软则容易出现局部剪切破坏和冲剪破坏。随着基础埋深增加，局部剪切破坏和冲剪破坏变得更为常见。埋入砂土很深的基础，即使砂土很密实也不会出现整体剪切破坏现象。

1.11.3 临塑荷载与临界荷载计算公式

根据工程实践经验，在中心荷载作用下，控制塑性区最大开展深度 $z_{\max}=b/4$，在偏心荷载下控制 $z_{\max}=b/3$，对一般建筑物是允许的。$p_{1/4}$、$p_{1/3}$ 分别是允许地基产生 $b/4$ 和 $b/3$ 范围塑性区所对应的两个临界荷载。

临塑荷载计算公式为：
$$p_{cr} = M_d \gamma_m d + M_c c_k$$

式中 $M_d = \dfrac{\cot\varphi_k + \varphi_k + \pi/2}{\cot\varphi_k + \varphi_k - \pi/2}, M_c = \dfrac{\pi\cot\varphi_k}{\cot\varphi_k + \varphi_k - \pi/2}$

当塑性区开展深度 z 等于 1/4 基础宽度时的临界荷载 $p_{1/4}$ 计算公式为：
$$p_{1/4} = M_b \gamma b + M_d \gamma_m d + M_c c_k，\text{式中 } M_b = \dfrac{\pi/4}{\cot\varphi_k + \varphi_k - \pi/2}$$

式中　b——基础短边（m）；
　　　d——基础埋深（m）；
　　　φ_k、c_k 基底下土的内摩擦角（°）和黏聚力（kPa）；
　　　γ——基础底面以下土的重度（kN/m³）；
　　　γ_m——基础底面以上土的加权平均重度（kN/m³）；
M_b、M_d、M_c——承载力计算系数。

【注】① 公式的推导不再详细阐述，可参考土力学教材。

② 从临界荷载 $p_{1/4}$ 的计算公式中可以看出，临界荷载有三部分组成，第一部分 $M_b \gamma b$ 表现为基础宽度和地基土重度的影响，实际上受塑性区开展深度的影响；第二部分 $M_d \gamma_m d$ 和第三部分 $M_c c_k$ 分别反映了基础埋深和地基土黏聚力对承载力的影响。这三部分都随内摩擦角 φ_k 的增大而增大，其值可从公式计算得到。

③ 必须指出，临塑荷载和临界荷载公式都是在条形荷载情况下（平面应变问题）推导而来，对于矩形或圆形基础（空间问题），用此公式计算，其结果偏于安全。

1.11.4 极限荷载计算公式

如前所述，当地面荷载继续增大，达到 p_u 时，地基的沉降急剧增加，说明地基中的塑性区已经连成整片，承载力完全丧失。地面荷载 p_u 称为极限荷载。此时地基承载力称为极限承载力。

在土力学的发展中，已经提出了许许多多的极限承载力计算公式。但原则上这些公式没有很大的差别，这些计算公式都可以统一为如下形式：

$$p_u = \frac{\gamma b}{2} N_\gamma + \gamma_m d N_q + c N_c$$

只不过公式推导的出发点是假定了不同的滑动面形状，推导出不同的极限荷载的公式，即公式中三个系数 N_γ、N_c、N_q 各不相同。各极限理论汇总如表 1.11-1 所示。

表 1.11-1

具体理论	普朗德尔-瑞斯纳公式	太沙基极限公式
滑动面假定形式	(图)	(图)
具体计算参数	$N_\gamma = 0$ $N_q = \tan^2\left(45° + \frac{\varphi}{2}\right) \cdot e^{\pi\tan\varphi}$ $N_c = (N_q - 1) \cdot \cot\varphi$	$N_\gamma = \frac{\tan\varphi}{2}\left(\frac{\tan^2\left(45° + \frac{\varphi}{2}\right)}{\cos^2\varphi} - 1\right)$ $N_q = \frac{e^{\left(\frac{3}{2}\pi - \varphi\right)\tan\varphi}}{2\cos^2\left(45° + \frac{\varphi}{2}\right)}$ $N_c = (N_q - 1) \cdot \cot\varphi$
特殊情况	对于不排水条件下的饱和软黏土 $\varphi_u = 0$，则 $N_\gamma = 0; N_q = 1.0; N_c = \pi + 2 = 5.14$ 此时 $p_u = \gamma_m d + 5.14c$	对于不排水条件下的饱和软黏土 $\varphi_u = 0$，则 $N_\gamma = 0; N_q = 1.0; N_c = \frac{3}{2}\pi + 1 = 5.7$ 此时 $p_u = \gamma_m d + 5.7c$

【注】①公式的推导，以及梅耶霍夫公式，汉森公式不再详细阐述，可参考土力学教材。

②由极限荷载计算公式一般形式 $p_u = \frac{\gamma b}{2} N_\gamma + \gamma_m d N_q + c N_c$ 可以看出，地基极限承载力可以看做由三部分组成，分别是由滑动土体自重产生的承载力 $\frac{\gamma b}{2} N_\gamma$；由基底以上两侧超载产生的承载力 $\gamma_m d N_q$；滑动面上的黏聚力产生的承载力 $c N_c$。这三部分都随内摩擦角 φ 的增大而增大，其值可从公式计算得到。

1.11.5 地基模型

地基模型为地基与基础相互作用的本构模型。基底压力是地基土体产生沉降变形的根本原因，因此土力学中关于地基计算模型的理论确定了地基沉降与基底压力之间的数学计算方法后，其解答可求得基础底面某点处的土体沉降数值。

地基模型主要有文克勒地基模型、弹性半空间地基模型、有限压缩层地基模型。

(1) 文克勒地基模型

假定地基由独立弹簧组成，忽略剪切力，因此不考虑应力扩散。

当地面上某一点受压力 p 时，由于弹簧是彼此独立的，故只在该点局部产生沉降，而在其他地方不产生沉降，其代表式为：$p=ks$，k 为基床反力系数（基床系数），注意 p 不是基底平均压力；地基的沉降只发生在基底范围内。

文克尔地基模型，因为力与变形成正比关系，因此地基反力图形与基础底面的竖向位移形状相似（图 1.11-3）。刚性基础，基础底面受荷后保持平面，地基反力按直线规律变化；柔性基础，基础底面按曲线规律变化，故基底反力图也按曲线规律变化。

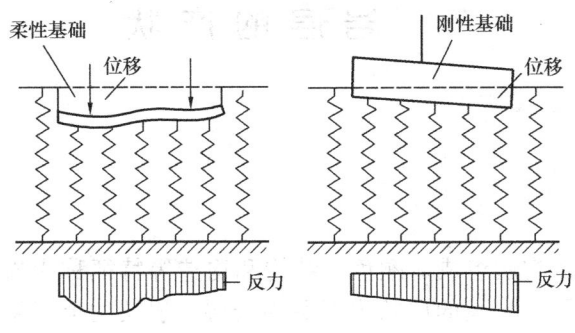

图 1.11-3

【注】基床反力系数（基床系数）k 的确定具体见岩土勘察专题。

（2）弹性半空间地基模型

将地基视为均质的线性变形半空间，并用弹性力学公式求解地基中附加应力或位移。此时，地基上任意点的沉降与整个基底反力以及邻近荷载的分布有关。弹性半空间地基模型具有能够扩散应力和变形的优点，可以反映邻近荷载的影响，但它的扩散能力往往超过地基的实际情况，所以计算所得的沉降量和地表的沉降范围，常较实测结果偏大，同时该模型未能考虑到地基的成层性、非均质性及土体应力应变关系的非线性等重要因素。

（3）有限压缩层地基模型

将计算沉降的分层总和法应用于地基上梁和板的分析，地基沉降等于沉降计算深度内各计算分层在侧限条件下的压缩量之和。这种模型能够较好地反映地基土扩散应力和应变的能力，可以反映邻近荷载的影响，但仍无法考虑土的非线性和基底反力的塑性重分布。

1.11.6 各规范对地基承载力的具体规定

各规范对地基承载力的具体规定在此节不再详细介绍，具体可参见后面各专题的具体内容。

2 构造地质学专题

2.1 岩层的产状

工程地质学教材

2.1.1 产状

地质学上将岩石的物质组成、颜色、结构和构造等特征称为岩性特征,由上下两个岩性界面所限制的同一岩性的层状岩石称为岩层。岩层的上下层面分别称为顶面和底面。

地壳表层广泛地覆盖着沉积岩,沉积岩在外貌上最突出的特点就是具有层状构造。大部分火山岩和一小部分变质岩也可显示出层状构造的特点。

在地质学中,把这些层状岩石在地壳中的空间方位和产出状态称作岩层的产状,用岩层的走向、倾向和倾角三个变量来度量,称其为岩层的产状三要素。

岩层按倾角划分,可分为以下三种:

岩层种类	说明	倾角
水平岩层	岩层层面保持近水平状态,即同一层面上各点的海拔标高相同或基本相同的岩层	不超过5°
倾斜岩	由于地壳运动或岩浆活动,使原始水平产状的岩层发生构造变动,形成了与水平面有一定交角的岩层	一般在5°~85°之间
直立岩层	倾角比较大的接近直立的倾斜岩层	一般大于85°

(1) 产状三要素相关定义

走向:倾斜岩层层面与假想的水平面的交线称为走向线,如图 2.1-1 中 AB,走向线两端所指的方向即为该平面的走向,所以,岩层走向都有两个方位角数值。岩层的走向表示岩层在空间的水平延伸方向。任何一个平面都有无数条相互平行的不同高度的走向线。

倾向:倾斜岩层层面上与走向线相垂直并沿斜面向下所引的直线称为倾斜线,又称为真倾斜线,如图 2.1-1 中 OD。倾斜线在水平面上的投影线称为倾向线,如图 2.1-1 中 OD'。倾向线所指层面向下倾斜的方向,就是岩层的真倾向,简称倾向。在岩层层面上凡与该点走向线不是垂直相交的任一直线均为视倾斜线,其在水平面上投影线所指的倾斜方向,称为视倾向或假倾向。

倾角:岩层层面上的倾斜线与倾向线之间的夹角叫倾

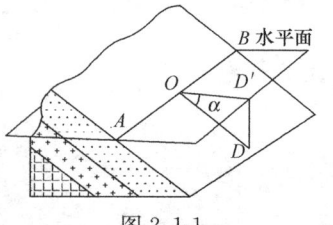

图 2.1-1

角，称为真倾角，如图中∠DOD'。视倾斜线和它的水平面上的投影线之间的夹角，称为视倾角或假倾角。从倾斜岩层层面上任一点都可以引出许多条视倾斜线，因而也就有许多倾角，而这些视倾角都比该点的真倾角值小。

（2）产状的表示方法有象限角法和方位角法两种

① 象限角法

以东、南、西、北为标志，将水平面划分为四个象限，以正北或正南方向为0°，正东或正西方向为90°。再将岩层产状投影在该水平面上，将走向线和倾向线所在的象限以及它们与正北或正南方向所夹的锐角记录下来。一般按走向、倾角、倾向象限的顺序记录。如图2.1-2所示：N30°E∠15°SE，表示该岩层产状走向N30°E，倾角15°，倾向SE。

图 2.1-2

【注】如上所述岩层走向都有两个方位角数值，比如N30°E，用象限法表示时，也就是S30°W，但一般以靠北一端的方位角表示，即也可表示为N150°W。

② 方位角法

将水平面按顺时针方向划分为360°。以正北方向为0°，再将岩层产状投影到该水平面上，将倾向线与正北方向所夹的角度记录下来，一般按倾向、倾角的顺序记录。如图2.1-3所示可记为：120°∠15°，表示该岩层产状为倾向距正北方向120°，倾角为15°。

【注】①走向和倾向相差90°，即加上或减去90°。因此两者可以相互推算，确定其一，即知其二，这一点在解题中经常用到。这也是为何用方位角法确定产状时只有倾向，没有走向的原因，如图2.1-3所示120°∠10°，那么走向即为30°或210°。

② 特殊产状岩层—水平岩层与直立岩层的产状是规定的：水平岩层的倾角为0°，水平岩层无所谓走向，或者说有无数个走向；直立岩层的倾角为90°，走向有两个数值。

在地质地形图上确定产状三要素的解题思维流程总结如下：

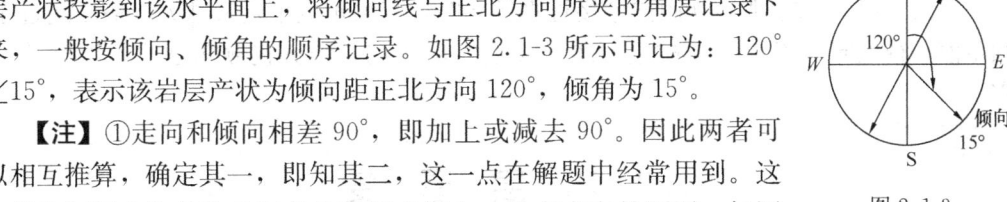

走向：同一地质出露界限与同一高程等高线相交的两点的连线即为走向线，如图中AB和CD，分别是岩层在高程为200m和150m处岩层面的走向线
倾向：由高走向线（AB）向低走向线（CD）引垂线，即可得到倾向线，如图中EF
倾角：如图EF为两走向线AB和CD在水平面的投影距离，即AB和CD两条平行线之间的距离。EG为两走向线AB和CD的高差（如图所示高差为50m），则∠GFE即为倾角，设为α，则$\tan\alpha = \dfrac{EG}{EF}$

【注】应注意倾向线的方向性，由高程高处指向低处，如图为EF方向，而不是FE方向。

2.1.2 真倾角和视倾角之间的换算

真倾角和视倾角的定义前面已经讲解，不再赘述。在实际工作中，由于地形等条件的限制，常见不到与岩层层面走向线（如下图AB或CD）垂直的平面，即倾斜线和倾向线所组成的平面（如下图平面HOG，倾角α即真倾角），所见到的只是岩层层面的外在陡壁（如下图平面HOC或HOD），此陡壁常与岩层走向线不垂直。这种情况下，只能测得岩层的视倾向（如下图OC或OD）和视倾角（如下图β或β'）。陡壁倾向就相当于观察剖面走向方向。可利用公式或几何作图法进行真倾角与视倾角之间的换算。

剖面图上地层视倾角的解题思维流程总结如下：

确定岩层倾向OG（或者已知岩层走向，换算成岩层倾向，两者相差90°）	
确定剖面方向OC	
岩层倾向和剖面方向的夹角ω(°)	
真倾角α(°)	视倾角β(°)
剖面图上纵横比例尺比值η	
真倾角与视倾角换算关系 $\tan\beta = \eta \cdot \tan\alpha \cdot \cos\omega$	

【注】① 在剖面图上如水平比例尺为$1:n_1$，垂直比例尺为$1:n_2$，则剖面图上纵横比例尺比值η即为水平比例尺和垂直比例尺的比值$\eta = n_1 : n_2$。

② 从上述关系式表明，视倾向愈接近真倾向时，其倾角值也越来越大，最后趋近于真倾角值；视倾向偏离真倾向越远，即越靠近岩层走向，则其视倾角越小，以至趋近于零。

2.2 岩层厚度

2.2.1 基本概念

真厚度是指倾斜岩层顶面和底面之间的垂直距离，如图2.2-1中h。任何方向所测得的岩层真厚度都相同。

铅直厚度是指岩层顶面和底面之间的铅直距离。如图2.2-1中H。产状不变的同一岩层在各处的铅直厚度都相等。倾斜岩层的铅直厚度永远大于真厚度。

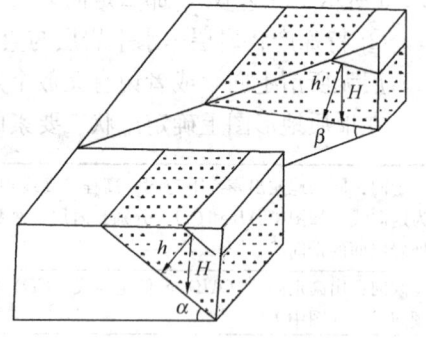

图2.2-1 （α真倾角，β视倾角，真厚度h，铅直厚度H，视厚度h'）

视厚度指在不垂直于岩层走向的剖面上，岩层的顶面和底面分别与剖面相交，这两条交线之间的垂直距离。如图2.2-1中h'。视厚度随剖面的方向改变而改变。视厚度的最小值等于真厚度，最大值等于铅直厚度。

很多情况下，垂直于岩层走向的剖面无法直接得到或看到，这时就需要通过视厚度来求岩层的真厚度。

真厚度和视厚度之间的关系：

真倾角α(°)	视倾角β(°)	铅直厚度H(m)
真厚度(m) $h = H \cdot \cos\alpha$		视厚度(m) $h' = H \cdot \cos\beta$

【注】① 对于倾斜岩层，因为视倾角 β 总是小于真倾角 α，所以 $\cos\beta$ 也总是大于 $\cos\alpha$，故视厚度也就恒大于真厚度。

② 对比上述三种厚度的关系，可以看出：在同一露头，真厚度最小，视厚度次之，而铅直厚度最大，即 $h < h' < H$。

2.2.2 具体情况下岩层厚度计算

岩层的厚度，有时可以在露头上用皮尺或钢卷尺直接测量，但在许多情况下都难以量出，而是通过测量地层剖面进行求得。通过野外的实测剖面，可以取得的数据有岩层露头长度（L，即在剖面线上岩层顶面到底面的实际距离）、导线上地面的坡度角（β）、岩层的倾角（α）、岩层倾向与剖面方向之间的夹角（ω）或岩层走向与剖面线之间的夹角（γ）等。根据上述数据，就可按照图 2.2-2 的不同情况，选用相应公式计算出岩层的真厚度（h）和铅直厚度（H）。

以上所谓的不同情况，归纳起来有下面几种：
(1) 剖面线的方向与岩层走向的关系，是直交或是斜交的。
(2) 岩层的倾向与地面坡向是同向或是反向的。
(3) 岩层的倾角与地面坡度角是前者大于后者，或是前者小于后者。

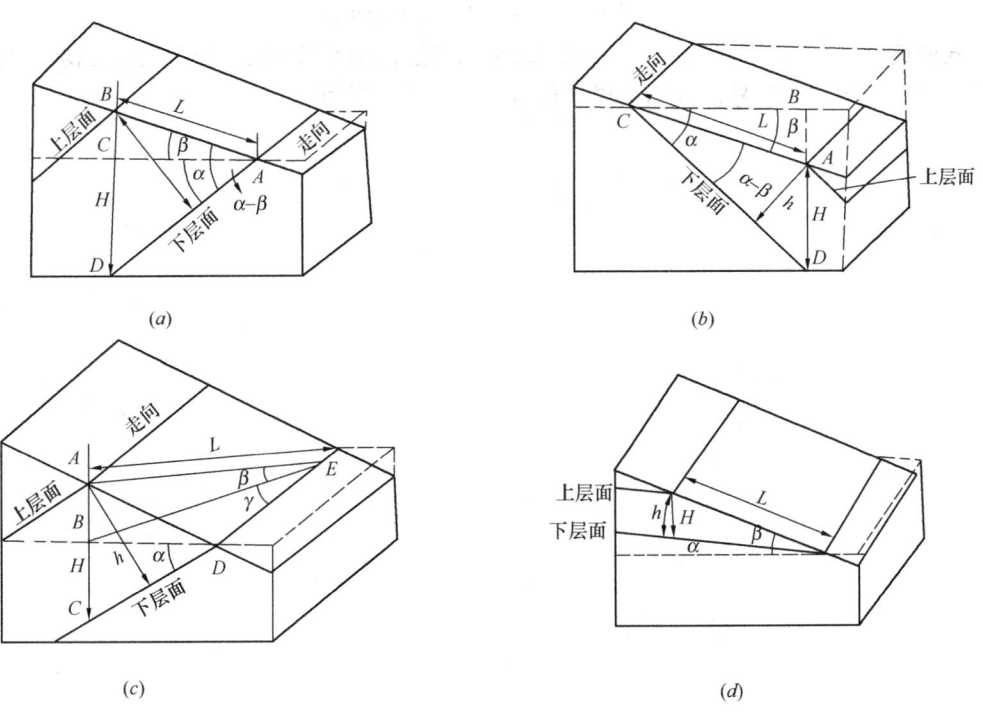

图 2.2-2 倾斜岩层的厚度测算公式及图解（一）

(a) 地面倾斜，坡向与倾向相反 $h = L \cdot \sin(\alpha+\beta)$　$H = L(\sin\beta + \tan\alpha \cdot \cos\beta)$
(b) 坡向与倾向一致（$\alpha > \beta$）$h = L \cdot \sin(\alpha-\beta)$　$H = L(\tan\alpha \cdot \cos\beta - \sin\beta)$
(c) 剖面线斜交岩层走向，坡向与倾向相反 $h = L(\sin\alpha \cdot \cos\beta \cdot \sin\gamma + \sin\beta \cdot \cos\alpha)$　$H = L(\tan\alpha \cdot \cos\beta \cdot \sin\gamma + \sin\beta)$
(d) 岩层倾向与地形坡向相同（$\alpha < \beta$）$H = L\sin(\beta - \alpha)$．$H = L(\sin\beta - \tan\alpha \cdot \cos\beta)$

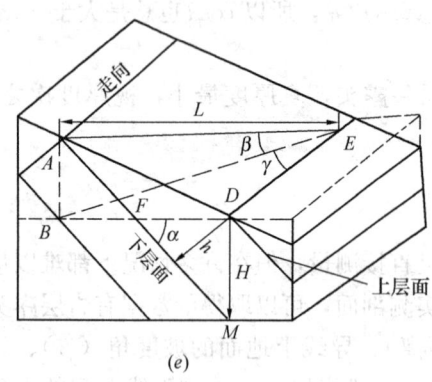 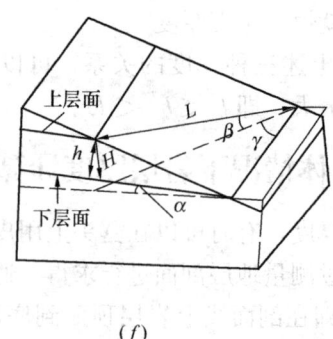

图 2.2-2 倾斜岩层的厚度测算公式及图解（二）

(e) 剖面线与岩层走向斜交，坡向与倾向一致（$\alpha > \beta$） $h = L(\sin\alpha \cdot \cos\beta \cdot \sin\gamma - \sin\beta \cdot \cos\alpha)$，

$$H = L(\tan\alpha \cdot \cos\beta \cdot \sin\gamma - \sin\beta)$$

(f) 剖面线与走向线斜交，倾向与坡向相同（$\alpha > \beta$） $h = L(\sin\beta \cdot \cos\alpha - \sin\alpha \cdot \cos\beta \cdot \sin\gamma)$，

$$H = L(\sin\beta - \tan\alpha \cdot \cos\beta \cdot \sin\gamma)$$

图 2.2-2 中所列公式可归纳成

$$h = L(\sin\alpha \cdot \cos\beta \cdot \sin\gamma \pm \sin\beta \cdot \cos\alpha)$$

$$H = L(\tan\alpha \cdot \cos\beta \cdot \sin\gamma \pm \sin\beta)$$

式中的"±"号视情况而定：当地面坡向与岩层倾向相反时用"+"号；当坡向与岩层倾向相同时用"-"号。计算结果是负值时，取其绝对值。

3 岩土勘察专题

本专题依据的主要规范及教材

《岩土工程勘察规范》GB 50021—2001（2009 年版）
《土工试验方法标准》GB/T 50123—2019
《建筑工程地质勘探与取样技术规程》JGJ/T 87—2012
《城市轨道交通岩土工程勘察规范》GB 50307—2012
《工程岩体分级标准》GB/T 50218—2014
《工程岩体试验方法标准》GB/T 50266—2013
《建筑地基基础设计规范》GB 50007—2011
《公路工程地质勘察规范》JTGC 20—2011
《铁路工程不良地质勘察规程》TB 10027—2012
《铁路工程特殊岩土勘察规程》TB 10038—2012
《铁路工程地质勘察规范》TB 10012—2019
《水利水电工程地质勘察规范》GB 50487—2008
《水运工程岩土勘察规范》JTS 133-1—2013
《碾压式土石坝设计规范》DL/T 5395—2007
《工程地质手册》（第五版）
土力学教材
工程地质学教材

岩土勘察专题考查知识点较多，设计规范较广，除了土力学基本内容，剩余主要包含土工试验、原位测试、地下水和工程岩体等内容，本书以《岩土工程勘察规范》《土工试验方法标准》《工程岩体分级标准》为主，讲解基本概念、基本原理和规范条文。本节虽然涉及规范多，但是所涉及的工程勘察的基本原理和概念都是相通的，一定要在学好本专题的基础上，阅读、对比和理解其他规范，考场上一定要按题目指明的规范解答。

此专题为核心章节，每年必考，出题数为 10 道题左右，现将各知识点对应的历年真题列于下表（每个专题都列了此表），可对每个知识点考查的情况一清二楚，方便针对性地重点学习。

3 岩土勘察专题

**《岩土工程勘察规范》GB 50021—2001（2009年版）
条文及条文说明重要内容简介及本书索引**

	规范条文	条文重点内容	条文说明重点内容	相应重点学习和要结合的本书具体章节
1 总则		注意1.0.2条本规范使用范围		自行阅读
2 术语和符号		区别重度和密度		自行阅读
3 勘察分级和岩土分类	3.1 岩土工程勘察分级	据3.1.4进行岩土工程勘察等级划分，并注意本条注	3.1.1 中工程重要性等级划分举例 3.1.2 不良地质强烈发育和一般发育的区分；地质环境受到强烈破坏和一般破坏的区别 3.1.3 多年冻土和同一场地上存在多种强烈程度不同的特殊性岩土应列为一级地基；"严重湿陷、膨胀、盐渍、污染的特殊性岩土"是指Ⅲ级和Ⅲ级以上的自重湿陷性土、Ⅲ级膨胀性土等	自行阅读
	3.2 岩石的分类和鉴定	均重点 附录A 岩土分类和鉴定 A.0.1～A.0.4	3.2.1～3.2.3 中质量基本等级举例	3.6 岩石和岩体基本性质和指标
	3.3 土的分类和鉴定	均重点 附录A 岩土分类和鉴定 A.0.5～A.0.6 附录B 圆锥动力触探锤击数修正	3.3.6 中举例 表3.1 土的描述等级	1.1 土的物理性指标
4 各类工程的勘察基本要求	4.1 房屋建筑和构筑物	表4.1.6 初步勘察勘探线、勘探点间距 4.1.7 初步勘察勘探孔的深度 表4.1.15 详细勘察勘探点的间距 4.1.18 详细勘察的勘探深度，自基础底面算起 4.1.19 详细勘察的勘探孔深度附加要求 4.1.20 详细勘察采取土试样和进行原位测试要求		3.1.1 房屋建筑和构筑物
	4.2 地下洞室			自行阅读
	4.3 岸边工程		4.1.5/4.1.6 中表4.1 不同类型塔基勘探深度	自行阅读

续表

规范条文		条文重点内容	条文说明重点内容	相应重点学习和要结合的本书具体章节
4 各类工程的勘察基本要求	4.4 管道和架空线路工程		表4.1 不同类型塔基勘探深度	自行阅读
	4.5 废弃物处理工程			自行阅读
	4.6 核电厂			自行阅读
	4.7 边坡工程	4.7.7 边坡稳定系数 F_s 的取值	4.7.7 图解分析法的说明	自行阅读
	4.8 基坑工程		4.8.4 中表4.2 不同规范、规程对土压力计算的规定 4.8.9 中表4.3 基坑边坡处理方式类型和适用条件 4.8.10 中表4.4 不同规范、规程对支护结构设计计算的规定	自行阅读
	4.9 桩基础	4.9.4 勘探孔深的确定		自行阅读
	4.10 地基处理			自行阅读
	4.11 既有建筑物的增载和保护			自行阅读
5 不良地质作用和地质灾害	5.1 岩溶与土洞			13.1 岩溶与土洞
	5.2 滑坡		5.2.8 稳定安全系数计算公式	1.10.2 折线滑动法
	5.3 危岩与崩塌			13.2 危岩与崩塌
	5.4 泥石流	5.4.5 泥石流的工程分类，宜遵守本规范附录C 5.4.6 泥石流地区工程建设适宜性的评价 附录C 泥石流的工程分类		13.3 泥石流
	5.5 采空区	5.5.5 采空区宜根据开采情况，地表移动盆地特征和变形大小，划分为不宜建筑的场地和相对稳定的场地的规定		13.4 采空区
	5.6 地面沉降			13.5 地面沉降
	5.7 场地和地基的地震效应		5.7.9 液化的进一步判别计算公式 5.7.11 中表5.5 临界承载力特征值和等效剪切波速	11.2 建筑工程抗震设计
	5.8 活动断裂	5.8.2 断裂的地震工程分类的规定 表5.8.3 全新活动断裂分级		13.6 活动断裂

3 岩土勘察专题

续表

规范条文		条文重点内容	条文说明重点内容	相应重点学习和要结合的本书具体章节
6 特殊性岩土	6.1 湿陷性土	表 6.1.4 湿陷程度分类 6.1.5 湿陷性土地基受水浸湿至下沉稳定为止的总湿陷量计算 表 6.1.6 湿陷性土地基的湿陷等级	6.1.4 中表 6.1 湿陷程度分类	12.1 湿陷性土
	6.2 红黏土	表 6.2.2-1 红黏土的状态分类 表 6.2.2-2 红黏土的结构分类 表 6.2.2-3 红黏土的复浸水特性分类 表 6.2.2-4 红黏土的地基均匀性分类		12.5 红黏土
	6.3 软土			自行阅读
	6.4 混合土			自行阅读
	6.5 填土	6.5.5 第 3 款填土地基承载力应按本规范第 4.1.24 条的规定综合确定		自行阅读
	6.6 多年冻土	6.6.2 冻土的平均融化下沉系数计算 表 6.6.2 多年冻土的融沉性分类		12.3 冻土
	6.7 膨胀岩土	附录 D 膨胀土初判方法		12.2 膨胀土
	6.8 盐渍岩土	表 6.8.2-1 盐渍土按含盐化学成分分类 表 6.8.2-2 盐渍土按含盐量分类 表 6.8.4 盐渍土扰动土试样取样要求		12.4 盐渍土
	6.9 风化岩和残积土		6.9.4 细粒土的天然含水量计算	12.6 风化岩和残积土
	6.10 污染土	表 6.10.12 污染对土的工程特性的影响程度	6.10.3 土壤内梅罗污染指数计算公式；表 6.3 土壤内梅罗污染指数评价标准	12.7 污染土

续表

规范条文		条文重点内容	条文说明重点内容	相应重点学习和要结合的本书具体章节
7 地下水	7.1 地下水的勘察要求			自行阅读
	7.2 水位地质参数的测定	附录E 水文地质参数测定方法		1.2.6 渗透系数测定 1.2.7 地下水流向流速测定
	7.3 地下水作用的评价		7.3.2 中关于流土的计算公式（7.1）～公式（7.4） 表7.1 降低地下水位方法的适用范围	自行阅读
8 工程地质测绘和调查				自行阅读
9 勘探和取样	9.1 一般规范			自行阅读
	9.2 钻探	表9.2.1 钻探方法的适用范围		自行阅读
	9.3 井探、槽探和洞探			自行阅读
	9.4 岩土试样的采取	表9.4.1 土试样质量等级 表9.4.2 不同等级土试样的取样工具和方法 附录F 取土器技术标准	9.4.1 土试样扰动程度鉴定计算公式 表9.1 评价土试样扰动程度的参考标准	自行阅读
	9.5 地球物理勘探		表9.2 地球物理勘探方法的适用范围	自行阅读
10 现场原位测试	10.1 一般规定			自行阅读
	10.2 载荷试验	10.2.5 浅层平板载荷试验的变形模量计算；深层平板载荷试验和螺旋板载荷试验的变形模量计算 10.2.6 基准基床系数计算	10.2.5 深层载荷试验的变形模量计算	3.3.1 载荷试验
	10.3 静力触探试验	10.3.3 静力触探试验成果分析		3.3.2 静力触探试验
	10.4 圆锥动力触探试验	表10.4.1 圆锥动力触探类型 附录B 圆锥动力触探锤击数修正	10.4.1 中动贯入阻力计算	3.3.3 圆锥动力触探试验
	10.5 标准贯入试验	表10.5.2 标准贯入试验设备规格 10.5.3 第3款标准贯入试验锤击数换算		3.3.4 标准贯入试验

续表

规范条文		条文重点内容	条文说明重点内容	相应重点学习和要结合的本书具体章节
10 现场原位测试	10.6 十字板剪切试验		10.6.4 十字板剪切试验的成果分析 10.6.5 十字板不排水抗剪强度各种应用	3.3.5 十字板剪切试验
	10.7 旁压试验	10.7.4 第3款根据压力与体积曲线的直线段斜率，计算旁压模量	10.7.3 中表10.1 旁压试验加荷等级表 10.7.4、10.7.5 对旁压试验成果分析和应用	3.3.6 旁压试验
	10.8 扁铲侧胀试验	10.8.3 扁铲侧胀试验成果分析：对试验的实测数据进行膜片刚度修正；侧胀模量、侧胀水平应力指数、侧胀土性指数、侧胀孔压指数等计算	10.8.2 中表10.2 扁铲侧胀试验在不同土类中的适用程度	3.3.7 扁铲侧胀试验
	10.9 现场直接剪切试验		10.9.2 各种试验布置方案和适用条件 10.9.5 各强度参数的确定	3.3.8 现场直接剪切试验
	10.10 波速试验		10.10.5 小应变动剪切模量、动弹性模量和动泊松比计算	3.3.9 波速测试
	10.11 岩体原位应力测试			3.3.10 岩体原位应力测试
	10.12 激振法测试			3.3.11 激振法测试
11 室内试验	11.1 一般规定			自行阅读
	11.2 土的物理性质试验			自行阅读
	11.3 土的压缩—固结试验			自行阅读
	11.4 土的抗剪强度试验			自行阅读
	11.5 土的动力性质试验			自行阅读
	11.6 岩石试验			自行阅读

续表

规范条文		条文重点内容	条文说明重点内容	相应重点学习和要结合的本书具体章节
12 水和土腐蚀性评价	12.1 取样和测试	12.1.2 采取水试样和土试样的规定 12.1.3 水和土腐蚀性的测试项目和试验方法 表 12.1.3 腐蚀性试验方法		3.4 水和土腐蚀性评价
	12.2 腐蚀性评价	12.2.1 受环境类型影响，水和土对混凝土结构的腐蚀性 12.2.2 受地层渗透性影响，水和土对混凝土结构的腐蚀性评价 12.2.3 当按表 12.2.1 和 12.2.2 评价的腐蚀等级不同时，应综合评定 12.2.4 水和土对钢筋混凝土结构中钢筋的腐蚀性评价 12.2.5 土对钢结构的腐蚀性评价 附录G 场地环境类型		
13 现场检验和监测	13.1 一般规定			自行阅读
	13.2 地基基础的检验和监测			自行阅读
	13.3 不良地质作用和地质灾害的监测			自行阅读
	13.4 地下水的检测			自行阅读
14 岩土工程分析评价和成果报告	14.1 一般规定			自行阅读
	14.2 岩土参数的分析和选定	14.2.2 平均值、标准差和变异系数的计算 14.2.3 相关型参数宜结合岩土参数与深度的经验关系，确定剩余标准差，并用剩余标准差计算变异系数 14.2.4 岩土参数的标准值计算		3.5 岩土参数的分析和选定
	14.3 成果报告的基本要求			自行阅读

3.1 各类工程勘察基本要求

3.1.1 房屋建筑和构筑物

3.1.1.1 房屋建筑和构筑物详勘孔深

《岩土工程勘察规范》4.1.18~4.1.19

(1) 详细勘探的勘探深度自基础底面算起,应符合下列规定:
① 勘探孔深度应能控制地基主要受力层,当基础底面宽度不大于5m时,勘探孔的深度对条形基础不应小于基础底面宽度的3倍,对单独柱基不应小于1.5倍,且不应小于5m;
② 对高层建筑和需作变形验算的地基,控制性勘探孔的深度应超过地基变形计算深度;高层建筑的一般性勘探孔应达到基底下0.5~1.0倍的基础宽度,并深入稳定分布的地层;
③ 对仅有地下室的建筑或高层建筑的裙房,当不能满足抗浮设计要求,需设置抗浮桩或锚杆时,勘探孔深度应满足抗拔承载力评价的要求;
④ 当有大面积地面堆载或软弱下卧层时,应适当加深控制性勘探孔的深度;
⑤ 在上述规定深度内遇基岩或厚层碎石土等稳定地层时,勘探孔深度可适当调整。
(2) 详细勘察的勘探孔深度,除应符合上述要求外,尚应符合下列规定:
① 地基变形计算深度,对中、低压缩性土可取附加压力等于上覆土层有效自重压力20%的深度;对于高压缩性土层可取附加压力等于上覆土层有效自重压力10%的深度;
② 建筑总平面内的裙房或仅有地下室部分(或当基底附加压力 $p_0 \leqslant 0$ 时)的控制性勘探孔的深度可适当减小,但应深入稳定分布地层,且根据荷载和土质条件不宜少于基底下0.5~1.0倍基础宽度;
③ 当需进行地基整体稳定性验算时,控制性勘探孔深度应根据具体条件满足验算要求;
④ 当需确定场地抗震类别而邻近无可靠的覆盖层厚度资料时,应布置波速测试孔,其深度应满足确定覆盖层厚度的要求;
⑤ 大型设备勘探孔深度不宜小于基础底面宽度的2倍;
⑥ 当需进行地基处理时,勘探孔的深度应满足地基处理设计与施工要求;当采用桩基时,应满足桩基础岩土工程勘察的相关要求。

【注】①《建筑地基基础设计规范》表3.0.3注,有关于地基主要受力层的规定。主要受力层深度与地基变形计算深度(受力影响深度)概念不同,但是相关联。例如按条形基础考虑,主要受力层为3B,按角点法 $z/b = z/(B/2) = 6$,查《建筑地基基础设计规范》附录K的表K.0.1-1,角点 $\alpha = 0.052$,中点 $\alpha = 4 \times 0.052 = 0.208$,近似为附加压力等于20%的深度。
② 桩基的勘察深度应满足《建筑桩基技术规范》3.2.2条要求。

3.1.1.2 房屋建筑和构筑物取样及测试

《岩土工程勘察规范》4.1.20

详细勘察采取土试样和进行原位测试应满足岩土工程评价要求，并符合下列要求：

① 采取土试样和进行原位测试的勘探孔数量，应根据地层结构、地基土的均匀性和工程特点确定，且不应少于勘探孔总数的1/2，钻探取土试样孔的数量不应少于勘探孔总数的1/3；

② 每个场地每一主要土层的原状土试样或原位测试数据不应少于6件（组），当采用连续记录的静力触探或动力触探为主要勘察手段时，每个场地不应少于3个孔；

③ 在地基主要受力层内，对厚度大于0.5m的夹层或透镜体，应采取土试样或进行原位测试；

④ 当土层性质不均匀时，应增加取土试样或原位测试数量。

3.2 勘探和取样

3.2.1 取土器技术标准

《岩土工程勘察规范》附录F

取土器参数	厚壁取土器	薄壁取土器		
		敞口自由活塞	水压固定活塞	固定活塞
面积比 $\dfrac{D_w^2 - D_e^2}{D_e^2} \times 100\%$	13～20	≤10	10～13	
内间隙比 $\dfrac{D_s - D_e}{D_e} \times 100\%$	0.5～1.5	0	0.5～1.0	
外间隙比 $\dfrac{D_w - D_t}{D_t} \times 100\%$	0～2.0	0		
刃口角度（°）	<10	5～10		
长度 L（mm）	400，500	对砂土：(5～10)D_e 对黏性土：(10～15)D_e		
外径 D_t（mm）	75～89，108	75，100		
衬管	整圆或半合管，塑料、酚醛层压纸或镀锌铁皮制成	无衬管，束节式取土器衬管同左		

注：① 取样管及衬管内壁必须光滑圆整；
　　② 在特殊情况下取土器直径可增大至150～250mm；
　　③ 表中符号：D_e—取土器刃口内径；
　　　　　　　　D_s—取样管内径，加衬管时为衬管内径；
　　　　　　　　D_t—取样管外径；
　　　　　　　　D_w—取土器管靴外径，对薄壁管 $D_w = D_t$。

3.2.2 泥浆护壁时泥浆的计算

《工程地质手册》（第五版）P121

在岩土层中钻进，除能保持孔壁稳定的黏性土层和完整岩层之外，均应采取护壁措施。泥浆作为钻探的一种冲洗液，除起护壁作用外，还具有携带、悬浮与排除岩粉、冷却钻头、润滑钻具、堵漏等功能。泥浆性能好坏直接影响钻进效率和生产安全。造浆原料为黏土和水。

制造泥浆时黏土用量和需水量可分别按下式计算：

黏土用量

$$Q = V\rho_1 \frac{\rho_2 - \rho_3}{\rho_1 - \rho_3}$$

需水量

$$W = (V - \frac{Q}{\rho_1})\rho_3$$

式中　Q——制造泥浆所需黏土质量（t）；
　　　W——制造泥浆所需水量（t）；
　　　V——欲制造泥浆的体积（m³）；
　　ρ_1、ρ_2、ρ_3——分别为黏土、欲制造泥浆和水的密度（t/m³）。

【注】工程地质手册上述公式的推导前提是假定黏土饱和度为100％，否则计算结果不准确。

3.2.3　岩土试样的采取

《岩土工程勘察规范》9.4.1条及条文说明

土试样质量应根据试验目的按规范表9.4.1分为四个等级。

规范表9.4.1　土试样质量等级

级别	扰动程度	试验内容
Ⅰ	不扰动	土类定名、含水量、密度、强度试验、固结试验
Ⅱ	轻微扰动	土类定名、含水量、密度
Ⅲ	显著扰动	土类定名、含水量
Ⅳ	完全扰动	土类定名

注：① 不扰动是指原位应力状态虽已改变，但土的结构、密度和含水量变化很小，能满足室内试验各项要求；
　　② 除地基基础设计等级为甲级的工程外，在工程技术要求允许的情况下可用Ⅱ级土试样进行强度和固结试验，但宜先对土试样受扰动程度作抽样鉴定，判定用于试验的适宜性，并结合地区经验使用试验成果。

土试样扰动程度的鉴定有多种方法，大致可分为现场外观检查法、测定回收率法、X射线检验法、室内试验评价法。下面主要介绍测定回收率法和室内试验评价法

3.2.3.1　测定回收率法

$$回收率 = \frac{L}{H}$$

式中　H——取样时取土器贯入孔底以下土层的深度；
　　　L——土样长度，可取土试样毛长，而不必是净长，即可从土试样顶端算至取土器刃口，下部如有脱落可不扣除。

回收率等于 0.98 左右是最理想的，大于 1 或小于 0.95 是土样受扰动的标志。

取样回收率可在现场测定，但使用敞口式取土器时，测定有一定的困难。

3.2.3.2 室内试验评价法

由于土的力学参数对试样的扰动十分敏感，土样受扰动的程度可以通过力学性质试验结果反映出来。最常见的室内试验评价法有两种：

(1) 根据应力应变关系评定

随着土试样扰动程度增加，破坏应变 ε_f 增加，峰值应力降低，应力应变关系曲线线型趋缓。

(2) 根据室内压缩曲线特征评定

定义扰动指数 $I_D = \dfrac{\Delta e_0}{\Delta e_m}$

式中　　Δe_0——原位孔隙比与土样在先期固结压力处孔隙比的差值；

　　　　Δe_m——原位孔隙比与重塑土在上述压力处孔隙比的差值。

如果先期固结压力未能确定，可改用体积应变 ε_v 作为评定指标

$$\varepsilon_v = \frac{\Delta V}{V} = \frac{\Delta e}{1+e_0}$$

式中　　e_0——土样的初始孔隙比；

　　　　Δe——加荷至自重压力时的孔隙比变化量。

近年来，我国沿海地区进行了一些取样研究，采用上述指标评定的标准见表 3.2-1。

评价土试样扰动程度的参考标准　　　　表 3.2-1

评价指标	几乎未扰动	少量扰动	中等扰动	很大扰动	严重扰动	资料来源
ε_f	1%～3%	3%～5%	5%～6%	6%～10%	>10%	上海
I_D	<0.15	0.15～0.30	0.30～0.50	0.50～0.75	>0.75	上海
ε_v	<1%	1%～2%	2%～4%	4%～10%	>10%	上海

3.3　现场原位测试

3.3.1　载荷试验

载荷试验：是在现场通过一定面积的刚性承压板向地基逐级施加荷载，测定天然地基、单桩或复合地基的沉降随荷载的变化，借以确定地基土的承载能力和变形特征的现场试验。

根据承压板的形式、设置深度以及和土体接触条件不同，载荷试验分为浅层平板载荷试验和深层平板载荷试验。

浅层平板载荷试验	① 承压板面积不应该小于 0.25m²，软土不应小于 0.5m² ② 基坑宽度不应小于平压板宽度或直径的 3 倍
深层平板载荷试验	① 刚性板直径 0.8m，面积约 0.5024m² ② 紧靠承压板周围土层外侧高度不应小于 0.8m

3.3.1.1 浅层平板载荷试验

(1) 浅层平板载荷试验确定基床系数

《工程地质手册》(第五版) P261~263；
《岩土工程勘察规范》10.2.6
《铁路路基设计规范》2.1.13

文克尔提出地基上任何一点所受的压力 p 与该点的沉降量 s 成正比，其比例系数 k 称为基床系数，也就是沉降量随荷载值增长的比例系数，又称地层弹性压缩系数。解题思维流程总结如下：

直接测定 基准基床系数	用边长为 30cm 的方形承压板，做平板载荷试验直接测定 $(kN/m^3)\ k_v = \dfrac{p}{s} \rightarrow$ ① 直线段斜率 ② 使用当 $s = 1.25mm$ 时的压力 p《铁路路基设计规范》
间接测定 基准基床系数	实际所使用承压板边长 b(m) $\begin{cases} \text{黏性土 } k_v = \dfrac{b}{0.3} \cdot \dfrac{p}{s} \\ \text{砂土 } k_v = \left(\dfrac{2b}{b+0.3}\right)^2 \cdot \dfrac{p}{s} \end{cases}$
实际基础下 基床系数	基础宽度 B(m) $\begin{cases} \text{黏性土 } k_s = \dfrac{0.3}{B} k_v \\ \text{砂土 } k_s = \left(\dfrac{B+0.3}{2B}\right)^2 k_v \end{cases}$

(2) 浅层平板载荷试验确定变形模量

《岩土工程勘察规范》10.2.5
《建筑地基检测技术规范》4.4.6、4.4.7

浅层平板载荷试验确定变形模量解题思维流程总结如下：

判断是浅层平板载荷试验还是深层平板载荷试验					
确定直线段斜率 $\dfrac{p}{s}$ (kPa/mm)					
承压板直径或边长 d(m)		刚性承压板形状系数 $I_0 = $ 圆形 0.785/ 方形 0.886			
土的泊松比	碎石土	砂土	粉土	粉质黏土	黏土
μ	0.27	0.30	0.35	0.38	0.42
变形模量 (MPa) $E_0 = I_0(1-\mu^2)\dfrac{p}{s}d$					

(3) 浅层平板载荷试验确定地基承载力特征值

具体见地基基础专题"6.1.2.1 浅层平板载荷试验确定地基承载力特征值"。

3.3.1.2 深层平板载荷试验

(1) 深层平板载荷试验确定变形模量

《岩土工程勘察规范》10.2.5
《建筑地基检测技术规范》4.4.6、4.4.7

深层平板载荷试验确定变形模量解题思维流程总结如下：

判断是浅层平板载荷试验还是深层平板载荷试验				
确定直线段斜率 $\frac{p}{s}$（kPa/mm）				
承压板直径或边长 d（m）	刚性承压板形状系数 $I_0 =$ 圆形 0.785/ 方形 0.886			
试验深度 z（m）	刚性承压板深度系数 $I_1 = 0.5 + 0.23\frac{d}{z}$			
土的泊松比 μ	碎石土	砂土	粉土	粉质黏土	黏土
	0.27	0.30	0.35	0.38	0.42
与土泊松比有关的系数 $I_2 = 1 + 2\mu^2 + 2\mu^4$				
综合系数 $w = I_0 I_1 I_2 (1-\mu^2)$				
变形模量（MPa） $E_0 = w \cdot \frac{p}{s} d = I_0 I_1 I_2 (1-\mu^2) \cdot \frac{p}{s} d$				

（2）深层平板载荷试验确定地基承载力特征值

具体见地基基础专题"6.1.2.2 深层平板载荷试验确定地基承载力特征值"。

3.3.1.3　黄土浸水载荷试验

此节历年案例真题还未考到过，具体内容可见《土工试验方法标准》49.3 及条文说明。

3.3.1.4　螺旋板载荷试验

此节历年案例真题还未考到过，具体内容可见《土工试验方法标准》49.4 及条文说明；《工程地质手册》（第五版）P255～260。

3.3.1.5　岩石地基载荷试验

见地基基础专题"6.1.1 岩石地基承载力特征值"。

3.3.2　静力触探试验

《土工试验方法标准》46，《岩土工程勘察规范》10.3.3
《建筑地基检测规范》9.4.2，《工程地质手册》（第五版）P231～243

静力触探试验（CPT）是用静力匀速将标准规格的探头压入土中，同时量测探头阻力，测定土的力学特性，具有勘探和测试双重功能；孔压静力触探试验除静力触探原有功能外，在探头上附加孔隙水压力量测装置，用于量测孔隙水压力增长与消散。

静力触探试验适用于软土、一般黏性土、粉土、砂土和含少量碎石的土。静力触探可根据工程需要采用单桥探头、双桥探头或带孔隙水压力量测的单、双桥探头，可测定比贯入阻力（p_s）、锥尖阻力（q_c）、侧壁摩阻力（f_s）和贯入时的孔隙水压力（u）。

3.3.2.1 基本指标的测定

《土工试验方法标准》46.4.2

p_s 对应的率定系数（kPa/$\mu\varepsilon$ 或 kPa/mV）	单桥探头传感器的应变量或输出电压（$\mu\varepsilon$ 或 mV）
比贯入阻力（kPa）$p_s = k_p \varepsilon_p$	
q_c 对应的率定系数（kPa/$\mu\varepsilon$ 或 kPa/mV）	双桥探头传感器的应变量或输出电压（$\mu\varepsilon$ 或 mV）
锥头阻力（kPa）$q_c = k_q \varepsilon_q$	
$f_s = k_f \varepsilon_f$ 对应的率定系数（kPa/$\mu\varepsilon$ 或 kPa/mV）	摩擦筒传感器的应变量或输出电压（$\mu\varepsilon$ 或 mV）
侧壁摩阻力（kPa）$f_s = k_f \varepsilon_f$	摩阻比 $F_m = f_s / q_c$
u 对应的率定系数（kPa/$\mu\varepsilon$ 或 kPa/mV）	孔压探头传感器的应变量或输出电压（$\mu\varepsilon$ 或 mV）
孔隙水压力（kPa）$u = k_u \varepsilon_u$	

【注】当采用孔压静探头时，由于作用于锥底的孔隙水压力，其方向与贯入时产生的锥头阻力相反，因此，应对测量的锥头阻力 q_c 进行修正，得出土层的真正阻力 q_t。修正公式如下：

修正后的总锥头阻力（kPa）$q_t = q_c + u(1 - a)$

式中　u——孔隙水压力；

　　　a——净面积比，即孔隙压力作用面积与圆锥底面积之比。

3.3.2.2 静探径向固结系数

《土工试验方法标准》46.4.3

t 时孔隙水压力实测值 u_t（kPa）	初始孔隙水压力，即静水压力 u_0（kPa）	开始（或贯入）时的孔隙水压力（$t=0$）u_i（kPa）
t 时孔隙水压力消散度（%）$\overline{U} = \dfrac{u_t - u_0}{u_i - u_0}$		
探头圆锥底半径 R_t（cm）	实测孔隙消散度达 50% 的经历时间 t_{50}（s）	
与圆锥几何形状、透水板位置有关的相应于孔隙压力消散度 50% 的时间因数 T_{50}（对锥角 60°，截面积为 10cm² ，透水板位于锥底处的孔压探头，取 $T_{50} = 5.6$）		
静探径向固结系数 $C_h = \dfrac{R_t}{t_{50}} T_{50}$		

3.3.2.3 具体工程应用

关于静力触探试验数据的测定以及试验成果的工程应用，可见《岩土工程勘察规范》10.3.3，《建筑地基检测规范》9.4.2 以及《工程地质手册》（第五版）P231～243，本书不再赘述。

关于利用静力触探试验数据确定单桩竖向承载力标准值见桩基础专题"7.1.7 单桥静力触探确定"和"7.1.8 双桥静力触探确定"。

3.3.3 圆锥动力触探试验

《岩土工程勘察规范》10.4
《土工试验方法标准》47
《工程地质手册》(第五版) P189～206

圆锥动力触探试验 (DPT: dynamic penetration test) 是利用一定的锤击动能，将一定规格的圆锥探头打入土中，依据打入土中的难易程度（或贯入阻力，或贯入一定深度的锤击数），来判别土的工程性质，对地基土做出岩土工程评价的一种现场测试方法（图 3.3-1）。

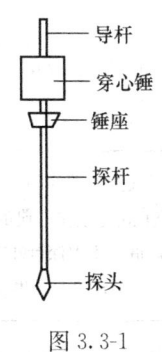

图 3.3-1

3.3.3.1 试验类型及数据

类型		轻型	重型	超重型
落锤	质量 (kg)	10±0.2	63.5±0.5	120±1
	落距 (cm)	50±2	76±2	100±2
探头	直径 (mm)	40	74	74
	锥角 (°)	60	60	60
探杆 (钻杆) 直径 (mm)		25	42, 50	50～63
贯入指标		贯入 30cm 的锤击数 (N_{10})	贯入 10cm 的锤击数 ($N_{63.5}$)	贯入 10cm 的锤击数 (N_{120})

【注】可以看出，重力触探有三种：轻型、重型和超重型。注意它们的区别，考试时也要看清题目使用的是哪一种。

3.3.3.2 能量指数

截面积较大的探头应配合较大的触探能量。一般用触探能量与探头截面积之比作为衡量的指标，用能量指数 P_0 表示。

落锤质量 M(kg)：轻型 10；重型 63.5；超重型 120		
圆锥探头截面面积 A(cm²) 轻型 12.56；重型/超重型 43	落距 H(m) 轻型 0.5；重型 0.76；超重型 1.0	重力加速度 $g = 9.8$ m/s²
动力触探能量指数 (J/cm²)		
$$P_0 = \frac{MgH}{A}$$		

3.3.3.3 荷兰公式求动贯入阻力 q_d (MPa)

《岩土工程勘察规范》10.4 条文说明

规定贯入深度 D(cm)	规定贯入深度的击数 N	贯入度 $e = D/N$
落锤质量 M(kg) 轻型 10；重型 63.5；超重型 120	圆锥探头及杆件系统的质量 m(kg)	
圆锥探头截面面积 A(cm²) 轻型 12.56；重型/超重型 43	落距 H(m) 轻型 0.5；重型 0.76；超重型 1.0	重力加速度 $g = 9.8$ m/s²

续表

| 动贯入阻力（MPa） | $q_\mathrm{d} = \dfrac{M}{M+m} \cdot \dfrac{MgH}{Ae} = \dfrac{M}{M+m} \cdot \dfrac{P_0}{e}$ |

【注】①上式与《土工试验方法标准》公式（47.4.2）一致。
②上式建立在古典的牛顿非弹性碰撞理论（不考虑弹性变形量的损耗）。故限用于：
 a) 贯入土中深度小于12m，贯入度2～50mm。
 b) $m/M<2$。如果实际情况与上述适用条件出入大，用上式计算应慎重。

3.3.3.4　重型圆锥动力触探确定碎石土密实度

实测锤击数 $N'_{63.5}$	杆长 l

修正系数 α_1（按 $N'_{63.5}$ 和 l 查表确定）

l	$N'_{63.5}$								
	5	10	15	20	25	30	35	40	≥50
2	1.00	1.00	1.00	1.00	1.00	1.00	1.00	1.00	—
4	0.96	0.95	0.93	0.92	0.90	0.89	0.87	0.86	0.84
6	0.93	0.90	0.88	0.85	0.83	0.81	0.79	0.78	0.75
8	0.90	0.86	0.83	0.80	0.77	0.75	0.73	0.71	0.67
10	0.88	0.83	0.79	0.75	0.72	0.69	0.67	0.64	0.61
12	0.85	0.79	0.75	0.70	0.67	0.64	0.61	0.59	0.55
14	0.82	0.76	0.71	0.66	0.62	0.58	0.56	0.53	0.50
16	0.79	0.73	0.67	0.62	0.57	0.54	0.51	0.48	0.45
18	0.77	0.70	0.63	0.57	0.53	0.49	0.46	0.43	0.40
20	0.75	0.67	0.59	0.53	0.48	0.44	0.41	0.39	0.36

修正后锤击数 $N_{63.5} = \alpha_1 \cdot N'_{63.5}$

碎石土密实度	松散	稍密	中密	密实
$N_{63.5}$	$N_{63.5} \leq 5$	$5 < N_{63.5} \leq 10$	$10 < N_{63.5} \leq 20$	$20 < N_{63.5}$

【注】①当用于评价土层密实度时，圆锥动力触探锤击数要求修正；而标准贯入试验锤击数，一般不用修正。但是，当根据有些地方经验，采用标准贯入试验锤击数估算地基承载力时，则也应进行修正；关于标准贯入试验见下一节"3.3.4 标准贯入试验"。
②圆锥动力触探采用的是实心锥进行贯入，不取芯样；标准贯入试验采用的标贯器是空心的，可以取标贯芯样；两者适用的土层不一样。这一点稍微有过勘察经验的岩友都知道。

3.3.3.5　超重型圆锥动力触探确定碎石土密实度

实测锤击数 N'_{120}	杆长 l

修正系数 α_2（按 N'_{120} 和 l 查表确定）

l	$N'_{63.5}$											
	1	3	5	7	9	10	15	20	25	30	35	40
1	1.00	1.00	1.00	1.00	1.00	1.00	1.00	1.00	1.00	1.00	1.00	1.00
2	0.96	0.92	0.91	0.90	0.90	0.90	0.90	0.89	0.89	0.88	0.88	0.88

续表

l	$N'_{63.5}$											
	1	3	5	7	9	10	15	20	25	30	35	40
3	0.94	0.88	0.86	0.85	0.84	0.84	0.84	0.83	0.82	0.82	0.81	0.81
5	0.92	0.82	0.79	0.78	0.77	0.76	0.76	0.75	0.74	0.73	0.72	0.72
7	0.90	0.78	0.75	0.74	0.73	0.71	0.71	0.70	0.68	0.68	0.67	0.66
9	0.88	0.75	0.72	0.70	0.69	0.67	0.67	0.66	0.64	0.63	0.62	0.62
11	0.87	0.73	0.69	0.67	0.66	0.64	0.64	0.62	0.61	0.60	0.59	0.58
13	0.86	0.71	0.67	0.65	0.64	0.61	0.61	0.60	0.58	0.57	0.56	0.55
15	0.84	0.69	0.65	0.53	0.62	0.59	0.59	0.58	0.56	0.55	0.54	0.54
17	0.85	0.68	0.63	0.61	0.60	0.57	0.57	0.56	0.54	0.53	0.52	0.50
19	0.84	0.66	0.62	0.60	0.58	0.56	0.56	0.54	0.52	0.51	0.50	0.48

修正后锤击数 $N_{120} = \alpha_2 \cdot N'_{120}$					
碎石土密实度	松散	稍密	中密	密实	很密
N_{120}	$N_{120} \leqslant 3$	$3 < N_{63.5} \leqslant 6$	$6 < N_{63.5} \leqslant 11$	$11 < N_{63.5} \leqslant 14$	$14 < N_{63.5}$

3.3.3.6 其他工程应用

其他工程应用，如采用圆锥动力触探判定地基土承载力特征值和变形模量等，可参考《建筑地基检测技术规范》第 8 章、《工程地质手册》(第五版) P195~206，本书不再收录，请自行阅读对比。若指明按《建筑地基检测技术规范》求解，一定要翻看相应规范。

3.3.4 标准贯入试验

《岩土工程勘察》10.5
《土工试验方法标准》45
《工程地质手册》(第五版) P206~223

标准贯入试验是一种在现场用 63.5kg 的穿心锤，以 76cm 的落距自由落下，将一定规格的带有小型取土筒的标准贯入器打入土中，记录打入 30cm 的锤击数 (即标准贯入击数 N)，并以此评价土的工程性质的原位试验。标贯试验可判断砂土密实度；评定黏性土的稠度状态和无侧限抗压强度；饱和砂土、粉土的液化等。

3.3.4.1 标贯试验仪器数据

落锤		质量 (kg)	63.5 ± 0.5
		落距 (cm)	76 ± 2
贯入器	对开管	长度 (mm)	>500
		外径 (mm)	51 ± 1
		内径 (mm)	35 ± 1
	管靴	长度 (mm)	50~76
		刃口角度 (°)	18~20
		刃口单刃厚度 (mm)	1.6
探杆 (钻杆)		直径 (mm)	42
		相对弯曲	<1‰
贯入指标		贯入 30cm 的锤击数 N	
主要适用土类		砂土、粉土、一般黏性土	

3.3.4.2 标贯试验击数的确定

贯入器打入土中15cm后，开始记录每打入10cm的锤击数，累计打入30cm的锤击数为标准贯入试验锤击数N。当锤击数已达50击，而贯入深度未达30cm时，可终止试验，此时记录50击的实际贯入深度ΔS，按下式换算成相当于30cm的标准贯入试验击数N。

$$N = \frac{30}{\Delta S} \times 50$$

【注】①标准贯入试验实际贯入45cm，前面15cm为预打（由于孔底有沉渣，或孔底表层土原状特性已被勘察时破坏，此段击数不能反映原状土层真实状态），不计入试验击数；只记录后30cm的测试击数，为标准贯入试验击数N。

②采用标贯锤击数N值进行土工分层评价时，应用标贯击数平均值，同时应剔除异常值。

应用N值时是否修正及如何修正，应根据相应规范的具体规定确定。

③上式与《土工试验方法标准》中公式（45.4.1）一致。

3.3.4.3 其他工程应用

采用标贯判定砂土密实度，可见《岩土工程勘察规范》3.3.9，以及粉土密实度，黏土状态地基土承载力特征值等具体可见《建筑地基检测技术规范》7.4。本书不再收录，请自行阅读对比。若指明按《建筑地基检测技术规范》求解，一定要翻看相应规范。

3.3.5 十字板剪切试验

《岩土工程勘察规范》10.6及条文说明
《土工试验方法标准》44
《铁路工程特殊岩土勘察规范》6.2.4条文及说明
《建筑地基检测技术规范》10

十字板试验是一种原位测定土强度的试验方法，它可以避免由于钻探取样、运送、贮藏和制备等操作过程中所造成的扰动和破坏。十字板剪切试验是用插入土中的标准十字板探头，以一定速率扭转，量测土破坏时的抵抗力矩，确定饱和软黏土（$\varphi \approx 0$）的不排水抗剪强度（相当于试验深度处天然土层在原位压力下固结的不排水抗剪强度）、测定灵敏度、确定地基容许承载力、估算桩的端阻力和侧阻力及确定软土路基临界高度等。

十字板剪切试验可分为机械式和电测式。机械式（开口钢环式十字板剪切试验）是利用涡轮旋转插入土中的十字板头，借开口钢环测出土的抵抗力矩，从而计算出土的抗剪强度等。电测式（电阻应变式十字板剪切试验）是利用静力触探仪的贯入装置将十字板头压入到不同的试验深度，借助齿轮扭力装置旋转十字板头，用电子仪器量测土的抵抗力矩，从而计算出土的抗剪强度等。

具体成果计算见下表。

3.3.5.1 机械式（开口钢环式十字板剪切试验）

《土工试验方法标准》44

十字板头直径 D（cm）	十字板头高度 H（cm）	率定时力臂长 L_{lb}（cm）
与十字板头尺寸有关的常数（m^{-3}）		
$$K'_2 = \frac{2L_{lb}}{\pi D^2 H \left(1+\frac{D}{3H}\right)}$$		
钢环系数 C（N/mm）		
原状土减损时量表最大读数 R_y（mm）	重塑土减损时量表最大读数 R_c（mm）	
原状土试验中轴杆与土摩擦时量表最大读数 R_g（0.01mm）	重塑土试验中轴杆与土摩擦时量表最大读数 R'_g（0.01mm）	
如无特殊说明，则 $R'_g = R_g$		
原状土抗剪强度（kPa）$c_u = 10K'_2 \cdot C(R_y - R_g)$		
重塑土抗剪强度（kPa）$c'_u = K \cdot C(R_c - R'_g)$		
土的灵敏度 $S_t = \dfrac{c_u}{c'_u} = \dfrac{R_y - R_g}{R_c - R'_g}$		

【注】注意《工程地质手册》（第五版）P279，与上面公式略有不同，一是十字板常数计算的不同，二是单位的不同。《工程地质手册》采用十字板常数（m^{-2}）$K = \dfrac{2R}{\pi D^2 \left(H+\dfrac{D}{3}\right)}$，则 $c_u = K \cdot C(R_y - R_g)$ 和 $c'_u = K \cdot C(R_c - R'_g)$，注意与 K'_2 的区别。

3.3.5.2 电测式（电阻应变式十字板剪切试验）

《土工试验方法标准》44

十字板头直径 D（cm）	十字板头高度 H（cm）
与十字板头尺寸有关的常数（m^{-3}）	
$$K'_1 = \frac{2}{\pi D^2 H \left(1+\frac{D}{3H}\right)}$$	
电测式十字板剪切仪的探头率定系数即传感器率定系数 ξ[N·(cm/με)]	
原状土减损时最大微应变值 R_y（με）	重塑土减损时最大微应变值 R_c（με）
原状土抗剪强度 $c_u = 10K'_1 \cdot \xi \cdot R_y$	重塑土抗剪强度 $c'_u = 10K'_1 \cdot \xi \cdot R_c$
土的灵敏度 $S_t = \dfrac{c_u}{c'_u} = \dfrac{R_y - R_g}{R_c - R_g}$	

【注】注意《工程地质手册》（第五版）P279，与上面公式略有不同，一是十字板常数计算的不同，二是单位的不同。《工程地质手册》采用十字板常数（m^{-2}）$K = \dfrac{2R}{\pi D^2 \left(H+\dfrac{D}{3}\right)}$，其中 R 为转盘半径，则 $c_u = K \cdot C(R_y - R_g)$ 和 $c'_u = K \cdot C(R_c - R'_g)$，注意与 K'_2 的区别。

3.3.5.3 抗剪强度修正

③ 抗剪强度修正

3 岩土勘察专题

强度修正系数《岩土工程勘察规范》10.6.4 条文说明、《工程地质手册》（第五版）P281

一般认为十字板测得的不排水抗剪强度是峰值强度，其值偏高。长期强度只有峰值强度的 60%～70%。因此，十字板测得的强度 S_u 需进行修正后才能用于设计计算。修正系数 μ 选取见图 3.3-2。图中曲线 1 适用于液性指数大于 1.1 的土，曲线 2 适用于其他软黏土。

修正后抗剪强度 $c_u = \mu S_u$

《铁路工程地质原位测试规程》规定：当 $I_p \leqslant 20$ 时，$\mu = 1$；当 $20 < I_p \leqslant 40$ 时，$\mu = 0.9$。

【注】图 3.3-3 表示正常固结饱和软黏土用十字板测定的结果，在硬壳层以下的软土层中抗剪强度随深度基本上成直线变化，并可用下式表示：

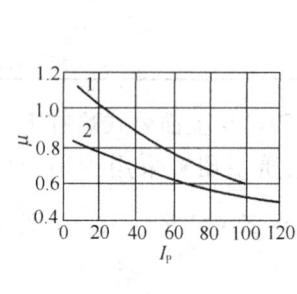

图 3.3-2

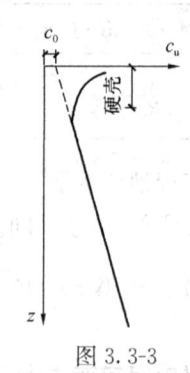

图 3.3-3

$$c_u = c_0 + \lambda z$$

式中　λ ——直线段的斜率；

　　　z ——以地表为起点的深度（m）；

　　　c_0 ——直线段的延长线在水平坐标轴（即原地面）上的截距（kPa）。

3.3.5.4 其他工程应用

① 计算地基承载力——《岩土工程勘察规范》10.6.5 条文说明、《建筑地基检测技术规范》10.4.9 条

修正后的不排水抗剪强度 c_u（kPa）	土的重度 γ（kN/m³）（水下取浮重度）	基础埋深 h（m）
地基容许承载力 $q_u = 2c_u + \gamma h$		

② 估算桩端阻力和侧阻力——《岩土工程勘察规范》10.6.5 条文说明

桩端阻力　　　　　　　　　　　$q_p = 9c_u$

桩侧阻力　　　　　　　　　　　$q_s = ac_u$

式中：a 与桩类型、土类、土层顺序等有关，依据 q_p、q_s 可以估算单桩极限承载力。

③ 确定软土路基临界高度——《铁路工程特殊岩土勘察规程》6.2.4 条文说明

$$H_c = \frac{5.52 C_u}{\gamma}$$

3.3.6 旁压试验

《岩土工程勘察》10.7 及条文说明
《土工试验方法标准》48
《工程地质手册》（第五版）P284～295

旁压仪试验是在现场钻孔中进行的一种水平向荷载试验。具体试验方法是将一个圆柱形的旁压器放到钻孔内设计标高，加压使得旁压器横向膨胀，根据试验的读数可以得到钻孔横向扩张的体积-压力或应力-应变关系曲线，据此可用来估计地基承载力、测定土的强度参数、变形参数、基床系数，估算基础沉降、单桩承载力与沉降。如图 3.3-4 所示。

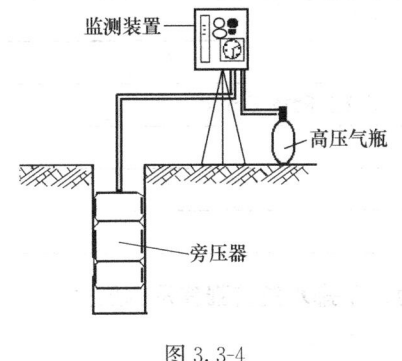

图 3.3-4

旁压仪器包括预钻式、自钻式和压入式三种，国内国外都是以预钻式为主。

预钻式旁压仪是预先用钻具钻出一个符合要求的垂直钻孔，将旁压器放入钻孔内的设计标高，然后进行旁压试验。

预钻式旁压试验适用于黏性土、粉土、砂土、碎石土、残积土、极软岩和软岩。

自钻式旁压仪是将旁压仪设备和钻机一体化，将旁压器安装在钻杆上，在旁压器的端部安装钻头，钻头在钻进时，将切碎的土屑从旁压器（钻杆）的空心部位用泥浆带走，至预定标高后进行旁压试验。自钻式旁压试验的优越性就是最大限度地保证了地基土的原状性。

自钻式旁压试验适用于黏性土、粉土、砂土，尤其适用于软土。

3.3.6.1 旁压试验原理简介

旁压试验可理想化为圆柱孔穴扩张课题，为轴对称平面应变问题。典型的旁压曲线（压力 p-体积变化量 V 曲线或压力 p-测管水位下降值 s）可分为三段（图 3.3-5）：

① 段：初步阶段，反映孔壁受扰动土的压缩；
② 段：似弹性阶段，压力与体积变化量大致成直线关系；

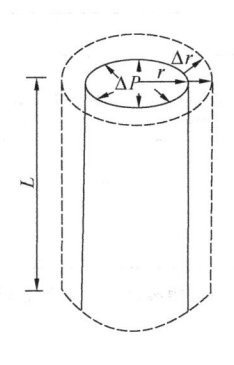 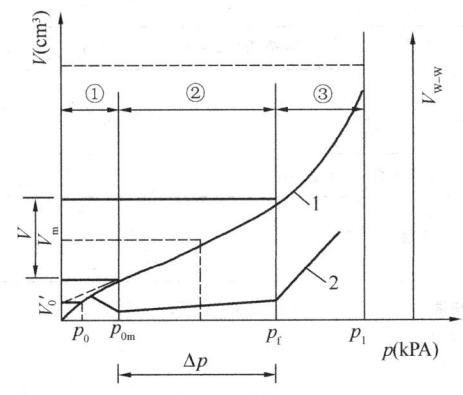

图 3.3-5 旁压曲线
1—旁压曲线；2—蠕变曲线

③ 段：塑性阶段，随着压力的增大，体积变化量逐渐增加，最后急剧增大，达到破坏。

①-② 段的界限压力相当于初始水平压力 p_{0m}，②-③ 段的界限压力相当于临塑压力 p_f，③ 段末尾渐近线的压力为极限压力 p_1。

3.3.6.2 矫正压力及变形量

《土工试验方法标准》48.4.1 及条文说明

量管水面离地面孔口高度 h_0 (cm)	地下水位离孔口的距离 h_w (cm)
地面至旁压器中腔（量测腔）中心点的距离 z (cm)	
静水压力 p_w (kPa)：无地下水时 $p_w = (h_0 + z)\gamma_w$；有地下水时 $p_w = (h_0 + h_w)\gamma_w$	
压力表读数 p_m (kPa)	
弹性膜约束力 p_i (kPa)，查弹性膜约束力校正曲线确定	
校正后的单位压力（kPa）$p_x = p_m + p_w - p_i$	
量水管水位下降流 H_m (cm)	仪器综合变形校止系数 a (cm/kPa)
校正后的量管水位下降值（cm）$H_x = H_m - a(p_m + p_w)$	
量水管截面积 A (cm^3)	
校止后的体变量（cm^3）$V = H_x A$	

3.3.6.3 利用预钻式旁压曲线的特征值评定地基承载力、不排水抗剪强度及侧压力系数

《岩土工程勘察规范》10.7.4 条文说明

《土工试验方法标准》48.4.5 及条文说明

《工程地质手册》（第五版）P289

首先根据校正后的压力和水位下降值绘制 p-s 曲线，或根据校正后的压力和体积曲线 p-V 曲线
确定初始压力 p_0 (kPa)：旁压试验曲线直线段延长与 V 轴的交点为 V_0（或 s_0），由该交点作与 p 轴的平行线相交于曲线的点所对应的压力即为 p_0 值，如图 3.3-5 所示
确定临塑压力 p_f (kPa)：旁压试验曲线直线段的终点，即直线与曲线的第二个切点所对应的压力即为 p_f 值
确定极限压力 p_1 (kPa)：旁压试验曲线过临塑压力后，趋向于 s 轴的渐近线的压力即为 p_1 值；或 $V = V_c + 2V_0$（V_c 为测量腔初始固有体积，V_0 为孔穴体积与中腔初始体积的差值）时所对应的压力作为 p_1
不排水抗剪强度 $c_u = p_f - p_0$

地基承载力特征值 f_{ak} (kPa)	临塑压力法 $f_{ak} = p_f - p_0$
	极限压力法 $f_{ak} = \dfrac{p_1 - p_0}{F_a}$，$F_a$ 为安全系数，无地区经验时可取 2~3

旁压器中心点至地面的土柱高度 z (m)	土的重度 γ (kN/m^3)
侧压力系数 $K_0 = \dfrac{p_0}{z\gamma}$	

【注】极限压力与原位土不排水抗剪强度的关系，在假定孔穴周围土体为理想弹塑性材料的条件下，可用下式表示：

$$p_1 = p_0 + c_u\left[1 + \ln\frac{E_u}{2(1+\mu)c_u}\right]$$

式中：E_u 为土的不排水变形模量（kPa）；μ 为土的泊松比，对饱和土取 0.5

3.3.6.4 预钻式旁压试验确定旁压模量 E_m

土的泊松比	碎石土	砂土	粉土	粉质黏土	黏土
μ	0.27	0.30	0.35	0.38	0.42

测量腔初始固有体积 V_c (cm³)
初始压力 p_0 对应的体积 V_0 (cm³)
临塑压力 p_f 对应的体积 V_f (cm³)
直线段压力增量 ΔP (kPa)
直线段体积增量 (cm³) $\Delta V = V_f - V_0$
旁压模量 (kPa) $E_m = 2(1+\mu)\left(V_c + \dfrac{V_0+V_f}{2}\right)\dfrac{\Delta p}{\Delta V}$

3.3.6.5 自钻式旁压试验求侧压力系数 K_0

土的重度 γ (kN/m³)		土的有效重度 γ' (kN/m³)
试验深度 h (m)	地下水位埋深 h_1 (m)	试验深度到地下水位距离 (m) $h_2 = h - h_1$
测得原位水平总应力 σ_h (kPa)		孔隙水压力 (kPa) $u = \gamma_w h_2$
原位水平有效应力 σ'_h (kPa)		试验深度地下水位以上时 $\sigma'_h = \sigma_h$；以下时 $\sigma'_h = \sigma_h - u$
原位有效覆盖压力 σ'_v (kPa)		试验深度地下水位以上时 $\sigma'_v = \gamma h$；以下时 $\sigma'_v = \gamma h_1 + \gamma' h_2$
侧压力系数 $K_0 = \dfrac{\sigma'_h}{\sigma'_v}$		

3.3.7 扁铲侧胀试验

《岩土工程勘察》10.8
《工程地质手册》(第五版) P295~303

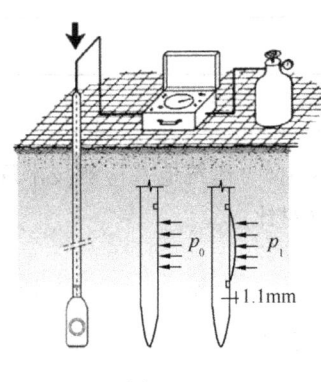

图 3.3-6

扁铲侧胀试验是利用静力或锤击动力将一扁平铲形测头贯入土中，达到预定深度后，利用气压使扁铲测头上的钢膜片向外膨胀，分别测得膜片中心向外膨胀不同距离（分别为 0.05mm 和 1.10mm 这两个特定值）时的气压值，进而获得地基土参数的一种原位试验。可用于土层划分与定名、不排水剪切强度、应力历史、静止土压力系数、压缩模量、固结系数等的原位测定。扁铲侧胀试验适用于一般黏性土、粉土、中密以下砂土、黄土等，不适用于含碎石的土等。如图 3.3-6 所示。

（1）试验过程简介

试验由贯入扁铲测头开始，在贯入至某一深度后暂停，通过测控箱操作使膜片充气膨胀，在充气鼓胀过程中，得到如下两个读数：

① A 读数，膜片距离基座 0.05mm 时的气压值；
② B 读数，膜片距离基座 1.10mm 时的气压值。

另外，在到达 B 点之后，通过测控箱上的气压调控器释放气压，使膜片缓慢回缩到距离基座 0.05mm 时，可读取 C 读数。

然后，测头继续往下贯入至下一试验深度（试验点间隔通常是取 20cm）。

在每一试验深度，都重复上述试验过程，读取 A、B（有时包括 C 读数）。考虑到膜片本身的刚度，根据试验前后得到的标定值 ΔA、ΔB 来对它们进行修正，以计算 p_0、p_1、p_2。其中 p_0 为膜片在基座时土体所受的压力；p_1 为膜片距离基座 1.10mm 时土体所受的压力；p_2 为膜片回缩到 A 点（距离基座 0.05mm）时土体所受的压力；

再然后由 p_0、p_1、p_2 值可获得 4 个扁铲试验中间参数：土性指数 I_D、水平应力指数 K_D、孔隙水压力指数 U_D 和扁铲模量 E_D。

这些参数经过经验公式计算，可以得到一些土性参数，如静止侧压力系数 K_0、超固结比 OCR、不排水抗剪强度 c_u、侧限压缩模量 E_s 和砂土内摩擦角 φ 等。当进行扁铲消散试验时，还可以对土的水平固结系数 c_h、水平渗透系数 K_h 进行估计。

(2) 试验成果各指标的确定

试验(标)率定时膜片膨胀 0.05mm 时的压力 ΔA (kPa)	试验（标）率定时膜片膨胀 1.10mm 时的压力 ΔB (kPa)
膜片膨胀 0.05mm 时的压力 A (kPa)	膜片膨胀 1.10mm 时的压力 B (kPa) 膜片回到 0.05mm 时的压力 C (kPa)
调零前压力表初始读数 z_m (kPa)	
膜片向土中膨胀之前的接触压力 (kPa) $p_0 = 1.05(A - z_m + \Delta A) - 0.05(B - z_m - \Delta B)$	
膜片膨胀 1.10mm 时的压力 (kPa) $p_1 = B - z_m - \Delta B$	
膜片回到 0.05mm 时的终止压力 (kPa) $p_2 = C - z_m + \Delta A$	
试验深度处静水压力 u_0 (kPa)	
试验深度处有效上覆压力 σ_{v0} (kPa)	
侧胀模量 (kPa) $E_D = 34.7(p_1 - p_0)$	
侧胀水平应力指数 $K_D = \dfrac{p_0 - u_0}{\sigma_{v0}}$	
侧胀土性指数 $I_D = \dfrac{p_1 - p_0}{p_0 - u_0}$	
侧胀孔压指数 $U_D = \dfrac{p_2 - u_0}{p_0 - u_0}$	

【注】 本书对扁铲侧胀试验按《岩本工程勘察规范》讲解为主，《建筑地基检测技术规范》第 13 章也有该内容，基本相同，此处不摘抄，请自行阅读对比。

3.3.8 现场直接剪切试验

《岩土工程勘察》10.9，《工程地质手册》(第五版) P264～276
《土工试验方法标准》43

3.3.8.1 基本概念

现场直剪试验可用于岩土体本身、岩土体沿软弱结构面和岩体与其他材料接触面的剪切试验，可分为岩土体在法向应力作用下的沿剪切面剪切破坏的抗剪断试验（图 3.3-7a）、岩土体剪断后沿剪切面继续剪切的抗剪试验（摩擦试验）（图 3.3-7b）、法向应力为零时岩体剪切的抗切试验（图 3.3-7c）。

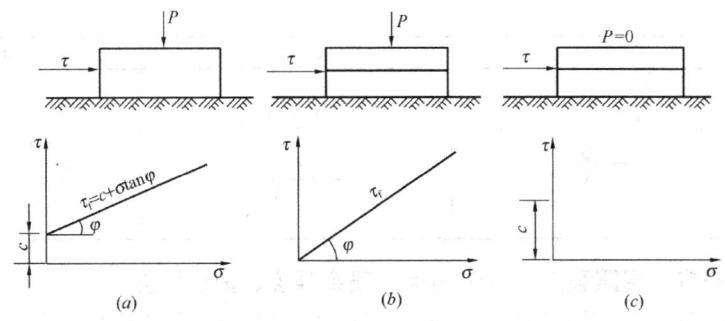

图 3.3-7 剪切试验示意图
(a) 抗剪断试验；(b) 摩擦试验；(c) 抗切试验

3.3.8.2 布置方案、适用条件及试体剪切面应力计算

现场直剪试验可在试洞、试坑、探槽或大口径钻孔内进行。当剪切面水平或近于水平时，可采用平推法或斜推法；当剪切面较陡时，可采用楔形体法。

各布置方案、适用条件及试体剪切面应力计算具体如下：

布置方案	平推法	斜推法	楔形体法
方法说明	剪切荷载平行于剪切面	剪切荷载与剪切面成 α 角	剪切面较陡
使用条件	常用于进行土体、软弱面（水平和近于水平）的抗剪试验	常用于混凝土与岩体的抗剪试验	常用于倾斜岩体软弱面或岩土体试体制备成矩形或梯形有困难时
布置图及特点	(a) 中施加的剪切荷载有一力臂 e_1 存在，使剪切面的剪应力和法向应力分布不均匀 (b) 使加的法向荷载产生的偏心力矩与剪切荷载产生的力矩平衡，改善剪切面上的应力分布，使趋于均匀分布，但法向荷载的偏心距 e_2 较难控制，故应力分布仍可能不均匀 (c) 剪切面上的应力分布是均匀的，但试验施工存在一定困难。	斜推法布置图 法向荷载和斜向荷载均通过剪切面中心，α 角一般为 15°。在试验过程中，为保持剪切面上的正应力不变，随着斜向荷载 Q 的增加，需同步降低由于施加斜向荷载 Q 而增加的那部分垂直分荷载（P 值需相应降低），操作比较麻烦	楔形体法剪切荷载为竖向，外加荷载为水平向，剪切面为直面，适用于岩石软弱面倾角大于其内摩擦角时 (a) 适用于剪切面上正应力较大的情况 (b) 适用于剪切面上正应力较小的情况

续表

布置方案	平推法	斜推法	楔形体法
剪切面应力计算	$\sigma = \dfrac{P}{A}$ $\tau = \dfrac{Q}{A}$ A 为剪切面面积	$\sigma = \dfrac{P+Q\sin\alpha}{A}$ $\tau = \dfrac{Q\cos\alpha}{A}$	直角楔体 $\sigma = \sigma_y \cos^2\alpha + \sigma_x \sin^2\alpha$ $\tau = \dfrac{1}{2}(\sigma_y - \sigma_x)\sin 2\alpha$

3.3.8.3 比例强度、屈服强度、峰值强度、残余强度、剪胀强度

剪应力与剪切位移关系曲线应根据同一组试验结果，以剪应力为纵轴、剪切位移为横轴，绘制每一试验点的剪应力与剪切位移关系曲线，见图 3.3-8。

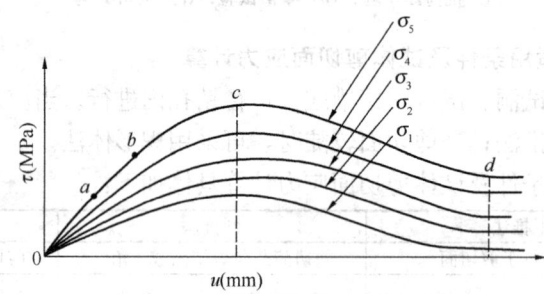

图 3.3-8 直剪试验剪应力与剪切位移关系曲线

比例界限压力	剪应力与剪切位移曲线直线段的末端相应的剪应力，如图中的 a 点
屈服强度	应力应变关系曲线过比例界限强度 a 点后开始偏离直线，随应力增大，应变开始增大较快，试体的体积由压缩转为膨胀，如图中的 b 点
峰值强度	bc 段曲线斜率迅速减小，试体体积膨胀加速，变形随应力迅速增长，至 c 点应力达到最大值。相应于 c 点的应力值为峰值强度
残余强度	试体在破坏点 c 之后，并不是完全失去承载能力，而是保持较小的数值，即为残余强度，如图中的 d 点
剪胀强度	相当于整个试样由于剪切带发生体积变大而发生相对的剪应力，可根据剪应力与垂直位移曲线判定

【注】根据长江科学院的经验，对于脆性破坏岩体，可以采取比例强度确定抗剪强度参数；而对于塑性破坏岩体，可以利用屈服强度确定抗剪强度参数。验算岩土体滑动稳定性，可以采取残余强度确定的抗剪强度参数。因为在滑动面上破坏的发展是累进的，发生峰值强度破坏后，破坏部分的强度降为残余强度。

3.3.8.4 抗剪强度参数的确定

（1）图解法

不同的抗剪强度参数可通过绘制法向应力与不同的强度（比例强度、屈服强度、峰值强度、残余强度）的曲线，确定相应的强度参数。图 3.3-9 即为剪应力峰值、残余值与相应的法向应力关系曲线。

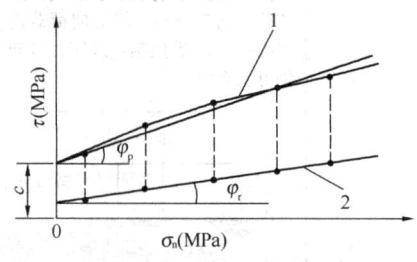

图 3.3-9 直剪试验剪应力与法向应力关系曲线示意

（2）最小二乘法确定抗剪强度参数

抗剪强度公式为 $\tau = \sigma\tan\varphi + c$，因此可以采用最小二乘法原理，对 n 组数据的 (σ_i, τ_i) 值，计算出摩擦系数 $\tan\varphi$ 和黏聚力 c，进而获得内摩擦角 φ 和黏聚力 c。具体计算流程如下：

已知 σ_i	已知 τ_i	分别计算 σ_i^2	分别计算 $\sigma_i\tau_i$
σ_1	τ_1		
σ_2	τ_2		
σ_i	τ_i		
σ_n（共 n 组数据）	τ_n		
求和计算 $\sum_{i=1}^{n}\sigma_i$	$\sum_{i=1}^{n}\tau_i$	$\sum_{i=1}^{n}\sigma_i^2$	$\sum_{i=1}^{n}\sigma_i\tau_i$
由最小二乘法原理得到的方程组为			

$$\begin{cases} \tan\varphi \cdot \sum_{i=1}^{n}\sigma_i^2 + c \cdot \sum_{i=1}^{n}\sigma_i = \sum_{i=1}^{n}\sigma_i\tau_i \\ \tan\varphi \cdot \sum_{i=1}^{n}\sigma_i + c \cdot n = \sum_{i=1}^{n}\tau_i \end{cases}$$

求解方程组即可得 $\tan\varphi = \dfrac{n \cdot \sum_{i=1}^{n}\sigma_i\tau_i - \sum_{i=1}^{n}\sigma_i \cdot \sum_{i=1}^{n}\tau_i}{n \cdot \sum_{i=1}^{n}\sigma_i^2 - (\sum_{i=1}^{n}\sigma_i)^2}$; $c = \dfrac{\sum_{i=1}^{n}\sigma_i^2 \cdot \sum_{i=1}^{n}\sigma_i - \sum_{i=1}^{n}\sigma_i \cdot \sum_{i=1}^{n}\sigma_i\tau_i}{n \cdot \sum_{i=1}^{n}\sigma_i^2 - (\sum_{i=1}^{n}\sigma_i)^2}$

3.3.9 波速测试

《岩土工程勘察》10.10 及条文说明

波速测试适用于测定各类岩土体的压缩波、剪切波或瑞利波的波速，其测试目的是根据弹性波在岩土体内的传播速度，间接测定岩土体在小应变条件下（$10^{-4} \sim 10^{-6}$）动弹性模量。可根据任务要求，采用单孔法、跨孔法或面波法。

3.3.9.1 波速计算

压缩波传播距离（激振点与检波点的距离）L_P（m）	压缩波从激振点传至检波点所需的时间 t_P（s）
压缩波的波速（m/s）$v_P = \dfrac{L_P}{t_P}$	
剪切波的传播距离（激振点与检波点的距离）L_S（m）	剪切波从激振点传至检波点所需的时间 t_S（s）
剪切波的波速（m/s）$v_S = \dfrac{L_S}{t_S}$	
瑞利波的传播距离（激振点与检波点的距离）L_R（m）	瑞利波从激振点传至检波点所需的时间 t_R（s）
简谐波的圆频率 ω（rad/s）	激振频率 f（s^{-1}）
瑞利波的波速（m/s）$v_R = \dfrac{L_R}{t_R} = \dfrac{L_R}{2\pi/\omega} = L_R f$	

3.3.9.2 动剪切模量、动弹性模量和动泊松比计算

剪切波波速 v_S（m/s）	压缩波波速 v_P（m/s）	土的质量密度 ρ（g/cm³）
土的动剪切模量（kPa）$G_d = \rho v_S^2$		

续表

土的动泊松比（无量纲）$\mu_d = \dfrac{v_P^2 - 2v_S^2}{2(v_P^2 - v_S^2)} = \dfrac{\left(\dfrac{v_P}{v_S}\right)^2 - 2}{2\left(\dfrac{v_P}{v_S}\right)^2 - 2}$
土的动弹性模量（kPa）$E_d = \dfrac{\rho v_S^2(3v_P^2 - 4v_S^2)}{v_P^2 - v_S^2} = 2\rho v_S^2(1+\mu_d) = \dfrac{\rho v_P^2(1+\mu_d)(1-2\mu_d)}{1-\mu_d}$

3.3.10 岩体原位应力测试

《岩土工程勘察》10.11

可结合《工程地质手册》（第五版）P316～326 及《工程岩体试验方法标准》6 学习，本书不再赘述。

3.3.11 激振法测试

《岩土工程勘察》10.12

本书不再赘述，可自行阅读规范。

3.4 水和土腐蚀性评价

《岩土工程勘察规范》12，附录 G
《工程地质手册》（第五版）P79，P369～370

3.4.1 水和土对混凝土结构腐蚀性评价

水和土对混凝土结构腐蚀性评价，均要先确定场地环境类型，然后按照环境类型评价和地层渗透性评价，取最高腐蚀等级作为最终的腐蚀性综合评价等级。

具体解题思维流程总结如下：

① 确定场地环境类型	
Ⅰ	高寒区、干旱区直接临水；高寒区、干旱区强透水层中的地下水
Ⅱ	高寒区、干旱区弱透水层中的地下水；各气候湿、很湿的弱透水层湿润区直接临水；湿润区强透水层中的地下水
Ⅲ	各气候区稍湿的弱透水层；各气候区地下水位以上的强透水层

注：a. 高寒区是指海拔高度等于或大于 3000m 的地区；干旱区是指海拔高度小于 3000m，干燥度指数 K 值等于或大于 1.5 的地区；湿润区是指干燥度指数 K 值小于 1.5 的地区。
b. 强透水层指碎石土和砂土，弱透水层指粉土和黏性土。
c. 含水量 $w<3$ 的土层，可视为干燥土层，不具备腐蚀环境条件。
d. 当混凝土结构一边接触地面水或地下水，一边暴露在大气中，水可以通过渗透或毛细作用在暴露大气中的一边蒸发时，应定为Ⅰ类。

3.4 水和土腐蚀性评价

续表

②水对混凝土结构腐蚀性评价	
按环境类型评价,查规范"表12.2.1" 注:Ⅰ、Ⅱ类无干湿交替时,表中仅硫酸盐含量×1.3	按地层渗透性评价 查规范"表12.2.2"
③土对混凝土结构腐蚀性评价	
按环境类型评价,查规范"表12.2.1",只需评价 SO_4^{2-} 和 Mg^{2+} 注:表中所有数值均乘1.5,单位以mg/kg表示; Ⅰ、Ⅱ类无干湿交替时,表中仅硫酸盐含量再乘1.3	按地层渗透性评价 查规范"表12.2.2" (只考虑pH值指标)
最终结果:取某一项最高的腐蚀性等级	

规范表 12.2.1 按环境类型水和土对混凝土结构的腐蚀性评价

腐蚀等级	腐蚀介质	环境类型		
		Ⅰ	Ⅱ	Ⅲ
微	硫酸盐含量 SO_4^{2-} (mg/L)	<200	<300	<500
弱		200~500	300~1500	500~3000
中		500~1500	1500~3000	3000~6000
强		>1500	>3000	>6000
微	镁盐含量 Mg^{2+} (mg/L)	<1000	<2000	<3000
弱		1000~2000	2000~3000	3000~4000
中		2000~3000	3000~4000	4000~5000
强		>3000	>4000	>5000
微	铵盐含量 NH_4^+ (mg/L)	<100	<500	<800
弱		100~500	500~800	800~1000
中		500~800	800~1000	1000~1500
强		>800	>1000	>1500
微	苛性盐含量 OH^- (mg/L)	<35000	<43000	<57000
弱		35000~43000	43000~57000	57000~70000
中		43000~57000	57000~70000	70000~100000
强		>57000	>70000	>100000
微	总矿化度 (mg/L)	<10000	<20000	<50000
弱		10000~20000	20000~50000	50000~60000
中		20000~50000	50000~60000	60000~70000
强		>50000	>60000	>70000

规范表 12.2.2 按地层渗透性水和土对混凝土结构的腐蚀性评价

腐蚀等级	pH值		侵蚀性 CO_2 (mg/L)		HCO_3^- (mmol/L)
	A	B	A	B	A
微	>6.5	>5.0	<15	<30	>1.0
弱	5.0~6.5	4.0~5.0	15~30	30~60	1.0~1.5

续表

腐蚀等级	pH 值		侵蚀性 CO_2 (mg/L)		HCO_3^- (mmol/L)
	A	B	A	B	A
中	4.0～5.0	3.5～4.0	30～60	60～100	<0.5
强	<4.0	<3.5	>60	—	—

注：① A 指直接临水或强透水层中的地下水，或强透水土层；B 指弱透水层中的地下水，或弱透水土层。强透水层指碎石土和砂土，弱透水层指粉土和黏性土。

② HCO_3^- 含量是指水的矿化度低于 0.1g/L 的软土时，该类水质 HCO_3^- 的腐蚀性。

3.4.2 水和土对钢筋混凝土结构中钢筋的腐蚀性评价

水和土对钢筋混凝土结构中钢筋的腐蚀性评价，应符合规范表 12.2.4 的规定。

规范表 12.2.4 对钢筋混凝土结构中钢筋的腐蚀性评价

腐蚀等级	水中的 Cl^- 含量 (mg/L)		水中的 Cl^- 含量 (mg/kg)	
	长期浸水	干湿交替	A	B
微	<10000	<100	<400	<250
弱	10000～2000	100～500	400～750	250～500
中	—	500～5000	750～7500	500～5000
强	—	>5000	>7500	>5000

注：A 是指地下水位以上的碎石土、砂土，稍湿的粉土，坚硬、硬塑的黏性土；
B 是湿、很湿的粉土，可塑、软塑、流塑的黏性土。

3.4.3 土对钢结构的腐蚀性评价

土对钢结构的腐蚀性评价，应符合规范表 12.2.5 的规定。

规范表 12.2.5 土对钢结构腐蚀性评价

腐蚀等级	pH 值	氧化还原电位 (mV)	视电阻率 (Ω·m)	极化电流密度 (mA/cm²)	质量损失 (g)
微	>5.5	>400	>100	<0.02	<1
弱	5.5～4.5	400～200	100～50	0.02～0.05	1～2
中	4.5～3.5	200～100	50～20	0.05～0.20	2～3
强	<3.5	<100	<20	>0.20	>3

注：土对钢结构的腐蚀性评价，取各指标中腐蚀等级最高者。

（1）pH 值：土的 pH 值是固相的土与其平衡的土溶液中氢离子的负对数，是表示土中活性酸度的一种方法。

土的 pH 值采用原位测试法，以锥形玻璃电极为指示电极，饱和氯化钾甘汞电极为参比电极，在预定深度插入参比电极，插入深度不小于 3cm。以参比电极为中心，在以 20cm 为半径的圆周上，按 3 或 5 等分插入指示电极，插入深度与参比电极相同。测试后，取各点 pH 值的算术平均值，作为该土层的 pH 值。

(2) 氧化还原电位：氧化还原电位采用原位测试法。氧化还原电位 E_h 是由标准电位 E_0 和氧化剂与还原剂的活度而决定，而不取决于活度的绝对值。测定方法是以铂电极为指示电极，饱和氯化钾甘汞电极为参比电极进行测试。

操作方法同测定 pH 值时基本相同，但要求电极插入后要平衡 1h。

(3) 极化曲线：在腐蚀原电池中，只要有电流通过电极，就有极化作用产生，极化作用是电流通过后引起电极电流下降，电极反应过程速度降低，腐蚀速度减缓甚至腐蚀终止的现象，极化作用主要取决于电极和土的物理化学性质。

极化曲线采用原位测试法，测试时将两电极的光洁金属面相向平行对立，间距 5cm，插入土中，插入深度不小于 3cm，将土稍压，使电极金属面与土紧密接触。将仪器正极和负极上的导线分别连接在两个电极上，开始时给仪器一个低电流，5min 后仪器自动显示出极化电位差 ΔE（mV）的数值，然后逐步增大电流，则得到相应的极化电位差。通常当 ΔE 达到 600mV 以上时，测试完毕。

将恒定电流除以电极面积，得到电流密度 I_d（mA/cm²），绘制 ΔE-I_d 极化曲线，评价时以极化电位差 ΔE 为 500mV 时的电流密度 I_d（mA/cm²）作为评价标准。

(4) 电阻率：土的电阻率越大，腐蚀程度越低；反之电阻率越小，腐蚀程度越强。土的电阻率通常采用交流四极法测试，测试方法及结果如下：

① 将四支探针按直线等距离排布插入土中，使两相邻探针的距离等于欲测土层的深度 a（m），探针插入深度应为 $0.05a$。

② 将测试仪器水平放置好，调整检流计指针使之在中心线上，再将仪器导线按顺序接在电极上，将倍率尺置于最大倍数上，摇动仪器手柄，同时转动"测量标度盘"和倍率钮，当指针接近平衡位置时，应加快摇动的速度，使其大于 120r/min，调整标度盘，使其指针在中心线上，即可记录数据，测试结果可得地表至 a 深度处的电阻率。

③ 若改变两相邻探针的间距为 b（m），即可测试地表至 b 深度处的电阻率。

④ 在进行上述测量的同时应测量土的温度。

⑤ 土的电阻率（ρ）应按下式计算：

地表至 a 深度处的电阻率（$\Omega \cdot m$）　　$\rho = 2\pi a R$

式中　　a——两探针间的距离（m）；

R——电阻测量仪读数。

同理，若改变两相邻探针的间距为 b（m），即可测试地表至 b 深度处的电阻率：

$$\rho = 2\pi b R$$

⑥ 温度校正

土的温度对电阻率影响较大，土的温度每增加 10℃，电阻率减少 2%，为便于对比，电阻率 ρ 值统一校正至 15℃。

土温度为 15℃时的电阻率　　$\rho_{15} = \rho[1 + \alpha(t - 15)]$

式中　　α——温度系数，一般为 0.02；

t——实测时土的温度（℃），指 0.5m 以下土的温度。

⑦ 结构物埋置深度处电阻率校正

由于土的不均匀性，不同深度处土的电阻率不同，因此需要计算结构物埋置深度处的电阻率，计算公式如下：

结构物埋置深度处土的电阻率（Ω·m）

$$\rho_{(a-b)} = \frac{\rho_a R_b - \rho_b R_a}{R_b - R_a}$$

式中　ρ_a——从地表至 a 深度处土的电阻率（Ω·m）；
　　　ρ_b——从地表至 b 深度处土的电阻率（Ω·m）；
　　　R_a——探针间距为 a（m）时的仪表读数；
　　　R_b——探针间距为 b（m）时的仪表读数。

【注】电阻率法基本原理

不同岩层或同一岩层由于成分和结构等因素的不同而具有不同的电阻率。通过接地电极将直流电供入地下，建立稳定的人工电场，在地表观测某点垂直方向或某剖面的水平方向的电阻率变化，从而了解岩层的分布或地质构造特点。

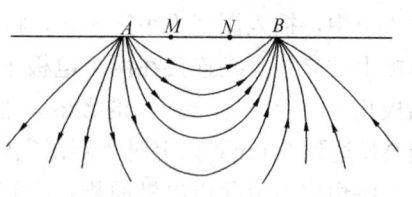

图 3.4-1　均匀介质中电流线分布图

均质各向同性岩层中电流线的分布如图 3.4-1，A、B 为供电电极，M、N 为测量电极，当 A、B 供电时用仪器测出供电电流 I 和 MN 处的电位差 ΔV，则岩层的电阻率按下式计算：

装置系数 K（m），与供电和测量电极间距有关，按下表所列公式计算	
测量电极间（M、N 之间）的电位差 ΔV（mV）	供电回路的电流强度 I（mA）
岩层的电阻率（Ω·m）	
$\rho = K\dfrac{\Delta V}{I}$	
装置系数 K 计算公式	
电探方法	K 计算公式
对称测深、对称剖面	$K = \pi \dfrac{AM \cdot AN}{MN}$
三极测深、三极剖面、联合剖面	$K = 2\pi \dfrac{AM \cdot AN}{MN}$
轴向偶极测深、偶极剖面	$K = \dfrac{2\pi \cdot AM \cdot AN \cdot BM \cdot BN}{MN(AM \cdot AN - BM \cdot BN)}$
赤道偶极测深	$K = \dfrac{AM \cdot AN}{AN - AM}$
双电极剖面	$K = 2\pi \cdot AM$
中间梯度	$K = \dfrac{2\pi \cdot AM \cdot AN \cdot BM \cdot BN}{MN(AM \cdot AN + BM \cdot BN)}$

（5）质量损失

质量损失为室内扰动土的试验项目，采用管罐法。具体试验方法如下：

取钢铁结构物或普通碳素钢，加工成一定规格的钢管，埋置于盛试验土样的铁皮罐中，钢管用导线连接 ZHS-10 型质量损失测定仪的正极，铁皮罐用导线连接仪器的负极，通 6V 直流电使其电解 24h，求电解后钢管损失的质量（g）。

3.5 岩土参数的分析和选定

3.5.1 标准值的计算

《岩土工程勘察规范》14.2
《建筑地基基础设计规范》附录 E

岩土参数的分析和选定解题思维流程总结如下：
非相关性参数（相关系数 $r = 0$）标准值

① 平均值 $\phi_{rm} = \dfrac{\sum_{i=1}^{n} f_{ri}}{n}$	② 标准差 $\sigma_f = \sqrt{\dfrac{\sum_{i=1}^{n} \phi_{ri}^2 - n\phi_{rm}^2}{n-1}}$	③ 变异系数 $\delta = \dfrac{\sigma_f}{\phi_{rm}}$				
④ 统计修正系数 $\gamma_s = 1 \pm \left(\dfrac{1.704}{\sqrt{n}} + \dfrac{4.678}{n^2} \right)\delta$	n	5	6	7	8	9
	$\dfrac{1.704}{\sqrt{n}} + \dfrac{4.678}{n^2}$	0.949	0.826	0.740	0.676	0.626
⑤ 标准值：$\phi_{rk} = \gamma_s \phi_{rm}$						

相关型参数（相关系数 $r \neq 0$）标准值

① 平均值 $\phi_{rm} = \dfrac{\sum_{i=1}^{n} f_{ri}}{n}$	② 标准差 $\sigma_f = \sqrt{\dfrac{\sum_{i=1}^{n} \phi_{ri}^2 - n\phi_{rm}^2}{n-1}}$	③ 变异系数 $\delta = \dfrac{\sigma_f \sqrt{1-r^2}}{\phi_{rm}}$				
④ 统计修正系数 $\gamma_s = 1 \pm \left(\dfrac{1.704}{\sqrt{n}} + \dfrac{4.678}{n^2} \right)\delta$	n	5	6	7	8	9
	$\dfrac{1.704}{\sqrt{n}} + \dfrac{4.678}{n^2}$	0.949	0.826	0.740	0.676	0.626
⑤ 标准值 $\phi_{rk} = \gamma_s \phi_{rm}$						

【注】① 计算变异系数时，$\sigma_f \sqrt{1-r^2}$ 这部分称为剩余标准差，用 σ_r 表示，即
$$\sigma_r = \sigma_f \sqrt{1-r^2}$$
② 统计修正系数 γ_s，公式中正负号按不利组合考虑。一般而言，抗剪强度指标（c，φ）取负值，而孔隙比 e 取正值。

3.5.2 线性内插法

3.5.2.1 单线性内插法

在使用规范过程中，我们经常需要利用规范中的表格确定数值，比如《建筑地基处理技术规范》中表 7.1.8 沉降计算经验系数 ψ_s，即下表所示：

压缩模量当量值 $\overline{E}_s$	4.0	7.0	15.0	20.0	35.0
沉降计算经验系数 ψ_s	1.0	0.7	0.4	0.25	0.2

若已知 $\overline{E}_s = 7.0$，则由表格可查出 $\psi_s = 0.7$，同理已知 $\overline{E}_s = 15.0$，则由表格可查出 $\psi_s = 0.4$。这种情况下，其实压缩模量当量值 $\overline{E}_s$ 和沉降计算经验系数 ψ_s，就可以认为是组成了有序实数对，比如 (7.0, 0.7) (15.0, 0.4) 等。

那么，问题来了，假如已知 $\overline{E}_s = 9.0$，如何根据表格确定 ψ_s 值呢？

一般情况下，我们均使用单线性内插法，它的定义是：已知两个端点有序实数对，比如 (x_1, y_1) 和 (x_2, y_2)，则假定在区间 $[x_1, x_2]$ 范围内任一点 x 和与之对应的 y 之间函数关系 $y = f(x)$ 为直线分布，如图 3.5-1 所示。

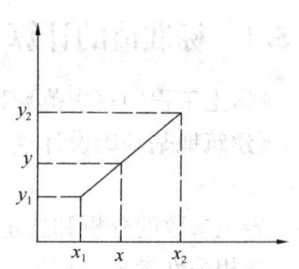

图 3.5-1 单线性内插法示意图

因此就可以得到直线方程

$$y = y_1 + \frac{y_2 - y_1}{x_2 - x_1}(x - x_1) \quad \text{或} \quad x = x_1 + \frac{x_2 - x_1}{y_2 - y_1}(y - y_1)$$

特殊得：当 $x = \dfrac{x_1 + x_2}{2}$，$y = \dfrac{y_1 + y_2}{2}$

利用直线方程的解析式即可求得在区间 $[x_1, x_2]$ 范围内任一对有序实数对。

比如上面的问题，假如已知 $\overline{E}_s = 9.0$，就可以利用邻近的两个端点 (7.0, 0.7) 和 (15.0, 0.4)，用单线性内插法确定 ψ_s 值。

即当 $\overline{E}_s = 9.0$ 时，对应的 $\psi_s = 0.7 + \dfrac{0.4 - 0.7}{15.0 - 7.0}(9.0 - 7.0) = 0.625$。

【注】单线性内插法，必须使用两端最邻近的值进行内插，比如确定 $(9.0, \psi_s)$ 时，必须使用最邻近的端点 (7.0, 0.7) 和 (15.0, 0.4)，而不能使用 (4.0, 1.0) 和 (15.0, 0.4) 或 (7.0, 0.7) 和 (20.0, 0.25)，更不能使用 (4.0, 1.0) 和 (20.0, 0.25) 这两点。

3.5.2.2 双线性内插法

上面压缩模量当量值 $\overline{E}_s$ 与沉降计算经验系数 ψ_s 是一一对应的，或者说 ψ_s 仅和 $\overline{E}_s$ 有关，但规范中很多表格中并不是一一对应的，而是有两个，甚至三个自变量。

比如《建筑地基基础设计规范》中表 5.2.7 地基压力扩散角 θ，即下表所示：

	地基压力扩散角 θ	
E_{s1}/E_{s2}	z/b（中间插值）	
	0.25	0.50
3	6°	23°
5	10°	25°
10	20°	30°

表注：① E_{s1} 为上层土压缩模量；E_{s2} 为下层土压缩模量；
② $z/b < 0.25$ 时取 $\theta = 0°$，必要时，宜由试验确定；$z/b > 0.50$ 时 θ 值不变；
③ z/b 在 0.25 与 0.50 之间可插值使用。

可以看出地基压力扩散角 θ 是由 E_{s1}/E_{s2} 和 z/b 两个因变量共同控制的，也就是说查表时，必须同时知道 E_{s1}/E_{s2} 和 z/b，才能根据表格查得 θ。若 $E_{s1}/E_{s2} = 3$，$z/b = 0.25$ 则可以直接查表得 $\theta = 6°$；若 $E_{s1}/E_{s2} = 5$，$z/b = 0.50$ 则可以直接查表得 $\theta = 25°$。那么，

3.5 岩土参数的分析和选定

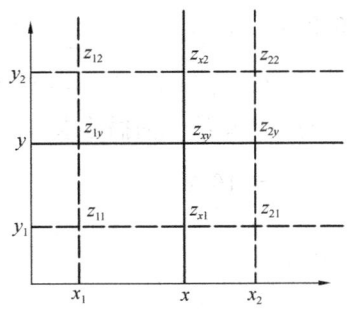

图 3.5-2 双线性内插法示意图

若 $E_{s1}/E_{s2}=4$，$z/b=0.40$，所对应的 θ 值如何确定呢？

此时就需要使用双线性内插法，所谓双线性内插法，在数学上，是指有两个变量的函数 $z=f(x,y)$ 的线性插值扩展，其核心思想是在两个方向分别进行一次单线性内插（如上文所示）。如图 3.5-2 所示。

已知 $z_{11}=f(x_1,y_1)$，$z_{21}=f(x_2,y_1)$，$z_{12}=f(x_1,y_2)$，$z_{22}=f(x_2,y_2)$，当 $x_1 \leqslant x \leqslant x_2$，且 $y_1 \leqslant y \leqslant y_2$，求 $z_{xy}=f(x,y)$ 的值。此时，利用双线性内插法有两种思路，如图 3.5-2 所示。

其一：先利用 $z_{11}=f(x_1,y_1)$ 和 $z_{21}=f(x_2,y_1)$、$z_{12}=f(x_1,y_2)$ 和 $z_{22}=f(x_2,y_2)$ 两组数据中 y_1,y_2 是不变的，在 x 方向使用单线性内插法求得 z_{x1} 和 z_{x2}，计算公式分别为：

$$z_{x1}=f(x,y_1)=z_{11}+\frac{z_{21}-z_{11}}{x_2-x_1}(x-x_1)\,;\ z_{x2}=f(x,y_2)=z_{12}+\frac{z_{22}-z_{12}}{x_2-x_1}(x-x_1)$$

然后根据 $z_{x1}=f(x,y_1)$，$z_{x2}=f(x,y_2)$ 中 x 不变，在 y 方向使用单线性内插法求得 z_{xy}，即最终可得 $z_{xy}=z_{x1}+\dfrac{z_{x2}-z_{x1}}{y_2-y_1}(y-y_1)$

其二：先利用 $z_{11}=f(x_1,y_1)$ 和 $z_{12}=f(x_1,y_2)$、$z_{21}=f(x_2,y_1)$ 和 $z_{22}=f(x_2,y_2)$ 两组数据中 x_1,x_2 是不变的，在 x 方向使用单线性内插法求得 z_{1y} 和 z_{2y}，计算公式分别为：

$$z_{1y}=f(x_1,y)=z_{11}+\frac{z_{12}-z_{11}}{y_2-y_1}(y-y_1)\,;\ z_{2y}=f(x_2,y)=z_{21}+\frac{z_{22}-z_{21}}{y_2-y_1}(y-y_1)$$

然后根据 $z_{1y}=f(x_1,y)$，$z_{2y}=f(x_2,y)$ 中 y 不变，在 x 方向使用单线性内插法求得 z_{xy}，即最终可得 $z_{xy}=z_{1y}+\dfrac{z_{2y}-z_{1y}}{x_2-x_1}(x-x_1)$

特殊得：当 $x=\dfrac{x_1+x_2}{2}$，$y=\dfrac{y_1+y_2}{2}$ 时，$z_{xy}=\dfrac{z_{11}+z_{12}+z_{21}+z_{22}}{4}$

比如上面的问题，若 $E_{s1}/E_{s2}=4$，$z/b=0.40$，所对应的 θ 值如何确定呢？这里为了便于表达，姑且把地基压力扩散角 θ 与 E_{s1}/E_{s2} 和 z/b 的关系写出函数表达式，即 $\theta=f(E_{s1}/E_{s2},z/b)$，问题就转化为需要求 $\theta=f(4,0.40)$。由表格我们可以知道，最邻近有序实数对分别为 $\theta=f(3,0.25)=6°$，$\theta=f(5,0.25)=10°$，$\theta=f(3,0.50)=23°$，$\theta=f(5,0.50)=25°$，此时如上所示，也有两种处理思路：

其一：先利用 $\theta=f(3,0.25)=6°$ 和 $\theta=f(5,0.25)=10°$、$\theta=f(3,0.50)=23°$ 和 $\theta=f(5,0.50)=25°$ 两组数据中 z/b 是不变的，在 E_{s1}/E_{s2} 方向使用单线性内插法求得

$$\theta=f(4,0.25)=6°+\frac{10°-6°}{5-3}(4-3)=8°$$

$$\theta=f(4,0.50)=23°+\frac{25°-23°}{5-3}(4-3)=24°$$

然后在 z/b 方向使用单线性内插法，最终求得

$$\theta = f(4, 0.40) = 8° + \frac{24° - 8°}{0.50 - 0.25}(0.40 - 0.25) = 17.6°$$

其二：先利用 $\theta = f(3, 0.25) = 6°$ 和 $\theta = f(3, 0.50) = 23°$、$\theta = f(5, 0.25) = 10°$ 和 $\theta = f(5, 0.50) = 25°$ 两组数据中 E_{s1}/E_{s2} 是不变的，z/b 在方向使用单线性内插法求得

$$\theta = f(3, 0.40) = 6° + \frac{23° - 6°}{0.50 - 0.25}(0.40 - 0.25) = 16.2°$$

$$\theta = f(5, 0.40) = 10° + \frac{25° - 10°}{0.50 - 0.25}(0.40 - 0.25) = 19°$$

然后在 E_{s1}/E_{s2} 方向使用单线性内插法，最终求得

$$\theta = f(4, 0.40) = 16.2° + \frac{19° - 16.2°}{5 - 3}(4 - 3) = 17.6°$$

【注】① 可以看出双线性内插法，共需进行3次单线性内插，在一个变量方向进行两次，然后在另一个变量方向再进行一次。

② 双线性内插法最终结果，与首先选择的插值方向无关。

③ 必须使用最邻近的四个有序实数对进行内插。

3.6 岩石和岩体基本性质和指标

3.6.1 岩石基本性质和指标

3.6.1.1 岩石的坚硬程度及饱和单轴抗压强度

《工程岩体分级标准》3.3 及附录 A；

《岩土工程勘察规范》3.2.1～3.1.3；

《工程岩体试验方法标准》2.7、2.13

(1) 由单轴压缩强度试验确定——《工程岩体试验方法标准》2.7

每一次试验			
圆柱体试件直径 D (mm)	试件高度 H (mm)	截面积 A_p (mm²)	破坏荷载 P (N)
确定为标准试件 直径 D 宜为 48～54mm；试件高度 H 与直径 D 之比宜为 2.0～2.5。则 $R_c = \frac{P}{A}$		非标准试件测定的饱和单轴抗压强度 R'_c 需进行换算 $R_c = \frac{8R'_c}{7 + \frac{2D}{H}}$，其中 $R'_c = \frac{P}{A}$	
多次测量取平均值（MPa）$R_c = \frac{\Sigma R_{ci}}{n}$			

(2) 点荷载试验换算饱和抗压强度——《工程岩体试验方法标准》2.13

所施加的极限荷载 p (N)	
径向试验	轴向、方块或不规则块体试验
加荷点间距 D = 试验岩心直径(圆形)	加荷点间距 D = 试验岩心长度 通过两加荷点最小截面宽度 W

3.6 岩石和岩体基本性质和指标

续表

判断是否发生贯入：	发生贯入 → 试件破坏瞬间加荷点间距 D'
	未发生贯入 → 不考虑

等价岩心直径 $D_e = D$ 或 $= \sqrt{DD'}$	等价岩心直径 $D_e = \sqrt{\dfrac{4WD}{\pi}}$ 或 $= \sqrt{\dfrac{4WD'}{\pi}}$
未经修正的岩石点荷载强度（MPa）$I_s = \dfrac{P}{D_e^2}$	尺寸效应修正系数 $K_d = \left(\dfrac{D_e}{50}\right)^m$
	m 为修正指数，可取 0.40～0.45，一般给出
相当于加荷点间距为 50mm 时，岩石点荷载强度 $I_{s(50)} = K_d I_s$	
饱和单轴抗压强度（MPa）$R_c = 22.82 \cdot I_{s(50)}^{0.75}$	

（3）岩石坚硬程度据饱和单轴抗压强度 R_c 查表确定——《工程岩体分级标准》3.3

岩石坚硬程度	硬质岩		软质岩		
	坚硬岩	较硬岩	较软岩	软岩	极软岩
饱和单轴抗压强度 R_c（MPa）	$R_c > 60$	$60 \geqslant R_c > 30$	$30 \geqslant R_c > 15$	$15 \geqslant R_c > 5$	$5 \geqslant R_c$

【注】《工程岩体分级标准》附录 A 与其内容近似，考生可自行参阅。

3.6.1.2 岩石风化程度分类

《岩土工程勘察规范》附录 A.0.3

岩石风化程度分类解题思维流程总结如下：

波速比 k_v	$= \dfrac{\text{风化岩石压缩波（纵波）波速}}{\text{新鲜岩石压缩波（纵波）波速}}$	
风化系数 k_f	$= \dfrac{\text{风化岩石饱和单轴抗压强度}}{\text{新鲜岩石饱和单轴抗压强度}}$	（与饱和单轴抗压强度 $R_c = 22.82 \cdot I_{s(50)}^{0.75}$ 相联系）
风化程度判断	花岗岩	采用标贯击数 N（平均值）划分
		$N<30$ 残积土；$30 \leqslant N < 50$ 全风化；$50 \leqslant N$ 强风化
	泥岩和半成岩	可不进行风化程度划分
	其他岩石	据波速比 k_v 和风化系数 k_f 查下表确定

风化情况	未风化	微风化	中等风化	强风化	全风化	残积土
波速比 k_v	0.9～1.0	0.8～0.9	0.6～0.8	0.4～0.6	0.2～0.4	<0.2
风化系数 k_f	0.9～1.0	0.8～0.9	0.4～0.8	<0.4	—	—

根据野外特征定量判断：

未风化	岩质新鲜，偶见风化痕迹
微风化	结构基本未变，仅节理面有渲染或略有变色，有少量风化裂隙
中等风化	结构部分破坏，沿节理面有次生矿物，风化裂隙发育，岩体被切割成岩块。用镐难挖，岩芯钻方可钻进
强风化	结构大部分破坏，矿物成分显著变化，风化裂隙很发育，岩体破碎，用镐可挖，干钻不易钻进
全风化	结构基本破坏，但尚可辨认，有残余结构强度，可用镐挖，干钻可钻进
残积土	结构组织全部破坏，已风化成土状，锹镐易挖掘，干钻易钻进，具可塑性

3.6.1.3 岩石质量指标 RQD

《岩土工程勘察规范》3.2.5

岩石质量指标 RQD：用直径为 75mm 的金刚石钻头和双层岩芯管在钻石中钻进，连续取芯，回次钻进（指每次进尺）所取的岩芯中，长度大于 10cm（等于 10cm 不算）的岩芯长度之和与该回次进尺之比（以百分数表示）。

RQD	>90	75~90	50~75	25~50	<25
岩体分类	好的	较好的	较差的	差的	极差的

3.6.1.4 岩石的软化性和吸水性

《岩土工程勘察》3.2.4

岩石的软化性是指岩石耐风化、耐水浸的能力。其软化程度主要根据软化系数 η 进行判断。

岩石饱和单轴抗压强度标准值 $\overline{R}_w$ (MPa)		岩石干燥时单轴抗压强度标准值 $\overline{R}_d$ (MPa)	
软化系数 $\eta = \dfrac{\overline{R}_w}{\overline{R}_d}$			
岩石软化程度	$\eta \leqslant 0.75$ 软化岩石		$\eta > 0.75$ 不软化

岩石吸水性——《工程岩体试验方法标准》2.4

岩石的吸水性（饱和系数）：岩石的吸水率与饱和吸水率之比称为岩石的饱和系数。饱和系数可以作为岩石耐冻性的间接指标，饱和系数愈大，岩石的耐冻性愈差。

烘干试样质量 m_s(g)	试样浸水 48h 后质量 m_0(g)	试样经强制饱和后的质量 m_p(g)
岩石的吸水率	岩石的饱和吸水率	饱和系数
$w_a = \dfrac{m_0 - m_s}{m_s} \times 100\%$	$w_{sa} = \dfrac{m_p - m_s}{m_s} \times 100\%$	$K_w = \dfrac{w_a}{w_{sa}}$

3.6.2 岩体基本性质和指标

3.6.2.1 岩体的完整程度

《工程岩体分级标准》3.3，附录 B 及条文说明

《岩土工程勘察》3.2.2

《水运工程岩土勘察规范》4.1.2，附录 A

（1）直接按完整性指数 K_v 进行判断

岩体弹性纵波（压缩波）速度 V_{pm}(km/s)		岩石弹性纵波（压缩波）速度 V_{pr}(km/s)		
完整性指数 $K_v = (V_{pm}/V_{pr})^2$				
完整程度	完整	较完整	较破碎	破碎	极破碎
完整性指数 K_v	>0.75	[0.75, 0.55)	[0.55, 0.35)	[0.35, 0.15)	≤0.15

3.6 岩石和岩体基本性质和指标

【注】

区别	
波速比 $k_v = \dfrac{\text{风化岩石压缩波（纵波）波速}}{\text{新鲜岩石压缩波（纵波）波速}}$	判定岩石风化程度
风化系数 $k_f = \dfrac{\text{风化岩石饱和单轴抗压强度}}{\text{新鲜岩石饱和单轴抗压强度}}$	
软化系数 $\eta = \dfrac{\text{岩石饱和单轴抗压强度}}{\text{岩石干燥时单轴抗压强度}}$	判定岩石软化程度
完整性指数 $K_v = \left(\dfrac{\text{岩体弹性纵波（压缩波）波速}}{\text{岩块弹性纵波（压缩波）波速}}\right)^2$	判定岩体完整程度等，作用较大

（2）岩体体积节理数 J_v 判断

岩体体积节理数 J_v 是指每立方米岩体体积内的结构面数目。当无条件取得实测值时，也可用岩体体积节理数 J_v，并按下表确定对应的 K_v 值。

J_v 与 K_v 的对应关系

J_v（条/m³）	<3	3～10	10～20	20～35	≥35
K_v	>0.75	0.75～0.55	0.55～0.35	0.35～0.15	≤0.15
完整程度	完整	较完整	较破碎	破碎	极破碎

$$J_v = \sum_{i=1}^{n} S_i + S_0, i = 1, \cdots, n。$$

岩体体积节理数 J_v 值的测量方法规范推荐使用直接测量法和间距法。直接测量法是直接数出单位体积岩体中的结构面数；间距法是通过测量岩体中各组结构面的间距，并以其平均值计算岩体单位体积中结构面的条数。

间距法解题思维流程总结如下：

① 测线布置：应水平布置，测线长度不宜小于5m；根据具体情况，可增加垂直测线，垂直测线长度不宜小于2m。

② 应对与测线相交的各结构面迹线交点位置及相应结构面产状进行编录，并根据产状分布情况对结构面进行分组。

③ 应对测线上同组结构面沿测线方向间距进行测量与统计，获得沿测线方向视间距。应根据结构面产状与测线方位，计算该组结构面沿法线方向的真间距，其算术平均值的倒数即为该组结构面沿法向每米长结构面的条数。
即按以上原则第 i 组结构面沿法向每米长结构面的条数 S_i

④ 对迹线长度大于1m的分散节理应予以统计，已为硅质、铁质、钙质胶结的节理不应参与统计。

⑤ 每立方米岩体非成组节理条数 S_0

岩体体积节理数（条/m³）$J_v = \sum_{i=1}^{n} S_i + S_0, i = 1, \cdots, n$

n 为统计区域内结构面组数

3.7 工程岩体分级

**《工程岩体分级标准》GB/T 50218—2014
条文及条文说明重要内容简介及本书索引**

规范条文		条文重点内容	条文说明重点内容	相应重点学习和要结合的本书具体章节
1 总则				自行阅读
2 术语和符号	2.1 术语			自行阅读
	2.2 符号			自行阅读
3 岩体基本质量的分级因素	3.1 分级因素及其确定方法	均为重点		自行阅读
	3.2 分级因素的定性划分	均为重点	3.2.3 理解主要结构面的含义 表3 岩体结构分类 表4 结构面张开度划分	自行阅读
	3.3 分级因素的定量指标	均为重点 附录A R_c、$I_{s(50)}$测试的规定 附录B K_v、J_v测试的规定	表8 国内岩石坚硬程度划分汇总表 表9 国内岩体完整性指数K_v划分情况汇总表	3.6.1.1 岩石的坚硬程度及饱和单轴抗压强度 3.6.2.1 岩体的完整程度
4 岩体基本质量分级	4.1 基本质量级别的确定	均为重点 附录D 岩体及结构面物理力学参数		
	4.2 基本质量的定性特征和基本质量指标	均为重点		
5 工程岩体级别的确定	5.1 一般规定	均为重点 附录C 岩体初始应力场评估		3.7.2 岩体基本质量指标BQ和指标修正值[BQ]
	5.2 地下工程岩体级别的确定	均为重点 附录E 工程岩体自稳能力	表10 地下洞室围岩出水状态的描述汇总表 表12 地下水影响修正系数汇总	
	5.3 边坡工程岩体级别的确定	均为重点 附录E 工程岩体自稳能力	5.3.2 中BQ和RMR之间公式	
	5.4 地基工程岩体级别的确定	均为重点	表14~表21 岩石地基承载力汇总	

3.7.1 按岩石坚硬程度和岩体完整程度定性划分

《岩土工程勘察规范》3.2.2

岩体基本质量等级分类可按岩石坚硬程度和岩体完整程度定性划分，具体如下表所示。

岩体基本质量等级

坚硬程度\完整程度	完整	较完整	较破碎	破碎	极破碎
坚硬岩	I	II	III	IV	V
较硬岩	II	III	IV	IV	V
较软岩	III	IV	IV	V	V
软岩	IV	IV	V	V	V
极软岩	V	V	V	V	V

【注】①岩石的坚硬程度和岩体的完整程度可分别根据岩石饱和单轴抗压强度 f_r 和完整性指数 K_v 定量判断（具体可见"3.6.1.1 岩石的坚硬程度及饱和单轴抗压强度"和"3.6.2.1 岩体的完整程度"）。当缺乏有关试验数据时，可按《岩土工程勘察规范》附录 A 表 A.0.1 和表 A.0.2 划分岩石的坚硬程度和岩体的完整程度。岩石风化程度的划分可按《岩土工程勘察规范》附录 A 表 A.0.3 执行。

② 举例：（a）花岗岩，微风化：为较硬岩，完整，质量基本等级为 II 级；
（b）片麻岩，中等风化：为较软岩，较破碎，质量基本等级 IV 级；
（c）泥岩，微风化：为软岩，较完整，质量基本等级为 IV 级；
（d）砂岩（第三纪），微风化：为极软岩，较完整，质量基本等级为 V 级；
（e）糜棱岩（断层带）：极破碎，质量基本等级为 V 级。

3.7.2 岩体基本质量指标 BQ 和指标修正值 [BQ]

《工程岩体分级标准》4，5，附录 D

岩体基本质量级别，按照指标 BQ 值（地基工程），或修正值 [BQ]（地下工程和边坡工程）定量判断。以下是判断流程。

> 首先确定工程类型：地基工程，地下工程或边坡工程；
> 地基工程仅需计算 BQ 值，据此判断；
> 地下工程或边坡工程还需对 BQ 值进行修正，根据修正值 [BQ] 进行判断。

（1）BQ 值的计算及基础工程的判断

岩石饱和单轴抗压强度 R_c（MPa）可根据点荷载试验确定	岩体完整性指数 $K_v = (V_{pm}/V_{pr})^2$

3 岩土勘察专题

续表

调整：$R_c = \min[90K_v + 30, R_c]$		调整：$K_v = \min[0.04R_c + 0.4, K_v]$			
$BQ = 100 + 3R_c + 250K_v$					
岩体基本质量级别	Ⅰ	Ⅱ	Ⅲ	Ⅳ	Ⅴ
BQ（基础）	>550	451~550	351~450	251~350	≤250
基础工程各级岩体承载力 f_0 (MPa)	>7.0	7.0~4.0	4.0~2.0	2.0~0.5	≤0.5

（2）地下工程修正值 [BQ] 的计算及判断

根据地下水情况查 K_1	规范表 5.2.2-1
根据软弱结构面情况查 K_2	规范表 5.2.2-2
根据初始应力状态查 K_3	规范表 5.2.2-3
则修正值 $[BQ] = BQ - 100(K_1 + K_2 + K_3)$	

岩体基本质量级别	Ⅰ	Ⅱ	Ⅲ	Ⅳ	Ⅴ
修正值 [BQ]（地下工程）	>550	451~550	351~450	251~350	≤250

规范表 5.2.2-1　地下工程地下水影响系数 K_1

地下水出水状态	BQ				
	>550	550~451	450~351	350~251	≤250
潮湿或点滴状出水，$p ≤ 0.1$ 或 $Q ≤ 25$	0	0	0~0.1	0.2~0.3	0.4~0.6
淋雨状或线流状出水，$0.1 < p ≤ 0.5$ 或 $25 < Q ≤ 125$	0~0.1	0.1~0.2	0.2~0.3	0.4~0.6	0.7~0.9
涌流状出水，$0.5 < p$ 或 $125 < Q$	0.1~0.2	0.2~0.3	0.4~0.6	0.7~0.9	1.0

注：① p 为地下工程围岩裂隙水压力；
② Q 为每10m洞长出水量（L/min·10m）（注意其单位，如果题目给的每米洞长出水量，要乘10）。

规范表 5.2.2-2　地下工程主要结构面产状影响系数 K_2

结构面产状及其与洞轴线的组合关系	结构面走向与洞轴线夹角<30°；结构面倾角 30°~75°	结构面走向与洞轴线夹角>60°；结构面倾角>75°	其他组合
K_2	0.4~0.6	0~0.2	0.2~0.4

规范表 5.2.2-3　地下工程初始状态影响修正系数 K_3

围岩强度应力比 $\dfrac{R_c}{\sigma_{\max}}$	BQ				
	>550	550~451	450~351	350~251	≤250
<4	1.0	1.0	1.0~1.5	1.0~1.5	1.0
4~7	0.5	0.5	0.5	0.5~1.0	0.5~1.0

注：$\sigma_{\max}$ 为垂直洞轴线方向的最大初始应力（MPa）。

（3）边坡工程修正值 [BQ] 的计算及判断

主要结构面类型与延伸性修正系数 λ	规范表 5.3.2-1
根据地下水情况查地下水影响修正系数 K_4	规范表 5.3.2-2

续表

根据主要结构面倾向与边坡倾向关系查 F_1	规范表 5.3.2-3	计算边坡工程主要结构面产状影响修正系数 $K_5 = F_1 \times F_2 \times F_3$
根据主要结构面倾角查 F_2		
根据主要结构面倾角与边坡倾角关系查 F_3		
则修正值 $[BQ] = BQ - 100(K_4 + \lambda K_5)$		

岩体基本质量级别	Ⅰ	Ⅱ	Ⅲ	Ⅳ	Ⅴ
修正值 [BQ](边坡工程)	>550	451~550	351~450	251~350	≤250

规范表 5.3.2-1 边坡工程主要结构面类型与延伸性修正系数 λ

断层、夹泥层	层面、贯通性较好的节理和裂隙	断续节理和裂隙
1.0	0.9~0.8	0.7~0.6

规范表 5.3.2-2 边坡工程地下水影响修正系数 K_4

边坡地下水发育程度	BQ				
	>550	550~451	450~351	350~251	≤250
潮湿或点滴状出水，$p_w \leq 0.2H$	0	0	0~0.1	0.2~0.3	0.4~0.6
线流状出水，$0.2H < p_w \leq 0.5H$	0~0.1	0.1~0.2	0.2~0.3	0.4~0.6	0.7~0.9
涌流状出水，$0.5H < p_w$	0.1~0.2	0.2~0.3	0.4~0.6	0.7~0.9	1.0

注：① p_w 为边坡坡内潜水或承压水头 (m)；
② H 为边坡高度 (m)。

规范表 5.3.2-3 边坡工程主要结构面产状影响修正系数

序号	条件与修正系数	影响程度划分				
		轻微	较小	中等	显著	很显著
1	结构面倾向与边坡坡面倾向间的夹角 (°)	>30	30~20	20~10	10~5	≤5
	F_1	0.15	0.40	0.70	0.85	1.0
2	结构面倾角 (°)	<20	20~30	30~35	35~45	≥45
	F_2	0.15	0.40	0.70	0.85	1.0
3	结构面倾角与边坡坡面倾角之差 (°)	>10	10~0	0	0~-10	≤-10
	F_3	0	0.2	0.8	2.0	2.5

注：表中负值表示结构面倾角小于坡面倾角，在坡面出露。

3.7.3 围岩工程地质分类

围岩工程地质分类在各行业规范中很不统一，但基本原则都是根据岩石坚硬程度、岩体完整程度、岩石风化程度、岩体结构类型、地下水以及强度应力比等因素查表进行确定。所以具体题目一定要根据指定的规范或所涉及的工程类别进行解答。

公路工程围岩工程地质分类，见本书 14 公路工程专题。

铁路工程围岩工程地质分类，见本书 15 铁路工程专题。

水利水电工程围岩工程地质分类，见本书 16 水利水电水运工程专题。

3.8 建筑工程地质勘探与取样技术

《建筑工程地质勘探与取样技术规程》JGJ/T 87—2012 本书中不再详细讲解，一定要根据下表自行学习，要做到复习的全面性。

《建筑工程地质勘探与取样技术规程》JGJ/T 87—2012 条文及条文说明重要内容简介及本书索引

规范条文		条文重点内容	条文说明重点内容	相应重点学习和要结合的本书具体章节
1 总则				自行阅读
2 术语				自行阅读
3 基本规定				自行阅读
4 勘探点位测设				自行阅读
5 钻探	5.1 一般规定			自行阅读
	5.2 钻孔规格	表5.2.2 钻孔成孔口径 附录A 工程地质钻孔口径及钻具规格		自行阅读
	5.3 钻进方法	表5.3.1 钻进方法 5.3.6 RQD相关要求 附录B 岩土可钻性分级，普氏坚固系数的计算		自行阅读
	5.4 冲洗液和护壁堵漏			自行阅读
	5.5 采取鉴别土样及岩芯	表5.5.1 岩芯采取率	5.5.1 中汇总了各规范的岩芯采取率	自行阅读
6 钻孔取样	6.1 一般规定	表6.1.1 土试样质量等级 附录C 不同等级土试样的取样工具适宜性 附录D 取土器技术标准 附录E 各类取土器结构示意图		3.2.3 岩土试样的采取
	6.2 钻孔取土器			3.2.1 取土器技术标准
	6.3 贯入式取样			自行阅读
	6.4 回转式取样			自行阅读

续表

规范条文		条文重点内容	条文说明重点内容	相应重点学习和要结合的本书具体章节
7	井探、槽探和洞探	附录F 探井、探槽、探洞剖面展开图式		自行阅读
8	探井、探槽和探洞取样			自行阅读
9 特殊性岩土	9.1 软土			自行阅读
	9.2 膨胀岩土			自行阅读
	9.3 湿陷性土			自行阅读
	9.4 多年冻土			自行阅读
	9.5 污染土			自行阅读
10 特殊场地	10.1 岩溶场地			自行阅读
	10.2 水域钻探			自行阅读
	10.3 冰上钻探			自行阅读
11	地下水位量测及取水试样			自行阅读
12	岩土样现场检验、封存及运输			自行阅读
13	钻孔、探井、探槽和探洞回填			自行阅读
14 勘探编录与成果	14.1 勘探现场记录	附录G 岩土的现场鉴别 附录H 钻孔现场记录表式		自行阅读
	14.2 勘探成果	附录J 现场钻孔柱状图式		自行阅读

3.9 高层建筑岩土工程勘察

《高层建筑岩土工程勘察标准》JGJ/T 72—2017 本书中不再详细讲解，一定要根据下表自行学习，要做到复习的全面性。

《高层建筑岩土工程勘察标准》JGJ/T 72—2017 条文及条文说明重要内容简介及本书索引

规范条文		条文重点内容	条文说明重点内容	相应重点学习和要结合的本书具体章节
1 总则				自行阅读
2 术语和符号	2.1 术语			自行阅读
	2.2 符号			自行阅读
3 基本规定		表3.0.2 高层建筑岩土工程勘察等级划分		自行阅读
4 勘察方案	4.1 一般规定			自行阅读
	4.2 天然地基	4.2.2 高层建筑详细勘察阶段勘探孔的深度		自行阅读

续表

规范条文		条文重点内容	条文说明重点内容	相应重点学习和要结合的本书具体章节
4 勘察方案	4.3 桩基	4.3.3 端承型桩勘探孔的深度 4.3.4 摩擦型桩勘探点的深度		自行阅读
	4.4 复合地基			自行阅读
	4.5 基坑工程			自行阅读
5 地下水勘察				自行阅读
6 室内试验		附录A 回弹模量和回弹再压缩模量室内试验要点		1.4.8 回弹曲线和再压缩曲线
7 原位测试		表7.0.4 原位测试项目	7.0.1 根据不同深度的十字板不排水强度值确定直剪固结快剪的抗剪强度指标算例	自行阅读
8 岩土工程评价	8.1 工场地稳定性评价			自行阅读
	8.2 天然地基评价	8.2.3 不均匀的地基的判定 附录B 天然地基极限承载力估算 8.2.8 采用旁压试验成果估算岩性均一土层的竖向地基承载力 8.2.11 分层预测超固结土、正常固结土和欠固结土的基础沉降 附录C 用变形模量E_0估算天然和复合地基最终沉降量	8.2.3 地基不均匀系数计算算例 8.2.8 中表13 极限承载力安全系数K取值建议	3.3.6 旁压试验 1.5.4 $e\sim\lg p$ 曲线计算沉降
	8.3 桩基评价	8.3.9 单桩竖向承载力特征值 8.3.12 对嵌入中等风化和微风化岩石中的嵌岩灌注桩,可根据岩石的坚硬程度、单轴抗压强度和岩体完整程度估算单桩极限承载力 8.3.13 预制桩根据旁压试验曲线确定桩周土极限侧阻力和极限端阻力 附录D 标准贯入试验成果估算预制桩竖向极限承载力 附录E 大直径桩端阻力载荷试验要点 附录F 原位测试参数估算群桩基础最终沉降量	附录F 中算例	7.1 各种桩型单桩竖向极限承载力标准值

续表

规范条文		条文重点内容	条文说明重点内容	相应重点学习和要结合的本书具体章节
8 岩土工程评价	8.4 复合地基评价	8.4.6 高层建筑复合地基的变形计算	8.4.6 沉降计算算例	自行阅读
	8.5 高低层建筑差异沉降评价			自行阅读
	8.6 地下室抗浮评价	8.6.9 初步设计时，抗浮桩的单桩抗拔极限承载力 8.6.10 群桩可能发生整体破坏时，单桩的抗拔极限承载力 8.6.11 抗浮桩抗拔承载力特征值 8.6.12 抗浮锚杆承载力特征值 附录G 抗浮桩和抗浮锚杆抗拔静载荷试验要点		7.7 桩基抗拔承载力
	8.7 基坑工程评价			自行阅读
9 检验和监测	9.1 设计参数检验	附录H 竖向和水平向基准基床系数载荷试验要点		自行阅读
	9.2 施工检验			自行阅读
	9.3 现场监测			自行阅读
10 特级勘察		10.0.4 特级勘察勘探点深度 10.0.8 基础埋深较大时，地基的回弹变形量 s_r、地基的回弹再压缩量 s_{rc} 估算 附录J 回弹变形和回弹再压缩变形计算用表	10.0.8 中回弹计算算例	自行阅读
11 岩土工程勘察报告	11.1 一般规定			自行阅读
	11.2 勘察报告主要内容和要求			自行阅读
	11.3 图表及附件			自行阅读

4　土工试验及工程岩体试验专题

本专题依据的主要规范及教材

《土工试验方法标准》GB/T 50123—2019
《工程岩体试验方法标准》GB/T 50266—2013

土工试验和工程岩体试验这两本规范，每年必考，出题数为 2 道题左右，这本规范的重点内容已经分散在"3 岩土勘察专题"，其余内容根据下面的表格"《土工试验方法标准》GB/T 50123—2019 条文及条文说明重要内容简介及本书索引"和"《工程岩体试验方法标准》GB/T 50266—2013 条文及条文说明重要内容简介及本书索引"全面学习。

4.1 土 工 试 验

**《土工试验方法标准》GB/T 50123—2019
条文及条文说明重要内容简介及本书索引**

	规范条文	条文重点内容	条文说明重点内容	相应重点学习和要结合的本书具体章节
1	总则	附录A 试验资料的整理与试验报告 附录B 土样的要求与管理 附录C 土的工程分类		3.5.1 标准值的计算 1.1.5 土的工程分类
2	术语和符号			自行阅读
3	基本规定			自行阅读
4	试样制备和饱和	4.7 计算和记录		注意公式的理解，与三相比换算相结合
5	含水率试验			1.1.7.1 含水率试验
6	密度试验			1.1.7.2 密度试验
7	比重试验	公式（7.2.4-1）、（7.2.4-2） 公式（7.3.3）～（7.3.7） 公式（7.4.3）		1.1.7.3 土粒相对密度试验
8	颗粒分析试验	公式（8.3.3-1）、（8.3.3-2） 公式（8.3.4-1）～（8.3.4-4） 公式（8.3.5-1）、（8.3.5-2） 公式（8.4.3）	8.4.3 中计算公式	1.1.1 土的颗粒特征
9	界限含水率试验	公式（9.3.3）、（9.4.3）		1.1.3.3 黏性土的稠度及相关试验
10	崩解试验	公式（10.0.4）		自行阅读
11	毛管水上升高度试验			自行阅读
12	相对密度试验			1.1.3.1 无黏性土的密实度及相关密度试验
13	击实试验	公式（13.4.1）～（13.4.3）		1.1.6 土的压实性及相关试验
14	承载比试验	公式（14.3.2） 公式（14.4.1-1）、（14.4.1-2）		自行阅读
15	回弹模量试验	公式（15.2.3）		自行阅读
16	渗透试验			1.2.6.1 室内渗透试验
17	固结试验	公式（17.2.7） 公式（17.3.3） 公式（17.4.3-1）、（17.4.3-2）		1.4 固结试验及压缩性指标

续表

规范条文	条文重点内容	条文说明重点内容	相应重点学习和要结合的本书具体章节
18 黄土湿陷试验			12.1.2 黄土湿陷性指标
19 三轴压缩试验	19.8 计算、制图和记录	19.1 中计算公式 19.6 中剪切应变速率计算公式	1.7.4.2 三轴试验 1.7.6.2 三轴试验指标
20 无侧限抗压强度试验	20.4 计算、制图和记录		1.7.4.3 无侧限抗压强度试验 1.7.6.3 无侧限试验指标
21 直接剪切试验	21.4 计算、制图和记录		1.7.4.1 直剪试验 1.7.6.1 直剪试验指标
22 排水反复直接剪切试验	公式（22.4.1）	22.1.1 中计算公式	自行阅读
23 无黏性休止角试验	公式（23.4.1-1）、（23.4.1-2）		自行阅读
24 自由膨胀率试验	公式（24.4.1）		12.2.1 膨胀土工程特性指标
25 膨胀率试验	公式（25.2.3）～（25.2.5） 公式（25.3.3）		12.2.1 膨胀土工程特性指标
26 收缩试验	公式（26.4.1）～（26.4.4）		12.2.1 膨胀土工程特性指标
27 膨胀力试验	公式（27.4.1）		12.2.1 膨胀土工程特性指标
28 土的静止侧压力系数试验	28.4 计算、制图和记录	28 中对静止侧压力系数定义的说明公式	1.3.2 自重应力 1.8.1 朗肯土压力
29 振动三轴试验	29.4 计算、制图和记录		自行阅读
30 共振柱试验	30.4 计算、制图和记录	30.4 中计算公式补充	自行阅读
31 土的基床系数试验	公式（31.3.3-1）、（31.3.3-2） 31.4 计算、制图和记录		自行阅读
32 冻土含水率试验	公式（32.2.3） 公式（32.3.3）	32.2.3 中计算公式 32.3.2 中计算公式	1.1.7.1 含水率试验
33 冻土密度试验	公式（33.2.3-1）、（33.2.3-2） 公式（33.2.4） 公式（33.3.3-1）～（33.3.3-2） 公式（33.5.3-1）～（33.5.3-2）		自行阅读
34 冻结温度试验	34.4 计算、制图和记录		自行阅读
35 冻土导热系数试验	35.4 计算和记录		自行阅读

续表

规范条文	条文重点内容	条文说明重点内容	相应重点学习和要结合的本书具体章节
36 冻土的未冻含水率试验	36.4 计算、制图和记录		自行阅读
37 冻胀率试验	公式（37.4.1）	37.1.1 中表冻胀性分级表	自行阅读
38 冻土融化压缩试验	38.4 计算、制图和记录		自行阅读
39 原位冻土融化压缩试验	39.4 计算、制图和记录		自行阅读
40 原位冻胀率试验	40.4 计算、制图和记录		自行阅读
41 原位密度试验	公式（41.2.4-1）～（41.2.4-3） 公式（41.3.3-1）～（41.3.3-3）		1.1.7.2 密度试验
42 试坑渗透试验	42.4 计算和记录		自行阅读
43 原位直剪试验	43.4 计算、制图和记录		3.3.8 现场直接剪切试验
44 十字板剪切试验	公式（44.2.3-1）～（44.2.3-4） 公式（44.2.4） 公式（44.3.4-1）～（44.3.4-3）		3.3.5 十字板剪切试验
45 标准贯入试验	45.4 计算、制图和记录	45.4 中计算公式	3.3.4 标准贯入试验
46 静力触探试验	46.4 计算、制图和记录	46.4 中计算公式	3.3.2 静力触探试验
47 动力触探试验	47.4 计算、制图和记录	47.4 中锤击数修正公式	3.3.3 圆锥动力触探试验
48 旁压试验	48.4 计算、制图和记录	48.4 中计算公式	3.3.6 旁压试验
49 载荷试验	公式（49.2.7-1）、（49.2.7-3） 公式（49.4.6-1）、（49.4.6-2） 公式（49.4.7）	49.4 中计算公式	3.3.1 载荷试验
50 波速试验	公式（50.4.3-1）～（50.4.3-3） 公式（50.4.4-1）～（50.4.4-5）	50.3.3 中计算公式 50.4 中计算公式	3.3.9 波速测试
51 化学分析试样风干含水率试验	51.4 计算和记录		自行阅读
52 酸碱度试验			自行阅读
53 易溶盐试验	公式（53.3.4-1）、（53.3.4-2） 公式（53.4.3） 公式（53.4.5-1）、（53.4.5-2） 公式（53.4.6-1）、（53.4.6-2） 公式（53.5.4-1）、（53.5.4-2） 公式（53.6.3-1）～（53.6.3-4） 公式（53.6.4-1）、（53.6.4-2） 公式（53.8.5-1）、（53.8.5-2） 公式（53.9.4-1）、（53.9.4-2） 公式（53.9.5-1）、（53.9.5-2）		自行阅读

续表

规范条文	条文重点内容	条文说明重点内容	相应重点学习和要结合的本书具体章节
54 中溶盐石膏试验	54.4 计算和记录		自行阅读
55 难溶盐碳酸钙试验	公式（55.2.4） 公式（55.3.4） 公式（55.3.5）		自行阅读
56 有机质试验	公式（56.2.2） 公式（56.4.1）		自行阅读
57 游离氧化铁试验	57.4 计算		自行阅读
58 阳离子交换量试验	公式（58.2.4-1）、（58.2.4-2） 公式（58.3.2） 公式（58.3.4） 公式（58.4.4）		自行阅读
59 土的X射线衍射矿物成分试验	59.4 数据整理、鉴定和记录		自行阅读
60 粗颗粒土的试样制备	60.4 计算和记录		自行阅读
61 粗颗粒土相对密度试验	61.4 计算和记录		自行阅读
62 粗颗粒土击实试验	62.4 计算、制图和记录		自行阅读
63 粗颗粒土的渗透及渗透变形试验	63.4 计算、制图和记录		自行阅读
64 反滤试验			自行阅读
65 粗颗粒土固结试验			自行阅读
66 粗颗粒土直接剪切试验	66.4 计算、制图和记录	66.4 中剪应力破坏值	自行阅读
67 粗颗粒土三轴压缩试验	公式 67.3.1 67.5 计算、制图和记录		自行阅读
68 粗颗粒土三轴蠕变试验	68.4 计算、制图和记录		自行阅读
69 粗颗粒土三轴湿化变形试验	69.4 计算、制图和记录		自行阅读

4.2 工程岩体试验

《工程岩体试验方法标准》GB/T 50266—2013
条文及条文说明重要内容简介及本书索引

规范条文		条文重点内容	条文说明重点内容	相应重点学习和要结合的本书具体章节
1 总则				自行阅读
2 岩块试验	2.1 含水率试验	公式(2.1.6)		自行阅读
	2.2 颗粒密度试验	公式(2.2.6)		自行阅读
	2.3 块体密度试验	公式(2.3.9-1)~(2.3.9-4)		自行阅读
	2.4 吸水性试验	公式(2.4.6-1)~(2.4.6-4)		自行阅读
	2.5 膨胀性试验	公式(2.5.9-1)~(2.5.9-4)		自行阅读
	2.6 耐崩解性试验	公式(2.6.6)		自行阅读
	2.7 单轴抗压强度试验	公式(2.7.10-1)~(2.7.10-4)	2.7.10 非标准试件的抗压强度换算公式	3.6.1.1 岩石的坚硬程度及饱和单轴抗压强度
	2.8 冻融试验	公式(2.8.7-1)~(2.8.7-3)		自行阅读
	2.9 单轴压缩变形试验	公式(2.9.7-1)~(2.9.7-7)		自行阅读
	2.10 三轴压缩强度试验	公式(2.10.6-1)、(2.10.6-4)		自行阅读
	2.11 抗拉强度试验	公式(2.11.6)		自行阅读
	2.12 直剪试验	公式(2.12.12-1)、(2.12.12-2)		自行阅读
	2.13 点荷载强度试验	公式(2.13.9)-(1~2.13.9-9)	2.13.9 修正指数 m 的确定公式	3.6.1.1 岩石的坚硬程度及饱和单轴抗压强度
3 岩体变形试验	3.1 承压板法试验	公式(3.1.17-1)~(3.1.17-6)		自行阅读
	3.2 钻孔径加压法试验	公式(3.2.9-1)、(3.2.9-2)		自行阅读
4 岩体强度试验	4.1 混凝土与岩体接触面直剪试验	公式(4.1.17) 公式(4.1.20-1)~(4.1.10-4)		自行阅读
	4.2 岩体结构面直剪试验			自行阅读
	4.3 岩体直剪试验			自行阅读
	4.4 岩体载荷试验			自行阅读

续表

规范条文		条文重点内容	条文说明重点内容	相应重点学习和要结合的本书具体章节
5 岩石声波测试	5.1 岩块声波速度测试	公式(5.1.6) 公式(5.1.8-1)~(5.1.8-10)		自行阅读
	5.2 岩体声波速度测试	公式(5.2.9)		自行阅读
6 岩体应力测试	6.1 浅孔孔壁应变法测试			自行阅读
	6.2 浅孔孔径变形法测试	公式(6.2.9)		自行阅读
	6.3 浅孔孔底应变法测试			自行阅读
	6.4 水压致裂法测试	公式(6.4.8-1)~(6.4.8-3)		自行阅读
7 岩体观测	7.1 围岩收敛观测	公式(7.1.8)		自行阅读
	7.2 钻孔轴向岩体位移观测			自行阅读
	7.3 钻孔横向岩体位移观测			自行阅读
	7.4 岩体表面倾斜观测			自行阅读
	7.5 岩体渗压观测			自行阅读

5 荷载与岩设方法专题

本专题依据的主要规范及教材

《工程结构可靠性设计统一标准》GB 50153—2008
《建筑结构荷载规范》GB 50009—2012
各规范
基础工程教材

本专题一般不会直接出案例题进行考察,但是本专题所涉及的内容十分重要,几乎可以说,隐含在地基基础专题、桩基础专题、边坡工程专题和基坑工程专题等各专题各规范的每一个公式中,因此需要深层次的理解,也是平时工作中设计计算必须第一位要掌握的,且一定要结合规范和后面章节的有关具体例题,才能加深理解,熟练掌握。

5.1 荷载基本概念

首先介绍作用的定义

| 作用 | 施加在结构上的集中力或分布力（直接作用，也称为荷载）引起结构外加变形或约束变形的原因（间接作用） |

由作用的定义可以看出荷载只是作用的一种形式，下面主要介绍直接作用，也就是荷载，荷载的分类如下：

永久荷载	在结构使用期间，其值不随时间变化，或其变化与平均值相比可以忽略不计，或其变化是单调的并能趋于限值的荷载	包括结构构件、围护构件、面层及装饰、固定设备、长期储物的自重，土压力、水位不变的水压力，以及其他需要按永久荷载考虑的荷载
可变荷载	在结构使用期间，其值随时间变化，且其变化与平均值相比不可以忽略不计的荷载	包括楼面活荷载、屋面活荷载和积灰荷载、吊车荷载、风荷载、雪荷载、温度作用等
偶然荷载	在结构设计使用年限内不一定出现，而一旦出现其量值很大，且持续时间很短的荷载	包括爆炸力、撞击力等

【注】①地震作用（包括地震力和地震加速度等）不属于这里所谓的荷载，由《建筑抗震设计规范》具体规定。
②在建筑结构设计中，有时也会遇到有水压力作用的情况，对水位不变的水压力可按永久荷载考虑，而水位变化的水压力应按可变荷载考虑。

任何荷载都具有不同性质的变异性，但在设计中，不可能直接引用反映荷载变异性的各种统计参数，通过复杂的概率运算进行具体设计。因此，在设计时，除了采用能便于设计者使用的设计表达式外，对荷载仍应赋予一个规定的量值，称为荷载代表值。荷载可根据不同的设计要求，规定不同的代表值，以使之能更确切地反映它在设计中的特点。《建筑结构荷载规范》中给出荷载的四种代表值：标准值、组合值、频遇值和准永久值。荷载标准值是荷载的基本代表值，而其他代表值都可在标准值的基础上乘以相应的系数后得出。在确定各类可变荷载的标准值时，会涉及出现荷载最大值的时域问题，此时域称为设计基准期。各相关定义总结如下：

分位值	与随机变量概率分布函数的某一概率相应的值
设计基准期	为确定可变荷载代表值而选用的时间参数
荷载代表值	设计中用以验算极限状态所采用的荷载量值，例如标准值、组合值、频遇值和准永久值
标准值	荷载的基本代表值，指结构的使用期间可能出现的最大荷载值，由于荷载本身的随机性，因而使用期间的最大荷载也是随机变量，原则上也可用它的统计分布来描述。荷载标准值统一由设计基准期最大荷载概率分布的某个分位值（或）来确定。
组合值	对可变荷载，使组合后的荷载效应在设计基准期内的超越概率，能与该荷载单独出现时的相应概率趋于一致的荷载值；或使组合后的结构具有统一规定的可靠指标的荷载值

续表

频遇值	对可变荷载，在设计基准期内，其超越的总时间为规定的较小比率或超越频率为规定频率的荷载值
准永久值	对可变荷载，在设计基准期内，其超越的总时间约为设计基准期一半的荷载值

【注】①注意设计使用年限和设计基准期概念的不同，设计基准期是针对可变荷载而言，设计使用年限是针对各类工程结构或结构构件而言，它是指设计规定的结构或结构构件不需进行大修即可按预定目的使用的年限。比如针对房屋建筑结构，设计基准期是一个定值，取为50年，而设计使用年限，根据不同的建筑结构，可取为5年、25年、50年或100年。具体各工程结构的设计基准期和设计使用年限的取值可见《工程结构可靠性设计统一标准》附录A。
②建筑结构设计时，应按下列规定对不同荷载采用不同的代表值：
a. 对永久荷载应采用标准值作为代表值；
b. 对可变荷载应根据设计要求采用标准值、组合值、频遇值或准永久值作为代表值；
c. 对偶然荷载应按建筑结构使用的特点确定其代表值。
③量值从大到小的排序依次为：作用标准值>组合值>频遇值>准永久值。这四个值的排序不可颠倒，但个别种类的作用，组合值与频遇值可能取相同值。

5.2 设计极限状态

当整个结构或结构的一部分超过某一特定状态，而不能满足设计规定的某一功能要求时，则称此特定状态为结构对该功能的极限状态。设计的任务是将建筑物的工作状态与极限状态之间保持一个足够充分的安全储备，以保证建筑物的承载力和正常的要求都得到满足。这种不使结构超越某种规定的极限状态的设计方法称为极限状态方法，可分为承载力极限状态和正常使用极限状态，两者是性质不同的两种方法，其定义如下：

承载能力极限状态	可理解为结构或结构构件发挥的最大允许的最大承载能力状态。一般是以结构的内力超过其承载能力为依据。结构构件由于塑性变形而使其几何形状发生显著改变，虽未达到最大承载能力，但已彻底不能使用，也属于达到这种极限状态。疲劳破坏是在使用中由于荷载多次重复作用而达到的承载能力极限状态	当结构或结构构件出现下列状态之一时，应认为超过了承载能力极限状态： 1）结构构件或连接因超过材料强度而破坏，或因过度变形而不适于继续承载 2）整个结构或其一部分作为刚体失去平衡 3）结构转变为机动体系 4）结构或结构构件丧失稳定 5）结构因局部破坏而发生连续倒塌 6）地基丧失承载力而破坏 7）结构或结构构件的疲劳破坏
正常使用极限状态	可理解为结构或结构构件达到使用功能上允许的某个限时状态。一般是以结构的变形、裂缝、振动参数超过设计允许的限值为依据。例如，某些构件必须控制变形、裂缝才能满足要求。因过大的变形会造成如房屋内粉刷层剥落、填充墙和隔断墙开裂及屋面积水等后果；过大的裂缝会影响结构的耐久性，过大的变形、裂缝也会造成用户心理上的不安全感	当结构或结构构件出现下列状态之一时，应认为超过了正常使用极限状态： 1）影响正常使用或外观的变形 2）影响正常使用或耐久性能的局部损坏 3）影响正常使用的振动 4）影响正常使用的其他特定状态

【注】不能将承载能力极限状态理解为不会发生变形，这是不可能的，结构或结构构件受到外力，都会产生变形，即便变形有时是微小的。也能将正常使用极限状态理解为变形控制，这两者之间不能简单地等同。

5.3 抗　　　力

抗力是指结构或结构构件承受作用效应的能力。例如，承载力、刚度、抗冲切、抗剪切、抗弯、抗裂度等。对于抗力，影响其大小的主要因素是材料性能（岩土本身也可看作一种材料），构件截面几何特征以及计算的精确度等。

5.4 设 计 状 况

设计状况是指代表一定时段内实际情况的一组设计条件，设计应做到在该组条件下结构不超越有关的极限状态。工程结构设计时应区分下列设计状况：

持久设计状况	适用于结构使用时的正常情况
短暂设计状况	适用于结构出现的临时情况，包括结构施工和维修时的情况等
偶然设计状况	适用于结构出现的异常情况，包括结构遭受火灾、爆炸、撞击时的情况等
地震设计状况	适用于结构遭受地震时的情况，在抗震设防地区必须考虑地震设计状况

5.5 荷 载 组 合

对所考虑的极限状态，在确定其荷载效应时，应对所有可能同时出现的诸荷载作用加以组合，求得组合后在结构中的总效应。考虑荷载出现的变化性质，包括出现与否和不同的作用方向（比如当有两种或两种以上的可变荷载在结构上要求同时考虑时，由于所有可变荷载同时达到其单独出现时可能达到的最大值的概率极小），这种组合可以多种多样，因此还必须在所有可能组合中，取其中最不利的一组作为该极限状态的设计依据。

所谓荷载组合是指按极限状态设计时，为保证结构的可靠性而对同时出现的各种荷载设计值的规定。两种极限状态下，采用的荷载组合如下：

承载能力极限状态	基本组合	永久荷载和可变荷载的组合。用于持久设计状况或短暂设计状况
	偶然组合	永久荷载、可变荷载和一个偶然荷载的组合，以及偶然事件发生后受损结构整体稳固性验算时永久荷载与可变荷载的组合。用于偶然设计状况
	地震组合	为偶然组合的一种，承载能力极限状态计算时，计算地震作用，建筑的重力荷载代表值应取结构和构配件自重标准值和各可变荷载组合值之和。用于地震设计状况
正常使用极限状态	标准组合	采用标准值或组合值为荷载代表值的组合。宜用于不可逆正常使用极限状态设计
	频遇组合	对可变荷载采用频遇值或准永久值为荷载代表值的组合。宜用于可逆正常使用极限状态设计
	准永久组合	对可变荷载采用准永久值为荷载代表值的组合。宜用于长期效应是决定性因素的正常使用

【注】不可逆正常使用极限状态是指当产生超越正常使用极限状态的作用卸除后，该作用产生的超越状态不可恢复的正常使用极限状态。可逆正常使用极限状态是指当产生超

越正常使用极限状态的作用卸除后,该作用产生的超越状态可以恢复的正常使用极限状态。

5.6 设 计 方 法

分析结构可靠度时,也可将作用效应或结构极限状态的数学表达式称为极限状态方程,极限状态方程是当结构处于极限状态时各有关基本变量的关系式。基本变量是指影响结构可靠度的各种物理量,它包括:引起结构作用效应 S(内力)的各种作用和环境影响,如恒荷载、活荷载、地震、温度变化等;构成结构抗力 R(强度等)的各种因素,如材料和岩土的性能、几何参数等,抗力作为综合的基本变量考虑。

如假设抗力函数为 R,作用函数为 S,则极限状态方程可表达为:$R = S$

两者之差称为安全储备,即 $Z = R - S$

抗力与作用之比称为安全系数,即 $K = \dfrac{R}{S}$

这是两种不同的安全度控制的方法,即失效概率(或可靠指标)控制方法(简称概率法)和安全系数控制方法(简称定值法)

概率法包括全概率法和分项系数法。定值法包括单一安全系数方法(又称为总安全系数法)和容许应力法。

【注】我国现行规范的主题工程结构设计方法主要采用分项系数法,而现行规范的岩土工程设计方法则是多种设计方法并用。

5.6.1 全概率法

全概率法对各种基本量,如荷载、岩土参数、几何尺寸等,分别视为随机变量或用随机过程描述,用失效概率 p_f 直接量度安全性。

【注】此方法在岩土工程设计中采用较少,不再详述。

5.6.2 分项系数设计方法

对于各类工程结构,直接采用可靠指标进行设计,比如全概率法,其工作量大,有时会遇到统计资料不足而无法进行的困难,所以《工程结构可靠性设计统一标准》规定结构设计以结构可靠度理论作为设计的理论基础,而以极限状态进行具体设计,提出了便于实际使用的设计表达式,称为分项系数设计法或实用设计表达式法。

分项系数设计法的表达式描述的是极限状态下设计验算点的抗力效应的设计值与作用效应的设计值的平衡关系。它把荷载、材料、构件截面尺寸、计算方法等视为随机变量,应用数理统计的概率方法进行分析,采用了以作用标准值、材料强度标准值分别与作用分项系数、材料分项系数相联系的作用设计值、材料强度设计值来表达的方式。其中考虑作用可能超载,作用设计值等于作用标准值乘以不小于1(可以等于1)的作用分项系数,而考虑材料实际强度有可能低于标准值出现不安全因素,故材料强度设计值等于材料强度标准值除以大于1的材料分项系数。因此,作用分项系数、材料分项系数已起着考虑可靠指标的等价作用。

需注意的事，分项系数设计法中虽然用了数理统计的方法，但是在概率极限状态分析中未用到实际的概率分布，且运算中采用了一些近似的处理方法，故它只能称为近似概率设计方法。

两种极限状态下的表达式如下：

承载能力极限状态	应按荷载的基本组合或偶然组合计算荷载组合的效应设计值，并应采用下列设计表达式进行设计： $$\gamma_0 S_d \leqslant R_d$$ 式中　γ_0——结构重要性系数，应按各有关建筑结构设计规范的规定采用； 　　　S_d——荷载组合的效应设计值； 　　　R_d——结构构件抗力的设计值，应按各有关建筑结构设计规范的规定确定。
正常使用极限状态	应根据不同的设计要求，采用荷载的标准组合、频遇组合或准永久组合，并应按下列设计表达式进行设计： $$S_d \leqslant C$$ 式中　C——结构或结构构件达到正常使用要求的规定限值，例如变形、裂缝、振幅、加速度、应力等的限值，应按各有关建筑结构设计规范的规定采用。

【注】分项系数设计方法与两种极限状态以及荷载组合紧密相联，或者说两种极限状态以及荷载组合就是分项系数设计方法的基础。

5.6.3　单一安全系数方法（又称为总安全系数法）

单一安全系数设计法是指使结构或地基的抗力标准值与作用标准值的效应之比不低于某一规定安全系数的设计方法。它的表达式描述的是极限状态的作用与抗力的平衡关系。

此方法一般表达式为：$K = \dfrac{R}{S}$，即抗力与作用之比称为安全系数。

比如地基稳定性的验算，要求 $\dfrac{M_R}{M_S} = \dfrac{抗滑力矩}{滑动力矩} \geqslant 1.2$，其中 1.2 就是安全系数。

【注】不再过多举例，主要规范中采用此方法的计算内容详见 5.7 节表格。

5.6.4　容许应力法

容许应力法是指使结构或地基在作用标准值下产生的应力不超过规定的容许应力（材料或岩土强度标准值除以某一安全系数）的设计方法。它的表达式描述工作状态的作用效应与抗力效应的关系。

容许应力法中作用（或荷载）和抗力都是定值，并且建立在经验的基础上。

比如最典型的举例，地基承载力特征值（或地基容许承载力，容许值和特征值的区别在 5.6 节详述）就是容许应力法，例如地基承载力验算中 $p_k < f_a$，根据经验，再结合计算得到的修正后地基承载力特征值 f_a 为 300kPa，就意味着地基能够承受 300kPa 的荷载，强度有一定储备，变形满足正常使用要求（除非规定要进行变形验算），安全度已经隐含其中。但是地基的极限承载力为多少，隐含的安全度有多大是不清楚的。容许应力法虽然比较粗糙，但在信息不充分，更多依赖经验的情况下，也是有效而适用的方法。

【注】 不再过多举例,主要规范中采用此方法的计算内容详见5.7节表格。

5.7 极限值、容许值、特征值、基本值、平均值、标准值和设计值的概念详述和区分

要详述和区别这几个基本概念,首先要分成两个力的体系,分别为荷载体系和抗力体系。

如前所述,作用是指施加在结构上的集中力或分布力(直接作用)引起结构外加变形或约束变形的原因(间接作用),其中直接作用也称为荷载。抗力是指结构或结构构件承受作用效应的能力,工程设计中所用的承载力、强度等性能值,都是属于抗力。

以上术语存在两种有密切关系但概念不同的体系。针对岩土工程,极限值、容许值、特征值、基本值只存在于抗力体系中,而平均值、标准值和设计值在抗力体系和荷载体系中均存在。

5.7.1 从抗力的极限状态和工作状态来看

极限值: 濒临失稳时所能承受的最大荷载,例如:地基承载力极限值P_u,桩竖向极限承载力Q_u,材料的极限强度。

容许值: 考虑了一定安全储备后的值,可由极限值除以安全系数得到。如地基基本承载力容许值$[f_a]$、单桩轴向受压承载力容许值$[R_a]$。该类名词在现行的公路、铁路相关规范中常用,但在现行的建筑相关规范已取消。

【注】 从极限值到容许值,概念非常清楚,两者关联就是安全系数,同时极限值代表着极限状态,容许值代表着工作状态。

特征值: 实质上就是强度条件下的容许值,所以特征值按其属性就是容许值,可见特征值和容许值都可以由极限值除以相应安全系数得到。该类名词常见于现行的建筑相关规范。

比如《建筑桩基技术规范》中,单桩竖向承载力特征值由单桩竖向极限承载力标准值除以安全系数2得到。

基本值: 是从地基承载力表中查得但尚未经过统计修正的地基承载力数值,按其属性是容许承载力,例如:地基承载力基本容许值。该类名词在现行的公路、铁路相关规范中常用,但在现行的建筑相关规范已取消。

【注】 特征值、基本值,以及临塑荷载、临界荷载按其属性都属于容许值范畴。这样概念就清楚了,它们都可以看作是极限值除以相应的安全系数得到,只不过对应的安全系数不同。当然特征值、基本值实际的获取,也可以是经验的数值,或者由统计得到,这只是获取的方式不同,不影响它们的属性。

5.7.2 从统计和设计方法角度来看

平均值: 源于统计概念,属性为统计值,可以只涉及数据的离散性和变异性,不涉及指标的物理意义。平均值一般表达式为$\overline{X}$,重要标志为符号上面有个平均号。其常用的两类平均值,分别为算数平均值和加权平均值。平均值既适用于荷载,也适用于抗力。

标准值：源于统计概念，且按概率极限状态原则设计的术语，是荷载或抗力的代表性数值。标准值一般表达式为 X_k，重要标志是下标带 k。两个体系的具体定义如下：

标准值	荷载体系	荷载主要代表值，由设计基准期最大荷载概率分布的某个分位值（或）来确定
	抗力体系	材料性能概率分布的某一分位值或材料性能的名义值（名义值即根据物理条件或经验确定的值）

标准值和平均值之间可以存在某种具体的关系，比如《岩土工程勘察规范》14.2，以及《建筑地基基础设计规范》附录 E，就给出了岩土参数由平均值计算标准值的方法，即

标准值：$\varphi_k = \gamma_s \phi_m$

式中　φ_k——标准值；
　　　γ_s——统计修正系数；
　　　ϕ_m——平均值。

设计值：按概率极限状态原则设计所采用的代表值。在采用分项系数法设计时，设计值和标准值之间存在关系，两个体系的具体关系如下：

设计值	荷载体系	等于标准值乘以分项系数和结构重要性系数。或者设计值等于标准值乘以综合分项系数和结构重要性系数。荷载的设计值必然不小于标准值
	抗力体系	等于标准值除以分项系数。抗力的设计值必然不大于标准值

5.7.3　交叉命名

既然极限值、容许值、特征值、基本值只存在于抗力体系中，具体是从极限状态和工作状态划分的，而平均值、标准值和设计值在抗力体系和荷载体系中均存在，具体是从统计和设计方法角度划分的。那么就可以交叉命名。比如，在地基设计的抗力中，地基极限承载力有平均值和标准值之分（当然也有最大值，这里暂且不表），地基容许承载力也有平均值和标准值之分。标准值的取用是考虑了数据的离散性，在平均值的基础上修正。例如载荷试验的 p-s 曲线上有两个拐点，第一拐点是比例界限，用作容许承载力（或者说承载力特征值），第二拐点是极限承载力。如果做了 n 个试验，则可以分别求得容许承载力的平均值，再乘一个小于 1.0 的系数成为标准值。同理也可以分别求得极限承载力的平均值和标准值。因此按照这个思路，要区分规范中的极限值、容许值和特征值与标准值之间的关系，就很容易理解了。也就是说，规范中使用的极限承载力，就是极限承载力的平均值或标准值，同理容许承载力就是容许承载力标准值，承载力特征值就是承载力特征值的平均值或标准值（这个听起来有点绕），只不过在实际使用中，将"平均值"或"标准值"隐去了，就变成了极限承载力、容许承载力和承载力特征值。

各承载力到底使用平均值还是标准值，不同工程类别的规范规定并不统一，比如建筑工程类规范《建筑地基基础设计规范》深层和浅层平板载荷试验（见附录 C 和附录 D），确定的承载力特征值使用的是平均值，或者说是经过 n 次试验结果平均得到的。但根据室内饱和单轴抗压强度确定的岩石地基承载力特征值，使用的是标准值（见附录 J 以及公式 5.2.6）。比如《建筑桩基技术规范》使用的是单桩极限承载力标准值，因此所对应的单桩极限承载力特征值，属性也是标准值。

用地基极限承载力的标准值在地基设计表达式中，应除以分项系数而成为设计值，这个计算过程体现了设计安全度的要求。而容许承载力的标准值是不需要再除以分项系数的，因为采用容许承载力设计地基时是验算工作状态，不是验算极限状态，容许承载力的取值中已经体现了安全度的要求，因此在地基设计时不再需要考虑安全度的问题，就不存在容许承载力设计值的概念，而是直接使用容许承载力标准值（或者说容许承载力）进行设计和计算。

5.8 各主要规范主要计算内容采用的设计方法、极限状态和作用效应组合总览

具体见以下各表汇总。

《建筑地基基础设计规范》

极限状态	计算内容	作用效应	抗力或限值	相关公式及设计方法
承载能力极限状态	计算挡土墙、地基或滑坡稳定以及基础抗浮稳定	基本组合，分项系数为1.0，即$S_d=S_k$，此时本质即为标准组合		5.4.1；5.4.3；6.7.5-1；6.7.5-2 单一安全系数法
承载能力极限状态	确定基础或桩基承台高度、支挡结构截面、计算基础或支挡结构内力、确定配筋和验算材料强度	基本组合，分项系数为1.35，即$S_d=1.35S_k$		8.2.8-1；8.2.9-1；8.2.11-1；8.2.11-2；8.4.7-1；8.4.8；8.4.10；8.4.12-1；8.4.12-3；8.5.11；8.5.18-1；8.5.18-2；8.5.18-3；8.5.19-1；8.5.19-5；8.5.19-8；8.5.21-1；9.6.5
正常使用极限状态	按地基承载力确定基础底面积及埋深或按单桩承载力确定桩数	标准组合	采用地基承载力特征值或单桩承载力特征值	5.2.1-1；5.2.1-2；5.2.7-1；8.5.5-1；8.5.5-2；8.6.2-2；8.6.3；9.6.6 容许应力法
正常使用极限状态	计算地基变形	准永久组合，不应计入风荷载和地震作用	地基变形允许值	5.3.5
正常使用极限状态	验算基础裂缝宽度	标准组合		

《建筑桩基技术规范》

极限状态	计算内容	作用效应	抗力或限值	相关公式及设计方法
承载能力极限状态	计算桩基结构承载力、确定尺寸和配筋	基本组合，分项系数为1.35，即$S_d=1.35S_k$		5.8.2-1；5.8.2-2；5.8.7；5.9.2-1；5.9.2-2；5.9.2-3；5.9.2-4；5.9.2-5；5.9.7-1；5.9.7-4；5.9.7-5；5.9.8-1；5.9.8-4；5.9.8-6；5.9.8-8；5.9.10-1；5.9.12；5.9.13；5.9.14

续表

极限状态	计算内容	作用效应	抗力或限值	相关公式及设计方法
承载能力极限状态	验算坡地、岸边建筑桩基的整体稳定性	标准组合,抗震设防区,应采用地震作用效应和荷载效应的标准组合。此时本质即为分项系数取1.0的基本组合。		单一安全系数法
正常使用极限状态	确定桩数和布桩等	标准组合	采用基桩或复合基桩承载力特征值	5.2.1-1；5.2.1-2；5.4.1-1；5.4.3-1；5.4.3-2；5.4.5-1；5.4.5-2；5.4.7-1；5.4.7-2；5.7.1 容许应力法
	计算荷载作用下的桩基沉降和水平位移	准永久组合		5.5.6；5.5.7；5.5.14；5.6.2-1；5.6.2-2；5.6.2-3
	计算水平地震作用、风载作用下的桩水平位移	采用水平地震作用、风载效应标准组合		
	进行承台裂缝控制验算时	标准组合		
	进行桩身裂缝控制验算时	准永久组合		

《建筑边坡工程技术规范》

极限状态	计算内容	作用效应	抗力或限值	相关公式及设计方法
承载能力极限状态	计算边坡与支护结构的稳定性	基本组合,分项系数为1.0,即 $S_d = S_k$,此时本质即为标准组合		11.2.3-1；11.2.4-5 单一安全系数法
	确定支护结构截面、基础高度、计算基础或支护结构内力、确定配筋和验算材料强度	基本组合,分项系数为1.35,再乘支护结构重要性系数 γ_0,即 $S_d = \gamma_0 \cdot 1.35 S_k$。对安全等级为一级的边坡 γ_0 不应低于1.1,二、三级边坡 γ_0 不应低于1.0		

5.8 各主要规范主要计算内容采用的设计方法、极限状态和作用效应组合总览

续表

极限状态	计算内容	作用效应	抗力或限值	相关公式及设计方法
正常使用极限状态	按地基承载力确定支护结构或构件的基础底面积及埋深或按单桩承载力确定桩数	标准组合	应采用地基承载力特征值或单桩承载力特征值	
	计算锚杆面积、锚杆杆体与砂浆的锚固长度、锚杆锚固体与岩土层的锚固长度时	标准组合		8.2.3；8.2.4
	计算支护结构变形、锚杆变形及地基沉降	准永久组合，不计入风荷载和地震作用	支护结构、锚杆或地基的变形允许值	
	支护结构抗裂计算	标准组合，并考虑长期作用影响		

《建筑基坑支护技术规范》

极限状态	计算内容	作用效应	抗力或限值	相关公式及设计方法
承载能力极限状态	支护结构构件或连接的材料强度或过度变形	基本组合，采用综合分项系数为 γ_F，再乘支护结构重要性系数 γ_0，即 $S_d = \gamma_0 \gamma_F S_k$。综合分项系数不应小于 1.25。对安全等级为一级、二级、三级的支护结构，其结构重要性系数分别不应小于 1.1、1.0、0.9		4.7.6；5.2.6；6.1.5-1；6.1.5-2
	整体滑动、坑底隆起失稳、挡土构件嵌固段推移、锚杆与土钉拔动、支护结构倾覆与滑移、土体渗透破坏等稳定性计算和验算	标准组合。此时本质上为分项系数取1.0的基本组合。要求满足 $\dfrac{R_k}{S_k} \geqslant K$(安全系数)		4.2.1；4.2.2；4.2.4-1；4.2.5；4.7.2；4.12.5；5.1.2-1；5.2.1；6.1.1；6.1.2 单一安全系数法
正常使用极限状态	支护结构水平位移、基坑周边建筑物和地面沉降	标准组合		7.5.1

【注】①综上所述，极限状态设计时，按正常使用极限状态设计时采用标准组合，荷载采用标准值，一般用下标 k 表示标准组合，如 F_k，G_k，M_k；此时抗力亦采用标准值或平均值，抗力的形式可为容许值、特征值或极限值；按承载能力极限状态设计时采用基本组合，荷载采用设计值，即标准值×分项系数（或综合分项系数）或标准值×分项系数（或综合分项系数）×结构重要性系数，分项系数为 1.0，还是 1.35，以及综合分项系数和结构重要性系数具体取值，如上表所示，这是不同规范不同验算内容具体确定的。切不可简单地认为荷载设计值＝标准值×1.35。

②岩土工程中，设计值＝标准值×分项系数（或综合分项系数）或标准值×分项系数（或综合分项系数）×结构重要性系数，之所以只有一个分项系数，1.0 或者 1.35，是因为一般只有永久荷载标准值这一项（比如土压力，水位不变的水压力等），而上部结构的荷载都是已经经过组合好的标准值，此时当做"永久荷载"使用即可。有时候，上部结构荷载直接给出设计值，此时上部结构荷载就没必要再转化为设计值，只需要土压力、水压力等转化为设计值即可，因此解题时，一定要看清上部结构给的是标准值还是设计值。

③整个第 5 章只是荷载和岩设方法有关基本概念的详细讲解，一定要结合规范和后面章节的有关具体例题，才能加深理解，熟练掌握。

6 地基基础专题

本专题依据的主要规范及教材

《建筑地基基础设计规范》GB 50007—2011
《建筑地基处理技术规范》JGJ 79—2012
《混凝土结构设计规范》GB 50010—2010（2015 年版）
《工程地质手册》（第五版）
土力学教材
基础工程教材

地基基础专题为核心章节，每年必考，出题数为 10 道题左右，主要考查《建筑地基基础设计规范》内相关知识点，主要包括基底压力、地基承载力特征值、基础设计、软弱下卧层、基础沉降、地基稳定性、无筋扩展基础和扩展基础等。近几年核心章节的考法不仅越来越灵活，而且和土力学基本原理结合越来越密切，因此本专题的一些解题思维流程，原理性的，建议识记，把开卷考当作闭卷考，这样考场上就能最快地解题。

6 地基基础专题

《建筑地基基础设计规范》GB 50007—2011
条文及条文说明重要内容简介及本书索引

规范条文		条文重点内容	条文说明重点内容	相应重点学习和要结合的本书具体章节
1 总则				自行阅读
2 术语和符号	2.1 术语			自行阅读
	2.2 符号			自行阅读
3 基本规定		表3.0.1 地基基础设计等级 表3.0.3 可不作地基变形验算的设计等级为丙级的建筑物范围 3.0.5 地基基础设计时，所采用的作用效应与相应的抗力限值的规定 3.0.6 地基基础设计时，作用组合的效应设计值的规定	条文3.0.5	5.8 各主要规范主要计算内容采用的设计方法、极限状态和作用效应组合总览
4 地基岩土的分类及工程特性指标	4.1 岩土的分类	均重点 附录A 岩石坚硬程度及岩体完整程度的划分 附录B 碎石土野外鉴别	4.1.6 中表1和表2	1.1 土的物理性指标 3.6 岩石和岩体基本性质和指标
	4.2 工程特性指标	均重点 附录C 浅层平板载荷试验要点 附录D 深层平板载荷试验要点 附录E 抗剪强度指标 c、φ 标准值		自行阅读
5 地基计算	5.1 基础埋置深度	5.1.2 除岩石地基外，基础埋深不宜小于0.5m。 5.1.4 抗震设防区基础埋深 5.1.7 季节性冻土地基的场地冻结深度 5.1.8 季节性冻土基础最小埋置深度 附录F 中国季节性冻土标准冻深线图 附录G 地基土的冻胀性分类及建筑基础底面下允许冻土层最大厚度	5.2.4 对于大面积压实填土的说明	12.3.3 基础埋深
	5.2 承载力计算	5.2.1 基底压力验算 5.2.2 基底压力计算 5.2.4 地基承载力特征值修正 5.2.5 土的抗剪强度指标确定地基承载力特征值 5.2.6 岩石地基承载力的确定 5.2.7 软弱下卧层的验算和计算 附录H 岩石地基载荷试验要点 附录J 岩石饱和单轴抗压强度试验要点	5.3.4 中烟囱自重附加弯矩计算公式 5.3.5 中对压缩模量当量值的说明 5.3.11 中计算公式	1.3 土中应力 6.1 地基承载力特征值 6.2 基础设计类—深度、宽度、底面积、最大竖向力等 6.3 软弱下卧层

202

续表

规范条文		条文重点内容	条文说明重点内容	相应重点学习和要结合的本书具体章节
5 地基计算	5.3 变形计算	表5.3.4 建筑物的地基变形允许值 5.3.5 规范公式法计算最准沉降量 5.3.6 变形计算深度范围内压缩模量的当量值计算 5.3.7 地基变形计算深度 5.3.8 地基变形计算深度简化确定 5.3.10 地基土的回弹变形量 5.3.11 回弹再压缩变形量计算 附录K 附加应力系数 α、平均附加应力系数 $\bar{\alpha}$		1.5 地基最终沉降 6.4 地基变形其他内容
	5.4 稳定性计算	5.4.1 地基稳定性可采用圆弧滑动面法 5.4.2 位于稳定土坡坡顶上的建筑稳定性 5.4.3 建筑物抗浮稳定性验算		6.5 地基稳定性
6 山区地基	6.1 一般规定			自行阅读
	6.2 土岩组合地基	6.2.2 考虑刚性下卧层的影响的地基的变形 表6.2.2-1 下卧基岩表面允许坡度值 表6.2.2-2 具有刚性下卧层时地基变形增大系数		1.5 地基最终沉降
	6.3 填土地基	表6.3.7 压实填土地基压实系数控制值 6.3.8 压实填土的最大干密度和最优含水量 表6.3.11 压实填土的边坡坡度允许值		1.1.6 土的压实性及相关试验
	6.4 滑坡防治	6.4.3 滑坡推力		1.10.2 折线滑动法
	6.5 岩石地基			自行阅读
	6.6 岩溶与土洞	表6.6.2 岩溶发育程度	6.6.2 钻孔见洞隙率和线岩溶率计算公式	13.1 岩溶与土洞
	6.7 土质边坡与重力式挡墙	表6.7.2 土质边坡坡度允许值 6.7.3 重力式挡土墙土压力计算 6.7.5 挡土墙的稳定性验算 附录L 挡土墙主动土压力系数 k_a		1.9 各规范对土压力的具体规定 9.1 重力式挡土墙
	6.8 岩石边坡与岩石锚杆挡墙	6.8.6 岩石锚杆锚固段的抗拔承载力 附录M 岩石锚杆抗拔试验要点	6.8.3 中算例	自行阅读

6　地基基础专题

续表

规范条文		条文重点内容	条文说明重点内容	相应重点学习和要结合的本书具体章节
7　软弱地基	7.1　一般规定			自行阅读
	7.2　利用与处理	7.2.9　复合地基基础底面的压力的要求 7.2.10　复合地基的最终变形量计算 7.2.11　变形计算深度范围内压缩模量的当量值计算 7.2.12　复合土层的压缩模量计算		8.4　复合地基
	7.3　建筑措施	表7.3.2　房屋沉降缝的宽度 表7.3.3　相邻建筑物基础间的净距（m）		自行阅读
	7.4　结构措施	条文7.4.3第1款		自行阅读
	7.5　大面积地面荷载	7.5.5　由地面荷载引起柱基内侧边缘中点的地基附加沉降量计算值 附录N　大面积地面荷载作用下地基附加沉降量计算	7.5　中算例	6.4.1　大面积地基荷载作用引起柱基沉降计算
8　基础	8.1　无筋扩展基础	8.1.1　无筋扩展基础高度计算	8.1.1　中计算公式	6.6　无筋扩展基础
	8.2　扩展基础	8.2.1　第3款钢筋构造要求 公式（8.2.2-1）～（8.2.2-3） 公式（8.2.5-1）～（8.2.5-2） 条文8.2.7 8.2.8　柱下独立基础的受冲切承载力验算 8.2.9　柱与基础交接处截面受剪承载力验算 8.2.10　墙下条形基础底板验算墙与基础底板交接处截面受剪承载力 8.2.11　柱下矩形独立基础任意截面的底板弯矩 8.2.12　基础底板配筋最小配筋率计算 8.2.13　基础底板短向钢筋布置 8.2.14　墙下条形基础的受弯计算和配筋 附录U　阶梯形承台及锥形承台斜截面受剪的截面宽度		6.7.1　柱下独立基础 6.7.2　墙下条形基础
	8.3　柱下条形基础			自行阅读

续表

规范条文		条文重点内容	条文说明重点内容	相应重点学习和要结合的本书具体章节
8 基础	8.4 高层建筑筏形基础	公式（8.4.2）筏形基础偏心距要求 表 8.4.4 防水混凝土抗渗等级 8.4.7 平板式筏基柱下冲切验算 8.4.8 平板式筏基内筒下的板厚应满足受冲切承载力 8.4.9 平板式筏基应验算距内筒和柱边缘 h_0 处截面的受剪承载力 8.4.10 平板式筏基受剪承载力 8.4.12 梁板式筏基底板受冲切、受剪切承载力计算 表 8.4.25 地下室墙与主体结构墙之间的最大间距 d 附录 P 冲切临界截面周长及极惯性矩计算公式	8.4.2 中抗倾覆稳定系数计算公式 8.4.7 中计算公式	6.7.3 高层建筑筏形基础
	8.5 桩基础	8.5.4 群桩中单桩桩顶竖向力计算 8.5.5 单桩承载力计算和验算 8.5.6 初步设计时单桩竖向承载力特征值估算，桩端嵌入完整及较完整的硬质岩中，当桩长较短且入岩较浅时，单桩竖向承载力特征值估算 8.5.11 桩轴心受压时桩身强度验算 8.5.18 柱下桩基承台的弯矩计算 8.5.19 柱下桩基础独立承台受冲切承载力的计算 8.5.21 柱下桩基独立承台斜截面受剪承载力的计算 附录 Q 单桩竖向静载荷试验要点 附录 R 桩基础最终沉降量计算 附录 S 单桩水平载荷试验要点 附录 T 单桩竖向抗拔载荷试验要点	8.5.18 对弯矩计算公式的详细说明	7 桩基础专题
	8.6 岩石锚杆基础	8.6.2 锚杆基础中单根锚杆所承受的拔力计算和验算 8.6.3 单根锚杆抗拔承载力特征值计算		自行阅读
9 基坑工程	9.1 一般规定		9.1.4 中表 23 基坑支护结构的安全等级	自行阅读
	9.2 基坑工程勘察与环境调查			自行阅读

205

续表

规范条文		条文重点内容	条文说明 重点内容	相应重点学习和 要结合的本书 具体章节
9 基坑工程	9.3 土压力与水压力		9.3.2 中表24 静止土压力系数	1.9 各规范对土压力的具体规定
	9.4 设计计算	9.4.1 基坑支护结构设计时,作用的效应设计值的确定 附录V 支护结构稳定性验算 附录W 基坑抗渗流稳定性计算	9.4.4 中表25 基坑变形设计控制指标 9.4.5 中各种方法的具体说明	自行阅读
	9.5 支护结构内支撑			自行阅读
	9.6 土层锚杆	9.6.5 锚杆预应力筋的截面面积的确定 9.6.6 土层锚杆锚固段长度的估算 附录Y 土层锚杆试验要点		10.4 锚杆
	9.7 基坑工程逆作法			自行阅读
	9.8 岩体基坑工程			自行阅读
	9.9 地下水控制			自行阅读
10 检验与监测	10.1 一般规定			自行阅读
	10.2 检验			自行阅读
	10.3 监测			自行阅读

6.1 地基承载力特征值

地基承载力是指地基所能承受的荷载。一般分为极限承载力和承载力特征值(我国部分地区也采用承载力标准值)。地基处于极限平衡状态时所能承受的荷载即为极限承载力。从建筑结构设计出发,不仅要考虑建筑地基是否处于安全状态,同时还应考虑是否发生过大的沉降和不均匀沉降,在确保地基稳定性的前提下同时满足建筑物实际所能承受的变形能力,此时的承载力通常称为承载力特征值(或容许承载力)。

地基承载力特征值,指由荷载试验测定的地基土压力变形曲线线性变形段内规定的变形所对应的压力值,其最大值为比例界限值,或者施加最大压力值取一定安全储备之后的值。

在地基承载力特征值的确定过程中强调变形控制,地基承载力不再是单一的强度概念,而是一个满足正常使用要求(即与变形控制相关)的土的综合特征指标。但对于重要的建筑物和构筑物，除了上部荷载满足承载力要求外，还必须验算地基的沉降。

6.1.1 岩石地基承载力特征值

6.1.1.1 由岩石载荷试验测定

《建筑地基基础设计规范》附录 H

对于完整、较完整、较破碎的岩石地基承载力特征值可按岩石地基载荷试验方法确定，确定流程总结如下：

① 每一次（kPa）$f_{aki} = \min\left(\text{比例界限值}, \dfrac{\text{极限荷载值}}{3}\right)$

比例界限值：取初始直线段所对应的终点荷载；
极限荷载值：当满足下列两种情况时，取对应的前一级荷载；
(a) 沉降量读数不断变化，在 24h 内，沉降速率有增大趋势；
(b) 压力加不上或勉强加上而不能保持稳定

② 一般做 3 次，取最小值

【注】 要和岩土勘察专题所讲的浅层、深层平板载荷试验加以区别。这里不是取平均值算极差，而是直接取最小值。

6.1.1.2 根据室内饱和单轴抗压强度计算

《建筑地基基础设计规范》5.2.6；附录 J；附录 A

（1）对完整、较完整和较破碎的岩石地基承载力特征值，也可根据室内饱和单轴抗压强度按以下流程进行计算。

①平均值（MPa）	②标准差		③变异系数		
$f_{rm} = \dfrac{\sum_{i=1}^{n} f_{ri}}{n}$	$\sigma_f = \sqrt{\dfrac{\sum_{i=1}^{n} f_{ri}^2 - n f_{rm}^2}{n-1}}$		$\delta = \dfrac{\sigma_f}{f_{rm}}$		
④统计修正系数	n	5	6	7	8	9
$\gamma_s = 1 - \left(\dfrac{1.704}{\sqrt{n}} + \dfrac{4.678}{n^2}\right)\delta$	$\dfrac{1.704}{\sqrt{n}} + \dfrac{4.678}{n^2}$	0.949	0.826	0.740	0.676	0.626

⑤岩石单轴饱和抗压强度标准值（MPa）：$f_{rk} = \gamma_s f_{rm}$

岩体完整指数 $K_v = \left(\dfrac{V_{pm}}{V_{pr}}\right)^2$	完整	较完整	较破碎	破碎	极破碎
	>0.75	0.75～0.55	0.55～0.35	0.35～0.15	<0.15
折减系数 ψ_r 据岩体完整程度查表求得	完整岩体		较完整岩体		较破碎岩体
	0.5		0.2～0.5		0.1～0.2

⑥岩石地基承载力特征值（MPa）$f_a = \psi_r f_{rk}$

【注】 ① 由此确定的岩石地基承载力特征值，不进行深宽度修正。
② 岩体完整程度定性划分（规范附录 A 表 A.0.2）。
③ 对于黏土质岩，确定施工期不浸水，也可以不饱和。

名称	结构面组数	控制性结构面平均间距（m）	代表性结构类型
完整	1～2	>1.0	整体结构
较完整	2～3	0.4～1.0	块状结构
软破碎	>3	0.2～0.4	镶嵌块结构
破碎	>3	<0.2	破裂状结构
极破碎	无序	—	散体状结构

（2）对完整和较完整的极软岩，当可取不扰动试样测定天然湿度的抗剪指标时，地基承载力极限值、特征值可分别按下列公式计算：

地基承载力极限值 $f_r = N_b \gamma b + N_d \gamma_m d + N_c c_k$

地基承载力特征值 $f_a = f_r/3$

式中　N_b、N_d、N_c——承载力系数，按表 6.1-1 采用；

　　　b、d——基础宽度和基础埋置深度，基础宽度大于 6m 时按 6m 采用；

　　　γ、γ_m——分别为基础底面以下一倍短边宽深度内岩体有效重度和基础底面以上岩体有效重度加权平均值；

　　　c_k——基础底面以下一倍短边宽深度内岩体的黏聚力标准值。

岩石地基极限承载力计算承载力系数　　　表 6.1-1

φ_k (°)	N_b	N_d	N_c	φ_k (°)	N_b	N_d	N_c
10	1.202	2.017	5.769	36	14.559	14.837	19.044
11	1.314	2.166	5.996	37	16.229	16.183	20.148
12	1.436	2.326	6.236	38	18.116	17.671	21.338
13	1.570	2.498	6.488	39	20.253	19.320	22.624
14	1.718	2.684	6.754	40	22.678	21.150	24.014
15	1.880	2.884	7.033				
				41	25.436	23.184	25.519
16	2.058	3.101	7.328	42	28.579	25.449	27.153
17	2.254	3.336	7.639	43	32.171	27.976	28.929
18	2.470	3.589	7.968	44	36.284	30.803	30.862
19	2.708	3.863	8.315	45	41.006	33.970	32.970
20	2.970	4.160	8.682				
				46	46.443	37.528	35.275
21	3.261	4.482	9.071	47	52.721	41.534	37.799
22	3.581	4.831	9.482	48	59.990	46.056	40.569
23	3.936	5.210	9.919	49	68.436	51.174	43.616
24	4.329	5.622	10.382	50	78.278	56.982	46.974
25	4.765	6.071	10.874				
				51	89.790	63.592	50.686
26	5.248	6.559	11.398	52	103.302	71.140	54.799
27	5.786	7.091	11.955	53	119.226	79.785	59.369
28	6.384	7.672	12.548	54	138.067	89.721	64.460
29	7.051	8.306	13.181	55	160.457	101.184	70.149
30	7.794	9.000	13.856				
				56	187.187	114.457	76.528
31	8.625	9.760	14.578	57	219.253	129.891	83.703
32	9.554	10.592	15.351	58	257.922	147.916	91.803
33	10.596	11.506	16.178	59	304.809	169.062	100.982
34	11.785	12.511	17.066	60	361.999	193.995	111.426
35	13.079	13.617	18.019				

注：φ_k——基底下一倍短边宽深度内岩石的内摩擦角标准值。

6.1.2 由平板载荷试验确定

6.1.2.1 浅层平板载荷试验确定地基承载力特征值

《建筑地基基础设计规范》附录 C

浅层平板载荷试验确定地基承载力特征值解题思维流程总结如下：

判断浅层平板载荷还是深层平板载荷
每一次 有直线段沉降—— $f_{aki} = \min\left(\text{比例界限荷载}, \dfrac{\text{极限荷载}}{2}\right)$ 无直线段沉降（缓变性）—— $f_{aki} = \min\left(s = 0.01b \sim 0.015b \text{ 范围内对应的某级荷载}, \dfrac{\text{极限荷载}}{2}\right)$
比例界限荷载取初始直线段所对应的终点荷载； 极限荷载：①当满足下列三种情况时，取对应的前一级荷载； (1) 承压板周围的土明显侧向挤出； (2) 沉降 s（mm）急骤增大，p-s 曲线出现陡降段； (3) 在某级荷载下，24h 内沉降速度不能达到稳定。 ② 当不满足以上情况时，取 $s = 0.06b$ 所对应的荷载。 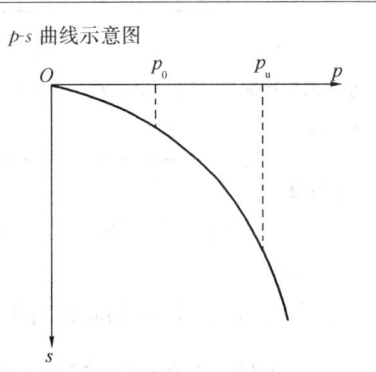
至少做三次取平均值（kPa）$f_{ak} = \dfrac{\sum_{i=1}^{n} f_{aki}}{n}$ 且满足 极差 $f_{akmax} - f_{akmin} \leqslant 30\% \cdot f_{ak}$，否则去掉最大值，重新计算平均值。

【注】①根据题意，首先确定是浅层平板载荷试验还是深层平板载荷试验，按各自解题思维流程求解。

② 浅层平板载荷试验确定的地基承载力特征值要进行深宽度修正。

6.1.2.2 深层平板载荷试验确定地基承载力特征值

《建筑地基基础设计规范》附录 D

深层平板载荷试验确定地基承载力特征值解题思维流程总结如下：

判断浅层平板载荷还是深层平板载荷 （其中深层载荷试验刚性板直径 0.8m，面积约 0.5024m²）
每一次 有直线段沉降—— $f_{aki} = \min\left(\text{比例界限荷载}, \dfrac{\text{极限荷载}}{2}\right)$ 无直线段沉降（缓变性）—— $f_{aki} = \min\left(s = 0.01d \sim 0.015d \text{ 范围内对应的某级荷载}, \dfrac{\text{极限荷载}}{2}\right)$

比例界限荷载取初始直线段所对应的终点荷载；
极限荷载：① 当满足下列三种情况时，取对应的前一级荷载；
（1）沉降 s 急骤增大，p-s 曲线出现陡降段，且沉降量超过 $0.04d$；
（2）在某级荷载下，24h 内沉降速度不能达到稳定；
（3）本级沉降量大于前一级沉降量的 5 倍。
② 当不满足以上情况时，取最大荷载，且当持力层土层坚硬、沉降量较小时，最大加载量不小于设计要求的 2 倍。

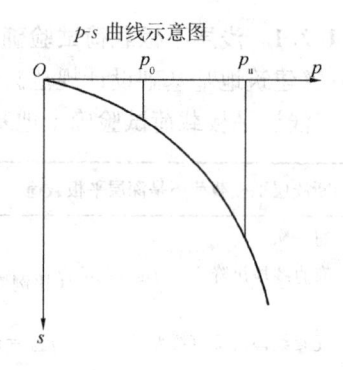

p-s 曲线示意图

至少做三次取平均值（kPa） $f_{ak} = \dfrac{\sum\limits_{i=1}^{n} f_{aki}}{n}$

且满足极差 $f_{akmax} - f_{akmin} \leqslant 30\% \cdot f_{ak}$，否则去掉最大值，重新计算平均值。

【注】
① 根据题意，首先确定是浅层平板载荷试验还是深层平板载荷试验，按各自解题思维流程求解。
② 深层平板载荷试验确定的地基承载力特征值只进行宽度修正。

6.1.3 根据土的抗剪强度指标确定地基承载力特征值

《建筑地基基础设计规范》5.2.5

当偏心距 $e \leqslant 0.033b$ 基础底面宽度时，根据土的抗剪强度指标确定地基承载力特征值可按如下流程计算，并应满足变形要求。其解题思维流程总结如下：

		前提：偏心距 $e \leqslant 0.033b$	
地基基础 几何尺寸	基础短边 b(m) 砂土：[3, 6]； 其他土：[0, 6]	基础埋深 d(m) ① 一般从室外地面标高算起 ② 填方（a）上部结构完成后填—天然地面算起 　　　（b）先填土整平—填土地面算起 ③ 有地下室（a）箱形基础/筏基—室外地面算起 　　　　（b）独立基础/条形基础—室内地面算起 ④ 基础位于地面或两侧无回填土时 $d = 0$ ⑤ 主裙楼一体的结构，d 的选取	基底下一倍短边宽深度内土的黏聚力 c_k(kPa)
注意水位 （水下取 浮重度）	基础底面 以下土的重度 γ(kN/m³)	基础底面以上土的加权平均重度 γ_m(kN/m³) $\gamma_m = \dfrac{\sum \gamma_i d_i}{\sum d_i} = \dfrac{\sum \gamma_i d_i}{d}$	
据 φ_k	M_b	M_d	M_c
地基承载力特征值 $f_a = M_b \gamma b + M_d \gamma_m d + M_c c_k$			

6.1 地基承载力特征值

【注】① M_b、M_d、M_c 分别为承载力系数，按基底下一倍短边宽深度内土的内摩擦角标准值 φ_k 查规范表 5.2.5 确定。

表 5.2.5 承载力系数 M_b、M_d、M_c

φ_k (°)	M_b	M_d	M_c	φ_k (°)	M_b	M_d	M_c
0	0	1.00	3.14	22	0.61	3.44	6.04
2	0.03	1.12	3.32	24	0.80	3.87	6.45
4	0.06	1.25	3.51	26	1.10	4.37	6.90
6	0.10	1.39	3.71	28	1.40	4.93	7.40
8	0.14	1.55	3.93	30	1.90	5.59	7.95
10	0.18	1.73	4.17	32	2.60	6.35	8.55
12	0.23	1.94	4.42	34	3.40	7.21	9.22
14	0.29	2.17	4.69	36	4.20	8.25	9.97
16	0.36	2.43	5.00	38	5.00	9.44	10.80
18	0.43	2.72	5.31	40	5.80	10.84	11.73
20	0.51	3.06	5.66				

注：φ_k—基底下一倍短边宽深度内土的内摩擦角标准值。

② 关于 b，这里表示基础短边，即便是偏心荷载，也是取短边，注意与基底压力计算时 b 的取值相区别；砂土：[3, 6]，表示基底下为砂土时，当 $b<3m$ 时取 3m，当 $b>6m$ 时取 6m，其余情况取实际值；其他土：[0, 6]，表示基底下为其他土时（不是砂土即可），当 $b>6m$ 时取 6m，其余情况取实际值（此时最小值不限制）；后面所有章节的区间表达，都是这个含义，不再赘述，但一定要注意是开区间还是闭区间。

③ 此处基础埋深 d 的确定是重点，按照题干已知条件，确定相应的起算点即可，并且要注意和计算基底压力确定基础及其填土自重时的埋深 d，有时不一致。

④ 据土的抗剪强度指标确定的地基承载力特征值，不再进行深宽度修正。

6.1.4 地基承载力特征值深宽度修正

《建筑地基基础设计规范》5.2.4

地基承载力特征值可由载荷试验或其他原位测试、公式计算、并结合工程实践经验等方法综合确定。

当基础宽度大于 3m 或埋置深度大于 0.5m 时，从载荷试验或其他原位测试、经验值等方法确定的地基承载力特征值，尚应进行深宽度修正。

地基承载力特征值深宽度修正解题思维流程总结如下：

已给的地基承载力特征值 f_{ak} (kPa)	基础短边 b (m) 任何土：[3, 6]	基础埋深 d 且 $d>0.5$ ① 一般从室外地面标高算起 ② 填方（a）上部结构完成后填—天然地面 （b）先填土整平—填土地面 ③ 有地下室（a）箱形基础/筏基—室外地面 （b）独立基础/条形基础—室内地面 ④ 基础位于地面或两侧无回填土时 $d=0$ ⑤ 主裙楼一体的结构，d 的选取

续表

注意水位（水下取浮重度）	基础底面以下土的重度 γ	基础底面以上土的加权平均重度 γ_m （kN/m³） $\gamma_m = \dfrac{\sum \gamma_i d_i}{\sum d_i} = \dfrac{\sum \gamma_i d_i}{d}$	
由持力层土性质查规范表5.2.4	宽度修正系数 η_b	深度修正系数 η_d	
修正后地基承载力特征值 $f_a = f_{ak} + \eta_b \gamma (b-3) + \eta_d \gamma_m (d-0.5)$			

规范表5.2.4 承载力修正系数

土的类别		η_b	η_d
淤泥和淤泥质土		0	1.0
人工填土 e 或 I_L 不小于 0.85 的黏性土		0	1.0
红黏土	含水比 $\alpha_w > 0.8$	0	1.2
	含水比 $\alpha_w \leqslant 0.8$	0.15	1.4
大面积压实填土	压实系数大于 0.95，黏粒含量 $\rho_c \geqslant 10\%$ 的粉土	0	1.5
	最大干密度大于 2.1t/m 的粉土	0	2.0
粉土	黏粒含量 $\rho_c \geqslant 10\%$ 的粉土	0.3	1.5
	黏粒含量 $\rho_c < 10\%$ 的粉土	0.5	2.0
e 及 I_L 均小于 0.85 的黏性土		0.3	1.6
粉砂、细砂（不包括很湿与饱和时的稍密状态）		2.0	3.0
中砂、粗砂、砾石和碎石土		3.0	4.4

注：① 含水比是指土的天然含水量与液限的比值；大面积压实填土是指填土范围内大于两倍基础宽度的填土；
② 强风化和全风化的岩石，可参照所风化成的相应的土类取值，其他状态下的岩石不修正。

【注】①浅层平板试验确定的 f_{ak} 要进行深宽度修正，而深层载荷试验确定的 f_{ak} 只进行宽度修正，即 $\eta_d = 0$。

② 基础埋深 d 的确定，和上一节所讲"6.1.3 根据土的抗剪强度指标确定地基承载力特征值"确定方法是相同的。

6.1.5 基底压力与地基承载力特征值验算关系

《建筑地基基础设计规范》5.2.1

建筑结构首先要满足承载力要求，即基底压力和修正后的地基承载力特征值满足一定要求，以保证基底压力不能过大，导致地基土产生剪切破坏。一般这个知识点会出综合题，分别先确定基底压力和修正后地基承载力特征值，然后再验算，轴心压力作用下，只验算基底平均压力 $p_k \leqslant f_a$；小偏心压力作用下，不仅验算基底平均压力 $p_k \leqslant f_a$，尚应验算最大基底压力，$p_{kmax} \leqslant 1.2 f_a$；大偏心作用下可只验算最大基底压力 $p_{kmax} \leqslant 1.2 f_a$。基底压力和修正后的地基承载力特征值关系解题思维流程总结如下：

6.2 基础设计类——深度、宽度、底面积、最大竖向力等

① 判断偏心距

$e = \dfrac{M_k}{F_k + G_k} \geqslant \dfrac{b}{6}$ （一定要注意，这里 b 是偏心荷载作用方向的边长，不一定是短边）

（更准确的 $e = \dfrac{\sum F_{kiy} e_{kiy} \pm \sum F_{kix} e_{kix} \pm M_{ki}}{\sum F_{kiy} + G_k} = \dfrac{总力矩和}{总竖向力} \geqslant \dfrac{b}{6}$ ）

② 轴心压力（kPa）

$p_k = \dfrac{F_k + G_k}{bl} = \dfrac{F_k}{bl} + \gamma_G d$（$\gamma_G$ 水上取 20，水下取 10） 只验算 $p_k \leqslant f_a$

③ 偏心压力（kPa）

小偏心 $e < \dfrac{b}{6}$	$p_{kmax} = \dfrac{F_k + G_k}{bl} + \dfrac{M_k}{W} = \dfrac{F_k + G_k}{bl}\left(1 + \dfrac{6e}{b}\right)$ $= p_k + \dfrac{M_k}{W} = p_k\left(1 + \dfrac{6e}{b}\right)$	验算 $p_k \leqslant f_a$ 且 $p_{kmax} \leqslant 1.2 f_a$
大偏心 $e \geqslant \dfrac{b}{6}$	$p_{kmax} = \dfrac{2(F_k + G_k)}{3la} = \dfrac{2(F_k + G_k)}{3l\left(\dfrac{b}{2} - e\right)}$	可只验算 $p_{kmax} \leqslant 1.2 f_a$

6.2 基础设计类——深度、宽度、底面积、最大竖向力等

基础设计类即确定基础深度、宽度、底面积、最大竖向力等，这里都是综合题。首先要确定基底压力和修正后地基承载力特征值，然后根据基底压力和地基承载力的特征值的验算关系"反求"，其实就是将土力学专题 1.3 节中 1.3.1～1.3.3 以及本专题 6.1 节所学知识点综合起来。基础深度、宽度、底面积、最大竖向力等这些都是"过程量"，万不可自己推导公式，那样思路会混乱，因为题目千变万化。按照本书总结的解题思维流程走，最后简单地求解方程即可，如果方程复杂，就根据选项直接代入结果试算。这里看着复杂，但并不难，经过本书的总结思路相当顺畅，而且每年必考，必须掌握，这是得分点。

地基承载力的特征值，可以由土的抗剪强度确定，此时不需要深宽度验算；还可以由原位载荷试验确定，此时一般需要经过深宽度修正才能用于最终承载力的验算。因此，本节分为两部分，除了承载力确定方式不一样，其他都是一致的，可对比理解。

6.2.1 由土的抗剪强度确定的地基承载力特征值

第①步：根据抗剪强度指标确定地基承载力特征值

前提：偏心距 $e \leqslant 0.033b$

地基基础几何尺寸	基础短边 b（m）砂土：[3, 6]；其他土：[0, 6]	基础埋深 d（m） ① 一般从室外地面标高算起 ② 填方 (a) 上部结构完成后填—天然地面 (b) 先填土整平—填土地面 ③ 有地下室 (a) 箱形基础/筏基—室外地面 (b) 独立基础/条形基础—室内地面 ④ 基础位于地面或两侧无回填土时 $d = 0$ ⑤ 主裙楼一体的结构，d 的选取	黏聚力 c_k（kPa）

注意水位（水下取浮重度）	基础底面以下土的重度 γ (kN/m³)	基础底面以上土的加权平均重度 γ_m (kN/m³) $$\gamma_m = \frac{\sum \gamma_i d_i}{\sum d_i} = \frac{\sum \gamma_i d_i}{d}$$	
φ_k	M_b	M_d	M_c

地基承载力特征值 $f_a = M_b \gamma b + M_d \gamma_m d + M_c c_k$

第②步：计算基底压力并根据验算条件确定所求的值

判断偏心距 $e = \dfrac{M_k}{F_k + G_k} \geqslant \dfrac{b}{6}$

轴心荷载只验算基底平均压力 (kPa)

$$p_k \leqslant f_a \rightarrow \frac{F_k + G_k}{b \times l} \leqslant f_a \rightarrow \frac{F_k + \gamma_G \times b \times l \times d}{b \times l} \leqslant f_a$$

小偏心除了要验算基底平均压力，还要验算基底最大压力 (kPa)

$$p_{kmax} = \frac{F_k + G_k}{bl} + \frac{M_k}{W} = \frac{F_k + G_k}{bl}\left(1 + \frac{6e}{b}\right) = p_k\left(1 + \frac{6e}{b}\right) \leqslant 1.2 f_a$$

大偏心可只验算基底最大压力 (kPa)

$$p_{kmax} = \frac{2(F_k + G_k)}{3l\left(\dfrac{b}{2} - e\right)} \leqslant 1.2 f_a$$

【注】① 本质上是将"6.1.3 根据土的抗剪强度指标确定地基承载力特征值解题思维流程"和"6.1.5 基底压力与地基承载力特征值验算关系解题思维流程"相结合；

② 不要推导公式，直接把数据代入公式，待求的就是未知数；如果是求深度或宽度增加量，我们就设未知数，解方程；

③ 埋置深度选取的不同；求 f_a 时的 d 和求 G_k 时的 d 有时是不一样的；

④ b 没有给出就先假定，先假定 b 小于 3m；如果求上部荷载，先假定满足偏心关系再验证。

6.2.2 经深宽度修正后地基承载力特征值

第①步：确定修正后地基承载力特征值

已给的地基承载力特征值 f_{ak} (kPa)	基础短边 b (m) 任何土: [3, 6]	基础埋深 d 且 $d > 0.5$ m ① 一般从室外地面标高算起 ② 填方 (a) 上部结构完成后填—天然地面 (b) 先填土整平—填土地面 ③ 有地下室 (a) 箱形基础/筏基—室外地面 (b) 独立基础/条形基础—室内地面 ④ 基础位于地面或两侧无回填土时 $d = 0$ ⑤ 主裙楼一体的结构，d 的选取
注意水位（水下取浮重度）	基础底面以下土的重度 γ	基础底面以上土的加权平均重度 γ_m (kN/m³) $$\gamma_m = \frac{\sum \gamma_i d_i}{\sum d_i} = \frac{\sum \gamma_i d_i}{d}$$

续表

由持力层土性质查表5.2.4	η_b	η_d
修正后地基承载力特征值 $f_a = f_{ak} + \eta_b \gamma (b-3) + \eta_d \gamma_m (d-0.5)$		
第②步：计算基底压力并根据验算条件确定所求的值		
判断偏心距 $e = \dfrac{M_k}{F_k + G_k} \geqslant \dfrac{b}{6}$		
轴心荷载只验算基底平均压力（kPa） $p_k \leqslant f_a \to \dfrac{F_k + G_k}{b \times l} \leqslant f_a \to \dfrac{F_k + \gamma_G \times b \times l \times d}{b \times l} \leqslant f_a$		
小偏心除了要验算基底平均压力，还要验算基底最大压力（kPa） $p_{kmax} = \dfrac{F_k + G_k}{bl} + \dfrac{M_k}{W} = \dfrac{F_k + G_k}{bl}\left(1 + \dfrac{6e}{b}\right) = p_k\left(1 + \dfrac{6e}{b}\right) \leqslant 1.2 f_a$		
大偏心可只验算基底最大压力（kPa） $p_{kmax} = \dfrac{2(F_k + G_k)}{3l\left(\dfrac{b}{2} - e\right)} \leqslant 1.2 f_a$		

【注】①本质上是将"6.1.4 地基承载力特征值深宽度修正解题思维流程"和"6.1.5 基底压力与地基承载力特征值验算关系解题思维流程"相结合；

② 不要推导公式，直接把数据代入公式，待求的就是未知数；如果是求深度或宽度增加量，我们就设未知数，解方程；

③ 埋置深度选取的不同；求 f_a 时的 d 和求 G_k 时的 d 有时是不一样的；

④ b 没有给出就先假定，先假定 b 小于 3m；如果求上部荷载，先假定满足偏心关系再验证；

⑤ 作用于基础底面的荷载就是 $F_k + G_k$；

⑥ 有时候地基承载力特征值需要修正两次；

⑦ 特别要注意深层载荷试验；

6.3 软弱下卧层

《建筑地基基础设计规范》5.2.7

地基分为持力层和下卧层，持力层是指具有一定的耐力，直接承受建筑荷载的土层。持力层以下的土层为下卧层。当基础底面以下，土层的地基承载力低于持力层 1/3 时，则该土层为软弱下卧层，常见软弱下卧层由淤泥、淤泥质土或其他高压缩性土构成。当地基中存在软弱下卧层时，不仅持力层要满足承载力要求，软弱下卧层也要满足承载力要求。

（1）扩散角法计算软弱下卧层顶面的附加压力 p_z

在 1.3.4 附加应力中重点讲解了基底附加压力 p_0 和角点法计算地基土中附加应力，而软弱下卧层顶面的附加压力使用扩散角法计算。

扩散角法，顾名思义，基底附加压力 p_0，以一定的角度向下扩散到软弱下卧层顶面，相当于扩大了力的作用面积。以条形基础为例，如图 6.2-1 所示，初始每延米作用面积数

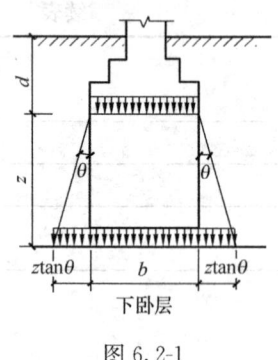

图 6.2-1

值上等于基底宽度 b，基底到软弱下卧层距离为 z，扩散角 θ，附加压力两边扩散后，作用宽度为 $b+2z\tan\theta$，根据力的总大小不变，得到

$$b \cdot p_0 = p_z \cdot (b+2z\tan\theta)$$

同理可得矩形基础下 $p_0 \cdot bl = p_z \cdot (b+2z\tan\theta)(l+2z\tan\theta)$

圆形基础下 $p_0 \cdot \dfrac{\pi D^2}{4} = p_z \cdot \dfrac{\pi(D+2z\tan\theta)^2}{4}$（$D$ 为基础直径）

由基底平均压力值 p_k，基底处自重压力值 p_c，可得基底附加压力 $p_0 = p_k - p_c$。

因此条形基础下，软弱下卧层顶面处附加压力 $p_z = \dfrac{b(p_k - p_c)}{b+2z\tan\theta}$

矩形基础 $p_z = \dfrac{bl(p_k - p_c)}{(b+2z\tan\theta)(l+2z\tan\theta)}$，圆形基础 $p_z = \dfrac{D^2(p_k - p_c)}{(D+2z\tan\theta)^2}$

【注】①其中扩散角 θ，是根据软弱下卧层顶面处上下土层的压缩模量之比，及基础底面至软弱下卧层顶面的距离 z 与基础短边 b 之比，查表确定。

② 特殊情况，当 $\theta = 0°$ 时，$p_z = p_0$。

③ 注意区别扩散角法计算软弱下卧层顶面的附加压力和角点法计算地基土中附加应力。利用《建筑地基基础设计规范》求解，对软弱下卧层不可使用角点法，除非题目特殊说明。

（2）软弱下卧层顶面承载力验算

软弱下卧层顶面受到附加压力 p_z，同时顶面处还作用着上覆土的自重 p_{cz}，软弱下卧层顶面只经深度修正后的地基承载力 f_{az}，因此要求

$$p_z + p_{cz} \leqslant f_{az}$$

【注】①软弱下卧层地基承载力只进行深度修正即可，不进行宽度修正。

②下卧层地基承载力验算，只考虑竖向作用力，不考虑弯矩偏心作用的影响。但是对持力层的承载力验算，则需要考虑弯矩偏心作用的影响，注意这个区别。

（3）整体解题思维流程总结如下

基础短边 b (m) / 基础长边 l (m)	基础埋深 d (m)	基础底面至软弱下卧层顶面的距离 z	软弱下卧层顶面处上下土层的压缩模量 E_{s1}/E_{s2}			
基底平均压力值（kPa）$p_k = \dfrac{F_k + G_k}{bl}$ $= \dfrac{F_k}{bl} + \gamma_G d$	基底处自重压力值（kPa）$p_c = \gamma_i d_i$（水下取浮重）	压力扩散角 θ（查右表，可插值）	E_{s1}/E_{s2}	z/b（中间插值）		
				<0.25	$=0.25$	$\geqslant 0.50$
			3	0°	6°	23°
			5	0°	10°	25°
			10	0°	20°	30°

续表

软弱下卧层顶面处附加压力 p_z (kPa) $p_z = \dfrac{b(p_k - p_c)}{b + 2z\tan\theta}$（条形基础） $p_z = \dfrac{bl(p_k - p_c)}{(b + 2z\tan\theta)(l + 2z\tan\theta)}$（矩形基础） $p_z = \dfrac{D^2(p_k - p_c)}{(D + 2z\tan\theta)^2}$（圆形基础，$D$ 为基础直径）	软弱下卧层顶面处自重压力，自天然地面算起 (kPa) $p_{cz} = \gamma_i d_i'$（水下取浮重）

软弱下卧层只经深度修正后的地基承载力 (kPa) $f_{az} = f_{ak} + \eta_d \gamma_m (d' - 0.5)$
d'：天然地面至软弱下卧层顶面距离； γ_m：d' 范围内土层厚度加权平均重度，水下取浮重度，可快速解得 $\gamma_m = p_{cz}/d'$； η_d：淤泥及淤泥质土取 1.0，其余按软弱下卧层具体土性查表。
软弱下卧层承载力验算 $p_z + p_{cz} \leqslant f_{az}$
根据题意确定是否进行持力层地基承载力验算

【注】①地基承载力特征值也可以按照土的抗剪强度指标确定；

②基础设计类综合题比如确定最大竖向力、基础宽度等，除了验算软弱下卧层，还需要验算持力层地基承载力要求，具体与"6.2 基础设计类——深度、宽度、底面积、最大竖向力等"相结合。

6.4 地基变形其他内容

6.4.1 大面积地基荷载作用引起柱基沉降计算

《建筑地基基础设计规范》7.5、附录 N

(1) 等效均布地面荷载 q_{eq}

参与计算的地面荷载包括地面堆载和基础完工后的新填土，地面荷载应按均布荷载考虑，其计算范围：①横向取 5 倍基础宽度，纵向为实际堆载长度。其作用面在基底平面处。②当荷载范围横向宽度超过 5 倍基础宽度时，按 5 倍基础宽度计算。小于 5 倍基础宽度或荷载不均匀时，应换算成宽度为 5 倍基础宽度的等效均布地面荷载计算。③换算时，将柱基两侧地面荷载按每段为 0.5 倍基础宽度分成 10 个区段，然后按下式计算等效均布地面荷载 q_{eq} 即可。

柱基宽度 b	地面堆载横向宽度 b'	地面堆载纵向宽度 a

将柱基两侧地面荷载（计算宽度取 $5b$）按每段为 0.5 倍柱基宽度分成 10 个区段，确定第 i 区段的地面荷载换算系数 β_i

区段	换算系数 β_i										
	0	1	2	3	4	5	6	7	8	9	10
$\dfrac{a}{5b} \geqslant 1$	0.30	0.29	0.22	0.15	0.10	0.08	0.06	0.04	0.03	0.02	0.01
$\dfrac{a}{5b} < 1$	0.52	0.40	0.30	0.13	0.08	0.05	0.02	0.01	0.01	—	—

柱内侧第 i 区段内的平均地面荷载 q_i	地面堆载										
	填土荷载										
柱外侧第 i 区段内的平均地面荷载 p_i	地面堆载										
	填土荷载										
等效均布地面荷载 $q_{eq}=0.8(\sum_{i=0}^{10}\beta_i q_i - \sum_{i=0}^{10}\beta_i p_i)$											

【注】 ①注意等效均布地面荷载计算宽度取 $5b$，这样按每段为 0.5 倍柱基宽度划分，正好分为 10 个区段（即 1~10 区段），且 1~10 区段换算系数相加等于 1.0。其中 0 区段是特殊区段，不是划分出来的，而是直接作用于柱基基础上的荷载部分（区段）。

② 当等效均布地面荷载为正值时，说明柱基将发生内倾；为负值时，将发生外倾。

（2）由地面荷载引起柱基内侧边缘中点的地基附加沉降计算值可按分层总和法计算，即 $s = q_{ep}\Sigma \dfrac{z_i \bar{\alpha}_i - z_{i-1}\bar{\alpha}_{i-1}}{E_{si}}$

【注】 ①此公式计算过程与"1.5.5 规范公式法及计算压缩模量当量值"节所讲是一致的，只不过将基底附加压力替换为等效均布地面荷载 q_{eq} 即可。

② 《建筑地基基础设计规范》7.5.5 条文说明有例题，定要认真研读。

③ 沉降经验系数 ψ_s，条文例题中没有考虑。那么具体到注岩真题，给就乘，不给就不乘。

6.4.2 建筑物沉降裂缝与沉降差

《建筑地基基础设计规范》5.3.4

建筑物的地基变形允许值应按规范表 5.3.4（即下表）规定采用。对表中未包括的建筑物，其地基变形允许值应根据上部结构对地基变形的适应能力和使用上的要求确定。

建筑物的地基变形允许值			
变形特征		地基土类别	
		中低压缩性土	高压缩性土
砌体承重结构基础的局部倾斜		0.002	0.003
工业与民用建筑相邻柱基的沉降差	框架结构	$0.002l$	$0.003l$
	砌体墙填充的边排柱	$0.0007l$	$0.001l$
	当基础不均匀沉降时不产生附加应力的结构	$0.005l$	$0.005l$
单层排架结构（柱距为 6m）柱基的沉降量（m）		(120)	200
桥式吊车轨面的倾斜（按不调整轨道考虑）	纵向	0.004	
	横向	0.003	
多层和高层建筑的整体倾斜	$H_g \leqslant 24$	0.004	
	$24 < H_g \leqslant 60$	0.003	
	$60 < H_g \leqslant 100$	0.0025	
	$100 < H_g$	0.002	

续表

体型简单的高层建筑基础的平均沉降量（mm）		200
高耸结构基础的倾斜	$H_g \leqslant 20$	0.008
	$20 < H_g \leqslant 50$	0.006
	$50 < H_g \leqslant 100$	0.005
	$100 < H_g \leqslant 150$	0.004
	$150 < H_g \leqslant 200$	0.003
	$200 < H_g \leqslant 150$	0.002
高耸结构基础的沉降量（mm）	$H_g \leqslant 100$	400
	$100 < H_g \leqslant 200$	300
	$200 < H_g \leqslant 250$	200

注：① 本表数值为建筑物地基实际最终变形允许值；
② 有括号者仅适用于中压缩性土；
③ l 为相邻柱基的中心距离（mm）；H_g 为自室外地面起算的建筑物高度（m）；
④ 倾斜指基础倾斜方向两端点的沉降差与其距离的比值；
⑤ 局部倾斜指砌体承重结构沿纵向 6～10m 内基础两点的沉降差与其距离的比值。

6.5 地基稳定性

6.5.1 地基整体稳定性

《建筑地基基础设计规范》5.4.1

地基稳定性可采用圆弧滑动面法进行验算。最危险的滑动面上诸力对滑动中心所产生的抗滑力矩与滑动力矩应符合下式要求：

$$\frac{M_R(抗滑力矩)}{M_S(滑动力矩)} \geqslant 1.2$$

【注】关于整体圆弧法原理和解题思维流程讲解，见土力学专题"1.10.3.1 整体圆弧法"，注意受力分析。

6.5.2 坡顶稳定性

《建筑地基基础设计规范》5.4.2

对于条形基础或矩形基础，当垂直于坡顶边缘线的基础底面边长 b 小于或等于 3m 时，其基础底面外边缘线至坡顶的水平距离 a 符合如下要求：

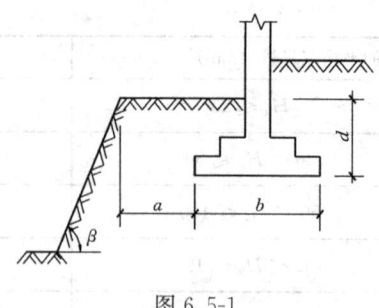

图 6.5-1

	垂直于坡顶边缘线的基础底面边长 b（要求 $b\leqslant 3$m）	基础埋深 d	边坡坡脚 β(°)
条形基础	基础底面外边缘距离坡顶的水平距离 $a\geqslant\max\left(2.5\text{m},3.5b-\dfrac{d}{\tan\beta}\right)$		
矩形基础	$a\geqslant\max\left(2.5\text{m},2.5b-\dfrac{d}{\tan\beta}\right)$		

【注】① 坡顶稳定性与基础设计综合题，求基础宽度或深度，与"6.2 基础设计类——深度、宽度、底面积、最大竖向力等解题思维流程"相结合。

② 当基础底面外边缘线至坡顶的水平距离 a 不满足上两式的要求时，可根据基底平均压力按式 $\dfrac{M_R(抗滑力矩)}{M_S(滑动力矩)}\geqslant 1.2$（即 6.5.1 地基整体稳定性）确定基础距坡顶边缘的距离和基础埋深。

③ 当边坡坡角大于 45°、坡高大于 8m 时，尚应按式 $\dfrac{M_R(抗滑力矩)}{M_S(滑动力矩)}\geqslant 1.2$（即 6.5.1 地基整体稳定性）验算坡体稳定性。

④ 根据《建筑抗震设计规范》3.3.5 条文说明

验算抗震条件下山区建筑距边坡边缘距离 a，使用上两式计算，边坡坡角 β 应根据地震烈度的高度修正，采用修正后边坡坡角 β_E 代入上两式计算。β_E 计算公式如下：

$$\beta_E=\beta-\rho$$

式中，ρ 为地震角，可按下表取值。

地震角 ρ ——《建筑边坡工程技术规范》6.2.11					
类别	7 度		8 度		9 度
	0.10g	0.15g	0.20g	0.30g	0.40g
水上	1.5°	2.3°	3.0°	4.5°	6.0°
水下	2.5°	3.8°	5.0°	7.5°	10.0°

6.5.3 抗浮稳定性

《建筑地基基础设计规范》5.4.3

建筑物基础存在浮力作用时应进行抗浮稳定性验算，即要求建筑物（构筑物）自重及

压重之和 G_k 与所受浮力作用值 N_k 之比满足 1.05 倍的安全储备，对于简单的浮力作用情况，基础抗浮稳定性按如下进行；当抗浮稳定性不满足设计要求时，可采用增加压重或设置抗浮构件等措施。在整体满足抗浮稳定性要求而局部不满足时，也可采用增加结构刚度的措施。

抗浮稳定性解题思维流程总结如下：

构筑物长 l	构筑物宽 b	构筑物高 h
构筑物自重及压重之和（kN）$G_k = F_k + \gamma_G \cdot v_G$			
浮力作用值（kN）$N_k = \rho_{水} g v_{排}$			
抗浮稳定安全系数 K_w，一般情况下取 1.05			
抗浮稳定性要求满足 $\dfrac{G_k}{N_k} \geqslant K_w$			

【注】①题中未给长宽高的值就设单位 1，或者直接设构筑物底面积为 A；
② 最常见的是求过程量，可设未知数。

6.6 无筋扩展基础

《建筑地基基础设计规范》8.1

如图 6.6-1 所示，刚性角的概念：材料折裂的方向不是沿柱或墙的外侧垂直向下的，而是与垂线形成一个角度，这个角度就是材料特有的刚性角 α。

利用刚性角范围建造的无筋基础就叫无筋扩展基础，又叫刚性基础。无筋扩展基础系指由砖、毛石、混凝土或毛石混凝土、灰土和三合土等材料组成的墙下条形基础或柱下独立基础，适用于多层民用建筑和轻型厂房。

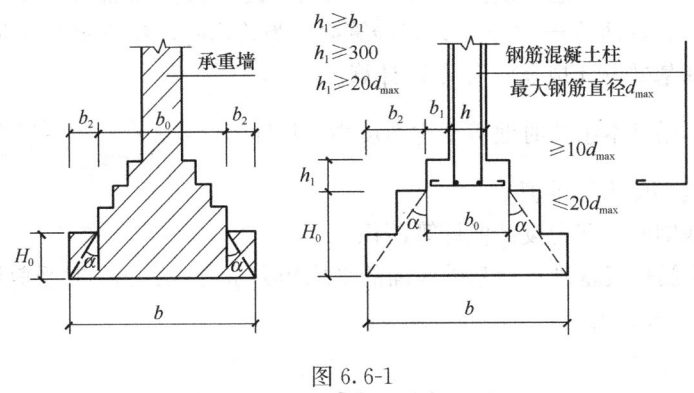

图 6.6-1

（1）对于基底压力 $p_k \leqslant 300\text{kPa}$ 的无筋扩展基础，要满足刚性角的要求，解题思维流程总结如下：

首先（尽量）确定基底压力 $p_k \leqslant 300\text{kPa}$
基础顶面的墙体宽度或柱脚宽度 b_0
基础底面宽度 b
基础高度 H_0

续表

基础台阶宽高比 tanα，其允许值查表	基底压力 p_k	台阶宽高比 tanα 容许值		
		(0,100]	(100,200]	(200,300]
	混凝土	1:1.00	1:1.00	1:1.25
	毛石混凝土	1:1.00	1:1.25	1:1.50
	砖	1:1.50	1:1.50	1:1.50
	毛石	1:1.25	1:1.50	—
	灰土	1:1.25	1:1.50	—
	三合土	1:1.50	1:1.20	—

$$\tan\alpha = \frac{b - b_0}{2H_0} \leqslant 允许值$$

【注】① 注意这里基础高度 H_0 和埋深 d 的区别。一般情况下基础埋深 d 大于等于基础高度 H_0。

② 基础设计类的综合题，确定基础宽度和埋深；与"6.2 基础设计类——深度、宽度、底面积、最大竖向力等解题思维流程"相结合。

(2) 当基础底面的平均压力 $p_k > 300\text{kPa}$ 时，按下式验算墙（柱）边缘或台阶处的受剪承载力

$$V_s = p_j A_l \leqslant 0.366 f_t A$$

式中　V_s——相应于作用的基本组合时，地基土平均净反力产生的沿墙（柱）边缘或变阶处的剪力设计值（kN）；

　　A——沿墙（柱）边缘或变阶处混凝土基础的垂直截面面积（m²），对条形无筋扩展基础 $A = H_0 \times 1$，当验算截面为阶形时，其截面折算宽度按《建筑地基基础设计规范》附录 U 计算。

　　p_j——作用基本组合时地基平均净反力（kPa）$p_j = \dfrac{F}{A_{基础底}} = \dfrac{1.35 F_k}{A_{基础底}}$（$F$ 为设计值，F_k 为标准值）

　　A_l——基础所受剪力设计值计算面积。

【注】对于无筋扩展基础，当基础底面的平均压力 $p_k > 300\text{kPa}$ 时受剪承载力的计算，历年案例真题还未考到过。

6.7 扩展基础

扩展基础是指柱下钢筋混凝土独立基础和墙下钢筋混凝土条形基础。适用于上部结构荷载较大，有时为偏心荷载或承受弯矩、水平荷载的建筑物基础。特别在地基表层土质较好、下层土质软弱的情况，利用表层好土层设计浅埋基础，最适宜采用扩展基础。扩展基础的主要破坏形式有冲切破坏、剪切破坏和受弯破坏，关于三种破坏形式的概念和区别具体见下表。

破坏形式	基本概念及设计要点	示意简图
冲切破坏	在局部荷载或集中反力作用下,在板内产生正应力和剪应力,尤其在柱头四周合成较大的主拉应力,当主拉应力超过混凝土抗拉强度时,沿柱(桩)头四周出现斜裂缝,最后在板内形成锥体斜截面破坏,破坏形状像从板中冲切而成,故称冲切破坏,为斜拉破坏,或者双向剪切。 设计要点:一般情况下,冲切破坏控制扩展基础的高度	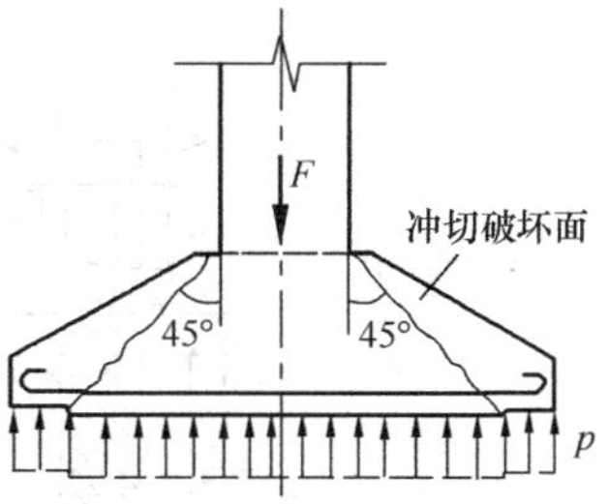
剪切破坏	对于比较特殊的纯剪破坏则如同使用剪刀将物体"一剪为二",其破坏面贯通在整个物体的全部宽度上,断裂面接近于一个平面。因此,纯剪又称单向剪切。 设计要点:一般情况下,剪切破坏也是控制扩展基础的高度	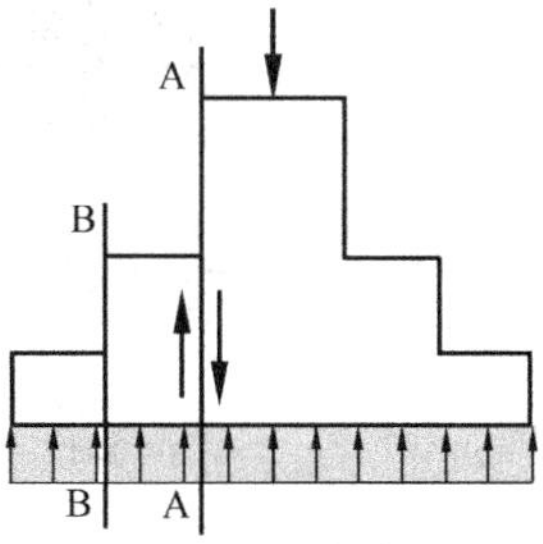
受弯破坏	这种破坏沿着墙边、柱边或台阶边发生,裂缝平行于墙或柱边,受弯而发生的破坏。 这种破坏较好理解,设计要点:根据基础截面最大弯矩,决定基础的配筋	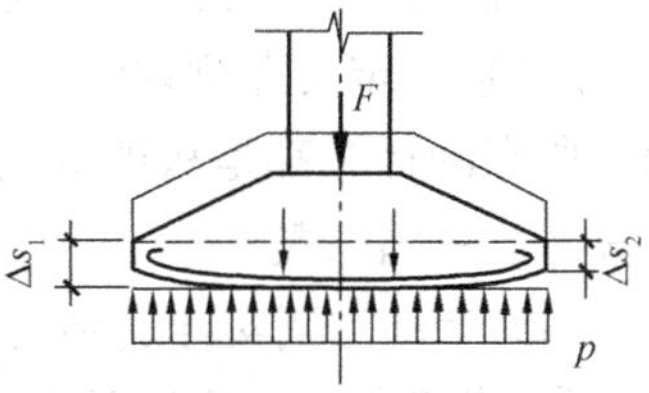

【注】 ① 剪切破坏及冲切破坏的比较:破坏面形式不同,剪切破坏面可视为平面,冲切破坏面则可视为空间曲面,如截圆锥、截角锥或棱台及其他不规则曲面等,具有三维的特点,不属于平面问题,一般发生在双向板一类的构件中;验算要求不同:剪切破坏计算的是剪应力,冲切破坏计算的则是按 45°角延伸的计算面上的正应力。冲切破坏是斜裂面上垂直斜裂缝角度的主拉应力过大造成的破坏,工程中一般控制住 45°角的应力,就可以确保基础在各个角度下的主拉应力不超过混凝土的抗拉强度。

② 地基承载力验算采用荷载作用标准组合,混凝土基础设计即扩展基础的内力计算应采用基本组合,计算值为标准值×分项系数 1.35。

6.7.1 柱下独立基础

6.7.1.1 柱下独立基础受冲切

《建筑地基基础设计规范》8.2.7~8.2.8

对柱下独立基础,当冲切破坏锥体落在基础底面以内(即 $a_t+2h_0\leqslant$ 基底短边)时,应验算柱与基础交接处及基础变阶处的受冲切承载力。适用于矩形截面柱的矩形基础,对柱与基础交接处以及基础变阶处的受冲切承载力验算,如图 6.7-1 所示。

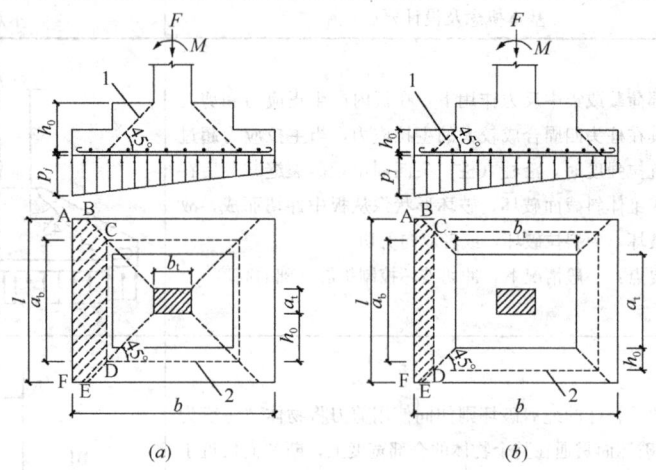

图 6.7-1
(a) 柱与基础交接处；(b) 基础变阶处
1—冲切破坏锥体最不利一侧的斜截面；2—冲切破坏锥体的底面线

受冲切验算最终落脚点：

基础一侧实际受到的冲切力 ← $F_l \leq 0.7\beta_{hp}f_t a_m h_0$ → 基础一侧的受冲切承载力

【注】一定要深刻理解"冲切破坏锥体"，沿着柱边或变阶处按 45°角延伸落在基础底面，所有的计算都是从理解此概念开始，对照图形，理解了此概念，各种相关几何尺寸的计算才会一清二楚。

(1) 基础一侧实际受到的冲切力 F_l

① 冲切力计算基底面积 A_l，就是基础一侧除去冲切破坏锥体底面落在基础底面范围内的部分，如图中阴影部分 ABCDEF。根据图中 ABCDEF 的形状和尺寸即可知其几何面积为：$A_l = \left(\dfrac{b}{2} - \dfrac{b_t}{2} - h_0\right)l - \left(\dfrac{l}{2} - \dfrac{a_t}{2} - h_0\right)^2 = \dfrac{l^2 - (a_t + 2h_0)^2}{4}$（正方形）

② 作用基本组合时地基净反力 p_j

基底反力为作用于基底上的总竖向荷载（包括墙或柱传下的荷载及基础自重）除以基底面积，基底反力可以认为与前面所讲基底压力 p_k 是作用与反作用力，因此计算方法同 p_k 是一样的。那么通常认为仅由基础顶面标高以上部分传下的荷载所产生的地基反力为地基净反力，并以 p_j 表示，在进行基础的结构设计中，常需用到净反力 p_j，因为基础自重及其周围土重所引起的基底反力恰好与其自重相抵，对基础本身不产生内力。因此地基净反力 p_j 的计算并不陌生，本质上和基底压力 p_k 的计算原理是一样的，只不过这里是"净反力"即不计基础及其土的自重。

轴心：$p_j = \dfrac{F}{bl}$

偏心：计算净偏心距 $e_0 = \dfrac{M}{F} \leq \dfrac{b}{6}$，确定为小偏心

此时 $p_j = \dfrac{F}{bl} + \dfrac{6M}{lb^2} = \dfrac{F}{bl}\left(1 + \dfrac{6e_0}{b}\right)$

【注】① 当基础受偏心荷载作用的时候，很显然容易发生冲切破坏的斜面位于靠近最大

6.7 扩展基础

净偏反力一侧,因此这里 $p_j = p_{j\max} = \dfrac{F}{bl} + \dfrac{6M}{lb^2} = \dfrac{F}{bl}\left(1 + \dfrac{6e_0}{b}\right)$,$p_j$ 取最大值,为了偏安全。

② 地基净反力 p_j,不计基础及其土的自重,注意轴心和偏心时取值的不同。

③ 这里出现大偏心的可能性很小。

④ 那么作用在 A_l 上的地基土净反力设计值,即基础一侧实际受到的冲切力 $F_l = p_j A_l$。

(2) 基础一侧的受冲切承载力

基础一侧受冲切承载力本质即为:

基础一侧受冲切承载面积 $a_m h_0$ × 混凝土轴心抗拉强度设计值 f_t × 综合调整系数

【注】验算的时候选取最不利一侧即可,即位于靠近最大净偏反力一侧。最不利一侧满足抗冲切承载力验算,其他三侧当然满足。假如基础和柱均是正方形,又承受轴心荷载,即每一侧实际受到的冲切力都是相同的,每一侧的冲切承载力也都是相同的,此时验算哪一侧均可。

① 基础一侧受冲切承载面积 $a_m h_0$

其中 h_0 为冲切破坏锥体有效高度 $h_0 = h - a_s \leftarrow a_s$ 为保护层厚度;

a_m 为冲切破坏锥体最不利一侧计算长度,即冲切破坏锥体一侧上下面的平均长度:

$$a_m = \dfrac{a_t + a_b}{2} = a_t + h_0$$

② β_{hp} 为受冲切截面高度影响系数,采用冲切破坏锥体总高度计算 h,且当 $h \leqslant 800\text{mm}$ 时取 $h = 800\text{mm}$,当 $h \geqslant 2000\text{mm}$ 时取 $h > 2000\text{mm}$,中间范围按实际值取即可。

$$\beta_{hp} = 1 - \dfrac{h - 800}{12000}, h \in [800, 2000]$$

③ 基础一侧的受冲切承载力最终计算公式为:$0.7\beta_{hp} f_t a_m h_0$

(3) 柱下独立基础受冲切整体解题思维流程总结如下:

确定受冲切验算的位置:柱边,还是变阶处		
基础边长 b 基础边长 l	相应于 b 方向的柱或变阶处边长 b_t 相应于 l 方向的柱或变阶处边长 a_t	从钢筋处开始算,冲切破坏锥体有效高度 $h_0 = h - a_s \leftarrow a_s$ 为保护层厚度
作用于基础顶面中心竖向力基本组合值 $F = 1.35 F_k$		作用于基础顶面弯矩基本组合值 $M = 1.35 M_k$
冲切力计算基底面积(阴影部分)A_l $A_l = \left(\dfrac{b}{2} - \dfrac{b_t}{2} - h_0\right) l - \left(\dfrac{l}{2} - \dfrac{a_t}{2} - h_0\right)^2$ $= \dfrac{l^2 - (a_t + 2h_0)^2}{4}$(正方形)		冲切破坏锥体最不利一侧计算长度 $a_m = \dfrac{a_t + a_b}{2} = a_t + h_0$
作用基本组合时地基净反力 p_j ①轴心:$p_j = \dfrac{F}{bl}$ ② 偏心:计算净偏心距 $e_0 = \dfrac{M}{F} \leqslant \dfrac{b}{6}$,确定为小偏心, $p_j = \dfrac{F}{bl} + \dfrac{6M}{lb^2} = \dfrac{F}{bl}\left(1 + \dfrac{6e_0}{b}\right)$(取最大值,为了偏安全) 注:$F$ 为设计值,F_k 为标准值		冲切破坏锥体高度 $h = h_0 + a_s \leftarrow a_s$ 为保护层厚度 受冲切截面高度影响系数 $\beta_{hp} = 1 - \dfrac{h - 800}{12000}, h \in [800, 2000]$
作用在 A_l 上的地基土净反力设计值 $F_l = p_j A_l$		混凝土轴心抗拉强度设计值 f_t
最终验算:基础一侧实际受到的冲切力 ← $F_l \leqslant 0.7\beta_{hp} f_t a_m h_0$ → 基础一侧的受冲切承载力		

【注】①地基净反力 p_j，不计基础及其土的自重，注意轴心和偏心时取值的不同；

② 计算时，务必根据题意，确定验算的位置，是柱边还是变阶处，只有位置确定了，才能确定各几何尺寸；

③ 注意冲切破坏锥体有效高度 h_0 和冲切破坏锥体高度 h 的区别，计算受冲切截面高度影响系数 β_{hp} 使用 h，且当 $h < 800\text{mm}$ 时，取 800mm；当 $h > 2000\text{mm}$ 时，取 2000mm；

④ 为方便计算，将 β_{hp} 计算值和 f_t 取值列表如下：

h	≤800	900	1000	1100	1200	1300	1400	1500	1600	1700	1800	1900	≥2000
β_{hp}	1	0.992	0983	0.975	0.967	0.958	0.950	0.942	0.933	0.925	0.917	0.908	0.900

混凝土等级	C15	C20	C25	C30	C35	C40	C45	C50	C55	C60
f_t（MPa）	0.91	1.10	1.27	1.43	1.57	1.71	1.80	1.89	1.96	2.04

表注：f_t 来自《混凝土结构设计规范》4.1.4。钢筋参数和混凝土参数未知时，可查《混凝土结构设计规范》4.1 和 4.2。

6.7.1.2 柱下独立基础受剪切

《建筑地基基础设计规范》8.2.9

对基础底面短边尺寸小于或等于柱宽加两倍基础有效高度的柱下独立基础（即基础底面处设定的冲切破坏锥体落在基础底面以外时），应验算柱与基础交接处的基础受剪切承载力。适用于矩形截面柱的矩形基础。

如上节所讲，基础受冲切重点应理解冲切破坏形态：即沿着柱边或变阶处按 $45°$ 角延伸落在基础底面的冲切破坏锥体；而本节所讲受剪切破坏形态就简单多了，即沿着柱边或变阶处竖直向下贯通，其破坏面贯通在整个物体的全部宽度上，断裂面接近于一个平面。

柱下独立基础受剪切解题思维流程总结如下：

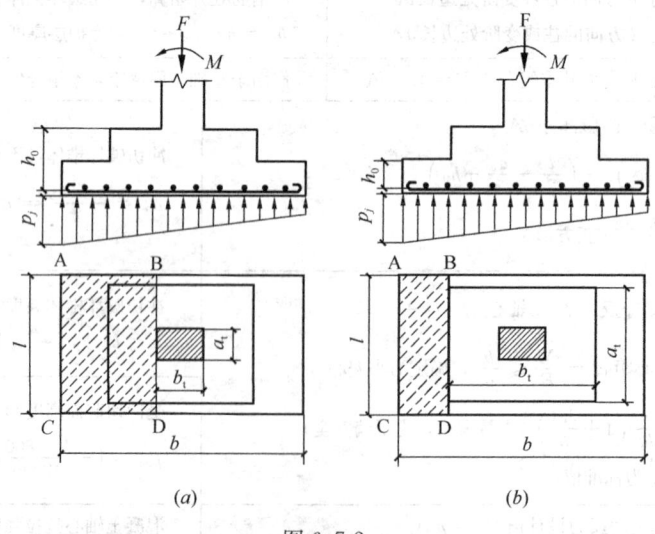

图 6.7-2

(a) 柱与基础交接处；(b) 基础变阶处

6.7 扩展基础

确定受剪切验算的位置：柱边或变阶处		
基础边长 b 基础边长 l	相应于 b 方向的柱或变阶处边长 b_t 相应于 l 方向的柱或变阶处边长 a_t	从钢筋处开始算，冲切破坏锥体有效高度 $h_0 = h - a_s \leftarrow a_s$ 为保护层厚度
基础所受剪力设计值计算面积——阴影面积 $A_l = \dfrac{b-b_t}{2}l$		验算截面处基础的有效截面面积——即剪切承载力计算截面面积 $A_0 = lh_0$（最简单的情况，其他情况对照题干图形求解即可）
作用基本组合时地基净反力 p_j：轴心或偏心荷载，都按平均地基净反力计算 $p_j = \dfrac{F}{bl} = \dfrac{1.35F_k}{bl}$（$F$ 为设计值，F_k 为标准值）		受剪切截面高度影响系数 $\beta_{hs} = \left(\dfrac{800}{h_0}\right)^{\frac{1}{4}}, h_0 \in [800, 1200]$
基础所受到的剪力设计值 $V_s = p_j A_l$		混凝土轴心抗拉强度设计值 f_t
最终验算：剪力设计值 $\leftarrow V_s \leqslant 0.7\beta_{hs}f_t A_0 \rightarrow$ 抗剪承载力		

【注】 ① 地基净反力 p_j，不计基础及其土的自重，且注意轴心和偏心都取平均地基净反力；

② 计算时，务必根据题意，确定验算的位置，是柱边还是变阶处，只有位置确定了，才能确定各几何尺寸；

③ 当 $h_0 < 800$mm 时，取 800mm；当 $h_0 > 1200$mm 时，取 1200mm；

④ 当验算变阶处时，

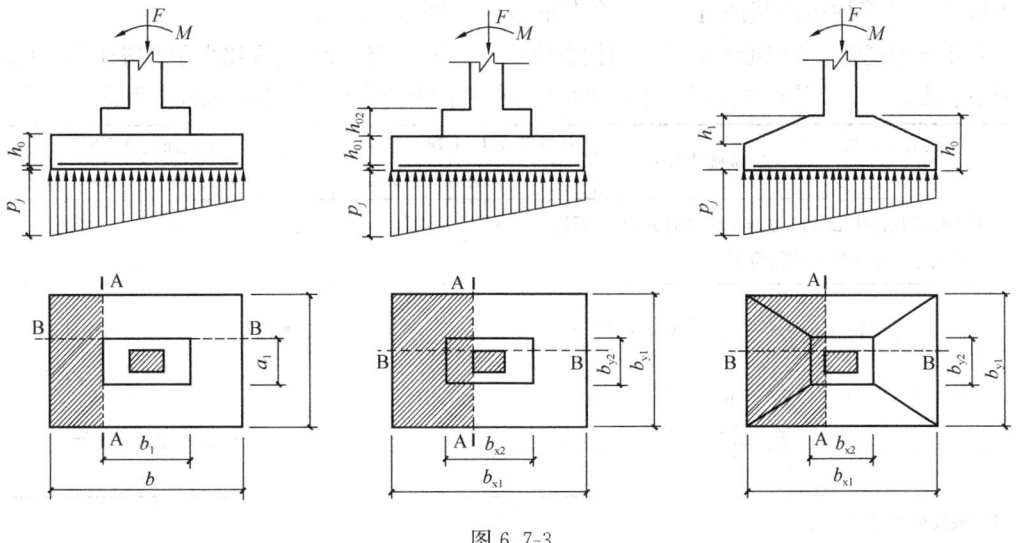

图 6.7-3

AA 截面 $A_0 = lh_0$	$A_0 = b_{y1}h_{01} + b_{y2}h_{02}$	$A_0 = \left[1 - 0.5\dfrac{h_1}{h_0}\left(1 - \dfrac{b_{y2}}{b_{y1}}\right)\right]b_{y1}h_0$
BB 截面 $A_0 = lh_0$	$A_0 = b_{x1}h_{01} + b_{x2}h_{02}$	$A_0 = \left[1 - 0.5\dfrac{h_1}{h_0}\left(1 - \dfrac{b_{x2}}{b_{x1}}\right)\right]b_{x1}h_0$

【注】①V_s的计算规范未讲明白，存在争议：计算采用全基底平均净反力，还是采用阴影面积内平均净反力，根据原理及教材应该是采用阴影面积内平均净反力，但是根据2013年案例考试真题，偏向于采用全基底平均净反力，本书计算采用全基底平均净反力。

②V_s按全基底平均净反力计算的话，则不受偏心及弯矩的影响。

③规范附录 U.0.2 条，配图有误，实际应该验算的剪截面为图 6.7-3 中 A-A、B-B 截面（应为柱边，而非变阶处。柱边处比变阶处 A_l 更大，即剪力更大，而受剪承载力相同，故柱边处先破坏），但是由于柱边和变阶处剪截面面积相等，所以计算柱边处剪截面面积 A_0，可以直接按变阶处尺寸 b_{x2}、b_{y2} 计算（有兴趣的考生可自行推导一下 A_0 的计算公式，不难推导。本书第 4 章桩基础的锥形承台柱边受剪承载力计算也是同理，可对比学习理解）。

④注意区别：计算剪截面面积 A_0 采用的是变阶处尺寸 b_{x2}、b_{y2}，但是计算阴影面积 A_l 则采用的是柱边尺寸 b_c。

⑤记住采用基本组合，如果题目给的是标准组合值，则要乘以分项系数 1.35。

⑥计算高度影响系数 β_{hs}，应采用有效高度 h_0，而不是全高 h，注意与受冲切承载力验算中高度系数 β_{hp} 计算的区别。

6.7.1.3 柱下独立基础受弯

《建筑地基基础设计规范》8.2.11～8.2.12

(1) 任意截面的弯矩计算

基础底板的配筋应按抗弯计算确定。

柱下独立基础受弯受基底净反力作用，产生双向弯曲。分析时可将基础按对角线分成四个区域，沿着柱边的截面Ⅰ～Ⅰ和截面Ⅱ～Ⅱ处弯矩最大。

对于矩形基础，在轴心荷载或单向偏心荷载作用下，当台阶的宽高比小于或等于 2.5 且偏心距小于或等于 1/6 基础宽度时，柱下独立基础任意截面的弯矩计算解题思维流程总结如下：

力矩作用方向基础边长 b	基础边长 l	计算截面Ⅰ-Ⅰ处至基底最大净反力边缘的距离 a_1	计算截面处计算宽度 a' 若计算柱边，$a'=$柱宽
作用于基础顶面中心竖向力基本组合值 $F=1.35F_k$ 作用于基础弯矩基本组合值 M			
确定偏心距并比较，$e=\dfrac{M}{F+G} \leqslant \dfrac{b}{6}$（$W=\dfrac{lb^2}{6}$） 基底最大净反力 $p_{j\max}=\dfrac{F}{bl}+\dfrac{M}{W}=\dfrac{F}{bl}\left(1+\dfrac{6e_0}{b}\right)$ 基底最小净反力 $p_{j\min}=\dfrac{F}{bl}-\dfrac{M}{W}=\dfrac{F}{bl}\left(1-\dfrac{6e_0}{b}\right)$		计算截面Ⅰ-Ⅰ处地基净反力设计值 偏心：$p_{ja}=p_{j\max}-\dfrac{a_1(p_{j\max}-p_{j\min})}{b}$ 轴心：$p_{ja}=p_{j\max}=p_{j\min}=\dfrac{F}{bl}$	
最终截面处弯矩设计值 Ⅰ～Ⅰ截面 $M_1=\dfrac{1}{12}a_1{}^2[l(3p_{j\max}+p_{ja})+a'(p_{j\max}+p_{ja})]$ Ⅱ～Ⅱ截面 $M_2=\dfrac{1}{48}(l-a')^2\cdot(2b+b')\cdot(p_{j\max}+p_{j\min})$			

【注】①矩形基础计算的是长宽两个方向的截面弯矩（如图 6.7-4 Ⅰ-Ⅰ截面和Ⅱ-Ⅱ截面），注意题目要求哪一个。

② 最终截面处弯矩设计值 M_1 或 M_2 的计算公式与规范中所给公式略有不同，规范中的公式采用的是基底反力，而本书计算公式给出的是基底净反力，感兴趣的考生可以推导下，两者是一致的，本书给的公式是结合了各基础工程教材中的公式，比规范中的公式简单。

(2) 配筋要求

按受弯计算钢筋截面面积 $A_s = \dfrac{M}{0.9 f_y h_0}$（未考虑混凝土受拉强度）

式中：f_y 为钢筋抗拉强度设计值（MPa，或 kPa，计算时注意单位协调）

且满足最小配筋率 $\rho = \dfrac{A_s}{h_0 \times 1} \geqslant 0.15\%$（其中"1"表示单位长度 1m，若 A_s 单位为 mm^2，h_0 单位也要采用 mm，同时单位长度采用 1000mm，注意单位统一）

【注】① 配筋计算一定要满足最小配筋率的要求。

② 当钢筋抗拉强度设计值 f_y 未知时，可查下表，也可查《混凝土结构设计规范》4.2。

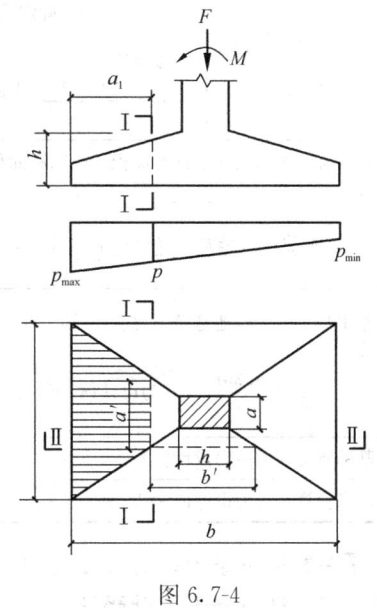

图 6.7-4

钢筋型号	f_y (MPa)	钢筋型号	f_y (MPa)
HPB300	270	HRB400、HRBF400、RRB400	360
HRB335	300	HRB500、HRBF500	435

6.7.2 墙下条形基础

6.7.2.1 墙下条形基础受剪切

墙下条形基础受剪切计算示意图如图 6.7-5 所示。

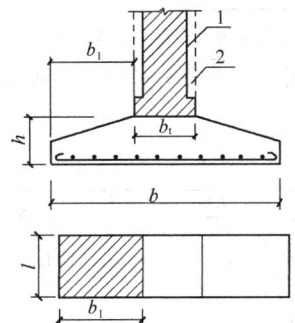

图 6.7-5 墙下条形基础受剪切
1—砖墙；2—混凝土

墙下条形基础受剪切解题思维流程总结如下：

基础边长 b	确定受剪切验算的位置：墙脚或变阶处	
	墙宽或变阶处宽 b_t $$b_1 = \frac{基础宽 - 墙宽}{2} = \frac{b - 墙宽}{2}$$	从钢筋处开始算，冲切破坏锥体有效高度 $h_0 = h - a_s \leftarrow a_s$ 保护层厚度
基础所受剪力设计值计算面积——阴影面积 $$A_l = = b_1 \times 1 = \frac{b - b_t}{2} \times 1$$ $$b_1 = \frac{基础宽 - 墙宽}{2} = \frac{b - b_t}{2} \text{ 如图 6.7-5 所示}$$		验算截面处基础的有效截面面积——即剪切承载力计算截面面积 $A_0 = h_0 \times 1 = h_0$
作用基本组合时地基净反力 p_j：轴心或偏心荷载，都按平均地基净反力计算 $$p_j = \frac{F}{bl} = \frac{1.35F_k}{bl} \text{ (F 为设计值，F_k 为标准值)}$$		受剪切截面高度影响系数 $$\beta_{hs} = \left(\frac{800}{h_0}\right)^{\frac{1}{4}}, h_0 \in [800, 1200]$$
基础所受到的剪力设计值 $V_s = p_j A_l$		混凝土轴心抗拉强度设计值 f_t
最终验算：剪力设计值 ← $V_s \leqslant 0.7\beta_{hs} f_t A_0$ → 抗剪承载力		

【注】墙下条形基础长度方向取每延米。

6.7.2.2 墙下条形基础受弯

《建筑地基基础设计规范》8.2.1，8.2.14

墙下条形基础受弯计算示意图如图 6.7-6 所示。

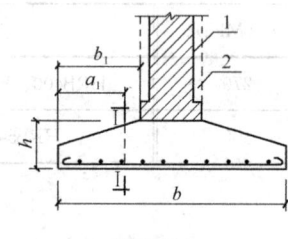

图 6.7-6

1—砖墙；2—混凝土墙

墙下条形基础受弯解题思维流程总结如下：

基础宽度 b	计算截面 I-I 处至基底最大净反力边缘的距离 a_1 若求最大弯矩，则 $a_1 = \dfrac{基础宽 - 墙宽}{2}$，否则按题目要求来
作用于基础顶面中心竖向力基本组合值 $F = 1.35F_k$ 作用于基础弯矩基本组合值 M	

①确定净心距并比较，$e = \dfrac{M}{F+G} \leqslant \dfrac{b}{6}$ ($W = \dfrac{lb^2}{6}$) 基底最大净反力 $p_{j\max} = \dfrac{F}{bl} + \dfrac{M}{W} = \dfrac{F}{bl}\left(1 + \dfrac{6e_0}{b}\right)$ 基底最小净反力 $p_{j\min} = \dfrac{F}{bl} - \dfrac{M}{W} = \dfrac{F}{bl}\left(1 - \dfrac{6e_0}{b}\right)$	②计算截面 I-I 处地基净反力设计值 偏心：$p_{jI} = p_{j\max} - \dfrac{a_1(p_{j\max} - p_{j\min})}{b}$ 轴心：$p_{jI} = p_{j\max} = p_{j\min} = \dfrac{F}{bl}$
最终，偏心荷载作用下，计算截面处弯矩设计值： $M = \dfrac{1}{6}a_1^2(2p_{j\max} + p_{jI})$	按受弯计算钢筋截面面积 $A_s = \dfrac{M}{0.9f_y h_0}$（未考虑混凝土受拉强度）
轴心荷载：$M = \dfrac{1}{2}a_1^2 p_{jI}$	且满足最小配筋率 $\rho = \dfrac{A_s}{h_0 \times 1} \geqslant 0.15\%$

【注】条形基础只要计算宽度方向的截面弯矩,长度方向取每延米。

6.7.3 高层建筑筏形基础

6.7.3.1 高层建筑筏形基础抗倾覆验算

《建筑地基基础设计规范》8.4.2 及条文说明

对单幢建筑物,在地基土比较均匀的条件下,基底平面形心宜与结构竖向永久荷载重心重合。当不能重合时,在作用的准永久组合下,偏心距 e 宜符合下式规定:

与偏心距方向一致的基础底面边缘抵抗矩 W (m³)	基础底面积 A (m²)
偏心距 $e \leqslant 0.1W/A$	

对基底平面为矩形的筏基,在偏心荷载作用下,基础抗倾覆稳定系数 K_F 可用下式表示:

基底平面形心至最大受压边缘的距离 y
作用在基底平面的组合荷载全部竖向合力对基底面积形心的偏心距 e
与组合荷载竖向合力偏心方向平行的基础边长 B
基础抗倾覆稳定系数 $K_F = \dfrac{y}{e} = \dfrac{y/B}{e/B}$

【注】从式中可以看出。y/B 是建筑物几何参数的比值,与受力无关。那么 e/B 直接影响着抗倾覆稳定系数 K_F,K_F 随着 e/B 的增大而降低,因此容易引起较大的倾斜。

6.7.3.2 梁板式筏基正截面受冲切

《建筑地基基础设计规范》8.4.11、8.4.12

梁板式筏基正截面受冲切计算示意图如图 6.7-7 所示。

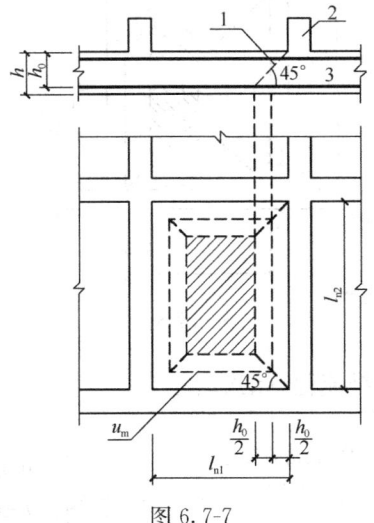

图 6.7-7
1—冲切破坏锥体的斜截面;2—梁;3—底板

梁板式筏基正截面受冲切解题思维流程总结如下：

计算板格的短边 $l_{n1} =$ 柱网尺寸短边－基础梁宽	计算板格的长边 $l_{n2} =$ 柱网尺寸长边－基础梁宽	从钢筋处开始算，板有效高度 $h_0 = h - a_s$，a_s 为保护层厚度
冲切力计算基底面积（阴影部分）A_l $A_l = (l_{n1} - 2h_0)(l_{n2} - 2h_0)$		距基础梁边 $h_0/2$ 处冲切临界截面周长 $u_m = 2(l_{n1} + l_{n2} - 2h_0)$
作用基本组合时地基平均净反力 p_j $p_j = \dfrac{F}{bl} = \dfrac{1.35 F_k}{bl}$（$F$ 为设计值，F_k 为标准值）		受冲切截面高度影响系数 $\beta_{hp} = 1 - \dfrac{h - 800}{12000}$，$h \in [800, 2000]$
冲切验算底板所受到的冲切力设计值 $F_l = p_j A_l$		混凝土轴心抗拉强度设计值 f_t
最终验算：$F_l \leqslant 0.7 \beta_{hp} f_t u_m h_0$		
当底板区格为矩形双向板，底板受冲切所需厚度 有效厚度 $h_0 = \dfrac{(l_{n1} + l_{n2}) - \sqrt{(l_{n1} + l_{n2})^2 - \dfrac{4 p_j l_{n1} l_{n2}}{p_j + 0.7 \beta_{hp} f_t}}}{4}$ 且需验算总厚度 $h = h_0 + a_s \geqslant \max\left(400, \dfrac{l_{n1}}{14}\right) \rightarrow a_s$ 为混凝土保护层厚度		

6.7.3.3 梁板式筏基受剪切

《建筑地基基础设计规范》8.4.11、8.4.12

梁板式筏基受剪切计算示意图如图 6.7-8 所示。

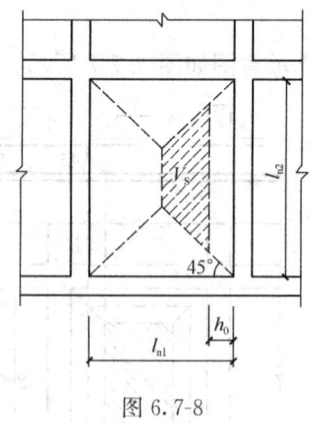

图 6.7-8

梁板式筏基受剪切解题思维流程总结如下：

计算板格的短边 $l_{n1} =$ 柱网尺寸短边－基础梁宽	计算板格的长边 $l_{n2} =$ 柱网尺寸长边－基础梁宽	从钢筋处开始算，板有效高度 $h_0 = h - a_s \rightarrow a_s$ 为混凝土保护层厚度

续表

底板剪力计算基底面积（阴影部分）A_v $A_v = \left(\frac{l_{n1}}{2} - h_0\right)\left(l_{n2} - \frac{l_{n1}}{2} - h_0\right)$	受剪切承载力计算截面面积 $A_0 = (l_{n2} - 2h_0)h_0$
作用基本组合时地基平均净反力 p_j $p_j = \frac{F}{bl} = \frac{1.35F_k}{bl}$（$F$ 为设计值，F_k 为标准值）	受剪截面高度影响系数 $\beta_{hs} = \left(\frac{800}{h_0}\right)^{\frac{1}{4}}, h_0 \in [800, 2000]$
底板所受到的剪力设计值 $V_s = p_j A_v$	混凝土轴心抗拉强度设计值 f_t
最终验算：基础实际受到的剪力 ← $V_s \leqslant 0.7\beta_{hs}f_t A_0$ → 受剪切承载力	

6.7.3.4 平板式筏基相关验算

平板式筏基各种验算满足以下要求：

平板式筏基柱下冲切验算见规范 8.4.7；

平板式筏基内筒下的板受冲切验算见规范 8.4.8；

平板式筏基距内筒和柱边缘 h_0 处截面受剪验算见规范 8.4.9；

平板式筏基受剪承载力验算见规范 8.4.10；

平板式筏基验算还未考到，可自行阅读，本书不再详述，详述可见补充电子版资料。

6.8 地基动力特性测试

《地基动力特性测试规范》GB/T 50269—2015 仅在 2019 年考查一次（一道真题），因此本书不再详细讲解，一定要根据下表自行学习，要做到复习的全面性。

《地基动力特性测试规范》GB/T 50269—2015
条文及条文说明重要内容简介及本书索引

规范条文		条文重点内容	条文说明重点内容	相应重点学习和要结合的本书具体章节
1 总则		附录 A 地基动力特性测试方法		自行阅读
2 术语和符号	2.1 术语			自行阅读
	2.2 符号			自行阅读
3 基本规定				自行阅读
4 模型基础动力参数测试	4.1 一般规定			自行阅读
	4.2 设备和仪器			自行阅读
	4.3 模型基础			自行阅读
	4.4 测试方法			自行阅读
	4.5 数据处理	均重点		自行阅读
	4.6 地基动力参数的换算	均重点		自行阅读

续表

规范条文		条文重点内容	条文说明重点内容	相应重点学习和要结合的本书具体章节
5 振动衰减测试	5.1 一般规定			自行阅读
	5.2 测试方法	5.2.4 振动衰减测试点的传感器布置。模型基础的当量半径计算		自行阅读
	5.3 数据处理	均重点	5.3.2 地基能量吸收系数高里茨公式	自行阅读
6 地脉动测试	6.1 一般规定			自行阅读
	6.2 设备和仪器			自行阅读
	6.3 测试方法			自行阅读
	6.4 数据处理	均重点		自行阅读
7 波速测试	7.1 单孔法	均重点		自行阅读
	7.2 跨孔法	均重点	7.2.3 临界距离计算公式 7.2.8 中计算公式说明	自行阅读
	7.3 面波法	均重点		自行阅读
	7.4 弯曲元法	均重点		自行阅读
8 循环荷载板测试	8.1 一般规定			自行阅读
	8.2 设备和仪器		8.2.3 中表2各种加荷方法的使用条件	自行阅读
	8.3 测试前的准备工作			自行阅读
	8.4 测试方法			自行阅读
	8.5 数据处理	均重点	8.5.4 中表3各类土的泊松比值	自行阅读
9 振动三轴测试	9.1 一般规定			自行阅读
	9.2 设备和仪器			自行阅读
	9.3 测试方法		9.3.12 中表4 地震作用的等效破坏振次和参考持续时间	自行阅读
	9.4 数据处理	均重点		自行阅读
10 共振柱测试	10.1 一般规定			自行阅读
	10.2 设备和仪器			自行阅读
	10.3 测试方法			自行阅读
	10.4 数据处理	均重点		自行阅读
11 空心圆柱动扭剪测试	11.1 一般规定			自行阅读
	11.2 设备和仪器			自行阅读
	11.3 测试方法			自行阅读
	11.4 数据处理	均重点		自行阅读

7 桩基础专题

本专题依据的主要规范及教材

《建筑桩基技术规范》JGJ 94—2008
《建筑基桩检测技术规范》JGJ 106—2014

深基础专题为核心章节,每年必考。

《建筑桩基技术规范》相关知识点,出题数为 6 道题左右,主要包括单桩竖向极限承载力标准值、单桩和复合基桩竖向承载力特征值及验算、桩基液化、负摩阻力桩、桩身承载力、桩基抗拔承载力、软弱下卧层、水平承载力特征值、沉降计算和承台计算等。此专题计算量一般都较大,因此必须熟练掌握才能提高解题速度。

《建筑基桩检测技术规范》,出题数为 1~2 道题左右。此节知识点对大多数岩友而言不熟悉,概念较模糊,因此还是需要花费一定精力去理解,否则,这 2~4 分丢得太可惜。

7 桩基础专题

《建筑桩基技术规范》JGJ 94—2008
条文及条文说明重要内容简介及本书索引

规范条文			条文重点内容	条文说明重点内容	相应重点学习和要结合的本书具体章节
1 总则					自行阅读
2 术语、符号	2.1 术语				自行阅读
	2.2 符号				自行阅读
3 基本设计规定	3.1 一般规定		表3.1.2 建筑桩基设计等级 3.1.3 承载能力计算和稳定性验算内容 3.1.4 沉降计算内容 3.1.7 桩基设计时，所采用的作用效应组合与相应的抗力规定	3.1.1 中关于两种极限状态的说明 3.1.7 中关于作用效应组合与相应的抗力详细说明	自行阅读
	3.2 基本资料				自行阅读
	3.3 桩的选型与布置		3.3.3 基桩的布置条件 表3.3.3-1 桩的最小中心距 附录A 桩型与成桩工艺选择		自行阅读
	3.4 特殊条件下的桩基				自行阅读
	3.5 耐久性规定				自行阅读
4 桩基构造	4.1 基桩构造		附录B 预应力混凝土空心桩基本参数	4.1.1 中关于最小配筋率的算例	自行阅读
	4.2 承台构造				自行阅读
5 桩基计算	5.1 桩顶作用效应计算		5.1.1 柱、墙、核心筒群桩中基桩或复合基桩的桩顶作用效应计算 附录C 考虑承台（包括地下墙体）、基桩协同工作和土的弹性抗力作用计算受水平荷载桩基		7.3 桩顶作用荷载计算及竖向承载力验算
	5.2 桩基竖向承载力计算		5.2.1 桩基竖向承载力计算 5.2.2 单桩竖向承载力特征值 5.2.5 考虑承台效应的复合基桩竖向承载力特征值		7.2 单桩和复合基桩竖向承载力特征值 7.3 桩顶作用荷载计算及竖向承载力验算

续表

规范条文		条文重点内容	条文说明重点内容	相应重点学习和要结合的本书具体章节
5 桩基计算	5.3 单桩竖向极限承载力	5.3.3 根据单桥探头静力触探资料确定混凝土预制桩单桩竖向极限承载力标准值 5.3.4 根据双桥探头静力触探资料确定混凝土预制桩单桩竖向极限承载力标准值 5.3.5 根据土的物理指标与承载力参数之间的经验关系确定单桩竖向极限承载力标准值 5.3.6 大直径桩单桩极限承载力标准值 5.3.7 钢管桩单桩竖向极限承载力标准值 5.3.8 敞口预应力混凝土空心桩单桩竖向极限承载力标准值 5.3.9 根据岩石单轴抗压强度确定桩端置于完整、较完整基岩的嵌岩桩单桩竖向极限承载力标准值 5.3.10 后注浆灌注桩的单桩极限承载力标准值 5.3.12 对于桩身周围有液化土层的低承台桩基单桩极限承载力标准值	5.3.3 中关于公式的说明 5.3.7 中关于土塞概念的说明以及公式的说明 5.3.8 中关于公式的说明 5.3.9 中关于公式的说明	7.1 各种桩型单桩竖向极限承载力标准值 7.4 受液化影响的桩基承载力
	5.4 特殊条件下桩基竖向承载力验算	5.4.1 验算软弱下卧层的承载力 5.4.3 桩周土沉降可能引起桩侧负摩阻力时，验算基桩承载力 5.4.4 桩侧负摩阻力及其引起的下拉荷载计算 5.4.5 承受拔力的桩基，同时验算群桩基础呈整体破坏和呈非整体破坏时基桩的抗拔承载力 5.4.6 群桩基础及其基桩的抗拔极限承载力的确定 5.4.7 季节性冻土上轻型建筑的短桩基础，验算其抗冻拔稳定性 5.4.8 膨胀土上轻型建筑的短桩基础，验算群桩基础呈整体破坏和非整体破坏的抗拔稳定性	5.4.4 中关于公式的说明以及算例	7.8 桩基软弱下卧层验算 7.5 负摩阻力桩 7.7 桩基抗拔承载力

7 桩基础专题

续表

规范条文		条文重点内容	条文说明重点内容	相应重点学习和要结合的本书具体章节
5 桩基计算	5.5 桩基沉降计算	表5.5.4 建筑桩基沉降变形允许值 5.5.6 对于桩中心距不大于6倍桩径的桩基，其最终沉降量计算可采用等效作用分层总和法 5.5.7 计算矩形桩基中点沉降时，桩基沉降量简化计算 5.5.8 桩基沉降计算深度，应按应力比法确定 5.5.9 桩基等效沉降系数计算 5.5.10 当布桩不规则时，等效距径比近似计算 表5.5.11 桩基沉降计算经验系数 5.5.14 对于单桩、单排桩、桩中心距大于6倍桩径的疏桩基础的沉降计算 5.5.15 对于单桩、单排桩、疏桩复合桩基础的最终沉降计算深度 附录D Boussinesq解的附加应力系数α、平均附加应力系数$\bar{\alpha}$ 附录E 桩基等效沉降系数ψ_e计算参数 附录F 考虑桩径影响的Mindlin解应力影响系数	5.5.6～5.5.9 中关于公式的说明 5.5.14 中关于公式的说明 5.5.15 算例	7.10 桩基沉降计算中 7.10.1 桩中心距不大于6倍桩径的桩基 7.10.2 单桩 单排桩 疏桩
	5.6 软土地基减沉复合疏桩基础	5.6.1 减沉复合疏桩基础确定承台面积和桩数 5.6.2 减沉复合疏桩基础中点沉降计算	5.6.1 构造要求	7.10 桩基沉降计算中 7.10.3 软土地基减沉复合疏桩
	5.7 桩基水平承载力与位移计算	5.7.1 受水平荷载的一般建筑物和水平荷载较小的高大建筑物单桩基础和群桩中基桩验算要求 5.7.2 单桩的水平承载力特征值的确定 5.7.3 群桩基础（不含水力垂直于单排桩基纵向轴线和力矩较大的情况）的基桩水平承载力特征值确定 5.7.5 桩的水平变形系数和地基土水平抗力系数确定		7.9 桩基水平承载力特征值

续表

规范条文		条文重点内容	条文说明重点内容	相应重点学习和要结合的本书具体章节
5 桩基计算	5.8 桩身承载力与裂缝控制计算	5.8.2 钢筋混凝土轴心受压桩正截面受压承载力 5.8.6 对于打入式钢管桩，验算桩身局部压曲 5.8.7 钢筋混凝土轴心抗拔桩的正截面受拉承载力的规定 5.8.8 对于抗拔桩的裂缝控制计算 5.8.12 验算桩身的锤击压应力和锤击拉应力	5.8.2、5.8.3 中关于公式的说明	7.6 桩身承载力
	5.9 承台计算	5.9.2 柱下独立桩基承台的正截面弯矩设计值计算 5.9.7 轴心竖向力作用下桩基承台受柱（墙）的冲切计算 5.9.8 对位于柱（墙）冲切破坏锥体以外的基桩，承台受基桩冲切的承载力计算 5.9.10 柱下独立桩基承台斜截面受剪承载力计算 5.9.12 砌体墙下条形承台梁配有箍筋，但未配弯起钢筋时，斜截面的受剪承载力计算 5.9.13 砌体墙下承台梁配有箍筋和弯起钢筋时，斜截面的受剪承载力计算 5.9.14 柱下条形承台梁，当配有箍筋但未配弯起钢筋时，其斜截面的受剪承载力计算 附录 G 按倒置弹性地基梁计算砌体墙下条形桩基承台梁	5.9.2 中关于公式的说明	7.11 承台计算
6 灌注桩施工	6.1 施工准备			自行阅读
	6.2 一般规定	表 6.2.4 灌注桩成孔施工允许偏差		自行阅读
	6.3 泥浆护壁成孔灌注桩			自行阅读
	6.4 长螺旋钻孔压灌桩			自行阅读
	6.5 沉管灌注桩和内夯沉管灌注桩	6.5.13 桩端夯扩头平均直径估算		7.12.1 内夯沉管灌注桩桩端夯扩头平均直径

续表

规范条文		条文重点内容	条文说明重点内容	相应重点学习和要结合的本书具体章节
6 灌注桩施工	6.6 干作业成孔灌注桩			自行阅读
	6.7 灌注桩后注浆	6.7.4 浆液配比、终止注浆压力、流量、注浆量等参数设计的规定		7.12.2 灌注桩后注浆单桩注浆量
7 混凝土预制桩与钢桩施工	7.1 混凝土预制桩的制作			自行阅读
	7.2 混凝土预制桩的起吊、运输和堆放			自行阅读
	7.3 混凝土预制桩的接桩			自行阅读
	7.4 锤击沉桩	表7.4.5 打入桩桩位的允许偏差 附录H 锤击沉桩锤重的选用		自行阅读
	7.5 静压沉桩			自行阅读
	7.6 钢桩（钢管桩、H型桩及其他异型钢桩）施工			自行阅读
8 承台施工	8.1 基坑开挖和回填			自行阅读
	8.2 钢筋和混凝土施工			
9 桩基工程质量检查及验收	9.1 一般规定			
	9.2 施工前检验			
	9.3 施工检验			
	9.4 施工后检验			
	9.5 基桩及承台工程验收资料			

7.1 各种桩型单桩竖向极限承载力标准值

基本概念

桩：是设置于土中的具有一定刚度和抗弯能力的竖直或倾斜的柱形基础构件，其横截面尺寸比长度小得多。

承台：把若干根桩的顶部联结成整体，把上部结构传来的荷载转换，调整分配于各桩，由穿过软弱土层或水的桩传递到深部较坚硬的、压缩性小的土层或岩层，从而保证建筑物满足地基稳定和变形的要求。

桩基础（简称桩基）：由桩和承台两部分组成，共同承受静动荷载的一种深基础。

【注】桩基础，是深基础的一种，这一专题主要研究桩基础，桩基础包含桩和承台两部分，桩基础、桩、承台，基本概念要搞清，不要混为一谈。

由于桩基础具有整体性好、承载力高和沉降量小、结构布置灵活等优点，因而在工程中广泛采用。按桩的受力情况可分为摩擦桩（桩的桩顶竖向荷载主要由桩侧阻力承受）和端承桩（桩的桩顶竖向荷载主要由桩端阻力承受），按施工工艺分为预制桩和灌注桩。

7.1.1 普通混凝土桩（桩径＜0.8m）

《建筑桩基技术规范》5.3.5

单桩竖向极限承载力标准值 Q_{uk}（kN）：单桩在竖向荷载作用下到达破坏状态前或出现不适于继续承载的变形时所对应的最大荷载，它取决于土对桩的支承阻力和桩身承载力。极限侧阻力标准值 Q_{sk}（kN）：相应于桩顶作用极限荷载时，桩身侧表面所发生的岩土阻力。

极限端阻力标准值 Q_{pk}（kN）：相应于桩顶作用极限荷载时，桩端所发生的岩土阻力。根据土的物理指标与承载力参数之间的经验关系，确定单桩竖向极限承载力标准值解题思维流程总结如下：

桩直径 d			桩长 l	
桩身周长 u $u=3.14d$	i 层土计算厚度 l_i	i 层土极限侧阻力标准值 q_{sik}（kPa）	桩底面积 A_p $A_p=3.14d^2/4$	极限端阻力标准值 q_{pk}（kPa）

$$Q_{uk} = Q_{sk} + Q_{pk} = u\sum l_i q_{sik} + A_p q_{pk}$$

【注】①"7.1.1 普通混凝土桩（桩径＜0.8m）单桩极限承载力标准值解题思维流程"是计算其他桩型单桩极限承载力标准值的基础，其他桩型单桩极限承载力标准值的计算是在此基础上加以折减或增强，本质上就是侧阻力和端阻力乘调整系数即可。

②确定计算桩长 $\sum l_i$ 时，要考虑承台埋深、桩顶入土深度、桩顶嵌入承台厚度、桩尖部分长度等因素，这在所有深基础题目中都应注意。

③土极限侧阻力标准值 q_{sik} 及极限端阻力标准值 q_{pk} 若题目未给出，需要查表时，可查《建筑桩基技术规范》表 5.3.5-1 及表 5.3.5-2。

7.1.2 大直径桩（桩径≥0.8m）及大直径扩底桩

《建筑桩基技术规范》5.3.6

大直径桩由于桩成孔时造成孔壁扰动变松弛，导致侧阻、端阻降低，因此侧阻和端阻

7 桩基础专题

根据土性要进行折减，折减系数即所谓的大直径桩侧阻力 ψ_{si} 和端阻力尺寸效应系数 ψ_p。

根据土的物理指标与承载力参数之间的经验关系，确定大直径桩单桩极限承载力标准值解题思维流程总结如下：

桩直径 d	桩长 l	桩底直径 D
① q_{si}：对于扩底变截面以上 $2d$ 长度范围内，不计侧阻力，且扩径部分亦不计算在内		
② 大直径桩侧阻力和端阻力尺寸效应系数 ψ_{si}，ψ_p		

土性	黏性土，粉土	砂土，碎石土
ψ_{si}	$\left(\dfrac{0.8}{d}\right)^{\frac{1}{5}} 1 \to 0.956$	$\left(\dfrac{0.8}{d}\right)^{\frac{1}{3}} 1 \to 0.928$
ψ_p	$\left(\dfrac{0.8}{D}\right)^{\frac{1}{4}} 1.6 \to 0.841$	$\left(\dfrac{0.8}{D}\right)^{\frac{1}{3}} 1.6 \to 0.794$

桩身周长 u	ψ_{si}	i 层土计算厚度 l_i	i 层土极限侧阻力标准值 q_{sik}	ψ_p	桩底面积 A_p	极限端阻力标准值 q_{pk}

$$Q_{uk} = Q_{sk} + Q_{pk} = u \sum \psi_{si} l_i q_{sik} + \psi_p A_p q_{pk}$$

【注】 ① 若没有扩底，则为等直径桩，$d = D$。

② 嵌岩桩、预制桩、钢管桩可不考虑大直径桩尺寸效应，只有摩擦灌注桩才考虑。

③ 确定计算桩长 $\sum l_i$ 时，要考虑承台埋深、桩顶入土深度、桩顶嵌入承台厚度、桩尖部分长度等因素，这在所有深基础题目中都应注意。

7.1.3 钢管桩

《建筑桩基技术规范》5.3.7

对于钢管桩，重点是确定桩端土塞效应系数 λ_p。钢管桩分为敞口钢管桩和闭口钢管桩。敞口钢管桩由于桩端未完全闭塞，桩端部分土将涌入管内形成"土塞"，闭塞程度跟桩端隔板分割数有关。分割数越多，土塞效应系数 λ_p 越大，端阻力越大；闭口时（闭口钢管桩）达到最大 $\lambda_p = 1$；当根据土的物理指标与承载力参数之间的经验关系，确定钢管桩单桩竖向极限承载力标准值时，解题思维流程总结如下：

不考虑尺寸效应

桩直径（外径）d	桩长 l	桩端进入持力层厚度 h_b
桩端隔板分割数 n	$n=2$ ， $n=4$ ， $n=9$ 隔板分割	

续表

桩端土塞效应系数 λ_p（根据桩端开口形式确定）					
闭口 半敞口（带隔板） 全敞口（开口）					
$\lambda_p=1$ $\begin{cases}\dfrac{h_b\sqrt{n}}{d}<5,\lambda_p=\dfrac{0.16h_b\sqrt{n}}{d}\\ \dfrac{h_b\sqrt{n}}{d}\geqslant 5,\lambda_p=0.8\end{cases}$ $\begin{cases}\dfrac{h_b}{d}<5,\lambda_p=\dfrac{0.16h_b}{d}\\ \dfrac{h_b}{d}\geqslant 5,\lambda_p=0.8\end{cases}$					
桩身周长 u	i 层土计算厚度 l_i	i 层土极限侧阻力标准值 q_{sik}	λ_p	桩底面积 A_p	极限端阻力标准值 q_{pk}
$Q_{uk}=Q_{sk}+Q_{pk}=u\sum l_i q_{sik}+\lambda_p A_p q_{pk}$					

【注】 桩直径 d 为钢管桩外径，与钢管桩壁厚无关；钢管桩局部压屈验算时，才涉及钢管桩壁厚，可见《建筑桩基技术规范》5.8.6 条。

7.1.4 混凝土空心桩

《建筑桩基技术规范》5.3.8

混凝土空心桩单桩竖向极限承载力的计算，关键是确定桩端土塞效应系数 λ_p、桩端敞口面积 A_{p1} 和桩端净面积 A_j。当根据土的物理指标与承载力参数之间的经验关系，确定敞口预应力混凝土空心桩单桩竖向极限承载力标准值时，解题思维流程总结如下：

不考虑尺寸效应					
桩内径 d_1		桩外径 d	桩长 l	桩端进入持力层厚度 h_b	
桩端塞土效应系数 λ_p		$\dfrac{h_b}{d_1}<5\to\lambda_p=\dfrac{0.16h_b}{d_1}$		$\dfrac{h_b}{d_1}\geqslant 5\to\lambda_p=0.8$	
桩端敞口面积 $A_{p1}=\dfrac{\pi d_1^2}{4}$			桩端净面积 $A_j=\dfrac{\pi}{4}(d^2-d_1^2)$		
桩身周长 u	i 层土计算厚度 l_i	i 层土极限侧阻力标准值 q_{sik}	λ_p	A_{p1}	A_j	极限端阻力标准值 q_{pk}
$Q_{uk}=Q_{sk}+Q_{pk}=u\sum l_i q_{sik}+(\lambda_p A_{p1}+A_j)q_{pk}$					

【注】 ①需注意内径和外径。
② PHC 管桩全称为预应力高强度混凝土管桩，不是钢管桩。不要用混解题思维流程。

7.1.5 嵌岩桩

《建筑桩基技术规范》5.3.9

（1）嵌岩桩计算主要是确定桩嵌岩段侧阻和端阻综合系数 ζ_r，并注意其调整。桩端置于完整、较完整基岩的嵌岩桩单桩竖向极限承载力，由桩周土总极限侧阻力和嵌岩段总极限阻力组成。当根据岩石单轴抗压强度确定单桩竖向极限承载力标准值时，解题思维流程总结如下：

不考虑尺寸效应											
桩直径 d	桩长 l	桩身嵌岩深度 h_r（当岩面倾斜时，以坡下方嵌岩深度为准）									
桩嵌岩段侧阻和端阻综合系数 ζ_r 查表确定后并乘扩大系数		岩石坚硬程度 ① $f_{rk} \leqslant 15\text{MPa}$，极软岩、软岩 ② $f_{rk} \geqslant 30\text{MPa}$，较硬岩、坚硬岩 ③ 中间可插值									
		嵌岩深径比 $\dfrac{h_r}{d}$	h_r/d	0	0.5	1.0	2.0	3.0	4.0	5.0	6.0	7.0	8.0
			极软岩、软岩	0.60	0.80	0.95	1.18	1.35	1.48	1.57	1.63	1.66	1.70
			较硬岩、硬岩	0.45	0.65	0.81	0.90	1.00	1.04	—	—	—	—
		成桩工艺 → ζ_r 扩大系数 ① 1.0 ← 泥浆护壁桩 ② 1.2 ← 干作业成桩（清底干净）/泥浆护壁成桩后注浆										
桩身周长 u	嵌岩以上 i 层土计算厚度 l_i	嵌岩以上 i 层土极限侧阻力标准值 q_{sik}	ζ_r	桩底面积 A_p	极限端阻力标准值 q_{pk}						

$$Q_{uk} = Q_{sk} + Q_{pk} = u\sum l_i q_{sik} + \zeta_r A_p q_{pk}$$

【注】注意嵌岩桩嵌岩部分承载力计算处理方式的不同，以上是按《建筑桩基技术规范》处理，嵌岩部分的侧阻和端阻合算，因此极限侧阻力 Q_{sk} 只计算嵌岩岩层以上土层的，才会有桩嵌岩段侧阻和端阻综合系数 ζ_r；《公路桥涵地基与基础设计规范》，嵌岩部分的侧阻和端阻分算；《铁路桥涵地基和基础设计规范》，嵌岩部分的侧阻和端阻分算，但不计土层的侧阻力；考试时根据题目要求，注意选择相应的规范。

（2）嵌岩桩嵌岩深度最小要求——《建筑桩基技术规范》3.3.3 第 6 款

对于嵌岩桩，嵌岩深度应综合荷载、上覆土层、基岩、桩径、桩长诸因素确定。

不同情况	嵌岩深度最小要求
嵌入倾斜的完整和较完整岩	嵌岩全断面深度不宜小于 $0.4d$ 且不小于 0.5m 倾斜度大于 30% 的中风化岩，宜根据倾斜度及岩石完整性适当加大嵌岩深度
嵌入平整、完整的坚硬岩和较硬岩	嵌岩深度不宜小于 $0.2d$，且不应小于 0.2m

7.1.6 后注浆灌注桩

《建筑桩基技术规范》5.3.10

(1) 后注浆灌注桩单桩竖向极限承载力标准值

灌注桩后注浆是指灌注桩成桩后一定时间,通过预设于桩身内的注浆导管及与之相连的桩端、桩侧注浆阀注入水泥浆,使桩端、桩侧土体(包括沉渣和泥皮)得到加固,从而提高单桩承载力,减小沉降。

后注浆灌注桩主要是确定增强段,进而根据土性确定增强段的侧阻力增强系数 β_s 和端阻力增强系数 β_p。后注浆灌注桩的单桩极限承载力,应通过静载试验确定。在符合本规范第 6.7 节后注浆技术实施规定的条件下,其后注浆单桩极限承载力标准值解题思维流程总结如下:

考虑大直径桩(桩径>0.8m)进行折减 桩侧阻力和端阻力尺寸效应系数 ψ_{si}、ψ_p	土性	黏性土,粉土	砂土,碎石土
	ψ_{si}	$\left(\dfrac{0.8}{d}\right)^{\frac{1}{5}}$ 1→0.956	$\left(\dfrac{0.8}{d}\right)^{\frac{1}{3}}$ 1→0.928
	ψ_p	$\left(\dfrac{0.8}{D}\right)^{\frac{1}{4}}$ 1.6→0.841	$\left(\dfrac{0.8}{D}\right)^{\frac{1}{3}}$ 1.6→0.794

① 画示意图:确定增强段 l_{gi} 和非增强段 l_j

竖向增强段第 i 层厚度 l_{gi}:
- 泥浆护壁成孔灌注桩
  - 单一桩端后注浆 → 桩端以上12m
  - 桩端桩侧复式注浆
    - 桩端以上12m
    - 及各桩侧注浆断面以上12m
    - 重复部分应扣除
- 干作业灌注桩
  - 单一桩端后注浆 → 桩端以上6m
  - 桩端桩侧复式注浆
    - 桩端以上6m
    - 及各桩侧注浆断面上下各6m
    - 重复部分应扣除

非竖向增强段第 j 层厚度 l_j

竖向增强段部分注浆侧阻力和端阻力增强系数 β_{si}、β_p 查表确定

土层	淤泥 淤泥质土	黏性土 粉土	粉砂 细砂	中砂	粗砂 砾砂	砾石 卵石	全风化岩 强风化岩
β_{si}	1.2~1.3	1.4~1.8	1.6~2.0	1.7~2.1	2.0~2.5	2.4~3.0	1.4~1.8
β_p	/	2.2~2.5	2.4~2.8	2.6~3.0	3.0~3.5	3.2~4.0	2.0~2.4

② 干作业和挖孔桩,β_p 再根据桩端持力层土性乘折减系数确定最终值 $\beta_p \times$ 折减系数 $\begin{cases} 黏性土和粉土\ 0.6 \\ 砂土和碎石土\ 0.8 \end{cases}$

$$Q_{uk} = Q_{sk} + Q_{gsk} + Q_{pk} = u\sum l_j q_{sjk} + u\sum \beta_{si} l_{gi} q_{sik} + \beta_p A_p q_{pk}$$

【注】①在确定桩周增强段时,可简单画示意图,这样判断较准确,并注意注浆增强段重叠部分,土层厚度应合并计算。

② 桩端注浆断面只有一个,桩侧注浆断面可以有若干个。

③ 若为大直径桩,注意桩侧阻力和端阻力尺寸效应系数。

(2) 后注浆灌注桩单桩注浆量

《建筑桩基技术规范》6.7.4 条

单桩注浆量的设计应根据桩径、桩长、桩端桩侧土层性质、单桩承载力增幅及是否复式注浆等因素确定，可按下式估算：

桩端注浆量经验系数 $\alpha_p=1.5\sim1.8$	桩侧注浆量经验系数 $\alpha_s=0.5\sim0.7$
且对于卵、砾石、中粗砂经验系数均取较高值	
基桩设计直径 d (m)	桩侧注浆断面数 n
注浆量，以水泥质量计 (t)，$G_c=\alpha_p d+\alpha_s nd$	
对独立单桩、桩距大于 $6d$ 的群桩和群桩初始注浆的数根基桩的注浆量应按上述估算值乘以 1.2 的系数	

【注】此知识点历年注岩案例还未考查过。

7.1.7 单桥静力触探确定

《建筑桩基技术规范》5.3.3

当根据单桥探头静力触探资料确定混凝土预制桩单桩竖向极限承载力标准值时，如无当地经验，解题思维流程总结如下：

桩直径 d					
桩端全截面 $8d$ 以上比贯入阻力厚度加权平均值 $p_{sk1}=\dfrac{\sum h_i p_{ski}}{8d}$	桩端全截面 $4d$ 以下比贯入阻力厚度加权平均值 $p_{sk2}=\dfrac{\sum h_i p_{ski}}{4d}$ 桩端为密实砂土时，当按上式计算的 $p_{sk2}>20$MPa 时应乘系数 C，选用折减后的值				
	p_{sk2}	$20\sim30$	35	$\geqslant40$	可线性插值
	系数 C	5/6	2/3	1/2	
确定最终的桩端附近比贯入阻力标准值 p_{sk}					
当 $p_{sk1}>p_{sk2}\to p_{sk}=p_{sk2}$	当 $p_{sk1}\leqslant p_{sk2}\to p_{sk}=\dfrac{1}{2}(p_{sk1}+\beta\cdot p_{sk2})$				
	p_{sk2}/p_{sk1}	$\leqslant5$	7.5	12.5	$\geqslant15$	可线性插值
	折减系数 β	1	5/6	2/3	1/2	
桩长 l					
桩长 桩端修正系数 α	(0, 15) 0.75	[15, 30] $0.75\sim0.90$	(30, 60) 0.90	①可线性插值 ②桩长不包括桩尖高度	
桩身周长 u	i 层土计算厚度 l_i	i 层土极限侧阻力标准值 q_{sik}	桩端修正系数 α	桩底面积 A_p	桩端附近比贯入阻力标准值 p_{sk}
$Q_{uk}=Q_{sk}+Q_{pk}=u\sum l_i q_{sik}+\alpha A_p p_{sk}$					

7.1 各种桩型单桩竖向极限承载力标准值

【注】 ① 若 i 层土极限侧阻力 q_{sik} 题目中未直接给出，可按下表利用 i 层土比贯入阻力 p_{si} 确定。此表即为规范图5.3.3的总结，查规范图5.3.3太繁琐，直接使用下表即可。

规范图5.3.3中曲线	土类	p_{si} 范围 (kPa)	q_{sik} (kPa)
曲线Ⓐ	地表下6m范围内土层的极限侧阻力一律取15kPa，即此时 $q_{sik}=15$kPa		
曲线Ⓑ	Ⅰ类土 粉土及砂土土层以上（或无粉土及砂土土层地区）的黏性土	0～1000	$0.05p_{si}$
		1000～4000	$0.025p_{si}+25$
		>4000	125
曲线Ⓒ	Ⅱ类土 粉土及砂土土层以下黏性土	0～600	$0.05p_{si}$
		600～5000	$0.016p_{si}+20.45$
		>5000	100
曲线Ⓓ	Ⅲ类土 粉土、粉砂、细砂及中砂	0～5000	$0.02p_{si}$
		>5000	100

表注：对于曲线Ⓓ，即第Ⅲ类土 q_{sik} 计算公式：当桩端穿过粉土、粉砂、细砂及中砂层底面时，折线Ⓓ估算的 q_{sik} 值需再乘以系数 η_s，具体见下表：

p_{sk}/p_{sl}	≤5	7.5	≥10
η_s	1.00	0.50	0.33

p_{sk} 为桩端穿过的中密～密实砂土，粉土的比贯入阻力平均值
p_{sl} 为砂土、粉土的下卧软土层的比贯入阻力平均值

② 此处计算较复杂，且应注意的地方比较多。一定要严格按照解题思维流程走，这样才能迅速求解。

7.1.8 双桥静力触探确定

《建筑桩基技术规范》5.3.4

当根据双桥探头静力触探资料确定混凝土预制桩单桩竖向极限承载力标准值时，对于黏性土、粉土和砂土，如无当地经验时解题思维流程总结如下：

桩直径 d	桩长 l
桩端平面上、下探头阻力 q_c	取桩端平面4d以上探头阻力厚度加权平均值，然后再和桩端平面1d以下探头阻力取平均值，即 $$q_c = \left(\frac{\sum h_i q_{ci}}{4d} + \frac{\sum h_i q_{ci}}{d}\right)/2$$
i 层土桩侧修正系数 $\beta_i = \begin{cases} 黏性土,粉土 = 10.04(f_{si})^{-0.55} \\ 砂土 = 5.05(f_{si})^{-0.45} \end{cases}$	桩端修正系数 $\alpha = \begin{cases} 黏性土,粉土 = 2/3 \\ 饱和砂土 = 1/2 \end{cases}$

7 桩基础专题

续表

桩身周长 u	i 层土桩侧修正系数 β_i	i 层土计算厚度 l_i	i 层土探头平均侧阻力 f_{si}	桩端修正系数 α	桩底面积 A_p	桩端平面上、下探头阻力 q_c

$$Q_{uk} = Q_{sk} + Q_{pk} = u\sum\beta_i l_i f_{si} + \alpha A_p q_c$$

7.2 单桩和复合基桩竖向承载力特征值

《建筑桩基技术规范》5.2.2~5.2.4

单桩竖向承载力特征值 R_a：单桩竖向极限承载力标准值除以安全系数后的承载力值，安全系数取 2。

确定复合基桩竖向承载力特征值，确定承载效应系数 η_c 是重点，承台效应系数是指竖向荷载下，承台底地基土承载力的发挥率。解题思维流程总结如下：

不考虑承台效应的情况，即承台效应系数 $\eta_c = 0$
① 承台底为可液化土、湿陷性土、高灵敏度土、欠固结土、新填土、沉桩引起超孔隙水压力和土体隆起时；
② 端承桩和桩数少于 4 根的摩擦型桩下独立基础；
此时单桩竖向承载力特征值 $R_a = \dfrac{Q_u}{2}$

考虑承台效应				
承台计算域面积 A（柱下独立基础取承台总面积）			桩数 n	桩身截面面积 A_{ps}
$R_a = \dfrac{Q_u}{2}$	抗震调整系数 ξ_a	查表承台效应系数 η_c	承台底 $\min\left(\dfrac{B_c}{2}, 5\text{m}\right)$ 范围内按厚度加权平均地基承载力特征值 f_{ak}	基桩对应承台底净面积 $A_c = \dfrac{A}{n} - A_{ps}$
复合基桩竖向承载力特征值 R	不考虑地震		$R = R_a + \eta_c f_{ak} A_c$	
	考虑地震		$R = R_a + \dfrac{\xi_a}{1.25}\eta_c f_{ak} A_c$	

注①承台效应系数 η_c 根据 $\dfrac{S_a}{d}$ 和 $\dfrac{B_c}{l}$ 查下表确定，并注意调整

桩径 d（若方桩则 $d = b$）	正方形布桩桩中心距 S_a
正方形布桩桩距径比 $\dfrac{S_a}{d}$	若非正方形布桩，则等效距径比 $\dfrac{S_a}{d} = \begin{cases} 圆桩 = \sqrt{A/n}/d \\ 方桩 = 0.886\sqrt{A/n}/b \end{cases}$

续表

承台短边 B_c		桩长 l				承台短边与桩长之比 $\dfrac{B_c}{l}$
	S_a/d	3	4	5	6	>6
$\dfrac{B_c}{l}$	≤0.4	0.06~0.08	0.14~0.17	0.22~0.26	0.32~0.38	0.50~0.80
	0.4~0.8	0.08~0.10	0.17~0.20	0.26~0.30	0.38~0.44	
	>0.8	0.10~0.12	0.20~0.22	0.30~0.34	0.44~0.50	
单排桩条形承台		0.15~0.18	0.25~0.30	0.38~0.45	0.50~0.60	

η_c 调整：查表确定 η_c 时，按不利可取小值；对于饱和黏性土中的挤土桩基、软土地基土的桩基承台，取小值的 0.8 倍。

② 地基抗震承载力调整系数 ζ_a——《建筑抗震设计规范》4.2.3

岩石，密实的碎石土，密实的砾、粗、中砂，$f_{ak} \geq 300\text{kPa}$ 的黏性土和粉土	1.5
中密、稍密的碎石土，中密和稍密的砾、粗、中砂，密实和中密的细、粉砂，$150\text{kPa} \leq f_{ak} < 300\text{kPa}$ 的黏性土和粉土，坚硬黄土	1.3
稍密的细、粉砂，$100\text{kPa} \leq f_{ak} < 150\text{kPa}$ 的黏性土和粉土，可塑黄土	1.1
淤泥，淤泥质土，松散的砂，杂填土，新近堆积黄土及流塑黄土	1.0

【注】①概念辨析：

考虑地震作用下的单桩和复合基桩竖向承载力特征值 $R = R_a + \dfrac{\zeta_a}{1.25}\eta_c f_{ak} A_c$

单桩竖向抗震承载力特征值 $R_E = 1.25R$（$R_E = 1.25R$ 的计算见"11.3.5 桩基液化效应和抗震验算按《建筑抗震设计规范/建筑桩基技术规范》解题思维流程"）

②承台计算域面积 A：

一般情况，题目为柱下独立桩基，A 为承台总面积；

其他情况下

桩筏、桩箱基础：按柱、墙侧 1/2 跨距，悬臂边取 2.5 倍板厚处确定计算域，桩距、桩径、桩长不同，采用上式分区计算，或取平均 S_a、B_c/l 计算 η_c；

桩集中布置于墙下的剪力墙高层建筑桩筏基础：计算域自墙两边外扩各 1/2 跨距，对于悬臂板自墙边外扩 2.5 倍板厚，按条基计算 η_c；

对于按变刚度调平原则布桩的核心筒外围平板式和梁板式筏形承台复合桩基：计算域为自柱侧 1/2 跨，悬臂板边取 2.5 倍板厚处围成。

③对于桩布置于墙下的箱、筏承台，η_c 可按单排桩条基取值。

对于单排桩条形承台，当承台宽度小于 $1.5d$ 时，η_c 按非条形承台取值。

7.3 桩顶作用荷载计算及竖向承载力验算

《建筑桩基技术规范》5.1.1、5.2.1

这里涉及两个知识点，桩顶作用荷载计算和竖向承载力验算。确定了桩顶作用荷载及前一节所讲单桩和复合基桩竖向承载力特征值,就可以对桩的竖向承载力进行验算。就犹如地基基础专题,确定了基底压力及地基承载力特征值,就可以对地基承载力进行验算,原理都是相通的。

桩顶作用荷载计算及竖向承载力验算解题思维流程总结如下:

标准组合作用于承台顶面的竖向力 F_k	承台和承台上土自重标准值(水位下取浮重度) $G_k = \gamma_G A d = 20 A d$
轴心荷载作用下桩顶平均竖向力 $N_k = \dfrac{F_k + G_k}{n}$	
作用于承台底面,绕通过桩群形心的总弯矩 M_{xk} (确定 M_{xk} 弯矩方向的中心线,设为 x 轴)	另一个方向的总弯矩 M_{yk} (确定 M_{yk} 弯矩方向的中心线,设为 y 轴)
确定所求基桩或复合基桩 i,如果求桩顶最大竖向力,则为承台下最边缘的基桩	
所求桩 i 中心到 x 轴的距离 y_i	所求桩 i 中心到 y 轴的距离 x_i
所有桩中心到 x 轴距离的平方和 $\sum y_i^2$	所有桩中心到 y 轴距离的平方和 $\sum x_i^2$
偏心荷载作用下桩 i 竖向力或桩顶最大竖向力 $N_{ik}(N_{kmax}) = \dfrac{F_k + G_k}{n} \pm \dfrac{M_{xk} y_i}{\sum y_i^2} \pm \dfrac{M_{yk} x_i}{\sum x_i^2}$	
单桩或复合基桩竖向承载力特征值 R (与"3.2 单桩和复合基桩竖向承载力特征值解题思维流程"结合,确定 R 值)	

竖向承载力验算	不考虑地震	轴心荷载作用下 $N_k \leqslant R$	偏心荷载作用下 $N_k \leqslant R$ 且 $N_{kmax} \leqslant 1.2R$
	考虑地震	轴心荷载作用下 $N_k \leqslant 1.25R$	偏心荷载作用下 $N_k \leqslant 1.25R$ 且 $N_{kmax} \leqslant 1.5R$

【注】①注岩真题若只考单偏心荷载情况,此时作用于承台底面的力矩和只有一个方向,设为 M_{yk} 或 M_{xk} 均可。

② 弯矩和:包括直接弯矩作用、水平力作用产生的弯矩、偏心竖向力作用产生的弯矩等。切勿漏算,这点在地基基础专题基底压力的计算中也是要注意的。

③ 一定要根据弯矩和的方向确定公式中正负号,也就是要确定所求基桩或复合基桩 i 的桩顶竖向力 N_{ik} 与桩顶平均竖向力 N_k 的大小关系。

④ 若求竖向力设计值即荷载的基本组合值,则为标准组合值×分项系数 1.35。

7.4 受液化影响的桩基承载力

《建筑桩基技术规范》5.3.12、5.2.1、5.7.2

具体详见抗震工程专题 11.4.5

7.5 负摩阻力桩

《建筑桩基技术规范》5.4.Ⅱ

7.5.1 中性点 l_n

桩在荷载作用时,产生相对于桩周土体的向下位移,因此,土对桩的摩擦力是向上的,阻止桩的沉降。但如果由于某种原因,桩周一部分土体沉降过大,使桩周土产生相对桩的向下位移,桩相对于这部分桩周土而言就是向上位移,摩擦力总是与相对位移的方向相反,因此土对桩侧表面的摩擦力是向下的,称为负摩擦力,此时摩擦力与桩上的向下荷载作用方向一致,不仅不能作为承载力考虑,而且还应作为外荷载加在桩身上。这里的"负"相对于"正"而言,正常情况,土对桩周的摩擦力是向上的,"正"表示向上,那"负"就表示向下,"摩"代表摩擦力,因此负摩阻力就可以简单地理解为向下的摩擦阻力。

符合下列条件之一的桩基,当桩周土层产生的沉降超过基桩的沉降时,在计算基桩承载力时应计入桩侧负摩阻力:

① 桩穿越较厚松散填土、自重湿陷性黄土、欠固结土、液化土层进入相对较硬土层时;

② 桩周存在软弱土层,邻近桩侧地面承受局部较大的长期荷载,或地面大面积堆载(包括填土)时;

③ 由于降低地下水位,使桩周土有效应力增大,并产生显著压缩沉降时。

可以看出,以上这些条件,都会导致部分桩周土沉降超过基桩沉降。但要注意,有时并不是整个被桩穿越的土层厚度沉降都会超过基桩沉降,因此计算负摩阻力时切勿直接取全桩长进行计算,而是随土层固结条件的不同,只在土层的一定厚度范围内产生负摩阻力,这个厚度称为有效厚度,有效厚度截止点称之为中性点 l_n,即桩周土沉降与桩沉降相等的深度。中性点 l_n 可按桩周土沉降与桩沉降相等的条件计算确定,也可根据桩端持力层土性按比例选取。具体如下:

中性点 l_n 自桩顶算起	① 按桩周土沉降与桩沉降相等的条件,计算确定(一般按②确定)				
	② 按比例选取 l_0:自桩顶算起,桩周软弱土层下限深度				
	持力层性质	黏性土,粉土	中密以上砂土	砾石,卵石	基岩
	l_n/l_0	0.5~0.6	0.7~0.8	0.9	1

注:① 桩穿过自重湿陷性黄土层时,l_n 可按表列值增大 10%(持力层为基岩除外);
② 当桩周土层固结与桩基固结沉降同时完成时,取 $l_n=0$;
③ 当桩周土层计算沉降量小于 20mm 时,l_n 应按表列值乘以 0.4~0.8 的折减系数。

7.5.2 负摩阻力桩下拉荷载标准值 Q_g^n

作用于单桩中性点以上的负摩阻力之和称之为下拉荷载。桩侧负摩阻力及其引起的下拉荷载解题思维流程总结如下：

| 分层 | 中性点深度以上，桩顶以下，每层土都要计算负摩阻力产生的下拉力，注意桩顶位置和水位位置，在桩顶和水位处也一定要分层 |

确定桩周负摩阻力 q_{si}^n，按下表计算即可：

地面均布荷载 p_1

桩顶上土层自重应力之和（单桩或桩群外围桩自地面算起）$p_2 = \gamma_i z_i$

（其中 $\sigma_i' = p_1 + p_2 + \sum_{e=1}^{i-1} \gamma_e \Delta z_e + \frac{1}{2}\gamma_i \Delta z_i$；$q_{si}^n = \sigma_i' \zeta_{ni}$；）

土类	饱和软土	黏性土、粉土	砂土	自重湿陷性黄土
负摩阻力系数 ζ_n	0.15～0.25	0.25～0.40	0.35～0.50	0.20～0.35

桩顶下土层编号	各土层计算层厚（计算至中性点）Δz_i	该层重度（注意水位）γ_i	仅该层土竖向有效应力 $\gamma_i \Delta z_i$	桩周第 i 层土平均竖向有效应力 σ_i'	桩周第 i 层土负摩阻力系数 ζ_{ni}	桩周第 i 层土桩侧负摩阻力 q_{si}^n	桩周第 i 层土桩侧正摩阻力 q_{sik}	最终确定桩周负摩阻力（正负摩阻力间取小值）q_{si}^n

负摩阻力群桩效应系数 $\eta_n \begin{cases} 单桩\ \eta_n = 1 \\ 群桩\ \eta_n = \dfrac{s_{ax} s_{ay}}{\pi d \left(\dfrac{q_s^n}{\gamma_m} + \dfrac{d}{4}\right)} \leqslant 1 (>1 取 1) \end{cases}$

s_{ax}、s_{ay} 为纵、横向桩的中心距；

q_s^n 为中性点以上桩周土层厚度加权平均负摩阻力标准值；

γ_m 为中性点以上桩周土层厚度加权平均重度（水位以下取浮重度）。

下拉荷载标准值 $Q_g^n = \eta_n u \sum q_{si}^n l_i$（其中 $\sum l_i = l_n$，切勿直接取全桩长进行计算）

【注】① 当桩周土的沉降超过基桩沉降，则会产生负摩阻力。

② 这里"桩顶"，是指入土的桩顶，而不是指嵌入承台的桩顶。

③ 计算 σ_i'，一定要根据水位和土层性质分层，水下取浮重度。负摩阻力一般计算单桩较多，如果是群桩基础，要注意题目是要求计算外围桩还是内部桩，σ_i' 对桩群外围桩自地面算起，桩群内部桩自承台底算起。

④ 特别地，若湿陷性黄土负摩阻力指明按《湿陷性黄土地区建筑规范》求解，参考后面特殊性岩土专题 12.1 的讲解。且应注意浸水饱和黄土，饱和度达到 85% 即饱和，因此使用饱和度达到 85% 时土体重度计算自重压力，而不是取浮重度。

⑤ 负摩阻力桩不考虑大直径尺寸效应修正。

⑥ 会受力分析，理解负摩阻力与桩身轴力的关系。

7.5.3 负摩阻力桩承载力验算

① 对于摩擦型基桩可取桩身计算中性点以上侧阻力为零，并可按下式验算基桩承载

力：$N_k \leqslant R_a$，此时 R_a 只计中性点以下部分侧阻值及端阻值；

② 对于端承型基桩除应满足上式要求外，尚应考虑负摩阻力引起基桩的下拉荷载，并可按下式验算基桩承载力：$N_k + Q_g^n \leqslant R_a$

③ 当土层不均匀或建筑物对不均匀沉降较敏感时，尚应将负摩阻力引起的下拉荷载计入附加荷载验算桩基沉降。

7.6 桩身承载力

7.6.1 钢筋混凝土轴心受压桩正截面受压承载力

《建筑桩基技术规范》5.8.1~5.8.5

以上 7.1~7.5 节只是桩周土提供的单桩或复合基桩承载力，满足上部竖向荷载的要求，保证桩有足够的承载力支撑上部结构，但是不能保证桩身轴力过大，而导致桩身被"压坏"。受压桩正截面受压承载力由混凝土抗压强度和钢筋抗压强度两部分组成。当桩身配筋满足要求时，即当桩顶以下 $5d$ 范围内为螺旋式箍筋间距≤100mm 时，则两部分均发挥作用；当桩身配筋不满足要求时，则只有混凝抗压强度发挥作用，解题思维流程总结如下：

直径 d	桩截面面积 $A_{ps} = \dfrac{3.14 \times d^2}{4}$（若为管桩，应扣除空心部分）	桩身压屈计算长度 l_c
φ 桩身稳定系数（压屈稳定系数） ① 一般情况下，轴心受压混凝土桩，轴心受压混凝土管桩 → 1 ② $\begin{cases}\text{高承台基桩}\\ \text{桩身穿越可液化土层或不排水抗剪强度小于 10kPa 的软弱土层}\end{cases}$ → 据 $\dfrac{l_c}{d}$ 或 $\dfrac{l_c}{b}$ 查表		
混凝土等级 Cxx 确定设计值 f_c(MPa)		纵向主筋抗压强度设计值 f'_y(MPa)
C10 | C25 | C30 | C35 | C40		
9.6 | 11.9 | 14.3 | 16.7 | 19.1		纵向主筋截面面积 A'_s
基桩成桩工艺系数 ψ_c	① 混凝土预制桩，预应力混凝土空心桩 → 0.85 ② 干作业非挤土灌注桩 → 0.90 ③ $\begin{cases}\text{泥浆护壁和套管非挤土灌注桩}\\ \text{部分挤土灌注桩，挤土灌注桩}\end{cases}$ → 0.7~0.8 ④ 软土地区挤土灌注桩 → 0.6	
荷载效应基本组合下桩顶轴向压力设计值 $N \to N = 1.35 N_k$		
当桩顶以下 $5d$ 范围内为螺旋式箍筋间距≤100mm 时 $N \leqslant \varphi(\psi_c f_c A_{ps} + 0.9 f'_y A'_s)$		
否则 $N \leqslant \varphi \psi_c f_c A_{ps}$		

【注】① 规范公式中没有乘桩身稳定系数 φ，编者将 φ 编入，旨在提醒大家勿忘乘此系数，解题时也是要乘的。桩身稳定系数 φ 及桩身压屈计算长度 l_c 的确定如下。

② 注意此处易出综合题，确定桩端轴向压力设计值 N 即标准值 N_k 时，与"7.3 桩顶作用荷载计算及竖向承载力验算"相结合。

7 桩基础专题

① 桩身稳定系数 φ

l_c/d	≤7	8.5	10.5	12	14	15.5	17	19	21	22.5	24
l_c/b	≤8	10	12	14	16	18	20	22	24	26	28
φ	1.00	0.98	0.95	0.92	0.87	0.81	0.75	0.70	0.65	0.60	0.56
l_c/d	26	28	29.5	31	33	34.5	36.5	38	40	41.5	43
l_c/b	30	32	34	36	38	40	42	44	46	48	50
φ	0.52	0.48	0.44	0.40	0.36	0.32	0.29	0.26	0.23	0.21	0.19

② 桩身压屈计算长度 l_c

高承台基桩露出地面的长度 l_0（低承台 $l_0=0$）　　　　　桩的入土深度 h

对 l_0 和 h 的调整：当桩侧有厚度为 d_l 的液化土层时，l_0 和 h 应分别调整为
$l_0' = l_0 + (1-\psi_l)d_l$，$h' = h - (1-\psi_l)d_l$，使用 l_0' 和 h' 进行 l_c 的计算。
ψ_l 为土层液化折减系数，见③

桩的水平变形系数 α（单位 m^{-1}）
（一般会直接给出，或者给出桩的换算埋深 αh 与 4 的大小关系）
（关于 α 的具体计算，见 "3.9.1 单桩水平承载力解题思维流程"）

桩顶铰接				桩顶固接			
桩底支于非岩石土中		桩底嵌于岩石内		桩底支于非岩石土中		桩底嵌于岩石内	
$h<\dfrac{4.0}{\alpha}$	$h\geq\dfrac{4.0}{\alpha}$	$h<\dfrac{4.0}{\alpha}$	$h\geq\dfrac{4.0}{\alpha}$	$h<\dfrac{4.0}{\alpha}$	$h\geq\dfrac{4.0}{\alpha}$	$h<\dfrac{4.0}{\alpha}$	$h\geq\dfrac{4.0}{\alpha}$
$l_c=1.0\times$ (l_0+h)	$l_c=0.7\times$ $\left(l_0+\dfrac{4.0}{\alpha}\right)$	$l_c=0.7\times$ (l_0+h)	$l_c=0.7\times$ $\left(l_0+\dfrac{4.0}{\alpha}\right)$	$l_c=0.7\times$ (l_0+h)	$l_c=0.5\times$ $\left(l_0+\dfrac{4.0}{\alpha}\right)$	$l_c=0.5\times$ (l_0+h)	$l_c=0.5\times$ $\left(l_0+\dfrac{4.0}{\alpha}\right)$

③ 土层液化折减系数 ψ_l

自地面算起的液化土层深度 d_L（m）	$\lambda_N=N/N_{cr}$	$\lambda_N\leq 0.6$	$0.6<\lambda_N\leq 0.8$	$0.8<\lambda_N\leq 1.0$
	$d_L\leq 10$	$\psi_l=0$	$\psi_l=1/3$	$\psi_l=2/3$
	$10<d_L\leq 20$	$\psi_l=1/3$	$\psi_l=2/3$	$\psi_l=1.0$

表注：① N 为饱和土标贯击数实测值；N_{cr} 为液化判别标贯击数临界值；λ_N 为土层液化指数；
② 对于挤土桩当桩距小于 $4d$，且桩的排数不少于 5 排、总桩数不少于 25 根时，土层液化系数可取 $2/3\sim 1$；桩间土标贯击数达到 N_{cr} 时，取 $\psi_l=1$；
③ 对于桩身周围有液化土层的低承台桩基，当不满足承台底面上有厚度不小于 1.5m，底面下有厚度不小于 1.0m 的非液化土或非软弱土层时，折减系数取 0。

7.6.2 打入式钢管桩局部压屈验算

《建筑桩基技术规范》5.8.6 条

对于打入式钢管桩，可按以下规定验算桩身局部压曲。其解题思维流程总结如下：

钢管桩壁厚 t (mm)	钢管桩外径 d (mm)
钢材弹性模量 E (MPa)	钢材抗压强度设计值 f'_y (MPa)
当 $\frac{t}{d} = \frac{1}{50} \sim \frac{1}{80}$、$d \leqslant 600\text{mm}$ 时	不进行局部压屈验算
$600\text{mm} < d < 900\text{mm}$ 时	应验算 $\frac{t}{d} \geqslant \frac{f'_y}{0.388E}$
$d \geqslant 900\text{mm}$ 时	应验算 $\frac{t}{d} \geqslant \frac{f'_y}{0.388E}$ 和 $\frac{t}{d} \geqslant \sqrt{\frac{f'_y}{14.5E}}$

7.6.3 钢筋混凝土轴心抗拔桩的正截面受拉承载力

《建筑桩基技术规范》5.8.7

钢筋混凝土轴心抗拔桩的正截面受拉承载力验算，其流程总结如下：

普通钢筋的抗拉强度设计值 f_y	预应力钢筋的抗拉强度设计值 f_{py}
普通钢筋的截面面积 A_s	预应力钢筋的截面面积 A_{py}
荷载效应基本组合下桩顶轴向拉力设计值 $N \leqslant f_y A_s + f_{py} A_{py}$	

7.7 桩基抗拔承载力

7.7.1 呈整体破坏和非整体破坏时桩基抗拔承载力

《建筑桩基技术规范》5.4.Ⅲ

所谓拔力，就是向上的力。承受拔力的桩基，应按下列公式同时验算群桩基础呈整体破坏和呈非整体破坏时基桩的抗拔承载力。

桩基抗拔承载力解题思维流程总结如下：

① 整体性破坏（群桩）		
桩群外围短边 $b' = b_{承台短边} -$ 最外侧桩边缘至承台边距离 $\times 2$		注：桩群外围边长和承台边长 $u_l = 2(b' + l')$ 有时不一致
桩群外围长边 $l' = l_{承台长边} -$ 最外侧桩边缘至承台边距离 $\times 2$		
桩群外围面积 $A' = b' \cdot l'$	桩群外围周长 $u_l = 2(b' + l')$	桩群范围内桩土平均重度 γ_G
$G_{gp} = \dfrac{\text{群桩基桩所包围体积的桩土总自重}}{\text{总桩数 } n} = \dfrac{A' \times l_{桩长} \times \gamma_G}{n}$（水下取浮重度）		

续表

桩数 n	桩群外围周长（不是承台周长）u_l	桩周第 i 层土抗拔系数 λ_i	桩周第 i 层土桩长 l_i	桩周第 i 层土极限侧摩阻力 q_{sik}

基桩抗拔极限承载力标准值 $T_{gk} = \dfrac{u_l \sum \lambda_i l_i q_{sik}}{n}$	基桩拔力验算：按荷载效应标准组合计算的基桩拔力 $N_k \leqslant \dfrac{T_{gk}}{2} + G_{gp}$（基桩抗拔承载力）

② 非整体性破坏（基桩）

G_p = 桩身自重 = $A_p l \gamma_{混凝土}$

（$\gamma_{混凝土}$ 为桩身混凝土重度，未给定时取 $25kN/m^3$，水下取浮重度，并注意扩底情况 u_i 的计算，此时桩截面面积 A_p 应与 u_i 相匹配）

扩底桩桩身周长 u_i 确定

自桩底起算的长度 l_i	$\leqslant (4 \sim 10)d$	$> (4 \sim 10)d$	表注：① l_i 对于软土取低值，对于卵石、砾石取高值；l_i 取值按内摩擦角增大而增加。② d 为桩身直径，D 为桩端扩底直径。
u_i	πD	πd	

桩径 d（注意是否扩底）	桩身周长（扩底桩要特别注意）u_i	桩周第 i 层土抗拔系数 λ_i	桩周第 i 层土桩长 l_i	桩周第 i 层土极限侧摩阻力 q_{sik}

基桩抗拔极限承载力标准值 $T_{uk} = u_i \sum \lambda_i l_i q_{sik}$	基桩拔力验算：按荷载效应标准组合计算的基桩拔力 $N_k \leqslant \dfrac{T_{uk}}{2} + G_p$（基桩抗拔承载力）

注：抗拔系数 λ_i 未直接给出，可按土性查下表确定。

砂土	0.50~0.70	注：桩长 l 与桩径 d 之比小于 20 时，λ 取小值。
黏性土、粉土	0.70~0.80	

【注】① 注意水位，水位以下，自重 G_{gp} 和 G_p 的计算应取浮重度，或者说应减去浮力；对于抗浮桩，即使题目未给定水位，计算 G_{gp} 和 G_p 也要采用浮重度。

② 做题时，一定要注意题目中是群桩还是单桩，单桩（如一柱一桩情况）只按非整体性破坏；群桩，看清题意，是验算整体性破坏、非整体性破坏，还是两者都需要验算，同时还要看清题目最终要计算的是基桩拔力承载力即可承受的最大拔力，还是基桩抗拔极限承载力标准值 T_{gk} 或 T_{uk}。

③ 整体性破坏，会用到桩群外围边长，有时和承台边长一致，有时不一致，取决于布桩形式。当两者不一致时，一般情况下，桩群外围边长＝承台边长－2倍的最外侧桩边缘至承台边距离，或者，桩群外围边长＝最外侧桩桩中心间距＋1倍桩径。

7.7.2 抗冻拔稳定性

季节性冻土上轻型建筑的短桩基础，验算其抗冻拔稳定性，具体计算公式和流程如下：

1. 确定向下的抗力	
① 基桩承受的桩承台底面以上建筑物自重、承台及其上土重标准值 N_G	见 7.3，$N_G = \dfrac{F_k + G_k}{n}$
② G_{gp}，T_{gk}；G_p，T_{uk}	见本专题 7.7.1 计算方法，且 T_{gk} 和 T_{uk} 为标准冻深线以下呈整体破坏和非整体破坏时基桩抗拔承载力标准值

2. 确定向上的冻胀力				
桩周长 u（m）				
季节性冻土的标准冻深 z_0（m）	具体可查《建筑地基基础设计规范》附录 F			
冻深影响系数 η_f	$z_0 \leq 2.0$	$2.0 < z_0 \leq 3.0$		$3.0 < z_0$
	1.0	0.9		0.8
切向冻胀力 q_f（kPa）		弱冻胀	冻胀	强冻胀	特强冻胀

切向冻胀力 q_f（kPa）		弱冻胀	冻胀	强冻胀	特强冻胀
	黏性土、粉土	30～60	60～80	80～120	120～150
	砂土、砾（碎）石（黏、粉粒含量>15%）	<10	20～30	40～80	90～200
注：a. 表面粗糙的灌注桩，表中数值应乘以系数 1.1～1.3 b. 本表小适用于含盐量大于 0.5% 的冻土					

3. 验算其抗冻拔稳定性：	
要求满足 $\eta_f q_f u z_0 \leq T_{gk}/2 + N_G + G_{gp}$；$\eta_f q_f u z_0 \leq T_{uk}/2 + N_G + G_p$	

| 4. 构造要求：桩端进入冻深线应满足抗拔稳定性验算要求，且不得小于 4 倍桩径及 1 倍扩大端直径，最小深度应大于 1.5m。（本规范 3.4.3 条第 1 款） | |

7.7.3 膨胀土上抗拔稳定性

膨胀土上轻型建筑的短桩基础，验算群桩基础呈整体破坏和非整体破坏的抗拔稳定性，具体计算公式和流程如下：

1. 确定向下的抗力	
① 基桩承受的桩承台底面以上建筑物自重、承台及其上土重标准值 N_G	见本专题 7.3，$N_G = \dfrac{F_k + G_k}{n}$
② G_{gp}，T_{gk}；G_p，T_{uk}	见本专题 7.7.1 计算方法，且 T_{gk} 和 T_{uk} 为大气影响急剧层下稳定土层中呈整体破坏和非整体破坏时基桩抗拔承载力标准值

2. 确定向上的胀切力	
桩周长 u（m）	
大气影响急剧层中第 i 层土的极限胀切力 q_{ei}，由现场浸水试验确定	
大气影响急剧层中第 i 层土的厚度 l_{ei}	

3. 验算其抗冻拔稳定性：	
要求满足 $u \sum q_{ei} l_{ei} \leq T_{gk}/2 + N_G + G_{gp}$；$u \sum q_{ei} l_{ei} \leq T_{uk}/2 + N_G + G_p$	

| 4. 构造要求：桩端进入膨胀土的大气影响急剧层以下的深度应满足抗拔稳定性验算要求，且不得小于 4 倍桩径及 1 倍扩大端直径，最小深度应大于 1.5m。（本规范 3.4.3 条第 1 款） | |

【注】大气影响急剧层深度的确定,见"12.2.2 大气影响深度及大气影响急剧层深度"。

7.8 桩基软弱下卧层验算

《建筑桩基技术规范》5.4.1

对于桩距不超过 $6d$ 的群桩基础,桩端持力层下存在承载力低于桩端持力层承载力 $1/3$ 的软弱下卧层时,可按下列公式验算软弱下卧层的承载力。其中"桩端持力层下存在承载力低于桩端持力层承载力 $1/3$ 的软弱下卧层",可作为对软弱下卧层的量化标准,并且应与地基基础专题"6.3 软弱下卧层"对比学习,两者意义是相同的。

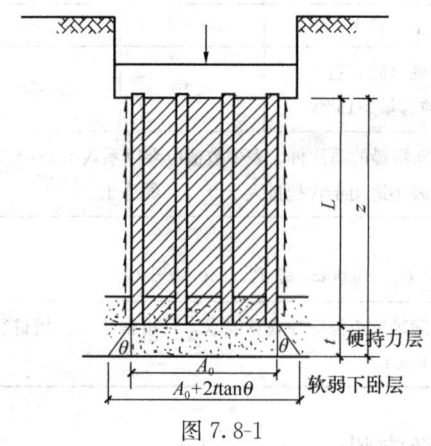

图 7.8-1

桩基软弱下卧层验算解题思维流程总结如下:

桩群外缘矩形底面长边 A_0	桩群外缘矩形底面短边 B_0	桩端下硬持力层厚度 t	从承台底部算起至软弱下卧层顶面的深度 z
承台顶面轴心荷载 F_k	承台及其上土自重(水下取浮重)G_k $= \gamma_G A d = 20 A d$		软弱土层顶面以上各土层按厚度加权平均重度(水位下取浮重度)γ_m
桩周第 i 层土桩长 l_i	桩周第 i 层土极限侧摩阻力 q_{sik}	桩端硬持力层压力扩散角 θ	深度 z 范围内土体自重 $z\gamma_m = \sum z_i \gamma_i$
			软弱下卧层地基承载力特征值 f_{ak}
软弱下卧层顶面的附加应力 $$\sigma_z = \frac{(F_k+G_k) - \frac{3}{2}(A_0+B_0)\sum l_i q_{sik}}{(A_0+2t\cdot\tan\theta)(B_0+2t\cdot\tan\theta)}$$			软弱下卧层经深度 z 修正的地基承载力特征值 $f_{az} = f_{ak} + \eta_d \gamma_m (z-0.5)$ 桩端下为软弱土层则 $\eta_d = 1.0$

最终验算 $\sigma_z + \gamma_m z \leqslant f_{az}$

续表

注：桩端硬持力层压力扩散角 θ，查表确定，中间线性插值。

$\dfrac{E_{s1}}{E_{s2}} = \dfrac{硬持力层压缩模量}{软弱下卧层压缩模量}$ $\dfrac{t}{B_0} = \dfrac{桩端下硬持力层厚度}{桩群外缘矩形底面短边}$

E_{s1}/E_{s2}	$t/B_0 < 0.25$	$t/B_0 = 0.25$	$t/B_0 \geqslant 0.5$
1		4°	12°
3	0°	6°	23°
5		10°	25°
10		20°	30°

【注】深度 z，是从承台底部算起，至软弱下卧层顶面，一定要注意不是从天然地面起算。γ_m 计算及 f_{ak} 修正计算均为深度 z 范围内。

构造要求：当存在软弱下卧层时，桩端以下硬持力层厚度不宜小于 $3d$。（本规范 3.3.3 条第 6 款）

7.9 桩基水平承载力特征值

7.9.1 单桩水平承载力特征值

《建筑桩基技术规范》5.7.1

对于受水平荷载较大的设计等级为甲级、乙级的建筑桩基，单桩水平承载力特征值应通过单桩水平静载试验确定。通过单桩水平静载试验确定方法如下：

① 对于钢筋混凝土预制桩、钢桩、桩身正截面配筋率不小于 0.65% 的灌注桩，可根据静载试验结果取地面处水平位移为 10mm（对于水平位移敏感的建筑物取水平位移 6mm）所对应的荷载的 75% 为单桩水平承载力特征值。

② 对于桩身配筋率小于 0.65% 的灌注桩，可取单桩水平静载试验的临界荷载的 75% 为单桩水平承载力特征值。

当缺少单桩水平静载试验资料时，可通过公式估算。采用公式估算时，单桩水平承载力特征值分两种情况，钢筋混凝土预制桩，钢桩，桩身配筋率不小于 0.65% 的灌注桩，按位移控制；对于桩身配筋率小于 0.65% 的灌注桩按桩身强度控制。

单桩水平承载力特征值解题思维流程总结如下：

	圆形桩	方桩
桩身计算宽度 b_0	直径 $d \leqslant 1$，$b_0 = 0.9(1.5d + 0.5)$	宽 $b \leqslant 1$，$b_0 = 1.5b + 0.5$
	直径 $d > 1$，$b_0 = 0.9(d + 1)$	宽 $b > 1$，$b_0 = b + 1$
桩侧土水平抗力系数的比例系数 m（kN/m⁴）		桩身抗弯刚度 EI（kN·m²）
桩的水平变形系数 $\alpha = \sqrt[5]{\dfrac{mb_0}{EI}}$（m⁻¹）	桩入土深度 h	桩的换算埋深 αh
① 按位移控制（钢筋混凝土预制桩，钢桩，桩身配筋率不小于 0.65% 的灌注桩）		

续表

桩顶水平位移系数 v_x（据桩顶约束条件和桩的换算埋深 αh 查表确定）							
桩顶铰接、自由	αh	≥4.0	3.5	3.0	2.8	2.6	2.4
	v_x	2.441	2.502	2.727	2.905	3.163	3.526
桩顶固结	αh	≥4.0	3.5	3.0	2.8	2.6	2.4
	v_x	0.940	0.970	1.028	1.055	1.079	1.095

桩顶允许水平位移 χ_{0a} (m)

单桩水平承载力特征值 $R_{ha} = 0.75 \dfrac{\alpha^3 EI}{v_x} \chi_{0a}$

②按桩身强度控制（桩身配筋率小于0.65%的灌注桩）

桩身或桩身最大弯矩系数 v_m（据桩顶约束条件和桩的换算埋深 αh 查表确定）							
桩顶铰接、自由	αh	≥4.0	3.5	3.0	2.8	2.6	2.4
	桩身 v_m	0.768	0.750	0.703	0.675	0.639	0.901
桩顶固结	αh	≥4.0	3.5	3.0	2.8	2.6	2.4
	桩顶 v_m	0.926	0.934	0.967	0.990	1.018	1.045

桩截面模量塑性系数 $\gamma_m = \begin{cases} 圆形截面 2 \\ 矩形截面 1.75 \end{cases}$	桩身配筋率 ρ_g
桩顶竖向力影响系数 $\zeta_N = \begin{cases} 竖向压力 0.5 \\ 竖向拉力 1.0 \end{cases}$	桩身换算截面受拉边缘的截面模量 W_0
桩身换算截面积 A_n	桩身混凝土抗拉强度设计值 f_t	桩顶的竖向力 N_k（压力取"+"，拉力取"-"）

单桩水平承载力特征值 $R_{ha} = 0.75 \dfrac{\alpha \gamma_m f_t W_0}{v_m}(1.25 + 22\rho_g)\left(1 \pm \dfrac{\zeta_N N_k}{\gamma_m f_t A_n}\right)$

此时水平承载力的调整：验算永久荷载控制的桩基的水平承载力时，应将上述方法确定的单桩水平承载力特征值乘以调整系数0.80；验算地震作用桩基的水平承载力时，宜将按上述方法确定的单桩水平承载力特征值乘以调整系数1.25。（注：按位移控制计算的单桩水平承载力特征值不需要调整）

③单桩基础水平承载力验算

标准组合下，作用于承台底面的水平力 H_k	标准组合下，作用于基桩 i 桩顶的水平力 H_{ik}	桩数 n

最终验算 $H_{ik} = H_k/n \leq R_h$

【注】

①EI 和 A_n 未直接给出时，按下面计算

桩身配筋率 ρ_g	混凝土弹性模量 E_c	钢筋弹性模量与混凝土弹性模量的比值 α_E
圆形桩		方形桩
桩直径 d		桩边长 b
去除保护层的桩径 $d_0 = d - 2$ 倍保护层厚度		去除保护层的边长 $b_0 = b - 2$ 倍保护层厚度
桩身换算截面受拉边缘的截面模量		
$W_0 = \dfrac{\pi d}{32}[d^2 + 2(\alpha_E - 1)\rho_g d_0^2]$		$W_0 = \dfrac{b}{6}[b^2 + 2(\alpha_E - 1)\rho_g b_0^2]$

7.9 桩基水平承载力特征值

续表

桩身换算截面积 $A_n = \frac{\pi d^2}{4}[1+(\alpha_E-1)\rho_g]$	$A_n = b^2[1+(\alpha_E-1)\rho_g]$
桩身换算截面惯性矩 $I_0 = \dfrac{W_0 d_0}{2}$	$I_0 = \dfrac{W_0 b_0}{2}$
桩身抗弯刚度 $EI = 0.85 E_c I_0$	

② 桩侧土水平抗力系数的比例系数 m

序号	地基土类别	预制桩、钢桩		灌注桩	
		m (MN/m⁴)	相应单桩在地面处水平位移（mm）	m (MN/m⁴)	相应单桩在地面处水平位移（mm）
1	淤泥；淤泥质土；饱和湿陷性黄土	2～4.5	10	2.5～6	6～12
2	流塑（I_L>1）、软塑（0.75<I_L≤1）状黏性土；e>0.9粉土；松散粉细砂；松散、稍密填土	4.5～6.0	10	6～14	4～8
3	可塑（0.25<I_L≤0.75）状黏性土、湿陷性黄土；e=0.75～0.9粉土；中密填土；稍密细砂	6.0～10	10	14～35	3～6
4	硬塑（0<I_L≤0.25）、坚硬（I_L≤0）状黏性土、湿陷性黄土；e<0.75粉土；中密的中粗砂；密实老填土	10～22	10	35～100	2～5
5	中密、密实的砾砂、碎石类土	—	—	100～300	1.5～3

表注：① 当桩顶水平位移大于表列数值或灌注桩配筋率较高（≥0.65%）时，m 值应适当降低，预制桩的水平向位移小于 10mm 时，m 值可适当提高；
② 当水平荷载为长期或经常出现的荷载时，应将表列数值乘以 0.4 降低采用；
③ 当地基为可液化土层时，应将表列数值乘以本表中相应土层液化折减系数 ψ_l；
④ 当基桩侧为多层土时，可参考附录 C（此时计算较繁琐）。

③ 土层液化折减系数 ψ_l

	$\lambda_N = N/N_{cr}$	$\lambda_N \leq 0.6$	$0.6 < \lambda_N \leq 0.8$	$0.8 < \lambda_N \leq 1.0$
自地面算起的液化土层深度 d_L（m）	$d_L \leq 10$	$\psi_l = 0$	$\psi_l = 1/3$	$\psi_l = 2/3$
	$10 < d_L \leq 20$	$\psi_l = 1/3$	$\psi_l = 2/3$	$\psi_l = 1.0$

表注：① N 为饱和土标贯击数实测值；N_{cr} 为液化判别标贯击数临界值；λ_N 为土层液化指数；
② 对于挤密桩当桩距小于 $4d$，且桩的排数不少于 5 排、总桩数不少于 25 根时，土层液化系数可取 $2/3$～1；桩间土标贯击数达到 N_{cr} 时，取 $\psi_l=1$。

【注】 ① 桩的水平承载力计算较为复杂，相关计算公式相互关联，计算工作大，并且要注意每个量的单位，一定要严格按照思维流程走，这样解起来才能高效迅速。

② 桩顶约束条件何时为自由、铰接或固结，不用深究，一般会直接给定。

7.9.2 群桩基础中基桩水平承载力特征值

《建筑桩基技术规范》5.7.Ⅱ

群桩基础（不含水平力垂直于单排桩基纵向轴线和力矩较大的情况）的基桩水平承载力特征值应考虑由承台、桩群、土相互作用产生的群桩效应，可按下列公式确定。也就是说群桩基础中基桩水平承载力特征值，在单桩水平承载力特征值基础上，加以调整即乘群桩效应综合系数 η_h，并且分为考虑地震且 $s_a/d \leqslant 6$ 时和其他情况群桩效应综合系数 η_h 是不同的，解题思维流程总结如下：

单桩水平承载力特征值 R_{ha}						
（未直接给出，按"3.9.1 单桩水平承载力解题思维流程"先求之）						
换算深度 αh				桩顶约束效应系数 η_r（查下表确定）		
换算深度 αh	2.4	2.6	2.8	3.0	3.5	$\geqslant 4.0$
位移控制	2.58	2.34	2.20	2.13	2.07	2.05
强度控制	1.44	1.57	1.71	1.82	2.00	2.07
沿水平荷载方向的距径比 s_a/d		群桩相互影响系数				
沿水平荷载方向每排桩数 n_1		$\eta_i = \dfrac{\left(\dfrac{s_a}{d}\right)^{0.015 n_2 + 0.45}}{0.15 n_1 + 0.10 n_2 + 1.9}$				
垂直于水平荷载方向每列桩数 n_2						
桩侧土水平抗力系数的比例系数 m						
桩顶（承台）的水平位移允许值 χ_{0a}		承台水平抗力侧向土效应系数			其中，高承台桩基（承台侧向无土）、侧向回填土松散时	
承台受抗力一侧计算宽度 $B'_c = $ 承台宽度 $+1$		$\eta_l = \dfrac{m \chi_{0a} B'_c h_c^2}{2 n_1 n_2 R_{ha}}$			$\eta_l = 0$	
承台高度（包括保护层厚度）h_c						
单桩水平承载力特征值 R_{ha}						
①考虑地震作用且 $s_a/d \leqslant 6$ 时	群桩效应综合系数 $\eta_h = \eta_r \eta_i + \eta_l$					
	群桩水平承载力特征值 $R_h = \eta_h R_{ha}$					
承台底地基土分担的竖向总荷载标准值 P_c $P_c = \eta_c f_{ak}(A - n A_{ps})$		承台底摩阻效应系数 $\eta_b = \dfrac{\mu P_c}{n_1 n_2 R_{ha}}$			高承台桩基，以及承台效应系数 $\eta_c = 0$ 时 $\eta_b = 0$	
承台底与地基土间摩擦系数 μ						
②其他情况	群桩效应综合系数 $\eta_h = \eta_r \eta_i + \eta_l + \eta_b$					
	群桩水平承载力特征值 $R_h = \eta_h R_{ha}$					
③群桩中桩基水平承载力验算						
标准组合下，作用于承台底面的水平力 H_k		标准组合下，作用于基桩 i 桩顶的水平力 H_{ik}			桩数 n	
最终验算 $H_{ik} = H_k/n \leqslant R_h$						

7.9 桩基水平承载力特征值

相联知识点及解题注意点

①桩顶水平位移允许值 χ_{0a} 的确定

当以位移控制时，可取 $\chi_{0a} = 10\text{mm}$（对水平位移敏感的结构物取 $\chi_{0a} = 6\text{mm}$）；

当以桩身强度控制（低配筋率灌注桩，配筋率<0.65%）时，可近似取 $\chi_{0a} = \dfrac{R_{ha} v_x}{\alpha^3 EI}$ 确定。

【注】此处水平位移允许值 χ_{0a} 切不可按照"3.9.1 单桩水平承载力特征值"节中单桩水平承载力特征值 $R_{ha} = 0.75 \dfrac{\alpha^3 EI}{v_x} \chi_{0a}$ 公式反算求解，概念是不同的。

②承台底地基土分担的竖向总荷载标准值 P_c

承台总面积 A	桩身截面面积 A_{ps}	桩数 n
承台下 1/2 承台且不超过 5m 深度范围内各层土的地基承载力特征值按厚度加权平均值 f_{ak}		承台效应系数 η_c

$P_c = \eta_c f_{ak}(A - nA_{ps})$

③承台底与基土间的摩擦系数 μ

土的类别		摩擦系数 μ	土的类别	摩擦系数 μ
黏性土	可塑	0.25~0.30	中砂、粗砂、砾砂	0.40~0.50
	硬塑	0.30~0.35	碎石土	0.40~0.60
	坚硬	0.35~0.45	软岩、软质岩	0.40~0.60
粉土	密实、中密（稍湿）	0.30~0.40	表面粗糙的较硬岩、坚硬岩	0.65~0.75

④承台效应系数 η_c

不考虑承台效应的情况，即承台效应系数 $\eta_c = 0$
①承台底为可液化土、湿陷性土、高灵敏性土、欠固结土、新填土、沉桩引起超孔隙水压力和土体隆起时；
②端承桩和桩数少于 4 根的摩擦型柱下独立基础。

其他情况：根据 $\dfrac{s_a}{d}$ 和 $\dfrac{B_c}{l}$ 查下表确定，并注意调整

桩径 d（若方桩则 $d=b$）	正方形布桩桩中心距 s_a
正方形布桩距径比 $\dfrac{s_a}{d}$	若非正方形布桩，则等效距径比 $\dfrac{s_a}{d} = \begin{cases} 圆桩 = \sqrt{A/N}/d \\ 方桩 = 0.886\sqrt{A/N}/b \end{cases}$

承台短边 B_c	桩长 l	承台短边与桩长之比 $\dfrac{B_c}{l}$				
	s_a/d	3	4	5	6	>6
$\dfrac{B_c}{l}$	≤0.4	0.06~0.08	0.14~0.17	0.22~0.26	0.32~0.38	0.50~0.80
	0.4~0.8	0.08~0.10	0.17~0.20	0.26~0.30	0.38~0.44	
	>0.8	0.10~0.12	0.20~0.22	0.30~0.34	0.44~0.50	
单排桩条形承台		0.15~0.18	0.25~0.30	0.38~0.45	0.50~0.60	

η_c 调整：查表确定 η_c 时，按不利可取小值；对于饱和黏性土中的挤土桩基、软土地基土的桩基承台，取小值的 0.8 倍。

7.9.3 桩身配筋长度

《建筑桩基技术规范》4.1.1

桩身配筋长度应符合以下规定：
① 端承型桩和位于坡地岸边的基桩应沿桩身等截面或变截面通长配筋；
② 桩径大于600mm的摩擦型桩配筋长度不应小于2/3桩长；当受水平荷载时，配筋长度尚不宜小于$4.0/\alpha$（α为桩的水平变形系数）；
③ 对于受地震作用的基桩，桩身配筋长度应穿过可液化土层和软弱土层，进入稳定土层的深度不应小于本规范第3.4.6条规定的深度；
④ 受负摩阻力的桩、因先成桩后开挖基坑而随地基土回弹的桩，其配筋长度应穿过软弱土层并进入稳定土层，进入的深度不应小于2～3倍桩身直径；
⑤ 专用抗拔桩及因地震作用、冻胀或膨胀力作用而受拔力的桩，应等截面或变截面通长配筋。

【注】桩的水平变形系数α的计算，见"7.9.1 单桩水平承载力特征值"。

7.10 桩基沉降计算

桩基沉降计算分为三种情况：桩中心距不大于6倍桩径的桩基、单桩（单排桩、疏桩基础）和软土地基减沉复合疏桩基础。其中桩中心距不大于6倍桩径的桩基和软土地基减沉复合疏桩基础，沉降计算公式概念清晰，为常考内容。但整体上，桩基沉降计算，计算量都稍大。当然也不能一概而论，有时题目将所有需要的数值直接给出，导致难题简单化。

7.10.1 桩中心距不大于6倍桩径的桩基

《建筑桩基技术规范》5.5.1

（1）矩形桩基中心点沉降

对于桩中心距不大于6倍桩径的桩基，其最终沉降量计算概念清晰，只计算桩端下土层的沉降，再结合桩基的影响，乘桩基等效沉降系数ψ_e加以调整，得到最终桩基沉降。那么对于土层的沉降，只要地基基础专题中"1.5.2 给出附加应力曲线或系数计算沉降"和"1.5.5 规范公式法计算沉降及计算压缩模量当量值"这两节熟练掌握，那这里是没有问题的，因为两者计算原理和方法是相同的，当然其中也略有不同，具体见下面解析。

那么，对于桩中心距不大于6倍桩径的桩基沉降计算，重点就是桩基等效沉降系数ψ_e的确定，也不难，主

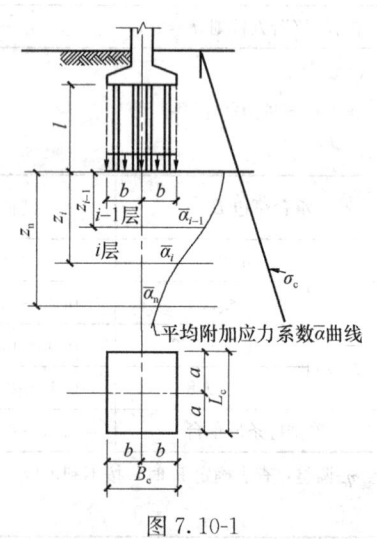

图 7.10-1

7.10 桩基沉降计算

要是查表的过程,当然题目有时为了简单化,直接将相关数值告诉我们,此时"难题简单化",无需查表。

桩中心距不大于6倍桩径的桩基沉降计算,有4个假设:

①等效作用面位于桩端平面;②等效作用面积为桩承台投影面积;③等效作用附加应力近似取承台底平均附加应力;④等效作用面以下的应力分布采用各向同性均质直线变形体理论。

具体解题思维流程总结如下:

桩径 d(若方桩则 $d=b$)	正方形布桩桩中心距 s_a
正方形布桩距径比 $\dfrac{s_a}{d}$	若非正方形布桩,则等效距径比 $\dfrac{s_a}{d} = \begin{cases} 圆桩 = \sqrt{A/n}/d \\ 方桩 = 0.886\sqrt{A/n}/b \end{cases}$

确定 $s_a/d \leqslant 6$			
验算距径比 $\dfrac{s_a}{d}$	$\dfrac{承台基础长边}{承台基础短边} = \dfrac{L_c}{B_c}$	$\dfrac{桩长}{桩径} = \dfrac{l}{d}$	据此查表(桩基规范附录E)得到 C_0、C_1、C_2 三个系数
C_0	C_1		C_2

矩形布桩短边布桩数 n_b (不规则时按下式计算 $n_b = \sqrt{n\dfrac{B_c}{L_c}}$)	桩基等效沉降系数 $\psi_e = C_0 + \dfrac{n_b - 1}{C_1(n_b - 1) + C_2}$

①按规范公式法计算桩端下中心点处土层沉降量

把承台基础底面平均分成4块,每一块短边 $b = B_c/2$				每一块长边 $a = L_c/2$		
桩端下压缩土层分层	每层土层底至桩端埋深 z_i	$\dfrac{z_i}{b}$	$\dfrac{a}{b}$	层底平均附加应力系数(查表)$\bar{\alpha}_i$	$z_i \bar{\alpha}_i - z_{i-1}\bar{\alpha}_{i-1}$	每层压缩模量 E_{si}
第1层							
第2层							
第3层							

承台基底处附加压力 p_0(此处假定桩端平面处与承台基底处附加压力相等)

桩基沉降计算经验系数 ψ(据压缩模量当量值 $\bar{E}_s$ 查表确定,并注意调整)

$\bar{E}_s = \dfrac{\sum z_i \bar{\alpha}_i - z_{i-1}\bar{\alpha}_{i-1}}{\sum \dfrac{z_i \bar{\alpha}_i - z_{i-1}\bar{\alpha}_{i-1}}{E_{si}}}$	$\bar{E}_s$	$\leqslant 10$	15	20	35	$\geqslant 50$
	Ψ	1.2	0.9	0.65	0.50	0.40

ψ 的调整:对于采用后注浆施工工艺的灌注桩,桩基沉降计算经验系数应根据桩端持力土层类别,乘以0.7(砂、砾、卵石)~0.8(黏性土、粉土)折减系数;饱和土中采用预制桩(不含复打、复压、引孔沉桩)时,乘以1.3~1.8挤土效应系数,土的渗透性低,桩距小,桩数多,沉降速率快时取大值。

矩形桩基中心点最终沉降量 $s = 4\psi_e \psi p_0 \sum \dfrac{z_i \bar{\alpha}_i - z_{i-1}\bar{\alpha}_{i-1}}{E_{si}}$

②桩端下土层,给出附加应力曲线或附加应力系数曲线,计算沉降

续表

桩端下压缩土层分层	每层厚度 h_i	每层层顶竖向有效应力增量 Δp_{i1}	每层层底竖向有效应力增量 Δp_{i2}	每层平均竖向有效应力增量 $\Delta p_i = \dfrac{\Delta p_{i1} + \Delta p_{i2}}{2}$	每层压缩模量 $E_{si} = \dfrac{1 + e_{0i}}{\alpha_i}$
第1层					
第2层					
第3层					
沉降计算经验系数 ψ（给就乘，不给就不乘）			最终沉降量 $s = \psi_e \psi \Sigma \dfrac{\Delta p_i}{E_{si}} h_i$		

【注】此处桩基沉降计算经验系数 ψ 与地基基础专题"1.5.5 规范公式法计算沉降及计算压缩模量"中沉降计算经验系数 ψ_s 确定方法略有不同，注意区别，不要混淆。

(2) 沉降计算深度

桩基沉降计算深度 z_n 按应力比法确定，按如下确定：

土层自重应力 σ_c(kPa)，从地面开始算

附加应力系数 α_j，可根据角点法划分的矩形长宽比及深宽比按本规范附录D选用

第 j 块矩形底面在荷载效应准永久组合下的附加压力 p_{0j}(kPa)

应满足，计算深度 z_n 处的附加应力 $\sigma_z = \sum\limits_{j=1}^{m} \alpha_j p_{0j} \leqslant 0.2 \sigma_c$

【注】① 此处沉降计算深度 z_n 自桩底算起，不同于下面将要讲的减沉复合疏桩基础，沉降计算深度自承台底算起。

② 此处计算深度 z_n 采用应力比法，而地基基础专题"1.5.5 规范公式法计算沉降及计算压缩模量"中计算深度的确定采用沉降比法，并且符合一定条件可以简化计算。注意两者的区别。

③ 计算深度 z_n，一般会直接给出，历年案例真题还未考过自己求解确定。

7.10.2 单桩 单排桩 疏桩

《建筑桩基技术规范》5.5.Ⅱ、附录D、附录F

单桩、单排桩和桩中心距大于6倍桩径的疏桩桩基沉降的计算分承台底地基土不分担荷载和承台底地基土分担荷载两种情况，分别采用不同的计算公式。

(1) 承台底地基土不分担荷载的桩基

对于单桩、单排桩和疏桩而言，桩基最终沉降 s 为桩身压缩量 s_e 和桩端下土层沉降 s_s 之和。桩身压缩量 s_e 的计算概念清楚，比较简单，注意题目有时仅让求桩身压缩量 s_e。桩端下土层沉降 s_s 的计算按题意，当给出桩端下土层附加应力曲线或系数的时候，可和"1.5.2 给出附加应力曲线或系数计算沉降"节计算土层沉降是一致的。否则按规范采用Mindlin解（明德林解）计算桩端下土层的沉降 s_s，即将沉降计算点水平面影响范围内各基桩对应力计算点产生的附加应力叠加，采用单向压缩分层总和法计算土层的沉降，难点是确定计算点的附加应力。具体解题思维流程总结如下：

7.10 桩基沉降计算

第 j 桩在荷载效应准永久组合下，桩顶的附加荷载 Q_j			
第 j 桩桩径 d	第 j 桩截面面积 A_{ps}	第 j 桩桩长 l_j	桩身混凝土弹性模量 E_c

桩身压缩系数 ξ_e

端承桩 $\xi_e = 1.0$。摩擦型桩，当 $\frac{l}{d} \leqslant 30$ 时，$\xi_e = \frac{2}{3}$；当 $\frac{l}{d} \geqslant 50$ 时，$\xi_e = \frac{1}{2}$，介于两者之间线性插值 $\xi_e = \frac{2}{3} - \frac{1}{120}\left(\frac{l}{d} - 30\right)$

① 桩身压缩量 $s_e = \xi_e \dfrac{Q_j l_j}{E_c A_{ps}}$

② 按明德林解计算基桩产生的附加应力 σ_{zi}，并采用单向压缩分层总和法计算土层的沉降

第 j 桩总桩端阻力与桩端荷载之比 α_j（近似取极限总端阻力与单桩极限承载力之比）

桩端下压缩土层分层	每层厚度 Δz_i	m	Q_j	l_j	$I_{p,ij}$	$I_{s,ij}$	σ_{zi}	E_{si}
第 1 层								
第 2 层								
第 3 层								

m 为以沉降计算点为圆心，0.6 倍桩长为半径的水平面影响范围内的基桩数；

$I_{p,ij}$、$I_{s,ij}$ 分别为第 j 桩的桩端阻力和桩侧阻力对计算轴线第 i 层土 1/2 厚度处的应力影响系数（可按本规范附录 F 确定）；

σ_{zi} 为水平面影响范围内各基桩对应力计算点桩端平面以下第 i 层土 1/2 厚度处产生的附加竖向应力之和（应力计算点应取与沉降计算点最近的桩中心点）；

$$\sigma_{zi} = \sum_{j=1}^{m} \frac{Q_j}{l_j^2}[\alpha_j I_{p,ij} + (1-\alpha_j) I_{s,ij}]$$

E_{si} 为桩端下第 i 计算土层的压缩模量（MPa）。

沉降计算经验系数 ψ（无当地经验时，可取 1.0）

桩端下土层沉降 $s_s = \psi \sum \dfrac{\sigma_{zi}}{E_{si}} \Delta z_i$

③ 桩端下土层，给出附加应力曲线或附加应力系数曲线，计算沉降

桩端下压缩土层分层层号	每层厚度 h_i	每层层顶竖向有效应力增量 Δp_{i1}	每层层底竖向有效应力增量 Δp_{i2}	每层平均竖向有效应力增量 $\Delta p_i = \dfrac{\Delta p_{i1} + \Delta p_{i2}}{2}$	每层压缩模量 $E_{si} = \dfrac{1 + e_{0i}}{\alpha_i}$
第 1 层					
第 2 层					
第 3 层					

沉降计算经验系数 Ψ（给就乘，不给就不乘）	最终沉降量 $s_s = \psi \sum \dfrac{\Delta p_i}{E_{si}} h_i$

④ 沉降计算点总沉降 $s = s_e + s_s$

【注】 此类桩基沉降计算，相当于计算桩身压缩量和桩端下土层沉降量，相加即得总沉降量；分清题目要求是计算桩身压缩量、桩端下土层沉降量，还是总沉降量。

（2）承台底地基土分担荷载的复合桩基

当承台底地基土不分担荷载的时候，桩端平面以下沉降计算点附加应力仅由基桩产

生，即按照明德林解计算得到 σ_{zi}。对于承台底地基土分担荷载的复合桩基，桩端平面以下沉降计算点附加应力还要叠加承台底土压力对该点产生的附加应力 σ_{zci}，此附加压力 σ_{zci} 按布辛奈斯克解（附录 D）计算。σ_{zi} 与 σ_{zci} 叠加之后仍然是采用单向压缩分层总和法计算土层的沉降，并计入桩身压缩量 s_e 得到桩基最终沉降，具体计算如下：

第 j 桩在荷载效应准永久组合下，桩顶的附加荷载 Q_j			
第 j 桩桩径 d	第 j 桩截面面积 A_{ps}	第 j 桩桩长 l_j	桩身混凝土弹性模量 E_c

桩身压缩系数 ξ_e

端承桩 $\xi_e = 1.0$。摩擦型桩，当 $\frac{l}{d} \leqslant 30$ 时，$\xi_e = \frac{2}{3}$；当 $\frac{l}{d} \geqslant 50$ 时，$\xi_e = \frac{1}{2}$，介于两者之间线性插值 $\xi_e = \frac{2}{3} - \frac{1}{120}\left(\frac{l}{d} - 30\right)$

① 桩身压缩量 $s_e = \xi_e \dfrac{Q_j l_j}{E_c A_{ps}}$

② 按明德林解计算基桩产生的附加应力 σ_{zi}

第 j 桩总桩端阻力与桩端荷载之比 α_j（近似取极限总端阻力与单桩极限承载力之比）

桩端下压缩土层分层	每层厚度 Δz_i	m	Q_j	l_j	$I_{p,ij}$	$I_{s,ij}$	σ_{zi}	E_{si}
第 1 层								
第 2 层								
第 3 层								

m 为以沉降计算点为圆心，0.6 倍桩长为半径的水平面影响范围内的基桩数；

$I_{p,ij}$、$I_{s,ij}$ 分别为第 j 桩的桩端阻力和桩侧阻力对计算轴线第 i 层土 1/2 厚度处的应力影响系数（可按本规范附录 F 确定）；

σ_{zi} 为水平面影响范围内各基桩对应力计算点桩端平面以下第 i 层土 1/2 厚度处产生的附加竖向应力之和（应力计算点应取与沉降计算点最近的桩中心点）；

$$\sigma_{zi} = \sum_{j=1}^{m} \frac{Q_j}{l_j^2}\left[\alpha_j I_{p,ij} + (1-\alpha_j) I_{s,ij}\right]$$

E_{si} 为桩端下第 i 计算土层的压缩模量（MPa）。

③ 按布辛奈斯克解计算承台底土压力产生的附加应力 σ_{zci}

第 k 块承台底均布压力 $p_{c,k}$(kPa)，可按 $p_{c,k} = \eta_{c,k} f_{ak}$ 取值，其中 $\eta_{c,k}$ 为第 k 块承台底板的承台效应系数，按本规范表 5.2.5 确定；f_{ak} 为承台底地基承载力特征值。

第 k 块承台底角点处，桩端平面以下第 i 计算土层 1/2 厚度处的附加应力系数 α_{ki}，可按附录 D 确定。

承台压力对应力计算点桩端平面以下第 i 计算土层 1/2 厚度处产生的应力 $\sigma_{zci} = \sum\limits_{i=1}^{u} \alpha_{ki} p_{c,k}$；可将承台板划分为 u 个矩形块，可按本规范附录 D 采用角点法计算。

④ 沉降计算经验系数 ψ（无当地经验时，可取 1.0）

桩端下土层沉降 $s_s = \psi \sum \dfrac{\sigma_{zi} + \sigma_{zci}}{E_{si}} \Delta z_i$

⑤ 沉降计算点总沉降 $s = s_e + s_s$

【注】 承台底地基土分担荷载的桩基的沉降计算量很大，注岩案例真题还未考过，此处以理解为主。

(3) 计算深度的确定

对于单桩、单排桩、疏桩复合桩基础的最终沉降计算深度 z_n，可按应力比法确定，即 z_n 处由桩引起的附加应力 σ_z、由承台土压力引起的附加应力 σ_{zc} 与土的自重应力 σ_c 应符合要求：$\sigma_z + \sigma_{zc} \leqslant 0.2\sigma_c$。

7.10.3 软土地基减沉复合疏桩

7.10.3.1 软土地基减沉复合疏桩承台面积和桩数及桩基承载力关系

《建筑桩基技术规范》5.6.1 及条文说明

当软土地基上多层建筑，地基承载力基本满足要求（以底层平面面积计算）时，可设置穿过软土层进入相对较好土层的疏布摩擦型桩，由桩和桩间土共同分担荷载。该种减沉复合疏桩基础，确定承台面积和桩数，解题思维流程总结如下：

作用于承台顶面的竖向力 F_k	承台及其上土自重 $G_k = \gamma_G Ad = 20Ad$	
承台面积控制系数 $\xi(\geqslant 0.60)$	承台底地基承载力特征值 f_{ak}	单桩竖向承载力特征值 R_a
承台效应系数 η_c		
桩基承台总净面积 $A_c = \xi \dfrac{F_k + G_k}{f_{ak}}$	基桩数 $n \geqslant \dfrac{F_k + G_k - \eta_c f_{ak} A_c}{R_a}$	

注：承台效应系数 η_c 根据 $\dfrac{s_a}{d}$ 和 $\dfrac{B_c}{l}$ 查下表确定，并注意调整。

桩径 d（若方桩则 $d=b$）	正方形布桩桩中心距 s_a
正方形布桩距径比 $\dfrac{s_a}{d}$	若非正方形布桩，则等效距径比 $\dfrac{s_a}{d} = \begin{cases} 圆桩 = \sqrt{A/N}/d \\ 方桩 = 0.886\sqrt{A/N}/b \end{cases}$
承台短边 B_c	桩长 l	承台短边与桩长之比 $\dfrac{B_c}{l}$

	s_a/d	3	4	5	6	>6
$\dfrac{B_c}{l}$	≤0.4	0.06~0.08	0.14~0.17	0.22~0.26	0.32~0.38	0.50~0.80
	0.4~0.8	0.08~0.10	0.17~0.20	0.26~0.30	0.38~0.44	
	>0.8	0.10~0.12	0.20~0.22	0.30~0.34	0.44~0.50	
	单排桩条形承台	0.15~0.18	0.25~0.30	0.38~0.45	0.50~0.60	

η_c 调整：查表确定 η_c 时，按不利可取小值；对于饱和黏性土中的挤土桩基、软土地基土的桩基承台，取小值的 0.8 倍。

【注】减沉复合疏桩构造要求

桩的横截面积尺寸一般宜选择 $\phi 200 \sim \phi 400$（或 $200 \times 200 \sim 300 \times 300$）；

桩距 $s_a > (5 \sim 6)d$。

7.10.3.2 软土地基减沉复合疏桩基础中心沉降

《建筑桩基技术规范》5.6.2

7 桩基础专题

软土地基减沉复合疏桩基础中心沉降,因其受力及变形特征与天然地基相近,故直接计算承台下压缩土层的沉降 s_s(注意区别与 7.10.1 节和 7.10.2 节,这里不是桩端下土层的沉降),与"1.5.5 规范公式法计算沉降及计算压缩模量当量值"计算沉降方法相同,但毕竟有桩的影响,引入桩土相互作用产生的沉降 s_{sp},两者相加即为总沉降 s_s,此处概念清晰,计算简单,为考查重点。解题思维流程总结如下:

矩形承台短边 B_c			此处 B_c 应为承台等效宽度,$B_c = B\sqrt{A_c/L}$,(B、L 为建筑物基础边缘平面的宽度和长度),但从注岩真题标准答案来看,如果是方形基础,B_c 按承台边长取值即可,此时 $B_c = L_c$;		
矩形承台长边 L_c				

把承台基础底面平均分成 4 块,每一块短边 $b = B_c/2$,每一块长边 $a = L_c/2$

承台底压缩土层分层	每层土层底至承台底埋深 z_i	$\dfrac{z_i}{b}$	$\dfrac{a}{b}$	层底平均附加应力系数(查表)$\bar{\alpha}_i$	$z_i\bar{\alpha}_i - z_{i-1}\bar{\alpha}_{i-1}$	每层土压缩模量 E_{si}
第 1 层						
第 2 层						
第 3 层						

荷载效应准永久值组合下,作用于承台底的总附加荷载 F	单桩承载力特征值 R_a	总桩数 n	桩身截面积 A_{ps}

桩基承台总净面积 $A_c = B_c L_c - nA_{ps}$

基桩刺入变形影响系数 η_p	桩端持力层砂土为 1.0,粉土为 1.15,黏性土为 1.30

假想天然地基平均附加压力 $p_0 = \eta_p \dfrac{F - nR_a}{A_c}$

① 由承台底地基土附加压力作用下产生中心点沉降

$$s_s = 4p_0 \sum \dfrac{z_i \bar{\alpha}_i - z_{i-1} \bar{\alpha}_{i-1}}{E_{si}}$$

桩身范围内按厚度加权的平均桩侧极限摩阻力 $\bar{q}_{su} = \dfrac{\sum \bar{q}_{sui} z_i}{\sum z_i}$	桩身范围内按厚度加权的平均压缩模量 $\overline{E}_s = \dfrac{\sum E_{si} z_i}{\sum z_i}$
桩径 d(若方桩则 $d = 1.27b$)	正方形布桩桩中心距 s_a
正方形布桩距径比 $\dfrac{s_a}{d}$	若非正方形布桩,则等效距径比 $\dfrac{s_a}{d} = \begin{cases} 圆桩 = \sqrt{A/n}/d \\ 方桩 = 0.886\sqrt{A/n}/b \end{cases}$

② 由桩土相互作用产生的沉降(即桩对土影响的沉降增加值)

$$s_{sp} = 280 \dfrac{\bar{q}_{su}}{\overline{E}_s} \cdot \dfrac{d}{(s_a/d)^2}$$

沉降计算经验系数 ψ(无当地经验时,可取 1.0)

③ 桩基中心点沉降量 $s = \psi(s_s + s_{sp})$

【注】

① F 为荷载效应准永久值组合下，作用于承台底的总附加荷载，计算 F 时要扣除基础埋深内土重。

② $\bar{q}_{su}$、$\bar{E}_s$ 为桩身范围内按厚度加权的平均桩侧极限摩阻力和平均压缩模量，不是整个承台下土层压缩层范围内。

③ 桩基承台总净面积除了本节公式 $A_c = B_c L_c - nA_{ps}$，也可按"7.10.3.1 软土地基减沉复合疏桩承台面积和桩数及桩基承载力关系"节采用 $A_c = \xi \dfrac{F_k + G_k}{f_{ak}}$ 计算。具体用哪一个，取决于题目已知条件。

④ 注意审题求哪部分沉降：承台下压缩土层的沉降 s_s，桩土相互作用产生的沉降 s_{sp} 或总沉降 s。

⑤ 若方形桩，则 $d = 1.27b$。不同于"7.2 单桩和复合基桩竖向承载力特征值"和"7.10.1 桩中心距不大于 6 倍桩径的桩基"节中直接取 $d = b$，注意区别。

7.11 承台计算

此节可结合地基基础专题"6.7 扩展基础"进行对比学习理解，其中受弯、受冲切、受剪切基本概念和原理都是相同的，此处不再赘述。

7.11.1 受弯计算

《建筑桩基技术规范》5.9.Ⅰ

桩基承台应进行正截面受弯承载力计算。受弯计算承台分为两柱条形承台和多柱矩形承台、等边三桩承台、等腰三桩承台三种情况，承台弯矩可按下式分别计算（图 7.11-1）。受弯承载力和配筋可按现行国家标准《混凝土结构设计规范》GB 50010 的规定进行。

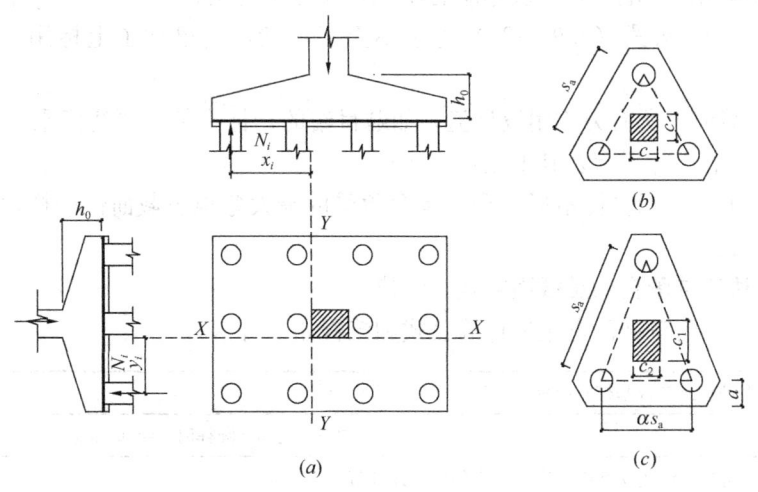

图 7.11-1 承台弯矩计算示意
(a) 矩形多桩承台；(b) 等边三桩承台；(c) 等腰三桩承台

7.11.1.1 第 i 基桩净反力设计值 N_i（不计承台及其土重）或最大净反力设计值 N_{max}

此处计算方法和原理同"7.3 桩顶作用荷载计算及竖向承载力验算"，但应注意此处为净反力设计值。

承台顶所受竖向力设计值（不计承台及其上土重）F	桩数 n
作用于承台底面的总弯矩设计值 M_x （确定 M_x 弯矩方向的中心线，设为 x 轴）	另一个方向的总弯矩设计值 M_y （确定 M_y 弯矩方向的中心线，设为 y 轴）
确定所求桩 i（条形或矩形承台即为受弯计算截面一侧的所有桩，一般选"无柱"一侧）	
桩 i 中心到中心线即 x 轴的距离 y_i	桩 i 中心到中心线即 y 轴的距离 x_i
所有桩中心到中心线即 x 轴距离的平方和 $\sum y_i^2$	所有桩中心到中心线即 y 轴距离的平方和 $\sum x_i^2$
第 i 基桩净反力设计值（不计承台及其土重）或最大净反力设计值 N_{max} $$N_i(N_{max}) = \frac{F}{n} \pm \frac{M_x y_i}{\sum y_i^2} \pm \frac{M_y x_i}{\sum x_i^2}$$	

【注】 一定要注意题目给的荷载作用位置，是承台还是基桩；F 为荷载效应基本组合下，作用于承台顶的总附加荷载，且不计承台及其上土重。要注意题目给的荷载是作用于承台顶还是承台底，若是作用于承台底，则 $F = F_{承台底} - 1.35G_k$，$G_k = \gamma_G Ad = 20Ad$ 为承台及其上土重标准值。

7.11.1.2 两柱条形承台和多柱矩形承台正截面弯矩设计值

两柱条形承台和多柱矩形承台最大弯矩计算截面取在柱边或承台变阶处，计算公式和流程如下所示：

第 i 基桩中心到计算截面距离 y_i'	第 i 基桩中心到计算截面距离 x_i'
计算截面处绕 x 轴方向的弯矩设计值 $M_x' = \sum N_i y_i'$	计算截面处绕 y 轴方向的弯矩设计值 $M_y' = \sum N_i x_i'$

【注】 ① $M_x' = \sum N_i y_i'$ 或 $M_y' = \sum N_i x_i'$ 可以理解为所有桩的弯矩之和，每根桩的弯矩＝每根桩的反力×桩到计算截面的距离；并与作用于承台底面的总弯矩设计值 M_x 和 M_y 进行概念上的区别。规范中符号表达略有不同，规范中均用符号 M_x 和 M_y 表示（见规范中公式（5.9.2-1）、公式（5.9.2-2））为了不至于混淆，这里加了上标用 M_x' 和 M_y' 进行区分。

② 这里计算时，所有力均用设计值，如题目给的是标准值，要注意乘 1.35，转化为设计值。且应注意不计承台及其上土重。

③ 两柱条形承台和多柱矩形承台，承台承受的最大弯矩正截面位于柱边缘，图（a）中虚线所示位置。

7.11.1.3 等边三桩承台的正截面弯矩设计值

等边三桩承台的正截面弯矩值计算公式和流程如下所示：

柱下三桩中最大基桩或复合基桩竖向反力设计值（不计承台及其上土重）N_{max}	
桩中心距 s_a	方柱边长 c（圆柱时 $c = 0.8d$）
通过承台形心至各边边缘正交截面范围内板带的弯矩设计值 $$M = \frac{N_{max}}{3}\left(s_a - \frac{\sqrt{3}}{4}c\right)$$	

【注】 注意如果是圆柱，应转化为方柱，转化后方柱边长 $c = 0.8d$。

7.11.1.4 等腰三桩承台的正截面弯矩设计值

等腰三桩承台的正截面弯矩值计算公式和流程如下所示：

柱下三桩中最大基桩或复合基桩竖向反力设计值（不计承台及其上土重）$N_{\max}$	
长向桩中心距 s_a	垂直于、平行于承台底边的柱截面边长 c_1、c_2
短向桩中心距与长向桩中心距之比 α （当 $\alpha < 0.5$ 时，应按变截面的二桩承台设计）	
通过承台形心至两腰边缘和底边边缘正交截面范围内板带的弯矩设计值 $$M_1 = \frac{N_{\max}}{3}\left(s_a - \frac{0.75}{\sqrt{4-\alpha^2}}c_1\right)$$ $$M_2 = \frac{N_{\max}}{3}\left(\alpha s_a - \frac{0.75}{\sqrt{4-\alpha^2}}c_2\right)$$	

【注】 一定要结合图形，确定各几何尺寸。

7.11.1.5 其他弯矩设计值

箱形承台和筏形承台的弯矩计算，见规范 5.9.3；

柱下条形承台梁的弯矩计算，见规范 5.9.4；

砌体墙下条形承台梁，可按倒置弹性地基梁计算弯矩和剪力，并应符合附录 G 的要求。对于承台上的砌体墙，尚应验算桩顶部位砌体的局部承压强度。

以上，本书不再详细叙述，其详细叙述可见本书补充电子资料。

7.11.2 轴心竖向力作用下受冲切计算

《建筑桩基技术规范》5.9.Ⅱ

桩基承台厚度应满足柱（墙）对承台的冲切和基桩对承台的冲切承载力要求。

7.11.2.1 柱下矩形独立承台受冲切计算

（1）受冲切承载力计算

冲切破坏锥体应采用自柱（墙）边或承台变阶处至相应桩顶边缘连线所构成的锥体，锥体斜面与承台底面之夹角不应小于 45°。如图 7.11-2 所示。

柱下矩形独立承台受冲切解题思维流程总结如下：

承台受柱冲切		下阶承台受上阶承台冲切	
圆形截面换算成方形即 $b = 0.8d$ （柱子和桩都要换算，换算之后再计算相关尺寸）			
柱短边 b_c	柱长边 h_c	上阶承台短边 b_1	上阶承台长边 h_1
冲切破坏锥体（总承台）有效高度 h_0		冲切破坏锥体（下阶承台）有效高度 h_{10}	

续表

x 方向（垂直于短边）柱边离最近桩边的水平距离 a_{0x}	y 方向（垂直于长边）柱边离最近桩边的水平距离 a_{0y}	x 方向上（垂直于短边）上阶承台边离最近桩边的水平距离 a_{1x}	y 方向上（垂直于长边）上阶承台边离最近桩边的水平距离 a_{1y}
冲跨比 $\lambda_{0x} = \dfrac{a_{0x}}{h_0} \in [0.25, 1]$	$\lambda_{0y} = \dfrac{a_{0y}}{h_0} \in [0.25, 1]$	$\lambda_{1x} = \dfrac{a_{1x}}{h_{10}} \in [0.25, 1]$	$\lambda_{1y} = \dfrac{a_{1y}}{h_{10}} \in [0.25, 1]$
冲切系数 $\beta_{0x} = \dfrac{0.84}{\lambda_{0x} + 0.2}$	$\beta_{0y} = \dfrac{0.84}{\lambda_{0y} + 0.2}$	$\beta_{1x} = \dfrac{0.84}{\lambda_{1x} + 0.2}$	$\beta_{1y} = \dfrac{0.84}{\lambda_{1y} + 0.2}$
冲切破坏锥体（总承台）高度 $h = h_0 + a_s$，a_s 为保护层厚度		冲切破坏锥体（下阶承台）高度 $h_1 = h_{10} + a_s$，a_s 为保护层厚度	
截面高度影响系数 $\beta_{hp} = 1 - \dfrac{h - 800}{12000}, h \in [800, 2000]$		截面高度影响系数 $\beta_{hp} = 1 - \dfrac{h_1 - 800}{12000}, h \in [800, 2000]$	
承台混凝土抗拉强度设计值 f_t			
承台受柱冲切的承载力 $= 2[\beta_{0x}(b_c + a_{0y}) + \beta_{0y}(h_c + a_{0x})]\beta_{hp} f_t h_0$		承台受变阶冲切的承载力 $= 2[\beta_{1x}(b_1 + a_{1y}) + \beta_{1y}(h_1 + a_{1x})]\beta_{hp} f_t h_0$	

【注】 注意冲跨比 $\lambda_0 \in [0.25, 1]$，当 $\lambda_0 > 1$ 时，取 $\lambda_0 = 1$，并且反算相应的水平距离 a_x，具体理解可见 "7.11.2.3 三桩三角形承台" 节中真题 2005D12。

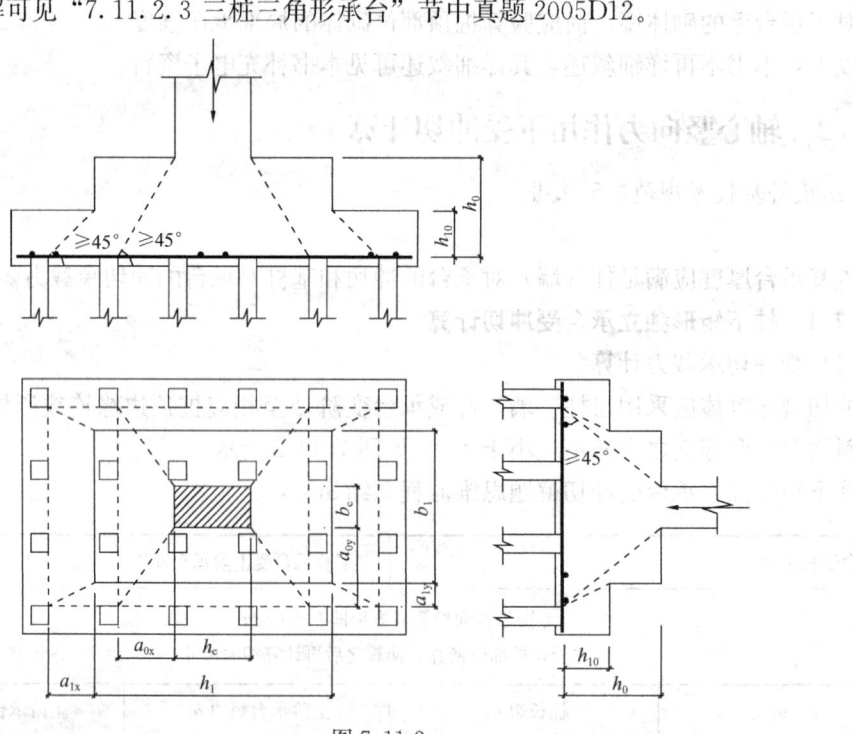

图 7.11-2

7.11 承台计算

（2）计算冲切破坏锥体上实际受到的冲切力 F_l（分清是柱下冲切，还是变阶处冲切。柱下冲切，冲切破坏锥体在承台底矩形平面为柱边离最近桩边的水平距离所围成；变阶处冲切，冲切破坏锥体在承台底矩形平面为上阶承台边离最近桩边的水平距离所围成）

不计承台及其上土重在荷载效应基本组合作用下柱的竖向荷载设计值 F	总桩数 n	冲切破坏锥体内基桩或复合基桩的桩数 n'
若轴心受压，不计承台及其上土重作用于冲切破坏锥体上的冲切力设计值 $F_l = F - \Sigma Q = F\left(1 - \dfrac{n'}{n}\right)$		偏心荷载，具体分析 $F_l = F - \Sigma Q$ 可参考 "3.3 桩顶竖向力计算及竖向承载力验算解题思维流程"，要注意此时不计承台及其上土重
其中，F_i 为不计承台及其上土重作用于冲切破坏锥体 i 基桩或复合基桩的反力设计值；ΣQ 为不计承台及其上土重作用于冲切破坏锥体各基桩或复合基桩的反力设计值之和。		

（3）受冲切承载力验算：$F_l \leqslant$ 受冲切承载力

【注】① 注意题目要求，分清是计算受冲切承载力，还是计算冲切力设计值，还是需要进行受冲切承载力验算。

② 如果柱不是正方形截面，而是长方形截面，一定要注意柱长短边或上阶承台长短边和 x、y 方向的对应性，防止数据代错。

③ 计算时，务必根据题意，确定验算的位置，只有位置确定了，才能确定各几何尺寸。

④ 对于题目中或图中已经直接给出 a_{0x}、a_{0y}、a_{1x}、a_{1y} 的值，则不用再将圆桩化为方桩后计算；如果题目中或图中未直接给出这些值，则需要将圆桩化为方桩后计算。

7.11.2.2 三桩三角形承台受冲切计算

三桩三角形承台受冲切解题思维流程总结如下：

① 受冲切承载力计算	
底部角桩	顶部角柱
三角形承台底部角度 θ_1	三角形承台顶部角度 θ_2
角桩与承台底部角点处计算距离 c_1（如图）	顶桩与承台顶部角点处计算距离 c_2（如图）
承台有效高度 h_0	
角桩与柱边缘计算距离 a_{11}（如图）	顶桩与柱边缘计算距离 a_{12}（如图）
冲跨比 $\lambda_{11} = \dfrac{a_{11}}{h_0} \in [0.25, 1]$ 若 $\lambda_{11} < 0.25$ 取 0.25；$\lambda_{11} > 1$ 取 1；此时反算 $a_{11} = \lambda_{11} h_0$	冲跨比 $\lambda_{12} = \dfrac{a_{12}}{h_0} \in [0.25, 1]$ 若 $\lambda_{12} < 0.25$ 取 0.25；$\lambda_{12} > 1$ 取 1；此时反算 $a_{12} = \lambda_{12} h_0$
冲切系数 $\beta_{11} = \dfrac{0.56}{\lambda_{11} + 0.2}$	$\beta_{12} = \dfrac{0.56}{\lambda_{12} + 0.2}$
承台高度 $h = h_0 + a_s$，a_s 为保护层厚度	
截面高度影响系数 $\beta_{hp} = 1 - \dfrac{h - 800}{12000}$，$h \in [800, 2000]$	

续表

承台混凝土抗拉强度设计值 f_t	
承台受底部角桩冲切的承载力 $= \beta_{11}(2c_1 + a_{11})\beta_{hp}\tan\frac{\theta_1}{2}f_t h_0$	承台受顶部角桩冲切的承载力 $= \beta_{12}(2c_2 + a_{12})\beta_{hp}\tan\frac{\theta_2}{2}f_t h_0$
② 不计承台及其上土重,在荷载效应基本组合作用下底部角桩或顶部角桩(含复合基桩)反力设计值 N_l,本质为计算相应角桩顶部的桩顶作用荷载	
不计承台及其上土重在荷载效应基本组合作用下柱的竖向荷载设计值 F	
若轴心受压 $N_l = \dfrac{F}{3}$	偏心荷载,具体分析,可参考"7.3桩顶竖向力计算及竖向承载力验算解题思维流程",要注意此时不计承台及其上土重
③ 受冲切承载力验算: $N_l \leqslant$ 受冲切承载力	

【注】

① 示意图	② 做题时,注意与示意图相互对应,确定相应尺寸

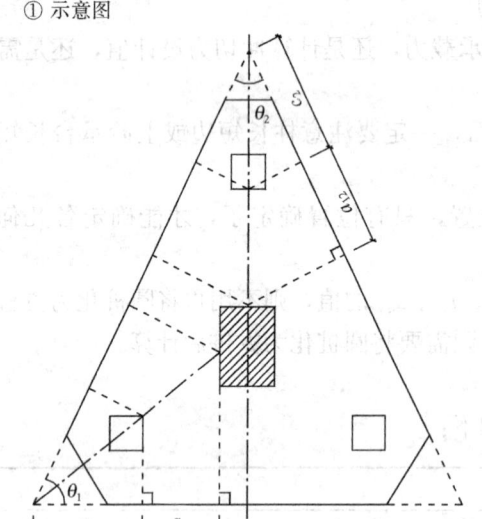

7.11.2.3 四桩及以上承台受角桩冲切计算

四桩及以上承台受角桩冲切计算解题思维流程总结如下:

① 受冲切承载力计算	
锥形承台或阶形承台	
x方向角桩内边缘与承台边缘计算距离 c_1(如图)	y方向角桩内边缘与承台边缘计算距离 c_2(如图)
承台外边缘有效高度 h_0(不是整个承台的总有效高度) (锥形承台取承台外边缘的有效高度;阶形承台取承台外边缘即下阶承台有效高度)	
x方向角桩内边缘与承台变阶处边缘计算距离 a_{1x}(如图)	y方向角桩另一侧内边缘与承台变阶处边缘计算距离 a_{1y}(如图)
冲跨比 $\lambda_{1x} = \dfrac{a_{1x}}{h_0} \in [0.25, 1]$ 若 $\lambda_{1x} < 0.25$ 取 0.25;$\lambda_{1x} > 1$ 取 1; 此时反算 $a_{1x} = \lambda_{1x} h_0$	冲跨比 $\lambda_{1y} = \dfrac{a_{1y}}{h_0} \in [0.25, 1]$ 若 $\lambda_{1y} < 0.25$ 取 0.25;$\lambda_{1y} > 1$ 取 1; 此时反算 $a_{1y} = \lambda_{1y} h_0$

7.11 承台计算

续表

冲切系数 $\beta_{1x} = \dfrac{0.56}{\lambda_{1x}+0.2}$	$\beta_{1y} = \dfrac{0.56}{\lambda_{1y}+0.2}$
承台高度 h （锥形承台取整个承台的总高度；阶形承台取下阶承台高度）	
截面高度影响系数 $\beta_{hp} = 1 - \dfrac{h-800}{12000}, h \in [800,2000]$	
承台混凝土抗拉强度设计值 f_t	
四桩及以上承台受角桩冲切的承载力 $= \left[\beta_{1x}\left(c_2+\dfrac{a_{1y}}{2}\right)+\beta_{1y}\left(c_1+\dfrac{a_{1x}}{2}\right)\right]\beta_{hp}f_t h_0$	
② 不计承台及其上土重，在荷载效应基本组合作用下角桩（含复合基桩）反力设计值 N_l，本质为角桩顶部的桩顶作用荷载	
不计承台及其上土重在荷载效应基本组合作用下柱的竖向荷载设计值 F	总桩数 n
若轴心受压 $N_l = \dfrac{F}{n}$	其他情况，具体分析，可参考"7.3桩顶竖向力计算及竖向承载力验算解题思维流程"，要注意此时不计承台及其上土重
③ 受冲切承载力验算：$N_l \leqslant$ 受冲切承载力	

【注】

① 示意图

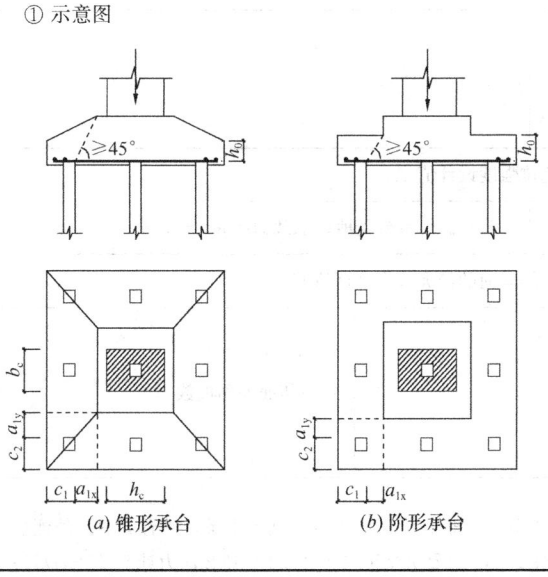

(a) 锥形承台　　(b) 阶形承台

② 做题时，注意与示意图相互对应，确定相应尺寸

7.11.2.4 其他受冲切计算

对于箱形、筏形承台受内部基桩的冲切承载力计算，可见规范 5.9.8 条第 3 款，本书不再详述。

7.11.3 受剪切计算

《建筑桩基技术规范》5.9.Ⅲ

柱（墙）下桩基承台，应分别对柱（墙）边、变阶处和桩边连线形成的贯通承台的斜截面的受剪承载力进行验算。当承台悬挑边有多排基桩形成多个斜截面时，应对每个斜截面的受剪承载力进行验算。

7.11.3.1 一阶矩形承台柱边受剪切计算

一阶矩形承台柱边受剪切计算解题思维流程总结如下：

① 受剪切承载力计算	
A-A 截面	B-B 截面
承台有效高度 h_0	
截面高度影响系数 $\beta_{hs} = \left(\dfrac{800}{h_0}\right)^{\frac{1}{4}}$, $h_0 \in [800, 2000]$	
A-A 截面方向承台边长 b_{0y}	B-B 截面方向承台边长 b_{0x}
柱边至垂直于 A-A 截面方向计算一排桩的桩边的水平距离 a_x	柱边至垂直于 B-B 截面方向计算一排桩的桩边的水平距离 a_y
剪跨比 $\lambda_x = \dfrac{a_x}{h_0} \in [0.25, 3]$	$\lambda_y = \dfrac{a_y}{h_0} \in [0.25, 3]$
承台剪切系数 $\alpha = \dfrac{1.75}{\lambda_x + 1}$	$\alpha = \dfrac{1.75}{\lambda_y + 1}$
承台混凝土抗拉强度设计值 f_t	
A-A 截面承台受剪切承载力 $= \beta_{hs} \alpha f_t b_{0y} h_0$	B-B 截面承台受剪切承载力 $= \beta_{hs} \alpha f_t b_{0x} h_0$
② 不计承台及其上土自重，在荷载效应基本组合下，斜截面的最大剪力设计值 V	
不计承台及其上土重在荷载效应基本组合作用下柱的竖向荷载设计值 F	总桩数 n	剪切面外侧桩数 n'
若轴心受压，$V = \dfrac{n'}{n} F$	其他情况，具体分析，即 V 为不计承台及其上土重，所有剪切面外侧桩桩顶竖向力设计值之和。计算方法可参考"7.3 桩顶竖向力计算及竖向承载力验算解题思维流程"	
③ 验算：$V \leqslant$ 受剪切承载力	

7.11 承台计算

【注】

① 示意图

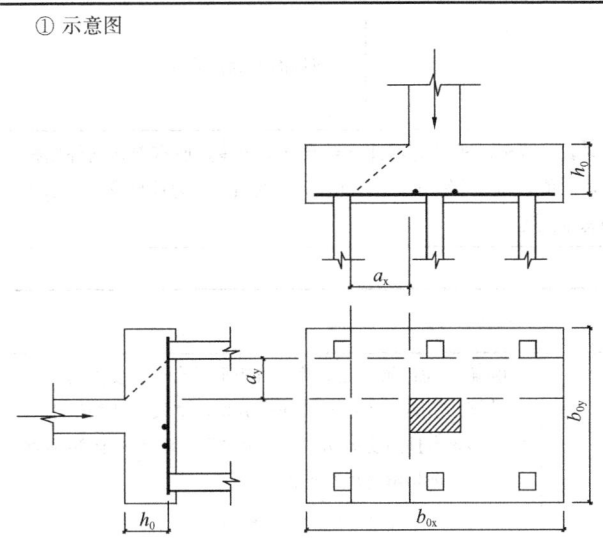

承台斜截面受剪计算示意

② 如果题目中或图中已经直接给出 a_x、a_y 的值，则不用再将圆桩化为方桩后计算；如果题目中或图中未直接给出这些值，则需要将圆桩化为方桩后计算

7.11.3.2 二阶矩形承台柱边受剪切计算

二阶矩形承台柱边受剪切解题思维流程总结如下：

① 受剪切承载力计算	
A_2-A_2 截面	B_2-B_2 截面
下阶承台有效高度 h_{10}	
上阶承台高度 h_{20}	
截面高度影响系数 $\beta_{hs} = \left(\dfrac{800}{h_{10}+h_{20}}\right)^{\frac{1}{4}}$, $h_{10}+h_{20} \in [800,1200]$	
下阶承台 A-A 截面方向承台边长 b_{y1}	下阶承台 B-B 截面方向承台边长 b_{x1}
上阶承台 A-A 截面方向承台边长 b_{y2}	上阶承台 B-B 截面方向承台边长 b_{x2}
柱边至垂直于 A-A 截面方向计算一排桩的桩边的水平距离 a_{1x}	柱边至垂直于 A-A 截面方向计算一排桩的桩边的水平距离 a_{1y}
剪跨比 $\lambda_x = \dfrac{a_{1x}}{h_{10}+h_{20}} \in [0.25,3]$	$\lambda_y = \dfrac{a_{1y}}{h_{10}+h_{20}} \in [0.25,3]$
承台剪切系数 $\alpha = \dfrac{1.75}{\lambda_x+1}$	$\alpha = \dfrac{1.75}{\lambda_y+1}$
承台混凝土抗拉强度设计值 f_t	
A-A 截面承台受剪切承载力 $= \beta_{hs}\alpha f_t(b_{y1}h_{10}+b_{y2}h_{20})$	B-B 截面承台受剪切承载力 $= \beta_{hs}\alpha f_t(b_{x1}h_{10}+b_{x2}h_{20})$
② 不计承台及其上土自重，在荷载效应基本组合下，斜截面的最大剪力设计值 V	

续表

不计承台及其上土重在荷载效应基本组合作用下柱的竖向荷载设计值 F	总桩数 n	剪切面外侧桩数 n'
若轴心受压，$V = \dfrac{n'}{n} F$	其他情况，具体分析，即 V 为不计承台及其上土重，所有剪切面外侧桩顶竖向设计值之和。计算方法可参考"7.3 桩顶竖向力计算及竖向承载力验算解题思维流程"	

③ 验算：$V \leqslant$ 受剪切承载力

【注】

① 示意图

② 解题思维流程是计算二阶矩形承台柱边受剪切。如果计算二阶矩形承台变阶处受剪切，本质上就相当于一阶矩形承台柱边受剪切，可参见"7.11.3.1 一阶矩形承台柱边受剪切解题思维流程"

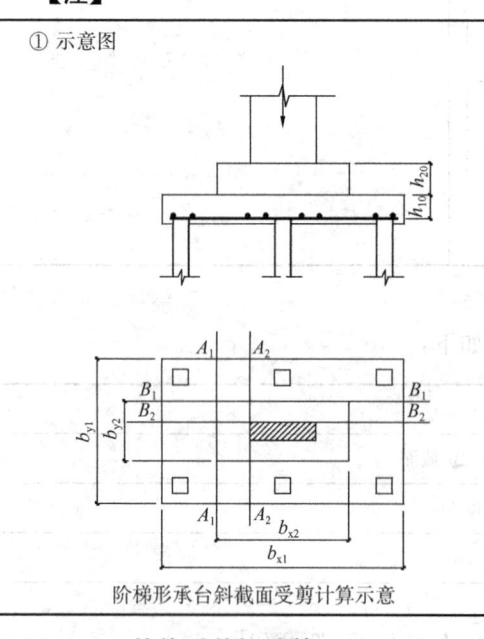

阶梯形承台斜截面受剪计算示意

7.11.3.3 其他受剪切计算

对于锥形承台应对变阶处及柱边处两个截面进行受剪承载力计算，见规范 5.9.10 第 3 款；

砌体墙下条形承台梁配有箍筋，但未配弯起钢筋时，斜截面的受剪承载力计算，见规范 5.9.12；

砌体墙下承台梁配有箍筋和弯起钢筋时，斜截面的受剪承载力计算，见规范 5.9.13；

柱下条形承台梁，当配有箍筋但未配弯起钢筋时，其斜截面的受剪承载力计算，见规范 5.9.14；

以上本书均不再详述。

7.12 桩 基 施 工

7.12.1 内夯沉管灌注桩桩端夯扩头平均直径

《建筑桩基技术规范》6.5.13

7.12 桩基施工

内夯沉管灌注桩桩端夯扩头平均直径估算,计算示意图(图 7.12-1)、公式及流程均如下所示:

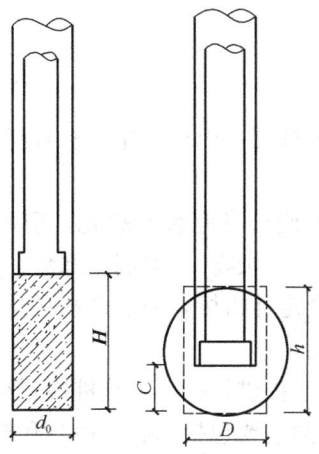

图 7.12-1 扩底端

外管直径 d_0 (m)	
第一次夯扩工序中,外管内灌注混凝土面从桩底算起的高度 H_1 (m)	第二次夯扩工序中,外管内灌注混凝土面从桩底算起的高度 H_2 (cm)
第一次夯扩工序中,外管从桩底算起的上拔高度 h_1 (m),可取 $H_1/2$	第二次夯扩工序中,外管从桩底算起的上拔高度 h_2 (cm),可取 $H_2/2$
第一次夯扩工序中,内外管同步下沉至离桩底的距离 C_1 (m),可取为 0.2m	第二次夯扩工序中,内外管同步下沉至离桩底的距离 C_2 (m),可取为 0.2m
第一次夯扩扩头平均直径 $D_1 = d_0\sqrt{\dfrac{H_1+h_1-C_1}{h_1}} = d_0\sqrt{\dfrac{1.5H_1-0.2}{0.5H_1}}$	第二次夯扩扩头平均直径 $D_1 = d_0\sqrt{\dfrac{H_1+H_2+h_2-C_1-C_2}{h_2}} = d_0\sqrt{\dfrac{H_1+1.5H_2-0.4}{0.5H_2}}$

7.12.2 灌注桩后注浆单桩注浆量

《建筑桩基技术规范》6.7.4

灌注桩后注浆单桩注浆量的设计应根据桩径、桩长、桩端桩侧土层性质、单桩承载力增幅及是否复式注浆等因素确定,可按下式和流程估算:

桩端和桩侧注浆量经验系数 α_p、α_s	
可取值 $\alpha_p=1.5\sim1.8$,$\alpha_s=0.5\sim0.7$,对于卵砾石、中粗砂取较高值	
桩侧注浆断面数 n	基桩设计直径 d (m)
注浆量,以水泥质量计(t)$G_c = \alpha_p d + \alpha_s nd$	
对独立单桩、桩距大于 $6d$ 的群桩和群桩初始注浆的数根基桩的注浆量应按上述估算值乘以 1.2 的系数,即此时 $G_c = 1.2(\alpha_p d + \alpha_s nd)$	

7.13 建筑基桩检测

基本概念

① 基桩：桩基础中的单桩。

② 桩身完整性：反映桩身截面尺寸相对变化、桩身材料密实性和连续性的综合定性指标。

③ 桩身缺陷：在一定程度上使桩身完整性恶化，引起桩身结构强度和耐久性降低，出现桩身断裂、裂缝、缩颈、夹泥（杂物）、空洞、蜂窝、松散等不良现象的统称。

【注】桩身完整性是一个综合定性指标，而非严格的定量指标，其类别是按缺陷对桩身结构承载力的影响程度划分的。

基桩检测可分为施工前为设计提供依据的试验桩检测和施工后为验收提供依据的工程桩检测，重点放在后者。基桩检测主要包括承载力检测和桩身完整性检测。检测单桩承载力的方法有：①单桩竖向抗压静载试验；②单桩竖向抗拔静载试验；③单桩水平静载试验；④钻芯法；⑤高应变法。检测桩身完整性的方法有：①钻芯法；②低应变法；③高应变法；④声波透射法。

【注】其中钻芯法既可检测桩身混凝土强度又可检测桩身完整性；高应变法既可检测单桩承载力又可检测桩身完整性。

《建筑基桩检测技术规范》JGJ 106—2014
条文及条文说明重要内容简介及本书索引

规范条文		条文重点内容	条文说明重点内容	相应重点学习和要结合的本书具体章节
1 总则				自行阅读
2 术语和符号	2.1 术语			自行阅读
	2.2 符号			自行阅读
3 基本规定	3.1 一般规定	表3.1.1 检测目的及检测方法		自行阅读
	3.2 检测工作程序			自行阅读
	3.3 检测方法选择和检测数量			自行阅读
	3.4 验证与扩大检测			自行阅读
	3.5 检测结果评价和检测报告	表3.5.1 桩身完整性分类表		自行阅读

7.13 建筑基桩检测

续表

规范条文		条文重点内容	条文说明重点内容	相应重点学习和要结合的本书具体章节
4 单桩竖向抗压静载试验	4.1 一般规定	4.1.3 工程桩验收检测时，加载量规定 附录A 桩身内力测试		7.13.1 桩身内力测试 7.13.2 单桩竖向抗压静载试验
	4.2 设备仪器及其安装	4.2.2 加载反力装置规定 表4.2.6 试桩、锚桩（或压重平台支墩边）和基准桩之间的中心距离		
	4.3 现场检测	附录B 混凝土桩桩头处理 附录C 静载试验记录表		
	4.4 检测数据分析与判定	4.4.2 单桩竖向抗压极限承载力确定 4.4.3 单桩竖向抗压极限承载力的统计取值 4.4.4 单桩竖向抗压承载力特征值确定	4.4.2 关于桩身弹性压缩量计算公式	
5 单桩竖向抗拔静载试验	5.1 一般规定	5.1.1～5.1.4 试验加载的规定		7.13.3 单桩竖向抗拔静载试验
	5.2 设备仪器及其安装	5.2.2 反力装置的规定		
	5.3 现场检测			
	5.4 检测数据分析与判定	5.4.2 单桩竖向抗拔极限承载力确定 5.4.3 为设计提供依据的单桩竖向抗拔极限承载力统计值 5.4.4 单桩竖向抗拔极限承载力特殊情况取值 5.4.5 单桩竖向抗拔承载力特征值确定		
6 单桩水平静载试验	6.1 一般规定	6.1.2 为设计提供依据的试验桩，宜加载要求		7.13.4 单桩水平载荷试验
	6.2 设备仪器及其安装	6.2.1～6.2.3 反力装置要求		
	6.3 现场检测			
	6.4 检测数据分析与判定	6.4.2 当桩顶自由且水平力作用位置位于地面处时，地基土水平抗力系数的比例系数确定 6.4.4 单桩的水平临界荷载综合确定 6.4.5 单桩水平极限承载力确定 6.4.6 为设计提供依据的水平极限承载力和水平临界荷载的统计方法 6.4.7 单桩水平承载力特征值的确定		

283

7 桩基础专题

续表

规范条文		条文重点内容	条文说明重点内容	相应重点学习和要结合的本书具体章节
7 钻芯法	7.1 一般规定			7.13.5 钻芯法
	7.2 设备			
	7.3 现场检测	附录 D 钻芯法检测记录表		
	7.4 芯样试件截取与加工	附录 E 芯样试件加工和测量		
	7.5 芯样试件抗压强度试验	7.5.3 混凝土芯样试件抗压强度计算		
	7.6 检测数据分析与判定	7.6.1 每根受检桩混凝土芯样试件抗压强度的确定 表 7.6.3 桩身完整性判定		
8 低应变法	8.1 一般规定			自行阅读
	8.2 仪器设备			自行阅读
	8.3 现场检测			自行阅读
	8.4 检测数据分析与判定	8.4.1 桩身波速平均值的确定 8.4.2 桩身缺陷位置计算 表 8.4.3 桩身完整性判定	8.4.3 中图形及公式的说明	7.13.6 低应变法
9 高应变法	9.1 一般规定			自行阅读
	9.2 仪器设备			自行阅读
	9.3 现场检测	表 9.3.2 桩身材料质量密度（t/m³） 9.3.2 第 8 款桩身材料弹性模量应按下式计算	9.3.2 中锤击力计算公式	7.13.7 高应变法
	9.4 检测数据分析与判定	9.4.8 采用凯司法判定中、小直径桩的承载力 9.4.11 桩身完整性判定 表 9.4.11 桩身完整性判定 附录 F 高应变法传感器安装 附录 G 试打桩与打桩监控	9.4.11 裂缝宽度的计算	自行阅读
10 声波透射法	10.1 一般规定			自行阅读
	10.2 仪器设备			自行阅读
	10.3 声测管埋设		10.3.2 检测剖面、声测线和检测横截面的编组和编号图	自行阅读
	10.4 现场检测		10.4.1 中公式(6)和(7)	自行阅读
	10.5 检测数据分析与判定	10.5.2 平测时各声测线的声时、声速、波幅及主频的计算 表 10.5.11 桩身完整性判定		7.13.8 声波透射法

7.13.1 桩身内力测试

《建筑基桩检测技术规范》附录 A

桩身内力测试通过采用应变式传感器或钢弦式传感器，测出桩身断面有效测点的应变平均值，从而计算断面处桩身轴力，再由桩身轴力可计算出桩侧土层的分层极限摩阻力和极限端阻力值。

桩身内力测试解题思维流程总结如下：

1. 应变值的确定				
①采用电阻应变式传感器测量，但未采用六线制长线补偿时，应对实测应变值进行导线电阻修正	修正前的应变值 ε'	导线电阻 r (Ω)		应变计电阻 R (Ω)
	采用半桥测量时	修正后的应变值 $\varepsilon = \varepsilon' \cdot \left(1 + \dfrac{r}{R}\right)$		
	采用全桥测量时	修正后的应变值 $\varepsilon = \varepsilon' \cdot \left(1 + \dfrac{2r}{R}\right)$		
②采用弦式钢筋计测量时，应根据率定系数将钢筋计的实测频率换算成力值，再将力值换算成与钢筋计断面处混凝土应变相等的钢筋应变量				
③采用滑动测微计测量时	仪器读数 e'	仪器零点 z_0		率定系数 K
	仪器读数修正值 $e = (e' - z_0) \cdot K$			
	初始测试仪器读数修正值 e_0			
	应变值 $\varepsilon = e - e_0$			
2. 桩身内力确定				
钢筋弹性模量 E_s（kPa）		桩身第 i 断面处钢筋应变 ε_{si}		
桩身第 i 断面处钢筋应力（kPa）$\sigma_{si} = E_s \cdot \varepsilon_{si}$				
第 i 断面处桩身材料弹性模量 E_i（kPa）				
注：当混凝土桩桩身测量断面与标定断面两者的材质配筋一致时，宜按标定断面处的应力与应变的比值确定				
第 i 断面处平均应变 $\bar{\varepsilon}_i$		第 i 断面处桩身截面面积 A_i（m²）		
桩身第 i 断面处轴力（kN）$Q_i = E_i \cdot \bar{\varepsilon}_i \cdot A_i$				
3. 桩侧摩阻力和桩端阻力的确定				
桩身周长 u（m）		桩第 i 断面与其下断面 $i+1$ 间桩长 l_i（m）		
桩第 i 断面与其下断面 $i+1$ 间的桩侧阻力（kN）$Q_{ski} = Q_i - Q_{i+1}$				
桩第 i 断面与其下断面 $i+1$ 间的桩侧摩阻力（kPa）$q_{si} = \dfrac{Q_{ski}}{u \cdot l_i} = \dfrac{Q_i - Q_{i+1}}{u \cdot l_i}$				
桩端轴力 Q_n（kN）		桩端面积 A_0（m²）		
桩端阻力（kPa）$q_p = \dfrac{Q_n}{A_0}$				

【注】①受力分析，画桩身受力示意图，则一目了然。

②在钢筋笼上埋设钢弦式应力计量测桩身内力时，测量断面处测量钢筋的应变等于桩身混凝土的应变。

7.13.2 单桩竖向抗压静载试验

《建筑基桩检测技术规范》4 及条文说明

静载试验是指在桩顶部逐级施加竖向压力、竖向上拔力或水平推力,观测桩顶部随时间产生的沉降、上拔位移或水平位移,以确定相应的单桩竖向抗压承载力、单桩竖向抗拔承载力或单桩水平承载力的试验方法。

单桩竖向抗压静载试验主要涉及单桩竖向抗压极限承载力 Q_u、单桩竖向抗压承载力特征值 R_a 以及试验加载及反力装置的要求,具体解题思维流程总结如下:

①单桩竖向抗压极限承载力 Q_u 的确定		
每一次试验		
a. 根据沉降随荷载变化的特征确定	Q-s 曲线为陡降型,应取其发生明显陡降的起始点对应的荷载值	
		对桩端直径 $D<800\text{mm}$ 的桩,取 $s=40\text{mm}$ 对应的荷载值
	Q-s 曲线为缓变型宜根据桩顶总沉降量 s 确定	对桩端直径 $D\geqslant 800\text{mm}$ 的桩,可取 $s=0.05D$ 对应的荷载值
		当桩长大于 40m 时,宜考虑桩身弹性压缩
		桩身弹性压缩 $s_s=\dfrac{QL}{2E_cA_{ps}}$ $\begin{cases} L\text{桩长} \\ E_c\text{桩身混凝土弹性模量} \\ A_{ps}\text{桩身截面面积} \end{cases}$
b. 根据沉降随时间变化的特征确定	应取 s-$\lg t$ 曲线尾部出现明显向下弯曲的前一级荷载值	
c. 根据试验终止特征	某级荷载作用下,桩顶沉降量大于前一级荷载作用下沉降量的 2 倍,且经 24h 尚未达到相对稳定,取其前一级荷载值	
d. 当不满足上述情况时,宜取最大加载值		
最终 Q_u 的确定	当试验桩数量小于 3 根或桩基承台下的桩数不大于 3 根时,应取低值	
	多次试验取算术平均值即 $Q_u=\dfrac{\sum Q_{ui}}{n}$,且满足极差不超过平均值的 30%(否则,去掉最大值,重新计算平均值)	
②单桩竖向抗压承载力特征值 $R_a=\dfrac{Q_u}{2}$		
③试验加载要求		
a. 为设计提供依据的试验桩,应加载至桩侧与桩端的岩土阻力达到极限状态		
b. 当桩的承载力由桩身强度控制时,可按设计要求的加载量进行加载		
c. 工程桩验收检测时,加载量不应小于设计要求的单桩承载力特征值的 2.0 倍		
④试验反力装置要求		
a. 加载反力装置提供的反力不得小于最大加载值的 1.2 倍		
b. 压重宜在检测前一次加足,并均匀稳固地放置于平台上,且压重施加于地基的压应力不宜大于地基承载力特征值的 1.5 倍;有条件时,宜利用工程桩作为堆载支点		

7.13.3 单桩竖向抗拔静载试验

《建筑基桩检测技术规范》5 及条文说明

单桩竖向抗拔静载试验主要涉及单桩竖向抗拔极限承载力 T_u、单桩竖向抗拔承载力特征值 T_a 以及试验加载及反力装置的要求，具体解题思维流程总结如下：

①单桩竖向抗拔极限承载力 T_u 的确定		
每一次试验		
a. 根据沉降随荷载变化的特征确定	上拔荷载-桩顶上拔量（U-δ）曲线为陡降型，应取陡升起始点对应的荷载值	【注】此两种情况确定的抗拔极限承载力是土的极限抗拔阻力与桩（包括桩向上运动所带动的土体）的自重标准值两部分之和
b. 根据沉降随时间变化的特征确定	应取桩顶上拔量-时间对数（δ-$\lg t$）曲线斜率明显变陡或曲线尾部明显弯曲的前一级荷载值	
c. 当在某级荷载下抗拔钢筋断裂时	应取其前一级荷载值	
d. 当不满足上述情况时，按右侧情况对应的荷载值取值	设计要求最大上拔量控制值对应的荷载	
	施加的最大荷载	
	钢筋应力达到设计强度值时对应的荷载	
最终 T_u 的确定	当试验桩数量小于 3 根或桩基承台下的桩数不大于 3 根时，应取低值	
	多次试验取算术平均值即 $T_u = \dfrac{\sum T_{ui}}{n}$，且满足极差不超过平均值的 30%（否则，去掉最大值，重新计算平均值）	
②单桩竖向抗压承载力特征值 T_a	当工程桩不允许带裂缝工作时，$T_a = 0.5 T_u$	
	当工程桩不允许带裂缝工作时，应取桩身开裂的前一级荷载作为单桩竖向抗拔承载力特征值，并与 $0.5 T_u$ 相比，取低值	
③试验加载要求		
a. 为设计提供依据的试验桩，应加载至桩侧岩土阻力达到极限状态或桩身材料达到设计强度		
b. 工程桩验收检测时，施加的上拔荷载不得小于单桩竖向抗拔承载力特征值的 2.0 倍或使桩顶产生的上拔量达到设计要求的限值		
c. 当抗拔承载力受抗裂条件控制时，可按设计要求确定最大加载值		
d. 检测时的抗拔桩受力状态，应与设计规定的受力状态一致		
e. 预估的最大试验荷载不得大于钢筋的设计强度		
④试验反力装置要求		
a. 反力架的承载力应具有 1.2 倍的安全系数，即加载反力装置提供的反力不得小于最大加载值的 1.2 倍		
b. 采用地基提供反力时，施加于地基的压应力不宜超过地基承载力特征值的 1.5 倍；反力梁的支点重心应与支座中心重合		

7.13.4 单桩水平载荷试验

《建筑基桩检测技术规范》6.1~6.4

本方法适用于在桩顶自由的试验条件下,检测单桩的水平承载力,推定地基土水平抗力系数的比例系数 m。当桩身埋设有应变测量传感器时,可按本规范附录 A 测定桩身横截面的弯曲应变,计算桩身弯矩以及确定钢筋混凝土桩受拉区混凝土开裂时对应的水平荷载。

单桩水平载荷试验解题思维流程总结如下:

①单桩的水平临界荷载的综合确定	(a) 取单向多循环加载法时的 $H-t-Y_0$ 曲线或慢速维持荷载法时的 $H-Y_0$ 曲线出现拐点的前一级水平荷载值
	(b) 取 $H-\Delta Y_0/\Delta H$ 曲线或 $\lg H-\lg\Delta Y_0$ 曲线上第一拐点对应的水平荷载值
	(c) 取 $H-\sigma_s$ 曲线第一拐点对应的水平荷载值
②单桩水平极限承载力的综合确定	(a) 取单向多循环加载法时的 $H-t-Y_0$ 曲线产生明显陡降的前一级
	(b) 慢速维持荷载法时的 $H-Y_0$ 曲线发生明显陡降的起始点对应的水平荷载值
	(c) 取慢速维持荷载法时的 $Y_0-\lg t$ 曲线尾部出现明显弯曲的前一级水平荷载值
	(d) 取 $H-\Delta Y_0/\Delta H$ 曲线或 $\lg H-\lg\Delta Y_0$ 曲线上第二拐点对应的水平荷载值
	(e) 取桩身折断或受拉钢筋屈服时的前一级水平荷载值
③单桩水平承载力特征值的确定	(a) 当桩身不允许开裂或灌注桩的桩身配筋率小于 0.65%时,可取水平临界荷载的 0.75 倍作为单桩水平承载力特征值
	(b) 对钢筋混凝土预制桩、钢桩和桩身配筋不小于 0.65%的灌注桩,可取设计桩顶标高处水平位移所对应荷载的 0.75 倍为单桩水平承载力特征值;水平位移可按下列规定取值: 1) 对水平位移敏感的建筑物取 6mm; 2) 对水平位移不敏感的建筑物取 10mm
	(c) 取设计要求的水平允许位移对应的荷载作为单桩水平承载力特征值,且应满足桩身抗裂要求
④试验加载及反力装置要求	(a) 水平推力加载设备宜采用卧式千斤顶,其加载能力不得小于最大试验加载量的 1.2 倍
	(b) 水平推力的反力可由相邻桩提供;当专门设置反力结构时,其承载能力和刚度应大于试验桩的 1.2 倍

⑤当桩顶自由且水平力作用位置位于地面处时,地基土水平抗力系数的比例系数 m(kN/m⁴)

桩身计算宽度 b_0 (m)	圆形桩	方桩
	直径 $d\leqslant 1$, $b_0=0.9(1.5d+0.5)$	宽 $b\leqslant 1$, $b_0=1.5b+0.5$
	直径 $d>1$, $b_0=0.9(d+1)$	宽 $b>1$, $b_0=b+1$

桩身抗弯刚度 EI (kN·m²)

桩的水平变形系数 (m⁻¹) $\alpha=\sqrt[5]{\dfrac{mb_0}{EI}}$		桩入土深度 h (m)		桩的换算埋深 αh	

桩顶水平位移系数 v_y(根据桩顶约束条件和桩的换算埋深 αh 查表确定)

桩顶自由	αh	≥4.0	3.5	3.0	2.8	2.6	2.4
	v_y	2.441	2.502	2.727	2.905	3.163	3.526

作用于地面的水平力 H (kN)		水平力作用点的水平位移 Y_0 (m)	

地基土水平抗力系数的比例系数 (kN/m⁴)	$m=\dfrac{(v_y\cdot H)^{\frac{5}{3}}}{b_0 Y_0^{\frac{5}{3}} (EI)^{\frac{2}{3}}}$

【注】 这里求地基土水平抗力系数的比例系数 m，一定要注意前提是当桩顶自由且水平力作用位置位于地面处时。可与"7.9.1 单桩水平承载力解题思维流程"相互对比学习。

7.13.5 钻芯法

《建筑基桩检测技术规范》7
《建筑地基检测技术规范》11

钻芯法是用钻机钻取芯样，检测桩长、桩身缺陷、桩底沉渣厚度以及桩身混凝土的强度，判定或鉴别桩端岩土性状的方法。

当采用钻芯法检测时，受检桩的混凝土龄期应达到 28d 或受检桩同条件养护试件强度应达到设计强度要求。应采用单动双管钻具取芯样，严禁使用单动单管钻具取芯样。

钻芯法相关知识点解题思维流程总结如下：

①混凝土芯样试件抗压强度 f_{cor}（MPa）

芯样试件抗压试验测得的破坏荷载 P（m）

芯样试件的平均直径 d（mm）

混凝土芯样试件抗压强度折算系数 ξ，可根据本地区经验取值

$f_{cor} = \xi \dfrac{4P}{\pi d^2}$，且需精确至 0.1MPa

②每根受检桩混凝土芯样试件抗压强度代表值的确定	对于同组的 3 块混凝土芯样试件，取其平均值
	对于同一受检桩同一深度部位有两组或两组以上混凝土芯样试件，取其平均值
	对于同一受检桩不同深度位置的混凝土芯样试件，取最小值

【注】 在确定抗压强度 f_{cor} 试验中，当发现试件内混凝土粗骨料最大粒径大于 0.5 倍芯样试件平均直径，且强度值异常时，该试件的强度不得参与统计平均。

7.13.6 低应变法

《建筑基桩检测技术规范》8
《建筑地基检测技术规范》12

基本概念
① 低应变法

采用低能量瞬态或稳态方式在桩顶激振，实测桩顶部的速度时程曲线，或在实测桩顶部的速度时程曲线同时，实测桩顶部的力时程曲线。通过波动理论的时域分析或频域分析，对桩身完整性等进行判定的检测方法。本方法适用于检测混凝土桩的桩身完整性，判定桩身缺陷的程度及位置确定。

② 高应变法

用重锤冲击桩顶，实测桩顶附近或桩顶部的速度和力时程曲线，通过波动理论分析，对单桩竖向抗压承载力和桩身完整性进行判定的检测方法。

【注】①为了便于比较，将高应变法的基本概念也放在此节讲解。

②高应变法和低应变法是根据基桩动力检测方法按动荷载作用产生的桩顶位移和桩身应变大小划分的。前者的桩顶位移量与竖向抗压静载试验接近，桩周岩土全部或大部进入塑性变形状态，桩身应变量通常在 $0.1‰\sim1.0‰$ 范围内；后者的桩-土系统变形完全在弹性范围内，桩身应变量一般小于或远小于 $0.01‰$。对于普通钢桩，桩身应变超过 $1.0‰$ 已接近钢材屈服台阶所对应的变形；对于混凝土桩，视混凝土强度等级的不同，其出现明显塑性变形对应的应变量小于或远小于 $0.5‰\sim1.0‰$。

③桩身缺陷有三个指标，即位置、类型（性质）和程度。高、低应变动测时，不论缺陷的类型如何，其综合表现均为桩的阻抗变小，即完整性动力检测中分析的仅是阻抗变化，阻抗变小可能是任何一种或多种缺陷类型及其程度大小的表现。因此，仅根据阻抗变小不能判断缺陷的具体类型，如有必要，应结合地质资料、桩型、成桩工艺和施工记录等进行综合判断。对于扩径而表现出的阻抗变大，应在分析判定时予以说明，不应作为缺陷考虑。

低应变法相关知识点解题思维流程总结如下：

①桩身波速平均值的确定	
测点下桩长 L (m)	
速度波第一峰与桩底反射波峰间的时间差 ΔT (ms)	幅频曲线上桩底相邻谐振峰间的频差 Δf (Hz)
第 i 根受检桩的桩身波速值 (m/s) $c_i = \dfrac{2000L}{\Delta T}$ 或 $c_i = 2L \cdot \Delta f$，且满足 $\lvert c_i - c_m \rvert / c_m \leqslant 5\%$	
参加波速平均值计算的基桩数量 n（要求 $n \geqslant 5$）	
桩身波速的平均值 (m/s) $c_m = \dfrac{1}{n}\sum\limits_{i=1}^{n} c_i$	
②桩身缺陷位置	
受检桩的桩身波速 c (m/s)，无法确定时可用桩身波速的平均值替代	
速度波第一峰与缺陷反射波峰间的时间差 Δt_x (ms)	幅频信号曲线上缺陷相邻谐振峰间的频差 $\Delta f'$ (Hz)
桩身缺陷至传感器安装点的距离 (m) $x = \dfrac{1}{2000} \cdot \Delta t_x \cdot c$ 或 $x = \dfrac{1}{2} \cdot \dfrac{c}{\Delta f'}$	

③桩身完整性判断

类别	分类原则	时域信号特征	幅频信号特征
Ⅰ	桩身完整	$2L/c$ 时刻前无缺陷反射波，有桩底反射波	桩底谐振峰排列基本等间距，其相邻频差 $\Delta f \approx c/2L$
Ⅱ	桩身有轻微缺陷，不会影响桩身结构承载力的正常发挥	$2L/c$ 时刻前出现轻微缺陷反射波，有桩底反射波	桩底谐振峰排列基本等间距，其相邻频差 $\Delta f \approx c/2L$，轻微缺陷产生的谐振峰与桩底谐振峰之间的频差 $\Delta f' > c/2L$
Ⅲ	桩身有明显缺陷，对桩身结构承载力有影响	有明显缺陷反射波，其他特征介于Ⅱ类和Ⅳ类之间	
Ⅳ	桩身存在严重缺陷	$2L/c$ 时刻前出现严重缺陷反射波或周期性反射波，无桩底反射波；或因桩身浅部严重缺陷使波形呈现低频大振幅衰减振动，无桩底反射波	缺陷谐振峰排列基本等间距，相邻频差 $\Delta f' > c/2L$，无桩底谐振峰；或因桩身浅部严重缺陷只出现单一谐振峰，无桩底谐振峰

7.13 建筑基桩检测

【注】

① 理解桩身波速值 c 可结合示意图 7.13-1。

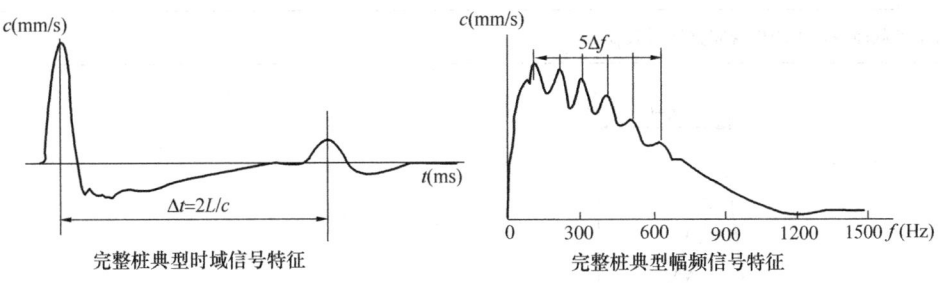

图 7.13-1

② 理解桩身缺陷位置可结合示意图 7.13-2。

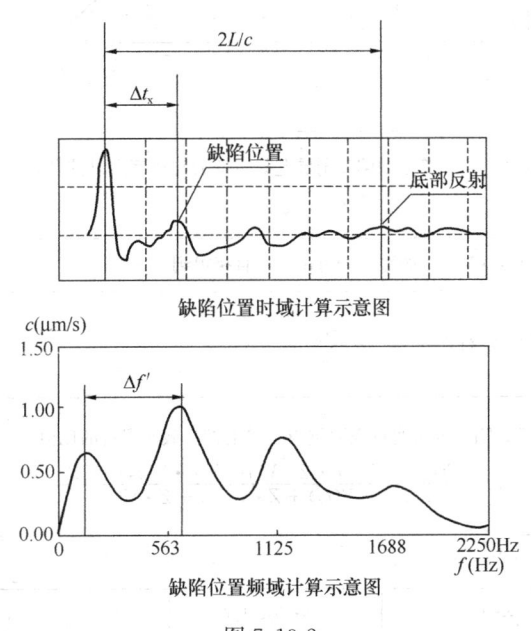

图 7.13-2

7.13.7 高应变法

《建筑基桩检测技术规范》9

高应变法考查重点为力信号测量桩身内力及桩身完整性系数 β 法，具体解题思维流程总结如下：

① 力信号测量桩身内力				
	钢筋	混凝土预制桩	离心管桩	混凝土灌注桩
桩身材料质量密度 ρ（t/m³）	7.85	2.45~2.50	2.55~2.60	2.40
桩身应力波传播速度 c（m/s）				
桩身材料弹性模量（kPa）$E = \rho \cdot c^2$				
桩身材料应变值 ε		测点处桩截面积 A（m²）		

测点处桩身轴力（kN）$F=E\cdot\varepsilon\cdot A$

②对于等截面桩，可用桩身完整性系数 β 法

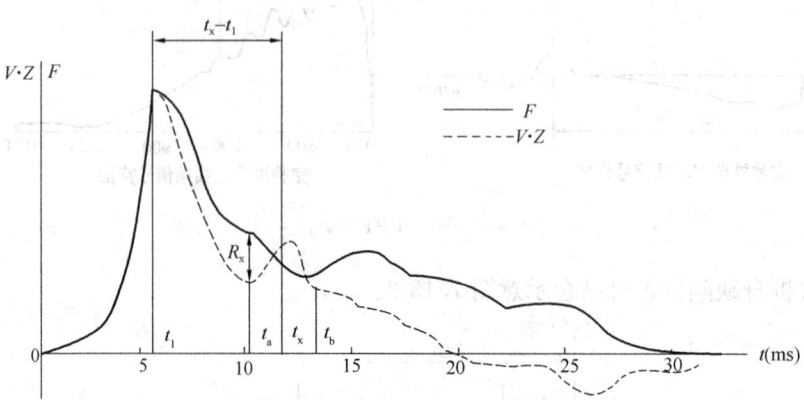

R_x 为缺陷以上部位土阻力的估计值，等于缺陷反射波起始点的力与速度乘以桩身截面力学阻抗之差值（具体如上图所示）

$F(t_1)$，$Z\cdot V(t_1)$，R_x，$F(t_x)$，$Z\cdot V(t_x)$ 的数值均可由图中直接得到

桩身缺陷至传感器安装点的距离（m）$x=c\cdot\dfrac{t_x-t_1}{2000}$

桩身完整性系数 β，其值等于缺陷 x 处桩身截面阻抗与 x 以上桩身截面阻抗的比值

$$\beta=\frac{F(t_1)+F(t_x)+Z\cdot V(t_1)-Z\cdot V(t_x)-2R_x}{F(t_1)-F(t_x)+Z\cdot V(t_1)+Z\cdot V(t_x)}$$

据桩身完整性系数 β 判定桩身完整性

β 值	$\beta=1.0$	$0.8\leqslant\beta<1.0$	$0.6\leqslant\beta<0.8$	$\beta<0.6$
类别	Ⅰ	Ⅱ	Ⅲ	Ⅳ

【注】关于高应变法波速的确定见本规范 9.4.3 及条文说明，凯司法判定单桩承载力见本规范 9.4.8，均不再介绍。

7.13.8 声波透射法

声波透射法是指在预埋声测管之间发射并接收声波，通过实测声波在混凝土介质中传播的声时、频率和波幅衰减等声学参数的相对变化，对桩身完整性进行检测的方法。

声波透射法适用于混凝土灌注桩的桩身完整性检测，判定桩身缺陷的位置、范围和程度。

对于桩径小于 0.6m 的桩，不宜采用本方法进行桩身完整性检测。当采用声波透射法检测时，受检混凝土强度至少达到设计强度的 70%，且不小于 15MPa。

7.13 建筑基桩检测

声波透射法相关知识点解题思维流程总结如下：

声测管外径 d_1（mm）	声测管内径 d_2（mm）	换能器外径 d'（mm）
声测管材料声速 v_t（km/s）		水的声速 v_w（km/s）
①声测管及耦合水层声时修正值（μs） $$t' = \frac{d_1 - d_2}{v_t} + \frac{d_2 - d'}{v_w}$$		
第 i 测点声时测量值 t_i（μs）		仪器系统延迟时间 t_0（μs）
②第 i 测点声时（μs） $t_{ci} = t_i - t_0 - t'$		
③每检测剖面相应两声测管的外壁间净距离 l'（mm）		
第 i 测点声速（km/s） $v_i = \dfrac{l'}{t_{ci}}$		

8 地 基 处 理 专 题

本专题依据的主要规范及教材

《建筑地基处理技术规范》JGJ 79—2012
《建筑地基检测技术规范》JGJ 340—2015

地基处理专题为核心章节，每年必考，出题数为 8 道题左右，主要考查《建筑地基处理技术规范》内相关知识点，主要包括换填垫层法、预压地基、压实地基和夯实地基、注浆加固和复合地基等。此专题虽然有些知识点计算量较大（比如复合地基沉降计算），但概念清晰，原理易懂，题型变化少、解题流程顺畅，因此是"兵家必争"之专题，要求全面掌握，一分不能丢。

《建筑地基处理技术规范》JGJ 79—2012
条文及条文说明重要内容简介及本书索引

规范条文		条文重点内容	条文说明重点内容	相应重点学习和要结合的本书具体章节
1 总则				自行阅读
2 术语和符号	2.1 术语			自行阅读
	2.2 符号			自行阅读
3 基本规定		3.0.3 地基处理方法的确定 3.0.4 经处理后的地基，地基承载力特征值的修正规定 3.0.5 处理后的地基应满足建筑物地基承载力、变形和稳定性 地基处理的其他设计要求 3.0.6 处理后地基的承载力验算要求 3.0.7 处理后地基的整体稳定分析可采用圆弧滑动法，对稳定系数的要求	3.0.4 具体说明 3.0.5 具体说明 3.0.6 具体说明 表1 混凝土结构的环境类别 表2 结构混凝土材料的耐久性基本要求	自行阅读
4 换填垫层	4.1 一般规定			自行阅读
	4.2 设计	4.2.2 垫层厚度的确定 4.2.3 垫层底面的宽度规定 表4.2.4 各种垫层的压实标准 4.2.6 对于垫层下存在软弱下卧层变形计算 4.2.7 垫层地基的变形计算 4.2.8 加筋土垫层所选用的土工合成材料进行材料强度验算	4.2.2 对土工合成材料扩散角的说明 表6 垫层的承载力 表7 垫层模量	8.1 换填垫层法
	4.3 施工			自行阅读
	4.4 质量检验	4.4.3 采用环刀法检验垫层的施工质量		自行阅读

续表

规范条文		条文重点内容	条文说明重点内容	相应重点学习和要结合的本书具体章节
5 预压地基	5.1 一般规定			自行阅读
	5.2 设计	5.2.3 塑料排水带的当量换算直径计算 5.2.4 排水竖井有效排水直径计算 5.2.5 井径比计算 5.2.7 一级或多级等速加载条件下，对应总荷载的地基平均固结度计算 5.2.8 瞬时加载条件下，考虑涂抹和井阻影响时，竖井地基径向排水平均固结度计算 5.2.11 对正常固结饱和黏性土地基，某点某一时间的抗剪强度计算 5.2.12 预压荷载下地基最终竖向变形量的计算	5.2.1 中公式（3）的详细说明 5.2.7 算例 5.2.8 中相关说明及算例 5.2.11中公式（5） 表14 正常固结黏性土地基的ξ值 表16 土中任意点有效应力-孔隙水压力随时间转换关系	8.2 预压地基
	5.3 施工			自行阅读
	5.4 质量检验		5.4.1中公式	8.2 预压地基
6 压实地基和夯实地基	6.1 一般规定			自行阅读
	6.2 压实地基	表6.2.2-2 压实填土的质量控制 6.2.2第5款最大干密度计算 表6.2.2-3 压实填土的边坡坡度允许值		8.3 压实地基和夯实地基
	6.3 夯实地基	表6.3.3-1 强夯的有效加固深度（m） 6.3.3 第6款强夯处理范围 6.3.5 强夯置换处理地基的设计计算	6.3.3 梅那公式 6.3.5 计算公式	
7 复合地基	7.1 一般规定	7.1.5 复合地基承载力特征值初步设计时的估算 7.1.6 有粘结强度复合地基增强体桩身强度要求 7.1.7 复合地基变形计算 7.1.8 复合地基的沉降计算经验系数		自行阅读 且已经在本书各桩型复合地基中均有讲解
	7.2 振冲碎石桩和沉管砂石桩复合地基	7.2.2 振冲碎石桩、沉管砂石桩复合地基设计规定		8.4.2 碎石桩和砂石桩

续表

规范条文		条文重点内容	条文说明重点内容	相应重点学习和要结合的本书具体章节
7 复合地基	7.3 水泥土搅拌桩复合地基	7.3.3 水泥土搅拌桩复合地基设计规定	7.3.5 中计算公式	8.4.5 水泥土搅拌桩
	7.4 旋喷桩复合地基	7.4.3 旋喷桩复合地基承载力特征值和单桩竖向承载力特征值估算，其桩身材料强度要求 7.4.4 旋喷桩复合地基的地基变形计算		8.4.6 旋喷桩
	7.5 灰土挤密桩和土挤密桩复合地基	7.5.2 灰土挤密桩、土挤密桩复合地基设计规定 7.5.3 灰土挤密桩、土挤密桩施工规定		8.4.3 灰土挤密桩和土挤密桩
	7.6 夯实水泥土桩复合地基	7.6.2 夯实水泥土桩复合地基设计规定		8.4.7 夯实水泥土桩
	7.7 水泥粉煤灰碎石桩复合地基	7.7.2 水泥粉煤灰碎石桩复合地基设计规定	7.7.2 详细说明及各公式	8.4.8 CFG 桩
	7.8 柱锤冲扩桩复合地基	7.8.4 柱锤冲扩桩复合地基设计规定	7.8.4 设计要求详细说明	8.4.4 柱锤冲扩桩
	7.9 多桩型复合地基	7.9.3 多桩型复合地基单桩承载力估算 7.9.6 多桩型复合地基承载力特征值估算 7.9.7 多桩型复合地基面积置换率 7.9.8 多桩型复合地基变形计算	7.9.8 算例	8.4.10 多桩型
8 注浆加固	8.1 一般规定			自行阅读
	8.2 设计	8.2.2 硅化浆液注浆加固设计规定 8.2.3 碱液注浆加固设计规定 8.3.3 碱液注浆施工规定	8.3.3 算例及计算公式的说明	8.5 注浆加固
	8.3 施工			自行阅读

8 地基处理专题

续表

规范条文		条文重点内容	条文说明重点内容	相应重点学习和要结合的本书具体章节
9 微型桩加固	9.1 一般规定		表 28 土中微型桩用钢材的损失厚度	自行阅读
	9.2 树根桩	9.2.2 树根桩加固设计规定		8.6 微型桩
	9.3 预制桩	9.3.2 预制桩设计规定		
	9.4 注浆钢管桩	9.4.2 注浆钢管桩单桩承载力的设计计算 9.4.4 水泥浆的制备规定		
	9.5 质量检验			自行阅读
10 检验与监测	10.1 检验			自行阅读
	10.2 监测			
附录 A 处理后地基静载荷试验要点 附录 B 复合地基静载荷试验要点 附录 C 复合地基增强体单桩静载荷试验要点 【注】把本专题的附录单独列出，是因为附录是综合性对规范各章节处理后地基检测的说明，一定要仔细阅读				自行阅读

8.1 换填垫层法

《建筑地基处理技术规范》4

8.1.1 相关概念及一般规定

换填垫层法是将基础底面下一定深度范围内不满足地基性能要求的土层（或局部岩石），全部或部分挖出，换填上符合地基性能要求的材料，然后分层夯实作为基础的持力层。换填垫层法适用于浅层软弱地基及不均匀地基的处理。换填垫层法按其换填材料的功能不同，又分为垫层法和褥垫法。

换填垫层法适用于浅层软弱地基及不均匀地基的处理。换填垫层的厚度应根据置换软弱土的深度以及下卧土层的承载力确定，厚度宜为 0.5～3.0m。

垫层材料可选用砂石、粉质黏土、灰土、粉煤灰、矿渣、工业废渣、土工合成材料等，且需满足《建筑地基处理技术规范》4.2.1 条规定要求。

8.1.2 换填垫层法承载力相关计算

垫层厚度的确定应根据需置换软弱土（层）的深度或下卧土层的承载力确定。此处计算原理同地基基础专题"6.3 软弱下卧层"，可相互对比学习。具体解题计算流程总结如下：

8.1 换填垫层法

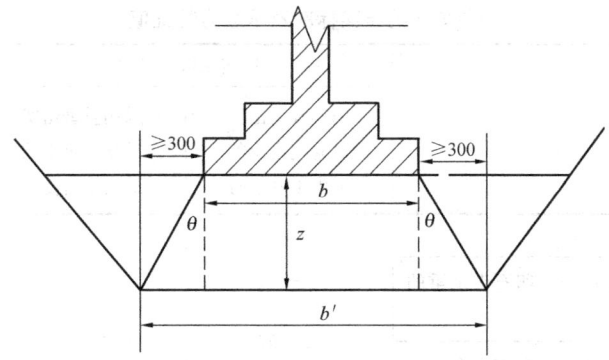

图 8.1-1

基础短边 b	基础长边 l	基础埋深 d	基础底面下垫层厚度 z
基底平均压力值 $p_k = \dfrac{F_k + G_k}{bl}$ $= \dfrac{F_k}{bl} + \gamma_G d$	基底处自重压力值 $p_c = \gamma_i d_i$ 水下取浮重	垫层压力扩散角 θ （查右表）	换填材料 | z/b <0.25 | =0.25 | ≥0.50 砂，砾，卵石，碎石，石屑，矿渣 | 0° | 20° | 30° 粉黏，粉煤灰 | 0° | 6° | 23° 灰土 | 28° （跨三列） 土工带加筋垫层 设置一层时取 26°；设置两层及以上时取 35°
垫层底面处附加压力 p_z $p_z = \dfrac{b(p_k - p_c)}{b + 2z\tan\theta}$ （条形基础） $p_z = \dfrac{bl(p_k - p_c)}{(b + 2z\tan\theta)(l + 2z\tan\theta)}$ （矩形基础）			垫层底面处土的压力 $p_{cz} = \gamma_i d'_i$ （自天然地面算起，按垫层重度计算，水下取浮重度）
垫层底面处土层只经深度修正后的地基承载力 $f_{az} = f_{ak} + \eta_d \gamma_m (d' - 0.5)$ d'：天然地面至垫层底面距离 γ_m：d' 范围内土层厚度加权平均重度，水下取浮重度 η_d：淤泥及淤泥质土取 1.0，其余按垫层底面下具体土性查表			
最终验算：$p_z + p_{cz} \leqslant f_{az}$			
垫层宽度： ① 垫层顶面宽度，每边超出基底边缘 $\geqslant \min[z\tan\theta, 300\mathrm{mm}]$ ② 垫层底面宽度 $b' \geqslant b + 2z\tan\theta$（此处若 $z/b < 0.25$，按 $z/b = 0.25$ 确定扩散角 θ）			

【注】 ① 计算 p_{cz} 使用垫层重度，计算 γ_m 使用原先土的重度；
② 垫层底面土层一般为原状土，不属于地基处理范围，下卧层承载力 f_{az} 深度修正参数 η_d 按原土参数取值，不能任何土都直接取 1.0。

8.1.3 换填垫层压实标准及承载力特征值

垫层的压实标准及承载力特征值可按表 8.1-1 选用。

8 地基处理专题

各种垫层的压实标准及承载力特征值　　　　　　表 8.1-1

施工方法	换填材料类别	压实系数 λ_c 要求		承载力特征值 f_{ak} (kPa)
		采用轻型击实试验测定土的最大干密度时	采用重型击实试验测定土的最大干密度时	
碾压振密或夯实	碎石、卵石	≥0.97	≥0.97	200～300
	砂夹石（其中碎石、卵石占全重的 30%～50%）			200～250
	土夹石（其中碎石、卵石占全重的 30%～50%）			150～200
	中砂、粗砂、砾砂、角砾、圆砾			150～200
	石屑	≥0.97	≥0.97	120～150
	粉质黏土	≥0.97	≥0.94	130～180
	灰土	≥0.95	≥0.94	200～250
	粉煤灰			120～150
	矿渣	可根据满足承载力设计要求的试验结果，按最后两遍压实的压陷差确定		200～300

表注：① 压实系数 λ_c 为土的控制干密度 ρ_d 与最大干密度 ρ_{dmax} 的比值；土的最大干密度宜采用击实试验确定；碎石或卵石的最大干密度可取 2.1～2.2t/m³。
② 关于最大干密度 ρ_{dmax} 的计算，见"1.1.6 土的压实性及相关试验"，或本专题"8.3.2 压实填土质量控制"。
③ 经换填垫层处理的地基其承载力宜通过试验，尤其是通过现场原位试验确定。对于按现行国家标准《建筑地基基础设计规范》GB 50007 设计等级为丙级的建筑物及一般的小型、轻型或对沉降要求不高的工程，在无试验资料或经验时，当施工达到本规范要求的压实标准后，初步设计时可以参考表中所列的承载力特征值取用。压实系数小的垫层，承载力特征值取低位，反之取高值；原状矿渣垫层取低值，分级矿渣或混合矿渣垫层取高值。

8.1.4 换填垫层法变形计算

垫层地基的变形由垫层自身变形和下卧层变形组成。一般情况下，换填垫层在满足承载力和宽度的条件下，垫层地基的变形可仅考虑其下卧层的变形。对地基沉降有严格限制的建筑，应计算垫层自身的变形。

垫层下卧层土体的变形量计算可采用《建筑地基基础设计规范》中修正后的分层总和法，具体可见"1.5.5 规范公式法及计算压缩模量当量值"，此处不再赘述。

垫层自身的变形量，可按弹性变形简单计算，具体如下计算公式和流程所示：

		垫层中心点处的附加应力 Δp (kPa)		垫层的厚度 h_d (m)	
垫层的压缩模量 E_s (MPa)	垫层材料	粉煤灰	砂	碎石、卵石	矿渣
	压缩模量 E_s	8～20	20～80	30～50	$E_0/(1.5～3.0)$
	变形模量 E_0	—	—	—	35～70

垫层自身的变形量 (mm)

$$s_d = \frac{\Delta p}{E_s} h_d$$

【注】①对于垫层下存在软弱下卧层的建筑，在进行地基变形计算时应考虑邻近建筑物基础荷载对软弱下卧层顶面应力叠加的影响。

②当超出原地面标高的垫层或换填材料的重度高于天然土层重度时，垫层自重超出换填部分原土体自重的部分，应视为附加荷载。

③如无特殊要求，粗粒换填材料的垫层在施工期间垫层自身的压缩变形已基本完成，且量值很小。因而对于碎石、卵石、砂夹石、砂和矿渣垫层，在地基变形计算中，可以忽略垫层自身部分的变形值；但对于细粒材料的尤其是厚度较大的换填垫层，则应计入垫层自身的变形。

8.2 预压地基

预压法又称排水固结法，指直接在天然地基或在设置有袋状砂井、塑料排水带等竖向排水体的地基上，利用建筑物本身重量分级逐渐加载或在建筑物建造前在场地先行加载预压，使土体中孔隙水排出，提前完成土体固结沉降，逐步增加地基强度的一种软土地基加固方法。预压法由加压系统和排水系统两部分组成。加压系统通过预先对地基施加荷载，使地基中的孔隙水产生压力差，从饱和地基中自然排出，进而使土体固结；排水系统则通过改变地基原有的排水边界条件，增加孔隙水排出的途径，缩短排水距离，使地基在预压期间尽快地完成设计要求的沉降量，并及时提高地基土强度。

预压地基适用于处理淤泥质土、淤泥、冲填土等饱和黏性土地基。预压地基按处理工艺可分为堆载预压、真空预压、真空和堆载联合预压。预压荷载和排水条件是其中的关键问题，预压荷载影响最终估计量，而排水条件影响固结快慢。预压法的设计，实质上是根据上部结构荷载的大小、地基土的性质及工期要求合理安排加压系统与排水系统，使地基在预压过程中快速排水固结，缩短预压时间，从而减小建筑物在使用期间的沉降量和不均匀沉降，同时增加一部分强度，以满足逐级加荷条件下地基的稳定性。

(1) 关于固结理论的基本概念

① 渗透系数 k：反映土的透水性能的比例系数，物理意义：水力坡降 $i=1$ 时的渗流速度，常用单位：mm/s，cm/s，m/s，m/d 等，具体可见土力学专题"1.2.2 土的渗流原理"。分为竖向渗透系数 k_v 和水平向渗透系数 k_h。

② 固结系数 c：反映了土的固结性质即孔压消散的快慢，是渗流系数 k、压缩系数 α、天然孔隙比 e_0 的函数，一般通过固结试验直接测定。和渗透系数相统一，分为竖向固结系数 c_v 和径向固结系数 c_h，计算公式如下：

$$c_v = \frac{k_v(1+e_0)}{\gamma_w \alpha} = \frac{k_v E_s}{\gamma_w}; c_h = \frac{k_h(1+e_0)}{\gamma_w \alpha} = \frac{k_h E_s}{\gamma_w}$$

【注】固结系数其他计算方法见土力学专题"1.4 固结试验及压缩性指标"。

③ 平均固结度

$$U_t = \frac{t \text{ 时刻有效应力图面积}}{\text{最终时刻的有效应力图面积}} = 1 - \frac{t \text{ 时刻超孔隙水压力图面积}}{t=0 \text{ 超孔隙水压力图面积}}$$

【注】这里的面积指的是力与土层厚度的面积，如有效应力图面积指的是该层平均有效应力与土层厚度的乘积，超孔隙水压力图面积指的是该层平均超孔隙水压力与土层厚度

的乘积。

由于土层沉降，只与土层有效应力有关，因此固结过程中超孔隙水应力消散的过程，也就是有效应力增大的程度，也就是土层沉降的过程。因此平均固结度 U 也指地基土在某一压力作用下，经历时间 t 所产生的固结变形（沉降）量与最终固结变形（沉降）量之比。即

$$U_t = \frac{预压荷载下 t 时刻沉降量 s_t}{预压荷载下总沉降量 s}$$

【注】①固结度可分为竖向固结度 $\overline{U}_z$、径向固结度 $\overline{U}_r$ 和总固结度 $\overline{U}$；

②固结度两种表达方式本质上是一样的，一般用"沉降"来表示用得多，即第二种表达。

(2) 关于上述基本概念的详细讲解和其他固结基本理论，见"1.6 地基变形与时间的关系"，此处不再赘述。

(3) 此节主要计算内容

主要计算内容包括各种条件下固结度的计算"8.2.1～8.2.4"，预压地基抗剪强度的增加"8.2.5"及预压地基沉降的计算"8.2.6"。其中固结度的计算是核心。要根据加载条件选择恰当的理论公式进行计算，具体见下表。

不考虑涂抹和井阻影响的平均固结度				考虑涂抹和井阻影响的平均固结度
一级		多级		
瞬时	等速	等速	瞬时	
8.2.1	8.2.2	8.2.2 或 8.2.3	8.2.3	8.2.4

8.2.1 一级瞬时加载太沙基单向固结理论

《建筑地基处理技术规范》5.2.1 条文说明、5.2.3～5.2.7

采用堆载预压处理地基：①当地基内设置了竖向排水体（砂井、塑料排水板等）时，总固结度由竖向固结度和径向固结度两部分组成，以径向固结度为主；②当地基内没有设置竖向排水体（砂井、塑料排水板等）时，总固结度仅包含竖向固结度。

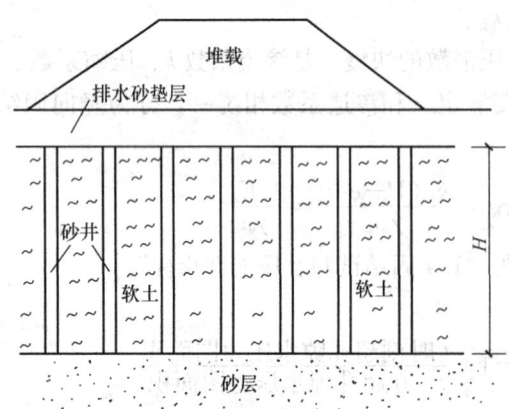

图 8.2-1

对于一级瞬时加载，t 时刻固结度的通用计算公式 $U = 1 - \alpha e^{-\beta t}$，此表达式相当简洁和美观，其中 α 和 β 为和排水条件有关的参数，β 值与土的固结系数、排水距离等有关，它综合反映了土层的固结速率。根据固结度的类型（竖向固结度 $\overline{U}_z$、径向固结度 $\overline{U}_r$ 或总固结度 $\overline{U}$）参数 α 和 β 计算公式不同。

固结度 U 或根据固结度 U 反求预压时间 t，具体解题计算流程总结如下：

8.2 预压地基

竖向渗透系数 k_v (m/d) (1cm/s=864m/d)	水平向渗透系数 k_h (m/d)	竖井间距 s	竖井有效影响范围的直径 d_e = 正三角形 $1.05s$/ 正方形 $1.13s$
土层压缩模量（kPa）$E_s = \dfrac{1+e_0(\text{孔隙比})}{\alpha(\text{压缩系数})}$		竖井直径 d_w（若有塑料排水带，则 $d_w = 2(a+b)/\pi$，a、b 为宽度和厚度）	
竖向固结系数（m²/d）$c_v = \dfrac{k_v E_s}{\gamma_w}$ $1\text{cm}^2/\text{s}=8.64\text{m}^2/\text{d}$	径向固结系数（m²/d）$c_h = \dfrac{k_h E_s}{\gamma_w}$	井径比 $n = \dfrac{d_e}{d_w}$	$F_n = \dfrac{n^2}{n^2-1}\ln(n) - \dfrac{3n^2-1}{4n^2}$ 或 $= \ln(n) - \dfrac{3}{4}$（$n \geqslant 15$）
处理土层计算厚度 H（注意是单面排水还是双面排水）		底层不透水，单面排水＝土层厚度	
		底层透水，双面排水＝土层厚度/2	
竖向固结 $\begin{cases} \alpha = \dfrac{8}{\pi^2} = 0.811 \\ \beta = \dfrac{\pi^2}{4} \cdot \dfrac{c_v}{H^2} = 2.465\dfrac{c_v}{H^2} \end{cases}$		径向固结 $\begin{cases} \alpha = 1 \\ \beta = \dfrac{8}{F_n} \cdot \dfrac{c_h}{d_e^2} \end{cases}$	总固结 $\begin{cases} \alpha = \dfrac{8}{\pi^2} = 0.811 \\ \beta = 2.465\dfrac{c_v}{H^2} + \dfrac{8}{F_n}\cdot\dfrac{c_h}{d_e^2} \end{cases}$
固结度 $\overline{U}_z = 1 - \alpha e^{-\beta t} = 1 - 0.811 e^{-2.465\frac{c_v}{H^2}t}$		$\overline{U}_r = 1 - \alpha e^{-\beta t}$ $= 1 - e^{-\frac{8}{F_n}\frac{c_h}{d_e^2}t}$	$\overline{U} = 1 - \alpha e^{-\beta t}$ $= 1 - (1-\overline{U}_z)(1-\overline{U}_r)$
固结时间 $t = \dfrac{\ln\left(\dfrac{1-\overline{U}_z}{\alpha}\right)}{-\beta} = \dfrac{\ln\left(\dfrac{1-\overline{U}_z}{0.811}\right)}{-\beta}$		$t = \dfrac{\ln\left(\dfrac{1-\overline{U}_z}{\alpha}\right)}{-\beta}$ $= \dfrac{\ln(1-\overline{U}_r)}{-\beta}$	$t = \dfrac{\ln\left(\dfrac{1-\overline{U}}{\alpha}\right)}{-\beta} = \dfrac{\ln\left(\dfrac{1-\overline{U}}{0.811}\right)}{-\beta}$

【注】① 上式严格而言，适用于平均竖向固结度 $\overline{U}_z > 30\%$ 时，若 $\overline{U}_z \leqslant 30\%$，平均固结度的计算可见"1.6.3 单面排水平均固结度"和"1.6.4 双面排水平均固结度"。

② 一次瞬时加载条件下，加载大小影响最终沉降量，固结时间影响固结度，固结度与加载大小无关，从固结度计算公式中即可看出，"没有预压荷载什么事"；做题时一定要注意单位的统一和换算，特别是根据时间单位，渗透系数和固结系数之间换算和统一，关于单位换算的方法可见土力学专题"1.2.2 土的渗流原理"。

③ 审题时，一定要认清题目要求计算竖向固结度、径向固结度还是总固结度。

④ 常规固结试验，试样高度为 20mm，双面排水。

⑤ 当竖井不是正三角形和正方形布置时，竖井有效影响范围的直径 d_e 的确定，与"8.4.1 置换率解题思维流程"相结合。

⑥ 时间因子的概念。在固结度计算公式中，有一部分和时间有关，分别为竖向固结时间因子 $T_v = \dfrac{c_v}{H^2} \cdot t$，径向固结时间因子 $T_h = \dfrac{c_h}{d_e^2} \cdot t$。时间因子，知道此概念即可。

⑦ 此节所讲"8.2.1 一级瞬时加载太沙基单向固结理论"是其他加载条件下固结度计算的基础，因此此节必须重点掌握。

8.2.2 一级或多级等速加载理论——按《建筑地基处理技术规范》

《建筑地基处理技术规范》5.2.7

此节加载条件为一级或多级等速加载。固结度的计算公式是以上一节中"8.2.1 一级瞬时加载太沙基单向固结理论"为基础。规范中此计算方法称之为高木俊介法，具体解题计算流程总结如下：

竖向渗透系数 k_v (m/d) (1cm/s=864m/d)	水平向渗透系数 k_h (m/d)	竖井间距 s	竖井有效影响范围的直径 d_e =正三角形 $1.05s$/正方形 $1.13s$
土层压缩模量 (kPa) $E_s = \dfrac{1+e_0(\text{孔隙比})}{a(\text{压缩系数})}$		竖井直径 d_w（若有塑料排水带，则 $d_w = 2(a+b)/\pi$，a、b 为宽度和厚度）	
竖向固结系数 (m²/d) $c_v = \dfrac{k_v E_s}{\gamma_w}$ 1cm²/s=8.64m²/d	径向固结系数 (m²/d) $c_h = \dfrac{k_h E_s}{\gamma_w}$	井径比 $n = \dfrac{d_e}{d_w}$	$F_n = \dfrac{n^2}{n^2-1}\ln(n) - \dfrac{3n^2-1}{4n^2}$ 或 $= \ln(n) - \dfrac{3}{4}\;(n \geqslant 15)$
处理土层计算厚度 H （注意是单面排水还是双面排水）		底层不透水，单面排水=土层厚度	
		底层透水，双面排水=土层厚度/2	
竖向固结 $\begin{cases} \alpha = \dfrac{8}{\pi^2} = 0.811 \\ \beta = \dfrac{\pi^2}{4} \cdot \dfrac{c_v}{H^2} = 2.465 \dfrac{c_v}{H^2} \end{cases}$	径向固结 $\begin{cases} \alpha = 1 \\ \beta = \dfrac{8}{F_n} \cdot \dfrac{c_h}{d_e^2} \end{cases}$		总固结 $\begin{cases} \alpha = \dfrac{8}{\pi^2} = 0.811 \\ \beta = 2.465\dfrac{c_v}{H^2} + \dfrac{8}{F_n} \cdot \dfrac{c_h}{d_e^2} \end{cases}$
第 i 级施加荷载量 p_i (kPa)	第 i 级荷载加载速度 q_i (kPa/d) 指具体每天加载多少	第 i 级荷载开始时刻 T_{i-1} (d) 指具体第几天开始的	第 i 级荷载结束时刻 T_i (d) 指具体第几天结束的

加载第 t 天固结度 $\overline{U} = \sum\limits_{i=1}^{n} \dfrac{q_i}{\sum p_i} \left[(T_i - T_{i-1}) - \dfrac{\alpha}{\beta} e^{-\beta t} \cdot (e^{\beta T_i} - e^{\beta T_{i-1}}) \right]$ ①

或 $\overline{U} = 1 - \sum\limits_{i=1}^{n} \dfrac{q_i}{\sum p_i} \cdot \dfrac{\alpha}{\beta} e^{-\beta t} \cdot (e^{\beta T_i} - e^{\beta T_{i-1}})$ ②

【注】① 第 1 级荷载，从零点起算，即加载的瞬间就开始算了，因此对应的 $T_{i-1} = 0$；

② 注意带 β 的三处指数 $e^{-\beta t}$、$e^{\beta T_i}$、$e^{\beta T_{i-1}}$ 的正负号；

③ 计算竖向固结度，径向固结度或总固结度，都使用上面的公式，但是需要注意选取相应的 α、β。

固结度两个计算公式是相同的，公式①是规范中的公式，公式①中前一部分 $\overline{U} = \sum\limits_{i=1}^{n} \dfrac{q_i}{\sum p_i}(T_i - T_{i-1}) = 1$，化简即可得到公式②，用公式②稍微简单些。

8.2.3 多级瞬时或等速加载理论——按《水运工程地基设计规范》

《水运工程地基设计规范》7.2.6、8.5.10

加载条件为多级瞬时或等速加载，该理论求解，一般情况下，每一级荷载，某时刻所对应的固结度题目中已给，然后再计算总荷载所对应的固结度；具体解题计算流程总结如下：

确定计算 t 时刻（就是确定总荷载要计算到哪一个时刻的平均固结度）			
第 i 级施加荷载量 P_i	i 级荷载加载时刻（指第几天施加的荷载，若非瞬时加载，则按中间时刻算）$T_i = \dfrac{T_i^0 + T_i^t}{2}$	i 级荷载预压时间（加载时刻到 t 时刻的时间）$t - T_i$	i 级荷载从加载时刻到 t 时刻平均总固结度 $U_{rzi(t-T_i)} = 1 - (1-U_z)(1-U_r)$
总荷载 ΣP_i			
总荷载至 t 时刻平均总固结度 $U_{rz} = \sum\limits_{i=1}^{n} U_{rzi(t-T_i)} \cdot \dfrac{P_i}{\Sigma P_i}$			

8.2.4 一级瞬时加载考虑涂抹和井阻影响

《建筑地基处理技术规范》5.2.8

涂抹效应：竖井采用挤土方式施工时，由于井壁涂抹及对周围土的扰动而使土的渗透系数降低，因而影响土层的固结速率，此即为涂抹影响。涂抹对土层固结速率的影响大小取决于涂抹区直径 d_s 和涂抹区土的水平向渗透系数 k_s 与天然土层水平渗透系数 k_h，这样可得到涂抹效应参数 F_s。

当竖井的纵向通水量 q_w 与天然土层水平向渗透系数 k_h 的比值较小，且长度又较长时，应考虑井阻的影响，即井阻效应参数 F_r。

一级瞬时加载考虑涂抹和井阻影响固结度的计算也是以"8.2.1 一级瞬时加载太沙基单向固结理论"为基础。即将其中计算参数 β 中的量值 F_n，替换成综合参数 $F = F_s + F_r + F_n$。计算公式及解题思维流程如下，从计算公式中也可以看出，考虑涂抹和井阻只影响径向固结和总固结，对竖向固结无影响。

一级瞬时加载考虑涂抹和井阻影响解题计算流程总结如下：

土层水平向渗透系数 k_h (m/d) 1cm/s=864m/d	涂抹区水平向渗透系数 k_s	砂料渗透系数 k_w	竖井间距 s	竖井有效影响范围的直径 d_e = 正三角形 $1.05s$；正方形 $1.13s$

续表

压缩模量 $E_s = \dfrac{1+e_0(\text{孔隙比})}{\alpha(\text{压缩系数})}$	涂抹区直径 d_s 与竖井直径比值 s'（题中未给，可取 2～3）	竖井深度 L（打穿土层，则为处理土层厚度）	竖井直径 d_w（若有塑料排水带，则 $d_w = 2(a+b)/\pi$，a、b 为宽度和厚度）
径向固结系数（m²/d） $c_v = \dfrac{k_v E_s}{\gamma_w}$ $1\text{cm}^2/\text{s} = 8.64\text{m}^2/\text{d}$	竖井纵向通水量 $q_w = k_w A_w = k_w \cdot \dfrac{\pi d_w^2}{4}$		井径比 $n = \dfrac{d_e}{d_w}$
涂抹效应参数 $F_s = \left(\dfrac{k_h}{k_s} - 1\right)\ln s'$	井阻效应参数 $F_r = \dfrac{\pi^2 L^2 k_h}{4 q_w} = \dfrac{k_h}{k_w} \cdot \dfrac{\pi L^2}{d_w^2}$		$F_n = \dfrac{n^2}{n^2-1}\ln n - \dfrac{3n^2-1}{4n^2}$ 或 $= \ln n - \dfrac{3}{4}$ ($n \geq 15$)
$F = F_s + F_r + F_n$			
竖向固结 $\begin{cases} \alpha = \dfrac{8}{\pi^2} = 0.811 \\ \beta = \dfrac{\pi^2}{4} \cdot \dfrac{c_v}{H^2} = 2.465\dfrac{c_v}{H^2} \end{cases}$ $\overline{U}_z = 1 - \alpha e^{-\beta t}$ $= 1 - 0.811 e^{-2.465\frac{c_v}{H^2}t}$	径向固结 $\begin{cases} \alpha = 1 \\ \beta = \dfrac{8}{F} \cdot \dfrac{c_h}{d_e^2} \end{cases}$ $\overline{U}_r = 1 - \alpha e^{-\beta t}$ $= 1 - e^{-\frac{8}{F}\frac{c_h}{d_e^2}t}$		总固结 $\begin{cases} \alpha = \dfrac{8}{\pi^2} = 0.811 \\ \beta = 2.465\dfrac{c_v}{H^2} + \dfrac{8}{F} \cdot \dfrac{c_h}{d_e^2} \end{cases}$ $\overline{U} = 1 - \alpha e^{-\beta t}$ $= 1 - (1-\overline{U}_z)(1-\overline{U}_r)$

【注】 ① 此处一般只考平均径向固结，如考竖向固结或总固结，还应确定竖向固结系数 c_v，确定方法同"8.2.1 一级瞬时加载太沙基单向固结理论解题思维流程"；

② 一级或多级等速加载条件下，考虑涂抹和井阻影响时，固结度的计算，只需将"8.2.2 一级或多级等速加载理论——按《建筑地基处理技术规范》解题思维流程"中 β 计算公式的 F_n，换成这里的 F 即可。

③ 注意题意，如果题目仅考虑涂抹，不考虑井阻，则 $F = F_s + F_n$，其余计算相同；如果不考虑涂抹，仅考虑井阻，则 $F = F_r + F_n$；如果都不考虑那就是"8.2.1 和 8.2.2"节中所讲的直接 $F = F_n$。

8.2.5 预压地基抗剪强度增加

《建筑地基处理技术规范》5.2.11

计算预压荷载下饱和黏性土地基中某点的抗剪强度时，应考虑土体原来的固结状态。对正常固结饱和黏性土地基，某点某一时间的抗剪强度解题思维流程总结如下：

地基土天然抗剪强度 τ_{f0}	三轴固结不排水试验 测得土的总应力内摩擦角 φ_{cu}
预压荷载引起该点的附加竖向应力 即等于大面积堆载预压荷载值 $\Delta\sigma_z$	预压荷载作用下，t 时刻该点土的固结度 $U_t = \dfrac{\text{预压荷载下 } t \text{ 时刻沉降量}}{\text{预压荷载下总沉降量}}$
t 时刻，该点土的抗剪强度 $\tau_{ft} = \tau_{f0} + \Delta\sigma_z \cdot U_t \cdot \tan\varphi_{cu}$	
抗剪强度增加值 $\Delta_\tau = \tau_{ft} - \tau_{f0} = \Delta\sigma_z \cdot U_t \cdot \tan\varphi_{cu}$	

【注】① 计算 $\Delta\sigma_z$ 时，注意水位，水下取浮重度；
② 注意审题，最终求预压地基某点土的抗剪强度还是抗剪强度增加值。

8.2.6 预压地基沉降

8.2.6.1 预压沉降基本原理法

大面积堆载预压，近似认为预压地基中某点最终有效应力增加量就等于堆载加预压总荷载 Δp，因此总沉降量 s 就可以按沉降的基本原理求解，即"变形＝应变×变形厚度"及"应变＝应力/模量"，然后再乘沉降经验修正系数。同土力学专题中"1.5.1 由降水引起的沉降"和"1.5.2 给出附加应力曲线或系数"原理是相同的，可对比学习，只不过这里的土层附加应力更简单，就是等于堆载加预压总荷载 Δp。

这里会涉及工后沉降。工后沉降，顾名思义，指施工完后直至沉降稳定时，这段时间内发生的沉降；与之对应的是施工期沉降，是指在施工期间发生的沉降。而总沉降，是从加载的一瞬间，就开始起算了；所以最终沉降＝施工期沉降＋工后沉降。

当然预压沉降从开始到最终完成需要时间，因为超孔隙水压力是慢慢消散的，因此某时刻 t 的沉降就和平均总固结度 U_t 有关系。具体解题思维流程总结如下：

堆载加预压总荷载 Δp	
（一般 $\Delta p = \gamma_{\text{垫层}} \cdot h_{\text{垫层}} + P_{\text{预压}}$，垫层在水下取浮重度）	
压缩层压缩模量 $E_s = \dfrac{1+e_0(\text{孔隙比})}{\alpha(\text{压缩系数})}$ (kPa)	
压缩层厚度 h	沉降经验修正系数 ξ
Δp 引起总沉降量 $s = \xi \dfrac{\Delta p}{E_s} h$	
某时刻 t 平均总固结度 U_t	
$U_t = \dfrac{t \text{ 时刻沉降 } s_t}{\text{总沉降 } s} = 1 - \dfrac{t \text{ 时刻超孔隙水压力图面积}}{\text{起始时刻超孔隙水压力图面积}}$	
某时刻 t，Δp 引起沉降量 $s_t = s \cdot U_t$	
某时刻 t，Δp 引起残余沉降量 $s'_t = s \cdot (1-U_t) = s - s_t$	

【注】① 关于沉降经验修正系数 ξ 的处理：利用基本原理法计算，如题目中无特殊说明，不用乘沉降经验修正系数 ξ（给就乘，不给就不乘）。
② 计算堆载加预压总荷载 Δp，应结合题中给的条件。
③ 和回弹变形综合，总变形量＝压缩变形量＋回弹变形量。
④ 区别概念，总沉降量＝施工期沉降＋工后沉降。

8.2.6.2 预压沉降 e-p 曲线固结模型法

《建筑地基处理技术规范》5.2.12

本节基本原理和计算公式同土力学专题中"1.5.3 e-p 曲线固结模型法——堆载预压法"，但应注意《建筑地基处理技术规范》对于沉降经验系数 ξ 的规定。解题思维流程总结如下：

预压前初始平均自重（水下取浮重度） $p_0 = \dfrac{p_{层顶} + p_{层底}}{2}$	查表对应 e_0
最终平均自重+预压总荷载 $p_1 = p_0 + (\gamma_{垫层} \cdot h_{垫层} + p_{预压})$	查表对应 e_1
该层土层厚度 h	沉降经验修正系数 ξ
土层最终沉降 $s = \xi \dfrac{e_0 - e_1}{1 + e_0} h$	

【注】 ① 关于沉降经验修正系数 ξ 的处理：指明使用《建筑地基处理技术规范》求解，或直接给出沉降经验系数，就乘沉降经验系数 ξ。

《建筑地基处理技术规范》5.1.12 沉降经验系数 ξ，无经验时对正常固结饱和黏性土地基可取 $\xi = 1.1 \sim 1.4$，荷载较大或地基软弱土层厚度大时应取较大值。

② 孔隙比可线性插值。

8.2.6.3 预压沉降 e-$\lg p$ 曲线法

本节基本原理和计算公式同地基基础专题中"1.5.4 e-$\lg p$ 曲线计算沉降"。不再过多赘述。解题思维流程总结如下：

压缩土层厚度 h		土层初始孔隙比 e_0	
确定应力历史：欠固结 正常固结 超固结	土层预压前平均自重压力（水下取浮重度）$p_{cz} = \dfrac{p_{层顶} + p_{层底}}{2}$ 土层预压总荷载 $p_z = \gamma_{垫层} \cdot h_{垫层} + p_{预压}$ 土层先期固结压力 p_c		
压缩指数 $C_c = \dfrac{e_i - e_{i+1}}{\lg p_{i+1} - \lg p_i}$		回弹指数 $C_s = \dfrac{e_i - e_{i+1}}{\lg p_{i+1} - \lg p_i}$	
欠固结 $s = \xi \dfrac{h}{1+e_0} \left[C_c \lg \left(\dfrac{p_{cz} + p_z}{p_c} \right) \right]$		正常固结 $s = \xi \dfrac{h}{1+e_0} \left[C_c \lg \left(\dfrac{p_{cz} + p_z}{p_{cz}} \right) \right]$	
超固结	$p_{cz} + p_z \leqslant p_c$	$s = \xi \dfrac{h}{1+e_0} \left[C_s \lg \left(\dfrac{p_{cz} + p_z}{p_{cz}} \right) \right]$	
	$p_{cz} + p_z > p_c$	$s = \xi \dfrac{h}{1+e_0} \left[C_s \lg \left(\dfrac{p_c}{p_{cz}} \right)i + C_c \lg \left(\dfrac{p_{cz} + p_z}{p_c} \right) \right]$	
某时刻 t 平均总固结度 U_t		某时刻 t 沉降量 $s_t = s \cdot U_t$ 某时刻 t 残余沉降量 $s'_t = s \cdot (1 - U_t) = s - s_t$	

8.2.6.4 根据变形和时间关系曲线求最终沉降量或固结度

《建筑地基处理技术规范》5.4.1 条文说明

在预压期间应及时整理竖向变形与时间、孔隙水压力与时间等关系曲线，并推算地基的最终竖向变形、不同时间的固结度以分析地基处理效果，并为确定卸载时间提供依据。工程上往往利用实测变形与时间关系曲线按以下公式推算最终竖向变形量 s_f 和参数 β 值。解题思维流程总结如下：

加荷停止后 t_1 时刻	t_2 时刻	t_3 时刻
且要求必须满足：$t_2-t_1=t_3-t_2$，即沉降测量时间间隔是相同的		
t_1 时刻对应竖向变形量 s_1	t_2 时刻对应竖向变形量 s_2	t_3 时刻对应竖向变形量 s_3
最终竖向变形量 $s_\mathrm{f}=\dfrac{s_3(s_2-s_1)-s_2(s_3-s_2)}{(s_2-s_1)-(s_3-s_2)}$		
参数 $\beta=\dfrac{1}{t_2-t_1}\ln\dfrac{s_2-s_1}{s_3-s_2}$		
则 t 时刻固结度 $\overline{U}=1-\alpha e^{-\beta t}$（其中参数 α 题目会给出或通过沉降、已知固结度反求）		

【注】① 最终竖向变形量 s_f 和参数 β 值，停荷后预压时间延续越长，推算的结果越可靠。

② 此 β 值反映了受压土层的平均固结速率。有了 β 值即可计算出受压土层的平均固结系数，也可计算出任意时间的固结度。

当然也可以利用加载停歇时间的孔隙水压力 u 与时间 t 的关系按下式计算参数 β。

加荷停止后 t_1 时刻	t_2 时刻
t_1 时刻实测孔隙水压力 u_1	t_2 时刻实测孔隙水压力 u_2
则 $\dfrac{u_1}{u_2}=e^{\beta(t_2-t_1)}$	

【注】此处 β 值反映了孔隙水压力测点附近土体的固结速率。

8.3 压实地基和夯实地基

《建筑地基处理技术规范》6.1、6.2、6.3.3 条文说明、6.3.5 条文说明

8.3.1 相关概念及一般规定

压实地基：利用平碾、振动碾、冲击碾或其他碾压设备将填土分层密实处理的地基。适用于处理大面积填土地基。浅层软弱地基以及局部不均匀地基的换填处理应符合本规范第 4 章（即换填垫层法）的有关规定。

夯实地基：反复将夯锤提到高处使其自由落下，给地基以冲击和振动能量，将地基土密实处理或置换形成密实墩体的地基。分为强夯法和强夯置换法。

强夯法：是利用夯锤自由下落产生的冲击能和振动反复夯击地基土，从而提高地基土的承载力，降低地基土的压缩性，消除湿陷性土的湿陷性和砂土的液化。适用于处理碎石土、砂土、低饱和度的粉土和黏性土、湿陷性黄土、素填土、杂填土地基，当其用于饱和软黏土地基处理时尽可能采用低能量强夯或与其他排水方法相结合的方案进行强夯地基处理。强夯置换法适用于高饱和度的粉土和软塑～流塑的黏性土等地基上对变形控制要求不严的工程。

8.3.2 压实填土质量控制

压实填土的质量以压实系数 λ_c 控制，并应根据结构类型和压实填土所在部位按

表8.3-1的要求确定。

压实填土的质量控制   表8.3-1

结构类型	填土部位	压实系数 λ_c	控制含水量（%）
砌体承重结构和框架结构	在地基主要受力层范围以内	≥0.97	$w_{op}\pm2$
	在地基主要受力层范围以下	≥0.95	
排架结构	在地基主要受力层范围以内	≥0.96	
	在地基主要受力层范围以下	≥0.94	
地坪垫层以下及基础底面标高以上的压实填土		≥0.94	

压实填土的最大干密度和最优含水量，宜采用击实试验确定，当无试验资料时，最大干密度可按下式计算：

$$p_{dmax}=\eta\frac{\rho_w G_s}{1+0.01w_{opt}G_s},$$

式中 G_s 为土粒相对密度；η 为经验系数，粉质黏土取0.96，粉土取0.97。

压实系数 $\lambda_c=\dfrac{p_d}{p_{dmax}}$

当填料为碎石或卵石时，其最大干密度可取 $2.1\sim2.2t/m^3$。

8.3.3 压实填土的边坡坡度允许值

压实填土的边坡坡度允许值，应根据其厚度、填料性质等因素，按照填土自身稳定性、填土下原地基的稳定性的验算结果确定，初步设计时可按表8.3-2的数值确定。

压实值土的边坡坡度允许值   表8.3-2

填土类型	边坡坡度允许值（高宽比）		压实系数 λ_c
	坡高在8m以内	坡高为8~15m	
碎石、卵石	1:1.50~1:1.25	1:1.75~1:1.50	0.94~0.97
砂夹石（其中碎石、卵石占全重的30%~50%）	1:1.50~1:1.25	1:1.75~1:1.50	
土夹石（其中碎石、卵石占全重的30%~50%）	1:1.50~1:1.25	1:2.00~1:1.50	
粉质黏土，黏粒含量 $\rho_c>10\%$ 的粉土	1:1.75~1:1.50	1:2.25~1:1.75	

注：当压实填土厚度 H 大于15m时，可设计成台阶或者采用土工格栅加筋等措施，验算满足稳定性要求后进行压实填土的施工。

8.3.4 强夯的有效加固深度

具体解题思维流程总结如下：

夯锤质量 M (t)	落距 h (m)	修正系数 K (0.34~0.80)

强夯法有效加固深度 $H=K\sqrt{Mh}$（即梅纳公式）

【注】①强夯处理范围：每边超出基础设计深度的1/2~1/3，并不应小于3m；可液化地基不小于5m。

②强夯的有效加固深度，应根据现场试夯或地区经验确定，在缺少试验资料或经验

时，可按规范表 6.3.3-1 进行预估。

③强夯置换后的地基承载力对粉土中的置换地基按复合地基考虑，对淤泥或流塑的黏性土中的置换墩则不考虑墩间土的承载力，按单墩静载荷试验的承载力除以单墩加固面积取为加固后的地基承载力，即表格中总结的公式。

8.3.5 强夯置换法地基承载力

强夯置换后的地基承载力对粉土中的置换地基按复合地基考虑，对淤泥或流塑的黏性土中的置换墩则不考虑墩间土的承载力，按单墩静载荷试验的承载力除以单墩加固面积取为加固后的地基承载力。具体计算公式和流程如下所示：

成墩直径 d		夯点间距 s	
等边三角形布桩	置换率 $m = \dfrac{d^2}{(1.05s)^2}$	正方形布桩	置换率 $m = \dfrac{d^2}{(1.13s)^2}$
桩体承载力特征值 f_{pk}（kPa）		桩间土承载力特征值 f_{sk}（kPa）	
①对淤泥或流塑的黏性土，强夯置换处理后复合地基承载力 $f_{spk} = m f_{pk}$			
②对粉土，强夯置换处理后复合地基承载力 $f_{spk} = (1-m) f_{sk} + m f_{pk}$			

【注】①强夯置换处理范围：每边超出基础设计深度的 1/2～1/3，并不应小于 3m；可液化地基不小于 5m。

②关于置换率的概念及上述公式的具体理解，可参见"8.4 复合地基"中相关讲解。

8.3.6 压实地基和夯实地基承载力修正

经处理后的地基，当按地基承载力确定基础底面积及埋深而需要对地基承载力特征值进行修正时，应符合下列规定：

（1）大面积压实填土地基，基础宽度的地基承载力修正系数应取零；基础埋深的地基承载力修正系数，对于压实系数大于 0.95，黏粒含量 $\rho_c \geqslant 10\%$ 的粉土，可取 1.5，对于干密度大于 2.1t/m³ 的级配砂石可取 2.0。

（2）对于不满足大面积处理的压实地基、夯实地基以及其他处理地基（如后面所有讲到的复合地基，注浆法加固等），基础宽度的地基承载力修正系数取零，基础埋深的地基承载力修正系数取 1.0。

【注】此处地基承载力修正的原则，是针对于整个地基处理各种方法而言的，应引起重视。

8.4 复 合 地 基

复合地基是指部分土体被增强或被置换，形成由地基土和竖向增强体共同承担荷载并协调变形的人工地基。复合地基与天然地基同属地基范畴。根据地基中增强体的方向，复合地基可分为水平向增强体复合地基：土工聚合物、金属材料格栅等形成的复合地基；竖向增强体复合地基：桩体复合地基。本节主要讲解桩体复合地基。

【注】注意此节"桩体复合地基"与第 7 专题中"桩基础"概念的区分，"桩基础"主

要是桩承担上部荷载，所以计算的是单桩竖向极限承载力特征值，以及单桩或复合基桩承载力特征值；而"桩体复合地基"是由地基土和竖向增强体共同承担荷载，计算的是复合地基承载力特征值（见后面即将讲到的具体计算公式）。

在桩体复合地基中，桩的作用是主要的，而地基处理中桩的类型较多，性能变化较大。为此，可根据桩体所采用的材料以及成桩后桩体的强度（或刚度）来进行分类，具体分类如下：

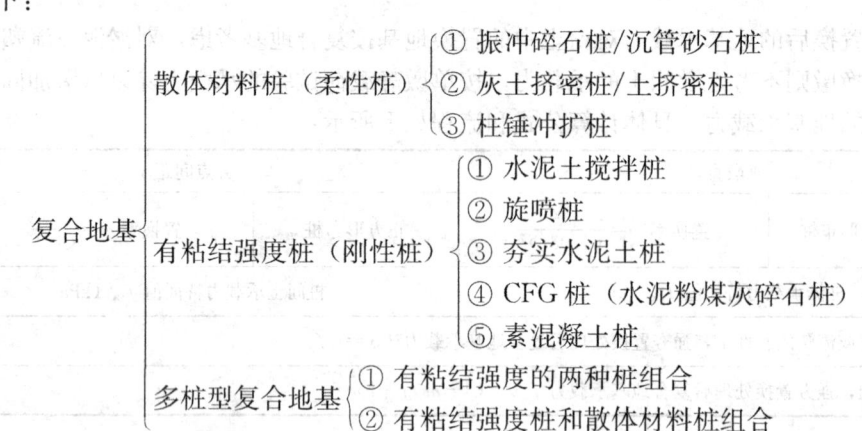

此处桩体复合地基类别虽然众多，但做题时，只要根据题目中给出的具体桩型，对应后面各小节中对各桩型涉及的计算公式及思维流程，"按部就班"做即可，难度不大，而且每年必考，所以这里是得分点。

8.4.1 置换率和等效直径

置换率 m 是求各桩体复合地基承载力特征值、桩数等各种计算的基础。

基本概念：

置换率 m：就是桩总的截面面积占总处理地基面积的比例；

无限大面积地基：指处理地基面积比较大，如条形基础，这里的"无限"两字只是一种假定；

有限面积地基：顾名思义，指处理地基面积有限，一般是独立基础。

【注】① 无限大面积和有限面积，仅仅是相对而言的，并没有一个严格意义上的界限，根据题意很容易判断，题目中给了处理地基的面积或处理地基边长，就是有限面积；当题目中给出的处理地基形式或布桩图带有无限延伸的符号，或者无法获知处理地基面积的具体值，即可认为是无限大面积。

② 总地基处理面积和基础底面积两个概念是有区别的，总处理地基面积一般≥基础底面积，这就取决于不同桩型的要求了。这也好理解，有时处理地基面积会在基础底面积的基础上扩展一部分，如各种散体材料桩，而有粘结强度的桩，一般不用扩展，此时总处理地基面积和基础底面积相等，针对不同桩型总处理面积的规定后面各小节都会具体讲明。

置换率 m 都是针对于总处理面积而言，下面讲解置换率 m 各种情况下具体的计算公式（图 8.4-1）。

(1) 有限面积布桩

当处理地基是有限面积时，就可以求得总处理地基面积，根据置换率 m 的定义，因此就可以得到 $m = \dfrac{\text{桩总的截面面积}}{\text{总处理地基面积}}$

（2）无限大面积等边三角形布桩

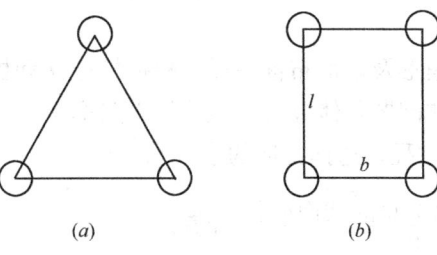
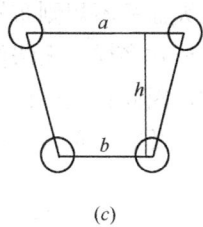

图 8.4-1
(a) 三角形布桩；(b) 矩形布桩；(c) 梯形布桩

无限大面积，因此无法确定总处理地基面积，所以无法采用有限面积布桩的计算方式。这时，可以选取重复出现的"小单元"，选取的小单元面积容易求，并且所有小单元加起来可以铺满无限大面积，既然是等边三角形布桩，因此选取的小单元为一个等边三角形，如图所示。理论上，无限大面积是由无数个这样的等边三角形小单元组成，因此等边三角形小单元的置换率 m 就等于整个无限大面积的置换率。等边三角形小单元的面积及小单元内包含桩总的截面面积都可以求得，就相当于把无限大面积换为了有限面积（等边三角形小单元的面积是有限的可求的），所以利用置换率 m 的定义可得此时

$$\text{置换率 } m = \dfrac{\text{小单元内桩总的截面面积}}{\text{小单元面积}}$$

假定圆形桩桩径 d，桩距 s，等边三角形小单元边长即为桩距 s，等边三角形小单元面积 $= \dfrac{1}{2}s^2\sin 60°$；等边三角形小单元内每一个角上都有圆心角为 $60°$ 的桩截面面积，即为 $\dfrac{1}{6}$ 桩，因此小单元内包含桩总的截面面积 $= 3 \times \dfrac{1}{6} \times \dfrac{\pi d^2}{4} = \dfrac{1}{2} \times \dfrac{\pi d^2}{4}$，当然也可以这样想，三角形内角和为 $180°$，因此三个角上包含桩总的截面面积为 $\dfrac{1}{2}$ 桩 $= \dfrac{1}{2} \times \dfrac{\pi d^2}{4}$。所以此时置换率

$$m = \dfrac{\text{小单元内桩总的截面面积}}{\text{小单元面积}} = \dfrac{\dfrac{1}{2} \times \dfrac{\pi d^2}{4}}{\dfrac{1}{2}s^2\sin 60°} = \dfrac{d^2}{(1.05s)^2}$$

（3）无限大面积矩形布桩

同"无限大面积矩形布桩"，也是采用取小单元的方式求解置换率 m，此时选取矩形小单元。假定圆形桩桩径 d，桩距 b 和 l，小单元面积为 $b \times l$；矩形内角和为 $360°$，因此四个角上包含桩总的截面面积为一根桩 $= \dfrac{\pi d^2}{4}$，所以此时置换率

$$m = \dfrac{\text{小单元内桩总的截面面积}}{\text{小单元面积}} = \dfrac{\dfrac{\pi d^2}{4}}{b \times l} = \dfrac{d^2}{(1.13\sqrt{lb})^2}$$

【注】同无限大面积矩形布桩，可得到正方形和平行四边形布桩的置换率。

① 若为特殊矩形，即正方形布桩，桩距为 s，那么 $b=l=s$，此时置换率 $m=\dfrac{d^2}{(1.13s)^2}$

② 若为平行四边形布桩，一边桩距为 b，此边的高为 h，则置换率 $m=\dfrac{d^2}{(1.13\sqrt{bh})^2}$

(4) 无限大面积不规则布桩

此时规则形式多样，无法像等边三角形及矩形布桩一样，根据桩径 d 和桩距 s 推导出统一的表达式，因此只能根据题意，具体问题具体分析，但分析思路都是一致的，就如同推导等边三角形及矩形布桩置换率 m 的过程，选择合适的小单元，利用

$$m = \dfrac{\text{小单元内桩总的截面面积}}{\text{小单元面积}} \text{ 计算。}$$

置换率 m 计算解题思维流程总结如下：

① 单一桩型			
无限大面积			有限面积
等边三角形布桩	矩形布桩（正方形）	不规则布桩	
桩径 d 桩距 s	桩径 d 桩距 $b\times l(s)$	选取重复出现的小单元（以小单元面积容易求，且铺满为原则）	置换率 $m=\dfrac{\text{桩总的截面面积}}{\text{总处理地基面积}}$
置换率 $m=\dfrac{d^2}{(1.05s)^2}$	置换率 $m=\dfrac{d^2}{(1.13\sqrt{bl})^2}$ $\rightarrow \dfrac{d^2}{(1.13s)^2}$	置换率 $m=\dfrac{\text{小单元内桩总的截面面积}}{\text{小单元面积}}$	
② 多桩型	分别计算 计算某一桩型时，就假设另一种桩型不存在		

【注】 ① 当桩型为方形（边长为 b）时。无限大面积等边三角形和矩形布桩中，可采用 $d=1.13b$ 直接代入到置换率 m 公式中进行计算，无限大面积不规则布桩和有限面积布桩采用置换率 m 定义求解。

② 不是所有等边三角形布桩和矩形布桩都可以直接利用上面表达式求解置换率 m，还必须要满足无限大面积。如果是有限面积的等边三角形或矩形（正方形）布桩，也必须采用 $m=\dfrac{\text{桩总的截面面积}}{\text{总处理地基面积}}$ 进行具体的计算，切勿直接套用公式。

③ 置换率 m 的计算至关重要，要求彻底理解推导过程，四种情况都经常考到。

(5) 等效直径 d_e

等效直径 d_e 的定义为：一根桩分担的处理地基面积的等效圆直径，即一根桩所对应的加固面积的等效圆直径。因此再结合置换率 m 的定义，就可以得到置换率 m 的另一种表达，任何情况下 $m=\dfrac{d^2}{d_e^2}$。所以结合不同情况下置换率 m 的计算表达式，可得到等效直径 d_e 的表达式。

无限大面积等边三角形布桩 $m=\dfrac{d^2}{d_e^2}=\dfrac{d^2}{(1.05s)^2} \rightarrow d_e=1.05s$

无限大面积矩形布桩 $m = \dfrac{d^2}{d_e^2} = \dfrac{d^2}{(1.13\sqrt{lb})^2} \rightarrow d_e = 1.13\sqrt{lb}$

无限大面积正方形布桩 $m = \dfrac{d^2}{d_e^2} = \dfrac{d^2}{(1.13s)^2} \rightarrow d_e = 1.13s$

其他情况，根据置换率 m 两种表达的相通性，具体问题具体分析。

【注】 ① 等效直径 d_e 的作用：只要题目已知 d_e 的值，那么无论无限大面积还是有限面积，也无论怎样的布桩形式，都可以直接利用 $m = \dfrac{d^2}{d_e^2}$ 求解置换率。

② 一般情况下等效直径 d_e 这个概念是用不到的，除非题目要求求解此值，当题目未直接告诉 d_e 的值，我们都是利用（1）～（4）所讲内容求解置换率 m，即直接使用思维流程表格即可。

8.4.2 碎石桩和砂石桩

碎石桩、砂桩和砂石桩总称为砂石桩，又称粗颗粒土桩，是指采用振动、冲击或水冲等方式在软弱地基中成孔后，再将碎石、砂或砂石挤压入已成的孔中，形成砂石所构成的密实桩体，并和原桩周土组成复合地基的地基处理方法。规范中根据施工工艺主要介绍振冲碎石桩和沉管砂石桩，适用于挤密处理松散砂土、粉土、粉质黏土、素填土、杂填土等地基，以及用于处理可液化地基。

振冲碎石桩对不同性质的土层分别具有置换、挤密和振动密实等作用。对黏性土主要起到置换作用，对砂土和粉土除置换作用外还有振实挤密作用。在以上各种土中都要在振冲孔内加填碎石回填料，制成密实的振冲桩，而桩间土受到不同程度的挤密和振密。桩和桩间土构成复合地基，使地基承载力提高，变形减少，并可消除土层的液化。在中、粗砂层中振冲，由于周围砂料能自行塌入孔内，也可以采用不加填料进行原地振冲加密的方法。这种方法适用于较纯净的中、粗砂层，施工简便，加密效果好。

沉管砂石桩是指采用振动或锤击沉管等方式在软弱地基中成孔后，再将砂、碎石或砂石混合料通过桩管挤压入已成的孔中，在成桩过程中逐层挤密、振密，形成大直径的砂石体所构成的密实桩体。沉管砂石桩用于处理松散砂土、粉土、可挤密的素填土及杂填土地基，主要靠桩的挤密和施工中的振动作用使桩周围土的密度增大，从而使地基的承载能力提高，压缩性降低。

（1）初始孔隙比 e_0、处理后孔隙比 e_1、置换率 m 及桩距之间的关系

沉管砂石桩的桩间距，不宜大于砂石桩直径的 4.5 倍；初步设计时，对松散粉土和砂土地基，应根据挤密后要求达到的孔隙比 e_1 确定。

下面推导几者之间的关系：首先不考虑振动下沉密实作用（即处理地基地面高度没有变化），设处理地基范围内孔隙体积为 V_v，处理地基范围内土颗粒体积为 V_s，全部桩的总体积为 V_p，处理地基厚度和桩长是相等的，均设为 H。

根据孔隙比的定义，初始孔隙比 $e_0 = \dfrac{V_v}{V_s}$ ①

采用桩处理后，处理范围内土体的孔隙体积 V_v 被桩的体积 V_p 占掉了一部分，土颗粒体积 V_s 没变，此时处理后孔隙比 $e_1 = \dfrac{V_v - V_p}{V_s}$ ②

根据置换率的定义

$$m = \frac{桩总的截面面积}{总处理地基面积} = \frac{桩总的截面面积 \times 桩长\ H}{总处理地基面积 \times 桩长\ H} = \frac{V_p}{V_v + V_s} \quad ③$$

式③代入到式②，消去 V_p，得 $e_1 = \frac{V_v - m(V_v + V_s)}{V_s} \rightarrow V_s = \frac{(1-m)V_v}{e_1 + m}$ ④

式④代入到式①，得 $e_0 = \frac{V_v}{\frac{(1-m)V_v}{e_1 + m}} \rightarrow m = \frac{e_0 - e_1}{1 + e_0}$，即推导出初始孔隙比 e_0、处理后孔隙比 e_1 和置换率 m 之间的关系。

当无限大面积等边三角形布桩时，$m = \frac{d^2}{(1.05s)^2}$，因此可以推导得桩距 $s = 0.95d\sqrt{\frac{1+e_0}{e_0 - e_1}}$；当无限大面积正方形布桩时，$m = \frac{d^2}{(1.13s)^2}$，因此可以推导得桩距 $s = 0.89d\sqrt{\frac{1+e_0}{e_0 - e_1}}$；若考虑振动下沉密实作用（即地基处理后初始地面下降了），则根据初始孔隙比 e_0 和处理后孔隙比 e_1 确定桩距 s 时，要乘经验修正系数 ξ，这里和理论推导没关系了，只是人为地根据经验进行修正，则最终调整为等边三角形布桩时 $s = 0.95\xi d\sqrt{\frac{1+e_0}{e_0 - e_1}}$ 和正方形布桩时 $s = 0.89\xi d\sqrt{\frac{1+e_0}{e_0 - e_1}}$。

【注】若考虑振动下沉密实作用，一定要先根据初始孔隙比 e_0、处理后孔隙比 e_1 及修正系数 ξ，先确定桩距 s，再根据桩距 s 和置换率 m 的关系求得置换率 m，此时万不可直接利用 $m = \frac{e_0 - e_1}{1 + e_0}$ 求解，因为此公式是在不考虑振动下沉密实作用下推导出来的。

(2) 复合地基承载力特征值 f_{spk}

复合地基承载力特征值应通过复合地基静载荷试验或采用增强体静载荷试验结果和其周边土的承载力特征值结合经验确定，初步设计时，可根据以下公式估算。

复合地基加固区由桩体和桩间土两部分组成，呈非均质。在复合地基计算中，为了简化计算，将加固区视作一均质的复合土体。复合地基承载力特征值 f_{spk} 计算思路是分别确定处理后桩间土承载力特征值 f_{sk}(kPa) 和单桩承载力特征值 f_{pk}(kPa)，然后根据一定的原则叠加这两部分承载力得到复合地基承载力特征值 f_{spk}。当复合地基置换率为 m 时，则单位处理地基面积内，桩间土所占面积为 $1-m$，桩所占面积为 m，因此

$$f_{spk} = mf_{pk} + (1-m)f_{sk} \quad ①$$

桩土应力比 n 是竖向增强体复合地基的一个重要计算参数，它关系到复合地基承载力和变形的计算，它与荷载水平、桩土模量比、桩土面积置换率、原地基土强度、桩长、固结时间和垫层情况等因素有关。但进行估算时，可以近似认为

$$n = \frac{f_{pk}}{f_{sk}} \quad ②$$

将式②代入式①，即可得到规范中计算散体材料桩的复合地基承载力特征值 f_{spk} 通用公式

$$f_{spk} = m \cdot nf_{sk} + (1-m)f_{sk} = [1 + m(n-1)]f_{sk}$$

【注】① 在初步估算地基承载力特征值 f_{spk} 时，按规范规定，散体材料桩按桩土应力

比设计（如上所讲）；有粘结强度桩按单桩承载力与土共同作用设计（后面会讲到），多桩型复合地基采用两者相结合的方法进行设计（后面会讲到）。

② 桩土应力比 n 与多种因素有关，如果题目直接给定，一定要用题目中给的值，或者利用复合地基承载力特征值 f_{spk} 和置换率 m 进行反算，最后才考虑使用 $n=f_{pk}/f_{sk}$。

（3）碎石桩和砂石解题思维流程总结如下：

桩径 d				
初始孔隙比 e_0		处理后孔隙比 e_1		
最大孔隙比 e_{max}		最小孔隙比 e_{min}		
处理后地基相对密实度 $D_r = \dfrac{e_{max}-e_1}{e_{max}-e_{min}}$				
修正系数 ξ	（题中未给出具体值，或不考虑振动下沉密实作用，则 $\xi=1.0$）			
置换率 $m=\dfrac{e_0-e_1}{1+e_0}$	等边三角形布桩	桩距 $s=0.95\xi d\sqrt{\dfrac{1+e_0}{e_0-e_1}}$	正方形布桩	桩距 $s=0.89\xi d\sqrt{\dfrac{1+e_0}{e_0-e_1}}$
		$m=\dfrac{d^2}{(1.05s)^2}$		$m=\dfrac{d^2}{(1.13s)^2}$
	无限面积不规则布桩 $m=\dfrac{\text{小单元内桩总的截面面积}}{\text{小单元面积}}$			
	有限面积布桩 $m=\dfrac{\text{桩总的截面面积}}{\text{总处理地基面积}}$			
桩间土承载力 f_{sk}	桩承载力 f_{pk}		桩土应力 n 比直接给出或 $n=\dfrac{f_{pk}}{f_{sk}}$	
处理后复合地基承载力特征值 $f_{spk}=[1+m(n-1)]f_{sk}$				

【注】 ① 处理面积 $A_{处理总面积}$：一般地基，扩大 1～3 排桩；对可液化地基，每边扩大 $=\max(0.5\text{倍液化土层厚度},5\text{m})$。

② 处理后桩间土承载力特征值 f_{sk}，可按地区经验确定，如无经验时，对于一般黏性土地基，可取天然地基承载力特征值，松散的砂土、粉土可取原天然地基承载力特征值的 1.2～1.5 倍；复合地基桩土应力比 n，宜采用实测值确定，如无实测资料时，对于黏性土可取 2.0～4.0，对于砂土、粉土可取 1.5～3.0。

③ 桩数

求桩数，则说明是有限面积布桩，计算公式为 $n=\dfrac{mA_{处理总面积}}{A_{单桩面积}}=\dfrac{4\cdot mA_{处理总面积}}{3.14\times d^2}$

如果地基处理面积很大，当按照等边三角形或正方形布桩时，亦可按下式进行估算

$n=\dfrac{4\cdot A_{处理总面积}}{\underset{三}{3.14\times(1.05s)^2}}$ 或 $\dfrac{4\cdot A_{处理总面积}}{\underset{正}{3.14\times(1.13s)^2}}$

④ 与地基承载力验算结合：$p_k \leqslant f_a = f_{spk}+\eta_d\gamma_m(d-0.5) \leftarrow \eta_d=1.0$

8.4.3 灰土挤密桩和土挤密桩

灰土挤密桩、土挤密桩复合地基在黄土地区广泛采用。用灰土或土分层夯实的桩体，形成增强体，与挤密的桩间土一起组成复合地基，共同承受基础的上部荷载。当以消除地基土的湿陷性为主要目的时，桩孔填料可选用素土；当以提高地基土的承载力为主要目的时，桩孔填料应采用灰土。灰土挤密桩、土挤密桩复合地基用于处理地下水位以上的粉土、黏性

土、素填土、杂填土等地基，不论是消除土的湿陷性还是提高承载力都是有效的。

8.4.3.1 灰土挤密桩和土挤密桩复合地基承载力

(1)处理前土的干密度 $\bar{\rho}_{d0}$、处理后土的干密度 $\bar{\rho}_{d1}$、置换率 m 及桩距之间的关系在"8.4.2 碎石桩和砂石桩"中已经推导出置换率 $m = \dfrac{e_0 - e_1}{1 + e_0}$；

据土力学专题"1.1.2 土的三相特征"节三相比换算的"一条公式"，可知初始孔隙比即处理前孔隙比 $e_0 = \dfrac{G_s \rho_w}{\bar{\rho}_{d0}} - 1$；处理后孔隙比 $e_1 = \dfrac{G_s \rho_w}{\bar{\rho}_{d1}} - 1$；因此置换率 $m = \dfrac{\left(\dfrac{G_s \rho_w}{\bar{\rho}_{d0}} - 1\right) - \left(\dfrac{G_s \rho_w}{\bar{\rho}_{d1}} - 1\right)}{1 + \left(\dfrac{G_s \rho_w}{\bar{\rho}_{d0}} - 1\right)} = \dfrac{\bar{\rho}_{d1} - \bar{\rho}_{d0}}{\bar{\rho}_{d1}}$

当无限大面积等边三角形布桩时 $m = \dfrac{d^2}{(1.05s)^2}$，因此可以推导得桩距 $s = 0.95d\sqrt{\dfrac{\bar{\rho}_{d1}}{\bar{\rho}_{d1} - \bar{\rho}_{d0}}}$；

当无限大面积正方形布桩时 $m = \dfrac{d^2}{(1.13s)^2}$，因此可以推导得桩距 $s = 0.89d\sqrt{\dfrac{\bar{\rho}_{d1}}{\bar{\rho}_{d1} - \bar{\rho}_{d0}}}$；

一般情况下，处理后土的干密度 $\bar{\rho}_{d1}$，可根据要求地基处理后达到的桩间土平均挤密系数 $\bar{\eta}_c$ 和土的最大干密度 $\bar{\rho}_{dmax}$ 求得，即 $\bar{\rho}_{d1} = \bar{\eta}_c \cdot \bar{\rho}_{dmax}$。

(2)灰土和土挤密桩复合地基承载力

灰土和土挤密桩也属于散体材料桩，因此地基承载力特征值的计算和"8.4.2 碎石桩和砂石桩"中确定方法是一样的，最终公式为 $f_{spk} = [1 + m(n-1)]f_{sk}$，此处不再赘述。

灰土挤密桩和土挤密桩解题思维流程总结如下：

桩径 d				
处理前土的干密度 $\bar{\rho}_{d0} = \dfrac{\rho}{1+w}$			土的最大干密度 $\bar{\rho}_{dmax} = \dfrac{\rho'}{1+w_{op}}$	
桩间土平均挤密系数 $\bar{\eta}_c = \dfrac{处理后土的干密度}{土最大干密度} = \dfrac{\bar{\rho}_{d1}}{\bar{\rho}_{dmax}}$				
处理后土的干密度 $\bar{\rho}_{d1} = \dfrac{\rho_1}{1+w_1} = \bar{\eta}_c \cdot \bar{\rho}_{dmax}$				
置换率 m $m = \dfrac{\bar{\rho}_{d1} - \bar{\rho}_{d0}}{\bar{\rho}_{d1}}$	等边三角形布桩	桩距 $s = 0.95d\sqrt{\dfrac{\bar{\rho}_{d1}}{\bar{\rho}_{d1} - \bar{\rho}_{d0}}}$ $m = \dfrac{d^2}{(1.05s)^2}$	正方形布桩	桩距 $s = 0.89d\sqrt{\dfrac{\bar{\rho}_{d1}}{\bar{\rho}_{d1} - \bar{\rho}_{d0}}}$ $m = \dfrac{d^2}{(1.13s)^2}$
	无限面积不规则布桩 $m = \dfrac{小单元内桩总的截面面积}{小单元面积}$			
	有限面积布桩 $m = \dfrac{桩总的截面面积}{总处理地基面积}$			
桩间土承载力 f_{sk}	桩承载力 f_{pk}		桩土应力比 n 直接给出或 $n = \dfrac{f_{pk}}{f_{sk}}$	
处理后复合地基承载力 $f_{spk} = [1 + m(n-1)]f_{sk}$				

【注】① 处理面积：整片处理——每边扩大=max(0.5倍处理厚度，2.0m)；
局部处理——自重湿陷性黄土每边扩大=max(0.75b，1.0m)，其他土每边扩大=max(0.25b，0.5m)，$A_{处理总面积}$ = (b+2倍每边扩大)×(l+2倍每边扩大)
大面积筏板基础视为整片处理；小面积独立基础视为局部处理。

② 桩数有限面积布桩

$$n = \frac{mA_{处理总面积}}{A_{单桩面积}} = \frac{4mA_{处理总面积}}{3.14 \times d^2} = \frac{4A_{处理总面积}}{三\ 3.14 \times (1.05s)^2} 或 \frac{4A_{处理总面积}}{正\ 3.14 \times (1.13s)^2}$$

③ 与地基承载力验算结合：$p_k \leqslant f_a = f_{spk} + \eta_d \gamma_m (d-0.5)$ ← $\eta_d = 1.0$

8.4.3.2 灰土挤密桩和土挤密桩加水量问题

采用灰土挤密桩和土挤密桩，拟处理地基土的含水量对成孔施工与桩间土的挤密至关重要。因此成孔时，地基土宜接近最优（或塑限）含水量，当土的含水量低于12%时，宜对拟处理范围内的土层进行增湿，应在地基处理前4～6d，将需增湿的水通过一定数量和一定深度的渗水孔，均匀地浸入拟处理范围内的土层中，增湿土的加水量解题思维流程总结如下：

拟加固处理的土层深度（一般情况下等于桩长）h	
处理面积的确定：①整片处理——每边扩大=max (0.5倍处理厚度，2.0m)；②局部处理——自重湿陷性黄土每边扩大=max (0.75b，1.0m)；其他土每边扩大=max (0.25b，0.5m) $A_{处理总面积}$ = (b+2倍每边扩大)×(l+2倍每边扩大)	
拟加固土的总体积 $V = A_{处理总面积} h$	
地基处理前平均含水率 $\bar{w}$	地基土最优含水率 w_{op}
处理前土的干密度 $\bar{\rho}_d = \frac{\rho}{1+w}$	损耗系数 k（可取1.05~1.10）
增湿土加水总量 $Q = V\bar{\rho}_d(w_{op} - \bar{w})k$	

【注】① 大面积筏板基础视为整片处理；小面积独立基础视为局部处理；
② 整个场地加水量和单个浸水孔加水量是不同的，因为它们对应的处理面积不同；一定要先根据题意确定好处理面积。

8.4.4 柱锤冲扩桩

柱锤冲扩桩复合地基指用柱锤冲击方法成孔并分层夯扩填料形成竖向增强体的复合地基。

适用于处理地下水位以上的杂填土、粉土、黏性土、素填土和黄土等地基；对地下水位以下饱和土层处理，应通过现场试验确定其适用性。

柱锤冲扩桩也属于散体材料桩，因此复合地基承载力特征值的计算同"8.4.2 碎石桩和砂石桩"及"8.4.3 灰土挤密桩和土挤密桩"，但应注意柱锤冲扩桩对地基处理范围的规定与前两种散体桩桩型是不同的，解题思维流程总结如下：

8 地基处理专题

桩径 d					
置换率 m	等边三角形布桩	桩距 s $$m = \frac{d^2}{(1.05s)^2}$$	正方形布桩	桩距 s $$m = \frac{d^2}{(1.13s)^2}$$	
	无限面积不规则布桩 $m = \dfrac{\text{小单元内桩总的截面面积}}{\text{小单元面积}}$				
	有限面积布桩 $m = \dfrac{\text{桩总的截面面积}}{\text{总处理地基面积}}$				
桩间土承载力 f_{sk}		桩承载力 f_{pk}		桩土应力比 n 直接给出或 $n = \dfrac{f_{pk}}{f_{sk}}$	
处理后复合地基承载力 $f_{spk} = [1+m(n-1)]f_{sk}$					

【注】① 处理面积 $A_{处理总面积}$：一般地基，扩大 1～3 排桩，且不应小于处理地基厚度的 0.5 倍；对可液化地基，每边扩大 = max(0.5 倍液化土层厚度, 5m)。

② 桩数有限面积布桩

$$n = \frac{mA_{处理总面积}}{A_{单桩面积}} = \frac{4mA_{处理总面积}}{3.14 \times d^2} = \underset{三}{\frac{4A_{处理总面积}}{3.14 \times (1.05s)^2}} \text{ 或 } \underset{正}{\frac{4A_{处理总面积}}{3.14 \times (1.13s)^2}}$$

③ 柱锤冲扩桩历年注岩案例真题还未考过，但应引起重视。其实只要"8.4.2 碎石桩和砂石桩"及"8.4.3 灰土挤密桩和土挤密桩"掌握好，这里完全没问题，因为所涉及的公式都是一样的，而且这里与孔隙比和干密度甚少发生关联。

④ 与地基承载力验算结合：$p_k \leqslant f_a = f_{spk} + \eta_d \gamma_m (d-0.5) \leftarrow \eta_d = 1.0$

⑤ 桩体材料可采用碎砖三合土、级配砂石、矿渣、灰土、水泥混合土等，当采用碎砖三合土时，其体积比可采用生石灰：碎砖：黏性土为 1：2：4，当采用其他材料时，应通过试验确定其适用性和配合比。

⑥ 加固后桩间土承载力 f_{sk} 应根据土质条件及设计要求确定，当天然地基承载力特征值 $f_{sk} \geqslant 80\text{kPa}$ 时，可取加固前天然地基承载力进行估算；对于新填沟坑、杂填土等松软土层，可按当地经验或经现场试验根据重型动力触探平均击数 $\overline{N}_{63.5}$ 参考下表确定。

$\overline{N}_{63.5}$	2	3	4	5	6	7
f_{sk} (kPa)	80	110	130	140	150	160

注：① 计算 $\overline{N}_{63.5}$ 时应去掉 10% 的极大值和极小值，当触探深度大于 4m 时，$\overline{N}_{63.5}$ 应乘以 0.9 折减系数；
② 杂填土及饱和松软土层，表中 f_{sk} 应乘以 0.9 折减系数。

8.4.5 水泥土搅拌桩

8.4.5.1 水泥土搅拌桩承载力

水泥土搅拌法是利用水泥等材料作为固化剂通过特制的搅拌机械，就地将软土和固化剂（浆液或粉体）强制搅拌，使软土硬结成具有整体性、水稳性和一定强度的水泥加固土，从而提高地基土强度和增大变形模量。根据固化剂掺入状态的不同，它可分为浆液搅拌和粉体喷射搅拌两种。前者是用浆液和地基土搅拌，后者是用粉体和地基土搅拌。因此水泥土搅拌桩的施工工艺分为浆液搅拌法（简称湿法）和粉体搅拌法（简称干法）。可采用单轴、双轴、多轴搅拌或连续成槽搅拌形成柱状、壁状、格栅状或块状水泥土加固体。

在"8.4.2 碎石桩和砂石桩"节中已讲过，复合地基承载力特征值是以桩间土承载力

8.4 复合地基

特征值 f_{sk} 和单桩承载力特征值 f_{pk}，根据一定的原则叠加这两部分承载力得到复合地基承载力特征值 f_{spk}。当复合地基置换率为 m 时，则单位处理地基面积内，桩间土所占面积为 $1-m$，桩所占面积为 m，因此

$$f_{spk} = mf_{pk} + (1-m)f_{sk} \quad \text{①}$$

在前面所讲，散体材料桩复合地基，不设置褥垫层，也可以充分发挥桩间土的承载能力。这是因为这些桩体本身为散体材料组成，具有褥垫作用，或者在荷载作用下，桩体顶部破坏，形成了褥垫层。但对于有粘结强度的桩，如水泥土搅拌桩还有后面讲到的桩型，基础下不设置一定厚度的褥垫层，复合地基工作性状与桩基础相似，桩间土强度难以发挥。所以大都设置褥垫层，且根据经验或现场载荷试验，有粘结强度的桩体复合地基桩间土承载力部分 $(1-m)f_{sk}$ 要乘桩间土承载力发挥系数 β，单桩承载力 mf_{pk} 部分要乘单桩承载力发挥系数 λ，综合加以调整。且和桩基础规范统一，单桩承载力特征值 f_{pk}（kPa）使用单桩承载力特征值 R_a（kN）与单桩截面面积 A_p 来表示，即 $f_{pk} = \dfrac{R_a}{A_p}$，于是有粘结强度的桩体复合地基承载力特征值 f_{spk} 计算公式为 $f_{spk} = \lambda m \dfrac{R_a}{A_p} + \beta(1-m)f_{sk}$；

【注】 水泥土搅拌桩复合地基中单桩承载力特征值 R_a，要根据按桩身强度计算：$R_{a1} = \eta f_{cu} A_p$ 和按土对桩的承载力计算：$R_{a2} = u\sum q_{si} l_i + \alpha_p q_p A_p$，两者之间取小值，具体见下面讲解。

水泥土搅拌桩复合地基解题思维流程总结如下：

	桩径 d			桩长 h			
置换率 m	等边三角形布桩	桩距 s		正方形布桩		桩距 s	
		$m = \dfrac{d^2}{(1.05s)^2}$				$m = \dfrac{d^2}{(1.13s)^2}$	
	无限面积不规则布桩 $m = \dfrac{\text{小单元内桩总的截面面积}}{\text{小单元面积}}$						
	有限面积布桩 $m = \dfrac{\text{桩总的截面面积}}{\text{总处理地基面积}}$						
单桩承载力特征值最终两者中取小值 R_a	桩身强度折减系数 η（干法 0.2~0.25；湿法 0.25）			桩身强度 f_{cu}（水泥土 90d 龄期立方体抗压强度）			桩截面面积 A_p
	①按桩身强度计算：$R_{a1} = \eta f_{cu} A_p$						
	桩身周长 u	i 层土极限侧阻力特征值 q_{si}	i 层土计算厚度 l_i	桩端土端阻力（承载力）发挥系数 α_p		桩底面积 A_p	极限端阻力特征值 q_p（= 桩端土 f_{ak}）
	②按土对桩的承载力计算：$R_{a2} = u\sum q_{si} l_i + \alpha_p q_p A_p$						
单桩承载力发挥系数 λ		桩间土承载力发挥系数 β			桩间土承载力 f_{sk}（= 桩周第一层土 f_{ak}）		
复合地基承载力特征值 $f_{spk} = \lambda m \dfrac{R_a}{A_p} + \beta(1-m)f_{sk}$							

【注】 ① 处理面积：可仅在基础范围内布置 $A_{处理总面积} = 基底面积(b×l)$

② 桩数有限面积布桩

$$n = \frac{mA_{处理总面积}}{A_{单桩面积}} = \frac{4mA_{处理总面积}}{3.14×d^2} = \frac{4A_{处理总面积}}{三\ 3.14×(1.05s)^2} 或 \frac{4A_{处理总面积}}{正\ 3.14×(1.13s)^2}$$

③ 与地基承载力验算结合：$p_k \leq f_a = f_{spk} + \eta_d \gamma_m (d-0.5) \leftarrow \eta_d = 1.0$

8.4.5.2 水泥土搅拌桩喷浆提升速度和每遍搅拌次数

制桩质量的优劣直接关系到地基处理的效果。其中的关键是注浆量、水泥浆与软土搅拌的均匀程度。因此，施工中应严格控制喷浆提升速度 V，具体可按下式和流程计算：

水泥浆的重度 γ_d (kN/m³)	土的重度 γ (kN/m³)	灰浆泵的排量 Q (m³/min)
水泥掺入比 α_w	水泥浆水灰比 α_c	搅拌桩截面积 F (m²)
搅拌头喷浆提升速度（m/min）	$V = \dfrac{\gamma_d Q}{F\gamma \alpha_w (1+\alpha_c)}$	

搅拌桩施工时，搅拌次数越多，则拌合越为均匀，水泥土强度也越高，但施工效率就降低。试验证明，当加固范围内土体任一点的水泥土每遍经过 20 次的拌合，其强度即可达到较高值。每遍搅拌次数 N 具体可按下式和流程计算：

搅拌叶片的宽度 h (m)	搅拌叶片与搅拌轴的垂直夹角 β (°)
搅拌叶片的总枚数 $\sum Z$	搅拌头的回转数 n (rev/min)	搅拌头的提升速度 V (m/min)
每遍搅拌次数 $N = \dfrac{h\cos\beta \sum Z \cdot n}{V}$	

8.4.6 旋喷桩

旋喷桩复合地基：通过钻杆的旋转、提升，高压水泥浆由水平方向的喷嘴喷出，形成喷射流，以此切割土体并与土拌合形成水泥土竖向增强体的复合地基。

旋喷桩复合地基适用于处理淤泥粉土、砂土、黄土淤泥质土、黏性土（流塑、软塑和可塑）。素填土和碎石土等地基。对土中含有较多的大直径块石、大量植物根茎和高含量的有机质，以及地下水流速较大的工程，应根据现场试验结果确定其适应性。

旋喷桩，属于有粘结强度的桩，因此复合地基承载力特征值的计算同"8.4.5 水泥土搅拌桩"即 $f_{spk} = \lambda m \dfrac{R_a}{A_p} + \beta(1-m)f_{sk}$，但单桩承载力特征值最终 R_a 确定略有不同，注意区别。

旋喷桩复合地基解题思维流程总结如下：

	桩径 d		桩长 h	
置换率 m	等边三角形布桩	桩距 s $m = \dfrac{d^2}{(1.05s)^2}$	正方形布桩	桩距 s $m = \dfrac{d^2}{(1.13s)^2}$
	无限面积不规则布桩 $m = \dfrac{小单元内桩总的截面面积}{小单元面积}$			
	有限面积布桩 $m = \dfrac{桩总的截面面积}{总处理地基面积}$			

续表

单桩承载力特征值最终两者中取小值 R_a	单桩承载力发挥系数 λ		桩身强度 f_{cu}		桩截面面积 A_p	
	按桩身强度计算：$R_{a1} \leqslant \dfrac{f_{cu}A_p}{4\lambda}$					
	桩身周长 u	i 层土极限侧阻力特征值 q_{si}	i 层土计算厚度 l_i	桩端土端阻力（承载力）发挥系数 α_p	桩底面积 A_p	极限端阻力特征值 q_p（=桩端土 f_{ak}）
	按土对桩的承载力计算：$R_{a2} = u\sum q_{si}l_i + \alpha_p q_p A_p$					
单桩承载力发挥系数 λ		桩间土承载力发挥系数 β		桩间土承载力 f_{sk}（=桩周第一层土 f_{ak}）		
复合地基承载力特征值 $f_{spk} = \lambda m \dfrac{R_a}{A_p} + \beta(1-m)f_{sk}$						

【注】①处理面积：可仅在基础范围内布置 $A_{处理总面积}$ = 基底面积 $(b \times l)$

②桩数有限面积布桩

$$n = \frac{mA_{处理总面积}}{A_{单桩面积}} = \frac{4mA_{处理总面积}}{3.14 \times d^2} = \frac{4A_{处理总面积}}{三\ 3.14 \times (1.05s)^2} \text{ 或 } \frac{4A_{处理总面积}}{正\ 3.14 \times (1.13s)^2}$$

③与地基承载力验算结合：$p_k \leqslant f_a = f_{spk} + \eta_d \gamma_m(d-0.5) \leftarrow \eta_d = 1.0$

8.4.7 夯实水泥土桩

夯实水泥土桩复合地基，将水泥和土按设计比例拌合均匀，在孔内分层夯实形成竖向增强体的复合地基。适用于处理地下水位以上的粉土、黏性土、素填土和杂填土等地基，处理地基的深度不宜大于 15m。

夯实水泥土桩，属于有粘结强度的桩，复合地基承载力计算同 "旋喷桩"，不再赘述。夯实水泥土桩复合地基解题思维流程总结如下：

	桩径 d			桩长 h		
置换率 m	等边三角形布桩	桩距 s		正方形布桩	桩距 s	
		$m = \dfrac{d^2}{(1.05s)^2}$			$m = \dfrac{d^2}{(1.13s)^2}$	
	无限面积不规则布桩 $m = \dfrac{小单元内桩总的截面面积}{小单元面积}$					
	有限面积布桩 $m = \dfrac{桩总的截面面积}{总处理地基面积}$					
单桩承载力特征值最终两者中取小值 R_a	单桩承载力发挥系数 λ		桩身强度 f_{cu}		桩截面面积 A_p	
	按桩身强度计算：$R_{a1} \leqslant \dfrac{f_{cu}A_p}{4\lambda}$					
	桩身周长 u	i 层土极限侧阻力特征值 q_{si}	i 层土计算厚度 l_i	桩端土端阻力（承载力）发挥系数 α_p	桩底面积 A_p	极限端阻力特征值 q_p（=桩端土 f_{ak}）
	按土对桩的承载力计算：$R_{a2} = u\sum q_{si}l_i + \alpha_p q_p A_p$					
单桩承载力发挥系数 λ		桩间土承载力发挥系数 β		桩间土承载力 f_{sk}（=桩周第一层土 f_{ak}）		
复合地基承载力特征值 $f_{spk} = \lambda m \dfrac{R_a}{A_p} + \beta(1-m)f_{sk}$						

【注】①处理面积：可仅在基础范围内布置 $A_{处理总面积}$＝基底面积$(b×l)$

②桩数有限面积布桩

$$n=\frac{mA_{处理总面积}}{A_{单桩面积}}=\frac{4mA_{处理总面积}}{3.14×d^2}=\frac{4A_{处理总面积}}{三 3.14×(1.05s)^2} 或 \frac{4A_{处理总面积}}{正 3.14×(1.13s)^2}$$

③与地基承载力验算结合：$p_k \leqslant f_a = f_{spk} + \eta_d \gamma_m (d-0.5) \leftarrow \eta_d = 1.0$

8.4.8 CFG 桩

CFG 桩即水泥粉煤灰碎石桩是由水泥、粉煤灰、碎石、石屑或砂加水拌合形成的高粘结强度桩，桩、桩间土和褥垫层一起构成复合地基。适用于处理黏性土、粉土、砂土和自重固结已完成的素填土地基。对淤泥质土应按地区经验或通过现场试验确定其适用性。

CFG 桩，属于有粘结强度的桩，复合地基承载力计算同"旋喷桩"及"夯实水泥土桩"，因此不再赘述。CFG 桩复合地基解题思维流程总结如下：

		桩径 d		桩长 h	
置换率 m	等边三角形布桩	桩距 s $m=\dfrac{d^2}{(1.05s)^2}$		正方形布桩	桩距 s $m=\dfrac{d^2}{(1.13s)^2}$
	无限面积不规则布桩 $m=\dfrac{小单元内桩总的截面面积}{小单元面积}$				
	有限面积布桩 $m=\dfrac{桩总的截面面积}{总处理地基面积}$				
单桩承载力特征值最终两者中取小值 R_a	单桩承载力发挥系数 λ	桩身强度 f_{cu}			桩截面面积 A_p
	按桩身强度计算：$R_{a1}=\dfrac{f_{cu}A_p}{4\lambda}$				
	桩身周长 u	i 层土极限侧阻力特征值 q_{si}	i 层土计算厚度 l_i	桩端土端阻力（承载力）发挥系数 α_p	桩底面积 A_p	极限端阻力特征值 q_p（＝桩端土 f_{ak}）
	按土对桩的承载力计算：$R_{a2}=u\sum q_{si}l_i+\alpha_p q_p A_p$				
单桩承载力发挥系数 λ		桩间土承载力发挥系数 β		桩间土承载力 f_{sk}（＝桩周第一层土 f_{ak}）	
复合地基承载力特征值 $f_{spk}=\lambda m \dfrac{R_a}{A_p}+\beta(1-m)f_{sk}$					

【注】①处理面积：可仅在基础范围内布置 $A_{处理总面积}$＝基底面积$(b×l)$

②桩数有限面积布桩

$$n=\frac{mA_{处理总面积}}{A_{单桩面积}}=\frac{4mA_{处理总面积}}{3.14×d^2}=\frac{4A_{处理总面积}}{三 3.14×(1.05s)^2} 或 \frac{4A_{处理总面积}}{正 3.14×(1.13s)^2}$$

③与地基承载力验算结合：$p_k \leqslant f_a = f_{spk} + \eta_d \gamma_m (d-0.5) \leftarrow \eta_d = 1.0$

8.4.9 素混凝土桩

素混凝土桩也是近年常考的桩型，也是属于有粘结强度桩，因此计算公式和流程和"旋喷桩"、"夯实混凝土桩"、"CFG 桩"都是一样的，因此前面桩型学得好，此节完全没问题。解题思维流程总结如下：

置换率 m	桩径 d		桩长 h	
	等边三角形布桩	桩距 s $m=\dfrac{d^2}{(1.05s)^2}$	正方形布桩	桩距 s $m=\dfrac{d^2}{(1.13s)^2}$
	无限面积不规则布桩 $m=\dfrac{\text{小单元内桩总的截面面积}}{\text{小单元面积}}$			
	有限面积布桩 $m=\dfrac{\text{桩总的截面面积}}{\text{总处理地基面积}}$			
单桩承载力特征值最终两者中取小值 R_a	单桩承载力发挥系数 λ		桩身强度 f_{cu}	桩截面面积 A_p
	按桩身强度计算：$R_{a1} \leqslant \dfrac{f_{cu}A_p}{4\lambda}$			
	桩身周长 u	i 层土极限侧阻力特征值 q_{si}	i 层土计算厚度 l_i	桩端土端阻力（承载力）发挥系数 α_p	桩底面积 A_p	极限端阻力特征值 q_p（＝桩端土 f_{ak}）
	按土对桩的承载力计算：$R_{a2}=u\sum q_{si}l_i+\alpha_p q_p A_p$			
	单桩承载力发挥系数 λ	桩间土承载力发挥系数 β		桩间土承载力 f_{sk}（＝桩周第一层土 f_{ak}）
	复合地基承载力特征值 $f_{spk}=\lambda m\dfrac{R_a}{A_p}+\beta(1-m)f_{sk}$			

【注】①处理面积：可仅在基础范围内布置 $A_{\text{处理总面积}}=\text{基底面积}(b\times l)$
②桩数有限面积布桩

$$n=\frac{mA_{\text{处理总面积}}}{A_{\text{单桩面积}}}=\frac{4mA_{\text{处理总面积}}}{3.14\times d^2}=\frac{4A_{\text{处理总面积}}}{\text{三}\,3.14\times(1.05s)^2} \text{ 或 } \frac{4A_{\text{处理总面积}}}{\text{正}\,3.14\times(1.13s)^2}$$

③与地基承载力验算结合：$p_k\leqslant f_a=f_{spk}+\eta_d\gamma_m(d-0.5) \leftarrow \eta_d=1.0$

8.4.10 多桩型

多桩型复合地基是指采用两种及两种以上不同材料增强体，或采用同一材料、不同长度增强体加固形成的复合地基。适用于处理不同深度存在相对硬层的正常固结土，或浅层存在欠固结土、湿陷性黄土、可液化土等特殊土，以及地基承载力和变形要求较高的地基。

8.4.10.1 有粘结强度的两种桩组合

《建筑地基处理技术规范》7.1.7、7.1.9、7.9.6、7.9.8

有粘结强度的两种桩组合的多桩型，顾名思义，两种桩都是有粘结强度的，理论上，桩型可以是水泥土搅拌桩、旋喷桩、夯实水泥土桩、CFG 桩和素混凝土桩其中的任两种。

其复合地基承载力特征值及相关计算思维流程总结如下：

第一步

确定题目中有粘结强度的两种桩型，依据各自桩型的解题思维流程，确定如下量：

	置换率 m_i	单桩承载力特征值 R_{ai}	桩截面面积 A_{pi}	单桩承载力发挥系数 λ_i
桩型 1				
桩型 2				

第二步

桩间土承载力发挥系数 β	桩间土承载力 f_{sk}（＝桩周第一层土 f_{ak}）

有粘结强度的两种桩组合复合地基承载力特征值

$$f_{spk} = \lambda_1 m_1 \frac{R_{a1}}{A_{p1}} + \lambda_2 m_2 \frac{R_{a2}}{A_{p2}} + \beta(1 - m_1 - m_2) f_{sk}$$

【注】①与地基承载力验算结合 $p_k = \frac{F_k + G_k}{A_{基底}} \leqslant f_a = f_{spk} + \eta_d \gamma_m (d - 0.5) \leftarrow \eta_d = 1.0$

②与复合土层压缩模量结合 $E_{sp} = \xi E_s = \frac{f_{spk}}{f_{ak}} E_s$

8.4.10.2 有粘结强度桩和散体桩组合

《建筑地基处理技术规范》7.1.7、7.1.9、7.9.6、7.9.8

有粘结强度桩和散体桩组合的多桩型，顾名思义，一种是有粘结强度的桩，另一种是散体桩。其复合地基承载力特征值及相关计算思维流程总结如下：

第一步

确定题目中有粘结强度桩和散体桩两种桩型，依据各自桩型的解题思维流程，确定如下量：

	置换率 m_1	单桩承载力特征值 R_{a1}	桩截面面积 A_{p1}	单桩承载力发挥系数 λ_1
有粘结强度桩				
散体桩	置换率 m_2		桩土应力比 n	

第二步

桩间土承载力发挥系数 β	桩间土承载力 f_{sk}（＝桩周第一层土 f_{ak}）

有粘结强度桩和散体桩组合复合地基承载力特征值

$$f_{spk} = \lambda_1 m_1 \frac{R_{a1}}{A_{p1}} + \beta[1 - m_1 + m_2(n-1)] f_{sk}$$

【注】①与地基承载力验算结合 $p_k = \frac{F_k + G_k}{A_{基底}} \leqslant f_a = f_{spk} + \eta_d \gamma_m (d - 0.5) \leftarrow \eta_d = 1.0$

②与复合土层压缩模量结合 $E_{sp} = \xi E_s = \frac{f_{spk}}{f_{ak}} E_s$

8.4.11 复合地基压缩模量及沉降

《建筑地基处理技术规范》7.1.7~7.1.9、7.9.8

8.4 复合地基

复合地基变形计算与土力学专题中"1.5.5"节基本一致,使用规范公式法求解,所不同有两点:第一,复合土层要使用复合土层的压缩模量;第二,沉降计算经验系数 ψ_s 查表确定时,所查表格是不同的。具体解题思维流程总结如下:

①确定题目中桩型(单桩型或多桩型),依据各自桩型的解题思维流程,确定复合地基承载力特征值 f_{spk}

②计算复合土层压缩模量

$E_{sp} = \xi E_s = \dfrac{f_{spk}}{f_{ak}} E_s$ (ξ 复合土层压缩模量提高系数)

矩形基础均布荷载,确定角点位置:把基础分成块数 n

	每一块短边 b'			每一块长边 l'		
确定计算深度及分层	层底-埋深 z_i	z_i/b'	l'/b'	层底平均附加应力系数(查)$\bar{\alpha}_i$	$z_i\bar{\alpha}_i - z_{i-1}\bar{\alpha}_{i-1}$	每层土压缩模量 E_{si} 或 E_{spi}
第1层土						
第2层土						
第3层土						

基底附加压力 $p_0 = p_k - \sigma_c$ 注意水位	沉降计算经验系数 ψ_s 查表确定	$\bar{E}_s$	4.0	7.0	15.0	20.0	35.0
		$\bar{\psi}_s$	1.0	0.7	0.4	0.25	0.2

变形计算深度内压缩模量当量值

$\bar{E}_s = \dfrac{\sum z_i\bar{\alpha}_i - z_{i-1}\bar{\alpha}_{i-1}}{\sum \dfrac{z_i\bar{\alpha}_i - z_{i-1}\bar{\alpha}_{i-1}}{E_{si}/E_{spi}}} = \dfrac{z\bar{\alpha}}{\sum \dfrac{z_i\bar{\alpha}_i - z_{i-1}\bar{\alpha}_{i-1}}{E_{si}/E_{spi}}}$

最终沉降

$s = \psi_s p_0 \sum \dfrac{n \cdot (z_i\bar{\alpha}_i - z_{i-1}\bar{\alpha}_{i-1})}{E_{si}/E_{spi}} = \dfrac{\psi_s p_0 n \cdot z\bar{\alpha}}{\bar{E}_s}$

【注】①$\bar{E}_s$ 和 s 计算公式中,非复合土层采用原土层压缩模量 E_{si};复合土层(加固土层)采用复合土层压缩模量 E_{spi};因此计算沉降时,一定要在桩端分层。

对于柱锤冲扩桩复合地基,加固后桩间土压缩模量可根据加固后桩间土重型动力触探平均击数 $\bar{N}_{63.5}$ 参考下表选用。

$\bar{N}_{63.5}$	2	3	4	5	6	7
E_s (kPa)	4.0	6.0	7.0	7.5	8.0	160

②若为有粘结强度的桩与散体桩组合,复合土层压缩模量提高系数也可以按如下公式计算: $\xi = \dfrac{f_{spk}}{f_{spk2}}[1+m(n-1)]a$,具体见本规范式(7.9.8-3)。

③ 与土力学专题中"1.5.5 规范公式法及计算压缩模量当量值"相结合,对应着学习。矩形基础均布荷载时,平均附加应力系数 $\bar{\alpha}_i$ 本书已收录。

④ 其他基础形式荷载形式,如矩形基础三角形分布荷载,圆形基础均布荷载,圆形基础三角形分布荷载,平均附加应力系数 $\bar{\alpha}_i$ 查《建筑地基基础设计规范》附录 K 相应表格。

⑤ 圆形基础求中心点沉降,则不用分块,相当于 $n=1$,此时"z_i/b' 与 l'/b'"换为"z_i/r",r 为圆形基础半径,然后查相应的平均附加应力系数 $\bar{\alpha}_i$《建筑地基基础设计规范》附录 K.0.3。

8.5 注 浆 加 固

注浆加固适用于建筑地基的局部加固处理，适用于砂土、粉土、黏性土和人工填土等地基加固。加固材料可选用水泥浆液、硅化浆液和碱液等固化剂。

8.5.1 水泥浆液法

水泥为主剂的浆液主要包括水泥浆、水泥砂浆和水泥水玻璃浆。

水泥浆液是地基治理、基础加固工程中常用的一种胶结性好、结石强度高的注浆材料，一般施工要求水泥浆的初凝时间既能满足浆液设计的扩散要求，又不至于被地下水冲走，对渗透系数大的地基还需尽可能缩短初、终凝时间。

地层中有较大裂隙、溶洞，耗浆量很大或有地下水活动时，宜采用水泥砂浆，水泥砂浆由水灰比不大于 1.0 的水泥浆掺砂配成，与水泥浆相比有稳定性好、抗渗能力强和析水率低的优点，但流动性小，对设备要求较高。

水泥水玻璃浆广泛用于地基、大坝、隧道、桥墩、矿井等建筑工程，其性能取决于水泥浆水灰比、水玻璃浓度和加入量、浆液养护条件。

对填土地基，由于其各向异性，对注浆量和方向不好控制，应采用多次注浆施工，才能保证工程质量。

8.5.1.1 水泥浆液注浆量的确定

当采用渗透或灌浆加固处理地基时，注浆量可按下式和流程计算：

1. 对于土质地基	
地基加固前土的平均孔隙率 $n=\dfrac{e}{1+e}$	
灌注孔长度（从注浆管底部到灌注孔底部的距离）l	
有效扩散加固半径 r	碱液加固土层厚度 $h=l+r$
浆液填充孔隙系数 α（可取 0.60~0.80）	考虑浆液流失工作条件系数 β（可取 1.1）
每孔浆液灌注量（m^3）$V=\alpha\beta\pi r^2 hn$	
2. 对于岩土地基	
土石界面下基岩的实际充填系数 K，宜取 2~3，水平岩溶发育区取小值，垂直岩溶发育区取大值	
扩散半径 R（m）	压浆段长度 L（m）
岩溶裂隙率 μ	有效充填系数 β' 一般 $\beta'=0.8$~0.9	超灌系数 α 一般 $\alpha=1.2$
注浆量（m^3）$V=K\pi R^2 L\mu\beta'\alpha(1-\gamma)$	

【注】①对于岩土地基注浆量公式，利用原理，来自于本规范 8.2.3，可见本书"8.5.3 碱液法"。

②对于岩土地基注浆量公式源自《铁路工程地基处理技术规程》TB 10106—2010 第 17.2.6 条。

8.5.1.2 水泥用量的确定

水泥和水按一定的质量比（也就是水灰比）配制成水泥浆，涉及的基本概念如下：

水的质量 m_w (g)	水泥的质量 m_c (g)
水的密度 ρ_w (g/cm³)	水泥的密度 ρ_c (g/cm³)
水的体积 $V_w = m_w/\rho_w$	水泥的体积 $V_c = m_c/\rho_c$
水灰比（质量比）$W = m_w/m_c$	
水泥相对密度 $G_s = \rho_c/\rho_w$	
水泥浆的体积 $V = V_w + V_c$	
水泥浆密度 $\rho = \dfrac{m_w + m_c}{V_w + V_c} = \dfrac{Wm_c + m_c}{\dfrac{Wm_c}{\rho_w} + \dfrac{m_c}{\rho_c}} = \dfrac{\rho_w \rho_c (1+W)}{\rho_w + \rho_c W}$	

注：水灰比也可以是体积比，解题一定要看清题干的要求。

一般情况下，主要是根据水灰比（质量比）确定水泥用量和水用量，具体计算公式和流程如下：

水的密度 ρ_w (g/cm³)	水泥的密度 ρ_c (g/cm³) 或水泥比重 $G_s = \rho_c/\rho_w$
水灰比 W	需要配置的水泥浆的体积或者说需要的注浆量 V
根据基本概念联系方程 $\begin{cases} W = m_w/m_c \\ V = V_w + V_c \end{cases}$，求解即可得	需要水泥质量 $m_c = \dfrac{\rho_w \rho_c V}{\rho_w + W\rho_c}$
	需要水质量 $m_w = Wm_c = W \cdot \dfrac{\rho_w \rho_c V}{\rho_w + W\rho_c}$

8.5.2 硅化浆液法

《建筑地基处理技术规范》8.2.2

8.5.2.1 单液硅化法注浆量的确定

这里主要是关于整个场地溶液用量 Q 的计算，解题思维流程总结如下：

拟加固土的深度 h	
处理面积，每边扩大 1.0m，即 $A_{处理总面积} = (b+2) \times (l+2)$	
拟加固土的总体积（m³）$v = A_{处理总面积} \cdot h$	
灌注时硅酸钠溶液的相对密度 d_{N1}	溶液填充孔隙系数 α（可取 0.60～0.80）
地基加固前土的平均孔隙率 $\bar{n} = \dfrac{e}{1+e}$	
整个场地溶液用量（m³）$Q = V\bar{n}d_{N1}\alpha$	

【注】采用单液硅化法加固湿陷性黄土地基，灌注孔的布置应符合下列规定：
① 灌注孔间距：压力灌注宜为 0.8～1.2m；溶液无压力自渗宜为 0.4～0.6m；
② 对新建建（构）筑物和设备基础的地基，应在基础底面下按等边三角形满堂布孔，超出基础底面外缘的宽度，每边不得小于 1.0m；
③ 对既有建（构）筑物和设备基础的地基，应沿基础侧向布孔，每侧不宜少于 2 排；

④ 当基础底面宽度大于3m时，除应在基础下每侧布置2排灌注孔外，可在基础两侧布置斜向基础底面中心以下的灌注孔或在其台阶上布置穿透基础的灌注孔。

8.5.2.2 硅酸钠（水玻璃）溶液稀释加水量

当硅酸钠溶液浓度大于加固湿陷性黄土所要求的浓度时，应进行稀释，稀释加水量可按下式估算：

拟稀释硅酸钠溶液的质量 q（t）	
稀释前，硅酸钠溶液的相对密度 d_N	灌注时硅酸钠溶液的相对密度 d_{N1}
稀释硅酸钠溶液的加水量（t）$Q' = \dfrac{d_N - d_{N1}}{d_{N1} - 1} \cdot \dfrac{q}{d_N}$	

【注】规范公式（8.2.2-2）有误，现推导如下：

已知条件：拟稀释硅酸钠溶液的质量 q；稀释前硅酸钠溶液的相对密度 d_N；灌注时硅酸钠溶液的相对密度 d_{N1}（即稀释后硅酸钠溶液的相对密度），水的密度为 ρ_w；

则稀释前硅酸钠溶液的密度为 $d_N \rho_w$，体积 $V_N = \dfrac{q}{d_N \rho_w}$；

稀释后硅酸钠溶液的密度为 $d_{N1} \rho_w$

设稀释硅酸钠溶液的加水量 Q'（t）

假定：稀释后硅酸钠溶液的体积 V_{N1} = 稀释前硅酸钠溶液的体积 V_N + 加水的体积 Q'/ρ_w

所以根据上述体积的等式，以及质量、体积和密度的关系即可得到以下方程：

$$\frac{q + Q'}{d_{N1} \rho_w} = \frac{q}{d_N \rho_w} + \frac{Q'}{\rho_w}, 求解即可得 \ Q' = \frac{d_N - d_{N1}}{d_{N1} - 1} \cdot \frac{q}{d_N}$$

8.5.3 碱液法

《建筑地基处理技术规范》8.2.3、8.3.3

8.5.3.1 碱液法注浆量的确定

碱液法注浆量相关计算和思维流程总结如下：

地基加固前土的平均孔隙率 $n = \dfrac{e}{1+e}$	
灌注孔长度（从注浆管底部到灌注孔底部的距离）l	
每孔碱液灌注量 V（L 或 dm³）（注：化为 m³）	
① 有效加固半径 $r = 0.6\sqrt{\dfrac{V}{nl}}$（注：此公式为"知 V 求 r"不能用于反算 V）	
② 碱液加固土层厚度 $h = l + r$	
碱液填充孔隙系数 α（可取 0.60~0.80）	考虑碱液流失工作条件系数 β（可取 1.1）
③ 每孔碱液灌注量（m³）$V = \alpha \beta \pi r^2 h n$（注：此公式为"知 r 求 V"不能用于反算 r）	

【注】要区别灌注孔成孔深度和灌注孔长度 l，灌注孔成孔深度一般从地面起算，而灌注孔长度 l 从注浆管底部起算。

8.5.3.2 碱液溶液的配制

配溶液时，应先放水，而后徐徐放入碱块或浓碱液。

采用固体烧碱配制每 $1m^3$ 浓度为 M 的碱液时，每 $1m^3$ 水中的加碱量应符合下式规定：

固体烧碱中 NaOH 含量百分数 P	要求配置的碱液的浓度 M（g/L）
每 $1m^3$ 水中加固体烧碱量 G_s（kg）$=\dfrac{M}{p}$ 或 G_s（g）$=\dfrac{1000M}{p}$	
每孔碱液灌注量 V（m^3）（按 8.5.3.1 节计算）	
每孔灌注的固体烧碱量（kg）$M=G_sV$	

【注】此处公式 $G_s=\dfrac{M}{p}$ 的推导假定固体烧碱加入 $1m^3$ 水中，溶液的体积仍然为 $1m^3$，忽略体积的变化。碱液的浓度 M 指的是溶液中 NaOH 的质量/溶液体积浓度，当 M 的单位为 g/L 时，$1m^3$ 溶液中 NaOH 的质量应为 $1000M$（g）。而固体烧碱中含有其他物质，固体烧碱中 NaOH 含量百分数 P 是指 $P=\dfrac{\text{NaOH 的质量}}{\text{固体烧碱总质量 }G_s}$，因此，根据固体烧碱中和要配制的溶液中 NaOH 的质量相当，可得到 $G_sP=1000M$，因此可得 G_s（g）$=\dfrac{1000M}{p}$ 或 G_s（kg）$=\dfrac{M}{p}$。

采用液体烧碱配制每 $1m^3$ 浓度为 M 的碱液时，投入的液体烧碱体积 V_1 和加水量 V_2 应符合下列公式规定：

液体烧碱的相对密度 d_N	要求配置的碱液的浓度 M（g/L）
液体烧碱的质量分数 N	
每 $1m^3$ 碱液中液体烧碱体积（L）$V_1=1000\dfrac{M}{d_NN}$	
每 $1m^3$ 碱液中加水量（L）$V_2=1000\left(1-\dfrac{M}{d_NN}\right)$	

【注】①以上公式的推导本质是液体烧碱加水稀释的问题，就犹如"8.5.2.2 硅酸钠（水玻璃）溶液稀释加水量"。公式推导如下：

已知条件：液体烧碱的相对密度为 d_N，则液体烧碱的相对密度为 $d_N\rho_w$

液体烧碱的质量分数 N，是指 $N=\dfrac{\text{液体烧碱中 NaOH 质量}}{\text{液体烧碱总质量}}$

假定：稀释后碱液的体积 $1m^3=$ 稀释前液体烧碱溶液的体积 V_1+ 加水的体积 V_2

所以根据稀释前后溶质 NaOH 质量不变即可得到方程：

$1000\times M=V_1d_N\rho_w\times N$，求解即可得 $V_1=\dfrac{1000M}{d_N\rho_wN}$

则 $V_2=1-V_1=1000\left(1-\dfrac{M}{d_NN}\right)$

②规范公式不严谨，当默认水的密度 $\rho_w=1$，即可得到规范公式（8.3.3-2）和公式（8.3.3-3）。

8.6 微型桩

微型桩或迷你桩，是小直径的桩，桩身截面尺寸一般小于 300mm，桩体主要由压力灌注的水泥浆、水泥砂浆或细石混凝土与加筋材料组成，依据其受力要求加筋材可为钢筋、钢棒、钢管或型钢等。微型桩加固适用于既有建筑地基加固或新建建筑的地基处理。微型桩按桩型和施工工艺，可分为树根桩、预制桩和注浆钢管桩等。微型桩可以是竖直或倾斜，或成排或交叉网状配置，交叉网状配置的微型桩由于其桩群形如树根状，故亦被称为树根桩或网状树根桩。

8.6.1 树根桩

树根桩作为微型桩的一种，一般指具有钢筋笼，采用压力灌注混凝土、水泥浆或水泥砂浆形成的直径小于 300mm 的灌注桩，也可采用投石压浆方法形成的直径小于 300mm 的钢管混凝土灌注桩。适用于淤泥、淤泥质土、黏性土、粉土、砂土、碎石土及人工填土等地基处理。

树根桩单桩竖向承载力特征值可按以下计算公式和流程确定：

	桩径 d		桩长 l		
桩身周长 u	i 层土极限侧阻力特征值 q_{si}	i 层土计算厚度 l_i	桩端土端阻力（承载力）发挥系数 α_p	桩底面积 A_p	极限端阻力特征值 q_p
单桩竖向承载力特征值 R_a	一般工艺 $R_a = u\sum q_{si}l_i + \alpha_p q_p A_p$ 当采用水泥浆二次注浆工艺时，桩侧阻力可乘 1.2~1.4 的系数 即 $R_a = u\sum(1.2 \sim 1.4)q_{si}l_i + \alpha_p q_p A_p$				

8.6.2 预制桩

本节预制桩适用于淤泥、淤泥质土、黏性土、粉土、砂土和人工填土等地基处理。桩体可采用边长为 150~300mm 的预制混凝土方桩，直径 300mm 的预应力混凝土管桩，断面尺寸为 100~300mm 的钢管桩和型钢等，施工方法包括静压法、打入法和植入法等，也包含了传统的锚杆静压法和坑式静压法。

预制桩单桩竖向承载力特征值可按以下计算公式和流程确定：

	桩径 d		桩长 l		
桩身周长 u	i 层土极限侧阻力特征值 q_{si}	i 层土计算厚度 l_i	桩端土端阻力（承载力）发挥系数 α_p	桩底面积 A_p	极限端阻力特征值 q_p
单桩竖向承载力特征值 $R_a = u\sum q_{si}l_i + \alpha_p q_p A_p$					

【注】 对型钢微型桩应保证压桩过程中计算桩体材料最大应力不超过材料抗压强度标准值的90%。

8.6.3 注浆钢管桩

注浆钢管桩适用于淤泥质土、黏性土、粉土、砂土和人工填土等地基处理。是在静压钢管桩技术基础上发展起来的一种新的加固方法。近年来注浆钢管桩常用于新建工程的桩基或复合地基施工质量事故的处理,具有施工灵活、质量可靠的特点。基坑工程中,注浆钢管桩大量应用于复合土钉的超前支护。钢管桩可采用静压或植入等方法施工。

注浆钢管桩单桩竖向承载力特征值可按以下计算公式和流程确定:

	桩径 d		桩长 l		
桩身周长 u	i 层土极限侧阻力特征值 q_{si}	i 层土计算厚度 l_i	桩端土端阻力(承载力)发挥系数 α_p 未给定时,可取 1	桩底面积 A_p	极限端阻力特征值 q_p
单桩竖向承载力特征值 R_a	一般工艺 $R_a = u\sum q_{si}l_i + \alpha_p q_p A_p$ 当采用二次注浆工艺时,桩侧摩阻力特征值取值可乘以1.3的系数 即 $R_a = u\sum 1.3q_{si}l_i + \alpha_p q_p A_p$				

8.7 建筑地基检测

《建筑地基检测技术规范》JGJ 340—2015

地基检测是指在现场采用一定的技术方法,对建筑地基性状、设计参数、地基处理的效果进行的试验、测试、检验,以评价地基性状的活动。

地基检测的对象主要是人工地基,即为提高地基承载力,改善其变形性质或渗透性质,经人工处理后的地基。

地基检测的方法,主要有:①平板载荷试验,②单桩或多桩复合地基载荷试验,③竖向增强体载荷试验,④标准贯入试验,⑤圆锥动力触探试验,⑥静力触探试验,⑦十字板板剪切试验,⑧扁铲侧胀试验,⑨多道瞬态面波试验。

【注】 其中①~③、⑨是本节讲解重点。④~⑧岩土勘察专题已详解介绍,差异不大,此处不再讲解,但解题时应注意所使用的规范,结合下表,请自行阅读,全面地复习。

《建筑地基检测技术规范》JGJ 340—2015
条文及条文说明重要内容简介及本书索引

规范条文		条文重点内容	条文说明重点内容	相应重点学习和要结合的本书具体章节
1 总则				自行阅读
2 术语和符号	2.1 术语			自行阅读
	2.2 符号			自行阅读
3 基本规定	3.1 一般规定			自行阅读
	3.2 检测方法			自行阅读
	3.3 检测报告			自行阅读
4 土(岩)地基载荷试验	4.1 一般规定	4.1.3 工程验收检测的平板载荷试验最大加载量规定		自行阅读
	4.2 仪器设备及其安装	4.2.6 压重平台反力装置规定 表 4.2.11 承压板、压重平台支墩和基准桩之间的净距		自行阅读
	4.3 现场检测			自行阅读
	4.4 检测数据分析与判定	4.4.2 土(岩)地基极限荷载确定 4.4.3 单个试验点的土(岩)地基承载力特征值确定 表 4.4.3 按相对变形值确定天然地基及人工地基承载力特征值 4.4.4 单位工程的土(岩)地基承载力特征值确定 4.4.6 浅层平板载荷试验确定地基变形模量计算 4.4.7 深层平板载荷试验确定地基变形模量,可按下式计算 4.4.8 与试验深度和土类有关的系数 ω 确定		3.3.1 载荷试验 6.1.2 由平板载荷试验确定 8.7.1 地基检测静载荷试验
5 复合地基载荷试验	5.1 一般规定	5.1.2 工程验收检测载荷试验最大加载量		
	5.2 仪器设备及其安装			自行阅读
	5.3 现场检测			自行阅读
	5.4 检测数据分析与判定	5.4.2 极限荷载确定 5.4.3 复合地基承载力特征值确定 表 5.4.3 按相对变形值确定复合地基承载力特征值		8.7.2 复合地基静载荷试验

8.7 建筑地基检测

续表

规范条文		条文重点内容	条文说明重点内容	相应重点学习和要结合的本书具体章节
6 竖向增强体载荷试验	6.1 一般规定	6.1.2 工程验收检测载荷试验最大加载量		自行阅读
	6.2 仪器设备及其安装	表6.2.6 增强体、压重平台支墩边和基准桩之间的中心距离		自行阅读
	6.3 现场检测			自行阅读
	6.4 检测数据分析与判定	6.4.2 竖向增强体极限承载力的确定 6.4.3 竖向增强体承载力特征值的确定 6.4.4 单位工程的增强体承载力特征值确定		7.13.2 单桩竖向抗压静载试验
7 标准贯入试验	7.1 一般规定			自行阅读
	7.2 仪器设备	表7.2.1 标准贯入试验设备规格		自行阅读
	7.3 现场检测	7.3.6 标准贯入试验规定		自行阅读
	7.4 检测数据分析与判定	7.4.4 锤击数进行钻杆长度修正计算公式 表7.4.4 标准贯入试验触探杆长度修正系数 7.4.7 砂土、粉土、黏性土等岩土性状可根据标准贯入试验实测锤击数平均值或标准值和修正后锤击数标准值进行评价 表7.4.7-1 砂土的密实度分类 表7.4.7-2 粉土的密实度分类 表7.4.7-3 黏性土的状态分类 7.4.8 初步判定地基土承载力特征值		3.3.4 标准贯入试验
8 圆锥动力触探试验	8.1 一般规定			自行阅读
	8.2 仪器设备	表8.2.1 圆锥动力触探试验设备规格		自行阅读
	8.3 现场检测			自行阅读
	8.4 检测数据分析与判定	8.4.9 初步判定地基土承载力特征值 8.4.10 评价砂土密实度、碎石土（桩）的密实度 8.4.11 对冲、洪积卵石土和圆砾土地基，当贯入深度小于12m时，判定地基的变形模量 附录C 圆锥动力触探锤击数修正		3.3.3 圆锥动力触探试验
9 静力触探试验	9.1 一般规定			自行阅读
	9.2 仪器设备	表9.2.2 单桥和双桥静力触探头规格 9.2.6 探头的技术性能规定		自行阅读
	9.3 现场检测	附录D 静力触探头率定		自行阅读
	9.4 检测数据分析与判定	9.4.2 单桥探头的比贯入阻力，双桥探头的锥尖阻力、侧壁摩阻力及摩阻比计算 9.4.7 初步判定地基土承载力特征位和压缩模量		3.3.2 静力触探试验

续表

规范条文		条文重点内容	条文说明重点内容	相应重点学习和要结合的本书具体章节
10 十字板剪切试验	10.1 一般规定			自行阅读
	10.2 仪器设备	10.2.2 十字板剪切仪的设备参数及性能指标		自行阅读
	10.3 现场检测			自行阅读
	10.4 检测数据分析与判定	10.4.2 机械式十字板剪切仪的十字板常数计算 10.4.3 地基土不排水抗剪强度计算 10.4.4 地基土重塑土强度计算 10.4.5 土的灵敏度计算 10.4.9 初步判定地基土承载力特征值		3.3.5 十字板剪切试验
11 水泥土钻芯法试验	11.1 一般规定			自行阅读
	11.2 仪器设备			自行阅读
	11.3 现场检测			自行阅读
	11.4 芯样试件抗压强度	11.4.4 芯样试件抗压强度计算 11.5.2 对单位工程受检桩，桩身强度标准值计算 表11.5.4 桩身均匀性评价标准		7.13.5 钻芯法
	11.5 检测数据分析与判定			自行阅读
12 低应变法试验	12.1 一般规定			自行阅读
	12.2 仪器设备			自行阅读
	12.3 现场检测			自行阅读
	12.4 检测数据分析与判定	12.4.1 竖向增强体波速平均值的确定 12.4.2 竖向增强体缺陷位置计算确定 表12.4.4 竖向增强体完整性分类表 表12.4.5 竖向增强体完整性判定信号特征		7.13.6 低应变法
13 扁铲侧胀试验	13.1 一般规定			自行阅读
	13.2 仪器设备			自行阅读
	13.3 现场检测			自行阅读
	13.4 检测数据分析与判定	13.4.2 扁铲侧胀试验成果分析		3.3.7 扁铲侧胀试验
14 多道瞬态面波试验	14.1 一般规定			自行阅读
	14.2 仪器设备			自行阅读
	14.3 现场检测			自行阅读
	14.4 检测数据分析与判定	14.4.3 根据实测瑞利波波速和动泊松比，计算剪切波波速 14.4.4 分层等效剪切波速计算 表14.4.7 瑞利波波速与碎石土地基承载力特征值和变形模量的对应关系		8.7.3 多道瞬态面波法

8.7.1 地基检测静载荷试验

《建筑地基检测技术规范》4

土(岩)地基载荷试验适用于检测天然土质地基、岩石地基及采用换填、预压、压实、挤密、强夯、注浆处理后的人工地基的承压板下应力影响范围内的承载力和变形参数。

地基检测静载荷相关知识点试验解题思维流程：

①适用条件：适用于换填垫层、预压地基、压实地基、夯实地基和注浆加固等处理后地基。

②承压板尺寸：压板面积应按需检验土层的厚度确定，且不应小于 $1.0m^2$，对夯实地基，不宜小于 $2.0m^2$。

③试坑尺寸：试验基坑宽度不小于承压板宽度或直径的 3 倍，应保持试验土层的原状结构和天然湿度。宜在拟试压表面用粗砂或中砂层找平，其厚度不超过 20mm。基准梁及加荷平台支点（或锚桩）宜设在试坑以外，且与承压板的净距不应小于 2m。

④处理后的地基承载力特征值 f_{ak} 的确定

静载荷试验承压板的沉降量 s	承压板宽度 b（当承压板宽度或直径大于 2m 时，取 2m）

每一次

有直线段沉降 $f_{aki}=\min\left(比例界限荷载,\dfrac{极限荷载}{2}\right)$

无直线段沉降（缓变性）$f_{aki}=\min\left(s=0.01b 范围内对应的某级荷载,\dfrac{极限荷载}{2}\right)$

至少做三次取平均值 $f_{ak}=\dfrac{\sum\limits_{i=1}^{n}f_{aki}}{n}$

且满足极差 $f_{akmax}-f_{akmin}\leqslant 30\%f_{ak}$，否则去掉最大值，重新计算平均值。

⑤比例界限荷载及极限荷载的确定

比例界限荷载取初始直线段所对应的终点荷载；

极限荷载：当满足下列三种情况时，取对应的前一级荷载：

(a) 承压板周围的土明显侧向挤出；
(b) 沉降 s 急骤增大，p-s 曲线出现陡降段；
(c) 在某级荷载下，24h 内沉降速度不能达到稳定；
(d) 承压板的累计沉降量已大于其宽度或直径的 6%。

【注】 关于静载荷岩土勘察专题 3.3.1 已介绍讲解，且《建筑地基处理技术规范》附录 A 也有其相关内容。由于三本规范中均有平板载荷试验的内容，内容上虽然大同小异，但解题时一定要根据题目已知条件，选择合适的规范。

8.7.2 复合地基静载荷试验

《建筑基桩检测技术规范》5

复合地基载荷试验适用于水泥土搅拌桩、砂石桩、旋喷桩、夯实水泥土桩、水泥粉煤灰碎石桩、混凝土桩、树根桩、灰土桩、柱锤冲扩桩及强夯置换墩等竖向增强体和周边地基土组成的复合地基的单桩复合地基和多桩复合地基载荷试验，用于测定承压板下应力影响范围内的复合地基的承载力特征值。当存在多层软弱地基时，应考虑到载荷板应力影响范围，选择大承压板多桩复合地基试验并结合其他检测方法进行。

复合地基静载荷试验相关知识点解题思维流程总结如下：

①适用条件：单桩复合地基静载荷试验和多桩复合地基静载荷试验。	
②承压板尺寸	单桩复合地基静载荷试验的承压板可用圆形或方形，面积为一根桩承担的处理面积；
	多桩复合地基静载荷试验的承压板可用方形或矩形，其尺寸按实际桩数所承担的处理面积确定。
③试坑尺寸：试验标高处的试坑宽度和长度不应小于承压板尺寸的3倍，基准梁及加荷平台支点（或锚桩）宜设在试坑以外，且与承压板边的净距不应小于2m。	
④处理后的地基承载力特征值 f_{ak} 的确定	
静载荷试验承压板的沉降量 s	承压板宽度 b（当承压板宽度或直径大于2m时，取2m）

每一次

有直线段沉降 $f_{aki} = \min\left(\text{比例界限荷载}, \dfrac{\text{极限荷载}}{2}\right)$

无直线段沉降（缓变性） $f_{aki} = \min\left(s=0.006b \sim 0.015b \text{ 范围内对应的某级荷载}, \dfrac{\text{极限荷载}}{2}\right)$

注：对沉管砂石桩、振冲碎石桩和柱锤冲扩桩复合地基，可取 $s=0.01b$；
对灰土挤密桩、土挤密桩复合地基，可取 $s=0.008b$；
对水泥粉煤灰碎石桩或夯实水泥土桩复合地基，对以卵石、圆砾、密实粗中砂为主的地基，可取 $s=0.008b$；对以黏性土、粉土为主的地基，可取 $s=0.01b$；
对水泥土搅拌桩或旋喷桩复合地基，可取 $s=0.006b \sim 0.008b$，当桩身强度大于1.0MPa且桩身质量均匀时可取高值；
对有经验的地区，可按当地经验确定相对变形值，但原地基土为高压缩性土层时，s 最大值不应大于 $0.015b$。

至少做三次取平均值 $f_{ak} = \dfrac{\sum_{i=1}^{n} f_{aki}}{n}$

且满足 极差 $f_{akmax} - f_{akmin} \leq 30\% f_{ak}$，否则去掉最大值，重新计算平均值。

⑤比例界限荷载及极限荷载的确定

比例界限荷载取初始直线段所对应的终点荷载；
极限荷载：当满足下列三种情况时，取对应的荷载：
(a) 沉降 s 急骤增大，土被挤出或承压板周围出现明显的隆起；
(b) 承压板的累计沉降量已大于其宽度或直径的6%；
(c) 当达不到极限荷载，而最大加载压力已大于设计要求压力值的2倍。

【注】①复合地基静载荷试验内容，《建筑地基检测技术规范》5、《建筑地基处理技术规范》附录B均有，注意两者的区别；主要是极限荷载 s 的确定略有不同。

②一根桩承担的处理面积 A_e，要与"8.4.1置换率解题思维流程"相结合。

当正三角形布桩时 $A_e = \dfrac{3.14 \times (1.05s)^2}{4}$，当正方形布桩时 $A_e = \dfrac{3.14 \times (1.13s)^2}{4}$

不规则布桩或有限面积布桩，先求得置换率 m，则 $A_e = \dfrac{3.14 \times d^2}{4m}$

(d 为桩径，s 为桩距)

③当涉及复合地基承载力，结合具体桩型，与地基基础专题"8.4.2～8.4.10 解题思维流程"相结合。

④复合地基增强体单桩静载荷试验，见《建筑基桩检测技术规范》6、《建筑地基处理技术规范》附录 C，不再介绍，请自行阅读。

8.7.3 多道瞬态面波法

《建筑地基检测技术规范》14.4.3、14.4.4

多道瞬态面波法采用多个通道的仪器，同时记录震源锤击地面形成的完整面波（特指瑞利波）记录，利用瑞利波在层状介质中的几何频散特性，通过反演分析频散曲线获取地基瑞利波速度来评价地基的波速、密实性、连续性等的原位试验方法。

该试验适用于天然地基及换填、预压、压实、夯实、挤密、注浆等方法处理的人工地基的波速测试。通过测试获得地基的瑞利波速度和反演剪切波速，评价地基均匀性，判定砂土地基液化，提供动弹性模量等动力参数。

多道瞬态面波法相关知识点解题思维流程总结如下：

动泊松比 μ_d	与泊松比有关的系数 $\eta_s = (0.87+1.12\mu_d)/(1+\mu_d)$			
实测瑞利波（面波）速度（m/s）$v_s = \frac{v_R}{\eta_s}$				
①根据实测瑞利波波速和动泊松比计算剪切波波速（m/s）$v_s = \frac{v_R}{\eta_s}$				
计算深度 d_0（m）				
计算深度范围内第 i 层土厚度 d_i（m）				
计算深度范围内第 i 层土剪切波速 v_{si}（m/s）				
②分层等效剪切波速（m/s）$v_{se} = \dfrac{d_0}{\sum\limits_{i=1}^{n}\dfrac{d_i}{v_i}}$				

【注】《建筑地基检测技术规范》公式（14.4.3-2）中关于与泊松比有关的系数 $\eta_s = (0.87-1.12\mu_d)/(1+\mu_d)$ 是错误的，正确的应为 $\eta_s = (0.87+1.12\mu_d)/(1+\mu_d)$，注意订正。此公式也可见《地基动力特性测试规范》和《多道瞬态面波勘察技术规程》，这两本规范中公式是正确的。

8.7.4 各处理地基质量检测

此节各处理地基的质量检测知识点非重点内容，而且相对简单，所以不再介绍，具体内容参见《建筑地基处理技术规范》每节后面的"质量检测"部分。

8.8 既有建筑地基基础加固技术

《既有建筑地基基础加固技术规范》JGJ 123—2012 本书中不再详细讲解，一定要根据下表自行学习，要做到复习的全面性。

《既有建筑地基基础加固技术规范》JGJ 123—2012
条文及条文说明重要内容简介及本书索引

规范条文		条文重点内容	条文说明重点内容	相应重点学习和要结合的本书具体章节
1 总则				自行阅读
2 术语和符号	2.1 术语			自行阅读
	2.2 符号			自行阅读
3 基本规定		3.0.4 既有建筑地基基础加固设计规定		自行阅读
4 地基基础鉴定	4.1 一般规定			自行阅读
	4.2 地基鉴定			自行阅读
	4.3 基础鉴定			自行阅读
5 地基基础计算	5.1 一般规定			自行阅读
	5.2 地基承载力计算	5.2.1 地基基础加固或增加荷载后,基础底面的压力确定 5.2.2 既有建筑地基基础加固或增加荷载时,地基承载力验算 5.2.4 地基基础加固或增加荷载后,既有建筑桩基础群桩中单桩桩顶竖向力和水平力计算 5.2.5 既有建筑单桩承载力验算 5.2.6 既有建筑单桩承载力特征值的确定		自行阅读
	5.3 地基变形计算	5.3.3 对地基基础加固或增加荷载的既有建筑,其地基最终变形量确定		自行阅读
6 增层改造	6.1 一般规定			自行阅读
	6.2 直接增层			自行阅读
	6.3 外套结构增层			自行阅读
7 纠倾加固	7.1 一般规定			自行阅读
	7.2 迫降纠倾			自行阅读
	7.3 顶升纠倾	7.3.3 顶升纠倾的设计规定,其中第4款顶升点的确定		自行阅读
8 移位加固	8.1 一般规定			自行阅读
	8.2 设计	8.2.6 移动装置设计规定,其中第1款实心钢辊轴的径向承压力设计值;第2款滑动式行走机构上、下轨道滑板的水平面积计算 8.2.7 施力系统设计规定,其中第1款水平移位总阻力计算;第2款施力点的数量估算		自行阅读
	8.3 施工			自行阅读

续表

规范条文		条文重点内容	条文说明重点内容	相应重点学习和要结合的本书具体章节
9 托换加固	9.1 一般规定			自行阅读
	9.2 设计			自行阅读
	9.3 施工			自行阅读
10 事故预防与补救	10.1 一般规定			自行阅读
	10.2 地基不均匀变形过大引起事故的补救			自行阅读
	10.3 邻近建筑施工引起事故的预防与补救			自行阅读
	10.4 深基坑工程引起事故的预防与补救			自行阅读
	10.5 地下工程施工引起事故的预防与补救			自行阅读
	10.6 地下水位变化过大引起事故的预防与补救			自行阅读
11 加固方法	11.1 一般规定			自行阅读
	11.2 基础补强注浆加固			自行阅读
	11.3 扩大基础			自行阅读
	11.4 锚杆静压桩	11.4.3 锚杆静压桩施工规定	11.4.2、11.4.3中对硫磺胶泥材料的说明	自行阅读
	11.5 树根桩			自行阅读
	11.6 坑式静压桩			自行阅读
	11.7 注浆加固		11.7.3 对浆液材料的说明	自行阅读
	11.8 石灰桩	11.8.2 石灰桩加固设计规定		自行阅读
	11.9 其他地基加固方法			自行阅读
12 检验与监测	12.1 一般规定			自行阅读
	12.2 检验			自行阅读
	12.3 监测			自行阅读
附录A 既有建筑基础下地基土载荷试验要点 附录B 既有建筑地基承载力持载再加荷载荷试验要点 附录C 既有建筑桩基础单桩承载力持载再加荷载荷试验要点				自行阅读
【注】把本专题的附录单独列出,是因为附录是综合性地对规范各章节处理后地基检测的说明,一定要仔细阅读				

9 边坡工程专题

本专题依据的主要规范及教材

《建筑边坡工程技术规范》GB 50330—2013
《建筑边坡工程鉴定与加固技术规范》GB 50843—2013

边坡工程专题为核心章节，每年必考，出题数为7道题左右，主要考查《建筑边坡工程技术规范》内相关知识点，主要包括边坡侧向岩土压力、边坡稳定性、重力式挡土墙、锚杆锚索、岩石喷锚支护、静力平衡法和等值梁法等。此专题难度较大，其中侧向土压力的计算是重点和核心，受力分析是主要方法，一定要重点和熟练掌握。

《建筑边坡工程技术规范》GB 50330—2013
条文及条文说明重要内容简介及本书索引

规范条文		条文重点内容	条文说明重点内容	相应重点学习和要结合的本书具体章节
1 总则				自行阅读
2 术语和符号				自行阅读
3 基本规定	3.1 一般规定	表3.1.4 边坡支护结构常用形式		自行阅读
	3.2 边坡工程安全等级	表3.2.1 边坡工程安全等级 3.2.2 破坏后果很严重、严重的下列边坡工程，安全等级应定为一级 3.2.3 边坡塌滑区范围估算		1.10.4 边坡稳定性其他方面
	3.3 设计原则	3.3.2 边坡工程设计所采用作用效应组合与相应的抗力限值规定 3.3.3 地震区边坡工程应按下列原则考虑地震作用的影响		自行阅读
4 边坡工程勘察	4.1 一般规定	表4.1.3 岩质边坡的破坏形式分类 表4.1.4 岩质边坡的岩体分类 4.1.5和4.1.6条的规定 表4.1.8 边坡工程勘察等级		自行阅读
	4.2 边坡工程勘察要求			自行阅读
	4.3 边坡力学参数取值	表4.3.1 结构面抗剪强度指标标准值 表4.3.2 结构面的结合程度 表4.3.3 边坡岩体内摩擦角的折减系数 表4.3.4 边坡岩体等效内摩擦角标准值		自行阅读
5 边坡稳定性评价	5.1 一般规定			自行阅读
	5.2 边坡稳定性分析	5.2.6 滑体、条块或单元的地震作用可简化为一个作用于滑体、条块或单元重心处、指向坡外（滑动方向）的水平静力，其值的计算 表5.2.6 水平地震系数 附录A 不同滑面形态的边坡稳定性计算方法	5.2.4 对于折线形滑动面，本规范建议采用传递系数隐式解法	1.10 边坡稳定性
	5.3 边坡稳定性评价标准	表5.3.1 边坡稳定性状态划分 表5.3.2 边坡稳定安全系数F_s		自行阅读

续表

规范条文		条文重点内容	条文说明重点内容	相应重点学习和要结合的本书具体章节
6 边坡支护结构上的侧向岩土压力	6.1 一般规定			自行阅读
	6.2 侧向土压力	6.2.1 静止土压力计算 6.2.2 静止土压力系数 6.2.3 主动土压力合力计算 6.2.4 当墙背直立光滑、土体表面水平时，主动土压力计算 6.2.5 当墙背直立光滑、土体表面水平时，被动土压力计算 6.2.6 边坡坡体中有地下水但未形成渗流时，作用于支护结构上的侧压力计算 6.2.7 边坡坡体中有地下水形成渗流时，作用于支护结构上的侧压力，尚应计算渗透力 6.2.8 有限范围填土时，主动土压力合力计算 6.2.9 当坡顶作用有线性分布荷载、均布荷载和坡顶填土表面不规则时或岩石边坡为二阶竖直时，在支护结构上产生的侧压力可按本规范附录B简化计算 6.2.10 当边坡的坡面为倾斜、坡顶水平、无超载时，土压力的合力和边坡破坏时的平面破裂角计算 6.2.11 考虑地震作用时，作用于支护结构上的地震主动土压力计算 附录B 几种特殊情况下的侧向压力计算	6.2.8的说明 6.2.10的说明	1.8 土压力计算基本理论 1.9.2 边坡工程规范对土压力具体规定
	6.3 侧向岩石压力	6.3.1 对沿外倾结构面滑动的边坡，主动岩石压力合力计算 6.3.2 对沿缓倾的外倾软弱结构面滑动的边坡主动岩石压力合力计算 6.3.3 岩质边坡的侧向岩石压力计算和破裂角的规定 6.3.4 当岩质边坡的坡面为倾斜、坡顶水平、无超载时，岩石压力的计算和破裂角的规定 6.3.5 考虑地震作用时，作用于支护结构上的地震主动岩石压力计算	6.3 侧向岩石压力，此节均重点	1.9.2 边坡工程规范对土压力具体规定

续表

规范条文		条文重点内容	条文说明重点内容	相应重点学习和要结合的本书具体章节
7 坡顶有重要建(构)筑物的边坡工程	7.1 一般规定	7.1.1 本章适用的边坡工程		自行阅读
	7.2 设计计算	表7.2.3 侧向岩土压力取值 表7.2.4 主动岩石压力修正系数 β_1 7.2.5 坡顶有重要建（构）筑物的有外倾结构面的岩土质边坡侧压力修正的规定 7.2.6 采用锚杆挡墙的岩土质边坡侧压力设计值的确定		1.9.2 边坡工程规范对土压力具体规定
	7.3 构造设计	7.3.3 穿越边坡滑塌体及软弱结构面的桩基础，桩身最小配筋率不宜小于0.60%		自行阅读
	7.4 施工			自行阅读
8 锚杆（索）	8.1 一般规定	附录C 锚杆试验 附录D 锚杆选型 附录E 锚杆材料		自行阅读
	8.2 设计计算	8.2.1 锚杆（索）轴向拉力标准值计算 8.2.2 锚杆（索）钢筋截面面积的要求 表8.2.2 锚杆杆体抗拉安全系数 8.2.3 锚杆（索）锚固体与岩土层间的长度的要求 表8.2.3-1 岩土锚杆锚固体抗拔安全系数 表8.2.3-2 岩石与锚固体极限粘结强度标准值 表8.2.3-3 土体与锚固体极限粘结强度标准值 8.2.4 锚杆（索）杆体与锚固砂浆间的锚固长度的要求 表8.2.4 钢筋、钢绞线与砂浆之间的粘结强度设计值 f_b 8.2.5 永久性锚杆抗震验算时，其安全系数应按0.8折减 8.2.6 自由段无粘结的岩石锚杆水平刚度系数 K_h 及自由段无粘结的土层锚杆水平刚度系数 K_t 估算		9.2 锚杆（索）
	8.3 原材料			自行阅读
	8.4 构造设计	8.4.1 锚杆总长度应为锚固段、自由段和外锚头的长度之和，并应符合的规定 8.4.2 锚杆的钻孔直径的规定		9.2 锚杆（索）
	8.5 施工	8.5.6 预应力锚杆的张拉与锁定应符合的规定		自行阅读

续表

规范条文		条文重点内容	条文说明重点内容	相应重点学习和要结合的本书具体章节
9 锚杆（索）挡墙	9.1 一般规定			自行阅读
	9.2 设计计算	9.2.2 坡顶无建（构）筑物且不需对边坡变形进行控制的锚杆其侧向岩土压力合力计算 表9.2.2 锚杆挡墙侧向岩土压力修正系数 β_2 9.2.4 填方锚杆挡墙和单排锚杆的土层锚杆挡墙的侧压力，可近似按库仑理论取为三角形分布 9.2.5 对岩质边坡以及坚硬、硬塑状黏性土和密实、中密砂土类边坡，当采用逆作法施工的、柔性结构的多层锚杆挡墙时，侧压力分布的确定 附录F 土质边坡的静力平衡法和等值梁法		9.3 锚杆（索）挡墙 9.6 静力平衡法和等值梁法
	9.3 构造设计			自行阅读
	9.4 施工			自行阅读
10 岩石锚喷支护	10.1 一般规定			自行阅读
	10.2 设计计算	10.2.1 采用锚喷支护的岩质边坡整体稳定性计算 10.2.2 锚喷支护边坡时，锚杆计算 10.2.3 岩石锚杆总长度的相关规定 10.2.4 采用局部锚杆加固不稳定岩石块体时，锚杆承载力的规定 表10.3.5 喷射混凝土物理力学参数		9.4 岩石喷锚支护
	10.3 构造设计			自行阅读
	10.4 施工			自行阅读

9 边坡工程专题

续表

规范条文		条文重点内容	条文说明重点内容	相应重点学习和要结合的本书具体章节
11 重力式挡墙	11.1 一般规定			自行阅读
	11.2 设计计算	11.2.1 土质边坡采用重力式挡墙高度不小于 5m 时,主动土压力增大的规定 11.2.3 重力式挡墙的抗滑移稳定性验算 表 11.2.3 岩土与挡墙底面摩擦系数 11.2.4 重力式挡墙的抗倾覆稳定验算 11.2.5 地震工况时,重力式挡墙的抗滑移稳定系数不应小于 1.10,抗倾覆稳定性不应小于 1.30		9.1 重力式挡墙
	11.3 构造设计	表 11.3.6 斜坡地面墙趾最小埋入深度和距斜坡地面的最小水平距离		自行阅读
	11.4 施工			自行阅读
12 悬臂式挡墙和扶壁式挡墙	12.1 一般规定			自行阅读
	12.2 设计计算	12.2.4 计算立板内力时,侧向压力分布可按图 12.2.4 或根据当地经验图形确定 12.2.5 悬臂式挡墙的立板、墙趾板和墙踵板等结构构件可取单位宽度按悬挑构件进行计算		自行阅读
	12.3 构造设计			自行阅读
	12.4 施工			自行阅读
13 桩板式挡墙	13.1 一般规定			自行阅读
	13.2 设计计算	13.2.5 桩板式挡墙桩身内力计算。k 法和 m 法 13.2.6 桩板式挡墙的桩嵌入岩土层部分的内力采用地基系数法计算时,桩的计算宽度的取值 13.2.8 桩嵌入岩土层的深度应根据地基的横向承载力特征值确定,并应符合的规定 附录 G 岩土层地基系数		9.5 桩板式挡墙
	13.3 构造设计			自行阅读
	13.4 施工			自行阅读

347

续表

规范条文		条文重点内容	条文说明重点内容	相应重点学习和要结合的本书具体章节
14 坡率法	14.1 一般规定			自行阅读
	14.2 设计计算	表 14.2.1 土质边坡坡率允许值 表 14.2.2 岩质边坡坡率允许值		自行阅读
	14.3 构造设计			自行阅读
	14.4 施工			自行阅读
15 坡面防护与绿化	15.1 一般规定			自行阅读
	15.2 工程防护			自行阅读
	15.3 植物防护与绿化			自行阅读
	15.4 施工			自行阅读
16 边坡工程排水	16.1 一般规定			自行阅读
	16.2 坡面排水			自行阅读
	16.3 地下排水			自行阅读
	16.4 施工			自行阅读
17 工程滑坡防治	17.1 一般规定	表 17.1.1 工程滑坡类型 表 17.1.5 滑坡发育阶段		自行阅读
	17.2 工程滑坡防治			自行阅读
	17.3 施工			自行阅读
18 边坡工程施工	18.1 一般规定			自行阅读
	18.2 施工组织设计			自行阅读
	18.3 信息法施工			自行阅读
	18.4 爆破施工	表 18.4.4 爆破安全允许震动速度		自行阅读
	18.5 施工险情应急处理			自行阅读
19 边坡工程监测、质量检验及验收	19.1 监测	表 19.1.3 边坡工程监测项目表		自行阅读
	19.2 质量检验			自行阅读
	19.3 验收			

9.1 重力式挡土墙

9.1.1 重力式挡土墙抗滑移

重力式挡墙抗滑移本质也为受力分析，但是比抗倾覆简单，无须确定每个力的作用点及力臂，计算出挡墙所受的力（如 E_a，G，有时水压力 U，E_p 等）的大小、方向，然后分解为平行于挡墙底面和垂直于挡墙底面两个方向的力，进而计算出抗滑力和滑移力，并且要求抗倾覆稳定系数 $F_s = \dfrac{抗滑力}{滑移力} \geqslant 1.3$。

以如图 9.1-1 所示的情况，进行受力分析，忽略挡墙前被动土压力。

① 墙后主动土压力（包含水压力）总主动土压力 E_a，此力与挡墙法线的夹角为岩土对挡墙墙背的摩擦角 δ，因此可确定 E_a 和挡墙底面的夹角为 $(\alpha - \alpha_0 - \delta)$。

垂直于挡墙底面分量 $E_{an} = E_a \cos(\alpha - \alpha_0 - \delta)$，向下；

水平于挡墙底面分量 $E_{at} = E_a \sin(\alpha - \alpha_0 - \delta)$，沿着滑动面向上，即和挡墙滑移方向相同。

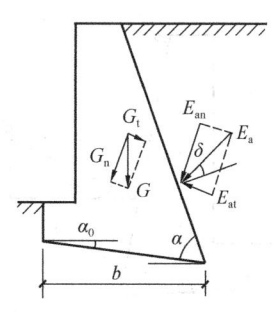

图 9.1-1

【注】分析抗滑移时 E_a 的分解方向与抗倾覆时不同，不是分解为竖直方向和水平方向，而是分解为垂直于挡墙底面分量和水平于挡墙底面分量（即沿着挡墙底面），而挡墙底面一般是倾斜的，挡墙底与水平面夹角 α_0，若挡墙底面是水平的，此时 $\alpha_0 = 0°$，此特殊情况才是分解为竖直方向和水平方向。

② 挡墙自重 G，方向竖直向下。

垂直于挡墙底面分量 $G_n = G\cos\alpha_0$，向下；

水平于挡墙底面分量 $G_t = G\sin\alpha_0$，沿着滑动面向上，即和挡墙滑移方向相反。

所以此情况下 $F_s = \dfrac{(G_n + E_{an}) \cdot \mu}{E_{at} - G_t} = \dfrac{[G\cos\alpha_0 + E_a\cos(\alpha - \alpha_0 - \delta)] \cdot \mu}{E_a\sin(\alpha - \alpha_0 - \delta) - G\sin\alpha_0}$

其他情况，一定要根据题意，具体进行受力分析。分别计算出挡墙所受的力（如 E_a，G，有时水压力 U，E_p 等）的大小、方向，然后分解为平行于挡墙底面和垂直于挡墙底面两个方向的力，进而计算出抗滑力和滑移力。

当墙周无水情况下，重力式挡墙抗滑移解题思维流程总结如下：

图 9.1-1 所示情况受力分析（墙背不垂直不光滑）	
挡墙墙背与水平面的夹角 α	挡墙底与水平面夹角 α_0
岩土对挡墙墙背的摩擦角 δ	岩土地面摩擦系数 μ
① 墙后主动土压力（不包含水压力）E_a [注] a. 按题目要求是否乘增大系数，挡墙高度 5~8m，乘 1.1；大于 8m，乘 1.2 b. 有时候干给出墙背的总主动土压力 E_a，有时候给出其分量，注意区别	垂直于挡墙底面分量（抗滑力） $E_{an} = E_a\cos(\alpha - \alpha_0 - \delta)$ 水平于挡墙底面分量（滑移力） $E_{at} = E_a\sin(\alpha - \alpha_0 - \delta)$

续表

② 挡墙自重 G	垂直于挡墙底面分量（抗滑力） $G_n = G\cos\alpha_0$
	水平于挡墙底面分量（滑移力） $G_t = G\sin\alpha_0$
③ 墙前被动土压力（不包含水压力）E_p	一般忽略不计
抗滑移稳定系数 $F_s = \dfrac{抗滑力}{滑移力} \geqslant 1.3$	图 9.1-1 所示情况（当墙周无水压力，且不计 E_p） $F_s = \dfrac{(G_n + E_{an}) \cdot \mu}{E_{at} - G_t} = \dfrac{[G\cos\alpha_0 + E_a\cos(\alpha - \alpha_0 - \delta)] \cdot \mu}{E_a\sin(\alpha - \alpha_0 - \delta) - G\sin\alpha_0}$

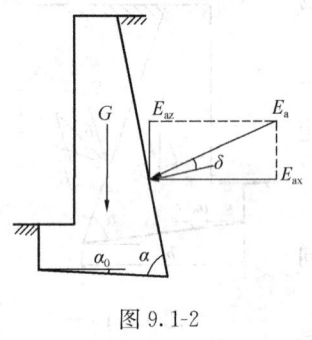

图 9.1-2

【注】① 一定要与土力学专题"1.8 土压力计算基本理论和 1.9.2 边坡工程规范对土压力具体规定"结合，土压力受力计算和分析也是重点。

② 地震工况时，重力式挡墙的抗滑移稳定系数不应小于 1.10。

③ 如图 9.1-2 所示，若主动土压力 E_a 分解为水平方向力 E_{ax} 和竖直方向力 E_{az}，则抗滑移稳定系数计算公式可变形为

$$F_s = \dfrac{[(G + E_{az}) + E_{ax}\tan\alpha_0]\mu}{E_{ax} - (G + E_{az})\tan\alpha_0}$$

$$= \dfrac{[G + E_a\cos(\alpha - \delta) + E_a\sin(\alpha - \delta)\tan\alpha_0]\mu}{E_a\sin(\alpha - \delta) - [G + E_a\cos(\alpha - \delta)]\tan\alpha_0}$$

9.1.2 重力式挡土墙抗倾覆

《建筑边坡工程技术规范》11

重力式挡墙抗倾覆本质亦为受力分析，分别计算出挡墙所受的力及其方向，作用点（如 E_a，G，有时静水压力等），进而计算出抗倾覆力矩和倾覆力矩即可，注意是对挡墙墙趾求距，并且要求抗倾覆稳定系数 $F_t = \dfrac{抗倾覆力矩}{倾覆力矩} \geqslant 1.6$。

以如图 9.1-3 所示的情况，进行受力分析，忽略挡墙前被动土压力。

① 墙后主动土压力（包含水压力）总主动土压力 E_a，此力与挡墙法线的夹角为岩土对挡墙墙背的摩擦角 δ，因此可确定 E_a 和竖直方向的夹角为 $(\alpha - \delta)$，其作用点至墙踵竖直距离设为 z。

将此力进行分解，分解为竖直方向分量和水平方向分量。

竖直方向分量 $E_{az} = E_a\cos(\alpha - \delta)$，$E_a$ 作用点至墙趾水平距离 $x_f = b - z\cot\alpha$，因此所产生的力矩 $E_{az} \cdot x_f$ 绕墙趾逆

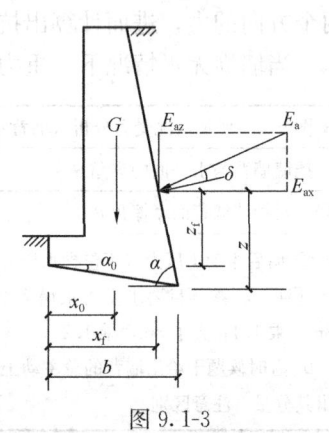

图 9.1-3

时针转动，因此为抗倾覆力矩；

水平方向分量 $E_{ax}=E_a\sin(\alpha-\delta)$，$E_a$ 作用点至墙趾垂直距离 $z_f=z-b\tan\alpha_0$，因此所产生的力矩 $E_{ax}\cdot z_f$ 绕墙趾顺时针转动，因此为倾覆力矩。

② 挡墙自重 G，方向竖直向下，令其作用点即挡墙中心至墙趾的水平距离 x_0，因此所产生的力矩 $G\cdot x_0$ 绕墙趾逆时针转动，因此为抗倾覆力矩；

所以此情况下：$F_t=\dfrac{抗倾覆力矩}{倾覆力矩}=\dfrac{G\cdot x_0+E_{az}\cdot x_f}{E_{ax}\cdot z_f}$

其他情况，一定要根据题意，具体进行受力分析。当墙周无水情况下，重力式挡墙抗倾覆解题思维流程总结如下：

图 9.1-3 所示情况受力分析（墙背不垂直不光滑）		
挡墙墙背与水平面的夹角 α		挡墙底与水平面夹角 α_0
岩土对挡墙墙背的摩擦角 δ		
①墙后主动土压力总主动土压力 E_a 并确定，作用点至墙踵竖直距离 z [注] a. 按题目要求是否乘增大系数，挡墙高度 5～8m，乘 1.1，大于 8m，乘 1.2 b. 有时候题干给出墙背的总主动土压力 E_a，有时候给出其分量，注意区别	竖直方向分量（抗倾覆力） $E_{az}=E_a\cos(\alpha-\delta)$	E_a 作用点至墙趾水平距离 $x_f=b-z\cot\alpha$
	水平方向分量（倾覆力） $E_{ax}=E_a\sin(\alpha-\delta)$	E_a 作用点至墙趾垂直距离 $z_f=z-b\tan\alpha_0$
②挡墙自重 G（抗倾覆力）	挡墙重心至墙趾的水平距离 x_0	
③墙前被动土压力 E_p	确定其作用点、方向，到墙趾的水平或竖直距离	
抗倾覆稳定系数 $F_t=\dfrac{抗倾覆力矩}{倾覆力矩}\geqslant 1.6$	图 9.1-3 所示情况（当墙周无水压力，且不计 E_p） $F_t=\dfrac{G\cdot x_0+E_{az}\cdot x_f}{E_{ax}\cdot z_f}$	

【注】①一定要与土力学专题"1.8 土压力计算基本理论和 1.9.2 边坡工程规范对土压力具体规定"结合，主动土压力和被动土压力计算也是经常考查的重点。

② 地震工况时，重力式挡墙的抗倾覆稳定性不应小于 1.30。

③ 梯形挡墙重心至墙趾的水平距离 x_0 一般不在墙底中心，因此可以直接计算 $G\cdot x_0$ 整体较简单，若下所示。

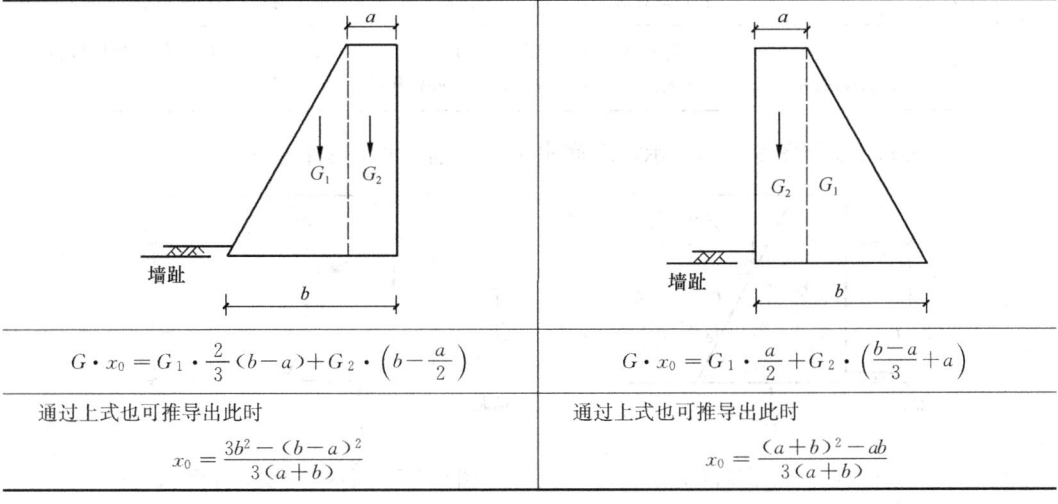

$G\cdot x_0=G_1\cdot\dfrac{2}{3}(b-a)+G_2\cdot\left(b-\dfrac{a}{2}\right)$	$G\cdot x_0=G_1\cdot\dfrac{a}{2}+G_2\cdot\left(\dfrac{b-a}{3}+a\right)$
通过上式也可推导出此时 $x_0=\dfrac{3b^2-(b-a)^2}{3(a+b)}$	通过上式也可推导出此时 $x_0=\dfrac{(a+b)^2-ab}{3(a+b)}$

9.1.3　有水情况下重力式挡土墙稳定性计算

当重力式挡土墙周存在水压力时，或者一侧存在水压力时，此时受力分析多了墙前水压力 E_{pw}（被动土压力侧），墙底扬压力 U 和墙后水压力 E_{aw}（主动土压力侧），并且要根据墙面是否倾斜，注意 E_{pw} 和 E_{aw} 的方向。

各水压力具体处理情况如下所示。

(1) 如图 9.1-4 和图 9.1-5 所示，墙底水平，墙前倾斜，墙背垂直光滑

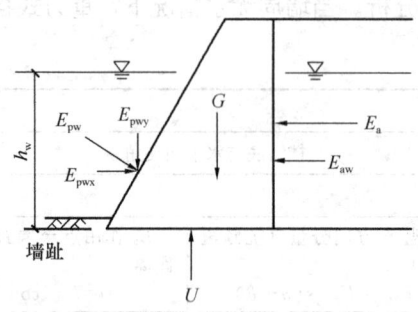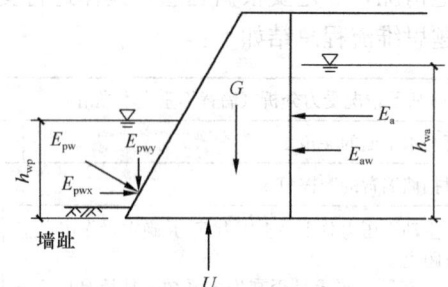

图 9.1-4　所示情况受力分析　　　图 9.1-5　所示情况受力分析

抗滑移	墙前后水位是否相等，处理方式一致	水平方向水压力的处理	水平向的两侧水压力 E_{pwx} 与 E_{aw} 均当作滑移力（荷载），放在分母，其中 E_{pwx} 与滑移方向相反，符号为负；E_{aw} 与滑移方向相同，符号为正。特殊的，如图 9.1-4 所示，当墙前后水位相等时，E_{pwx} 与 E_{aw} 等大反向，相当于 E_{pwx} 与 E_{aw} 相互抵消了
		竖直方向水压力的处理	竖直向水压力 E_{pwy} 与墙底扬压力 U 均当作抗滑力（抗力），放在分子，其中 E_{pwy} 与自重 G 方向相同，符号为正；U 与自重 G 方向相反，符号为负。特殊的，如图 9.1-4 所示，墙前后水位相等时，G、E_{pwy} 和 U 三个力的合力就是挡墙浮重，即 $G'=G-U+E_{pwy}=G-\rho_w g V_{排}$
抗倾覆	墙前后水位是否相等，处理方式一致	水平方向水压力的处理	如图 9.1-4 所示当墙前后水位相等时，E_{pwx} 与 E_{aw} 产生的力矩相互抵消。即此时不考虑墙前后水平向水压力
			如图 9.1-5 所示当墙前后水位相等时，E_{pwx} 产生的力矩当作抗倾覆力矩（抗力），放在分子；E_{aw} 产生的力矩当作倾覆力矩（荷载），放在分母
		竖直方向水压力的处理	竖直向水压力 E_{pwy} 产生的力矩忽略不计。墙底扬压力 U 当作产生抗倾覆力矩（抗力），放在分子，U 与抗倾覆相反，符号为负

(2) 如图 9.1-6 和图 9.1-7 所示，墙底水平，墙前垂直，墙背倾斜

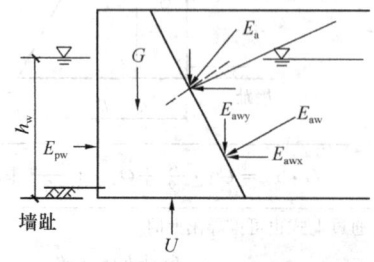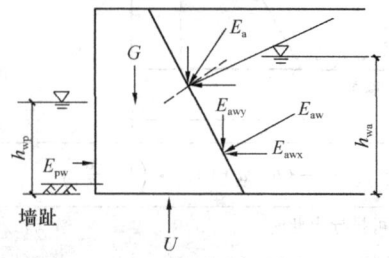

图 9.1-6　所示情况受力分析　　　图 9.1-7　所示情况受力分析

9.1 重力式挡土墙

抗滑移	墙前后水位是否相等，处理方式一致	水平方向水压力的处理	水平向的两侧水压力 E_{pw} 与 E_{awx} 均当作滑移力，放在分母，其中 E_{pw} 与滑移方向相反，符号为负；E_{awx} 与滑移方向相同，符号为正。特殊的，如图 9.1-6 所示，当墙前后水位相等时，E_{pw} 与 E_{awx} 等大反向，相当于 E_{pw} 与 E_{awx} 相互抵消了
		竖直方向水压力的处理	竖直方向水压力 E_{awy} 与墙底扬压力 U 当作抗滑力，放在分子，其中 E_{awy} 与自重 G 方向相同，符号为正；U 与自重 G 方向相反，符号为负。特殊的，如图 9.1-6 所示，墙前后水位相等时，G、E_{awy} 和 U 三个力的合力就是挡墙浮重，即 $G' = G - U + E_{awy} = G - \rho_w g V_{排}$
抗倾覆	墙前后水位是否相等，处理方式一致	水平方向水压力的处理	如图 9.1-6 所示当墙前后水位相等时，E_{pw} 与 E_{awx} 产生的力矩相互抵消。即此时不考虑墙前后水平水压力
			如图 9.1-7 所示当墙前后水位相等时，E_{pw} 产生的力矩当作抗倾覆力矩（抗力），放在分子；E_{awx} 产生的力矩当作倾覆力矩（荷载），放在分母
		竖直方向水压力的处理	竖直方向水压力 E_{awy} 产生的力矩忽略不计。墙底扬压力 U 当作产生抗倾覆力矩（抗力），放在分子，U 与抗倾覆相反，符号为负

（3）总结

① 无论挡墙形式如何，当有水压力时，一定要按照水平方向水压力和竖直方向水压力分别处理。

对于抗滑移而言，墙前后水位是否相等，处理方式是一致的，墙前后水平方向水压力（无论墙前还是墙后）均当作荷载（滑移力），放在分母，当然一定要注意其正负；墙前后竖直方向水压力均当作抗力（抗滑力），放在分子，当然也一定要注意其正负。

对于抗倾覆而言，墙前后竖直方向水压力均忽略不计，但墙前后水平方向水压力，墙前后水位是否相等，处理方式是不一致的。当水位相等时，水平方向水压力相互抵消，即各自不再产生力矩；当水位不相等时，墙前（被动压力侧）水平方向水压力产生的力矩当作抗倾覆力矩（抗力），放在分子；墙后（主动压力侧）水平方向水压力产生的力矩当作倾覆力矩（荷载），放在分母。

② 无论是抗滑移或抗倾覆，也无论墙前后水位是否相等，墙底扬压力 U 均当作抗力（抗滑力或抗倾覆力矩），放在分子，其符号为负，即从自重 G 产生的抗滑力或抗倾覆力矩中扣除。但要注意，当墙前后水位相等时，墙底扬压力 U 矩形分布；当墙前后水位不相等时，墙底扬压力 U 梯形分布，两种情况下其作用点是不同的，特别是在抗倾覆验算中，一定要注意其作用点。

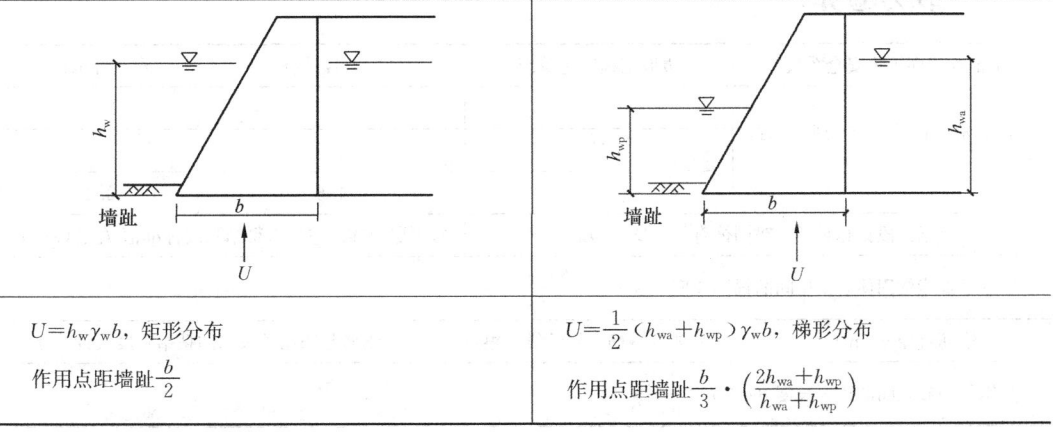

$U = h_w \gamma_w b$，矩形分布

作用点距墙趾 $\dfrac{b}{2}$

$U = \dfrac{1}{2}(h_{wa} + h_{wp})\gamma_w b$，梯形分布

作用点距墙趾 $\dfrac{b}{3} \cdot \left(\dfrac{2h_{wa} + h_{wp}}{h_{wa} + h_{wp}} \right)$

9.2 锚 杆（索）

《建筑边坡工程技术规范》8

锚杆是指由杆体（钢绞线、预应力螺纹钢筋、普通钢筋或钢管）、注浆固结体、锚具、套管所组成的一端与支护结构构件连接，另一端锚固在稳定岩土体内的受拉杆件。杆体采用钢纹线或钢丝束时，亦可称为锚索。其主要作用是将张拉力传递到稳定的或适宜的岩土体中。

9.2.1 单根锚杆（索）轴向拉力标准值 N_{ak}（对应锚杆整体受力分析）

锚杆处所受水平土压力 e_{ahk}（kPa）	锚杆水平间距 s_x（m）	锚杆垂直间距 s_y（m）
单根锚杆水平拉力标准值（kN） $H_{tk}=e_{ahk}s_x s_y$		锚杆倾角 α
单根锚杆轴向拉力标准值（kN） $N_{ak}=\dfrac{H_{tk}}{\cos\alpha}$		

9.2.2 锚杆(索)钢筋截面面积应满足的要求(对应杆体的受拉承载力验算)

锚杆杆体抗拉安全系数 K_b [注] 永久性锚杆抗震验算时，K_b 应按 0.8 折减	边坡工程安全等级	临时性锚杆	永久性锚杆
	一级	1.8	2.2
	二级	1.6	2.0
	三级	1.4	1.8
普通钢筋抗拉强度设计值 f_y（kPa）		预应力钢绞线抗拉强度设置值 f_{py}（kPa）	
普通钢筋锚杆钢筋截面面积（m²）$A_s \geq \dfrac{K_b N_{ak}}{f_y}$		预应力钢绞线截面面积（m²）$A_s \geq \dfrac{K_b N_{ak}}{f_{py}}$	

9.2.3 锚杆（索）锚固段长度及总长度应满足的要求（对应杆体抗拔承载力验算）

岩土锚杆锚固抗拔安全系数 K	边坡工程安全等级	临时性锚杆	永久性锚杆
[注] 永久性锚杆抗震验算时，K 应按 0.8 折减	一级	2.0	2.6
	二级	1.8	2.4
	三级	1.6	2.2
锚固段钻孔直径（锚固体直径）D（m）		岩土层与锚固体极限粘结强度标准值 f_{rbk}（kPa）	
① 锚杆锚索锚固体岩土层间的锚固长度（m）$l_a \geq \dfrac{K N_{ak}}{\pi D f_{rbk}}$			
锚筋直径 d（m）	杆体（钢筋、钢绞线）根数 n	钢筋与锚固砂浆间的粘结强度设计值 f_b	
② 钢筋与砂浆间的锚固长度（m）$l_a \geq \dfrac{K N_{ak}}{n \pi d f_b}$			

9.2 锚杆（索）

续表

③ 锚杆锚固段长度 l_a 应取上两式计算结果的大值且应满足构造要求	构造要求	土层锚杆：$4m \leqslant l_a \leqslant 10m$
		岩石锚杆：$3m \leqslant l_a \leqslant \min(45D, 6.5m)$
		预应力锚索：$3m \leqslant l_a \leqslant \min(55D, 8m)$
④ 锚杆总长度：锚杆总长度应为锚固段、自由段和外锚头的长度之和，其中锚杆自由段长度应为外锚头到潜在滑裂面的长度；预应力锚杆自由段长度应不小于 5.0m，且应超过潜在滑裂面 1.0m。关于潜在滑动面破裂角的规定可见规范 3.2.3 条，确定出潜在滑动面，再计算自由端长度，计算原理与基坑工程专题 "10.3" 中计算非锚固段长度是一样的，此时一定要结合具体的潜在滑动面，画图进行几何分析，切不可死搬硬套			

【注】① 钢筋、钢绞线与砂浆之间的粘结强度设计值 f_b 题干未给时，可查下表确定。

锚杆类型	水泥浆或水泥砂浆强度等级			注意		
	M25	M30	M35	当采用二根钢筋点焊成束的做法时	当采用三根钢筋点焊成束的做法时	成束钢筋的根数不应超过三根，钢筋截面总面积不应超过锚孔面积的 20%
水泥砂浆与螺纹钢筋间的粘结强度设计值 f_b	2.10	2.40	2.70	粘结强度应乘 0.8.5 折减系数	粘结强度应乘 0.7 折减系数	
水泥砂浆与钢绞线、高强钢丝间的粘结强度设计值 f_b	2.75	2.95	3.40			

② 一定要与土力学专题 "1.8 土压力计算基本理论和 1.9.2 边坡工程规范对土压力具体规定" 结合，受力计算和分析是重点。且此时一定要注意锚杆间距。

9.2.4 锚杆（索）的弹性变形和水平刚度系数

自由段作无粘结处理的非预应力岩石锚杆受拉变形主要是非锚固段钢筋的弹性变形，岩石锚固段理论计算变形值或实测变形值均很小。因此非预应力无粘结岩石锚杆的伸长变形主要是自由段钢筋的弹性变形。

自由段无粘结的土层锚杆主要考虑锚杆自由段和锚固段的弹性变形。

预应力岩石锚杆由于预应力的作用效应，锚固段变形极小。当锚杆承受的拉力小于预应力值时，整根预应力岩石锚杆受拉变形值都较小，可忽略不计。全粘结岩石锚杆的理论计算变形值和实测值也较小，可忽略不计，故可按刚性拉杆考虑。

非预应力锚杆其水平刚度系数估算，如下所示：

杆体截面面积 A（m²）	锚固体截面面积 A_c（m²）	锚杆倾角 α（°）
锚杆无粘结自由段长度 l_f（m）	锚杆锚固段长度，指锚杆杆体与锚固体粘结的长度 l_a（m）	
杆体弹性模量 E_s（kN/m²）	注浆体弹性模量 E_m（kN/m²）	
锚固体组合弹性模量（kN/m²） $E_c = \dfrac{AE_s + (A_c - A)E_m}{A_c}$		
自由段无粘结的岩石锚杆水平刚度系数（kN/m） $K_h = \dfrac{AE_s}{l_f}\cos^2\alpha$	自由段无粘结的土层锚杆水平刚度系数（kN/m） $K_t = \dfrac{3AE_sE_cA_c}{3l_fE_cA_c + E_sAl_a}\cos^2\alpha$	

9.3 锚杆（索）挡墙

《建筑边坡工程技术规范》9

锚杆挡墙是指由锚杆（索）、立柱和面板组成的支护结构。锚杆挡土墙的结构形式可分为肋板式、板壁式、格构式、柱板式等，如图 9.3-1 所示。

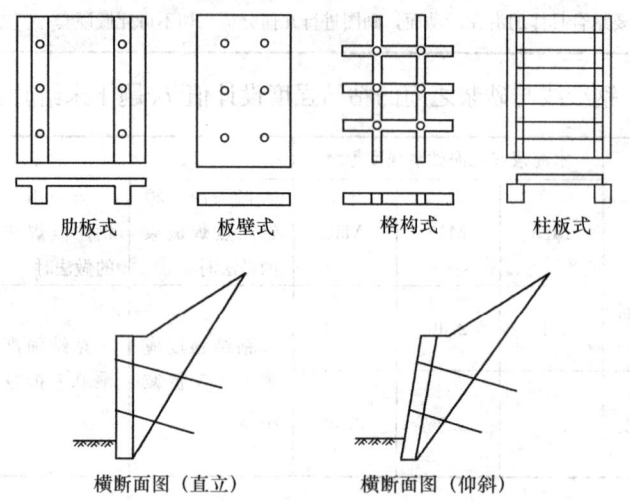

图 9.3-1

9.3.1 侧向岩土压力确定

相应于作用的标准组合时，每延米侧向主动岩土压力合力水平分力 E_{ah}（kN）					
锚杆挡墙及喷锚支护侧向岩土压力修正系数 β_2，如下所示 且当锚杆变形计算值较小时取大值，较大时取小值					
锚杆类型 岩土类别	非预应力锚杆			预应力锚杆	
	土层锚杆	自由段为土层的岩石锚杆	自由段为岩层的岩石锚杆	自由段为土层时	自由段为岩层时
β_2	1.1~1.2	1.1~1.2	1.0	1.2~1.3	1.1

①坡顶无建（构）筑物且不需对边坡变形进行控制的锚杆挡墙，相应于作用的标准组合时，每延米侧向岩土压力合力水平分力修正值（kN）$E'_{ah}=E_{ah}\beta_2$

	挡墙高度 H（m）	锚杆支护位置 h（m）	
		岩质边坡	土质边坡
② 相应于作用的标准组合时侧向岩土压力水平分力修正值 e'_{ah}（kN/m²）	对岩质边坡以及坚硬、硬塑状黏性土和密实、中密砂土类边坡，当采用逆作法施工的、柔性结构的多层锚杆挡墙时	当 $h<0.2H$ 时 $e'_{ah}=\dfrac{h}{0.2H}\dfrac{E'_{ah}}{0.9H}$ 当 $h\geqslant 0.2H$ 时 $e'_{ah}=\dfrac{E'_{ah}}{0.9H}$	当 $h<0.25H$ 时 $e'_{ah}=\dfrac{h}{0.25H}\dfrac{E'_{ah}}{0.875H}$ 当 $h\geqslant 0.25H$ 时 $e'_{ah}=\dfrac{E'_{ah}}{0.875H}$
	填方锚杆挡墙和单排锚杆的土层锚杆挡墙	可近似按库仑理论取为三角形分布	

9.3.2 锚杆内力计算

如图 9.3-2 所示,锚杆轴向拉力如下计算:

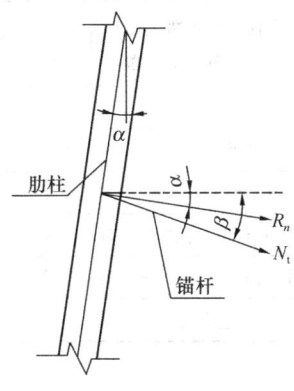

图 9.3-2 锚杆拉力和支点反力的关系

第 n 个锚杆支点反力 R_n(kN)	锚杆与水平面的夹角 β	竖肋或立柱的竖向倾角 α
锚杆轴向拉力(kN) $N_t = \dfrac{R_n}{\cos(\beta-\alpha)}$		

9.4 岩石喷锚支护

《建筑边坡工程技术规范》9.2.2、9.2.5、10

岩石喷锚支护指由锚杆和喷射混凝土面板组成的支护结构。应特别注意,岩质边坡整体稳定用系统锚杆支护后,对局部不稳定块体尚应采用锚杆加强支护。锚喷支护中锚杆有系统锚杆和局部锚杆两种类型。系统锚杆用以维持边坡整体稳定,采用本规范相关的直线滑裂面的极限平衡法计算。局部锚杆用以维持不稳定块体的稳定,采用赤平投影法或块体平衡法计算。

9.4.1 侧向岩石压力确定

按上一节中"9.3.1 侧向岩土压力确定"的内容进行确定,不再赘述。

9.4.2 锚杆所受轴向拉力标准值

此节相关知识点解题思维流程总结如下:

相应于作用的标准组合时侧向岩土压力水平分力修正值 e'_{ah}(kN/m²)(按 9.3.1 节计算)		
锚杆倾角 a(°)	锚杆的水平间距 s_{xj}(m)	锚杆的垂直间距 s_{yj}(m)
锚杆所受轴向拉力(kN) $N_{ak} = e'_{ah} s_{xj} s_{yj} / \cos a$		

9.4.3 采用局部锚杆加固不稳定岩石块体时,锚杆承载力应满足要求

岩石块体滑动面面积 A (m²)	滑移面的黏聚力 c (kPa)	滑动面上的摩擦系数 f	
	边坡工程安全等级 (具体确定可查规范 3.2.1 条)	临时性锚杆	永久性锚杆
锚杆钢筋抗拉安全系数 K_b	一级	1.8	2.2
	二级	1.6	2.0
	三级	1.4	1.8
分别为不稳定块体自重在平行和垂直于滑面方向的分力 G_t、G_n (kN)			
单根锚杆轴向拉力在抗滑方向和垂直于滑动面方向上的分力 N_{akti}、N_{akni} (kN)			
应满足的条件 $K_b(G_t - fG_n - cA) \leqslant \sum N_{akti} + f\sum N_{akni}$			

9.5 桩板式挡墙

《建筑边坡工程技术规范》9.2.2、9.2.5、10

桩板式挡墙是由抗滑桩和桩间挡板等构件组成的支护结构。采用桩板式挡墙作为边坡支护结构时,可有效地控制边坡变形,因而是高大填方边坡、坡顶附近有建筑物挖方边坡的较好支挡形式。桩板式挡墙按其结构形式分为悬臂式桩板挡墙、锚拉式桩板挡墙。

9.5.1 地基的横向承载力特征值

当桩嵌入岩层,桩为矩形截面时,地基的横向承载力特征值 f_H 按如下计算:

岩石天然单轴极限抗压强度标准值 f_{rk} (kPa)	
在水平方向的换算系数 K_H 根据岩层构造可取 0.50~1.00	折减系数 η 根据岩层的裂缝、风化及软化程度可取 0.30~0.45
地基的横向承载力特征值 (kPa) $f_H = K_H \eta f_{rk}$	

当桩嵌入土层或风化层土、砂砾状岩层时,悬臂抗滑桩(如图 9.5-1 所示)地基横向承载力特征值按如下计算:

滑动面以下土体的重度 γ_2 (kN/m³)	滑动面以下土体的等效内摩擦角 φ_0 (°)
滑动面至计算点的距离 y (m)	
滑动面以上土体的重度 γ_1 (kN/m³)	设桩处滑动面至地面的距离 h_1 (m)
① 当设桩处沿滑动方向地面坡度小于 8°时,地基 y 点的横向承载力特征值 (kPa)	
$$f_H = 4\gamma_2 y \frac{\tan\varphi_0}{\cos\varphi_0} - \gamma_1 h_1 \frac{1-\sin\varphi_0}{1+\sin\varphi_0}$$	
滑动面以下土体的内摩擦角 φ (°)	
② 当设桩处沿滑动方向地面坡度 $i \geqslant 8°$ 且 $i \leqslant \varphi_0$ 时,地基 y 点的横向承载力特征值 (kPa)	
$$f_H = 4\gamma_2 y \frac{\cos^2 i}{\cos^2\varphi} \sqrt{\cos^2 i - \cos^2\varphi} - \gamma_1 h_1 \cos i \frac{\cos i - \sqrt{\cos^2 i - \cos^2\varphi}}{\cos i + \sqrt{\cos^2 i - \cos^2\varphi}}$$	

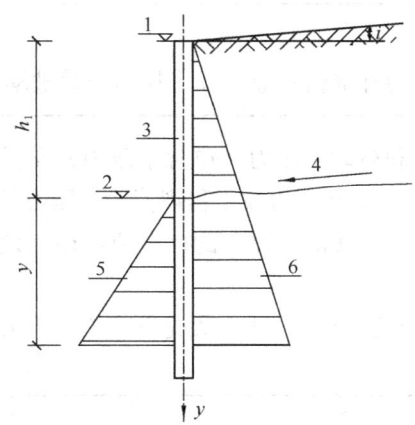

图 9.5-1 悬臂抗滑桩土质地基横向承载力特征值计算简图
1—桩顶地面；2—滑面；3—抗滑桩；4—滑动方向；5—被动土
压力分布图；6—主动土压力分布图

9.5.2 桩嵌入岩土层的深度

桩嵌入岩土层的深度应根据地基的横向承载力特征值确定。

嵌入岩层时	桩的最大横向压应力 σ_{max} 应小于或等于地基的横向承载力特征值 f_H	构造要求：悬臂式桩板挡墙桩长在岩质地基中嵌固深度不宜小于桩总长的 1/4，土质地基中不宜小于 1/3
嵌入土层或风化层土、砂砾状岩层时	滑动面以下或桩嵌入稳定岩土层内深度为 h_2 和 $h_2/3$（滑动面以下或嵌入稳定岩层内桩长）处的横向压应力不应大于地基横向承载力特征值 f_H	

9.6 静力平衡法和等值梁法

9.6.1 静力平衡法

《建筑边坡工程技术规范》附录 F

9.6.1.1 静力平衡法基本计算公式

静力平衡法，边坡工程和基坑工程均适用。静力平衡法实质就是受力平衡，这种方法前面也是多次运用了。

【注】基坑可参见《建筑基坑支护技术规程》3.1.7、3.4.2，基坑规程未明确指出"静力平衡法"这个概念，但是本质就是静力平衡法。边坡可参见《建筑边坡工程技术规范》附录 F，以下内容按照边坡规范讲解。

静力平衡法基本计算公式如下：

$$\sum H_{tkj} = E_a - E_p$$
总锚杆（或其他支撑）拉力标准值＝总主动土压力－总被动土压力

【注】①计算主动土压力和被动土压力（包含水压力）是重点，一定要结合土力学专题"1.8 土压力计算基本理论和 1.9.2 边坡工程规范对土压力具体规定"求解。

② 注意题目最终求锚杆（或其他支撑）的标准值，还是设计值。同时要注意锚杆或支撑的间距。

在《建筑基坑支护技术规范》3.1.7 中，无论是弯矩，剪力还是轴向力，（设计值）$F = \gamma_0 \gamma_F F_k$（标准值）

支护结构重要性系数 γ_0	安全等于一级的支护结构 $\gamma_0 \geqslant 1.1$	二级 $\gamma_0 \geqslant 1.0$	三级 $\gamma_0 \geqslant 0.9$
作用基本组合的分项系数 γ_F	$\gamma_F \geqslant 1.25$		

9.6.1.2 立柱和锚杆采用静力平衡法分析

对板肋式及桩锚式挡墙，当立柱（肋柱和桩）嵌入深度较小或坡脚土体较软弱时，可视立柱下端为自由端，按静力平衡法计算；当立柱嵌入深度较大或为岩层或坡脚土体较坚硬时，视立柱下端为固定端，按等值梁法计算（后面会讲）。

立柱和锚杆采用静力平衡法分析，主要内容如下（规范图 F.0.3）：

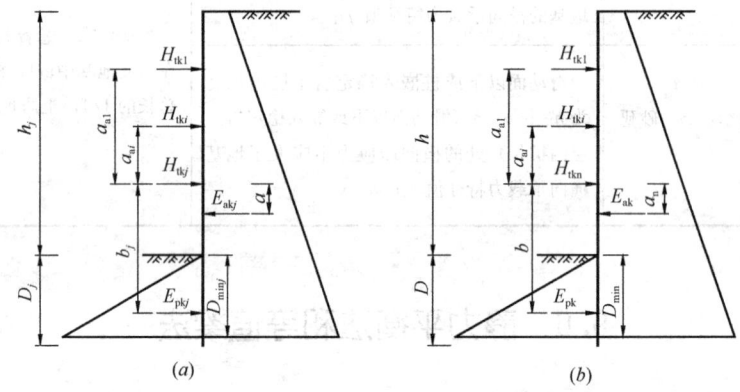

规范图 F.0.3 静力平衡法计算简图
(a) 第 j 层锚杆水平分力；(b) 立柱嵌入深度

(1) 锚杆水平分力按如下计算

沿边坡高度范围内设置的锚杆总层数 n	
挡墙后侧向主动土压力合力 E_{akj}（kN）	坡脚地面以下挡墙前侧向被动土压力合力 E_{pkj}（kN）
第 i 层锚杆水平分力 H_{tki}（kN）	
第 j 层锚杆水平分力（kN）$H_{tkj} = E_{akj} - E_{pkj} - \sum\limits_{i=1}^{j-1} H_{tki}$	

【注】 计算挡墙后侧向压力时：
① 在坡脚地面以上部分计算宽度应取立柱间的水平距离。

9.6 静力平衡法和等值梁法

② 在坡脚地面以下部分计算宽度对肋柱取 $1.5b+0.50$（其中 b 为肋柱宽度）。

③ 对桩取 $0.90(1.5d+0.50)$（其中 d 为桩直径）。

（2）锚杆最小嵌入深度 D_{min} 按如下计算

沿边坡高度范围内设置的锚杆总层数 n	
坡脚地面以下挡墙前侧向被动土压力合力 E_{pk} （kN）	挡墙后侧向主动土压力合力 E_{ak} （kN）
E_{pk} 作用点到 H_{tkn} 的距离 b	E_{ak} 作用点到 H_{tkn} 的距离 a_n （m）
H_{tki} 作用点到 H_{tkn} 的距离 a_{ai} （m）	
锚杆最小嵌入深度 D_{min} 按下式计算	
$$E_{pk}b - E_{ak}a_n - \sum_{i=1}^{n} H_{tki}a_{ai} = 0$$	

（3）立柱设计嵌入深度 h_r 按如下计算

立柱嵌入深度增大系数 ξ
对一、二、三级边坡分别为 1.50、1.40、1.30
挡墙最低一排锚杆设置后，开挖高度为边坡高度时立柱的最小嵌入深度 h_{r1} （m）
立柱设计嵌入深度（m） $h_r = \xi h_{r1}$

9.6.2 等值梁法

《建筑边坡工程技术规范》附录 F

等值梁法计算立柱内力和锚杆水平分力时，按如下计算（规范图 F.0.4）：

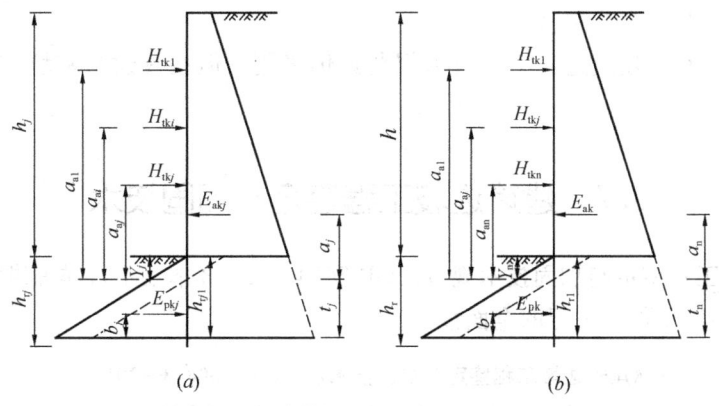

规范图 F.0.4 等值梁法计算简图
(a) 第 j 层锚杆水平分力；(b) 立柱嵌入深度

① 确定反弯点（即主动土压力强度等于被动土压力强度的点，也即弯矩零点）的位置	
设反弯点到坡脚地面的距离 Y_n，根据 $e_{ak}=e_{pk}$ 计算出 Y_n	
② 计算锚杆力，以反弯点为支点，通过反弯点上部弯矩平衡条件计算	
坡脚地面以上部分主动土压力 E_{ak1}（主要是计算坡脚地面处主动土压力强度）	E_{ak1} 至反弯点距离 a_1（三角形分布）
坡脚地面以下至反弯点部分主动土压力与被动土压力差值部分的土压力 E'_{ak2}（主要是计算坡脚地面处被动与主动土压力强度差）	E'_{ak2} 至反弯点距离 a_2（三角形分布）

续表

计算锚杆（第 j 层）至反弯点距离 a_{aj}	
计算锚杆的水平分力（只有一层锚杆） $$H_{tjk}=\frac{E_{akj}a_j}{a_{aj}}=\frac{E_{ak1}a_1+E'_{ak2}a_2}{a_{aj}}$$	计算锚杆（第 j 层）的水平分力（有多层锚杆） $$H_{tjk}=\frac{E_{akj}a_j-\sum_{i=1}^{j-1}H_{tki}a_{ai}}{a_{aj}}=\frac{E_{ak1}a_1+E'_{ak2}a_2-\sum_{i=1}^{j-1}H_{tki}a_{ai}}{a_{aj}}$$
③ 立柱的最小嵌入深度 h_r 计算	
桩前作用于立柱的被动土压力合力 E_{pk} 作用点到立柱底的距离 b（m）	
立柱的最小嵌入深度 $h_r=Y_n+t_n=Y_n+\dfrac{E_{pk} \cdot b}{E_{ak}-\sum_{i=1}^{n}H_{tki}}$	

【注】①计算主动土压力和被动土压力是重点，一定要结合土力学专题"1.8 土压力计算基本理论和 1.9.2 边坡工程规范对土压力具体规定"求解；且计算弯矩值 $E_{akj}a_j$ 一定要根据主动土压力强度的分布形式进行计算，分为坡脚地面以上和以下两部分，这样弯矩作用点易确定；并且应注意锚杆间距。

② 最大弯矩发生在剪力为零处，即剪力零点，"主动土压力合力＝被动土压力合力"的点。

最大剪力发生在弯矩为零处，即反弯点，"主动土压力强度＝被动土压力强度"的点。

③ 计算挡墙后侧向压力时，在坡脚地面以上部分计算宽度应取立柱间的水平距离；在坡脚地面以下部分计算宽度对肋柱取 $1.5b+0.50$（其中 b 为肋柱宽度）；对桩取 0.90 $(1.5d+0.50)$（其中 d 为桩直径）。

④ 等值梁法在《建筑边坡工程技术规范》仍采用，但在《建筑基坑支护技术规程》不再采用。

9.7 建筑边坡工程鉴定与加固技术

《建筑边坡工程鉴定与加固技术规范》GB 50843—2013 本书不再详细讲解，一定要根据下表自行学习，要做到复习的全面性。

《建筑边坡工程鉴定与加固技术规范》GB 50843—2013
条文及条文说明重要内容简介及本书索引

规范条文		条文重点内容	条文说明重点内容	相应重点学习和要结合的本书具体章节
1 总则				自行阅读
2 术语和符号	2.1 术语			自行阅读
	2.2 符号			自行阅读
3 基本规定	3.1 一般规定			自行阅读
	3.2 边坡工程鉴定			自行阅读
	3.3 边坡工程加固设计			自行阅读

9.7 建筑边坡工程鉴定与加固技术

续表

规范条文		条文重点内容	条文说明重点内容	相应重点学习和要结合的本书具体章节
4 边坡加固工程勘察	4.1 一般规定			自行阅读
	4.2 勘察工作			自行阅读
	4.3 稳定性分析评价	表4.3.7 既有边坡工程稳定状态划分 附录A 原有支护结构有效抗力作用下的边坡稳定性计算方法	4.3.4 中的算例	自行阅读
	4.4 参数取值	4.4.4 对出现变形的边坡工程,其稳定性系数的取值		自行阅读
5 边坡工程鉴定	5.1 一般规定			自行阅读
	5.2 鉴定的程序与工作内容	表5.2.7 鉴定单元评级的层次、等级划分及工作内容 表5.2.10 边坡工程鉴定评级汇总表		自行阅读
	5.3 调查与检测	表5.3.3 边坡工程的作用调查检测项目 表5.3.4 边坡工程使用环境调查项目		自行阅读
	5.4 鉴定评级标准	表5.4.1-1 安全性鉴定评级标准 表5.4.1-2 使用性鉴定评级标准		自行阅读
	5.5 支护结构构件的鉴定与评级			自行阅读
	5.6 子单元的鉴定评级	表5.6.2-1 支护结构整体性评定等级 表5.6.2-2 支护结构承载功能和变形评定等级 附录B 支护结构地基基础安全性鉴定评级		自行阅读
	5.7 鉴定单元的鉴定评级	附录C 鉴定单元稳定性鉴定评级		自行阅读
6 边坡加固工程设计计算	6.1 一般规定			自行阅读
	6.2 计算原则	6.2.2 采用锚固加固法、抗滑桩加固法加固时,新增支护结构或构件与原支护结构形成组合支护结构共同工作,组合支护结构抗力计算应符合的规定		自行阅读
	6.3 计算参数	表6.3.1 新增锚杆及传力结构的抗力发挥系数 表6.3.2 新增抗滑桩及传力结构的抗力发挥系数		自行阅读

9 边坡工程专题

续表

规范条文		条文重点内容	条文说明重点内容	相应重点学习和要结合的本书具体章节
7 边坡工程加固方法	7.1 一般规定			自行阅读
	7.2 削方减载法			自行阅读
	7.3 堆载反压法			自行阅读
	7.4 锚固加固法			自行阅读
	7.5 抗滑桩加固法			自行阅读
	7.6 加大截面加固法			自行阅读
	7.7 注浆加固法			自行阅读
	7.8 截排水法			自行阅读
8 边坡工程加固	8.1 一般规定			自行阅读
	8.2 锚杆挡墙工程的加固			自行阅读
	8.3 重力式挡墙及悬臂式、扶壁式挡墙工程的加固			自行阅读
	8.4 桩板式挡墙工程的加固			自行阅读
	8.5 岩石锚喷边坡工程的加固			自行阅读
	8.6 坡率法边坡工程的加固			自行阅读
	8.7 地基和基础加固			自行阅读
9 监测	9.1 一般规定			自行阅读
	9.2 监测工作			自行阅读
	9.3 监测数据处理			自行阅读
	9.4 监测报告			自行阅读
10 加固工程施工及验收	10.1 一般规定			自行阅读
	10.2 施工组织设计			自行阅读
	10.3 施工险情应急措施			自行阅读
	10.4 工程验收			自行阅读

10 基坑工程专题

本专题依据的主要规范及教材

《建筑基坑支护技术规程》JGJ 120—2012
《建筑基坑工程监测技术规范》GB 50497—2009
《建筑变形测量规范》JGJ 8—2016、J 719—2016

基坑工程专题为核心章节，每年必考，出题数为 4 道题左右，主要考查《建筑基坑支护技术规程》内相关知识点，主要包括水平荷载计算、重力式水泥土墙、支挡结构、土钉墙、锚杆、基坑地下水控制等。所谓"有坑必有坡"，此专题与边坡工程专题联系较密切，特别是侧向土压力计算，可对比学习。近年来"基坑地下水控制"是考查热点，年年考，而且较难，应引起重视。

《建筑基坑支护技术规程》JGJ 120—2012
条文及条文说明重要内容简介及本书索引

规范条文		条文重点内容	条文说明重点内容	相应重点学习和要结合的本书具体章节
1 总则				自行阅读
2 术语和符号	2.1 术语			自行阅读
	2.2 符号			自行阅读
3 基本规定	3.1 设计原则	表3.1.3 支护结构的安全等级 3.1.5 支护结构、基坑周边建筑物和地面沉降、地下水控制的计算和验算应采用的表达式 3.1.6 支护结构构件按承载能力极限状态设计时，作用基本组合的综合分项系数以及结构重要性系数取值 3.1.7 内力设计值公式 3.1.14 土压力及水压力计算、土的各类稳定性验算时，土、水压力的分、合算方法及相应的土的抗剪强度指标类别应符合的规定		自行阅读
	3.2 勘察要求与环境调查			自行阅读
	3.3 支护结构选型	表3.3.2 各类支护结构的适用条件		自行阅读
	3.4 水平荷载	3.4.2 作用在支护结构上的土压力确定公式 3.4.3 对成层土，土压力计算时的各土层计算厚度应符合的规定 3.4.4 静止地下水的水压力计算 3.4.5 土中竖向应力标准值计算 3.4.6 均布附加荷载作用下的土中附加竖向应力标准值计算 3.4.7 局部附加荷载作用下的土中附加竖向应力标准值计算 3.4.8 当支护结构顶部低于地面，其上方采用放坡或土钉墙时，支护结构顶面以上土体对支护结构的作用宜按库仑土压力理论计算，也可将其视作附加荷载，计算土中附加竖向应力标准值		1.8 土压力计算基本理论 1.9.3 基坑工程规范对土压力具体规定

续表

规范条文		条文重点内容	条文说明重点内容	相应重点学习和要结合的本书具体章节
4 支挡式结构	4.1 结构分析	4.1.3 采用平面杆系结构弹性支点法时，宜采用图4.1.3-1所示的结构分析模型，且应符合的规定 4.1.4 作用在挡土构件上的分布土反力应符合的规定 4.1.5 基坑内侧土的水平反力系数的计算 4.1.6 土的水平反力系数的比例系数的计算 4.1.7 排桩的土反力计算宽度的计算 4.1.8 锚杆和内支撑对挡土结构的作用力的确定 4.1.9 锚拉式支挡结构的弹性支点刚度系数的确定 4.1.10 对水平对撑，当支撑腰梁或冠梁的挠度可忽略不计时，计算宽度内弹性支点刚度系数的计算		10.1 支挡结构内力弹性支点法计算
	4.2 稳定性验算	4.2.1 悬臂式支挡结构的嵌固深度应符合的嵌固稳定性的要求 4.2.2 单层锚杆和单层支撑的支挡式结构的嵌固深度应符合的嵌固稳定性的要求 4.2.3 锚拉式、悬臂式支挡结构和双排桩的整体滑动稳定性验算 4.2.4 支挡式结构的嵌固深度应符合的坑底隆起稳定性要求 4.2.5 锚拉式支挡结构和支撑式支挡结构，当坑底以下为软土时，其嵌固深度应符合的以最下层支点为轴心的圆弧滑动稳定性要求 4.2.6 采用悬挂式截水帷幕或坑底以下存在水头高于坑底的承压水含水层时，地下水渗透稳定性验算 4.2.7 挡土构件的嵌固深度的构造要求		10.2 支挡结构稳定性

续表

规范条文		条文重点内容	条文说明重点内容	相应重点学习和要结合的本书具体章节
4 支挡式结构	4.3 排桩设计	4.3.2 混凝土支护桩的正截面和斜截面承载力应符合的规定 附录 B 圆形截面混凝土支护桩的正截面受弯承载力计算		自行阅读
	4.4 排桩施工与检测			自行阅读
	4.5 地下连续墙设计	4.5.1 地下连续墙的正截面受弯承载力、斜截面受剪承载力的计算，但其弯矩、剪力设计值应按本规程第 3.1.7 条确定		自行阅读
	4.6 地下连续墙施工与检测			自行阅读
	4.7 锚杆设计	4.7.2 锚杆的极限抗拔承载力应符合的要求 4.7.3 锚杆的轴向拉力标准值的计算 4.7.4 锚杆极限抗拔承载力的确定 表4.7.4 锚杆的极限粘结强度标准值 4.7.5 锚杆的非锚固段长度的计算公式，且不应小于 5.0m 4.7.6 锚杆杆体的受拉承载力应符合的规定 4.7.7 锚杆锁定值的确定 4.7.8 锚杆的布置的规定 4.7.9 钢绞线锚杆、钢筋锚杆的构造规定 附录 A 锚杆抗拔试验要点		10.3 锚杆
	4.8 锚杆施工与检测	4.8.4 钢绞线锚杆和钢筋锚杆的注浆规定 表 4.8.8 锚杆的抗拔承载力检测值		自行阅读
	4.9 内支撑结构设计	4.9.5 内支撑结构分析应符合的原则 4.9.8 支撑构件的受压计算长度的确定 4.9.9 预加轴向压力的支撑，预加力值的确定 4.9.10 立柱的受压承载力的计算		自行阅读

续表

规范条文		条文重点内容	条文说明重点内容	相应重点学习和要结合的本书具体章节
4 支挡式结构	4.10 内支撑结构施工与检测			自行阅读
	4.11 支护结构与主体结构的结合及逆作法			自行阅读
	4.12 双排桩设计	4.12.1 双排桩可采用的平面刚架结构模型 4.12.2 作用在后排桩上的主动土压力、前排桩嵌固段上的土反力、作用在单根后排支护桩上的主动土压力计算宽度、土反力计算宽度、前、后排桩间土对桩侧的压力等相关规定和计算 4.12.3 桩间土的水平刚度系数的计算 4.12.4 前、后排桩间土对桩侧的初始压力的计算 4.12.5 双排桩的嵌固深度应符合的嵌固稳定性的要求 4.12.7 双排桩结构的嵌固深度构造要求 4.12.8 双排桩应按偏心受压、偏心受拉件进行支护桩的截面承载力计算,刚架梁应根据其跨高比按普通受弯构件或深受弯构件进行截面承载力计算 4.12.9 前、后排桩与刚架梁节点处,桩的受拉钢筋与刚架梁受拉钢筋的搭接长度不应小于受拉钢筋锚固长度的 1.5 倍		10.4 双排桩
5 土钉墙	5.1 稳定性验算	5.1.1 土钉墙应对基坑开挖的各工况进行整体滑动稳定性验算 5.1.2 基坑底面下有软土层的土钉墙结构应进行坑底隆起稳定的验算 5.1.3 土钉墙与截水帷幕结合时,应按本规程附录 C 的规定进行地下水渗透稳定性验算 附录 C 渗透稳定性验算		10.2 支挡结构稳定性

续表

规范条文		条文重点内容	条文说明重点内容	相应重点学习和要结合的本书具体章节
5 土钉墙	5.2 土钉承载力计算	5.2.1 单根土钉的极限抗拔承载力应符合的规定 5.2.2 单根土钉的轴向拉力标准值的计算 5.2.3 坡面倾斜时的主动土压力折减系数的计算 5.2.4 土钉轴向拉力调整系数的计算 5.2.5 单根土钉的极限抗拔承载力的确定 表5.2.5 土钉的极限粘结强度标准值 5.2.6 土钉杆体的受拉承载力的规定		10.5 土钉墙
	5.3 构造	5.3.1 土钉墙、预应力锚杆复合土钉墙的坡比要求		自行阅读
	5.4 施工与检测			自行阅读
6 重力式水泥土墙	6.1 稳定性与承载力验算	6.1.1 重力式水泥土墙的滑移稳定性计算 6.1.2 重力式水泥土墙的倾覆稳定性计算 6.1.3 重力式水泥土墙的圆弧滑动稳定性验算 6.1.4 重力式水泥土墙，嵌固深度应符合的坑底隆起稳定性要求 6.1.5 重力式水泥土墙墙体的正截面应力应符合的规定 6.1.6 重力式水泥土墙的正截面应力验算		10.6 重力式水泥土墙
	6.2 构造	6.2.2 重力式水泥土墙的嵌固深度构造要求 6.2.3 重力式水泥土墙采用格栅形式时，格栅的面积置换率要求。每个格栅内的土体面积应符合的要求		自行阅读
	6.3 施工与检测			自行阅读
7 地下水控制	7.1 一般规定			自行阅读
	7.2 截水	7.2.2 落底式帷幕进入下卧隔水层的深度应满足的要求	7.2.5、7.2.9 搅拌桩、旋喷桩帷幕的布置形式图 表3 旋喷注浆固结体有效直径经验值 7.2.11 中表4 常用的高压喷射注浆工艺参数	10.7.1 基坑截水

续表

规范条文		条文重点内容	条文说明重点内容	相应重点学习和要结合的本书具体章节
7 地下水控制	7.3 降水	表7.3.1 各种降水方法的适用条件 7.3.2 降水后基坑内的水位应低于坑底0.5m 7.3.4 基坑地下水位降深应符合的规定 7.3.5 当含水层为粉土、砂土或碎石土时，潜水完整井的地下水位降深的计算 7.3.6 对潜水完整井，按干扰井群计算的第j个降水井的单井流量可通过求解n维线性方程组计算 7.3.7 当含水层为粉土、砂土或碎石土，各降水井所围平面形状近似圆形或正方形且各降水井的间距、降深相同时，潜水完整井的地下水位降深的计算 7.3.8 当含水层为粉土、砂土或碎石土时，承压完整井的地下水位降深的计算 7.3.9 对承压完整井，按干扰井群计算的第j个降水井的单井流量可通过求解n维线性方程组计算 7.3.10 当含水层为粉土、砂土或碎石土，各降水井所围平面形状近似圆形或正方形且各降水井的间距、降深相同时，承压完整井的地下水位降深的计算 7.3.11 含水层的影响半径的计算 7.3.15 降水井的单井设计流量的计算 7.3.16 降水井的单井出水能力的计算 7.3.18 管井的构造应符合的要求 附录E 基坑涌水量计算	7.3.17 中表5 岩土层的渗透系数k的经验值	10.7.2 基坑涌水量 10.7.3 基坑内任一点水位降深计算 10.5.4 降水井设计
	7.4 集水明排	7.4.2 排水沟的截面应根据设计流量确定，排水沟的设计流量应符合的规定		自行阅读
	7.5 降水引起的地层变形计算	7.5.1 降水引起的地层压缩变形量计算 7.5.2 基坑外土中各点降水引起的附加有效应力计算		自行阅读
8 基坑开挖与监测	8.1 基坑开挖			
	8.2 基坑监测			

10.1 支挡结构内力弹性支点法计算

《建筑基坑支护技术规程》4.1

弹性支点法，又称为弹性抗力法、地基反力法和侧向弹性地基梁法。其本质是基于支挡结构与地基土之间共同作用和变形协调原理，计算支挡结构本身的内力和变形，它和文克勒地基梁原理是相同的，但是由于这个梁是竖向放置的，所以基坑内侧土的水平反力系数 k_s 不再是常数，而是与深度有关，亦即采用 m 法，此处 m 指土的水平反力系数的比例系数。

弹性支点法，内支撑（或锚杆）当作弹性支座，支挡结构作为弹性梁，坑内坑底以下地基土当作弹性地基，按照变形协调条件进行结构的内力与变形分析，如图 10.1-1 所示。但是计算结构的内力与变形需要使用高次微分方程，较复杂，从考试角度，一般考察的是计算结构的内力与变形所需要的"过程量"，比如作用在挡土构件上的分布土反力，结构的刚度系数等。

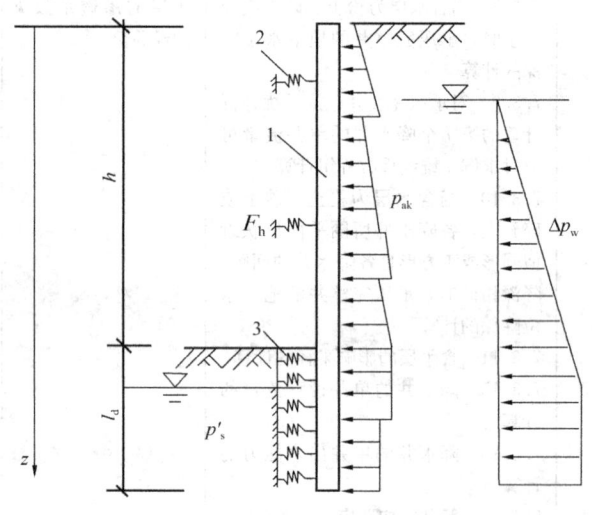

图 10.1-1　侧向弹性地基反力法
1—地下连续墙；2—支撑或锚杆；3—弹性地基

10.1.1 主动土压力计算

主动土压力强度标准值按规程第 3.4 节的有关规定确定，一般按照朗肯或库仑理论计算。

土压力计算宽度按如下进行确定：

挡土结构采用排桩时	作用在单根支护桩上的主动土压力计算宽度应取排桩间距
挡土结构采用地下连续墙时	作用在单幅地下连续墙上的主动土压力计算宽度应取包括接头的单幅墙宽度

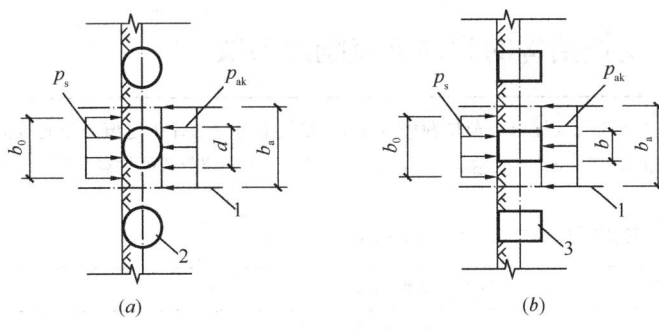

规程 图 4.1.3-2 排桩计算宽度
1—排桩对称中心线；2—圆形桩；3—矩形桩或工字形桩
(a) 圆形截面排桩计算宽度；(b) 矩形或工字形截面排桩计算宽度

10.1.2 土反力计算宽度

① 挡土结构采用排桩时，计算示意图如图 10.1-2 所示			
单根支护桩上的土反力计算宽度 b_0	圆形桩桩径为 d	$d \leqslant 1\text{m}$ 时，$b_0 = 0.9(1.5d + 0.5)$	[注] 若按左式计算的 b_0 大于排桩间距，则 b_0 取排桩间距
		$d > 1\text{m}$ 时，$b_0 = 0.9(d + 1)$	
	矩形桩或工字形桩宽度为 b	$b \leqslant 1\text{m}$ 时，$b_0 = 1.5b + 0.5$	
		$b > 1\text{m}$ 时，$b_0 = b + 1$	
② 挡土结构采用地下连续墙时	作用在单幅地下连续墙上的土反力计算宽度 b_0 应取包括接头的单幅墙宽度		

10.1.3 作用在挡土构件上的分布土反力

土的黏聚力 c (kPa)、内摩擦角 φ (°)：对多层土，按不同土层分别取值	
挡土构件在坑底处的水平位移量 v_b (mm)，且当 $v_b \leqslant 10\text{mm}$ 时，取 $v_b = 10\text{mm}$	
① 土的水平反力系数的比例系数 (MN/m⁴)	$m = \dfrac{0.2\varphi^2 - \varphi + c}{v_b}$
计算点距地面的深度 z (m)	计算工况下的基坑开挖深度 h (m)
② 基坑内侧土的水平反力系数 (MN/m³)	$k_s = m(z - h)$
挡土构件在分布土反力计算点使土体压缩的水平位移值 v (m)	
挡土构件嵌固段上的基坑内侧初始分布土反力 p_{s0} (kPa)	地下水位以上或水土合算时 $$p_{s0} = \sigma_{pk} K_a = \sigma_{pk} \tan^2(45° - \varphi/2)$$ σ_{pk} 为挡土构件嵌固段上的基坑内侧计算点的竖向应力
	水土分算时 $$p_{s0} = (\sigma_{pk} - u_p) K_a + u_p = (\sigma_{pk} - u_p)\tan^2(45° - \varphi/2) + u_p$$ u_p 为计算点的水压力
③ 作用在挡土构件上的分布土反力 (kPa) $p_s = k_s v + p_{s0}$	
④ 挡土构件嵌固段上的基坑内侧土反力合力 P_{sk} (kN) 按照上式计算得出的 p_s 分布形式合成即可	
⑤ 分布土反力验算：要求满足 $P_{sk} \leqslant E_{sk}$ 其中 E_{sk} 挡土构件嵌固段上的被动土压力合力 (kN)，按朗肯理论求解 当不符合时，应增加挡土构件的嵌固长度或取 $P_{sk} = E_{sk}$ 时的分布土反力	

10.1.4 锚拉式支挡结构的弹性支点刚度系数

Q_1、Q_2 分别为锚杆循环加荷或逐级加荷试验中（Q-s）曲线上对应锚杆锁定值与轴向拉力标准值的荷载值（kN）；对锁定前进行预张拉的锚杆，应取循环加荷试验中在相当于预张拉荷载的加载量下卸载后的再加载曲线上的荷载值

［注］锚杆锁定值 Q_1 宜取锚杆轴向拉力标准值 Q_2 的 0.75～0.9

s_2、s_1 曲线上对应于荷载为 Q_2、Q_1 的锚头位移值（m）	
挡土结构计算宽度 b_a（m）	对单根支护桩，取排桩间距
	对单幅地下连续墙，取包括接头的单幅墙宽度
锚杆水平间距 s（m）	
刚度系数（kN/m） $k_R = \dfrac{(Q_2-Q_1)b_a}{(s_2-s_1)s}$	

缺少试验时，锚拉式支挡结构的弹性支点刚度系数 k_R 也可按如下计算：

锚杆杆体的弹性模量 E_s（kPa）	注浆固结体的弹性模量 E_m（kPa）
锚杆杆体的截面面积 A_p（m²）	注浆固结体的截面面积 A（m²）
锚杆的复合弹性模量（kPa）$E_c = \dfrac{E_s A_p + E_m(A-A_p)}{A}$	
锚杆长度 l（m）	锚杆的自由段长度 l_f（m）
刚度系数（kN/m）$k_R = \dfrac{3 E_s E_c A_p A b_a}{[3 E_c A l_f + E_s A_p(l-l_f)]s}$	

10.1.5 支撑式支挡结构的弹性支点刚度系数

支撑松弛系数 α_R	对混凝土支撑和预加轴向压力的钢支撑，取 $\alpha_R=1.0$
	对不预加轴向压力的钢支撑，取 $\alpha_R=0.8\sim1.0$
支撑材料的弹性模量 E（kPa）	支撑截面面积 A（m²）
挡土结构计算宽度 b_a（m）	单根支护，取排桩间距
	单幅地下连续墙，取包括接头的单幅墙宽度
支撑不动点调整系数 λ	支撑两对边基坑的土性、深度、周边荷载等条件相近，且分层对称开挖时，取 $\lambda=0.5$
	支撑两对边基坑的土性、深度、周边荷载等条件或开挖时间有差异时，对土压力较大或先开挖的一侧，取 $\lambda=0.5\sim1.0$，且差异大时取大值，反之取小值
	对土压力较小或后开挖的一侧，取 $1-\lambda$
	当基坑一侧取 $\lambda=1.0$ 时，基坑另一侧应按固定支座考虑
	对竖向斜撑构件，取 $\lambda=1.0$
受压支撑构件的长度 l_0（m）	支撑水平间距 s（m）
支撑式支挡结构的弹性支点刚度系数（kN/m）$k_R = \dfrac{\alpha_R E A b_a}{\lambda l_0 s}$	

10.1.6 锚杆和内支撑对挡土结构的作用力

挡土结构计算宽度内弹性支点刚度系数 k_R （kN/m）			
挡土构件在支点处的水平位移值 v_R （m）			
设置锚杆或支撑时，支点的初始水平位移值 v_{R0} （m）			
锚杆轴向拉力标准值或支撑轴向压力标准值 N_k （kN）			
锚杆的预加轴向拉力值或支撑的预加轴向压力值 P （kN）	采用锚杆时，宜取 $P=0.75N_k \sim 0.9N_k$		
	采用支撑时，宜取 $P=0.5N_k \sim 0.8N_k$		
挡土结构计算宽度内的法向预加力 P_h （kN）	挡土结构计算宽度 b_a （m）	单根支护，取排桩间距	
		单幅地下连续墙，取包括接头的单幅墙宽度	
	锚杆或支撑的水平间距 s （m）	锚杆倾角或支撑仰角 α （°）	
	采用锚杆或竖向斜撑时，取 $P_h = P \cdot \cos\alpha \cdot b_a/s$		
	采用水平对撑时，取 $P_h = P \cdot b_a/s$		
	对不预加轴向压力的支撑，取 $P_h=0$		
挡土结构计算宽度内的弹性支点水平反力 （kN） $F_h = k_R (v_R - v_{R0}) + P_h$			

10.2 支挡结构稳定性

10.2.1 支挡结构抗滑移整体稳定性整体圆弧法

《建筑基坑支护技术规程》3.1.5、4.2.3

当支挡结构抗滑移整体稳定性整体圆弧法分析时，与土力学专题"1.10 边坡稳定性"分析过程基本一致，因此不再赘述，具体分析过程和思维流程如下：

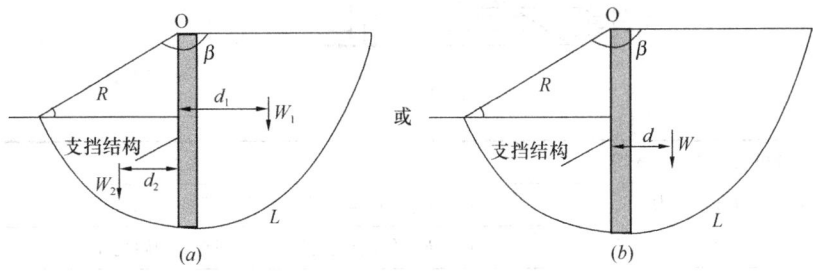

图 10.2-1

图示情况受力分析			
抗滑力矩	抗滑力 W_2（水下取浮重度）	所对应抗滑力臂 d_2	
	黏聚力 c	滑动圆弧全长 $L = 2\pi R \cdot \dfrac{\theta}{360}$	所对应抗滑力臂即滑动圆弧半径 R

续表

滑动力矩	滑动力 W_1（水下取浮重度）	所对应抗滑力臂 d_1
图示受力情况：稳定系数 $K=\dfrac{抗滑力矩}{滑动力矩}=\dfrac{W_2d_2+cLR}{W_1d_1}$ 或 $K=\dfrac{cLR}{Wd}$		其他受力情况，具体进行受力分析，确定所有抗滑力及所对应的抗滑力臂，确定所有滑动力及所对应的滑动力臂

【注】示意图 10.2-1(a) 和图 10.2-1(b) 的区别：图(a)将滑动面内土重分为两部分，支挡结构外侧土重产生滑动力矩，内侧土重产生抗滑力矩；图(b)将滑动面内土重看作一个整体，只产生滑动力矩。解题时具体怎么分，根据题意来。

10.2.2 支挡结构抗倾覆稳定性

10.2.2.1 悬臂式支挡结构抗倾覆及嵌固深度

《建筑基坑支护技术规程》4.2.1

悬臂式支挡结构抗倾覆本质为受力分析，分别计算出支挡结构所受的力及其方向、作用点，进而计算出抗倾覆力矩和倾覆力矩即可，注意是对支挡结构底部求矩。

具体分析及解题思维流程如下：

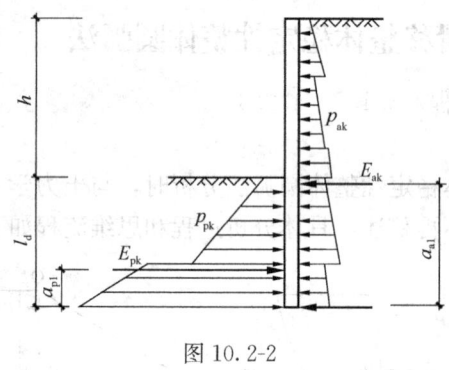

图 10.2-2

图示情况受力分析（墙背垂直光滑）			
①总主动土压力（包含水压力）E_{ak}	E_{ak} 作用点至挡土结构底端竖向距离 a_{a1}		
②总主动土压力（包含水压力）E_{pk}	E_{pk} 作用点至挡土结构底端竖向距离 a_{p1}		
嵌固稳定安全系数 K_e	基坑安全等级一级 $\geqslant 1.25$	二级 $\geqslant 1.20$	三级 $\geqslant 1.15$
图示情况	$\dfrac{E_{pk}a_{p1}}{E_{ak} \cdot a_{a2}} \geqslant K_e \rightarrow$（且需满足 $l_d \geqslant 0.8h$）		

10.2.2.2 单层锚杆和单层支撑支挡结构抗倾覆及嵌固深度

《建筑基坑支护技术规程》4.2.2

单层锚杆和单层支撑支挡结构受力分析,是对锚杆或支撑点求矩,这样锚杆力或支撑力不会产生力矩。具体解题思维流程如下:

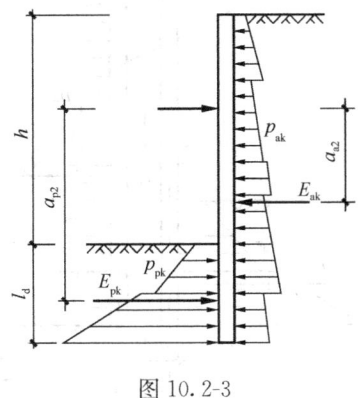

图 10.2-3

图示情况受力分析(墙背垂直光滑)			
① 总主动土压力(包含水压力)E_{ak}	E_{ak} 作用点至支点竖向距离 a_{a2}		
② 总主动土压力(包含水压力)E_{pk}	E_{pk} 作用点至支点竖向距离 a_{p2}		
嵌固稳定安全系数 K_e	安全等级一级 $\geqslant 1.25$	二级 $\geqslant 1.20$	三级 $\geqslant 1.15$
图示情况	$\dfrac{E_{pk}a_p}{E_{ak} \cdot a_a} \geqslant K_e \rightarrow$(且需满足 $l_d \geqslant 0.3h$)		

【注】此节历年真题尚未考到,但应引起重视。

10.2.2.3 双排桩支挡结构抗倾覆及嵌固深度

《建筑基坑支护技术规程》4.12.5

双排桩支挡结构受力分析,是对支撑结构底部内侧点求矩。具体解题思维流程如下:

图示情况受力分析(墙背垂直光滑)			
① 总主动土压力(包含水压力)E_{ak}	E_{ak} 作用点至底端竖向距离 a_a		
② 总主动土压力(包含水压力)E_{pk}	E_{pk} 作用点至底端竖向距离 a_p		
③ 双排桩、刚架梁和桩间土自重之和 G	支挡结构自重中心至前排桩边缘的水平距离 a_G		
嵌固稳定安全系数 K_e	基坑安全等级一级 $\geqslant 1.25$	二级 $\geqslant 1.20$	三级 $\geqslant 1.15$
图示情况	$\dfrac{E_{pk}a_p + Ga_G}{E_{ak} \cdot a_a} \geqslant K_e \rightarrow$ 且需满足 $\begin{cases} \text{淤泥质土 } l_d \geqslant 1.0h \\ \text{淤泥 } l_d \geqslant 1.2h \\ \text{一般黏性土、砂土 } l_d \geqslant 0.6h \end{cases}$		

【注】此节历年真题尚未考到,但应引起重视。

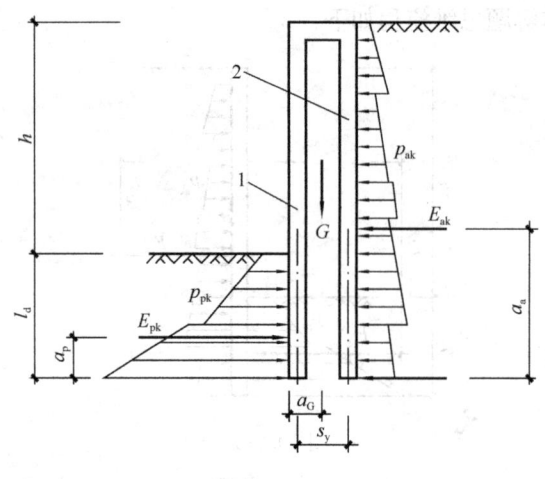

图 10.2-4

10.2.3 支挡结构抗隆起稳定性

《建筑基坑支护技术规程》4.2.4
《建筑地基基础设计规范》附录 V

支挡结构抗隆起稳定性分为三种情况：①挡土构件底部下无软弱下卧层（图 10.2-5a）；②挡土构件底部下有软弱下卧层（图 10.2-5b）；③特殊情况挡土构件底部土体为软黏土，即 $\varphi=0°$。

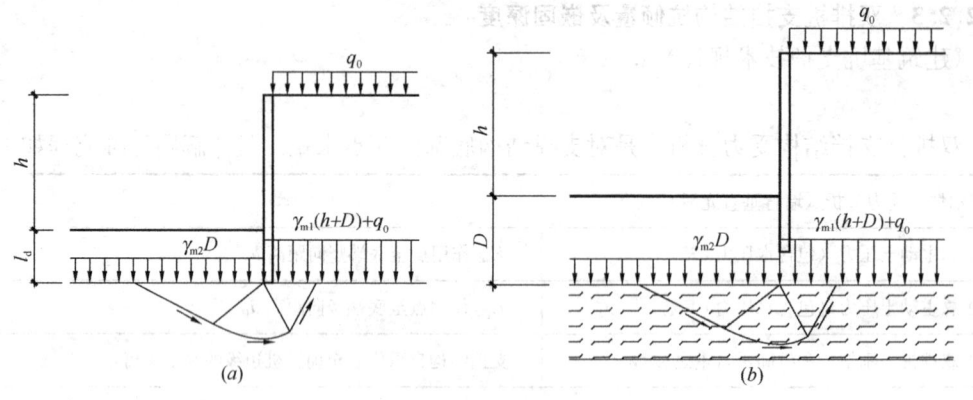

图 10.2-5

此节公式比较简单，具体思维流程如下：

基坑深度 h	挡土构件嵌固深度 l_d	基坑底到软弱土层顶深度 D
挡土构件底部土体黏聚力 c	挡土构件底部土体内摩擦角 φ	$N_q = \tan^2\left(45° + \dfrac{\varphi}{2}\right) e^{\pi\tan\varphi}$	$N_c = \dfrac{N_q - 1}{\tan\varphi}$
①挡土构件底部下无软弱下卧层（图 10.2-5a）		②挡土构件底部下有软弱下卧层（图 10.2-5b）	

续表

基坑内侧挡土构件底部有效压力（水下浮重度）$\gamma_{m2}l_d$	基坑内侧软弱土层顶面有效压力（水下浮重度）$\gamma_{m2}D$		
基坑外侧挡土构件底部有效压力（水下浮重度）$\gamma_{m1}(h+l_d)+q_0$	基坑外侧软弱土层顶面有效压力（水下浮重度）$\gamma_{m1}(h+D)+q_0$		
验算 $\dfrac{\gamma_{m2}l_d N_q + cN_c}{\gamma_{m1}(h+l_d)+q_0} \geqslant K_b$	验算 $\dfrac{\gamma_{m2}DN_q + cN_c}{\gamma_{m1}(h+D)+q_0} \geqslant K_b$		
抗隆起安全系数 K_b	安全等级一级≥1.8	二级≥1.6	三级≥1.4
③ 特殊情况挡土构件底部土体为软黏土即 $\varphi=0°$		$N_q=1$	$N_c=5.14$

验算 $\dfrac{\gamma_{m2}l_d N_q + cN_c}{\gamma_{m1}(h+l_d)+q_0} = \dfrac{\gamma_{m2}l_d + 5.14\tau_0}{\gamma_{m1}(h+l_d)+q_0} \geqslant K_b = 1.60$

（其中 τ_0 为十字板试验确定的总强度；采用饱和重度即可）
此时按《建筑地基基础设计规范》附录 V 求解

【注】① 一定要注意针对不同情况，采用浮重度还是饱和重度；
② 构造要求：单支点 $l_d \geqslant 0.3h$；多支点 $l_d \geqslant 0.2h$。

10.2.4 渗透稳定性

《建筑基坑支护技术规程》附录 C

基坑渗透稳定性验算分为三种情况：①当坑底以下有水头高于坑底的承压水含水层，截水帷幕底端位于隔水层中（落地式截水帷幕），即未用截水帷幕隔断其基坑内外的水力联系时（规程图 C.0.1），应验算基坑底突涌稳定性；②悬挂式截水帷幕底端位于碎石土、砂土或粉土含水层时（规程图 C.0.2），应验算基坑流土稳定性，此时尚分基坑底为潜水或承压水；③当坑底下为级配不连续的砂土、碎石土含水层时，应进行土的管涌可能性判别。下面主要讲解前两种情况的计算公式，具体思维流程如下：

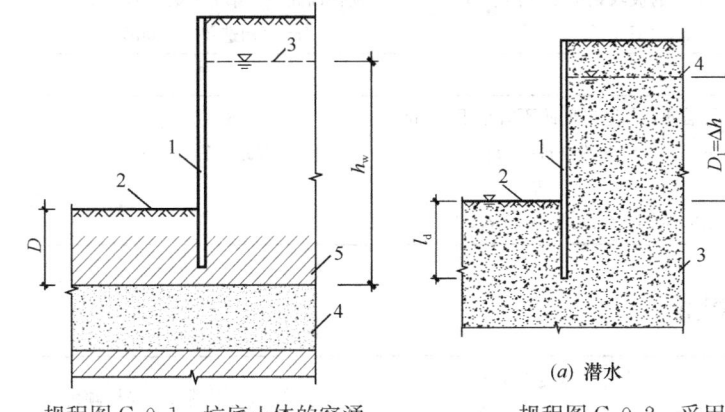

规程图 C.0.1 坑底土体的突涌
稳定性验算
1—截水帷幕；2—基底；3—承压水测管
水位；4—承压水含水层；5—隔水层

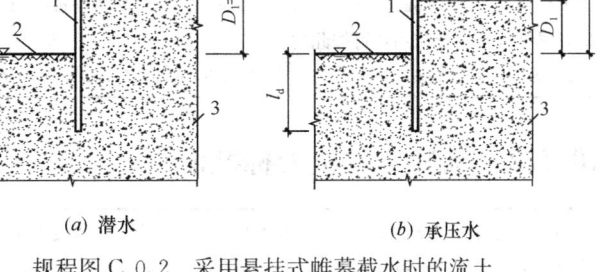

规程图 C.0.2 采用悬挂式帷幕截水时的流土
稳定性验算
1—截水帷幕；2—基坑底面；3—含水层；4—潜水水位；
5—承压水测管水位；6—承压水含水层顶面

10 基坑工程专题

情况①当坑底以下有水头高于坑底的承压水含水层，截水帷幕底端位于隔水层中（落地式截水帷幕），即此时未用截水帷幕隔断其基坑内外的水力联系（规程图 C.0.1）		
基坑内承压水含水层层顶总压力 $D\gamma$（土不用取浮重度）		
承压水含水层顶面的测管水位（压力水头高度）h_w		
突涌稳定性安全系数 $\dfrac{D\gamma}{h_w\gamma_w}\geqslant K_h \leftarrow K_h$ 不应小于 1.1		
情况②悬挂式截水帷幕底端位于碎石土、砂土或粉土含水层时（规程图 C.0.2）		
截水帷幕在坑底下的插入深度 l_d	基坑底土的浮重度 γ'	
基坑底为潜水	基坑外侧潜水面顶面至坑底的土层厚度 D_1	基坑外侧潜水面顶面至坑底的土层距离 Δh →此时 $\Delta h=D_1$
基坑底为承压水	基坑外侧承压水含水层顶面至坑底的土层厚度 D_1	基坑底部承压水测管水位 Δh
流土稳定性安全系数 $\dfrac{(2l_d+0.8D_1)\gamma'}{\Delta h\gamma_w}\geqslant K_f$	基坑安全等级一级≥1.6	二级≥1.5	三级≥1.4

【注】解题时，首先要判定是情况①还是情况②，因为两者计算公式不同。

10.3 锚 杆

《建筑基坑支护技术规程》4.7

锚杆是指由杆体（钢绞线、预应力螺纹钢筋、普通钢筋或钢管）、注浆固结体、锚具、套管所组成的一端与支护结构构件连接，另一端锚固在稳定岩土体内的受拉杆件。杆体采用钢纹线时，亦可称为锚索。

10.3.1 锚杆极限抗拔承载力标准值

锚杆锚固体直径 d (m)	锚固体与第 i 土层的极限黏结强度标准值 q_{ski} (kPa)	锚杆锚固段在第 i 土层中的长度 l_i (m)（构造要求：6m）
锚杆极限抗拔承载力标准值（kN）$R_k = \pi d \sum q_{ski} \cdot l_i$		
锚杆的水平间距不宜小于 1.5m；对多层锚杆，其竖向间距不宜小于 2.0m 所以当土层锚杆间距 s 为 1.0m 时，考虑群锚效应的锚杆抗拔力折减系数可取 0.8，锚杆间距 s 在 1.0~1.5m 之间时，锚杆抗拔力折减系数可按此内插 即修正后锚杆极限抗拔承载力标准值（kN）$R'_k = (0.4s+0.4)R_k$，$1.0 \leqslant s \leqslant 1.5$		

10.3.2 锚杆轴向拉力标准值

挡土墙构件计算宽度范围内的弹性支点水平反力 F_h (kN) 未直接给出按规程 4.1.8 求解	挡土结构计算宽度 b_a (m) 单根支护桩，取排桩间距；单幅地下连续墙，取包括接头的单幅墙宽度	锚杆水平间距 s (m)	锚杆倾角 α
锚杆轴向拉力标准值（kN）$N_k = \dfrac{F_h s}{b_a \cos\alpha}$			

10.3.3 锚杆的极限抗拔承载力应符合的要求

要求 $\dfrac{R_k}{N_k} \geqslant K_t$	锚杆抗拔安全系数 K_t		
	安全等级为一级 $\geqslant 1.8$	二级 1.6	三级 1.4

10.3.4 锚杆非锚固段长度及总长度

锚杆倾角 α	挡土构件（如支护桩）的水平尺寸 d (m)
锚杆的锚头中点至基坑底面的距离 a_1 (m)	
基坑底面至基坑外侧主动土压力强度与基坑内侧被动土压力强度等值点 O 的距离 a_2 (m)（对成层土，当存在多个等值点时应按其中最深的等值点计算）	
单层土：黏性土 $a_2 = \dfrac{\gamma h K_a - 2c(\sqrt{K_a}+\sqrt{K_p})}{\gamma(K_p - K_a)}$；非黏性土 $a_2 = \dfrac{h K_a}{K_p - K_a}$	
O 点以上各土层按厚度加权的等效内摩擦角 φ_m	

锚杆非锚固段长度

$$l_f = \dfrac{(a_1 + a_2 - d\tan\alpha)\cdot \sin\left(45° - \dfrac{\varphi_m}{2}\right)}{\sin\left(45° + \dfrac{\varphi_m}{2} + \alpha\right)} + \dfrac{d}{\cos\alpha} + 1.5 > 5.0\text{m}$$

（各几何尺寸图中对应）

或设 $\beta = 45° - \dfrac{\varphi_m}{2}$；

$$l_f = \dfrac{d + (a_1 + a_2)\tan\beta}{\cos(\beta - \alpha)}\cdot \cos\beta + 1.5$$

且构造要求 $l_f \geqslant 5.0\text{m}$

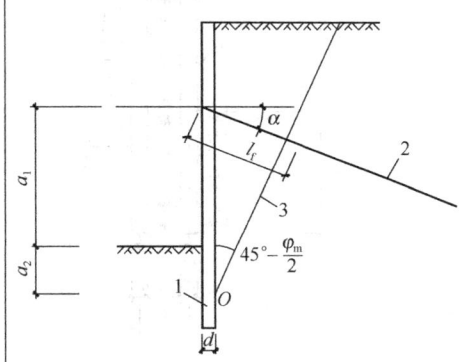

规程图 4.7.5 理论直线滑动面
1—挡土构件；2—锚杆；3—理论直线滑动面

【注】 锚杆长度的计算主要分为两部分：即锚固段长度 l_d 和非锚固段长度 l_f。其中 l_d 一般要根据锚杆极限抗拔承载力标准值 $R_k = \pi d \sum q_{ski} \cdot l_i$ 公式反求，即 $l_d = \sum l_i$，同时满足构造要求 $l_d \geqslant 6\text{m}$；非锚固段长度 l_f 根据规程图 4.7.5 几何关系求得，且应注意公式中的加 1.5，即要超过潜在滑裂面 1.5m。

10.3.5 锚杆杆体的受拉承载力要求

锚杆杆体钢筋抗拉强度设计值 f_{py} (kPa)	锚杆杆体钢筋截面面积 A_p (m²)		
支护结构重要性系数 γ_0	安全等级一级的支护结构 $\gamma_0 \geqslant 1.1$	二级 $\gamma_0 \geqslant 1.0$	三级 $\gamma_0 \geqslant 0.9$
作用基本组合的分项系数 γ_F	$\gamma_F \geqslant 1.25$		
锚杆轴向拉力设计值 (kN) $N = \gamma_0 \gamma_F N_k \leqslant f_{py} A_p$			

10.4 双 排 桩

《建筑基坑支护技术规程》4.12

双排桩可采用规程图 4.12.1 所示的平面刚架结构模型进行计算。

采用规程图 4.12.1 的结构模型时,作用在后排桩上的主动土压力应按朗肯或库仑理论求解(注意水土分算或合算,即本规程第 3.4 节的规定)计算。作用在单根后排支护桩上的主动土压力计算宽度应取排桩间距。

前排桩嵌固段上的土反力应按本规程第 4.1.4 条确定(即弹性支点法,见本专题 10.1 节),土反力计算宽度应按本规程第 4.1.7 条的规定取值(见本专题"10.1.2")。

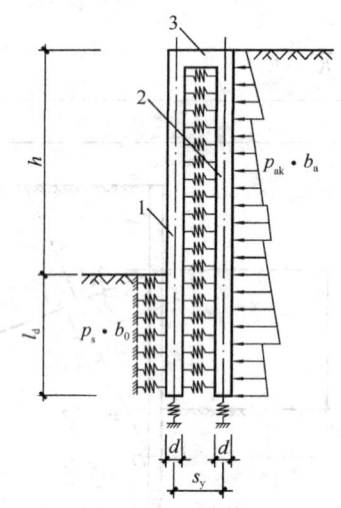 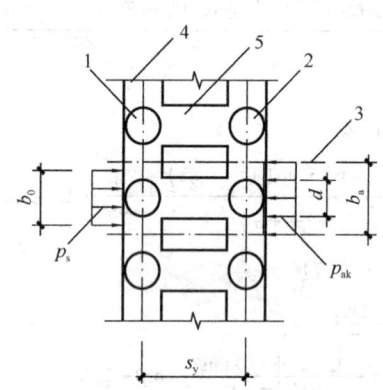

规程图 4.12-1 双排桩计算　　规程图 4.12-2 双排桩桩顶连梁及计算宽度
1—前排桩;2—后排桩;　　　1—前排桩;2—后排桩;3—排桩对称
3—刚架梁　　　　　　　　中心线;4—桩顶冠梁;5—刚架梁

前、后排桩间土对桩侧的压力 p_c 按如下计算:

双排桩的排距 s_y (m)	桩的直径 d (m)
计算深度处,前、后排桩间土的压缩模量 E_s (kPa) 当为成层土时,应按计算点的深度分别取相应土层的压缩模量	
① 桩间土的水平刚度系数(kN/m³) $$k_c = \frac{E_s}{s_y - d}$$	
基坑深度 h (m)	基坑底面以上各土层按厚度加权的等效内摩擦角平均值 φ (°)
计算系数 $a = \dfrac{s_y - d}{h\tan(45° - \varphi/2)}$ (当计算的 a 大于 1 时,取 $a = 1$)	

续表

支护结构外侧,第 i 层土中计算点的主动土压力强度标准值 p_{ak}(kPa)	地下水位以上或水土合算时 $$p_{ak}=\sigma_{ak}K_a=\sigma_{ak}\tan^2(45°-\varphi/2)$$ σ_{ak} 为挡土构件嵌固段上的基坑内侧计算点的竖向应力
	水土分算时 $$p_{ak}=(\sigma_{ak}-u_a)K_a+u_a=(\sigma_{ak}-u_a)\tan^2(45°-\varphi/2)+u_a$$ u_a 为计算点的水压力
前、后排桩间土对桩侧的初始压力(kPa) $p_{c0}=(2\alpha-\alpha^2)p_{ak}$	
前、后排桩水平位移的差值 Δv(m) 当其相对位移减小时为正值;当其相对位移增加时,取 $\Delta v=0$	
前、后排桩间土对桩侧的压力(kPa) $p_c=k_c\Delta v+p_{c0}$ 可按作用在前、后排桩上的压力相等考虑	

10.5 土 钉 墙

《建筑基坑支护技术规程》5

土钉是指植入土中并注浆形成的承受拉力与剪力的杆件。例如,钢筋杆体与注浆固结体组成的钢筋土钉,击入土中的钢管土钉。

土钉墙是指由随基坑开挖分层设置的、纵横向密布的土钉群、喷射混凝土面层及原位土体所组成的支护结构。

10.5.1 土钉极限抗拔承载力标准值

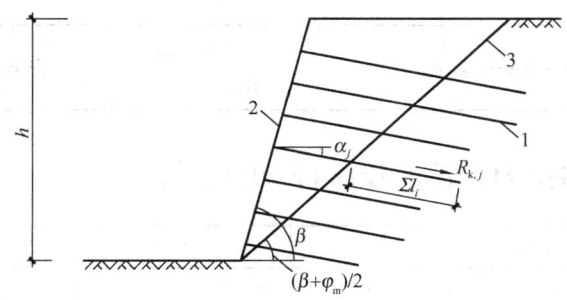

规程图 5.2.5 土钉抗拔承载力计算
1—土钉;2—喷射混凝土面层;3—滑动面

第 j 层土钉锚固体直径（m）d_j	第 j 层土钉与第 i 土层的极限粘结强度标准值 $q_{sk,i}$（kPa）可结合规程表 5.2.5 取值	第 j 层土钉在滑动面以外部分 l_i（m）（直线滑动面与水平面夹角取 $\frac{\beta+\varphi_m}{2}$）
土钉杆体抗拉强度标准值 f_{yk}（kPa）		土钉杆体截面面积 A_s（m²）
土钉极限抗拔承载力标准值（kN）$R_{k,j} = \pi d_j \sum q_{sk,i} l_i \leqslant f_{yk} A_s$ 且当 $R_{k,j} > f_{yk} A_s$ 时，取 $R_{k,j} = f_{yk} A_s$		

10.5.2 单根土钉的轴向拉力标准值

第 j 层土层处朗肯主动土压力强度标准值 $p_{ak,j}$（kPa）	土钉水平间距 $s_{x,j}$（m）	土钉垂直间距 $s_{z,j}$（m）
作用下以 $s_{x,j}$、$s_{z,j}$ 为边长面积内的主动土压力标准值 $\Delta E_{aj} = p_{ak,j} s_{x,j} s_{z,j}$		
经验系数 η_b（可取 0.6～1.0）	基坑深度 h（m）	第 j 层土钉墙至基坑顶面的垂直距离 z_j（m）
计算系数 $\eta_a = \frac{\sum(h - \eta_b z_j)\Delta E_{aj}}{\sum(h - z_j)\Delta E_{aj}}$		
第 j 层土钉墙轴向拉力调整系数 $\eta_j = \eta_a - (\eta_a - \eta_b)\frac{z_j}{h}$		
土钉墙坡面与水平面夹角 β（°）	墙面倾斜时折减系数 $\zeta = \tan\frac{\beta - \varphi_m}{2}\left(\cot\frac{\beta + \varphi_m}{2} - \cot\beta\right) / \tan\left(45° - \frac{\varphi_m}{2}\right)$ 墙面垂直 $\zeta = 1$	
坑底以上土层厚度加权平均的等效内摩擦角 φ_m（°）		
单根土钉的轴向拉力标准值（kN）$N_{k,j} = \frac{1}{\cos\alpha_j}\zeta\eta_j\Delta E_{aj} = \frac{1}{\cos\alpha_j}\zeta\eta_j p_{ak,j} s_{x,j} s_{z,j}$		

【注】 ①墙面倾斜时，$\varphi_m \leqslant \beta \leqslant 90°$，相应的 $0 \leqslant \zeta \leqslant 1$，当墙面垂直时 $\zeta = 1$。

②土钉轴向拉力调整系数 η_j 是对每层土钉的轴向拉力进行调整，最上层土钉 $\eta_j \geqslant 1$，最下层土钉 $\eta_j \leqslant 1$。调整后，所有土钉轴向拉力总和是不变的，变的只是单根土钉的拉力。

③每层土钉的计算系数是一样的。

10.5.3 单根土钉的极限抗拔承载力验算（满足抗拔强度）

单根土钉抗拔安全系数 $\frac{R_{k,j}}{N_{k,j}} \geqslant K_t$	安全等级二级 $K_t \geqslant 1.6$	安全等级三级 $K_t \geqslant 1.4$

10.5.4 土钉轴向拉力设计值及应符合的限值

土钉杆体抗拉强度设计值 f_y（kPa）	土钉杆体截面面积 A_s（m²）		
支护结构重要性系数 γ_0	安全等于一级的支护结构 $\gamma_0 \geqslant 1.1$	二级 $\gamma_0 \geqslant 1.0$	三级 $\gamma_0 \geqslant 0.9$
作用基本组合的分项系数 γ_F	$\gamma_F \geqslant 1.25$		
第 j 层土钉轴向拉力设计值（kN）$N_j = \gamma_0 \gamma_F N_{k,j} \leqslant f_k A_s$			

10.5.5 基坑底面下有软土层的土钉墙结构坑底隆起稳定验算

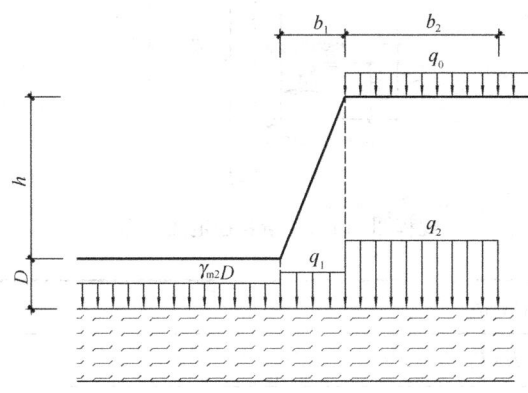

规程图 5.1.2 基坑底面下有软土层的土钉墙隆起稳定性验算

基坑深度 h	基坑底面至抗隆起计算平面之间土层的厚度 D (m) 当抗隆起计算平面为基坑底平面时,取 $D=0$		
抗隆起计算平面以下土黏聚力 c	抗隆起计算平面以下土摩擦角 φ	$N_q = \tan^2\left(45° + \dfrac{\varphi}{2}\right) e^{\pi\tan\varphi}$	$N_c = \dfrac{N_q - 1}{\tan\varphi}$
土钉墙坡面的宽度 b_1 (m) 当土钉墙坡面垂直时取 $b_1 = 0$		地面均布荷载的计算宽度 b_2 (m) 可取 $b_2 = h$	
基坑底面以上土的天然重度 γ_{m1} 多层土按厚度加权平均		基坑底面至抗隆起计算平面之间土层的天然重度 γ_{m2} 多层土按厚度加权平均	
计算参数 $q_1 = 0.5\gamma_{m1}h + \gamma_{m2}D$		计算参数 $q_2 = \gamma_{m1}h + \gamma_{m2}D + q_0$	
抗隆起安全系数 K_b	安全等级一级≥1.8	二级≥1.6	三级≥1.4
验算 $\dfrac{\gamma_{m2}DN_q + cN_c}{(q_1b_1 + q_2b_2)/(b_1+b_2)} \geq K_b$			

10.6 重力式水泥土墙

10.6.1 重力式水泥土墙抗滑移

《建筑基坑支护技术规程》6

此节与边坡工程专题"9.1.1 重力式挡土墙抗滑移"分析过程基本一致,因此不再赘述,但也应注意不同之处,具体分析过程和思维流程如下:

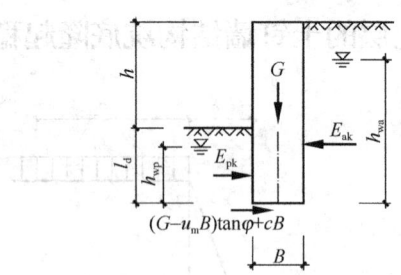

规程图 6.1.1 滑移稳定性验算

图示情况受力分析（墙背垂直光滑）	
① 总主动土压力（包含水压力）E_{ak}（滑移力）	
② 总被动土压力（包含水压力）E_{pk}（抗滑力）	
③ 挡墙自重 G（抗滑力）	
④ 水压力强度 u_m	图示情况 $u_m = \dfrac{1}{2}\gamma_m(h_{wa}+h_{wp})$
⑤ 黏聚力 c（抗滑力）	水泥土墙底部宽度 B
抗倾覆稳定系数 $K_{sl}=\dfrac{抗滑力}{滑动力}\geqslant 1.2$	图示情况 $$K_{sl}=\dfrac{E_{pk}+(G-u_mB)\tan\varphi+cB}{E_{ak}}$$ 其他情况，一定要进行受力分析，分别计算出挡土墙所受的力（如 E_{ak}，E_{pk}，G，有时水压力 U 等）的大小、方向，然后分解为平行于挡土墙底面和垂直于挡土墙底面两个方向的力，进而计算出抗滑力和滑移力

【注】① 一定要与土力学专题"1.8 土压力计算基本理论和 1.9.3 基坑工程规范对土压力具体规定"结合，受力计算和分析是重点；

② 有时候题目给出墙背的总主动土压力 E_{ak}，有时候给出土压力的分量；

③ 墙前墙后水压力处理：计入土压力 E_{ak}、E_{pk} 中，不相互抵消；

④ 墙底水压力 U 处理：计入分子项，与挡墙自重 G 相互抵消；

⑤ 挡墙自重 G 不用取浮重度；

⑥ 与边坡工程专题"9.1.1 重力式挡土墙抗滑移"略不同，两者墙前墙后水压力的处理方式不同；

⑦ 当题目求嵌固深度 l_d 或墙宽 B 时，尚应满足构造要求：

淤泥质土：$l_d \geqslant 1.2h$，$B \geqslant 0.7h$；淤泥：$l_d \geqslant 1.3h$，$B \geqslant 0.8h$。其中为 h 基坑深度。

10.6.2 重力式水泥土墙抗倾覆

《建筑基坑支护技术规程》6

重力式水泥土墙抗倾覆计算示意图如规程图 6.1.2 所示。

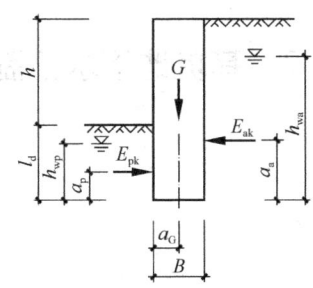

规程图 6.1.2 倾覆稳定性验算

此节与边坡工程专题"9.1.2 重力式挡土墙抗倾覆"分析过程基本一致,因此不再赘述,具体分析过程和思维流程如下:

图示情况受力分析(墙背垂直光滑)	
① 总主动土压力(包含水压力)E_{ak}	E_{ak} 作用点至墙趾竖向距离 a_a
② 总主动土压力(包含水压力)E_{pk}	E_{pk} 作用点至墙趾竖向距离 a_p
③ 挡墙自重 G(抗倾覆力)	挡墙自重作用点至墙趾的水平距离 a_G
④ 水压力强度 u_m	图示情况 $u_m = \dfrac{1}{2}\gamma_m(h_{wa}+h_{wp})$ 作用点到墙趾的水平距离 $a_m = \dfrac{B}{3}\cdot\dfrac{2h_{wa}+h_{wp}}{h_{wa}+h_{wp}}$
抗倾覆稳定系数 $K_{ov}=\dfrac{抗倾覆力矩}{倾覆力矩}\geqslant 1.3$	图示情况 $K_{ov}=\dfrac{E_{pk}a_p+Ga_G-u_mBa_m}{E_{ak}a_a}$ 其他情况,一定要进行受力分析,分别计算出挡土墙所受的力(如 E_{ak}, E_{pk}, G, 有时水压力 U 等)的大小、方向,作用点及至墙趾力臂,进而计算出抗倾覆力矩和倾覆力矩

【注】① 一定要与土力学专题"1.8 土压力计算基本理论和 1.9.3 基坑工程规范对土压力具体规定"结合,受力计算和分析是重点;
② 有时候题目给出墙背的总主动土压力 E_{ak},有时候给出土压力的分量;
③ 墙前墙后水压力处理:计入土压力 E_{ak}、E_{pk} 中,不相互抵消。
④ 墙底水压力 U 处理:计入分子项,产生负的抗倾覆力矩,注意其作用点位置;
⑤ 挡墙自重 G 不用取浮重度;
⑥ 当题目求嵌固深度 l_d 或墙宽 B 时,尚应满足构造要求:
淤泥质土:$l_d \geqslant 1.2h, B \geqslant 0.7h$;淤泥:$l_d \geqslant 1.3h, B \geqslant 0.8h$。其中为 h 基坑深度。

10.6.3 重力式水泥土墙其他内容

重力式水泥土墙墙体的正截面应力,见本规程 6.1.5;重力式水泥土墙采用格栅形式时,格栅的面积置换率以及每个格栅内的土体面积应符合的要求,见本规程 6.2.3。

10.7 基坑地下水控制

10.7.1 基坑截水

《建筑基坑支护技术规程》7.2

基坑截水应根据工程地质条件、水文地质条件及施工条件选用水泥土搅拌桩帷幕、高压旋喷或摆喷注浆帷幕、地下连续墙或咬合式排桩。

当坑底以下存在连续分布、埋深较浅的隔水层时，应采用落底式帷幕。落底式帷幕进入下卧隔水层的深度应满足如下要求：

基坑内外的水头差值 Δh（m）	帷幕的厚度 b（m）
帷幕进入隔水层的深度（m）$l \geqslant 0.2\Delta h - 0.5b$ 且当 $l < 1.5\text{m}$ 时，取 $l = 1.5\text{m}$	

当坑底以下含水层厚度大而需采用悬挂式帷幕时，帷幕进入透水层的深度应满足本规程第 C.0.2 条、第 C.0.3 条对地下水从帷幕底绕流的渗透稳定性要求，具体可见本专题"10.2.4 渗透稳定性"。

10.7.2 基坑涌水量

《建筑基坑支护技术规程》7.3，附录 E

为防止地下水通过基坑侧壁与坑底流入基坑，用抽水井或渗水井降低基坑内外地下水位的方法称为降水。

在深基坑施工过程中，往往要求将地下水位降到基坑下一定的深度，目的是使基坑的底面不积水，便于施工。另一方面，降低水位是为了减小基坑的水压力，防止坑底土层破坏或防止发生流砂、管涌等现象，同时基坑降水还能改善和提高基坑周边土体物理力学性能，减小基坑侧壁的渗透压力，有助于增加基坑侧壁的稳定性。因此基坑降水在深基坑工程中占有重要位置。以上是有利的方面，当然也有不利的方面，比如降水设备的存在妨碍工程其他环节的施工，以及不可避免地会引起基坑周边的地面沉降。总体来说利大于弊。目前，计算基坑涌水量的方法很多，如大井法、解析法、数值法和目标函数法等。其中，大井法原理易懂，方法易行，在各类基坑降水设计时被广泛使用。大井法公式推导过程较复杂，此处不再赘述，但必须理解大井法基本概念和假定，才能理解基坑涌水量的计算所涉及参数。

大井法基本概念：

如图 10.7-1 所示，对于长宽比较小的基坑，其渗流形态同裘布依的漏斗形渗流模型相似，基坑降水设计时先将基坑等效成圆形基坑，假定其为一大直径管井，然后根据裘布依井流推导出来

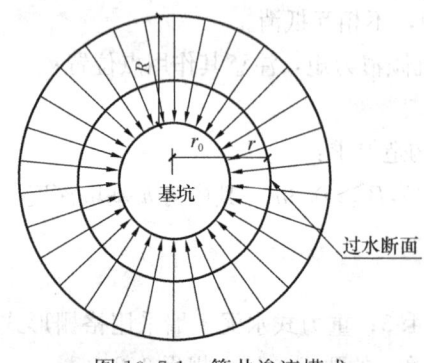

图 10.7-1 管井渗流模式

10.7 基坑地下水控制

的计算公式进行求解。大井法是基坑涌水量计算最常用的方法,也是本规程中所使用的方法。

规程中所使用大井法计算公式基本假定:

【注】计算影响半径 R 时,若设计降深 $s_d<10m$ 取 $s_d=10m$。

计算基坑涌水量 Q,确定了井的类型,选择具体公式即可,此处程序化较高,但是计算量一般也较大,注意计算熟练度,具体思维流程如下:

① 将矩形基坑假定为一大直径管井,等效为圆形基坑,两者面积上相等;
② 含水层均质无界各向同性;
③ 含水层底板水平、初始水位水平;
④ 无越流、无地表补给,即基坑的周围没有其他地下水流的干扰;
⑤ 对井群的简化,假定单井是离散布置在基坑四周的。

基坑涌水量的计算首先要确定井的类型。关于各种井的概念,可见土力学专题"1.2.6.2 现场抽水试验"。然后使用"大井法"理论即规程中公式进行求解。该法所涉及的主要计算参数有渗透系数 k、含水层厚度(潜水层为 H 和承压水层为 M)、降水影响半径(R)、水位降深(s_d)、基坑等效半径(r_0)五个参数。各主要参数说明如下:

① 地下水位的设计降深 s_d

是指初始地下水位到基坑降水后基坑底中心点下水位的距离,一般情况下,设计降深 s_d 是人为设定的值,满足工程要求的将水位降低到基坑下的某位置。降水后基坑内的水位应低于坑底 0.5m。

② 基坑等效半径 r_0,如图 10.7-1 所示

将矩形基坑,假定为一大直径管井即等效为圆形基坑,等效圆形基坑的半径即为基坑等效半径 r_0,因此 $r_0=\sqrt{A/\pi}$。

③ 降水影响半径 R,如图 10.7-1 所示

设想在距等效圆形基坑相当距离 R 之处,地下水面不再受到降水的影响,也就是说该处地下水含水层厚度 H 保持不变,这个距离 R 称为降水影响半径。从理论上讲,影响半径应为无穷大,但从实用的观点看,可以认为基坑降水的影响半径是一个有限的数值。例如当含水层厚度已经非常接近于含水层厚度(比如 $0.9H$)的地方,可以认为基坑降水的影响到此为止了。

影响半径 R 宜通过试验确定。缺少试验时,可按下列公式计算并结合当地经验取值:

潜水含水层 $R=2s_d\sqrt{kH}$;承压水含水层 $R=2s_d\sqrt{k}$

【注】计算影响半径 R 时,若设计降深 $s_d<10m$ 取 $s_d=10m$。

计算基坑涌水量 Q,确定了井的类型,选择具体公式即可,此处程序化较高,但是计算量一般也较大,注意计算熟练度,具体思维流程如下:

(1)潜水完整井

渗透系数 k(m/d)	潜水含水层厚度 H	基坑地下水位的设计降深 s_d
降水影响半径 R	未直接给出,则 $R=2s_d\sqrt{kH}$,此处若 $s_d<10m$ 取 10m	
基坑面积 $A=b_{基坑宽}\times l_{基坑长}$	基坑等效半径 $r_0=\sqrt{A/\pi}$	

续表

涌水量 $Q = \pi k \dfrac{(2H-s_d)s_d}{\ln\left(1+\dfrac{R}{r_0}\right)}$	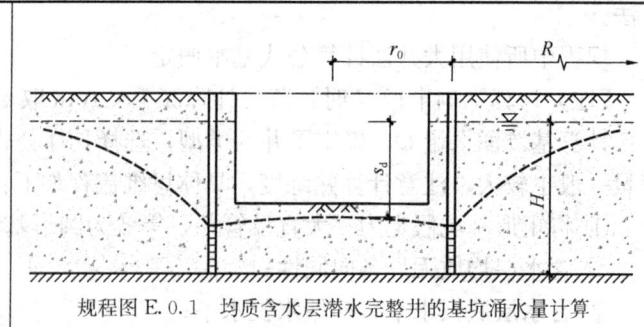 规程图 E.0.1 均质含水层潜水完整井的基坑涌水量计算

（2）潜水非完整井

渗透系数 k（m/d）	潜水含水层厚度 H	基坑地下水位的设计降深 s_d
降水后基坑内潜水高度 $h = H - s_d$	基坑面积 $A = b_{基坑宽} \times l_{基坑长}$	基坑等效半径 $r_0 = \sqrt{A/\pi}$

降水影响半径 R 未直接给出，则 $R = 2s_d\sqrt{kH}$，此处若 $s_d < 10\mathrm{m}$ 取 10m	水位埋深 d_w	降水井深 l_j	水力梯度 i	过滤器进水部分的长度 l $l = l_j - d_w - s_d - i \cdot r_0$

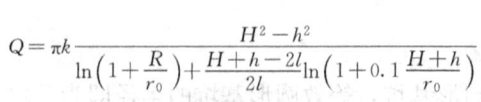

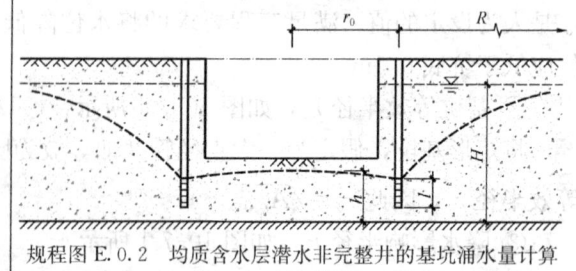

规程图 E.0.2 均质含水层潜水非完整井的基坑涌水量计算

（3）承压水完整井

渗透系数 k（m/d）	承压水含水层厚度 M	基坑地下水位的设计降深 s_d
降水影响半径 R	未直接给出，则 $R = 10s_d\sqrt{k}$，此处若 $s_d < 10\mathrm{m}$ 取 10m	
基坑面积 $A = b_{基坑宽} \times l_{基坑长}$	基坑等效半径 $r_0 = \sqrt{A/\pi}$	

$Q = 2\pi k \dfrac{Ms_d}{\ln\left(1+\dfrac{R}{r_0}\right)}$	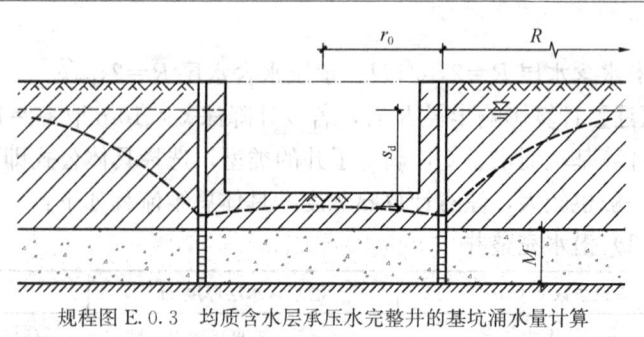 规程图 E.0.3 均质含水层承压水完整井的基坑涌水量计算

（4）承压水非完整井

10.7 基坑地下水控制

渗透系数 k（m/d）	承压水含水层厚度 M	基坑地下水位的设计降深 s_d
降水影响半径 R	未直接给出，则 $R=10s_d\sqrt{k}$，此处若 $s_d<10m$ 取 10m	
基坑面积 $A=b_{基坑宽}\times l_{基坑长}$	基坑等效半径 $r_0=\sqrt{A/\pi}$	过滤器进水部分的长度即降水井在承压水中的高度 l

$$Q=2\pi k\frac{Ms_d}{\ln\left(1+\dfrac{R}{r_0}\right)+\dfrac{M-l}{l}\ln\left(1+0.2\dfrac{M}{r_0}\right)}$$

规程图 E.0.4 均质含水层承压水非完整井的基坑涌水量计算

(5) 承压水—潜水完整井

渗透系数 k（m/d）	承压水含水层厚度 M	承压水含水层初始水头 H_0
降水影响半径中 R	降水后基坑内承压水高度 h	
基坑面积 $A=b_{基坑宽}\times l_{基坑长}$	基坑等效半径 $r_0=\sqrt{A/\pi}$	

$$Q=\pi k\frac{(2H_0-M)M-h^2}{\ln\left(1+\dfrac{R}{r_0}\right)}$$

规程图 E.0.5 均质含水层承压水—潜水完整井的基坑涌水量计算

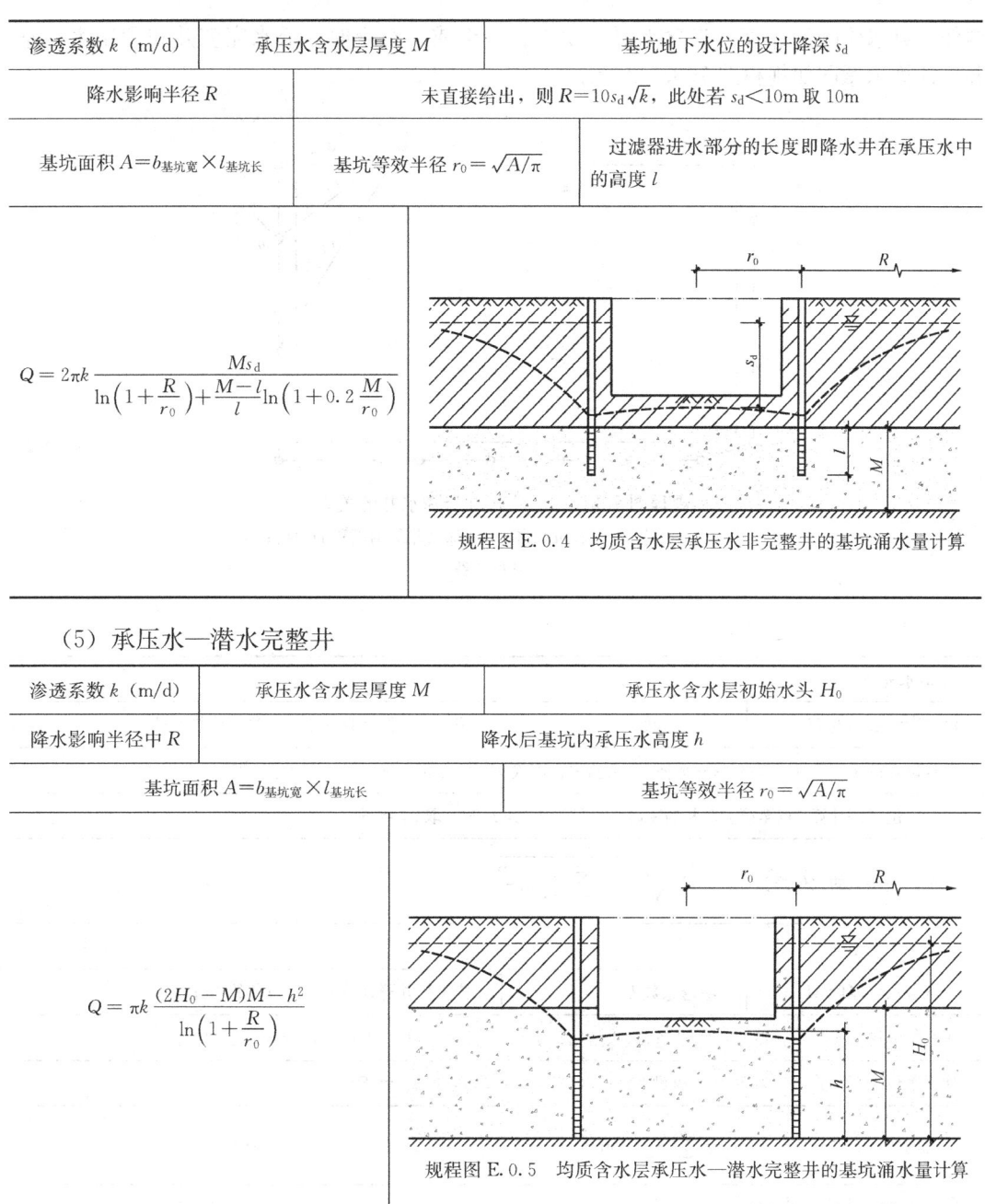

10.7.3 基坑内任一点水位降深计算

求基坑涌水量 Q 时，采用大井法，是将基坑看作等效大直径圆井。而求基坑内任一点水位降深考虑井与井之间水流相互影响。无论是为了吸取地下水源，或是为了基坑开挖时降低地下水位，在一个区域常常不只是打一个井而是打许多井来同时抽水，若这些井之间距离不是很大，井与井之间地下水流互相发生影响，这样的许多井同时工作称为井群。由于井与井之间水流相互影响，在井群区地下水流比较复杂，其浸润面也非常复杂。基坑内任一点水位降深计算,当含水层为粉土、砂土或碎石土时,潜水完整井和承压水完整井,计算示意图如规程图 7.3.5-2 所示。

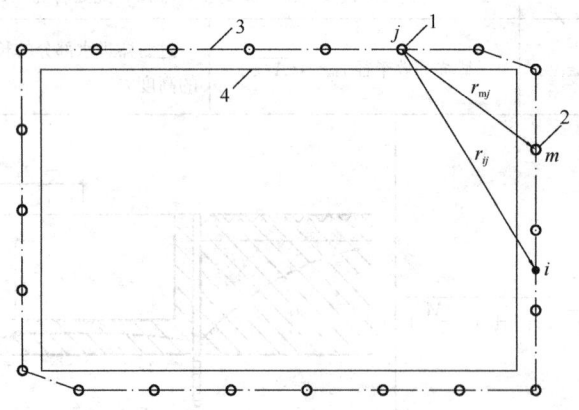

规程图 7.3.5-2 计算点与降水井的关系
1—第 j 口井;2—第 m 口井;3—降水井所围面积的边线;
4—基坑边线

解题思维流程总结如下:

① 潜水完整井		
潜水含水层厚度 H	渗透系数 k	按干扰井群计算的第 j 口井的单井流量 q_j
井水位降深 s_w	降水影响半径 R(未给出,则 $R = 2s_w \sqrt{kH}$,此处若 $s_w < 10\mathrm{m}$ 取 $10\mathrm{m}$)	
地下水位降深计算 i 点至第 j 口井的距离 r_{ij},且当 $r_{ij} > R$ 时,取 $r_{ij} = R$		
基坑内任一点的水位降深,$s_i = H - \sqrt{H^2 - \sum_{j=1}^{n} \dfrac{q_j}{\pi k} \ln \dfrac{R}{r_{ij}}}$		
② 承压水完整井		
承压含水层厚度 M	渗透系数 k	按干扰井群计算的第 j 口井的单井流量 q_j
井水位降深 s_w	降水影响半径 R(未给出,则 $R = 10s_w \sqrt{kH}$,此处若 $s_w < 10\mathrm{m}$ 取 $10\mathrm{m}$)	
地下水位降深计算 i 点至第 j 口井的距离 r_{ij},且当 $r_{ij} > R$ 时,取 $r_{ij} = R$		
基坑内任一点的水位降深,$s_i = \sum_{j=1}^{n} \dfrac{q_j}{2\pi M k} \ln \dfrac{R}{r_{ij}}$		
③ 基坑地下水位降深应符合下式规定		
基坑内任一点的地下水位降深 s_i (m)	基坑地下水位的设计降深 s_d (m)	
要求满足 $s_i \geq s_d$		

10.7.4 降水井设计

《建筑基坑支护技术规程》7.3.15、7.3.16

降水井的设计主要包含降水井数量 n 及降水井平面布置。降水井数量 n 根据基坑涌水

量 Q 和单井设计流量 q 确定，假定单井之间互不影响，n 个单井设计流量之和即为基坑涌水量 Q，再考虑 1.1 的安全储备，即 $n=1.1\dfrac{Q}{q}$，解题注意点及思维流程如下：

基坑降水涌水量 Q	降水井数量 n	
①单井设计流量 $q=1.1\dfrac{Q}{n}$		
过滤器半径 r_s	过滤器进水部分的长度 l	含水层渗流系数 k
②管井的单井出水能力 $q_0=120\pi\cdot r_s l\cdot\sqrt[3]{k}$		
③采用深井泵或深井潜水泵抽水时，水泵的出水量应根据单井出水能力确定，水泵的出水量应大于单井出水能力的 1.2 倍		

【注】① 基坑降水涌水量 Q 是重点和关键，与本专题"10.7.2 基坑涌水量"相结合。

② 降水井的单井出水能力 $q_0=120\pi\cdot r_s\cdot l\cdot\sqrt[3]{k}$ 应大于按公式 $q=1.1\dfrac{Q}{n}$ 计算的设计单井流量。当单井出水能力小于单井设计流量时，应增加井的数量、直径或深度。

③降水井在平面布置上应沿基坑周边形成闭合状。当地下水流速较小时，降水井宜等间距布置；当地下水流速较大时，在地下水补给方向宜适当减小降水井间距。对宽度较小的狭长形基坑，降水井也可在基坑一侧布置。

10.8 建筑基坑工程监测

《建筑基坑工程监测技术规范》GB 50497—2009 本书中不再详细讲解，一定要根据下表自行学习，要做到复习的全面性。

《建筑基坑工程监测技术规范》GB 50497—2009
条文及条文说明重要内容简介及本书索引

	规范条文		条文重点内容	条文说明重点内容	相应重点学习和要结合的本书具体章节
1	总则				自行阅读
2	术语				自行阅读
3	基本规定				自行阅读
4	监测项目	4.1 一般规定			自行阅读
		4.2 仪器监测	表 4.2.1 建筑基坑工程仪器监测项目表	4.2.1 中表 1 基坑工程类别	自行阅读
		4.3 巡视检查			自行阅读
5	测点布置	5.1 一般规定			自行阅读
		5.2 基坑及支护结构			自行阅读
		5.3 周围环境			自行阅读

续表

规范条文		条文重点内容	条文说明重点内容	相应重点学习和要结合的本书具体章节
6 监测方法及精度要求	6.1 一般规定			自行阅读
	6.2 水平位移监测	表6.2.3 水平位移监测精度要求	6.2.3中表2基坑围护墙（坡）顶水平位移报警范围	自行阅读
	6.3 竖向位移监测	表6.3.3 竖向位移监测精度要求 表6.3.4 坑底隆起（回弹）监测的精度要求	6.3.4中表3坑底隆起（回弹）报警范围	
	6.4 深层水平位移监测			
	6.5 倾斜监测			
	6.6 裂缝监测			
	6.7 支护结构内力监测			
	6.8 土压力监测			
	6.9 孔隙水压力监测			
	6.10 地下水位监测			
	6.11 锚杆及土钉内力监测			
	6.12 土体分层竖向位移监测			
7 监测频率		表7.0.3 现场仪器监测的监测频率		自行阅读
8 监控报警		表8.0.4 基坑及支护结构监测报警值 表8.0.5 建筑基坑工程周边环境监测报警值		自行阅读
9 数据处理与信息反馈				自行阅读

10.9 建筑变形测量

《建筑变形测量规范》JGJ 8—2016，J 719—2016 本书中不再详细讲解，一定要根据下表自行学习，要做到复习的全面性。

《建筑变形测量规范》JGJ 8—2016，J 719—2016
条文及条文说明重要内容简介及本书索引

规范条文		条文重点内容	条文说明重点内容	相应重点学习和要结合的本书具体章节
1 总则				自行阅读
2 术语、符号	2.1 术语			自行阅读
	2.2 符号			自行阅读
3 基本规定	3.1 总体要求			自行阅读
	3.2 精度等级	表 3.2.2 建筑变形测量的等级、精度指标及其适用范围 3.2.3对明确要求按建筑地基变形允许值来确定精度等级或需要对变形过程进行研究分析的建筑变形测量项目，应符合的规定	3.2.2中换算值计算公式 表 2 各等级沉降观测精度指标计算 3.2.3中算例	自行阅读
	3.3 技术设计与实施			自行阅读
4 变形观测方法	4.1 一般规定			自行阅读
	4.2 水准测量	表 4.2.1 水准仪型号和标尺类型 表 4.2.2 沉降观测作业方式 表 4.2.3-1 数字水准仪观测要求 表 4.2.3-2 数字水准仪观测限差 4.2.5 水准测量作业应符合的规定 4.2.6 观测成果的重测和取舍应符合的规定		自行阅读
	4.3 静力水准测量	表 4.3.3 静力水准观测技术要求 4.3.5 静力水准测量系统的数据采集与计算应符合的规定	4.3.5 对连通管式静力水准系统，同一测段内静力水准测量的沉降观测值的计算	自行阅读
	4.4 三角高程测量	表 4.4.1 三角高程测量所用全站仪标称精度要求 4.4.2 三角高程测量，应符合的规定 4.4.3 三角高程测量中的距离和垂直角观测，应符合的规定 4.4.4 三角高程测量单次观测的高差的计算		自行阅读

续表

规范条文		条文重点内容	条文说明重点内容	相应重点学习和要结合的本书具体章节
4 变形观测方法	4.5 全站仪测量	4.5.4 全站仪水平角观测应符合的规定 4.5.5 全站仪距离观测应符合的规定 4.5.6 当采用全站仪小角法测定某个方向上的水平位移时，应符合的规定 4.5.7 当采用全站仪极坐标法进行位移观测时，应符合的规定		自行阅读
	4.6 卫星导航定位测量			自行阅读
	4.7 激光测量			自行阅读
	4.8 近景摄影测量			自行阅读
5 基准点布设与测量	5.1 一般规定			自行阅读
	5.2 建筑场地沉降观测			自行阅读
	5.3 位移基准点布设与测量			自行阅读
	5.4 基准点稳定性分析	5.4.2 沉降基准点稳定性检验分析应符合的规定		自行阅读
6 场地、地基及周边环境变形观测	6.1 场地沉降观测			自行阅读
	6.2 地基土分层沉降观测			自行阅读
	6.3 斜坡位移监测			自行阅读
	6.4 基坑及其支护结构变形观测			自行阅读
	6.5 周边环境变形观测			自行阅读
7 基础及上部结构变形观测	7.1 沉降观测	7.1.6 基础或构件的倾斜度的计算	7.1.7 中有关图形	自行阅读
	7.2 水平位移观测			自行阅读
	7.3 倾斜观测			自行阅读
	7.4 裂缝观测			自行阅读

续表

规范条文		条文重点内容	条文说明重点内容	相应重点学习和要结合的本书具体章节
7 基础及上部结构变形观测	7.5 挠度观测	7.5.3 竖向的挠度值 f_1 的计算 7.5.4 横向的挠度值 f_2 的计算	7.5.5 挠度曲线示例图	自行阅读
	7.6 收敛变形观测	7.6.4 当采用收敛尺进行固定测线的收敛变形观测时，应符合的规定 7.6.5 当采用全站仪对边测量法进行固定测线的收敛变形观测时，应符合的规定	7.6.9 固定测线法收敛变形测量报表和变化曲线图	自行阅读
	7.7 日照变形观测		7.7.6 日照变形曲线示例图	自行阅读
	7.8 风振观测			自行阅读
	7.9 结构健康监测			自行阅读
8 成果整理与分析	8.1 一般规定			自行阅读
	8.2 数据整理	表 8.2.4 变形测量平差计算分析中的数据取位要求		自行阅读
	8.3 监测点变形分析	8.3.2 对特等及有特殊要求的一等变形测量，监测点两期间的变形量计算及相关要求		自行阅读
	8.4 建模和预报			自行阅读
9 成果检验	9.1 一般规定			自行阅读
	9.2 质量检查			自行阅读
	9.3 质量验收			自行阅读

11 抗震工程专题

本专题依据的主要规范及教材

《建筑抗震设计规范》GB 50011—2010（2016 年版）
《中国地震动参数区划图》GB 18306—2015
《公路工程抗震规范》JTG B02—2013
《水利水电工程地质勘察规范》GB 50487—2008
《水电工程水工建筑物抗震设计规范》NB 35047—2015

抗震工程专题为核心章节，每年必考，出题数为 5 道题左右。考查的知识点主要包括场地类别划分、设计反应谱、液化判别、天然地基抗震承载力验算和桩基液化效应及抗震验算等。解题时一定要注意题目指明的规范，不同工程查不同的抗震规范。此专题与地基处理专题类似，题型变化少、解题流程顺畅，因此是"兵家必争"之专题，要求全面掌握，一分不能丢。另外限于篇幅，关于抗震工程其他不常考知识点的补充，见补充电子版资料。

11.1 抗震工程基本概念

11.1.1 场地和地基问题

场地和地基问题是结构抗震设计中的基础，结构设计工作者应充分认识到场地类别、场地特征周期等对结构抗震设计的影响。场地和地基问题首先就是场地类别的划分，合理选择建筑场地，可避免地震时因场地条件的原因造成建筑的破坏，选择有利地段，避开不利地段并不在危险地段上建设。对特殊场地条件应进行充分的论证分析，以确保地震安全。

（1）地基

是指承受由基础传来的荷载的土层，地基不是建筑物的组成部分。地基按土层性质不同，分为天然地基和人工地基两大类。

（2）场地

或者说建筑场地，是指建筑物所在的区域，即具有相似的反应谱特征的工程群体所在地，其范围大致相当于厂区、居民点和自然村的区域，一般不应小于 $0.5km^2$。在城市中，大致为 $1.0km^2$ 的范围，场地在平面和深度方向的尺度与地震波的波长相当。

（3）场地类别

场地是结构抗震设计中的重要概念。相对于建筑物而言，场地是一个较为宏观的范围，它反映的是特定区域内岩土对基岩地震波的滤波和放大作用，是研究场地地面运动的依据，也是研究建筑物抗震设计的基础。根据不同场地对地震波的影响，故划分为不同的场地类别。

（4）场地土

是指场地区域内自地表向下深度在20m左右范围内的地基土。表层场地土的类型与性状对场地反应的影响比深层土大。

（5）地震波

由震源（震中）出发传向四面八方，地震时由震源同时发出两种波，一种是纵波，一种是横波（见图11.1-1）。

纵波也叫压缩波或P波，其能量的传播方向与波的前进方向是一致的，相邻质点在波的传播方向作压缩与拉伸运动，就像手风琴伸缩一样。当纵波垂直向上传播时，物体受到竖向的拉压作用，因此，地面的自由物体会下陷或上抛。

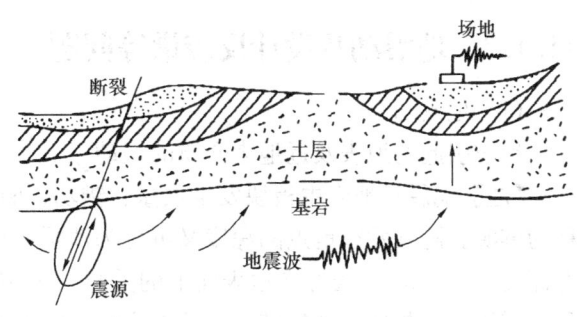

图11.1-1 地震波的传播过程

纵波的周期短、振幅小、波速快，在地壳内一般以500～600m/s的速度传播。

横波也叫剪切波或S波，它使质点在垂直于波的前进方向作相互的剪切运动，就像彩带的质点运动一样，当横波的传播方向与地面垂直时，横波使地面物体作水平摇摆运动。与纵波相比，横波的周期长、振幅大、波速慢，在地壳内一般以300～400m/s的速度传播。

纵波与横波的传播速度不同，纵波比横波传播的速度快，但衰减也快，因此纵波先到达场地，剪切波随后到达。震中附近的人先感到上下运动，有时甚至被抛起（即地震加速度大于重力加速度g），而后才感觉到左右摇晃运动，站立不稳。纵波衰减较快，因而其影响范围往往不及横波。基于上述情况，除震中外，抗震理论主要考虑横波的剪切作用，而纵波的拉压影响只在某些特定的结构情况下才需要考虑。

地震波在基岩和地表土层中的传播和衰减的速度各不相同，地震波首先到达建筑场地下的基岩，再向上传播到达地表（注意，理论和实测表明，地表土对地震加速度起放大的作用，一般土层中的加速度随距地面深度的增加而递减，基岩顶面的覆盖土层越厚、土层越软，地表面处的地震加速度比基岩面的地震加速度放大作用越明显，一般情况下，基岩面的地震加速度代表值约为地面的1/2，这也是进行场地类别分类的原因），由于地震波穿过的岩、土层的性质与厚度不同，地震波到达地表时，经过土、岩的滤波作用，地震波的振幅与频率特性也各不相同，因此，地质条件和距震源的远近不同，场地的地面运动也不一样。

由于地震波是在成层的岩、土中传播，在经过不同的层面时，波的折射现象使波的前进方向偏离直线。一般情况下，岩、土层的剪变模量和剪切波速都有随深度增加的趋势，从而使波的传播方向形成向地表弯转的形式，因此，在地表的相当厚度之内，可以将地震波看成是向上（由基岩向地表，使地面物体作水平摇摆运动）传播的，因此，《建筑抗震设计规范》以地震波垂直向上传播的理论（即水平地震作用）为基本假定。

地面以上建筑物的运动实际上是由地面运动（由地面以下地震波引起的地面水平运动）和地面以上建筑的运动（建筑物对地面地震波的响应）两部分组成的，地震时人在房间内感觉到的位移是由地面运动的位移和建筑物的地震位移的叠加，是绝对位移值。

地震波在基岩和地表土层中的传播和衰减的速度各不相同，不同场地的建筑物遭受同一震级地震影响的强弱程度不同。因此对场地类别进行划分甚有必要。

11.1.2 地震动及设计反应谱等问题

（1）地震动

地震引起的地表及近地表介质的振动。

【注】地震是地壳中板块发生顶撞、错动、断裂等产生的振动，产生这种振动的地点称为震源。随其发震地点的深度又可分为浅震（震源深度＜70km）和中深震（70km≤震源深度＜700km）。震源在地表面上的垂直投影称为震中。衡量地震的大小或规模的标准称为震级，它与地震产生破坏力的能力即震源处在地震过程中释放的能量有关。震级增加一级，地震波的振幅值增加10倍，地震所释放出的能量约增30倍。就对地面上造成的破坏而言，相同震级的地震，随震源的深度不同将有较大的差别。随着距震中的远近更有明显的差别，地面上的破坏程度用烈度来表达，一次地震的震级只有一个，地面上的烈度则是因地而异的，一般都有若干个。

（2）设计地震分组

设计地震分组是从设计近震、远震的概念延伸过来的。在新规范中，将老规范中设计近震、远震改称为了设计地震分组，可更好地体现震级和震中距的影响。建筑工程的设计地震分为三组，并在《中国地震动参数区划图（2015）》特征周期分区（B1图）的基础上加以调整后确定：

设计地震第一组为区划图B1中0.35s的区域；

设计地震第二组为区划图B1中0.40s的区域；

设计地震第三组为区划图B1中0.45s的区域。

（3）地震动分类

地震动根据50年超越概率或重现期可分为多遇地震动、基本地震动、罕遇地震动和极罕遇地震动，其中超越概率是指某场地遭遇大于或等于给定的地震动参数值的概率。

地震分类	50年的超越概率	重现期（年）
多遇地震动（小震）：比设防烈度地震约低一度半	63.2%	50
基本地震动（设防烈度地震动）	10%	475
罕遇地震动（大震）：6度时为7度强，7度时为8度强，8度时为9度弱，9度时为9度强	2%	1641～2475
极罕遇地震动	相应于年超越概率为10^{-4}的地震动	

【注】基本地震动又称为设防烈度地震动。

11.1 抗震工程基本概念

(4) 抗震设防烈度

按国家规定权限批准作为一个地区抗震设防依据的地震烈度。超越概率10%的地震烈度（基本地震烈度）。对于某一特定地区，抗震设防烈度是该地区抗震设防的依据，不能随意提高或降低（尤其不能随意降低）。

【注】①地震发生时及发生后，将引起人们有震动的感觉、自然和人工环境的变化，通常称为地震后的宏观现象（地震影响），常可概括为四类：人的感觉、人工结构物的损坏，物体的反应和自然界状态的变化。

地震烈度是指某一地区地面和各类建筑物遭受一次地震影响的强弱程度。

为了说明某一次地震的影响程度，总结震害经验和分析，比较建筑物的抗震性能，都需要根据一定的标准来确定某一地区的烈度；同样，为了对地震区的工程建设进行抗震设防，也要求研究预测某一地区在今后一定期限的烈度，作为强度验算和采取抗震措施的依据。因此可以说，与震级相比较、烈度与抗震工作有着更为密切的关系。

前面已经提到对应于一次地震，表示地震大小的震级只有一个，然而由于同一次地震对不同地点的影响是不一样的，因此烈度也就随震中距离的远近而有差异。一般来说，距震中愈远，地震影响愈小，烈度就愈低；反之，愈靠近震中，烈度就愈高。

既然地震烈度是表示地震影响程度的一个尺度，就需要有一个评定烈度的标准。这个标准称为烈度表，烈度表的内容包括：宏观现象描述（人的感觉、器物反应、建筑物的破坏和地表现象等）和定量指标。目前的烈度表主要以前者为主。我国的地震烈度表中，评定烈度时，1度～5度主要以地面上人的感觉为主，6度～7度主要以房屋震害为主，人的感觉仅供参考，8度～9度以地表现象为主。

基本烈度所提供的是地面上普遍遭遇的烈度，具体到建筑物所在地点的地震影响与地面上的平均烈度有所不同，一般认为这是由于小区域场地因素的影响所造成的。

② 抗震设防烈度是结构抗震设防的基本依据，但应正确认识抗震设防烈度，设防烈度仅是人为规定的，鉴于现阶段对地震的预测和研究远远不完善，因此设防烈度的高低并不完全说明地震的强弱。

③ 一般情况下，建筑的抗震设防烈度应采用根据中国地震动参数区划图确定的地震基本烈度。

(5) 地震动参数

表征抗震设防要求的地震动物理参数，包括地震动峰值加速度和地震动加速度反应谱特征周期等。

【注】《中华人民共和国防震减灾法》中规定："地震动参数"是"以加速度表示地震作用强弱程度"。

(6) 地震动峰值加速度

表征地震作用强弱的指标，对应于规准化地震加速度反应谱最大值的水平加速度。

(7) 设计基本地震加速度

50年设计基准期超越概率10%的地震（基本地震动）加速度的设计取值。

【注】①抗震设防烈度和设计基本地震加速度取值的对应关系，应符合表11.1-1的规定。设计基本地震加速度为0.15g和0.30g地区内的建筑，除本规范另有规定外，应分别按抗震设防烈度7度和8度的要求进行抗震设计。

抗震设防烈度和设计基本地震加速度值的对应关系　　　　表 11.1-1

抗震设防烈度	6	7	8	9
设计基本地震加速度值	0.05g	0.10g(0.15g)	0.20g(0.30g)	0.40g

② 《建筑抗震设计规范》明确将设计基本地震加速度为 0.15g 和 0.30g 的地区仍归类为 7 度和 8 度，这一规定主要考虑现行规范的抗震构造措施均以烈度划分，没有专门针对 0.15g 和 0.30g 地区的抗震构造措施，故需对其进行归类，同时对其还有专门的补充规定。

(8) 地震反应谱理论

建立于强震观测基础上，通过将多个实测的地面震动波分别代入单自由度动力反应方程，计算出各自最大弹性地震反应（加速度、速度、位置），从而得到结构最大地震反应与该结构自振周期的关系曲线。由反应谱可计算出最大地震作用，然后按静力分析法计算地震反应。

(9) 拟静力法

将重力作用、设计地震加速度与重力加速度比值、给定的动态分布系数三者乘积作为设计地震力的静力分析方法。

(10) 设计特征周期

是地震动反应谱特征周期的简称，是指抗震设计用的地震影响系数曲线中，反映地震震级、震中距和场地类别等因素的下降段起始点对应的周期值，简称特征周期，全称为"地震动反应谱特征周期"。

【注】① 特征周期 T_g 值，是计算地震作用的重要参数，它反映了震级、震中距及场地特性的影响。地震影响的特征周期应根据建筑所在地的设计地震分组和场地类别确定。

② 目前的抗震设计中，应用的最主要的参数至少应该包括设计基本地震加速度值和设计特征周期，因此这两个参数的确定至关重要。

(11) 地震动参数区划

以地震动参数为指标，将国土划分为不同抗震设防要求的区域。

(12) 地震动参数区划图

以地震动参数（以加速度表示地震作用强弱程度）为指标，将全国划分为不同抗震设防要求区域的图件。

(13) 地震作用

由地震动引起的结构动态作用，包括水平地震作用和竖向地震作用。

【注】① 地震引起的地震动是建筑物承受地震作用的根源。地震时地震波使地面发生强烈振动，导致地面上原来静止的建筑物发生强迫振动。

② 地震作用是由于地面运动引起结构反应而产生的惯性力，其作用点在结构的质量中心。地震作用是一种动态的间接作用过程，地震作用的大小与地震强弱、震源的远近、场地特性、建筑物的自身特点（如：质量及刚度的分布情况、结构的规则性情况）等多种因素密切相关。

③ 地震对结构的作用（与结构的刚度有关）与荷载对结构的影响（与结构的刚度无关）不同。

(14) 抗震设防类别

《建筑工程抗震设防分类标准》GB 50223—2008 对不同建筑物或构筑物抗震设防类别的相关规定如下,建筑应根据其使用功能及其重要性分为特殊设防类(甲类)、重点设防类(乙类)、标准设防类(丙类)和适度设防类(丁类)四个抗震设防类别。

抗震设防类别	定 义
甲类	属于重大建筑工程和地震时可能发生严重次生灾害的建筑
乙类	属于地震时使用功能不能中断或需尽快恢复的建筑
丙类	属于除甲、乙、丁类以外的建筑
丁类	属于抗震次要建筑

【注】甲类建筑指使用上有特殊设施,涉及国家公共安全的重大建筑工程和地震时可能发生严重次生灾害等特别重大灾害后果,需要进行特殊设防的建筑;乙类建筑指地震时使用功能不能中断或需尽快恢复的生命线相关建筑;丙类建筑指除甲、乙、丁类以外按标准要求进行设防的建筑,丁类建筑指使用上人员稀少且震损不致产生次生灾害,允许在一定条件下适度降低要求的建筑。

(15) 抗震设防标准

衡量抗震设防要求高低的尺度,由抗震设防烈度或设计地震动参数及建筑抗震设防类别确定。

【注】①对于某一特定地区,抗震设防烈度是一定的,但该地区建筑的使用功能、规模及重要性各不相同。因此,对每一建筑而言,其抗震设防的标准也不一定相同。

②规范规定的抗震设防标准是满足设防要求的最低标准,具体工程的设防标准可按业主的要求提高(但不得降低)。

(16) 三水准的设防目标

基本设防目标就是所有进行抗震设计的建筑都必须实现的目标,可概括为"三水准的设防目标"。

第一水准——当建筑遭受低于本地区抗震设防烈度的多遇地震影响时,一般不受损坏或不需修理可继续使用。

第二水准——当建筑遭受相当于本地区抗震设防烈度的地震影响时,可能损坏,经一般修理或不需修理仍可继续使用。

第三水准——当建筑遭受高于本地区抗震设防烈度的预估的罕遇地震影响时,不致倒塌或发生危及生命的严重破坏。

【注】三水准设防目标的通俗说法为:小震不坏、基本地震(设防烈度地震)可修、大震不倒。

(17) 水平地震影响系数

水平地震影响系数是地震动参数,是描述地震波施加于建筑物的地震加速度与重力加速度的比值。

【注】不同地区的工程地震动参数,包括烈度和不同重复周期的峰值加速度、峰值速度以及振动持续时间等,是工程抗震设防的依据。

11.2 中国地震动参数区划图

《中国地震动参数区划图》GB 18306—2015
条文及条文说明
重要内容简介及本书索引

规范条文	条文重点内容	相应重点学习和要结合的本书具体章节
前言		自行阅读
引言		自行阅读
1 范围		自行阅读
2 规范性引用文件		自行阅读
3 术语和定义		自行阅读
4 技术要素	附录A（规范性附录）中国地震动峰值加速度区划图 附录B（规范性附录）中国地震动加速度反应谱特征周期区划图 附录C（规范性附录）全国城镇Ⅱ类场地基本地震动峰值加速度和基本地震动加速度反应谱特征周期 附录D（资料性附录）场地类别划分	自行阅读
5 基本规定	均重点	
6 Ⅱ类场地地震动峰值加速度确定	均重点	
7 Ⅱ类场地地震动加速度反应谱特征周期确定	均重点	11.2 中国地震动参数区划图
8 场地地震动参数调整	均重点 附录E（资料性附录）各类场地地震动峰值加速度调整 附录F（资料性附录）地震动参数分区值范围 附录G（规范性附录）场地地震动峰值加速度与地震烈度对照表	

《中国地震动参数区划图》5、6、7、8

《中国地震动参数区划图》是其他抗震规范的基础，就是关于各类场地峰值加速度和反应谱特征周期的确定，不涉及场地上的各类建筑物和构筑物，主要查表确定，然后调整，比较简单，相关解题思维流程总结如下：

① 各类场地在各种地震动作用下峰值加速度的确定

该地区Ⅱ类场地基本地震动峰值加速度 $a'_{\max Ⅱ}$（即基本地震动所对应的峰值加速度）：
直接查附录A、附录C确定

该地区Ⅱ类场地其他地震动作用下峰值加速度 $\alpha_{\max Ⅱ} = K a'_{\max Ⅱ}$	多遇地震动	基本地震动	罕遇地震动	极罕遇地震动
	$K \geqslant 1/3$	$K = 1.0$	$K = 1.6$	$K = 2.7 \sim 3.2$

续表

I_0、I_1、Ⅲ、Ⅳ类场地地震动峰值加速度根据Ⅱ类场地相应的地震动峰值加速度进行调整

即 $a_{max} = F_a a'_{max Ⅱ}$，调整系数 F_a 见附录E，如下：

[注] F_a 可根据 a_{max} 大小线性插值

Ⅱ类场地地震动峰值加速度	场地类别				
	I_0	I_1	Ⅱ	Ⅲ	Ⅳ
≤0.05g	0.72	0.80	1.00	1.30	1.25
0.10g	0.74	0.82	1.00	1.25	1.20
0.15g	0.75	0.83	1.00	1.15	1.10
0.20g	0.76	0.85	1.00	1.00	1.00
0.30g	0.85	0.95	1.00	1.00	0.95
≥0.40g	0.90	1.00	1.00	1.00	0.90

地震烈度的确定	Ⅱ类场地地震动峰值加速度	地震烈度
	$0.04g ≤ a_{max Ⅱ} < 0.09g$	Ⅵ
	$0.09g ≤ a_{max Ⅱ} < 0.19g$	Ⅶ
	$0.19g ≤ a_{max Ⅱ} < 0.38g$	Ⅷ
	$0.38g ≤ a_{max Ⅱ} < 0.75g$	Ⅸ
	$0.75g ≤ a_{max Ⅱ}$	≥Ⅹ

② 各类场地在各种地震动作用下反应谱特征周期的确定

Ⅱ类场地基本地震动反应谱特征周期（即基本地震动所对应的反应谱特征周期）：
查附录B、附录C确定

I_0、I_1、Ⅲ、Ⅳ类场地基本地震动反应谱特征周期，根据Ⅱ类场地基本地震动反应谱特征周期进行调整，查下表确定

Ⅱ类场地基本地震动反应谱特征周期（s）	场地类别				
	I_0	I_1	Ⅱ	Ⅲ	Ⅳ
0.35	0.20	0.25	0.35	0.45	0.65
0.40	0.25	0.30	0.40	0.55	0.75
0.45	0.30	0.35	0.45	0.65	0.90

各类场地其他地震动作用下反应谱特征周期	多遇地震动	罕遇地震动
	可按基本地震动反应谱特征周期取值	应大于基本地震动反应谱特征周期取值，增加值不低于0.05s

11.3 建筑工程抗震设计

《建筑抗震设计规范》GB 50011—2010（2016年版）
条文及条文说明
重要内容简介及本书索引

规范条文		条文重点内容	条文说明重点内容	相应重点学习和要结合的本书具体章节
1 总则				自行阅读
2 术语和符号	2.1 术语			自行阅读
	2.2 主要符号			自行阅读
3 基本规定	3.1 建筑抗震设防分类和设防标准	均重点		自行阅读
	3.2 地震影响	均重点		自行阅读
	3.3 场地和地基	均重点		自行阅读
	3.4 建筑形体及其构件布置的规则性	均重点		自行阅读
	3.5 结构体系			自行阅读
	3.6 结构分析			自行阅读
	3.7 非结构构件			自行阅读
	3.8 隔震与消能减震设计			自行阅读
	3.9 结构材料与施工			自行阅读
	3.10 建筑抗震性能化设计			自行阅读
	3.11 建筑物地震反应观测系统			自行阅读
4 场地、地基和基础	4.1 场地	均重点		11.3.1 场地类别划分 11.3.2.1 建筑结构的地震影响系数
	4.2 天然地基和基础	均重点		11.3.4 天然地基抗震承载力验算
	4.3 液化土和软土地基	均重点		11.3.3 液化判别
	4.4 桩基	均重点		11.3.5 桩基液化效应和抗震验算
	4.5 地震作用和结构抗震验算	均重点		自行阅读
5 地震作用和结构抗震验算	5.1 一般规定			自行阅读
	5.2 水平地震作用计算	均重点		11.3.2.2 水平和竖向地震作用计算
	5.3 竖向地震作用计算	均重点		11.3.2.2 水平和竖向地震作用计算
	5.4 截面抗震验算			自行阅读
	5.5 抗震变形验算			自行阅读

续表

规范条文	条文重点内容	条文说明重点内容	相应重点学习和要结合的本书具体章节
6 多层和高层钢筋混凝土房屋			自行阅读
7 多层砌体房屋和底部框架砌体房屋			自行阅读
8 多层和高层钢结构房屋			自行阅读
9 单层工业厂房			自行阅读
10 空旷房屋和大跨屋盖建筑			自行阅读
11 土、木、石结构房屋			自行阅读
12 隔震和消能减震设计			自行阅读
13 非结构构件			
14 地下建筑			

11.3.1 场地类别划分

《建筑抗震设计规范》4.1

建筑场地的类别划分，可以根据场地岩土名称和性状进行定性划分，也可以根据土层等效剪切波速和场地覆盖层厚度定量划分。

进行定量划分主要有三步：

① 确定覆盖层厚度（从地面算起）h；

② 确定计算深度 $d_0 = \sin(h, 20\mathrm{m})$ 及土层等效剪切波速 $v_{se} = \dfrac{d_0}{\sum_{i=1}^{n} \dfrac{d_i}{v_i}}$；

③ 根据土层等效剪切波速和场地覆盖层厚度查表确定。

场地类别划分按《建筑抗震设计规范》解题思路流程总结如下：

① 确定覆盖层厚度（从地面算起）h	② 计算深度 $d_0 = \min(h, 20\text{m})$		
(a) 从天然地面至某 i 层顶面，某 i 层满足：剪切波速 $v_i > 500\text{m/s}$ 及 $v_{i+n} > 500\text{m/s}$；	计算深度范围内第 i 层土厚度 d_i		
(b) 从天然地面至某 i 层顶面，某 i 层满足：顶面距天然地面>5m 及剪切波速 $v_i \geqslant 2.5 v_{i-m}$ 及 θ_i 及 $v_{i+n} > 400\text{m/s}$； [注] 要大于其上各土层2.5倍，而不是仅其上的一层土。	计算深度范围内第 i 层土剪切波速 v_i		
(c) 剪切波速大于500m/s的孤石、透镜体应视为周围土体； (d) 火山岩硬夹层视为刚体，其厚度从覆盖层土层中扣除。 [注] 常见火山岩硬夹层：玄武岩、黄岗岩、安山岩、流纹岩、闪长岩等，且一定要注意题干注明是孤石还是硬夹层。	土层等效剪切波速（m/s）$$v_{se} = \dfrac{d_0}{\sum\limits_{i=1}^{n} \dfrac{d_i}{v_i}}$$		

③ 判定场地类别：据土层等效剪切波速和场地覆盖层厚度

土的类型	岩土名称和性状	岩土层剪切波速（m/s）	I_0	I_1	II	III	IV
岩石	坚硬、较硬且完整的岩石	$v_s > 800$	0				
坚硬土或软质岩石	破碎和较破碎的岩石或较软的岩石，密实的碎石土	$800 \geqslant v_s > 500$		0			
中硬土	中密、稍密的碎石土，密实、中密的砾、粗、中砂，$f_{ak} > 150\text{kPa}$ 的黏性土和粉土，坚硬黄土	$500 \geqslant v_{se} > 250$			<5	≥5	
中软土	稍密的砾，粗、中砂，除松散外的细、粉砂，$f_{ak} \leqslant 150\text{kPa}$ 的黏性土和粉土，$f_{ak} > 130\text{kPa}$ 的填土，可塑新黄土	$250 \geqslant v_{se} > 150$			<3	3~50	>50
软弱土	淤泥及淤泥质土，松散的砂，新近沉积的黏性土和粉土，$f_{ak} \leqslant 130\text{kPa}$ 的填土，流塑黄土	$v_{se} \leqslant 150$			<3	3~15	15~80	>80

【注】① 确定覆盖层厚度时，第③种情况下，如周围土体剪切波速不一样，一般分两种情况计算，分为等于上土层剪切波速和下土层剪切波速。

② 如果题干中未给出计算深度范围内每层土的剪切波速，此时等效剪切波速不可能通过剪切波速求得，需要查表，定量确定。

③ 注意题干给的是土层厚度还是层底深度。

④ 通过观察覆盖层厚度和等效剪切波速确定场地类别的表，当覆盖层为厚度为5~15之间，当未给出覆盖土层等效剪切波速值时，也可判定场地类别为Ⅱ类，此时与剪切波速无关。

⑤ 波速测试方法，根据《土工试验方法标准》50及《工程地质手册》（第五版）P304~312可得，本书不再赘述。

⑥ 选择建筑场地时，应按表11.3-1划分对建筑抗震有利、一般、不利和危险的地段。

11.3 建筑工程抗震设计

表 11.3-1

地段类别	地质、地形、地貌
有利地段	稳定基岩，坚硬土，开阔、平坦、密实、均匀的中硬土等
一般地段	不属于有利、不利和危险的地段
不利地段	软弱土，液化土，条状突出的山嘴，高耸孤立的山丘，陡坡，陡坎，河岸和边坡的边缘，平面分布上成因、岩性、状态明显不均匀的土层（含故河道、疏松的断层破碎带、暗埋的塘浜沟谷和半填半挖地基），高含水量的可塑黄土，地表存在结构性裂缝等
危险地段	地震时可能发生滑坡、崩塌、地陷、地裂、泥石流等及发震断裂带上可能发生地表位错的部位

11.3.2 设计反应谱

11.3.2.1 建筑结构的地震影响系数

《建筑抗震设计规范》4.1

（1）地震影响系数

建筑结构的地震影响系数 α 应根据烈度、场地类别、设计地震分组和结构自振周期以及阻尼比确定。

设计反应谱按《建筑抗震设计规范》解题思维流程总结如下：

① 确定特征周期值 T_g

设计地震分组	场地类别				
	I_0	I_1	II	III	IV
第一组	0.20s	0.25s	0.35s	0.45s	0.65s
第二组	0.25s	0.30s	0.40s	0.55s	0.75s
第三组	0.30s	0.35s	0.45s	0.65s	0.90s

注：计算罕遇地震时，特征周期应增加 0.05s。

② 根据抗震设防烈度与设计基本地震加速度确定水平地震影响系数最大值 α_{max}

抗震设防烈度或者设计基本地震加速度	6	7	8	9
	0.05g	0.10g (0.15g)	0.20g (0.30g)	0.40g
多遇地震 α_{max}	0.04	0.08 (0.12)	0.16 (0.24)	0.32
罕遇地震 α_{max}	0.28	0.50 (0.72)	0.90 (1.20)	1.40

注：(a) 括号内 α_{max} 的数值分别用于设计基本地震加速度为 0.15g 和 0.30g 的地区；
(b) 当不利地段时，水平地震影响系数最大值要乘放大系数 λ；
(c) 0.15g、0.30g 相当于地震烈度 7 度半、8 度半的设计基本加速度值。

③ 根据建筑结构的阻尼比 ζ 确定如下三个系数

$\eta_2 = 1 + \dfrac{0.05 - \zeta}{0.08 + 1.6\zeta} (\geqslant 0.55)$	$\gamma = 0.9 + \dfrac{0.05 - \zeta}{0.3 + 6\zeta}$	$\eta_1 = 0.02 + \dfrac{0.05 - \zeta}{4 + 32\zeta}$

④ 建筑结构自振周期 T 与建筑结构水平地震影响系数 α

$0 < T < 0.1s$	$\alpha = \left[0.45 + \dfrac{T}{0.1}(\eta_2 - 0.45)\right]\alpha_{max}$

续表

$0.1\text{s} \leqslant T \leqslant T_g$	$\alpha = \eta_2 \alpha_{\max}$
$T_g < T \leqslant 5T_g$	$\alpha = \left(\dfrac{T_g}{T}\right)^\gamma \cdot \eta_2 \alpha_{\max}$
$5T_g < T \leqslant 6\text{s}$	$\alpha = [0.2^\gamma \cdot \eta_2 - \eta_1(T - 5T_g)]\alpha_{\max}$

【注】经常与场地类别划分综合考查。

(2) 不利地段对设计地震动参数产生的放大作用

当需要在条状突出的山嘴、高耸孤立的山丘、非岩石和强风化岩石的陡坡、河岸和边坡边缘等不利地段建造丙类及丙类以上建筑时，除保证其在地震作用下的稳定性外，尚应估计不利地段对设计地震动参数可能产生的放大作用，其水平地震影响系数最大值应乘以放大系数。其值应根据不利地段的具体情况确定，在 1.1～1.6 范围内采用。

水平地震影响系数最大值的放大系数 λ 计算解题思维流程总结如下：

建筑场地离突出台地边缘的距离 L_1		相对高差 H	
附加调整系数 ξ	$L_1/H < 2.5$	$2.5 \leqslant L_1/H < 5$	$5 \leqslant L_1/H$
	$\xi = 1.0$	$\xi = 0.6$	$\xi = 0.3$

局部突出地形地震动参数的增大幅度 α，按下表确定

突出地形的高度 H(m)	非岩质地层	$H < 5$	$5 \leqslant H < 15$	$15 \leqslant H < 25$	$25 \leqslant H$
	岩质地层	$H < 20$	$20 \leqslant H < 40$	$40 \leqslant H < 60$	$60 \leqslant H$
局部突出台地边缘的侧向平均坡降（H/L）	$H/L < 0.3$	0	0.1	0.2	0.3
	$0.3 \leqslant H/L < 0.6$	0.1	0.2	0.3	0.4
	$0.6 \leqslant H/L < 1.0$	0.2	0.3	0.4	0.5
	$1.0 \leqslant H/L$	0.3	0.4	0.5	0.6

水平地震影响系数最大值的放大系数 $\lambda = 1 + \xi\alpha$

【注】放大系数 λ 的总趋势，大致可以归纳为以下几点：①高突地形距离基准面的高度愈大，高处的反应愈强烈；②离陡坎和边坡顶部边缘的距离愈大，反应相对减小；③从岩土构成方面看，在同样地形条件下，土质结构的反应比岩质结构大；④高突地形顶面愈开阔，远离边缘的中心部位的反应是明显减小的；⑤边坡愈陡，其顶部的放大效应相应加大。

11.3.2.2 水平和竖向地震作用计算

《建筑抗震设计规范》5.2.1、5.3.1

(1) 水平地震作用计算

采用底部剪力法时（规范图 5.2.1），各楼层可仅取一个自由度，结构的水平地震作用标准值，应按如下进行：

结构等效总重力荷载 G_{eq}，单质点取总值，多质点取总重力荷载代表值的 85%
相应于结构基本自振周期的水平地震影响系数值 α_1（按 "11.3.2.1" 节计算）
当结构为多层砌体房屋和底部框架砌体房屋时 α_1 取 $\alpha_{\max}$
① 基础顶面处结构总水平地震作用标准值 $F_{\text{Ek}} = \alpha_1 \cdot G_{\text{eq}}$

续表

顶部附加地震作用系数 δ_n	$T_g(s)$	$T_1 > 1.4T_g$	$T_1 \leqslant 1.4T_g$
多层钢筋混凝土和钢结构房屋按右边计算确定；其他房屋可采用 0 式中 T_1 为结构自振周期	$T_g \leqslant 0.35$	$\delta_n = 0.08T_1 + 0.07$	$\delta_n = 0$
	$0.35 < T_g \leqslant 0.55$	$\delta_n = 0.08T_1 + 0.01$	
	$0.55 < T_g$	$\delta_n = 0.08T_1 + 0.02$	

② 顶部附加水平地震作用 $\Delta F_n = \delta_n F_{Ek}$

③ 结构顶部总水平地震作用 $F_n + \Delta F_n$

集中于质点 i、j 的重力荷载代表值 G_i、G_j，按规范第 5.1.3 条确定

质点 i、j 的计算高度 H_i、H_j

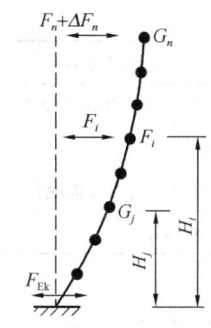

图 5.2.1 结构水平地震作用计算简图

④ 质点 i 的水平地震作用标准值 $F_i = \dfrac{G_i H_i}{\sum\limits_{j=1}^{n} G_j H_j} F_{Ek}(1-\delta_n)$

⑤ 竖向地震作用标准值 $F_{Evk} = \alpha_{vmax} \cdot G_{ep} = 0.65\alpha_{max} \cdot G_{ep}$
注意此时 G_{ep} 取总重力荷载代表值的 75%

（2）竖向地震作用计算

9 度时的高层建筑，其竖向地震作用标准值按如下确定（规范图 5.3.1）。楼层的竖向地震作用效应可按各构件承受的重力荷载代表值的比例分配，并宜乘以增大系数 1.50。

集中于质点 i、j 的重力荷载代表值 G_i、G_j，按规范第 5.1.3 条确定
质点 i、j 的计算高度 H_i、H_j
竖向地震影响系数的最大值 α_{vmax}，取水平地震影响系数最大值的 65%
结构等效总重力荷载 G_{ep}，取总重力荷载代表值的 75%
① 竖向地震作用标准值 $F_{Evk} = \alpha_{vmax} \cdot G_{ep} = 0.65\alpha_{max} \cdot G_{ep}$
② 质点 i 的竖向地震作用标准值 $F_{vi} = \dfrac{G_i H_i}{\sum\limits_{j=1}^{n} G_j H_j} F_{Evk}$

11.3.3 液化判别

11.3.3.1 液化初判

《建筑抗震设计规范》4.3.2、4.3.3

地面下存在饱和砂土和饱和粉土时，除 6 度外，应进行液化判别；存在液化土层的地基，应根据建筑的抗震设防类别、地基的液化等级，结合具体情况采取相应的措施。（注：本条饱和土液化判别要求不含黄土、粉质黏土）

11 抗震工程专题

液化判别分为液化初判和液化复判。初判比复判简单，因此对于初判即判定为不液化土层，不必再进行复判。

建筑工程液化初判，主要是根据地质年代、粉土层的黏粒含量、浅埋天然地基建筑上覆非液化土层厚度和地下水的深度关系等方面进行判别。

液化初判按《建筑抗震设计规范》解题思维流程总结如下：

总则：除6度外，地面下存在饱和砂土和饱和粉土时，应进行液化判别。

符合下列条件之一即可判定为不液化：

① 地质年代为第四纪晚更新世（Q_3）及其以前且7、8度时

② 粉土，黏粒含量百分率> [10（7度）；13（8度）；16（9度）]

符合下列条件即可判定为不考虑液化影响：

③ 浅埋基础且天然地基

基础埋深 $d_b \in [2m, +\infty]$				地下水位埋深 d_w 当区域的地下水位处于变动状态时应按不利的情况考虑	扣除淤泥及淤泥质土，上覆非液化土层厚度 d_u
液化土层特征深度 d_0				满足下式其一即可	
饱和土/设防烈度	7	8	9	$d_w > d_b + d_0 - 3$	
粉土	6	7	8	$d_u > d_b + d_0 - 2$	
砂土	7	8	9	$d_u + d_w > 2d_b + 1.5d_0 - 4.5$	

【注】① 只有水位以下的饱和砂土、粉土会发生液化，黏性土不会发生液化。

② 粉土初判才需要考虑黏粒含量，砂土不考虑。

③ 浅埋天然地基建筑利用上覆非液化土层厚度和地下水的深度关系进行判别时，上述三个公式只要满足条件之一即可判定为不液化；基础埋深 $d_b \in [2m, +\infty]$，表示当基础埋深 $d_b < 2m$ 时，取 $2m$；地下水位埋深 d_w 取用近期年最高水位，而非勘察期间水位。

11.3.3.2 液化复判及液化指数

《建筑抗震设计规范》4.3.4、4.3.5

当饱和砂土、粉土的初步判别认为需进一步进行液化判别时，应采用标准贯入试验判别法判别地面下20m范围内土的液化；但本规范第4.2.1条规定可不进行天然地基及基础的抗震承载力验算的各类建筑，可只判别地面下15m范围内土的液化。

液化复判及液化指数按《建筑抗震设计规范》解题思维流程总结如下：

① 无论要求与否，一定要先初判，判断出不需要液化复判的标贯点

② 再确定液化复判的地面下深度（15m或20m）即确定出哪些标贯点进行液化复判

根据抗震设防烈度或设计基本地震加速度确定标准贯入锤击数基准值 N_0	7度		8度		9度
	0.10g	0.15g	0.20g	0.30g	0.40g
	7	10	12	16	19
调整系数 β	设计地震第一组0.80		第二组0.95		第三组1.05

11.3 建筑工程抗震设计

续表

基准值 N_0	调整系数 β	标贯点标准贯入深度 d_{si}	地下水位埋深 d_w	黏粒含量 ρ_{ci} 粉土[3，+∞) 砂土=3	临界击数 N_{cri}	比较 $N_{cri}<N_i$ 不液化	不修正实测击数 N_i

每一个标贯点临界击数 $N_{cr}=N_0\beta[\ln(0.6d_s+1.5)-0.1d_w]\cdot\sqrt{3/\rho_c}$

标准贯入深度 d_{si}	标贯点代表土层厚度 $d_i=$下界－上界 先找全分界深度 ① 地下水位深度处 ② 土层分界处 ③ 液化最终深度处（15m/20m） ④ 同层土两个标贯点中间位置	中点深度 $d'_s=$上界$+\dfrac{d_i}{2}$ 或 $d'_s=$下界$-\dfrac{d_i}{2}$	影响权函数值 W_i $\begin{cases}0<d'_s\leqslant 5\to 10\\ 5<d'_s\leqslant 20\to \dfrac{2}{3}(20-d'_s)\end{cases}$ $\begin{cases}0<d'_s\leqslant 5\to 10\\ 5<d'_s\leqslant 20\to \dfrac{2}{3}(20-d'_s)\end{cases}$

液化指数 $I_{lE}=\sum\limits_{i=1}^{n}\left(1-\dfrac{N_i}{N_{cri}}\right)d_iW_i$	液化指数	(0, 6]	(6, 18]	(18, +∞)
	液化等级	轻微	中等	严重

【注】 ① 黏粒含量 ρ_{ci}，单位为%，因此在公式中使用时要去掉%。粉土[3，+∞)，表示粉土黏粒含量小于3时，取3；砂土=3，表示无论砂土黏粒含量为多少，均取3。

② 同一场地，在计算每一个标贯点临界击数 N_{cri} 时，计算公式中基准值 N_0、调整系数 β 以及地下水位埋深 d_w 都是相同的。

③ 标贯点代表土层厚度 $d_i=$下界－上界。d_i 与标准贯入深度 d_{si} 有本质的区别。这里关键点是找全分界深度，可结合后面例题深刻理解。

11.3.3.3 打桩后标贯击数的修正及液化判别

《建筑抗震设计规范》4.4.3

打入式预制桩及其他挤土桩，当平均桩距为2.5~4倍桩径且桩数不少于5×5时，可计入打桩对土的加密作用及桩身对液化土变形限制的有利影响。当打桩后桩间土的标准贯入锤击数值达到不液化的要求时，单桩承载力可不折减，但对桩尖持力层作强度校核时，桩群外侧的应力扩散角应取为零。

打桩后桩间土的标准贯入锤击数 N_1 宜由试验确定，也可按下式计算。

打桩后标贯击数的修正及液化判别按《建筑抗震设计规范》解题思维流程总结如下：

打桩前标贯实测击数 N				
打入式预制桩的面积置换率 ρ				
打桩后标贯实测击数修正值 $N_1 = N + 100\rho(1 - e^{-0.3N})$				
① 面积置换率 ρ 的计算按下式或可见地基处理专题中 "8.4.1 置换率 m 计算方法"				
无限大面积				有限面积
等边三角形布桩	矩形布桩（正方形）	不规则布桩		
桩径 d （方桩 $d = 1.13b$）	桩径 d （方桩 $d = 1.13b$）	选取重复出现的小单元（以小单元面积容易求，且铺满为原则）		
桩距 s	桩距 $b \times l$ (s)			置换率 $\rho = \dfrac{桩总的截面面积}{总处理地基面积}$
置换率 $\rho = \dfrac{d^2}{(1.05s)^2}$	置换率 $\rho = \dfrac{d^2}{(1.13\sqrt{lb})^2} = \dfrac{d^2}{(1.13s)^2}$	置换率 $\rho = \dfrac{小单元内桩总的截面面积}{小单元面积}$		

② 打桩后，液化的初判和复判，可见 "11.3.3.1 液化初判" 及 "11.3.3.2 液化复判"。只是将打桩前标贯实测击数 N，换成打桩后标贯实测击数修正值 N_1。即打桩后液化地基复判，标贯点临界击数 N_{cr} 要与打桩后标贯实测击数修正值 N_1 进行比较。

11.3.4 天然地基抗震承载力验算

《建筑抗震设计规范》4.2

天然地基基础抗震验算时，应采用地震作用效应标准组合，且地基抗震承载力应取地基承载力特征值乘以地基抗震承载力调整系数计算。

天然地基抗震承载力验算解题思维流程总结如下：

第一步确定地基抗震承载力		
已给的地基承载力特征值 f_{ak}	基础短边 b 任何土：[3, 6]	基础埋深 d 且 $d > 0.5$ ① 一般从室外地面标高算起； ② 填方 (a) 上部结构完成后填—天然地面；(b) 先填土整平—填土地面。 ③ 有地下室 (a) 箱形基础/筏基—室外地面；(b) 独立基础/条形基础—室内地面； ④ 基础位于地面或两侧无回填土时 $d = 0$； ⑤ 主裙楼一体的结构，d 的选取
注意水位	基础底面以下土的重度 γ	基础底面以上土的加权平均重度 γ_m $$\gamma_m = \dfrac{\sum \gamma_i d_i}{\sum d_i} = \dfrac{\sum \gamma_i d_i}{d}$$
由持力层土性查表	宽度修正系数 η_b	深度修正系数 η_d
① 宽深度修正后地基承载力特征值 $f_a = f_{ak} + \eta_b \gamma (b - 3) + \eta_d \gamma_m (d - 0.5)$		
② 地基抗震承载力调整系数 ξ_a		

续表

岩石，密实的碎石土，密实的砾、粗、中砂，$300\text{kPa} \leqslant f_{ak}$ 的黏性土和粉土	1.5
中密、稍密的碎石土，中密和稍密的砾、粗、中砂，密实和中密的细、粉砂，$150\text{kPa} \leqslant f_{ak} < 300\text{kPa}$ 的黏性土和粉土，坚硬黄土	1.3
稍密的细、粉砂，$100\text{kPa} \leqslant f_{ak} < 150\text{kPa}$ 的黏性土和粉土，可塑黄土	1.1
淤泥，淤泥质土，松散的砂，杂填土，新近堆积黄土及流塑黄土	1.0

地基抗震承载力 $f_{aE} = f_a \xi_a$

第二步计算基底压力及验算

① 判断偏心距 $e = \dfrac{M_k}{F_k + G_k} \geqslant \dfrac{b}{6}$	② 基底平均压力 $p_k = \dfrac{F_k + G_k}{bl} = \dfrac{F_k}{bl} + \gamma_G d \leqslant f_{aE}$	③ 小偏心（$e < b/6$） $p_k \leqslant f_{aE}$ 及 $p_{kmax} = p_k \left(1 + \dfrac{6e}{b}\right) \leqslant 1.2 f_{aE}$

④ 大偏心（$e \geqslant b/6$）

此时非零应力区应满足 当高层建筑高宽比>4，不宜出现零压力区，即不宜出现大偏心的情况； 其他建筑要求 $3l\left(\dfrac{b}{2} - e\right) \geqslant 0.85 bl$（非零应力区超过85%）	$p_{kmax} = \dfrac{2(F_k + G_k)}{3l\left(\dfrac{b}{2} - e\right)} \leqslant 1.2 f_{aE}$

【注】 计算修正后地基承载力特征值和基底压力，注意与土力学专题"1.3.3 基底压力"以及地基基础专题"6.1.4 地基承载力特征值深宽度修正"相结合。

11.3.5 桩基液化效应和抗震验算

《建筑抗震设计规范》4.4
《建筑桩基技术规范》5.3.12

桩基液化效应和抗震验算按《建筑抗震设计规范》《建筑桩基技术规范》解题思维流程如下：

① 确定液化土层液化折减系数 ψ_l			
首先确定是否为特殊地基基础情况			
（a）对于挤土桩当桩距小于 $4d$，且桩的排数不少于5排、总桩数不少于25根时，土层液化系数可取 $2/3 \sim 1$；桩间土标贯击数达到 N_{cr} 时，取 $\psi_l = 1$；			
（b）对于桩身周围有液化土层的低承台桩基，当承台底面上有厚度小于 1.5m，底面下有厚度小于 1.0m 的非液化土或非软弱土层时，取 $\psi_l = 0$。			
当不满足上述条件时，查下表确定			
标贯击数实测值 N	见"11.3.3.1 液化初判和 11.3.3.2 液化复判按《建筑抗震设计规范》解题思维流程"求解		
液化判别标贯击数临界值 N_{cr}			
液化指数 $\lambda_N = N/N_{cr}$			
液化折减系数 ψ_l（查下表确定）			
λ_N（注意当承台底非液化土层厚度小于1m 时，土层液化折减系数，按 λ_N 降低一档取值）	$\lambda_N \leqslant 0.6$	$0.6 < \lambda_N \leqslant 0.8$	$0.8 < \lambda_N \leqslant 1.0$

续表

自地面算起的液化土层深度 d_L (m)	$d_L \leqslant 10$	$\psi_l = 0$	$\psi_l = 1/3$	$\psi_l = 2/3$
	$10 < d_L \leqslant 20$	$\psi_l = 1/3$	$\psi_l = 2/3$	$\psi_l = 1.0$

② 计算液化土层单桩极限承载力标准值 Q_{uk}

桩身周长 u	桩直径 d			桩长 l		
	液化土层折减系数 ψ_{li}	液化土 i 层土计算厚度 l_i	非液化土层 j 层土计算厚度 l_j	土极限侧阻力标准值 q_{sik}/q_{sjk}	桩底面积 A_p	极限端阻力标准值 q_{pk}

液化土层普通单桩极限承载力标准值
$$Q_{uk} = Q_{sk} + Q_{pk} = u\sum \psi_{li} l_i q_{sik} + u\sum l_j q_{sjk} + A_p q_{pk}$$

（其他桩型，如钢管桩、嵌岩桩等，除考虑液化土层折减，尚应考虑其他相应折减和调整，如大直径效应折减等，具体计算可见"7.1 各种桩型单桩极限承载力标准值解题思维流程"）

③ 单桩竖向抗震承载力特征值 R_E，可比非抗震设计时提高 25%，即 $R_E = 1.25R$

R 计算可见"7.2 单桩和复合基桩竖向承载力特征值解题思维流程"（单桩情况下，不考虑承台效应时，$R = Q_{uk}/2$）

11.4 公路工程抗震设计

《公路工程抗震规范》JTG B02—2013
条文及条文说明
重要内容简介及本书索引

规范条文		条文重点内容	条文说明重点内容	相应重点学习和要结合的本书具体章节
1 总则				自行阅读
2 术语和符号	2.1 术语			自行阅读
	2.2 符号			自行阅读
3 基本规定	3.1 桥梁工程抗震设防标准	均重点		11.4.2 设计反应谱
	3.2 其他公路工程构筑物抗震设防标准	均重点		自行阅读
	3.3 地震作用	均重点		自行阅读
	3.4 作用效应组合			自行阅读
	3.5 抗震设计			自行阅读
	3.6 抗震措施			自行阅读

续表

规范条文		条文重点内容	条文说明重点内容	相应重点学习和要结合的本书具体章节
4 地基和基础	4.1 一般规定	均重点		11.4.1 场地类别划分
	4.2 天然地基抗震承载力	均重点		11.4.4 天然地基抗震承载力
	4.3 液化地基	均重点	表 4-1 液化等级对结构物的相应危害程度	11.4.3 液化判别
	4.4 桩基础	均重点		11.4.5 桩基液化效应和抗震验算
5 桥梁	5.1 一般规定	均重点		自行阅读
	5.2 设计加速度反应谱	均重点		11.4.2 设计反应谱
	5.3 设计地震动时程			自行阅读
	5.4 抗震设计			自行阅读
	5.5 强度和变形验算			自行阅读
	5.6 抗震措施			自行阅读
6 隧道	6.1 一般规定			自行阅读
	6.2 强度和稳定性验算	均重点		自行阅读
	6.3 抗震措施			自行阅读
7 挡土墙	7.1 一般规定			
	7.2 强度和稳定性验算	均重点 附录 A 地震土压力计算	7.2.5 中计算公式	11.4.6 地震作用
	7.3 抗震措施			
8 路基	8.1 一般规定			
	8.2 抗震稳定性验算	均重点		
	8.3 抗震措施	均重点		
9 涵洞				

11.4.1 场地类别划分

《公路工程抗震规范》4.1.3

与《建筑抗震设计规范》相比，覆盖层厚度 h 和土层等效剪切波速的确定，两者都是相同的，场地类别表格略有不同。

场地类别划分按《公路工程抗震规范》解题思路流程总结如下：

① 确定覆盖层厚度（从地面算起）h	② 计算深度 $d_0 = \min(h, 20\text{m})$

	续表
(a) 从天然地面至某 i 层顶面，某 i 层满足：剪切波速 $v_i >$ 500m/s 及 $v_{i+n} >$ 500m/s； (b) 从天然地面至某 i 层顶面，某 i 层满足： 顶面距天然地面>5m 及剪切波速 $v_i > 2.5v_{i-n}$ 及 $v_{i+n} >$ 400m/s； [注] 要大于其上各土层 2.5 倍，而不是仅其上的一层土。 (c) 剪切波速大于 500m/s 的孤石、透镜体应视为周围土体； (d) 火山岩硬夹层视为刚体，其厚度从覆盖层土层中扣除。 [注] 常见火山岩硬夹层：玄武岩、黄岗岩、安山岩、流纹岩、闪长岩等，且一定要注意题干是孤石还是硬夹层。	计算深度范围内第 i 层土厚度 d_i 计算深度范围内第 i 层土剪切波速 v_i 土层等效剪切波速（m/s） $$v_{se} = \frac{d_0}{\sum_{i=1}^{n} \frac{d_i}{v_i}}$$

③ 判定桥梁工程场地类别：根据土层等效剪切波速和场地覆盖层厚度

岩土层剪切波速（m/s）	Ⅰ	Ⅱ	Ⅲ	Ⅳ
$v_s > 500$	0			
$500 \geqslant v_{se} > 250$	<5	≥5		
$250 \geqslant v_{se} > 140$	<3	≥3，≤50	>50	
$v_{se} \leqslant 140$	<3	≥3，≤15	>15，≤80	>80

【注】 确定覆盖层厚度及等效剪切波速，《公路工程抗震规范》中均未提及，这里按照《建筑抗震设计规范》条文进行确定。

11.4.2 设计反应谱

《公路工程抗震规范》3.1.3、5.2

公路工程设计反应谱，历年案例真题仅考到过桥梁部分，因此其他公路工程的构筑物的相关内容，如抗震重要性修正系数 C_i，可见本规范具体章节，此处不再介绍。

桥梁的设计反应谱按《公路工程抗震规范》解题思维流程总结如下：

① 设计特征周期 T_g（s）

区划图上的特征周期（s）	场地类别			
	Ⅰ	Ⅱ	Ⅲ	Ⅳ
0.35	0.25	0.35	0.45	0.65
0.40	0.30	0.40	0.55	0.75
0.45	0.35	0.45	0.65	0.90

注：中国地震动参数区划图上特征周期 T_g，为Ⅱ类场地基本地震加速度反应谱特征周期分区值，本质上反应了设计地震分组，和《建筑抗震设计规范》是相一致的，即区划图 $T_g = 0.35s$ 相当于是设计地震第一组，0.40s 为第二组，0.45 为第三组。

② 水平向设计基本地震动加速度峰值 A_h

抗震设防烈度	6度	7度	8度	9度
A_h	≥0.05g	0.10g（0.15g）	0.20g（0.30g）	0.40g

11.4 公路工程抗震设计

续表

③ 桥梁抗震重要性修正系数 C_i		E1 地震	E2 地震
桥梁抗震设防类别		E1 地震	E2 地震
单跨跨径超过 150m 的特大桥	A 类	1.0	1.7
单跨跨径不超过 150m 的高速公路、一级公路上的特大桥、大桥	B 类	0.5	1.7
单跨跨径不超过 150m 的高速公路、一级公路上的中桥、小桥； 单跨跨径不超过 150m 的二级公路上的特大桥、大桥	B 类	0.43	1.3
二级公路上的中桥、小桥； 单跨跨径不超过 150m 的三、四级公路上的特大桥、大桥	C 类	0.34	1.0
三、四级公路上的中桥、小桥	D 类	0.23	—

注：E1 地震指重现期为 475 年的地震，E2 地震指重现期为 2000 年的地震。

④ 场地系数 C_s

场地类别	设计基本地震动峰值加速度					
	0.05g	0.10g	0.15g	0.20g	0.30g	0.40g
Ⅰ	1.2	1.0	0.9	0.9	0.9	0.9
Ⅱ	1.0	1.0	1.0	1.0	1.0	1.0
Ⅲ	1.1	1.3	1.2	1.2	1.0	1.0
Ⅳ	1.2	1.4	1.3	1.3	1.0	0.9

⑤ 桥梁阻尼比 ζ	阻尼调整系数 $C_d = 1 + \dfrac{0.05 - \zeta}{0.06 + 1.7\zeta} \geq 0.55$

⑥ 水平设计加速度反应谱最大值 $S_{max} = 2.25 C_i C_s C_d A_h$

⑦ 桥梁自振周期 T		水平设计加速度反应谱 S
$T < 0.1s$	$0.1s \leq T \leq T_g$	$T_g < T$
$S = S_{max}(5.5T + 0.45)$	$S = S_{max}$	$S = S_{max}\left(\dfrac{T_g}{T}\right)$

⑧ 竖向/水平向谱比函数 R			
基岩场地	土层且 $T < 0.1s$	土层且 $0.1s \leq T < 0.3s$	土层且 $0.3s \leq T$
$R = 0.6$	$R = 1.0$	$R = 1.0 - 2.5(T - 0.1)$	$R = 0.5$

竖向设计加速度反应谱 $S_v = S \cdot R$

11.4.3 液化判别

11.4.3.1 液化初判

《公路工程抗震规范》4.3.2

《公路工程抗震规范》和《建筑抗震设计规范》，液化初判基本一致，仅表述不同，《公路工程抗震规范》中用地震动参数代替地震基本烈度作为表征地震作用的主要方式，抗震设防烈度和设计基本地震加速度对应：7 度（0.10g、0.15g），8 度（0.20g、0.30g），9 度（0.40g）。

液化初判按《公路工程抗震规范》解题思维流程总结如下：

符合下列条件之一即可判定为不液化或不考虑液化影响
① 地质年代为第四纪晚更新世（Q_3）及其以前且7度（0.10g 或 0.15g）、8度（0.20g 或 0.30g）时
② 粉土，黏粒含量百分率＞[10(7度)；13(8度)；16(9度)]
③ 利用公式判断

基础埋深 $d_b \in [2m, +\infty]$				地下水位埋深 d_w	扣除淤泥及淤泥质土，上覆非液化土层厚度 d_u
液化土层特征深度 d_0				满足下式其一即可	
饱和土/设防烈度	7	8	9	$d_w > d_b + d_0 - 3$	
粉土	6	7	8	$d_u > d_b + d_0 - 2$	
砂土	7	8	9	$d_u + d_w > 2d_b + 1.5d_0 - 4.5$	

11.4.3.2 液化复判

《公路工程抗震规范》4.3.3、4.3.4

液化复判及液化指数按《公路工程抗震规范》解题思维流程总结如下：

① 无论要求与否，一定要先初判，判断出不需要液化复判的标贯点

② 再确定液化复判的地面下深度（15m 或 20m）即确定出哪些标贯点进行液化复判

一般判别到 15m；采用桩基或基础埋深大于 5m 时，判别到 20m

（据设计基本地震加速度和区划图上特征周期查表）标准贯入锤击数基准值 N_0	区划图上特征周期（s）	7度		8度		9度
		0.10g	0.15g	0.20g	0.30g	0.40g
	0.35	6	8	10	13	16
	0.40、0.45	8	10	12	15	18

基准值 N_0	标准贯入深度 d_{si}	地下水位埋深 d_w	黏粒含量 ρ_{ci} 粉土=[3, +∞)；砂土=3	临界击数 N_{cri}	比较 $N_{cri} < N_i$ 不液化	不修正实测击数 N_i

每一个标贯点临界击数

15m 深度范围内：$N_{cr} = N_0 [0.9 + 0.1(d_s - d_w)] \cdot \sqrt{3/\rho_c}$

15～20m 深度范围内：$N_{cr} = N_0 (24 - 0.1 d_w) \cdot \sqrt{3/\rho_c}$

11.4 公路工程抗震设计

续表

标准贯入深度 d_{si}	标贯点代表土层厚度 d_i=下界-上界 先找全分界深度 ① 地下水位深度处 ② 土层分界处 ③ 液化最终深度处（15m/20m） ④ 同层土两个标贯点中间位置	中点深度 d'_s = 上界 + $\frac{d_i}{2}$ 或 d'_s = 下界 - $\frac{d_i}{2}$	影响权函数值 W_i	
			判别到15m	判别到20m
			$\begin{cases} d'_s \leqslant 5 \to 10 \\ d'_s = 15 \to 0 \\ \text{中间线性插值} \end{cases}$	$\begin{cases} d'_s \leqslant 5 \to 10 \\ d'_s = 20 \to 0 \\ \text{中间线性插值} \end{cases}$

液化指数 $I_{lE} = \sum_{i=1}^{n}\left(1 - \frac{N_i}{N_{cri}}\right)d_i W_i$	液化等级	轻微	中等	严重
	判别深度为15m	(0,5]	(5,15]	(15,+∞)
	判别深度为20m	(0,6]	(6,18]	(18,+∞)

11.4.4 天然地基抗震承载力

《公路工程抗震规范》4.2

第一步确定地基抗震承载力	
已给的地基承载力特征值 深宽修正后的地基承载力容许值 f_a，按现行《公路桥涵地基与基础设计规范》JTG D63 的规定取值	
地基抗震承载力调整系数 K	
由荷载试验等方法得到的地基承载力基本容许值 f_{a0}（kPa）	所对应的 K
岩石，密实的碎石土，密实的砾、粗、中砂，$f_{a0} \leqslant 300$kPa 的黏性土和粉土	1.5
中密、稍密的碎石土，中密和稍密的砾、粗、中砂，密实和中密的细、粉砂，150kPa $\leqslant f_{a0} <$ 300kPa 的黏性土和粉土，坚硬黄土	1.3
稍密的细、粉砂，100kPa $\leqslant f_{a0} <$ 150kPa 的黏性土和粉土，可塑黄土	1.1
淤泥，淤泥质土，松散的砂，杂填土，新近堆积黄土及流塑黄土	1.0
地基抗震承载力 $f_{aE} = K f_a$	
第二步计算基底压力及验算	
基础底面平均压应力 $p \leqslant f_{aE}$	
基础底面边缘的最大压应力 $p_{max} \leqslant 1.2 f_{aE}$	

11.4.5 桩基液化效应和抗震验算

《公路工程抗震规范》4.4

非液化地基的桩基，进行抗震验算时，柱桩的地基抗震容许承载力调整系数可取

1.5，摩擦桩的地基抗震容许承载力调整系数可根据地基土类别按规范表4.2.2取值，即11.4.4节表中地基抗震承载力调整系数K。采用荷载试验确定单桩竖向承载力时，单桩竖向承载力可提高50%，桩基的单桩水平承载力可提高25%。

地基内有液化土层时，液化土层的承载力（包括桩侧摩阻力）、土抗力（地基系数）、内摩擦角和黏聚力等应进行折减。

桩基液化效应折减系数ψ_l计算解题思维流程如下：

确定液化土层液化折减系数ψ_l				
标贯击数实测值N	见"11.4.3.1液化初判和11.4.3.2液化复判按《公路工程抗震规范》解题思维流程"求解			
液化判别标贯击数临界值N_{cr}				
液化抵抗系数$C_e = N/N_{cr}$				
土层液化折减系数ψ_l（查表确定）				
C_e		$C_e \leqslant 0.6$	$0.6 < C_e \leqslant 0.8$	$0.8 < C_e \leqslant 1.0$
自地面算起的液化土层深度d_L(m)	$d_L \leqslant 10$	$\psi_l = 0$	$\psi_l = 1/3$	$\psi_l = 2/3$
	$10 < d_L \leqslant 20$	$\psi_l = 1/3$	$\psi_l = 2/3$	$\psi_l = 1.0$

【注】液化土层总液化折减系数，按厚度加权平均。

11.4.6 地震作用

11.4.6.1 挡土墙水平地震作用

《公路工程抗震规范》7.2.3、7.2.4

按静力法验算时，挡土墙第i截面以上墙身重心处的水平地震作用按如下计算：

挡土墙墙趾至墙顶的总高度H		挡土墙墙趾至第i截面的高度h_i			
① 水平地震作用沿墙高的分布系数					
$\psi_i = \begin{cases} \dfrac{1}{3}\dfrac{h_i}{H} + 1.0, & 0 \leqslant h_i \leqslant 0.6H \\ \dfrac{1}{3}\dfrac{h_i}{H} + 0.3, & 0.6H \leqslant h_i \leqslant H \end{cases}$					
抗震重要性修正系数C_i [注]抗震重点工程指隧道和破坏后抢修困难的路基、挡土墙工程			高速公路、一级公路	二级公路	三级公路	四级公路
		抗震重点工程	1.7	1.3	1.0	0.8
		一般工程	1.3	1.0	0.8	—
综合影响系数C_z，重力式挡土墙取0.25，轻型挡土墙取0.3					
水平向设计基本地震动峰值加速度A_h	地震基本烈度	6	7		8	9
	A_h	$\geqslant 0.05g$	0.10g	0.15g	0.20g 0.30g	$\geqslant 0.40g$
第i截面以上墙身圬工的重力G_i(kN)					
② 第i截面以上墙身重心处的水平地震作用 (kN) $E_{ih} = C_i C_z A_h \psi_i G_i/g$					
挡土墙的总重力W(kN)					
③ 位于斜坡上的挡土墙，作用于挡土墙重心处的水平向总地震作用E_h(kN)		岩基 $E_h = 0.30 C_i A_h W/g$			
		土基 $E_h = 0.35 C_i A_h W/g$			

11.4 公路工程抗震设计

11.4.6.2 挡土墙地震土压力

《公路工程抗震规范》7.2.5、附录A

(1) 路肩挡土墙的地震主动土压力可按如下计算:

抗震重要性修正系数 C_i [注] 抗震重点工程指隧道和破坏后抢修困难的路基、挡土墙工程		高速公路、一级公路	二级公路	三级公路	四级公路
	抗震重点工程	1.7	1.3	1.0	0.8
	一般工程	1.3	1.0	0.8	—

挡土墙高度 H (m)	土的重度 γ (kN/m³)			挡土墙背土的内摩擦角 φ (°)	
非地震作用下作用于挡土墙背的主动土压力系数 $K_a = \dfrac{\cos^2\varphi}{(1+\sin\varphi)^2}$					
水平向设计基本地震动峰值加速度 A_h	地震基本烈度	6	7	8	9
	A_h	≥0.05g	0.10g 0.15g	0.20g 0.30g	≥0.40g
地震时作用于挡土墙背每延米长度上的主动土压力 (kN/m)					
$E_{ea} = \dfrac{1}{2}\gamma H^2 K_a \left(1 + 0.75 C_i \dfrac{A_h}{g} \tan\varphi \right)$,其作用点为距挡土墙底 $0.4H$ 处					

【注】规范 7.2.5 条中符号 K_h 没有给出解释,根据老规范《公路桥梁抗震设计细则》JTG/T B02-01—2008 中 5.5.2 条,并结合基本抗震计算原理可知 $K_h = \dfrac{A_h}{g}$。

(2) 其他挡土墙地震主动土压力可按如下计算,计算示意图如规范图 A.0.1 所示:

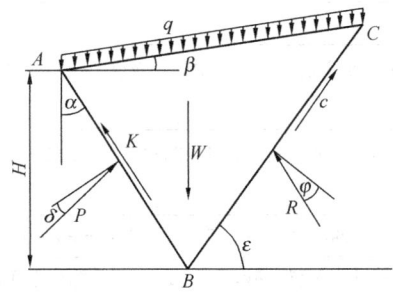

规范图 A.0.1 地震土压力计算示意图

挡墙高度 H	该层重度 γ,水下取浮重度	土体内摩擦角 φ	土体黏聚力 c
滑裂楔体上的均布荷载标准值 q,地面倾斜时为单位斜面积上的重力标准值			

挡墙墙背与竖直面夹角 α		土与挡墙墙背的摩擦角 δ	墙后填土表面与水平面夹角 β	
地震角 θ	类别	7 度	8 度	9 度
		0.10g(0.15g)	0.20g(0.30g)	0.40g
	水上	1.5°	3.0°	6.0°
	水下	2.5°	5.0°	10.0°

续表

地震主动土压力 E_{ea}	地震主动土压力系数 $K_a = \dfrac{\cos^2(\varphi-\alpha-\theta)}{\cos\theta\cos^2\alpha\cos(\alpha+\delta+\theta)\left[1+\sqrt{\dfrac{\sin(\varphi+\delta)\sin(\varphi-\beta-\theta)}{\cos(\alpha-\beta)\cos(\alpha+\delta+\theta)}}\right]^2}$
	系数 $K_{ca} = \dfrac{1-\sin\varphi}{\cos\varphi}$
	$E_{ea} = \left[\dfrac{1}{2}\gamma H^2 + qH\dfrac{\cos\alpha}{\cos(\alpha-\beta)}\right]K_a - 2cHK_{ca}$
被动土压力 E_{ep}	被动土压力系数 $K_{psp} = \dfrac{\cos^2(\varphi+\alpha-\theta)}{\cos\theta\cos^2\alpha\cos(\alpha-\delta+\theta)\left[1+\sqrt{\dfrac{\sin(\varphi+\delta)\sin(\varphi+\beta-\theta)}{\cos(\alpha-\theta)\cos(\delta+\theta-\alpha)}}\right]^2}$
	系数 $K_{cp} = \dfrac{\sin(\varphi-\theta)+\cos\theta}{\cos\theta\cos\varphi}$
	$E_{ep} = \left[\dfrac{1}{2}\gamma H^2 + qH\dfrac{\cos\alpha}{\cos(\alpha-\beta)}\right]K_{psp} + 2cHK_{cp}$

【注】 地震土压力作用点的位置，当 $q=0$ 时，可取在距墙底 $H/3$ 处；当 $q\neq 0$ 时，H 应加上 q 折算的填土高度。

11.4.6.3 挡土墙稳定性

《公路工程抗震规范》7.2.6、7.2.7

截面核心半径 ρ (m)		
① 挡土墙墙身的截面偏心距 e 应满足		$e \leqslant 2.4\rho$
② 基础底面的合力偏心距 e 应满足	地基土	e
	岩石，密实的碎石土，密实的砾、粗、中砂，老黏土，$f_a \leqslant 300$kPa 的黏性土和粉土	$e \leqslant 2.0\rho$
	中密的碎石土，中密的砾、粗、中砂，150kPa $\leqslant f_a < 300$kPa 的黏性土和粉土	$e \leqslant 1.5\rho$
	密、中密的细、粉砂，100kPa $\leqslant f_a < 150$kPa 的黏性土和粉土	$e \leqslant 1.2\rho$
	新近沉积的黏性土，软土，松散的砂，$f_a < 100$kPa 的黏性土和粉土	$e \leqslant 1.0\rho$
③ 抗滑动稳定系数 K_c 不应小于 1.1		
④ 抗倾覆稳定系数 K_0 不应小于 1.2		

11.4.6.4 路基土条的地震作用及抗震稳定性验算

（1）采用静力法对路基进行抗震稳定性验算时，作用于各土体条块重心处的地震作用按如下流程计算：

路基边坡高度 H	路基计算第 i 条土体的高度 h_i
水平地震作用沿路堤边坡高度增大系数	
$\psi_i = \begin{cases} 1.0, & H \leqslant 20\text{m} \\ 1.0 + \dfrac{0.6}{H-20}(h_i-20), & H > 20\text{m} \end{cases}$	

11.4 公路工程抗震设计

续表

抗震重要性修正系数 C_i [注] 抗震重点工程指隧道和破坏后抢修困难的路基、挡土墙工程		高速公路、一级公路	二级公路	三级公路	四级公路
	抗震重点工程	1.7	1.3	1.0	0.8
	一般工程	1.3	1.0	0.8	—

综合影响系数 C_z,取 0.25						
路基所处地区的水平向设计基本地震动峰值加速度 A_h						
水平向和竖向设计基本地震动峰值加速度 A_h、A_v	地震基本烈度	6	7		8	9
	A_h	≥0.05g	0.10g	0.15g	0.20g	0.30g	≥0.40g
	A_v	0	0	0	0.10g	0.17g	0.25g
路基计算第 i 条土体重力 G_{si} (kN)						
作用于路基计算土体重心处的水平地震作用 (kN) $E_{hsi} = C_i C_z A_h \psi_t G_{si}/g$						
作用于路基计算土体重心处的竖向地震作用 (kN) $E_{vsi} = C_i C_z A_v G_{si}/g$						

(2) 采用静力法对路基进行抗震稳定性验算时,计算路基边坡抗震稳定系数 K_c,根据图 11.4-1,按如下流程计算:

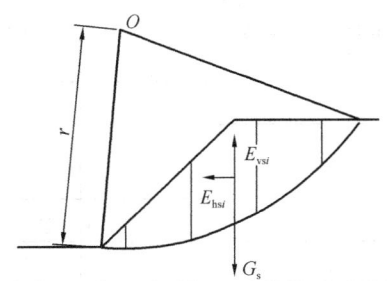

图 11.4-1 圆弧滑动法计算示意图

土石填料在地震作用下的黏聚力 c (kN)		土石填料在地震作用下的摩擦角 φ (°)
圆弧半径 r (m)	滑动体条块宽度 B (m)	条块底面中点切线与水平线的夹角 θ (°)

路基计算第 i 条土体重力 G_{si} (kN)
作用在条块重心处的水平向地震惯性力代表值 F_h (kN/m),作用方向取不利于稳定的方向 F_h 计算方法同 $E_{hsi} = C_i C_z A_h \psi_t G_{si}/g$
F_h 对圆心的力矩 M_h (kN·m)
抗震稳定系数

$$K_c = \frac{\sum_{i=1}^{n}\{cB\sec\theta + [(G_{si}+G_{vsi})\cos\theta - E_{hsi}\sin\theta]\tan\varphi\}}{\sum_{i=1}^{n}[(G_{si}+G_{vsi})\sin\theta + M_h/r]}$$

11.5 水利水电水运工程抗震设计

《水电工程水工建筑物抗震设计规范》NB 35047—2015
条文及条文说明
重要内容简介及本书索引

规范条文		条文重点内容	条文说明重点内容	相应重点学习和要结合的本书具体章节
1 总则				自行阅读
2 术语和符号	2.1 术语			自行阅读
	2.2 符号			自行阅读
3 基本规定		表3.0.1 工程抗震设防类别		11.5.2 设计反应谱 11.5.4 地震作用
4 场地、地基和边坡	4.1 场地	表4.1.1 各类地段的划分 表4.1.2 场地土类型的划分 表4.1.3 场地类别的划分		11.3.1 场地类别划分
	4.2 地基	4.2.8 甲、乙类工程设防类别的水工建筑物地基中的软弱黏土层判定	4.2.6中计算公式	自行阅读
	4.3 边坡			自行阅读
5 地震作用和抗震计算	5.1 地震动分量及其组合			11.5.4 地震作用
	5.2 地震作用的类别			自行阅读
	5.3 设计反应谱	均重点		11.5.2 设计反应谱
	5.4 地震作用和其他作用的组合			自行阅读
	5.5 结构计算模式和计算方法	表5.5.3 地震作用效应的计算方法 5.5.4 各类水工建筑物的阻尼比取值 5.5.6 地震作用效应的完全二次型方根法组合 5.5.9 当采用拟静力法计算地震作用效应时，沿建筑物高度作用于质点 i 的水平向地震惯性力代表值计算		自行阅读
	5.6 水工混凝土和地基岩体材料动态性能			自行阅读
	5.7 承载能力分项系数极限状态抗震设计			自行阅读
	5.8 附属结构的抗震计算			自行阅读
	5.9 地震动土压力	5.9.1 地震主动动土压力代表值计算		自行阅读

11.5 水利水电水运工程抗震设计

续表

	规范条文		条文重点内容	条文说明重点内容	相应重点学习和要结合的本书具体章节
6 土石坝	6.1	抗震计算	附录 A 土石坝拟静力法抗震稳定计算	6.1.10 中计算公式	11.5.4 地震作用
	6.2	抗震措施			自行阅读
7 重力坝	7.1	抗震计算	7.1.11 地震惯性力的动态分布系数计算 7.1.12 采用拟静力法计算重力坝地震作用效应时，水深 h 处的地震动水压力代表值计算 7.1.13 折减系数 7.1.14 采用动力法时，地震动水压力折算为与单位地震加速度相应的坝面径向附加质量 7.1.15 抗滑稳定的规定		11.5.4 地震作用
	7.2	抗震措施			自行阅读
8 拱坝	8.1	抗震计算	8.1.5 拱坝水平向地震动水压力代表值计算		11.5.4 地震作用
	8.2	抗震措施			自行阅读
9 水闸	9.1	抗震计算	9.1.3 采用拟静力法计算水闸的地震作用效应时，各质点水平向地震惯性力代表值计算 9.1.6 验算交通桥、工作桥的桥跨支座抗震强度时，简支梁支座上的水平向地震惯性力代表值计算		11.5.4 地震作用
	9.2	抗震措施			自行阅读
10 水工地下结构	10.1	抗震计算	10.1.4 对于岩基中隧洞直线段地震波传播引起的轴向应力、轴弯曲应力和剪切应力代表值的计算 10.1.5 对于岩土体中隧洞直线段地震波传播引起的轴向应力、轴弯曲应力和剪切应力代表值的计算		自行阅读
	10.2	抗震措施			自行阅读

规范条文		条文重点内容	条文说明重点内容	相应重点学习和要结合的本书具体章节
11 进水塔	11.1 抗震计算	11.1.5 采用拟静力法计算进水塔的地震作用效应时，各质点水平向地震惯性力代表值计算 11.1.6 用动力法计算进水塔地震作用效应时，塔内外动水压力可分别作为塔内外表面的附加质量考虑 11.1.7 用拟静力法计算进水塔地震作用效应时，动水压力代表值计算		自行阅读
	11.2 抗震措施			自行阅读
12 水电站压力钢管和地面厂房	12.1 压力钢管			自行阅读
	12.2 地面厂房			自行阅读
13 渡槽	13.1 抗震计算	附录 B 渡槽槽体内动水压力计算		自行阅读
	13.2 抗震措施			自行阅读

11.5.1 场地类别划分

《水电工程水工建筑物抗震设计规范》4.1.2、4.1.3

与《建筑抗震设计规范》相比，覆盖层厚度的确定，两者是相同的；土层等效剪切波速的计算略有不同，《水电工程水工建筑物抗震设计规范》中没有计算深度的概念，直接计算覆盖层厚度范围内的等效剪切波速；场地类别表格也略有不同。

场地类别划分按《水电工程水工建筑物抗震设计规范》解题思维流程总结如下：

① 确定覆盖层厚度（从基础底面算起）d_0	② 土层等效剪切波速
(a) 从天然地面至某 i 层顶面，某 i 层满足：剪切波速 $v_i > 500\text{m/s}$ 及 $v_{i+n} > 500\text{m/s}$；	计算深度范围内第 i 层土厚度 d_i
(b) 从天然地面至某 i 层顶面，某 i 层满足： 顶面距天然地面 $>5\text{m}$ 及剪切波速 $v_i \geqslant 2.5 v_{i-n}$ 及 $v_{i+n} > 400\text{m/s}$； [注] 要大于其上各土层 2.5 倍，而不是仅其上的一层土。	计算深度范围内第 i 层土剪切波速 v_i
(c) 剪切波速大于 500m/s 的孤石、透镜体应视为周围土体； (d) 火山岩硬夹层视为刚体，其厚度从覆盖层土层中扣除。 [注] 常见火山岩硬夹层：玄武岩、黄岗岩、安山岩、流纹岩、闪长岩等，且一定要注意题干注明是孤石还是硬夹层。	土层等效剪切波速 $v_{se} = \dfrac{d_0}{\sum\limits_{i=1}^{n}\dfrac{d_i}{v_i}}$

③判定场地类别：根据土层等效剪切波速和场地覆盖层厚度

土的类型	岩土层剪切波速 (m/s)	0	$0<d_0\leqslant 3$	$3<d_0\leqslant 5$	$5<d_0\leqslant 15$	$15<d_0\leqslant 50$	$50<d_0\leqslant 80$	$80<d_0$
硬岩	$v_s>800$	I_0						
软岩或坚硬场地土	$800\geqslant v_s>500$	I_1						
中硬场地土	$500\geqslant v_{se}>250$		I_1	I_1	II	II	II	II
中软场地土	$250\geqslant v_{se}>150$		I_1	II	II	II	III	III
软弱场地土	$v_{se}\leqslant 150$		I_1	II	III	III	IV	

【注】《建筑抗震设计规范》中覆盖层厚度从地面算起，而《水电工程水工建筑物抗震设计规范》中是从基础底面算起，即如果有基础埋深，基础埋深 d 范围内土层剪切波速不计算在内，起算深度不同，但最终深度的确定方法是相同的，一定要注意区别。

11.5.2 设计反应谱

《水电工程水工建筑物抗震设计规范》3.0.2、5.3.1~5.3.5
《中国地震动参数区划图》附录 E、附录 F、附录 G

设计反应谱按《水电工程水工建筑物抗震设计规范》解题思维流程总结如下：

① 特征周期值 T_g
按照《中国地震动参数区划图》GB 18306 查取，并按场地类别进行调整

查区划图确定的 T_g (s)	场地类别				
	I_0	I_1	II	III	IV
0.35	0.20s	0.25s	0.35s	0.45s	0.65s
0.40	0.25s	0.30s	0.40s	0.55s	0.75s
0.45	0.30s	0.35s	0.45s	0.65s	0.90s

注：计算罕遇地震时，特征周期应至少增加 0.05s

② 水平向设计地震动峰值加速度 $a_{max}=F_a \cdot a_{maxII}$

查图确定的地震动峰值加速度 a_{maxII}	根据场地类别确定调整系数 F_a（可插值使用）				
	I_0	I_1	II	III	IV
$\leqslant 0.05g$	0.72	0.80	1.00	1.30	1.25
$0.10g$	0.74	0.82	1.00	1.25	1.20
$0.15g$	0.75	0.83	1.00	1.15	1.10
$0.20g$	0.76	0.85	1.00	1.00	1.00
$0.30g$	0.85	0.95	1.00	1.00	0.95
$\geqslant 0.40g$	0.90	1.00	1.00	1.00	0.90

续表

③ 标准设计反应谱最大的代表值 β_{max}（按下面的规定选取）

建筑物类型	土石坝	重力坝	拱坝	其他（如进水闸、进水塔、边坡等）
β_{max}	1.60	2.00	2.50	2.25

④ 标准设计反应谱代表值 β，据建筑结构自振周期 T 与 T_g 大小关系确定

$T < 0.1s$	$0.1s \leqslant T \leqslant T_g$	$T_g < T$
$\beta = 1.0 + \dfrac{T}{0.1}(\beta_{max} - 1.0)$	$\beta = \beta_{max}$	$\beta = \beta_{max}\left(\dfrac{T_g}{T}\right)^{0.6} \geqslant 0.2\beta_{max}$

⑤ 标准设计反应谱下限值的代表值 $\beta_{min} \geqslant 0.2\beta_{max}$

【注】 ①对于地震加速度和特征值周期，《水电工程水工建筑物抗震设计规范》是按照现行《中国地震动参数区划图》的规定采用，因此解题思维流程总结了两本规范的内容，方便查找。

②判断场地类别时，与本专题"11.5.1 场地类别划分"相结合。

11.5.3 液化判别

11.5.3.1 液化初判

《水利水电工程地质勘察规范》附录 P.0.3

液化初判按《水利水电工程地质勘察规范》解题思维流程总结如下：

符合下列条件之一即可判定为不液化					
① 地层年代为第四纪晚更新世 Q_3 或以前的土					
② 土粒径小于 5mm 颗粒含量≤30%					
③ 土粒径小于 5mm 颗粒含量>30%，但粒径小于 0.005mm 颗粒含量（ρ_c）不小于下列要求					
地震加速度峰值	0.10g	0.15g	0.20g	0.30g	0.40g
ρ_c	16%	17%	18%	19%	20%
④ 工程正常运行后，地下水位以上的非饱和土					
⑤ 土层剪切波速的判断					
地震动峰值加速度系数 K_H	土层深度 Z	折减系数 $\gamma_d = \begin{cases} 1 - 0.01Z & (0 < Z \leqslant 10) \\ 1.1 - 0.02Z & (10 < Z \leqslant 20) \\ 0.9 - 0.01Z & (20 < Z \leqslant 30) \end{cases}$	上限剪切波速度 $v_{st} = 291\sqrt{K_H Z \gamma_d}$	做比较 $v_{st} < v$ 则非液化	土层实际剪切波速 v

11.5.3.2 液化复判

《水利水电工程地质勘察规范》附录P及条文说明

(1) "标准贯入锤击数法" 解题思维流程总结如下：

标准贯入锤击数基准值 N_0	抗震设防烈度或设计基本地震加速度	7度		8度		9度
		0.10g	0.15g	0.20g	0.30g	0.40g
	抗震设计按近震考虑	6	8	10	13	16
	抗震设计按远震考虑	8	10	12	15	18

工程正常运用时，标贯点深度 d_s		工程正常运用时，地下水位埋深 d_w（水位位于地面上，取0）	黏粒含量 ρ_c [3%, +∞)	做标贯时，试验点深度 d'_s	做标贯时，地下水位埋深 d'_w	未经杆长修正的实测标贯击数 N'
计算 N 实际值	计算 N_{cr} $d_s \geqslant 5$					
临界标贯击数 $N_{cr} = N_0[0.9 + 0.1(d_s - d_w)] \cdot \sqrt{3\%/\rho_c}$			做比较 $N_{cr} < N$ 非液化	校正后标贯击数 $N = N' \left(\dfrac{d_s + 0.9 d_w + 0.7}{d'_s + 0.9 d'_w + 0.7} \right)$		

【注】①计算临界击数 N_{cr}，工程正常运用时 $d_s \geqslant 5$；计算校正后标贯击数 N，工程正常运用时 d_s 按实际取。

②当建筑物所在地区的地震设防烈度比相应的震中烈度小2度或2度以上时定为远震，否则为近震。

③任何土，黏粒含量 $\rho_c \geqslant 3\%$，小于3%，取3%；大于3%，取实际值。这一点注意与《建筑抗震设计规范》液化复判的区别。

④实测标准贯入锤击数和校正后标准贯入锤击数均不用进行钻杆长度校正。

⑤解题思维流程中的公式仅适用于标准贯入点地面以下15m以内的深度，大于15m的深度内有饱和砂或饱和少黏性土，需要进行地震液化判别时，可采用其他方法判定，如相对密度复判法，相对含水率或液性指数复判法。

(2) 相对密度复判法

当饱和无黏性土（包括砂和粒径大于2mm的砂砾）的相对密度 D_r 不大于液化临界相对密度 D'_r 时，可判为可能液化土。按如下进行：

① 确定液化临界相对密度 D'_r	地震动峰值加速度	0.05g	0.10g	0.15g	0.20g	0.30g	0.40g
	D'_r	65%	70%	72.5%	75%	80%	85%

② 若相对密度 $D_r = \dfrac{e_{max} - e_0}{e_{max} - e_{min}} \leqslant D'_r$，则判为可能液化土

11 抗震工程专题

(3) 相对含水率或液性指数复判法

当饱和少黏性土的相对含水率 W_u 大于或等于 0.9 时，或液性指数 I_L 大于或等于 0.75 时，可判为可能液化土。

少黏性土的饱和含水率（%）$W_u = \dfrac{W_s}{W_L} \geqslant 0.9$	少黏性土的液限含水率 W_L（%）
① 相对含水率 $W_u = \dfrac{W_s}{W_L} \geqslant 0.9$，判为可能液化土	
少黏性土的塑限含水率（%）$I_L = \dfrac{W_s - W_P}{W_L - W_P} \geqslant 0.75$	
② 或液性指数 $I_L = \dfrac{W_s - W_P}{W_L - W_P} \geqslant 0.75$，判为可能液化土	

11.5.4 地震作用

11.5.4.1 水平向和竖向设计地震加速度代表值

《水电工程水工建筑物抗震设计规范》3.0.2、5.1.2

对依据《中国地震动参数区划图》GB 18306 确定其设防水准的水工建筑物，对一般工程应取该图中其场址所在地区的地震动峰值加速度的分区值，按场地类别调整后，作为设计水平向地震动峰值加速度代表值，将与之对应的地震基本烈度作为设计烈度；对其中工程抗震设防类别为甲类的水工建筑物，应在基本烈度基础上提高1度作为设计烈度，设计水平向地震动峰值加速度代表值相应增加1倍。

设计烈度为Ⅷ、Ⅸ度的1、2级下列水工建筑物：土石坝、重力坝等壅水建筑物，长悬臂、大跨度或高耸的水工混凝土结构，应同时计入水平向和竖向地震作用。竖向设计地震加速度的代表值一般情况下可取水平向设计地震加速度代表值的2/3，在近场地震时应取水平向设计地震加速度代表值。

解题流程总结如下：

① 各类场地在各种地震动作用下峰值加速度的确定				
该地区Ⅱ类场地基本地震动峰值加速度 $\alpha'_{\max Ⅱ}$（即基本地震动所对应的峰值加速度）：直接查附录 A、附录 C 确定				
该地区Ⅱ类场地其他地震动作用下峰值加速度 $\alpha_{\max Ⅱ} = K\alpha'_{\max Ⅱ}$	多遇地震动	基本地震动	罕遇地震动	极罕遇地震动
	$K \geqslant 1/3$	$K = 1.0$	$K = 1.6$	$K = 2.7 \sim 3.2$

I_0、I_1、Ⅲ、Ⅳ类地震峰值加速度根据Ⅱ类场地相应的地震动峰值加速度进行调整
即 $\alpha_{\max} = F_a \alpha'_{\max Ⅱ}$，调整系数 F_a 见附录 E，如下：
[注] F_a 可根据 $\alpha_{\max}$ 大小线性插值

Ⅱ类场地地震动峰值加速度	场地类别				
	I_0	I_1	Ⅱ	Ⅲ	Ⅳ
$\leqslant 0.05g$	0.72	0.80	1.00	1.30	1.25
$0.10g$	0.74	0.82	1.00	1.25	1.20
$0.15g$	0.75	0.83	1.00	1.15	1.10
$0.20g$	0.76	0.85	1.00	1.00	1.00
$0.30g$	0.85	0.95	1.00	1.00	0.95
$\geqslant 0.40g$	0.90	1.00	1.00	1.00	0.90

11.5 水利水电水运工程抗震设计

续表

	Ⅱ类场地地震动峰值加速度	地震烈度
地震烈度的确定	$0.04g \leqslant \alpha_{\max Ⅱ} < 0.09g$	Ⅵ
	$0.09g \leqslant \alpha_{\max Ⅱ} < 0.19g$	Ⅶ
	$0.19g \leqslant \alpha_{\max Ⅱ} < 0.38g$	Ⅷ
	$0.38g \leqslant \alpha_{\max Ⅱ} < 0.75g$	Ⅸ
	$0.75g \leqslant \alpha_{\max Ⅱ}$	$\geqslant$ Ⅹ
② 水平向设计地震加速度代表 α_h	工程抗震设防类别为甲类的水工建筑物	$\alpha_h = 2\alpha_{\max}$	在基本烈度基础上提高1度作为设计烈度
	除甲类外工程	$\alpha_h = \alpha_{\max}$	与之对应的地震基本烈度作为设计烈度
③ 竖向设计地震加速度代表 α_v	一般情况下 $\alpha_v = 2/3\alpha_h$
	在近场地震(水工建筑物距震中不大于10km)时 $\alpha_v = \alpha_h$

11.5.4.2 水平向地震惯性力代表值

《水电工程水工建筑物抗震设计规范》5.1.9、6.1.4、7.1.11、8.1.13、9.1.3

当采用拟静力法计算地震作用效应时,沿建筑物高度作用于质点 i 的水平向地震惯性力代表值按如下进行计算:

水平向设计地震加速度代表 α_h	地震作用的效应折减系数值 ξ,一般取 0.25
集中在质点 Z 的重力作用标准值 G_{Ei}	重力加速度 g
质点 i 的地震惯性力的动态分布系数 α_i,具体见表 11.5-1	
作用于质点 i 的水平向地震惯性力代表值 $E_i = \alpha_h \xi G_{Ei} \alpha_i / g$	

各类水工建筑物质点 i 的地震惯性力的动态分布系数 α_i　　表 11.5-1

水工建筑物	动态分布系数 α_i 图	说明
土石坝坝体	坝高 $H \leqslant 40$m / 坝高 $H > 40$m,图示 α_i, h_i, $0.6H$, $1.0+(a_m-1)/3$, 1.0	表中 a_m 在设计烈度Ⅶ、Ⅷ、Ⅸ度时,分别取 3.0、2.5、2.0

续表

水工建筑物	动态分布系数 α_i 图	说明
重力坝	$\alpha_i = 1.4 \dfrac{1+4\,(h_i/H)^4}{1+4\sum\limits_{j=1}^{n}\dfrac{G_{Ej}}{G_E}(h_j/H)^4}$	n—坝体计算质点总数; H—坝高,溢流坝应算至闸墩顶; h_i、h_j—分别为质点 i、j 的高度; G_{Ej}—集中在质点 j 的重力作用标准值; G_E—产生地震惯性力的建筑物总重力作用的标准值
拱坝	坝顶取为 3.0,最低建基面取为 1.0,沿高程方向线性内插,沿拱圈均匀分布	
水闸	水闸闸墩／闸顶机架／岸墙、翼墙 竖向及顺河流方向地震(2.0、4.0、2.0);垂直河流方向地震(3.0、6.0、2.0)	① 水闸坝底以下 α_i 取 1.0 ② H 为建筑物高度
进水塔	塔体(α_m)／塔顶排架($2\alpha_m$)	当建筑物高度 $H=10\sim30\mathrm{m}$ 时,$\alpha_m=3.0$,当 $H>30\mathrm{m}$ 时,$\alpha_m=2.0$

11.5.4.3 其他地震作用及抗震稳定性

地震主动土压力见规范 5.9.1 条；

地震动水压力见规范 7.1.12～7.1.14、8.1.5、9.1.7 等条；

土石坝拟静力法抗震稳定性，见附录 A；

以上内容，本书均不再赘述，一定要自行阅读。

12 特殊性岩土专题

本专题依据的主要规范及教材

《湿陷性黄土地区建筑规范》GB 50025—2018
《膨胀土地区建筑技术规范》GB 50112—2013
《盐渍土地区建筑技术规范》GB/T 50942—2014
《岩土工程勘察规范》GB 50021—2001（2009 年版）
《建筑地基基础设计规范》GB 50007—2011
《铁路工程特殊岩土勘察规程》TB 10038—2012
《工程地质手册》（第五版）及其他各行业勘察规范

特殊性岩土专题为重点章节，每年必考，出题数为 4 道题左右，考查的知识点主要包括湿陷性土、膨胀土、冻土、盐渍土、红黏土、风化岩和残积土。此节虽然涉及规范广，知识点多，但知识点并不难理解，计算量也不大，因此考场上尽量不在此专题丢分。

12.1 湿陷性土

《湿陷性黄土地区建筑规范》GB 50025—2018
条文及条文说明
重要内容简介及本书索引

规范条文		条文重点内容	条文说明重点内容	相应重点学习和要结合的本书具体章节
1 总则				自行阅读
2 术语和符号	2.1 术语			自行阅读
	2.2 符号			自行阅读
3 基本规定		3.0.1 湿陷性黄土场地上的建筑物分类的规定 3.0.2 防止或减小建筑物地基浸水湿陷的设计措施 附录A 各类建筑举例 附录B 中国湿陷性黄土工程地质分区		12.1.5.1 湿陷性黄土场地上建筑物分类
4 勘察	4.1 一般规定	4.1.7 条中第 3 款划分黄土地层或判别新近堆积黄土的规定 附录C 黄土地层的划分 附录D 新近堆积黄土的判别 附录E 钻孔内采取不扰动土样的操作要点		12.1.1 新近堆积黄土的判断
	4.2 各勘察阶段工作要求	4.2.3 初步勘察应符合的规定 4.2.5 详细勘察应符合的规定		自行阅读
	4.3 测定黄土湿陷性的试验	4.3.1 室内压缩试验应符合的规定 4.3.2 湿陷系数的测定 4.3.3 自重湿陷系数的测定 4.3.4 测定压力-湿陷系数曲线和湿陷起始压力尚应符合的规定 4.3.5 现场测定湿陷性黄土的湿陷起始压力,可采用单线法静载荷试验或双线法静载荷试验,并应符合的规定 4.3.7 现场采用试坑浸水试验测定自重湿陷量的实测值和自重湿陷下限深度时的规定	4.3.4 中算例	12.1.2 黄土湿陷性指标
	4.4 黄土湿陷性评价	4.4.1 黄土的湿陷性和湿陷程度的判定 4.4.2 湿陷性黄土场地的湿陷类型的判定 4.4.3 湿陷性黄土场地自重湿陷量计算值的计算 4.4.4 湿陷性黄土地基受水浸湿饱和,其湿陷量计算值的计算 4.4.5 湿陷性黄土的湿陷起始压力的确定 4.4.6 湿陷性黄土地基的湿陷等级的确定		12.1.2 黄土湿陷性指标 12.1.3 黄土湿陷性评价及处理厚度

续表

规范条文		条文重点内容	条文说明重点内容	相应重点学习和要结合的本书具体章节
5 设计	5.1 一般规定	5.1.1 湿陷性黄土场地上的建筑物工程设计的相应规定 5.1.2 符合一定条件时，地基基础可按一般地区的规定设计 5.1.3 验算下卧层的承载力和计算地基的压缩变形 附录F 未消除全部沉陷量的地基地下水位上升时的设计措施		自行阅读
	5.2 场址选择与总平面设计	5.2.4 埋地管道、排水沟、雨水明沟和水池等与建筑物之间的防护距离 5.2.5 防护距离的计算相关要求 5.2 各类建筑与新建水渠之间的防护距离的相关要求 5.2.7 建筑场地平整后的坡度要求 5.2.8 压实系数的要求		12.1.4.1 总平面设计
	5.3 建筑设计	5.3.1 建筑设计应符合的规定		自行阅读
	5.4 结构设计			自行阅读
	5.5 给水排水、供热与通风设计	5.5.5 储水构筑物的地基处理，应采用整片灰土或土垫层，并应符合的规定		自行阅读
	5.6 地基计算	5.6.2 湿陷性黄土地基需要变形计算和变形允许值 5.6.3 湿陷性黄土地基承载力的确定和规定 5.6.4 地基承载力验算的要求 5.6.5 地基承载力特征值修正 5.6.6 湿陷性黄土地基的稳定性计算		12.1.4.2 地基计算
	5.7 桩基	5.7.4 湿陷性黄土场地的桩基，其单桩竖向承载力特征值的确定 5.7.5 在非自重湿陷性黄土场地，计算单桩竖向承载力时，湿陷性黄土层内的桩长部分可取桩周土在饱和状态下的正侧阻力 5.7.6 在自重湿陷性黄土场地，单桩桩侧的负摩阻力的规定 5.7.7 考虑群桩效应的单桩下拉荷载计算	5.7.4 中单桩竖向承载力特征值及饱和状态土液性指数计算公式	12.1.4.3 桩基
	5.8 基坑设计	5.8.2 湿陷性黄土场地的基坑支护设计，宜符合的规定 5.8.3 湿陷性黄土中预应力土层锚杆设计应符合的规定		自行阅读

12.1 湿陷性土

续表

规范条文		条文重点内容	条文说明重点内容	相应重点学习和要结合的本书具体章节
6 地基处理	6.1 一般规定	6.1.1 采取地基处理措施时应符合的规定 6.1.2 大厚度湿陷性黄土地基上的甲类建筑，采取地基处理措施时应符合的规定 6.1.3 乙类建筑采用消除地基部分湿陷量的措施时，应符合的规定 6.1.4 丙类建筑采用消除地基部分湿陷量的措施时，应符合的规定 表6.1.5 丙类建筑消除地基部分湿陷量的最小处理厚度 6.1.6 采用地基处理措施时，平面处理范围应符合的规定 6.1.7 地基压缩层厚度的确定 6.1.8 地基处理后的下卧层顶面的承载力特征值验算 6.1.9 处理土层底面处下卧土层的附加压力计算 6.1.10 处理后的地基承载力特征值进行修正 表6.1.11 湿陷性黄土地基处理方法		12.1.5 地基处理
	6.2 垫层法	6.2.3 垫层的压实系数规定		自行阅读
	6.3 强夯法	表6.3.4 强夯能级与夯实厚度对应关系 6.3.5 强夯法处理面积的规定		自行阅读
	6.4 挤密法	6.4.3 挤密孔的孔位，宜按正三角形布置。孔心距的计算 6.4.5 挤密填孔后3个孔之间土的最小挤密系数的计算		自行阅读
	6.5 预浸水法	6.5.2 预浸水法处理地基应符合的规定		自行阅读
	6.6 组合处理	6.6.2 复合土层的重度计算		自行阅读
	6.7 黄土高填方地基		6.7.4 蠕变变形的相关计算公式	自行阅读
7 施工	7.1 一般规定	表7.1.5 临时施工设施与建筑物外墙的距离		自行阅读
	7.2 地基处理和桩基施工	7.2.7 拟夯实的土层内增湿注水量计算 7.2.13 挤密施工注水量计算		自行阅读
	7.3 基坑和基槽的施工			自行阅读
	7.4 上部结构施工			自行阅读
	7.5 管道和储水构筑物施工			自行阅读

续表

规范条文		条文重点内容	条文说明重点内容	相应重点学习和要结合的本书具体章节
8 地基及桩基验收检验	8.1 一般规定	附录H 复合地基浸水载荷试验要点 附录J 垫层、强夯和挤密地基静载荷试验要点		自行阅读
	8.2 地基验收检验	8.2.1 垫层地基应检验承载力和压实系数等参数，并应符合的规定 8.2.2 强夯地基应检验承载力和夯实土的物理力学指标，并应符合的规定 8.2.3 挤密地基应检验承载力、桩身质量及桩间土的物理力学指标，并应符合的规定 8.2.5 组合法处理地基的验收检验应符合的规定		自行阅读
	8.3 桩基验收检验	附录G 单桩竖向静载荷浸水试验要点		自行阅读
9 既有建筑物的地基加固和纠倾	9.1 一般规定			自行阅读
	9.2 单液硅化法和碱液加固法	9.2.6 初步设计时加固湿陷性黄土的单孔溶液用量的计算 9.2.14 碱液法加固地基，初步设计时，加固地基的厚度估算 9.2.15 碱液可用固体烧碱或液体烧碱配制，并应符合的规定 9.2.16 单孔碱溶液用量计算 9.2.17 碱液法加固湿陷性黄土地基时，灌注孔的布置应符合的规定 9.2.18 碱液法加固湿陷性黄土地基施工，应符合的规定	9.2.2中注浆所用时间计算公式	自行阅读
	9.3 旋喷加固法	9.3.3 旋喷加固设计应符合的规定		
	9.4 坑式静压桩托换法			
	9.5 纠倾			
10 使用与维护	10.1 一般规定			
	10.2 维护和检修			
	10.3 沉降观测和地下水位观测			

湿陷性土在我国分布广泛，除常见的湿陷性黄土外，在我国干旱和半干旱地区，特别是在山前洪、坡积扇（裙）中常遇到湿陷性碎石土、湿陷性砂土等。这种土在一定压力下浸水也常呈现强烈的湿陷性。湿陷性黄土相关计算主要是依据《湿陷性黄土地区建筑标准》GB 50025—2018，其他湿陷性土相关计算主要是依据《岩土工程勘察规范》GB 50021—2001（2009年版）。下面首先重点介绍湿陷性黄土。

我国典型黄土一般具有以下特征：

① 颜色以黄色、褐黄色为主，有时呈灰黄色；

② 颗粒组成以粉粒（粒径0.05~0.005mm）为主，含量一般在60%以上，粒径大于0.25mm的甚为少见；

③ 有肉眼可见的大孔，孔隙比一般在1.0左右；

④ 富含碳酸盐类，垂直节理发育。

基本概念

（1）湿陷性黄土：指在一定压力下受水浸湿，土结构迅速破坏，并产生显著附加下沉的黄土。

（2）非湿陷性黄土：在一定压力下受水浸湿，无显著附加下沉的黄土。

（3）自重湿陷性黄土：在上覆土的自重压力下受水浸湿，发生显著附加下沉的湿陷性黄土。

（4）非自重湿陷性黄土：在上覆土的自重压力下受水浸湿，不发生显著附加下沉的湿陷性黄土。

【注】 湿陷性黄土是一种非饱和的欠压密土，具有大孔和垂直节理，在天然湿度下，其压缩性较低，强度较高，但遇水浸湿时，土的强度显著降低，在附加压力或在附加压力与土的自重压力下引起的湿陷变形，是一种下沉量大、下沉速度快的失稳性变形，对建筑物危害性大。在湿陷性黄土地区进行建设，应根据湿陷性黄土的特点和工程要求，因地制宜，采取以地基处理为主的综合措施，防止地基浸水湿陷对建筑物产生危害。

12.1.1 新近堆积黄土的判断

《湿陷性黄土地区建筑标准》附录D

新近堆积黄土是指沉积年代短，具高压缩性，承载力低，均匀性差，在50~150kPa压力下变形较大的全新世（Q_4^{al}）黄土。

新近堆积黄土的鉴别方法，可分为现场鉴别和按室内试验的指标鉴别。现场鉴别是根据场地所处地貌部位、土的外观特征进行。通过现场鉴别可以知道哪些地段和地层，有可能属于新近堆积黄土，在现场鉴别把握性不大时，可以根据土的物理力学性质指标作出判别分析，也可按两者综合分析判定。

新近堆积黄土根据土的物理力学性质指标作出判别解题思维流程总结如下：

土的孔隙比 e	
压缩系数 α（MPa^{-1}）	易取 50~150kPa 或 0~100kPa 压力下的大值
土的含水量 w	取百分数计算，如含水量为 30%，则 w 取 30
土的重度 γ	
满足下式即可判定为新近堆积黄土	$R = -68.45e + 10.98\alpha - 7.16\gamma + 1.18w \geqslant -154.80$

【注】 计算时，一定要注意各三项指标单位的对应。

12.1.2 黄土湿陷性指标

《湿陷性黄土地区建筑标准》4.3 及条文说明、4.4.5

黄土湿陷性指标有自重湿陷系数 δ_{sz}、湿陷系数 δ_s、湿陷起始压力 p_{sh}，根据这些指标可以判定湿陷类别（非湿陷性黄土或湿陷性黄土）、湿陷程度（湿陷性轻微、中等或强烈）。测定黄土湿陷性的试验，可分为室内压缩试验、现场静载荷试验和现场试坑浸水试验三种，具体试验过程可见规范 4.3。

基本概念

（1）压缩变形：天然湿度和结构的黄土或其他土，在一定压力下所产生的下沉。

（2）湿陷变形：湿陷性黄土或具有湿陷性的其他土（如欠压实的素填土、杂填土等），在一定压力下，下沉稳定后，受水浸湿所产生的附加下沉。

（3）湿陷起始压力 p_{sh}：湿陷性黄土浸水饱和，开始出现湿陷时的压力。

（4）自重湿陷系数 δ_{sz}：单位厚度的环刀试样，在上覆土的饱和自重压力下，下沉稳定后，试样浸水饱和所产生的附加下沉。

（5）湿陷系数 δ_s：单位厚度的环刀试样，在一定压力下，下沉稳定后，试样浸水饱和所产生的附加下沉。

黄土湿陷性指标解题思维流程总结如下：

试样的原始高度 h_0	
保持天然湿度和结构的试样，加至该试样上覆土饱和自重压力（85%饱和度）时，下沉稳定后的高度 h_z	上述加压稳定后的试样，在浸水（饱和）作用下，附加下沉稳定后的高度 h'_z
① 自重湿陷系数 $\delta_{sz} = \dfrac{h_z - h'_z}{h_0}$	
保持天然湿度和结构的试样，加至一定压力时，下沉稳定后的高度 h_p	上述加压稳定后的试样，在浸水（饱和）作用下，附加下沉稳定后的高度 h'_p
② 湿陷系数 $\delta_s = \dfrac{h_p - h'_p}{h_0}$	
③ 湿陷起始压力 p_{sh}： (a) 按现场静载荷试验确定——取压力与浸水下沉量（p-S_s）曲线转折点所对应的压力作为湿陷起始压力值。当转折点不明显时，取浸水下沉量 p-S_s 与承压板直径（d）或宽度（b）之比等于 0.017 所对应的压力作为湿陷起始压力值。 (b) 按室内压缩试验确定——取 $\delta_s = 0.015$ 对应的压力为湿陷起始压力 p_{sh}，按如下流程进行：	

续表

测定湿陷系数环刀高度为20mm，即试验初始高度为20mm

第1种情况，给出h_p和h'_p数据表格，最终浸水饱和压缩稳定高度是一致的

一般情况下确定$p=100$kPa时对应的		$p=150$kPa时对应的	
h_{p100}	h'_{p100}	h_{p150}	h'_{p150}
所对应湿陷系数$\delta_{s100}=\dfrac{h_{p100}-h'_{p100}}{h_0}$		$\delta_{s150}=\dfrac{h_{p150}-h'_{p150}}{h_0}$	

若$\delta_{s100}<0.015<\delta_{s150}$，则$p_{sh}=100+\dfrac{0.015-\delta_{s100}}{\delta_{s150}-\delta_{s100}}(150-100)$

第2种情况，给出h_p和h_{wp}数据表格，最终浸水饱和压缩稳定高度是不一致的。

第一级施加压力所对应的数据h_{p1}和h_{w1}	最终施加压力所对应的数据h_{p2}和h_{w2}

计算修正指标$k=\dfrac{h_{w1}-h_{p2}}{h_{w1}-h_{w2}}\in[0.8,1.2]$，超出此限应重新试验或舍弃试验结果

各级压力下修正后的浸水饱和压缩稳定高度$h'_p=h_{w1}-k(h_{w1}-h_{wp})$

使用数据h_p和h'_p计算湿陷系数δ_s和湿陷起始压力p_{sh}，剩下的解题步骤同情况1。但应注意当$\delta_s=0.015$时，p_{sh}并不一定在100～150kPa之间，具体结合题干数据计算。

湿陷类别判定	$\delta_s<0.015$	$\delta_s\geqslant0.015$		
	非湿陷性黄土	湿陷性黄土		
湿陷程度判定		$0.015\leqslant\delta_s\leqslant0.03$	$0.03<\delta_s\leqslant0.07$	$0.07<\delta_s$
		湿陷性轻微	湿陷性中等	湿陷性强烈

【注】①计算自重湿陷系数δ_{sz}，施加的压力至该试样上覆土饱和自重压力（85%饱和度）。确定此自重压力，可与土的三相比联系起来。

注意土力学专题"1.1.2 土的三相特征"中针对的饱和密度是100%饱和的，而对于浸水饱和的黄土的"饱和密度"ρ_s，对应的是饱和度$S_r=85\%$时试样的密度，此时

$$\rho_s=\rho_d\left(1+\dfrac{S_r e}{G_s}\right)$$

或者利用"1.1.2 土的三相特征"特别是"一条公式"求解：

$$e=\dfrac{V_v}{V_s}=\dfrac{G_s(1+w)\rho_w}{\rho}-1=\dfrac{G_s\rho_w}{\rho_d}-1=\dfrac{G_s w}{S_r}=\dfrac{n}{1-n}=\dfrac{G_s\rho_w}{\rho_{sat}-\dfrac{e\rho_w}{e+1}}-1$$

$$=\dfrac{G_s\rho_w}{\rho'+1-\dfrac{e\rho_w}{e+1}}-1$$

且：$\rho_{sat}=\rho'+\rho_w=\rho'+1$，$\gamma_{sat}=\gamma'+g=\gamma'+10$

② 计算湿陷系数δ_s需加压至"一定压力"，此试验压力按如下确定：

测定湿陷系数δ_s的试验压力，应按土样深度和基底压力确定。土样深度自基础底面算起，基底标高不确定时，自地面下1.5m算起；试验压力应按下列条件取值：

(a) 基底压力小于300kPa时，基底下10m以内的土层应用200kPa，10m以下至非湿陷性黄土层顶面，应用其上覆土的饱和自重压力；

(b) 基底压力不小于300kPa时，宜用实际基底压力，当上覆土的饱和自重压力大于

实际基底压力时，应用其上覆土的饱和自重压力；

（c）对压缩性较高的新近堆积黄土，基底下 5m 以内的土层宜用 100～150kPa 压力，5～10m 和 10m 以下至非湿陷性黄土层顶面，应分别用 200kPa 和上覆土的饱和自重压力。

③ 测定湿陷系数和湿陷起始压力 p_{sh} 时，一定要注意题目中给出的天然湿度试样在最后一级压力下浸水饱和附加下沉稳定高度与浸水饱和试样在最后一级压力下的下沉稳定高度是否一致。如果一致，按情况1处理，不一致按情况2处理，此时需要对题目中给出的数据进行修正，具体可结合解题思维流程和历年真题进行深刻理解。

12.1.3 黄土湿陷性评价及处理厚度

—《湿陷性黄土地区建筑标准》4.4

基本概念

（1）自重湿陷量的实测值：在湿陷性黄土场地，采用试坑浸水试验，全部湿陷性黄土层浸水饱和所产生的自重湿陷量。

（2）自重湿陷量的计算值：采用室内压缩试验，根据不同深度的湿陷性黄土试样的自重湿陷系数，考虑现场条件计算而得的自重湿陷量的累计值。

（3）湿陷量的计算值：采用室内压缩试验，根据不同深度的湿陷性黄土试样的湿陷系数，考虑现场条件计算而得的湿陷量的累计值。

（4）剩余湿陷量：将湿陷性黄土地基湿陷量的计算值，减去基底下拟处理土层的湿陷量。

【注】当自重湿陷量的实测值和计算值出现矛盾时，应按照自重湿陷量的实测值为准。

黄土湿陷性评价主要是根据自重湿陷系数或湿陷系数计算自重湿陷量或湿陷量。根据自重湿陷量可确定黄土场地湿陷类型，根据湿陷量可确定湿陷等级。依据湿陷量计算值和剩余湿陷量的要求，可确定土层处理厚度。

12.1.3.1 自重湿陷量计算

第 i 层自重湿陷系数 δ_{zsi}
取样处代表的第 i 层计算厚度 h_i，其中 $\delta_{zsi} < 0.015$ 不计

修正系数 β_0	①区（陇西） 1.5	②区（陇东—陕北—晋西） 1.2	③区（关中） 0.9	其他地区 0.5
起算深度	自天然地面（挖、填方场地应自设计地面）算起			
终止深度	至其下非湿陷性黄土层的顶面止			
地面下第 i 层计算深度起始	地面下第 i 层计算深度终止	基底下第 i 层计算深度 h_i	第 i 层修正系数 β_0	第 i 层湿陷系数第 i 层湿陷系数 δ_{zsi}（$\delta_{zsi} < 0.015$ 不计）
① 自重湿陷量计算值，一般自地面算起：$\Delta_{zs} = \beta_0 \sum \delta_{zsi} h_i$				
评价黄土场地湿陷类型	$\Delta_{zs} \leqslant 70$		$\Delta_{zs} > 70$	
	非自重湿陷性黄土		自重湿陷性黄土	

12.1.3.2 湿陷量计算

判定场地为自重湿陷性黄土还是非自重湿陷性黄土，确定起算深度和终止深度	起算深度 从基底起算，未知基底则自地面下1.50m		终止深度	
			非自重湿陷性黄土 至基底下10m或地基压缩层	自重湿陷性黄土 至非湿陷性黄土层顶面或控制性勘探孔深度
浸水机率系数 α	基底面下深度 z（m）	$0 \leqslant z \leqslant 10$	$10 < z \leqslant 20$	$20 < z \leqslant 25$	$25 < z$
	α	1.0	0.9	0.6	0.5
	[注] 对地下水有可能上升至湿陷性土层内，或侧向浸水影响不可避免的区段，取 $\alpha=1.0$				
第 i 层修正系数 β	基底下 0~5m	基底下 5~10m		基底下10m以下至非湿陷性黄土层顶面或控制性勘探孔深度	
		非自重	自重	非自重	自重
	各区均取 1.5	各区均取 1.0	陇西1.5；陇东—陕北—晋西1.2；关中1.0；其他1.0	陇西1.0；陇东—陕北—晋西1.0；关中0.9；其他0.5	陇西1.5；陇东—陕北—晋西1.2；关中0.9；其他0.5
基底下第 i 层计算深度起始	基底下第 i 层计算深度终止	基底下第 i 层计算深度 h_i	第 i 层浸水机率系数 α_i	第 i 层修正系数 β_i	第 i 层湿陷系数 δ_{si} 其中 $\delta_{si} < 0.015$ 不计；若基础尺寸和基底压力已知时，可采用 p-δ 曲线上按基础附加压力和上覆土饱和自重压力之和对应的 δ_s 值

湿陷量计算值 $\Delta_s = \Sigma \alpha_i \beta_i \delta_{si} h_i$

注：一定要注意计算起算深度和终止深度，且确定 α_i 和 β_i 要分段，即基底下（0m，5m]、（0m，5m]、（10m，20m]、（20m，25m]、>25m 分段确定

湿陷等级	单位：mm	$\Delta_{zs} \leqslant 70$	$70 < \Delta_{zs} \leqslant 300$	$300 < \Delta_{zs} \leqslant 350$	$\Delta_{zs} > 350$
	$50 < \Delta_s \leqslant 100$	Ⅰ轻微	Ⅰ轻微	Ⅰ轻微	Ⅱ中等
	$100 < \Delta_s \leqslant 300$	Ⅰ轻微	Ⅱ中等	Ⅱ中等	Ⅱ中等
	$300 < \Delta_s \leqslant 600$	Ⅱ中等	Ⅱ中等	Ⅱ中等	Ⅲ严重
	$600 < \Delta_s \leqslant 700$	Ⅱ中等	Ⅱ中等	Ⅲ严重	Ⅲ严重
	$\Delta_s > 700$	Ⅱ中等	Ⅲ严重	Ⅲ严重	Ⅳ很严重

【注】 ①取样处代表的第 i 层计算厚度 h_i，结合真题需重点理解。

② 以剩余湿陷量控制的处理厚度＝湿陷量 Δ_s－剩余湿陷量

③ 关于湿陷性黄土场地上建筑物分类，地基处理中的"最小处理厚度"的规定，可参见本专题"12.1.5 地基处理"。

12.1.4 设计

12.1.4.1 总平面设计

《湿陷性黄土地区建筑标准》5.2

埋地管道、排水沟、雨水明沟和水池等与建筑物之间的防护距离的计算建筑物应自外

墙墙皮算起；高耸结构应自基础外缘算起；水池应自池壁边缘（喷水池等应自回水坡边缘）算起；管道和排水沟应自其外壁算起。

各防护距离的计算，不宜小于表 12.1-1 的规定，且应满足构造要求。

表 12.1-1

建筑类别	地基湿陷等级			
	Ⅰ	Ⅱ	Ⅲ	Ⅳ
甲	—	—	8～9	11～12
乙	5	6～7	8～9	10～12
丙	4	5	6～7	8～9
丁	—	5	6	7

构造要求：各类建筑与新建水渠之间的防护距离，在非自重湿陷性黄土场地不得小于 12m，在自重湿陷性黄土场地不得小于湿陷性黄土层厚度的 3 倍，并不应小于 25m

注：① 陇西地区（Ⅰ区）和陇东—陕北—晋西地区（Ⅱ区），当湿陷性黄土的厚度大于 12m 时，压力管道与各类建筑的防护距离不宜小于湿陷性黄土层的厚度。
② 当湿陷性黄土层内有碎石土、砂土夹层时，防护距离宜大于表中数值。

12.1.4.2 地基计算

《湿陷性黄土地区建筑标准》5.6

（1）湿陷性黄土地基承载力修正及验算

已给的地基承载力特征值 f_{ak} (kPa)	基础短边 b (m) 任何土：[3, 6]	基础埋深 d 且 $d > 1.5$m
		① 一般从室外地面标高算起
		② 填方
		  (a) 上部结构完成后填—天然地面
		  (b) 先填土整平—填土地面
		③ 有地下室
		  (a) 箱形基础/筏基—室外地面
		  (b) 独立基础/条形基础—室内地面
		④ 基础位于地面或两侧无回填土时 $d=0$
		⑤ 主裙楼一体的结构，d 的选取

注意水位 （水下取浮重度）	基础底面以下土的重度 γ	基础底面以上土的加权平均重度 γ_m (kN/m³) $$\gamma_m = \frac{\sum \gamma_i d_i}{\sum d_i} = \frac{\sum \gamma_i d_i}{d}$$
由持力层土性质查表 12.1-2	宽度修正系数 η_b	深度修正系数 η_d

修正后地基承载力特征值 $f_a = f_{ak} + \eta_b \gamma (b-3) + \eta_d \gamma_m (d-1.5)$

【注】《建筑地基基础设计规范》地基承载力特征值修正公式中为：$d-0.5$；而《湿陷性黄土地区建筑标准》中为：$d-1.5$。注意两者的区别。

12.1 湿陷性土

承载力修正系数 表 12.1-2

土的类别		η_b	η_d
晚更新世（Q_3）、全新世（Q_4^1）湿陷性黄土	含水量 $w \leqslant 24\%$	0.20	1.25
	含水量 $w > 24\%$	0	1.10
新近堆积（Q_4^2）黄土		0	1.00
饱和黄土 （即 $I_p > 10$、饱和度 $S_r \geqslant 80\%$ 的晚更新世（Q_3）、全新世（Q_4^1）湿陷性黄土）	e 及 I_L 均小于 0.85	0.20	1.25
	e 或 I_L 大于等于 0.85	0	1.10
	e 或 I_L 均不小于 0.85	0	1.00

（2）变形验算

湿陷性黄土地基需要变形验算时，其变形计算和变形允许值，应符合现行国家标准《建筑地基基础设计规范》的有关规定。但其中沉降计算公式与《建筑地基基础设计规范》相同，即见土力学专题中"1.5.5 规范公式法及计算压缩模量当量值"，但沉降计算经验系数与《建筑地基基础设计规范》不同，按表 12.1-3 进行取值。

表 12.1-3

压缩模量当量值 $\overline{E}_s$（MPa）	3.30	5.00	7.50	10.00	12.50	15.00	17.50	20.00
沉降计算经验系数 φ_s	1.80	1.22	0.82	0.62	0.50	0.40	0.35	0.30

12.1.4.3 桩基

《湿陷性黄土地区建筑标准》5.7 及条文说明

在湿陷性黄土场地采用桩基础，桩端必须穿通湿陷性黄土层，并应符合下列要求：
（1）在非自重湿陷性黄土场地，桩端应支承在压缩性较低的非湿陷性黄土层中；
（2）在自重湿陷性黄土场地，桩端应支承在可靠的岩（或土）层中。

湿陷性黄土单桩竖向承载力的计算，主要是根据湿陷性黄土场地类别（非自重湿陷性还是自重湿陷性），判断黄土层内桩长范围内正侧阻力是否计入，以及黄土层产生的负摩阻力是否扣除。

湿陷性黄土与桩基负摩阻力及承载力特征值相关解题思维流程总结如下：

桩基础若指明按《湿陷性黄土地区建筑标准》求解，则使用此解题思维流程； 否则可按桩基础专题"7.5 负摩阻力桩解题思维流程"求解； 切记不可用错规范

单桩竖向承载力特征值 R_a

① 在非自重湿陷性黄土场地，当自重湿陷量的计算值小于 70mm 时，单桩竖向承载力的计算 R_a 应计入湿陷性黄土层内的桩长按饱和状态下的正侧阻力

② 在自重湿陷性黄土场地，除不计湿陷性黄土层内的桩长按饱和状态下的正侧阻力外，尚应扣除桩侧的负摩擦力。即按下式计算

桩径 d	桩身计算长度 l	桩在自重湿陷性黄土层的长度 Z
桩端横截面面积 A_p	桩端土的承载力特征值 q_{pa}	
桩身周长 u	桩周平均摩阻力特征值 q_{sa}	桩周平均负摩阻力特征值 $\overline{q}_{sa}$
则 $R_a = q_{pa}A_p + uq_{sa}(l-Z) - u\overline{q}_{sa}Z$		

【注】①桩周平均负摩阻力特征值 $\bar{q}_{sa}$，若题中未直接给出，可按表 12.1-4 取值。

表 12.1-4

自重湿陷量的计算值（mm）	钻、挖孔灌注桩	预制桩
70~200	10	15
>200	15	20

② 负摩阻力桩不考虑大直径尺寸修正。

③ 注意《湿陷性黄土地区建筑标准》中，负摩擦阻力给出的是"特征值"；而《建筑桩基技术规范》中是"标准值"。可以简单理解为，特征值＝0.5×标准值。并且按照黄土规范，下拉荷载为"特征值"，计入 R_a，即应扣除下拉荷载；而桩基规范，下拉荷载为"标准值"，不计入 R_a。与桩基础专题中"7.5 负摩阻力桩"进行对比学习。

12.1.5 地基处理

12.1.5.1 湿陷性黄土场地上建筑物分类

《湿陷性黄土地区建筑标准》3.0.1

建筑物类别	各类建筑的划分
甲类	高度大于 60m 和 14 层及 14 层以上体形复杂的建筑；高度大于 50m 且地基受水浸湿可能性大或较大的构筑物；高度大于 100m 的高耸结构；特别重要的建筑；地基受水浸湿可能性大的重要建筑；对不均匀沉降有严格限制的建筑
乙类	高度为 24~60m 的建筑；高度为 30~50m 且地基受水浸湿可能性大或较大的构筑物；高度为 50~100m 的高耸结构；地基受水浸湿可能性较大的重要建筑；地基受水浸湿可能性大的一般建筑
丙类	除甲类、乙类、丁类以外的一般建筑和构筑物
丁类	长高比不大于 2 且总高度不大于 5m，地基受水浸湿可能性小的单层辅助建筑次要建筑
[注]	根据基础结构形式、变形刚度、连接方式及重要性等，建筑物各单元可划分为不同类别，也可划分为同一类别。建筑物类别的划分可结合本标准附录 A 确定

12.1.5.2 地基压缩层厚度

《湿陷性黄土地区建筑标准》6.1.7

条形基础	取其宽度的 3.0 倍	
独立基础	取其宽度的 2.0 倍	
筏形基础和宽度大于 10m 的基础	取其宽度的 0.8~1.2 倍，基础宽度大者取小值，反之取大值	
计算确定	在基础底面下 z 深度处土的自重压力值（kPa）	
	系数 λ	z 深度下无高压缩性土时取 0.2
		有高压缩性土时取 0.1
	在基础底面下 z 深度处土的附加压力值 p_z（kPa）	
	要求满足 $p_z = \lambda p_{cz}$	

综上：地基压缩层厚度宜按上列方法确定，取其中较大值，且不宜小于 5m

12.1.5.3 处理厚度

《湿陷性黄土地区建筑标准》6.1.1~6.1.5

甲类建筑	一般厚度湿陷性黄土地基	非自重湿陷性黄土	基础底面以下附加压力与上覆土的饱和自重压力之和大于湿陷起始压力的所有土层进行处理，或处理至地基压缩层的深度
		自重湿陷性黄土	基础底面以下湿陷性黄土层全部处理
	大厚度湿陷性黄土地基	基础底面以下具自重湿陷性的黄土层应全部处理，且应将附加压力与上覆土饱和自重压力之和大于湿陷起始压力的非自重湿陷性黄土层一并处理	
		地下水位无上升可能，或上升对建筑物不产生有害影响，且按上面的规定计算的地基处理厚度大于25m时，处理厚度可适当减小，但不得小于25m	
乙类建筑	一般厚度湿陷性黄土地基	非自重湿陷性黄土	处理深度不应小于地基压缩层深度的2/3，且下部未处理湿陷性黄土层的湿陷起始压力值不小于100kPa
		自重湿陷性黄土	处理深度不应小于基底下湿陷性土层的2/3，且下部未处理湿陷性黄土层的剩余湿陷量不应大于150mm
	大厚度湿陷性黄土地基	基础底面以下具自重湿陷性的黄土层应全部处理，且应将附加压力与上覆土饱和自重压力之和大于湿陷起始压力的非自重湿陷性黄土层的2/3一并处理	
		处理厚度大于20m时，可适当减小，但不得小于20m	

丙类建筑消除地基部分湿陷量的最小处理厚度

建筑层数	地基湿陷等级			
	Ⅰ级	Ⅱ级	Ⅲ级	Ⅳ级
总高度小于6.0m且长高比小于2.5的单层建筑	可不处理地基	非自重湿陷性场地：处理厚度≥1.0m	处理厚度≥2.5m，地基浸水可能性小的建筑不宜小于2.0m	处理厚度≥3.5m，地基浸水可能性小的建筑不宜小于3.0m
		自重湿陷性场地：处理厚度≥2.0m		
其他单层建筑、多层建筑	处理厚度≥1.0m且下部未处理湿陷性黄土层的湿陷起始压力不宜小于100kPa	非自重湿陷性场地：处理厚度≥2.0m，且下部未处理湿陷性黄土层的湿陷起始压力不宜小于100kPa	处理厚度≥3.0m，且下部未处理湿陷性黄土层的剩余湿陷量不应大于200mm。按剩余湿陷量计算的处理厚度大于7.0m时，处理厚度可适当减小但不应小于7.0m	处理厚度≥4.0m，且下部未处理湿陷性黄土层的剩余湿陷量不应大于200mm。按剩余湿陷量计算的处理厚度大于8.0m时，处理厚度可适当减小但不应小于8.0m
		自重湿陷性场地：处理厚度≥2.5m，且下部未处理湿陷性黄土层的剩余湿陷量不应大于200mm。按剩余湿陷量计算的处理厚度大于6.0m时，处理厚度可适当减小但不应小于6.0m	大厚度湿陷性黄土地基：处理厚度≥4.0m，且下部未处理湿陷性黄土层的剩余湿陷量不应大于300mm。按剩余湿陷量计算的处理厚度大于10.0m时，处理厚度可适当减小但不应小于10.0m	大厚度湿陷性黄土地基：处理厚度≥5.0m，且下部未处理湿陷性黄土层的剩余湿陷量不应大于300mm。按剩余湿陷量计算的处理厚度大于12.0m时，处理厚度可适当减小但不应小于12.0m

12.1.5.4 平面处理范围
《湿陷性黄土地区建筑标准》6.1.6

非自重湿陷性黄土场地	采用整片或局部处理	
自重湿陷性黄土场地	采用整片处理	
局部处理	每边应超出基础底面宽度的 1/4，并不应小于 0.5m。	
整片处理	超出建筑物外墙基础外缘的宽度，不宜小于处理土层厚度的 1/2，并不应小于 2.0m。确有困难时，按处理土层厚度的 1/2 计算外放宽度，非自重湿陷性黄土场地大于 4.m 时，可采用 4.0m；自重湿陷性黄土场地，大于 5.0m 时可采用 5.0m；大厚度湿陷性黄土地基大于 6.0m 时可采用 6.0m	

12.1.5.5 具体地基处理方法和计算

《湿陷性黄土地区建筑标准》6.1.8～6.1.11、6.2～6.7

学习具体地基处理方法和计算，一定要参考本书地基处理专题，各处理方法原理上是相通的，可能个别规定有所不同，因此相似的内容不再详述，一定要自行阅读。解题时一定要看清题干指明的规范或者题干给出的土性。

结合真题，只讲解含有预钻孔时灰土和土挤密桩法地基处理。

在黄土场地中采用灰土和土挤密桩法地基处理，当不含有预钻孔时，则按地基处理专题中"8.4.3 灰土挤密桩和土挤密桩"求解；当含有预钻孔时，则按《湿陷性黄土地区建筑标准》求解。

含有预钻孔时灰土和土挤密桩法地基处理解题思维流程总结如下：

含有预钻孔时，桩间距 $s = 0.95\sqrt{\dfrac{\bar{\eta}_c \rho_{dmax} D^2 - \rho_{d0} d^2}{\bar{\eta}_c \rho_{dmax} - \rho_{d0}}}$

式中　d——预钻孔直径；
　　　D——挤密填料孔直径；
　　　ρ_{d0}——处理前土的平均干密度；
　　　ρ_{dmax}——击实试验确定的土的最大干密度；
　　　$\bar{\eta}_c$——桩间土平均挤密系数，挤密填孔（达到 D 后），3 个孔之间 $\bar{\eta}_c \geq 0.93$。

12.1.6 其他湿陷性土

《岩土工程勘察规范》6.1

其他湿陷性土主要包含湿陷性碎石土、湿陷性砂土等，以考查湿陷性砂土为主。

当不能取试样做室内湿陷性试验时，应采用现场载荷试验确定湿陷性。在 200kPa 压力下浸水载荷试验的附加湿陷量与承压板宽度之比等于或大于 0.023 的土，应判定为湿陷性土。

岩土工程勘察规范中湿陷性土主要是考核总湿陷量 Δ_s 的计算，湿陷程度和湿陷等级的确定，具体解题思维流程总结如下：

承压板边长 b（cm）	修正系数 β（cm^{-1}）	承压板面积为 $0.50m^2$ 时，$\beta = 0.014$；承压板面积为 $0.25m^2$ 时，$\beta = 0.020$
第 i 层土浸水载荷试验的附加湿陷量 ΔF_{si}	第 i 层土厚度 h_i 从基础底面（初步勘察时自地面下 1.5m）算，其中 $\Delta F_{si}/b < 0.023$ 即 $\Delta F_{si} < 0.023b$ 不计	
①湿陷性土地基受水浸湿至下沉稳定为止的总湿陷量（cm）$\Delta_s = \Sigma \beta \Delta F_{si} h_i$		
②湿陷程度分类		

续表

湿陷程度	附加湿陷量 ΔF_{si} (cm)	
	承压板面积 0.50m²	承压板面积为 0.25m²
轻微	$1.6 < \Delta F_s \leqslant 3.2$	$1.1 < \Delta F_s \leqslant 2.3$
中等	$3.2 < \Delta F_s \leqslant 7.4$	$2.3 < \Delta F_s \leqslant 5.3$
强烈	$7.4 < \Delta F_s$	$5.3 < \Delta F_s$

③ 湿陷性土地基的湿陷等级

总湿陷量 Δ_s (cm)	湿陷性土总厚度 (m)	湿陷等级
$5 < \Delta_s \leqslant 30$	>3	Ⅰ
	$\leqslant 3$	Ⅱ
$30 < \Delta_s \leqslant 60$	>3	
	$\leqslant 3$	Ⅲ
$60 < \Delta_s$	>3	
	$\leqslant 3$	Ⅳ

12.2 膨 胀 土

《膨胀土地区建筑技术规范》GB 50112—2013
条文及条文说明
重要内容简介及本书索引

规范条文		条文重点内容	条文说明重点内容	相应重点学习和要结合的本书具体章节
1 总则				自行阅读
2 术语和符号	2.1 术语			自行阅读
	2.2 符号			自行阅读
3 基本规定		表 3.0.2 膨胀土场地地基基础设计等级 附录 A 膨胀土自由膨胀率与蒙脱石含量、阳离子交换量的关系 附录 B 建筑物变形观测方法		自行阅读
4 勘察	4.1 一般规定	4.1.5 勘探点的布置、孔深和土样采取，应符合的要求 附录 C 现场浸水载荷试验要点		自行阅读
	4.2 工程特性指标	4.2.1 膨胀土的自由膨胀率计算 4.2.2 某级荷载下膨胀土的膨胀率计算 4.2.3 膨胀力试验的规定 4.2.4 收缩系数计算 附录 D 自由膨胀率试验 附录 E 50kPa 压力下的膨胀率试验 附录 F 不同压力下的膨胀率及膨胀力试验 附录 G 收缩试验		12.2.1 膨胀土工程特性指标
	4.3 场地与地基评价	4.3.2 建筑场地的分类应符合的要求 4.3.3 膨胀土的判定 表 4.3.4 膨胀土的膨胀潜势分类 表 4.3.5 膨胀土地基的胀缩等级		自行阅读

续表

规范条文		条文重点内容	条文说明重点内容	相应重点学习和要结合的本书具体章节
5 设计	5.1 一般规定			自行阅读
	5.2 地基计算	5.2.1～5.2.4 关于基础埋深的规定 5.2.5 基础底面压力应符合的规定 5.2.6 修正后的地基承载力特征值的计算 5.2.7 膨胀土地基变形量，可按变形特征分别计算的规定 5.2.9 地基土的收缩变形量计算 5.2.10 收缩变形计算深度内各土层的含水量变化值计算 5.2.11 土的湿度系数计算 表5.2.12 大气影响深度 5.2.13 大气影响急剧层深度 5.2.14 地基土的胀缩变形量的计算 5.2.15 膨胀土地基变形量取值的规定 表5.2.16 膨胀土地基上建筑物地基变形允许值 5.2.17～5.2.18 稳定性计算 附录H 中国部分地区的蒸发力及降水量表	5.2.10、5.2.11 湿度系数计算算例 5.2.14 变形量计算算例	12.2.2 大气影响深度及大气影响急剧层深度 12.2.3 基础埋深 12.2.4 变形量
	5.3 场址选择与总平面设计			自行阅读
	5.4 坡地和挡土结构			自行阅读
	5.5 建筑措施	表5.5.4 散水构造尺寸 附录J 使用要求严格的地面构造		自行阅读
	5.6 结构措施			自行阅读
	5.7 地基基础措施	5.7.7 桩顶标高位于大气影响急剧层深度内的三层及三层以下的轻型建筑物，桩基础设计应符合的要求	5.7.5～5.7.9 中相关计算公式	12.2.5 桩端进入大气影响急剧层深度
	5.8 管道			自行阅读
6 施工	6.1 一般规定			自行阅读
	6.2 地基和基础施工			自行阅读
	6.3 建筑物施工			自行阅读
7 维护管理	7.1 一般规定			自行阅读
	7.2 维护和检修			自行阅读
	7.3 损坏建筑物的治理			

12.2.1 膨胀土工程特性指标

《膨胀土地区建筑技术规范》4.2、4.3、附录 G

膨胀土是指土中黏粒成分主要由亲水性矿物组成，同时具有显著的吸水膨胀和失水收缩两种变形特性的黏性土。它的主要特性是：
(1) 粒度组成中黏粒（粒径小于 0.002mm）含量大于 30%；
(2) 黏土矿物成分中，伊利石、蒙脱石等强亲水性矿物占主导地位；
(3) 土体湿度增高时，体积膨胀并形成膨胀压力；土体干燥失水时，体积收缩并形成收缩裂缝；
(4) 膨胀、收缩变形可随环境变化往复发生，导致土的强度衰减；
(5) 属液限大于 40% 的高塑性土。

【注】膨胀土同时具有膨胀和收缩两种变形特性，即吸水膨胀和失水收缩，再吸水再膨胀和再失水再收缩的胀缩变形可逆性。

膨胀土的判别
本规范规定，场地具有下列工程地质特征及建筑物破坏形态，且土的自由膨胀率大于等于 40% 的黏性土，应判为膨胀土：
(1) 土的裂隙发育，常有光滑面和擦痕，有的裂隙中充填有灰白、灰绿等杂色黏土。自然条件下呈坚硬或硬塑状态；
(2) 多出露于二级或二级以上阶地、山前和盆地边缘丘陵地带。地形较平缓，无明显的陡坎；
(3) 常见有浅层滑坡、地裂，新开挖坑（槽）壁易发生坍塌等现象；
(4) 建筑物多呈"倒八字""X"形或水平裂缝，裂缝随气候变化张开或闭合。

对膨胀岩土除一般物理力学性质指标试验外，尚应进行下列工程特性指标试验。工程特性指标的测定包括自由膨胀率、收缩系数、膨胀率以及膨胀压力。对膨胀土尚需测定 50kPa 压力下的膨胀率。

基本概念
(1) 自由膨胀率 δ_{ef}：人工制备的烘干松散土样在水中膨胀稳定后，其体积增加值与原体积之比的百分率。

膨胀潜势：膨胀土在环境条件变化时可能产生胀缩变形或膨胀力的量度。

【注】① 自由膨胀率可用来定性地判别膨胀土及其膨胀潜势。
② 只有当土的自由膨胀率大于等于 40% 的黏性土才有可能判定为膨胀土，或者说膨胀土自由膨胀率均大于等于 40%。

(2) 膨胀率 δ_{ep}

固结仪中的环刀土样，在一定压力下浸水膨胀稳定后，其高度增加值与原高度之比的百分率。

(3) 膨胀力

固结仪中的环刀土样，在体积不变时浸水膨胀产生的最大内应力，即膨胀率 $\delta_{ep} = 0$ 时所对应的压力。

【注】膨胀率可用来评价地基的胀缩等级，计算膨胀土地基的变形量以及测定膨胀力。

（4）竖向线缩率 δ_s

天然湿度下的环刀土样烘干或风干后，其高度减少值与原高度之比的百分率。

（5）收缩系数 λ

环刀土样在直线收缩阶段含水量每减少1‰时的竖向线缩率。

膨胀土工程特性指标解题思维流程总结如下：

土样原始体积 v_0	土样在水中膨胀稳定后体积 v_w		
① 自由膨胀率（%）$\delta_{ef} = \dfrac{v_w - v_0}{v_0} \times 100\%$	$40 \leqslant \delta_{ef} < 65$	$65 \leqslant \delta_{ef} < 90$	$90 \leqslant \delta_{ef}$
	膨胀潜势弱	中	强
土样原始高度 h_0	某级荷载下土样在水中膨胀稳定后高度 h_w		
② 膨胀率（%）$\delta_{ep} = \dfrac{h_w - h_0}{h_0} \times 100\%$			
③ 膨胀力 P_p（作图或插值近似计算：以各级压力下的膨胀率为纵坐标，压力为横坐标，绘制膨胀率与压力的关系曲线，该曲线与横坐标的交点为试样的膨胀力） 即 $\delta_{ep} = 0$ 时所对应的压力			
初始百分表读数 z_0（mm）	某次百分表读数 z_i（mm）		
④ 与 z_i 对应的竖向线缩率 $\delta_{si} = \dfrac{z_i - z_0}{h_0} \times 100\%$			
⑤ 收缩系数 λ：环刀土样在直线收缩阶段，竖向线缩率随含水量变化的斜率的绝对值； （此处应注意是直线变化阶段，如图所示） $\lambda = \dfrac{\Delta \delta_s}{\Delta w} = \dfrac{\dfrac{z_2 - z_0}{h_0} - \dfrac{z_1 - z_0}{h_0}}{w_1 - w_2}$	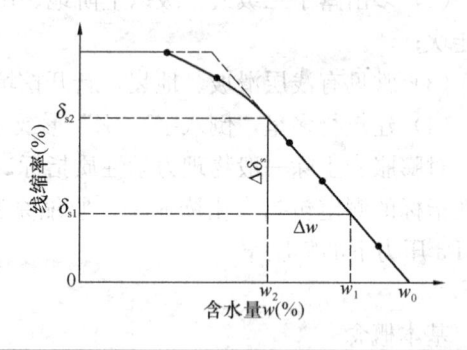		

【注】① 计算收缩系数 λ 时，竖向线缩率 δ_s 与含水量 w 应统一都去掉%，即以%为单位；（当然都取小数，计算结果是一致的）

② 含水量 w 的计算，可与"1.1.2 土的三相特征解题思维流程"相结合，当然也可以直接利用其定义 $w = \dfrac{m_w}{m_s} \times 100\%$。

12.2.2 大气影响深度及大气影响急剧层深度

《膨胀土地区建筑技术规范》5.2.11、5.2.12、附录H

大气影响深度 d_a 是指在自然气候影响下，由降水、蒸发和温度等因素引起地基土胀缩变形的有效深度。

大气影响急剧层深度是指大气影响特别显著的深度。

膨胀土湿度系数 ψ_w 是指在自然条件下，地表下 1m 处土层含水量可能达到的最小值与其塑限值之比。

膨胀土大气影响深度及大气影响急剧层深度解题思维流程总结如下：

参数 $a = \dfrac{9\text{月至次年2月蒸发力之和}}{\text{全年蒸发力之和}}$（月平均气温小于0℃的不统计在内）				
参数 $c = $ 全年中蒸发力与降水量差值之和（只统计蒸发力大于降水量且月平均气温大于0℃的月份）				
膨胀土湿度系数 $\psi_w = 1.152 - 0.726a - 0.00107c$				
膨胀土湿度系数 ψ_w	0.6	0.7	0.8	0.9
大气影响深度 d_a	5.0	4.0	3.5	3.0
大气影响急剧层深度 $= 0.45 d_a$				

【注】① 大气影响深度和大气影响急剧层深度均从地面起算；

② 中国部分地区的蒸发力和降水量表，若题目未直接给出，可查附录H表；

③ 一定要深刻理解膨胀土湿度系数 ψ_w 的定义，在 12.2.4 变形量计算中会利用湿度系数和塑限反求地表下 1m 处土层含水量可能达到的最小值。

12.2.3 基础埋深

《膨胀土地区建筑技术规范》5.2.2、5.2.3、5.2.4 及条文说明

膨胀土基础埋深解题思维流程总结如下：

① 任何场地，膨胀土地基上基础埋深最低要求 $d \geqslant 1\text{m}$
大气影响深度（m）d_a
② 平坦场地的多层建筑，基础埋深不应小于大气影响急剧层深度，即 $d \geqslant 0.45 d_a$
③ 对于坡地，当坡地坡角为 5°~14°，基础外边缘至坡肩的水平距离为 5~10m 时，基础埋深 $d = 0.45 d_a + (10 - l_p)\tan\beta + 0.30$ 其中： β 为设计斜坡坡角（°）； l_p 为基础外边缘至坡肩的水平距离（m）。 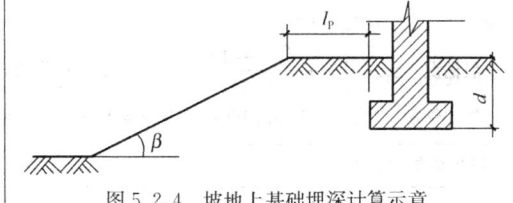 图 5.2.4 坡地上基础埋深计算示意
④ 对于坡地，当坡地坡角为 5°~14°，基础外边缘至坡肩的水平距离大于 10m 时，按平坦场地考虑

【注】① 一定要注意基础埋深的最低要求：不应小于 1m，即 $d \geqslant 1\text{m}$。

② 计算大气影响深度 d_a，与"12.2.2 大气影响深度及大气影响急剧层深度解题思维流程"相结合。

12.2.4 变形量

《膨胀土地区建筑技术规范》5.2.14

膨胀土地基变形量分三种情况：膨胀变形、收缩变形和胀缩变形。

基本概念

（1）膨胀变形量：在一定压力下膨胀土吸水膨胀稳定后的变形量。

（2）收缩变形量：膨胀土失水收缩稳定后的变形量。

（3）胀缩变形量：膨胀土吸水膨胀与失水收缩稳定后的总变形量。

（4）胀缩等级：膨胀土地基胀缩变形对低层房屋影响程度的地基评价指标。

膨胀土变形量计算解题思维流程总结如下：

首先确定变形量计算类型		
（a）离地表1m处天然含水率等于或接近最小值（最小值为塑限乘土的湿度系数ψ_w）时，或地面有覆盖且无蒸发可能时，以及建筑物在使用期间，经常有水浸湿的地基，可按膨胀变形量计算；		
（b）离地表1m处天然含水率大于1.2倍塑限含水率时，或直接受高温作用的地基，可按收缩变形量计算；		
（c）其他情况可按胀缩变形量计算		
膨胀变形计算深度z_{en}—自天然地面算起 一般情况下，计算至大气影响深度； 有浸水可能时，按浸水影响深度		收缩变形计算深度z_{sn}—自天然地面算起 一般情况下，计算至大气影响深度； 当大气影响深度范围内有稳定水位时，可计算至水位以上3m；
胀缩变形深度取z_{en}、z_{sn}的大值		有热源时，按热源影响深度
确定最终变形计算范围：从基底开始，至变形计算深度z_{en}、z_{sn}		
第i层计算深度h_i	第i层膨胀率δ_{epi}	膨胀变形经验系数ψ_e，未指定可取0.6
① 膨胀变形量 $s_e = \psi_e \sum_{i=1}^{n} \delta_{epi} h_i$		
地表下1m处土的天然含水量（以小数表示）w_1	地表下1m处土的塑限（以小数表示）w_p	土的湿度系数ψ_w （在自然气候影响下，地表下1m处土层含水量可能达到的最小值与其塑限之比）
地表下1m处土的含水量变化值（以小数表示）$\Delta w_1 = w_1 - \psi_w w_p$		
第i层土含水量变化平均值Δw_i		
一般情况，$\Delta w_i = \Delta w_1 - \dfrac{z_i - 1}{z_{sn} - 1}(\Delta w_1 - 0.01)$（$z_i$为第$i$层土中间位置自天然地面起算的深度）		
特殊情况，当地表下4m深度范围内存在不透水基岩时：$\Delta w_i = \Delta w_1$		
第i层收缩系数λ_{si}		收缩变形经验系数ψ_s，未指定可取0.8
② 收缩变形量 $s_s = \psi_s \sum_{i=1}^{n} \lambda_{si} \Delta w_i h_i$		
胀缩变形经验系数ψ_{es}，未指定可取0.7		
③ 胀缩变形量 $s_{es} = \psi_{es} \sum_{i=1}^{n} (\delta_{epi} + \lambda_{si} \Delta w_i) h_i$		
④ 地基的胀缩等级可根据地基分级变形量s_c按下表确定		
地基分级变形量s_c应根据膨胀土地基的变形特征确定，可分别按膨胀变形量、收缩变形量、胀缩变形量进行计算，一般情况下最终可按胀缩变形量计算。其中采用50kPa压力下土的膨胀率，并应按本规范附录E试验确定		

地基分级变形量s_c	$15 \leqslant s_c < 35$	$35 \leqslant s_c < 70$	$70 \leqslant s_c$
胀缩等级	Ⅰ	Ⅱ	Ⅲ

【注】 ① 一定要根据题意，分清求哪一种变形量，是膨胀变形量、收缩变形量还是胀缩变形量。

② 这里是综合性知识点，可与"12.2.1 膨胀土工程特性指标""12.2.2 大气影响深度及大气影响急剧层深度"相结合。

12.2.5 桩端进入大气影响急剧层深度

《膨胀土地区建筑技术规范》5.7.7

桩顶标高位于大气影响急剧层深度内的三层及三层以下的轻型建筑物，桩基础设计按变形计算时，桩基础升降位移应符合本规范第5.2.16条的要求。桩端进入大气影响急剧层深度以下或非膨胀土层中的长度应符合下列规定：

桩端进入大气影响急剧层深度以下解题思维流程如下：

首先满足建筑物要求：桩顶标高位于大气影响层深度内的三层及三层以下的轻型建筑物	
桩直径 d	桩身周长 u_p (m)
桩端直径 d_k（桩端无扩大时 $d=d_k$）	桩端截面面积 A_p (m²)
最不利工况下作用于桩顶的竖向力标准值 Q_k (kN)（包括承台及其上土的自重）	
桩的端阻力特征值 q_{pa} (kPa)	桩的侧阻力特征值 q_{sa} (kPa)
在大气影响急剧层内桩侧土的最大胀拔力标准值 v_e (kN)	
桩侧土的抗拔系数 λ	
桩端进入大气影响急剧层深度以下或非膨胀土层中的长度 l_a (m)	
① 按膨胀变形计算 $$l_a \geq \frac{v_e - Q_k}{u_p \lambda q_{sa}}$$	② 按收缩变形计算 $$l_a \geq \frac{Q_k - A_p q_{pa}}{u_p q_{sa}}$$
③ 按胀缩变形计算 $l_a = \max(\text{膨胀变形计算 } l_a, \text{收缩变形计算 } l_a, 4d, d_k, 1.5\text{m})$	

12.3 冻 土

基本概念

（1）冻土：具有负温或零温度并含有冰的土（岩）。

【注】 ①冻土是由固体矿物颗粒、冰（胶结冰、冰夹层、冰包裹体）、未冻水（强结合水和弱结合水）和气体（空气和水蒸气）组成的四相体系，其特殊性主要表现在它的性质与温度密切相关，是一种对温度十分敏感且性质不稳定的土体。按冻土含冰特征，可定名为少冰冻土、多冰冻土、富冰冻土、饱冰冻土和含土冰层；按冻结状态持续时间，可分为多年冻土、隔年冻土和季节冻土。

②冻土除按以上定名分类外，尚应根据土的颗粒级配和液、塑限指标，按《岩土工程勘察规范》确定土类名称。

（2）多年冻土：持续冻结时间在2年或2年以上的土（岩）。

（3）季节冻土：地壳表层冬季冻结而在夏季又全部融化的土（岩）。

（4）隔年冻土：冬季冻结，而翌年夏季并不融化的那部分冻土。

（5）冻胀率：指单位冻结深度的冻胀量。土的冻胀是土冻结过程中土体积增大的现象。土的冻胀性用冻胀率来衡量。

12.3.1 冻土类别

《铁路工程特殊岩土勘察规程》8.5

① 盐渍土分布区的多年冻土，根据其易溶盐的含量划分为盐渍化多年冻土时，其盐渍度界限值应符合下面的规定

冻土中含易溶盐的质量 m_g (g)		土骨架质量 g_d (g)		

多年冻土的盐渍度（%）$\xi = \dfrac{m_g}{g_d} \times 100\%$

盐渍化多年冻土的盐渍度界限值	土类	碎石、砂类土	粉土	粉质黏土	黏土
	ξ	≥0.10	≥0.15	≥0.20	≥0.25

② 位于泥炭分布区的多年冻土，根据其泥炭化程度划分为泥炭化多年冻土时，其泥炭化程度界限值应符合下面的规定

冻土中含植物残渣和泥炭的质量 m_p (g)		

多年冻土的泥炭化程度（%）$\xi = \dfrac{m_p}{g_d} \times 100\%$

泥炭化多年冻土的泥炭化程度界限值	土类	碎石、砂类土	黏性土
	ξ	≥3	≥5

12.3.2 冻土物理性指标及试验

关于冻土相关试验，可见《土工试验方法标准》32～40，本书不再详述。

12.3.3 冻胀性等级和类别

《建筑地基基础设计规范》附录G

《铁路工程特殊性岩土勘察规范》8.5.5、附录D

《工程地质手册》（第五版）P574

当环境温度降至土的冻结起始温度时，土中水分开始结晶，水冻结时的体积膨胀，引起土颗粒的相对位移，使土的体积发生膨胀，即冻胀。冻土的冻胀性等级和类别是根据土的名称、冻前天然含水量 w（对于黏性土需比较 w 与塑限含水量 w_p 大小关系）、冻结期间地下水位距冻结面的最小距离 h_w 和平均冻胀率 η 查表综合确定的。

冻土冻胀性等级和类别解题思维流程总结如下：

冻土层厚度（是冻土层冻后实测厚度）h = 冻后地面标高 − 冻土层底面标高

地表冻胀量 Δz = 冻后地面标高 − 冻前地面标高

设计冻深（是指冻前土层厚度）z_d = 冻前地面标高 − 冻土层底面标高 = $h - \Delta z$

12.3 冻土

续表

根据	土的名称	查表确定冻土冻胀性等级和类别,见表12.3-1
	冻前天然含水量 w(对于黏性土需比较 w 与塑限含水量 w_p 大小关系)	
	冻结期间地下水位距冻结面的最小距离 h_w	
	平均冻胀率 η	

① 平均冻胀率 $\eta = \dfrac{\Delta z}{z_d} \times 100\% = \dfrac{\Delta z}{h - \Delta z} \times 100\%$

② 地基土的冻胀性分类

【注】 ①注意区别两组数据:冻前地面标高、冻后地面标高、冻土层底面标高;冻土层厚度(是冻土层冻后实测厚度)h、设计冻深(是指冻前土层厚度)z_d;

②确定黏性土冻胀性等级和类别时,一定要注意:若塑性指数 I_p 大于22,冻胀性降低一级,即 V→Ⅳ→Ⅲ→Ⅱ→Ⅰ。(塑性指数 I_p = 液限 w_L — 塑限 w_p)

地基土的冻胀性分类　　　　　　　　　表12.3-1

土的名称	冻前天然含水量 w(%)	冻结期间地下水位距冻结面的最小距离 h_w(m)	平均冻胀率 η(%)	冻胀等级	冻胀类别
碎(卵)石、砾、粗、中砂(粒径小于0.075mm颗粒含量大于15%),细砂(粒径小于0.075mm颗粒含量大于10%)	$w \leqslant 12$	>1.0	$\eta \leqslant 1$	Ⅰ	不冻胀
		≤1.0	$1 < \eta \leqslant 3.5$	Ⅱ	弱冻胀
	$12 < w \leqslant 18$	>1.0			
		≤1.0	$3.5 < \eta \leqslant 6$	Ⅲ	冻胀
	$w > 18$	>0.5			
		≤0.5	$6 < \eta \leqslant 12$	Ⅳ	强冻胀
粉砂	$w \leqslant 14$	>1.0	$\eta \leqslant 1$	Ⅰ	不冻胀
		≤1.0	$1 < \eta \leqslant 3.5$	Ⅱ	弱冻胀
	$14 < w \leqslant 19$	>1.0			
		≤1.0	$3.5 < \eta \leqslant 6$	Ⅲ	冻胀
	$19 < w \leqslant 23$	>1.0			
		≤1.0	$6 < \eta \leqslant 12$	Ⅳ	强冻胀
	$w > 23$	不考虑	$\eta > 12$	Ⅴ	特强冻胀
粉土	$w \leqslant 19$	>1.5	$\eta \leqslant 1$	Ⅰ	不冻胀
		≤1.5	$1 < \eta \leqslant 3.5$	Ⅱ	弱冻胀
	$19 < w \leqslant 22$	>1.5	$1 < \eta \leqslant 3.5$	Ⅱ	弱冻胀
		≤1.5	$3.5 < \eta \leqslant 6$	Ⅲ	冻胀
	$22 < w \leqslant 26$	>1.5			
		≤1.5	$6 < \eta \leqslant 12$	Ⅳ	强冻胀
	$26 < w \leqslant 30$	>1.5			
		≤1.5			
	$w > 30$	不考虑	$\eta > 12$	Ⅴ	特强冻胀

续表

土的名称	冻前天然含水量 w（%）	冻结期间地下水位距冻结面的最小距离 h_w（m）	平均冻胀率 η（%）	冻胀等级	冻胀类别
黏性土	$w \leqslant w_p + 2$	>2.0	$\eta \leqslant 1$	I	不冻胀
		≤2.0	$1 < \eta \leqslant 3.5$	II	弱冻胀
	$w_p + 2 < w \leqslant w_p + 5$	>2.0			
		≤2.0	$3.5 < \eta \leqslant 6$	III	冻胀
	$w_p + 5 < w \leqslant w_p + 9$	>2.0			
		≤2.0	$6 < \eta \leqslant 12$	IV	强冻胀
	$w_p + 9 < w \leqslant w_p + 15$	>2.0			
		≤2.0	$\eta > 12$	V	特强冻胀
	$w > w_p + 15$	不考虑			

注：① w_p 为土的塑限含水量（%）；
② 盐渍化土不在表列；
③ 塑性指数大于 22 时，冻胀性降低一级；（塑性指数 I_p = 液限 w_L − 塑限 w_p）
④ 粒径小于 0.005mm 的颗粒含量大于 60% 时，为不冻胀土；
⑤ 碎石类土当充填物大于全部质量的 40% 时，其冻胀性按充填物土的类别判断；
⑥ 碎石土、砾砂、粗砂、中砂（粒径小于 0.075mm 颗粒含量不大于 15% 时）、地下水位以上的细砂（粒径小于 0.075mm 颗粒含量不大于 10% 时）均按不冻胀考虑。

12.3.4 融沉性分级

《岩土工程勘察规范》6.6.2
《铁路工程特殊性岩土勘察规范》附录 C　附录 D

冻土的融化下沉特性为冻土融化时，孔隙和矿物颗粒周围的冰融化，水分沿孔隙逐渐排出，土中孔隙尺寸减小，在土体自重作用下，土体孔隙率会发生跳跃式变化的现象。用融化下沉系数 δ_0（简称融沉系数）来描述。

融化冻土的压缩下沉特性为冻土融化后，在荷载作用下产生的下沉，称为融化压缩下沉。用融化（体积）压缩系数 m_v 来描述。

融沉系数 δ_0 是指冻土融化过程中，在自重作用下产生的相对融化下沉量。地基土的融沉性分级，根据融沉系数 δ_0 等查表划分，可分为不融沉、弱融沉、融沉、强融沉和融陷五级。

冻土融沉性分级解题思维流程总结如下：

冻土试样融化前的高度 h_1	冻土试样融化后的高度 h_2
或确定　冻土试样融化前孔隙比 e_1	冻土试样融化后孔隙比 e_2
融沉系数（%）$\delta_0 = \dfrac{h_1 - h_2}{h_1} = \dfrac{e_1 - e_2}{1 + e_1} \times 100\%$	
相类知识点及解题注意点	
融沉性分类，根据总含水量 w_0，平均融沉系数 δ_0，取最不利情况	

续表

土的名称	融沉性分类 总含水量 w_0 (%)	平均融沉系数 δ_0	融沉等级	融沉类别	冻土类型
碎石土，砾、粗、中砂（粒径小于0.075mm的颗粒含量不大于15%）	$w_0<10$	$\delta_0\leqslant1$	I	不融沉	少冰冻土
	$w_0\geqslant10$	$1<\delta_0\leqslant3$	II	弱融沉	多冰冻土
碎石土，砾、组、中砂（粒径小于0.075mm的颗粒含量大于15%）	$w_0<12$	$\delta_0\leqslant1$	I	不融沉	少冰冻土
	$12\leqslant w_0<15$	$1<\delta_0\leqslant3$	II	弱融沉	多冰冻土
	$15\leqslant w_0<25$	$3<\delta_0\leqslant10$	III	融沉	富冰冻土
	$w_0\geqslant25$	$10<\delta_0\leqslant25$	IV	强融沉	饱冰冻土
粉砂 细砂	$w_0<14$	$\delta_0\leqslant1$	I	不融沉	少冰冻土
	$14\leqslant w_0<18$	$1<\delta_0\leqslant3$	II	弱融沉	多冰冻土
	$18\leqslant w_0<28$	$3<\delta_0\leqslant10$	III	融沉	富冰冻土
	$w_0\geqslant28$	$10<\delta_0\leqslant25$	IV	强融沉	饱冰冻土
粉土	$w_0<17$	$\delta_0\leqslant1$	I	不融沉	少冰冻土
	$17\leqslant w_0<21$	$1<\delta_0\leqslant3$	II	弱融沉	多冰冻土
	$21\leqslant w_0<32$	$3<\delta_0\leqslant10$	III	融沉	富冰冻土
	$w_0\geqslant32$	$10<\delta_0\leqslant25$	IV	强融沉	饱冰冻土
黏性土	$w_0<w_p$	$\delta_0\leqslant1$	I	不融沉	少冰冻土
	$w_p\leqslant w_0<w_p+4$	$1<\delta_0\leqslant3$	II	弱融沉	多冰冻土
	$w_p+4\leqslant w_0<w_p+15$	$3<\delta_0\leqslant10$	III	融沉	富冰冻土
	$w_p+15\leqslant w_0<w_p+35$	$10<\delta_0\leqslant25$	IV	强融沉	饱冰冻土
含土冰层	$w_0\geqslant w_p+35$	$\delta_0>25$	V	融陷	含土冰层

注：总含水量 w_0（%）包括冰和未冻水。

【注】与土的三相比联系起来，主要求融化前后孔隙比 e_1 和 e_2

$$e=\frac{V_v}{V_s}=\frac{G_s(1+w)\rho_w}{\rho}-1=\frac{G_s\rho_w}{\rho_d}-1=\frac{G_sw}{S_r}=\frac{n}{1-n}=\frac{G_s\rho_w}{\rho_{sat}-\frac{e\rho_w}{e+1}}-1$$

$$=\frac{G_s\rho_w}{\rho'+1-\frac{e\rho_w}{e+1}}-1$$

且：$\rho_{sat}=\rho'+\rho_w=\rho'+1$，$\gamma_{sat}=\gamma'+g=\gamma'+10$

12.3.5 冻土浅基础基础埋深

《建筑地基基础设计规范》5.1.7、5.1.8、附录F、附录G

冻土地基基础埋深解题思维流程总结如下：

标准冻结深度 z_0,当无实测资料时,按本规范附录F采用				
土的类别对冻深的影响系数 ψ_{zs}	黏性土	细砂、粉砂、粉土	中、粗、砾砂	大块碎石土
	1.00	1.20	1.30	1.40
土的冻胀性对冻深的影响系数 ψ_{zw}	不冻胀	弱冻胀	冻胀	强冻胀	特强冻胀
	1.00	0.95	0.90	0.85	0.80
环境对冻深的影响系数 ψ_{ze}	村、镇、旷野		城市近郊		城市市区
	1.00		0.95		0.90
注:环境影响系数 ψ_{ze}	城市市区人口为20万~50万时,市区取0.95,郊区和郊外均取1.0		城市市区人口大于50万,小于或等于100万时,市区取0.9,郊区和郊外均取1.0		当城市市区人口超过100万时,市区内的环境系数取0.9,5km以内的郊区取0.95,郊外取1.0

季节性冻土地基的场地冻结深度 $z_d = z_0 \cdot \psi_{zs} \cdot \psi_{zw} \cdot \psi_{ze}$

或当有实测资料时 $z_d = h - \Delta z$

(其中 h 为最大冻深出现时场地冻土层厚度;Δz 为最大冻深出现时场地地表冻胀量)

季节性冻土地区基础埋置深度宜大于场地冻结深度。对于深厚季节冻土地区,当建筑基础底面土层为不冻胀、弱冻胀、冻胀土时,基础埋置深度可以小于场地冻结深度,即此时冻土地基的最小埋深 $d_{min} = z_d - h_{max}$

(h_{max} 为基础底面下允许冻土层的最大厚度,其中当建筑基础底面土层为强冻胀、特强冻胀土时,$h_{max} = 0$,即此时不允许残留冻土层;其他情况,查下表确定)

基础底面下允许冻土层的最大厚度 h_{max} (m)

冻胀性	基础形式	采暖情况	基底平均压力 (kPa)					
			110	130	150	170	190	210
弱冻胀土	方形基础	采暖	0.90	0.95	1.00	1.10	1.15	1.20
		不采暖	0.70	0.80	0.95	1.00	1.05	1.10
	条形基础	采暖	>2.50	>2.50	>2.50	>2.50	>2.50	>2.50
		不采暖	2.20	2.50	>2.50	>2.50	>2.50	>2.50
冻胀土	方形基础	采暖	0.65	0.70	0.75	0.80	0.85	—
		不采暖	0.55	0.60	0.65	0.70	0.75	—
	条形基础	采暖	1.55	1.80	2.00	2.20	2.50	—
		不采暖	1.15	1.35	1.55	1.75	1.95	—

注:① 本表只计算法向胀冻力,如果基侧存在切向冻胀力,应采取防切向力措施;
② 基础宽度小于0.60m时不适用,矩形基础取短边尺寸按方形基础计算;
③ 表中数据不适用于淤泥、淤泥质土和欠固结土;
④ 计算基底平均压力时取永久作用的标准组合值乘以0.9,可内插。

12.4 盐 渍 土

《盐渍土地区建筑技术规范》3、附录 A、附录 B；
《岩土工程勘察规范》6.8
《铁路工程特殊岩土勘察规范》7
《公路路基设计规范》7.11
《公路工程地质勘察规范》8.4
《工程地质手册》（第五版）P593

《盐渍土地区建筑技术规范》GB/T 50942—2014
条文及条文说明
重要内容简介及本书索引

规范条文		条文重点内容	条文说明重点内容	相应重点学习和要结合的本书具体章节
1 总则				自行阅读
2 术语和符号	2.1 术语			自行阅读
	2.2 符号			自行阅读
3 基本规定		3.0.3 盐渍土按盐的化学成分分类 3.0.4 盐渍土按含盐量分类 表 3.0.6 盐渍土场地类型分类 表 3.0.7 盐渍土地区地基基础设计等级 3.0.9 盐渍土地基可分为 A 类使用环境和 B 类使用环境 附录 A 盐渍土物理性质指标测定方法 附录 B 粗粒土易溶盐含量测定方法	表 1 中国土壤盐渍化分区表	12.4.1 盐渍土分类
4 勘察	4.1 一般规定	4.1.3 盐渍土场地各勘察阶段勘探点的数量、间距和深度应符合的规定 表 4.1.8 各类土毛细水强烈上升高度经验值	4.1.1 中干燥度计算公式 4.1.8 中毛细水强烈上升高度的测定	自行阅读

续表

规范条文		条文重点内容	条文说明重点内容	相应重点学习和要结合的本书具体章节
4 勘察	4.2 溶陷性评价	4.2.4 根据溶陷系数的大小，盐渍土的溶陷程度分类 4.2.5 盐渍土地基的总溶陷量计算 表 4.2.6 盐渍土地基的溶陷等级 附录 C 盐渍土地基浸水载荷试验方法 附录 D 盐渍土溶陷系数室内试验方法		12.4.2 盐渍土溶陷性
	4.3 盐胀性评价	表 4.3.4 盐渍土的盐胀性分类 4.3.5 盐渍土地基的总盐胀量计算 表 4.3.6 盐渍土地基的盐胀等级 附录 E 硫酸盐渍土盐胀性现场试验方法 附录 F 硫酸盐渍土盐胀性室内试验方法	表 4 各种盐类结晶后的体积膨胀量	自行阅读
	4.4 腐蚀性评价	表 4.4.6-1 地下水中盐离子含量及其腐蚀性 4.4.7 对丙类建（构）筑物，盐渍土的腐蚀性降低一级的条件		自行阅读
5 设计	5.1 一般规定	5.1.4 盐渍土地基承载力的确定应符合的规定 5.1.5 在溶陷性盐渍土地基上的建（构）筑物，地基变形计算应符合的规定	5.1.6中表 5 设计措施选择表	自行阅读
	5.2 防水排水设计			自行阅读
	5.3 建筑与结构设计	表 5.3.6 墙体加强钢筋配筋规定		自行阅读
	5.4 防腐设计	表 5.4.5 防腐蚀措施 表 5.4.6 混凝土中的氯离子扩散系数		自行阅读

续表

规范条文		条文重点内容	条文说明重点内容	相应重点学习和要结合的本书具体章节
6 施工	6.1 一般规定	表 6.1.4 施工用水点距离建（构）筑物基础的最小净距		自行阅读
	6.2 防水排水工程施工			自行阅读
	6.3 基础与结构工程施工			自行阅读
	6.4 防腐工程施工	6.4.2 建筑材料的含盐量控制应符合的规定		自行阅读
7 地基处理	7.1 一般规定			自行阅读
	7.2 地基处理方法	表 7.2.25 强夯地基含水量控制表 附录 G 盐渍土浸水影响深度测定方法	7.2.2 砂石垫层的宽度计算公式 7.2.21中表6强夯法的有效加固深度	自行阅读
8 质量检验与维护	8.1 质量检验			自行阅读
	8.2 监测与维护			自行阅读

12.4.1 盐渍土分类

《盐渍土地区建筑技术规范》3、附录 A、附录 B

本书以《盐渍土地区建筑技术规范》为基础讲解主要概念和解题思维流程。但涉及盐渍土的相关规范众多，且各本规范规定略有不同，做题时一定要根据题意，仔细查看相对应的规范，特别是涉及查表格时。

基本概念

(1) 盐渍土：易溶盐含量大于或等于 0.3% 且小于 20%，并具有溶陷或盐胀等工程特性的土。

(2) 盐渍土地基：主要受力层由盐渍土组成的地基。

(3) 盐渍土场地：由盐渍土地基和周边的盐渍土环境组成的建筑场地。

(4) 含盐量（$\overline{DT}$）：土中所含盐的质量与土颗粒质量之比。

(5) 含液量：土中所含盐溶液的质量与土颗粒质量之比。

(6) 易溶盐：易溶于水的盐类，主要指氯盐、碳酸钠、碳酸氢钠、硫酸钠、硫酸镁等，在 20℃ 时，其溶解度约为 9%～43%。

(7) 中溶盐：中等程度可溶于水的盐类，主要指硫酸钙，在 20℃ 时，其溶解度约为 0.2%。

(8) 难溶盐：难溶于水的盐类，主要指碳酸钙，在 20℃ 时，其溶解度约为 0.0014%。

【注】①关于盐渍土的定义，《公路路基设计规范》7.11、《公路工程地质勘察规范》8.4 中是这样的"地表以下 1m 范围内的土层，当其易溶盐含量大于 0.3%，具有溶陷、盐胀等特性时，应判定为盐渍土"，明确指出是"地表以下 1m 范围内的土层"。对盐渍土场地的定义，《铁路工程特殊岩土勘察规范》7 也明确指出了"地表以下 1m 范围内的土层"。但是《盐渍土地区建筑技术规范》和《岩土工程勘察规范》没有对判断深度作出明确要求，因此解题时，一定要根据题意，按指明的规范求解。

② 对于盐渍土特性的具体详解，如溶陷性、盐胀性、腐蚀性、吸湿性、有害毛细作用、起始冻结温度和冻结深度等工程特性，可详见《工程地质手册》（第五版）P593，不再赘述。

盐渍土可按盐的化学成分分类，也可按含盐量分类，具体解题思维流程总结如下：

① 首先判断某范围深度内土层是否为盐渍土（易溶盐含量≥0.3%才为盐渍土）

② 盐渍土按盐的化学成分分类

盐渍土名称	氯盐渍土	亚氯盐渍土	亚硫酸盐渍土	硫酸盐渍土	碱性盐渍土
$D_1 = \dfrac{c(Cl^-)}{2c(SO_4^{2-})}$	>2.0	$>1.0, \leqslant 2.0$	$>0.3, \leqslant 1.0$	$\leqslant 0.3$	—
$D_2 = \dfrac{2c(CO_3^{2-}) + c(HCO_3^-)}{c(Cl^-) + 2c(SO_4^{2-})}$	—	—	—	—	>0.3

注：(a) $c(Cl^-)$，$c(SO_4^{2-})$，$c(CO_3^{2-})$，$c(HCO_3^-)$ 分别表示氯离子、硫酸根离子、碳酸根离子、碳酸氢根离子在 0.1kg 土中所含毫摩尔数，单位 mmol/0.1kg。

(b) 各离子含量可取计算深度范围内加权平均值。以 $c(Cl^-)$ 为例，则 $c(Cl^-) = \dfrac{\sum c(Cl^-)_i h_i}{\sum h_i}$

③ 盐渍土按含盐量划分

盐渍土名称	盐渍土层平均含盐量 $\overline{DT}$ (%)		
	氯盐渍土 及亚氯盐渍土	硫酸盐渍土 及亚硫酸盐渍土	碱性盐渍土
弱盐渍土	$\geqslant 0.3, <1.0$	—	—
中盐渍土	$\geqslant 1.0, <5.0$	$\geqslant 0.3, <2.0$	$\geqslant 0.3, <1.0$
强盐渍土	$\geqslant 5.0, <8.0$	$\geqslant 2.0, <5.0$	$\geqslant 1.0, <2.0$
超盐渍土	$\geqslant 8.0$	$\geqslant 5.0$	$\geqslant 2.0$

④ 盐渍土按土颗粒粒径组成可分为粗颗粒盐渍土和细颗粒盐渍土，对其含盐量应按《盐渍土地区建筑技术规范》附录 A、附录 B 规定的测试方法进行测定

⑤ 盐渍土场地类型分类

场地类型	条件
复杂场地	(a) 平均含盐量为强或超盐渍土；(b) 水文和水文地质条件复杂；(c) 气候条件多变，正处于积盐或褪盐期
中等复杂场地	(a) 平均含盐量为中盐渍土；(b) 水文和水文地质条件可预测；(c) 气候条件、环境条件单向变化
简单场地	(a) 平均含盐量为弱盐渍土；(b) 水文和水文地质条件简单；(c) 气候环境条件稳定

注：场地划分应从复杂向简单推定，以最先满足的为准；每类场地满足相应的单个或多个条件均可。

【注】 ①盐渍土按含盐量划分时，需先判定出盐渍土按盐的化学成分分类类别。

②上面解题思维流程表格中 $D_1 = \dfrac{c(\mathrm{Cl}^-)}{2c(\mathrm{SO}_4^{2-})}$，$D_2 = \dfrac{2c(\mathrm{CO}_3^{2-}) + c(\mathrm{HCO}_3^-)}{c(\mathrm{Cl}^-) + 2c(\mathrm{SO}_4^{2-})}$ 计算公式与《盐渍土地区建筑技术规范》《岩土工程勘察规范》《铁路工程特殊岩土勘察规范》中一致，但是《公路路基设计规范》与《公路工程地质勘察规范》中两公式分别为 $D_1 = \dfrac{c(\mathrm{Cl}^-)}{c(\mathrm{SO}_4^{2-})}$，$D_2 = \dfrac{c(\mathrm{CO}_3^{2-}) + c(\mathrm{HCO}_3^-)}{c(\mathrm{Cl}^-) + c(\mathrm{SO}_4^{2-})}$，并且命名"超盐渍土"变成了"过盐渍土"。注意差异性，做题时一定要看清题目要求的规范，未要求时，解题过程此处应该根据题意明确所使用的规范，若题目未明确规定时，优先使用《盐渍土地区建筑技术规范》和《岩土工程勘察规范》。

12.4.2 盐渍土溶陷性

《盐渍土地区建筑技术规范》附录 C、附录 D

基本概念

（1）盐渍土溶陷：因水对土中盐类的溶解和迁移作用而产生的土体沉陷。

（2）溶陷系数 δ_{rx}：单位厚度的盐渍土的溶陷量。

溶陷系数 δ_{rx} 可以采用现场测试法（本规范附录 C），也可以采用室内试验法（压缩试验法和液体排开法，附录 D），根据溶陷系数 δ_{rx} 可以进行溶陷性判别，也可以计算盐渍土地基的总溶陷量 s_{rx}，进而根据总溶陷量 s_{rx} 进行盐渍土地基溶陷程度判断。

具体解题思维流程总结如下：

① 溶陷系数 δ_{rx} "压缩试验法"测定		
盐渍土不扰动土样的原始高度 h_0（mm）		
压力 P 作用下变形稳定后土样高度 h_p（mm）	压力 P 作用下浸水溶滤变形稳定后土样高度 h'_p（mm）	压力 P 作用下浸水变形稳定前后土样高度差 Δh_p（mm）
溶陷系数 $\delta_{rx} = \dfrac{\Delta h_p}{h_0} = \dfrac{h_p - h'_p}{h_0}$		
② 溶陷系数 δ_{rx} "液体排开法"测定		
试样质量 m_0（g）	蜡封试样质量 m_w（g）	蜡封试样在纯水中的质量 m'（g）
纯水在温度 t 时的密度 ρ_{w1}（g/cm³）	蜡的密度 ρ_w（g/cm³）	
试样的湿密度（g/cm³）$\rho_0 = \dfrac{m_0}{\dfrac{m_w - m'}{\rho_{w1}} - \dfrac{m_w - m_0}{\rho_w}}$		
试样的含水量 w（%）	试样的干密度（g/cm³）$\rho_d = \dfrac{\rho_0}{1+w}$	
风干击实后试样质量 m_d（g）	风干击实后试样体积 V_d（cm³）	
试样的最大干密度（g/cm³）$\rho_{dmax} = \dfrac{m_d}{V_d}$		

续表

与土性有关的经验系数 K_G，取值为 0.85～1.00	试样的含盐量 C（%）
试样溶陷系数 $\delta_{rx} = K_G \dfrac{\rho_{dmax} - \rho_d(1-C)}{\rho_{dmax}}$	

③ 溶陷性判别

溶陷类别判定	非溶陷性盐渍土	溶陷性盐渍土	
	$\delta_{rx} < 0.01$	$\delta_{rx} \geqslant 0.01$	
溶陷程度判定	溶陷性轻微	溶陷性中等	溶陷性强
	$0.01 \leqslant \delta_{rx} \leqslant 0.03$	$0.03 < \delta_{rx} \leqslant 0.05$	$\delta_{rx} < 0.05$

④ 盐渍土地基总溶陷量计算

首先判断基础底面下土某范围深度内土层是否为盐渍土（易溶盐含量≥0.3%才为盐渍土），非盐渍土土层不计入总溶陷量的计算

确定计算深度：自基础底面起算（且注意公路工程特殊规定，计算深度自基底起算（初勘时自地面下 1.5m），至 10m 深度全部溶陷性盐渍土层）

室内试验测定的第 i 层土的溶陷系数 δ_{rxi}	第 i 土计算厚度 h_i（mm）
总溶陷量（mm）$s_{rx} = \sum\limits_{i=1}^{n} \delta_{rxi} h_i$	

⑤ 盐渍土地基溶陷等级判断

总溶陷量 s_{rx}（mm）	$70 < s_{rx} \leqslant 150$	$150 < s_{rx} \leqslant 400$	$s_{rx} < 400$
溶陷等级	Ⅰ级 弱溶陷	Ⅱ级 中溶陷	Ⅲ级 强溶陷

【注】 测定试样的湿密度 ρ_0，本质就是所谓的"蜡封法"，计算公式可利用三相比定义得到，可以自行推导。

12.5 红 黏 土

《岩土工程勘察规范》6.2

红黏土分为原生红黏土和次生红黏土。

颜色为棕红或褐黄，覆盖于碳酸盐岩系之上，其液限大于或等于 50% 的高塑性黏土，应判定为原生红黏土。

原生红黏土经搬运、沉积后仍保留其基本特征，且其液限大于 45% 的黏土，可判定为次生红黏土。

红黏土相关知识点解题思维流程总结如下：

① 红黏土的状态划分，可根据液性指数 I_L 或其特有指标含水比 a_w 进行划分

若按两指标 I_L 和 a_w 判别结果不一致，取最不利情况

天然含水量 w（%）	塑限含水量 w_P（%）	液限含水量 w_L（%）
液性指数 $I_L = \dfrac{w - w_P}{w_L - w_P}$	含水比 $a_w = \dfrac{w}{w_L}$	

续表

红黏土状态	坚硬	硬塑	可塑	软塑	流塑
液性指数 I_L	≤0	(0, 0.25]	(0, 0.75]	(0.75, 1]	>1
含水比 a_w	≤0.55	(0.55, 0.70]	(0.70, 0.85]	(0.85, 1]	>1

② 红黏土的结构可根据裂隙发育特征分类

土体结构	致密状的	巨块状的	碎块状的
裂隙发育特征	偶见裂隙（<1 条/m）	较多裂隙（1~2 条/m）	富裂隙（>5 条/m）

③ 红黏土的复浸水特性分类，根据指标 I_r 和 I'_r 进行划分

	$I_r = w_L/w_P$	$I'_r = 1.4 + 0.0066 w_L$
类别	I_r 和 I'_r 的关系	复浸水特性
Ⅰ	$I_r \geq I'_r$	收缩后复浸水膨胀，能恢复到原位
Ⅱ	$I_r < I'_r$	收缩后复浸水膨胀，不能恢复到原位

④ 红黏土的地基均匀性分类

地基压缩层范围内岩土组成	全部由红黏土组成	由红黏土和岩石组成
地基均匀性	均匀地基	不均匀地基

【注】 此处各种含水量计算时，均使用百分数，即去掉百分号取分子参与计算。

12.6 软 土

12.6.1 软土的定义

软土的定义各规范不尽相同，现总结如下：

不同规范	相关说明
岩土工程勘察规范 6.3 附录 A.0.5	天然孔隙比大于或等于 1.0 且天然含水量大于液限的细粒土应判定为软土，包括淤泥、淤泥质土、泥炭、泥炭质土等。 表 A.0.5 土按有机质含量分类 | 名称	有机质含量 W_u（%）	说明
---	---	---
无机土	$W_u<5\%$	
有机质土	$5\% \leq W_u \leq 10\%$	当 $w>w_L$，$1.0 \leq e<1.5$ 时，淤泥质土 当 $w>w_L$，$1.5 \leq e$ 时，淤泥
泥炭质土	$10\%<W_u \leq 60\%$	$10\%<W_u \leq 25\%$ 弱泥炭质土 $25\%<W_u \leq 40\%$ 中泥炭质土 $40\%<W_u \leq 60\%$ 强泥炭质土
泥炭	$W_u>60\%$		 注：有机质含量按 W_u 灼失量试验确定

续表

不同规范	相关说明
建筑地基基础设计规范 4.1.12	淤泥为在静水或缓慢的流水环境中沉积，并经生物化学作用形成，其天然含水量大于液限、天然孔隙比大于或等于1.5的黏性土。当天然含水量大于液限而天然孔隙比小于1.5但大于或等于1.0的黏性土或粉土为淤泥质土。含有大量未分解的腐殖质，有机质含量大于60%的土为泥炭，有机质含量大于或等于10%且小于或等于60%的土为泥炭质土。
公路工程地质勘察规范 8.5.1	在静水或缓慢流水环境中沉积，具有以下工程地质特性的土，应判定为软土 天然含水率 $w > w_L$；天然孔隙比 $1.0 \leqslant e$；压缩系数 $a_{0.1\sim0.2} > 0.5 \text{MPa}^{-1}$ 标准贯入试验锤击数 $N < 3$ 击；静力触探比贯入阻力 $P_s \leqslant 750\text{kPa}$ 十字板抗剪强度 $C_u < 35\text{kPa}$ 具有以上多数特性，呈软塑～流塑状，具有压缩性高、强度低、透水性差、灵敏度高等特点的黏性土。 软土按天然孔隙比和有机质含量分类 | | 淤泥质土 | 淤泥 | 泥炭质土 | 泥炭 | |---|---|---|---|---| | 天然孔隙比 | $1.0 < e < 1.5$ | $1.5 < e$ | $3 < e$ | $10 < e$ | | 有机质含量（%） | 3～10 | 3～10 | 10～60 | 60 |
铁路工程地质勘察规范 6.3.1 铁路工程特殊岩土勘察规程 6.1	对于在静水或缓慢流水环境中沉积形成的粉土、黏性土，具有含水率大（$w \geqslant w_L$），天然孔隙比大（$e \leqslant 1.0$）；压缩性高（$a_{0.1\sim0.2} > 0.5\text{MPa}^{-1}$），强度低（静力触探比贯入阻力 $P_s \leqslant 700\text{kPa}$）等特点，应按软土处理。 软土按物理力学特征，可分为软黏性土、淤泥质土、淤泥、泥炭质土及泥炭等类型。当粉土大部分指标满足软土指标时，可定为软粉土。

软土的分类及其物理力学指标

分类及指标		软黏性土（软粉土）	淤泥质土	淤泥	泥炭质土	泥炭
有机质含量	%	$W_u < 3$	$3 \leqslant W_u < 10$		$10 \leqslant W_u < 60$	$W_u > 60$
天然孔隙比		$e \geqslant 1$	$1 \leqslant e \leqslant 1.5$	$e > 1.5$	$e > 3$	$e > 10$
天然含水率	%	$w \geqslant w_L$			$w \geqslant w_L$	
渗透系数	cm/s		$k < 10^{-6}$		$k < 10^{-3}$	$k < 10^{-2}$
压缩系数	MPa^{-1}		$a_{0.1\sim0.2} > 0.5$		—	
不固结不排水抗剪强度	kPa		$CU < 30$		$CU < 10$	
静力触探比贯入阻力	kPa		$P_s \leqslant 800$		—	
标准贯入试验锤击数 N	击		$N < 4$	$N < 2$		

续表

不同规范	相关说明			
水运工程岩土勘察规范 10.4 水运工程地基设计规范 4.2.4、4.2.15	软土是指天然孔隙比大于或等于1.0，且天然含水率大于液限的细粒土。包括流泥、淤泥、淤泥质土、泥炭和泥炭质土等。 在静水或缓慢的流水环境中沉积，天然含水率大于30%，且大于液限，天然孔隙比大于或等于1.0的黏性土应定名为淤泥性土，淤泥性土按下表进一步划分为淤泥质土、淤泥和流泥。			
		天然孔隙比	含水率（%）	说明
	淤泥质土	$1 \leqslant e < 1.5$	$36 \leqslant w < 55$	当 $I_p > 17$ 时，淤泥质黏土 当 $17 \geqslant I_p > 10$ 时，淤泥质粉质黏土
	淤泥	$1.5 \leqslant e < 2.4$	$55 \leqslant w < 85$	
	泥炭	$2.4 \leqslant e$	$w \leqslant 85$	
	注：当根据孔隙比和含水率分类不一致时按差的土确定。			

12.6.2 饱和状态的淤泥性土重度

《水运工程地基设计规范》4.2.16

饱和状态的淤泥性土重度可按下式计算：

天然含水率 w（%）	土粒的相对密度 G_s	水的重度 γ_w（kN/m）

饱和状态的淤泥性土重度 $\gamma = \dfrac{G_s(1+0.01w)}{1+0.01wG_s}\gamma_w$ 或 $\gamma = 32.4 - 9.07\lg w$

12.6.3 软土地区相关规定

此知识点见各具体专题中关于软土的相关介绍，比如地基承载力、软土路堤临界高度等。

12.7 混 合 土

由细粒土和粗粒土混杂且缺乏中间粒径的土应定名为混合土。

混合土的定名各规范不尽相同，现总结如下：

不同规范	相关说明	
岩土工程勘察规范 6.4.1	含量少的，加"含"字写在前	
	粗粒混合土	当碎石土中粒径小于0.075mm的细粒土质量>总质量的25%时
	细粒混合土	当粉土或黏性土中粒径大于2mm的粗粒土质量>总质量的25%时

续表

不同规范	相关说明		
水运工程岩土勘察规范 4.2.6	含量少的，中间加"混"字写在后 混合土按不同土类的含量可分为淤泥和砂的混合土、黏性土和砂或碎石的混合土，其分类方法应符合下列规定：		
	淤泥和砂的混合土	淤泥混砂	淤泥质量>30%总质量时
		砂混淤泥	淤泥质量>10%总质量且≤30%总质量时
	黏性土和砂或碎石的混合土	黏性土混砂或碎石	黏性土质量>40%总质量时
		砂或碎石混黏性土	黏性土质量>10%总质量且≤40%总质量时

12.8 填 土

岩土工程勘察规范 6.5 填土根据物质组成和堆填方式，可分为四类	素填土	由碎石土、砂土、粉土和黏性土等一种或几种材料组成，不含杂物或含杂物很少
	杂填土	含有大量建筑垃圾、工业废料或生活垃圾等杂物
	冲填土	由水力冲填泥砂形成
	压实填土	按一定标准控制材料成分、密度、含水量，分层压实或夯实而成
建筑地基基础设计规范 5.2.4条文说明	大面积压实填土地基，是指填土宽度大于基础宽度两倍的质量控制严格的填土地基	
公路工程地质勘察规范 8.7	人类活动堆填、弃置的建筑垃圾、生活垃圾、工业废料、冲（吹）填土、填筑土，应定名为填土，可分为素填土、杂填土、冲填土、填筑土（即压实填土）	
铁路工程地质勘察规范 6.7 铁路工程特殊岩土勘察规程 9	遇人为活动堆积、弃置或填筑的黏性土、粉土、砂类土、碎石、块石类土、建筑垃圾、生活垃圾和工业废料时，应按填土进行工程地质勘察。 填土应根据其组成物质的成分和堆填的方式，划分为素填土、杂填土、冲（吹）填土和填筑土，其分类应符合规范表9.1.2的规定	

12.9 风化岩和残积土

《岩土工程勘察规范》6.9及条文说明，附录A.0.3小注

岩石在风化应力作用下，其结构、成分和性质已产生不同程度的变异，应定名为风化岩。已完全风化成土而未经搬运的应定名为残积土。

此节考查的重点是花岗岩风化岩和风化岩残积土。区分两者一般可以采用标贯试验：$N \geqslant 50$ 为强风化花岗岩；$30 > N \geqslant 50$ 为全风化花岗岩；$N > 30$ 为花岗岩残积土。

对花岗岩残积土，应测定其中细粒土（粒径小于 0.5mm）的天然含水量 w（%），塑限 w_P（%），液限 w_L（%），然后计算其液性指数 I_L。对花岗岩残积土，为求得合理的液性指数，应确定其中细粒土（粒径小于 0.5mm）的天然含水量 w_f、塑性指数 I_P、液性指数 I_L，试验应筛去粒径大于 0.5mm 的粗颗粒后再做。而常规试验方法所做出的天然含水量失真，计算出的液性指数都小于零，与实际情况不符。细粒土的天然含水量 w_f 可以实测，也可用下式计算。

花岗岩残积土相关知识点解题思维流程总结如下：

花岗岩残积土（包括粗、细粒土）的天然含水量 w（%）	粒径大于 0.5mm 颗粒吸着水含水量 w_A（%），可取 5%，即 $w_A=5$	粒径大于 0.5mm 颗粒质量占总质量的百分比 $P_{0.5}$（%）
细粒土（粒径小于 0.5mm）的天然含水量 $w_f = \dfrac{w - w_A \cdot 0.01 P_{0.5}}{1 - 0.01 P_{0.5}}$		
细粒土塑限含水量 w_P（%）		细粒土液限含水量 w_L（%）
细粒土的塑性指数 $I_P = w_L - w_P$		
细粒土的液性指数 $I_L = \dfrac{w_f - w_P}{I_P} = \dfrac{w_f - w_P}{w_L - w_P}$		

12.10 污 染 土

《岩土工程勘察规范》6.10 及条文说明

由于致污物质的侵入，使土的成分、结构和性质发生了显著变异的土，应判定为污染土。污染土的定名可在原分类名称前冠以"污染"二字。

污染对土的工程特性的影响程度可按表 12.10-1 划分。根据工程具体情况，可采用强度、变形、渗透等工程特性指标进行综合评价。

污染对土的工程特性的影响程度　　　　　　　　　　表 12.10-1

"工程特性指标变化率"是指污染前后工程特性指标的差值与污染前指标之百分比

影响程度	轻微	中等	大
工程特性指标变化率（%）	<10	10～30	>30

污染土和水对环境影响的评价应结合工程具体要求进行，无明确要求时可按现行国家标准《土壤环境质量标准》GB 15618、《地下水质量标准》GB/T 14848 和《地表水环境质量标准》GB 3838 进行评价。根据《土壤环境监测技术规范》HJ/T 166—2004，土壤环境质量评价一般以土壤单项污染指数、土壤污染超标率（倍数）等为主，也可用内梅罗污染指数划分污染等级。具体判断流程如下：

① 土壤单项污染指数 Pl = 土壤污染实测值/土壤污染物质量标准

② 土壤污染超标率（倍数）=（土壤某污染物实测值－某污染物质量标准）/某污染物质量标准

③ 内梅罗污染指数 P_N

续表

单项污染指数 $Pl_{均}$			最大单项污染指数 $Pl_{最大}$		
$P_N = \sqrt{\dfrac{(Pl_{均})^2 + (Pl_{最大})^2}{2}}$					
P_N 值	$P_N \leqslant 0.7$	$0.7 < P_N \leqslant 1.0$	$1.0 < P_N \leqslant 2.0$	$2.0 < P_N \leqslant 3.0$	$P_N < 3.0$
等级	Ⅰ	Ⅱ	Ⅲ	Ⅳ	Ⅴ
污染等级	清洁（安全）	尚清洁（警戒限）	轻度污染	中度污染	重污染

13 不良地质专题

本专题依据的主要规范及教材
《岩土工程勘察规范》GB 50021—2001（2009年版）
《建筑地基基础设计规范》GB 50007—2011
《铁路工程不良地质勘察规程》TB 10027—2012 J1407—2012
《工程地质手册》（第五版）

不良地质专题为重点章节，每年必考，出题数为2道题左右，考查的知识点主要包括岩溶与土洞、危岩与崩塌、泥石流、采空区。此节虽然涉及规范广，知识点多，但知识点并不难理解，计算量也不大，因此考场上尽量不要在此专题丢分。

不良地质是由于各种地质作用和人类活动而造成的工程地质条件不良现象的统称。铁路修建与运营中常见的不良地质现象有：滑坡、错落、危岩、落石、崩塌、岩堆、泥石流、风沙、岩溶、人为坑洞、水库坍岸、地震、放射性、有害气体、高地温和地面沉降等。

关于不良地质，现象繁多，一定要根据题意确实使用哪本规范，如无指定规范，除本书所介绍外，亦可见《工程地质手册》（第五版）P623 "第六篇特殊地质条件勘察和评价"，介绍得较详细。

13.1 岩溶与土洞

13.1.1 溶洞顶板稳定性验算

《工程地质手册》（第五版）P636~646
（1）溶洞顶板坍塌自行填塞洞体所需厚度 H 及安全厚度 h 的计算

使用条件：适用于顶板为中厚层、薄层，裂隙发育，易风化的岩层，顶板有坍塌可能的溶洞或仅知洞体高度时
原理：顶板坍塌后，塌落体积增大，当塌落至一定高度 H 时，溶洞空间自行填满，无须考虑对地基的影响
塌落前洞体最大高度 H_0(m)
岩石松散（胀余）系数 K，石灰岩取1.2，黏土取1.05
溶洞顶板坍塌自行填塞洞体所需厚度 $H = \dfrac{H_0}{K-1}$
塌落前洞顶至地面的距离 $H_{地}$
安全厚度 $h = H_{地} - H$

（2）根据抗弯、抗剪验算计算顶板岩层厚度 H

使用条件：顶板岩层比较完整，强度较高，层厚，而且已知顶板厚度和裂隙切割情况			
原理：当顶板岩层具有一定厚度 H 时，岩体抗弯强度大于弯矩、抗剪强度大于其所受的剪力时，洞室顶板稳定			
顶板所受总荷载 p（kN/m），为顶板厚 H 的岩体自重、顶板上覆土体自重和顶板上附加荷载之和		溶洞跨度 l（m）	
顶板所受弯矩 M（kN·m）	当顶板跨中有裂缝，顶板两端支座处岩石坚固完整时	按悬臂梁计算	$M=\dfrac{pl^2}{2}$
	若裂隙位于支座处，而顶板较完整时	按简支梁计算	$M=\dfrac{pl^2}{8}$
	若支座和顶板岩层均较完整时	按两端固定梁计算	$M=\dfrac{pl^2}{12}$
梁板的宽度 b（m）			
岩体计算抗弯强度（石灰岩一般为允许抗压强度的 1/8）σ（kPa）			
抗弯验算：$\dfrac{6M}{bH^2}\leqslant\sigma$ 即 $H\geqslant\sqrt{\dfrac{6MK_0}{b\sigma}}$			
支座处的剪力 f_s（kN）			
岩体计算抗剪强度（石灰岩一般为允许抗压强度的 1/12）S（kPa）			
抗剪验算：$S\geqslant\dfrac{4f_s}{H^2}$ 即 $H\geqslant\sqrt{\dfrac{4f_s}{S}}$			

（3）顶板能抵抗受荷载剪切的厚度 H 计算

原理：按极限平衡条件分析
溶洞平面的周长 L（m）
岩体计算抗剪强度（石灰岩一般为允许抗压强度的 1/12）S（kPa）
溶洞顶板所受总荷载 P（kN）

13.1.2　溶洞距路基的安全距离

《公路路基设计规范》7.6.3

溶洞距路基的安全距离按如下流程计算：

岩石内摩擦角 φ（°）	安全系数 K，取 1.10～1.25，高速公路、一级公路应取大值
坍塌扩散角（°）$\beta=\dfrac{45°+\varphi/2}{K}$	
溶洞顶板岩层厚度 H（m）	
地下溶洞距路基的安全距离（m）$L=H\cot\beta$	

特别的，当溶洞顶板岩层上有覆盖土层时，岩土界面处用土体稳定坡率（综合内摩擦角）
向上延长坍塌扩散线与地面相交，路基边坡坡脚应处于距交点不小于 5m 以外范围。
假定土体稳定坡率为 $1:x$，或综合内摩擦角为 φ'；覆盖土层厚度为 h
则此时 $L=H\cot\beta+hx+5$ 或 $L=H\cot\beta+h\cot\varphi'+5$

13.1.3 注浆量计算

当采用灌浆加固处理溶洞时,注浆量可按下式计算:

土石界面下基岩的实际充填系数 K,宜取 2~3,水平岩溶发育区取小值,垂直岩溶发育区取大值		
扩散半径 R(m)	压浆段长度 L(m)	
岩溶裂隙率 μ	有效充填系数 β' 一般 $\beta'=0.8\sim0.9$	超灌系数 α 一般 $\alpha=1.2$
注浆量(m³) $V=K\pi R^2 L\mu\beta'\alpha(1-\gamma)$		

【注】本公式源自《铁路工程地基处理技术规程》TB 10106—2010 第 17.2.6 条。

13.1.4 岩溶发育程度

《建筑地基基础设计规范》6.6.2 及条文说明

岩溶场地可根据岩溶发育程度划分为三个等级,设计时应根据具体情况,按表13.1-1选用。

表 13.1-1

相关参数	钻孔见洞隙率=(见洞隙钻孔数量/钻孔总数)×100% 线岩溶率=(见洞隙的钻探进尺之和/钻孔穿过可溶岩的总长度)×100% 基岩面相对高差以相邻钻孔的高差确定		
等级	岩溶强发育	岩溶中等发育	岩溶微发育
岩溶场地条件	地表有较多岩溶塌陷、漏斗、挂地、泉眼 溶沟、溶槽、石芽密布,相邻钻孔间存在临空面且基岩面高差大于 5m 地下有暗河、伏流 钻孔见洞隙率大于 30% 或线岩溶率大于 20% 溶槽或串珠状竖向溶洞发育深度达 20m 以上	介于强发育和微发育之间	地表无岩溶塌陷、漏斗 溶沟、溶槽较发育 相邻钻孔间存在临空面且基岩面相对高差小于 2m 钻孔见洞隙率小于 10% 或线岩溶率小于 5%

【注】《工程地质手册》(第五版)P637~638,也有岩溶发育等级表,自行阅读,不再赘述。必须要说的是,线岩溶率的概念《建筑地基基础设计规范》表述不太严谨,计算线岩溶率中钻探总进尺,指的是钻孔穿过可溶岩的总长度,表 13.1-1 中已调整。

13.2 危岩与崩塌

《工程地质手册》(第五版)P678~681

危岩与崩塌本质上将其看作整体刚体,忽略崩塌体两侧与稳定岩体之间的摩擦力,且将空间问题简化为平面问题,取单位宽度内崩塌体进行受力分析和验算。各种情况具体分析如下。

(1) 倾倒式崩塌

倾倒式崩塌的基本图式如图 13.2-1 所示,从图 13.2-1(a) 可以看出,不稳定岩体的上下各部分和稳定岩体之间均有裂隙分开,一旦发生倾倒,将以 A 点为转点发生转动。验算时应考虑各种附加力的最不利组合。在雨季张开的裂隙可能被暴雨充满,应考虑静水压力;七度以上地震区,应考虑水平地震力作用。受力图式见图 13.2-1(b)。如不考虑其他力,则崩塌体的抗倾覆稳定性系数 K 可按下式计算。

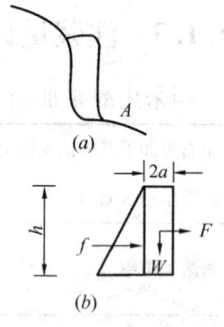

图 13.2-1 倾倒式崩塌

岩体高 h(m)	水位高,暴雨时等于岩体高 h_0(m)
水的重度 γ_w,无特殊说明,可取 10(kN/m³)	
崩塌体质量 m(kg)	崩塌体重力 W(kN)
转点 A 至重力延长线的垂直距离 a(m),这里为崩塌体宽的 1/2	
水平地震动加速度 a_h(g)	水平地震力(kN)$F = m a_h$
抗倾覆稳定性系数 $K = \dfrac{Wa}{f \cdot \dfrac{h_0}{3} + F \cdot \dfrac{h}{2}} = \dfrac{Wa}{\dfrac{\gamma_w h_0^3}{2} \cdot \dfrac{h_0}{3} + F \cdot \dfrac{h}{2}} = \dfrac{6Wa}{10 h_0^3 + 3Fh}$	

式中 f 为静水压力(kN)

(2) 滑移式崩塌

滑移式崩塌有平面、弧形面、楔形双滑面滑动三种。这类崩塌的关键在于起始的滑移是否形成。因此,可按抗滑稳定性验算。

(3) 鼓胀式崩塌

这类崩塌体下有较厚的软弱岩层,常为断层破碎带、风化破碎岩体及黄土等。在水的作用下,这些软弱岩层先行软化。当上部岩体传来的压应力大于软弱岩层的无侧限抗压强度时,则软弱岩层被挤出,即发生鼓胀。上部岩体可能产生下沉、滑移或倾倒,直至发生突然崩塌,如图 13.2-2 所示。因此,鼓胀是这类崩塌的关键。所以稳定系数可以用下部软弱岩层的无侧限抗压强度(雨季用饱水抗压强度)与上部岩体在软岩顶面产生的压应力的比值来计算。

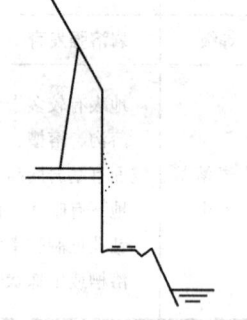

图 13.2-2 鼓胀式崩塌

上部岩体质量 W	上部岩体的底面积 A
下部软岩在天然状态下的(雨季为饱水的)无侧限抗压强度 $R_无$	
稳定系数 $K = \dfrac{R_无}{\dfrac{W}{A}} = \dfrac{A R_无}{W}$	

(4) 拉裂式崩塌

拉裂式崩塌的典型情况如图 13.2-3 所示。以悬臂梁形式突出的岩体,在 AC 面上承受最大的弯矩和剪力，若层顶部受拉，底部受压，A 点附近拉应力最大。在长期重力和风化应力作用下，A 点附近的裂隙逐渐扩大，并向深处发展。拉应力将越来越集中在尚未裂开的部位，一旦拉应力超过岩石的抗拉强度时，上部悬出的岩体就会发生崩塌。这类崩塌的关键是最大弯矩截面 AC 上的拉应力能否超过岩石的抗拉强度。故可以用拉应力与岩石的抗拉强度的比值进行稳定性验算。

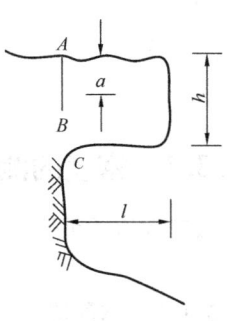

图 13.2-3　拉裂式崩塌图式

假如突出的岩体长度为 l，岩体等厚，厚度为 h，宽度为 $1m$（取单位宽度），岩石重度为 γ。

当 AC 断面上尚未出现裂缝，则 A 点上的拉应力为：

$$\sigma_{A拉} = \frac{My}{I} = \frac{\frac{1}{2}\gamma hbl^2 \cdot \frac{1}{2}h}{\frac{bh^3}{12}} = \frac{3\gamma l^2}{h}$$

式中　M——AC 面上的弯矩；

　　　y——$h/2$；

　　　I——AC 截面的惯性矩。

稳定性系数 K 值可用岩石的允许抗拉强度与 A 点所受的拉应力比值求得：

$$K = \frac{[\sigma_拉]}{[\sigma_{A拉}]} = \frac{h[\sigma_拉]}{3\gamma l^2}$$

如果 A 点处已有裂缝，裂缝深度为 a，裂缝最低点为 B，则 B 点所受的拉应力为：

$$\sigma_{B拉} = \frac{My}{I} = \frac{\frac{1}{2}\gamma hbl^2 \cdot \frac{h-a}{2}}{\frac{b(h-a)^3}{12}} = \frac{3\gamma hl^2}{(h-a)^2}$$

$$最终\ K = \frac{[\sigma_拉]}{[\sigma_{B拉}]} = \frac{(h-a)^2[\sigma_拉]}{3\gamma hl^2}$$

（5）错断式崩塌

图 13.2-4 所示为错断式崩塌的一种情况，取可能崩塌的岩体 $ABCD$ 来分析。如不考虑水压力、地震力等附加力，在岩体自重 W 作用下，与铅直方向成 $45°$ 角的 EC 方向上将产生最大剪应力。如 CD 高为 h，AD 宽为 a，岩体重度为 γ，则岩体 $RECD$ 重量 $W = a\left(h - \frac{a}{2}\right)\gamma$，在岩体横截面 FOG 上的法向应力为 $\left(h - \frac{a}{2}\right)\gamma$，所以在 EC 面上的最大剪应力为 $\frac{\gamma}{2}\left(h - \frac{a}{2}\right)$。故岩体的稳定系数 K 值可用岩石的允许抗剪强度 $[\tau]$ 与 $[\tau_{max}]$ 的比值来计算：

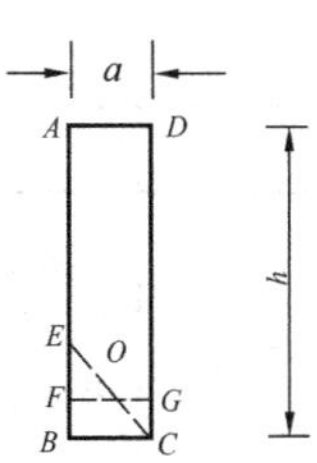

图 13.2-4　错断式崩塌图式

$$K = \frac{[\tau]}{[\tau_{max}]} = \frac{4[\tau]}{\gamma(2h-a)}$$

13.3 泥石流

13.3.1 密度的测定

《工程地质手册》（第五版）P681～694

13.3.1.1 称量法

取泥石流物质加水调制，请当时目睹者鉴别，选取与当时泥石流体状态相近似的混合物测定其密度。

样品总质量 G_c (kg)	样品总体积 V (m³)
泥石流流体密度（kg/m³）$\rho_c = G_c/V$	

13.3.1.2 体积比法

通过调查访问，估算当时泥石流体中固体物质和水的体积比，再按下式计算其密度：

水的密度 ρ_w (t/m³)
固体颗粒相对密度 d_s，一般取 2.4～2.7
固体物质体积和水的体积之比 f，以小数计
泥石流流体密度（t/m³）$\rho_m = \dfrac{(d_s f + 1)\rho_w}{f + 1}$

13.3.1.3 经验公式法

当缺乏现场调查资料时，可用塌方地貌图按下式计算：

塌方程度系数 A，按表 13.3-1 确定
塌方区平均坡度 I_c（‰），去掉‰号的数值代入
固体物质体积和水的体积之比 f，以小数计
泥石流流体密度（kg/m³）$\rho_c = \dfrac{1}{1 - 0.0334 A I_c^{0.39}}$

塌方程度系数 A 值　　　　表 13.3-1

塌方程度	塌方区岩性及边坡特征	塌方面积率（%）	I_c（‰）	A
严重的	塌方区经常处于不稳定状态，表层松散，多为近代残积、坡积层，第三系半胶结粉细砂岩，泥灰岩。松散堆积层厚度大于10m，塌方集中，多滑坡，冲沟发育，沟头多为葫芦状	20～30	≥500	1.1～1.4
较严重的	山坡不很稳定，岩层破碎，残积、坡积层厚3～10m，中等密实，表层松散，塌方区不太集中，沟岸冲刷严重，但对其上方山坡稳定性影响小	10～20	350～500	0.9～1.1

续表

塌方程度	塌方区岩性及边坡特征	塌方面积率（%）	I_c（‰）	A
一般的	山坡为砂页岩互层，风化较严重，堆积层不厚，表土含砂量大，有小型塌方和小型冲沟，且分散	5～10	270～400	0.7～0.9
轻微的	塌方区边坡一般较缓，或上陡下缓，有趋于稳定的现象，沟岸等处堆积层趋于稳定，少部分山坡岩层风化剥落，其他多属于死塌方、死滑坡	3～5	250～350	0.5～0.7

13.3.2 流速的计算

13.3.2.1 根据泥石流流经弯道计算

根据《铁路工程不良地质勘察规程》7.3.3 条文说明，7.4.5 条文说明，相关计算总结如下：

弯道中心线曲率半径 R_0（m）	两岸泥位高差 σ（m）
泥面宽度 B（m）	重力加速度 g（m/s²）
泥石流流速（m/s）$v_c = \sqrt{\dfrac{R_0 \sigma g}{B}}$	

13.3.2.2 稀性泥石流流速的计算

泥石流体密度 ρ_m（t/m³）	水密度 ρ_w（t/m³）
泥石流中固体物质相对密度 d_s	泥石流中固体物质密度（t/m³）$\rho_s = d_s \rho_w$
泥石流泥砂修正系数 $\phi = (\rho_m - \rho_w)/(\rho_s - \rho_m)$	
阻力系数 $a = \sqrt{\phi d_s + 1}$，也可直接从表 13.3-2 查取	
泥石流流体水力半径 R_m（m），可近似取其泥位深度	泥石流流面纵坡比降（小数形式）I

① 西北地区经验公式（据铁道部第一勘测设计院）

泥石流断面平均流速（m/s）$v_m = \dfrac{15.3}{a} R_m^{2/3} I^{3/8}$

② 西南地区经验公式（据铁道部第二勘测设计院）

$$v_m = \dfrac{1}{a} \cdot \dfrac{1}{n} R_m^{2/3} I^{1/2}$$

$\dfrac{1}{n}$ 为清水河槽糙率。可按表 13.3-3 中的 m_m 取值。

③ 北京地区经验公式（据北京市市政设计院）

$$v_m = \dfrac{m_w}{a} R_m^{2/3} I^{1/10}$$

式中 m_w 为河床外阻力系数，可由表 13.3-4 查取

a 值与 ρ_m、d_s 值的关系　　表 13.3-2

d_s	ρ_m（t/m³）												
	1.0	1.1	1.2	1.3	1.4	1.5	1.6	1.7	1.8	1.9	2.0	2.1	2.2	2.3
2.4	1.00	1.09	1.18	1.29	1.40	1.53	1.67	1.84	2.05	2.31	2.64	3.13	3.92	5.68
2.5	1.00	1.08	1.18	1.28	1.38	1.50	1.63	1.79	1.96	2.18	2.45	2.81	3.32	4.15

d_s	ρ_m(t/m³)												
	1.0	1.1	1.2	1.3	1.4	1.5	1.6	1.7	1.8	1.9	2.0	2.1	2.2	2.3
2.6	1.00	1.08	1.17	1.26	1.37	1.48	1.60	1.74	1.90	2.08	2.31	2.55	2.96	3.50
2.7	1.00	1.08	1.17	1.26	1.35	1.46	1.57	1.70	1.84	2.01	2.21	2.44	2.74	3.13

泥石流粗糙系数 m_m 值　　　　表 13.3-3

沟床特征	m_m 值		坡度
	极限值	平均值	
糙率最大的泥石流沟槽，沟槽中堆积有难以滚动的棱石或稍能滚动的大石块。沟槽被树木（树干、树枝及树根）严重阻塞，无水生植物。沟底呈阶梯式急剧降落	3.9～4.9	4.5	0.375～0.174
糙率较大的不平整泥石流沟槽，沟底无急剧突起，沟床内均堆积大小不等的石块，沟槽被树木所阻塞，沟槽内两侧有草本植物，沟床不平整，有洼坑，沟底呈阶梯式降落	4.5～7.9	5.5	0.199～0.067
软弱的泥石流沟槽，但有大的阻力。沟槽由滚动的砾石和卵石组成，沟槽常因稠密的灌木丛而被严重阻塞，沟槽凹凸不平，表面因大石块而突起	5.4～7.0	6.6	0.187～0.116
流域在山区中、下游的泥石流沟槽，沟槽经过光滑的岩面；有时经过具有大小不一的阶梯跌水的沟床，在开阔河段有树枝、砂石停积阻塞，无水生植物	7.7～10.0	8.8	0.220～0.112
流域在山区或近山区的河槽，河槽经过砾石、卵石河床，由中小粒径与能完全滚动的物质所组成，河槽阻塞轻微，河岸有草本及木本植物，河底降落较均匀	9.8～17.5	12.9	0.090～0.022

河床外阻力系数　　　　表 13.3-4

分类	河床特征	m_w	
		$I>0.015$	$I\leqslant 0.015$
1	河段顺直，河床平整，断面为矩形或抛物线形的漂石、砂卵石或黄土质河床，平均粒径为 0.01～0.08m	7.5	40
2	河段较为顺直，由漂石、碎石组成的单式河床，大石块直径为 0.4～0.8m，平均粒径为 0.4～0.2m；或河段较弯曲不太平整的 1 类河床	6.0	32
3	河段较为顺直，由巨石、漂石、卵石组成的单式河床，大石块直径为 0.1～1.4m，平均粒径为 0.1～0.4m；或较为弯曲不太平整的 2 类河床	4.0	25
4	河段较为顺直，河槽不平整，由巨石、漂石组成的单式河床，大石块直径为 1.2～2.0m，平均粒径 0.2～0.6m；或较为弯曲不平整的 3 类河床	3.8	20
5	河段严重弯曲，断面很不规则，有树木、植被、巨石严重阻塞河床	2.4	12.5

13.3.2.3 黏性泥石流流速的计算

（1）东川泥石流改进经验公式

13.3 泥石流

黏性泥石流流速系数 K，用内插法由表 13.3-5 查取	
计算断面的平均泥深 H_m（m）	泥石流水力坡度（小数形式）I_m，一般可采用沟床纵坡比降
黏性泥石流流速 $v_m = K H_m^{2/3} I_m^{1/5}$	

黏性泥石流流速系数 K 值表　　　　表 13.3-5

H_m（m）	<2.5	3	4	5
K	10	9	7	5

（2）综合西藏古乡沟、东川蒋家沟、武都火烧沟的经验公式

计算断面的平均泥深 H_m（m）	泥石流水力坡度（小数形式）I_m，一般可采用沟床纵坡比降
沟床糙率 n_m，用内插法由表 13.3-6 查取	
黏性泥石流流速 $v_m = \dfrac{1}{n_m} H_m^{2/3} I_m^{1/2}$	

黏性泥石流糙率　　　　表 13.3-6

序号	泥石流体特征	沟床状况	糙率值 n_m	$1/n_m$
1	流体呈整体运动；石块粒径大小悬殊，一般为 30~50cm，2~5m 粒径的石块约占 20%；龙头由大石块组成，在弯道或河床展宽处易停积，后续流可超越而过，龙头流速小于龙身流速，堆积呈垄岗状	沟床极粗糙，沟内有巨石和夹带的树木堆积，多弯道和大跌水，沟内不能通行，人迹罕见，沟床流通段纵坡为 100‰~150‰，阻力特征属高阻型	平均值 0.270 $H_m<2m$ 时 0.445	3.57 2.57
2	流体呈整体运动；石块较大，一般石块粒径 20~30cm，含少量粒径 2~3m 的大石块；流体搅拌较为均匀，龙头紊动强烈，有黑色烟雾及火花；龙头和龙身流速基本一致；停积后呈垄岗状堆积	沟床比较粗糙，凹凸不平，石块较多，有弯道、跌水；沟床流通段纵坡为 70‰~100‰，阻力特征属高阻型	$H_m<1.5m$ 时 0.033~0.050 平均 0.040； $H_m>1.5m$ 时 0.050~0.100 平均 0.067	20~30 25 10~20 15
3	流体搅拌十分均匀；石块粒径一般在 10cm 左右，夹有个别 2~3m 的大石块；龙头和龙身物质组成差别不大；在运动过程中龙头紊动十分强烈，浪花飞溅；停积后浆体与石块不分离，向四周扩散，呈叶片状	沟床较稳定，粒径 10cm 左右；受洪水冲刷沟底不平而且粗糙，流水沟两侧较平顺，但干面粗糙；流通段沟底纵坡为 55~70‰，阻力特征属中阻型或高阻型	$0.1m<H_m<0.5m$ 0.043 $0.5m<H_m<2.0m$ 0.077 $2.0m<H_m<4.0m$ 0.100	23 13 10
4	同 3	泥石流铺床后原河床粘附一层泥浆体，使干面粗糙河床变得光滑、平顺，利于泥石流体运动，阻力特征属低阻型	$0.1m<H_m<0.5m$ 0.022 $0.5m<H_m<2.0m$ 0.033 $2.0m<H_m<4.0m$ 0.050	46 26 20

(3) 甘肃武都地区黏性泥石流经验计算式

计算断面的平均泥深 H_c(m)	泥石流水力坡度（小数形式）I_c，一般可采用沟床纵坡比降
泥石流沟床糙率系数 M_c，用内插法由表 13.3-7 查取	
黏性泥石流流速 $v_c = M_c H_c^{2/3} I_c^{1/2}$	

该式为甘肃武都地区黏性泥石流的 100 多次观测资料统计得出的经验公式，适用于中阻型泥石流。流体的土体颗粒粗大，浆体中的土体成分以粉土颗粒含量居多，沟床比较粗糙，凹凸不平，河床阻力较大。当用该式计算低阻型黏性泥石流流速时，M_c 按表 13.3-7 中的 1 类取值；当计算中阻型和高阻型黏性泥石流流速时，M_c 按 2 类取值。

黏性泥石流沟床糙率系数 M_c 值表　　　　　　表 13.3-7

类别	沟床特征	M_c H_c (m)			
		0.5	1.0	2.0	4.0
1	黄土地区泥石流沟或大型的黏性泥石流沟，沟床平坦开阔，流体中大石块很少，纵坡为 2%～6%，阻力特征属低阻型		29	22	16
2	中小型黏性泥石流沟，沟谷一般平顺，流体中含大石块较少，沟床纵坡为 3%～8%，阻力特征属中阻型或高阻型	26	21	16	14
3	中小型黏性泥石流沟，沟床狭窄弯曲，有跌坎；或沟道虽顺直，但含大石块较多的大型稀性泥石流沟，沟床纵坡为 4%～12%，阻力特征属高阻型	20	15	11	8
4	中小型稀性泥石流沟，碎石质沟床，多石块，不平整，沟床纵坡为 10%～18%	12	9	6.5	
5	沟道弯曲，沟内多顽石、跌坎、床面极不平顺的稀性泥石流沟，沟床纵坡为 12%～25%		5.5	3.5	

13.3.2.4　泥石流中石块运动速度的计算

泥石流堆积物中最大石块的粒径 d_{max} (m)	参数 a，其值介于 3.5～4.5 之间，平均 4.0
泥石流中大石块的移动速度 (m) $v_s = a\sqrt{d_{max}}$	

13.3.3　流量的计算

13.3.3.1　泥石流峰值流量计算

（1）形态调查法

泥石流过流断面面积 F_m (m²)	泥石流断面平均流速 v_m (m/s)
泥石流断面峰值流量 (m³/s) $Q_m = F_m \cdot v_m$	

（2）配方法

① 按泥石流体中水和固体物质的比例，用在一定设计标准下可能出现的洪水流量加

上按比例所需的固体物质体积配合而成的泥石流流量，按下列公式计算：

泥石流中固体物质相对密度 d_s	泥石流流体密度 ρ_m（t/m³）
泥石流体中水的体积含量 $a = \dfrac{d_s - \rho_m}{d_s - 1}$	
泥石流补给区中固体物质的含水量 w_m 以小数计（可以实测，也可以由土壤含水量分析得到）	
泥石流修正系数 $C = \dfrac{1-a}{a - w_m(1-a)}$	
设计清水流量 Q_w（m³/s）	
设计泥石流流量（m³/s）$Q_m = Q_w(1+C)$	

② 考虑到土壤含水量而引进的泥石流修正系数

此法适用于我国西北地区泥石流的流量计算。

泥石流中固体物质相对密度 d_s	泥石流流体密度 ρ_m（t/m³）	土的天然含水量 w
考虑到土壤含水量而引进的泥石流修正系数 $P = \dfrac{\rho_m - 1}{\dfrac{d_s(1+w)}{d_s \cdot w + 1} - \rho}$		
设计清水流量 Q_w（m³/s）		
设计泥石流流量（m³/s）$Q_m = Q_w(1+P)$		

③ 其他

泥石流中固体物质相对密度 d_s	泥石流流体密度 ρ_m（t/m³）
泥石流修正系数 $\phi = \dfrac{\rho_m - 1}{d_s - \rho_m}$	
设计清水流量 Q_w（m³/s）	
设计泥石流流量（m³/s）$Q_m = Q_w(1+\phi)$	

（3）雨洪修正法

云南东川经验公式

泥石流中固体物质相对密度 d_s	泥石流流体密度 ρ_m（t/m³）
泥石流修正系数 $\phi = \dfrac{\rho_m - 1}{d_s - \rho_m}$	
设计清水流量 Q_w（m³/s）	
设计泥石流流量（m³/s）$Q_m = Q_w(1+\phi)D_m$	

D_m 为泥石流堵塞系数，根据东川七年中 40 个观测资料验证，D_m 值在 1~3 之间，可按表 13.3-8 选用。

泥石流堵塞系数 D_m 值　　　　表 13.3-8

堵塞程度	最严重堵塞	较严重堵塞	一般堵塞	轻微堵塞
D_m	2.6~3.0	2.0~2.5	1.5~1.9	1.0~1.4

13.3.3.2 一次泥石流过程总量计算

泥石流历时 Q_m (s)	泥石流最大流量 T (m³/s)
通过断面的一次泥石流总量 (m³) $W_m = 0.26 TQ_m$	
泥石流中固体物质相对密度 d_s	泥石流流体密度 ρ_m (t/m³)
一次泥石流冲出的固体物质总量计算 (m³) $W_s = C_m W_m = (\rho_m - \rho_w) W_m / (\rho_s - \rho_w) = (\rho_m - \rho_w) W_m / (d_s \rho_w - \rho_w)$	

13.4 采 空 区

13.4.1 采空区场地的适宜性评价

采空区一般为跨规范综合性考点,所涉及的规范《岩土工程勘察规范》第5.5.5条、《工程地质手册》(第五版)P697~699、《公路路基设计规范》第7.16.3条。采空区相关基本概念见《工程地质手册》(第五版),不再总结和摘录。采空区相关题目,一般是根据斜率、水平变形、曲率等指标判定场地的适宜性。指标的计算公式是相同的,务必根据题干中指明的规范来判定场地的适宜性。

采空区指标计算解题思维流程如下:

采空区场地 A、B、C 三点,B 点居中(一般采前三点在同一高程、同一条直线上)	
AB 两点的距离 l_{AB}	BC 两点的距离 l_{BC}
地表移动后 A、B、C 的垂直移动量 η_A、η_B、η_C	
垂直移动	$\Delta \eta_{AB} = \eta_B - \eta_A$	$\Delta \eta_{BC} = \eta_C - \eta_B$
倾斜	$i_{AB} = \dfrac{\Delta \eta_{AB}}{l_{AB}}$	$i_{BC} = \dfrac{\Delta \eta_{BC}}{l_{BC}}$
地表移动后 A、B、C 的水平移动量 ξ_A、ξ_B、ξ_C		
水平移动	$\Delta \xi_{AB} = \xi_A - \xi_B$	$\Delta \xi_{BC} = \xi_B - \xi_C$
水平变形	$\varepsilon_{AB} = \dfrac{\Delta \xi_{AB}}{l_{AB}}$	$\varepsilon_{BC} = \dfrac{\Delta \xi_{BC}}{l_{BC}}$
曲率	$K_B = \dfrac{i_{AB} - i_{BC}}{l_{1-2}} = \dfrac{i_{AB} - i_{BC}}{(l_{AB} + l_{BC})/2}$	
根据题干中指明的规范,依据斜率、水平变形、曲率等指标判定场地的适宜性		

注:上表中"水平移动"与"水平变形"行实际为两列。

13.4.2 采空区地表移动变形最大值计算

采空区地表移动变形最大值计算流程如下所示:

M—采出矿层法向厚度,即真厚度 (m);
q—充分采动条件下的下沉系数 (mm/m);
α—煤层倾角 (°);
k_1、k_3—与覆岩岩性有关的系数,坚硬岩层取 0.7,较硬岩层取 0.8,软弱岩层取 0.9;
D_1、D_3—倾向及走向工作面长度 (m)。

续表

地表最大下沉值	① 充分采动条件下地表最大下沉值（mm）$W_{cm} = M \cdot q \cdot \cos\alpha$
	② 非充分采动条件下地表最大下沉值（mm）$W_{fm} = M \cdot q \cdot n \cdot \cos\alpha$
	式中地表充分采动系数 $n = \sqrt{n_1 \cdot n_3}$，$n_1 = k_1 \dfrac{D_1}{H_0} \leqslant 1$，$n_3 = k_3 \dfrac{D_3}{H_0} \leqslant 1$，$n_1$ 和 n_3 大于 1 时取 1

b——水平移动系数（无量纲），随倾角 α 变化；

$b(\alpha)$——水平移动系数（无量纲），随倾角 α 变化；

P_0——计算系数，$P_0 = \tan\alpha - \dfrac{h}{H_0 - h} \geqslant 0$，其中 h 为表土层厚度（m），当 $P_0 < 0$ 时，取 $P_0 = 0$。

最大水平移动	③ 沿煤层走向方向上的最大水平移动（mm）$U_{cm} = b \cdot W_{cm}$
	④ 沿煤层倾斜方向的最大水平移动（mm）$U_{cm} = b(\alpha) \cdot W_{cm}$ 或 $U_{cm} = (b + 0.7 P_0) \cdot W_{cm}$

采空区开采深度 H（m）	移动角（主要影响角）$\tan\beta$

⑤ 地面主要影响半径（m）$r = \dfrac{H}{\tan\beta}$

⑥ 充分开采的最大倾斜变形值（mm/m）$i_{cm} = \dfrac{W_{cm}}{r}$

⑦ 充分开采的最大曲率变形值，即最大曲率变形值（10^{-3}/m）$k_{cm} = 1.52 \cdot \dfrac{W_{cm}}{r^2}$

⑧ 充分开采的最大水平变形值（mm/m）$\varepsilon_{cm} = 1.52 \cdot b \cdot \dfrac{W_{cm}}{r}$

13.4.3 小窑采空区场地稳定性评价

（1）地表裂缝和塌陷发育地段，属于不稳定地段，不适于建筑。在其附近进行建筑时，需有一定的安全距离。安全距离的大小视建筑物的性质而定。

（2）当建筑物已建在影响范围以内时，可按下式验算地基的稳定性。

顶板以上岩层的重度 γ（kN/m³）	顶板以上岩层的内摩擦角 φ
巷道顶板的埋藏深度 H（m）	巷宽度 B（m）
建筑物基底单位压力为 P_0	巷道单位长度侧壁的摩阻力 f（kN/m）
巷道单位长度顶板上岩层所受的总重力（kN/m）$G = \gamma BH$	

① 作用在采空段顶板上的压力 $Q = G + BP_0 - 2f = \gamma H \left[B - H\tan\varphi \tan^2\left(45° - \dfrac{\varphi}{2}\right) \right] + BP_0$

② 当 H 增大到某一深度，使顶板岩层恰好保持自然平衡（即 $Q = 0$），此时的 H 称为临界深度 H_0，则

$$H_0 = \dfrac{B\gamma + \sqrt{B^2\gamma^2 + 4B\gamma P_0 \tan\varphi \tan^2\left(45° - \dfrac{\varphi}{2}\right)}}{2\gamma \tan\varphi \tan^2\left(45° - \dfrac{\varphi}{2}\right)}$$

当 $H < H_0$ 时，地基不稳定；$H_0 < H < 1.5 H_0$ 时，地基稳定性差；$H < 1.5 H_0$ 时，地基稳定

14 公路工程专题

本专题依据的主要规范及教材
《公路工程地质勘察规范》JTG C20—2011
《公路桥涵地基与基础设计规范》JTG 3363—2019
《公路路基设计规范》JTG D30—2015
《公路隧道设计规范 第一册 土建工程》JTG 3370.1—2018
《公路工程抗震规范》JTG B02—2013
《工程地质手册》(第五版)

近几年、公路工程专题也上升为了重点章节，一定要引起重视。近几年必考3道题左右。此专题除了将案例真题做通搞懂，建议通读涉及的这五本规范，做到复习的全面性。

14.1 公路工程地质勘察

《公路工程地质勘察规范》JTG C20—2011
条文及条文说明重要内容简介及本书索引

规范条文		条文重点内容	条文说明重点内容	相应重点学习和要结合的本书具体章节
1 总则				自行阅读
2 术语和符号				自行阅读
3 公路工程地质勘察的技术要求	3.1 一般规定			自行阅读
	3.2 岩石的分类	均重点 附录A 岩体完整性系数K_v、岩体体积节理数J_v测试		自行阅读
	3.3 土的分类	均重点 附录C 圆锥动力触探修正		自行阅读
	3.4 勘察大纲			自行阅读
	3.5 工程地质调绘	表3.5.5 地层单元划分表		自行阅读
	3.6 工程地质勘探			自行阅读
	3.7 原位测试	表3.7.1 原位测试常用方法适用范围一览表		自行阅读
	3.8 室内试验	附录K 水和土的腐蚀性评价		自行阅读
	3.9 岩土参数的分析和选定	3.9.3 岩土参数统计应符合的要求和计算		自行阅读
	3.10 报告编制			自行阅读
4 可行性研究阶段工程地质勘察	4.1 预可勘察			自行阅读
	4.2 工可勘察			自行阅读
5 初步勘察	5.1 一般规定			自行阅读
	5.2 路线			自行阅读
	5.3 一般路基	表5.3.3 一般路基室内测试项目表		自行阅读
	5.4 高路堤	表5.4.4 高路堤室内测试项目表		自行阅读
	5.5 陡坡路堤	表5.5.4 陡坡路堤室内测试项目表		自行阅读
	5.6 深路堑	表5.6.4 深路堑室内测试项目表 附录B 公路岩质边坡破坏类型与岩体结构分类		自行阅读
	5.7 支挡工程	表5.7.3 支挡工程室内测试项目表		自行阅读
	5.8 河岸防护工程	表5.8.3 河岸防护工程室内测试项目表		自行阅读

续表

规范条文		条文重点内容	条文说明重点内容	相应重点学习和要结合的本书具体章节
5 初步勘察	5.9 改河（沟、渠）工程			自行阅读
	5.10 涵洞	表5.10.3-1 涵洞勘探深度表 表5.10.3-2 涵洞工程室内测试项目表		自行阅读
	5.11 桥梁	表5.11.4-1 桥位钻孔数量表 表5.11.4-2 桥梁工程室内测试项目表		自行阅读
	5.12 路线交叉			自行阅读
	5.13 隧道	表5.13.6 隧道工程室内测试项目表 5.13.7 隧道围岩基本质量指标 BQ 计算 5.13.8 岩体基本质量指标 BQ 修正 5.13.9 隧道围岩分级应按附录F确定 5.13.10 隧道的地下水涌水量计算方法 附录D 高初始应力地区岩体在开挖过程中的主要现象 附录E 岩体基本质量影响因素的修正系数 K_1、K_2、K_3 附录F 公路隧道围岩分级		自行阅读
	5.14 沿线设施工程			自行阅读
	5.15 沿线筑路材料料场			自行阅读
6 详细勘察	6.1 一般规定			自行阅读
	6.2 路线			自行阅读
	6.3 一般路基			自行阅读
	6.4 高路堤			自行阅读
	6.5 陡坡路堤			自行阅读
	6.6 深路堑			自行阅读
	6.7 支挡工程			自行阅读
	6.8 河岸防护工程			自行阅读
	6.9 改河（沟、渠）工程			自行阅读
	6.10 涵洞			自行阅读

14.1 公路工程地质勘察

续表

规范条文			条文重点内容	条文说明重点内容	相应重点学习和要结合的本书具体章节
6 详细勘察	6.11	桥梁			自行阅读
	6.12	路线交叉			自行阅读
	6.13	隧道			自行阅读
	6.14	沿线设施工程			自行阅读
	6.15	沿线筑路材料料场			自行阅读
7 不良地质	7.1	岩溶	表 7.1.3 岩溶按埋藏条件分类 表 7.1.4 岩溶按地质年代分类 附录 G 岩溶地貌类型		自行阅读
	7.2	滑坡	表 7.2.3 滑坡按滑坡体的体积分类 表 7.2.4 滑坡按滑动方式分类 表 7.2.5 滑坡按滑动面埋深分类 表 7.2.10 滑坡室内测试项目表		自行阅读
	7.3	危岩、崩塌与岩堆	表 7.3.3 崩塌按规模分类 表 7.3.4 崩塌按形成机理分类 表 7.3.8 崩塌、岩堆测试项目表		自行阅读
	7.4	泥石流	表 7.4.3 泥石流按固体物质组成分类 表 7.4.4 泥石流按发生频率分类 表 7.4.5 泥石流按规模分类 表 7.4.6 泥石流按流域形态特征分类 表 7.4.7 泥石流按流体性质分类	7.4.10 中关于泥石流流体密度、泥石流固体颗粒密度的计算公式	自行阅读
	7.5	积雪	表 7.5.3 积雪类型划分		自行阅读
	7.6	雪崩	表 7.6.3 雪崩按途经的地貌类型分类 表 7.6.4 雪崩按含水状况分类		自行阅读
	7.7	风沙	表 7.7.3 风沙危害程度分类 表 7.7.6 风沙室内测试项目表 附录 I 风沙地貌类型		自行阅读
	7.8	采空区			自行阅读
	7.9	水库坍岸	表 7.9.5 水库坍岸测试项目表		自行阅读
	7.10	强震区	表 7.10.3 抗震设防烈度与地震动峰值加速度值对应表 表 7.10.4 工程场地分类 表 7.10.5 活动断裂分类 表 7.10.6 场地土的分类和剪切波速范围 表 7.10.9 强震区测试项目表 7.10.10 工程场地覆盖层厚度的确定 7.10.11 土层的等效剪切波速计算 7.10.12 工程场地类别划分		自行阅读

491

续表

规范条文		条文重点内容	条文说明重点内容	相应重点学习和要结合的本书具体章节
7 不良地质	7.11 地震液化	7.11.6 地面以下20m深度范围内存在饱和砂土和饱和粉土时，应进行液化判别 7.11.7 饱和砂土或饱和粉土，初步判别为不液化或不考虑液化的影响的条件 7.11.8 液化复判计算公式 7.11.9 液化指数和液化等级确定 7.11.10 液化土层的承载力（包括桩侧摩阻力）、土抗力（地基系数）、内摩擦角和黏聚力等，可根据液化抵抗系数予以折减。折减系数计算	7.11.8 中对液化复判临界锤击数计算公式的说明 7.11.9 中相对贯入锤击数之比 F 的计算公式	自行阅读
	7.12 涎流冰	表7.12.3 涎流冰类型划分		自行阅读
8 特殊性岩土	8.1 黄土	表8.1.3 黄土地层按地质年代划分 表8.1.7 黄土测试项目表 8.1.8 黄土的湿陷性评价应符合的规定 附录H 黄土地貌类型	表8-1 黄土薄壁取土器的尺寸	自行阅读
	8.2 冻土	表8.2.3 冻土按冻结状态的持续时间分类 表8.2.6-1 公路路基多年冻土分类 表8.2.6-2 公路桥涵多年冻土分类 表8.2.7 公路路基多年冻土分类 表8.2.11 冻土测试项目表 表8.2.12 多年冻土融沉类型的现场初步判定	表8-2 冻土勘察常用物探方法一览表 表8-3 冻土钻进回次参考值 表8-4 钻压与转速参考范围值	自行阅读
	8.3 膨胀性岩土	表8.3.3 膨胀土的初判标准 表8.3.4 膨胀土分级 表8.3.5-1 膨胀岩的野外地质特征 表8.3.10 膨胀土室内测试项目	表8-5 膨胀土的详判指标 表8-6 膨胀潜势分级	自行阅读
	8.4 盐渍土	表8.4.3 盐渍土按含盐化学成分分类 表8.4.4 盐渍土按含盐量分类 表8.4.8 盐渍土室内测试项目表 8.4.9 盐渍土的工程地质评价应符合的规定		自行阅读
	8.5 软土	8.5.1 软土判别 表8.5.3 软土按天然孔隙比和有机质含量分类 表8.5.4 软土按成因类型分类 表8.5.8 软土室内测试表		自行阅读

续表

规范条文		条文重点内容	条文说明重点内容	相应重点学习和要结合的本书具体章节
8 特殊性岩土	8.6 花岗岩残积土	表8.6.3 花岗岩残积土分类 表8.6.7 花岗岩残积土室内测试项目表 8.6.7条第2款花岗岩残积土细粒土（粒径小于0.5mm）部分的天然含水率、塑性指数和液性指数计算		自行阅读
	8.7 填土	表8.7.3 填土分类 表8.7.7 填土室内测试项目表		自行阅读
	8.8 红黏土	8.8.1 红黏土判别 表8.8.3 红黏土坚硬状态划分 表8.8.4 红黏土结构划分 表8.8.6 红黏土的复浸水特性划分 表8.8.10 红黏土室内测试项目表	表8-9 红黏土物理力学指标经验值	自行阅读
9 改建公路工程地质勘察	9.1 一般规定			自行阅读
	9.2 路基			自行阅读
	9.3 桥梁			自行阅读
	9.4 隧道			自行阅读
	9.5 路线交叉			自行阅读
	9.6 沿线设施工程			自行阅读
	9.7 沿线筑路材料料场			自行阅读

14.2 公路桥涵地基与基础设计

《公路桥涵地基与基础设计规范》JTG 3363—2019
条文及条文说明重要内容简介及本书索引

规范条文		条文重点内容	条文说明重点内容	相应重点学习和要结合的本书具体章节
1 总则				自行阅读
2 术语和符号	2.1 术语			自行阅读
	2.2 主要符号			自行阅读
3 基本规定		3.0.6 地基或基础的竖向承载力验算应符合的规定 表3.0.7-1 地基承载力抗力系数 γ_R 表3.0.7-2 单桩承载力抗力系数 γ_R 3.0.9 基础的稳定性的验算	3.0.7 对承载力抗力系数 γ_R 的详细解析	自行阅读
4 地基岩土的分类、工程特性与地基承载力	4.1 地基岩土分类	均重点 附录A：桥涵地基岩土的分级		自行阅读
	4.2 工程特性	均重点 附录B：浅层平板载荷试验要点 附录C：深层平板载荷试验要点 附录D：岩基载荷试验要点	4.2.1 中计算公式 4.3.3 中计算公式	自行阅读
	4.3 地基承载力	均重点		14.2.1 地基承载力基本容许值及修正值
5 浅基础	5.1 埋置深度	均重点 附录E：冻土标准冻深线及冻土特性分类		自行阅读
	5.2 地基承载力及基底偏心距验算	均重点 附录F：台背路基填土对桥台基底或桩端平面处的附加竖向压应力的计算 附录G：岩石地基矩形截面双向偏心受压及圆形截面偏心受压的应力重分布计算	5.2.5 中对规范条文公式详细解析	14.2.2 基底压力及地基承载力验算
	5.3 沉降验算	均重点 附录J：桥涵基底附加压应力系数 α、平均附加压应力系数 $\bar{\alpha}$	5.3.4～5.3.7 中计算公式	自行阅读
	5.4 稳定性验算	均重点 附录H：冻土地基抗冻拔稳定性验算	5.4.1 中计算公式	自行阅读

14.2 公路桥涵地基与基础设计

续表

规范条文		条文重点内容	条文说明重点内容	相应重点学习和要结合的本书具体章节
6 桩基础	6.1 一般规定	6.1.3 桩基础的承台底面高程应符合的要求	表 6-1 桩顶锚固验算项目	自行阅读
	6.2 构造	均重点		自行阅读
	6.3 计算	均重点 附录 K：桩基后压浆技术参数 附录 L：按 m 法计算弹性桩水平位移及作用效应 附录 M：刚性桩位移及作用效应计算方法 附录 N：群桩作为整体基础的计算	6.3.2 中计算公式 6.3.3 中计算公式 6.3.8 中计算公式 6.3.12 中计算公式 附录 L：按 m 法计算弹性桩水平位移及作用效应的算例	14.2.3 桩基础
7 沉井基础	7.1 一般规定			自行阅读
	7.2 构造			自行阅读
	7.3 计算	均重点 附录 P：沉井下沉过程中井壁的计算 附录 Q：沉井下沉过程中刃脚的计算	附录 P：沉井下沉过程中井壁的计算	14.2.4 沉井基础
8 地下连续墙	8.1 一般规定	表 8.1.2 支护结构安全等级及重要性系数		自行阅读
	8.2 支护结构	8.2.14 圆形地下连续墙支护结构计算应符合的规定 附录 R：按支护结构与土体相互作用原理的水平土压力计算 附录 S：直线形地下连续墙支护结构计算 附录 T：圆形地下连续墙支护结构计算		自行阅读
	8.3 基础			自行阅读
9 特殊地基和基础	9.1 软弱地基	均重点		自行阅读
	9.2 湿陷性黄土地基	均重点		自行阅读
	9.3 陡坡地基与基础	均重点		自行阅读
	9.4 岩溶地基与基础			自行阅读
	9.5 挤扩支盘桩基础	均重点	9.5.4 中计算公式	自行阅读

14.2.1 地基承载力特征值及修正值

《公路桥涵地基与基础设计规范》3.0.7、4.3.4

公路桥涵地基承载力特征值及修正值解题思维流程总结如下：

确定地基承载力特征值 f_{a0} 若题目未直接给定，按地基土性查表确定	基础短边 b 任何土：[2, 10]	基础埋深 h ① 一般从天然地面算起 ② 有水冲刷时自一般冲刷线起算 ③ 当 $h<3m$ 时，取 3m；当 $h/b>4$ 时，取 $h=4b$
注意水位和持力层是否透水	基底持力层土的重度 γ_1	基底以上（准确是指 h 范围内）土的加权平均重度 γ_2 若持力层在水面下，且不透水时，不论基底以上土的透水性质如何，一律取饱和重度；当透水时，水中部分土层则应取浮重度
持力层土性质查表	宽度修正系数 k_1	深度修正系数 k_2

修正后地基承载力特征值 $f_a = f_{a0} + k_1\gamma_1(b-2) + k_2\gamma_2(h-3)$（非软土地基）

当基础位于水中不透水地层上时，f_a 按平均常水位至一般冲刷线的水深每米再增大 10kPa

经过以上计算得到的修正后地基承载力特征值 f_a，再根据地基受荷阶段及受荷情况，乘以下列规定的抗力系数 γ_R
注：若题目未明确受荷阶段，则不需要乘

受荷阶段		作用组合或地基条件	f_a (kPa)	γ_R
使用阶段	频遇组合	永久作用与可变作用组合	≥150	1.25
			<150	1.00
		仅计结构重力、预加力、土的重力、土侧压力和汽车荷载、人群荷载	—	1.00
		偶然组合	≥150	1.25
			<150	1.00
		多年压实未遭破坏的非岩石旧桥基	≥150	1.50
			<150	1.25
		岩石旧桥基	—	1.00
施工阶段		不承受单向推力	—	1.25
		承受单向推力	—	1.50

续表

地基土承载力宽度、深度修正系数 k_1、k_2

①对于稍密和松散状态的砂、碎石土，k_1、k_2 的值可采用表列中密值的 50%。
②强风化和全风化的岩石，可参照所风化成的相应土类取值；其他状态下的岩石不修正。

系数	黏性土				粉土	砂土								碎石土			
	老黏性土	一般黏性土		新近沉积黏性土	—	粉砂		细砂		中砂		砾砂、粗砂		碎石、圆砾、角砾		卵石	
		$I_L \geq 0.5$	$I_L < 0.5$			中密	密实	中密	密实	中密	密实	中密	密实	中密	密实	中密	密实
k_1	0	0	0	0	0	1	1.2	1.5	2	2	3	3	4	3	4	3	4
k_2	2.5	1.5	2.5	1	1.5	2	2.5	3	4	4	5.5	5	6	5	6	6	10

【注】 ① 和地基基础专题地基承载力特征值修正进行比较，可以发现公路桥涵地基承载力特征值及修正值的确定需要注意之处较多，因此一定要按照解题思维流程进行，防止出错。

② 关于不透水层的确定：透水层与不透水层的界定是相对的，一般都是按渗透性能划分，工程上一般将岩石、坚硬黏土层、老黏土层等视为不透水层。

③ 确定地基承载力特征值 f_{a0}，若题目未直接给定，按地基土性查表确定，查本规范表 4.3.3.1～表 4.3.3.7；

④ 特殊情况，软土地基承载力特征值 f_{a0} 及修正值 f_a 的确定，见本规范 3.3.5，注岩真题还未考到过，不再介绍，但应引起重视，同时也应注意再乘抗力系数 γ_R。而且要注意，软土地基按抗剪强度指标确定修正后承载力特征值时，由于使用的是不排水剪切强度，所以将软黏土（如淤泥质黏土）在计算承载力时也按不透水层处理，这点值得高度重视。

14.2.2 基底压力及地基承载力验算

《公路桥涵地基与基础设计规范》5.2

公路桥涵基底压力及地基承载力验算解题思维流程总结如下：

① 基底压力计算

轴心荷载：$p = \dfrac{N}{A}$

偏心荷载：先判断大偏心还是小偏心，因为大小偏心，最大基底压力计算公式不一样

受压模式	单向受压	双向受压
偏心距 $e_0 = \dfrac{M}{N}$	$p_{\min} = \dfrac{N}{A} - \dfrac{M}{W} < 0$ 或 $e_0 < \dfrac{b}{6}$ 单向小偏心，否则单向大偏心	$p_{\min} = \dfrac{N}{A} - \dfrac{M_x}{W_x} - \dfrac{M_y}{W_y} < 0$ 或 $e_0 < \rho$ 双向小偏心，否则双向大偏心

续表

核心半径 ρ 的概念		$\rho = \dfrac{b}{6}$	$p_{\min} = \dfrac{N}{A} - \dfrac{M_x}{W_x} - \dfrac{M_y}{W_y}, \rho = \dfrac{e_0}{1 - \dfrac{p_{\min} A}{N}}$
最大基底压力	小偏心	$p_{\max} = \dfrac{N}{A} + \dfrac{M}{W}$	$p_{\min} = \dfrac{N}{A} + \dfrac{M_x}{W_x} + \dfrac{M_y}{W_y}$
	大偏心	$p_{\max} = \dfrac{2N}{3\left(\dfrac{b}{2} - e_0\right)a}$	基底最大压应力 $p_{\max}$ 要按本规范附录 G 确定

② 地基承载力验算

受力情况	基础底面岩土的承载力，当不考虑嵌固作用时	设置在基岩上的基底
轴心荷载	只验算 $p \leqslant f_a$	
偏心荷载	验算 $p \leqslant f_a$ 外，尚需验算 $p_{\max} \leqslant \gamma_R f_a$	可只验算 $p_{\max} \leqslant \gamma_R f_a$

③ 桥涵墩台应验算作用于基底的合力偏心距，合力偏心距容许值 $[e_0]$ 应符合以下的规定

作用情况	地基条	合力偏心距	备注
墩台仅承受永久作用标准值组合	非岩石地基	桥墩 $[e_0] \leqslant 0.1\rho$	拱桥、刚构桥墩台，其合力作用点应尽量保持在基底重心附近
		桥台 $[e_0] \leqslant 0.75\rho$	
墩台承受作用标准值组合或偶然作用（地震作用除外）标准值组合	非岩石地基	$[e_0] \leqslant \rho$	拱桥单向推力墩不受限制，但应符合本规范表 5.4.3 规定的抗倾覆稳定系数
	较破碎—极破碎岩石地基	$[e_0] \leqslant 1.2\rho$	
	完整、较完整岩石地基	$[e_0] \leqslant 1.5\rho$	

【注】① 计算基础底面偏心方向面积抵抗矩 W_x、W_y，一定要注意方向性；

② 关于公路桥涵地基基础埋深 5.1、沉降计算 5.3、稳定性验算 5.4，历年案例真题还未考到过，不再介绍，但一定要对照规范，自行阅读，做到心中有数，以防万一考到。

14.2.3 桩基础

14.2.3.1 支撑在土层中钻（挖）孔灌注桩单桩轴向受压承载力特征值

《公路桥涵地基与基础设计规范》6.3.3、3.0.7

支撑在土层中钻（挖）孔灌注桩轴向受压承载力特征值解题思维流程总结如下：

桩直径 d	桩端沉渣厚度 t_0			
清底系数 m_0	当 $d \leqslant 1.5\text{m}$, $t_0 \leqslant 0.3\text{m}$；当 $d > 1.5\text{m}$, $t_0 \leqslant 0.5\text{m}$；且同时满足 $0.1 < t_0/d < 0.3$ 时		$m_0 = \begin{cases} 1.0 \leftarrow t_0/d = 0.1 \\ 0.7 \leftarrow t_0/d = 0.3 \\ \text{中间插值} \end{cases}$	
修正系数 λ	桩长 l/d	$4\sim 20$	$20\sim 25$	>25
	桩端土透水	0.70	$0.70\sim 0.85$	0.85
	桩端土不透水	0.65	$0.65\sim 0.72$	0.72

14.2 公路桥涵地基与基础设计

续表

桩端埋置埋深 h ① 无冲刷，一般从天然地面或实际开挖后地面算起 ② 有水冲刷时自局部冲刷线算起 ③ 当 $h>40m$ 时，取 $40m$	桩端以上（准确是指 h 范围内）土的加权平均重度 γ_2 若持力层在水面以下，且不透水时，不论基底以上土的透水性质如何，一律取饱和重度；当透水时，水中部分土层则应取浮重度		
桩端处土的承载力特征值 f_{a0}	修正系数 k_2，根据桩端土土性查表确定		
修正后的桩端土承载力特征值（kPa）$q_r = m_0\lambda[f_{a0}+k_2\gamma_2(h-3)]$			
且 q_r 超过限值取限值	持力层为粉砂	细砂	中砂、粗砂、砾砂	碎石土
	1000	1150	1450	2750
桩身周长 u	桩周各土层的厚度 l_i (m) 从承台底面或局部冲刷线起算，且扩孔部分及变截面以上 $2d$ 长度范围不计	与 l_i 对应的各土层与桩侧的摩阻力标准值 q_{ik} (kPa) 当未给时，可查表 6.3.3-1	桩端面积 A_p 扩底桩取扩底面积

单桩轴向受压承载力特征值（kN）$R_a = \frac{1}{2}u\sum_{i=1}^{n}l_i q_{ik} + A_p q_r$

经过以上计算得到的单桩轴向受压承载力特征值 R_a，再根据地基受荷阶段及受荷情况，乘以下列规定的抗力系数 γ_R

注：若题目未明确受荷阶段，则不需要乘抗力系数 γ_R

受荷阶段	作用组合或地基条件		γ_R
使用阶段	频遇组合	永久作用与可变作用组合	1.25
		仅计结构重力、预加力、土的重力、土侧压力和汽车荷载、人群荷载	1.00
	偶然组合		1.25
施工阶段	施工荷载组合		1.25

14.2.3.2 支撑在基岩上或嵌入基岩中的钻（挖）孔桩、沉桩轴向受压承载力特征值

《公路桥涵地基与基础设计规范》6.3.7、6.3.8、3.0.7

支撑在基岩上或嵌入基岩中的钻（挖）孔桩、沉桩轴向受压承载力特征值解题思维流程总结如下：

桩端岩石饱和单轴抗压强度标准值 f_{rk} (kPa) 注：黏土质岩取天然湿度单轴抗压强度标准值，当 $f_{rk}<2MPa$ 时按支撑在土层中桩计算		
基岩顶面处的弯矩 M_H (kN·m)	基岩顶面处的水平力 H (kN)	
折减系数 $\beta = 0.5\sim1.0$ 节理发育的取小值；不发育的取大值	圆形桩桩径为 d (m)	垂直于弯矩作用平面桩边长 b (m)

续表

桩嵌入各基岩中的实际深度 h_i (m)（不计强风化层、全风化层及局部冲刷线以上的基岩）要求 $\Sigma h_i > h_r$	桩嵌入基岩中的有效深度 h_r (m) 不应小于 0.5m（不计强风化层、全风化层及局部冲刷线以上的基岩）	圆形桩	$h_r = \dfrac{1.27H + \sqrt{3.81\beta f_{rk} dM_H + 4.84H^2}}{0.5\beta f_{rk} d}$ 若 $H=0$，则 $h_r = \sqrt{\dfrac{M_H}{0.0656\beta f_{rk} b}}$
		矩形桩	$h_r = \dfrac{H + \sqrt{3\beta f_{rk} bM_H + 3H^2}}{0.5\beta f_{rk} b}$ 若 $H=0$，则 $h_r = \sqrt{\dfrac{M_H}{0.0833\beta f_{rk} b}}$

据岩石强度、岩石破碎程度等因素确定	完整、较完整	较破碎	破碎、极破碎
岩石端阻发挥系数 c_1	0.6	0.5	0.4
岩石层侧阻发挥系数 c_{2i}	0.05	0.04	0.03

c_1、c_{2i} 的调整①当入岩深度 $h \leqslant 0.5$m 时，c_1 乘以 0.75 的折减系数，$c_{2i} = 0$
② 对于钻孔桩，均应乘以 0.8 的折减系数；
桩端沉渣厚度 t 满足 $d \leqslant 1.5$m，$t \leqslant 0.05$m；当 $d > 1.5$m，$t \leqslant 0.1$m
③ 对于中风化层作为持力层的情况，均应乘以 0.75 的折减系数
注：c_1、c_{2i} 的调整有时需折上折

覆盖层土的侧阻力发挥系数 ξ_s（据 f_{rk} 查表，可内插）	f_{rk}	2MP	15MPa	30MPa	$\geqslant$60MPa
	ξ_s	1.0	0.8	0.5	0.2

桩身周长 u	承台底部局部冲刷线以下各土层的厚度 l_i (m) 强风化和全风化岩层按土层考虑，且沉桩扩底部分不计		桩侧各土层摩阻力标准值 q_{ik} (kPa)	桩端面积 A_p

支承在基岩上或嵌入基岩内的钻（挖）孔桩、沉桩的单桩轴向受压承载力特征值 (kN)

$$R_a = c_1 A_p f_{rk} + u\sum_{i=1}^{m} c_{2i} h_i f_{rk} + \dfrac{1}{2}\xi_s u \sum_{i=1}^{n} l_i q_{ik}$$

经过以上计算得到的单桩轴向受压承载力特征值 R_a，再根据地基受荷阶段及受荷情况，乘以下列规定的抗力系数 γ_R
注：若题目未明确受荷阶段，则不需要乘抗力系数 γ_R

受荷阶段		作用组合或地基条件	γ_R
使用阶段		永久作用与可变作用组合	1.25
	频遇组合	仅计结构重力、预加力、土的重力、土侧压力和汽车荷载、人群荷载	1.00
		偶然组合	1.25
施工阶段		施工荷载组合	1.25

14.2.3.3 摩擦型桩单桩轴向受拉承载力特征值

《公路桥涵地基与基础设计规范》6.3.9

摩擦型桩应根据桩承受作用的情况决定是否允许出现拉力。
摩擦型桩单桩轴向受拉承载力特征值解题思维流程总结如下：

14.2 公路桥涵地基与基础设计

桩身直径 d (m)		桩的扩底直径 D (m)	计算桩长 l_i (m)
桩身周长 u	等直径桩	扩底桩	
	$u = \pi d$	自桩端起算的以上长度$\leqslant 5d$时，$u=\pi D$	其余长度均取$u=\pi d$
振动沉桩对各土层桩侧摩阻力的影响系数 α_i			
对于锤击、静压沉桩和钻孔桩，$\alpha_i = 1$；其余按桩径和桩侧土类查表确定			
土类	黏土	粉质黏土	粉土	砂土
$0.8 \geqslant d$	0.6	0.7	0.9	1.1
$2.0 \geqslant d > 0.8$	0.6	0.7	0.9	1.0
$d > 2.0$	0.5	0.6	0.7	0.9
摩擦型桩单桩轴向受拉承载力特征值（kN）$R_t = 0.3u \sum_{i=1}^{n} \alpha_i l_i q_{ik}$			

【注】计算作用于承台底面由外荷载引起的轴向力时，应扣除桩身自重值。

14.2.4 沉井基础

《公路桥涵地基与基础设计规范》7、附录 P 及条文说明、附录 Q 及条文说明

沉井基础属于深基础一种，是指上下敞口带刃脚的空心井筒状结构，依靠自重或配以助沉措施下沉至设计标高处，以井筒作为结构的基础。

使用沉井基础时，为使沉井顺利下沉，沉井重力（不排水下沉时，应计浮重度）须大于井壁与土体间的摩阻力标准值。

沉井基础相关知识点解题思维流程总结如下：

① 等截面井壁拉力	
井壁摩阻力 τ (kPa) 可假定沿沉井总高按倒三角形分布，即在刃脚底面处为零，在地面处为最大	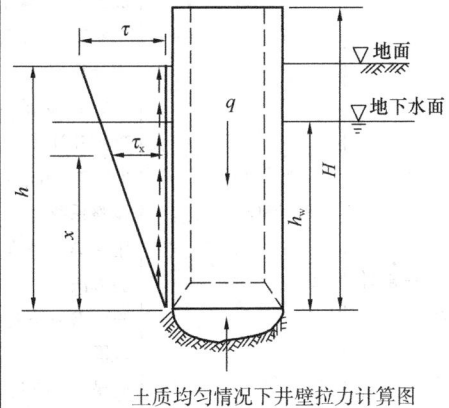
G_k 为沉井自重 (kN) 注：排水下沉，取自重；不排水下沉，扣除浮力	
H 为沉井高度 (m)	
h 为井壁摩阻力分布高度 (m)，即入土深度	
$G_k = \frac{1}{2}\tau \cdot h \cdot U \rightarrow \tau = \frac{2G_k}{hU} \rightarrow \tau_x = \frac{x}{h} \cdot \tau = \frac{2G_k x}{h^2 U}$	
距刃脚底面 x 处井壁的拉力 (kN) = x 深度范围内沉井自重 $-x$ 深度范围内摩阻力 即 $P_x = \frac{x}{H}G_k - \frac{\tau_x}{2}xU = \frac{G_k x}{H} - \frac{G_k x^2}{h^2}$	土质均匀情况下井壁拉力计算图
此时最大竖向拉力 (kN) $P_{max} = \frac{G_k h^2}{4H^2}$，此时 $x = \frac{h^2}{2H}$	
特殊的，当沉井高度 H = 入土深度 h 时	
最大竖向拉力 (kN) $P_{max} = \frac{G_k}{4}$，此时 $x = \frac{h}{2}$，即最危险的截面在沉井入土深度的 1/2 处	
② 沉井浮体稳定倾斜角	
薄壁浮运沉井在浮运过程中（沉入河床前），应验算横向稳定性	

排水体积 V (m⁴)	薄壁沉井浮体排水截面面积的惯性矩 I (m⁴)
定倾半径，即定倾中心至浮心的距离 (m) $\rho = \dfrac{I}{V}$	
外力矩 M (kN·m) 沉井重心至浮心的距离 a (m) 重心在浮心之上为正，反之为负	水的重度 $\gamma_w = 10\text{kN/m}^3$
沉井在浮运阶段的倾斜角 $\varphi = \arctan\dfrac{M}{\gamma_w V(\rho - a)}$ 且应满足 $\varphi \leqslant 60°$，$\rho - a > 0$	

14.3 公路路基设计

公路路基主要考察特殊路基，按历年案例所考察重点只讲解相关内容，其他见补充资料。

《公路路基设计规范》JTG D30—2015
条文及条文说明重要内容简介及本书索引

规范条文			条文重点内容	条文说明重点内容	相应重点学习和要结合的本书具体章节
1	总则				自行阅读
2	术语				自行阅读
3	一般路基	3.1 一般规定	表 3.1.3 路基设计洪水频率		自行阅读
		3.2 路床	表 3.2.2 路基填料最小承载比要求 3.2.3 路床压实度要求 3.2.5 新建公路路基回弹模量设计值计算 3.2.6 标准状态下路基回弹模量值确定和计算 3.2.7 新建公路路床回弹模量湿度调整系数 附录 A 路基土动态回弹模量标准试验方法 附录 B 路基土动态回弹模量取值范围 附录 C 路基平衡湿度预估方法 附录 D 路基回弹模量湿度调整系数的取值范围	3.2.6 中计算公式 3.2.7 中计算公式	自行阅读
		3.3 填方路基	3.3.2 路堤高度确定 表 3.3.3 路堤填料最小承载比要求 表 3.3.4 路堤压实度 表 3.3.5 路堤边坡坡率 3.3.7 过渡段计算 表 3.3.10 砌石边坡坡率		自行阅读

14.3 公路路基设计

续表

规范条文		条文重点内容	条文说明重点内容	相应重点学习和要结合的本书具体章节
3 一般路基	3.4 挖方路基	表3.4.1 土质路堑边坡坡率 表3.4.2 岩质路堑边坡坡率 附录E 岩质边坡的岩体分类		自行阅读
	3.5 路基填挖交界处理			自行阅读
	3.6 高边坡路堤与陡坡路堤	3.6.9 路堤堤身稳定性、路堤和地基的整体稳定性计算 3.6.10 路堤沿斜坡地基或软弱层带滑动的稳定性分析可采用不平衡推力法，稳定系数计算 表3.6.11 高路堤与陡坡路堤稳定安全系数		自行阅读
	3.7 深路堑	表3.7.3-1 结构面抗剪强度指标标准值 表3.7.3-2 结构面的结合程度 表3.7.3-3 边坡岩体内摩擦角折减系数 表3.7.7 路堑边坡稳定安全系数		自行阅读
	3.8 填石路堤	表3.8.2 岩石分类表 表3.8.3-1 硬质石料压实质量控制标准 表3.8.3-2 中硬石料压实质量控制标准 表3.8.3-3 软质石料压实质量控制标准 表3.8.5 填石路堤边坡坡率		自行阅读
	3.9 轻质材料路堤	表3.9.3 用于路基的泡沫轻质土无侧限抗压强度指标 3.9.4 抗浮稳定系数计算 3.9.5 土工泡沫塑料块体上的应力值及土工泡沫塑料块体之间的滑动稳定系数计算 表3.9.6 设计计算时性能指标取值		自行阅读
	3.10 工业废渣路堤			自行阅读
	3.11 路基取土与弃土			自行阅读

503

续表

规范条文		条文重点内容	条文说明重点内容	相应重点学习和要结合的本书具体章节
4 路基排水	4.1 一般规定			自行阅读
	4.2 地表排水	表4.2.4 明沟最大允许流速 表4.2.10 下挖式通道排水方式		自行阅读
	4.3 地下排水	表4.3.5 各类渗沟适用条件		自行阅读
5 路基防护与支挡	5.1 一般规定			自行阅读
	5.2 坡面防护	表5.2.1 坡面防护工程类型及适用条件 表5.3.1 冲刷防护工程类型及适用条件		自行阅读
	5.3 沿河路基防护			自行阅读
	5.4 挡土墙	表5.4.1 挡土墙类型及适用条件 表5.4.3 斜坡地面基础埋置条件 5.4.11 无面板加筋土挡土墙设计应符合的要求 附录H 挡土墙设计计算		自行阅读
	5.5 边坡锚固	5.5.3 预应力锚固边坡稳定性评价 5.5.4 预应力锚杆锚固力设计时，应根据边坡稳定性分析确定边坡下滑力 5.5.5 预应力锚杆体截面积计算 表5.5.5 预应力筋的张拉控制应力 5.5.6 预应力锚杆体长度设计应符合的要求 5.5.8 锚杆防腐保护要求		自行阅读
	5.6 土钉支护	5.6.3 土钉支护结构计算应符合的要求		自行阅读
	5.7 抗滑桩	5.7.5 抗滑桩结构计算应符合的要求	5.7.5中计算公式	自行阅读
6 路基拓宽改建	6.1 一般规定			自行阅读
	6.2 原有路基状况调查评价			自行阅读
	6.3 二级及二级以下公路路基拓宽改建			自行阅读
	6.4 高速公路、一级公路原有路基的拓宽改建			自行阅读

续表

规范条文		条文重点内容	条文说明重点内容	相应重点学习和要结合的本书具体章节
7 特殊路基	7.1 一般规定			自行阅读
	7.2 滑坡地段路基	7.2.2 滑坡稳定性分析		14.3.1 滑坡地段路基
	7.3 崩塌地段路基			自行阅读
	7.4 岩堆地段路基			自行阅读
	7.5 泥石流地段路基			自行阅读
	7.6 岩溶地区路基	7.6.3 溶洞距路基安全距离应符合的规定		自行阅读
	7.7 软土地区路基	表 7.7.1-1 稳定安全系数容许值 表 7.7.1-2 容许工后沉降 7.7.2 地基沉降计算 7.7.7 粒料桩处理地基设计应符合的要求 7.7.8 加固土桩处理地基应符合的要求 7.7.10 强夯与强夯置换处理地基设计应符合的要求 7.7.11 刚性桩复合地基设计应符合的要求	7.7.3 中计算公式 7.7.9 中计算公式	14.3.2 软土地区路基
	7.8 红黏土与高液限土地区路基	7.8.1 红黏土与高液限土路基设计要求 表 7.8.5 路堑边坡坡率		自行阅读
	7.9 膨胀土地区路基	7.9.3 膨胀土地基变形量计算 表 7.9.4 膨胀土地基分类 表 7.9.5 膨胀土填料分类 7.9.6 膨胀土填方路基设计应符合的要求 7.9.7 膨胀土挖方路基设计应符合的要求		14.3.3 膨胀土地基
	7.10 黄土地区路基	7.10.2 填方路基设计应符合的要求 7.10.3 挖方路基设计应符合的要求 7.10.4 湿陷性黄土地基设计中地基湿陷类型、地基湿陷量、地基湿陷等级的计算或确定 7.10.5 湿陷性黄土地基处理设计应符合的要求 附录 J 黄土分区图		自行阅读

续表

规范条文		条文重点内容	条文说明重点内容	相应重点学习和要结合的本书具体章节
7 特殊路基	7.11 盐渍土地区路基	7.11.2 盐渍土根据含盐性质和盐渍化程度分类 7.11.3 盐渍土地基应进行盐胀性和溶陷性评价 表 7.11.6 不设隔断层时盐渍土地区路堤最小高度 表 7.11.7 盐渍土用作路基填料的可用性 表 7.11.8 盐渍土地区路堤边坡坡率		自行阅读
	7.12 多年冻土地区路基	7.12.4 低温高含冰冻土地段路基设计应符合的要求 附录K 多年冻土公路工程分类		自行阅读
	7.13 风沙地区路基	表 7.13.2 填方路基边坡坡率 表 7.13.3 挖方路基边坡坡率	表 7.8 沙漠公路一级区划	自行阅读
	7.14 雪害地段路基		7.14.10 中计算公式	自行阅读
	7.15 涎流冰地段路基			自行阅读
	7.16 采空区路基	7.16.3 采空区场地稳定性控制标准应符合的规定 7.16.5 公路采空区处治范围的计算确定		自行阅读
	7.17 滨海路基	表 7.17.2-1 路基设计高潮水位频率 表 7.17.2-2 波列累积频率标准		自行阅读
	7.18 水库地段路基			
	7.19 季节冻土地区路基	7.19.2 季节冻土的冻胀性分类 表 7.19.2 季节冻土与季节融化层土的冻胀性分级 7.19.3 路基冻胀量计算及控制标准 7.19.4 季节冻土地区路基容许总冻胀量 表 7.19.4 季节冻土路基填料选择表	表 7-11 冰冻区划分表	

14.3.1 滑坡地段路基

《公路路基设计规范》7.2.2

滑坡地段路基剩余下滑力的计算为传递系数显示解法，具体可见土力学专题"1.10.2.1 传递系数显式法边坡稳定系数及滑坡推力计算"，此处不再赘述。

14.3.2 软土地区路基

《公路路基设计规范》7.7.2

软土地区路基主要考察地基沉降计算，具体解题思维流程总结如下：

主固结沉降 S_c (m) 应采用分层总和法计算			
填料重度 γ (kN/m³)		路堤中心高度 H (m)	
地基处理类型系数 θ	地基用塑料排水板处理时	用粉体搅拌桩处理时	一般预压时取 0.90
	0.95~1.1	0.85	0.90
加载速率修正系数 v	分期加载，速率小于 20mm/d 时，取 0.005		
	加载速率在 20~70mm/d 之间，取 0.025		
	快速加载，速率大于 70mm/d 时，取 0.05		
地质因素修正系数 Y	满足软土层不排水抗剪强度小于 25kPa、软土层的厚度大于 5m、硬壳层厚度小于 2.5m 三个条件时，$Y=0$；其他情况下可取 $Y=-0.1$		
沉降系数 $m_s = 0.123\gamma^{0.7}(\theta H^{0.2} + vH) + Y$，一般情况 $m_s=1.1~1.7$			
总沉降 (m) $S=m_s S_c$ 或 $S=S_d+S_c+S_c$（其中 S_d 为瞬时沉降，S_c 为次固结沉降）			
任意时刻 t 地基平均固结度 U_t			
任意时刻地基的沉降量 (m) $S_t=(m_s-1+U_t)S_c$ 或 $S=S_d+U_tS_c+S_c$			

14.3.3 膨胀土地基

《公路路基设计规范》7.9

基本概念可见特殊性岩土专题"12.2 膨胀土"，两者基本相同。因此不再赘述。相关题目根据《公路路基设计规范》查相应表格确定即可，不再介绍，请自行阅读。

14.4 公路隧道设计

《公路隧道设计规范 第一册 土建工程》JTG 3370.1—2018 条文及条文说明重要内容简介及本书索引

规范条文		条文重点内容	条文说明重点内容	相应重点学习和要结合的本书具体章节
1 总则		表1.0.4 公路隧道按长度分类		自行阅读
2 术语与符号	2.1 术语			自行阅读
	2.2 符号			自行阅读
3 隧道调查及围岩分级	3.1 一般规定			自行阅读
	3.2 资料搜集			自行阅读
	3.3 地形与地质调查			自行阅读
	3.4 气象调查			自行阅读
	3.5 工程环境调查			自行阅读
	3.6 围岩分级	均为重点 附录A 围岩分级有关规定		14.4.1 公路隧道围岩级别
4 总体设计	4.1 一般规定			自行阅读
	4.2 隧道位置选择	表4.2.6 隧道设计水位的洪水频率标准		自行阅读
	4.3 隧道线形设计	表4.3.1 隧道不设超高的圆曲线最小半径 表4.3.4 竖曲线最小半径和最小长度		自行阅读
	4.4 隧道横断面设计	表4.4.1 两车道公路隧道建筑限界横断面组成及基本宽度 附录B 隧道建筑限界与内轮廓图		自行阅读
	4.5 横通道及平行通道			自行阅读
	4.6 监控量测与超前地质预报			自行阅读
	4.7 施工计划			自行阅读
5 建筑材料	5.1 一般规定	附录C 型钢特性参数表		自行阅读
	5.2 材料性能			自行阅读
	5.3 防排水材料			自行阅读

14.4 公路隧道设计

续表

规范条文		条文重点内容	条文说明重点内容	相应重点学习和要结合的本书具体章节
6 荷载	6.1 一般规定	表6.1.1 隧道结构上的荷载分类		自行阅读
	6.2 永久荷载	6.2.2 深埋隧道松散荷载垂直均布压力及水平均布压力，在不产生显著偏压及膨胀力的围岩条件下的计算 6.2.3～6.2.8 各种情况下围岩压力的计算规定 附录D 浅埋隧道围岩压力计算方法 附录E 浅埋偏压隧道围岩压力计算方法 附录F 小净距隧道围岩压力计算方法 附录G 连拱隧道围岩压力计算方法 附录H 明洞回填荷载计算方法 附录J 洞门墙土压力计算方法	表6-1 回填土物理力学指标	15.7.2 隧道围岩压力
	6.3 可变荷载		—	自行阅读
	6.4 偶然荷载	6.4.2 地震荷载的确定 附录K 地震荷载计算方法		自行阅读
7 洞口及洞门	7.1 一般规定			自行阅读
	7.2 洞口工程			自行阅读
	7.3 洞门工程			自行阅读
8 衬砌结构设计	8.1 一般规定			自行阅读
	8.2 喷锚衬砌	附录P 隧道支护参数表	8.2.5中计算公式 8.2.6中计算公式	自行阅读
	8.3 整体式衬砌			自行阅读
	8.4 复合式衬砌	8.4.1 预留变形量 附录P 隧道支护参数表		自行阅读
	8.5 明洞衬砌			自行阅读
	8.6 构造要求	表8.6.1 截面最小厚度 表8.6.3 混凝土保护层最小厚度 表8.6.4 钢筋混凝土结构构件中纵向受力主筋的截面最小配筋率 表8.6.6 钢筋锚固长度 表8.6.14 盖板中钢筋的直径和间距		自行阅读

续表

规范条文		条文重点内容	条文说明重点内容	相应重点学习和要结合的本书具体章节
9 结构计算	9.1 一般规定			自行阅读
	9.2 衬砌计算	均重点 附录L 荷载结构法 附录M 地层结构法 附录N 钢筋混凝土受弯和受压构件配筋量计算方法	9.2.6中对于强度折减安全系数的说明 9.2.12中计算公式	自行阅读
	9.3 明洞计算			自行阅读
	9.4 洞门计算			自行阅读
10 防水与排水	10.1 一般规定			自行阅读
	10.2 防水			自行阅读
	10.3 排水			自行阅读
	10.4 洞口与明洞防排水			自行阅读
	10.5 寒冷地区隧道防排水			自行阅读
11 特殊形式隧道	11.1 一般规定			自行阅读
	11.2 小净距隧道			自行阅读
	11.3 连拱隧道	附录P 隧道支护参数表		自行阅读
	11.4 分岔隧道			自行阅读
	11.5 棚洞			自行阅读
12 辅助通道	12.1 一般规定			自行阅读
	12.2 竖井		表12-2 竖井内设备间距表	自行阅读
	12.3 斜井	附录P 隧道支护参数表		自行阅读
	12.4 平行通道与横通道			自行阅读
	12.5 风道及地下机房			自行阅读
	12.6 交叉口			自行阅读
13 辅助工程措施	13.1 一般规定			自行阅读
	13.2 围岩稳定措施		13.2.5中计算公式	自行阅读
	13.3 涌水处理措施			自行阅读
14 特殊地质地段设计	14.1 一般规定			自行阅读
	14.2 膨胀性围岩			自行阅读
	14.3 溶洞			自行阅读
	14.4 采空区			自行阅读

续表

规范条文		条文重点内容	条文说明重点内容	相应重点学习和要结合的本书具体章节
14 特殊地质地段设计	14.5 流砂			自行阅读
	14.6 瓦斯及有害气体			自行阅读
	14.7 黄土			自行阅读
	14.8 高地应力区	表 14.8.2-1 岩爆分级表 表 14.8.2-2 大变形分级表		自行阅读
	14.9 多年冻土			自行阅读
15 隧道路基与路面	15.1 一般规定			自行阅读
	15.2 隧道路基			自行阅读
	15.3 隧道路面	15.3.5 连续配筋混凝土面层配筋的规定		自行阅读
16 抗震设计	16.1 抗震设防分类和设防标准	均重点		自行阅读
	16.2 地震作用	均重点		自行阅读
	16.3 抗震验算	均重点		自行阅读
	16.4 抗震措施			自行阅读
	16.5 洞内设施			自行阅读
17 改扩建设计	17.1 一般规定			自行阅读
	17.2 隧道改扩建方案设计			自行阅读
	17.3 隧道扩建			自行阅读
	17.4 隧道改建			自行阅读
	17.5 增建隧道			自行阅读
18 洞内预留预埋及构造物	18.1 一般规定			自行阅读
	18.2 预留预埋			自行阅读
	18.3 电缆沟			自行阅读

14.4.1 公路隧道围岩级别

《公路隧道设计规范 第一册土建工程》3.6、附录 A

在围岩级别判定上,不同的规范还是有差别的,一定要确定使用哪一本规范,水利水电工程、铁路公路、公路工程等都有各自的相应规范,不要用错规范。

公路隧道围岩级别及衬砌要求解题思维流程总结如下:

岩石饱和单轴抗压强度 R_c (MPa)			岩体完整性指数 $K_v = (V_{pm}/V_{pr})^2$	
调整：$R_c = \min(90K_v + 30, R_c)$			调整：$K_v = \min(0.04R_c + 0.4, K_v)$	
$BQ = 100 + 3R_c + 250K_v$				
根据地下水情况查 K_1			规范表 A.0.2-1	
根据软弱结构面情况查 K_2			规范表 A.0.2-2	
根据初始应力状态查 K_3			规范表 A.0.2-3	
则修正值 $[BQ] = BQ - 100(K_1 + K_2 + K_3)$				
岩体基本质量级别	Ⅰ	Ⅱ	Ⅲ	Ⅳ	Ⅴ
BQ 或修正值 $[BQ]$	>550	451～550	351～450	251～350	≤250

规范表 A.0.2-1 地下工程地下水影响系数 K_1

地下水出水状态	BQ			
	>450	450～351	350～251	≤250
潮湿或点滴状出水	0	0.1	0.2～0.3	0.4～0.6
淋雨状或涌流状出水，$p≤0.1$ 或 $Q≤10$	0.1	0.2～0.3	0.4～0.6	0.7～0.9
淋雨状或涌流状出水，$p<0.1$ 或 $Q≤10$	0.2	0.4～0.6	0.7～0.9	1.0

注：① p 为地下工程围岩裂隙水压力（MPa）；
② Q 为每 10m 洞长出水量 [L/(min·10m)]（注意其单位，如果题目给的是每米洞长出水量，要乘 10）。

规范表 A.0.2-2 地下工程主要结构面产状影响系数 K_2

结构面产状及其与洞轴线的组合关系	结构面走向与洞轴线夹角<30°；结构面倾角 30°～75°	结构面走向与洞轴线夹角>60°；结构面倾角>75°	其他组合
K_2	0.4～0.6	0～0.2	0.2～0.4

规范表 A.0.2-3 初始应力状态影响系数 K_3

围岩强度应力比 $\dfrac{R_c}{\sigma_{max}}$	BQ				
	>550	550～451	450～351	350～251	≤250
<4（极高应力区）	1.0	1.0	1.0～1.5	1.0～1.5	1.0
4～7（高应力区）	0.5	0.5	0.5	0.5～1.0	0.5～1.0

注：σ_{max} 为垂直洞轴线方向的最大初始应力（MPa）。

14.4.2 公路隧道围岩级别的应用

公路隧道很多设计要求都是和公路隧道围岩级别相关，比如复合式衬砌预留变形量（规范表 8.4.1），复合式衬砌支护参数（规范附录 P）。此时需先确定公路隧道围岩级别，再查相应表格即可。

14.4.3 公路隧道围岩压力

《公路隧道设计规范 第一册土建工程》和《铁路隧道设计规范》两本规范中，隧道围岩压力计算方法和内容基本一致，因此为加深理解，方便学习，现将两节内容合并到铁路工程专题"15.7 铁路隧道设计"，此处不再介绍。

14.5 公路隧道涌水量计算

具体计算公式和流程如下：

隧道通过含水体地段的长度 L (km)	隧道涌水地段 L 长度内对两侧的影响宽度 B (km)（一般情况下 $B=2R$，R 为地层降水影响半径）
隧道通过含水体地段的集水面积 (km²) $A = L \cdot B$	

1. 当越岭隧道通过一个或多个地表水流域时，预测隧道正常涌水量可采用①或②

① 地下径流深度法（水均衡法）
基本原理属水均衡法。即在某一流域内大气降水是地表水、地下水、蒸发蒸散和地面滞水等的总源。

年降水量 W (mm)	流域多年平均气温 t (℃)
某流域年蒸发蒸散量 (mm) $E = \dfrac{W}{\sqrt{0.9 + \dfrac{W^2}{(300+25t+0.05t^3)^2}}}$	
年地表径流深度 H (mm)	年地表滞水深度 SS (mm)
年地下径流深度 (mm) $h = W - H - E - SS$	
隧道通过含水体地段的正常涌水量 (m³/d) $Q_s = 2.74 h \cdot A$	

② 地下径流模数法
本法采用假设地下径流模数等于地表径流模数的相似原理，根据大气降水入渗补给的下降泉流量或由地下水补给的河流流量，求出隧道通过地段的地表径流模数，作为隧道流域的地下径流模数，再确定隧道的集水面积，便可宏观、概略地预测隧道的正常涌水量。

地下水补给的河流的流量或下降泉流量 Q' (m³/d) 采用枯水期流量计算	与 Q' 的地表水或下降泉流量相当的地表流域面积 F (km²)
地下径流模数 [m³/(d·km³)] $M = Q'/F$	
隧道通过含水体地段的正常涌水量 (m³/d) $Q_s = M \cdot A$	

2. 当隧道通过潜水含水体且埋藏深度较浅时，可采用降水入渗法预测隧道正常涌水量

③ 降水入渗法（洼地入渗法）
大气降水落入地面后，部分渗入地下，具备贮水构造的地区形成含水体（层、带）。若隧道通过该含水体，隧道影响范围内渗入补给的水量同隧道排出的水量应保持平衡状态。

年降水量 W (mm)	降水入渗系数 α
隧道通过含水体地段的正常涌水量 (m³/d) $Q_s = 2.74 \alpha \cdot W \cdot A$	

【注】①一定要注意计算公式中各量的单位，特别注意年降水量 W 单位为 mm，且不用除以 365；隧道通过含水体地段的集水面积 A 单位为 km²，这样计算出来的正常涌水量 Q_s 则为 m³/d。使用 $Q_s = 2.74\alpha \cdot W \cdot A$ 不可以将所有的长度单位化为 m，再进行计算，否则公式就变为 $Q_s = \alpha \cdot \dfrac{W}{365} \cdot A$，其中 W 单位为 m，A 单位为 m²，Q_s 单位为 m³/d。

为何"W 单位为 mm，A 单位为 km²，且最终能得到的正常涌水量 Q_s 单位 m³/d"？因为其实 2.74 这个数值是有单位的，此数值得到的过程为：$\dfrac{1000}{365d} = 2.74 d^{-1}$。

②《公路工程地质勘察规范》5.13.10 及条文说明，多次出现隧道涌水量的概念及要使用的计算方法，但是没有具体计算公式。《铁路工程不良地质勘察规程》9.5.3 条及条文说明（P191～193）也有对计算公式的说明，但是不全。以上计算方法和具体公式是根据《铁路工程地质手册》P196～197 和《铁路工程水文地质勘察规范》TB 10049—2014 附录 E 总结得到，感兴趣的岩友可以对《铁路工程水文地质勘察规范》TB 10049—2014 附录 E 条文说明中的算例亲自计算。

③ 关于降水入渗系数 α 的详解，可见《铁路工程不良地质勘察规程》9.5.3 条及条文说明（P191～193）。

④ 以上是计算隧道正常涌水量所使用方法和具体计算公式的解题思维流程，关于地下水动力学法即隧道最大涌水量，可见《铁路工程水文地质勘察规范》TB 10049—2014 附录 E，不再详细介绍。

14.6 公路工程抗震规范

具体见抗震工程专题"11.4 公路工程抗震设计"，此处不再赘述。

15 铁路工程专题

本专题依据的主要规范及教材

《铁路工程地质勘察规范》TB 10012—2019
《铁路工程不良地质勘察规程》TB 10027—2012
《铁路工程特殊岩土勘察规程》TB 10038—2012
《铁路桥涵地基和基础设计规范》TB 10093—2017
《铁路路基设计规范》TB 10001—2016
《铁路路基支挡结构设计规范》TB 10025—2019
《铁路隧道设计规范》TB 10003—2016
《工程地质手册》(第五版)

铁路工程专题与公路工程专题相类似，知识点较偏，但近几年也上升为了重点章节，一定要通读规范，全面复习，不可偏废，近几年必考 4 道题左右。

15 铁路工程专题

15.1 铁路工程地质勘察

《铁路工程地质勘察规范》TB 10012—2019
条文及条文说明重要内容简介及本书索引

规范条文		条文重点内容	条文说明重点内容	相应重点学习和要结合的本书具体章节
1 总则				自行阅读
2 术语和符号	2.1 术语			自行阅读
	2.2 符号			自行阅读
3 工程地质勘察基本内容	3.1 一般规定			自行阅读
	3.2 勘察大纲的编制			自行阅读
	3.3 遥感地质解译			自行阅读
	3.4 工程地质调绘		附录A 岩土施工工程分级	自行阅读
	3.5 物探			自行阅读
	3.6 钻探、简易勘探及取样	表3.6.9 土样质量等级的划分		自行阅读
	3.7 原位测试			自行阅读
	3.8 室内试验			自行阅读
	3.9 资料综合分析和工程地质条件评价	3.9.4 岩土参数数理统计		自行阅读
	3.10 文件编制			自行阅读
4 各类建筑物工程地质勘察	4.1 路基工程			自行阅读
	4.2 桥涵工程			自行阅读
	4.3 隧道工程		4.3.2 中铁路隧道围岩基本分级 　岩爆临界深度计算公式 　表4.3.2-15 岩爆分级及判别表 　表4.3.7 隧道围岩掘进机工作条件分级表	自行阅读

15.1 铁路工程地质勘察

续表

规范条文		条文重点内容	条文说明重点内容	相应重点学习和要结合的本书具体章节
4 各类建筑物工程地质勘察	4.4 站场工程			自行阅读
	4.5 天然建筑材料场地勘察			自行阅读
	4.6 工程地质资料编制			自行阅读
5 不良地质工程地质勘察	5.1 滑坡			自行阅读
	5.2 危岩、落石和崩塌			自行阅读
	5.3 岩堆			自行阅读
	5.4 泥石流			自行阅读
	5.5 风沙			自行阅读
	5.6 岩溶			自行阅读
	5.7 人为坑洞			自行阅读
	5.8 水库坍岸			自行阅读
	5.9 地震区			自行阅读
	5.10 放射性			自行阅读
	5.11 有害气体			自行阅读
	5.12 高地温			自行阅读
	5.13 地面沉降			自行阅读
6 特殊岩土工程地质勘察	6.1 黄土	表6.1.8 湿陷性黄土地基的湿陷等级		自行阅读
	6.2 膨胀土和红黏土	表6.2.6 膨胀潜势分级 表6.2.8 膨胀岩的室内试验判定标准		自行阅读
	6.3 软土			自行阅读
	6.4 盐渍土	表6.4.7 盐渍化程度分类		自行阅读
	6.5 盐岩及盐渍岩	附录E 环境水、土对混凝土侵蚀性的判定标准		自行阅读
	6.6 冻土	表6.6.6 多年冻土地温带划分 表6.6.7 多年冻土融沉性分级及冻土分类 附录F 季节性冻土与季节融化层土的冻胀性		自行阅读
	6.7 填土			自行阅读

517

15 铁路工程专题

续表

规范条文		条文重点内容	条文说明重点内容	相应重点学习和要结合的本书具体章节
7 新建铁路工程地质勘察	7.1 一般规定			自行阅读
	7.2 踏勘			自行阅读
	7.3 初测			自行阅读
	7.4 定测			自行阅读
	7.5 补充定测			自行阅读
8 改建铁路工程地质勘察	8.1 一般规定			自行阅读
	8.2 工作内容			自行阅读
	8.3 资料编制			自行阅读
9 施工阶段工程地质工作	9.1 一般规定			自行阅读
	9.2 工作内容			自行阅读
	9.3 资料编制			自行阅读
10 运营铁路工程地质工作	10.1 一般规定			自行阅读
	10.2 工作内容			自行阅读
	10.3 资料编制			自行阅读

15.2 铁路工程不良地质勘察

《铁路工程不良地质勘察规程》TB 10027—2012 J1407—2012
条文及条文说明重要内容简介及本书索引

规范条文		条文重点内容	条文说明重点内容	相应重点学习和要结合的本书具体章节
1 总则				自行阅读
2 术语和符号	2.1 语术			自行阅读
	2.2 符号			自行阅读
3 基本规定				自行阅读
4 滑坡和错落	4.1 一般规定			自行阅读
	4.2 工程地质选线			自行阅读
	4.3 地质调绘			自行阅读
	4.4 勘探与测试			自行阅读
	4.5 观测与评价	附录A 滑坡的分类和稳定性检算	4.5.3中计算公式	自行阅读
	4.6 踏勘			自行阅读
	4.7 初测			自行阅读
	4.8 定测			自行阅读
	4.9 施工阶段			自行阅读
	4.10 运营阶段			自行阅读
5 危岩、落石和崩塌	5.1 一般规定	附录B 崩塌的分类		自行阅读
	5.2 工程地质选线			自行阅读
	5.3 地质调绘			自行阅读
	5.4 勘探与测试			自行阅读
	5.5 观测与评价			自行阅读
	5.6 踏勘			自行阅读
	5.7 初测			自行阅读
	5.8 定测			自行阅读
	5.9 施工阶段			自行阅读
	5.10 运营阶段			自行阅读

续表

规范条文		条文重点内容	条文说明重点内容	相应重点学习和要结合的本书具体章节
6 岩堆	6.1 一般规定			自行阅读
	6.2 工程地质选线			自行阅读
	6.3 地质调绘			自行阅读
	6.4 勘探与测试			自行阅读
	6.5 评价			自行阅读
	6.6 踏勘			自行阅读
	6.7 初测			自行阅读
	6.8 定测			自行阅读
	6.9 施工阶段			自行阅读
	6.10 运营阶段			自行阅读
7 泥石流	7.1 一般规定	附录C 泥石流的分类与分期		自行阅读
	7.2 工程地质选线			自行阅读
	7.3 地质调绘		7.3.3中泥石流流速计算公式	自行阅读
	7.4 勘探与测试		7.4.5中计算公式	自行阅读
	7.5 观测与评价		7.5.3中计算公式	自行阅读
	7.6 踏勘			自行阅读
	7.7 初测			自行阅读
	7.8 定测			自行阅读
	7.9 施工阶段			自行阅读
	7.10 运营阶段			自行阅读
8 风沙	8.1 一般规定			自行阅读
	8.2 工程地质选线			自行阅读
	8.3 地质调绘			自行阅读
	8.4 勘探与测试			自行阅读
	8.5 观测与评价	附录D 风沙的分类	8.5.7中计算公式	自行阅读
	8.6 踏勘			自行阅读
	8.7 初测			自行阅读
	8.8 定测			自行阅读
	8.9 改建铁路			自行阅读
	8.10 施工阶段			自行阅读
	8.11 运营阶段			自行阅读

续表

规范条文		条文重点内容	条文说明重点内容	相应重点学习和要结合的本书具体章节
9 岩溶	9.1 一般规定	附录 E 岩溶的分类		自行阅读
	9.2 工程地质选线			自行阅读
	9.3 地质调绘			自行阅读
	9.4 勘探与测试			自行阅读
	9.5 观测与评价	9.5.4 岩溶隧道涌水量应采用多种方法计算比较确定	9.5.3 中计算公式	自行阅读
	9.6 踏勘			自行阅读
	9.7 初测			自行阅读
	9.8 定测			自行阅读
	9.9 施工阶段			自行阅读
	9.10 运营阶段			自行阅读
10 人为坑洞	10.1 一般规定			自行阅读
	10.2 工程地质选线			自行阅读
	10.3 地质调绘			自行阅读
	10.4 勘探与测试			自行阅读
	10.5 观测与评价		10.5.5 中计算公式	自行阅读
	10.6 踏勘			自行阅读
	10.7 初测			自行阅读
	10.8 定测			自行阅读
	10.9 施工阶段			自行阅读
	10.10 运营阶段			自行阅读
11 水库坍岸	11.1 一般规定			自行阅读
	11.2 工程地质选线			自行阅读
	11.3 地质调绘			自行阅读
	11.4 勘探与测试			自行阅读
	11.5 观测与评价			自行阅读
	11.6 踏勘			自行阅读
	11.7 初测			自行阅读
	11.8 定测			自行阅读
	11.9 施工阶段			自行阅读
	11.10 运营阶段			自行阅读

15 铁路工程专题

续表

规范条文		条文重点内容	条文说明重点内容	相应重点学习和要结合的本书具体章节
12 地震	12.1 一般规定			自行阅读
	12.2 工程地质选线			自行阅读
	12.3 地质调绘			自行阅读
	12.4 勘探与测试			自行阅读
	12.5 场地评价			自行阅读
	12.6 踏勘			自行阅读
	12.7 初测			自行阅读
	12.8 定测			自行阅读
	12.9 施工阶段			自行阅读
	12.10 运营阶段			自行阅读
13 放射性	13.1 一般规定			自行阅读
	13.2 工程地质选线			自行阅读
	13.3 地质调绘			自行阅读
	13.4 探测与测试分析			自行阅读
	13.5 评价			自行阅读
	13.6 踏勘			自行阅读
	13.7 初测			自行阅读
	13.8 定测			自行阅读
	13.9 施工阶段			自行阅读
	13.10 运营阶段			自行阅读
14 有害气体	14.1 一般规定			自行阅读
	14.2 工程地质选线			自行阅读
	14.3 地质调绘			自行阅读
	14.4 勘探与测试			自行阅读
	14.5 评价	附录 F 煤层瓦斯涌出量的计算	14.5.4 中计算公式 14.5.7 中计算公式	自行阅读
	14.6 踏勘			自行阅读
	14.7 初测			自行阅读
	14.8 定测			自行阅读
	14.9 施工阶段			自行阅读
	14.10 运营阶段			自行阅读

15.2 铁路工程不良地质勘察

续表

规范条文		条文重点内容	条文说明重点内容	相应重点学习和要结合的本书具体章节
15 高地温	15.1 一般规定			自行阅读
	15.2 工程地质选线			自行阅读
	15.3 地质调绘			自行阅读
	15.4 勘探与测试			自行阅读
	15.5 分析与评价		15.5 中计算公式	自行阅读
	15.6 踏勘			自行阅读
	15.7 初测			自行阅读
	15.8 定测			自行阅读
	15.9 施工阶段			自行阅读
	15.10 运营阶段			自行阅读
16 地面沉降	16.1 一般规定			自行阅读
	16.2 工程地质选线			自行阅读
	16.3 地质调绘			自行阅读
	16.4 勘探与测试			自行阅读
	16.5 观测与评价			自行阅读
	16.6 踏勘			自行阅读
	16.7 初测			自行阅读
	16.8 定测			
	16.9 施工阶段			
	16.10 运营阶段			

15.3 铁路工程特殊岩土勘察

**《铁路工程特殊岩土勘察规程》TB 10038—2012 J1408—2012
条文及条文说明重要内容简介及本书索引**

规范条文		条文重点内容	条文说明重点内容	相应重点学习和要结合的本书具体章节
1 总则				自行阅读
2 术语和符号	2.1 术语			自行阅读
	2.2 符号			自行阅读
3 基本规定				自行阅读
4 黄土	4.1 一般规定	附录A 黄土的地貌类型划分表 附录B 黄土地层的堆积时代与特征划分表		自行阅读
	4.2 工程地质选线			自行阅读
	4.3 地质调绘			自行阅读
	4.4 勘探与测试			自行阅读
	4.5 场地评价	均重点		自行阅读
	4.6 踏勘			自行阅读
	4.7 初测			自行阅读
	4.8 定测			自行阅读
	4.9 施工阶段			自行阅读
	4.10 运营阶段			自行阅读
5 膨胀土（岩）	5.1 一般规定			自行阅读
	5.2 工程地质选线			自行阅读
	5.3 地质调绘			自行阅读
	5.4 勘探与测试			自行阅读
	5.5 场地评价	均重点		自行阅读
	5.6 踏勘			自行阅读
	5.7 初测			自行阅读
	5.8 定测			自行阅读
	5.9 施工阶段			自行阅读
	5.10 运营阶段			自行阅读
6 软土及松软土	6.1 一般规定	表6.1.4 软土的分类及其物理力学指标		自行阅读
	6.2 工程地质选线		6.2.4 中临界高度计算公式	15.3.1 软土路基临界高度
	6.3 地质调绘			自行阅读

15.3 铁路工程特殊岩土勘察

续表

	规范条文		条文重点内容	条文说明重点内容	相应重点学习和要结合的本书具体章节
6 软土及松软土	6.4	勘探与测试			自行阅读
	6.5	场地评价			自行阅读
	6.6	踏勘			自行阅读
	6.7	初测			自行阅读
	6.8	定测			自行阅读
	6.9	施工阶段			自行阅读
	6.10	运营阶段			自行阅读
7 盐渍土	7.1	一般规定	均重点		自行阅读
	7.2	工程地质选线			自行阅读
	7.3	地质调绘			自行阅读
	7.4	勘探与测试			自行阅读
	7.5	观测与场地评价	均重点		自行阅读
	7.6	踏勘			自行阅读
	7.7	初测			自行阅读
	7.8	定测			自行阅读
	7.9	施工阶段			自行阅读
	7.10	运营阶段			自行阅读
8 多年冻土	8.1	一般规定			自行阅读
	8.2	工程地质选线			自行阅读
	8.3	地质调绘			自行阅读
	8.4	勘探与测试			自行阅读
	8.5	观测与场地评价	均重点 附录 C 多年冻土的含水率与融沉等级对照表 附录 D 多年冻土季节融化土层的冻胀性分级划分表		自行阅读
	8.6	踏勘			自行阅读
	8.7	初测			自行阅读
	8.8	定测			自行阅读
	8.9	施工阶段			自行阅读
	8.10	运营阶段			自行阅读
9 填土	9.1	一般规定			自行阅读
	9.2	工程地质选线			自行阅读
	9.3	地质调绘			自行阅读
	9.4	勘探与测试			自行阅读
	9.5	场地评价			自行阅读

续表

规范条文		条文重点内容	条文说明重点内容	相应重点学习和要结合的本书具体章节
9 填土	9.6 踏勘			自行阅读
	9.7 初测			自行阅读
	9.8 定测			自行阅读
	9.9 施工阶段			自行阅读
	9.10 运营阶段			自行阅读
10 盐岩及盐渍岩	10.1 一般规定	表 10.1.3 盐岩的类型		自行阅读
	10.2 工程地质选线			自行阅读
	10.3 地质调绘			
	10.4 勘探与测试			
	10.5 场地评价			
	10.6 踏勘			
	10.7 初测			
	10.8 定测			
	10.9 施工阶段			
	10.10 运营阶段			

15.3.1 软土路基临界高度

《铁路工程特殊岩土勘察规范》6.2.4 条文说明

"软土"在铁路工程界泛指软黏性土、饱和粉土、淤泥质土、淤泥和泥炭质土、泥炭等几种类型的饱水软弱土类。

软土、松软土地区地下水位高，若采用路堑形式，则维持堑坡稳定、基床处理的费用会很大，且施工、运营养护也困难，故最好避免。有条件时，路堤高度控制在设计临界高度以内可使地基加固处理的费用大为减少。

临界高度：在软黏土地层的土坡稳定性分析的近似方法中，泰勒（Taylor）的稳定数图解法为土坡的临界高度提供了近似解。该法假设土坡和地基土为 $\varphi=0$ 的同一均质土，即土坡和地基土的重度 γ、不排水抗剪强度 C_u 均相同。其解题思维流程如下：

土坡和地基土的重度 γ	不排水抗剪强度 C_u
软土路基临界高度 $H_c = \dfrac{5.52 C_u}{\gamma}$	

【注】关于边坡的极限高度可见《工程地质手册》（第五版）P1096～1097。

15.4 铁路桥涵地基与基础设计

《铁路桥涵地基和基础设计规范》TB 10093—2017　J 464—2017
条文及条文说明重要内容简介及本书索引

规范条文		条文重点内容	条文说明重点内容	相应重点学习和要结合的本书具体章节
1　总则		1.0.9　墩台明挖、沉（挖）井基础的基底埋置深度 附录 A　土和岩石的工程分类及其性质的划分		自行阅读
2　术语和符号	2.1　术语			自行阅读
	2.2　符号			自行阅读
3　基础稳定性和基础沉降	3.1　基础倾覆稳定和滑动稳定	均重点	3.1.1 中对计算公式的说明 3.1.2 中计算公式	15.4.3　基础稳定性
	3.2　基础沉降	均重点 附录 B　矩形面积上均布荷载作用下通过中心点竖线上的平均附加应力系数		自行阅读
4　地基承载力	4.1　地基承载力	均重点	4.1.3 中对计算公式的说明	15.4.1　地基基本承载力及容许承载力 15.4.2　软土地基容许承载力
	4.2　地基承载力的提高	均重点		自行阅读
5　明挖基础	5.1　一般规定			自行阅读
	5.2　计算	均重点 附录 C　桥涵基底下卧土层附加应力系数	5.2.2 中对计算公式的说明	自行阅读
	5.3　构造			自行阅读
6　桩基础	6.1　一般要求			自行阅读
	6.2　计算	均重点 附录 E　桥梁桩基当作实体基础的检算		15.4.4　桩基础
	6.3　构造			自行阅读
7　沉井基础	7.1　一般要求	表 7.1.2　井壁与土体间摩阻力		自行阅读
	7.2　计算	均重点	7.2.3 中对计算公式的说明 7.2.6 中计算公式	自行阅读
	7.3　构造			自行阅读

续表

规范条文		条文重点内容	条文说明重点内容	相应重点学习和要结合的本书具体章节
8 挖井基础	8.1 一般规定			自行阅读
	8.2 计算			自行阅读
9 特殊地基	9.1 湿陷性黄土地基	均重点	9.1.6 中对计算公式的说明	自行阅读
	9.2 软土地基	均重点 附录 F 台后路基对桥台基底附加竖向压应力的计算	9.2.6 中计算公式	15.4.5 特殊地基
	9.3 多年冻土地基	均重点 附录 G 严寒及多年冻土地区桥涵基础切向冻胀计算		自行阅读
	9.4 岩溶地区地基			自行阅读
10 改建既有线、增建第二线的桥涵基础				

15.4.1 地基基本承载力及容许承载力

《铁路桥涵地基和基础设计规范》4.1

铁路桥涵地基基本承载力 σ_0 及容许承载力 $[\sigma]$ 解题思维流程总结如下：

确定地基基本承载力 σ_0 若题目未直接给定，按地基土性查表确定 条文 4.1.2 中的表	基础短边 b 任何土：[2, 10] 圆形或正多边形基础为 $\sqrt{F}$ F 为基础底面积	基础埋深 h ① 一般从天然地面算起 ② 有水冲刷时自一般冲刷线算起 ③ 位于挖方内，由开挖深度地面算起 ④ 当 $h<3m$ 时，取 $3m$；当 $h/b>4$ 时，取 $h=4b$
注意水位和持力层是否透水	基底持力层土的重度 γ_1，若持力层在水位以下且透水时取浮重度	基底以上（准确是指 h 范围内）土的加权平均重度 γ_2 若持力层在水面以下，且不透水时，不论基底以上土的透水性质如何，一律取饱和重度；当透水时，水中部分土层则应取浮重度
持力层土性质查表	宽度修正系数 k_1	深度修正系数 k_2
地基容许承载力 $[\sigma]=\sigma_0+k_1\gamma_1(b-2)+k_2\gamma_2(h-3)$（非软土地基）		
地基容许承载力 $[\sigma]$ 尚需提高，按以下进行		
① 主力加附加力（不含长钢轨纵向力）时，提高系数 1.2		
② 主力加特殊荷载（地震力除外）时	$\sigma_0>500kPa$ 的岩石和土，提高系数 1.4	
	$150kPa<\sigma_0\leqslant500kPa$ 的岩石和土，提高系数 1.3	
	$100kPa<\sigma_0\leqslant150kPa$ 的岩石和土，提高系数 1.2	
③ 既有墩台地基基本承载力可根据压密程度予以提高，但提高系数不应超过 1.25		
④ 当基础位于水中不透水地层上时，按平均常水位至一般冲刷线的水深每米再增大 $10kPa$		

地基土承载力宽度、深度修正系数 k_1、k_2

① 节理不发育或较发育的岩石不作宽深修正；节理发育或很发育的岩石，k_1、k_2 可采用碎石类土的系数；对已风化成砂、土状的岩石，则按砂类土、黏性土的系数。
② 对于稍松状态的砂类土和松散状态的碎石类土，k_1、k_2 的值可采用表列稍、中密值的50%。
③ 冻土的 k_1、k_2 均取0。

系数	黏性土			黄土			砂土								碎石土			
	Q_4的冲、洪积土		Q_3及其以前的冲、洪积土	粉土	新黄土	老黄土	粉砂		细砂		中砂		砾砂、粗砂		碎石、圆砾、角砾		卵石	
	$I_L<0.5$	$I_L\geq0.5$	残积土				稍、中密	密实	稍、中密	密实	稍、中密	密实	稍、中密	密实	稍、中密	密实	稍、中密	密实
k_1	0	0	0	0	0	0	1	1.2	1.5	2	2	3	3	4	3	4	3	4
k_2	2.5	1.5	2.5	1.5	1.5	1.5	2	2.5	3	4	4	5.5	5	6	5	6	6	10

【注】① 关于不透水层的确定：透水层与不透水层的界定是相对的，一般都是按渗透性能划分，工程上一般将岩石、坚硬黏土层、老黏土层等视为不透水层。

② 注意与公路工程专题中公路桥涵地基与基础设计"14.2.1 地基承载力基本容许值及修正"进行对比理解，注意两者的细微区别，比如宽度、深度修正系数 k_1、k_2 表格中对于稍密和松散状态的砂取值不同等，根据题意切不可用错规范。

15.4.2 软土地基容许承载力

《铁路桥涵地基和基础设计规范》4.1.4

软土地基按抗剪强度指标确定容许承载力（相当于修正后的容许承载力）	
不排水剪切强度 C_u（kPa）	
安全系数 m'，可根据软土灵敏度及建筑物对变形的要求等因素选1.5~2.5	
基础埋深 h ① 一般从天然地面算起 ② 有水冲刷时自一般冲刷线起算 ③ 位于挖方内，由开挖深度地面算起 ④ 无"当 $h<3m$ 时，取3m；当 $h/b>4$ 时，取 $h=4b$"的要求	基底以上（准确是指 h 范围内）土的加权平均重度 γ_2 若持力层在水面以下，且不透水时，不论基底以上土的透水性质如何，一律取饱和重度；当透水时，水中部分土层则应取浮重度。
一般软土地基：容许承载力 $[\sigma]=\dfrac{5.14C_u}{m'}+\gamma_2 h$	
对于小桥和涵洞基础，也可按如下计算：$[\sigma]=\sigma_0+\gamma_2(h-3)$	

软土地基的基本承载力 $[\sigma]=\sigma_0+\gamma_2(h-3)$

天然含水率 w(%)	36	40	45	50	55	65	75
σ_0（kPa）	100	90	80	70	60	50	40

地基容许承载力 $[\sigma]$ 尚需提高，按以下进行

① 主力加附加力（不含长钢轨纵向力）时，提高系数1.2

续表

②主力特殊荷载（地震力除外）时	$\sigma_0 >$ 500kPa 的岩石和土，提高系数 1.4
	150kPa$<\sigma_0\leqslant$500kPa 的岩石和土，提高系数 1.3
	100kPa$<\sigma_0\leqslant$150kPa 的岩石和土，提高系数 1.2
③既有墩台地基基本承载力可根据压密程度予以提高，但提高系数不应超过 1.25	
④当基础位于水中不透水地层上时，按平均常水位至一般冲刷线的水深每米再增大 10kPa	

【注】①关于不透水层的确定：透水层与不透水层的界定是相对的，一般都是按渗透性能划分，工程上一般将岩石、坚硬黏土层、老黏土层等视为不透水层。软土地基按抗剪强度指标确定修正后容许承载力时，由于使用的是不排水剪切强度，所以将软黏土（如淤泥质黏土）在计算承载力时也按不透水层处理，这点值得高度重视。

②$\gamma_2 h$，本质为基础埋深 h 范围内土体自重，根据题意注意取浮重度还是饱和重度。

③此处 h 规范上说意义同 4.1.3 条，语义不甚明确，与基本原理和概念有点矛盾。可见《铁路工程地质手册》（第二版）P135，没有"当 $h<3$m 时，取 3m；当 $h/b>4$ 时，取 $h=4b$"的要求。

15.4.3 基础稳定性

《铁路桥涵地基和基础设计规范》3.1

基础稳定性包含基础倾覆稳定和滑动稳定，计算示意图如图 15.4-1 所示。

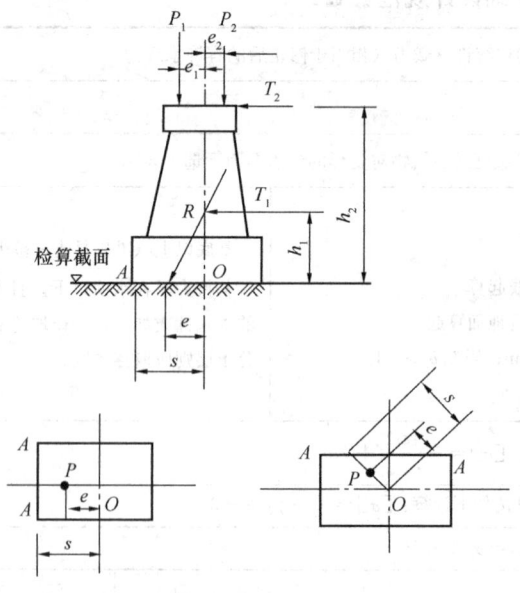

图 15.4-1 墩台基础的稳定检算示意图
O—截面重心；P—合力作用点；A-A—检算倾覆轴

其解题思维流程总结如下：

① 基础的倾覆稳定

各竖直力 P_i (kN) 含基础自重	各竖直力 P_i 对检算截面重心的力臂 e_i (m)
各水平力 T_i (kN)	各水平力 T_i 对检算截面的力臂 h_i (m)
在沿截面重心与合力作用点的连接线上，自截面重心至检算倾覆轴的距离 s (m)	
基础的倾覆稳定系数 $K_0 = \dfrac{s\Sigma P_i}{\Sigma P_i e_i + \Sigma T_i h_i}$，$K_0$ 不应小于 1.5，施工荷载作用下不应小于 1.2	
或 $K_0 = \dfrac{s}{e}$，其中 e 为所有外力合力 R 的作用点至截面重心的距离（m）	

② 基础的滑动稳定

基础底面与地基土间的摩擦系数 f	软塑的黏性土	硬塑的黏性土	粉土、坚硬的黏性土	砂类土	碎石类土	软质岩	硬质岩
	0.25	0.3	0.3~0.4	0.4	0.5	0.4~0.6	0.6~0.7

基础的滑动稳定系数 $K_c = \dfrac{f\Sigma P_i}{\Sigma T_i}$，$K_c$ 不应小于 1.3，施工荷载作用下不应小于 1.2

15.4.4 桩基础

15.4.4.1 按岩土的阻力确定钻（挖）孔灌注摩擦桩单桩轴向受压容许承载力

《铁路桥涵地基和基础设计规范》6.2.1、6.2.2

钻（挖）孔灌注摩擦桩单桩轴向受压容许承载力解题思维流程：

桩径或宽度 d		
桩端埋置埋深 h ①一般从天然地面算起 ②有水冲刷时自一般冲刷线算起 ③位于挖方内，由开挖深度地面算起 ④当 $h<3m$ 时，取 3m；当 $h/b>4$ 时，取 $h=4b$		桩端以上（准确是指 h 范围内）土的加权平均重度 γ_2 若持力层在水面以下，且不透水时，不论基底以上土的透水性质如何，一律取饱和重度；当透水时，水中部分土层则应取浮重度
桩端处土的基本承载力 $[\sigma_0]$	修正系数 k_2，根据桩端土性查表确定	修正系数 k_2' 对于黏性土和黄土 $k_2'=1.0$；其他土取 $k_2'=k_2/2$
桩底地基土的容许承载力 $[\sigma]$ (kPa)	$h \leq 4d$	$[\sigma] = \sigma_0 + k_2\gamma_2(h-3)$
	$4d < h \leq 10d$	$[\sigma] = \sigma_0 + k_2\gamma_2(4d-3) + k_2'\gamma_2(h-4d)$
	$10d < h$	$[\sigma] = \sigma_0 + k_2\gamma_2(4d-3) + k_2'\gamma_2(6d)$
钻孔灌注桩桩底支承力折减系数 m_0，查规范表 6.2.2-6 确定		

桩身周长 u	各土层计算厚度 l_i (m)	各土层极限摩阻力 f_i (kPa)	桩端面积 A

按岩土的阻力计算单桩容许承载力 (kN) $[P] = \frac{1}{2}u\Sigma l_i f_i + m_0 A[\sigma]$
① 容许承载力 $[P]$ 的提高：主力加附加力作用（不含长钢轨纵向力）时，$[P]$ 可提高 20%；主力加特殊荷载（地震力除外）时，$[P]$（柱桩）可提高 20%～40%
② 单桩的轴向容许承载力应分别按桩身材料强度和岩土的阻力进行计算，取其较小值

【注】① 打入、震动下沉和桩尖爆扩摩擦桩的轴向受压容许承载力计算见本规范 6.2.2 第 1 款条文，不再介绍。

② 多年冻土地基～钻孔桩的容许承载力，按本规范 9.3.7 条计算。

15.4.4.2 群桩作为实体基础的检算

《铁路桥涵地基和基础设计规范》附录 E

将桩基视为规范图 E 中 1、2、3、4 范围内的实体基础，验算示意图如下。

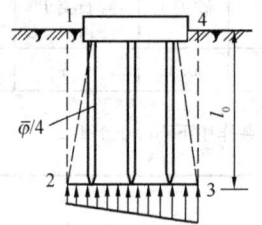 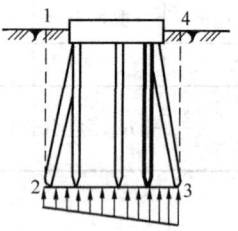

规范图 E 桩基础计算示意图

其解题思维流程总结如下：

桩群外围边长 $b' = b_{承台短边}$ — 最外侧桩边缘至承台边距离×2	注：桩群外围边长和承台边长有时不一致
桩群外围边长 $l' = l_{承台长边}$ — 最外侧桩边缘至承台边距离×2	
应力扩散后作用在桩端的边长 $b = b' + 2l_0 \tan(\overline{\varphi}/4)$	
应力扩散后作用在桩端的边长 $l = l' + 2l_0 \tan(\overline{\varphi}/4)$	
应力扩散后作用在桩端的作用截面面积 $A = b \cdot l$	桩端的作用截面的抵抗矩 W
承台下计算桩长 l_0	l_0 范围内各土层内摩擦角 φ_i 和厚度 l_i
桩群所穿过土层的加权平均内摩擦角 $\overline{\varphi} = \Sigma \varphi_i l_i / l_0$	
作用于桩基底面（即桩端）的竖向力 N（kN）包括土体 1、2、3、4 和桩的恒载，注意土体从地面算起	外力对承台底面处桩基重心的力矩 M（kN·m）
桩底处地基容许承载力 $[\sigma]$	
承载力检算：$\frac{N}{A} + \frac{M}{W} \leqslant [\sigma]$	

15.4.5 特殊地基

《铁路桥涵地基和基础设计规范》9

主要是湿陷性黄土地基、软土地基、多年冻土地基、岩溶地区路基。2019 年第一次出题，故详细解题思维流程不再详述，可见电子版补充资料。

15.5 铁路路基设计

《铁路路基设计规范》 TB 10001—2016　J 7—2016
条文及条文说明重要内容简介及本书索引

规范条文		条文重点内容	条文说明重点内容	相应重点学习和要结合的本书具体章节
1 总则				自行阅读
2 术语和符号	2.1 术语			自行阅读
	2.2 符号			自行阅读
3 基本规定	3.1 路肩高程			自行阅读
	3.2 路基面形状和宽度	3.2.4 客货共线非电气化铁路此线地段标准路基面宽度的计算确定 3.2.5 客货共线电气化铁路直线地段标准路基面宽度的计算确定 3.2.6 客货共线电气化铁路路基面设置电缆槽时，路基面宽度的计算确定 3.2.7 客货共线铁路区间单、双线曲线地段的路基面宽度的计算确定		自行阅读
	3.3 路基稳定及沉降控制标准	3.3.2 黏性土边坡和较大规模的破碎结构岩质边坡宜采用圆弧滑动法确定边坡稳定性系数 3.3.3 平面滑动法计算 3.3.4 折线滑动法 3.3.5 路基边坡稳定分析计算时，最小稳定安全系数的规定 3.3.6 路基工后沉降要求及计算 3.3.7 天然地基的总沉降量计算 3.3.8 复合地基的总沉降计算	3.3.4 中不同边坡稳定性系数计算方法比较	自行阅读
	3.4 变形观测与评估			自行阅读
	3.5 设计使用年限			自行阅读
4 设计荷载	4.1 一般规定	表 4.1.1 荷载分类 表 4.1.3 荷载组合		自行阅读
	4.2 主力	均重点	4.2.1 中算例	自行阅读
	4.3 附加力	均重点		自行阅读
	4.4 特殊力	均重点		自行阅读

533

15 铁路工程专题

续表

规范条文		条文重点内容	条文说明重点内容	相应重点学习和要结合的本书具体章节
5 工程材料	5.1 一般规定			自行阅读
	5.2 填料	表5.2.3 普通填料粒组划分 5.2.9 普通填料的分类 表5.2.9 铁路路基填料冻胀性 5.2.10 路基基床表层级配碎石分类规定 表5.2.11 过渡段级配碎石的粒径级配范围 附录A 普通填料组别分类 附录B 改良土设计及试验要求		自行阅读
	5.3 石料			自行阅读
	5.4 混凝土			自行阅读
	5.5 水泥砂浆			自行阅读
	5.6 钢材			自行阅读
	5.7 土工合成材料	5.7.3 土工合成材料设计容许抗拉强度的计算 5.7.8 土工合成材料用于路基地基处理时应符合的规定	5.7.1中土工合成材料分类	自行阅读
6 基床	6.1 一般规定	6.1.4 基床分层填筑的上下层填土的颗粒结构应符合的要求		自行阅读
	6.2 基床结构	6.2.1 路基基床结构应由基床表层和基床底层构成,其结构设计在列车荷载作用下应符合的规定 表6.2.2 常用路基基床结构厚度	6.2.1中计算公式	自行阅读
	6.3 路堤基床	表6.3.1 基床表层填料选择标准 表6.3.2 基床底层填料选择标准		自行阅读
	6.4 路堑基床			自行阅读
	6.5 基床压实标准	表6.5.2 基床表层填料的压实标准 表6.5.3 基床底层填料的压实标准		自行阅读
	6.6 基床处理措施			自行阅读
7 路堤	7.1 一般规定			自行阅读
	7.2 填料及填筑要求	7.2.1 基床以下路堤填料应符合的规定		自行阅读
	7.3 压实标准	表7.3.2 基床以下路堤料的压实标准 7.3.4 路堤边坡高度大于15m时,其每侧加宽值的计算确定		自行阅读
	7.4 边坡形式和坡率	表7.4.3 路堤边坡形式和坡率		自行阅读

续表

规范条文		条文重点内容	条文说明重点内容	相应重点学习和要结合的本书具体章节
8 路堑	8.1 一般规定			自行阅读
	8.2 土质路堑	表8.2.2 土质路堑边坡坡率		自行阅读
	8.3 岩石路堑	表8.3.2 岩石路堑边坡坡率		自行阅读
9 过渡段	9.1 一般规定			自行阅读
	9.2 路基与桥台过渡段	9.2.2 过渡段长度的计算 9.2.4 过渡段基床表层以下梯形部分的填料及填筑压实应符合的规定		自行阅读
	9.3 路基与横向结构物过渡段			自行阅读
	9.4 路堤与路堑过渡段			自行阅读
	9.5 路堑与隧道过渡段			自行阅读
10 地基处理	10.1 一般规定			自行阅读
	10.2 主要技术要求	10.2.2 路堤与地基的整体稳定性检算规定 10.2.3 地基沉降计算要求 附录D 常用地基处理方法及措施适用条件表		自行阅读
	10.3 常用措施			自行阅读
11 支挡结构	11.1 一般规定			自行阅读
	11.2 主要设计原则	11.2.2 挡土墙抗滑动和抗倾覆稳定性检算 表11.2.2 挡土墙稳定系数		自行阅读
	11.3 常用支挡结构类型及适用范围			自行阅读
12 路基防护	12.1 一般规定			
	12.2 植物防护			
	12.3 骨架护坡			自行阅读
	12.4 实体护坡（墙）		12.4.5 中计算公式	自行阅读
	12.5 孔窗式护坡（墙）			自行阅读
	12.6 锚杆框架梁护坡			自行阅读
	12.7 喷射混凝土（砂浆）护坡		12.7.1 中计算公式	自行阅读

续表

规范条文		条文重点内容	条文说明重点内容	相应重点学习和要结合的本书具体章节
12 路基防护	12.8 石笼防护			自行阅读
	12.9 防护网			自行阅读
	12.10 土工合成材料防护			自行阅读
	12.11 风沙及雪害地区路基平面防护			自行阅读
	12.12 路基保温防护			自行阅读
13 路基防排水	13.1 一般规定	附录F 路基防排水设计图表		自行阅读
	13.2 地面水			自行阅读
	13.3 地下水		13.3.9～13.3.10中计算公式 13.3.17 中计算公式	自行阅读
14 改建既有线与增建第二线铁路路基	14.1 一般规定			自行阅读
	14.2 改建既有线路基			自行阅读
	14.3 增建第二线路基			自行阅读
	14.4 既有结构物的改造、加固和利用			自行阅读
15 取(弃)土场及土石方调配	15.1 一般规定			自行阅读
	15.2 取土场			自行阅读
	15.3 弃土场（堆）			自行阅读
	15.4 取（弃）土场复垦与防护			自行阅读
	15.5 土石方调配			自行阅读
16 路基接口设计	16.1 一般规定			自行阅读
	16.2 安全防护设施			自行阅读
	16.3 电缆槽			自行阅读
	16.4 其他			自行阅读

15.6 铁路路基支挡结构设计

《铁路路基支挡结构设计规范》TB 10025—2019
条文及条文说明重要内容简介及本书索引

规范条文		条文重点内容	条文说明重点内容	相应重点学习和要结合的本书具体章节
1 总则				自行阅读
2 术语和符号	2.1 术语			自行阅读
	2.2 符号			自行阅读
3 基本规定	3.1 一般规定			自行阅读
	3.2 设计规定	均重点 附录 A 支挡结构常用类型及使用条件		自行阅读
	3.3 支挡结构形式选择			自行阅读
4 设计荷载	4.1 一般规定	均重点		自行阅读
	4.2 主力	均重点 附录 B 路基面以上轨道和列车荷载	4.2.2 中对主动土压力的说明 4.2.4 中对浮力的说明 4.2.5 中算例	自行阅读
	4.3 附加力	均重点	4.3.1 中计算公式 4.3.2 中计算公式	自行阅读
	4.4 特殊力	均重点		自行阅读
5 材料和性能	5.1 一般规定	表 5.1.4 常用材料标准重度 附录 C 结构构件的材料性能参数		自行阅读
	5.2 混凝土、浆砌石和水泥砂浆			自行阅读
	5.3 钢材			自行阅读
	5.4 土工合成材料			自行阅读
	5.5 填料和岩土	附录 D 地基基本承载力		自行阅读
6 重力式挡土墙	6.1 一般规定			自行阅读
	6.2 设计及计算	均重点		自行阅读
	6.3 构造要求			自行阅读
7 悬臂式和扶壁式挡土墙	7.1 一般规定			自行阅读
	7.2 设计及计算	均重点		自行阅读
	7.3 构造要求			自行阅读

15 铁路工程专题

续表

规范条文		条文重点内容	条文说明重点内容	相应重点学习和要结合的本书具体章节
8 槽型挡土墙	8.1 一般规定			自行阅读
	8.2 设计及计算	均重点	8.2.6 中计算公式	自行阅读
	8.3 构造要求			自行阅读
9 加筋土挡土墙	9.1 一般规定			自行阅读
	9.2 设计及计算	均重点	9.2.1~9.2.5 中计算公式及说明	15.6.2 加筋挡土墙
	9.3 构造要求			自行阅读
10 土钉墙	10.1 一般规定			自行阅读
	10.2 设计及计算	均重点	10.2.8 中对外部稳定性的说明	15.6.3 土钉墙
	10.3 构造要求			自行阅读
11 锚杆挡土墙	11.1 一般规定			自行阅读
	11.2 设计及计算	均重点		15.6.4 锚杆挡土墙
	11.3 构造要求			自行阅读
12 预应力锚索	12.1 一般规定			自行阅读
	12.2 设计及计算	均重点 附录 H 锚杆和锚索抗拔设计参数参考值	12.2.2~12.2.3 中计算公式	15.6.5 预应力锚索
	12.3 构造要求			自行阅读
13 抗滑桩	13.1 一般规定			自行阅读
	13.2 设计及计算	均重点 附录 L 锚固桩地基系数参考值	13.2.3 中计算公式说明 13.2.6 中计算公式 13.2.9 中计算公式	自行阅读
	13.3 构造要求			自行阅读
14 桩墙结构	14.1 一般规定			自行阅读
	14.2 设计及计算	均重点	14.2.3 中计算公式及说明 14.2.5 中计算公式	自行阅读
	14.3 构造要求			自行阅读
15 桩基托梁重力式挡土墙	15.1 一般规定			自行阅读
	15.2 设计及计算	均重点	15.2.3 中计算公式	自行阅读
	15.3 构造要求			自行阅读
16 组合桩结构	16.1 一般规定			自行阅读
	16.2 设计及计算	均重点		自行阅读
	16.3 构造要求			自行阅读

15.6 铁路路基支挡结构设计

续表

规范条文		条文重点内容	条文说明重点内容	相应重点学习和要结合的本书具体章节
17 其他结构	17.1 短卸合板式挡土墙	均重点	17.1.6 和 17.1.9 中计算公式	自行阅读
	17.2 锚定板挡土墙	均重点	17.2.8 中计算公式	自行阅读

15.6.1 重力式挡土墙

《铁路路基支挡结构设计规范》6

此节可对比边坡工程专题中重力式挡土墙学习，主要点就是受力分析，但一定注意细节不同之处。

15.6.2 加筋挡土墙

《铁路路基支挡结构设计规范》9

加筋土挡土墙适用于一般地区和地震地区。墙面宜采用钢筋混凝土板。面板形状可采用矩形、十字形、六角形或整体式面板等。拉筋材料宜采用土工格栅、复合土工带或钢筋混凝土板条等。填料应采用砂类土（粉砂、黏砂除外）、砾石类土、碎石类土，也可选用C组细粒土填料，不得采用块石类土。

加筋挡土相关计算示意图如图15.6-1所示，内部稳定性分析时，拉筋锚固区和非锚固区的分界可采用$0.3H$分界线。路肩墙加筋体上填土厚度应计入墙高内。

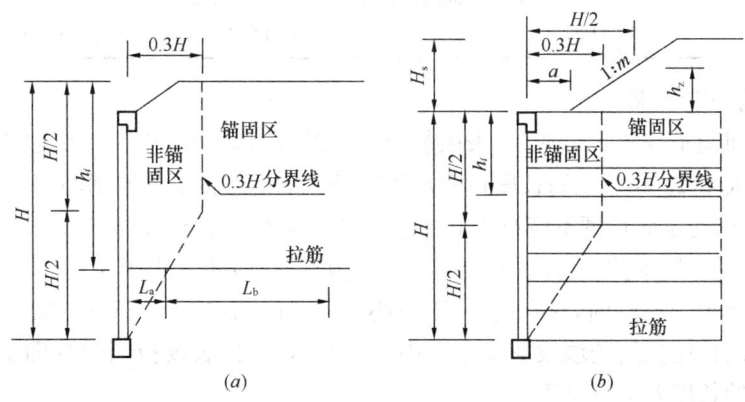

图 15.6-1 拉筋锚固区与非锚固区分界线

加筋挡土墙解题思维流程总结如下：

填料综合内摩擦角 φ_0（°）	加筋体的填料重度 λ（kN/m³）
静止土压力系数 $\lambda_0 = 1 - \sin\varphi_0$	主动土压力系数 $\lambda_a = \tan^2(45° - \varphi/2)$
墙顶（路肩挡土墙包括墙顶以上填土高度）距第 i 层墙面板中心的高度 h_i（m）	

续表

加筋土挡墙内 h_i 深度处的土压力系数 λ_i	当 $h_i<6m$ 时，$\lambda_i=\lambda_0(1-h_i/6)+\lambda_a(h_i/6)$
	当 $h_i \geqslant 6m$ 时，$\lambda_i=\lambda_a$

① 面板后填料产生的水平土压应力（kPa）$\sigma_{h1i}=\lambda_i \gamma h_i$

② 当挡墙后填土无附加荷载时，作用于路肩挡土墙墙面板的水平土压应力 $\sigma_{hi}=\sigma_{h1i}$

拉筋之间水平间距 S_x 与垂直间距 S_y（当采用土工格栅拉筋时只有垂直间距）

③ 第 i 层拉筋承受水平土压力（kN）$E_{xi}=\sigma_{hi}S_xS_y$

拉筋拉力峰值附加系数 K，取 1.5～2.0

④ 第 i 层拉筋拉力（kN）$T_i=KE_{xi}=K\sigma_{hi}S_xS_y$

第 i 层面板（即拉筋）所对应拉筋上的垂直压应力 σ_{vi}（kPa）

当挡墙后填土无附加荷载时，$\sigma_{vi}=\gamma h_i$

拉筋宽度 a（m）	拉筋的有效锚固长度 L_b（m）	拉筋与填料间的摩擦系数 f

⑤ 第 i 层拉筋抗拔力（kN）$S_{fi}=2\sigma_{vi}aL_bf$

⑥ 拉筋抗拔稳定性，应分别验算单板抗拔稳定和全墙抗拔稳定	单板抗拔稳定（即内部稳定性）$S_{fi} \geqslant T_i$
	全墙抗拔稳定 $K_s=\Sigma S_{ft}/\Sigma E_{xi} \geqslant 2.0$

加筋土挡墙墙高 H（m）

非锚固段长度 L_a（m）	当 $h_i \leqslant H/2m$ 时	$L_a=0.3H$
	当 $h_i > H/2m$ 时	$L_a=0.6(H-h_i)$

⑦ 单根拉筋长度（m）$L=L_a+L_b$（注：确定单根拉筋长度，尚应注意构造要求，见下注）

拉筋的上、下层间距 D（m）	拉筋与填料之间的黏聚力 c（kPa）	拉筋与填料之间的摩擦角 δ（°）填料为砂类土时取 $(0.5～0.8)\varphi$

【注】 拉筋构造要求

拉筋竖向间距不宜大于 1.0m。采用复合土工带或钢筋混凝土板条作拉筋时，其水平向间距亦不宜大于 1.0m。拉筋长度在满足稳定条件下尚应按下列原则确定：

① 土工格栅的拉筋长度不应小于 0.6 倍墙高，且不应小于 4.0m。

② 钢筋混凝土板条拉筋长度不应小于 0.8 倍墙高，且不应小于 5.0m。

③ 当墙高小于 3.0m 时，拉筋长度不应小于 4.0m，且应采用等长拉筋。当采用不等长的拉筋时，同长度拉筋的墙段高度不应小于 3.0m，且同长度拉筋的截面也应相同。相邻不等长拉筋的长度差不宜小于 1.0m。

④ 当采用钢筋混凝土板条拉筋时，每段钢筋混凝土板条长度不宜大于 2m。

15.6.3 土钉墙

《铁路路基支挡结构设计规范》10

土钉墙适用于一般地区土质及破碎软弱岩质路堑地段。在腐蚀性地层、膨胀土地段及地下水较发育或边坡土质松散时，不宜采用土钉墙。土钉墙结构形式见图 15.6-2。

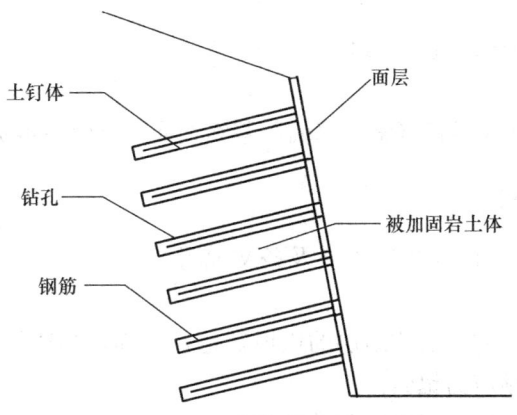

图 15.6-2 土钉墙结构形式

土钉墙相关计算解题思维流程总结如下：

主动土压力系数 λ_a	边坡岩土体重度 γ (kN/m³)	
墙背与竖直面间的夹角 α (°)	墙背摩擦角 δ (°)	
第 i 层土钉距墙顶的高度 h_i (m)	土钉墙墙高 H (m)	
① 作用于土钉墙墙面板土压水平应力 σ_i (kPa)	当 $h_i \leqslant \dfrac{H}{3}$ 时，$\sigma_i = 2\lambda_a \gamma h_i \cos(\delta - a)$	
	当 $h_i > \dfrac{H}{3}$ 时，$\sigma_i = \dfrac{2}{3}\lambda_a \gamma H \cos(\delta - a)$	
② 土钉锚固区与非锚固区分界，潜在破裂面距墙面的距离 l (m) 当坡体渗水较严重或岩体风化破碎严重、节理发育时取大值	当 $h_i \leqslant \dfrac{H}{2}$ 时，$l = (0.3 \sim 0.35)H$	
	当 $h_i > \dfrac{H}{2}$ 时，$l = (0.6 \sim 0.7)(H - h_i)$	
土钉之间水平间距 S_x (m)	垂直间距 S_y (m)	土钉与水平面的夹角 β (°)
③ 第 i 层土钉的拉力 (kN) $E_i = \sigma_i S_x S_y / \cos\beta$		
土钉抗拉强度设计值 f_y (kPa)，可查规范附录表 C.0.5-1	土钉抗拉断作用安全系数 $K_1 = 1.8$	
④ 土钉抗拉稳定性验算：土钉截面面积 (mm²) $A_s \geqslant \dfrac{K_1 E_i}{f_y}$		
锚孔壁与注浆体之间的粘结强度设计值 f_{rb} (kPa) 取标准值 0.8 倍，标准值可查规范附录表 H.0.1	钉材与砂浆间的粘结强度设计值 f_b (kPa) 可查规范附录表 H.0.2	
钻孔直径 D (m)	钉材直径 d (m)	
⑤ 土钉抗拔稳定性验算：土钉有效锚固长度 (m) $l_{ei} \geqslant \dfrac{K_2 E_i}{\pi D f_{rb}}$ 且 $l_{ei} \geqslant \dfrac{K_2 E_i}{\pi d f_b}$		

15.6.4 锚杆挡土墙

《铁路路基支挡结构设计规范》11

与边坡工程专题"9.3 锚杆（索）挡墙"基本相同，此处不再赘述。

15.6.5 预应力锚索

《铁路路基支挡结构设计规范》12.2 及条文说明

预应力锚索适用于土质、岩质地层的边坡及地基加固，其锚固段宜置于稳定岩层内，腐蚀性环境中不宜采用预应力锚索。

预应力锚索相关计算解题思维流程总结如下：

滑坡下滑力 F (N)	折减系数 λ，对土质边坡及松散破碎的岩质边坡应进行折减	
滑动面倾角 α (°)	锚索与水平面的夹角 β (°) 以下倾为宜，不应大于 45°，宜为 15°～30°	滑动面内摩擦角 φ (°)
① 加固滑坡时，预应力锚索设计锚固力 (N) $P_t = F/[\lambda\sin(\alpha+\beta)\tan\varphi + \cos(\alpha+\beta)]$		
预应力锚索抗拉强度 设计值 f_{py} (MPa) 可查规范附录 表 C.0.5-2	锚索轴向抗拉安全系数 $K_1 = 1.4\sim1.6$，腐蚀性地层取大值	单孔锚索中钢绞线束数 n
② 锚索抗拉稳定性验算：每束预应力钢绞线截面面积 (mm²) $A_s \geqslant \dfrac{K_1 P_t}{n f_{py}}$		
抗拔设计时，轴向拔出力安全系数 $K_2 = 2.0$		
张拉钢绞线外表直径 d_s (m)	锚固体（钻孔）直径 D (m)	
水泥砂浆与钢绞线的粘结强度设计值 f_b (MPa)，可查规范附录表 H.0.2	水泥砂浆与岩石孔壁之间粘结强度设计值 f_{rb} (MPa)，可查规范附录表 H.0.1	
③ 锚索抗拔稳定性验算 设计锚固段长度 l_a (m) 取两者的大值，且满足构造要求：拉力型锚索宜为 4～10m；压力分散型锚索一般岩层 2～3m，风化严重岩层 3～6m	根据水泥砂浆与锚索张拉钢材粘结强度确定 $l_a = \dfrac{K_2 P_t}{\pi d_s f_b}$ 或 $l_a = \dfrac{K_2 P_t}{n\pi d f_b}$（锚固段为枣核状） 根据锚索与孔壁的抗剪强度确定 $l_a = \dfrac{K_2 P_t}{\pi D f_{rb}}$	
④ 自由段长度计算： 锚索自由段长度受稳定地层界面控制，在设计中应考虑自由段伸入滑动面或潜在滑动面的长度不应小于 1.5m，自由段长度不应小于 5m		
⑤ 张拉段长度：应根据张拉机具决定，锚索外露部分长度宜为 1.5m		
⑥ 锚索总长度＝锚固段长度＋自由段长度＋张拉段长度		
锚索的锚固段长度与自由段长度之比 A		
⑦ 全锚索最佳计算下倾角 $\beta = \dfrac{45°}{A+1} + \dfrac{2A+1}{2A+2}\varphi - \alpha$		

15.7 铁路隧道设计

《铁路隧道设计规范》TB 10003—2016　J 9—2016
条文及条文说明重要内容简介及本书索引

规范条文		条文重点内容	条文说明重点内容	相应重点学习和要结合的本书具体章节
1　总则		1.0.5　隧道按其长度分类 1.0.6　隧道按开挖跨度分类		自行阅读
2　术语和符号	2.1　术语			自行阅读
	2.2　符号			自行阅读
3　总体设计	3.1　一般规定			自行阅读
	3.2　隧道位置的选择	表3.2.11　两相邻单线隧道间的最小净距		自行阅读
	3.3　隧道线路平面及纵断面			自行阅读
	3.4　内轮廓	附录A　建筑限界		自行阅读
	3.5　风险评估与控制			自行阅读
	3.6　防灾疏散救援工程			自行阅读
	3.7　接口设计			自行阅读
4　隧道勘察	4.1　一般规定			自行阅读
	4.2　调查、测绘、勘探及试验			自行阅读
	4.3　围岩分级	均重点 附录B　铁路隧道围岩分级 附录C　铁路隧道围岩亚分级		15.7.1　铁路隧道围岩级别
5　设计荷载	5.1　一般规定	均重点	说明表5.1.6浅埋隧道覆盖层厚度值 5.1.7中表	自行阅读
	5.2　永久荷载	均重点 附录D　深埋隧道荷载计算方法 附录E　浅埋隧道荷载计算方法 附录F　偏压隧道荷载计算方法 附录G　明洞荷载计算方法 附录H　洞门墙计算方法 附录J　盾构隧道荷载计算方法		15.7.2　隧道围岩压力
	5.3　可变荷载	均重点		自行阅读
	5.4　偶然荷载	均重点		自行阅读

续表

规范条文		条文重点内容	条文说明重点内容	相应重点学习和要结合的本书具体章节
6 建筑材料	6.1 一般规定			自行阅读
	6.2 混凝土			自行阅读
	6.3 喷射混凝土			自行阅读
	6.4 钢材			自行阅读
	6.5 石材和砌体			自行阅读
	6.6 其他常用材料			自行阅读
7 隧道洞口	7.1 一般规定			自行阅读
	7.2 洞口段设计	表7.2.5 洞门墙主要检算规定		自行阅读
	7.3 洞口危岩落石防护			自行阅读
8 隧道衬砌	8.1 一般规定			自行阅读
	8.2 复合式衬砌	表8.2.3 预留变形量	表8.2.2 复合式衬砌的设计参数	自行阅读
	8.3 管片衬砌			自行阅读
	8.4 明洞衬砌			自行阅读
	8.5 衬砌计算	均重点		自行阅读
	8.6 构造要求			自行阅读
9 洞内附属构筑物及轨道	9.1 洞室			自行阅读
	9.2 沟槽			自行阅读
	9.3 轨道			自行阅读
10 防水与排水	10.1 一般规定			自行阅读
	10.2 防水			自行阅读
	10.3 排水			自行阅读
	10.4 洞口和明洞防排水			自行阅读
11 通风与照明	11.1 一般规定			自行阅读
	11.2 施工通风			自行阅读
	11.3 运营通风及防灾通风			自行阅读
	11.4 照明			自行阅读
12 特殊岩土和不良地质隧道	12.1 岩溶隧道			
	12.2 膨胀岩（土）隧道			
	12.3 瓦斯隧道		12.3.2中计算公式	

15.7 铁路隧道设计

续表

规范条文		条文重点内容	条文说明重点内容	相应重点学习和要结合的本书具体章节
12 特殊岩土和不良地质隧道	12.4 采空区隧道			自行阅读
	12.5 高地应力区隧道	表12.5.1 岩爆分级表 表12.5.3 大变形分级表		自行阅读
	12.6 放射性围岩			自行阅读
	12.7 黄土隧道	12.7.2 黄土隧道的深浅埋分界深度 12.7.6 隧道通过湿陷性黄土时，地基湿陷量的计算		自行阅读
	12.8 风积沙、含水砂层隧道			自行阅读
	12.9 严寒及寒冷地区隧道			自行阅读
13 辅助坑道	13.1 一般规定		13.1.5 中计算公式	自行阅读
	13.2 开挖、支护和衬砌			自行阅读
	13.3 横洞和平行导坑			自行阅读
	13.4 斜井和竖井			自行阅读
14 施工方法及主要措施	14.1 一般规定			自行阅读
	14.2 矿山法			自行阅读
	14.3 掘进机法		说明表14.3.1 隧道围岩掘进机工作条件分级表	自行阅读
	14.4 盾构法			自行阅读
	14.5 明挖法			自行阅读
	14.6 超前地质预报			自行阅读
	14.7 监控量测			自行阅读
	14.8 超前支护及围岩加固措施			自行阅读
15 隧道改建	15.1 一般规定			自行阅读
	15.2 改建规定			自行阅读
	15.3 电气化改造			自行阅读
16 环境保护	16.1 一般规定			自行阅读
	16.2 水资源保护			
	16.3 自然环境及周边建(构)筑物保护			
	16.4 隧道弃渣			

15.7.1 铁路隧道围岩级别

《铁路轨道设计规范》4.3、附录 B

(1) 围岩基本分级，按围岩基本质量指标 BQ 值确定

岩石饱和单轴抗压强度 R_c (MPa) 可根据点荷载试验确定			岩体完整性指数 $K_v = (V_{pm}/V_{pr})^2$		
调整：$R_c = \min(90K_v + 30, R_c)$			调整：$K_v = \min(0.04R_c + 0.4, K_v)$		
围岩基本质量指标 $BQ = 100 + 3R_c + 250K_v$					
隧道围岩基本质量级别	Ⅰ	Ⅱ	Ⅲ	Ⅳ	Ⅴ
BQ	>550	451～550	351～450	251～350	≤250

【注】此处与《工程岩体分级标准中》中 BQ 值计算及分级标准完全一致，可相互参考。

(2) 隧道围岩分级修正

隧道围岩分级修正采用定性修正与定量修正相结合的方法，总体分析确定围岩级别。

定性修正主要是根据地下水情况和初始地应力分别进行修正，最终确定的围岩分级在两种情况下的修正值中，取最不利的值。解题思维流程如下：

根据 BQ 值确定隧道围岩基本质量级别	
隧道围岩分级修正	① 根据地下水影响调整修正（查规范表 B.2）
	② 根据初始地应力调整修正（查规范表 B.3）
最终确定围岩分级	

规范表 B.1　岩石坚硬程度和完整程度判别

岩石坚硬程度	硬质岩		软质岩		
	极硬岩	硬岩	较软岩	软岩	极软岩
饱和单轴抗压强度 R_c (MPa)	$R_c > 60$	$60 \geqslant R_c > 30$	$30 \geqslant R_c > 15$	$15 \geqslant R_c > 5$	$5 \geqslant R_c$
完整程度	完整	较完整	较破碎	破碎	极破碎
完整性指数 K_v	>0.75	(0.55, 0.75]	(0.35, 0.55]	(0.15, 0.35]	≤0.15

规范表 B.2　围岩基本分级按地下水状态修正

地下水状态分级			围岩基本分级				
			Ⅰ	Ⅱ	Ⅲ	Ⅳ	Ⅴ
Ⅰ	潮湿或点滴状出水，即 $Q \leqslant 25$		Ⅰ	Ⅱ	Ⅲ	Ⅳ	Ⅴ
Ⅱ	淋雨状或线流量出水，即 $25 < Q \leqslant 125$		Ⅰ	Ⅱ	Ⅲ 或 Ⅳ①	Ⅴ	Ⅵ
Ⅲ	涌流量出水，即 $Q < 125$		Ⅱ	Ⅲ	Ⅳ	Ⅴ	Ⅵ

表注：① 围岩体为较完整的硬岩时定为Ⅲ级，其他情况定为Ⅳ级；
② Q 为每 10m 洞长出水量（L/min·10m）。
（特别注意 Q 的单位，如果题目给的是每米洞长出水量，要乘 10）

续表

规范表 B.3　围岩基本分级按初始地应力修正

围岩强度应力比 $\dfrac{R_c}{\sigma_{max}}$	围岩基本分级				
	Ⅰ	Ⅱ	Ⅲ	Ⅳ	Ⅴ
<4（极高应力）	Ⅰ	Ⅱ	Ⅲ或Ⅳ①	Ⅴ	Ⅵ
4～7（高应力）	Ⅰ	Ⅱ	Ⅲ	Ⅳ或Ⅴ②	Ⅵ

表注：① 围岩岩体为较破碎的极硬岩、较完整的硬岩时定为Ⅲ级，其他情况定为Ⅳ级；
② 围岩岩体为破碎的极硬岩、较破碎及破碎的硬岩时定为Ⅳ级，其他情况定为Ⅴ级。

【注】① 对隧道围岩分级进行定性修正时，无论是按地下水修正，还是按初始地应力进行修正，都是在围岩基本分级基础上进行修正，不能叠加修正，最终确定的围岩分级在两种情况下的修正值中，取最不利的值。

② 定量修正要计算围岩基本质量指标修正值[BQ]，与《工程岩体分级标准》中地下工程的岩体分级完全一致，不再赘述。

③ 隧道施工过程中可根据揭示的地质情况按本规范附录C进行围岩亚分级。

④ 确定围岩级别，再查表即可确定衬砌支护参数、预留变形量等相关参数。衬砌支护参数查本规范 8.2.2 及条文说明，复合式衬砌各级围岩隧道预留变形量查表 8.2.3。

15.7.2　隧道围岩压力

铁路隧道设计规范近几年每年都考一道围岩压力，难度较大，应引起重视，因此本规范重点讲解围岩压力的计算。并且《公路隧道设计规范 第一册土建工程》和《铁路隧道设计规范》两本规范中，隧道围岩压力计算方法和内容基本一致，为加深理解，方便学习，现将两节内容放在一起，统称为隧道围岩压力。

【注】① 各种情况下隧道围岩压力计算为近年来热门考查知识点，本知识点计算量较大，对题目和知识点的理解要求较高，每年都有一道，值得重视，不熟练的话，耗时多，做对难度大。因此建议仔细学习此节，更多的模拟习题见补充资料。

② 围岩压力的计算相关内容，两本规范和工程地质手册中有诸多细节错误之处，包括配图，结合下面的知识点讲解，注意核实和修正。

15.7.2.1　非偏压隧道围岩压力按规范求解

《铁路隧道设计规范》5.1.6 及条文说明、附录 D、附录 E

《公路隧道设计规范 第一册土建工程》6.2.3、附录 D

基本概念

（1）围岩：隧道周围一定范围内对洞身产生影响的岩土体。

（2）围岩分级：根据岩体完整程度和岩石坚硬程度等主要指标，按坑道开挖后的围岩稳定性对围岩进行的等级划分。

（3）软弱围岩：强度低、完整性差、结构相对松散、围岩基本质量指标较小的围岩，一般指 Ⅳ-Ⅵ 级围岩。

（4）埋深：隧道开挖断面的顶部至自然地面的垂直距离。

（5）围岩压力：隧道开挖后，因围岩变形或松弛等原因，作用于支护或衬砌结构上的压力。

(6) 松散压力：由于隧道开挖、支护的下沉以及衬砌背后的空隙等原因，使隧道上方的围岩松动，以相当于一定高度的围岩重量作用于支护或衬砌结构上的压力。

(7) 偏压：作用于隧道的压力左右不对称，一侧压力特大的情况。

隧道的围岩压力，根据隧道的埋深可分为超浅埋、浅埋和深埋，根据地形作用与隧道压力的对称性，分为偏压隧道和非偏压隧道。因此解题时一定要分清隧道的深浅埋以及受荷偏压情况。

当地表水平或者接近水平时，所受的作用（荷载）具有对称性，按非偏压荷载计算，此时尚需确定隧道埋深类型，采用不同的公式计算。非偏压隧道围岩压力解题思维流程总结如下：

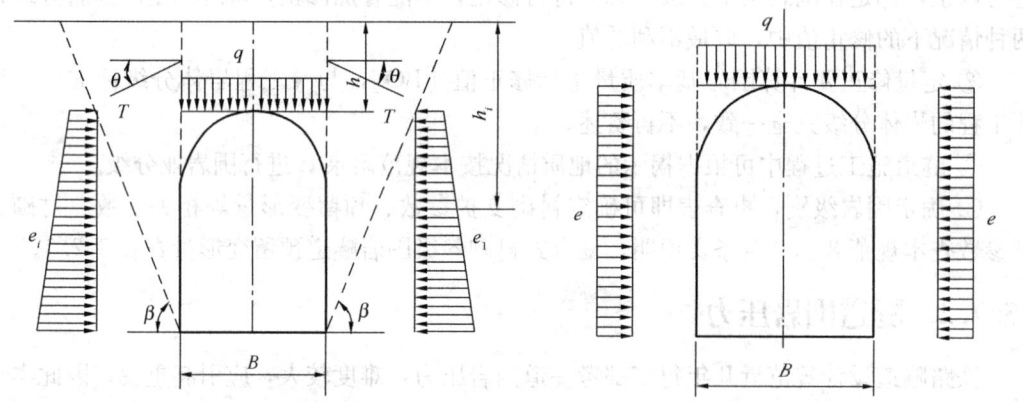

图 15.7-1　浅埋隧道荷载计算示意图　　图 15.7-2　深埋隧道荷载计算示意图

① 判断隧道埋深类型（浅埋还是深埋）

围岩级别 s		隧道宽度 B (m)		隧道拱顶以上覆盖层厚度即洞顶离地面的高度 h (m)	
B 每增减 1m 时的围岩压力增减率 i	公路隧道	$B<5m$	$5m \leqslant B<14m$	$14m \leqslant B<25m$	
		0.2	0.1	考虑施工过程分导洞开挖	0.07
				上下台阶法或一次性开挖	0.12
	铁路隧道	$B<5m$		$B \leqslant 5m$	
		0.2		0.1	

宽度影响系数 $\omega = 1 + i(B-5)$

深埋隧道垂直荷载计算高度 (m) $h_a = 0.45 \times 2^{s-1} \omega$

隧道埋深类型	铁路隧道	公路隧道	
		Ⅰ～Ⅲ级围岩	Ⅳ～Ⅵ级围岩
超浅埋	$h < h_a$	$h < h_a$	$h < h_a$
浅埋	$h_a \leqslant h < 2.5h_a$	$h_a \leqslant h < 2h_a$	$h_a \leqslant h < 2.5h_a$
深埋	$h \geqslant 2.5h_a$	$h \geqslant 2h_a$	$h \geqslant 2.5h_a$

② 深埋隧道围岩压力（适用条件是不产生显著偏压力及膨胀力的一般围岩及采用钻爆法（又称为矿山法）或开敞式掘进机法施工的隧道）

续表

压力计算	洞顶垂直压力	$q = \gamma h_a$				
	水平压力按表取值 按埋深矩形分布	围岩级别	Ⅰ～Ⅱ	Ⅲ	Ⅳ	Ⅴ	Ⅵ
		水平均布压力	0	<0.15q	(0.15～0.30)q	(0.30～0.50)q	(0.50～1.00)q

③ 浅埋隧道围岩压力

围岩计算摩擦角 φ_c (°)	围岩重度 γ (kN/m³)				
顶板土柱两侧摩擦角，为经验数值 θ (°) 无实测资料时候可查右表		Ⅰ～Ⅲ	Ⅳ	Ⅴ	Ⅵ
		$0.9\varphi_c$	$(0.7～0.9)\varphi_c$	$(0.5～0.7)\varphi_c$	$(0.3～0.5)\varphi_c$

产生最大推力时的破裂角 β (°)	侧压力系数
$\tan\beta = \tan\varphi_c + \sqrt{\dfrac{(\tan^2\varphi_c + 1)\tan\varphi_c}{\tan\varphi_c - \tan\theta}}$	$\lambda = \dfrac{\tan\beta - \tan\varphi_c}{\tan\beta[1 + \tan\beta(\tan\varphi_c - \tan\theta) + \tan\varphi_c\tan\theta]}$

压力计算	洞顶垂直压力（kPa）	$q = \gamma h\left(1 - \dfrac{\lambda h \tan\theta}{B}\right)$
	隧道两侧水平压力（kPa） 按埋深三角形分布	隧道内外侧任意点至地面的距离 h_i (m)
		$e_i = \gamma h_i \lambda$

④ 超浅埋隧道围岩压力

此时取顶板土柱两侧摩擦角 $\theta = 0°$，计算公式同浅埋隧道围岩压力，即

洞顶垂直压力（kPa）$q = \gamma h$

侧向压力 e 按均布考虑时 $e = \gamma\left(h + \dfrac{H_t}{2}\right)\tan^2\left(45° - \dfrac{\varphi_c}{2}\right)$，其中 H_t 为隧道高度（m）

【注】 ① 公路隧道计算 $h_a = 0.45 \times 2^{s-1}\omega$ 时，有[BQ]或BQ值时，可用围岩级别修正值 [s]（精确至小数点后面一位）代替围岩级别 s。按下式计算：

该围岩级别的岩体基本质量指标 BQ 和岩体修正质量指标 [BQ] 的上限值：BQ$_上$ 和 [BQ]$_上$

该围岩级别的岩体基本质量指标 BQ 和岩体修正质量指标 [BQ] 的下限值：BQ$_下$ 和 [BQ]$_下$

围岩级别	Ⅰ	Ⅱ	Ⅲ	Ⅳ	Ⅴ
BQ$_上$ 和 [BQ]$_上$	800	550	450	350	250
BQ$_下$ 和 [BQ]$_下$	550	450	350	250	0

围岩级别修正值 [s]（精确至小数点后面一位）

$$[s] = s + \dfrac{\dfrac{[BQ]_上 + [BQ]_下}{2} - [BQ]}{[BQ]_上 - [BQ]_下} \quad \text{或} \quad [s] = s + \dfrac{\dfrac{BQ_上 + BQ_下}{2} - BQ}{BQ_上 - BQ_下}$$

② 大家应知晓《铁路隧道设计规范》对深浅埋隧道的分界深度有矛盾。规范 5.1.6 条文及附录 E.0.4 明确规定 $h \geqslant 2.5h_a$ 即为深埋隧道。但是附录 E 条文说明又指出"深浅埋隧道的分界深度，目前多以隧道开挖对地表不产生影响的原则来确定，目前常认为深埋隧道洞顶覆盖岩体厚度应大于 $2.0 \sim 2.5$ 倍的塌方高度 h_0，通常在 Ⅰ～Ⅲ 级围岩采用 $2h_0$，Ⅳ～Ⅵ 级围岩采用 $2.5h_0$"。综上对于铁路隧道，以条文为主，即 $h \geqslant 2.5h_a$ 即为深埋隧道。

15.7.2.2 偏压荷载隧道围岩压力

《铁路隧道设计规范》附录 F

《公路隧道设计规范 第一册土建工程》附录 E

当地表不水平即倾斜时，要按偏压荷载计算。

作用于隧道衬砌上的偏压力，除应考虑地形偏压外，尚应考虑由于地质构造引起的偏压。根据偏压隧道的调查，大多数偏压隧道处于洞口段，属于地形浅埋偏压；在洞身段，地形偏压较少，多属于地质构造引起偏压。

在确定地形偏压隧道的作用时，考虑地面坡、围岩级别及外侧围岩的覆盖厚度（t）。由于浅埋偏压隧道多属破碎、松散类围岩，故一般情况下，只在 Ⅲ～Ⅴ 级围岩中，当外侧覆盖厚度（t）小于或等于下表所列数值时（见下面解题流程），才考虑地形偏压。

【注】此处说明，并不是所有地形偏压情况都按偏压荷载计算，只有满足一定条件才按偏压荷载计算，若不满足条件，即便是具有地形偏压的特征，此时直接按非偏压荷载计算即可，即按"15.7.2.1 非偏压隧道围岩压力解题思维流程"计算。

偏压荷载计算示意图如图 15.7-3 所示。

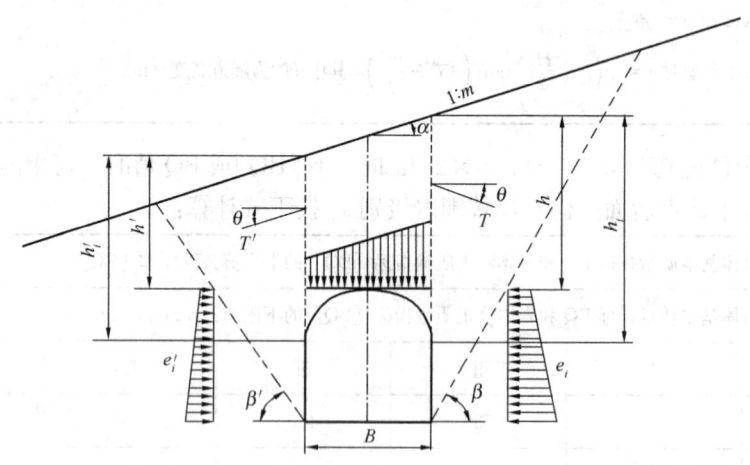

图 15.7-3 偏压荷载计算示意

偏压荷载隧道围岩压力计算解题思维流程如下：

15.7 铁路隧道设计

① 判断是否采用偏压隧道荷载计算

偏压隧道	只在Ⅲ～Ⅴ级围岩中,当外侧覆盖厚度(t)小于或等于表中所列数值	地面坡 1:m	开挖跨度	围岩级别			示 意 图
				Ⅲ	Ⅳ石	Ⅳ土	Ⅴ
		1:0.75	双线	7	*	*	*
		1:1	单线	*	5	10	18
			双线	7	*	*	*
		1:1.25	双线	*	*	18	*
		1:1.5	单线	*	4	8	16
			双线	7	11	16	30
		1:2	单线	*	4	8	16
			双线	7	11	16	30
不满足以上条件,均按非偏压隧道计算,即按"15.7.2-1非偏压隧道围岩压力解题思维流程"计算		1:2.5	单线	*	*	5.5	10
			双线	*	*	13	20

注:1. Ⅵ级围岩的 t 值通过计算确定;
2. Ⅲ、Ⅳ级石质围岩的 t 值需扣除表面风化破碎层和坡积层厚度;
3. "*"表示缺少统计资料,设计时通过工程类比或经验设计取值。

② 偏压隧道荷载计算方法

地面坡度角 α (°)			围岩计算摩擦角 φ_c (°)		
顶板土柱两侧摩擦角 θ (°)	围岩级别	Ⅰ～Ⅲ	Ⅳ	Ⅴ	Ⅵ
	θ 值	$0.9\varphi_c$	$(0.7\sim0.9)\varphi_c$	$(0.5\sim0.7)\varphi_c$	$(0.3\sim0.5)\varphi_c$
内侧产生最大推力时的破裂角 β (°)			外侧产生最大推力时的破裂角 β' (°)		
$\tan\beta = \tan\varphi_c + \sqrt{\dfrac{(\tan^2\varphi_c+1)(\tan\varphi_c-\tan\alpha)}{\tan\varphi_c-\tan\theta}}$			$\tan\beta' = \tan\varphi_c + \sqrt{\dfrac{(\tan^2\varphi_c+1)(\tan\varphi_c+\tan\alpha)}{\tan\varphi_c-\tan\alpha}}$		
内侧的侧压力系数 λ			外侧的侧压力系数 λ'		
$\lambda = \dfrac{1}{\tan\beta-\tan\alpha} \times \dfrac{\tan\beta-\tan\varphi_c}{1+\tan\beta(\tan\varphi_c-\tan\theta)+\tan\varphi_c\tan\theta}$			$\lambda' = \dfrac{1}{\tan\beta'-\tan\alpha} \times \dfrac{\tan\beta'-\tan\varphi_c}{1+\tan\beta'(\tan\varphi_c-\tan\theta)+\tan\varphi_c\tan\theta}$		
隧道跨度 B (m)			围岩重度 γ (kN/m³)		
内侧由拱顶水平至地面的高度 h (m)			外侧由拱顶水平至地面的高度 h' (m)		
压力计算	垂直压力(kN/m)	$Q = \dfrac{\gamma}{2}[(h+h')B-(\lambda h^2+\lambda' h'^2)\tan\theta]$			
	水平压力(kPa)	隧道内外侧任一点 i 至地面的距离 h_i、h_i'			
		内侧 $e_i = \gamma h_i \lambda$		外侧 $e_i' = \gamma h_i' \lambda'$	

【注】偏压地形高的一侧为内侧,低的一侧为外侧。

15.7.2.3 非偏压隧道围岩压力其他解法

《工程地质手册》(第五版) P810、岩体力学教材

非偏压隧道围岩压力除按规范求解外,还有太沙基法(应力传递法)和松动土柱法(《工程地质手册》(第五版)P810中松动土体计算法),这两种主要适用于浅埋松动土体

隧道。

【注】 这两种方法过往是考查重点，但近几年考查较少，近几年隧道围岩压力的计算都是直接考查规范，因此除非题目指明使用这两种方法，否则尽量使用前面介绍的规范法进行求解。这两种方法了解即可。当未指明根据规范求解时，也是规范方法优先。

土体洞室松动土体压力计算示意图如图 15.7-4 所示（太沙基法和松动土柱法均可采用其下计算示意图）。

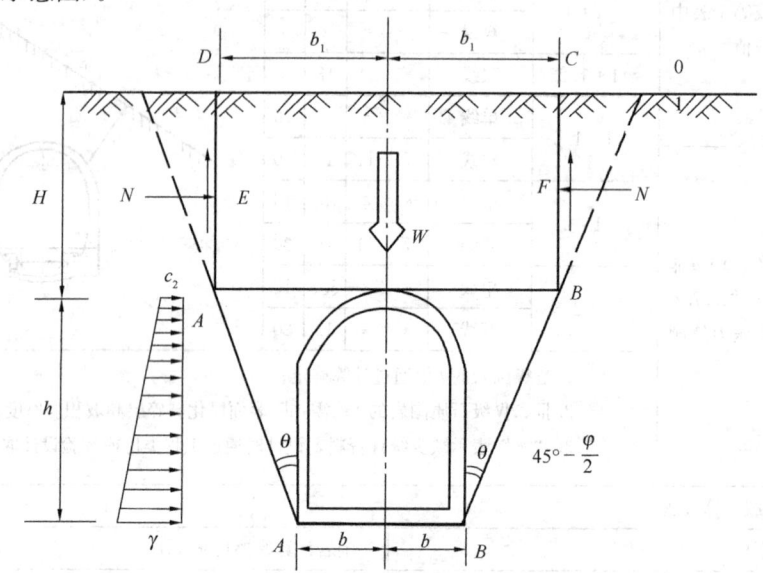

图 15.7-4 松动土体压力计算示意

其解题思维流程总结如下：

洞室埋深 H (m)		洞室高度 h (m)	洞室跨度之半 b (m)
土的重度 γ (kN/m³)		土的黏聚力 c (kPa)	土的内摩擦角 φ (°)
土柱宽度之半 (m) $b_1 = b + h\tan\left(45° - \dfrac{\varphi}{2}\right)$			
① 松动土柱法即《工程地质手册》中计算方法			
与土的内摩擦角有关的系数 $K_1 = \tan\varphi \tan^2\left(45° - \dfrac{\varphi}{2}\right)$			系数 $K_2 = \tan\varphi \tan\left(45° - \dfrac{\varphi}{2}\right)$
洞顶垂直均布土压力强度 q_v (kPa)		粉细砂、淤泥或新回填土中的浅埋洞室	上覆土层较好的浅埋洞室
		$q_v = \gamma H$	$q_v = \gamma H\left[1 - \dfrac{H}{2b_1}K_1 - \dfrac{c}{b_1\gamma}(1-2K_2)\right]$
洞顶垂直总土压力 Q_v (kN/m)			$Q_v = 2q_v b$
洞侧水平均布土压力强度 q_h (kPa)	无论上覆土土性如何，计算都一样； 如图 15.7-4 所示，可知洞侧土压力强度梯形分布		
	洞侧上部 $e_1 = \gamma H \tan^2\left(45° - \dfrac{\varphi}{2}\right)$		洞侧下部 $e_2 = \gamma(H+h)$ $\tan^2\left(45° - \dfrac{\varphi}{2}\right)$
	按均布荷载处理时 $q_h = \dfrac{e_1+e_2}{2} = \left(\dfrac{\gamma}{2}\right)(2H+h)\tan^2\left(45° - \dfrac{\varphi}{2}\right)$		

15.7 铁路隧道设计

续表

洞侧水平总土压力（仅一侧）Q_h (kN/m)	$Q_h = q_h h$		
② 太沙基法			
侧压力系数 λ：土体取主动土压力系数 $\lambda = \tan^2\left(45° - \dfrac{\varphi}{2}\right)$；岩土取 $\lambda = 1$			
洞顶垂直均布土压力强度 (kPa) $q_v = \dfrac{b_1\gamma - c}{\lambda\tan\varphi}\left(1 - e^{-\frac{\lambda\tan\varphi}{b_1}H}\right) + qe^{-\frac{\lambda\tan\varphi}{b_1}H}$			
注：q 为地面附加均布荷载 (kPa)，从历年真题可看出，一般地面无附加荷载，即 $q = 0$			
洞顶垂直总土压力 Q_v (kN/m)	$Q_v = 2q_v b$		
洞侧水平均布土压力强度 q_h (kPa)	如图 15.7-4 所示，可知洞侧土压力强度梯形分布		
	洞侧上部 $e_1 = q_v\tan^2\left(45° - \dfrac{\varphi}{2}\right)$	洞侧下部 $e_2 = (q_v + \gamma h)\tan^2\left(45° - \dfrac{\varphi}{2}\right)$	
	按均布荷载处理时 $q_h = \dfrac{e_1 + e_2}{2} = \left(q_v + \dfrac{\gamma h}{2}\right)\tan^2\left(45° - \dfrac{\varphi}{2}\right)$		
洞侧水平总土压力（仅一侧）Q_h (kN/m)	$Q_h = q_h h$		

【注】 ①洞侧水平均布土压力强度，也就是洞侧上下部土压力强度的平均值。

② 题目要求"土压力"，一定要分清是总的土压力，还是单位面积的土压力即土压力强度。前面已经讲过"压力"这个词，在土力学中，更多时候是指单位面积的土压力。当求总的土压力时，单位一般为"kN/m"或"kN"；当求土压力强度时，单位为"kPa"即"kN/m²"。

③《工程地质手册》中计算公式有误，且表达混乱，其中 q_v 表示均布土压力强度，而 q_h 表示洞侧水平总土压力，并且两个公式均是错误的。解题思维流程表格中此处均已修正，并且对符号表达也做了统一，更加规范化。

④ 松动土柱法的本质为滑体静力平衡，即

洞室顶部均布压力＝滑动部分土体自重－滑面上摩阻力

此处公式推导不再展开叙述，感兴趣的岩友见补充材料。重点是知晓解题思维流程，能够快速地使用即可。

15.7.2.4 明洞荷载计算方法

《铁路隧道设计规范》附录 G

《公路隧道设计规范 第一册 土建工程》附录 H

基本概念

(1) 明洞：采用明挖法修建的隧道，修建后洞顶回填土石。一般由拱式顶部结构和边墙组成。

(2) 暗洞：采用暗挖法修建的隧道，隧道顶部土层一般为原状覆盖土层。

根据规范，明洞荷载计算主要分为两大部分，分别为明洞拱圈回填土石压力和明洞边墙回填土石侧压力。明洞拱圈回填土石压力主要包括明洞拱圈回填土石垂直压力 q 和明洞拱圈回填土石侧压力 e，其中侧压力 e 又分为三种情况进行计算。下面分别进行介绍。

(1) 明洞拱圈回填土石垂直压力 q

解题思维流程总结如下：

拱背回填土石重度 γ_1 (kN/m³)	明洞结构上任意点的土柱高度 h_i (m)
明洞结构上任意点的回填土石垂直压力值 (kN/m²) $q_i = \gamma_1 h_i$	

(2) 明洞拱圈回填土石侧压力 e

分为三种情况进行计算，各计算示意图如图 15.7-5～图 15.7-7 所示。

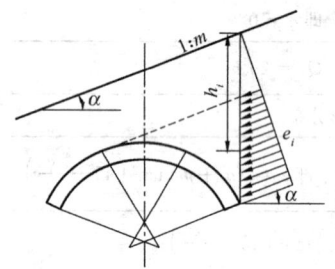 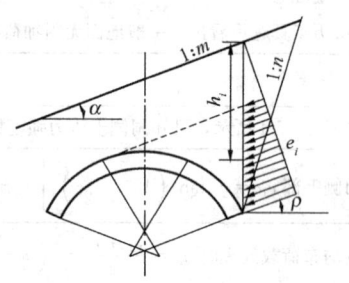 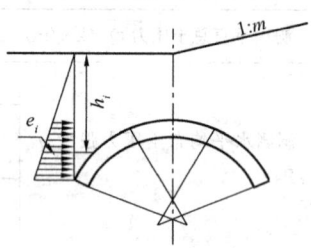

图 15.7-5 填土坡面向上倾斜按无限土体计算　　图 15.7-6 填土坡面向上倾斜按有限土体计算　　图 15.7-7 填土坡面水平

解题思维流程总结如下：

设计填土面坡角 α		拱背回填土石重度 γ_1 (kN/m³)	拱背回填土石计算摩擦角 φ_1
计算系数 λ	填土坡面向上倾斜按无限土体计算	$\lambda = \cos\alpha \dfrac{\cos\alpha - \sqrt{\cos^2\alpha - \cos^2\varphi_1}}{\cos\alpha + \sqrt{\cos^2\alpha - \cos^2\varphi_1}}$	
	填土坡面向上倾斜按有限土体计算	侧压力作用方向与水平线的夹角 ρ	
		开挖边坡坡度 n	回填土石面坡度 m
		回填土石与开挖边坡面间的摩擦系数 μ	
		$\lambda = \dfrac{1-\mu n}{(\mu+n)\cos\rho + (1-\mu n)\sin\rho} \cdot \dfrac{mn}{m-n}$	
	填土坡面水平	$\lambda = \tan^2\left(\dfrac{\pi}{4} - \dfrac{\varphi_1}{2}\right)$	
明洞拱圈回填土石侧压力 e_i (kPa)		明洞结构上任意点的土柱高度 h_i (m)	
		$e_i = \gamma_1 h_i \lambda$	

(3) 明洞边墙回填土石侧压力 e

分为三种情况进行计算，各计算示意图如图 15.7-8～图 15.7-10 所示。

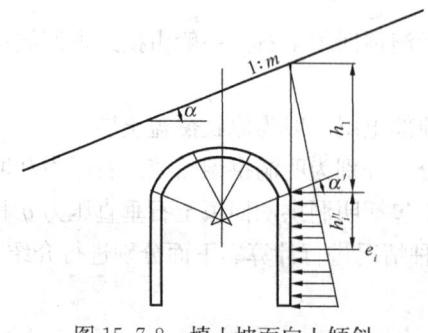 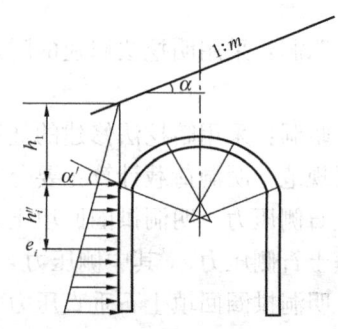

图 15.7-8 填土坡面向上倾斜　　图 15.7-9 填土坡面向下倾斜

15.7 铁路隧道设计

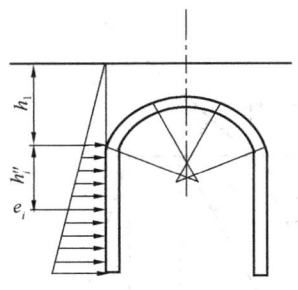

图 15.7-10 填土坡面水平

解题思维流程总结如下：

设计填土面坡角 α	拱背回填土石重度 γ_1 (kN/m³)
墙背回填土石重度 γ_2 (kN/m³)	墙背回填土石计算内摩擦角 φ_2

计算参数 $\alpha' = \arctan\left(\dfrac{\gamma_1}{\gamma_2}\tan\alpha\right)$

计算参数 λ	填土坡面向上倾斜	$\lambda = \dfrac{\cos^2\varphi_2}{\left[1+\sqrt{\dfrac{\sin\varphi_2 \cdot \sin(\varphi_2 - \alpha')}{\cos\alpha'}}\right]^2}$
	填土坡面向下倾斜	$\tan\theta_0 = \dfrac{-\tan\varphi_2 + \sqrt{(1+\tan^2\varphi_2)(1+\tan\alpha'/\tan\varphi_2)}}{1+(1+\tan^2\varphi_2)\tan\alpha'/\tan\varphi_2}$ $\lambda = \dfrac{\tan\theta_0}{\tan(\theta_0 + \varphi_2)(1+\tan\alpha'\tan\theta_0)}$
	填土坡面水平	$\lambda = \tan^2\left(\dfrac{\pi}{4} - \dfrac{\varphi_2}{2}\right)$

填土坡面至墙顶的垂直高度 h_1 (m)	墙顶至计算位置的高度 h''_i (m)

边墙计算点换算高度 $h'_i = h''_i + \dfrac{\gamma_1}{\gamma_2} h_1$

明洞边墙回填土石侧压力（kPa）$e_i = \gamma_2 h'_i \lambda$

【注】 明洞荷载计算方法，《铁路隧道设计规范》附录 G 和《公路隧道设计规范 第一册土建工程》附录 G 中，完全一致。但《公路隧道设计规范 第一册土建工程》中填土向下倾斜，配图方向错误，注意核实。

15.7.2.5 洞门墙计算方法

《铁路隧道设计规范》附录 H

《公路隧道设计规范 第一册土建工程》附录 J

隧道门端墙、翼墙及洞门挡土墙的有关参数及土压力计算示意图如图 15.7-11 所示。解题思维流程总结如下：

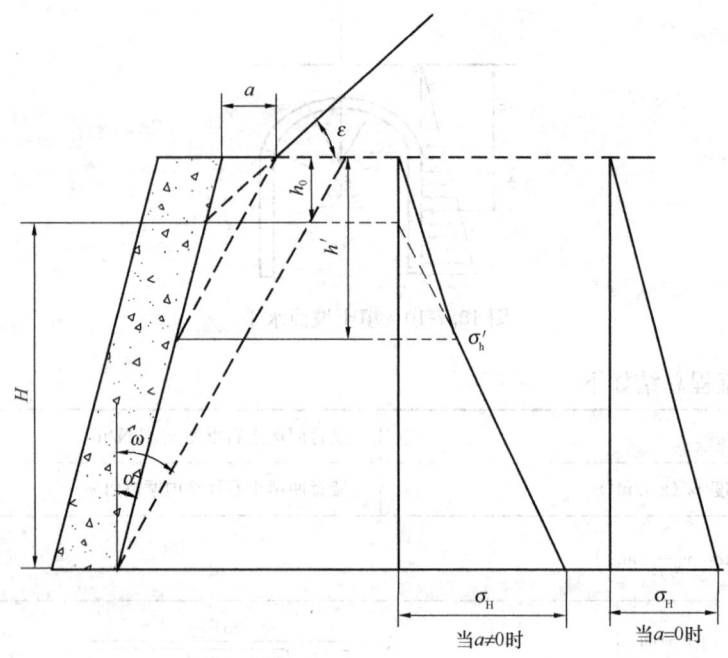

图 15.7-11 洞门墙计算示意

地面坡角 ε (°)	墙面倾角 α (°)	地面坡脚点距墙背水平距离 a (m)	
门墙总高度 H' (m)	计算 $h_0 = \dfrac{a\tan\varepsilon}{1-\tan\varepsilon\tan\alpha}$		门墙计算高度 $H = H' - h_0$
最危险破裂面与垂直面之间的夹角 ω	计算参数 $A = \dfrac{h_0 a}{H^2}$ 铁路隧道： $\tan\omega = \dfrac{\tan^2\varphi + \tan\varepsilon\tan\alpha - A\dfrac{\tan\varepsilon}{1-\tan\varepsilon\tan\alpha}(1+\tan^2\varphi)}{\tan\varepsilon(1-A\dfrac{\tan\varepsilon}{1-\tan\varepsilon\tan\alpha})(1+\tan^2\varphi) - \tan\varphi(1-\tan\alpha\tan\varepsilon)} - \dfrac{\sqrt{(1+\tan^2\varphi)(\tan\varphi - \tan\varepsilon)\left[(1-\tan\varepsilon\tan\alpha)(\tan\varphi + \tan\alpha) - A(1+\tan\varepsilon\tan\varepsilon)\right]}}{\tan\varepsilon\left(1-A\dfrac{\tan\varepsilon}{1-\tan\varepsilon\tan\alpha}\right)(1+\tan^2\varphi) - \tan\varphi(1-\tan\alpha\tan\varepsilon)}$ 公路隧道： $\tan\omega = \dfrac{\tan^2\varphi + \tan\varepsilon\tan\alpha \sqrt{(1+\tan^2\varphi)(\tan\varphi-\tan\varepsilon)(1-\tan\varepsilon\tan\alpha)(\tan\varphi+\tan\alpha)}}{\tan\varepsilon(1+\tan^2\varphi) - \tan\varphi(1-\tan\alpha\tan\varepsilon)}$		
墙后土体内摩擦角 φ	洞门墙计算条带宽度 b (m)	参数 $\lambda = \dfrac{(\tan\omega - \tan\alpha)(1-\tan\alpha\tan\varepsilon)}{\tan(\omega+\varphi)(1-\tan\omega\tan\varepsilon)}$	高度 $h' = \dfrac{a}{\tan\omega - \tan\alpha}$

① 铁路隧道土压力计算（分三种情况）

当 $a = 0$ 时	$\sigma_H = \gamma H \lambda$ (kPa) $E = \dfrac{1}{2}\sigma_H H b = \dfrac{1}{2} b\gamma H^2 \lambda$ (kN)

15.7 铁路隧道设计

续表

当 a 较小时（破裂面交于斜坡底时）	$\sigma'_h = \gamma(h' - h_0)\lambda$ (kPa) $\sigma_H = \gamma H \lambda$ (kPa) $E = \frac{1}{2}b\gamma H^2 \lambda + \frac{1}{2}b\gamma h_0 (h' - h_0)\lambda$ (kN)
当 a 较大时（破裂面交于斜坡面时）	$\lambda' = \frac{\tan\omega - \tan\alpha}{\tan(\omega + \varphi)}$ $\lambda'' = \left[\frac{(\tan\omega - \tan\alpha)(1 + \tan\alpha\tan\varepsilon)}{1 - \tan\omega\tan\varepsilon} + A\right]\frac{1}{\tan(\omega + \varphi)}$ $\sigma'_h = \gamma h' \lambda'$ (kPa) $\sigma_H = \gamma H \lambda$ (kPa) $E = \frac{1}{2}b\gamma(H - h_0)^2 \lambda''$ (kN)

② 公路隧道土压力计算

土压力计算模式不确定性系数 $\xi = 0.6$

土压力 $E = \frac{1}{2}b\zeta\gamma\lambda[H^2 + h_0(h' - h_0)]$ (kN)

16 水利水电水运工程专题

本专题依据的主要规范及教材

《水利水电工程地质勘察规范》GB 50487—2008
《水电工程水工建筑物抗震设计规范》NB 35047—2015
《水运工程岩土勘察规范》JTS 133—2013
《水运工程地基设计规范》JTS 147—2017

本专题出题较少，重点是《水利水电工程地质勘察规范》和《水电工程水工建筑物抗震设计规范》，通读规范即可，以防万一。

16.1 水利水电工程地质勘察

《水利水电工程地质勘察规范》GB 50487—2008
条文及条文说明重要内容简介及本书索引

规范条文		条文重点内容	条文说明重点内容	相应重点学习和要结合的本书具体章节
1 总则				自行阅读
2 术语和符号	2.1 术语			自行阅读
	2.2 符号			自行阅读
3 基本规定				自行阅读
4 规划阶段工程地质勘察	4.1 一般规定			自行阅读
	4.2 区域地质和地震			自行阅读
	4.3 水库			自行阅读
	4.4 坝址			自行阅读
	4.5 引调水工程			自行阅读
	4.6 防洪排涝工程			自行阅读
	4.7 灌区工程			自行阅读
	4.8 河道整治工程			自行阅读
	4.9 天然建筑材料			自行阅读
	4.10 勘察报告			自行阅读
5 可行性研究阶段工程地质勘察	5.1 一般规定			自行阅读
	5.2 区域构造稳定性			自行阅读
	5.3 水库	附录C 喀斯特渗漏评价 附录D 浸没评价 附录E 岩土物理力学参数取值		自行阅读
	5.4 坝址	附录F 岩土体渗透性分级 附录G 土的渗透变形判别 附录H 岩体风化带划分 附录J 边坡岩体卸荷带划分 附录K 边坡稳定分析技术规定 附录L 环境水腐蚀性评价 附录M 河床深厚砂卵砾石层取样与原位测试技术规定		自行阅读
	5.5 发电引水线路及厂址	附录N 围岩工程地质分类 附录P 土的液化判别 附录Q 岩爆判别		11.4.3 液化判别
	5.6 溢洪道			自行阅读

续表

规范条文		条文重点内容	条文说明重点内容	相应重点学习和要结合的本书具体章节
5 可行性研究阶段工程地质勘察	5.7 渠道及渠系建筑物	附录R 特殊土勘察要点 附录S 膨胀土的判别 附录T 黄土湿陷性及湿陷起始压力的判定		自行阅读
	5.8 水闸及泵站			自行阅读
	5.9 深埋长隧洞			自行阅读
	5.10 堤防及分蓄洪工程			自行阅读
	5.11 灌区工程			自行阅读
	5.12 河道整治工程			自行阅读
	5.13 移民选址			自行阅读
	5.14 天然建筑材料			自行阅读
	5.15 勘察报告			自行阅读
6 初步设计阶段工程地质勘察	6.1 一般规定			自行阅读
	6.2 水库			自行阅读
	6.3 土石坝			自行阅读
	6.4 混凝土重力坝	附录V 坝基岩体工程地质分类		自行阅读
	6.5 混凝土拱坝			自行阅读
	6.6 溢洪道			自行阅读
	6.7 地面厂房			自行阅读
	6.8 地下厂房	附录W 外水压力折减系数		自行阅读
	6.9 隧洞			自行阅读
	6.10 导流明渠及围堰工程			自行阅读
	6.11 通航建筑物			自行阅读
	6.12 边坡工程		6.12.1 中边坡分类表	自行阅读
	6.13 渠道及渠系建筑物			自行阅读
	6.14 水闸及泵站			自行阅读
	6.15 深埋长隧洞			自行阅读
	6.16 堤防工程			自行阅读
	6.17 灌区工程			自行阅读
	6.18 河道整治工程			自行阅读
	6.19 移民新址			自行阅读
	6.20 天然建筑材料			自行阅读
	6.21 勘察报告			自行阅读

16.1 水利水电工程地质勘察

续表

规范条文		条文重点内容	条文说明重点内容	相应重点学习和要结合的本书具体章节
7 招标设计阶段工程地质勘察	7.1 一般规定			自行阅读
	7.2 工程地质复核与勘察			自行阅读
	7.3 勘察报告			自行阅读
8 施工详图设计阶段工程地质勘察	8.1 一般规定			自行阅读
	8.2 专门性工程地质勘察			自行阅读
	8.3 施工地质			自行阅读
	8.4 勘察报告			自行阅读
9 病险水库除险加固工程地质勘察	9.1 一般规定			自行阅读
	9.2 安全评价阶段工程地质勘察			自行阅读
	9.3 可行性研究阶段工程地质勘察			自行阅读
	9.4 初步设计阶段工程地质勘察			自行阅读
	9.5 勘察报告			自行阅读

16.1.1 水利水电工程围岩级别确定

《水利水电工程地质勘察规范》附录 N

具体解题思维流程总结如下:

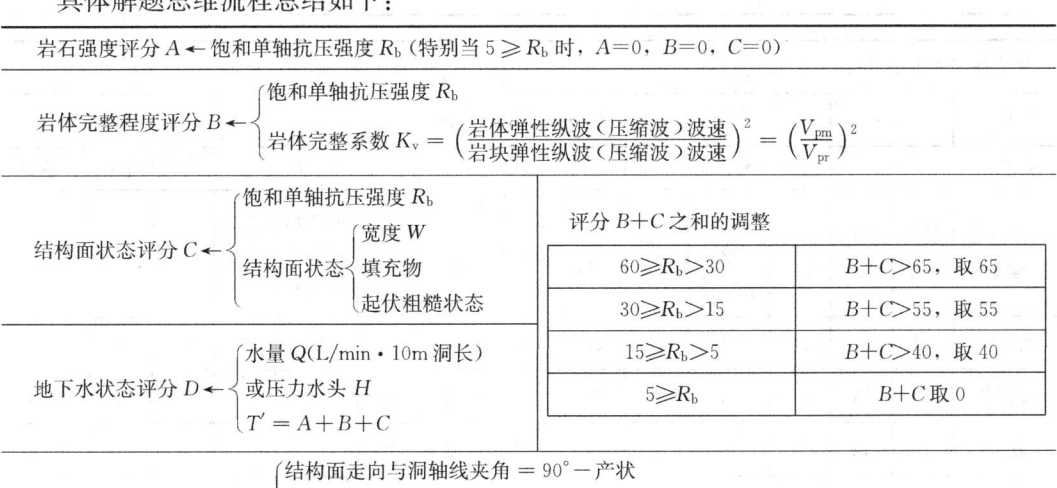

续表

围岩总评分 $T = A+(B+C)+D+E$

根据 T 查下表确定围岩分类，并按围岩强度应力比 S 判断是否需降级，当不满足下表中围岩强度应力比要求时，围岩类别应相应降低一级

围岩强度应力比 $S = \dfrac{R_b K_v}{\sigma_m}$　　σ_m 为围岩最大主应力，无实测资料时，可取自重应力

围岩分类	Ⅰ	Ⅱ	Ⅲ	Ⅳ	Ⅴ
总评分 T	$T>85$	$85\geqslant T>65$	$65\geqslant T>45$	$45\geqslant T>25$	$T\leqslant 25$
应力比 S	$S>4$	$S>4$	$S>2$	$S>2$	—

规范表 N.0.9-1　岩石强度评分 A

岩质类型	硬质岩		软质岩	
	坚硬岩	中硬岩	较软岩	软岩
饱和单轴抗压强度 R_b（MPa）	$R_b>100$	$100\geqslant R_b>60$	$60\geqslant R_b>30$	$30\geqslant R_b>15$	$15\geqslant R_b>5$	$5\geqslant R_b$
岩石强度评分 A	30	30~20	20~10	10~5	5~0	0

规范表 N.0.9-2　岩体完整性评分 B

岩体完整程度	完整	较完整	完整性差	较破碎	破碎
岩体完整性系数 K_v	$K_v>0.75$	$0.75\geqslant K_v>0.55$	$0.55\geqslant K_v>0.35$	$0.35\geqslant K_v>0.15$	$0.15\geqslant K_v$
岩体完整性评分 B　硬质岩	40~30	30~22	22~14	14~6	<6
岩体完整性评分 B　软质岩	25~19	19~14	14~9	9~4	<4

规范表 N.0.9-3　结构面状态评分 C

宽度 W	$W<0.5$		$0.5\text{mm}\leqslant W<5\text{mm}$							$5.0\text{mm}\leqslant W$		
充填物	—		无填充		岩屑			泥岩		岩屑	泥岩	无填充
起伏粗糙程度	起伏粗糙	平直光滑	起伏粗糙	起伏光滑或平直粗糙	平直光滑	起伏粗糙	起伏光滑或平直粗糙	平直光滑	起伏粗糙	起伏光滑或平直粗糙	平直光滑	—	—	—
硬质岩	27	21	24	21	15	21	17	12	15	12	9	12	6	0~3
较软岩	27	21	24	21	15	21	17	12	15	12	9	12	6	0~3
软岩	18	14	17	14	8	14	11	8	10	8	6	8	4	0~2

注：结构面的延伸长度小于 3m 时，硬质岩、较软岩的结构面状态评分另加 3 分，软岩加 2 分；结构面延伸长度大于 10m 时，硬质岩、较软岩减 3 分，软岩减 2 分。结构面状态最低分为 0。

规范表 N.0.9-4　地下水状态评分 D

活动状态		干燥	渗水到滴水	线状流水	涌水
水量 Q(L/min·10m 洞长) 或压力水头 H (m)			$Q \leqslant 25$ 或 $H \leqslant 10$	$25 < Q \leqslant 125$ 或 $10 < H \leqslant 100$	$125 < Q$ 或 $100 < H$
基本因素评分 T'	$T' > 85$	0	0	$0 \sim -2$	$-2 \sim -6$
	$85 \geqslant T' > 65$		$0 \sim -2$	$-2 \sim -6$	$-6 \sim -10$
	$65 \geqslant T' > 45$		$-2 \sim -6$	$-6 \sim -10$	$-10 \sim -14$
	$45 \geqslant T' > 25$		$-6 \sim -10$	$-10 \sim -14$	$-14 \sim -18$
	$25 \geqslant T'$		$-10 \sim -14$	$-14 \sim -18$	$-18 \sim -20$

注：$T' = A + B + C$。

规范表 N.0.9-5　主要结构面产状评分 E

结构面走向与洞轴线夹角 β (°)	$90 \geqslant \beta \geqslant 60$				$60 > \beta \geqslant 30$				$30 > \beta$			
结构面倾角 α (°)	$\alpha > 70$	$70 \geqslant \alpha > 45$	$45 \geqslant \alpha > 20$	$20 \geqslant \alpha$	$\alpha > 70$	$70 \geqslant \alpha > 45$	$45 \geqslant \alpha > 20$	$20 \geqslant \alpha$	$\alpha > 70$	$70 \geqslant \alpha > 45$	$45 \geqslant \alpha > 20$	$20 \geqslant \alpha$
洞顶	0	-2	-5	-10	-2	-5	-10	-12	-5	-10	-12	-12
边墙	-2	-5	-2	0	-5	-10	-2	0	-10	-12	-5	0

注：岩体完整程度分级为完整性差、较破碎和破碎的围岩，即 $0.55 \geqslant K_v$，不进行主要结构面产状的评分，即此时可以理解为 $E = 0$。

16.2　水运工程岩土勘察

《水运工程岩土勘察规范》JTS 133—2013
条文及条文说明重要内容简介及本书索引

规范条文		条文重点内容	条文说明重点内容	相应重点学习和要结合的本书具体章节
1　总则				自行阅读
2　术语和符号	2.1　术语			自行阅读
	2.2　符号			自行阅读
3　基本规定				自行阅读
4　岩土分类与描述	4.1　岩的分类	均重点 附录 A　岩体风化程度划分 附录 B　岩体结构类型划分		自行阅读
	4.2　土的分类	均重点		自行阅读
	4.3　岩土描述			自行阅读

续表

规范条文		条文重点内容	条文说明重点内容	相应重点学习和要结合的本书具体章节
5 港口工程勘察基本要求	5.1 一般规定			自行阅读
	5.2 可行性研究阶段			自行阅读
	5.3 初步设计阶段			自行阅读
	5.4 施工图设计阶段			自行阅读
	5.5 施工期勘察			自行阅读
6 航道工程勘察基本要求	6.1 一般规定			自行阅读
	6.2 可行性研究阶段			自行阅读
	6.3 初步设计阶段			自行阅读
	6.4 施工图设计阶段			自行阅读
7 渠化工程勘察基本要求	7.1 一般规定			自行阅读
	7.2 预可行性研究阶段			自行阅读
	7.3 可行性研究阶段			自行阅读
	7.4 初步设计阶段			自行阅读
	7.5 施工图设计阶段			自行阅读
	7.6 施工期勘察			自行阅读
8 修造船厂水工建筑物勘察基本要求	8.1 一般规定			自行阅读
	8.2 可行性研究阶段			自行阅读
	8.3 初步设计阶段			自行阅读
	8.4 施工图设计阶段			自行阅读
9 专项勘察	9.1 一般规定			自行阅读
	9.2 桩基			自行阅读
	9.3 岸坡与边坡			自行阅读
	9.4 基坑工程			自行阅读
	9.5 疏浚工程			自行阅读
	9.6 吹填工程			自行阅读
	9.7 地基处理			自行阅读
	9.8 天然建筑材料			自行阅读
10 不良地质作用和特殊性岩土勘察	10.1 一般规定			自行阅读
	10.2 场地和地基地震效应			自行阅读
	10.3 滑坡			自行阅读
	10.4 软土			自行阅读
	10.5 混合土			自行阅读
	10.6 填土			自行阅读
	10.7 层状构造土			自行阅读
	10.8 风化岩与残积土			自行阅读

续表

规范条文		条文重点内容	条文说明重点内容	相应重点学习和要结合的本书具体章节
11 地下水勘察				自行阅读
12 工程地质调查和测绘				自行阅读
13 勘探	13.1 一般规定			自行阅读
	13.2 钻探与取样			自行阅读
	13.3 井探、槽探、洞探			自行阅读
	13.4 物探			自行阅读
14 原位测试	14.1 一般规定			自行阅读
	14.2 浅层平板载荷试验	14.2.4 浅层平板载荷试验成果整理		自行阅读
	14.3 十字板剪切试验			自行阅读
	14.4 静力触探试验			自行阅读
	14.5 标准贯入试验			自行阅读
	14.6 圆锥动力触探试验			自行阅读
	14.7 旁压试验	14.7 旁压试验成果整理		自行阅读
	14.8 波速测试			自行阅读
15 室内试验	15.1 一般规定			自行阅读
	15.2 土工试验	15.2.4 饱和状态淤泥性土的重度估算		自行阅读
	15.3 岩石试验			自行阅读
	15.4 水、土腐蚀性试验			自行阅读
16 岩土工程评价和勘察报告	16.1 一般规定			自行阅读
	16.2 岩土参数统计与分析			自行阅读
	16.3 岩土工程评价			自行阅读
	16.4 岩土工程勘察报告			自行阅读

16.3 水运工程地基设计

《水运工程地基设计规范》JTS 147—2017
条文及条文说明重要内容简介及本书索引

规范条文		条文重点内容	条文说明重点内容	相应重点学习和要结合的本书具体章节
1 总则				自行阅读
2 术语				
3 基本规定		附录A 岩土基本变量的概率分布及统计参数的近似确定方法		
4 岩土分类及工程特性	4.1 岩的分类	均重点 附录B 岩体风化程度划分 附录C 岩体结构类型分类		自行阅读
	4.2 土的分类	均重点		自行阅读
	4.3 岩土工程特性指标	均重点 附录F 用分级加荷实测沉降过程线推算固结系数的方法	4.3.5中计算公式	自行阅读
5 地基承载力	5.1 一般规定	5.1.4 矩形基础的地基承载力验算规定		自行阅读
	5.2 作用于计算面上的应力	均重点		自行阅读
	5.3 验算方法	均重点 附录G 查表法确定地基承载力 附录H 地基承载力系数表		自行阅读
	5.4 提高地基承载力的技术措施			自行阅读
6 土坡和地基稳定	6.1 一般规定			自行阅读
	6.2 抗剪强度指标			自行阅读
	6.3 土坡和地基稳定的验算	均重点 附录J 用十字板剪切强度回归抗剪强度指标计算方法 附录K 考虑侧面摩阻的土坡稳定抗力分项系数修正		自行阅读
	6.4 抗力分项系数	均重点		自行阅读
	6.5 保证土坡稳定的技术措施			自行阅读

续表

规范条文		条文重点内容	条文说明重点内容	相应重点学习和要结合的本书具体章节
7 地基沉降	7.1 一般规定	7.1.6 欠固结应力应分层计算		自行阅读
	7.2 地基沉降量计算	均重点 附录L 地基垂直附加应力系数图表		自行阅读
	7.3 适应与减小地基沉降的技术措施			自行阅读
8 地基处理	8.1 一般规定	表8.1.2 常用地基处理方法		自行阅读
	8.2 换填法	均重点		自行阅读
	8.3 爆破法	均重点		自行阅读
	8.4 加筋垫层法	均重点		自行阅读
	8.5 堆载预压法	均重点 附录M 平均应力固结度计算表		自行阅读
	8.6 真空预压法	均重点		自行阅读
	8.7 强夯法和强夯置换法	均重点		自行阅读
	8.8 降水强夯法	均重点		自行阅读
	8.9 振冲挤密法和振冲置换法	均重点		自行阅读
	8.10 砂桩法和挤密砂桩法	均重点		自行阅读
	8.11 碎石桩法	均重点		自行阅读
	8.12 水泥搅拌桩法	均重点 附录N 水泥搅拌桩法室内配合比试验 附录P 水下水泥拌和体稳定性验算和强度验算		自行阅读
	8.13 高压喷射注浆法	均重点		自行阅读
	8.14 岩石地基及边坡	均重点		自行阅读
	8.15 其他方法	均重点		自行阅读
9 监测和检测	9.1 规定			自行阅读
	9.2 监测			自行阅读
	9.3 检测			自行阅读

16.4 水电工程水工建筑物抗震设计

具体见抗震设计专题"11.5 水利水电工程抗震设计",此处不再赘述。

17 其他规范专题

本专题依据的主要规范及教材

《城市轨道交通岩土工程勘察规范》GB 50307—2012
《城市轨道交通工程监测技术规范》GB 50911—2013
《供水水文地质勘察规范》GB 50027—2001
《碾压式土石坝设计规范》DL/T 5395—2007
《土工合成材料应用技术规范》GB/T 50290—2014
《生活垃圾卫生填埋处理技术规范》GB 50869—2013
《岩土工程勘察安全规范》GB 50585—2019
《地质灾害危险性评估规范》DZ/T 0286—2015

本专题知识点较偏，出题较少，每年 2 题左右，重点规范是《供水水文地质勘察规范》《碾压式土石坝设计规范》《土工合成材料应用技术规范》。要求通读规范即可，达到复习的全面性。

17.1 城市轨道交通岩土工程勘察

《城市轨道交通岩土工程勘察规范》GB 50307—2012
条文及条文说明重要内容简介及本书索引

规范条文		条文重点内容	条文说明重点内容	相应重点学习和要结合的本书具体章节
1 总则				自行阅读
2 术语和符号	2.1 术语			自行阅读
	2.2 符号			自行阅读
3 基本规定		表 3.0.7 工程重要性等级		自行阅读
4 岩土分类、描述与围岩分级	4.1 岩石分类	均重点 附录 A 岩石坚硬程度的定性划分 附录 B 岩石按风化程度分类		自行阅读
	4.2 土的分类			自行阅读
	4.3 岩土的描述	均重点 附录 C 岩体按结构类型分类 附录 D 碎石土的密实度		自行阅读
	4.4 围岩分级与岩土施工工程分级	均重点 附录 E 隧道围岩分级 附录 F 岩土施工工程分级		自行阅读
5 可行性研究勘察	5.1 一般规定			自行阅读
	5.2 目的与任务			自行阅读
	5.3 勘察要求			自行阅读
6 初步勘察	6.1 一般规定			自行阅读
	6.2 目的与任务			自行阅读
	6.3 地下工程			自行阅读
	6.4 高架工程			自行阅读
	6.5 路基、涵洞工程			自行阅读
	6.6 地面车站、车辆基地			自行阅读
7 详细勘察	7.1 一般规定			自行阅读
	7.2 目的与任务			自行阅读
	7.3 地下工程	附录 H 基床系数经验值	7.3.10 中关于基床系数的详细说明	自行阅读
	7.4 高架工程			自行阅读
	7.5 路基、涵洞工程			自行阅读
	7.6 地面车站、车辆基地			自行阅读

17 其他规范专题

续表

规范条文		条文重点内容	条文说明重点内容	相应重点学习和要结合的本书具体章节
8 施工勘察				自行阅读
9 工法勘察	9.1 一般规定	附录 J 工法勘察岩土参数选择		自行阅读
	9.2 明挖法勘察			自行阅读
	9.3 矿山法勘察			自行阅读
	9.4 盾构法勘察			自行阅读
	9.5 沉管法勘察			自行阅读
	9.6 其他工法及辅助措施勘察			自行阅读
10 地下水	10.1 一般规定			自行阅读
	10.2 地下水的勘察要求			自行阅读
	10.3 水文地质参数的测定	表10.3.5 含水层的透水性	10.3.6 中表 7 岩土的渗透系数经验值和表 8 岩土给水度的经验值 10.3.7 中表 9 影响半径计算公式	自行阅读
	10.4 地下水的作用		10.4.2 中计算公式	自行阅读
	10.5 地下水控制	表10.5.2 降水方法的适用范围		自行阅读
11 不良地质作用	11.1 一般规定			自行阅读
	11.2 采空区			自行阅读
	11.3 岩溶		11.3.2 中表 10 按埋藏条件的岩溶分类及其特征和表 11 岩溶发育强度分级 11.3.7 中表 12 岩溶地面塌陷预测分析参考标准	自行阅读
	11.4 地裂缝		11.4.4 中表 13 地裂缝场地建筑物最小避让距离	自行阅读
	11.5 地面沉降			自行阅读
	11.6 有害气体			自行阅读

续表

规范条文		条文重点内容	条文说明重点内容	相应重点学习和要结合的本书具体章节
12 特殊性岩土	12.1 一般规定			自行阅读
	12.2 填土			自行阅读
	12.3 软土			自行阅读
	12.4 湿陷性土	12.4.4 湿陷性土的岩土工程分析与评价包括的内容		自行阅读
	12.5 膨胀岩土	12.5.5 膨胀岩土的岩土工程分析与评价包括的内容		自行阅读
	12.6 强风化岩、全风化岩与残积土	表12.6.4 花岗岩类的强风化岩、全风化岩与残积土划分	12.6.4 中计算公式	自行阅读
13 工程地质调查与测绘	13.1 一般规定			自行阅读
	13.2 工作方法			自行阅读
	13.3 工作范围			自行阅读
	13.4 工作内容			自行阅读
	13.5 工作成果			自行阅读
14 勘探与取样	14.1 一般规定			自行阅读
	14.2 钻探	表14.2.1 钻探方法的适用范围		自行阅读
	14.3 井探、槽探			自行阅读
	14.4 取样	表14.4.1 土试样质量等级 附录G 不同等级土试样的取样工具和方法		自行阅读
	14.5 地球物理勘探			自行阅读
15 原位测试	15.1 一般规定		表19 原位测试项目一览表	自行阅读
	15.2 标准贯入试验			自行阅读
	15.3 圆锥动力触探试验			自行阅读
	15.4 旁压试验	15.4.7 旁压试验成果资料整理应包括的内容		自行阅读
	15.5 静力触探试验		15.5.5 静力触探试验成果分析	自行阅读
	15.6 载荷试验	15.6.8 载荷试验成果资料整理与计算的规定		自行阅读
	15.7 扁铲侧胀试验	15.7.4 扁铲侧胀试验成果资料整理应包括的内容		自行阅读

17 其他规范专题

续表

规范条文		条文重点内容	条文说明重点内容	相应重点学习和要结合的本书具体章节
15 原位测试	15.8 十字板剪切试验	15.8.5 土的灵敏度计算		自行阅读
	15.9 波速测试	15.9.6 土层的动剪切模量和动弹性模量计算		自行阅读
	15.10 岩体原位应力测试			自行阅读
	15.11 现场直接剪切试验			自行阅读
	15.12 地温测试			自行阅读
16 岩土室内试验	16.1 一般规定			自行阅读
	16.2 土的物理性质试验	16.2.6 三个热物理指标有下列相互关系 附录K 岩土热物理指标经验值	16.2.6 中计算公式	自行阅读
	16.3 土的力学性质试验			自行阅读
	16.4 岩石试验			自行阅读
17 工程周边环境专项调查	17.1 一般规定			自行阅读
	17.2 调查要求			自行阅读
	17.3 成果资料			自行阅读
18 成果分析与勘察报告	18.1 一般规定			自行阅读
	18.2 成果分析与评价			自行阅读
	18.3 勘察报告的内容			自行阅读
19 现场检验与检测				自行阅读

17.2 城市轨道交通工程监测技术

《城市轨道交通工程监测技术规范》GB 50911—2013
条文及条文说明重要内容简介及本书索引

规范条文		条文重点内容	条文说明重点内容	相应重点学习和要结合的本书具体章节
1 总则				
2 术语和符号	2.1 术语			自行阅读
	2.2 符号			自行阅读
3 基本规定	3.1 基本要求			自行阅读
	3.2 工程影响分区及监测范围			自行阅读
	3.3 工程监测等级划分			自行阅读
4 监测项目及要求	4.1 一般规定			自行阅读
	4.2 仪器监测			自行阅读
	4.3 现场巡查			自行阅读
	4.4 远程视频监控			自行阅读
5 支护结构和周围岩土体监测点布设	5.1 一般规定			自行阅读
	5.2 明挖法和盖挖法			自行阅读
	5.3 盾构法			自行阅读
	5.4 矿山法			自行阅读
6 周边环境监测点布设	6.1 一般规定			自行阅读
	6.2 建(构)筑物			自行阅读
	6.3 桥梁			自行阅读
	6.4 地下管线			自行阅读
	6.5 高速公路与城市道路			自行阅读
	6.6 既有轨道交通			自行阅读
7 监测方法及技术要求	7.1 一般规定			自行阅读
	7.2 水平位移监测			自行阅读
	7.3 竖向位移监测			自行阅读
	7.4 深层水平位移监测			自行阅读
	7.5 土体分层竖向位移监测			自行阅读

17 其他规范专题

续表

规范条文		条文重点内容	条文说明重点内容	相应重点学习和要结合的本书具体章节
7 监测方法及技术要求	7.6 倾斜监测			自行阅读
	7.7 裂缝监测			自行阅读
	7.8 净空收敛监测			自行阅读
	7.9 爆破振动监测			自行阅读
	7.10 孔隙水压力监测			自行阅读
	7.11 地下水位监测			自行阅读
	7.12 岩土压力监测			自行阅读
	7.13 锚杆和土钉拉力监测			自行阅读
	7.14 结构应力监测			自行阅读
	7.15 现场巡查			自行阅读
	7.16 远程视频监控			自行阅读
8 监测频率	8.1 一般规定			自行阅读
	8.2 监测频率要求			自行阅读
9 监测项目控制值和预警	9.1 一般规定			自行阅读
	9.2 支护结构和周围岩土体			自行阅读
	9.3 周边环境			自行阅读
10 线路结构变形监测	10.1 一般规定			自行阅读
	10.2 线路结构监测要求			自行阅读
11 监测成果及信息反馈				自行阅读

17.3 供水水文地质勘察

《供水水文地质勘察规范》GB 50027—2001
条文及条文说明重要内容简介及本书索引

规范条文		条文重点内容	条文说明重点内容	相应重点学习和要结合的本书具体章节
1 总则		表1.0.5 供水水文地质条件复杂程度分类 1.0.6 拟建供水水源地按需水量大小分级		自行阅读
2 术语与符号	2.1 术语			自行阅读
	2.2 符号			自行阅读
3 水文地质测绘	3.1 一般规定	表3.1.5 水文地质测绘的观测点数和观测路线长度		自行阅读
	3.2 水文地质测绘内容和要求			自行阅读
	3.3 各类地区水文地质测绘的专门要求			自行阅读
4 水文地质物探				自行阅读
5 水文地质钻探与成孔	5.1 水文地质勘探孔的布置			自行阅读
	5.2 水文地质勘探孔的结构			自行阅读
	5.3 抽水孔过滤器	表5.3.1 抽水孔过滤器的类型选择 表5.3.5 非填砾过滤器进水缝隙尺寸 5.3.6 填砾过滤器的滤料规格和缠丝间隙的确定 附录D 土的分类		自行阅读
	5.4 勘探孔施工			自行阅读
6 抽水试验	6.1 一般规定			自行阅读
	6.2 稳定流抽水试验			自行阅读
	6.3 非稳定流抽水试验			自行阅读
7 地下水动态观测				自行阅读

续表

规范条文		条文重点内容	条文说明重点内容	相应重点学习和要结合的本书具体章节
8 水文地质参数计算	8.1 一般规定			自行阅读
	8.2 渗透系数	均重点	8.2.1~8.2.6 对公式的详细说明	自行阅读
	8.3 给水度和释水系数			自行阅读
	8.4 影响半径	均重点		自行阅读
	8.5 降水入渗系数	均重点		自行阅读
9 地下水水量评价	9.1 一般规定			自行阅读
	9.2 补给量的确定	均重点		自行阅读
	9.3 储存量的计算	均重点		自行阅读
	9.4 允许开采量的计算和确定			自行阅读
10 地下水水质评价				自行阅读
11 地下水资源保护				自行阅读

17.4 碾压式土石坝设计

《碾压式土石坝设计规范》DL/T 5395—2007
条文及条文说明重要内容简介及本书索引

规范条文		条文重点内容	条文说明重点内容	相应重点学习和要结合的本书具体章节
1 范围				自行阅读
2 规范性引用文件				自行阅读
3 术语和符号	3.1 术语			自行阅读
	3.2 主要符号			自行阅读
4 总则				自行阅读
5 枢纽布置和坝型选择	5.1 坝轴线			自行阅读
	5.2 泄水和引水建筑物			自行阅读
	5.3 坝型选择			自行阅读
6 筑坝材料选择与填筑碾压要求	6.1 筑坝材料选择			自行阅读
	6.2 填筑碾压要求		6.2.4 中说明及计算公式	自行阅读
7 坝体结构	7.1 坝体分区			自行阅读
	7.2 坝坡			自行阅读
	7.3 坝顶超高	7.3.1 坝顶在水库静水位以上的超高的确定 附录 A（规范性附录）波浪和护坡计算		自行阅读
	7.4 坝顶构造			自行阅读
	7.5 防渗体			自行阅读
	7.6 反滤层、垫层和过渡层	附录 B（规范性附录）反滤层设计		自行阅读
	7.7 坝体排水			自行阅读
	7.8 护坡			自行阅读
	7.9 坝面排水			自行阅读
8 坝基处理	8.1 一般要求			自行阅读
	8.2 坝基表面处理			自行阅读
	8.3 砂砾石坝基的渗流控制	8.3.9 可灌比计算 8.3.12 帷幕厚度计算	8.3.8 中计算公式	自行阅读
	8.4 岩石坝基处理			自行阅读
	8.5 易液化土、软黏土和湿陷性黄土坝基的处理			自行阅读

续表

规范条文		条文重点内容	条文说明重点内容	相应重点学习和要结合的本书具体章节
9 坝体与其他建筑物的连接				自行阅读
10 土石坝的计算分析	10.1 渗流计算	均重点		自行阅读
	10.2 渗透稳定计算	均重点 附录C（规范性附录）土的渗透变形判别		17.4.1.1 渗透变形初步判断
	10.3 抗滑稳定计算	均重点 附录D（规范性附录）坝体和坝基内孔隙压力的估算 附录E（规范性附录）抗滑稳定分析 附录F（资料性附录）抗滑稳定分项系数设计法		17.4.1.2 双层结构地基排水盖重层 17.4.1.3 坝体和坝基中的孔隙压力
	10.4 应力和变形计算	均重点 附录G（规范性附录）沉降计算		自行阅读
11 分期施工与扩建加高	11.1 分期施工			自行阅读
	11.2 扩建加高			自行阅读
12 安全监测设计	12.1 一般规定			自行阅读
	12.2 监测项目			自行阅读
	12.3 监测资料整编分析			

17.4.1 渗透稳定计算

17.4.1.1 渗透变形初步判断

《碾压式土石坝设计规范》附录C

本节内容与土力学专题"1.2.5 渗透力和渗透变形"即《水力水电工程地质勘察规范》附录G基本相同，只是对流土和管涌的判别，除了前面所介绍的方法，尚且多了一种方法。

碾压式土石坝流土和管涌判别解题思维流程总结如下：

土的细粒颗粒含量，以质量百分率计（%）	土的孔隙率（以小数计）
流土 $P_c \geqslant \dfrac{1}{4(1-n)} \times 100$	管涌 $P_c < \dfrac{1}{4(1-n)} \times 100$

17.4.1.2 双层结构地基排水盖重层

《碾压式土石坝设计规范》10.2.4

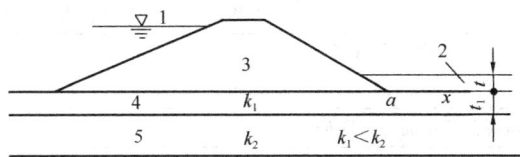

图 17.4-1 坝基结构示意图

1—上游水位；2—排水盖重层；3—坝体；4—坝基表层土；5—坝基下层土

如图 17.4-1 所示坝基结构示意图，对双层结构的地基，坝基表层土的渗透系数小于下层土的渗透系数，而下游渗透出逸坡降又不符合 $J_{a-x}>(G_{s1}-1)(1-n_1)/K$ 要求时（即表层土总水差不大于保证一定安全系数下的临界水力梯度），应设置排水盖重层或排水减压井。

双层结构地基排水盖重层解题思维流程总结如下：

前提：坝基表层土的渗透系数小于下层土的渗透系数		
表层土的土粒相对密度 G_{s1}	表层土的孔隙率 n_1	安全系数 K，取 1.5～2.0
或已知表层土的浮重度 γ'	水的重度 γ_w	
表层土在坝下游坡脚点 a 至 a 以下范围 x 点的渗透坡降 J_{a-x}，可按表层土上下表面的水头差 Δh 除以表层土层厚度 t_1 得出，即 $J_{a-x}=\Delta h/t_1$		
当 $J_{a-x}=\Delta h/t_1>(G_{s1}-1)(1-n_1)/K=(\gamma'/\gamma_w)/K$ 时，应设置排水盖重层或排水减压井		
表层土的厚度 t_1	排水盖重层的重度 γ，水上用湿重度，水下用浮重度	
排水盖重层的厚度 $t=[KJ_{a-x}t_1\gamma_w-(G_{s1}-1)(1-n_1)t_1\gamma_w]/\gamma$ $=[KJ_{a-x}-(G_{s1}-1)(1-n_1)]t_1\gamma_w/\gamma=[KJ_{a-x}\gamma_w-\gamma']t_1/\gamma$		

17.4.1.3 坝体和坝基中的孔隙压力

《碾压式土石坝设计规范》10.3.8、附录 D

计算示意图如规范图 D.1、规范图 D.2 所示。

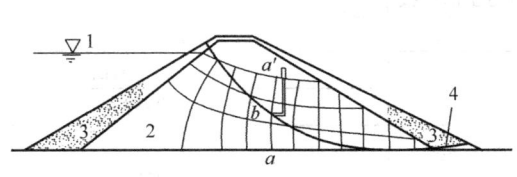

规范图 D.1 稳定渗流流网示意图

1—上游水位；2—黏性土；3—透水料；4—滑裂面

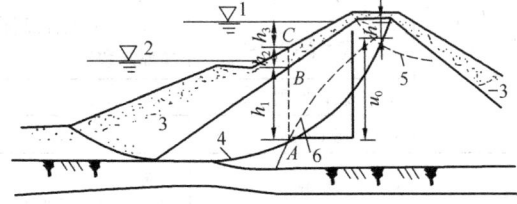

规范图 D.2 水库水位降落期黏性土中的孔隙压力

1—原水位；2—骤降后水位；3—透水料；4—滑裂面；5—水位降落前浸润线；6—水位降落前的等势线

坝体和坝基中的孔隙压力解题思维流程总结如下：

① 稳定渗流期坝体和坝基中的孔隙压力，应根据流网确定，如规范图 D.1 所示，在图中任一等势线 aa' 上任意点 b 的孔隙压力就等于 b 点与 a'（该等势线与浸润线的交点）的水头压力
② 水库水位降落期上游坝体内为黏性土，可假定孔隙水压力 $\overline{B}$ 为 1，近似采用下式计算，计算示意图见规范图 D.2

续表

A 点上部黏性填土的土柱高度 h_1	A 点上部无黏性填土（砂壳）的土柱高度 h_2
大坝无黏性填土（砂壳）的有效孔隙率 n_e	在稳定渗流期库水流达 A 点时的水头损失值 h'
当水库水位降落到 B 点以下时，则坝内某点 A 的孔隙压力 $$u = \gamma_w[h_1 + h_2(1-n_e) - h']$$	
A 点上部坝面以上至水库水位降落前水面的高度 h_3	
水库水位降落前的孔隙压力 $u_0 = \gamma_m(h_1 + h_2 + h_3 - h')$	
A 点土柱的坝面以上水库水位降落高度 Δh_w	A 点土柱中砂壳无黏性土区内库水位降落高度 Δh_s
当水库水位降落在 B、C 点之间不同位置时，则坝内某点 A 的孔隙压力 $u = u_0 - (\Delta h_w + \Delta h_s n_e)\gamma_w$	

【注】① 流网知识点，可结合土力学专题"1.2.4 二维渗流与流网"。

② 由计算公式可知，当水库水位降落到 B 点以下时，无论在 B 点以下任何位置，则坝内某点 A 的孔隙压力计算结果均相同；当水库水位降落在 B、C 点之间不同位置时，则坝内某点 A 的孔隙压力计算结果不同。

17.5 土工合成材料应用技术

《土工合成材料应用技术规范》GB/T 50290—2014
条文及条文说明重要内容简介及本书索引

规范条文		条文重点内容	条文说明重点内容	相应重点学习和要结合的本书具体章节
1 总则				自行阅读
2 术语和符号	2.1 术语			自行阅读
	2.2 符号			自行阅读
3 基本规定	3.1 材料	3.1.3 设计应用的材料允许抗拉（拉伸）强度应根据实测的极限抗拉强度计算确定 3.1.5 土工合成材料与土的拉拔摩擦系数确定	3.1.3 中各表	17.5.1 加筋挡土墙内部稳定验算
	3.2 设计原则			自行阅读
	3.3 施工检验			自行阅读
4 反滤和排水	4.1 一般规定	表 4.1.5 用作反滤排水的无纺土工织物的最低强度要求		17.5.1 反滤与排水
	4.2 设计要求	4.2.2 反滤材料的保土性要求 4.2.3 反滤材料的透水性要求 4.2.4 反滤材料的防堵性要求 4.2.6 土工织物用作反滤材料时的要求 4.2.7 土工织物用作排水材料时的要求 4.2.8 总折减系数计算 4.2.10 排水沟、管排水能力的确定		

17.5 土工合成材料应用技术

续表

	规范条文	条文重点内容	条文说明重点内容	相应重点学习和要结合的本书具体章节
4 反滤和排水	4.3 施工要求			自行阅读
	4.4 土石坝坝体排水	4.4.4 土工织物排水体排水量可用流网法估算 4.4.5 土工织物平面导水能力相关规定	4.4.4 条文说明中计算公式	自行阅读
	4.5 道路排水			自行阅读
	4.6 地下埋管降水	4.6.3 设计计算应符合的要求		自行阅读
	4.7 软基塑料排水带设计与施工	4.7.1 排水带地基设计相关计算		自行阅读
5 防渗	5.1 一般规定			自行阅读
	5.2 土工膜防渗设计与施工			自行阅读
	5.3 水利工程防渗			自行阅读
	5.4 交通工程防渗			自行阅读
	5.5 房屋工程防渗			自行阅读
	5.6 环保工程防渗	表 5.6.1 生活垃圾填埋场防渗方案选择		自行阅读
	5.7 土工合成材料膨润土防渗垫防渗			自行阅读
6 防护	6.1 一般规定			自行阅读
	6.2 软体排工程防冲			自行阅读
	6.3 土工模袋工程护坡	6.3.4 模袋应进行平面抗滑稳定性验算,其安全系数的计算	6.3.5 中计算公式	自行阅读
	6.4 土工网垫植被和土工格室工程护坡			自行阅读
	6.5 路面反射裂缝防治			自行阅读
	6.6 土工系统用于防护		6.6.5 中说明及计算公式	自行阅读
	6.7 其他防护工程			自行阅读
7 加筋	7.1 一般规定			自行阅读
	7.2 加筋土结构设计			自行阅读
	7.3 加筋土挡墙设计	均重点	7.3.5 中 A_r 计算公式	17.5.1 加筋挡土墙内部稳定验算

续表

规范条文		条文重点内容	条文说明重点内容	相应重点学习和要结合的本书具体章节
7 加筋	7.4 软基筑堤加筋设计与施工	均重点	7.4.7中T计算公式	自行阅读
	7.5 加筋土坡设计与施工	均重点	7.5.3中公式说明	17.5.2 加筋土坡设计
	7.6 软基加筋桩网结构设计与施工	均重点		自行阅读
8 施工检测	8.1 一般规定			自行阅读
	8.2 检测要求			自行阅读

17.5.1 反滤与排水

《土工合成材料应用技术规范》4

17.5.1.1 用作反滤的无纺土工织物基本要求

用作反滤的无纺土工织物单位面积质量不应小于 300g/m^2，拉伸强度应能承受施工应力，其最低强度应符合规范表 4.1.5 的要求。

规范表 4.1.5 用作反滤排水的无纺土工织物的最低强度要求[++]

强度	单位	$\varepsilon^+ < 50\%$	$\varepsilon \geq 50\%$
握持强度	N	1100	700
接缝强度	N	990	630
撕裂强度	N	400*	250
穿刺强度	N	2200	1375

注：* 表示有纺单丝土工织物时要求为250N；+ε代表应变；++为卷材弱方向平均值。

17.5.1.2 反滤材料的具体要求

（1）反滤材料的保土性要求

与被保护土的类型、级配、织物品种和状态等有关的系数B，可查规范表4.2.2	被保护土中小于该粒径的土粒质量占土粒总质量的85%—d_{85}
保土性应符合的要求：土工织物的等效孔径（mm）$O_{95} \leq B d_{85}$	

规范表 4.2.2 系数 B 的取值

被保护土的细粒 ($d \leq 0.075\text{mm}$) 含量（%）	土的不均匀系数或土工织物品种	B值
≤50	$C_u \leq 2$，$C_u \geq 8$	1
	$2 < C_u \leq 4$	$0.5 C_u$
	$4 < C_u < 8$	$8/C_u$

续表

被保护土的细粒 ($d\leqslant 0.075$mm) 含量（%）	土的不均匀系数或土工织物品种		B 值
>50	有纺织物	$O_{95}\leqslant 0.3$mm	1
	无纺织物		1.8

注：1 只要被保护土中含有细粒（$d\leqslant 0.075$mm），应采用通过 4.75mm 筛孔的土料供选择土工织物之用。
   2 C_u 为不均匀系数，$C_u=d_{60}/d_{10}$，d_{60}、d_{10} 为土中小于各该粒径的土质量分别占土粒总质量的 60% 和 10%（mm）。

（2）反滤材料的透水性要求

系数 A，按工程经验确定，不宜小于 10	被保护土的渗透系数 k_s（cm/s）
反滤材料的透水性应符合的要求：土工织物的垂直渗透系数（cm/s）$k_g\geqslant Ak_s$	

（3）反滤材料防堵性要求

① 被保护土级配良好，水力梯度低，流态稳定时，等效孔径应符合下式要求：

$$O_{95}\leqslant 3d_{15}$$

式中 d_{15} 为土中小于该粒径的土质量占土粒总质量的 15%（mm）。

② 被保护土易管涌，具分散性，水力梯度高，流态复杂，$k_s<1.0\times 10^{-5}$ cm/s 时，应以现场土料作试样和拟选土工织物进行淤堵试验，得到的梯度比 GR 应符合：$GR\leqslant 3$。

17.5.1.3 反滤材料的排水

具体见规范 4.2.7～4.2.10 条及补充电子版资料，不再赘述。

17.5.2 加筋挡土墙内部稳定验算

《土工合成材料应用技术规范》3.1.3、7.3

加筋土挡墙的组成部分应包括：墙面、墙基础、筋材和墙体填土。如图 17.5-1 所示。
加筋土挡墙按筋材模量可分为下列两种形式：

刚性筋式：用抗拉模量高、延伸率低的土工带等作为筋材墙内填土中的潜在破裂面，如图 17.5-2（a）所示。

柔性筋式：以塑料土工格栅或有纺土工织物等拉伸模量相对较低的材料作为筋材，墙内土中潜在破裂面如朗肯破坏面，如图 17.5-2（b）所示。

加筋挡土墙内部稳定验算应包括筋材强度验算和抗拔稳定性验算。筋材强度验算是指设计应用的材料允许抗拉（拉伸）强度 T_a 与第 i 层单位墙长筋材承受的水平拉力 T_i 满足要求 $T_a/T_i\geqslant 1$；抗拔稳定性验算是指第 i 层筋材的抗拔力 T_{pi} 与承受的水平拉力 T_i 满足要求 $F_s=T_{pi}/T_i\geqslant 1.5$。另外尚需注意第 i 层筋材总长度的确定方式。

加筋挡土墙内部稳定验算解题思维流程总结如下：

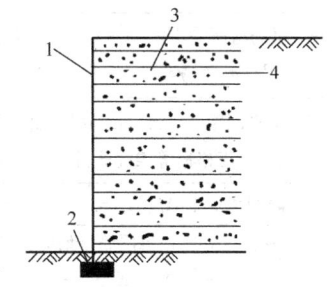

图 17.5-1 加筋土挡墙结构
1—墙面；2—墙基础；
3—筋材；4—填土

17 其他规范专题

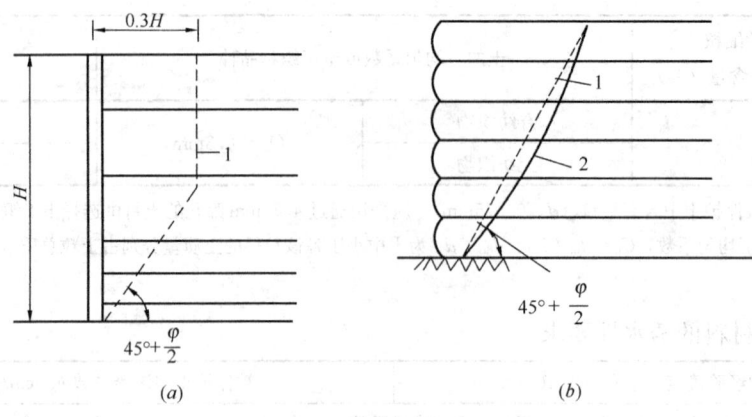

图 17.5-2
(a) 刚性筋墙；(b) 柔性筋墙
1—潜在破裂面；2—实测破裂面；φ—填土的内摩擦力

材料因蠕变影响的强度折减系数 RF_{CR}	材料在施工过程中受损伤的强度折减系数 RF_{iD}	材料长期老化影响的强度折减系数 RF_D
综合强度折减系数 $RF = RF_{CR} \cdot RF_{iD} \cdot RF_D$		
实测的极限抗拉强度 T		
① 设计应用的材料允许抗拉（拉伸）强度 $T_a = T/RF$		

挡墙墙后土体综合内摩擦角 φ (°)		挡墙墙后土体重度 λ (kN/m³)
挡墙墙后土体主动土压力系数 K_a 可按朗肯理论 $K_a = \tan^2(45° - \varphi/2)$ 计算		静止土压力系数 K_0 未知时，可按 $K_0 = 1 - \sin\varphi$ 计算
第 i 层筋材处深度 z_i		
第 i 层筋材处土压力系数 K_i	柔性筋材 $K_i = K_a$	刚性筋材 $0 < z_i \leqslant 6\text{m}$ 时 $K_i = K_0 - [(K_0 - K_a)z_i]/6$；$z_i < 6\text{m}$ 时 $K_i = K_a$
第 i 层筋材所受土的垂直自重压力 (kPa) $\sigma_{vi} = \gamma z_i$	超载引起的垂直附加压力 $\sum \Delta\sigma_{vi}$ (kPa)	水平附加荷载 $\Delta\sigma_{hi}$ (kPa)
筋材水平间距 s_{hi} (m) 和筋材垂间距 s_{vi} (m)（当采用土工格栅等柔性筋材时只有垂直间距）		
筋材面积覆盖率 A_r，$A_r = 1/s_{hi}$；筋材满铺时取 $A_r = 1$		
② 筋材强度验算，每层筋材均应进行强度验算，第 i 层单位墙长筋材承受的水平拉力 $T_i = [(\sigma_{ni} + \sum \Delta\sigma_{vi})K_i + \Delta\sigma_{vi}]s_{vi}/A_r$		
③ 第 i 层单位墙长筋材承受的水平拉力 T_i 应满足的要求：$T_a/T_i \geqslant 1$		
筋材与土的摩擦系数 f 应由试验测定		筋材有效长度 L_{ei} (m) 即破裂面以外的筋材长度，该长度最小不得小于 1m
筋材宽度 B (m)，当筋材满堂铺时，$B = 1$		
④ 第 i 层筋材的抗拔力 $T_{pi} = 2\sigma_{vi} B L_{ei} f$		
⑤ 筋材抗拔稳定性安全系数 $F_s = T_{pi}/T_i \geqslant 1.5$		

续表

第 i 层筋材破裂面以内长度 L_{0i} (m)	第 i 层筋外端部包裹土体所需长度 L_{wi} (m) 该长度不得小于 1.2m；或筋材与墙面连接所需长度
⑥ 第 i 层筋材总长度 $L_{ei} = L_{0i} + L_{ei} + L_{wi}$	

【注】① 第 i 层筋材总长度计算示意图如图 17.5-3 所示。

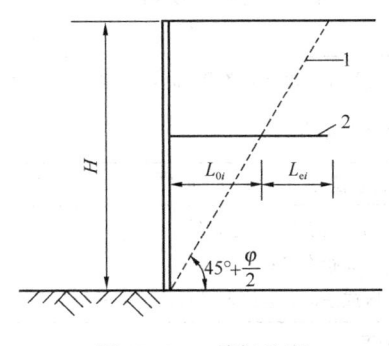

图 17.5-3 筋材长度
1—破裂面；2—第 i 层筋材

② 此节知识点，与铁路工程专题中"15.6.2 加筋挡土墙"基本概念和解题思维流程基本一致，只不过两本规范中同一个概念符号的表示不同，注意进行对比理解。

17.5.3 加筋土坡设计

《土工合成材料应用技术规范》7.5

加筋土坡筋材可采用土工格栅、土工织物、土工格室或土工网等。加筋土坡应沿坡高按一定垂直间距水平方向铺放筋材，土坡的地基稳定性和承载力应满足设计要求。

加筋土坡设计时，应先对未加筋土坡进行稳定分析，得出最小安全系数 F_{su}。并与设计要求的安全系数 F_{sr} 比较。当 $F_{sr} < F_{su}$ 时，应采取加筋处理措施。

针对每一假设潜在滑弧，所需筋材总拉力（单宽）T_s 应符合要求。计算示意图如图 17.5-4 所示，解题思维流程总结如下：

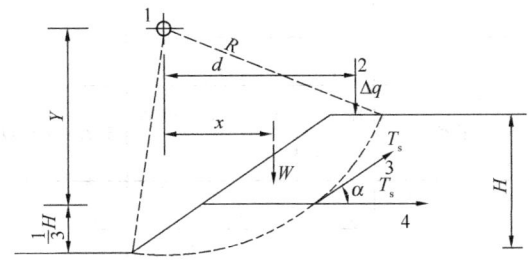

图 17.5-4 确定加筋力的圆弧滑动计算
1—滑动圆心；2—超载；3—延伸性筋材满铺拉力（$D=R$）；
4—独立条带筋材拉力（$D=Y$）

土坡高度 H	
对未加筋土坡进行稳定分析，得出最小安全系数 F_{su}	设计要求的安全系数 F_{sr}
未加筋土坡最小安全系数 F_{su} 对应的滑动力矩 M_D（kN·m）（滑动力矩根据题意受力情况计算，具体问题具体分析，如图 17.5-4 所示情况则 $M_D=Wx+\Delta qd$）	
滑弧对应半径 R	滑弧中心到坡脚水平面的竖直距离 Z
对应于某一滑弧的 T_s 对于滑动圆心的力臂 D（m）	当筋材为延展性材料（如土工织物）时 $D=R$
	当筋材为独立条带（如土工格栅）时，T_s 作用点可设定在坡高的 1/3 处。即此时 $D=Y=Z-\dfrac{1}{3}H$

① 针对某一假设潜在滑弧，所需筋材总拉力（单宽）$T_s=(F_{sr}-F_{su})M_D/D$

② 各滑弧中 T_s 的最大值 T_{smax} 应为设计所需的筋材总加筋。
当坡高小于 6m 时，沿坡高可取单一间距布筋；
当坡高大于 6m 时，沿坡高可分为二区或三区，各区取各自的单一间距布筋。

设计应用的材料允许抗拉（拉伸）强度 T_a

③ 等间距布置，加筋材料的最小层数要求 $n \geqslant T_s/T_a$

【注】 设计应用的材料允许抗拉（拉伸）强度 T_a，题中未给出时，计算方法见上一节"17.5.2 加筋挡土墙内部稳定验算"。

17.6 生活垃圾卫生填埋处理技术

《生活垃圾卫生填埋处理技术规范》GB 50869—2013
条文及条文说明重要内容简介及本书索引

规范条文		条文重点内容	条文说明重点内容	相应重点学习和要结合的本书具体章节
1 总则				自行阅读
2 术语				自行阅读
3 填埋物入场技术要求				自行阅读
4 场址选择				自行阅读
5 总体设计	5.1 一般规定			自行阅读
	5.2 处理规模与填埋库容	附录 A 填埋库容与有效库容计算	5.2.2 中计算公式	自行阅读
	5.3 总平面布置			自行阅读
	5.4 竖向设计			自行阅读
	5.5 填埋场道路			自行阅读
	5.6 计量设施			自行阅读
	5.7 绿化及其他			自行阅读

续表

规范条文		条文重点内容	条文说明重点内容	相应重点学习和要结合的本书具体章节
6 地基处理与场地平整	6.1 地基处理		6.1.4 中计算公式	自行阅读
	6.2 边坡处理			自行阅读
	6.3 场地平整			自行阅读
7 垃圾坝与坝体稳定性	7.1 垃圾坝分类			自行阅读
	7.2 坝址、坝高、坝型及筑坝材料选择			自行阅读
	7.3 坝基处理及坝体结构设计			自行阅读
	7.4 坝体稳定性分析			自行阅读
8 防渗与地下水导排	8.1 一般规定			自行阅读
	8.2 防渗处理		8.2.1 中计算公式说明	自行阅读
	8.3 地下水导排			自行阅读
9 防洪与雨污分流系统	9.1 填埋场防洪系统		9.1.2 中计算公式说明	自行阅读
	9.2 填埋库区雨污分流系统			自行阅读
10 渗沥液收集与处理	10.1 一般规定			自行阅读
	10.2 渗沥液水质与水量	附录B 渗沥液产生量计算方法		自行阅读
	10.3 渗沥液收集	附录C 调节池容量计算方法		自行阅读
	10.4 渗沥液处理			自行阅读
11 填埋气体导排与利用	11.1 一般规定			自行阅读
	11.2 填埋气体产生量	附录E 填埋气体产气量估算		自行阅读
	11.3 填埋气体导排			自行阅读
	11.4 填埋气体输送			自行阅读
	11.5 填埋气体利用			自行阅读
	11.6 填埋气体安全			自行阅读
12 填埋作业与管理	12.1 填埋作业准备			自行阅读
	12.2 填埋作业			自行阅读
	12.3 填埋场管理			自行阅读
13 封场与堆体稳定性	13.1 一般规定			自行阅读
	13.2 填埋场封场			自行阅读
	13.3 填埋堆体稳定性			自行阅读

17 其他规范专题

续表

规范条文		条文重点内容	条文说明重点内容	相应重点学习和要结合的本书具体章节
14 辅助工程	14.1 电气			自行阅读
	14.2 给排水工程		14.2.1中计算公式	自行阅读
	14.3 消防			自行阅读
	14.4 采暖、通风与空调			自行阅读
15 环境保护与劳动卫生				自行阅读
16 工程施工及验收				自行阅读

17.7 岩土工程勘察安全

《岩土工程勘察安全规范》GB 50585—2019
条文及条文说明重要内容简介及本书索引

规范条文		条文重点内容	条文说明重点内容	相应重点学习和要结合的本书具体章节
1 总则				自行阅读
2 术语与符号	2.1 术语			自行阅读
	2.2 符号			自行阅读
3 基本规定				自行阅读
4 工程地质测绘与勘探作业点测放	4.1 一般规定			自行阅读
	4.2 工程地质测绘			自行阅读
	4.3 勘探作业点测放			自行阅读
5 勘探作业	5.1 一般规定			自行阅读
	5.2 钻探			自行阅读
	5.3 槽探和井探			自行阅读
	5.4 洞探			自行阅读
6 特殊作业条件勘察	6.1 一般规定			自行阅读
	6.2 水域勘察			自行阅读
	6.3 特殊场地和特殊地质条件勘察			自行阅读
	6.4 特殊气象条件勘察			自行阅读
7 室内试验	7.1 一般规定			自行阅读
	7.2 试验室用电			自行阅读
	7.3 土、水试验			自行阅读
	7.4 岩石试验			自行阅读

17.7 岩土工程勘察安全

续表

规范条文		条文重点内容	条文说明重点内容	相应重点学习和要结合的本书具体章节
8 原位测试、检测与监测	8.1 一般规定			自行阅读
	8.2 原位测试			自行阅读
	8.3 岩土工程检测			自行阅读
	8.4 岩土工程监测			自行阅读
9 工程物探	9.1 一般规定			自行阅读
	9.2 陆域作业			自行阅读
	9.3 水域作业			自行阅读
	9.4 人工震源			自行阅读
10 勘察设备	10.1 一般规定			自行阅读
	10.2 钻探设备			自行阅读
	10.3 勘察辅助设备			自行阅读
11 勘察用电	11.1 一般规定			自行阅读
	11.2 勘察现场临时用电			自行阅读
	11.3 用电设备的维护与使用			自行阅读
12 安全防护和作业环境保护	12.1 一般规定			自行阅读
	12.2 危险物品储存和使用			自行阅读
	12.3 防火			自行阅读
	12.4 防雷			自行阅读
	12.5 防爆			自行阅读
	12.6 防毒			自行阅读
	12.7 防尘			自行阅读
	12.8 作业环境保护			自行阅读
13 勘察现场临时用房	13.1 一般规定			自行阅读
	13.2 居住临时用房			自行阅读
	13.3 非居住临时用房			自行阅读

17.8 地质灾害危险性评估

《地质灾害危险性评估规范》DZ/T 0286—2015
条文及条文说明重要内容简介及本书索引

	规范条文	条文重点内容	条文说明重点内容	相应重点学习和要结合的本书具体章节
1 范围				自行阅读
2 规范性引用文件				自行阅读
3 术语和定义				自行阅读
4 基本规定	4.1 评估要求及工作内容			自行阅读
	4.2 评估工作程序			自行阅读
	4.3 评估范围与级别			自行阅读
	4.4 地质灾害危险性评估指标分级			自行阅读
	4.5 不同级别评估的技术要求			自行阅读
5 地质环境条件调查	5.1 一般规定			自行阅读
	5.2 区域地质背景			自行阅读
	5.3 气象水文			自行阅读
	5.4 地形地貌			自行阅读
	5.5 地层岩性			自行阅读
	5.6 地质构造			自行阅读
	5.7 岩土体类型及其工程地质性质			自行阅读
	5.8 水文地质条件			自行阅读
	5.9 人类活动对地质环境的影响			自行阅读
	5.10 其他			自行阅读
6 地质灾害调查及危险性现状评估	6.1 一般规定			自行阅读
	6.2 滑坡			自行阅读
	6.3 崩塌（危岩）			自行阅读
	6.4 泥石流			自行阅读
	6.5 岩溶塌陷			自行阅读
	6.6 采空塌陷			自行阅读
	6.7 地裂缝			自行阅读
	6.8 地面沉降			自行阅读
	6.9 不稳定斜坡			自行阅读
	6.10 其他灾种			自行阅读

17.8 地质灾害危险性评估

续表

规范条文		条文重点内容	条文说明重点内容	相应重点学习和要结合的本书具体章节
7 地质灾害危险性预测评估	7.1 一般规定			自行阅读
	7.2 工程建设中、建成后可能引发或加剧的地质灾害危险性预测评估			自行阅读
	7.3 建设工程自身可能遭受已存在的地质灾害危险性预测评估			自行阅读
8 地质灾害危险性综合评估及建设用地适宜性评价	8.1 一般规定			自行阅读
	8.2 地质灾害危险性综合评估			自行阅读
	8.3 建设用地适宜性评价			自行阅读
9 成果提交	9.1 一般规定			自行阅读
	9.2 评估报告			自行阅读
	9.3 成果图件			自行阅读

附录　2020年度全国注册土木工程师（岩土）专业考试所使用的标准和法律法规（草案[①]）

一、标准

1. 《岩土工程勘察规范》GB 50021—2001)（2009年版）
2. 《建筑工程地质勘探与取样技术规程》JGJ/T 87—2012
3. 《工程岩体分级标准》GB/T 50218—2014
4. 《工程岩体试验方法标准》GB/T 50266—2013
5. 《土工试验方法标准》GB/T 50123—2019
6. 《地基动力特性测试规范》GB/T 50269—2015
7. 《水利水电工程地质勘察规范》GB 50487—2008
8. 《水运工程岩土勘察规范》JTS 133—2013
9. 《公路工程地质勘察规范》JTG C20—2011
10. 《铁路工程地质勘察规范》TB 10012—2019
11. 《城市轨道交通岩土工程勘察规范》GB 50307—2012
12. 《工程结构可靠性设计统一标准》GB 50153—2008
13. 《建筑结构荷载规范》GB 50009—2012
14. 《建筑地基基础设计规范》GB 50007—2011
15. 《水运工程地基设计规范》JTS 147—2017
16. 《公路桥涵地基与基础设计规范》JTG 3363—2019
17. 《铁路桥涵地基和基础设计规范》TB 10093—2017　J 464—2017
18. 《建筑桩基技术规范》JGJ 94—2008
19. 《建筑地基处理技术规范》JGJ 79—2012
20. 《碾压式土石坝设计规范》DL/T 5395—2007
21. 《公路路基设计规范》JTG D30—2015
22. 《铁路路基设计规范》TB 10001—2016　J 447—2016
23. 《土工合成材料应用技术规范》GB/T 50290—2014
24. 《生活垃圾卫生填埋处理技术规范》GB 50869—2013
25. 《铁路路基支挡结构设计规范》TB 10025—2019
26. 《建筑边坡工程技术规范》GB 50330—2013
27. 《建筑基坑支护技术规程》JGJ 120—2012
28. 《铁路隧道设计规范》TB 10003—2016　J 449—2016

---

① 本文件为草案，请以住房和城乡建设部执业资格注册中心发布的考试考务文件为准。

29. 《公路隧道设计规范 第一册 土建工程》JTG 3370.1—2018
30. 《湿陷性黄土地区建筑规范》GB 50025—2018
31. 《膨胀土地区建筑技术规范》GB 50112—2013
32. 《盐渍土地区建筑技术规范》GB/T 50942—2014
33. 《铁路工程不良地质勘察规程》TB 10027—2012　J 1407—2012
34. 《铁路工程特殊岩土勘察规程》TB 10038—2012　J 1408—2012
35. 《地质灾害危险性评估规范》DZ/T 0286—2015
36. 《中国地震动参数区划图》GB 18306—2015
37. 《建筑抗震设计规范》GB 50011—2010（2016 年版）
38. 《水电工程水工建筑物抗震设计规范》NB 35047—2015
39. 《公路工程抗震规范》JTG B02—2013
40. 《建筑地基检测技术规范》JGJ 340—2015
41. 《建筑基桩检测技术规范》JGJ 106—2014
42. 《建筑基坑工程监测技术规范》GB 50497—2009
43. 《建筑变形测量规范》JGJ 8—2016　J 719—2016
44. 《城市轨道交通工程监测技术规范》GB 50911—2013
45. 《混凝土结构设计规范》GB 50010—2010（2015 年版）
46. 《岩土工程勘察安全规范》GB 50585—2019
47. 《高层建筑岩土工程勘察标准》JGJ/T 72—2017　J 366—2017
48. 《既有建筑地基基础加固技术规范》JGJ 123—2012　J 1447—2012
49. 《供水水文地质勘察规范》GB 50027—2001
50. 《建筑边坡工程鉴定与加固技术规范》GB 50843—2013
51. 《劲性复合桩技术规程》JGJ/T 327—2014
52. 《水泥土复合管桩基础技术规程》JGJ/T 330—2014
53. 《预应力混凝土管桩技术标准》JGJ/T 406—2017

二、法律法规

1. 《中华人民共和国建筑法》
2. 《中华人民共和国招标投标法》
3. 《工程建设项目勘察设计招标投标办法》（国家发展和改革委员会令第 2 号）
4. 《中华人民共和国合同法》
5. 《建设工程质量管理条例》（国务院令第 279 号）
6. 《建设工程勘察设计管理条例》（国务院令第 662 号）
7. 《中华人民共和国安全生产法》
8. 《建设工程安全生产管理条例》（国务院令第 393 号）
9. 《安全生产许可证条例》（国务院令第 397 号）
10. 《建设工程质量检测管理办法》（建设部令第 141 号）
11. 《实施工程建设强制性标准监督规定》（建设部令第 81 号）
12. 《地质灾害防治条例》（国务院令第 394 号）

13.《建设工程勘察设计资质管理规定》(建设部令第160号)

14.《勘察设计注册工程师管理规定》(建设部令第137号)

15.《注册土木工程师（岩土）执业及管理工作暂行规定》(建设部建市〔2009〕105号)

16. 住房城乡建设部关于印发《建筑工程五方责任主体项目负责人质量终身责任追究暂行办法》的通知（建质〔2014〕124号）

17.《房屋建筑和市政基础设施工程施工图设计文件审查管理办法》(住建部令〔2013〕第13号)

18.《危险性较大的分部分项工程安全管理规定》(住建部第37号令)

19. 住房城乡建设部印发《关于进一步推进工程总承包发展的若干意见》(建市〔2016〕93号)

执业资格考试丛书

注册岩土工程师专业案例
考点精讲·解题流程·历年真题

（下　册）

李东坡　李东胜　尹磊　杨博　编著

中国建筑工业出版社

目　录

下　册

1 土力学专题 ··· 595
　1.1 土的物理性指标 ··· 598
　　1.1.1 土的颗粒特征 ·· 598
　　　1.1.1.1 基本概念 ··· 598
　　　1.1.1.2 颗粒分析试验 ·· 598
　　　1.1.1.3 颗粒分析试验成果应用 ··· 598
　　1.1.2 土的三相特征 ·· 599
　　　1.1.2.1 不涉及过多变化，直接用定义或公式求解 ·························· 599
　　　1.1.2.2 体积变化，孔隙变化 ··· 601
　　　1.1.2.3 体积不变，水量变化 ··· 604
　　1.1.3 土的物理特性 ·· 604
　　　1.1.3.1 无黏性土的密实度及相关试验 ·· 604
　　　1.1.3.2 粉土的密实度和湿度 ··· 605
　　　1.1.3.3 黏性土的稠度及相关试验 ·· 605
　　1.1.4 土的结构特征 ·· 605
　　　1.1.4.1 黏性土的活性指数 ··· 605
　　　1.1.4.2 黏性土的灵敏度 ·· 605
　　　1.1.4.3 黏性土的触变性 ·· 605
　　1.1.5 土的工程分类 ·· 605
　　1.1.6 土的压实性及相关试验 ··· 606
　　1.1.7 室内三相指标测试试验 ··· 608
　　　1.1.7.1 含水率试验 ··· 608
　　　1.1.7.2 密度试验 ··· 608
　　　1.1.7.3 土粒相对密度试验 ··· 610
　1.2 地下水 ··· 610
　　1.2.1 土中水的分类 ·· 610
　　1.2.2 土的渗流原理 ·· 610
　　　1.2.2.1 渗流中的总水头和水力坡降 ·· 610
　　　1.2.2.2 渗透系数简介 ·· 610
　　　1.2.2.3 达西渗透定律 ·· 610

3

  1.2.2.4 成层土的等效渗透系数 ……………………………………… 611
 1.2.3 孔隙水压力计算 …………………………………………………… 612
  1.2.3.1 无渗流情况下水压力计算 …………………………………… 612
  1.2.3.2 有渗流情况下水压力计算 …………………………………… 612
  1.2.3.3 存在承压水情况下水压力计算 ……………………………… 612
  1.2.3.4 存在超静孔隙水压力的计算 ………………………………… 612
  1.2.3.5 物体所受孔隙水压力与浮力的关系 ………………………… 612
 1.2.4 二维渗流与流网 …………………………………………………… 612
 1.2.5 渗透力和渗透变形 ………………………………………………… 614
 1.2.6 渗透系数测定 ……………………………………………………… 618
  1.2.6.1 室内渗透试验 ………………………………………………… 618
  1.2.6.2 现场抽水试验 ………………………………………………… 620
  1.2.6.3 现场压水试验 ………………………………………………… 624
  1.2.6.4 现场注水试验 ………………………………………………… 627
 1.2.7 地下水流向流速测定 ……………………………………………… 627
 1.2.8 地下水的矿化度 …………………………………………………… 628
1.3 土中应力 ………………………………………………………………… 628
 1.3.1 有效应力原理 ……………………………………………………… 628
 1.3.2 自重应力 …………………………………………………………… 628
  1.3.2.1 自重应力计算基本方法 ……………………………………… 628
  1.3.2.2 竖直稳定渗流下自重应力计算 ……………………………… 628
  1.3.2.3 有承压水情况下自重应力计算 ……………………………… 629
  1.3.2.4 水位升降时的土中自重应力变化 …………………………… 629
 1.3.3 基底压力 …………………………………………………………… 629
  1.3.3.1 偏心距与上部荷载及基底压力关系 ………………………… 629
  1.3.3.2 基底压力与上部荷载及分布形式的关系 …………………… 632
 1.3.4 附加应力 …………………………………………………………… 644
  1.3.4.1 基底附加压力 ………………………………………………… 644
  1.3.4.2 地基附加应力 ………………………………………………… 645
1.4 固结试验及压缩性指标 ………………………………………………… 647
 1.4.1 固结试验和压缩曲线 ……………………………………………… 647
 1.4.2 压缩系数 …………………………………………………………… 647
 1.4.3 压缩指数 …………………………………………………………… 647
 1.4.4 压缩模量 …………………………………………………………… 647
 1.4.5 体积压缩系数 ……………………………………………………… 647
 1.4.6 超固结比 …………………………………………………………… 647
 1.4.7 压缩模量、变形模量、弹性模量之间的区别和联系 …………… 647
 1.4.8 回弹曲线和再压缩曲线 …………………………………………… 647
 1.4.9 固结系数 …………………………………………………………… 647

1.5 地基最终沉降 ·· 651
1.5.1 由降水引起的沉降 ·· 651
1.5.2 给出附加应力曲线或系数 ·· 658
1.5.3 e-p 曲线固结模型法——堆载预压法 ··· 662
1.5.4 e-$\lg p$ 曲线计算沉降 ·· 665
1.5.5 规范公式法及计算压缩模量当量值 ·· 667
1.5.6 回弹变形 ·· 680
1.6 地基变形与时间的关系 ··· 682
1.6.1 单面排水饱和土单向应力条件下的超孔隙水压力 ····································· 682
1.6.2 单面排水超孔隙水压力的消散规律 ··· 682
1.6.2.1 基本假设（一维课题） ·· 682
1.6.2.2 微分方程的建立（竖向固结） ·· 682
1.6.2.3 微分方程的解析解 ··· 682
1.6.2.4 工程中常用的"0"型解析解 ··· 682
1.6.3 单面排水平均固结度 ··· 682
1.6.4 双面排水平均固结度 ··· 682
1.6.5 地基沉降与时间的关系 ·· 682
1.7 土的抗剪强度 ·· 683
1.7.1 土的抗剪强度机理 ·· 683
1.7.2 极限平衡理论 ·· 683
1.7.3 两向应力条件下的超孔隙水压力 ··· 683
1.7.3.1 各向等压应力与孔压系数 B ·· 683
1.7.3.2 偏差压力与孔压系数 A ··· 683
1.7.4 土的抗剪强度试验 ·· 683
1.7.4.1 直剪试验 ··· 683
1.7.4.2 三轴试验 ··· 683
1.7.4.3 无侧限抗压强度试验 ·· 686
1.7.5 应力路径分析法 ·· 686
1.7.5.1 应力路径的基本概念 ·· 686
1.7.5.2 K_0、K_f 和 f 线的基本概念 ·· 686
1.7.6 土的抗剪强度指标 ··· 686
1.7.6.1 直剪试验指标 ··· 686
1.7.6.2 三轴试验指标 ··· 686
1.7.6.3 无侧限试验指标 ·· 686
1.8 土压力计算基本理论 ··· 687
1.8.1 朗肯土压力 ··· 687
1.8.1.1 朗肯土压力理论基础 ··· 687
1.8.1.2 朗肯主动土压力计算公式推导 ·· 687
1.8.1.3 朗肯被动土压力计算公式推导 ·· 687

			1.8.1.4 墙后土体顶部作用着竖向有效压力 ·················· 687
			1.8.1.5 无渗流时水压力的计算 ·················· 687
			1.8.1.6 计算多层土总主动土压力 ·················· 687
			1.8.1.7 水土分算或合算 ·················· 687
			1.8.1.8 朗肯主动土压力整体思维流程 ·················· 687
			1.8.1.9 朗肯被动土压力整体思维流程 ·················· 687
		1.8.2 有渗流等特殊情况朗肯主动土压力 ·················· 697
		1.8.3 地震液化对朗肯主动土压力的影响 ·················· 699
		1.8.4 库仑主动土压力 ·················· 699
		1.8.5 楔体法主动土压力 ·················· 699
		1.8.6 坦墙土压力计算 ·················· 702
			1.8.6.1 坦墙的定义 ·················· 702
			1.8.6.2 坦墙土压力计算方法 ·················· 702
		1.8.7 墙背形状有变化 ·················· 703
			1.8.7.1 折线形墙背 ·················· 703
			1.8.7.2 墙背设置卸荷平台 ·················· 703
			1.8.7.3 墙后滑动面受限 ·················· 703
	1.9 各规范对土压力的具体规定 ·················· 703
		1.9.1 地基基础规范对土压力具体规定 ·················· 703
			1.9.1.1 对重力式挡土墙土压力计算的规定 ·················· 703
			1.9.1.2 对基坑水压力和土压力的规定 ·················· 703
		1.9.2 边坡工程规范对土压力具体规定 ·················· 703
			1.9.2.1 一般情况下土压力 ·················· 703
			1.9.2.2 对于重力式挡土墙土压力的计算 ·················· 703
			1.9.2.3 当边坡的坡面倾斜、坡顶水平、无超载时水平土压力 ·················· 703
			1.9.2.4 有限范围填土的主动土压力 ·················· 704
			1.9.2.5 局部荷载引起的主动土压力 ·················· 704
			1.9.2.6 坡顶地面非水平时的主动土压力 ·················· 704
			1.9.2.7 二阶竖直边坡、坡顶水平且无超载作用 ·················· 704
			1.9.2.8 地震主动土压力 ·················· 704
			1.9.2.9 坡顶有重要建筑物时的土压力修正 ·················· 704
			1.9.2.10 无外倾结构面的边坡侧向主动岩石压力 ·················· 704
			1.9.2.11 有外倾结构面的边坡侧向主动岩石压力 ·················· 704
			1.9.2.12 当边坡的坡面倾斜、坡顶水平、无超载时水平岩石压力 ·················· 704
			1.9.2.13 地震主动岩石压力 ·················· 704
			1.9.2.14 坡顶有重要建筑物时的岩石压力修正 ·················· 704
		1.9.3 基坑工程规范对土压力具体规定 ·················· 705
			1.9.3.1 一般情况下基坑主动土压力 ·················· 705
			1.9.3.2 局部附加荷载作用下主动土压力 ·················· 710

	1.9.3.3 支护结构顶低于地面，其上采用放坡或土钉墙 ············ 711
1.10	边坡稳定性 ··· 712
	1.10.1 平面滑动法 ·· 712
	1.10.1.1 滑动面与坡脚面不同，无裂隙 ································ 712
	1.10.1.2 滑动面与坡脚面不同，有裂隙 ································ 723
	1.10.1.3 滑动面与坡脚面相同 ·· 727
	1.10.2 折线滑动法 ·· 730
	1.10.2.1 传递系数显式法边坡稳定系数及滑坡推力计算 ········· 730
	1.10.2.2 传递系数隐式法边坡稳定系数及滑坡推力计算 ········· 738
	1.10.3 圆弧滑动面法 ··· 742
	1.10.3.1 整体圆弧法 ··· 742
	1.10.3.2 瑞典条分法 ··· 747
	1.10.3.3 毕肖普条分法 ·· 747
	1.10.3.4 边坡规范条分法 ··· 747
	1.10.4 边坡稳定性其他方面 ·· 747
	1.10.4.1 边坡滑塌区范围 ··· 747
	1.10.4.2 土坡极限高度 ·· 747
	1.10.4.3 土质路堤极限高度计算 ·· 747
1.11	地基承载力 ··· 747
	1.11.1 地基承载力的概念 ·· 747
	1.11.2 竖向荷载下地基的破坏形式 ·· 747
	1.11.3 临塑荷载与临界荷载计算公式 ··· 747
	1.11.4 极限荷载计算公式 ·· 747
	1.11.5 地基模型 ·· 747
	1.11.6 各规范对地基承载力的具体规定 ······································ 748
2 构造地质学专题 ·· 749
2.1	岩层的产状 ··· 749
	2.1.1 产状 ·· 749
	2.1.2 真倾角和视倾角之间的换算 ·· 749
2.2	岩层厚度 ··· 751
	2.2.1 基本概念 ·· 751
	2.2.2 具体情况下岩层厚度计算 ·· 751
3 岩土勘察专题 ··· 752
3.1	各类工程勘察基本要求 ··· 753
	3.1.1 房屋建筑和构筑物 ·· 753
	3.1.1.1 房屋建筑和构筑物详勘孔深 ····································· 753
	3.1.1.2 房屋建筑和构筑物取样及测试 ·································· 754
3.2	勘探和取样 ··· 754
	3.2.1 取土器技术标准 ··· 754

3.2.2 泥浆护壁时泥浆的计算 …… 755
3.2.3 岩土试样的采取 …… 756
　　3.2.3.1 测定回收率法 …… 756
　　3.2.3.2 室内试验评价法 …… 756
3.3 现场原位测试 …… 756
　3.3.1 载荷试验 …… 756
　　3.3.1.1 浅层平板载荷试验 …… 756
　　3.3.1.2 深层平板载荷试验 …… 759
　　3.3.1.3 黄土浸水载荷试验 …… 760
　　3.3.1.4 螺旋板载荷试验 …… 760
　　3.3.1.5 岩石地基载荷试验 …… 760
　3.3.2 静力触探试验 …… 760
　　3.3.2.1 基本指标的测定 …… 760
　　3.3.2.2 静探径向固结系数 …… 760
　　3.3.2.3 具体工程应用 …… 760
　3.3.3 圆锥动力触探试验 …… 760
　　3.3.3.1 试验类型及数据 …… 760
　　3.3.3.2 能量指数 …… 760
　　3.3.3.3 荷兰公式求动贯入阻力 q_d（MPa） …… 760
　　3.3.3.4 重型圆锥动力触探确定碎石土密实度 …… 760
　　3.3.3.5 超重型圆锥动力触探确定碎石土密实度 …… 760
　　3.3.3.6 其他工程应用 …… 760
　3.3.4 标准贯入试验 …… 761
　　3.3.4.1 标贯试验仪器数据 …… 761
　　3.3.4.2 标贯试验击数的确定 …… 761
　　3.3.4.3 其他工程应用 …… 761
　3.3.5 十字板剪切试验 …… 762
　　3.3.5.1 机械式（开口钢环式十字板剪切试验） …… 762
　　3.3.5.2 电测式（电阻应变式十字板剪切试验） …… 762
　　3.3.5.3 抗剪强度修正 …… 762
　　3.3.5.4 其他工程应用 …… 762
　3.3.6 旁压试验 …… 764
　　3.3.6.1 旁压试验原理简介 …… 764
　　3.3.6.2 矫正压力及变形量 …… 764
　　3.3.6.3 利用预钻式旁压曲线的特征值评定地基承载力、不排水抗剪强度及侧压力系数 …… 764
　　3.3.6.4 预钻式旁压试验确定旁压模量 E_m …… 764
　　3.3.6.5 自钻式旁压试验求侧压力系数 K_0 …… 764
　3.3.7 扁铲侧胀试验 …… 766

- 3.3.8 现场直接剪切试验 ··· 767
  - 3.3.8.1 基本概念 ··· 767
  - 3.3.8.2 布置方案、适用条件及试体剪切面应力计算 ··· 767
  - 3.3.8.3 比例强度、屈服强度、峰值强度、残余强度、剪胀强度 ··· 767
  - 3.3.8.4 抗剪强度参数的确定 ··· 767
- 3.3.9 波速测试 ··· 769
  - 3.3.9.1 波速计算 ··· 769
  - 3.3.9.2 动剪切模量、动弹性模量和动泊松比计算 ··· 769
- 3.3.10 岩体原位应力测试 ··· 769
- 3.3.11 激振法测试 ··· 769
- 3.4 水和土腐蚀性评价 ··· 769
  - 3.4.1 水和土对混凝土结构腐蚀性评价 ··· 769
  - 3.4.2 水和土对钢筋混凝土结构中钢筋的腐蚀性评价 ··· 769
  - 3.4.3 土对钢结构的腐蚀性评价 ··· 769
- 3.5 岩土参数的分析和选定 ··· 772
  - 3.5.1 标准值的计算 ··· 772
  - 3.5.2 线性插值法 ··· 774
    - 3.5.2.1 单线性内插法 ··· 774
    - 3.5.2.2 双线性内插法 ··· 774
- 3.6 岩石和岩体基本性质和指标 ··· 774
  - 3.6.1 岩石基本性质和指标 ··· 774
    - 3.6.1.1 岩石的坚硬程度及饱和单轴抗压强度 ··· 774
    - 3.6.1.2 岩石风化程度分类 ··· 776
    - 3.6.1.3 岩石质量指标 RQD ··· 776
    - 3.6.1.4 岩石的软化性和吸水性 ··· 776
  - 3.6.2 岩体基本性质和指标 ··· 776
    - 3.6.2.1 岩体的完整程度 ··· 776
- 3.7 工程岩体分级 ··· 778
  - 3.7.1 按岩石坚硬程度和岩体完整程度定性划分 ··· 778
  - 3.7.2 岩体基本质量指标 BQ 和指标修正值 [BQ] ··· 778
  - 3.7.3 围岩工程地质分类 ··· 781
- 3.8 建筑工程地质勘探与取样技术 ··· 781
- 3.9 高层建筑岩土工程勘察 ··· 781

4 土工试验及工程岩体试验专题
- 4.1 土工试验 ··· 782
- 4.2 工程岩体试验 ··· 782

5 荷载与岩设方法专题
- 5.1 荷载基本概念 ··· 783
- 5.2 设计极限状态 ··· 783

5.3 抗力 ·· 783
5.4 设计状况 ·· 783
5.5 荷载组合 ·· 783
5.6 设计方法 ·· 783
   5.6.1 全概率法 ·· 783
   5.6.2 分项系数设计方法 ·· 783
   5.6.3 单一安全系数方法（又称为总安全系数法） ···················· 783
   5.6.4 容许应力法 ·· 783
5.7 极限值、容许值、特征值、基本值、平均值、标准值和设计值
     的概念详述和区分 ·· 783
   5.7.1 从抗力的极限状态和工作状态来看 ···························· 783
   5.7.2 从统计和设计方法角度来看 ···································· 784
   5.7.3 交叉命名 ·· 784
5.8 各主要规范主要计算内容采用的设计方法、极限状态和作用
     效应组合总览 ·· 784

6 地基基础专题 ·· 785
6.1 地基承载力特征值 ·· 786
   6.1.1 岩石地基承载力特征值 ·· 786
      6.1.1.1 由岩石载荷试验测定 ·································· 786
      6.1.1.2 根据室内饱和单轴抗压强度计算 ···················· 787
   6.1.2 由平板载荷试验确定 ·· 789
      6.1.2.1 浅层平板载荷试验确定地基承载力特征值 ············ 789
      6.1.2.2 深层平板载荷试验确定地基承载力特征值 ············ 793
   6.1.3 根据土的抗剪强度指标确定地基承载力特征值 ················ 794
   6.1.4 地基承载力特征值深宽度修正 ·································· 802
   6.1.5 基底压力与地基承载力特征值验算关系 ······················ 807
6.2 基础设计类——深度、宽度、底面积、最大竖向力等 ················ 810
   6.2.1 由土的抗剪强度确定的地基承载力特征值 ······················ 810
   6.2.2 经深宽度修正后地基承载力特征值 ···························· 811
6.3 软弱下卧层 ·· 822
6.4 地基变形其他内容 ·· 835
   6.4.1 大面积地基荷载作用引起柱基沉降计算 ························ 835
   6.4.2 建筑物沉降裂缝与沉降差 ······································ 836
6.5 地基稳定性 ·· 838
   6.5.1 地基整体稳定性 ·· 838
   6.5.2 坡顶稳定性 ·· 839
   6.5.3 抗浮稳定性 ·· 843
6.6 无筋扩展基础 ·· 845
6.7 扩展基础 ·· 849

6.7.1 柱下独立基础 ··· 849
    6.7.1.1 柱下独立基础受冲切 ·· 849
    6.7.1.2 柱下独立基础受剪切 ·· 852
    6.7.1.3 柱下独立基础受弯 ·· 853
  6.7.2 墙下条形基础 ··· 854
    6.7.2.1 墙下条形基础受剪切 ·· 854
    6.7.2.2 墙下条形基础受弯 ·· 854
  6.7.3 高层建筑筏形基础 ··· 857
    6.7.3.1 高层建筑筏形基础抗倾覆验算 ·· 857
    6.7.3.2 梁板式筏基正截面受冲切 ·· 857
    6.7.3.3 梁板式筏基受剪切 ·· 858
    6.7.3.4 平板式筏基相关验算 ·· 859
 6.8 地基动力特性测试 ··· 860

7 桩基础专题 ·· 861

 7.1 各种桩型单桩竖向极限承载力标准值 ··· 863
  7.1.1 普通混凝土桩（桩径＜0.8m） ·· 863
  7.1.2 大直径桩（桩径≥0.8m）及大直径扩底桩 ·· 863
  7.1.3 钢管桩 ·· 864
  7.1.4 混凝土空心桩 ·· 865
  7.1.5 嵌岩桩 ·· 866
  7.1.6 后注浆灌注桩 ·· 866
  7.1.7 单桥静力触探确定 ·· 867
  7.1.8 双桥静力触探确定 ·· 869
 7.2 单桩和复合基桩竖向承载力特征值 ··· 870
 7.3 桩顶作用荷载计算及竖向承载力验算 ··· 874
 7.4 受液化影响的桩基承载力 ··· 881
 7.5 负摩阻力桩 ··· 881
  7.5.1 中性点 l_n ·· 881
  7.5.2 负摩阻力桩下拉荷载标准值 Q_g^n ·· 881
  7.5.3 负摩阻力桩承载力验算 ·· 881
 7.6 桩身承载力 ··· 889
  7.6.1 钢筋混凝土轴心受压桩正截面受压承载力 ·· 889
  7.6.2 打入式钢管桩局部压屈验算 ·· 895
  7.6.3 钢筋混凝土轴心抗拔桩的正截面受拉承载力 ·· 896
 7.7 桩基抗拔承载力 ··· 896
  7.7.1 呈整体破坏和非整体破坏时桩基抗拔承载力 ·· 896
  7.7.2 抗冻拔稳定性 ·· 902
  7.7.3 膨胀土上抗拔稳定性 ·· 902
 7.8 桩基软弱下卧层验算 ··· 902

11

- 7.9 桩基水平承载力特征值 …… 904
  - 7.9.1 单桩水平承载力特征值 …… 904
  - 7.9.2 群桩基础中基桩水平承载力特征值 …… 908
  - 7.9.3 桩身配筋长度 …… 912
- 7.10 桩基沉降计算 …… 913
  - 7.10.1 桩中心距不大于6倍桩径的桩基 …… 913
  - 7.10.2 单桩 单排桩 疏桩 …… 921
  - 7.10.3 软土地基减沉复合疏桩 …… 923
    - 7.10.3.1 软土地基减沉复合疏桩承台面积和桩数及桩基承载力关系 …… 923
    - 7.10.3.2 软土地基减沉复合疏桩基础中心沉降 …… 924
- 7.11 承台计算 …… 927
  - 7.11.1 受弯计算 …… 927
    - 7.11.1.1 第 i 基桩净反力设计值 N_i（不计承台及其土重）或最大净反力设计值 N_{max} …… 927
    - 7.11.1.2 两柱条形承台和多柱矩形承台正截面弯矩设计值 …… 927
    - 7.11.1.3 等边三桩承台的正截面弯矩设计值 …… 927
    - 7.11.1.4 等腰三桩承台的正截面弯矩设计值 …… 927
    - 7.11.1.5 其他弯矩设计值 …… 927
  - 7.11.2 轴心竖向力作用下受冲切计算 …… 930
    - 7.11.2.1 柱下矩形独立承台受冲切计算 …… 930
    - 7.11.2.2 三桩三角形承台受冲切计算 …… 932
    - 7.11.2.3 四桩及以上承台受角桩冲切计算 …… 934
    - 7.11.2.4 其他受冲切计算 …… 934
  - 7.11.3 受剪切计算 …… 934
    - 7.11.3.1 一阶矩形承台柱边受剪切计算 …… 934
    - 7.11.3.2 二阶矩形承台柱边受剪切计算 …… 938
    - 7.11.3.3 其他受剪切计算 …… 939
- 7.12 桩基施工 …… 939
  - 7.12.1 内夯沉管灌注桩桩端夯扩头平均直径 …… 939
  - 7.12.2 灌注桩后注浆单桩注浆量 …… 939
- 7.13 建筑基桩检测 …… 939
  - 7.13.1 桩身内力测试 …… 939
  - 7.13.2 单桩竖向抗压静载试验 …… 942
  - 7.13.3 单桩竖向抗拔静载试验 …… 943
  - 7.13.4 单桩水平载荷试验 …… 943
  - 7.13.5 钻芯法 …… 944
  - 7.13.6 低应变法 …… 944
  - 7.13.7 高应变法 …… 946
  - 7.13.8 声波透射法 …… 947

8 地基处理专题 ... 948
8.1 换填垫层法 ... 949
8.1.1 相关概念及一般规定 ... 949
8.1.2 换填垫层法承载力相关计算 ... 949
8.1.3 换填垫层压实标准及承载力特征值 ... 949
8.1.4 换填垫层法变形计算 ... 949
8.2 预压地基 ... 951
8.2.1 一级瞬时加载太沙基单向固结理论 ... 951
8.2.2 一级或多级等速加载理论——按《建筑地基处理技术规范》 ... 960
8.2.3 多级瞬时或等速加载理论——按《水运工程地基设计规范》 ... 962
8.2.4 一级瞬时加载考虑涂抹和井阻影响 ... 967
8.2.5 预压地基抗剪强度增加 ... 968
8.2.6 预压地基沉降 ... 969
8.2.6.1 预压沉降基本原理法 ... 969
8.2.6.2 预压沉降 e-p 曲线固结模型法 ... 973
8.2.6.3 预压沉降 e-$\lg p$ 曲线法 ... 974
8.2.6.4 根据变形和时间关系曲线求最终沉降量或固结度 ... 975
8.3 压实地基和夯实地基 ... 976
8.3.1 相关概念及一般规定 ... 976
8.3.2 压实填土质量控制 ... 976
8.3.3 压实填土的边坡坡度允许值 ... 976
8.3.4 强夯的有效加固深度 ... 976
8.3.5 强夯置换法地基承载力 ... 976
8.3.6 压实地基和夯实地基承载力修正 ... 976
8.4 复合地基 ... 977
8.4.1 置换率和等效直径 ... 977
8.4.2 碎石桩和砂石桩 ... 980
8.4.3 灰土挤密桩和土挤密桩 ... 989
8.4.3.1 灰土挤密桩和土挤密桩密复合地基承载力 ... 989
8.4.3.2 灰土挤密桩和土挤密桩加水量问题 ... 996
8.4.4 柱锤冲扩桩 ... 997
8.4.5 水泥土搅拌桩 ... 997
8.4.5.1 水泥土搅拌桩承载力 ... 997
8.4.5.2 水泥土搅拌桩喷浆提升速度和每遍搅拌次数 ... 997
8.4.6 旋喷桩 ... 1013
8.4.7 夯实水泥土桩 ... 1015
8.4.8 CFG 桩 ... 1016
8.4.9 素混凝土桩 ... 1019
8.4.10 多桩型 ... 1022

        8.4.10.1 有粘结强度的两种桩组合 ··· 1022
        8.4.10.2 有粘结强度桩和散体桩组合 ·· 1024
    8.4.11 复合地基压缩模量及沉降 ··· 1025
  8.5 注浆加固 ·· 1029
    8.5.1 水泥浆液法 ·· 1029
      8.5.1.1 水泥浆液注浆量的确定 ··· 1029
      8.5.1.2 水泥用量的确定 ·· 1029
    8.5.2 硅化浆液法 ·· 1029
      8.5.2.1 单液硅化法注浆量的确定 ·· 1029
      8.5.2.2 硅酸钠（水玻璃）溶液稀释加水量 ·· 1029
    8.5.3 碱液法 ·· 1030
      8.5.3.1 碱液法注浆量的确定 ·· 1030
      8.5.3.2 碱液溶液的配制 ·· 1030
  8.6 微型桩 ·· 1031
    8.6.1 树根桩 ·· 1031
    8.6.2 预制桩 ·· 1031
    8.6.3 注浆钢管桩 ·· 1032
  8.7 建筑地基检测 ·· 1032
    8.7.1 地基检测静载荷试验 ·· 1032
    8.7.2 复合地基静载荷试验 ·· 1032
    8.7.3 多道瞬态面波法 ·· 1033
    8.7.4 各处理地基质量检测 ·· 1033
  8.8 既有建筑地基基础加固技术 ·· 1034
9 边坡工程专题 ·· 1035
  9.1 重力式挡土墙 ·· 1035
    9.1.1 重力式挡土墙抗滑移 ·· 1035
    9.1.2 重力式挡土墙抗倾覆 ·· 1044
    9.1.3 有水情况下重力式挡土墙稳定性计算 ·· 1049
  9.2 锚 杆（索） ·· 1052
    9.2.1 单根锚杆（索）轴向拉力标准值 N_{ak}（对应锚杆整体受力分析） ········· 1052
    9.2.2 锚杆（索）钢筋截面面积应满足的要求（对应杆体的受拉承载力验算） ···· 1052
    9.2.3 锚杆（索）锚固段长度及总长度应满足的要求（对应杆体抗拔承载力验算） ···· 1052
    9.2.4 锚杆（索）的弹性变形和水平刚度系数 ·· 1052
  9.3 锚杆（索）挡墙 ·· 1057
    9.3.1 侧向岩土压力确定 ·· 1057
    9.3.2 锚杆内力计算 ·· 1057
  9.4 岩石喷锚支护 ·· 1057
    9.4.1 侧向岩石压力确定 ·· 1057
    9.4.2 锚杆所受轴向拉力标准值 ·· 1057

9.4.3 采用局部锚杆加固不稳定岩石块体时，锚杆承载力应满足要求 …………… 1057
9.5 桩板式挡墙 ………………………………………………………………………………… 1059
   9.5.1 地基的横向承载力特征值 …………………………………………………………… 1059
   9.5.2 桩嵌入岩土层的深度 ………………………………………………………………… 1059
9.6 静力平衡法和等值梁法 …………………………………………………………………… 1059
   9.6.1 静力平衡法 ………………………………………………………………………… 1059
      9.6.1.1 静力平衡法基本计算公式 …………………………………………………… 1059
      9.6.1.2 立柱和锚杆采用静力平衡法分析 …………………………………………… 1059
   9.6.2 等值梁法 …………………………………………………………………………… 1060
9.7 建筑边坡工程鉴定与加固技术 …………………………………………………………… 1062

10 基坑工程专题 …………………………………………………………………………… 1063

10.1 支挡结构内力弹性支点法计算 …………………………………………………………… 1063
   10.1.1 主动土压力计算 …………………………………………………………………… 1063
   10.1.2 土反力计算宽度 …………………………………………………………………… 1063
   10.1.3 作用在挡土构件上的分布土反力 ………………………………………………… 1063
   10.1.4 锚拉式支挡结构的弹性支点刚度系数 …………………………………………… 1064
   10.1.5 支撑式支挡结构的弹性支点刚度系数 …………………………………………… 1064
   10.1.6 锚杆和内支撑对挡土结构的作用力 ……………………………………………… 1064
10.2 支挡结构稳定性 ………………………………………………………………………… 1065
   10.2.1 支挡结构抗滑移整体稳定性整体圆弧法 ………………………………………… 1065
   10.2.2 支挡结构抗倾覆稳定性 …………………………………………………………… 1066
      10.2.2.1 悬臂式支挡结构抗倾覆及嵌固深度 ………………………………………… 1066
      10.2.2.2 单层锚杆和单层支撑支挡结构抗倾覆及嵌固深度 ………………………… 1069
      10.2.2.3 双排桩支挡结构抗倾覆及嵌固深度 ………………………………………… 1069
   10.2.3 支挡结构抗隆起稳定性 …………………………………………………………… 1069
   10.2.4 渗透稳定性 ………………………………………………………………………… 1071
10.3 锚杆 ……………………………………………………………………………………… 1074
   10.3.1 锚杆极限抗拔承载力标准值 ……………………………………………………… 1074
   10.3.2 锚杆轴向拉力标准值 ……………………………………………………………… 1074
   10.3.3 锚杆的极限抗拔承载力应符合的要求 …………………………………………… 1074
   10.3.4 锚杆非锚固段长度及总长度 ……………………………………………………… 1074
   10.3.5 锚杆杆体的受拉承载力要求 ……………………………………………………… 1074
10.4 双排桩 …………………………………………………………………………………… 1079
10.5 土钉墙 …………………………………………………………………………………… 1079
   10.5.1 土钉极限抗拔承载力标准值 ……………………………………………………… 1079
   10.5.2 单根土钉的轴向拉力标准值 ……………………………………………………… 1080
   10.5.3 单根土钉的极限抗拔承载力验算（满足抗拔强度） …………………………… 1080
   10.5.4 土钉轴向拉力设计值及应符合的限值 …………………………………………… 1080
   10.5.5 基坑底面下有软土层的土钉墙结构坑底隆起稳定验算 ………………………… 1080

- 10.6 重力式水泥土墙 ············ 1080
  - 10.6.1 重力式水泥土墙抗滑移 ············ 1080
  - 10.6.2 重力式水泥土墙抗倾覆 ············ 1083
  - 10.6.3 重力式水泥土墙其他内容 ············ 1087
- 10.7 基坑地下水控制 ············ 1089
  - 10.7.1 基坑截水 ············ 1089
  - 10.7.2 基坑涌水量 ············ 1089
  - 10.7.3 基坑内任一点水位降深计算 ············ 1091
  - 10.7.4 降水井设计 ············ 1092
- 10.8 建筑基坑工程监测 ············ 1096
- 10.9 建筑变形测量 ············ 1096

11 抗震工程专题 ············ 1097

- 11.1 抗震工程基本概念 ············ 1098
  - 11.1.1 场地和地基问题 ············ 1098
  - 11.1.2 地震动及设计反应谱等问题 ············ 1098
- 11.2 中国地震动参数区划图 ············ 1098
- 11.3 建筑工程抗震设计 ············ 1099
  - 11.3.1 场地类别划分 ············ 1099
  - 11.3.2 设计反应谱 ············ 1107
    - 11.3.2.1 建筑结构的地震影响系数 ············ 1107
    - 11.3.2.2 水平和竖向地震作用计算 ············ 1121
  - 11.3.3 液化判别 ············ 1122
    - 11.3.3.1 液化初判 ············ 1122
    - 11.3.3.2 液化复判及液化指数 ············ 1127
    - 11.3.3.3 打桩后标贯击数的修正及液化判别 ············ 1140
  - 11.3.4 天然地基抗震承载力验算 ············ 1141
  - 11.3.5 桩基液化效应和抗震验算 ············ 1145
- 11.4 公路工程抗震设计 ············ 1149
  - 11.4.1 场地类别划分 ············ 1149
  - 11.4.2 设计反应谱 ············ 1149
  - 11.4.3 液化判别 ············ 1151
    - 11.4.3.1 液化初判 ············ 1151
    - 11.4.3.2 液化复判 ············ 1152
  - 11.4.4 天然地基抗震承载力 ············ 1152
  - 11.4.5 桩基液化效应和抗震验算 ············ 1152
  - 11.4.6 地震作用 ············ 1154
    - 11.4.6.1 挡土墙水平地震作用 ············ 1154
    - 11.4.6.2 挡土墙地震土压力 ············ 1154
    - 11.4.6.3 挡土墙稳定性 ············ 1154

| 11.4.6.4 路基土条的地震作用及抗震稳定性验算 ……………… 1154
11.5 水利水电水运工程抗震设计 …………………………………… 1154
　11.5.1 场地类别划分 ……………………………………………… 1154
　11.5.2 设计反应谱 ………………………………………………… 1154
　11.5.3 液化判别 …………………………………………………… 1155
　　11.5.3.1 液化初判 ……………………………………………… 1155
　　11.5.3.2 液化复判 ……………………………………………… 1156
　11.5.4 地震作用 …………………………………………………… 1159
　　11.5.4.1 水平向和竖向设计地震加速度代表值 ……………… 1159
　　11.5.4.2 水平向地震惯性力代表值 …………………………… 1159
　　11.5.4.3 其他地震作用及抗震稳定性 ………………………… 1159

12 特殊性岩土专题 …………………………………………………… 1160
12.1 湿陷性土 ………………………………………………………… 1161
　12.1.1 新近堆积黄土的判断 ……………………………………… 1161
　12.1.2 黄土湿陷性指标 …………………………………………… 1161
　12.1.3 黄土湿陷性评价及处理厚度 ……………………………… 1166
　　12.1.3.1 自重湿陷量计算 ……………………………………… 1166
　　12.1.3.2 湿陷量计算 …………………………………………… 1166
　12.1.4 设计 ………………………………………………………… 1170
　　12.1.4.1 总平面设计 …………………………………………… 1170
　　12.1.4.2 地基计算 ……………………………………………… 1171
　　12.1.4.3 桩基 …………………………………………………… 1171
　12.1.5 地基处理 …………………………………………………… 1173
　　12.1.5.1 湿陷性黄土场地上建筑物分类 ……………………… 1173
　　12.1.5.2 地基压缩层厚度 ……………………………………… 1173
　　12.1.5.3 处理厚度 ……………………………………………… 1173
　　12.1.5.4 平面处理范围 ………………………………………… 1179
　　12.1.5.5 具体地基处理方法和计算 …………………………… 1179
　12.1.6 其他湿陷性土 ……………………………………………… 1179
12.2 膨胀土 …………………………………………………………… 1180
　12.2.1 膨胀土工程特性指标 ……………………………………… 1180
　12.2.2 大气影响深度及大气影响急剧层深度 …………………… 1182
　12.2.3 基础埋深 …………………………………………………… 1184
　12.2.4 变形量 ……………………………………………………… 1185
　12.2.5 桩端进入大气影响急剧层深度 …………………………… 1189
12.3 冻土 ……………………………………………………………… 1189
　12.3.1 冻土类别 …………………………………………………… 1189
　12.3.2 冻土物理性指标及试验 …………………………………… 1189
　12.3.3 冻胀性等级和类别 ………………………………………… 1189

12.3.4	融沉性分级	1191
12.3.5	冻土浅基础基础埋深	1192

12.4 盐渍土 1194

12.4.1	盐渍土分类	1194
12.4.2	盐渍土溶陷性	1195

12.5 红黏土 1198
12.6 软土 1198

12.6.1	软土的定义	1198
12.6.2	饱和状态的淤泥性土重度	1198
12.6.3	软土地区相关规定	1198

12.7 混合土 1199
12.8 填土 1199
12.9 风化岩和残积土 1199
12.10 污染土 1200

13 不良地质专题 1202

13.1 岩溶与土洞 1202

13.1.1	溶洞顶板稳定性验算	1202
13.1.2	溶洞距路基的安全距离	1203
13.1.3	注浆量计算	1204
13.1.4	岩溶发育程度	1204

13.2 危岩与崩塌 1206
13.3 泥石流 1206

13.3.1	密度的测定	1206
13.3.1.1	称量法	1206
13.3.1.2	体积比法	1206
13.3.1.3	经验公式法	1206
13.3.2	流速的计算	1206
13.3.2.1	根据泥石流流经弯道计算	1206
13.3.2.2	稀性泥石流流速的计算	1206
13.3.2.3	黏性泥石流流速的计算	1206
13.3.2.4	泥石流中石块运动速度的计算	1206
13.3.3	流量的计算	1206
13.3.3.1	泥石流峰值流量计算	1206
13.3.3.2	一次泥石流过程总量计算	1206

13.4 采空区 1209

13.4.1	采空区场地的适宜性评价	1209
13.4.2	采空区地表移动变形最大值计算	1210
13.4.3	小窑采空区场地稳定性评价	1210

14 公路工程专题 ··· 1211
14.1 公路工程地质勘察 ··· 1211
14.2 公路桥涵地基与基础设计 ·· 1211
14.2.1 地基承载力特征值及修正值 ·· 1211
14.2.2 基底压力及地基承载力验算 ·· 1213
14.2.3 桩基础 ··· 1214
14.2.3.1 支撑在土层中钻（挖）孔灌注桩单桩轴向受压承载力特征值 ······ 1214
14.2.3.2 支撑在基岩上或嵌入基岩中的钻（挖）孔桩、沉桩轴向受压承载力特征值 ··· 1217
14.2.3.3 摩擦型桩单桩轴向受拉承载力特征值 ···································· 1219
14.2.4 沉井基础 ·· 1220
14.3 公路路基设计 ·· 1222
14.3.1 滑坡地段路基 ··· 1222
14.3.2 软土地区路基 ··· 1222
14.3.3 膨胀土地基 ·· 1223
14.4 公路隧道设计 ·· 1224
14.4.1 公路隧道围岩级别 ··· 1224
14.4.2 公路隧道围岩级别的应用 ·· 1224
14.4.3 公路隧道围岩压力 ··· 1226
14.5 公路隧道涌水量计算 ·· 1226
14.6 公路工程抗震规范 ·· 1228

15 铁路工程专题 ··· 1229
15.1 铁路工程地质勘察 ·· 1229
15.2 铁路工程不良地质勘察 ··· 1230
15.3 铁路工程特殊岩土勘察 ··· 1230
15.3.1 软土路基临界高度 ··· 1230
15.4 铁路桥涵地基与基础设计 ·· 1231
15.4.1 地基基本承载力及容许承载力 ·· 1231
15.4.2 软土地基容许承载力 ·· 1231
15.4.3 基础稳定性 ·· 1232
15.4.4 桩基础 ·· 1233
15.4.4.1 按岩土的阻力确定钻（挖）孔灌注摩擦桩单桩轴向受压容许承载力 ······ 1233
15.4.4.2 群桩作为实体基础的检算 ··· 1233
15.4.5 特殊地基 ··· 1234
15.5 铁路路基设计 ·· 1235
15.6 铁路路基支挡结构设计 ··· 1235
15.6.1 重力式挡土墙 ·· 1235
15.6.2 加筋挡土墙 ·· 1235
15.6.3 土钉墙 ·· 1237
15.6.4 锚杆挡土墙 ·· 1239

		15.6.5 预应力锚索	1239
	15.7	铁路隧道设计	1240
		15.7.1 铁路隧道围岩级别	1240
		15.7.2 隧道围岩压力	1241
		15.7.2.1 非偏压隧道围岩压力按规范求解	1241
		15.7.2.2 偏压荷载隧道围岩压力	1242
		15.7.2.3 非偏压隧道围岩压力其他解法	1244
		15.7.2.4 明洞荷载计算方法	1246
		15.7.2.5 洞门墙计算方法	1247

16 水利水电水运工程专题 1249
16.1 水利水电工程地质勘察 1249
16.1.1 水利水电工程围岩级别确定 1249
16.2 水运工程岩土勘察 1253
16.3 水运工程地基设计 1253
16.4 水电工程水工建筑物抗震设计 1253

17 其他规范专题 1254
17.1 城市轨道交通岩土工程勘察 1254
17.2 城市轨道交通工程监测技术 1254
17.3 供水水文地质勘察 1254
17.4 碾压式土石坝设计 1255
17.4.1 渗透稳定计算 1255
17.4.1.1 渗透变形初步判断 1255
17.4.1.2 双层结构地基排水盖重层 1255
17.4.1.3 坝体和坝基中的孔隙压力 1257
17.5 土工合成材料应用技术 1257
17.5.1 反滤与排水 1257
17.5.1.1 用作反滤的无纺土工织物基本要求 1257
17.5.1.2 反滤材料的具体要求 1257
17.5.1.3 反滤材料的排水 1257
17.5.2 加筋挡土墙内部稳定验算 1258
17.5.3 加筋土坡设计 1260
17.6 生活垃圾卫生填埋处理技术 1262
17.7 岩土工程勘察安全 1262
17.8 地质灾害危险性评估 1262

附录 2020年注册岩土工程师专业考试真题解答（数字资源） 1263

1 土力学专题

1 土力学专题专业案例真题按知识点分布汇总

1.1 土的物理性指标	1.1.1 土的颗粒特征		2007C1；2013D20
	1.1.2 土的三相特征	1.1.2.1 不涉及到过多变化，直接用定义或公式求解	2006C4；2007D2；2010D27
		1.1.2.2 体积变化，孔隙变化	2004D7；2009C1；2011D2；2013C4
		1.1.2.3 体积不变，水量变化	2010D3
	1.1.3 土的物理特征	1.1.3.1 无黏性土的密实度及相关试验	2010D14；2017D15
		1.1.3.2 粉土的密实度和湿度	
		1.1.3.3 黏性土的稠度及相关试验	2018C3
	1.1.4 土的结构特征		
	1.1.5 土的工程分类		2008D2；2010D4
	1.1.6 土的压实性及相关试验		2010D30；2013D3；2019C1
	1.1.7 室内三相指标测试试验	1.1.7.1 含水率试验	2011C2
		1.1.7.2 密度试验	2005D1；2010D1；2014D2
		1.1.7.3 土粒比重试验	
1.2 地下水	1.2.1 土中水的分类		
	1.2.2 土的渗流原理		2008D18；2011C4；2019D3；2002D24
	1.2.3 孔隙水压力计算		
	1.2.4 二维渗流与流网		2005C4；2009C22；2009D19；2007C21；2011C19
	1.2.5 渗透力和渗透变形		2005D3；2005D21；2009C2；2011D1；2011D3；2013D21；2014D1
	1.2.6 渗透系数测定	1.2.6.1 室内渗透试验	2009D2；2016D3；2017D1
		1.2.6.2 现场抽水试验	2002C2；2003C4；2004D27；2006C5；2008C3；2012C3；2017D3
		1.2.6.3 现场压水试验	2004D3；2005C3；2010C1；2013D2；2018D1
		1.2.6.4 现场注水试验	
	1.2.7 地下水流向流速测定		2012D2；2013C2
	1.2.8 地下水的矿化度		2009D1

1 土力学专题

续表

1.3 土中应力	1.3.1 有效应力原理		
	1.3.2 自重应力		2008C7
	1.3.3 基底压力	1.3.3.1 偏心距与上部荷载及基底压力关系	2002C13；2002C14；2004C12；2004D11；2006C11；2006D6；2008C9
		1.3.3.2 基底压力与上部荷载及分布形式的关系	2002C7；2004C1；2005C6；2006C9；2006D8；2007C9；2010C10；2010D9；2011C6；2011D6；2012C5；2013C6；2014C7；2014C8；2016C5；2017C5；2017D7
	1.3.4 附加应力	1.3.4.1 基底附加压力	2002C8；2003D5
		1.3.4.2 地基附加应力	2005D10；2007D8；2011C5
1.4 固结试验及压缩性指标			2003D2；2004C3；2006C2；2009C4；2010C4；2012D3；2014C1
1.5 地基最终沉降	1.5.1 由降水引起的沉降		2002C15；2005D4；2006C26；2008C24；2009D25；2011D5；2011D24；2016C5；2018C21；2019D4
	1.5.2 给出附加应力曲线或系数		2003C10；2004C10；2004D10；2005C7；2009C8；2009C9；2009C20
	1.5.3 $e\sim p$ 曲线固结模型法——堆载预压法		2004C8；2007C8；2010C8；2012C6；2013D5
	1.5.4 $e\sim \lg p$ 曲线计算沉降		2004C11；2006C15；2016D13
	1.5.5 规范公式法及计算压缩模量当量值		2002C9；2002C10；2003C7；2004D12；2005D11；2008C6；2008C8；2008D8；2009C7；2011D8；2012D6；2013C5；2013D7；2014D5；2017C9；2017D8；2018C7；2019C5
	1.5.6 回弹变形		2005D7；2010D10；2016D9；2018D8
1.6 地基变形与时间的关系			
1.7 土的抗剪强度	1.7.1 土的抗剪强度机理		
	1.7.2 极限平衡理论		2010D2
	1.7.3 两向应力条件下的超孔隙水压力		
	1.7.4 土的抗剪强度试验		2004C2；2005C2；2013C3；2017C3；2007D1
	1.7.5 应力路径分析法		
	1.7.6 土的抗剪强度指标		
1.8 土压力计算基本理论	1.8.1 朗肯土压力		2006D21；2008C17；2008D19；2009C17；2009D18；2009D21；2010D20；2011C24；2012C19；2012D17；2012D19；2017C21
	1.8.2 有渗流等特殊情况朗肯主动土压力		2016C21；2019C15
	1.8.3 地震液化对朗肯主动土压力的影响		2009C18；2016C19；2017D18；2018D14
	1.8.4 库仑主动土压力		
	1.8.5 楔体法主动土压力		2007D20；2008D20；2010C20；2011C20；2012D18
	1.8.6 坦墙土压力计算		
	1.8.7 墙背形状有变化		

续表

1.9 各规范对土压力的具体规定	1.9.1 地基基础规范对土压力具体规定		
	1.9.2 边坡工程规范对土压力具体规定		
	1.9.3 基坑工程规范对土压力具体规定	1.9.3.1 一般情况下基坑主动土压力	2003C22；2003C25；2004D25；2006C23；2008C22；2009C23；2011D21；2013D23；2016C23；2019D18
		1.9.3.2 局部附加荷载作用下主动土压力	2005C25；2013C22
		1.9.3.3 支护结构顶低于地面，其上采用放坡或土钉墙	
1.10 边坡稳定性	1.10.1 平面滑动法	1.10.1.1 滑动面与坡脚面不同，无裂隙	2003C24；2004C27；2005C21；2006D20；2007C20；2011C18；2011C26；2012C18；2012D24；2013C26；2014C21；2017C19；2017D20；2018C16；2019C17
		1.10.1.2 滑动面与坡脚面不同，有裂隙	2004D28；2006D26；2007D27；2008C26；2010C17；2011C25；2014C24；2014D24
		1.10.1.3 滑动面与坡脚面相同	2004C23；2006C21；2006D19；2010C26；2011D17；2011D18；2014C25；2016C20；2019D15
	1.10.2 折线滑动法	1.10.2.1 传递系数显式法边坡稳定系数及滑坡推力计算	2002C17；2003D32；2004C32；2004D32；2005C27；2005D26；2005D27；2009C26；2010D25；2013C25；2016C24；2018D21
		1.10.2.2 传递系数隐式法边坡稳定系数及滑坡推力计算	2010C19；2012C24；2016D17；2017C26；2019D20
	1.10.3 圆弧滑动面法	1.10.3.1 整体圆弧法	2004D31；2007C18；2009C19；2009D27；2012C25；2017D17；2017D27
		1.10.3.2 瑞典条分法	
		1.10.3.3 毕肖普条分法	
		1.10.3.4 边坡规范条分法	
	1.10.4 边坡稳定性其他方面		
1.11 地基承载力			2019C6

1.1 土的物理性指标

1.1.1 土的颗粒特征

1.1.1.1 基本概念
1.1.1.2 颗粒分析试验
1.1.1.3 颗粒分析试验成果应用

2007C1

下表为一土工试验颗粒分析成果表，表中数值为留筛质量，底盘内试样质量为20g，现需要计算该试样的不均匀系数（C_u）和曲率系数（C_c），按《岩土工程勘察规范》，下列哪个选项是正确的？

筛孔孔径（mm）	2.0	1.0	0.5	0.25	0.075
留筛质量（g）	50	150	150	100	30

(A) $C_u=4.0$；$C_c=1.0$；粗砂   (B) $C_u=4.0$；$C_c=1.0$；中砂
(C) $C_u=9.3$；$C_c=1.7$；粗砂   (D) $C_u=9.3$；$C_c=1.7$；中砂

【解】土的总质量 $=50+150+150+100+30+20=500\text{g}$；

土的颗粒组成：

$<2.0\text{mm}$	$<1.0\text{mm}$	$<0.5\text{mm}$	$<0.25\text{mm}$	$<0.075\text{mm}$
$\dfrac{20+30+100+150+150}{500}$	$\dfrac{20+30+100+150}{500}$	$\dfrac{20+30+100}{500}$	$\dfrac{20+30}{500}$	$\dfrac{20}{500}$
$=90\%$	$=60\%$	$=30\%$	$=10\%$	$=4\%$

所以：$d_{10}=0.25\text{mm}$；$d_{30}=0.5\text{mm}$；$d_{60}=1.0\text{mm}$

不均匀系数 $C_u=\dfrac{d_{60}}{d_{10}}=\dfrac{1.0}{0.25}=4$；曲率系数 $C_c=\dfrac{d_{30}^2}{d_{10}\cdot d_{60}}=\dfrac{0.5^2}{0.25\times 1.0}=1$

据《岩土工程勘察规范》GB 50021—2001 第3.3.3条

粒径大于2mm的颗粒质量所占百分数 $=1-90\%=10\%$，不属于 $25\%\sim50\%$ 之间，因此非砾砂；

粒径大于0.5mm的颗粒质量所占百分数 $=1-30\%=70\%>50\%$，因此属于粗砂。

【注】土定名时，应根据颗粒级配由大到小以最先符合者确定。以砂土为例，要先确定是否为砾砂，再依次确定为粗砂、中砂、细砂、粉砂，以先满足颗粒级配条件的为准。

2013D20

一种粗砂的粒径大于0.5mm颗粒的质量超过总质量的50%，细粒含量小于5%，级配曲线如题图所示。这种粗粒土按照铁路路基填料分组应属于下列哪组填料？

(A) A组填料　　　(B) B组填料　　　(C) C组填料　　　(D) D组填料

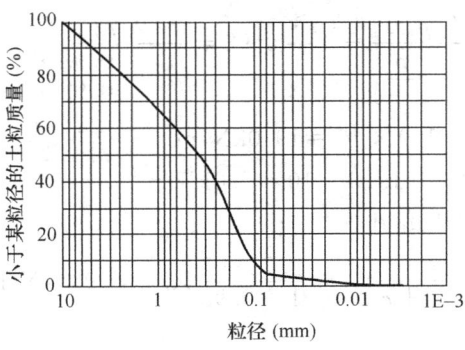

题 2013D20 图

【解】根据题目级配曲线图，可以确定

$$d_{10}=0.1\text{mm};\ d_{30}=0.2\text{mm};\ d_{60}=0.7\text{mm}$$

不均匀系数 $C_u=\dfrac{d_{60}}{d_{10}}=\dfrac{0.7}{0.1}=7$；曲率系数 $C_c=\dfrac{d_{30}^2}{d_{10}\cdot d_{60}}=\dfrac{0.2^2}{0.1\times 0.7}=0.57$

$C_u<10$，所以此填料为均匀级配。

根据《铁路路基设计规范》TB 10001—2016 附录 A 中表 A.0.5 有关填料的规定，该类土属于 B3 组填料。

【注】《铁路路基设计规范》TB 10001—2016 对颗粒级配判定标准不同于老规范，新标准为 $C_u<10$ 为均匀级配；$C_u\geqslant 10$ 且 $1\leqslant C_c\leqslant 3$ 为良好级配；$C_u\geqslant 10$ 且 $C_u<1$ 或 $C_u>3$ 为间断级配。

1.1.2　土的三相特征

土力学教材

1.1.2.1　不涉及过多变化，直接用定义或公式求解

2006C4

已知粉质黏土的土粒相对密度为 2.73，含水量为 30%，土的密度为 1.85g/cm³，浸水饱和后该土的水下有效重度最接近下列哪个选项？

(A) 7.5kN/m³　　　(B) 8.0kN/m³　　　(C) 8.5kN/m³　　　(D) 9.0kN/m³

【解1】利用"一条公式"三项比例指标换算

孔隙比 $e=\dfrac{G_s(1+w)\rho_w}{\rho}-1=\dfrac{2.73\times(1+0.3)\times 1}{1.85}-1=0.92$

有效密度 ρ'：$e=\dfrac{G_s\rho_w}{\rho'+1-\dfrac{e\rho_w}{e+1}}-1\rightarrow 0.92=\dfrac{2.73\times 1}{\rho'+1-\dfrac{0.92\times 1}{0.92+1}}-1\rightarrow \rho'=0.90\text{g/cm}^3$

有效重度 $\gamma'=\rho'g=0.90\times 10=9.0\text{kN/m}^3$

【解2】

孔隙比 $e=0.92$ 同解1

饱和密度 ρ_{sat}：$e=\dfrac{G_s\rho_w}{\rho_{sat}-\dfrac{e\rho_w}{e+1}}-1 \rightarrow 0.92=\dfrac{2.73\times 1}{\rho_{sat}-\dfrac{0.92\times 1}{0.92+1}}-1 \rightarrow \rho_{sat}=1.9\text{g/cm}^3$

饱和重度 $\gamma_{sat}=\rho_{sat}g=1.9\times 10=19.0\text{kN/m}^3$

有效重度 $\gamma'=\gamma_{sat}-10=19.0-10=9.0\text{kN/m}^3$

【解3】 孔隙比 $e=0.92$ 同解1

$$\gamma'=\dfrac{G_s-1}{1+e}\gamma_w=\dfrac{2.73-1}{1+0.92}\times 10=9.0\text{kN/m}^3$$

2007D2

现场取环刀试样测定土的干密度。环刀容积 200cm^3，测得环刀内湿土质量为 380g，从环刀内取湿土 32g，烘干后干土质量为 28g。土的干密度最接近下列哪个选项？

(A) 1.90g/cm^3 (B) 1.85g/cm^3 (C) 1.69g/cm^3 (D) 1.66g/cm^3

【解1】 直接利用干密度定义求解

试样土粒质量 $\dfrac{m_s}{380}=\dfrac{28}{32} \rightarrow m_s=332.5\text{g}$

试样干密度 $\rho_d=\dfrac{m_s}{V}=\dfrac{332.5}{200}=1.66\text{g/cm}^3$

【解2】 利用"一条公式"三项比例指标换算

试样天然密度 $\rho=\dfrac{m}{V}=\dfrac{380}{200}=1.9\text{g/cm}^3$

试样含水率 $w=\dfrac{m_w}{m_s}\times 100\%=\dfrac{32-28}{28}\times 100\%=0.143$

试样干密度 $\dfrac{G_s(1+w)\rho_w}{\rho}-1=\dfrac{G_s\rho_w}{\rho_d}-1 \rightarrow \rho_d=\dfrac{\rho}{1+w}=\dfrac{1.9}{1+0.143}=1.66\text{g/cm}^3$

2010D27

某非自重湿陷性黄土试样含水量 $w=15.6\%$，土粒相对密度（比重）$G_s=2.7$，质量密度 $\rho=1.60\text{g/cm}^3$，液限 $w_L=30.0\%$，塑限 $w_P=17.9\%$，桩基设计时需要根据饱和状态下的液性指数查清设计参数，该试样饱和度达 85% 时的液性指数最接近下列哪一选项？

(A) 0.85   (B) 0.92   (C) 0.99   (D) 1.06

【解】 试样初始状态孔隙比 $e=\dfrac{G_s(1+w)\rho_w}{\rho}-1=\dfrac{2.7\times(1+0.156)\times 1}{1.60}-1=0.951$

当土未饱和时，直接加水，孔隙比不变，含水量增大

加水之后孔隙比 $e=\dfrac{G_sw}{S_r}=0.951=\dfrac{2.7w}{0.85} \rightarrow w=29.9\%$

液性指数 $I_L=\dfrac{w-w_P}{w_L-w_P}=\dfrac{29.9-17.9}{30-17.9}=0.99$

【注】 对非完全饱和土，增加饱和度的方法

1.1 土的物理性指标

提高饱和度 $S_r = \dfrac{V_w}{V_v} \times 100\% = \dfrac{wG_s}{e} \to \begin{cases} V_w \text{增大}, V_v \text{不变} \to \text{直接加水}, w \text{增大}, e \text{不变} \\ V_w \text{不变}, V_v \text{减小} \to \text{压缩体积}, w \text{不变}, e \text{减小} \end{cases}$

对非饱和土，直接加水，孔隙比不变，含水量增大；

对完全饱和土，直接加水，孔隙比增大，含水量增大。

1.1.2.2 体积变化，孔隙变化

2004D7

某建筑物地基需要压实填土 $8000 \mathrm{m}^3$，控制压实后的含水量 $w_1 = 14\%$，饱和度 $S_r = 90\%$、填料重度 $\gamma = 15.5 \mathrm{kN/m}^3$，天然含水量 $w_0 = 10\%$，相对密度为 $G_s = 2.72$，此时需要填料的方量最接近于下列（　　）。

(A) $10650 \mathrm{m}^3$　　　(B) $10850 \mathrm{m}^3$　　　(C) $11050 \mathrm{m}^3$　　　(D) $11250 \mathrm{m}^3$

【解1】

压实前填料孔隙比 $e_0 = \dfrac{G_s(1+w_0)\rho_w}{\rho_0} - 1 = \dfrac{2.72 \times (1+0.1) \times 1}{1.55} - 1 = 0.93$

压实后填料孔隙比 $e_1 = \dfrac{G_s w_1}{S_{r1}} \to e_1 = \dfrac{2.72 \times 0.14}{0.9} = 0.423$

需要压实填土 $8000 \mathrm{m}^3$，是指压实之后的填方体积，因此 $V_1 = 8000 \mathrm{m}^3$

$$\dfrac{V_0}{1+e_0} = \dfrac{V_1}{1+e_1} \to \dfrac{V_0}{1+0.93} = \dfrac{8000}{1+0.423} \to V_0 = 10850 \mathrm{m}^3$$

【解2】

压实前填料干密度 $\rho_{d0} = \dfrac{\rho_0}{1+w_0} \to \rho_{d0} = \dfrac{1.55}{1+0.1} = 1.4091 \mathrm{g/cm}^3$

压实后填料干密度 $\dfrac{G_s \rho_w}{\rho_{d1}} - 1 = \dfrac{G_s w_1}{S_{r1}} \to \dfrac{2.72 \times 1}{\rho_{d1}} - 1 = \dfrac{2.72 \times 0.14}{0.9} \to \rho_{d1} = 1.91131 \mathrm{g/cm}^3$

$$\rho_{d0} V_0 = \rho_{d1} V_1 = 1.4091 \times V_0 = 1.91131 \times 8000 \to V_0 = 10851 \mathrm{m}^3$$

【注】①对前后体积变化的题目，一定要注意题所给已知体积，是指压实前的体积，还是压实后的体积，即相应状态的体积和其三相比指标对应。

② 一定要灵活熟练运用"一条公式"，这样求解某个三相比指标才能迅速，切勿画三相图，太浪费时间了。

③ 第一种解法主要是求出前后状态的孔隙比，第二种解法主要是求出前后状态的干密度，显然第一种方法更简洁一些，因为三项指标中，一般情况下（但不是绝对的，看题目给的已知条件），孔隙比是最容易求的。但是作为对真题的研究，为一次过做好充分的准备，两种方法都要求熟练掌握。

④对于填土压实，比如此题含水量压实前后就发生了变化，含水量由10%增大到14%，说明过程中很可能实施了洒水处理措施（当然也可能是其他措施），总之含水量发生了变化。因此对于填土压实，不能简单地认为压实前后含水量未发生变化，除非题目明确在压实过程中仅进行压实处理，没有进行翻晒或洒水处理。

2009C1

某公路需填方，要求填土干重度为 $\gamma_d = 17.8 \mathrm{kN/m}^3$，需填方量 40 万 m^3，对采料场

勘察结果：土的相对密度 $G_s=2.7\text{g/cm}^3$；含水量 $w=15.2\%$；孔隙比 $e=0.823$；问该料场储量至少要达到下列选项的何值，才能满足要求（以万立方米计）？

(A) 48　　　　　(B) 72　　　　　(C) 96　　　　　(D) 144

【解】压实前填土干密度 $e_0 = \dfrac{G_s\rho_w}{\rho_{d0}} - 1 = 0.823 = \dfrac{2.7\times 1}{\rho_{d0}} - 1 \rightarrow \rho_{d0} = 1.481\text{g/cm}^3$

要求填土干重度为 $\gamma_d=17.8\text{kN/m}^3$，需填方量 40 万 m^3，即压实后填土干密度 $\rho_{d1}=1.78\text{g/cm}^3$，压实后填土体积 $V_1=40$ 万 m^3

$$\rho_{d0}V_0 = \rho_{d1}V_1 = 1.481\times V_0 = 178\times 40 \rightarrow V_0 = 48.07 \text{万 m}^3$$

【注】①这道题根据题目信息求解压实填土的孔隙比，还得经过压实后干密度来求，所以显然利用前后"干密度"求解所需要的填方量简单。因此再强调一遍，两种方法都要求熟练掌握。

② 老规范中关于储量有 2 倍的要求，即要求储量至少为 $48.07\times 2=96.14\text{m}^3$。现 2011 版《公路工程地质勘察规范》中已经没有这条要求了。所以大家看参考书，如果最终答案乘了 2 倍，都是按照老规范求解的，不合时宜。

③ 若此题改为"水利工程，详查阶段"，则根据《水利水电工程地质勘察规范》GB 50487—2008 第 6.20.3 条，详查储量与实际储量的误差应不超过 15%，详查储量不得少于设计需要量的 2 倍，因此储量为 $48.07\times 2=96.14\text{m}^3$ 才能满足要求。所以考场上一定要根据题中已知条件，确定相应规范。

2011D2

用内径 8.0cm、高 2.0cm 的环刀切取饱和原状土试样，湿土质量 $m_1=183\text{g}$，进行固结试验后湿土质量 $m_2=171.0\text{g}$，烘干后土的质量 $m_3=131.4\text{g}$，土的相对密度 $G_s=2.70$。则进行压缩后，土孔隙比变化量 Δe 最接近下列哪个选项？

(A) 0.137　　　　(B) 0.250　　　　(C) 0.354　　　　(D) 0.503

【解1】压缩前，饱和原状土，并非完全饱和土，即此时饱和度 $S_{r0}\neq 100\%$

土样密度 $\rho_0 = \dfrac{m_0}{V} = \dfrac{183}{\dfrac{3.14\times 8^2}{4}\times 2} = 1.821\text{g/cm}^3$

含水量 $w_0 = \dfrac{m_{w0}}{m_s} = \dfrac{183-131.4}{131.4} = 0.393$

孔隙比 $e_0 = \dfrac{G_s(1+w_0)\rho_w}{\rho_0} - 1 = \dfrac{2.7\times(1+0.393)\times 1}{1.821} - 1 = 1.065$

土样固结，有排水现象发生，压缩后，此时已变为完全饱和土，此时饱和度 $S_{r1}=100\%$

含水量 $w_1 = \dfrac{m_{w1}}{m_s} = \dfrac{171-131.4}{131.4} = 0.3014$

孔隙比 $e_1 = \dfrac{G_s w_1}{S_{r1}} = \dfrac{2.7\times 0.3014}{1} = 0.814$

孔隙比变化量 $\Delta e = e_1 - e_2 = 1.065 - 0.814 = 0.251$

【解2】压缩后，此时已变为完全饱和土，土中水的体积等于孔隙的体积，即 $V_w = V_v$

孔隙比 $e_1 = \dfrac{V_v}{V_s} = \dfrac{(171.0 - 131.4) \div 1}{131.4 \div 2.7} = 0.814$

孔隙比变化量 $\Delta e = e_1 - e_2 = 1.065 - 0.814 = 0.251$

【注】工程上一般认为饱和度达到80%即为饱和土（湿陷性土取饱和土85%为饱和土），当饱和度达到100%称为完全饱和土。本题已知原试样为饱和原状土，并未说是完全饱和土，即土样压缩前饱和度并非是100%（当然这个饱和度可以计算出来，此时饱和度为99.63%）；土样压缩后，有排水现象发生，孔隙里完全是水，饱和度才达到100%，因此此题压缩前和压缩后孔隙比计算方法不同。

此题压缩前饱和度实际为 $S_{r0} = \dfrac{G_s w_0}{e_0} = \dfrac{2.7 \times 0.393}{1.065} = 99.6\%$

假如将压缩前饱和度误认为是1，或者说误认为压缩前土中水的体积等于孔隙的体积，则有错误解法，这两种解法错误的根源是一样的。虽然错解也能得到最终答案，但是人工批卷时，是不给分的。这就是很多考生感觉和正确选项对上了，为何成绩却和自己估计的不一样的原因。

【错解1】

压缩前：$e_1 = \dfrac{G_s w}{S_r} = \dfrac{2.7 \times \dfrac{183 - 131.4}{131.4}}{1} = 1.060$

压缩后：$e_2 = \dfrac{G_s w}{S_r} = \dfrac{2.7 \times \dfrac{171 - 131.4}{131.4}}{1} = 0.814$

$\Delta e = e_1 - e_2 = 1.060 - 0.814 = 0.246$

或【错解2】

压缩前孔隙比 $e = \dfrac{V_v}{V_s} \to e_0 = \dfrac{(183 - 131.4) \div 1}{131.4 \div 2.7} = 1.060$

压缩后孔隙比 $e_1 = \dfrac{V_v}{V_s} = \dfrac{(171.0 - 131.4) \div 1}{131.4 \div 2.7} = 0.814$

孔隙比变化量 $\Delta e = e_1 - e_2 = 1.060 - 0.814 = 0.246$

2013C4

某港口工程拟利用港池航道疏浚土进行冲填造陆，冲填区需土方量为10000m³，疏浚土的天然含水率为31%，天然重度为18.9kN/m³，冲填施工完成后冲填土的含水率为62.6%，重度为16.4kN/m³，不考虑沉降和土颗粒流失，使用的疏浚土方量接近下列哪一项？

(A) 5000m³ (B) 6000m³ (C) 7000m³ (D) 8000m³

【解】

冲填施工前，疏浚土干密度 $\rho_{d0} = \dfrac{\rho_0}{1 + w_0} = \dfrac{1.89}{1 + 0.31} = 1.443 \text{g/cm}^3$

冲填施工后，冲填土干密度 $\rho_{d1} = \dfrac{\rho_1}{1 + w_1} = \dfrac{1.64}{1 + 0.626} = 1.009 \text{g/cm}^3$

需要使用的疏浚土方量 $V_0 \rho_{d0} = V_1 \rho_{d1} = V_0 \times 1.443 = 10000 \times 1.009 \to V_0 = 6992.4 \text{m}^3$

【注】本题求解干密度，是直接利用的定义，假如在考场上一时记不得定义了，没关系，仍然使用"一条公式"即可。"一条公式"是包罗万象的。根据"一条公式"中 $\dfrac{G_s(1+w)\rho_w}{\rho}-1=\dfrac{G_s\rho_w}{\rho_d}-1$，也可以很快地看出 $\dfrac{1+w}{\rho}=\dfrac{1}{\rho_d}$。

所以，"一条公式"不用记，但一定要熟练掌握，涉及三相比的题目，拿出来直接用。

1.1.2.3 体积不变，水量变化

2010D3

某工地需要夯实填土。经试验得知，所用土料的天然含水量为 5%，最优含水量为 15%。为使得土在最优含水量状态下夯实，1000kg 原土料中应加入下列哪个选项的水量？

(A) 95kg　　　　(B) 100kg　　　　(C) 115kg　　　　(D) 145kg

【解1】试样加水模型

$$m_s=\dfrac{m_0}{1+w_0}=\dfrac{m_1}{1+w_1}=\dfrac{1000}{1+0.05}=\dfrac{1000+\Delta m_w}{1+0.15}\rightarrow \Delta m_w=95.24\text{kg}$$

【解2】根据《土工试验方法标准》GB/T 50123—1999 第 3.1.6 条

$$\Delta m_w=\dfrac{m_0}{1+0.01w_0}\times 0.01(w_1-w_0)=\dfrac{1000}{1+0.05}\times(0.15-0.05)=95.24\text{kg}$$

【注】解 2 直接使用规范中制备试样所需的加水量公式，可以看出规范中的公式就是根据加水模型或者说基本的三项比例换算得来。建议对《土工试验方法标准》中各公式，特别是涉及物理性质指标的公式，尽量根据基本原理和定义，推导一遍，这样加深理解，解题时就可不必找到相应的具体公式，利用基本原理和定义即可求解，提高解题速度，这样考试时间才够用。

1.1.3 土的物理特性

1.1.3.1 无黏性土的密实度及相关试验

2010D14

某松散砂土地基，砂土初始孔隙比 $e_0=0.850$，最大空隙比 $e_{\max}=0.900$，最小空隙比 $e_{\min}=0.550$，采用不加填料振冲振密处理，处理深度为 8.00m，振密处理后底面平均下沉 0.80m，此时处理范围内砂土的相对密实度 D_r 最接近下列哪一项？

(A) 0.76　　　　(B) 0.72　　　　(C) 0.66　　　　(D) 0.62

【解】密实后，砂土的孔隙比 $\dfrac{h_0}{1+e_0}=\dfrac{h_1}{1+e_1}=\dfrac{8}{1+0.85}=\dfrac{8-0.8}{1+e_1}\rightarrow e_1=0.665$

相对密实度 $D_r=\dfrac{e_{\max}-e_1}{e_{\max}-e_{\min}}=\dfrac{0.9-0.665}{0.9-0.55}=0.67$

2017D15

某砂土场地，试验得砂土的最大、最小孔隙比为 0.92、0.60。地基处理前，砂土的天然重度为 15.8kN/m³，天然含水量为 12%，土粒相对密度为 2.68。该场地经振冲挤密

法（不加填料）处理后，场地地面下沉量 0.7m，振冲挤密法有效加固深度 6.0m（从处理前面算起），求挤密处理后砂土的相对密实度最接近下列何值？（忽略侧向变形）

(A) 0.76　　　　(B) 0.72　　　　(C) 0.66　　　　(D) 0.62

【解】先利用"一条公式"求得初始孔隙比

$$e_0 = \frac{G_s(1+w)\rho_w}{\rho} - 1 = \frac{2.68 \times (1+0.12) \times 1}{1.58} - 1 = 0.90$$

利用"固结模型"求得振冲挤密后孔隙比

$$\frac{H_0}{1+e_0} = \frac{H_1}{1+e_1} \rightarrow \frac{6}{1+0.90} = \frac{6-0.7}{1+e_1} \rightarrow e_1 = 0.678$$

挤密处理后砂土的相对密实度 $D_r = \dfrac{e_{max} - e_1}{e_{max} - e_{min}} = \dfrac{0.92 - 0.678}{0.92 - 0.60} = 0.756$

1.1.3.2 粉土的密实度和湿度
1.1.3.3 黏性土的稠度及相关试验

2018C3

采用收缩皿法对某黏土样进行缩限含水率的平行试验，测得试样的含水率为 33.2%，湿土样体积为 60cm³，将试样晾干后，经烘箱烘至恒量，冷却后测得干试样的质量为 100g，然后将其蜡封，称得质量为 105g，蜡封试样完全置入水中称得质量为 58g，试计算该土样的缩限含水率最接近下列哪项？（水的密度为 1.0g/cm³，蜡的密度为 0.82g/cm³）

(A) 14.1%　　　(B) 18.7%　　　(C) 25.5%　　　(D) 29.6%

【解】制备时的含水率（原土样）$w = 33.2\%$

湿试样的体积 $V_0 = 60 \text{cm}^3$

干试样的质量 $m_d = 100\text{g}$

干试样的体积 $V_d = V_{蜡+干土} - V_{蜡} = \dfrac{105-58}{1} - \dfrac{105-100}{0.82} = 47 - 6.09 \text{ (cm}^3\text{)}$

水的密度 $\rho_w = 1.0\text{g/cm}^3$

$$w_n = w - \frac{V_0 - V_d}{m_d}\rho_w \times 100\% = 33.2\% - \frac{60-(47-6.09)}{100} \times 1 \times 100\% = 14.1\%$$

1.1.4 土的结构特征

1.1.4.1 黏性土的活性指数
1.1.4.2 黏性土的灵敏度
1.1.4.3 黏性土的触变性

1.1.5 土的工程分类

2008D2

下表为某建筑地基中细粒土层的部分物理性质指标，据此请对该层土进行定名和状态描述，并指出下列哪一选项是正确的？

1 土力学专题

密度 ρ (g/cm³)	相对密度 G_s (比重)	含水量 w (%)	液限 w_L (%)	塑限 w_P (%)
1.95	2.70	23	21	12

(A) 粉质黏土，流塑　　　　　　　　(B) 粉质黏土，硬塑
(C) 粉土，稍湿，中密　　　　　　　(D) 粉土，湿，密实

【解】$I_P = w_L - w_P = 21 - 12 = 9 < 10$ 为粉土

$20 < w = 23 < 30$，湿度为湿

$$e = \frac{G_s(1+w)\rho_w}{\rho} - 1 = \frac{2.70 \times (1+0.23) \times 1}{1.95} - 1 = 0.703 < 0.75 \text{ 密实}$$

2010D4

在某建筑地基中存在一细粒土层，该层土的天然含水量为24.0%。经液、塑限联合测定法试验求得：对应圆锥下沉深度2mm、10mm、17mm时的含水量分别为16.0%、27.0%、34.0%。请分析判断，根据《岩土工程勘察规范》对本层土的定名和状态描述，下列哪项是正确的？

(A) 粉土，湿　　　　　　　　　　　(B) 粉质黏土，可塑
(C) 粉质黏土，软塑　　　　　　　　(D) 黏土，可塑

【解】根据《土工试验方法标准》，使用液、塑限联合测定仪（即76g圆锥仪），液限指标有两个，下沉深度为17mm所对应的含水率为液限，下沉深度为10mm所对应的含水率为10mm液限。根据《岩土工程勘察规范》进行粉土和黏性土命名时，一定要使用10mm液限。

下沉深度2mm对应为塑限16%，下沉深度10mm对应为10mm液限27%，因此使用27%作为命名判断。

$I_P = w_L - w_P = 27 - 16 = 11 \rightarrow 10 < I_P < 17$，故为粉质黏土

液性指数 $I_L = \dfrac{w - w_P}{w_L - w_P} = \dfrac{24 - 16}{27 - 16} = 0.73$

$0.25 < I_L = 0.73 < 0.75 \rightarrow$ 可塑状态

1.1.6 土的压实性及相关试验

2010D30

某建筑地基处理采用3∶7灰土垫层换填，该3∶7灰土击实试验结果如下。

湿密度（g/cm³）	1.59	1.76	1.85	1.79	1.63
含水量（%）	17.0	19.0	21.0	23.0	35.0

采用环刀法对刚施工完毕的第一层灰土进行施工质量检验，测得试样的湿密度为1.78g/cm³，含水率为19.3%，其压实系数最接近下列哪个选项？

(A) 0.94　　　(B) 0.95　　　(C) 0.97　　　(D) 0.99

1.1 土的物理性指标

【解】最大干密度 $\rho_{dmax} = \dfrac{\rho_{max}}{1+w} = \dfrac{1.85}{1+0.21} = 1.53\text{g/cm}^3$

试样干密度 $\rho_d = \dfrac{\rho}{1+w} = \dfrac{1.78}{1+0.193} = 1.49\text{g/cm}^3$

压实系数 $\lambda = \dfrac{\rho_d}{\rho_{dmax}} = \dfrac{1.49}{1.53} = 0.974$

2013D3

某粉质黏土土样中混有粒径大于 5mm 的颗粒，占总质量的 20%，对其进行轻型击实试验，干密度 ρ_d 和含水率 w 如下表所列，该土样的最大干密度最接近下列哪个选项？（注：粒径大于 5mm 的土颗粒的饱和面干相对密度取值 2.6）

w（%）	16.9	18.9	20	21.1	23.1
ρ_d（g/cm³）	1.62	1.66	1.67	1.66	1.62

(A) 1.61g/cm³   (B) 1.67g/cm³   (C) 1.74g/cm³   (D) 1.80g/cm³

【解】根据题目表格试验数据

可知粒径小于 5mm 土击实试样的最大干密度 $\rho_{dmax} = 1.67\text{g/cm}^3$

校正后最大干密度

$$\rho'_{dmax} = \dfrac{1}{\dfrac{1-P_5}{\rho_{dmax}} + \dfrac{P_5}{\rho_w G_{s2}}} = \dfrac{1}{\dfrac{1-0.2}{1.67} + \dfrac{0.2}{1\times 2.6}} = 1.80\text{g/cm}^3$$

【注】新版《土工试验方法标准》已经删除上述公式，因此此知识点可以不再学习。申申老师此题未改编，是为了尽可能保持真题原真原味。

2019C1

灌砂法检测压实填土的质量。已知标准砂的密度为 1.5g/cm³，试验时，试坑中挖出的填土质量为 1.75kg，其含水量为 17.4%，试坑填满标准砂的质量为 1.20kg。实验室击实试验测得压实填土的最大干密度为 1.96g/cm³，试按《土工试验方法标准》GB/T 50123—1999 计算填土的压实系数最接近下列哪个值？

(A) 0.87   (B) 0.90   (C) 0.95   (D) 0.97

【解1】直接使用《土工试验方法标准》中公式

试样干密度

$$\rho_d = \dfrac{\dfrac{m_p}{1+0.01w}}{\dfrac{m_s}{\rho_s}} = \dfrac{\dfrac{1.75}{1+0.174}}{\dfrac{1.2}{1.5}} = 1.86\text{g/cm}^3$$

压实系数 $\lambda_c = \dfrac{1.86}{1.96} = 0.95$

【解2】使用三相比定义和换算

直接使用三相比定义求得填土天然密度

$$\rho = \frac{m_p}{V} = \frac{1.75}{\frac{1.2}{1.5}} = 2.19 \text{g/cm}^3$$

试样干密度

$$\rho_d = \frac{\rho}{1+w} = \frac{2.19}{1+0.174} = 1.87 \text{g/cm}^3$$

压实系数

$$\lambda_c = \frac{1.86}{1.96} = 0.95$$

1.1.7 室内三相指标测试试验

1.1.7.1 含水率试验

2011C2

取网状构造冻土试样500g，待冻土样完全融化后，加水调成均匀的糊状，糊状土质量为560g，经试验测得糊状土的含水量为60%。问冻土试样的含水量最接近下列哪个选项？

(A) 43% (B) 48% (C) 54% (D) 60%

【解1】 直接利用三相比定义求解

利用糊状土含水量 $w = \frac{m-m_s}{m_s} = 60\% = \frac{560-m_s}{m_s} \rightarrow m_s = 350\text{g}$

糊状土和原状土，土颗粒质量一样

原状冻土含水量 $w = \frac{m-m_s}{m_s} = \frac{500-350}{350} = 42.9\%$

【解2】 利用规范中给的具体公式

$$w = \left[\frac{m_1}{m_2}(1+0.01w_h)-1\right] \times 100\% = \left[\frac{500}{560}(1+0.01\times 60)-1\right] \times 100\% = 42.9\%$$

【注】 由此题可看出，室内土工试验中关于三相比的计算公式，就是根据三相比换算得来的，因此采用三相比换算计算和直接使用规范中计算公式计算，结果是一致的。

1.1.7.2 密度试验

2005D1

现场用灌砂法测定某土层的干密度，试验成果如下。试计算该土层干密度最接近下列哪一个值？

试坑用标准砂质量 m_s (g)	标准砂密度 ρ_s (g/cm³)	试样质量 m_p (g)	试样含水量 w_1
12566.40	1.6	15315.3	14.5%

(A) 1.55g/cm³ (B) 1.70g/cm³ (C) 1.85g/cm³ (D) 1.95g/cm³

【解1】 直接利用干密度定义求解

试坑体积 $V = \frac{12566.40}{1.6} = 7854 \text{cm}^3$

试样土粒质量 m_s：$w = \dfrac{m_w}{m_s} = \dfrac{m - m_s}{m_s} \to m_s = \dfrac{m}{1+w} = \dfrac{15315.3}{1+0.145} = 13375.8\text{g}$

试样干密度 $\rho_d = \dfrac{m_s}{V} = \dfrac{13375.8}{7854} = 1.703\text{g/cm}^3$

【解2】$\rho_d = \dfrac{m_s}{V} = \dfrac{\dfrac{m}{1+w}}{\dfrac{m_{砂}}{\rho_{砂}}} = \dfrac{\dfrac{15315.3}{1+0.145}}{\dfrac{12566.40}{1.6}} = 1.703\text{g/cm}^3$

【注】当对土力学三项指标定义和换算较熟练时，可直接根据土力学基本原理求解，无需再去查规范，这样可以提高解题速度。

2010D1

某工程采用灌砂法测定表层土的干密度，注满试坑用标准砂质量5625g，标准砂密度1.55g/cm³，试坑采取的土试样质量6898g，含水量17.8%。该土层的干密度数值最接近下列何项数值？

(A) 1.60g/cm³ (B) 1.65g/cm³ (C) 1.70g/cm³ (D) 1.75g/cm³

【解】

干密度 $\rho_d = \dfrac{m_s}{V} = \dfrac{\dfrac{m}{1+w}}{\dfrac{m_{砂}}{\rho_{砂}}} = \dfrac{\dfrac{6898}{1+0.178}}{\dfrac{5625}{1.55}} = 1.61\text{g/cm}^3$

2014D2

某天然岩体质量为134g，在100～110℃温度下烘烤24h后，质量变为128g。然后对岩块进行封蜡，封蜡后试样质量为135g，封蜡试样沉入水中的质量为80g。试计算该岩块的干密度最接近下列哪个选项？（水的密度取1.0g/cm³，蜡的密度取0.85g/cm³）

(A) 2.33g/cm³ (B) 2.52g/cm³ (C) 2.74g/cm³ (D) 2.87g/cm³

【解1】直接利用三相比定义求解

蜡的体积 $V_{蜡} = \dfrac{m_{蜡}}{\rho_{蜡}} = \dfrac{135-128}{0.85} = 8.24\text{cm}^3$

岩块烘烤的过程，只是水蒸发掉了，但是岩块的体积没有发生变化；

岩块的体积＝蜡封试样的体积－蜡的体积

因此 $V = \dfrac{135-80}{1} - 8.24 = 46.76\text{g/cm}^3$

岩块干密度 $\rho_d = \dfrac{m_s}{V} = \dfrac{128}{46.76} = 2.74\text{g/cm}^3$

【解2】根据《工程岩体试验方法标准》2.3.9的具体公式

$$\rho_d = \dfrac{m_s}{\dfrac{m_1-m_2}{\rho_w} - \dfrac{m_1-m_s}{\rho_p}} = \dfrac{128}{\dfrac{135-80}{1} - \dfrac{135-128}{0.85}} = 2.74\text{g/cm}^3$$

1.1.7.3 土粒相对密度试验

1.2 地 下 水

1.2.1 土中水的分类

1.2.2 土的渗流原理

1.2.2.1 渗流中的总水头和水力坡降
1.2.2.2 渗透系数简介
1.2.2.3 达西渗透定律

2008D18

土坝因坝基渗漏严重，拟在坝顶采用旋喷桩技术做一道沿坝轴方向的垂直防渗心墙，墙身伸到坝基下伏的不透水层中。已知坝基基底为砂土层，厚度10m，沿坝轴长度为100m，旋喷桩墙体的渗透系数为1×10^{-7}cm/s，墙宽2m，当上游水位高度40m、下游水位高度10m时，加固后该土石坝坝基的渗漏量最接近下列哪个数值？（不考虑土坝坝身的渗漏量）

(A) 0.9m³/d   (B) 1.1m³/d   (C) 1.3m³/d   (D) 1.5m³/d

【解】总水头差 $\Delta h = 40 - 10 = 30$m

渗流流过总长度 $l = 2$m

平均水力坡降 $i = \dfrac{\Delta h}{l} = \dfrac{40-10}{2} = 15$

渗透系数 $k = 1\times10^{-7}$cm/s $= 8.64\times10^{-5}$m/d

渗流断面面积 $A = 10\times100$m² $= 10^3$m²

渗透量 $Q = vA = ikA = 15\times8.64\times10^{-5}\times10^3 = 1.296$m³/d

2011C4

题图为一工程地质剖面图，图中虚线为潜水水位线，已知：$h_1=15$m，$h_2=10$m，$M=5$m，$l=50$m，第①层土的渗透系数 $k_1=5$m/d，第②层土的渗透系数 $k_2=50$m/d，其下为不透水层，问通过1、2断面之间单宽（每米）平均水平渗透流量最接近下列哪个选项的数值？

(A) 6.25m³/d   (B) 15.25m³/d
(C) 25.00m³/d   (D) 31.25m³/d

【解】总水头差 $\Delta h = 15 - 10 = 5$m

渗流流过总长度 $l = 50$m

平均水力坡降 $i = \dfrac{\Delta h}{l} = \dfrac{5}{50} = 0.1$

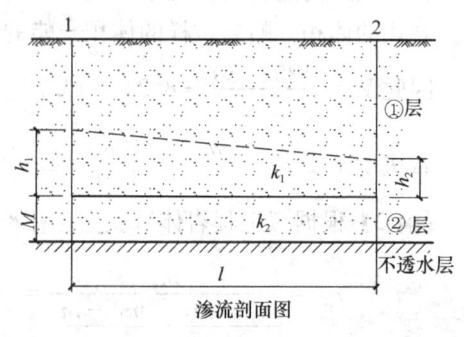

渗流剖面图

题2011C4 图

渗透系数 $k_1 = 5\text{m/d}$；$k_2 = 50\text{m/d}$

渗流断面面积 $A_1 = \dfrac{h_1 + h_2}{2} \times 1 = \dfrac{15+10}{2} \times 1 = 12.5\text{m}^2$；$A_2 = M \times 1 = 5 \times 1 = 5\text{m}^2$

渗透量 $Q = vA = ikA = ik_1 A_1 + ik_2 A_2 = 0.1 \times 5 \times 12.5 + 0.1 \times 50 \times 5 = 31.25\text{m}^3/\text{d}$

2019D3

某河流发育三级阶地，其剖面示意图如题图所示。三级阶地均为砂层，各自颗粒组成不同，含水层之间界线未知。Ⅲ级阶地上有两个相距50m的钻孔，测得孔内潜水水位高度分别为20m、15m，含水砂层①的渗透系数 $k = 20\text{m/d}$。假定沿河方向各阶地长度、厚度稳定；地下水除稳定的侧向径流外，无其他源汇项，含水层接触处未见地下水出露。拟在Ⅰ级阶地上修建工程，如需估算流入含水层③的地下水单宽流量，则下列哪个选项是正确的？

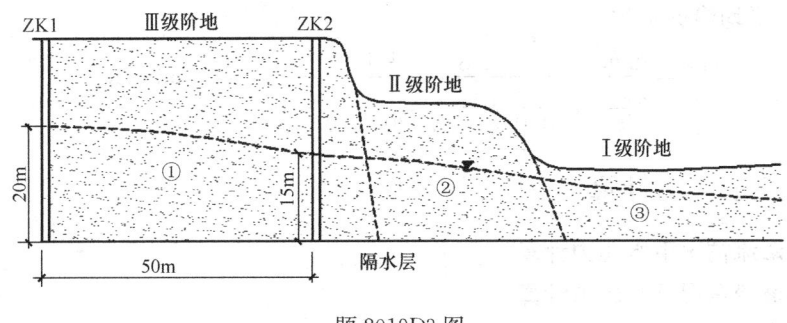

题 2019D3 图

（A）不能估算，最少需要布置4个钻孔，确定含水层①与②、②与③界线和含水层②、③的渗透系数

（B）不能估算，最少需要布置3个钻孔，确定含水层②与③界线和含水层②、③的渗透系数

（C）可以估算流入含水层③的地下水单宽流量，估算值为：$35\text{m}^3/\text{d}$

（D）可以估算流入含水层③的地下水单宽流量，估算值为：$30\text{m}^3/\text{d}$

【解】 Ⅰ级和Ⅲ级阶地单宽流量相等

Ⅲ级阶地水头差 $\Delta h = 20 - 15 = 5\text{ m}$

Ⅲ级阶地渗流流过总长度 $l = 50\text{ m}$

平均水力坡降 $i = \dfrac{\Delta h}{l} = \dfrac{5}{50} = 0.1$

单宽流量 $Q = ikA = 0.1 \times 20 \times \dfrac{20+15}{2} = 35\text{m}^3/\text{d}$

【注】 ①核心知识点常规题。此题是"披着狼皮的羊"，需要多转一个弯，题图给的貌似很复杂，让大家还以为是多新颖多难的题。如果此题改为求Ⅲ级阶地单宽流量，相信正确率至少可以提高20%。

②此题应根据基本理论和计算公式，尽量做到不查本书中此知识点的"解题思维流程"和规范即可解答，对其熟练到可以当做"闭卷"解答。

1.2.2.4　成层土的等效渗透系数

2002D24

坝基由 a、b、c 三层水平土层组成，厚度分别为 8m、5m、7m。这三层土都是各向异性的，土层 a、b、c 的垂直向和水平向的渗透系数分别是 $k_{av}=0.010$m/s, $k_{ah}=0.040$m/s, $k_{bv}=0.020$m/s, $k_{bh}=0.050$m/s, $k_{cv}=0.030$m/s, $k_{ch}=0.090$m/s。当水垂直于土层层面渗流时，三土层的平均渗透系数为 k_{vave}，当水平行于土层层面渗流时，三土层的平均渗透系数为 k_{have}，请问下列（　）组平均渗透系数的数值是最接近计算结果的。

(A) $k_{vave}=0.0734$m/s, $k_{have}=0.1562$m/s　(B) $k_{vave}=0.0008$m/s, $k_{have}=0.0006$m/s
(C) $k_{vave}=0.0156$m/s, $k_{have}=0.0600$m/s　(D) $k_{vave}=0.0087$m/s, $k_{have}=0.0600$m/s

【解】水平土层平均渗透系数
$$k_h = \frac{\sum k_i h_i}{\sum h_i} = \frac{0.040 \times 8 + 0.050 \times 5 + 0.090 \times 7}{8+5+7} = 0.06 \text{m/s}$$

竖向土层平均渗透系数
$$k_v = \frac{\sum h_i}{\sum \frac{h_i}{k_i}} = \frac{8+5+7}{\frac{8}{0.010}+\frac{5}{0.020}+\frac{7}{0.030}} = 0.0156 \text{m/s}$$

1.2.3　孔隙水压力计算

1.2.3.1　无渗流情况下水压力计算
1.2.3.2　有渗流情况下水压力计算
1.2.3.3　存在承压水情况下水压力计算
1.2.3.4　存在超静孔隙水压力的计算
1.2.3.5　物体所受孔隙水压力与浮力的关系

1.2.4　二维渗流与流网

2005C4

地下水绕过隔水帷幕向集水构筑物渗流，为计算流量和不同部位的水力梯度进行了流网分析，取某剖面划分流槽数 $N_1=12$ 个，等势线间隔数 $N_D=15$ 个，各流槽的流量和等势线间的水头差均相等，两个网格的流线平均距离 b_i 与等势线平均距离 l_i 的比值均为 1，总水头差 $\Delta H=5.0$m，某段自第 3 条等势线至第 6 条等势线的流线长 10m，交于 4 条等势线，请计算该段流线上的平均水力梯度将最接近下列（　）个选项。

(A) 1.0　　　(B) 0.13　　　(C) 0.10　　　(D) 0.01

【解】等势线间隔数 $N_d=15$

相邻等势线间的水头损失 $\Delta h_i = \frac{\Delta H}{N_d} = \frac{5}{15} = \frac{1}{3}$m

第 3 条至第 6 条等势线间的水头差 $\Delta h' = (6-3)\Delta h_i = 1$m

第 3 条等势线至第 6 条等势线的流线长 $l=10$m

平均水力梯度 $i = \frac{\Delta h'}{l} = \frac{1}{10} = 0.1$

2009C22

均匀砂土地基基坑，地下水位与地面齐平，开挖深度12m，采用坑内排水，渗流流网如题图，各相临等势线之间的水头损失 Δh 相等，问基坑底处的最大平均水力梯度最接近（　　）。

(A) 0.44　　　　(B) 0.55　　　　(C) 0.80　　　　(D) 1.00

【解】总水头差 $\Delta h = 12\text{m}$

等势线间隔数 $N_\text{d}=$ 等势线条数 $-1 = 10 - 1 = 9$

等势线间的水头损失 $\Delta h_i = \dfrac{\Delta h}{N_\text{d}} = \dfrac{12}{9} = 1.33\text{m}$

基坑底处最大平均水力梯度，也就是最小流线的位置，最小流线的位置沿着挡土构件，因此最小流线 $l = 3\text{m}$

因此最大平均水力梯度 $i = \dfrac{\Delta h_i}{l} = \dfrac{1.33}{3} = 0.44$

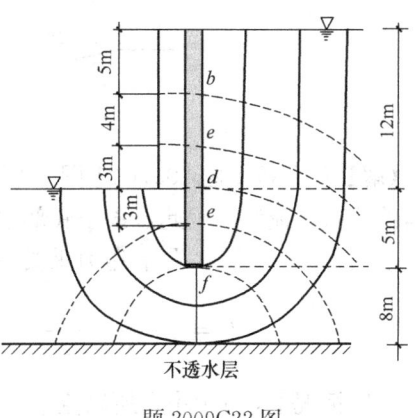

题 2009C22 图

2009D19

小型均质土坝的蓄水高度为16m，流网如题图所示，流网中水头梯度等势线数为 $n = 22$，从下游算起等势线编号见图，土坝中G点处于第20条等势线上，其位置在地面以上11.5m，试问G点的孔隙水压力接近下列何值？

(A) 30kPa　　　　(B) 45kPa　　　　(C) 115kPa　　　　(D) 145kPa

【解】总水头差 $\Delta h = 16\text{m}$

等势线间隔数 $N_\text{d}=$ 等势线条数 $-1 = 22 - 1 = 21$

等势线间的水头损失 $\Delta h_i = \dfrac{\Delta h}{N_\text{d}} = \dfrac{16}{21}\text{m}$

G点与最高水面的等势线间隔数，即为第22条等势线至第20条等势线间隔数 $n = 2$

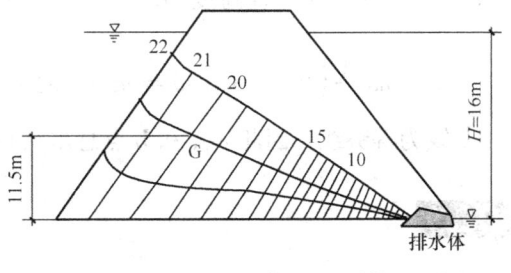

题 2009D19 图

G点位置水头 $z = 11.5\text{m}$

G点的孔隙水压力为 $u = (H - n \cdot \Delta h_i - z)\gamma_\text{w} = \left(16 - 2 \times \dfrac{16}{21} - 11.5\right) \times 10 = 29.8\text{kPa}$

2007C21

倾角为28°的土坡，由于降雨，土坡中地下水发生平行于坡面方向的渗流，利用圆弧条分法进行稳定分析时，其中第 i 条高度为6m，作用在该条底面上的孔隙水压力最接近于下列哪个数值？

(A) 60kPa　　　　(B) 53kPa　　　　(C) 47kPa　　　　(D) 30kPa

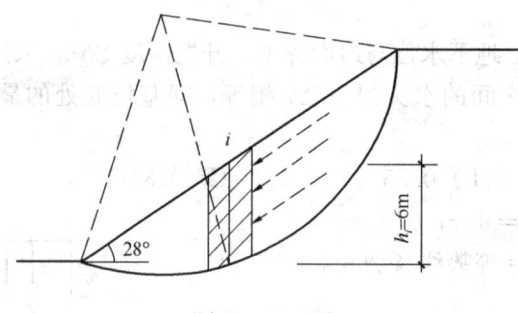

题 2007C21 图

【解】如分析图题 2007C21 图-1 所示，由于产生沿着坡面的渗流，坡面线为一流线，等势线垂直于流线，因此过该条底部中点的等势线为 ab 线（ab 线垂直于坡面线）

总水头 ＝ 位置水头＋压力水头＋流速水头

$$h = z + \frac{u}{\gamma_w} + \frac{v^2}{2g}$$

一般情况下，v 很小，所以流速水头为 0，可得到

总水头 ＝ 位置水头＋压力水头

$$h = z + \frac{u}{\gamma_w}$$

假定 a 点所在水平面为基准面（基准面肯定为水平面），a 点位置水头为 0

$$h_a = 0 + \frac{u}{10}$$

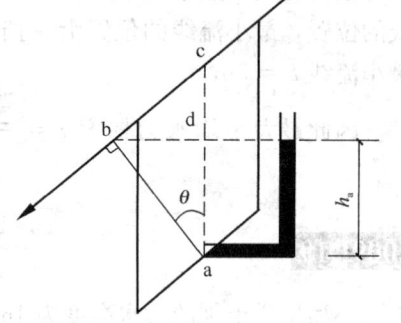

题 2007C21 图-1

b 点到基准面的垂直高度 ad 为 b 点位置水头，又因为 b 点在顶面，所以压力水头为 0；

$$h_b = ad + 0 = ab \cdot \cos\theta = ac \cdot \cos\theta \cdot \cos\theta = 6 \times \cos28° \times \cos28° = 4.68\text{m}$$

ab 线为等势线，因此 a 点和 b 点总水头相等，即 $h_a = h_b \rightarrow \frac{u}{10} = 4.68 \rightarrow u = 46.8\text{kPa}$

2011C19

与 2007C21 完全相同。

1.2.5 渗透力和渗透变形

2005D3

某岸边工程场地细砂含水层的流线上 A、B 两点，A 点水位标高 2.5m，B 点水位标高 3.0m，两点间流线长度为 10m，请计算两点间的平均渗透力将最接近下列（　　）个值。

(A) 1.25kN/m³　　　(B) 0.83kN/m³　　　(C) 0.50kN/m³　　　(D) 0.20kN/m³

【解】A、B两总水头差 $\Delta h = 3.0 - 2.5 = 0.5$m

渗流流过总长度 $l = 10$m

平均水力坡降 $i = \dfrac{\Delta h}{l} = \dfrac{0.5}{10} = 0.05$

平均渗透力 $J = \gamma_w i = 10 \times 0.05 = 0.5$kN/m³

2005D21

某土石坝坝基表层土的平均渗透系数为 $K_1 = 10^{-5}$cm/s，其下的土层渗透系数为 $K_2 = 10^{-3}$cm/s，坝下游各段的孔隙率如下表所列，设计抗渗透变形的安全系数采用1.75，请指出下列（　）选项段为实测水力比降大于允许渗透比降的土层分段。

地基土层分段	表层土的土粒相对密度 G_s	表层土的孔隙率 n	实测水力比降 J_i
Ⅰ	2.70	0.524	0.42
Ⅱ	2.70	0.535	0.43
Ⅲ	2.72	0.524	0.41
Ⅳ	2.70	0.545	0.48

(A) Ⅰ段　　　(B) Ⅱ段　　　(C) Ⅲ段　　　(D) Ⅳ段

【解】$i_{cr} = \dfrac{G_s - 1}{1 + e} = (G_s - 1)(1 - n)$；$i_{允许} = \dfrac{i_{cr}}{K}$

Ⅰ段 $i_{允许} = \dfrac{i_{cr}}{K} = \dfrac{(2.7 - 1) \times (1 - 0.524)}{1.75} = 0.46 > 0.42$

Ⅱ段 $i_{允许} = \dfrac{i_{cr}}{K} = \dfrac{(2.7 - 1) \times (1 - 0.535)}{1.75} = 0.45 > 0.43$

Ⅲ段 $i_{允许} = \dfrac{i_{cr}}{K} = \dfrac{(2.72 - 1) \times (1 - 0.524)}{1.75} = 0.47 > 0.41$

Ⅳ段 $i_{允许} = \dfrac{i_{cr}}{K} = \dfrac{(2.7 - 1) \times (1 - 0.545)}{1.75} = 0.44 < 0.48$

在某水利工程存在有可能产生流土破坏的地表土层，经取样试验，该层土的物理性质指标为土粒 $G_s = 2.7$，天然含水量 $w = 22\%$，天然重度 $\gamma = 19$kN/m³，该土层发生流土破坏的临界水力比降最接近下列何值？

(A) 0.88　　　(B) 0.98　　　(C) 1.08　　　(D) 1.18

【解】

孔隙比 $e = \dfrac{G_s(1+w)\rho_w}{\rho} - 1 = \dfrac{2.7 \times (1 + 0.22) \times 1}{1.9} - 1 = 0.734$

$$i_{cr} = \dfrac{G_s - 1}{1 + e} = \dfrac{2.7 - 1}{1 + 0.734} = 0.98$$

2009C2

某场地地下水位如题图所示，已知黏土层饱和重度 $\gamma_{sat} = 19.2$kN/m³，砂层中承压水头 $h_w = 15$m（由砂层顶面起算），$h_1 = 4$m，$h_2 = 8$m，砂层顶面有效应力及黏土层中的单位渗流力最接近( )。

(A) 43.6kPa，3.75kN/m³
(B) 88.2kPa，7.6kN/m³
(C) 150kPa，10.1kN/m³
(D) 193.6kPa，15.5kN/m³

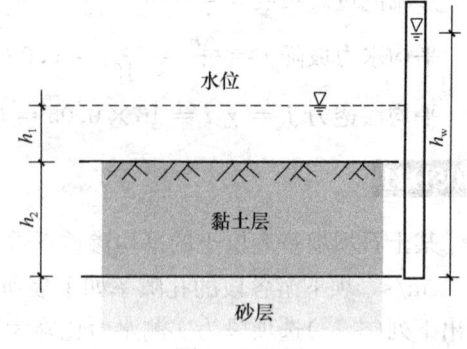

题 2009C2 图

【解】
砂层顶面有效应力 $\sigma = \gamma_w h_1 + \gamma_{sat} h_2 - u = 10 \times 4 + 19.2 \times 8 - 10 \times 15 = 43.6$ kPa

以黏土层底部为基准面

黏土层顶部总水头 $H_1 = z_1 + \dfrac{u_1}{\gamma_w} = 8 + 4 = 12$m

黏土层底部总水头 $H_2 = z_2 + \dfrac{u_2}{\gamma_w} = 0 + 15 = 15$m

水头损失 $\Delta h = H_1 - H_2 = 15 - 12 = 3$m

在黏土层为自下而上垂直渗流，因此在黏土层流线长度 $l = h_2 = 8$m

水力梯度 $i = \dfrac{\Delta h}{l} = \dfrac{3}{8} = 0.375$

黏土层中的单位渗流力 $J = \gamma_w i = 10 \times 0.375 = 3.75$ kN/m³

【注】基准面的选取，不影响黏土层顶部和底部水头差。

2011D1

某砂土试样高度 $H = 30$cm，初始孔隙比 $e_0 = 0.803$，相对密度 $G_s = 2.71$，进行渗透试样。渗透水力梯度达到流土的临界水力梯度时，总水头差 Δh 应为下列哪个选项？

(A) 13.7cm　　　　(B) 19.4cm
(C) 28.5cm　　　　(D) 37.6cm

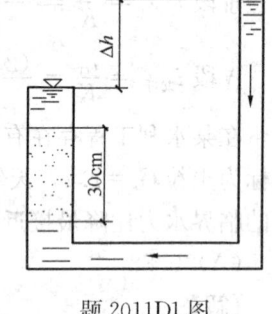

题 2011D1 图

【解】
临界水力梯度 $i_{cr} = \dfrac{G_s - 1}{1 + e} = \dfrac{2.71 - 1}{1 + 0.803} = 0.95$

在砂土层为自下而上垂直渗流，因此在砂土层流线长度 $l = 30$cm。渗透水力梯度达到流土的临界水力梯度

因此 $i = i_{cr} = \dfrac{\Delta h}{l} = \dfrac{\Delta h}{30} = 0.95 \rightarrow \Delta h = 28.5$cm

2011D3

某土层颗粒级配曲线见题图，试用《水利水电工程地质勘察规范》GB 50487—2008，判断其渗透变形最有可能是下列哪一选项？

(A) 流土　　　　　　　(B) 管涌
(C) 接触冲刷　　　　　(D) 接触流失

【解】不均匀系数 $C_u = \dfrac{d_{60}}{d_{10}} = \dfrac{0.2}{0.002} = 100 > 5$

细粒土区分粒径 $d = \sqrt{d_{70} \cdot d_{10}} = \sqrt{0.3 \times 0.002} = 0.024$

1.2 地 下 水

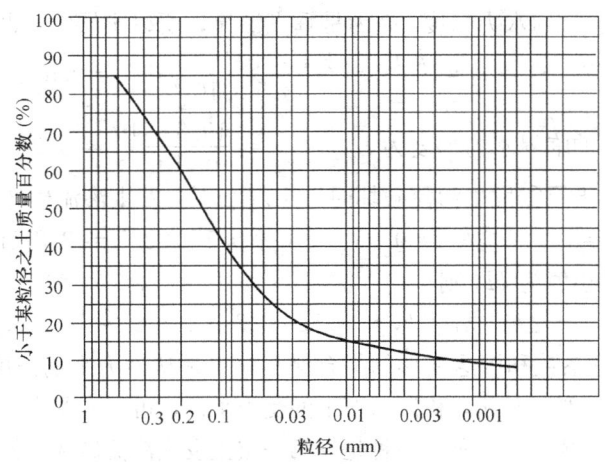

题 2011D3 图

查颗粒级配曲线，可知细粒土含量 $P \approx 20\% < 25\%$，判定为管涌。

2013D21

题图所示河堤由黏性土填筑而成，河道内侧正常水深 3.0m，河底为粗砂层，河堤下卧两层粉质黏土层，其下为与河底相通的粗砂层，其中粉质黏土层①的饱和重度为 19.5kN/m³，渗透系数为 2.1×10^{-5} cm/s；粉质黏土层②的饱和重度为 19.8kN/m³，渗透系数为 3.5×10^{-5} cm/s，试问河内水位上涨深度 H 的最小值接近下列哪个选项时，粉质黏土层①将发生渗流破坏？

(A) 4.46m　　　(B) 5.83m
(C) 6.40m　　　(D) 7.83m

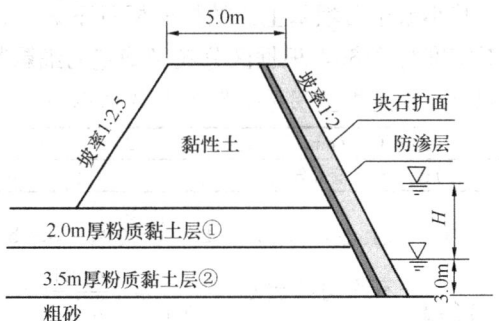

题 2013D21 图

【解1】从受力平衡角度直接求解

假定只有粉质黏土层①发生渗流破坏，此时

$$\gamma'_1 h_1 = \gamma_w \Delta h_1 \rightarrow 9.5 \times 2.0 = 10\Delta h_1 \rightarrow \Delta h_1 = 1.9\text{m}$$

①层和②层的渗流量相等，即满足

$$Ak_1 i_1 = Ak_2 i_2 \rightarrow k_1 \frac{\Delta h_1}{h_1} = k_2 \frac{\Delta h_2}{h_2} \rightarrow 2.1 \times 10^{-5} \times \frac{1.9}{2} = 3.5 \times 10^{-5} \times \frac{\Delta h_2}{3.5} \rightarrow \Delta h_2 = 1.995\text{m}$$

所以总水头差 $\Delta h = \Delta h_1 + \Delta h_2 = 1.9 + 1.995 = 3.895$m

假定①层和②层同时发生渗流破坏，即整体破坏，②层发生渗流破坏将①层顶起
则 $\gamma'_1 h_1 + \gamma'_1 h_2 = \gamma_w \Delta h = 9.5 \times 2 + 9.8 \times 3.5 = 10\Delta h \rightarrow \Delta h = 5.33$m

两者比较取小值，发生渗流时水头差 $\Delta h = 3.895$m，即发生第一种破坏模式。
河水上涨深度最小值为 H，则

$$H + 3.0 = \Delta h + h_1 + h_2 = 3.895 + 2.0 + 3.5 \rightarrow H = 6.40\text{m}$$

【解2】假定粉质黏土层①的水力梯度 i_1 达到临界值 i_{cr1}，即 $i_1 = i_{cr1} = \dfrac{\gamma'_1}{\gamma_w} = \dfrac{19.5 - 10}{10} = 0.95$

此时粉质黏土层 ② 的水力梯度，因为是垂直渗流，所以土层①和②的流量相等

即满足 $Ak_1 i_1 = Ak_2 i_2 \rightarrow i_2 = \dfrac{k_1 i_1}{k_2} = \dfrac{2.1 \times 10^{-5} \times 0.95}{3.5 \times 10^{-5}} = 0.57$

而粉质黏土层②的临界水力梯度为 $i_{cr2} = \dfrac{\gamma_2'}{\gamma_w} = \dfrac{19.8 - 10}{10} = 0.98$

因此可以看出，土层①发生渗流破坏时，土层②不会发生渗流破坏，此时总水头损失

$$\Delta h = i_1 h_1 + i_2 h_2 = 0.95 \times 2.0 + 0.57 \times 3.5 = 3.895 \mathrm{m}$$

河水上涨深度最小值为 H，则

$$H + 3.0 = \Delta h + h_1 + h_2 = 3.895 + 2.0 + 3.5 \rightarrow H = 6.40 \mathrm{m}$$

【注】此题为渗透系数和渗透变形的综合题。解1是从静力平衡角度分析，可以看出，分析渗流破坏的本质为受力分析，极限状态下的受力平衡，可以先假定不同的破坏模式，如果仅有两层土，则破坏模式有两种，一种是仅第一层土发生渗流破坏，另一种是两层土同时发生破坏，这样再计算每一种破坏模式所需要的渗透力（或者说所产生的总水头损失），哪一种破坏模式所需要的渗透力较小，则会先发生。解2是从渗透临界水力梯度角度先分析出破坏模式，再计算所需的渗透力（或者说所产生的总水头损失）。这两种解法都要求深刻理解，对临界水力梯度、渗流连续性原理、渗透力（水头损失）才会理解得更加深刻。

2014D1

某小型土石坝基土的颗粒分析见下表。该土属级配连续的土，孔隙率为0.33，土粒相对密度为2.66，根据区分粒径确定的细颗粒含量为32%。根据《水利水电工程地质勘察规范》确定坝基渗透变形类型及估算最大允许水力比降为哪个选项？（安全系数为1.5）

土粒直径（mm）	0.025	0.038	0.07	0.31	0.40	0.7
小于某粒径的土质量百分比（%）	5	10	20	60	70	100

(A) 流土型, 0.74　(B) 管涌型, 0.58　(C) 过渡型, 0.58　(D) 过渡型, 0.39

【解】$\begin{cases} 不均匀系数\ C_u = \dfrac{d_{60}}{d_{10}} = \dfrac{0.31}{0.038} = 8.16 > 5 \\ 25\% \leqslant P = 32\% < 35\% \end{cases} \rightarrow$ 过渡型

临界水力比降

$$i_{cr} = 2.2(G_s - 1)(1 - n)^2 \dfrac{d_5}{d_{20}} = 2.2 \times (2.66 - 1) \times (1 - 0.33)^2 \times \dfrac{0.025}{0.07} = 0.585$$

允许水力比降：$i_{允许} = i_{cr}/K = 0.585/1.5 = 0.39$

【注】① 临界水力比降和允许水力比降要分清。

② 此题计算临界水力比降不能使用公式 $i_{cr} = \dfrac{G_s - 1}{1 + e}$。

1.2.6 渗透系数测定

1.2.6.1 室内渗透试验

2009D2

某常水头试验装置见题图，土样Ⅰ的渗透系数 $k_1 = 0.7 \mathrm{cm/s}$，土样Ⅱ的渗透系数 $k_2 = 0.1 \mathrm{cm/s}$，土样横截面积 $A = 200 \mathrm{cm}^2$，如果保持图中的水位恒定，则该试验的流量 Q，应

保持在选项中的哪一数值?

(A) 3.0cm³/s (B) 5.75cm³/s
(C) 8.75cm³/s (D) 12cm³/s

【解】竖向层状土层平均渗透系数 $k_v = \dfrac{\sum h_i}{\sum \dfrac{h_i}{k_i}} =$

$\dfrac{30+30}{\dfrac{30}{0.7}+\dfrac{30}{0.1}} = 0.175 \text{cm/s}$

水力梯度 $i = \dfrac{\Delta h}{l} = \dfrac{15}{30+30} = 0.25$

流量 $Q = kiA = 0.175 \times 0.25 \times 200 = 8.75 \text{cm}^3/\text{s}$

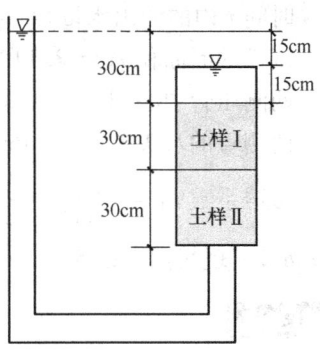

题 2009D2 图

2016D3

某饱和黏性土试样,若水温 15℃ 的条件下进行变水头渗透试验,四次试验实测渗透系数如下表,问土样在标准温度下的渗透系数为下列何项?

(A) 1.58×10^{-5} cm/s (B) 1.79×10^{-5} cm/s
(C) 2.13×10^{-5} cm/s (D) 2.42×10^{-5} cm/s

试验次数	渗透系数(cm/s)	试验次数	渗透系数(cm/s)
第一次	3.79×10^{-5}	第三次	1.47×10^{-5}
第二次	1.55×10^{-5}	第四次	1.71×10^{-5}

【解】水温 15℃ 的渗透系数要转化为标准温度即 20℃ 的渗透系数

采用公式 $k_{20} = k_T \dfrac{\eta_T}{\eta_{20}}$

查《土工试验方法标准》表 8.3.5-1,可知黏滞系数比 $\dfrac{\eta_T}{\eta_{20}} = 1.133$

第一次:$k_1 = 1.133 \times 3.79 \times 10^{-5} = 4.29 \times 10^{-5}$ cm/s

第二次:$k_2 = 1.133 \times 1.55 \times 10^{-5} = 1.76 \times 10^{-5}$ cm/s

第三次:$k_3 = 1.133 \times 1.47 \times 10^{-5} = 1.67 \times 10^{-5}$ cm/s

第四次:$k_4 = 1.133 \times 1.71 \times 10^{-5} = 1.94 \times 10^{-5}$ cm/s

根据第 16.1.3 条,差值不允许大于 2×10^{-n},因此此处为不大于 2×10^{-5}。

$k_1 - k_3 = 4.29 \times 10^{-5} - 1.67 \times 10^{-5} > 2 \times 10^{-5}$

因此应剔除最大值 k_1

取剩下的平均数 $k = \dfrac{k_2 + k_3 + k_4}{3} = 1.79 \times 10^{-5}$ cm/s

2017D1

室内定水头渗透试验,试样高度 40mm,直径 75mm,测得试验时的水头损失为 46mm,渗水量为 24 小时 3520cm³,问该试样土的渗透系数最接近下列哪个选项?

(A) 1.2×10^{-4} cm/s (B) 3.0×10^{-4} cm/s (C) 6.2×10^{-4} cm/s (D) 8.0×10^{-4} cm/s

【解】时间 $t = 24\text{h} = 24 \times 3600\text{s}$

时间 t 内的渗出水量 $Q = 3520 \text{cm}^3$

试样的断面积 $A = 3.14 \times 7.5^2 \div 4 \text{cm}^2$

两测压管中心间距离（试样高度）$L = 40\text{mm}$

两侧管的水头差 $H = 46\text{mm}$

渗透系数 $k_T = \dfrac{QL}{AHt} = \dfrac{3520 \times 4}{3.14 \times 7.5^2 \div 4 \times 4.6 \times 24 \times 3600} = 8 \times 10^{-4} \text{cm/s}$

1.2.6.2　现场抽水试验

2002C2

某工程场地进行了单孔抽水试验，地层情况及滤水管位置见题图，滤水管上下均设止水装置，主要数据如下：

钻孔深度 12.0m；承压水位 1.50m

钻孔直径 800mm；假定影响半径 100m

试用裴布依公式计算含水层的平均渗透系数为（　　）。（不保留小数）

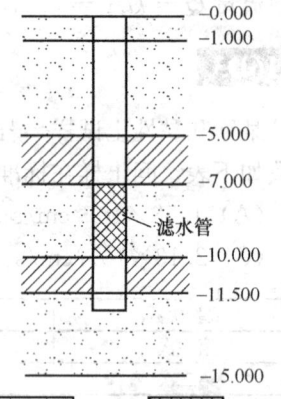

降深		涌水量
第一次	2.1m	510t/d
第二次	3.0m	760t/d
第三次	4.2m	1050t/d

（A）73m/d　　　　　　　　　　（B）90m/d
（C）107m/d　　　　　　　　　 （D）136m/d

题 2002C2 图

【解】由题图可知，该抽水井为承压水含水层完整井，采用承压含水层完整井稳定流计算公式

$$k = \dfrac{0.366Q}{Ms}\lg\dfrac{R}{r}$$

第一次降深 $k_1 = \dfrac{0.366 \times 510}{3 \times 2.1}\lg\dfrac{100}{0.8/2} = 71.0\text{m/d}$

第二次降深 $k_2 = \dfrac{0.366 \times 760}{3 \times 3.0}\lg\dfrac{100}{0.8/2} = 74.0\text{m/d}$

第三次降深 $k_3 = \dfrac{0.366 \times 1050}{3 \times 4.2}\lg\dfrac{100}{0.8/2} = 73.1\text{m/d}$

取平均值 $k = \dfrac{k_1 + k_2 + k_3}{3} = 72.7\text{m/d} \approx 73\text{m/d}$

【注】r 为抽水孔半径，取直径的一半，且注意单位 t/d＝m³/d。

2003C4

某工程场地进行多孔抽水试验，地层情况、

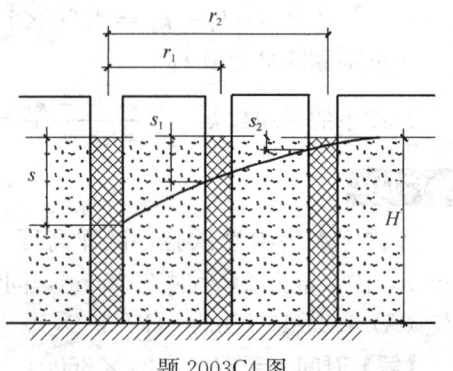

题 2003C4 图

滤水管位置和孔位见题图，测试主要数据见题表。试用潜水完整井公式计算，含水层的平均渗透系数最接近下列（　　）个数值。

(A) 12m/d　　　　　　　　　　(B) 9m/d
(C) 6m/d　　　　　　　　　　 (D) 3m/d

次数	降深（m）			流量 Q (m³/d)	抽水孔与观测孔距离（m）		含水层厚度 H (m)
	s	s_1	s_2		r_1	r_2	
第一次	3.18	0.73	0.48	132.19	4.30	9.95	12.34
第二次	2.33	0.60	0.43	92.45			
第三次	1.45	0.43	0.31	57.89			

【解】潜水完整井，两个观测孔

第一次降深

潜水含水层厚度 $H = 12.34$m

观测孔1水位降深 $s_1 = 0.73$m

观测孔2水位降深 $s_2 = 0.48$m

观测孔1到抽水孔距离 $r_1 = 4.3$m

观测孔2到抽水孔距离 $r_2 = 9.95$m

抽水井抽水量 $Q = 132.19$m³/d

$$k = \frac{0.732Q}{(2H - s_1 - s_2)(s_1 - s_2)} \lg \frac{r_2}{r_1}$$

$$= \frac{0.732 \times 132.19}{(2 \times 12.34 - 0.73 - 0.48) \times (0.73 - 0.48)} \lg \frac{9.95}{4.3}$$

$$= 6\text{m/d}$$

同理可得

第二次降深 $k_2 = \dfrac{0.732 \times 92.45}{(2 \times 12.34 - 0.6 - 0.43) \times (0.6 - 0.43)} \lg \dfrac{9.95}{4.3} = 6.1\text{m/d}$

第三次降深 $k_3 = \dfrac{0.732 \times 57.89}{(2 \times 12.34 - 0.43 - 0.31) \times (0.43 - 0.31)} \lg \dfrac{9.95}{4.3} = 5.4\text{m/d}$

取平均值 $k = \dfrac{k_1 + k_2 + k_3}{3} = 5.83\text{m/d}$

2004D27

在水平均质具有潜水自由面的含水层中进行单孔抽水试验如题图所示，已知水井半径 $r = 0.15$m，影响半径 $R = 60$m，含水层厚度 $H = 10$m，水位降深 $s = 3.0$m，渗透系数 $k = 25$m/d，流量最接近下列（　　）。

(A) 流量为 572m³/d
(B) 流量为 669m³/d
(C) 流量为 737m³/d
(D) 流量为 953m³/d

【解】潜水完整井，单孔抽水

潜水含水层厚度 $H = 10$m

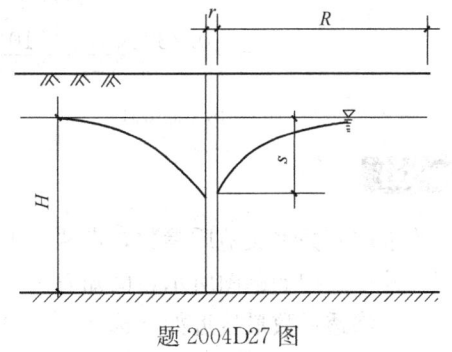

题 2004D27 图

抽水孔降深 $s = 3\text{m}$

抽水孔半径 $r = 0.15\text{m}$

抽水影响半径（单孔抽水）$R = 60\text{m}$

渗透系数 $k = \dfrac{0.732Q}{(2H-s)s}\lg\dfrac{R}{r} = 25 = \dfrac{0.732Q}{(2\times10-3)\times3}\lg\dfrac{60}{0.15} \rightarrow Q = 669.4\text{m}^3/\text{d}$

2006C5

某工程场地有一厚 11.5m 砂土含水层，其下为基岩，为测砂土的渗透系数打一钻孔到基岩顶面，并以 $1.5\times10^3\text{cm}^3/\text{s}$ 的流量从孔中抽水，距抽水孔 4.5m 和 10.0m 处各打一观测孔，当抽水孔水位降深为 3.0m 时，分别测得观测孔的降深分别为 0.75m 和 0.45m，用潜水完整井公式计算砂土层渗透系数 k 值最接近下列哪个选项：

(A) 7m/d   (B) 6m/d   (C) 5m/d   (D) 4m/d

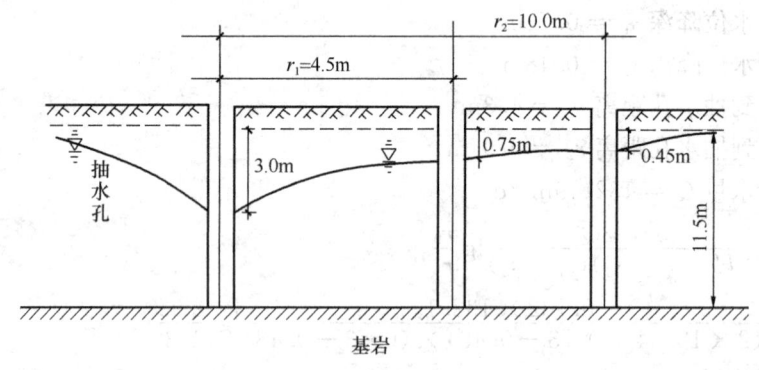

题 2006C5 图

【解】潜水完整井，两个观测孔

潜水含水层厚度 $H = 11.5\text{m}$

观测孔 1 水位降深 $s_1 = 0.75\text{m}$

观测孔 2 水位降深 $s_2 = 0.45\text{m}$

观测孔 1 到抽水孔距离 $r_1 = 4.5\text{m}$

观测孔 2 到抽水孔距离 $r_2 = 10\text{m}$

抽水井抽水量 $Q = 132.19\text{m}^3/\text{d}$

$$k = \dfrac{0.732Q}{(2H-s_1-s_2)(s_1-s_2)}\lg\dfrac{r_2}{r_1}$$

$$= \dfrac{0.732\times1.5\times10^3\times10^{-6}\times24\times60\times60}{(2\times11.5-0.75-0.45)\times(0.75-0.45)}\lg\dfrac{10}{4.5}$$

$$= 5.03\text{m}/\text{d}$$

2008C3

为求取有关水文地质参数，带两个观察孔的潜水完整井，进行 3 次降深抽水试验，其地层和井壁结构如题图所示，已知 $H=15.8\text{m}$；$r_1=10.6\text{m}$；$r_2=20.5\text{m}$，抽水试验成果见下表，问渗透系数最接近如下选项(　　)。

1.2 地 下 水

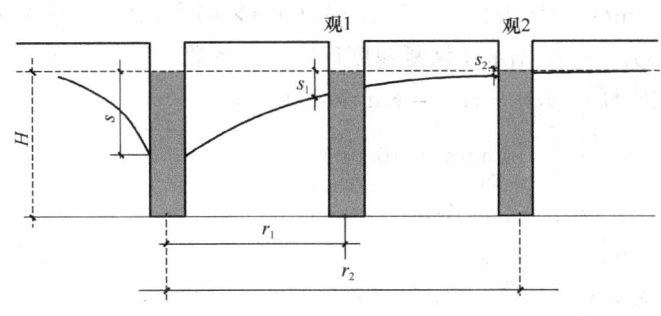

题 2008C3 图

水位降深 s (m)	抽水量 Q (m³/d)	观测孔 1 水位降深 s_1 (m)	观测孔 2 水位降深 s_2 (m)
5.6	1490	2.2	1.8
4.1	1218	1.8	1.5
2.0	817	0.9	0.7

(A) 25.6m/d　　(B) 28.9m/d　　(C) 31.7m/d　　(D) 35.2m/d

【解】潜水完整井，两个观测孔

潜水含水层厚度 $H=15.8\text{m}$

第一次降深

观测孔 1 水位降深 $s_1=2.2\text{m}$

观测孔 2 水位降深 $s_2=1.8\text{m}$

观测孔 1 到抽水孔距离 $r_1=10.6\text{m}$

观测孔 2 到抽水孔距离 $r_2=20.5\text{m}$

抽水井抽水量 $Q=1490\text{m}^3/\text{d}$

$k_1 = \dfrac{0.732Q}{(2H-s_1-s_2)(s_1-s_2)}\lg\dfrac{r_2}{r_1} = \dfrac{0.732\times1490}{(2\times15.8-2.2-1.8)\times(2.2-1.8)}\lg\dfrac{20.5}{10.6}$
$= 28.3\text{m/d}$

同理可得

第二次降深 $k_2=\dfrac{0.732\times1218}{(2\times15.8-1.8-1.5)\times(1.8-1.5)}\lg\dfrac{20.5}{10.6}=30.1\text{m/d}$

第三次降深 $k_3=\dfrac{0.732\times817}{(2\times15.8-0.9-0.7)\times(0.9-0.7)}\lg\dfrac{20.5}{10.6}=28.6\text{m/d}$

取平均值 $k=\dfrac{k_1+k_2+k_3}{3}=29.0\text{m/d}$

2012C3

现场水文地质试验，已知潜水含水层底板埋深 9.0m，设置潜水完整井，井径 $D=200\text{mm}$，实测地下水位埋深 1.0m，抽水至水位埋深 7.0m，后让水位自由恢复，不同恢复时间测得地下水位如下表，则估算的地层渗透系数最接近哪个值？

测试时间（min）	1.0	5.0	10	30	60
水位埋深（cm）	603.0	412.0	332	190	118.5

(A) 1.3×10^{-3}cm/s (B) 1.8×10^{-4}cm/s (C) 4×10^{-4}cm/s (D) 5.2×10^{-4}cm/s

【解】潜水完整井——根据水位恢复速度计算渗透系数

潜水含水层厚度 $H = 9.0 - 1.0 = 8\text{m} = 800\text{cm}$

抽水井半径 $r_w = \dfrac{200}{2} = 100\text{mm} = 10\text{cm}$

最初始水位降深 $s_1 = 7 - 1 = 6\text{m} = 600\text{cm}$

观测时间 $t = 60\text{min} = 3600\text{s}$

第二次水位降深 $s_2 = 118.5 - 100 = 18.5\text{cm}$

$$k = \frac{3.5 r_w^2}{(H + 2r_w) \cdot t} \ln \frac{s_1}{s_2} = \frac{3.5 \times 10^2}{(800 + 2 \times 10) \times 3600} \ln \frac{600}{118.5 - 100} = 4.1 \times 10^{-4} \text{cm/s}$$

【注】随着观测时间越长，k 越稳定，所以此处不用计算平均值，直接选取最后观测时间最长的一次即最后一次的数据代入计算即可。

2017D3

某抽水试验，场地内深度 $10.0 \sim 18.0\text{m}$ 范围内为均质、各向同性等厚、分布面积很大的砂层，其上下均为黏土层，抽水孔孔深 20.0m，孔径为 200mm，滤水管设置于深度在 $10.0 \sim 18.0\text{m}$ 段，另在距抽水孔中心 10.0m 处设置观测孔，原始稳定地下水位埋深为 1.0m，以水量为 1.60L/s 长时间抽水后，测得抽水孔内稳定水位埋深为 7.0m，观测孔水位埋深为 2.8m，则含水层的渗透系数 k 最接近以下哪个答案？

(A) 1.4m/d (B) 1.8m/d (C) 2.6m/d (D) 3.0m/d

【解】承压水完整井，一个观测孔

潜水含水层厚度 $M = 8\text{m}$

抽水孔降深 $s = 6\text{m}$

观测孔水位降深 $s_1 = 2.8 - 1.0 = 1.8\text{m}$

抽水孔半径 $r = 0.2 \div 2 = 0.1\text{m}$

观测孔到抽水孔距离 $r_1 = 10\text{m}$

抽水井抽水量，要进行单位换算

$$Q = 1.60\text{L/s} = 1.60 \times \frac{10^{-3}\text{m}^3}{\frac{1}{24 \times 3600}\text{d}} = 138.24\text{m}^3/\text{d}$$

渗透系数 $k = \dfrac{0.366 Q}{M(s - s_1)} \lg \dfrac{r_1}{r} = \dfrac{0.366 \times 138.24}{8 \times (6 - 1.8)} \lg \dfrac{10}{0.1} = 3.01\text{m/d}$

【注】注意单位换算，L/s 换算为 m³/d，特别是这种带有时间和长度的复合单位换算一定要熟练掌握。

1.2.6.3 现场压水试验

2004D3

某钻孔进行压水试验，试验段位于水位以下，采用安设在与试验段连通的测压管上的压力表测得水压为 0.75MPa，压力表中心至压力计算零线的水柱压力为 0.25MPa，试验段长度 5.0m，试验时渗漏量为 50L/min，试计算透水率为（   ）。

(A) 5Lu (B) 10Lu (C) 15Lu (D) 20Lu

【解】 确定第三试验段压力

当压力表安设在与试验段连通的测压管上

压力表指示压力 $P_p = 0.75\text{MPa}$

压力表中心至压力计算零线的水柱压力 $P_z = 0.25\text{MPa}$

试验压力 $P_3 = P_p + P_z = 0.75 + 0.25 = 1.0\text{MPa}$

第三阶段的压入水量 $Q_3 = 50\text{L/min}$

试段长度 $l = 5.0\text{m}$

试段透水率 $q = \dfrac{Q_3}{lP_3} = \dfrac{50}{5.0 \times 1.0} = 10\text{Lu}$

【注】 透水率小于 0.10Lu 时记为零。

2005C3

压水试验段位于地下水位以下，地下水位埋藏深度为 50m，试验段长 5m，压水试验结果如下表所示，则计算上述试验段的透水率（Lu）与下列（　　）选项的数值最接近。

压力 p（MPa）	0.3	0.6	1.0
水量 Q（L/min）	30	65	100

(A) 10Lu　　　　(B) 20Lu　　　　(C) 30Lu　　　　(D) 40Lu

【解】 确定第三试验段压力，由表中数值直接得到 $P_3 = 1.0\text{MPa}$

第三阶段的压入水量 $Q_3 = 100\text{L/min}$

试段长度 $l = 5.0\text{m}$

试段透水率 $q = \dfrac{Q_3}{lP_3} = \dfrac{100}{5 \times 1} = 20\text{Lu}$

2010C1

某压水试验地面进水管的压力表数 $P_p = 0.90\text{MPa}$，压力表中心高于孔口 0.5m，压入流量 $Q = 80\text{L/min}$，试验段长度 $l = 5.1\text{m}$，钻杆及接头的压力总损失为 0.04MPa，钻孔为斜孔，其倾角 $\alpha = 60°$，地下水位位于试验段之上，自孔口至地下水位沿钻孔的实际长度 $H = 24.8\text{m}$，试问试验段地层的透水率（吕荣值 Lu）最接近于下列何项数值？

(A) 14.0　　　　(B) 14.5　　　　(C) 15.6　　　　(D) 16.1

【解】 确定第三试验段压力，当压力表安设在进水管

压力表指示压力 $P_p = 0.9\text{MPa}$

压力表中心至压力计算零线的水柱压力

$$P_z = (0.5 + 24.8 \times \sin 60°) \times 10 = 220\text{kPa} = 0.22\text{MPa}$$

管路压力损失 $P_s = 0.04\text{MPa}$

试验压力 $P_3 = P_p + P_z - P_s = 0.9 + 0.22 - 0.04 = 1.08\text{MPa}$

第三阶段的压入水量 $Q_3 = 80\text{L/min}$

试段长度 $l = 5.1\text{m}$

试段透水率 $q = \dfrac{Q_3}{lP_3} = \dfrac{80}{5.1 \times 1.08} = 14.5\text{Lu}$

【注】 当钻孔倾斜时，水柱压力为垂直水压；计算透水率时试验长度 l 取倾斜长度。

2013D2

在某花岗岩岩体中进行钻孔压水试验，钻孔孔径为110mm，地下水位以下试验段长度为5m，资料整理显示，该压水试验 $P\text{-}Q$ 曲线为A（层流）型，第三（最大）压力阶段试验压力为1.0MPa，压入流量为7.5L/min。问该岩体的渗透系数最接近下列哪个选项？

(A) 1.4×10^{-5} cm/s (B) 1.8×10^{-5} cm/s (C) 2.2×10^{-5} cm/s (D) 2.6×10^{-5} cm/s

【解1】

压水试验 $P\text{-}Q$ 曲线为A（层流）型，使用第三（最大）压力阶段试验数据进行计算

压入流量 $Q = 7.5\text{L/min} = 7.5\times\dfrac{10^{-3}}{60}\text{m}^3/\text{s} = 1.25\times10^{-4}\text{m}^3/\text{s}$

试验水头，由第三阶段压力进行换算，$H = \dfrac{P_3}{\gamma_w} = \dfrac{1\times10^3}{10} = 100\text{m}$

试段长度 $l = 5\text{m}$

钻孔半径 $r_0 = \dfrac{0.11}{2} = 0.055\text{m}$

岩体渗透系数 $k = \dfrac{Q}{2\pi Hl}\ln\dfrac{l}{r_0} = \dfrac{1.25\times10^{-4}}{2\times3.14\times100\times5}\ln\dfrac{5}{0.055} = 1.8\times10^{-7}\text{m/s} = 1.8\times10^{-5}\text{cm/s}$

【解2】

压水试验 $P\text{-}Q$ 曲线为A（层流）型，使用第三（最大）压力阶段试验数据进行计算

压入流量 $Q = 7.5\text{L/min} = 7.5\times\dfrac{10^3}{60}\text{cm}^3/\text{s} = 125\text{cm}^3/\text{s}$

试验水头，由第三阶段压力进行换算，$H = \dfrac{P_3}{\gamma_w} = \dfrac{1\times10^3}{10} = 100\text{m} = 10000\text{cm}$

试段长度 $l = 5\text{m} = 500\text{cm}$

钻孔半径 $r_0 = \dfrac{11}{2} = 5.5\text{cm}$

岩体渗透系数 $k = \dfrac{Q}{2\pi Hl}\ln\dfrac{l}{r_0} = \dfrac{125}{2\times3.14\times10000\times500}\ln\dfrac{500}{5.5} = 1.8\times10^{-5}\text{cm/s}$

【注】 这里使用了两种"方式"求解，注意不是两种方法哦，目的是为了演示单位换算的技巧。涉及时间、力、长度等复合单位的，可以先把所用的单位换算成国际单位，最后再根据题目选项的单位进行换算，比如这道题，把涉及长度单位换算为"m"，时间单位换算为"s"，那么最终得到的渗透系数的单位自然是"m/s"，如解1。当然也可以根据选项的单位提前统一换算，选项中渗透系数的单位是"cm/s"，那么把所涉及的长度单位都换算为"cm"，时间单位换算为"s"，这样求解得到的渗透系数的单位自然是"cm/s"，如解2。

单位换算一定要熟练掌握，特别是涉及复合单位的时候，稍一疏忽就会出错。

2018D1

在某地层中进行钻孔压水试验，钻孔直径为0.10m，试验段长度为5.0m，位于地下水位以下，测得该地层的 $P\text{-}Q$ 曲线如题图所示，试计算该地层的渗透系数与下列哪项接近？（注：1m水柱压力为9.8kPa）

(A) 0.052m/d (B) 0.069m/d

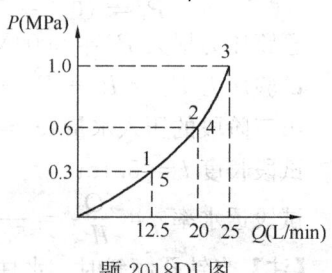

题 2018D1 图

(C) 0.073m/d   (D) 0.086m/d

【解】升压曲线凸向 Q 轴，降压曲线和升压曲线基本重合，因此压水试验 P-Q 曲线为 B（紊流）型，使用第一阶段试验压力 P_1（换算成水头，以米计）和压入流量 Q_1 近似计算渗透系数。

压入流量 $Q = 12.5\text{L/min} = 12.5 \times \dfrac{10^{-3}}{\dfrac{1}{24 \times 60}} \text{m}^3/\text{d} = 18\text{m}^3/\text{d}$

试验水头，由第一阶段压力进行换算，$H = \dfrac{P_1}{\gamma_w} = \dfrac{0.3 \times 10^3}{9.8} = 30.6\text{m}$

试段长度 $l = 5\text{m}$

钻孔半径 $r_0 = \dfrac{0.10}{2} = 0.05\text{m}$

岩体渗透系数 $k = \dfrac{Q}{2\pi H l}\ln\dfrac{l}{r_0} = \dfrac{18}{2 \times 3.14 \times 30.6 \times 5}\ln\dfrac{5}{0.05} = 0.086\text{m/d}$

【注】① 此题 P-Q 曲线为 B（紊流）型，使用第一阶段试验压力 P_1（换算成水头，以米计）和压入流量 Q_1 近似计算渗透系数。

② 题目中明确指明 1m 水柱压力为 9.8kPa，因此不能近似取为 10，注意和上一题 2013D2 的区别。

1.2.6.4 现场注水试验

1.2.7 地下水流向流速测定

2012D2

某勘察场地地下水为潜水，布置 k_1、k_2、k_3 三个水位观测孔，同时观测稳定水位埋深分别为 2.70m、3.10m、2.30m，观测孔坐标和高程数据如下表所示。地下水流向正确的选项是哪一个？

(A) 45° (B) 135° (C) 225° (D) 315°

观测孔号	坐标		孔口高程（m）
	x (m)	y (m)	
k_1	25818.00	29705.00	12.70
k_2	25818.00	29755.00	15.60
k_3	25868.00	29705.00	9.80

【解】画大地坐标轴确定点位，如题图所示
确定各孔水位高程
$h_1 = 12.70 - 2.70 = 10.00\text{m}$；
$h_2 = 15.60 - 3.10 = 12.50\text{m}$；
$h_3 = 9.80 - 2.30 = 7.50\text{m}$；

如图，$k_2 k_3$ 中点 M 水位高程 10.00m，k_1 与 M 点水位高程相等，连接 k_1M 即为等势线，流线与等势线垂直，即确定了水流方向，从图中几何关系，可看出恰好 $k_2 k_3$ 与 k_1M 垂直，且水势高处向水势低处流，所以水流方向为由 k_2 流向 k_3，因此地下水流向

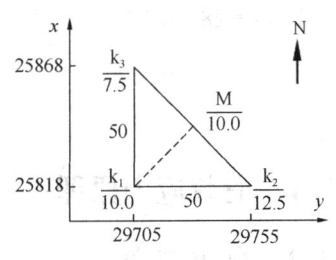

题 2012D2 图

自正北方向算起为 315°。

【注】大地坐标轴正北方向为 x 轴，和数学中平面直角坐标系是反着的。

2013C2

某场地冲积砂层内需测定地下水的流向和流速，呈等边三角形布置 3 个钻孔，钻孔孔距 60m，测得 A、B、C 三孔的地下水位标高分别为 28.0m、24.0m、24.0m，地层渗透系数为 1.8×10^{-3} cm/s。则地下水流速接近下列哪一项？

(A) 1.2×10^{-4} cm/s　　(B) 1.4×10^{-4} cm/s
(C) 1.6×10^{-4} cm/s　　(D) 1.8×10^{-4} cm/s

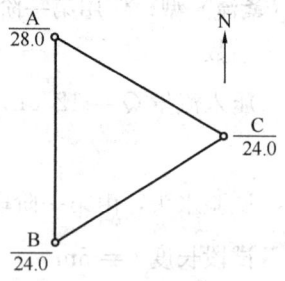

题 2013C2 图

【解】确定等势线，B、C 两点具有相同的地下水位，BC 连线即为等势线中的一条；流线与等势线垂直，过 A 点，做 BC 的垂线，AD 即为流线。水流方向由水头高处向低处流，因此水流方向为由 A 向 D 流，AD 为流线长度；

A、D 两点总水头差 $\Delta h = 28 - 24 = 4$m

渗流流过总长度 $l = AD = 60 \times \sin 60° = 51.96$m

水力坡度 $i = \dfrac{\Delta h}{l} = \dfrac{4}{51.96} = 0.077$

地下水流速 $v = ki = 0.077 \times 1.8 \times 10^{-3} = 1.386 \times 10^{-4}$ cm/s

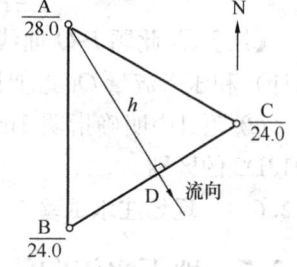

图 2013C2 图-1

1.2.8　地下水的矿化度

2009D1

某工程水质分析试验成果见下表：

Na^+	K^+	Ca^{2+}	Mg^{2+}	NH_4^+	Cl^-	SO_4^{2-}	HCO_3^-	游离 CO_2	侵蚀性 CO_2
51.39	28.78	75.43	20.23	10.80	83.47	27.19	366.00	22.75	1.48

问其总矿化度最接近（　　）

(A) 480mg/L　　(B) 585mg/L　　(C) 660mg/L　　(D) 690mg/L

【解】不计侵蚀性 CO_2 及游离 CO_2，HCO_3^- 按 50% 计，则固体物质（盐分）的总量为

$51.39 + 28.78 + 75.43 + 20.23 + 10.80 + 83.47 + 27.19 + 366.00 \div 2 = 480.29$mg/L

1.3　土中应力

1.3.1　有效应力原理

1.3.2　自重应力

1.3.2.1　自重应力计算基本方法
1.3.2.2　竖直稳定渗流下自重应力计算

1.3 土中应力

1.3.2.3 有承压水情况下自重应力计算

2008C7

山前冲洪积场地，粉质黏土①层中潜水水位埋深 1.0m，黏土②层下卧砾砂③层，③层内存在承压水，水头高度和地面平齐，问地表下 7.0m 处地基土的有效自重应力最接近下列哪个选项的数值？

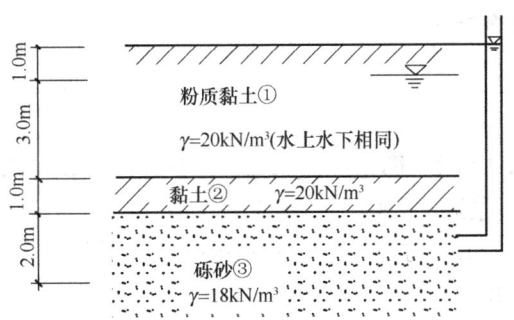

题 2008C7 图

(A) 66kPa　　　　(B) 76kPa　　　　(C) 86kPa　　　　(D) 136kPa

【解】地表下 7.0m 处总应力 $\sigma = 20 \times (1.0 + 3.0 + 1.0) + 18 \times 2.0 = 136\text{kPa}$

承压水头高度为 7m，则孔隙水压力 $u = 7 \times 10 = 70\text{kPa}$

自重应力 $\sigma' = \sigma - u = 136 - 70 = 66\text{kPa}$

1.3.2.4 水位升降时的土中自重应力变化

1.3.3 基底压力

1.3.3.1 偏心距与上部荷载及基底压力关系

2002C13

已知基础宽度 $b=2\text{m}$，竖向力 $N=200\text{kN/m}$，作用点与基础轴线的距离 $e'=0.2\text{m}$，外侧水平向力 $E=60\text{kN/m}$，作用点与基础底面的距离 $h=2\text{m}$，忽略内侧的侧压力，试说明偏心距 e 满足下列（　　）种条件。

(A) $\dfrac{e}{b} > \dfrac{1}{6}$　　　　(B) $\dfrac{e}{b} < \dfrac{1}{6}$

(C) $\dfrac{e}{b} = \dfrac{1}{6}$　　　　(D) $\dfrac{e}{b} = 0$

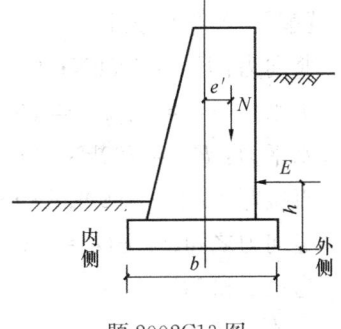

题 2002C13 图

【解】① 受力分析

此题条件不是很明确，未说明 N 是否包含基础以及土的总重。从选项设置来看，按包含求解

竖向力：$N=200\text{kN/m}$，所对应的力臂 0.2m

水平力：$E=60\text{kN/m}$，所对应的力臂 2m

直接弯矩无

竖向力之和 $F_k + G_k = N = 200\text{kN/m}$

弯矩之和 $M_k = 60 \times 2 - 200 \times 0.2 = 80\text{kN} \cdot \text{m/m}$

② 偏心距

偏心距 $e = \dfrac{M_k}{F_k + G_k} = \dfrac{80}{200} = 0.4$

力矩作用方向的基底边长 $b = 2\text{m}$

所以 $\dfrac{e}{b} = \dfrac{0.4}{2} = 0.2 > \dfrac{1}{6}$

2002C14

基本条件同第2002C13题（即上一题），仅水平向力 E 由 60kN/m 减少到 20kN/m，请问基础底面压力的分布接近下列(　　)种情况。

(A) 梯形分布　　(B) 均匀分布　　(C) 三角形分布　　(D) 一侧出现拉应力

【解】仅水平向力 E 由 60kN/m 减少到 20kN/m；

则弯矩之和 $M_k = 20 \times 2 - 200 \times 0.2 = 0\text{kN} \cdot \text{m/m}$；

无弯矩，所以基底压力均匀分布。

2004C12

柱下独立基础底面尺寸为 $3\text{m} \times 5\text{m}$，$F_1 = 300\text{kN}$，$F_2 = 1500\text{kN}$，$M = 900\text{kN} \cdot \text{m}$，$F_H = 200\text{kN}$，如题图所示，基础埋深 $d = 1.5\text{m}$，承台及填土平均重度 $\gamma = 20\text{kN/m}^3$，计算基础底面偏心距最接近于(　　)。

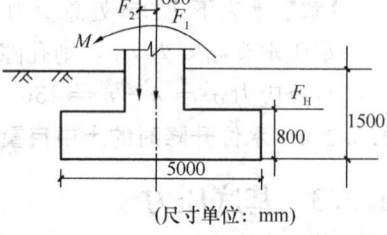

题 2004C12 图

(A) 23cm　　　　(B) 47cm

(C) 55cm　　　　(D) 87cm

【解】① 受力分析

竖向力：$F_1 = 300\text{kN}$；$F_2 = 1500\text{kN}$，所对应的力臂 0.6m

无水位，$G_k = \gamma_G bld = 20 \times 3 \times 5 \times 1.5 = 450\text{kN}$

水平力：$F_H = 200\text{kN}$，所对应的力臂 0.8m

直接弯矩：$M = 900\text{kN} \cdot \text{m}$

竖向力之和 $F_k + G_k = 300 + 1500 + 450\text{kN}$

弯矩之和 $M_k = 1500 \times 0.6 + 200 \times 0.8 + 900\text{kN} \cdot \text{m}$

② 偏心距

偏心距 $e = \dfrac{M_k}{F_k + G_k} = \dfrac{1500 \times 0.6 + 200 \times 0.8 + 900}{1500 + 300 + 20 \times 3 \times 5 \times 1.5} = 0.87\text{m} = 87\text{cm}$

【注】本书编写过程一些过程量并没有写出最终结果，如 $F_k + G_k = 300 + 1500 + 450$，是为了方便大家代入最终计算表达式，考场上可尽量不用写这些"过程量"直接代入最终表达式计算即可。大家应了解编者的"良苦用心"，一切都为了大家考场上提高解题速度，而课下做题尽可能对过程理解得深入。

2004D11

如题图所示，一高度为 30m 的塔桅结构，刚性连接设置在宽度 $b=10$m，长度 $l=11$m，埋深 $d=2.0$m 的基础板上，包括基础自重的总重 $W=7.5$ MN，地基土为内摩擦角 $\varphi=35°$ 的砂土，如已知产生失稳极限状态的偏心距为 $e=4.8$m，基础侧面抗力不计，试计算作用于塔顶的水平力接近于下列何值时，结构将出现失稳而倾倒的临界状态？

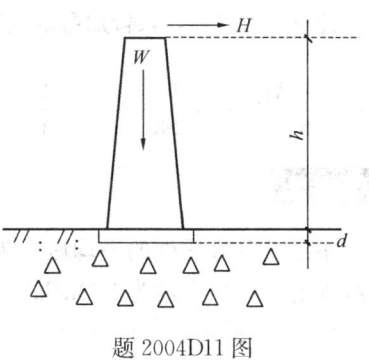

题 2004D11 图

(A) 1.5MN　　　(B) 1.3MN　　　(C) 1.1MN　　　(D) 1.0MN

【解】① 受力分析

竖向力：$W=7.5$MN，且已包含基础自重；

水平力：F_H 待求，所对应的力臂 $h+d=30+2=32$m

直接弯矩无

竖向力之和 $F_k+G_k=7.5$MN

弯矩之和 $M_k=32F_H$ MN·m

② 偏心距

已知产生失稳极限状态的偏心距为 $e=4.8$m

偏心距 $e=\dfrac{M_k}{F_k+G_k}=\dfrac{32F_H}{7.5}=4.8 \rightarrow F_H=1.125$MN

【注】塔身所受到的水平力，所对应的力臂是从力作用点到基础底面的垂直距离，而不是到地面的水平距离，这一点要注意，后面还会多次遇到关于"塔"水平力的问题。

2006C11

基础的长边 $l=3.0$m，短边 $b=2.0$m，偏心荷载作用在长边方向，问计算最大边缘压力时所用的基础底面截面抵抗矩 W 为下列哪个选项中的值？

(A) 2m³　　　(B) 3m³　　　(C) 4m³　　　(D) 5m³

【解】偏心荷载作用在长边方向，则 $W=\dfrac{lb^2}{6}=\dfrac{2.0\times3.0\times3.0}{6}=3$m³

【注】不要看到题目直接标出 l 和 b，就套入公式 $W=\dfrac{lb^2}{6}$ 中，公式中的 b 指的是弯矩方向，也就是偏心荷载方向的边长。不一定是短边。

2006D6

已知建筑物基础的宽度 10m，作用于基底的轴心荷载 200MN，为满足偏心距 $e<0.1W/A$ 的条件，作用于基底的力矩最大值不能超过下列何值？（注：W 为基础底面的抵抗矩，A 为基础底面面积）

(A) 34MN·m　　　(B) 38MN·m　　　(C) 42MN·m　　　(D) 46MN·m

【解】作用于基底的轴心荷载，已经包含上部结构传来的荷载，以及基础自重和上部土的自重，即竖向力之和 $F_k+G_k=200$MN；

此题不太严谨，未告知弯矩在哪个边上，因为未给其他数据，暂按照在宽度10m的边上：

$$e = \frac{M_k}{F_k + G_k} = \frac{M_k}{200} < 0.1 \frac{W}{A} = 0.1 \frac{\frac{lb^2}{6}}{lb} = \frac{0.1 \times 10}{6} = \frac{1}{6} \rightarrow M_k < \frac{200}{6} = 33.3 \text{MN} \cdot \text{m}$$

2008C9

条形基础底面处的平均压力为170kPa，基础宽度 $b = 3$m，在偏心荷载作用下，基底边缘处的最大压力值为280kPa，该基础合力偏心距最接近下列哪个选项的数值？
(A) 0.50m (B) 0.33m (C) 0.25m (D) 0.20m

【解】先假定偏心距 $e \leqslant \frac{b}{6} = \frac{3}{6} = 0.5$

$$p_{k\max} = p_k\left(1 + \frac{6e}{b}\right) = 280 = 170 \times \left(1 + \frac{6e}{3}\right) \rightarrow e = 0.324\text{m}$$

验证 $e = 0.324\text{m} < 0.5\text{m}$，满足假定。

【注】当不确定基底压力是大偏心，还是小偏心的时候，对于矩形基础，也就是说，当不确定偏心距 e 和 $\frac{b}{6}$ 之间的关系时，先假定 $e \leqslant \frac{b}{6}$，最后再验证。

这种"先假定，后验证"的解题思维必须掌握。

基础工程中还有一个主要的"假定"，当不知道基础短边的时候，先假定基础短边 $b \leqslant$ 3m，这样承载力特征值就不用宽度修正了，或者说宽度修正为0。这在后面会多次碰到。

1.3.3.2 基底压力与上部荷载及分布形式的关系

2002C7

已知条形基础宽度 $b = 2$m，基础底面压力最小值 $p_{k\min} = 50$kPa，最大值 $p_{k\max} = 150$kPa，指出作用于基础底面上的轴向压力及力矩最接近以下（ ）种组合。
(A) 轴向压力230kN/m，力矩40kN·m/m
(B) 轴向压力150kN/m，力矩32kN·m/m
(C) 轴向压力200kN/m，力矩33kN·m/m
(D) 轴向压力200kN/m，力矩50kN·m/m

【解1】条形基础，长度方向边长 l 取1m；
最小值 $p_{k\min} = 50$kPa，显然属于小偏心受压，所以

$$p_{k\max} = \frac{F_k + G_k}{bl} + \frac{M_k}{W} = \frac{F_k + G_k}{2 \times 1} + \frac{M_k}{\frac{1 \times 2^2}{6}} = 150 \qquad ①$$

$$p_{k\min} = \frac{F_k + G_k}{bl} - \frac{M_k}{W} = \frac{F_k + G_k}{2 \times 1} - \frac{M_k}{\frac{1 \times 2^2}{6}} = 50 \qquad ②$$

两方程联立，即可解得 $F_k + G_k = 200$kN/m，$M_k = 33.33$kN·m/m

【解2】小偏心情况下

$$F_k + G_k = p_k \cdot A = \frac{(p_{k\max} + p_{k\min})}{2} \times 2 = \frac{(150 + 50)}{2} \times 2 = 200\text{kN/m}$$

$$p_{k\max} = p_k + \frac{M_k}{W} = 150 = 100 + \frac{M_k}{\frac{1 \times 2^2}{6}} \rightarrow M_k = 33.33\text{kN} \cdot \text{m/m}$$

1.3 土中应力

【注】条形基础，长度方向边长 l 取 1m，必须掌握。

2004C1

拟建一龙门吊、起重量 150kN，轨道长 200m 条形基础宽 1.5m，埋深为 1.5m，场地地形平坦，由硬黏土及密实的卵石交互分布，厚薄不一，基岩埋深 7～8m，地下水埋深 3.0m，下列（　　）为岩土工程评价的重点，并说明理由。

(A) 地基承载力　　　　　　　　(B) 地基均匀性
(C) 岩面深度及起伏　　　　　　(D) 地下水埋藏条件及变化幅度

【解】① $p_k = \dfrac{F_k + G_k}{bl} = \dfrac{150}{1.5 \times 1.0} = 100 \text{kPa}$，持力层为硬黏土及密实的卵石，地基承载力肯定满足要求，非重点评价；

② 桥式吊车轨面有倾斜变形允许要求，必须满足沉降差，持力层硬黏土及密实的卵石交互分布，厚薄不一，且压缩模量差别较大，可能引起不均匀沉降，所以地基均匀性为重点评价；（具体见"6.4.2 建筑物沉降裂缝与沉降差"）

③ 条形基础主要压缩层厚度为基底下 3 倍基础宽度范围，即 $3 \times 1.5 = 4.5\text{m}$，再加上基础埋深 1.5m，故影响范围在 $4.5 + 1.5 = 6.0\text{m}$，而基岩埋深 7～8m，超出了主要影响范围，故岩面深度及起伏不是评价重点；（具体见"1.5.5 规范公式法及计算压缩模量当量值"）

④ 地下水埋藏条件及变化幅度不会引起地基性质明显变化，因此非重点评价。

【注】① 条形基础，长度方向边长 l 取 1m，必须掌握；
② 此题为综合判断题，要求灵活和熟练运用规范，以及具有一定的工程经验。

2005C6

条形基础的宽度为 3.0m，已知偏心距为 0.7m，最大边缘压力等于 140kPa，试指出作用于基础底面的合力最接近于下列（　　）选项。

(A) 360kN/m　　(B) 240kN/m　　(C) 190kN/m　　(D) 168kN/m

【解1】判定大小偏心：$e = 0.7 > \dfrac{b}{6} = \dfrac{3}{6} = 0.5$，属于大偏心；

直接用公式则

$$p_{k\max} = \dfrac{2(F_k + G_k)}{3l\left(\dfrac{b}{2} - e\right)} = \dfrac{2(F_k + G_k)}{3 \times \left(\dfrac{3}{2} - 0.7\right)} = 140\text{kPa/m} \rightarrow F_k + G_k = 168\text{kN/m}$$

【解2】判定大小偏心：$e = 0.7 > \dfrac{b}{6} = \dfrac{3}{6} = 0.5$，属于大偏心大偏心作用下，单位长度基底压力作用面积为

$$A' = 3l\left(\dfrac{b}{2} - e\right) = 3 \times 1 \times \left(\dfrac{3}{2} - 0.7\right) = 2.4\text{m}$$

$$F_k + G_k = \dfrac{p_{k\max} + p_{k\min}}{2} \cdot A' = \dfrac{140 + 0}{2} \times 2.4 = 168\text{kN/m}$$

2006C9

有一工业塔高 30m，正方形基础，边长 4.2m，埋置深度 2.0m，在工业塔自身的恒载

和可变荷载作用下，基础底面均布压力为200kPa，在离地面高18m处有一根与相邻构筑物连接的杆件，连接处为铰接支点，在相邻建筑物施加的水平力作用下，不计基础埋置范围内的水平土压力，为保持基底面压力分布不出现负值，该水平力最大不能超过下列何值？

(A) 100kN　　　　(B) 112kN
(C) 123kN　　　　(D) 136kN

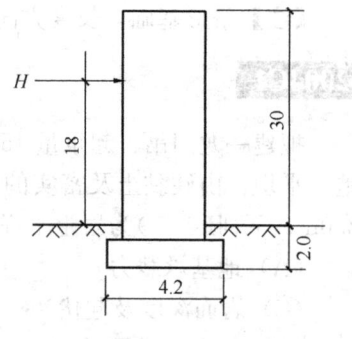

题2006C9图

【解】① 受力分析

竖向力 F_k 和 G_k，未直接给定其值

水平力：F_H 待求，所对应的力臂 $h+d=18+2=20$m；且不计基础埋置范围内的水平土压力

直接弯矩无

竖向力之和 $F_k+G_k=200\times 4.2\times 4.2=3528$kN

弯矩之和 $M_k=20F_H$ kN·m

② 偏心距

为保持基底面压力分布不出现负值，则要求 $e\leqslant \dfrac{b}{6}$

所以 $e=\dfrac{M_k}{F_k+G_k}=\dfrac{20F_H}{3528}\leqslant \dfrac{b}{6}=\dfrac{4.2}{6}=0.7 \to F_H\leqslant 123.48$kN

【注】此题水平力并不是作用在塔顶。

2006D8

边长为3m的正方形基础，荷载作用点由基础形心 x 沿轴向右偏心0.6m，则基础底面的基底压力分布面积最接近于下列哪个选项？

(A) 9.0m²　　　(B) 8.1m²
(C) 7.5m²　　　(D) 6.8m²

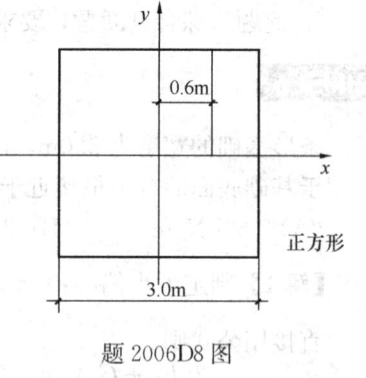

题2006D8图

【解】① 判定大小偏心：$e=0.6>\dfrac{b}{6}=\dfrac{3}{6}=0.5$，属于大偏心

② 直接用公式则基础底面非零应力区面积 $A'=3a\cdot l=3\left(\dfrac{b}{2}-e\right)l=3\times\left(\dfrac{3}{2}-0.6\right)\times 3=8.1$m²

2007C9

已知墙下条形基础的底面宽度2.5m，墙宽0.5m，基底压力在全断面分布为三角形，基底最大边缘压力为200kPa，则作用于每延米基础底面上的轴向力和力矩最接近于下列何值？

(A) $N=300$kN，$M=104.2$kN·m　　　(B) $N=300$kN，$M=134.2$kN·m
(C) $N=250$kN，$M=104.2$kN·m　　　(D) $N=250$kN，$M=94.2$kN·m

【解1】 条形基础，长度方向边长 l 取 1m；

最小值 $p_{kmin} = 0$ kPa，属于小偏心受压，所以

$$p_{kmax} = \frac{F_k + G_k}{bl} + \frac{M_k}{W} = \frac{F_k + G_k}{2.5 \times 1} + \frac{M_k}{\frac{1 \times 2.5^2}{6}} = 200 \quad ①$$

$$p_{kmin} = \frac{F_k + G_k}{bl} - \frac{M_k}{W} = \frac{F_k + G_k}{2.5 \times 1} - \frac{M_k}{\frac{1 \times 2.5^2}{6}} = 0 \quad ②$$

两方程联立，即可解得 $N = F_k + G_k = 250$ kN，$M_k = 104.16$ kN·m

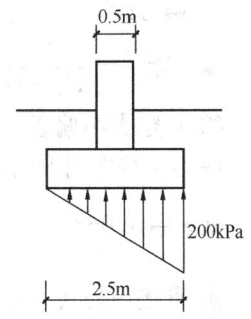

题 2007C9 图

【解2】 小偏心情况下

$$F_k + G_k = p_k \cdot A = \frac{(p_{kmax} + p_{kmin})}{2} \times 2.5 = \frac{(200 + 0)}{2} \times 2.5 = 250 \text{ kN}$$

$$p_{kmax} = p_k + \frac{M_k}{W} = 100 + \frac{M_k}{\frac{1 \times 2.5^2}{6}} = 200 \rightarrow M_k = 104.16 \text{ kN·m}$$

【解3】 小偏心情况下

$$F_k + G_k = p_k \cdot A = \frac{(p_{kmax} + p_{kmin})}{2} \times 2.5 = \frac{(200 + 0)}{2} \times 2.5 = 250 \text{ kN}$$

此题正好 $p_{kmin} = 0$，则偏心距 $e = \frac{M_k}{F_k + G_k} = \frac{M}{250} = \frac{b}{6} = \frac{2.5}{6} \rightarrow M_k = 104.16$ kN·m

【注】 ① 注意单位，对于条形基础而言，基础底面的竖向力和弯矩单位理应是 kN/m、kN·m/m；但是当题目指明是"每延米"的时候，单位分别为 kN、kN·m 亦可，没必要在这里纠结单位的问题，后面边坡工程、基坑工程中对土压力的处理也是这样的。

② 只要对"解题思维流程"熟练掌握了，这道题可以多种方法求解，可以看出第一种解法是最不需要"动脑的"，按照解题思维流程直接代入数据求解即可。

2010C10

某构筑物其基础底面尺寸为 3m×4m，埋深为 3m，基础及其上土的平均重度为 20kN/m³，构筑物传至基础顶面的偏心荷载 $F_k = 1200$ kN，距基底中心 1.2m，水平荷载 $H_k = 200$ kN，作用位置如题图所示，试问基础底面边缘的最大压力值 P_{kmax} 与下列何项数值最为接近？

(A) 265kPa　　(B) 341kPa
(C) 415kPa　　(D) 454kPa

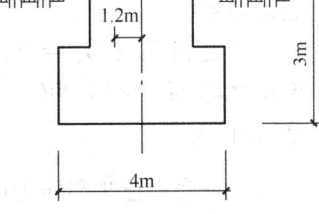

题 2010C10 图

【解】 ① 受力分析

竖向力：$F_1 = 1200$ kN，所对应的力臂 1.2m

无水位，$G_k = \gamma_G bld = 20 \times 4 \times 3 \times 3 = 720$ kN

水平力：$F_H = 200$ kN，所对应的力臂 3m

直接弯矩无

竖向力之和 $F_k + G_k = 1200 + 20 \times 4 \times 3 \times 3 = 1920$ kN

弯矩之和 $M_k = 1200 \times 1.2 + 200 \times 3 = 2040$ kN·m

② 偏心距

偏心距 $e = \dfrac{M_k}{F_k + G_k} = \dfrac{2040}{1920} = 1.0625\text{m}$

③ 判定大小偏心

偏心荷载作用方向边长 $b = 4\text{m}$

则 $e = 1.0625 > \dfrac{b}{6} = \dfrac{4}{6} = 0.67$，属于大偏心；

④ 直接用公式 $p_{k\max} = \dfrac{2(F_k + G_k)}{3l\left(\dfrac{b}{2} - e\right)} = \dfrac{2 \times 1920}{3 \times 3 \times \left(\dfrac{4}{2} - 1.0625\right)} = 455.1\text{kPa}$

【注】① 一定要看出题目给的竖向力是作用于基础顶面还是基础底面，若作用于基础底面，则已包含 G_k，此时就相当于给出了竖向力之和 $F_k + G_k$。当然如果题目告诉的是，作用于基础顶面的竖向力，此时求偏心距的时候，千万不要漏掉 G_k。

② 偏心荷载作用方向边长 $b = 4\text{m}$，不是基底短边。

2010D9

有一工业塔，刚性连接设置在宽度 $b = 6\text{m}$，长度 $l = 10\text{m}$，埋置深度 $d = 3\text{m}$ 的矩形基础板上，包括基础自重在内的总重为 $N_k = 20\text{MN}$，作用于塔身上部的水平合力 $H_k = 1.5\text{MN}$，基础侧面抗力不计，为保证基底不出现零压力区，试问水平合力作用点与地面距离 h 最大值应与下列何项数值最为接近？

(A) 15.2m   (B) 19.3m

(C) 21.5m   (D) 24.0m

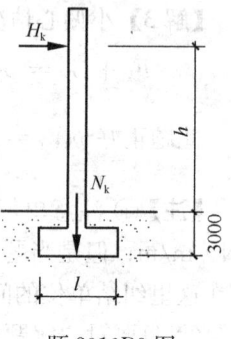

题 2010D9 图

【解】① 受力分析

竖向力：包括基础自重在内的总重 $N_k = 20000\text{kN}$

水平力：$F_H = 15000\text{kN}$，所对应的力臂 $h + 3\text{m}$

直接弯矩无

竖向力之和 $F_k + G_k = N_k = 20000\text{kN}$

弯矩之和 $M_k = 15000(h + 3)\text{kN·m}$

② 偏心距

为保证基底不出现零压力区，即 $e \leqslant \dfrac{b}{6}$

偏心距 $e = \dfrac{M_k}{F_k + G_k} = \dfrac{1500(h + 3)}{20000}\text{m}$

③ 判定大小偏心

偏心荷载作用方向边长 $b = 10\text{m}$

为保证基底不出现零压力区，即要求 $e \leqslant \dfrac{b}{6}$，所以

则 $e = \dfrac{M_k}{F_k + G_k} = \dfrac{1500(h + 3)}{20000} \leqslant \dfrac{b}{6} = \dfrac{10}{6} \rightarrow h \leqslant 19.22\text{m}$

【注】这道题给出了 $b = 6\text{m}$，特意用"字母符号"表示出来，但不是作用在荷载偏心

方向的边长，所以不能用 6m 代入计算公式中，这是出题人常用的"伎俩"。一定要引起重视，严格按着"解题思维流程"走，就不会掉入所谓的坑，如果对"解题思维流程"掌握熟练，计算速度上能更进一层楼，当然更好了，不仅仅要求掌握，还要求快，否则在考试时间内，即便会做，也会导致没有时间做。

2011C6

如题图所示柱基础底面尺寸为 1.8m×1.2m。作用在基础底面的偏心荷载 $F_k+G_k=300\text{kN}$，偏心距 $e=0.2\text{m}$，基础底面应力分布最接近下列哪个选项？

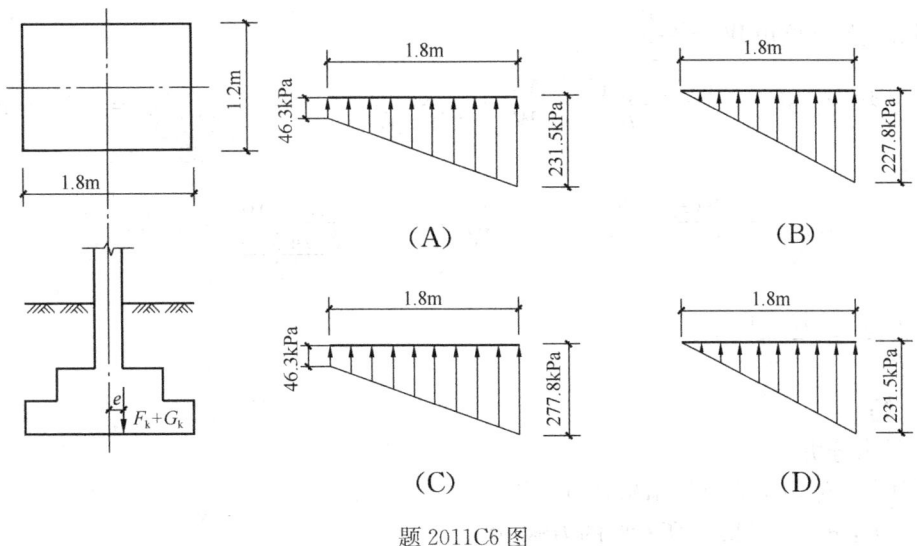

题 2011C6 图

【解】 ① 判定大小偏心

偏心荷载作用方向边长 $b=1.8\text{m}$

则 $e=0.2<\dfrac{b}{6}=\dfrac{1.8}{6}=0.3$，属于小偏心

② 直接用公式 $p_{k\max}=\dfrac{F_k+G_k}{bl}\left(1+\dfrac{6e}{b}\right)=\dfrac{300}{1.8\times1.2}\times\left(1+\dfrac{6\times0.2}{1.8}\right)=231.48\text{kPa}$

$p_{k\min}=\dfrac{F_k+G_k}{bl}\left(1-\dfrac{6e}{b}\right)=\dfrac{300}{1.8\times1.2}\times\left(1-\dfrac{6\times0.2}{1.8}\right)=46.29\text{kPa}$

2011D6

从基础底面算起的风力发电塔高 30m，圆形平板基础直径 $d=6\text{m}$，侧向风压的合力为 15kN，合力作用点位于基础底面以上 10m 处，当基础底面的平均压力为 150kPa 时，基础边缘的最大与最小压力之比最接近于下列何值（　　）。

(A) 1.10　　　(B) 1.15　　　(C) 1.20　　　(D) 1.25

【解1】 ① 受力分析

竖向力：F_k、G_k 未直接给出各自数值

水平力：$F_H=15\text{kN}$，所对应的力臂 10m

直接弯矩无

竖向力之和 $F_k + G_k = 150 \times 3.14 \times 6^2 \div 4 = 4239$kN
弯矩之和 $M_k = 15 \times 10 = 150$kN·m
② 偏心距

偏心距 $e = \dfrac{M_k}{F_k + G_k} = \dfrac{150}{4239} = 0.035$m

③ 判定大小偏心

圆形基础直径 $d = 6$m

则 $e = 0.035 < \dfrac{d}{8} = \dfrac{6}{8} = 0.75$，属于小偏心

圆形板的抵抗矩 $W = \dfrac{\pi d^3}{32}$

④ 直接用公式 $p_{kmax} = \dfrac{F_k + G_k}{bl} + \dfrac{M_k}{W} = p_k + \dfrac{M_k}{W} = 150 + \dfrac{15 \times 10}{\frac{3.14 \times 6^3}{32}} = 157.1$kN

$p_{kmin} = \dfrac{F_k + G_k}{bl} - \dfrac{M_k}{W} = p_k - \dfrac{M_k}{W} = 150 - \dfrac{15 \times 10}{\frac{3.14 \times 6^3}{32}} = 142.9$kN

则 $\dfrac{p_{kmax}}{p_{kmin}} = \dfrac{157.1}{142.9} = 1.099$

【解2】

① 受力分析

竖向力：F_k，G_k 未直接给出各自数值

水平力：$F_H = 15$kN，所对应的力臂 10m

直接弯矩无

竖向力之和 $F_k + G_k = 150 \times 3.14 \times 6^2 \div 4 = 4239$kN

弯矩之和 $M_k = 15 \times 10 = 150$kN·m

② 偏心距

偏心距 $e = \dfrac{M_k}{F_k + G_k} = \dfrac{150}{4239} = 0.035$m

③ 判定大小偏心

圆形基础直径 $d = 6$m

则 $e = 0.035 < \dfrac{d}{8} = \dfrac{6}{8} = 0.75$，属于小偏心

④ 直接用公式 $p_{kmax} = \dfrac{F_k + G_k}{bl} + \dfrac{M_k}{W} = p_k + \dfrac{M_k}{W} = 150 + \dfrac{15 \times 10}{\frac{3.14 \times 6^3}{32}} = 157.1$kN

$p_{kmin} = \dfrac{F_k + G_k}{bl} - \dfrac{M_k}{W} = p_k - \dfrac{M_k}{W} = 150 - \dfrac{15 \times 10}{\frac{3.14 \times 6^3}{32}} = 142.9$kN

则 $\dfrac{p_{kmax}}{p_{kmin}} = \dfrac{1 + 8e/d}{1 - 8e/d} = \dfrac{1 + 8 \times 0.035/6}{1 - 8 \times 0.035/6} = 1.10$

【注】 对圆形基础，大小偏心临界偏心距 $e = \dfrac{d}{8}$，当然对于这道题，求最大最小压力

之比，则肯定是小偏心，因为大偏心情况下最小压力为 0。

2012C5

某独立基础，底面尺寸 2.5m×2.0m，埋深 2.0m，F 为 700kN，基础及其上土的平均重度 20kN/m³，作用于基础底面的力矩 $M=260$kN·m，$H=190$kN，求基础最大压应力？

(A) 400kPa (B) 396kPa
(C) 213kPa (D) 180kPa

【解】① 受力分析

竖向力：$F_1 = 700$kN

无水位，$G_k = \gamma_G bld = 20 \times 2.5 \times 2 \times 2 = 200$kN

水平力：$F_H = 190$kN，所对应的力臂 1m

直接弯矩 $M_{k1} = 260$kN·m

竖向力之和 $F_k + G_k = 700 + 20 \times 2.5 \times 2 \times 2 = 900$kN

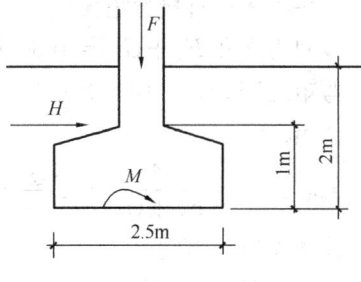

题 2012C5 图

弯矩之和 $M_k = 260 + 190 \times 1 = 450$kN·m

② 偏心距

偏心距 $e = \dfrac{M_k}{F_k + G_k} = \dfrac{450}{900} = 0.5$m

③ 判定大小偏心

偏心荷载作用方向边长 $b = 2.5$m；

则 $e = 0.5\text{m} > \dfrac{b}{6} = \dfrac{2.5}{6} = 0.42$，属于大偏心

④ 直接用公式 $p_{k\max} = \dfrac{2(F_k + G_k)}{3l\left(\dfrac{b}{2} - e\right)} = \dfrac{2 \times 900}{3 \times 2 \times \left(\dfrac{2.5}{2} - 0.5\right)} = 400$kN

2013C6

如题图双柱基础，相应于作用的标准组合时，Z1 的柱底轴力 1680kN，Z2 的柱底轴力 4800kN，假设基础底面压力线性分布，问基础底面左边缘 A 点的压力值最接近下列哪

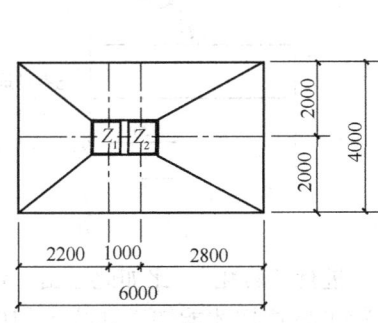
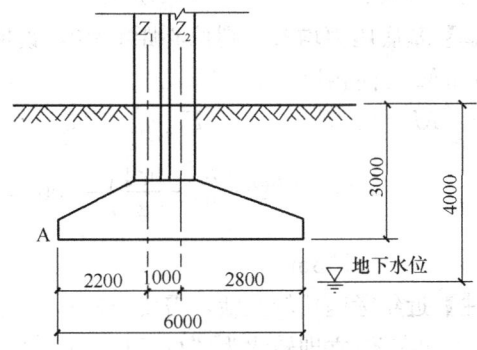

题 2013C6 图

个选项的数值？（基础及其上土平均重度取 $20kN/m^3$）

(A) 286kPa　　　(B) 314kPa　　　(C) 330kPa　　　(D) 346kPa

【解】① 受力分析

竖向力：Z1 的柱底轴力 $F_1=1680kN$，所对应的力臂 $3-2.2=0.8m$

Z2 的柱底轴力 $F_2=4800kN$，所对应的力臂 $3-2.8=0.2m$

地下水位在基底以下 $G_k=\gamma_G bld=20×6×4×4=1440kN$

水平力无；直接弯矩无；

竖向力之和 $F_k+G_k=1680+4800+20×6×4×20=7920kN$

弯矩之和 $M_k=1680×0.8-4800×0.2=384kN·m$

② 偏心距

偏心距 $e=\dfrac{M_k}{F_k+G_k}=\dfrac{348}{7920}=0.0485m$

③ 判定大小偏心

偏心荷载作用方向边长 $b=6m$

则 $e=0.0485m<\dfrac{b}{6}=\dfrac{6}{6}=1$，属于小偏心

④ 直接用公式，由于弯矩和方向为逆时针，或者说和 Z1 的柱底轴力 F_1 偏心方向相同，因此基础底面左边缘 A 点的压力值为最大基底压力，则

$$p_{kmax}=\dfrac{F_k+G_k}{bl}\left(1+\dfrac{6e}{b}\right)=\dfrac{7920}{6×4}\left(1+\dfrac{6×0.0485}{6}\right)=346kN$$

【注】这道题想做对，找准竖向力所对应的力臂是重点。并且求弯矩和时要注意，两个偏心荷载产生的弯矩方向不一致，因此用"减"。并且还要判断出弯矩和的方向，这样才能断定 A 点是最大还是最小基底压力。

2014C7

某拟建建筑物采用墙下条形基础，建筑物外墙厚 0.4m，作用于基础顶面的竖向力为 300kN/m，力矩为 100kN·m/m，由于场地限制，力矩作用方向一侧的基础外边缘到外墙皮的距离为 2m，保证基底压力均布时，估算基础宽度最接近下列哪个选项？

(A) 1.98m　　　(B) 2.52m

(C) 3.74m　　　(D) 4.45m

【解】基底压力均布，则偏心距 $e=0$，说明由 F 产生的弯矩和 M 方向相反

$$M_{总}=\sum F_{kiy}e_{kiy}+\sum F_{kix}e_{kix}+M_{ki}$$
$$=300×\left(2-\dfrac{b}{2}+\dfrac{0.4}{2}\right)-100=0$$

所以 $b=3.733m$

题 2014C7 图

【注】近年考题比较灵活，需要我们自己理解题意，进行"转化"，比如此题由"保证基底压力均布"，立即转化为"总弯矩为 0、总偏心距为 0"，这样才能知道和找到相应计

算公式。

2014C8

某高层建筑，平面、立面轮廓如题图所示。相应于作用标准组合时，地上建筑物平均荷载为15kPa/层，地下建筑物平均荷载（含基础）为40kPa/层，假定基底压力线性分布，问基础底面右边缘的压力值最接近下列哪个选项的数值？

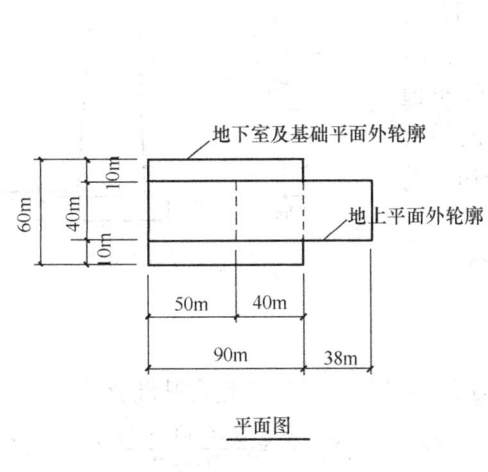
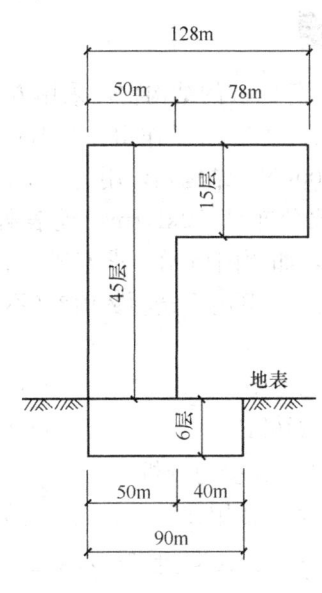

题 2014C8 图

(A) 319kPa   (B) 668kPa   (C) 692kPa   (D) 882kPa

【解】① 受力分析

竖向力：地上建筑物15层部分 $F_1 = 15 \times 78 \times 40 \times 15 = 702000$kN

所对应的力臂 $78 \div 2 + 5 = 44$m

地上建筑物45层部分 $F_2 = 15 \times 50 \times 60 \times 45 = 1350000$kN

所对应的力臂 $45 - 50 \div 2 = 20$m

地下建筑物平均荷载（含基础）$G_k = 15 \times 90 \times 60 \times 6 = 1296000$kN，轴心荷载

水平力无；直接弯矩无

竖向力之和 $F_k + G_k = F_1 + F_2 + G_k = 702000 + 1350000 + 1296000 = 3348000$kN

弯矩之和 $M_k = 702000 \times 44 - 1350000 \times 20 = 3888000$kN·m

② 偏心距

偏心距 $e = \dfrac{M_k}{F_k + G_k} = \dfrac{3888000}{3348000} = 1.16$m

③ 判定大小偏心

偏心荷载作用方向边长 $b = 90$m

则 $e = 1.16\text{m} \leqslant \dfrac{b}{6} = \dfrac{90}{6} = 15\text{m}$，属于小偏心

④ 直接用公式，由于弯矩和方向为顺时针，或者说和 F_1 偏心方向相同，因此基础底面左边缘的压力值为最大基底压力，则

$$p_{k\max} = \dfrac{F_k + G_k}{bl}\left(1 + \dfrac{6e}{b}\right) = \dfrac{3348000}{90 \times 60} \times \left(1 + \dfrac{6 \times 1.16}{90}\right) = 668.0\text{kN}$$

2016C5

某高度 60m 的结构物，采用方形基础，基础边长 15m，埋深 3m，作用在基础底面中心的竖向力为 24000kN。结构物作用的水平荷载梯形分布，顶部荷载分布值 50kN/m，地表处荷载分布值 20kN/m，如题图所示，求基础底面边缘的最大压力最接近下列哪个选项数值？（不考虑土压力的作用）

(A) 219kPa (B) 237kPa
(C) 246kPa (D) 252kPa

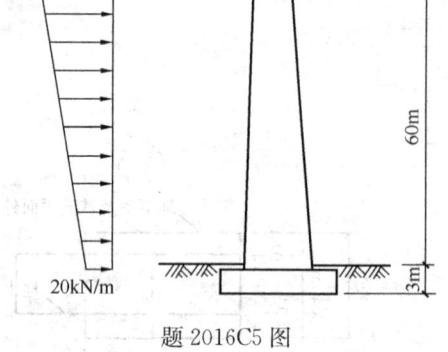

题 2016C5 图

【解1】① 受力分析

竖向力：作用在基础底面中心的竖向力 $F_1 = 24000\text{kN}$，已包含基础及其上土自重

水平力：$F_1 = \dfrac{50 + 20}{2} \times 60 = 2100\text{kN}$，所对应的力臂 $\dfrac{60}{3} \times \dfrac{2 \times 50 + 20}{50 + 20} + 3 = 37.29\text{m}$

直接弯矩无

竖向力之和 $F_k + G_k = F_1 = 24000\text{kN}$

弯矩之和 $M_k = 2100 \times 37.29 = 78309\text{kN} \cdot \text{m}$

② 偏心距

偏心距 $e = \dfrac{M_k}{F_k + G_k} = \dfrac{78309}{24000} = 3.26\text{m}$

③ 判定大小偏心

偏心荷载作用方向边长 $b = 15\text{m}$

则 $e = 3.26\text{m} > \dfrac{b}{6} = \dfrac{15}{6} = 2.5\text{m}$，属于大偏心

④ 最大基底压力，则

$$p_{k\max} = \dfrac{2(F_k + G_k)}{3l\left(\dfrac{b}{2} - e\right)} = \dfrac{2 \times 24000}{3 \times 15 \times \left(\dfrac{15}{2} - 3.26\right)} = 251.57\text{kN}$$

【解2】将梯形分布荷载，分解为三角形分布和矩形分布，这样力作用点的确定较好理解，三角形分布力作用点在距离底部三分之一处，矩形分布力作用点在中心。

因此弯矩之和 $M_k = 20 \times 60 \times \left(\dfrac{60}{2} + 3\right) + \dfrac{1}{2} \times (50 - 20) \times 60 \times \left(\dfrac{2}{3} \times 60 + 3\right) = 78300\text{kN} \cdot \text{m}$

剩下的计算部分同解 1。

【注】① 对于梯形分布形式的荷载，求弯矩的时候，作用点的确定是重点。解 1 是直接利用公式求得作用点，这个公式在"1.8.1 朗肯土压力"中有详细介绍，此处不再过多赘述，这个公式也要求熟练掌握，掌握之后计算速度可以提高。

② 当然解 2 也要求熟练掌握，使用解 2 求解的时候，一定要注意三角形分布力作用点在距离底部三分之一处，这里的"底部"是指不为 0 的分布力的底部，三角形分布顶点力为 0。作用点分析出来之后，再分析力臂。

2017C5

墙下条形基础，作用于基础底面中心的竖向力为每延米 300kN，弯矩为每延米 150kN·m，拟控制基底反力作用有效宽度不小于基础宽度的 0.8 倍，满足此要求的基础宽度最小值最接近下列哪个选项？

(A) 1.85m (B) 2.15m (C) 2.55m (D) 3.05m

【解】① 判定大小偏心：由题意可知，反力作用面积小于整个基础面积，属于大偏心

偏心距 $e = \dfrac{M_k}{F_k + G_k} = \dfrac{150}{300} = 0.5 > \dfrac{b}{6}$

② 直接用公式则基础底面非零应力区面积

$$A' = 3a \cdot l = 3\left(\dfrac{b}{2} - e\right)l = 3\left(\dfrac{b}{2} - 0.5\right) \times 1 \geqslant 0.8b \rightarrow b \geqslant 2.1428\text{m}^2$$

2017D7

某 3m×4m 矩形独立基础如题图所示（图中尺寸单位 mm）。基础埋深 2.5m，无地下水，已知上部结构传递至基础顶面中心的力为 $F = 2500$kN，力矩为 300kN·m，假设基础底面压力线性分布，求基础底面边缘的最大压力最接近下列何值？（基础及其上土体的平均重度为 20kN/m³）

(A) 407kPa (B) 427kPa (C) 465kPa (D) 506kPa

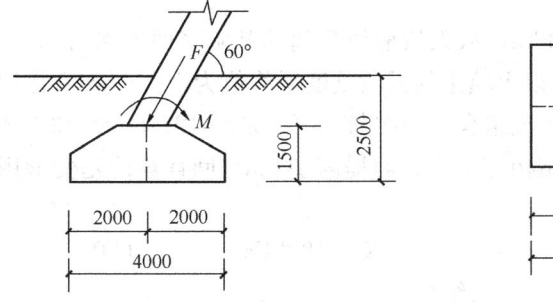 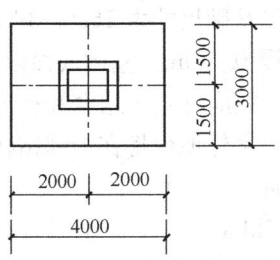

题 2017D7 图

【解】① 受力分析

上部结构传至基础顶面中心竖向力 $F_k = 2500\sin60° = 2165$kN

无地下水位 $G_k = \gamma_G bld = 20 \times 3 \times 4 \times 2.5 = 600$kN

1 土力学专题

水平力 $F_H = 2500\cos 60° = 1250\text{kN}$,所对应的力臂 1.5m

直接弯矩 $M_{k1} = 300\text{kN·m}$

竖向力之和 $F_k + G_k = 2165 + 600 = 2765\text{kN}$

弯矩之和 $M_k = 1265 \times 1.5 - 300 = 1575\text{kN·m}$

② 偏心距

偏心距 $e = \dfrac{M_k}{F_k + G_k} = \dfrac{1575}{2765} = 0.57\text{m}$

③ 判定大小偏心

偏心荷载作用方向边长 $b = 4\text{m}$

则 $e = 0.57\text{m} < \dfrac{b}{6} = \dfrac{4}{6} = 0.67\text{m}$,属于小偏心

④ 直接用公式,最大基底压力

$$p_{k\max} = \dfrac{F_k + G_k}{bl}\left(1 + \dfrac{6e}{b}\right) = \dfrac{2765}{3 \times 4} \times \left(1 + \dfrac{6 \times 0.57}{4}\right) = 427.4\text{kPa}$$

1.3.4 附加应力

1.3.4.1 基底附加压力

2002C8

有一箱形基础,上部结构和基础自重传至基底的压力 $p_k = 80\text{kPa}$,若地基土的天然重度 $\gamma = 18\text{kN/m}^3$,地下水位在地表下 10m 处,当基础埋置在下列( )深度时,基底附加压力正好为零。

(A) $d = 4.4\text{m}$　　(B) $d = 8.3\text{m}$　　(C) $d = 10\text{m}$　　(D) $d = 3\text{m}$

【解】 先假定基础埋深未超过地下水位,因为水位下要采用浮重度,水位上采用天然重度,基底附加压力 $p_0 = p_k - \sigma_{cz} = 80 - 18 \times d = 0 \to d = 4.4\text{m}$,且满足假定。

2003D5

某建筑物基础尺寸为 16m×32m,从天然地面算起的基础底面埋深为 3.4m,地下水稳定水位埋深为 1.0m。基础底面以上填土的天然重度平均值为 19kN/m^3。作用于基础底面相应于荷载效应准永久组合和标准组合的竖向荷载值分别是 122880kN 和 15360kN。根据设计要求,室外地面将在上部结构施工后普遍提高 1.0m。问计算地基变形用的基底附加压力最接近( )

(A) 175kPa　　(B) 184kPa　　(C) 199kPa　　(D) 210kPa

【解】 计算地基变形时,采用准永久组合

作用于基础底面的竖向力 $F_k + G_k = 122880\text{kN}$

基底平均压力 $p_k = \dfrac{F_k + G_k}{bl} = \dfrac{122880}{16 \times 32} = 240\text{kPa}$

基底自重应力 σ_{cz},水下取浮重度 $\sigma_{cz} = 19 \times 1.0 + (19 - 10) \times (3.4 - 1.0) = 40.6\text{kPa}$

基底附加压力 $p_0 = p_k - \sigma_{cz} = 240 - 40.6 = 199.4\text{kPa}$

1.3.4.2 地基附加应力

2005D10

某办公楼基础尺寸 42m×30m，采用箱形基础，基础埋深在室外地面以下 8m，基底平均压力 425kN/m²，场区土层的重度为 20kN/m³，地下水水位埋深在室外地面以下 5.0m，地下水的重度为 10kN/m³，计算得出的基础底面中心点以下深度 18m 处的附加应力与土的有效自重应力的比值最接近下列（　　）个值。

(A) 0.55　　　(B) 0.60　　　(C) 0.65　　　(D) 0.70

【解】基底附加压力 $p_0 = p_k - \sigma_{cz} = 425 - (5 \times 20 + 3 \times 10) = 295$ kPa

求基础底面中心点以下深度 18m 处所引起的附加应力，因此需要分块，平均分成 4 块。

分块后矩形面积 21m×15m，$z/b = 18/15 = 1.2$；$l/b = 21/15 = 1.4$

查规范表格，附加应力系数 $\alpha = 0.171$

地基附加应力 $\sigma_z = 4\alpha \cdot p_0 = 4 \times 0.171 \times 295 = 201.78$ kPa

基底深度 18m 处土有效自重应力，即天然地面下 26m，$\sigma_{cz} = 5 \times 20 + 21 \times 10 = 310$ kPa

所以两者比值 $\sigma_z/\sigma_{cz} = 4\alpha \cdot p_0 = 4 \times 0.171 \times 295 = 201.78/310 = 0.65$

【注】计算自重压力从天然地面起算，而不是从基底起算，并且自重压力和基底压力没关系。

2007D8

某高低层一体的办公楼，采用整体筏形基础，基础埋深 7.00m，高层部分的基础尺寸为 40m×40m，基底总压力 $p = 430$ kPa，多层部分的基础尺寸为 40m×16m，场区土层的重度为 20kN/m³，地下水位埋深 3m。高层部分的荷载在多层建筑基底中心点以下深度 12m 处所引起的附加应力最接近以下何值？（水的重度按 10kN/m³ 考虑）

(A) 48kPa　　　(B) 65kPa
(C) 80kPa　　　(D) 95kPa

【解】基底附加压力 $p_0 = p - \sigma_{cz} = 430 - (3 \times 20 + 4 \times 10) = 330$ kPa

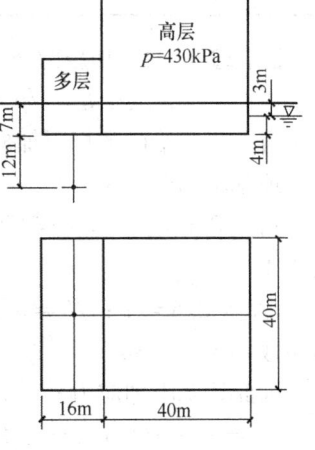

题 2007D8 图

此题仅求高层部分的荷载在多层建筑基底中心点以下深度 12m 处所引起的附加应力，属于计算点在荷载边缘外侧，因此需要分块。

矩形 I，48m×20m，$z/b = 12/20 = 0.6$；$l/b = 48/20 = 2.4$

查规范表格，插值得附加应力系数 $\alpha_{\mathrm{I}} = 0.233 + \dfrac{2.4 - 2.0}{3.0 - 2.0} \times (0.234 - 0.233) = 0.2334$

矩形 II，8m×20m，$z/b = 12/8 = 1.5$；$l/b = 20/8 = 2.5$

查规范表格，插值得附加应力系数 $\alpha_{\mathrm{II}} = \left(\dfrac{0.164 + 0.148}{2} + \dfrac{0.171 + 0.157}{2} \right) \div 2 =$

0.16

地基附加应力 $\sigma_{z1} = (2\alpha_1 - 2\alpha_2) \cdot p_0 = (2 \times 0.2334 - 2 \times 0.16) \times 330 = 48.444\text{kPa}$

【注】①计算点在荷载边缘外侧分块方式也必须掌握，本题本质是分成了4块，2个矩形Ⅰ和2个矩形Ⅱ。在后面计算相邻基础引起沉降的时候，还会经常用到这种分块方式。

②确定附加应力系数 $\alpha_Ⅰ$ 和 $\alpha_Ⅱ$ 的时候都用到了插值，并且确定 $\alpha_Ⅱ$ 时，还用到了"双线插值"。

2011C5

如题图所示，地面作用矩形均布荷载 $p = 400\text{kPa}$，承载面积为 $4\text{m} \times 4\text{m}$，试求承载面积中心 o 点下 4m 深处的附加应力与角点 C 下 8m 深处附加应力比值最接近下列何值？（矩形均布荷载中心点下竖向附加应力系数 α_0 可由下表查得）。

(A) 1/2　　　(B) 1　　　(C) 2　　　(D) 4

z/b	附加应力系数 α_0	
	l/b	
	1.0	2.0
0.0	1.000	1.000
0.5	0.701	0.800
1.0	0.336	0.481

【解1】地面附加压力 $p_0 = 400\text{kPa}$

中心点 4m 位置处，$z/b = 4/4 = 1$；$l/b = 4/4 = 1$

查题目中给的数据附加应力系数 $\alpha_1 = 0.336$

地基附加应力 $\sigma_{z1} = \alpha_1 \cdot p_0 = 0.336 \times 400 = 134.4\text{kPa}$

角点 8m 位置处，荷载面可将基底面拓展为 $8\text{m} \times 8\text{m}$，取其 $1/4$，

$z/b = 8/8 = 1$；$l/b = 8/8 = 1$，查题目中给的数据附加应力系数 $\alpha_2 = 0.336$

因此地基附加应力

$\sigma_{z2} = \alpha_2 \cdot p_0 \times 1/4 = 0.336 \times 400 \times 1/4 = 134.4 \times 1/4\text{kPa}$

因此 $\sigma_{z1}/\sigma_{z2} = 4$

【解2】地面附加压力 $p_0 = 400\text{kPa}$，按角点法求解。

中心点 4m 位置处，分块，分成 4 块。$z/b = 4/2 = 2$；$l/b = 2/2 = 1$

查规范中表格附加应力系数 $\alpha_1 = 0.084$

地基附加应力 $\sigma_{z1} = 4\alpha_1 \cdot p_0 = 4 \times 0.084 \times 400 = 4 \times 134.4\text{kPa}$

角点 8m 位置处，$z/b = 8/4 = 2$；$l/b = 4/4 = 1$，

查规范中给的数据附加应力系数 $\alpha_2 = 0.084$

因此地基附加应力 $\sigma_{z2} = \alpha_2 \cdot p_0 = 0.084 \times 400 = 134.4\text{kPa}$

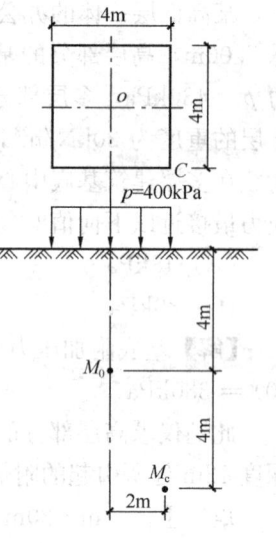

题 2011C5 图

因此 $\sigma_{z1}/\sigma_{z2} = 4$

【注】 第 1 种解法是利用题目中给出的附加应力系数，注意题目直接给定的是中心线下的附加应力系数，这时候求中心点下的附加应力不需要分块，求角点下附加应力的时候需要"增块"；第 2 种解法是我们熟悉的角点法求解。这道题大家一定要深刻理解，两种方法都要求彻底理解，这样懂了解题原理和方法，以后无论遇到什么样的附加应力系数和基础形式，都会游刃有余。

1.4 固结试验及压缩性指标

《土工试验方法标准》14；土力学教材

1.4.1 固结试验和压缩曲线
1.4.2 压缩系数
1.4.3 压缩指数
1.4.4 压缩模量
1.4.5 体积压缩系数
1.4.6 超固结比
1.4.7 压缩模量、变形模量、弹性模量之间的区别和联系
1.4.8 回弹曲线和再压缩曲线
1.4.9 固结系数

2003D2

某土样高压固结试验成果如题表所示，并已绘成 e-$\lg p$ 曲线如题图，试计算土的压缩指数 C_c，其结果最接近(　　)。

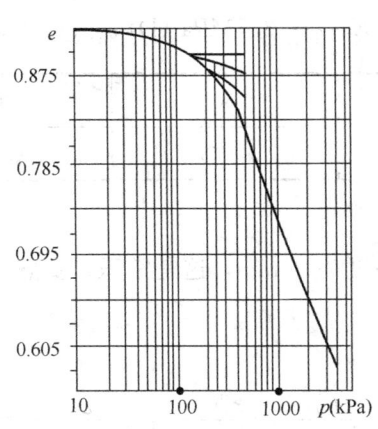

题 2003D2 图

(A) 0.15　　　　(B) 0.26　　　　(C) 0.36　　　　(D) 1.00

压力 p (kPa)	25	50	100	200	400	800	1600	3200
孔隙比 e	0.916	0.913	0.903	0.883	0.838	0.757	0.677	0.599

【解】

土的压缩指数：土体在侧限条件下孔隙比减小量与有效压应力常用对数值增量的比值，即 $e\text{-}\lg p$ 曲线中某一压力段的直线斜率。$e\text{-}\lg p$ 曲线的后半段接近直线；因此理论上，取值越大，计算越准确。

取最后两段压力进行计算

$$C_c = \frac{e_1 - e_2}{\lg p_2 - \lg p_1} = \frac{e_1 - e_2}{\lg \frac{p_2}{p_1}} = \frac{0.677 - 0.599}{\lg \frac{3200}{1600}} = 0.259$$

或

$$C_c = \frac{0.757 - 0.677}{\lg \frac{1600}{800}} = 0.266$$

【注】 那么这个"后半直线段"界限在哪里呢？从图中可以看出，前期固结压力约为 250kPa，理论上讲只要是取 250kPa 之后的两段压力均可，取 250kPa 之前的压力段就不行了，试一下，取 100kPa 和 200kPa 这两个压力值，$C_c = \dfrac{0.903 - 0.883}{\lg \frac{200}{100}} = 0.066$，明显这是错误的。

2004C3

某土样固结试验成果如下。

试样天然孔隙比 $e_0 = 0.656$，该试样在压力 100～200kPa 下的压缩系数及压缩模量为（　　）。

(A) $a_{1-2} = 0.15 \text{MPa}^{-1}$，$E_{s1-2} = 11 \text{MPa}$　(B) $a_{1-2} = 0.25 \text{MPa}^{-1}$，$E_{s1-2} = 6.6 \text{MPa}$
(C) $a_{1-2} = 0.45 \text{MPa}^{-1}$，$E_{s1-2} = 3.7 \text{MPa}$　(D) $a_{1-2} = 0.55 \text{MPa}^{-1}$，$E_{s1-2} = 3.0 \text{MPa}$

压力 P (kPa)	50	100	200
稳定校正后的变形量 Δh_i (mm)	0.155	0.263	0.565

【解】

固结试验，试样的初始高度为 20mm，这是常识，要熟记。很多时候考查的就是这一点。

利用三相比固结模型

100kPa 下所对应的孔隙比 $\dfrac{h_0}{1+e_0} = \dfrac{h_1}{1+e_1} = \dfrac{20}{1+0.656} = \dfrac{20-0.263}{1+e_1} \rightarrow e_1 = 0.634$

200kPa 下所对应的孔隙比 $\dfrac{h_0}{1+e_0} = \dfrac{h_2}{1+e_2} = \dfrac{20}{1+0.656} = \dfrac{20-0.565}{1+e_2} \rightarrow e_2 = 0.609$

压力 100～200kPa 下的压缩系数 $a_{1-2} = \dfrac{e_1 - e_2}{p_2 - p_1} = \dfrac{0.634 - 0.609}{0.2 - 0.1} = 0.25 \text{ MPa}^{-1}$

压力 $100 \sim 200\text{kPa}$ 下的压缩模量 $E_{s1\text{-}2} = \dfrac{p_2 - p_1}{(e_1 - e_2)/(1 + e_0)} = \dfrac{1 + e_0}{\alpha_{1\text{-}2}} = \dfrac{1 + 0.656}{0.25} = 6.624\text{MPa}$

2006C2

用高度为 20mm 的试样做固结试验，各压力作用下的压缩量见下表，用时间平方根法求得固结度达到 90% 时的时间为 9min，计算 $P = 200\text{kPa}$ 压力下的固结系数 c_v 为下列何值：

(A) $0.8 \times 10^{-3}\text{cm}^2/\text{s}$ (B) $1.3 \times 10^{-3}\text{cm}^2/\text{s}$

(C) $1.6 \times 10^{-3}\text{cm}^2/\text{s}$ (D) $2.6 \times 10^{-3}\text{cm}^2/\text{s}$

压力 P（kPa）	0	50	100	200	400
压缩量 d（mm）	0	0.95	1.25	1.95	2.5

【解】据《土工试验方法标准》GB/T 50123—1999 第 14.1.16 条，采用时间平方根法计算固结系数。

200kPa 压力作用下土样的初始高度，即 100kPa 压力作用下的终了高度 $h_{i-1} = 2.0 - 0.125 = 1.875\text{cm}$

200kPa 压力作用下土样的终了高度 $h_i = 2.0 - 0.195 = 1.805\text{cm}$

因此，最大排水距离 $\bar{h} = \dfrac{1}{2} \times \dfrac{h_{i-1} + h_i}{2} = \dfrac{1}{2} \times \dfrac{1.875 + 1.805}{2} = 0.92\text{cm}$

固结度达到 90% 所需要的时间 $t_{90} = 9 \times 60 = 540\text{s}$

固结系数 $c_v = \dfrac{0.848 \bar{h}^2}{t_{90}} = \dfrac{0.848 \times 0.92^2}{540} = 1.33 \times 10^{-3}\text{cm}^2/\text{s}$

2009C4

用内径为 79.8mm、高为 20m 的环刀切取未扰动饱和黏性土试样，相对密度 $G_s = 2.70$，含水量 $w = 40.3\%$，湿土质量 154g，现做侧限压缩试验，在压力 100kPa 和 200kPa 作用下，试样总压缩量分别为 $S_1 = 1.4\text{mm}$ 和 $S_2 = 2.0\text{mm}$，其压缩系数 $\alpha_{1\text{-}2}$ 最接近下列何项？

(A) 0.4MPa^{-1} (B) 0.5MPa^{-1} (C) 0.6MPa^{-1} (D) 0.7MPa^{-1}

【解】

试样的初始高度为 20mm，内径为 79.8mm。

土的天然密度 $\gamma = \dfrac{m}{v} = \dfrac{154}{\dfrac{3.14 \times 7.98^2}{4} \times 2} = 1.54\text{g/cm}^3$

土样初始孔隙比 $e_0 = \dfrac{G_s(1 + 0.01w)\rho_w}{\rho} - 1 = \dfrac{2.7 \times (1 + 0.403) \times 1}{1.54} - 1 = 1.46$

利用三相比固结模型

100kPa 下孔隙比 $\dfrac{h_0}{1 + e_0} = \dfrac{h_1}{1 + e_1} = \dfrac{20}{1 + 1.46} = \dfrac{20 - 1.4}{1 + e_1} \rightarrow e_1 = 1.2878$

200kPa 下孔隙比 $\dfrac{h_0}{1+e_0} = \dfrac{h_2}{1+e_2} = \dfrac{20}{1+1.46} = \dfrac{20-2}{1+e_2} \to e_2 = 1.214$

压缩系数 $\alpha_{1\text{-}2} = \dfrac{e_1-e_2}{p_2-p_1} = \dfrac{1.2878-1.214}{0.2-0.1} = 0.74\text{MPa}^{-1}$

2010C4

已知某地区淤泥土标准固结试验 $e\text{-}\lg p$ 曲线上直线段起点在 $50\sim100\text{kPa}$ 之间，该地区某淤泥土样测得 $100\sim200\text{kPa}$ 压力段压缩系数 $\alpha_{1\text{-}2}$ 为 1.66MPa^{-1}，试问其压缩指数 C_c 值最接近于下列何项数值？

(A) 0.40　　　　(B) 0.45　　　　(C) 0.50　　　　(D) 0.55

【解】题中已直接给定直线段起点。

压缩指数 $C_c = \dfrac{e_1-e_2}{\lg p_2 - \lg p_1} = \dfrac{\alpha_{1\text{-}2}(p_2-p_1)}{\lg \dfrac{p_2}{p_1}} = \dfrac{1.66\times(0.2-0.1)}{\lg \dfrac{0.2}{0.1}} = 0.55$

2012D3

某场地位于水面以下，表层 10m 为粉质黏土，土的天然含水率为 31.3%，天然重度为 17.8kN/m^3，天然孔隙比为 0.98，土粒相对密度为 2.74，在地表下 8m 深度取土样测得先期固结压力为 76kPa，该深度处土的超固结比接近下列哪一选项？

(A) 0.9　　　　(B) 1.1　　　　(C) 1.3　　　　(D) 1.5

【解】根据"一条公式"先求得浮密度

$$e = \dfrac{G_s\rho_w}{\rho'+1-\dfrac{e\rho_w}{e+1}} - 1 \to 0.98 = \dfrac{2.74\times 1}{\rho'+1-\dfrac{0.98\times 1}{0.98+1}} - 1 \to \rho' = 0.879\text{g/m}^3$$

浮重度 $\gamma' = g\rho' = 10\times 0.879 = 8.79\text{kN/m}^3$

自重压力 $p_{cz} = 8\times 8.79 = 70.3\text{kPa}$

先期固结压力 $p_c = 76\text{kPa}$

超固结比 $OCR = \dfrac{p_c}{p_{cz}} = \dfrac{76}{70.3} = 1.08$

【注】其他参考书上可能会用比较常规的三相比换算公式 $\rho' = \dfrac{G_s-1}{1+e}\gamma_w$ 或 $\rho' = \dfrac{\gamma(G_s-1)}{G_s(1+w)}$ 去求解浮重度，看似简单，但是在考场上准确地找到或者利用三相图推导出此公式，相比较包罗万象的"一条公式"肯定是多花时间的。"一条公式"适用于所有的三相比换算，直接使用即可。

2014C1

某饱和黏土试样，测定土粒的相对密度为 2.70，含水量为 31.2%，湿密度为 1.85g/cm^3，环刀切取高 20mm 的土试样，进行侧限压缩试样，在 100kPa 和 200kPa 作用下，试

样总压缩量分别为 $S_1=1.4$mm 和 $S_2=1.8$mm，问体积压缩系数 $m_{v1\text{-}2}$（MPa^{-1}）最接近下列哪个选项？

(A) 0.3　　　　(B) 0.25　　　　(C) 0.2　　　　(D) 0.15

【解1】试样的初始高度为 20mm，内径为 79.8mm。

土样初始孔隙比 $e_0 = \dfrac{G_s(1+0.01w)\rho_w}{\rho} - 1 = \dfrac{2.7\times(1+0.312)\times 1}{1.85} - 1 = 0.915$

利用三相比固结模型

100kPa 下孔隙比 $\dfrac{h_0}{1+e_0} = \dfrac{h_1}{1+e_1} = \dfrac{20}{1+0.915} = \dfrac{20-1.4}{1+e_1} \to e_1 = 0.781$

200kPa 下孔隙比 $\dfrac{h_0}{1+e_0} = \dfrac{h_2}{1+e_2} = \dfrac{20}{1+0.915} = \dfrac{20-1.8}{1+e_2} \to e_2 = 0.743$

压缩系数 $m_{v1\text{-}2} = \dfrac{1}{E_{1\text{-}2}} = \dfrac{\alpha_{1\text{-}2}}{1+e_1} \dfrac{(e_1-e_2)}{(p_2-p_1)(1+e_0)} = \dfrac{(0.781-0.743)}{(0.2-0.1)\times(1+0.915)} = 0.198$ MPa^{-1}

【解2】压缩系数 $m_{v1\sim2} = \dfrac{S/H}{\Delta P} = \dfrac{(1.8-1.4)/20}{0.2-0.1} = 0.2$ MPa^{-1}

【注】$m_{v1\text{-}2}$ 是指压力段 100～200kPa 的体积压缩系数，不建议直接套用《土工试验方法标准》17.2.3 中计算公式采用 e_0 进行求解，这是典型的概念不清。

1.5　地基最终沉降

1.5.1　由降水引起的沉降

2002C15

某市地处冲积平原上，当前地下水位埋深在地面下 4m，由于开采地下水，地下水位逐年下降，年下降率为 1m，主要地层有关参数的平均值如下表所示。第 3 层以下为不透水的岩层。不考虑第 3 层以下地层可能产生的微量变形，请问今后 20 年内该市地面总沉降预计将接近下列(　　)数值。

(A) 8.97cm　　　　(B) 16.78cm　　　　(C) 20.12cm　　　　(D) 25.75cm

层序	地层	厚度 (m)	层底深度 (m)	物理力学性质指标		
				孔隙比 e_0	α (MPa^{-1})	E_s (MPa)
1	粉质黏土	5	5	0.75	0.3	
2	粉土	8	13	0.65	0.25	
3	细砂	11	24			15.0

【解】

$$s = \sum \dfrac{\Delta p_i}{E_{si}} h_i = \dfrac{\dfrac{0+10}{2}}{5.833}\times 1 + \dfrac{\dfrac{10+90}{2}}{6.6}\times 8 + \dfrac{\dfrac{90+200}{2}}{15}\times 11 = 167.79\text{mm} = 16.779\text{cm}$$

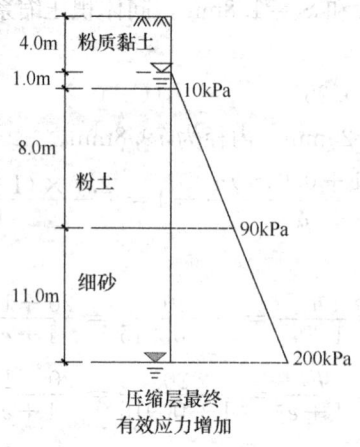

题 2002C15 解答图

2005D4

某滞洪区滞洪后沉积泥砂层厚 3.0m，地下水位由原地面下 1.0m 升至现地面下 1.0m，原地面下有厚 5.0m 可压缩层，平均压缩模量为 0.5MPa，滞洪之前沉降已经完成，为简化计算，所有土层的天然重度都以 $18kN/m^3$ 计，请计算由滞洪引起的原地面下沉值将最接近下列（　　）。

（A）51cm　　　　（B）31cm　　　　（C）25cm　　　　（D）21cm

【解】画出滞洪前后土层有效应力变化图，则原压缩层有效应力变化一目了然，并应注意有效应力分段平均变化，并不是整个原压缩层有效应力线性增加的斜率是一样的。

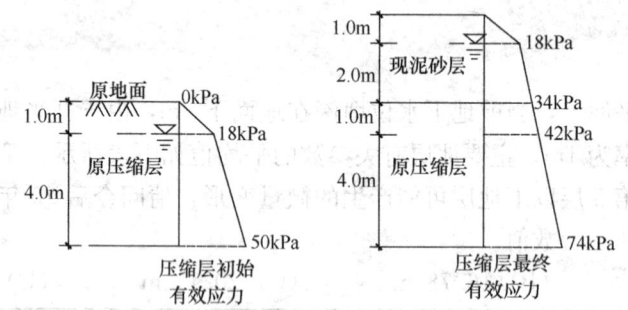

题 2005D04 解答图

$$s = \sum \frac{\Delta p_i}{E_{si}} h_i = \frac{\frac{34+42}{2} - \frac{0+18}{2}}{0.5} \times 1 + \frac{\frac{42+74}{2} - \frac{18+50}{2}}{0.5} \times 4$$

$$= 58 + 192 = 250 \text{mm} = 25 \text{cm}$$

【注】考试的时候，需要画图表达时，可以画在草稿纸上，也可以直接画在试卷上。

2006C26

存在大面积地面沉降的某市其地下水位下降平均速率为1m/年，现地下水位在地面下

5m 处，主要地层结构及参数见下表，试用分层总和法结算，今后15年内地面总沉降量最接近下列哪个选项？

(A) 613mm (B) 469mm (C) 320mm (D) 291mm

层号	地层名称	层厚 h (m)	层底埋深 (m)	压缩模量 E_s (MPa)
1	粉质黏土	8	8	5.2
2	粉土	7	15	6.7
3	细砂	18	33	12
4	不透水岩石			

【解】

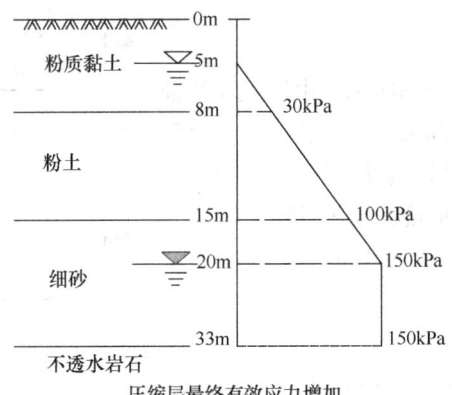

压缩层最终有效应力增加

题 2006C26 解答图

$$s = \sum \frac{\Delta p_i}{E_{si}} h_i = \frac{\frac{0+30}{2}}{5.2} \times 3 + \frac{\frac{30+100}{2}}{6.7} \times 7 + \frac{\frac{100+150}{2}}{12} \times 5 + \frac{\frac{150+150}{2}}{12} \times 13$$
$$= 8.654 + 67.910 + 52.083 + 162.5 = 291.1 \text{mm}$$

【注】①有时候画水位下降前后的应力图，再做比较；有时候直接画应力增加图，哪个好画画哪个！

②单位，这样计算出来的单位是 mm，不行就先统一，最后再换算。

2008C24

以厚层黏性土组成的冲积相地层，由于大量抽汲地下水引起大面积地面沉降。经20年观测，地面总沉降量达1250mm，从地面下深度65m处以下沉降观测未发生沉降，在此期间，地下水位深度由5m下降到35m。问该黏性土地层的平均压缩模量最接近下列哪个选项？

(A) 10.8MPa (B) 12.5MPa (C) 15.8MPa (D) 18.1MPa

【解】

$$s = \sum \frac{\Delta p_i}{E_{si}} h_i = \frac{\frac{0+300}{2}}{E_s} \times 30 + \frac{\frac{300+300}{2}}{E_s} \times 30 = 1250 \text{mm} \rightarrow E_s = 10.8 \text{MPa}$$

【注】仅有水位下降，最终水位以下，透水层有效应力也是增加的！但水位下不透水

题 2008C24 解答图

层及其下土层有效应力基本不变，因此不会引起不透水层沉降。

2009D25

土层剖面及计算参数如题图所示，由于大面积抽取地下水，地下水位深度由抽水前距地面 10m，以每年 2 米的速率逐年下降，忽略卵石层以下岩土层的沉降，问：10 年后地面沉降总量接近下列何值？

(A) 415mm (B) 544mm
(C) 670mm (D) 810mm

【解】

上层粉土：$E_{s1} = \dfrac{1+e_0}{\alpha} = \dfrac{1+0.83}{0.3} = 6.1\text{MPa}$

下层粉土：$E_{s3} = \dfrac{1+e_0}{\alpha} = \dfrac{1+0.61}{0.18} = 8.9\text{MPa}$

题 2009D25 图

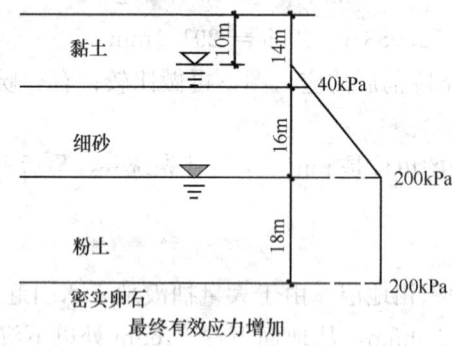

题 2009D25 解答图

$$s = \Sigma \frac{\Delta p_i}{E_{si}} h_i = \frac{\frac{0+40}{2}}{6.1} \times 4 + \frac{\frac{40+200}{2}}{15} \times 16 + \frac{\frac{200+200}{2}}{8.9} \times 18$$
$$= 13.1 + 128 + 404.5 = 545.6\text{mm}$$

【注】仅有水位下降，最终水位以下，透水层有效应力也是增加的！但水位下不透水层及其下土层有效应力基本不变，因此不会引起不透水层沉降。

2011D5

甲建筑已沉降稳定，其东侧新建乙建筑，开挖基坑时采取降水措施，使甲建筑物东侧潜水地下水位由-5.0m下降至-10.0m，基底以下地层参数及地下水位见题图。估算甲建筑物东侧由降水引起的沉降量接近于下列何值？

(A) 38mm (B) 41mm (C) 63mm (D) 76mm

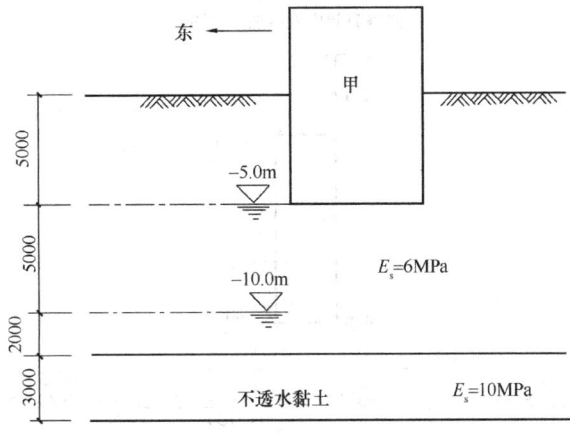

题 2011D5 图

【解】

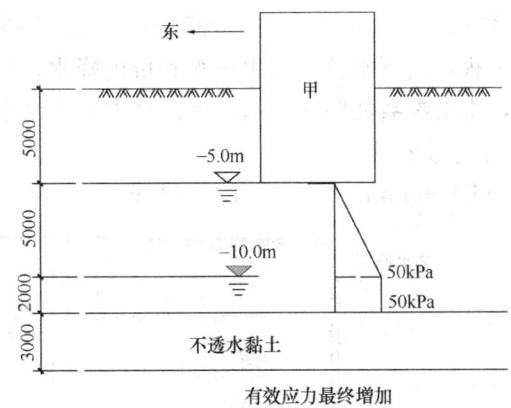

题 2011D05 解答图

$$s = \sum \frac{\Delta p_i}{E_{si}} h_i = \frac{\frac{0+50}{2}}{6} \times 5 + \frac{\frac{50+50}{2}}{6} \times 2 = 37.5 \text{mm}$$

【注】仅有水位下降，最终水位以下，透水层有效应力也是增加的！但水位下不透水层及其下土层有效应力基本不变，因此不会引起不透水层沉降。

2011D24

某城市位于长江一级阶地上，基岩面以上地层具有明显二元结构，上部0~30m为黏性土，孔隙比 $e_0=0.7$，压缩系数 $\alpha_v=0.35\text{MPa}^{-1}$，平均竖向固结系数 $c_v=4.5\times10^{-3}$ cm^2/s；30m 以下为砂砾层。目前，该市地下水位于地表下 2.0m，由于大量抽汲地下水引起的水位年平均降幅为 5m，假设不考虑 30m 以下地层的压缩量，问该市抽水一年后引起的地表最终沉降量最接近下列哪个选项？

(A) 26mm　　　　(B) 84mm　　　　(C) 237mm　　　　(D) 263mm

【解】$E_s = \dfrac{1+e_0}{\alpha} = \dfrac{1+0.7}{0.35} = 4.857\text{MPa}$

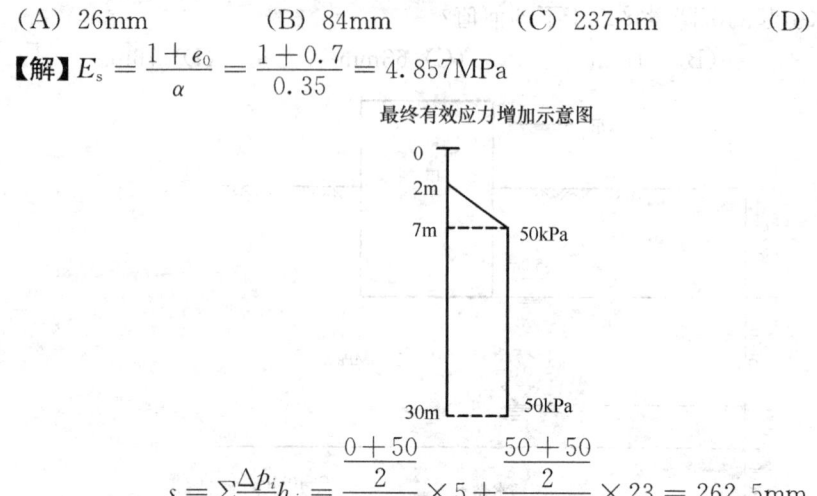

最终有效应力增加示意图

$$s = \sum\dfrac{\Delta p_i}{E_{si}}h_i = \dfrac{\dfrac{0+50}{2}}{4.857}\times 5 + \dfrac{\dfrac{50+50}{2}}{4.857}\times 23 = 262.5\text{mm}$$

【注】注意题意：不考虑 30m 以下地层的压缩量。

2016D5

某场地有两层地下水，第一层为潜水，水位埋深 3m，第二层为承压水，测管水位埋深 2m，该场地上某基坑工程，地下水控制采用截水和坑内降水，降水后承压水水位降低了 8m，潜水水位无变化，土层参数如题图所示，试计算由承压水水位降低引起的③细砂层的变形量最接近下列哪个选项？

(A) 33mm　　　　(B) 40mm　　　　(C) 81mm　　　　(D) 121mm

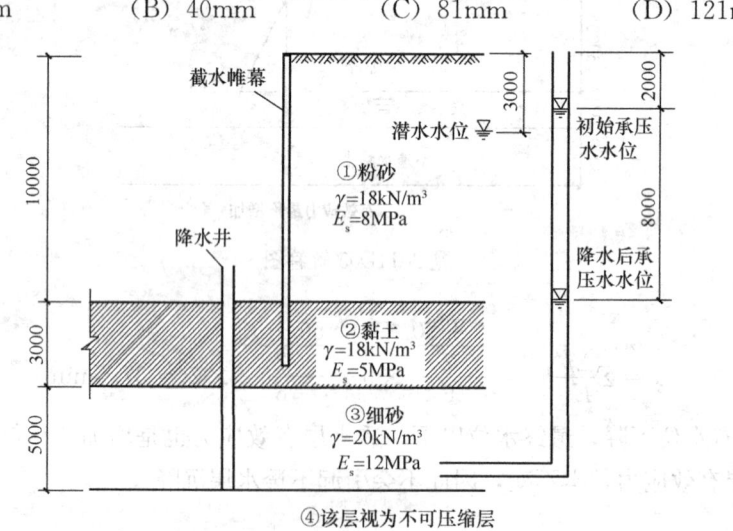

题 2016D5 图

【解】承压水水位降低8m，由于②黏土层不透水，相当于整个③粗砂层有效应力增加 $8\times 10=80\mathrm{kPa}$；

$$s=\sum\frac{\Delta p_i}{E_{si}}h_i=\frac{80}{12}\times 5=33.333\mathrm{mm}$$

2018C21

某建筑场地地下水位位于地面下 3.2m，经多年开采地下水后，地下水位下降了 22.6m，测得地面沉降量为550m。该场地土层分布如下：0～7.8m 为粉质黏土层，7.8～ 18.9m 为粉土层，18.9～39.6m 为粉砂层，以下为基岩；试计算粉砂层的变形模量平均 值最接近下列哪个选项？（注：已知 $\gamma_w=10.0\mathrm{kN/m^3}$，粉质黏土和粉土层的沉降量合计为 220.8mm，沉降引起的地层厚度变化可忽略不计）

(A) 8.7MPa　　　　(B) 10.0MPa　　　　(C) 13.5MPa　　　　(D) 53.1MPa

【解】

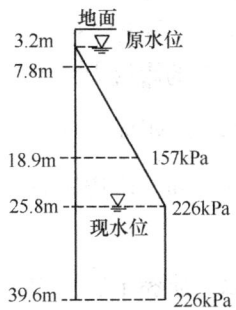

最终有效应力增加示意图

$$s=\sum\frac{\Delta p_i}{E_{si}}h_i=220.8+\frac{\frac{157+226}{2}}{E_s}\times 6.9+\frac{226}{E_s}\times 13.8=550\rightarrow E_s=13.48\mathrm{MPa}$$

【注】① 仅有水位下降，最终水位以下，透水层有效应力也是增加的！但水位下不透水层及其下土层有效应力基本不变，因此不会引起不透水层沉降。此考点已经考了多次。
② 此题终点求"变形模量"，而不是"压缩模量"，为出题笔误，求解压缩模量 E_s 即可。

2019D4

某平原区地下水源地（开采目的层为第3层）土层情况如表所示，已知第3层砾砂中承压水初始水头埋深4.0m，开采至一定时期后下降且稳定至埋深32.0m；第1层砂中潜水位埋深一直稳定在4.0m，试预测抽水引发的第2层最终沉降量最接近下列哪一选项？（水的重度 $10\mathrm{kN/m^3}$）

层号	土名	层顶埋深（m）	重度（kN/m³）	孔隙比 e_0	压缩系数 a（MPa⁻¹）
1	砂	0	19.0	0.8	
2	粉质黏土	10.0	18.0	0.85	0.30
3	砾砂	40.0	20.0	0.7	
4	基岩	50.0			

(A) 680mm   (B) 770mm   (C) 860mm   (D) 930mm

【解1】 从有效应力原理角度理解粉质黏土层有效应力增量

承压降水前后，粉质黏土层层顶水位无变化，也没有其他外力的变化，因此层顶有效应力无变化

承压降水前，粉质黏土层层底，作用着向上的水压力 $36 \times 10 = 360 \text{kPa}$

承压降水后，粉质黏土层层底，作用着向上的水压力 $8 \times 10 = 80 \text{kPa}$

承压降水前后，粉质黏土层层底总应力无变化，因此层底有效应力增加了

粉质黏土层层底有效应力增加 $36 \times 10 - 8 \times 10 = 280 \text{kPa}$

假定粉质黏土层弱透水，因此粉质黏土层有效应力增量线性变化

粉质黏土层平均有效应力增量 $\Delta p = \dfrac{0 + 280}{2} = 140 \text{kPa}$

粉质黏土层压缩模量 $E_s = \dfrac{1 + e_0}{a} = \dfrac{1 + 0.85}{0.30} = 6.2 \text{MPa}$

$$s = \dfrac{\Delta p}{E_s} h = \dfrac{140}{6.2} \times 30 = 677 \text{mm}$$

【解2】 从渗流/渗透力角度理解粉质黏土层有效应力增量

承压降水后，向下渗流，引起向下的渗透力，因此会引起粉质黏土层有效应力的增加

水力梯度 $i = \dfrac{\Delta h}{l} = \dfrac{32 - 4}{30} = 0.933 \text{MPa}$

粉质黏土层层底有效应力的增加量即为渗透压力，其值为 $\gamma_w i h = 10 \times 0.933 \times 30 = 280 \text{kPa}$

渗透压力也是线性变化的，所以粉质黏土层平均有效应力增量 $\Delta p = \dfrac{280}{2} = 140 \text{kPa}$

粉质黏土层压缩模量 $E_s = \dfrac{1 + e_0}{a} = \dfrac{1 + 0.85}{0.30} = 6.2 \text{MPa}$

$$s = \dfrac{\Delta p}{E_s} h = \dfrac{140}{6.2} \times 30 = 677 \text{mm}$$

【注】 ① 核心知识点常规题。此题又是"披着狼皮的羊"，对基本概念考查非常深入。

② 此题应根据基本理论和计算公式，尽量做到不查本书中此知识点的"解题思维流程"和规范即可解答，对其熟练到可以当做"闭卷"解答。

③ 此题略微不严谨，假如粉质黏土层为绝对不透水层，则粉质黏土层不会由于降水导致有效应力变化，也就不会引起本层的压缩量，此时粉质黏土层最终沉降量是由下面的砾砂层压缩量引起的，但此题未告知也不能求得砾砂层压缩模量，因此只能假定粉质黏土层弱透水。与2016D5对比理解。

④ 分清某层本身的压缩量和最终沉降量两个基本概念之间的区别。

1.5.2 给出附加应力曲线或系数

2003C10

某筏板基础，其地层资料如题图所示，该4层建筑物建造后两年需加层至7层。已知未加层前基底有效附加压力 $p_0 = 60 \text{kPa}$。建筑后两年固结度 U_t 达 0.80，加层后基底附加

压力增加到 $p_0=100$kPa（第二次加载施工期很短，忽略不计加载过程，E_s 近似不变），问加层后建筑物基础中点的最终沉降量最接近（　　）。

(A) 94mm　　　　(B) 108mm　　　　(C) 158mm　　　　(D) 180mm

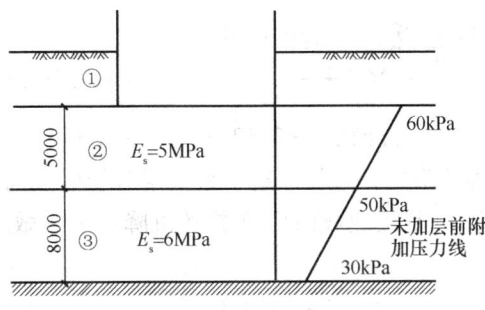

题 2003C10 图

【解】理解题意，分步计算即可

原先附加压力 $p_0=60$kPa，剩余 20% 沉降量

$$s_1=\left(\sum\frac{\Delta p_i}{E_{si}}h_i\right)\times 20\%=\left(\frac{\frac{60+50}{2}}{5}\times 5+\frac{\frac{50+30}{2}}{6}\times 8\right)\times 20\%=21.667\text{mm}$$

后来基底又多增加了 40kPa，按比例分配到每一层

$$s_2=\sum\frac{\Delta p_i}{E_{si}}h_i=\left(\frac{\frac{60+50}{2}}{5}\times 5+\frac{\frac{50+30}{2}}{6}\times 8\right)\times\frac{4}{6}=72.222\text{mm}$$

所以 $s=21.667+72.222=93.889$mm

2004C10

相邻两座 A、B 楼，由于建 B 楼对 A 楼产生附加沉降，如题图所示，A 楼的附加沉降量接近于（　　）。

(A) 0.9cm　　　　(B) 1.2cm　　　　(C) 2.4cm　　　　(D) 3.2cm

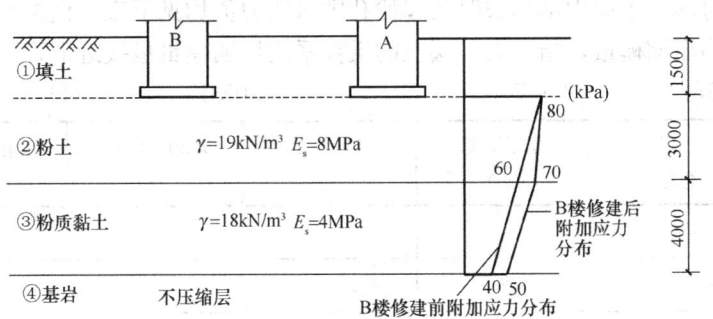

题 2004C10 图

【解1】

$$s=\sum\frac{\Delta p_i}{E_{si}}h_i=\frac{\frac{80+70}{2}-\frac{80+60}{2}}{8}\times 3+\frac{\frac{70+50}{2}-\frac{60+40}{2}}{4}\times 4=11.875\text{mm}=1.1875\text{cm}$$

1 土力学专题

【解2】
$$s_1 = \sum \frac{\Delta p_i}{E_{si}} h_i = \frac{\frac{80+60}{2}}{8} \times 3 + \frac{\frac{60+40}{2}}{4} \times 4 = 76.25\text{mm} = 7.625\text{cm}$$

$$s = \sum \frac{\Delta p_i}{E_{si}} h_i = \frac{\frac{80+70}{2}}{8} \times 3 + \frac{\frac{70+50}{2}}{4} \times 4 = 88.125\text{mm} = 8.8125\text{cm}$$

$$s = 8.8125 - 7.625 = 1.1875\text{cm}$$

【注】此题只计算 A 楼的附加沉降量，解 1 是根据 B 楼建成前后 A 楼附加应力平均变化值求解。解 2 是分别计算出 B 楼建成前后 A 楼的沉降，然后做差即为附加沉降。

2004D10

题图所示，某直径为 10.0m 的油罐基底附加压力为 100kPa，油罐轴线上罐底面以下 10m 处附加压力系数 $\alpha = 0.285$，由观测得到油罐中心的底板沉降为 200mm，深度 10m 处的深层沉降为 40mm，则 10m 范围内土层的平均反算压缩模量最接近于下列（ ）。

(A) 2MPa 　　(B) 3MPa
(C) 4MPa 　　(D) 5MPa

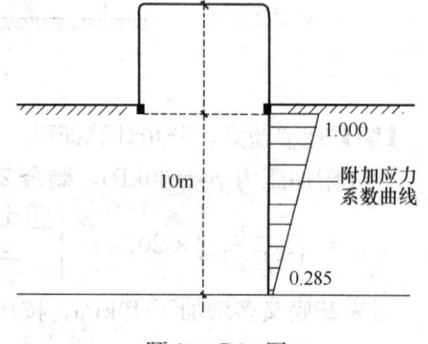

题 2004D10 图

【解】$s = \sum \frac{\Delta p_i}{E_{si}} h_i = \frac{\frac{100+100 \times 0.285}{2}}{E_s} \times 10 = 200 - 40 = 160\text{mm} \rightarrow E_s = 4.01\text{MPa}$

【注】层压缩量＝层顶沉降－层底沉降

2005C7

大面积堆载试验时，在堆载中心点下用分层沉降仪测各土层顶面的最终沉降量和用孔隙水压力计测得的各土层中加载时的起始孔隙水压力值均见下表，根据实测数据可以反算各土层的平均压缩模量，指出第③层土的反算平均压缩模量最接近下列（ ）选项。

(A) 8.0MPa 　　(B) 7.0MPa 　　(C) 6.0MPa 　　(D) 4.0MPa

土层编号	土层名称	层顶深度(m)	土层厚度(m)	实测层顶沉降(mm)	起始超孔隙水压力值(kPa)
①	填土		2		
②	粉质黏土	2	3	460	380
③	黏土	5	10	400	240
④	黏质粉土	15	5	100	140

【解】$s = \sum \frac{\Delta p_i}{E_{si}} h_i = \frac{240}{E_s} \times 10 = 400 - 100 = 300\text{mm} \rightarrow E_s = 8\text{MPa}$

2009C8

建筑物长度 50m，宽 10m，比较筏板基础和 1.5m 的条形基础两种方案，已分别求得筏板基础和条形基础中轴线上，变形计算深度范围内（为简化计算，假定两种基础的变形计算深度相同）的附加应力随深度分布的曲线（近似为折线）如题图所示，已知，持力层的压缩模量 E_s = 4MPa，下卧层的压缩模量 E_s = 2MPa，估算这两层土的压缩变形引起的筏板基础沉降 s_f 与条形基础沉降 s_t 之比最接近( )。

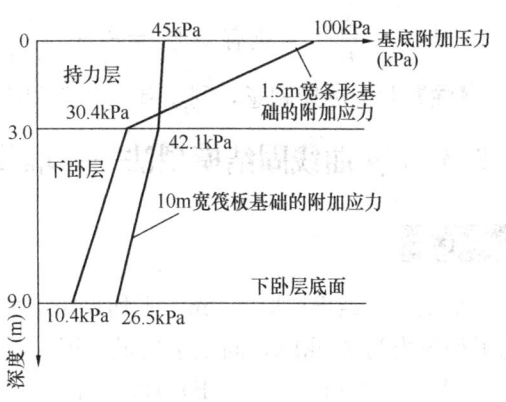

题 2009C8 图

(A) 1.23   (B) 1.44   (C) 1.65   (D) 1.86

【解】$s_t = \sum \dfrac{\Delta p_i}{E_{si}} h_i = \dfrac{\dfrac{100+30.4}{2}}{4} \times 3 + \dfrac{\dfrac{30.4+10.4}{2}}{2} \times 6 = 110.1 \text{mm}$

$s_f = \sum \dfrac{\Delta p_i}{E_{si}} h_i = \dfrac{\dfrac{45+42.1}{2}}{4} \times 3 + \dfrac{\dfrac{42.1+26.5}{2}}{2} \times 6 = 135.56 \text{mm}$

$\dfrac{s_f}{s_t} = \dfrac{135.56}{110.1} = 1.231$

2009C9

均匀土层上有一直径为 10m 的油罐，其基底平均附加压力为 100kPa，已知油罐中心轴线上在油罐基础底面中心以下 10m 处的附加应力系数为 0.285，通过沉降观测得到油罐中心的底板沉降为 200mm，深度 10m 处的深层沉降为 40mm，则 10m 范围内土层用近似方法估算的压缩模量最接近( )。

(A) 2.5MPa   (B) 4.0MPa   (C) 3.5MPa   (D) 5.0MPa

【解】$s = \sum \dfrac{\Delta p_i}{E_{si}} h_i = \dfrac{\dfrac{100+100\times 0.285}{2}}{E_s} \times 10 = 200 - 40 = 160 \text{mm} \rightarrow E_s = 4.0 \text{MPa}$

2009C20

填方高度为 8m 的公路路基垂直通过一作废的混凝土预制场，在地面高程原建有 30 个钢筋混凝土梁，梁下有 53m 深灌注桩，为了避免路面不均匀沉降，在地梁上铺设聚苯乙烯（泡沫）板块（EPS），路基填土重度 18.4kN/m³，据计算，在地基土 8m 填方的荷载下，沉降量为 15cm，忽略地梁本身的沉降，EPS 的平均压缩模量为 E_s = 500kPa，为消除地基不均匀沉降，在地梁上铺设聚苯乙烯的厚度为( )。

(A) 150mm   (B) 350mm   (C) 550mm   (D) 750mm

【解】设在地梁上铺设聚苯乙烯的厚度为 h，为消除不均匀沉降，则聚苯乙烯板的沉降量和原地面沉降量相等。

1 土力学专题

根据 $s = \dfrac{\Delta p}{E_s} h$，则有 $0.15 = \dfrac{(8-h)\times 18.4}{500} h \to h = 0.547\text{m} = 547\text{mm}$

【注】此题读懂题意，利用基本概念和原理求解即可。

1.5.3 e-p 曲线固结模型法——堆载预压法

2004C8

某正常固结土层厚 2.0m，平均自重应力为 100kPa，压缩试验数据见下表，建筑物平均附加应力为 200kPa，问该土层最终沉降量最接近（　　）。

(A) 10.5cm　　　(B) 12.9cm　　　(C) 14.2cm　　　(D) 17.8cm

压力 p (kPa)	0	50	100	200	300	400
孔隙比 e	0.984	0.900	0.828	0.752	0.710	0.680

【解】初始平均自重 $p_0 = 100\text{ kPa}$；查表对应 $e_0 = 0.828$

最终平均自重+附加应力 $p_1 = 100+200 = 300\text{kPa}$；查表对应 $e_1 = 0.710$

该层土层厚度 $h = 2\text{m}$

按 e-p 曲线固结基本原理求解 $s = \dfrac{e_0-e_1}{1+e_0} h = \dfrac{0.828-0.710}{1+0.828} \times 2 = 0.129\text{m} = 12.9\text{cm}$

2007C8

在条形基础持力层以下有厚度为 2m 的正常固结黏土层，已知该黏土层中部的自重应力为 50kPa，附加应力为 100kPa，在此下卧层中取土做固结试验的数据见下表。问该黏土层在附加应力作用下的压缩变形量最接近于下列何值？

(A) 35mm　　　(B) 40mm
(C) 45mm　　　(D) 50mm

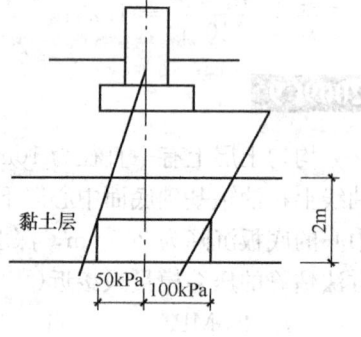

题 2007C8 图

固结试验数据

p (kPa)	0	50	100	200	300
e	1.04	1.00	0.97	0.93	0.90

【解】初始平均自重 $p_0 = 50\text{ kPa}$；查表对应 $e_0 = 1$

最终平均自重+附加应力 $p_1 = 50+100 = 200\text{kPa}$；查表对应 $e_1 = \dfrac{0.97+0.93}{2} = 0.95$

该层土层厚度 $h = 2\text{m}$

按 e-p 曲线固结基本原理求解 $s = \dfrac{e_0-e_1}{1+e_0} h = \dfrac{1-0.95}{1+1} \times 2 = 0.05\text{m} = 50\text{cm}$

2010C8

某建筑方形基础，作用于基础底面的竖向力为 9200kN，基础底面尺寸为 6m×6m，基础埋深2.5m，基础底面上下土层为均质粉质黏土，重度为19kN/m³，综合关系 e-p 试验数据见下表，基础中心点下的附加应力系数见题图，已知沉降计算经验系数为0.4，将粉质黏土按一层计算，问该基础中心点的最终沉降接近于下列哪个数值？

(A) 10mm　　　　(B) 23mm　　　　(C) 35mm　　　　(D) 57mm

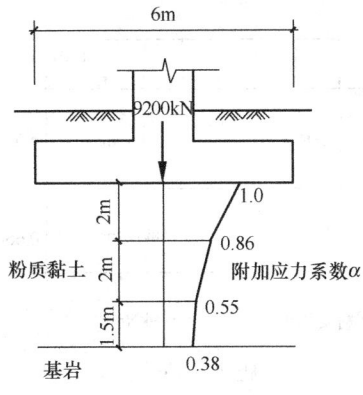

题 2010C8 图

压力 p (kPa)	0	50	100	200	300	400
孔隙比 e	0.544	0.534	0.526	0.512	0.508	0.506

【解】题目要求粉质黏土按一层计算，先计算该层平均附加应力系数，按厚度加权平均

$$\bar{\alpha} = \frac{\frac{1.0+0.86}{2}\times 2 + \frac{0.86+0.55}{2}\times 2 + \frac{0.55+0.38}{2}\times 1.5}{2+2+1.5} = 0.721$$

2~5.5m

初始平均自重 $p_0 = \dfrac{2.5\times 19 + (2.5+2+2+1.5)\times 19}{2} = 99.75 \approx 100$ kPa

查表对应 $e_0 = 0.526$

最终平均自重＋附加应力 $p_1 = 100 + \left(\dfrac{9200}{36} - 2.5\times 19\right)\times 0.721 = 250$ kPa

查表对应 $e_1 = \dfrac{0.512+0.508}{2} = 0.510$

该层土层厚度 $h = 5.5$m

按 e-p 曲线固结基本原理求解 $s = \zeta \dfrac{e_0 - e_1}{1+e_0} h = 0.4 \times \dfrac{0.526-0.510}{1+0.526} \times 5.5 = 0.023$m $= 23$mm

【注】一定要仔细理解这道题平均附加应力系数 $\bar{\alpha}$ 取按厚度加权平均值。这种计算方法和"1.5.5 规范公式法及计算压缩模量当量值"所使用的平均附加应力系数 $\bar{\alpha}$ 确定方法本质是一样的，只不过1.5.5节中，厚度分得更细，然后利用积分的方法，将从基底算起，到某一深度范围内平均附加应力系数 $\bar{\alpha}$ 总结成了表格，我们使用的时候直接查表即可。

2012C6

大面积料场地层分布及参数如题图所示，第②层黏土的压缩试验结果见下表，地表堆载 120kPa，求在此荷载的作用下，黏土层的压缩量与下列哪个数值最接近？

(A) 46mm (B) 35mm (C) 28mm (D) 23mm

p (kPa)	0	20	40	60	80	100	120	140	160	180
e	0.900	0.865	0.840	0.825	0.810	0.800	0.791	0.783	0.776	0.771

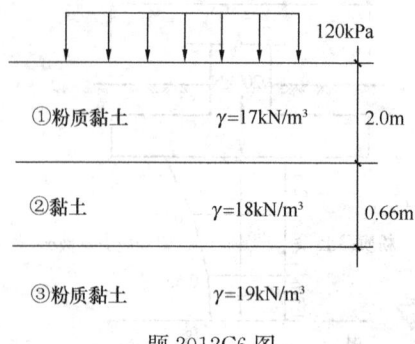

题 2012C6 图

【解】初始平均有效自重 $p_0=\dfrac{17\times 2+(17\times 2+18\times 0.66)}{2}=39.94\approx 40\text{kPa}$

（平均自重直接使用该层中间深度处自重亦可

即 $p_0=17\times 2+18\times 0.33=39.94\approx 40\text{kPa}$）

查表对应 $e_0=0.840$；

最终平均自重＋附加应力 $p_1=40+120=160\text{kPa}$；查表对应 $e_1=0.776$

该层土层厚度 $h=0.66\text{m}$

按 e-p 曲线固结基本原理求解

$$s=\dfrac{e_0-e_1}{1+e_0}h=\dfrac{0.840-0.776}{1+0.840}\times 0.66=0.02296\text{m}=22.96\text{mm}$$

【注】计算某层初始平均有效自重，当该层中无水位变化以及无渗流时，可以使用该层中间深度中间深度处自重亦可，这样计算稍微高效些。

2013D5

某正常固结的饱和黏性土层，厚度 4m，饱和重度为 20kN/m³，黏土的压缩试验结果见下表。采用在该黏土层上直接大面积堆载的方式对该层土进行处理，经堆载处理后土层的厚度为 3.9m，估算堆载量最接近下列哪个选项？

(A) 60kPa (B) 80kPa (C) 100kPa (D) 120kPa

p (kPa)	0	20	40	60	80	100	120	140
e	0.900	0.865	0.840	0.825	0.810	0.800	0.794	0.783

【解】此题假定饱和黏性土层，不透水层；计算平均自重直接使用饱和重度

初始平均自重（该层中心处自重）$p_0=20\times\dfrac{4}{2}=40$；查表对应 $e_0=0.840$

土层厚度 $h=4\text{m}$；最终平均自重＋附加应力 $p_1=40+p$

$$s = \frac{e_0 - e_1}{1 + e_0}h = \frac{0.840 - e_1}{1 + 0.840} \times 4 = 0.1\text{m} \rightarrow e_1 = 0.794$$

查表得 $p_1 = 40 + p = 120 \rightarrow p = 80\text{kPa}$

【注】 该题有误，应该是"饱和硬黏土层"，才能假定不透水，否则需要使用浮重度计算有效压力。

1.5.4 $e\text{-lg}p$ 曲线计算沉降

2004C11

超固结黏土层厚度为 4.0m，前期固结压力 $p_c = 400\text{kPa}$，压缩指数 $C_c = 0.3$，再压缩曲线上回弹指数 $C_s = 0.1$，平均自重压力 $p_{cz} = 200\text{kPa}$，天然孔隙比 $e_0 = 0.8$，建筑物平均附加应力在该土层中为 $p_z = 300\text{kPa}$，该黏土层最终沉降量最接近于( )。

(A) 8.5cm   (B) 11cm   (C) 13.2cm   (D) 15.8cm

【解】 压缩土层厚度 $h = 4.0\text{m}$；土层初始孔隙比 $e_0 = 0.8$

土层平均自重压力（水下取浮重度）$p_{cz} = 200\text{kPa}$

土层平均附加压力 $p_z = 300\text{kPa}$；土层先期固结压力 $p_c = 400\text{kPa}$

压缩指数 $C_c = 0.3$；回弹指数 $C_s = 0.1$

超固结

$p_{cz} + p_z = 200 + 300 > p_c = 400$

$$s = \frac{h}{1+e_0}\left[C_s \lg\left(\frac{p_c}{p_{cz}}\right) + C_c \lg\left(\frac{p_{cz}+p_z}{p_c}\right)\right]$$

$$= \frac{4}{1+0.8} \times \left[0.1 \times \lg\frac{400}{200} + 0.3 \times \lg\frac{200+300}{400}\right] = 0.1315\text{m} = 13.2\text{cm}$$

2006C15

大面积填海造地工程平均海水深约 2.0m，淤泥层平均厚度为 10.0m，重度为 15kN/m^3，采用 $e\text{-lg}p$ 曲线计算该淤泥层固结沉降，已知该淤泥层属正常固结土，压缩指数 $C_c = 0.8$，天然孔隙比 $e_0 = 2.33$，上覆填土在淤泥层中产生的附加应力按 120kPa 计算，该淤泥层固结沉降量取以下哪个选项中的值？

(A) 1.85m   (B) 1.95m   (C) 2.05m   (D) 2.20m

【解】 压缩土层厚度 $h = 10.0\text{m}$；土层初始孔隙比 $e_0 = 2.33$

土层平均自重压力（水下取浮重度）$p_{cz} = \frac{10}{2} \times (15-10) = 25\text{kPa}$

土层平均附加压力 $p_z = 10\text{kPa}$

压缩指数 $C_c = 0.8$

正常固结

$$s = \frac{h}{1+e_0}\left[C_c \lg\left(\frac{p_{cz}+p_z}{p_{cz}}\right)\right] = \frac{10}{1+2.33} \times \left[0.8 \times \lg\left(\frac{25+120}{25}\right)\right] = 1.834\text{m}$$

2016D13

已知某场地地层条件及孔隙比 e 随压力变化函数如下表所示，②层以下为不可压缩层，地下水位在地面处，在该场地上进行大面积填土，当堆土荷载为 30kPa，估算填土荷载产生的沉降量最接近下列哪个选项？（沉降经验系数 ζ 按 1.0，变形计算深度至应力比为 0.1 处）

土层名称	层底埋深（m）	饱和重度（kN/m³）	e-$\lg p$ 关系式
①粉砂	10	20.0	$e=1-0.05\lg p$
②淤泥质粉质黏土	40	18.0	$e=1.6-0.2\lg p$

(A) 50mm　　　(B) 200mm　　　(C) 230mm　　　(D) 300mm

【解1】根据 e-p 曲线计算公式求解

变形计算深度至应力比为 0.1 处，据此确定变形计算深度 z

$30/[(20-10)\times 10+(18-10)\times(z-10)]=0.1 \to z=35\text{m}$

0～10m，①粉砂层

初始平均自重 $p_{cz}=[0+(20-10)\times 10]\div 2=50\text{kPa}$

查表对应 $e_0=1-0.05\times\lg p=1-0.05\times\lg 50=0.915$

最终平均自重+附加应力 $p_1=50+30=80\text{kPa}$

查表对应 $e_1=1-0.05\times\lg p=1-0.05\times\lg 80=0.905$

该层土层厚度 $h=10$m

沉降 $s=\dfrac{e_0-e_1}{1+e_0}h=\dfrac{0.915-0.905}{1+0.915}\times 10000=52.22\text{mm}$

10～35m，②淤泥质粉质黏土

初始平均自重 $p_{cz}=[(20-10)\times 10+(20-10)\times 10+(18-10)\times 25]\div 2=200\text{kPa}$

查表对应 $e_0=1.6-0.2\times\lg p=1.6-0.2\times\lg 200=1.140$

最终平均自重+附加应力 $p_1=200+30=230\text{kPa}$

查表对应 $e_1=1.6-0.2\times\lg p=1.6-0.2\times\lg 230=1.128$

该层土层厚度 $h=25$m

沉降 $s=\dfrac{e_0-e_1}{1+e_0}h=\dfrac{1.140-1.128}{1+1.140}\times 25000=140.18\text{mm}$

所以总沉降 $s'=52.22+140.18=192.40\text{mm}$

【解2】直接根据 e-$\lg p$ 曲线计算公式求解

由 e-$\lg p$ 曲线直接呈线性变化，开始无直线段，因此这两层土均为正常固结土

计算深度，初始平均自重，所对应孔隙比，均同上

0～10m，①粉砂层，压缩指数 $C_c=\dfrac{e_i-e_{i+1}}{\lg p_{i+1}-\lg p_i}=0.05$

沉降 $s=\zeta\dfrac{h}{1+e_0}\left[C_c\lg\left(\dfrac{p_{cz}+p_z}{p_{cz}}\right)\right]=1.0\times\dfrac{10000}{1+0.915}\times\left[0.05\times\lg\left(\dfrac{50+30}{50}\right)\right]=53.295$

10～35m，②淤泥质粉质黏土，压缩指数 $C_c=\dfrac{e_i-e_{i+1}}{\lg p_{i+1}-\lg p_i}=0.21$

沉降 $s=\zeta\dfrac{h}{1+e_0}\left[C_c\lg\left(\dfrac{p_{cz}+p_z}{p_{cz}}\right)\right]=1.0\times\dfrac{25000}{1+1.140}\times\left[0.2\times\lg\left(\dfrac{200+30}{200}\right)\right]=$

141.817

所以总沉降 $s' = 53.295 + 141.817 = 195.112$ mm

【注】① 计算平均自重时，因为同层土是线性变化的，解1是计算层顶和层底自重，然后除以2得到平均自重，也可以直接取中点深度处的自重，如解2。以②淤泥质粉质黏土为例，10～35m，中点深处在22.5m处，22.5m处自重压力即为该计算深度内平均自重 $p_0 = (20-10) \times 10 + (18-10) \times 12.5 = 200$ kPa。

② 理解解2求解，明显理论功底要求很高，首先能判断出是正常固结土，才能使用相应公式求解。

③ 两种计算方法结果不完全一致，是因为在计算过程中有效数字取舍造成的。

1.5.5 规范公式法及计算压缩模量当量值

2002C9

某建筑物采用独立基础，基础平面尺寸为 4m×6m，基础埋深 $d = 1.5$m，拟建场地地下水位距地表 1.0m，地基土层分布及主要物理力学指标如下表。假如作用于基础底面处的有效附加压力（准永久值）$p_0 = 80$ kPa，第④层属超固结土（OCR=1.5）；可作为不压缩层考虑，沉降计算经验系数 ψ_s 取 1.0，按《建筑地基基础设计规范》计算独立基础最终沉降量 s (mm)，其值最接近下列（　　）数值。

(A) 58　　　　(B) 84　　　　(C) 110　　　　(D) 118

层序	土名	层底深度(m)	含水量	天然重度(kN/m³)	孔隙比 e	液性指数 I_L	压缩模量 E_s (MPa)
①	填土	1.00		18.0			
②	粉质黏土	3.50	30.5%	18.7	0.82	0.70	7.5
③	淤泥质黏土	7.90	48.0%	17.0	1.38	1.20	2.4
④	黏土	15.00	22.5%	19.7	0.68	0.35	9.9

【解】确定角点位置：基础中心点，把基础分成块数 $n = 4$

每一块短边 $b' = 2$m；每一块长边 $l' = 3$m

确定计算深度及分层	层底—埋深 z_i	z_i/b'	l'/b'	层底平均附加应力系数 $\bar{\alpha}_i$（查表）	$z_i\bar{\alpha}_i - z_{i-1}\bar{\alpha}_{i-1}$	每层土压缩模量 E_{si}
②	2	1	1.5	0.2320	0.464	7.5
③	6.4	3.2	1.5	0.1474	0.47936	2.4

注意水位，基底附加应力 $p_0 = 80$ kPa

沉降计算经验系数 $\psi_s = 1$

最终沉降

$$s = \psi_s p_0 \sum \frac{n \cdot (z_i\bar{\alpha}_i - z_{i-1}\bar{\alpha}_{i-1})}{E_{si}} = 1.0 \times 80 \times 4 \times \left(\frac{0.464}{7.5} + \frac{0.47936}{2.4}\right) = 83.712 \text{ mm}$$

2002C10

某建筑物采用独立基础，基础平面尺寸为 4m×6m，基础埋深 $d = 1.5$m，拟建场地地下水位距地表1.0m，地基土层分布及主要物理力学指标见下表。假如作用于基础底面处的有效附加压力（准永久值）$p_0=60$kPa，压缩层厚度为5.2m，按《建筑地基基础设计规范》确定沉降计算深度范围内压缩模量的当量值，其结果最接近下列（　　）数值。

(A) 3.0MPa　　(B) 3.4MPa　　(C) 3.8MPa　　(D) 4.2MPa

层序	土名	层底深度(m)	含水量	天然重度(kN/m³)	孔隙比 e	液性指数 I_L	压缩模量 E_s (MPa)
①	填土	1.00		18.0			
②	粉质黏土	3.50	30.5%	18.7	0.82	0.70	7.5
③	淤泥质黏土	7.90	48.0%	17.0	1.38	1.20	2.4
④	黏土	15.00	22.5%	19.7	0.68	0.35	9.9

【解】确定角点位置：基础中心点，把基础分成块数 $n=4$

每一块短边 $b'=2$m；每一块长边 $l'=3$m

确定计算深度及分层	层底—埋深 z_i	z_i/b'	l'/b'	层底平均附加应力系数 $\bar{\alpha}_i$（查表）	$z_i\bar{\alpha}_i-z_{i-1}\bar{\alpha}_{i-1}$	每层土压缩模量 E_{si}
②	2	1	1.5	0.2320	0.464	7.5
③	5.2	2.6	1.5	0.1664	0.40128	2.4

压缩模量当量值

$$\bar{E}_s=\frac{\sum z_i\bar{\alpha}_i-z_{i-1}\bar{\alpha}_{i-1}}{\sum \dfrac{z_i\bar{\alpha}_i-z_{i-1}\bar{\alpha}_{i-1}}{E_{si}}}=\frac{0.464+0.40128}{\dfrac{0.464}{7.5}+\dfrac{0.40128}{2.4}}=3.77\text{MPa}$$

【注】求压缩模量当量值，$z_i\bar{\alpha}_i-z_{i-1}\bar{\alpha}_{i-1}$ 这部分乘或者不乘块数，都是一样的。

2003C7

矩形基础的底面尺寸为2m×2m，基底附加压力 $p_0=185$kPa，基础埋深2.0m，地质资料如题图所示，地基承载力特征值 $f_{ak}=185$kPa。按照《建筑地基基础设计规范》，地基变形计算深度 $z_n=4.5$m 内地基最终变形量最接近下列（　　）。

(A) 110mm　　(B) 104mm

(C) 85mm　　(D) 94mm

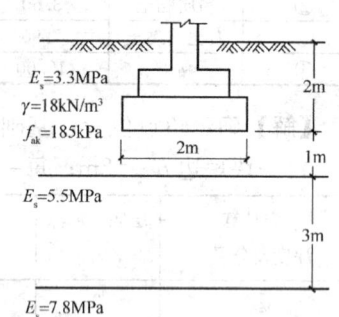

题 2003C7 图

z (m)	$z_i\bar{\alpha}_i-z_{i-1}\bar{\alpha}_{i-1}$	E_s (MPa)	$\Delta s'$ (mm)	$s'=\sum \Delta s'$ (mm)
0	0			
1	0.225	3.3	50.5	50.5
4	0.219	5.5	29.5	80.0
4.5	0.015	7.8	1.4	81.4

【解】压缩模量当量值

$$\bar{E}_s=\frac{\sum z_i\bar{\alpha}_i-z_{i-1}\bar{\alpha}_{i-1}}{\sum \dfrac{z_i\bar{\alpha}_i-z_{i-1}\bar{\alpha}_{i-1}}{E_{si}}}=\frac{0.225+0.219+0.015}{\dfrac{0.225}{3.3}+\dfrac{0.2198}{5.5}+\dfrac{0.015}{7.8}}=4.17\text{MPa}$$

根据 $\overline{E}_s$ 以及 $p_0 = 185 \geqslant f_{ak} = 185$ 关系查表，沉降计算经验系数 $\psi_s = 1.28$

最终沉降 $s = \psi_s s' = 1.28 \times 81.4 = 104.192 \text{mm}$

2004D12

建筑物基础底面尺寸为 $4m \times 8m$，荷载准永久组合时上部结构传下来的基础底面处的竖向力 $F = 1920 \text{kN}$，基础埋深 $d = 1.0 \text{m}$，土层天然重度 $\gamma = 18 \text{kN/m}^3$，地下水位埋深为 1.0m，基础底面以下平均附加压力系数如下表所示，沉降计算经验系数取 1.1，按《建筑地基基础设计规范》计算，最终沉降量最接近下列（ ）。

(A) 3.0cm　　　(B) 3.6cm　　　(C) 4.2cm　　　(D) 4.8cm

z_i (m)	l/b	$2z_i/b$	$\overline{\alpha}_i$	$\overline{\alpha}_i = 4\overline{\alpha}_i$	$z_i\overline{\alpha}_i$	E_s (MPa)	$z_i\overline{\alpha}_i - z_{i-1}\overline{\alpha}_{i-1}$
0	2	0	0.25	1	0		
2	2	1	0.234	0.9360	1.872	10.2	1.872
6	2	3	0.1619	0.6476	3.886	3.4	2.014

【解】注意水位，基底附加应力 $p_0 = p_k - p_c = \dfrac{1920}{4 \times 8} - 1 \times 18 = 42 \text{kPa}$

最终沉降
$$s = \psi_s p_0 \sum \dfrac{n \cdot (z_i\overline{\alpha}_i - z_{i-1}\overline{\alpha}_{i-1})}{E_{si}} = 1.0 \times 42 \times \left(\dfrac{1.872}{10.2} + \dfrac{2.014}{3.4} \right) = 35.8 \text{mm}$$

【注】此题给的数据中已经乘了 4。

2005D11

某独立柱基尺寸为 $4m \times 4m$，基础底面处的附加压力为 130kPa，地基承载力特征值 $f_{ak} = 180 \text{kPa}$，根据下表所提供的数据，采用分层总和法计算独立柱基的地基最终变形量，变形计算深度为基础底面下 6.0m，沉降计算经验系数取 0.4，根据以上条件计算得出的地基最终变形量最接近下列（ ）值。

(A) 17mm　　　(B) 15mm　　　(C) 13mm　　　(D) 11mm

第 i 土层	基底至第 i 土层底面距离 z_i (m)	E_{si} (MPa)
1	1.6	16
2	3.2	11
3	6.0	25
4	30	60

【解】确定角点位置：把基础分成块数 $n = 4$

每一块短边 $b' = 2\text{m}$；每一块长边 $l' = 2\text{m}$

确定计算深度及分层	层底一埋深 z_i	z_i/b'	l'/b'	层底平均附加应力系数 $\overline{\alpha}_i$（查表）	$z_i\overline{\alpha}_i - z_{i-1}\overline{\alpha}_{i-1}$	每层土压缩模量 E_{si}
1	1.6	0.8	1	0.2346	0.3754	16
2	3.2	1.6	1	0.1939	0.2451	11
3	6.0	3.0	1	0.1369	0.2009	25

注意水位，基底附加应力 $p_0 = 130 \text{kPa}$

沉降计算经验系数 $\psi_s = 0.4$

最终沉降

$$s = \psi_s p_0 \sum \frac{n \cdot (z_i \bar{\alpha}_i - z_{i-1} \bar{\alpha}_{i-1})}{E_{si}} = 0.4 \times 130 \times 4 \times \left(\frac{0.3754}{16} + \frac{0.2451}{11} + \frac{0.2009}{25}\right) = 11.2 \text{mm}$$

2008C6

高速公路在桥头段软土地基上采用高填方路基，路基平均宽度 30m，路基自重及路面荷载传至路基底面的均布荷载为 120kPa，地基土均匀，平均 $E_s = 6$MPa，沉降计算压缩层厚度按 24m 考虑，沉降计算修正系数取 1.2，桥头路基的最终沉降量最接近下列何项？

(A) 124mm (B) 248mm (C) 206mm (D) 495mm

【解1】 确定角点位置：把公路视为条形基础，桥头路基中点，所以把基础分成块数 $n = 2$；每一块短边 $b' = 15$m

确定计算深度及分层	层底—埋深 z_i	z_i/b'	层底平均附加应力系数 $\bar{\alpha}_i$（查表）	$z_i \bar{\alpha}_i - z_{i-1} \bar{\alpha}_{i-1}$	每层土压缩模量 E_{si}
1	24	1.6	0.2152	5.1648	1

注意水位，基底附加应力 $p_0 = 120$kPa

沉降计算经验系数 $\psi_s = 1.2$

最终沉降

$$s = \psi_s p_0 \sum \frac{n \cdot (z_i \bar{\alpha}_i - z_{i-1} \bar{\alpha}_{i-1})}{E_{si}} = 1.2 \times 120 \times 2 \times \frac{5.1648}{6} = 247.9 \text{mm}$$

【解2】 根据《公路桥涵地基与基础设计规范》

把公路视为条形基础，$z/b = 24/30 = 0.8$，查表中点法 $\bar{\alpha} = 0.860$

桥头路基中点，因此只能取一半，所以 $n = 1/2$

$$s = \psi_s p_0 \sum \frac{n \cdot (z_i \bar{\alpha}_i - z_{i-1} \bar{\alpha}_{i-1})}{E_{si}} = 1.2 \times \frac{1}{2} \times \frac{0.860 \times 24}{6} = 247.7 \text{mm}$$

【注】《建筑地基基础设计规范》采用角点法查平均附加应力系数；《公路桥涵地基与基础设计规范》采用中点法查平均附加应力系数；两者计算结果一致。但计算时应注意如何分块及分块后 l、b 的取值。涉及高速公路理应使用《公路桥涵地基与基础设计规范》。

2008C8

天然地基上的独立基础，基础平面尺寸 5m×5m，基底附加压力 180kPa，基础下地基土的性质和平均附加应力系数见下表，问地基压缩层的压缩模量当量值最接近下列哪个选项的数值？

(A) 10MPa (B) 12MPa (C) 15MPa (D) 17MPa

土名称	厚度（m）	压缩模量（MPa）	平均附加应力系数
粉土	2.0	10	0.9385
粉质黏土	2.5	18	0.5737
基岩	>5		

【解】

确定计算深度及分层	层底—埋深 z_i	层底平均附加应力系数 $\bar{\alpha}_i$（查表）	$z_i\bar{\alpha}_i - z_{i-1}\bar{\alpha}_{i-1}$	每层土压缩模量 E_{si}
第1层土	2	0.9385	1.877	
第2层土	4.5	0.5737	0.70465	

压缩模量当量值

$$\bar{E}_s = \frac{\sum z_i\bar{\alpha}_i - z_{i-1}\bar{\alpha}_{i-1}}{\sum \dfrac{z_i\bar{\alpha}_i - z_{i-1}\bar{\alpha}_{i-1}}{E_{si}}} = \frac{1.877 + 0.70645}{\dfrac{1.877}{10} + \dfrac{0.70645}{18}} = 11.38 \text{MPa}$$

或者

$$\bar{E}_s = \frac{\sum z_i\bar{\alpha}_i - z_{i-1}\bar{\alpha}_{i-1}}{\sum \dfrac{z_i\bar{\alpha}_i - z_{i-1}\bar{\alpha}_{i-1}}{E_{si}}} = \frac{(0.9385\times 2 - 0) + (0.5737\times 4.5 - 0.9385\times 2)}{\dfrac{0.9385\times 2 - 0}{10} + \dfrac{0.5737\times 4.5 - 0.9385\times 2}{18}}$$

$$= 11.38 \text{MPa}$$

2008D8

某住宅楼采用长宽 40m×40m 的筏形基础，埋深 10m。基础底面平均总压力值为 300kPa。室外地面以下土层重度 γ 为 20kN/m³，地下水位在室外地面以下 4m。根据下表数据计算基底下深度 7～8m 土层的变形值最接近于下列哪个选项的数值？

(A) 7.0mm (B) 8.0mm (C) 9.0mm (D) 10.0mm

第 i 层	基底至第 i 层土底面距离 z_i	E_{si}
1	4.0m	20MPa
2	8.0m	16MPa

【解1】先计算基底下 0～7m 的沉降

确定角点位置：基础中心点，把基础分成块数 $n=4$

每一块短边 $b'=20$m；每一块长边 $l'=20$m

确定计算深度及分层	层底—埋深 z_i	z_i/b'	l'/b'	层底平均附加应力系数 $\bar{\alpha}_i$（查表）	$z_i\bar{\alpha}_i - z_{i-1}\bar{\alpha}_{i-1}$	每层土压缩模量 E_{si}
1	4	0.20	1	0.2496	0.9984	20
2	7	0.35	1	0.2480	0.7376	16

注意水位，基底附加应力 $p_0 = p_k - p_c = 300 - 20\times 4 - 10\times 6 = 160$kPa

沉降计算经验系数题中未给，且无法查表确定，取 $\psi_s = 1.0$

最终沉降

$$s_1 = \psi_s p_0 \sum \frac{n\cdot(z_i\bar{\alpha}_i - z_{i-1}\bar{\alpha}_{i-1})}{E_{si}} = 1\times 160\times 4\times\left(\frac{0.9984}{20} + \frac{0.7376}{16}\right)$$

再计算基底下 0～8m 的沉降

1 土力学专题

确定计算深度及分层	层底—埋深 z_i	z_i/b'	l'/b'	层底平均附加应力系数 $\bar{\alpha}_i$（查表）	$z_i\bar{\alpha}_i - z_{i-1}\bar{\alpha}_{i-1}$	每层土压缩模量 E_{si}
1	4	0.20	1	0.2496	0.9984	20
2	8	0.4	1	0.2474	0.9808	16

$$s_2 = \psi_s p_0 \sum \frac{n \cdot (z_i\bar{\alpha}_i - z_{i-1}\bar{\alpha}_{i-1})}{E_{si}} = 1 \times 160 \times 4 \times \left(\frac{0.9984}{20} + \frac{0.9808}{16}\right)$$

则 $s = s_1 - s_2 = 1 \times 160 \times 4 \times \left(\frac{0.9984}{20} + \frac{0.9808}{16}\right) - 1 \times 160 \times 4 \times \left(\frac{0.9984}{20} + \frac{0.7376}{16}\right)$

$$= 1 \times 160 \times 4 \times \left(\frac{0.9808}{16} - \frac{0.7376}{16}\right) = 1 \times 160 \times 4 \times \frac{0.2432}{16} = 9.728 \text{mm}$$

【解2】 确定角点位置：基础中心点，把基础分成块数 $n=4$
每一块短边 $b'=20$m；每一块长边 $l'=20$m

确定计算深度及分层	层底—埋深 z_i	z_i/b'	l'/b'	层底平均附加应力系数 $\bar{\alpha}_i$（查表）	$z_i\bar{\alpha}_i - z_{i-1}\bar{\alpha}_{i-1}$	每层土压缩模量 E_{si}
1	7	0.35	1	0.2480		1
2	8	0.4	1	0.2474	0.2432	2

注意水位，基底附加应力 $p_0 = p_k - p_c = 300 - 20 \times 4 - 10 \times 6 = 160$kPa
沉降计算经验系数 $\psi_s = 1.0$
最终沉降

$$s = \psi_s p_0 \sum \frac{n \cdot (z_i\bar{\alpha}_i - z_{i-1}\bar{\alpha}_{i-1})}{E_{si}} = 1 \times 160 \times 4 \times \frac{0.2432}{16} = 9.728 \text{mm}$$

【注】 ①此题不严谨，无法确定沉降经验系数。此时沉降计算经验系数 $\psi_s = 1.0$。
② 此题除了不太严谨，是特好的一道题，可以加深对沉降计算公式原理的理解。基底下深度 $z_{i-1} \sim z_i$ 范围沉降，只与深度 z_{i-1} 和 z_i 处平均附加应力系数及 $z_{i-1} \sim z_i$ 范围内压缩模量有关，与 $0 \sim z_{i-1}$ 范围内压缩模量也就是深度 z_{i-1} 以上土层的压缩模量是无关的。这从解1和解2的对比中也可以形象地看出，解1本质上走了弯路。又比如 $0 \sim z$ 范围假如压缩模量是定值或者说基底 $0 \sim z$ 范围内是一层土，这时候只要查深度 z 处所对应的基底平均附加应力系数即可，原因是基底处即基底0m位置处，基底平均附加应力系数为1。这道题希望大家仔细理解。

2009C7

某建筑筏形基础，宽度15m，埋深10m，基底压力400kPa，地基土层性质见下表，按《建筑地基基础设计规范》的规定，该建筑地基的压缩模量当量值最接近下列何项？

（A）15MPa　　　（B）16.6MPa　　　（C）17.5MPa　　　（D）20MPa

序号	岩土名称	层底埋深（m）	压缩模量（MPa）	基底至该层底的平均附加应力系数 $\bar{\alpha}$（基础中心点）
1	粉质黏土	10	12.0	—

1.5 地基最终沉降

续表

序号	岩土名称	层底埋深（m）	压缩模量（MPa）	基底至该层底的平均附加应力系数 $\bar{\alpha}$（基础中心点）
2	粉土	20	15.0	0.8974
3	粉土	30	20.0	0.7281
4	基岩	—	—	—

【解】$\overline{E}_s = \dfrac{\sum z_i\bar{\alpha}_i - z_{i-1}\bar{\alpha}_{i-1}}{\sum\dfrac{z_i\bar{\alpha}_i - z_{i-1}\bar{\alpha}_{i-1}}{E_{si}}} = \dfrac{(0.8974\times10-0)+(0.7281\times20-0.8974\times10)}{\dfrac{0.8974\times10-0}{15}+\dfrac{0.7281\times20-0.8974\times10}{20}}$

$= 16.59\text{MPa}$

2011D8

既有基础平面尺寸 4m×4m，埋深 2m，底面压力 150kPa，如题图所示，新建基础紧贴既有基础修建，基础平面尺寸 4m×2m，埋深 2m，底面压力 100kPa。已知基础下地基土为均质粉土，重度 $\gamma = 20\text{kN/m}^3$，压缩模量 $E_s = 10\text{MPa}$。层底埋深 8m，下卧基岩。问新建基础的荷载引起的既有基础中心点的沉降量最接近下列哪个选项？（沉降修正系数取 1.0）

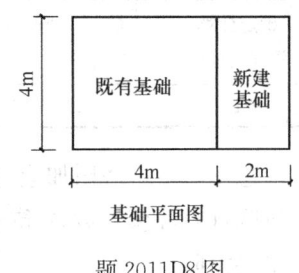

题 2011D8 图

(A) 1.8mm　　(B) 3.0mm　　(C) 3.3mm　　(D) 4.5mm

【解】

采用角点法计算图示 A 点的平均附加应力系数，将荷载分为相等的两块，先求得矩形荷载块 $BCEF$ 作用下 A 点的平均附加应力系数 $\bar{\alpha}_1$。$\bar{\alpha}_1$ 等于 $ACFD$ 的角点 A 的平均附加应力系数 $\bar{\alpha}_B$ 减去 $ABED$ 的角点 A 的平均附加应力系数 $\bar{\alpha}_A$，即 $\bar{\alpha}_1 = \bar{\alpha}_B - \bar{\alpha}_A$。

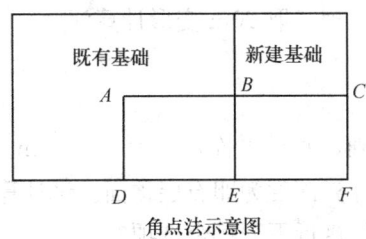

角点法示意图

新建基础荷载引起的既有基础中心点 A 点的沉降量为荷载块 $BCEF$ 引起的基础中心点 A 点的沉降量的 2 倍。

角点法分块如图所示

矩形 $ACFD$ 中 $l'/b' = 4/2 = 2$，$z_i/b' = 6/2 = 3$，查表 $\bar{\alpha}_B = 0.1619$

矩形 $ABED$ 中 $l'/b' = 2/2 = 1$，$z_i/b' = 6/2 = 3$，查表 $\bar{\alpha}_A = 0.1369$

$s = \psi_s p_0 \sum\dfrac{n\cdot(z_i\bar{\alpha}_i - z_{i-1}\bar{\alpha}_{i-1})}{E_{si}} = 1\times(100-2\times20)\times2\times\left(\dfrac{0.1619\times6}{10} - \dfrac{0.1369\times6}{10}\right) =$ 1.8mm

【注】相邻建筑的附加应力及沉降计算为常考题型，应重点掌握。本质为角点法的

"加加减减"。

2012D6

某高层建筑筏板基础,平面尺寸 20m×40m,埋深 8m,基底压力的准永久组合值为 607kPa,地面以下 25m 范围内为山前冲洪积粉土、粉质黏土,平均重度 19kN/m³,其下为密实卵石,基底下 20m 深度内的压缩模量当量值为 18MPa。实测筏板基础中心点最终沉降量为 80mm,问由该工程实测资料推出的沉降经验系数最接近下列哪个选项?

(A) 0.15   (B) 0.20   (C) 0.66   (D) 0.80

【解】确定角点位置:基础中心点,把基础分成块数 $n=4$

每一块短边 $b'=10$m;每一块长边 $l'=20$m

确定计算 深度及分层	层底-埋深 z_i	z_i/b'	l'/b'	层底平均附加应 力系数 $\bar{\alpha}_i$(查表)	$z_i\bar{\alpha}_i - z_{i-1}\bar{\alpha}_{i-1}$	每层土压缩 模量 E_{si}
1	20	2	2	0.1958		

注意水位,基底附加应力 $p_0 = p_k - p_c = 607 - 8 \times 19 = 455$kPa

沉降计算经验系数 ψ_s 待求

最终沉降

$$s = \psi_s p_0 \sum \frac{n \cdot (z_i\bar{\alpha}_i - z_{i-1}\bar{\alpha}_{i-1})}{E_{si}} = \frac{\psi_s p_0 n \cdot z\bar{\alpha}}{\overline{E}_s} = \psi_s \times 455 \times 4 \times \frac{20 \times 0.1958}{18}$$

$$= 0.08 \rightarrow \psi_s = 0.2020$$

【注】①这道题帮助我们加深对压缩模量当量值的理解。知道某一压缩层内压缩模量当量值,压缩层就不用再分层,直接利用压缩层深度和压缩模量当量值就可以计算沉降。

② 本题不太严谨,密实卵石未给出压缩模量大小,若压缩模量大于 80MPa 时,则变形计算深度至密实卵石层,计算厚度应为 17m,但是已知的是基底下 20m 深度内压缩模量当量值,故考试时只能灵活处理,取 20m 变形计算深度。

2013C5

某建筑基础为柱下独立基础,基础平面尺寸为 5m×5m。基础埋深 2m,室外地面以下土层参数见下表,假定变形计算深度为卵石层顶面。试计算基础中点沉降时,沉降计算深度范围内的压缩模量当量值最接近下列哪个选项?

(A) 12.6MPa   (B) 13.4MPa   (C) 15.0MPa   (D) 18.0MPa

土层名称	土层层底埋深 (m)	重度 (kN/m³)	压缩模量 E_s (MPa)
粉质黏土	2.0	19	10
粉土	5.0	18	12
细砂	8.0	18	18
密实卵石	15.0	18	90

【解】确定角点位置:基础中心点把基础分成块数 $n=4$

每一块短边 $b'=2.5$m;每一块长边 $l'=2.5$m;题中已明确变形计算深度至卵石层顶面。

1.5 地基最终沉降

确定计算深度及分层	层底—埋深 z_i	z_i/b'	l'/b'	层底平均附加应力系数 $\bar{\alpha}_i$（查表）	$z_i\bar{\alpha}_i - z_{i-1}\bar{\alpha}_{i-1}$	每层土压缩模量 E_{si}
粉土	3	1.2	1	0.2149	0.6447	10
细砂	6	2.4	1	0.1578	0.3021	12

压缩模量当量值

$$\bar{E}_s = \frac{\sum z_i\bar{\alpha}_i - z_{i-1}\bar{\alpha}_{i-1}}{\sum \dfrac{z_i\bar{\alpha}_i - z_{i-1}\bar{\alpha}_{i-1}}{E_{si}}} = \frac{0.6447 + 0.3021}{\dfrac{0.6447}{12} + \dfrac{0.3021}{18}} = 13.428 \text{MPa}$$

2013D7

如题图所示甲、乙二相邻基础，其埋深和基底平面尺寸均相同，埋深 $d=1.0$m，底面尺寸均为 $2m \times 4m$，地基土为黏土，压缩模量 $E_s=3.2$MPa。作用的准永久组合下基础底面处的附加压力分别为加 $p_{0甲}=120$kPa，$p_{0乙}=60$kPa，沉降计算经验系数取1.0，根据《建筑地基基础设计规范》计算，甲基础荷载引起的乙基础中点的附加沉降量最接近下列何值？

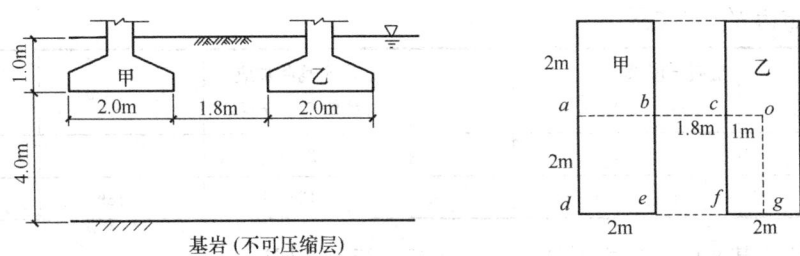

题 2013D7 图

(A) 1.6mm　　　(B) 3.2mm　　　(C) 4.8mm　　　(D) 40.8mm

【解】 角点法分块如图所示

矩形 $aogd$ 中 $l'/b' = 4.8/2 = 2.4$，$z_i/b' = 4/2 = 2$，查表 $\bar{\alpha}_i = 0.1982$

矩形 $boge$ 中 $l'/b' = 2.8/2 = 1.4$，$z_i/b' = 4/2 = 2$，查表 $\bar{\alpha}_i = 0.1875$

$$s = \psi_s p_0 \sum \frac{n \cdot (z_i\bar{\alpha}_i - z_{i-1}\bar{\alpha}_{i-1})}{E_{si}} = 1 \times 120 \times 2 \times \left(\frac{0.1982 \times 4}{3.2} - \frac{0.1875 \times 4}{3.2}\right) = 3.21\text{mm}$$

【注】 本题下卧基岩，按规范考虑刚性下卧层变形增大影响，但是官方解答并未考虑，对于这个刚性下卧层变形增大影响，如题目未明确要求考虑刚性下卧层应力集中作用影响，建议慎用。

2014D5

某既有建筑基础为条形基础，基础宽度 $b=3.0$m，埋深 $d=2.0$m，剖面如题图所示，由于房屋改建，拟增加一层，导致基础底面压力由原来的 65kPa 增加到 85kPa，沉降计算的经验系数取1.0，计算由于房屋改建使淤泥质黏土层产生的附加沉降量最接近下列何值？

(A) 9.0mm　　　(B) 10.0mm　　　(C) 20.0mm　　　(D) 35.0mm

1 土力学专题

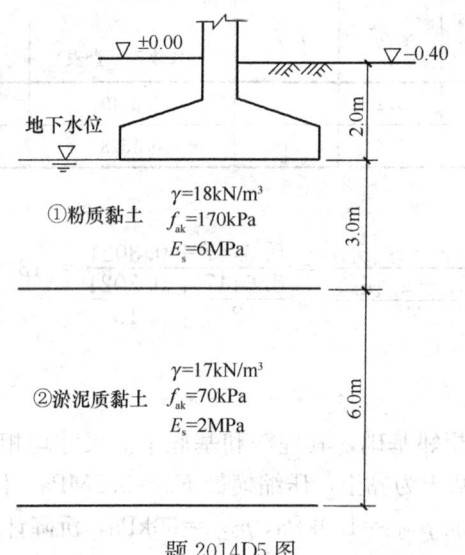

题 2014D5 图

【解】确定角点位置：条形基础中心点，把基础分成块数 $n=4$

每一块短边 $b'=1.5$m

确定计算深度及分层	层底—埋深 z_i	z_i/b'	l'/b'	层底平均附加应力系数 $\bar{\alpha}_i$（查表）	$z_i\bar{\alpha}_i - z_{i-1}\bar{\alpha}_{i-1}$	每层土压缩模量 E_{si}
①	3	2		0.2018		①
②	9	6		0.1216	0.489	②

注意水位，基底附加应力增加值 $\Delta p_0 = 85 - 65 = 20$kPa

沉降计算经验系数 $\psi_s = 1$

最终沉降

$$s = \psi_s p_0 \sum \frac{n \cdot (z_i\bar{\alpha}_i - z_{i-1}\bar{\alpha}_{i-1})}{E_{si}} = \frac{\psi_s p_0 n \cdot z\bar{\alpha}}{\bar{E}_s} = 1 \times 20 \times 4 \times \frac{0.489}{2} = 19.56\text{mm}$$

【注】本题只计算淤泥土层的沉降，是单层土的沉降，或者理解为一段深度范围内的沉降，而不是基底下全部压缩土层的沉降。

2017C9

某筏板基础，平面尺寸为 12m×20m，其他资料如题图所示，地下水位在地面处。相应于作用效应准永久组合时基础底面的竖向合力 $F=18000$kN，力矩为 $M=8200$kN·m，基底压力按线性分布计算，按照《建筑地基基础设计规范》规定的方法，计算筏板基础长边两端 A 点与 B 点之间的沉降差值（沉降计算经验系数取 1.0），其值最接近以下哪个数值？

(A) 10mm　　　(B) 14mm　　　(C) 20mm　　　(D) 41mm

【解】①计算基底压力

偏心距 $e = \dfrac{M}{F+G} = \dfrac{8200}{18000} = 0.456 < \dfrac{b}{6} = \dfrac{20}{6} = 3.33$，属于小偏心

A 点基底压力 $p_{k\max} = \dfrac{F+G}{bl}\left(1+\dfrac{6e}{b}\right) = \dfrac{18000}{12\times 20}\times\left(1+\dfrac{6\times 0.456}{20}\right) = 85.26$kPa

1.5 地基最终沉降

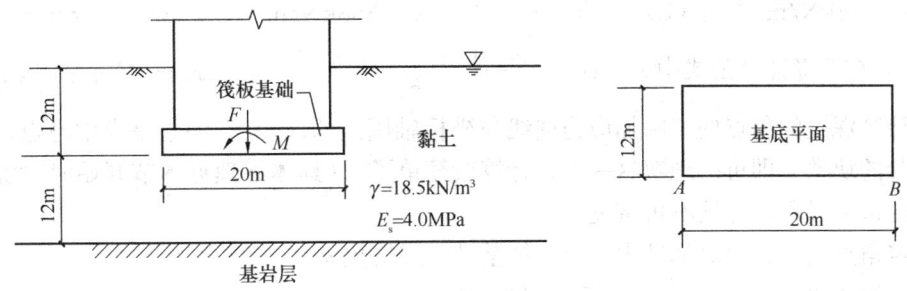

题 2017C9 图

B 点基底压力 $p_{k\min} = \dfrac{F+G}{bl}\left(1-\dfrac{6e}{b}\right) = \dfrac{18000}{12\times20}\times\left(1-\dfrac{6\times0.456}{20}\right) = 64.74\text{kPa}$

由于此题求 A、B 两点沉降差，因此采用 A、B 两点附加压力差计算即可。A、B 两点附加压力差就等于基底压力差，因此 $\Delta p_0 = 85.26 - 64.74 = 20.51\text{kPa}$

②计算沉降差

$\dfrac{l}{b} = \dfrac{12}{20} = 0.6$，$\dfrac{z}{b} = \dfrac{12}{20} = 0.6$

据此查本规范附录表 K.0.2 的平均附加应力系数 $\bar{\alpha}_1 = 0.0355$，$\bar{\alpha}_2 = 0.1966$

沉降差 $\Delta s = \psi_s p_0 \sum \dfrac{(z_i\bar{\alpha}_i - z_{i-1}\bar{\alpha}_{i-1})}{E_{si}} = 1.0\times20.51\times\dfrac{12\times(0.1966-0.0355)}{4.0} = 9.91\text{mm}$

【注】①以往都是考查矩形均布分布荷载，本题考查三角形分布荷载，解题思维流程是一致的，但应注意查相应的平均附加应力系数表格。

② 近些年综合题越来越多，即一个题考查多个知识点，如此题考查基底压力的计算和地基沉降的计算，这要求必须对解题思维流程比较熟练，做题速度才能高效。

③ 此题略微不严谨。有的岩友可能想到了，不按差值荷载计算，分别计算出 A、B 两点的实际沉降值，然后做差求出沉降差。这样理论上当然是可行的，试一下，基底自重压力值 $p_c = (18.5-10)\times12 = 102\text{kPa}$，则 A 点的附加压力 $p_{0A} = 85.26 - 102 = -16.74\text{kPa}$，$B$ 点的附加压力 $p_{0B} = 64.74 - 102 = -37.26\text{kPa}$。到这里可以看出，实际基础会发生反弹，所以这里就是不严谨之处。但即便发生反弹，反弹的差值如果理解为沉降差的话，也是 9.91mm，此差值是不会变的。在这里再次强调，考题不是那么严谨，想做对，有时候得将错就错，这道题虽不严谨，但不是错题，即便基底附加压力是负值，只能给人疑惑，但这个答案，按照如上解释，还是能解释通的。

2017D8

某矩形基础，底面尺寸 $2.5\text{m}\times4.0\text{m}$，基底附加压力 $p_0 = 200\text{kPa}$，基础中心点下地基附加压力曲线如题图所示，问：基底中心点下深度 1.0~4.5m 范围内附加应力曲线与坐标轴围成的面积 A（图中阴影部分）最接近下列何值？（图中尺寸单位 mm）

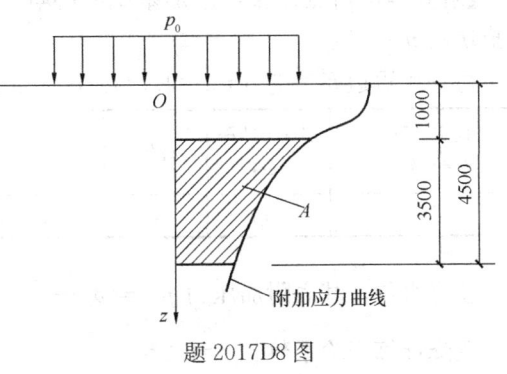

题 2017D8 图

(A) 274kN/m (B) 308kN/m (C) 368kN/m (D) 506kN/m

【解】在沉降计算公式中 $s = \psi_s p_0 \sum \dfrac{n \cdot (z_i \bar{\alpha}_i - z_{i-1} \bar{\alpha}_{i-1})}{E_{si}}$，$p_0(z_i \bar{\alpha}_i - z_{i-1} \bar{\alpha}_{i-1})$ 这部分就是相应计算深度的角点处"附加应力曲线与坐标轴围成的面积"，如果是求中心点，相应的再乘分的块数 n 即可。理解这一点，计算就简单了。（具体原理见本节开始时对沉降计算公式的讲解过程，此处不再赘述）

确定角点位置：矩形基础中心点，把基础分成块数 $n=4$

每一块短边 $b'=2.5\div 2=1.25\text{m}$；每一块长边 $l'=4\div 2=2\text{m}$

确定计算深度及分层	层底—埋深 z_i	z_i/b'	l'/b'	层底平均附加应力系数 $\bar{\alpha}_i$（查表）	$z_i\bar{\alpha}_i - z_{i-1}\bar{\alpha}_{i-1}$
①	1	0.8	1.6	0.2395	
②	4.5	3.6	1.6	0.1389	0.38555

基底附加压力 $p_0=200\text{kPa}$

因此阴影部分的面积为 $p_0 \cdot n(z_i\bar{\alpha}_i - z_{i-1}\bar{\alpha}_{i-1}) = 200 \times 4 \times 0.38555 = 308.44\text{kPa}$

【注】此题对基本概念的考查很深入，"附加应力曲线与坐标轴围成的面积"此概念，平时解题的时候虽然经常用，但如果没有深刻地理解沉降计算公式的本质，是不知道这个面积是沉降计算公式中哪一部分，公式都想不到，就不可能正确解答。因此一定要对规范中所涉及的基本概念和原理深刻理解，特别是土力学中最基本的概念和计算公式的本质。

2018C7

矩形基础底面尺寸 $3.0\text{m} \times 3.6\text{m}$，基础埋深 2.0m，相应于作用的准永久组合时上部荷载传至地面处的竖向力 $N_k=1080\text{kN}$，地基土层分布如题图所示，无地下水，基础及其上覆土重度取 20kN/m^3。沉降计算深度为密实砂层顶面，沉降计算经验系数 $\psi_s=1.2$。按照《建筑地基基础设计规范》规定计算基础的最大沉降量，其值最接近下列哪个选项？

(A) 21mm (B) 70mm
(C) 85mm (D) 120mm

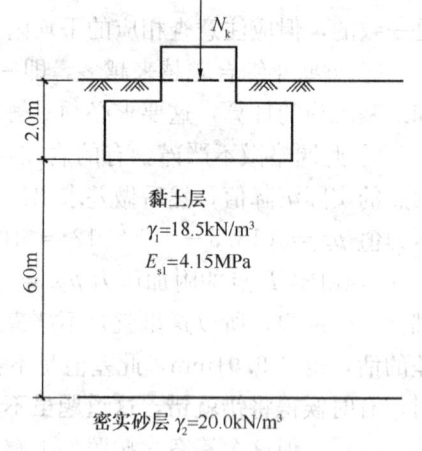

题 2018C7 图

【解】确定角点位置：矩形基础中心点，把基础分成块数 $n=4$

每一块短边 $b'=3.0\div 2=1.5\text{m}$；每一块长边 $l'=3.6\div 2=1.8\text{m}$

确定计算深度及分层	层底—埋深 z_i	z_i/b'	l'/b'	层底平均附加应力系数 $\bar{\alpha}_i$（查表）	$z_i\bar{\alpha}_i - z_{i-1}\bar{\alpha}_{i-1}$	每层土压缩模量 E_{si}
①	6	4	1.2	0.1189	0.7134	4.15

注意水位，基底附加压力 $p_0 = p_k - p_c = \dfrac{1080}{3.0 \times 3.6} + 20 \times 2 - 18.5 \times 2 = 103\text{kPa}$

沉降计算经验系数 $\psi_s = 1.2$

最终沉降

$$s = \psi_s p_0 \sum \frac{n \cdot (z_i \bar{\alpha}_i - z_{i-1} \bar{\alpha}_{i-1})}{E_{si}} = 1.2 \times 103 \times 4 \times \frac{0.7134}{4.15} = 84.99 \text{mm}$$

2019C5

某矩形基础，荷载作用下基础中心点下不同深度处的附加应力系数见表1，基底以下土层参数见表2。基底附加压力为200kPa，地基变形计算深度取5m，沉降计算经验系数见表3。按照《建筑地基基础设计规范》GB 50007—2011，该基础中心点的最终沉降量最接近下列何值？

基础中心点下的附加应力系数　　　　　表1

计算点至基底的垂直距离（m）	1.0	2.0	3.0	4.0	5.0
附加应力系数	0.674	0.32	0.171	0.103	0.069

基底以下土层参数　　　　　表2

名称	厚度（m）	压缩模量（MPa）
①黏性土	3	6
②细砂	10	15

沉降计算经验系数　　　　　表3

变形计算深度范围内压缩模量的当量值（MPa）	2.5	4.0	7.0	15.0	20.0
沉降计算经验系数	1.4	1.3	1.0	0.4	0.2

(A) 40mm　　　(B) 50mm　　　(C) 60mm　　　(D) 70mm

【解1】 基底下3m位置处基础中心点平均附加应力系数

$$\bar{\alpha}_3 = \frac{1 \times 0.5 + 0.674 \times 1 + 0.32 \times 1 + 0.171 \times 0.5}{3} = 0.53$$

（当然也可以这样计算 $\bar{\alpha}_3 = \dfrac{\dfrac{1+0.674}{2} + \dfrac{0.674+0.32}{2} + \dfrac{0.32+0.171}{2}}{3} = 0.53$）

基底下5m位置处基础中心点平均附加应力系数

$$\bar{\alpha}_5 = \frac{0.53 \times 3 + 0.171 \times 0.5 + 0.103 \times 1 + 0.069 \times 0.5}{5} = 0.36$$

压缩模量当量值 $\bar{E}_s = \dfrac{z\bar{\alpha}}{\sum \dfrac{z_i \bar{\alpha}_i - z_{i-1} \bar{\alpha}_{i-1}}{E_{si}}} = \dfrac{0.36 \times 5}{\dfrac{0.53 \times 3}{6} + \dfrac{0.36 \times 5 - 0.53 \times 3}{15}} = 6.5 \text{MPa}$

沉降计算经验系数 $\psi_s = 1.3 + \dfrac{6.5 - 4.0}{7.0 - 4.0} \times (1.0 - 1.3) = 1.05$

基础中心点沉降 $s = \dfrac{\psi_s p_0 \cdot z\bar{\alpha}}{\bar{E}_s} = \dfrac{1.048 \times 200 \times 0.36 \times 5}{6.52} = 57.9 \text{mm}$

【解2】 黏性土层中心点处附加应力面积

$$A_1 = \left(\frac{1+0.674}{2} \times 1 + \frac{0.674+0.32}{2} \times 1 + \frac{0.32+0.171}{2} \times 1\right) \times 200 = 315.9$$

砂土层中心点处附加应力面积

$$A_2 = \left(\frac{0.171+0.103}{2}\times 1 + \frac{0.103+0.069}{2}\times 1\right)\times 200 = 44.6$$

压缩模量当量值 $\overline{E}_s = \dfrac{315.9+44.6}{\dfrac{315.9}{6}+\dfrac{44.6}{15}} = 6.5$

沉降计算经验系数 $\psi_s = 1.3 + \dfrac{6.5-4.0}{7.0-4.0}\times(1.0-1.3) = 1.05$

基础中心点沉降 $s = \psi_s\dfrac{\sum A_i}{\overline{E}_s} = 1.05\times\dfrac{315.9+44.6}{6.5} = 58\text{mm}$

或者是 $s = \psi_s\sum\dfrac{A_i}{E_{si}} = 1.05\times\left(\dfrac{315.9}{6}+\dfrac{44.6}{15}\right) = 58.4\text{mm}$

【注】①核心知识点非常规题，变式考察，难而不繁，特别好的一道题，对基本概念和理论考察得非常深入。不能硬套相关知识点解题思维流程，必须充分理解相关知识点和解题思维流程，熟练运用。解2中关于附加应力曲线与坐标轴围成的面积 A 的理解与2017D8对比理解。

②此题应根据基本理论和计算公式，尽量做到不查本书中此知识点的"解题思维流程"和规范即可解答，对其熟练到可以当做"闭卷"解答。

1.5.6 回弹变形

2005D7

某采用筏基的高层建筑，地下室2层，按分层总和法计算出的地基变形量为160mm，沉降计算经验系数取1.2，计算的地基回弹变形量为18mm，地基变形允许值为200mm，下列地基变形计算值中（　　）选项正确。

(A) 178mm　　(B) 192mm　　(C) 210mm　　(D) 214mm

【解】回弹再压缩总变形量＝压缩变形量＋回弹变形量
总变形量＝1.2×160＋18＝210mm

2010D10

建筑物埋深10m，基底附加压力为300kPa，基底以下压缩层范围内各土层的压缩模量、弹性模量及建筑物中心点附加压力系数 α 分布见题图，地面以下所有土的重度均为 20kN/m^3，无地下水，沉降修正系数为0.8，回弹沉降修正系数1.0，回弹变形的计算深度为11m，试问该建筑物中心点的总沉降量最接近于下列何项数值？

(A) 142mm　　(B) 161mm　　(C) 327mm　　(D) 373mm

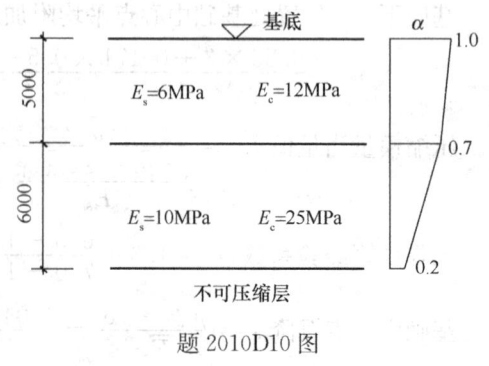

题2010D10图

【解】压缩沉降

$$s_s = \psi_s \sum \frac{\Delta p_i}{E_{si}} h = 0.8 \times \left(\frac{\dfrac{300 + 300 \times 0.7}{2}}{6} \times 5 + \frac{\dfrac{300 \times 0.7 + 300 \times 0.2}{2}}{10} \times 6 \right)$$

$$= 234.8 \text{mm}$$

回弹沉降，基坑底面以上土自重 $p_c = 10 \times 20 = 200 \text{kPa}$

$$s_c = \psi_c \sum \frac{\Delta p_i}{E_{ci}} h = 1.0 \times \left(\frac{\dfrac{200 + 200 \times 0.7}{2}}{12} \times 5 + \frac{\dfrac{200 \times 0.7 + 200 \times 0.2}{2}}{25} \times 6 \right)$$

$$= 92.4 \text{mm}$$

所以总沉降 $s = 234.8 + 92.4 = 327.2 \text{mm}$

2016D9

某建筑采用筏板基础，基坑开挖深度10m，平面尺寸为20m×100m，自然地面以下地层为粉质黏土，厚度20m，再往下为基岩，土层参数见下表，无地下水，按《建筑地基基础设计规范》估算基坑中心点的开挖回弹量最接近下列哪个选项？（回弹量计算经验系数取1.0）

土层	层底埋深 (m)	重度 (kN/m^3)	回弹模量				
			$E_{0\sim0.025}$	$E_{0.025\sim0.05}$	$E_{0.05\sim0.01}$	$E_{0.1\sim0.2}$	$E_{0.2\sim0.3}$
粉质黏土	20	20	12	14	20	240	300
基岩	—	22	—				

(A) 5.2mm (B) 7.0mm (C) 8.7mm (D) 9.4mm

【解】基坑开挖深度10m，总卸载量等于坑底原先自重 $p_c = 20 \times 10 = 200 \text{kPa}$

确定角点位置：矩形基础中心点，把基础分成块数 $n = 4$

$l'/b' = 50/10 = 5$，$z/b' = 10/10 = 1$，查表坑底 $0\sim10\text{m}$ 范围平均附加应力系数 $\bar{\alpha}_i = 0.2353$

坑底 $0\sim10\text{m}$ 范围平均卸载量为 $\bar{p}_0 = p_c \times 4\bar{\alpha}_i = 200 \times 4 \times 0.2353 = 188.24 \text{kPa}$

卸载前坑底 $0\sim10\text{m}$ 范围平均自重为 $\bar{p}_c = 20 \times 15 = 300 \text{kPa}$

因此卸载后坑底 $0\sim10\text{m}$ 范围平均土压力为 $300 - 188.24 = 111.76 \text{kPa}$

在卸载过程中，坑底 $0\sim10\text{m}$ 范围土层压力变化范围为 $300 \sim 111.76 \text{kPa}$

从 300kPa 减小为 200kPa，此压力段应选用回弹模量 $E_{0.2\sim0.3}$，此压力段回弹量为

$$s_1 = \frac{\Delta p}{E_{0.2\sim0.3}} h = \frac{300 - 200}{300} \times 10 = 3.33 \text{mm}$$

从 200kPa 减小为 111.76kPa，此压力段应选用回弹模量 $E_{0.1\sim0.2}$，此压力段回弹量为

$$s_2 = \frac{\Delta p}{E_{0.1\sim0.2}} h = \frac{200 - 111.76}{240} \times 10 = 3.68 \text{mm}$$

总回弹量 $s = s_1 + s_2 = 3.33 + 3.68 = 7.01 \text{mm}$

2018D8

某基坑开挖深度3m，平面尺寸为20m×24m，自然地面以下地层为粉质黏土，重度

为 $20kN/m^3$，无地下水，粉质黏土层各压力段的回弹模量如下表所示。按《建筑地基基础设计规范》，基坑中心点下 7m 位置的回弹模量最接近下列哪个选项？

$E_{0\sim0.025}$	$E_{0.025\sim0.05}$	$E_{0.05\sim0.1}$	$E_{0.1\sim0.15}$	$E_{0.15\sim0.2}$	$E_{0.2\sim0.3}$
12	14	20	200	240	300

（A）20MPa　　（B）200MPa　　（C）240MPa　　（D）300MPa

【解】基坑开挖深度 3m，总卸载量等于坑底原先自重 $p_c = 20 \times 3 = 60kPa$
确定角点位置：矩形基础中心点，把基础分成块数 $n=4$
$l'/b' = 12/10 = 1.2$，$z/b' = 7/10 = 0.7$

查表坑底 7m 处附加应力系数 $\alpha = \dfrac{0.228+0.207}{2} = 0.2175$

坑底中心点下 7m 位置卸载量为 $\overline{p}_0 = p_c \times 4\overline{\alpha_i} = 4 \times 0.2175 \times 60 = 52.2kPa$
坑底中心点下 7m 位置初始自重为 $\overline{p}_c = 20 \times (3+7) = 200kPa$
因此卸载后坑底中心点下 7m 位置压力为 200−52.2=147.8kPa
在卸载过程中，坑底中心点下 7m 位置处土层压力变化范围为 200～147.8kPa
故选 150～200kPa 之间的回弹模量 $E_{0.15\sim0.2}$ =240MPa

【注】注意此题与 2016D9 进行对比。此题仅让求某一点的回弹模量，因为确定此点压力变化时查附加应力系数即可，而不是查平均附加应力系数。而 2016D9 是求某一段也就是某一深度范围的回弹模量，因此要查平均附加应力系数。

1.6　地基变形与时间的关系

1.6.1　单面排水饱和土单向应力条件下的超孔隙水压力

1.6.2　单面排水超孔隙水压力的消散规律

1.6.2.1　基本假设（一维课题）
1.6.2.2　微分方程的建立（竖向固结）
1.6.2.3　微分方程的解析解
1.6.2.4　工程中常用的"0"型解析解

1.6.3　单面排水平均固结度

1.6.4　双面排水平均固结度

1.6.5　地基沉降与时间的关系

1.7 土的抗剪强度

1.7.1 土的抗剪强度机理

1.7.2 极限平衡理论

2010D2

已知一砂土层中某点应力达到极限平衡时，过该点的最大剪应力平面上的法向应力和剪应力分别为 264kPa 和 132kPa。问关于该点处的大主应力 σ_1、小主应力 σ_3 以及该砂土内摩擦角 φ 的值，下列何项数值是正确的？

(A) $\sigma_1 = 396\text{kPa}$，$\sigma_3 = 132\text{kPa}$，$\varphi = 28°$
(B) $\sigma_1 = 264\text{kPa}$，$\sigma_3 = 132\text{kPa}$，$\varphi = 30°$
(C) $\sigma_1 = 396\text{kPa}$，$\sigma_3 = 132\text{kPa}$，$\varphi = 30°$
(D) $\sigma_1 = 396\text{kPa}$，$\sigma_3 = 264\text{kPa}$，$\varphi = 36°$

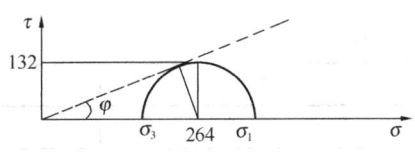

题 2010D2 图

【解1】如图做应力圆在总应力莫尔圆中，最大剪应力处坐标为 $\left(\dfrac{\sigma_1+\sigma_3}{2}, \dfrac{\sigma_1-\sigma_3}{2}\right)$，因此

$$\sigma = \dfrac{\sigma_1+\sigma_3}{2} = 264, \quad \tau = \dfrac{\sigma_1-\sigma_3}{2} = 132$$

得 $\sigma_1 = 396\text{kPa}$，$\sigma_3 = 132\text{kPa}$

由图可看出 $\sin\varphi = \dfrac{132}{264} = 0.5 \rightarrow \varphi = 30°$

【解2】由土体极限平衡状态

$$\sigma_1 = \sigma_3 \tan^2\left(45°+\dfrac{\varphi}{2}\right) \rightarrow 396 = 132\tan^2\left(45°+\dfrac{\varphi}{2}\right) \rightarrow \varphi = 30°$$

1.7.3 两向应力条件下的超孔隙水压力

1.7.3.1 各向等压应力与孔压系数 B
1.7.3.2 偏差压力与孔压系数 A

1.7.4 土的抗剪强度试验

1.7.4.1 直剪试验
1.7.4.2 三轴试验

2004C2

某土样做固结不排水试验，部分结果如下表所示。

	应力		
	大主应力 σ_1 (kPa)	小主应力 σ_3 (kPa)	孔隙水压力 u (kPa)
1	77	24	11
2	131	60	32
3	161	80	43

按有效应力法求得莫尔圆的圆心坐标及半径，结果最接近于下列(　　)。

(A)

次序	圆心坐标	半径
1	50.5	26.5
2	95.5	35.5
3	120.5	40.5

(B)

次序	圆心坐标	半径
1	50.5	37.5
2	95.5	57.5
3	120.5	83.5

(C)

次序	圆心坐标	半径
1	45	21.0
2	79.5	19.5
3	99.0	19.0

(D)

次序	圆心坐标	半径
1	39.5	26.5
2	63.5	35.5
3	77.5	40.5

【解】

按有效应力法求莫尔圆的圆心坐标 P 及半径 r 公式如下

$$P = \frac{\sigma_1' + \sigma_3'}{2} = \frac{\sigma_1 + \sigma_3 - 2u}{2}$$

$$r = \frac{\sigma_1' - \sigma_3'}{2} = \frac{\sigma_1 - \sigma_3}{2}$$

第一次试验 $P = \frac{\sigma_1' + \sigma_3'}{2} = \frac{\sigma_1 + \sigma_3 - 2u}{2} = \frac{77 + 24 - 2 \times 11}{2} = 39.5$

$r = \frac{\sigma_1' - \sigma_3'}{2} = \frac{\sigma_1 - \sigma_3}{2} = \frac{77 - 24}{2} = 26.5$

1.7 土的抗剪强度

第二次试验 $P = \dfrac{\sigma_1' + \sigma_3'}{2} = \dfrac{\sigma_1 + \sigma_3 - 2u}{2} = \dfrac{131 + 60 - 2 \times 32}{2} = 63.5$

$r = \dfrac{\sigma_1' - \sigma_3'}{2} = \dfrac{\sigma_1 - \sigma_3}{2} = \dfrac{131 - 60}{2} = 35.5$

第三次试验 $P = \dfrac{\sigma_1' + \sigma_3'}{2} = \dfrac{\sigma_1 + \sigma_3 - 2u}{2} = \dfrac{161 + 80 - 2 \times 43}{2} = 77.5$

$r = \dfrac{\sigma_1' - \sigma_3'}{2} = \dfrac{\sigma_1 - \sigma_3}{2} = \dfrac{161 - 80}{2} = 40.5$

2005C2

某黏性土样做不同围压的常规三轴压缩试验,试验结果摩尔包线前段弯曲,后段基本水平,试问这应是下列(　　)选项的试验结果,并简要说明理由。

(A) 饱和正常固结土的不固结不排水试验　(B) 未完全饱和土的不固结不排水试验
(C) 超固结饱和土的固结不排水试验　　　(D) 超固结土的固结排水试验

【解】应为未完全饱和土试验。未完全饱和土由于土样中含有空气,试验过程中,虽然不允许试样排水,但在加载过程中,气体能压缩或部分溶解于水中,使土的密度有所提高,抗剪强度也随之增长,故摩尔包线起始段为弯曲,直至土样完全饱和后才趋于水平线。

2013C3

某正常固结饱和黏性土试样进行不固结不排水试验,得 $\varphi_u = 0$,$c_u = 25\text{kPa}$;对同样的土进行固结不排水试验,得到有效抗剪强度指标:$c' = 0$,$\varphi' = 30°$。问该试样在固结不排水条件下剪切破坏时的有效大主应力和有效小主应力为下列哪一项?

(A) $\sigma_1' = 50\text{kPa}$,$\sigma_3' = 20\text{kPa}$ (B) $\sigma_1' = 50\text{kPa}$,$\sigma_3' = 25\text{kPa}$
(C) $\sigma_1' = 75\text{kPa}$,$\sigma_3' = 20\text{kPa}$ (D) $\sigma_1' = 75\text{kPa}$,$\sigma_3' = 25\text{kPa}$

【解】要求该试样在固结不排水条件下剪切破坏时的有效大主应力和有效小主应力,所以只能利用固结不排水试验得到抗剪强度指标进行计算,当土处于剪切破坏时,满足 $\sigma_1' = \sigma_3' \tan^2\left(45° + \dfrac{\varphi'}{2}\right) + 2c' \tan\left(45° + \dfrac{\varphi'}{2}\right)$,代入数据可得

$$\sigma_1' = \sigma_3' \tan^2\left(45° + \dfrac{30°}{2}\right) + 2 \times 0 \times \tan\left(45° + \dfrac{30°}{2}\right) \to \sigma_1' = 3\sigma_3'$$

因此大小主应力只要满足 $\sigma_1' = 3\sigma_3'$,土体在固结不排水条件下都会发生破坏,选项中只有 D 满足。

【错解】根据不固结不排水试验得到抗剪强度指标 $c_u = \dfrac{\sigma_1' - \sigma_3'}{2} = 25 \to \sigma_1' - \sigma_3' = 50$

根据固结不排水试验得到抗剪强度指标,$\sigma_1' = 3\sigma_3'$

两式联立,得到 $\sigma_1' = 75\text{kPa}$,$\sigma_3' = 25\text{kPa}$;

这样做从理论上讲是错误的,因为试验条件不同,得到的抗剪强度指标不可混用,必须和具体工况相联系。此题固结不排水条件下,只要满足 $\sigma_1' = 3\sigma_3'$ 这一条件,土体就处于

极限平衡状态，即剪切破坏了，比如当 $\sigma_1' = 60\text{kPa}$，$\sigma_3' = 20\text{kPa}$ 时亦可，但这时候就不满足 $\sigma_1' - \sigma_3' = 50$，所以联立求解是不恰当的，此题之所以能得到正确答案，完全是巧合。当然此题问法也不严谨，严谨的问法应该是"该试样在固结不排水条件下剪切破坏时的有效大主应力和有效小主应力可以为下列哪一项"或"可能为下列哪一项"。

2017C3

取某粉质黏土试样进行三轴固结不排水压缩试验，施加周围压力为 200kPa，测得初始孔隙水压力为 196kPa，待土试样固结稳定后再施加轴向压力直至试样破坏，测得土样破坏时的轴向压力为 600kPa，孔隙水压力为 90kPa，试样破坏时的孔隙水压力系数为下列哪项？

(A) 0.17　　　　(B) 0.23　　　　(C) 0.30　　　　(D) 0.50

【解】施加周围压力 $\sigma_3 = 200\text{kPa}$

施加周围压力产生的孔隙水压力 $u_0 = 196\text{kPa}$

初始孔隙水压力系数 $B = \dfrac{u_0}{\sigma_3} = \dfrac{196}{200} = 0.98\text{kPa}$

试样破坏时，主应力差产生的孔隙水压力 $u_f = 90\text{kPa}$

试样破坏时孔隙水压力 $A_f = \dfrac{u_f}{B(\sigma_1 - \sigma_3)} = \dfrac{90}{0.98 \times (600 - 200)} = 0.229\text{kPa}$

1.7.4.3　无侧限抗压强度试验

2007D1

某饱和软黏土无侧限抗压强度试验的不排水抗剪强度 $c_u = 70\text{kPa}$，如果对同一组土样进行三轴不固结不排水试验，施加围压 $\sigma_3 = 150\text{kPa}$，试样在发生破坏时的轴向应力 σ_1 最接近于下列哪个选项的值？

(A) 140kPa　　　(B) 220kPa　　　(C) 290kPa　　　(D) 370kPa

【解】对同一组土样，做三轴固结不排水试验和无侧限抗压强度试验，满足如下关系，即可求解 $\sigma_1 - \sigma_3 = 2c_u = \sigma_1 - 30 = 2 \times 70 \rightarrow \sigma_1 = 290\text{kPa}$

【注】无侧限抗压强度试验实际上是三轴压缩不固结不排水试验的一种特殊情况。因此这两者得到的抗剪强度指标可以通用，注意与 2013C3 进行区别。

1.7.5　应力路径分析法

1.7.5.1　应力路径的基本概念
1.7.5.2　K_0、K_f 和 f 线的基本概念

1.7.6　土的抗剪强度指标

1.7.6.1　直剪试验指标
1.7.6.2　三轴试验指标
1.7.6.3　无侧限试验指标

1.8 土压力计算基本理论

1.8.1 朗肯土压力

1.8.1.1 朗肯土压力理论基础
1.8.1.2 朗肯主动土压力计算公式推导
1.8.1.3 朗肯被动土压力计算公式推导
1.8.1.4 墙后土体顶部作用着竖向有效压力
1.8.1.5 无渗流时水压力的计算
1.8.1.6 计算多层土总主动土压力
1.8.1.7 水土分算或合算
1.8.1.8 朗肯主动土压力整体思维流程
1.8.1.9 朗肯被动土压力整体思维流程

2006D21

有一重力式挡土墙墙背垂直光滑，无地下水，打算使用两种墙背填土，一种是黏土，$c=20\text{kPa}$，$\varphi=22°$，另一种是砂土，$c=0$，$\varphi=38°$，重度都是 20kN/m^3，问墙高 h 等于下列哪一个选项时，采用黏土填料和砂土填料的墙背总主动土压力两者基本相等？

(A) 3.0m　　　　(B) 7.8m　　　　(C) 10.7m　　　　(D) 12.4m

【解1】

(1) 当墙背是黏土时，黏聚力 $c=20\text{kPa}$，内摩擦角 $\varphi=22°$

主动土压力系数 $K_a = \tan^2\left(45° - \dfrac{22°}{2}\right) = 0.455$

简单情况，该层顶部竖向有效压力 $P_0 = 0$

则黏性土层 $z_0 = \dfrac{2c}{\gamma\sqrt{K_a}} = \dfrac{2\times 20}{20\sqrt{0.455}} = 2.96$

$E_a = \dfrac{1}{2}\gamma(h-z_0)^2 K_a = \dfrac{1}{2}\times 20 \times (h-2.96)^2 \times 0.455$　①

(2) 当墙背是砂土时，黏聚力 $c=0\text{kPa}$，内摩擦角 $\varphi=38°$

主动土压力系数 $K_a = \tan^2\left(45° - \dfrac{38°}{2}\right) = 0.238$

简单情况，该层顶部竖向有效压力 $P_0 = 0$

则无黏性土层 $E_a = \dfrac{1}{2}\gamma h^2 K_a = \dfrac{1}{2}\times 20 \times h^2 \times 0.238$　②

①②两式联立即可得 $\dfrac{1}{2}\times 20 \times (h-2.96)^2 \times 0.455 = \dfrac{1}{2}\times 20 \times h^2 \times 0.238$，化简得

$0.455(h-2.96)^2 = 0.238 h^2 \rightarrow h-2.96 = 0.723h \rightarrow h = 10.68\text{m}$

【解2】直接使用公式

$$h = \frac{\dfrac{2c}{\gamma_{\text{黏}}\sqrt{K_{\text{a黏}}}}}{1-\sqrt{\dfrac{\gamma_{\text{砂}}}{\gamma_{\text{黏}}}\dfrac{K_{\text{a砂}}}{K_{\text{a黏}}}}} = \frac{\dfrac{2\times 20}{20\times\sqrt{0.455}}}{1-\sqrt{\dfrac{20\times 0.238}{20\times 0.455}}} = 10.71\text{m}$$

【注】挡土墙墙背垂直光滑，无地下水，且顶部无地面荷载，采用黏土填料和砂土填料的墙背总主动土压力两者基本相等时，墙高 h 计算公式为

$$E_a = \frac{1}{2}\gamma_{\text{砂}}h^2 K_{\text{a砂}} = \frac{1}{2}\gamma_{\text{黏}}(h-z_0)^2 K_{\text{a黏}} \rightarrow h = \frac{z_0}{1-\sqrt{\dfrac{\gamma_{\text{砂}}}{\gamma_{\text{黏}}}\dfrac{K_{\text{a砂}}}{K_{\text{a黏}}}}} = \frac{\dfrac{2c}{\gamma_{\text{黏}}\sqrt{K_{\text{a黏}}}}}{1-\sqrt{\dfrac{\gamma_{\text{砂}}}{\gamma_{\text{黏}}}\dfrac{K_{\text{a砂}}}{K_{\text{a黏}}}}}$$

后面再遇到类似的题目，我们就直接利用公式了，不再推导过程。

2008C17

一墙背垂直光滑的挡土墙，墙后填土面水平，如题图所示。上层填土为中砂，厚 $h_1=2$m，重度 $\gamma_1=18$kN/m³，内摩擦角为 $\varphi_1=28°$；下层为粗砂，厚 $h_2=4$m，重度 $\gamma_2=19$kN/m³，内摩擦角为 $\varphi_2=31°$。问下层粗砂层作用在墙背上的总主动土压力最接近于下列哪个选项？

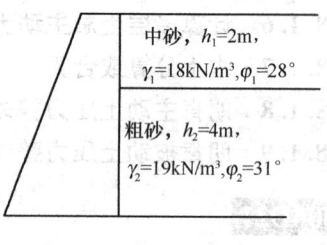

题 2008C17 图

(A) 65kN/m　　　(B) 87kN/m　　　(C) 95kN/m　　　(D) 106kN/m

【解1】粗砂层，主动土压力系数 $K_{a2}=\tan^2\left(45°-\dfrac{\varphi_2}{2}\right)=\tan^2\left(45°-\dfrac{31°}{2}\right)=0.320$

该层重度 $\gamma_2=19$kN/m³，计算厚度 $h_2=4$m

该层顶部竖向有效压力为 $P_0=\sum\gamma_j h_j + q = 2\times 18 + 0 = 36$kPa

该层顶部主动土压力强度 $e_0 = P_0 K_a = 36\times 0.320 = 11.52$kPa

该层底部主动土压力强度 $e_1 = P_1 K_a = e_0 + \gamma h K_a = 11.52 + 19\times 4\times 0.320 = 35.84$kPa

则该层 $E_a = \dfrac{1}{2}(e_0+e_1)h = \dfrac{1}{2}\times(11.52+35.84)\times 4 = 94.72$kN/m

【解2】粗砂层，主动土压力系数 $K_{a2}=\tan^2\left(45°-\dfrac{\varphi_2}{2}\right)=\tan^2\left(45°-\dfrac{31°}{2}\right)=0.320$

该层重度 $\gamma_2=19$kN/m³，计算厚度 $h_2=4$m

该层顶部竖向有效压力 $P_0=\sum\gamma_j h_j + q = 2\times 18 + 0 = 36$kPa

则该层 $E_a = \dfrac{1}{2}(2P_0+\gamma_2 h_2)K_{a2}h_2 = \dfrac{1}{2}\times(2\times 36+19\times 4)\times 0.32\times 4 = 94.72$kN/m

【注】可以看出，解1是传统和基本解法，先求的顶部竖向有效压力及顶部主动土压力强度，再求得底部，然后利用公式；解2是理解解题思维流程和"变式"求解，解2比传统的解1要高效，因此一定要对"解题思维流程"熟练，深刻理解，才能灵活运用。后面再遇到类似的题目，我们只使用解2。

2008D19

有黏质粉性土和砂土两种土料，其重度都等于 18kN/m³，砂土 $c_1=0$kPa，$\varphi_1=35°$；

黏质粉性土 $c_2=20$kPa，$\varphi_2=20°$。对于墙背垂直光滑和填土表面水平的挡土墙，对应于下列哪个选项的墙高，用两种土料作墙后填土计算的作用于墙背的总主动土压力值正好是相同的？

(A) 6.6m (B) 7.0m (C) 9.8m (D) 12.4m

【解】黏性土主动土压力系数 $K_{a黏}=\tan^2\left(45°-\dfrac{20°}{2}\right)=0.490$

砂土主动土压力系数 $K_{a砂}=\tan^2\left(45°-\dfrac{35°}{2}\right)=0.271$

挡土墙墙背垂直光滑，无地下水，且顶部无地面荷载，采用黏土填料和砂土填料的墙背总主动土压力两者基本相等时，墙高 h 计算公式为

$$h=\dfrac{\dfrac{2c}{\gamma_{黏}\sqrt{K_{a黏}}}}{1-\sqrt{\dfrac{\gamma_{砂}}{\gamma_{黏}}\dfrac{K_{a砂}}{K_{a黏}}}}=\dfrac{\dfrac{2\times 20}{18\sqrt{0.490}}}{1-\sqrt{\dfrac{18\times 0.271}{18\times 0.490}}}=12.385\text{m}$$

2009C17

有一码头的挡土墙，墙高5m，墙背垂直光滑，墙后为冲填的砂（$e=0.9$），填土表面水平，地下水与填土表面平齐，已知砂的饱和重度 $\gamma=18.7$kN/m³，内摩擦角 $\varphi=30°$，当发生强烈地震时，饱和的松砂完全液化，如不计地震惯性力，液化时每延米墙后总水平力是（　　）。

(A) 78kN (B) 161kN (C) 203kN (D) 234kN

【解1】水土分算

砂土层内摩擦角变为0，此时 $K_{a2}=\tan^2\left(45°-\dfrac{\varphi_2}{2}\right)=\tan^2\left(45°-\dfrac{0°}{2}\right)=1$

该层有效重度 $\gamma'=18.7-10=8.7$kN/m³，计算厚度 $h=5$m

简单情况，该层顶部竖向有效压力 $P_0=0$kPa

则该层 $E_a=\dfrac{1}{2}\gamma'h^2K_a=\dfrac{1}{2}\times 8.7\times 5^2\times 1=108.75$kN

水压力 $E_w=\dfrac{1}{2}\gamma_wh^2K_a=\dfrac{1}{2}\times 10\times 5^2=125$kN

总压力 $E=108.75+125=233.75$

【解2】水土合算，采用饱和重度

直接使用饱和重度 $\gamma=18.7$kN/m³，计算厚度 $h=5$m

简单情况，该层顶部竖向有效压力为 $P_0=0$kPa

则该层总压力 $E=\dfrac{1}{2}\gamma h^2K_a=\dfrac{1}{2}\times 18.7\times 5^2\times 1=233.75$kN

【注】①地震一瞬间，砂土还没有变密实，也就是砂土层高度还没有变化，饱和重度也没有变化，但液化时砂土内摩擦角变为0（就变得和水一样）。

②一般无黏性土都使用水土分算，这道题之所以可以采用水土合算，一是因为地震瞬间砂土内摩擦角变为0，还因为此题砂土高度和水高度一致，所以水土分算和水土合算都是一样的。

2009C18

有一码头的挡土墙,墙高5m,墙背垂直光滑,墙后为冲填的松砂,填土表面水平,水位与墙顶齐平,已知:砂的孔隙比为0.9,饱和重度$\gamma_{sat}=18.7\text{kN/m}^3$,内摩擦角$\varphi=30°$,强震使饱和松砂完全液化,震后松砂沉积变密实,孔隙比$e=0.65$,内摩擦角$\varphi=35°$。震后墙后水位不变,问墙后每延米上的主动土压力和水压力之和是( )。

(A) 68kN　　　　(B) 120kN　　　　(C) 150kN　　　　(D) 160kN

【解】震后砂土高度 $\dfrac{h_1}{1+e_1}=\dfrac{h_2}{1+e_2}$ $\dfrac{5}{1+0.9}=\dfrac{h_2}{1+0.65}\to h_2=4.34\text{m}$

由地震前后,墙后水土总质量不变,可求得震后砂土饱和重度

$$5\times18.7=4.34\times\gamma_{sat}+(5-4.34)\times10\to\gamma_{sat}=20\text{kN/m}^3$$

无黏性土,采用水土分算

砂土层内摩擦角变为$\varphi_2=35°$,此时$K_{a2}=\tan^2\left(45°-\dfrac{\varphi_2}{2}\right)=\tan^2\left(45°-\dfrac{35°}{2}\right)=0.271$

该层有效重度$\gamma'=20-10=10\text{kN/m}^3$,计算厚度$h_2=4.34\text{m}$

简单情况,该层顶部,只作用了水压力,所以竖向有效压力$P_0=0\text{kPa}$

则该层$E_a=\dfrac{1}{2}\gamma'h_2^2K_{a2}=\dfrac{1}{2}\times10\times4.34^2\times0.271=25.52\text{kN}$

水压力$E_w=\dfrac{1}{2}\gamma_w h_1^2 K_a=\dfrac{1}{2}\times10\times5^2=125\text{kN}$

总压力$E=25.52+125=150.52\text{kN}$

【注】此题只能用水土分算,因为震后砂土内摩擦角不为0,并且砂土高度和水层高度不一致。

2009D18

有一分离式墙面的加筋土挡墙,(墙面只起装饰和保护作用),墙高5m,其剖面见题图,整体式混凝土墙面距包裹式加筋墙体的水平距离为10cm,其间充填孔隙率为$n=0.4$的砂土,由于排水设施失效,10cm间隙充满了水,此时作用于每延米墙面的总水压力是( )。

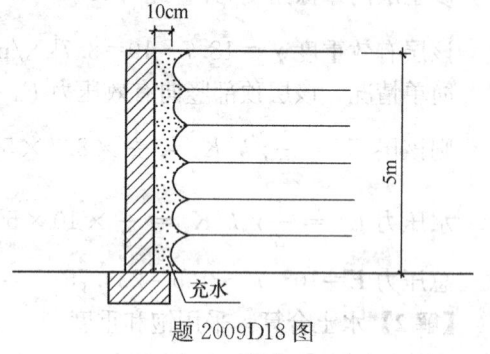

题 2009D18 图

(A) 125kN　　　　(B) 5kN　　　　(C) 2.5kN　　　　(D) 50kN

【解】注意重点,只求总水压力

$$E_w=\dfrac{1}{2}\gamma_w h_1^2 K_a=\dfrac{1}{2}\times10\times5^2=125\text{kN}$$

【注】注意审题,只求水压力。

2009D21

如题图挡土墙墙高等于6m,墙后砂土厚度$h=6\text{m}$,已知砂土的重度$\gamma=17.5\text{kN/m}^3$,

内摩擦角为 30°，黏聚力为 0，墙后黏性土的重度为 18.15kN/m³，内摩擦角 18°，黏聚力为 10kPa，按朗肯理论计算，问作用于每延米挡墙的总主动土压力 E_a 最接近何值(　　)。

(A) 82kN　　　(B) 92kN
(C) 102kN　　(D) 112kN

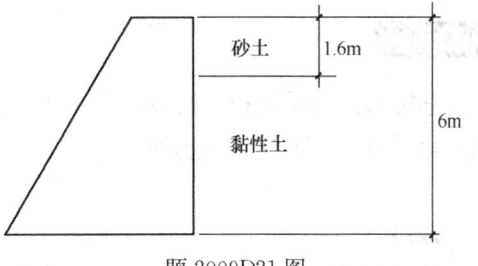

题 2009D21 图

【解】墙后两层土，计算总主动土压力，分层计算

(1) 砂土层，主动土压力系数 $K_a = \tan^2\left(45° - \dfrac{30°}{2}\right) = 0.333$

该层重度 $\gamma = 17.5\text{kN/m}^3$，计算厚度 $h = 1.6\text{m}$

简单情况，该层顶部竖向有效压力为 $P_0 = 0\text{kPa}$

则无黏性土层 $E_{a1} = \dfrac{1}{2}\gamma h^2 K_a = \dfrac{1}{2} \times 17.5 \times 1.6^2 \times 0.333 = 7.46\text{kN}$

(2) 黏土层，主动土压力系数 $K_a = \tan^2\left(45° - \dfrac{18°}{2}\right) = 0.528$

该层重度 $\gamma = 18.15\text{kN/m}^3$，计算厚度 $h = 6 - 1.6 = 4.4\text{m}$

该层顶部竖向有效压力 $P_0 = \sum \gamma_j h_j + q = 17.5 \times 1.6 + 0 = 28\text{kPa}$

该层顶部主动土压力强度 $e_0 = P_0 K_a - 2c\sqrt{K_a} = 28 \times 0.528 - 2 \times 10 \times \sqrt{0.528} = 0.25\text{kPa}$

该层底部主动土压力强度

$e_1 = P_1 K_a - 2c\sqrt{K_a} = e_0 + \gamma h K_a = 0.25 + 18.15 \times 4.4 \times 0.528 = 42.42\text{kPa}$

则黏性土层 $E_{a2} = \dfrac{1}{2}(e_0 + e_1)h = \dfrac{1}{2}(0.25 + 42.42) \times 4.4 = 93.874\text{kN}$

所以总压力 $E_a = \sum E_{ai} = 7.46 + 93.876 = 101.334\text{kN}$

2010D20

题图所示的挡土墙，墙背竖直光滑，墙后填土水平，上层填 3m 厚的中砂，重度为 18kN/m³，内摩擦角为 28°，下层填 5m 厚的粗砂，重度为 19kN/m³，内摩擦角为 32°，试问 5m 粗砂层作用在挡墙上的总主动土压力最接近于下列哪个选项？

(A) 172kN/m　　(B) 168kN/m
(C) 162kN/m　　(D) 156kN/m

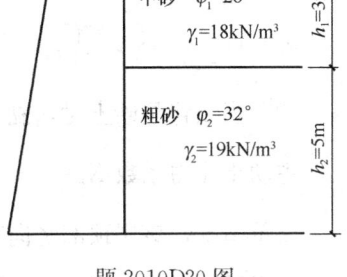

题 2010D20 图

【解】粗砂层，主动土压力系数 $K_{a2} = \tan^2\left(45° - \dfrac{\varphi_2}{2}\right) = \tan^2\left(45° - \dfrac{32°}{2}\right) = 0.307$

该层重度 $\gamma_2 = 19\text{kN/m}^3$，计算厚度 $h_2 = 5\text{m}$

该层顶部竖向有效压力 $P_0 = \sum \gamma_j h_j + q = 18 \times 3 + 0 = 54\text{kPa}$

则该层 $E_a = \dfrac{1}{2}(2P_0 + \gamma_2 h_2)K_{a2}h_2 = \dfrac{1}{2} \times (2 \times 54 + 19 \times 5) \times 0.307 \times 5 = 155.8\text{kN/m}$

2011C24

某推移式均质堆积土滑坡，堆积土的内摩擦角 $\varphi=40°$，该滑坡后缘滑裂面与水平面的夹角最可能是下列哪一选项？

(A) 40° (B) 60° (C) 65° (D) 70°

【解】

推移式滑坡后缘产生主动破坏，破裂面与水平面夹角为

$$\beta = 45° + \frac{\varphi}{2} = 45° + \frac{40°}{2} = 65°$$

2012C19

有一重力式挡土墙，墙背垂直光滑，填土面水平。地表荷载 $q=49.4\text{kPa}$，无地下水，拟使用两种墙后填土，一种是黏土 $c_1=20\text{kPa}$，$\varphi_1=12°$，$\gamma_1=19\text{kN/m}^3$，另一种是砂土 $c_2=0$，$\varphi_2=30°$，$\gamma_2=21\text{kN/m}^3$。问当采用黏土填料和砂土填料的墙总主动土压力两者基本相等时，墙高 h 最接近下列哪个选项？

(A) 4.0m (B) 6.0m (C) 8.0m (D) 10.0m

【解】

(1) 当墙背是黏土时，黏聚力 $c=20\text{kPa}$，内摩擦角 $\varphi=12°$

主动土压力系数 $K_a = \tan^2\left(45° - \frac{22°}{2}\right) = 0.656$

该层顶部竖向有效压力 $P_0 = 49.4\text{kPa}$

该层顶部主动土压力强度 $e_0 = P_0 K_a - 2c\sqrt{K_a} = 49.4 \times 0.656 - 2 \times 20 \times \sqrt{0.656} = 0.0089\text{kPa}$

该层底部主动土压力强度

$$e_1 = P_1 K_a - 2c\sqrt{K_a} = e_0 + \gamma h K_a = 0.0089 + 19 \times h \times 0.656$$
$$= 0.0089 + 12.464h$$

则黏性土层 $E_a = \frac{1}{2}(e_0 + e_1) \cdot h = \frac{1}{2}(0.0089 + 0.0089 + 12.464h) \cdot h$ ①

(2) 当墙背是砂土时，黏聚力 $c=0\text{kPa}$，内摩擦角 $\varphi=30°$

主动土压力系数 $K_a = \tan^2\left(45° - \frac{30°}{2}\right) = 0.333$

简单情况，该层顶部竖向有效压力 $P_0 = 49.4\text{kPa}$

则无黏性土层 $E_a = \frac{1}{2}(2P_0 + \gamma h) K_a \cdot h = \frac{1}{2}(2 \times 49.4 + 21h) \times 0.333 \times h$ ②

①②两式联立即可得 $\frac{1}{2}(2 \times 49.4 + 21h) \times 0.333h = \frac{1}{2}(0.0089 + 0.0089 + 12.464h) \cdot h$，化简得 $(2 \times 49.4 + 21h) \times 0.333 = 0.0178 + 12.464h \to 16.43h = 98.75 \to h = 6.01\text{m}$

2012D17

如题图所示，挡墙背直立、光滑，墙后的填料为中砂和粗砂，厚度分别为 $h_1=3m$ 和 $h_2=5m$，重度和内摩擦角见图示。土体表面受到均匀满布荷载 $q=30kPa$ 的作用，试问载荷 q 在挡墙上产生的主动土压力最接近下列哪个选项？

(A) 49kN/m   (B) 59kN/m
(C) 69kN/m   (D) 79kN/m

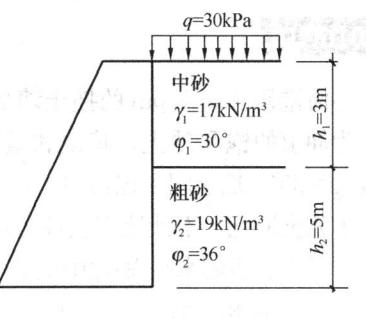

题 2012D17 图

【解】终点只求载荷 q 在挡墙上产生的主动土压力

中砂层主动土压力系数 $K_{a1}=\tan^2\left(45°-\dfrac{30°}{2}\right)=0.333$

粗砂层主动土压力系数 $K_{a2}=\tan^2\left(45°-\dfrac{36°}{2}\right)=0.260$

则 $E_a=qK_{a1}h_1+qK_{a2}h_2=30\times0.333\times3+30\times0.260\times5=68.97kN/m$

2012D19

如题图所示，挡墙墙背直立、光滑，填土表面水平。填土为中砂，重度 $\gamma=18kN/m^3$，饱和重度 $\gamma_{sat}=20kN/m^3$，内摩擦角 $\varphi=32°$。地下水位距离墙顶 3m。作用在墙上的总的水土压力（主动）最接近下列哪个选项？

(A) 180kN/m   (B) 230kN/m
(C) 270kN/m   (D) 310kN/m

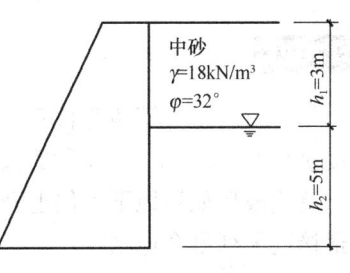

图 2012D19 题

【解】墙后有水位，因此在水位处分层，无黏性土，采用水土分算

(1) 水位上砂土层，主动土压力系数 $K_a=\tan^2\left(45°-\dfrac{32°}{2}\right)=0.307$

该层重度 $\gamma=18kN/m^3$，计算厚度 $h=3m$；
简单情况，该层顶部竖向有效压力为 $P_0=0$

则土压力 $E_{a1}=\dfrac{1}{2}\gamma h^2 K_a=\dfrac{1}{2}\times18\times3\times0.307\times3=24.867kN/m$

(2) 水位上砂土层

该层有效重度 $\gamma'=20-10=10kN/m^3$，计算厚度 $h=5m$
该层顶部竖向有效压力 $P_0=\sum\gamma_j h_j+q=18\times3+0=54kPa$

则土压力 $E_{a2}=\dfrac{1}{2}(2P_0+\gamma'h)K_a\cdot h=\dfrac{1}{2}\times(2\times54+10\times5)\times0.307\times5=121.265kN/m$

(3) 水压力 $E_w=\dfrac{1}{2}\gamma_w h^2=\dfrac{1}{2}\times10\times5^2=125kN/m$

所以总压力 $E_a=\sum E_{ai}=24.867+121.265+125=271.132kN/m$

2016C19

海港码头高 5.0m 的挡土墙如题图所示，墙后填土为冲填的饱和砂土，其饱和重度为 18kN/m³，$c=0$，$\varphi=30°$，墙土间摩擦角 $\delta=15°$，地震时冲填砂土发生了完全液化，不计地震惯性力，问在砂土完全液化时作用于墙后的水平总压力最接近于下面哪个选项？

(A) 33kN/m   (B) 75kN/m
(C) 158kN/m   (D) 225kN/m

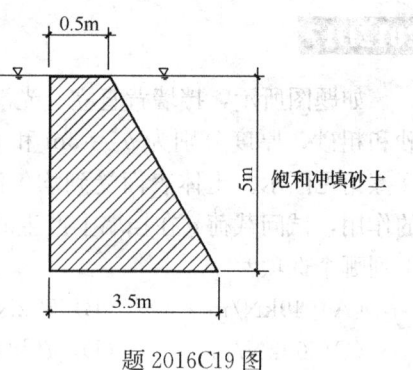

题 2016C19 图

【解】砂土完全液化时，内摩擦角变为 0，且终点只求墙后的水平总压力，水位高度和砂土层高度一致，采用水土合算。

直接使用饱和重度 $\gamma=18kN/m^3$，计算竖直厚度 $h=5m$

简单情况，该层顶部竖向有效压力为 $P_0=0kPa$

则该层水平总压力 $E=\dfrac{1}{2}\gamma h^2 K_a=\dfrac{1}{2}\times 18\times 5^2\times 1=225kN/m$

2017C21

如题图所示，挡墙背直立、光滑，填土表面水平，墙高 $H=6m$，填土为中砂，天然重度 $\gamma=18kN/m^3$，饱和重度 $\gamma_{sat}=20kN/m^3$，水上水下内摩擦角 $\varphi=32°$，黏聚力 $c=0$。挡土墙建成后如果地下水位上升到 4m 时，作用在挡墙上的压力与无水位相比，增加的压力最接近下列哪个选项？

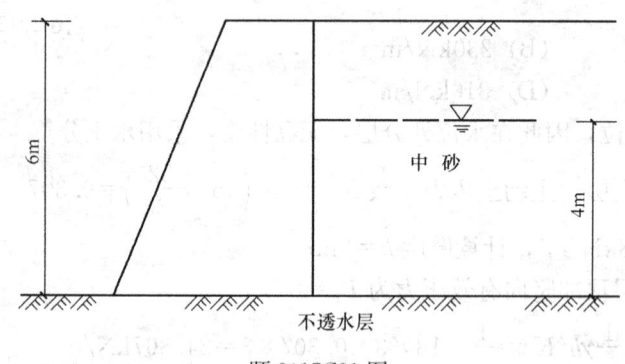

题 2017C21 图

(A) 10kN/m   (B) 60kN/m   (C) 80kN/m   (D) 100kN/m

【解1】无水位：

中砂层，重度为 $\gamma=18kN/m^3$，计算竖直厚度 $h=6m$，摩擦角 $\varphi=32°$，主动土压力系数 $K_a=\tan^2\left(45°-\dfrac{\varphi}{2}\right)=\tan^2\left(45°-\dfrac{32°}{2}\right)=0.307$

简单情况，该层顶部竖向有效压力 $P_0=0kPa$

则该层 $E_a=\dfrac{1}{2}\gamma h^2 K_a=\dfrac{1}{2}\times 18\times 6^2\times 0.307=99.468kN/m$

有水位，根据水位对中砂层分层：

0～2m 之间，属于简单情况，该层顶部竖向有效压力 $P_0=0$kPa

则该深度范围内中砂产生的主动土压力 $E_{a1} = \frac{1}{2}\gamma h^2 K_a = \frac{1}{2} \times 18 \times 2^2 \times 0.307 = 11.052$kN/m

2～6m 之间，采用水土分算，此时有效重度 $\gamma' = 20-10 = 10$kN/m³，内摩擦角无变化即主动土压力系数没有变化。

该层顶部竖向有效压力 $P_0 = \sum \gamma_j h_j + q = 2 \times 18 + 0 = 36$kPa

则该层中砂产生的主动土压力

$$E_{a2} = \frac{1}{2}(2P_0 + \gamma' h)K_a \cdot h = \frac{1}{2} \times (2 \times 36 + 10 \times 4) \times 0.307 \times 4 = 68.768\text{kN/m}$$

该深度水压力 $E_w = \frac{1}{2}\gamma_w h^2 K_a = \frac{1}{2} \times 10 \times 4^2 = 80$kN/m

因此前后状态下增加的压力

$$\Delta E_a = E_{a1} + E_{a2} + E_w - E_a = 11.052 + 68.768 + 80 - 99.468 = 60.352\text{kN/m}$$

【解2】由于地下水位上升到 4m，因此 0～2m 深度范围内中砂产生的主动土压力前后没有变化，因此只需要计算 2～6m 范围内前后主动土压力即可。

无水位时，2～6m 范围

该层顶部竖向有效压力 $P_0 = \sum \gamma_j h_j + q = 2 \times 18 + 0 = 36$kPa

则该层中砂产生的主动土压力

$$E_a = \frac{1}{2}(2P_0 + \gamma h)K_a \cdot h = \frac{1}{2} \times (2 \times 36 + 18 \times 4) \times 0.307 \times 4 = 88.416\text{kN/m}$$

有水位时，2～6m 范围侧向总压力计算同解1

因此前后状态下增加的压力

$$\Delta E_a = E_{a2} + E_w - E_a = 68.768 + 80 - 88.416 = 60.352\text{kN/m}$$

2017D18

某重力式挡土墙，墙高 6m，墙背垂直光滑，墙后填土为松砂，填土表面水平，地下水与填土表面齐平，已知松砂的孔隙比 $e_1 = 0.9$，饱和重度 $\gamma_1 = 18.5$kN/m³，内摩擦角 $\varphi_1 = 30°$，挡土墙后饱和松砂采用不加填料振冲法加固，加固后松砂振冲变密实，孔隙比 $e_2 = 0.6$，内摩擦角 $\varphi_2 = 35°$，加固后墙后水位标高假设不变，按朗肯土压力理论，则加固前后墙后每延米上的主动土压力变化值最接近下列哪个选项？

(A) 0kN/m (B) 6kN/m (C) 16kN/m (D) 36kN/m

【解】由于加固前后水位保持不变，因此只需要计算墙后填土加固前后产生的土压力即可。

加固前：

砂层，有效重度为 $\gamma' = 18.5 - 10 = 8.5$kN/m³，计算竖直厚度 $h_0 = 6$m，内摩擦角 $\varphi = 30°$主动土压力系数 $K_a = \tan^2\left(45° - \frac{\varphi}{2}\right) = \tan^2\left(45° - \frac{30°}{2}\right) = 0.33$

简单情况，该层顶部竖向有效压力 $P_0 = 0$ kPa

则该层 $E_a = \frac{1}{2}\gamma' h_0^2 K_a = \frac{1}{2} \times 8.5 \times 6^2 \times 0.33 = 50.49$ kN/m

加固后，此时须与"三相比"联系，求得加固后的填土高度及饱和密度。

加固前土层厚度 $h_0 = 6$ m，土体孔隙比 $e_0 = 0.9$，加固后孔隙比 $e_1 = 0.6$，因此可得到加固后土层厚度 h_1：$\frac{h_0}{1+e_0} = \frac{h_1}{1+e_1} \rightarrow \frac{6}{1+0.90} = \frac{h_1}{1+0.6} \rightarrow h_1 = 5.053$ m

根据加固前后墙后土和水总质量不变，求加固下沉后土的饱和密度

$$18.5 \times 6 = 10 \times (6-5.053) + \gamma_{sat2} \times 5.053 \rightarrow \gamma_{sat2} = 20.1 \text{ kN/m}^3$$

加固后：

砂层，有效重度为 $\gamma' = 20.1 - 10 = 10.1$ kN/m³，计算竖直厚度 $h_1 = 5.053$ m，内摩擦角 $\varphi = 35°$，主动土压力系数 $K_a = \tan^2\left(45° - \frac{\varphi}{2}\right) = \tan^2\left(45° - \frac{35°}{2}\right) = 0.27$

简单情况，该层顶部竖向有效压力 $P_0 = 0$ kPa

则该层 $E_a = \frac{1}{2}\gamma' h_0^2 K_a = \frac{1}{2} \times 10.1 \times 5.053^2 \times 0.27 = 34.814$ kN/m

加固前后墙后每延米上的主动土压力变化值为：$50.49 - 38.814 = 15.676$ kN/m

【注】①此题是振冲法加固，和前面真题地震后变密实，本质上是一样的。
②求加固后饱和重度也可直接利用"一条公式"，求解如下

加固前 $e = \dfrac{G_s \rho_w}{\rho_{sat} - \dfrac{e\rho_w}{e+1}} - 1 \rightarrow 0.9 = \dfrac{G_s \times 1}{1.85 - \dfrac{0.9 \times 1}{0.9+1}} - 1 \rightarrow G_s = 2.615$

加固后 $e = \dfrac{G_s \rho_w}{\rho_{sat} - \dfrac{e\rho_w}{e+1}} - 1 \rightarrow 0.6 = \dfrac{2.615 \times 1}{\rho_{sat} - \dfrac{0.6 \times 1}{0.6+1}} - 1 \rightarrow \rho_{sat} = 2.01 \rightarrow \gamma_{sat} = 20.1$

2018D14

如题图所示，位于不透水地基上重力式挡墙，高6m，墙背垂直光滑，墙后填土水平，墙后地下水位与墙顶面齐平，填土自上而下分别为3m厚细砂和3m厚卵石，细砂饱和重度 $\gamma_{sat1} = 19$ kN/m³，黏聚力 $c_1' = 0$ kPa，内摩擦角 $\varphi_1' = 25°$；卵石饱和重度 $\gamma_{sat2} = 21$ kN/m³，黏聚力 $c_2' = 0$ kPa，内摩擦角 $\varphi_2' = 30°$。地震时细砂完全液化，在不考虑地震惯性力和地震沉陷的情况下，根据《建筑边坡工程技术规范》相关要求，计算地震液化时作用在墙背的总水平力接近于下列哪个选项？

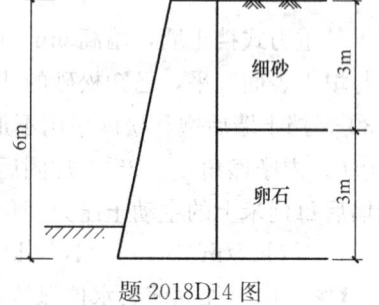

题 2018D14 图

(A) 290 kN/m　　(B) 320 kN/m　　(C) 350 kN/m　　(D) 380 kN/m

【解】

0～3m 细砂完全液化时，内摩擦角变为0，水位高度和砂土层高度一致，可直接采用水土合算；直接使用饱和重度 $\gamma = 19$ kN/m³，计算竖直厚度 $h = 3$ m

简单情况，该层顶部竖向有效压力为 $P_0 = 0$ kPa

则该层总压力 $E_{a1}=\frac{1}{2}\gamma h^2 K_a=\frac{1}{2}\times 19\times 3^2\times 1=85.5\text{kN/m}$

3~6m，卵石并未液化，且有水，因此采用水土分算

卵石层，有效重度为 $\gamma'=21-10=11\text{kN/m}^3$，计算竖直厚度 $h=3\text{m}$，内摩擦角 $\varphi=30°$，主动土压力系数 $K_a=\tan^2\left(45°-\frac{\varphi}{2}\right)=\tan^2\left(45°-\frac{30°}{2}\right)=0.33$

简单情况，该层顶部竖向有效压力 $P_0=0\text{kPa}$

则该层 $E_{a2}=\frac{1}{2}\gamma'h^2 K_a=\frac{1}{2}\times 11\times 3^2\times 0.33=16.335\text{kN/m}$

水压力：砂土液化时，将砂土看作为水

因此3m处水压力强度 $e_{w0}=19\times 3=57\text{kPa}$；

6m处水压力强度 $e_{w1}=19\times 3+10\times 3=87\text{kPa}$

所以3~6m深度范围内水压力 $E_w=\frac{1}{2}(e_{w0}+e_{w1})h=\frac{1}{2}\times(57+87)\times 3=216\text{kN/m}$

因此总水平力 $E_a=E_{a1}+E_{a2}+E_w=85.5+16.336+216=317.836\text{kN/m}$

题目指明按《建筑边坡工程技术规范》相关要求求解，对于土质边坡采用重力式挡墙，墙高5~8m，乘以增大系数1.1；因此最终总水平力为 $317.835\times 1.1=349.6185\text{kN/m}$。

【注】①此题是计算液化时作用在墙背的总水平力，且仅有细砂液化，卵石并没有液化。
②砂土液化时，一定要将其看作为水，其土压力的计算方法和水压力计算一致。若砂土与水位相平，此时可直接水土合算，采用砂土饱和重度；若砂土与水位不一致，采用水土分算，此时采用砂土有效重度，总水平力为土压力与水压力之和。
③某些岩友认为只有"土压力"乘增大系数，而"水压力"乘增大系数，解法如下：
$E_a=E_{a1}+1.1E_{a2}+E_w=85.5+1.1\times 16.336+216=319.46\text{kPa}$。

此解法申申老师认为极不合理，即便"土压力乘增大系数，水压力不乘增大系数"这种说法可行，但对这道题而言土压力也是不应该乘增大系数。因为按这种解法只是卵石层乘增大系数，但卵石层高度仅3m，未达到乘增大系数的要求，规范中所谓的墙高具体是指土压力作用范围的墙高，具体可见《建筑地基基础设计规范》6.7.3条，说明的更清楚，《建筑边坡工程技术规范》对增大系数的要求就是和《建筑地基基础设计规范》保持统一（见《建筑边坡工程技术规范》11.2.1条条文说明）。

总之，对于土质边坡增大系数的问题，除非题干指明，最好办法就是试算，再确定选项。

1.8.2 有渗流等特殊情况朗肯主动土压力

2016C21

如题图所示，某河流梯级挡水坝，上游水深1m，高度为4.5m，坝后河床为砂土，其 $\gamma_{sat}=21\text{kN/m}^3$，$c=0$，$\varphi=30°$，砂土中有自上而下的稳定渗流，A到B的水力坡降 i 为0.1，按朗肯土压力理论，估算作用在该挡水坝背面AB段的总水平压力最接近下列哪个选项？

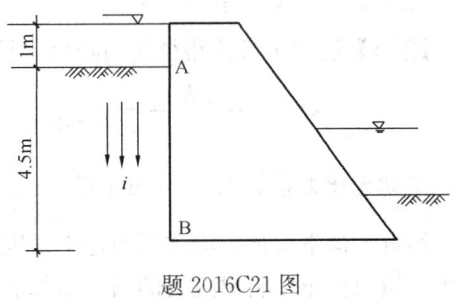

题 2016C21 图

(A) 70kN/m　　　　(B) 75kN/m　　　　(C) 176kN/m　　　　(D) 183kN/m

【解】平均水力坡降 $i=0.1$

自上而下渗流，单位体积渗透力 $J=\gamma_w i=10\times 0.1=1\text{kN/m}^3$

砂土，采用水土分算

A 点处水压力强度 $u_0=10\times 1=10\text{kPa}$

渗流流过总长度 $l=4.5\text{m}$

AB 两点总水头差，即水头损失 $\Delta h=il=0.1\times 4.5=0.45\text{m}$

B 点处水压力强度 $u_1=10\times(1+4.5)-10\times 0.45=50.5\text{kPa}$

水压力 $E_{wa}=\dfrac{1}{2}(u_0+u_1)\cdot h_w=\dfrac{1}{2}\times(10+50.5)\times 4.5=136.125\text{kN/m}$

砂土层主动土压力系数 $K_a=\tan^2\left(45°-\dfrac{30°}{2}\right)=0.33$

该层顶部竖向有效压力 $P_0=0\text{kPa}$

该层顶部主动土压力强度 $e_0=P_0 K_a=0\text{kPa}$

该层底部竖向有效压力 $P_1=\gamma' h+Jh=(21-10)\times 4.5+1\times 4.5=54\text{kPa}$

该层底部主动土压力强度 $e_1=P_1 K_a=54\times 0.33=17.82\text{kPa}$

土压力 $E_{sa}=\dfrac{1}{2}(e_0+e_1)\cdot h=\dfrac{1}{2}\times(0+17.82)\times 4.5=40.095\text{kN/m}$

总水平压力 $E_a=\sum E_{ai}=40.095+136.125=176.22\text{kN/m}$

2019C15

如题图所示，某河堤挡土墙，墙背光滑垂直，墙身不透水，墙后和墙底均为砾砂层。砾砂的天然与饱和重度分别为 $\gamma=19\text{kN/m}^3$ 和 $\gamma_{sat}=20\text{kN/m}^3$，内摩擦角 30°。墙底宽 $B=3\text{m}$，墙高 $H=6\text{m}$，挡土墙基底埋深 $D=1\text{m}$。当河水位由 $h_1=5\text{m}$ 降至 $h_2=2\text{m}$ 后，墙后地下水位保持不变且在砾砂中产生稳定渗流时，则作用在墙背上的水平力变化值最接近下列哪个选项？（假定水头沿渗流路径均匀降落，不考虑主动土压力增大系数）

(A) 减少 70kN/m

(B) 减少 28kN/m

(C) 增加 42kN/m

(D) 增加 45kN/m

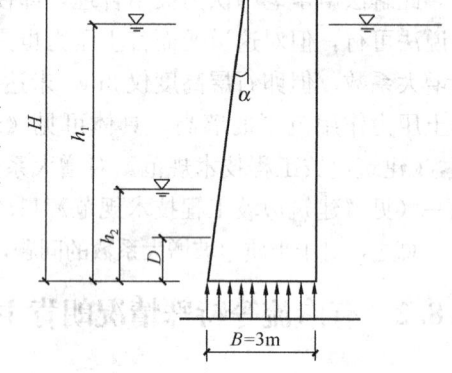

题 2019C15 图

【解1】已假定渗流路径均匀降落，且不考虑主动土压力增大系数

平均水力坡降 $i=\dfrac{\Delta h}{l}=\dfrac{3}{5+3+1}=0.33$

主动土压力系数 $K_a=\tan^2\left(45°-\dfrac{\varphi}{2}\right)=\tan^2\left(45°-\dfrac{30°}{2}\right)=0.33$

墙背侧向下渗流，渗透压力往下，因此导致土中自重应力的增大，进而导致土压力的增大，所以由土中自重应力的增大引起的墙背土压力增加值为：

1.8 土压力计算基本理论

土压力增加值

$$\Delta E_{as} = \frac{1}{2}\gamma_w i h_1 K_a \times h_1 = \frac{1}{2} \times 10 \times 0.33 \times 5 \times 0.33 \times 5 = 13.6 \text{kPa}$$

由于水头损失，所以造成了水压力减小

水平向水压力减小值

$$\Delta E_{aw} = \frac{1}{2}\gamma_w i h_1 \times h_1 = \frac{1}{2} \times 10 \times 0.33 \times 5 \times 5 = 41.25 \text{kPa}$$

因此总水平力减小 $\Delta E = 41.25 - 13.6 = 27.65 \text{kPa}$

【解2】水位下降前，计算墙背1~6m的总水平力：

$$K_a = \tan^2\left(45° - \frac{30°}{2}\right) = 0.33$$

$$E = \frac{1}{2} \times (2 \times 19 \times 1 + 10 \times 5) \times 0.33 \times 5 + \frac{1}{2} \times (0 + 50) \times 5 = 197.6 \text{kPa}$$

水位下降后，计算墙背1~6m的总水平力：

$$i = \frac{3}{5+3+1} = 0.33$$

土压力 $E_{as} = \frac{1}{2} \times (19 + 19 + 10 \times 5 + 0.33 \times 10 \times 5) \times 0.33 \times 5 = 86.2 \text{kPa}$

水压力 $E_{aw} = \frac{1}{2} \times (0 + 50 - 0.33 \times 10 \times 5) \times 5 = 83.75 \text{kPa}$

所以水平力变化为：$\Delta E = 86.2 + 83.75 - 197.6 = -27.65 \text{kPa}$，即减小了27.65kPa

【注】① 核心知识点常规题。有渗流作用下的土压力计算。但由解1和解2可以看出，对知识点理解得是否深刻，直接决定着解题速度。

② 渗流流过的总长度，千万不要忘记基础宽度3m。

③ 此题应根据基本理论和计算公式，尽量做到不查本书中此知识点的"解题思维流程"和规范即可解答，对其熟练到可以当做"闭卷"解答。

1.8.3 地震液化对朗肯主动土压力的影响

1.8.4 库仑主动土压力

1.8.5 楔体法主动土压力

2007D20

重力式挡土墙墙高8m，墙背垂直、光滑，填土与墙顶平，填土为砂土，$\gamma = 20 \text{kN/m}^3$，内摩擦角 $\varphi = 36°$，该挡土墙建在岩石边坡前，岩石边坡坡脚与水平方向夹角为70°，岩石与砂填土间摩擦角为18°，计算作用于挡土墙上的主动土压力最接近于下列哪个数值？

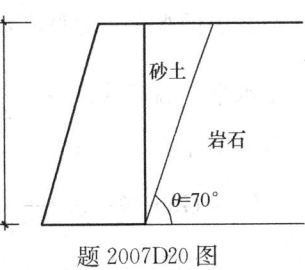

题 2007D20 图

(A) 166kN/m   (B) 298kN/m   (C) 157kN/m   (D) 213kN/m

【解】墙背垂直光滑，求无黏性土主动土压力

墙后土体垂直高度 $H=8m$

土重度 $\gamma=20kN/m^3$

土内摩擦角 $\varphi=36°$

墙后土坡面与水平面夹角 $\beta=0°$

支挡墙背与水平面夹角（反倾时为钝角）$\alpha=90°$

墙背土与支挡结构墙背的摩擦角 $\delta=0°$

滑动面与水平方向的夹角 $\theta=70°$

滑动面间的摩擦角 $\delta_R=18°$

墙后土面水平，验算满足 $\alpha \geq \theta \geq 45°+\dfrac{\varphi}{2}$

土水平，墙背垂直 $G=\dfrac{1}{2}\gamma H^2 \cdot \dfrac{1}{\tan\theta}=\dfrac{1}{2}\times\dfrac{20\times 8^2}{\tan 70°}=232.94kN/m$

主动土压力 $E_a=G\tan(\theta-\delta_R)=232.94\times\tan(70°-18°)=298.15kN/m$

2008D20

在饱和软黏土地基中开槽建造地下连续墙，槽深 8.0m，槽中采用泥浆护壁，已知软黏土的饱和重度为 $16.8kN/m^3$，$c_u=12kPa$，$\varphi_u=0°$。对于题图所示的滑裂面，保证槽壁稳定的最小泥浆密度最接近于下列哪个选项？

(A) $1.00g/cm^3$ (B) $1.08g/cm^3$

(C) $1.12g/cm^3$ (D) $1.22g/cm^3$

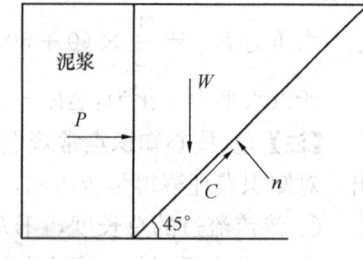

题 2008D20 图

【解】墙背垂直光滑，求黏性土主动土压力

墙后土体垂直高度 $H=8m$

土饱和重度 $\gamma=16.8kN/m^3$

土内摩擦角 $\varphi=0°$

墙后土坡面与水平面夹角 $\beta=0°$

支挡结构墙背与水平面夹角（反倾时为钝角）$\alpha=90°$

墙背土与支挡结构墙背的摩擦角 $\delta=\varphi=0°$

滑动面与水平方向的夹角 $\theta=45°$

滑动面间的摩擦角 $\delta_R=\varphi=18°$

墙后土面水平，验算满足 $\alpha\geq\theta\geq 45°+\dfrac{\varphi}{2}$

土水平，墙背垂直 $G=\dfrac{1}{2}\cdot\dfrac{\gamma H^2}{\tan\theta}=\dfrac{1}{2}\times\dfrac{16.8\times 8^2}{\tan 45°}=537.6kN/m$

主动土压力

$E_a=G\tan(\theta-\delta_R)-\dfrac{cL\cos\delta_R}{\cos(\theta-\delta_R)}=537.6\tan(45°-0°)-\dfrac{12\times 11.31\times\cos 0°}{\cos(45°-0°)}$

$=345.7kN/m$

$E_{泥}=\dfrac{1}{2}\gamma_{泥}h^2=\dfrac{1}{2}\times\gamma_{泥}\times 8^2=345.7 \rightarrow \gamma_{泥}=10.8\,g/cm^3$

2010C20

题图所示重力式挡土墙和墙后岩石陡坡之间填砂土,墙高6m,墙背倾角60°,岩石陡坡倾角60°,砂土 $\gamma=17kN/m^3$,$\varphi=30°$,砂土与墙背及岩坡间的摩擦角为15°,试问该挡土墙的主动土压力合力 E_a 与下列何项数值最为接近?

(A) 250kN/m (B) 217kN/m (C) 187kN/m (D) 83kN/m

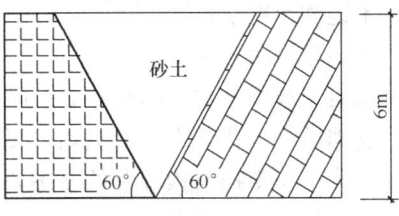

题2010C20图

【解】墙背不垂直不光滑,求非黏性土主动土压力

墙后土体垂直高度 $H=6m$

土饱和重度 $\gamma=17kN/m^3$

土内摩擦角 $\varphi=30°$

墙后土坡面与水平面夹角 $\beta=0°$

支挡结构墙背与水平面夹角(反倾时为钝角) $\alpha=60°$

墙背土与支挡结构墙背的摩擦角 $\delta=15°$

滑动面与水平方向的夹角 $\theta=60°$

滑动面间的摩擦角 $\delta_R=15°$

墙后土面水平,验算满足 $\alpha\geqslant\theta\geqslant45°+\dfrac{\varphi}{2}$

$$G=\frac{1}{2}\gamma H^2\cdot\left(\frac{1}{\tan\alpha}+\frac{1}{\tan\theta}\right)=\frac{1}{2}\times17\times6^2\times\left(\frac{1}{\tan60°}+\frac{1}{\tan60°}\right)=353.34kN/m$$

主动土压力

$$E_a=\frac{G\sin(\theta-\delta_R)}{\sin(\theta-\delta_R+\alpha-\delta)}=\frac{353.34\sin(60°-15°)}{\sin(60°-15°+60°-15°)}=249.85kN/m$$

2011C20

同2007D20完全相同。

2012D18

某建筑旁有一稳定的岩石山坡,坡角60°,依山拟建挡土墙,墙高6m,墙背倾角75°,墙后填料采用砂土,重度20kN/m³,内摩擦28°,土与墙背间的摩擦角为15°,土与山坡间的摩擦角为12°,墙后填土高度5.5m。根据《建筑地基基础设计规范》,挡土墙墙背主动土压力最接近下列哪个选项?

(A) 160kN/m (B) 190kN/m (C) 220kN/m (D) 260kN/m

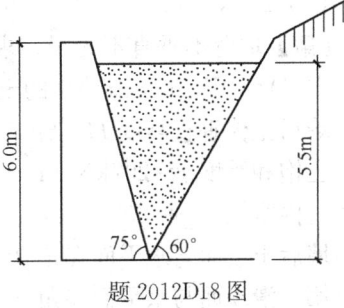

题2012D18图

【解】墙背不垂直不光滑,求非黏性土主动土压力

墙后土体垂直高度 $H=5.5m$

1 土力学专题

土饱和重度 $\gamma = 207\text{kN/m}^3$
土内摩擦角 $\varphi = 28°$
墙后土坡面与水平面夹角 $\beta = 0°$
支挡结构墙背与水平面夹角（反倾时为钝角）$\alpha = 75°$
墙背土与支挡结构墙背的摩擦角 $\delta = 15°$
滑动面与水平方向的夹角 $\theta = 60°$
滑动面间的摩擦角 $\delta_R = 12°$
墙后土面水平，应验算满足 $\alpha \geqslant \theta \geqslant 45° + \dfrac{\varphi}{2}$

$$G = \frac{1}{2}\gamma H^2 \cdot \left(\frac{1}{\tan\alpha} + \frac{1}{\tan\theta}\right) = \frac{1}{2} \times 20 \times 5.5^2 \times \left(\frac{1}{\tan 60°} + \frac{1}{\tan 75°}\right) = 255.7\text{kN/m}$$

主动土压力

$$E_a = \frac{G\sin(\theta - \delta_R)}{\sin(\theta - \delta_R + \alpha - \delta)} = \frac{255.7\sin(60° - 12°)}{\sin(60° - 12° + 75° - 15°)} = 199.8\text{kN/m}$$

1.8.6 坦墙土压力计算

1.8.6.1 坦墙的定义
1.8.6.2 坦墙土压力计算方法

2016C18

某悬臂式挡土墙高 6.0m，墙后填砂土，并填成水平面，其 $\gamma = 20\text{kN/m}^3$，$c = 0$，$\varphi = 30°$，墙踵下缘与墙顶内缘的连线与垂直线的夹角 $\alpha = 40°$，墙与土的摩擦角 $\delta = 10°$，假定第一滑动面与水平面夹角为 $\beta = 45°$，第二滑动面与垂直面的夹角为 $\alpha_{cr} = 30°$，问滑动土体 BCD 作用于第二滑动面的土压力合力最接近以下哪个选项？

(A) 150kN/m　　(B) 180kN/m
(C) 210kN/m　　(D) 260kN/m

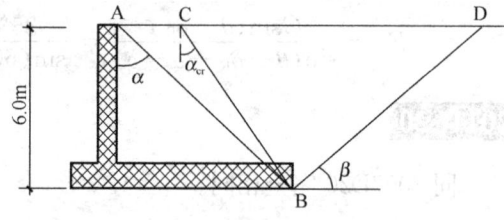

题 2016C18 图

【解】墙背不垂直不光滑，求非黏性滑动土体 BCD 作用于第二滑动面的土压力合力

墙后土体垂直高度 $H = 6\text{m}$
土饱和重度 $\gamma = 207\text{kN/m}^3$
土内摩擦角 $\varphi = 30°$
墙后土坡面与水平面夹角 $\beta = 0°$
第二滑动面与水平面夹角（反倾时为钝角）$\alpha = 90° - 30° = 60°$
墙背土与支挡结构墙背的摩擦角 $\delta = \varphi = 30°$
滑动面与水平方向的夹角 $\theta = 45°$
滑动面间的摩擦角 $\delta_R = \varphi = 30°$

$$G = \frac{1}{2}\gamma H^2 \cdot \left(\frac{1}{\tan\alpha} + \frac{1}{\tan\theta}\right) = \frac{1}{2} \times 20 \times 6^2 \times \left(\frac{1}{\tan 60°} + \frac{1}{\tan 45°}\right) = 567.846 \text{kN/m}$$

主动土压力

$$E_a = \frac{G\sin(\theta - \delta_R)}{\sin(\theta - \delta_R + \alpha - \delta)} = \frac{567.846\sin(45° - 30°)}{\sin(45° - 30° + 60° - 30°)} = 207.85 \text{kN/m}$$

【注】此题已经指明了滑动面，不需要再验算满足 $\alpha \geqslant \theta \geqslant 45° + \frac{\varphi}{2}$

1.8.7 墙背形状有变化

1.8.7.1 折线形墙背
1.8.7.2 墙背设置卸荷平台
1.8.7.3 墙后滑动面受限

1.9 各规范对土压力的具体规定

1.9.1 地基基础规范对土压力具体规定

1.9.1.1 对重力式挡土墙土压力计算的规定
1.9.1.2 对基坑水压力和土压力的规定

1.9.2 边坡工程规范对土压力具体规定

1.9.2.1 一般情况下土压力
1.9.2.2 对于重力式挡土墙土压力的计算
1.9.2.3 当边坡的坡面倾斜、坡顶水平、无超载时水平土压力

2018C15

某建筑边坡坡高 10.0m，开挖设计坡面与水平面夹角 50°，坡顶水平，无超载（如题图所示），坡体黏性土重度 19kN/m³，内摩擦角 12°，黏聚力 20kPa，坡体无地下水，按照《建筑边坡工程技术规范》GB 50330—2013，边坡破坏时的平面破裂角 θ 最接近下列哪个选项？

(A) 30°   (B) 33°
(C) 36°   (D) 39°

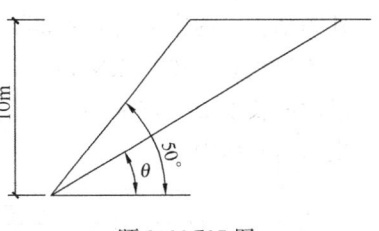

题 2018C15 图

【解】边坡垂直高度 $h = 10.0$m
无地下水，土体重度 $\gamma = 19$kN/m³
边坡坡面与水平面夹角 $\alpha' = 50°$
土体内摩擦角 $\varphi = 12°$
土体黏聚力 $c = 20$kPa

1 土力学专题

参数 $\eta = \dfrac{2c}{\gamma H} = \dfrac{2 \times 20}{19 \times 10} = 0.21$

土体的临界滑动面与水平面的夹角

$$\theta = \arctan \dfrac{\cos\varphi}{\sqrt{1 + \dfrac{\cot\alpha'}{\eta + \tan\varphi}} - \sin\varphi}$$

$$= \arctan \dfrac{\cos 12°}{\sqrt{1 + \dfrac{\cot 50°}{0.21 + \tan 12°}} - \sin 12°} = \arctan 0.643 = 32.77°$$

1.9.2.4 有限范围填土的主动土压力

1.9.2.5 局部荷载引起的主动土压力

1.9.2.6 坡顶地面非水平时的主动土压力

1.9.2.7 二阶竖直边坡、坡顶水平且无超载作用

1.9.2.8 地震主动土压力

1.9.2.9 坡顶有重要建筑物时的土压力修正

1.9.2.10 无外倾结构面的边坡侧向主动岩石压力

1.9.2.11 有外倾结构面的边坡侧向主动岩石压力

2013D19

某建筑岩质边坡如题图所示,已知软弱结构面黏聚力 $c_k = 20\text{kPa}$,内摩擦角 $\varphi_k = 35°$,与水平面夹角 $\theta = 45°$。滑裂体自重 $G = 2000\text{kN/m}$,问作用于支护结构上每延米的主动岩石压力合力标准值最接近以下哪个选项?

(A) 212kN/m (B) 252kN/m
(C) 275kN/m (D) 326kN/m

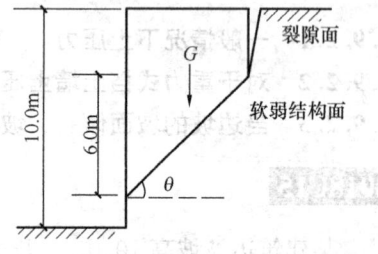

题 2013D19 图

【解】黏聚力 $c = 20$

结构面与水平方向的夹角 $\theta = 45°$

外倾结构面内摩擦角 $\varphi_s = 35°$

滑体自重 $G = 20005\text{kN/m}$

滑动面长度 $L = 6 \div \sin 45° = 8.485\text{m}$

主动岩石压力

$$E_a = G\tan(\theta - \varphi_s) - \dfrac{cL\cos\varphi_s}{\cos(\theta - \varphi_s)} = 2000\tan(45 - 35) - \dfrac{20 \times 8.485 \times \cos 35}{\cos(45 - 35)}$$

$$= 211.55\text{kN/m}$$

1.9.2.12 当边坡的坡面倾斜、坡顶水平、无超载时水平岩石压力

1.9.2.13 地震主动岩石压力

1.9.2.14 坡顶有重要建筑物时的岩石压力修正

1.9.3 基坑工程规范对土压力具体规定

1.9.3.1 一般情况下基坑主动土压力

2003C22

一基坑深 6.0m，无地下水，采用悬臂排桩。从上至下土层为：
①填土 $\gamma=18\text{kN/m}^3$，$c=10\text{kPa}$，$\varphi=12°$，厚度 2.0m
②砂 $\gamma=18\text{kN/m}^3$，$c=0\text{kPa}$，$\varphi=20°$，厚度 5.0m
③黏土 $\gamma=20\text{kN/m}^3$，$c=20\text{kPa}$，$\varphi=30°$，厚度 7.0m
问：③层黏土顶面以上范围内基坑外侧主动土压力引起的支护结构净水平荷载标准值的最大值约为下列（　　）。
　　(A) 19kPa　　　　　　　　　　　(B) 53kPa
　　(C) 62kPa　　　　　　　　　　　(D) 65kPa

【解】主动土压力系数 $K_a = \tan^2\left(45° - \dfrac{\varphi}{2}\right) = \tan^2\left(45° - \dfrac{20°}{2}\right) = 0.490$

③层黏土顶面以上最大主动土压力强度在②层砂层底面处

$$e_1 = P_1 K_a = (18 \times 2 + 18 \times 5) \times 0.490 = 61.74\text{kPa}$$

【注】①选项单位是"kPa"，很明显本质上是计算"主动土压力强度"。
②②层砂层底面和③层黏土顶面主动土压力强度有突变。

2003C25

已知基坑开挖深度 10m，未见地下水，坑侧无地面超载，坑壁黏性土土性参数为：重度 $\gamma=18\text{kN/m}^3$，黏聚力 $c=10\text{kPa}$，内摩擦角 $\varphi=25°$。问作用于每延米支护结构上的主动土压力（算至基坑底面）最接近于（　　）。
　　(A) 250kN　　　　　　　　　　　(B) 300kN
　　(C) 330kN　　　　　　　　　　　(D) 365kN

【解】主动土压力系数 $K_a = \tan^2\left(45° - \dfrac{25°}{2}\right) = 0.406$

$$z_0 = \dfrac{2c}{\gamma\sqrt{K_a}} = \dfrac{2 \times 10}{18 \times \sqrt{0.406}} = 1.74$$

$$E_0 = \dfrac{1}{2}\gamma(h-z_0)^2 K_a = \dfrac{1}{2} \times 18 \times (10-1.74)^2 \times 0.406 = 249.3\text{kN}$$

2004D25

基坑剖面如题图所示，已知土层天然重度为 20kN/m^3，有效内摩擦角 $\varphi'=30°$，有效内聚力 $c'=0$，若不计墙两侧水压力，按朗肯土压力理论分别计算支护结构底部 E 点内外两侧的被动土压力强度 e_p 及主动土压力强度 e_a 最接近下列哪一个值？（水的重度为 $\gamma_w=10\text{kN/m}^3$）

1 土力学专题

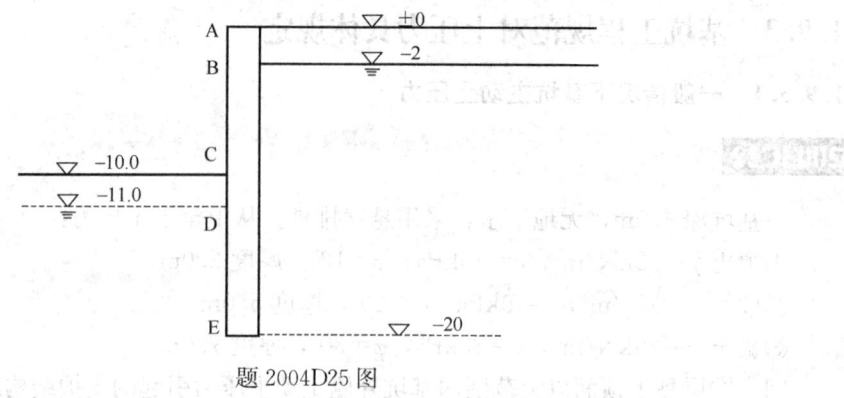

题 2004D25 图

(A) 被动土压力强度 $e_p=330$kPa，主动土压力强度 $e_a=73$kPa
(B) 被动土压力强度 $e_p=191$kPa，主动土压力强度 $e_a=127$kPa
(C) 被动土压力强度 $e_p=600$kPa，主动土压力强度 $e_a=133$kPa
(D) 被动土压力强度 $e_p=346$kPa，主动土压力强度 $e_a=231$kPa

【解】主动土压力系数 $K_a = \tan^2\left(45°-\dfrac{\varphi}{2}\right) = 0.333$

$$e_{a1} = P_1 K_a = (2\times 20 + 18\times 10)\times 0.333 = 73.26\text{kPa}$$

被动土压力系数 $K_a = \tan^2\left(45°+\dfrac{\varphi}{2}\right) = 3$

$$e_{p1} = P_1 K_p = (1\times 20 + 9\times 10)\times 3 = 330\text{kPa}$$

2006C23

在密实砂土地基中进行地下连续墙的开槽施工，地下水位与地面齐平，砂土的饱和重度 $\gamma_{sat}=20.2$kN/m³，内摩擦角 $\varphi=38°$，黏聚力 $c=0$，采用水下泥浆护壁施工，槽内的泥浆与地面齐平，形成一层不透水的泥皮，为了使泥浆压力能平衡地基砂土的主动土压力，使槽壁保持稳定，泥浆相对密度至少应达到下列哪个选项中的值？

(A) 1.24　　(B) 1.35　　(C) 1.45　　(D) 1.56

【解1】假定墙高为 h

砂土侧水土分算

主动土压力系数 $K_a = \tan^2\left(45°-\dfrac{\varphi}{2}\right) = \tan^2\left(45°-\dfrac{38°}{2}\right) = 0.238$

砂土产生的主动土压力 $E_{as} = \dfrac{1}{2}\gamma h^2 K_a = \dfrac{1}{2}\times(20.2-10)h^2\times 0.238 = 1.213h^2$

水压力 $E_w = \dfrac{1}{2}\gamma_w h^2 = \dfrac{1}{2}\times 10 h^2 = 5h^2$

总压力 $E_a = E_{as} + E_w = 1.2138h^2 + 5h^2$

泥浆产生的压力 $E_{ni} = \dfrac{1}{2}\gamma_{ni} h^2$

因此 $E_a = E_{ni} \rightarrow 1.2138h^2 + 5h^2 = 0.5\gamma_{ni}h^2 \rightarrow \gamma_{ni} = 12.4$

所以泥浆相对密度为 $12.4\div 10 = 1.24$

【解2】砂土层和泥浆侧水平压力都是三角形分布，因此也可根据水平压力强度求解。

砂土侧水土分算，主动土压力系数 $K_a = \tan^2\left(45° - \dfrac{\varphi}{2}\right) = \tan^2\left(45° - \dfrac{38°}{2}\right) = 0.238$

墙高 h 处，砂土产生的主动土压力强度 $e_{as} = \gamma h K_a = (20.2-10)h \times 0.238 = 2.4276h$

水压力强度 $e_w = \gamma_w h = 10h$

泥浆产生的压力强度 $e_{ni} = \gamma_{ni} h$

因此 $e_{as} + e_a = e_{ni} \rightarrow 2.4276h + 10h = \gamma_{ni} h \rightarrow \gamma_{ni} = 12.4$

所以泥浆相对密度为 $12.4 \div 10 = 1.24$

2008C22

在基坑的地下连续墙后有一 5m 厚的含承压水的砂层，承压水头高于砂层顶面 3m。在该砂层厚度范围内作用在地下连续墙上单位长度的水压力合力最接近于下列哪个选项？

(A) 125kN/m　　(B) 150kN/m　　(C) 275kN/m　　(D) 400kN/m

【解】0m 处水压力强度 $e_{w0} = 10 \times 3 = 30$ kPa

5m 处水压力强度 $e_{w1} = 10 \times 3 + 10 \times 5 = 80$ kPa

水压力 $E_w = \dfrac{1}{2}(e_{w0} + e_{w1})h = \dfrac{1}{2}(30+80) \times 5 = 275$ kN/m

2009C23

如题图，基坑深度 5m，插入深度 5m，地层为砂土，参数为 $\gamma = 20$ kN/m³，$c = 0$，$\varphi = 30°$，地下水位埋深 6m，采用排桩支护形式，桩长 10m，根据《建筑基坑支护技术规程》，作用在每延米支护体系上的外侧总水平荷载标准值的合力是（　　）。

(A) 210kN　　　(B) 280kN
(C) 330kN　　　(D) 390kN

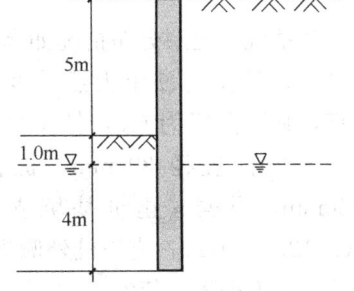

题 2009C23 图

【解】有水位，按水位水层，且水位下水土分算。

主动土压力系数 $K_a = \tan^2\left(45° - \dfrac{\varphi}{2}\right) = \tan^2\left(45° - \dfrac{30°}{2}\right) = 0.333$

$0 \sim 6$m，主动土压力 $E_{a1} = \dfrac{1}{2}\gamma h^2 K_a = \dfrac{1}{2} \times 20 \times 6^2 \times 0.333 = 119.88$ kN

$6 \sim 10$m，主动土压力 $E_{a2} = \dfrac{1}{2}(2P_0 + \gamma h)K_a \cdot h = \dfrac{1}{2} \times (2 \times 20 \times 6 + 10 \times 4) \times 0.333 \times 4 = 186.48$ kN

水压力 $E_w = \dfrac{1}{2}\gamma h^2 = \dfrac{1}{2} \times 10 \times 4^2 = 80$ kN

所以总和：$119.88 + 80 + 186.48 = 386.36$ kN

2011D21

有一均匀黏性土地基，要求开挖深度 15m 的基坑，采用桩锚支护，已知该黏性土的重度 $\gamma = 19$ kN/m³，黏聚力 $c = 15$ kPa，内摩擦角 $\varphi = 26°$，坑外地面均布荷载为 48kPa，按照《建筑坑支护技术规程》规定，基坑底面至基坑外侧主动土压力强度与基坑内侧被动土压力强度等值点的距离，最接近于下列何项？

(A) 2.3m　　　　(B) 2.0m　　　　(C) 1.7m　　　　(D) 1.5m

【解】主动土压力系数 $K_a = \tan^2\left(45° - \dfrac{\varphi}{2}\right) = \tan^2\left(45° - \dfrac{26°}{2}\right) = 0.390$

被动土压力系数 $K_p = \tan^2\left(45° + \dfrac{\varphi}{2}\right) = \tan^2\left(45° + \dfrac{26°}{2}\right) = 2.561$

设强度值相等点距坑底距离为 h_0

则 h_0 处主动土压力强度

$$e_a = [48 + \gamma(15 + h_0)]K_a - 2c\sqrt{K_a}$$
$$= [48 + 19 \times (15 + h_0)] \times 0.390 - 2 \times 15 \times \sqrt{0.390}$$
$$= 111.14 + 7.41h_0$$

被动动土压力强度 $e_p = \gamma h_0 K_p + 2c\sqrt{K_p} = 19 \times h_0 \times 2.561 + 2 \times 15 \times \sqrt{2.561} = 48.659 h_0 + 48$

所以 $111.14 + 7.41 h_0 = 48.659 h_0 + 48 \rightarrow h_0 = 1.53$m

2013D23

某基坑的土层分布情况如题图所示，黏土层厚 2m，砂土层厚 15m，地下水埋深为地下 20m，砂土与黏土天然重度均按 20kN/m³ 计算，基坑深度为 6m，拟采用悬臂桩支护形式，支护桩桩径 800mm，桩长 11m，间距 1400mm，根据《建筑基坑支护技术规程》(JGJ 120—2012)，支护桩外侧主动土压力合力最接近于下列哪一值？

(A) 248kN　　　　(B) 267kN
(C) 316kN　　　　(D) 375kN

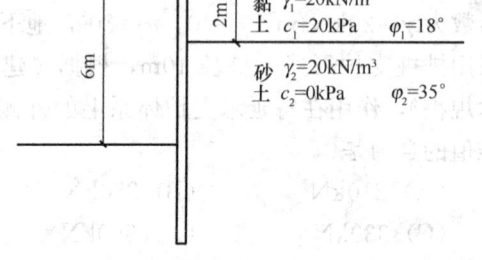

题 2013D23 图

【解】黏土层主动土压力系数：$K_{a1} = \tan^2\left(45° - \dfrac{18°}{2}\right) = 0.528$

$z_0 = \dfrac{2c}{\gamma\sqrt{K_a}} = \dfrac{2 \times 20}{20 \times \sqrt{0.528}} = 2.75\text{m} > 2.0\text{m}$，故本层 $E_{a1} = 0$

砂土层主动土压力系数 $E_{a2} = \tan^2\left(45° - \dfrac{35°}{2}\right) = 0.271$

$E_a = \dfrac{1}{2}(2P_0 + \gamma h)K_a \cdot h = \dfrac{1}{2} \times (2 \times 20 \times 2 + 20 \times 9) \times 0.271 \times 9 = 317.07$kN

由于桩间距为 1.4m，所以作用于支护桩上的主动土压力为 $=317.07 \times 1.4 = 443.898$kN

【注】本题是一道错题，给出的选项没有乘桩间距。这是重点题型，当给出间距的时候，无论是支护桩，还是锚杆，一定看清题目求的是每延米的侧向土压力，还是作用于支护结构上的侧向土压力，若求作用于支护结构上的侧向土压力，勿漏乘"间距"。此题考场上也只能将错就错选 C。

2016C23

某基坑开挖深度为10m，坡顶均布荷载 q_0 =20kPa，坑外地下水位于地表下6m，采用桩撑支护结构，侧壁落底式止水帷幕和坑内深井降水。支护桩为直径800钻孔灌注桩，其长度为15m，场地地层结构和土性指标如题图所示，假设坑内降水前后，坑外地下水位和土层的值 c、φ 均没有变化，根据《建筑基坑支护技术规范》，计算降水后作用在支护桩上的主动侧总侧压力，该值最接近下列哪个选项？

(A) 1105kN/m　　(B) 821kN/m
(C) 700kN/m　　(D) 405kN/m

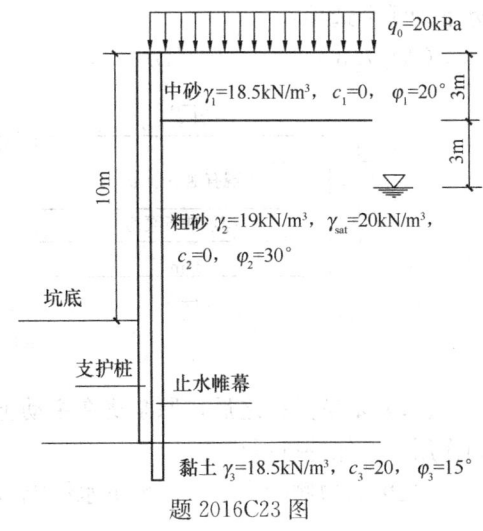

题 2016C23 图

【解】多层土，且有水位，分层求解：

0～3m 中砂层：$E_{a1} = \tan^2\left(45° - \dfrac{20°}{2}\right) = 0.490$

$$E_{a1} = \dfrac{1}{2}(2P_0 + \gamma h)K_{a1} \cdot h$$

$$= \dfrac{1}{2} \times (2 \times 20 + 18.5 \times 3) \times 0.490 \times 3$$

$$= 70.19 \text{kN/m}$$

3～6m 粗砂层：$E_{a2} = \tan^2\left(45° - \dfrac{30°}{2}\right) = 0.333$

$$E_{a2} = \dfrac{1}{2}(2P_0 + \gamma h)K_a \cdot h = \dfrac{1}{2} \times [2 \times (20 + 18.5 \times 3) + 19 \times 3] \times 0.333 \times 3$$

$$= 103.896 \text{kN/m}$$

6～15m，水位下，水土分算

水压力 $E_w = \dfrac{1}{2}\gamma h^2 = \dfrac{1}{2} \times 10 \times 9^2 = 405 \text{kN/m}$

土压力

$$E_{a3} = \dfrac{1}{2}(2P_0 + \gamma' h)K_a \cdot h = \dfrac{1}{2} \times [2 \times (20 + 18.5 \times 3 + 19 \times 3) + 10 \times 9] \times 0.333 \times 9$$

$$= 531.97 \text{kN/m}$$

所以总和：70.19+103.896+405+531.97=1111.056kN/m

2019D18

某地下泵房长33m，宽8m，筏板基础，基底埋深9m，基底压力65kPa，结构顶部与地面齐平，基底与地基土的摩擦系数为0.25。欲在其一侧加建同长度，宽4m，基底埋深9m的地下泵房，拟建场地地层为均质粉土，$\gamma=18$kN/m³，$c=15$kPa，$\varphi=20°$。加建部位基坑拟采用放坡开挖。假定地下泵房周边侧壁光滑，无地下水影响。为保证基坑开挖后现有地下泵房的抗滑移稳定系数不小于1.2，其另一侧影响范围内应至少卸去土的深度最接近下列哪个选项？

(A) 7.3　　　　(B) 5.0　　　　(C) 4.0　　　　(D) 1.7

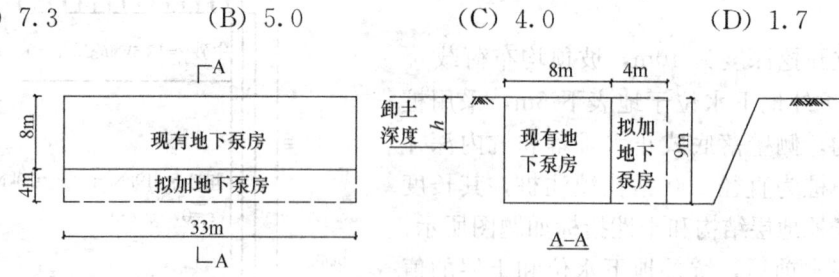

题 2019D18 图

【解】 基坑开挖之后，原泵房在主动土压力产生的滑移力和基底压力产生的抗滑力共同作用下，保持抗滑稳定

"泵房周边侧壁光滑，无地下水影响"，因此土压力直接使用朗肯土压力计算

$$K_a = \tan^2\left(45° - \frac{\varphi}{2}\right) = \tan^2\left(45° - \frac{20°}{2}\right) = 0.49$$

设开挖深度为 h

单位长度内朗肯土压力

$$E_a = \frac{1}{2}\gamma(9-h-z_0)^2 K_a = \frac{1}{2} \times 18 \times \left(9-h-\frac{2\times 15}{18\times\sqrt{0.49}}\right)^2 \times 0.49$$

33m 范围内抗滑稳定性满足如下要求

$$\frac{65 \times 33 \times 8 \times 0.25}{33 \times \frac{1}{2} \times 18 \times \left(9-h-\frac{2\times 15}{18\times\sqrt{0.49}}\right)^2 \times 0.49} \geqslant 1.2 \rightarrow h \geqslant 1.66\text{m}$$

【注】 ①核心知识点常规题。但此题题干设置新颖，"披着狼皮的羊"，和实际工程结合密切，需抽离出常见的"计算模型"或者说数学问题。抗滑移、抗倾覆等本质就是受力分析，即便没有解题思维流程，也应该快速找到思路。

②此题应根据基本理论和计算公式，尽量做到不查本书中此知识点的"解题思维流程"和规范即可解答，对其熟练到可以当做"闭卷"解答。

1.9.3.2　局部附加荷载作用下主动土压力

2005C25

基坑剖面如题图所示，已知砂土的重度 $\gamma=20\text{kN/m}^3$，$\varphi=30°$，$c=0$，计算土压力时，如果 C 点主动土压力值达到被动土压力值的 1/3，则基坑外侧所受条形附加荷载 p_0 最接近下列（　）选项中的值。

(A) 80kPa　　　　(B) 120kPa
(C) 180kPa　　　　(D) 240kPa

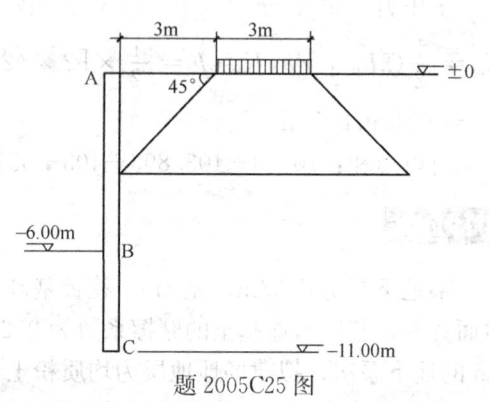

题 2005C25 图

【解】 局部荷载外边缘至基坑距离 $a=3\text{m}$

与基坑边垂直方向基础尺寸 $b=3\text{m}$，条形基础；

基础埋深 $d=0$m

$\theta=45°$，局部附加荷载产生的土压力作用范围 $z_a \in [d+a, d+3a+b] = [3, 12]$

局部附加荷载在作用范围产生的附加竖向压力即在C点竖向压力 $\Delta\sigma_k = \dfrac{p_0 b}{b+2a} = \dfrac{p_0}{3}$

主动土压力系数 $K_a = \tan^2\left(45° - \dfrac{30}{2}\right) = 0.333$；

C点外侧主动土压力强度 $e_a = PK_a = \left(20 \times 11 + \dfrac{p_0}{3}\right) \times 0.333 = 73.26 + 0.111 p_0$

被动土压力系数 $K_p = \tan^2\left(45° + \dfrac{\varphi}{2}\right) = 3$

C点内侧被动土压力强度 $e_p = PK_p = 20 \times 5 \times 3 = 300$

所以 $e_a = e_p \rightarrow 73.26 + 0.111 p_0 = 300 \times \dfrac{1}{3} \rightarrow p_0 = 240.9$kPa

2013C22

某基坑开挖深度为6m，地层为均质一般黏性土，其重度 $\gamma=18$kN/m³，黏聚力 $c=20$kPa，内摩擦角 $\varphi=10°$。距离基坑边缘3m至5m处，坐落一条形构筑物，其基底宽度为2m，埋深为2m，基底压力为140kPa，假设附加荷载按45°应力双向扩散、基底以上土与基础平均重度为18kN/m³。试问自然地面下10m处支护结构外侧的主动土压力强度标准值最接近下列哪个选项？

(A) 93kPa   (B) 112kPa

(C) 118kPa   (D) 192kPa

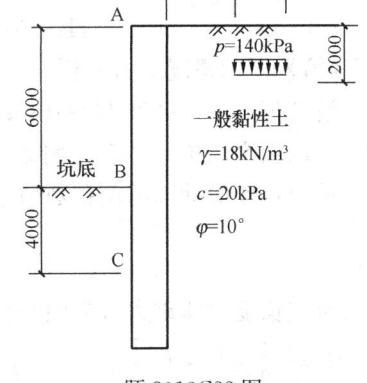

题2013C22图

【解】附加应力：$p_0 = 140 - 2 \times 18 = 104$kPa

局部荷载外边缘至基坑距离 $a=3$m

与基坑边垂直方向基础尺寸 $b=2$m，条形基础，基础埋深 $d=2$m

局部附加荷载产生的土压力作用范围，

一般情况下 $\theta=45° \rightarrow z_a \in [d+a, d+3a+b] = [5, 13]$

局部附加荷载在作用范围产生的附加竖向压力 $\Delta\sigma_k = \dfrac{p_0 b}{b+2a} = \dfrac{104 \times 2}{2 + 2 \times 3} = 26$kPa

主动土压力系数 $K_a = \tan^2\left(45° - \dfrac{10}{2}\right) = 0.704$

自然地面下10m处主动土压力强度 $e_1 = (10 \times 18 + 26) \times 0.704 - 2 \times 20 \times \sqrt{0.704} = 111.46$kPa

1.9.3.3 支护结构顶低于地面，其上采用放坡或土钉墙

1.10 边坡稳定性

1.10.1 平面滑动法

1.10.1.1 滑动面与坡脚面不同，无裂隙

2003C24

路堤剖面如题图所示，用直线滑动面法验算边坡的稳定性。已知条件：边坡坡高 $H=10\text{m}$，边坡坡率 1∶1，路堤填料重度 $\gamma=20\text{kN/m}^3$，黏聚力 $c=10\text{kPa}$，内摩擦角 $\varphi=25°$。问直线滑动面的倾角 α 等于（　　）时，稳定系数值 K 为最小？

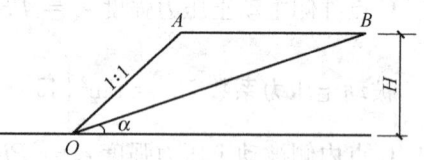

题 2003C24 图

(A) 24°　　　　(B) 28°　　　　(C) 32°　　　　(D) 36°

【解】图示情况受力分析

滑坡脚至坡顶高度 $H=10\text{m}$；坡脚 $\tan\alpha=1/1$

滑动面摩擦角 $\varphi=25°$；滑动面黏聚力 $c=10\text{kPa}$

单位长度滑动面的面积数值上等于滑动面线段长度（黏聚力沿着滑动面向上）

$$A = \frac{H}{\sin\theta} = \frac{10}{\sin\theta}$$

单位长度滑体重力（方向竖直向下）

$$W = \frac{1}{2}\gamma H^2 \cdot \left(\frac{1}{\tan\theta} - \frac{1}{\tan\alpha}\right) = \frac{1}{2} \times 20 \times 10^2 \times \left(\frac{1}{\tan\theta} - \frac{1}{1}\right) = 1000 \times \left(\frac{1}{\tan\theta} - 1\right)$$

图示情况　　$K = \frac{\tan\varphi}{\tan\theta} + \frac{cA}{W\sin\theta} = \frac{\tan25°}{\tan\theta} + \dfrac{10 \times \dfrac{10}{\sin\beta}}{1000 \times \left(\dfrac{1}{\tan\beta} - 1\right)\sin\beta}$

$\theta = 24° \to K = 1.53;\ \theta = 28° \to K = 1.39;\ \theta = 32° \to K = 1.34;\ \theta = 36° \to K = 1.41$

2004C27

用砂性土填筑的路堤（见题图），高度为 3.0m，顶宽 26m，坡率为 1∶1.5，采用直线滑动面法检算其边坡稳定性，$\varphi=30°$，$c=0.1\text{kPa}$，假设滑动面倾角 $\alpha=25°$，滑动面以上土体重 $W=52.2\text{kN/m}$，滑动面长 $L=7.1\text{m}$，问抗滑动稳定性系数 K 为（　　）。

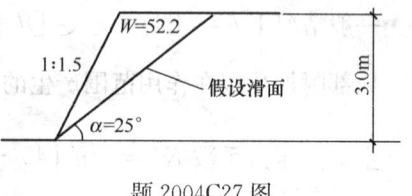

题 2004C27 图

(A) 1.17　　　　(B) 1.27　　　　(C) 1.37　　　　(D) 1.47

【解】图示情况受力分析

滑坡脚至坡顶高度 $H=3\text{m}$；坡脚 $\tan\alpha=1/1.5$；滑动面倾角 $\theta=25°$

滑动面摩擦角 $\varphi=30°$；滑动面黏聚力 $c=0.1\text{kPa}$

单位长度滑动面的面积数值上等于滑动面线段长度（黏聚力沿着滑动面向上）

1.10 边坡稳定性

$$A = \frac{H}{\sin\theta} = \frac{3}{\sin 25°} = 7.1$$

单位长度滑体重力（方向竖直向下）$W = 52.2 \text{kN/m}$

图示情况 $$K = \frac{\tan\varphi}{\tan\theta} + \frac{cA}{W\sin\theta} = \frac{\tan 30°}{\tan 25°} + \frac{0.1 \times 7.1}{52.2\sin 25°} = 1.27$$

2005C21

由两部分组成的土坡断面如题图所示，假设破裂面为直线行稳定性计算，已知坡高为 8m，边坡斜率为 1∶1，两种土的重度均为 $\gamma = 20\text{kN/m}^3$，黏土的黏聚力 $c = 12\text{kPa}$，内摩擦角 $\varphi = 22°$，砂土黏聚力 $c = 0$，$\varphi = 35°$，$\alpha = 30°$，问下列（　）个直线滑裂面对应的抗滑稳定安全系数最小。

(A) 与水平地面夹角 25°的直线
(B) 与水平地面夹角为 30°的直线在砂土侧破裂
(C) 与水平地面夹角为 30°的直线在黏性土一侧破裂
(D) 与水平地面夹角为 35°的直线

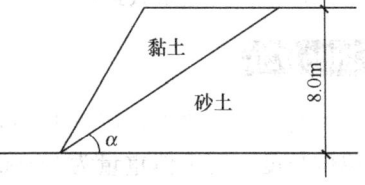

题 2005C21 图

【解】(A) 在砂土层即无黏性滑动
滑动面倾角 $\theta = 25°$；滑动面摩擦角 $\varphi = 35°$

$$K = \frac{\tan\varphi}{\tan\beta} = \frac{\tan 35°}{\tan 30°} = 1.5$$

(B) 与水平地面夹角为 30°的直线在砂土侧破裂，仍然是在无黏性土中滑动滑动面倾角 $\theta = 30°$；滑动面摩擦角 $\varphi = 35°$

$$K = \frac{\tan\varphi}{\tan\beta} = \frac{\tan 35°}{\tan 30°} = 1.21$$

(C) 与水平地面夹角为 30°的直线在黏性土一侧破裂，在黏土层中滑动滑坡脚至坡顶高度 $H = 8\text{m}$；坡脚 $\tan\alpha = 1/1$
滑动面倾角 $\theta = 30°$；滑动面摩擦角 $\varphi = 22°$；滑动面黏聚力 $c = 12\text{kPa}$
单位长度滑动面的面积数值上等于滑动面线段长度（黏聚力沿着滑动面向上）

$$A = \frac{H}{\sin\theta} = \frac{8}{\sin 30°} = 16$$

单位长度滑体重力（方向竖直向下）

$$W = \gamma \cdot v = \frac{1}{2}\gamma H^2 \cdot \left(\frac{1}{\tan\theta} - \frac{1}{\tan\alpha}\right) = \frac{1}{2} \times 20 \times 8^2 \times \left(\frac{1}{\tan 30°} - 1\right) = 468.5\text{kN}$$

图示情况 $$K = \frac{\tan\varphi}{\tan\theta} + \frac{cA}{W\sin\theta} = \frac{\tan 22°}{\tan 30°} + \frac{12 \times 16}{468.5\sin 30°} = 1.52$$

(D) 在黏土层中滑动
滑坡脚至坡顶高度 $H = 8\text{m}$；坡脚 $\tan\alpha = 1/1$
滑动面倾角 $\theta = 35°$；滑动面摩擦角 $\varphi = 22°$；滑动面黏聚力 $c = 12\text{kPa}$
单位长度滑动面的面积数值上等于滑动面线段长度（黏聚力沿着滑动面向上）

$$A = \frac{H}{\sin\theta} = \frac{8}{\sin 35°} = 13.95$$

单位长度滑体重力（方向竖直向下）

$$W = \gamma \cdot v = \frac{1}{2}\gamma H^2 \cdot \left(\frac{1}{\tan\theta} - \frac{1}{\tan\alpha}\right) = \frac{1}{2} \times 20 \times 8^2 \times \left(\frac{1}{\tan 35°} - 1\right) = 274 \text{kN}$$

图示情况 $\quad K = \frac{\tan\varphi}{\tan\theta} + \frac{cA}{W\sin\theta} = \frac{\tan 22°}{\tan 35°} + \frac{13.96 \times 12}{274\sin 35°} = 1.64$

B 选项安全系数最小

2006D20

有一岩石边坡，坡率 1:1，坡高 12m，存在一条夹泥的结构面，如题图所示，已知单位长度滑动土体重量为 740kN/m，结构面倾角 35°，结构面内夹层 $c=25$kPa，$\varphi=18°$，在夹层中存在静水头为 8m 的地下水，问该岩坡的抗滑稳定系数最接近下列哪一选项？

(A) 1.94　　　　　(B) 1.48
(C) 1.27　　　　　(D) 1.12

【解】滑坡脚至坡顶高度 $H=12$m；坡脚 $\tan\alpha=1/1$
滑动面倾角 $\theta=35°$；滑动面摩擦角 $\varphi=18°$；滑动面黏聚力 $c=25$kPa
水位高度 $H_w=8$m
滑动面孔隙水压力（假定三角形分布，方向垂直于滑动面）

$$u = \frac{1}{2}\gamma_w \cdot \frac{H_w^2}{\sin\theta} = \frac{1}{2} \times 10 \times \frac{8^2}{\sin 35°} = 557.9 \text{kN}$$

单位长度滑动面的面积即数值上等于滑动面线段长度（黏聚力沿着滑动面向上）

$$A = \frac{H}{\sin\theta} = \frac{12}{\sin 35°} = 20.92$$

单位长度滑体重力（方向竖直向下） $W=740$kN

图示情况 $K = \dfrac{(W\cos\theta - u)\tan\varphi + cA}{W\sin\theta} = \dfrac{(740\cos 35° - 557.9)\tan 18° + 25 \times 20.92}{740\sin 35°}$

$= 1.27$

2007C20

某很长的岩质边坡受一组节理控制，节理走向与边坡走向平行，地表出露线距坡顶边线 20m，坡顶水平，节理面与坡面交线和坡顶的高差为 40m，与坡顶的水平距离 10m，节理面内摩擦角 35°，黏聚力 $c=70$kPa，岩体重度为 23kN/m³，试验算抗滑稳定安全系数最接近(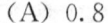)。

(A) 0.8　　　　　(B) 1.0
(C) 1.2　　　　　(D) 1.3

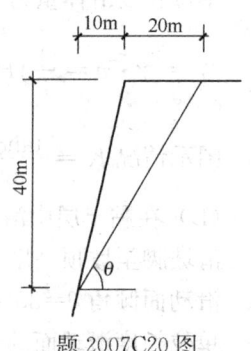

题 2007C20 图

【解】 滑坡脚至坡顶高度 $H=40\text{m}$；坡脚 $\tan\alpha=4/1$
滑动面倾角 $\tan\theta=4/3\to\sin\theta=0.8$；滑动面摩擦角 $\varphi=35°$；滑动面黏聚力 $c=70\text{kPa}$
单位长度滑动面的面积数值上等于滑动面线段长度（黏聚力沿着滑动面向上）
$$A=\sqrt{30^2+40^2}=50$$
单位长度滑体重力（方向竖直向下）$W=\gamma\cdot v=23\times\dfrac{1}{2}\times20\times40=9200\text{kN}$

图示情况 $\quad K=\dfrac{\tan\varphi}{\tan\theta}+\dfrac{cA}{W\sin\theta}=\dfrac{\tan35°}{4/3}+\dfrac{70\times50}{9200\times0.8}=1$

2011C18

同 2007C20 完全相同。

2011C26

如题图所示，边坡岩体由砂岩夹薄层页岩组成，边坡岩体可能沿软的页岩层面发生滑动。已知页岩层面抗剪强度参数 $c=15\text{kPa}$，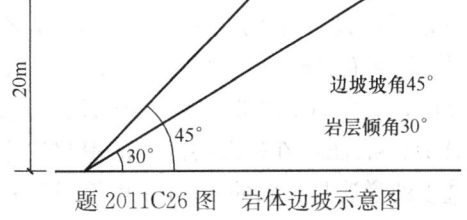
$\varphi=20°$，砂岩重度 $\gamma=25\text{kN/m}^3$。设计要求抗滑安全系数为 1.35，问每米宽度滑动面上至少需增加多少法向压力才能满足设计要求？

(A) 2180kN   (B) 1970kN
(C) 1880kN   (D) 1730kN

题 2011C26 图　岩体边坡示意图

【解】 滑坡脚至坡顶高度 $H=20\text{m}$
坡脚 $\alpha=45°$；滑动面倾角 $\theta=30°$；滑动面摩擦角 $\varphi=20°$
滑动面黏聚力 $c=15\text{kPa}$
单位长度滑动面的面积数值上等于滑动面线段长度（黏聚力沿着滑动面向上）
$$A=\dfrac{H}{\sin\theta}=\dfrac{20}{\sin30°}=40$$
单位长度滑体重力（方向竖直向下）
$$W=\gamma\cdot v=\dfrac{1}{2}\gamma H^2\cdot\left(\dfrac{1}{\tan\theta}-\dfrac{1}{\tan\alpha}\right)=\dfrac{1}{2}\times25\times20^2\times\left(\dfrac{1}{\tan30°}-\dfrac{1}{\tan45°}\right)=3660\text{kN}$$
图示情况
$$K=\dfrac{F\tan\varphi+W\cos\beta\tan\varphi+cA}{W\sin\beta}=\dfrac{F\tan20°+3660\times\cos30°\tan20°+15\times40}{3660\times\sin30°}=1.35$$
$\to F=1969.5\text{kN}$

2012C18

如题图所示岩质边坡高 12m，坡面坡率为 1∶0.5，坡顶 BC 水平，岩体重度 $\gamma=23\text{kN/m}^3$，滑动面 AC 的倾角为 $\beta=42°$，测得滑动面材料饱水时的内摩擦角 $\varphi=18°$，岩体的稳定安全系数为 1.0 时，滑动面黏聚力最接近下列哪项数值（kPa）？

(A) 18   (B) 16
(C) 14   (D) 12

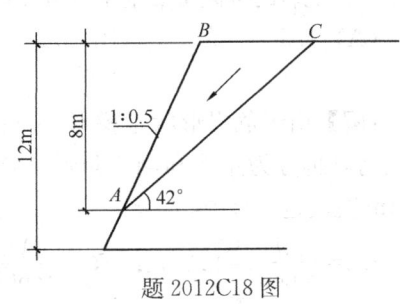

题 2012C18 图

【解】 图示情况受力分析

滑坡脚至坡顶高度 $H=8\text{m}$；坡脚 $\tan\alpha=1/0.5$

滑动面倾角 $\theta=42°$；滑动面摩擦角 $\varphi=18°$

单位长度滑动面的面积数值上等于滑动面线段长度（黏聚力沿着滑动面向上）

$$A=\frac{H}{\sin\theta}=\frac{8}{\sin42°}=11.9$$

单位长度滑体重力（方向竖直向下）

$$W=\frac{1}{2}\gamma H^2\cdot\left(\frac{1}{\tan\theta}-\frac{1}{\tan\alpha}\right)=\frac{1}{2}\times23\times8^2\times\left(\frac{1}{\tan42°}-\frac{0.5}{1}\right)=449\text{kN}$$

图示情况 $K=\dfrac{\tan\varphi}{\tan\theta}+\dfrac{cA}{W\sin\theta}=\dfrac{449\times\cos42°\tan18°+c\times11.9}{449\times\sin42°}=1\to c=16\text{kPa}$

2012D24

图示的顺层岩质边坡内有一软弱夹层 $AFHB$，层面 CD 与软弱夹层平行，在沿 CD 顺层清方后，设计了两个开挖方案，方案 1：开挖坡面 $AEFB$，坡面 AE 的坡率为 $1:0.5$；方案 2：开挖坡面 $AGHB$，坡面 AG 的坡率为 $1:0.75$。比较两个方案中坡体 AGH 和 AEF 在软弱夹层上的滑移安全系数，下列哪个选项的说法是正确的？（要求解答过程）

(A) 两者安全系数相同
(B) 方案 2 坡体的安全系数小
(C) 方案 2 坡体的安全系数大
(D) 难以判断

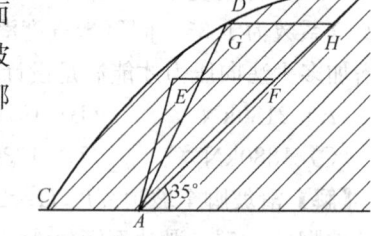

题 2012D24 图

【解】 此题使用公式 $K=\dfrac{\tan\varphi}{\tan\theta}+\dfrac{2c}{h\gamma\sin\theta}$ 计算，其中 h 为三角形滑体滑面上的高。

开挖坡面 $AEFB$ 和开挖坡面 $AGHB$，上述公式中所有值都是相等的，因此计算最终结果也是相等的，所以两者安全系数相同。

2013C26

岩坡顶部有一高 5m 倒梯形危岩，下底宽 2m。如题图所示。其后裂缝与水平向夹角为 60°，由于降雨使裂缝中充满了水。如果岩石重度为 23kN/m³，在不考虑两侧阻力及底面所受水压力的情况下，该危岩的抗倾覆安全系数最接近下面哪一选项？

(A) 1.5   (B) 1.7
(C) 3.0   (D) 3.5

【解】 由于危岩形状是梯形，直接确定自重作用点不方便，因此将其拆分为矩形和倒三角形，解题示意图如图所示。沿坡取 1m 宽度进行计算。

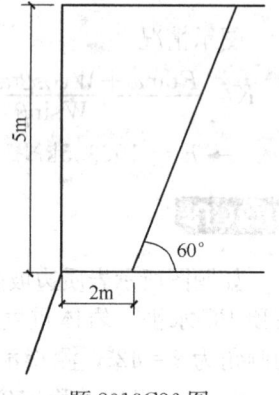

题 2013C26 图

$$BC=\frac{AD}{\sin60°}=5.77\text{m};\quad EC=\frac{AD}{\tan60°}=2.89\text{m};$$

$$W_1 = AD \times AB \times \gamma = 5 \times 2 \times 23 = 230 \text{kN}$$

矩形分布，作用点位于 AB 中心处；

$$W_2 = 0.5 \times BE \times EC \times \gamma = 0.5 \times 5 \times 2.89 \times 23 = 166.18 \text{kN}$$

三角形分布，作用点作为靠近 E 点 1/3EC 处；

$$P_{w水平} = 0.5 \times BE \times \gamma_w \times BE = 0.5 \times 5 \times 10 \times 5 = 125 \text{kN}$$

三角形分布，作用点相当于靠近 B 点 1/3BE 中点处；

$$P_{w竖直} = 0.5 \times BE \times \gamma_w \times EC = 0.5 \times 5 \times 10 \times 2.89$$
$$= 72.25 \text{kN}$$

三角形分布，作用点相当于作为靠近 E 点 1/3EC 处；

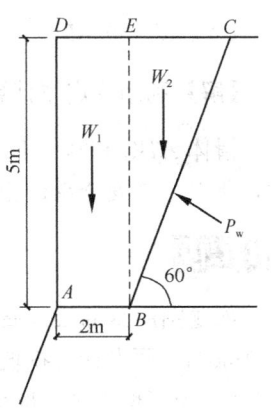

题 2013C26 图-1

$$M_R = W_1 \times \frac{AB}{2} + W_2 \times \left(AB + \frac{EC}{3}\right)$$
$$= 230 \times \frac{2}{2} + 166.18 \times \left(2 + \frac{2.89}{3}\right)$$
$$= 722.45 \text{kN} \cdot \text{m}$$

$$M_S = P_{w水平} \times \frac{BE}{3} + P_{w竖直} \times \left(AB + \frac{EC}{3}\right) = 125 \times \frac{5}{3} + 72.25 \times \left(2 + \frac{2.89}{3}\right)$$
$$= 422.43 \text{kN} \cdot \text{m}$$

$$F_t = \frac{M_R}{M_S} = \frac{722.45}{422.43} = 1.71$$

【注】此题放在此处，重点是练习受力分析，抗倾覆的概念不难理解，具体可见下一节 1.10.1.2。受力分析关键点有三：一是沿坡取宽度 1m 分析计算，也就是取每延米进行计算，这是常用的技巧；二是倒梯形围岩的分解，分别进行自重大小的计算和作用点确定，进而计算总抗倾覆力矩；三是水压力的计算和拆解，由于水压力垂直作用于 BC 斜面，如果按总水压力方向确定力臂，不容易确定，因此将其分解为水平和竖向力，分别确定其力臂，并且要注意水压力是三角形分布的。解题过程中水压力的求解使用了原理性简便算法，望大家理解和掌握。水压力常规解法亦可如下：

$$P_w = 0.5 \times BE \times \gamma_w \times BC = 0.5 \times 5 \times 10 \times 5.77 = 144.25 \text{kN}$$
$$P_{w水平} = P_w \sin 60° = 124.92 \text{kN}; \quad P_{w竖直} = P_w \cos 60° = 72.13 \text{kN}$$

2014C21

题图所示路堑岩石边坡坡顶 BC 水平，已测得滑动面 AC 的倾角 $\beta = 30°$，滑动面内摩擦角 $\varphi = 18°$，黏聚力 $c = 10 \text{kPa}$，滑体岩石重度 $\gamma = 22 \text{kN/m}^3$，原设计开挖坡面 BE 的坡率为 1:1，滑动面出露点 A 距坡顶 $H = 10 \text{m}$。为了增加公路路面宽度，将

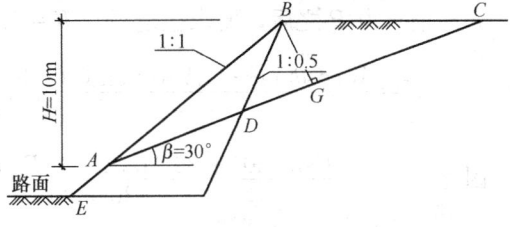

题 2014C21 图

坡率改为 1:0.5。试问坡率改变后边坡沿滑动面 DC 的抗滑安全系数 K_2 与原设计沿滑动面 AC 的抗滑安全系数 K_1 之间的正确关系为下列哪个选项？

(A) $K_1=0.8K_2$　　(B) $K_1=1.0K_2$　　(C) $K_1=1.2K_2$　　(D) $K_1=1.5K_2$

【解】利用稳定系计算公式 $K=\dfrac{\tan\varphi}{\tan\theta}+\dfrac{2c}{h\gamma\sin\theta}$，其中 h 为三角形滑体滑面上的高。

滑体 ABC 和滑体 DBC，上述公式中所有值都是相等的，因此计算最终结果也是相等的，所以两者安全系数相同。

2017C19

如题图所示的某硬质岩石边坡结构面 BFD 的倾角 $\beta=30°$，内摩擦角 $\varphi=15°$，黏聚力 $c=16\text{kPa}$，原设计开挖坡面 ABC 的坡率为 $1:1$，块体 BCD 沿 BFD 的抗滑安全系数 $K_1=1.2$，为了增加公路路面宽度，将坡面改到 EC，坡率变为 $1:0.5$，块体 CFD 自重 $W=520\text{kN/m}$。如果要求沿结构面 FD 的抗滑安全系数 $K=2.0$，需增加的锚索拉力 P 最接近于下列哪个选项？（锚索下倾角 $\lambda=20°$）

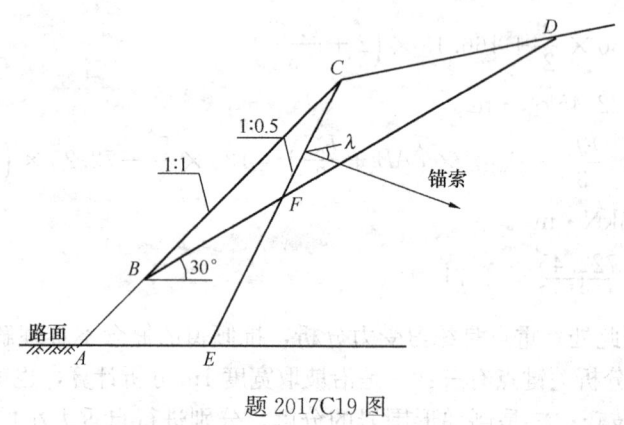

题 2017C19 图

(A) 145kN/m　　(B) 245kN/m　　(C) 345kN/m　　(D) 445kN/m

【解】利用稳定系计算公式 $K=\dfrac{\tan\varphi}{\tan\theta}+\dfrac{2c}{h\gamma\sin\theta}$，其中 h 为三角形滑体滑面上的高。

滑体 CBD 和滑体 CFD，上述公式中所有值都是相等的，因此在没有增加锚索力 P 情况下，两者安全系数相同。

因此施加锚索力 P 之前，滑体 CFD 稳定系数 $K=\dfrac{W\cos\theta\tan\varphi+cA}{W\sin\theta}=1.2$

施加锚索力 P 之后，要求稳定系数 $K=2.0$

$$K=\dfrac{W\cos\theta\tan\varphi+cA+P\sin(20°+30°)\tan15°+P\cos(20°+30°)}{W\sin\theta}=2$$

因此　　$\to \dfrac{P\sin(20°+30°)\tan15°+P\cos(20°+30°)}{520\sin30°}=2-1.2=0.8$

$\to P=245.2\text{kN/m}$

【注】① 计算滑坡稳定系数时，锚索锚杆产生的力，均放在分子的位置。

② 此题好极了，简直就是 2014C21 和 2016D20 的综合体。因此再次强调研究真题的重要性！

2017D20

题图所示临水库岩质边坡内有一控制节理面,其水位与水库的水位齐平,假设节理面水上和水下的内摩擦角 $\varphi=30°$,黏聚力 $c=130\text{kPa}$,岩体重度 $\gamma=20\text{kN/m}^3$,坡顶高程为 40.0m,坡脚高程为 0.0m,水库水位从 30.0m 剧降到 10.0m 时,节理面的水位保持原水位,按《建筑边坡工程技术规范》相关要求,该边坡沿节理面的抗滑稳定安全系数下降值最接近下列哪个选项?

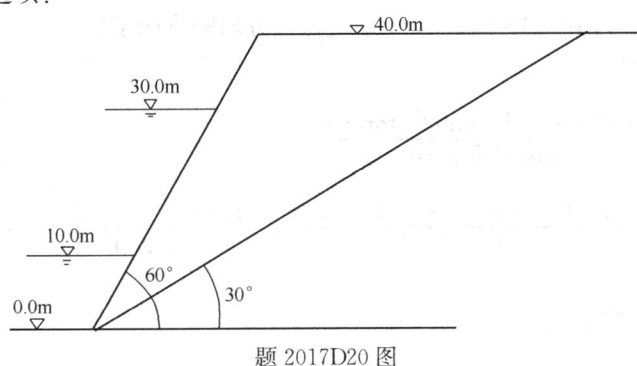

题 2017D20 图

(A) 0.45   (B) 0.60   (C) 0.75   (D) 0.90

【解1】 水位下降前:

滑坡脚至坡顶高度 $H=40\text{m}$;水位高度 $H_\text{w}=30\text{m}$

坡脚 $\alpha=60°$;滑动面倾角 $\theta=30°$;滑动面摩擦角 $\varphi=30°$

滑动面黏聚力 $c=130\text{kPa}$

滑动面孔隙水压力 $u=\dfrac{1}{2}\gamma_\text{w}\cdot\dfrac{H_\text{w}^2}{\sin\theta}=\dfrac{1}{2}\times10\times\dfrac{30^2}{\sin30°}=9000\text{kN}$,方向垂直于滑动面向上;

坡面孔隙水压力

$E_\text{w}=\dfrac{1}{2}\gamma_\text{w}\cdot\dfrac{H_\text{w}^2}{\sin\theta}=\dfrac{1}{2}\times10\times\dfrac{30^2}{\sin60°}=5196.1\text{kN}$,方向垂直坡面向下,即与滑动面成夹角为 60° 向下;

单位长度滑动面线段长度 $A=\dfrac{H}{\sin\theta}=\dfrac{40}{\sin30°}=80$,黏聚力沿着滑动面向上;

单位长度滑体重力

$W=\gamma\cdot v=\dfrac{1}{2}\gamma H^2\cdot\left(\dfrac{1}{\tan\theta}-\dfrac{1}{\tan\alpha}\right)=\dfrac{1}{2}\times20\times40^2\times\left(\dfrac{1}{\tan30°}-\dfrac{1}{\tan60°}\right)=18475.21\text{kN}$

(方向竖直向下)

抗滑移稳定系数

$$K=\dfrac{(W\cos\theta-u+E_\text{w}\sin60°)\tan\varphi+cA}{W\sin\theta-E_\text{w}\cos60°}$$

$$=\dfrac{(18475.21\times\cos30°-9000+5196.1\times\sin60°)\tan30°+130\times80}{18475.21\sin30°-5196.1\times\cos60°}$$

$$=\dfrac{6639.50+10400}{6639.55}=2.567$$

1 土力学专题

水位下降后：

按坡脚点未贯通处理，滑动面上没有水头损失，因此滑动面孔隙水压力 $u=9000\text{kN}$，未发生变化；

坡面孔隙水压力

$$E_\text{w} = \frac{1}{2}\gamma_\text{w} \times \frac{H_\text{w}^2}{\sin\theta} = \frac{1}{2} \times 10 \times \frac{10^2}{\sin60°} = 577.35\text{kN}$$，方向垂直坡面向下，即与滑动面成夹角为 60° 向下；

单位长度滑体重力 $W=18475.21\text{kN}$ 未变化（方向竖直向下）

抗滑移稳定系数

$$K = \frac{(W\cos\theta - u + E_\text{w}\sin60°)\tan\varphi + cA}{W\sin\theta - E_\text{w}\cos60°}$$

$$\frac{(18475.21\times\cos30° - 9000 + 577.35\times\sin60°)\tan30° + 130\times80}{18475.21\sin30° - 577.35\times\cos60°}$$

$$= \frac{4330.13 + 10400}{8948.93} = 1.646$$

所以差值为 $2.567 - 1.646 = 0.921$。

【解 2】从浮力角度去考虑，注意考虑浮力时只能左右两边水位高度相等时，才可以综合考虑；

水位下降前：坡面和滑动面水位均为 30m，水位相等，因此对滑体进行受力分析，自重（不包含浮力），浮力

此时 $W = \gamma \cdot v = \frac{1}{2}\gamma H^2 \cdot \left(\frac{1}{\tan\theta} - \frac{1}{\tan\alpha}\right) = \frac{1}{2} \times 20 \times 40^2 \times \left(\frac{1}{\tan30°} - \frac{1}{\tan60°}\right) =$ 18475.21kN（方向竖直向下）

浮力 $F' = \gamma_\text{w} \cdot v = \frac{1}{2}\gamma_\text{w}H_\text{w}^2 \cdot \left(\frac{1}{\tan\theta} - \frac{1}{\tan\alpha}\right) = \frac{1}{2} \times 10 \times 30^2 \times \left(\frac{1}{\tan30°} - \frac{1}{\tan60°}\right) =$ 5196.15kN

（方向竖直向上）

$$K = \frac{(W-F')\cos\theta\tan\varphi + cA}{(W-F')\sin\theta}$$

$$= \frac{(18475.21 - 5196.15)\cos30°\tan30° + 130\times80}{(18475.21 - 5196.15)\sin30°} = \frac{6639.53 + 10400}{6639.53} = 2.567$$

水位下降后：坡面水位为 10m，滑动面水位为 30m，左右水位不一致，因此只能取 10m 高度用浮力，这样对滑体进行受力分析，自重，浮力，以及滑动面高度 10~30m 的孔隙水压力

$W=18475.21\text{kN}$，没有变化

$$F' = \gamma_\text{w} \cdot v = \frac{1}{2}\gamma_\text{w}H_\text{w}^2 \cdot \left(\frac{1}{\tan\theta} - \frac{1}{\tan\alpha}\right) = \frac{1}{2} \times 10 \times 10^2 \times \left(\frac{1}{\tan30°} - \frac{1}{\tan60°}\right)$$

$$= 577.35\text{kN}$$

1.10 边坡稳定性

滑动面高度 10～30m 的滑面孔隙水压力

$$u = \frac{1}{2} \times 10 \times 30 \times \frac{30}{\sin 30°} - \frac{1}{2} \times 10 \times 10 \times \frac{10}{\sin 30°} = 8000 \text{kN}，方向垂直于滑动面向上；$$

$$K = \frac{[(W-F')\cos\theta - u]\tan\varphi + cA}{(W-F')\sin\theta}$$

$$= \frac{[(18475.21 - 577.35)\cos 30° - 8000]\tan 30° + 130 \times 80}{(18475.21 - 577.35)\sin 30°}$$

$$= \frac{4330.13 + 10400}{8948.93} = 1.646$$

所以差值为 $2.567 - 1.646 = 0.921$。

【注】①解 1 直接从受力分析的角度处理，和同类型题目解题思维流程是一致的，概念清晰，易于理解；解 2 从浮力角度去分析，本质上是换一种角度受力分析，当坡面和滑动面上水位高度一致的情况下，坡面水压力和滑动面的水压力的合力就是所谓的浮力，解 2 需要对浮力的概念很清晰，较难理解，因此解 2 了解即可，解 1 重点掌握。

② 此题略微有点不严谨，未说明坡脚点是否贯通。如果是贯通的，坡面水位下降到 10m，滑动面上水位虽然没有下降，仍然是 30m，但是坡面孔隙水压力已经发生了变化，此时滑动面孔隙水压力 $u = \frac{1}{2} \times 10 \times 10 \times \frac{30}{\sin 30°} = 3000 \text{kN}$，水位下降后抗滑移稳定系数

$$K = \frac{(W\cos\theta - u + E_w\sin 60°)\tan\varphi + cA}{W\sin\theta - E_w\cos 60°}$$

$$= \frac{(18475.21 \times \cos 30° - 3000 + 577.35 \times \sin 60°)\tan 30° + 130 \times 80}{18475.21\sin 30° - 577.35 \times \cos 60°}$$

$$= \frac{7794.23 + 10400}{8948.93} = 2.033$$

此时差值为 $2.567 - 2.033 = 0.534$；从选项接近度上看，按未贯通处理，如解 1，更符合出题人的意图，并且难度也降低了。

2018C16

题图所示岩质边坡的潜在面 AC 的内摩擦角 $\varphi = 18°$，黏聚力 $c = 20\text{kPa}$，倾角 $\beta = 30°$，坡面出露点 A 距坡顶 $H_2 = 13\text{m}$，潜在滑体 ABC 沿 AC 的抗滑安全系数 $K_1 = 1.1$。坡体内的软弱结构面 DE 与 AC 平行，其出露点 D 距坡顶 $H_1 = 8\text{m}$。试问对块体 DBE 进行挖降清方后，潜在滑体 ADEC 沿 AC 面的抗滑安全系数最接近下列哪个选项？

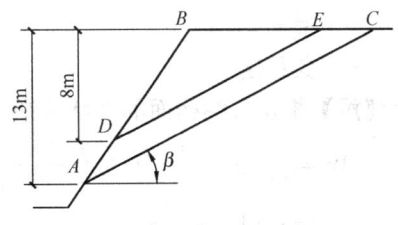

题 2018C16 图

(A) 1.0 (B) 1.2 (C) 1.4 (D) 2.0

【解】对滑体 ABC 进行受力分析，仅有自重和黏聚力作用，可得

$$K_1 = \frac{W_{ABC}\tan\varphi + c \cdot AC}{W_{ABC}\sin\theta} = \frac{\tan\varphi}{\tan\theta} + \frac{c \cdot AC}{W_{ABC}\sin\theta} = \frac{\tan 18°}{\tan 30°} + \frac{20 \times 13/\sin 30°}{W_{ABC}\sin 30°} = 1.1 \quad ①$$

对滑体 ADEC 进行受力分析，仅有自重和黏聚力作用，可得

$$K_2 = \frac{W_{ADEC}\tan\varphi + c \cdot AC}{W_{ADEC}\sin\theta} = \frac{\tan\varphi}{\tan\theta} + \frac{c \cdot AC}{W_{ADEC}\sin\theta} = \frac{\tan 18°}{\tan 30°} + \frac{20 \times 13/\sin 30°}{W_{ADEC}\sin 30°} \quad ②$$

1 土力学专题

由图中几何关系可知 $\dfrac{W_{ABC}}{W_{ADEC}} = \dfrac{13^2}{13^2 - 8^2}$ ③

①②③三式联立即可解得 $K_2 = 1.427$

【注】近几年出题越来越灵活，侧重对所涉及公式的原理、推导过程和基本概念的理解，并且在同一道题目中涉及了"变化"，因此"解题思维流程"需要用多次，确定前后状态不变的量，或者有关联的量，最终联立方程才可求解。当然比较熟悉的情况下，可以边列式子边求解，如通过式①求得 $W_{ABC} = 1935.88$，再结合式③求得 $W_{ADEC} = 1202.7$，将其代入到式②最终解得 $K_2 = 1.427$，其实此过程就是最终联立方程求解的过程。先根据解题思维流程，把涉及的方程（或称之为式子）均列出，最后再求解，这样思路更清晰，解题更顺畅。

2019C17

某 10m 高的永久性岩质边坡，安全等级为二级，坡顶水平，坡体岩石为砂质泥岩，岩体重度为 $23.5kN/m^3$。坡体内存在两个组结构面 J1 和 J2，边坡赤平面投影图如题图所示，坡面及结构面参数如题表所示。按照《建筑边坡工程技术规范》GB 50330—2013 的相关要求，在一般工况下，通过边坡稳定性评价确定的该岩质边坡稳定性状态为下列哪个选项？

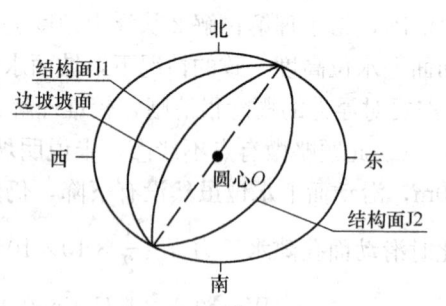

题 2019C17 图

名称	产状	内摩擦角	黏聚力 c (kPa)
J1	120° ∠32°	20°	20.5
J2	300° ∠40°	18°	17.0
边坡坡面	120° ∠67°	—	—

(A) 稳定   (B) 基本稳定

(C) 欠稳定   (D) 不稳定

【解】根据各结构面的产状可知，边坡沿着 J1 结构面发生失稳滑动

$$W = \gamma \cdot v = \dfrac{1}{2}\gamma H^2 \cdot \left(\dfrac{1}{\tan\theta} - \dfrac{1}{\tan\alpha}\right) = \dfrac{1}{2} \times 23.5 \times 10^2 \times \left(\dfrac{1}{\tan 32°} - \dfrac{1}{\tan 67°}\right)$$
$$= 1381.6 kN/m$$

边坡稳定系数 $K = \dfrac{\tan\varphi}{\tan\theta} + \dfrac{cA}{W\sin\theta} = \dfrac{\tan 20°}{\tan 32°} + \dfrac{20.5 \times 10/\sin 32°}{1381.6\sin 32°} = 1.11$

永久边坡，一般工况，安全等级为二级，查规范表 5.3.2，边坡稳定安全系数为 1.30

查规范表 5.3.1，$1.05 < 1.11 < 1.30$，判定为基本稳定

【注】核心知识点非常规题。此题是"披着狼皮的羊"，看着"杀伤力"很大，其实题核经常考到，假如给出下面图形，如下

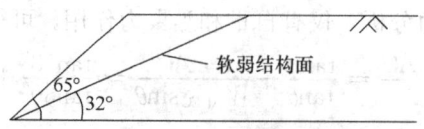

求边坡沿着软弱结构面的滑动稳定系数,相信大家都会迅速解答完毕。此题题核本质就是这个问题,剩下的就是查表。

1.10.1.2 滑动面与坡脚面不同,有裂隙

2004D28

在裂隙岩体中滑面 S 倾角为 30°,已知岩体重力为 1200kN/m,当后缘垂直裂隙充水高度 $h=10$m 时,下滑力最接近下列(　　)。

(A) 1030kN/m　　(B) 1230kN/m　　(C) 1430kN/m　　(D) 1630kN/m

【解】滑动面倾角 $\theta=30°$;裂隙充水高度 $Z_w=10$m

裂隙静水压力 $v=\dfrac{1}{2}\gamma_w Z_w^2=\dfrac{1}{2}\times 10\times 10^2=500$kN/m,方向为水平方向

下滑力 $=W\sin\theta+v\cos\theta=1200\times\sin30°+500\cos30°=1033.0$kN/m

2006D26

某岩石滑坡代表性剖面如题图所示,由于暴雨使其后缘垂直张裂缝瞬间充满水,滑坡处于极限平衡状态(即滑坡稳定系数 $K_s=1.0$),经测算滑动面长度 $l=52$m,胀裂缝深度 $d=12$m,每延长米滑体自重为 $G=15000$kN/m,滑动面倾角 $\theta=28°$,滑动面岩体的内摩擦角 $\varphi=25°$,试计算滑动面岩体的黏聚力与下面哪个数值最接近?(假定滑动面未充水,水的重度可按 10kN/m³ 计)

(A) 24kPa　　(B) 28kPa　　(C) 32kPa　　(D) 36kPa

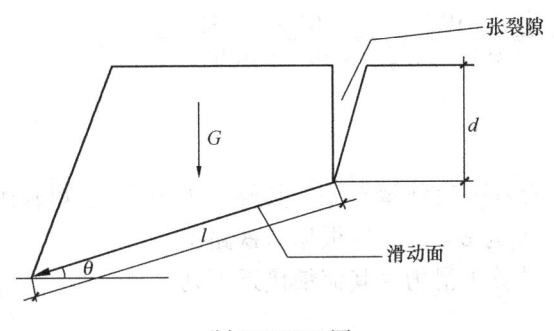

题 2006D26 图

【解】滑动面倾角 $\theta=28°$;滑动面内摩擦角 $\varphi=25°$

裂隙静水压力(此时 v 水平方向)$v=\dfrac{1}{2}\times 10\times 12^2=720$kN/m

单位长度滑动面的面积数值上等于滑动面线段长度(黏聚力沿着滑动面向上)
$$A=52$$
单位长度滑体重力(方向竖直向下)$W=15000$kN/m

$$K=\dfrac{(W\cos\theta-v\sin\theta)\tan\varphi+cA}{W\sin\theta+v\cos\theta}$$
$$=\dfrac{(15000\cos28°-720\sin28°)\tan25°+c\times 52}{15000\sin28°+720\cos28°}=1\rightarrow c=31.9\text{kPa}$$

2007D27

陡坡上岩体被一组平行坡面、垂直层面的张裂缝切割长方形岩块（见题图）。岩块的重度 $\gamma=25\text{kN/m}^3$。问在暴雨水充满裂缝时，靠近坡面的岩块最小稳定系数（包括抗滑动和抗倾覆两种情况的稳定系数取其小值）最接近下列哪个选项？（不考虑岩块两侧阻力和层面水压力）

(A) 0.75   (B) 0.85
(C) 0.95   (D) 1.05

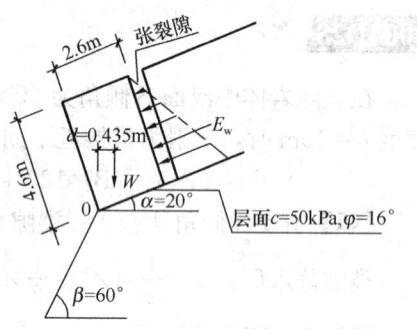

题 2007D27 图

【解】滑动面倾角 $\theta=20°$；滑动面摩擦角 $\varphi=16°$
滑动面黏聚力 $c=50\text{kPa}$

裂隙静水压力（此时 v 沿着滑动面向下）$v=\dfrac{1}{2}\times 10\times 4.6\cos 20°\times 4.6=99.4\text{kN/m}$

单位长度滑动面的面积数值上等于滑动面线段长度（黏聚力沿着滑动面向上）
$$A=2.6$$

单位长度滑体重力（方向竖直向下）$W=25\times 2.6\times 4.6=299\text{kN/m}$

抗滑移稳定系数 $K=\dfrac{W\cos\theta\tan\varphi+cA}{W\sin\theta+v}=\dfrac{299\cos 20°\tan 16°+50\times 2.6}{299\sin 20°+99.4}=1.04$

抗倾覆稳定系数 $K=\dfrac{Wd}{v\times 4.6/3}=\dfrac{299\times 0.435}{99.4\times 4.6/3}=0.85$

2008C26

在某裂隙岩体中，存在一直线滑动面，其倾角为 30°。已知岩体重力为 1500kN/m，当后缘垂直裂隙充水高度为 8m 时，试根据《铁路工程不良地质勘察规程》计算下滑力，其值最接近下列哪个选项？

(A) 1027kN/m   (B) 1238kN/m
(C) 1330kN/m   (D) 1430kN/m

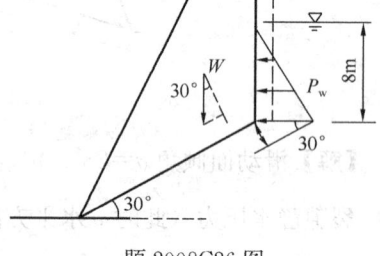

题 2008C26 图

【解】滑动面倾角 $\theta=30°$
裂隙充水高度 $Z_w=8\text{m}$

裂隙静水压力 $v=\dfrac{1}{2}\gamma_w Z_w^2=\dfrac{1}{2}\times 10\times 8^2=320\text{kN/m}$，方向为水平方向

下滑力 $=W\sin\theta+v\cos\theta=1500\times\sin 30°+320\cos 30°=1027.13\text{kN/m}$

2010C17

岩质边坡由泥质粉砂岩与泥岩互层组成不透水边坡，边坡后都有一充满水的竖直拉裂带（如题图所示），静水压力 P_w 为 1125kN/m。可能滑动的层面上部岩体重量 W 为 22000kN/m，

层面摩擦角 φ 为 22°，黏聚力 c 为 20kPa，试问安全系数最接近于下列何项数值？

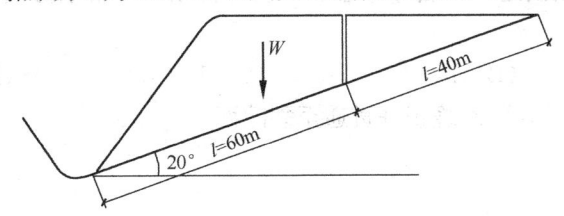

题 2010C17 图

(A) $K=1.09$ (B) $K=1.17$ (C) $K=1.27$ (D) $K=1.37$

【解】滑动面倾角 $\theta=20°$

滑动面摩擦角 $\varphi=22°$

滑动面黏聚力 $c=20$kPa

裂隙静水压力（此时 v 水平方向） $v=1125$N/m

单位长度滑动面的面积数值上等于滑动面线段长度（黏聚力沿着滑动面向上）

$$A=60$$

单位长度滑体重力（方向竖直向下） $W=22000$N/m

抗滑移稳定系数

$$K=\frac{(W\cos\theta-v\sin\theta)\tan\varphi+cA}{W\sin\theta+v\cos\theta}=\frac{(22000\cos20°-1125\sin20°)\tan22°+20\times60}{22000\sin20°+1125\cos20°}=1.09$$

2011C25

斜坡上有一矩形截曲的岩体，被一走向平行坡面、垂直层面的张裂隙切割至层面（如题图所示），岩体重度 $\gamma=24$kN/m³，层面倾角 $\alpha=20°$，岩体的重心铅垂延长线距 O 点 $d=0.44$m，在暴雨充水至张裂隙顶面时，该岩体倾倒稳定系数 K 最接近下列哪一选项？（不考虑岩体两侧及底面阻力和水压力）

(A) 0.78 (B) 0.83
(C) 0.93 (D) 1.20

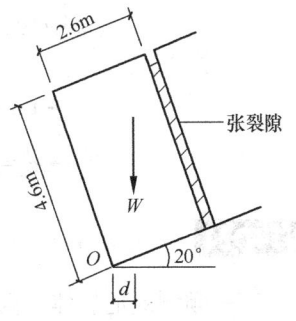

张裂隙切割岩体示意图
题 2011C25 图

【解】与 2007D27 基本相同，仅是 d 变化了，岩体自重 $W=\gamma V$ 自求。过程不再赘述。

2014C24

某岩石边坡代表性剖面如题图所示，边坡倾向 270°，一裂隙面刚好从坡脚出露，裂隙面产状为 270°∠30°，坡体后缘一垂直张裂缝正好贯通至裂隙面。由于暴雨，使垂直张裂缝和裂隙面瞬间充满水，边坡处于极限平衡状态（即滑坡稳定系数 $K_s=1.0$），经测算，裂隙面长度 $L=30$m，后缘张裂缝深度 $d=10$m，每延米潜在滑体自重 $G=6450$kN，裂隙面的黏聚力 $c=65$kPa，试计

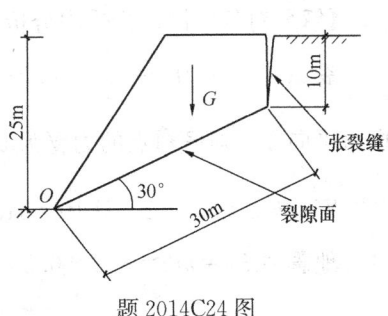

题 2014C24 图

算裂隙面的内摩擦角最接近下面哪个数值？（坡脚裂隙面有泉水渗出，不考虑动水压力，水的重度取 $10kN/m^3$）

(A) 13°　　　　(B) 17°　　　　(C) 18°　　　　(D) 24°

【解】坡体后缘一垂直张裂缝正好贯通至裂隙面

滑动面倾角 $\theta=30°$

滑动面内摩擦角 φ

滑动面黏聚力 $c=65kPa$

裂隙静水压力（此时 v 水平方向）$v=\frac{1}{2}\gamma_w Z_w^2=\frac{1}{2}\times 10\times 10^2=500v=1125kN/m$

滑动面孔隙水压力（垂直于滑面向上）

$$u=\frac{1}{2}\gamma_w Z_w \cdot \frac{H-Z}{\sin\theta}=\frac{1}{2}\times 10\times 10\times \frac{25-10}{\sin 30°}=1500kN/m$$

单位长度滑动面的面积数值上等于滑动面线段长度（黏聚力沿着滑动面向上）

$$A=30$$

单位长度滑体重力（方向竖直向下）$W=6450kN/m$

抗滑移稳定系数

$$K=\frac{(W\cos\theta-u-v\sin\theta)\tan\varphi+cA}{W\sin\theta+v\cos\theta}$$

$$=\frac{(6450\cos 30°-1500-500\sin 30°)\tan\varphi+30\times 65}{6450\sin 30°+500\cos 30°}=1$$

$\rightarrow \tan\varphi=0.445$

$\rightarrow \varphi=24°$

2014D24

有一倾倒式危岩体，高 6.5m，宽 3.2m（见题图，可视为均质刚性长方体），危岩体的密度为 $2.6g/cm^3$，在考虑暴雨使后缘张裂隙充满水和水平地震加速度为 $0.20g$ 的条件下，危岩体的抗倾覆稳定系数为下列哪个选项？（重力加速度取 $10m/s^2$）

(A) 1.90　　　　(B) 1.76

(C) 1.07　　　　(D) 0.18

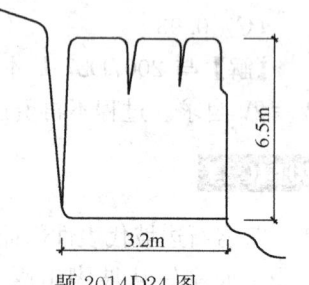

题 2014D24 图

【解】对危岩体进行受力分析

裂隙静水压力 $v=\frac{1}{2}\times 10\times 6.5^2=211.25kN/m$，方向水平向左，对倾覆点的力臂为 $6.5\times\frac{1}{3}$ 单位长度滑体重力

$W=3.2\times 6.5\times 2.6\times 10=540.8kN/m$，方向竖直向下，对倾覆点的力臂为 $3.2\times\frac{1}{2}$

地震力 $F_h=ma=3.2\times 6.5\times 2.6\times 0.2\times 10=108.16kN/m$，方向水平向右，对倾覆

点的力臂为 $6.5\times\dfrac{1}{2}$ m

$$抗倾覆稳定系数 K=\dfrac{抗倾覆力矩}{倾覆力矩}=\dfrac{540.8\times3.2\times\dfrac{1}{2}}{211.25\times6.5\times\dfrac{1}{3}+108.16\times6.5\times\dfrac{1}{2}}=1.07$$

【注】根据《建筑抗震设计规范》5.2.1 条，$F_{Ek}=\alpha_1 G_{eq}$，α_1 为相应结构基本自振周期的水平地震影响系数值。本题未提供此值，而是直接提供水平地震加速度值 $0.20g$，因此直接使用 $F_h=ma$ 计算水平地震力。这样降低了难度，即便不查规范，根据基本原理即可求解。

1.10.1.3 滑动面与坡脚面相同

2004C23

松砂填土土堤边坡高 $H=4.0$m，填料重度 $\gamma=20$kN/m³，内摩擦角 $\varphi=35°$，黏聚力 $c=0$，边坡坡角接近（　　）时边坡稳定性系数最接近于 1.25。

(A) $25°45'$　　　(B) $29°15'$　　　(C) $32°30'$　　　(D) $33°42'$

【解】滑动面摩擦角 $\varphi=35°$

非黏性土，无渗流 $K=\dfrac{\tan\varphi}{\tan\theta}=\dfrac{\tan35°}{\tan\theta}=1.25\rightarrow\theta=29.25°\approx29°15'$

2006C21

现需设计一个无黏性土的简单边坡，已知边坡高度为 10m，土的内摩擦角 $\varphi=45°$，黏聚力 $c=0$，当边坡坡角 θ 最接近于下列哪个选项中的值时，其安全系数 $F_s=1.3$？

(A) $45°$　　　(B) $41.4°$　　　(C) $37.6°$　　　(D) $22.8°$

【解】滑动面摩擦角 $\varphi=45°$

非黏性土，无渗流 $K=\dfrac{\tan\varphi}{\tan\theta}=\dfrac{\tan45°}{\tan\theta}=1.3\rightarrow\theta=37.6°$

2006D19

无限长土坡如题图所示，土坡坡角为 $30°$，砂土与黏土的重度都是 18kN/m³，砂土 $c_1=0$，$\varphi_1=35°$，黏土 $c_2=30$kPa，$\varphi_2=20°$，黏土与岩石界面的 $c_3=25$kPa，$\varphi_3=15°$，如果假设滑动面都是平行于坡面，问最小安全系数的滑动面位置将相应于下列哪一选项？

(A) 砂土层中部
(B) 砂土与黏土界面在砂土一侧
(C) 砂土与黏土界面在黏土一侧
(D) 黏土与岩石界面上

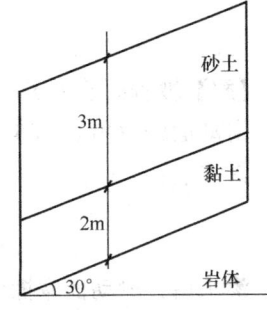

题 2006D19 图

【解】

(A) 砂土层中部 $K=\dfrac{\tan\varphi}{\tan\beta}=\dfrac{\tan35°}{\tan30°}=1.21$

(B) $K=\dfrac{\tan\varphi}{\tan\beta}=\dfrac{\tan35°}{\tan30°}=1.21$

(C) $K = \dfrac{\tan 20°}{\tan 30°} + \dfrac{30}{18 \times 3 \times \sin 30° \cos 30°} = 1.91$

(D) $K = \dfrac{\tan 15°}{\tan 30°} + \dfrac{25}{18 \times 5 \times \sin 30° \cos 30°} = 1.106$

2010C26

一无黏性土均质斜坡，处于饱和状态，地下水平行坡面渗流，土体饱和重度 $\gamma_{sat}=22\text{kN/m}^3$，$c=0$，$\varphi=30°$，假设滑动面为直线形，试问该斜坡稳定的临界坡角最接近于下列何项数值？

(A) 14° (B) 17° (C) 22° (D) 30°

【解】非黏性土，有渗流，地下水平行坡面渗流

$$K = \dfrac{\gamma'}{\gamma_{sat}} \cdot \dfrac{\tan\varphi}{\tan\theta} = \dfrac{22-10}{22} \cdot \dfrac{\tan 30°}{\tan\theta} = 1 \to \theta = 17.48°$$

2011D17

与 2006C21 完全相同。

2011D18

与 2006D19 完全相同。

2014C25

如题图所示某山区拟建一座尾矿堆积坝，堆积坝采用尾矿细砂分层压实而成，尾矿的内摩擦角为 36°，设计坝体下游坡面坡度 $\alpha=25°$。随着库内水面逐渐上升，坝下游坡面下部会有水顺坡渗入，尾矿细砂的饱和重度 22kN/m³，水下内摩擦角为 33°，试问坝体下游坡面渗水前后的稳定系数最接近下列哪一选项？

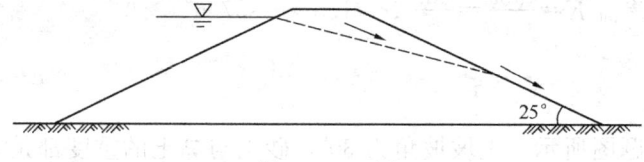

题 2014C25 图

(A) 1.56，0.76 (B) 1.56，1.39 (C) 1.39，1.12 (D) 1.12，0.76

【解】坡脚面 $\theta=25°$

滑动面摩擦角 $\varphi=36°$

渗水前：

$$K = \dfrac{\tan\varphi}{\tan\beta} = \dfrac{\tan 36°}{\tan 25°} = 1.56$$

渗水后：滑动面摩擦角 $\varphi=33°$，渗流方向顺坡即平行于坡面流出坡面

$$K = \dfrac{\gamma'}{\gamma_{sat}} \cdot \dfrac{\tan\varphi}{\tan\theta} = \dfrac{12}{22} \times \dfrac{\tan 33°}{\tan 25°} = 0.76$$

【注】此题渗水前后滑动面摩擦角不一致，注意读题。

2016C20

一无限长砂土坡,坡面与水平面夹角为θ,土坡饱和重度$\gamma_{sat}=21kN/m^3$,$c=0$,$\varphi=30°$,地下水沿土坡表面渗流,当要求砂土坡稳定系数K_a为1.2时,θ角最接近下列哪个选项?

(A) 14.0° (B) 16.5° (C) 25.5° (D) 30.0°

【解】 滑动面摩擦角$\varphi=30°$

渗流方向顺坡即平行于坡面流出坡面

$$K = \frac{\gamma'}{\gamma_{sat}} \cdot \frac{\tan\varphi}{\tan\theta} = \frac{11}{21} \times \frac{\tan 30°}{\tan\theta} = 1.2$$

$\rightarrow \tan\theta = 0.252 \rightarrow \theta = 14.1°$

2019D15

如题图所示,一倾斜角度15°的岩基粗糙面上由等厚黏质粉土构成的长坡,土岩界面的有效抗剪强度指标内摩擦角为20°,黏聚力为5kPa,土的饱和重度20kN/m³,该斜坡可看成无限长,图中$H=1.5m$,土层内有与坡面平行的渗流,则该长坡沿土岩界面的稳定性系数最接近下列哪一选项?

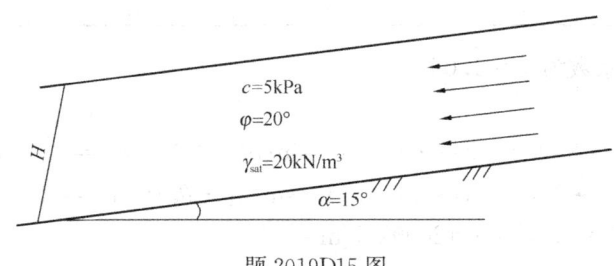

题2019D15 图

(A) 0.68 (B) 1.35 (C) 2.10 (D) 2.50

【解】 受力分析

浮重力:$G'=\gamma'V=\gamma'H=(20-10)\times 1.5$,方向竖直向下

渗透力:$F=JV=\gamma_w iV=\gamma_w H\sin\theta=10\times 1.5\sin 15°$,方向沿滑动面向下

黏聚力:$cl=\frac{c}{\cos\theta}=\frac{5}{\cos 15°}$,方向沿滑动面向上

所以 $K=\frac{G\cos\theta\tan\varphi + cl}{G\sin\theta + J} = \frac{\gamma'H\cos\theta\tan\varphi + \frac{c}{\cos\theta}}{\gamma'H\sin\theta + \gamma_w H\sin\theta} = \frac{10\times 1.5\cos 15°\tan 20° + \frac{5}{\cos 15°}}{10\times 1.5\sin 15° + 10\times 1.5\sin 15°} = 1.35$

【注】 ①核心知识点非常规题,以往均考察无黏性土坡,黏性土坡这是第一次考,受力分析的本质是不变的。

②2019年真题整体上相当灵活,要求基本理论功底要深厚,分析方法要熟练并灵活运用,不能硬套解题思维流程。此题应根据基本理论和计算公式,尽量做到不查本书中此知识点的"解题思维流程"和规范即可解答,对其熟练到可以当做"闭卷"解答。

1.10.2 折线滑动法

1.10.2.1 传递系数显式法边坡稳定系数及滑坡推力计算

2002C17

某一滑坡面为折线的单个滑坡，拟设计抗滑结构物，其主轴断面及作用力参数如题图、表所示，取计算安全系数为1.05时，按《岩土工程勘察规范》的公式和方法计算，其最终作用在抗滑结构物上的滑坡推力 P_3 最接近下列（　　）数值。

(A) 3874kN/m　　(B) 4200kN/m
(C) 5050kN/m　　(D) 5170kN/m

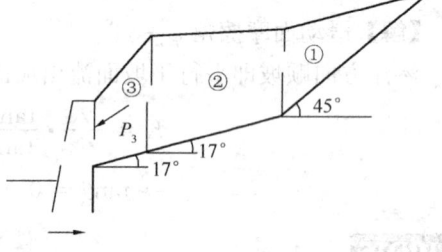

题 2002C17 图

滑块	下滑力 T (kN/m)	抗滑力 R (kN/m)	滑动面倾角 θ	传递系数 ψ
①	12000	5500	45°	0.733
②	17000	19000	17°	1.0
③	2400	2700	17°	

【解】计算安全系数为 $\gamma_t = 1.05$

传递系数

$$(1 \to 2)\psi_2 = \cos(\theta_1 - \theta_2) - \sin(\theta_1 - \theta_2)\tan\varphi_2 = 0.733$$
$$(2 \to 3)\psi_3 = \cos(\theta_2 - \theta_3) - \sin(\theta_2 - \theta_3)\tan\varphi_3 = 1.0$$

第1块下滑力 $T_1 = G_1 \sin\theta_1 = 12000\text{kN/m}$

第1块抗滑力 $R_1 = G_1 \cos\theta_1 \tan\varphi + c_1 l_1 = 5500\text{kN/m}$

第1块剩余下滑力 $P_1 = \gamma_t T_1 - R_1 = 1.05 \times 12000 - 5500 = 7100\text{kN/m}$

第2块下滑力 $T_2 = G_2 \sin\theta_2 = 17000\text{kN/m}$

第2块抗滑力 $R_2 = G_2 \cos\theta_2 \tan\varphi_2 + c_2 l_2 = 19000\text{kN/m}$

第2块剩余下滑力 $P_2 = \gamma_t T_2 - R_2 + P_1 \psi_2 = 1.05 \times 17000 - 19000 + 7100 \times 0.733 = 4054.3\text{kN/m}$

第3块下滑力 $T_3 = G_3 \sin\theta_3 = 2400\text{kN/m}$

第3块抗滑力 $R_3 = G_3 \cos\theta_3 \tan\varphi_3 + c_3 l_3 = 2700\text{kN/m}$

第3块剩余下滑力 $P_3 = \gamma_t T_3 - R_3 + P_2 \psi_3 = 1.05 \times 2400 - 2700 + 4054.3 \times 1 = 3874.3\text{kN/m}$

2003D32

某滑坡拟采用抗滑桩治理，桩布设在紧靠第6条块的下侧，滑动面为残积土，底为基岩，请按题图所示及下列参数计算对桩的滑坡水平推力 F_{6H}，其值最接近（　　）。

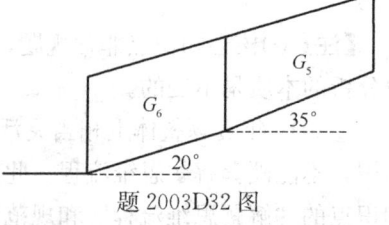

题 2003D32 图

$(F_5=380\text{kN/m}, G_6=420\text{kN/m}$,残积土 $\varphi=18°$,$c=11.3\text{kPa}$,安全系数 $\gamma_t=1.15$,$l_6=12\text{m})$
(A) 272.0kN/m (B) 255.6kN/m (C) 236.5kN/m (D) 222.2kN/m

【解】传递系数

$$(5\to 6)\psi_6=\cos(\theta_1-\theta_2)-\sin(\theta_1-\theta_2)\tan\varphi_2$$
$$=\cos(35°-20°)-\sin(35°-20°)\tan18°=0.88$$

第5块剩余下滑力 $P_5=380\text{kN/m}$

第6块下滑力 $T_6=G_6\sin\theta_6=420\times\sin20°=143.6\text{kN/m}$

第6块抗滑力 $R_6=G_6\cos\theta_6\tan\varphi_6+c_6l_6=420\times\cos20°\times\tan18°+11.3\times12=263.8\text{kN/m}$

第6块剩余下滑力
$P_6=\gamma_t T_6-R_6+P_5\psi_6=1.05\times143.6-263.8+380\times0.88=235.74\text{kN/m}$
水平推力$=P_6\cos\theta_6=235.74\times\cos20°=221.5\text{kN/m}$

2004C32

某滑坡需做支挡设计,根据勘察资料滑坡体分3个条块,如题图、表所示,已知 $c=10\text{kPa}$,$\varphi=10°$,滑坡推力安全系数取1.15,第三块滑体的下滑推力 F_3 为( )。

(A) 39.9kN/m (B) 49.3kN/m (C) 79.2kN/m (D) 109.1kN/m

条块编号	条块重力 G (kN/m)	条块滑动面长度 L (m)
1	500	11.03
2	900	10.15
3	700	10.79

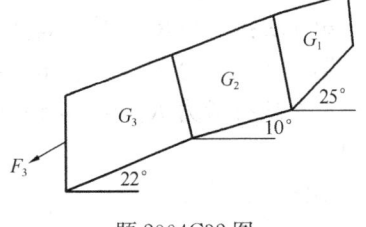

题2004C32图

【解】计算安全系数为 $\gamma_t=1.15$

传递系数
$$(1\to 2)\psi_2=\cos(\theta_1-\theta_2)-\sin(\theta_1-\theta_2)\tan\varphi=\cos(25°-10°)-\sin(25°-10°)\tan10°$$
$$=0.92$$
$$(2\to 3)\psi_3=\cos(\theta_2-\theta_3)-\sin(\theta_2-\theta_3)\tan\varphi=\cos(10°-22°)-\sin(10°-22°)\tan10°$$
$$=1.01$$

第1块下滑力 $T_1=G_1\sin\theta_1=500\sin25°=211.31\text{kN/m}$

第1块抗滑力 $R_1=G_1\cos\theta_1\tan\varphi+cl_1=500\cos25°\tan10°+10\times11.03=190.20\text{kN/m}$

第1块剩余下滑力 $P_1=\gamma_t T_1-R_1=1.15\times211.31-190.20=52.81\text{kN/m}$

第2块下滑力 $T_2=G_2\sin\theta_2=900\sin10°=156.28\text{kN/m}$

第2块抗滑力 $R_2=G_2\cos\theta_2\tan\varphi+cl_2=900\cos10°\tan10°+10\times10.15=257.78\text{kN/m}$

第2块剩余下滑力
$P_2=\gamma_t T_2-R_2+P_1\psi_2=1.15\times156.28-257.78+52.81\times0.92=-29.47<0$
故取0

第3块下滑力 $T_3 = G_3 \sin\theta_3 = 700 \times \sin22° = 262.22$ kN/m

第3块抗滑力 $R_3 = G_3\cos\theta_3\tan\varphi + cl_3 = 700\cos22°\tan10° + 10 \times 10.79 = 222.34$ kN/m

第3块剩余下滑力 $P_3 = \gamma_t T_3 - R_3 + P_2\psi_3 = 1.15 \times 262.22 - 222.34 + 0 = 79.213$ kN/m

2004D32

根据勘察资料，某滑坡体正好处于极限平衡状态，且可分为2个条块，每个条块重力及滑动面长度如题表，滑动面倾角如题图所示，现设定各滑动面内摩擦角 $\varphi = 10°$，稳定系数 $K = 1.0$，用反分析法求滑动面黏聚力 c 值最接近下列（　　）。

(A) 9.0kPa　　　　(B) 9.6kPa
(C) 12.3kPa　　　(D) 12.9kPa

条块编号	重力 G (kN/m)	滑动面长 l (m)
1	600	11.55
2	1000	10.15

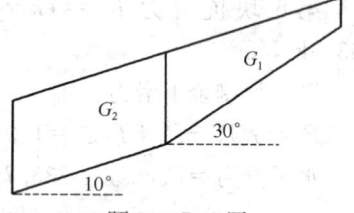

题 2004D32 图

【解】
传递系数

$(1 \to 2)\psi_2 = \cos(\theta_1 - \theta_2) - \sin(\theta_1 - \theta_2)\tan\varphi_2 = \cos(30° - 10°) - \sin(30° - 10°)\tan10°$
$= 0.879$

第1块下滑力 $T_1 = G_1\sin\theta_1 = 600\sin30° = 300$ kN/m

第1块抗滑力 $R_1 = G_1\cos\theta_1\tan\varphi + cl_1 = 600\cos30°\tan10° + c \times 11.55 = 91.62 + 11.55c$

第2块下滑力 $T_2 = G_2\sin\theta_2 = 1000\sin10° = 173.65$ kN/m

第2块抗滑力 $R_2 = G_2\cos\theta_2\tan\varphi + cl_2 = 1000\cos10°\tan10° + c \times 10.15 = 173.65 + 10.15c$

稳定系数

$$F_s = \frac{R_1\psi_2 + R_2}{T_1\psi_2 + T_2} = \frac{(91.62 + 11.55c) \times 0.879 + (173.65 + 10.15c)}{300 \times 0.879 + 173.65} = 1 \to c$$

$= 9.02$ kPa

2005C27

某一滑动面为折线形的均质滑坡，其主轴断面及作用力参数如题图表所示，问该滑坡的稳定性系数 F_s 最接近下列（　　）个数值。

(A) 0.80　　(B) 0.85　　(C) 0.90　　(D) 0.95

滑块编号	下滑力 T_i (kN/m)	抗滑力 R_i (kN/m)	传递系数
①	3.5×10^4	0.9×10^4	0.756
②	9.3×10^4	8.0×10^4	0.947
③	1.0×10^4	2.8×10^4	

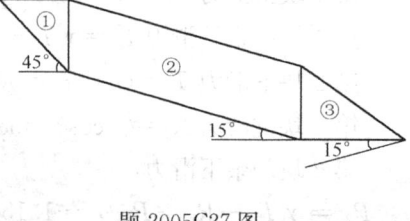

题 2005C27 图

【解】稳定系数

$$F_s = \frac{R_1\psi_2 + R_2}{T_1\psi_2 + T_2}$$

$$= \frac{0.9 \times 0.756 \times 0.974 + 8.0 \times 0.974 + 2.8}{3.5 \times 0.756 \times 0.974 + 9.3 \times 0.974 + 1.0} = 0.891$$

【注】另解：稳定系数为1，则剩余下滑力为0，此时假定安全系数为1。但最好不要从这个角度去考虑问题，因为有可能某一块剩余下滑力为负值。

2005D26

某一滑动面为折线形的均质滑坡，某主轴断面和作用力参数如题图和题表所示，取滑坡推力计算安全系数 $\gamma_t = 1.05$，则第③块滑体剩余下滑力 P_3 最接近下列（　　）值。

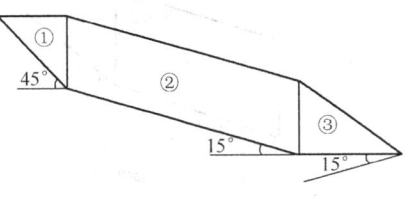

题 2005D26 图

(A) $1.36 \times 10^4 \, \text{kN/m}$
(B) $1.80 \times 10^4 \, \text{kN/m}$
(C) $1.91 \times 10^4 \, \text{kN/m}$
(D) $2.79 \times 10^4 \, \text{kN/m}$

滑块编号	下滑力 T_i (kN/m)	抗滑力 R_i (kN/m)	传递系数
①	3.5×10^4	0.9×10^4	0.756
②	9.3×10^4	8.0×10^4	0.947
③	1.0×10^4	2.8×10^4	

【解】安全系数 $\gamma_t = 1.05$

第1块剩余下滑推力

$$P_1 = \gamma_t T_1 - R_1 = 1.05 \times 3.5 \times 10^4 - 0.9 \times 10^4 = 2.775 \times 10^4 \, \text{kN/m}$$

第2块剩余下滑推力

$$P_2 = \gamma_t T_2 - R_2 + P_1\psi_2 = 1.05 \times 9.3 \times 10^4 - 8.0 \times 10^4 + 2.775 \times 10^4 \times 0.756$$

$$= 3.8629 \times 10^4 \, \text{kN/m}$$

第3块剩余下滑推力

$$P_3 = \gamma_t T_3 - R_3 + P_2\psi_3 = 1.05 \times 1 \times 10^4 - 2.8 \times 10^4 + 3.8629 \times 10^4 \times 0.947$$

$$= 1.91 \times 10^4 \, \text{kN/m}$$

2005D27

根据勘察资料，某滑坡体正好处于极限平衡状态，稳定系数为1.0，其两组具有代表性的断面数据如题表所示。试用反分析法求得滑动面的黏聚力 c 和内摩擦角 φ 最接近下列（　　）组数值。

(A) $c = 8.0 \, \text{kPa}$；$\varphi = 14°$
(B) $c = 8.0 \, \text{kPa}$；$\varphi = 11°$
(C) $c = 6.0 \, \text{kPa}$；$\varphi = 11°$
(D) $c = 6.0 \, \text{kPa}$；$\varphi = 14°$

断面号	滑块编号	滑动面倾角 β	滑动面长度 l (m)	滑块重 G (kN/m)
I	1	30°	11.0	696
I	2	10°	13.6	950
II	1	35°	11.5	645
II	2	10°	15.8	1095

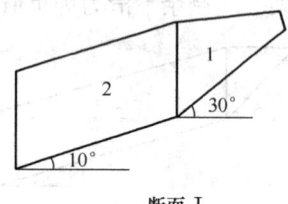
断面 I

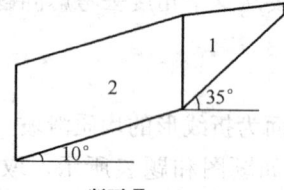
断面 II

题 2005D27 图

【解】 断面一

传递系数

$(1\to 2)\psi_2 = \cos(\theta_1-\theta_2)-\sin(\theta_1-\theta_2)\tan\varphi = \cos(30°-10°)-\sin(30°-10°)\tan\varphi$
$= 0.94-0.34\tan\varphi$

第 1 块下滑力 $T_1=G_1\sin\theta_1=696\sin30°=348\text{kN/m}$

第 1 块抗滑力 $R_1=G_1\cos\theta_1\tan\varphi+cl_1=696\cos30°\tan\varphi+c\times 11=602.75\tan\varphi+11c$

第 2 块下滑力 $T_2=G_2\sin\theta_2=950\sin10°=164.97\text{kN/m}$

第 2 块抗滑力 $R_2=G_2\cos\theta_2\tan\varphi+cl_2=950\cos10°\tan\varphi+c\times 13.6=935.57\tan\varphi+13.6c$

稳定系数

$$F_s=\frac{R_1\psi_2+R_2}{T_1\psi_2+T_2}$$

$$=\frac{(602.75\tan\varphi+11c)\times(0.94-0.34\tan\varphi)+(935.57\tan\varphi+13.6c)}{348\times(0.94-0.34\tan\varphi)+164.97}=1 \quad ①$$

断面二

传递系数

$(1\to 2)\psi_2=\cos(\theta_1-\theta_2)-\sin(\theta_1-\theta_2)\tan\varphi=\cos(35°-10°)-\sin(35°-30°)\tan\varphi$
$=0.91-0.42\tan\varphi$

第 1 块下滑力 $T_1=G_1\sin\theta_1=645\sin35°=370\text{kN/m}$

第 1 块抗滑力 $R_1=G_1\cos\theta_1\tan\varphi+cl_1=645\cos35°\tan\varphi+c\times11.5=528.35\tan\varphi+11.5c$

第 2 块下滑力

$$T_2=G_2\sin\theta_2=1095\sin10°=190\text{kN/m}$$

第 2 块抗滑力 $R_2=G_2\cos\theta_2\tan\varphi+cl_2=1095\cos10°\tan\varphi+c\times15.8=1078\tan\varphi+15.8c$

稳定系数

$F_s=\dfrac{R_1\psi_2+R_2}{T_1\psi_2+T_2}=\dfrac{(528.35\tan\varphi+11.5c)\times(0.91-0.42\tan\varphi)+(1078\tan\varphi+15.8c)}{370\times(0.91-0.42\tan\varphi)+190}$

$=1$ ②

①②两式联立反求 $c=8.0\text{kPa}$,$\varphi=11°$

2009C26

某一滑动面为折线的均质滑坡，其计算参数如题表所示。取滑坡推力安全系数为1.05，问：滑坡③条块的剩余下滑力是

(A) 2140kN/m (B) 2730kN/m (C) 3220kN/m (D) 3790kN/m

滑块编号	下滑力（kN/m）	抗滑力（kN/m）	传递系数
①	3600	1100	0.76
②	8700	7000	0.90
③	1500	2600	

【解】安全系数 $\gamma_t = 1.05$

第1块剩余下滑推力

$$P_1 = \gamma_t T_1 - R_1 = 1.05 \times 3600 - 1100 = 2680 \text{kN/m}$$

第2块剩余下滑推力

$$P_2 = \gamma_t T_2 - R_2 + P_1 \psi_2 = 1.05 \times 8700 - 7000 + 2680 \times 0.76 = 4171.8 \text{kN/m}$$

第3块剩余下滑推力

$$P_3 = \gamma_t T_3 - R_3 + P_2 \psi_3 = 1.05 \times 1500 - 2600 + 4171.8 \times 0.9 = 2729.62 \text{kN/m}$$

2010D25

根据勘察资料和变形监测结果，某滑坡体处于极限平衡状态，且分为2个条块（如题图所示）每个滑块的重力，滑块面长度和倾角分别为 $G_1 = 500$kN/m，$L_1 = 12$m，$\beta_1 = 30°$；$G_2 = 800$kN/m，$l_2 = 10$m，$\beta_2 = 10°$。现假设各滑动面的内摩擦角标准值均为10°，滑体稳定系数 $K = 1.0$，如采用传递系数法进行反分析求滑动面的黏聚力标准值 c，其值最接近下列哪一选项数值？

(A) 7.4kPa (B) 8.6kPa
(C) 10.5kPa (D) 14.5kPa

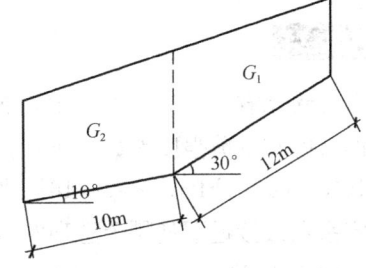

题2010D25图

【解】传递系数

$(1 \rightarrow 2)\psi_2 = \cos(\theta_1 - \theta_2) - \sin(\theta_1 - \theta_2)\tan\varphi_2 = \cos(30° - 10°) - \sin(30° - 10°)\tan 10°$
$= 0.879$

第1块下滑力 $T_1 = G_1 \sin\theta_1 = 500\sin 30° = 250$kN/m

第1块抗滑力 $R_1 = G_1 \cos\theta_1 \tan\varphi + cl_1 = 500\cos 30° \tan 10° + c \times 12 = 76.35 + 12c$

第2块下滑力 $T_2 = G_2 \sin\theta_2 = 800\sin 10° = 139$kN/m

第2块抗滑力 $R_2 = G_2 \cos\theta_2 \tan\varphi + cl_2 = 800\cos 10° \tan 10° + c \times 10 = 139 + 10c$

稳定系数

$$F_s = \frac{R_1\psi_2 + R_2}{T_1\psi_2 + T_2} = \frac{(76.35+12c)\times 0.879 + (139+10c)}{250\times 0.879 + 139} = 1 \rightarrow c = 7.428\text{kPa}$$

2013C25

根据勘察资料某滑坡体可分为 2 个块段，每个块段的重力、滑动面长度、滑动面倾角及滑动面抗剪强度标准值分别为：$G_1=700\text{kN/m}$，$l_1=12\text{m}$，$\beta_1=30°$，$\varphi_1=12°$，$c_1=10\text{kPa}$；$G_2=820\text{kN/m}$，$l_2=10\text{m}$，$\beta_2=10°$，$\varphi_2=10°$，$c_2=12\text{kPa}$，试采用传递系数法计算滑坡稳定安全系数最接近下列哪一选项？

(A) 0.94　　　　(B) 1.00
(C) 1.07　　　　(D) 1.15

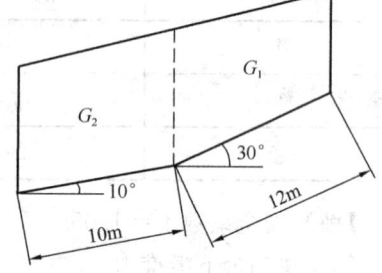

题 2013C25 图

【解】传递系数

$(1\rightarrow 2)\psi_2 = \cos(\theta_1-\theta_2) - \sin(\theta_1-\theta_2)\tan\varphi$
$\qquad = \cos(30°-10°) - \sin(30°-10°)\tan 10°$
$\qquad = 0.879$

第 1 块下滑力 $T_1 = G_1\sin\theta_1 = 700\times\sin 30° = 350\text{kN/m}$

第 1 块抗滑力 $R_1 = G_1\cos\theta_1\tan\varphi_1 + c_1 l_1 = 700\cos 30°\tan 12° + 10\times 12 = 248.86\text{kN/m}$

第 2 块下滑力 $T_2 = G_2\sin\theta_2 = 820\sin 10° = 142.4\text{kN/m}$

第 2 块抗滑力 $R_2 = G_2\cos\theta_2\tan\varphi_2 + c_2 l_2 = 820\cos 10°\tan 10° + 12\times 10 = 262.4\text{kN/m}$

边坡稳定系数 $F_s = \dfrac{R_1\psi_2 + R_2}{T_1\psi_2 + T_2} = \dfrac{248.8\times 0.879 + 262.4}{350\times 0.879 + 142.4} = 1.069$

2016C24

某水库有一土质岸坡，主剖面及各分块面积如题图所示，潜在滑动面为土岩交界面。土的重度和抗剪强度参数如下：$\gamma_{天然}=19\text{kN/m}^3$，$\gamma_{饱和}=19.5\text{kN/m}^3$，$c_{水上}=10\text{kPa}$，$\varphi_{水上}=19°$，$c_{水下}=7\text{kPa}$，$\varphi_{水下}=16°$。按《岩土勘察规范》计算，该岸坡沿潜在滑动面计算的稳定系数最接近下列哪个选项？（水的重度取 10kN/m^3）

(A) 1.09　　　(B) 1.04　　　(C) 0.98　　　(D) 0.95

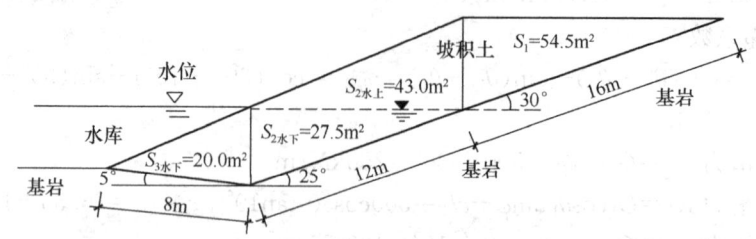

题 2016C24 图

【解】$G_1 = 54.5\times 19 = 1035.5\text{kN/m}$

$G_2 = 43 \times 19 + 27.5 \times 9.5 = 1078.25 \text{kN/m}$

$G_3 = 20 \times 9.5 = 190 \text{kN/m}$

传递系数

$(1 \to 2) \psi_2 = \cos(\theta_1 - \theta_2) - \sin(\theta_1 - \theta_2)\tan\varphi = \cos(30° - 25°) - \sin(30° - 25°)\tan16°$
$= 0.971$

$(2 \to 3) \psi_3 = \cos(\theta_2 - \theta_3) - \sin(\theta_2 - \theta_3)\tan\varphi_3 = \cos(25° + 5°) - \sin(25° + 5°)\tan16°$
$= 0.723$

第1块下滑力 $T_1 = G_1 \sin\theta_1 = 1035.5 \times \sin30° = 517.75 \text{kN/m}$

第1块抗滑力 $R_1 = G_1 \cos\theta_1 \tan\varphi_1 + c_1 l_1 = 1035.5\cos30°\tan19° + 10 \times 16 = 468.78 \text{kN/m}$

第2块下滑力 $T_2 = G_2 \sin\theta_2 = 1078.25\sin25° = 455.79 \text{kN/m}$

第2块抗滑力 $R_2 = G_2 \cos\theta_2 \tan\varphi_2 + c_2 l_2 = 1078.25\cos25°\tan16° + 7 \times 12 = 364.28 \text{kN/m}$

第3块下滑力 $T_3 = G_3 \sin\theta_3 = 190 \times \sin(-5°) = -16.56 \text{kN/m}$

第3块抗滑力 $R_3 = G_3 \cos\theta_3 \tan\varphi_3 + c_3 l_3 = 190\cos(-5°)\tan16° + 7 \times 8 = 110.27 \text{kN/m}$

边坡稳定系数

$F_s = \dfrac{R_1 \psi_2 \psi_3 + R_2 \psi_3 + R_3}{T_1 \psi_2 \psi_3 + T_2 \psi_3 + T_3} = \dfrac{468.78 \times 0.971 \times 0.723 + 364.28 \times 0.723 + 110.27}{517.75 \times 0.971 \times 0.723 + 455.79 \times 0.723 - 16.56}$

$= 1.039$

【注】第三块滑体倾角方向为滑移的反方向，因此取负值，即 $\theta_3 = -5°$。

2018D21

某滑坡可分为两块，且处于极限平衡状态（如题图所示），每个滑块的重力、滑动面长度和倾角分别为：$G_1 = 600\text{kN/m}$，$l_1 = 12\text{m}$，$\beta_1 = 35°$；$G_2 = 800\text{kN/m}$，$l_2 = 10\text{m}$，$\beta_2 = 20°$。现假设各滑动面的强度参数一致，其中内摩擦角 $\varphi = 15°$，滑体稳定系数 $K = 1.0$，按《建筑地基基础设计规范》，采用传递系数法进行反分析求得滑动面的黏聚力 c 最接近下列哪个选项？

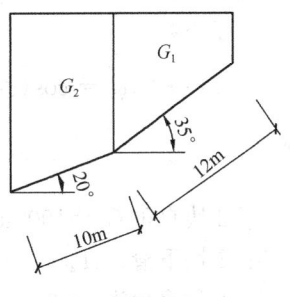

题 2018D21 图

(A) 7.2kPa   (B) 10.0kPa

(C) 12.7kPa   (D) 15.5kPa

【解】

传递系数

$(1 \to 2) \psi_2 = \cos(\theta_1 - \theta_2) - \sin(\theta_1 - \theta_2)\tan\varphi = \cos(35° - 20°) - \sin(35° - 20°)\tan15°$
$= 0.897$

第1块下滑力 $T_1 = G_1 \sin\theta_1 = 600 \times \sin35° = 344.15 \text{kN/m}$

第1块抗滑力 $R_1 = G_1 \cos\theta_1 \tan\varphi_1 + cl_1 = 600\cos35°\tan15° + c \times 12 = 131.69 + 12c$

第2块下滑力 $T_2 = G_2 \sin\theta_2 = 800\sin20° = 273.62 \text{kN/m}$

第2块抗滑力 $R_2 = G_2 \cos\theta_2 \tan\varphi_2 + cl_2 = 800\cos20°\tan15° + c \times 10 = 201.43 + 10c$

边坡稳定系数

$$F_s = \frac{R_1\psi_2 + R_2}{T_1\psi_2 + T_2} = \frac{(131.69 + 12c) \times 0.897 + 201.43 + 10c}{344.15 \times 0.897 + 273.62} = 1.0 \to c = 12.65\text{kPa}$$

1.10.2.2 传递系数隐式法边坡稳定系数及滑坡推力计算

2010C19

有一部分浸水的砂土坡，坡率为1:1.5，水位在2m处，水上、水下的砂土内摩擦角均为 $\varphi=38°$，水上砂土重度 $\gamma=18\text{kN/m}^3$，水下砂土饱和重度 $\gamma_{sat}=20\text{kN/m}^3$，用传递系数法计算沿题图所示的折线滑动面滑动的稳定系数最接近于下列何项数值？（已知 $G_2=1000\text{kN}$，$P_1=560\text{kN}$，$\theta_1=38.7°$，$\theta_2=15.0°$，P_1 为第一块传递到第二块上的推力，W_2 为第二块已扣除浮力的自重）

(A) 1.17　　　　(B) 1.04　　　　(C) 1.21　　　　(D) 1.52

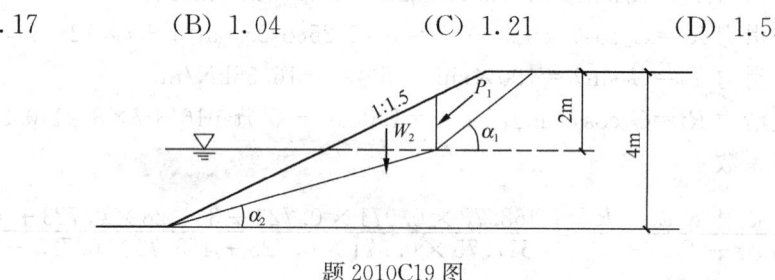

题 2010C19 图

【解1】使用传递隐式法求解

第1块剩余下滑力 $P_1=560\text{kN}$

传递系数

$$(1 \to 2)\psi_2 = \cos(\theta_1 - \theta_2) - \frac{\sin(\theta_1 - \theta_2)\tan\varphi_2}{F_s}$$

$$= \cos(38.7° - 15°) - \frac{\sin(38.7° - 15°)\tan 38°}{F_s} = 0.916 - \frac{0.314}{F_s}$$

第2块自重 $G_2 = 1000\text{kN}$

第2块下滑力 $T_2 = G_2\sin\theta_2 = 1000\sin 15° = 258.8\text{kN}$

砂土黏聚力为 $c=0$；

第2块抗滑力 $R_2 = G_2\cos\theta_2\tan\varphi_2 + cl_2 = 1000\cos 15°\tan 38° + 0 = 754.7\text{kN}$

求稳定系数，则令第2块剩余下滑力 $P_2 = T_2 - \frac{R_2}{F_s} + P_1\psi_2 = 0$

所以 $258.8 - \frac{754.7}{F_s} + 560 \times \left(0.916 - \frac{0.314}{F_s}\right) = 0 \to F_s = 1.2057$

【解2】此题已经告之第1块到第2块的剩余下滑推力 $P_1=560\text{kN}$，就可以将第1块假定去掉，只分析第2块的受力，那么第2块的稳定系数，即可作为滑坡的整体稳定系数。单独针对第2块就可以使用"平面滑动法"求解。

第2块进行受力分析

① 滑块自重 $G_2=1000\text{kN}$，将此力进行分解

平行于第2块滑动面的分量为 $G_2\sin\theta$，沿滑动面向下；

垂直于第2块滑动面的分量为 $G_2\cos\theta$，垂直于滑动面向下；

② 剩余下滑推力 $P_1=560\text{kN}$，将此力进行分解

平行于第2块滑动面的分量为 $P_1\cos(\theta_1-\theta_2)$，沿滑动面向下；
垂直于第2块滑动面的分量为 $P_1\sin(\theta_1-\theta_2)$，垂直于滑动面向下；
因此稳定系数

$$K=\frac{抗滑力}{滑动力}=\frac{[G_2\cos\theta_2+P_1\sin(\theta_1-\theta_2)]\tan\varphi}{G_2\sin\theta_2+P_1\cos(\theta_1-\theta_2)}$$

$$=\frac{[1000\cos15°+560\sin(38.7°-15°)]\tan38°}{1000\sin15°+560\cos(38.7°-15°)}=1.2059$$

【注】①可以看出解1和解2结果相同，使用解1流程清晰，可快速求解；使用解2，受力分析要很熟悉，特别是对剩余下滑推力 $P_1=560\text{kN}$ 的分解。解1和解2本质是同一种方法，即"隐式法"，本质都是令第2块滑体剩余下滑推力为0，求解此时对应的稳定系数。

②此题为何不用"显示法"求解呢，是因为根据显示法稳定系数计算公式 $F_s=\frac{R_1\psi_2+R_2}{T_1\psi_2+T_2}$，需要知道第1块下滑力 T_1 或抗滑力 R_1，本题只给了第1块剩余下滑推力 $P_1=560\text{kN}$，未告之安全系数 γ_t，因此根据 $T_1=G_1\sin\theta_1$，$R_1=G_1\cos\theta_1\tan\varphi_1+c_1l_1=G_1\cos\theta_1\tan\varphi_1$ 及 $P_1=\gamma_t T_1-R_1$，无法确定第一块的下滑力 T_1 或抗滑力 R_1，或者说无法确定第一块的自重 G_1，因此不使用"显示法"求解。由此可知，解题有多种方法可以选择时，具体选择哪一种，一是根据题目指明的规范，二是若题目未指明规范，根据题目给的已知条件来确定。

2012C24

如题图所示，某天然岩质边坡，已知每延米滑体作用在桩上的剩余下滑力为900kN/m，桩间距为6m，悬臂段长9m，嵌固段8m，剩余下滑力在桩上的分布按矩形分布，试问抗滑桩锚固段顶端的弯矩与下列何项数值最为接近？

(A) 28900kN·m/m　　(B) 24300kN·m/m
(C) 32100kN·m/m　　(D) 19800kN·m/m

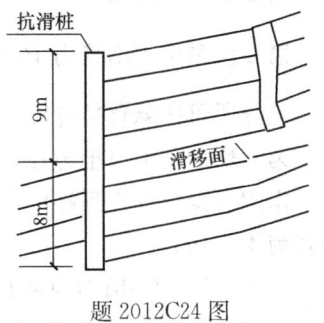

题2012C24 图

【解】《全国注册岩土工程师专业考试试题解答及分析（2011~2013）》给出的解答：悬臂段可按悬臂桩计算：

矩形部分荷载在桩身所产生的作用力 $E=FL=900\times6=5400\text{kN}$
作用点距锚固点顶端的距离为 $9/2=4.5\text{m}$
锚固段顶端的弯矩为 $W=5400\times4.5=24300\text{kN·m/m}$

【注】本题本质是一道错题，官方给出的解答也是错的。剩余下滑力900kN/m，矩形分布，作用点在滑块的中间位置，这没错，但是官方解答剩余下滑推力的方向弄错了，官方解答默认此力是水平方向的，但剩余下滑力方向为沿着滑动面向下，不是水平方向的，因此所对应的力臂不是4.5m，应该是 $4.5\cos\theta$。但是本题未给出滑动面的倾斜角 θ（见下一题2016D17就给出了），所以本质上是一道错题，考场上也只能"将错就错"。

1 土力学专题

2016D17

如题图所示某折线形均质滑坡,第一块的剩余下滑力为1150kN/m,传递系数为0.8,第二块的下滑力为6000kN/m,抗滑力为6600kN/m,现拟挖除第三块滑块,在第二块滑块末端采用抗滑桩方案,抗滑桩的间距为4m,悬臂段高度8m,如果取边坡稳定安全系数$F_{st}=1.35$,剩余下滑力在桩上的分布按矩形分布,按《建筑边坡工程技术规范》,计算作用在抗滑桩上相对于嵌固段顶部A点的力矩最接近于下列哪个选项?

(A) 10595kN·m (B) 10968kN·m (C) 42377kN·m (D) 43872kN·m

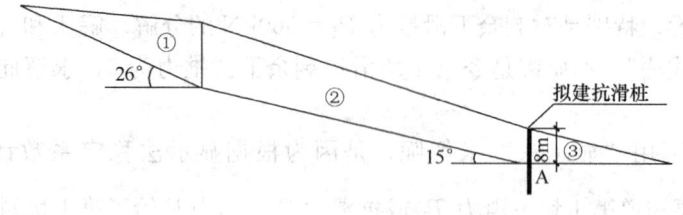

题 2016D17 图

【解】 安全系数 $F_{st}=1.35$

传递系数 (1→2) $\psi=0.8$

第1块剩余下滑推力 $P_1=1150$kN/m

第2块下滑力 $T_2=6000$kN/m

第2块抗滑力 $R_2=6600$kN/m

第2块剩余下滑推力 $P_2-\dfrac{R_2}{F_{st}}+P_1\psi_2=6000-\dfrac{6600}{1.35}+1150\times 0.8=2031.1$kN/m

悬臂段可按悬臂桩计算:抗滑桩的间距为4m

第2块剩余下滑推力在桩身所产生的作用力 $F=P_2L=2031.1\times 4=8124.4$kN/m

作用点距锚固点顶端的距离为 $8/2=4$m,方向沿着第2块滑动面向下,因此所对应的力臂为 $4\times\cos15°$

最终弯矩 $M=8124.4\times 4\times\cos15°=31390.27$kN·m

【注】 ①本题也是一道错题,本题修正了2012C24未给出滑动面倾斜角的错误,然后又莫名其妙地犯了一个错误。这样解答是正确的,但是没有对应选项。如果 $31390.27\times 1.35=42377$ 就和C选项对应,但是题目未要求计算力矩设计值,如同2012C24同样的问法,官方的解答也没有求力矩设计值。对案例真题仔细研究深刻理解是对的,是必须的,但是对里面的错误没必要纠结和深究,知道错在哪里,怎么回事就可以了。万一考场上碰到这种错题,也只能"将错就错,听天由命"。

②有一种错解,应引起重视,错解如下:

$$6000-\dfrac{6600+P_2}{1.35}+1150\times 0.8=0 \to P_2=2742\text{kN}$$

最终弯矩 $M=2742\times 4\times 4\times\cos15°=42377$kN·m

此错解,完全背离了隐式法的内涵,不可取。

1.10 边坡稳定性

2017C26

拟开挖一个高度为 8m 的临时性土质边坡,如题图所示,由于基岩面较陡,边坡开挖后土体易沿着基岩面滑动,破坏后果严重,根据《建筑边坡工程技术规范》,稳定性计算结果见题表,当按该规范的要求治理时,边坡剩余下滑力最接近下列哪一选项?

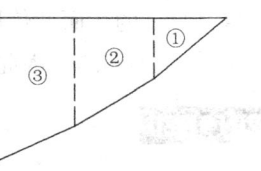

题 2017C26 图

条块编号	滑面倾角 θ (°)	下滑力 T (kN/m)	抗滑力 R (kN/m)	传递系数 ψ	稳定系数 F_s
①	39.0	40.44	16.99	0.920	
②	30.0	242.62	95.68	0.940	0.450
③	23.0	277.45	138.35	/	

(A) 336kN/m   (B) 338kN/m   (C) 346kN/m   (D) 362kN/m

【解】查表得:开挖高度 8m≤10m,土质边坡,破坏后果严重,故边坡工程安全等级为二级;且为临时边坡,因此边坡稳定安全系数 $F_{st}=1.20$

根据稳定系数 F_s 和计算稳定系数的传递系数的值可计算出第2块和第3块的内摩擦角:

$$(1\rightarrow 2)\psi_2 = \cos(\theta_1-\theta_2) - \frac{\sin(\theta_1-\theta_2)\tan\varphi_2}{F_s}$$

$$= \cos(39°-30°) - \frac{\sin(39°-30°)\tan\varphi_2}{0.45} = 0.92 \rightarrow \tan\varphi_2 = 0.195$$

$$(2\rightarrow 3)\psi_3 = \cos(\theta_2-\theta_3) - \frac{\sin(\theta_2-\theta_3)\tan\varphi_3}{F_s}$$

$$= \cos(30°-23°) - \frac{\sin(30°-23°)\tan\varphi_3}{0.45} = 0.94 \rightarrow \tan\varphi_3 = 0.194$$

计算剩余下滑力时的传递系数

$$(1\rightarrow 2)\psi_2 = \cos(\theta_1-\theta_2) - \frac{\sin(\theta_1-\theta_2)\tan\varphi_2}{F_{st}}$$

$$= \cos(39°-30°) - \frac{\sin(39°-30°)\times 0.195}{1.2} = 0.962$$

$$(2\rightarrow 3)\psi_3 = \cos(\theta_2-\theta_3) - \frac{\sin(\theta_2-\theta_3)\tan\varphi_3}{F_{st}}$$

$$= \cos(30°-23°) - \frac{\sin(30°-23°)\times 0.194}{1.2} = 0.973$$

第1块剩余下滑力 $P_1 = T_1 - \frac{R_1}{F_{st}} = 40.44 - 16.99/1.2 = 26.281$ kN/m

第2块剩余下滑力 $P_2 = T_2 - \frac{R_2}{F_{st}} + P_1\psi_2 = 242.62 - 95.68/1.2 + 26.281\times 0.962 = 188.169$ kN/m

第3块剩余下滑力 $P_3 = T_3 - \frac{R_3}{F_{st}} + P_2\psi_3 = 277.45 - 138.35/1.2 + 188.169\times 0.973 = 345.247$ kN/m

【注】解题一定要理解题意,由题中给的表格可知,表格中的传递系数是用来计算稳

定系数 F_s 的。而"传递系数隐式法"求解,传递系数在求稳定系数和剩余下滑力的过程中数值是不同的,因此不能直接使用表格中所给的传递系数求解剩余下滑力。

2019D20

拟开挖一个高度为 12m 的临时性土质边坡,边坡地层如题图所示。边坡开挖后土体易沿土界面滑动,破坏后果很严重。已知岩土界面抗剪强度指标 $c=20\text{kPa}$,$\varphi=10°$,边坡稳定性计算结果如题表所示。按《建筑边坡工程技术规范》GB 50330—2013 的规定,边坡剩余下滑力最接近下列哪一选项?

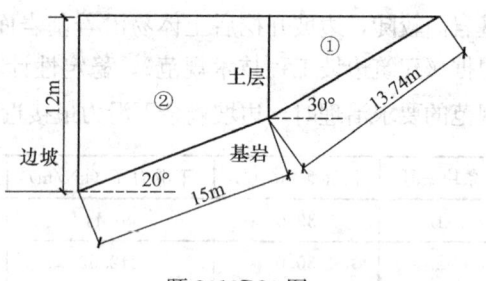

题 2019D20 图

条块编号	滑面倾角(°)	下滑力 T(kN/m)	抗滑力 R(kN/m)
①	30	398.39	396.47
②	20	887.03	729.73

(A) 344kN/m　　(B) 360kN/m　　(C) 382kN/m　　(D) 476kN/m

【解】高度为 12m 的土质边坡,破坏后果很严重,查表得安全等级为一级。
临时性边坡,查表得 $F_{st}=1.25$
第 1 块剩余下滑力
$$P_1 = T_1 - \frac{R_1}{F_{st}} = 398.39 - \frac{396.47}{1.25} = 81.2\text{kN/m}$$

传递系数
$$(1 \to 2)\psi_2 = \cos(\theta_1 - \theta_2) - \frac{\sin(\theta_1-\theta_2)\tan\varphi_2}{F_{st}}$$
$$= \cos(30°-20°) - \frac{\sin(30°-20°)\times\tan 10°}{1.25} = 0.96$$

第 2 块剩余下滑力
$$P_2 = T_2 - \frac{R_2}{F_{st}} + F_1\psi_2 = 887.03 - \frac{729.73}{1.25} + 81.2 \times 0.96 = 381.2\text{kN/m}$$

【注】核心知识点常规题。毫无变化性,无须多言,使用解题思维流程快速求解。

1.10.3 圆弧滑动面法

1.10.3.1 整体圆弧法

2004D31

如题图所示,一均匀黏性土填筑的路堤存在如图圆弧形滑动面,滑动面半径 $R=12.5$m,滑动面长 $L=25$m,滑带土不排水抗剪强度 $c_u=19$kPa,内摩擦角 $\varphi=0$,下滑土体重 $W_1=1300$kN,抗滑土体重 $W_2=315$kN,下滑土体重心至滑动圆弧圆心的距离 $d_1=5.2$m,抗滑土体重心至滑动圆弧圆心

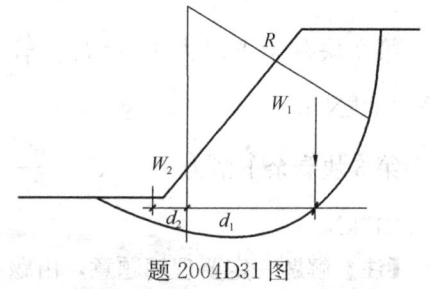

题 2004D31 图

的距离 $d_2=2.7$m，问，抗滑动稳定系数为（　　）

(A) 0.9　　　　(B) 1.0　　　　(C) 1.15　　　　(D) 1.25

【解】抗滑力矩：

抗滑力 $W_2=315$kN；所对应抗滑力臂 $d_2=2.7$m

黏聚力 $c=19$kPa；滑动圆弧全长 $L=25$m；所对应抗滑力臂即滑动圆弧半径 $R=12.5$m

滑动力矩：

滑动力 $W_1=1300$kN；所对应抗滑力臂 $d_1=5.2$m

稳定系数 $K=\dfrac{W_2d_2+cLR}{W_1d_1}=\dfrac{19\times25\times12.5+315\times2.7}{1300\times5.2}=1.0$

2007C18

饱和软黏土坡度为 $1:2$，坡高 10m，不排水抗剪强度 $c_u=30$kPa，土的天然重度为 18kN/m³，水位在坡脚以上 6m，已知单位土坡长度滑坡体水位以下土体体积 $V_B=144.11$m³/m，与滑动圆弧的圆心距离为 $d_B=4.44$m，在滑坡体上部有 3.33m 的拉裂缝，缝中充满水，水压力为 P_w，滑坡体水位以上的体积为 $V_A=41.92$m³/m，圆心距为 $d_A=13$m，用整体圆弧法计算土坡沿着该滑裂面滑动的安全系数最接近于下列哪个数值？

(A) 0.94　　　　(B) 1.33　　　　(C) 1.39　　　　(D) 1.51

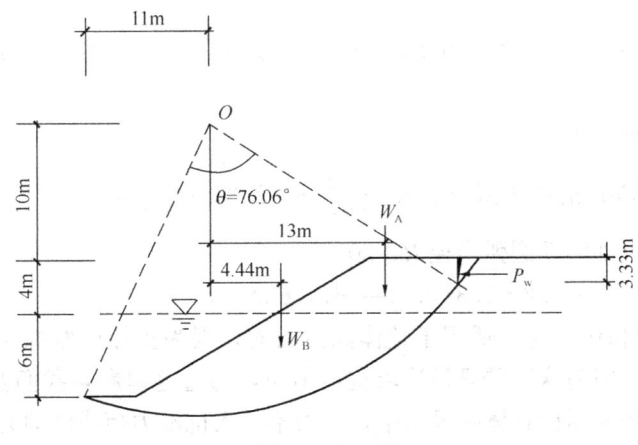

题 2007C18 图

【解】抗滑力矩：

黏聚力 $c=19$kPa；滑动圆弧全长 $L=2\times3.14\times\sqrt{11^2+20^2}\times\dfrac{76.06}{360}$m

所对应抗滑力臂即滑动圆弧半径 $R=\sqrt{11^2+20^2}$m

滑动力矩：

滑动力 $W_A=18\times41.92$；所对应抗滑力臂 $d_1=13$

滑动力 $W_B=8\times144.11$；所对应抗滑力臂 $d_2=4.44$

裂隙水压力 $P_w=\dfrac{1}{2}\times10\times3.33\times3.33$；所对应抗滑力臂 $d=10+\dfrac{2\times3.33}{3}$

1 土力学专题

稳定系数

$$K = \frac{cLR}{W_A d_A + W_B d_B + P_w d}$$

$$= \frac{30 \times 2 \times 3.14 \times \sqrt{11^2 + 20^2} \times \frac{76.06}{360} \times \sqrt{11^2 + 20^2}}{18 \times 41.92 \times 13 + 8 \times 144.11 \times 4.44 + \frac{1}{2} \times 10 \times 3.33 \times 3.33 \times \left(10 + \frac{2 \times 3.33}{3}\right)}$$

$$= \frac{20746.58}{677.5 + 14928.1} = 1.33$$

2009C19

用简单圆弧法作黏土边坡稳定性分析，滑弧的半径 $R = 30\mathrm{m}$，第 i 土条的宽度为 $2\mathrm{m}$，过滑弧的中心点切线渗流水面和土条顶部与水平线的夹角均为 $30°$，土条的水下高度为 $7\mathrm{m}$，水上高度为 $3.0\mathrm{m}$，已知黏土在水位上、下的天然重度均为 $\gamma = 20\mathrm{kN/m^3}$，黏聚力 $c = 22\mathrm{kPa}$，内摩擦角 $\varphi = 25°$，问该土条的抗滑力矩是（ ）。

(A) $3000\mathrm{kN \cdot m}$　　(B) $4110\mathrm{kN \cdot m}$
(C) $4680\mathrm{kN \cdot m}$　　(D) $6360\mathrm{kN \cdot m}$

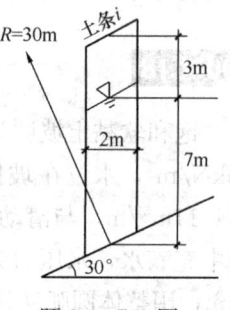

题 2009C19 图

【解】抗滑力矩

土体自重垂直于滑动面所产生的抗滑力 $G_{\text{垂直}} = (20 \times 3 \times 2 + 10 \times 7 \times 2) \times \cos 30° \times \tan 25° = 105\mathrm{kN/m}$

所对应抗滑力臂 $d = R = 30\mathrm{m}$

黏聚力 $c = 22\mathrm{kPa}$；滑动圆弧全长 $L = \dfrac{2}{\cos 30°} = 2.31\mathrm{m}$

所对应抗滑力臂即滑动圆弧半径 $R = 30\mathrm{m}$

抗滑力矩 $= 105 \times 30 + 22 \times 2.31 \times 30 = 4674.6\mathrm{kN \cdot m}$

【注】这道题严格讲，是不适用于整体圆弧法的，因为土体内摩擦角不为 0。那这道题为何在此出现呢？因为这道题只是让求抗滑力矩，通过这道题，我们要练习受力分析，同时，通过这道题还要明白整体圆弧法中，浮力不计入抗滑力矩或滑动力矩的计算，浮力和土重力相互抵消，即取浮力和土体自重的合力，计入抗滑力矩和滑动力矩的计算中，这也是水下取浮重度的原因。

2009D27

某饱和软黏土边坡已出现明显的变形迹象（可以认为在 $\varphi_n = 0$ 整体圆弧法计算中，其稳定性系数 $k_1 = 1.0$），假设有关参数如下：下滑部分的截面积 W_1 为 $30.2\mathrm{m^2}$，力臂 $d_1 = 3.2\mathrm{m}$，滑体平均重度为 $17\mathrm{kN/m^3}$，为确保边坡安全，在坡脚进行了反压，反压体 W_3 的截面积为 $9\mathrm{m^2}$，力臂 $d_3 = 3.0\mathrm{m}$，重度 $20\mathrm{kN/m^3}$，在其他参数不变的情况下，反压后边坡的稳定系数 k_2 接近下列何值？

(A) 1.15　　(B) 1.26　　(C) 1.33　　(D) 1.59

1.10 边坡稳定性

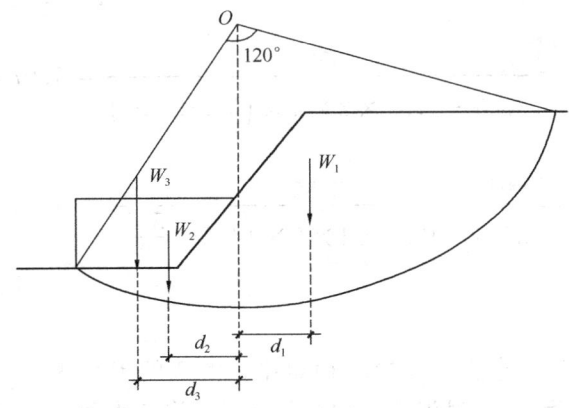

题 2009D27 图

【解】涉及前后两种状态

反压前稳定系数 $K_1 = \dfrac{W_2 d_2 + cLR}{W_1 d_1} = \dfrac{W_2 d_2 + cLR}{30.2 \times 17 \times 3.2} = 1.0$　①

反压后稳定系数 $K_2 = \dfrac{W_2 d_2 + cLR + W_3 d_3}{W_1 d_1}$　②

①②两式联立即可解得 $K_2 = \dfrac{17 \times 30.2 \times 3.2 + 9 \times 20 \times 3}{17 \times 30.2 \times 3.2} = 1.329$

2012C25

有一 6m 宽的均匀土层边坡,$\gamma = 17.5 \text{kN/m}^3$,根据最危险滑动圆弧计算得到的抗滑力矩为 3580kN/m,滑动力矩为 3705kN·m。为提高边坡的稳定性提出题图所示两种方案。卸荷土方量相同而卸荷部位不同。试计算卸荷前、卸荷方案 1、卸荷方案 2 的边坡稳定系数(分别为 K_0、K_1、K_2),判断三者关系为下列哪一选项?(假设卸荷后抗滑力矩不变)

(A) $K_0 = K_1 = K_2$　　(B) $K_0 < K_1 = K_2$
(C) $K_0 < K_1 < K_2$　　(D) $K_0 < K_2 < K_1$

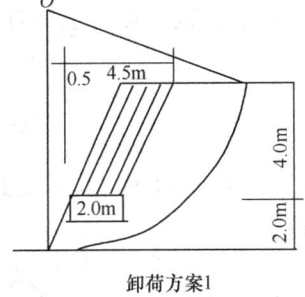
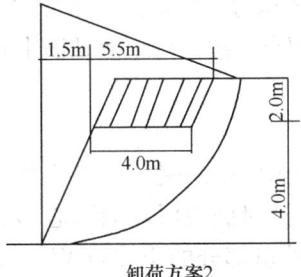

题 2012C25 图

【解】初始
$$K_0 = \dfrac{3580}{3705} = 0.966$$

1 土力学专题

方案 1

$$K_1 = \frac{3580}{3705 - 17.5 \times 2 \times 4 \times \left(0.5 + \frac{4.5}{2}\right)} = 1.078$$

方案 2

$$K_2 = \frac{3580}{3705 - 17.5 \times 4 \times 2 \times \left(1.5 + \frac{5.5}{2}\right)} = 1.151$$

2017D17

在黏土的简单圆弧条分法计算边坡稳定中，滑弧的半径为 30m，第 i 土条的宽度为 2m，过滑弧底中心的切线、渗流水面和土条顶部与水平方向所成夹角都是 30°，土条水下高度为 7m，水上高度为 3m，黏土的饱和重度 $\gamma = 20\text{kN/m}^3$，问计算的每延米第 i 土条滑动力矩最接近下列哪个选项？

(A) 4800kN·m (B) 5800kN·m
(C) 6800kN·m (D) 7800kN·m

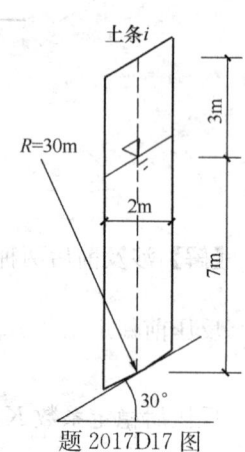

题 2017D17 图

【解】计算滑动力矩，进行受力分析，滑动力为渗透力和土体自重的水平分量；

平均水力坡降 $i = \frac{\Delta h}{l} = \sin 30° = 0.5$

渗透力 $F = JV = \gamma_w i V = 10 \times 0.5 \times 2 \times 7 = 70\text{kN}$，渗透力方向与滑动面平行

渗透力 F 所对应抗滑力臂 $d_1 = R - \frac{7}{2} \times \cos 30° = 30 - \frac{7}{2} \times \cos 30° = 26.97\text{m}$

土体自重平行与滑动面分量滑动力 $G_{平行} = (20 \times 3 \times 2 + 10 \times 7 \times 2) \times \sin 30° = 130\text{kN}$

所对应抗滑力臂 $d = R = 30\text{m}$

滑动力矩 $= 70 \times 26.97 + 130 \times 30 = 5787.9\text{kN·m}$

【注】①同样的图，2009C19 计算的是抗滑力矩，2017D17 计算的是滑动力矩。因此对注岩真题一定要深刻理解，全面掌握，如果再出一道这样的题，求稳定系数 K，就是将这两道题综合起来即可。

②渗透力为体积力，作用点为条形水下部分的形心。这一点与土体自重 G 的处理方式不同，G 的作用点，按作用于滑动面中心处理。

2017D27

在均匀黏性土中开挖一路堑，存在如题图所示的圆弧滑动面，其半径 $R = 14\text{m}$，滑动面长度 $L = 28\text{m}$。通过圆弧滑动面圆心 O 的垂线将滑体分为两部分，坡里部分的土体重 $W_1 = 1450\text{kN/m}$，土体重心至圆心垂线距 $d_1 = 4.5\text{m}$；坡外部分的土体重 $W_2 = 350\text{kN/m}$，土体重心至圆心垂线距 $d_2 = 2.5\text{m}$。问：在滑带土的内摩擦角 $\varphi \approx 0$ 情况下，该路堑极限平衡状态下的滑带土不排水剪切强度 c_u 最接近下列哪个选项？

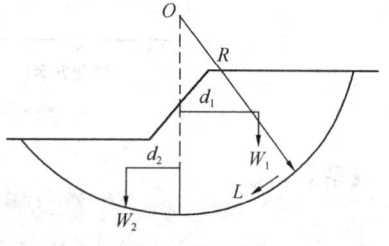

题 2017D27 图

(A) 12.5kPa　　　(B) 14.4kPa　　　(C) 15.8kPa　　　(D) 17.2kPa

【解】$K = \dfrac{抗滑力矩}{滑动力矩} = \dfrac{W_2 d_2 + c_u LR}{W_1 d_1} = \dfrac{350 \times 2.5 + c_u \times 28 \times 14}{1450 \times 4.5} = 1 \rightarrow c_u = 14.41 \text{kPa}$

1.10.3.2 瑞典条分法
1.10.3.3 毕肖普条分法
1.10.3.4 边坡规范条分法

1.10.4 边坡稳定性其他方面

1.10.4.1 边坡滑塌区范围
1.10.4.2 土坡极限高度
1.10.4.3 土质路堤极限高度计算

1.11 地基承载力

1.11.1 地基承载力的概念

1.11.2 竖向荷载下地基的破坏形式

1.11.3 临塑荷载与临界荷载计算公式

1.11.4 极限荷载计算公式

1.11.5 地基模型

2019C6

某柱下钢筋混凝土条形基础，基础宽度 2.5m。该基础按弹性地基梁计算，基础的沉降曲线概化图如题图所示。地基的基床系数为 20MN/m^3，计算该基础下地基反力的合力，最接近下列何值？（图中尺寸：mm）

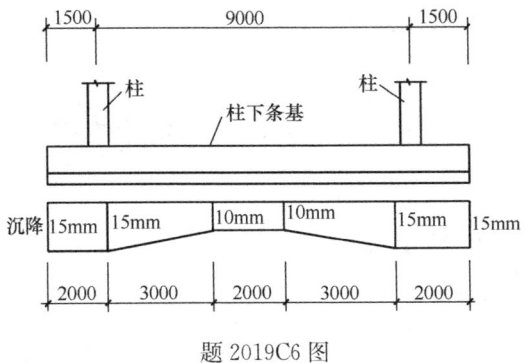

题 2019C6 图

(A) 3100kN　　　(B) 4950kN　　　(C) 6000 kN　　　(D) 7750kN

【解1】
$$v = \left(15 \times 2000 \times 2 + \frac{10+15}{2} \times 3000 \times 2 + 10 \times 2000\right) \times 2500$$
$$= 387500000 \text{mm}^3 = 0.3875 \text{m}^3$$
$$F = k_s \cdot v = 20 \times 10^3 \times 0.3875 = 7750 \text{kN}$$

【解2】 单位换算熟练，即量纲分析很到位，可直接写如下简洁的式子
$$F = 20 \times 2.5 \times \left(15 \times 2 \times 2 + \frac{10+15}{2} \times 3 \times 2 + 10 \times 2\right) = 7750 \text{kN}$$

【注】 ①弹性地基梁，终点是求基础下地基反力的合力，且是按照"弹性地基梁"来求。何为"弹性地基梁"？简单而言就是把地基土类看作是一个个弹簧，互不影响，"弹簧单位体积应变能施加的力"就是基床系数的概念，基床系数 k_v 的单位是 kN/m^3，并且已经给出了实际值，那直接找地基沉降值即可，而且沉降值直接给了图，并且是线性变化的，接下来两者直接相乘即可求解，但要注意单位。

②此题会让大家摸不到头脑，即便考场上如上所答，心里也会不踏实，所以说2019年真题确实加大了对基本概念和原理深刻理解灵活运用的考察。以此题为例，和规范关系并不大。

1.11.6　各规范对地基承载力的具体规定

2 构造地质学专题

	2 构造地质学专题专业案例真题按知识点分布汇总	
2 构造地质学专题	2.1 岩层的产状	2003D26；2008C2；2014C3；2017C4
	2.2 岩层厚度	2007C4

2.1 岩层的产状

2.1.1 产状

2.1.2 真倾角和视倾角之间的换算

2003D26

在岩质边坡稳定评价中，多用岩层的视角来分析。现有一岩质边坡，岩层产状的走向为 N17°E，倾向北西，倾角 43°，挖方走向为 N12°W，在西侧开坡，如果按纵、横比例尺为 1∶1 计算垂直于边坡走向的纵剖面图上岩层的视倾角，下列四种视角中（ ）是正确的。

(A) 顺向 24°20′　　(B) 顺向 39°12′　　(C) 反向 24°20′　　(D) 反向 38°56′

【解】确定岩层倾向：岩层倾向与岩层走向相差 90°，岩层走向为 N17°E，岩层倾向北西，所以岩层倾向为 N73°W；

确定剖面方向：因为是垂直于西侧开挖的边坡走向绘制剖面，所以剖面方向与开挖后边坡走向相差 90°，开挖后边坡走向和挖方走向方向相同，挖方走向为 N12°W，且西侧开挖，所以剖面方向为 N102°W；

岩层倾向和剖面方向夹角 $\omega = 102° - 73° = 29°$

真倾角 $\alpha = 43°$

剖面图上纵横比例尺比值 $\eta = 1$

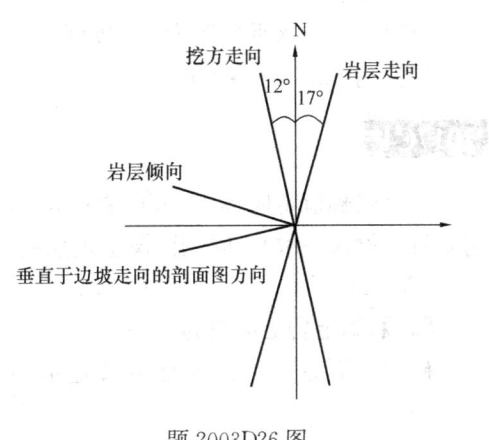

题 2003D26 图

视倾角 $\tan\beta = \eta \cdot \tan\alpha \cdot \cos\omega = 2 \times \tan43° \times \cos29° = 0.861 \rightarrow \beta = 39°12′$；

挖方走向为 N12°W，在西侧开坡，则挖方倾向为 N102°W，而岩层倾向为 N73°W，两者倾向方向基本一致，因此为顺坡开挖，即顺向。

2 构造地质学专题

2008C2

题图为某地质图的一部分,图中虚线为地形等高线,粗实线为一倾斜岩面的出露界线。a、b、c、d 为岩面界线和等高线的交点,直线 ab 平行于 cd,和正北方向的夹角为 15°。两线在水平面上的投影距离为 100m。下列关于岩面产状的选项哪个是正确的?

(A) NE75°∠27° (B) NE75°∠63°
(C) SW75°∠27° (D) SW75°∠63°

【解】走向为 N15°W(或用方位角表示法,走向 345°),倾向为 NE75°;

两走向线 ab 和 cd 在水平面的投影距离为 100m

两走向线 ab 和 cd 的高差,如图所示高差为 200−150=50m

则 $\tan\alpha = \dfrac{50}{100} = 0.5 \rightarrow \alpha = 26.6°$

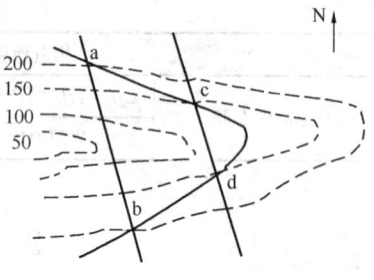

题 2008C2 图

2014C3

某公路隧道走向 80°,其围岩产状 50°∠30°,欲作沿隧道走向的工程地质剖面(垂直比例与水平比例为 2),问剖面图上地层倾角取值最接近下列哪一项?

(A) 27° (B) 30° (C) 38° (D) 45°

【解】确定岩层倾向为 50°;

确定剖面方向:因为是沿着隧道走向绘制剖面,所以剖面方向与隧道走向相同,为 80°;

岩层倾向和剖面方向的夹角 $\omega = 80° - 50° = 30°$;

真倾角 $\alpha = 30°$;

垂直比例与水平比例为 2,故剖面图上纵横比例尺比值 $\eta = 2$;

视倾角 $\tan\beta = \eta \cdot \tan\alpha \cdot \cos\omega = 2 \times \tan30° \times \cos30° = 1 \rightarrow \beta = 45°$

2017C4

某公路隧道走向 80°,其围岩产状 50°∠30°,现需绘制沿隧道走向的地质剖面(水平与垂直比例尺一致),问剖面图上地层视倾角取值最接近下列哪个选项?

(A) 11.2° (B) 16.1° (C) 26.6° (D) 30°

【解】确定岩层倾向为 50°;

确定剖面方向:因为是沿着隧道走向绘制剖面,所以剖面走向与隧道走向相同,为 80°;

岩层倾向和剖面方向的夹角 $\omega = 80° - 50° = 30°$;

真倾角 $\alpha = 30°$;

水平与垂直比例尺一致,故剖面图上纵横比例尺比值 $\eta = 1$;

视倾角 $\tan\beta = \eta \cdot \tan\alpha \cdot \cos\omega = 1 \times \tan30° \times \cos30° = 0.5 \rightarrow \beta = 26.6°$

2.2 岩层厚度

2.2.1 基本概念

2.2.2 具体情况下岩层厚度计算

2007C4

在某单斜构造地区,剖面方向与岩层走向垂直,煤层倾向与地面坡向相同,剖面上煤层露头的出露宽度为 16.5m,煤层倾角 45°,地面坡角 30°,在煤层露头下方不远处的钻孔中,煤层岩芯的长度为 6.04m(假设岩芯采取率为 100%),下面哪个选项中的说法最符合露头与钻孔中煤层实际厚度的变化情况?

(A) 煤层厚度不同,分别为 14.29m 和 4.27m
(B) 煤层厚度相同,为 3.02m
(C) 煤层厚度相同,为 4.27m
(D) 煤层厚度不同,为 4.27m 和 1.56m

【解】露头中煤层实际厚度:由于剖面方向与岩层走向垂直,如计算示意图所示 h_1 即为露头中煤层实际厚度,由图中几何关系可知 $h_1 = 16.5 \times \sin(45° - 30°) = 4.27\text{m}$;

钻孔中煤层厚度:由于煤层倾向与地面坡向相同,如计算示意图所示 h_2 即为钻孔中煤层实际厚度,由图中几何关系可知 $h_2 = 6.04 \times \sin 45° = 4.27\text{m}$;

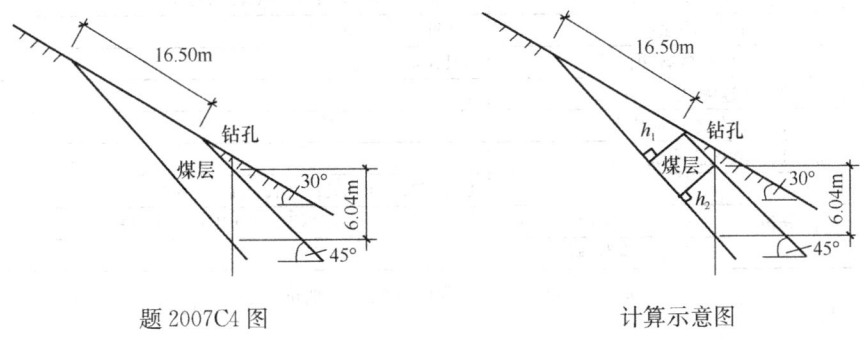

题 2007C4 图　　　　　　计算示意图

因此 $h_1 = h_2$。

3 岩土勘察专题

3 岩土勘察专题专业案例真题按知识点分布汇总

3.1.1 房屋建筑和构筑物			2002C1；2012C4
3.2 勘探和取样	3.2.1 取土器技术标准		2003C1；2004D1；2005C1；2019D2
	3.2.2 泥浆护壁时泥浆的计算		2016D2
	3.2.3 岩土试样的采取		2017D2
3.3 现场原位测试	3.3.1 载荷试验	3.3.1.1 浅层平板载荷试验	(1) 浅层平板载荷试验确定基床系数；2008D4；2013C1 (2) 浅层平板载荷试验确定变形模量；2004D2；2011C1 (3) 浅层平板载荷试验确定地基承载力特征值
		3.3.1.2 深层平板载荷试验	(1) 深层平板载荷试验确定变形模量；2007D3；2019C25 (2) 深层平板载荷试验确定地基承载力特征值
		3.3.1.3 黄土浸水载荷试验	
		3.3.1.4 螺旋板载荷试验	
		3.3.1.5 岩石地基载荷试验	
	3.3.2 静力触探试验		
	3.3.3 圆锥动力触探试验		2014D3；2017C1
	3.3.4 标准贯入试验		2008D3
	3.3.5 十字板剪切试验		2003C2；2007C2；2007D24；2009C3；2017D4
	3.3.6 旁压试验		2004C4；2006C3；2008C4；2016C1
	3.3.7 扁铲侧胀试验		2008D1；2014C2
	3.3.8 现场直接剪切试验		2019C4
	3.3.9 波速测试		
	3.3.10 岩体原位应力测试		
	3.3.11 激振法测试		
3.4 水和土腐蚀性评价			2007C3；2013D1；2016D1；2018C1
3.5 岩土参数的分析和选定	3.5.1 标准值的计算		2002C5；2012D1；2013D4
	3.5.2 线性插值法		
3.6 岩石和岩体基本性质和指标	3.6.1 岩石基本性质和指标	3.6.1.1 岩石的坚硬程度及饱和单轴抗压强度	2003D1；2009D3；2018C4
		3.6.1.2 岩石风化程度分类	2016C2
		3.6.1.3 岩石质量指标 RQD	
		3.6.1.4 岩石的软化性和吸水性	
	3.6.2 岩体基本性质和指标		2014C4；2018C2
3.7 工程岩体分级	3.7.1 按岩石坚硬程度和岩体完整程度定性划分		
	3.7.2 岩体基本质量指标 BQ 和指标修正值［BQ］		2002D22；2006D1；2010C3；2012C2；2016D4；2017D21；2018D2
	3.7.3 围岩工程地质分类		
3.8 建筑工程地质勘探与取样技术			
3.9 高层建筑岩土工程勘察			

3.1 各类工程勘察基本要求

3.1.1 房屋建筑和构筑物

3.1.1.1 房屋建筑和构筑物详勘孔深

2002C1

某建筑物条形基础，埋深 1.5m，条形基础轴线间距为 8m，基础底面荷载标准组合的基底压力值为每延米 400kN，修正后地基承载力特征值估计为 200kPa，无明显的软弱或坚硬的下卧层。按《岩土工程勘察规范》GB 50021—2001 进行详细勘察时，勘探孔的孔深以下列哪一个深度为宜？

(A) 8m (B) 10m (C) 2m (D) 15m

【解】根据《岩土工程勘察规范》GB 50021—2001 第 4.1.18 条

估算基础宽度 $b = \dfrac{F_k + G_k}{f_a} = \dfrac{400}{200} = 2m < 5m$

条形基础勘探孔深度不应小基础底面宽度的 3 倍，取孔深 $h = 3b + d = 3 \times 2 + 1.5 = 7.5m$

【注】关于基础宽度 b 的计算公式，可见地基基础专题 6.1 和 6.2。

2012C4

某高层建筑工程拟采用天然地基，埋深 10m，基底附加应力为 280kPa，基础中心点下附加应力系数见下表，初勘探明地下水埋深 3.0m，地基土为中低压缩性粉土和粉质黏土，平均天然重度 $\gamma = 19kN/m^3$，$e = 0.71$，$G_s = 2.70$，问详细勘测时，钻孔深度至少达到下列哪个选项才能满足变形计算要求？（水的重度 $10kN/m^3$）

基础中心点下深度 z (m)	8	12	16	20	24	28	32	36	40
附加应力系数 α_i	0.8	0.61	0.45	0.33	0.26	0.2	0.16	0.13	0.11

(A) 24m (B) 28m (C) 34m (D) 40m

【解】根据《岩土工程勘察规范》GB 50021—2001（2009 年版）第 4.1.19 条规定：地基变形计算深度，对中、低压缩性土可取附加压力等于上覆土层有效自重压力 20% 的深度。

采用试算法，假设钻孔深度 34m，距基底深度 $z = 34 - 10 = 24m$

计算上覆土层有效自重压力，水下部分用浮重度

上覆土层有效自重压力 $= 3 \times 19 + 31 \times 10 = 367kPa$

计算 34m 深处的附加压力，$z = 24m$ 查表得 $\alpha_i = 0.26$

附加压力 $= p_0 \alpha_i = 280 \times 0.26 = 72.8kPa$

附加压力/有效自重压力 $= 72.8/367 = 0.198$，小于 20%，满足要求。

【注】高层建筑天然地基的控制性钻孔深度往往由变形计算深度控制。确定变形计算深度的方法有"应力比法"和"沉降比法"，《建筑地基基础设计规范》GB 50007 采用沉

降比法。但对于勘察工作，由于缺少荷载和模量等数据，用沉降比法确定钻孔深度难以实施。过去的办法是将孔探和基础宽度挂钩，虽然简单，但不全面。因此《岩土工程勘察规范》GB 50021 采用了应力比法，规定"地基变形计算深度，对中、低压缩性土可取附加压力等于上覆土层有效自重压力20%的深度；对于高压缩性土层可取附加压力等于上覆土层有效自重压力10%的深度"。

本题首先应判断地基土的压缩性，题干给出的条件为中、低压缩性土，然后假设钻孔深度，分别计算有效上覆压力和附加压力，并进行比较，直到满足"附加压力等于上覆土层有效自重压力20%"的条件。计算中需注意钻孔深度要加上基础埋置深度（题干给出为10m）。

3.1.1.2 房屋建筑和构筑物取样及测试

3.2 勘探和取样

3.2.1 取土器技术标准

2003C1

如果以标准贯入器作为一种取土器，则其面积比等于下列（　　）数值。

(A) 177.8%　　　(B) 146.9%　　　(C) 112.3%　　　(D) 45.7%

【解】根据《岩土工程勘察规范》GB 50021—2001 第 10.5.2 条及附录 F：

标准贯入器外径 51 mm，内径 35mm

面积比 $\dfrac{D_w^2 - D_e^2}{D_e^2} \times 100\% = \dfrac{51^2 - 35^2}{35^2} \times 100\% = 112.3\%$

2004D1

原状取土器外径 $D_w = 75$mm，内径 $D_s = 71.3$ mm，刃口内径 $D_e = 70.6$ mm，取土器具有延伸至地面的活塞杆，按《岩土工程勘察规范》GB 50021—2001 规定，该取土器为（　　）。

(A) 面积比为 12.9，内间隙比为 0.52 的厚壁取土器
(B) 面积比为 12.9，内间隙比为 0.99 的固定活塞厚壁取土器
(C) 面积比为 10.6，内间隙比为 0.99 的固定活塞薄壁取土器
(D) 面积比为 12.9，内间隙比为 0.99 的固定活塞薄壁取土器

【解】取土器刃口内径 $D_e = 70.6$mm；

取样管内径 $D_s = 71.3$mm

取土器管靴外径 $D_w = 75$mm

面积比 $\dfrac{D_w^2 - D_e^2}{D_e^2} \times 100\% = \dfrac{75^2 - 70.6^2}{70.6^2} \times 100\% = 12.85\%$

内间隙比 $\dfrac{D_s - D_e}{D_e} \times 100\% = \dfrac{71.3 - 70.6}{70.6} \times 100\% = 0.99\%$

面积比 <13 为薄壁取土器。

有延伸至地面的活塞杆的为固定活塞取土器。

2005C1

钻机立轴升至最高时其上口 1.5m，取样用钻杆总长 21.0m，取土器全长 1.0m，钻杆下至孔底后机上残尺 1.10m，钻孔用套管护壁，套管总长 18.5m，另有管靴与孔口护箍各高 0.15m，套管口露出地面 0.4m，问取样位置至套管管靴底部的距离应等于下列（　　）选项。

(A) 0.6　　　　(B) 1.0m
(C) 1.3m　　　(D) 2.5m

【解】为方便大家的理解，现作示意图如下
钻孔底埋深：$(21+1.0)-(1.5+1.1)=19.4$m
套管管靴底部埋深：$(18.5+0.15+0.15)-0.4=18.4$m
取样位置至套管管靴底部的距离：$19.4-18.4=1.0$m

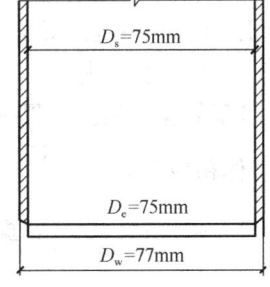

题 2005C1 解答图

【注】①上口即为立轴底部，钻机立轴升至最高时，一般上口与钻机顶部齐平，此时上口距孔口距离，等于钻机高。
②按本题，机上残尺是指机器高度以上部分立轴的长度。
③套管总长 18.5m，不包含管靴与孔口护箍各自高度。

2019D2

现场检验敞口自由活塞薄壁取土器，测得取土器规格如题图所示。根据检定数据，该取土器的鉴定结果符合下列哪个选项？（请给出计算过程）

(A) 取土器的内间隙比、面积比都符合要求
(B) 取土器的内间隙比、面积比都不符合要求
(C) 取土器的内间隙比符合要求、面积比不符合要求
(D) 取土器的内间隙比不符合要求、面积比符合要求

题 2019D2 图

【解】内间隙比 $\dfrac{D_s-D_e}{D_e}\times 100\% = \dfrac{75-75}{75}\times 100\% = 0$，符合要求

面积比 $\dfrac{D_w^2-D_e^2}{D_e^2}\times 100\% = \dfrac{77^2-75^2}{75^2}\times 100\% = 5.4\% < 10\%$，符合要求

【注】核心知识点常规题，可以说是"秒杀"的送分题。

3.2.2 泥浆护壁时泥浆的计算

2016D2

取黏土试样测得：质量密度为 $\rho=1.80$g/cm³，土粒相对密度 $G_s=2.70$，含水量 $\omega=30\%$。拟使用该黏土制造相对密度为 1.2 的泥浆，问制造 1m³ 的泥浆所需的黏土质量为下列哪一项？

(A) 0.41t　　　　(B) 0.67t　　　　(C) 0.75t　　　　(D) 0.90t

【解】这里有个概念，首先要清楚，否则这道题是做不出的。

相对密度为 1.2 的泥浆，是指泥浆的饱和密度为 1.2g/cm^3。

初始黏土状态 $e_0 = \dfrac{G_s(1+w_0)\rho_w}{\rho_0} - 1 = \dfrac{2.70 \times (1+0.3) \times 1}{1.8} - 1 = 0.95$

最终泥浆状态 $e_1 = \dfrac{G_s \rho_w}{\rho_{\text{sat}} - \dfrac{e_1 \rho_w}{e_1+1}} - 1 = \dfrac{2.7 \times 1}{1.2 - \dfrac{e_1 \times 1}{e_1+1}} - 1 \to e_1 = 7.5$

制造 1m^3 的泥浆，即泥浆的体积 $V_1 = 1\text{m}^3$

黏土的体积 $\dfrac{V_0}{1+e_0} = \dfrac{V_1}{1+e_1} = \dfrac{V_0}{1+0.95} = \dfrac{1}{1+7.5} \to V_0 = 0.2294\text{m}^3$

黏土的质量 $m = \rho_0 V_0 = 1.80 \times 0.2294 \times 10^6 = 412920\text{g} = 0.41292\text{t}$

3.2.3 岩土试样的采取

3.2.3.1 测定回收率法
3.2.3.2 室内试验评价法

2017D2

取土试样进行压缩试验，测得土样初始孔隙比 0.85，加荷至自重压力时孔隙比 0.80，根据《岩土工程勘察规范》相关说明，用体积应变评价该土样的扰动程度为下列哪一选项？

(A) 几乎未扰动　　(B) 少量扰动　　(C) 中等扰动　　(D) 很大扰动

【解】据《岩土工程勘察规范》GB 50021—2001（2009 年版）9.4.1 条条文说明

体积应变 $\varepsilon_V = \dfrac{\Delta V}{V} = \dfrac{\Delta e}{1+e_0} = \dfrac{0.85-0.80}{1+0.85} = 0.027 = 2.7\%$

$2\% < 2.7\% < 4\%$，据规范条文说明表 9.1，该试样扰动程度为中等扰动。

3.3　现场原位测试

3.3.1 载荷试验

3.3.1.1 浅层平板载荷试验

（1）浅层平板载荷试验确定基床系数

2008D4

某铁路工程勘察时要求采用 K30 方法测定地基系数，下表为采用直径 30cm 的荷载板进行竖向载荷试验获得的一组数据。问试验所得值与下列哪个选项的数据最为接近？

分级	1	2	3	4	5	6	7	8	9	10
荷载强度 p（MPa）	0.01	0.02	0.03	0.04	0.05	0.06	0.07	0.08	0.09	0.10
下沉 s（mm）	0.2675	0.5450	0.8550	1.0985	1.3695	1.6500	2.0700	2.4125	2.8375	3.3125

(A) 12MPa/m (B) 36MPa/m (C) 46MPa/m (D) 108MPa/m

【解】已明确为 K30 试验，且为铁路工程，据《铁路路基设计规范》TB 10001—2016 第 2.1.13 条当 $s=1.25$mm 时对应的压力 p 为

$$p = 0.04 + \frac{1.25 - 1.0985}{1.3695 - 1.0985}(0.05 - 0.04) = 0.0456\text{MPa}$$

地基系数

$$K_{30} = \frac{0.0456}{1.25 \times 10^{-3}} = 36.48\text{MPa/m}$$

【注】按《铁路路基设计规范》计算 K_{30} 地基系数，必须使用荷载板下沉 $s=1.25$mm 所对应的荷载强度 p 与 s 的比值。

2013C1

某多层框架建筑位于河流阶地上，采用独立基础，基础埋深 2m，基础平面尺寸 2.5m× 3.0m，基础下影响深度范围内地基均为粉砂，在基底标高进行平板载荷试验，采用 0.3m× 0.3m 的方形载荷板，各级试验荷载下的沉降数据见下表。

问实际基础下的基床系数最接近哪一项？

荷载 p (kPa)	40	80	120	160	200	240	280	320
沉降量 (mm)	0.9	1.8	2.7	3.6	4.5	5.6	6.9	9.2

(A) 13938kN/m³ (B) 27484kN/m³ (C) 44444kN/m³ (D) 89640kN/m³

【解】用边长为 30cm 的方形承压板，做平板载荷试验直接测定

基准基床系数：直线段比值 $k_v = \dfrac{p}{s} = \dfrac{40}{0.0009} = 44444.4\text{kN/m}^3$

基础宽度 $B=2.5$m

实际基础下基床系数 $k_s = \left(\dfrac{B+0.3}{2B}\right)^2 k_v = \left(\dfrac{2.5+0.3}{2 \times 2.5}\right)^2 \times 44444.4 = 13938\text{kN/m}^3$

【注】① 确定直线段比值的时候，理论上，越小的加载所对应的沉降越是线性变化，因此这时候取最小荷载即可，如果不放心，怕数据有离散，可在草稿纸上再计算下第二小荷载，如 $k_v = \dfrac{p}{s} = \dfrac{80}{0.0018} = 44444.4$，当然这道题比较严谨，给出的数据是严格的直线段，不容易判错。

② 本题是 2013 年一大跑偏的题，只有《工程地质手册》上有涉及实际基础下基床系数，所以再次强调下《工程地质手册》的重要性。

(2) 浅层平板载荷试验确定变形模量

2004D2

某建筑场地在稍密砂层中进行平板载荷试验方形压板底，试验深度为 10m，试坑宽度为 3.0m，方形承压板底面积为 0.5 m²，压力与累积沉降量关系如下表所示。

变形模量 E_0 最接近于下列(　　)。(土的泊松比 $\mu=0.33$，形状系数为 0.89)

压力 p/(kPa)	25	50	75	100	125	150	175	200	225	250	275
累积沉降量 s (mm)	0.88	1.76	2.65	3.53	4.41	5.30	6.13	7.25	8.00	10.54	15.80

(A) 9.8MPa　　　(B) 13.3MPa　　　(C) 15.8MPa　　　(D) 7.7MPa

【解】

判断是浅层还是深层平板载荷试验，此题只根据平压板面积判断不出，根据试验深度也判断不出，虽然试验深度是10m，有点深。

方形承压板底面积为0.5 m²，所以承压板边长 $b=\sqrt{0.5}=0.71$m

基坑宽3m，大于3倍承压板宽度约2.1m，因此判定为浅层平板载荷试验

确定直线段比值，见下表，因此 $\dfrac{p}{s}=28.4$kPa/mm（当然取28.3都没有问题，均可，我们在考卷上只计算25/0.88=28.4kPa/mm，完全没问题，这里将所有数值均计算出来，是为了让大家看得更清楚哪里是直线段，可以看出175kPa之前都是直线段）

p (kPa)	25	50	75	100	125	150	175	200	225	250	275
s (mm)	0.88	1.76	2.65	3.53	4.41	5.30	6.13	7.25	8.00	10.54	15.80
p/s	28.4	28.4	28.3	28.3	28.3	28.3	28.5	27.6	28.1	23.7	17.4

承压板边长 $b=\sqrt{0.5}=0.71$m

刚性承压板形状系数，直接给出 $I_0=0.89$

土的泊松比，直接给出 $\mu=0.33$

变形模量 $E_0=I_0(1-\mu^2)\dfrac{p}{s}d=0.89\times(1-0.33^2)\times28.3\times0.71=15.9$MPa

2011C1

某建筑基槽宽5m，长20m，开挖深度为6m，基底以下为粉质黏土。在基槽底面中间进行平板载荷试验，采用直径为800mm的圆形承压板，荷载试验结果显示，在 p-s 曲线线性段对应100kPa压力的沉降量为6mm。试计算，基底土层的变形模量 E_0 值最接近下列哪个选项？

(A) 6.3MPa　　　(B) 9MPa　　　(C) 12.3MPa　　　(D) 14.1MPa

【解】

基坑宽5m，大于3倍承压板宽度2.4m，因此判定为浅层平板载荷试验

确定直线段比值，直接给出 $\dfrac{p}{s}=\dfrac{100}{6}$kPa/mm

承压板直径 $d=0.8$m

刚性承压板形状系数，圆形 $I_0=0.785$

土的泊松比，粉质黏土，$\mu=0.38$

变形模量 $E_0=I_0(1-\mu^2)\dfrac{p}{s}d=0.785\times(1-0.38^2)\times\dfrac{100}{6}\times0.8=8.955$MPa

（3）浅层平板载荷试验确定地基承载力特征值

3.3 现场原位测试

3.3.1.2 深层平板载荷试验
(1) 深层平板载荷试验确定变形模量

2007D3

对某高层建筑工程进行深层载荷试验,承压板直径 0.79m,承压板底埋深层 15.8m,持力层为砾砂层,泊松比 0.3,试验结果见题图。根据《岩土工程勘察规范》,计算该持力层的变形模量最接近下列哪一个选项?

(A) 58.3MPa　　(B) 38.5MPa　　(C) 25.6MPa　　(D) 18.5MPa

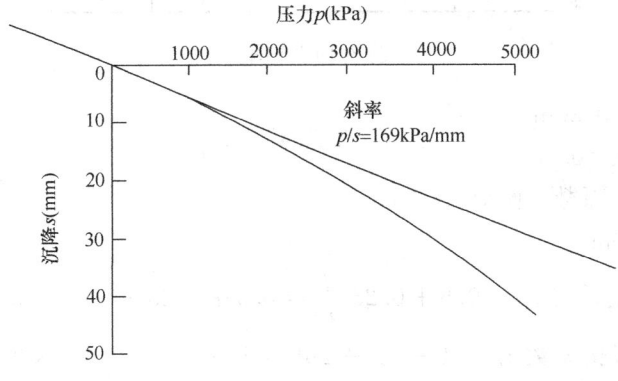

题 2007D3 图

【解】题目已明确为深层平板载荷试验

确定直线段比值,题目直接给出,$\dfrac{p}{s}=169\text{kPa/mm}$

承压板直径 $d=0.79\text{m}$

土的泊松比 $\mu=0.30$

刚性承压板形状系数,圆形 $I_0=0.785$

试验深度 $z=15.8\text{m}$

刚性承压板深度系数 $I_1=0.5+0.23\dfrac{d}{z}=0.5+0.23\dfrac{0.79}{15.8}=0.5115$

与土泊松比有关的系数 $I_2=1+2\mu^2+2\mu^4=1+2\times0.3^2+2\times0.3^4=1.1962$

$$E_0=w\dfrac{p}{s}d=I_0 I_1 I_2(1-\mu^2)\dfrac{p}{s}d$$
$$=0.785\times0.5115\times1.1962\times(1-0.3^2)\times169\times0.79=58.35\text{MPa}$$

2019C25

某建筑工程对 10m 深度处砂土进行了深层平板载荷试验,试验曲线如题图所示,已知承压板直径为 800mm,该砂层变形模量最接近下列哪个选项?

(A) 5MPa　　(B) 8MPa　　(C) 18MPa　　(D) 23MPa

【解】题目已明确为深层平板载荷试验

确定直线段比值 $\dfrac{p}{s}=\dfrac{500}{10}=50\text{kPa/mm}$

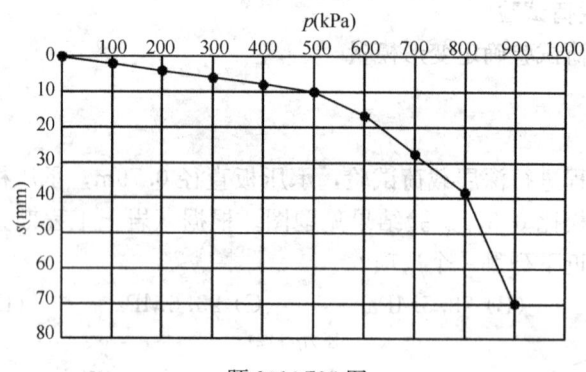

题 2019C25 图

承压板直径 $d=0.80\text{m}$

砂土的泊松比 $\mu=0.30$

刚性承压板形状系数，圆形 $I_0=0.785$

试验深度 $z=10\text{m}$

刚性承压板深度系数 $I_1 = 0.5 + 0.23\dfrac{d}{z} = 0.5 + 0.23 \times \dfrac{0.8}{10} = 0.52$

与土泊松比有关的系数 $I_2 = 1 + 2\mu^2 + 2\mu^4 = 1 + 2\times 0.3^2 + 2\times 0.3^4 = 1.2$

$$E_0 = w\dfrac{p}{s}d = I_0 I_1 I_2 (1-\mu^2)\dfrac{p}{s}d$$

$$= 0.785 \times 0.52 \times 1.2 \times (1-0.3^2) \times 50 \times 0.8 = 17.8\text{MPa}$$

(2) 深层平板载荷试验确定地基承载力特征值

3.3.1.3　黄土浸水载荷试验

3.3.1.4　螺旋板载荷试验

3.3.1.5　岩石地基载荷试验

3.3.2　静力触探试验

3.3.2.1　基本指标的测定

3.3.2.2　静探径向固结系数

3.3.2.3　具体工程应用

3.3.3　圆锥动力触探试验

3.3.3.1　试验类型及数据

3.3.3.2　能量指数

3.3.3.3　荷兰公式求动贯入阻力 q_d（MPa）

3.3.3.4　重型圆锥动力触探确定碎石土密实度

3.3.3.5　超重型圆锥动力触探确定碎石土密实度

3.3.3.6　其他工程应用

2014D3

在某碎石土层中进行超重型圆锥动力触探试验,在8m深度处测得贯入10cm的N_{120}=25击,已知圆锥探头及杆件系统的质量为150kg,请采用荷兰公式计算该深度处的动贯入阻力最接近下列哪一项?

(A) 3.0MPa　　　(B) 9.0MPa　　　(C) 21.0MPa　　　(D) 30.0MPa

【解】
$$q_d = \frac{M}{M+m} \cdot \frac{MgH}{Ae} = \frac{120}{120+150} \cdot \frac{120 \times 9.81 \times 1.0}{\frac{3.14 \times 7.4^2}{4} \times \frac{10}{25}} = 30.4\text{MPa}$$

【注】注意轻型、重型、超重型的锤重、落距、探头尺寸的不同。

2017C1

对某工程场地中的碎石土进行重型圆锥动力触探试验,测得重型圆锥动力触探击数为25击/10cm,试验钻杆长度为15m,在试验完成时地面以上的钻杆余尺为1.8m,则确定该碎石土的密实度为下列哪项?(注:重型圆锥动力触探头长度不计)

(A) 松散　　　(B) 稍密　　　(C) 中密　　　(D) 密实

【解】重型圆锥动力触探试验

实测击数 $N'_{63.5} = 25$;杆长 $l = 15\text{m}$;

修正系数线性插值 $\alpha_1 = \dfrac{0.62 + 0.57}{2} = 0.595$

修正后击数,$N_{63.5} = \alpha_1 \cdot N'_{63.5} = 0.595 \times 25 = 14.875$

查表,$10 < 14.875 \leqslant 20$　　属于中密

3.3.4 标准贯入试验

3.3.4.1 标贯试验仪器数据
3.3.4.2 标贯试验击数的确定
3.3.4.3 其他工程应用

2008D3

进行海上标贯试验时共用钻杆9根,其中1根钻杆长1.20m,其余8根钻杆,每根长4.1m,标贯器长0.55m。实测水深0.5m,标贯试验结束时水面以上钻杆余尺2.45m。标贯试验结果为:预击15cm,6击;后30cm、10cm击数分别为7、8、9击。标贯试验段深度(从水底算起)及标贯击数应为下列哪个选项?

(A) 20.8~21.1m,24击　　　　(B) 20.65~21.1m,30击
(C) 31.3~31.6m,24击　　　　(D) 27.15~21.1m,30击

【解】标贯底部深度为:$d = 8 \times 4.1 + 1.2 + 0.55 - 0.5 - 2.45 = 31.6\text{m}$

因此标贯深度为31.3~31.6m

标贯取后30cm总击数为:$N = 7 + 8 + 9 = 24$

【注】标贯试验,前15cm是预打,不计入试验击数;只记录后30cm的测试击数,为

标准贯入试验击数 N。

3.3.5 十字板剪切试验

3.3.5.1 机械式（开口钢环式十字板剪切试验）
3.3.5.2 电测式（电阻应变式十字板剪切试验）
3.3.5.3 抗剪强度修正
3.3.5.4 其他工程应用

2003C2

软土层某深度处用机械式（开口钢环）十字板剪力仪测得原状土剪损时量表最大读数 $R_y=215$（0.01mm），轴杆与土摩擦时量表最大读数 $R_g=20$（0.01mm）；重塑土剪损量表最大读数 $R_y'=64$（0.01mm），轴杆与土摩擦时量表最大读数 $R_g'=10$（0.01mm）。已知板头系数 $K=129.4\text{m}^{-2}$，钢环系数 $C=1.288\text{N}/0.01\text{mm}$，问土的灵敏度接近下列（　）项数值。

(A) 2.2　　　　(B) 3.0　　　　(C) 3.6　　　　(D) 4.5

【解】开口钢环式十字板剪切试验

原状土减损时量表最大读数 $R_y=215(0.01\text{mm})$

原状土试验中轴杆与土摩擦时量表最大读数 $R_g=20(0.01\text{mm})$

重塑土减损时量表最大读数 $R_c=64(0.01\text{mm})$

重塑土试验中轴杆与土摩擦时量表最大读数 $R_g'=10(0.01\text{mm})$

原状土抗剪强度 $c_u=K\cdot C(R_y-R_g)$

重塑土抗剪强度 $c_u'=K\cdot C(R_c-R_g')$

灵敏度为原状土强度和扰动土强度之比，即

$$S_t=\frac{c_u}{c_u'}=\frac{R_y-R_g}{R_c-R_g}=\frac{215-20}{64-10}=3.611$$

【注】此题终点求灵敏度，无需求出原状土抗剪强度和重塑土抗剪强度，当然根据此题所给数据，也求不出原状土抗剪强度和重塑土抗剪强度的具体值。

2007C2

某电测十字板试验结果记录如下表，试计算土层的灵敏度 S_t 最接近下列哪个选项中的值。

	顺序	1	2	3	4	5	6	7	8	9	10	11	12	13
原状土	读数	20	41	65	89	114	178	187	192	185	173	148	135	100
扰动土	顺序	1	2	3	4	5	6	7	8	9	10			
	读数	11	21	33	46	58	69	70	68	63	57			

(A) 1.83　　　　(B) 2.54　　　　(C) 2.74　　　　(D) 3.04

【解】据《工程地质手册》P281

电测十字板试验，根据试验点的峰值读数确定十字板试验强度

由表格中数据可知

原状土减损时最大微应变值 $R_y=192$

扰动土减损时最大微应变值 $R_c=70$

原状土抗剪强度 $c_u=K\cdot\xi\cdot R_y$；扰动土抗剪强度 $c_u'=K\cdot\xi\cdot R_c$

$$S_t=\frac{c_u}{c_u'}=\frac{K\cdot\xi\cdot R_y}{K\cdot\xi\cdot R_c}=\frac{192}{70}=2.74$$

2007D24

某场地同一层软黏土采用不同的测试方法得出的抗剪强度，按其大小排序列出4个选项，问下列哪个选项是符合实际情况的？并简要说明理由。

设①原位十字板试验得出的抗剪强度；②薄壁取土器取样做三轴不排水剪试验得出的抗剪强度；③厚壁取土器取样做三轴不排水剪试验得出的抗剪强度。

(A) ①＞②＞③　　(B) ②＞①＞③　　(C) ③＞②＞①　　(D) ②＞③＞①

【解】原位十字板试验不改变土的应力状态和对土的扰动较小，故试验结果最接近软土的真实情况，薄壁取土器取样质量较好，而厚壁取土器取样已明显扰动，故试验结果最差。

2009C3

对于饱和软黏土进行开口钢环十字板剪切试验，十字板常数为 129.41m^{-2}，钢环系数为 $0.00386\text{kN}/0.01\text{mm}$，某一试验点的测试钢环读数记录如下表，该试验点处土的灵敏度最接近(　　)。

(A) 2.5　　　　(B) 2.8　　　　(C) 3.3　　　　(D) 3.8

原状土读数 0.01mm	2.5	7.6	12.6	17.8	23.0	31.2	32.5	35.4	36.5	34.0	30.8	30.0
重塑土读数 0.01mm	1.0	3.6	6.2	8.7	11.2	13.5	14.5	14.8	14.6	13.2	13.0	
轴杆读数 0.01mm	0.2	0.8	1.3	1.8	2.3	2.6	2.8	2.5	2.5	2.5		

【解】开口钢环式十字板剪切试验，由表格中数据直接读出

原状土减损时量表最大读数 $R_y=36.5(0.01\text{mm})$

原状土试验中轴杆与土摩擦时量表最大读数 $R_g=2.8(0.01\text{mm})$

重塑土减损时量表最大读数 $R_c=14.8(0.01\text{mm})$

重塑土试验中轴杆与土摩擦时量表最大读数，如无特殊说明，则 $R_g'=R_g=2.8(0.01\text{mm})$

原状土抗剪强度 $c_u=K\cdot C(R_y-R_g)$

重塑土抗剪强度 $c_u'=K\cdot C(R_c-R_g')$

灵敏度为原状土强度和扰动土强度之比，即

$$S_t=\frac{c_u}{c_u'}=\frac{R_y-R_g}{R_c-R_g}=\frac{36.5-2.8}{14.8-2.8}=2.81$$

【注】此题终点求灵敏度，无需求出原状土抗剪强度和重塑土抗剪强度，当然根据此题所给数据，十字板常数 $K(\text{m}^{-2})$ 和钢环系数 $C(\text{kN}/0.01\text{mm})$ 已给，可以求出原状土

抗剪强度和重塑土抗剪强度的具体值，然后再求灵敏度，但没必要。

2017D4

某公路工程采用电阻应变式十字板剪切试验估算软土路基临界高度。测得未扰动土减损时最大微应变值 $R_y=300\mu\varepsilon$，传感器的率定系数 $\xi=1.585\times10^{-4}\text{kN}/\mu\varepsilon$，十字板常数 $K=545.97\text{m}^{-2}$，取峰值强度的 0.7 倍作为修正后现场不排水抗剪强度。据此估算的修正后软土的不排水抗剪强度最接近下列哪个选项？

(A) 12.4kPa　　　(B) 15.0kPa　　　(C) 18.2kPa　　　(D) 26.0kPa

【解】十字板常数 $K = 545.97\text{m}^{-2}$

电测式十字板剪切仪的探头率定系数 $\xi = 1.585\times10^{-4}\text{kN}/\mu\varepsilon$

原状土减损时最大微应变值 $R_y = 300\mu\varepsilon$

原状土抗剪强度 $c_u = K\cdot\xi\cdot R_y = 545.97\times300\times1.585\times10^{-4} = 25.97\text{kPa}$

修正后不排水抗剪强度 $= 0.7c_u = 0.7\times25.97 = 18.2\text{kPa}$

3.3.6 旁压试验

3.3.6.1 旁压试验原理简介
3.3.6.2 矫正压力及变形量
3.3.6.3 利用预钻式旁压曲线的特征值评定地基承载力、不排水抗剪强度及侧压力系数
3.3.6.4 预钻式旁压试验确定旁压模量 E_m
3.3.6.5 自钻式旁压试验求侧压力系数 K_0

2004C4

粉质黏土层中旁压试验结果如下，测量腔初始固有体积 $V_c=491.0\text{cm}^3$，初始压力对应的体积 $V_0=134.5\text{cm}^3$，临塑压力对应的体积 $V_f=217.0\text{cm}^3$，直线段压力增量 $\Delta p=0.29\text{MPa}$，泊松比 $\mu=0.38$，旁压模量为（　　）。

(A) 3.5MPa　　　(B) 6.5MPa　　　(C) 9.5MPa　　　(D) 12.5MPa

【解】土的泊松比 $\mu = 0.38$

测量腔初始固有体积 $V_c = 491.0\text{cm}^3$

初始压力对应的体积 $V_0 = 134.5\text{cm}^3$

临塑压力对应的体积 $V_f = 217.0\text{cm}^3$

直线段压力增量 $\Delta p = 0.29\text{MPa}$

直线段体积增量 $\Delta V = V_f - V_0 = 217.0 - 134.5 = 82.5\text{cm}^3$

旁压模量

$$E_m = 2(1+\mu)\left(V_c + \frac{V_0+V_f}{2}\right)\frac{\Delta p}{\Delta V}$$

$$= 2\times(1+0.38)\times\left(491+\frac{135.4+217.0}{2}\right)\times\frac{0.29}{82.5}$$

$$= 6.5\text{MPa}$$

2006C3

题图是一组不同成孔质量的预钻式旁压试验曲线，请分析哪条曲线是正常的旁压曲线，并分别说明其他几条曲线不正常的原因。

(A) 1 线   (B) 2 线
(C) 3 线   (D) 4 线

【解】分析：1 线为孔径过小造成放入旁压器探头时周围压力过大，产生了初始段压力增加时旁压器不能膨胀的现象。

2 线为正常的旁压曲线。

3 线为钻孔直径大于旁压器探头直径，而使得压力较小时即产生了较大的变形值（旁压器的膨胀值）。

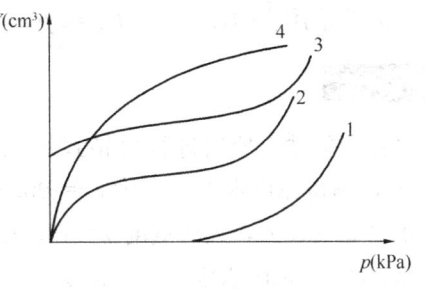

题 2006C3 图

4 线为一圆滑的下凹曲线，压力增加时变形持续增加，没有明显的直线变形段，说明孔壁土体已受到严重扰动。

(B) 为正确答案

2008C4

预钻式旁压试验得压力 p-V 的数据，据此绘制 p-V 曲线如下表和题图所示，图中 ab 为直线段，采用旁压试验临塑荷载法确定，该试验土层的 f_{ak} 值与下列哪一选项最接近？

压力p(kPa)	30	60	90	120	150	180	210	240	270
变形V(cm³)	70	90	100	110	120	130	140	170	240

题 2008C4 图

(A) 120kPa   (B) 150kPa   (C) 180kPa   (D) 210kPa

【解】从 p-V 曲线上可以直接得到，直线段为 ab

确定初始压力 p_0：旁压试验曲线直线段延长与 V 轴的交点为 V'，由该交点作与 p 轴的平行线相交于曲线的点所对应的压力即为 p_0 值。

a 点坐标（60，90）、b 点坐标（210，140），V' 点坐标（0，V'），且三点在同一条直线上，因此可得 $\dfrac{V'-90}{0-60} = \dfrac{140-90}{210-60} \rightarrow V' = 70$

因此所对应的初始压力 $p_0 = 30\text{kPa}$；

确定临塑压力 p_f：旁压试验曲线直线段的终点，所以 $p_f = 210\text{kPa}$；

极限压力 p_L 不能确定，因为不知道测量腔初始固有体积 V_c 及孔穴体积与中腔初始体积的差值 V_0；

因此采用临塑压力法：$f_{ak} = p_f - p_0 = 210 - 30 = 180\text{kPa}$

2016C1

在均匀砂土地层进行自钻式旁压试验，某试验点深度为 7.0m，地下水埋藏深度为 1.0m，测得原位水平应力为 $\sigma_h = 93.6\text{kPa}$，地下水位以上砂土的相对密度为 $G_s = 2.65$，含水量 $w = 15\%$，天然重度 $\gamma = 19.0\text{kN/m}^3$，试计算试验点处的侧压力系数 K_0 最接近下列哪一项？（水的重度 10kN/m^3）

(A) 0.37　　　(B) 0.42　　　(C) 0.55　　　(D) 0.59

【解】土的重度 $\gamma = 19.0\text{kN/m}^3$

$$e = \frac{G_s(1+w)\rho_w}{\rho} - 1 = \frac{2.65 \times (1+0.15) \times 1}{19.0/10} - 1 = 0.604$$

土的有效重度 $\gamma' = \dfrac{G_s - 1}{1 + e}\gamma_w = \dfrac{2.65 - 1}{1 + 0.604} \times 10 = 10.3\text{kN/m}^3$

试验深度 $h = 7.0\text{m}$

地下水位埋深 $h_1 = 1.0\text{m}$

试验深度到地下水位距离 $h_2 = h - h_1 = 7.0 - 1.0 = 6.0\text{m}$

测得原位水平总应力 $\sigma_h = 93.6\text{kPa}$

孔隙水压力 $u = \gamma_w h_2 = 10 \times 6 = 60\text{kPa}$

试验深度地下水位以下时，原位水平有效应力 $\sigma'_h = \sigma_h - u = 93.6 - 60 = 33.6\text{kPa}$

原位水平有效覆盖压力 $\sigma'_v = \gamma h_1 + \gamma' h_2 = 19 \times 1 + 10.3 \times 6 = 80.8\text{kPa}$

侧压力系数 $K_0 = \dfrac{\sigma'_h}{\sigma'_v} = \dfrac{33.6}{80.8} = 0.42$

3.3.7　扁铲侧胀试验

2008D1

在地面下 8.0m 处进行扁铲侧胀试验，地下水位 2.0m，水位以上土的重度为 18.5kN/m。试验前率定时膨胀至 0.05mm 及 1.10mm 的气压实测值分别为 $\Delta A = 10\text{kPa}$ 及 $\Delta B = 65\text{kPa}$，试验时膜片膨胀至 0.05m 及 1.10mm 和回到 0.05mm 的压力分别为 $A = 70\text{kPa}$ 及 $B = 220\text{kPa}$ 和 $C = 65\text{kPa}$ 压力表初始读数 $z_m = 5\text{kPa}$，计算该试验点的侧胀水平应力指数与下列哪个选项最为接近？

(A) 0.07　　　(B) 0.09　　　(C) 0.11　　　(D) 0.13

【解】试验（标）率定时膜片膨胀 0.05mm 时的压力 $\Delta A = 10\text{kPa}$

试验（标）率定时膜片膨胀 1.10mm 时的压力 $\Delta B = 65\text{ kPa}$

膜片膨胀 0.05mm 时的压力 $A = 70\text{kPa}$

膜片膨胀 1.10mm 时的压力 $B=220$kPa

膜片回到 0.05mm 时的压力 $C=65$kPa

调零前压力表初始读数 $z_m=5$kPa

膜片向土中膨胀之前的接触压力

$$p_0 = 1.05(A-z_m+\Delta A) - 0.05(B-z_m+\Delta B)$$
$$= 1.05 \times (70-5+10) - 0.05 \times (220-5+65)$$
$$= 71.25\text{kPa}$$

试验深度处静水压力 $u_0 = 10 \times 6 = 60$kPa

试验深度处有效上覆压力 $\sigma_{v0} = 2 \times 18.5 + (18.5-10) \times 6 = 88$kPa

侧胀水平应力指数 $K_D = \dfrac{p_0-u_0}{\sigma_{v0}} = \dfrac{71.25-60}{88} = 0.128$

2014C2

在地下 7m 处进行扁铲侧胀试验，地下水埋深 1m，试验前率定时膨胀至 0.05mm 及 1.1mm 时的气压实测值分别为 10kPa 和 80kPa，试验时膜片膨胀至 0.05mm、1.1mm 和回到 0.05mm 的压力值分别为 100kPa、260kPa 和 90kPa，调零前压力表初始读数 8kPa，试计算试验点的侧胀孔压指数为下列哪一项？

(A) 0.16　　　(B) 0.48　　　(C) 0.65　　　(D) 0.83

【解】试验（标）率定时膜片膨胀 0.05mm 时的压力 $\Delta A = 10$ kPa

试验（标）率定时膜片膨胀 1.10mm 时的压力 $\Delta B = 80$ kPa

膜片膨胀 0.05mm 时的压力 $A=100$kPa

膜片膨胀 1.10mm 时的压力 $B=260$kPa

膜片回到 0.05mm 时的压力 $C=90$kPa

调零前压力表初始读数 $z_m=8$kPa

膜片向土中膨胀之前的接触压力

$$p_0 = 1.05(A-z_m+\Delta A) - 0.05(B-z_m-\Delta B)$$
$$= 1.05 \times (100-8+10) - 0.05 \times (260-8-80)$$
$$= 98.6\text{kPa}$$

膜片回到 0.05mm 时的终止压力 $p_2 = C - z_m + \Delta A = 90 - 8 + 10 = 92$kPa

试验深度处静水压力 $u_0 = 10 \times 6 = 60$kPa

侧胀孔压指数 $U_D = \dfrac{p_2-u_0}{p_0-u_0} = \dfrac{92-60}{98.6-60} = 0.829$

3.3.8　现场直接剪切试验

3.3.8.1　基本概念

3.3.8.2　布置方案、适用条件及试体剪切面应力计算

3.3.8.3　比例强度、屈服强度、峰值强度、残余强度、剪胀强度

3.3.8.4　抗剪强度参数的确定

2019C4

某跨江大桥为悬索桥，主跨约800m，大桥两端采用重力式锚碇提供水平抗力，为测得锚碇基底摩擦系数，进行了现场直剪试验，试验结果如下表所示。

各试件在不同正应力下接触面水平剪切应力（MPa）					
试件	试1	试2	试3	试4	试5
正应力（MPa）	0.34	0.68	1.02	1.36	1.70
剪应力（峰值MPa）	0.62	0.71	0.94	1.26	1.64

根据上述试验结果计算出的该锚碇基底峰值摩擦系数最接近下面哪个值？
(A) 0.64　　　　(B) 0.68　　　　(C) 0.72　　　　(D) 0.76

【解】(1) 对数据进行分析

正应力数据分析如下：

算数平均数：$\bar{x} = \dfrac{0.34+0.68+1.02+1.36+1.70}{5} = 1.02$

方根差

$$\sigma = \sqrt{\sum_{i=1}^{n} \dfrac{(x_i - \bar{x})^2}{n}}$$

$$= \sqrt{\dfrac{(0.34-1.02)^2+(0.68-1.02)^2+(1.02-1.02)^2+(1.36-1.02)^2+(1.70-1.02)^2}{5}}$$

$= 0.481$

方根差的误差 $m_\sigma = \dfrac{\sigma}{\sqrt{n}} = \dfrac{0.481}{\sqrt{5}} = 0.215$

$\bar{x} + 3\sigma + 3|m_\sigma| = 1.02 + 3 \times 0.481 + 3 \times |0.215| = 3.108$

$\bar{x} - 3\sigma - 3|m_\sigma| = 1.02 - 3 \times 0.481 - 3 \times |0.215| = -1.068$

各正应力 σ_i 均在区间（-1.068，3.108）之间，所以无舍弃的数据

剪应力数据分析如下：

算数平均数：$\bar{x} = \dfrac{0.62+0.71+0.94+1.26+1.64}{5} = 1.034$

方根差

$$\sigma = \sqrt{\sum_{i=1}^{n} \dfrac{(x_i - \bar{x})^2}{n}}$$

$$= \sqrt{\dfrac{(0.62-1.034)^2+(0.71-1.034)^2+(0.94-1.034)^2+(1.26-1.034)^2+(1.64-1.034)^2}{5}}$$

$= 0.375$

方根差的误差 $m_\sigma = \dfrac{\sigma}{\sqrt{n}} = \dfrac{0.375}{\sqrt{5}} = 0.168$

$\bar{x} + 3\sigma + 3|m_\sigma| = 1.034 + 3 \times 0.375 + 3 \times |0.168| = 2.663$

$\bar{x} - 3\sigma - 3|m_\sigma| = 1.034 - 3 \times 0.375 - 3 \times |0.168| = -0.595$

各正应力 τ_i 均在区间（-595，2.663）之间，所以无舍弃的数据

(2) 摩擦系数计算

$$\sum_{i=1}^{n}\sigma_i = 0.34+0.68+1.02+1.36+1.70 = 5.1$$

$$\sum_{i=1}^{n}\sigma_i^2 = 0.34^2+0.68^2+1.02^2+1.36^2+1.70^2 = 6.358$$

$$\sum_{i=1}^{n}\tau_i = 0.62+0.71+0.94+1.26+1.64 = 5.17$$

$$\sum_{i=1}^{n}\sigma_i\tau_i = 0.34\times0.62+0.68\times0.71+1.02\times0.94+1.36\times1.26+1.70\times1.64 = 6.154$$

$$f = \tan\varphi = \frac{n\cdot\sum_{i=1}^{n}\sigma_i\tau_i - \sum_{i=1}^{n}\sigma_i\cdot\sum_{i=1}^{n}\tau_i}{n\cdot\sum_{i=1}^{n}\sigma_i^2 - (\sum_{i=1}^{n}\sigma_i)^2} = \frac{5\times6.154-5.1\times5.17}{5\times6.358-5.1^2} = 0.76$$

【注】 偏门题，2019年第一次考。并且计算极大，可以说2019年50道真题之中计算量最大的一道题，知识点既偏，计算量又大，放在上午第四道题的位置，对岩友的状态估计是有打击的，所以说考场上一定要冷静，即便前面遇到这样的题目，稳定心态，后面的题可能会简单很多，不要一道题上面浪费过多的时间和精力，也不要被一道题打击得意志力薄弱。

3.3.9 波速测试

3.3.9.1 波速计算
3.3.9.2 动剪切模量、动弹性模量和动泊松比计算

3.3.10 岩体原位应力测试

3.3.11 激振法测试

3.4 水和土腐蚀性评价

3.4.1 水和土对混凝土结构腐蚀性评价

3.4.2 水和土对钢筋混凝土结构中钢筋的腐蚀性评价

3.4.3 土对钢结构的腐蚀性评价

2007C3

某建筑场地位于湿润区，基础埋深2.5m，地基持力层为黏性土，含水量为31%，地下水位埋深1.5m，年变幅1.0m，取地下水样进行化学分析，结果见下表，据《岩土工程勘察规范》，地下水对基础混凝土的腐蚀性符合下列哪一个选项，并说明理由？

(A) 微腐蚀　　(B) 弱腐蚀　　(C) 中等腐蚀　　(D) 强腐蚀

离子	Cl^-	SO_4^{2-}	pH	侵蚀性 CO_2	Mg^{2+}	NH_4^+	OH^-	总矿化度
含量（mg/L）	85	1600	5.5	12	530	510	3000	15000

【解】

(1) 按环境类型评价，湿润区，地基持力层为黏性土，弱透水，故属于Ⅱ类环境。地下水位埋深1.5m，年变幅1.0m，说明具有干湿交替作用

① SO_4^{2-}　　1500<1600<3000　　中等腐蚀

② Mg^{2+}　　530<2000　　微腐蚀

③ NH_4^+　　500<510<800　　弱腐蚀

④ OH^-　　3000<43000　　微腐蚀

⑤ 总矿化度　　15000<2000　　微腐蚀

(2) 按地层渗透性评价，黏性土为弱透水土层，pH=5.5>5.0，微腐蚀

(3) 综合评价为中等腐蚀

2013D1

某工程勘察场地地下水位埋藏较深，基础埋深范围为砂土，取砂土样进行腐蚀性测试，其中一个土样的测试结果如下表，按Ⅱ类环境，无干湿交替考虑，此土样对基础混凝土结构腐蚀性正确的选项是（　　）。

(A) 微腐蚀　　(B) 弱腐蚀　　(C) 中等腐蚀　　(D) 强腐蚀

腐蚀介质	SO_4^{2-}	Mg^{2+}	NH_4^+	OH^-	总矿化度	pH值
含量（mg/kg）	4551	3183	16	42	20152	6.85

【解】(1) 按环境类型评价，Ⅱ类环境，无干湿交替考虑，表12.2.1中 SO_4^{2-} 数值乘1.3系数

对土评价，《岩土工程勘察规范》表12.2.1中各介质数值乘以1.5系数

① SO_4^{2-}　　1500×1.3×1.5<4551<3000×1.3×1.5　　中等腐蚀

② Mg^{2+}　　2000×1.5<3183<3000×1.5　　弱腐蚀

(2) 按地层渗透性评价，砂土为强透水土层，pH=6.85，微腐蚀

侵蚀性 CO_2，12<30，微腐蚀

(3) 综合评价为中等腐蚀

【注】① 土对混凝土结构腐蚀性评价，规范表12.2.1中所有数值均乘1.5。当Ⅰ，Ⅱ类环境无干湿交替时，仅 SO_4^{2-} 再乘1.3。

② 据规范12.1.3条第2款可知，土按环境类型评价对混凝土结构的腐蚀性时，只需评价 SO_4^{2-} 和 Mg^{2+}，注意此点与水的评价之区别。

2016D1

在某场地采用对称四极剖面法进行电阻率测试，四个电极的布置见题图，两个供电电极A、B之间的距离为20m，两个测量电极M、N之间的距离为6m。在一次测试中，供电回路的电流强度为240mA，测量电极

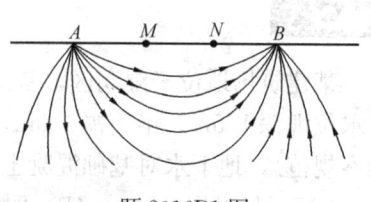

题 2016D1 图

间的电位差为 360mA。请根据本次测试的视电阻率值，按《岩土工程勘察设计规范》，判断场地土对钢结构的腐蚀性等级属于下列哪一项？

(A) 微　　　　　　(B) 弱　　　　　　(C) 中　　　　　　(D) 强

【解】

根据《工程地质手册》(第五版) P79，《岩土工程勘察规范》第 12.2.5 条

采用对称剖面法

$$K = \pi \frac{AM \cdot AN}{MN} = 3.14 \times \frac{\frac{20-6}{2} \times (\frac{20-6}{2}+6)}{6} = 47.62 \mathrm{m}$$

$$\rho = \frac{K \cdot \Delta V}{I} = \frac{47.62 \times 360}{240} = 71.43 \Omega \cdot \mathrm{m}$$

查规范表 12.2.5 知 $50 < \rho < 100$，为弱腐蚀性等级

【注】① 这道题属于"跑偏"的一道题，每年都会有几道"新颖题"。只要把历年真题都研究透，核心知识点解题思维流程熟练掌握，做题速度能提上来，肯定过！这种新颖题只能"看天吃饭"，有的是翻到就赚到，有的翻到了也做不出，比如这道题，需要结合规范和手册才能作答，而且还得在考场上现理解条文，太难为大家了，甚至有的在有限时间内根本翻不到，因为不可能把所有岩土规范，以及手册里的公式都复习到，太多了，也没必要，我们要做的就是，核心知识点解题思维流程能熟练掌握，快速作答，然后尽量把规范剩下的条文仔细看一遍，以防考到简单的"新颖题"，因为翻不到而丢分。

② 电阻率法更多内容可见《工程地质手册》(第五版) P79~85 及 P369~370。

2018C1

湿润平原区圆砾地层中修建钢筋混凝土挡墙，墙后地下水埋深 0.5m，无干湿交替作用，地下水试样测试结果见下表，按《岩土工程勘察规范》GB 50021—2001 (2009 年版) 要求判定地下水对混凝土结构的腐蚀性为下列哪项？并说明依据。

	分析项目	ρ_B(mg/L)	C(1/ZB$^{Z\pm}$)(mmol/L)	X(1/ZB$^{Z\pm}$)(%)
阳离子	$K^+ + Na^+$	97.87	4.255	32.53
	Ca^{2+}	102.5	5.115	39.10
	Mg^{2+}	45.12	3.711	28.37
	NH_4^+	0.00	0.00	0.00
	合计	245.49	13.081	100
阴离子	Cl^-	108.79	3.069	23.46
	SO_4^{2-}	210.75	4.388	33.54
	HCO_3^-	343.18	5.624	43.00
	CO_3^-	0.00	0.00	0.00
	OH^-	0.00	0.00	0.00
	合计	662.72	13.081	100.00
	分析项目	C(1/ZB$^{Z\pm}$)(mmol/L)	分析项目	ρ_B(mg/L)	
	总硬度	441.70	游离 CO_2	4.79	pH 值: 6.3
	暂时硬度	281.46	侵蚀性 CO_2	4.15	
	永久硬度	160.24	固形物 (矿化度)	736.62	

(A) 微腐蚀　　　　(B) 弱腐蚀　　　　(C) 中腐蚀　　　　(D) 强腐蚀

【解】（1）按环境类型评价。当混凝土结构一边接触地面水或地下水，一边暴露在大气中，水可以通过渗透或毛细作用在暴露大气中的一边蒸发时，应定为Ⅰ类环境，无干湿交替，表 12.2.1 中 SO_4^{2-} 数值乘 1.3 系数

① SO_4^{2-}　　210.75＜200×1.3＝260　　微腐蚀
② Mg^{2+}　　45.12＜1000　　微腐蚀
③ NH_4^+　　0＜100　　微腐蚀
④ OH^-　　0.00＜35000　　微腐蚀
⑤ 总矿化度　736.62＜10000　　微腐蚀

（2）按地层渗透性评价，圆砾地层为强透水层

pH 值　　5.0＜6.3＜6.5　　弱腐蚀
侵蚀性 CO_2　4.15＜15　　微腐蚀

HCO_3^- 含量是指水的矿化度低于 0.1g/L 的软土时，该类水质 HCO_3^- 的腐蚀性，本题矿化度为 736.62g/L，不需要判定

（3）综合评价为弱腐蚀

【注】 圆砾地层为强透水层，湿润区强透水层中地下水环境类型本应定为Ⅱ类，但应注意规范表 12.2.2 表注④，当混凝土结构一边接触地面水或地下水，一边暴露在大气中，水可以通过渗透或毛细作用在暴露大气中的一边蒸发时，应定为Ⅰ类。但此题虽明确指明了混凝土结构一边接触地下水，未明确指明暴露在大气中的一边，水可以通过渗透或毛细作用在暴露大气中的一边蒸发，但是蒸发一般都会发生，所以本题最终修正为Ⅰ类环境。

3.5　岩土参数的分析和选定

3.5.1　标准值的计算

2002C5

某一黏性土层，根据 6 件试样的抗剪强度试验结果，经统计后得出土的抗剪强度指标的平均值为：$\varphi_m=17.5°$，$c_m=15.0kPa$；并算得相应的变异系数 $\delta_\varphi=0.25$，$\delta_c=0.30$。根据《岩土工程勘察规范》，则土的抗剪强度指标的标准值，最接近下列（　　）组数值。

(A) $\varphi_k=13.9°$，$c_k=11.3kPa$　　　　(B) $\varphi_k=11.4°$，$c_k=8.7kPa$
(C) $\varphi_k=15.3°$，$c_k=12.8kPa$　　　　(D) $\varphi_k=13.1°$，$c_k=11.2kPa$

【解】

内摩擦角统计修正系数 $\gamma_{s\varphi}=1-\left(\dfrac{1.704}{\sqrt{n}}+\dfrac{4.678}{n^2}\right)\delta_\varphi=1-\left(\dfrac{1.704}{\sqrt{6}}+\dfrac{4.678}{6^2}\right)\times 0.25=0.794$

内摩擦角标准值：$\varphi_k=\gamma_{s\varphi}\varphi_m=0.794\times 17.5=13.9°$

黏聚力统计修正系数 $\gamma_{sc}=1-\left(\dfrac{1.704}{\sqrt{n}}+\dfrac{4.678}{n^2}\right)\delta_c=1-\left(\dfrac{1.704}{6}+\dfrac{4.678}{6^2}\right)\times 0.13=0.752$

黏聚力标准值：$c_k = \gamma_{sc} c_m = 0.752 \times 15 = 11.3 \text{kPa}$

2012D1

某工程场地进行十字板剪切试验，测定的 8m 以内土层的不排水抗剪强度如下：

试验深度 H (m)	1.0	2.0	3.0	4.0	5.0	6.0	7.0	8.0
不排水抗剪强度 c_u (kPa)	38.6	35.3	7.0	9.6	12.3	14.4	16.7	19.0

其中软土层的十字板剪切强度与深度呈线性相关（相关系数 $r=0.98$），最能代表试验深度范围内软土不排水抗剪强度标准值的是下列哪个选项？

(A) 9.5kPa (B) 12.5kPa (C) 13.9kPa (D) 17.5kPa

【解】《岩土工程勘察规范》14.2.2 条

相关型参数标准值，相关系数 $r = 0.98$

由各深度的十字板剪切强度可知，深度 1.0m、2.0m 为浅部硬壳层，不应参加统计。

平均值 $C_{um} = \dfrac{7.0 + 9.6 + 12.3 + 14.4 + 16.7 + 19.0}{6} = 13.17 \text{kPa}$

标准差

$$\sigma_f = \sqrt{\dfrac{(\sum C_{ui}^2) - nC_{um}^2}{n-1}}$$

$$= \sqrt{\dfrac{(7.0^2 + 9.6^2 + 12.3^2 + 14.4^2 + 16.7^2 + 19.0^2) - 6 \times 13.17^2}{6-1}}$$

$$= 4.45$$

由于软土十字板抗剪强度与深度呈线性相关，则

剩余变异系数 $\delta = \dfrac{\sigma_f \sqrt{1-r^2}}{C_{um}} = \dfrac{4.45\sqrt{1-0.98^2}}{13.17} = 0.067$

统计修正系数 $\gamma_s = 1 - \left(\dfrac{1.704}{\sqrt{n}} + \dfrac{4.678}{n^2}\right)\delta = 1 - \left(\dfrac{1.704}{\sqrt{6}} + \dfrac{4.678}{6^2}\right) \times 0.067 = 0.945$

不排水抗剪强度标准值

$$C_{uk} = \gamma_s C_{um} = 0.945 \times 13.17 = 12.44 \text{kPa}$$

【注】① 软土层的十字板剪切强度与深度呈线性相关的介绍见 3.3.5 节。

② 要对参加统计的数据进行取舍，剔除异常值。如本题深度 1.0m、2.0m 为浅部硬壳层，其数值不能代表软土层的抗剪强度，应予剔除。

③ 十字板抗剪强度值随深度增大而变大，属相关型参数（相关系数题干已给出）。

④ 参数标准值应按不利组合取值。如本题的抗剪强度指标应取最小值。

2013D4

某岩石地基进行了 8 个试样的饱和单轴抗压强度试验，试验值分别为：15MPa、13MPa、17MPa、13MPa、15MPa、12MPa、14MPa、15MPa。问该岩基的岩石饱和单轴抗压强度标准值最接近下列哪个选项？

(A) 12.3MPa (B) 13.2MPa (C) 14.3MPa (D) 15.3MPa

【解】

平均值 $f_\mathrm{m} = \dfrac{15+13+17+13+15+12+14+15}{8} = 14.25\mathrm{MPa}$

标准差

$$\sigma_\mathrm{f} = \sqrt{\dfrac{(\sum f_{\mathrm{r}i}^2) - nf_\mathrm{m}^2}{n-1}}$$

$$= \sqrt{\dfrac{(15^2+13^2+17^2+13^2+15^2+12^2+14^2+15^2) - 8\times 10.83^2}{8-1}}$$

$$= 1.58$$

变异系数 $\delta = \dfrac{\sigma_\mathrm{f}}{f_\mathrm{m}} = \dfrac{1.58}{14.25} = 0.11$

统计修正系数 $\gamma_\mathrm{s} = 1 - \left(\dfrac{1.704}{\sqrt{n}} + \dfrac{4.678}{n^2}\right)\delta = 1 - \left(\dfrac{1.704}{8} + \dfrac{4.678}{8^2}\right)\times 0.11 = 0.9257$

岩石单轴饱和抗压强度标准值：

$$f_\mathrm{rk} = \gamma_\mathrm{s} f_\mathrm{m} = 14.25 \times 0.9257 = 13.2\mathrm{MPa}$$

3.5.2 线性插值法

3.5.2.1 单线性内插法
3.5.2.2 双线性内插法

3.6 岩石和岩体基本性质和指标

3.6.1 岩石基本性质和指标

3.6.1.1 岩石的坚硬程度及饱和单轴抗压强度

2003D1

一岩块测得点载荷强度指数 $I_{\mathrm{s}(50)} = 2.8\mathrm{MN/m^2}$，按《工程岩体分级标准》推荐的公式计算，岩石的单轴饱和抗压强度最接近（　　）。

(A) 50MPa　　　　(B) 56MPa　　　　(C) 67MPa　　　　(D) 84MPa

【解】岩石点荷载强度 $I_{\mathrm{s}(50)} = 2.8\mathrm{MPa}$

岩石的单轴饱和抗压强度

$$R_\mathrm{c} = 22.82 I_{\mathrm{s}(50)}^{0.75} = 22.82 \times 2.8^{0.75} = 49.39\mathrm{MPa}$$

2009D3

直径为 50mm，长为 70mm 的标准岩石试件，进行径向点荷载强度试验，测得破坏时极限荷载为 4000N，破坏瞬间加荷点未发生贯入现象，试分析判断该岩石的坚硬程度属于？

(A) 软岩　　　　(B) 较软岩　　　　(C) 较坚硬岩　　　　(D) 坚硬岩

【解】标准试件，径向试验

极限荷载 $P = 4000$N

加荷点间距 D＝试验岩心直径＝50mm

未发生贯入，等价岩心直径 $D_e = D = 50$mm

$$I_{s(50)} = \frac{P}{D_e^2} = \frac{4000}{50^2} = 1.6\text{MPa}$$

岩石的单轴饱和抗压强度

$$R_c = 22.82 I_{s(50)}^{0.75} = 22.82 \times 1.6^{0.75} = 32.46\text{MPa}$$

查表：$60 \geqslant R_c > 30$，较硬岩

2018C4

对某岩石进行单轴抗压强度试验，试件直径均为 72mm，高度均为 95mm，测得其在饱和状态下岩石单轴抗压强度分别为 62.7MPa、56.5MPa、67.4MPa，在干燥状态下标准试件单轴抗压强度平均值为 82.1MPa，试按《工程岩体试验方法标准》GB/T 50266—2013 求该岩石的软化系数与下列哪些最接近？

(A) 0.69　　　　(B) 0.71　　　　(C) 0.74　　　　(D) 0.76

【解1】圆柱体试件直径 $D = 72$mm

试件高度 $H = 95$mm

不满足"直径 D 宜为 $48 \sim 54$mm；试件高度 H 与直径 D 之比宜为 $2.0 \sim 2.5$"，所以为非标准试件，因此标准饱和单轴抗压强度

$$R_1 = \frac{8R_1'}{7 + \frac{2D}{H}} = \frac{8 \times 62.7}{7 + \frac{2 \times 72}{95}} = 58.90\text{MPa}$$

$$R_2 = \frac{8R_2'}{7 + \frac{2D}{H}} = \frac{8 \times 56.5}{7 + \frac{2 \times 72}{95}} = 53.08\text{MPa}$$

$$R_3 = \frac{8R_3'}{7 + \frac{2D}{H}} = \frac{8 \times 67.4}{7 + \frac{2 \times 72}{95}} = 63.32\text{MPa}$$

标准饱和单轴抗压强度平均值

$$\overline{R}_w = \frac{58.90 + 53.08 + 63.32}{3} = 58.4\text{MPa}$$

软化系数 $\eta = \dfrac{\overline{R}_w}{\overline{R}_d} = \dfrac{58.4}{82.1} = 0.71$

【解2】圆柱体试件直径 $D = 72$mm

试件高度 $H = 95$mm

不满足"直径 D 宜为 $48 \sim 54$mm，试件高度 H 与直径 D 之比宜为 $2.0 \sim 2.5$"

所以为非标准试件

非标准试件饱和单轴抗压强度平均值

$$R_w = \frac{62.7 + 56.5 + 67.4}{3} = 62.2\text{MPa}$$

标准饱和单轴抗压强度平均值

$$\overline{R}_w = \frac{8R_w}{7+\frac{2D}{H}} = \frac{8 \times 62.2}{7+\frac{2 \times 72}{95}} = 58.4 \text{MPa}$$

软化系数 $\eta = \dfrac{\overline{R}_w}{R_d} = \dfrac{58.40}{82.1} = 0.71$

【注】①岩石单轴抗压强度试验确定单轴抗压强度，一定要确定是否为标准试件，非标准试件应进行换算。

②用解 2 计算过程稍微简单一些，但一定要注意此时必须保证非标准试件几何尺寸是相同的，否则只能使用解 1。

3.6.1.2 岩石风化程度分类

2016C2

某风化岩石用点荷载试验求得点荷载强度指数 $I_{s(50)}=1.28\text{MPa}$，其新鲜岩石的单轴饱和抗压强度 $f_t=42.8\text{MPa}$，试根据给定条件判定岩石的风化程度为下列哪一项？

(A) 未风化　　(B) 微风化　　(C) 中等风化　　(D) 强风化

【解】风化岩石的单轴饱和抗压强度

$$R_c = 22.82 I_{s(50)}^{0.75} = 22.82 \times 1.28^{0.75} = 27.46 (\text{MPa})$$

风化系数 $k_v = \dfrac{\text{风化岩石饱和单轴抗压强度}}{\text{新鲜岩石饱和单轴抗压强度}} = \dfrac{27.46}{42.8} = 0.64$

查《岩土工程勘察规范》附录 A.0.3，故属于中等风化。

3.6.1.3 岩石质量指标 RQD
3.6.1.4 岩石的软化性和吸水性

3.6.2 岩体基本性质和指标

3.6.2.1 岩体的完整程度

2014C4

某港口工程，基岩为页岩，试验测得其风化岩体纵波速度为 2.5km/s，风化岩块纵波速度为 3.2km/s，新鲜岩体纵波速度为 5.6km/s。根据《水运工程岩土勘察规范》判断，该基岩的风化程度（按波速风化折减系数评价）和完整程度分类为下列哪个选项？

(A) 中等风化、较破碎　　(B) 中等风化、较完整
(C) 强风化、较完整　　　(D) 强风化、较破碎

【解】按《水运工程岩土勘察规范》判别

$K_v = \left(\dfrac{\text{岩体弹性纵波（压缩波）波速}}{\text{岩块弹性纵波（压缩波）波速}}\right)^2 = \left(\dfrac{2.5}{3.2}\right)^2 = 0.61$，查表 4.1.2-3，较完整

$K_{vp} = \dfrac{\text{风化岩石压缩波（纵波）波速}}{\text{新鲜岩石压缩波（纵波）波速}} = \dfrac{2.5}{5.6} = 0.446$，查附录表 A.0.1，强风化

【注】① 波速比与岩石完整性指数的表示符号相同（均为 K_v），但是其计算方法和意义完全不同，波速比用来判别岩石，完整性指数用来判别岩体，注意区分；

② 纵波速度即为压缩波波速；

③ 注意本题要求按《水运工程岩土勘察规范》判别，其实该规范与《岩土工程勘察规范》对于这部分内容是相同的，但是考试的时候一定要慎重，题目要求按哪本规范作答，就要翻到这本规范，因为有些行业规范与国标规范可能存在不同。近年考察公路、铁路、港口、水利规范较多，大家复习时，在熟悉了国标《岩土工程勘察规范》后，自己要多花一些时间阅读这些行业的勘察规范，进行仔细比对有哪些不同。

2018C2

在近似水平的测面上沿正北方向布置 6m 长测线测定结构面的分布情况，沿测线方向共发育了 3 组结构面和 2 条非成组节理，测量结果见下表。

编号	产状（倾向/倾角）	实测间距（m）/条数	延伸长度（m）	结构面特征
1	0°/30°	0.4~0.6/12	>5	平直，泥质胶结
2	30°/45°	0.7~0.9/8	>5	平直，无充填
3	315°/60°	0.3~0.5/15	>5	平直，无充填
4	120°/76°		>3	钙质胶结
5	165°/64°		3	张开度小于 1mm，粗糙

按《工程岩体分级标准》GB/T 50218—2014 要求判定该处岩体的完整性为下列哪个选项？并说明依据。（假定没有平行于测面的结构面分布）

(A) 较完整　　　(B) 较破碎　　　(C) 破碎　　　(D) 极破碎

【解】 根据岩体体积节理数 J_v 值判断岩体完整性

沿正北方向布置 6m 长测线，共发育了 3 组结构面和 2 条非组成节理

结构面沿法线方向的真间距

第一组：$\dfrac{6}{12} \times \cos 0° \times \sin 30° = 0.25\text{m}$

第二组：$\dfrac{6}{8} \times \cos 30° \times \sin 45° = 0.46\text{m}$

第三组：$\dfrac{6}{15} \times \cos(360°-315°) \times \sin 60° = 0.25\text{m}$

结构面沿法线方向每米长结构面的条数

$$S_1 = \dfrac{1}{0.25} = 4,\ S_1 = \dfrac{1}{0.46} = 2.17,\ S_1 = \dfrac{1}{0.25} = 4$$

对迹线长度大于 1m 的分散节理应予以统计，已为硅质、铁质、钙质胶结的节理不应参与统计，所以 $S_0 = 1/6 = 0.17$ 条 $/\text{m}^3$

岩体体积节数 $J_v = \sum\limits_{i=1}^{n} S_i + S_0 = 4 + 2.17 + 4 + 0.17 = 10.31$ 条 $/\text{m}^3$

根据 J_v 值查表：$10 < J_v < 20$，故为较破碎。

【注】 此题得分率极低，根据岩体体积节理数 J_v 值判断岩体完整性这是第一次考，可看出近几年注岩考试难度越来越大，复习时，一定要以"规范为纲"，尽可能全面。另外，本题需一定空间想象能力，将结构面沿正北方向平均实测间距，根据其产状转化为其法线方向的真间距。

3.7 工程岩体分级

3.7.1 按岩石坚硬程度和岩体完整程度定性划分

3.7.2 岩体基本质量指标 BQ 和指标修正值 [BQ]

2002D22

某岩体的岩石单轴饱和抗压强度为 10MPa，在现场做岩体的波速试验 $V_{pm}=4.0$km/s，在室内对岩块进行波速试验 $V_{pr}=5.2$km/s，如不考虑地下水、软弱结构面及初始应力的影响，按《工程岩体分级标准》计算岩体基本质量指标 BQ 值和确定基本质量级别。请问下列（　　）组合与计算结果接近。

(A) 312.3，Ⅳ级　　(B) 277.5，Ⅳ级　　(C) 486.8，Ⅲ级　　(D) 320.0，Ⅲ级

【解】未特殊说明，按基础工程处理，BQ 不用修正。

岩石饱和单轴抗压强度 $R_c = 10$MPa

岩体完整性指数 $K_v = (V_{pm}/V_{pr})^2 = \left(\dfrac{4.0}{5.2}\right)^2 = 0.59$

调整 $R_c = \min(90K_v + 30, R_c) = \min(90 \times 0.59 + 30, 10) = \min(83.25, 10) = 10$MPa

调整 $K_v = \min(0.04R_c + 0.4, K_v) = \min(0.04 \times 10 + 0.4, 0.59) = \min(0.8, 0.59) = 0.59$

则 $BQ = 100 + 3R_c + 250K_v = 100 + 3 \times 10 + 250 \times 0.59 = 277.5$

将计算出来的 BQ 查表对应Ⅳ级

2006D1

在钻孔内做波速测试，测得中等风化花岗岩，岩体的压缩波速度 $V_{pm}=2777$m/s，剪切波速度 $V_s=1410$m/s，已知相应岩石的压缩波速度 $V_{pr}=5067$m/s，剪切波速度 $V_s=2251$m/s，质量密度 $\rho=2.23$g/cm³，饱和单轴抗压强度 $R_c=40$MPa，该岩体基本质量指标（BQ）最接近下列哪个选项？

(A) BQ=295　　(B) BQ=336　　(C) BQ=710　　(D) BQ=761

【解】岩石饱和单轴抗压强度 $R_c = 40$MPa

岩体完整性指数 $K_v = (V_{pm}/V_{pr})^2 = \left(\dfrac{2777}{5067}\right)^2 = 0.3$

调整 $R_c = \min(90K_v + 30, R_c) = \min(90 \times 0.3 + 30, 40) = \min(57, 40) = 40$MPa

调整 $K_v = \min(0.04R_c + 0.4, K_v) = \min(0.04 \times 40 + 0.4, 0.3) = \min(2, 0.3) = 0.3$

则 $BQ = 100 + 3R_c + 250K_v = 100 + 3 \times 40 + 250 \times 0.3 = 295$

【注】只计算 BQ 值，基础工程、地下工程和边坡工程计算方法是一样的。

2010C3

某工程测得中等风化岩体压缩波波速 $V_{pm}=3185$m/s，剪切波波速 $V_s=1603$m/s，相

应岩块的压缩波波速 $V_{pr} = 5067$m/s，剪切波波速 $V_s = 2438$m/s，岩石质量密度 $\rho = 2.64$g/cm³，饱和单轴抗压强度 $R_c = 40$MPa，则该岩体质量指标 BQ 为下列何项数值？

(A) 255　　　　(B) 310　　　　(C) 491　　　　(D) 714

【解】岩石饱和单轴抗压强度 $R_c = 40$MPa

岩体完整性指数 $K_v = (V_{pm}/V_{pr})^2 = \left(\dfrac{3185}{5067}\right)^2 = 0.395$

调整 $R_c = \min(90K_v + 30, R_c) = \min(90 \times 0.395 + 30, 40) = \min(65.6, 40) = 40$MPa

调整 $K_v = \min(0.04R_c + 0.4, K_v) = \min(0.04 \times 40 + 0.4, 0.395) = \min(2, 0.395) = 0.395$

则 BQ $= 100 + 3R_c + 250K_v = 100 + 3 \times 40 + 250 \times 0.395 = 318.75$

2012C2

某洞室轴线走向为南北向，其中某工程段岩体实测岩体纵波波速为 3800m/s，主要软弱结构面产状为倾向 NE68°，倾角 59°，岩石单轴饱和抗压强度为 $R_c = 72$MPa，岩块测得纵波波速为 4500m/s，垂直洞室轴线方向的最大初始应力为 12MPa，洞室地下水呈淋雨状，水量为 8L/min·m，该工程岩体质量等级为下列哪个选项？

(A) Ⅰ级　　　　(B) Ⅱ级　　　　(C) Ⅲ级　　　　(D) Ⅳ级

【解】地下工程

岩石饱和单轴抗压强度 $R_c = 72$MPa

岩体完整性指数 $K_v = (V_{pm}/V_{pr})^2 = \left(\dfrac{3800}{4500}\right)^2 = 0.71$

调整 $R_c = \min(90K_v + 30, R_c) = \min(90 \times 0.71 + 30, 72) = \min(93.9, 72) = 72$MPa

调整 $K_v = \min(0.04R_c + 0.4, K_v) = \min(0.04 \times 72 + 0.4, 0.71) = \min(3.28, 0.71) = 0.71$

则 BQ $= 100 + 3R_c + 250K_v = 100 + 3 \times 72 + 250 \times 0.71 = 493.5$

据地下水情况

每 10m 洞长出水量(L/min·10m) $Q = 8 \times 10 = 80$ }→ $K_1 \in [0.1, 0.2]$
BQ = 493.5

据软弱结构面情况查

结构面走向与洞轴线夹角 = 90° − 产状 = 90° − 68° = 22°
结构面倾角 59° }→ $K_2 \in [0.4, 0.6]$

据初始应力状态查

$\dfrac{R_c}{\sigma} = \dfrac{72}{12} = 6$ }→ $K_3 = 0.5$
BQ = 493.5

取上限值进行计算 [BQ] = BQ − 100($K_1 + K_2 + K_3$) = 493.5 − 100 × (0.1 + 0.4 + 0.5) = 393.5

取下限值进行计算 [BQ] = 493.5 − 100(0.2 + 0.6 + 0.5) = 363.5

均属于 351~450 之间，故Ⅲ级

【注】① 计算修正值 [BQ] 时，关于系数 K_1、K_2 和 K_3 是否插值的说明。从 2017

年人工阅卷情况来看，是不需要插值的，直接按最不利考虑取下限值，即 $K_1=0.2$、$K_2=0.6$、$K_3=0.5$（当然此题 $K_3=0.5$ 没问题），这样计算得到 [BQ]=363.5，或者是分别取上限、下限值计算出 [BQ] 的范围值。对于上述取平均值或者取范围内某个具体值计算的做法则判为错误，比如取 $K_1=0.15$、$K_2=0.5$ 都是错误的。此阅卷标准值得商榷，而且指不定后面哪年又有了变化。所以最保险的计算方法，就是如本解法所示，分别取上限、下限值计算出 [BQ] 的范围值，然后做出判断，一般利用上限和下限值判断结果相同，如此题 [BQ]=393.5 和 363.5 时判断结果相同。如果万一利用范围值确定不了，比如 [BQ]=430~460，利用 430 判断为Ⅲ级，利用 460 判断为Ⅱ级，此时取不利情况。

总结：K_1、K_2 当不能取得具体值时，查表得到范围值，应分别计算上下限数值，据不利原则，取下限值作为修正后[BQ]值查表。

② 为防误判，也为了让大家对解题过程理解得更清楚，本书后面同类题，分别取上限、下限值计算出 [BQ] 的范围值。

③ 注意与"3.7.3 围岩工程地质分类"进行区别，该节系数取值的时候，某些情况下就可以线性插值了。

2016D4

与 2012C2 完全相同。

2017D21

某地下工程穿越一座山体。已测得该地段代表性的岩体和岩石的弹性纵波波速分别为 3000m/s 和 3500m/s，岩石饱和单轴抗压强度实测值为 35MPa，岩体中仅有点滴状出水，出水量为 20L/min·10m；主要结构面走向与洞轴线夹角为 62°，倾角 78°，初始应力为 5MPa，根据《工程岩体分级标准》GB/T 50218—2014，该项工程岩体质量等级应为下列哪项？

(A) Ⅱ级　　　(B) Ⅲ级　　　(C) Ⅳ级　　　(D) Ⅴ级

【解】地下工程

岩石饱和单轴抗压强度 $R_c=35$MPa

岩体完整性指数 $K_v=(V_{pm}/V_{pr})^2=\left(\dfrac{3000}{3500}\right)^2=0.73$

调整：$R_c=\min(90K_v+30,R_c)=\min(90\times 0.73+30,35)=35$MPa

调整：$K_v=\min(0.04R_c+0.4,K_v)=\min(0.04\times 35+0.4,0.73)=0.73$

$BQ=90+3R_c+250K_v=100+3\times 35+250\times 0.73=387.5$

岩体中仅有点滴状出水，出水量为 20L/min·10m，据地下水情况查表 5.2.1-1 得 $K_1=0\sim 0.1$

据软弱结构面情况查 $K_2=0\sim 0.2$

据初始应力状态查 $K_3=0.5$

取上限值进行计算 [BQ]=BQ-100($K_1+K_2+K_3$)=387.5-100（0+0+0.5）=337.5

取下限值进行计算 [BQ] = 387.5 − 100 (0.1 + 0.2 + 0.5) = 307.5
均属于 251~350 之间，故Ⅳ级

2018D2

某边坡高 55m，坡面倾角为 65°，倾向为 NE59°，测得岩体的纵波波速为 3500m/s，相应岩块的纵波波速为 5000m/s，岩石的饱和单轴抗压强度 R_c = 45MPa，岩层结构面的倾角为 69°，倾向为 NE75°，边坡结构面类型与延伸性修正系数为 0.7，地下水影响系数为 0.5，按《工程岩体分级标准》GB/T 50218—2014 用计算岩体基本质量指标确定该边坡岩体的质量等级为下列哪项？

(A) Ⅴ　　　　　(B) Ⅳ　　　　　(C) Ⅲ　　　　　(D) Ⅱ

【解】边坡工程，岩石饱和单轴抗压强度 R_c = 45MPa

岩体完整性指数 $K_v = (V_{pm}/V_{pr})^2 = \left(\dfrac{3500}{5000}\right)^2 = 0.49$

调整 $R_c = \min(90K_v + 30, R_c) = \min(90 \times 0.49 + 30, 45) = 45\text{MPa}$

调整 $K_v = \min(0.04R_c + 0.4, K_v) = \min(0.04 \times 45 + 0.4, 0.49) = 0.49$

则 $BQ = 100 + 3R_c + 250K_v = 100 + 3 \times 45 + 250 \times 0.49 = 357.5$

主要结构面类型与延伸性修正系数 $\lambda = 0.7$

地下水影响修正系数 $K_4 = 0.5$

查表 5.3.2-3

据主要结构面倾向与边坡倾向关系 75°−59°=16° 查 $F_1 = 0.70$

据主要结构面倾角 69° 查 $F_2 = 1.0$

据主要结构面倾角与边坡倾角关系 69°−65°=4° 查 $F_3 = 0.2$

计算 $K_5 = F_1 \times F_2 \times F_3 = 0.70 \times 1.0 \times 0.2 = 0.14$

修正值 [BQ] = 357.5 − 100(0.5 + 0.7 × 0.14) = 297.7，属于 251~350 之间，级别Ⅳ

【注】① 此题比较严谨，需要用到范围值的时候，不需要查表确定，直接给定了具体值。可以看出，从 2018 年诸题来看，出题越来越严谨了，尽量杜绝争议题，这对各位岩友而言是好事情。

② 注意基础工程、地下工程、边坡工程进行岩体质量等级判断时的不同。

3.7.3　围岩工程地质分类

3.8　建筑工程地质勘探与取样技术

3.9　高层建筑岩土工程勘察

4 土工试验及工程岩体试验专题

4.1 土 工 试 验

4.2 工 程 岩 体 试 验

5 荷载与岩设方法专题

5.1 荷载基本概念

5.2 设计极限状态

5.3 抗力

5.4 设计状况

5.5 荷载组合

5.6 设计方法

5.6.1 全概率法

5.6.2 分项系数设计方法

5.6.3 单一安全系数方法（又称为总安全系数法）

5.6.4 容许应力法

5.7 极限值、容许值、特征值、基本值、平均值、标准值和设计值的概念详述和区分

5.7.1 从抗力的极限状态和工作状态来看

5.7.2 从统计和设计方法角度来看

5.7.3 交叉命名

5.8 各主要规范主要计算内容采用的设计方法、极限状态和作用效应组合总览

6 地基基础专题

<table>
<tr><td colspan="4" align="center">6 地基基础专题专业案例真题按知识点分布汇总</td></tr>
<tr><td rowspan="11">6.1 地基承载力特征值</td><td rowspan="2">6.1.1 岩石地基承载力特征值</td><td>6.1.1.1 由岩石载荷试验测定</td><td>2012C1；2016D30；2018D3</td></tr>
<tr><td>6.1.1.2 根据室内饱和单轴抗压强度计算</td><td>2005C9；2006D11；2007C6；2009D7；2013D9</td></tr>
<tr><td rowspan="2">6.1.2 由平板载荷试验确定</td><td>6.1.2.1 浅层平板载荷试验确定地基承载力特征值</td><td>2002C3；2003C3；2009D8；2016C3；2017C2</td></tr>
<tr><td>6.1.2.2 深层平板载荷试验确定地基承载力特征值</td><td>2017C30</td></tr>
<tr><td colspan="2">6.1.3 根据土的抗剪强度指标确定地基承载力特征值</td><td>2003D7；2004D5；2004D9；2007C5；2007D5；2008D9；2010C9；2013D6；2016C6；2018C5；2019C7</td></tr>
<tr><td colspan="2">6.1.4 地基承载力特征值深宽度修正</td><td>2003C8；2004D13；2005C10；2005D9；2012C8；2017C6</td></tr>
<tr><td colspan="2">6.1.5 基底压力与地基承载力特征值验算关系</td><td>2004D8；2005D6；2006C6；2010D7；2010D8</td></tr>
<tr><td rowspan="2">6.2 基础设计类——深度、宽度、底面积、最大竖向力等</td><td colspan="2">6.2.1 由土的抗剪强度确定的地基承载力特征值</td><td>2012D9</td></tr>
<tr><td colspan="2">6.2.2 经深宽度修正后地基承载力特征值</td><td>2008C5；2009C10；2009D5；2011C7；2012C7；2013C9；2014C9；2014D7；2017D5；2017D9；2018D5；2019C8；2019D7</td></tr>
<tr><td colspan="3">6.3 软弱下卧层</td></tr>
<tr><td colspan="3">2002C11；2002C12；2003D6；2003D8；2004C6；2005C8；2006D10；2007D10；2008D5；2009D6；2010C7；2010D6；2011D9；2012D8；2014C5；2016D7；2017C7；2018D6；2019D6</td></tr>
</table>

<table>
<tr><td rowspan="2">6.4 地基变形其他内容</td><td colspan="2">6.4.1 大面积地基荷载作用引起柱基沉降计算</td><td>2016C8</td></tr>
<tr><td colspan="2">6.4.2 建筑物沉降裂缝与沉降差</td><td>2004D4；2006C10；2007C10</td></tr>
<tr><td rowspan="3">6.5 地基稳定性</td><td colspan="2">6.5.1 地基整体稳定性</td><td>2017D6</td></tr>
<tr><td colspan="2">6.5.2 坡顶稳定性</td><td>2005C11；2006C8；2007D6；2009D10；2018D7</td></tr>
<tr><td colspan="2">6.5.3 抗浮稳定性</td><td>2009C5；2012C11；2012D7；2013C8</td></tr>
<tr><td colspan="3">6.6 无筋扩展基础</td><td>2007C7；2008C10；2008D6；2010C6；2014C6；2018C8</td></tr>
<tr><td rowspan="8">6.7 扩展基础</td><td rowspan="3">6.7.1 柱下独立基础</td><td>6.7.1.1 柱下独立基础受冲切</td><td>2011C8；2014D6；2017C8；2019D8</td></tr>
<tr><td>6.7.1.2 柱下独立基础受剪切</td><td>2013D8</td></tr>
<tr><td>6.7.1.3 柱下独立基础受弯</td><td>2010C5；2014D8</td></tr>
<tr><td colspan="2">6.7.2 墙下条形基础</td><td>2006D9；2009C6；2011D7；2013C7；2016C9</td></tr>
<tr><td rowspan="4">6.7.3 高层建筑筏形基础</td><td>6.7.3.1 高层建筑筏形基础抗倾覆验算</td><td></td></tr>
<tr><td>6.7.3.2 梁板式筏基正截面受冲切</td><td>2010D5；2016D8</td></tr>
<tr><td>6.7.3.3 梁板式筏基受剪切</td><td>2011C9；2012C9</td></tr>
<tr><td>6.7.3.4 平板式筏基相关验算</td><td></td></tr>
<tr><td colspan="3">6.8 地基动力特性测试</td><td>2019D24</td></tr>
</table>

6.1 地基承载力特征值

6.1.1 岩石地基承载力特征值

6.1.1.1 由岩石载荷试验测定

2012C1

某建设场地为岩石地基，进行了三组岩基载荷试验，试验数据如下表。求岩石地基承载力特征值？

(A) 480kPa　　(B) 510kPa　　(C) 570kPa　　(D) 823kPa

试验编号	比例界限 (kPa)	极限荷载 (kPa)
1	640	1920
2	510	1580
3	560	1440

【解】比例界限荷载和极限荷载题目中已给出，所以不用自己再判断；

$f_{ak1} = \min\left(640, \dfrac{1920}{3}\right) = 640 \text{kPa}$；

$f_{ak2} = \min\left(510, \dfrac{1580}{3}\right) = 510 \text{kPa}$；

$f_{ak3} = \min\left(560, \dfrac{1440}{3}\right) = 480 \text{kPa}$；

三次试验中直接取最小值：$f_{ak} = 480 \text{kPa}$

2016D30

某建筑工程进行岩石地基载荷试验，共试验3点，其中1号试验点 $p\text{-}s$ 曲线的比例界限值为1.5MPa，极限荷载值为4.2MPa，2号试验点 $p\text{-}s$ 曲线的比例界限值为1.2MPa，极限荷载值为3.0MPa，3号试验点 $p\text{-}s$ 曲线的比例界限值为2.7MPa，极限荷载值为5.4MPa，根据《建筑地基基础设计规范》，本场地岩石地基承载力特征值为哪个选项？

(A) 1.0MPa　　(B) 1.4MPa　　(C) 1.8MPa　　(D) 2.1MPa

【解】比例界限荷载和极限荷载题目中已给出，所以不用自己再判断；

$f_{ak1} = \min\left(1.5, \dfrac{4.2}{3}\right) = 1.4 \text{MPa}$；

$f_{ak2} = \min\left(1.2, \dfrac{3.0}{3}\right) = 1.0 \text{MPa}$；

$f_{ak3} = \min\left(2.7, \dfrac{5.4}{3}\right) = 1.8 \text{MPa}$；

三次试验中直接取最小值：$f_{ak} = 1.0 \text{MPa}$

2018D3

某岩石地基荷载试验结果如下表所示，请按《建筑地基基础设计规范》的要求确定地基承载力特征值最接近下列哪个选项？

试验编号	比例界限值 (kPa)	极限荷载值 (kPa)
1	1200	4000
2	1400	4800
3	1280	3750

(A) 1200kPa　　(B) 1280kPa　　(C) 1330kPa　　(D) 1400kPa

【解】比例界限荷载和极限荷载题目中已给出，所以不用自己再判断；

$$f_{ak1} = \min\left(1200, \frac{4000}{3}\right) = 1200\text{kPa}$$

$$f_{ak2} = \min\left(1400, \frac{4800}{3}\right) = 1400\text{kPa}$$

$$f_{ak3} = \min\left(1280, \frac{3750}{3}\right) = 1250\text{kPa}$$

三次试验中直接取最小值：$f_{ak} = 1200\text{kPa}$

6.1.1.2 根据室内饱和单轴抗压强度计算

2005C9

某场地作为地基的岩体结构面组数为 2 组，控制性结构面平均间距为 1.5m，主要结构面结合程度好，室内 9 个饱和单轴抗压强度的平均值为 26.5MPa，变异系数为 0.2，按《建筑地基基础设计规范》，上述数据确定的岩石地基承载力特征值最接近下列(　)选项。

(A) 13.6MPa　　(B) 12.6MPa　　(C) 11.6MPa　　(D) 10.6MPa

【解】平均值 $f_{\text{m}} = 26.5\text{MPa}$；

变异系数 $\delta = 0.2$；

统计修正系数 $\gamma_s = 1 - \left(\dfrac{1.704}{\sqrt{n}} + \dfrac{4.678}{n^2}\right)\delta = 1 - \left(\dfrac{1.704}{9} + \dfrac{4.678}{9^2}\right) \times 0.2 = 0.875$；

岩石单轴饱和抗压强度标准值：

$f_{rk} = \gamma_s f_{\text{m}} = 26.5 \times 0.875 = 23.1875\text{ MPa}$

岩体结构面组数为 2 组，控制性结构面平均间距为 1.5m，主要结构面结合程度好，查表附录 A.0.2 可确定为完整岩体；

据岩体完整程度查表得折减系数 $\psi_r = 0.5$；

岩石地基承载力特征值 $f_a = \psi_r f_{rk} = 0.5 \times 23.1875 = 11.6\text{MPa}$

2006D11

对强风化较破碎的砂岩采取岩块进行了室内饱和单轴抗压强度试验，其试验值为 9MPa、11MPa、13MPa、10MPa、15MPa、7MPa，根据《建筑地基基础设计规范》确定的岩石地基承载力特征值的最大取值最接近于下列哪一选项？

(A) 0.7MPa　　　　　　　　(B) 1.2MPa
(C) 1.7MPa　　　　　　　　(D) 2.1MPa

【解】平均值 $f_{\text{m}} = \dfrac{9+11+13+10+15+7}{6} = 10.83\text{MPa}$；

标准差

$$\sigma_f = \sqrt{\frac{(\sum f_{ri}^2) - nf_{rm}^2}{n-1}} = \sqrt{\frac{(9^2+11^2+13^2+10^2+15^2+7^2) - 6 \times 10.83^2}{6-1}} = 2.87;$$

变异系数 $\delta = \dfrac{\sigma_f}{f_{rm}} = \dfrac{2.87}{10.83} = 0.265$；

统计修正系数 $\gamma_s = 1 - \left(\dfrac{1.704}{\sqrt{n}} + \dfrac{4.678}{n^2}\right)\delta = 1 - \left(\dfrac{1.704}{6} + \dfrac{4.678}{6^2}\right) \times 0.265 = 0.781$；

岩石单轴饱和抗压强度标准值：
$f_{rk} = \gamma_s f_{rm} = 10.83 \times 0.781 = 8.46\,\text{MPa}$

较破碎岩体，且题目要求岩石地基承载力特征值最大值，所以据岩体完整程度查表得折减系数取大值 $\psi_r = 0.2$；

岩石地基承载力特征值最大值 $f_a = \psi_r f_{rk} = 0.2 \times 8.46 = 1.7\,\text{MPa}$

2007C6

某山区工程，场地地面以下 2m 深度内为岩性相同、风化程度一致的基岩，现场实测该岩体纵波速度值为 2700m/s，室内测试该层基岩岩块纵波速度值为 4300m/s，对现场采取的 6 块岩样进行室内饱和单轴抗压强度试验，得出饱和单轴抗压强度平均值为 13.6MPa，标准差为 5.59MPa，根据《建筑地基基础设计规范》，2m 深度内的岩石地基承载力特征值的范围值最接近下列哪一选项？

(A) 0.64~1.27MPa (B) 0.83~1.66MPa
(C) 0.9~1.8MPa   (D) 1.03~2.19MPa

【解】平均值 $f_{rm} = 13.6\,\text{MPa}$；

标准差 $\sigma_f = 5.59\,\text{MPa}$；

变异系数 $\delta = \dfrac{\sigma_f}{f_{rm}} = \dfrac{5.59}{13.6} = 0.41$；

统计修正系数 $\gamma_s = 1 - \left(\dfrac{1.704}{\sqrt{n}} + \dfrac{4.678}{n^2}\right)\delta = 1 - \left(\dfrac{1.704}{6} + \dfrac{4.678}{6^2}\right) \times 0.41 = 0.661$；

岩石单轴饱和抗压强度标准值：
$f_{rk} = \gamma_s f_{rm} = 13.6 \times 0.661 = 8.99\,\text{MPa}$；

$K_v = \left(\dfrac{V_{pm}}{V_{pr}}\right)^2 = \left(\dfrac{2700}{4300}\right)^2 = 0.394$，则确定岩体较破碎。

所以据岩体完整程度查表得折减系数 $\psi_r = 0.1 \sim 0.2$；

岩石地基承载力特征值最大值 $f_a = \psi_r f_{rk} = 0.1 \times 8.99 \sim 0.2 \times 8.99 = 0.899 \sim 1.798\,\text{MPa}$

2009D7

某场地建筑地基岩石为花岗岩，块状结构，勘探时取样 6 组，测得饱和单轴抗压强度的平均值为 29.1MPa，变异系数为 0.022，按照《建筑地基基础设计规范》的规定，该建筑地基的承载力特征值最大取值接近下列哪一选项？

(A) 29.1MPa (B) 28.6MPa (C) 14.3MPa (D) 10MPa

【解】平均值 $f_\mathrm{m}=29.1\mathrm{MPa}$；

变异系数 $\delta=0.022$；

统计修正系数 $\gamma_\mathrm{s} = 1-\left(\dfrac{1.704}{\sqrt{n}}+\dfrac{4.678}{n^2}\right)\delta = 1-\left(\dfrac{1.704}{6}+\dfrac{4.678}{6^2}\right)\times 0.022 = 0.9818$；

岩石单轴饱和抗压强度标准值：

$f_\mathrm{rk}=\gamma_\mathrm{s} f_\mathrm{m}=29.1\times 0.9818=28.57\ \mathrm{MPa}$

查规范附录 A 中表 A.0.2，块状结构，岩体完整程度为较完整。所以折减系数取最大值 $\psi_\mathrm{r}=0.5$；

岩石地基承载力特征值最大值 $f_\mathrm{a}=\psi_\mathrm{r} f_\mathrm{rk}=0.5\times 28.57=14.285\ \mathrm{MPa}$

2013D9

某建筑位于岩石地基上，对该岩石地基的测试结果为：岩石饱和抗压强度的标准值为 75MPa，岩块弹性纵波速度为 5100m/s，岩体的弹性纵波速度为 4500m/s。问该岩石地基的承载力特征值为下列何值？

(A) 1.50×10^4 kPa
(B) 2.25×10^4 kPa
(C) 3.75×10^4 kPa
(D) 7.50×10^4 kPa

【解】岩石单轴饱和抗压强度标准值 $f_\mathrm{rk}=75000$ kPa；

$K_\mathrm{v}=\left(\dfrac{V_\mathrm{pm}}{V_\mathrm{pr}}\right)^2=\left(\dfrac{4500}{5100}\right)^2=0.78>0.5$，可确定为完整岩体

所以据岩体完整程度查表得折减系数 $\psi_\mathrm{r}=0.5$；

地基承载力特征值 $f_\mathrm{a}=\psi_\mathrm{r} f_\mathrm{rk}=0.5\times 75000=37500$ kPa

6.1.2 由平板载荷试验确定

6.1.2.1 浅层平板载荷试验确定地基承载力特征值

2002C3

在较软弱的黏性土中进行平板载荷试验，承压板为正方形，面积 $0.25\mathrm{m}^2$。各级荷载及相应的累计沉降如下。

根据 p-s 曲线，按《建筑地基基础设计规范》，承载力特征值最接近下列（　　）数值。

p (kPa)	54	80	108	135	162	189	216	243
s (mm)	2.15	5.05	8.95	13.90	21.50	30.55	40.35	48.50

(A) 81kPa (B) 110kPa (C) 150kPa (D) 216kPa

【解】首先判断是浅层还是深层平板载荷试验

承压板面积为 $0.25\mathrm{m}^2$，即可判定为浅层平板载荷试验；

再判定有无直线段沉降，很多岩友对有无直线段不会判断，其实很简单，简单做 p/s 比值即可，如果有直线段，则前面几个比值大致是相等的，没有直线段即为缓变性，数据均不相等，当然这一步没必要写在考卷上，草稿纸上选几组数据试算即可，这里为了让大家看得更清楚，p/s 比值均已计算出，见下表。

p (kPa)	54	80	108	135	162	189	216	243
s (mm)	2.15	5.05	8.95	13.90	21.50	30.55	43.35	48.50
p/s	25.12	15.84	12.07	9.71	7.53	6.19	5.35	5.01

经过计算 p/s 的值，可以看出 $p\text{-}s$ 曲线没有直线段，即为缓变性，没有比例界限值。对于缓变性，取 $s=0.01b \sim 0.015b$ 范围内对应的某级荷载

当 $s=0.01b=0.01\times\sqrt{0.25}=0.005\mathrm{m}=5\mathrm{mm}$

此时对应荷载插值计算可得 $p=54+\dfrac{5-2.15}{5.05-2.15}\times(80-54)=80.5\mathrm{kPa}$

当 $s=0.015b=0.015\times\sqrt{0.25}=0.0075\mathrm{m}=7.5\mathrm{mm}$

此时对应荷载插值计算可得 $p=80+\dfrac{7.5-5.05}{8.95-5.05}\times(108-80)=97.6\mathrm{kPa}$

此题未规定 s/b 的比值，暂取小值（若题目中给出规定，则按题目要求来）；
确定极限荷载值：

题目中未给出确定极限荷载的三种情况，则极限荷载取 $s=0.06b$ 所对应的荷载

$$s=0.06b=0.06\times\sqrt{0.25}=0.03\mathrm{m}=30\mathrm{mm}$$

此时所对应荷载插值计算可得 $p=162+\dfrac{30-21.50}{30.55-21.50}\times(189-162)=186\mathrm{kPa}$

因此极限荷载值=186kPa

无直线段沉降（缓变性），即 $f_{aki}=\min\left(s=0.01b\sim0.015b\text{ 范围内对应的某级荷载},\dfrac{\text{极限荷载}}{2}\right)$

$$f_{ak}=\min\left(80.5,\dfrac{186}{2}\right)=80.5\mathrm{kPa}$$

此题一组试验数据，所以不用再求平均值。

【注】此题条件不严谨，题目中给出的最大沉降超过 $s=0.06b$ 时的沉降，其实这种情况做试验时不应该发生，早就终止试验了。

2003C3

在稍密的砂层中做浅层平板载荷试验，承压板方形，面积 $0.5\mathrm{m}^2$，各级荷载和对应的沉降量如下表和题图所示。

问砂层承载力特征值应取下列（　　）数值。

p (kPa)	25	50	75	100	125	150	175	200	225	250	275
s (mm)	0.8	1.76	2.65	3.53	4.41	5.30	6.13	7.05	8.50	10.54	15.80

(A) 138kPa　　(B) 200kPa　　(C) 225kPa　　(D) 250kPa

【解】题目直接明确是浅层平板载荷试验

再判定有无直线段沉降，p/s 比值均已计算出，见下表。

p (kPa)	25	50	75	100	125	150	175	200	225	250	275
s (mm)	0.8	17.6	2.65	3.53	4.41	5.30	6.13	7.05	8.50	10.54	15.80
p/s	31.25	28.41	28.30	28.33	28.34	28.30	28.55	28.37	26.47	23.72	17.41

经过计算 p/s 的值，可以认为 200kPa 之前比值大致是相等的，因此 p-s 曲线有直线段，则有比例界限值。比例界限值是"初始直线段所对应的终点荷载"，比值出现变化的即为终点荷载。

所以比例界限荷载＝200kPa。

确定极限荷载值：

题目中未给出确定极限荷载的三种情况，则极限荷载取 $s=0.06b$ 所对应的荷载

$$s = 0.06b = 0.06 \times \sqrt{0.5} = 0.04243\text{m} = 42.43\text{mm}$$

发现题目中给出的最大沉降未达到 42.43mm，所以取极限荷载值＝275kPa

有直线段沉降，$f_{aki} = \min\left(\text{比例界限荷载}, \dfrac{\text{极限荷载}}{2}\right)$

则 $f_{ak} = \min\left(200, \dfrac{275}{2}\right) = 137.5$

此题一组试验数据，所以不用再求平均值。

2009D8

某场地三个平板载荷试验，试验数据见下表，问按《建筑地基基础设计规范》确定的该土层的地基承载力特征值接近（ ）。

试验点号	1	2	3
比例界限对应的荷载值	160	165	173
极限荷载	300	340	330

(A) 170kPa (B) 165kPa (C) 160kPa (D) 150kPa

【解】 比例界限荷载和极限荷载题目中已给出，所以不用自己再判断；

所以 $f_{aki} = \min\left(\text{比例界限荷载}, \dfrac{\text{极限荷载}}{2}\right)$

$f_{ak1} = \min\left(160, \dfrac{300}{2}\right) = 150\text{kPa}$

$f_{ak2} = \min\left(165, \dfrac{340}{2}\right) = 165\text{kPa}$

$f_{ak3} = \min\left(173, \dfrac{330}{2}\right) = 165\text{kPa}$

$f_{ak} = \dfrac{\sum_{i=1}^{n} f_{aki}}{n} = \dfrac{150+165+165}{3} = 160\text{kPa}$

验算：满足 极差 $= f_{ak\max} - f_{ak\min} = 165 - 150 = 15 \leqslant 30\% \cdot f_{ak} = 0.3 \times 160 = 48$，

所以符合要求。

2016C3

某建筑场地进行浅层平板载荷试验，方形承压板，面积 $0.5m^2$，加载至 375kPa 时，承压板周围土体明显侧向挤出，实测数据如下：

根据该试验分析确定的土层承载力特征值为下列哪一项？

p (kPa)	25	50	75	100	125	150	175	200	225	250	275	300	325	350	375
s (mm)	0.8	1.6	2.41	3.2	4	4.8	5.6	6.4	7.85	9.8	12.1	16.4	21.5	26.6	43.5

(A) 175kPa　　　(B) 188kPa　　　(C) 200kPa　　　(D) 225kPa

【解】 题目直接明确是浅层平板载荷试验。

再判定有无直线段沉降，p/s 比值均已计算出，见下表。

p	25	50	75	100	125	150	175	200	225	250	275	300	325	350	375
s	0.8	1.6	2.41	3.2	4	4.8	5.6	6.4	7.85	9.8	12.1	16.4	21.5	26.6	43.5
p/s	31.25	31.25	31.12	31.25	31.25	31.25	31.25	31.25	28.66	25.51	22.73	18.29	15.12	13.16	8.62

经过计算 p/s 的值，可以认为 200kPa 之前比值大致是相等的（这道题比较严谨），因此 p-s 曲线有直线段，则有比例界限值。比例界限值是"初始直线段所对应的终点荷载"，比值出现变化的即为终点荷载。

所以比例界限荷载＝200kPa。

确定极限荷载值：

题目中给出"加载至 375kPa 时，承压板周围土体明显侧向挤出"，当承压板周围的土明显侧向挤出时，极限荷载取对应荷载的前一级，即极限荷载＝350kPa。

有直线段沉降，$f_{aki} = \min\left(\text{比例界限荷载}, \dfrac{\text{极限荷载}}{2}\right)$

则 $f_{ak} = \min\left(200, \dfrac{350}{2}\right) = 175\text{kPa}$

此题一组试验数据，所以不用再求平均值。

2017C2

某城市轨道工程的地基土为粉土，取样后测得土粒相对密度为 2.71，含水量为 35%，密度为 1.75g/m^3，在粉土地基上进行平板载荷试验，圆形承压板面积为 $0.25m^2$，在各级荷载作用下测得承压板的沉降量如下表所示。请按《城市轨道交通岩土工程勘察规范》GB 50307—2012 确定粉土层的地基承载力为下列哪项？

加载 p (kPa)	20	40	60	80	100	120	140	160	180	200	220	240	260	280
沉降量 s (mm)	1.33	2.75	4.16	5.58	7.05	8.39	9.93	11.42	12.71	14.18	15.55	17.02	18.45	20.65

(A) 121kPa　　　(B) 140kPa　　　(C) 158kPa　　　(D) 260kPa

【解】 此题指明按《城市轨道交通岩土工程勘察规范》求解，解题思维流程与以往

6.1 地基承载力特征值

《建筑地基基础设计规范》附录 C 大致是相同的，但一些细节一定要查指明之规范。

根据《城市轨道交通岩土工程勘察规范》15.6.2，本题为圆形承压板面积为 0.25m^2，因此确定为浅层平板载荷试验。

观察 $p\text{-}s$ 数据，可知为缓变曲边。根据规范 15.6.8 条求解。

由"一条公式"求得孔隙比 $e = \dfrac{G_s(1+w)\rho_w}{\rho} - 1 = \dfrac{2.71 \times (1+0.35) \times 1}{1.75} - 1 = 1.08 > 0.9$

粉土密实度为稍密。

承压板直径：$3.14 \times d^2 \div 4 = 0.25 \to d = 0.564\text{m}$

因此相对沉降值

$$\frac{s}{d} = 0.020 \to s = 0.564 \times 0.020 = 0.0113\text{m} = 11.3\text{mm}$$

粉土层的地基承载力

$$f_{ak} = \min\left(140 + \frac{11.3 - 9.93}{11.42 - 9.93} \times (160 - 140), \frac{280}{2}\right) = \min(158.4, 140) = 140\text{kPa}$$

【注】 此题为"老题"新规范，以往利用平板载荷试验都是根据《建筑地基基础设计规范》求解，这是第一次指明依据《城市轨道交通岩土工程勘察规范》求解，解题思维流程大致是相同的，但一定要查看相应规范，注意其中差别之处。

6.1.2.2 深层平板载荷试验确定地基承载力特征值

2017C30

某工程采用深层平板载荷试验确定地基承载力，共进行了 S_1、S_2 和 S_3 三个试验点，各试验点数据如下表所示，请按照《建筑地基基础设计规范》GB 50007—2011 判定该层地基承载力特征值最接近下列何值？（取 $s/d = 0.015$ 所对应的荷载作为承载力特征值）

荷载（kPa）	S_1 累计沉降量（mm）	S_2 累计沉降量（mm）	S_3 累计沉降量（mm）
1320	2.31	3.24	1.61
1980	6.44	7.47	6.09
2640	10.98	13.06	11.12
3300	15.77	21.49	17.02
3960	20.68	31.19	23.69
4620	26.66	42.39	34.83
5280	34.26	56.02	50.36
5940	43.01	79.26	67.38
6600	52.21	104.56	84.93

(A) 2570kPa (B) 2670kPa (C) 2770kPa (D) 2870kPa

【解】 已明确采用深层平板载荷试验，且深层平板载荷试验刚性板直径为 0.8m

每一次，无直线段沉降（缓变性）$f_{aki} = \min \left(s=0.015b \text{ 范围内对应的某级荷载}, \dfrac{\text{极限荷载}}{2} \right)$

$s = 0.015d = 0.015 \times 0.8 = 0.012\text{m} = 12\text{mm}$

S_1 点　　$p = 2640 + \dfrac{12 - 10.98}{15.77 - 10.98} \times (3300 - 2640) = 2781\text{kPa} < 6600/2 = 3300\text{kPa}$

S_2 点　　$p = 1980 + \dfrac{12 - 7.47}{13.06 - 7.47} \times (2640 - 1980) = 2515\text{kPa} < 6600/2 = 3300\text{kPa}$

S_3 点　　$p = 2640 + \dfrac{12 - 11.12}{17.02 - 11.12} \times (3300 - 2640) = 2738\text{kPa} < 6600/2 = 3300\text{kPa}$

$$f_{ak} = \dfrac{\sum_{i=1}^{n} f_{aki}}{n} = \dfrac{2781 + 2515 + 2738}{3} = 2678\text{kPa}$$

验算极差：$2781 - 2515 = 266\text{kPa} \leqslant 0.3 \times 2678 = 803.4\text{kPa}$，满足要求。

6.1.3　根据土的抗剪强度指标确定地基承载力特征值

2003D7

某建筑物基础尺寸为 $16\text{m} \times 32\text{m}$，基础底面埋深为 4.4m，基底以上土的加权平均重度为 13.3kN/m^3。基底以下持力层为粉质黏土，浮重度为 9.0kN/m^3，内摩擦角标准值 $18°$，黏聚力标准值 30kPa。根据上述条件，用《建筑地基基础设计规范》的计算公式确定该持力层的地基承载力特征值 f_a 最接近于下列（　　）。

(A) 392.6kPa　　　(B) 380.2kPa　　　(C) 360.3kPa　　　(D) 341.7kPa

【解】前提验算：偏心距 $e \leqslant 0.033b$，题目未明确荷载信息，按轴心荷载计算即可，故满足前提

基础短边 $b = 16\text{m}$，基础持力层为粉质黏土，要求 $b \in [0\text{m}, 6\text{m}]$，故取 $b = 6\text{m}$

基础埋深 d，未给出其他信息，按一般情况处理，直接使用 $d = 4.4\text{m}$

地下水位信息未给，但题目直接给出加权平均重度和浮重度，直接使用即可

基础底面以下土的重度 $\gamma = 9.0\text{kN/m}^3$

基础底面以上土的加权平均重度 $\gamma_m = 13.3\text{kN/m}^3$

黏聚力 $c_k = 30\text{kPa}$

内摩擦角 $\varphi_k = 18°$，据此查得 $M_b = 0.43$，$M_d = 2.72$，$M_c = 5.31$

地基承载力特征值

$\quad f_a = M_b \gamma b + M_d \gamma_m d + M_c c_k = 0.43 \times 9 \times 6 + 2.72 \times 13.3 \times 4.4 + 5.31 \times 30$
$\quad\quad = 341.69\text{kPa}$

2004D5

某建筑物基础宽 $b = 3.0\text{m}$，基础埋深 $d = 1.5\text{m}$，建于 $\varphi = 0$ 的软土层上，土层无侧限抗压强度标准值 $q_u = 6.6\text{kPa}$，基础底面上下的软土重度均为 18kN/m^3，按《建筑地基基础设计规范》中计算承载力特征值的公式计算，承载力特征值为（　　）。

6.1 地基承载力特征值

(A) 10.4kPa　　　(B) 20.7kPa　　　(C) 37.4kPa　　　(D) 47.7kPa

【解】前提验算：偏心距 $e \leqslant 0.033b$，题目未明确荷载信息，按轴心荷载计算即可，故满足前提

基础短边 $b=3.0$m，基础持力层为软土层，要求 $b \in [0\text{m}, 6\text{m}]$，故取 $b=3.0$m

基础埋深 d，未给出其他信息，按一般情况处理，直接使用 $d=1.5$m

地下水位信息未给，不考虑

基础底面以下土的重度 $\gamma = 18\text{kN/m}^3$

基础底面以上土的加权平均重度 $\gamma_m = 18\text{kN/m}^3$

黏聚力 $c_k = q_u/2 = 6.6/2 = 3.3$kPa

内摩擦角 $\varphi_k = 0°$，据此查得 $M_b = 0, M_d = 1, M_c = 3.44$

地基承载力特征值 $f_a = M_b \gamma b + M_d \gamma_m d + M_c c_k = 0 + 1 \times 18 \times 1.5 + 3.44 \times 3.3 = 37.4$kPa

【注】① 此题出题不严谨，略有争议，对 $\varphi = 0$ 的软土，一般都是饱和软土，在水位下。按理应该取浮重度。但题目也未指明是饱和软土。

② 此题为小综合题，关于黏聚力 c 和土层无侧限抗压强度标准值 q_u 的关系，不理解的岩友可见"1.7.4.3 无侧限抗压强度试验"。

2004D9

偏心距 $e < 0.1$m 的条形基础底面宽 $b=3$m，基础埋深 $d=1.5$m，土层为粉质黏土，基础底面以上土层平均重度 $\gamma_m = 18.5\text{kN/m}^3$，基础底面以下土层重度 $\gamma = 19\text{kN/m}^3$，饱和重度 $\gamma_{sat} = 20\text{kN/m}^3$，内摩擦角标准值 $\varphi_k = 20°$，黏聚力标准值 $c_k = 10$kPa，当地下水从基底下很深处上升至基底面时（同时不考虑地下水位对抗剪强度参数的影响）地基承载力特征值将发生下列哪项变化（　　）。（$M_b = 0.51, M_d = 3.06, M_c = 5.66$）。

(A) 承载力特征值下降 8%　　　(B) 承载力特征值下降 4%
(C) 承载力特征值无变化　　　　(D) 承载力特征值上升 3%

【解】前提验算：偏心距 $e < 0.1\text{m} \approx 0.033b$，满足要求

基础短边 $b=3$m，基础持力层为粉质黏土，满足 $b \in [0\text{m}, 6\text{m}]$

基础埋深 d，未给出其他信息，按一般情况处理，直接使用 $d=4.4$m

开始地下水在很深处

基础底面以下土的重度 $\gamma = 19\text{kN/m}^3$

基础底面以上土的加权平均重度 $\gamma_m = 18.5\text{kN/m}^3$

黏聚力 $c_k = 10$kPa

已给出 $M_b = 0.51, M_d = 3.06, M_c = 5.66$

地基承载力特征值

$f_{a1} = M_b \gamma b + M_d \gamma_m d + M_c c_k = 0.51 \times 19 \times 3 + 3.06 \times 18.5 \times 1.5 + 5.66 \times 10 = 170.6$kPa

当地下水上升至基础底面的时候，基础底面以下土的重度使用浮重度，此时 $\gamma = 20 - 10 = 10\text{kN/m}^3$

则 $f_{a2} = M_b \gamma b + M_d \gamma_m d + M_c c_k = 0.51 \times 10 \times 3 + 3.06 \times 18.5 \times 1.5 + 5.66 \times 10 = 156.8$kPa

因此承载力特征值下降了 $(170.6 - 156.8) \div 170.6 = 8.1\%$

【注】① 当题目中未给出土的饱和重度时，则使用天然重度代替饱和重度，这种情况

很多，后面做题会经常遇到，但指明了饱和重度则不能用天然重度代替。

② 水的重度，未明确说明则使用 $\gamma_w = 10\text{kN/m}^3$；若题目中明确是 $\gamma_w = 9.8\text{kN/m}^3$，则按题目要求来！

2007C5

已知载荷试验的荷载板尺寸为 1.0m×1.0m，试验坑的剖面如题图所示，在均匀的黏性土层中，试验坑的深度为 2.0m，黏性土层的抗剪强度指标的标准值为黏聚力 $c_k = 40\text{kPa}$，内摩擦角 $\varphi_k = 20°$，土的重度为 18kN/m^3，根据《建筑地基基础设计规范》计算地基承载力，其结果最接近下列何值？

(A) 345.8kPa (B) 210.6kPa (C) 235.6kPa (D) 180.6kPa

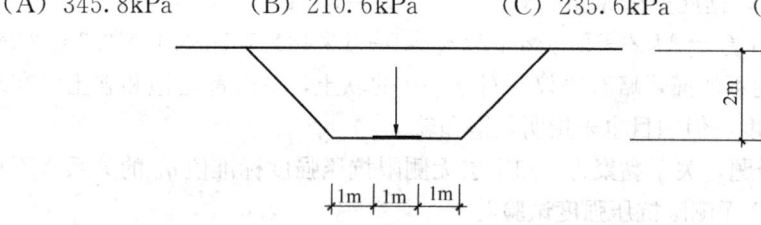

题 2007C5 图

【解】此题不严谨，要充分理解题意，此题开挖就为了做载荷试验，按题目的意思，只求载荷试验的荷载板尺寸范围内地基承载力特征值。

前提验算：轴心荷载，偏心距 $e = 0 \leqslant 0.033b$，故满足前提

基础短边 $b = 1.0\text{m}$，基础持力层为黏性土层，要求 $b \in [0\text{m}, 6\text{m}]$，故取 $b = 1.0\text{m}$

基础埋深 d，载荷板两侧无土，此时 $d = 0$

地下水无，不考虑

基础底面以下土的重度 $\gamma = 18\text{kN/m}^3$

基础底面以上土的加权平均重度 $\gamma_m = 18\text{kN/m}^3$

黏聚力 $c_k = 40\text{kPa}$

内摩擦角 $\varphi_k = 20°$，据此查得 $M_b = 0.51$，$M_d = 3.06$，$M_c = 5.66$

地基承载力特征值 $f_a = M_b \gamma b + M_d \gamma_m d + M_c c_k = 0.51 \times 18 \times 1 + 0 + 5.66 \times 40 = 235.6\text{kPa}$

2007D5

某条形基础宽度 2.50m，埋深 2.00m。场区地面以下为厚度 1.50m 的填土，$\gamma = 17\text{kN/m}^3$，填土层以下为厚度 6.00m 的细砂层，$\gamma = 19\text{kN/m}^3$，$c_k = 0$，$\varphi_k = 30°$。地下水位埋深 1.0m。根据土的抗剪强度指标计算的地基承载力特征值最接近于以下哪个选项？

(A) 160kPa (B) 170kPa (C) 180kPa (D) 190kPa

【解】前提验算：偏心距 $e < 0.033b$，题目未明确荷载信息，按轴心荷载计算即可，且指明根据土的抗剪强度指标计算的地基承载力特征值，故满足前提

基础短边 $b = 2.5\text{m}$，基础持力层为细砂层，不满足 $b \in [3\text{m}, 6\text{m}]$，故取 $b = 3\text{m}$

基础埋深 d，未给出其他信息，按一般情况处理，直接使用 $d = 2\text{m}$

地下水位埋深 1.0m

基础底面以下土的重度 $\gamma=19-10=9\text{kN/m}^3$

基础底面以上土的加权平均重度 $\gamma_m=\dfrac{17\times1+7\times0.5+9\times0.5}{2}=12.5\text{kN/m}^3$

黏聚力 $c_k=0\text{kPa}$

内摩擦角 $\varphi_k=30°$，查表得 $M_b=1.59$，$M_d=5.59$，$M_c=7.95$

地基承载力特征值

$f_a=M_b\gamma b+M_d\gamma_m d+M_c c_k=1.90\times9\times3+5.59\times12.5\times2+7.95\times0=191.05\text{kPa}$

【注】注意短边 b 的取值，对于砂土要求 $b\in[3\text{m},6\text{m}]$；对于其他土要求 $b\in[0\text{m},6\text{m}]$。

2008D9

某框架结构，1层地下室，室外与地下室室内地面高程分别为16.2m和14.0m。拟采用柱下方形基础，基础宽度2.5m，基础埋深在室外地面以下3.0m。室外地面以下为厚1.2m的人工填土，$\gamma=17\text{kN/m}^3$；填土以下为厚7.5m的第四纪粉土，$\gamma=19\text{kN/m}^3$，$c_k=18\text{kPa}$，$\varphi_k=24°$，场区未见地下水。根据土的抗剪强度指标确定的地基承载力特征值最接近下列哪个选项的数值？

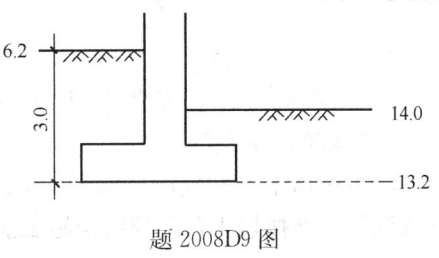

题 2008D9 图

(A) 170kPa (B) 190kPa (C) 210kPa (D) 230kPa

【解】前提验算：偏心距 $e<0.033b$，题目未明确荷载信息，按轴心荷载计算即可，且指明根据土的抗剪强度指标计算的地基承载力特征值，故满足前提

基础短边 $b=2.5\text{m}$，基础持力层为粉土，满足 $b\in[0\text{m},6\text{m}]$

基础埋深 d，有地下室，且为独立基础/条形基础，从室内地面标高起算

$$d=3-(16.2-14)=0.8\text{m}$$

场区未见地下水

基础底面以下土的重度 $\gamma=19\text{kN/m}^3$

基础底面以上土的加权平均重度 $\gamma_m=19\text{kN/m}^3$

黏聚力 $c_k=18\text{kPa}$

内摩擦角 $\varphi_k=24°$，查表得 $M_b=0.8$，$M_d=3.87$，$M_c=6.45$

地基承载力特征值

$f_a=M_b\gamma b+M_d\gamma_m d+M_c c_k=0.8\times19\times2.5+3.87\times19\times0.8+6.45\times18$
$=212.924\text{kPa}$

2010C9

某建筑物基础承受轴向压力，其矩形基础剖面及土层指标如题图所示，基础底面尺寸为1.5m×2.5m。根据《建筑地基基础设计规范》由土的抗剪强度指标确定地基承载力特征值 f_a，应与下列何项数值最为接近？

(A) 138kPa (B) 143kPa (C) 148kPa (D) 153kPa

【解】前提验算：轴向压力偏心距 $e=0<0.033b$，故满足前提

基础短边 $b=1.5$m，基础持力层为粉质黏土，满足 $b\in[0$m$,6$m$]$

基础埋深 d，填方：填方整平地区，可自填土地面标高算起，但填土在上部结构施工完成后，取天然地面标高，因此 $d=1.5$m

地下水位埋深 1.0m

基础底面以下土的重度 $\gamma=18-10=8$kN/m³

基础底面以上土的加权平均重度 $\gamma_m = \dfrac{17.8\times 1 + 8\times 0.5}{1.5} = 14.53$kN/m³

黏聚力 $c_k=10$kPa

内摩擦角 $\varphi_k=22°$，查表得 $M_b=0.61$，$M_d=3.44$，$M_c=6.04$

地基承载力特征值
$f_a = M_b\gamma b + M_d\gamma_m d + M_c c_k = 0.61\times 8\times 1.5 + 3.44\times 14.53\times 1.5 + 6.04\times 10 = 142.7$kPa

【注】此题按填土在上部结构施工前就完成了。

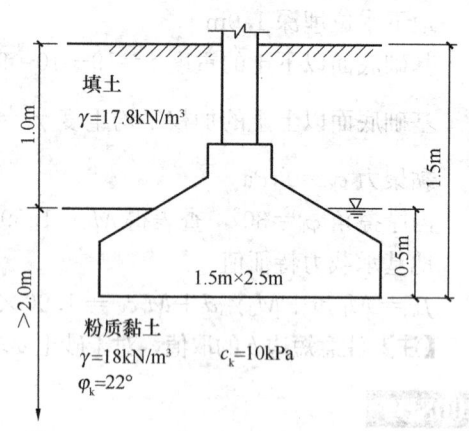

题 2010C9 图

2013D6

柱下独立基础底面尺寸 2m$\times 3$m，持力层为粉质黏土，重度 $\gamma=18.5$kN/m³，$c_k=20$kPa，$\varphi_k=16°$，基础埋深位于天然地面以下 1.2m（题图）。上部结构施工结束后进行大面积回填土，回填土厚度 1.0m，重度 $\gamma=17.5$kN/m³。地下水位位于基底平面处。作用的标准组合下传至基础顶面（与回填土顶面齐平）的柱荷载 $F_k=650$kN，$M_k=70$kN·m，按《建筑地基基础设计规范》计算，基底边缘最大压力 p_{kmax} 与持力层地基承载力特征值 f_a 的比值最接近以下何值？

(A) 0.85　　　(B) 1.0　　　(C) 1.1　　　(D) 1.2

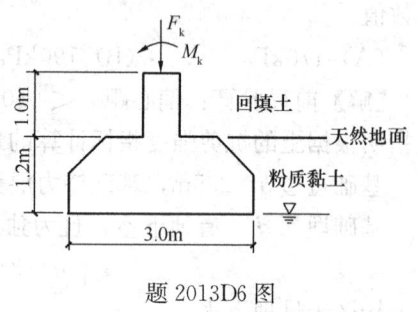

题 2013D6 图

【解】① 计算最大基底压力

(a) 受力分析

竖向力：$F_1=650$kN

地下水位在基底以下，基础及其上土自重 $G_k=\gamma_G bld = 20\times 2\times 3\times(1.2+1.0) = 264$kN

水平力无

竖向力之和 $F_k+G_k=650+264=914$kN

弯矩之和 $M_k=70$kN·m

(b) 偏心距

偏心距 $e=\dfrac{M_k}{F_k+G_k}=\dfrac{70}{914}=0.077$m

(c) 判定大小偏心

偏心荷载作用方向边长 $b=3\text{m}$

则 $e=0.077\text{m}<\dfrac{b}{6}=\dfrac{3}{6}=0.5$，属于小偏心

(d) 直接用公式，最大基底压力

$$p_{k\max}=\dfrac{F_k+G_k}{bl}\left(1+\dfrac{6e}{b}\right)=\dfrac{914}{3\times2}\times\left(1+\dfrac{6\times0.077}{3}\right)=175.8\text{kN}$$

② 计算地基承载力特征值

前提验算：偏心距 $e=0.077<0.033b=0.033\times3=0.099$，满足前提

基础短边 $b=2\text{m}$，基础持力层为粉质黏土，满足 $b\in[0\text{m},6\text{m}]$

基础埋深 d，填土在上部结构施工完成后，取天然地面标高，因此 $d=1.2\text{m}$

地下水位位于基础底面

基础底面以下土的重度 $\gamma=18.5-10=8.5\text{kN/m}^3$

基础底面以上土的加权平均重度 $\gamma_m=18.5\text{kN/m}^3$

黏聚力 $c_k=20\text{kPa}$

内摩擦角 $\varphi_k=16°$，查表得 $M_b=0.36$，$M_d=2.43$，$M_c=5.00$

地基承载力特征值

$f_a=M_b\gamma b+M_d\gamma_m d+M_c c_k=0.36\times8.5\times2+2.43\times18.5\times1.2+5.00\times20=160.066\text{kPa}$

$p_{k\max}/f_a=175.8/160.066=1.1$

【注】计算基底压力和地基承载力特征值时，b 表达的含义不同，详见"1.3.3 基底压力"和本节知识点讲解。

2016C6

某建筑采用条形基础，其中条形基础 A 的底面宽度 2.6m，其他参数及场地工程地质条件如题图所示，按《建筑地基基础设计规范》，根据土的抗剪强度指标确定基础 A 地基持力层承载力特征值，其值最接近以下哪个选项？

(A) 69kPa　　(B) 98kPa　　(C) 161kPa　　(D) 220kPa

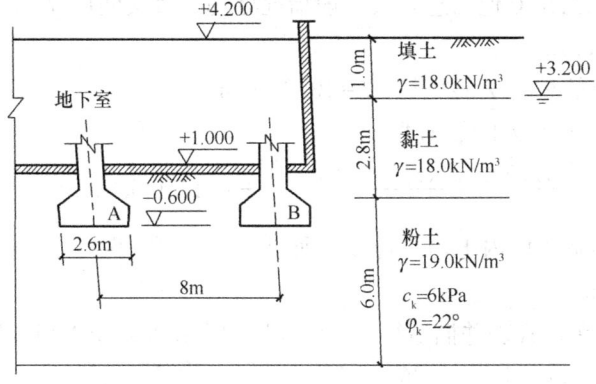

题 2016C6 图

【解】前提验算：偏心距 $e<0.033b$，题目未明确荷载信息，按轴心荷载计算即可，且指明根据土的抗剪强度指标计算的地基承载力特征值，故满足前提

基础短边 $b=2.5\text{m}$，基础持力层为粉土，满足 $b\in[0\text{m},6\text{m}]$

基础埋深 d，有地下室：条形基础，从室内地面标高起算，因此 $d=1+0.6=1.6\text{m}$

地下水位埋深 1.0m

基础底面以下土的重度 $\gamma=19-10=9\text{kN/m}^3$

基础底面以上土的加权平均重度 $\gamma_m=\dfrac{8\times0.6+9\times1}{1.6}=8.625\text{kN/m}^3$

黏聚力 $c_k=6\text{kPa}$

内摩擦角 $\varphi_k=22°$，查表得 $M_b=0.61$，$M_d=3.44$，$M_c=6.04$

地基承载力特征值

$f_a=M_b\gamma b+M_d\gamma_m d+M_c c_k=0.61\times9\times2.6+3.44\times8.625\times1.6+6.04\times6=98\text{kPa}$

【注】γ_m 的计算应与所确定的基础埋深 d 保持一致。

2018C5

某独立基础底面尺寸 $2.5\text{m}\times3.5\text{m}$，埋深 2.0m，场地地下水埋深 1.2m，场区土层分布及主要物理力学指标如下表所示，水的重度 $\gamma_w=9.8\text{kN/m}^3$。按《建筑地基基础设计规范》计算持力层地基承载力特征值，其值最接近下列哪个选项？

层序	土名	层底深度 (m)	天然重度 γ (kN/m³)	饱和重度 γ_{sat} (kN/m³)	黏聚力 c_k (kPa)	内摩擦角 φ_k (°)
①	素填土	1.00	17.5			
②	粉砂	4.60	18.5	20	0	29°
③	粉质黏土	6.50	18.8	20	20	18°

(A) 191kPa　　(B) 196kPa　　(C) 205kPa　　(D) 225kPa

【解】前提验算：偏心距 $e<0.033b$，题目未明确荷载信息，按轴心荷载计算即可，故满足前提

基础短边 $b=2.5\text{m}$，基础持力层为粉砂，不满足 $b\in[3\text{m},6\text{m}]$，故取 $b=3\text{m}$

基础埋深 d，未给出其他信息，按一般情况处理，直接使用 $d=2.0\text{m}$

地下水位埋深 1.2m

基础底面以下土的重度 $\gamma=20-9.8=10.2\text{kN/m}^3$

基础底面以上土的加权平均重度

$\gamma_m=\dfrac{17.5\times1+18.5\times0.2+(20-9.8)\times0.8}{2}=14.68\text{kN/m}^3$

基底下一倍短边宽深度内土均为粉砂，所以

黏聚力 $c_k=0\text{kPa}$

内摩擦角 $\varphi_k=29°$，查表并插值得 $M_b=(1.40+1.90)\div2=1.65$，

$M_d=(4.93+5.59)\div2=5.26$

地基承载力特征值

$$f_a = M_b \gamma b + M_d \gamma_m d + M_c c_k = 1.65 \times 10.2 \times 3 + 5.26 \times 14.68 \times 2 + 0 = 204.9 \text{kPa}$$

【注】①此题指定水的重度 $\gamma_w = 9.8 \text{kN/m}^3$，因此计算用到水的重度之处，均使用 9.8，不用 10。比如计算浮重度时。

② 为加快做题速度，因为 $c_k = 0$，所以 M_c 无需确定。

2019C7

某建筑物基础底面尺寸 $1.5\text{m} \times 2.5\text{m}$，基础剖面及土层指标如题图所示，按《建筑地基基础设计规范》GB 50007—2011 计算，如果地下水位从埋深 1.0m 处下降至基础底面处，则由土的抗剪强度指标确定的基底地基承载力特征值增加最接近哪个选项？（水的重度取 10kN/m^3）

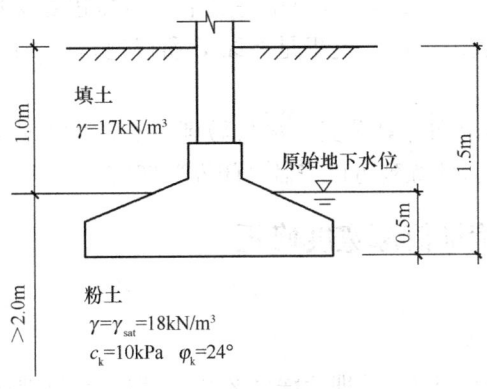

题 2019C7 图

(A) 7kPa　　　　(B) 20kPa　　　　(C) 32kPa　　　　(D) 54kPa

【解1】水位下降到基础底面处（注意不是基础底面以下，这有很大区别）

水位下降导致 $f_a = M_b \gamma b + M_d \gamma_m d + M_c c_k$ 中 $\gamma_m d$（即基底处的自重）增大，进而导致地基承载力特征值增加。

根据基底下一倍短边宽深度内土的内摩擦角标准值 $\varphi_k = 24°$，查表得：$M_d = 3.87$

$$\Delta f_a = 3.87 \times [(17 \times 1 + 18 \times 0.5) - (17 \times 1 + 8 \times 0.5)] = 19.35 \text{kPa}$$

$$（或 \Delta f_a = 3.87 \times (18 \times 0.5 - 8 \times 0.5) = 19.35 \text{kPa}）$$

【解2】根据 $\varphi_k = 24°$，查表得：$M_b = 0.8$，$M_d = 3.87$，$M_c = 6.45$

水位下降前：

$$f_{a1} = 0.8 \times 8 \times 1.5 + 3.87 \times (17 \times 1 + 8 \times 0.5) + 6.45 \times 10 = 155.37$$

水位下降后：

$$f_{a2} = 0.8 \times 8 \times 1.5 + 3.87 \times (17 \times 1 + 18 \times 0.5) + 6.45 \times 10 = 174.72$$

所以 $\Delta f_a = 174.72 - 155.37 = 19.35 \text{kPa}$

【解3】根据 $\varphi_k = 24°$，查表得：$M_b = 0.8$，$M_d = 3.87$，$M_c = 6.45$

水位下降前：

$$\gamma_{m1} = \frac{17 \times 1 + 8 \times 0.5}{1.5} = 14$$

$$f_{a1} = 0.8 \times 8 \times 1.5 + 3.87 \times 14 \times 1.5 + 6.45 \times 10 = 155.37 \text{kPa}$$

水位下降后：

$$\gamma_{m2} = \frac{17 \times 1 + 18 \times 0.5}{1.5} = 17.33$$

$$f_{a2} = 0.8 \times 8 \times 1.5 + 3.87 \times 17.33 \times 1.5 + 6.45 \times 10 = 174.72 \text{kPa}$$

所以 $\Delta f_a = 174.72 - 155.37 = 19.35 \text{kPa}$

【注】①核心知识点常规题，使用解题思维流程，快速作答，但是对公式和流程理解的深刻与否代表着解题速度的差异，很多题先不要着急忙着下笔，稍微一分析，就会得到最优化解法，而不是盲目地套用，否则最后也做出来了，但是时间上划不来，这不是出题组的本意，如不同解法，解题速度明显不一样，其中解3是最"中规中矩"、"慢速"解法。

②此题相当严谨，M_b、M_d、M_c 是根据基底下一倍短边宽深度内土的内摩擦角标准值 φ_k 查表确定，一倍宽度是1.5m，这里是>2m，所以说 $\varphi_k = 24°$ 直接用，否则需要加权平均确定。

③此题应根据基本理论和计算公式，尽量做到不查本书中此知识点的"解题思维流程"和规范即可解答，对其熟练到可以当做"闭卷"解答。

6.1.4 地基承载力特征值深宽度修正

2003C8

柱基底面尺寸为3.2m×3.6m，埋置深度2.0m。地下水位埋深为地面下1.0m，埋深范围内有两层土，其厚度分别为 $h_1=0.8$m 和 $h_2=1.2$m，天然重度分别为 $\gamma_1=17\text{kN/m}^3$ 和 $\gamma_2=18\text{kN/m}^3$。基底下持力层为黏土，天然重度 $\gamma_3=19\text{kN/m}^3$，天然孔隙比 $e_0=0.70$，液性指数 $I_L=0.60$，地基承载力特征值 $f_{ak}=280$kPa。问修正后地基承载力特征值最接近下列（　　）。（注：水的重度 $\gamma_w=10\text{kN/m}^3$）

(A) 285kPa　　　(B) 295kPa　　　(C) 310kPa　　　(D) 325kPa

【解】已给的地基承载力特征值 $f_{ak}=280$kPa

基础短边 $b=3.2\text{m} \in [3\text{m}, 6\text{m}]$

基础埋深 d，未给出其他信息，按一般情况处理从室外地面标高算起，则 $d=2\text{m} > 0.5\text{m}$

地下水位埋深1.0m

基础底面以下土的重度 $\gamma = 19 - 10 = 9\text{kN/m}^3$

基础底面以上土的加权平均重度 $\gamma_m = \dfrac{\sum \gamma_i d_i}{\sum d_i} = \dfrac{\sum \gamma_i d_i}{d} = \dfrac{17 \times 0.8 + 18 \times 0.2 + (18-10) \times 1}{2}$

$= 12.6 \text{kN/m}^3$

基底下持力层为黏土，天然孔隙比 $e_0=0.70<0.85$，液性指数 $I_L=0.60<0.85$

由持力层土性质查表 $\eta_b=0.3$，$\eta_d=1.6$

修正后地基承载力特征值

$$f_a = f_{ak} + \eta_b \gamma (b-3) + \eta_d \gamma_m (d-0.5)$$

$$= 280 + 0.3 \times 9 \times (3.2-3) + 1.6 \times 12.6 \times (2-0.5) = 310.78 \text{kPa}$$

2004D13

某厂房采用柱下独立基础，基础尺寸4m×6m，基础埋深为2.0m，地下水位埋深1.0m，持力层为粉质黏土（天然孔隙比为0.8，液性指数为0.75，天然重度为18kN/m³），在该土层上进行三个静载荷试验，实测承载力特征值分别为130kPa、110kPa和135kPa。按《建筑地基基础设计规范》，作深宽修正后的地基承载力特征值最接近下列（　　）。

(A) 110kPa　　　(B) 125kPa　　　(C) 140kPa　　　(D) 160kPa

【解】基础尺寸4m×6m，而深层平板载荷试验要求：①刚性板直径0.8m，面积约0.5024m²；②紧靠承压板周围土层外侧高度不应小于0.8m，因此不可能是深层平板载荷试验。所以可以断定为浅层平板载荷试验，需要对地基承载力特征值深宽度修正。

$$f_{ak} = \frac{\sum_{i=1}^{n} f_{aki}}{n} = \frac{130+110+135}{3} = 125 \text{kPa}$$

验算：满足极差 $= f_{akmax} - f_{akmin} = 135 - 110 = 25\text{kPa} \leqslant 30\% \cdot f_{ak} = 0.3 \times 125 = 37.5\text{kPa}$

基础短边 $b = 4\text{m} \in [3\text{m}, 6\text{m}]$

基础埋深 d，未给出其他信息，按一般情况处理从室外地面标高算起，则 $d = 2\text{m} > 0.5\text{m}$

地下水位埋深1.0m

基础底面以下土的重度 $\gamma = 18 - 10 = 8\text{kN/m}^3$

基础底面以上土的加权平均重度

$$\gamma_m = \frac{\sum \gamma_i d_i}{\sum d_i} = \frac{\sum \gamma_i d_i}{d} = \frac{18 \times 1 + (18-10) \times 1}{2} = 13\text{kN/m}^3$$

基底下持力层为粉质黏土，天然孔隙比 $e_0 = 0.80 < 0.85$，液性指数 $I_L = 0.75 < 0.85$

由持力层土性质查表 $\eta_b = 0.3$，$\eta_d = 1.6$

修正后地基承载力特征值

$$f_a = f_{ak} + \eta_b \gamma (b-3) + \eta_d \gamma_m (d-0.5)$$
$$= 125 + 0.3 \times 8 \times (4-3) + 1.6 \times 13 \times (2-0.5) = 158.6\text{kPa}$$

2005C10

某积水低洼场地进行地面排水后在天然土层上回填厚度5.0m的压实粉土，以此时的回填面标高为准下挖2.0m。利用压实粉土作为独立方形基础的持力层，方形基础边长4.5m，在完成基础及地上结构施工后，在室外地面上再回填2.0m厚的压实粉土，达到室外设计地坪标高，回填材料为粉土，载荷试验得到压实粉土的承载力特征值为150kPa，其他参数见题图，若基础施工完成时地下水位已恢复到室外设计地坪下3.0m（如题图所示），地下水位上下土的重度分别为18.5kN/m³

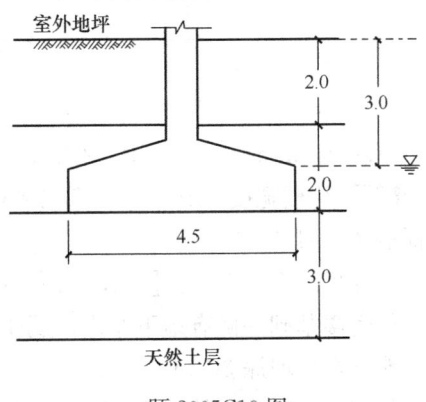

题2005C10 图

和 20.5kN/m^3，请按《建筑地基基础设计规范》给出深度修正后地基承载力的特征值，并指出最接近下列（　　）选项。（承载力宽度修正系数 $\eta_b=0$，深度修正系数 $\eta_d=1.5$）

(A) 198kPa　　　(B) 193kPa　　　(C) 188kPa　　　(D) 183kPa

【解】已给的地基承载力特征值 $f_{ak}=150\text{kPa}$

基础短边 $b=4.5\text{m}\in[3\text{m},6\text{m}]$

基础埋深 d，有填方且上部结构完成后填，自天然地面算起 $d=2\text{m}>0.5\text{m}$

地下水位埋深 3.0m

基础底面以下土的重度 $\gamma=20.5-10=10.5\text{kN/m}^3$

基础底面以上土的加权平均重度

$$\gamma_m=\frac{\sum\gamma_i d_i}{\sum d_i}=\frac{\sum\gamma_i d_i}{d}=\frac{18.5\times1+(20.5-10)\times1}{2}=14.5\text{kN/m}^3$$

题中已给出 $\eta_b=0$，$\eta_d=1.5$

修正后地基承载力特征值

$$f_a=f_{ak}+\eta_b\gamma(b-3)+\eta_d\gamma_m(d-0.5)$$
$$=150+0+1.5\times14.5\times(2-0.5)=182.6\text{kPa}$$

2005D9

某高层筏板式住宅楼的一侧设有地下车库，两部分地下结构相互连接，均采用筏基，基础埋深在室外地面以下 10m，住宅楼基底平均压力 p_k 为 260kN/m^2，地下车库基底平均压力 p_k 为 60kN/m^2，场区地下水位埋深在室外地面以下 3.0m，为解决基础抗浮问题，在地下车库底板以上再回填厚度约 0.5m，重度为 35kN/m^3 的钢碴，场区土层的重度均按 20kN/m^3 考虑，地下水重度按 10kN/m^3 取值，根据《建筑地基基础设计规范》计算住宅楼地基承载力 f_a 最接近以下（　　）选项。

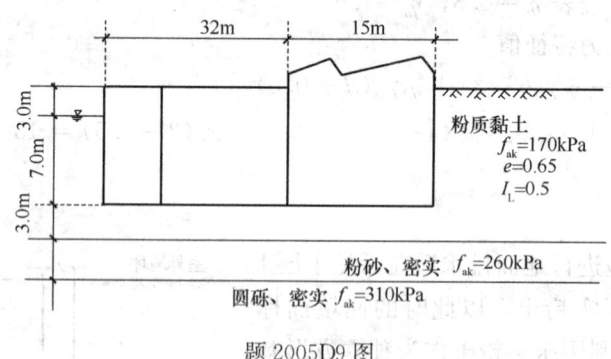

题 2005D9 图

(A) 285kPa　　　(B) 293kPa　　　(C) 300kPa　　　(D) 308kPa

【解】裙楼宽度 32m，大于 2 倍主楼宽度即 30m，符合规范要求。已给的地基承载力特征值 $f_{ak}=170\text{kPa}$

基础短边 $b=15\text{m}\notin[3\text{m},6\text{m}]$，故取 $b=6\text{m}$

住宅楼基础一侧有地下车库，属于"一侧有土，一侧没土"的情况。

地下水位埋深 3.0m

基础底面以下土的重度 $\gamma=20-10=10\text{kN/m}^3$

有土一侧基础埋深 $d_1=10\mathrm{m}$

按此，计算得基础底面以上土的加权平均重度

$$\gamma_\mathrm{m}=\frac{\sum\gamma_id_i}{\sum d_i}=\frac{\sum\gamma_id_i}{d}=\frac{20\times3+(20-10)\times7}{10}=13\mathrm{kN/m^3}$$

地下车库一侧基底总压力 $p=60+0.5\times35=77.5\mathrm{kPa}$

此侧土层折算厚度 $d_2=77.5/13=5.96\mathrm{m}$

最终基础埋深取两者小值 $d=5.96\mathrm{m}$

基底下持力层为粉质黏土，天然孔隙比 $e_0=0.65<0.85$，液性指数 $I_\mathrm{L}=0.50<0.85$

由持力层土性质查表 $\eta_\mathrm{b}=0.3$，$\eta_\mathrm{d}=1.6$

修正后地基承载力特征值

$$\begin{aligned}f_\mathrm{a}&=f_\mathrm{ak}+\eta_\mathrm{b}\gamma(b-3)+\eta_\mathrm{d}\gamma_\mathrm{m}(d-0.5)\\&=170+0.3\times10\times(6-3)+1.6\times13\times(5.96-0.5)=292.6\mathrm{kPa}\end{aligned}$$

【注】① 基础一侧有土、一侧没土的结构，注意 d 的选取。
② 注意荷载宽度要求，即应满足裙楼宽度大于2倍主楼宽度。

2012C8

某高层住宅楼与裙楼的地下结构相互连接，均采用筏板基础，基底埋深为室外地面下 10.0m。主楼住宅楼基底平均压力 $p_{\mathrm{k}1}=260\mathrm{kPa}$，裙楼基底平均压力 $p_{\mathrm{k}2}=90\mathrm{kPa}$，土的重度为 $18\mathrm{kN/m^3}$，地下水位埋深 8.0m，住宅楼与裙楼长度方向均为 50m，其余指标如题图所示，试计算修正后住宅楼地基承载力特征值最接近下列哪个选项？

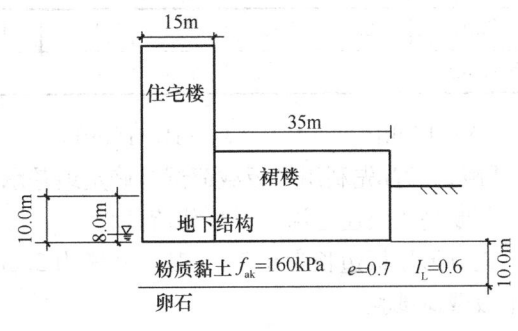

题2012C8图

(A) 299kPa (B) 307kPa (C) 319kPa (D) 410kPa

【解】裙楼宽度35m，大于主楼宽度的2倍，符合规范要求。

已给的地基承载力特征值 $f_\mathrm{ak}=160\mathrm{kPa}$

基础短边 $b=15\mathrm{m}\notin[3\mathrm{m},6\mathrm{m}]$，故取 $b=6\mathrm{m}$

住宅楼基础一侧有土，一侧没土。

地下水位埋深 8.0m

基础底面以下土的重度 $\gamma=18-10=8\mathrm{kN/m^3}$

有土一侧基础埋深 $d_1=10\mathrm{m}$

按此，计算得基础底面以上土的加权平均重度

$$\gamma_\mathrm{m}=\frac{\sum\gamma_id_i}{\sum d_i}=\frac{\sum\gamma_id_i}{d}=\frac{18\times8+(18-10)\times2}{10}=16\mathrm{kN/m^3}$$

裙楼一侧基底总压力 $p=90\mathrm{kPa}$

此侧土层折算厚度 $d_2=90/16=5.625\mathrm{m}$

最终基础埋深取两者小值 $d=5.625\mathrm{m}$

基底下持力层为粉质黏土，天然孔隙比 $e_0=0.7<0.85$，液性指数 $I_L=0.6<0.85$
由持力层土性质查表 $\eta_b=0.3$，$\eta_d=1.6$
修正后地基承载力特征值
$$f_a = f_{ak} + \eta_b \gamma(b-3) + \eta_d \gamma_m(d-0.5)$$
$$= 160 + 0.3 \times 8 \times (6-3) + 1.6 \times 16 \times (5.625-0.5) = 298.4 \text{kPa}$$

【注】一定要注意主裙楼和带有地下室的情况，本质就是一侧有土，一侧没土。或者说基底两侧竖向压力不一致，这时候 d 的选取是关键。

2017C6

在地下水位很深的场地上，均质厚层细砂地基的平板载荷试验结果如下表所示，正方形压板边长为 $b=0.7$m，土的重度 $\gamma=19$kN/m³，细砂承载力修正系数 $\eta_b=2.0$，$\eta_d=3.0$，在进行边长为 2.5m，埋置深度 $d=1.5$m 的方形柱基础设计时，根据载荷试验结果按 $s/b=0.015$ 确定，且按《建筑地基基础设计规范》的要求进行修正的地基承载力特征值最接近下列何值？

p (kPa)	25	50	75	100	125	150	175	200	250	300
s (mm)	2.17	4.20	6.44	8.61	10.57	14.07	17.50	21.07	31.64	49.91

(A) 150kPa   (B) 180kPa   (C) 200kPa   (D) 220kPa

【解】① 首先利用平板载荷试验确定地基承载力特征值

判断是浅层还是深层平板载荷试验

正方形压板边长为 0.7m，基坑宽度为 2.5m，大于 3 倍的承压板边长，故可判定为浅层平板载荷试验

无须判断有无直线段，题干已明确告知，取 $s=0.015b$ 范围内对应的某级荷载
$s=0.015b=0.015\times0.7=0.0105\text{m}=10.5\text{mm}$
此时对应荷载 $p=125$kPa
确定极限荷载值：
题目中未给出确定极限荷载的三种情况，则极限荷载取 $s=0.06b$ 所对应的荷载
$s=0.06b=0.06\times0.7=0.042\text{m}=42\text{mm}$
此时所对应荷载插值计算可得 $p = 250 + \dfrac{42-31.64}{49.91-31.64} \times (300-250) = 278.35$kPa
因此极限荷载值 $=278.3$kPa
即 $f_{ak}=\min(s=0.01b\sim0.015b$ 范围内对应的某级荷载，$\dfrac{\text{极限荷载}}{2})$

$f_{ak} = \left(125, \dfrac{278.35}{2}\right) = 125$kPa

此题一组试验数据，所以不用再求平均值。

② 承载力特征值深宽度修正

基础短边 $b=2.5\text{m} \notin [3\text{m}, 6\text{m}]$，故取 $b=3$m
基础埋深 d，未给出其他信息，按一般情况处理从室外地面标高算起，则 $d=1.5\text{m}>0.5\text{m}$
无地下水信息，不考虑。

基础底面以下土的重度 $\gamma=19=8\text{kN/m}^3$

基础底面以上土的加权平均重度 $\gamma_\text{m}=19\text{kN/m}^3$

题干中已给出 $\eta_\text{b}=2.0$，$\eta_\text{d}=3.0$

修正后地基承载力特征值

$$f_\text{a}=f_\text{ak}+\eta_\text{b}\gamma(b-3)+\eta_\text{d}\gamma_\text{m}(d-0.5)$$
$$=125+3.0\times19\times(3-3)+3.0\times19\times(1.5-0.5)=182\text{kPa}$$

【注】 本题为一道小综合题，平板载荷试验+地基承载力深宽度修正。先利用平板载荷试验，求得地基承载力特征值，然后再深宽度修正。近几年，两个知识点放到一起的题目越来越多了。把每个知识点的解题思维流程都拿过来，按部就班做就好了。

6.1.5 基底压力与地基承载力特征值验算关系

2004D8

某住宅采用墙下条形基础，建于粉质黏土地基上，未见地下水，由载荷试验确定的承载力特征值为 220kPa，基础埋深 $d=1.0\text{m}$，基础底面以上土的平均重度 $\gamma_\text{m}=18\text{kN/m}^3$，天然孔隙比 $e=0.70$，液性指数 $I_\text{L}=0.80$，基础底面以下土的平均重度 $\gamma=18.5\text{kN/m}^3$，基底荷载标准值为 $F=300\text{kN/m}$，修正后的地基承载力最接近下列（　　）。（承载力修正系数 $\eta_\text{b}=0.3$，$\eta_\text{d}=1.6$）

(A) 224kPa   (B) 228kPa   (C) 234kPa   (D) 240kPa

【解】 第①步：确定深宽度修正后的地基承载力验算

已给的地基承载力特征值 $f_\text{ak}=220\text{kPa}$

基础短边 b 未知，先假定 $b\leqslant 3\text{m}$

基础埋深 d，未给出其他信息，按一般情况处理从室外地面标高算起，则 $d=1.0\text{m}>0.5\text{m}$

未见地下水位

基础底面以上土的加权平均重度 $\gamma_\text{m}=18\text{kN/m}^3$

基底下持力层为黏性土，天然孔隙比 $e=0.70$，液性指数 $I_\text{L}=0.80$，查表 $\eta_\text{d}=1.6$

修正后地基承载力特征值

$f_\text{a}=f_\text{ak}+\eta_\text{b}\gamma(b-3)+\eta_\text{d}\gamma_\text{m}(d-0.5)=200+0+1.6\times18\times(1.0-0.5)=234.4\text{kPa}$

第②步：计算基底压力并验算

条形基础，轴心荷载只需满足基底平均压力要求

$p_\text{k}=\dfrac{F_\text{k}+G_\text{k}}{b\times l}=\dfrac{300}{b\times 1}\leqslant f_\text{a}=234.4 \rightarrow b\geqslant 1.28\text{m}$，可满足 $b\leqslant 3\text{m}$ 的要求

【注】 当基础宽度不确定时，先假定 $b\leqslant 3\text{m}$，这样地基承载力特征值只需进行深度修正就可以了。这种方法必须掌握。且此时宽度修正部分为 0，宽度修正系数和基础底面以下土的重度不用确定。

2005D6

条形基础宽度为 3.0m，由上部结构传至基础底面的最大边缘压力为 80kPa，最小边

缘压力为0kPa，基础埋置深度为2.0m，基础及台阶上土自重的平均重度为20kN/m³，指出下列论述中（ ）选项是错的。

(A) 计算基础结构内力时，基础底面压力的分布符合小偏心（$e \leqslant b/6$）的规定

(B) 按地基承载力验算基础底面尺寸时基础底面压力分布的偏心已经超过了现行《建筑地基基础设计规范》中根据土的抗剪强度指标确定地基承载力特征值的规定

(C) 作用于基础底面上的合力为240kN/m

(D) 考虑偏心荷载时，地基承载力特征值应不小于120kPa才能满足设计要求

【解】受力分析，题中已知的是上部结构传至基础的压力，上部结构不包括基础自重
$bl = 3.0 \times 1 = 3.0 \text{m}^2$；$W = lb^2/6 = 1 \times 3^2/6 = 1.5 \text{m}^3$

$$\frac{F_k}{bl} + \frac{M_k}{W} = \frac{F_k}{3} + \frac{M_k}{1.5} = 80$$

$$\frac{F_k}{bl} - \frac{M_k}{W} = \frac{F_k}{3} - \frac{M_k}{1.5} = 0$$

解得 $F_k = 120\text{kN}$，$M_k = 60\text{kN} \cdot \text{m}$

无水位，$G_k = \gamma_G bld = 20 \times 3 \times 1 \times 2.0 = 120\text{kN}$

所以偏心距 $e = \dfrac{60}{120+120} = 0.25\text{m} < \dfrac{b}{6} = 0.5\text{m}$，所以 A 正确

$e = 0.25\text{m} > 0.033b = 0.099\text{m}$，所以 B 正确

作用于基础底面的合力 $F_k + G_k = 120 + 120 = 240\text{kN}$，所以 C 正确

小偏心荷载，要验算基底平均压力和基底最大压力

$$p_k = \frac{F_k + G_k}{bl} \leqslant f_a \to \frac{120+120}{3} \leqslant f_a \to f_a \geqslant 80\text{kPa}$$

$$p_{k\max} = \frac{F_k + G_k}{bl}\left(1 + \frac{6e}{b}\right) \leqslant 1.2f_a \to \frac{120+120}{3.0}\left(1 + \frac{6 \times 0.25}{3}\right) \leqslant 1.2f_a \to f_a \geqslant 100\text{kPa}$$

综上 $f_a \geqslant 100\text{kPa}$，所以 D 错误。

【注】受力分析的时候，一定要认真读题，认清题干给了哪些力。

2006C6

条形基础宽度为3.6m，合力偏心距为0.8m，基础自重和基础上的土重为100kN/m，相应于荷载效应标准组合时上部结构传至基础顶面的竖向力值为260kN/m，修正后的地基承载力特征值至少要达到下列哪个选项中的数值时才能满足承载力验算要求？

(A) 120kPa　　　　(B) 200kPa　　　　(C) 240kPa　　　　(D) 288kPa

【解】① 受力分析

竖向力：$F_k = 260\text{kN}$；无水位，$G_k = 100\text{kN}$

② 偏心距

偏心距 $e = 0.8\text{m}$

③ 判定大小偏心

偏心荷载作用方向边长 $b = 3.6\text{m}$

则 $e = 0.8 > \dfrac{b}{6} = \dfrac{3.6}{6} = 0.6$，属于大偏心

④ 直接用公式并验算，大偏心只验算最大基底压力即可

$$p_{kmax} = \frac{2(F_k+G_k)}{3l\left(\frac{b}{2}-e\right)} \leqslant 1.2f_a \rightarrow \frac{2\times(260+100)}{3\times 1\times\left(\frac{3.6}{2}-0.8\right)} \leqslant 1.2f_a \rightarrow f_a \geqslant 200\text{kPa}$$

2010D7

条形基础宽度为 3.6m，基础自重和基础上的土重为 $G_k=100\text{kN/m}$，上部结构传至基础顶面的竖向力为 $F_k=200\text{kN/m}$，F_k+G_k 合力的偏心距为 0.4m，修正后的地基承载力特征值至少要达到下列哪个选项的数值时才能满足承载力验算要求？

(A) 68kPa　　　　　(B) 83kPa　　　　　(C) 116kPa　　　　　(D) 139kPa

【解】① 受力分析

竖向力：$F_k=200\text{kN}$；无水位，$G_k=100\text{kN}$

② 偏心距

偏心距 $e=0.4\text{m}$

③ 判定大小偏心

偏心荷载作用方向边长 $b=3.6\text{m}$

则 $e=0.4<\frac{b}{6}=\frac{3.6}{6}=0.6$，属于小偏心

④ 直接用公式并验算，小偏心需验算基底平均压力和最大基底压力

$$p_k = \frac{F_k+G_k}{bl} \leqslant f_a \rightarrow \frac{200+100}{3.6} \leqslant f_a \rightarrow f_a \geqslant 83.33\text{kPa}$$

$$p_{kmax} = \frac{F_k+G_k}{bl}\left(1+\frac{6e}{b}\right) \leqslant 1.2f_a \rightarrow \frac{200+100}{3.6}\left(1+\frac{6\times 0.4}{3.6}\right)$$

$$\leqslant 1.2f_a \rightarrow f_a \geqslant 115.74\text{kPa}$$

综上 $f_a \geqslant 115.74\text{kPa}$

2010D8

作用于高层建筑基础底面的总的竖向力 $F_k+G_k=120\text{MN}$，基础底面积 30m×10m，荷载重心与基础底面形心在短边方向的偏心距为 1.0m，试问修正后的地基承载力特征值 f_a 至少不小于下列何项数值才能复合地基承载力验算要求？

(A) 250kPa　　　　　(B) 350kPa　　　　　(C) 460kPa　　　　　(D) 540kPa

【解】① 受力分析

竖向力：$F_k+G_k=120000\text{kN}$

② 偏心距

偏心距 $e=1.0\text{m}$

③ 判定大小偏心

偏心荷载作用方向边长 $b=10\text{m}$

则 $e=1.0<\frac{b}{6}=\frac{10}{6}=1.667$，属于小偏心

④ 直接用公式并验算，小偏心需验算基底平均压力和最大基底压力

$$p_k = \frac{F_k + G_k}{bl} \leqslant f_a \rightarrow = \frac{120000}{30 \times 10} \leqslant f_a \rightarrow f_a \geqslant 400\text{kPa}$$

$$p_{k\max} = \frac{F_k + G_k}{bl}\left(1 + \frac{6e}{b}\right) \leqslant 1.2f_a \rightarrow \frac{12000}{10}\left(1 + \frac{6 \times 1.0}{10}\right) \leqslant 1.2f_a \rightarrow f_a \geqslant 533.33\text{kPa}$$

综上 $f_a \geqslant 533.33\text{kPa}$

6.2 基础设计类——深度、宽度、底面积、最大竖向力等

6.2.1 由土的抗剪强度确定的地基承载力特征值

2012D9

如题图所示，某建筑采用条形基础，基础埋深 2m，基础宽度 5m。作用于每延米基础底面的竖向力为 F，力矩 M 为 300kN·m/m，基础下地基反力无零应力区。地基土为粉土，地下水位埋深 1.0m，水位以上土的重度为 18kN/m³，水位以下土的饱和重度为 20kN/m³，黏聚力 25kPa，内摩擦角为 20°。问该基础作用于每延米基础底面的竖向力 F 最大值接近下列哪个选项？

(A) 253kN/m (B) 1156kN/m
(C) 1265kN/m (D) 1518kN/m

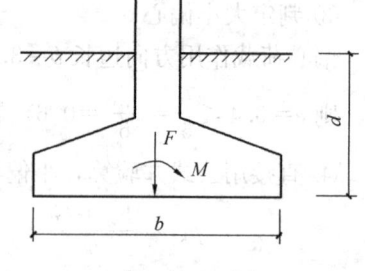

题 2012D9 图

【解】 第①步：根据抗剪强度指标确定地基承载力特征值

基础短边 $b=5\text{m}$，基础持力层为粉土层，满足 $b \in [0\text{m}, 6\text{m}]$

基础埋深 d，未给出其他信息，按一般情况处理，直接使用 $d=2\text{m}$

地下水位埋深 1.0m

基础底面以下土的重度 $\gamma = 20 - 10 = 10\text{kN/m}^3$

基础底面以上土的加权平均重度 $\gamma_m = \dfrac{18 \times 1 + 10 \times 1}{2} = 14\text{kN/m}^3$

黏聚力 $c_k = 25\text{kPa}$

内摩擦角 $\varphi_k = 20°$，查表得 $M_b = 0.51$，$M_d = 3.06$，$M_c = 5.66$

地基承载力特征值

$f_a = M_b \gamma b + M_d \gamma_m d + M_c c_k = 0.51 \times 10 \times 5 + 3.06 \times 14 \times 2 + 5.66 \times 25 = 252.68\text{kPa}$

第②步：计算基底压力并根据验算条件确定所求的值

条形基础，有弯矩作用，但基础下地基反力无零应力区，因此断定为小偏心。

小偏心除了要验算基底平均压力，还要验算基底最大压力

$$p_k = \frac{F_k + G_k}{b \times l} = \frac{F_k + G_k}{5 \times 1} \leqslant f_a = 252.68 \rightarrow F_k + G_k \leqslant 1263.4\text{kN}$$

6.2 基础设计类——深度、宽度、底面积、最大竖向力等

$$p_{k\max} = \frac{F_k + G_k}{bl} + \frac{M_k}{W} = \frac{F_k + G_k}{5} + \frac{300}{\frac{1}{6} \times 1 \times 5^2} \leqslant 1.2 f_a$$

$$= 1.2 \times 252.68 \rightarrow F_k + G_k \leqslant 1156.08 \text{kN}$$

综上：$F_k + G_k \leqslant 1156.08 \text{kN}$

当 $F_k + G_k = 1156 \text{kN}$ 时，验算使用土的抗剪强度确定地基承载力特征值的前提，偏心距要求 $e < 0.033b$。

$$e = \frac{M_k}{F_k + G_k} = \frac{300}{1156} = 0.26\text{m}；0.033b = 0.033 \times 5 = 0.165\text{m}$$

可以看出，不满足前提条件，这就是出题不严谨，但也没办法，考场上也只能"见机行事"，不满足，考场上就"将错就错"，不验算了。

【注】①此题求作用于基础底面的竖向力 F，为了让大家便于理解，也为了思维的一致性，作用于基础底面的竖向力用 $F_k + G_k$ 表示。

② 前提验算：偏心距 $e < 0.033b$，题目未明确荷载信息，按轴心荷载计算即可，且指明根据土的抗剪强度指标计算的地基承载力特征值，故满足前提；

③ 每延米基础底面，是指条形基础，长边方向取 1m，这样计算得到的单位为 kN/m。一定要注意岩土工程中的"每延米"，特别是后面的边坡工程、基坑工程等。碰到"每延米"，不要对单位犯糊涂，要理解单位中的"/m"是怎么来的。

6.2.2 经深宽度修正后地基承载力特征值

2008C5

如题图所示，某砖混住宅条形基础，地层为黏粒含量小于 10% 的均质粉土，重度 19kN/m³，施工前用深层载荷试验实测基底标高处的地基承载力特征值为 350kPa，已知上部结构传至基础顶面的竖向力为 260kN/m，基础和台阶上土平均重度为 20kN/m³，按现行《建筑地基基础设计规范》要求，基础宽度的计算结果接近下列哪个选项？

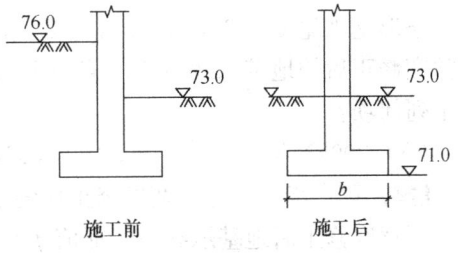

题 2008C5 图

(A) 0.84m (B) 1.04m (C) 1.33m (D) 2.17m

【解】第①步：确定深宽度修正后的地基承载力验算

基础短边 b 未知，先假定 $b \leqslant 3$m

施工前：

基础埋深 d，未给出其他信息，按一般情况处理从室外地面标高算起，则 $d = 76 - 71 = 5$m > 0.5m

地下水位无

基础底面以下土的重度 $\gamma = 19 \text{kN/m}^3$

基础底面以上土的加权平均重度 $\gamma_m = 19 \text{kN/m}^3$

基底下持力层为黏粒含量小于 10% 的均质粉土，由持力层土性质查表 $\eta_d = 2.0$

由深层平板载荷试验得到特征值，就相当于地基承载力特征值 f_{ak}，经深度修正的承

载力特征值

$$f_a = f_{ak} + \eta_b \gamma(b-3) + \eta_d \gamma_m(d-0.5) = f_{ak} + 2.0 \times 19 \times (5-0.5) = 350 \to f_{ak} = 179\text{kPa}$$

施工后，基础埋深 $d = 73 - 71 = 2\text{m}$

深宽度修正后地基承载力特征值

$$f_a = f_{ak} + \eta_b \gamma(b-3) + \eta_d \gamma_m(d-0.5) = 179 + 2.0 \times 19 \times (2-0.5) = 236\text{kPa}$$

第②步：计算基底压力并根据验算条件确定所求的值

条形基础，轴心荷载只需满足基底平均压力要求

$$p_k = \frac{F_k + G_k}{b \times l} = \frac{260 + 20 \times 2 \times b \times 1}{b \times 1} \leqslant f_a = 236 \to b \geqslant 1.33\text{m}$$

可以满足 $b \leqslant 3\text{m}$ 的条件。

【注】① 当基础宽度不确定时，先假定 $b \leqslant 3\text{m}$，这样地基承载力特征值只需进行深度修正就可以了。这种方法必须掌握。

② 这道题要深刻理解，深层载荷试验确定的承载力特征值本无需进行深度修正，这有一个前提，就是做深层载荷试验的位置就是在基础底面处，但这道题基础埋深发生了变化，因此原深度处深层载荷试验确定的地基承载力特征值不能直接用。通过这道题，也要理解，深层载荷试验确定的地基承载力特征值，就相当于浅层平板载荷试验确定的承载力特征值经过试验深度修正之后的值。

2009C10

条形基础宽度为 3m，基础埋深 2.0m，基础底面作用有偏心荷载，偏心距 0.6m，已知深宽修正后的地基承载力特征值为 200kPa，传至基础底面的最大允许总竖向压力最接近下列何项？

(A) 200kN/m   (B) 270kN/m   (C) 324kN/m   (D) 600kN/m

【解】第①步：确定深宽度修正后的地基承载力验算

深宽度修正后地基承载力特征值 $f_a = 200\text{kPa}$

第②步：计算基底压力并根据验算条件确定所求的值

条形基础

判断偏心距 $e = 0.6 > \dfrac{b}{6} = \dfrac{3}{6} = 0.5$，属于大偏心，大偏心可只验算基底最大压力要求

$$p_{k\max} = \frac{2(F_k + G_k)}{3l\left(\dfrac{b}{2} - e\right)} = \frac{2(F_k + G_k)}{3 \times 1 \times \left(\dfrac{3}{2} - 0.6\right)} \leqslant 1.2 f_a = 1.2 \times 200 \to F_k + G_k \leqslant 324\text{kN/m}$$

2009D5

筏板基础宽 10m，埋置深度 5m，地基下为厚层粉土层，地下水位在地面下 20m 处，基础底标高上用深层平板载荷试验得到的地基承载力特征值 f_{ak} 为 200kPa，地基土的重度为 19kN/m^3，查表可得地基承载力修正系数 $\eta_b = 0.3$，$\eta_d = 1.5$，问筏板基础基底均布压力为（ ）数值时刚好满足地基承载力的设计要求。

(A) 345kPa (B) 284kPa (C) 217kPa (D) 167kPa

【解】第①步：确定深宽度修正后的地基承载力验算

基础短边 $b=10\mathrm{m} \notin [3\mathrm{m}, 6\mathrm{m}]$，取 $b=6\mathrm{m}$

基础底面以下土的重度 $\gamma=19\mathrm{kN/m^3}$

题中已给出 $\eta_\mathrm{b}=0.3$，$\eta_\mathrm{d}=1.5$

$f_\mathrm{ak}=200\mathrm{kPa}$，是由深层平板载荷试验测得，并且基础底面深度无变化，故不再进行深度修正

宽度修正后地基承载力特征值

$f_\mathrm{a} = f_\mathrm{ak} + \eta_\mathrm{b}\gamma(b-3) = 200 + 0.3 \times 19 \times (6-3) = 217.1\mathrm{kPa}$

第②步：计算基底压力并根据验算条件确定所求的值

条形基础，轴心受压，只需满足基底平均压力要求

$p_\mathrm{k} \leqslant f_\mathrm{a} = 217.1\mathrm{kPa}$

【注】审题时一定要仔细，如本题是深层平板载荷试验测得的承载力特征值，不需要进行深度修正；若为浅层平板载荷试验则要同时进行深宽修正。当然能做到仔细，前提是必须对所涉及的知识点要熟悉，复习要全面。比如此题，如果根本就不知道深层平板载荷试验测得的承载力特征值不需要进行深度修正这一知识点，那肯定入"坑"了。

2011C7

如题图所示矩形基础，地基土的天然重度 $\gamma=18\mathrm{kN/m^3}$，饱和重度 $\gamma_\mathrm{sat}=20\mathrm{kN/m^3}$，基础及基础上土重度 $\gamma_\mathrm{G}=20\mathrm{kN/m^3}$，$\eta_\mathrm{b}=0$，$\eta_\mathrm{d}=1.0$。估算该基础底面积最接近下列何值？

(A) $3.2\mathrm{m^2}$ (B) $3.6\mathrm{m^2}$ (C) $4.2\mathrm{m^2}$ (D) $4.6\mathrm{m^2}$

【解】第①步：确定深宽度修正后的地基承载力验算

已给的地基承载力特征值 $f_\mathrm{ak}=150\mathrm{kPa}$

基础埋深 d，未给出其他信息，按一般情况处理从室外地面标高算起，则 $d=1.5\mathrm{m} > 0.5\mathrm{m}$

地下水位在基础底面处

基础底面以上土的加权平均重度 $\gamma_\mathrm{m}=18\mathrm{kN/m^3}$

题中已给修正系数 $\eta_\mathrm{b}=0$，$\eta_\mathrm{d}=1.0$

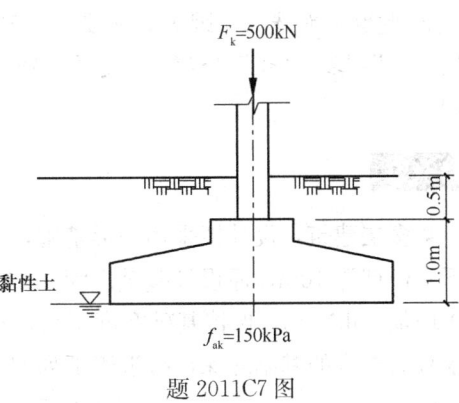

题 2011C7 图

深宽度修正后地基承载力特征值

$f_\mathrm{a} = f_\mathrm{ak} + \eta_\mathrm{b}\gamma(b-3) + \eta_\mathrm{d}\gamma_\mathrm{m}(d-0.5) = 150 + 0 + 1.0 \times 18 \times (1.5-0.5) = 168\mathrm{kPa}$；

第②步：计算基底压力并根据验算条件确定所求的值

矩形基础，轴心荷载，只需满足基底平均压力要求

$p_\mathrm{k} = \dfrac{F_\mathrm{k}+G_\mathrm{k}}{b \times l} = \dfrac{500 + 20 \times 1.5 \times b \times l}{b \times l} \leqslant f_\mathrm{a} = 168 \to b \times l \geqslant 3.62\mathrm{m^2}$

【注】此题直接给出宽度修正系数 $\eta_\mathrm{b}=0$，当 $\eta_\mathrm{b} \neq 0$ 时，就需先假定基础短边 $b \leqslant$

3m，求得结果是一样的。

2012C7

多层建筑物，条形基础，基础宽度1.0m，埋深2.0m。拟增层改造，荷载增加后，相应于荷载效应标准组合时，上部结构传至基础顶面的竖向力为160kN/m，采用加深、加宽基础方式托换，基础加深2.0m，基底持力层土质为粉砂，考虑深宽修正后持力层地基承载力特征值为200kPa，无地下水，基础及其上土的平均重度取22kN/m³，荷载增加后设计选择的合理的基础宽度为下列哪个选项？

(A) 1.4m   (B) 1.5m   (C) 1.6m   (D) 1.7m

【解】第①步：确定深宽度修正后的地基承载力验算

已给的经过深度修正后的地基承载力特征值
$f_a = 200\text{kPa}$

基础短边b未知，先假定$b \leqslant 3\text{m}$

第②步：计算基底压力并根据验算条件确定所求的值

条形基础，轴心荷载，只需满足基底平均压力要求

$$p_k = \frac{F_k + G_k}{b \times l} = \frac{160 + 22 \times 4 \times b \times 1}{b \times 1} \leqslant f_a$$

$$= 200 \rightarrow b \geqslant 1.429\text{kN}$$

满足假定$b \leqslant 3\text{m}$，故选B

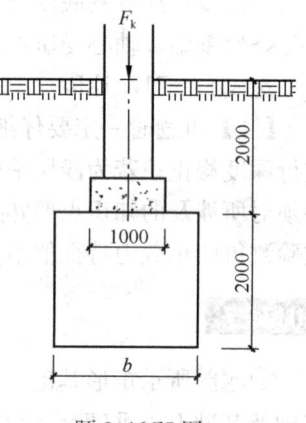

题2012C7图

【注】① 一般情况下，或题目未指明时，基础及其上土的平均重度取20kN/m³；但此题指明为22kN/m³，因此采用22kN/m³。

② 此题不能选A，因为必须要确定基础宽度合理。对于求最值的问题，一般应直接使用">"、"≥"、"<"、"≤"等关系符号，这样利于判断是取大还是取小，不可盲目地都使用"="。

2013C9

某多层建筑，设计拟采用条形基础，天然地基，基础宽度为2.0m，地层参数见下表，地下水位埋深10m，原设计基础埋深2m时，恰好满足承载力要求。因设计变更，预估荷载将增加50kN/m，保持基础宽度不变，根据《建筑地基基础设计规范》，估算变更后满足承载力要求的基础埋深最接近于下列哪个选项？

(A) 2.3m   (B) 2.5m   (C) 2.7m   (D) 3.4m

层号	埋深（m）	天然重度（kN/m³）	土的类别
①	2.0	18	填土
②	10.0	18	粉土（黏粒含量为8%）

【解1】(1) 设计变更前

第①步：确定深宽度修正后的地基承载力验算

假定地基承载力特征值为f_{ak}

6.2 基础设计类——深度、宽度、底面积、最大竖向力等

基础短边 $b=2\mathrm{m}<3\mathrm{m}$，取 $b=3\mathrm{m}$
基础埋深 d，未给出其他信息，按一般情况处理从室外地面标高算起，则 $d=2\mathrm{m}>0.5\mathrm{m}$
地下水位埋深 10m
基础底面以下土的重度 $\gamma=18\mathrm{kN/m^3}$
基础底面以上土的加权平均重度 $\gamma_\mathrm{m}=18\mathrm{kN/m^3}$
基底下持力层为黏粒含量小于 10% 的均质粉土，由持力层土性质查表 $\eta_\mathrm{d}=2.0$
深宽度修正后地基承载力特征值

$$f_\mathrm{a}=f_\mathrm{ak}+\eta_\mathrm{b}\gamma(b-3)+\eta_\mathrm{d}\gamma_\mathrm{m}(d-0.5)=f_\mathrm{ak}+2.0\times18\times(2-0.5)=f_\mathrm{ak}+54 \quad ①$$

第②步：计算基底压力并根据验算条件确定所求的值
恰好满足承载力要求
轴心荷载，只需满足基底平均压力要求

$$p_\mathrm{k}=\frac{F_\mathrm{k}+G_\mathrm{k}}{b\times l}=\frac{F_\mathrm{k}+20\times2\times2\times1}{2\times1}=f_\mathrm{a} \quad ②$$

（2）设计变更后，假定预估荷载增加在基础顶面（表层），基底压力和修正后的地基承载力特征值均发生了变化
第①步：确定深宽度修正后的地基承载力验算

$$f_\mathrm{a1}=f_\mathrm{ak}+\eta_\mathrm{b}\gamma(b-3)+\eta_\mathrm{d}\gamma_\mathrm{m}(d_1-0.5)=f_\mathrm{ak}+2.0\times18\times(d_1-0.5) \quad ③$$

第②步：计算基底压力并根据验算条件确定所求的值
轴心荷载，只需满足基底平均压力要求

$$p_\mathrm{k1}=\frac{F_\mathrm{k}+G_\mathrm{k}+50}{b\times l}=\frac{F_\mathrm{k}+20\times d_1\times2\times1+50}{2\times1}\leqslant f_\mathrm{a1} \quad ④$$

①②③④式联立即可，解得 $d_1\geqslant3.56\mathrm{m}$

【解2】
设计变更后，假定预估荷载增加在设计变更后的基础底面
即变更后基底压力为 $F_\mathrm{k}+G_\mathrm{k}+50=F_\mathrm{k}+20\times2\times2\times1+50$
第①步，确定深宽度修正后的地基承载力验算

$$f_\mathrm{a1}=f_\mathrm{ak}+\eta_\mathrm{b}\gamma(b-3)+\eta_\mathrm{d}\gamma_\mathrm{m}(d_1-0.5)=f_\mathrm{ak}+2.0\times18\times(d_1-0.5) \quad ③$$

第②步：计算基底压力并根据验算条件确定所求的值
轴心荷载只需满足基底平均压力要求

$$p_\mathrm{k1}=\frac{F_\mathrm{k}+G_\mathrm{k}+50}{b\times l}=\frac{F_\mathrm{k}+20\times2\times2\times1+50}{2\times1}\leqslant f_\mathrm{a1} \quad ④$$

①②③④式联立即可，解得 $d_1\geqslant2.69\mathrm{m}$

【解3】假定同解2
设计变更后，假定预估荷载增加在设计变更后的基础底面
即变更后基底压力为 $F_\mathrm{k}+G_\mathrm{k}+50=F_\mathrm{k}+20\times2\times2\times1+50$
此时增加的地基承载力抵消增加的荷载即可

$$\Delta f_\mathrm{a1}=\eta_\mathrm{d}\gamma_\mathrm{m}(d_1-2)=2.0\times18\times(d_1-2)\geqslant50/2\rightarrow d_1\geqslant2.69\mathrm{m}$$

【注】本题不严谨，题目中"荷载增加 50kN/m"表达不清，解2理解为基底压力增加值，解1理解为上部结构荷载增加值。从实际工程出发，设计变更，首先确定的是上部结构荷载的变化，因此解1求解更加合理，但从选项设置看是按照解2和解3的理解。人

工阅卷时，两种解法应该都给分。

2014C9

条形基础埋深为3m，相应于作用的标准组合时，上部结构传至基础顶面的竖向力F_k=200kN/m，为偏心荷载，修正后地基承载力特征值为200kPa，基础和基础上土的平均重度取20kN/m³，按地基承载力计算条形基础宽度时，使基础底面边缘处的最小压力恰好为零，且无零应力区，问基础宽度的最小值接近于下列何值？

(A) 1.5m (B) 2.3m (C) 3.4m (D) 4.1m

【解1】第①步：确定深宽度修正后的地基承载力验算

已给 $f_a=200\text{kPa}$

第②步：计算基底压力并根据验算条件确定所求的值

基础底面边缘处的最小压力恰好为零，且无零应力区，说明 $e=\dfrac{b}{6}$m，可按小偏心处理，验算基底平均压力和最大基底压力

$$p_k=\dfrac{F_k+G_k}{b\times l}=\dfrac{200+20\times 3\times b\times 1}{b\times 1}\leqslant f_a=200 \rightarrow b\geqslant 1.43\text{m}$$

$$p_{k\max}=\dfrac{F_k+G_k}{bl}\left(1+\dfrac{6e}{b}\right)=\dfrac{200+20\times 3\times b\times 1}{b\times 1}\times(1+1)\leqslant 1.2f_a=1.2\times 200\rightarrow b\geqslant 3.33\text{m}$$

综上，取 $b=3.4$m

【解2】由题意恰好 $e=\dfrac{b}{6}$，在大小偏心分界处，也可按大偏心处理，只验算最大基底压力

$$p_{k\max}=\dfrac{2(F_k+G_k)}{3l\left(\dfrac{b}{2}-e\right)}=\dfrac{2(200+20\times 3\times b\times 1)}{3\times 1\left(\dfrac{b}{2}-\dfrac{b}{6}\right)}\leqslant 1.2f_a=1.2\times 200\rightarrow b\geqslant 3.33\text{m}$$

取 $b=3.4$m

【注】此题在大小偏心分界处，因此按大偏心验算或小偏心验算均可，重点是一定要根据题意，准确判断出 $e=b/6$。

2014D7

某房屋，条形基础，天然地基，基础持力层为中密粉砂，承载力特征值150kPa，基础宽度3m，埋深2m，地下水埋深8m，该基础承受轴心荷载，地基承载力刚好满足要求。现拟对该房屋进行加层改造，相应于作用的标准组合时基础顶面轴心荷载增加240kN/m，若采用增加基础宽度的方法满足地基承载力要求，问：根据《建筑地基基础设计规范》，基础宽度的最小增加量最接近下列哪个选项的数值？（土层重度，基础及基础以上土体的平均重度取20kN/m³）

(A) 0.63m (B) 0.7m (C) 1.0m (D) 1.2m

【解】(1) 设计变更前：

第①步：确定深宽度修正后的地基承载力验算

已给的地基承载力特征值 $f_{ak}=150\text{kPa}$

基础短边 $b=3\text{m}\in[3\text{m},6\text{m}]$，取 $b=3\text{m}$

基础埋深 $d=2\text{m}>0.5\text{m}$

地下水位埋深 8.0m

基础底面以下土的重度 $\gamma=20\text{kN/m}^3$

基础底面以上土的加权平均重度 $\gamma_m=20\text{kN/m}^3$

基底下持力层为中密粉砂，由持力层土性质查表 $\eta_b=2.0$，$\eta_d=3.0$

深宽度修正后地基承载力特征值

$$f_a=f_{ak}+\eta_b\gamma(b-3)+\eta_d\gamma_m(d-0.5)=150+0+3.0\times20\times(2.0-0.5)=240 \quad ①$$

第②步：计算基底压力并根据验算条件确定所求的值

恰好满足承载力要求

轴心荷载，只需满足基底平均压力要求

$$p_k=\frac{F_k+G_k}{b\times l}=\frac{F_k+20\times2\times3\times1}{3\times1}=f_a \quad ②$$

（2）设计变更后：

基础顶面轴心荷载增加 240kN/m，基础宽度增加 Δb，基底压力和修正后的地基承载力特征值均发生了变化

第①步：确定深宽度修正后的地基承载力验算

$$\begin{aligned}f_{a1}&=f_{ak}+\eta_b\gamma(b+\Delta b-3)+\eta_d\gamma_m(d_1-0.5)\\&=150+2.0\times20\times\Delta b+3.0\times20\times(2.0-0.5)=240+40\Delta b\end{aligned} \quad ③$$

第②步：计算基底压力并根据验算条件确定所求的值

轴心荷载，只需满足基底平均压力要求

$$p_{k1}=\frac{F_{k1}+G_{k1}}{(b+\Delta b)\times l}=\frac{F_k+240+20\times2.0\times(3+\Delta b)\times1}{(3+\Delta b)\times1}\leqslant f_{a1} \quad ④$$

①②③④式联立即可，解得 $\Delta b\geqslant0.69\text{m}$，取 $\Delta b=0.7\text{m}$

【注】以本题为例，展示下联立方程求解的全过程，这一部分在考场上完全可以在草稿纸上完成。

①式代入②式，可得 $F_k=600$ ⑤

③⑤式代入④式，可得 $\dfrac{600+240+20\times2.0\times(3+\Delta b)\times1}{(3+\Delta b)\times1}\leqslant240+40\Delta b$

化简可得 $\Delta b^2+8\Delta b-6\geqslant0$，解得 $\Delta b\geqslant\dfrac{-8+\sqrt{64+4\times6}}{2}=0.69$

当极其熟练、思路很清晰时，就可以边写式子边代入即可，这样会快很多，但必须熟练。当然对于最终的一元二次方程或不等式，可以试算，将 $\Delta b=0.7\text{m}$ 代入满足方程，即可得到最小值。近年计算量越来越大，大家计算速度一定要提高，当然这是建立在解题思维流程比较熟的情况，如果解题都没思路的话又怎么能提高速度呢。

2017D5

均匀深厚地基上，宽度为 2m 的条形基础，埋深为 1m，受轴向荷载作用，经验算地基承载力不满足设计要求，基底平均压力比地基承载力特征值大了 20kPa。已知地下水位

在地面下 8m，地基承载力的深度修正系数为 1.60，水位以上土的平均重度为 19kN/m³，基础及台阶上土的平均重度为 20kN/m³。如果取加深基础埋置深度的方法以提高地基承载力，将埋置深度至少增加到下列哪个选项才能满足设计要求？

(A) 2.0m   (B) 2.5m   (C) 3.0m   (D) 3.5m

【解】(1) 初始情况：

第①步：确定深宽度修正后的地基承载力验算

地基承载力特征值 f_{ak} 未知

基础短边 $b = 2m \notin [3m, 6m]$，取 $b = 3m$

基础埋深 $d = 1m > 0.5m$

地下水位埋深 8.0m

已给持力层土性质查表 $\eta_d = 1.6$

深宽度修正后地基承载力特征值

$$f_a = f_{ak} + \eta_b \gamma (b-3) + \eta_d \gamma_m (d-0.5) = f_{ak} + 0 + 1.6 \times 19(1-0.5) = f_{ak} + 15.2 \quad ①$$

第②步：计算基底压力并根据验算条件确定所求的值

地基承载力不满足设计要求，基底平均压力比地基承载力特征值大了 20kPa。

则 $\quad p_k - f_a = \dfrac{F_k + G_k}{b \times l} - f_a = \dfrac{F_k + 20 \times 2 \times 1}{2 \times 1} - f_a = 20 \rightarrow f_{ak} = \dfrac{F_k}{2} - 15.2$

②

(2) 埋置深度增加之后：

假定未到水位。基底压力和修正后的地基承载力特征值均发生了变化

第①步：确定深宽度修正后的地基承载力验算

$$f_{a1} = f_{ak} + \eta_b \gamma (b-3) + \eta_d \gamma_m (d_1 - 0.5) = f_{ak} + 0 + 1.6 \times 19(d - 0.5)$$
$$= f_{ak} + 30.4d - 15.2 \quad ③$$

第②步：计算基底压力并根据验算条件确定所求的值

轴心荷载，只需满足基底平均压力要求

$$p_{k1} = \dfrac{F_k + G_{k1}}{b \times l} = \dfrac{F_k + 20 \times d \times 2 \times 1}{2 \times 1} \leqslant f_{a1} \quad ④$$

①②③④式联立即可，可得 $\dfrac{F_k}{2} + 20d \leqslant \dfrac{F_k}{2} - 15.2 + 30.4d - 15.2 \rightarrow d \geqslant 2.923m$

取 $d = 3.0m$，满足未到水位的假设。

【注】①如果基础埋置深度增加后，到达水位以下，那么 γ_m 就要考虑浮重度了，题目设置得很好，水位很深，因此前后两种情形都是 $\gamma_m = 19$kN/m³。

②此题有歧义，"经验算地基承载力不满足设计要求，基底平均压力比地基承载力特征值大了 20kPa"，这句话中比地基承载力特征值大了 20kPa，未明确是比修正前地基承载力特征大 f_{ak}，还是比修正后地基承载力特征值 f_a 大。一般而言，验算地基承载力，都是和修正后地基承载力特征值 f_a 做比较，因此本题按比修正后地基承载力特征值 f_a 大了 20kPa 进行计算。

2017D9

位于均质黏性土地基上的钢筋混凝土条形基础，基础宽度为 2.4m，上部结构传至

基础顶面相应于荷载标准组合时的竖向力为300kN/m，该力偏心距为0.1m，黏性土地基天然重度为18kN/m³，孔隙比0.83，液性指数为0.76，地下水位埋藏很深。由荷载试验确定的地基承载力特征值$f_{ak}=130$kPa。基础及基础上覆土的加权平均重度取20.0kN/m³。根据《建筑地基基础设计规范》验算，经济合理的基础埋深最接近下列哪个选项的数值？

(A) 1.1m　　　(B) 1.2m　　　(C) 1.8m　　　(D) 1.9m

【解】第①步：确定深宽度修正后的地基承载力

已给的地基承载力特征值$f_{ak}=130$kPa

基础短边$b=2.4\text{m} \notin [3\text{m}, 6\text{m}]$，取$b=3$m

基础埋深d待求

地下水位埋深很深，不考虑

孔隙比0.83，液化指数为0.76，黏性土，查表持力层土性质查表$\eta_d=1.6$

深宽度修正后地基承载力特征值

$f_a = f_{ak} + \eta_b\gamma(b-3) + \eta_d\gamma_m(d-0.5) = 130 + 0 + 1.6 \times 18 \times (d-0.5) = 115.6 + 28.8d$

第②步：计算基底压力并根据验算条件确定所求的值

判断偏心距，注意此题给出的偏心距是竖向力300kN/m的偏心距，不是竖向合力的偏心距，因此偏心距需要计算得到。

$$e = \frac{M_k}{F_k+G_k} = \frac{0.1F_k}{F_k+G_k} = \frac{30}{300+48d} < 0.1 < \frac{b}{6} = \frac{2.4}{6} = 0.4，属于小偏心$$

小偏心除了要验算基底平均压力，还要验算基底最大压力

$$p_k = \frac{F_k+G_k}{b \times l} = \frac{300+20d \times 2.4 \times 1}{2.4 \times 1} = 125+20d \leq f_a = 115.6+28.8d \to d \geq 1.068\text{m}$$

$$p_{k\max} = \frac{F_k+G_k}{bl} + \frac{M_k}{W} = 125+20d + \frac{0.1 \times 300}{\frac{1}{6} \times 1 \times 2.4^2}$$

$\leq 1.2f_a = 1.2 \times (115.6+28.8d) \to d \geq 1.2$m

综上取$d=1.2$m

【注】地基承载力特征值深宽度修正时，要求$b \in [3\text{m}, 6\text{m}]$，因为$b=2.4\text{m}<3.0\text{m}$，故取$b=3.0$m；但是在计算基底压力时，按实际取即可，而且要注意b为偏心作用方向的边长。

2018D5

作用于某厂房柱对称轴平面的荷载（相应于作用的标准组合）如题图所示。$F_1=880$kN，$M_1=50$kN·m；$F_2=450$kN，$M_2=120$kN·m，忽略柱子自重。该柱子基础拟采用正方形，基底埋深1.5m，基础及其上土的平均重度为20kN/m³，持力层经修正后的地基承载力特征值f_a为300kPa，地下水位在基底以下。若要求相应于作用的标准组合时基础底面不出现零应力区，且地基承载力满足要求，则

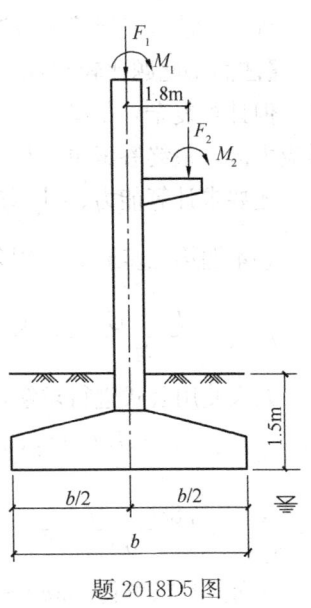

题2018D5图

6 地基基础专题

基础边长的最小值接近下列何值?

  (A) 3.2m   (B) 3.5m
  (C) 3.8m   (D) 4.4m

【解1】第①步：确定深宽度修正后的地基承载力，已给 $f_a = 300\text{kPa}$

第②步：计算基底压力并根据验算条件确定所求的值

要求基础底面不出现零应力区，因此属于小偏心

小偏心偏心距满足

$$e = \frac{M_k}{F_k + G_k} = \frac{50 + 450 \times 1.8 + 120}{880 + 450 + 20 \times b^2 \times 1.5}$$

$$= \frac{980}{1330 + 30b^2} \leqslant \frac{b}{6}$$

化简并求解得 $30b^3 + 1330b - 5880 \geqslant 0 \rightarrow b \geqslant 3.475\text{m}$ ①

小偏心除了要验算基底平均压力，还要验算基底最大压力

$$p_k = \frac{F_k + G_k}{b \times l} = \frac{880 + 450 + 20 \times 1.5 \times b^2}{b^2} \leqslant f_a = 300$$

化简并求解得 $270b^2 \geqslant 1330 \rightarrow b \geqslant 2.22\text{m}$ ②

$$p_{k\max} = \frac{F_k + G_k}{bl} + \frac{M_k}{W}$$

$$= \frac{880 + 450}{b^2} + 20 \times 1.5 + \frac{980}{\frac{1}{6} \times b^3} \leqslant 1.2 f_a = 1.2 \times 300$$

化简并且求解得 $360b^3 - 1330b - 5880 \geqslant 0 \rightarrow b \geqslant 3.12$ ③

综合①②③基础宽度 $b \geqslant 3.475\text{m}$ 取 $b = 3.5\text{m}$

【注】①此题比较常规，看似不显山不漏水，实则杀伤力极大，虽然思路和常规题一致，但计算复杂，量又大。而且一般满足承载力要求即可，此题还要满足基础底面不出现零应力区，最终答案也是根据这一点确定的最小值。所以，现在注岩考试，不仅仅要求熟练，还要求计算能力、计算速度。

②本题第三步验算采用公式 $p_{k\max} = \dfrac{F_k + G_k}{bl} + \dfrac{M_k}{W}$，而不是以往经常使用的公式

$p_{k\max} = \dfrac{F_k + G_k}{bl}\left(1 + \dfrac{6e}{b}\right)$，是因为此题弯矩值是已知的，这样计算稍微简单些。

如果使用公式进行求解，如下：

$$p_{k\max} = \frac{F_k + G_k}{bl}\left(1 + \frac{6e}{b}\right)$$

$$= \left(\frac{880 + 450}{b^2} + 20 \times 1.5\right)\left(1 + 6 \times \frac{980}{1330 + 30b^2} \times \frac{1}{b}\right) \leqslant 1.2 f_a = 1.2 \times 300$$

化简并且求解得 $360b^3 - 1330b - 5880 \geqslant 0 \rightarrow b \geqslant 3.12$ ③

6.2 基础设计类——深度、宽度、底面积、最大竖向力等

2019C8

大面积级配砂石压实填土厚度8m,现场测得平均最大干密度1800kg/m³,根据现场静载试验确定该土层的地基承载力特征值 $f_{ak}=200$ kPa,条形基础埋深2.0m,相应于作用标准组合时,基础顶面轴心荷载 $F_k=370$ kN/m。根据《建筑地基基础设计规范》GB 50007—2011 计算,最适宜的基础宽度接近下列何值?(填土的天然重度19kN/m³,无地下水,基础及其上土的平均重度取20kN/m³)

(A) 1.7m (B) 2.0m (C) 2.4m (D) 2.5 m

【解】第①步:确定修正后地基承载力特征值

大面积砂石填土,最大干密度1800kg/m³=1.8t/m³<2.1t/m³,据规范表5.2.4和5.2.4条条文说明,$\eta_b=0$,$\eta_d=1.0$。

基础埋深 $d=2.0$m>0.5m

无地下水

$$f_a = f_{ak} + \eta_b\gamma(b-3) + \eta_d\gamma_m(d-0.5) = 200 + 0 + 1 \times 19 \times (2-0.5) = 228.5\text{kPa}$$

第②步:计算基底压力并根据验算条件确定所求的值

$$p_k \leq f_a \to \frac{F_k + G_k}{b \times l} \leq f_a \to \frac{F_k + \gamma_G \times b \times l \times d}{b \times l} \leq f_a$$

$$p_k = \frac{F_k}{b \times l} + \gamma_G d = \frac{370}{b \times 1} + 20 \times 2 \leq f_a = 228.5 \to b \geq 1.96\text{m}$$

【注】①核心知识点常规题,但要注意小坑,干密度1800kg/m³=1.8t/m³,不符合要求。②一定要深刻理解假定 $b \leq 3.0$m,对于宽度修正系数为0的情况,这条假定不发挥作用,反而会有反作用,注意这一点,不能在任何时候都先假定 $b \leq 3.0$m,防止后面入坑。

2019D7

如题图所示条形基础,受轴向荷载作用,埋深 $d=1.0$m,原基础按设计荷载计算确定的宽度为 $b=2.0$m,基底持力层经深度修正后的地基承载力特征值 $f_a=100$kPa。因新增设备,在基础上新增竖向荷载 $F_{k1}=80$kN/m。拟采用加大基础宽度的方法来满足地基承载力设计要求,且要求加宽后的基础仍符合轴心受荷条件,求新增荷载作用一侧基础宽度的增加量 b_1 值,其最小值最接近下列哪个选项?(基础及其上土的平均重度取20kN/m³)

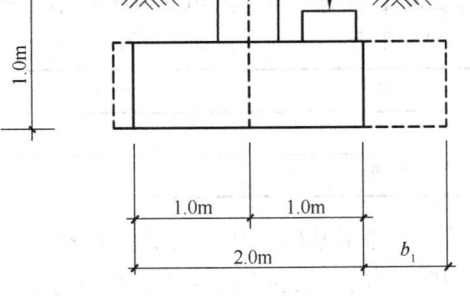

题 2019D7 图

(A) 0.25m (B) 0.5m (C) 0.75m (D) 1.0m

【解】"受轴向荷载作用,埋深 $d=1.0$m,原基础按设计荷载计算确定的宽度为 $b=2.0$m,基底持力层经深度修正后的地基承载力特征值 $f_a=100$kPa。"因此可得增加设备

之前作用于基础顶面竖向力 F_k

$$p_k = \frac{F_k}{b} + \gamma_G d = \frac{F_k}{2} + 1 \times 20 = f_a = 100 \rightarrow F_k = 160\text{kPa}$$

设基础另一边增加的宽度为 b_2。

"因新增设备,在基础上新增竖向荷载 $F_{k1} = 80\text{kN/m}$。拟采用加大基础宽度的方法来满足地基承载力设计要求,且要求加宽后的基础仍符合轴心受荷条件。"

仍符合轴心受荷条件,说明基础中心点必在 $F_k = 160$ 和 $F_{k1} = 80$ 之间,并且距离 F_k 为 0.25m,这样才能使得 $F_k \times 0.25 - F_{k1} \times 0.5 = 0$

因此 $\frac{b_2 + 2 + b_1}{2} = b_2 + 1 + 0.25 \rightarrow b_2 = b_1 - 0.5 \geqslant 0$ ①

(或 $b_2 + 1 + 0.25 = b_2 + 0.75 \rightarrow b_2 = b_1 - 0.5 \geqslant 0$)

满足地基承载力设计要求

先假定 $b_2 + 2 + b_1 \leqslant 3.0\text{m}$ ②

$$p_{k2} = \frac{F_k + F_{k1}}{b_2 + 2 + b_1} + \gamma_G d = \frac{160 + 80}{b_2 + 2 + b_1} + 20 \times 1 \leqslant f_a = 100 \rightarrow b_1 + b_2 \geqslant 1$$ ③

①②③联立得:$b_1 \geqslant 0.75$,此时总宽 $0.75 + 0.25 + 1 = 3.0\text{m}$,满足假定。

【注】核心知识点非常规题,题干设置较新型,"披着狼皮的羊",一定要冷静分析题意,但题核就是"基底压力计算和地基承载力验算"。此题应根据基本理论和计算公式,尽量做到不查本书中此知识点的"解题思维流程"和规范即可解答,对其熟练到可以当做"闭卷"解答。

6.3 软弱下卧层

2002C11

条形基础宽 2m,基底埋深 1.50m,地下水位在地面以下 1.50m,基础底面的设计荷载为 350kN/m,地层厚度与有关的试验指标见下表。在对软弱下卧层②进行验算时,为了查表确定地基压力扩散角 θ,z/b 应取下列( )数值。

(A) 1.5 (B) 4.0 (C) 0.75 (D) 0.6

层号	土层厚度 (m)	天然重度 γ (kN/m³)	压缩模量 E_s (MPa)
①	3	20	12.0
②	5	18	4.0

【解】条形基础,基础宽度 $b = 2\text{m}$

基础底面至软弱下卧层顶面的距离 $z = 1.5\text{m}$

$$z/b = 1.5/2 = 0.75$$

2002C12

条形基础宽 2m,基底埋深 1.50m,地下水位在地面以下 1.50m,基础底面的荷载标准值为 350kN/m,地层厚度与有关的试验指标见下表。在软弱下卧层验算时,若地基压

力扩散角 $\theta = 23°$，扩散到②层顶面的压力 p_z 最接近于下列（　　）数值。

(A) 89kPa　　　　(B) 196kPa　　　　(C) 107kPa　　　　(D) 214kPa

层号	土层厚度（m）	天然重度 γ（kN/m³）	压缩模量 E_s（MPa）
①	3	20	12.0
②	5	18	4.0

【解】条形基础，基础宽度 $b = 2$m

基础底面至软弱下卧层顶面的距离 $z = 1.5$m；压力扩散角 $\theta = 23°$

基础埋深 $d = 1.5$m；地下水位位于 1.5m

基底平均压力值 $p_k = \dfrac{F_k + G_k}{bl} = \dfrac{350}{2 \times 1} = 175$kPa

基底处自重压力，位于水位之上，$p_c = \gamma_i d_i = 1.5 \times 20 = 30$kPa

软弱下卧层顶面处附加压力

$$p_z = \dfrac{b(p_k - p_c)}{b + 2z\tan\theta} = \dfrac{2 \times (175 - 30)}{2 + 2 \times 1.5 \times \tan 23°} = 88.6\text{kPa}$$

2003D6

某建筑物基础尺寸为 16m×32m，基础底面埋深为 4.4m，基础底面以上土的加权平均重度为 13.3kN/m³，作用于基础底面相应于荷载效应准永久组合和标准组合的竖向荷载值分别是 122880kN 和 153600kN。在深度 12.4m 以下埋藏有软弱下卧层，其内摩擦角标准值 $\varphi_k = 6°$，黏聚力标准值 $c_k = 30$kPa，承载力系数 $M_b = 0.10$，$M_d = 1.39$，$M_c = 3.71$。深度 12.4m 以上土的加权平均重度已算得为 10.5kN/m³。根据上述条件，计算作用于软弱下卧层顶面的总压力并验算是否满足承载力要求。设地基压力扩散角取 $\theta = 23°$。问下列各项表达中（　　）是正确的。

(A) 总压力为 270kPa，满足承载力要求

(B) 总压力为 270kPa，不满足承载力要求

(C) 总压力为 280kPa，满足承载力要求

(D) 总压力为 280kPa，不满足承载力要求

【解】矩形基础，基础短边 $b = 16$m，基础长边 $l = 32$m

基础底面至软弱下卧层顶面的距离 $z = 12.4 - 4.4 = 8$m

压力扩散角 $\theta = 23°$；基础埋深 $d = 4.4$m

基底平均压力值 $p_k = \dfrac{F_k + G_k}{bl} = \dfrac{153600}{16 \times 32} = 300$kPa

基底处自重压力 $p_c = \gamma_i d_i = 13.3 \times 4.4 = 58.52$kPa

软弱下卧层顶面处附加压力

$$p_z = \dfrac{bl(p_k - p_c)}{(b + 2z\tan\theta)(l + 2z\tan\theta)}$$

$$= \dfrac{16 \times 32 \times (300 - 58.52)}{(16 + 2 \times 8 \times \tan 23°)(32 + 2 \times 8 \times \tan 23°)} = 139.9\text{kPa}$$

天然地面至软弱下卧层顶面距离 $d' = 12.4$m

按照抗剪强度指标计算，承载力特征值
$f_{az} = M_b \gamma b' + M_d \gamma_m d' + M_c c_k \geqslant 0 + 1.39 \times 10.5 \times 12.4 + 3.71 \times 30 = 292.3 \text{kPa}$

最终验算 $p_z + p_{cz} \leqslant f_{az} \to 139.9 + 130.2 = 270.1 \text{kPa} \leqslant 292.3 \text{kPa}$，淤泥质软弱下卧层承载力满足要求。

【注】此题无需计算出承载力特征值 f_a 的具体值，也无法计算，因为基底以下土的重度 γ 未给出，所以无法计算 $M_b \gamma b'$ 值，但肯定是大于 0 的，因此就可以得到承载力特征值 f_a 的最小值。当 f_a 取最小值时，都满足承载力要求，因此可断定满足承载力要求。

2003D8

天然地面标高为 3.5m，基础底面标高为 2.0m，已设定条形基础的宽度为 3m，作用于基础底面的竖向力为 400kN/m，力矩为 150kN·m，基础自重和基底以上土自重的平均重度为 20kN/m³，淤泥质软弱下卧层顶面标高为 1.3m，地下水位在地面下 1.5m 处，持力层和软弱下卧层的设计参数见下表。从下列的论述中指出（ ）判断是正确的。

(A) 设定的基础宽度可以满足验算地基承载力的设计要求
(B) 基础宽度必须加宽至 4m 才能满足验算地基承载力的设计要求
(C) 表中的地基承载力特征值是用规范的地基承载力公式计算得到的
(D) 按照基础底面最大压力 156.3kPa 设计基础结构

	重度（kN/m³）	承载力特征值（kPa）	黏聚力（kPa）	内摩擦角	压缩模量（MPa）
持力层	18	135	15	14°	6
软弱下卧层	17	105	10	10°	2

【解】受力分析：竖向力 $F_k + G_k = 400 \text{kN}$；力矩 $M = 150 \text{kN·m}$；

偏心距 $e = \dfrac{150}{400} = 0.375 > 0.033b = 0.033 \times 3 = 0.099$，因此不满足利用地基土抗剪强度指标计算地基承载力，因此 C 选项错误。同时也判断出表中地基承载力特征值需深宽度修正。

软弱下卧层承载力验算
条形基础，基础底面至软弱下卧层顶面的距离 $z = 2.0 - 1.3 = 0.7 \text{m}$；
$z/b = 0.7/3 = 0.23$，查表，压力扩散角 $\theta = 0°$；
基础埋深 $d = 3.5 - 2.0 = 1.5 \text{m}$；
基底平均压力值 $p_k = \dfrac{F_k + G_k}{bl} = \dfrac{400}{3 \times 1} = 133.3 \text{kPa}$；
基底处自重压力，地下水位于基底处，$p_c = \gamma_i d_i = 18 \times 1.5 = 27 \text{kPa}$；
软弱下卧层顶面处附加压力
$p_z = \dfrac{b(p_k - p_c)}{b + 2z\tan\theta} = \dfrac{3 \times (133.3 - 27)}{3 + 2 \times 0.7 \times \tan 0°} = 106.3 \text{kPa}$；
天然地面至软弱下卧层顶面距离 $d' = 1.5 + 0.7 = 2.2 \text{m}$；
软弱下卧层取 $\eta_d = 1.0$；软弱下卧层只经深度修正后的地基承载力
$f_{az} = f_{ak} + \eta_d \gamma_m (d' - 0.5) = 105 + 1.0 \times \dfrac{1.5 \times 18 + 0.7 \times 8}{2.2} \times (2.2 - 0.5) =$

119.82kPa；

最终验算 $p_z + p_{cz} \leqslant f_{az} \rightarrow 106.3 + 32.6 = 138.9 > f_{az} = 119.82$
可看出不满足软弱下卧层承载力要求，故 A 选项错误。

当基础宽度 $b = 4$m 时，$p_k = \dfrac{F_k + G_k}{bl} = \dfrac{400}{4 \times 1} = 100$kPa

$p_z = \dfrac{b(p_k - p_c)}{b + 2z\tan\theta} = \dfrac{4 \times (100 - 27)}{4 + 2 \times 0.7 \times \tan 0°} = 73$kPa

$p_z + p_{cz} \leqslant f_{az} \rightarrow 73 + 32.6 = 105.6 \leqslant f_{az} = 119.82$，满足承载力要求，故 B 选项正确。

设计基础结构时，应使用净反力，即不包含基础自重及其上土重，故 D 选项错误。

【注】①从扩散角表可看出，当 $z/b < 0.25$ 时，扩散角 $\theta = 0°$，此时与压缩模量之比无关。且 $\theta = 0°$ 时，$p_z = p_0$。

②关于"净反力"的概念及计算，可参见"6.7 扩展基础"。

2004C6

某厂房柱基础如题图所示，$b \times l = 2m \times 3m$，受力层范围内有淤泥质土层③，该层修正后的地基承载力特征值为 135kPa，荷载标准组合时基底平均压力 $p_k = 202$kPa。问：淤泥质土层顶面处自重应力与附加应力的和为（　　）。

(A) $p_z + p_{cz} = 99$kPa 　　　　　　(B) $p_z + p_{cz} = 103$kPa

(C) $p_z + p_{cz} = 108$kPa 　　　　　　(D) $p_z + p_{cz} = 113$kPa

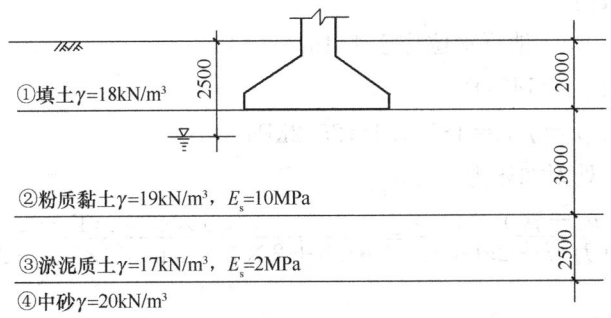

题 2004C6 图

【解】矩形基础，基础短边 $b = 2$m，基础长边 $l = 3.0$
基础底面至软弱下卧层顶面的距离 $z = 3$m；$z/b = 3/2 = 1.5$
软弱下卧层顶面处上下土层的压缩模量 $E_{s1}/E_{s2} = 10/2 = 5$
查表，压力扩散角 $\theta = 25°$
基础埋深 $d = 2.0$m；地下水位位于 2.5m 处；基底平均压力值 $p_k = 202$kPa
基底处自重压力 $p_c = \gamma_i d_i = 18 \times 2 = 36$kPa
软弱下卧层顶面处附加压力

$p_z = \dfrac{bl(p_k - p_c)}{(b + 2z\tan\theta)(l + 2z\tan\theta)} = \dfrac{2 \times 3 \times (202 - 36)}{(2 + 2 \times 3 \times \tan 25°) \times (3 + 2 \times 3 \times \tan 25°)}$

$= 35.8$kPa

天然地面至软弱下卧层顶面距离 $d' = 5\text{m}$

软弱下卧层顶面处自重压力，自天然地面算起
$p_{cz} = \gamma_i d'_i = 36 + 19 \times 0.5 + 9 \times 2.5 = 68\text{kPa}$

$p_z + p_{cz} = 35.8 + 68 = 103.8\text{kPa}$

2005C8

某厂房柱基础建于如题图所示的地基上，基础底面尺寸为 $l = 2.5\text{m}$，$b = 5.0\text{m}$，基础埋深为室外地坪下 1.4m，相应标准组合时基础底面平均压力 $p_k = 145\text{kPa}$，对软弱下弱层②进行验算，其结果应符合下列（　）选项。

(A) $p_z + p_{cz} = 89\text{kPa} > f_{az} = 81\text{kPa}$
(B) $p_z + p_{cz} = 89\text{kPa} < f_{az} = 114\text{kPa}$
(C) $p_z + p_{cz} = 112\text{kPa} > f_{az} = 92\text{kPa}$
(D) $p_z + p_{cz} = 112\text{kPa} < f_{az} = 114\text{kPa}$

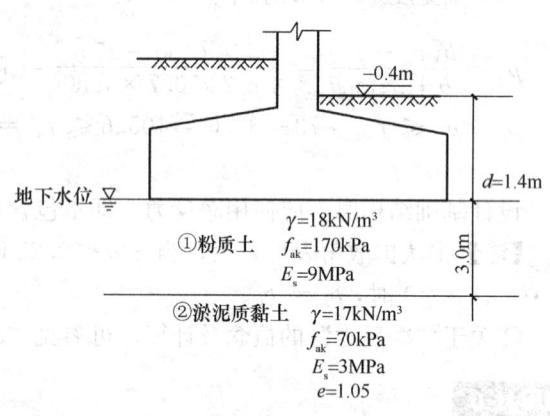

题 2005C8 图

【解】矩形基础，基础短边 $b = 2.5\text{m}$，基础长边 $l = 5.0$
基础底面至软弱下卧层顶面的距离 $z = 3\text{m}$；$z/b = 3/2.5 = 1.2$
软弱下卧层顶面处上下土层的压缩模量 $E_{s1}/E_{s2} = 9/3 = 3$
查表，压力扩散角 $\theta = 23°$
基础埋深 $d = 1.4\text{m}$；地下水位位于 1.4m 处
基底平均压力值 $p_k = 145\text{kPa}$
基底处自重压力 $p_c = \gamma_i d_i = 18 \times 1.4 = 25.2\text{kPa}$
软弱下卧层顶面处附加压力

$$p_z = \frac{bl(p_k - p_c)}{(b + 2z\tan\theta)(l + 2z\tan\theta)} = \frac{2.5 \times 5 \times (145 - 25.2)}{(2.5 + 2 \times 3 \times \tan23°) \times (5 + 2 \times 3 \times \tan23°)}$$
$$= 39.3\text{kPa}$$

天然地面至软弱下卧层顶面距离 $d' = 4.4$

软弱下卧层顶面处自重压力，自天然地面算起 (kPa)
$p_{cz} = \gamma_i d'_i = 25.2 + 3 \times 8 = 49.2\text{kPa}$

d' 范围内土层厚度加权平均重度，水下取浮重度 $\gamma_m = 49.2/4.4 = 11.18\text{kN/m}^3$

淤泥质土取 $\eta_d = 1.0$

软弱下卧层只经深度修正后的地基承载力
$f_{az} = f_{ak} + \eta_d \gamma_m(d' - 0.5) = 70 + 1.0 \times 11.18 \times (4.4 - 0.5) = 113.6\text{kPa}$

最终验算 $p_z + p_{cz} = 39.3 + 49.2 = 88.5 < f_{az} = 113.6$

【注】室内室外标高不一致，即基础两侧埋深不相等，计算基底压力 p_k 时，要用到 G_k，应采用室内室外埋深的平均值（当然此题 p_k 值直接给出了）。但是计算自重压力值 p_c 时，采用室外地面标高。

2006D10

已知基础宽10m，长20m，埋深4m，地下水位距地表1.5m，基础底面以上土的平均重度为$12kN/m^3$，在持力层以下有一软弱下卧层，该层顶面距地表6m，土的重度$18kN/m^3$，已知软弱下卧层经深度修正的地基承载力为130kPa，则基底总压力不超过下列何值时才能满足软弱下卧层强度验算要求？

(A) 66kPa
(B) 88kPa
(C) 104kPa
(D) 114kPa

【解】矩形基础，基础短边$b=10m$，基础长边$l=20m$

基础底面至软弱下卧层顶面的距离$z=2m$；$z/b=0.2<0.25$；查表，压力扩散角$\theta=0°$

基础埋深$d=4m$；地下水位位于1.5m

基底平均压力值p_k待求

基底处自重压力，虽然本题给了水位且在基底以上，但是直接给出了基底上平均重度，此重度已经考虑了取浮重，因此直接使用即可

$p_c = \gamma_i d_i = 12 \times 4 = 48kPa$

软弱下卧层顶面处附加压力p_z

$$p_z = \frac{bl(p_k - p_c)}{(b+2z\tan\theta)(l+2z\tan\theta)}$$

$$= \frac{10 \times 20 \times (p_k - 8)}{(10+2\times2\times\tan0°)\times(20+2\times2\times\tan20°)} = p_k - 48kPa$$

天然地面至软弱下卧层顶面距离$d'=6m$

软弱下卧层顶面处自重压力，自天然地面算起$p_{cz} = \gamma_i d'_i = 48 + 8 \times 2 = 64kPa$

软弱下卧层只经深度修正后的地基承载力$f_{az} = 130kPa$

最终验算 $p_z + p_{cz} = p_k - 48 + 64 \leqslant f_{az} = 130 \rightarrow p_k \leqslant 114kPa$

2007D10

某条形基础的原设计宽度为2m，上部结构传至基础顶面的竖向力为320kN/m。后发现持力层以下有厚度2m的淤泥质土层。地下水水位埋深在室外地面以下2m，淤泥质土层顶面处的地基压力扩散角为23°，基础结构及其上土的平均重度按$19kN/m^3$计算，根据软弱下卧层验算结果重新调整后的基础宽度最接近以下哪个选项才能满足要求？

(A) 2.0m
(B) 2.5m
(C) 3.5m
(D) 4.0m

题2007D10图

【解】条形基础，重新调整后基础宽度b待求

基础底面至软弱下卧层顶面的距离$z=3.0m$；压力扩散角$\theta=23°$

基础埋深$d=1.5m$；地下水位位于2.0m

基底平均压力值 $p_k = \dfrac{F_k+G_k}{bl} = \dfrac{320+19\times 1.5\times b\times 1}{b\times 1} = \dfrac{320}{b}+28.5\text{kPa}$

基底处自重压力 $p_c = \gamma_i d_i = 19\times 1.5 = 28.5\text{kPa}$

软弱下卧层顶面处附加压力 p_z

$$p_z = \dfrac{b(p_k-p_c)}{b+2z\tan\theta} = \dfrac{b\times\left(\dfrac{320}{b}+28.5-28.5\right)}{b+2\times 3\times \tan 23°} = \dfrac{320}{b+2.546}\text{kPa}$$

天然地面至软弱下卧层顶面距离 $d' = 4.5\text{m}$

软弱下卧层顶面处自重压力,自天然地面算起

$p_{cz} = \gamma_i d'_i = 2\times 19 + 2.5\times 9 = 60.5\text{kPa}$

d' 范围内土层厚度加权平均重度,水下取浮重度,$\gamma_m = 60.5/4.5 = 13.44\text{kN/m}^3$

淤泥质土取 $\eta_d = 1.0$

软弱下卧层只经深度修正后的地基承载力

$f_{az} = f_{ak} + \eta_d\gamma_m(d'-0.5) = 60 + 1.0\times 13.44\times(4.5-0.5) = 113.76\text{kPa}$

最终验算 $p_z + p_{cz} \leqslant f_{az} \rightarrow \dfrac{320}{b+2.546} + 60.5 \leqslant 113.76 \rightarrow b \geqslant 3.462\text{m}$

【注】本题基础结构及土的重度,题目已给定,按 19kN/m^3 计算。如果题中未给定,则默认按 20kN/m^3 计算,并注意水下取浮重度。类似的还有重力加速度,一定要注意是否给定具体值。

2008D5

如题图所示,条形基础宽度 2.0m,埋深 2.5m,基底总压力 200kPa,按照现行《建筑地基基础设计规范》,基底下淤泥质黏土层顶面的附加应力值最接近下列哪个选项的数值?

(A) 89kPa (B) 108kPa
(C) 81kPa (D) 200kPa

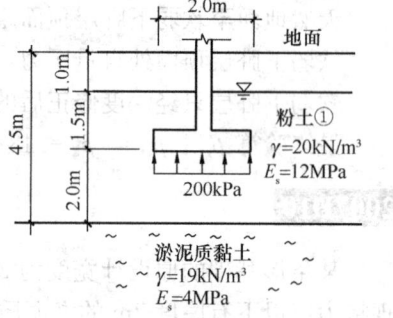

题 2008D5 图

【解】条形基础,基础宽度 $b=2\text{m}$;基础底面至软弱下卧层顶面的距离 $z=2\text{m}$;$z/b=1$

软弱下卧层顶面处上下土层的压缩模量 $E_{s1}/E_{s2} = 12/4 = 3$

查表,压力扩散角 $\theta = 23°$

基础埋深 $d=2.5\text{m}$;地下水位位于 1.0m

基底平均压力值 $p_k = 200\text{kPa}$

基底处自重压力,水下取浮重, $p_c = \gamma_i d_i = 1\times 20 + 1.5\times 10 = 35\text{kPa}$

软弱下卧层顶面处附加压力

$$p_z = \dfrac{b(p_k-p_c)}{b+2z\tan\theta} = \dfrac{2\times(200-35)}{2+2\times 2\times \tan 23°} = 89.23\text{kPa}$$

2009D6

某柱下独立基础底面尺寸为 3m×4m，传至基础底面的平均压力为 300kPa，基础埋深 3.0m，地下水埋深 4.0m，地基的天然重度 20kN/m³，压缩模量 $E_{s1}=15$MPa，软弱下卧层顶面埋深 6m，压缩模量 $E_{s2}=5$MPa，试问在验算下卧层强度时，软弱下卧层顶面处附加应力与自重应力之和最接近？

(A) 199kPa　　　　(B) 179kPa　　　　(C) 159kPa　　　　(D) 79kPa

【解】矩形基础，基础短边 $b=3$m，基础长边 $l=4$m
基础底面至软弱下卧层顶面的距离 $z=3$m；$z/b=1$
软弱下卧层顶面处上下土层的压缩模量 $E_{s1}/E_{s2}=15/5=3$
查表，压力扩散角 $\theta=23°$
基础埋深 $d=3.0$m；地下水位位于 4.0m
基底平均压力值 $p_k=300$kPa
基底处自重压力 $p_c=\gamma_i d_i=20\times 3=60$kPa
软弱下卧层顶面处附加压力 p_z

$$p_z=\frac{bl(p_k-p_c)}{(b+2z\tan\theta)(l+2z\tan\theta)}$$

$$=\frac{3\times 4\times(300-60)}{(3+3\times 2\times\tan 23°)(4+3\times 2\times\tan 23°)}=79.307\text{kPa}$$

天然地面至软弱下卧层顶面距离 $d'=6$m
软弱下卧层顶面处自重压力，自天然地面算起 (kPa)
$p_{cz}=\gamma_i d'_i=4\times 20+2\times 10=100$kPa
$p_z+p_{cz}=79.307+100=179.307$kPa

2010C7

某条形基础，上部结构传至基础顶面的竖向荷载 $F_k=320$kN/m，基础宽度 $b=4$m，基础埋置深度 $d=2$m，基础底面以上土层的天然重度 $\gamma=18$kN/m³，基础及其上土的平均重度为 20 kN/m³，基础底面至软弱下卧层顶面的距离 $z=2$m，已知扩散角 $\theta=25°$，试问扩散到软弱下卧层顶面处的附加压力最接近于下列何项数值？

(A) 35kPa　　　　(B) 45kPa　　　　(C) 57kPa　　　　(D) 66kPa

【解】条形基础，基础宽度 $b=4$m；基础底面至软弱下卧层顶面的距离 $z=2$m
压力扩散角 $\theta=25°$
基础埋深 $d=2$m；地下水位信息未给，不用考虑
基底平均压力值

$$p_k=\frac{F_k+G_k}{bl}=\frac{F_k}{bl}+\gamma_G d=\frac{320}{4}+20\times 2=120\text{kPa}$$

基底处自重压力 $p_c=\gamma_i d_i=18\times 2=36$kPa
软弱下卧层顶面处附加压力 p_z

$$p_z=\frac{b(p_k-p_c)}{b+2z\tan\theta}=\frac{4\times(120-36)}{4+2\times 2\times\tan 25°}=57.28\text{kPa}$$

2010D6

某老建筑物采用条形基础，宽度为 2.0m，埋深 2.5m。拟增层改造，探明基底以下 2.0m 深处下卧淤泥质粉土，$f_{ak}=90$kPa，$E_s=3$MPa，如题图所示，已知上层土的重度为 18kN/m³，基础及其上土的平均重度为 20kN/m³，地基承载力特征值 $f_{ak}=160$kPa，无地下水，试问，基础顶面所允许的最大竖向力与下列何项数值最为接近？

(A) 180kN/m　　　　(B) 300kN/m
(C) 320kN/m　　　　(D) 340kN/m

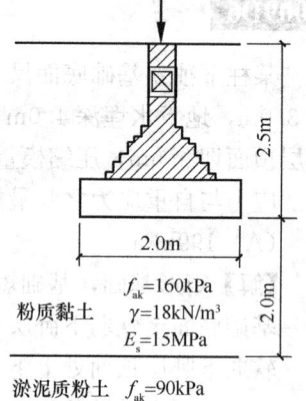

题 2010D6 图

【解】条形基础，基础宽度 $b=2.0$m
基础底面至软弱下卧层顶面的距离 $z=2.0$m；$z/b=1$
软弱下卧层顶面处上下土层的压缩模量 $E_{s1}/E_{s2}=15/3=5$；查表，压力扩散角 $\theta=25°$
基础埋深 $d=2.5$m；无地下水位

基底平均压力值 $p_k=\dfrac{F_k+G_k}{bl}=\dfrac{F_k}{bl}+\gamma_G d=\dfrac{F_k}{b}+20\times 2.5=\dfrac{F_k}{2}+50$kPa

基底处自重压力 $p_c=\gamma_i d_i=18\times 2.5=45$kPa
软弱下卧层顶面处附加压力 p_z

$$p_z=\dfrac{b(p_k-p_c)}{b+2z\tan\theta}=\dfrac{2\times(p_k-45)}{2+2\times 2\times\tan 25°}=0.517(p_k-45)\text{kPa}$$

天然地面至软弱下卧层顶面距离 $d'=2+2.5=4.5$m
软弱下卧层顶面处自重压力，自天然地面算起，$p_{cz}=\gamma_i d'_i=4.5\times 18=81$kPa
d' 范围内土层厚度加权平均重度，水下取浮重度，$\gamma_m=18$kN/m³
淤泥及淤泥质土取 $\eta_d=1.0$
软弱下卧层只经深度修正后的地基承载力
$f_{az}=f_{ak}+\eta_d\gamma_m(d'-0.5)=90+1.0\times 18\times(4.5-0.5)=162$kPa
最终验算 $p_z+p_{cz}\leqslant f_{az}\rightarrow 0.517(p_k-45)+81\leqslant 162\rightarrow p_k\leqslant 201.67$kPa

$p_k=\dfrac{F_k}{2}+50\leqslant 201.67\rightarrow F_k\leqslant 303.346$kN/m

【注】本题还要验算地基持力层承载力要求，但是题目给的数据不全，粉质黏土的性质未知，因此不能求出持力层修正后的地基承载力，所以持力层承载力不再验算。但如果此题，想不到持力层承载力验算，说明对软弱下卧层解题思路理解不深刻，很容易掉入"坑"。对每一个知识点，充分地了解有哪些"坑"，才能防止掉入。

2011D9

某独立基础平面尺寸 5m×3m，埋深 2.0m，基础底底面压力标准组合值 150kPa，场地地下水位埋深 2m，地层及岩土参数见下表，问软弱下卧层②的层顶附加应力与自重应力之和最接近下列哪个选项？

6.3 软弱下卧层

(A) 105kPa (B) 125kPa (C) 140kPa (D) 150kPa

<table>
<tr><td colspan="5">地层土的参数</td></tr>
<tr><td>层号</td><td>底层深度
(m)</td><td>天然重度
(kN/m³)</td><td>承载力特征值 f_{ak}
(kPa)</td><td>压缩模量
(MPa)</td></tr>
<tr><td>①</td><td>4.0</td><td>18</td><td>180</td><td>9</td></tr>
<tr><td>②</td><td>5.0</td><td>18</td><td>80</td><td>3</td></tr>
</table>

【解】矩形基础,基础短边 $b=3$m,基础长边 $l=2$m
基础底面至软弱下卧层顶面的距离 $z=2$m;$z/b=2/3=0.66$
软弱下卧层顶面处上下土层的压缩模量 $E_{s1}/E_{s2}=9/3=3$
查表,压力扩散角 $\theta=23°$
基础埋深 $d=2$m;地下水位位于 2m
基底平均压力值 $p_k=150$kPa
基底处自重压力 $p_c=\gamma_i d_i=2\times 18=36$kPa
软弱下卧层顶面处附加压力 p_z

$$p_z=\frac{bl(p_k-p_c)}{(b+2z\tan\theta)(l+2z\tan\theta)}$$
$$=\frac{5\times 3\times(150-36)}{(5+2\times 2\times\tan 23°)\times(3+2\times 2\times\tan 23°)}=54.34\text{kPa}$$

天然地面至软弱下卧层顶面距离 $d'=4$ m
软弱下卧层顶面处自重压力,自天然地面算起,$p_{cz}=\gamma_i d'_i=2\times 18+2\times 8=52$kPa
最终 $p_z+p_{cz}=54.34+52=106.34$kPa

2012D8

某建筑物采用条形基础,基础宽度 2.0m,埋深 3.0m,底平均力为 180kPa,地下水位埋深 1.0m,其他指标如题图所示,软弱下卧层修正后压地基承载力特征值最小为下列何值时,才能满足规范要求?

(A) 134kPa (B) 145kPa
(C) 154kPa (D) 162kPa

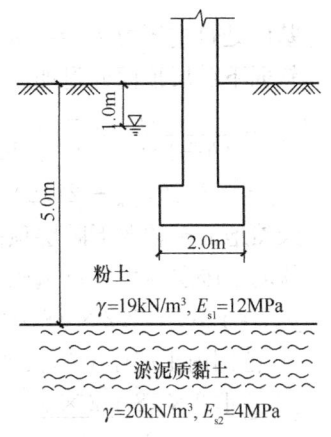

题 2012D8 图

【解】条形基础,基础宽度 $b=2$m
基础底面至软弱下卧层顶面的距离 $z=2$m;$z/b=1$
软弱下卧层顶面处上下土层的压缩模量 $E_{s1}/E_{s2}=12/4=3$;查表,压力扩散角 $\theta=23°$
基础埋深 $d=3$m;地下水位位于 1m
基底平均压力值 $p_k=180$kPa
基底处自重压力,水下取浮重,$p_c=\gamma_i d_i=1\times 19+2\times 9=37$kPa
软弱下卧层顶面处附加压力

$$p_z=\frac{b(p_k-p_c)}{b+2z\tan\theta}=\frac{2\times(180-37)}{2+2\times 2\times\tan 23°}=77.34\text{kPa}$$

天然地面至软弱下层顶面距离 $d'=5\mathrm{m}$

软弱下卧层顶面处自重压力，自天然地面算起（kPa）

$p_{cz}=\gamma_i d'_i=1\times 19+4\times 9=55\mathrm{kPa}$

最终验算 $p_z+p_{cz}\leqslant f_{az}\to 77.34+55\leqslant f_{az}\to f_{az}\geqslant 132.34\mathrm{kPa}$

2014C5

柱下独立基础及地基土层如题图所示，基础的底面尺寸为 $3.0\mathrm{m}\times 3.6\mathrm{m}$，持力层压力扩散角 $\theta=23°$，地下水位埋深 $1.2\mathrm{m}$。按照软弱下卧层承载力的设计要求，基础可承受的竖向作用力 F_k 最大值与下列哪个选项最接近？（基础和基础之上土的平均重度取 $20\mathrm{kN/m^3}$）

(A) 1180kN   (B) 1440kN
(C) 1890kN   (D) 2090kN

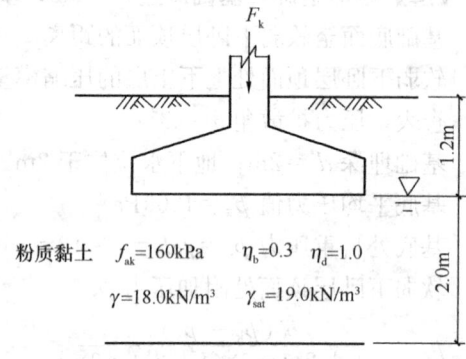

题 2014C5 图

【解】矩形基础，基础短边 $b=3\mathrm{m}$，基础长边 $l=3.6\mathrm{m}$

基础底面至软弱下卧层顶面的距离 $z=2\mathrm{m}$；压力扩散角 $\theta=23°$

基础埋深 $d=1.2\mathrm{m}$；地下水位位于 $1.2\mathrm{m}$

基底平均压力值

$p_k=\dfrac{F_k+G_k}{bl}=\dfrac{F_k}{bl}+\gamma_G d=\dfrac{F_k}{3\times 3.6}+20\times 1.2\mathrm{kPa}$

基底处自重压力 $p_c=\gamma_i d_i=18\times 1.2=21.6\mathrm{kPa}$

软弱下卧层顶面处附加压力

$p_z=\dfrac{bl(p_k-p_c)}{(b+2z\tan\theta)(l+2z\tan\theta)}=\dfrac{3\times 3.6\times(p_k-21.6)}{(3+2\times 2\times\tan 23°)\times(3.6+2\times 2\times\tan 23°)}$

$=0.4339(p_k-21.6)\mathrm{kPa}$

天然地面至软弱下卧层顶面距离 $d'=3.2\mathrm{m}$

软弱下卧层顶面处自重压力，自天然地面算起（kPa）

$p_{cz}=\gamma_i d'_i=1.2\times 18+2\times 9=39.6\mathrm{kPa}$

d' 范围内土层厚度加权平均重度，水下取浮重度

$\gamma_m=\dfrac{1.2\times 18+2\times 9}{3.2}=12.375\mathrm{kN/m^3}$

淤泥及淤泥质土取 $\eta_d=1.0$

软弱下卧层只经深度修正后的地基承载力

$f_{az}=f_{ak}+\eta_d\gamma_m(d'-0.5)=65+1.0\times 12.375\times(3.2-0.5)=98.4125\mathrm{kPa}$

最终验算 $p_z+p_{cz}\leqslant f_{az}\to 0.4339(p_k-21.6)+39.6\leqslant 98.4125\to p_k\leqslant 157.144\mathrm{kPa}$

$p_k=\dfrac{F_k}{3\times 3.6}+20\times 1.2\leqslant 157.144\to F_k\leqslant 1437.9\mathrm{kN}$

【注】此题已明确按软弱下卧层承载力设计要求进行计算，因此持力层承载力无需验算。

2016D7

某建筑场地天然地面下的地层参数如下表，无地下水，拟建建筑基础埋深 2.0m，筏板基础，平面尺寸 20m×60m，采用天然地基，根据《建筑地基基础设计规范》，满足下卧层②层强度要求情况下，相应于作用的标准组合时，该建筑基础底面处平均压力最大值接近下列哪个选项？

(A) 330kPa (B) 360kPa (C) 470kPa (D) 600kPa

层号	名称	层底深度 (m)	天然重度 (kN/m³)	承载力特征值 f_{ak} (kPa)	压缩模量 (MPa)
①	粉质黏土	12.0	19	280	21
②	粉土，黏粒含量为 12%	15.0	18	100	7

【解】 矩形基础，基础短边 $b=20$m，基础长边 $l=60$m
基础底面至软弱下卧层顶面的距离 $z=10$m；$z/b=10/20=0.5$
软弱下卧层顶面处上下土层的压缩模量 $E_{s1}/E_{s2}=21/7=3$；查表，压力扩散角 $\theta=23°$
基础埋深 $d=2.0$m；无地下水
基底处自重压力 $p_c = \gamma_i d_i = 19 \times 2 = 38$kPa
软弱下卧层顶面处附加压力
$$p_z = \frac{bl(p_k - p_c)}{(b+2z\tan\theta)(l+2z\tan\theta)} = \frac{20 \times 60 \times (p_k - 38)}{(20+2 \times 10 \times \tan23°) \times (60+2 \times 10 \times \tan23°)}$$
$$= 0.615(p_k - 38)\text{kPa}$$
天然地面至软弱下卧层顶面距离 $d'=12$m
软弱下卧层顶面处自重压力，自天然地面算起（kPa）
$p_{cz} = \gamma_i d'_i = 12 \times 19 = 228$kPa
d' 范围内土层厚度加权平均重度 $\gamma_m = 19$kN/m³
粉土，黏粒含量为 12%，按软弱下卧层具体土性查表 $\eta_d = 1.5$
软弱下卧层只经深度修正后的地基承载力
$f_{az} = f_{ak} + \eta_d \gamma_m (d' - 0.5) = 100 + 1.5 \times 19 \times (12 - 0.5) = 427.75$kPa
最终验算 $p_z + p_{cz} \le f_{az} \rightarrow 0.615(p_k - 38) + 228 \le 427.75 \rightarrow p_k \le 362.8$kPa

【注】 软弱下卧层不是常考的淤泥及淤泥质土，而是粉土，因此深度修正系数需要查表确定，不能直接取 1.0。

2017C7

条形基础宽 2m，基础埋深 1.5m，地下水位在地面下 1.5m，地面下土层厚度及有关的试验指标见下表，相应于荷载效应标准组合时，基底处平均压力为 160kPa，按《建筑地基基础设计规范》对软弱下卧层②进行验算，其结果符合下列哪个选项？

层号	土的类别	土层厚度 (m)	天然重度 (kN/m³)	饱和重度 (kN/m³)	压缩模量 (MPa)	地基承载力特征值 f_{ak} (kPa)
①	粉砂	3	20	20	12	160
②	黏粒含量大于 10% 的粉土	5	17	17	3	70

(A) 软弱下卧层顶面处附加压力为78kPa，软弱下卧层承载力满足要求
(B) 软弱下卧层顶面处附加压力为78kPa，软弱下卧层承载力不满足要求
(C) 软弱下卧层顶面处附加压力为87kPa，软弱下卧层承载力满足要求
(D) 软弱下卧层顶面处附加压力为87kPa，软弱下卧层承载力不满足要求

【解】条形基础，基础短边 $b=2\text{m}$
基础底面至软弱下卧层顶面的距离 $z=1.5\text{m}$；$z/b=1.5/2=0.75$
软弱下卧层顶面处上下土层的压缩模量 $E_{s1}/E_{s2}=12/3=4$
查表，压力扩散角 $\theta=(23°+25°)/2=24°$
基础埋深 $d=1.5\text{m}$；地下水位位于基底
基底平均压力值 $p_k=160\text{kPa}$
基底处自重压力 $p_c=\gamma_i d_i=20\times 1.5=30\text{kPa}$
软弱下卧层顶面处附加压力

$$p_z=\frac{b(p_k-p_c)}{b+2z\tan\theta}=\frac{2\times(160-30)}{2+2\times 1.5\tan 24°}=77.9\text{kPa}$$

天然地面至软弱下卧层顶面距离 $d'=3\text{m}$
软弱下卧层顶面处自重压力，自天然地面算起
$p_{cz}=\gamma_i d'_i=30+(20-10)\times 1.5=45\text{kPa}$
d' 范围内土层厚度加权平均重度，水下取浮重度，$\gamma_m=45/3=15\text{kN/m}^3$
粉土，黏粒含量为大于10%，按软弱下卧层具体土性查表 $\eta_d=1.5$
软弱下卧层只经深度修正后的地基承载力
$$f_{az}=f_{ak}+\eta_d\gamma_m(d'-0.5)=70+1.5\times 15\times(3-0.5)=126.25\text{kPa}$$
最终验算 $p_z+p_{cz}=77.9+45=122.9\leqslant f_a=126.25$，承载力满足要求

2018D6

圆形基础上作用于地面处的竖向力 $N_k=1200\text{kN}$，基础直径3m，基础埋深2.5m，地下水位埋深4.5m。基底以下的土层依次为：厚度4m的可塑黏性土、厚度5m的淤泥质黏土，基底以上土层的天然重度为17kN/m³，基础及其上土的平均重度为20kN/m³。已知可塑黏性土的地基压力扩散线与垂直线的夹角为23°，则淤泥质黏土层顶面处的附加压力最接近下列哪个选项？

(A) 20kPa (B) 39kPa (C) 63kPa (D) 88kPa

【解】圆形基础，基础直径 $D=3\text{m}$
基础底面至软弱下卧层顶面的距离 $z=4.0\text{m}$；压力扩散角 $\theta=23°$
基础埋深 $d=2.5\text{m}$；地下水位埋深 4.5m
基底平均压力值 $p_k=\dfrac{F_k}{bl}+\gamma_G d=\dfrac{1200}{3.14\times 1.5^2}+20\times 2.5=219.85\text{kPa}$
基底处自重压力 $p_c=\gamma_i d_i=17\times 2.5=42.5\text{kPa}$
软弱下卧层顶面处附加压力

$$p_z=\frac{D^2(p_k-p_c)}{(D+2z\tan\theta)^2}=\frac{3^2\times(219.85-42.5)}{(3+2\times 4\tan 23°)^2}=39.0\text{kPa}$$

【注】圆形基础，2018 年第一次考，应引起重视，理解了原理此题很简单。

2019D6

某条形基础埋深 2m，地下水埋深 4m，相应于作用标准组合时，上部结构传至基础顶面的轴心荷载为 480kN/m，土层分布及参数如题图所示，软弱下卧层顶面埋深 6m，地基承载力特征值为 85kPa，地基压力扩散角为 23°，根据《建筑地基基础设计规范》GB 50007—2011，满足软弱下卧层承载力要求的最小基础宽度最接近下列哪个选项？（基础及其上土的平均重度取 20kN/m³，水的重度 $\gamma_w = 10kN/m^3$）

(A) 2.0m　　　(B) 3.0m
(C) 4.0m　　　(D) 5.0m

【解】

软弱下卧层顶面处附加压力 $p_z = \dfrac{b(p_k - p_c)}{b + 2z\tan\theta} =$

$\dfrac{b\left(\dfrac{480}{b} + 20 \times 2 - 18 \times 2\right)}{b + 2 \times 4\tan23°} = \dfrac{480 + 4b}{b + 3.4}$

软弱下卧层顶面处自重压力

$p_{cz} = \gamma_i d'_i = 18 \times 4 + 8 \times 2 = 88\text{kPa}$

软弱下卧层只经深度修正后的地基承载力

$f_{az} = f_{ak} + \eta_d \gamma_m (d' - 0.5)$

$= 85 + 1.0 \times \dfrac{88}{6} \times (6 - 0.5) = 165.7\text{kPa}$

软弱下卧层承载力验算

$p_z + p_{cz} = \dfrac{480 + 4b}{b + 3.4} + 88 \leqslant f_a = 174.8 \rightarrow b \geqslant 2.9\text{m}$，最终取 $b = 2.9\text{m}$

【注】①核心知识点常规题。直接使用解题思维流程快速求解。
②此题应根据基本理论和计算公式，尽量做到不查本书中此知识点的"解题思维流程"和规范即可解答，对其熟练到可以当做"闭卷"解答。

6.4 地基变形其他内容

6.4.1 大面积地基荷载作用引起柱基沉降计算

2016C8

柱基 A 宽度 $b = 2m$，柱宽度为 0.4m，柱基内外侧回填土及地面堆载的纵向长度均为 20m，柱基内、外侧回填土厚度分别为 2.0m、1.5m，回填土的重度为 18kN/m³，内侧地面堆载为 30kPa，回填土及堆载范围见题图。根据《建筑地基基础设计规范》计算回填土及地面堆载作用下柱基 A 内侧边缘中点的地基附加沉降量时，其等效均布地面荷载最接近下列哪个选项的数值？

(A) 40kPa (B) 45kPa (C) 50kPa (D) 55kPa

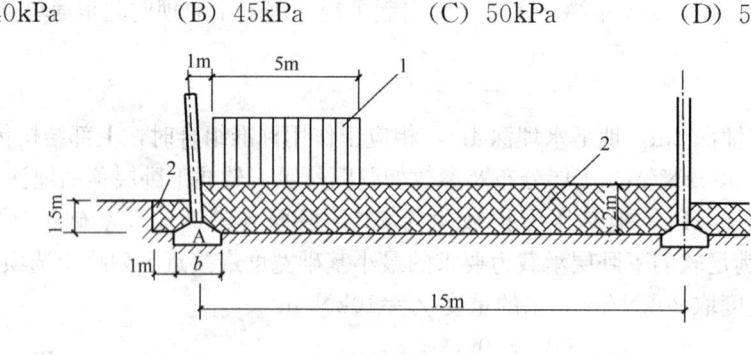

题2016C8 图
1—地面堆载；2—回填土

【解】柱基宽度 $b=2\text{m}$；地面堆载横向宽度 $b'=5\text{m}$；地面堆载纵向宽度 $a=20\text{m}$
柱内侧填土荷载：$2\times18=36\text{kPa}$；柱内侧地面堆载：30kPa
柱外侧填土荷载：$1.5\times18=27\text{kPa}$；柱外侧地面堆载：0kPa
柱基两侧地面荷载计算宽度取 $5b=5\times2=10\text{m}$，按每段为0.5倍柱基宽度分成10个区段，且 $\dfrac{a}{5b}=\dfrac{20}{5\times2}=2>1$，因此按下表取地面荷载换算系数 β_i

区段		换算系数 β_i									
		0	1	2	3	4	5	6	7	8	9	10
$\dfrac{a}{5b}\geqslant 1$		0.30	0.29	0.22	0.15	0.10	0.08	0.06	0.04	0.03	0.02	0.01
柱内侧第 i 区段内的平均地面荷载 q_i	地面堆载	0	30	30	30	30	30	0	0	0	0	0
	填土荷载	36	36	36	36	36	36	36	36	36	36	36
柱外侧第 i 区段内的平均地面荷载 p_i	地面堆载	0	0	0	0	0	0	0	0	0	0	0
	填土荷载	27	27	0	0	0	0	0	0	0	0	0

等效均布地面荷载

$$q_{eq}=0.8\left(\sum_{i=0}^{10}\beta_i q_i - \sum_{i=0}^{10}\beta_i p_i\right)$$

$$=0.8\times\begin{bmatrix}0.30\times(0+36)+(0.29+0.22+0.15+0.10+0.08)\times(30+36)\\+(0.06+0.04+0.03+0.02+0.01)\times(0+36)-(0.30+0.29)\times(0+27)\end{bmatrix}$$

$$=44.86\text{kPa}$$

6.4.2 建筑物沉降裂缝与沉降差

2004D4

某轻型建筑物采用条形基础，单层砌体结构严重开裂，外墙窗台附近有水平裂缝，墙角附近有倒八字裂缝，有的中间走廊地坪有纵向开裂，建筑物的开裂最可能的原因是（　　），并说明理由。

(A) 湿陷性土浸水引起 (B) 膨胀性土胀缩引起
(C) 不均匀地基差异沉降引起 (D) 水平滑移拉裂引起

【解】此处变形形式比较复杂，即有水平裂缝，又有八字裂缝。根据《膨胀土地区建筑技术规范》GB 50112—2013 中 4.3.3 条，膨胀土场地建筑物多呈"倒八字"、"X"或水平裂缝，裂缝随气候变化而张开和闭合。因此选 B。

【注】此题要求对各本规范相当熟悉，此案例题颇具专业知识的出题风格，不用计算，根据规范具体条文作答。

2006C10

砌体结构纵墙各个沉降观测点的沉降量见下表，根据沉降量的分布规律，从下列 4 个选项中指出哪个是砌体结构纵墙最可能出现的裂缝形态，并分别说明原因。

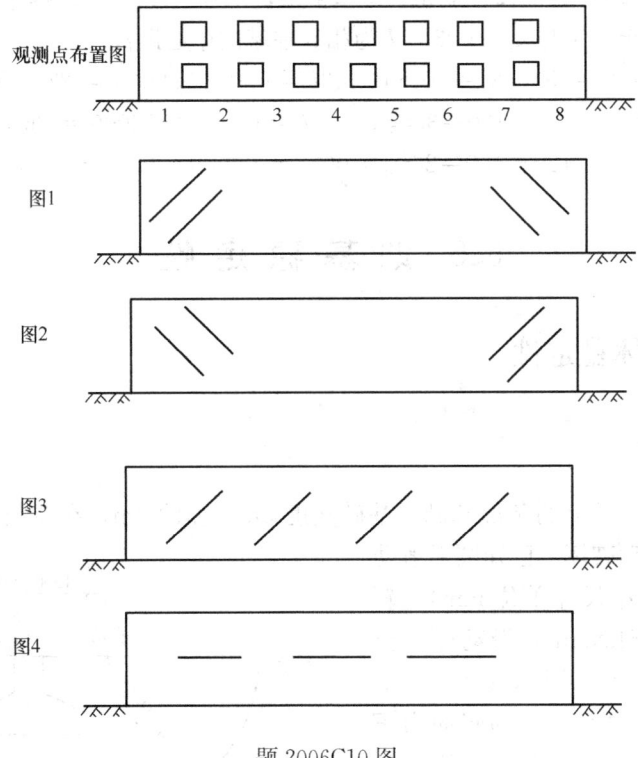

题 2006C10 图

观测点	1	2	3	4	5	6	7	8
沉降量（mm）	102.23	125.46	144.82	165.39	177.45	180.63	195.88	210.56

(A) 如图 1 所示的正八字缝 (B) 如图 2 所示的倒八字缝
(C) 如图 3 所示的斜裂缝 (D) 如图 4 所示的水平缝

【解】图 1，正八字形裂缝产生的原因为中间沉降大，两侧沉降小；
图 2，倒八字形裂缝产生的原因为中间沉降小，两侧沉降大；
图 3，向右侧倾斜的斜裂缝为从左往右沉降依次增大，这与观测结果吻合；因此选 C；

图 4，水平裂缝为水平变形引起的裂缝。

2007C10

高压缩性土地基上，某厂房框架结构横断面的各柱沉降量见下表，根据《建筑地基基础设计规范》下列哪个选项的说法是正确的？

测点位置	A 轴边柱	B 轴中柱	C 轴中柱	D 轴边柱
沉降量（mm）	80	150	120	100
柱跨距（m）	A～B 跨 9		B～C 跨 12	C～D 跨 9

(A) 3 跨都不满足规范要求 (B) 3 跨都满足规范要求
(C) A～B 跨满足规范要求 (D) C～D、B～C 跨满足规范要求

【解】据《建筑地基基础设计规范》5.3.4 条，工业与民用建筑框架结构用沉降差控制，对于高压缩性土需满足 $\leqslant 0.003l$，l 为相邻柱基的中心距离（mm）。

A～B 跨：沉降差 $=150-80=70 > 0.003l = 0.003 \times 9000 = 27$，不满足要求
B～C 跨：沉降差 $=150-120=30 \leqslant 0.003l = 0.003 \times 12000 = 36$，满足要求
C～D 跨：沉降差 $=120-100=20 \leqslant 0.003l = 0.003 \times 9000 = 27$，满足要求

6.5 地基稳定性

6.5.1 地基整体稳定性

2017D6

某饱和软黏土地基上的条形基础，基础宽度 3m，埋深 2m，在荷载 F、M 共同作用下，该地基发生滑动破坏。已知圆弧滑动面如题图所示（图中尺寸单位 mm），软黏土饱和重度为 $16kN/m^3$，滑动面上土的抗剪强度指标：$c=20kPa$，$\varphi=0°$。上部结构传递至基础顶面中心的竖向力 $F=360kN/m$，基础及基础以上土体的平均重度为 $20kN/m^3$，求地基发生滑动破坏时作用于基础上的力矩 M 的最小值最接近下列何值？

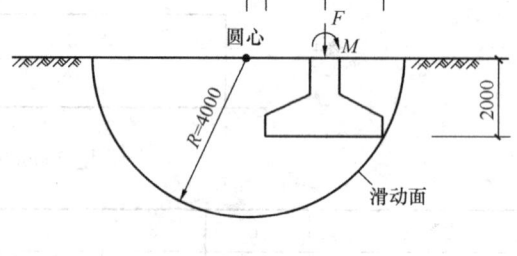

题 2017D6 图

(A) 45kN·m/m (B) 118kN·m/m
(C) 237kN·m/m (D) 285kN·m/m

【解】
竖向力 F 产生的力矩 $=360 \times 2 = 720 kN·m/m$；力矩 M 待求。
基底处由基础及基础以上土体产生的压力与基底处土体自重产生的压力差 p_0 产生的力矩
$p_0 = (20-16) \times 3 \times 1 \times 2 = 24$

则 p_0 产生的力矩 $=24\times 2=48\mathrm{kN}\cdot\mathrm{m/m}$

抗滑力矩 $=cL\cdot R=20\times 3.14\times 4\times 4=1004.8\mathrm{kN}\cdot\mathrm{m/m}$

当地基发生滑动破坏时 $\dfrac{M_R}{M_S}=\dfrac{1004.8}{720+M+48}\leqslant 1.0\to M\geqslant 236.8\mathrm{kN}\cdot\mathrm{m/m}$；

【注】 发生滑动破坏和地基稳定性要求要区别开。地基稳定性是要求 $\dfrac{M_R}{M_S}\geqslant 1.2$，有一定的安全储备，不能认为 $\dfrac{M_R}{M_S}<1.2$ 时就破坏了。发生滑动破坏的条件是 $\dfrac{M_R}{M_S}\leqslant 1.0$。

6.5.2 坡顶稳定性

2005C11

题图所示某稳定土坡的坡角为 $30°$，坡高 3.5m，现拟在坡顶部建一幢办公楼，该办公楼拟采用墙下钢筋混凝土条形基础，上部结构传至基础顶面的竖向力为 300kN/m，基础砌置深度在室外地面以下 1.8m，地基土为粉土，其黏粒含量 $\rho_c=11.5\%$，重度 $\gamma=20\mathrm{kN/m^3}$，$f_{ak}=150\mathrm{kPa}$，场区无地下水，根据以上条件，为确保地基基础的稳定性，若基础底面外缘线距离坡顶的最小水平距离 a 应满足以下（　　）选项要求最为合适。（注：为简化计算，基础结构的重度按地基土的重度取值）

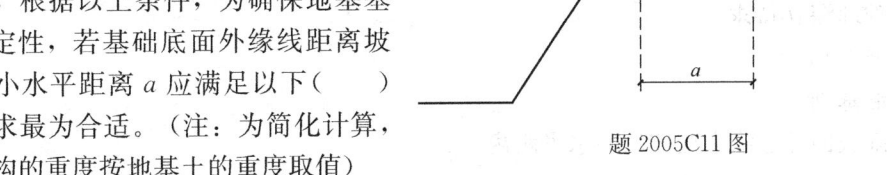

题 2005C11 图

(A) 大于等于 4.2
(B) 大于等于 3.9m
(C) 大于等于 3.5
(D) 大于等于 3.3m

【解】（1）满足承载力要求

第①步，确定深宽度修正后的地基承载力验算

已给的地基承载力特征值 $f_{ak}=150\mathrm{kPa}$；

基础短边假定 $b\leqslant 3\mathrm{m}$

基础埋深 d，未给出其他信息，按一般情况处理从室外地面标高算起，则 $d=1.8\mathrm{m}>0.5\mathrm{m}$

无地下水位

基础底面以上土的加权平均重度 $\gamma_m=20\mathrm{kN/m^3}$

基底下持力层为黏粒含量小于 10% 的均质粉土，由持力层土性质查表 $\eta_d=1.5$

深宽度修正后地基承载力特征值

$$f_a=f_{ak}+\eta_b\gamma(b-3)+\eta_d\gamma_m(d-0.5)=150+0+1.5\times 20\times (1.8-0.5)=189\mathrm{kPa}$$

第②步：计算基底压力并根据验算条件确定所求的值

轴心荷载，只需满足基底平均压力要求

$$p_k=\dfrac{F_k+G_k}{b\times l}\leqslant f_a\to \dfrac{300}{b}+20\times 1.8\leqslant 189\to b\geqslant 1.96\mathrm{m}$$

取 $b=2\mathrm{m}$，满足假定

（2）满足边坡稳定性要求

垂直于坡顶边缘线的基础底面边长 $b=2\mathrm{m}$

基础埋深 $d=1.8\mathrm{m}$；边坡坡脚 $\beta=30°$

条形基础

基础底面外边缘距离坡顶的水平距离

$$a \geqslant \max\left(2.5\mathrm{m}, 3.5b - \frac{d}{\tan\beta}\right) = \max\left(2.5\mathrm{m}, 3.5 \times 2 - \frac{1.8}{\tan 30°}\right) \rightarrow a \geqslant 3.88\mathrm{m}$$

2006C8

某稳定边坡坡角为 $30°$，坡高 H 为 $7.8\mathrm{m}$，条形基础长度方向与坡顶边缘线平行，基础宽度 B 为 $2.4\mathrm{m}$，若基础底面外缘线距坡顶的水平距离 a 为 4.0 时，基础埋置深度 d 最浅不能小于下列哪个数值？

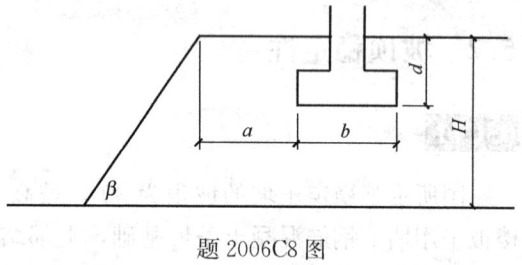

题 2006C8 图

(A) 2.54m   (B) 3.04m

(C) 3.54m   (D) 4.04m

【解】垂直于坡顶边缘线的基础底面边长 $b=2.4\mathrm{m}$

基础埋深 d 待求

边坡坡脚 $\beta=30°$

条形基础

基础底面外边缘距离坡顶的水平距离

$$a = 4 \geqslant \max\left(2.5\mathrm{m}, 2.5b - \frac{d}{\tan\beta}\right) = \max\left(2.5\mathrm{m}, 2.5 \times 2.4 - \frac{d}{\tan 30°}\right)$$

$$4 \geqslant 3.5 \times 2.4 - \frac{d}{\tan 30°} \rightarrow d \geqslant 2.54\mathrm{m}$$

2007D6

某天然稳定土坡，坡角 $35°$，坡高 $5\mathrm{m}$，坡体土质均匀，无地下水，土层的孔隙比 e 和液性指数 I_L 均小于 0.85，$\gamma=20\mathrm{kN/m^3}$，$f_\mathrm{ak}=160\mathrm{kPa}$，坡顶部位拟建工业厂房，采用条形基础，上部结构传至基础顶

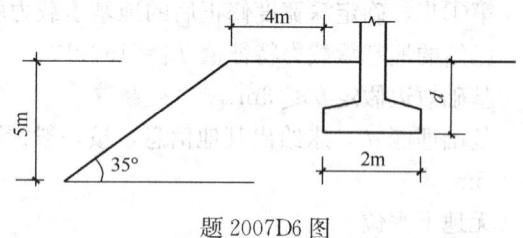

题 2007D6 图

面的竖向力为 $350\mathrm{kN/m}$，基础宽度 $2\mathrm{m}$。按照厂区整体规划，基础底面边缘距坡顶为 $4\mathrm{m}$。条形基础的埋深至少应达到以下哪个选项的埋深值才能满足要求？（基础结构及其上土的平均重度按 $20\mathrm{kN/m^3}$ 考虑）

(A) 0.80m   (B) 1.40m

(C) 2.10m   (D) 2.60m

【解】（1）满足边坡稳定性要求

垂直于坡顶边缘线的基础底面边长 $b=2\mathrm{m}$

基础埋深 d 待求

边坡坡脚 $\beta = 35°$
条形基础
基础底面外边缘距离坡顶的水平距离
$$a = 4 \geqslant \max\left(2.5\text{m}, 3.5b - \frac{d}{\tan\beta}\right) = \max\left(2.5\text{m}, 3.5 \times 2 - \frac{d}{\tan 35°}\right)$$
$$\to 4 \geqslant 3.5 \times 2 - \frac{d}{\tan 35°} \to d \geqslant 2.10\text{m}$$

(2) 满足承载力要求

第①步，确定深宽度修正后的地基承载力验算
已给的地基承载力特征值 $f_{ak} = 160$ kPa
基础短边 $b = 2\text{m} \leqslant 3\text{m}$，取 $b = 3\text{m}$
基础埋深 d 待求
基础底面以上土的加权平均重度 $\gamma_m = 20\text{kN/m}^3$
土层的孔隙比 e 和液性指数 I_L 均小于 0.8，由持力层土性质查表 $\eta_d = 1.6$
深宽度修正后地基承载力特征值
$f_a = f_{ak} + \eta_b \gamma(b-3) + \eta_d \gamma_m (d - 0.5) = 160 + 0 + 1.6 \times 20 \times (d - 0.5) = 144 + 32d$
第②步：计算基底压力并根据验算条件确定所求的值
轴心荷载，只需满足基底平均压力要求
$$p_k = \frac{F_k + G_k}{b \times l} \leqslant f_a \to \frac{350}{2} + 20d \leqslant 144 + 32d \to d \geqslant 2.58\text{m}$$
综上：$d \geqslant 2.58\text{m}$

2009D10

某稳定边坡坡角 β 为 30°，矩形基础垂直于坡顶边缘线的底面边长为 2.8m，基础埋深 d 为 3m，试问按《建筑地基基础设计规范》基础底面外边缘线至坡顶的水平距离应不小于( )。

(A) 1.8m　　　(B) 2.5m　　　(C) 3.2m　　　(D) 4.6m

【解】垂直于坡顶边缘线的基础底面边长 $b = 2.8\text{m}$
基础埋深 $d = 3\text{m}$；边坡坡脚 $\beta = 30°$
基础底面外边缘距离坡顶的水平距离
矩形基础
$$a = 4 \geqslant \max\left(2.5\text{m}, 2.5b - \frac{d}{\tan\beta}\right) = \max\left(2.5\text{m}, 2.5 \times 2.8 - \frac{3}{\tan 30°}\right) \to a \geqslant 2.5\text{m}$$

2018D7

如题图所示，某边坡其坡角为 35°，坡高为 6.0m，地下水位埋藏较深，坡体为均质黏性土层，重度为 20kN/m³，地基承载力特征值 f_{ak} 为 160kPa，综合考虑持力层承载力修正系数 $\eta_b = 0.3$，$\eta_d = 1.6$。坡顶矩形基础底面尺寸为 2.5m×2.0m，基础底面外边缘距坡顶水平距离 3.5m，上部结构传至基础的荷载情况如题图所示（基础及其上土的平均重度按 20kN/m³ 考虑）。按照《建筑地基基础设计规范》规定，该矩形基础最小埋深接近下

列哪个选项？

  (A) 2.0m

  (B) 2.5m

  (C) 3.0m

  (D) 3.5m

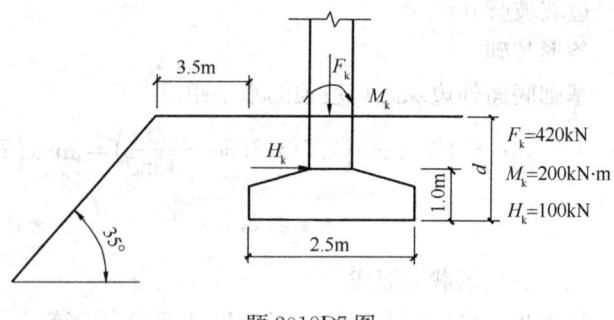

题 2018D7 图

【解】 (1) 满足边坡稳定性要求

垂直于坡顶边缘线的基础底面边长 $b=2.5\text{m}$

基础埋深 d 待求

边坡坡脚 $\beta=35°$

矩形基础，基础底面外边缘距离坡顶的水平距离

$$a = 3.5 \geqslant \max\left(2.5\text{m}, 2.5b - \frac{d}{\tan\beta}\right) = \max\left(2.5\text{m}, 2.5 \times 2.5 - \frac{d}{\tan 35°}\right)$$

$$\rightarrow 3.5 \geqslant 2.5 \times 2.5 - \frac{d}{\tan 35°} \rightarrow d \geqslant 1.92\text{m}$$

(2) 满足承载力要求

第①步，确定深宽度修正后的地基承载力验算

已给的地基承载力特征值 $f_{ak}=160\text{kPa}$

基础短边 $b=2\text{m} \leqslant 3\text{m}$，取 $b=3\text{m}$

基础埋深 d 待求

无地下水位

基础底面以上土的加权平均重度 $\gamma_m = 20\text{kN/m}^3$

题中直接给出 $\eta_d=1.6$

深宽度修正后地基承载力特征值

$$f_a = f_{ak} + \eta_b\gamma(b-3) + \eta_d\gamma_m(d-0.5) = 160 + 0 + 1.6 \times 20 \times (d-0.5) = 144 + 32d$$

第②步：计算基底压力并根据验算条件确定所求的值

先假定为小偏心，则 $e = \dfrac{M_k}{F_k+G_k} = \dfrac{100 \times 1 + 200}{420 + 20 \times 2.5 \times 2 \times d} \leqslant \dfrac{b}{6} = \dfrac{2.5}{6} \rightarrow d \geqslant 3\text{m}$

验算基底平均压力

$$p_k = \frac{F_k+G_k}{b \times l} = \frac{420}{2.5 \times 2} + 20 \times d \leqslant f_a = 144 + 32d \rightarrow 12d + 60 \geqslant 0 \text{ 即恒成立}$$

验算最大基底压力

$$p_{k\max} = \frac{F_k+G_k}{bl} + \frac{M_k}{W} = \frac{420}{2.5 \times 2} + 20 \times d + \frac{100 \times 1 + 200}{\frac{1}{6} \times 2 \times 2.5^2}$$

$$\leqslant 1.2 f_a = 1.2 \times (144 + 32d) \rightarrow d \geqslant 3.0\text{m}$$

可以看出 $d=3.0\text{m}$，此时恰好在大小偏心的分界点，因此不用再验证大偏心的情况，因为当 $d<3.0\text{m}$，最大基底压力肯定大于 $1.2f_a$。

综上：$d = 3.0\text{m}$

【注】①此题考查的点太多了，这属于超级综合的题，坡顶稳定性，基底压力的计算，地基承载力的修正，基底压力与修正后地基承载力的验算关系，这道题的计算量可以说是往年四道题的计算量，所以很多岩友感觉2018年注岩真题会做，但做一道题用很多时间，导致后面会做的题也没时间做了，原因就在这了，很多题都是"超级综合题"。

② 注意各公式中基础边长"b"的选取；计算或验算基础底面外边缘距离坡顶的水平距离a时，取垂直于坡顶边缘线的基础底面边长$b=2.5\text{m}$；对地基承载力特征值修正时即计算f_a时，取计算短边基础短边$b=2\text{m}$，并应注意$b\in[3\text{m},6\text{m}]$；计算基底压力时，取偏心荷载作用方向的基础边长$b=2.5\text{m}$，并按实际取值即可。

③ 小偏心情况下最大和最小基底压力计算公式有好几个。以最大基底压力为例。

$$p_{k\max} = \frac{F_k+G_k}{bl} + \frac{M_k}{W} = \frac{F_k+G_k}{bl}\left(1+\frac{6e}{b}\right) = p_k + \frac{M_k}{W} = p_k\left(1+\frac{6e}{b}\right)，前面解题大都$$

使用此公式；

$$p_{k\max} = \frac{F_k+G_k}{bl}\left(1+\frac{6e}{b}\right)，那是因为偏心距 e 可以求出一个具体的值，那么代入公式$$

就比较简单，而此题e与d相关，使用此公式求解会略微繁琐一些，如下

$$p_{k\max} = \frac{F_k+G_k}{bl}\left(1+\frac{6e}{b}\right) \leqslant 1.2f_a \rightarrow$$

$$\left(\frac{420}{20\times 2.5\times 2}+20\times d\right)\times\left(1+\frac{6\times\frac{100\times 1+200}{420+20\times 2.5\times 2\times d}}{2.5}\right)\leqslant 1.2\times(144+32d)$$

$$\rightarrow \left(\frac{420+100d}{5}\right)\times\left(1+\frac{720}{420+100d}\right)\leqslant 172.8+38.4d$$

$$\rightarrow 84+20d+144\leqslant 172.8+38.4d$$

$$\rightarrow 18.4d-55.2\geqslant 0$$

$$\rightarrow d\geqslant 3\text{m}$$

因此，到底使用哪一个公式求解，一定要结合题干给的已知条件，这就需要加强练习，极其熟练。

④此题大偏心还是小偏心不确定，因此严格地说，大小偏心均应验算，而此题恰好基础埋深d的最小值在大小偏心的分界点处，因此不需要再验证大偏心。再做到类似题目，不确定的情况下，大小偏心均要验算。

6.5.3 抗浮稳定性

2009C5

箱涵的外部尺寸为宽6m，高8m，四周壁厚均为0.4m，顶面距原地面1.0m，抗浮设计地下水位埋深1.0m，混凝土重度25kN/m³，地基土及填土的重度均为18kN/m³，若要满足抗浮安全系数1.05的要求，地面以上覆土的最小厚度应接近(   )。

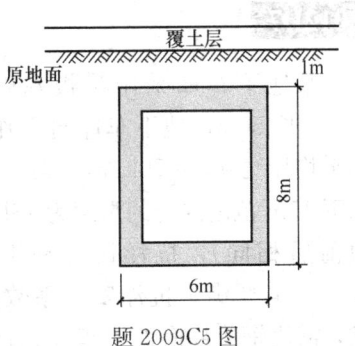

题 2009C5 图

(A) 1.2m　　　　(B) 1.4m　　　　(C) 1.6m　　　　(D) 1.8m

【解】构筑物自重及压重之和
$$G_k = F_k + \gamma_G \cdot v_G = 25 \times [2 \times (6-0.4 \times 2) \times 0.4 + 8 \times 0.4 \times 2] + (1+d) \times 18 \times 6$$
$$= 264 + 108 + 108d = 372 + 108d \text{ kN}$$

浮力作用值 $N_k = \rho_{水} g v_{排} = 1.0 \times 10 \times 6 \times 8 = 480 \text{ kN}$；

抗浮稳定安全系数 $K_w = 1.05$；

$$\frac{G_k}{N_k} \geqslant K_w \to \frac{372 + 108d}{480} \geqslant 1.05 \to d \geqslant 1.22 \text{ m}$$

2012C11

某地下箱形构筑物，基础长 50m，宽 40m，顶面高程 -3m，底面高程为 -11m，构筑物自重（含上覆土重）总计 1.2×10^5 kN，其下设置 100 根 $\phi 600$ 抗浮灌注桩，桩轴向配筋抗拉强度设计值为 300N/mm^2，抗浮设防水位为 -2m，假定不考虑构筑物与土的侧摩阻力，按《建设桩基技术规范》计算，桩顶截面配筋率至少是下列哪一个选项？（分项系数取 1.35，不考虑裂缝验算，抗浮稳定安全系数取 1.0）

(A) 0.40%　　　　(B) 0.50%　　　　(C) 0.65%　　　　(D) 0.96%

【解】① 根据题中条件计算构造物在抗浮设防水位情况下所受浮力：

浮力 $= 50 \times 40 \times (11-3) \times 10 = 1.6 \times 10^5$ kN

② 计算构筑物在荷载效应基本组合下基桩所受轴向拉力设计值

$$N = \frac{1.35(浮力-自重)}{n} = \frac{1.35 \times (1.6 \times 10^5 - 1.2 \times 10^5)}{100} = 540 \text{kN} = 5.4 \times 10^5 \text{N}$$

③ 由桩身正截面受拉承载力计算所需配筋的截面面积：
$$N \leqslant f_y A_s \to 5.4 \times 10^5 \leqslant 300 A_s \to A_s \geqslant 1800 \text{ mm}^2$$

④ 计算配筋率
$$\rho_g \geqslant \frac{1800}{3.14 \times 300^2} = 0.637\%$$

【注】此题在 2012 年考题中有点偏，主要考查桩身配筋计算对应的作用效应组合及相应作用效应设计值的确定。根据《建筑桩基技术规范》第 5.8.7 条满足承载力要求。另外根据《建筑地基基础设计规范》第 3.0.5 条第 4 款，确定桩身配筋时，作用效应应按承载能力极限状态下作用的基本组合，采用相应的分项系数；第 3.0.6 条第 4 款，对由永久作用控制的基本组合，可采用简化规则，基本组合的效应设计值可由式 $S_d = 1.35 S_k$ 确定，其中 $S_k =$ 浮力-自重。

2012D7

某地下车库采用筏板基础，基础宽 35m，长 50m，地下车库自重作用于基底的平均压力 $p_k = 70$kPa，埋深 10.0m，地面下 15m 范围内土的重度为 18kN/m^3（回填前后相同），抗浮设计地下水位埋深 1.0m。若要满足抗浮安全系数 1.05 的要求，需用钢渣替换地下车库顶面一定厚度

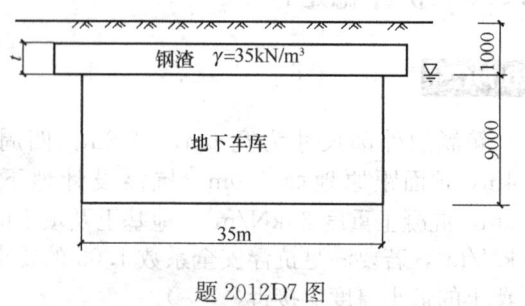

题 2012D7 图

的覆土，计算钢渣的最小厚度接近下列哪个选项？

(A) 0.22m (B) 0.33m (C) 0.38m (D) 0.70m

【解】构筑物自重及压重之和

$G_k = F_k + \gamma_G \cdot v_G = (35 \times 50 \times t) \times 35 + [35 \times 50 \times (1-t)] \times 18 + (35 \times 50) \times 70$
$= 29750t + 154000 \text{kN}$

浮力作用值 $N_k = \rho_水 g v_排 = 1.0 \times 10 \times (35 \times 50 \times 9) = 157500 \text{kN}$

抗浮稳定安全系数 $K_w = 1.05$

$\dfrac{G_k}{N_k} \geqslant K_w \to \dfrac{29750t + 154000}{157500} \geqslant 1.05 \to t \geqslant 0.3824 \text{m}$

2013C8

如题图所示，某钢筋混凝土地下构筑物，结构物、基础底板及上覆土体的自重传至基底的压力值为 70kN/m²，现拟通过向下加厚结构物基础底板厚度的方法增加其抗浮稳定性及减小底板内力。忽略结构物四周土体约束对抗浮的有利作用，按照《建筑地基基础设计规范》，筏板厚度增加量最接近下列哪个选项的数值？（混凝土的重度取 25kN/m³）

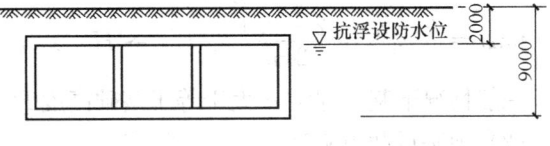

题 2013C8 图

(A) 0.25m (B) 0.40m (C) 0.55m (D) 0.70m

【解】便于理解，设基础底面积为 A

构筑物自重及压重之和 $G_k = F_k + \gamma_G \cdot v_G = (70 + 25h) \cdot A \text{kN}$

浮力作用值 $N_k = \rho_水 g v_排 = 1.0 \times 10 \times (9 - 2 + h) \cdot A \text{kN}$

抗浮稳定安全系数 $K_w = 1.05$

$\dfrac{G_k}{N_k} \geqslant K_w \to \dfrac{(70 + 25h)A}{1.0 \times 10 \times (9 - 2 + h)A} \geqslant 1.05 \to h \geqslant 0.24 \text{m}$

6.6 无筋扩展基础

2007C7

某宿舍楼采用墙下 C15 混凝土条形基础，基础顶面的墙体宽度 0.38m，基底平均压力为 250kPa，基础底面宽度为 1.5m，基础的最小高度应符合下列哪个选项的要求？

(A) 0.70m (B) 1.00m (C) 1.20m (D) 1.40m

【解】首先确定基底压力 $p_k = 250 \text{kPa} < 300 \text{kPa}$

基础顶面的墙体宽度或柱脚宽度 $b_0 = 0.38 \text{m}$

基础底面宽度 $b = 1.5 \text{m}$

基础高度为 H_0，则

混凝土条形基础，$p_k = 250 \in (200, 300]$，基础台阶宽高比 $\tan\alpha$，其允许值查表 1:1.25

$\tan\alpha = \dfrac{b - b_0}{2H_0} = \dfrac{1.5 - 0.38}{2H_0} \leqslant \dfrac{1}{1.25} \to H_0 \geqslant 0.7 \text{m}$

2008C10

柱下素混凝土方形基础顶面的竖向力为570kN，基础宽度取为2.0m，柱脚宽度0.40m。室内地面以下6m深度内为均质粉土层，$\gamma=20\text{kN/m}^3$，$f_{ak}=150\text{kPa}$，黏粒含量$\rho_c=7\%$。根据以上条件和《建筑地基基础设计规范》，柱基础埋深应不小于下列哪个选项的数值？（基础与基础上土的平均重度取为20kN/m^3）

(A) 0.50m   (B) 0.70m   (C) 0.80m   (D) 1.00m

【解】(1) 满足基础台阶宽高比$\tan\alpha$的要求

假定基底压力$p_k \leqslant 200\text{kPa}$

基础顶面的墙体宽度或柱脚宽度$b_0=0.4\text{m}$

基础底面宽度$b=2\text{m}$

基础高度H_0待求

混凝土，$p_k \leqslant 200\text{kPa}$，基础台阶宽高比$\tan\alpha$，其允许值查表1:1

$$\tan\alpha = \frac{b-b_0}{2H_0} = \frac{2-0.4}{2H_0} \leqslant 1/1 \rightarrow H_0 \geqslant 0.8\text{m}$$

一般情况下基础埋深d大于等于基础高度H_0，所以$d \geqslant 0.8\text{m}$

(2) 地基承载力验算

第①步，确定深宽度修正后的地基承载力验算

已给的地基承载力特征值$f_{ak}=150\text{kPa}$

基础短边$b=2\text{m} \leqslant 3\text{m}$，取$b=3\text{m}$

基础埋深d取0.8m；无地下水位

基础底面以上土的加权平均重度$\gamma_m=20\text{kN/m}^3$

黏粒含量小于10%的均质粉土，由持力层土性质查表$\eta_d=2.0$

深宽度修正后地基承载力特征值

$f_a = f_{ak} + \eta_b\gamma(b-3) + \eta_d\gamma_m(d-0.5) = 150 + 2.0 \times 20 \times (0.8-0.5) = 162\text{kPa}$

第②步：计算基底压力并根据验算条件确定所求的值

轴心荷载，只需满足基底平均压力要求

$$p_k = \frac{F_k + G_k}{b \times l} = \frac{570 + 20 \times 2 \times 2 \times 0.8}{2 \times 2} = 158.2 < f_a = 162$$

故满足地基承载力要求，也满足$p_k \leqslant 200\text{kPa}$的假定。

【注】① 一般情况下基础埋深d大于等于基础高度H_0；

② 当解题过程中，有了"假定"的数值或范围时，最后一定要验证和说明。

2008D6

某仓库外墙采用条形砖基础，墙厚240mm，基础埋深2.0m，已知作用于基础顶面标高处的上部结构荷载标准组合值为240kN/m。地基为人工压实填土，承载力特征值为160kPa，重度19kN/m^3。按照现行《建筑地基基础设计规范》，基础最小高度最接近下列哪个选项的数值？

(A) 0.5m   (B) 0.6m   (C) 0.7m   (D) 1.1m

【解】（1）根据承载力要求确定基础宽度值

第①步，确定深宽度修正后的地基承载力验算

已给的地基承载力特征值 $f_{ak}=160\text{kPa}$

基础短边假定 $b \leqslant 3\text{m}$

基础埋深 d，未给出其他信息，按一般情况处理从室外地面标高算起，则 $d=2\text{m}$

无地下水位

基础底面以上土的加权平均重度 $\gamma_m=20\text{kN/m}^3$

人工压实填土，由持力层土性质查表 $\eta_d=1.0$

深宽度修正后地基承载力特征值

$f_a = f_{ak}+\eta_b\gamma(b-3)+\eta_d\gamma_m(d-0.5)=160+1.0\times19\times(2-0.5)=188.5\text{kPa}$

第②步：计算基底压力并根据验算条件确定所求的值

轴心荷载，只需满足基底平均压力要求

$p_k = \dfrac{F_k+G_k}{b\times l} \leqslant f_a \rightarrow \dfrac{240}{b}+20\times2 \leqslant 188.5 \rightarrow b \geqslant 1.616\text{m}$

取 $b=1.7\text{m}$，满足假定。

（2）满足基础台阶宽高比 $\tan\alpha$ 的要求

当 $b=1.7\text{m}$，基底压力 $p_k=\dfrac{F_k+G_k}{b\times l}=\dfrac{240}{1.7}+20\times2=181.2 \leqslant 300\text{kPa}$

基础顶面的墙体宽度或柱脚宽度 $b_0=0.24\text{m}$

基础底面宽度 $b=1.7$

基础高度 H_0 待求

砖基础，$p_k=188.5 \leqslant 200$，基础台阶宽高比 $\tan\alpha$，其允许值查表 1：1.50

$\tan\alpha = \dfrac{b-b_0}{2H_0} = \dfrac{1.7-0.24}{2H_0} \leqslant \dfrac{1}{1.50} \rightarrow H_0 \geqslant 1.095\text{m}$

2010C6

某毛石基础如题图所示，荷载效应标准组合时基础底面处的平均压力值为110kPa，基础中砂浆强度等级 M5，根据《建筑地基基础设计规范》设计，试问基础高度 H_0 至少应取下列何项数值？

(A) 0.5m   (B) 0.75m

(C) 1.0m   (D) 1.5m

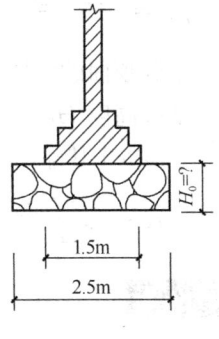

题 2010C6 图

【解】 首先确定基底压力 $p_k=110 \leqslant 300$

基础顶面的墙体宽度或柱脚宽度 $b_0=1.5\text{m}$

基础底面宽度 $b=2.5\text{m}$

基础高度 H_0 待求

毛石基础，$p_k=110 \in (100,200]$，基础台阶宽高比 $\tan\alpha$，其允许值查表 1：1.50

$\tan\alpha = \dfrac{b-b_0}{2H_0} = \dfrac{2.5-1.5}{2H_0} \leqslant \dfrac{1}{1.50} \rightarrow H_0 \geqslant 0.75\text{m}$

2014C6

柱下方形基础采用 C15 素混凝土建造，柱角截面尺寸为 $0.6\text{m}\times0.6\text{m}$，基础高度 H

=0.7m，基础埋深 $d=1.5$m，场地地基土为均质黏性土，重度$\gamma=19$kN/m³，孔隙比 $e=0.9$，地基承载力特征值 $f_{ak}=180$kPa，地下水位埋藏很深，基础顶面的竖向力为580kN，根据《建筑地基基础设计规范》的设计要求，满足设计要求的最小基础宽度为下列哪个选项？（基础和基础上土的平均重度取20kN/m³）

(A) 1.8m　　　　(B) 1.9m　　　　(C) 2.0m　　　　(D) 2.1m

【解】(1) 按地基承载力要求确定宽度

第①步，确定深宽度修正后的地基承载力验算

已给的地基承载力特征值 $f_{ak}=180$kPa

假定基础短边 $b\leqslant 3$m

基础埋深 d，未给出其他信息，按一般情况处理从室外地面标高算起，则 $d=1.5$m

地下水位埋藏很深，不考虑

基础底面以上土的加权平均重度 $\gamma_m=19$kN/m³

孔隙比 $e=0.9>0.85$，黏性土，由持力层土性质查表 $\eta_d=1.0$

深宽度修正后地基承载力特征值

$f_a = f_{ak} + \eta_b\gamma(b-3) + \eta_d\gamma_m(d-0.5) = 180+0+1.0\times 19\times(1.5-0.5) = 199$kPa

第②步：计算基底压力并根据验算条件确定所求的值

轴心荷载，只需满足基底平均压力要求，且为方形基础 $b=l$

$p_k = \dfrac{F_k+G_k}{b\times l} \leqslant f_a \rightarrow \dfrac{580+20\times b^2\times 1.5}{b^2} \leqslant 199 \rightarrow b\geqslant 1.85$m

取 $b=1.9$m，满足假定。

(2) 满足基础台阶宽高比 $\tan\alpha$ 的要求

首先确定基底压力，当 $b=1.9$m 时，基底压力

$p_k = \dfrac{580+20\times 1.9^2\times 1.5}{1.9^2} = 190.1 \leqslant 300$kPa

基础顶面的墙体宽度或柱脚宽度 $b_0 = 1.5$m

基础高度 $H_0 = 0.7$m

素混凝土基础，$p_k=190.1\in(100,200]$，基础台阶宽高比 $\tan\alpha$，其允许值查表 1:1

$\tan\alpha = \dfrac{b-b_0}{2H_0} = \dfrac{1.9-0.6}{2\times 0.7} = 0.928 < \dfrac{1}{1}$，满足要求。

2018C8

某毛石混凝土条形基础顶面的墙体宽度0.72m，毛石混凝土强度等级C15，基底埋深为1.5m，无地下水，上部结构传至地面处的竖向压力标准组合 $F=200$kN/m，地基持力层为粉土，其天然重度 $\gamma=17.5$kN/m³，经深宽修正后的地基承载力特征值 $f_a=155.0$kPa。基础及其上覆土重度取20kN/m³。按《建筑地基基础设计规范》规定确定此基础高度，满足设计要求的最小高度值最接近以下何值？

(A) 0.35m　　　　(B) 0.44m　　　　(C) 0.55m　　　　(D) 0.70m

【解】(1) 按地基承载力要求确定基础宽度

第①步，确定深宽度修正后的地基承载力验算

已给的经过深度修正后地基承载力特征值 $f_{a1}=155\text{kPa}$

假定基础短边 $b\leqslant 3\text{m}$，则取 $b=3\text{m}$

深宽度修正后地基承载力特征值 $f_a=f_{a1}+\eta_b\gamma(b-3)=155+0=155\text{kPa}$

第②步：计算基底压力并根据验算条件确定所求的值

轴心荷载，只需满足基底平均压力要求

$$p_k=\frac{F_k+G_k}{b\times l}=\frac{200+20\times b\times 1\times 1.5}{b\times 1}\leqslant f_a=155\rightarrow b\leqslant 1.6\text{m}$$

取 $b=1.6\text{m}$，满足 $b\leqslant 3\text{m}$ 的假定。

（2）满足基础台阶宽高比 $\tan\alpha$ 的要求

首先确定基底压力，取 $b=1.6\text{m}$，此时 $p_k=f_a=155\text{kPa}$

基础顶面的墙体宽度或柱脚宽度 $b_0=0.72\text{m}$

基础高度 $H_0=0.7\text{m}$

毛石混凝土基础，$p_k=155\in(100,200]$，基础台阶宽高比 $\tan\alpha$，其允许值查表1：1.25

$$\tan\alpha=\frac{b-b_0}{2H_0}=\frac{1.6-0.72}{2\times H_0}\leqslant\frac{1}{1.25}\rightarrow H_0\geqslant 0.55\text{m}$$

6.7 扩 展 基 础

6.7.1 柱下独立基础

6.7.1.1 柱下独立基础受冲切

2011C8

如题图所示（图中单位为mm），某建筑采用柱下独立方形基础，拟采用C20钢筋混凝土材料，基础分二阶，底面尺寸 2.4m×2.4m，柱截面尺寸为 0.4m×0.4m。基础顶面作用竖向力 700kN，力矩 87.5kN·m，问柱边的冲切力最接近下列哪个选项？

(A) 95kN　　　(B) 110kN
(C) 140kN　　　(D) 160kN

【解】确定受冲切验算的位置：柱边

基础边长 $b=2.4\text{m}$；基础边长 $l=2.4\text{m}$

相应于 b 方向的柱边长 $b_t=0.4\text{m}$；相应于 l 方向的柱处边长 $a_t=0.4\text{m}$

从钢筋处开始算，冲切破坏锥体有效高度 $h_0=0.55\text{m}$

作用于基础顶面中心竖向力基本组合值 F

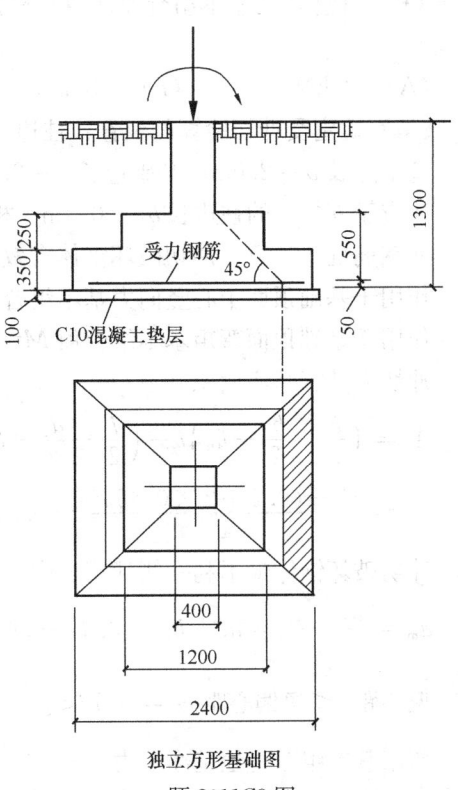

独立方形基础图
题 2011C8 图

$=700\text{kN}$

作用于基础顶面弯矩基本组合值 $M=87.5\text{kN}\cdot\text{m}$

冲切力计算基底面积（阴影部分）A_l

$$A_l = \left(\frac{b}{2} - \frac{b_t}{2} - h_0\right)l - \left(\frac{l}{2} - \frac{a_t}{2} - h_0\right)^2 = \frac{l^2 - (a_t + 2h_0)^2}{4}$$

$$= \frac{2.4^2 - (0.4 + 2 \times 0.55)^2}{4} = 0.8775\text{m}^2$$

计算偏心距 $e = \dfrac{M}{F+G} < e_0 = \dfrac{M}{F} = \dfrac{87.5}{700} = 0.125 \leqslant \dfrac{2.4}{6} = 0.4$，确定为小偏心

$$p_j = \frac{F}{bl} + \frac{6M}{lb^2} = \frac{700}{2.4 \times 2.4} + \frac{6 \times 87.5}{2.4^3} = 159.505\text{kPa}$$

作用在 A_l 上的地基土净反力设计值 $F_l = p_j A_l = 159.505 \times 0.8775 = 139.96\text{kN}$

2014D6

柱下独立方形基础底面尺寸 $2.0\text{m}\times 2.0\text{m}$，高 0.5m，有效高度 0.45m，混凝土强度等级为 C20（轴心抗拉强度设计值 $f_t = 1.1\text{MPa}$）。柱截面尺寸为 $0.4\text{m}\times 0.4\text{m}$，基础顶面作用竖向力 F，偏心距 0.12m，根据《建筑地基基础设计规范》，满足柱与基础交接处受冲切承载力验算要求时，基础顶面可承受的最大竖向力 F（相应于作用的基本组合设计值）最接近下列哪个选项？

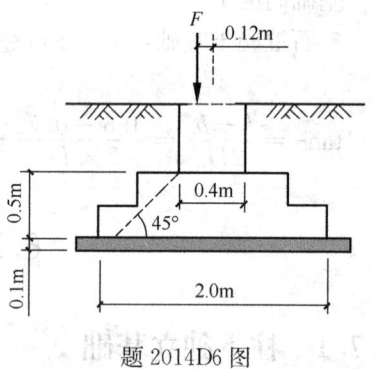

题 2014D6 图

(A) 980kN　　(B) 1080kN　　(C) 1280kN　　(D) 1480kN

【解】确定受冲切验算的位置：柱边

基础边长 $b=2.0\text{m}$；基础边长 $l=2.0\text{m}$

相应于 b 方向的柱边长 $b_t = 0.4\text{m}$；相应于 l 方向的柱处边长 $a_t = 0.4\text{m}$

从钢筋处开始算，冲切破坏锥体有效高度 $h_0 = 0.45\text{m}$

作用于基础顶面中心竖向力基本组合值 $F = 700\text{kN}$

作用于基础顶面弯矩基本组合值 $M = 87.5\text{kN}\cdot\text{m}$

冲切力计算基底面积

$$A_l = \left(\frac{b}{2} - \frac{b_t}{2} - h_0\right)l - \left(\frac{l}{2} - \frac{a_t}{2} - h_0\right)^2 = \frac{l^2 - (a_t + 2h_0)^2}{4}$$

$$= \frac{2^2 - (0.4 + 2 \times 0.45)^2}{4} = 0.5775\text{m}^2$$

冲切破坏锥体最不利一侧计算长度

$$a_m = \frac{a_t + a_b}{2} = a_t + h_0 = 0.4 + 0.45 = 0.85\text{m}$$

偏心距 $e <$ 净偏心距 $e_0 = 0.12 \leqslant \dfrac{2}{6}$，确定为小偏心

作用基本组合时地基净反力

$$p_j = \frac{F}{bl} + \frac{6M}{lb^2} = \frac{F}{bl}\left(1+\frac{6e_0}{b}\right) = \frac{F}{2\times 2}\left(1+\frac{6\times 0.12}{2}\right) = 0.34F$$

冲切破坏锥体高度 $h = 500 \notin [800, 2000]$，故取 $h = 800\text{mm}$

受冲切截面高度影响系数 $\beta_{hp} = 1 - \dfrac{h-800}{12000} = 1$

作用在 A_l 上的地基土净反力设计值 $F_l = p_j A_l = 0.34F \times 0.5775 = 0.19635F\text{kN}$

混凝土轴心抗拉强度设计值 $f_t = 1100\text{kPa}$

最终验算：
$F_l \leqslant 0.7\beta_{hp} f_t a_m h_0 \rightarrow 0.19635F \leqslant 0.7\times 1\times 1100\times 0.85\times 0.45 \rightarrow F \leqslant 1500\text{kN}$

2017C8

某承受轴心荷载的柱下独立基础如题图所示（图中尺寸单位 mm，基础混凝土等级为 C30）。问：根据《建筑地基基础设计规范》，该基础可承受的最大冲切力设计值最接近下列何值？（C30 混凝土轴心抗拉强度设计值为 1.43N/mm^2，基础主筋的保护层厚度为 50mm）

(A) 1000kN (B) 2000kN (C) 3000kN (D) 4000kN

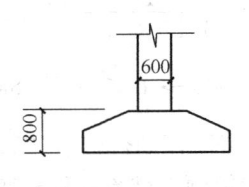
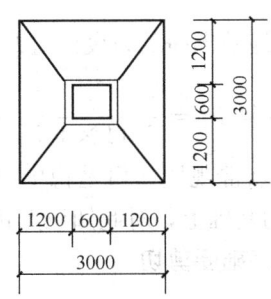

题 2017C8 图

【解】确定受冲切验算的位置：柱边

基础边长 $b = 3.0\text{m}$；基础边长 $l = 3.0\text{m}$

相应于 b 方向的柱边长 $b_t = 0.6\text{m}$；相应于 l 方向的柱处边长 $a_t = 0.6\text{m}$

从钢筋处开始算，冲切破坏锥体有效高度 $h_0 = 0.8 - 0.05 = 0.75\text{ m}$

冲切破坏锥体最不利一侧计算长度 $a_m = \dfrac{a_t + a_b}{2} = a_t + h_0 = 0.6 + 0.75 = 1.35\text{m}$

冲切破坏锥体高度 $h = 800\text{mm} \in [800, 2000]$

受冲切截面高度影响系数 $\beta_{hp} = 1 - \dfrac{h-800}{12000} = 1$

混凝土轴心抗拉强度设计值 $f_t = 1430\text{kPa}$

基础一侧的受冲切承载力 $= 0.7\beta_{hp} f_t a_m h_0 = 0.7\times 1\times 1430\times 1.35\times 0.75 = 1013.5\text{kN}$

由于基础形式是完全对称的，因此整个基础可承受的最大冲切力设计值为
$4\times 1013.5 = 4054\text{kN}$

【注】①此题要了一个小聪明，往年真题是计算基础一侧受冲切承载力计算或者验算最不利一侧的冲切，而此题是计算整个基础的受冲切承载力，按理应该把每一侧的受冲切

承载力都计算出来，取最小一侧的受冲切承载力的值×4。但由于基础形式完全对称，所以每一侧的受冲切承载力是一样的，因此直接乘4倍即可，如解所示。

② 基础可承受的最大冲切力设计值与基础顶面可承受的最大轴心竖向力 F 可不是一回事，不要混淆。

2019D8

某柱下独立圆形基础底面直径 3.0m，柱截面直径 0.6m。按照《建筑地基基础设计规范》GB 50007—2011 规定计算，柱与基础交接处基础的受冲切承载力设计值为 2885kN，按冲切控制的最大柱底轴力设计值 F 接近下列哪个选项？

(A) 2380 kN　　　　(B) 2880 kN
(C) 5750 kN　　　　(D) 7780 kN

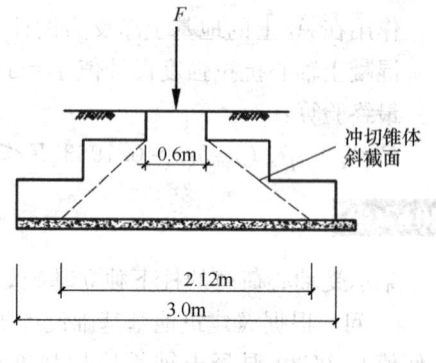

题 2019D8 图

【解】冲切力计算基底面积 $A_l = \dfrac{3.14 \times 9 - 3.14 \times 2.12^2}{4} = 3.54 \text{m}^2$

作用在 A_l 上的地基土净反力设计值 $F_l = p_j A_l = \dfrac{F}{3.14 \times 1.5^2} \times 3.54$

受冲切承载力验算 $F_l = \dfrac{F}{3.14 \times 1.5^2} \times 3.54 \leqslant 2885 \rightarrow F \leqslant 5757.8 \text{kN}$

【注】核心知识点常规题。但是稳中有变，以往都是矩形基础，2019年考查圆形基础，要在理解原理的基础上，对此知识点相关公式和解题思维流程稍微变形下即可。

6.7.1.2　柱下独立基础受剪切

2013D8

已知柱下独立基础底面尺寸 2.0m×3.5m，相应于作用效应标准组合时传至基顶面 ±0.00 处的竖向力和力矩为 $F_k = 800 \text{kN}$，$M_k = 50 \text{kN} \cdot \text{m}$，基础高度 1.0m，埋深 1.5m，如题图所示。根据《建筑地基基础设计规范》方法验算柱与基础交接处的截面受剪承载力时，其剪切设计值最接近以下何值？

(A) 220kN　　　　(B) 350kN
(C) 480kN　　　　(D) 500kN

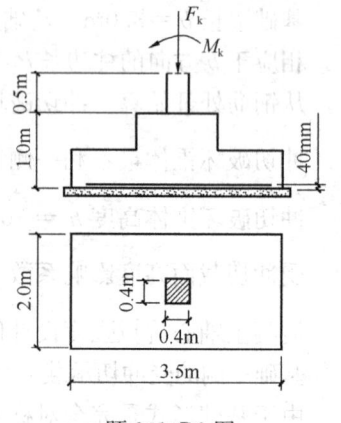

题 2013D8 图

【解】确定受剪切验算的位置：柱边

基础边长 $b = 3.5\text{m}$；基础边长 $l = 2.0\text{m}$

相应于 b 方向的柱边长 $b_t = 0.4\text{m}$；相应于 l 方向的柱边长 $a_t = 0.4\text{m}$

基础所受剪力设计值计算面积

$A_l = \dfrac{b - b_t}{2} l = \dfrac{3.5 - 0.4}{2} \times 2 = 3.1 \text{m}^2$

作用基本组合时地基净反力 p_j：轴心或偏心荷载，都按平均地基净反力计算

$$p_j = \frac{F}{bl} = \frac{1.35F_k}{bl} = \frac{1.35 \times 800}{2 \times 3.5} = 154.3\text{kPa}\ (F\text{ 为设计值}, F_k\text{ 为标准值})$$

剪力设计值 $V_s = p_j A_l = 154.3 \times 3.1 = 478.3\text{kN}$

6.7.1.3 柱下独立基础受弯

2010C5

如题图所示（图中单位为 mm）某建筑采用柱下独立方形基础，基础底面尺寸为 2.4m× 2.4m，柱截面尺寸为 0.4m×0.4m。基础顶面中心处作用的柱轴竖向力为 $F = 700\text{kN}$，力矩 $M = 0$，根据《建筑地基基础设计规范》，试问基础的柱边截面处的弯矩设计值最接近于下列何项数值？

(A) 105kN·m　　(B) 145kN·m
(C) 185kN·m　　(D) 225kN·m

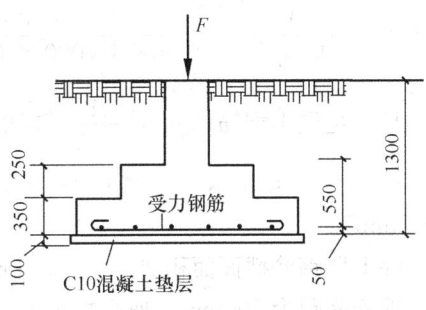
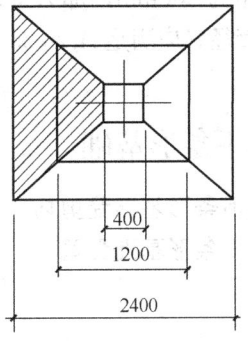

题 2010C5 图

【解】基础宽度 $b = 2.4\text{m}$

计算截面为柱边，则 $a = \dfrac{2.4 - 0.4}{2} = 1\text{m}$

基础承受轴心荷载 $F = 700\text{kN}$

基底净反力 $p_j = p_{j\max} = p_{j\min} = \dfrac{F}{A}$

$$= \frac{700}{2.4 \times 2.4} = 121.5\text{MPa}$$

最终：$M_1 = \dfrac{1}{12} a_1^2 [l(3p_{j\max} + p_j) + a(p_{j\max} + p_j)]$

$$= \frac{1}{12} \times 1^2 \times [2.4 \times (3 \times 121.5 + 121.5) + 0.4 \times (121.5 + 121.5)]$$

$$= 105.3\text{kN·m}$$

【注】此题基础及柱都是正方形，完全对称，因此柱边四个方向的弯矩值都是一样的。否则，一定要确定题目让计算哪个方向的截面。

2014D8

某墙下钢筋混凝土筏形基础，厚度 1.2m，混凝土强度等级 C30，受力钢筋拟采用 HRB400 钢筋，主筋保护层厚度 40mm，已知该筏板的弯矩图（相应于作用的基本组合时的弯矩设计值）如题图所示。问，按照《建筑地基基础设计规范》，满足该规范规定且经济合理的筏板顶部受力主筋配置为下列哪个选项？（注：C30 混凝土抗压强度设计值为 14.3N/mm²，

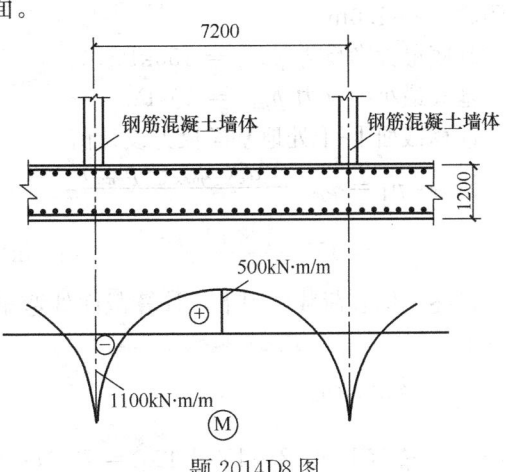

题 2014D8 图

HRB400 钢筋抗拉强度设计值为 360N/mm²)

(A) Φ 18@200 (B) Φ 20@200 (C) Φ 22@200 (D) Φ 25@200

【解】由题图可知筏板顶部受到最大弯矩 $M=500$kN·m

按受弯计算钢筋截面面积

$$A_s = \frac{M}{0.9 f_y h_0} = \frac{500}{0.9 \times 360000 \times (1.2-0.04)} = 1.33 \times 10^{-3} \text{m}^2 = 1330 \text{ mm}^2$$

且满足最小配筋率 $\rho = \frac{A_s}{h_0 \times 1} \geqslant 0.15\%$,即

$A_s \geqslant 0.15\% \times (h_0 \times 1) = 0.15\% \times [(1.2-0.04) \times 1] = 1.74 \times 10^{-3} \text{m}^2 = 1740 \text{ mm}^2$

综上取钢筋截面面积 $A_s \geqslant 1740$ mm²

钢筋间距为 200mm,那么每延米应布置 $1000 \div 200 = 5$ 根钢筋

则钢筋直径 d 应满足 $A_s = 3.14 \times d^2 \div 4 \times 5 \geqslant 1740 \rightarrow d \geqslant 21.05$mm,最终取 $d=22$mm

6.7.2 墙下条形基础

6.7.2.1 墙下条形基础受剪切
6.7.2.2 墙下条形基础受弯

2006D9

墙下条形基础的剖面见题图,基础宽度 $b=3$m,基础底面净压力分布为梯形,最大边缘压力设计值 $p_{j\max}=150$kPa,最小边缘压力设计值 $p_{j\min}=60$kPa,已知验算截面 I—I 距最大边缘压力端的距离 $a_1=1.0$m,则截面 I—I 处的弯矩设计值为下列何值?

(A) 70kN·m (B) 80kN·m
(C) 90kN·m (D) 100kN·m

【解】基础宽度 $b=3.0$m

计算截面 I-I 处至基底最大净反力边缘的距离 $a_1=1.0$m

基底最大净反力 $p_{j\max}=150$kPa

基底最小净反力 $p_{j\min}=60$kPa

计算截面 I-I 处地基净反力设计值

偏心:$p_{jI} = p_{j\min} - \frac{a_1(p_{j\max}-p_{j\min})}{b}$

$= 150 - \frac{1 \times (150-60)}{3} = 120$kPa

最终,偏心荷载作用下,计算截面处弯矩设计值:

$M = \frac{1}{6} a_1^2 (2p_{j\max} + p_{jI})$

$= \frac{1}{6} \times 1^2 \times (2 \times 150 + 120) = 70$kN·m

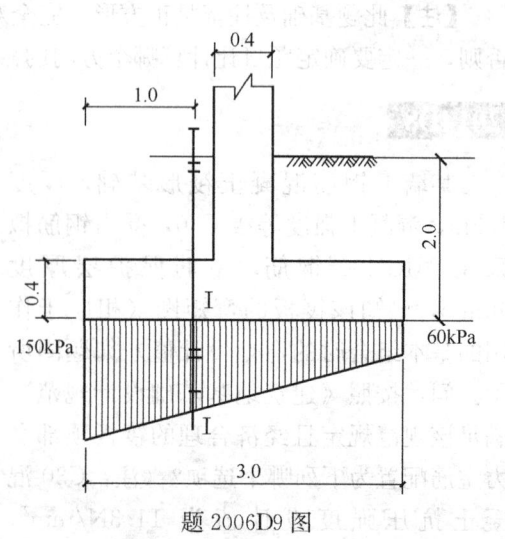

题 2006D9 图

2009C6

如题图所示的条形基础，$b=2.0\mathrm{m}$，$b_1=0.88\mathrm{m}$，$h_0=260\mathrm{mm}$，$p_{j\max}=217\mathrm{kPa}$，$p_{j\min}=133\mathrm{kPa}$，按计算 $A_s=\dfrac{M}{0.9f_yh_0}$，每延米基础的受力主筋截面积最接近哪个选项？（$f_y=300\mathrm{MPa}$）

(A) $1030\mathrm{mm}^2/\mathrm{m}$　　(B) $1130\mathrm{mm}^2/\mathrm{m}$　　(C) $1230\mathrm{mm}^2/\mathrm{m}$　　(D) $1330\mathrm{mm}^2/\mathrm{m}$

【解】基础宽度 $b=2.0\mathrm{m}$

计算截面Ⅰ-Ⅰ处至基底最大净反力边缘的距离 $a_1=0.88\mathrm{m}$

基底最大净反力 $p_{j\max}=217\mathrm{kPa}$

基底最小净反力 $p_{j\min}=133\mathrm{kPa}$

计算截面Ⅰ-Ⅰ处地基净反力设计值

偏心：$p_{j\mathrm{I}}=p_{j\max}-\dfrac{a_1(p_{j\max}-p_{j\min})}{b}=217-\dfrac{0.88\times(217-133)}{2}=180.04\mathrm{kPa}$

题2009C6图

最终，偏心荷载作用下，计算截面处弯矩设计值：
$$M=\dfrac{1}{6}a_1^2(2p_{j\max}+p_{j\mathrm{I}})=\dfrac{1}{6}\times0.88^2\times(2\times217+180.04)=79.25\mathrm{kN\cdot m}$$

按受弯计算钢筋截面面积
$$A_s=\dfrac{M}{0.9f_yh_0}=\dfrac{79250000}{0.9\times300\times260}=1128.9\mathrm{mm}^2\text{（未考虑混凝土受拉强度）}$$

且满足最小配筋率 $\rho=\dfrac{A_s}{h_0\times1}=\dfrac{A_s}{h_0\times1}\geqslant0.15\%$

2011D7

某条形基础宽度2m，埋深1m，地下水埋深0.5m，承重墙位于基础中轴，宽度0.37m，作用于基础顶面荷载235kN/m，基础材料采用钢筋混凝土。荷载的基本组合由永久作用控制。问验算基础底板配筋时的弯矩最接近于下列哪个选项？

(A) $35\mathrm{kN\cdot m}$　　(B) $40\mathrm{kN\cdot m}$　　(C) $55\mathrm{kN\cdot m}$　　(D) $60\mathrm{kN\cdot m}$

【解】基础宽度 $b=2.0\mathrm{m}$

验算基础底板配筋时的弯矩为最大弯矩，因此计算截面Ⅰ-Ⅰ处至基底最大净反力边缘的距离 $a_1=\dfrac{\text{基础宽}-\text{墙宽}}{2}=\dfrac{2-0.37}{2}=0.815\mathrm{m}$

轴心荷载作用下计算截面Ⅰ-Ⅰ处地基净反力设计值
$$p_{j\mathrm{I}}=p_{j\max}=p_{j\min}=\dfrac{F}{bl}=\dfrac{235}{2}=117.5\mathrm{kPa}$$

最大弯矩 $M=\dfrac{1}{2}a_1^2p_{j\mathrm{I}}=\dfrac{1}{2}\times0.815^2\times117.5=39.023\mathrm{kN\cdot m}$

2013C7

某墙下钢筋混凝土条形基础如题图所示，墙体及基础的混凝土强度等级均为C30，基础受力钢筋的抗拉强度设计值 f_y 为 300N/mm²，保护层厚度 50mm，该条形基础承受轴心荷载，假定地基反力线性分布，相应于作用的基本组合时基础底面地基净反力设计值为 200kPa，问：按照《建筑地基基础设计规范》，满足该规范规定且经济合理的受力主筋面积为下列哪个选项？

(A) 1263mm²/m   (B) 1425mm²/m   (C) 1695mm²/m   (D) 1520mm²/m

【解】基础宽度 $b = 3.9$m

计算截面 I-I 处至基底最大净反力边缘的距离 a_1

求最大弯矩，则 $a_1 = \dfrac{基础宽-墙宽}{2} = \dfrac{3.9-0.3}{2} = 1.8$m

计算截面 I-I 处地基净反力设计值

轴心：$p_{jI} = 200$kPa

最终，计算截面处弯矩设计值：

轴心荷载：$M = \dfrac{1}{2} a_1^2 p_{jI} = \dfrac{1}{2} \times 1.8^2 \times 200 = 324$ kN·m

按受弯计算钢筋截面面积

$A_s = \dfrac{M}{0.9 f_y h_0} = \dfrac{324000}{0.9 \times 300 \times (1000-50)}$

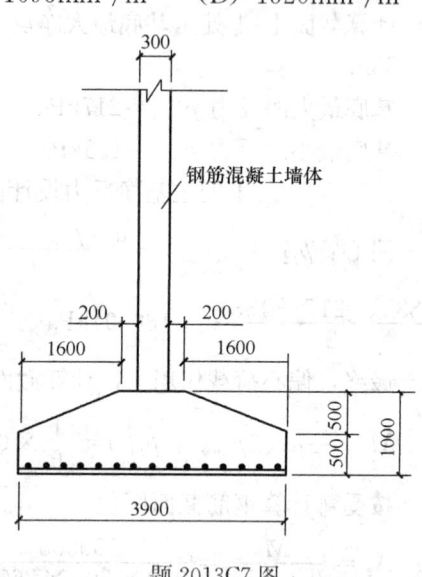

题 2013C7 图

$= 1263.2$mm²/m（未考虑混凝土受拉强度）

且需满足最小配筋率 $\rho = \dfrac{A_s}{h_0 \times 1} \geq 0.15\% \rightarrow$

$A_s \geq 0.15\% \times 1000 \times (1000-50) = 1425$mm²/m

综上 $A_s \geq 1425$mm²/m

2016C9

某钢筋混凝土墙下条形基础，宽度 $b = 2.8$m，高度 $h = 0.35$，埋深 $d = 1.0$m，墙厚 370mm，上部荷载传来的荷载：标准组合为 $F_1 = 288.0$kN/m，$M_1 = 16.5$kN·m/m，基本组合为 $F_2 = 360.0$kN/m，$M_2 = 20.6$kN·m/m，准永久组合为 $F_3 = 250.4$kN/m，$M_3 = 14.3$kN·m/m，按《建筑地基基础设计规范》规定计算基础底板配筋时，基础验算截面弯矩设计值最接近下列哪个选项？（基础及其上土的平均重度为 20kN/m³）

(A) 72kN·m/m   (B) 83kN·m/m   (C) 103kN·m/m   (D) 116kN·m/m

【解】基础宽度 $b = 2.8$m

计算截面 I-I 处至基底最大净反力边缘的距离 a_1

求最大弯矩，则 $a_1 = \dfrac{基础宽-墙宽}{2} = \dfrac{2.8-0.37}{2} = 1.215$m

作用于基础顶面中心竖向力基本组合值 $F=360\text{kN}$
作用于基础弯矩基本组合值 $M=20.6\text{kN}\cdot\text{m}$

① 确定偏心距并比较，$e=\dfrac{M}{F+G}<e_0=\dfrac{M}{F}=\dfrac{20.6}{360}=0.0572\leqslant\dfrac{b}{6}=\dfrac{2.8}{6}$，小偏心

基底最大净反力 $p_{j\max}=\dfrac{F}{bl}+\dfrac{M}{W}=\dfrac{F}{bl}\left(1+\dfrac{6e_0}{b}\right)=\dfrac{360}{2.8}\left(1+\dfrac{6\times 0.0572}{2.8}\right)=144.276\text{kPa}$

基底最小净反力 $p_{j\min}=\dfrac{F}{bl}-\dfrac{M}{W}=\dfrac{F}{bl}\left(1-\dfrac{6e_0}{b}\right)=\dfrac{360}{2.8}\left(1-\dfrac{6\times 0.0572}{2.8}\right)=112.867\text{kPa}$

② 计算截面Ⅰ-Ⅰ处地基净反力设计值

偏心：$p_{j\text{Ⅰ}}=p_{j\max}-\dfrac{a_1(p_{j\max}-p_{j\min})}{b}$

$\qquad\quad=144.276-\dfrac{1.215\times(144.276-112.867)}{2.8}=130.65\text{kPa}$

最终，偏心荷载作用下，计算截面处弯矩设计值：

$M=\dfrac{1}{6}a_1^2(2p_{j\max}+p_{j\text{Ⅰ}})=\dfrac{1}{6}\times 1.215^2\times(2\times 144.276+130.65)=103.14\text{kN}\cdot\text{m}$

6.7.3 高层建筑筏形基础

6.7.3.1 高层建筑筏形基础抗倾覆验算
6.7.3.2 梁板式筏基正截面受冲切

2010D5

某筏基底板梁板布置如题图所示，钢筋保护层厚度为 50mm，筏板混凝土强度等级为 C35（$f_t=1.57\text{N/mm}^2$），根据《建筑地基基础设计规范》计算，该底板受冲切承载力最接近下列何项数值？

(A) $5.60\times 10^3\text{kN}$　　(B) $11.25\times 10^3\text{kN}$
(C) $16.08\times 10^3\text{kN}$　　(D) $19.70\times 10^3\text{kN}$

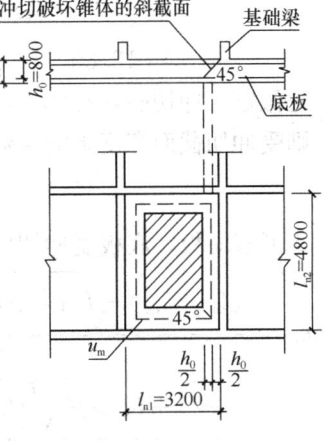

题 2010D5 图

【解】计算板格的短边 $l_{n1}=3.2\text{m}$
计算板格的长边 $l_{n2}=4.8\text{m}$
冲切破坏锥体斜截面处板有效高度 $h_0=0.8\text{m}$
距基础梁边 $h_0/2$ 处冲切临界截面周长
$u_m=2(l_{n1}+l_{n2}-2h_0)$
$\quad=2\times(3.2+4.8-2\times 0.8)=12.8\text{m}$
冲切破坏锥体斜截面处板高度 $h=800+50=850\text{mm}\in[800\text{mm},2000\text{mm}]$
受冲切截面高度影响系数
$\beta_{hp}=1-\dfrac{h-800}{12000}=1-\dfrac{800+50-800}{1200}=0.996$
混凝土轴心抗拉强度设计值 $f_t=1570\text{kPa}$
基础受冲切承载力 $=0.7\beta_{hp}f_t u_m h_0=0.7\times 0.996\times 1570\times 12.8\times 0.8=11208.7\text{kN}$

【注】梁板式筏基受冲切承载力计算的是整个基础的；而柱下独立基础受冲切承载力计算的是基础一侧的（一般选最不利一侧）。

2016D8

某高层建筑为梁板式基础，底板区格为矩形双向板，柱网尺寸为$8.7m \times 8.7m$，梁宽为450mm，荷载基本组合地基净反力设计值为540kPa，底板混凝土轴心抗拉强度设计值为1570kPa，按《建筑地基基础设计规范》，验算底板受冲切所需的有效厚度最接近下列哪个选项？

(A) 0.825m (B) 0.747m
(C) 0.658m (D) 0.558m

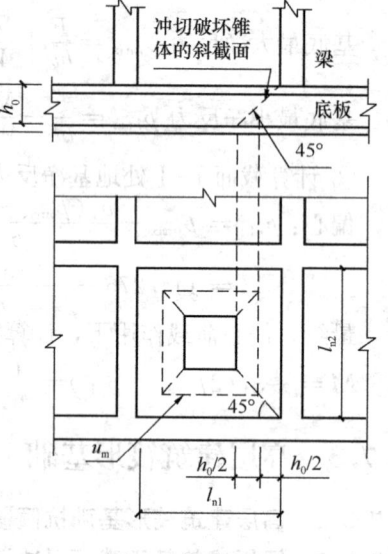

题2016D8图

【解】计算板格的短边

l_{n1} = 柱网尺寸短边 − 基础梁宽 = 8.7 − 0.45 = 8.25m

计算板格的长边

l_{n2} = 柱网尺寸长边 − 基础梁宽 = 8.7 − 0.45 = 8.25m

地基净反力设计值 p_j = 540kPa

距基础梁边 $h_0/2$ 处冲切临界截面周长

$$u_m = 2(l_{n1} + l_{n2} - 2h_0)$$
$$= 2 \times (3.2 + 4.8 - 2 \times 0.8)$$
$$= 12.8m$$

先假定，冲切破坏锥体斜截面处板高度 $h \leqslant 800mm$

则受冲切截面高度影响系数

$$\beta_{hp} = 1 - \frac{h-800}{12000} = 1$$

矩形双向板，底板受冲切所需要厚度

$$h_0 = \frac{(l_{n1}+l_{n2}) - \sqrt{(l_{n1}+l_{n2})^2 - \frac{4p_j l_{n1} l_{n2}}{p_j + 0.7\beta_{hp} f_t}}}{4}$$

$$= \frac{(8.25+8.25) - \sqrt{(8.25+8.25)^2 - \frac{4 \times 540 \times 8.25 \times 8.25}{540 + 0.7 \times 1 \times 1570}}}{4} = 0.747$$

加上一定混凝土厚度，如 $a_s = 0.05m$，可以满足

$$h = h_0 + a_s \geqslant \max\left(400, \frac{l_{n1}}{14}\right) = \max\left(400, \frac{8250}{14}\right) = 589.3mm$$

且可以满足假定 $h \leqslant 800mm$

故冲切破坏锥体斜截面处板有效高度 $h_0 = 0.747m$

【注】此题略微不严谨，如给出混凝土保护层厚度，就完美了。

6.7.3.3 梁板式筏基受剪切

2011C9

某梁板式筏基双向底板区格如题图所示，筏板混凝土强度等级为C35（$f_t = 1.57$N/

mm^2），根据《建筑地基基础设计规范》计算，该区格底板斜截面受剪承载力最接近下列何值？

(A) 5.60×10^3 kN　　(B) 6.6×10^3 kN

(C) 16.08×10^3 kN　(D) 119.70×10^3 kN

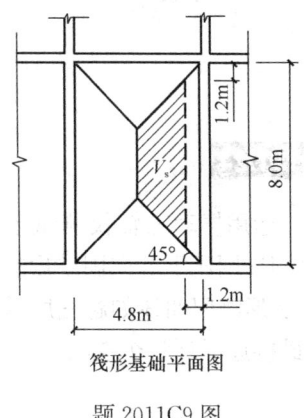

题 2011C9 图

【解】计算板格的短边 $l_{n1} = 4.8$m

计算板格的长边 $l_{n2} = 8.0$m

从钢筋处开始算，板有效高度 $h_0 = 1.2$m

受剪切承载力计算截面面积

$A_0 = (l_{n2} - 2h_0)h_0 = (8 - 2 \times 1.2) \times 1.2$

受剪截面高度影响系数

$$\beta_{hs} = \left(\frac{800}{h_0}\right)^{\frac{1}{4}} = \left(\frac{800}{1200}\right)^{\frac{1}{4}} = 0.904$$

混凝土轴心抗拉强度设计值 $f_t = 1570$kPa

该区格底板斜截面受剪承载力 $= 0.7\beta_{hs} f_t A_0$

$= 0.7\beta_{hs} f_t (l_{n2} - 2h_0)h_0 = 0.7 \times 0.904 \times 1570 \times (8 - 2 \times 1.2) \times 1.2 = 6676.3$kN

2012C9

梁板式筏基，柱网 8.7m×8.7m，柱横截面 1450mm×1450mm，柱下交叉基础梁，梁宽 450mm，荷载基本组合地基净反力为 400kPa，底板厚 1000mm，双排钢筋，钢筋合力点至板截面近边的距离取 70mm，按《建筑地基基础设计规范》计算距基础边缘 h_0（板的有效厚度）处底板斜截面所承受的剪力设计值最接近下列何项？

(A) 4100kN　　(B) 5500kN

(C) 6200kN　　(D) 6500kN

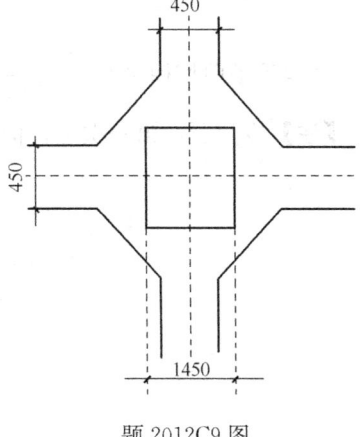

题 2012C9 图

【解】计算板格的短边 l_{n1}=柱网尺寸短边－基础梁宽=8.7－0.45=8.25m

计算板格的长边 l_{n2}=柱网尺寸长边－基础梁宽=8.7－0.45=8.25m

从钢筋处开始算，板有效高度 $h_0 = 1 - 0.07 = 0.93$m

作用基本组合时地基平均净反力 p_j=400kPa

底板所受到的剪力设计值 $V_s = p_j \left(\frac{l_{n1}}{2} - h_0\right)\left(l_{n2} - \frac{l_{n1}}{2} - h_0\right)$

$= \left(\frac{8.25}{2} - 0.93\right) \times \left(8.25 - \frac{8.25}{2} - 0.93\right) \times 400 = 4083.21$kN

【注】本题给出的是梁板式筏基的一角，筏基全图可以参考上两题 2011C9 及 2016D8；这道题当然得分率极低，所以 2016D8 再次考查梁板式筏基的时候就把全图都给出了。

6.7.3.4 平板式筏基相关验算

6.8 地基动力特性测试

2019D24

运用振动三轴仪测试土的动模量。试样原始直径 39.1mm，原始高度 81.6mm，在 200kPa 围压下等向固结后的试样高度为 80.0mm，随后轴向施加 100kPa 动应力，动应力-动变形滞回曲线如题图所示，若土的泊松比为 0.35，试问试验条件下土试样的动剪切模量最接近下列哪个选项？

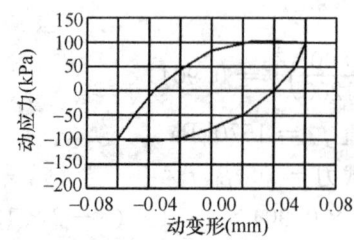

题 2019D24 图

(A) 25MPa (B) 50MPa (C) 62MPa (D) 74MPa

【解】试样的动弹性模量 $E_d = \dfrac{\sigma_d}{\varepsilon_d} = \dfrac{0.1}{\dfrac{0.06}{80}} = 133.3\text{MPa}$

试样的动剪切模量 $G_d = \dfrac{E_d}{2(1+\mu_d)} = \dfrac{133.3}{2(1+0.35)} = 49.3\text{MPa}$

【注】冷门题，第一次考，但不难，考场现查规范即可，属于"翻到就赚到"的题。

7 桩基础专题

7 桩基础专题专业案例真题按知识点分布汇总

7.1 各种桩型单桩竖向极限承载力标准值	7.1.1 普通混凝土桩（桩径＜0.8m）	2018D10
	7.1.2 大直径桩（桩径≥0.8m）及大直径扩底桩	2003C12
	7.1.3 钢管桩	2002D3；2003C11；2007C11
	7.1.4 混凝土空心桩	2017D10
	7.1.5 嵌岩桩	2009C11
	7.1.6 后注浆灌注桩	2010D12；2016C12
	7.1.7 单桥静力触探确定	2003D12；2011D10；2014C12
	7.1.8 双桥静力触探确定	2004C17
7.2 单桩和复合基桩竖向承载力特征值		2002D7；2005D15；2006D12；2009D13；2018C9
7.3 桩顶作用荷载计算及竖向承载力验算		2002D2；2004C13；2006D13；2007C12；2011D11；2012D11；2017C12
7.4 受液化影响的桩基承载力		
7.5 负摩阻力桩		2002D5；2003C15；2003D30；2004C16；2004D14；2004D15；2005C13；2008D24；2011C13；2012D10；2014C11
7.6 桩身承载力	7.6.1 钢筋混凝土轴心受压桩正截面受压承载力	2003C13；2008D13；2010C11；2013D12；2014D10；2016D12；2019C10；2019D10
	7.6.2 打入式钢管桩局部压屈验算	2016C10
	7.6.3 钢筋混凝土轴心抗拔桩的正截面受拉承载力	
7.7 桩基抗拔承载力	7.7.1 呈整体破坏和非整体破坏时桩基抗拔承载力	2002D6；2003D14；2004D18；2005D13；2006C12；2009C12；2011C12；2017D12
	7.7.2 抗冻拔稳定性	
	7.7.3 膨胀土上抗拔稳定性	
7.8 桩基软弱下卧层验算		2011D12；2014C10
7.9 桩基水平承载力特征值	7.9.1 单桩水平承载力特征值	2002D8；2003D13；2004D17；2005C12；2013C11；2018C10；2019C24
	7.9.2 群桩基础中基桩水平承载力特征值	2002D9；2004C14；2006C13；2007C13；2010C12；2012C13
	7.9.3 桩身配筋长度	2017C10

7 桩基础专题

续表

7.10 桩基沉降计算	7.10.1 桩中心距不大于6倍桩径的桩基		2002D4；2003D11；2004D19；2005D14；2006C14；2007D11；2019C11
	7.10.2 单桩 单排桩 疏桩		2009D12；2011C11；2016D10
	7.10.3 软土地基减沉复合疏桩	7.10.3.1 软土地基减沉复合疏桩承台面积和桩数及桩基承载力关系	2013D11；2017C11
		7.10.3.2 软土地基减沉复合疏桩基础中心沉降	2010C13；2012D12；2013C12
7.11 承台计算	7.11.1 受弯计算		2008C11；2009C13；2011C10
	7.11.2 轴心竖向力作用下受冲切计算	7.11.2.1 柱下矩形独立承台受冲切计算	2002D1；2004D16
		7.11.2.2 三桩三角形承台受冲切计算	2005D12
		7.11.2.3 四桩及以上承台受角桩冲切计算	2007D12
	7.11.3 受剪切计算	7.11.3.1 一阶矩形承台柱边受剪切计算	2003D10；2004C15；2008D12；2013C10；2017C13
		7.11.3.2 二阶矩形承台柱边受剪切计算	2010D11
		7.11.3.3 其他受剪切计算	
7.12 桩基施工			
7.13 建筑基桩检测	7.13.1 桩身内力测试		2007C30；2010C30；2013C30；2019D25
	7.13.2 单桩竖向抗压静载试验		2012D30；2013D30；2014D30
	7.13.3 单桩竖向抗拔静载试验		
	7.13.4 单桩水平载荷试验		2006D15；2017D30
	7.13.5 钻芯法		2008C30
	7.13.6 低应变法		2007D30；2008D30；2009C30；2018C25
	7.13.7 高应变法		2011D30；2016C30
	7.13.8 声波透射法		2011C30

7.1 各种桩型单桩竖向极限承载力标准值

7.1.1 普通混凝土桩（桩径＜0.8m）

2018D10

某建筑场地地层条件为：地表以下 10m 内为黏性土，10m 以下为深厚均质砂层。场地内进行了三组相同施工工艺试桩，试桩结果如题表所示。根据试桩结果估算，在其他条件均相同时，直径 800mm、长度 16m 桩的单桩竖向承载力特征值最接近下列哪个选项？（假定同一土层内，极限侧阻力标准值及端阻力标准值不变）

组别	桩径（mm）	桩长（m）	桩顶埋深（m）	试桩数量（根）	单桩极限承载力标准值（kN）
第一组	600	15	5	5	2402
第二组	600	20	5	3	3156
第三组	800	20	5	3	4396

(A) 1790kN　　(B) 3060kN　　(C) 3280kN　　(D) 3590kN

【解】 设黏性土极限侧阻力标准值 q_{s1k}，砂层极限侧阻力标准值 q_{s2k} 及极限端阻力标准值 q_{pk}

$3.14 \times 0.6 \times (5q_{s1k} + 10q_{s2k}) + 3.14 \times 0.09 \times q_{pk} = 2402$ ①

$3.14 \times 0.6 \times (5q_{s1k} + 15q_{s2k}) + 3.14 \times 0.09 \times q_{pk} = 3156$ ②

$3.14 \times 0.8 \times (5q_{s1k} + 15q_{s2k}) + 3.14 \times 0.16 \times q_{pk} = 4396$ ③

②-① 得 $q_{s2k} = 80.04$ kN

直径 800mm、长度 16m 桩的单桩竖向极限承载力

$$Q_{uk} = Q_{sk} + Q_{pk} = u \sum l_i q_{sik} + A_p q_{pk}$$
$$= 3.14 \times 0.8 \times (5q_{s1k} + 11q_{s2k}) + 3.14 \times 0.16 \times q_{pk}$$
$$= 4396 - 3.14 \times 0.8 \times 4 \times 80.04 = 3591.76 \text{kN}$$
$$R_a = 3591.76/2 = 1795.88 \text{kN}$$

【注】 注意解题技巧，没必要求解三元一次方程将 q_{s1k}、q_{s2k}、q_{pk} 都求出来。

7.1.2 大直径桩（桩径≥0.8m）及大直径扩底桩

2003C12

某工程桩基的单桩极限承载力标准值要求达到 $Q_{uk} = 30000$ kN，桩直径 $d = 1.4$ m，桩的总极限侧阻力经尺寸效应修正后为 $Q_{sk} = 12000$ kN，桩端持力层为密实砂土，极限端阻力 $q_{pk} = 3000$ kPa。拟采用扩底，由于扩底导致总极限侧阻力损失 $\Delta Q_{sk} = 2000$ kN。为了要达到设计要求的单桩极限承载力，其扩底直径应接近于（　　）。

(A) 3.0m　　(B) 3.5m　　(C) 3.8m　　(D) 4.0m

【解】 桩直径 $d = 1.4$ m，考虑大直径尺寸效应系数

端阻尺寸效应系数 $\psi_p = \left(\dfrac{0.8}{D}\right)^{\frac{1}{3}}$

$$Q_{uk} = Q_{sk} + Q_{pk} = u\sum \psi_{si} q_{sik} l_i + \psi_p q_{pk} A_p \rightarrow$$
$$30000 = (12000 - 2000) + \psi_p \times 3000 \times A_p \rightarrow$$
$$30000 = (12000 - 2000) + \left(\frac{0.8}{D}\right)^{\frac{1}{3}} \times 3000 \times \frac{\pi D^2}{4} \rightarrow D = 3.77 \text{m}$$

7.1.3 钢管桩

2002D3

某工程场地，地表以下深度 2~12m 为黏性土，桩的极限侧阻力标准值 $q_{s1k}=50\text{kPa}$；12~20m 为粉土 $q_{s2k}=60\text{kPa}$；20~30m 为中砂，$q_{s3k}=80\text{kPa}$，极限端阻力 $q_{pk}=7000\text{kPa}$。采用直径 800mm，$L=21\text{m}$ 的钢管桩，桩顶入土 2m，桩端入土 23m，按《建筑桩基技术规范》计算敞口钢管桩桩端加设十字形隔板的单桩竖向极限承载力标准值 Q_{uk}，其结果最接近下列（　）个数值。

(A) $5.3 \times 10^3 \text{kN}$ (B) $5.6 \times 10^3 \text{kN}$
(C) $5.9 \times 10^3 \text{kN}$ (D) $6.1 \times 10^3 \text{kN}$

【解】桩直径（外径）$d=0.8\text{m}$

桩端进入持力层厚度 $h_b=3\text{m}$

桩端加设十字形隔板，桩端隔板分割数 $n=4$

桩端塞土效应系数 $\dfrac{h_b\sqrt{n}}{d} = \dfrac{3\sqrt{4}}{0.8} = 7.5 \geqslant 5 \rightarrow \lambda_p = 0.8$

$Q_{uk} = Q_{sk} + Q_{pk} = u\sum l_i q_{sik} + \lambda_p A_p q_{pk}$

$= 3.14 \times 0.8 \times (10 \times 50 + 8 \times 60 + 3 \times 80) + 0.8 \times \dfrac{3.14 \times 0.8^2}{4} \times 7000$

$= 5878.1 \text{kN}$

2003C11

某工程钢管桩外径 $d=0.8\text{m}$，桩端进入中砂层 2m，桩端闭口时其单桩竖向极限承载力标准值 $Q_{uk}=7000\text{kN}$，其中总极限侧阻力 $Q_{sk}=5000\text{kN}$，总极限端阻力 $Q_{pk}=2000\text{kN}$。由于沉桩困难，改为敞口，加一隔板（如题图）。按《建筑桩基技术规范》规定，改变后的该桩竖向极限承载力标准值接近下列（　）。

题 2003C11 图

(A) 5600kN   (B) 5900kN   (C) 6100kN   (D) 6400kN

【解】桩直径（外径）$d=0.8\text{m}$

桩端进入持力层厚度 $h_b=2\text{m}$

开始时，桩端闭口，则桩端塞土效应系数 $\lambda_p=1$

$$Q_{uk} = Q_{sk} + Q_{pk} = u\sum l_i q_{sik} + \lambda_p A_p q_{pk}$$

$7000 = 5000 + 2000 \rightarrow 1.0 \times A_p q_{pk} = 2000\text{kN}$

改为敞口，加一隔板，桩端隔板分割数 $n=2$，则桩端塞土效应系数

$\dfrac{h_b\sqrt{n}}{d} = \dfrac{2\sqrt{2}}{0.8} = 3.536 < 5 \rightarrow \lambda_p = \dfrac{0.16 h_b \sqrt{n}}{d} = 0.16 \times 3.536 = 0.567$

此时 $Q_{uk} = Q_{sk} + Q_{pk} = u\sum l_i q_{sik} + \lambda_p A_p q_{pk} = 5000 + 0.567 \times 2000 = 6134\text{kN}$

2007C11

某钢管桩外径为 0.90m，壁厚为 20mm，桩端进入密实中砂持力层 2.5m，桩端开口时单桩竖向极限承载力标值为 $Q_{uk}=8000$kN（其中桩端极限阻力占 30%），如为进一步发挥桩端承载力，在桩端加设十字形钢板，按《建筑桩基技术规范》计算下列哪一个数值最接近其桩端改变后的单桩竖向极限承载力标准值？

(A) 9920kN　　　(B) 12090kN　　　(C) 13700kN　　　(D) 14500kN

【解】桩直径（外径）$d=0.9$m

桩端进入持力层厚度 $h_b=2.5$m

开始时，桩端开口，则桩端塞土效应系数 $\dfrac{h_b}{d}=\dfrac{2.5}{0.9}=2.778<5\to\lambda_p=\dfrac{0.16h_b}{d}=0.444$

$8000=0.7\times8000+0.3\times8000\to0.444\times A_p q_{pk}=0.3\times8000\to A_p q_{pk}=5405.4$kN

改为十字形隔板，桩端隔板分割数 $n=4$，则桩端塞土效应系数

$\dfrac{h_b\sqrt{n}}{d}=\dfrac{2.5\sqrt{4}}{0.9}=5.556\geqslant5\to\lambda_p=0.8$

此时 $Q_{uk}=Q_{sk}+Q_{pk}=u\sum l_i q_{sik}+\lambda_p A_p q_{pk}=0.7\times8000+0.8\times5405.4=9924.32$kN

7.1.4　混凝土空心桩

2017D10

某工程地层条件如题图所示，拟采用敞口 PHC 管桩，承台底面位于自然地面下 1.5m，桩端进入中粗砂持力层 4m，桩外径 600mm，壁厚 110mm。根据《建筑桩基技术规范》，根据土层参数估算得到竖向极限承载力标准值最接近下列哪个选项？

(A) 3656kN　　　(B) 3474kN
(C) 3205kN　　　(D) 2749kN

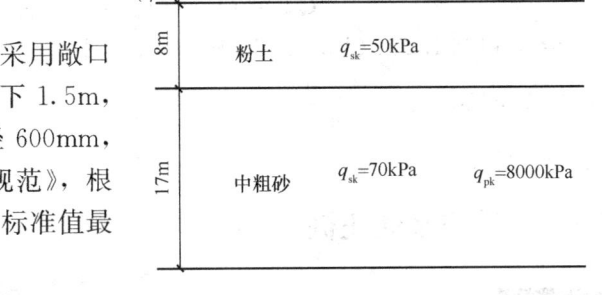

题 2017D10 图

【解】桩外径 $d=0.6$m；桩内径 $d_1=0.6-0.11\times2=0.38$m；

桩端进入持力层厚度 $h_b=4$m；

桩端塞土效应系数 $\dfrac{h_b}{d_1}=\dfrac{4}{0.38}=10.53>5\to\lambda_p=0.8$

桩端敞口面积 $A_{p1}=\dfrac{\pi d_1^2}{4}=3.14\times0.38\times0.38\div4=0.1134$m²

桩端净面积 $A_j=\dfrac{\pi}{4}(d^2-d_1^2)=3.14\times(0.6\times0.6-0.38\times0.38)\div4=0.1692$m²

$Q_{uk}=Q_{sk}+Q_{pk}=u\sum l_i q_{sik}+(\lambda_p A_{p1}+A_j)q_{pk}$
$=3.14\times0.6\times(1.5\times40+8\times50+4\times70)+(0.8\times0.1134+0.1692)\times8000$
$=3473.52$kN

【注】 若误认为敞口 PHC 管桩为钢管桩，会得到 C 选项答案，有兴趣的同学可以计算下。

7.1.5 嵌岩桩

2009C11

工程采用泥浆护壁钻孔灌注桩，桩径 1200mm，桩端进入中等风化岩 1.0m，岩体较完整，岩块饱和单轴抗压强度标准值 41.5MPa，桩顶以下土层参数依次列表如下，按《建筑桩基技术规范》估算，单桩极限承载力最接近下列何值（取桩嵌岩段侧阻和端阻力综合系数为 0.76）？

(A) 32200kN   (B) 36800kN   (C) 40800kN   (D) 44200kN

岩土层编号	岩土层名称	桩顶以下岩土层厚度 (m)	q_{sik} (kPa)	q_{pik} (kPa)
1	黏土	13.70	32	—
2	粉质黏土	2.30	40	—
3	粗砂	2.00	75	2500
4	强风化岩	8.85	180	—
5	中等风化岩	8.00	—	—

【解】 不考虑尺寸效应

桩直径 $d=1.2$m

题中已给：取桩嵌岩段侧阻和端阻力综合系数为 $\zeta_r = 0.76$

$$Q_{uk} = Q_{sk} + Q_{pk} = u\Sigma l_i q_{sik} + \zeta_r A_p q_{pk}$$
$$= 3.14 \times 1.2 \times (13.7 \times 32 + 2.3 \times 40 + 2.0 \times 75 + 8.85 \times 180) + 0.76$$
$$\times 41500 \times \frac{3.14 \times 1.2^2}{4}$$
$$= 44219.0 \text{kN}$$

7.1.6 后注浆灌注桩

2010D12

某泥浆护壁灌注桩桩径 800mm，桩长 24m，采用桩端桩侧联合注浆，桩侧注浆断面位于桩顶下 12m，桩周土性及后注浆桩侧阻力与桩端阻力增强系数如图所示，估算的单桩极限承载力最接近下列何项数值？

(A) 5620kN   (B) 6460kN   (C) 7420kN   (D) 7700kN

【解】

画图：确定非增强段 l_j 和增强段 l_{gi}

泥浆护壁灌注桩，桩侧注浆断面位于桩顶下 12m

$$Q_{uk} = Q_{sk} + Q_{gsk} + Q_{pk} = u\Sigma l_j q_{sjk} + u\Sigma \beta_{si} l_{gi} q_{sik} + \beta_p A_p q_{pk}$$
$$= 0 + 3.14 \times 0.8 \times (1.4 \times 16 \times 70 + 1.6 \times 8 \times 80) + 2.4 \times \frac{3.14 \times 0.8^2}{4} \times 1000$$
$$= 7716.9 \text{kN}$$

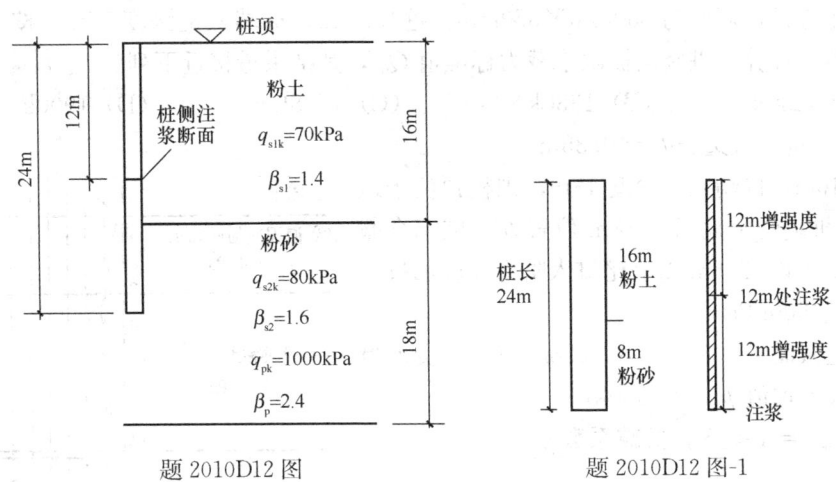

题 2010D12 图   题 2010D12 图-1

2016C12

某工程勘察报告揭示的地层条件以及桩的极限侧阻力和极限端阻力标准值如题图所示，拟采用干作业钻孔灌注桩基础，桩设计直径 1.0m，设计桩顶位于地面下 1.0m，桩端进入粉细砂层 2.0m，采用单一桩端后注浆，根据《建筑桩基技术规范》，计算单桩竖向极限承载力标准值最接近下列哪个选项？（桩侧阻力和桩端阻力的后注浆增强系数均取规范表中的低值）

(A) 4400kN　　(B) 4800kN
(C) 5100kN　　(D) 5500kN

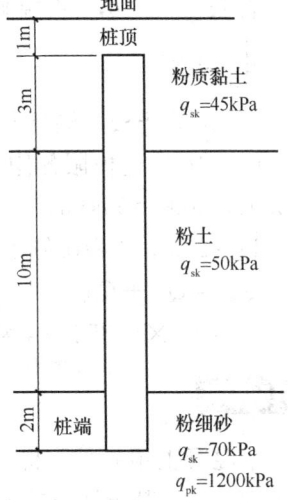

题 2016C12 图

【解】大直径需进行折减，且采用单一桩端后注浆

$Q_{uk}=Q_{sk}+Q_{gsk}+Q_{pk}=u\sum l_j q_{sjk}+u\sum \beta_{si}l_{gi}q_{sik}+\beta_p A_p q_{pk}$

$=3.14\times1\times(0.956\times3\times45+0.956\times6\times50)$

$\quad+3.14\times1\times(0.956\times1.4\times4\times50+0.928\times1.6\times2\times70)$

$\quad+0.928\times0.8\times2.4\times\dfrac{3.14\times1^2}{4}\times1200$

$=4477\text{kN}$

【注】后注浆灌注桩要考虑大直径折减。

7.1.7 单桥静力触探确定

2003D12

某工程单桥静力触探资料如题图所示，拟采用第④层粉砂作为桩端持力层，假定采用

钢筋混凝土方桩，断面为350mm×350mm，桩长16m，桩端入土深度18m，按《建筑桩基技术规范》计算单桩竖向极限承载力标准值Q_{uk}，其结果最接近下列（　　）。

(A) 1202kN　　　(B) 1380kN　　　(C) 1578kN　　　(D) 1900kN

【解】方桩，桩边长$b=0.35$m。

桩长16m，桩端入土深度18m，则桩顶位于地面下2m，桩端位于地面下18m位置处，桩端全截面$8b=0.35\times 8=2.8$m以上比贯入阻力厚度加权平均值$p_{sk1}=4500$kPa。

桩端全截面$4b=0.35\times 8=2.8$m以下比贯入阻力厚度加权平均值$p_{sk2}=4500$kPa。

$p_{sk2}/p_{sk1}=1<5$，折减系数$\beta=1$

当$p_{sk1}\leqslant p_{sk2}\to p_{sk}=\dfrac{1}{2}(p_{sk1}+\beta\cdot p_{sk2})=4500$kPa

桩长$l=16$，桩端修正系数$\alpha=0.75+\dfrac{16-15}{30-15}(0.90-0.75)=0.76$

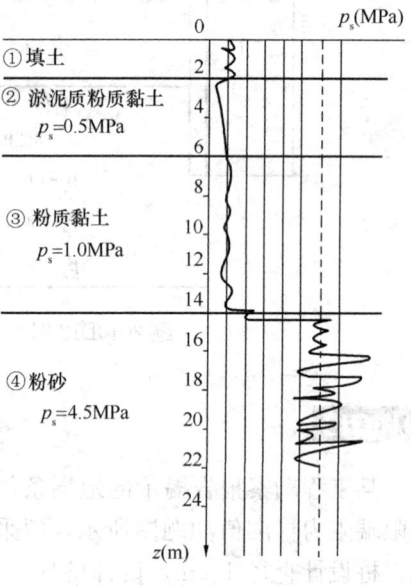

题2003D12图

2~6m，土极限侧阻力标准值$q_{sik}=15$kPa

6~14m，土极限侧阻力标准值$q_{sik}=0.05p_{si}=0.05\times 1000=50$kPa

14~20m，土极限侧阻力标准值$q_{sik}=0.02p_{si}=0.02\times 4500=90$kPa

$Q_{uk}=Q_{sk}+Q_{pk}=u\sum l_i q_{sik}+\alpha A_p p_{sk}$
$=4\times 0.35\times(4\times 15+8\times 50+4\times 90)+0.76\times 0.35^2\times 4500=1566.95$kN

2011D10

某混凝土预制桩，桩径$d=0.5$m，桩长18m，地基土性与单桥静力触探如题图所示，按《建筑桩基技术规范》计算，单桩竖向极限承载力标准值最接近下列哪一个选项？（桩端阻力修正系数α取为0.8）

(A) 900kN　　　(B) 1020kN
(C) 1920kN　　(D) 2230kN

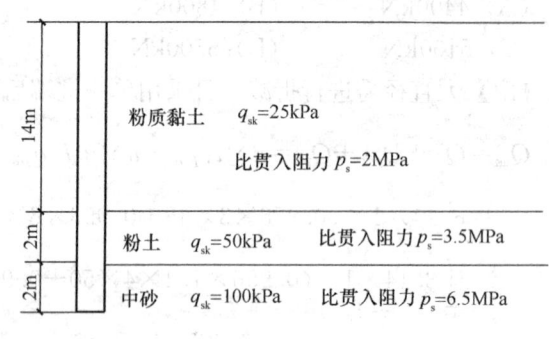

题2011D10图

【解】桩直径$d=0.5$m。

桩长18m，桩顶自地面开始，桩端位于地面下18m位置处，桩端全截面$8d=0.5\times 8=4$m以上比贯入阻力厚度加权平均值

$$p_{sk1}=\dfrac{3500\times 2+6500\times 2}{4}=5000\text{kPa}$$

桩端全截面$4d=0.5\times 8=2$m以下比贯入阻力厚度加权平均值$p_{sk2}=6500$kPa

$p_{sk2}/p_{sk1}=6500/5000=1.3<5$，折减系数$\beta=1$

$$p_{sk1} \leqslant p_{sk2} \rightarrow p_{sk} = \frac{1}{2}(p_{sk1} + \beta \cdot p_{sk2}) = \frac{1}{2}(5000 + 1 \times 6500) = 5750\text{kPa}$$

直接给出桩端修正系数 $\alpha = 0.8$

$$Q_{uk} = Q_{sk} + Q_{pk} = u\sum l_i q_{sik} + \alpha A_p p_{sk}$$
$$= 3.14 \times 0.5 \times (25 \times 14 + 50 \times 2 + 100 \times 2) + 0.8 \times 5750 \times 3.14 \times 0.5 \times 0.5 \div 4$$
$$= 1923.3\text{kN}$$

【注】 此题不甚严谨。按题意，q_{sk} 的值已给，无需再根据 p_s 值计算和调整。

2014C12

某桩基工程，采用 PHC600 管桩，有效桩长 28m，送桩 2m，桩端闭塞，桩端选择密实粉砂层做持力层，桩侧土层分布见题表，根据单桥探头静力触探资料，桩端全截面以上 8 倍桩径范围内的比贯入阻力平均值为 4.8MPa，桩端全截面以下 4 倍桩径范围内的比贯入阻力平均值为 10.0MPa，桩端阻力修正系数 $\alpha=0.8$，根据《建筑桩基技术规范》，计算单桩极限承载力标准值最接近下列何值？

(A) 3820kN　　(B) 3920kN　　(C) 4300kN　　(D) 4410kN

层号	土名	层底埋深（m）	静力触探 p_s（MPa）	q_{sik}（kPa）
1	填土	6.0	0.70	15
2	淤泥质黏土	10.0	0.56	28
3	淤泥质粉质黏土	20.0	0.70	35
4	粉质黏土	28.0	1.10	52.5
5	粉细砂	35.0	10.00	100

【解】 桩直径 $d = 0.6$m

桩长 28m，送桩 2m，则桩顶位于地面下 2m，桩端位于地面下 30m 位置处，即位于粉细砂层中。

直接给出，桩端全截面 $8d$ 以上比贯入阻力厚度加权平均值 $p_{sk1} = 4800$kPa

桩端全截面 $4d$ 以下比贯入阻力厚度加权平均值 $p_{sk2} = 10000$kPa

$p_{sk2}/p_{sk1} = 10000/4800 = 2.08 < 5$，折减系数 $\beta = 1$

$$p_{sk1} \leqslant p_{sk2} \rightarrow p_{sk} = \frac{1}{2}(p_{sk1} + \beta \cdot p_{sk2}) = \frac{1}{2}(4800 + 1 \times 10000) = 7400\text{kPa}$$

直接给出桩端修正系数 $\alpha = 0.8$

$$Q_{uk} = Q_{sk} + Q_{pk} = u\sum l_i q_{sik} + \alpha A_p p_{sk}$$
$$= 3.14 \times 0.6 \times (4 \times 15 + 4 \times 28 + 10 \times 35 + \times 8 \times 52.5 + 2 \times 100) + 0.8 \times 7400 \times 3.14 \times 0.3 \times 0.3$$
$$= 3824.52\text{kN}$$

7.1.8 双桥静力触探确定

2004C17

某工程双桥静探资料见题表，拟采用③层粉砂做持力层，采用混凝土方桩，桩断面尺寸为400mm×400mm，桩长 $l=13$m，承台埋深为2.0m，桩端进入粉砂层2.0m，按《建筑桩基工程技术规范》计算单桩竖向极限承载标准值最接近下列（　　）。

(A) 1220kN　　　(B) 1580kN　　　(C) 1715kN　　　(D) 1900kN

层序	土名	层底深度	探头平均侧阻力 f_{si} (kPa)	探头阻力 q_c (kPa)
1	填土	1.5		
2	淤泥质黏土	13	12	600
3	饱和粉砂	20	110	12000

【解】方桩，桩边长 $b=0.4$m

桩长13m，承台埋深为2.0m，则桩顶位于地面下2m，桩端位于地面下15m位置即③层饱和粉砂中。

桩端全截面 $4b=4×0.4=1.6$m 以上比贯入阻力厚度加权平均值 $q_c=12000$kPa

桩端全截面 $b=0.4$m 以下比贯入阻力厚度加权平均值 $q_c=12000$kPa

取平均值，最终 $q_c=12000$kPa

2～13m，②层淤泥质黏土，桩侧修正系数 $\beta_i=10.04(f_{si})^{-0.55}=10.04×12^{-0.55}=2.56$；13～15m，③层饱和粉砂，桩侧修正系数 $\beta_i=5.05(f_{si})^{-0.45}=5.05×110^{-0.45}=0.61$，桩端修正系数 $\alpha=1/2$

$$Q_{uk}=Q_{sk}+Q_{pk}=u\sum\beta_i l_i f_{si}+\alpha A_p q_c$$
$$=4×0.4×(2.56×12×11+0.61×2×110)+0.5×12000×0.4^2$$
$$=1715.4\text{kN}$$

7.2　单桩和复合基桩竖向承载力特征值

2002D7

某建筑物，柱下桩基础，采用6根钢筋混凝土预制桩，边长为400mm，桩长为22m，桩顶入土深度为2m，桩端入土深为24m，假定由经验法估算得到单桩的总极限侧阻力标准值为1500kN，总极限端阻力标准值为700kN，承台底部为厚层粉土，其承载力特征值为180kPa。考虑承台效应，按《建筑桩基技术规范》计算非端承桩复合基桩竖向承载力特征值R，其值最接近下列（　　）个数值。

(A) $1.2×10^3$kN　　　　　　　(B) $1.4×10^3$kN
(C) $1.6×10^3$kN　　　　　　　(D) $1.8×10^3$kN

【解】单桩竖向承载力特征值 $R_a=\dfrac{Q_u}{2}=\dfrac{1500+700}{2}=1100$kN

考虑承台效应

承台计算域面积，柱下独立基础取承台总面积，$A=5.2×3.2$m²

桩数 $n=6$

桩身截面面积 $A_{ps}=0.4×0.4$m²

基桩对应承台底净面积 $A_c=\dfrac{A}{n}-A_{ps}=\dfrac{5.2×3.2}{6}-0.4×0.4=2.61$m²

桩径 d，若方桩则 $d=b=0.4$m
正方形布桩桩中心距 $S_a=2.0$m
正方形布桩距径比 $S_a/d=2.0/0.4=5$
承台短边比桩长 $B_c/l=3.2/22=0.145$
查表确定承台效应系数 $\eta_c=0.22$
承台底 $\min\left(\dfrac{B_c}{2},5\text{m}\right)$ 范围内按厚度加权平均
地基承载力特征值 $f_{ak}=180$kPa
不考虑地震，复合基桩竖向承载力特征值
$R=R_a+\eta_c f_{ak} A_c=1100+0.22\times180\times2.61$
$=1203.4$kN

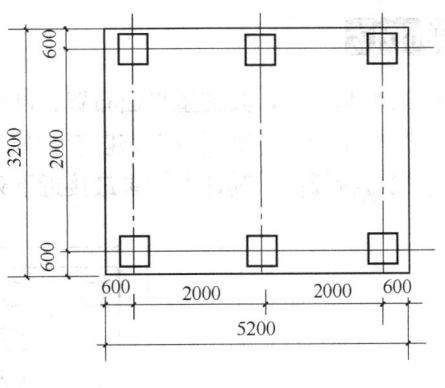

题 2002D7 图

2005D15

某桩基工程其桩型平面布置、剖面和地层分布如题图所示，土层及桩基设计参数见图中注，承台底面以下存在高灵敏度淤泥质黏土，其地基承载力特征值 $f_{ak}=90$kPa，按《建筑桩基技术规范》计算复合基桩竖向承载力特征值，其计算结果最接近(　　)。

(A) 742kN (B) 907kN (C) 1028kN (D) 1286kN

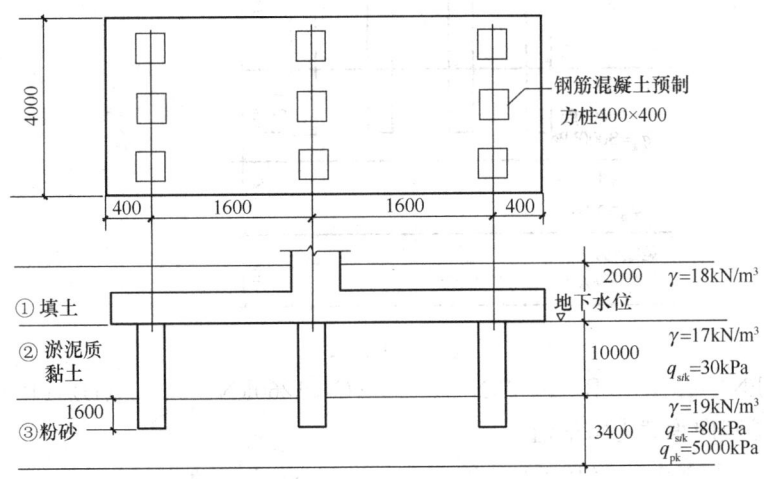

题 2005D15 图

【解】

单桩竖向承载力特征值 $R_a=\dfrac{Q_u}{2}=\dfrac{4\times0.4\times(10\times30+1.6\times80)+0.4^2\times5000}{2}$
$=742.4$kN

承台底为高灵敏度淤泥质黏土，故承台效应系数 $\eta_c=0$。
不考虑地震，复合基桩竖向承载力特征值
$R=R_a+\eta_c f_{ak} A_c=742.4+0=742.4$kN

2006D12

某桩基工程，其桩型平面布置、剖面和地层分布如题图所示，②层粉质黏土地基承载力特征值 $f_{ak}=180\text{kPa}$。按《建筑桩基技术规范》计算，不考虑地震作用，复合基桩的竖向承载力特征值，其计算结果最接近下列哪个选项？（承台效应系数取小值）

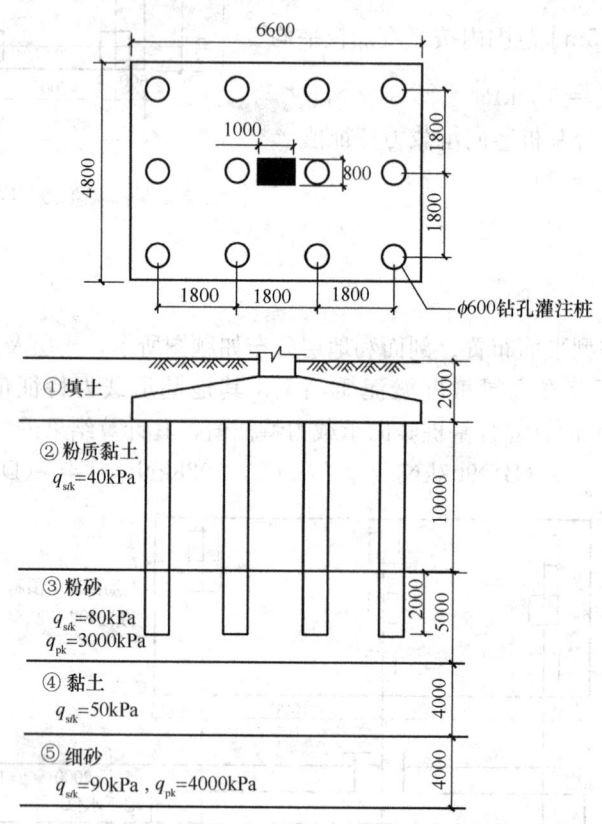

题 2006D12 图

(A) 980kN　　　　(B) 1050kN　　　　(C) 1260kN　　　　(D) 1420kN

【解】单桩竖向承载力特征值

$$R_a=\frac{Q_u}{2}=\frac{3.14\times0.6\times(10\times40+2\times80)+3.14\times0.3^2\times3000}{2}=951.4\text{kN}$$

考虑承台效应，承台计算域面积，柱下独立基础取承台总面积

$$A=6.6\times4.8=31.68\text{m}^2$$

桩数 $n=12$；基桩对应承台底净面积

$$A_c=\frac{A}{n}-A_{ps}=\frac{6.6\times4.8}{12}-\frac{3.14\times0.3^2}{4}=2.3574\text{m}^2$$

桩径 $d=0.6\text{m}$；正方形布桩桩中心距 $S_a=1.8\text{m}$

正方形布桩，距径比 $S_a/d=1.8/0.6=3$；承台短边比桩长 $B_c/l=4.8/12=0.4$

查表确定承台效应系数 $\eta_c=0.06$

承台底 $\min\left(\dfrac{B_c}{2},5\text{m}\right)$ 范围内按厚度加权平均地基承载力特征值 $f_{ak}=180\text{kPa}$

不考虑地震，复合基桩竖向承载力特征值
$$R = R_a + \eta_c f_{ak} A_c = 951.4 + 0.06 \times 180 \times 2.3574 = 976.9 \text{kN}$$

2009D13

某柱下6桩独立基础，承台埋深3.0m，承台面积$2.4 \times 4 \text{m}^2$，采用直径0.4m灌注桩，桩长12m，桩距$s_a/d=4$，桩顶以下土层参数如下，根据《建筑桩基技术规范》，考虑承台效应（取承台效应系数$\eta_c=0.14$），试确定考虑地震作用时，复合基桩竖向承载力特征值与单桩承载力特征值之比最接近下列哪个选项？（取地基抗震承载力调整系数$\zeta_a=1.5$）

(A) 1.05　　　　(B) 1.11　　　　(C) 1.16　　　　(D) 1.26

层序	土名	层底埋深（m）	q_{sik}（kPa）	q_{pk}（kPa）
①	填土	3	—	—
②	粉质黏土	13	25	—
③	粉砂	17	100	6000
④	粉土	25	43	800

注：②层粉质黏土的地基系数力特征值为$f_{ak}=300\text{kPa}$。

【解】单桩竖向承载力特征值
$$R_a = \frac{Q_u}{2} = \frac{3.14 \times 0.4 \times (25 \times 10 + 100 \times 2) + 3.14 \times 0.2^2 \times 6000}{2} = 659.4\text{kN}$$

考虑承台效应
承台计算域面积，柱下独立基础取承台总面积，$A = 2.4 \times 4 \text{m}^2$
桩数$n = 6$
桩身截面面积$A_{ps} = 3.14 \times 0.2^2 \text{m}^2$
基桩对应承台底净面积$A_c = \dfrac{A}{n} - A_{ps} = \dfrac{2.4 \times 4}{6} - 3.14 \times 0.2^2 = 1.4744 \text{m}^2$

题中直接给出，承台效应系数$\eta_c=0.22$，地基抗震承载力调整系数$\zeta_a=1.5$
承台埋深3.0m，位于②层粉质黏土层，②层底埋深13m
承台底$\min\left(\dfrac{B_c}{2}, 5\text{m}\right)$范围内按厚度加权平均地基承载力特征值$f_{ak}=300\text{kPa}$

考虑地震，复合基桩竖向承载力特征值
$$R = R_a + \frac{\zeta_a}{1.25}\eta_c f_{ak} A_c = 659.4 + \frac{1.5}{1.25} \times 0.14 \times 300 \times 1.4744 = 733.7\text{kN}$$
计算比值 $659.4/733.7 = 1.11$

2018C9

如题图所示柱下独立承台桩基础，桩径0.6m，桩长15m，承台效应系数$\eta_c=0.10$。按照《建筑桩基技术规范》规定，地震作用下，考虑承台效应的复合基桩竖向承载力特征值最接近下列哪个选项？（图中尺寸单位为m）

(A) 800kN　　　(B) 860kN　　　(C) 1130kN　　　(D) 1600kN

【解】 单桩竖向承载力特征值

$$R_a = \frac{Q_u}{2} = \frac{3.14 \times 0.6 \times (4 \times 45 + 6 \times 40 + 5 \times 60) + 3.14 \times 0.3 \times 0.3 \times 900}{2}$$

$= 805.41\text{kN}$

考虑承台效应

承台计算域面积，柱下独立基础取承台总面积，$A = 4.8 \times 3.6 = 17.28\text{m}^2$

桩数 5，桩身截面面积 $A_{ps} = 3.14 \times 0.3^2 = 0.2826\text{m}^2$

基桩对应承台底净面积 $A_c = \frac{A}{n} - A_{ps}$

$= \frac{17.28}{5} - 0.2826 = 3.1734\text{m}^2$

题中直接给出，承台效应系数 $\eta_c = 0.10$，

地基抗震承载力调整系数，查《建筑抗震设计规范》表 4.2.3，$\zeta_a = 1.3$

承台埋深位于填土层，层底埋深位于承台底 4m；

承台底 $\min\left(\frac{B_c}{2}, 5\text{m}\right) = \min\left(\frac{3.6}{2}, 5\text{m}\right) = 1.8\text{m}$ 范围内按厚度加权平均地基承载力特征值 $f_{ak} = 180\text{kPa}$

考虑地震，复合基桩竖向承载力特征值

$R = R_a + \frac{\zeta_a}{1.25}\eta_c f_{ak} A_c = 805.41 + \frac{1.3}{1.25} \times 0.10 \times 180 \times 3.1734 = 864.8\text{kN}$

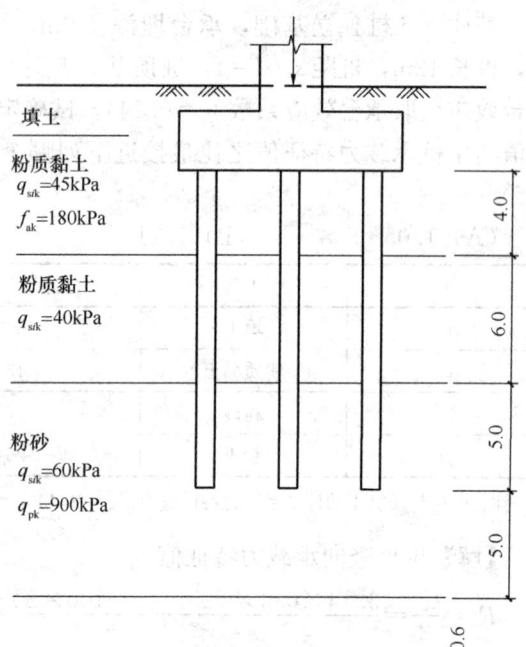

题 2018C9 图

【注】 近年出题越来越综合，以往考查桩基规范的知识点，地基抗震承载力调整系数 ζ_a 会直接给出，但现在需要结合《建筑抗震设计规范》去查表。因此，每一个知识点所用的表格和数据，无论涉及几本规范，尽量都给大家总结出来，放到一起，这样可以有效加快做题速度。

7.3 桩顶作用荷载计算及竖向承载力验算

2002D2

某多层建筑物，柱下采用桩基础。桩的分布、承台尺寸及埋深、地层剖面等资料如题

7.3 桩顶作用荷载计算及竖向承载力验算

图所示。上部结构荷重通过柱传至承台顶面处的设计荷载轴力 $F=1512\text{kN}$，弯矩 $M=46.6\text{kN}\cdot\text{m}$，水平力 $H=36.8\text{kN}$，荷载作用位置及方向如图所示，设承台填土平均重度为 20kN/m^3，按《建筑桩基技术规范》，计算上述基桩桩顶最大竖向力设计值 $N_{\max}$ 与下列（　　）个数值最接近。

（注：地下水埋深为 3m，横断面各尺寸单位为 mm）

(A) 320kN
(B) 350kN
(C) 360kN
(D) 380kN

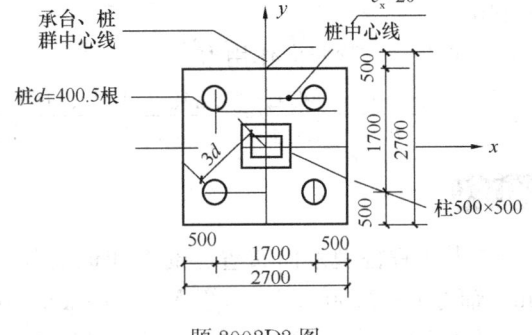

题 2002D2 图

【解】 作用于承台顶面的竖向力设计值 $F=1512\text{kN}$

承台和承台上土自重设计值 $G=\gamma_G Ad \times 1.35 = 20 \times 2.7 \times 2.7 \times 1.5 \times 1.35 = 295.2\text{kN}$

作用于承台底面的力矩和 $M_y = 46.6 + 36.8 \times 1.2 - 1512 \times 0.02 = 60.52\text{kN}\cdot\text{m}$

确定 M_y 方向的中心线，设为 y 轴

承受最大竖向力设计值的基桩为最左侧桩；

所求桩 i 中心到中心线 y 轴的距离 $x_i = 1.7 \div 2 = 0.85\text{m}$

所有桩中心到此中心线 y 轴距离的平方和 $\sum x_i^2 = 0.85^2 \times 4 + 0^2 = 2.89\text{m}^2$

单偏心荷载桩顶竖向作用力设计值

$$N_{\max} = \frac{F+G}{n} + \frac{M_y x_i}{\sum x_i^2} = \frac{1512+295.2}{5} + \frac{60.52 \times 0.85}{2.89} = 379.24\text{kN}$$

【注】 ①若求竖向力设计值即荷载的基本组合值，则为标准组合值×分项系数 1.35。题目中所给 F 和弯矩 M_y 已经是设计值，求解时承台和承台上土自重 G 也要用设计值。

② 弯矩和：包括直接弯矩作用、水平力作用产生的弯矩、偏心竖向力作用产生的弯矩等。切勿漏算，这点在地基基础专题基底压力的计算中也是要注意的。

2004C13

某框架柱采用桩基础，承台下 5 根 $\phi=600\text{mm}$ 的钻孔灌注桩，桩长 $l=15\text{m}$，如题图所示，承台顶面处柱竖向轴力 $F=3840$kN，$M_y=161$kN·m，承台及其上覆土自重设计值 $G=447$kN，基桩最大竖向力设计值 N_{max} 为（　　）。

(A) 831kN　　　　　　　　　　(B) 858kN
(C) 886kN　　　　　　　　　　(D) 902kN

【解】作用于承台顶面的竖向力 $F=3840$kN

承台和承台上土自重标准值 $G=447$kN

作用于承台底面的力矩和 $M_y=161$kN·m

确定 M_y 方向的中心线，设为 y 轴

承受最大竖向力设计值的基桩为最左侧桩；

所求桩 i 中心到中心线 y 轴的距离 $x_i=0.9$m

所有桩中心到此中心线 y 轴距离的平方和 $\Sigma x_i^2 = 0.9^2+0.9^2+0.9^2+0.9^2+0^2 = 3.24$m^2

单偏心荷载桩顶竖向作用力

$$N_{max} = \frac{F+G}{n} + \frac{M_y x_i}{\Sigma x_i^2} = \frac{3840+447}{5} + \frac{161 \times 0.9}{3.24} = 902.1\text{kN}$$

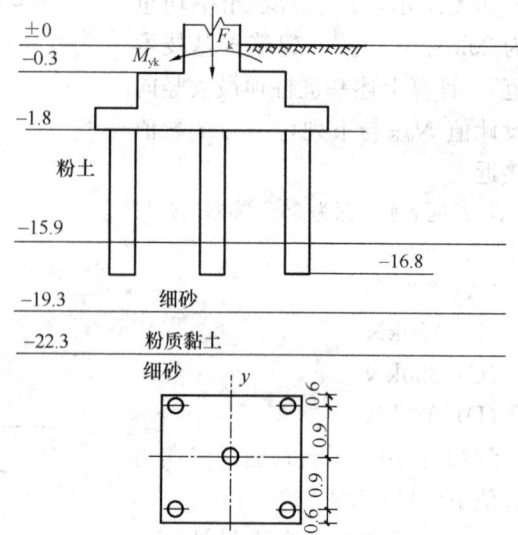

题 2004C13 图

2006D13

某桩基工程桩型平面布置、剖面和地层分布如题图所示，已知承台底面积 $4.8m \times 6.6m$，轴力 $F=12000$kN，力矩 $M=1000$kN·m，水平力 $H=600$kN，承台和填土的平均重度为 20kN/m^3，桩顶轴向压力最大设计值的计算结果最接近下列哪个选项？

(A) 1020kN　　　(B) 1232kN　　　(C) 1380kN　　　(D) 1520kN

【解】作用于承台顶面的竖向力 $F=12000$ kN

承台和承台上土自重设计值 $G=1.35G_k=1.35\gamma_G Ad = 1.35 \times 20 \times 4.8 \times 6.6 \times 2$kN

作用于承台底面的力矩和 $M_y=1000+600 \times 1.5$kN·m

确定 M_y 方向的中心线，设为 y 轴

承受最大竖向力设计值的基桩为最右侧桩；

所求桩 i 中心到中心线 y 轴的距离 $x_i=1.8+1.8/2=2.7$m

所有桩中心到此中心线 y 轴距离的平方和

$\Sigma x_i^2 = (1.8+1.8 \div 2)^2 \times 6 + (1.8 \div 2)^2 \times 6 = 48.6$ m^2

单偏心荷载桩顶竖向作用力

$$N_{max} = \frac{F+G}{n} + \frac{M_y x_i}{\Sigma x_i^2}$$

$$= \frac{12000+1.35 \times 20 \times 4.8 \times 6.6 \times 2}{12} + \frac{(1000+600 \times 1.5) \times 2.7}{48.6} = 1248.12\text{kN}$$

7.3 桩顶作用荷载计算及竖向承载力验算

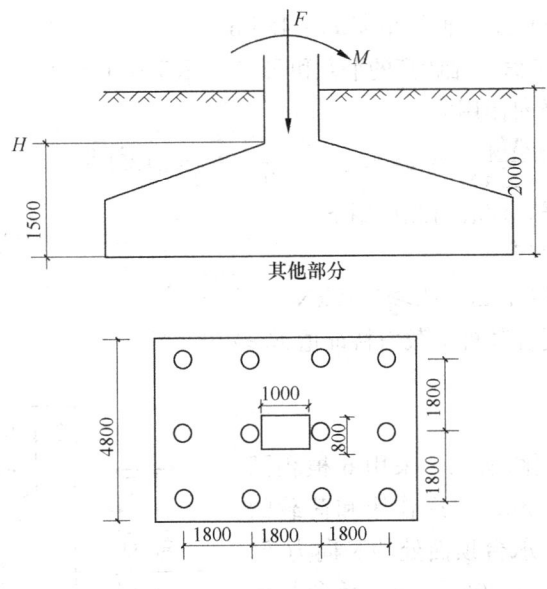

题 2006D13 图

2007C12

某柱下桩基如题图所示,采用 5 根相同的基桩,桩径 $d=800\mathrm{mm}$,柱作用标准值 $F_k=10000\mathrm{kN}$,弯矩标准值 $M_{yk}=480\mathrm{kN\cdot m}$,承台与土自重标准值 $G_k=500\mathrm{kN}$,根据《建筑桩基技术规范》,基桩承载力特征值至少要达到下列何值时,该柱下桩基才能满足承载力要求?(不考虑地震作用)

(A) 1800kN (B) 2000kN (C) 2100kN (D) 2520kN

【解】作用于承台顶面的竖向力 $F_k=10000\mathrm{kN}$

承台和承台上土自重标准值 $G_k=500\mathrm{kN}$

轴心荷载桩顶竖向作用力 $N_k=\dfrac{F_k+G_k}{n}=\dfrac{10000+500}{5}=2100\mathrm{kN}$

作用于承台底面的力矩和 $M_{yk}=480\mathrm{kN\cdot m}$

确定 M_{yk} 方向的中心线,设为 y 轴

承受最大竖向力设计值的基桩为最左侧桩;

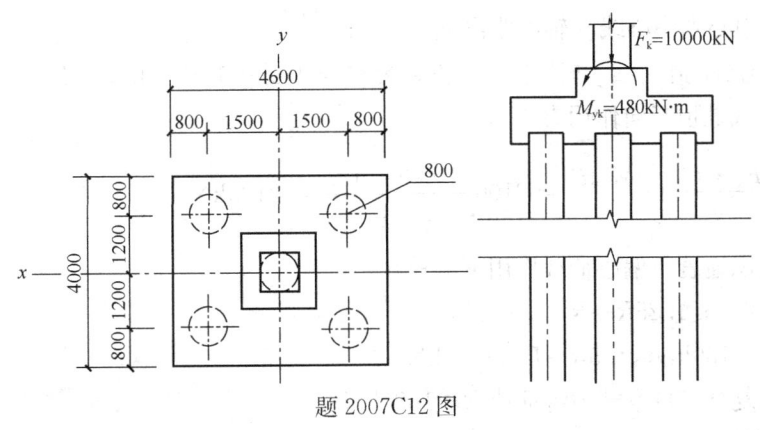

题 2007C12 图

所求桩 i 中心到中心线 y 轴的距离 $x_i = 1.5$m

所有桩中心到此中心线 y 轴距离的平方和 $\sum x_i^2 = 1.5^2 + 1.5^2 + 1.5^2 + 1.5^2 + 0^2 = 9\text{m}^2$

单偏心荷载桩顶竖向作用力

$$N_{k\max} = \frac{F_k + G_k}{n} + \frac{M_{yk} x_i}{\sum x_i^2} = 2100 + \frac{480 \times 1.5}{9} = 2180\text{kN}$$

验算，不考虑地震，偏心荷载作用下

$N_k \leq R \rightarrow R \geq 2100$kN

且 $N_{k\max} = 2180$kN $\leq 1.2R \rightarrow R \geq 1817$kN

综上，最终要求复合基桩承载力特征值 $R \geq 2100$kN。

2011D11

某柱下桩基础如题图所示，采用 5 根相同的基桩，桩径 $d = 800$mm。地震作用和荷载的标准组合下，柱作用在承台顶面处的竖向力 $F_k = 10000$kN，弯矩 $M_{yk} = 480$kN·m，承台与土自重标准值 $G_k = 500$kN。根据《建筑桩基技术规范》，基桩竖向承载力特征值至少要达到下列何值，该柱下桩基才能满足承载力要求？

（A）1160kN　　　（B）1680kN
（C）2100kN　　　（D）2180kN

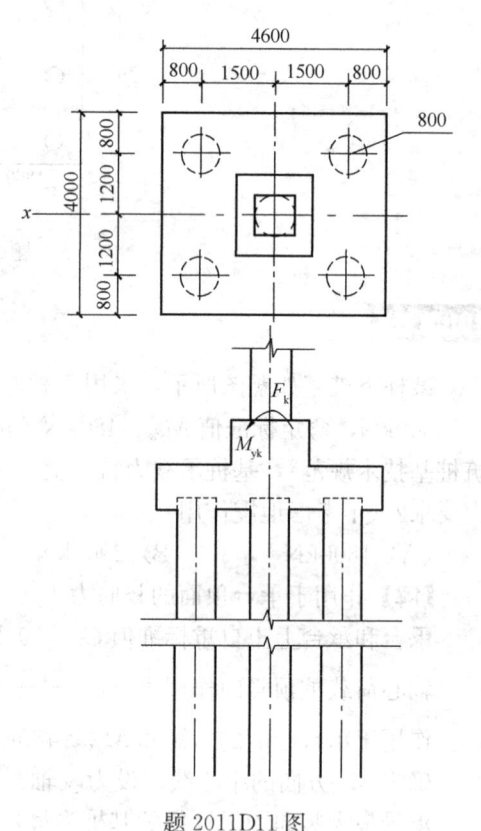

题 2011D11 图

【解】作用于承台顶面的竖向力 $F_k = 10000$kN

承台和承台上土自重标准值 $G_k = 500$kN

轴心荷载桩顶竖向作用力 $N_k = \frac{F_k + G_k}{n} = \frac{10000 + 500}{5} = 2100$kN

作用于承台底面的力矩和 $M_{yk} = 480$kN·m

确定 M_{yk} 方向的中心线，设为 y 轴

承受最大竖向力设计值的基桩为最左侧桩；

所求桩 i 中心到中心线 y 轴的距离 $x_i = 1.5$m

所有桩中心到此中心线 y 轴距离的平方和 $\sum x_i^2 = 1.5^2 + 1.5^2 + 1.5^2 + 1.5^2 + 0^2 = 9\text{m}^2$

单偏心荷载桩顶竖向作用力

$$N_{k\max} = \frac{F_k + G_k}{n} + \frac{M_{yk} x_i}{\sum x_i^2} = 2100 + \frac{480 \times 1.5}{9} = 2180\text{kN}$$

验算，考虑地震，偏心荷载作用下

$N_k = 2100$kN $\leq 1.25R \rightarrow R \geq 1680$kN

且 $N_{k\max} = 2180$kN $\leq 1.5R \rightarrow R \geq 1453$kN

综上要求复合基桩承载力特征值 $R \geq 1680$kN。

【注】 此题为何是考虑地震作用下的验算，注意与上一道题 2007C12 对比，这道题给的荷载，指明是"地震作用和荷载的标准组合下"，因此承载力验算的时候，需采用考虑地震作用下的验算。

2012D11

假设某工程中上部结构传至承台顶面处相应于荷载效应标准组合下的竖向力 $F_k=10000$kN、弯矩 $M_k=500$kN·m，水平力 $H_k=100$kN，设计承台尺寸为 1.6m×2.6m，厚度为 1.0m，承台及其上土平均重度为 20kN/m³，桩数为 5 根。根据《建筑桩基技术规范》，单桩竖向极限承载力标准值最小应为下列何值？

(A) 1690kN　　　(B) 2030kN
(C) 4060kN　　　(D) 4800kN

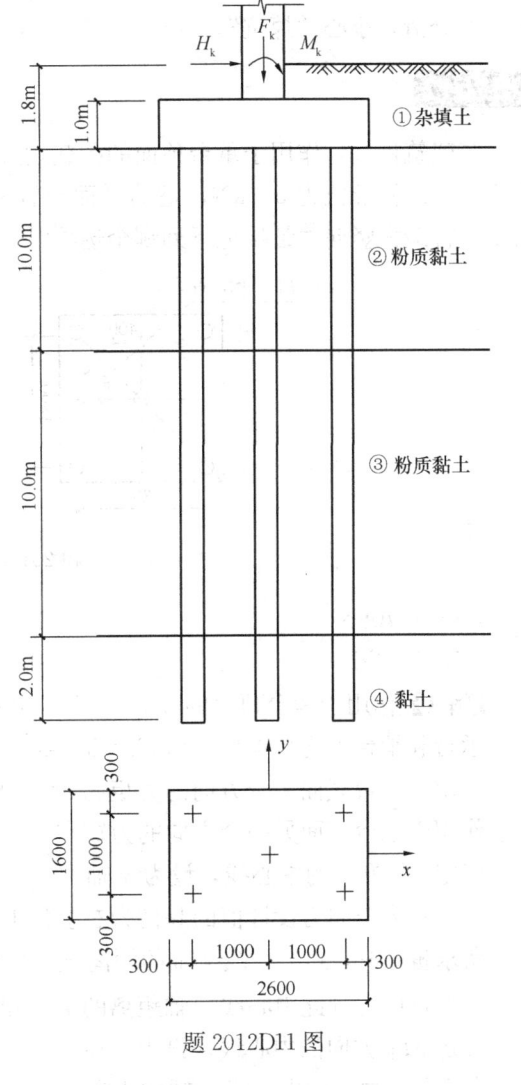

题 2012D11 图

【解】 作用于承台顶面的竖向力
$$F_k = 10000\text{kN}$$
承台和承台上土自重标准值
$G_k = \gamma_G A d = 20 A d = 20 \times 2.6 \times 1.6 \times 1.8 = 150$kN

轴心荷载桩顶竖向作用力
$$N_k = \frac{F_k + G_k}{n} = \frac{10000 + 150}{5} = 2030\text{kN}$$

作用于承台底面的力矩和
$M_{yk} = 500 + 100 \times 1.8 = 680$kN·m

确定 M_{yk} 方向的中心线，设为 y 轴
承受最大竖向力设计值的基桩为最左侧桩
所求桩 i 中心到中心线 y 轴的距离 $x_i = 0.9$m
所有桩中心到此中心线 y 轴距离的平方和 $\sum x_i^2 = 1^2 + 1^2 + 1^2 + 1^2 + 0^2 = 4\text{m}^2$
单偏心荷载桩顶竖向作用力
$$N_{k\max} = \frac{F_k + G_k}{n} + \frac{M_{yk} x_i}{\sum x_i^2} = 2030 + \frac{680 \times 1}{4} = 2200\text{kN}$$

验算，不考虑地震，偏心荷载作用下
$N_k = 2030\text{kN} \leqslant R \rightarrow R \geqslant 2030$kN
且 $N_{k\max} = 2200\text{kN} \leqslant 1.2R \rightarrow R \geqslant 1833.3$kN
综上要求复合基桩承载力特征值 $R \geqslant 2030$kN
承台底为填土，因此承台效应系数 $\eta_c = 0$

所以单桩竖向承载力特征值 $R_a = \dfrac{Q_u}{2} = R \geqslant 2030\text{kN}$

单桩竖向极限承载力标准值 $Q_u \geqslant 2030 \times 2 = 4060\text{kN}$

【注】题目终点务必看仔细，单桩竖向极限承载力标准值、单桩或复合基桩承载力特征值要分清，小心"掉坑"。

2017C12

某建筑桩基，作用于承台顶面的荷载效应标准组合偏心竖向力为5000kN，承台及其上土自重的标准值为500kN，桩的平面布置和偏心竖向力作用点位置如题图所示。问承台下基桩最大竖向力最接近下列哪个选项？（不考虑地下水的影响，图中尺寸单位为mm）

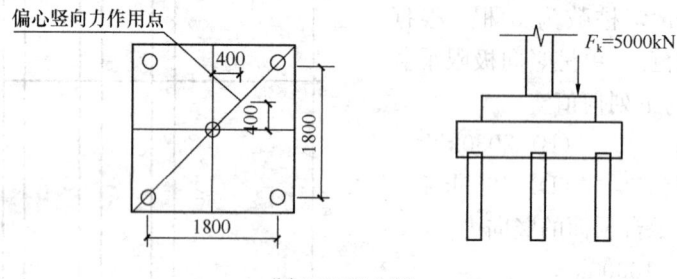

题 2017C12 图

(A) 1270kN (B) 1820kN
(C) 2010kN (D) 2210kN

【解1】作用于承台顶面的竖向力 $F_k = 5000\text{kN}$

承台和承台上土自重标准值 $G_k = 500\text{kN}$

作用于承台底面一个方向的力矩和 $M_{yk} = 5000 \times 0.4 = 2000\text{kN·m}$

作用于承台底面另一个方向的力矩和 $M_{xk} = 5000 \times 0.4 = 2000\text{kN·m}$

确定 M_{yk} 方向的中心线，设为 y 轴

承受最大竖向力设计值的基桩为右上角桩；

所求桩 i 中心到中心线 y 轴的距离 $x_i = 0.9\text{m}$

所有桩中心到此中心线 y 轴距离的平方和 $\sum x_i^2 = 0.9^2 \times 4 + 0^2 = 3.24\text{m}^2$

确定 M_{xk} 方向的中心线，设为 x 轴

所求桩 i 中心到中心线 x 轴的距离 $y_i = 0.9\text{m}$

所有桩中心到此中心线 y 轴距离的平方和 $\sum y_i^2 = 0.9^2 \times 4 + 0^2 = 3.24\text{m}^2$

单偏心荷载桩顶竖向作用力

$$N_{k\max} = \dfrac{F_k + G_k}{n} + \dfrac{M_{yk} x_i}{\sum x_i^2} + \dfrac{M_{xk} y_i}{\sum y_i^2}$$

$$= \dfrac{5000 + 500}{5} + \dfrac{2000 \times 0.9}{3.24} + \dfrac{2000 \times 0.9}{3.24} = 2211.11\text{kN}$$

【解2】

$$N_{k\max} = \dfrac{F_k + G_k}{n} + \dfrac{M_{yk} x_i}{\sum x_i^2} + \dfrac{M_{xk} y_i}{\sum y_i^2} = \dfrac{5000 + 500}{5} + \dfrac{2000 \times 0.9}{3.24} \times 2 = 2211.11\text{kN}$$

【注】 2017年第一次考到双偏心荷载，但此题也比较简单，因为具有对称性，也可以只计算出一个方向的弯矩值，然后乘2倍即可，如解2。

7.4 受液化影响的桩基承载力

7.5 负摩阻力桩

7.5.1 中性点 l_n

7.5.2 负摩阻力桩下拉荷载标准值 Q_g^n

7.5.3 负摩阻力桩承载力验算

2002D5

已知钢筋混凝土预制方桩边长为300mm，桩长为22m，桩顶入土深度为2m，桩端入土深度24m，场地地层条件参见题表，当地下水由0.5m下降至5m，按《建筑桩基技术规范》计算单桩基础基桩由于负摩阻力引起的下拉荷载，其值最接近下列（　　）个数值。

(A) 3.0×10^2 kN
(B) 4.0×10^2 kN
(C) 5.0×10^2 kN
(D) 6.0×10^2 kN

注：中性点深度 l_n/l_0：黏性土为0.5，中密砂土为0.7。负摩阻力系数 ξ_n：饱和软土为0.2，黏性土为0.3，砂土为0.4。

层序	土层名称	层底深度 (m)	厚度 (m)	含水量 w_0	天然重度 γ (kN/m³)	孔隙比 e_0	塑性指数 I_p	黏聚力、内摩擦角（固快） c (kPa)		压缩模量 E_s (MPa)	桩极限侧阻力标准值 q_{sik} (kPa)
								c (kPa)	φ		
①	填土	1.20	1.20		18						
②	粉质黏土	2.00	0.80	31.7%	18.0	0.92	18.3	23.0	17.0°		
④	淤泥质黏土	12.00	10.00	46.6%	17.0	1.34	20.3	13.0	8.5°		28
⑤-1	黏土	22.70	10.70	38%	18.0	1.08	19.7	18.0	14.0°	4.50	55
⑤-2	粉砂	28.80	6.10	30%	19.0	0.78		5.0	29.0°	15.00	100
⑤-3	粉质黏土	35.30	6.50	34.0%	18.5	0.95	16.2	15.0	22.0°	6.00	
⑦-2	粉砂	40.00	4.70	27%	20.0	0.70		2.0	34.5°	30.00	

【解】 桩长22m，桩顶入土深度为2m，则桩顶位于地面下2m，桩端位于地面下22m位置即⑤-2层粉砂中。

桩周软弱土为淤泥质软土和黏土层，自桩顶算起，桩周软弱土层下限深度 $l_0 = 22.7$

$-2 = 20.7$m

持力层为粉砂，故 $l_n/l_0 = 0.7$，则中性点 $l_n = 0.7 \times 20.7 = 14.5$m

则计算至天然地面下 16.5m

分层，中性点深度以上，桩顶以下，每层土都要计算负摩阻力产生的下拉力，注意桩顶位置和水位位置，在桩顶和水位处也一定要分层，水位下降至 5m。

地面均布荷载 $p_1 = 0$kPa

桩顶上土层自重应力之和（自地面算起）$p_2 = 1.2 \times 18 + 0.8 \times 18 = 36$kPa

2～5m：④淤泥质黏土

$$\sigma'_i = p_1 + p_2 + \sum_{e=1}^{i-1} \gamma_e \Delta z_e + \frac{1}{2}\gamma_i \Delta z_i = 0 + 36 + \frac{1}{2} \times 17 \times 3 = 61.5\text{kPa}$$

$\zeta_{ni} = 0.2$，$q_{si}^n = \sigma'_i \zeta_{ni} = 61.5 \times 0.2 = 12.3 < q_{sik} = 28$，故最终 $q_{si}^n = 12.3$kPa

5～12m：④淤泥质黏土

$$\sigma'_i = 0 + 36 + 17 \times 3 + \frac{1}{2} \times (17-10) \times 7 = 111.5\text{kPa}$$

$\zeta_{ni} = 0.2$，$q_{si}^n = \sigma'_i \zeta_{ni} = 111.5 \times 0.2 = 22.3$kPa $< q_{sik} = 28$kPa，故最终 $q_{si}^n = 22.3$kPa

12～16.5m：⑤黏土

$$\sigma'_i = 0 + 36 + 17 \times 3 + (17-10) \times 7 + \frac{1}{2}(18-10) \times 4.5 = 154\text{kPa}$$

$\zeta_{ni} = 0.3$，$q_{si}^n = \sigma'_i \zeta_{ni} = 154 \times 0.3 = 46.2$kPa $< q_{sik} = 55$kPa，故最终 $q_{si}^n = 46.2$kPa

负摩阻力群桩效应系数单桩取 $\eta_n = 1$

单桩基础基桩由于负摩阻力引起的下拉荷载

$$Q_g^n = \eta_n u \sum q_{si}^n l_i = 1.0 \times 0.3 \times 4 \times (3 \times 12.3 + 7 \times 22.3 + 4.5 \times 46.2) = 481.08\text{kN}$$

【注】按《岩土工程勘察规范》6.3.1 条：天然孔隙比大于或等于 1.0，且天然含水量大于液限的细粒土应判定为软土，包括淤泥、淤泥质土、泥炭、泥炭质土等，且④淤泥质黏土位于水位下，故按饱和软土选取负摩阻力系数 $\zeta_{ni} = 0.2$，但⑤黏土，虽然孔隙比为1.08，但并非为饱和软土，只是土质较软，这从④淤泥质黏土和⑤黏土抗剪强度指标就可以看出，因此⑤黏土按黏土选取负摩阻力系数 $\zeta_{ni} = 0.3$。

2003C15

一钻孔灌注桩，桩径 $d = 0.8$m，长 $l_0 = 10$m。穿过软土层，桩端持力层为砾石。如题图所示，地下水位在地面下 1.5m，地下水位以上软黏土的天然重度 $\gamma = 17.1$kN/m³，地下水位以下浮重度 $\gamma' = 9.5$kN/m³。现在桩顶四周地面大面积填土，填土荷重 $p = 10$kPa，要求按《建筑桩基技术规范》计算因填土对该单桩造成的负摩擦下拉荷载标准值（计算中负摩阻力系数 ζ_n 取 0.2），问计算结果最接近于下列（　　）。

(A) 393kN　　(B) 316kN

(C) 285kN　　(D) 238kN

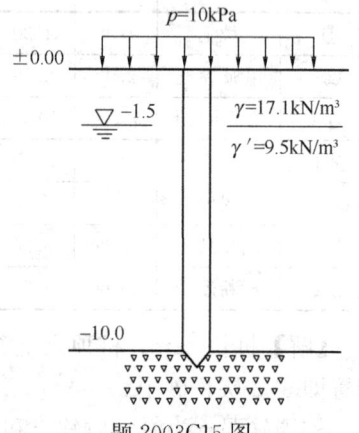

题 2003C15 图

7.5 负摩阻力桩

【解】桩长10m，桩顶位于地面，桩端位于地面下10m位置即砾石层顶；

桩周大面积填土，自桩顶算起，下限深度$l_0=10$m

持力层为砾石，故$l_n/l_0=0.9$，则中性点$l_n=0.9\times10=9$m

分层，中性点深度以上，桩顶以下，每层土都要计算负摩阻力产生的下拉力，注意桩顶位置和水位位置，在桩顶和水位处也一定要分层，水位1.5m。

地面均布荷载$p_1=10$kPa

桩顶上土层自重应力之和（自地面算起）$p_2=0$kPa

0～1.5m：

$$\sigma'_i = p_1 + p_2 + \sum_{e=1}^{i-1}\gamma_e\Delta z_e + \frac{1}{2}\gamma_i\Delta z_i = 10 + 0 + \frac{1}{2}\times17.1\times1.5 = 22.825\text{kPa}$$

$\zeta_{ni}=0.2$，$q_{si}^n=\sigma'_i\zeta_{ni}=22.825\times0.2=4.565$kPa，未给出极限侧摩阻力的值，故不再进行比较，最终$q_{si}^n=4.565$kPa

1.5～9m：

$$\sigma'_i = 10 + 0 + 17.1\times1.5 + \frac{1}{2}\times9.5\times7.5 = 71.275\text{kPa}$$

$\zeta_{ni}=0.2$，$q_{si}^n=\sigma'_i\zeta_{ni}=71.275\times0.2=14.255$kPa

负摩阻力群桩效应系数单桩取$\eta_n=1$

单桩下拉荷载

$$Q_g^n = \eta_n u \sum q_{si}^n l_i = 1.0\times3.14\times0.8\times(1.5\times4.565 + 7.5\times14.255) = 285.765\text{kN}$$

2003D30

在一自重湿陷性黄土场地上，采用人工挖孔端承型桩基础。考虑到黄土浸水后产生自重湿陷，对桩身会产生负摩阻力，已知桩顶位于地下3.0m，计算中性点位于桩顶下3.0m，黄土的天然重度为15.5kN/m³，含水量12.5%，孔隙比1.06，在没有实测资料时，按现行《建筑桩基技术规范》估算得出的黄土对桩的负摩阻力标准值最接近下列（　　）数值。

(A) 13.95kPa　　　　　　　　(B) 16.33kPa
(C) 17.03kPa　　　　　　　　(D) 17.43 kPa

【解】黄土浸水饱和，饱和度为85%，利用"一条公式"先求得浸水后黄土的"饱和重度"，即饱和度为85%时的重度

浸水前：$e = \dfrac{G_s(1+w_0)\rho_w}{\rho_0} - 1 = 1.06 = \dfrac{G_s(1+0.125)\times1}{1.55} - 1 \rightarrow G_s = 2.84$

浸水后：孔隙比无变化 $e = \dfrac{G_s w_1}{S_r} = 1.06 = \dfrac{2.84 w_1}{0.85} \rightarrow w_1 = 0.317$

$e = \dfrac{G_s(1+w_1)\rho_w}{\rho_1} - 1 = 1.06 = \dfrac{2.84(1+0.317)\times1}{\rho_1} - 1 \rightarrow \rho_1 = 1.816\text{g/cm}^3$

此时重度$\gamma_1 = \rho_1 g = 1.816\times10 = 18.16$kN/m³

桩顶位于地面下3.0m

题中直接给出，中性点$l_n=3.0$m

分层，中性点深度以上，桩顶以下，每层土都要计算负摩阻力产生的下拉力，注意桩

顶位置和水位位置，在桩顶和水位处也一定要分层

地面均布荷载 $p_1=0\text{kPa}$

桩顶上土层自重应力之和（自地面算起）$p_2=18.16\times3=54.48\text{kPa}$

3～6m：

$$\sigma'_i = p_1 + p_2 + \sum_{e=1}^{i-1}\gamma_e\Delta z_e + \frac{1}{2}\gamma_i\Delta z_i = 0 + 54.48 + \frac{1}{2}\times18.16\times3 = 81.72\text{kPa}$$

$$\zeta_{ni}=0.2,\ q_{si}^n=\sigma'_i\zeta_{ni}=81.72\times0.2=16.344\text{kPa}$$

无其他资料，故不用比较，最终 $q_{si}^n=16.344\text{kPa}$

【注】浸水后的黄土，饱和度为85%，不到100%，因此不采用浮重度。具体可详见"12.1.2 黄土湿陷性指标"。

2004C16

某一柱一桩（摩擦型桩）为钻孔灌注桩，桩径 $d=850\text{mm}$，桩长 $l=22\text{m}$，如题图所示，由于大面积堆载引起负摩阻力，按《建筑桩基技术规范》计算下拉荷载标准值最接近下列（　　）。（已知中性点为 $l_n/l_0=0.8$，淤泥质土负摩阻力系数 $\xi_n=0.2$，负摩阻力群桩效应系数 $\eta_n=1.0$）

(A) $Q_g^n=400\text{kN}$　　　(B) $Q_g^n=480\text{kN}$

(C) $Q_g^n=580\text{kN}$　　　(D) $Q_g^n=680\text{kN}$

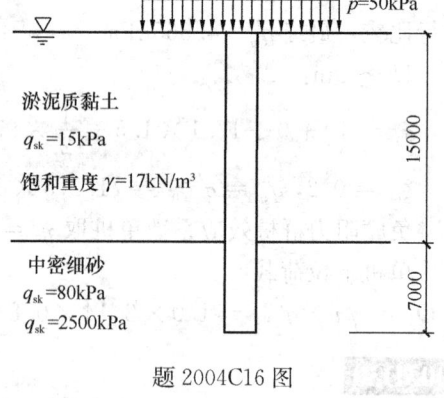

题 2004C16 图

【解】桩长22m，桩顶位于地面处，桩端位于地面下22m位置即中密细砂中；

桩周软弱土为淤泥质软土层，自桩顶算起，桩周软弱土层下限深度 $l_0=15\text{m}$

已知 $l_n/l_0=0.8$，则中性点 $l_n=0.8\times15=12\text{m}$

分层，中性点深度以上，桩顶以下，每层土都要计算负摩阻力产生的下拉力，注意桩顶位置和水位位置，在桩顶和水位处也一定要分层，水位0m处；

地面均布荷载 $p_1=50\text{kPa}$

桩顶上土层自重应力之和（自地面算起）$p_2=0\text{kPa}$

0～12m：

$$\sigma'_i = p_1 + p_2 + \sum_{e=1}^{i-1}\gamma_e\Delta z_e + \frac{1}{2}\gamma_i\Delta z_i = 50 + 0 + \frac{1}{2}\times(17-10)\times12 = 92\text{kPa}$$

$\zeta_{ni}=0.2,\ q_{si}^n=\sigma'_i\zeta_{ni}=92\times0.2=18.4\text{kPa}>q_{sik}=15\text{kPa}$，故最终 $q_{si}^n=15\text{kPa}$

负摩阻力群桩效应系数单桩取 $\eta_n=1$

下拉荷载 $Q_g^n=\eta_n u\sum q_{si}^n l_i = 1.0\times3.14\times0.85\times(12\times15)=480.42\text{kN}$

2004D14

某端承型单桩基础，桩入土深度12m，桩径 $d=0.8\text{m}$，桩顶荷载 $Q=500\text{kN}$，由于地表进行大面积堆载而产生了负摩阻力，负摩阻力平均值为 $q_s^n=20\text{kPa}$，中性点位于桩顶下

6m，求桩身最大轴力最接近于下列( )。

(A) 500kN (B) 650kN
(C) 800kN (D) 900kN

【解】下拉荷载 $Q_g^n = \eta_n u \sum q_{si}^n l_i = 1.0 \times 3.14 \times 0.8 \times (6 \times 20) = 301.44 \text{kN}$

桩身最大轴力 $F_{max} = Q + Q_g^n = 500 + 301.44 = 801.44 \text{kN}$

【注】要会受力分析，理解负摩阻力与桩身轴力的关系。如果没有下拉荷载，桩身最大轴力位于桩顶处；有下拉荷载，桩身最大轴力位于中性点截面处。

2004D15

题图为一穿过自重湿陷性黄土端承于含卵石的极密砂层的高承台基桩，有关土性系数及深度值如图表。当地基严重浸水时，按《建筑桩基技术规范》计算，负摩阻力最接近下列( )。(计算时取 $\zeta_n = 0.3$，$\eta_n = 1.0$，桩周土饱和度为85%时的平均重度为18kN/m³，桩周长 $u = 1.884$m，下拉荷载累计至砂层顶面)

(A) 178kN (B) 366kN
(C) 509kN (D) 610kN

层底深度	层厚	自重湿陷系数 δ_{zs}	第i层中点深度(m)	桩侧正摩阻力(kPa)
2	2	0.003	1.0	15
5	3	0.065	3.5	30
7	2	0.003	6.0	40
10	3	0.075	8.5	50
13	3			80

题 2004D15 图

【解】题中已给，下拉荷载累计至砂层顶面，故中性点 $l_n = 10$m

分层，中性点深度以上，桩顶以下，每层土都要计算负摩阻力产生的下拉力，注意桩顶位置和水位位置，在桩顶和水位处也一定要分层；

地面均布荷载 $p_1 = 0$kPa

桩顶上土层自重应力之和（自地面算起）$p_2 = 0$kPa

0~2m：

$$\sigma_i' = p_1 + p_2 + \sum_{e=1}^{i-1} \gamma_e \Delta z_e + \frac{1}{2} \gamma_i \Delta z_i = 0 + 0 + \frac{1}{2} \times 18 \times 2 = 18 \text{kPa}$$

$\zeta_{ni} = 0.3$，$q_{si}^n = \sigma_i' \zeta_{ni} = 18 \times 0.3 = 5.4$kPa $< q_{sik} = 15$kPa，故最终 $q_{si}^n = 5.4$kPa

2~5m：

7 桩基础专题

$$\sigma'_i = 18 \times 2 + \frac{1}{2} \times 18 \times 3 = 63 \text{kPa}$$

$\zeta_{ni} = 0.3$，$q_{si}^n = \sigma'_i \zeta_{ni} = 63 \times 0.3 = 18.9 \text{kPa} < q_{sik} = 30 \text{kPa}$，故最终 $q_{si}^n = 18.9 \text{kPa}$

$5 \sim 7\text{m}$：

$$\sigma'_i = 18 \times 2 + 18 \times 3 + \frac{1}{2} \times 18 \times 2 = 108 \text{kPa}$$

$\zeta_{ni} = 0.3$，$q_{si}^n = \sigma'_i \zeta_{ni} = 108 \times 0.3 = 32.4 \text{kPa} < q_{sik} = 40 \text{kPa}$，故最终 $q_{si}^n = 32.4 \text{kPa}$

$7 \sim 10\text{m}$：

$$\sigma'_i = 18 \times 2 + 18 \times 3 + 18 \times 2 + \frac{1}{2} \times 18 \times 3 = 153 \text{kPa}$$

$\zeta_{ni} = 0.3$，$q_{si}^n = \sigma'_i \zeta_{ni} = 153 \times 0.3 = 45.9 \text{kPa} < q_{sik} = 50 \text{kPa}$，故最终 $q_{si}^n = 45.9 \text{kPa}$

负摩阻力群桩效应系数单桩取 $\eta_n = 1$

下拉荷载 $Q_g^n = \eta_n u \sum q_{si}^n l_i = 1.0 \times 1.884 \times (2 \times 45.4 + 3 \times 18.9 + 2 \times 32.4 + 3 \times 45.9)$
$= 508.68 \text{kN}$

【注】 学会简单地层的符号表示，很明显第5层土为砂土层，层顶埋深为10m。

2005C13

某端承灌注桩桩径1.0m，桩长22m，桩周土性参数如题图所示，地面大面积堆载 $p = 60 \text{kPa}$，桩周沉降变形土层下限深度20m，试按《建筑桩基技术规范》计算下拉荷载标准值，其值最接近下列（　　）选项。(已知中性点深度 $l_n / l_0 = 0.8$，黏土负摩阻力系数 $\zeta_n = 0.3$，粉质黏土负摩阻力系数 $\zeta_n = 0.4$，负摩阻力群桩效应系数 $\eta_n = 1.0$)

(A) 1880kN　　　　　　　　　(B) 2200kN
(C) 2510kN　　　　　　　　　(D) 3140kN

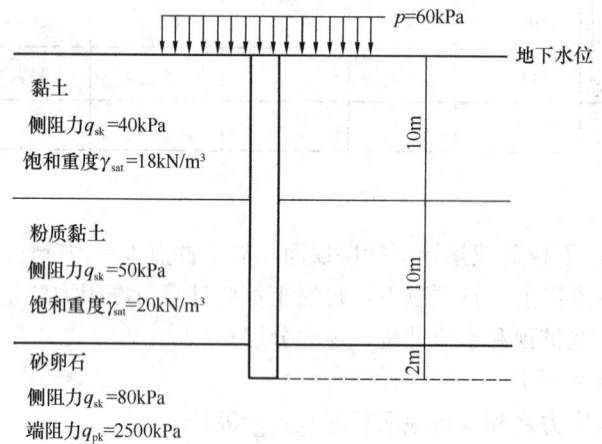

题 2005C13 图

【解】 题中已给出，桩周软弱土层下限深度 $l_0 = 20 \text{m}$

$l_n / l_0 = 0.8$，则中性点 $l_n = 0.8 \times 20 = 16 \text{m}$

分层，中性点深度以上，桩顶以下，每层土都要计算负摩阻力产生的下拉力，注意桩顶位置和水位位置，在桩顶和水位处也一定要分层，水位在地面处；

地面均布荷载 $p_1 = 60 \text{kPa}$

桩顶上土层自重应力之和（自地面算起）$p_2 = 0$

$0 \sim 10\text{m}$：

$$\sigma'_i = p_1 + p_2 + \sum_{e=1}^{i-1} \gamma_e \Delta z_e + \frac{1}{2}\gamma_i \Delta z_i = 60 + 0 + \frac{1}{2} \times (18-10) \times 10 = 100 \text{kPa}$$

$\zeta_{ni} = 0.3$，$q_{si}^n = \sigma'_i \zeta_{ni} = 100 \times 0.3 = 30 \text{kPa} < q_{sik} = 40 \text{kPa}$，故最终 $q_{si}^n = 30 \text{kPa}$

$10 \sim 16\text{m}$：

$$\sigma'_i = 60 + 0 + (18-10) \times 10 + \frac{1}{2} \times (20-10) \times 6 = 170 \text{kPa}$$

$\zeta_{ni} = 0.4$，$q_{si}^n = \sigma'_i \zeta_{ni} = 170 \times 0.4 = 68 \text{kPa} > q_{sik} = 50 \text{kPa}$，故最终 $q_{si}^n = 50 \text{kPa}$

负摩阻力群桩效应系数单桩取 $\eta_n = 1$

单桩基础基桩由于负摩阻力引起的下拉荷载

$$Q_g^n = \eta_n u \sum q_{si}^n l_i = 1.0 \times 3.14 \times 1 \times (10 \times 30 + 6 \times 50) = 1884 \text{kN}$$

2008D24

刚性桩穿过厚 20m 的未充分固结新近填土层，并以填土层的下卧层为桩端持力层，在其他条件相同情况下，下列哪个选项作为桩端持力层时，基桩承受的下拉荷载最大？并简述理由？

(A) 可塑状黏土 (B) 红黏土
(C) 残积土   (D) 微风化砂岩

【解】由 l_n/l_0 可以看出，桩端土层刚度越大，中性点 l_0 越大，因此下拉荷载则越大，(A)(B)(C)(D) 四个选项中，(D) 微风化砂岩刚度最大，此时 $l_n/l_0 = 1.0$，所以对应的下拉荷载最大。

2011C13

如题图所示，某端承桩单桩基础桩身直径 $d = 600\text{mm}$，桩端嵌入基岩，桩顶以下 10m 为欠固结的淤泥质土，该土有效重度为 8.0kN/m^3，桩侧土的抗压极限侧阻力标准值为 20kPa，负摩阻力系数 ζ_n 为 0.25，按《建筑桩基技术规范》计算，桩侧负摩阻力引起的下拉荷载最接近于下列哪一选项？

(A) 150kN   (B) 190kN
(C) 250kN   (D) 300kN

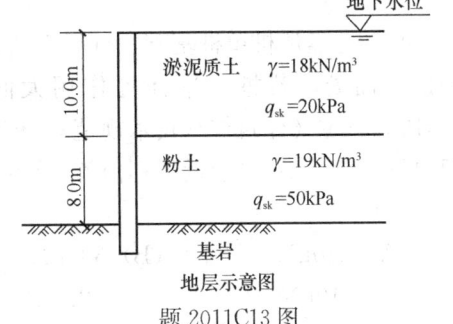

题 2011C13 图

【解】桩顶位于地面，桩端位于地面下 18m 即基岩中；

桩周软弱土为淤泥质土，自桩顶算起，桩周软弱土层下限深度 $l_0 = 10\text{m}$

持力层为基岩，故 $l_n/l_0 = 1$，则中性点 $l_n = 1 \times 10 = 10\text{m}$

分层，中性点深度以上，桩顶以下，每层土都要计算负摩阻力产生的下拉力，注意桩顶位置和水位位置，在桩顶和水位处也一定要分层，水位在地面处；

地面均布荷载 $p_1 = 0\text{kPa}$

桩顶上土层自重应力之和（自地面算起）$p_2 = 0\text{kPa}$

$0 \sim 10\text{m}$：

$$\sigma'_i = p_1 + p_2 + \sum_{e=1}^{i-1} \gamma_e \Delta z_e + \frac{1}{2} \gamma_i \Delta z_i = 0 + 0 + \frac{1}{2} \times (18-10) \times 10 = 40\text{kPa}$$

$\zeta_{ni} = 0.25$，$q_{si}^n = \sigma'_i \zeta_{ni} = 40 \times 0.25 = 10\text{kPa} < q_{sik} = 20\text{kPa}$，故最终 $q_{si}^n = 10\text{kPa}$

负摩阻力群桩效应系数单桩取 $\eta_n = 1$

单桩基础基桩由于负摩阻力引起的下拉荷载

$$Q_g^n = \eta_n u \sum q_{si}^n l_i = 1 \times 3.14 \times 0.6 \times 10 \times 10 = 188.4\text{kN}$$

2012D10

某正方形承台下布端承型灌注桩 9 根，桩身直径为 700mm，纵横桩间距约为 2.5m，地下水位埋深为 0m，桩端持力层为卵石，桩周土 $0 \sim 5\text{m}$ 为均匀的新填土，以下为正常固结土层，假定填土重度为 18.5kN/m^3，桩侧极限负摩阻力标准值为 30kPa，按《建筑桩基技术规范》考虑群桩效应时，计算基桩下拉荷载最接近下列哪个选项？

(A) 180kN (B) 230kN
(C) 280kN (D) 330kN

【解】桩顶位于地面，自桩顶算起，桩周新填土下限深度 $l_0 = 5\text{m}$

持力层为卵石，故 $l_n/l_0 = 0.9$，则中性点 $l_n = 0.9 \times 5 = 4.5\text{m}$

题目已给出，桩侧极限负摩阻力标准值 $q_{si}^n = 30\text{kPa}$

群桩效应系数 $\eta_n = \dfrac{S_{ax} S_{ay}}{\pi d \left(\dfrac{q_s^n}{\gamma_m} + \dfrac{d}{4} \right)} = \dfrac{2.5 \times 2.5}{3.14 \times 0.7 \times \left(\dfrac{30}{8.5} + \dfrac{30}{4} \right)} = 0.768 \leqslant 1$

下拉荷载

$$Q_g^n = \eta_n u \sum q_{si}^n l_i = 0.768 \times 3.14 \times 0.7 \times (4.5 \times 30) = 227.9\text{kN}$$

2014C11

某钻孔灌注桩单桩基础，桩径 1.2m，桩长 16m，土层条件如题图所示，地下水位在桩顶平面处，若桩顶平面处作用大面积堆载 $p = 50\text{kPa}$，根据《建筑桩基技术规范》，桩侧负摩阻力引起的下拉荷载 Q_g^n 最接近下列何值？（忽略密实粉砂层压缩量）

(A) 240kN (B) 680kN
(C) 910kN (D) 1220kN

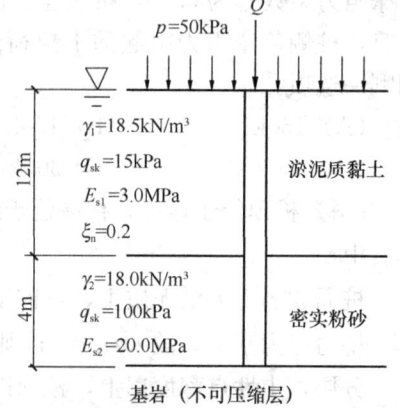

题 2014C11 图

【解】桩顶位于地面，桩端位于地面下 16m 即基岩中；

桩周软弱土为淤泥质黏土，自桩顶算起，桩周软弱土层下限深度 $l_0 = 12\text{m}$

持力层为基岩，故 $l_n/l_0 = 1$，则中性点 $l_n = 1 \times$

12＝12m

分层，中性点深度以上，桩顶以下，每层土都要计算负摩阻力产生的下拉力，注意桩顶位置和水位位置，在桩顶和水位处也一定要分层，水位在地面处；

地面均布荷载 $p_1 = 50\text{kPa}$

桩顶上土层自重应力之和（自地面算起）$p_2 = 0$

0～12m：

$$\sigma'_i = p_1 + p_2 + \sum_{e=1}^{i-1}\gamma_e\Delta z_e + \frac{1}{2}\gamma_i\Delta z_i = 50 + 0 + \frac{1}{2}\times(18.5-10)\times 12 = 101\text{kPa}$$

$\zeta_{ni} = 0.2$，$q_{si}^n = \sigma'_i\zeta_{ni} = 101\times 0.2 = 20.2\text{kPa} > q_{sik} = 15\text{kPa}$，故最终 $q_{si}^n = 15\text{kPa}$

负摩阻力群桩效应系数单桩取 $\eta_n = 1$

下拉荷载 $Q_g^n = \eta_n u\sum q_{si}^n l_i = 1\times 3.14\times 1.2\times(12\times 15) = 678.24\text{kN}$

7.6 桩身承载力

7.6.1 钢筋混凝土轴心受压桩正截面受压承载力

2003C13

某桩基，如题图所示，桩顶嵌固于承台，承台底离地面10m，桩径 $d = 1\text{m}$，桩长 $L = 50\text{m}$。桩的水平变形系数 $\alpha = 0.25\text{m}^{-1}$。按照《建筑桩基技术规范》计算该桩基的压曲稳定系数最接近于（　　）。

(A) 0.95　　(B) 0.90

(C) 0.85　　(D) 0.80

【解】 桩径 $d = 1\text{m}$

高承台基桩露出地面的长度 $l_0 = 10\text{m}$

桩的入土深度 $h = 50 - 10 = 40\text{m}$

桩侧无液化土层，故无需对 l_0 和 h 进行调整

桩的水平变形系数 $\alpha = 0.25\text{m}^{-1}$

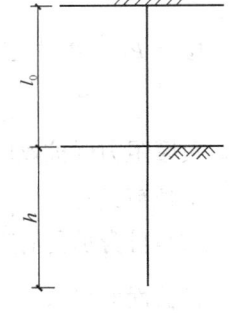

题 2003C13 图

桩顶固接，桩底支于非岩石土中，且 $\alpha h = 0.25\times 40 = 10 > 4.0$，则

桩身压屈计算长度 $l_c = 0.5\times\left(l_0 + \dfrac{4.0}{\alpha}\right) = 0.5\times\left(10 + \dfrac{4.0}{0.25}\right) = 13\text{m}$

$\dfrac{l_c}{d} = \dfrac{13}{1} = 13$，故查表得到压曲稳定系数 $\varphi = \dfrac{0.92 + 0.87}{2} = 0.895$

2008D13

某一柱一桩（端承灌注桩）基础，桩径 1.0m，桩长 20m，承受轴向竖向荷载设计值 $N = 5000\text{kN}$，地表大面积堆载，$P = 60\text{kPa}$，桩周土层分布如图所示，根据《建筑桩基技术规范》桩身混凝土强度等级选用下列哪一数值最经济合理？（不考虑地震作用，灌注桩

施工工艺系数 $\psi_c=0.7$，负摩阻力系数 $\zeta_n=0.20$）

(A) C20 　　　　　　　　　　　(B) C25
(C) C30 　　　　　　　　　　　(D) C35

混凝土强度等级	C20	C25	C30	C35
轴心抗压强度设计值 f_c（N/mm³）	9.6	11.9	14.3	16.7

【解】综合题

(1) 计算下拉荷载

桩顶位于地面，桩端位于地面下 30m 即密实砾石中；

桩周软弱土为淤泥质黏土，自桩顶算起，桩周软弱土层下限深度 $l_0=18m$

持力层为密实砾石，故 $l_n/l_0=0.9$，则中性点 $l_n=0.9\times18=16.2m$

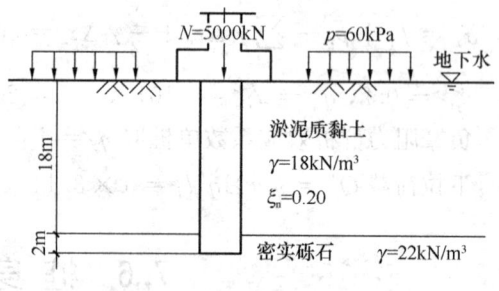

题 2008D13 图

分层，中性点深度以上，桩顶以下，每层土都要计算负摩阻力产生的下拉力，注意桩顶位置和水位位置，在桩顶和水位处也一定要分层，水位在地面处；

地面均布荷载 $p_1=60kPa$

桩顶上土层自重应力之和（自地面算起）$p_2=0kPa$

$0\sim16.2m$：

$$\sigma'_i = p_1 + p_2 + \sum_{e=1}^{i-1}\gamma_e\Delta z_e + \frac{1}{2}\gamma_i\Delta z = 60+0+\frac{1}{2}\times(18-10)\times16.2=64.8kPa$$

$$\zeta_{ni}=0.2,\quad q_{si}^n=\sigma'_i\zeta_{ni}=64.8\times0.2=24.96kPa$$

负摩阻力群桩效应系数单桩取 $\eta_n=1$

下拉荷载 $Q_g^n=\eta_n u\sum q_{si}^n l_i=1\times3.14\times1\times24.96\times16.2=1296.67kN$

(2) 桩身承受的竖向压力设计值最大值 $N=5000+1296.67\times1.35=6750.5kN$；

桩截面面积 $A_{ps}=\dfrac{3.14\times d^2}{4}=3.14\times0.5^2 m^2$

此题属于一般情况轴心受压混凝土桩，桩身稳定系数 $\varphi=1$

基桩成桩工艺系数 $\psi_c=0.7$

不满足桩顶以下 $5d$ 范围内为螺旋式箍筋间距≤100mm，故

$N=6750.5\leqslant\varphi\psi_c f_c A_{ps}=1.0\times0.7\times f_c\times3.14\times0.5^2\rightarrow f_c\geqslant12284.8kPa$

故选择 C30 最经济。

【注】此题一定要注意，涉及"混凝土材料"的验算，要用设计值，因此确定竖向压力设计值最大值 N 时下拉荷载 Q_g^n 要乘 1.35。

2010C11

某灌注桩直径 800mm，桩身露出地面的长度为 10m，桩入土长度为 20m，桩段嵌入较完整的坚硬岩石，桩的水平变形系数 α 为 $0.520m^{-1}$。桩顶铰接，桩顶以下 5m 范围内

箍筋间距为200mm，该桩轴心受压，桩顶轴向压力设计值为6800kN，成桩工艺系数ψ_c取0.8，按《建筑桩基技术规范》，试问桩身混凝土轴心抗压强度设计值应不小于下列何项数值？

(A) 15MPa (B) 17MPa
(C) 19MPa (D) 21MPa

【解】桩径$d=0.8$m；桩端面积$A_{ps}=3.14\times d^2\div 4=3.14\times 0.8^2\div 4=0.5024\text{m}^2$

高承台基桩露出地面的长度$l_0=10$m

桩的入土深度$h=20$m

桩侧无液化土层，故无需对l_0和h进行调整

桩的水平变形系数$\alpha=0.520\text{m}^{-1}$

桩顶铰接，桩段嵌入较完整的坚硬岩石，且$\alpha h=0.520\times 20=10.4>4$，则

桩身压屈计算长度$l_c=0.7\times\left(l_0+\dfrac{4.0}{\alpha}\right)=0.7\times\left(10+\dfrac{4.0}{0.520}\right)=12.383$m

$\dfrac{l_c}{d}=\dfrac{12.383}{0.8}=15.47$，故查表得到压曲稳定系数$\varphi=0.81$

基桩成桩工艺系数$\psi_c=0.8$

不满足桩顶以下$5d$范围内为螺旋式箍筋间距≤100mm，故

$N=6800\leqslant\varphi\psi_c f_c A_{ps}=0.81\times 0.8\times f_c\times 0.5024 \rightarrow f_c\geqslant 20887$kPa

2013D12

某框架柱采用6桩独立基础（如题图所示），桩基承台埋深2.0m，承台面积3.0m×4.0m，采用边长0.2m钢筋混凝土预制实心方桩，桩长12m，承台顶部标准组合下的轴心竖向力为F_k，桩身混凝土强度等级为C25，抗压强度设计值$f_c=11.9$MPa，箍筋间距150mm，根据《建筑桩基技术规范》，若按桩身承载力验算，该桩基础能够承受的最大竖向力F_k最接近下列何值？（承台与其上土的重度取20kN/m³，上部结构荷载效应基本组合按标准组合的1.35倍取用）

(A) 1320kN (B) 1630kN
(C) 1950kN (D) 2270kN

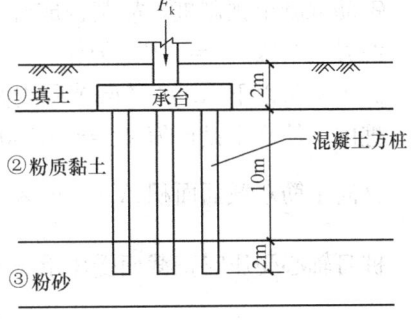

题2013D12图

【解】综合题

(1) 计算单桩桩顶竖向作用力设计值N

作用于承台顶面的竖向力设计值$F=1.35F_k$，待求；

承台和承台上土自重设计值$G=1.35G_k=1.35\gamma_G Ad=1.35\times 2\times 3\times 4\times 20$kN

轴心荷载，则荷载效应基本组合下桩顶轴向压力设计值

$$N=\dfrac{F+G}{n}=1.35\times\dfrac{F_k+2\times 3\times 4\times 20}{6} \qquad ①$$

(2) 按桩身材料强度验算

方桩边长 $b=0.2$m；桩截面面积 $A_{ps}=0.2^2=0.04\text{m}^2$

此题属于一般情况轴心受压钢筋混凝土预制桩，桩身稳定系数 $\varphi=1$

钢筋混凝土预制桩，故基桩成桩工艺系数 $\psi_c=0.85$

混凝土等级 $f_c=11900$kPa

不满足桩顶以下 $5d$ 范围内为螺旋式箍筋间距≤100mm，故

$$N \leqslant \varphi\psi_c f_c A_{ps} = 1.0 \times 0.85 \times 11900 \times 0.04 \quad ②$$

①②两式联立即可得 $1.35 \times \dfrac{F_k + 2 \times 3 \times 4 \times 20}{6} \leqslant 1 \times 0.85 \times 11900 \times 0.04 \rightarrow F_k \leqslant 1318.22$kN

【注】确定桩端轴向压力设计值 N 即标准值 N_k 时，与"7.3 桩顶作用荷载计算及竖向承载力验算"相结合。并应注意标准值和设计值的转化。

2014D10

某钢筋混凝土预制方桩，边长 400mm，混凝土强度等级 C40，主筋为 HRB335，12φ18，桩顶以下 2m 范围内箍筋间距 100mm，考虑纵向主筋抗压承载力，根据《建筑桩基技术规范》，桩身轴心受压时正截面受压承载力设计值最接近下列何值？（C40 混凝土 $f_c=19.1$kN/mm^2，HRB335 钢筋 $f'_y=300$N/mm^2）

(A) 3960kN (B) 3420kN
(C) 3050kN (D) 2600kN

【解】方桩边长 $b=0.4$m；桩截面面积 $A_{ps}=0.4^2=0.16\text{m}^2$

此题属于一般情况轴心受压钢筋混凝土预制桩，桩身稳定系数 $\varphi=1$

钢筋混凝土预制桩，故基桩成桩工艺系数 $\psi_c=0.85$

混凝土等级 $f_c=19100$kPa

满足桩顶以下 $5d=2.0$m 范围内为螺旋式箍筋间距≤100mm

桩内钢筋确定设计值 $f'_y=300000$kPa

纵向主筋总截面面积 $A'_s = n' \times \dfrac{3.14 \times d'^2}{4} = 12 \times \dfrac{3.14 \times 0.18^2}{4}$

桩身轴心受压时正截面受压承载力设计值 $= \varphi(\psi_c f_c A_{ps} + 0.9 f'_y A'_s) = 1.0 \times \left(0.85 \times 19100 \times 0.16 + 0.9 \times 300000 \times 12 \times \dfrac{3.14 \times 0.018^2}{4}\right) = 3421.66$kN

2016D12

竖向受压高承台桩基础，采用钻孔灌注桩，设计桩径 1.2m，桩身露出地面的自由长度 l_0 为 3.2m，入土深度 h 为 15.4m，桩的换算深度 $\alpha h<4.0$，桩身混凝土强度等级 C30，桩顶 6m 范围内的箍筋间距为 150mm，桩顶与承台连接按铰接考虑。土层条件及桩基计算参数如题图所示，按照《建筑桩基技术规范》计

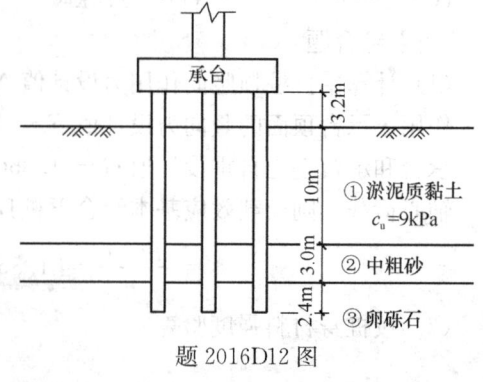

题 2016D12 图

算基桩的桩身正截面受压承载力设计值最接近下列哪个选项？（成桩工艺系数取 $\psi_c = 0.75$，C30 混凝土轴心抗压强度设计值 $f_c = 14.3\text{N/mm}^3$，纵向主筋截面积 $A'_s = 5024\text{mm}^2$，抗压强度设计值 $f'_y = 210\text{N/mm}^2$）

(A) 9820kN　　　　　　　　　(B) 12100kN
(C) 16160kN　　　　　　　　 (D) 10580kN

【解】桩径 $d = 1.2\text{m}$；
高承台基桩露出地面的长度 $l_0 = 3.2\text{m}$
桩的入土深度 $h = 10 + 3.0 + 2.4 = 15.4\text{m}$
桩侧无液化土层，故无需对 l_0 和 h 进行调整
桩顶铰接，桩底支于非岩石土中，且 $\alpha h < 4.0$，则
桩身压屈计算长度 $l_c = 1.0 \times (l_0 + h) = 1.0 \times (3.2 + 15.4) = 18.6$
$\dfrac{l_c}{d} = \dfrac{18.6}{1.2} = 15.5$，故查表得到压曲稳定系数 $\varphi = 0.81$
基桩成桩工艺系数 $\psi_c = 0.75$
混凝土等级 $f_c = 14300\text{kPa}$
桩顶范围内的箍筋间距为 150mm
不满足桩顶以下 $5d$ 范围内为螺旋式箍筋间距≤100mm
故基桩的桩身正截面受压承载力设计值
$= \varphi \psi_c f_c A_{ps} = 0.81 \times 0.75 \times 14300 \times 3.14 \times 0.6^2 = 9820\text{kN}$

【注】① 一定要注意此题，桩顶范围内的箍筋间距为 150mm，不满足桩顶以下 $5d$ 范围内为螺旋式箍筋间距≤100mm 这一条件，否则就会用错公式。
② 当桩周穿越不排水抗剪强度小于 10kPa 的软弱土层时，同高承台桩基一样，都需考虑压屈影响，但不需要对 l_0 与 h 进行调整，只有桩周穿越可液化土时，才需要对 l_0 与 h 进行调整。

2019C10

某既有建筑物为钻孔灌注桩基础，桩身混凝土强度等级 C40（轴心抗压强度设计值取 19.1MPa），桩身直径 800mm，桩身螺旋箍筋均匀配筋，间距 150mm，桩身完整。既有建筑在荷载效应标准组合下，作用于承台顶面的轴心竖向力为 20000kN。现拟进行增层改造，岩土参数如题图所示，根据《建筑桩基技术规范》JGJ 94—2008，原桩基础在荷载效应标准组合下，允许作用于承台顶面的轴心竖向力最大增加值最接近下列哪个选项？（不考虑偏心、地震和承台效应，既有建筑桩基承载力随时间的变化，无地下水，增层后荷载效应基本组合下，基桩桩顶轴向压力设计值为荷载效应标准组合下的 1.35 倍，承台及承台底部以上土的重度为 20kN/m^3；桩的成桩工艺系数取 0.9，桩嵌岩段侧阻与端阻综合系数取 0.7）

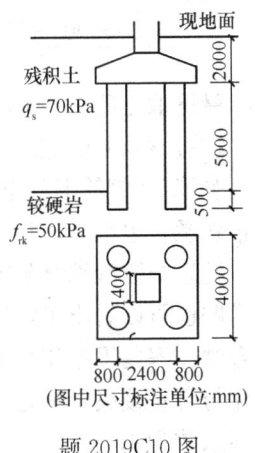
题 2019C10 图

(A) 4940kN　　(B) 8140kN　　(C) 13900kN　　(D) 16280kN

【解1】桩嵌岩段侧阻与端阻综合系数 $\xi_r = 0.7$

7 桩基础专题

$$Q_{uk} = u \sum l_i q_{sik} + \xi_r A_p q_{pk} = 3.14 \times 0.8 \times 70 \times 5 + 0.7 \times 3.14 \times 0.16 \times 50000 = 18463.2 \text{kN}$$

不考虑承台效应，单桩竖向承载力特征值 $R_a = \dfrac{18463.2}{2} = 9231.6 \text{kN}$

螺旋式箍筋间距 150mm＞100mm，则钢筋混凝土轴心受压桩正截面受压承载力为
$$\varphi \psi_c f_c A_{ps} = 1.0 \times 0.9 \times 19100 \times 3.14 \times 0.16 = 8636.256 \text{kN}$$

桩身强度即桩身正截面受压承载力与单桩竖向承载力特征值比较：
$$\dfrac{8636.256}{1.35} = 6397.2 < 9231.6$$

可得到桩顶竖向承载力验算由桩身正截面受压承载力控制

桩顶作用荷载计算及竖向承载力验算
$$N_k = \dfrac{\Delta F_k + 200000 + 20 \times 4 \times 4 \times 2}{4} \leqslant 6397.2 \rightarrow \Delta F_k \leqslant 4948.8 \text{kN}$$

【解2】 桩嵌岩段侧阻与端阻综合系数 $\xi_r = 0.7$

$$Q_{uk} = u \sum l_i q_{sik} + \xi_r A_p q_{pk} = 3.14 \times 0.8 \times 70 \times 5 + 0.7 \times 3.14 \times 0.16 \times 50000 = 18463.2 \text{kN}$$

不考虑承台效应，单桩竖向承载力特征值 $R_a = \dfrac{18463.2}{2} = 9231.6 \text{kN}$

桩顶作用荷载计算及按单桩竖向承载力进行竖向承载力验算
$$N_k = \dfrac{\Delta F_k + 20000 + 20 \times 4 \times 4 \times 2}{4} \leqslant 9231.6 \rightarrow \Delta F_k \leqslant 16286.4 \text{kN}$$

螺旋式箍筋间距 150mm＞100mm，则钢筋混凝土轴心受压桩正截面受压承载力为
$$\varphi \psi_c f_c A_{ps} = 1.0 \times 0.9 \times 19100 \times 3.14 \times 0.16 = 8636.256 \text{kN}$$

桩顶作用荷载计算及按桩身强度进行竖向承载力验算
$$\dfrac{\Delta F_k + 200000 + 20 \times 4 \times 4 \times 2}{4} = \dfrac{8636.256}{1.35} \rightarrow \Delta F_k < 4948.8 \text{kN}$$

最终取 $\Delta F_k < 4948.8 \text{kN}$

【注】 核心知识点综合题，"嵌岩桩竖向承载力特征值""桩顶作用荷载计算及竖向承载力验算""钢筋混凝土轴心受压桩正截面受压承载力"三部分知识点的综合。每一部分都很熟悉，也都是历年真题多次考查，但是综合起来可能就想不到，或者能够快速地把各个解题思维流程综合起来，写出如解1流畅简洁的解答过程，需要平时下很大的功夫，由这道题也可以看出来，这种综合题，只要书中解题思维流程上有，比查规范快很多！越是综合题，解题思维流程越能发挥作用。比较解1和解2答题简洁度还是不一样的，整合的优化与否直接决定解题速度。此题尚要注意设计值和标准值的转化，不过题干已直接给出分项系数为1.35。

2019D10

如题图所示轴向受压高承台灌注桩基础，桩径 800mm，桩长 24m，桩身露出地面的自由长度 $l_0 = 3.80$m，桩的水平变形系数 $\alpha = 0.403$m^{-1}，地层参数如题图所示，桩与承台

连接按铰接考虑。未考虑压屈影响的基桩桩身正截面受压承载力计算值为 6800kN。按照《建筑桩基技术规范》JGJ 94—2008，考虑压屈影响的基桩正截面受压承载力计算值最接近下列哪个选项？（淤泥层影响折减系数 ψ_l 取 0.3，桩露出地面 l_0 和桩的入土长度 h 分别调整为 $l_0' = l_0 + (1-\psi_l)d_l$，$h' = h - (1-\psi_l)d_l$，$d_l$ 为软弱土层厚度）

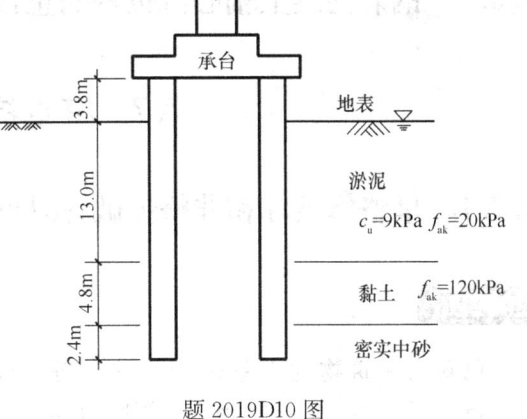

题 2019D10 图

(A) 3400kN　　　　(B) 4590kN
(C) 6220kN　　　　(D) 6800kN

【解】考虑压屈影响

$$l_0' = l_0 + (1-\psi_l)d_l$$
$$= 3.8 + (1-0.3) \times 13 = 12.9 \text{m}$$

$$h' = h - (1-\psi_l)d_l = (13+4.8+2.4) - (1-0.3) \times 13 = 11.1 \text{m}$$

桩顶铰接，桩底支于非岩石土中，$h' = 11.7 \geqslant \dfrac{4.0}{\alpha} = \dfrac{4.0}{0.403} = 9.9$

$$l_c = 0.7 \times \left(l_0' + \dfrac{4.0}{\alpha}\right) = 0.7 \times (12.9 + 9.9) = 15.96 \text{m}$$

$\dfrac{l_c}{d} = 15.96/0.8 = 20$，桩身压屈稳定系数 $\varphi = \dfrac{0.70+0.65}{2} = 0.675$

考虑压屈影响的基桩桩身正截面受压承载力计算值 $N = 0.675 \times 6800 = 4590$kN

【注】核心知识点常规题。直接使用解题思维流程快速求解。

7.6.2　打入式钢管桩局部压屈验算

2016C10

某打入式钢管桩，外径 900mm。如果按桩身局部压屈控制，根据《建筑桩基技术规范》，所需钢管桩的最小壁厚最接近下列哪个选项？（钢管桩所采用钢材的弹性模量 $E = 2.1 \times 10^5 \text{N/mm}^2$，抗压强度设计值 $f_y' = 350 \text{N/mm}^2$）

(A) 3mm　　　　　(B) 4mm
(C) 8mm　　　　　(D) 10mm

【解】

钢管桩外径 $d = 900$mm，当 $d \geqslant 900$mm 时

应验算 $\dfrac{t}{d} \geqslant \dfrac{f_y'}{0.388E} \rightarrow \dfrac{t}{900} \geqslant \dfrac{350}{0.388 \times 2.1 \times 10^5} \rightarrow t \geqslant 8.11$mm

和 $\dfrac{t}{d} \geqslant \sqrt{\dfrac{f_y'}{14.5E}} = \dfrac{t}{900} \geqslant \sqrt{\dfrac{350}{14.5 \times 2.1 \times 10^5}} \rightarrow t \geqslant 9.65$mm

综上，最小壁厚取 10mm。

7 桩基础专题

7.6.3 钢筋混凝土轴心抗拔桩的正截面受拉承载力

7.7 桩基抗拔承载力

7.7.1 呈整体破坏和非整体破坏时桩基抗拔承载力

2002D6

已知某建筑物地下室采用一柱一桩,拟采用桩型为钢筋混凝土预制方桩,边长400mm,桩长为22m,桩顶入土深度为6m,桩端入土深度28m,场区地层条件见题表。按《建筑桩基技术规范》计算基桩抗拔极限承载力标准值,其值最接近下列( )个数值。

(注:抗拔系数 λ 按《建筑桩基技术规范》取高值。)

(A) 1.16×10^3 kN (B) 1.56×10^3 kN
(C) 1.86×10^3 kN (D) 2.06×10^3 kN

层序	土层名称	层底深度 (m)	厚度 (m)	含水量 w_0	天然重度 γ (kN/m³)	孔隙比 e_0	塑性指数 I_p	黏聚力、内摩擦角(固快) c (kPa)		压缩模量 E_s (MPa)	桩极限侧阻力标准值 q_{sik} (kPa)
①	填土	1.20	1.20		18						
②	粉质黏土	2.00	0.80	31.7%	18.0	0.92	18.3	23.0	17.0°		
④	淤泥质黏土	12.00	10.00	46.6%	17.0	1.34	20.3	13.0	8.5°		28
⑤-1	黏土	22.70	10.70	38%	18.0	1.08	19.7	18.0	14.0°	4.50	55
⑤-2	粉砂	28.80	6.10	30%	19.0	0.78		5.0	29.0°	15.00	100
⑤-3	粉质黏土	35.30	6.50	34.0%	18.5	0.95	16.2	15.0	22.0°	6.00	
⑦-2	粉砂	40.00	4.70	27%	20.0	0.70		2.0	34.5°	30.00	

【解】一柱一桩,呈非整体性破坏
方桩边长 $b=0.4$m;无扩底,桩身周长 $u=4\times0.4=1.6$m
抗拔极限承载力标准值
$T_{uk} = u_i \sum \lambda_i l_i q_{sik} = 1.6 \times (0.8 \times 28 \times 6 + 0.8 \times 55 \times 10.7 + 0.7 \times 100 \times 5.3)$
$= 1561.9$kN

2003D14

某地下车库为抗浮设置抗拔桩,桩型采用300mm×300mm 钢筋混凝土方桩,桩长12m,桩中心距为2.0m,桩群外围周长为 4×30m=120m,桩数 $n=14\times14=196$ 根,单一基桩上拔力标准值 $N_k=330$kN。已知各土层极限侧阻力标准值如题图所示。抗拔系数 λ_i 对黏土取 0.7，对粉砂取 0.6，钢筋混凝土桩体重度 25kN/m³，桩周范围内桩土平均重度取 20kN/m³，按照《建筑桩基技术规范》验算群桩基础及其基桩的抗拔承载力。问验算结果符合（　　）。

(A) 群桩和基桩均满足
(B) 群桩满足，基桩不满足
(C) 基桩满足，群桩不满足
(D) 群桩和基桩均不满足

【解】① 验算整体性破坏

桩数 $n=196$

桩群外围短边 $b'=30$m

桩群外围长边 $l'=30$m

桩群外围面积 $A'=b'\cdot l'=30\times30=900$m²

桩群外围周长 $u_l=2(b'+l')=120$m；

$$G_{gp}=\frac{A'\times l_{桩长}\times\gamma'_G}{n}=\frac{30\times30\times12\times(20-10)}{196}=551.02\text{kN}$$

基桩抗拔极限承载力标准值

$$T_{gk}=\frac{u_l\sum\lambda_il_iq_{sik}}{n}=\frac{120\times(0.7\times40\times10+0.6\times60\times2)}{196}=215.51\text{kN}$$

基桩拔力验算：$N_k=330\leqslant\dfrac{T_{gk}}{2}+G_{gp}=\dfrac{215.51}{2}+551.02=658.78$kN，故群桩满足

② 验算非整体性破坏

方桩边长 $b=0.3$m；无扩底，桩身周长 $u=4\times0.3=1.2$m

$$G_p=A_pl\gamma'_g=0.3\times0.3\times12\times(25-10)=16.2\text{kN}$$

基桩抗拔极限承载力标准值

$$T_{uk}=u_i\sum\lambda_il_iq_{sik}=1.2\times(0.7\times40\times10+0.6\times60\times2)=422.4\text{kN}$$

基桩拔力验算：$N_k=330\geqslant\dfrac{T_{uk}}{2}+G_p=\dfrac{422.4}{2}+16.2=227.4$kN，故基桩不满足

【注】群桩成整体破坏时，计算群桩桩土总重 G_{gp}，取桩群范围内桩土平均重度 20kN/m³（取浮重度，即减去水重 10kN/m³）；群桩成非整体破坏时，计算单桩自重 G_p，取桩身材料（混凝土）重 25kN/m³（取浮重度，即减去水重 10kN/m³）。

题 2003D14 图

2004D18

如题图所示，某泵房为抗浮设置抗拔桩，上拔力标准值为 600kN，桩型采用钻孔灌注桩，桩径 $d=550$mm，桩长 $l=16$m，桩群边缘尺寸为 20m×10m，桩数为 50 根，按

《建筑桩基技术规范》计算群桩基础及基桩的抗拔承载力，下列（　）与结果最接近？（抗拔系数 λ_i 对黏性土取 0.7，对砂土取 0.6，桩身材料重度 $\gamma=25\text{kN/m}^3$；群桩基础平均重度 $=20\text{kN/m}^3$）

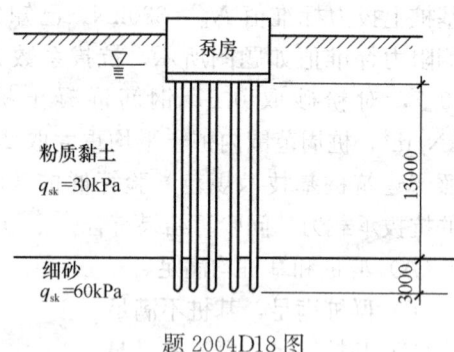

题 2004D18 图

(A) 群桩和基桩都满足要求

(B) 群桩满足要求，基桩不满足要求

(C) 群桩不满足要求，基桩满足要求

(D) 群桩和基桩都不满足要求

【解】① 验算整体性破坏

桩数 $n=50$

桩群外围短边 $b'=10\text{m}$

桩群外围长边 $l'=20\text{m}$

桩群外围面积 $A'=b'\cdot l'=10\times 20=200\text{m}^2$

桩群外围周长 $u_l=2(b'+l')=60\text{m}$

$$G_{gp}=\frac{A'\times l_{桩长}\times \gamma'_G}{n}=\frac{20\times 10\times 16\times (20-10)}{50}=640\text{kN}$$

基桩抗拔极限承载力标准值

$$T_{gk}=\frac{u_l\sum\lambda_i l_i q_{sik}}{n}=\frac{60\times(0.7\times 30\times 13+0.6\times 60\times 3)}{50}=457.2\text{kN}$$

基桩拔力验算：$N_k=600\leqslant \dfrac{T_{gk}}{2}+G_{gp}=\dfrac{457.2}{2}+640=868.6\text{kN}$，故群桩满足要求

② 验算非整体性破坏

桩径 $d=0.55$；无扩底，桩身周长 $u=3.14\times 0.55\text{m}$

$$G_p=A_p l\gamma'_g=3.14\times\frac{0.55^2}{4}\times 16\times(25-10)=56.991\text{kN}$$

基桩抗拔极限承载力标准值

$$T_{uk}=u_i\sum\lambda_i l_i q_{sik}=3.14\times 0.55\times(0.7\times 30\times 13+0.6\times 60\times 3)=657.987\text{kN}$$

基桩拔力验算：$N_k=600\geqslant \dfrac{T_{uk}}{2}+G_p=\dfrac{657.987}{2}+56.991=385.9845\text{kN}$，故基桩不满足要求

2005D13

某建筑物扩底抗拔灌注桩桩径 $d=1.0\text{m}$，桩长 12m，扩底直径 $D=1.8\text{m}$，扩底段高度 $h_c=1.2\text{m}$，桩周土性参数如题图所示，受扩底影响的破坏柱体长度为 $l_i=6d$，试按《建筑桩基技术规范》计算，基桩的抗拔极限承载力标准值，最接近下列（　）选项中的值。（抗拔系数：粉质黏

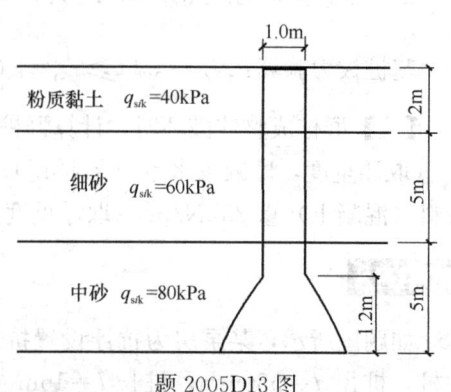

题 2005D13 图

土 $\lambda=0.7$；砂土 $\lambda=0.5$）

(A) 1380kN　　　　　　　　(B) 1850kN
(C) 2080kN　　　　　　　　(D) 2580kN

【解】单桩，非整体性破坏

桩径 $d=1m$；扩底直径 $D=1.8m$

有扩底，因此自桩底算起，$l_i=6d=6m$ 范围内桩身周长 $u_i=\pi D=3.14\times 1.8m$

其余范围内桩身周长 $u_i=\pi d=3.14\times 1m$

基桩抗拔极限承载力标准值

$$T_{uk}=u_i\sum\lambda_i l_i q_{sik}$$
$$=3.14\times 1\times(0.7\times 40\times 2+0.5\times 60\times 4)+3.14\times 1.8$$
$$\times(0.5\times 60\times 1+0.5\times 80\times 5)$$
$$=1852.6kN$$

【注】有扩底，根据题意 0~6m 桩身计算周长为 $3.14\times 1m$，6~12m 桩身计算周长为 $3.14\times 1.8m$。

2006C12

某桩基工程，其桩型平面布置、剖面及地层分布如题图所示，按《建筑桩基技术规范》计算群桩呈整体破坏与非整体破坏的基桩的抗拔极限承载力标准值比值（u_{gk}/u_k），其计算结果最接近下列哪个选项？

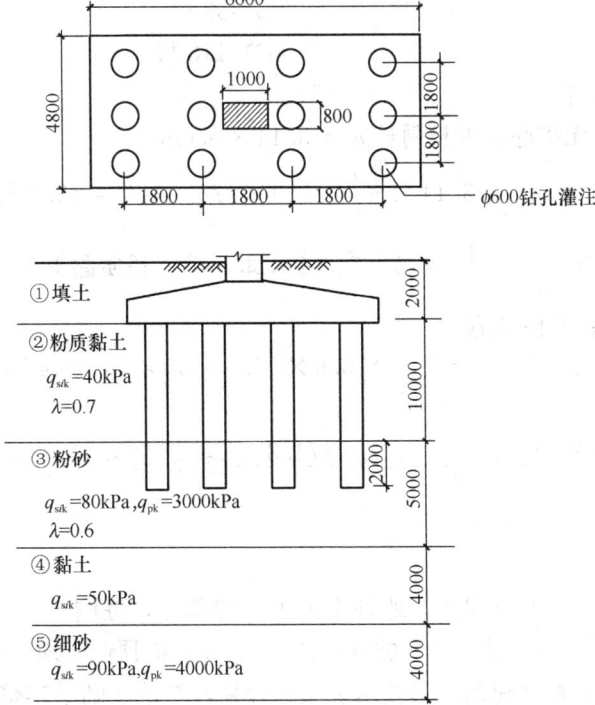

题 2006C12 图

(A) 0.9　　　　　(B) 1.05　　　　　(C) 1.2　　　　　(D) 1.38

【解】①整体性破坏

桩数 $n = 12$

桩群外围短边 $b' = 1.8 \times 2 + 0.6 = 4.2\text{m}$

桩群外围长边 $l' = 1.8 \times 3 + 0.6 = 6.0\text{m}$

桩群外围周长 $u_l = 2(b' + l') = 20.4\text{m}$

基桩抗拔极限承载力标准值

$$T_{gk} = \frac{u_l \sum \lambda_i l_i q_{sik}}{n} = \frac{20.4 \times (0.7 \times 40 \times 10 + 0.6 \times 80 \times 2)}{12} = 639.2\text{kN}$$

② 非整体性破坏

桩径 $d = 0.6$；无扩底，桩身周长 $u = 3.14 \times 0.6\text{m}$

基桩抗拔极限承载力标准值

$$T_{uk} = u_i \sum \lambda_i l_i q_{sik} = 3.14 \times 0.6 \times (0.7 \times 40 \times 10 + 0.6 \times 80 \times 2) = 708.384\text{kN}$$

计算比值 $T_{gk}/T_{uk} = 639.2/708.384 = 0.9$

2009C12

某地下车库作用有 141MN 的浮力，基础上部结构和土重为 108MN，拟设置直径 600mm、长 10m 的抗浮桩，桩身重度为 25kN/m^3，水重度为 10kN/m^3，基础底面以下 10m 内为粉质黏土，其桩侧极限摩阻力为 36kPa，车库结构侧面与土的摩擦力忽略不计，按《建筑桩基技术规范》，按群桩呈非整体破坏估算，需要设置抗拔桩的数量至少应大于下列哪一个选项？

(A) 83 根　　　　　　　　　　(B) 89 根
(C) 108 根　　　　　　　　　 (D) 118 根

【解】非整体性破坏

桩径 $d = 0.6\text{m}$；无扩底，桩身周长 $u = 3.14 \times 0.6\text{m}$

$$G_p = A_p l \gamma'_g = 3.14 \times \frac{0.6^2}{4} \times 10 \times (25 - 10) = 42.39\text{kN}$$

抗拔系数未直接给，$\frac{l}{d} = \frac{10}{0.6} = 16.7 < 20$，取小值，粉质黏土 $\lambda_i = 0.7$

基桩抗拔极限承载力标准值

$$T_{uk} = u_i \sum \lambda_i l_i q_{sik} = 3.14 \times 0.6 \times (0.7 \times 36 \times 10) = 474.8\text{kN}$$

基桩拔力验算：

$$N_k = \frac{141000 - 108000}{n} \leqslant \frac{T_{uk}}{2} + G_p = \frac{474.8}{2} + 42.39 = 279.79\text{kN} \rightarrow n \geqslant 117.9$$

2011C12

某抗拔基桩桩顶拔力为 800kN，地基土为单一的黏土，桩侧土的抗压极限侧阻力标准值为 50kPa，抗拔系数 λ 取为 0.8，桩身直径为 0.5m，桩顶位于地下水位以下，桩身混凝土重度为 25kN/m^3，按《建筑桩基技术规范》计算，群桩基础呈非整体性破坏情况下，基桩桩长至少不小于下列哪一个选项？

7.7 桩基抗拔承载力

(A) 15m (B) 18m
(C) 21m (D) 24m

【解】非整体性破坏

桩径 $d=0.5$m；无扩底，桩身周长 $u=3.14\times0.5$m

$$G_p = A_p l \gamma'_g = 3.14\times\frac{0.5^2}{4}\times l\times(25-10)=2.94l \text{kN}$$

基桩抗拔极限承载力标准值

$$T_{uk} = u_i\sum\lambda_i l_i q_{sik} = 3.14\times0.5\times(0.8\times50\times l)=62.8l \text{kN}$$

基桩拔力验算 $800 \leqslant \dfrac{T_{uk}}{2}+G_p = \dfrac{62.8l}{2}+2.94l \rightarrow l\geqslant 23.3$m

2017D12

某地下结构采用钻孔灌注桩作抗浮桩。桩径 0.6m，桩长 15m，承台平面尺寸 27.6m×37.2m，纵横向按等间距布桩，桩中心距 2.4m，边桩中心距承台边缘 0.6m，桩数 12×16=192 根，土层分布及桩侧土的极限摩阻力标准值如题图所示，粉砂抗拔系数取 0.7，细砂抗拔系数取 0.6，群桩基础所包围体积内的桩土平均重度取 18.8kN/m³，水的重度取 10kN/m³，根据《建筑桩基技术规范》JGJ 94—2008 计算，当群桩呈整体破坏时，按荷载效应标准组合计算基桩能承受的最大抗拔力接近下列何值？

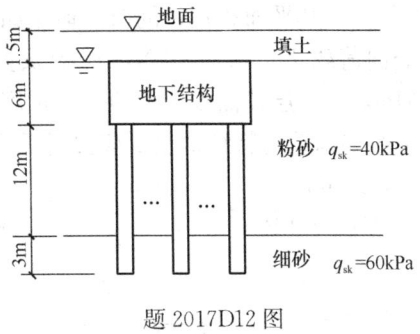

题 2017D12 图

(A) 145kN (B) 820kN
(C) 850kN (D) 1600kN

【解】验算整体性破坏

桩数 $n=192$

桩群外围短边 $b'=27.6-0.6=27$m

桩群外围长边 $l'=37.2-0.6=36.6$m

桩群外围面积 $A'=b'\cdot l'=27\times36.6=988.2$m²

桩群外围周长 $u_l=2(b'+l')=2\times(27+36.6)=127.2$m

$$G_{gp}=\frac{A'\times l_{桩长}\times\gamma'_G}{n}=\frac{988.2\times15\times(18.8-10)}{192}=679.39\text{kN}$$

基桩抗拔极限承载力标准值

$$T_{gk}=\frac{u_l\sum\lambda_i l_i q_{sik}}{n}=\frac{127.2\times(0.7\times12\times40+0.6\times3\times60)}{192}=294.15\text{kN}$$

基桩拔力验算：$N_k\leqslant\dfrac{T_{gk}}{2}+G_{gp}=\dfrac{294.15}{2}+679.39=826.465$kN

7.7.2 抗冻拔稳定性

7.7.3 膨胀土上抗拔稳定性

7.8 桩基软弱下卧层验算

2011D12

某构筑物柱下桩基础采用 16 根钢筋混凝土预制桩，桩径 $d=0.5\mathrm{m}$，桩长 20m，承台埋深 5m，其平面布置、剖面、地层如题图所示。荷载效应标准组合下，作用于承台顶面的竖向荷载 $F_k=27000\mathrm{kN}$，承台及其上土重 $G_k=1000\mathrm{kN}$，桩端以上各土层的 $q_{sik}=60\mathrm{kPa}$，软弱层顶面以上土的平均重度 $\gamma_m=18\mathrm{kN/m^3}$，按《建筑桩基技术规范》验算，软弱下卧层承载力特征值至少应接近下列何值才能满足要求？（取 $\eta_d=1.0$，$\theta=15°$）

(A) 66kPa (B) 84kPa
(C) 175kPa (D) 204kPa

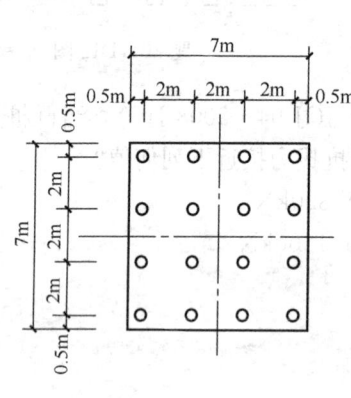
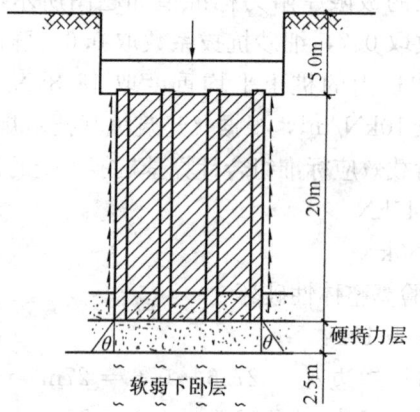

题 2011D12 图

【解】 桩群外缘矩形底面长边 $A_0=6+0.5=6.5\mathrm{m}$
桩群外缘矩形底面短边 $B_0=6+0.5=6.5\mathrm{m}$
桩端下硬持力层厚度 $t=2.5\mathrm{m}$
承台顶面轴心荷载 $F_k=27000\mathrm{kN}$
承台及其上土自重 $G_k=1000\mathrm{kN}$
桩端硬持力层压力扩散角 $\theta=15°$
软弱下卧层顶面的附加应力

$$\sigma_z=\frac{(F_k+G_k)-\frac{3}{2}(A_0+B_0)\sum l_i q_{sik}}{(A_0+2t\cdot\tan\theta)(B_0+2t\cdot\tan\theta)}$$

$$= \frac{(27000+1000) - \frac{3}{2} \times (6.5+6.5) \times (20 \times 60)}{(6.5+2 \times 2.5 \times \tan 15°) \times (6.5+2 \times 2.5 \times \tan 15°)} = 74.8 \text{kPa}$$

从承台底部算起至软弱下卧层顶面的深度 $z = 20 + 2.5 = 22.5 \text{m}$

软弱土层顶面以上各土层按厚度加权平均重度 $\gamma_m = 18 \text{kN/m}^3$

软弱下卧层经深度 z 修正的地基承载力特征值

$$f_{az} = f_{ak} + \eta_d \gamma_m (z - 0.5) = f_{ak} + 1.0 \times 18 \times (22.5 - 0.5)$$

承载力验算:$\sigma_z + \gamma_m z = 74.8 + 405 \leqslant f_{az} = f_{ak} + 1.0 \times 18 \times (22.5 - 0.5) \rightarrow f_{ak} \geqslant 83.8 \text{kPa}$

2014C10

某桩基础采用钻孔灌注桩,桩径 0.6m,桩长 10.0m,承台底面尺寸及布桩如题图所示,承台顶面荷载效应标准组合下的竖向力 $F_k = 6300 \text{kN}$,土层条件及桩基计算参数如题图表所示,根据《建筑桩基技术规范》计算,作用于软弱下卧层④层顶面的附加应力 σ_z 最接近于下列何值?(承台及上覆土重度取 20kN/m^3)

(A) 8.5kPa (B) 18kPa
(C) 30kPa   (D) 40kPa

层序	土名	天然重度 γ (kN/m³)	极限侧阻力标准值 q_{sik} (kPa)	极限侧阻力标准值 q_{sik} (kPa)	压缩模量 E_s (MPa)
①	黏土	18.0	35		
②	粉土	17.5	55	2100	10
③	粉砂	18.0	60	3000	16
④	淤泥质黏土	18.5	30		3.2

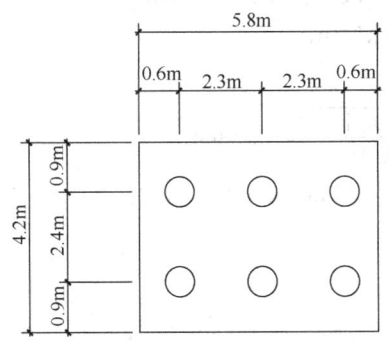
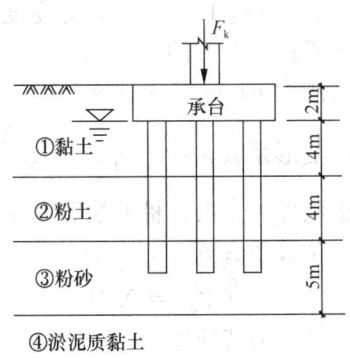

题 2014C10 图

【解】桩群外缘矩形底面长边 $A_0 = 2.3 + 2.3 + 0.6 = 5.2 \text{m}$

桩群外缘矩形底面短边 $B_0 = 2.4 + 0.6 = 3.0 \text{m}$

桩端下硬持力层厚度 $t = 3 \text{m}$

$t/B_0 = 3/3 = 1$, $E_{s1}/E_{s2} = 16/3.2 = 5$

查表得,桩端硬持力层压力扩散角 $\theta = 25°$

承台顶面轴心荷载 $F_k = 6300 \text{kN}$

承台及其上土自重 $G_k = 4.2 \times 5.8 \times 2 \times 20 = 974.4 \mathrm{kN}$
软弱下卧层顶面的附加应力

$$\sigma_z = \frac{(F_k + G_k) - \frac{3}{2}(A_0 + B_0) \sum l_i q_{sik}}{(A_0 + 2t \cdot \tan\theta)(B_0 + 2t \cdot \tan\theta)}$$

$$= \frac{(6300 + 974.4) - \frac{3}{2}(5.2 + 3) \times (4 \times 35 + 4 \times 55 + 2 \times 60)}{(5.2 + 2 \times 3 \times \tan 25°) \times (3 + 2 \times 3 \times \tan 25°)} = 29.55 \mathrm{kPa}$$

7.9 桩基水平承载力特征值

7.9.1 单桩水平承载力特征值

2002D8

一高填方挡土墙基础下,设置单排打入式钢筋混凝土阻滑桩,桩横截面 400mm× 400mm,桩长 5.5 m,桩距 1.2m,桩侧地基土水平抗力系数的比例系数 $m = 10^4 \mathrm{kN/m^4}$,桩顶约束条件按自由端考虑,试按《建筑桩基技术规范》计算当控制桩顶水平位移 $\chi_{0a} = 10\mathrm{mm}$ 时,每根阻滑桩能对每延米挡土墙提供的水平阻滑力(桩身抗弯刚度 $EI = 5.08 \times 10^4 \mathrm{kN/m^2}$)与下列( )个数值最接近。

(A) 80kN/m (B) 90kN/m
(C) 70kN/m (D) 50kN/m

【解】钢筋混凝土预制桩,按位移控制
方桩 $b = 0.4\mathrm{m} \leqslant 1\mathrm{m}$,桩身计算宽度 $b_0 = 1.5b + 0.5 = 1.1\mathrm{m}$
桩侧土水平抗力系数的比例系数 $m = 10000 \mathrm{kN/m^4}$
桩身抗弯刚度 $EI = 50800 \mathrm{kN \cdot m^2}$
桩的水平变形系数 $\alpha = \sqrt[5]{\dfrac{mb_0}{EI}} = \sqrt[5]{\dfrac{10000 \times 1.1}{50800}} = 0.7364 \mathrm{m^{-1}}$
桩顶约束条件:自由,桩的换算埋深 $\alpha h = 0.7364 \times 5.5 = 4.05 \geqslant 4.0$
桩顶水平位移系数 $v_x = 2.441$
桩顶允许水平位移 $\chi_{0a} = 0.01\mathrm{m}$
单桩水平承载力特征值

$$R_{ha} = 0.75 \frac{\alpha^3 EI}{v_x} \chi_{0a} = 0.75 \times \frac{0.7364^3 \times 50800}{2.441} \times 0.01 = 62.3 \mathrm{kN}$$

所以每延米 $F = \dfrac{R_{ha}}{1.2} = \dfrac{62.3}{1.2} = 51.94 \mathrm{kN/m}$

【注】审题要仔细,最终要求每根阻滑桩对每延米挡土墙提供的水平阻滑力,而桩间距为 1.2m,因此不要漏除。

2003D13

某桩基工程采用直径为 2.0m 的灌注桩,桩身配筋率为 0.68%,桩长 25m,桩顶铰接,桩顶允许水平位移 0.005m,桩侧土水平抗力系数的比例系数 $m=25\text{MN/m}^4$,按《建筑桩基技术规范》求得的单桩水平承载力特征值与下列( )数值最为接近。(已知桩身 $EI=2.149\times10^7\text{kN}\cdot\text{m}^2$)

(A) 950kN (B) 1050kN
(C) 1150kN (D) 1250kN

【解】桩身配筋率为 0.68%,不小于 0.65% 的灌注桩,按位移控制

圆形桩 $d=2\text{m}>1\text{m}$,桩身计算宽度 $b_0=0.9(d+1)=2.7\text{m}$

桩侧土水平抗力系数的比例系数 $m=25000\text{kN/m}^4$

桩身抗弯刚度 $EI=21490000\text{kN}\cdot\text{m}^2$

桩的水平变形系数 $\alpha=\sqrt[5]{\dfrac{mb_0}{EI}}=\sqrt[5]{\dfrac{25000\times 2.7}{21490000}}=0.3158\text{m}^{-1}$

桩顶约束条件:铰接,桩的换算埋深 $\alpha h=0.3158\times 25=7.9\geqslant 4.0$

桩顶水平位移系数 $v_x=2.441$

桩顶允许水平位移 $\chi_{0a}=0.005\text{m}$

单桩水平承载力特征值

$$R_{ha}=0.75\dfrac{\alpha^3 EI}{v_x}\chi_{0a}=0.75\times\dfrac{0.3158^3\times 21490000}{2.441}\times 0.005=1039.8\text{kN}$$

2004D17

桩顶为自由端的钢管桩,桩径 $d=0.6\text{m}$,桩入土深度 $h=10\text{m}$,地基土水平抗力系数的比例系数 $m=10\text{MN/m}^4$,桩身抗弯刚度 $EI=1.7\times 10^5\text{kN}\cdot\text{m}^2$,桩水平变形系数 $\alpha=0.59$,桩顶允许水平位移 $\chi_{0a}=10\text{mm}$,按《建筑桩基技术规范》计算,单桩水平承载力特征值设计值最接近下列( )。

(A) 75kN (B) 102kN
(C) 143kN (D) 175kN

【解】钢桩,按位移控制

桩侧土水平抗力系数的比例系数 $m=10000\text{kN/m}^4$

桩身抗弯刚度 $EI=170000\text{kN}\cdot\text{m}^2$

桩的水平变形系数 $\alpha=0.59\text{m}^{-1}$

桩顶约束条件:铰接,桩的换算埋深 $\alpha h=0.59\times 10=5.9\geqslant 4.0$

桩顶水平位移系数 $v_x=2.441$

桩顶允许水平位移 $\chi_{0a}=0.01\text{m}$

单桩水平承载力特征值

$$R_{ha}=0.75\dfrac{\alpha^3 EI}{v_x}\chi_{0a}=0.75\times\dfrac{0.59^3\times 170000}{2.441}\times 0.01=107.25\text{kN}$$

2005C12

某受压灌注桩桩径为 1.2m,桩端入土深度 20m,桩身配筋率 0.6%,桩顶铰接,桩顶竖向压力标准值 $N_k=5000\text{kN}$,桩的水平变形系数 $\alpha=0.301\text{m}^{-1}$,桩身换算截面积 A_n

$=1.2\text{m}^2$,换算截面受拉边缘的截面模量 $W_0=0.2\text{m}^3$,桩身混凝土抗拉强度设计值 $f_t=1.5\text{N/mm}^2$,试按《建筑桩基技术规范》计算单桩水平承载力特征值,其值最接近下列( )选项。

(A) 410kN (B) 510kN
(C) 610kN (D) 710kN

【解】桩身配筋率小于0.65%的灌注桩,按桩身强度控制

桩的水平变形系数 $\alpha=0.301\text{m}^{-1}$

桩顶约束条件:铰接,桩的换算埋深 $\alpha h=0.301\times20=6.02\geqslant4.0$

桩顶水平位移系数 $v_m=0.768$

圆形截面,桩截面模量塑性系数 $\gamma_m=2$

桩身配筋率 $\rho_g=0.6\%$

竖向压力,桩顶竖向力影响系数 $\zeta_N=0.5$

桩身换算截面受拉边缘的截面模量 $W_0=0.2\text{m}^3$

桩身换算截面积 $A_n=1.2\text{m}^2$

桩身混凝土抗拉强度设计值 $f_t=1500\text{kPa}$

桩顶的竖向力 $N_k=5000\text{kN}$,为压力

单桩水平承载力特征值 $R_{ha}=0.75\dfrac{\alpha\gamma_m f_t W_0}{v_m}(1.25+22\rho_g)\left(1\pm\dfrac{\zeta_N N_k}{\gamma_m f_t A_n}\right)=0.75\times\dfrac{0.301\times2\times1500\times0.2}{0.768}\times(1.25+22\times0.006)\times\left(1+\dfrac{0.5\times5000}{2\times1500\times1.2}\right)=413.025\text{kN}$

2013C11

某承受水平力的灌注桩,直径为800mm,保护层厚度为50mm,配筋率为0.65%,桩长30m,桩的水平变形系数为 0.360m^{-1},桩身抗弯刚度为 $6.75\times10^5\text{kN}\cdot\text{m}^2$,桩顶固结且容许水平位移为4mm,按《建筑桩基技术规范》估算,由水平位移控制的单桩水平承载力特征值接近哪个选项?

(A) 50kN (B) 100kN
(C) 150kN (D) 200kN

【解】桩身配筋率不小于0.65%的灌注桩,按位移控制

桩身抗弯刚度 $EI=675000\text{kN}\cdot\text{m}^2$

桩的水平变形系数 $\alpha=0.36\text{m}^{-1}$

桩顶约束条件:固结,桩的换算埋深 $\alpha h=0.36\times30=10.8\geqslant4.0$

桩顶水平位移系数 $v_x=0.940$

桩顶允许水平位移 $\chi_{0a}=0.004\text{m}$

单桩水平承载力特征值

$$R_{ha}=0.75\dfrac{\alpha^3 EI}{v_x}\chi_{0a}=0.75\times\dfrac{0.36^3\times675000}{0.94}\times0.004=100.5\text{kN}$$

2018C10

某灌注桩基础,桩径1.0m,桩入土深度 $h=16\text{m}$,配筋率0.75%,混凝土强度等级

7.9 桩基水平承载力特征值

为 C30，桩身抗弯刚度 $EI=1.2036\times 10^3 \mathrm{MN\cdot m^2}$。桩侧土水平抗力系数的比例系数 $m=25\mathrm{MN/m^4}$；桩顶按固接考虑，桩顶水平位移允许值为 6mm。按照《建筑桩基技术规范》JGJ 94—2008，估算单桩水平承载力特征值，其值最接近以下何值？

(A) 220kN (B) 310kN
(C) 560kN (D) 800kN

【解】 桩身配筋率为 0.75%，不小于 0.65% 的灌注桩，按位移控制
圆形桩 $d=1\leqslant 1$，桩身计算宽度 $b_0=0.9(1.5d+1)=0.9\times(1.5\times 1+1)=1.8\mathrm{m}$
桩侧土水平抗力系数的比例系数 $m=25000\mathrm{kN/m^4}$
桩身抗弯刚度 $EI=1.2036\times 10^3\mathrm{MN\cdot m^2}=1.2036\times 10^6 \mathrm{kN\cdot m^2}$
桩的水平变形系数 $\alpha=\sqrt[5]{\dfrac{mb_0}{EI}}=\sqrt[5]{\dfrac{25000\times 1.8}{1203600}}=0.518\mathrm{m^{-1}}$
桩入土深度 $h=16\mathrm{m}$
桩顶约束条件：固接，桩的换算埋深 $\alpha h=0.518\times 16=8.29\geqslant 4.0$
桩顶水平位移系数 $v_x=0.940$
桩顶允许水平位移 $\chi_{0a}=0.006\mathrm{m}$
单桩水平承载力特征值
$$R_{ha}=0.75\dfrac{\alpha^3 EI}{v_x}\chi_{0a}=0.75\times\dfrac{0.518^3\times 1.2036\times 10^6}{0.940}\times 0.006=800.86\mathrm{kN}$$

2019C24

某高层建筑采用钢筋混凝土桩基础，桩径 0.4m，桩长 12m，桩身配筋率大于 0.65%，桩周土层为黏性土，桩端持力层为粗砂，水平抗力系数的比例系数为 $25\mathrm{MN/m^4}$，试估算单桩抗震水平承载力特征值最接近下列哪个选项？（假设桩顶自由，$EI=32\mathrm{MN\cdot m^2}$，桩顶允许水平位移 10mm）

(A) 85kN (B) 105kN (C) 110kN (D) 117 kN

【解】 桩径 $d=0.4\mathrm{m}\leqslant 1\mathrm{m}$，桩身计算宽度 $b_0=0.9\times(1.5\times 0.4+0.5)=0.99\mathrm{m}$
桩的水平变形系数 $\alpha=\sqrt[5]{\dfrac{mb_0}{EI}}=\sqrt[5]{\dfrac{25\times 0.99}{32}}=0.95\mathrm{m^{-1}}$
桩身配筋率不小于 0.65% 的灌注桩
桩顶自由，$\alpha h>4$，$v_x=2.441$，桩顶允许水平位移 $\chi_{0a}=0.01\mathrm{m}$
$$R_{ha}=0.75\dfrac{\alpha^3 EI}{v_x}\chi_{0a}=0.75\times\dfrac{0.95^3\times 32000}{2.441}\times 0.01=84.3\mathrm{kN}$$

根据《建筑抗震设计规范》4.4.2 条，单桩的竖向和水平向抗震承载力特征值，可均比非抗震设计时提高 25%，故单桩抗震水平承载力特征值 $R_{haE}=1.25\times 84.3=105\mathrm{kN}$

【注】 ① 核心知识点常规题。直接使用解题思维流程快速求解。
② 此题与《建筑桩基技术规范》5.7.2 条第 7 款进行比较，一定要进行概念辨析，就犹如考虑地震作用下的单桩和复合基桩竖向承载力特征值 $R=R_a+\dfrac{\xi_a}{1.25}\eta_c f_{ak}A_c$

单桩竖向抗震承载力特征值 $R_E=1.25R$（见本专题 7.2 节讲解，及与 2018C9 对比理解）

此题终点求：单桩抗震水平承载力特征值，略区别于考虑地震作用下的单桩水平承载力特征值，因此从这个角度讲，乘1.25没问题。

7.9.2 群桩基础中基桩水平承载力特征值

2002D9

如题图所示桩基，桩侧土水平抗力系数的比例系数 $m=20\text{MN/m}^4$，承台侧向土水平抗力系数的比例系数 $m=10\text{MN/m}^4$。承台底与地基土间的摩擦系数 $\mu=0.3$，承台底地基土分担竖向荷载 $P_c=1364\text{kN}$，单桩 $\alpha h > 4.0$，其水平承载力特征值 $R_{ha}=150\text{kN}$，承台允许水平位移 $\chi_{0a}=6\text{mm}$。混凝土保护层厚度为50mm，按《建筑桩基技术规范》计算复合基桩水平承载力特征值，其结果最接近于下列（　）个数值。

(A) $3.8\times10^2\text{kN}$ (B) $3.1\times10^2\text{kN}$
(C) $2.0\times10^2\text{kN}$ (D) $4.5\times10^2\text{kN}$

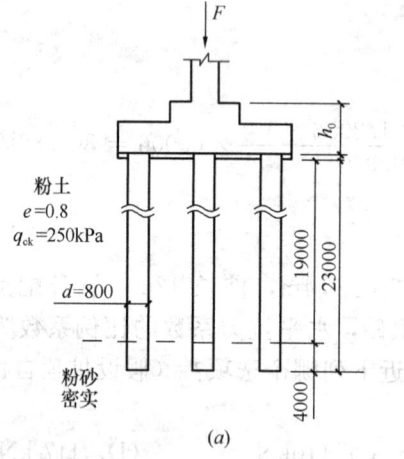
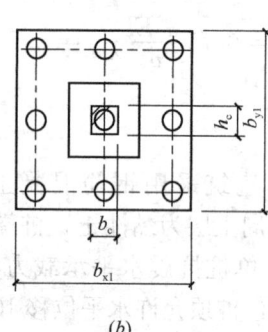

图中尺寸：$b_{x1}=b_{y1}=6.4\text{m}$；$h_0=1.6\text{m}$；$s_a=3d$（其余尺寸单位为mm）

题 2002D9 图

【解】 位移控制，不考虑地震

换算深度 $\alpha h \geqslant 4$

桩顶约束效应系数（查表）$\eta_r = 2.05$

沿水平荷载方向的距径比 $s_a/d = 3$

沿水平荷载方向每排桩数 $n_1 = 3$

垂直于水平荷载方向每列桩数 $n_2 = 3$

群桩相互影响系数 $\eta_i = \dfrac{\left(\dfrac{s_a}{d}\right)^{0.015n_2+0.45}}{0.15n_1+0.10n_2+1.9} = \dfrac{3^{0.015\times3+0.45}}{0.15\times3+0.10\times3+1.9} = 0.65$

桩侧土水平抗力系数的比例系数 $m=10000$

承台允许水平位移 $\chi_{0a} = 0.006$

承台受抗力一侧计算宽度

$B'_c = $ 承台宽度 $+ 1 = 6.4 + 1 = 7.4\text{m}$

7.9 桩基水平承载力特征值

承台高度（包括保护层厚度）$h_c = 1.6 + 0.05 = 1.65\text{m}$

单桩水平承载力特征值 $R_{ha} = 150\text{kN}$

承台土侧向水平抗力系数 $\eta_l = \dfrac{m\chi_{0a}B'_c h_c^2}{2n_1 n_2 R_{ha}} = \dfrac{10000 \times 0.006 \times 7.4 \times 1.65^2}{2 \times 3 \times 3 \times 150} = 0.4477$

承台底与地基土间摩擦系数 $\mu = 0.3$

承台底地基土分担的竖向总荷载标准值 $P_c = 1364\text{kN}$

承台底摩擦效应系数 $\eta_b = \dfrac{\mu P_c}{n_1 n_2 R_{ha}} = \dfrac{0.3 \times 1364}{3 \times 3 \times 150} = 0.303$

群桩效应综合系数 $\eta_h = \eta_r \eta_i + \eta_l + \eta_b = 2.05 \times 0.65 + 0.4477 + 0.303 = 2.08$

复合基桩水平承载力特征值 $R_h = \eta_h R_{ha} = 2.08 \times 150 = 312\text{kN}$

2004C14

群桩基础，桩径 $d = 0.6\text{m}$，桩的换算埋深 $\alpha h \geqslant 4.0$，单桩水平承载力特征值 $R_{ha} = 50\text{kN}$（位移控制），沿水平荷载方向每排桩数 $n_1 = 3$ 排，垂直于水平荷载方向每列桩数 $n_2 = 4$ 根，距径比 $s_a/d = 3$，承台底位于地面上 50mm，按《建筑桩基技术规范》计算群桩中复合基桩水平承载力特征值最接近下列（　　）。

(A) 45kN　　　　　　　　　　(B) 50kN
(C) 55kN　　　　　　　　　　(D) 65kN

【解】 位移控制，不考虑地震

换算深度 $\alpha h \geqslant 4$

桩顶约束效应系数（查表）$\eta_r = 2.05$

沿水平荷载方向的距径比 $s_a/d = 3$

沿水平荷载方向每排桩数 $n_1 = 3$

垂直于水平荷载方向每列桩数 $n_2 = 4$

群桩相互影响系数 $\eta_i = \dfrac{\left(\dfrac{s_a}{d}\right)^{0.015n_2 + 0.45}}{0.15n_1 + 0.10n_2 + 1.9} = \dfrac{3^{0.015 \times 4 + 0.45}}{0.15 \times 3 + 0.10 \times 4 + 1.9} = 0.637$

承台底位于地面上 50mm，属于高承台桩，则

承台土侧向水平抗力系数 $\eta_l = 0$

承台底摩擦效应系数 $\eta_b = 0$

群桩效应综合系数 $\eta_h = \eta_r \eta_i + \eta_l + \eta_b = 2.05 \times 0.637 + 0 + 0 = 1.305$

复合基桩水平承载力特征值 $R_h = \eta_h R_{ha} = 1.305 \times 50 = 65.3\text{kN}$

【注】 ①对于非正方形布桩承台，n_1 为沿水平荷载方向每排桩数，n_2 为垂直于水平荷载方向每列桩数，切不可弄反；

② 距径比 s_a/d 为沿水平荷载方向的，切不可弄反。

2006C13

某桩基工程，其桩型平面布置、剖面及地层分布如题图所示，已知单桩水平承载力特征值为 100kN，按《建筑桩基技术规范》计算群桩基础的复合基桩水平承载力特征值，

其结果最接近于下列哪个选项中的值？（$\eta_r=2.05$；$\eta_l=0.3$；$\eta_b=0.2$）

(A) 108kN (B) 135kN
(C) 156kN (D) 176kN

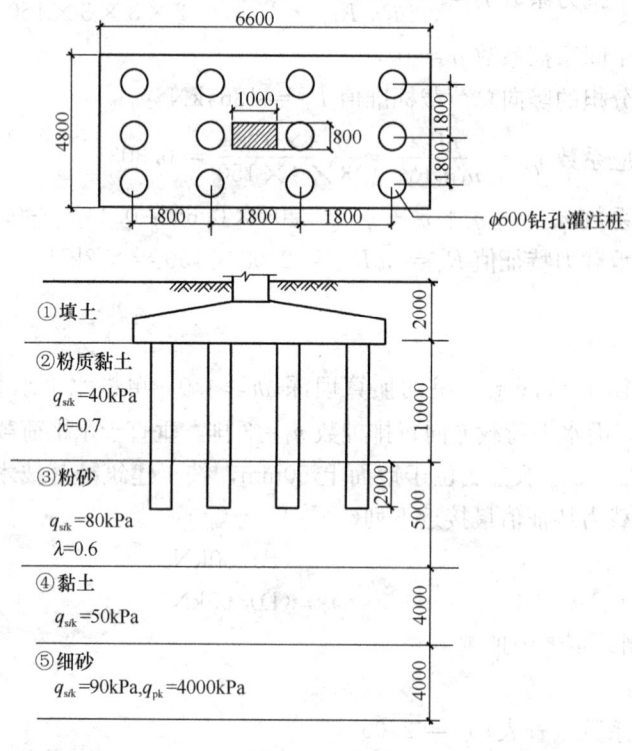

题 2006C13 图

【解1】位移控制，不考虑地震，且假定水平荷载方向沿着长边方向。

桩顶约束效应系数 $\eta_r = 2.05$

沿水平荷载方向的距径比 $s_a/d = 1.8/0.6 = 3$

沿水平荷载方向每排桩数 $n_1 = 4$

垂直于水平荷载方向每排桩数 $n_2 = 3$

群桩相互影响系数 $\eta_i = \dfrac{\left(\dfrac{s_a}{d}\right)^{0.015n_2+0.45}}{0.15n_1+0.10n_2+1.9} = \dfrac{3^{0.015\times3+0.45}}{0.15\times4+0.10\times3+1.9} = 0.615$

承台土侧向水平抗力系数 $\eta_l = 0.3$

承台底摩擦效应系数 $\eta_b = 0.2$

群桩效应综合系数 $\eta_h = \eta_i\eta_r + \eta_l + \eta_b = 0.615\times2.05+0.3+0.2 = 1.761$

复合基桩水平承载力特征值 $R_h = \eta_h R_{ha} = 1.761\times100 = 176.1\text{kN}$

【解2】位移控制，不考虑地震，且假定水平荷载方向沿着短边方向。

桩顶约束效应系数 $\eta_r = 2.05$

沿水平荷载方向的距径比 $s_a/d = 1.8/0.6 = 3$

沿水平荷载方向每排桩数 $n_1 = 3$

垂直于水平荷载方向每排桩数 $n_2 = 4$

群桩相互影响系数 $\eta_i = \dfrac{\left(\dfrac{s_a}{d}\right)0.015n_2 + 0.45}{0.15n_1 + 0.10n_2 + 1.9} = \dfrac{3^{0.015 \times 4 + 0.45}}{0.15 \times 3 + 0.10 \times 4 + 1.9} = 0.637$

承台土侧向水平抗力系数 $\eta_l = 0.3$

承台底摩擦效应系数 $\eta_b = 0.2$

群桩效应综合系数 $\eta_h = \eta_i\eta_r + \eta_l + \eta_b = 0.637 \times 2.05 + 0.3 + 0.2 = 1.806$

复合基桩水平承载力特征值 $R_h = \eta_h R_{ha} = 1.806 \times 100 = 180.6\text{kN}$

【注】此题不严谨，未注明水平荷载的方向。

2007C13

某灌注桩基础，桩入土深度为 $h=20\text{m}$，桩径 $d=1000\text{mm}$，配筋率为 $\rho=0.60\%$，桩顶铰接，要求水平承载力特征值为 $H=1000\text{kN}$，桩侧土的水平抗力系数的比例系数 $m=20\text{MN/m}^4$，抗弯刚度 $EI=5 \times 10^6 \text{kN} \cdot \text{m}^2$。按《建筑桩基工程技术规范》，满足水平承载力要求的相应桩顶允许水平位移至少要接近下列哪个数值？

(A) 7.4mm (B) 8.4mm
(C) 9.4mm (D) 10.4mm

【解】桩顶水平位移允许值 χ_{0a} 的确定

群桩基础中，桩身配筋率 0.60%，小于 0.65% 的灌注桩，按强度控制

圆形桩 $d=1 \leqslant 1$，桩身计算宽度 $b_0 = 0.9(1.5d + 0.5) = 1.8\text{m}$

桩侧土水平抗力系数的比例系数 $m=20000\text{kN/m}^4$

桩身抗弯刚度 $EI = 5000000\text{kN} \cdot \text{m}^2$

桩的水平变形系数 $\alpha = \sqrt[5]{\dfrac{mb_0}{EI}} = \sqrt[5]{\dfrac{20000 \times 1.8}{6000000}} = 0.373\text{m}^{-1}$

桩顶约束条件：铰接，桩的换算埋深 $\alpha h = 0.373 \times 20 = 7.45 \geqslant 4.0$

桩顶水平位移系数 $v_x = 2.441$

桩顶水平荷载为 $R_{ha} = H = 1000\text{kN}$

桩顶允许水平位移 $\chi_{0a} = \dfrac{R_{ha}v_x}{\alpha^3 EI} = \dfrac{1000 \times 2.441}{0.373^3 \times 5000000} = 0.0094\text{m} = 9.4\text{mm}$

【注】此题不严谨，未注明是群桩基础。到 2010 年出题，同类型的题 2010C12 就严谨多了。出题组也是与时俱进的。

2010C12

群桩基础中的某灌注基桩，桩身直径 700mm，入土深度 25m，配筋率 0.60%，桩身抗弯刚度 EI 为 $2.83 \times 10^5 \text{kN} \cdot \text{m}^2$，桩侧土水平抗力系数的比例系数 m 为 2.5MN/m^4，桩顶铰接，按《建筑桩基技术规范》，试问当桩顶水平荷载为 50kN 时，其水平位移值最接近下列何项数值？

(A) 6mm (B) 9mm
(C) 12mm (D) 15mm

【解】群桩基础中，桩身配筋率 0.60%，小于 0.65% 的灌注桩，按强度控制

圆形桩 $d=0.7\leqslant 1$，桩身计算宽度 $b_0=0.9(1.5d+0.5)=1.35\mathrm{m}$

桩侧土水平抗力系数的比例系数 $m=2500\mathrm{kN/m^4}$

桩身抗弯刚度 $EI=283000\mathrm{kN \cdot m^2}$

桩的水平变形系数 $\alpha=\sqrt[5]{\dfrac{mb_0}{EI}}=\sqrt[5]{\dfrac{2500\times 1.395}{283000}}=0.415\mathrm{m^{-1}}$

桩顶约束条件：铰接，桩的换算埋深 $\alpha h=0.415\times 25=10.375\geqslant 4.0$

桩顶水平位移系数 $v_x=2.441$

桩顶水平荷载为 $R_{ha}=50\mathrm{kN}$

桩顶允许水平位移 $\chi_{0a}=\dfrac{R_{ha}v_x}{\alpha^3 EI}=\dfrac{50\times 2.441}{0.415^3\times 283000}=6.03\mathrm{mm}$

2012C13

某钻孔灌注桩群桩基础，桩径为 $0.8\mathrm{m}$，单桩水平承载力特征值为 $R_{ha}=100\mathrm{kN}$（位移控制），沿水平荷载方向每排桩数 $n_1=3$，垂直于水平荷载方向每排桩数 $n_2=4$，距径比 $s_a/d=4$。承台位于松散填土中，埋深 $0.5\mathrm{m}$，桩的换算深度 $\alpha h=3.0$。考虑地震作用，按《建筑桩基技术规范》计算群桩中复合基桩水平承载力特征值最接近下列哪个选项？

(A) 134kN　　　　　　　　　　(B) 154kN
(C) 157kN　　　　　　　　　　(D) 177kN

【解】考虑地震，且沿水平荷载方向的距径比 $s_a/d=4<6$

桩的换算深度 $\alpha h=3.0$，位移控制，桩顶约束效应系数 $\eta_r=2.13$

沿水平荷载方向每排桩数 $n_1=3$

垂直于水平荷载方向每排桩数 $n_2=4$

群桩相互影响系数 $\eta_i=\dfrac{\left(\dfrac{s_a}{d}\right)^{0.015n_2+0.45}}{0.15n_1+0.10n_2+1.9}=\dfrac{4^{0.015\times 4+0.45}}{0.15\times 3+0.10\times 4+1.9}=0.737$

承台位于松散填土中，承台土侧向水平抗力系数 $\eta_l=0$

群桩效应综合系数 $\eta_h=\eta_i\eta_r+\eta_l=0.737\times 2.13+0=1.57$

复合基桩水平承载力特征值 $R_h=\eta_h R_{ha}=1.57\times 100=157\mathrm{kN}$

7.9.3 桩身配筋长度

2017C10

某构筑物基础拟采用摩擦型钻孔灌注桩承受竖向压力荷载和水平荷载，设计桩长为 $10.0\mathrm{m}$，桩径为 $800\mathrm{mm}$，当考虑桩基承受水平荷载时，下列桩身配筋长度符合《建筑桩基技术规范》JGJ 94—2008 的最小值是哪个选项？（不考虑承台锚固筋长度及地震作用与负摩阻力，桩、土的相关参数 $EI=4.0\times 10^5\mathrm{kN \cdot m^2}$，$m=10\mathrm{MN/m^4}$）

(A) 10.0m　　　　　　　　　　(B) 9.0m
(C) 8.0m　　　　　　　　　　(D) 7.0m

【解】摩擦型钻孔灌注桩，桩径为 $d=800\mathrm{mm}>600\mathrm{mm}$，考虑桩基承受水平荷载圆形桩 $d=0.8\mathrm{m}<1\mathrm{m}$，桩身计算宽度 $b_0=0.9(1.5d+1)=0.9\times(1.5\times 0.8+1)=1.53\mathrm{m}$

桩侧土水平抗力系数的比例系数 $m=10000\mathrm{kN/m^4}$

桩身抗弯刚度 $EI=400000\mathrm{kN\cdot m^2}$

桩的水平变形系数 $\alpha=\sqrt[5]{\dfrac{mb_0}{EI}}=\sqrt[5]{\dfrac{10000\times 1.53}{400000}}=0.521\mathrm{m^{-1}}$

桩身配筋长度 $l\geqslant\max\left(\dfrac{2}{3}l,\dfrac{4.0}{\alpha}\right)=\max\left(\dfrac{2}{3}\times 10,\dfrac{4.0}{0.521}\right)=7.68\mathrm{m}$，故取 8m

7.10 桩基沉降计算

7.10.1 桩中心距不大于 6 倍桩径的桩基

2002D4

某建筑物桩基，场地地层土性如题表所示，柱下桩基础，采用 9 根钢筋混凝土预制桩，边长为 400 mm，桩长为 22 m，桩顶入土深度为 2m，桩端入土深度 24m，假定传至承台底面准永久组合的附加压力为 400 kPa，压缩层厚度为 9.6 m，桩基沉降计算经验系数 $\psi=1.5$，按《建筑桩基技术规范》等效作用分层总和法计算桩基最终沉降量，其值最接近（　　）。（注：图中尺寸单位为 mm）。

(A) 40mm (B) 45mm
(C) 50mm (D) 60mm

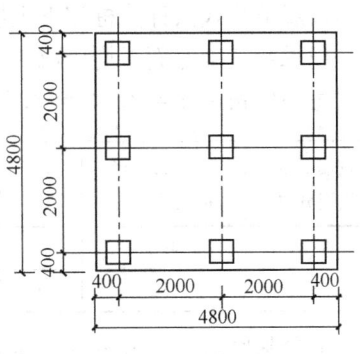

题 2002D4 图

层序	土层名称	层底深度 (m)	厚度 (m)	含水量 w_0	天然重度 γ (kN/m³)	孔隙比 e_0	塑性指数 I_p	黏聚力、内摩擦角（固快） c (kPa)	φ	压缩模量 E_s (MPa)	桩极限侧阻力标准值 q_{sik} (kPa)
①	填土	1.20	1.20		18						
②	粉质黏土	2.00	0.80	31.7%	18.0	0.92	18.3	23.0	17.0°		
④	淤泥质黏土	12.00	10.00	46.6%	17.0	1.34	20.3	13.0	8.5°		28
⑤-1	黏土	22.70	10.70	38%	18.0	1.08	19.7	18.0	14.0°	4.50	55
⑤-2	粉砂	28.80	6.10	30%	19.0	0.78		5.0	29.0°	15.00	100
⑤-3	粉质黏土	35.30	6.50	34.0%	18.5	0.95	16.2	15.0	22.0°	6.00	
⑦-2	粉砂	40.00	4.70	27%	20.0	0.70		2.0	34.5°	30.00	

【解】桩径 d，若方桩则 $d=b=0.4\mathrm{m}$

正方形布桩桩中心距 $s_a=2\mathrm{m}$

7 桩基础专题

正方形布桩距径比 $\dfrac{s_a}{d} = \dfrac{2}{0.4} = 5 < 6$

$\dfrac{\text{承台基础长边}}{\text{承台基础短边}} = \dfrac{L_c}{B_c} = \dfrac{4.8}{4.8} = 1$

$\dfrac{\text{桩长}}{\text{桩径}} = \dfrac{l}{d} = \dfrac{22}{0.4} = 55$

据此查表（桩基规范附录 E）得到 $C_0 = 0.0335$，$C_1 = 1.6055$，$C_2 = 8.613$ 三个系数

矩形布桩短边布桩数 $n_b = 3$

桩基等效沉降系数

$$\psi_e = C_0 + \dfrac{n_b - 1}{C_1(n_b - 1) + C_2} = 0.0335 + \dfrac{3 - 1}{1.6055 \times (3 - 1) + 8.613} = 0.2026$$

按规范公式法计算桩端下土层沉降量

把承台基础底面平均分成 4 块，每一块短边 $b = B_c/2 = 4.8/2 = 2.4$

每一块长边 $a = L_c/2 = 4.8/2 = 2.4$

桩端下压缩层分层	每层土层底至桩端埋深 z_i	$\dfrac{z_i}{b}$	$\dfrac{a}{b}$	层底平均附加应力系数（查表）$\bar{\alpha}_i$	$z_i \bar{\alpha}_i - z_{i-1} \bar{\alpha}_{i-1}$	每层压缩模量 E_{si}
⑤-2	4.8	2	1	0.1746	0.8381	15
⑤-3	9.6	4	1	0.1114	0.2313	6

承台基底附加压力 $p_0 = 400 \text{kPa}$

桩基沉降计算经验系数 $\psi = 1.5$

$$s = \psi \psi_e p_0 \sum \dfrac{n(z_i \bar{\alpha}_i - z_{i-1} \bar{\alpha}_{i-1})}{E_{si}}$$

$$= 1.5 \times 0.2026 \times 400 \times 4 \times \left(\dfrac{0.8381}{15} + \dfrac{0.2313}{6}\right) = 45.9 \text{mm}$$

【注】① 此处桩基沉降计算要确定两个系数：沉降计算经验系数 ψ_e 和桩基等效沉降系数 ψ，切勿漏算和混淆；

② 沉降计算深度一般会直接给出或给出不压缩层，计算到不压缩层顶面即可，至今历年案例真题还未考过沉降计算深度的计算。

2003D11

非软土地区一个框架柱采用钻孔灌注桩基础，承台底面所受荷载的准永久组合的平均附加力 $p_0 = 173\text{kPa}$。承台平面尺寸 $3.8\text{m} \times 3.8\text{m}$，承台下为 5 根直径 600mm 灌注桩，布置如题图所示。承台埋深 1.5m，位于厚度 1.5m 的回填土层内，地下水位于地面以下 2.5m，桩身穿过厚 10m 的软塑粉质黏土层，桩端进入密实中砂 1m，有效桩长 $l = 11\text{m}$，中砂层厚 3.5m，该层以下为粉土，较厚未钻穿。各土层的天然重度 γ、浮重度 γ' 及压缩模量 E_s 等，已列于剖面图上。已知等效沉降系数 $\psi_e = 0.229$，$\sigma_z = 0.2\sigma_c$ 条件的沉降计算深度为桩端以下 5m，请按《建筑桩基技术规范》计算该桩基础的中心点沉降，其结果与下列（　）最接近。

(A) 5.5mm (B) 7.5mm
(C) 12mm (D) 22mm

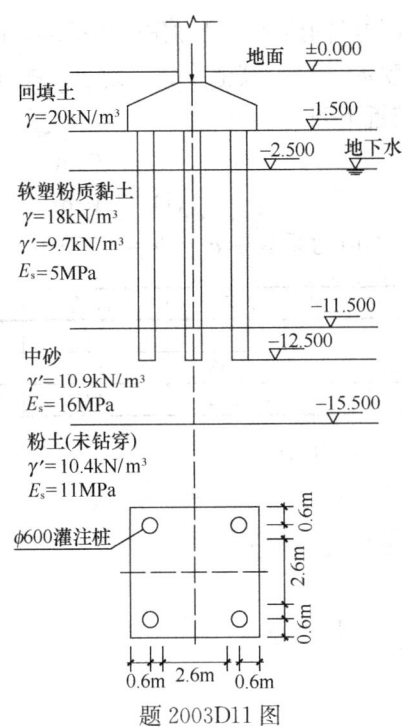

题 2003D11 图

【解】桩径 $d=0.6$m，若方桩则 $d=b=0.4$m
非正方形布桩，圆桩，则等效距径比
$$s_a/d = \sqrt{A/n}/d = \sqrt{3.8^2/5}/0.6 = 2.8 < 6$$
桩基等效沉降系数 $\psi_e = 0.229$
按规范公式法计算桩端下土层沉降量
把承台基础底面平均分成 4 块，每一块短边 $b=B_c/2=3.8/2=1.9$
每一块长边 $a=L_c/2=3.8/2=1.9$

桩端下压缩土层分层	每层土层底至桩端埋深 z_i	$\dfrac{z_i}{b}$	$\dfrac{a}{b}$	层底平均附加应力系数（查表）$\bar{\alpha}_i$	$z_i\bar{\alpha}_i - z_{i-1}\bar{\alpha}_{i-1}$	每层压缩模量 E_{si}
1	2.5	1.579	1	0.1949	0.5847	15
2	5	2.632	1	0.1493	0.1618	11

承台基底附加压力 $p_0 = 173$kPa

压缩模量当量值 $\bar{E}_s = \dfrac{\sum z_i\bar{\alpha}_i - z_{i-1}\bar{\alpha}_{i-1}}{\sum \dfrac{z_i\bar{\alpha}_i - z_{i-1}\bar{\alpha}_{i-1}}{E_{si}}} = \dfrac{0.5847+0.1618}{\dfrac{0.5847}{16}+\dfrac{0.1618}{11}} = 14.57$MPa

查表得，桩基沉降计算经验系数 $\psi = 0.9258$

$$s = \psi\psi_e p_0 \sum \dfrac{n(z_i\bar{\alpha}_i - z_{i-1}\bar{\alpha}_{i-1})}{E_{si}}$$
$$= 0.9258 \times 0.229 \times 173 \times 4 \times \left(\dfrac{0.5847}{16}+\dfrac{0.1618}{11}\right)$$
$$= 7.52\text{mm}$$

2004D19

某群桩基础的平面、剖面如题图所示，已知作用于桩端平面处准永久组合的附加压力为300kPa，沉降计算经验系数$\psi=0.7$，其他系数见附表，按《建筑桩基技术规范》估算群桩基础的沉降量，其值最接近下列（　　）。

(A) 2.5cm (B) 3.0cm
(C) 3.5cm (D) 4.0cm

附表：桩端平面下平均附加应力系数$\bar{\alpha}(a=b=2.0\text{m})$。

z_i (m)	a/b	z_i/b	$\bar{\alpha}_i$ 角	$4\bar{\alpha}_i$ 角	$4z_i\bar{\alpha}_i$	$4(z_i\bar{\alpha}_i - z_{i-1}\bar{\alpha}_{i-1})$
0	1	0	0.25	1.0	0	
2.5	1	1.25	0.2148	0.8592	2.1480	2.1480
8.5	1	4.25	0.1072	0.4288	3.6448	1.4968

【解】桩径d，方桩则$d=b=0.4$m

正方形布桩桩中心距$s_a=1.6$m

正方形布桩距径比$\dfrac{s_a}{d}=\dfrac{1.6}{0.4}=4<6$

$\dfrac{承台基础长边}{承台基础短边}=\dfrac{L_c}{B_c}=\dfrac{4}{4}=1$

$\dfrac{桩长}{桩径}=\dfrac{l}{d}=\dfrac{12}{0.4}=30$

据此查表（桩基规范附录E）得到$C_0=0.055,C_1=1.477,C_2=6.843$三个系数

矩形布桩短边布桩数$n_b=3$

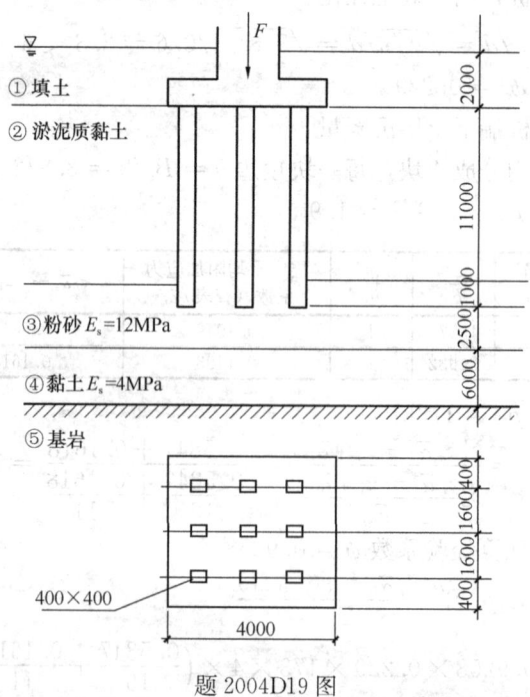

题 2004D19 图

桩基等效沉降系数

$$\psi_e = C_0 + \frac{n_b - 1}{C_1(n_b - 1) + C_2} = 0.055 + \frac{3-1}{1.477 \times (3-1) + 6.843} = 0.259$$

承台基底附加压力 $p_0 = 300\text{kPa}$

桩基沉降计算经验系数 $\psi = 0.7$

$$s = \psi \psi_e p_0 \sum \frac{n(z_i \bar{\alpha}_i - z_{i-1} \bar{\alpha}_{i-1})}{E_{si}}$$

$$= 0.7 \times 0.259 \times 300 \times \left(\frac{2.1480}{12} + \frac{1.4968}{4} \right) = 30.1\text{mm} = 3.01\text{cm}$$

【注】计算中心点下沉降，题目中给出的已是 $4(z_i\bar{\alpha}_i - z_{i-1}\bar{\alpha}_{i-1})$，故无需再乘4。

2005D14

某桩基工程其桩型平面布置、剖面及地层分布如题图所示，土层及桩基设计参数见图中注，作用于桩端平面处的有效附加应力为400kPa（准永久组合），其中心点的附加压力曲线如图所示（假定为直线分布），沉降经验系数 $\psi=1$，地基沉降计算深度至基岩面，请按《建筑桩基技术规范》验算桩基最终沉降量，其计算结果最接近下列（　　）个值。（注：图中标注的尺寸单位为mm）

(A) 3.6cm
(B) 5.4cm
(C) 6.2cm
(D) 8.6cm

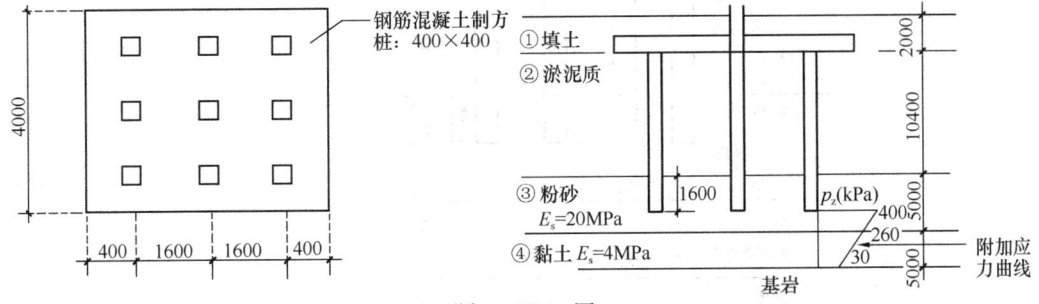

题 2005D14 图

【解】桩径 d，方桩则 $d = b = 0.4\text{m}$

正方形布桩桩中心距 $s_a = 1.6\text{m}$

正方形布桩距径比 $\dfrac{s_a}{d} = \dfrac{1.6}{0.4} = 4 < 6$

$\dfrac{承台基础长边}{承台基础短边} = \dfrac{L_c}{B_c} = \dfrac{4}{4} = 1$

$\dfrac{桩长}{桩径} = \dfrac{l}{d} = \dfrac{12}{0.4} = 30$

据此查表（桩基规范附录E）得到 $C_0 = 0.055, C_1 = 1.477, C_2 = 6.843$ 三个系数

矩形布桩短边布桩数 $n_b = 3$

桩基等效沉降系数

$$\psi_e = C_0 + \frac{n_b - 1}{C_1(n_b - 1) + C_2} = 0.055 + \frac{3-1}{1.477 \times (3-1) + 6.843} = 0.259$$

桩端下土层，给出附加应力曲线或附加应力系数曲线，计算沉降

$$s = \psi_e \psi \Sigma \frac{\Delta p_i}{E_{si}} h_i = 0.259 \times 1 \times \left[\frac{(400+260)/2}{20} \times (5-1.6) + \frac{(260+30)/2}{4} \times 5 \right] = 61.47 \text{mm}$$

2006C14

某桩基工程，其桩型平面布置、剖面及地层分布，土层物理性质指标如题图所示，已知作用于桩端平面处的平均附加压力为420kPa，沉降计算经验系数$\psi=1.1$，地基沉降计算深度至第⑤层顶面，按《建筑桩基技术规范》验算桩基中心点处最终沉降量，其计算结果最接近下列哪个选项中的值？（$C_0=0.09$；$C_1=1.5$；$C_2=6.6$）

(A) 9mm (B) 35mm
(C) 52mm (D) 78mm

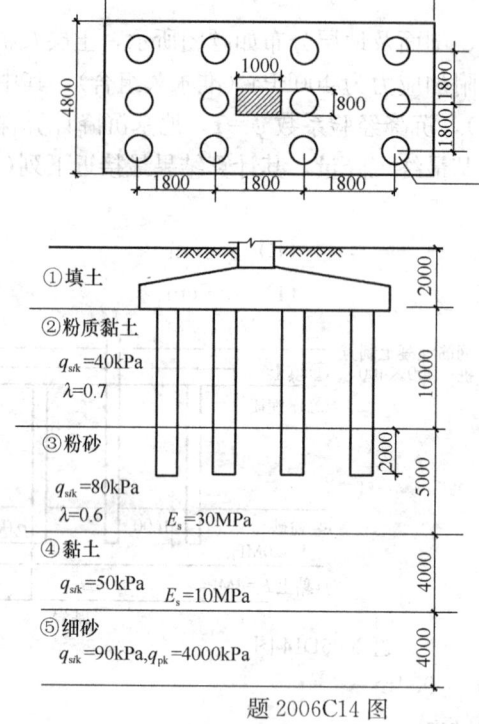

题 2006C14 图

【解】桩径 $d = 0.6$m

正方形布桩桩中心距 $s_a = 1.8$m

正方形布桩距径比 $\dfrac{s_a}{d} = \dfrac{1.8}{0.6} = 3 < 6$

已给 $C_0 = 0.09, C_1 = 1.5, C_2 = 6.6$ 三个系数

矩形布桩短边布桩数 $n_b = 3$

桩基等效沉降系数

$$\psi_e = C_0 + \frac{n_b - 1}{C_1(n_b - 1) + C_2} = 0.09 + \frac{3-1}{1.5(3-1)+6.6} = 0.298$$

按规范公式法计算桩端下土层沉降量

把承台基础底面平均分成 4 块，每一块短边 $b = B_c/2 = 4.8/2 = 2.4$

每一块长边 $a = L_c/2 = 6.6/2 = 3.3$

桩端下压缩土层分层	每层土层底至桩端埋深 z_i	$\dfrac{z_i}{b}$	$\dfrac{a}{b}$	层底平均附加应力系数（查表）$\bar{\alpha}_i$	$z_i\bar{\alpha}_i - z_{i-1}\bar{\alpha}_{i-1}$	每层压缩模量 E_{si}
1	3	1.25	1.375	0.22	0.66	30
2	7	2.92	1.375	0.154	0.418	10

承台基底附加压力 $p_0 = 420\text{kPa}$

查表得，桩基沉降计算经验系数 $\psi = 1.1$

$$s = \psi\psi_e p_0 \sum \frac{n(z_i\bar{\alpha}_i - z_{i-1}\bar{\alpha}_{i-1})}{E_{si}}$$

$$= 4 \times 0.298 \times 1.1 \times 420 \times \left(\frac{0.66}{30} + \frac{0.418}{10}\right)$$

$$= 35.13\text{mm}$$

2007D11

某构筑物柱下桩基础采用 16 根钢筋混凝土预制桩，桩径 $d = 0.5\text{m}$，桩长 15m，其承台平面布置、剖面、地层以及桩端下的有效附加应力（假定按直线分布）如题图所示，按《建筑桩基技术规范》估算桩基沉降量最接近下列哪个选项？（沉降经验系数取 1.0）

(A) 7.3cm   (B) 9.5cm   (C) 1.8cm   (D) 13.2cm

【解】桩径 $d = 0.5\text{m}$

正方形布桩桩中心距 $s_a = 2\text{m}$

正方形布桩距径比 $\dfrac{s_a}{d} = \dfrac{2}{0.5} = 4 < 6$

$\dfrac{\text{承台基础长边}}{\text{承台基础短边}} = \dfrac{L_c}{B_c} = \dfrac{7}{7} = 1$

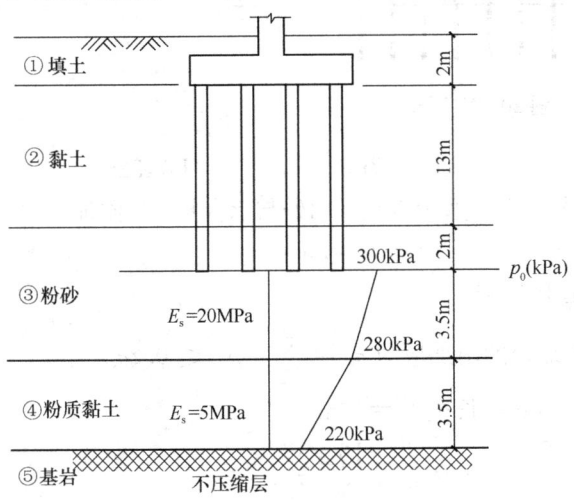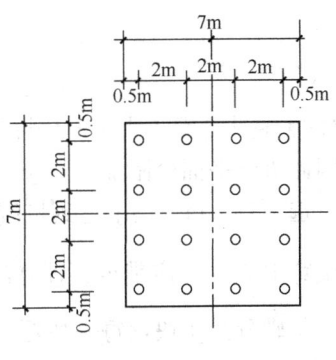

题 2007D11 图

$$\frac{桩长}{桩径} = \frac{l}{d} = \frac{15}{0.5} = 30$$

据此查表（桩基规范附录 E）得到 $C_0 = 0.055$，$C_1 = 1.477$，$C_2 = 6.843$ 三个系数

矩形布桩短边布桩数 $n_b = 4$

桩基等效沉降系数

$$\psi_e = C_0 + \frac{n_b - 1}{C_1(n_b - 1) + C_2} = 0.055 + \frac{4 - 1}{1.477 \times (4 - 1) + 6.843} = 0.321$$

桩端下土层，给出附加应力曲线或附加应力系数曲线，计算沉降

$$s = \psi_e \psi \sum \frac{\Delta p_i}{E_{si}} h_i$$

$$= 0.321 \times 1 \times \left[\frac{(300 + 280) \div 2}{20} \times 3.5 + \frac{(280 + 220) \div 2}{5} \times 3.5 \right]$$

$$= 72.47 \text{mm}$$

2019C11

某建筑采用桩筏基础，满堂均匀布桩，桩径 800mm，桩间距 2500mm，基底埋深 5m，桩端位于深厚中粗砂层中，荷载效应准永久组合下基底压力为 400kPa，筏板尺寸为 32m×16m，地下水位埋深 5m，桩长 20m，地层条件及相关参数如题图所示（图中标注单位为 mm），按照《建筑桩基技术规范》JGJ 94—2008，自地面起算的桩筏基础中心点沉降计算深度最小值接近下列哪个选项？

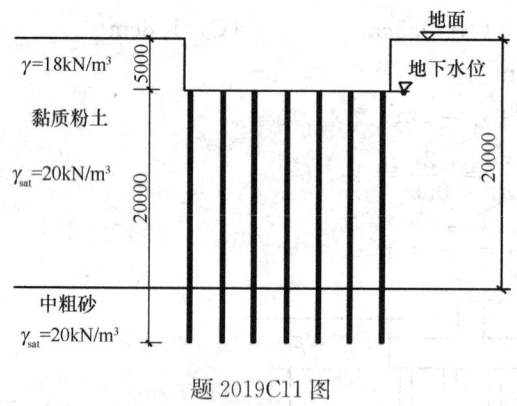

题 2019C11 图

(A) 22m　　　　(B) 27m　　　　(C) 47m　　　　(D) 52m

【解】桩中心距不大于 6 倍桩径的桩基础，假定桩端平面处与承台基底处附加压力相等
因此桩端平面处附加压力 $p_0 = 400 - 18 \times 5 = 310$ kPa

A 选项，22m，还未达到桩端，直接排除

试算 B 选项，应满足，计算深度 z_n 处的附加应力 $\sigma_z = \sum\limits_{j=1}^{m} \alpha_j p_{0j} \leqslant 0.2\sigma_c$

将基础分为 4 块，每一块短边 $b' = 8$m，长边 $l' = 16$m

$$\frac{z_B}{b'} = \frac{27 - 25}{8} = 0.25, \quad \frac{l'}{b'} = \frac{16}{8} = 2$$

查规范附录 D，并插值得桩端中心点下 5m 处附加应力系数

$$\alpha_i = 4 \times \left[0.249 + \frac{0.25-0.2}{0.4-0.2} \times (0.244-0.249)\right] = 0.991$$

(或 $\alpha_i = 4 \times \left(0.249 - \frac{1}{4} \times 0.05\right) = 0.991$)

此处附加压力 $0.991 \times 310 = 307.21 > 0.2 \times (5 \times 18 + 10 \times 15 + 10 \times 7) = 62 \text{ kPa}$，不符合要求

试算 C 选项：

$$\frac{z_B}{b'} = \frac{47-25}{8} = 2.75, \quad \frac{l'}{b'} = \frac{16}{8} = 2$$

查规范附录 D，并插值得桩端中心点下 22m 处附加应力系数

$$\alpha_i = 4 \times \left(0.089 - \frac{3}{4} \times 0.009\right) = 0.329$$

此处附加压力 $0.329 \times 310 = 101.99 < 0.2 \times (5 \times 18 + 10 \times 15 + 10 \times 27) = 102 \text{ kPa}$，符合要求

【注】核心知识点非常规题。考查"应力比法"确定沉降计算深度。

7.10.2 单桩 单排桩 疏桩

2009D12

某柱下单桩独立基础采用混凝土灌注桩，桩径 800mm，桩长 30m，在荷载效应准永久组合作用下，作用在桩顶的附加荷载 $Q=6000\text{kN}$，桩身混凝土弹性模量 $E_c=3.5 \times 10^4 \text{ N/mm}^2$，在该桩桩端以下的附加应力假定按分段线性分布，土层压缩模量如题图所示，不考虑承台分担荷载作用，根据《建筑桩基技术规范》计算，该单桩最终沉降量接近下列哪个选项？（取沉降计算经验系数 $\psi=1.0$，桩身压缩系数 $\xi_e=0.6$）

(A) 55mm   (B) 60mm

(C) 66mm   (D) 72mm

【解】第 j 桩在荷载效应准永久组合下，桩顶的附加荷载 $Q_j = 6000\text{kN}$

第 j 桩桩径 $d = 0.8\text{m}$

第 j 桩截面面积 $A_{ps} = 3.14 \times 0.8 \times 0.8 \div 4 = 0.5024\text{m}^2$

第 j 桩桩长 $l_j = 30\text{m}$

桩身混凝土弹性模量 $E_c = 35000\text{kPa}$

桩身压缩系数 $\xi_e = 0.6$

① 桩身压缩量 $s_e = \xi_e \dfrac{Q_j l_j}{E_c A_{ps}} = 0.6 \times \dfrac{6000 \times 30}{35000 \times 0.5024} = 6.14\text{mm}$

② 桩端下土层沉降 $s_s = \psi \sum \dfrac{\sigma_{zi}}{E_{si}} \Delta z_i = 1.0 \times$

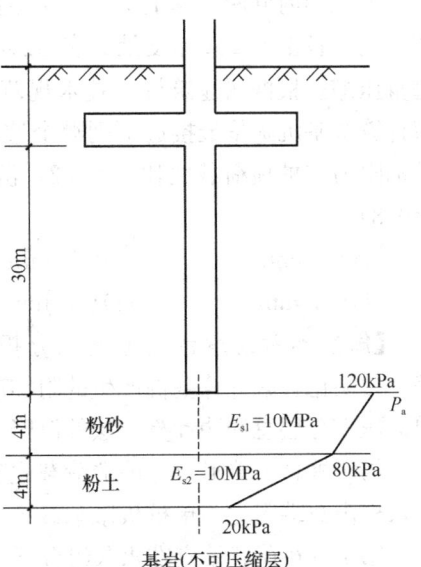

题 2009D12 图

$$\left[\frac{\frac{120+80}{2}}{10}\times 4+\frac{\frac{80+20}{2}}{10}\times 4\right]=60\text{mm}$$

③ 沉降计算点总沉降 $s=s_\text{e}+s_\text{s}=6.14+60=66.14\text{mm}$

2011C11

钻孔灌注桩单桩基础,桩长24m,桩身直径 $d=600\text{mm}$,桩顶以下30m范围内均为粉质黏土,在荷载的准永久组合作用下,桩顶的附加荷载为1200kN。桩身混凝土的弹性模量为 $3.0\times 10^4\text{kPa}$,根据《建筑桩基技术规范》,计算桩身压缩变形最接近于下列哪个选项?

(A) 2.0mm (B) 2.5mm
(C) 3.0mm (D) 3.5mm

【解】第 j 桩在荷载效应准永久组合下,桩顶的附加荷载 $Q_j=1200\text{kN}$

第 j 桩桩径 $d=0.6\text{m}$

第 j 桩截面面积 $A_\text{ps}=3.14\times 0.6\times 0.6\div 4=0.2826\text{m}^2$

第 j 桩桩长 $l_j=24\text{m}$

桩身混凝土弹性模量 $E_\text{c}=30000\text{kPa}$

$$\frac{l}{d}=\frac{24}{0.6}=40\in(30,50)$$

桩身压缩系数 $\xi_\text{e}=\frac{2}{3}-\frac{1}{120}\left(\frac{l}{d}-30\right)=0.583$

桩身压缩量 $s_\text{e}=\xi_\text{e}\dfrac{Q_jl_j}{E_\text{c}A_\text{ps}}=0.583\times\dfrac{1200\times 24}{30000\times 0.2826}=1.98\text{mm}$

2016D10

某四桩承台基础,准永久组合作用在每根基桩桩顶的附加荷载均为1000kN,沉降计算深度范围内分两计算土层,土层参数如题图所示,各基桩对承台中心轴线的应力影响系数相同,各土层1/2厚度处的应力影响系数如题图所示,不考虑承台底地基土分担荷载及桩身压缩。根据《建筑桩基技术规范》,应用明德林解计算桩基沉降量最接近下列哪个选项?(取各基桩总端阻力与桩顶荷载之比 $\alpha=0.2$,沉降经验系数 $\psi_\text{p}=0.8$)

(A) 15mm (B) 20mm
(C) 60mm (D) 75mm

【解】不考虑承台底地基土分担荷载及桩身压缩,按明德林解计算基桩产生的附加应力 σ_{zi},并采用单向压缩分层总和法计算土层的沉降

第 j 桩总桩端阻力与桩端荷载之比 $\alpha_j=0.2$(近似取极限总端阻力与单桩极限承载力之比)

第 j 桩在荷载效应准永久组合下,桩顶的附加荷载 $Q_j=1000\text{kN}$

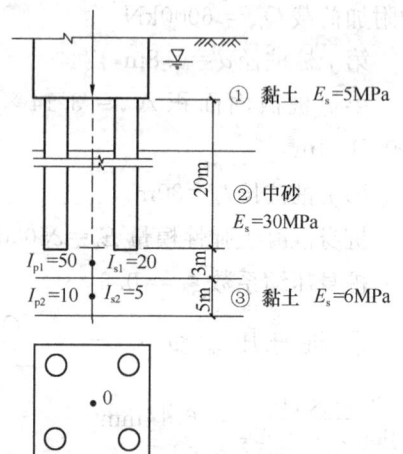

题 2016D10 图

第 j 桩桩长 $l_j=20$

m 为以沉降计算点为圆心，0.6 倍桩长为半径的水平面影响范围内的基桩数；

$I_{p,ij}$、$I_{s,ij}$ 分别为第 j 桩的桩端阻力和桩侧阻力对计算轴线第 i 层土 $1/2$ 厚度处的应力影响系数；

E_{si} 为桩端下第 i 计算土层的压缩模量（MPa）。

桩端下压缩土层分层	每层厚度 Δz_i	m	$I_{p,ij}$	$I_{s,ij}$	E_{si}
第 1 层	3	4	50	20	30
第 2 层	5	4	10	5	6

求水平面影响范围内各基桩对应力计算点桩端平面以下第 i 层土 $1/2$ 厚度处产生的附加竖向应力之和 σ_{zi}（应力计算点应取与沉降计算点最近的桩中心点）

第 1 层 $\sigma_{z1} = \sum\limits_{j=1}^{m} \dfrac{Q_j}{l_j^2}[\alpha_j I_{p,ij}+(1-\alpha_j)I_{s,ij}] = 4 \times \dfrac{1000}{20^2} \times [0.2 \times 50+(1-0.2) \times 20]=260$

第 2 层 $\sigma_{z2} = \sum\limits_{j=1}^{m} \dfrac{Q_j}{l_j^2}[\alpha_j I_{p,ij}+(1-\alpha_j)I_{s,ij}] = 4 \times \dfrac{1000}{20^2} \times [0.2 \times 10+(1-0.2) \times 5]=60$

沉降计算经验系数 $\psi = 0.8$

桩端下土层沉降 $s_s = \psi \sum \dfrac{\sigma_{zi}}{E_{si}} \Delta z_i = 0.8 \times \left(\dfrac{260}{30} \times 3 + \dfrac{60}{6} \times 5\right) = 60.8\text{mm}$

【注】此题计算量并不太大，因为所需要数值大部分直接给定，"难题简单化"，但是需要理解明德林解才能准确做对，所以务必对每个知识点本质及思维流程深刻理解，并熟练运用。

7.10.3 软土地基减沉复合疏桩

7.10.3.1 软土地基减沉复合疏桩承台面积和桩数及桩基承载力关系

2013D11

某减沉复合疏桩基础，荷载效应标准组合下，作用于承台顶面的竖向力为 1200kN，承台及其上土的自重标准值为 400kN，承台底地基承载力特征值为 80kPa，承台面积控制系数为 0.60，承台下均匀布置 3 根摩擦型桩，基桩承台效应系数为 0.40，按《建筑桩基技术规范》计算，单桩竖向承载力特征值最接近下列哪一个选项？

(A) 350kN (B) 375kN
(C) 390kN (D) 405kN

【解】作用于承台顶面的竖向力 $F_k=1200$kN

承台上土及结构自重 $G_k = \gamma_G A d = 20 A d = 400$kN

承台面积控制系数 $\xi = 0.6 (\geqslant 0.60)$

承台底地基承载力特征值 $f_{ak}=80$kPa

承台效应系数 $\eta_c=0.4$

桩基承台总净面积 $A_c = \xi \dfrac{F_k+G_k}{f_{ak}} = 0.6 \times \dfrac{1200+400}{80} = 12\text{m}^2$

$$\text{基桩数 } n \geqslant \frac{F_k + G_k - \eta_c f_{ak} A_c}{R_a} \to 3 \geqslant \frac{1200 + 400 - 0.4 \times 80 \times 12}{R_a} \to R_a \geqslant 405.3 \text{kN}$$

2017C11

某多层建筑采用条形基础，宽度1m，其地质条件如题图所示，基础底面埋深为地面下2m，地基承载力特征值为120kPa，可以满足承载力要求，拟采用减沉复合疏桩基础减小基础沉降，桩基设计采用桩径为600mm的钻孔灌注桩，桩端进入第②层土2m。如果桩沿条形基础的中心线单排均匀布置，根据《建筑桩基技术规范》JGJ 94—2008，下列桩间距选项中哪一个最适宜？（传至条形基础顶面的荷载 $F_k=120$ kN/m，基础底面以上土和承台的重度取 20 kN/m³，承台面积控制系数 $\xi=0.6$，承台效应系数 $\eta_c=0.6$）

(A) 4.2m (B) 3.6m
(C) 3.0m (D) 2.4m

题 2017C11 图

【解】作用于承台顶面的竖向力 $F_k=120$ kN/m
承台上土及结构自重 $G_k = \gamma_G A d = 20 A d = 20 \times 1 \times 1 \times 2 = 40$ kN/m
承台面积控制系数 $\xi = 0.6 (\geqslant 0.60)$
承台底地基承载力特征值 $f_{ak}=120$
单桩竖向承载力特征值
$$R_a = \frac{3.14 \times 0.6 \times (6 \times 30 + 2 \times 50) + 0.5 \times 3.14 \times 0.3 \times 0.3 \times 1000}{2} = 405.06 \text{kN}$$
承台效应系数 $\eta_c=0.6$
桩基承台总净面积 $A_c = \xi \dfrac{F_k + G_k}{f_{ak}} = 0.6 \times \dfrac{120+40}{120} = 0.8 \text{m}^2$
每延米基桩数 $n \geqslant \dfrac{F_k + G_k - \eta_c f_{ak} A_c}{R_a} = \dfrac{120 + 40 - 0.6 \times 120 \times 0.8}{405.06} = 0.253$
则桩距 $s_a \leqslant \dfrac{1}{n} = \dfrac{1}{0.253} = 3.95\text{m}$
构造要求：桩距 $s_a \geqslant (5 \sim 6)d = 3.0 \sim 3.6\text{m}$
综上 s_a 可取 3.6m。

7.10.3.2 软土地基减沉复合疏桩基础中心沉降

2010C13

某软土地基上多层建筑，采用减沉复合疏桩基础，筏板平面尺寸为 $35\text{m} \times 10\text{m}$，承台底设置钢筋混凝土预制方桩共计102根，桩截面尺寸为 $200\text{mm} \times 200\text{mm}$，间距2m，桩长15m，正三角形布置，地层分布及土层参数如题图所示，试问按《建筑桩基技术规范》计算的基础中心点由桩土相互作用产生的沉降 s_{sp}，其值与下列何项数值最为接近？

(A) 6.4mm   (B) 8.4mm
(C) 11.9mm (D) 15.8mm

【解】 桩身范围内按厚度加权的平均桩侧极限摩阻力

$$\bar{q}_{su} = \frac{\sum q_{sui} z_i}{\sum z_i} = \frac{40 \times 10 + 55 \times 5}{10 + 5} = 45 \text{kPa}$$

桩身范围内按厚度加权的平均压缩模量

$$\bar{E}_s = \frac{\sum E_s z_i}{\sum z_i} = \frac{1 \times 10 + 7 \times 5}{10 + 5} = 3 \text{MPa}$$

方形桩，桩径 $d = 1.27b = 1.27 \times 0.2 = 0.254 \text{m}$

正三角形布置，不是正方形布桩，因此等效距径比

$$s_a/d = 0.886\sqrt{A/n}/b$$
$$= 0.886\sqrt{35 \times 10/102}/0.2$$
$$= 8.206$$

由桩土相互作用产生的沉降（即桩对土影响的沉降增加值）

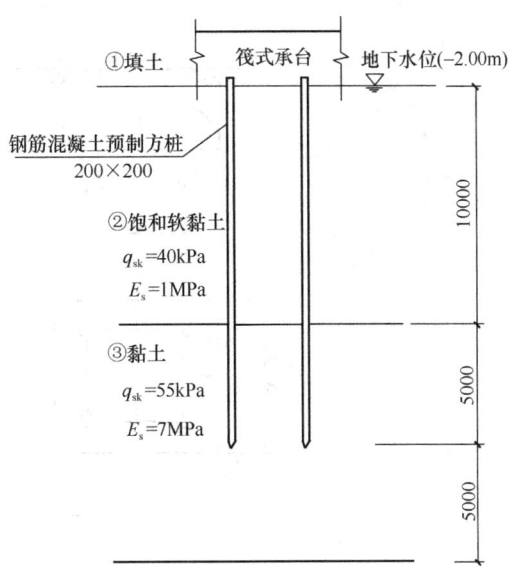

题 2010C13 图
注：图中未注明尺寸以 mm 计。

$$s_{sp} = 280 \frac{\bar{q}_{su}}{\bar{E}_s} \cdot \frac{d}{(s_a/d)^2} = 280 \times \frac{45}{3} \times \frac{0.254}{(8.206)^2} = 15.84 \text{mm}$$

【注】 只要是方桩，无论是正方形布桩，还是非正方形布桩，计算 s_{sp} 中 $d = 1.27b$。

2012D12

某多层住宅框架结构，采用独立基础，荷载效应准永久值组合下作用于承台底的总附加荷载 $F_k = 360 \text{kN}$，基础埋深 1m，方形承台，边长为 2m，土层分布如题图所示。为减少基础沉降，基础下疏布 4 根摩擦桩，钢筋混凝土预制桩 0.2m×0.2m，桩长 10m，单桩承载力特征值 $R_a = 80 \text{kN}$，地下水位在地面下 0.5m，根据《建筑桩基技术规范》，计算由承台底地基土附加应力作用下产生的承台中点沉降量为下列何值？（沉降计算深度取承台底面下 3.0m）

(A) 14.8mm   (B) 20.9mm
(C) 39.7mm   (D) 53.9mm

【解】 矩形承台短边 $B_c = 2\text{m}$

矩形承台长边 $L_c = 2\text{m}$

把承台基础底面平均分成 4 块，每一块短边 $b = B_c/2 = 1\text{m}$

每一块长边 $a = L_c/2 = 1\text{m}$

承台底地基土分层	每层土层底至承台底埋深 z_i	$\frac{z_i}{b}$	$\frac{a}{b}$	层底平均附加应力系数（查表）$\bar{\alpha}_i$	$z_i \bar{\alpha}_i - z_{i-1} \bar{\alpha}_{i-1}$	每层土压缩模量 E_{si}
第1层	3	3	1	0.1369	0.4107	1.5

单桩承载力特征值 $R_a = 80 \text{kN}$

荷载效应准永久值组合下，作用于承台底的总附加荷载 $F = 360 \text{kN}$

7 桩基础专题

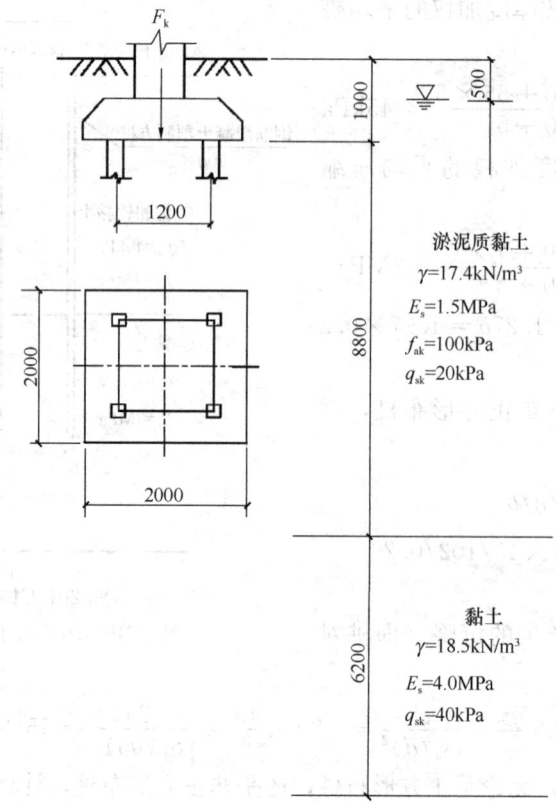

题 2012D12 图

桩基承台总净面积 $A_c = B_c L_c - nA_{ps} = 2 \times 2 - 4 \times 0.2 \times 0.2 = 3.84 \text{m}^2$

黏性土，基桩刺入变形影响系数 $\eta_p = 1.3$

$$p_0 = \eta_p \frac{F - nR_a}{A_c} = 1.3 \times \frac{360 - 4 \times 80}{3.84} = 13.54 \text{kPa}$$

由承台底地基土附加压力作用下产生的中点沉降

$$s_s = 4p_0 \sum \frac{z_i \bar{\alpha}_i - z_{i-1} \bar{\alpha}_{i-1}}{E_{si}} = 4 \times 13.54 \times \frac{0.4107}{1.5} = 14.829 \text{mm}$$

【注】本题解法为官方标准解答。由此可看出，解答中计算深宽比 z_i/b 时，因为是方形承台，解答直接近似取的承台等效宽度 B_c 等于实际承台宽度 2m，而没有按规范公式计算承台等效宽度 $B_c = B\sqrt{A_c}/L = 2\sqrt{2^2 - 4 \times 0.2^2}/2 = 1.96\text{m}$。所以当为方形承台时，$B_c$ 按承台边长取值即可，两者近似相等；当承台不规则时，则应严格按规范公式进行等效计算。

2013C12

某多层住宅框架结构，采用独立基础，荷载效应准永久值组合下作用于承台底的总的附加荷载 $F_k = 360\text{kN}$，基础埋深 1m，方形承台，边长为 2m，土层分布如题图所示，为减少基础沉降，基础下疏布 4 根摩擦桩，钢筋混凝土预制方桩 0.2m×0.2m，桩长 10m，根据《建筑桩基技术规范》，计算桩土相互作用产生的基础中心点沉降量 s_{sp} 接近下列何值?

(A) 15mm　　(B) 20mm
(C) 40mm　　(D) 54mm

【解】桩身范围内按厚度加权的平均桩侧极限摩阻力

$$\bar{q}_{su} = \frac{\sum \bar{q}_{sui} z_i}{\sum z_i} = \frac{20 \times 8.8 + 40 \times 1.2}{10} = 22.4 \text{kPa}$$

桩身范围内按厚度加权的平均压缩模量 $\bar{E}_s = \frac{\sum E_{si} z_i}{\sum z_i} = \frac{1.5 \times 8.8 + 4 \times 1.2}{10} = 1.8 \text{MPa}$

方形桩,桩径 $d = 1.27b = 1.27 \times 0.2 = 0.254$m

正方形布桩,桩间距 $s_a = 1.2$,距径比 $s_a/d = 1.2/0.254 = 4.72$

由桩土相互作用产生的沉降(即桩对土影响的沉降增加值)

$$s_{sp} = 280 \frac{\bar{q}_{su}}{\bar{E}_s} \cdot \frac{d}{(s_a/d)^2} = 280 \times \frac{22.4}{1.8} \times \frac{0.254}{4.72^2} = 39.7 \text{mm}$$

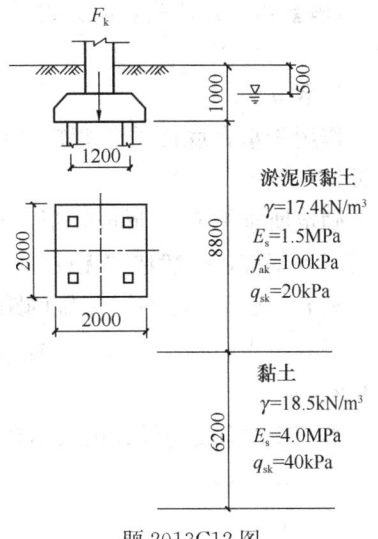

题 2013C12 图

【注】① 正方形布桩,无论是圆形桩,还是方形桩,均直接计算距径比 s_a/d 即可,无须计算等效距径比。

② 只要是方桩,无论是正方形布桩还是非正方形布桩,计算 s_{sp} 中 $d = 1.27b$,方桩换算为圆桩。

7.11　承　台　计　算

7.11.1　受弯计算

7.11.1.1　第 i 基桩净反力设计值 N_i (不计承台及其土重) 或最大净反力设计值 N_{max}

7.11.1.2　两柱条形承台和多柱矩形承台正截面弯矩设计值

7.11.1.3　等边三桩承台的正截面弯矩设计值

7.11.1.4　等腰三桩承台的正截面弯矩设计值

7.11.1.5　其他弯矩设计值

2008C11

作用于桩基承台顶面的竖向力设计值为 5000kN, x 方向的偏心距为 0.1m,不计承台及承台上土自重,承台下布置 4 根桩,如题图所示,根据《建筑桩基技术规范》计算,承台承受的正截面最大弯矩与下列哪个选项的数值最为接近?

(A) 1999.8kN·m　　(B) 2166.4kN·m
(C) 2999.8kN·m　　(D) 3179.8kN·m

【解】承台顶所受竖向力设计值（不计承台及其上土重）$F=5000$kN

桩数 $n=4$

作用于承台底面的总弯矩设计值 $M_x=5000\times 0.1=500$kN·m

确定所求桩 i（条形或矩形承台即为受弯计算截面一侧的所有基桩，一般选"无柱"一侧）

桩 i 中心到中心线即 x 轴的距离 $y_i=1.2$m

所有桩中心到中心线即 x 轴距离的平方和 $\sum y_i^2=1.2\times 1.2\times 4=5.76$m^2

第 i 基桩净反力设计值（不计承台及其土重）

$$N_i=\frac{F}{n}+\frac{M_x y_i}{\sum y_j^2}=\frac{5000}{4}+\frac{500\times 1.2}{1.2^2\times 4}=1354.17\text{kN}$$

两柱条形承台和多柱矩形承台，最大弯矩计算截面取在柱边或承台变阶处

第 i 基桩中心到计算截面距离 $y_i'=1.2-0.4=0.8$m

计算截面处绕 x 轴方向的最大弯矩设计值 $M_x'=\sum N_i y_i'=2\times 1354.17\times 0.8=2166.67$kN·m

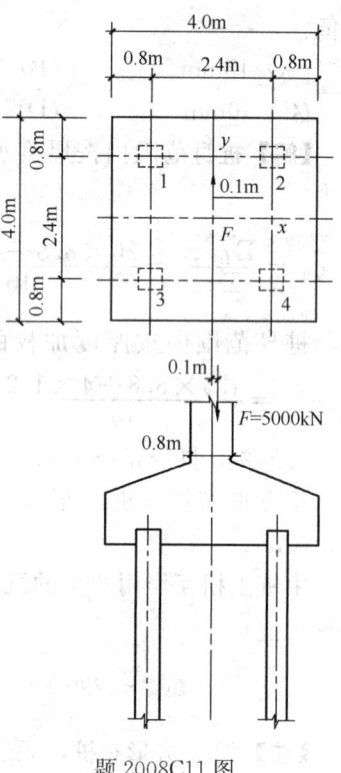

题 2008C11 图

2009C13

某柱下桩基采用等边三角形承台，承台等厚，三向均匀，在荷载效应基本组合下，作用于基桩顶面的轴心竖向力为 2100kN，承台及其上土重标准值为 300kN，按《建筑桩基技术规范》计算，该承台正截面最大弯矩接近（　　）。

(A) 531kN·m

(B) 700kN·m

(C) 743kN·m

(D) 814kN·m

【解】第 i 基桩净反力设计值（不计承台及其土重）

$$N_i=2100-\frac{1.35\times 300}{3}=1965\text{kN}$$

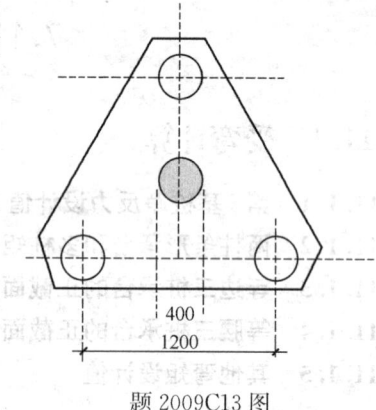

题 2009C13 图

等边三桩承台的正截面弯矩值

柱下三桩中最大基桩或复合基桩竖向反力设计值（不计承台及其土重）$N_{\max}=1965$kN

桩中心距 $s_a=1.2$m

圆柱边长转化为方柱，方柱边长 $c=0.8d=0.8\times 0.4=0.32$m

通过承台形心至各边边缘正交截面范围内板带的弯矩设计值

$$M = \frac{N_{max}}{3}\left(s_a - \frac{\sqrt{3}}{4}c\right)$$
$$= \frac{1965}{3} \times \left(1.2 - \frac{\sqrt{3}}{4} \times 0.32\right)$$
$$= 695.24 \text{kN} \cdot \text{m}$$

【错解】$M = \frac{N_{max}}{3}\left(s_a - \frac{\sqrt{3}}{4}c\right) = \frac{2100}{3} \times \left(1.2 - \frac{\sqrt{3}}{4} \times 0.32\right) = 743 \text{kN} \cdot \text{m}$

【注】一定要注意桩净反力设计值，不计承台及其土重，否则如错解所示得到错误答案 $743 \text{kN} \cdot \text{m}$，但是有该选项。这就是为何考场上有时算出结果有对应的选项，但并不能保证就一定做对了。选项的设置也是结合了各种错误解法给出的。当然算出结果没有一个选项对应，说明肯定算错啦。

2011C10

桩基承台如题图所示（尺寸以 mm 计），已知柱轴力 $F = 12000 \text{kN}$，力矩 $M = 1500 \text{kN} \cdot \text{m}$，水平力 $H = 600 \text{kN}$（F、M 和 H 均对应荷载基本组合），承台及其土填土的平均重度为 20kN/m^3，试按《建筑桩基技术规范》计算图示虚线截面处的弯矩设计值最接近下列哪一数值？

(A) $4800 \text{kN} \cdot \text{m}$ (B) $5300 \text{kN} \cdot \text{m}$
(C) $5600 \text{kN} \cdot \text{m}$ (D) $5900 \text{kN} \cdot \text{m}$

【解1】承台顶所受竖向力设计值（不计承台及其上土重）$F = 12000 \text{kN}$

桩数 $n = 6$

作用于承台底面的总弯矩设计值 $M_x = 1500 + 600 \times 1.5 = 2400 \text{kN} \cdot \text{m}$

确定所求桩 i（条形或矩形承台即为受弯计算截面一侧的所有基桩，一般选"无柱"一侧）

桩 i 中心到中心线即 x 轴的距离 $y_i = 1.8 \text{m}$

所有桩中心到中心线即 x 轴距离的平方和 $\sum y_i^2 = 1.8 \times 1.8 \times 4 + 0$

第 i 基桩净反力设计值（不计承台及其土重）

$$N_i = \frac{F}{n} + \frac{M_x y_i}{\sum y_j^2} = \frac{12000}{6} + \frac{2400 \times 1.8}{1.8^2 \times 4} = 2333.3 \text{kN}$$

两柱条形承台和多柱矩形承台（最大弯矩计算截面取在柱边或承台变阶处）

第 i 基桩中心到计算截面距离 $y_i' = 1.8 - 0.6 = 1.2 \text{m}$

计算截面处绕 x 轴方向的弯矩设计值

$M_x' = \sum N_i y_i' = 2 \times 2333.3 \times 1.2 = 5599.9 \text{kN} \cdot \text{m}$

【解2】

$$N_i = \frac{F}{n} - \frac{M_x' y_i}{\sum y_j^2} = \frac{12000}{6} - \frac{2400 \times 1.8}{1.8^2 \times 4} = 1666.7 \text{kN}$$

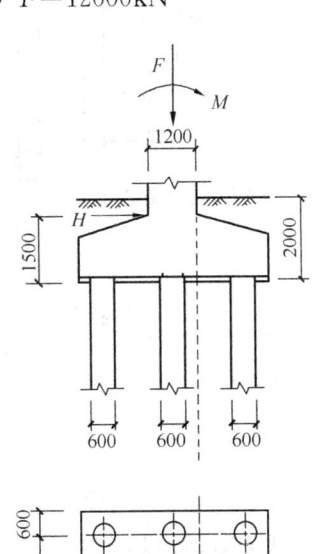

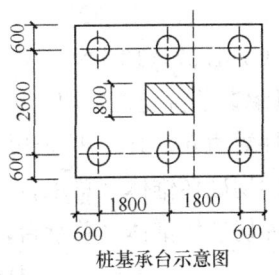

桩基承台示意图

题 2011C10 图

$$M'_x = \Sigma N_i y'_i = 12000 \times 0.6 - 2400 - 2 \times 1666.7$$
$$\times (1.8 + 0.6) - 2 \times 2000 \times 0.6$$
$$= -5600.16 \text{kN} \cdot \text{m}$$

【注】解 1 和解 2 的区别在于计算弯矩设计值选哪一侧进行计算。解 1 选"无柱"一侧，解 2 选"有柱"一侧，两者计算结果相同（略有差异是因为计算误差），符号不同是因为选不同侧，弯矩设计值的方向就是相反的。解 1 和解 2 都要求深刻理解，只有理解了解 2，才能对常用的解 1 理解得更深刻。

7.11.2 轴心竖向力作用下受冲切计算

7.11.2.1 柱下矩形独立承台受冲切计算

2002D1

如题图所示桩基，竖向荷载设计值 $F=16500$kN，承台混凝土强度等级为 C35（$f_t=1.65$MPa），钢筋保护层厚度为 0.1m，按《建筑桩基技术规范》计算承台受柱冲切的承载力，其结果最接近以下（　　）个数值。

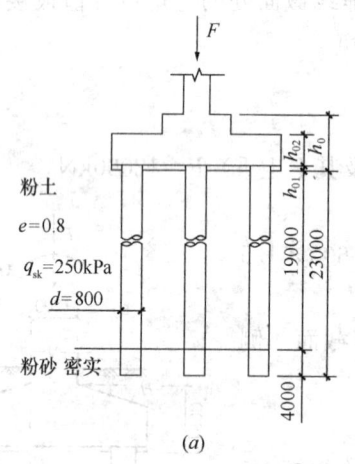
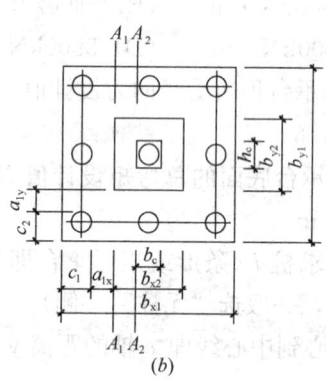

(a)　　　　　　　　　(b)

图中尺寸：$b_c = h_c = 1.0$m，$b_{x1} = b_{y1} = 6.4$m，$h_{01} = 1.0$m，$h_{02} = 0.6$m，$b_{x2} = b_{y2} = 2.8$m，$c_1 = c_2 = 1.2$m，$a_{1x} = a_{1y} = 0.6$m

（其余尺寸单位为 mm）

题 2002D1 图

(A) 1.55×10^4 kN　　　　　　(B) 1.67×10^4 kN
(C) 1.87×10^4 kN　　　　　　(D) 2.05×10^4 kN

【解】承台受柱冲切

柱短边 $b_c = 1$m；柱长边 $h_c = 1$m

冲切破坏锥体（总承台）有效高度 $h_0 = h_{02} + h_{02} = 1 + 0.6 = 1.6$m

冲切破坏锥体（总承台）高度

x 方向（垂直于短边）柱边离最近桩边的水平距离 $a_{0x} = 0.6 + (2.8-1) \div 2 = 1.5$m

y 方向（垂直于长边）柱边离最近桩边的水平距离 $a_{0y} = 0.6 + (2.8-1) \div 2 = 1.5$m

冲跨比

$$\lambda_{0x} = \frac{a_{0x}}{h_0} = \frac{1.5}{1.6} = 0.9375 \in [0.25, 1]$$

$$\lambda_{0y} = \frac{a_{0y}}{h_0} = \frac{1.5}{1.6} = 0.9375 \in [0.25, 1]$$

冲切系数

$$\beta_{0x} = \frac{0.84}{\lambda_{0x} + 0.2} = \frac{0.84}{0.9375 + 0.2} = 0.738$$

$$\beta_{0y} = \frac{0.84}{\lambda_{0y} + 0.2} = \frac{0.84}{0.9375 + 0.2} = 0.738$$

$$h = h_0 + a_s = 1.6 + 0.1 = 1.7 \text{m}$$

截面高度影响系数 $\beta_{hp} = 1 - \frac{h - 800}{12000} = 1 - \frac{1700 - 800}{12000} = 0.925$

承台混凝土抗拉强度设计值 $f_t = 1650 \text{kPa}$

承台受柱冲切的承载力 $= 2[\beta_{0x}(b_c + a_{0y}) + \beta_{0y}(h_c + a_{0x})]\beta_{hp} f_t h_0$

$$= 2 \times [0.738 \times (1 + 1.50) + 0.738 \times (1 + 1.50)]$$
$$\times 0.925 \times 1650 \times 1.6$$
$$= 18021.96 \text{kN}$$

【注】① 注意这道题目和规范中的标注是反着的；且承台和桩基布置均为对称的，也可只计算一侧，最后乘2倍。

② 对于题目中或图中已经直接给出 a_{0x}、a_{0y}、a_{1x}、a_{1y} 的值，则不用再将圆桩化为方桩后计算；如果题目中或图中未直接给出这些值，则需要将圆桩化为方桩后计算。

2004D16

某柱下桩基如题图所示，柱宽 $h_c = 0.6\text{m}$，承台有效高度 $h_0 = 1.0\text{m}$，承台混凝土抗拉强度设计值 $f_t = 1.71\text{MPa}$，作用于承台顶面的竖向力设计值 $F = 7500\text{kN}$，按《建筑桩基技术规范》验算柱冲切承载力时，下述结论( )最正确。

(A) 受冲切承载力比冲切力小 800kN　　(B) 受冲切承载力与冲切力相等
(C) 受冲切承载力比冲切力大 810kN　　(D) 受冲切承载力比冲切力大 2000kN

【解】承台受柱冲切
圆形截面换算成方形即 $b = 0.8d = 0.8 \times 0.6 = 0.48\text{m}$
(柱和桩都要换算，换算之后再计算相关尺寸)
柱短边 $b_c = 0.6\text{m}$
柱长边 $h_c = 0.6\text{m}$
冲切破坏锥体(总承台)有效高度 $h_0 = 1.0\text{m}$
x 方向（垂直于短边）柱边离最近桩边的水平距离 $a_{0x} = 1.3 - 0.6 \div 2 - 0.48 \div 2$

$=0.76\text{m}$

y 方向（垂直于长边）柱边离最近桩边的水平距离 $a_{0y}=1.3-0.6\div2-0.48\div2=0.76\text{m}$

冲跨比 $\lambda_{0x}=\dfrac{a_{0x}}{h_0}=\dfrac{0.76}{1}=0.76\in[0.25,1]$

$\lambda_{0y}=\dfrac{a_{0y}}{h_0}=\dfrac{0.76}{1}=0.76\in[0.25,1]$

冲切系数

$\beta_{0x}=\dfrac{0.84}{\lambda_{0x}+0.2}=\dfrac{0.84}{0.76+0.2}=0.875$

$\beta_{0y}=\dfrac{0.84}{\lambda_{0y}+0.2}=\dfrac{0.84}{0.76+0.2}=0.875$

冲切破坏锥体（总承台）高度 $h=1.0\text{m}$

截面高度影响系数 $\beta_{\text{hp}}=1-\dfrac{h-800}{12000}=1-\dfrac{1000-800}{12000}=0.983$

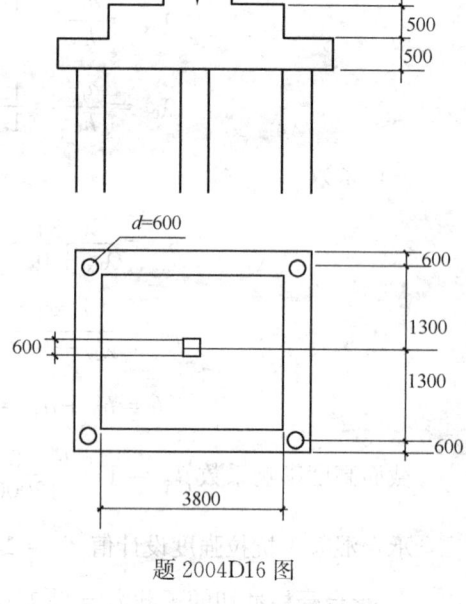

题 2004D16 图

承台混凝土抗拉强度设计值 $f_t=1710\text{kPa}$

承台受柱冲切的承载力 $=2[\beta_{0x}(b_c+a_{0y})+\beta_{0y}(h_c+a_{0x})]\beta_{\text{hp}}f_t h_0$

$=2\times[0.875\times(0.6+0.76)+0.875\times(0.6+0.76)]$

$\times0.983\times1710\times1$

$=8001.2\text{kN}$

不计承台及其上土重在荷载效应基本组合作用下柱的竖向荷载设计值 $F=7500\text{kN}$

总桩数 $n=5$

冲切破坏锥体内基桩或复合基桩的桩数 $n'=1$

轴心受压，不计承台及其上土重作用于冲切破坏锥体上的冲切力设计值

$$F_l=F-\Sigma Q=F\left(1-\dfrac{n'}{n}\right)=7500\times\left(1-\dfrac{1}{5}\right)=6000\text{kN}$$

受冲切承载力验算：受冲切承载力$-F_l=8001.2-6000=2001.2\text{kN}$

【注】此题略不严谨，题目指明冲切破坏锥体（总承台）有效高度 $h_0=1.0\text{m}$，这与图示冲切破坏锥体（总承台）高度 $h=1.0\text{m}$ 相同，相当于没有保护层厚度，与实际不符。

7.11.2.2 三桩三角形承台受冲切计算

2005D12

某桩基三角形承台如题图所示，承台厚度 1.1 m，钢筋保护层厚度 0.1 m，承台混凝土抗拉强度设计值 $f_t=1.17\text{N/mm}^2$，试按《建筑桩基技术规范》计算承台受底部角桩冲切的承载力，其值最接近下列（　　）选项的值。

(A) 1500kN (B) 2010kN
(C) 2430kN (D) 2640kN

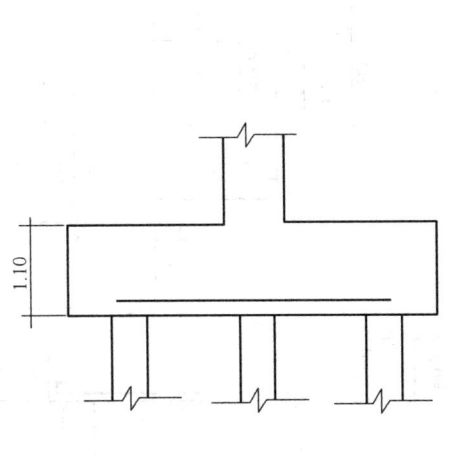
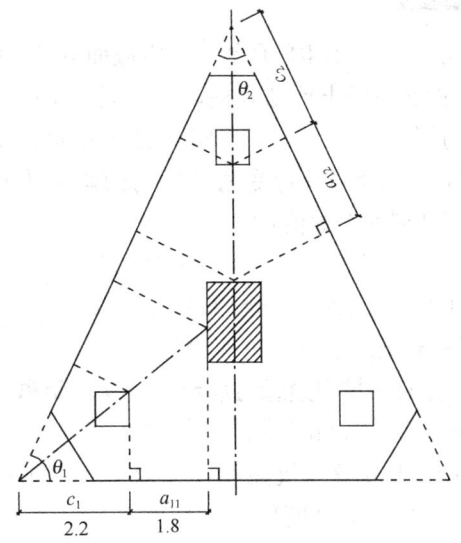

(注：图中 $\theta_1=\theta_2=60°$)
题 2005D12 图

【解】 受冲切承载力计算，底部角桩

承台有效高度 $h_0=1.1-0.1=1$m

角桩与柱边缘计算距离 $a_{11}=1.8$m

冲跨比

$$\lambda_{11}=\frac{a_{11}}{h_0}=\frac{1.8}{1}=1.8 \notin [0.25,1], 取 \lambda_{11}=1$$

此时反算 $a_{11}=\lambda_{11}h_0=1\times 1=1$m

冲切系数

$$\beta_{11}=\frac{0.56}{\lambda_{11}+0.2}=\frac{0.56}{1+0.2}=0.467$$

承台高度 $h=1.1$m

截面高度影响系数 $\beta_{hp}=1-\dfrac{h-800}{12000}=1-\dfrac{1100-800}{12000}=0.975$

角桩与承台底部角点处计算距离 $c_1=2.2$m

三角形承台底部角度 $\theta_1=60°$

承台混凝土抗拉强度设计值 $f_t=1710$kPa

底部角桩处受冲切承载力 $=\beta_{11}(2c_1+a_{11})\beta_{hp}\tan\dfrac{\theta_1}{2}f_t h_0$

$$=0.467\times(2\times2.2+1)\times 0.975\times\tan\frac{60°}{2}\times 1710\times 1$$

$$=2427.45\text{kN}$$

【注】 当冲跨比 $\lambda \notin [0.25,1]$，注意反算 a_{11} 及 a_{12}。

7.11.2.3 四桩及以上承台受角桩冲切计算

2007D12

如题图所示四桩承台,采用截面 0.4m× 0.4m 钢筋混凝土预制方桩,承台混凝土强度等级为 C35(f_t=1.57MPa),按《建筑桩基技术规范》验算承台受角桩冲切的承载力最接近下列哪一个数值?

(A) 780kN (B) 900kN
(C) 1100kN (D) 1290kN

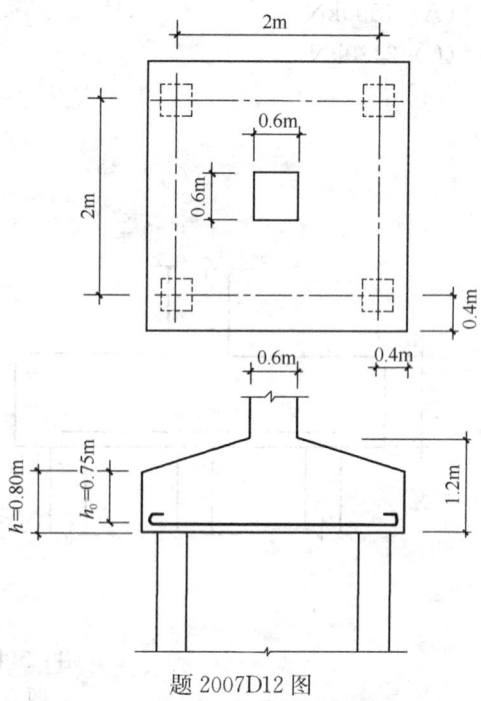

题 2007D12 图

【解】锥形承台受角桩冲切

x 方向角桩内边缘与承台边缘计算距离 c_1 = 0.4+0.2=0.6m

承台外边缘有效高度 h_0 = 0.75m(不是整个承台的有效高度)

x 方向角桩内边缘与承台变阶处边缘计算距离 a_{1x}=2÷2−0.6÷2−0.2÷2=0.5m

y 方向角桩另一侧内边缘与承台变阶处边缘计算距离(如图)a_{1y}=2÷2−0.6÷2−0.2÷2=0.5m

冲跨比 $\lambda_{1x} = \dfrac{a_{1x}}{h_0} = \dfrac{0.5}{0.75} = 0.667 \in [0.25,1]$;$\lambda_{1y} = \dfrac{a_{1y}}{h_0} = \dfrac{0.5}{0.75} = 0.667 \in [0.25,1]$

冲切系数

$\beta_{1x} = \dfrac{0.56}{\lambda_{1x}+0.2} = \dfrac{0.56}{0.667+0.2} = 0.646$;$\beta_{1y} = \dfrac{0.56}{\lambda_{1y}+0.2} = \dfrac{0.56}{0.667+0.2} = 0.646$

承台外边缘高度 h=0.8m

截面高度影响系数 $\beta_{hp} = 1 - \dfrac{h-800}{12000} = 1$

承台混凝土抗拉强度设计值 f_t=1570kPa

四桩及以上承台受角桩冲切的承载力 = $\left[\beta_{1x}\left(c_2 + \dfrac{a_{1y}}{2}\right) + \beta_{1y}\left(c_1 + \dfrac{a_{1x}}{2}\right)\right]\beta_{hp} f_t h_0$

$= \left[0.646 \times \left(0.6 + \dfrac{0.5}{2}\right) + 0.646 \times \left(0.6 + \dfrac{0.5}{2}\right)\right]$
$\times 1 \times 1570 \times 0.75$
$= 1293 \text{kN}$

【注】h_0 取承台外边缘有效高度;h 取承台外边缘高度。

7.11.2.4 其他受冲切计算

7.11.3 受剪切计算

7.11.3.1 一阶矩形承台柱边受剪切计算

2003D10

如题图所示桩基,竖向荷载 $F=19200\text{kN}$,承台混凝土为 C35($f_t=1.57\text{MPa}$),按《建筑桩基技术规范》计算柱边 A-A 至桩边斜截面的受剪承载力,其结果最接近下列( )。

(A) 5200kN　　(B) 6100kN
(C) 6800kN　　(D) 7100kN
($a_x=1.0\text{m}$,$h_0=1.2\text{m}$,$b_0=3.2\text{m}$)

【解】受剪切承载力计算

A-A 截面

承台有效高度 $h_0=1.2\text{m}$

截面高度影响系数 $\beta_{hs}=\left(\dfrac{800}{h_0}\right)^{\frac{1}{4}}=\left(\dfrac{800}{1200}\right)^{\frac{1}{4}}=0.904$

A-A 截面方向承台边长 $b_{0y}=3.2\text{m}$

柱边至垂直于 A-A 截面方向计算一排桩的桩边的水平距离 $a_x=1.0$

剪跨比 $\lambda_x=\dfrac{a_x}{h_0}=\dfrac{1}{1.2}=0.833\in[0.25,3]$

承台剪切系数 $\alpha=\dfrac{1.75}{\lambda_x+1}=\dfrac{1.75}{0.833+1}=0.955$

承台混凝土抗拉强度设计值 $f_t=1570\text{kPa}$

A-A 截面承台受剪切承载力 $=\beta_{hs}\alpha f_t b_{0y}h_0=0.904\times0.955\times1570\times3.2\times1.2=5204.78\text{kN}$

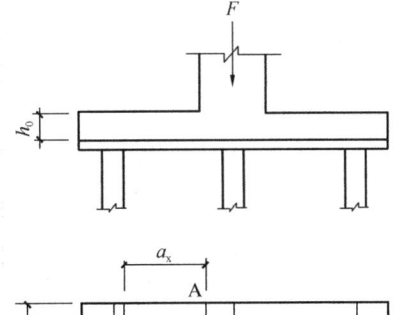

题 2003D10 图

2004C15

柱下桩基如题图所示,承台混凝土轴心抗拉强度 $f_t=1.71\text{MPa}$;按《建筑桩基技术规范》计算承台长边受剪承载力,其值与下列( )最接近。

(A) 6.2MN　　(B) 8.2MN　　(C) 10.2MN　　(D) 12.2MN

【解】受剪切承载力计算

A-A 截面

承台有效高度 $h_0=1\text{m}$

截面高度影响系数 $\beta_{hs}=\left(\dfrac{800}{h_0}\right)^{\frac{1}{4}}=\left(\dfrac{800}{1000}\right)^{\frac{1}{4}}=0.946$

A-A 截面方向承台边长 $b_{0y}=4.8\text{m}$

柱边至垂直于 A-A 截面方向计算一排桩的桩边的水平距离 $a_x=0.6\text{m}$

剪跨比 $\lambda_x=\dfrac{a_x}{h_0}=\dfrac{0.6}{1}=0.6\in[0.25,3]$

承台剪切系数 $\alpha=\dfrac{1.75}{\lambda_x+1}=\dfrac{1.75}{0.6+1}=1.09$

承台混凝土抗拉强度设计值 $f_t=1710\text{kPa}$

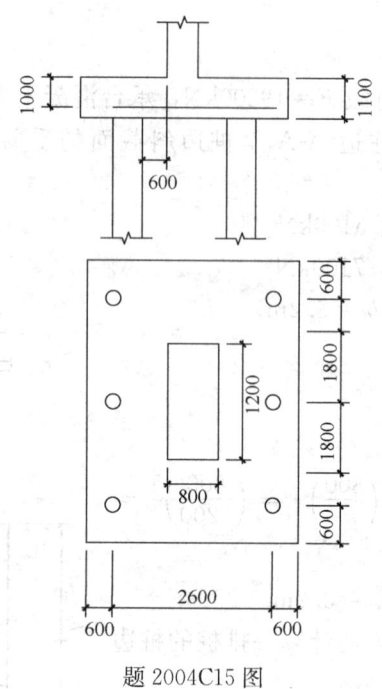

题 2004C15 图

A-A 截面承台受剪切承载力 $= \beta_{hs}\alpha f_t b_{0y} h_0 = 0.946 \times 1.09 \times 1710 \times 4.8 \times 1 = 8463.5\text{kN}$

2008D12

如题图所示，竖向荷载设计值 $F=24000\text{kN}$，承台混凝土为 C40（$f_t=1.71\text{MPa}$），按《建筑桩基技术规范》验算柱边 A-A 至桩边连线形成的斜截面的抗剪承载力与剪切力之比（抗力/V）最接近下列哪个选项？

(A) 1.0   (B) 1.2
(C) 1.3   (D) 1.4

【解】受剪切承载力计算

A-A 截面

承台有效高度 $h_0=1.3\text{m}$

截面高度影响系数 $\beta_{hs} = \left(\dfrac{800}{h_0}\right)^{\frac{1}{4}} = \left(\dfrac{800}{1300}\right)^{\frac{1}{4}} = 0.886$

A-A 截面方向承台边长 $b_{0y}=4.2\text{m}$

柱边至垂直于 A-A 截面方向计算一排桩的桩边的水平距离 $a_x=1.0$

剪跨比 $\lambda_x = \dfrac{a_x}{h_0} = \dfrac{1}{1.3} = 0.769 \in [0.25, 3]$

承台剪切系数 $\alpha = \dfrac{1.75}{\lambda_x + 1} = \dfrac{1.75}{0.769 + 1} = 0.989$

承台混凝土抗拉强度设计值 $f_t=1710\text{kPa}$

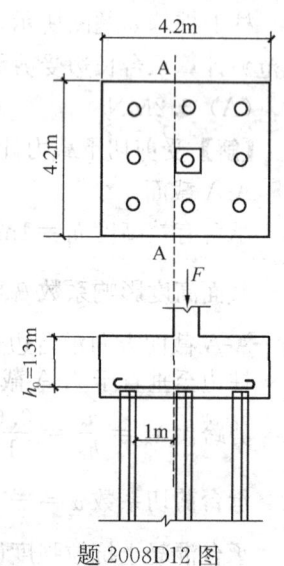

题 2008D12 图

A-A 截面承台受剪切承载力 $= \beta_{hs}\alpha f_t b_{0y} h_0 = 0.886 \times 0.989 \times 1710 \times 4.2 \times 1.3 = 8181.23$ kN

不计承台及其上土重在荷载效应基本组合作用下柱的竖向荷载设计值 $F = 24000$ kN

总桩数 $n = 9$

剪切面外侧桩数 $n' = 3$

不计承台及其上土自重，在荷载效应基本组合下，斜截面的最大剪力设计值

$$V = \frac{n'}{n}F = \frac{3}{9} \times 24000 = 8000 \text{kN}$$

$$\frac{抗力}{V} = \frac{8181.23}{8000} = 1.02$$

2013C10

柱下桩基如题图所示，若要求承台长边截面的受剪承载力不小于 11MN，按《建筑桩基技术规范》计算，承台混凝土轴心抗拉强度设计值 f_t 最小应为下列何值？

(A) 1.96MPa　　(B) 2.10MPa
(C) 2.21MPa　　(D) 2.80MPa

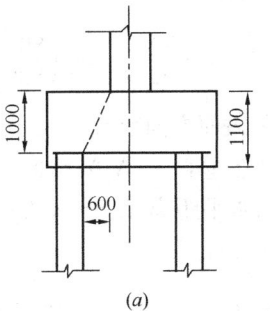

【解】受剪切承载力计算

A-A 截面

承台有效高度 $h_0 = 1.0$m

截面高度影响系数 $\beta_{hs} = \left(\frac{800}{h_0}\right)^{\frac{1}{4}} = \left(\frac{800}{1000}\right)^{\frac{1}{4}} = 0.946$

A-A 截面方向承台边长 $b_{0y} = 4.8$m

柱边至垂直于 A-A 截面方向计算一排桩的桩边的水平距离 $a_x = 0.6$m

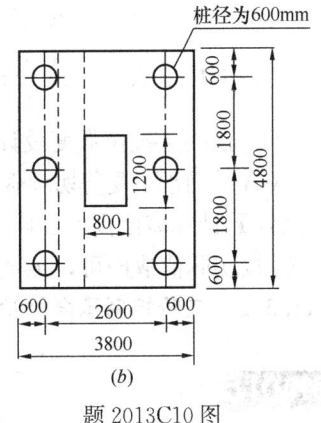

题 2013C10 图

剪跨比 $\lambda_x = \frac{a_x}{h_0} = \frac{0.6}{1} = 0.6 \in [0.25, 3]$

承台剪切系数 $\alpha = \frac{1.75}{\lambda_x + 1} = \frac{1.75}{0.6 + 1} = 1.09$

A-A 截面承台受剪切承载力 $= \beta_{hs}\alpha f_t b_{0y} h_0 = 0.946 \times 1.09 \times f_t \times 4.8 \times 1 \geqslant 11000 \rightarrow$
$f_t \geqslant 2222.46$ kPa

【注】如果题中或图中已经直接给出 a_x 值，则不用再将圆桩转化为方桩后计算 a_x；如果题中或图中未直接给出 a_x 值，则应将圆桩转化为方桩后再计算。这点同"7.11.2 轴心竖向力作用下受冲切计算"，如 2002D1。

2017C13

某柱下阶梯形承台如题图所示，方形桩截面 0.3m×0.3m，承台混凝土强度等级为

C40（$f_c = 19.1\text{MPa}$，$f_t = 1.71\text{MPa}$）。根据《建筑桩基技术规范》，计算变阶处截面 A-A 的抗剪承载力设计值最接近下列哪一选项？（图中尺寸单位为 mm）

(A) 1500kN (B) 1640kN
(C) 1730kN (D) 3500kN

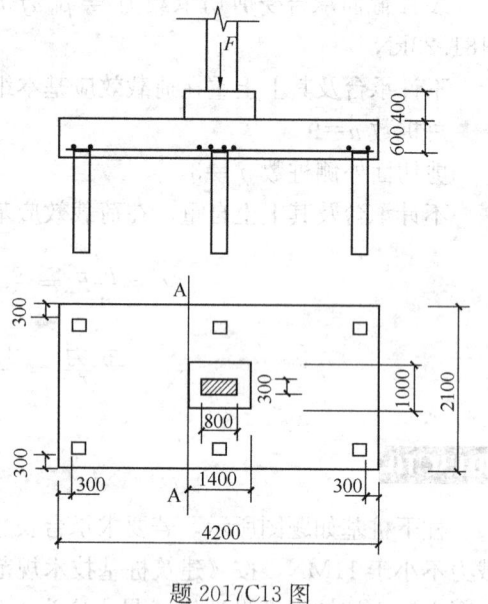

题 2017C13 图

【解】受剪切承载力计算

A-A 截面

承台有效高度 $h_0 = 0.6\text{m}$

截面高度影响系数，$h_0 = 600\text{mm} \leqslant 800\text{mm}$，取 $h_0 = 800\text{mm}$

$$\beta_{hs} = \left(\frac{800}{h_0}\right)^{\frac{1}{4}} = \left(\frac{800}{800}\right)^{\frac{1}{4}} = 1$$

A-A 截面方向承台边长 $b_{0y} = 2.1\text{m}$

柱边至垂直于 A-A 截面方向计算一排桩的桩边的水平距离 $a_x = (4.2 - 1.4) \div 2 - 0.3 - 0.3 = 0.8\text{m}$

剪跨比 $\lambda_x = \dfrac{a_x}{h_0} = \dfrac{0.8}{0.6} = 1.33 \in [0.25, 3]$

承台剪切系数 $\alpha = \dfrac{1.75}{\lambda_x + 1} = \dfrac{1.75}{1.33 + 1} = 0.751$

承台混凝土抗拉强度设计值 $f_t = 1710\text{kPa}$

A-A 截面承台受剪切承载力 $= \beta_{hs}\alpha f_t b_{0y} h_0 = 1 \times 0.751 \times 1710 \times 2.1 \times 0.6 = 1618.1\text{kN}$

【注】计算截面高度影响系数 β_{hs}，承台有效高度 $h_0 \in [800, 2000]$。但计算剪跨比 λ_x 时，h_0 按实际值取即可，无范围要求。

7.11.3.2 二阶矩形承台柱边受剪切计算

2010D11

柱下桩基承台，承台混凝土轴心抗拉强度设计值 $f_t = 1.71\text{MPa}$，试按《建筑桩基技术规范》，计算承台柱边 A-A 斜截面的受剪承载力，其值与下列何项数值最为接近？（图中尺寸单位 mm）

(A) 1.00MN (B) 1.21MN
(C) 1.53MN (D) 2.04MN

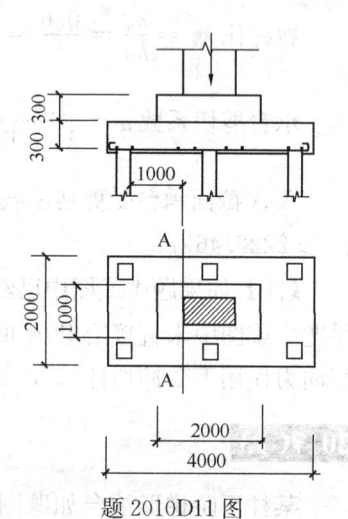

题 2010D11 图

【解】二阶矩形承台柱边受剪切解题思维流程

受剪切承载力计算

A-A 截面

下阶承台有效高度 $h_{10} = 0.3\text{m}$

上阶承台有效高度 $h_{20}=0.3{\rm m}$

截面高度影响系数 $\beta_{\rm hs}=\left(\dfrac{800}{h_{10}+h_{20}}\right)^{\frac{1}{4}}=\left(\dfrac{800}{800}\right)^{\frac{1}{4}}=1.0$

下阶承台 A-A 截面方向承台边长 $b_{\rm y1}=2{\rm m}$
上阶承台 A-A 截面方向承台边长 $b_{\rm y2}=1{\rm m}$
柱边至垂直于 A-A 截面方向计算一排桩的桩边的水平距离 $a_{\rm 1x}=1{\rm m}$

剪跨比 $\lambda_{\rm x}=\dfrac{a_{\rm 1x}}{h_{10}+h_{20}}=\dfrac{1}{0.6}=1.667\in[0.25,3]$

承台剪切系数 $\alpha=\dfrac{1.75}{\lambda_{\rm x}+1}=0.656$

承台混凝土抗拉强度设计值 $f_{\rm t}=1710{\rm kPa}$
A-A 截面承台受剪切承载力 $=\beta_{\rm hs}\alpha f_{\rm t}(b_{\rm y1}h_{10}+b_{\rm y2}h_{20})=1\times 0.656\times 1710\times(2\times 0.3+1\times 0.3)=1009.584{\rm kN}=1{\rm MN}$

7.11.3.3 其他受剪切计算

7.12 桩 基 施 工

7.12.1 内夯沉管灌注桩桩端夯扩头平均直径

7.12.2 灌注桩后注浆单桩注浆量

7.13 建 筑 基 桩 检 测

7.13.1 桩身内力测试

2007C30

某自重湿陷性黄土场地混凝土灌注桩径为 800mm,桩长为 34m,通过浸水载荷试验和应力测试得到桩身轴力在极限荷载下(2800kN)的数据及曲线图如下表和题图所示,此时桩侧平均负摩阻力值最接近下列哪个选项?

深度(m)	2	4	6	8	10	12	14	16	18	22	26	30	34
桩身轴力	2900	3000	3110	3160	3200	3265	3270	2900	2150	1220	670	140	70

(A) $-10.52{\rm kPa}$ (B) $-12.14{\rm kPa}$
(C) $-13.36{\rm kPa}$ (D) $-14.38{\rm kPa}$

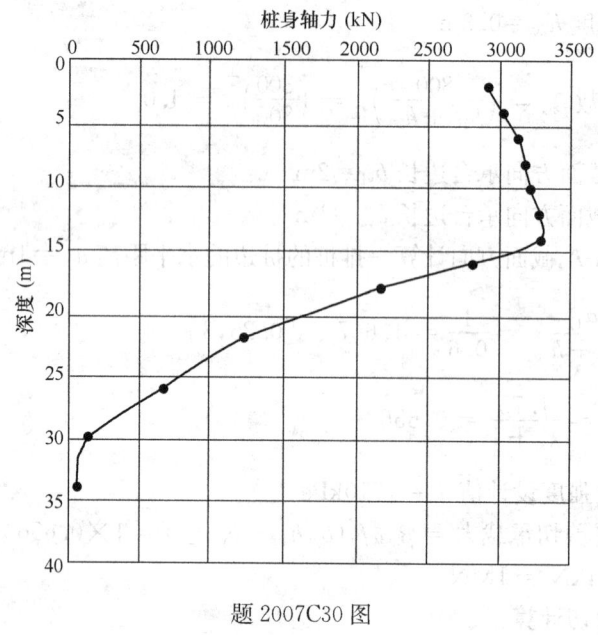

题 2007C30 图

【解】桩侧平均负摩阻力 $q_{si} = \dfrac{2800-3270}{3.14\times 0.8\times 14} = -13.36\text{kPa}$

【注】由于负摩阻力存在，则桩身轴力从桩顶开始，逐渐增大，一直到负摩阻力结束，然后逐渐变小，因此通过观察数据，可得出 0～14m 为负摩阻力存在段，即自重湿陷性黄土分布范围。假如无负摩阻力，则桩身轴力从桩顶开始，逐步减小。

2010C30

某 PHC 管桩，桩径 500mm，墙厚 125mm，桩长 30m，桩身混凝土弹性模量为 $36\times 10^6\text{kPa}$（视为常量），桩底用钢板封口，对其进行单桩静载试验并进行桩身内力测试，根据实测资料，在极限荷载作用下，桩端阻力为 1835kPa，桩侧阻力如题图所示，试问该

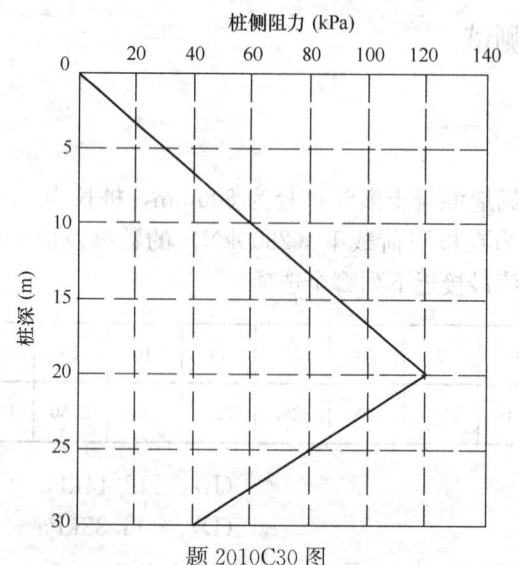

题 2010C30 图

PHC 管桩在极限荷载条件下，桩顶面下 10m 桩身应变量接近于下列何项数值？

(A) 4.16×10^{-4} (B) 4.29×10^{-4} (C) 5.55×10^{-4} (D) 5.72×10^{-4}

【解】10～20m 平均桩侧摩阻力 $(60+120) \div 2 = 90 \text{kPa}$

10～20m 桩侧摩阻力 $Q_{sk1} = 3.14 \times 0.5 \times 10 \times 90 = 1413 \text{kN}$

20～30m 平均桩侧摩阻力 $(120+40) \div 2 = 80 \text{kPa}$

20～30m 桩侧摩阻力 $Q_{sk1} = 3.14 \times 0.5 \times 10 \times 80 = 1256 \text{kN}$

桩端轴力 $Q_n = 1835 \times \dfrac{3.14 \times 0.5^2}{4} = 360.1 \text{kN}$

10m 处桩身轴力
$$Q = E\varepsilon A = 3.6 \times 10^7 \times \varepsilon \times \left[\dfrac{3.14 \times 0.5^2}{4} - \dfrac{3.14 \times (0.5 - 2 \times 0.125)^2}{4}\right]$$
$$= 1413 + 1256 + 360.1 = 3029.1 \text{kN}$$

即 $3029.1 = 5.3 \times 10^6 \times \varepsilon \rightarrow \varepsilon = 5.72 \times 10^{-4}$

【注】桩底封闭，因此底面积采用全面积；桩身为管桩，应采用桩身净面积，即扣除空心面积。

2013C30

某工程采用钻孔灌注桩基础，桩径 800mm，桩长 40m，桩身混凝土强度为 C30，钢筋笼上埋设钢弦式应力计量测桩身内力。已知地层深度 3～14m 范围内为淤泥质黏土。建筑物结构封顶后进行大面积堆土造景，测得深度 3m、14m 处钢筋应力分别为 30000kPa 和 37500kPa，问此时淤泥质黏土层平均侧摩阻力最接近下列哪个选项？（钢筋弹性模量 $E_s = 2.0 \times 10^5 \text{N/mm}^2$，桩身材料弹性模量 $E = 3.0 \times 10^4 \text{N/mm}^2$）

(A) 25.0kPa   (B) 20.5kPa   (C) −20.5kPa   (D) −25.0kPa

【解】深度 3m、14m 处钢筋应变和混凝土应变均是相等的

3m 处应变为 $\varepsilon_3 = \varepsilon_{s3} = \dfrac{\sigma_{s3}}{E_s} = \dfrac{3 \times 10^4}{2 \times 10^8} = 1.5 \times 10^{-4}$

3m 桩身轴力 $Q_3 = E\varepsilon_3 A = 3.0 \times 10^7 \times 1.5 \times 10^{-4} \times 3.14 \times 0.8^2 \div 4 = 2260.8 \text{kN}$

14m 处应变为 $\varepsilon_{14} = \varepsilon_{s14} = \dfrac{\sigma_{s14}}{E_s} = \dfrac{3.75 \times 10^4}{2 \times 10^8} = 1.875 \times 10^{-4}$

14m 桩身轴力 $Q_{14} = E\varepsilon_{14} A = 3.0 \times 10^7 \times 1.875 \times 10^{-4} \times 3.14 \times 0.8^2 \div 4 = 2826 \text{kN}$

3～14m 淤泥质黏土层平均侧摩阻力 $q_s = \dfrac{Q_3 - Q_{14}}{ul} = \dfrac{2260.8 - 2826}{3.14 \times 0.8 \times (14-3)} = -20.45 \text{kPa}$

2019D25

某自重湿陷性黄土场地的建筑工程，灌注桩桩径为 1.0m，桩长 37m，桩顶出露地面 1.0m，自重湿陷性土层厚度为 18m。从地面处开始每 2m 设置一个桩身应变量测断面，将电阻应变计粘贴在主筋上。在 3000kN 荷载作用下，进行单桩竖向浸水载荷试验，实测应变值如表所示，则此时该桩在桩顶下 9～11m 处的桩侧平均摩阻力值最接近下列哪个选项？（假定桩身变形均为弹性变形，桩身直径、弹性模量为定值）

从桩顶起算深度（m）	1	3	5	7	9	11	13	17	21	25	29	33	37
应变 $\varepsilon \times 10^{-5}$	12.439	12.691	13.01	13.504	13.751	14.273	14.631	14.089	11.495	9.054	6.312	3.112	0.966

(A) 15kPa (B) 20kPa
(C) −15kPa (D) −20kPa

【解】弹性模量 $E = \dfrac{3000}{12.439 \times 10^{-5} \times 3.14 \times 0.25} = 3.07 \times 10^7 \text{kPa}$

9m 处的桩身内力 $Q_9 = 3.14 \times 0.25 \times 13.751 \times 10^{-5} \times 3.07 \times 10^7 = 3313.9 \text{kN}$

11m 处的桩身内力 $Q_{11} = 3.14 \times 0.25 \times 14.273 \times 10^{-5} \times 3.07 \times 10^7 = 3439.7 \text{kN}$

桩顶下 9~11m 处的桩侧平均摩阻力值 $q = \dfrac{3313.9 - 3439.7}{3.14 \times 1 \times 2} = -20.0 \text{kPa}$

7.13.2 单桩竖向抗压静载试验

2012D30

某建筑工程基础采用灌注桩，桩径 600mm，桩长 25m，低应变检测结果表明这 6 根基桩均为 I 类桩。对 6 根基桩进行单桩竖向抗压静载试验的成果见下表，该工程的单桩竖向抗压承载力特征值最接近下列哪一选项？

试桩编号	1号	2号	3号	4号	5号	6号
Q_u (kN)	2880	2580	2940	3060	3530	3360

(A) 1290kN (B) 1480kN (C) 1530kN (D) 1680kN

【解】终点确定单桩竖向抗压承载力特征值 R_a

$$Q_u = \dfrac{\sum Q_{ui}}{n} = \dfrac{2880+2580+2940+3060+3530+3360}{6} = 3058.3 \text{kN}$$

极差=3530−2580=950>3058.3×30%=917.49，故去掉最大值 3530kN

$$Q_u = \dfrac{\sum Q_{ui}}{n} = \dfrac{2880+2580+2940+3060+3360}{5} = 2964 \text{kN}$$

极差=3360−2580=780<2964×30%=889.2，满足要求

$$R_a = \dfrac{Q_u}{2} = \dfrac{2964}{2} = 1482 \text{kN}$$

2013D30

某工程采用灌注桩基础，灌注桩桩径为 800mm，桩长 30m，设计单桩竖向抗压承载力特征值为 3000kN，已知桩间土的地基承载力特征值为 200kPa，按照《建筑基桩检测技术规范》JGJ 106—2003 采用压重平台反力装置对工程桩进行单桩竖向抗压承载力检测时，若压重平台的支座只能设置在桩间土上，则支座面积不宜小于以下哪个选项？

(A) 20m² (B) 24m² (C) 30m² (D) 36m²

【解】终点求支座面积 S 的最小值

工程桩验收检测时，加载量不应小于设计要求的单桩承载力特征值的2.0倍，
即 $Q_u = 2R_a = 2 \times 3000 = 6000 \text{kN}$
加载反力装置提供的反力不得小于最大加载值的1.2倍，
即 $F \geqslant 1.2 Q_u = 1.2 \times 6000 = 7200 \text{kN}$
压重施加于地基的压应力不宜大于地基承载力特征值的1.5倍，
即 $\dfrac{F}{S} \leqslant 1.5 f_{ak} \rightarrow \dfrac{7200}{S} \leqslant 1.5 \times 200 = 300$ 得 $S \geqslant 24 \text{m}^2$

2014D30

某桩基工程设计要求单桩竖向抗压承载力特征值为7000kN，静载试验利用临近4根工程桩作为锚桩，锚桩主筋直径25mm，钢筋抗拉强度设计值为360N/mm²，根据《建筑基桩检测技术规范》JGJ 106—2003，试计算每根锚桩提供上拔力所需的主筋数至少为几根？

(A) 18   (B) 20   (C) 22   (D) 24

【解】工程桩验收检测时，加载量不应小于设计要求的单桩承载力特征值的2.0倍，
即 $Q_u = 2R_a = 2 \times 7000 = 14000 \text{kN}$
加载反力装置提供的反力不得小于最大加载值的1.2倍，
即 $F \geqslant 1.2 Q_u = 1.2 \times 14000 = 16800 \text{kN}$
4根锚杆提供的总上拔力 $= 4 \times 3.14 \times 0.025^2 \div 4 \times 360000 \times n = F \geqslant 16800 \text{kN}$
得 $n \geqslant 23.78$

7.13.3 单桩竖向抗拔静载试验

7.13.4 单桩水平载荷试验

2006D15

某试验桩桩径0.4m，水平静载试验所采取每级荷载增量值为15kN，试桩 H_0-t-Y_0 曲线明显陡降点的荷载为120kN时对应的水平位移为3.2mm，其前一级荷载和后一级荷载对应的水平位移分别为2.6mm和4.2mm，则由试验结果计算的对应于水平极限承载力地基土水平抗力系数的比例系数最接近下列哪个数值？[为简化计算假定 $(v_y)^{5/3} = 4.425$，$(EI)^{2/3} = 877 (\text{kN} \cdot \text{m}^2)^{2/3}$]

(A) 242MN/m⁴   (B) 228MN/m⁴   (C) 205MN/m⁴   (D) 165MN/m⁴

【解】终点是由试验结果计算地基土水平抗力系数的比例系数 m
圆形桩，直径 $d = 0.4 \leqslant 1$，桩身计算宽度 $b_0 = 0.9(1.5d+0.5) = 0.9 \times (1.5 \times 0.4 + 0.5) = 0.99 \text{m}$
单桩水平极限承载力 H，取单向多循环加载法时的 $H-t-Y_0$ 曲线产生明显陡降的前一级，即 $H = 120 - 15 = 105 \text{kN}$，所对应的水平位移 $Y_0 = 0.0026 \text{m}$

$$m = \dfrac{(v_y)^{\frac{5}{3}} H}{b_0 Y_0^{\frac{5}{3}} (EI)^{\frac{2}{3}}} = \dfrac{4.425 \times 105^{\frac{5}{3}}}{0.99 \times 0.0026^{\frac{5}{3}} \times 877} = 242273 \text{kN/m}^4 = 242.3 \text{MN/m}^4$$

2017D30

对某建筑场地钻孔灌注桩进行单桩水平静载试验，桩径 800mm，桩身抗弯刚度 $EI=600000\text{kN}\cdot\text{m}^2$，桩顶自由且水平力作用于地面处，根据 $H-t-Y_0$（水平力时间作用点位移）曲线判定，水平临界荷载为 150kN，相应于水平位移为 3.5mm。根据《建筑基桩检测技术规范》JGJ 106—2014 的规定，计算对应水平临界荷载的地基土水平抗力系数的比例系数 m 值最接近下列哪个选项？（$v_y=2.441$）

(A) 15.0MN/m⁴　　(B) 21.3MN/m⁴　　(C) 30.5MN/m⁴　　(D) 40.8MN/m⁴

【解】终点是对应水平临界荷载的地基土水平抗力系数的比例系数 m

圆形桩，直径 $d=0.8\leqslant 1$，桩身计算宽度 $b_0=0.9(1.5d+0.5)=0.9\times(1.5\times0.8+0.5)=1.53\text{m}$

单向多循环加载法 $H-t-Y_0$，单桩水平临界荷载承载力 $H=150\text{kN}$，所对应的水平位移 $Y_0=0.0035\text{m}$

$$m=\frac{(v_y H)^{\frac{5}{3}}}{b_0 Y_0^{\frac{5}{3}}(EI)^{\frac{2}{3}}}=\frac{(2.441\times 150)^{\frac{5}{3}}}{1.53\times 0.0035^{\frac{5}{3}}\times(600000)^{\frac{2}{3}}}=21339.9\text{kN/m}^4=21.3\text{MN/m}^4$$

7.13.5 钻芯法

2008C30

某钻孔灌注桩，桩长 15m，采用钻芯法对桩身混凝土强度进行检测，共采取 3 组芯样，试件抗压强度（单位：MPa）分别为：第一组，45.4、44.9、46.1；第二组，42.8、43.1、41.8；第三组，40.9、41.2、42.8。问该桩身混凝土强度代表值最接近下列哪一个选项？

(A) 41.6MPa　　(B) 42.6MPa　　(C) 43.2MPa　　(D) 45.5MPa

【解】终点是确定桩身混凝土强度代表值

对于同组的 3 块混凝土芯样试件，取其平均值，则

$$f_{\text{cor}1}=\frac{45.4+44.9+46.1}{3}=45.47\text{MPa}$$

$$f_{\text{cor}2}=\frac{42.8+43.1+41.8}{3}=42.57\text{MPa}$$

$$f_{\text{cor}3}=\frac{40.9+41.2+42.8}{3}=41.63\text{MPa}$$

对于同一受检桩不同深度位置的混凝土芯样试件，取最小值，则

$$最终\ f_{\text{cor}}=41.63\text{MPa}$$

7.13.6 低应变法

2007D30

采用声波法对钻孔灌注桩孔底沉渣进行检测，桩直径 1.2m，桩长 35m，声波反射明

显。测头从发射到接收到第一次反射波的相隔时间为 8.7ms，从发射到接收到第二次反射波的相隔时间为 9.3ms，若孔底沉渣声波波速按 1000m/s 考虑，孔底沉渣的厚度最接近下列哪一个选项？

(A) 0.3m　　　　(B) 0.50m　　　　(C) 0.70m　　　　(D) 0.90m

【解】孔底沉渣顶部反射波时间 $T_1=8.7$ms；孔底沉渣底部反射波时间 $T_2=9.3$ms

两次反射波时间差 $\Delta T=9.3-8.7=0.6$ms

孔底沉渣波速值 $c=\dfrac{2000L'}{\Delta T}=1000=\dfrac{2000\times L'}{0.6}$，得孔底沉渣的厚度 $L'=0.3$m

2008D30

某人工挖孔嵌岩灌注桩桩长为 8m，其低应变反射波动力测试曲线如题图所示。问该桩桩身完整性类别及桩身波速值符合下列哪个选项的组合？

(A) Ⅰ类桩，$c=1777.8$m/s
(B) Ⅱ类桩，$c=1777.8$m/s
(C) Ⅰ类桩，$c=3555.6$m/s
(D) Ⅱ类桩，$c=3555.6$m/s

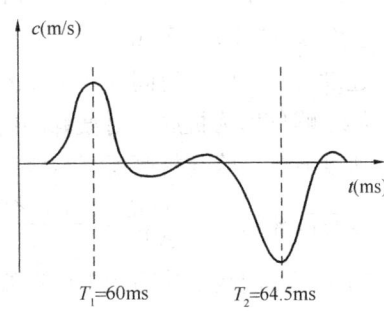

题 2008D30 图

【解】桩长 $L=8$m；

速度波第一峰的时间 $T_1=60$ms；桩底反射波峰间的时间 $T_2=64.5$ms

速度波第一峰与桩底反射波峰间的时间差 $\Delta T=64.5-60=4.5$ms

桩身波速值 $c=\dfrac{2000L}{\Delta T}=\dfrac{2000\times 8}{4.5}=3555.6$m/s

由图可看出，ΔT 时刻前，无缺陷反射波，有桩底反射波。故桩身完整性为Ⅰ类。

2009C30

某场地钻孔灌注桩桩身平均波速为 3555.6m/s，其中某根桩低应变反射波动力测试曲线如题图所示，对应图中的时间 t_1、t_2 和 t_3 的数值分别为 60ms、66ms 和 73.5ms，试问，在混凝土强度变化不大的情况下，该桩长最接近（　　）。

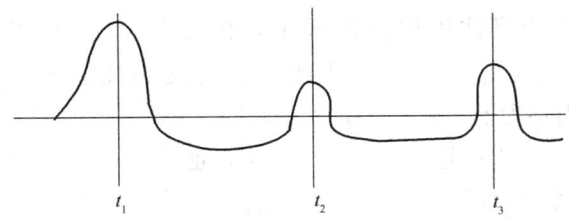

题 2009C30 图

(A) 10.7m　　　　(B) 21.3m　　　　(C) 24m　　　　(D) 48m

【解】波在桩体内传播，可看出速度波第一峰的时间 $T_1=60$ms；桩底反射波峰间的时间 $T_3=73.5$ms，其中 $T_2=66$ms 为缺陷反射波波峰。

速度波第一峰与桩底反射波峰间的时间差 $\Delta T=73.5-60=13.5$ms

桩身波速值 $c=\dfrac{2000L}{\Delta T}=3555.6=\dfrac{2000\times L}{13.5}$，得桩长 $L=24\mathrm{m}$

2018C25

某钻孔灌注桩，桩长 $20\mathrm{m}$，用低应变法进行桩身完整性检测时，发现速度时域曲线上有三个峰值，第一、第三峰值对应的时间刻度分别为 $0.2\mathrm{ms}$ 和 $10.3\mathrm{ms}$，初步分析认为该桩存在缺陷。在速度幅频曲线上，发现正常频差为 $100\mathrm{Hz}$，缺陷引起的相邻谐振峰间频差为 $180\mathrm{Hz}$，试计算缺陷位置最接近下列哪个选项？

(A) $7.1\mathrm{m}$　　　　(B) $10.8\mathrm{m}$　　　　(C) $11.0\mathrm{m}$　　　　(D) $12.5\mathrm{m}$

【解1】桩长 $L=20\mathrm{m}$

速度波第一峰的时间 $T_1=0.2\mathrm{ms}$

第三峰值即为桩底反射波峰间的时间 $T_3=10.3\mathrm{ms}$

速度波第一峰与桩底反射波峰间的时间差 $\Delta T=10.3-0.2=10.1\mathrm{ms}$

桩身波速值 $c=\dfrac{2000L}{\Delta T}=\dfrac{2000\times 20}{10.1}=3960.4\mathrm{m/s}$

幅频信号曲线上缺陷相邻谐振峰间的频差 $\Delta f'=180\mathrm{Hz}$

计算缺陷位置 $x=\dfrac{1}{2}\times\dfrac{c}{\Delta f'}=\dfrac{1}{2}\times\dfrac{3960.4}{180}=11.0\mathrm{m}$

【解2】桩长 $L=20\mathrm{m}$

幅频信号曲线上正常频差 $\Delta f=100\mathrm{Hz}$

桩身波速值 $c=2L\Delta f=2\times 20\times 100=4000\mathrm{m/s}$

幅频信号曲线上缺陷相邻谐振峰间的频差 $\Delta f'=180\mathrm{Hz}$

计算缺陷位置 $x=\dfrac{1}{2}\times\dfrac{c}{\Delta f'}=\dfrac{1}{2}\times\dfrac{4000}{180}=11.1\mathrm{m/s}$

【注】此题速度时域曲线图可参考 2009C30。

7.13.7 高应变法

2011D30

某住宅楼钢筋混凝土灌注桩桩径为 $0.8\mathrm{m}$，桩长为 $30\mathrm{m}$，桩身应力波传播速度为 $3800\mathrm{m/s}$，对该桩进行高应变应力测试后得到如题图所示的曲线和数据，其中 $R_x=3\mathrm{MN}$，判定该桩桩身完整性类别为下列哪一选项？

(A) Ⅰ类　　　　(B) Ⅱ类　　　　(C) Ⅲ类　　　　(D) Ⅳ类

【解】桩身完整性系数 β 法

$$F(t_1)=14\mathrm{MN}, Z\cdot V(t_1)=14\mathrm{MN}, R_x=3\mathrm{MN}$$

$$F(t_x)=5\mathrm{MN}, Z\cdot V(t_x)=6\mathrm{MN}$$

$$\beta=\dfrac{F(t_1)+F(t_x)+Z\cdot V(t_1)-Z\cdot V(t_x)-2R_x}{F(t_1)-F(t_x)+Z\cdot V(t_1)+Z\cdot V(t_x)}=\dfrac{14+5+14-6-2\times 3}{14-5+14+6}=0.724$$

$0.6\leqslant\beta=0.724<0.8$，故桩身完整性属Ⅲ类

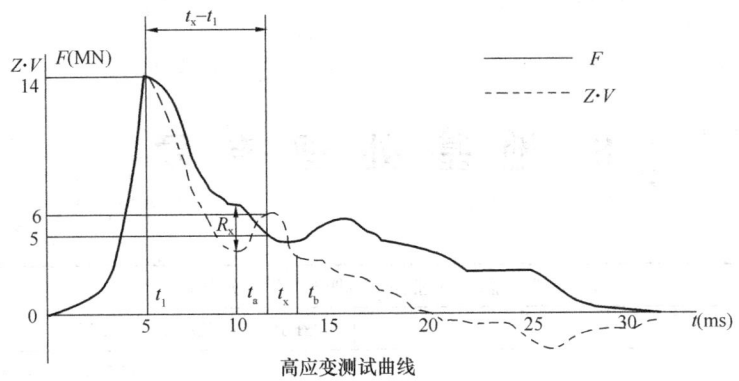

题 2011D30 图

2016C30

某高强度混凝土管桩，外径 500mm，壁厚 125mm，桩身混凝土强度等级为 C80，弹性模量为 3.8×10^4 MPa，进行高应变动力检测，在桩顶下 1.0m 处两侧安装应变式传感器，锤重 40kN，锤落高 1.2m，某次锤击时，由传感器测得的峰值应变为 $350\mu\varepsilon$，则锤击作用下桩顶处的峰值锤击力最接近下列哪个数值？

(A) 1755kN　　　(B) 1955kN　　　(C) 2155kN　　　(D) 2355kN

【解】测点处桩身轴力
$F = E\varepsilon A$
$= 3.8 \times 10^7 \times 350 \times 10^{-6} \times [3.14 \times 0.5^2 \div 4 - 3.14 \times (0.5 - 0.125 \times 2)^2 \div 4]$
$= 1957.6$ kN

【注】应变 ε 是没有量纲的，$\mu\varepsilon$ 只是表示大小，其中 μ 表示 10^{-6}，$\mu\varepsilon = 10^{-6}\varepsilon$。同样的表达比如 $\mu s = 10^{-6} s$。

7.13.8　声波透射法

2011C30

某灌注桩，桩径 1.2m，桩长 60m，采用声波透射法检测桩身完整性，两根钢制声测管中心间距为 0.9m，管外径为 50mm，壁厚 2mm，声波探头外径 28mm。水位以下某一截面平测实测声时为 0.206ms，试计算该截面处桩身混凝土的声速最接近下列哪一选项？

注：声波探头位于测管中心，声波在钢材中的传播速度为 5420m/s，在水中的传播速度为 1480m/s，仪器系统延迟时间为 0s。

(A) 4200m/s　　　(B) 4400m/s　　　(C) 4600m/s　　　(D) 4800m/s

【解】声测管及耦合水层声时修正值
$t' = \dfrac{0.05 - (0.05 - 0.002 \times 2)}{5420} + \dfrac{(0.05 - 0.002 \times 2) - 0.028}{1480} = 12.9 \times 10^{-6}$ s $= 12.9\mu$s

该截面处声时 $t_c = 206 - 0 - 12.9 = 193.1\mu$s

该截面处桩身混凝土的声速 $v = \dfrac{900 - 50}{193.1} = 4.4019$ km/s $= 4401.9$ m/s

8 地基处理专题

8 地基处理专题专业案例真题按知识点分布汇总

8.1 换填垫层法			2002D10；2005D17；2006C17
8.2 预压地基		8.2.1 一级瞬时加载太沙基单向固结理论	2003D16；2003D19；2004C22；2005C17；2006D17；2007D7；2010C15；2011D14；2012C17；2012D16；2017D13；2018C14
		8.2.2 一级或多级等速加载理论——按《建筑地基处理技术规范》	2004D20；2013C13
		8.2.3 多级瞬时或等速加载理论——按《水运工程地基设计规范》	2003C20；2007D15；2008C14
		8.2.4 一级瞬时加载考虑涂抹和井阻影响	2014D14
		8.2.5 预压地基抗剪强度增加	2005D16；2010D17；2011D16；2013D17
	8.2.6 预压地基沉降	8.2.6.1 预压沉降基本原理法	2002D15；2004D24；2008C15；2008D15；2012C14；2012C16；2014D13
		8.2.6.2 预压沉降 $e-p$ 曲线固结模型法	2010D16；2011C15
		8.2.6.3 预压沉降 $e-\lg p$ 曲线法	2003D18；2007C15
		8.2.6.4 根据变形和时间关系曲线求最终沉降量或固结度	2016C17
8.3 压实地基和夯实地基			2003D31；2006D18
8.4 复合地基		8.4.1 置换率和等效直径	2005C15 改编；2012D15 改编；2016C14 改编；2014C14 改编；2013D16 改编；2014C17 改编
		8.4.2 碎石桩和砂石桩	2002D11；2002D12；2002D13；2002D19；2004C21；2004D21；2005C15；2005C18；2006C16；2006D16；2007D14；2009D14；2009D17；2011C17；2012D13；2012D15；2014C16；2016C14；2017C16
	8.4.3 灰土挤密桩和土挤密桩	8.4.3.1 灰土挤密桩和土挤密桩复合地基承载力	2002D16；2003D15；2004D22；2009C15；2010D15；2012C26；2014C15；2016C16；2018C12；2019C12；2019D12
		8.4.3.2 灰土挤密桩和土挤密桩加水量问题	2010C16；2012D14；2005C16
	8.4.4 柱锤冲扩桩		
	8.4.5 水泥土搅拌桩		2002D17；2003C18；2004C18；2004C20；2004C23；2006C18；2007C16；2008C16；2008D16；2008D17；2009D16；2011C14；2011C16；2011D15；2012C15；2013C15；2013C16；2016C15；2016D14；2016D16；2017C17；2018D13；2019C14

续表

8.4 复合地基	8.4.6 旋喷桩	2002D18；2009C16；2017D14	
	8.4.7 夯实水泥土桩	2018D11	
	8.4.8 CFG 桩	2003C16；2003C17；2004C19；2009C14；2009D15；2013D14	
	8.4.9 素混凝土桩	2007C14；2013D16；2014C14；2019C13	
	8.4.10 多桩型	8.4.10.1 有粘结强度的两种桩组合	2014C17
		8.4.10.2 有粘结强度桩和散体桩组合	2016D15；2018D12
	8.4.11 复合地基压缩模量及沉降	2014D16；2017C15；2018C13	
8.5 注浆加固	8.5.1 水泥浆液法	2019D11	
	8.5.2 硅化浆液法	2008D14	
	8.5.3 碱液法	2007C17；2011D13；2017D16	
8.6 微型桩			
8.7 建筑地基检测	8.7.1 地基检测静载荷试验		
	8.7.2 复合地基静载荷试验	2004C5；2010C14；2014C30	
	8.7.3 多道瞬态面波法	2018D25	
	8.7.4 各处理地基质量检测	2012C30	
8.8 既有建筑地基基础加固技术			

8.1 换填垫层法

8.1.1 相关概念及一般规定

8.1.2 换填垫层法承载力相关计算

8.1.3 换填垫层压实标准及承载力特征值

8.1.4 换填垫层法变形计算

2002D10

当采用换填法处理地基时，若基底宽度为 10.0m，在基底下铺设厚度为 2.0m 的灰土垫层。为了满足基础底面应力扩散的要求，垫层底面宽度应超出基础底面宽度。问至少应超出下列（ ）个数值。

(A) 0.6m (B) 1.2m
(C) 1.8m (D) 2.1m

【解】

垫层底面宽度 $b' \geqslant b + 2z\tan\theta \rightarrow b' - b \geqslant 2 \times 2 \times \tan 28° = 2.13\text{m}$

2005D17

某钢筋混凝土条形基础埋深 $d=1.5$m，基础宽 $b=1.2$m，传至基础底面的竖向荷载 $F_k+G_k=180$kN/m（荷载效应标准组合），土层分布如题图所示，用砂夹石将地基中淤泥土全部换填，按《建筑地基处理技术规范》验算下卧层承载力属于下述（　　）种情况？（垫层材料重度 $\gamma=19$ kN/m³，粉质黏土承载力深度修正系数取 1.0）

(A) $P_z+P_{cz}<f_{az}$ (B) $P_z+P_{cz}>f_{az}$
(C) $P_z+P_{cz}=f_{az}$ (D) $P_z+P_{cz}<f_{az}$

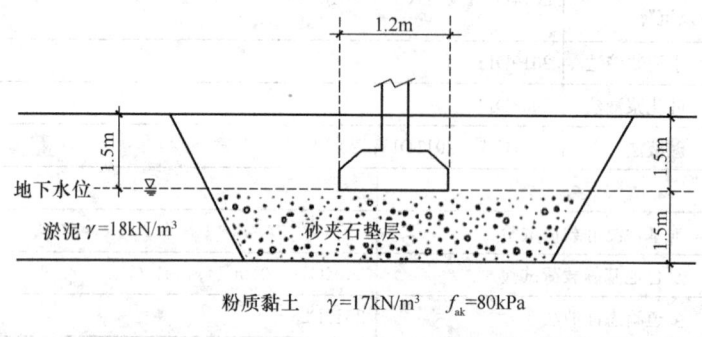

题 2005D17 图

【解】 条形基础，基础宽度 $b=1.2$m
基础埋深 $d=1.5$m
基础底面下垫层厚度 $z=1.5$m
$z/b=1.5/1.2=1.25>0.50$，砂夹石垫层，所以查表垫层压力扩散角 $\theta=30°$
基底平均压力值 $p_k=\dfrac{F_k+G_k}{bl}=\dfrac{180}{1.2\times 1}=150$kPa
水位在基础底面处，基底处自重压力值 $p_c=\gamma_i d_i=1.5\times 18=27$kPa
垫层底面处附加压力 $p_z=\dfrac{b(p_k-p_c)}{b+2z\tan\theta}=\dfrac{1.2\times(150-27)}{1.2+2\times 1.5\tan 30°}=50.3$kPa
自天然地面算起，按垫层重度计算，水下取浮重度，垫层底面处土的压力
$p_{cz}=\gamma_i d'_i=27+(19-10)\times 1.5=40.5$kPa
垫层底面处土层只经深度修正后的地基承载力
$f_{az}=f_{ak}+\eta_d\gamma_m(d'-0.5)=80+1.0\times\dfrac{18\times 1.5+8\times 1.5}{3}\times(3-0.5)=112.5$kPa
最终验算 $p_z+p_{cz}\leqslant f_{az}\rightarrow 50.3+40.5=90.8kPa<112.5$kPa

2006C17

某建筑基础采用独立桩基，桩基尺寸为 $6\text{m}\times 6\text{m}$。埋深 1.5m。基础顶面的轴心荷载 $F_k=6000$kN，基础和基础上土重 $G_k=1200$kN，场地地层为粉质黏土，$f_{ak}=120$kPa，$\gamma=18$kN/m³，由于承载力不能满足要求，拟采用灰土换填垫层处理，当垫层厚度为 2.0m 时，采用《建筑地基处理技术规范》计算，垫层底面处的附加压力最接近下列哪个选项：

(A) 1.27kPa (B) 63kPa
(C) 78kPa (D) 94kPa

【解】矩形基础,基础短边 $b=6$m;基础长边 $l=6$m

基础埋深 $d=1.5$m

基础底面下垫层厚度 $z=2$m

灰土垫层,所以查表垫层压力扩散角 $\theta=28°$

基底平均压力值 $p_k = \dfrac{F_k+G_k}{bl} = \dfrac{6000+1200}{6\times 6} = 200$kPa

水位无,不考虑,基底处自重压力值 $p_c = \gamma_i d_i = 1.5\times 18 = 27$kPa

垫层底面处附加压力

$$p_z = \frac{bl(p_k-p_c)}{(b+2z\tan\theta)(l+2z\tan\theta)}$$

$$= \frac{6\times 6\times(200-27)}{(6+2\times 2\times\tan 28°)\times(6+2\times 2\times\tan 28°)} = 94.3\text{kPa}$$

8.2 预 压 地 基

8.2.1 一级瞬时加载太沙基单向固结理论

2003D16

某建筑场地采用预压排水固结法加固软土地基。软土厚度 10m,软土层面以上和层底以下都是砂层,未设置排水竖井。为简化计算,假定预压是一次瞬时施加的。已知该软土层孔隙比为 1.60,压缩系数为 0.8MPa^{-1},竖向渗透系数 $k_v=5.8\times 10^{-7}$cm/s。问预压时间要达到下列( )天数时,软土地基固结度达到 0.80。

(A) 78 (B) 87
(C) 98 (D) 105

【解1】未设置排水竖井,所以只考虑竖向固结即可。(当然想考虑径向固结也考虑不了,因为题目未给出径向固结计算数据)

竖向渗透系数 $k_v = 5.8\times 10^{-7}$cm/s $= 5.8\times 10^{-9}$m/s

土层压缩模量 $E_s = \dfrac{1+e_0}{\alpha} = \dfrac{1+1.6}{800}$kPa

竖向固结系数 $c_v = \dfrac{k_v E_s}{\gamma_w} = \dfrac{5.8\times 10^{-9}(1+1.6)}{800\times 10} = 1.885\times 10^{-6}$m^2/s

底层砂土透水,双面排水,处理土层计算厚度 $H=10\div 2=5$m

竖向固结

$$\begin{cases} \alpha = \dfrac{8}{\pi^2} = 0.811 \\ \beta = \dfrac{\pi^2}{4}\cdot\dfrac{c_v}{H^2} = 2.465\dfrac{c_v}{H^2} = 2.465\times\dfrac{1.885\times 10^{-6}}{5^2} = 1.86\times 10^{-7} \end{cases}$$

8 地基处理专题

$$\overline{U}_z = 1 - \alpha e^{-\beta t} = 1 - 0.811 e^{-1.86 \times 10^{-7} t} = 0.80$$

$$\to t = \frac{\ln\left(\frac{0.8-1}{-0.811}\right)}{-1.86 \times 10^{-7}} = 7.53 \times 10^{-7} \text{s} = \frac{7.53 \times 10^6}{24 \times 3600} \text{d} = 87.1 \text{d}$$

【解2】竖向渗透系数 $k_v = 5.8 \times 10^{-7} \text{cm/s} = \dfrac{5.8 \times 10^{-7} \div 100}{\dfrac{1}{24 \times 3600}} \text{m/d} = 5 \times 10^{-4} \text{m/d}$

土层压缩模量 $E_s = \dfrac{1+e_0}{\alpha} = \dfrac{1+1.6}{800} \text{kPa}$

竖向固结系数 $c_v = \dfrac{k_v E_s}{\gamma_w} = \dfrac{5 \times 10^{-4}(1+1.6)}{800 \times 10} = 0.1625 \text{m}^2/\text{d}$

底层砂土透水，双面排水，处理土层计算厚度 $H = 10 \div 2 = 5\text{m}$

竖向固结

$$\begin{cases} \alpha = \dfrac{8}{\pi^2} = 0.811 \\ \beta = \dfrac{\pi^2}{4} \cdot \dfrac{c_v}{H^2} = 2.465 \dfrac{c_v}{H^2} = 2.465 \times \dfrac{0.1625}{5^2} = 0.016 \end{cases}$$

$$\overline{U}_z = 1 - \alpha e^{-\beta t} = 1 - 0.811 e^{-0.016 t} = 0.80 \to t = \frac{\ln\left(\frac{0.8-1}{-0.811}\right)}{-0.016} = 87.5 \text{d}$$

【解3】竖向渗透系数 $k_v = 5.8 \times 10^{-7} \text{cm/s} = \dfrac{5.8 \times 10^{-7} \div 100}{\dfrac{1}{24 \times 3600}} \text{m/d} = 5 \times 10^{-4} \text{m/d}$

土层压缩模量 $E_s = \dfrac{1+e_0}{\alpha} = \dfrac{1+1.6}{800} \text{kPa}$

竖向固结系数 $c_v = \dfrac{k_v E_s}{\gamma_w} = \dfrac{5 \times 10^{-4}(1+1.6)}{800 \times 10} = 0.1625 \text{m}^2/\text{d}$

底层砂土透水，双面排水，处理土层计算厚度 $H = 10 \div 2 = 5\text{m}$

竖向固结

$$\begin{cases} \alpha = \dfrac{8}{\pi^2} = 0.811 \\ \beta = \dfrac{\pi^2}{4} \cdot \dfrac{c_v}{H^2} = 2.465 \dfrac{c_v}{H^2} = 2.465 \times \dfrac{0.1625}{5^2} = 0.016 \end{cases}$$

$$t = \frac{\ln\left(\dfrac{1-\overline{U}_z}{\alpha}\right)}{-\beta} = \frac{\ln\left(\dfrac{1-0.8}{0.811}\right)}{-0.016} = 87.5 \text{d}$$

【注】① 单位换算：比较解1和解2，这里使用了两种"方式"求解，注意不是两种方法哦，目的是为了演示单位换算的技巧，怎样换算的过程也已经很详细了。涉及时间、力、长度等复合单位的，可以先把所用的单位换算成国际单位，最后再根据题目选项的单位进行换算，比如这道题渗透系数给的单位是"cm/s"，把涉及的长度单位换算为"m"，时间单位换算为"s"，那么最终得到的时间单位自然是"s"，如解1，然后在换算成选项要求的时间单位"d"。当然也可以根据选项的单位提前统一换算，那么把所涉及的长度单位都换算为"m"，时间单位换算为"d"，这样求解得到的时间单位自然是"d"，如解2。

② 一般情况下，求"过程量"，不建议大家自己去推导公式，特别是当公式比较复杂的时候，求"过程量"处理方法是"代入数据，最后求解一个简单的方程即可"，解方程比现推导公式效率高，准确率也高。但"固结预压"这一知识点，预压时间 t 虽然是一个"过程量"，但经常通过固结度求预压时间，所以也可以直接使用我们总结好的预压时间公式进行求解，如解 2。后面再遇到求解预压时间 t 的题，我们就直接使用公式了，不再推导过程。

2003D19

某港口堆场区，分布有 15m 厚的软黏土层，其下为粉细砂层，经比较，地基处理采用砂井加固，井径 $d_w = 0.4$m，井距 $s = 2.5$m，按等边三角形布置。土的固结系数 $c_v = c_h = 1.5 \times 10^{-3} \text{cm}^2/\text{s}$。在大面积荷载作用下，按径向固结考虑，当固结度达到 80% 时所需要的时间为(　　)。

(A) 130d　　　　　　　　　　(B) 125d
(C) 120d　　　　　　　　　　(D) 115d

【解】题目已明确按径向固结考虑

径向固结系数 $c_h = 1.5 \times 10^{-3} \text{cm}^2/\text{s} = 1.5 \times 10^{-3} \times 8.64 = 0.01296 \text{m}^2/\text{d}$

竖井间距 $s = 2.5$m

按等边三角形布置，竖井有效影响范围的直径 $d_e = 1.05 \times 2.5 = 2.625$m

竖井直径 $d_w = 0.4$m

井径比 $n = \dfrac{d_e}{d_w} = \dfrac{2.625}{0.4} = 6.56$

则 $F_n = \dfrac{n^2}{n^2-1}\ln(n) - \dfrac{3n^2-1}{4n^2} = \dfrac{6.56^2}{6.56^2-1} \times \ln(6.56) - \dfrac{3 \times 6.56^2 - 1}{4 \times 6.56^2} = 1.18$

径向固结

$$\begin{cases} \alpha = 1 \\ \beta = \dfrac{8}{F_n} \cdot \dfrac{c_h}{d_e^2} = \dfrac{8}{1.18} \times \dfrac{0.01296}{2.625^2} = 0.0128 \end{cases}$$

$t = \dfrac{\ln(1-\overline{U}_r)}{-\beta} = \dfrac{\ln(1-0.8)}{-0.0128} = 125.73$d

【注】径向固结，和处理土层计算厚度 H 无关。

2004C22

在采用塑料排水板进行软土地基处理时需换算成等效砂井直径，现有宽 100mm、厚 3mm 的排水板，等效砂井换算直径应取(　　)。

(A) 55mm　　　　　　　　　　(B) 60mm
(C) 65mm　　　　　　　　　　(D) 70mm

【解】有塑料排水板，等效砂井换算直径 $d_w = 2(a+b)/\pi = 2 \times (100+3)/3.14 = 65.6$mm

2005C17

某工程场地为饱和软土地基,并采用堆载预压法处理,以砂井作为竖向排水体,砂井直径:0.3m,砂井长 $h=15$m,井距 $s=3.0$m,按等边三角形布置,该地基土水平向固结系数 $c_h=2.6\times10^{-2}$m^2/d,在瞬时加荷下,径向固结度达到85%所需的时间最接近下列( )选项中的值。

(A) 125d (B) 136d
(C) 147d (D) 158d

【解】题目已明确按径向固结考虑

径向固结系数 $c_h=0.026$m^2/d

竖井间距 $s=3.0$m

按等边三角形布置,竖井有效影响范围的直径 $d_e=1.05\times3.0=3.15$m

竖井直径 $d_w=0.3$m

井径比 $n=\dfrac{d_e}{d_w}=\dfrac{3.15}{0.3}=10.5$

则 $F_n=\dfrac{n^2}{n^2-1}\ln(n)-\dfrac{3n^2-1}{4n^2}=\dfrac{10.5^2}{10.5^2-1}\times\ln(10.5)-\dfrac{3\times10.5^2-1}{4\times10.5^2}=1.63$

径向固结
$$\begin{cases}\alpha=1\\ \beta=\dfrac{8}{F_n}\cdot\dfrac{c_h}{d_e^2}=\dfrac{8}{1.63}\times\dfrac{0.026}{3.15^2}=0.0129\end{cases}$$

$t=\dfrac{\ln(1-\overline{U}_r)}{-\beta}=\dfrac{\ln(1-0.85)}{-0.0129}=147.1$d

2006D17

某地基软黏土层厚18m,其下为砂层,土的水平向固结系数为 $c_h=3.0\times10^{-3}$cm^2/s,现采用预压法固结,砂井作为竖向排水通道打穿至砂层,砂井直径为 $d_w=0.3$m,井距2.8m,等边三角形布置,预压荷载为120kPa,在大面积预压荷载作用下按《建筑地基处理技术规范》计算,预压150d时地基达到的固结度(为简化计算,不计竖向固结度)最接近下列何值?

(A) 0.95 (B) 0.90
(C) 0.85 (D) 0.80

【解】题目已明确只按径向固结考虑

径向固结系数 $c_h=0.003\times8.64=0.02592$m^2/d

竖井间距 $s=2.8$m

按等边三角形布置,竖井有效影响范围的直径 $d_e=1.05\times2.8=2.94$m

竖井直径 $d_w=0.3$m

井径比 $n=\dfrac{d_e}{d_w}=\dfrac{2.94}{0.3}=9.8$

则 $F_n = \dfrac{n^2}{n^2-1}\ln(n) - \dfrac{3n^2-1}{4n^2} = \dfrac{9.8^2}{9.8^2-1} \times \ln(9.8) - \dfrac{3 \times 9.8^2 - 1}{4 \times 9.8^2} = 1.56$

径向固结

$\begin{cases} \alpha = 1 \\ \beta = \dfrac{8}{F_n} \cdot \dfrac{c_h}{d_e^2} = \dfrac{8}{1.56} \times \dfrac{0.02592}{2.94^2} = 0.0154 \end{cases}$

$\overline{U}_z = 1 - \alpha e^{-\beta t} = 1 - e^{-0.0154 \times 150} = 0.90$

2007D7

在 100kPa 大面积荷载的作用下，3m 厚的饱和软土层排水固结，排水条件如题图所示，从此土层中取样进行常规固结试验，测读试样变形与时间的关系，已知在 100kPa 试验压力下，达到固结度为 90% 的时间为 0.5 小时，预估 3m 厚的土层达到 90% 固结度的时间最接近于下列何值？

(A) 1.3 年　　　(B) 2.6 年
(C) 5.2 年　　　(D) 6.5 年

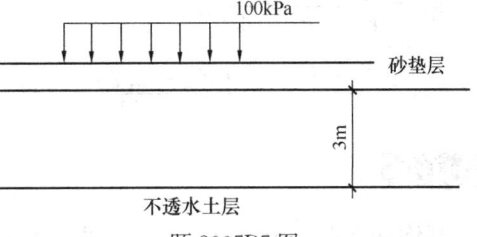

题 2007D7 图

【解】室内固结试验，竖向固结，环刀高度 20mm，双面排水，故土层计算厚度 $H_1 = 0.02 \div 2 = 0.01$m

竖向固结度 $\overline{U}_{z1} = 1 - \alpha e^{-\beta t_1} = 1 - \dfrac{8}{\pi^2} e^{-\frac{\pi^2}{4}\frac{c_v}{H_1^2} t_1} = 0.90$ ①

图示固结，层底不透水，单面排水，故土层计算厚度 $H_2 = 3$m
且土性是相同的，竖向固结系数 c_v 相同

竖向固结度 $\overline{U}_{z2} = 1 - \alpha e^{-\beta t_2} = 1 - \dfrac{8}{\pi^2} e^{-\frac{\pi^2}{4}\frac{c_v}{H_2^2} t_2} = 0.90$ ②

①②两式联立得 $\dfrac{t_1}{H_1^2} = \dfrac{t_2}{H_2^2} \to \dfrac{t_1}{3^2} = \dfrac{0.5}{0.01^2} \to t_1 = 45000\text{h} = 5.137$ 年

【注】这道题考查固结试验，以及预压固结基本概念和原理。常规固结试验，环刀试样高度 20mm，双面排水。

2010C15

某软土地基拟采用堆载预压法加固，已知淤泥的水平向固结系数为 $c_h = 3.5 \times 10^{-4}$ cm²/s，塑料排水板宽度为 100mm，厚度为 4mm，间距为 1.0m，等边三角形布置，预压荷载一次施加，如果不计竖向排水固结和排水板的井阻及涂抹的影响，按《建筑地基处理技术规范》计算，试问当淤泥固结度达到 90% 时，所需的预压时间与下列何项数值最为接近？

(A) 5 个月　　　　　　　　(B) 7 个月
(C) 8 个月　　　　　　　　(D) 10 个月

【解】题目已明确按径向固结考虑，且不考虑涂抹和井阻影响

径向固结系数 $c_h = 3.5 \times 10^{-4}$ cm²/s $= 3.5 \times 10^{-4} \times 8.64 = 0.003024$ m²/d

竖井间距 $s = 1.0\text{m}$

按等边三角形布置，竖井有效影响范围的直径 $d_e = 1.05 \times 1.0 = 1.05\text{m}$

若有塑料排水带，宽度 $a = 0.1\text{m}$，厚度 $b = 0.004\text{m}$

则竖井直径 $d_w = 2(a+b)/\pi = 2 \times (0.1 + 0.004)/\pi = 0.06624\text{m}$

井径比 $n = \dfrac{d_e}{d_w} = \dfrac{1.05}{0.06624} = 15.82 > 15$

此时可按简化 F_n 计算，则 $F_n = \ln(n) - \dfrac{3}{4} = \ln(15.82) - \dfrac{3}{4} = 2.0$

径向固结

$$\begin{cases} \alpha = 1 \\ \beta = \dfrac{8}{F_n} \cdot \dfrac{c_h}{d_e^2} = \dfrac{8}{2.0} \times \dfrac{0.003024}{1.05^2} = 0.011 \end{cases}$$

$$t = \dfrac{\ln(1 - \overline{U}_r)}{-\beta} = \dfrac{\ln(1 - 0.9)}{-0.011} = 209.3\text{d}，故约 7 个月$$

2011D14

某饱和淤泥质土层厚 6.00m，固结系数 $c_v = 1.9 \times 10^{-2} \text{cm}^2/\text{s}$，在大面积堆载作用下，淤泥质土层发生固结沉降，其竖向平均固结度与时间因数关系见题表。当竖向平均固结度 $\overline{U}_z$ 达 75% 时，所需预压的时间最接近下列哪个选项？

(A) 60d   (B) 100d   (C) 140d   (D) 80d

平均固结度与时间因数关系

竖向平均固结度 $\overline{U}_z$（%）	25	50	75	90
时间因数 T_v	0.050	0.196	0.450	0.850

【解1】竖向固结系数 $c_v = 1.9 \times 10^{-2} \text{cm}^2/\text{s} = 1.9 \times 10^{-2} \times 8.64 = 0.16416 \text{m}^2/\text{d}$

未注明淤泥质土层底层土性，按单面排水考虑，处理土层计算厚度 $H = 6\text{m}$

竖向固结

$$\begin{cases} \alpha = \dfrac{8}{\pi^2} = 0.811 \\ \beta = \dfrac{\pi^2}{4} \cdot \dfrac{c_v}{H^2} = 2.465 \dfrac{c_v}{H^2} = 2.465 \times \dfrac{0.16416}{6^2} = 0.01124 \end{cases}$$

$$t = \dfrac{\ln\left(\dfrac{1 - \overline{U}_z}{\alpha}\right)}{-\beta} = \dfrac{\ln\left(\dfrac{1 - 0.75}{0.811}\right)}{-0.01124} = 104.6\text{d}$$

【解2】利用"时间因子"这个概念

未注明淤泥质土层底层土性，按单面排水考虑，处理土层计算厚度 $H = 6.0\text{m}$

查表当竖向平均固结度 $\overline{U}_z$ 达 75% 时

时间因数 $T_v = \dfrac{c_v}{H^2} t = \dfrac{1.9 \times 10^{-2}}{600^2} t = 0.450 \rightarrow t = 8526315.8\text{s} = 98.7\text{d}$

【注】对时间因子概念有所了解即可。解1是利用固结度求解，解2是利用时间因子求解，简单些。两者计算有误差，是因为题目给的数值本身就有误差，即当时间因子 T_v

$=0.450$ 时,固结度 $\overline{U}_z = 1 - \alpha e^{-\beta t} = 1 - 0.811 e^{-2.465\frac{c_v}{H^2}t} = 1 - 0.811 e^{-2.465\times 0.450} = 0.732$,换句话说,当固结度 $\overline{U}_z = 75\%$ 时,时间因子并不完全对应于表格中给的时间因子 $T_v = 0.450$。

2012C17

某地基软黏土层厚 10m,其下为砂层,土的固结系数为 $c_h = c_v = 1.8 \times 10^{-3}$ cm²/s。采用塑料排水板固结排水。排水板宽 $a = 100$mm,厚度 $b = 4$mm,塑料排水板正方形排列,间距 $s = 1.2$m,深度打至砂层顶,在大面积瞬时预压荷载 120kPa 作用下,按《建筑地基处理技术规范》计算,预压 60d 时地基达到的固结度最接近下列哪个值?(为简化计算,不计竖向固结度,不考虑涂抹和井阻影响)

(A) 65% (B) 73% (C) 83% (D) 91%

【解】

题目已明确按径向固结考虑,且不考虑涂抹和井阻影响

径向固结系数 $c_h = 1.8 \times 10^{-3}$ cm²/s $= 1.8 \times 10^{-3} \times 8.64 = 0.0156$ m²/d

竖井间距 $s = 1.2$m

按正方形布置,竖井有效影响范围的直径 $d_e = 1.13 \times 1.2 = 1.356$m

若有塑料排水带,宽度 $a = 0.1$m,厚度 $b = 0.004$m

则竖井直径 $d_w = 2(a+b)/\pi = 2 \times (0.1 + 0.004)/\pi = 0.06624$m

井径比 $n = \dfrac{d_e}{d_w} = \dfrac{1.356}{0.06624} = 20.47 > 15$

此时可按简化 F_n 计算,则 $F_n = \ln(n) - \dfrac{3}{4} = \ln(20.47) - \dfrac{3}{4} = 2.27$

径向固结

$\begin{cases} \alpha = 1 \\ \beta = \dfrac{8}{F_n} \cdot \dfrac{c_h}{d_e^2} = \dfrac{8}{2.27} \times \dfrac{0.0156}{1.356^2} = 0.0299 \end{cases}$

$\overline{U}_r = 1 - \alpha e^{-\beta t} = 1 - e^{-0.0299 \times 60} = 0.83$

2012D16

某堆载预压法工程,典型地质剖面如题图所示,填土层重度为 18kN/m³,砂垫层重度为 20kN/m³,淤泥层重度为 16kN/m³,$e_0 = 2.15$,$c_v = c_h = 3.5 \times 10^{-4}$ cm²/s。如果塑料排水板断面尺寸为 100mm×4mm,间距为 1.0m×1.0m,正方形布置,长 14.0m,堆载一次施加,问预压 8 个月后,软土平均固结度 U 最接近以下哪个选项?

(A) 85% (B) 91%
(C) 93% (D) 96%

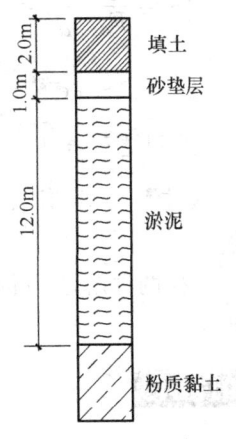

题 2012D16 图

【解 1】求软土平均固结度 U,竖向固结和径向固结均考虑。

竖向和径向固结系数 $c_v = c_h = 3.5 \times 10^{-4}$ cm²/s $= 3.5 \times 10^{-4} \times$

$8.64 = 0.003 \text{m}^2/\text{d}$

竖井间距 $s = 1\text{m}$

按正方形布置，竖井有效影响范围的直径 $d_e = 1.13 \times 1 = 1.13\text{m}$

若有塑料排水带，宽度 $a = 0.1\text{m}$，厚度 $b = 0.004\text{m}$

则竖井直径 $d_w = 2(a+b)/\pi = 2 \times (0.1 + 0.004)/\pi = 0.06624\text{m}$

井径比 $n = \dfrac{d_e}{d_w} = \dfrac{1.13}{0.06624} = 17.059 > 15$

此时可按简化 F_n 计算，则 $F_n = \ln(n) - \dfrac{3}{4} = \ln(17.059) - \dfrac{3}{4} = 2.087$

底层粉质黏土可认为不透水，单面排水，处理土层计算厚度 $H = 12\text{m}$

总固结

$$\begin{cases} \alpha = \dfrac{8}{\pi^2} = 0.811 \\ \beta = 2.465\dfrac{c_v}{H^2} + \dfrac{8}{F_n} \cdot \dfrac{c_h}{d_e^2} = 2.465 \times \dfrac{0.003}{12^2} + \dfrac{8}{2.087} \times \dfrac{0.003}{1.13^2} = 0.0091 \end{cases}$$

$\overline{U} = 1 - \alpha e^{-\beta t} = 1 - 0.811 e^{-0.0091 \times 240} = 0.909$

【解2】

竖向固结

$$\begin{cases} \alpha = \dfrac{8}{\pi^2} = 0.811 \\ \beta = \dfrac{\pi^2}{4} \cdot \dfrac{c_v}{H^2} = 2.465 \times \dfrac{0.003}{12^2} = 0.000051 \end{cases}$$

$\overline{U}_z = 1 - \alpha e^{-\beta t} = 1 - 0.811 e^{-0.000051 \times 240} = 0.199$

径向固结

$$\begin{cases} \alpha = 1 \\ \beta = \dfrac{8}{F_n} \cdot \dfrac{c_h}{d_e^2} = \dfrac{8}{2.087} \times \dfrac{0.003}{1.13^2} = 0.009 \end{cases}$$

$\overline{U}_r = 1 - \alpha e^{-\beta t} = 1 - e^{-0.009 \times 240} = 0.885$

总固结 $\overline{U} = 1 - (1 - \overline{U}_z)(1 - \overline{U}_r) = 1 - (1 - 0.199) \times (1 - 0.885) = 0.908$

【注】① 由第二种解法可以看出，当存在排水板的时候，径向固结比竖向固结大得多。

② 两种解法数值不完全一致，是因为计算过程中，有效数字的取舍计算误差引起的。

2017D13

某深厚软黏土地基，采用堆载预压法处理，塑料排水带宽度100mm，厚度5mm，平面布置如题图所示。按照《建筑地基处理技术规范》，求塑料排水带竖井的井径比 n 最接近下列何值？（图中尺寸单位为 mm）

(A) 13.5　　　(B) 14.3
(C) 15.2　　　(D) 16.1

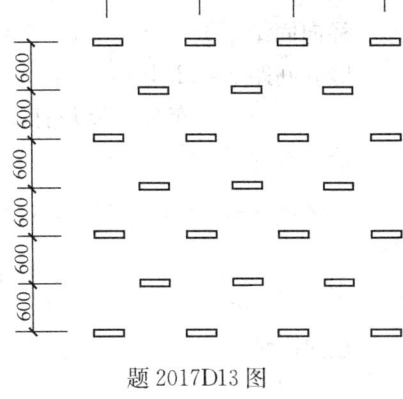

题 2017D13 图

【解1】塑料排水板正方形排列既不是正三角形布置，也不是正方形布置，属于不规则布置，因此按照置换率的概念求解竖井有效影响范围的直径 d_e。

有塑料排水板，竖井直径 $d_w = 2(a+b)/\pi = 2 \times (0.1+0.005)/3.14 = 0.06688\text{m}$

选取重复出现的小单元

置换率 $m = \dfrac{d_w^2}{d_e^2} = \dfrac{\text{小单元内竖井截面面积}}{\text{小单元面积}} = \dfrac{3.14 \times d_w^2 \div 4 \times 2}{1.2 \times 1.2} = \dfrac{d_w^2}{(0.9577)^2}$

所以 $d_e = 0.9577$

井径比 $n = \dfrac{d_e}{d_w} = \dfrac{0.9577}{0.06688} = 14.31$

【解2】塑料排水带是平行四边形布置，可看作为矩形布置。

则 $d_e = 1.13\sqrt{lb} = 1.13\sqrt{1.2 \times 0.6} = 0.9588$

井径比 $n = \dfrac{d_e}{d_w} = \dfrac{0.9588}{0.06688} = 14.33$

【注】① 本题关键是理解有效影响范围的直径 d_e 的计算；② 两种方法求解有误差，是因为计算精度导致的；③ 关于置换率 m 的讲解，具体见本专题"4.5.1 置换率"，可以学完整个"4.5 复合地基"节，再来理解此题，这题是考查基本概念和原理的。

2018C14

某建筑场地上部分布有 12m 厚的饱和软黏土，其下为粗砂层，拟采用砂井预压固结法加固地基，设计砂井直径 $d_w = 400\text{mm}$，井距 2.4m，正三角形布置，砂井穿透软黏土层。若饱和软黏土的竖向固结系数 $c_v = 0.01\text{m}^2/\text{d}$，水平固结系数 c_h 为 c_v 的 2 倍，预压荷载一次施加，加载后 20d，竖向固结度与径向固结度之比最接近下列哪个选项？（不考虑涂抹和井阻影响）

(A) 0.20　　　(B) 0.30　　　(C) 0.42　　　(D) 0.56

【解1】竖向固结

竖向固结系数 $c_v = 0.01\text{m}^2/\text{d}$

底层粗砂土透水，双面排水，且砂井穿透软黏土层，处理土层计算厚度 $H = 12 \div 2 = 6\text{m}$

竖向固结

$$\begin{cases} \alpha = \dfrac{8}{\pi^2} = 0.811 \\ \beta = \dfrac{\pi^2}{4} \cdot \dfrac{c_v}{H^2} = 2.465 \times \dfrac{0.01}{6^2} \end{cases}$$

$$\overline{U}_z = 1 - \alpha e^{-\beta t} = 1 - 0.811 e^{-2.465 \times \frac{0.01}{6^2} \times 20} = 0.20$$

径向固结系数 $c_h = 0.01 \times 2 = 0.02 \text{m}^2/\text{d}$

竖井间距 $s = 2.4\text{m}$；

按等边三角形布置，竖井有效影响范围的直径 $d_e = 1.05 \times 2.4 = 2.52\text{m}$；

竖井直径 $d_w = 0.4\text{m}$；

井径比 $n = \dfrac{d_e}{d_w} = \dfrac{2.52}{0.4} = 6.3$

则 $F_n = \dfrac{n^2}{n^2-1}\ln(n) - \dfrac{3n^2-1}{4n^2} = \dfrac{6.3^2}{6.3^2-1}\ln(6.3) - \dfrac{3 \times 6.3^2 - 1}{4 \times 6.3^2} = 1.145$

径向固结
$$\begin{cases} \alpha = 1 \\ \beta = \dfrac{8}{F_n} \cdot \dfrac{c_h}{d_e^2} = \dfrac{8}{1.145} \times \dfrac{0.02}{2.52^2} \end{cases}$$

$$\overline{U}_r = 1 - \alpha e^{-\beta t} = 1 - e^{-\frac{8}{1.145} \times \frac{0.02}{2.52^2} \times 20} = 0.356$$

竖向固结度与径向固结度之比 $= 0.20 \div 0.356 = 0.561$

【解 2】 竖向固结

先假定 $\overline{U}_z < 30\%$

$$T_v = \dfrac{c_v}{H^2} t = \dfrac{0.01}{6^2} \times 20 = 0.0056$$

根据《土力学》（第二版）（清华大学李广信编）P157 式 (4-44a) $T_v = \dfrac{\pi}{4}\overline{U}_z^2 \leftarrow (\overline{U}_z \leq 0.6)$

得 $\overline{U}_z = \sqrt{\dfrac{4T_v}{\pi}} = \sqrt{\dfrac{4 \times 0.056}{3.14}} = 0.084 < 0.3$，满足要求和假定

径向固结 $\overline{U}_r = 0.356$，计算同解 1

因此竖向固结度与径向固结度之比 $= 0.084 \div 0.356 = 0.239$

【注】 ①此题不严谨，据规范表 5.2.7 中规定，上述规范公式适用于竖向固结度大于 30% 的情况，而此题求解出竖向固结度为 20%，严格来讲不能采用规范公式，即不能采用解 1，解 2 才是正确解法，但从选项设置来看，是使用解 1 求解，考场上碰到此类题也只能"将错就错"，充分体会出题人意图。解 1 和解 2 理应都会按正确处理。

②解 2 是正确解法，当 $0.3 \geq \overline{U}_z$ 时，应该使用土力学公式 $T_v = \dfrac{\pi}{4}\overline{U}_z^2 \leftarrow (\overline{U}_z \leq 0.6)$；当固结度在 $0.3 < \overline{U}_z \leq 0.6$ 范围内时，可以使用上式，也可以使用规范公式（解 1 中所用公式），使用上式计算精度更高，但一般使用规范公式即可；当 $0.6 < \overline{U}_z$ 时，使用规范公式即可。

8.2.2 一级或多级等速加载理论——按《建筑地基处理技术规范》

2004D20

如题图所示，某场地中淤泥质黏土厚 15m，下为不透水土层，该淤泥质黏土层固结系数 $c_h = c_v = 2.0 \times 10^{-3} \text{cm}^2/\text{s}$，拟采用大面积堆载预压法加固，采用袋装砂井排水，井径

$d_w=70$mm，砂井按等边三角形布置，井距 $s=1.4$ m，井深度 15m，预压荷载 $p=60$kPa；一次匀速施加，时间为 12d，开始加荷后 100d 平均总固结度接近下列(　　)。(按《建筑地基处理技术规范》计算)。

(A) 0.80 　　(B) 0.85 　　(C) 0.90 　　(D) 0.95

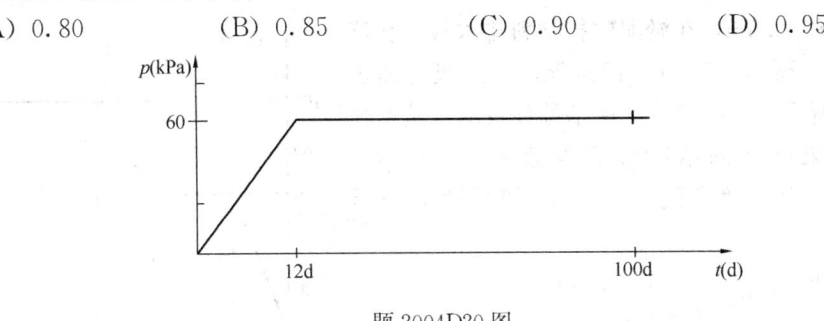

题 2004D20 图

【解】求软土平均固结度 U，竖向固结和径向固结均考虑。

竖向和径向固结系数 $c_v = c_h = 2.0 \times 10^{-3}$ cm²/s $= 2.0 \times 10^{-3} \times 8.64 = 0.017$ m²/d

竖井间距 $s = 1.4$m

按正方形布置，竖井有效影响范围的直径 $d_e = 1.13 \times 1.4 = 1.47$m

竖井直径 $d_w = 0.07$m

井径比 $n = \dfrac{d_e}{d_w} = \dfrac{1.47}{0.07} = 21 > 15$

此时可按简化 F_n 计算，则 $F_n = \ln n - \dfrac{3}{4} = \ln 21 - \dfrac{3}{4} = 2.3$

底层不透水，单面排水，处理土层计算厚度 $H = 15$m

总固结

$$\begin{cases} \alpha = \dfrac{8}{\pi^2} = 0.811 \\ \beta = 2.465\dfrac{c_v}{H^2} + \dfrac{8}{F_n} \cdot \dfrac{c_h}{d_e^2} = 2.465 \times \dfrac{0.017}{15^2} + \dfrac{8}{2.3} \times \dfrac{0.017}{1.47^2} = 0.028 \end{cases}$$

只施加了一级荷载，施加荷载量 $p_i = 60$kPa

荷载加载速度 $q_i = 60 \div 12 = 5$kPa/d

荷载开始时刻 $T_{i-1} = 0$d

荷载结束时刻 $T_i = 12$d

加载第 $t = 100$d 固结度

$$\begin{aligned} \overline{U} &= \sum_{i=1}^{n} \dfrac{q_i}{\sum p_i}\left[(T_i - T_{i-1}) - \dfrac{\alpha}{\beta}e^{-\beta t} \cdot (e^{\beta T_i} - e^{\beta T_{i-1}})\right] \\ &= \dfrac{5}{60} \times \left[(12-0) - \dfrac{0.811}{0.028}e^{-0.028 \times 100} \times (e^{0.028 \times 12} - e^{0.028 \times 0})\right] \\ &= 0.941 \end{aligned}$$

或 $\begin{aligned} \overline{U} &= 1 - \sum_{i=1}^{n} \dfrac{q_i}{\sum p_i} \cdot \dfrac{\alpha}{\beta}e^{-\beta t} \cdot (e^{\beta T_i} - e^{\beta T_{i-1}}) \\ &= 1 - \dfrac{5}{60} \times \dfrac{0.811}{0.028}e^{-0.028 \times 100} \times (e^{0.028 \times 12} - e^{0.028 \times 0}) \\ &= 0.941 \end{aligned}$

2013C13

拟对某淤泥土地基采用预压法加固，已知淤泥的固结系数 $c_h = c_v = 2.0 \times 10^{-3} \text{cm}^2/\text{s}$，淤泥层厚度为 20.0m，在淤泥中打塑料排水板，长度打穿淤泥层，预压荷载 $p = 100\text{kPa}$，分两级等速加载，如题图所示，按照《建筑地基处理技术规范》公式计算，如果已知固结度计算参数 $\alpha = 0.8$，$\beta = 0.025$，问地基固结度达到 90% 时预压时间为以下哪个选项？

  (A) 110d   (B) 125d
  (C) 150d   (D) 180d

题 2013C13 图

【解】

已给 $\begin{cases} \alpha = 0.8 \\ \beta = 0.025 \end{cases}$

施加了两级荷载

第 1 级荷载，施加荷载量 $p_1 = 60\text{kPa}$；第 1 级荷载加载速度 $q_1 = 60 \div 20 = 3\text{kPa/d}$

第 1 级荷载开始时刻 $T_{i-1} = 0\text{d}$；第 1 级荷载结束时刻 $T_i = 20\text{d}$

第 2 级荷载，施加荷载量 $p_2 = 100 - 60 = 40\text{kPa}$；第 2 级荷载加载速度 $q_1 = 40 \div 20 = 2\text{kPa/d}$

第 2 级荷载开始时刻 $T_{i-1} = 50\text{d}$；第 2 级荷载结束时刻 $T_i = 70\text{d}$

加载第 t 天固结度

$$\overline{U} = \sum_{i=1}^{n} \frac{q_i}{\sum p_i} \left[(T_i - T_{i-1}) - \frac{\alpha}{\beta} e^{-\beta t} \cdot (e^{\beta T_i} - e^{\beta T_{i-1}}) \right]$$

$$= \frac{3}{100} \times \left(20 - 0 - \frac{0.8}{0.025} e^{-0.025t} \times (e^{0.025 \times 20} - e^{0.0285 \times 0}) \right) + \frac{2}{100}$$

$$\times \left(70 - 50 - \frac{0.8}{0.025} e^{-0.025t} \times (e^{0.025 \times 70} - e^{0.0285 \times 50}) \right)$$

$$= 0.9$$

化简得 $207.2 e^{-0.025t} = 10 \rightarrow t = \dfrac{\ln(20.72)}{-0.025} = 121.24\text{d}$

8.2.3 多级瞬时或等速加载理论——按《水运工程地基设计规范》

2003C20

某港陆域工程区为冲填土地基，土质很软，采用砂井预压加固，分期加荷：

第一级荷重 40kPa，加荷 14 天，间歇 20 天后加第二级荷重；
第二级荷重 30kPa，加荷 6 天，间歇 25 天后加第三级荷重；
第三级荷重 20kPa，加荷 4 天，间歇 26 天后加第四级荷重；
第四级荷重 20kPa，加荷 4 天，间歇 28 天后加第五级荷重；
第五级荷重 10kPa，瞬时加上。

问第五级荷重施加时，土体总固结度已达到（   ）。（加荷等级和时间关系见题图）
(A) 82.0%   (B) 70.6%   (C) 68.0%   (D) 80.0%

加荷顺序	荷重 P_i（kPa）	加荷日期（d）	竖向固结度（U_z）	径向固结度（U_r）
1	40	120	17%	88%
2	30	90	15%	79%
3	20	60	11%	67%
4	20	30	7%	46%
5	10	0	0	0

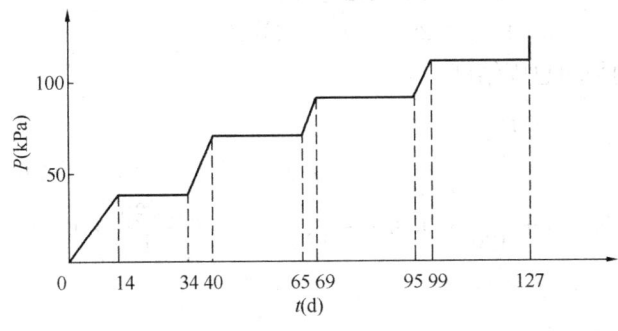

题 2003C20 图

【解】 求第五级荷重施加时，土体总固结度

第五级荷载施加时，是第 127 天，即总荷载要计算到 $t=127$ 的平均固结度

共施加了五级荷载

第 1 级施加荷载量 $P_1=40\text{kPa}$

第 1 级荷载加载时刻，非瞬时加载，则按中间时刻算 $T_1=\dfrac{T_i^0+T_i^f}{2}=\dfrac{0+14}{2}=7\text{d}$

第 1 级荷载预压时间 $t-T_1=127-7=120\text{d}$

第 1 级荷载从加载时刻到 t 时刻平均总固结度 $U_{rz1(120)}=1-(1-0.17)\times(1-0.88)=0.900$

第 2 级施加荷载量 $P_2=30\text{kPa}$

第 2 级荷载加载时刻，非瞬时加载，则按中间时刻算 $T_2=\dfrac{T_i^0+T_i^f}{2}=\dfrac{34+40}{2}=37\text{d}$

第 2 级荷载预压时间 $t-T_2=127-37=90\text{d}$

第 2 级荷载从加载时刻到 t 时刻平均总固结度 $U_{rz2(90)}=1-(1-0.15)\times(1-0.79)=0.822$

第 3 级施加荷载量 $P_3=20\text{kPa}$

第 3 级荷载加载时刻，非瞬时加载，则按中间时刻算 $T_3=\dfrac{T_i^0+T_i^f}{2}=\dfrac{65+69}{2}=67\text{d}$

第 3 级荷载预压时间 $t-T_3=127-67=60\text{d}$

第 3 级荷载从加载时刻到 t 时刻平均总固结度 $U_{rz3(60)}=1-(1-0.11)\times(1-0.67)=0.706$

8 地基处理专题

第 4 级施加荷载量 $P_4 = 20 \text{kPa}$

第 4 级荷载加载时刻，非瞬时加载，则按中间时刻算 $T_4 = \dfrac{T_i^0 + T_i^t}{2} = \dfrac{95+99}{2} = 97\text{d}$

第 4 级荷载预压时间 $t - T_4 = 127 - 97 = 30\text{d}$

第 4 级荷载从加载时刻到 t 时刻平均总固结度 $U_{rz4(30)} = 1 - (1-0.07) \times (1-0.46) = 0.490$

第 5 级施加荷载量 $P_5 = 10 \text{kPa}$

第 5 级荷载加载时刻，瞬时加载，$T_5 = 127\text{d}$

第 5 级荷载预压时间 $t - T_5 = 127 - 127 = 0\text{d}$

第 5 级荷载从加载时刻到 t 时刻平均总固结度 $U_{rz5(0)} = 1 - (1-0) \times (1-0) = 0$

总荷载 $\sum P_i = 40 + 30 + 20 + 20 + 10 = 120\text{kPa}$

总荷载至 t 时刻平均总固结度

$$U_{rz} = \sum_{i=1}^{n} U_{rzi(t-T_i)} \cdot \dfrac{P_i}{\sum P_i}$$

$$= \dfrac{40}{120} \times 0.900 + \dfrac{30}{120} \times 0.822 + \dfrac{20}{120} \times 0.706 + \dfrac{20}{120} \times 0.490 + \dfrac{10}{120} \times 0$$

$$= 0.706$$

【注】 ① 第五级荷载是瞬时施加的，虽然它本身的固结度为 0，也就是说还未产生沉降，但是加了第五级荷载，总沉降就会发生变化，固结度本质定义就是某时刻的沉降与总沉降的比值，所以加不加第五级荷载对总荷载的平均总固结度是有影响的，这一点一定要理解清楚。

② 本题解答过程相当详细，或者说书中解答大都详细极了，是从大家备考角度出发，为了让大家抓住本质，更好地理解，特别是题目中表格中，"加荷日期"这一列是怎么来的。考场上完全没必要这么详细。考场上解答如下：

$U_{rz1(120)} = 1 - (1-0.17) \times (1-0.88) = 0.900$

$U_{rz2(90)} = 1 - (1-0.15) \times (1-0.79) = 0.822$

$U_{rz3(60)} = 1 - (1-0.11) \times (1-0.67) = 0.706$

$U_{rz4(30)} = 1 - (1-0.07) \times (1-0.46) = 0.490$

$U_{rz5(0)} = 1 - (1-0) \times (1-0) = 0$

平均总固结度

$$U_{rz} = \sum_{i=1}^{n} U_{rzi(t-T_i)} \cdot \dfrac{P_i}{\sum P_i}$$

$$= \dfrac{40}{120} \times 0.900 + \dfrac{30}{120} \times 0.822 + \dfrac{20}{120} \times 0.706 + \dfrac{20}{120} \times 0.490 + \dfrac{10}{120} \times 0$$

$$= 0.706$$

或者更简洁一些，最后一步作答改为

平均总固结度

$$U_{rz} = \dfrac{40}{120} \times 0.900 + \dfrac{30}{120} \times 0.822 + \dfrac{20}{120} \times 0.706 + \dfrac{20}{120} \times 0.490 + \dfrac{10}{120} \times 0 = 0.706$$

根据评分标准，有必要的文字说明，不用出现具体公式，直接公式中代入数据，只要最后结果对,给分!考场时间很宝贵,所以有必要文字说明,越简洁越好!

2007D15

某软黏土地基采用预压排水固结法处理,根据设计,瞬时加载条件下不同时间的平均固结度见题表。加载计划如下:第一次加载量为30kPa,预压30天后第二次再加载30kPa,再预压30天后第三次再加载60kPa,如题图所示,自第一次加载后到120天时的平均固结度最接近下列哪个选项的数值?

(A) 0.800　　　　　　　　(B) 0.840
(C) 0.880　　　　　　　　(D) 0.920

t (d)	10	20	30	40	50	60	70	80	90	100	110	120
U (%)	37.7	51.5	62.2	70.6	77.1	82.1	86.1	89.2	91.6	93.4	94.9	96.0

【解】求总荷载,从第一次加载,到 $t=120$ 的平均固结度

共施加了3级荷载

第1级施加荷载量 $P_1 = 30\text{kPa}$

第1级荷载加载时刻,从图中可以看出,瞬时加载,则 $T_1 = 0\text{d}$

第1级荷载预压时间 $t - T_1 = 120 - 0 = 120\text{d}$

查表可得,第1级荷载从加载时刻到 t 时刻平均总固结度 $U_{rz1(120)} = 0.960$

第2级施加荷载量 $P_2 = 30\text{kPa}$

第2级荷载加载时刻,瞬时加载,则 $T_2 = 30\text{d}$

第2级荷载预压时间 $t - T_2 = 120 - 30 = 90\text{d}$

查表可得,第2级荷载从加载时刻到 t 时刻平均总固结度 $U_{rz2(90)} = 0.916$

第3级施加荷载量 $P_3 = 60\text{kPa}$

第3级荷载加载时刻,瞬时加载,则 $T_3 = 60\text{d}$

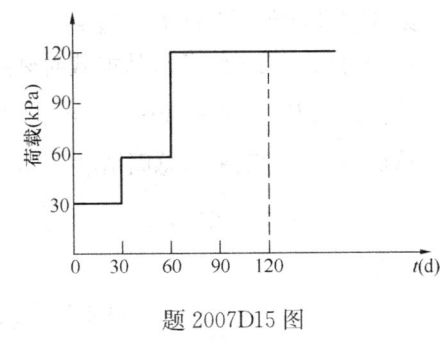

题 2007D15 图

第3级荷载预压时间 $t - T_3 = 120 - 60 = 60\text{d}$

查表可得,第3级荷载从加载时刻到 t 时刻平均总固结度 $U_{rz3(60)} = 0.821$

总荷载 $\Sigma P_i = 30 + 30 + 60 = 120\text{kPa}$

总荷载至 t 时刻平均总固结度

$$U_{rz} = \sum_{i=1}^{n} U_{rzi(t-T_i)} \cdot \frac{P_i}{\Sigma P_i} = \frac{30}{120} \times 0.96 + \frac{30}{120} \times 0.916 + \frac{60}{120} \times 0.821 = 0.880$$

2008C14

某软黏土地基采用排水固结法处理,根据设计,瞬时加载条件下加载后不同时间的平均固结度见题表(表中数据可内插)。加载计划如下:第一次加载(可视为瞬时加载,下同)量为30kPa,预压20天后第二次再加载30kPa,再预压20天后第三次再加载60kPa,第一次加载后到80天时观测到的沉降量为120cm,问到120天时,沉降量最接近下列哪一选项?

(A) 130cm　　　　　　　　　　　(B) 140cm
(C) 150cm　　　　　　　　　　　(D) 160cm

t (天)	10	20	30	40	50	60	70	80	90	100	110	120
U (%)	37.7	51.5	62.2	70.6	77.1	82.1	86.1	89.2	91.6	93.4	94.9	96.0

【解】
(1) 先求当加载至 $t = 80$ 天时的平均固结度
共施加了 3 级荷载
第 1 级施加荷载量 $P_1 = 30\text{kPa}$
第 1 级荷载加载时刻，从图中可以看出，瞬时加载，则 $T_1 = 0\text{d}$
第 1 级荷载预压时间 $t - T_1 = 80 - 0 = 80\text{d}$
查表可得，第 1 级荷载从加载时刻到 t 时刻平均总固结度 $U_{rz1(80)} = 0.892$
第 2 级施加荷载量 $P_2 = 30\text{kPa}$
第 2 级荷载加载时刻，瞬时加载，则 $T_2 = 20\text{d}$
第 2 级荷载预压时间 $t - T_2 = 80 - 20 = 60\text{d}$
查表可得，第 2 级荷载从加载时刻到 t 时刻平均总固结度 $U_{rz2(60)} = 0.821$
第 3 级施加荷载量 $P_3 = 60\text{kPa}$
第 3 级荷载加载时刻，瞬时加载，则 $T_3 = 40\text{d}$
第 3 级荷载预压时间 $t - T_3 = 80 - 40 = 40\text{d}$
查表可得，第 3 级荷载从加载时刻到 t 时刻平均总固结度 $U_{rz3(60)} = 0.706$
总荷载 $\sum P_i = 30 + 30 + 60 = 120\text{kPa}$
总荷载至 t 时刻平均总固结度

$$U_{rz} = \sum_{i=1}^{n} U_{rzi(t-T_i)} \cdot \frac{P_i}{\sum P_i}$$

$$= \frac{30}{120} \times 0.892 + \frac{30}{120} \times 0.821 + \frac{60}{120} \times 0.706 = 0.78125$$

此时沉降 $s_1 = 0.78125s = 120$ (s 为总沉降)　　　　　　①

(2) 再求当加载至 $t = 120$ 天时的平均固结度
第 1 级荷载预压时间 $t - T_1 = 120 - 0 = 120\text{d}$
查表可得，第 1 级荷载从加载时刻到 t 时刻平均总固结度 $U_{rz1(120)} = 0.960$
第 2 级荷载预压时间 $t - T_2 = 120 - 20 = 100\text{d}$
查表可得，第 2 级荷载从加载时刻到 t 时刻平均总固结度 $U_{rz2(90)} = 0.934$
第 3 级荷载预压时间 $t - T_3 = 120 - 40 = 80\text{d}$
查表可得，第 3 级荷载从加载时刻到 t 时刻平均总固结度 $U_{rz3(60)} = 0.892$
总荷载至 t 时刻平均总固结度

$$U_{rz} = \sum_{i=1}^{n} U_{rzi(t-T_i)} \cdot \frac{P_i}{\sum P_i}$$

$$= \frac{30}{120} \times 0.960 + \frac{30}{120} \times 0.934 + \frac{60}{120} \times 0.892 = 0.9195$$

此时沉降 $s_2 = 0.9195s$（s 为总沉降） ②

①②两式联立，即可得 $\dfrac{s_2}{0.9195} = \dfrac{120}{0.78125} \rightarrow s_2 = 141.23\text{cm}$

8.2.4 一级瞬时加载考虑涂抹和井阻影响

2014D14

拟对某淤泥质土地基采用预压法加固，已知淤泥的固结系数 $c_h = c_v = 2.0 \times 10^{-3}\text{cm}^2/\text{s}$，$k_h = 1.2 \times 10^{-7}\text{cm/s}$，淤泥层厚度为 10m，在淤泥层中设袋装砂井，砂井直径 $d_w = 70\text{mm}$，间距 1.5m，等边三角形排列，砂料渗透系数 $k_w = 2 \times 10^{-2}\text{cm/s}$，长度打穿淤泥层，涂抹区的渗透系数 $k_s = 0.3 \times 10^{-7}\text{cm/s}$，如果去涂抹区直径为砂井直径的 2.0 倍，按照《建筑地基处理技术规范》有关规定，问在瞬时加载条件下，考虑涂抹和井阻影响时，地基径向固结度达到 90% 时，预压时间最接近下列哪个选项？

(A) 120d (B) 150d
(C) 180d (D) 200d

【解】土层水平向渗透系数 $k_h = 1.2 \times 10^{-7}\text{cm/s}$

涂抹区水平向渗透系数 $k_s = 0.3 \times 10^{-7}\text{cm/s}$

砂料渗透系数 $k_w = 2 \times 10^{-2}\text{cm/s}$

涂抹区直径与竖井直径比值 $s' = 2$

打穿土层，竖井深度为处理土层厚度 $L = 1000\text{cm}$

径向固结系数 $c_h = 2.0 \times 10^{-3} \times 8.64 = 0.01728\text{m}^2/\text{d}$

竖井纵向通水量 $q_w = k_w A_w = k_w \cdot \dfrac{\pi d_w^2}{4} = 2 \times 10^{-2} \times \dfrac{3.14 \times 7^2}{4} = 0.769\text{cm}^3/\text{s}$

$$F_s = \left(\dfrac{k_h}{k_s} - 1\right)\ln(s') = \left(\dfrac{1.2 \times 10^{-7}}{0.3 \times 10^{-7}} - 1\right)\ln(2) = 2.079$$

$$F_r = \dfrac{\pi^2 L^2 k_h}{4 q_w} = \dfrac{k_h}{k_w} \cdot \dfrac{\pi L^2}{d_w^2} = \dfrac{3.14^2 \times 1000^2 \times 1.2 \times 10^{-7}}{4 \times 0.769} = 0.385$$

竖井间距 $s = 1.5\text{m}$

等边三角形排列，竖井有效影响范围的直径 $d_e = 1.05 \times 1.5 = 1.575\text{m}$

竖井直径 $d_w = 0.07\text{m}$

井径比 $n = \dfrac{d_e}{d_w} = \dfrac{1.575}{0.07} = 22.5 > 15$

$$F_n = \ln(n) - \dfrac{3}{4} = \ln(22.5) - \dfrac{3}{4} = 2.36$$

$$F = F_s + F_r + F_n = 2.079 + 0.385 + 2.36 = 4.824$$

径向固结

$$\begin{cases} \alpha = 1 \\ \beta = \dfrac{8}{F} \cdot \dfrac{c_h}{d_e^2} = \dfrac{8}{4.824} \cdot \dfrac{0.01728}{1.575^2} = 0.0115 \end{cases}$$

$$\overline{U}_\mathrm{r} = 1 - \alpha e^{-\beta t} \to t = \dfrac{\ln\left(\dfrac{1-\overline{U}_\mathrm{r}}{\alpha}\right)}{-\beta} = t = \dfrac{\ln\left(\dfrac{1-0.9}{1}\right)}{-0.0115} = 200.2\mathrm{d}$$

【注】① 也可以不计算竖井纵向通水量 q_w，因为它的作用是计算 F_r 的值，我们也可以直接利用公式 $F_\mathrm{r} = \dfrac{k_\mathrm{h}}{k_\mathrm{w}} \cdot \dfrac{\pi L^2}{d_\mathrm{w}^2}$ 计算。

② 几个渗透系数，这里不用换算单位，只要单位统一即可，最后做比值，就把单位消去了。

8.2.5 预压地基抗剪强度增加

2005D16

某地基饱和软黏土层厚度 15m，软黏土层中某点土体天然抗剪强度 $\tau_{f0} = 20\mathrm{kPa}$，三轴固结不排水抗剪强度指标 $c_\mathrm{cu} = 0$，$\varphi_\mathrm{cu} = 15°$，该地基采用大面积堆载预压加固，预压荷载为 120kPa，堆载预压到 120d 时，该点土的固结度达到 0.75，问此时该点土体抗剪强度最接近下列（　）选项中的值。

(A) 34kPa (B) 37kPa
(C) 40kPa (D) 44kPa

【解】地基土天然抗剪强度 $\tau_{f0} = 20\mathrm{kPa}$

三轴固结不排水试验测得土的总应力内摩擦角 $\varphi_\mathrm{cu} = 15°$

预压荷载引起该点的附加竖向应力 $\Delta\sigma_z = 120\mathrm{kPa}$

120d 时，该点土的固结度 $U_t = 0.75$

120d 时，该点土的抗剪强度

$$\tau_{ft} = \tau_{f0} + \Delta\sigma_z \cdot U_t \cdot \tan\varphi_\mathrm{cu} = 20 + 120 \times 0.75 \times \tan 15° = 44.11\mathrm{kPa}$$

2010D17

拟对厚度为 10.0m 的淤泥层进行预压法加固，已知淤泥面上铺设 1.0m 厚中粗砂垫层，再覆上 2.0m 压实填土，地下水位与砂层顶面齐平。淤泥三轴固结不排水试验得到的黏聚力 $c_\mathrm{cu} = 10.0\mathrm{kPa}$，内摩擦角 $\varphi_\mathrm{cu} = 9.5°$，淤泥面处的天然抗剪强度 $\tau_{f0} = 12.3\mathrm{kPa}$，中粗砂重度为 20kN/m³，填土重度为 18kN/m³，按《建筑地基处理技术规范》计算，如果要使淤泥面处抗剪强度值提高 50%，则要求该处的固结度至少达到以下哪个选项？

(A) 60% (B) 70%
(C) 80% (D) 90%

【解】地基土天然抗剪强度 $\tau_{f0} = 12.3\mathrm{kPa}$

三轴固结不排水试验测得土的总应力内摩擦角 $\varphi_\mathrm{cu} = 9.5°$

预压荷载引起该点的附加竖向应力 $\Delta\sigma_z = 1 \times (20-10) + 2.0 \times 1.8 = 46\mathrm{kPa}$

如果要使淤泥面处抗剪强度值提高 50%，则该点土的抗剪强度

$$\tau_{ft} = \tau_{f0} + \Delta\sigma_z \cdot U_t \cdot \tan\varphi_\mathrm{cu} = 12.3 + 46 \times U_t \times \tan 9.5°$$
$$= 12.3 \times (1+0.5) \to U_t = 0.799$$

2011D16

某大型油罐群位于滨海均质正常固结软土地基上，采用大面积堆载预压，预压荷载140kPa。处理前测得土层的十字板剪切强度为18kPa，由三轴固结不排水试验测得土的内摩擦角 $\varphi_{cu}=16°$，堆载预压至90d时，某点土层固结度为68%，计算此时该点土体由固结作用增加的强度最接近下列哪一选项？

(A) 45k (B) 40kPa
(C) 27kPa (D) 25kPa

【解】地基土天然抗剪强度 $\tau_{f0}=18$ kPa

三轴固结不排水试验测得土的总应力内摩擦角 $\varphi_{cu}=16°$

预压荷载引起该点的附加竖向应力 $\Delta\sigma_z=140$ kPa

90d 时，该点土的固结度 $U_t=0.68$

90d 时，该点土的抗剪强度增加值

$$\Delta_\tau=\tau_{ft}-\tau_{f0}=\Delta\sigma_z \cdot U_t \cdot \tan\varphi_{cu}=140\times0.68\times\tan16°=27.3 \text{kPa}$$

2013D17

某厚度 6.0m 饱和软土，现场十字板抗剪强度为 20kPa。三轴固结不排水试验 $c_{cu}=13$ kPa，$\varphi_{cu}=12°$，$E_s=2.5$ MPa。现采用大面积堆载预压处理，堆载压力 $p_0=100$ kPa，经过一段时间后软土层沉降 150mm，问该时刻饱和软土的抗剪强度最接近下列何值？

(A) 13kPa (B) 21kPa
(C) 33kPa (D) 41kPa

【解】地基土天然抗剪强度 $\tau_{f0}=20$ kPa

三轴固结不排水试验测得土的总应力内摩擦角 $\varphi_{cu}=12°$

预压荷载引起该点的附加竖向应力 $\Delta\sigma_z=100$ kPa

软土层沉降 150mm 时，该点土的固结度 $U_t=\dfrac{150}{\dfrac{100}{2.5}\times 6}=0.625$

此时，该点土的抗剪强度

$$\tau_{ft}=\tau_{f0}+\Delta\sigma_z \cdot U_t \cdot \tan\varphi_{cu}=20+100\times0.625\times\tan12°=33.28 \text{kPa}$$

8.2.6 预压地基沉降

8.2.6.1 预压沉降基本原理法

2002D15

有一饱和软黏土层，厚度 $H=6$m，压缩模量 $E_s=1.5$ MPa，地下水位与饱和软黏土层顶面相齐。现准备分层铺设 80cm 砂垫层（重度为 18kN/m³），打设塑料排水板至饱和软黏土层底面。然后采用 80kPa 大面积真空预压 3 个月，固结度达到 85%。请问此时的残留沉降最接近下列（　　）个数值。（沉降修正系数取 1.0，附加应力不随深度变化）

(A) 6cm (B) 20cm

(C) 30cm   (D) 40cm

【解】垫层水下取浮重度

堆载加预压总荷载 $\Delta p = \gamma_{垫层} \cdot h_{垫层} + P_{预压} = 18 \times 0.8 + 80 = 94.4 \text{kPa}$

压缩层压缩模量 $E_s = 1500 \text{kPa}$

压缩层厚度 $h = 6\text{m}$

沉降经验修正系数 $\xi = 1.0$

Δp 引起总沉降量 $s = \xi \dfrac{\Delta p}{E_s} h = 1.0 \times \dfrac{94.4}{1500} \times 6 = 0.3776\text{m} = 37.76\text{cm}$

某时刻 t，固结度 $U_t = 0.85$，Δp 引起沉降量 $s_t = s \cdot U_t = 37.76 \times 0.85 = 32.10\text{cm}$

某时刻 t，Δp 引起残余沉降量 $s'_t = s - s_t = 37.76 - 32.10 = 5.66\text{cm}$

或直接 $s'_t = s \cdot (1 - U_t) = 37.76 \times (1 - 0.85) = 5.66\text{cm}$

2004D24

一软土层厚 8.0m，压缩模量 $E_s = 1.5\text{MPa}$，其下为硬黏土层，地下水位与软土层顶面一致，现在软土层上铺 1.0m 厚的砂土层，砂层重度 $\gamma = 18\text{kN/m}^3$，软土层中打砂井穿透软土层，再采用 90kPa 压力进行真空预压固结，使固结度达到 80%，此时已完成的固结沉降量最接近下列（　）项数值。

(A) 40cm   (B) 46cm
(C) 52cm   (D) 58cm

【解】垫层水下取浮重度

堆载加预压总荷载 $\Delta p = \gamma_{垫层} \cdot h_{垫层} + P_{预压} = 18 \times 1 + 90 = 108\text{kPa}$

压缩层压缩模量 $E_s = 1500 \text{kPa}$

压缩层厚度 $h = 8\text{m}$

沉降经验修正系数 ξ，不给就不考虑

Δp 引起总沉降量 $s = \dfrac{\Delta p}{E_s} h = \dfrac{108}{1500} \times 8 = 0.576\text{m} = 57.6\text{mm}$

某时刻 t，固结度 $U_t = 0.8$，Δp 引起沉降量 $s_t = s \cdot U_t = 57.6 \times 0.80 = 46.08\text{cm}$

2008C15

在一正常固结软黏土地基上建设堆场。软黏土层厚 10.0m，其下为密实砂层。采用堆载预压法加固，砂井长 10.0m，直径 0.30m，预压荷载为 120kPa，固结度达 0.80 时卸除堆载。堆载预压过程中地基沉降 1.20m，卸载后回弹 0.12m。堆场面层结构荷载为 20kPa，堆料荷载为 100kPa。预计该堆场工后沉降最大值将最接近下列哪个选项的数值？（不计次固结沉降）

(A) 20cm   (B) 30cm
(C) 40cm   (D) 50cm

【解】某时刻 t 平均总固结度 $U_t = 0.80$

某时刻 t，Δp 引起沉降量 $s_t = s \cdot U_t = s \times 0.8 = 1.2 \rightarrow s = 1.5\text{m}$

某时刻 t，Δp 引起残余沉降量 $s'_t = s \cdot (1 - U_t) = s - s_t = 1.5 - 1.2 = 0.3\text{m}$

总变形量＝压缩变形量＋回弹变形量，故工后沉降最大值＝0.3＋0.12＝0.42m＝42cm

2008D15

场地为饱和泥质黏性土，厚5.0m，压缩模量 E_s 为2.0MPa，重度为17.0kN/m³，淤泥质黏性土下为良好的地基土，地下水位埋深0.50m。现拟打设塑料排水板至淤泥质黏性土层底，然后分层铺设砂垫层，砂垫层厚度0.80m，重度20kN/m³，采用80kPa大面积真空预压3个月（预压时地下水位不变）。问固结度达85%时的沉降量最接近下列哪一选项？

(A) 15cm (B) 20cm
(C) 25cm (D) 10cm

【解】垫层水下取浮重度

堆载加预压总荷载 $\Delta p = \gamma_{垫层} \cdot h_{垫层} + P_{预压} = 20 \times 0.8 + 80 = 96$ kPa

压缩层压缩模量 $E_s = 2000$ kPa

压缩层厚度 $h = 5$ m

沉降经验修正系数 ξ，不给就不考虑

Δp 引起总沉降量 $s = \dfrac{\Delta p}{E_s} h = \dfrac{96}{2000} \times 5 = 0.24$ m $= 24$ cm

某时刻 t 平均总固结度 $U_t = 0.85$

某时刻 t，Δp 引起沉降量 $s_t = s \cdot U_t = 24 \times 0.85 = 20.4$ cm

2012C14

某厚度6m的饱和软土层，采用大面积堆载预压处理，堆载压力 $p_0 = 100$ kPa，在某时刻测得超孔隙水压力沿深度分布曲线如题图所示，试求此时刻饱和软土的压缩量，最接近下列哪个数值？（总压缩量计算经验系数取1.0，$E_s = 2.5$ MPa）

(A) 92mm (B) 118mm
(C) 148mm (D) 240mm

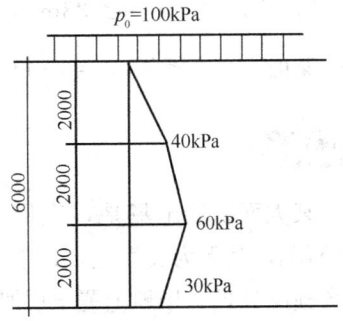

题 2012C14 图

【解1】垫层水下取浮重度

堆载加预压总荷载 $\Delta p = 1000$ kPa

压缩层压缩模量 $E_s = 2500$ kPa

压缩层厚度 $h = 6$ m

沉降经验修正系数 ξ，不给就不考虑

Δp 引起总沉降量 $s = \dfrac{\Delta p}{E_s} h = \dfrac{100}{2500} \times 6 = 0.24$ m $= 240$ mm

某时刻 t 平均总固结度 U_t

$$U_t = \dfrac{t \text{时刻沉降} s_t}{\text{总沉降} s} = 1 - \dfrac{t \text{时刻超孔隙水压力图面积}}{\text{起始时刻超孔隙水压力图面积}}$$

$$U_t = 1 - \dfrac{\frac{1}{2} \times 40 \times 2 + \frac{1}{2} \times (40+60) \times 2 + \frac{1}{2} \times (60+30) \times 2}{100 \times 6} = 0.617$$

某时刻 t，Δp 引起沉降量 $s_t = s \cdot U_t = 240 \times 0.617 = 148.08 \text{mm}$

【解2】直接按每层平均有效应力增量求解。

Δp_i 每层压缩层平均附加应力＝（层顶＋层底）÷2

E_{si} 每层压缩层压缩模量 $E_s = \dfrac{1+e_0}{\alpha}$

h_i 每层压缩层厚度

总沉降 $s = \sum \dfrac{\Delta p_i}{E_{si}} h_i = \dfrac{\frac{1}{2}(100+60)}{2500} \times 2 + \dfrac{\frac{1}{2}(60+40)}{2500} \times 2 + \dfrac{\frac{1}{2}(40+70)}{2500} \times 2 = 148 \text{mm}$

【注】解1使用固结度的概念；解2同土力学专题中"1.5.2 给出附加应力曲线或系数解题思维流程"是一致的，给出了超孔隙水压力折线，就相当于给出了堆载压力引起的有效应力折线，因为任何时刻 $\sigma'_t + u_t = p$。

2012C16

某软土地基拟采用堆载预压法进行加固，已知在工作荷载作用下软土地基的最终固结沉降量为248cm，在某一超载预压荷载作用下软土的最终固结沉降量为260cm。如果要求该软土地基在工作荷载作用下工后沉降量小于15cm，问在该超载预压荷载作用下软土地基的平均固结度应达到以下哪个选项？

(A) 80% (B) 85%

(C) 90% (D) 95%

【解】工作荷载作用下，这时候已经把预压荷载去掉了；

软土地基在工作荷载作用下工后沉降量小于15cm，预压荷载的任务是要保证沉降大于 $248-15=233 \text{cm}=2.33 \text{m}$

某时刻 t 沉降量 $s_t = s \cdot U_t > 2.33 \rightarrow U_t > \dfrac{2.33}{s} = \dfrac{2.33}{2.6} = 89.6\%$

2014D13

某大面积软土场地，表层淤泥质黏土绝对高程为3m，厚度为15m，压缩模量为1.2MPa，其下为黏性土，地下水为潜水，稳定水位绝对高程为1.5m，拟采用堆载和真空联合预压处理。场地上覆土层厚度1m，重度为18kN/m³，真空预压强度为80kPa，真空膜上设置水池储水，水深2m，当淤泥质土层固结度达到80%时，地面沉降量最接近下列哪个值？（取沉降经验修正系数 $\xi=1.1$）

(A) 1.0m (B) 1.1m

(C) 1.2m (D) 1.3m

【解】垫层水下取浮重度

堆载加预压总荷载 $\Delta p = \gamma_{\text{垫层}} \cdot h_{\text{垫层}} + p_{\text{预压}} + p_w = 18 \times 1 + 80 + 10 \times 2 = 118 \text{kPa}$

压缩层压缩模量 $E_s = 1200 \text{kPa}$

压缩层厚度 $h = 15 \text{m}$

沉降经验修正系数 $\xi = 1.1$

Δp 引起总沉降量 $s = \xi \dfrac{\Delta p}{E_s} h = 1.1 \times \dfrac{118}{1200} \times 15 = 1.62\text{m}$

某时刻 t 平均总固结度 $U_t = 0.8$

某时刻 t，Δp 引起沉降量 $s_t = s \cdot U_t = 1.62 \times 0.8 = 1.296\text{m}$

8.2.6.2 预压沉降 e-p 曲线固结模型法

2010D16

某填海造地工程队软土地基拟采用堆载预压法加固，已知海水深 1.0m，下卧淤泥层厚度 10.0m，天然密度 $\rho = 1.5\text{g/cm}^3$，室内固结试验测得各级压力下孔隙比如题表所示，如果淤泥上覆填土的附加压力 $p = 125\text{kPa}$，按《建筑地基处理技术规范》计算该淤泥的最终沉降量，取经验修正系数为 1.2，将 10m 厚的淤泥层按一层计算，则最终沉降量最接近以下哪个数值？

(A) 1.46m (B) 1.82m
(C) 1.96m (D) 2.64m

p (kPa)	0	12.5	25.0	50.0	100.0	200.0	300.0
e	2.325	2.215	2.102	1.926	1.710	1.475	1.325

【解】预压前初始平均自重（水下取浮重度）

$$p_0 = \dfrac{p_{\text{层顶}} + p_{\text{层底}}}{2} = \dfrac{1}{2} \times (5 \times 10) = 25\text{kPa}$$

查表对应 $e_0 = 2.102$

最终平均自重 + 预压总荷载

$$p_1 = p_0 + p = 25 + 125 = 150\text{kPa}$$

查表对应 $e_1 = (1.710 + 1.475) \div 2 = 1.5925$

该层土层厚度 $h = 10\text{m}$

沉降经验修正系数 $\xi = 1.2$

土层最终沉降 $s = \xi \dfrac{e_0 - e_1}{1 + e_0} h = 1.2 \times \dfrac{2.102 - 1.5925}{1 + 2.102} \times 10 = 1.97\text{m}$

2011C15

某工程，地表淤泥层厚 12.0m，淤泥层重度为 16kN/m^3，已知淤泥的压缩试验数据如题表所示，地下水位与地面齐平。采用堆载预压法加固，先铺设厚 1.0m 的砂垫层，砂垫层重度为 20kN/m^3，堆载土层厚 2.0m，重度为 18kN/m^3。沉降经验系数 ξ 取 1.1。假定地基沉降过程中附加应力不发生变化，按《建筑地基处理技术规范》估算淤泥层的压缩量最接近下列哪个选项？

(A) 1.2m (B) 1.4m
(C) 1.7m (D) 2.2m

压力 p (kPa)	12.5	25.0	50.0	100.0	200.0	300.0
孔隙比 e	2.108	2.005	1.786	1.496	1.326	1.179

【解】 预压前初始平均自重（水下取浮重度）

$$p_0 = \frac{p_{层顶} + p_{层底}}{2} = \frac{1}{2} \times (6 \times 12) = 36\text{kPa}$$

查表对应 $e_0 = 2.005 + \frac{36-25}{50-25} \times (1.786 - 2.005) = 1.909$

最终平均自重+预压总荷载

$$p_1 = p_0 + \gamma_{垫层} \cdot h_{垫层} = 36 + (20 \times 1 + 18 \times 2) = 92\text{kPa}$$

查表对应 $e_1 = 1.786 + \frac{92-50}{100-50} \times (1.496 - 1.786) = 1.542$

该层土层厚度 $h = 12\text{m}$

沉降经验修正系数 $\xi = 1.1$

土层最终沉降 $s = \xi \dfrac{e_0 - e_1}{1+e_0} h = 1.1 \times \dfrac{1.909 - 1.542}{1+1.909} \times 12 = 1.67\text{m}$

8.2.6.3 预压沉降 $e\text{-lg}p$ 曲线法

2003D18

地基中有一饱和软黏土层，厚度 $H = 8\text{m}$，其下为粉土层，采用打设塑料排水板真空预压加固。平均水位与饱和软黏土顶面相齐。该层顶面分层铺设 80cm 砂垫层（重度为 19kN/m³），塑料排水板打至软黏土层底面，正方形布置，间距 1.3m，然后采用 80kPa 大面积真空预压 6 个月。按正常固结土考虑，其最终固结沉降量最接近（　　）。（经试验得：软土的天然重度 $\gamma = 17\text{kN/m}^3$，天然孔隙比 $e = 1.6$，压缩指数 $C_c = 0.55$，沉降修正系数取 1.0）

(A) 1.09m 　　　　　　　　　　(B) 0.73m
(C) 0.99m 　　　　　　　　　　(D) 1.20m

【解】 压缩土层厚度 $h = 8\text{m}$

土层初始孔隙比 $e_0 = 1.6$

确定应力历史：正常固结

土层预压前平均自重压力（水下取浮重度）$p_{cz} = \dfrac{p_{层顶} + p_{层底}}{2} = \dfrac{0 + 7 \times 8}{2} = 28\text{kPa}$

土层预压总荷载 $p_z = \gamma_{垫层} \cdot h_{垫层} + P_{预压} = 19 \times 0.8 + 80 = 95.2\text{kPa}$

压缩指数 $C_c = 0.55$

正常固结

$$s = \xi \frac{h}{1+e_0} \left[C_c \lg\left(\frac{p_{cz} + p_z}{p_{cz}}\right) \right] = 1.0 \times \frac{8}{1+1.6} \times \left[0.55 \lg\left(\frac{28 + 95.2}{28}\right) \right] = 1.088\text{m}$$

【注】 计算平均自重压力，亦可直接取该层中点位置的自重，即 $p_{cz} = 7 \times \dfrac{8}{2} = 28\text{kPa}$；掌握方法，尽量掌握一种即可，觉得哪一种适合自己，用起来比较顺，就使用哪一种，但是无论使用哪种方法，都要求熟练快速，这样考试时才能高效解题，否则时间肯定是不够用的。

2007C15

某正常固结软黏土地基,软黏土厚度为 8.0m,其下为密实砂层,地下水位与地面齐平,软黏土的压缩指数 $C_c=0.50$,天然孔隙比 $e_0=1.30$,重度 $\gamma=18\text{kN/m}^3$,采用大面积堆载预压法进行处理,预压荷载为 120kPa,当平均固结度达到 0.85 时,该地基固结沉降量将最接近于下列哪个选项的数值?

(A) 0.90m (B) 1.00m
(C) 1.10m (D) 1.20m

【解】压缩土层厚度 $h=8.0\text{m}$
土层初始孔隙比 $e_0=1.3$
确定应力历史:正常固结

土层预压前平均自重压力(水下取浮重度)$p_{cz}=\dfrac{p_{层顶}+p_{层底}}{2}=\dfrac{0+8\times 8}{2}=32\text{kPa}$

土层预压总荷载 $p_z=120\text{kPa}$
压缩指数 $C_c=0.50$
正常固结

$$s=\xi\frac{h}{1+e_0}\left[C_c\lg\left(\frac{p_{cz}+p_z}{p_{cz}}\right)\right]=1.0\times\frac{8}{1+1.3}\times\left[0.50\lg\left(\frac{32+120}{32}\right)\right]=1.18\text{m}$$

某时刻 t 平均总固结度 $U_t=0.85$
某时刻 t 沉降量 $s_t=s\cdot U_t=0.798\times 0.85=1.00\text{m}$

8.2.6.4 根据变形和时间关系曲线求最终沉降量或固结度

2016C17

某工程软土地基采用堆载预压加固(单级瞬时加载),实测不同时刻 t 及竣工时($t=150\text{d}$)地基沉降量如题表所示,假定荷载不变,按固结理论,竣工后 200d 时的工后沉降量最接近下列哪个选项?

时刻 t (d)	50	100	150(竣工)
沉降 s (mm)	100	200	250

(A) 25mm (B) 47mm
(C) 275mm (D) 297mm

【解 1】竣工后 200d 时的工后沉降量,是指从第 150d 竣工时,到第 350d,这段时间内发生的沉降。

令时刻 $t_1=50\text{d}$,则对应的沉降 $s_1=100\text{mm}$;
同理 $t_2=100\text{d}$,$s_2=200\text{mm}$;$t_3=150\text{d}$,$s_3=250\text{mm}$;
满足 $t_3-t_1=t_2-t_3=50\text{d}$
最终竖向变形量

$$s_f=\frac{s_3(s_2-s_1)-s_2(s_3-s_2)}{(s_2-s_1)-(s_3-s_2)}=\frac{250\times(200-100)-200\times(250-200)}{(200-100)-(250-20)}=300\text{mm}$$

令 $t_4=200$,满足 $t_4-t_3=t_3-t_2=50\text{d}$

则 $s_f = \dfrac{s_4(s_3-s_2)-s_3(s_4-s_3)}{(s_3-s_2)-(s_4-s_3)} = \dfrac{s_4(250-200)-250(s_4-250)}{(250-200)-(s_4-250)} = 300 \to s_4 = 275\text{mm}$

令 $t_5 = 350$,满足 $t_5 - t_4 = t_4 - t_1 = 150\text{d}$

则 $s_f = \dfrac{s_5(s_4-s_1)-s_4(s_5-s_1)}{(s_4-s_1)-(s_5-s_1)} = \dfrac{s_5(275-100)-275(s_5-100)}{(275-100)-(s_5-100)} = 300 \to s_5 = 297\text{mm}$

所以从第150d竣工时,到第350d,这段时间内发生的沉降

$$s' = s_5 - s_3 = 297 - 250 = 47\text{mm}$$

【解2】最终竖向变形量 $s_f = 300\text{mm}$,同解1

参数 $\beta = \dfrac{1}{t_2-t_1}\ln\dfrac{s_2-s_1}{s_3-s_2} = \dfrac{1}{100-50}\ln\dfrac{200-100}{250-200} = 0.01386\text{d}^{-1}$

$t_3 = 150\text{d}$ 时,$\overline{U}_{150} = 1 - \alpha e^{-\beta t} \to \dfrac{250}{300} = 1 - \alpha e^{-0.01386 \times 150} \to \alpha = 1.3327$

当 $t = 350\text{d}$ 时,$\overline{U}_{350} = 1 - 1.3327 e^{-0.01386 \times 350} = 0.9896$,此时沉降 $s = s_f \cdot \overline{U}_{350} = 300 \times 0.9896 = 297\text{mm}$

所以从第150d竣工时,到第350d,这段时间内发生的沉降为 $297-250=47\text{mm}$

【注】① 理解题意,弄清到底计算哪一时间段的沉降是关键。

② 计算最终竖向变形量 s_f,必须满足 $t_3 - t_1 = t_2 - t_3$,即三个时间间隔是相等的,至于间隔多少天,即差值是多少,都行。因此求 $t_5 = 350\text{d}$ 时沉降量,无法直接求出,用 $t_4 = 200\text{d}$ 时沉降过渡,这样就能保证找到时间间隔相等的三个时刻。

③ 用解2反求参数 α 时,使用了 $t_3 = 150\text{d}$ 时固结度,当然也可以使用时刻 $t_1 = 50\text{d}$ 或100d时刻的固结度,如下

$t_1 = 50\text{d}$ 时,$\overline{U}_{50} = 1 - \alpha e^{-\beta t} \to \dfrac{100}{300} = 1 - \alpha e^{-0.01386 \times 50} \to \alpha = 1.333$

$t_2 = 100\text{d}$ 时,$\overline{U}_{50} = 1 - \alpha e^{-\beta t} \to \dfrac{200}{300} = 1 - \alpha e^{-0.01386 \times 100} \to \alpha = 1.3329$

8.3 压实地基和夯实地基

8.3.1 相关概念及一般规定

8.3.2 压实填土质量控制

8.3.3 压实填土的边坡坡度允许值

8.3.4 强夯的有效加固深度

8.3.5 强夯置换法地基承载力

8.3.6 压实地基和夯实地基承载力修正

2003D31

某地湿陷性黄土地基采用强夯法处理，拟采用圆底夯锤，质量 10t，落距 10m。已知梅纳公式的修正系数为 0.5，估算此强夯处理加固深度最接近（　　）。

(A) 3.0m (B) 3.5m
(C) 4.0m (D) 5.0m

【解】夯锤质量 $M=10t$

落距 $h=10m$

修正系数 $K=0.5$

强夯法有效加固深度 $H=0.5\sqrt{10\times10}=5m$

2006D18

某软黏土地基天然含水量 $w=50\%$，液限 $w_L=45\%$，采用强夯置换法进行地基处理，夯点采用正三角形布置，间距 2.5m，成墩直径为 1.2m，根据检测结果单墩承载力特征值为 $p_k=800kN$，按《建筑地基处理技术规范》计算，处理后该地基的承载力特征值最接近下列哪个选项？

(A) 128kPa (B) 138kPa
(C) 148kPa (D) 158kPa

【解】成墩直径 $d=2.5m$，夯点间距 $s=2.5m$

等边三角形布桩，置换率 $m=\dfrac{d^2}{(1.05s)^2}=\dfrac{1.2^2}{(1.05\times2.5)^2}=0.209$

桩体承载力特征值 $f_{pk}=\dfrac{800}{3.14\times0.6^2}=707.78kPa$

强夯置换法针对软黏性土处理后复合地基承载力 $f_{spk}=mf_{pk}=0.209\times707.7=147.98kPa$

【注】关于置换率 m 的概念可见"8.4.1 置换率和等效直径"，也可学完 8.4 复合地基，再来求解此题。

8.4 复 合 地 基

8.4.1 置换率和等效直径

2005C15 改编

（只计算置换率）某工程柱基的基底压力 $p=120kPa$，地基土为淤泥质粉质黏土，天然地基承载力特征值 $f_{ak}=75$ kPa，用振冲桩处理后形成复合地基，按等边三角形布桩，碎石桩桩径 $d=0.8m$，桩距 $s=1.5m$，天然地基承载力特征值与桩体承载力特征值之比为 1：4，则振冲碎石桩复合地基承载力特征值最接近下列（　　）选项中的值。

(A) 125kPa (B) 129kPa
(C) 133kPa (D) 137kPa

【解】处理地基面积未知,也未出布桩图,且直接告诉是按等边三角形布桩,此时默认无限大面积等边三角形布桩,直接利用公式即可。桩径 $d=0.8$m,桩径 $s=1.5$m;

置换率 $m = \dfrac{d^2}{(1.05s)^2} = \dfrac{0.8^2}{(1.05 \times 1.5)^2} = 0.258$

【注】如果仅仅是求解置换率,和桩型是没有关系的。

2012D15 改编

(只计算置换率)某场地用振冲法复合地基加固,填料为砂土,桩径 0.8m,正方形布桩,桩距 2.0m,现场平板载荷试验测定复合地基承载力特征值为 200kPa,桩间土承载力特征值为 150kPa。试问,估算的桩土应力比与下列何项数值最为接近?

(A) 2.67 (B) 3.08
(C) 3.30 (D) 3.67

【解】处理地基面积未知,也未出布桩图,且直接告诉是按正方形布桩,此时默认无限大面积正方形布桩,直接利用公式即可。

桩径 $d=0.8$m,桩径 $s=2.0$m

置换率 $m = \dfrac{d^2}{(1.13s)^2} = \dfrac{0.8^2}{(1.13 \times 2)^2} = 0.125$

2016C14 改编

(只计算置换率)某场地为细砂层,孔隙比 0.9,地基处理采用沉管砂石桩,桩径 0.5m,桩位如题图所示,假设处理后地基土的密度均匀,场地标高不变,问处理后细砂的孔隙比最接近下列哪个选项?

(A) 0.667 (B) 0.673
(C) 0.710 (D) 0.714

【解】桩布置图四边都给出了无限延伸的符号,可以断定为无限大面积布桩,并且是不规则布桩,即不是等边三角形布桩,也不是矩形(正方形)布桩。此时利用置换率 m 定义求解。

桩径 $d=0.5$m 不规则布桩:

置换率 $m = \dfrac{3.14 \times \left(\dfrac{0.5}{2}\right)^2 \times 2}{2 \times 1.6} = 0.1227$

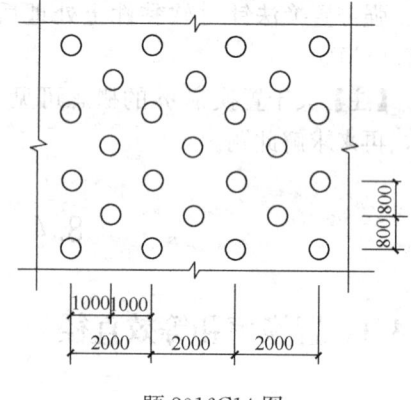

题 2016C14 图

【注】这样的小单元,不能认为是"矩形布桩",矩形布桩和等边三角形布桩,只是角点处有桩,而这样的小单元,中间位置还有一根桩,因此注意区别,不能乱套公式。

2014C14 改编

(只计算置换率)某承受轴心荷载的钢筋混凝土条形基础,采用素混凝土桩复合地基,基础宽度、布桩如题图所示，桩径 400mm，桩长 15m。现场静载荷试验得出的单桩承载力 400kN，桩间土的承载力特征值 150kPa，根据《建筑地基处理技术规范》计算，该条基顶面的竖向荷载（荷载效应标准组合）最接近下列哪个选项的数值？（土的重度取 18kN/m³，基础和上覆土平均重度取 20kN/m³，单桩承载力发挥系数取 0.9，桩间土承载力发挥系数取 1）

(A) 700kN/m (B) 755kN/m
(C) 790kN/m (D) 850kN/m

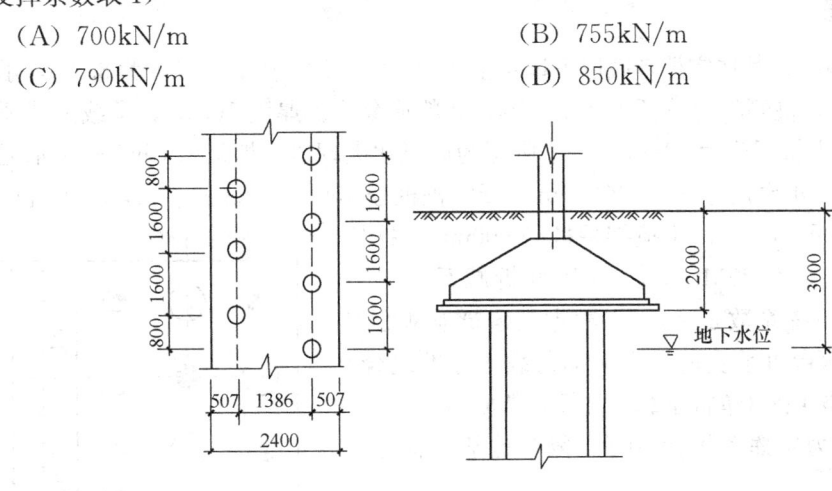

题 2014C14 图

【解】桩径 $d=0.4$m

不规则 $m=\dfrac{3.14\times 0.2^2\times 2}{2.4\times 1.6}=0.0654$

2013D16 改编

（只计算置换率）某框架柱采用独立基础、素混凝土桩复合地基，基础尺寸、布桩如题图所示。桩径为 500mm，桩长为 12m。现场静载试验得到单桩承载力特征值为 500kN，浅层平板载荷试验得到桩间土承载力特征值为 100kPa。充分发挥该复合地基的承载力时，依据《建筑地基基础设计规范》计算，该柱的柱底轴力（荷载效应标准组合）最接近下列哪个选项的数值？（根据地区经验桩间土承载力折减系数 $\beta=0.8$，地基土的重度取 18kN/m³，基础及其上土的平均重度取 20kN/m³）

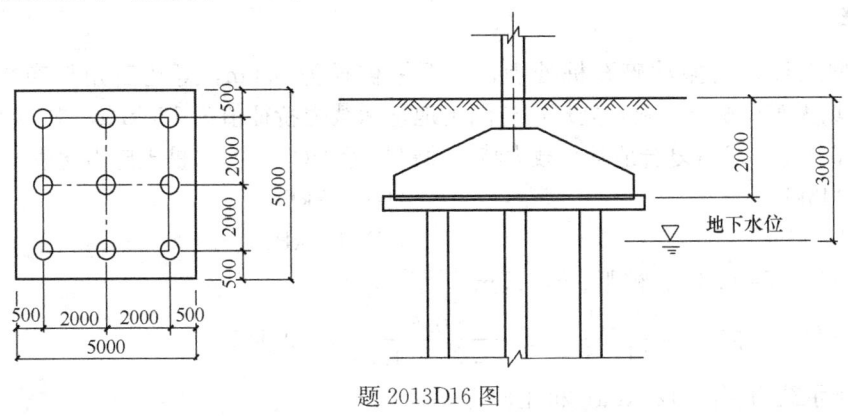

题 2013D16 图

(A) 7108kN (B) 6358kN
(C) 6025kN (D) 5778kN

【解】有限面积布桩 $m = \dfrac{\text{桩总的截面面积}}{\text{总处理地基面积}} = \dfrac{3.14 \times 0.25 \times 0.25 \times 9}{5 \times 5} = 0.07065$

2014C17 改编

（只计算置换率）某住宅楼基底以下地层主要为：①中砂～砾砂，厚度为8.0m，承载力特征值200kPa，桩侧阻力特征值为25kPa；②粉质黏土，厚度16.0m，承载力特征值250kPa，桩侧阻力特征值为30kPa，其下卧层为微风化大理岩。拟采用CFG桩＋水泥土搅拌桩复合地基，承台尺寸3.0m×3.0m，CFG桩桩径450mm，桩长30m，单桩抗压承载力特征值为850kPa，水泥土搅拌桩桩径600mm，桩长为10m，桩身强度为20MPa，桩身强度折减系数 $\eta = 0.25$，桩端阻力发挥系数 $\alpha_p = 0.5$，根据《建筑地基处理技术规范》，该承台可承受的最大上部荷载（标准组合）最接近以下哪个选项？（单桩承载力发挥系数取 $\lambda_1 = \lambda_2 = 1.0$，桩间土承载力发挥系数 $\beta = 0.9$，复合地基承载力不考虑深度修正）

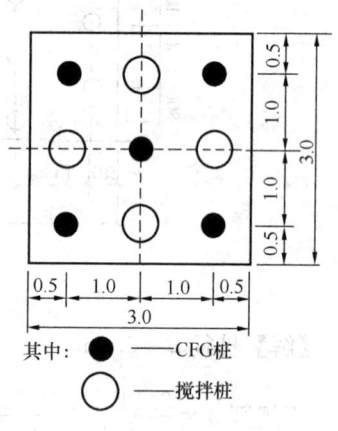

题 2014C17 图

(A) 1.1 (B) 1.4
(C) 1.7 (D) 2.0

【解】桩型1　CFG桩

桩径 $d_1 = 0.45$m

有限面积计算 $m_1 = \dfrac{3.14 \times 0.225^2 \times 5}{3 \times 3} = 0.0883$

桩型2　搅拌桩

桩径 $d_2 = 0.6$m

有限面积计算或不规则 $m_2 = \dfrac{3.14 \times 0.3^2 \times 4}{3 \times 3} = 0.1256$

8.4.2 碎石桩和砂石桩

2002D11

一小型工程采用振冲碎石桩处理，碎石桩桩径为0.6m，等边三角形布桩，桩距1.5m，现场无载荷试验资料，处理后桩间土地基承载力特征值为120kPa，根据《建筑地基处理技术规范》求得复合地基承载力特征值最接近于（　）。（桩土应力比取 $n=3$）

(A) 145kPa (B) 155kPa
(C) 165kPa (D) 175kPa

【解】桩径 $d=0.6$m；桩距 $s=1.5$m

等边三角形布桩 $m = \dfrac{d^2}{(1.05s)^2} = \dfrac{0.6^2}{(1.05 \times 1.5)^2} = 0.145$

桩间土承载力 $f_{sk}=120$kPa；桩土应力 $n=3$

处理后复合地基承载力
$$f_{spk} = [1+m(n-1)]f_{sk} = [1+0.145(3-1)] \times 120 = 154.8\text{kPa}$$

2002D12

某场地，载荷试验得到的天然地基承载力特征值为 120kPa。设计要求经碎石桩法处理后的复合地基承载力特征值需提高到 160kPa。拟采用的碎石桩桩径为 0.9m，正方形布置，桩中心距为 1.5m。问此时碎石桩桩体单桩载荷试验承载力特征值至少达到（　　）才能满足要求。

(A) 220kPa (B) 243kPa
(C) 262kPa (D) 280kPa

【解】桩径 $d=0.9$m

正方形布桩，桩距 $s=1.5$m

$$m = \frac{d^2}{(1.13s)^2} = \frac{0.9^2}{(1.13 \times 1.5)^2} = 0.282$$

桩间土承载力 $f_{sk} = 120$kPa

桩土应力 $n = \dfrac{f_{pk}}{f_{sk}}$

处理后复合地基承载力
$$f_{spk} = [1+m(n-1)]f_{sk} = \left[1+0.282 \times \left(\frac{f_{pk}}{120}-1\right)\right] \times 120 = 160 \rightarrow f_{pk} = 261.8\text{kPa}$$

【注】一般情况下，地基处理后桩间土承载力特征值 f_{sk} 会高于天然地基承载力特征值 f_{ak}，但是当题目中未直接给出 f_{sk} 时，可取 $f_{sk} = f_{ak}$ 近似替代。若给出处理后桩间土承载力特征值提高百分值 ψ，则 $f_{sk} = (1+\psi)f_{ak}$。

2002D13

某松散砂土地基，处理前现场测得砂土孔隙比为 0.81，土工试验测得砂土的最大、最小孔隙比分别为 0.90 和 0.60。现拟采用砂石桩法，要求挤密后砂土地基达到的相对密度为 0.80。若砂石桩的桩径为 0.70m，等边三角形布置。问砂石桩的桩距采用（　　）为宜。

(A) 2.0m (B) 2.3m
(C) 2.5m (D) 2.6m

【解】桩径 $d=0.7$m；初始孔隙比 $e_0=0.81$；处理后孔隙比 e_1 未知

最大孔隙比 $e_{max}=0.90$；最小孔隙比 $e_{min}=0.60$

相对密实度 $D_r = \dfrac{e_{max}-e_1}{e_{max}-e_{min}} = \dfrac{0.9-e_1}{0.9-0.6} = 0.8 \rightarrow e_1 = 0.66$

修正系数 $\xi = 1.0$

等边三角形布桩，桩距 $s = 0.95\xi d\sqrt{\dfrac{1+e_0}{e_0-e_1}} = 0.95 \times 1 \times 0.7 \times \sqrt{\dfrac{1+0.81}{0.81-0.66}} = 2.31$m

【注】当题目中未明确说明考虑振动下沉作用时，修正系数 $\xi = 1.0$ 即可。

2002D19

振冲碎石桩桩径0.8m，等边三角形布桩，桩距2.0m，现场载荷试验结果复合地基承载力标准值为200kPa，桩间土承载力标准值为150kPa，问：根据承载力计算公式可算得桩土应力比最接近于（　　）。

(A) 2.8 (B) 3.0
(C) 3.3 (D) 3.5

【解】桩径 $d=0.8$m；等边三角形布桩，桩距 $s=2.0$m

置换率 $m=\dfrac{d^2}{(1.05s)^2}=\dfrac{0.8^2}{(1.05\times 2)^2}=0.145$

地基土承载力 $f_{sk}=150$kPa

处理后地基承载力 $f_{pk}=[1+m(n-1)]f_{sk}=[1+0.145(n-1)]\times 150=200\to n=3.3$

2004C21

某天然地基 $f_{ak}=100$kPa，采用振冲挤密碎石桩复合地基，桩长 $l=10$m，桩径 $d=1.2$m，按正方形布桩，桩间距 $s=1.8$m，单桩承载力特征值 $f_{pk}=450$kPa，桩设置后，桩间土承载力提高20％，问复合地基承载力特征值为（　　）。

(A) 248kPa (B) 235kPa
(C) 222kPa (D) 209kPa

【解】桩径 $d=1.2$m；正方形布桩，桩距 $s=1.8$m

置换率 $m=\dfrac{d^2}{(1.13s)^2}=\dfrac{1.2^2}{(1.13\times 1.8)^2}=0.348$

桩间土承载力 $f_{sk}=100\times 120\%=120$kPa；桩承载力 $f_{pk}=450$kPa

桩土应力比 $n=\dfrac{f_{pk}}{f_{sk}}=\dfrac{450}{120}=3.75$

处理后复合地基承载力
$$f_{spk}=[1+m(n-1)]f_{sk}=[1+0.348\times(3.75-1)]\times 120=234.84\text{kPa}$$

2004D21

某炼油厂建筑场地，地基土为山前洪坡积砂土，地基土天然承载力特征值为100kPa，设计要求地基承载力特征值为180kPa，采用振冲碎石桩处理，桩径为0.9m，按正三角形布桩，桩土应力比为3.5，问桩间距宜为（　　）。

(A) 1.2m (B) 1.5m
(C) 1.8m (D) 2.1m

【解】桩径 $d=0.9$m

桩间土承载力 $f_{sk}=100$kPa

处理后复合地基承载力
$$f_{spk}=[1+m(n-1)]f_{sk}=[1+m(3.5-1)]\times 100=180\to m=0.32$$

正三角形布桩，则置换率 $m=\dfrac{d^2}{(1.05s)^2}=\dfrac{0.9^2}{(1.05s)^2}=0.32\to s=1.5$m

2005C15

某工程柱基的基底压力 $p=120\text{kPa}$，地基土为淤泥质粉质黏土，天然地基承载力特征值 $f_{ak}=75\text{kPa}$，用振冲碎石桩处理后形成复合地基，按等边三角形布桩，碎石桩桩径 $d=0.8\text{m}$，桩距 $s=1.5\text{m}$，天然地基承载力特征值与桩体承载力特征值之比为 $1:4$，则振冲碎石桩复合地基承载力特征值最接近下列（　　）选项中的值。

(A) 125kPa (B) 129kPa
(C) 133kPa (D) 137kPa

【解】桩径 $d=0.8\text{m}$；等边三角形布桩，桩距 $s=1.5\text{m}$

置换率 $m=\dfrac{d^2}{(1.05s)^2}=\dfrac{0.8^2}{(1.05\times1.5)^2}=0.258$

桩间土承载力 $f_{sk}=75\text{kPa}$；桩土应力比 $n=\dfrac{f_{pk}}{f_{sk}}=4$

处理后复合地基承载力 $f_{spk}=[1+m(n-1)]f_{sk}=[1+0.258\times(4-1)]\times75=133.1\text{kPa}$

2005C18

某建筑场地为松砂，天然地基承载力特征值为 100kPa，孔隙比为 0.78，要求采用振冲法处理后孔隙比为 0.68，初步设计考虑采用桩径为 0.5m，桩体承载力特征值为 500kPa 的砂石桩处理，按正方形布桩，桩设置后，桩间土承载力提高 20%，不考虑振动下沉密实作用，据此估计初步设计的桩距和此方案处理后的复合地基承载力特征值最接近下列（　　）选项。

(A) 1.6m；140kPa (B) 1.9m；140kPa
(C) 1.9m；120kPa (D) 2.2m；110kPa

【解】桩径 $d=0.5\text{m}$；初始孔隙比 $e_0=0.78$；处理后孔隙比 $e_1=0.68$

不考虑振动下沉密实作用，修正系数 $\xi=1$

正方形布桩

桩距 $s=0.89\xi d\sqrt{\dfrac{1+e_0}{e_0-e_1}}=0.89\times1\times0.5\times\sqrt{\dfrac{1+0.78}{0.78-0.68}}=1.877\approx1.9\text{m}$

置换率 $m=\dfrac{d^2}{(1.13s)^2}=0.054$

桩间土承载力 $f_{sk}=100\times1.2=120\text{kPa}$

桩承载力 $f_{pk}=500\text{kPa}$

桩土应力比 $n=\dfrac{f_{pk}}{f_{sk}}=\dfrac{500}{120}=4.17$

处理后复合地基承载力 $f_{spk}=[1+m(n-1)]f_{sk}=[1+0.054(4.17-1)]\times120=140.5\text{kPa}$

2006C16

某松散砂土地基 $e_0=0.85$；$e_{max}=0.90$；$e_{min}=0.55$；采用沉管砂石桩加固，砂石桩采

用正三角形布置，间距 $s=1.6$m，孔径 $d=0.6$m，桩孔内填料就地取材，填料相对密实度和挤密后场地砂土的相对密实度相同，不考虑振动下沉密实和填料充盈系数，则单位深度每根桩孔内需填初始孔隙比也是 $e_0=0.85$ 的松砂（　　）。

(A) 0.28m^3　　　　　　　　　　(B) 0.32m^3
(C) 0.36m^3　　　　　　　　　　(D) 0.4m^3

【解1】桩径 $d=0.6$m；初始孔隙比 $e_0=0.85$；处理后孔隙比 e_1 未知
最大孔隙比 $e_{\max}=0.90$；最小孔隙比 $e_{\min}=0.50$
不考虑振动下沉密实和填料充盈系数，修正系数 $\xi=1.0$
等边三角形布桩，桩距 $s=0.95\xi d\sqrt{\dfrac{1+e_0}{e_0-e_1}}=0.95\times1\times0.6\times\sqrt{\dfrac{1+0.85}{0.85-e_1}}=1.6 \to e_1=0.615$

填料相对密实度和挤密后场地砂土的相对密实度相同，即松砂填料处理后孔隙比也是 $e_1=0.615$

每根桩单位深度等效处理体积为 $V_1=\dfrac{3.14\times(1.05\times1.6)^2}{4}\times1=2.22\text{m}^3$

则根据 $\dfrac{V_0}{1+e_0}=\dfrac{V_1}{1+e_1}$ 得 $\dfrac{V_0}{1+0.85}=\dfrac{2.22}{1+0.615} \to V_0=2.54\text{m}^3$

所以每根桩孔内需填松砂体积为：$V_0-V_1=2.54-2.22=0.32\text{m}^3$

【解2】桩径 $d=0.6$m，初始孔隙比 $e_0=0.85$，处理后孔隙比 e_1 未知
最大孔隙比 $e_{\max}=0.90$，最小孔隙比 $e_{\min}=0.50$
不考虑振动下沉密实和填料充盈系数，修正系数 $\xi=1.0$
等边三角形布桩，桩距

$$s=0.95\xi d\sqrt{\dfrac{1+e_0}{e_0-e_1}}=0.95\times1\times0.6\times\sqrt{\dfrac{1+0.85}{0.85-e_1}}=1.6 \to e_1=0.615$$

填料相对密实度和挤密后场地砂土的相对密实度相同
即松砂填料处理后孔隙比也是 $e_1=0.615$

单位深度桩体积为 $V_1'=\dfrac{3.14\times0.6^2}{4}\times1=0.2826\text{m}^3$

假定每根桩孔内需填松砂体积为 V_0'

根据 $\dfrac{V_0'}{1+e_0}=\dfrac{V_1'}{1+e_1}$ 得 $\dfrac{V_0'}{1+0.85}=\dfrac{0.2826}{1+0.615} \to V_0'=0.323\text{m}^3$

【注】① 这是一道涉及地基处理和三相比的综合性题目，一定要分清初始状态和最终状态下土的三相比指标。关于三相比知识点见土力学专题"1.1.2 土的三相特征"。

② 注意本题是单位深度，也就是每米深度需填入松砂的体积，若本题给出具体桩长，则每孔应填入的松砂实际体积，乘桩长即可。

2006D16

某工程要求地基加固后承载力特征值达到 155 kPa，初步设计采用振冲碎石桩复合地基加固，桩径取 $d=0.6$ m，桩长取 $l=10$m，正方形布桩，桩中心距为 1.5m，经试验得桩体承载力特征值 $f_{pk}=450$kPa，复合地基承载力特征值为 140kPa，未达到设计要求，问

在桩径、桩长和布桩形式不变的情况下，桩中心距最大为何值时才能达到设计要求？

(A) 1.30m (B) 1.35m
(C) 1.40m (D) 1.45m

【解】 设计变更前：

桩径 $d=0.6\text{m}$；正方形布桩，桩距 $s=1.5\text{m}$；

置换率 $m = \dfrac{d^2}{(1.13s)^2} = \dfrac{0.6^2}{(1.13 \times 1.5)^2} = 0.125$

桩承载力 $f_{pk}=450\text{kPa}$

处理后复合地基承载力

$$f_{spk} = [1+m(n-1)]f_{sk} = \left[1+0.125 \times \left(\dfrac{450}{f_{sk}}-1\right)\right]f_{sk} = 140 \rightarrow f_{sk} = 95.71\text{kPa}$$

设计变更后桩径、桩长和布桩形式不变的情况下，则桩间土承载力 $f_{sk}=95.71\text{kPa}$，桩承载力 $f_{pk}=450\text{kPa}$ 均不变。

设计变更后，复合地基承载力

$$f_{spk2} = [1+m_2(n-1)]f_{sk} = \left[1+m_2\left(\dfrac{450}{95.71}-1\right)\right]95.71 = 155 \rightarrow m_2 = 0.167$$

仍然是正方形布桩，则

$$m_2 = \dfrac{d^2}{(1.13s_2)^2} = \dfrac{0.6^2}{(1.13s_2)^2} = 0.167 \rightarrow s_2 = 1.299\text{m}$$

【注】 ① 关于设计变更的题目经常考，一定要找准设计变更前后哪些量没有变化，并且用两次"解题思维流程"即可，难度不大。

② 本题桩径、桩长和布桩形式不变，桩距变化里，按理设计变更前后桩间土承载力 f_{sk} 会发生些许变化，但变化较小，可以忽略不计。如题干给出变化值，就采用变化值；如未给出变化值，即可按照不变处理。

2007D14

某砂土地基，土体天然孔隙比 $e_0=0.902$，最大孔隙比 $e_{max}=0.978$，最小孔隙比 $e_{min}=0.742$，该地基拟采用挤密碎石桩加固，按等边三角形布桩，挤密后要求砂土相对密实度 $D_r=0.886$，为满足此要求，碎石桩间距应接近下列哪个数值？（修正系数 ξ 取 1.0，碎石桩直径取 0.40m）

(A) 1.2m (B) 1.4m
(C) 1.6m (D) 1.8m

【解】 桩径 $d=0.4\text{m}$；初始孔隙比 $e_0=0.902$；最大孔隙比 $e_{max}=0.978$；最小孔隙比 $e_{min}=0.742$

相对密实度 $D_r = \dfrac{e_{max}-e_1}{e_{max}-e_{min}} = \dfrac{0.978-e_1}{0.978-0.742} = 0.886 \rightarrow e_1 = 0.769$

修正系数 $\xi=1$

等边三角形布桩，桩距 $s = 0.95\xi d\sqrt{\dfrac{1+e_0}{e_0-e_1}} = 0.95 \times 1 \times 0.4 \times \sqrt{\dfrac{1+0.902}{0.902-0.769}} = 1.44\text{m}$

2009D14

某松散砂土地基，拟采用直径 400mm 的振冲桩进行加固，如果取处理后桩间土承载力特征值 $f_{ak}=90$kPa，桩土应力比取 3.0，采用等边三角形布桩，要使加固后的地基承载力特征值达到 120kPa，根据《建筑地基处理技术规范》，振冲砂石桩的间距应选用下列何值？

(A) 0.85m (B) 0.93m
(C) 1.00m (D) 1.10m

【解】桩径 $d=0.4$m

桩间土承载力 $f_{sk}=90$kPa

桩土应力比直接给出 $n=3.0$

处理后复合地基承载力

$$f_{spk}=[1+m(n-1)]f_{sk}=[1+m(3-1)]\times 90=120 \to m=0.167$$

等边三角形布桩，$m=\dfrac{d^2}{(1.05s)^2}=\dfrac{0.4^2}{(1.05s)^2}=0.167 \to s=0.932$m

2009D17

采用砂石桩法处理松散的细砂，已知处理前细砂的孔隙比 $e_0=0.95$，砂石桩桩径 500mm，如果要求砂石桩挤密后 e_1 达到 0.6，按《建筑地基处理技术规范》计算（考虑振动下沉击实作用），修正系数 $\xi=1.1$，采用等边三角形布桩，砂石桩桩距采用以下哪个选项中的数值？

(A) 1.0m (B) 1.2m
(C) 1.4m (D) 1.6m

【解】桩径 $d=0.5$m；初始孔隙比 $e_0=0.95$；处理后孔隙比 $e_1=0.6$；修正系数 $\xi=1.1$ 等边三角形布桩，桩距 $s=0.95\xi d\sqrt{\dfrac{1+e_0}{e_0-e_1}}=0.95\times 1.1\times 0.5\times \sqrt{\dfrac{1+0.95}{0.95-0.6}}=1.233$m

2011C17

砂土地基，天然孔隙比 $e_0=0.892$，最大孔隙比 $e_{max}=0.988$，最小孔隙比 $e_{min}=0.742$。该地基拟采用沉管砂石桩加固，按等边三角形布桩，砂石桩直径为 0.50m，挤密后要求砂土相对密度 $D_{r1}=0.886$。问满足要求的沉管砂石桩桩距（修正系数 ξ 取 1.0）最接近下面哪个选项？

(A) 1.4m (B) 1.6m
(C) 1.9m (D) 2.1m

【解】桩径 $d=0.5$m；初始孔隙比 $e_0=0.892$；最大孔隙比 $e_{max}=0.988$；最小孔隙比 $e_{min}=0.742$

相对密实度 $D_r=\dfrac{e_{max}-e_1}{e_{max}-e_{min}}=\dfrac{0.988-e_1}{0.988-0.742}=0.886 \to e_1=0.77$

修正系数 $\xi=1$

等边三角形布桩，$s=0.95\xi d\sqrt{\dfrac{1+e_0}{e_0-e_1}}=0.95\times1.0\times0.5\times\sqrt{\dfrac{1+0.892}{0.892-0.77}}=1.87\text{m}$

2012D13

某建筑松散砂土地基，处理前现场测得砂土孔隙比 $e=0.78$，砂土最大、最小孔隙比分别为 0.91 和 0.58，采用砂石桩法处理地基，要求挤密后砂土地基相对密实度达到 0.85，若桩径 0.8m，等边三角形布置，试问砂石桩的间距为下列何项数值？（取修正系数 $\xi=1.2$）

(A) 2.90m (B) 3.14m
(C) 3.62m (D) 4.15m

【解】桩径 $d=0.8\text{m}$；初始孔隙比 $e_0=0.78$；最大孔隙比 $e_{\max}=0.91$；最小孔隙比 $e_{\min}=0.58$

相对密实度 $D_r=\dfrac{e_{\max}-e_1}{e_{\max}-e_{\min}}=\dfrac{0.91-e_1}{0.91-0.58}=0.85\rightarrow e_1=0.6295$

修正系数 $\xi=1.2$

等边三角形布桩

$$s=0.95\xi d\sqrt{\dfrac{1+e_0}{e_0-e_1}}=0.95\times1.2\times0.8\times\sqrt{\dfrac{1+0.78}{0.78-0.6295}}=3.136\text{m}$$

2012D15

某场地用振冲法复合地基加固，填料为砂土，桩径 0.8m，正方形布桩，桩距 2.0m，现场平板载荷试验测定复合地基承载力特征值为 200kPa，处理后桩间土承载力特征值为 150kPa。试问，估算的桩土应力比与下列何项数值最为接近？

(A) 2.67 (B) 3.08
(C) 3.30 (D) 3.67

【解】桩径 $d=0.8\text{m}$；正方形布桩，桩距 $s=2.0\text{m}$

置换率 $m=\dfrac{d^2}{(1.13s)^2}=\dfrac{0.8^2}{(1.13\times2)^2}=0.125$

桩间土承载力 $f_{sk}=150\text{kPa}$

处理后复合地基承载力 $f_{spk}=[1+m(n-1)]f_{sk}=[1+0.125(n-1)]\times150=200$
$\rightarrow n=3.67$

2014C16

某松散粉细砂场地，地基处理前承载力特征值 100kPa，现采用砂石桩满堂处理，桩径 400mm，桩位如题图所示。处理后桩间土的承载力提高 20%，桩土应力比为 3，问按照《建筑地基处理技术规范》估算的该砂石桩复合地基的承载力特征值，最接近下列哪个选项的数值？

(A) 135kPa (B) 150kPa
(C) 170kPa (D) 185kPa

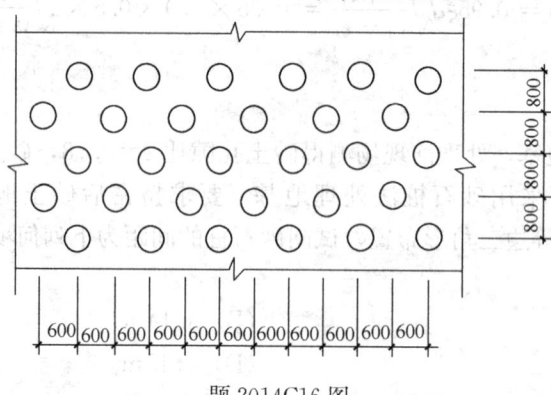

题 2014C16 图

【解】桩径 $d=0.4$m；

无限大面积不规则布桩，$m=\dfrac{\text{小单元内桩总的截面面积}}{\text{小单元面积}}=\dfrac{3.14\times 0.4^2\div 4\times 2}{1.6\times 1.2}=0.131$

桩间土承载力 $f_{sk}=120$kPa

桩土应力比直接给出 $n=3$

处理后复合地基承载力 $f_{spk}=[1+m(n-1)]f_{sk}=[1+0.131\times(3-1)]\times 120=151.2$kPa

2016C14

某场地为细砂层，孔隙比 0.9，地基处理采用沉管砂石桩，桩径 0.5m，桩位如题图所示，假设处理后地基土的密度均匀，场地标高不变，问处理后细砂的孔隙比最接近下列哪个选项？

(A) 0.667 (B) 0.673
(C) 0.710 (D) 0.714

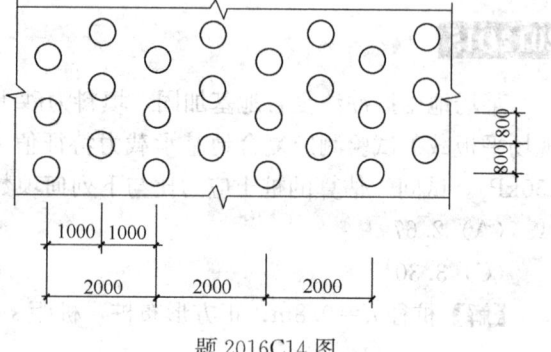

题 2016C14 图

【解】桩径 $d=0.5$m

无限大面积，不规则布桩：

置换率 $m=\dfrac{\text{小单元内桩总的截面面积}}{\text{小单元面积}}=\dfrac{3.14\times\left(\dfrac{0.5}{2}\right)^2\times 2}{2\times 1.6}=0.1227$

初始孔隙比 $e_0=0.90$

假设处理后地基土的密度均匀，场地标高不变，即不考虑振动密实作用，因此 $m=\dfrac{e_0-e_1}{1+e_0}=\dfrac{0.9-e_1}{1+0.9}=0.1227\to e_1=0.667$

2017C16

某工程要求地基处理后的承载力特征值达到 200kPa，初步设计采用振冲碎石桩复合地基，桩径取 0.8m，桩长取 10m，正三角形布桩，桩间距为 1.8m。经现场试验测得单桩承载力特征值为 200kN，复合地基承载力特征值为 170kPa，未能达到设计要求。若其他条件不变，通过调整桩间距使复合地基承载力满足设计要求，请估算合适的桩间距最接近下列哪个选项？

(A) 1.0m (B) 1.2m
(C) 1.4m (D) 1.6m

【解】设计变更前：

桩径 $d=0.8$m；正三角形布桩，桩距 $s=1.8$m；

置换率 $m = \dfrac{d^2}{(1.05s)^2} = \dfrac{0.8^2}{(1.05 \times 1.8)^2} = 0.179$

桩承载力 $f_{pk} = \dfrac{200}{3.14 \times 0.4^2} = 398$kPa

处理后复合地基承载力

$$f_{spk} = [1 + m(n-1)]f_{sk} = \left[1 + 0.179\left(\dfrac{398}{f_{sk}} - 1\right)\right]f_{sk} = 170 \rightarrow f_{sk} = 120\text{kPa}$$

设计变更后，仅调整桩距，其他条件不变，则桩间土承载力 $f_{sk} = 120$kPa，桩承载力 $f_{pk} = 398$kPa 均不变。

设计变更后，复合地基承载力

$$f_{spk2} = [1 + m_2(n-1)]f_{sk} = \left[1 + m_2\left(\dfrac{398}{120} - 1\right)\right] \times 120 = 200 \rightarrow m_2 = 0.288$$

仍然是正三角形布桩，则

$$m_2 = \dfrac{d^2}{(1.05 s_2)^2} = \dfrac{0.6^2}{(1.05 s_2)^2} = 0.288 \rightarrow s_2 = 1.4\text{m}$$

【注】关于设计变更的题目经常考，一定要找准设计变更前后哪些量没有变化，并且用两次"解题思维流程"即可，难度不大。

8.4.3 灰土挤密桩和土挤密桩

8.4.3.1 灰土挤密桩和土挤桩密复合地基承载力

2002D16

某场地湿陷性黄土厚度 6~6.5 m、平均干密度 $\overline{\rho}_d = 1.28$ t/m³。设计要求消除黄土湿陷性，地基经治理后，桩间土最大干密度 1.60t/m³。现决定采用挤密灰土桩处理地基。灰土桩桩径为 0.4m，等边三角形布桩。依据《建筑地基处理技术规范》的要求，该场地灰土桩的桩距至少要达到下列（　　）个数值时才能满足设计要求。（桩间土平均挤密系数 $\overline{\eta}_c$ 取 0.93）

(A) 0.9m (B) 1.0m
(C) 1.1m (D) 1.2 m

【解】桩径 $d = 0.4$m
处理前土的干密度 $\overline{\rho}_d = 1.28$
土的最大干密度 $\overline{\rho}_{dmax} = 1.60$

桩间土平均挤密系数

$$\bar{\eta}_c = \frac{处理后土的干密度}{土最大干密度} = \frac{\bar{\rho}_{d1}}{\bar{\rho}_{dmax}} = 0.93 \rightarrow \bar{\rho}_{d1} = 0.93 \times 1.60 = 1.488 \text{t/m}^3$$

等边三角形布桩

$$桩距\ s = 0.95d\sqrt{\frac{\bar{\rho}_{d1}}{\bar{\rho}_{d1} - \bar{\rho}_d}} = 0.95 \times 0.4 \times \sqrt{\frac{1.488}{1.488 - 1.28}} = 1.016 \text{m}$$

2003D15

某自重湿陷性黄土场地一座7层民用建筑，外墙基础底面边缘所围面积尺寸为宽15m、长45m。拟采用正三角形布置灰土挤密桩整片处理消除地基土层湿陷性，处理土层厚度4m，桩孔直径0.4m。已知桩间土的最大干密度为1.75t/m^3。地基处理前的平均干密度为1.35t/m^3。要求桩间土经成孔挤密后的平均挤密系数达到0.90。问在拟处理地基面积范围内所需要的桩孔总数最接近下列(　　)。

(A) 670　　　　　　　　　　　　(B) 780
(C) 930　　　　　　　　　　　　(D) 1075

【解1】桩径 $d = 0.4\text{m}$

土的最大干密度 $\bar{\rho}_{dmax} = 1.75\text{t/m}^3$

桩间土平均挤密系数 $\bar{\eta}_c = 0.90$

处理后土的干密度 $\bar{\rho}_{d1} = \bar{\eta}_c \cdot \bar{\rho}_{dmax} = 1.75 \times 0.90 = 1.575\text{t/m}^3$

等边三角形布桩

$$桩距\ s = 0.95d\sqrt{\frac{\bar{\rho}_{d1}}{\bar{\rho}_{d1} - \bar{\rho}_d}} = 0.95 \times 0.4 \times \sqrt{\frac{1.575}{1.575 - 1.35}} = 1\text{m}$$

处理面积：整片处理——每边扩大 = max(0.5倍处理厚度，2.0m)

则每边扩大 = max(0.5×4，2.0m) = 2.0m

处理地基总面积 $A = (15 + 2 \times 2) \times (45 + 2 \times 2) = 931\text{m}^2$

等边三角形布桩桩数 $n = \dfrac{4 \times A_{处理总面积}}{3.14 \times (1.05s)^2} = \dfrac{4 \times 931}{3.14 \times (1.05 \times 1)^2} = 1075.7$

【解2】桩径 $d = 0.4\text{m}$

土的最大干密度 $\bar{\rho}_{dmax} = 1.75\text{t/m}^3$

桩间土平均挤密系数 $\bar{\eta}_c = 0.90$

处理后土的干密度 $\bar{\rho}_{d1} = \bar{\eta}_c \cdot \bar{\rho}_{dmax} = 1.75 \times 0.90 = 1.575\text{t/m}^3$

置换率 $m = \dfrac{\bar{\rho}_{d1} - \bar{\rho}_d}{\bar{\rho}_{d1}} = \dfrac{1.575 - 1.35}{1.575} = 0.143$

处理面积：整片处理——每边扩大 = max[0.5倍处理厚度，2.0m]

则每边扩大 = max[0.5×4，2.0m] = 2.0m

处理地基总面积 $A = (15 + 2 \times 2) \times (45 + 2 \times 2) = 931\text{m}^2$

桩数等边三角形布桩 $n = \dfrac{mA_{处理总面积}}{A_{单桩面积}} = \dfrac{0.143 \times 931}{3.14 \times 0.2^2} = 1059$

【注】解1和解2最终结果看似误差过大，实则一致的，均正确。之所以有如此误差，

是因为解 1 中有效数字的取舍问题，在解 1 中桩间距 $s = 0.95d\sqrt{\dfrac{\bar{\rho}_{d1}}{\bar{\rho}_{d1} - \bar{\rho}_d}}$ 计算公式中。
0.95 是根据 1/1.05 计算得到，假如 1/1.05 取 0.952，并将 s 计算精度再提高，得

$$s = 0.952d\sqrt{\dfrac{\bar{\rho}_{d1}}{\bar{\rho}_{d1} - \bar{\rho}_d}} = 0.952 \times 0.4 \times \sqrt{\dfrac{1.575}{1.575 - 1.35}} = 1.0075\text{m}$$

将 $s = 1.0075$m 代入解 1 中最终桩数 n 的计算公式得

$$n = \dfrac{4 \times A_{\text{处理总面积}}}{3.14 \times (1.05s)^2} = \dfrac{4 \times 931}{3.14 \times (1.05 \times 1.0075)^2} = 1059$$

可以发现，有效数字精度提高之后，计算完全一致。

2004D22

某场地分布有 4.0m 厚的淤泥质土层，其下为粉质黏土，采用石灰桩法进行地基处理，处理 4m 厚的淤泥质土层后形成复合地基，淤泥质土层天然地基承载力特征值 $f_{sk} = 80$kPa，石灰桩桩体承载力特征值 $f_{pk} = 350$kPa，石灰桩成孔直径 $d = 0.35$m，按正三角形布桩，桩距 $s = 1.0$m，桩面积按 1.2 倍成孔直径计算，处理后桩间土承载力可提高 1.2 倍，问复合地基承载力特征值最接近下列（　　）。

(A) 117kPa (B) 127kPa
(C) 137kPa (D) 147kPa

【解】桩径 $d = 0.35 \times 1.2 = 0.42$m；桩距 $s = 1.0$m

等边三角形布桩，$m = \dfrac{d^2}{(1.05s)^2} = \dfrac{0.42^2}{(1.05 \times 1.0)^2} = 0.16$

桩间土承载力 $f_{sk} = 80 \times 1.2 = 96$kPa；

处理后复合地基承载力 $f_{spk} = [1 + m(n-1)]f_{sk} = \left[1 + 0.16 \times \left(\dfrac{350}{96} - 1\right)\right] \times 96 = 136.64$kPa

2009C15

某重要工程采用灰土挤密桩复合地基，桩径 400mm，等边三角形布桩，中心距 1.0m，桩间土在地基处理前的平均干密度为 1.38t/m³，根据《建筑地基处理技术规范》在正常施工条件下，挤密深度内，桩间土的平均干密度预计可达到下列哪一选项中的数值？

(A) 1.48t/m³ (B) 1.54t/m³
(C) 1.61t/m³ (D) 1.68t/m³

【解】桩径 $d = 0.4$m

处理前土的干密度 $\bar{\rho}_d = 1.38$t/m³

桩距 $s = 0.95d\sqrt{\dfrac{\bar{\rho}_{d1}}{\bar{\rho}_{d1} - \bar{\rho}_d}} = 0.95 \times 0.4 \times \sqrt{\dfrac{\bar{\rho}_{d1}}{\bar{\rho}_{d1} - 1.38}} = 1 \rightarrow \bar{\rho}_{d1} = 1.61$t/m³

2010D15

某黄土场地，地面以下 8m 为自重湿陷性黄土，其下为非湿陷性黄土层。建筑物采用

筏板基础，基底面积为 18m×45m，基础埋深 3.00m。采用灰土挤密桩法消除自重湿陷性黄土的湿陷性。灰土桩直径 400mm，桩间距 1.00m，等边三角形布置，根据《建筑地基处理技术规范》规定，处理该场地的灰土桩数量（根），最少应为下列哪项？

(A) 936 (B) 1245
(C) 1328 (D) 1592

【解】桩径 $d=0.4$m
等边三角形布桩桩距 $s=1.0$m
处理面积：整面处理——每边扩大 $=\max(0.5$ 倍处理厚度，2.0m$)$
则每边扩大 $=\max(0.5\times(8-3)，2.0$m$)=2.5$m
处理地基总面积 $A=(18+2\times2.5)\times(45+2\times2.5)=1150$m^2
等边三角形布桩桩数 $n=\dfrac{4A_{处理总面积}}{3.14\times(1.05s)^2}=\dfrac{4\times1150}{3.14\times(1.05\times1)^2}=1328.7$

2012C26

某地面沉降区，观测其累计沉降 120cm，预计后期沉降 50cm，今在其上建设某工程，场地长 200m，宽 100m，要求填土沉降稳定后比原地面（未沉降前）高 0.8m，黄土压实系数 0.94，填土沉降不计，回填土料 $w=29.6\%$，$\gamma=19.6$kN/m^3，$G_s=2.71$，最大干密度 1.69g/cm^3，最优含水量 20.5%，求填料的体积？

(A) 21000m^3 (B) 42000m^3
(C) 52000m^3 (D) 67000m^3

【解】按题意，回填高度为消除累计沉降 1.2m，加后期预留沉降 0.5m，再加高于原地面的填筑厚度 0.8m，故总计 $1.2+0.5+0.8=2.5$m。
因此填料压实后的体积 $V_1=200\times100\times2.5=50000$m^3
填料压实后的干密度为 $\bar\rho_{d1}=\bar\eta_c\rho_{dmax}=0.94\times1.69=1.59$ g/cm^3
填料天然干密度即初始干密度 $\bar\rho_{d0}=\dfrac{\rho}{1+w}=\dfrac{1.96}{1+0.296}=1.51$ g/cm^3
根据 $m_s=\rho_{d0}V_0=\rho_{d1}V_1$，则填料的初始体积 $V_0=\rho_{d1}V_1/\rho_{d0}=1.59\times50000/1.51=52649$m^3

【注】这是一道涉及地基处理和三相比的综合性题目，一定要分清初始状态和最终状态下土的三相比指标。关于三相比知识点见土力学专题"1.1.2 土的三相特征"。近年来这类题目考查较多，一定要深刻理解。

2014C15

某场地湿陷性黄土厚度 6m，天然含水量 15%，天然重度 14.5kN/m^3，设计拟采用灰土挤密桩法进行处理，要求处理后桩间土平均土密度达到 1.5g/cm^3，挤密桩等边三角形布置，桩径 400mm。问满足设计要求的灰土桩的最大间距应取下列哪个值？（忽略处理后地面标高的变化，桩间土平均挤密系数不小于 0.93）

(A) 0.70m (B) 0.80m
(C) 0.95m (D) 1.20m

【解】桩径 $d=0.4\mathrm{m}$

处理前土的干密度 $\bar{\rho}_{\mathrm{d}} = \dfrac{1.45}{1+0.15} = 1.26\mathrm{g/cm^3}$

处理后土的干密度 $\bar{\rho}_{\mathrm{d1}} = 1.5\mathrm{g/cm^3}$

等边三角形布桩

桩距 $s = 0.95d\sqrt{\dfrac{\bar{\rho}_{\mathrm{d1}}}{\bar{\rho}_{\mathrm{d1}} - \bar{\rho}_{\mathrm{d}}}} = 0.95 \times 0.4 \times \sqrt{\dfrac{1.5}{1.5 - 1.26}} = 0.95\mathrm{m}$

2016C16

某湿陷性黄土场地，天然状态下，地基土的含水量15%，重度15.4kN/m³，地基处理采用灰土挤密桩法，桩径400mm，桩距1.0m 正方形布置。忽略挤密处理后地面标高的变化，问处理后桩间土的平均干密度最接近下列哪个选项？（重力加速度 g 取 $10\mathrm{m/s^2}$）

(A) $1.50\mathrm{g/cm^3}$ (B) $1.53\mathrm{g/cm^3}$
(C) $1.56\mathrm{g/cm^3}$ (D) $1.58\mathrm{g/cm^3}$

【解】桩径 $d=0.4\mathrm{m}$

处理前土的干密度 $\bar{\rho}_{\mathrm{d}} = \dfrac{1.54}{1+0.15} = 1.34\mathrm{g/cm^3}$

正方形布桩

$s = 0.89d\sqrt{\dfrac{\bar{\rho}_{\mathrm{d1}}}{\bar{\rho}_{\mathrm{d1}} - \bar{\rho}_{\mathrm{d}}}} = 0.89 \times 0.4 \times \sqrt{\dfrac{\bar{\rho}_{\mathrm{d1}}}{\bar{\rho}_{\mathrm{d1}} - 1.34}} = 1.0 \to \bar{\rho}_{\mathrm{d1}} = 1.53\mathrm{g/cm^3}$

2018C12

某场地浅层湿陷性土厚度6m，平均干密度1.25t/m³，下部为非湿陷性土层。采用沉管法灰土挤密桩处理该地基，灰土桩直径0.4m，等边三角形布桩，桩距0.8m，桩端达湿陷性土层底。施工完成后场地地面平均上升0.2m。求地基处理后桩间土的平均干密度最接近下列何值？

(A) $1.56\mathrm{t/m^3}$ (B) $1.61\mathrm{t/m^3}$
(C) $1.68\mathrm{t/m^3}$ (D) $1.73\mathrm{t/m^3}$

【解1】先假定打桩施工后，场地地面无变化

设此时土的干密度为 $\bar{\rho}_{\mathrm{d10}}$

桩径 $d=0.4\mathrm{m}$

处理前土的干密度 $\bar{\rho}_{\mathrm{d00}} = 1.25\mathrm{t/m^3}$

等边三角形布桩

$s = 0.95d\sqrt{\dfrac{\bar{\rho}_{\mathrm{d10}}}{\bar{\rho}_{\mathrm{d10}} - \bar{\rho}_{\mathrm{d}}}} \to 0.8 = 0.95 \times 0.4 \times \sqrt{\dfrac{\bar{\rho}_{\mathrm{d10}}}{\bar{\rho}_{\mathrm{d10}} - 1.25}} \to \bar{\rho}_{\mathrm{d10}} = 1.614\mathrm{t/m^3}$

施工完成后场地地面平均上升0.2m，设此时土的干密度为 $\bar{\rho}_{\mathrm{d11}}$

利用土颗粒质量不变原理

此时可以看做土底面积未发生变化，仅高度发生了变化

即 $m_{\mathrm{s}} = \rho_{\mathrm{d10}}V_0 = \rho_{\mathrm{d11}}V_1 \to \rho_{\mathrm{d10}}H_0 = \rho_{\mathrm{d11}}H_1$

解得 $6 \times 1.614 = \rho_{d2} \times (6.0 + 0.2) \rightarrow \rho_{d2} = 1.56 \mathrm{t/m^3}$

【解2】先假定未打桩施工，场地地面即平均升高了 0.2m

设此时土的干密度为 $\bar{\rho}_{d01}$

处理前土的干密度 $\bar{\rho}_{d00} = 1.25 \mathrm{t/m^3}$

利用土颗粒质量不变原理

此时可以看做土底面积未发生变化，仅高度发生了变化

即 $m_s = \rho_{d10} V_0 = \rho_{d11} V_1 \rightarrow \rho_{d10} H_0 = \rho_{d11} H_1$

解得 $6 \times 1.25 = \rho_{d01} \times (6.0 + 0.2) \rightarrow \rho_{d01} = 1.21 \mathrm{t/m^3}$

再假定打桩施工是在地面升高了 0.2m 的基础上施工

设施工后土的干密度为 $\bar{\rho}_{11}$

等边三角形布桩

$s = 0.95d \sqrt{\dfrac{\bar{\rho}_{d11}}{\bar{\rho}_{d11} - \bar{\rho}_{d01}}} \rightarrow 0.8 = 0.95 \times 0.4 \times \sqrt{\dfrac{\bar{\rho}_{d11}}{\bar{\rho}_{d11} - 1.21}} \rightarrow \bar{\rho}_{d1} = 1.56 \mathrm{t/m^3}$

【解3】

等边三角形布桩

置换率 $m = \dfrac{d^2}{(1.05s)^2} = \dfrac{0.4^2}{(1.05 \times 0.8)^2} = 0.227$

打桩施工，有了置换率，且地面升高 0.2m

利用土颗粒质量不变原理

此时可以看做土底面积和高度均发生了变化

即 $m_s = \rho_{d00} V_0 = \rho_{d11} V_1 \rightarrow \rho_{d00} H_0 \times 1 = \rho_{d11} H_1 \times (1-m)$

解得 $6 \times 1.25 = \rho_{d01} \times (6.0 + 0.2) \times (1 - 0.227) \rightarrow \rho_{d11} = 1.56 \mathrm{t/m^3}$

【解4】

先假定打桩施工后，场地地面无变化

设此时土的干密度为 $\bar{\rho}_{10}$

桩径 $d = 0.4 \mathrm{m}$

处理前土的干密度 $\bar{\rho}_{d00} = 1.25 \mathrm{t/m^3}$

等边三角形布桩

$s = 0.95d \sqrt{\dfrac{\bar{\rho}_{d10}}{\bar{\rho}_{d10} - \bar{\rho}_{d}}} \rightarrow 0.8 = 0.95 \times 0.4 \times \sqrt{\dfrac{\bar{\rho}_{d10}}{\bar{\rho}_{d10} - 1.25}} \rightarrow \bar{\rho}_{d10} = 1.614 \mathrm{t/m^3}$

此时置换率 $m = \dfrac{\bar{\rho}_{d10} - \bar{\rho}_{d00}}{\bar{\rho}_{d10}} = \dfrac{1.614 - 1.25}{1.614} = 0.226$

施工完成后场地地面平均上升 0.2m，但置换率不会发生变化

设此时土的干密度为 $\bar{\rho}_{11}$

利用土颗粒质量不变原理

此时可以看做土底面积和高度均发生了变化

即 $m_s = \rho_{d00} V_0 = \rho_{d11} V_1 \rightarrow \rho_{d00} H_0 \times 1 = \rho_{d11} H_1 \times (1-m)$

解得 $6 \times 1.25 = \rho_{d01} \times (6.0 + 0.2) \times (1 - 0.227) \rightarrow \rho_{d11} = 1.56 \mathrm{t/m^3}$

【注】四种解题方法都必须深刻理解，才能对置换率、置换率和干密度的关系、间距

8.4 复合地基

和干密度的关系以及三相比换算深刻理解，且熟练运用。公式 $m = \dfrac{\bar{\rho}_{d1}}{\bar{\rho}_{d1} - \bar{\rho}_{d01}}$ 和 $s = 0.95d\sqrt{\dfrac{\bar{\rho}_{d1}}{\bar{\rho}_{d1} - \bar{\rho}_{d0}}}$ 或 $s = 0.89d\sqrt{\dfrac{\bar{\rho}_{d1}}{\bar{\rho}_{d1} - \bar{\rho}_{d0}}}$，只有在地面标高无变化时，才成立，比如解4和解3中计算得到的置换率是一样的。

切不可进行如下计算：$m = \dfrac{\bar{\rho}_{d1} - \bar{\rho}_{d00}}{\bar{\rho}_{d1}} = \dfrac{1.56 - 1.25}{1.56} = 0.199$，此时干密度并不是一个地面高度的干密度，故这样的计算是错误的。

但置换率公式 $m = \dfrac{d^2}{(1.05s)^2}$ 和 $m = \dfrac{d^2}{(1.13s)^2}$，与地面是否上升无关，这是因为暗含一个前提，即地面上升之后，桩身也是贯穿土层的。

当然对本题而言，解4是走了弯路，此处申申老师只是让大家深刻理解上述公式之间的关系。

2019C12

某非自重湿陷性黄土场地上的甲类建筑物采用整片筏板基础，基础长度30m，宽度12.5m，基础埋深为4.5m，湿陷性黄土下陷深度为13.5m。拟在整体开挖后采用挤密桩复合地基，桩径 $d = 0.40$m，等边三角形布桩，地基处理前地基土平均干密度 $\bar{\rho}_d = 1.35$g/cm³，最大干密度 $\rho_{dmax} = 1.73$g/cm³，要求挤密桩处理后桩间土平均挤密系数不小于0.93，最少理论布桩数最接近下列哪个选项？

(A) 480 根　　　(B) 720 根　　　(C) 1100 根　　　(D) 1460 根

【解】桩距 $s = 0.95d\sqrt{\dfrac{\bar{\rho}_{d1}}{\bar{\rho}_{d1} - \bar{\rho}_{d0}}} = 0.95 \times 0.4 \times \sqrt{\dfrac{0.93 \times 1.73}{0.93 \times 1.73 - 1.35}} = 0.95$m

整片处理，则每边增大 $= \max[0.5 \times (13.5 - 4.5), 2] = 4.5$m

$n = \dfrac{4 \cdot A_{处理总面积}}{3.14 \times (1.05s)^2} = \dfrac{4 \times (12.5 + 2 \times 4.5) \times (30 + 2 \times 4.5)}{3.14 \times (1.05 \times 0.95)^2} = 1074$ 根

【注】核心知识点常规题。直接使用解题思维流程快速求解。

2019D12

某地基采用挤密法石灰桩加固，石灰桩直径300mm，桩间距1m，正方形布桩，地基土天然重度 $\gamma = 16.8$kN/m³，孔隙比 $e = 1.40$，含水量 $w = 50\%$。石灰桩吸水后体积膨胀率1.3（按均匀侧胀考虑），地基土失水并挤密后重度 $\gamma = 17.2$kN/m³，承载力与含水量经验关系式 $f_{ak} = 110 - 100w$（单位为 kPa），处理后地面标高未变化。假定桩土应力比为4，求处理后复合地基承载力特征值最接近下列哪个选项？（重力加速度 g 取 10m/s²）

(A) 70kPa　　　(B) 80kPa　　　(C) 90kPa　　　(D) 100kPa

【解】石灰桩吸水后体积膨胀率1.3（按均匀侧胀考虑），说明置换率增大了1.3倍

正方形布桩 $m = \dfrac{d^2}{(1.13s)^2} \times 1.3 = 1.3 \times \dfrac{0.3^2}{(1.13 \times 1)^2} = 0.092$

设处理后空隙比为 e_1，处理后含水量为 w_1

处理后地面标高未变化，则 $m = \dfrac{1.40 - e_1}{1 + 1.40} = 0.092 \rightarrow e_1 = 1.18$

根据三相比换算一条公式中 $e = \dfrac{G_s(1+w)\rho_w}{\rho} - 1$

处理前：$1.40 = \dfrac{G_s(1+0.5) \times 1}{1.68} - 1 \rightarrow G_s = 2.7$

处理后：$1.18 = \dfrac{2.7 \times (1+w_1) \times 1}{1.72} - 1 \rightarrow w_1 = 0.39$

处理后桩间土承载力 $f_{ak} = 110 - 100w = 110 - 100 \times 0.39 = 71 \text{kPa}$

处理后复合地基承载力特征值 $f_{spk} = [1 + m(n-1)]f_{sk} = [1 + 0.092 \times (4-1)] \times 71 = 90.6 \text{kPa}$

【注】核心知识点非常规题，题干设置新颖，和三相比相结合，所考查知识点很熟悉，但需根据题意冷静分析，灵活运用相关知识点计算公式和解题思维流程。

8.4.3.2 灰土挤密桩和土挤密桩加水量问题

2010C16

对于某新近堆积的自重湿陷性黄土地基，拟采用灰土挤密桩对桩下独立基础的地基进行加固，已知基础为 $1.0\text{m} \times 1.0\text{m}$ 的方形基础，该层黄土平均含水量为 10%。最优含水量为 18%，平均干密度为 1.50t/m^3。根据《建筑地基处理技术规范》，为达到最好加固效果，拟对该基础 5.0m 深度范围内的黄土进行增湿，试问最少加水量取下列何项数值合适？

(A) 0.65t (B) 2.6t
(C) 3.8t (D) 5.8t

【解】处理面积：整面处理——每边扩大 $= \max(0.5$ 倍处理厚度，$2.0\text{m})$

因此每边扩大 $= \max(0.75 \times 1, 1.0\text{m}) = 1\text{m}$

$A_{处理总面积} = (b + 2$ 倍每边扩大$) \times (l + 2$ 倍每边扩大$) = (1 + 2 \times 1) \times (1 + 2 \times 1) = 9\text{m}^2$

拟加固土的深度 $h = 5\text{m}$

拟加固土的总体积 $V = A_{处理总面积} h = 9 \times 5 = 45\text{m}^3$

地基处理前平均含水量 $\overline{w} = 0.10$

地基土最优含水量 $w_{op} = 0.18$

损耗系数 $k = 1.05$

增湿土加水总量 $Q = V\overline{\rho}_d(w_{op} - \overline{w})k = 45 \times 1.5 \times (0.18 - 1.10) \times 1.05 = 5.67\text{t}$

2012D14

拟对非自重湿陷性黄土地基采用灰土挤密桩加固处理，处理面积为 $22\text{m} \times 36\text{m}$，采用正三角形满堂布桩，桩距 1.0m，桩长 6.0m，加固前地基土平均干密度 $\rho_d = 1.4\text{t/m}^3$，平均含水量 $w = 10\%$，最优含水量 $w_{op} = 16.5\%$，为了优化地基土挤密效果，成孔前拟在三角形布桩形心处挖孔预渗水增湿，损耗系数为 $k = 1.1$。试问完成该场地增湿施工需加水量接近下列哪个选项数值？

(A) 289t (B) 318t
(C) 410t (D) 476t

【解】$A_{处理总面积} = 22 \times 36 = 792 \text{m}^2$

拟加固土的深度 $h = 6\text{m}$

拟加固土的总体积 $v = A_{处理总面积} h = 792 \times 6 = 4752 \text{m}^3$

地基处理前平均含水量 $\overline{w} = 0.10$

地基土最优含水量 $w_{op} = 0.165$

损耗系数 $k = 1.1$

增湿土加水总量 $Q = v \overline{\rho}_d (w_{op} - \overline{w}) k = 4752 \times 1.4 \times (0.165 - 0.10) \times 1.1 = 475.68\text{t}$

2005C16

拟对某湿陷性黄土地基采用灰土挤密桩加固，采用等边三角形布桩，桩距1.0m，桩长6.0m，加固前地基土平均干密度 $\rho_d = 1.32 \text{t/m}^3$，平均含水量 $\overline{w} = 9.0\%$，为达到较好的挤密效果，让地基土接近最优含水量，拟在三角形形心处挖孔预渗水增湿，场地地基土最优含水量 $w_{op} = 15.6\%$，渗水损耗系数 k 可取1.1，每个浸水孔需加水量最接近下列（　）个选项。

(A) 0.25m^3 (B) 0.5m^3
(C) 0.75m^3 (D) 1.0m^3

【解】每个浸水孔相对应的 $A_{处理总面积} = \frac{1}{2} \times 1 \times 1 \times \sin 60° = 0.433 \text{m}^2$

拟加固土的深度 $h = 6\text{m}$

拟加固土的总体积 $v = A_{处理总面积} h = 0.433 \times 6 = 2.598 \text{m}^3$

地基处理前平均含水量 $\overline{w} = 0.09$

地基土最优含水量 $w_{op} = 0.156$

损耗系数 $k = 1.1$

增湿土加水总量 $Q = v \overline{\rho}_d (w_{op} - \overline{w}) k = 2.598 \times 1.32 \times (0.156 - 0.09) \times 1.1 = 0.249 \text{m}^3$

【注】本题是在三角形形心处挖孔预渗水增湿，而不是在桩中心处预渗水增湿。若在桩中心处预渗水增湿，则每个浸水孔相对应的

$$A_{处理总面积} = 3.14 \times \frac{d_c^2}{4} = 3.14 \times \frac{(1.05 \times 1)^2}{4} = 0.866 \text{m}^2$$

8.4.4 柱锤冲扩桩

8.4.5 水泥土搅拌桩

8.4.5.1 水泥土搅拌桩承载力
8.4.5.2 水泥土搅拌桩喷浆提升速度和每遍搅拌次数

2002D17

沿海某软土地基拟建一幢六层住宅楼，天然地基土承载力特征值为70kPa，采用搅拌

桩处理地基。根据地层分布情况，设计桩长10m，桩径0.5m，正方形布桩，桩距1.1 m。依据《建筑地基处理技术规范》，这种布桩形式复合地基承载力特征值最接近于(　　)。(桩周土的平均极限侧阻力特征值 $q_s=15\text{kPa}$，桩端天然地基土承载力特征值 $f_{ak}=60\text{kPa}$，桩端天然地基土的承载力发挥系数 α_p 取0.5，桩间土承载力发挥系数 β 取0.40，水泥搅拌桩试块的无侧限抗压强度取1.2MPa，强度折减系数 η 取0.25，单桩承载力发挥系数 λ 取1)

(A) 50kPa (B) 60kPa
(C) 70kPa (D) 80kPa

【解】桩径 $d=0.5\text{m}$；桩距 $s=1.1\text{m}$
正方形布桩

置换率 $m = \dfrac{d^2}{(1.13s)^2} = \dfrac{0.5^2}{(1.13\times 1.1)^2} = 0.1618$

桩身强度折减系数 $\eta = 0.25$
桩身强度 $f_{cu} = 1200\text{kPa}$
桩截面面积 $A_p = 3.14\times 0.25^2 = 0.19625\text{m}^2$
按桩身强度计算 $R_a = \eta f_{cu} A_p = 0.25\times 1200\times 0.19625 = 58.875\text{kN}$
按土对桩的承载力
$R_a = u\sum q_{si} l_i + \alpha_p q_p A_p = 3.14\times 0.5\times 15\times 10 + 0.5\times 0.19625\times 60 = 241.4\text{kN}$
最终两者中 R_a 取小值得 58.875kN
单桩承载力发挥系数 $\lambda = 1$
桩间土承载力发挥系数 $\beta = 0.40$
桩间土承载力 $f_{sk} = 70\text{kPa}$
复合地基承载力特征值 $f_{spk} = \lambda m \dfrac{R_a}{A_p} + \beta(1-m) f_{sk} = 1.0\times 0.1618\times \dfrac{58.875}{0.19625} + 0.4 \times (1-0.1618)\times 70 = 72\text{kPa}$

2003C18

有一厚度较大的软弱黏性土地基，承载力特征值为100kPa，采用水泥搅拌桩对该地基进行处理，桩径设计为0.5m。若水泥搅拌桩竖向承载力特征值为250kN，处理后复合地基承载力特征值达210kPa，根据《建筑地基处理技术规范》有关公式计算，若桩间土承载力发挥系数取0.75，单桩承载力发挥系数取1，面积置换率应该最接近下列(　　)。

(A) 0.11 (B) 0.13
(C) 0.15 (D) 0.20

【解】桩径 $d=0.5\text{m}$
桩截面面积 $A_p = 0.1963\text{m}^2$
单桩竖向承载力特征值 $R_a = 250\text{kN}$
单桩承载力发挥系数 $\lambda = 1$
桩间土承载力发挥系数 $\beta = 0.75$
桩间土承载力 $f_{sk} = 100\text{kPa}$

复合地基承载力特征值

$$f_{spk} = \lambda m \frac{R_a}{A_p} + \beta(1-m)f_{sk} = 1.0 \times m \frac{250}{0.1963} + 0.75 \times (1-m) \times 100.0$$
$$= 210 \rightarrow m = 0.1126$$

2004C18

某软土地基天然地基承载力 $f_{ak}=80\text{kPa}$，采用水泥土深层搅拌法加固，桩径 $d=0.5\text{m}$，桩长 $l=15\text{m}$，搅拌桩单桩承载力特征值 $R_a=160\text{kN}$，桩间土承载力发挥系数 $\beta=0.75$，单桩承载力发挥系数 $\lambda=1$，要求复合地基承载力达到180kPa，问置换率应为( )。

(A) 0.14 (B) 0.16
(C) 0.18 (D) 0.20

【解】桩径 $d=0.5\text{m}$；搅拌桩单柱承载力特征值 $R_a=160\text{kN}$
单桩承载力发挥系数 $\lambda=1$
桩间土承载力发挥系数 $\beta=0.75$
桩间土承载力 $f_{sk}=80\text{kPa}$
复合地基承载力特征值

$$f_{spk} = \lambda m \frac{R_a}{A_p} + \beta(1-m)f_{sk} = 1.0 \times m \frac{160}{0.1963} + 0.75 \times (1-m) \times 80.0$$
$$= 180 \rightarrow m = 0.1589$$

2004C20

天然地基各土层厚度及参数如题表所示。采用深层搅拌桩复合地基加固，桩径 $d=0.6\text{m}$，桩长 $l=15\text{m}$，水泥土试块立方体抗压强度平均值 $f_{cu}=2640\text{kPa}$，桩身强度折减系数 $\eta=0.25$，桩端土承载力发挥系数为0.5，搅拌桩单桩承载力特征值可取( )。

(A) 219kN (B) 203kN
(C) 187kN (D) 180kN

土层序号	厚度	侧阻力特征值（kPa）	端阻力特征值（kPa）
1	3	7	120
2	6	6	100
3	18	8	150

【解】桩径 $d=0.6\text{m}$
桩身强度折减系数 $\eta=0.25$
桩身强度 $f_{cu}=2640\text{kPa}$
桩截面面积 $A_p=3.14 \times 0.3^2 = 0.2826\text{m}^2$
按桩身强度计算：$R_{a1} = \eta f_{cu} A_p = 0.25 \times 2640 \times 0.2826 = 186.516\text{kN}$
按土对桩的承载力计算：

$$R_{a2} = u\sum q_{si}l_i + \alpha_p q_p A_p$$
$$= 3.14 \times 0.6 \times (7 \times 3 + 6 \times 6 + 8 \times 6) + 0.5 \times 0.2826 \times 150$$
$$= 219.0\text{kN}$$

最终两者中 R_a 取小值得 186.516kN

2004D23

一座 5 万 m³ 的储油罐建于滨海的海陆交互相软土地基上,天然地基承载力特征值 $f_{ak}=75$kPa,拟采用水泥搅拌桩法进行地基处理,水泥搅拌桩置换率 $m=0.3$,搅拌桩桩径 $d=0.6$m,与搅拌桩桩身水泥土配比相同的室内加固土试块抗压强度平均值 $f_{cu}=4548$kPa,桩身强度折减系数 $\eta=0.25$,桩间土承载力发挥系数 $\beta=0.75$,单桩承载力发挥系数 $\lambda=1.0$,如由桩身材料计算的单桩承载力等于由桩周土及桩端土抗力提供的单桩承载力,问复合地基承载力特征值接近下列( )。

(A) 340kPa (B) 360kPa (C) 380kPa (D) 400kPa

【解】桩径 $d=0.6$m

置换率 $m=0.3$

桩身强度折减系数 $\eta=0.25$

桩身强度 $f_{cu}=4548$kPa(水泥土 90d 龄期立方体抗压强度)

桩截面面积 $A_p=3.14\times 0.3^2=0.2826$m²

按桩身强度计算:$R_{a1}=\eta f_{cu} A_p=0.25\times 4548\times 0.2826=321.3$kN

由桩身材料计算的单桩承载力等于由桩周土及桩端土抗力提供的单桩承载力

故 $R_a=321.3$kN

单桩承载力发挥系数 $\lambda=1.0$

桩间土承载力发挥系数 $\beta=0.75$

桩间土承载力 $f_{sk}=75$kPa(=桩周第一层土 f_{ak})

复合地基承载力特征值

$$f_{spk}=\lambda m \frac{R_a}{A_p}+\beta(1-m)f_{sk}=1\times 0.3\times \frac{321.3}{0.2826}+0.75\times(1-0.3)\times 75=380.43\text{kPa}$$

2006C18

采用水泥土搅拌桩加固地基,桩径取 $d=0.5$m,等边三角形布置,复合地基置换率 $m=0.18$,桩间土承载力特征值 $f_{ak}=70$kPa,桩间土承载力发挥系数 $\beta=0.50$,单桩承载力发挥系数 $\lambda=1.0$,现要求复合地基承载力特征值达到 160kPa,问水泥土抗压强度平均值 f_{cu}(90 天龄期的折减系数 $\eta=0.25$)达到下述何值时才能满足要求?

(A) 2.03MPa (B) 2.23MPa (C) 2.43MPa (D) 2.63MPa

【解】桩径 $d=0.5$m

置换率 $m=0.18$

桩身强度折减系数 $\eta=0.25$

桩截面面积 $A_p=3.14\times 0.25^2=0.1963$m²

单桩承载力发挥系数 $\lambda=1.0$

桩间土承载力发挥系数 $\beta=0.5$

桩间土承载力 $f_{sk}=70$kPa

复合地基承载力特征值

$$f_{spk} = \lambda m \frac{R_a}{A_p} + \beta(1-m)f_{sk} = 1 \times 0.18 \times \frac{R_a}{0.1963} + 0.5 \times (1-0.18) \times 70$$
$$= 160 \rightarrow R_a = 143.19 \text{kN}$$
$$R_a = \eta f_{cu} A_p = 0.25 \times f_{cu} \times 0.1963 = 143.19, 得 f_{cu} = 2917.8 \text{kPa} = 2.92 \text{MPa}$$

2007C16

某小区地基采用深层搅拌桩复合地基进行加固，已知桩截面面积 $A_p = 0.385\text{m}$，单桩承载力特征值 $R_a = 200\text{kN}$，桩间土承载力特征值 $f_{ak} = 60\text{kPa}$，桩间土承载力发挥系数 $\beta = 0.6$，单桩承载力发挥系数 $\lambda = 1.0$，要求复合地基承载力特征值 $f_{spk} = 150\text{kPa}$，问水泥土搅拌桩置换率 m 的设计值最接近下列何值？

(A) 15%　　　(B) 20%　　　(C) 24%　　　(D) 30%

【解】桩截面面积 $A_p = 385\text{m}^2$
单桩承载力特征值 $R_a = 200\text{kN}$
单桩承载力发挥系数 $\lambda = 1.0$
桩间土承载力发挥系数 $\beta = 0.6$
桩间土承载力 $f_{sk} = 60\text{kPa}$
复合地基承载力特征值
$$f_{spk} = \lambda m \frac{R_a}{A_p} + \beta(1-m)f_{sk} = 1.0 \times m \times \frac{200}{0.385} + 0.6 \times (1-m) \times 60$$
$$= 150 \rightarrow m = 23.58\%$$

2008C16

某工业厂房场地浅表为耕植土，厚 0.50m；其下为淤泥质粉质黏土，厚约 18.0m，承载力特征值 $f_{ak} = 70\text{kPa}$，水泥搅拌桩侧阻力特征值取 9kPa。下伏厚层密实粉细砂层。采用水泥搅拌桩加固，要求复合地基承载力特征值达 150kPa。假设有效桩长 12.00m，桩径 500mm，桩身强度折减系数 η 取 0.25，桩端天然地基土承载力发挥系数 α 取 0.50，水泥加固土试块 90 天龄期立方体抗压强度平均值为 2.0MPa，桩间土承载力发挥系数 β 取 0.40，单桩承载力发挥系数 $\lambda = 1.0$。试问初步设计复合地基面积置换率将最接近下列哪个选项的数值？

(A) 13%　　　(B) 18%　　　(C) 21%　　　(D) 25%

【解】桩径 $d = 0.5\text{m}$
桩身强度折减系数 $\eta = 0.25$
桩身强度 $f_{cu} = 2000\text{kPa}$
桩截面面积 $A_p = 3.14 \times 0.5^2 \div 4 = 0.1963\text{m}^2$
按桩身强度计算：$R_{a1} = \eta f_{cu} A_p = 0.25 \times 2000 \times 0.1963 = 98.15\text{kN}$
按土对桩的承载力计算：
$$R_{a2} = u \sum q_{si} l_i + \alpha_p q_p A_p = 3.14 \times 0.5 \times 9 \times 12 + 0.5 \times 0.1963 \times 70 = 176.43\text{kN}$$
单桩承载力特征值最终两者中取小值 $R_a = 98.15\text{kN}$
单桩承载力发挥系数 $\lambda = 1.0$

桩间土承载力发挥系数 $\beta=0.40$

桩间土承载力 $f_{sk}=70\text{kPa}$

复合地基承载力特征值

$$f_{spk}=\lambda m \frac{R_a}{A_p}+\beta(1-m)f_{sk}=1.0\times m\times\frac{98.15}{0.1963}+0.40\times(1-m)\times 70$$

$$=150 \to m=0.258$$

2008D16

某软土地基土层分布和各土层参数如题图所示。已知基础埋深为 2.0m，采用搅拌桩复合地基，桩长 14.0m，桩径 600mm，桩身强度平均值 $f_{cu}=1.98\text{MPa}$，强度折减系数 $\eta=0.25$。桩端土承载力发挥系数为 0.4。按《建筑地基处理技术规范》计算，该搅拌桩单桩承载力特征值取下列哪个选项的数值较合适？

(A) 120kN (B) 140kN
(C) 160kN (D) 180kN

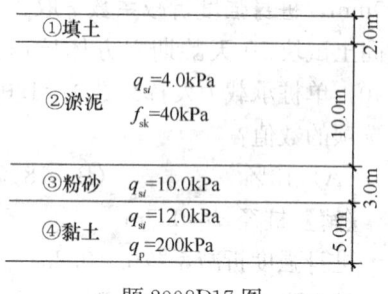

题 2008D16 图

【解】桩径 $d=0.6\text{m}$

桩身强度折减系数 $\eta=0.25$

桩身强度 $f_{cu}=1980\text{kPa}$

桩截面面积 $A_p=3.14\times 0.3^2=0.2826\text{m}^2$

按桩身强度计算：$R_{a1}=\eta f_{cu}A_p=0.25\times 1980\times 0.2826=139.887\text{kN}$

按土对桩的承载力计算：

$R_{a2}=u\sum q_{si}l_i+\alpha_p q_p A_p$

$=3.14\times 0.6\times(4\times 10+10\times 3+12\times 1)+0.4\times 0.2826\times 200=177.1\text{kN}$

单桩承载力特征值最终两者中取小值 $R_a=139.887\text{kN}$

2008D17

某软土地基土层分布和各土层参数如题图所示，已知基础埋深为 2.0m，采用搅拌桩复合地基，搅拌桩长 10.0m，桩直径 500mm，单桩承载力特征值为 120kN，要使复合地基承载力达到 180kPa，按正方形布桩，问桩间距取下列哪个选项的数值较为合适？（假设桩间土承载力发挥系数 $\beta=0.5$，单桩承载力发挥系数 $\lambda=1$）

(A) 0.85m (B) 0.95m (C) 1.05m (D) 1.1m

题 2008D17 图

【解】桩径 $d=0.5\text{m}$

单桩承载力特征值 $R_a=120\text{kN}$

单桩承载力发挥系数 $\lambda=1$

桩间土承载力发挥系数 $\beta=0.5$

桩间土承载力 $f_{sk}=40$
复合地基承载力特征值
$$f_{spk}=\lambda m \frac{R_a}{A_p}+\beta(1-m)f_{sk}=1.0\times m\frac{120}{0.1963}+0.5\times(1-m)\times 40$$
$$=180 \rightarrow m=0.271$$
$$m=\frac{d^2}{(1.13s)^2}=\frac{0.5^2}{(1.13s)^2}=0.271 \rightarrow s=0.849\text{m}$$

2009D16

某场地地层如题图所示，拟采用水泥搅拌桩进行加固，已知基础埋深 2.0m，搅拌桩桩径 600mm，桩长 14m，桩身强度 $f_{cu}=0.96$MPa，桩身强度折减系数 $\eta=0.25$，桩端土承载力发挥系数 $\alpha_p=0.4$，单桩承载力发挥系数 $\lambda=1.0$，桩间土承载力发挥系数 $\beta=0.6$，搅拌桩中心距 1.0m，采用等边三角形布桩，复合地基承载力特征值取（　　）。

(A) 80kPa　　　　(B) 90kPa
(C) 100kPa　　　(D) 110kPa

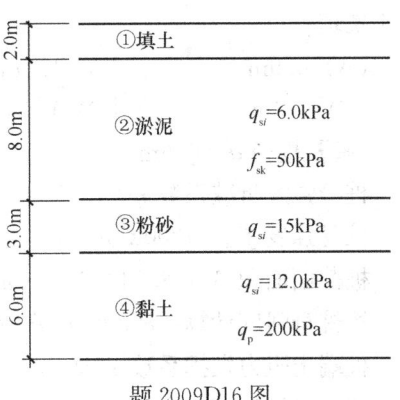

题 2009D16 图

【解】桩径 $d=0.6$m
等边三角形布桩
桩距 $s=1$m
置换率 $m=\dfrac{d^2}{(1.05s)^2}=\dfrac{0.6^2}{(1.05\times 1)^2}=0.327$
桩身强度折减系数 $\eta=0.25$
桩身强度 $f_{cu}=960$kPa
桩截面面积 $A_p=3.14\times 0.3^2=0.2826\text{m}^2$
按桩身强度计算：$R_{a1}=\eta f_{cu}A_p=0.25\times 960\times 0.2826=67.8$kN
按土对桩的承载力计算：
$$R_{a2}=u\sum q_{si}l_i+\alpha_p q_p A_p$$
$$=3.14\times 0.6\times(6\times 8+15\times 3+12\times 3)+0.4\times 0.2826\times 200$$
$$=265.6\text{kN}$$
单桩承载力特征值最终两者中取小值 $R_a=67.8$kN
单桩承载力发挥系数 $\lambda=1.0$
桩间土承载力发挥系数 $\beta=0.6$
桩间土承载力 $f_{sk}=50$kPa（=桩周第一层土 f_{ak}）
复合地基承载力特征值
$$f_{spk}=\lambda m\frac{R_a}{A_p}+\beta(1-m)f_{sk}$$
$$=1.0\times 0.327\times\frac{67.8}{0.2826}+0.6\times(1-0.327)\times 50=98.6\text{kPa}$$

2011C14

某建筑场地地层分布及参数（均为特征值），如题图所示，拟采用水泥土搅拌桩复合地基。已知基础埋深 2.0m，搅拌桩桩长 8.0m，桩径 600mm，等边三角形布置。经室内配比试验，水泥加固土试块强度为 1.2MPa，桩身强度折减系数 $\eta=0.25$，单桩承载力发挥系数 $\lambda=1.0$，桩间土承载力发挥系数 $\beta=0.6$，按《建筑地基处理技术规范》计算，要求复合地基承载力特征值达到 100kPa，则搅拌桩间距宜取下列哪个选项？

(A) 0.9m　　　(B) 1.1m
(C) 1.3m　　　(D) 1.5m

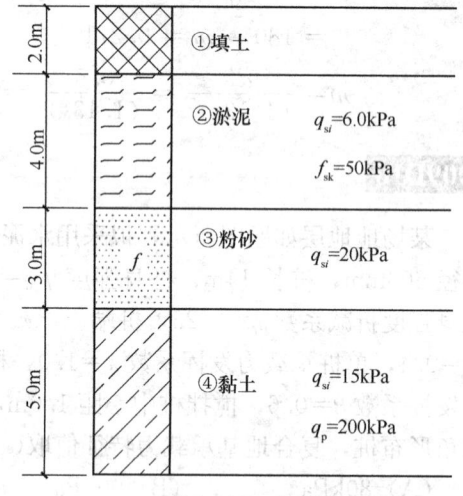

题 2011C14 图

【解】桩径 $d=0.6$m
桩身强度折减系数 $\eta=0.25$
桩身强度 $f_{cu}=1200$kPa
桩截面面积 $A_p=3.14\times 0.6^2\div 4=0.2826=m^2$
按桩身强度计算：$R_{a1}=\eta f_{cu}A_p=0.25\times 1200\times 0.2826=84.78$kN
桩端土阻力发挥系数 α_p 取 0.4～0.6
按土对桩的承载力计算：
$$R_{a2}=u\sum q_{si}l_i+\alpha_p q_p A_p$$
$$=3.14\times 0.6\times(6\times 4+20\times 3+15\times 1)+(0.4\sim 0.6)\times 0.2826\times 200$$
$$=209\sim 220\text{kN}$$
单桩承载力特征值最终两者中取小值 $R_a=84.78$kN
单桩承载力发挥系数 $\lambda=1.0$
桩间土承载力发挥系数 $\beta=0.6$
桩间土承载力 $f_{sk}=50$kPa（$=$桩周第一层土 f_{ak}）
复合地基承载力特征值
$$f_{spk}=\lambda m\frac{R_a}{A_p}+\beta(1-m)f_{sk}=1.0\times m\times\frac{84.78}{0.2826}+0.6\times(1-m)\times 50$$
$$=100\rightarrow m=0.259$$
$$m=\frac{d^2}{(1.05s)^2}=\frac{0.36}{(1.05s)^2}=0.259\rightarrow s=1.12\text{m}$$

2011C16

某独立基础底面尺寸为 2.0m×4.0m，埋深 2.0m，相应荷载的标准组合时的基础底面处平均压力 $p_k=150$kPa，软土天然地基承载力特征值 $f_{ak}=70$kPa，天然重度 $\gamma=18.0$kN/m³，地下水位埋深 1.0m；采用水泥土搅拌桩处理，桩径 500mm，桩长 10.0m；单桩承载力发挥系数 $\lambda=1.0$，桩间土承载力发挥系数 $\beta=0.5$，经试桩，单桩承载力特征

值 $R_a=110$kN，则基础下布桩数量为多少根？

(A) 6　　　　　(B) 8　　　　　(C) 10　　　　　(D) 12

【解】桩径 $d=0.5$m

单桩承载力特征值 $R_a=110$kN

单桩承载力发挥系数 $\lambda=1.0$

桩间土承载力发挥系数 $\beta=0.5$

桩间土承载力 $f_{sk}=70$kPa（＝桩周第一层土 f_{ak}）

复合地基承载力特征值

$$f_{spk}=\lambda m \frac{R_a}{A_p}+\beta(1-m)f_{sk}=1.0\times m\times\frac{110}{0.1963}+0.5\times(1-m)\times70$$
$$=525.367m+35$$

处理面积：可仅在基础范围内布置 $A_{处理总面积}$ ＝ 基底面积$(b\times l)=2\times 4=8$m²

与地基承载力验算结合：$p_k\leqslant f_a=f_{spk}+\eta_d\gamma_m(d-0.5)\leftarrow\eta_d=1.0$

$$150\leqslant 525.367m+35+1.0\times\frac{18\times1+8\times1}{2}\times(2-0.5)\rightarrow m\geqslant 0.1818$$

$$m=0.1818=\frac{n\times 0.1963}{2.0\times 4.0}\rightarrow n=7.4$$

2011D15

某软土场地的天然地基承载力特征值 $f_{ak}=75$kPa；初步设计采用水泥土搅拌桩复合地基加固，等边三角形布桩，桩间距 1.20m，桩径 500mm，桩长 10.0m，单桩承载力发挥系数 $\lambda=1.0$，桩间土承载力发挥系数 β 取 0.75，设计要求加固后复合地基承载力特征值达到 160kPa；经载荷试验，复合地基承载力特征值 $f_{spk}=145$kPa，若其他设计条件不变，调整桩间距，下列哪个选项是满足设计要求的最适宜桩距？

(A) 0.90m　　　(B) 1.00m　　　(C) 1.10m　　　(D) 1.20m

【解】设计变更前

桩径 $d=0.5$m

等边三角形布桩，桩距 $s=2$m

置换率 $m=\frac{d^2}{(1.05s)^2}=\frac{0.5^2}{(1.05\times 1.2)^2}=0.157$

单桩承载力发挥系数 $\lambda=1.0$

桩间土承载力发挥系数 $\beta=0.75$

桩间土承载力 $f_{sk}=75$kPa（＝桩周第一层土 f_{ak}）

复合地基承载力特征值

$$f_{spk}=\lambda m\frac{R_a}{A_p}+\beta(1-m)f_{sk}$$
$$=1.0\times 0.157\times\frac{R_a}{3.14\times 0.25\div 4}+0.75\times(1-0.157)\times 75=145$$
$$\rightarrow R_a=121.6\text{kN}$$

设计变更后

$$f_{\text{spk}} = \lambda m \frac{R_a}{A_p} + \beta(1-m)f_{\text{sk}}$$
$$= 1.0 \times m \times \frac{121.6}{3.14 \times 0.25 \div 4} + 0.75 \times (1-m) \times 75 = 160 \to m = 0.184$$
$$m = \frac{d^2}{(1.05s)^2} = \frac{0.25}{(1.05s)^2} = 0.184 \to s = 1.10\text{m}$$

2012C15

某场地地基为淤泥质粉质黏土，天然地基承载力特征值为60kPa，拟采用水泥土搅拌桩复合地基加固，桩长15.0m，桩径600mm，桩周侧阻力 $q_s=10$kPa，端阻力 $q_p=40$kPa，桩身强度折减系数 η 取0.25，桩端天然地基土的承载力发挥系数 α_p 取0.4，水泥加固土试块90d龄期立方体抗压强度平均值为 $f_{\text{cu}}=2.16$MPa，单桩承载力发挥系数 $\lambda=1.0$，桩间土承载力发挥系数 β 取0.6，试问要使复合地基承载力特征值达到160kPa，用等边三角形布桩时，计算桩间距最接近下列哪个选项的数值？

(A) 0.5m　　　(B) 0.8m　　　(C) 1.2m　　　(D) 1.6m

【解】 桩径 $d=0.6$m

桩身强度折减系数 $\eta=0.25$

（干法0.2～0.25；湿法0.25）

桩身强度 $f_{\text{cu}}=2160$kPa

桩截面面积 $A_p=3.14 \times 0.09=0.2826\text{m}^2$

按桩身强度计算：$R_{a1}=\eta f_{\text{cu}} A_p = 0.25 \times 2160 \times 0.2826 = 152.604$kN

按土对桩的承载力计算：
$R_{a2} = u\sum q_{si}l_i + \alpha_p q_p A_p = 3.14 \times 0.6 \times 10 \times 15 + 0.4 \times 0.2826 \times 40 = 287.12$kN

单桩承载力特征值最终两者中取小值 $R_a=152.604$kN

单桩承载力发挥系数 $\lambda=1.0$

桩间土承载力发挥系数 $\beta=0.6$

桩间土承载力 $f_{\text{sk}}=60$kPa（＝桩周第一层土 f_{ak}）

复合地基承载力特征值
$$f_{\text{spk}} = \lambda m \frac{R_a}{A_p} + \beta(1-m)f_{\text{sk}} = 1.0 \times m \times \frac{152.604}{0.2826} + 0.6 \times (1-m) \times 60$$
$$= 160 \to m = 0.246$$
$$m = \frac{d^2}{(1.05s)^2} = \frac{0.36}{(1.05s)^2} = 0.246 \to s = 1.15\text{m}$$

2013C15

某建筑场地浅层有6.0m厚淤泥，设计拟采用旋喷的水泥搅拌桩进行加固，桩径取600mm，室内配比试验得出了水泥掺入量变化时水泥土90d龄期抗压强度值，如题图所示，如果单桩承载力由桩身强度控制且要求达到80kN，桩身强度折减系数取0.25，问水泥掺入量至少应选择下列

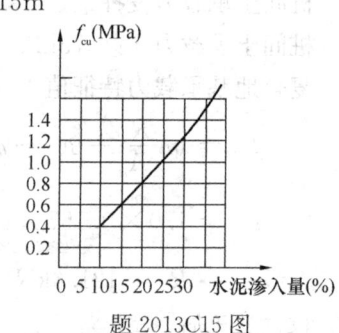

题 2013C15 图

哪个选项？
(A) 15%   (B) 20%   (C) 25%   (D) 30%

【解】
桩径 $d=0.6$m

桩身强度折减系数 $\eta=0.25$

桩截面面积 $A_p=3.14\times0.09=0.2826$m^2

按桩身强度计算 $R_a=\eta f_{cu}A_p=0.25\times f_{cu}\times0.2826=80\rightarrow f_{cu}=1132.3kPa\approx1.1$MPa

由题目中表格可知水泥掺入量至少为 25%

2013C16

已知独立基础采用水泥土搅拌桩复合地基，承台尺寸为 2.0m×4.0m，布置 8 根桩，桩直径为 600mm，桩长 7.0mm，如果桩身抗压强度为 0.96MPa，桩身强度折减系数 0.25，桩间土和桩端土承载力发挥系数均为 0.4，单桩承载力发挥系数 $\lambda=1.0$，不考虑深度修正，充分发挥复合地基承载力，则基础承台底最大荷载（荷载效应标准组合）最接近以下哪个选项？

(A) 475kN   (B) 630kN   (C) 710kN   (D) 950kN

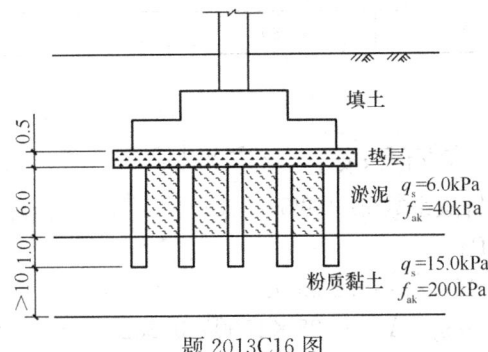

题 2013C16 图

【解】桩径 $d=0.6$m

有限面积计算置换率 $m=\dfrac{8\times3.14\times0.3^2}{2.0\times4.0}=0.2826$

桩身强度折减系数 $\eta=0.25$

桩身强度 $f_{cu}=960$kPa

桩截面面积 $A_p=3.14\times0.09=0.2826$m^2

按桩身强度计算：$R_{a1}=\eta f_{cu}A_p=0.25\times960\times0.2826=67.824$kN

桩端土阻力发挥系数 $\alpha=0.4$

按土对桩的承载力计算：
$R_{a2}=u\sum q_{si}l_i+\alpha_p q_p A_p=3.14\times0.6\times(6\times6+15\times1)+0.4\times0.2826\times200$
$=118.692$kN

单桩承载力特征值最终两者中取小值 $R_a=67.824$kN

单桩承载力发挥系数 $\lambda=1.0$

桩间土承载力发挥系数 $\beta=0.4$

桩间土承载力 $f_{sk}=40\text{kPa}$（＝桩周第一层土 f_{ak}）
复合地基承载力特征值

$$f_{spk}=\lambda m\frac{R_a}{A_p}+\beta(1-m)f_{sk}=1.0\times 0.2826\times\frac{67.824}{0.2826}+0.4\times(1-0.2826)\times 40$$
$$=79.3024\text{kPa}$$

基础承台底最大荷载 $F=f_{spk}A=79.3024\times 2\times 4=634.4\text{kN}$

【注】此题已明确不用进行深度修正。思路应清晰，审题要仔细。

2016C15

某搅拌桩复合地基，搅拌桩桩长 10.0m，桩径 0.6m，桩距 1.5m，正方形布置，搅拌桩湿法施工，从桩顶标高处向下的土层参数见题表，按照《建筑地基处理技术规范》估算，复合地基承载力特征值最接近哪个选项？（桩间土承载力发挥系数取 0.8，单桩承载力发挥系数取 1.0）

(A) 117kPa (B) 126kPa (C) 133kPa (D) 150kPa

编号	厚度	地基承载力特征值 f_{ak}（kPa）	侧阻力特征值（kPa）	桩端端阻力发挥系数	水泥土 90d 龄期立方体抗压强度 f_{cu}（MPa）
①	3	100	15	0.4	1.5
②	15	150	30	0.6	2.0

【解】桩径 $d=0.6\text{m}$

置换率 $m=\dfrac{d^2}{(1.13s)^2}=\dfrac{0.36}{(1.13\times 1.5)^2}=0.1253$

湿法施工，桩身强度折减系数 $\eta=0.25$
桩身强度 $f_{cu}=1500\text{kPa}$
桩截面面积 $A_p=3.14\times 0.09=0.2826\text{m}^2$
按桩身强度计算：$R_{a1}=\eta f_{cu}A_p=0.25\times 1500\times 0.2826=105.98\text{kN}$
按土对桩的承载力计算：
$R_{a2}=u\sum q_{si}l_i+\alpha_p q_p A_p=3.14\times 0.6\times(15\times 3+30\times 7)+0.6\times 0.2826\times 150$
　　$=505.85\text{kN}$

单桩承载力特征值最终两者中取小值 $R_a=105.98\text{kN}$
单桩承载力发挥系数 $\lambda=1.0$
桩间土承载力发挥系数 $\beta=0.8$
桩间土承载力 $f_{sk}=100\text{kPa}$（＝桩周第一层土 f_{ak}）
复合地基承载力特征值

$$f_{spk}=\lambda m\frac{R_a}{A_p}+\beta(1-m)f_{sk}=1.0\times 0.1253\times\frac{105.98}{0.2826}+0.8\times(1-0.1253)\times 100$$

$$=116.965\text{kPa}$$

2016D14

某筏板基础采用双轴水泥土搅拌桩复合地基，已知上部结构荷载标准值 $F=140\text{kPa}$，基础埋深1.5m，地下水位在基底以下，原持力层承载力特征值$f_{ak}=60$kPa，双轴搅拌桩面积$A=0.71$m^2，桩间不搭接，湿法施工，根据地基土承载力计算的单桩承载力（双轴）特征值$R_a=240$kN，水泥土单轴抗压强度平均值$f_{cu}=1.0$MPa，问下列搅拌桩布置平面图中，为满足承载力要求，最经济合理的是哪个选项？（桩间土承载力发挥系数$\beta=1.0$，单桩承载力发挥系数$\lambda=1.0$，基础及以上土的平均重度$\gamma=20$kN/m^3，基底以上土体重度平均值$\gamma_m=18$kN/m^3）

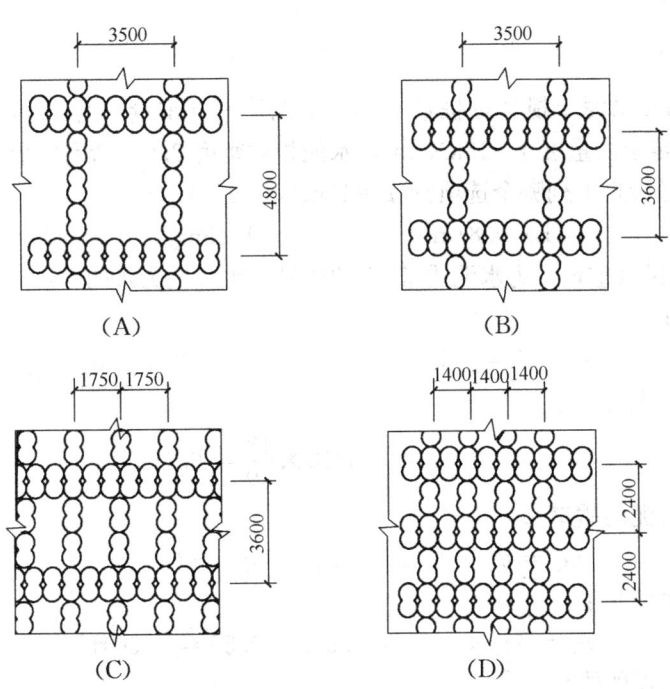

【解】 桩身强度折减系数$\eta=0.25$
（干法0.2～0.25；湿法0.25）
桩身强度$f_{cu}=1000$kPa
桩截面面积$A_p=0.71$m^2
按桩身强度计算：$R_{a1}=\eta f_{cu} A_p=0.25\times 1000\times 0.71=177.5$kN
按土对桩的承载力计算：$R_{a2}=u\sum q_{si}l_i+\alpha_p q_p A_p=240$kN
单桩承载力特征值最终两者中取小值$R_a=177.5$kN
单桩承载力发挥系数$\lambda=1.0$
桩间土承载力发挥系数$\beta=1.0$
桩间土承载力$f_{sk}=60$（=桩周第一层土f_{ak}）
复合地基承载力特征值
$$f_{spk}=\lambda m\frac{R_a}{A_p}+\beta(1-m)f_{sk}=1.0\times m\times\frac{177.5}{0.71}+1.0\times(1-m)\times 60$$
$$=190m+60\text{kN}$$
地基承载力深度修正
$$f_a=f_{spk}+\eta_d\gamma_m(d-0.5)=190m+60+1.0\times 18\times(1.5-0.5)=190m+78$$

地基承载力验算 $p_k \leqslant f_a \rightarrow \dfrac{F_k+G_k}{b \times l} \leqslant f_a \rightarrow 140+20 \times 1.5 \leqslant 190m+78 \rightarrow m \geqslant 0.484$

(A) $m = \dfrac{8 \times 0.71}{3.5 \times 4.8} = 0.338$ (B) $m = \dfrac{7 \times 0.71}{3.5 \times 3.6} = 0.394$

(C) $m = \dfrac{9 \times 0.71}{3.6 \times 2 \times 1.75} = 0.507$ (D) $m = \dfrac{18 \times 0.71}{2.4 \times 2 \times 1.4 \times 3} = 0.634$

可知 C 选项最合理

2016D16

某直径 600mm 水泥土搅拌桩桩长 12m，水泥掺量（重量）为 15%，水灰比（重量比）为 0.55，假定土的重度 $\gamma=18kN/m^3$，水泥相对密度 3.0，请问完成一根桩施工需要配置水泥浆体积最接近下列哪个选项？（$g=10m/s^2$）

(A) $0.63m^3$ (B) $0.81m^3$ (C) $1.15m^3$ (D) $1.50m^3$

【解】水泥掺量（重量）为水泥质量/土的质量，水灰比为水的质量/水泥质量

一根桩的体积
$$v = A_p l = 3.14 \times 0.6^2 \div 4 \times 12 = 3.3912 m^3$$

一根桩中包含土的质量：
$$m_s = v\rho_s = 3.3912 \times \dfrac{18}{10} = 6.1t$$

一根桩使用水泥的质量：
$$m_c = m_s \times 15\% = 6.1 \times 15\% = 0.915t$$

一根桩使用水的质量：
$$m_w = m_c \times 0.55 = 0.915 \times 0.55 = 0.504t$$

一根桩使用水泥的体积：
$$v_c = m_c/\rho_c = 0.915/3.0 = 0.305m^3$$

一根桩使用水的体积：
$$v_w = m_w/\rho_w = 0.504/1 = 0.504m^3$$

所以完成一根桩施工需要配置水泥浆体积
$$v' = v_c + v_w = 0.305 + 0.504 = 0.809m^3$$

【注】①基本概念的理解：水泥掺量（重量）＝水泥质量/土的质量；水灰比（重量比）＝水的质量/水泥质量。

②此题为 2016 年注岩真题一道偏题，涉及施工，不仅要理解题中涉及的基本概念，还要了解水泥土搅拌桩的施工工艺，这种题只能靠平时的积累，"防不胜防"，好在这类题不多，而且 2016 年还是 30 选 25。此题要求理解即可。

2017C17

有一个大型设备基础，基础尺寸为 15m×12m，地基土为软塑状态的黏性土，承载力特征值为 80kPa，拟采用水泥土搅拌桩复合地基，以桩身强度控制单桩承载力，单桩承载力发挥系数取 1.0，桩间土承载力发挥系数取 0.5，按照配比试验结果，桩身材料立方体抗压强度平均值为 2.0MPa，桩身强度折减系数取 0.25，采用桩径 $d=0.5m$，设计要求复

合地基承载力特征值达到180kPa。请估算理论布桩数最接近下列哪个选项？（只考虑基础范围内布桩）

(A) 180 根　　　　(B) 280 根　　　　(C) 380 根　　　　(D) 480 根

【解】桩径 $d=0.5$m

桩身强度折减系数 $\eta=0.25$

桩身强度 $f_{cu}=2000$kPa

桩截面面积 $A_p=3.14\times 0.5^2\div 4=0.19625$m^2

按桩身强度计算：$R_a=\eta f_{cu}A_p=0.25\times 2000\times 3.14\times 0.25^2=98.125$kN

单桩承载力发挥系数 $\lambda=1.0$

桩间土承载力发挥系数 $\beta=0.5$

桩间土承载力 $f_{sk}=80$kPa（$=$桩周第一层土 f_{ak}）

复合地基承载力特征值

$$f_{spk}=\lambda m\frac{R_a}{A_p}+\beta(1-m)f_{sk}=180=1.0\times m\times \frac{98.125}{0.19625}+0.5\times(1-m)\times 80\to m$$

$=0.304$

可仅在基础范围内布置

有限面积布桩 $n=\dfrac{mA_{处理总面积}}{A_{单桩面积}}=\dfrac{0.304\times 15\times 12}{0.19625}=278.8$

2018D13

某双轴搅拌桩截面积为 0.71m^2，桩长10m，桩顶标高在地面下5m，桩机在地面施工，施工工艺为：预搅下沉→提升喷浆→搅拌下沉→提升喷浆→复搅下沉→复搅提升。喷浆时提钻速度0.5m/min，其他情况速度均为1m/min，不考虑其他因素所需时间，单日24小时连续施工能完成水泥土搅拌桩最大方量最接近下列哪个选项？

(A) 95m^3　　　　(B) 110m^3　　　　(C) 120m^3　　　　(D) 150m^3

【解】《建筑地基处理技术规范》7.3.5条第4、6款

桩长为10m，搅拌桩施工时，停浆面应高于桩端设计标高500mm。

各工序处理厚度及所需时间如下：

预搅下沉，从地面至桩端，$5+10=15$m，所需时间 $15/1=15$min

提升喷浆，从桩端至高于桩顶500m处，$10+0.5=10.5$m，所需时间 $10.5/0.5=21$min

搅拌下沉，从高于桩顶500m处至桩端，$10+0.5=10.5$m，所需时间 $10.5/1=10.5$min

提升喷浆，从桩端至高于桩顶500m处，$10+0.5=10.5$m，所需时间 $10.5/0.5=21$min

复搅下沉，从高于桩顶500m处至桩端，$10+0.5=10.5$m，所需时间 $10.5/1=10.5$min

复搅提升，从桩端至地面处，$5+10=15$m，所需时间 $15/1=15$min

故施工一根桩所需要总时间：$15+21+10.5+21+10.5+15=93$min；

24 小时可以施工的搅拌桩数量
$$n = \frac{24 \times 60}{93} = 15.48$$
单日 24 小时连续施工能完成水泥土搅拌桩最大方量
$$v = 0.71 \times 10 \times 15.48 = 109.908 \text{m}^3$$

【注】此题为 2018 年注岩真题一道偏题怪题，这要求注岩复习备考过程中，核心考点不仅要深刻理解、熟练掌握、计算迅速，也要求对规范条文全方位阅读，尽可能做到有备无患，尽量不要出现在考场上边理解规范条文边做题的情况，这样解题速度会拖慢，理解规范条文的工作应该在上考场前完成。

2019C14

某建筑场地长 60m，宽 60m，采用水泥土搅拌桩进行地基处理后覆土 1m（含垫层）并承受地面均布荷载 p，地层条件如题图所示。不考虑沉降问题，按承载力控制确定可承受的最大地面荷载 p 最接近下列哪个选项？（$\beta=0.25$，$\lambda=1.0$，搅拌桩单桩承载力特征值 $R_a=150$kN，不考虑桩身范围应力扩散，处理前后土体重度保持不变）

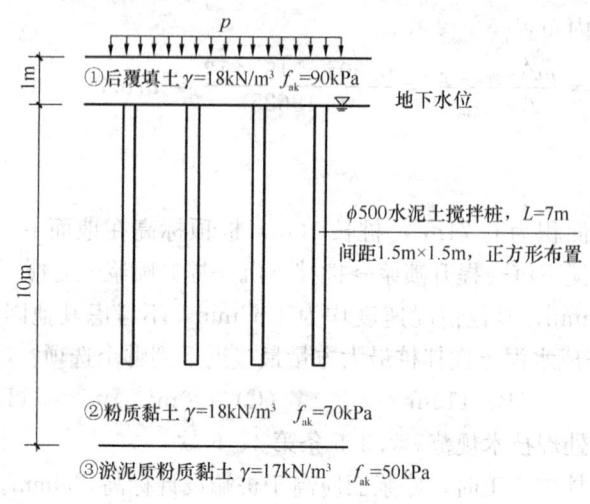

题 2019C14 图

(A) 25kPa　　　(B) 45kPa　　　(C) 65kPa　　　(D) 90kPa

【解1】① 桩顶承载力验算

面积 60m×60m，可以假定为大面积地基，正方形布桩，圆形桩
桩径 $d=0.5$m，间距 $s=1.5$m
$$m = \frac{d^2}{(1.13s)^2} = \frac{0.5^2}{(1.13 \times 1.5)^2} = 0.087$$
搅拌桩单桩承载力特征值 $R_a = 150$kPa
单桩承载力发挥系数 $\lambda = 1.0$
桩间土承载力发挥系数 $\beta = 0.25$
桩间土承载力 $f_{sk} = 70$kPa
复合地基承载力特征值

$$f_{\text{spk}} = \lambda m \frac{R_a}{A_p} + \beta(1-m)f_{\text{sk}} = 1.0 \times 0.087 \times \frac{150}{3.14 \times 0.25^2} + 0.25 \times (1-0.087) \times 70$$
$$= 82.5 \text{kPa}$$

验算桩顶处压力和桩顶承载力

此时填土仅看做附加荷载，桩顶复合地基承载力不进行深度修正
$$p + 18 \leqslant f_{a1} = f_{\text{spk}} = 82.5 \to p \leqslant 64.5 \text{kPa}$$

② 软弱下卧层承载力验算

根据规范 3.0.5 条条文说明，对处理地基的软弱下卧层验算，对有粘结强度的增强体复合地基，按荷载传递特性，可按实体深基础法验算。因此不考虑应力扩散。
$$p + 18 + 8 \times 10 \leqslant f_{a2} = f_{ak} + \eta_d \gamma_{m2}(d-0.5)$$
$$= 50 + 1.0 \times 8 \times (10-0.5) \to p \leqslant 28 \text{kPa}$$

综上要求 $p \leqslant 28 \text{kPa}$

【解 2】

验算桩顶处压力和桩顶承载力，桩顶复合地基承载力按 $d_1 = 1\text{m}$ 深度修正
$$p + 18 \leqslant f_{a1} = f_{\text{spk}} + \eta_d \gamma_{m1}(d_1-0.5) = 82.5 + 1.0 \times 18 \times (1-0.5) \to p \leqslant 73.5 \text{kPa}$$

软弱下卧层承载力验算，软弱下卧层顶面处地基承载力按 $d = 11\text{m}$ 深度修正
$$p + 18 + 8 \times 10 \leqslant f_{a2} = f_{ak} + \eta_d \gamma_{m2}(d_2-0.5)$$
$$= 50 + 1.0 \times \frac{18 + 8 \times 10}{11} \times (11-0.5) \to p \leqslant 45.4 \text{kPa}$$

综上要求 $p \leqslant 45.4 \text{kPa}$

【注】① 解 1 和解 2 主要分歧即为后覆盖土埋深 1m，在桩顶承载力和软弱下卧层承载力深度修正中是否算入。解 1 观点是认为，后覆土（含垫层）不是室外填土，只是地面荷载范围内填土，因此这部分填土仅看做附加荷载，不计入进行深度修正的埋深。解 2 的观点是认为，《建筑地基基础设计规范》地基承载力修正中对填土的处理，是上部结构完成后填，从天然地面起算；先填土整平，则从填土起算，因此认为填土埋深应算入地基承载力深度修正。人工评卷按解 1 给分，解 2 不给分，所以此题有争议。

② 本题验算软弱下卧层承载力，本质采用实体深基础法，这时候计算软弱下卧层顶面竖向压力，或者说桩基底面处竖向压力，应该是土体和桩的恒载，因此桩基部分应该采用桩和土的平均有效重度，而不是仅采用土的重度，这是此题不严谨之处。

8.4.6 旋喷桩

2002D18

设计要求基底下复合地基承载力标准值达到 250kPa，现拟采用桩径为 0.5m 的旋喷桩，桩身试块的无侧限抗压强度为 5.5MPa。已知桩间土地基承载力标准值为 120kPa。桩间土承载力发挥系数取 0.25，单桩承载力发挥系数 1.0。若采用等边三角形布桩，根据《建筑地基处理技术规范》可算得旋喷桩的桩距最接近于（　　）。

(A) 1.0m　　　　(B) 1.2m　　　　(C) 1.5m　　　　(D) 1.8m

【解】 桩径 $d=0.5$m

单桩承载力发挥系数 $\lambda=1.0$

桩身强度 $f_{cu}=5500$kPa

桩截面面积 $A_p=3.14\times 0.25\div 4=0.1963$m²

按桩身强度计算：$R_{a1}\leqslant \dfrac{f_{cu}A_p}{4\lambda}=\dfrac{5500\times 0.1963}{4\times 1}=269.9$kN

桩间土承载力发挥系数 $\beta=0.25$

桩间土承载力 $f_{sk}=120$kPa

复合地基承载力特征值

$$f_{spk}=\lambda m\dfrac{R_a}{A_p}+\beta(1-m)f_{sk}=1.0\times m\times \dfrac{269.9}{0.1963}+0.25\times(1-m)\times 120=250$$

$$\to m=0.1636$$

$$m=\dfrac{d^2}{(1.05s)^2}=\dfrac{0.25}{(1.05s)^2}=0.1636 \to s=1.18\text{m}$$

2009C16

某工程采用旋喷桩复合地基，桩长10m，桩径600mm，桩身28天强度为3MPa，单桩承载力发挥系数1.0，桩端土端阻力发挥系数取1.0，基底以下相关地层埋深及桩侧阻力特征值、桩端阻力特征值如题图所示，单桩竖向承载力特征值与哪一选项接近？

(A) 210kN   (B) 280kN

(C) 378kN   (D) 520kN

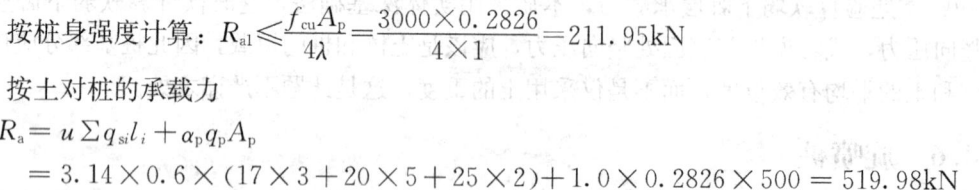

题2009C16图

【解】 桩径 $d=0.6$m

单桩承载力发挥系数 $\lambda=1.0$

桩身强度 $f_{cu}=3300$kPa

桩截面面积 $A_p=3.14\times 0.6^2\div 4=0.2826$m²

按桩身强度计算：$R_{a1}\leqslant \dfrac{f_{cu}A_p}{4\lambda}=\dfrac{3000\times 0.2826}{4\times 1}=211.95$kN

按土对桩的承载力

$R_a=u\sum q_{si}l_i+\alpha_p q_p A_p$

$\quad =3.14\times 0.6\times(17\times 3+20\times 5+25\times 2)+1.0\times 0.2826\times 500=519.98$kN

最终两者中 R_a 取小值得 211.95kN。

2017D14

在某建筑地基上，对天然地基、复合地基进行静载试验。试验得出的天然地基承载力特征值为150kPa，复合地基的承载力特征值为400kPa，单桩复合地基试验承压板的边长为1.5m的正方形，刚性桩直径为0.4m，试验加载至400kPa时测得的刚性桩桩顶处轴力为550kN。求桩间土承载力发挥系数最接近下列何值？

(A) 0.8   (B) 0.95   (C) 1.1   (D) 1.25

【解】桩径 $d=0.4$m；承压板的边长为 1.5m

相当于面积置换率 $m=\dfrac{3.14\times 0.2^2}{1.5\times 1.5}=0.056$

单桩承载力发挥系数 $\lambda=1.0$

复合地基承载力特征值

$$f_{spk}=\lambda m\dfrac{R_a}{A_p}+\beta(1-m)f_{sk}\rightarrow 400=1.0\times 0.056\times\dfrac{550}{3.14\times 0.04}+\beta(1-0.056)\times 150$$

$$\rightarrow \beta=1.09$$

【注】此题不严谨，未指明具体桩型，假定单桩承载力发挥系数 $\lambda=1.0$。

8.4.7 夯实水泥土桩

2018D11

某建筑采用夯实水泥土进行地基处理，条形基础及桩平面布置如题图所示。根据试桩结果，复合地基承载力特征值为 180kPa，桩间土承载力特征值为 130kPa，桩间土承载力发挥系数取 0.9。现设计要求地基处理后复合地基承载力特征值达到 200kPa，假定其他参数均不变，若仅调整基础纵向桩间距 s 值，试算最经济的桩间距最接近下列哪个选项？

(A) 1.1m   (B) 1.2m
(C) 1.3m   (D) 1.4m

【解】无限大面积布桩，当如题图所示桩间距 $s=1.6$m 时

单桩截面面积设为 A_p

面积置换率 $m=\dfrac{2A_p}{1.6\times 2.4}=\dfrac{A_p}{1.92}$

桩间土承载力发挥系数 $\beta=0.9$

桩间土承载力 $f_{sk}=130$kPa

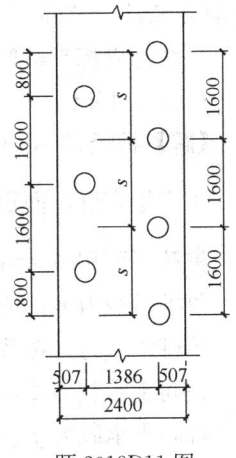

题 2018D11 图

复合地基承载力特征值 $f_{spk}=\lambda m\dfrac{R_a}{A_p}+\beta(1-m)f_{sk}$，则

$$180=\lambda\times\dfrac{A_p}{1.92}\times\dfrac{R_a}{A_p}+0.9\times\left(1-\dfrac{A_p}{1.92}\right)\times 130$$

$$180=\lambda\times\dfrac{A_p}{1.2\times 1.6}\times\dfrac{R_a}{A_p}+0.9\times\left(1-\dfrac{A_p}{1.6\times 1.2}\right)\times 130$$

$$\rightarrow 100.8=\dfrac{\lambda R_a}{1.2}-\dfrac{0.9\times A_p\times 130}{1.2}$$

改变间距后，设桩间距为 s_1，此时置换率为 $m_1=\dfrac{2A_p}{s_1\times 2.4}=\dfrac{A_p}{1.2s_1}$

此时要求复合地基承载力特征值 $f_{spk1}=200$kPa

$$200 = \lambda \times \frac{A_p}{1.2s} \times \frac{R_a}{A_p} + 0.9 \times \left(1 - \frac{A_p}{1.2s}\right) \times 130$$

$$\rightarrow 83 = \left(\frac{\lambda R_a}{1.2} - \frac{0.9 \times A_p \times 130}{1.2}\right) \times \frac{1}{s}$$

$$\rightarrow 83 = 100.8 \times \frac{1}{s}$$

$$\rightarrow s = 1.21\text{m}$$

【注】 近年来案例真题愈加复杂多变，基本的解题思维流程一定要熟练掌握，而且一定要有"方程"的思想，仅靠一个公式代入数据即可求解的题目越来越少了。

8.4.8 CFG桩

2003C16

某厂房地基为软土地基，承载力特征值为90kPa。设计要求复合地基承载力特征值达140kPa。拟采用水泥粉煤灰碎石桩法处理地基，桩径设定为0.36m，单桩承载力特征值按340kN计，基础下正方形布桩，根据《建筑地基处理技术规范》有关规定进行设计，单桩承载力发挥系数取1.0，桩间土承载力发挥系数取0.80，问桩距应设计为（　　）。

(A) 1.15m　　　(B) 1.55m　　　(C) 1.85m　　　(D) 2.25m

【解】 桩径 $d = 0.36\text{m}$

正方形布桩，面积置换率 $m = \dfrac{d^2}{(1.13s)^2}$

桩截面面积 $A_p = 3.14 \times 0.18^2 = 0.101736\text{m}^2$

单桩承载力特征值 $R_a = 340\text{kN}$

单桩承载力发挥系数 $\lambda = 1.0$

桩间土承载力发挥系数 $\beta = 0.8$

桩间土承载力 $f_{sk} = 90\text{kPa}$（=桩周第一层土 f_{ak}）

复合地基承载力特征值

$$f_{spk} = \lambda m \frac{R_a}{A_p} + \beta(1-m)f_{sk} = 1.0 \times m \times \frac{340}{0.1} + 0.8 \times (1-m) \times 90$$

$$= 140 \rightarrow m = 0.0204$$

$$m = \frac{d^2}{(1.13s)^2} \rightarrow \frac{0.36^2}{(1.13s)^2} = 0.0204 \rightarrow s = 2.23\text{m}$$

2003C17

某建筑场地为第四系新近沉积土层，拟采用水泥粉煤灰碎石桩（CFG桩）处理，桩径为0.36m，桩端进入粉土层0.5m，桩长8.25m。根据题表所示场地地质资料，按《建筑地基处理技术规范》有关规定，估算单桩承载力特征值应最接近（　　）。（桩端土端阻力发挥系数 $\alpha_p = 1$）

(A) 320kN　　　(B) 340kN　　　(C) 360kN　　　(D) 380kN

8.4 复合地基

地 层		桩端土的端阻力特征值 q_p (kPa)	桩周土的侧阻力特征值 q_s (kPa)	厚度 (m)
①层	新近沉积粉土	—	26.0	4.50
②层	新沉积粉质黏土	—	18.0	0.95
③层	新近沉积粉土	—	28.0	1.20
④层	新近沉积粉质黏土	—	32.0	1.10
⑤层	粉土	1300	38.0	5.00

【解】按土对桩的承载力计算：
$$R_{a2} = u\sum q_{si}l_i + \alpha_p q_p A_p$$
$$= 3.14 \times 0.36 \times (26 \times 4.5 + 18 \times 0.95 + 28 \times 1.2 + 32 \times 1.1 + 38 \times 0.5)$$
$$+ 1.0 \times 1300 \times \frac{3.14 \times 0.36^2}{4} = 383.1 \text{kN}$$

2004C19

某工程场地为软土地基，采用 CFG 桩复合地基处理，桩径 $d=0.5$m，按正三角形布桩，桩距 $s=1.1$m，桩长 15m，要求复合地基承载力特征值 $f_{spk}=180$kPa，单桩承载力特征值 R_a 及加固土试块立方体抗压强度平均值 f_{cu} 应为（　　）。（取置换率 $m=0.2$，桩间土承载力特征值 $f_{sk}=80$kPa，单桩承载力发挥系数 $\lambda=1.0$，桩间土承载力发挥系数 $\beta=0.4$）。

(A) $R_a=151$kN，$f_{cu}=3100$kPa
(B) $R_a=155$kN，$f_{cu}=2370$kPa
(C) $R_a=159$kN，$f_{cu}=2430$kPa
(D) $R_a=163$kN，$f_{cu}=2490$kPa

【解】桩径 $d=0.5$m
置换率 $m=0.2$
单桩承载力发挥系数 $\lambda=1.0$
桩截面面积 $A_p=3.14 \times 0.25^2 = 0.196$m²。
桩间土承载力发挥系数 $\beta=0.8$
桩间土承载力 $f_{sk}=80$kPa（=桩周第一层土 f_{ak}）
复合地基承载力特征值：
$$f_{spk} = \lambda m \frac{R_a}{A_p} + \beta(1-m)f_{sk} = 1.0 \times 0.2 \times \frac{R_a}{0.196} + 0.4 \times (1-0.2) \times 80$$
$$= 180 \rightarrow R_a = 151.312 \text{kN}$$

按桩身强度计算：
$$R_a \leqslant \frac{f_{cu}A_p}{4\lambda} \rightarrow 151.312 \leqslant \frac{f_{cu} \times 0.196}{4 \times 1} \rightarrow f_{cu} \geqslant 3088 \text{kPa}$$

2009C14

某高层住宅筏形基础，基底埋深 7m，以上土的天然重度 20kN/m³，天然地基承载力特征值 180kPa，采用水泥粉煤灰碎石桩（CFC）复合地基，现场试验测得单桩承载力特征值为 600kN，正方形布桩，桩径 400mm，桩间距为 1.5m×1.5m，单桩承载力发挥系数取 1.0，桩间土承载力发挥系数取 0.95，问该建筑物基底压力不应超过（　　）。

(A) 428kPa （B) 558kPa
(C) 623kPa （D) 641kPa

【解】桩径 $d=0.4$m

正方形布桩，桩距 $s=1.5$m

$$m = \frac{d^2}{(1.13s)^2} = \frac{0.4^2}{(1.13 \times 1.5)^2} = 0.0557$$

桩截面面积 $A_p = 3.14 \times 0.2^2 = 0.1256$m²

单桩承载力特征值 $R_a = 600$kN

单桩承载力发挥系数 $\lambda = 1.0$

桩间土承载力发挥系数 $\beta = 0.95$

桩间土承载力 $f_{sk} = 180$kPa（$=$桩周第一层土 f_{ak}）

复合地基承载力特征值

$$f_{spk} = \lambda m \frac{R_a}{A_p} + \beta(1-m)f_{sk} = 1.0 \times 0.0557 \times \frac{600}{0.1256} + 0.95 \times (1-0.0557) \times 180$$
$$= 427.56\text{kPa}$$

经过深度修正后地基承载力特征值

地基承载力深度修正

$$f_a = f_{spk} + \eta_d \gamma_m (d-0.5) = 427.56 + 1.0 \times 20 \times (7-0.5) = 557.56\text{kPa}$$

建筑物基底压力 $p_k \leqslant f_a = 557.56$kPa

2009D15

某建筑场地地基如题图所示，拟采用水泥粉煤灰碎石桩（CFG）进行加固，已知基础埋深2.0m，CFG桩长14m，桩径500mm，桩身强度 $f_{cu}=20$MPa，桩端土阻力发挥系数取1.0，单桩承载力发挥系数1.0，桩间土承载力发挥系数为0.8，按《建筑地基处理技术规范》计算，复合地基承载力特征值要求达到180kPa，则CFG桩面积置换率 m 应为下列何值？

(A) 10% （B) 12%
(C) 15% （D) 18%

【解】桩径 $d=0.5$m

单桩承载力发挥系数 $\lambda = 1.0$

桩身强度 $f_{cu} = 30000$kPa

桩截面面积 $A_p = 3.14 \times 0.25^2 = 0.196$m²

按桩身强度计算：$R_{a1} \leqslant \frac{f_{cu}A_p}{4\lambda} = \frac{20000 \times 0.196}{4 \times 1.0} = 980$kN

按土对桩的承载力计算：

$R_{a2} = u\sum q_{si}l_i + \alpha_p q_p A_p = 3.14 \times 0.5 \times (6 \times 8 + 15 \times 3 + 12 \times 3) + 1.0 \times 200 \times 0.196$
$= 241.73$kN

单桩承载力特征值最终两者中取小值 $R_a = 241.73$kN

桩间土承载力发挥系数 $\beta=0.8$

桩间土承载力 $f_{sk}=50\text{kPa}$（=桩周第一层土 f_{ak}）

复合地基承载力特征值

$$f_{spk}=\lambda m \frac{R_a}{A_p}+\beta(1-m)f_{sk}=1.0\times m\times \frac{241.73}{0.196}+0.8\times(1-m)\times 50$$

$$=180 \to m=0.117$$

2013D14

某建筑地基采用 CFG 桩进行地基处理，桩径 400mm。正方形布置，桩距 1.5m。CFG 桩施工完成后，进行了 CFG 桩单桩静载试验和桩间土静载试验，试验得到：CFG 桩单桩承载力特征值为 600kN，桩间土承载力特征值为 150kPa。该地区的工程经验为：单桩承载力发挥系数取 0.9，桩间土承载力发挥系数取 0.8。问该复合地基的荷载等于复合地基承载力特征值时，桩土应力比最接近下列哪个选项的数值？

(A) 28　　　　(B) 32　　　　(C) 36　　　　(D) 40

【解】考查基本概念

桩的应力：$\lambda \dfrac{R_a}{A_p}=0.9\times \dfrac{600}{3.14\times 0.2^2}=4299.4\text{kPa}$

土的应力：$\beta f_{sk}=0.8\times 150=120\text{kPa}$

桩土应力比：$n=\dfrac{4299.4}{120}=35.8$

【注】本题主要考察基本概念。

8.4.9 素混凝土桩

2007C14

某场地地基土层构成为：第一层为黏土，厚度为 5.0m，$f_{ak}=100\text{kPa}$，$q_s=20\text{kPa}$，$q_p=150\text{kPa}$；第二层为粉质黏土，厚度为 12.0m，$f_{ak}=120\text{kPa}$，$q_s=25\text{kPa}$，$q_p=250\text{kPa}$；无软弱下卧层。采用低强度混凝土桩复合地基进行加固，桩径为 0.5m，桩长 15m，要求复合地基承载力特征值 $f_{spk}=320\text{kPa}$。若采用正三角形布置，则采用下列哪个桩间距最为合适？（桩端土端阻力发挥系数和单桩承载力发挥系数取 1.0，桩间土承载力发挥系数 β 取 0.8）

(A) 1.50m　　　(B) 1.70m　　　(C) 1.90m　　　(D) 2.10m

【解】单桩承载力特征值最

$R_a=u\Sigma q_{si}l_i+\alpha_p q_p A_p$

$=3.14\times 0.5\times(5\times 20+10\times 25)+1.0\times 250\times 3.14\times 0.25^2=598.6\text{kN}$

复合地基承载力特征值

$$f_{spk}=\lambda m \frac{R_a}{A_p}+\beta(1-m)f_{sk}$$

$$\to 320=1.0\times m\times \frac{598.6}{3.14\times 0.25^2}+0.8\times(1-m)\times 100 \to m=0.0808$$

采用正三角形布置，则 $m = \dfrac{d^2}{(1.05s)^2} = \dfrac{0.5^2}{(1.05s)^2} = 0.0808 \rightarrow s = 1.675\text{m}$

2013D16

某框架柱采用独立基础、素混凝土桩复合地基，基础尺寸、布桩如题图所示。桩径为500mm，桩长为12m。现场静载试验得到单桩承载力特征值为500kN，浅层平板载荷试验得到桩间土承载力特征值为100kPa。充分发挥该复合地基的承载力时，依据《建筑地基处理技术规范》、《建筑地基基础设计规范》计算，该柱的柱底轴力（荷载效应标准组合）最接近下列哪个选项的数值？（根据地区经验，单桩承载力发挥系数取1.0，桩间土承载力发挥系数 $\beta=0.8$，地基土的重度取 18kN/m^3，基础及其上土的平均重度取 20kN/m^3）

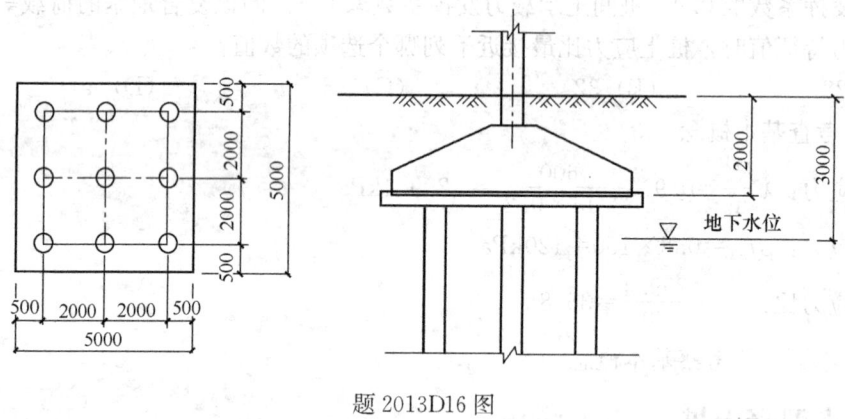

题 2013D16 图

(A) 7108kN　　(B) 6358kN　　(C) 6025kN　　(D) 5778kN

【解】桩径 $d = 0.5\text{m}$

有限面积布桩 $m = \dfrac{\text{桩总的截面面积}}{\text{总处理地基面积}} = \dfrac{3.14 \times 0.25 \times 0.25 \times 9}{5 \times 5} = 0.07065$

单桩承载力发挥系数 $\lambda = 1.0$

桩截面积 $A_p = 3.14 \times 0.25^2 = 0.196\text{m}^2$

单桩承载力特征值 $R_a = 500\text{kN}$

桩间土承载力发挥系数 $\beta = 0.8$

桩间土承载力 $f_{sk} = 100\text{kPa}$（=桩周第一层土 f_{ak}）

复合地基承载力特征值

$f_{spk} = \lambda m \dfrac{R_a}{A_p} + \beta(1-m)f_{sk} = 1.0 \times 0.07065 \times \dfrac{500}{0.196} + 0.8 \times (1-0.07065) \times 100$

$= 254.58\text{kPa}$

地基承载力深度修正

$f_a = f_{spk} + \eta_d \gamma_m (d - 0.5) = 254.58 + 1.0 \times 18 \times (2 - 0.5) = 282.58\text{kPa}$

$p_k \leqslant f_a \rightarrow \dfrac{F_k + G_k}{b \times l} \leqslant f_a \rightarrow \dfrac{F_k + 20 \times 5 \times 5 \times 2}{5 \times 5} \leqslant 282.58 \rightarrow F_k = 6064.5\text{kN}$

2014C14

某承受轴心荷载的钢筋混凝土条形基础，采用素混凝土桩复合地基，基础宽度、布桩如题图所示，桩径 400mm，桩长 15m。现场静载荷试验得出的单桩承载力 400kN，桩间土的承载力特征值 150kPa，根据《建筑地基处理技术规范》计算，该条基顶面可施加的最大竖向荷载（荷载效应标准组合）最接近下列哪个选项的数值？（土的重度取 18kN/m³，基础和上覆土平均重度取 20kN/m³，单桩承载力发挥系数取 0.9，桩间土承载力发挥系数取 1.0）

(A) 700kN/m   (B) 755kN/m   (C) 790kN/m   (D) 850kN/m

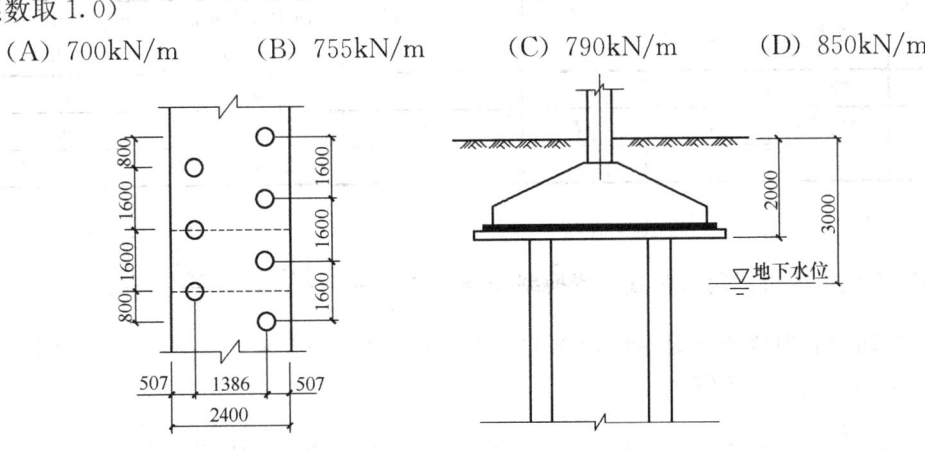

题 2014C14 图

【解】桩径 $d=0.4$m

不规则布桩，$m=\dfrac{3.14\times0.2^2\times2}{2.4\times1.6}=0.0654$

单桩承载力发挥系数 $\lambda=0.9$

桩截面面积 $A_p=3.14\times0.2^2=0.1256\text{m}^2$

单桩承载力特征值 $R_a=400$kN

桩间土承载力发挥系数 $\beta=1.0$

桩间土承载力 $f_{sk}=150$kPa

复合地基承载力特征值

$$f_{spk}=\lambda m\dfrac{R_a}{A_p}+\beta(1-m)f_{sk}=0.9\times0.0654\times\dfrac{400}{0.1256}+1.0\times(1-0.0654)\times150$$

$$=327.64\text{kPa}$$

地基承载力深度修正

$$f_a=f_{spk}+\eta_d\gamma_m(d-0.5)=327.64+1.0\times18\times(2-0.5)=354.64\text{kPa}$$

$$p_k\leqslant f_a\rightarrow\dfrac{F_k+G_k}{b\times l}\leqslant f_a\rightarrow\dfrac{F_k+20\times2.4\times1\times2}{2.4\times1}\leqslant354.64\rightarrow F_k$$

$$=755.136\text{kN/m}$$

【注】一定要注意，题目终点问的是作用于基础顶面的竖向力最大值（F_k），还是作用于基础底面的竖向力最大值（F_k+G_k）。

2019C13

某建筑物基础埋深6m，荷载标准组合的基底均布压力为400kPa。地基处理采用预制混凝土方桩复合地基，方桩边长400mm，等边三角形布桩，有效桩长10m。场地自地表向下的土层参数如表所示，地下水很深。按照《建筑地基处理技术规范》JGJ 79—2012估算，地基承载力满足要求时的最大桩距应取下列何值？（忽略褥垫层厚度，桩间土承载力发挥系数 β 取1，单桩承载力发挥系数 λ 取0.8，桩端阻力发挥系数 α_p 取1）

层号	名称	厚度（m）	重度 (kN/m³)	承载力特征值 f_{ak}（kPa）	桩侧阻力特征值 q_{sa}（kPa）	桩端阻力特征值 q_{pa}（kPa）
①	粉土	4	18.5	130	30	800
②	粉质黏土	10	17	100	25	500
③	细砂	8	21	200	40	1600

(A) 1.6m　　(B) 1.7m　　(C) 1.9m　　(D) 2.5m

【解】方桩，等边三角形布置，置换率 $m = \dfrac{(1.13 \times 0.4)^2}{(1.05s)^2} = \dfrac{0.185}{s^2}$

单桩竖向承载力特征值 $R_a = 1.6 \times (25 \times 8 + 40 \times 2) + 1 \times 1600 \times 0.16 = 704\text{kN}$

复合地基承载力特征值

$$f_{spk} = \lambda m \frac{R_a}{A_p} + \beta(1-m)f_{sk} = 0.8m \times \frac{704}{0.16} + 1 \times (1-m) \times 100 = 3420m + 100\text{kPa}$$

地基承载力深度修正

$$f_a = f_{spk} + \eta_d \gamma_m (d - 0.5) = 3420m + 100 + 1.0 \times \frac{18.5 \times 4 + 17 \times 2}{6}(6 - 0.5)$$

$$= 3420m + 199\text{kPa}$$

承载力验算：$p_k = 400 \leqslant f_a = 3420m + 199 \rightarrow m \geqslant 0.059$

因此 $m = \dfrac{0.185}{s^2} \geqslant 0.059 \rightarrow s \leqslant 1.77\text{m}$

【注】核心知识点常规题。直接使用解题思维流程快速求解。一定要注意方桩和圆桩计算置换率时的区别，要将方桩转化为圆桩，当然也可以直接利用置换率定义推导。

8.4.10 多桩型

8.4.10.1 有粘结强度的两种桩组合

2014C17

某住宅楼基底以下地层主要为：①中砂~砾砂，厚度为8.0m，承载力特征值200kPa，桩侧阻力特征值为25kPa；②粉质黏土，厚度16.0m，承载力特征值250kPa，桩侧阻力特征值为30kPa，其下卧层为微风化大理岩。拟采用CFG桩+水泥土搅拌桩复合地基，承台尺寸3.0m×3.0m，CFG桩桩径450mm，桩长30m，CFG桩单桩抗压承载力特征值为850kN；水泥土搅拌桩桩径600mm，桩长为10m，桩身强度为2.0MPa，桩身强度折减系数 $\eta=0.25$，桩端阻力发挥系数 $\alpha_p=0.5$，根据《建筑地基处理技术规范》，该

8.4 复合地基

承台可承受的最大上部荷载（标准组合）最接近以下哪个选项？（单桩承载力发挥系数取 $\lambda_1=\lambda_2=1.0$，桩间土承载力发挥系数 $\beta=0.9$，复合地基承载力不考虑深度修正）

(A) 4400　　　　(B) 5200
(C) 6080　　　　(D) 7760

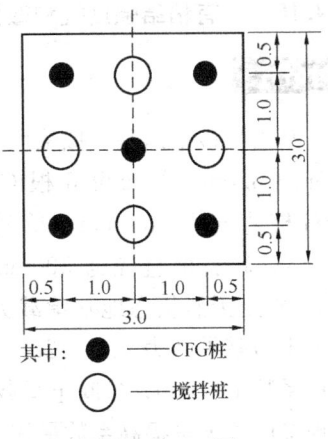

题 2014C17 图

【解】有粘结强度的两种桩组合，且为有限面积布桩。

桩型 1 为 CFG 桩

桩径 $d_1=0.45\mathrm{m}$；有限面积布桩，CFG 桩置换率 m_1
$=\dfrac{3.14\times 0.45^2\div 4\times 5}{3\times 3}=0.0883$

单桩承载力发挥系数 $\lambda_1=1.0$；桩截面面积 $A_{p1}=3.14\times 0.45^2\div 4=0.1590\mathrm{m}^2$

单桩承载力特征值为 $R_{a1}=850\mathrm{kN}$

桩型 2 为搅拌桩

桩径 $d_2=0.6\mathrm{m}$；有限面积布桩，搅拌桩置换率 $m_2=\dfrac{3.14\times 0.3^2\times 4}{3\times 3}=0.1256$

桩身强度折减系数 $\eta=0.25$；桩身强度 $f_{cu2}=2000\mathrm{kPa}$
桩截面面积 $A_{p2}=3.14\times 0.3^2=0.2826\mathrm{m}^2$
按桩身强度计算 $R_{a21}=\eta f_{cu}A_p=0.25\times 2000\times 0.2826=141.3\mathrm{kN}$
按土对桩的承载力计算：
$R_{a22}=u\sum q_{si}l_i+\alpha_p q_p A_p=3.14\times 0.6\times(25\times 8+30\times 2)+0.5\times 0.2826\times 250$
$\qquad=525.5\mathrm{kN}$
单桩承载力特征值最终两者中取小值即 $R_{a2}=141.3\mathrm{kN}$
单桩承载力发挥系数 $\lambda_2=1.0$
桩间土发挥系数 $\beta=0.9$；桩间土承载力 $f_{sk}=200\mathrm{kPa}$
复合地基承载力特征值

$$f_{spk}=\lambda_1 m_1\dfrac{R_{a1}}{A_{p1}}+\lambda_2 m_2\dfrac{R_{a2}}{A_{p2}}+\beta(1-m_1-m_2)f_{sk}$$
$$=1.0\times 0.0883\times\dfrac{850}{0.1590}+1.0\times 0.1256\times\dfrac{141.3}{0.2826}+0.9\times$$
$$(1-0.0883-0.1256)\times 200$$
$$=676.34\mathrm{kPa}$$

本题已明确复合地基承载力不考虑深度修正，与地基承载力验算结合

$$p_k=\dfrac{F_k+G_k}{A_{基底}}\leqslant f_a=f_{spk}=676.34\rightarrow F_k+G_k\leqslant f_a A_{基底}=676.34\times 3.0\times 3.0$$
$$=6087.06\mathrm{kN}$$

【注】理解题意，承台可承受的最大上部荷载，不仅仅指上部结构的荷载，而是 F_k+G_k。

8.4.10.2 有粘结强度桩和散体桩组合

2016D15

某松散砂土地基，拟采用碎石桩和CFG桩联合加固，已知柱下独立承台平面尺寸为 $2.0\text{m} \times 3.0\text{m}$，共布设6根CFG桩和9根碎石桩，其中CFG桩直径为400mm，单桩竖向承载力特征值 $R_a = 600\text{kN}$，碎石桩直径为300mm，与砂土的桩土应力比取2.0，砂土天然状态地基承载力特征值 $f_{ak} = 100\text{kPa}$，加固后砂土地基承载力 $f_{sk} = 120\text{kPa}$，如果CFG桩单桩承载力发挥系数 $\lambda_1 = 0.9$，桩间土承载力发挥系数 $\beta = 1.0$，问该复合地基压缩模量提高系数最接近下列哪个选项？

(A) 5.0　　　　(B) 5.6
(C) 6.0　　　　(D) 6.6

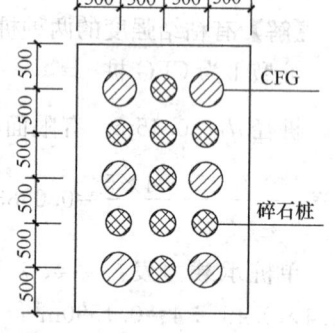

题2016D15图

【解】有粘结强度桩和散体桩组合，且为有限面积布桩
有粘结强度桩为CFG桩

桩径 $d_1 = 0.4\text{m}$；有限面积布桩，CFG桩置换率 $m_1 = \dfrac{3.14 \times 0.2^2 \times 6}{3 \times 2} = 0.1256$

单桩承载力发挥系数 $\lambda_1 = 0.9$；桩截面面积 $A_{p1} = 3.14 \times 0.2^2 = 0.1256\text{m}^2$
单桩承载力特征值为 $R_{a1} = 600\text{kN}$
散体桩为碎石桩

桩径 $d_1 = 0.3\text{m}$ 有限面积布桩，碎石桩置换率 $m_2 = \dfrac{3.14 \times 0.15^2 \times 9}{3 \times 2} = 0.106$

桩土应力比 $n = 2$
桩间土承载力发挥系数 $\beta = 1.0$；桩间土承载力 $f_{sk} = 120\text{kPa}$
有粘结强度桩和散体桩组合复合地基承载力特征值

$$f_{spk} = \lambda_1 m_1 \dfrac{R_{a1}}{A_{p1}} + \beta[1 - m_1 + m_2(n-1)]f_{sk}$$

$$= 0.9 \times 0.1256 \times \dfrac{600}{0.1256} + 1.0 \times [1 - 0.1256 + 0.106 \times (2-1)] \times 120$$

$$= 657.6\text{kN}$$

复合地基压缩模量提高系数 $\xi = \dfrac{f_{spk}}{f_{ak}} = \dfrac{657.6}{100} = 6.576$

【注】①计算复合地基承载力特征值时，若桩间土承载力 f_{sk} 未给出，可使用桩周第一层土 f_{ak}，若给出 f_{sk} 的具体值，此时万不可使用 f_{ak}。
②计算复合地基压缩模量时，使用桩周第一层土 f_{ak}。
③可学习完8.4.11复合地基压缩模量及沉降再理解此题的提高系数 ξ。

2018D12

某工程采用直径800mm碎石桩和直径400mmCFG桩多桩型复合地基处理，碎石桩置换率 0.087，桩土应力比为 5.0，处理后桩间土承载力特征值为 120kPa，桩间土承载力发挥系数为 0.95，CFG 桩置换率 0.023，CFG 桩单桩承载力特征值 $R_a=275$kN，单桩承载力发挥系数 0.90，处理后复合地基承载力特征值最接近下列哪个选项？

(A) 168kPa (B) 196kPa (C) 237kPa (D) 286kPa

【解】有粘结强度桩和散体桩组合，且为有限面积布桩

有粘结强度桩为 CFG 桩

桩径 $d_1=0.4$m；CFG 桩置换率 $m_1=0.023$

单桩承载力发挥系数 $\lambda_1=0.9$；桩截面面积 $A_{p1}=3.14\times0.2^2=0.1256$m²

单桩承载力特征值为 $R_{a1}=275$kN

散体桩为碎石桩：有限面积布桩，碎石桩置换率 $m_2=0.087$；桩土应力比 $n=5$

桩间土承载力发挥系数 $\beta=0.95$；桩间土承载力 $f_{sk}=120$kPa

有粘结强度桩和散体桩组合复合地基承载力特征值

$$f_{spk}=\lambda_1 m_1 \frac{R_{a1}}{A_{p1}}+\beta[1-m_1+m_2(n-1)]f_{sk}$$

$$=0.9\times0.023\times\frac{275}{0.1256}+0.95\times[1-0.023+0.087\times(5-1)]\times120$$

$$=196.37\text{kN}$$

【注】此题较简单，公式中的数值基本全部直接给出，代入公式求解即可。近几年注岩难度加大，考试时一定要抓住这种简单题，不可丢分。

8.4.11 复合地基压缩模量及沉降

2014D16

某住宅楼一独立承台，作用于基底的附加压力 $p_0=600$kPa，基底以下土层为：①中砂～砾砂，厚度为 8.0m，承载力特征值为 200kPa，压缩模量为 10MPa；②含砂粉质黏土，厚度 16.0m，压缩模量 8.0MPa，下卧为微风化大理岩。拟采用 CFG 桩＋水泥土搅拌桩复合地基，承台尺寸 3.0m×3.0m，布桩如题图所示，CFG 桩桩径 450mm，桩长为 20m，设计单桩竖向抗压承载力特征值 $R_a=700$kN，水泥土搅拌桩直径为 600mm，桩长为 10m，设计单桩承载力特征值 $R_a=300$kN，假定复合地基的沉降计算地区经验系数 $\psi_s=0.4$，根据《建筑地基处理技术规范》，问该独立承台复合地基在中砂～砾砂层中的沉降量最接近下列哪个选项？（单桩承载力发挥系数，CGF 桩 $\lambda_1=0.8$，水泥土搅拌桩 $\lambda_2=1.0$，桩间土承载力发挥系数 $\beta=1.0$）

(A) 68.0mm (B) 45.0mm
(C) 34.0mm (D) 23.0mm

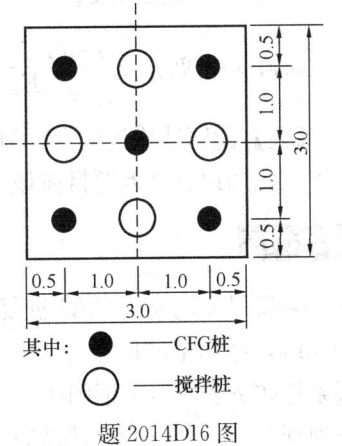

题 2014D16 图

【解】中砂～砾砂层为复合土层。有粘结强度的两种桩组合，且为有限面积布桩。

桩型 1 为 CFG 桩

桩径 $d_1=0.45$m；有限面积布桩，CFG 桩置换率 $m_1=\dfrac{3.14\times0.45^2\div4\times5}{3\times3}=0.0883$

单桩承载力发挥系数 $\lambda_1=0.8$；桩截面面积 $A_{p1}=3.14\times0.45^2\div4=0.1590\text{m}^2$

单桩承载力特征值为 $R_{a1}=700$kN

桩型 2 为搅拌桩

桩径 $d_2=0.6$m；有限面积布桩，搅拌桩置换率 $m_2=\dfrac{3.14\times0.3^2\times4}{3\times3}=0.1256$

桩截面面积 $A_{p2}=3.14\times0.3^2=0.2826\text{m}^2$

单桩承载力特征值为 $R_{a2}=300$kN

单桩承载力发挥系数 $\lambda_2=1.0$

桩间土发挥系数 $\beta=1.0$；桩间土承载力 $f_{sk}=200$kPa

复合地基承载力特征值

$$f_{spk}=\lambda_1 m_1\dfrac{R_{a1}}{A_{p1}}+\lambda_2 m_2\dfrac{R_{a2}}{A_{p2}}+\beta(1-m_1-m_2)f_{sk}$$

$$=0.8\times0.0883\times\dfrac{700}{0.1590}+1.0\times0.1256\times\dfrac{300}{0.2826}+1.0$$

$$\times(1-0.0883-0.1256)\times200$$

$$=601.5\text{kPa}$$

中砂～砾砂层为复合土层，压缩模量为 $E_{sp}=\xi E_s=\dfrac{f_{spk}}{f_{ak}}E_s=\dfrac{601.5}{200}\times10=30.075$MPa

矩形基础均布荷载，确定角点位置：把基础分成块数 $n=4$

$z_i/b'=8.0/(2/3)=5.3$，$l'/b'=1.0$，查表《建筑地基基础设计规范》附录 K.0.1-2，并线性插值得平均附加应力系数 $\bar\alpha=0.0906+\dfrac{0.0878-0.0906}{5.4-5.2}\times(5.33-5.2)=0.0888$

沉降计算经验系数 $\psi_s=0.4$

沉降 $s=\Psi_s p_0\sum\dfrac{n\cdot(z_i\bar\alpha_i-z_{i-1}\bar\alpha_{i-1})}{E_{si}/E_{spi}}=0.4\times600\times\dfrac{4\times8\times0.0888}{30.075}=22.7$mm

【注】 此题计算量虽大，但不难，只计算一层土的沉降，但是需要深刻理解，此题理解了，此知识点其他题目应该都没有问题了。

2017C15

某高层建筑采用 CFG 桩复合地基加固，桩长为 12m，复合地基承载力特征值 $f_{spk}=500$kPa，已知基础尺寸为 48m×12m，基底埋深 $d=3$m，基底附加压力 $p_0=450$kPa，地层条件如下表所示。请问按《建筑地基处理技术规范》估算板底地基中心最终沉降最接近下列哪个选项？（算至①层底）

8.4 复合地基

层序	土层名称	层底埋深（m）	压缩模量 E_s（MPa）	承载力特征值 f_{ak}（kPa）
①	粉质黏土	27	12	200

(A) 65mm   (B) 80mm   (C) 90mm   (D) 275mm

【解1】CFG 桩复合地基加固

复合土层压缩模量 $E_{sp} = \xi E_s = \dfrac{f_{spk}}{f_{ak}} E_s = \dfrac{500}{200} \times 12 = 30 \text{MPa}$

矩形基础均布荷载，确定角点位置：把基础分成块数 $n=4$

每一块短边 $b' = 12 \div 2 = 6\text{m}$；每一块长边 $l' = 48 \div 2 = 24\text{m}$

确定计算深度及分层	层底-埋深 z_i	z_i/b'	l'/b'	层底平均附加应力系数 $\bar{\alpha}_i$	$z_i\bar{\alpha}_i - z_{i-1}\bar{\alpha}_{i-1}$	每层土压缩模量 E_{si} 或 E_{spi}
第1层土	12	2	4	0.2012	2.4144	30
第2层土	24	4	4	0.1485	1.1496	12

基底附加压力 $p_0 = 450\text{kPa}$

变形计算深度内压缩模量当量值 $\bar{E}_s = \dfrac{\sum z_i\bar{\alpha}_i - z_{i-1}\bar{\alpha}_{i-1}}{\sum \dfrac{z_i\bar{\alpha}_i - z_{i-1}\bar{\alpha}_{i-1}}{E_{si}/E_{spi}}} = \dfrac{2.4144 + 1.1496}{\dfrac{2.4144}{30} + \dfrac{1.1496}{12}} = 20\text{MPa}$

根据 $\bar{E}_s$ 查表确定沉降计算经验系数 $\psi_s = 0.25$

最终沉降 $s = \psi_s p_0 \sum \dfrac{n \cdot (z_i\bar{\alpha}_i - z_{i-1}\bar{\alpha}_{i-1})}{E_{si}/E_{spi}} = 0.25 \times 450 \times 4 \times \left(\dfrac{2.4144}{30} + \dfrac{1.1492}{12}\right) = 79.311\text{mm}$

【解2】其余同解1

$$s = \dfrac{\psi_s p_0 n \cdot \overline{z\alpha}}{\bar{E}_s} = \dfrac{0.25 \times 450 \times 4 \times 24 \times 0.1485}{20} = 80.19\text{mm}$$

【注】当题目直接给出或计算出压缩土层压缩模量当量值 $\bar{E}_s$ 之后，最终沉降量 s 的计算公式可以使用 $s = \dfrac{\psi_s p_0 n \cdot \overline{z\alpha}}{\bar{E}_s}$ 较简单些，如解2。两种解法有误差是因为在计算过程中取舍精度导致的。也可以比较解1和解2来理解压缩模量当量值 $\bar{E}_s$ 的意义，即给出或计算得到 $\bar{E}_s$ 之后，就可以将整个压缩土层看作一层土，不用再分层。

2018C13

某储油罐采用刚性桩复合地基，基础为直径 20m 圆形，埋深 2m，准永久组合时基底附加压力为 200kPa。基础下天然土层的承载力特征值 100kPa，复合地基承载力特征值 300kPa，刚性桩桩长 18m。地面以下土层参数、沉降计算经验系数见下表。不考虑褥垫层厚度及压缩量，按照《建筑地基处理技术规范》JGJ 79—2012 及《建筑地基基础设计规范》GB 50007—2011 规定，该基础中心点的沉降计算值最接近下列何值？（变形计算深度取至②层底）

土层序号	土层层底埋深（m）	土层压缩模量（MPa）
①	17	4
②	26	8
③	32	30

$\overline{E}_s$ (MPa)	4.0	7.0	15.0	20.0	35.0
ψ_s	1.0	0.7	0.4	0.25	0.3

(A) 100mm　　　　(B) 115m　　　　(C) 125mm　　　　(D) 140m

【解1】 复合土层压缩模量特高系数 $\xi = \dfrac{f_{spk}}{f_{ak}} = \dfrac{300}{100} = 3$

圆形基础均布荷载，基础半径 $r=10$m。查表确定平均附加应力系数，如下表所示：

确定计算深度及分层	层底-埋深 z_i	z_i/r	层底平均附加应力系数（查）$\overline{\alpha}_i$	$z_i\overline{\alpha}_i - z_{i-1}\overline{\alpha}_{i-1}$	每层土压缩模量 E_{si} 或 E_{spi}
第1层土	15	1.5	0.762	11.43	4×3=12
第2层土	18	1.8	0.697	1.116	8×3=24
第3层土	24	2.4	0.590	1.614	8

基底附加压力 $p_0=200$kPa

变形计算深度内压缩模量当量值 $\overline{E}_s = \dfrac{\sum z_i\overline{\alpha}_i - z_{i-1}\overline{\alpha}_{i-1}}{\sum \dfrac{z_i\overline{\alpha}_i - z_{i-1}\overline{\alpha}_{i-1}}{E_{si}/E_{spi}}} = \dfrac{11.43+1.116+1.614}{\dfrac{11.43}{12}+\dfrac{1.116}{24}+\dfrac{1.614}{8}} = 11.79$MPa

根据 $\overline{E}_s$ 查表确定沉降计算经验系数 $\psi_s = 0.7 + \dfrac{11.79-7}{15-7} \times (0.4-0.7) = 0.52$

最终沉降 $s = \psi_s p_0 \sum \dfrac{z_i\overline{\alpha}_i - z_{i-1}\overline{\alpha}_{i-1}}{E_{si}/E_{spi}} = 0.52 \times 200 \times \left(\dfrac{11.43}{12}+\dfrac{1.116}{24}+\dfrac{1.614}{8}\right) = 124.9$mm

【解2】 计算出 $\overline{E}_s = 11.79$MPa

$$s = \dfrac{\psi_s p_0 \cdot z\overline{\alpha}}{\overline{E}_s} = \dfrac{0.52 \times 200 \times 24 \times 0.590}{11.79} = 124.9 \text{mm}$$

【注】 ①此题考查圆形基础，解题思维流程和矩形基础均布荷载是一致的，只不过查平均附加应力系数表格时，不要再去查以往常考的矩形基础均布荷载的表格，注意和题目对应。

②虽然圆形基础2018年第一次考，但是计算流程和原理都是熟悉的知识点，相信做对不难，但是从这道题也可以看出，今后注岩真题考查的方向是"核心考点计算量加大化"，因此一定要对核心考点解题思维流程极其熟悉，这样计算速度才能提高。

8.5 注浆加固

8.5.1 水泥浆液法

8.5.1.1 水泥浆液注浆量的确定
8.5.1.2 水泥用量的确定

2019D11

某地基采用注浆法加固,地基土的土粒相对密度为2.7,天然含水量为12%,天然重度为15kN/m³。注浆采用水泥浆,水灰比(质量比)为1.5,水泥相对密度为2.8。若要求平均孔隙充填率(浆液体积与原土体孔隙体积之比)为30%,求每立方米土体平均水泥用量最接近下列何值?(重力加速度g取$10m/s^2$)

(A) 82kg (B) 95kg (C) 100kg (D) 110kg

【解1】地基土孔隙比 $e = \dfrac{G_s(1+w)\rho_w}{\rho} - 1 = \dfrac{2.7\times(1+0.12)\times1}{1.5} - 1 = 1.016$

每立方米土体填充水泥的体积 $V_c = 0.3\times\dfrac{1.016}{1+1.016} = 0.151 m^3$

水泥相对密度为水泥密度和水密度之比,故水泥密度 $\rho_c = 2.8 g/cm^3$

水灰比 $W = 1.5$

所需水泥质量 $m_c = \dfrac{\rho_w \rho_c V_c}{\rho_w + W\rho_c} = \dfrac{1\times2.8\times0.151\times10^6}{1+2.8\times1.5} = 0.0813\times10^6 g = 81.3 kg$

【解2】

水灰比 $W = 1.5$

每立方水泥质量:$\dfrac{m_c}{2.8} + \dfrac{1.5 m_c}{1} = 1 \rightarrow m_c = 0.5385 t = 538.5 kg$

地基土孔隙比 $e = \dfrac{G_s(1+w)\rho_w}{\rho} - 1 = \dfrac{2.7\times(1+0.12)\times1}{1.5} - 1 = 1.016$

每立方米土体填充水泥的体积 $V_c = 0.3\times\dfrac{1.016}{1+1.016} = 0.151$

每立方米土体平均水泥用量:$m_{c1} = 538.5\times0.151 = 81.3 kg$

8.5.2 硅化浆液法

8.5.2.1 单液硅化法注浆量的确定
8.5.2.2 硅酸钠(水玻璃)溶液稀释加水量

2008D14

采用单液硅化法加固拟建设备基础的地基,设备基础的平面尺寸为3m×4m,需加固的自重湿陷性黄土层厚6m,土体初始孔隙比为1.0,假设硅酸钠溶液的相对密度为

1.00，溶液的填充系数为 0.70，问所需硅酸钠溶液用量（m³）最接近下列哪个选项的数值？

  (A) 30   (B) 50
  (C) 65   (D) 100

【解】拟加固土的深度 $h=6$m

处理面积，每边扩大 1.0m，即 $A_{处理总面积}=(b+2)\times(l+2)=5\times6=30$m²

拟加固土的总体积 $V=A_{处理总面积}\cdot h=180$m³

灌注时硅酸钠溶液的相对密度 $d_{N1}=1$

地基加固前土的平均孔隙率 $\bar{n}=\dfrac{e}{1+e}=0.5$

溶液填充孔隙系数 α（可取 0.60～0.80）$=0.7$

整个场地溶液用量 $Q=V\bar{n}d_{N1}\alpha=180\times1\times0.5\times0.7=63$m³

8.5.3 碱液法

8.5.3.1 碱液法注浆量的确定
8.5.3.2 碱液溶液的配制

2007C17

某湿陷性黄土地基采用碱液法加固，已知灌注孔长度 10m，有效加固半径 0.4m，黄土天然孔隙率为 50%，固体煤碱中 NaOH 含量为 85%，要求配置的碱液度为 100g/L，设填充孔隙系数 $\alpha=0.68$，工作条件系数 β 取 1.1，则每孔应灌注固体烧碱量取以下哪项最合适？

  (A) 150kg   (B) 230kg
  (C) 350kg   (D) 400kg

【解】地基加固前土的平均孔隙率 $n=0.5$

灌注孔长度（从注浆管底部到灌注孔底部的距离）$l=10$m

有效加固半径 $r=0.4$m

碱液加固土层厚度 $h=l+r=10+0.4=10.4$m

碱液填充孔隙系数 $\alpha=0.68$

考虑碱液流失工作条件系数 $\beta=1.1$

每孔碱液灌注量 $V=\alpha\beta\pi r^2 hn=0.68\times1.1\times3.14\times0.4^2\times10.4\times0.5=1.9541$m³

（注：此公式为"知 r 求 V"不能用于反算 r）

固体烧碱配置

固体烧碱中 NaOH 含量百分数 $P=0.85$

要求配置的碱液度 $M=100$g/L

每 1m³ 水中施加固体烧碱量 $G_s=\dfrac{M}{P}=117.6$kg/m³

每孔灌注的固体烧碱量 $M=G_sV=117.6\times1.9541=229.8$kg

2011D13

某黄土地基采用碱液法处理,其土体天然孔隙比为1.1,灌注孔成孔深度4.8m,注液管底部距地表1.4m,若单孔碱液灌注量V为960L时,按《建筑地基处理技术规范》计算其加固土层的厚度最接近于下列哪一选项?

(A) 4.8m (B) 3.8m
(C) 3.4m (D) 2.9m

【解】地基加固前土的平均孔隙率$n = \dfrac{e}{1+e} = \dfrac{1.1}{1+1.1} = 0.523$

灌注孔长度(从注浆管底部到灌注孔底部的距离)$l = 4.8 - 1.4 = 3.4$m

每孔碱液灌注量$V = 0.96$m³

有效加固半径$r = 0.6\sqrt{\dfrac{V}{nl}} = 0.6\sqrt{\dfrac{0.96}{0.523 \times 3.4}} = 0.44$m

(注:此公式为"知V求r"不能用于反算V)

碱液加固土层厚度$h = l + r = 3.4 + 0.44 = 3.84$m

2017D16

碱液法加固地基,拟加固土层的天然孔隙比为0.82,灌注孔成孔深度6m,注液管底部在孔口以下4m,碱液填充系数取0.64,试验测得加固地基半径为0.5m,则按《建筑地基处理技术规范》估算单孔碱液灌注量最接近下列哪个选项?

(A) 0.32m³ (B) 0.37m³
(C) 0.62m³ (D) 1.1m³

【解】地基加固前土的平均孔隙率$n = \dfrac{e}{1+e} = \dfrac{0.80}{1+0.82} = 0.451$

灌注孔长度(从注浆管底部到灌注孔底部的距离)$l = 6 - 4 = 2$m

有效加固半径$r = 0.5$m

碱液加固土层厚度$h = l + r = 2 + 0.5 = 2.5$m

碱液填充孔隙系数$\alpha = 0.64$

考虑碱液流失工作条件系数$\beta = 1.1$

每孔碱液灌注量$V = \alpha\beta\pi r^2 hn = 0.64 \times 1.1 \times 3.14 \times 0.5^2 \times 2.5 \times 0.451 = 0.623$m³

【注】要区别灌注孔成孔深度和灌注孔长度l,灌注孔成孔深度一般从地面起算,而灌注孔长度l从注浆管底部起算。

8.6 微 型 桩

8.6.1 树根桩

8.6.2 预制桩

8.6.3 注浆钢管桩

8.7 建筑地基检测

8.7.1 地基检测静载荷试验

8.7.2 复合地基静载荷试验

2004C5

水泥土搅拌桩复合地基，桩径为500mm矩形布桩，桩间距 $s_{ax} \times s_{ay} = 1200\text{mm} \times 1600\text{mm}$，做单桩复合地基静载试验，承压板应选用（ ）。

(A) 直径 $d=1200$mm 的圆形承压板
(B) 1390mm×1390mm 方形承压板
(C) 1200mm×1200mm 方形承压板
(D) 直径为1390mm 的圆形承压板

【解】矩形布桩，为不规则布桩，面积置换率

$$m = \frac{3.14 \times 0.5^2 \div 4}{1.2 \times 1.6}$$

单桩复合地基静载试验要求承压板面积即一根桩承担的处理面积

$$A_e = \frac{3.14 \times 0.5^2}{4m} = 1.2 \times 1.6 = 1.92\text{m}^2$$

1390mm×1390mm 方形承压板面积为 $1.39 \times 1.39 = 1.9321\text{m}^2$ 满足要求

2010C14

为确定水泥土搅拌桩复合地基承载力，进行多桩复合地基静载试验，桩径500mm，正三角形布置，桩中心距1.20m，试问进行三桩复合地基载荷试验的圆形承压板直径，应取下列何项数值？

(A) 2.00m (B) 2.20mm (C) 2.40mm (D) 2.65mm

【解】正三角形布桩时，一根桩承担的处理面积

$$A_e = \frac{3.14 \times (1.05s)^2}{4} = \frac{3.14 \times (1.05 \times 1.2)^2}{4} = 1.246\text{m}^2$$

多桩复合地基静载荷试验的承压板可用方形或矩形，其尺寸按实际桩数所承担的处理面积确定。此处为三桩，故承压板面积 $A = 3A_e = 3 \times 1.246 = 3.738\text{m}^2$

圆形承压板，则 $A = 3.14 \times d^2 \div 4 = 3.738$，得 $d = 2.18$m

2014C30

某工程采用CFG桩复合地基，设计选用CFG桩桩径500mm，按等边三角形布桩，

面积置换率 6.25%，设计要求复合地基承载力特征值 $f_{spk}=300\text{kPa}$，请问单桩复合地基载荷试验最大加载压力不应小于下列哪项？

(A) 2261kN   (B) 1884kN   (C) 1131kN   (D) 942kN

【解】一根桩承担的处理面积

$$A_e = \frac{3.14 \times d^2}{4m} = \frac{3.14 \times 0.5^2}{4 \times 0.0625} = 3.14\text{m}^2$$

故设计要求承载力特征值 $R_a = A_e f_{spk} = 3.14 \times 300 = 942\text{kN}$

最大加载要求不应小于承载力特征值的 2 倍，故 $F \geqslant 2R_a = 2 \times 942 = 1884\text{kN}$

8.7.3 多道瞬态面波法

2018D25

某地基采用强夯法处理填土，夯后填土层厚 3.5m，采用多道瞬态面波法检测处理效果，已知实测夯后填土层面波波速如下表所示，动泊松比均取 0.3，则根据《建筑地基检测技术规范》JGJ 340—2015，估算处理后填土层等效剪切波速最接近下列哪个选项？

深度（m）	0~1	1~2	2~3.5
面波波速（m）	120	90	60

(A) 80m/s   (B) 850m/s   (C) 190m/s   (D) 208m/s

【解】动泊松比均取 $\mu_{di}=0.3$

与泊松比有关的系数

$$\eta_{si} = (0.87-1.12\mu_d)(1+\mu_d) = (0.87-1.12 \times 0.3)/(1+0.3) = 0.41$$

根据 $v_s = \dfrac{v_R}{\eta_s}$，每层计算深度内剪切波波速分别为：

$$v_{s1} = \frac{120}{0.41} = 292.68\text{m/s};\ v_{s2} = \frac{90}{0.41} = 219.51\text{m/s};\ v_{s3} = \frac{60}{0.41} = 146.34\text{m/s}$$

计算深度 $d_0 = 3.5\text{m}$

等效剪切波速 (m/s) $v_{se} = \dfrac{d_0}{\sum\limits_{i=1}^{n}\dfrac{d_i}{v_i}} = \dfrac{3.5}{\dfrac{1}{292.68}+\dfrac{1}{219.51}+\dfrac{1.5}{146.34}} = 192.07\text{m/s}$

【注】此题已指明规范，但规范中 $\eta_s = (0.87-1.12\mu_d)(1+\mu_d)$ 是错误的，$\eta_s = (0.87+1.12\mu_d)(1+\mu_d)$ 才是正确的。由于是规范问题，且题干中未对公式进行修订，也只能将错就错。若按正确公式进行计算，最终 $v_{se}=84.7\text{m/s}$，感兴趣的岩友可一试。

8.7.4 夯处理地基质量检测

2012C30

某住宅楼采用灰土挤密桩处理湿陷性黄土，桩径为 0.4m，桩长为 6.0m，桩中心距为

0.9m，呈正三角形布桩。通过击实试验，桩间土在最优含水率 $w_{op}=17.0\%$ 时湿密度 $\rho=2.0 \mathrm{g/cm^3}$，检测时在 A、B、C 三处分别测得的干密度 ρ_d（$\mathrm{g/cm^3}$）见下表，求桩间土平均挤密系数 η_c 为下列哪一选项？

(A) 0.894　　　(B) 0.910　　　(C) 0.927　　　(D) 0.944

深度 (m)	取样位置		
	A	B	C
0.5	1.52	1.58	1.63
1.5	1.54	1.60	1.67
2.5	1.55	1.57	1.65
3.5	1.51	1.58	1.66
4.5	1.53	1.59	1.64
5.5	1.52	1.57	1.62

【解】①采用下列公式计算：

干密度 $\rho_d = \dfrac{\rho}{1+0.01w}$，挤密系数 $\eta_c = \dfrac{\rho_d}{\rho_{dmax}}$

②最优含水率为 17.0% 时，桩间土的最大干密度：

$$\rho_{dmax} = \frac{\rho}{1+0.01w} = \frac{2.00}{1+0.01\times17} = 1.709 \mathrm{g/cm^3}$$

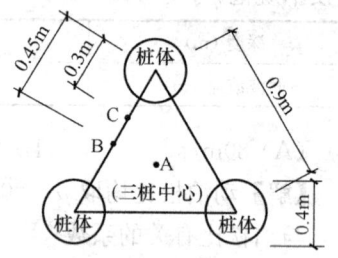

题 2012C30 图

③计算桩间土的平均干密度，根据《建筑地基处理技术规范》JGJ 79—2012 中 7.5.2 条文说明，桩间土的平均干密度为 B、C 两处所有土样干密度的平均值，即

$$\rho_d = \frac{1.58+1.60+1.57+1.58+1.59+1.57+1.63+1.67+1.65+1.66+1.64+1.62}{12}$$

$=1.613 \mathrm{g/cm^3}$

④桩间土的平均挤密系数 $\eta_c = \dfrac{\rho_d}{\rho_{dmax}} = \dfrac{1.613}{1.709} = 0.944$

【注】挤密桩处理的地基，桩间土的挤密程度一般来讲距离桩体越近，挤密程度越高，而三桩中心，挤密程度最低。本题的考点就是让考生掌握如何计算桩间土的平均挤密系数。本题相对比较简单，虽是第一次这样考，但属于"翻到就赚到"。

8.8　既有建筑地基基础加固技术

9 边坡工程专题

9 边坡工程专题专业案例真题按知识点分布汇总

9.1 重力式挡土墙	9.1.1 重力式挡土墙抗滑移	2004C26；2006D22；2007D18；2009D20；2010D18；2011D19；2017C18；2018D16；2019D14
	9.1.2 重力式挡土墙抗倾覆	2003C27；2004D29；2012C21；2014D19；2016D18；2017D19
	9.1.3 有水情况下重力式挡土墙稳定性计算	2005C22；2006D23；2008C18；2018D15
9.2 锚杆（索）		2004D26；2005D19；2013C17；2013D18；2014D18；2016D20；2019D19
9.3 锚杆（索）挡墙		
9.4 岩石喷锚支护		2004C28；2018C17
9.5 桩板式挡墙		2019D16
9.6 静力平衡法和等值梁法	9.6.1 静力平衡法	2016D22
	9.6.2 等值梁法	2007C22；2008D22；2014C19
9.7 建筑边坡工程鉴定与加固技术		

9.1 重力式挡土墙

9.1.1 重力式挡土墙抗滑移

2004C26

重力式挡墙如题图所示，挡墙底面与土的摩擦系数 $\mu=0.4$，墙背与填土间摩擦角 $\delta=15°$，问抗滑移稳定系数最接近下列( )。

(A) 1.20　　　(B) 1.25
(C) 1.30　　　(D) 1.35

【解】图示情况受力分析（墙背不垂直不光滑）

挡墙墙背与水平面的夹角 $\alpha=75°$
挡墙底与水平面夹角 $\alpha_0=10°$
岩土对挡墙墙背的摩擦角 $\delta=10°$
岩土地面摩擦系数 $\mu=0.4$

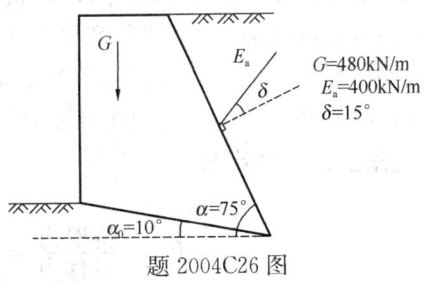

题 2004C26 图

① 墙后主动土压力（不包含水压力）$E_a = 400\text{kN}$
② 挡墙自重 $G = 480\text{kN}$
图示情况

$$F_s = \frac{(G_n + E_n) \cdot \mu}{E_{at} - G_t} = \frac{[G\cos\alpha_0 + E_a\cos(\alpha - \alpha_1 - \delta)] \cdot \mu}{E_a\sin(\alpha - \alpha_0 - \delta) - G\sin\alpha_0}$$

$$= \frac{[480\cos10° + 400\cos(75° - 10° - 15°)] \times 0.4}{400\sin(75° - 10° - 15°) - 480\sin10°} = 1.31$$

2006D22

重力式挡土墙的断面如题图所示，墙基底倾角6°，墙背面与竖直方向夹角20°，用库仑土压力理论计算得到单位长度的总主动土压力为 $E_a = 200\text{kN/m}$，墙体单位长度自重 300kN/m，墙底与地基土间摩擦系数为0.33，墙背面与土的摩擦角为15°，计算该重力式挡土墙的抗滑稳定安全系数最接近下列哪一选项？

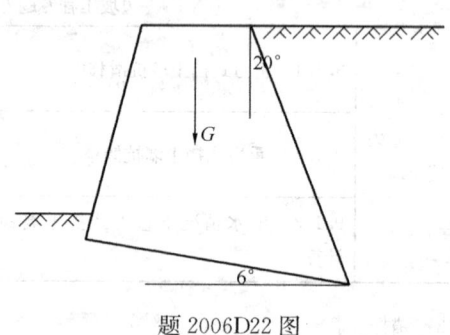

题 2006D22 图

(A) 0.50   (B) 0.66   (C) 1.10   (D) 1.20

【解】图示情况受力分析（墙背不垂直不光滑）
挡墙墙背与水平面的夹角 $\alpha = 90° - 20° = 70°$
挡墙底与水平面夹角 $\alpha_0 = 6°$
岩土对挡墙墙背的摩擦角 $\delta = 15°$
岩土地面摩擦系数 $\mu = 0.33$
① 墙后主动土压力（不包含水压力）$E_a = 200\text{kN}$
② 挡墙自重 $G = 300\text{kN}$
图示情况

$$F_s = \frac{(G_n + E_n) \cdot \mu}{E_{at} - G_t} = \frac{[G\cos\alpha_0 + E_a\cos(\alpha - \alpha_1 - \delta)] \cdot \mu}{E_a\sin(\alpha - \alpha_0 - \delta) - G\sin\alpha_0}$$

$$= \frac{[300\cos6° + 200\cos(70° - 6° - 15°)] \times 0.33}{200\sin(70° - 6° - 15°) - 300\sin6°} = 1.185$$

2007D18

重力式梯形挡土墙，墙高4.0m，顶宽1.0m，底宽2.0m，墙背垂直光滑，墙底水平，基底与岩层间摩擦系数 μ 取为0.6，抗滑稳定性满足设计要求，开挖后发现岩层风化较严重，将 μ 值降低为0.5，进行变更设计，拟采用墙体墙厚的变更原则，若要达到原设计的抗滑稳定性，墙厚需增加下列哪个选项的数值？

(A) 0.2m   (B) 0.3m   (C) 0.4m   (D) 0.5m

【解】前一种状态：

$$F_t = \frac{\text{抗滑力}}{\text{滑移力}} = \frac{\gamma \cdot \frac{1}{2} \times (1+2) \times 4 \times 0.6}{\text{滑移力}}$$

后一种状态：

$$F_t = \frac{抗滑力}{滑移力} = \frac{\gamma \cdot \frac{1}{2} \times (1+2) \times 4 \times 0.5 + \gamma \times b \times 4 \times 0.5}{滑移力}，前后 F_t 相等，则$$

$$\gamma \cdot \frac{1}{2} \times (1+2) \times 4 \times 0.5 + \gamma \times b \times 4 \times 0.5 = \gamma \cdot \frac{1}{2} \times (1+2) \times 4 \times 0.6$$

$$\rightarrow \frac{1}{2} \times (1+2) \times 4 \times 0.5 + b \times 4 \times 0.5 = \frac{1}{2} \times (1+2) \times 4 \times 0.6$$

$$\rightarrow 3 + 2b = 3.6 \rightarrow b = 0.3\text{m}$$

2009D20

山区重力式挡土墙自重 200kN/m，经计算墙背主动土压力水平分力 $E_x = 200$kN/m，竖向分力 $E_y = 80$kN/m，挡土墙基底倾角 15°，基底摩擦系数 0.65，问：该情况的抗滑移稳定性安全系数最接近于下列哪项？（不计墙前土压力）

(A) 0.9 (B) 1.3
(C) 1.7 (D) 2.2

【解】
$$F_s = \frac{(G\cos\alpha_0 + E_y\cos\alpha_0 + E_x\sin\alpha_0) \cdot \mu}{E_x\cos\alpha_0 - G\sin\alpha_0 - E_y\sin\alpha_0}$$
$$= \frac{(200\cos15° + 80\cos15° + 200\sin15°) \times 0.65}{200\cos15° - 200\sin15° - 80\sin15°}$$
$$= 1.73$$

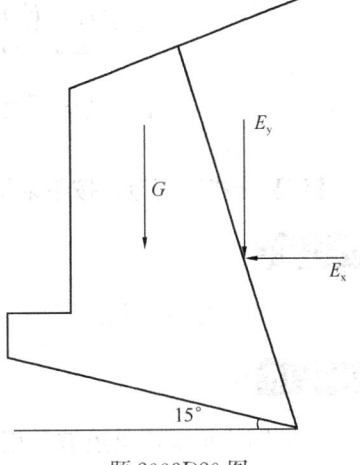

题 2009D20 图

【注】重力式挡土墙抗滑移计算时，所受到的力要分解为平行于挡土墙底面和垂直于挡土墙底面两个方向的力，进而确定出滑移力和抗滑移力。

2010D18

某重力式挡土墙如题图所示，墙重为 767kN/m，墙后填砂土，$\gamma = 17$kN/m³，$c = 0$，$\varphi = 32°$。墙底与地基间的摩擦系数 $\mu = 0.5$，墙背与砂土间的摩擦角 $\delta = 16°$，用库仑土压力为理论计算此墙的抗滑稳定安全系数最接近于下面哪个选项？

(A) 1.23 (B) 1.47
(C) 1.68 (D) 1.83

【解】图示情况受力分析（墙背垂直不光滑）
挡墙墙背与水平面的夹角 $\alpha = 90°$
挡墙底与水平面夹角 $\alpha_0 = 0°$
岩土对挡墙墙背的摩擦角 $\delta = 16°$
岩土地面摩擦系数 $\mu = 0.5$
① 墙后主动土压力（不包含水压力）E_a

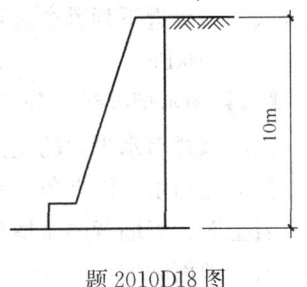

题 2010D18 图

特殊情况②无荷载，墙背垂直，土体表面水平，黏聚力为0（即 $q=0$，$\alpha=90°$，$\beta=0$，$c=0$）

$$K_a = \frac{\cos^2\varphi}{\cos\delta \cdot \left[1 + \sqrt{\frac{\sin(\varphi+\delta)\sin\varphi}{\cos\delta}}\right]^2}$$

$$= \frac{\cos^2 32°}{\cos 16° \times \left[1 + \sqrt{\frac{\sin(32°+16°)\sin 32°}{\cos 16°}}\right]^2} = 0.278$$

$$E_a = \frac{1}{2}\gamma h^2 K_a = \frac{1}{2} \times 17 \times 10^2 \times 0.278 = 236.3 \text{kN/m}$$

② 挡墙自重 $G=767$kN/m

图示情况

$$F_s = \frac{(G_n + E_n) \cdot \mu}{E_{at} - G_t} = \frac{[G\cos\alpha_0 + E_a\cos(\alpha - \alpha_0 - \delta)] \cdot \mu}{E_a\sin(\alpha - \alpha_0 - \delta) - G\sin\alpha_0}$$

$$= \frac{[767\cos 90° + 236.3\cos(90° - 0° - 16°)] \times 0.5}{236.3\sin(90° - 0° - 16°) - 767\sin 90°} = 1.83$$

【注】未指明规范，按不乘增大系数处理。

2011D19

与 2006D22 完全相同。

2017C18

如题图所示某填土边坡采用重力式挡墙防护，挡墙基础处于风化岩层中，墙高 $H=6.0$m，墙体自重 $G=260$kN/m，墙背倾角 $\alpha=15°$，填料以建筑弃土为主，重度 $\gamma=17$kN/m³，对墙背的摩擦角 $\delta=7°$，土压力 $E_a=186$kN/m，墙底倾角 $\alpha_0=10°$，墙底的摩擦系数 $\mu=0.6$。为了使墙体抗滑安全系数 K 不小于1.3，挡土墙建成后地面附加荷载 q 的最大值最接近下列哪个选项？

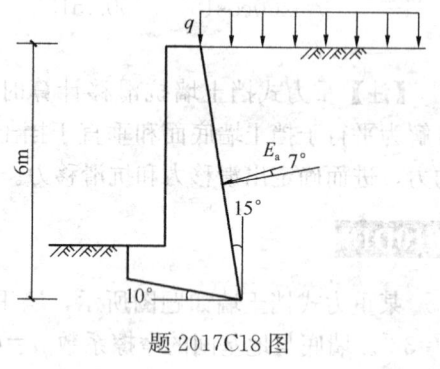

题 2017C18 图

(A) 10kPa　　　(B) 20kPa　　　(C) 30kPa　　　(D) 40kPa

【解】图示情况受力分析（墙背不垂直不光滑）

挡墙墙背与水平面的夹角 $\alpha=90°-15°=75°$

挡墙底与水平面夹角 $\alpha=10°$

岩土对挡墙墙背的摩擦角 $\delta=7°$

岩土地面摩擦系数 $\mu=0.6$

令挡土墙建成后地面有了附加荷载 q 之后库仑主动土压力为 E_a，

$$F_s = \frac{(G_n + E_n) \cdot \mu}{E_{at} - G_t} = \frac{[G\cos\alpha_0 + E_a\cos(\alpha - \alpha_1 - \delta)] \cdot \mu}{E_a\sin(\alpha - \alpha_0 - \delta) - G\sin\alpha_0}$$

$$= \frac{[260\cos10°+E_a\cos(75°-10°-7°)]\times 0.6}{E_a\sin(75°-10°-7°)-260\sin10°} \geqslant 1.3 \to E_a \leqslant 270.64\text{kN/m}$$

由库仑土压力计算公式可知，对于无黏性填土，当墙后填土面水平时，总主动土压力计算公式为 $E_a = \frac{1}{2}\gamma h^2 K_a + qhK_a \frac{\sin\alpha\cos0°}{\sin(\alpha+0°)} = \frac{1}{2}\gamma h^2 K_a + qhK_a$

其中填土自重产生的主动土压力 $\frac{1}{2}\gamma h^2 K_a = \frac{1}{2}\times 17\times 6^2 K_a = 186 \to K_a = 0.608$

所以 $E_a = \frac{1}{2}\gamma h^2 K_a + qhK_a = 186+q\times 6\times 0.908 \leqslant 270.64 \to q \leqslant 23.2\text{kPa}$，因此最大值最接近 B。

【注】一般而言，未指明规范，不用乘增大系数。
如果乘增大系数，计算过程简单如下：
按规范库仑主动土压力应乘增大系数 1.1

$$F_s = \frac{(G_n+E_n)\cdot\mu}{E_{at}-G_t} = \frac{[G\cos\alpha_0+1.1E_a\cos(\alpha-\alpha_1-\delta)]\cdot\mu}{1.1E_a\sin(\alpha-\alpha_0-\delta)-G\sin\alpha_0}$$

$$= \frac{[260\cos10°+1.1E_a\cos(75°-10°-7°)]\times 0.6}{1.1E_a\sin(75°-10°-7°)-260\sin10°} \geqslant 1.3 \to E_a \leqslant 246.04$$

$$E_a = \frac{1}{2}\gamma h^2 K_a + qhK_a = 186+q\times 6\times 0.608 \leqslant 246.04 \to q \leqslant 16.45\text{kPa}$$

所以按题目选项设置，最大值只能取 A 选项，这和选项差距过大。可见乘了增大系数，没有对应选项，因此此题不用乘增大系数。

关于增大系数，再强调一遍，对符合高度要求的土质边坡重力式挡土墙，主动土压力是否乘增大系数，从历年案例真题来看，非常混乱，最好试算下，如果乘了增大系数，有很符合的选项，就乘，否则就不乘；如果乘和不乘都有符合的选项，按乘处理。

2018D16

如题图所示，某建筑旁有一稳定的岩质山坡，坡面 AE 的倾角 $\theta=50°$。依山建的挡土墙墙高 $H=5.5\text{m}$，墙背面 AB 与填土间的摩擦角 $10°$，倾角 $\alpha=75°$，墙后砂土填料重度 20kN/m^3，内摩擦角 $30°$，墙体自重 340kN/m。为确保挡墙抗滑安全系数不小于 1.3，根据《建筑边坡工程技术规范》，在水平填土面上施加的均布荷载 q 最大值接近下列哪个选项？（墙底 AD 与地基间的摩擦系数取 0.6，无地下水）

提示：《建筑边坡工程技术规范》部分版本公式（6.2.3-2）有印刷错误，请按下列公式计算：

$$K_a = \frac{\sin(\alpha+\beta)}{\sin^2\alpha\sin^2(\alpha+\beta-\varphi-\delta)}$$

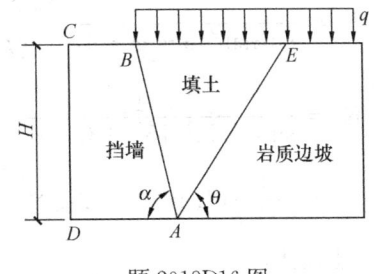

题 2018D16 图

9 边坡工程专题

$$\left\{\begin{array}{l}k_q[\sin(\alpha+\beta)\sin(\alpha-\delta)+\sin(\varphi+\delta)\sin(\varphi-\beta)]+2\eta\sin\alpha\cos\varphi\cos(\alpha+\beta-\varphi-\delta)-\\ 2[(k_q\sin(\alpha+\beta)\sin(\varphi-\beta)+\eta\sin\alpha\cos\varphi)(k_q\sin(\alpha-\delta)\sin(\varphi+\delta)+\eta\sin\alpha\cos\varphi)]^{1\cdot 2}\end{array}\right\}$$

(A) 30kPa　　　　(B) 34kPa　　　　(C) 38kPa　　　　(D) 42kPa

【解1】图示情况受力分析（墙背不垂直不光滑）

挡墙墙背与水平面的夹角 $\alpha=75°$

挡墙底与水平面夹角 $\alpha_0=0°$

岩土对挡墙墙背的摩擦角 $\delta=10°$

岩土地面摩擦系数 $\mu=0.6$

虽然墙后是有限范围的土体，但是坡面 AE 的倾角 $\theta=50°<45°+30°/2=60°$，因此可以使用库仑主动土压力计算公式。

按边坡规范，岩质边坡不乘增大系数。

令有了附加荷载 q 之后库仑主动土压力为 E_a，则

$$F_s=\frac{(G_n+E_n)\cdot\mu}{E_{at}-G_t}=\frac{[G\cos\alpha_0+E_a\cos(\alpha-\alpha_1-\delta)]\cdot\mu}{E_a\sin(\alpha-\alpha_0-\delta)-G\sin\alpha_0}$$

$$=\frac{[340\cos0°+E_a\cos(75°-0°-10°)]\times 0.6}{E_a\sin(75°-0°-10°)-260\sin0°}\geqslant 1.3\to E_a\leqslant 221\text{kN}$$

利用题目中所给的主动土压力系数公式计算 K_a

$$k_q=1+\frac{2q\sin\alpha\cos\beta}{\gamma H\sin(\alpha+\beta)}=1+\frac{2q\sin75°\cos0°}{20\times 5.5\sin(75°+0°)}=1+0.0182q;\eta=\frac{2c}{\gamma H}=0$$

$$K_a=\frac{\sin(\alpha+\beta)}{\sin^2\alpha\sin^2(\alpha+\beta-\varphi-\delta)}\left\{\begin{array}{l}k_q[\sin(\alpha+\beta)\sin(\alpha-\delta)+\sin(\varphi+\delta)\sin(\varphi-\beta)]\\ +2\eta\sin\alpha\cos\varphi\cos(\alpha+\beta-\varphi-\delta)\\ -2\sqrt{k_q\sin(\alpha+\beta)\sin(\varphi-\beta)+\eta\sin\alpha\cos\varphi}\\ \times\sqrt{k_q\sin(\alpha-\delta)\sin(\varphi+\delta)+\eta\sin\alpha\cos\varphi}\end{array}\right\}$$

化简后可得

$$K_a=\frac{1}{\sin\alpha\sin^2(\alpha-\varphi-\delta)}\left\{\begin{array}{l}k_q[\sin\alpha\sin(\alpha-\delta)+\sin\varphi\sin(\varphi+\delta)]\\ -2k_q\sqrt{\sin\alpha\sin(\alpha-\delta)\sin\varphi\sin(\varphi+\delta)}\end{array}\right\}$$

$$K_a=\frac{1}{\sin75°\sin^2(75°-30°-10°)}\left\{\begin{array}{l}k_q[\sin75°\sin(75°-10°)+\sin30°\sin(30°+10°)]\\ -2k_q\sqrt{\sin75\sin(75°-10°)\sin30°\sin(30°+10°)}\end{array}\right\}$$

$$=\frac{1}{0.318}(1.197k_q-2k_q\times 0.53)=0.43\times(1+0.0182q)=0.43+0.0078q$$

主动土压力

$$E_a=\frac{1}{2}\gamma h^2 K_a=\frac{1}{2}\times 20\times 5.5^2\times(0.43+0.0078q)=130+2.36q\leqslant 221$$

$$\to q\leqslant 38.6\text{kPa}$$

因此最大值最接近于 C 选项。

【解2】

$E_a\leqslant 221$ 同解1

由库仑土压力计算公式可知，有荷载，黏聚力为0，墙后土体水平（即 $q\neq 0$，$c=0$，

$\beta=0°$），总主动土压力计算公式为 $E_a = \frac{1}{2}\gamma h^2 K_a + qhK_a \frac{\sin\alpha\cos 0°}{\sin(\alpha+0°)} = \frac{1}{2}\gamma h^2 K_a + qhK_a$

此时

$$K_a = \frac{\sin^2(\varphi+\alpha)}{\sin^2\alpha\sin(\alpha-\delta)\left[1+\sqrt{\frac{\sin(\varphi+\delta)\sin\varphi}{\sin(\alpha-\delta)\sin\alpha}}\right]^2}$$

$$= \frac{\sin^2(30°+75°)}{\sin^2 75°\sin(75°-10°)\left[1+\sqrt{\frac{\sin(30°+10°)\sin 30°}{\sin(75°-10°)\sin 75°}}\right]^2} = \frac{0.933}{0.933\times 0.906\times 2.579}$$

$$= 0.428$$

$E_a = \frac{1}{2}\times 20\times 5.5^2\times 0.428 + q\times 5.5\times 0.428 \leqslant 221 \to q \leqslant 38.88\text{kPa}$

【注】①库仑主动土压力的计算是近几年考查的重点，必须熟练掌握。

② 此题若乘增大系数1.1，会出现什么结果呢，我们试算下，按解1计算过程简单如下：

$$F_s = \frac{(G_n+E_n)\cdot\mu}{E_{at}-G_t} = \frac{[G\cos\alpha_0 + 1.1E_a\cos(\alpha-\alpha_0-\delta)]\cdot\mu}{1.1E_a\sin(\alpha-\alpha_0-\delta)-G\sin\alpha_0}$$

$$= \frac{[340\cos 0° + 1.1E_a\cos(75°-0°-10°)]\times 0.6}{1.1E_a\sin(75°-0°-10°)-260\sin 0°} \geqslant 1.3 \to E_a \leqslant 201$$

$$E_a = \frac{1}{2}\gamma h^2 K_a = \frac{1}{2}\times 20\times 5.5^2\times(0.43+0.0078q) = 130+2.36q \leqslant 201$$

$$\to q\leqslant 30.08\text{kPa}$$

最大值最接近于A选项，乘了增大系数正好"入坑"。对于岩质边坡，无须乘增大系数，按规范11.2.1条仅对土质边坡采用重力式，挡墙高度符合一定要求时才乘相应增大系数。

2019D14

一重力式毛石挡墙高3m，其后填土顶面水平，无地下水，粗糙墙背与其后填土的摩擦角近似等于土的内摩擦角，其他参数见题图。设挡墙与其下地基土的摩擦系数为0.5，那么该挡墙的抗水平滑移稳定性系数最接近下列哪个选项？

(A) 2.5 (B) 2.6
(C) 2.7 (D) 2.8

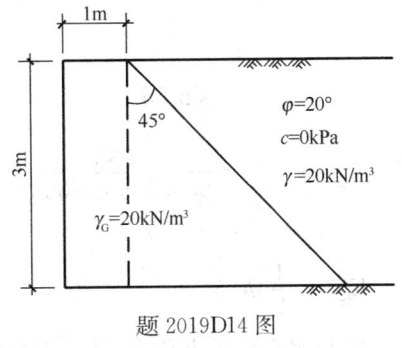

题 2019D14 图

【解1】墙背与水平面夹角为 $45°$，小于 $45°+\frac{\varphi}{2}=45°+\frac{20°}{2}=55°$，满足坦墙条件，故在土体中发生第二滑动面

粗糙墙背与其后填土的摩擦角近似等于土的内摩擦角，第二滑动面与水平面的夹角为

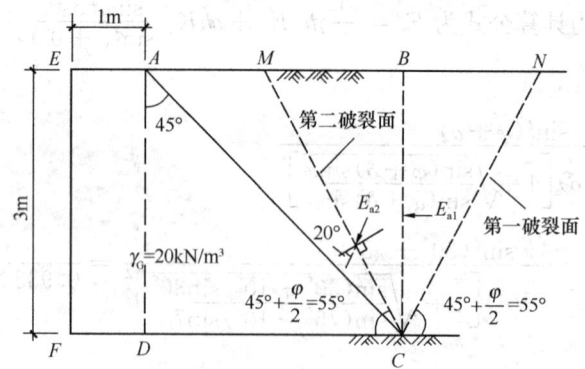

题 2019D14 解答示意图

$$45°+\frac{\varphi}{2}=45°+\frac{20°}{2}=55°,即图中 CM 线。$$

如解答示意图所示，CB 为竖直线，作用域 CB 上的主动土压力 E_{a1} 可按朗肯理论求解

$$E_{a1}=\frac{1}{2}\gamma h^2 K_a=\frac{1}{2}\times 20\times 3^2\times \tan\left(45°-\frac{20°}{2}\right)=44.1\text{kN/m}$$

将 $EFCB$ 看作一个整体，则其抗水平滑移稳定性系数与该挡墙抗水平滑移稳定性系数相同

$$G_{EFCB}=3\times 4\times 20=240\text{kN/m}$$

$$F_s=\frac{G_{EFCB}\cdot \mu}{E_a}=\frac{3\times 4\times 20\times 0.5}{44.1}=2.72$$

【解2】利用库仑理论求解，如解答示意图所示，求解作用于第二滑动面 CM 上的库仑主动土压力 E_{a2}

$$K_a=\frac{\sin^2(\varphi+\alpha)}{\sin^2\alpha\sin(\alpha-\delta)\left[1+\sqrt{\dfrac{\sin(\varphi+\delta)\sin(\varphi-\beta)}{\sin(\alpha-\delta)\sin(\alpha+\beta)}}\right]^2}$$

$$=\frac{\sin^2(20°+55°)}{\sin^2 55°\sin(55°-20°)\left[1+\sqrt{\dfrac{\sin(20°+20°)\sin(20°-0°)}{\sin(55°-20°)\sin(55°+0°)}}\right]^2}$$

$$=\frac{0.933}{0.385\times 2.836}$$

$$=0.855$$

$E_{a2}=\dfrac{1}{2}\gamma h^2 K_a=\dfrac{1}{2}\times 20\times 3^2\times 0.855=76.95\text{kN/m}$，方向与 CM 垂线方向夹角为 $20°$，则与水平面的夹角为 $20°+35°=55°$

将 $EFCM$ 看作一个整体，则其抗水平滑移稳定性系数与该挡墙抗水平滑移稳定性系数相同

$$G_{EFCM}=\frac{1}{2}\times(4+4-3\div\tan 55°)\times 3\times 20=176.98\text{kN/m}$$

9.1 重力式挡土墙

$$F_s = \frac{(G_{EFCM} + E_a\sin55°) \cdot \mu}{E_a\cos55°} = \frac{(176.98 + 76.95\sin55°) \times 0.5}{76.95\cos55°} = 2.72$$

【解3】此时破裂面已确定，分别为 CN 和 CM，可以利用楔体法-三角形平衡法求解，如解答示意图所示，求解作用于第二滑动面 CM 上的库仑主动土压力 E_{a2} 选择滑体 CMN 作为研究对象

$$G_{CMN} = \frac{1}{2} \times 3 \div \tan55° \times 3 \times 20 \times 2 = 126.04 \text{kN/m}$$

$$E_{a2} = \frac{G_{CMN}\sin(\theta - \delta_R)}{\sin(\theta - \delta_R + \alpha - \delta)} = \frac{126.04 \times \sin(55° - 20°)}{\sin(55° - 20° + 55° - 20°)} = 76.93$$

方向与 CM 垂线方向夹角为 $20°$，则与水平面的夹角为 $20° + 35° = 55°$

将 $EFCM$ 看作一个整体，则其抗水平滑移稳定性系数与该挡墙抗水平滑移稳定性系数相同

$$G_{EFCM} = \frac{1}{2} \times (4 + 4 - 3 \div \tan55°) \times 3 \times 20 = 176.98 \text{kN/m}$$

$$F_s = \frac{(G_{EFCM} + E_a\sin55°) \cdot \mu}{E_a\cos55°} = \frac{(176.98 + 76.93\sin55°) \times 0.5}{76.93\cos55°} = 2.72$$

【错解】直接利用库仑理论求解作用于墙背 AC 上的主动土压力 E_a

$$K_a = \frac{\sin^2(\varphi + \alpha)}{\sin^2\alpha\sin(\alpha - \delta)\left[1 + \sqrt{\frac{\sin(\varphi + \delta)\sin(\varphi - \beta)}{\sin(\alpha - \delta)\sin(\alpha + \beta)}}\right]^2}$$

$$= \frac{\sin^2(20° + 45°)}{\sin^2 45°\sin(45° - 20°)\left[1 + \sqrt{\frac{\sin(20° + 20°)\sin(20° - 0°)}{\sin(45° - 20°)\sin(45° + 0°)}}\right]^2}$$

$$= \frac{0.82}{0.21 \times 3.45}$$

$$= 1.13$$

$E_a = \frac{1}{2}\gamma h^2 K_a = \frac{1}{2} \times 20 \times 3^2 \times 1.13 = 101.7 \text{kN/m}$，方向与 CA 垂线方向夹角为 $20°$，则与水平面的夹角为 $20° + 45° = 65°$

$$G_{EFCA} = \frac{1}{2} \times (1 + 4) \times 3 \times 20 = 150 \text{kN/m}$$

$$F_s = \frac{(G_{EFCA} + E_a\sin65°) \cdot \mu}{E_a\cos65°} = \frac{(150 + 101.7\sin55°) \times 0.5}{101.7\cos55°} = 2.81$$

【注】①核心知识点非常规题，此题核心知识点考察坦墙条件下土压力计算。按照坦墙理论，当墙背和水平面夹角 $\alpha < 45° + \frac{\varphi}{2}$ 时，会产生第二滑动面，此时不可直接按库仑土压力理论求解作用于墙背 CA 上的主动土压力（但边坡规范上并没有此规定），如错解所示。

② 作用于墙背 CA 上的主动土压力 E_a，有两种求法

第一，E_{a1} 与 G_{CAB} 两个力的合成

$E_{a1} = 44.1$ 水平方向；$G_{CAB} = \frac{1}{2} \times 3 \times 3 \times 20 = 90 \text{kN/m}$ 竖直方向

9 边坡工程专题

$$E_a = \sqrt{E_{a1}^2 + G_{CAB}^2} = \sqrt{44.1^2 + 90^2} = 100.22 \text{kN/m}$$

E_a 与水平面夹角为：$\arctan \dfrac{90}{44.1} = 63.8°$，与墙背 CA 垂线方向的夹角 $18.8°$

但要注意 E_a 与墙背 CA 垂线方向的夹角不再是墙背与土体的摩擦角 $20°$，这是因为，按照坦墙理论，CAM 不再沿着墙背 CA 滑动，因此土体与 CA 面上产生的不再是动摩擦力，而是静摩擦力。

第二，E_{a2} 与 G_{CAM} 两个力的合成

$E_{a2} = 76.95$ 方向与 CM 垂线方向夹角为 $20°$，则与水平面的夹角为 $20°+35°=55°$

$$G_{CAM} = \frac{1}{2} \times 3 \times (3 - 3 \div \tan 55°) \times 20 = 26.98 \text{ 竖直方向}$$

$$E_a = \sqrt{(E_{a2}\cos 55°)^2 + (G_{CAM} + E_{a2}\sin 55°)^2}$$
$$= \sqrt{(76.95\cos 55°)^2 + (26.98 + 76.95\sin 55°)^2}$$
$$= \sqrt{44.1^2 + 90^2} = 100.22$$

E_a 与水平面夹角为：$\arctan \dfrac{26.98 + 76.95\sin 55°}{76.95\cos 55°} = \arctan \dfrac{90}{44.1} = 71°$

坦墙更多的知识点讲解可见本书土力学专题"1.8.6 坦墙土压力计算"部分讲解，此处不再赘述。

9.1.2 重力式挡土墙抗倾覆

2003C27

一位于干燥高岗的重力式挡土墙，如挡土墙的重力 W 为 156kN，其对墙趾的力臂 z_w 为 0.8m，作用于墙背的主动土压力垂直分力 E_y 为 18kN，其对墙趾的力臂 z_y 为 1.2m，作用于墙背的主动土压力水平分力 E_x 为 35kN，其对墙趾的力臂 z_x 为 2.4m，墙前被动土压力忽略不计。问该挡土墙绕墙趾的倾覆稳定系数 K_0 最接近（　　）。

(A) 1.40　　　　(B) 1.50　　　　(C) 1.60　　　　(D) 1.70

【解】受力分析

① 墙后主动土压力（包含水压力）总主动土压力 E_a

竖直方向分量（抗倾覆力）$E_{az}=18$kN

E_a 作用点至墙趾水平距离 $x_f=1.2$m

水平方向分量（倾覆力）$E_{ax}=35$kN

E_a 作用点至墙趾垂直距离 $z_f=2.4$m

② 挡墙自重 $G=156$kN（抗倾覆力）

挡墙中心至墙趾的水平距离 $x_0=0.8$m

$$F_t = \frac{G \cdot x_0 + E_{az} \cdot x_f}{E_{ax} \cdot z_f} = \frac{156 \times 0.8 + 18 \times 1.2}{35 \times 2.4} = 1.74$$

2004D29

如题图所示，某一墙面直立，墙顶面与土堤顶面齐平的重力式挡墙高 3.0m，顶宽

1.0m。底宽 1.6m，已知墙背主动土压力水平分力 $E_{ax}=175$kN/m，竖向分力 $E_{az}=55$kN/m。墙身自重 $G=180$kN/m，挡土墙抗倾覆稳定性系数最接近下列（　　）。

(A) 1.05　　　(B) 1.12　　　(C) 1.20　　　(D) 1.30

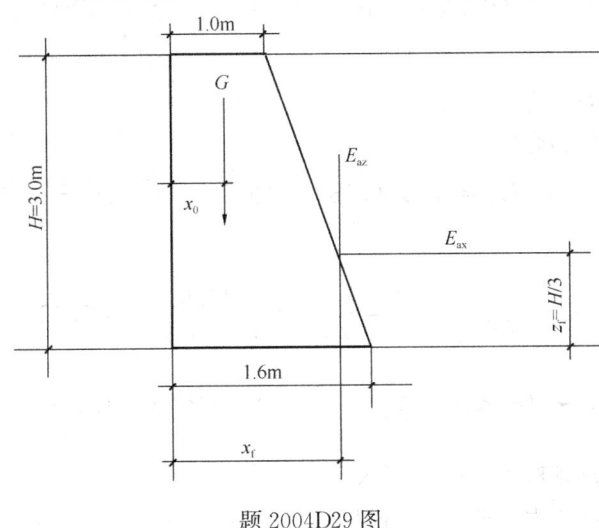

题 2004D29 图

【解】受力分析

① E_a 竖直方向分量（抗倾覆力）$E_{az}=55$kN

E_a 作用点至墙趾水平距离 $x_f=1.0+0.6\times2/3=1.4$

E_a 水平方向分量（倾覆力）$E_{ax}=175$kN

E_a 作用点至墙趾垂直距离 $z_f=H/3=1.0$m

② 计算挡土墙产生的抗倾覆力矩时，由于未直接告之自重中心，且挡墙形状为梯形，无法直接判断其中心，因此将挡墙分为矩形部分和三角形部分分别计算。

矩形部分挡墙自重 $G_1=\dfrac{1.0\times3}{(1.0+1.6)\times3\div2}\times180=138.46$kN

矩形部分挡墙中心至墙趾的水平距离 $x_{01}=1.0\div2=0.5$m

三角形部分挡墙自重 $G_2=180-138.46=41.54$kN

三角形部分挡墙中心至墙趾的水平距离 $x_{02}=(1.6-1)\div3+1.0=12$m

$$F_t=\dfrac{G\cdot x_0+E_{az}\cdot x_f}{E_{ax}\cdot z_f}=\dfrac{138.46\times0.5+41.54\times1.2+55\times1.4}{175\times1.0}=1.12$$

2012C21

某建筑浆砌石挡土墙重度 22kN/m³，墙高 6m，底宽 2.5m，顶宽 1m，墙后填料重度 19kN/m³，黏聚力 20kPa，内摩擦角 15°，忽略墙背与填土的摩阻力，地表均布荷载 25kPa，问该挡土墙的抗倾覆稳定安全系数，最接近下列哪个选项？（不考虑增大系数）

(A) 1.5　　　(B) 1.8
(C) 2.0　　　(D) 2.2

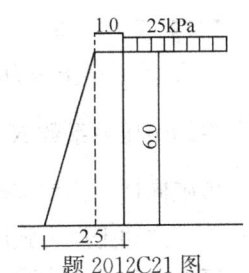

题 2012C21 图

9 边坡工程专题

【解】 受力分析

① 墙后主动土压力（包含水压力）总主动土压力 E_a

主动土压力系数 $K_a = \tan^2\left(45° - \dfrac{\varphi}{2}\right) = \tan^2\left(45° - \dfrac{15°}{2}\right) = 0.589$

黏性土层

该层顶部竖向有效压力 $P_0 = 25\text{kPa}$

该层顶部主动土压力强度

$$e_0 = P_0 K_a - 2c\sqrt{K_a} = 25 \times 0.589 - 2 \times 20 \times \sqrt{0.589} = -15.97\text{kPa}$$

$e_0 < 0$，则

$$z_0 = \dfrac{1}{\gamma}\left(\dfrac{2c}{\sqrt{K_a}} - P_0\right) = \dfrac{-e_0}{\gamma K_a} = \dfrac{15.97}{19 \times 0.589} = 1.427\text{m}$$

$$E_a = \dfrac{1}{2}\gamma(h - z_0)^2 K_a \leftarrow (e_0 < 0, h > z_0) = \dfrac{1}{2} \times 19 \times (6 - 1.427)^2 \times 0.589 = 117\text{kN}$$

竖直方向分量（抗倾覆力）$E_{az} = 0\text{kN}$

水平方向分量（倾覆力）$E_{ax} = 117\text{kN}$

E_a 作用点至墙趾垂直距离 $z_f = \dfrac{h - z_0}{3} = \dfrac{6 - 1.427}{3} = 1.52\text{m}$

② 三角形部分挡墙自重 $G_1 = 22 \times (2.5 - 1) \times 6 \div 2 = 99\text{kN}$

三角形部分挡墙中心至墙趾的水平距离 $x_{01} = \dfrac{2}{3} \times (2.5 - 1) = 1\text{m}$

矩形部分挡墙自重 $G_2 = 22 \times 1 \times 6 = 132\text{kN}$

矩形部分挡墙中心至墙趾的水平距离 $x_{02} = (2.5 - 1) + 1 \div 2 = 2\text{m}$

$$F_t = \dfrac{G \cdot x_0 + E_{az} \cdot x_f}{E_{ax} \cdot z_f} = \dfrac{99 \times 1 \times 132 \times 2 + 0}{117 \times 1.52} = 2.04$$

2014D19

某浆砌块石挡墙高 6.0m，墙背<u>直立</u>，顶宽 1.0m，底宽 2.6m，墙体重度 $\lambda = 24\text{kN/m}^3$，墙后主要采用砂砾回填，墙土体平均重度 $\gamma = 20\text{kN/m}^3$，假定填砂与挡墙的摩擦角 $\delta = 0°$，地面均布荷载取 15kN/m^3，根据《建筑边坡工程技术规范》，问墙后填砂层内摩擦角 φ 至少达到以下哪个选项时，该挡墙才能满足规范要求的抗倾覆稳定性？（考虑增大系数）

(A) 23.5°　　　　(B) 32.5°　　　　(C) 37.5°　　　　(D) 39.5°

【解】 受力分析

① 墙后主动土压力（包含水压力）总主动土压力 E_a

主动土压力系数 $K_a = \tan^2\left(45° - \dfrac{\varphi}{2}\right)$

砂砾回填，该层顶部竖向有效压力 $P_0 = 25\text{kPa}$

顶部主动土压力强度 $e_{a0} = P_0 K_a = 15 K_a$

底部主动土压力强度 $e_{a1} = P_1 K_a = e_{a0} + \gamma h K_a = 15 K_a + 20 \times 6 K_a = 135 K_a$

浆砌块石挡墙高 6.0m，主动土压力乘增大系数 1.1；

$$E_a = \frac{1}{2}(e_{a0} + e_{a1})h \times 1.1 = \frac{1}{2} \times (15K_a + 135K_a) \times 6 \times 1.1 = 495K_a$$

题目已假定填砂与挡墙的摩擦角 $\delta=0°$，则 E_a 方向为水平方向。土压力梯形部分，E_a 作用点至墙趾垂直距离 $z_f = \frac{h}{3} \cdot \frac{2e_0 + e_1}{e_0 + e_1} = \frac{6}{3} \cdot \frac{2 \times 15K_a + 135K_a}{15K_a + 135K_a} = 2.2\text{m}$

② 将挡墙自重分为三角形部分 G_1 和矩形部分 G_2

挡墙自重 $G_1 = 24 \times (2.6-1) \times 6 \div 2 = 115.2\text{kN/m}$

挡墙中心至墙趾的水平距离 $x_{01} = \frac{2}{3} \times (2.6-1) = 1.07\text{m}$

挡墙自重 $G_2 = 24 \times 1 \times 6 = 144\text{kN/m}$

挡墙中心至墙趾的水平距离 $x_{02} = (2.6-1) + 1 \div 2 = 2.1\text{m}$

$$F_t = \frac{G \cdot x_0 + E_{az} \cdot x_f}{E_{ax} \cdot z_f} = \frac{115.2 \times 1.07 + 144 \times 2.1 + 0}{495K_a \times 2.2} \geq 1.6 \to K_a \leq 0.244$$

即 $K_a = \tan^2\left(45° - \frac{\varphi}{2}\right) \leq 0.246 \to \varphi \geq 37.43°$

【注】① 本题墙体自重也是梯形分布，求力矩最好是分而求之，将其分解为三角形和矩形两部分，然后求其合力矩。

② 本题指明了规范，且为重力式挡土墙，注意主动土压力要乘增大系数 1.1，与题 2012C21 不同。若不乘增大系数，最终结果为 35.5°。

③ 此题未给出重力式挡土墙的示意图，考场上要简单画下，这样力臂才能确定得准确。

2016D18

题图所示既有挡土墙的原设计为墙背直立、光滑，墙后的填料为中砂和粗砂，厚度分别为 $h_1 = 3.0\text{m}$ 和 $h_2 = 5\text{m}$，中砂的重度和内摩擦角分别为 $\gamma_1 = 18\text{kN/m}^3$ 和 $\varphi_1 = 30°$，粗砂为 $\gamma_2 = 19\text{kN/m}^3$ 和 $\varphi_2 = 36°$，墙体自重 $G = 350\text{kN/m}$，重心距墙趾的水平距离 $b = 2.15\text{m}$，此时挡墙的抗倾覆稳定系数 $K_0 = 1.71$，建成后又需要在地面增加均匀满布荷载 $q = 20\text{kPa}$，试问增加 q 后挡墙的抗倾覆稳定系数的减少值最接近下列哪个选项？

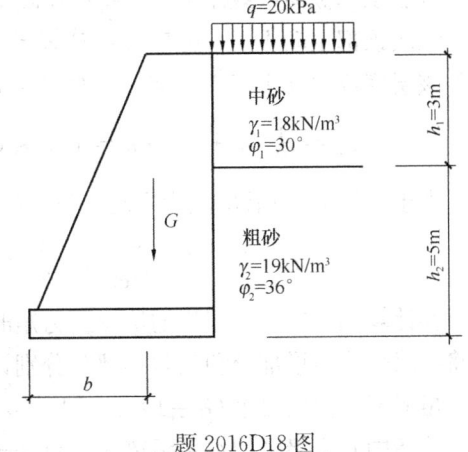

题 2016D18 图

(A) 1.0   (B) 0.8   (C) 0.5   (D) 0.4

【解】未加均布荷载时

$$F_t = \frac{G \cdot x_0}{E_a \cdot z_f} = \frac{350 \times 2.15}{E_a \cdot z_f} = 1.71 \to E_a \cdot z_f = 440$$

施加均布荷载之后

中砂层主动土压力系数 $K_{a1} = \tan^2\left(45° - \frac{\varphi_1}{2}\right) = \tan^2\left(45° - \frac{30°}{2}\right) = 0.333$

中砂层 q 产生的主动土压力 $E_{a1}=qK_{a1}h_1=20\times0.333\times3=19.98\text{kN/m}$

作用点至墙趾垂直距离 $z_{f1}=\dfrac{3}{2}+5=6.5\text{m}$

粗砂层主动土压力系数 $K_{a2}=\tan^2\left(45°-\dfrac{\varphi_2}{2}\right)=\tan^2\left(45°-\dfrac{36°}{2}\right)=0.260$

粗砂层 q 产生的主动土压力 $E_{a2}=qK_{a2}h_2=20\times0.260\times5=26\text{kN/m}$

作用点作用点至墙趾垂直距离 $z_{f2}=\dfrac{5}{2}=2.5\text{m}$

此时 $F_t=\dfrac{350\times2.15}{440+19.98\times(1.5+5)+26\times2.5}=1.185$

减小值 $1.71-1.185=0.525$

2017D19

某浆砌块石挡墙，墙高 6.0m，顶宽 1.0m，底宽 2.6m，重度 $\gamma=24\text{kN/m}^3$，假设墙背直立、光滑，墙后采用砾砂回填，墙顶面以下土体平均重度 $\gamma=19\text{kN/m}^3$，综合内摩擦角 $\varphi=35°$。假定地面的附加荷载 $q=15\text{kPa}$。该挡墙的抗倾覆稳定系数最接近以下哪个选项？

(A) 1.45　　　　(B) 1.55　　　　(C) 1.65　　　　(D) 1.75

【解1】受力分析：

①计算挡土墙主动土压力，墙背垂直光滑，因此直接采用朗肯公式求解即可。

内摩擦角 $\varphi=35°$，主动土压力系数 $K_a=\tan^2\left(45°-\dfrac{\varphi}{2}\right)=0.271$

该层顶部竖向有效压力 $P_0=q=15\text{kPa}$；

该层顶部主动土压力强度 $e_0=P_0K_a=4.065\text{kPa}$

该层底部主动土压力强度 $e_1=P_1K_a=e_0+\gamma hK_a=4.065+19\times6\times0.271=34.959\text{kPa}$

$$E_a=\dfrac{1}{2}(e_0+e_1)\cdot h=0.5\times(4.065+34.959)\times6=117.072\text{kN}$$

由于 $e_0>0$，可看出朗肯主动土压力梯形分布，因此作用点距离墙趾垂直距离为

$$z=\dfrac{h}{3}\times\dfrac{2e_0+e_1}{e_0+e_1}=\dfrac{6}{3}\times\dfrac{2\times4.065+34.959}{4.065+34.959}=2.208\text{m}$$

②计算挡土墙自重产生的抗倾覆力矩时，挡墙形状为梯形，无法直接判断其中心，因此将挡墙分为矩形部分和三角形部分分别计算。

矩形部分挡墙自重 $G_1=1\times6\times24=144\text{kN}$

挡墙中心至墙趾的水平距离 $x_{01}=1.6+0.5=2.1\text{m}$

三角形部分挡墙自重 $G_2=0.5\times(2.6-1)\times6\times24=115.2\text{kN}$

挡墙中心至墙趾的水平距离 $x_{02}=2/3\times1.6=1.067\text{m}$

因此 $F_t=\dfrac{G\cdot x_0+E_{az}\cdot x_f}{E_{ax}\cdot z_f}=\dfrac{144\times2.1+115.2\times1.067+0}{117.072\times2.208}=1.645$

【解2】由于顶面作用着附加荷载 q，对于无黏性土而言，即可知其朗肯主动土压力为梯形分布，此时将土压力分为矩形部分和三角形部分分别确定其作用点及力臂。荷载 q 产生的土压力 $E_{a1}=qK_ah=15\times0.271\times6=24.39\text{kN}$，矩形分布，其力臂为 $6\times1/2=3\text{m}$；

砾砂自重产生的土压力 $E_{a2}=\frac{1}{2}\gamma h^2 K_a=\frac{1}{2}\times 19\times 6^2\times 0.271=92.682\text{kN}$，三角形分布，其力臂为 $6\times 1/3=2\text{m}$

挡土墙自重的求解同解 1

$$F_t=\frac{G\cdot x_0+E_{az}\cdot x_f}{E_{ax}\cdot z_f}=\frac{144\times 2.1+115.2\times 1.067+0}{24.39\times 3+92.682\times 2}=1.645$$

【注】①近几年综合题越来越多，难度越来越大，比如此题，就是朗肯主动土压力和重力式挡土墙的抗倾覆的综合，因此必须对每一个知识点，每一个解题思维流程熟练掌握，做综合题才能快速高效。

② 未指明规范，按基本原理求解，不用乘增大系数 1.1，若乘增大系数则

$$F_t=\frac{G\cdot x_0+E_{az}\cdot x_f}{1.1\times E_{ax}\cdot z_f}=\frac{144\times 2.1+115.2\times 1.067+0}{1.1\times 117.072\times 2.208}=1.495$$，无对应选项。

对符合高度要求的重力式挡土墙，主动土压力是否乘增大系数，从历年案例真题来看，非常混乱，最好试算下，如果乘了增大系数，有很符合的选项，就乘，否则就不乘；如果乘和不乘都有符合的选项，按乘处理。

③ 朗肯主动土压力 E_a 是梯形分布的，所以 E_a 产生的力矩重点是确定作用点及力臂，有两种求解方式，解 1 直接使用公式求得 E_a 的作用点及力臂；解 2 对梯形分布的土压力分为矩形部分和三角形部分分别确定其作用点及力臂，要求两种求解方式都掌握，使用解法 1 更直接一些，按解题思维流程走即可，但是对有些岩友而言，可能不熟悉，不如解 2 更直观，解 2 对朗肯土压力计算公式要求理解得更深刻。但是对于梯形部分的自重，只能分为矩形部分和三角形部分分别确定其作用点及力臂。

9.1.3 有水情况下重力式挡土墙稳定性计算

2005C22

题图所示一重力式挡土墙底宽 $b=4.0\text{m}$，地基为砂土，如果单位长度墙的自重为 $G=212\text{kN}$，对墙趾力臂 $x_0=1.8\text{m}$，作用于墙背主动土压力垂直分量 $E_{az}=40\text{kN}$，力臂 $x_f=2.2\text{m}$，水平分量 $E_{ax}=106\text{kN}$（在垂直、水平分量中均已包括水的侧压力），力臂 $z_f=2.4\text{m}$，墙前水位与基底平，墙后填土中水位距基底 3.0m，假定基底面以下水的压力为三角形分布，墙趾前被动土压力忽略不计，问该墙绕墙趾倾覆的稳定安全系数最接近下列（　　）个选项中的值。

(A) 1.1　　　　(B) 1.2
(C) 1.5　　　　(D) 1.8

【解】受力分析
① 墙后主动土压力（包含水压力）总主动土压力 E_a
竖直方向分量（抗倾覆力）$E_{az}=40\text{kN}$
E_a 作用点至墙趾水平距离 $x_f=2.2\text{m}$
水平方向分量（倾覆力）$E_{ax}=106\text{kN}$
E_a 作用点至墙趾垂直距离 $z_f=2.4\text{m}$

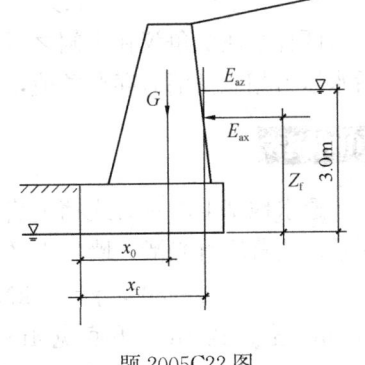

题 2005C22 图

② 挡墙自重 $G=212\text{kN}$（抗倾覆力）

挡墙中心至墙趾的水平距离 $x_0=1.8\text{m}$

③ 水压力 $U=\dfrac{1}{2}\times3\times10\times4=60\text{kN}$

到墙趾的水平或竖直距离 $x_u=\dfrac{2}{3}\times4=2.67\text{m}$

$$F_t=\dfrac{G\cdot x_0\cdot E_{az}\cdot x_f-U\cdot x_u}{E_{ax}\cdot z_f}=\dfrac{40\times2.2+212\times1.8-60\times2.67}{106\times2.4}=1.22$$

2006D23

有一个水闸宽度 10m，闸室基础至上部结构的每延米不考虑浮力的总自重为 2000kN/m，上游水位 $H=10\text{m}$，下游水位 $h=2\text{m}$，地基土为均匀砂质粉土，闸底与地基土摩擦系数为 0.4，不计上下游土的水平土压力，验算其抗滑稳定安全系数最接近下列哪个选项？

(A) 1.67　　　　(B) 1.57

(C) 1.27　　　　(D) 1.17

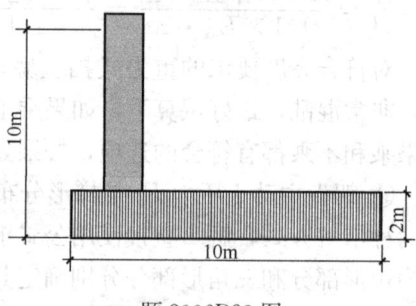

题 2006D23 图

【解】有歧义：

水闸之前 $E_{w1}=\dfrac{1}{2}\times10\times10^2=500\text{kN/m}$

水闸之后 $E_{w2}=\dfrac{1}{2}\times10\times2^2=20\text{kN/m}$

水压力强度 $u_m=\dfrac{1}{2}\gamma_m(h_{wa}+h_{wp})=\dfrac{1}{2}\times10\times(10+2)=60\text{kN/m}$

$$F_t=\dfrac{\text{抗滑力}}{\text{滑移力}}=\dfrac{(2000-60\times10)\times0.4}{500-20}=1.17$$

【注】此题略有争议，见下面的解法

$$F_t=\dfrac{\text{抗滑力}}{\text{滑移力}}=\dfrac{(2000-60\times10)\times0.4+20}{500}=1.16$$

两种解法的争议在水闸之后水压力的处理。但由选项设置来看，也可看出水闸或墙前后水压力相互抵消后存在差值，则计入分母项。是加还是减，取决于其方向。

2008C18

透水地基上的重力式挡土墙，如题图所示，墙背垂直光滑，墙底水平。墙后砂填土的 $c=0$，$\varphi=30°$，$\gamma=18\text{kN/m}^3$。墙高 7m，上顶宽 1m，下底宽 4m，混凝土重度为 25kN/m^3。墙底与地基土摩擦系数为 $\mu=0.58$。当墙前后均浸水时，水位在墙底以上 3m，除砂土饱和重度变为 $\gamma_{sat}=20\text{kN/m}^3$ 外，其他参数在浸水后假定

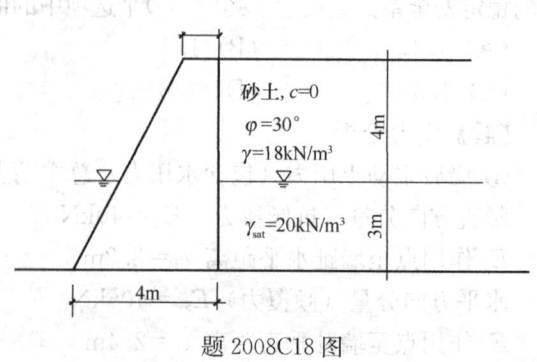

题 2008C18 图

都不变。水位升高后该挡土墙的抗滑移稳定安全系数最接近于下列哪个选项?

(A) 1.08　　　　(B) 1.40　　　　(C) 1.45　　　　(D) 1.88

【解】图示情况受力分析

挡墙墙背与水平面的夹角 $\alpha=90°$

挡墙底与水平面夹角 $\alpha_0=0°$

岩土对挡墙墙背的摩擦角 $\delta=0°$

岩土地面摩擦系数 $\mu=0.58$

① 墙后主动土压力(不包含水压力)

主动土压力系数 $K_a=\tan^2\left(45°-\dfrac{\varphi}{2}\right)=\tan^2\left(45°-\dfrac{30°}{2}\right)=0.333$

$0\sim 4\text{m}\quad E_a=\dfrac{1}{2}\gamma h^2 K_a=\dfrac{1}{2}\times 18\times 4^2\times 0.3333=47.952\text{kN/m}$

$4\sim 7\text{m}\quad E_a=\dfrac{1}{2}(2P_0+\gamma h)K_a\cdot h=\dfrac{1}{2}\times(2\times 18\times 4+10\times 3)\times 0.333\times 3$

$\qquad\qquad =86.913\text{kN/m}$

$E_{a总}=86.913+47.952=134.865\text{kN/m}$

② 挡墙自重 $G=25\times\dfrac{1}{2}\times(1+2.714)\times 4+15\times\dfrac{1}{2}\times(2.714+4)\times 3=336.765\text{kN/m}$

图示情况

$$F_t=\dfrac{\text{抗滑力}}{\text{滑移力}}=\dfrac{336.765\times 0.58}{134.865}=1.448$$

2018D15

如题图所示,某铁路河堤挡土墙,墙背光滑垂直,墙身透水,墙后填料为中砂,墙底为节理很发育的岩石地基。中砂天然饱和重度分别为 $\gamma=19\text{kN/m}^3$ 和 $\gamma_{sat}=20\text{kN/m}^3$。墙底宽 $B=3\text{m}$,与地基的摩擦系数为 $\mu=0.5$。墙高 $H=6\text{m}$,墙体重 330kN/m,墙面倾角 $\alpha=15°$,土体主动土压力系数 $K_a=0.32$。试问当河水位 $h=4\text{m}$ 时,墙体抗滑安全系数最接近下列哪个选项?(不考虑主动土压力增大系数,不计墙前的被动土压力)

(A) 1.21　　　　(B) 1.34

(C) 1.91　　　　(D) 2.03

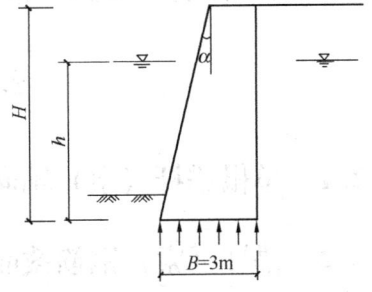

题 2018D15 图

【解1】图示情况受力分析

① 墙后主动土压力(不包含水压力)E_a,且题目已明确不考虑增大系数

墙背垂直光滑,因此按朗肯理论计算 E_a

有水位,按水位处分层,水下水土分算,采用浮重度

土体主动土压力系数 $K_a=0.32$

$E_a=\dfrac{1}{2}\times 19\times 2^2\times 0.32+\dfrac{1}{2}\times[2\times 19+(2\times 19+10\times 4)]\times 4\times 0.32$

$\quad =86.4\text{kN/m}$

E_a 方向为水平向左

② 挡墙自重 $G=330\text{kN/m}$，方向为竖直向下；

③ 墙底水压力 $U=4\times10\times3=120\text{kN/m}$，方向为竖直向上；

④ 墙前墙后水压力

水平向水压力相互抵消，但是墙前水压力还有竖直向水压力分量

墙前竖直向水压力

$$E_{wn}=\frac{1}{2}(e_{w0}+e_{w1})\times4\times\tan15°=\frac{1}{2}(0+4\times10)\times4\times\tan15°=21.44\text{kN/m}，方向为竖直向下$$

抗滑安全系数 $F_s=\dfrac{(G-U+E_{wn})\cdot\mu}{E_a}=\dfrac{(330-120+21.44)\times0.5}{86.4}=1.34$

【解2】E_a 的计算同解 1；

墙前墙后水压力，水平向水压力相互抵消，又因为两侧水位高度相同，因此此时挡墙自重 G 可取浮重度即扣除浮力之后的浮重，此时不用计算墙底水压力 U 及墙前水压力竖直分量。

挡墙所受浮力 $F=\gamma_w V_{排}=10\times\dfrac{3-4\times\tan15°+3}{2}\times4=98.56\text{kN/m}$

挡墙浮重 $G'=G-F=330-98.56=231.44\text{kN/m}$

抗滑安全系数 $F_s=\dfrac{G'\cdot\mu}{E_a}=\dfrac{231.44\times0.5}{86.4}=1.34$

【注】这道题很好，可以帮助我们理解浮力的本质，若墙前后水位相同，挡墙浮重 G' 就等于 $(G-U+E_{wn})$，换句话讲，挡墙所受浮力 F 就等于 $U-E_{wn}$；为加深对浮力的理解，大家亦可参考"1.10.1.1 滑动面与坡脚面不同，无裂隙"节中 2017D20。边坡此专题，各个知识点的受力分析必须熟练掌握。

9.2 锚杆（索）

9.2.1 单根锚杆（索）轴向拉力标准值 N_{ak}（对应锚杆整体受力分析）

9.2.2 锚杆（索）钢筋截面面积应满足的要求（对应杆体的受拉承载力验算）

9.2.3 锚杆（索）锚固段长度及总长度应满足的要求（对应杆体抗拔承载力验算）

9.2.4 锚杆（索）的弹性变形和水平刚度系数

2004D26

已知作用于土质边坡锚杆的水平拉力 $H_{tk}=1140\text{kN}$，锚杆倾角 $\alpha=15°$，锚固体直径

$D=0.15$m,地层与锚固体的粘结强度 $f_{rbk}=500$kPa,工程安全性等级为三级,临时性锚杆,锚固体与地层间的锚固长度宜为( )。

(A) 7.0m (B) 7.5m (C) 8.0m (D) 8.5m

【解】一根锚杆水平拉力标准值 $H_{tk}=1140$kN

锚杆倾角 $\alpha=15°$

① 锚杆轴向拉力标准值 $N_{ak}=\dfrac{H_{tk}}{\cos\alpha}=\dfrac{1140}{\cos 15°}=1180.2$kN

边坡工程安全等级三级

临时性锚杆

岩土锚杆锚固抗拔安全系数 $K=1.6$

锚固段钻孔直径(锚固体直径)$D=0.15$m

岩土层与锚固体极限粘结强度标准值 $f_{rbk}=500$kPa

② 锚杆锚索锚固体岩土层间的锚固长度 $l_a \geqslant \dfrac{KN_{ak}}{\pi D f_{rbk}}=\dfrac{1.6\times 1180.2}{3.14\times 0.15\times 500}=8.0$m

2005D19

某边坡安全等级为二级,永久性岩层锚杆采用三根热处理钢筋,每根钢筋直径 $d=10$mm,抗拉强度设计值为 $f_y=1000$N/mm²,锚固体直径 $D=100$mm,锚固段长度为4.0m,锚固体与软岩的粘结强度特征值为 $f_{rb}=0.3$MPa,钢筋与锚固砂浆间粘结强度设计值 $f_b=2.4$MPa,锚固段长度为4.0m,已知夹具的设计拉拔力 $y=1000$kN,根据《建筑边坡工程技术规范》,当拉拔锚杆时,判断下列( )个环节最为薄弱。

(A) 夹具抗拉 (B) 钢筋抗拉强度
(C) 钢筋与砂浆间粘结 (D) 锚固体与软岩间界面粘结强度

【解】边坡安全等级为二级,永久性岩层锚杆

锚杆杆体抗拉安全系数 $K_b=2.0$

岩土锚杆锚固抗拔安全系数 $K=2.4$

普通钢筋锚杆钢筋截面面积

$$A_s \geqslant \dfrac{K_b N_{ak}}{f_y} \to 3\times 3.14\times 0.005^2 \leqslant \dfrac{2.0 N_{ak}}{1000000} \to N_{ak} \leqslant 117.75\text{kN}$$

锚杆锚索锚固体岩土层间的锚固长度

$$l_a \geqslant \dfrac{KN_{ak}}{\pi D f_{rbk}} \to 4.0 \geqslant \dfrac{2.4 N_{ak}}{3.14\times 0.1\times 0.3\times 1000} \to N_{ak} \leqslant 157\text{kN}$$

钢筋与砂浆间的锚固长度

$$l_a \geqslant \dfrac{KN_{ak}}{n\pi d f_b} \to 4 \geqslant \dfrac{2.4 N_{ak}}{3\times 3.14\times 0.01\times 2.4\times 1000} \to N_{ak} \leqslant 376.8\text{kN}$$

可知钢筋抗拉强度环节最为薄弱

2013C17

某土质边坡,安全性等级为三级,采用永久锚杆支护,锚杆倾角为15°,锚固体直径为130mm,土体和锚固体粘结强度标准值为65kPa,锚杆水平间距为2m,排距为2.2m,其主动土压力标准值的水平分量 e_{ahk} 为18kPa,按照《建筑边坡工程技术规范》计算,以

锚固体与地层间锚固破坏为控制条件，其锚固段长度宜为下列哪个选项？

(A) 1.0m　　　(B) 5.0m　　　(C) 6.8m　　　(D) 10.0m

【解】一根锚杆水平拉力标准值 $H_{tk}=18\times 2\times 2.2=79.2$kN

锚杆倾角 $\alpha=15°$

锚杆轴向拉力标准值 $N_{ak}=\dfrac{H_{tk}}{\cos\alpha}=\dfrac{79.2}{\cos 15°}=81.99$kN

边坡工程安全等级三级；永久性锚杆

岩土锚杆锚固抗拔安全系数 $K=2.2$

锚固段钻孔直径（锚固体直径）$D=0.13$m

岩土层与锚固体极限黏结强度标准值 $f_{rbk}=30$kPa

锚杆锚索锚固体岩土层间的锚固长度 $l_a \geqslant \dfrac{KN_{ak}}{\pi D f_{rbk}} = \dfrac{2.2\times 81.99}{3.14\times 0.13\times 65} = 6.798$m

且满足不小于4m，不大于10m的构造要求

【注】水平分量 e_{hak} 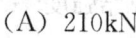 单位为 kPa，单位面积上的力，乘长度，得到 kN/m；乘面积，得到 kN。

2013D18

某砂土边坡，高4.5m，如题图所示，原为钢筋混凝土扶壁式挡土结构，建成后其变形过大。再采取水平预应力锚索（锚索水平间距为2m）进行加固，砂土的 $\gamma=21$kN/m³，$c=0$，$\varphi=20°$。按朗肯土压力理论，锚索的预拉锁定值达到下列哪个选项时，砂土将发生被动破坏？

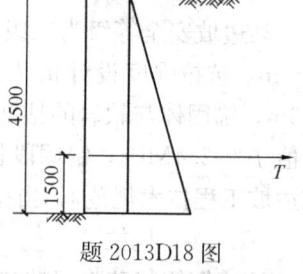

题2013D18图

(A) 210kN　　　(B) 280kN　　　(C) 435kN　　　(D) 870kN

【解】被动土压力系数 $K_p=\tan^2\left(45°+\dfrac{\varphi}{2}\right)=2.04$

被动土压力 $E_p=\dfrac{1}{2}\gamma h^2 K_p=\dfrac{1}{2}\times 21\times 4.5^2\times 2.04=433.8$kN

一根锚杆水平拉力标准值 $H_{tk}=433.8\times 2\times 1=867.6$kN

锚杆倾角 $\alpha=0°$

锚杆轴向拉力标准值 $N_{ak}=\dfrac{H_{tk}}{\cos\alpha}=867.6$kN

【注】砂土产生被动破坏，此时砂土向内侧移动，产生被动土压力。

2014D18

某砂土边坡，高6m，砂土的 $\gamma=20$kN/m³，$c=0$，$\varphi=30°$，采用钢筋混凝土扶壁式挡土结构，此时该挡墙的抗倾覆安全系数为1.70，工程建成后需在坡顶堆载 $q=40$kPa，拟采用预应力锚索进行加固，锚索的水平间距2.0m，下倾角15°，土压力按朗肯理论计算，根据《建筑边坡工程技术规范》，如果要保证坡顶堆载后扶壁式挡土结构的抗

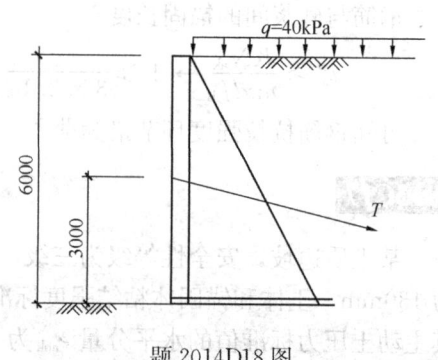

题2014D18图

倾覆安全系数不小于1.60，问锚索的轴向拉力标准值应最接近以下哪个选项？

(A) 162kN (B) 325kN (C) 345kN (D) 365kN

【解】

工程建成前：

主动土压力系数 $K_a = \tan^2\left(45° - \dfrac{30}{2}\right) = 0.333$

主动土压力

$$E_a = \frac{1}{2}\gamma h^2 K_a = \frac{1}{2} \times 20 \times 6^2 \times 0.333 = 119.88 \text{kN/m}$$

抗倾覆稳定系数

$$F_t = \frac{M_{抗倾覆力矩}}{M_{倾覆力矩}} = \frac{M_{抗倾覆力矩}}{119.88 \times 2} = 1.7 \rightarrow M_{抗倾覆力矩} = 407.592 \text{kN·m/m}$$

工程建成后：有堆载

$$e_0 = P_0 K_a = 40 \times 0.333 = 13.32 \text{kPa}$$

$$e_1 = P_1 K_a = e_0 + \gamma h K_a = 13.32 + 20 \times 6 \times 0.333 = 53.28 \text{kPa}$$

$$E_a = \frac{1}{2}(e_0 + e_1) \times h = \frac{1}{2} \times (13.32 + 53.28) \times 6 = 199.8 \text{kN/m}$$

主动土压力水平方向，直角梯形分布，力矩作用点：

$$z = \frac{h}{3} \cdot \frac{2e_0 + e_1}{e_0 + e_1} = \frac{6}{3} \times \frac{2 \times 13.32 + 53.28}{13.32 + 53.28} = 2.4 \text{m}$$

$$M_{倾覆力矩} = 199.8 \times 2.4 = 479.52 \text{kN·m/m}$$

$$F_t = \frac{抗倾覆力矩}{倾覆力矩} = \frac{407.592 + \dfrac{T}{2}\cos15° \times 3}{199.8 \times 2.4} = 1.6 \rightarrow T = 248.2 \text{kN}$$

【注】①计算工程建成后主动土压力产生的倾覆力矩，也可以将梯形分布形式分解为矩形和三角形分解求解，具体如下

$$M_{倾覆力矩} = \frac{1}{2} \times 20 \times 6^2 \times 0.333 \times \frac{6}{3} + 40 \times 6 \times 0.333 \times \frac{6}{2} = 479.52 \text{kN·m/m}$$

② 注意，锚索水平间距为2m，这就是 F_t 计算公式中使用 $\dfrac{T}{2}$ 的原因。

2016D20

题图所示的岩石边坡，开挖后发现坡体内有软弱夹层形成的滑动面AC，倾角 $\beta = 42°$，滑动面的内摩擦角 $\varphi = 18°$，滑体ABC处于临界稳定状态，其自重为450kN/m，若要使边坡的稳定安全系数达到1.5，每延米所加锚索的拉力P最接近下列哪个选项？（锚索下倾角为 $\alpha = 15°$）

(A) 155kN/m (B) 185kN/m
(C) 220kN/m (D) 250kN/m

【解1】

前一种状态

抗滑移安全系数

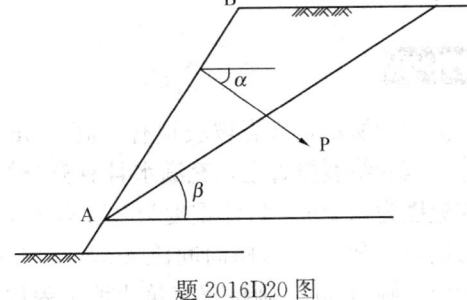

题 2016D20 图

$$K_1 = \frac{W\cos\theta\tan\varphi + cA}{W\sin\theta} = \frac{450\cos42°\tan18° + cA}{450\sin42°} = 1 \rightarrow cA = 192.45$$

加了锚杆之后

$$K_2 = \frac{W\cos\theta\tan\varphi + cA + P\sin(\alpha+\beta)\tan\varphi + P\cos(\alpha+\beta)}{W\sin\theta}$$

$$= \frac{450\cos42°\tan18° + 192.45 + P\sin(15°+42°)\tan18° + P\cos(15°+42°)}{450\sin42°} = 1.5$$

$$\rightarrow P = 184.2\text{kN/m}$$

【解2】

前一种状态

$$K_1 = \frac{W\cos\theta\tan\varphi + cA}{W\sin\theta} = 1 \quad ①$$

后一种状态

$$K_2 = \frac{W\cos\theta\tan\varphi + cA + P\sin(\alpha+\beta)\tan\varphi + P\cos(\alpha+\beta)}{W\sin\theta} = 1.5 \quad ②$$

①②两式联立可知 $K_2 = 1 + P\dfrac{\sin(\alpha+\beta)\tan\varphi + \cos(\alpha+\beta)}{W\sin\theta}$

$$= 1 + P\frac{\sin(15°+42°)\tan18° + \cos(15°+42°)}{450\sin42°} = 1.5$$

$$\rightarrow P = 184.2\text{kN}$$

【注】①锚索拉力垂直于滑动面的分力所产生的摩擦力 $P\sin(\alpha+\beta)\tan\varphi$，以及平行于滑动面向上的分力 $P\cos(\alpha+\beta)$ 均作为增加的抗滑力（写在分子位置）。

②受力分析，力的分解要熟练，解题速度才快。

解1和解2相同的式子，但可以看出解法的不同，解题速度上差异不小。对于复杂和综合性题目，一定要有"先列式子，后化简，联立方程"的思想，如解2。考场上每一步之间留一定空隙，式子都写完，当感觉没必要联立求解，还是先化简快，再补上就好了，而不是每写完一个式子都要先化简或求出其中的未知量。所以考试前一定要多练习，即熟练解题思维流程，又知晓常见题型的最优计算过程，考场上才有解题速度。

2019D19

如题图所示，某岩坡坡顶有一高7.5m的倾倒式危岩体，其后缘裂缝直立，充满水且有充分补给，地震峰值加速度为0.20g，岩体重度为22kN/m³，若采用非预应力锚索加固，锚索横向间距4m，作用在危岩体1/2高度处，倾角30°，则按《建筑边坡工程技术规范》GB

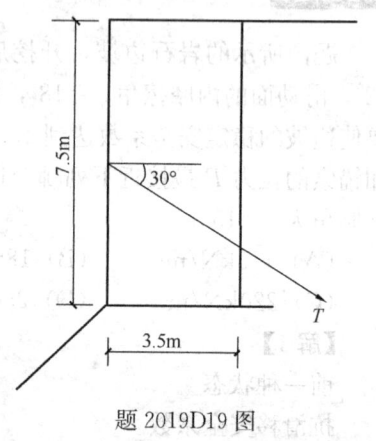

题2019D19 图

50330—2013，为满足地震工况，抗倾覆安全系数为1.6，单根锚索所需轴向拉力最接近下列哪个选项？（不考虑岩体两侧阻力及危岩体底部所受水压力，水的重度 $\gamma_w=10\text{kN/m}^3$）

(A) 50kN　　　　(B) 300kN　　　　(C) 325kN　　　　(D) 355kN

【解】地震峰值加速度为 $0.20g$，查表得 $\alpha_w=0.050$

$$\frac{22\times 7.5\times 3.5\times \dfrac{3.5}{2}+\dfrac{T}{4}\times\cos 30°\times\dfrac{7.5}{2}}{22\times 7.5\times 3.5\times 0.050\times \dfrac{7.5}{2}+\dfrac{1}{2}\times 10\times 7.5^2\times\dfrac{7.5}{3}}\geqslant 1.6 \to T\geqslant 354.3\text{kN}$$

【注】核心知识点常规题。直接使用解题思维流程快速求解，但应注意地震力的计算。此题主要的仍然是受力分析，抗倾覆需要把作用点也确定出来。

主要是四个力：

① 锚索力，方向向右下，与水平面成30°夹角，作用点在高度中心。

② 水压力，方向水平向左，合力作用点位于高度1/3处。（这里一定要注意，不是中心）

③ 危岩自重，方向竖直向下，作用点在宽度中心。

④ 地震力，方向取不利情况，水平向左，作用点在高度中心。

9.3　锚杆（索）挡墙

9.3.1　侧向岩土压力确定

9.3.2　锚杆内力计算

9.4　岩石喷锚支护

9.4.1　侧向岩石压力确定

9.4.2　锚杆所受轴向拉力标准值

9.4.3　采用局部锚杆加固不稳定岩石块体时，锚杆承载力应满足要求

2004C28

（改编）某25m高的均质岩石边坡，采用锚喷支护，预应力锚杆，自由段为岩层，侧向岩石压力合力水平分力标准值（即单宽岩石侧压力，未经修正）为2000kN/m，若锚杆水平间距 $s_{xj}=4.0\text{m}$，垂直间距 $s_{yj}=2.5\text{m}$，锚杆倾角为15°，计算1m、6m处单根锚杆所受轴向拉力标准值最接近下列（　　）。

(A) 200kN，800kN　　　　　　　　(B) 400kN，800kN

(C) 200kN，1000kN　　　　　　　　　(D) 400kN，1000kN

【解】预应力锚杆，自由段为岩层，锚杆挡墙侧向岩土压力修正系数 $\beta_2=1.1$
每延米侧向岩土压力合力水平分力修正值 $E'_{ah}=E_{ah}\beta_2=2000\times1.1=2200$kN/m
根据规范图 9.2.5 侧压力分布图可知，岩质边坡
转折处侧压力为 $0.2H=0.2\times25=5.0$m
因此 0~5.0m 深度范围内线性分布

1.0m 处，侧向岩石压力水平分力修正值 $e'_{ah}=\dfrac{1}{5}\times\dfrac{E'_{ah}}{0.9H}=\dfrac{1}{5}\times\dfrac{2200}{0.9\times25}=19.56$kPa

锚杆此处轴向拉力 $N_{ak}=e'_{ah}s_{xj}s_{yj}/\cos a=19.56\times4.0\times2.5/\cos15°=202.50$kN

5.0~25.0m 深度范围内均匀分布 $e'_{ah}=\dfrac{E'_{ah}}{0.9H}=\dfrac{2200}{0.9\times25}=97.78$kPa

锚杆 6m 处轴向拉力 $N_{ak}=e'_{ah}s_{xj}s_{yj}/\cos a=97.78\times4.0\times2.5/\cos15°=1012.3$kN

2018C17

如题图所示，某边坡坡高 8m，坡角 $\alpha=80$，其安全等级为一级，边坡局部存在一不稳定岩石块体，块体重 439kN，控制该不稳定岩石块体的外倾软弱结构面面积 9.3m²，倾角 $\theta_1=40°$，其 $c=10$kPa，摩擦系数 $f=0.20$。拟采用永久性锚杆加固该不稳定岩石块体，锚杆倾角 15°，按照《建筑边坡工程技术规范》，所需锚杆总轴向拉力最少为下列哪个选项？

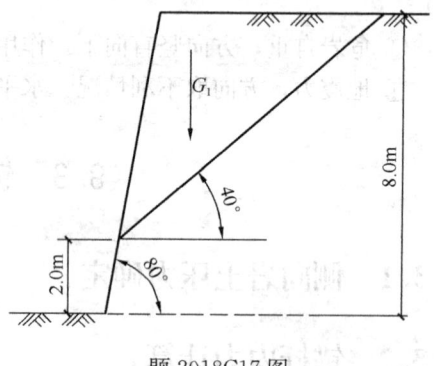

题 2018C17 图

(A) 300kN　　(B) 330kN　　(C) 365kN　　(D) 400kN

【解】滑动面面积 $A=9.3$m²；滑移面的黏聚力 $c=10$kPa；滑动面上的摩擦系数 $f=0.20$

不稳定块体自重在平行于滑面方向的分力 $G_t=439\times\sin40°=282.18$kN
不稳定块体垂直于滑面方向的分力 $G_n=439\times\cos40°=336.29$kN
安全等级为一级，永久性锚杆加固，锚杆杆体抗拉安全系数 $K_b=2.2$
由图示可知，锚杆与滑面夹角为 $40°+15°=55°$
单根锚杆轴向拉力在抗滑方向的分力 $N_{akti}=N_{ak}\cos55°$
单根锚杆轴向拉力垂直于滑动面方向上的分力 $N_{akni}=N_{ak}\sin55°$

$$K_b(G_t-fG_n-cA)\leqslant\sum N_{akti}+f\sum N_{akni}$$
$$\to 2.2\times(282.18-0.2\times336.29-10\times9.3)\leqslant N\times\cos(40°+15°)$$
$$+0.2N\times\sin(40°+15°)$$
$$\to N\geqslant 363.75\text{kN}$$

【注】此题采用永久性锚杆加固该不稳定岩石块体，此不稳定块体存在于边坡局部，不是通常意义上的整个边坡稳定性计算，因此不可采用土力学专题"1.10.1 平面滑动法"所讲方法进行求解。

9.5 桩板式挡墙

9.5.1 地基的横向承载力特征值

9.5.2 桩嵌入岩土层的深度

2019D16

某建筑边坡采用悬臂式桩板挡墙支护，滑动面至坡顶面距离 $h_1=4\text{m}$，滑动面以下桩长 $h_2=6\text{m}$，滑动面以上土体的重度为 $\gamma_1=18\text{kN/m}^3$，滑动面以下土体的重度为 $\gamma_2=19\text{kN/m}^3$，滑动面以下土体的内摩擦角 $\varphi=35°$，滑动方向地面坡度 $i=6°$，试计算滑动面以下 6m 深度处的地基横向承载力特征值 f_H 最接近下列哪个选项？

(A) 300kPa (B) 320kPa (C) 340kPa (D) 370kPa

【解】滑动方向地面坡度 $i=6°$，小于 $8°$

$$f_H = 4\gamma_2 y \frac{\tan\varphi_0}{\cos\varphi_0} - \gamma_1 h_1 \frac{1-\sin\varphi_0}{1+\sin\varphi_0} = 4\times 19\times 6\times \frac{\tan 35°}{\cos 35°} - 18\times 4\times \frac{1-\sin 35°}{1+\sin 35°} = 370.3\text{kPa}$$

【注】此知识点第一次考，但不难，属于"翻到就赚到"，基本就是直接套规范公式。

9.6 静力平衡法和等值梁法

9.6.1 静力平衡法

9.6.1.1 静力平衡法基本计算公式
9.6.1.2 立柱和锚杆采用静力平衡法分析

2016D22

如题图所示，某安全等级为一级的深基坑工程采用桩撑支护结构，侧壁落底式止水帷幕和坑内深井降水，支护桩为直径 800mm 钻孔灌注桩，其长度为 15m，支撑为一道钢管 $\phi 609\times 16$，支撑平面水平间距为 6m。采用坑内降水后，坑外地下水位位于地表下 7m，坑内地下水位于基坑底面处，假定地下水位上、下粗砂层值 c、φ 不变，计算得到作用于支护桩上主动侧的总压力值为 900kN/m，根据《建筑基坑支护技术规程》若采用静力平衡法计算单根支撑轴力设计值，该值最接近下列哪个数值？

(A) 1800kN (B) 2400kN (C) 3000kN (D) 3300kN

【解】《建筑基坑支护技术规程》3.1.7、3.4.2

被动土压力

$$K_p = \tan^2\left(45° + \frac{\varphi}{2}\right) = 3$$

9 边坡工程专题

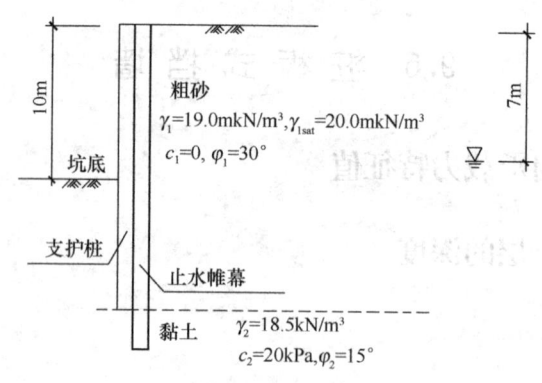

题 2016D22 图

$$K_p = \frac{1}{2}\gamma h^2 K_p = \frac{1}{2} \times 10 \times 5^2 \times 3 = 375 \text{kN/m}$$

水压力

$$E_w = \frac{1}{2}\gamma h^2 K_p = \frac{1}{2} \times 10 \times 5^2 = 125 \text{kN/m}$$

安全等级一级，取支护结构重要性系数 $\gamma_0 = 1.1$
作用基本组合的分项系数 $\gamma_F = 1.25$
轴力设计值 $N = 1.1 \times 1.25 \times (900 - 375 - 125) \times 6 = 3300 \text{kN}$

9.6.2 等值梁法

2007C22

（改编）某直立的黏性土边坡，坡高 15m，采用桩锚支护，已知该黏性土的重度 $\gamma = 19 \text{kN/m}^3$，黏聚力 $c = 15 \text{kPa}$，内摩擦角 $\varphi = 26°$，地面的均布荷载为 48kPa，计算等值梁的弯矩零点距基坑底面的距离最接近（　　）。

(A) 2.30m　　　　(B) 1.53m　　　　(C) 1.30m　　　　(D) 0.40m

【解】设反弯点为 Y_n

直立黏土边坡，黏聚力 $c = 15 \text{kPa}$，内摩擦角 $\varphi = 26°$

主动土压力系数 $K_a = \tan^2\left(45° - \frac{26°}{2}\right) = 0.39$

被动土压力系数 $K_p = \tan^2\left(45° + \frac{26°}{2}\right) = 2.56$

根据 $e_{ak} = e_{pk}$ 得

$e_{ak} = [\gamma(15 + Y_n) + q]K_a - 2c\sqrt{K_a} = e_{pk} = \gamma Y_n K_p + 2c\sqrt{K_p}$

$\rightarrow [19 \times (15 + Y_n) + 48] \times 0.39 - 2 \times 15\sqrt{0.39} = 19 \times Y_n \times 2.56 + 2 \times 15\sqrt{2.56}$

$\rightarrow Y_n = 1.53 \text{m}$

2008D22

（改编）某直立的砂土边坡，坡高 15m，采用间隔式排桩＋单排锚杆临时支护，桩径

1000mm，桩距 1.6m，一桩一锚。锚杆距边坡顶 3m。已知该砂土的重度 $\gamma=20\text{kN/m}^3$，$\varphi=30°$。无地面荷载。按等值梁法计算的锚杆水平力标准值最接近于下列哪个选项？

(A) 450kN　　　(B) 500kN　　　(C) 550kN　　　(D) 600kN

【解1】设反弯点为 Y_n；直立砂土边坡，内摩擦角 $\varphi=30°$

主动土压力系数 $K_a = \tan^2\left(45° - \dfrac{30°}{2}\right) = 0.33$；被动土压力系数 $K_p = \tan^2\left(45° + \dfrac{30°}{2}\right) = 3$

根据 $e_{ak} = e_{pk}$ 得

$$e_{ak} = \gamma(15+Y_n)K_a = e_{pk} = \gamma Y_n K_p \rightarrow 20 \times 15(+Y_n) \times 0.33 = 20 \times Y_n \times 3$$

$$\rightarrow Y_n = 1.854\text{m}$$

计算锚杆力，以反弯点为支点，通过反弯点上部弯矩平衡条件计算。

反弯点处主动土压力强度为：$e_{ak} = (15+Y_n)\gamma K_a = (15+1.854) \times 20 \times 0.33 = 111.2$

反弯点以上主动土压力 $E_{ak} = \dfrac{1}{2}(0+e_{ak}) \times (15+Y_n) = \dfrac{1}{2} \times 111.2 \times 16.854 = 937.1$

三角形部分，因此 E_{ak} 至反弯点距离 $a_a = \dfrac{1}{3} \times (15+Y_n) = \dfrac{1}{3} \times (15+1.854) = 5.618\text{m}$

反弯点处被动土压力强度为：$e_{pk} = \gamma Y_n K_p = 20 \times Y_n \times 3 = 20 \times 1.854 \times 3 = 111.24$

反弯点以上被动土压力 $E_{pk} = \dfrac{1}{2}(0+e_{pk}) \times Y_n = \dfrac{1}{2} \times 111.24 \times 1.854 = 103.1$

三角形部分，因此 E_{pk} 至反弯点距离 $a_p = \dfrac{1}{3} \times Y_n = \dfrac{1}{3} \times 1.854 = 0.618\text{m}$

计算锚杆（第 j 层）至反弯点距离 $a_{aj} = 15 - 3 + 1.854 = 13.854\text{m}$

单位宽度的计算锚杆的水平分力（只有一层锚杆）

$$H_{tjk} = \dfrac{E_{ak}a_a - E_{pk}a_p}{a_{aj}} = \dfrac{937.1 \times 5.618 - 103.1 \times 0.618}{13.854} = 375\text{kN}$$

锚距 1.6m，因此锚杆水平力为 $1.6 \times 375 = 600\text{kN}$

【解2】反弯点 Y_n 计算同解1，$Y_n = 1.854\text{m}$

计算锚杆力，以反弯点为支点，通过反弯点上部弯矩平衡条件计算。

坡脚地面处主动土压力强度为：$e_a = 15\gamma K_a = 15 \times 20 \times 0.33 = 99$

坡脚地面以上部分主动土压力 $E_{ak1} = \dfrac{1}{2}e_a \times 15 = \dfrac{1}{2} \times 99 \times 15 = 742.5$

三角形部分，因此 E_{ak1} 至反弯点距离 $a_1 = \dfrac{1}{3} \times 15 + 1.854 = 6.854\text{m}$

坡脚地面处被动土压力强度为：$e_{p0} = 0 \times \gamma K_p = 0$

坡脚地面以下至反弯点部分主动土压力与被动土压力差值部分的土压力

$$E'_{ak2} = \dfrac{1}{2}e_a Y_n = \dfrac{1}{2} \times 99 \times 1.854 = 91.773$$

三角形分布，因此 E'_{ak2} 至反弯点距离 $a_2 = \dfrac{2}{3} \times Y_n = \dfrac{2}{3} \times 1.854 = 1.236\text{m}$

计算锚杆（第 j 层）至反弯点距离 $a_{aj}=15-3+1.854=13.854\mathrm{m}$

单位宽度的计算锚杆的水平分力（只有一层锚杆）

$$H_{tjk}=\frac{E_{akj}a_j}{a_{aj}}=\frac{E_{ak1}a_1+E'_{ak2}a_2}{a_{aj}}=\frac{742.5\times6.854+91.772\times1.236}{13.854}=376\mathrm{kN}$$

锚距 1.6m，因此锚杆水平力为 $1.6\times376=601.6\mathrm{kN}$

【注】求锚杆的水平分力一定要深刻理解受力分析的本质，即反弯点以上的力对反弯点力矩平衡。解 2 是根据规范中所给的公式进行求导，解 1 是规范中所给公式的简化，可以看出解 1 比解 2 求解更高效，但是这两种解法都要求看懂，才能对等值梁法的受力分析理解得深刻。

2014C19

某直立的黏性土边坡，采用排桩支护，坡高 6m，无地下水，土层参数为 $c=10\mathrm{kPa}$，$\varphi=20°$，重度为 $18\mathrm{kN/m^3}$，地面均布荷载为 $q=20\mathrm{kPa}$，在 3m 处设置一排锚杆，根据《建筑边坡工程技术规范》相关要求，按等值梁法计算排桩反弯点到坡脚的距离。

(A) 0.55m   (B) 0.65m   (C) 0.72m   (D) 0.92m

【解】设反弯点为 Y_n

直立黏土边坡，黏聚力 $c=10\mathrm{kPa}$，内摩擦角 $\varphi=20°$

主动土压力系数 $K_a=\tan^2\left(45°-\dfrac{20°}{2}\right)=0.49$

被动土压力系数 $K_p=\tan^2\left(45°+\dfrac{20°}{2}\right)=2.04$

根据 $e_{ak}=e_{pk}$ 得

$e_{ak}=[\gamma(6+Y_n)+q]K_a-2c\sqrt{K_a}=e_{pk}=\gamma Y_n K_p+2c\sqrt{K_p}$

$\to [18\times(6+Y_n)+20]\times0.49-2\times10\sqrt{0.49}=18\times Y_n\times2.04+2\times10\sqrt{2.04}$

$\to Y_n=0.72\mathrm{m}$

9.7 建筑边坡工程鉴定与加固技术

10 基 坑 工 程 专 题

10 基坑工程专题专业案例真题按知识点分布汇总

10.1 支挡结构内力弹性支点法计算			2014D23；2018C18
10.2 支挡结构稳定性	10.2.1 支挡结构抗滑移整体稳定性整体圆弧法		2009D22；2010C22
	10.2.2 支挡结构抗倾覆稳定性	10.2.2.1 悬臂式支挡结构抗倾覆及嵌固深度	2003C26；2005D24；2010D23
		10.2.2.2 单层锚杆和单层支撑支挡结构抗倾覆及嵌固深度	
		10.2.2.3 双排桩支挡结构抗倾覆及嵌固深度	
	10.2.3 支挡结构抗隆起稳定性		2003D22；2006D24；2011C22；2016D21；2017C22
	10.2.4 渗透稳定性		2003D20；2004C25；2005D24；2006C1；2007D21；2008C23；2011D20；2016D23
10.3 锚杆			2005C23；2009C21；2010C21；2011C23；2012C23；2014D21；2018D17
10.4 双排桩			
10.5 土钉墙			2008C21
10.6 重力式水泥土墙	10.6.1 重力式水泥土墙抗滑移		2010C23；2014C23；2019C19
	10.6.2 重力式水泥土墙抗倾覆		2006C24；2007D22；2008D23；2013C23
	10.6.3 重力式水泥土墙其他内容		2017D22
10.7 基坑地下水控制	10.7.1 基坑截水		
	10.7.2 基坑涌水量		2003D21；2005D22；2011D22；2013D22
	10.7.3 基坑内任一点水位降深计算		2006C22
	10.7.4 降水井设计		2009D23；2012D21；2017D23；2018D18
10.8 建筑基坑工程监测			
10.9 建筑变形测量			

10.1 支挡结构内力弹性支点法计算

10.1.1 主动土压力计算

10.1.2 土反力计算宽度

10.1.3 作用在挡土构件上的分布土反力

10.1.4 锚拉式支挡结构的弹性支点刚度系数

10.1.5 支撑式支挡结构的弹性支点刚度系数

10.1.6 锚杆和内支撑对挡土结构的作用力

2014D23

紧邻某长 200m 大型地下结构中部的位置新开挖一个深 9m 的基坑，基坑长 20m，宽 10m，新开挖基坑采用地下连续墙支护，在长边的中部设支撑一层，支撑一端支于已有地下结构中板位置，支撑截面高 0.8m，宽 0.6m，平面位置如题图虚线所示，采用 C30 钢筋混凝土，设其弹性模量 $E=30\text{GPa}$，采用弹性支点法计算连续墙的受力，取单位长度作计算单元，支撑的支点刚度系数最接近下列哪个选项？

(A) 72MN/m　　(B) 144MN/m
(C) 288MN/m　　(D) 360MN/m

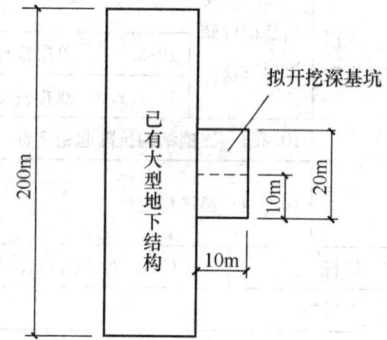

题 2014 D23 图

【解】《建筑基坑支护技术规程》JGJ 120—2012 第 4.1.10 条

对混凝土支撑，支撑松弛系数取 $\alpha_R=1.0$

支撑材料的弹性模量，即 C30 钢筋混凝土，设其弹性模量 $E=30\text{GPa}=3\times 10^7\text{kPa}$

支撑截面面积 $A=0.8\times 0.6=0.48\text{m}^2$

取单位长度作计算单元，挡土结构计算宽度 $b_a=1.0\text{m}$

新开挖基坑支撑一端支于已有地下结构中板位置，应按固定支座考虑

因此，支撑不动点调整系数 $\lambda=1.0$

受压支撑构件的长度取基坑宽度，则 $l_0=10\text{m}$

支撑水平间距，取基坑长度的一则，则 $s=10\text{m}$

$$k_R=\frac{\alpha_R E A b_a}{\lambda l_0 s}$$

$$=\frac{1.0\times 3\times 10^7\times 0.48\times 1}{1.0\times 10\times 10}$$

$$=144\times 10^3\text{kN/m}=144\text{MN/m}$$

【注】对规程整个"4.1 结构分析"的内容应引起重视。

2018C18

已知某建筑基坑开挖深度 8m，采用板式结构结合一道内支撑围护，均一土层参数按 $\gamma=18\text{kN/m}^3$，$c=30\text{kPa}$，$\varphi=15°$，$m=5\text{MN/m}^4$ 考虑，不考虑地下水及地面超载作用，实测支撑架设前（开挖 1m）及开挖到底后围护结构侧向变形如题图所示。按弹性支点法计算围护结构在两工况（开挖至 1m 及开挖到底）间地面下 10m 处围护结构分布土反力增量绝对值最接近下列哪个选项？（假定按位移计算的嵌固段土反力标准值小于其被动土压力标准值）

(A) 69kPa (B) 113kPa
(C) 201kPa (D) 1163kPa

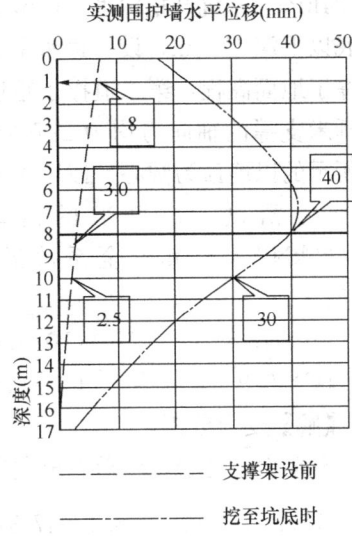

题 2018 C18 图

【解】《建筑基坑支护技术规程》JGJ 120—2012 第 3.4.2、4.1.4～4.1.5 条

主动土压力系数 $K_a = \tan^2\left(45 - \dfrac{15}{2}\right) = 0.59$

土的水平反力系数的比例系数

$m = 5\text{MN/m}^4 = 5000\text{kN/m}^4$

工况 1 开挖深度 $h = 1\text{m}$

地面下 $z = 10\text{m}$ 处土的水平反力系数

$k_s = m(h-z) = 5000 \times (10-1) = 45000 \text{ kN/m}^3$

初始分布土反力

$p_{s0} = \sigma_{pk} K_a = 18 \times 9 \times 0.59 = 95.58\text{kPa}$

挡土构件在分布土反力计算点使土体压缩的水平位移值，查题图得

$v = 2.5\text{mm} = 0.0025\text{m}$

分布土反力 $p_s = k_s v + p_{s0} = 45000 \times 0.0025 + 95.58 = 208.08\text{kPa}$

工况 2 开挖至坑底即开挖深度 $h = 8\text{m}$

地面下 $z = 10\text{m}$ 处土的水平反力系数

$k_s = m(h-z) = 5000 \times (10-8) = 10000 \text{ kN/m}^3$

初始分布土反力 $p_{s0} = \sigma_{pk} K_a = 18 \times 2 \times 0.59 = 21.24\text{kPa}$

挡土构件在分布土反力计算点使土体压缩的水平位移值，查题图得

$v = 30\text{mm} = 0.03\text{m}$

分布土反力 $p_s = k_s v + p_{s0} = 10000 \times 0.03 + 21.24 = 321.24\text{kPa}$

分布土反力增量绝对值为 321.24－208.08＝113.16kPa

【注】①对规程整个"4.1 结构分析"的内容应引起重视。

②当题目中未直接给出土的水平反力系数的比例系数 m 值时，也可按规程 4.1.6 计算公式求得。

10.2 支挡结构稳定性

10.2.1 支挡结构抗滑移整体稳定性整体圆弧法

2009D22

在饱和软土中基坑开挖采用地下连续墙支护，已知软土的十字板剪切试验的抗剪强度

$\tau=34kPa$，基坑开挖深度 16.3m，墙底插入坑底以下深 17.3m，设 2 道水平支撑，第一道撑于地面高程，第二道撑于距坑底 3.5m，每延米支撑的轴向力均为 2970kN，沿着题图所示的以墙顶为圆心、以墙长为半径的圆弧整体滑动，若每米的滑动力矩为 154230kN·m，其安全系数最接近下列何值？

(A) 1.3　　　　(B) 1.0
(C) 0.9　　　　(D) 0.6

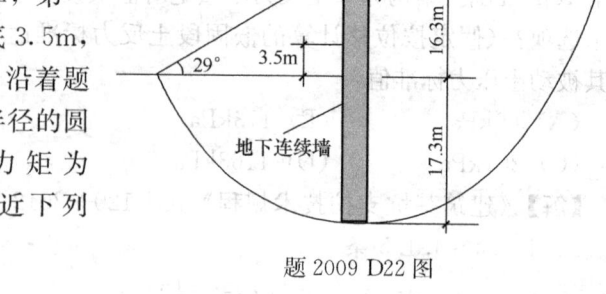

题 2009 D22 图

【解】受力分析：

滑动力矩已给，抗滑力矩主要由两个力产生：滑动面的黏聚力以及第二道支撑力。

$$K=\frac{34\times2\times3.14\times(16.3+17.3)\times\frac{90°+90°-19°}{360°}\times(16.3+17.3)+2970\times(16.3-3.5)}{154230}$$

$=0.90$

【注】软土重度未给出，可认为滑动面内的土重整体产生的是滑动力矩。

2010C22

一个在饱和软黏土中的重力式水泥土挡土墙如题图所示，土的不排水抗剪强度 $C_u=30kPa$，基坑深度 5m，墙的深度 4m，滑动圆心在墙顶内侧 O 点，滑动圆弧半径 $R=10m$，沿着图示的圆弧滑动面滑动，试问每米宽度上的整体稳定抗滑力矩最接近下列何项数值？

(A) 1570kN·m/m
(B) 4710kN·m/m
(C) 7850kN·m/m
(D) 9420kN·m/m

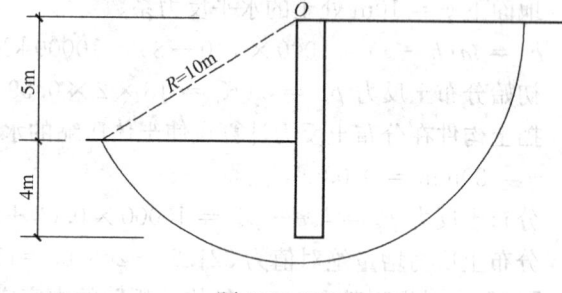

题 2010 C22 图

【解】抗滑力矩主要由滑动面的黏聚力组成

抗滑力矩 $=cLR=30\times2\times3.14\times10\times\frac{90°+60°}{360°}\times10=7850kN·m/m$

【注】软黏土重度未给出，可认为滑动面内的土重整体产生的是滑动力矩。

10.2.2　支挡结构抗倾覆稳定性

10.2.2.1　悬臂式支挡结构抗倾覆及嵌固深度

2003C26

已知悬臂支护结构计算简图（未按比例绘制）如题图所示，砂土土性参数：$\gamma=18kN/m^3$，$c=0$，$\varphi=30°$，未见地下水，图中 E_{a1}、E_{a2} 和 E_p，分别表示净主动土压力和净

10.2 支挡结构稳定性

被动土压力，b_{a1}，b_{a2} 和 b_p 分别表示上述土压力作用点的高度。支护结构的抗倾覆稳定性可按下式验算：$\dfrac{M_p}{M_a}$

$= \dfrac{E_p b_p}{E_{a1} b_{a1} + E_{a2} b_{a2}}$

问验算结果符合( )。

(A) $\dfrac{M_p}{M_a} > 1.3$

(B) $\dfrac{M_p}{M_a} = 1.3$

(C) $\dfrac{M_p}{M_a} < 1.3$

(D) 所给条件不够，无法进行计算

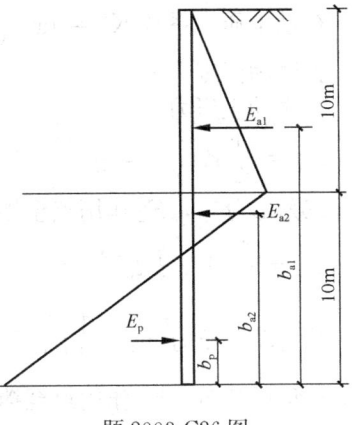

题 2003 C26 图

【解】主动土压力系数 $K_a = \tan^2\left(45° - \dfrac{\varphi}{2}\right) = 0.33$

被动土压力系数 $K_p = \tan^2\left(45° + \dfrac{30°}{2}\right) = 3$

10m 处主动土压力强度 $e_{a1} = P_1 K_a = 18 \times 10 \times 0.33 = 59.4$

所对应力臂：$b_{a1} = 10 \times \dfrac{1}{3} + 10 = 13.33\text{m}$

设 h 处主动土压力强度和被动土压力强度相等 $18 \times h \times 3 = 18 \times (h+10) \times 0.33 \rightarrow h = 1.24\text{m}$

20m 处被动土压力强度与主动土压力强度差值 $18 \times 10 \times 3 = 18 \times 20 \times 0.33 = 421.2$

$$\dfrac{M_p}{M_a} = \dfrac{E_p b_p}{E_{a1} b_{a1} + E_{a2} b_{a2}}$$

$$= \dfrac{\dfrac{1}{2} \times 421.2 \times (10-1.24) \times \dfrac{1}{3}(10-1.24)}{\dfrac{1}{2} \times 59.4 \times 10 \times 13.33 + \dfrac{1}{2} \times 59.4 \times 1.24 \times \left(10 - 1.24 + \dfrac{2}{3} \times 1.24\right)}$$

$$= 1.25$$

【注】此题是"老题"了，注意计算方法已经与新基坑规程不一致。此题主要是用来练习"受力分析"。

2005D24

基坑剖面如题图所示，板桩两侧均为砂土，$\gamma = 19\text{kN/m}^3$，$\varphi = 30°$，$c = 0$，基坑开挖深度为 1.8m，如果抗倾覆稳定安全系数 $K = 1.3$，按抗倾覆计算悬臂式板桩的最小入土深度最接近于下列( )数值。

(A) 1.8m (B) 2.0m
(C) 2.5m (D) 2.8m

【解】受力分析

主动土压力系数 $K_a = \tan^2\left(45° - \dfrac{\varphi}{2}\right) = 0.33$

被动土压力系数 $K_p = \tan^2\left(45° + \dfrac{30°}{2}\right) = 3$

设嵌固深度为 l_d

总主动土压力

$E_{ak} = \dfrac{1}{2}\gamma h^2 K_a = \dfrac{1}{2} \times 19 \times (1.8+l_d)^2 \times 0.33$

三角形分布，E_{ak} 作用点至挡土结构底端竖向距离

$a_{a1} = \dfrac{1}{3}(1.8+l_d)$

总主动土压力 $E_{pk} = \dfrac{1}{2}\gamma l_d^2 K_p = \dfrac{1}{2} \times 19 \times l_d^2 \times 3$

三角形分布，E_{pk} 作用点至挡土结构底端竖向距离

$a_{p1} = \dfrac{1}{3}l_d$

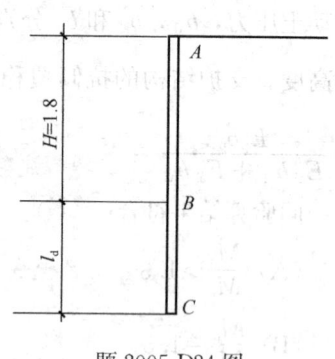

题 2005 D24 图

$\dfrac{E_{pk} a_{p1}}{E_{ak} \cdot a_{a2}} \geqslant K_e \rightarrow \dfrac{\frac{1}{2} \times 19 \times l_d^2 \times 3 \times \frac{1}{3} l_d}{\frac{1}{2} \times 19 \times (1.8+l_d)^2 \times 0.33 \times \frac{1}{3}(1.8+l_d)} \geqslant 1.3$

$\rightarrow l_d^3 \geqslant 0.143(1.8+l_d)^3 \rightarrow l_d \geqslant 0.523(1.8+l_d) \rightarrow l_d \geqslant 1.97\text{m}$

构造要求：$l_d \geqslant 0.8h = 0.8 \times 1.8 = 1.44\text{m}$

综上：$l_d \geqslant 1.97\text{m}$

2010D23

某基坑深 6.0m，采用悬臂排桩支护，排桩嵌固深度为 6.0m，地面无超载，场地内无地下水，土层为砾砂层 $\gamma = 20\text{kN/m}^3$，$c = 0\text{kPa}$，$\varphi = 30°$，厚 15.0m，按照《建筑基坑支护技术规程》，问悬臂排桩抗倾覆稳定系数 K_e 最接近以下哪个数值？

(A) 1.10　　　(B) 1.20　　　(C) 1.30　　　(D) 1.40

【解】受力分析

主动土压力系数 $K_a = \tan^2\left(45° - \dfrac{\varphi}{2}\right) = 0.33$

被动土压力系数 $K_p = \tan^2\left(45° + \dfrac{30°}{2}\right) = 3$

总主动土压力 $E_{ak} = \dfrac{1}{2}\gamma h^2 K_a = \dfrac{1}{2} \times 20 \times (6+6)^2 \times 0.33$

三角形分布，E_{ak} 作用点至挡土结构底端竖向距离 $a_{a1} = \dfrac{1}{3} \times 12$

总主动土压力 $E_{pk} = \dfrac{1}{2}\gamma l_d^2 K_p = \dfrac{1}{2} \times 20 \times 6^2 \times 3$

三角形分布，E_{pk} 作用点至挡土结构底端竖向距离 $a_{p1} = \dfrac{1}{3} \times 6$

$K_e = \dfrac{E_{pk} a_{p1}}{E_{ak} \cdot a_{a2}} = \dfrac{\frac{1}{2} \times 20 \times 6^2 \times 3 \times \frac{1}{3} \times 6}{\frac{1}{2} \times 20 \times 12^2 \times 0.33 \times \frac{1}{3} \times 12} = 1.136$

10.2.2.2 单层锚杆和单层支撑支挡结构抗倾覆及嵌固深度
10.2.2.3 双排桩支挡结构抗倾覆及嵌固深度

10.2.3 支挡结构抗隆起稳定性

2003D22

当基坑土层为软土时，应验算坑底土抗隆起稳定性，如题图所示。已知基坑开挖深度 $h=5m$，基坑宽度较大，深宽比略而不计。支护结构入土深度 $t=5m$，坑侧地面荷载 $q=20kPa$，土的重度 $\gamma=18kN/m^3$，黏聚力 $c=10kPa$，内摩擦角 $\varphi=0°$，不考虑地下水的影响。

如果取承载力系数 $N_c=5.14$，$N_q=1.0$，则抗隆起的安全系数 F 应属于（　　）情况。

(A) $F<1.0$　　　(B) $1.0<F<1.6$
(C) $F\geqslant 1.6$　　(D) 条件不够，无法计算

【解】特殊情况挡土构件底部土体为软黏土即 $\varphi=0°$

验算 $F = \dfrac{\gamma_{m2} l_d N_q + c N_c}{\gamma_{m1}(h+l_d)+q_0} = \dfrac{\gamma_{m2} l_d + 5.14\tau_0}{\gamma_{m1}(h+l_d)+q_0}$

$= \dfrac{18\times 5 + 5.14\times 10}{18\times(5+5)+20} = 0.707$

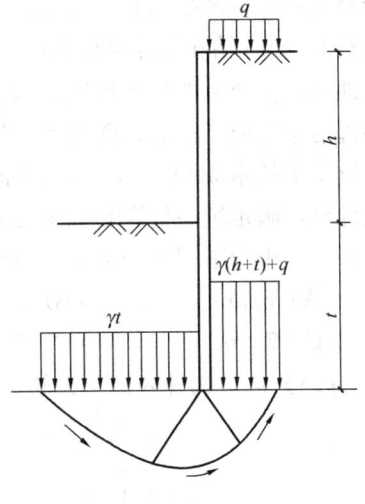

题 2003 D22 图

2006D24

在饱和软黏土地基中开挖条形基坑，采用 8m 长的板桩支护，地下水位已降至板桩底部，坑边地面无荷载，地基土重度为 $\gamma=19kN/m^3$，通过十字板现场测试得地基土的抗剪强度为 30kPa，按《建筑地基基础设计规范》规定，为满足基坑抗隆起稳定性要求，此基坑最大开挖深度不能超过下列哪一个选项？

(A) 1.2m　　(B) 3.3m
(C) 6.1m　　(D) 8.5m

【解】特殊情况挡土构件底部土体为软黏土即 $\varphi=0°$

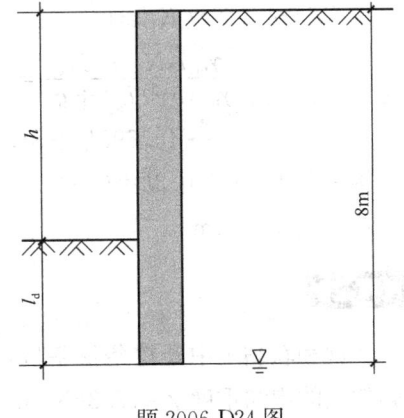

题 2006 D24 图

$\dfrac{\gamma_{m2} l_d N_q + c N_c}{\gamma_{m1}(h+l_d)+q_0} = \dfrac{\gamma_{m2} l_d + 5.14\tau_0}{\gamma_{m1}(h+l_d)+q_0}$

$= \dfrac{19\times(8-h)+5.14\times 30}{19\times 8} \geqslant K_b$

$= 1.60 \to h \leqslant 3.3m$

2011C22

与 2006D24 完全相同。

2016D21

某开挖深度为 6m 的深基坑，坡顶均布荷载 $q_0=20\text{kPa}$，考虑到其边坡土体一旦产生过大变形对周边环境产生的影响将是严重的，故拟采用直径 800mm 钻孔灌注桩加预应力锚索支护结构，场地地层主要由两层土组成，未见地下水，主要物理力学性质指标如题图所示，试问根据《建筑基坑支护技术规程》和 Prandtl 极限平衡理论公式计算，满足坑底抗隆起稳定性验算的支护桩嵌固深度至少为下列哪个选项的数值？

(A) 6.8m (B) 7.2m
(C) 7.9m (D) 8.7m

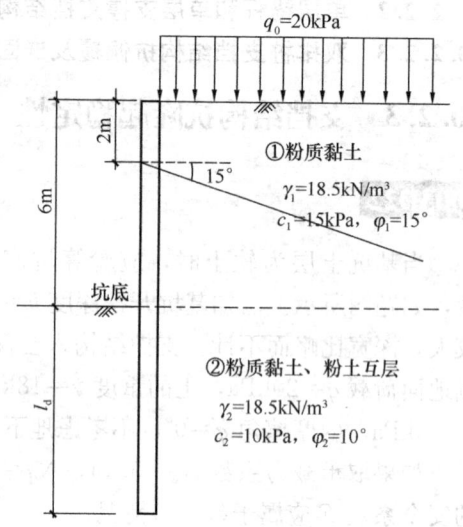

题 2016 D21 图

【解】挡土构件底部下无软弱下卧层

$$N_q = \tan^2\left(45° + \frac{\varphi}{2}\right)e^{\pi\tan\varphi}$$
$$= \tan^2\left(45° + \frac{10°}{2}\right)e^{\pi\tan10°} = 2.47$$

$$N_c = \frac{N_q - 1}{\tan\varphi} = \frac{2.47 - 1}{\tan10°} = 8.34$$

边坡土体一旦产生过大变形对周边环境产生的影响将是严重的，查规程表 3.1.3 可知，抗隆起安全系数 $K_b \geq 1.6$

$$\frac{\gamma_{m2}l_d N_q + cN_c}{\gamma_{m1}(h+l_d)+q_0} = \frac{18.5l_d 2.47 + 10 \times 8.34}{18.5(6+l_d)+20} \geq K_b = 1.6$$

$$\rightarrow 45.695l_d + 83.4 \geq 209.6 + 29.6l_d \rightarrow l_d \geq 7.84\text{m}$$

构造要求：$l_d \geq 0.3h = 0.3 \times 6 = 1.8\text{m}$

综上 $l_d \geq 7.84\text{m}$

2017C22

在饱和软黏土中开挖条形基坑，采用 11m 长的悬臂钢板桩支护，桩顶与地面齐平。已知软土的饱和重度 $\gamma = 17.8\text{kN/m}^3$，土的十字板剪切试验的抗剪强度 $\tau = 40\text{kPa}$，地面超载为 10kPa，按照《建筑地基基础设计规范》GB 50007—2011，为满足钢板桩入土深度底部土体抗隆起稳定性要求，此基坑最大开挖深度最接近下面哪一选项的值？

(A) 3.0m (B) 4.0m (C) 4.5m (D) 5.5m

【解】特殊情况挡土构件底部土体为软黏土即 $\varphi = 0°$

设嵌固深度为 l_d，则

$$\frac{\gamma_{m2}l_d N_q + cN_c}{\gamma_{m1}(h_d+l_d)+q_0} = \frac{\gamma_{m2}l_d + 5.14\tau_0}{\gamma_{m1}(h_d+l_d)+q_0} = \frac{17.8l_d + 5.14 \times 40}{17.8 \times 11 + 10} \geq K_b = 1.60$$

$$\rightarrow l_d \geq 6.95\text{m}$$

则开挖深度 $h = 11 - l_d \leq 11 - 6.95 = 4.05\text{m}$

10.2.4 渗透稳定性

2003D20

截水帷幕如题图所示，上游土中最高水位为 0.00m，下游地面为 -8.00m，土的天然重度 $\gamma=18$kN/m³，安全系数取 2.0，问（　　）是截水帷幕应设置的合理深度。

(A) $h=13.0$m　　(B) $h=15.0$m
(C) $h=17.0$m　　(D) $h=19.0$m

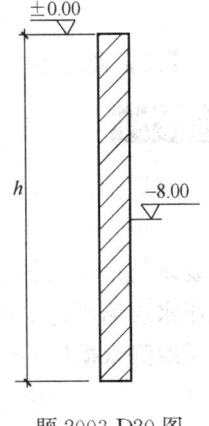

题 2003 D20 图

【解1】属于情况②悬挂式截水帷幕底端位于碎石土、砂土或粉土含水层时

$$\frac{(2l_d+0.8D_1)\gamma'}{\Delta h\gamma_w}=\frac{[2\times(h-8)+0.8\times 8]\times(18-10)}{8\times 10}\geqslant K_b=2\rightarrow h\geqslant 14.8\text{m}$$

【解2】直接按土的渗流原理求解

$$i=\frac{8}{2h-8}\leqslant\frac{i_{cr}}{K}=\frac{(18-10)/10}{2}=0.4\rightarrow h\geqslant 14\text{m}$$

【注】比较解 1 和解 2 可知，按基坑规范要求，比按渗流理论计算要求更高，更安全。这是因为解 1 中 $D_1\times 0.8$，加强了安全储备。若解 1 中使用 D_1，而不是 $0.8D_1$，则解 1 和解 2 结果相同。由此也可知，规范中公式就是渗流原理推导而来，只不过加了一定的安全储备。

2004C25

基坑坑底下有承压含水层，如题图所示，已知不透水层土的天然重度 $\gamma=20$kN/m³，水的重度 $\gamma_w=10$kN/m³，如要求基坑底抗突涌稳定系数 K 不小于 1.1，则基坑开挖深度 h 不得大于下列（　　）。

(A) 7.5m　　(B) 8.3m　　(C) 9.0m　　(D) 9.5m

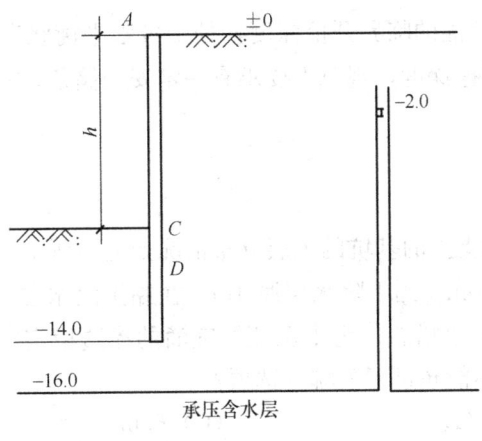

题 2004 C25 图

【解】 属于情况①

$$\frac{D\gamma}{h_w\gamma_w} = \frac{(16-h)\times 20}{14\times 10} \geqslant K_b = 1.1 \rightarrow h \leqslant 8.3\text{m}$$

【注】 此时不取浮重度。

2005C24

基坑剖面如题图所示,已知黏土饱和重度 $\gamma_m = 20\text{kN/m}^3$,水的重度取 $\gamma_w = 10\text{kN/m}^3$,如果要求坑底抗突涌稳定安全系数 K 不小于 1.2,承压水层测压管中水头高度为 10m,问该基坑在不采取降水措施的情况下,最大开挖深度最接近下列( )选项中的值。

(A) 6.0m (B) 6.5m
(C) 7.0m (D) 7.5m

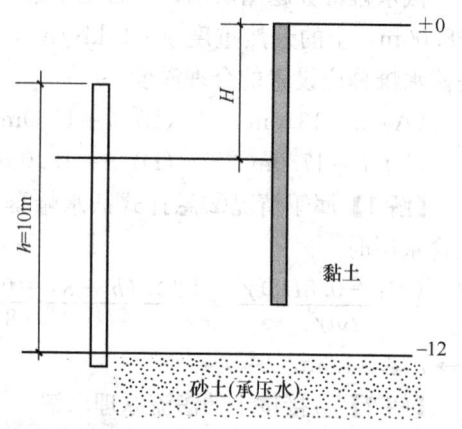

题 2005 C24 图

【解】 属于情况①

$$\frac{D\gamma}{h_w\gamma_w} = \frac{(12-H)\times 20}{10\times 10} \geqslant K_b = 1.2 \rightarrow H \leqslant 6\text{m}$$

2006C1

某地地层构成如下:第一层为粉土 5m,第二层为黏土 4m,两层土的天然重度均为 18kN/m^3,其下为强透水砂层,地下水为承压水,赋存于砂层中,承压水头与地面持平,在该场地开挖基坑不发生突涌的临界开挖深度为下列哪个选项?

(A) 4.0m (B) 4.5m (C) 5.0m (D) 6.0m

【解】 属于情况①

$$\frac{D\gamma}{h_w\gamma_w} = \frac{(4+5-h)\times 18}{(4+5)\times 10} \geqslant K_h = 1.0 \rightarrow h \leqslant 4.0\text{m}$$

【注】 此题求不发生突涌的临界开挖深度,处于极限平衡状态,因此此时 $K_h=1$。若求满足规范要求的最大开挖深度,规范上要求有一定安全储备,此时 $K_h=1.1$。审题应仔细,小心入坑。

2007D21

一个采用地下连续墙支护的基坑的土层分布情况如题图所示。砂土与黏土的天然重度都是 20kN/m^3。砂层厚 10m,黏土隔水层厚 1m,在黏土隔水层以下砾石层中有承压水,承压水头 8m。没有采用降水措施,为了保证抗突涌的渗透稳定安全系数不小于 1.1,该基坑的最大开挖深度 H 不能超过下列哪一选项?

(A) 2.2m (B) 5.6m (C) 6.6m (D) 7.0m

【解】 属于情况①

10.2 支挡结构稳定性

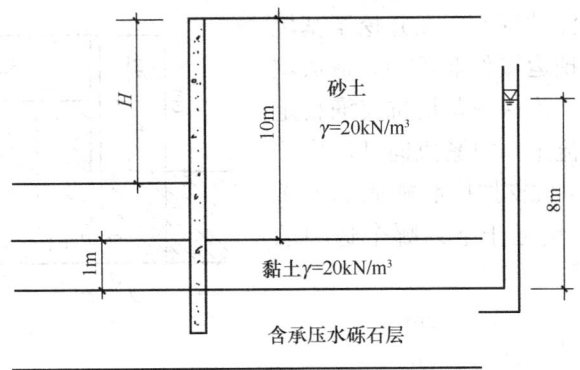

题 2007 D21 图

$$\frac{D\gamma}{h_w \gamma_w} = \frac{(10-H) \times 20 + 1 \times 20}{8 \times 10} \geqslant K_b = 1.1 \rightarrow H \leqslant 6.6\text{m}$$

【注】① 此题求不发生突涌的临界开挖深度，处于极限平衡状态，因此此时 $K_h = 1$。若求满足规范要求的最大开挖深度，规范上要求有一定的安全储备，此时 $K_h = 1.1$。审题应仔细，小心入坑。

② 此题虽然不满足截水帷幕底端位于隔水层中，而是在承压水层中，但穿透了隔水层即黏土层，所以满足截水帷幕隔断了基坑内外的水力联系，因此也属于情况①。

2008C23

基坑开挖深度为 6m，土层依次为人工填土、黏土和砾砂，如题图所示。黏土层，$\gamma = 19.0\text{kN/m}^3$，$c = 20\text{kPa}$，$\varphi = 12°$。砂层中承压水水头高度为 9m。基坑底至含砾粗砂层顶面的距离为 4m。抗突涌安全系数取 1.20，为满足抗承压水突涌稳定性要求，场地承压水最小降深最接近于下列哪个选项？

(A) 1.4m　　(B) 2.1m
(C) 2.7m　　(D) 4.0m

【解】属于情况①

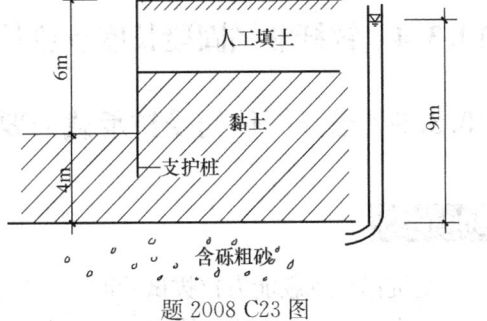

题 2008 C23 图

$$\frac{D\gamma}{h_w \gamma_w} = \frac{4 \times 19}{(9-\Delta h) \times 10} \geqslant K_b = 1.2 \rightarrow \Delta h \geqslant 2.67\text{m}$$

2011D20

与 2007D21 完全相同。

2016D23

某基坑开挖深度为 6m，土层依次为人工填土、黏土和含砾粗砂，如题图所示，人工填土层 $\gamma_1 = 17.0\text{kN/m}^3$，$c_1 = 15\text{kPa}$，$\varphi_1 = 10°$；黏土层 $\gamma_2 = 18.0\text{kN/m}^3$，$c_2 = 20\text{kPa}$，$\varphi_2 = 12°$，含砾粗砂层顶面距基坑底的距离为 4m，砂层中承压水水头高度为 9m，设计采用

排桩支护结构和坑内深井降水，在开挖至基坑底部时，由于土方开挖运输作业不当，造成坑内降水井被破坏失效，为保证基坑抗突涌稳定性，防止基坑底发生流土，拟紧急向基坑内注水，请问根据《建筑基坑支护技术规程》，基坑内注水深度至少应最接近于下列哪个选项的数值？

(A) 1.8m　　　　(B) 2.0m
(C) 2.3m　　　　(D) 2.7m

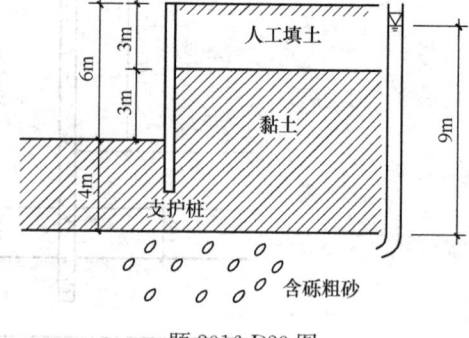

题 2016 D23 图

【解】属于情况①

$$\frac{D\gamma}{h_w \gamma_w} = \frac{4 \times 18 + \Delta h \times 10}{9 \times 10} \geq K_h = 1.1 \rightarrow \Delta h \geq 2.7\text{m}$$

10.3 锚　　杆

10.3.1　锚杆极限抗拔承载力标准值

10.3.2　锚杆轴向拉力标准值

10.3.3　锚杆的极限抗拔承载力应符合的要求

10.3.4　锚杆非锚固段长度及总长度

10.3.5　锚杆杆体的受拉承载力要求

2005C23

基坑锚杆承载能力拉拔试验时，已知锚杆上水平拉力 $T=400$kN，锚杆倾角 $\alpha=15°$，锚固体直径 $d=150$mm，锚杆总长度为 18m，自由段长度为 6m，在其他因素都已考虑的情况下，锚杆锚固体与土层的平均摩阻力最接近下列（　　）数值。

(A) 49kPa　　　　(B) 73kPa　　　　(C) 82kPa　　　　(D) 90kPa

【解】锚杆锚固体直径 $d=0.15$m；

锚杆锚固段在土层中的长度 $l=18-6=12$m；

$$R_k = \frac{400}{\cos 15°} = \pi d \sum q_{ski} \cdot l_i = 3.14 \times 0.15 \times q_{sk} \times 12 \rightarrow q_{sk} = 73.3\text{kPa}$$

【注】此题是锚杆承载能力拉拔试验，无需满足 $\frac{R_k}{N_k} \geq K_t$。注意 R_k 与 N_k 的区别，R_k 为锚杆极限抗拔承载力标准值，N_k 为锚杆轴向拉力标准值，本质上 $N_k = \frac{R_k}{K_t}$，K_t 为锚杆

抗拔安全系数。

2009C21

在某一均质土层中开挖基坑，基坑深15m，支护结构安全等级为二级，采用桩锚支护形式，一桩一锚，桩径800mm。土层黏聚力15kPa，内摩擦角为20°，重度为20kN/m³，第一道锚位于地面下4.0m，锚固体直径为150mm，倾角为15°，该点锚杆水平拉力设计值为250kN，土与锚杆杆体之间极限摩阻力标准值为50kPa。根据《建筑基坑支护技术规程》，该层锚杆设计长度最接近哪个数值？

(A) 18.0m (B) 21.0m (C) 22.5m (D) 24.0m

【解1】 ①根据锚杆极限抗拔承载力标准值 R_k 公式反求锚固段长度 l_d

支护结构安全等级为二级，

支护结构重要性系数取 $\gamma_0=1.0$；作用基本组合的分项系数 $\gamma_F=1.25$；锚杆抗拔安全系数 $K_t=1.6$

锚杆倾角 $\alpha=15°$；

锚杆轴向拉力设计值 $N=\dfrac{250}{\cos 15°}=258.82\text{kN}$

锚杆轴向拉力标准值 $N_k=\dfrac{N}{\gamma_0 \gamma_F}=\dfrac{258.82}{1.0\times 1.25}=207.1\text{kN}$

锚杆极限抗拔承载力标准值
$R_k=\pi d \sum q_{ski}\cdot l_i \geqslant N_k K_t \rightarrow 3.14\times 0.15\times 50\times l_d \geqslant 207.1\times 1.6 \rightarrow l_d \geqslant 14.07\text{m}$

② 根据几何关系求得非锚固段长度 l_f

求基坑底面至基坑外侧主动土压力强度与基坑内侧被动土压力强度等值点 O 的距离 a_2

主动土压力系数 $K_a=\tan^2\left(45°-\dfrac{\varphi}{2}\right)=\tan^2\left(45°-\dfrac{20°}{2}\right)=0.49$

被动土压力系数 $K_p=\tan^2\left(45°+\dfrac{\varphi}{2}\right)=\tan^2\left(45°+\dfrac{20°}{2}\right)=2.04$

a_2 处主动土压力强度 $e_a=\gamma(15+a_2)K_a-2c\sqrt{K_a}=20\times(15+a_2)\times 0.49-2\times 15\sqrt{0.49}$

被动土压力强度 $e_p=\gamma a_2 K_p+2c\sqrt{K_p}=20\times a_2\times 2.04+2\times 15\sqrt{2.04}$

所以 $e_a=e_p \rightarrow a_2=2.7\text{m}$

锚杆的锚头中点至基坑底面的距离 $a_1=15-4.0=11.0\text{m}$

挡土构件的水平尺寸 $d=0.8\text{m}$

$$l_f=\dfrac{(a_1+a_2-d\tan\alpha)\cdot \sin\left(45°-\dfrac{\varphi_m}{2}\right)}{\sin\left(45°+\dfrac{\varphi_m}{2}+\alpha\right)}+\dfrac{d}{\cos\alpha}+1.5$$

$$=\dfrac{(11+2.7-0.8\times\tan 15°)\times \sin\left(45°-\dfrac{20°}{2}\right)}{\sin\left(45°+\dfrac{20°}{2}+15°\right)}+\dfrac{0.8}{\cos 15°}+1.5=10.6\text{m}$$

③ 锚杆设计长度 $l = l_d + l_f \geqslant 14.07 + 10.6 = 24.67\text{m}$

【解 2】黏性土

$$a_2 = \frac{\gamma h K_a - 2c(\sqrt{K_a} + \sqrt{K_p})}{\gamma(K_p - K_a)} = \frac{20 \times 15 \times 0.49 - 2 \times 15 \times (\sqrt{0.49} + \sqrt{2.04})}{20 \times (2.04 - 0.49)} = 2.7\text{m}$$

$$\beta = 45° - \frac{\varphi_m}{2} = 45° - \frac{20°}{2} = 35°$$

$$l_f = \frac{d\cos\beta + (a_1 + a_2)\sin\beta}{\cos(\beta - \alpha)} + 1.5 = \frac{0.8 \times \cos35° + (11 + 2.7) \times \sin35°}{\cos(35° - 15°)} + 1.5 = 10.6\text{m}$$
$> 5.0\text{m}$

其余同解 1

【注】解 2 中部分解题过程和解 1 中是相同的，不再赘述，解 2 的主要目的就是为了练习申申老师推导出的公式，这样求解更快速，公式的推导过程具体可见书中知识点讲解或速查手册。

2010C21

某基坑侧壁安全等级为二级，垂直开挖，采用复合土钉墙支护，设一排预应力锚索，自由段长度为 5.0m，已知锚索轴向拉力设计值为 266kN，水平倾角 20°，锚孔直径为 150mm，土层与砂浆锚固段的极限摩阻力标准值 $q_{sik} = 46\text{kPa}$，锚杆轴向受拉抗力分项系数取 1.25，试问锚索的设计长度至少应取下列何项数值才能满足要求？

(A) 16.0m　　　(B) 18.0m　　　(C) 21.0m　　　(D) 24.0m

【解 1】安全等级为二级，支护结构重要性系数取 $\gamma_0 = 1.0$；

作用基本组合的分项系数 $\gamma_F = 1.25$；

$$N = \gamma_0 \gamma_F N_k = 266 = 1.0 \times 1.25 N_k \to N_k = 212.8\text{kN}$$

锚杆抗拔安全系数 $K_t = 1.6$；

$$\frac{R_k}{N_k} \geqslant K_t \to \frac{R_k}{212.8} \geqslant 1.6 \to R_k \geqslant 340.5\text{kN}$$

锚固段长度 l_d

$$R_k = \pi d \sum q_{ski} \cdot l_i \to 3.14 \times 0.15 \times 46 \times l_d \geqslant 340.5 \to l_d \geqslant 15.7\text{m}$$

锚索的设计长度 $l = l_d + l_f \geqslant 15.7 + 5.0 = 20.7\text{m}$

【注】① 理解锚杆轴向拉力标准值、设计值和极限抗拔承载力标准值之间的转化；
② 锚固段长度 l_d 根据锚杆极限抗拔承载力标准值 R_k 求得。

2011C23

与 2005C23 完全相同。

2012C23

在某一均质土层中开挖基坑，基坑深 15m，支护结构安全等级为二级，采用桩锚支护形式，一桩一锚，桩径800mm，间距为1m。土层黏聚力15kPa，内摩擦角为20°，重度为20kN/m³。第一道锚位于地面下4.0m，锚固体直径为150mm，倾角为15°，通过平面结构弹性支点法计算得到1m计算宽度内弹性支点水平反力$F_h=200$kN，土与锚杆杆体之间极限摩阻力标准值为50kPa。根据《建筑基坑支护技术规程》，该层锚杆设计长度最接近哪个数值？

(A) 18.0m (B) 21.0m (C) 22.5m (D) 24.0m

【解1】①根据锚杆极限抗拔承载力标准值R_k公式反求锚固段长度l_d

挡土墙构件计算宽度范围内的弹性支点水平反力$F_h=200$kN

一桩一锚，挡土结构计算宽度取排桩间距即$b_a=1.0$m

锚杆水平间距$s=1.0$m；锚杆倾角$\alpha=15°$；

锚杆轴向拉力标准值 $N_k = \dfrac{F_h s}{b_a \cos\alpha} = \dfrac{200 \times 1}{1 \times \cos 15°} = 207.1$kN

锚杆极限抗拔承载力标准值

$R_k = \pi d \sum q_{ski} \cdot l_i \geqslant N_k K_t \to 3.14 \times 0.15 \times 50 \times l_d \geqslant 207.1 \times 1.6 \to l_d \geqslant 14.07$m

② 根据几何关系求得非锚固段长度l_f

求基坑底面至基坑外侧主动土压力强度与基坑内侧被动土压力强度等值点O的距离a_2

主动土压力系数 $K_a = \tan^2\left(45° - \dfrac{\varphi}{2}\right) = \tan^2\left(45° - \dfrac{20°}{2}\right) = 0.49$

被动土压力系数 $K_p = \tan^2\left(45° + \dfrac{\varphi}{2}\right) = \tan^2\left(45° + \dfrac{20°}{2}\right) = 2.04$

a_2处主动土压力强度 $e_a = \gamma(15+a_2)K_a - 2c\sqrt{K_a} = 20 \times (15+a_2) \times 0.49 - 2 \times 15\sqrt{0.49}$

被动土压力强度 $e_p = \gamma a_2 K_p + 2c\sqrt{K_p} = 20 \times a_2 \times 2.04 + 2 \times 15\sqrt{2.04}$

所以 $e_a = e_p \to a_2 = 2.7$m

锚杆的锚头中点至基坑底面的距离$a_1 = 15 - 4.0 = 11.0$m

挡土构件的水平尺寸$d = 0.8$m

$l_f = \dfrac{(a_1 + a_2 - d\tan\alpha) \cdot \sin\left(45° - \dfrac{\varphi_m}{2}\right)}{\sin\left(45° + \dfrac{\varphi_m}{2} + \alpha\right)} + \dfrac{d}{\cos\alpha} + 1.5$

$= \dfrac{(11 + 2.7 - 0.8 \times \tan 15°) \times \sin\left(45° - \dfrac{20°}{2}\right)}{\sin\left(45° + \dfrac{20°}{2} + 15°\right)} + \dfrac{0.8}{\cos 15°} + 1.5 = 10.6$m

③ 锚杆设计长度$l = l_d + l_f \geqslant 14.07 + 10.6 = 24.67$m

【解2】黏性土

$a_2 = \dfrac{\gamma h K_a - 2c(\sqrt{K_a} + \sqrt{K_p})}{\gamma(K_p - K_a)} = \dfrac{20 \times 15 \times 0.49 - 2 \times 15 \times (\sqrt{0.49} + \sqrt{2.04})}{20 \times (2.04 - 0.49)} = 2.7$m

$$\beta = 45° - \frac{\varphi_m}{2} = 45° - \frac{20°}{2} = 35°$$

$$l_f = \frac{d\cos\beta + (a_1 + a_2)\sin\beta}{\cos(\beta - \alpha)} + 1.5 = \frac{0.8 \times \cos35° + (11 + 2.7) \times \sin35°}{\cos(35° - 15°)} + 1.5 = 10.6\text{m}$$

$> 5.0\text{m}$

其余同解1

【注】解2中部分解题过程和解1中是相同的，不再赘述，解2的主要目的就是为了练习申申老师推导出的公式，这样求解更快速，公式的推导过程具体可见书中知识点讲解或速查手册。

2014D21

某安全等级为一级的建筑基坑，采用桩锚支护形式。支护桩桩径800mm，间距1400mm，倾角15°。采用平面杆系结构弹性支点法进行分析计算，得到支护桩计算宽度内的弹性支点水平反力标准值为420kN，若锚杆施工时采用抗拉强度设计值为180kN的钢绞线，则每根锚杆需要至少配置几根这样的钢绞线？

(A) 2根   (B) 3根
(C) 4根   (D) 5根

【解】锚杆轴向拉力标准值 $N_k = \dfrac{F_h s}{b_a \cos\alpha} = \dfrac{420 \times 1.4}{1.4 \times \cos15°} = 434.8\text{kN}$

支护结构安全等级为一级

支护结构重要性系数取 $\gamma_0 = 1.1$；作用基本组合的分项系数 $\gamma_F = 1.25$；

锚杆轴向拉力设计值 $N = \gamma_0 \gamma_F N_k = 1.1 \times 1.25 \times 434.8 = 597.85\text{kN}$

钢绞线根数 $n = \dfrac{N}{F} = \dfrac{597.85}{180} = 3.32$，取 $n = 4$。

2018D17

某安全等级为二级的深基坑，开挖深度为8.0m，均质砂土地层，重度 $\gamma = 19\text{kN/m}^3$，黏聚力 $c = 0$，内摩擦角 $\varphi = 30°$，无地下水影响（如题图所示）。拟采用桩-锚杆支护结构，支护桩直径为800mm，锚杆设置深度为地表下2.0m，水平倾角为15°，锚固体直径 $D = 150$mm，锚杆总长度为18m。已知按《建筑基坑支护技术规程》JGJ 120—2012规定所做的锚杆承载力抗拔试验得到的锚杆极限抗拔承载力标准值为300kN，不考虑其他因素影响，计算该基坑锚杆锚固体与土层的平均极限粘结强度标准值，最接近下列哪个选项？

(A) 52.2kPa   (B) 46.2kPa
(C) 39.6kPa   (D) 35.4kPa

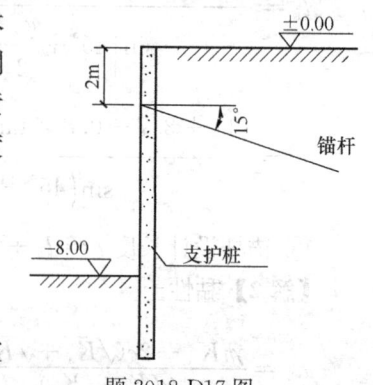

题 2018 D17 图

【解1】① 根据几何关系求得非锚固段长度 l_f
求基坑底面至基坑外侧主动土压力强度与基坑内侧被动土压力强度等值点 O 的距离 a_2

主动土压力系数 $K_a = \tan^2\left(45° - \dfrac{\varphi}{2}\right) = \tan^2\left(45° - \dfrac{30°}{2}\right) = 0.33$

被动土压力系数 $K_p = \tan^2\left(45° + \dfrac{\varphi}{2}\right) = \tan^2\left(45° + \dfrac{30°}{2}\right) = 3$

a_2 处主动土压力强度 $e_a = \gamma(8+a_2)K_a = 19 \times (8+a_2) \times 0.33 = 50.16 + 6.27a_2$

被动土压力强度 $e_p = \gamma a_2 K_p = 19 \times a_2 \times 3 = 57a_2$

所以 $e_a = e_p \rightarrow 50.16 + 6.27a_2 = 57a_2 \rightarrow a_2 = 1.0\text{m}$

锚杆的锚头中点至基坑底面的距离 $a_1 = 8 - 2.0 = 6.0\text{m}$

挡土构件的水平尺寸 $d = 0.8\text{m}$

$$l_f = \dfrac{(a_1+a_2-d\tan\alpha) \cdot \sin\left(45° - \dfrac{\varphi_m}{2}\right)}{\sin\left(45° + \dfrac{\varphi_m}{2} + \alpha\right)} + \dfrac{d}{\cos\alpha} + 1.5$$

$$= \dfrac{(6+1.0-0.8\tan15°) \times \sin\left(45° - \dfrac{30°}{2}\right)}{\sin\left(45° + \dfrac{30°}{2} + 15°\right)} + \dfrac{0.8}{\cos15°} + 1.5 = 5.84\text{m}$$

② 锚杆设计长度 $l_d = l - l_f = 18 - 5.84 = 12.16\text{m}$

③ 锚杆极限抗拔承载力标准值

$R_k = \pi d \sum q_{ski} \cdot l_i = 300 = 3.14 \times 0.15 \times q_{sk} \times 12.16 \rightarrow q_{sk} \geqslant 52.38\text{kPa}$

【解2】无黏性土

$a_2 = \dfrac{hK_a}{K_p - K_a} = \dfrac{8 \times 0.33}{3 - 0.33} = 1.0\text{m}$

$\beta = 45° - \dfrac{\varphi_m}{2} = 45° - \dfrac{30°}{2} = 30°$

$l_f = \dfrac{d\cos\beta + (a_1+a_2)\sin\beta}{\cos(\beta-\alpha)} + 1.5 = \dfrac{0.8 \times \cos30° + (6+1.0) \times \sin30°}{\cos(30°-15°)} + 1.5 = 5.84\text{m}$

$> 5.0\text{m}$

其余同解1

【注】解2中部分解题过程和解1中是相同的，不再赘述，解2的主要目的就是为了练习申申老师推导出的公式，这样求解更快速，公式的推导过程具体可见书中知识点讲解或速查手册。

10.4 双 排 桩

10.5 土 钉 墙

10.5.1 土钉极限抗拔承载力标准值

10.5.2 单根土钉的轴向拉力标准值

10.5.3 单根土钉的极限抗拔承载力验算（满足抗拔强度）

10.5.4 土钉轴向拉力设计值及应符合的限值

10.5.5 基坑底面下有软土层的土钉墙结构坑底隆起稳定验算

2008C21

垂直开挖的基坑采用土钉墙支护，土钉与水平面夹角为15°，土钉的水平与垂直间距都是1.2m，墙后地基土的$c=15$kPa，$\varphi=20°$，$\gamma=19$kN/m³，无地面超载。在9.6m深度处的每根土钉的轴向受拉荷载标准值最接近于下列哪个选项？（取该层土钉轴向拉力调整系数$\eta_j=1$）

(A) 98kN　　　　(B) 102kN　　　　(C) 139kN　　　　(D) 208kN

【解】墙面垂直，主动土压力折减系数$\zeta=1$

主动土压力强度标准值

$$p_{ak,j} = P_1 K_a - 2c\sqrt{K_a} = 19 \times 9.6 \times \tan^2\left(45° - \frac{20°}{2}\right) - 2 \times 15 \times \tan\left(45° - \frac{20°}{2}\right)$$
$$= 68.4 \text{kN}$$

$$N_{k,j} = \frac{1}{\cos\alpha_j}\zeta\eta_j\Delta E_{aj} = \frac{1}{\cos\alpha_j}\zeta\eta_j p_{ak,j} s_{x,j} s_{z,j}$$
$$= \frac{1}{\cos 15°} \times 1 \times 68.4 \times 1.2 \times 1.2 = 101.97 \text{kN}$$

10.6 重力式水泥土墙

10.6.1 重力式水泥土墙抗滑移

2010C23

拟在砂卵石地基中开挖10m深的基坑，地下水与地面齐平，坑底为基岩。拟采用旋喷法形成厚度2m的截水墙，在墙内放坡开挖基坑，坡度为1：1.5。截水墙外侧砂卵石的饱和重度为19kN/m³，截水墙内侧砂卵石重度17kN/m³，内摩擦角$\varphi=35°$（水上下相同），截水墙水泥土重度为$\gamma=20$kN/m³，墙底及砂卵石土抗滑体与基岩的摩擦系数$\psi=0.4$，试问该挡土体的抗滑稳定安全系数最接近于下列何项数值？

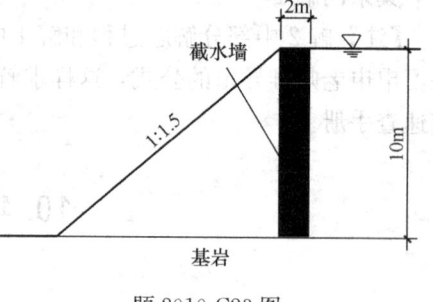

题2010C23图

(A) 1.00　　　　(B) 1.08　　　　(C) 1.32　　　　(D) 1.55

【解】受力分析

将截水墙和墙内侧砂卵石看作一个整体：
本身是截水墙，下面是基岩，因此不再承受浮力
挡墙自重 $G_1=2\times10\times20=400$ kN/m
墙内砂卵石自重 $G_2=0.5\times10\times15\times17=1275$ kN/m
墙外侧主动土压力系数 $K_a=\tan^2\left(45°-\dfrac{\varphi}{2}\right)=\tan^2\left(45°-\dfrac{35°}{2}\right)=0.27$

墙外主动土压力（包含水压力）
$$E_{ak}=0.5\times9\times10\times10\times0.27+0.5\times10\times10\times10=621.5 \text{ kN/m}$$
$$K_{sl}=\dfrac{(G_1+G_2)\tan\varphi}{E_{ak}}=\dfrac{(1275+400)\times0.4}{621.5}=1.08$$

【注】本题将挡墙和墙前砂卵石视为整体进行分析，砂卵石的被动土压力为内力，不需要另外计算分析。

2014C23

某软土基坑，开挖深度 $H=5.5$m，地面超载 $q_0=20$kPa，地层为均质含砂淤泥质粉质黏土，土的重度 $\gamma=18$kN/m³，黏聚力 $c=8$kPa，内摩擦角 $\varphi=15°$，不考虑地下水作用，拟采用水泥土墙支护结构，其嵌固深度 $l_d=6.5$m，挡墙宽度 $B=4.5$m，水泥土墙体的重度为19kN/m³，按照《建筑基坑支护技术规程》，计算该重力式水泥土墙抗滑移安全系数，其值最接近下列哪个选项？

(A) 1.0　　(B) 1.2
(C) 1.4　　(D) 1.6

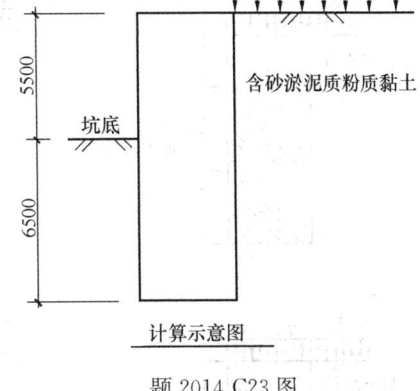

题 2014 C23 图

【解】受力分析

主动土压力系数 $K_a=\tan^2\left(45°-\dfrac{\varphi}{2}\right)=\tan^2\left(45°-\dfrac{15°}{2}\right)=0.59$

基坑外侧地面处主动土压力强度
$$e_{a0}=P_0K_a-2c\sqrt{K_a}=20\times0.59-2\times8\times\sqrt{0.59}=-0.49$$
$$z_0=\dfrac{1}{\gamma}\left(\dfrac{2c}{\sqrt{K_a}}-P_0\right)=\dfrac{-e_0}{\gamma K_a}=\dfrac{0.49}{18\times0.59}=0.05$$

主动土压力 $E_{ak}=\dfrac{1}{2}\gamma(h-z_0)^2K_a=\dfrac{1}{2}\times18\times(12-0.05)^2\times0.59=758.28$ kN/m

挡墙自重 $G=4.5\times12\times19=1026$ kN/m

被动土压力系数 $K_p=\tan^2\left(45°+\dfrac{\varphi}{2}\right)=\tan^2\left(45°+\dfrac{15°}{2}\right)=1.70$

被动土压力 $E_{pk}=\dfrac{1}{2}\gamma h^2 K_a+2ch\sqrt{K_a}=\dfrac{1}{2}\times18\times6.5^2\times1.7+2\times8\times6.5\times\sqrt{1.7}=$ 782.02kN/m

$$K_{s1} = \frac{E_{pk} + G\tan\varphi + cB}{E_{ak}}$$
$$= \frac{782.02 + 1026 \times \tan15° + 8 \times 4.5}{758.28} = 1.44$$

2019C19

某饱和砂层开挖 5m 深基坑，采用水泥土重力式挡墙支护，土层条件及挡墙尺寸如题图所示，挡墙重度按 20kN/m^3，设计时需考虑周边地面活荷载 $q = 30\text{kPa}$，按照《建筑基坑支护技术规程》JGJ 120—2012，当进行挡墙抗滑稳定性验算时，请在下列选项中选择最不利状况计算条件，并计算挡墙抗滑移安全系数 K_{st} 值。（不考虑渗流的影响）

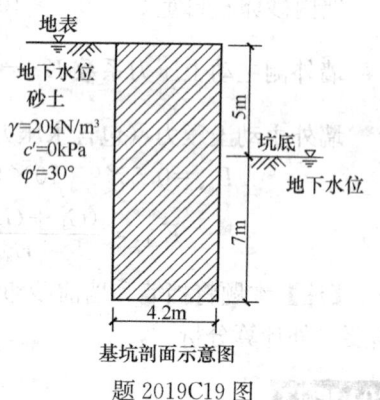

题 2019C19 图

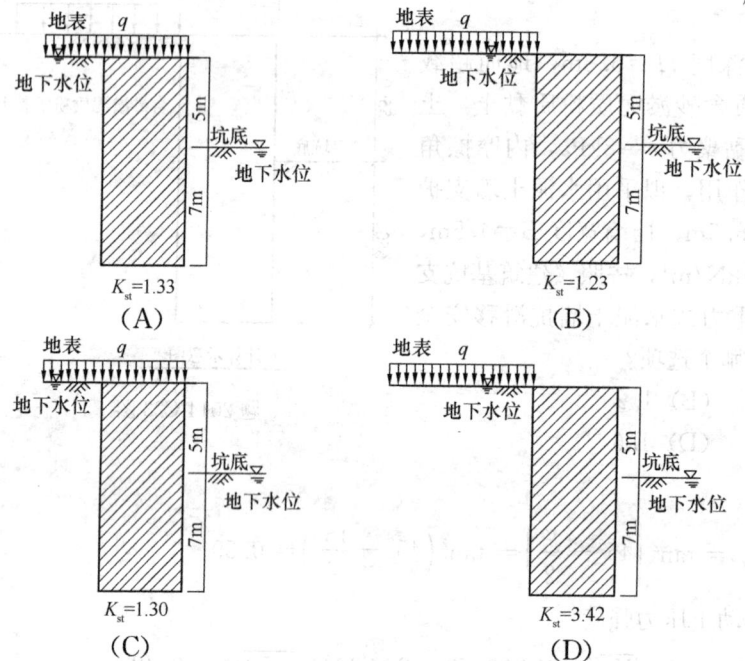

【解】A、C 选项图示地表荷载作用在挡土墙上，增大了挡土墙抗滑力，因此 C、D 选项图示为最不利状况计算条件，选择 C、D 选项图示进行计算

墙前总水平力（包含水压力）利用朗肯理论

主动土压力

$$E_{ak} = \frac{1}{2} \times (2 \times 30 + 10 \times 12) \times 12 \times \tan^2\left(45° - \frac{30°}{2}\right) + \frac{1}{2} \times 10 \times 12^2 = 1080\text{kN/m}$$

被动土压力 $E_{pk} = \frac{1}{2} \times 10 \times 7^2 \times \tan^2\left(45° + \frac{30°}{2}\right) + \frac{1}{2} \times 10 \times 7^2 = 980\text{kN/m}$

墙底水压力强度 $u_m = \frac{1}{2} \times 10 \times (12 + 7) = 95\text{kPa}$

挡墙自重 $G = 20 \times 4.2 \times 12 = 1008\text{kN/m}$

$$K_{sl} = \frac{E_{pk} + (G - uB)\tan\varphi}{E_{ak}} = \frac{980 + (1008 - 95 \times 4.2)\tan 30°}{1080} = 1.23$$

【注】核心知识点常规题。题干设置新颖，"披着狼皮的羊""纸老虎"，本质就是重力式水泥土墙抗滑移。此题应根据基本理论和计算公式，尽量做到不查本书中此知识点的"解题思维流程"和规范即可解答，对其熟练到可以当做"闭卷"解答。

10.6.2 重力式水泥土墙抗倾覆

2006C24

一个矩形断面的重力挡土墙，设置在均匀地基土上，墙高 10m，墙前埋深 4m，墙前地下水位在地面以下 2m，如题图所示，墙体混凝土重度 $\gamma_{cs}=22kN/m^3$，墙后地下水位在地面以下 4m，墙后水平方向的主动土压力与水压力的合力为 1550kN/m，作用点距墙底 3.6m，墙前水平方向的被动土压力与水压力的合力为 1237kN/m，作用点距离底 1.7m，在满足抗倾覆稳定安全系数 $F_s=1.2$ 的情况下，墙的宽度 B 最接近于下列哪个选项？

(A) 5.62m　　(B) 6.16m　　(C) 6.94m　　(D) 7.13m

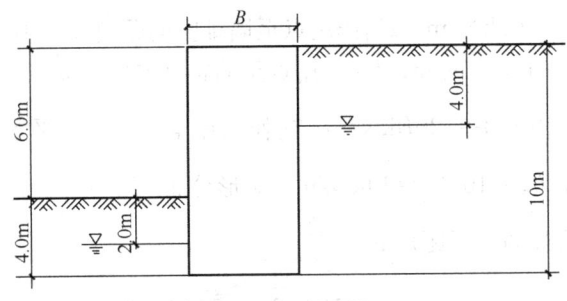

题 2006 C24 图

【解】受力分析：

总主动土压力 $E_{ak}=1550kN/m$；E_{ak} 作用点至墙趾竖向距离 $a_a=3.6m$

总被动土压力 $E_{pk}=1237kN/m$；E_{pk} 作用点至墙趾竖向距离 $a_p=1.7m$

挡墙自重 $G=22 \times 10 \times B=220b kN/m$；$G$ 作用点至墙趾的水平距离 $a_G=\frac{B}{2}$

水压力强度 $u_m = \frac{1}{2}\gamma_m(h_{wa}+h_{wp}) = \frac{1}{2} \times 10 \times (6+2) = 40kN/m$，梯形分布

水压力作用点到墙趾的水平距离

$$a_m = \frac{B}{3} \cdot \frac{2h_{wa}+h_{wp}}{h_{wa}+h_{wp}} = \frac{B}{3} \cdot \frac{2 \times 6+2}{6+2} = 0.583B$$

抗倾覆稳定系数

$$K_{ov} = \frac{E_{pk}a_p + Ga_G - u_m B \cdot a_m}{E_{ak} \cdot a_a} = \frac{1237 \times 1.7 + 220B \times \frac{B}{2} - 40 \times B \times 0.583B}{1550 \times 3.6} = 1.2$$

$\rightarrow 86.68B^2 = 4593.1 \rightarrow B = 7.28m$

2007D22

10m 厚的黏土层下为含承压水的砂土层，承压水头高 4m，拟开挖 5m 深的基坑，重

要性系数 $\gamma_0=1.0$。使用水泥土墙支护，水泥土重度为 $20kN/m^3$，墙总高 10m。已知每延米墙后的总主动土压力为 800kN/m，作用点距墙底 4m；墙前总被动土压力为 1200kN/m，作用点距墙底 2m。如果将水泥土墙受到的水压力从自重中扣除，计算满足抗倾覆系数 1.2 条件下的水泥土墙最小墙厚最接近下列哪一个选项？

　　（A）3.5m　　　（B）3.8m　　　（C）4.0m　　　（D）4.2m

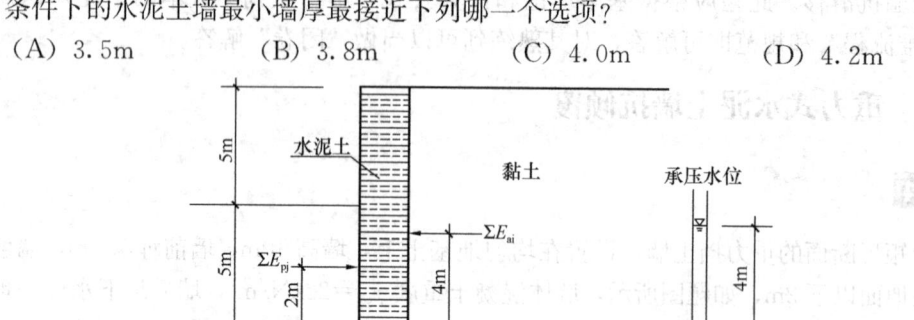

题 2007 D22 图

【解】受力分析：

总主动土压力 $E_{ak}=800kN/m$；E_{ak} 作用点至墙趾竖向距离 $a_a=4m$

总被动土压力 $E_{pk}=1200kN/m$；E_{pk} 作用点至墙趾竖向距离 $a_p=2m$

挡墙自重 $G=20\times10\times B=220B kN/m$；$G$ 作用点至墙趾的水平距离 $a_G=\dfrac{B}{2}$

水压力强度 $u_m=\gamma_m h_w=10\times4=40 kN/m$，矩形分布

水压力作用点到墙趾的水平距离 $a_m=\dfrac{B}{2}$

$$K_{ov}=\dfrac{E_{pk}a_p+Ga_G-u_m B\cdot a_m}{E_{ak}\cdot a_a}=\dfrac{1200\times2+(20\times10B-A\times10B)\times\dfrac{B}{2}}{800\times4}=1.2$$

$$\rightarrow B=\sqrt{18}=4.24m$$

2008D23

某基坑位于均匀软弱黏性土场地。土层主要参数：$\gamma=18.5kN/m^3$，固结不排水强度指标 $c_k=14kPa$，$\varphi_k=10°$。基坑开挖深度为 5.0m。拟采用水泥土墙支护，水泥土重度为 $20.0kN/m^3$，挡墙宽度为 3.0m。根据《建筑基坑支护技术规程》计算，若水泥土墙抗倾覆稳定系数为 1.5，据此计算水泥土墙嵌固深度设计值最接近下列哪个选项的数值？

　　（A）3.0m　　　（B）4.0m

　　（C）5.0m　　　（D）6.0m

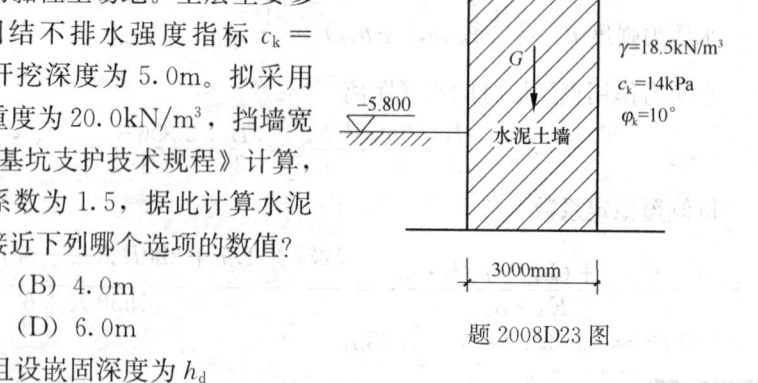

题 2008D23 图

【解1】受力分析，且设嵌固深度为 h_d

主动土压力系数 $K_a=\tan^2\left(45°-\dfrac{\varphi}{2}\right)=\tan^2\left(45°-\dfrac{10°}{2}\right)=0.704$

10.6 重力式水泥土墙

基坑外侧地面处主动土压力强度 $e_0 = P_0 K_a - 2c\sqrt{K_a} = 0 - 2 \times 14\sqrt{0.704} = -23.49$

$$z_0 = \frac{1}{\gamma}\left(\frac{2c}{\sqrt{K_a}} - P_0\right) = \frac{-e_0}{\gamma K_a} = \frac{23.49}{18.5 \times 0.704} = 1.8$$

主动土压力 $E_a = \frac{1}{2}\gamma(h + h_d - z_0)^2 K_a = \frac{1}{2} \times 18.5 \times (5 + h_d - 1.8)^2 \times 0.704 = 6.512(3.2 + h_d)^2$

三角形分布，E_{ak} 作用点至墙趾竖向距离 $a_a = \frac{1}{3} \times (5 + h_d - 1.8)$

挡墙自重 $G = 3 \times (5 + h_d) \times 20 = 60(5 + h_d)$

G 作用点至墙趾的水平距离 $a_G = \frac{3}{2} = 1.5\text{m}$

被动土压力系数 $K_p = \tan^2\left(45° + \frac{\varphi}{2}\right) = \tan^2\left(45° + \frac{10°}{2}\right) = 1.42$

基底被动土压力强度 $e_{p0} = P_0 K_p + 2c\sqrt{K_p} = 0 + 2 \times 14\sqrt{1.42} = 33.37$

嵌固深度处被动土压力强度

$e_{p1} = P_1 K_p + 2c\sqrt{K_p} = e_0 + \gamma h_d K_p = 33.37 + 18.5 \times h_d \times 1.42 = 33.37 + 26.27 h_d$

被动土压力

$$E_p = \frac{1}{2}(e_{p0} + e_{p1}) \cdot h_d = \frac{1}{2}(33.37 + 33.37 + 26.27 h_d) \cdot h_d = \frac{1}{2}(66.74 + 26.27 h_d) \cdot h_d$$

梯形分布，E_{pk} 作用点至墙趾竖向距离

$$a_p = \frac{h_d}{3} \cdot \frac{2e_{p0} + e_{p1}}{e_{p0} + e_{p1}} = \frac{h_d}{3} \cdot \frac{100.11 + 26.27 h_d}{66.74 + 26.27 h_d}$$

挡墙自重 $G = 20 \times (5 + h_d) \times 3 = 60(5 + h_d)$

G 作用点至墙趾的水平距离 $a_G = \frac{3}{2} = 1.5\text{m}$

墙底无水压力

$$K_{ov} = \frac{E_{pk}a_p + G a_G}{E_{ak} \cdot a_a} \geqslant 1.3 \rightarrow$$

$$= \frac{\frac{1}{2}(66.74 + 26.27 h_d) \cdot h_d \times \frac{h_d}{3} \cdot \frac{110.11 + 26.27 h_d}{66.74 + 26.27 h_d} + 60(5 + h_d) \times 1.5}{6.512 \times (3.2 + h_d)^2 \frac{1}{3} \times (5 + h_d - 1.8)}$$

$$\geqslant 1.5 \rightarrow \frac{4.38 h_d^3 + 16.69 h_d^2 + 450 + 90h}{2.17 \times (3.2 + h_d)^3} \geqslant 1.5 \rightarrow h_d \geqslant 6.0\text{m}$$

【解2】 主动土压力和挡墙自重计算同解 1

被动土压力

$$E_p = \frac{1}{2}\gamma h_d^2 K_a + 2c h_d \sqrt{K_a} = \frac{1}{2} \times 18.5 \times h_d^2 \times 1.42 + 2 \times 14 \times h_d \sqrt{1.42}$$

$$= 13.14 h_d^2 + 33.37 h_d$$

梯形分布，令 E_{pk} 作用点至墙趾竖向距离 a_p

则 $E_p a_p = 13.14 h_d^2 \times \dfrac{h_d}{3} + 33.37 h_d \times \dfrac{h_d}{2} = 4.38 h_d^3 + 16.69 h_d^2$

下同解 1，不再赘述。

【注】①比较解 1 和解 2，当梯形分布时，解 2 不求 a_p，而直接求 $E_p a_p$ 部分，更简单一些。

② 出现比较复杂的方程，特别是一元三次方程，建议根据选项尽量试算。

2013C23

某二级基坑，开挖深度 $H = 5.5\text{m}$，拟采用水泥土墙支护结构，其嵌固深度 $l_d = 6.5\text{m}$，水泥土墙体的重度为 19kN/m^3，墙体两侧主动土压力与被动土压力强度标准值分布如题图所示（单位：kPa）。按照《建筑基坑支护技术规程》，计算该重力式水泥土墙满足倾覆稳定性要求的宽度，其值最接近下列哪个选项？

(A) 4.2m　　　　(B) 4.5m
(C) 5.0m　　　　(D) 5.5m

题 2013 C23 图

【解】受力分析

总主动土压力 $E_{ak} = \dfrac{1}{2} \times 127 \times (5.5 + 6.5)$；

三角形分布，E_{ak} 作用点至墙趾竖向距离 $a_a = \dfrac{1}{3} \times (5.5 + 6.5)$

总被动土压力 $E_{pk} = \dfrac{1}{2} \times (20.8 + 198.9) \times 6.5$；

梯形分布，E_{pk} 作用点至墙趾竖向距离 $a_p = \dfrac{6.5}{3} \times \dfrac{2 \times 20.8 + 198.9}{20.8 + 198.9}$

挡墙自重 $G = 19 \times (5.5 + 6.5) B$；$G$ 作用点至墙趾的水平距离 $a_G = \dfrac{B}{2}$

墙底无水压力

$$K_{ov} = \dfrac{E_{pk} a_p + G a_G - u_m B \cdot a_m}{E_{ak} \cdot a_a} \geq 1.3$$

$$= \dfrac{\dfrac{1}{2} \times (20.8 + 198.9) \times 6.5 \times \dfrac{6.5}{3} \times \dfrac{2 \times 20.8 + 198.9}{20.8 + 198.9} + 19 \times (5.5 + 6.5) B \times \dfrac{B}{2}}{\dfrac{1}{2} \times 127 \times (5.5 + 6.5) \times \dfrac{1}{3} \times (5.5 + 6.5)} \geq 1.3$$

→ $B \geq \sqrt{19.9} = 4.46\text{m}$

构造要求，淤泥质土要求

$$B \geq 0.7h = 0.7 \times 5.5 = 3.85\text{m}$$

综上 $B \geq 4.46\text{m}$。

10.6.3 重力式水泥土墙其他内容

2017D22

已知某建筑基坑工程采用 $\phi700$ 双轴水泥土搅拌桩（桩间搭接 200mm）重力式挡墙支护，其结构尺寸及土层条件如题图所示（尺寸单位为 m），请问下列哪个断面格栅形式最经济、合理？

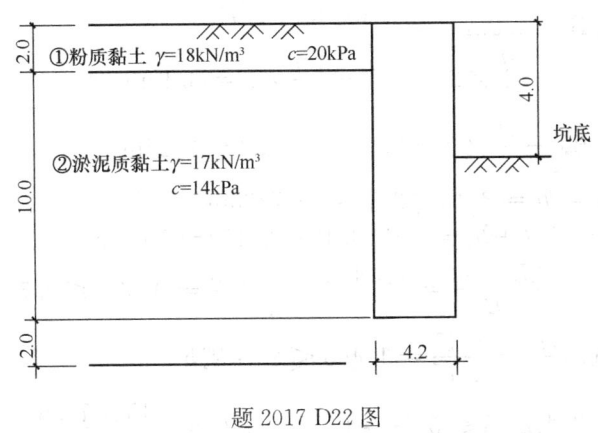

题 2017 D22 图

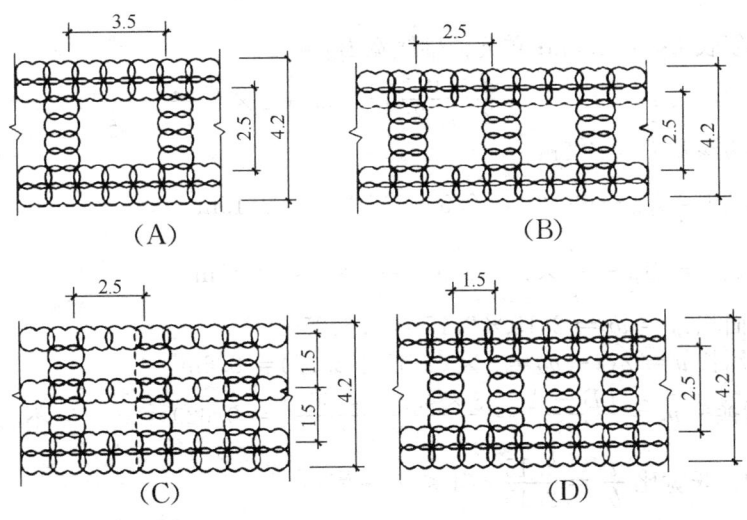

【解】《建筑基坑支护技术规程》JGJ 120—2012 第 6.2.3 条及条文说明

格栅形式需满足三个条件：

① 淤泥要求格栅置换率 $\geqslant 0.7$；② 格栅内侧长宽比 $\leqslant 2$；③ 格栅内土体面积满足 $A \leqslant \delta \dfrac{c_u}{\gamma_m}$

计算系数，黏性质土取 $\delta = 0.5$；加权平均黏聚力 $c = \dfrac{20 \times 2 + 14 \times 10}{12} = 15 \text{kPa}$

加权平均重度 $\gamma_m = \dfrac{18 \times 2 + 17 \times 10}{12} = 17.17 \text{kN/m}^3$

格栅内土体面积计算公式 $A = \left(l - \dfrac{d}{4} \times 2\right)\left(b - \dfrac{d}{4} \times 2\right)$

计算周长 $u = 2\left(l - \dfrac{d}{4} \times 2\right) + 2\left(b - \dfrac{d}{4} \times 2\right)$

A 选项：

单元体轴线长 $L_{轴} = 3.5\text{m}$；单元体轴线宽 $B_{轴} = 2.5\text{m}$

单元体外边缘长 $L = L_{轴} + 2\left(\dfrac{d}{2} - \dfrac{0.2}{2}\right) = 3.5 + 2 \times \left(\dfrac{0.7}{2} - \dfrac{0.2}{2}\right) = 4\text{m}$

单元体外边缘宽 $B = 4.2\text{m}$

内部土体长 $l = L_{轴} - \dfrac{d}{4} \times 2 = 3.5 - \dfrac{0.7}{4} \times 2 = 3.15\text{m}$

内部土体宽 $b = B_{轴} - \dfrac{d}{4} \times 2 = 2.5 - \dfrac{0.7}{4} \times 2 = 2.15\text{m}$

内部土体面积 $A = lb = 3.15 \times 2.15 = 6.7725\text{m}^2$

内部土体周长 $u = 2(l+b) = 2 \times (3.15 + 2.15) = 10.6\text{m}$

① 格栅置换率 $m = \dfrac{LB - A}{LB} = \dfrac{4 \times 4.2 - 6.7725}{4 \times 4.2} = 0.597 \leqslant 0.7 \rightarrow$ 不满足

② 格栅内侧长宽比 $\dfrac{l}{b} = \dfrac{3.15}{2.15} = 1.465 \leqslant 2 \rightarrow$ 满足

③ 格栅内土体面积满足 $A \leqslant \delta \dfrac{cu}{\gamma_m} \rightarrow 6.7725 > 0.5 \times \dfrac{15 \times 10.6}{17.17} = 4.63 \rightarrow$ 不满足

B 选项：

单元体轴线长 $L_{轴} = 2.5\text{m}$；单元体轴线宽 $B_{轴} = 2.5\text{m}$

单元体外边缘长 $L = L_{轴} + 2\left(\dfrac{d}{2} - \dfrac{0.2}{2}\right) = 2.5 + 2 \times \left(\dfrac{0.7}{2} - \dfrac{0.2}{2}\right) = 3\text{m}$

单元体外边缘宽 $B = 4.2\text{m}$

内部土体长 $l = L_{轴} - \dfrac{d}{4} \times 2 = 2.5 - \dfrac{0.7}{4} \times 2 = 2.15\text{m}$

内部土体宽 $b = B_{轴} - \dfrac{d}{4} \times 2 = 2.5 - \dfrac{0.7}{4} \times 2 = 2.15\text{m}$

内部土体面积 $A = lb = 2.15 \times 2.15 = 4.6625\text{m}^2$

内部土体周长 $u = 2(l+b) = 2 \times (2.15 + 2.15) = 8.6\text{m}$

① 格栅置换率 $m = \dfrac{LB - A}{LB} = \dfrac{3 \times 4.2 - 4.6675}{3 \times 4.2} = 0.629 \leqslant 0.7 \rightarrow$ 不满足

② 格栅内侧长宽比 $\dfrac{l}{b} = \dfrac{2.15}{2.15} = 1 \leqslant 2 \rightarrow$ 满足

③ 格栅内土体面积满足 $A \leqslant \delta \dfrac{cu}{\gamma_m} \rightarrow 4.6625 > 0.5 \times \dfrac{15 \times 8.6}{17.17} = 3.757 \rightarrow$ 不满足

C 选项：

单元体轴线长 $L_{轴} = 2.5\text{m}$；单元体轴线宽 $B_{轴} = 1.5\text{m}$

单元体外边缘长 $L = L_{轴} + 2\left(\dfrac{d}{2} - \dfrac{0.2}{2}\right) = 2.5 + 2 \times \left(\dfrac{0.7}{2} - \dfrac{0.2}{2}\right) = 3\text{m}$

单元体外边缘宽 $B = 4.2\text{m}$

内部土体长 $l = L_{轴} - \dfrac{d}{4} \times 2 = 2.5 - \dfrac{0.7}{4} \times 2 = 2.15\text{m}$

内部土体宽

$$b = B_{轴} - \frac{d}{4} \times 2 = 1.5 - \frac{0.7}{4} \times 2 = 1.15 \text{m}$$

内部土体面积 $A = lb = 2.15 \times 1.15 = 2.4725 \text{m}^2$

内部土体周长 $u = 2(l+b) = 2 \times (2.15 + 1.15) = 6.6 \text{m}$

① 格栅置换率 $m = \frac{LB - 2A}{LB} = \frac{3 \times 4.2 - 2 \times 2.4725}{3 \times 4.2} = 0.607 \leqslant 0.7 \rightarrow$ 不满足

② 格栅内侧长宽比 $\frac{l}{b} = \frac{2.15}{1.15} = 1.86 \leqslant 2 \rightarrow$ 满足

③ 格栅内土体面积满足 $A \leqslant \delta \frac{cu}{\gamma_m} \rightarrow 2.4725 \leqslant 0.5 \times \frac{15 \times 6.6}{17.17} = 2.88 \rightarrow$ 满足

D 选项：

单元体轴线长 $L_{轴} = 1.5 \text{m}$；单元体轴线宽 $B_{轴} = 2.5 \text{m}$

单元体外边缘长 $L = L_{轴} + 2\left(\frac{d}{2} - \frac{0.2}{2}\right) = 1.5 + 2 \times \left(\frac{0.7}{2} - \frac{0.2}{2}\right) = 2 \text{m}$

单元体外边缘宽 $B = 4.2 \text{m}$

内部土体长 $l = L_{轴} - \frac{d}{4} \times 2 = 1.5 - \frac{0.7}{4} \times 2 = 1.15 \text{m}$

内部土体宽 $b = B_{轴} - \frac{d}{4} \times 2 = 2.5 - \frac{0.7}{4} \times 2 = 2.15 \text{m}$

内部土体面积 $A = lb = 1.15 \times 2.15 = 2.4725 \text{m}^2$

内部土体周长 $u = 2(l+b) = 2 \times (1.15 + 2.15) = 6.6 \text{m}$

① 格栅置换率 $m = \frac{LB - A}{LB} = \frac{2 \times 4.2 - 2.4725}{2 \times 4.2} = 0.706 > 0.7 \rightarrow$ 满足

② 格栅内侧长宽比 $\frac{l}{b} = \frac{2.15}{1.15} = 1.86 \leqslant 2 \rightarrow$ 满足

③ 格栅内土体面积满足 $A \leqslant \delta \frac{cu}{\gamma_m} \rightarrow 2.4725 \leqslant 0.5 \times \frac{15 \times 6.6}{17.7} = 2.88 \rightarrow$ 满足

【注】①此题略有争议，注意对规范的理解，格栅内侧长宽比这里按格栅内土体长度比处理。②此题计算太复杂，2017 年考试的时候还是 30 选 25，估计以后不会出这么复杂的题目，即便是再次出到，如果还是这么复杂，从做题时间来看，即便做对了也不划算，因此此题以了解为主，不必太纠结。

10.7 基坑地下水控制

10.7.1 基坑截水

10.7.2 基坑涌水量

2003D21

某矩形基坑采用在基坑外围紧邻基坑均匀等距布置多井点同时抽水方法进行降水。井点围成的矩形面积为 50m×80m。按无压潜水完整井进行降水设计。已知含水层厚度 $H=$

20m，单井影响半径 $R=100$m，渗透系数 $k=8$m/d。如果要求水位降深 $s=4$m，则井点系统计算涌水量 Q 将最接近（　　）。

(A) 2000m³/d　　(B) 2300m³/d　　(C) 2700m³/d　　(D) 3000m³/d

【解】潜水完整井

渗透系数 $k=8$m/d；潜水含水层厚度 $H=20$m；

基坑地下水位的设计降深 $s_d=4$m；

降水影响半径 $R=100$m；

基坑面积 $A=b_{基坑宽} \times l_{基坑长}=50 \times 80 = 4000$m²；

基坑等效半径 $r_0=\sqrt{A/\pi}=\sqrt{4000/3.14}=35.7$m

涌水量 $Q=\pi k \dfrac{(2H-s_d)s_d}{\ln\left(1+\dfrac{R}{r_0}\right)}=3.14 \times 8 \times \dfrac{(2\times20-4)\times4}{\ln\left(1+\dfrac{100}{35.7}\right)}=2708.97$m³/d

2005D22

某基坑开挖深度为10m，地面以下2.0m为人工填土，填土以下18m厚为中砂细砂，含水层平均渗透系数 $k=1.0$m/d，砂层以下为黏土层，潜水地下水位在地表下 2.0m，已知基坑的等效半径为 $r_0=10$m，降水影响半径 $R=76$m，要求地下水位降到基坑底面以下 0.5m，井点深为20m，基坑远离边界，不考虑周边水体影响，问该基坑降水的涌水量最接近下列（　　）值。

(A) 342m³/d　　(B) 380m³/d　　(C) 425m³/d　　(D) 453m³/d

【解】潜水完整井

渗透系数 $k=1$m/d；潜水含水层厚度 $H=18$m；

基坑地下水位的设计降深 $s_d=10+0.5-2=8.5$m，

降水影响半径 $R=76$m；

基坑等效半径 $r_0=10$m；

涌水量 $Q=\pi k \dfrac{(2H-s_d)s_d}{\ln\left(1+\dfrac{R}{r_0}\right)}=3.14 \times 1 \times \dfrac{(2\times18-8.5)\times8.5}{\ln\left(1+\dfrac{76}{10}\right)}=341.1$m³/d

【注】准确计算基坑地下水位的设计降深 s_d 是关键，降深 s_d 是从地下水位算到基坑底面下 0.5m 处的距离，故为 $10+0.5-2=8.5$m，即 $s_d=$降水后水位埋深－初始水位埋深。这样理解更加直观。

2011D23

与 2005D22 完全相同。

2013D22

某拟建场地远离地表水体，地层情况见下表，地下水埋深6m，拟开挖一长100m、宽80m的基坑，开挖深度12m。施工中在基坑周边布置井深22m的管井进行降水，降水维持期间基坑内地下水水力坡度为1/15，在维持基坑中心地下水位位于基底下 0.5m 的情况下，按照《建筑基坑支护技术规程》的有关规定，计算的基坑涌水量最接近于下列哪一个值？

(A) $2528m^3/d$ (B) $3527m^3/d$ (C) $2277m^3/d$ (D) $2786m^3/d$

深度 (m)	地层	渗透系数 (m/d)
0～5	黏质粉土	—
5～30	细砂	5
30～35	黏土	—

【解】潜水非完整井

渗透系数 $k=5m/d$

潜水含水层厚度 $H=30-6=24m$

基坑地下水位的设计降深 $s_d=12+0.5-6=6.5m$

降水后基坑内潜水含水层厚度 $h=H-s_d=24-6.5=17.5m$

基坑面积 $A=b_{基坑宽} \times l_{基坑长}=80 \times 100=8000m^2$

基坑等效半径 $r_0=\sqrt{A/\pi}=\sqrt{8000/3.14}=50.5m$

降水影响半径 R 未直接给出，则 $s_d=6.5m<10m$，取 $S_d=10m$

$R=2s_d\sqrt{kH}=2\times 10\times\sqrt{5\times 24}=219.1m$

水位埋深 $d_w=6m$；

降水井深 $l_j=22m$；

水力梯度 $i=1/15$；

过滤器进水部分的长度 $l=l_j-d_w-s_d-i\cdot r_0=22-6-6.5-50.5/15=6.13m$；

$$Q=\pi k \frac{H^2-h^2}{\ln\left(1+\frac{R}{r_0}\right)+\frac{H+h-2l}{2l}\ln\left(1+0.1\frac{H+h}{r_0}\right)}$$

$$=3.14\times 5\times\frac{24^2-17.5^2}{\ln\left(1+\frac{219.1}{50.5}\right)+\frac{24+17.5-2\times 6.13}{2\times 6.13}\ln\left(1+0.1\times\frac{24+17.5}{50.5}\right)}$$

$$=2272.86m^3/d$$

10.7.3 基坑内任一点水位降深计算

2006C22

某基坑潜水含水层厚度为20m，采用潜水完整井，含水层渗透系数 $k=4m/d$，平均单井出水量 $q=500m^3/d$，井群的降水影响半径 $R=130m$，井群布置如题图所示，试按《建筑基坑支护技术规程》计算该基坑中心点水位降深 s 最接近下列哪个选项中的值？

(A) 4.4m (B) 9.0m
(C) 5.3m (D) 1.5m

【解】潜水完整井，基坑内任中心点水位降深

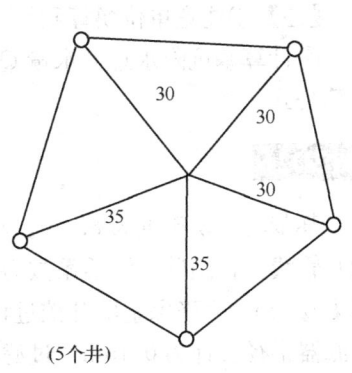

题 2006 C22 图

$$s = H - \sqrt{H^2 - \sum_{j=1}^{n}\frac{q_i}{\pi k}\ln\frac{R}{r_{ij}}} = 20 - \sqrt{20^2 - \frac{500}{3.14\times 4}\left(3\times\ln\frac{130}{30} + 2\times\ln\frac{130}{35}\right)} = 9.03\text{m}$$

10.7.4 降水井设计

2009D23

某场地情况如题图所示，场地第②层中承压水头在地面下 6m，现需要在该场地进行沉井施工，沉井直径 20m，深 13.0m，自地面算，拟采用设计单井出水量 50m³/h 的完整井沿沉井外侧布置，降水影响半径为 160m，将承压水水位降低至井底面下 1.0m，问合理的降水井水量最接近下列何值？

(A) 4　　　　　(B) 6
(C) 8　　　　　(D) 12

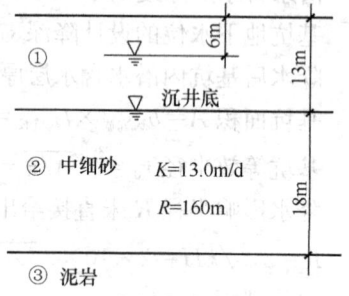

题 2009 D23 图

【解】沉井底位于承压含水层②层顶，降水井将承压水水位降低至井底面下 1.0m，因此属于承压水—潜水完整井。

计算基坑降水总涌水量 Q
渗透系数 $k = 13$ m/d；承压水含水层厚度 $M = 18$m
承压水含水层初始水头 $H_0 = 18 + 13 - 6 = 25$m；降水影响半径 $R = 160$m
降水后基坑中心承压水水位高度 $h = 18 - 1 = 17$m
基坑等效半径 $r_0 = 20 \div 2 = 10$m
基坑降水总涌水量

$$Q = \pi k\frac{(2H_0 - M)M - h^2}{\ln\left(1 + \frac{R}{r_0}\right)} = 3.14\times 13\times\frac{(2\times 25 - 18)\times 18 - 17^2}{\ln\left(1 + \frac{160}{10}\right)} = 4135.0\text{m}^3/\text{d}$$

单井设计流量 $q = 50\text{m}^3/\text{h} = 50\times 24\text{m}^3/\text{d} = 1200\text{m}^3/\text{d}$

降水井数 $n = 1.1\dfrac{Q}{q} = 1.1\times\dfrac{4135.0}{1200} = 3.8$，取 $n = 4$

【注】①注意单位换算和统一。
②计算基坑降水总涌水量 Q 时，一定要先准确判定降水井的类型，才能选用合适的计算公式。

2012D21

某基坑开挖深度为 8.0m，其基坑形状及场地土层如题图所示，基坑周边无重要构筑物及管线。粉细砂层渗透系数为 1.5×10^{-2} cm/s，在水位观测孔中测得该层地下水水位埋深为 0.5m。为确保基坑开挖过程中不致发生突涌，拟采用完整井降水措施，降水井管井过滤器半径设计为 0.15m，过滤器长度与含水层厚度一致，将地下水水位降至基坑开挖面以下 0.5m，试问根据《建筑基坑支护技术规程》估算本基坑降水时需要布置的降水井数量（口）为下列何项？
(A) 2　　　　(B) 3　　　　(C) 4　　　　(D) 5

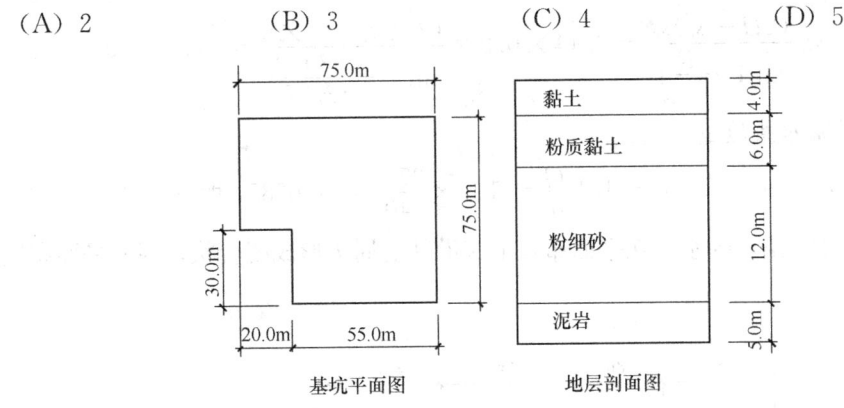

题 2012 D21 图

【解】承压水完整井
渗透系数 $k = 1.5 \times 10^{-2} \text{cm/s} = 1.5 \times 10^{-2} \times 0.01 \times 3600 \times 24 \text{m/d} = 12.96 \text{m/d}$
承压水含水层厚度 $M = 12\text{m}$；基坑地下水位的设计降深 $s_d = 8 + 0.5 - 0.5 = 8\text{m}$
降水影响半径 $R = 2s_d\sqrt{k} = 10 \times 10 \times \sqrt{12.96} = 360\text{m}$（此处若 $s_d < 10\text{m}$ 取 10m）
基坑面积 $A = 75^2 - 30 \times 20 = 5025\text{m}^2$；基坑等效半径 $r_0 = \sqrt{A/\pi} = \sqrt{5025/3.14} = 40\text{m}$
基坑降水总涌水量

$$Q = 2\pi k \frac{Ms_d}{\ln\left(1 + \frac{R}{r_0}\right)} = 2 \times 3.14 \times 12.96 \times \frac{12 \times 8}{\ln\left(1 + \frac{360}{40}\right)} = 3393.3 \text{m}^2/\text{d}$$

过滤器半径 $r_s = 0.15\text{m}$；过滤器进水部分的长度 $l = 12\text{m}$
管井的单井出水能力
$q_0 = 120\pi \cdot r_s l \cdot \sqrt[3]{k} = 120 \times 3.14 \times 0.15 \times 12 \times \sqrt[3]{12.96} = 1593.1 \text{m}^2/\text{d}$

降水井数 $n = 1.1\dfrac{Q}{q} = 1.1 \times \dfrac{3393.3}{1593.1} = 2.34$，取 $n = 3$

2017D23

某 $L \times B = 32\text{m} \times 16\text{m}$ 矩形基坑，挖深 6m，地表下为粉土层，总厚度 9.5m，下卧隔水层，地下水为潜水，埋深 0.5m，拟采用开放式深井降水，抽水试验确定土层渗透系数 $k = 0.2\text{m/d}$，影响半径 $R = 30\text{m}$，潜水完整井单井出水量 $q = 40\text{m}^3/\text{d}$，请问为满足坑内地下水位在坑底下不少于 0.5m，下列完整降水井数量哪个选项最为经济、合理？并画出井位平面布置示意图。
(A) 一口　　　(B) 两口　　　(C) 三口　　　(D) 四口

【解】① 计算基坑涌水量：潜水完整井
渗透系数 $k = 0.2\text{m/d}$；潜水含水层厚度 $H = 9\text{m}$
基坑地下水位的设计降深 $s_d = 6\text{m}$；降水影响半径 $R = 30\text{m}$
基坑面积 $A = b_{基坑宽} \times l_{基坑长} = 16 \times 32 = 512\text{m}^2$

基坑等效半径 $r_0 = \sqrt{A/\pi} = \sqrt{512/3.14} = 12.77\text{m}$

涌水量 $Q = \pi k \dfrac{(2H-s_d)s_d}{\ln\left(1+\dfrac{R}{r_0}\right)} = 3.14 \times 0.2 \times \dfrac{(2\times 9-6)\times 6}{\ln\left(1+\dfrac{30}{12.77}\right)} = 37.4\text{m}^3/\text{d}$

② 计算完整降水量数量 n

单井出水量 $q = 40\text{m}^3/\text{d}$；$n = 1.1\dfrac{Q}{q} = 1.1 \times \dfrac{37.4}{40} = 1.0285$，取 $n=2$

根据规范 7.3.3 条，降水井在平面布置上应沿基坑周边形成闭合状，因此平面布置图如下所示。

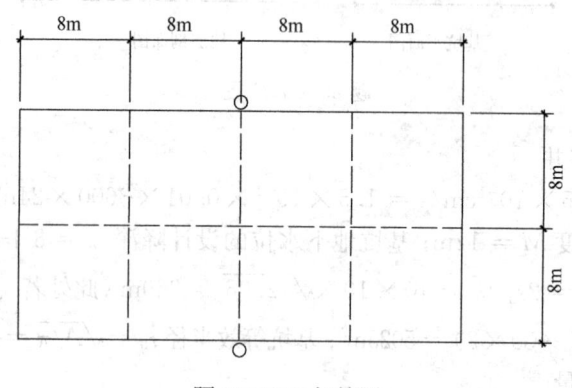

题 2017D23 解答图

【注】①此题不宜取 $n=1$，因为当仅布置一口井时，根据降水特点，会形成一个以井孔为轴心的降水漏斗，很明显，这样除了井孔满足"坑内地下水位在坑底下不少于 0.5m"的要求，其余基坑内的点并不能满足。

② 采用两口井时，有岩友如下布置和验算作答：

取 $n=2$；降水井布置如下图所示

将基坑平分为 2 个正方形，把降水井放在每个正方形中心，如下图所示

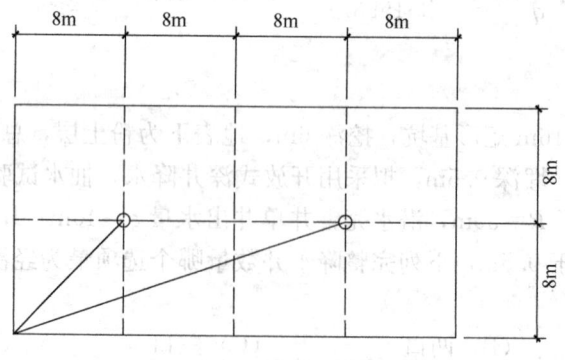

题 2017D23 错解图

验算基坑四个角点处降深，四个角点处能满足降深要求，则其他位置也可满足
又由于对称性，四个角点处降深是一样的。每处降深如下

$$s_i = H - \sqrt{H^2 - \sum_{j=1}^{n} \frac{q_j}{\pi k} \ln \frac{R}{r_{ij}}}$$

$$= 9 - \sqrt{9^2 - \frac{40}{3.14 \times 0.2} \times \left(\ln \frac{30}{8\sqrt{2}} + \ln \frac{30}{\sqrt{24^2 + 8^2}} \right)}$$

$$= 6.2 \text{m} > s_d = 6 \text{m}$$

以上这种验算，申申老师认为不合理，原因有三：

(1) 此公式即规范式 (7.3.5)，验算条件是井群布置在基坑周边，按照干扰井群，计算基坑内任一点降深的计算公式，不符合在基坑中心布置两口井的计算条件。

(2) 计算基坑涌水量 $Q = \pi k \dfrac{(2H - s_d) s_d}{\ln \left(1 + \dfrac{R}{r_0} \right)}$，就是假定基坑周边布置井群，基坑中心降水设计降深 $s_d = 6$m，按照干扰井群理论推导而来，已经暗含了只要保证基坑中心点降水设计降深，根据降水漏斗线，基坑其他位置降水设计降深亦满足。然后利用 Q，结合单井设计流量 q，反求出降水井数量 n。如果验算降深的话，就推翻了计算基坑涌水量 Q 所使用的公式假定，这样相互矛盾。

(3) 求解基坑降水井数量的题目，除非满足干扰井群条件和题干具体指明，一般情况下无须验算基坑内其他点的降深，理论上前后矛盾。比如 2012D21 求降水井数量，武威老师编著的解答也没有再验算基坑内其他点的降深，还有同类题目 2009D23、2018D18 均没有验算基坑内其他点的降深。

2018D18

某基坑长 96m，宽 96m，开挖深度为 12m，地面以下 2m 为人工填土，填土以下为 22m 厚的中细砂，含水层的平均渗透系数为 10m/d，砂层以下为黏土层。地下水位在地表以下 6.0m，施工时拟在基坑外周边距基坑边 2.0m 处布置井深 18m 的管井降水（全滤管不考虑沉砂管的影响），降水维持期间基坑内地下水力坡度 1/30，管井过滤器半径为 0.15m，要求将地下水位降至基坑开挖面以下 0.5m。根据《建筑基坑支护技术规程》，估算基坑降水至少需要布置多少口降水井？

(A) 6　　　　(B) 8　　　　(C) 9　　　　(D) 10

【解】①计算基坑涌水量：潜水非完整井

渗透系数 $k = 10$m/d；潜水含水层厚度 $H = 18$m

基坑地下水位的设计降深 $s_d = 12 + 0.5 - 6 = 6.5$m

降水后基坑内潜水含水层厚度 $h = H - s_d = 18 - 6.5 = 11.5$m

基坑面积 $A = b_{基坑宽} \times l_{基坑长} = 96^2 \text{m}^2$

基坑等效半径 $r_0 = \sqrt{A/\pi} = \sqrt{96^2/3.14} = 54.18$m

降水影响半径 R 未直接给出

则 $R = 2s_d \sqrt{kH} = 2 \times 10 \times \sqrt{10 \times 18} = 268.3$m（此处若 $s_d < 10$m 取 10m）

水位埋深 $d_w = 6$m；降水井深 $l_j = 18$m；水力梯度 $i = 1/30$

过滤器进水部分的长度 $l = l_j - d_w - s_d - i \cdot r_0 = 18 - 6 - 6.5 - \dfrac{1}{30} \times 54.18 = 3.694$m

$$Q = \pi k \frac{H^2 - h^2}{\ln\left(1 + \frac{R}{r_0}\right) + \frac{H+h-2l}{2l}\ln\left(1 + 0.1\frac{H+h}{r_0}\right)}$$

$$= 3.14 \times 10 \times \frac{18^2 - 11.5^2}{\ln\left(1 + \frac{268.3}{54.18}\right) + \frac{18 + 11.5 - 2 \times 3.694}{2 \times 3.694}\ln\left(1 + 0.1 \times \frac{18 + 11.5}{54.18}\right)}$$

$$= 31.4 \times \frac{191.75}{1.78 + 0.159} = 3105.18 \text{m}^3/\text{d}$$

②计算降水量数量 n

过滤器半径 $r_s = 0.15$m；过滤器进水部分的长度 $l = 3.694$m

管井的单井出水能力

$$q_0 = 120\pi \cdot r_s l \cdot \sqrt[3]{k} = 120 \times 3.14 \times 0.15 \times 3.694 \times \sqrt[3]{10} = 449.8 \text{m}^2/\text{d}$$

$$n = 1.1\frac{Q}{n} = 1.1 \times \frac{3105.18}{449.8} = 7.6，取 n = 8$$

【注】此题若干考生争议，在基坑外周边距基坑边 2.0m 处布置管井降水，那么基坑面积应该如下计算 $A = (96+4) \times (96+4) = 10000$ 及 $r_0 = \sqrt{A/\pi} = \sqrt{10000/3.14} = 56.4$m，这种解法是错误的，官方标准答案没有错。之所以按基坑实际面积来计算基坑等效半径 r_0 及过滤器进水部分的长度 l，是因为基坑涌水量的计算公式"大井法"就是假定降水井布置在基坑周边（见 10.7.2 基坑涌水量知识点讲解），布置得越近，计算精度越高，虽然此题给出了拟在基坑外周边距基坑边 2.0m 处布置降水井，也必须按基坑实际面积来求，而不是按照降水井井群围成的面积，是符合基坑涌水量计算公式基本假定的，换言之，就必须假定降水井布置在基坑周边，这个 2m 是用不到的，这是个"坑"。这也是符合规范附录 E 计算示意图的。

10.8 建筑基坑工程监测

10.9 建 筑 变 形 测 量

11 抗震工程专题

<table>
<tr><td colspan="4" align="center">11 抗震工程专题专业案例真题按知识点分布汇总</td></tr>
<tr><td colspan="3">11.1 抗震工程基本概念</td><td></td></tr>
<tr><td colspan="3">11.2 中国地震动参数区划图</td><td>2018C24</td></tr>
<tr><td rowspan="9">11.3 建筑工程抗震设计</td><td colspan="2">11.3.1 场地类别划分</td><td>2003D35；2004C34；2005C29；2006D5；2006C29；2007C28；2007D28；2008C28；2009D29；2011C28；2014C29；2016C27；2018C23</td></tr>
<tr><td rowspan="2">11.3.2 设计反应谱</td><td>11.3.2.1 建筑结构的地震影响系数</td><td>2002C20；2003C33；2003D33；2004D33；2005C30；2006C28；2007C27；2008C27；2009D28；2010C27；2010D29；2011D29；2012C29；2013C28；2013D29；2014C28；2016C28；2016D28；2018D24；2019D23</td></tr>
<tr><td>11.3.2.2 水平和竖向地震作用计算</td><td>2010C28</td></tr>
<tr><td rowspan="3">11.3.3 液化判别</td><td>11.3.3.1 液化初判</td><td>2005D28；2008C29；2009C28；2011D27；</td></tr>
<tr><td>11.3.3.2 液化复判及液化指数</td><td>2002C21；2002C18；2003C35；2003D34；2004C35；2012D29；2013C29；2014C27；2016D29；2017C29；2018D23</td></tr>
<tr><td>11.3.3.3 打桩后标贯击数的修正及液化判别</td><td>2004C33；2010C29；2014D29</td></tr>
<tr><td colspan="2">11.3.4 天然地基抗震承载力验算</td><td>2003C34；2005D30；2006D29；2008D28；2011C29；2017C28；2017D28</td></tr>
<tr><td colspan="2">11.3.5 桩基液化效应和抗震验算</td><td>2012D28；2013D13；2016D11；2017D11；2018D9；2019D9</td></tr>
<tr><td colspan="3"></td></tr>
<tr><td rowspan="6">11.4 公路工程抗震设计</td><td colspan="2">11.4.1 场地类别划分</td><td></td></tr>
<tr><td colspan="2">11.4.2 设计反应谱</td><td>2013D27；2016C29；2017D29</td></tr>
<tr><td rowspan="2">11.4.3 液化判别</td><td>11.4.3.1 液化初判</td><td>2007C29</td></tr>
<tr><td>11.4.3.2 液化复判</td><td>2008D29</td></tr>
<tr><td colspan="2">11.4.4 天然地基抗震承载力</td><td></td></tr>
<tr><td colspan="2">11.4.5 桩基液化效应和抗震验算</td><td>2002C23；2006C30；2014D28；2017C27</td></tr>
<tr><td rowspan="5">11.5 水利水电工程抗震设计</td><td colspan="2">11.4.6 地震作用</td><td></td></tr>
<tr><td colspan="2">11.5.1 场地类别划分</td><td></td></tr>
<tr><td colspan="2">11.5.2 设计反应谱</td><td>2009C27；2019C23</td></tr>
<tr><td rowspan="2">11.5.3 液化判别</td><td>11.5.3.1 液化初判</td><td>2013D28</td></tr>
<tr><td>11.5.5.2 液化复判</td><td>2009C29；2010D28；2012C28</td></tr>
<tr><td colspan="3">11.5.4 地震作用</td><td></td></tr>
</table>

11 抗震工程专题

11.1 抗震工程基本概念

11.1.1 场地和地基问题

11.1.2 地震动及设计反应谱等问题

11.2 中国地震动参数区划图

2018C24

某场地类别为Ⅳ类，查《中国地震动参数区划图》GB 18306—2015，在Ⅱ类场地条件下的基本地震动峰值加速度为 0.10g，问该场地在罕遇地震动时峰值加速度最接近下列哪个选项？

(A) 0.08g

(B) 0.12g

(C) 0.25g

(D) 0.40g

【解1】Ⅱ类场地基本地震动峰值加速度 $\alpha'_{\max Ⅱ} = 0.10g$

罕遇地震时动峰值加速度不低于基本地震动峰值加速度的 1.6~2.3 倍

故 $\alpha_{\max} = K\alpha'_{\max Ⅱ} = (1.6\sim2.3)\times0.10g = (0.16\sim0.23)g$

Ⅳ类场地，查规范附录 E

当 $\alpha_{\max} = 0.16g$，线性插值得调整系数 $F_a = 1.08$

当 $\alpha_{\max} = 0.23g$，线性插值得调整系数 $F_a = 0.985$

所以Ⅳ类场地基本地震动峰值加速度

$\alpha_{\max} = 1.08\times0.16g \sim 0.985\times0.23g = (0.172\sim0.227)g$，因此 B、C 选项均有可能。

【解2】Ⅱ类场地基本地震动峰值加速度 $\alpha'_{\max Ⅱ} = 0.10g$

Ⅳ类场地，查规范附录 E，调整系数 $F_a = 1.20$

所以Ⅳ类场地基本地震动峰值加速度 $\alpha_{\max} = F_a\alpha'_{\max Ⅱ} = 1.20\times0.10g = 0.12g$

罕遇地震时动峰值加速度不低于基本地震动峰值加速度的 1.6~2.3 倍

即在 $0.12g\times1.6=0.192g$，$0.12g\times2.3=0.276g$ 之间，因此 C 选项满足。

【注】本题选项设置不太好，从答案设置来看，解 2 是正解，但从规范来看，解 1 是正解，当然也可以说按解 1 求得结果，再求平均为 $\alpha_{\max} = 0.15g$，也是最接近 C 选项，但和选项误差有点大。

11.3 建筑工程抗震设计

11.3.1 场地类别划分

2003D35

某场地抗震设防烈度为 7 度，场地典型地层条件如下表，地下水位深度为 1.00m，从建筑抗震来说场地类别属于( )。
(A) Ⅰ类　　　(B) Ⅱ类　　　(C) Ⅲ类　　　(D) Ⅳ类

成因年代	土层编号	土名	层底深度 (m)	剪切波速 (m/s)
Q_4	1	粉质黏土	1.50	90
Q_4	2	粉质黏土	3.00	140
Q_4	3	粉砂	6.00	160
Q_3	4	细砂	11.0	350
		岩层		750

【解】 ①确定覆盖层厚度（从地面算起）h

岩层剪切波速 $v_i = 750\text{m/s} > 500\text{m/s}$，无其他特殊情况，所以 $h = 11\text{m}$

②计算深度 $d_0 = \min(h, 20\text{m}) = \min(11\text{m}, 20\text{m}) = 11\text{m}$

土层等效剪切波速 $v_{se} = \dfrac{d_0}{\sum\limits_{i=1}^{n} \dfrac{d_i}{v_i}} = \dfrac{11}{\dfrac{1.5}{90} + \dfrac{1.5}{140} + \dfrac{3}{160} + \dfrac{5}{350}} = 182.07\text{m/s}$

③查表，$250 \geqslant v_{se} > 150$，$50 > h > 3$，得场地类别为 Ⅱ 类

【注】 一般基岩层以下认为剪切波速均大于 500m/s。

2004C34

某建筑场地土层条件及测试数据如下表所示，试判断该场地属( )类别。
(A) Ⅰ类　　　(B) Ⅱ类　　　(C) Ⅲ类　　　(D) Ⅳ类

土层名称	层底深度 (m)	剪切波速 v_s (m/s)
填土	1.0	90
粉质黏土	3.0	180
淤泥质黏土	11.0	110
细砂	16	420
黏质粉土	20	400
基岩	>25	>500

【解】 ①确定覆盖层厚度（从地面算起）h

岩层剪切波速 $v_i = 750\text{m/s} > 500\text{m/s}$

覆盖层厚度 $h = 20\text{m}$

② 计算深度 $d_0 = \min(h, 20\text{m}) = \min(20\text{m}, 20\text{m}) = 20\text{m}$

土层等效剪切波速 $v_{se} = \dfrac{d_0}{\sum_{i=1}^{n}\dfrac{d_i}{v_i}} = \dfrac{20}{\dfrac{1}{90}+\dfrac{2}{180}+\dfrac{8}{110}+\dfrac{5}{420}+\dfrac{4}{400}} = 171.15\text{m/s}$

③ 查表，$150 < v_{se} < 250$，$3 < h < 15$，得场地类别为Ⅱ类

【注】利用"（2）从天然地面至某 i 层顶面，某 i 层满足：顶面距天然地面>5m 及剪切波速 $v_i > 2.5v_{i-n}$、$v_i > 400\text{m/s}$、$v_{i+n} > 400\text{m/s}$；"此条确定覆盖层厚度 h 时，注意是 $v_i > 2.5v_{i-n}$，而不是 $v_i > 2.5v_{i-1}$，即该层剪切波速要大于其上各土层剪切波速的 2.5 倍，而不是仅大于其上面那层土的 2.5 倍。

如此题仅满足 $420 > 110 \times 2.5$，但 $420 < 180 \times 2.5$，因此最终确定覆盖层厚度 $h = 20\text{m}$，而不是 $h = 11\text{m}$。

2005C29

某建筑场地土层柱状分布及实测剪切波速如下表所示，问在计算深度范围内土层的等效剪切波速最接近下列（　）数值。

(A) 128m/s　　　(B) 158m/s　　　(C) 179m/s　　　(D) 185m/s

层序	岩土名称	层厚 d_i（m）	层底深度（m）	实测剪切波速 v_{si}（m/s）
1	填土	2.0	2.0	150
2	粉质黏土	3.0	5.0	200
3	淤泥质粉质黏土	5.0	10.0	100
4	残积粉质黏土	5.0	15.0	300
5	花岗岩孤石	2.0	17.0	600
6	残积粉质黏土	8.0	25.0	300
7	风化花岗岩			>500

【解】① 确定覆盖层厚度（从地面算起）h

风化花岗岩剪切波速 $v_i > 500\text{m/s}$

剪切波速大于 500m/s 的花岗岩孤石应视为周围土体，上下均是残积粉质黏土，故其剪切波速就等效于 300m/s，所以 $h = 25\text{m}$

② 计算深度 $d_0 = \min(h, 20\text{m}) = \min(25\text{m}, 20\text{m}) = 20\text{m}$

土层等效剪切波速 $v_{se} = \dfrac{d_0}{\sum_{i=1}^{n}\dfrac{d_i}{v_i}} = \dfrac{20}{\dfrac{2}{150}+\dfrac{3}{200}+\dfrac{5}{100}+\dfrac{10}{300}} = 179.1\text{m/s}$

③ 查表，$250 \geq v_{se} > 150$，$3 > h > 15$，得场地类别为Ⅱ类

2006D5

某 10~18 层的高层建筑场地，抗震设防烈度为 7 度。地形平坦，非岸边和陡坡地段，

基岩为粉砂岩和花岗岩，岩面起伏很大，土层等效剪切坡速为180m/s，勘察发现有一走向NW的正断层，见有微胶结的断层角砾岩，不属于全新世活动断裂，判别该场地对建筑抗震属于下列什么地段类别？并简单说明判定依据。

(A) 有利地段
(B) 不利地段
(C) 危险地段
(D) 可进行建设的一般场地

【解】① 基岩起伏大，非稳定的基岩面，不属于有利地段；
② 地形平坦，非岸边及陡坡地段，不属于不利地段；
③ 断层角砾有胶结，不属于全新世活动断裂，非危险地段；
根据以上三点，该场地为可进行建设的一般场地。

2006C29

已知某建筑场地土层分布如下表所示，为了按《建筑抗震设计规范》划分抗震类别，测量土层剪切波速的钻孔应达到下列哪一选项中的深度即可？并说明理由。

(A) 15m (B) 20m (C) 30m (D) 60m

层序	岩土名称和性状	层厚 (m)	层底深度 (m)
1	填土 $f_{ak}=150$kPa	5	5
2	粉质黏土 $f_{ak}=200$kPa	10	15
3	稍密粉细砂	15	30
4	稍密～中密圆砾	30	60
5	坚硬稳定基岩		

【解】①确定覆盖层厚度（从地面算起）h
基岩剪切波速一般 $v_i > 500$m/s，无其他特殊情况，所以 $h=60$m
②计算深度 $d_0 = \min(h, 20\text{m}) = \min(60, 20)\text{m} = 20$m
因此测量土层剪切波速的钻孔应达到20m的深度。

2007C28

某建筑场地土层分布如下表所示，拟建8层建筑，高25m。根《建筑抗震设计规范》，该建筑抗震设防类别为丙类。现无实测剪切波速，该建筑场地的类别划分可根据经验按下列哪一选项考虑？

(A) Ⅱ类 (B) Ⅲ类 (C) Ⅳ类 (D) 无法确定

层序	岩土名称和性质	层厚 (m)	层底深度 (m)
1	填土，$f_{ak}=100$kPa	5	5
2	粉质黏土，$f_{ak}=150$kPa	10	15
3	稍密粉细砂	10	25
4	稍密～中密的粗中砂	15	40
5	中密圆砾卵石	22	60
6	坚硬基岩		

【解】 此题未给出土层剪切波速的具体值，所以不能定量分析，只能根据表格定性分析，先大致确定各土层剪切波速范围

填土，$f_{ak}=100$kPa，软弱土，$v_{se} \leqslant 150$
粉质黏土，$f_{ak}=150$kPa，中软土，$250 \geqslant v_{se} > 150$
稍密粉细砂，中软土，$250 \geqslant v_{se} > 150$
稍密～中密的粗中砂，中软土，$250 \geqslant v_{se} > 150$
中密圆砾卵石，中硬土，$500 \geqslant v_{se} > 250$
坚硬基岩，$v_{se} > 800$

① 确定覆盖层厚度（从地面算起）h

基岩剪切波速 $v_i > 500$m/s，无其他特殊情况，覆盖层厚度一直算到基岩顶面，故 $h = 60$m；

② 计算深度 $d_0 = \min(h, 20\text{m}) = \min(60\text{m}, 20\text{m}) = 20$m

20m 厚度范围内，有三层土，根据土性，厚度 0～5m 内 $v_{se} \leqslant 150$，5～20m 内 $250 \geqslant v_{se} > 150$，因此 20m 计算深度内可大致断定最终各土层等效剪切波速 $250 \geqslant v_{se} > 150$

③ 查表，$250 \geqslant v_{se} > 150$，$h > 50$，得场地类别为Ⅲ类

2007D28

与 2005C29 完全相同。

2008C28

某 8 层民用住宅高 25m。已知场地地基土层的埋深及性状如下表所示。问该建筑的场地类别可划分为下列哪个选项的结果？请说明理由。（注：f_{ak} 为地基承载力特征值）

(A) Ⅱ类　　　(B) Ⅲ类　　　(C) Ⅳ类　　　(D) 无法确定

层序	岩土名称	层底深度（m）	性状	f_{ak}（kPa）
①	填土	1.0		120
②	黄土	7.0	可塑	160
③	黄土	8.0	流塑	100
④	粉土	12.0	中密	150
⑤	细砂	18.0	中密～密实	200
⑥	中砂	30.0	密实	250
⑦	卵石	40.0	密实	500
⑧	基岩			

【解】 此题未给出土层剪切波速的具体值，所以不能定量分析，只能根据表格定性分析，先大致确定各土层剪切波速范围

填土，软弱土，$v_{se} \leqslant 150$
黄土，可塑，中软土，$250 \geqslant v_{se} > 150$

黄土，流塑，软弱土，$v_{se} \leqslant 150$

粉土，中密，中软土，$250 \geqslant v_{se} > 150$

细砂，中密～密实，中软土，$250 \geqslant v_{se} > 150$

中砂，密实，中硬土，$500 \geqslant v_{se} > 250$

卵石，密实，坚硬土，$800 \geqslant v_{se} > 500$

基岩 $v_{se} > 800$

① 确定覆盖层厚度（从地面算起）h

密实卵石层剪切波速 $v_i > 500 \text{m/s}$，无其他特殊情况，覆盖层厚度一直算到卵石层顶面，故 $h = 30 \text{m}$

② 计算深度 $d_0 = \min(h, 20\text{m}) = \min(30\text{m}, 20\text{m}) = 20\text{m}$

20m 厚度范围内，有三层土，根据土性，厚度 0～5m 内 $v_{se} \leqslant 150$，5～20m 内 $250 \geqslant v_{se} > 150$，因此 20m 计算深度内，除①③层为软弱土层之外，20m 范围内为中软土，故可大致断定最终各土层等效剪切波速 $250 \geqslant v_{se} > 150$

③ 查表，$250 \geqslant v_{se} > 150$，$50 > h > 3$，得场地类别为Ⅱ类

2009D29

题图所示为某工程场地剪切波速测试结果，据此计算确定场地土层的等效剪切波速和场地的类别，下列哪个选项中的组合是合理的？

(A) 173m/s；Ⅱ类 (B) 261m/s；Ⅱ类

(C) 193m/s；Ⅲ类 (D) 290m/s；Ⅳ类

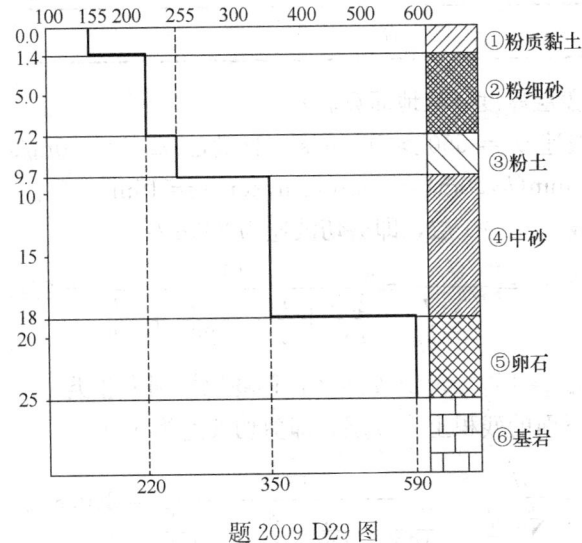

题 2009 D29 图

【解】①确定覆盖层厚度（从地面算起）h

第⑤层卵石层剪切波速满足 $v_i = 590\text{m/s} > 500\text{m/s}$，且其下为基岩 $v_{i+n} > 500\text{m/s}$

所以 $h = 18\text{m}$

② 计算深度 $d_0 = \min(h, 20\text{m}) = \min(18\text{m}, 20\text{m}) = 18\text{m}$

土层等效剪切波速

$$v_{se} = \frac{d_0}{\sum_{i=1}^{n}\frac{d_i}{v_i}} = \frac{20}{\frac{1.4}{155}+\frac{5.8}{220}+\frac{2.5}{255}+\frac{8.31}{350}} = 261.2\text{m/s}$$

③ 查表，$500 \geqslant v_{se} > 250$，$h > 5$，得场地类别为 II 类

2011C28

某场地的钻孔资料和剪切波速测试结果见下表，按照《建筑抗震设计规范》确定的场地覆盖层厚度和计算得出的土层等效剪切波速 v_{se} 与下列哪个选项最为接近？

(A) 10.5m，200m/s　　　　　(B) 13.5m，225m/s
(C) 15.0m，235m/s　　　　　(D) 15.0m，250m/s

层序	岩土名称	层底深度（m）	实测剪切波速 v_{si}（m/s）
①	粉质黏土	2.5	160
②	粉细砂	7.0	200
③-1	残积土	10.5	260
③-2	孤石	12.0	700
③-3	残积土	15.0	420
④	强风化基岩	20.0	550
⑤	中风化基岩	—	—

【解1】①确定覆盖层厚度（从地面算起）h
强风化基岩剪切波速 $v_i = 550 > 500\text{m/s}$，且满足 $v_{i+n} \geqslant 500\text{m/s}$，所以 $h = 15\text{m}$
②计算深度 $d_0 = \min(h, 20\text{m}) = \min(15\text{m}, 20\text{m}) = 15\text{m}$
孤石视为上面的残积土③-1层，即剪切波速为 260m/s

土层等效剪切波速 $v_{se} = \dfrac{d_0}{\sum_{i=1}^{n}\frac{d_i}{v_i}} = \dfrac{15}{\frac{2.5}{160}+\frac{4.5}{200}+\frac{5}{260}+\frac{3}{420}} = 232.56\text{m/s}$

③ 查表，$250 \geqslant v_{se} > 150$，$50 > h > 3$，得场地类别为 II 类

【解2】孤石视为下面的残积土③-3层，即剪切波速为 420m/s；

$$v_{se} = \frac{d_0}{\sum_{i=1}^{n}\frac{d_i}{v_i}} = \frac{15}{\frac{2.5}{160}+\frac{4.5}{200}+\frac{3.5}{260}+\frac{4.5}{420}} = 240.8\text{m/s}$$

$250 \geqslant v_{se} > 150$，$50 > h > 3$，查表得场地类别为 II 类
【注】解1和解2均可。

2014C29

某场地地层结构如题图所示。采用单孔法进行剪切波速测试，激振板长 2m，宽

0.3m，其内侧边缘距孔口 2m，触发传感器位于激振板中心，将三分量检波器放入钻孔内地面下 2m 深度时，实测波形图上显示剪切波初至时间为 29.4ms，已知土层②～④和基岩的剪切波速如题图所示，试按《建筑抗震设计规范》计算土层的等效剪切波速，其值最接近下列哪个数值？

(A) 109m/s　　　(B) 131m/s
(C) 142m/s　　　(D) 154m/s

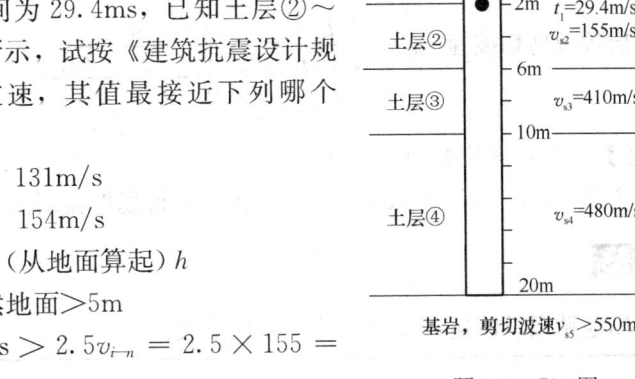

题 2014 C29 图

【解】①确定覆盖层厚度（从地面算起）h

土层③满足：顶面距天然地面 $>$ 5m

及剪切波速 $v_i = 420\text{m/s} > 2.5 v_{i-n} = 2.5 \times 155 = 387.5\text{m/s}$

即满足大于其上各土层剪切波速 2.5 倍

及 $v_{i+n} > 400\text{m/s}$（土层③以下层剪切波速均满足大于 400m/s）

所以 $h = 6\text{m}$

②计算深度 $d_0 = \min(h, 20\text{m}) = \min(6\text{m}, 20\text{m}) = 6\text{m}$

土层 1 剪切波速 $v_1 = \dfrac{\sqrt{2^2 + (2 + 0.3/2)^2}}{0.0294} = 99.88\text{m/s}$

土层等效剪切波速 $v_{se} = \dfrac{d_0}{\sum\limits_{i=1}^{n} \dfrac{d_i}{v_i}} = \dfrac{6}{\dfrac{2}{99.88} + \dfrac{4}{155}} = 130.9\text{m/s}$

③查表，$150 \geqslant v_{se}$，$15 > h > 3$，得场地类别为 II 类

2016C27

某建筑场地勘察资料见下表，按照《建筑抗震设计规范》的规定，土层的等效剪切波速最接近下列哪个选项？

(A) 250m/s　　　(B) 260m/s
(C) 270m/s　　　(D) 280m/s

土层名称	层底埋深（m）	剪切波速（m/s）
粉质黏土①	2.5	180
粉土②	4.5	220
玄武岩③	5.5	2500
细中砂④	20	290
基岩⑤	—	>500

【解】①确定覆盖层厚度（从地面算起）h

基岩剪切波速 $v_i = 550 > 500\text{m/s}$，玄武岩硬夹层视为刚体，其厚度从覆盖层土层中扣除；

所以 $h = 20 - 1 = 19\text{m}$

②计算深度 $d_0 = \min(h, 20\text{m}) = \min(19\text{m}, 20\text{m}) = 19\text{m}$

土层等效剪切波速 $v_{se} = \dfrac{d_0}{\sum\limits_{i=1}^{n}\dfrac{d_i}{v_i}} = \dfrac{19}{\dfrac{2.5}{180} + \dfrac{2}{220} + \dfrac{14.5}{290}} = 260.35\text{m/s}$

【注】若判断场地类别，如下

③查表，$250 \geqslant v_{se} > 150$，$15 > h > 3$，得场地类别为Ⅱ类

2018C23

某场地钻探及波速测试得到的结果见下表：

层号	岩性	层顶埋深（m）	平均剪切波速 v_s (m/s)
1	淤泥质粉质黏土	0	110
2	砾砂	9.0	180
3	粉质黏土	10.5	120
4	含黏性土碎石	14.5	415
5	强风化流纹岩	22.0	800

试按照《建筑抗震设计规范》GB 50011—2010（2016年版）用计算确定场地类别为下列哪个选项？

(A) Ⅰ₁ (B) Ⅱ (C) Ⅲ (D) Ⅳ

【解】①确定覆盖层厚度（从地面算起）h

强风化流纹岩剪切波速 $v_i = 800 > 500\text{m/s}$，无其他特殊情况，所以 $h = 22\text{m}$

②计算深度 $d_0 = \min(h, 20\text{m}) = \min(22\text{m}, 20\text{m}) = 20\text{m}$

土层等效剪切波速 $v_{se} = \dfrac{d_0}{\sum\limits_{i=1}^{n}\dfrac{d_i}{v_i}} = \dfrac{20}{\dfrac{9}{110} + \dfrac{1.5}{180} + \dfrac{4}{120} + \dfrac{5.5}{415}} = 146.3\text{m/s}$

③查表，$v_{se} < 150$，$80 > h > 15$，得场地类别为Ⅲ类

【注】①认真审题，以往题目大多给出层底埋深，此题给出的是层顶埋深。

②利用"（2）从天然地面至某 i 层顶面，某 i 层满足：

顶面距天然地面>5m 及剪切波速 $v_i > 2.5v_{i-n}$、$v_i > 400\text{m/s}$、$v_{i+n} > 400\text{m/s}$；"此条确定覆盖层厚度 h 时，注意是 $v_i > 2.5v_{i-n}$，而不是 $v_i > 2.5v_{i-1}$，即该层剪切波速要大于其上各土层剪切波速的2.5倍，而不是仅大于其上面那层土的2.5倍。

如此题仅满足 $415 > 120 \times 2.5$ 和 $415 > 110 \times 2.5$，但 $420 < 180 \times 2.5$，因此最终确定覆盖层厚度 $h = 22\text{m}$，而不是 $h = 14.5\text{m}$。与2004C34考查同一个知识点，因此说对于老题也应该引起足够的重视。

11.3.2 设计反应谱

11.3.2.1 建筑结构的地震影响系数

2002C20

某场地抗震设防烈度 8 度，第二组，场地类别 I_1 类。建筑物 A 和建筑物 B 的结构自振周期分别为：$T_A = 0.2s$ 和 $T_B = 0.4s$。阻尼比为 0.05。根据《建筑抗震设计规范》，如果建筑物 A 和 B 的地震影响系数分别为 α_A 和 α_B。问 α_A/α_B 的比值最接近下列（　）个数值。

(A) 0.5　　　　(B) 1.1　　　　(C) 1.3　　　　(D) 1.8

【解】① 确定特征周期值 T_g

设计地震分组第二组，场地类别 I_1 类，特征周期值 $T_g = 0.30s$

② 确定水平地震影响系数最大值 α_{max}

抗震设防烈度 8 度，多遇地震水平地震影响系数最大值 $\alpha_{max} = 0.16$

③ 根据建筑结构的阻尼比 ζ 确定如下三个系数

建筑结构的阻尼比 $\zeta = 0.05$

$$\eta_2 = 1 + \frac{0.05 - \zeta}{0.08 + 1.6\zeta} (\geqslant 0.55) = 1 ; \gamma = 0.9 + \frac{0.05 - \zeta}{0.3 + 6\zeta} = 0.9 ;$$

$$\eta_1 = 0.02 + \frac{0.05 - \zeta}{4 + 32\zeta} = 0.02$$

④ 建筑结构自振周期 T 与建筑结构水平地震影响系数 α

建筑结构自振周期 $T_A = 0.2s$，$T_B = 0.4s$

$$0.1 \leqslant T_A = 0.2s \leqslant T_g , \alpha_A = \eta_2 \alpha_{max}$$

$$T_g < T_B = 0.4s \leqslant 5T_g , \alpha_B = \left(\frac{T_g}{T}\right)^\gamma \cdot \eta_2 \alpha_{max}$$

所以　$\dfrac{\alpha_A}{\alpha_B} = \dfrac{\eta_2 \alpha_{max}}{\left(\dfrac{T_g}{T_B}\right)^\gamma \cdot \eta_2 \alpha_{max}} = \left(\dfrac{T_B}{T_g}\right)^{0.9} = \left(\dfrac{4}{3}\right)^{0.9} = 1.3$

【注】① 题目未明确说明是罕遇地震，一般即按多遇地震考虑。

② 本题所求为建筑物 A 和 B 的地震影响系数之比，解题过程中本没必要根据建筑结构的阻尼比 ζ 确定如下三个系数，但为了展现解题思维流程的完整性，加深大家对解题思维流程的深刻理解，特将过程写得及其详细，考试时可不写此步骤。

2003C33

某建筑场地抗震设防烈度为 8 度，设计基本地震加速度值为 $0.20g$，设计地震分组为第一组。场地地基土层的剪切波速如下表所示。按 50 年超越概率 63% 考虑，阻尼比为 0.05，结构基本自振周期为 0.40s 的地震水平影响系数与下列（　）最为接近。

(A) 0.14　　　　(B) 0.16　　　　(C) 0.24　　　　(D) 0.90

土层编号	土层名称	层底深度（m）	剪切波速 v_s（m/s）
1	填土	5.0	120
2	淤泥	10.0	90
3	粉土	16.0	180
4	卵石	20.0	460
5	基岩		800

【解】 第一步：判断场地类别

① 确定覆盖层厚度（从地面算起）h

卵石层满足：顶面距天然地面≥5m

及剪切波速 $v_i = 460\text{m/s} > 2.5 v_{i-n} = 2.5 \times 180 = 450\text{m/s}$

即满足大于其上各土层剪切波速2.5倍

及 $v_{i+n} > 400\text{m/s}$（卵石层以下土层剪切波速均满足大于400m/s）

所以 $h = 16\text{m}$

② 计算深度 $d_0 = \min(h, 20\text{m}) = \min(16\text{m}, 20\text{m}) = 16\text{m}$

土层等效剪切波速 $v_{se} = \dfrac{d_0}{\sum\limits_{i=1}^{n} \dfrac{d_i}{v_i}} = \dfrac{16}{\dfrac{5}{120} + \dfrac{5}{90} + \dfrac{6}{180}} = 122.6\text{m/s}$

③ 查表，$v_{se} \leqslant 150$，$80 > h > 15$，得场地类别为Ⅲ类

第二步：设计反应谱分析

① 确定特征周期值 T_g

按50年超越概率63%考虑，即为多遇地震

设计地震分组第一组，场地类别Ⅲ类，特征周期值 $T_g = 0.45\text{s}$

② 确定水平地震影响系数最大值 $\alpha_{\max}$

抗震设防烈度8度，设计基本地震加速度为0.20g，多遇地震水平地震影响系数最大值 $\alpha_{\max} = 0.16$

③ 根据建筑结构的阻尼比 ζ 确定如下三个系数

建筑结构的阻尼比 $\zeta = 0.05$

$$\eta_2 = 1 + \dfrac{0.05 - \zeta}{0.08 + 1.6\zeta}(\geqslant 0.55) = 1;\quad \gamma = 0.9 + \dfrac{0.05 - \zeta}{0.3 + 6\zeta} = 0.9$$

$$\eta_1 = 0.02 + \dfrac{0.05 - \zeta}{4 + 32\zeta} = 0.02$$

④ 建筑结构自振周期 T 与建筑结构水平地震影响系数 α

建筑结构自振周期 $T = 0.4\text{s}$

$$0.1 \leqslant T = 0.4\text{s} \leqslant T_g;\quad \alpha = \eta_2 \alpha_{\max} = 1 \times 0.16 = 0.16$$

【注】 此题为场地类别划分与设计反应谱的综合题，因为计算水平地震影响系数的第一步就是根据设计地震分组和场地类别确定特征周期值 T_g，当题目中未给出场地类别时，需要自己进行判断。

2003D33

已知有如题图所示属于同一设计地震分组的A、B两个土层模型，试判断其场地特征

周期 T_g 的大小。问( )说法是正确的。
(A) 土层模型 A 的 T_g 大于 B 的 T_g
(B) 土层模型 A 的 T_g 等于 B 的 T_g
(C) 土层模型 A 的 T_g 小于 B 的 T_g
(D) 不能确定

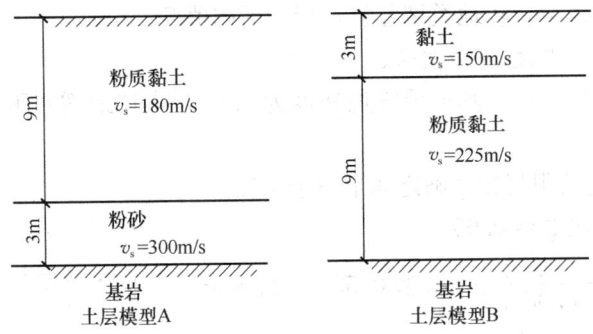

题 2003 D33 图

【解】第一步：判断场地类别
土层模型 A：
确定覆盖层厚度（从地面算起）h
一般基岩剪切波速 $v_i > 500\text{m/s}$，无特殊情况，所以 $h = 12\text{m}$
计算深度 $d_0 = \min(h, 20\text{m}) = \min(12\text{m}, 20\text{m}) = 12\text{m}$
土层等效剪切波速 $v_{se} = \dfrac{d_0}{\sum\limits_{i=1}^{n}\dfrac{d_i}{v_i}} = \dfrac{12}{\dfrac{9}{180}+\dfrac{3}{300}} = 200\text{m/s}$

$250 \geq v_{se} > 150$，$15 > h > 3$，查表得场地类别为 Ⅱ 类

土层模型 B：
确定覆盖层厚度（从地面算起）$h = 12\text{m}$
计算深度 $d_0 = \min(h, 20\text{m}) = \min(12\text{m}, 20\text{m}) = 12\text{m}$
土层等效剪切波速 $v_{seA} = \dfrac{d_0}{\sum\limits_{i=1}^{n}\dfrac{d_i}{v_i}} = \dfrac{12}{\dfrac{3}{150}+\dfrac{9}{225}} = 200\text{m/s}$

$250 \geq v_{se} > 150$，$15 > h > 3$，查表得场地类别为 Ⅱ 类

第二步：设计反应谱分析
土层模型 A 和土层模型 B 场地类别相同，并且设计地震分组相同，特征周期值 T_g 相同。

2004D33

某普通多层建筑其结构自振周期 $T=0.5\text{s}$，阻尼比 $\zeta=0.05$，天然地基场地覆盖土层厚度 30m，等效剪切波速 $v_{se}=200\text{m/s}$，设防烈度为 8 度，设计基本地震加速度为 $0.2g$，设计地震分组为第一组，按多遇地震考虑，水平地震影响系数 α 最接近下列( )。

(A) $\alpha=0.116$ (B) $\alpha=0.131$ (C) $\alpha=0.174$ (D) $\alpha=0.196$

【解】第一步：判断场地类别

$250 \geqslant v_{se} = 200 > 150$，$50 > h = 30 > 3$，查表得场地类别为Ⅱ类

第二步：设计反应谱分析

① 确定特征周期值 T_g

设计地震分组第二组，场地类别Ⅱ类，特征周期值 $T_g = 0.35$s

② 确定水平地震影响系数最大值 $\alpha_{\max}$

抗震设防烈度 8 度，设计基本地震加速度为 $0.2g$，多遇地震水平地震影响系数最大值 $\alpha_{\max} = 0.16$

③ 根据建筑结构的阻尼比 ζ 确定如下三个系数

建筑结构的阻尼比 $\zeta = 0.05$

$$\eta_2 = 1 + \frac{0.05-\zeta}{0.08+1.6\zeta}(\geqslant 0.55) = 1; \quad \gamma = 0.9 + \frac{0.05-\zeta}{0.3+6\zeta} = 0.9$$

$$\eta_1 = 0.02 + \frac{0.05-\zeta}{4+32\zeta} = 0.02$$

④ 建筑结构自振周期 T 与建筑结构水平地震影响系数 α

建筑结构自振周期 $T = 0.5$s

$$T_g < T \leqslant 5T_g; \alpha = \left(\frac{T_g}{T}\right)^\gamma \cdot \eta_2 \alpha_{\max} = \left(\frac{0.35}{0.5}\right)^{0.9} \times 1 \times 0.16 = 0.116$$

2005C30

某建筑场地抗震设防烈度为 8 度，设计基本地震加速度为 $0.30g$，设计地震分组为第二组，场地类别为Ⅲ类，建筑物结构自振周期 $T = 1.65$s，结构阻尼比 ζ 取 0.05，当进行多遇地震作用下的截面抗震验算时，相应于结构自振周期的水平地震影响系数值最接近下列（ ）值。

(A) 0.09   (B) 0.08   (C) 0.07   (D) 0.06

【解】① 确定特征周期值 T_g

设计地震分组第二组，场地类别Ⅲ类，特征周期值 $T_g = 0.55$s

② 确定水平地震影响系数最大值 $\alpha_{\max}$

抗震设防烈度 8 度，设计基本地震加速度为 $0.30g$，多遇地震水平地震影响系数最大值 $\alpha_{\max} = 0.24$

③ 根据建筑结构的阻尼比 ζ 确定如下三个系数

建筑结构的阻尼比 $\zeta = 0.05$

$$\eta_2 = 1 + \frac{0.05-\zeta}{0.08+1.6\zeta}(\geqslant 0.55) = 1$$

$$\gamma = 0.9 + \frac{0.05-\zeta}{0.3+6\zeta} = 0.9$$

$$\eta_1 = 0.02 + \frac{0.05-\zeta}{4+32\zeta} = 0.02$$

④ 建筑结构自振周期 T 与建筑结构水平地震影响系数 α

建筑结构自振周期 $T = 1.65\text{s}$

$$T_g < T \leqslant 5T_g;\ \alpha = \left(\frac{T_g}{T}\right)^\gamma \cdot \eta_2 \alpha_{\max} = \left(\frac{0.55}{1.65}\right)^{0.9} \times 1 \times 0.24 = 0.089$$

2006C28

同一场地上甲乙两座建筑物的结构自振周期分别为 $T_甲=0.25\text{s}$，$T_乙=0.60\text{s}$，已知建筑场地类别为Ⅱ类，设计地震分组为第一组，若两座建筑的阻尼比都取 0.05，问在抗震验算时甲、乙两座建筑的地震影响系数之比（$\alpha_甲/\alpha_乙$）最接近下列哪个选项？

(A) 1.6 (B) 1.2
(C) 0.6 (D) 条件不足，无法计算

【解】①确定特征周期值 T_g
设计地震分组第二组，场地类别Ⅱ类，特征周期值 $T_g = 0.35\text{s}$
②确定水平地震影响系数最大值 $\alpha_{\max}$
抗震设防烈度 8 度，多遇地震水平地震影响系数最大值 $\alpha_{\max}$
③据建筑结构的阻尼比 ζ 确定如下三个系数
建筑结构的阻尼比 $\zeta = 0.05$

$$\eta_2 = 1 + \frac{0.05-\zeta}{0.08+1.6\zeta}(\geqslant 0.55) = 1;\ \gamma = 0.9 + \frac{0.05-\zeta}{0.3+6\zeta} = 0.9$$

$$\eta_1 = 0.02 + \frac{0.05-\zeta}{4+32\zeta} = 0.02$$

④ 建筑结构自振周期 T 与建筑结构水平地震影响系数 α
建筑结构自振周期 $T_甲 = 0.25\text{s}$，$T_乙 = 0.60\text{s}$

$$0.1 \leqslant T_A = 0.25\text{s} \leqslant T_g;\ \alpha_甲 = \eta_2 \alpha_{\max}$$

$$T_g < T_B = 0.60\text{s} \leqslant 5T_g;\ \alpha_乙 = \left(\frac{T_g}{T}\right)^\gamma \cdot \eta_2 \alpha_{\max}$$

所以 $\dfrac{\alpha_甲}{\alpha_乙} = \dfrac{\eta_2 \alpha_{\max}}{\left(\dfrac{T_g}{T_B}\right)^\gamma \cdot \eta_2 \alpha_{\max}} = \dfrac{1 \times \alpha_{\max}}{\left(\dfrac{0.35}{0.60}\right)^{0.9} \times 1 \times \alpha_{\max}} = \left(\dfrac{0.35}{0.60}\right)^{0.9} = 1.624$

2007C27

某场地抗震设防烈度为 8 度，设计基本地震加速度为 $0.30g$，设计地震分组为第一组。土层等效剪切波速为 150m/s，覆盖层厚度 60m。相应于建筑结构自振周期 $T = 0.40\text{s}$，阻尼比 $\zeta=0.05$ 的水平地震影响系数值最接近于下列哪个选项？

(A) 0.12 (B) 0.16 (C) 0.20 (D) 0.24

【解】第一步：判断场地类别
$v_{se} = 150 \leqslant 150$，$80 > h = 60 > 15$，查表得场地类别为Ⅲ类
第二步：设计反应谱分析
① 确定特征周期值 T_g
设计地震分组第一组，场地类别Ⅲ类，特征周期值 $T_g = 0.45\text{s}$
② 确定水平地震影响系数最大值 $\alpha_{\max}$

抗震设防烈度 8 度，设计基本地震加速度为 $0.30g$，多遇地震水平地震影响系数最大值 $\alpha_{max} = 0.24$

③ 根据建筑结构的阻尼比 ζ 确定如下三个系数

建筑结构的阻尼比 $\zeta = 0.05$

$$\eta_2 = 1 + \frac{0.05 - \zeta}{0.08 + 1.6\zeta}(\geqslant 0.55) = 1; \quad \gamma = 0.9 + \frac{0.05 - \zeta}{0.3 + 6\zeta} = 0.9;$$

$$\eta_1 = 0.02 + \frac{0.05 - \zeta}{4 + 32\zeta} = 0.02$$

④ 建筑结构自振周期 T 与建筑结构水平地震影响系数 α

建筑结构自振周期 $T = 0.4s$

$$0.1 \leqslant T = 0.4s \leqslant T_g; \quad \alpha = \eta_2 \alpha_{max} = 1 \times 0.24 = 0.24$$

2008C27

已知场地地震烈度 7 度，设计基本地震加速度为 $0.15g$，设计地震分组为第一组。对建造于 II 类场地上，结构自振周期为 $0.40s$，阻尼比为 0.05 的建筑结构进行截面抗震验算时，相应的水平地震影响系数最接近下列哪个选项的数值？

(A) 0.08 (B) 0.10 (C) 0.12 (D) 0.16

【解】① 确定特征周期值 T_g

设计地震分组第一组，场地类别 II 类，特征周期值 $T_g = 0.35s$

② 确定水平地震影响系数最大值 α_{max}

场地地震烈度 7 度，设计基本地震加速度为 $0.15g$，多遇地震水平地震影响系数最大值 $\alpha_{max} = 0.12$

③ 根据建筑结构的阻尼比 ζ 确定如下三个系数

建筑结构的阻尼比 $\zeta = 0.05$

$$\eta_2 = 1 + \frac{0.05 - \zeta}{0.08 + 1.6\zeta}(\geqslant 0.55) = 1; \quad \gamma = 0.9 + \frac{0.05 - \zeta}{0.3 + 6\zeta} = 0.9; \quad \eta_1 = 0.02 + \frac{0.05 - \zeta}{4 + 32\zeta} = 0.02$$

④ 建筑结构自振周期 T 与建筑结构水平地震影响系数 α

建筑结构自振周期 $T = 0.4s$

$$T_g < T = 0.4s \leqslant 5T_g, \quad \alpha = \left(\frac{T_g}{T}\right)^\gamma \cdot \eta_2 \alpha_{max} = \left(\frac{0.35}{0.40}\right)^{0.9} \times 1 \times 0.12 = 0.106$$

2009D28

某建筑场地抗震设防烈度 8 度，设计地震分组第一组，场地土层及其剪切波速见下表，建筑物自振周期 $0.40s$，阻尼比 0.05，按 50 年超越概率 63% 考虑，建筑结构的地震影响系数取值是（　　）。

(A) 0.14 (B) 0.15 (C) 0.16 (D) 0.17

序号	土层名称	层底深度（m）	剪切波速（m/s）
①	填土	1.0	120
②	淤泥	10.0	90

续表

序号	土层名称	层底深度（m）	剪切波速（m/s）
③	粉土	16.0	180
④	卵石	20.0	460
⑤	基岩		800

【解】 第一步：判断场地类别

① 确定覆盖层厚度（从地面算起）h

卵石层满足：顶面距天然地面$>5m$

及剪切波速 $v_i = 460\text{m/s} > 2.5 v_{i-n} = 2.5 \times 180 = 450\text{m/s}$

即满足大于其上各土层剪切波速的 2.5 倍

及 $v_{i+n} > 400\text{m/s}$（卵石层以下土层剪切波速均满足大于 400m/s），所以 $h = 16\text{m}$

② 计算深度 $d_0 = \min(h, 20\text{m}) = \min(16\text{m}, 20\text{m}) = 16\text{m}$

土层等效剪切波速 $v_{se} = \dfrac{d_0}{\sum_{i=1}^{n} \dfrac{d_i}{v_i}} = \dfrac{16}{\dfrac{1}{120} + \dfrac{9}{90} + \dfrac{6}{180}} = 112.9\text{m/s}$

③ 查表，$v_{se} \leqslant 150$，$80 > h > 15$，得场地类别为Ⅲ类

第二步：设计反应谱分析

① 确定特征周期值 T_g

按 50 年超越概率 63% 考虑，即为多遇地震

设计地震分组第一组，场地类别Ⅲ类，特征周期值 $T_g = 0.45\text{s}$

② 确定水平地震影响系数最大值 $\alpha_{\max}$

抗震设防烈度 8 度，设计基本地震加速度为 $0.20g$，多遇地震水平地震影响系数最大值 $\alpha_{\max} = 0.16$

③ 据建筑结构的阻尼比 ζ 确定如下三个系数

建筑结构的阻尼比 $\zeta = 0.05$

$$\eta_2 = 1 + \frac{0.05 - \zeta}{0.08 + 1.6\zeta}(\geqslant 0.55) = 1; \quad \gamma = 0.9 + \frac{0.05 - \zeta}{0.3 + 6\zeta} = 0.9;$$

$$\eta_1 = 0.02 + \frac{0.05 - \zeta}{4 + 32\zeta} = 0.02$$

④ 建筑结构自振周期 T 与建筑结构水平地震影响系数 α

建筑结构自振周期 $T = 0.4\text{s}$

$$0.1 \leqslant T = 0.4\text{s} \leqslant T_g; \quad \alpha = \eta_2 \alpha_{\max} = 1 \times 0.16 = 0.16$$

2010C27

某场地抗震设防烈度为 8 度，场地类别为Ⅱ类，设计地震分组为第一组，建筑物 A 和建筑物 B 的结构基本自振周期分别为：$T_A = 0.2\text{s}$，$T_B = 0.4\text{s}$，阻尼比均为 $\zeta = 0.05$，根据《建筑抗震设计规范》，如果建筑物 A 和 B 的相应于结构基本自振周期的水平地震影响系数分别以 α_A 和 α_B 表示，试问两者的比值（α_A/α_B）最接近于下列何项数值？

(A) 0.83　　　　(B) 1.23　　　　(C) 1.13　　　　(D) 2.13

【解】① 确定特征周期值 T_g

设计地震分组第一组，场地类别Ⅱ类，特征周期值 $T_g = 0.35s$

② 确定水平地震影响系数最大值 $\alpha_{\max}$

抗震设防烈度8度，多遇地震水平地震影响系数最大值 $\alpha_{\max} = 0.16$

③ 据建筑结构的阻尼比 ζ 确定如下三个系数

建筑结构的阻尼比 $\zeta = 0.05$

$$\eta_2 = 1 + \frac{0.05 - \zeta}{0.08 + 1.6\zeta} (\geqslant 0.55) = 1;\ \gamma = 0.9 + \frac{0.05 - \zeta}{0.3 + 6\zeta} = 0.9;$$

$$\eta_1 = 0.02 + \frac{0.05 - \zeta}{4 + 32\zeta} = 0.02$$

④ 建筑结构自振周期 T 与建筑结构水平地震影响系数 α

建筑结构自振周期 $T_A = 0.2s$，$T_B = 0.4s$

$$0.1 \leqslant T_A = 0.2s \leqslant T_g;\ \alpha_A = \eta_2 \alpha_{\max}$$

$$T_g < T_B = 0.4s \leqslant 5T_g;\ \alpha_B = \left(\frac{T_g}{T}\right)^\gamma \cdot \eta_2 \alpha_{\max}$$

所以

$$\frac{\alpha_A}{\alpha_B} = \frac{\eta_2 \alpha_{\max}}{\left(\frac{T_g}{T_B}\right)^\gamma \cdot \eta_2 \alpha_{\max}} = \frac{1 \times \alpha_{\max}}{\left(\frac{0.35}{0.40}\right)^{0.9} \times 1 \times \alpha_{\max}} = 1.128$$

2010D29

已知某建筑场地抗震设防烈度为8度，设计基本地震加速度为 $0.30g$，设计地震分组为第一组，场地覆盖层厚度为20m，等效剪切波速为240m/s，结构自振周期为0.40s，阻尼比0.40，在计算水平地震作用时，相应于多遇地震的水平地震影响系数值最接近于下列哪个选项？

(A) 0.24　　　　(B) 0.22　　　　(C) 0.14　　　　(D) 0.12

【解】第一步：判断场地类别

$250 \geqslant v_{se} = 240 > 150$，$20 > h = 20 > 3$，查表得场地类别为Ⅱ类

第二步：设计反应谱分析

① 确定特征周期值 T_g

设计地震分组第一组，场地类别Ⅱ类，特征周期值 $T_g = 0.35s$

② 确定水平地震影响系数最大值 $\alpha_{\max}$

抗震设防烈度8度，设计基本地震加速度为 $0.30g$，多遇地震水平地震影响系数最大值 $\alpha_{\max} = 0.24$

③ 根据建筑结构的阻尼比 ζ 确定如下三个系数

建筑结构的阻尼比 $\zeta = 0.40$

$$\eta_2 = 1 + \frac{0.05 - \zeta}{0.08 + 1.6\zeta} = 1 + \frac{0.05 - 0.40}{0.08 + 1.6 \times 0.40} = 0.55 \geqslant 0.55$$

$$\gamma = 0.9 + \frac{0.05 - \zeta}{0.3 + 6\zeta} = 0.9 + \frac{0.05 - 0.40}{0.3 + 6 \times 0.40} = 0.77$$

$$\eta_1 = 0.02 + \frac{0.05 - \zeta}{4 + 32\zeta} = 0.02 + \frac{0.05 - 0.40}{4 + 32 \times 0.40} = 8.3 \times 10^{-4}$$

④ 建筑结构自振周期 T 与建筑结构水平地震影响系数 α

建筑结构自振周期 $T = 0.4\text{s}$

$$T_g < T = 0.4\text{s} \leqslant 5T_g, \alpha = \left(\frac{T_g}{T}\right)^\gamma \cdot \eta_2 \alpha_{\max} = \left(\frac{0.35}{0.40}\right)^{0.77} \times 0.55 \times 0.24 = 0.1155$$

【注】根据建筑结构的阻尼比 ζ 确定的三个系数并不一定都能用到,这和建筑结构水平地震影响系数 α 计算选择的公式有关,实际考试中,用到哪个则计算哪个,尽可能地节省时间。

2011D29

某场地设防烈度为 8 度,设计地震分组为第一组,地层资料见下表,问按照《建筑抗震设计规范》确定的特征周期最接近下列哪个选项?

(A) 0.2s (B) 0.35s (C) 0.45s (D) 0.55s

地层资料

土名	层底埋深(m)	土层厚度(m)	土层剪切波速(m/s)
粉细砂	9	9	170
粉质黏土	37	28	130
中砂	47	10	230
粉质黏土	58	11	200
中砂	66	8	350
砾石	84	18	550
强风化岩	94	10	600

【解】第一步:判断场地类别

① 确定覆盖层厚度(从地面算起)h

砾砂层剪切波速大于 500m/s,且其下层剪切波速大于 500m/s

故覆盖层厚度 $h = 66\text{m}$

② 计算深度 $d_0 = \min(h, 20\text{m}) = \min(66\text{m}, 20\text{m}) = 20\text{m}$

土层等效剪切波速 $v_{se} = \dfrac{d_0}{\sum\limits_{i=1}^n \dfrac{d_i}{v_i}} = \dfrac{20}{\dfrac{9}{170} + \dfrac{11}{130}} = 145.4\text{m/s}$

③ 查表,$v_{se} \leqslant 150$,$80 > h > 15$,得场地类别为 Ⅲ 类

第二步:设计反应谱分析

设计地震分组第一组,场地类别 Ⅲ 类,特征周期值 $T_g = 0.45\text{s}$

2012C29

某 Ⅲ 类场地上的建筑结构,设计基本地震加速度 $0.30g$,设计地震分组第一组,按《建筑抗震设计规范》GB 50011—2010 规定,当有必要进行罕遇地震作用下的变形验算时,算得的水平地震影响系数与下列哪个选项的数值最为接近?

（已知结构自振周期 $T=0.75$s，阻尼比 $\zeta=0.075$）

(A) 0.55　　　(B) 0.62　　　(C) 0.74　　　(D) 0.83

【解】①确定特征周期值 T_g

设计地震分组第一组，场地类别Ⅲ类，特征周期值 $T_g=0.45$s

计算罕遇地震时，特征周期应增加 0.05s，故最终取 $T_g=0.45+0.05=0.50$s

② 确定水平地震影响系数最大值 α_{max}

设计基本地震加速度 0.30g，罕遇地震水平地震影响系数最大值 $\alpha_{max}=1.20$

③ 据建筑结构的阻尼比 ζ 确定如下两个系数

建筑结构的阻尼比 $\zeta=0.075$

$$\eta_2=1+\frac{0.05-\zeta}{0.08+1.6\zeta}=1+\frac{0.05-0.075}{0.08+1.6\times0.075}=0.875(\geqslant 0.55)$$

$$\gamma=0.9+\frac{0.05-\zeta}{0.3+6\zeta}=0.9+\frac{0.05-0.075}{0.3+6\times0.075}=0.867$$

④ 建筑结构自振周期 T 与建筑结构水平地震影响系数 α

建筑结构自振周期 $T=0.75$s

$$T_g<T=0.75\text{s}\leqslant 5T_g，\alpha=\left(\frac{T_g}{T}\right)^\gamma\cdot\eta_2\alpha_{max}=\left(\frac{0.5}{0.75}\right)^{0.867}\times 0.875\times 1.2=0.739$$

2013C28

某临近岩质边坡的建筑场地，所处地区抗震设防烈度为 8 度，设计基本地震加速度为 0.30g，设计地震分组为第一组。岩石剪切波速有关尺寸如题图所示。建筑采用框架结构，抗震设防分类属丙类建筑，结构自振周期 $T=0.40$s，阻尼比 $\zeta=0.05$。按《建筑抗震设计规范》进行多遇地震作用下的截面抗震验算时，相应于结构自振周期的水平地震影响系数值最接近下列哪项？

(A) 0.13　　　(B) 0.16　　　(C) 0.18　　　(D) 0.22

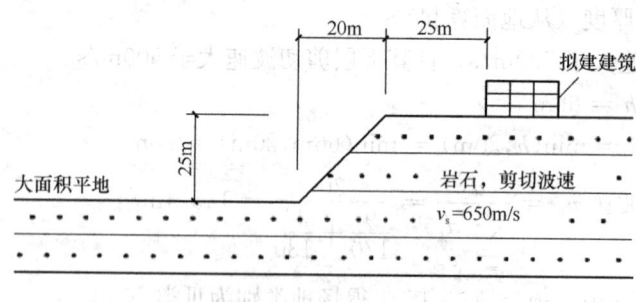

题 2013 C28 图

【解】第一步：判断场地类别

岩石基岩，$v_{se}=650$m/s，所以覆盖层厚度（从地面算起）$h=0$m

查表，$800\geqslant v_{se}=650>500$，得场地类别为 I_1 类

第二步：设计反应谱分析

① 确定特征周期值 T_g

多遇地震，设计地震分组第一组，场地类别 I_1 类，特征周期值 $T_g=0.25$s

② 确定水平地震影响系数最大值 $\alpha_{\max}$

抗震设防烈度 8 度，设计基本地震加速度为 $0.30g$，多遇地震水平地震影响系数最大值 $\alpha_{\max} = 0.24$

位于不利地段，因此水平地震影响系数最大值 $\alpha_{\max}$ 要乘放大系数 λ

建筑场地离突出台地边缘的距离 $L_1 = 25\text{m}$，相对高差 $H = 25\text{m}$

$L_1/H = 1 < 2.5$，故附加调整系数 $\zeta = 1.0$

岩质地层，$20 \leqslant H = 25 < 40$，局部突出台地边缘的侧向平均坡降 $H/L = 25/20 = 1.25 \geqslant 1.0$

局部突出地形地震动参数的增大幅度 $\alpha = 0.4$

放大系数 $\lambda = 1 + \zeta\alpha = 1 + 1.0 \times 0.4 = 1.4$

因此最终水平地震影响系数最大值 $\alpha_{\max} = 0.24 \times 1.4 = 0.336$

③ 据建筑结构的阻尼比 ζ 确定如下三个系数

建筑结构的阻尼比 $\zeta = 0.05$

$$\eta_2 = 1 + \frac{0.05 - \zeta}{0.08 + 1.6\zeta}(\geqslant 0.55) = 1; \quad \gamma = 0.9 + \frac{0.05 - \zeta}{0.3 + 6\zeta} = 0.9;$$

$$\eta_1 = 0.02 + \frac{0.05 - \zeta}{4 + 32\zeta} = 0.02$$

④ 建筑结构自振周期 T 与建筑结构水平地震影响系数 α

建筑结构自振周期 $T = 0.40\text{s}$

$$T_g < T \leqslant 5T_g, \quad \alpha = \left(\frac{T_g}{T}\right)^{\gamma} \cdot \eta_2 \alpha_{\max} = \left(\frac{0.25}{0.40}\right)^{0.9} \times 1 \times 0.336 = 0.22$$

2013D29

某建筑场地设计基本地震加速度 $0.2g$，设计地震分组为第二组，土层柱状分布及实测剪切波速如下表所示，问该场地的特征周期最接近下列哪个选项的数值？

(A) 0.30s (B) 0.40s (C) 0.45s (D) 0.55s

层序	岩土名称	层厚 d_i (m)	层底深度 (m)	实测剪切波速 v_{si} (m/s)
1	填土	3.0	3.0	140
2	淤泥质粉质黏土	5.0	8.0	100
3	粉质黏土	8.0	16.0	160
4	卵石	15.0	31.0	480
5	基岩	—	—	>500

【解】第一步：判断场地类别

① 确定覆盖层厚度（从地面算起）h

卵石层满足：顶面距天然地面 >5m

及剪切波速 $v_i = 480\text{m/s} > 2.5v_{i-n} = 2.5 \times 160 = 400\text{m/s}$

即满足大于其上各土层剪切波速 2.5 倍

及 $v_{i+n} > 400\text{m/s}$（卵石层以下土层剪切波速均满足大于 400m/s）

所以 $h = 16\text{m}$

11 抗震工程专题

② 计算深度 $d_0 = \min(h, 20\mathrm{m}) = \min(16\mathrm{m}, 20\mathrm{m}) = 16\mathrm{m}$

土层等效剪切波速 $v_{\mathrm{se}} = \dfrac{d_0}{\sum\limits_{i=1}^{n}\dfrac{d_i}{v_i}} = \dfrac{16}{\dfrac{3}{140} + \dfrac{5}{100} + \dfrac{8}{160}} = 132\mathrm{m/s}$

③ 查表，$v_{\mathrm{se}} \leqslant 150$，$80 > h > 15$，得场地类别为Ⅲ类

第二步：设计反应谱分析

设计地震分组第二组，场地类别Ⅲ类，特征周期值 $T_g = 0.55\mathrm{s}$

2014C28

某建筑场地位于抗震设防烈度 8 度地区，设计基本地震加速度值为 $0.2g$，设计地震分组为第一组，根据勘察资料，地面下 13m 范围内为淤泥质和淤泥质土，其下为波速大于 500m/s 的卵石，若拟建建筑的结构自振周期为 3s，建筑结构的阻尼比为 0.05，则计算罕遇地震作用时建筑结构的水平地震影响系数最接近于下列哪个选项？

(A) 0.023　　　(B) 0.034　　　(C) 0.147　　　(D) 0.194

【解】第一步：判断场地类别

① 确定覆盖层厚度（从地面算起）h

卵石层剪切波速 $v_i > 500\mathrm{m/s}$，所以 $h = 13\mathrm{m}$

② 计算深度 $d_0 = \min(h, 20\mathrm{m}) = \min(13\mathrm{m}, 20\mathrm{m}) = 13\mathrm{m}$

查表定量判断，淤泥质和淤泥质土为软弱土，土层等效剪切波速 $v_{\mathrm{se}} \leqslant 150\mathrm{m/s}$

③ 查表，$v_{\mathrm{se}} \leqslant 150$，$15 > h > 3$，得场地类别为Ⅱ类

第二步：设计反应谱分析

① 确定特征周期值 T_g

设计地震分组第一组，场地类别Ⅱ类，特征周期值 $T_g = 0.35\mathrm{s}$

计算罕遇地震时，特征周期应增加 0.05s，故最终取 $T_g = 0.35 + 0.05 = 0.40\mathrm{s}$

② 确定水平地震影响系数最大值 $\alpha_{\max}$

设计基本地震加速度 $0.20g$，罕遇地震水平地震影响系数最大值 $\alpha_{\max} = 0.90$

③ 据建筑结构的阻尼比 ζ 确定如下三个系数

建筑结构的阻尼比 $\zeta = 0.05$

$$\eta_2 = 1 + \frac{0.05 - \zeta}{0.08 + 1.6\zeta} = 1 (\geqslant 0.55); \quad \gamma = 0.9 + \frac{0.05 - \zeta}{0.3 + 6\zeta} = 0.9;$$

$$\eta_1 = 0.02 + \frac{0.05 - \zeta}{4 + 32\zeta} = 0.02$$

④ 建筑结构自振周期 T 与建筑结构水平地震影响系数 α

建筑结构自振周期 $T = 3\mathrm{s}$

$5T_g < T \leqslant 6\mathrm{s}$，$\alpha = [0.2^\gamma \cdot \eta_2 - \eta_1(T - 5T_g)]\alpha_{\max}$
$= [0.2^{0.9} \times 1 - 0.02(3 - 5 \times 0.4)] \times 0.9$
$= 0.193$

2016C28

某建筑场地抗震设防烈度为 8 度，设计基本地震加速度为 $0.3g$，设计地震分组为第

一组，场地土层及其剪切波速如下表所示，建筑结构的自振周期 $T=0.30s$，阻尼比 0.05，请问特征周期 T_g 和建筑结构的水平地震影响系数 α 最接近下列哪个选项？（按多遇地震作用考虑）

(A) $T_g=0.35s$，$\alpha=0.16$
(B) $T_g=0.45s$，$\alpha=0.24$
(C) $T_g=0.35s$，$\alpha=0.24$
(D) $T_g=0.45s$，$\alpha=0.16$

层序	岩土名称	层底深度（m）	实测剪切波速 v_{si}（m/s）
1	填土	2.0	130
2	淤泥质黏土	10.0	100
3	粉砂	14.0	170
4	卵石	18.0	450
5	基岩	—	>500

【解】第一步：判断场地类别
① 确定覆盖层厚度（从地面算起）h
卵石层满足：顶面距天然地面>5m
及剪切波速 $v_i=450$m/s $>2.5v_{i-n}=2.5\times170=425$m/s
即满足大于其上各土层剪切波速2.5倍
及 $v_{i+n}>400$m/s（卵石层以下土层剪切波速均满足大于400m/s），所以 $h=14$m
② 计算深度 $d_0=\min(h,20m)=\min(14m,20m)=14m$

土层等效剪切波速 $v_{se}=\dfrac{d_0}{\sum\limits_{i=1}^{n}\dfrac{d_i}{v_i}}=\dfrac{14}{\dfrac{2}{130}+\dfrac{8}{100}+\dfrac{4}{170}}=117.7$m/s

③ 查表，$v_{se}\leqslant150$，$15>h>3$，得场地类别为Ⅱ类
第二步：设计反应谱分析
① 确定特征周期值 T_g
设计地震分组第一组，场地类别Ⅱ类，特征周期值 $T_g=0.35s$
② 确定水平地震影响系数最大值 α_{max}
设计基本地震加速度 $0.30g$，多遇地震水平地震影响系数最大值 $\alpha_{max}=0.24$
③ 据建筑结构的阻尼比 ζ 确定如下三个系数
建筑结构的阻尼比 $\zeta=0.05$

$$\eta_2=1+\dfrac{0.05-\zeta}{0.08+1.6\zeta}(\geqslant0.55)=1;\ \gamma=0.9+\dfrac{0.05-\zeta}{0.3+6\zeta}=0.9$$

$$\eta_1=0.02+\dfrac{0.05-\zeta}{4+32\zeta}=0.02$$

④ 建筑结构自振周期 T 与建筑结构水平地震影响系数 α
建筑结构自振周期 $T=0.30s$

$$0.1s\leqslant T=0.30s\leqslant T_g;\ \alpha=\eta_2\alpha_{max}=1\times0.24=0.24$$

2016D28

某场地抗震设防烈度为9度，设计基本地震加速度为 $0.40g$，设计地震分组为第三

组，覆盖层厚度为9m，建筑结构自振周期 $T=2.45\text{s}$，阻尼比0.05，根据《建筑抗震设计规范》GB 50011—2010，计算罕遇地震作用时建筑结构的水平地震影响系数最接近下列哪一选项？

(A) 0.074　　　(B) 0.265　　　(C) 0.305　　　(D) 0.335

【解】第一步：判断场地类别

覆盖层厚度为9m，据此就可查表确定场地类别为Ⅱ类

第二步：设计反应谱分析

① 确定特征周期值 T_g

设计地震分组第三组，场地类别Ⅱ类，特征周期值 $T_g=0.45\text{s}$

计算罕遇地震时，特征周期应增加0.05s，故最终取 $T_g=0.45+0.05=0.50\text{s}$

② 确定水平地震影响系数最大值 $\alpha_{\max}$

设计基本地震加速度 $0.40g$，罕遇地震水平地震影响系数最大值 $\alpha_{\max}=1.40$

③ 据建筑结构的阻尼比 ζ 确定如下三个系数

建筑结构的阻尼比 $\zeta=0.05$

$$\eta_2=1+\frac{0.05-\zeta}{0.08+1.6\zeta}=1(\geqslant 0.55);\quad \gamma=0.9+\frac{0.05-\zeta}{0.3+6\zeta}=0.9$$

$$\eta_1=0.02+\frac{0.05-\zeta}{4+32\zeta}=0.02$$

④ 建筑结构自振周期 T 与建筑结构水平地震影响系数 α

建筑结构自振周期 $T=2.45\text{s}$

$$T_g<T=2.45\text{s}\leqslant 5T_g,\quad \alpha=\left(\frac{T_g}{T}\right)^\gamma\cdot\eta_2\alpha_{\max}=\left(\frac{0.50}{2.45}\right)^{0.9}\times 1\times 1.4=0.335$$

【注】此题未给出覆盖土层的剪切波速，但通过观察覆盖层厚度和等效剪切波速确定场地类别的表格，即《建筑抗震设计规范》表4.1.6可知，当覆盖层为厚度为5～15m之间，无论等效剪切波速为何值，即可判定场地类别为Ⅱ类。

2018D24

某建筑场地抗震设防烈度为8度，不利地段，场地类别为Ⅲ类，验算罕遇地震作用，设计地震分组第一组，建筑物A和B的自振周期分别为0.3s和0.7s，阻尼比均为0.05，按照《建筑抗震设计规范》GB 50011—2010（2016年版），问建筑物A的地震影响系数 α_A 与建筑物B的地震影响系数 α_B 之比 α_A/α_B 最接近下列哪个选项？

(A) 1.00　　　(B) 1.35　　　(C) 1.45　　　(D) 2.33

【解】①确定特征周期值 T_g

设计地震分组第一组，场地类别Ⅲ类，特征周期值 $T_g=0.45\text{s}$

计算罕遇地震时，特征周期应增加0.05s，故最终取 $T_g=0.45+0.05=0.50\text{s}$

② 确定水平地震影响系数最大值 $\alpha_{\max}$

抗震设防烈度8度，罕遇地震水平地震影响系数最大值 $\alpha_{\max}=0.90$

③ 据建筑结构的阻尼比 ζ 确定如下三个系数

建筑结构的阻尼比 $\zeta=0.05$

$$\eta_2 = 1 + \frac{0.05 - \zeta}{0.08 + 1.6\zeta}(\geqslant 0.55) = 1; \gamma = 0.9 + \frac{0.05 - \zeta}{0.3 + 6\zeta} = 0.9$$

$$\eta_1 = 0.02 + \frac{0.05 - \zeta}{4 + 32\zeta} = 0.02$$

④ 建筑结构自振周期 T 与建筑结构水平地震影响系数 α

建筑结构自振周期 $T_A = 0.3s$，$T_B = 0.7s$

$$0.1s \leqslant T_A = 0.3s \leqslant T_g, \alpha_A = \eta_2 \alpha_{\max}$$

$$T_g < T_B = 0.7s \leqslant 5T_g, \alpha_B = \left(\frac{T_g}{T}\right)^\gamma \cdot \eta_2 \alpha_{\max}$$

所以 $\dfrac{\alpha_A}{\alpha_B} = \dfrac{\eta_2 \alpha_{\max}}{\left(\dfrac{T_g}{T_B}\right)^\gamma \cdot \eta_2 \alpha_{\max}} = \left(\dfrac{T_B}{T_g}\right)^{0.9} = \left(\dfrac{0.7}{0.5}\right)^{0.9} = 1.354$

【注】本题给出是不利地段，按规范要求水平地震影响系数最大值要乘放大系数 λ，但由于最终求出的比值，所以放大系数 λ 会被消掉，况且只是已知不利地段，无其他数据，不能求得放大系数 λ 的具体值，可与2013C28进行对比学习。

2019D23

某民用建筑的结构自振周期为 0.42s，阻尼比取 0.05，场地位于甘肃省天水市麦积区，建设场地类别均为Ⅱ类，在多遇地震作用下其水平地震影响系数为下列哪个选项？

(A) 0.15　　　　(B) 0.16　　　　(C) 0.23　　　　(D) 0.24

【解】查抗震规范附录A表A.0.8表得：甘肃省天水市麦积区，设计地震分组第二组，设计基本地震加速度 0.30g

场地类别Ⅱ，查表得 $T_g = 0.40g$，$\alpha_{\max} = 0.24$

$\xi = 0.05$，$\eta_2 = 1$，$\gamma = 0.9$

$T_g = 0.40s < T = 0.42s < 5T_g$

$\alpha = \left(\dfrac{0.40}{0.42}\right)^{0.9} \times 1 \times 0.24 = 0.23$

【注】核心知识点常规题。直接使用解题思维流程快速求解。此题不严谨，题干未指明规范，按照建筑抗震规范这样做完全没有问题，但是如果查《中国地震动参数区划图》附录C，麦积区的不同街道、镇和乡峰值加速度和反应谱加速度不全一致，相信这是出题人未考虑到的。

11.3.2.2　水平和竖向地震作用计算

2010C28

某建筑场地抗震设防烈度为7度，设计地震分组为第一组，设计基本地震加速度为 0.10g，场地类别为Ⅲ类，拟建10层钢筋混凝土框架结构住宅。结构等效总重力荷载为137062kN，结构基本自振周期为 0.9s（已考虑周期折减系数），阻尼比为 0.05。试问当采用底部剪力法时，基础顶面处结构总水平地震作用标准值与下列何项数值最为接近？

(A) 5875kN　　　(B) 6375kN　　　(C) 6910kN　　　(D) 7500kN

【解】① 确定特征周期值 T_g

设计地震分组第一组，场地类别Ⅲ类，特征周期值 $T_g = 0.45$s
② 确定水平地震影响系数最大值 α_{max}
抗震设防烈度7度，设计基本地震加速度为 $0.10g$，多遇地震水平地震影响系数最大值 $\alpha_{max} = 0.08$
③ 根据建筑结构的阻尼比 ζ 确定如下三个系数
建筑结构的阻尼比 $\zeta = 0.05$

$$\eta_2 = 1 + \frac{0.05 - \zeta}{0.08 + 1.6\zeta} (\geqslant 0.55) = 1 ; \gamma = 0.9 + \frac{0.05 - \zeta}{0.3 + 6\zeta} = 0.9$$

$$\eta_1 = 0.02 + \frac{0.05 - \zeta}{4 + 32\zeta} = 0.02$$

④ 建筑结构自振周期 T 与建筑结构水平地震影响系数 α
建筑结构自振周期 $T = 0.9$s

$$T_g < T = 0.9\text{s} \leqslant 5T_g ; \alpha = \left(\frac{T_g}{T}\right)^\gamma \cdot \eta_2 \alpha_{max} = \left(\frac{0.45}{0.90}\right)^{0.9} \times 1 \times 0.08 = 0.04287$$

⑤ 基础顶面处结构总水平地震作用标准值
采用底部剪力法：$F_{Ek} = \alpha \cdot G_{ep} = 0.04287 \times 137062 = 5875.87$kN

11.3.3 液化判别

11.3.3.1 液化初判

2005D28

某建筑场地抗震设防烈度为7度，地下水位埋深为 $d_w = 5.0$m，土层柱状分布如下表所示，拟采用天然地基，按照液化初判条件建筑物基础埋置深度 d_b 最深不能超过下列（　）个临界深度时方可不考虑饱和粉砂的液化影响。

(A) 1.0m (B) 2.0m
(C) 3.0m (D) 4.0

层序	土层名称	层底深度（m）
1	Q_4^{al+pl} 粉质黏土	6
2	Q_4^{al} 淤泥	9
3	Q_4^{al} 粉质黏土	10
4	Q_4^{al} 粉砂	

【解】除6度外，地面下存在饱和砂土和饱和粉土时，应进行液化判别。
符合下列条件之一即可判定为不液化
① 地质年代为第四纪晚更新世（Q_3）及其以前且7、8度时
② 粉土，黏粒含量百分率 $\geqslant$ [10（7度）；13（8度）；16（9度）]
③ 浅埋基础且天然地基
基础埋深 $d_b \geqslant 2$m
地下水位埋深 $d_w = 5.0$m
扣除淤泥及淤泥质土，上覆非液化土层厚度 $d_u = 10 - 3 = 7$m

饱和土为砂土，设防烈度为7度，液化土层特征深度 $d_0=7$

满足下式其一即可

$d_w > d_b + d_0 - 3 \to 5 > d_b + 7 - 3 \to 1 > d_b$

$d_u > d_b + d_0 - 2 \to 7 > d_b + 7 - 2 \to 2 > d_b$

$d_w + d_u > 2d_b + 1.5d_0 - 4.5 \to 7 + 5 > 1.5 \times 7 + 2d_b - 4.5 \to 3 > d_b$

因此只要满足一式即可判定为不液化，因此 d_b 最深不能超过3m。（若超了3m，则上三式均不满足，此时无法判定为非液化土）

2008C29

某建筑拟采用天然地基。场地地基土由上覆的非液化土层和下伏的饱和粉土组成。地震烈度为8度。按《建筑抗震设计规范》进行液化初步判别时，下列选项中只有哪个选项需要考虑液化影响？

选项	上覆非液化土层厚度 d_u（m）	地下水位深度 d_w（m）	基础埋置深度 d_b（m）
A	6.0	5.0	1.0
B	5.0	5.5	2.0
C	4.0	5.5	1.5
D	6.5	6.0	3.0

【解】

(A) 满足下式其一即可不考虑液化影响

基础埋深 $d_b = 1.0\text{m} < 2\text{m}$ 取 $d_b = 2\text{m}$

地下水位埋深 $d_w = 5.0$

上覆非液化土层厚度 $d_u = 6.0\text{m}$

饱和土为粉土，设防烈度为8度，液化土层特征深度 $d_0 = 7\text{m}$

$d_w > d_0 + d_b - 3 \to 5 > 7 + 2 - 3 \to$ 不满足

$d_u > d_0 + d_b - 2 \to 6 > 7 + 2 - 2 \to$ 不满足

$d_u + d_w > 1.5d_0 + 2d_b - 4.5 \to 6 + 5 > 1.5 \times 7 + 2 \times 2 - 4.5 \to$ 满足

判定为非液化。

(B) 满足下式其一即可不考虑液化影响

基础埋深 $d_b = 2.0\text{m} \leqslant 2\text{m}$

地下水位埋深 $d_w = 5.5\text{m}$

上覆非液化土层厚度 $d_u = 5.0\text{m}$

饱和土为粉土，设防烈度为8度，液化土层特征深度 $d_0 = 7\text{m}$

$d_w > d_0 + d_b - 3 \to 5.5 > 7 + 2 - 3 \to$ 不满足

$d_u > d_0 + d_b - 2 \to 5.0 > 7 + 2 - 2 \to$ 不满足

$d_u + d_w > 1.5d_0 + 2d_b - 4.5 \to 5.0 + 5.5 > 1.5 \times 7 + 2 \times 2 - 4.5 \to$ 满足

判定为非液化。

(C) 满足下式其一即可不考虑液化影响

基础埋深 $d_b = 1.5\text{m} < 2\text{m}$ 取 $d_b = 2\text{m}$

地下水位埋深 $d_w=5.5\text{m}$
上覆非液化土层厚度 $d_u=4.0\text{m}$
饱和土为粉土，设防烈度为 8 度，液化土层特征深度 $d_0=7\text{m}$
$d_w>d_0+d_b-3 \rightarrow 5.5>7+2-3 \rightarrow$ 不满足
$d_u>d_0+d_b-2 \rightarrow 4.0>7+2-2 \rightarrow$ 不满足
$d_u+d_w>1.5d_0+2d_b-4.5 \rightarrow 4.0+5.5>1.5\times7+2\times2-4.5 \rightarrow$ 不满足
无法判定为非液化，需考虑液化的影响。
(D) 满足下式其一即可不考虑液化影响
基础埋深 $d_b=3.0\geqslant2\text{m}$
地下水位埋深 $d_w=6.0\text{m}$
上覆非液化土层厚度 $d_u=6.5\text{m}$
饱和土为粉土，设防烈度为 8 度，液化土层特征深度 $d_0=7\text{m}$
$d_w>d_0+d_b-3 \rightarrow 6.0>7+2-3 \rightarrow$ 不满足
$d_u>d_0+d_b-2 \rightarrow 6.5>7+2-2 \rightarrow$ 不满足
$d_u+d_w>1.5d_0+2d_b-4.5 \rightarrow 6.0+6.5>1.5\times7+2\times3-4.5 \rightarrow$ 满足
判定为非液化。

2009C28

在地震烈度为 8 度的场地修建采用天然地基的住宅楼，设计时需要对埋藏于非液化土层之下的厚层砂土进行液化判别，下列哪一选项的组合条件可以初判别为不考虑液化影响？

(A) 上覆非液化土层厚度 5m，地下水深 3m，基础埋深 2.0m
(B) 上覆非液化土层厚度 5m，地下水深 5m，基础埋深 1.0m
(C) 上覆非液化土层厚度 7m，地下水深 3m，基础埋深 1.5m
(D) 上覆非液化土层厚度 7m，地下水深 5m，基础埋深 1.5m

【解】
(A) 满足下式其一即可不考虑液化影响
基础埋深 $d_b=2.0\geqslant2\text{m}$
地下水位埋深 $d_w=3.0\text{m}$
上覆非液化土层厚度 $d_u=5.0\text{m}$
饱和土为砂土，设防烈度为 8 度，液化土层特征深度 $d_0=8\text{m}$
$d_w>d_0+d_b-3 \rightarrow 3.0>8+2.0-3 \rightarrow$ 不满足
$d_u>d_0+d_b-2 \rightarrow 5.0>8+2.0-2 \rightarrow$ 不满足
$d_u+d_w>1.5d_0+2d_b-4.5 \rightarrow 5.0+3.0>1.5\times8+2\times2.0-4.5 \rightarrow$ 不满足
都不满足，无法判定为非液化，需考虑液化的影响。
(B) 满足下式其一即可不考虑液化影响
基础埋深 $d_b=1.0<2\text{m}$ 取 $d_b=2\text{m}$
地下水位埋深 $d_w=5.0\text{m}$
上覆非液化土层厚度 $d_u=5.0\text{m}$

饱和土为砂土，设防烈度为8度，液化土层特征深度 $d_0=8$m

$d_w > d_0 + d_b - 3 \rightarrow 5.0 > 8 + 2.0 - 3 \rightarrow$ 不满足

$d_u > d_0 + d_b - 2 \rightarrow 5.0 > 8 + 2.0 - 2 \rightarrow$ 不满足

$d_u + d_w > 1.5d_0 + 2d_b - 4.5 \rightarrow 5.0 + 5.0 > 1.5 \times 8 + 2 \times 2.0 - 4.5 \rightarrow$ 不满足

都不满足，无法判定为非液化，需考虑液化的影响。

(C) 满足下式其一即可不考虑液化影响

基础埋深 $d_b=1.5<2$m 取 $d_b=2$m

地下水位埋深 $d_w=3$m

上覆非液化土层厚度 $d_u=7.0$m

饱和土为砂土，设防烈度为8度，液化土层特征深度 $d_0=8$m

$d_w > d_0 + d_b - 3 \rightarrow 3.0 > 8 + 2.0 - 3 \rightarrow$ 不满足

$d_u > d_0 + d_b - 2 \rightarrow 7.0 > 8 + 2.0 - 2 \rightarrow$ 不满足

$d_u + d_w > 1.5d_0 + 2d_b - 4.5 \rightarrow 7.0 + 5.0 > 1.5 \times 8 + 2 \times 2.0 - 4.5 \rightarrow$ 不满足

都不满足，无法判定为非液化，需考虑液化的影响。

(D) 满足下式其一即可不考虑液化影响

基础埋深 $d_b=1.5<2$m 取 $d_b=2$m

地下水位埋深 $d_w=5.0$m

上覆非液化土层厚度 $d_u=7.0$m

饱和土为砂土，设防烈度为8度，液化土层特征深度 $d_0=8$m

$d_w > d_0 + d_b - 3 \rightarrow 5.0 > 8 + 2.0 - 3 \rightarrow$ 不满足

$d_u > d_0 + d_b - 2 \rightarrow 7.0 > 8 + 2.0 - 2 \rightarrow$ 不满足

$d_u + d_w > 1.5d_0 + 2d_b - 4.5 \rightarrow 7.0 + 5.0 > 1.5 \times 8 + 2 \times 2.0 - 4.5 \rightarrow$ 满足

判定为非液化，无需考虑液化的影响。

2011D27

某建筑拟采用天然地基，基础埋置深度1.5m，地基土由厚度为 d_u 的上覆非液化土层和下伏的饱和砂土组成。地震设防烈度8度，近期内年最高地下水位深度为 d_w。按照《建筑抗震设计规范》GB 50011—2010 对饱和砂土进行液化初步判别后，下列那个选项还需要进一步进行液化差别？

(A) $d_u=7.0$m；$d_w=6.0$m

(B) $d_u=7.5$m；$d_w=3.5$m

(C) $d_u=9.0$m；$d_w=5.0$m

(D) $d_u=3.0$m；$d_w=7.5$m

【解1】基础埋深 $d_b=1.5<2$m 取 $d_b=2$m

饱和土为砂土，设防烈度为8度，液化土层特征深度 $d_0=8$m

(A) 满足下式其一即可不考虑液化影响

地下水位埋深 $d_w=6.0$m

上覆非液化土层厚度 $d_u=7.0$m

$d_w > d_0 + d_b - 3 \rightarrow 6.0 > 8 + 2.0 - 3 \rightarrow$ 不满足

11 抗震工程专题

$d_u > d_0 + d_b - 2 \to 7.0 > 8 + 2.0 - 2 \to$ 不满足

$d_u + d_w > 1.5 d_0 + 2 d_b - 4.5 \to 7.0 + 6.0 > 1.5 \times 8 + 2 \times 2.0 - 4.5 \to$ 满足

判定为非液化，无需考虑液化的影响。

(B) 满足下式其一即可不考虑液化影响

地下水位埋深 $d_w = 3.5\text{m}$

上覆非液化土层厚度 $d_u = 7.5\text{m}$

$d_w > d_0 + d_b - 3 \to 3.5 > 8 + 2.0 - 3 \to$ 不满足

$d_u > d_0 + d_b - 2 \to 7.5 > 8 + 2.0 - 2 \to$ 不满足

$d_u + d_w > 1.5 d_0 + 2 d_b - 4.5 \to 7.5 + 3.5 > 1.5 \times 8 + 2 \times 2.0 - 4.5 \to$ 不满足

无法判定为非液化，需考虑液化的影响。

(C) 满足下式其一即可不考虑液化影响

地下水位埋深 $d_w = 5.0\text{m}$

上覆非液化土层厚度 $d_u = 9.0\text{m}$

$d_w > d_0 + d_b - 3 \to 5.0 > 8 + 2.0 - 3 \to$ 不满足

$d_u > d_0 + d_b - 2 \to 9.0 > 8 + 2.0 - 2 \to$ 满足

$d_u + d_w > 1.5 d_0 + 2 d_b - 4.5 \to 9.0 + 5.0 > 1.5 \times 8 + 2 \times 2.0 - 4.5 \to$ 满足

判定为非液化，无需考虑液化的影响。

(D) 满足下式其一即可不考虑液化影响

地下水位埋深 $d_w = 7.5\text{m}$

上覆非液化土层厚度 $d_u = 3.0\text{m}$

$d_w > d_0 + d_b - 3 \to 7.5 > 8 + 2.0 - 3 \to$ 满足

$d_u > d_0 + d_b - 2 \to 3.0 > 8 + 2.0 - 2 \to$ 不满足

$d_u + d_w > 1.5 d_0 + 2 d_b - 4.5 \to 7.5 + 3.0 > 1.5 \times 8 + 2 \times 2.0 - 4.5 \to$ 不满足

判定为非液化，无需考虑液化的影响。

【解2】

基础埋深 $d_b = 1.5 < 2\text{m}$ 取 $d_b = 2\text{m}$

饱和土为砂土，设防烈度为8度，液化土层特征深度 $d_0 = 8\text{m}$

满足下式其一即可不考虑液化影响

$d_w > d_0 + d_b - 3 = 8 + 2.0 - 3 = 7\text{m}$

$d_u > d_0 + d_b - 2 = 8 + 2.0 - 2 = 8\text{m}$

$d_u + d_w > 1.5 d_0 + 2 d_b - 4.5 = 1.5 \times 8 + 2 \times 2.0 - 4.5 = 11.5\text{m}$

(A) 地下水位埋深 $d_w = 6.0\text{m}$

上覆非液化土层厚度 $d_u = 7.0\text{m}$

满足 $d_u + d_w = 6.0 + 7.0 = 13\text{m} > 11.5\text{m}$，故不液化。

(B) 地下水位埋深 $d_w = 3.5\text{m}$

上覆非液化土层厚度 $d_u = 7.5\text{m}$

无法判定为非液化，需考虑液化的影响。

(C) 地下水位埋深 $d_w = 5.0\text{m}$

上覆非液化土层厚度 $d_u = 9.0\text{m}$

满足 $d_u=9.0\text{m}>8.0\text{m}$，故不液化。
(D) 地下水位埋深 $d_w=7.5\text{m}$
上覆非液化土层厚度 $d_u=3.0\text{m}$
满足 $d_w=7.5\text{m}>7.0\text{m}$，故不液化。

11.3.3.2 液化复判及液化指数

2002C21

某场地抗震设防烈度 8 度，设计地震分组为第一组，基本地震加速度 $0.2g$，地下水位深 $d_w=4.0\text{m}$，土层名称、深度、黏粒含量及标准贯入锤击数如下表所示。按《建筑抗震设计规范》采用标准贯入试验法进行液化判别。问下表这四个标准贯入点中有几个点可判别为液化土？请从下列选项中选一个正确答案。（液化复判的地面下深度 15m）

(A) 4 个　　(B) 3 个　　(C) 2 个　　(D) 1 个

土层名称	深度 (m)	标准贯入试验			黏粒含量 ρ_c
		编号	深度 d'_s (m)	实测值	校正值	
③粉土	6.0~10.0	3-1	7.0	5	4.5	12%
		3-2	9.0	9	6.6	10%
④粉砂	10.0~15.0	4-1	11.0	11	8.8	8%
		4-2	13.0	20	15.4	5%

【解】 液化复判的地面下深度 15m；
设计基本地震加速度 $0.20g$，标准贯入锤击数基准值 $N_0=12$
设计地震第一组，调整系数 $\beta=0.8$
地下水位埋深 $d_w=4.0\text{m}$
临界标贯击数计算公式 $N_{cr}=N_0\beta[\ln(0.6d_s+1.5)-0.1d_w]\cdot\sqrt{3/\rho_c}$
标贯深度 $d_{si}=7.0\text{m}$，粉土，黏粒含量 $\rho_{ci}=12>3$
$N_{cri}=12\times0.8\times[\ln(0.6\times7+1.5)-0.1\times4]\times\sqrt{3/12}=6.43>$ 实测击数 $N_i=5$，故液化
标贯深度 $d_{si}=9.0\text{m}$，粉土，黏粒含量 $\rho_{ci}=10>3$
$N_{cri}=12\times0.8\times[\ln(0.6\times9+1.5)-0.1\times4]\times\sqrt{3/10}=8.05<$ 实测击数 $N_i=9$，故不液化
标贯深度 $d_{si}=11.0\text{m}$，砂土，黏粒含量取 $\rho_{ci}=3$
$N_{cri}=12\times0.8\times[\ln(0.6\times11+1.5)-0.1\times4]\times\sqrt{3/3}=16.24>$ 实测击数 $N_i=11$，故液化
标贯深度 $d_{si}=13.0\text{m}$，粉土，黏粒含量 $\rho_{ci}=3$
$N_{cri}=12\times0.8\times[\ln(0.6\times13+1.5)-0.1\times4]\times\sqrt{3/3}=17.57<$ 实测击数 $N_i=20$，故不液化

2002C18

一砌体房屋承重墙条基埋深 2m，基底以下为 6m 厚粉土层，粉土黏粒含量为 9%，其

下为 12m 厚粉砂层，粉砂层下为较厚的粉质黏土层，近期内年最高地下水位在地表以下 5m，该建筑所在场地地震烈度为 8 度，设计基本地震加速度为 $0.2g$，设计地震分组为第一组。勘察工作中为判断土及粉砂层密实程度，在现场沿不同深度进行了标准贯入试验，其实测 $N_{63.5}$ 值如题图所示，根据提供的标准贯入试验结果中有关数据，请分析该建筑场地地基土层是否液化，若液化它的液化指数 I_{lE} 值是多少？下列（　　）项是与分析结果最接近的答案。

（A）不液化　　　（B）$I_{lE}=7.5$
（C）$I_{lE}=12.5$　　（D）$I_{lE}=21.0$

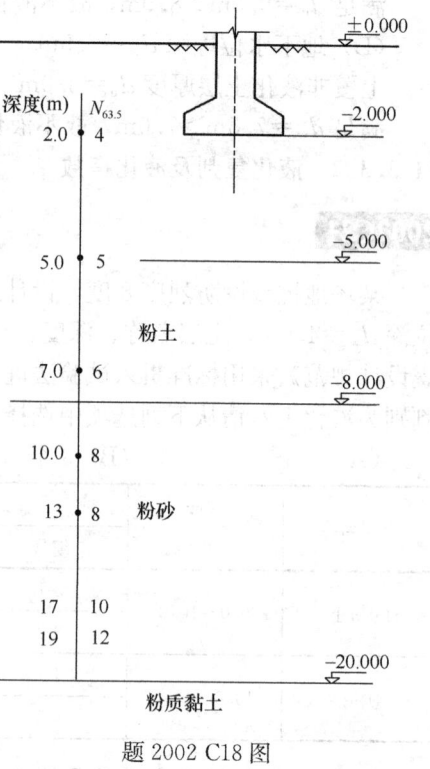

题 2002 C18 图

【解】砌体房屋承重墙，液化复判的地面下深度 15m

设计基本地震加速度 $0.20g$，标准贯入锤击数基准值 $N_0=12$

设计地震第一组，调整系数 $\beta=0.8$
地下水位埋深 $d_w=5.0m$
临界标贯击数计算公式

$$N_{cr} = N_0 \beta [\ln(0.6d_s+1.5)-0.1d_w] \cdot \sqrt{3/\rho_c}$$

标贯深度 $d_{si}=5.0m$，粉土，
黏粒含量 $\rho_{ci}=9>3$
$N_{cri}=12\times0.8\times[\ln(0.6\times5+1.5)-0.1\times5]\times\sqrt{3/9}=5.57>$ 实测击数 $N_i=5$，故液化

标贯深度 $d_{si}=7.0m$，粉土，黏粒含量 $\rho_{ci}=9>3$
$N_{cri}=12\times0.8\times[\ln(0.6\times7+1.5)-0.1\times5]\times\sqrt{9/3}=6.88>$ 实测击数 $N_i=6$，故液化

标贯深度 $d_{si}=10.0m$，砂土，黏粒含量取 $\rho_{ci}=3$
$N_{cri}=12\times0.8\times[\ln(0.6\times10+1.5)-0.1\times5]\times\sqrt{3/3}=14.54>$ 实测击数 $N_i=8$，故液化

标贯深度 $d_{si}=13.0m$，粉土，黏粒含量 $\rho_{ci}=3$
$N_{cri}=12\times0.8\times[\ln(0.6\times13+1.5)-0.1\times5]\times\sqrt{3/3}=16.61>$ 实测击数 $N_i=8$，故液化

找全分界深度：
① 地下水位深度处：5.0m
② 液化最终深度处：15.0m
③ 土层分界处：8.0m

④ 同层土两个标贯点中间位置$(5+7)\div2=6m$,$(10+13)\div2=11.5m$
标贯深度 $d_{si}=5.0m$,代表土层厚度 $d_i=$下界－上界$=6-5=1.0m$
中点深度 $d'_s=$上界$+d_i/2=5.0+1.0/2=5.5m$
$5<d'_s\leq20$ 影响权函数值 $W_i=2(20-d'_s)/3=2\times(20-5.5)/3=9.67$
标贯深度 $d_{si}=7.0m$,代表土层厚度 $d_i=$下界－上界$=8-6=2.0m$
中点深度 $d'_s=$上界$+d_i/2=6.0+2.0/2=7.0m$,
$5<d'_s\leq20$ 影响权函数值 $W_i=2(20-d'_s)/3=2\times(20-7.0)/3=8.67$
标贯深度 $d_{si}=10m$,代表土层厚度 $d_i=$下界－上界$=11.5-8=3.5m$
中点深度 $d'_s=$上界$+d_i/2=8.0+3.5/2=9.75m$
$5<d'_s\leq20$ 影响权函数值 $W_i=2(20-d'_s)/3=2\times(20-9.75)/3=6.83$
标贯深度 $d_{si}=13.0m$,代表土层厚度 $d_i=$下界－上界$=15-11.5=3.5m$
中点深度 $d'_s=$上界$+d_i/2=11.5+3.5/2=13.25m$
$5<d'_s\leq20$ 影响权函数值 $W_i=2(20-d'_s)/3=2\times(20-13.25)/3=4.5$

液化指数

$$I_{lE}=\sum_{i=1}^n\left(1-\frac{N_i}{N_{cri}}\right)d_iW_i=\left(1-\frac{5}{5.57}\right)\times1\times9.67+\left(1-\frac{6}{6.88}\right)\times2\times8.67$$
$$+\left(1-\frac{8}{14.54}\right)\times3.5\times6.83+\left(1-\frac{8}{14.54}\right)\times3.5\times4.5=21.04$$

【注】①此题计算量是液化复判最复杂的,4个液化点,近些年经常考的是1~2个液化点。此题定要认真学习和理解,掌握了此题,液化复判可以说就基本掌握了。

②为了让大家深刻理解分界深度即代表土层厚度 d_i 的计算,此题把分界深度找全了,考试时根据题意有时没必要找这么全,需要哪个找哪个即可,但是关于分界深度怎么确定,一定要掌握。

2003C35

某7层住宅楼采用天然地基,基础埋深在地面下2m,地震设防烈度为7度,设计基本地震加速度值为0.1g,设计地震分组为第一组,场地典型地层条件如下表所示,拟建场地地下水位深度为1.00m,根据《建筑抗震设计规范》,场地液化指数最接近( )。

(A) 4.5　　　　(B) 7.0　　　　(C) 8.2　　　　(D) 9.6

成因年代	土层编号	名称	层底深度(m)	剪切波速(m/s)	标准贯入试验点深度(m)	标准贯入击数(击/30cm)	黏粒含量 ρ
Q_4	1	粉质黏土	1.50	90	1.0	2	16%
	2	黏质粉土	3.00	140	2.5	4	12%
	3	粉砂	6.00	160	4	5	2.0%
					5.5	7	1.5%
Q_3	4	细砂	11	350	7.0	12	0.5%
					8.0	10	1.0%
					10.0	15	2.0%
		岩层		750			

【解】 液化初判，地震设防烈度为 7 度

②层黏粒含量为 12＞10，故不液化

④层细砂地质年代为第四纪晚更新世（Q_3），故不液化

7 层住宅楼采用天然地基，液化复判的地面下深度 15m

综上只需要对粉砂层标贯点进行液化复判

设计基本地震加速度 0.10g，标准贯入锤击数基准值 $N_0=7$

设计地震第一组，调整系数 $\beta=0.8$

地下水位埋深 $d_w=1.0$m

临界标贯击数计算公式 $N_{cr}=N_0\beta[\ln(0.6d_s+1.5)-0.1d_w]\cdot\sqrt{3/\rho_c}$

标贯深度 $d_{si}=4.0$m，粉砂，黏粒含量 $\rho_{ci}=3$

$N_{cri}=7\times0.8\times[\ln(0.6\times4+1.5)-0.1\times1]\times\sqrt{3/3}=7.06＞$实测击数 $N_i=5$，故液化

标贯深度 $d_{si}=5.5$m，粉砂，黏粒含量 $\rho_{ci}=3$

$N_{cri}=7\times0.8\times[\ln(0.6\times5.5+1.5)-0.1\times1]\times\sqrt{3/3}=8.22＞$实测击数 $N_i=7$，故液化

找全分界深度：

① 地下水位深度处：1.0m（用不到）

② 液化最终深度处：15.0m（用不到）

③ 土层分界处：3.0m、6.0m

④ 同层土两个标贯点中间位置（4.0+5.5）÷2=4.75m

标贯深度 $d_{si}=40$m，代表土层厚度 $d_i=$下界－上界$=4.75-3=1.75$m

中点深度 $d'_s=$上界$+d_i/2=3.0+1.75/2=3.875$m

$0＜d'_s\leqslant5$，影响权函数值 $W_i=10$

标贯深度 $d_{si}=5.5$m，代表土层厚度 $d_i=$下界－上界$=6-4.75=1.25$m

中点深度 $d'_s=$上界$+d_i/2=4.75+1.25/2=5.375$m

$5＜d'_s\leqslant20$ 影响权函数值 $W_i=2(20-d'_s)/3=2(20-5.375)/3=9.75$

液化指数

$$I_{lE}=\sum_{i=1}^{n}\left(1-\frac{N_i}{N_{cri}}\right)d_iW_i=\left(1-\frac{5}{7.06}\right)\times1.75\times10+\left(1-\frac{7}{8.22}\right)\times1.25\times9.75=6.915$$

【注】 再次强调，关于分界深度，此题按照解题思维流程确定得很详细，是为了让大家便于理解，考场中有时候没必要找这么全，需要确定哪些找哪些即可，比如这道题，分界深度，地下水位深度 1.0m 和液化最终深度处 15.0m，在确定代表土层厚度时就用不到。后面的题目为了让大家理解分界深度，仍然尽量找全，对未用到的深度尽量进行标注。

2003D34

建筑场地抗震设防烈度 8 度，设计地震分组为第一组，设计基本地震加速度值为 0.2g，基础埋深 2m，采用天然地基，场地地质剖面如题图所示，地下水位于地面下 2m。为分析基础下粉砂、粉土、细砂液化问题，钻孔时沿不同深度进行了现场标准贯入试验，

其位置标高及相应标准贯入试验击数如图所示，粉砂、粉土及细砂的黏粒含量百分率 ρ_c 也标明在图上，计算该地基液化指数 I_{lE} 及确定它的液化等级，下列（　　）答案你认为是正确的。（只需判别 15m 深度范围以内的液化）

(A) 轻微液化，$I_{lE}=2.37$　　　(B) 轻微液化，$I_{lE}=4.37$
(C) 轻微液化，$I_{lE}=6.42$　　　(D) 中等液化，$I_{lE}=8.64$

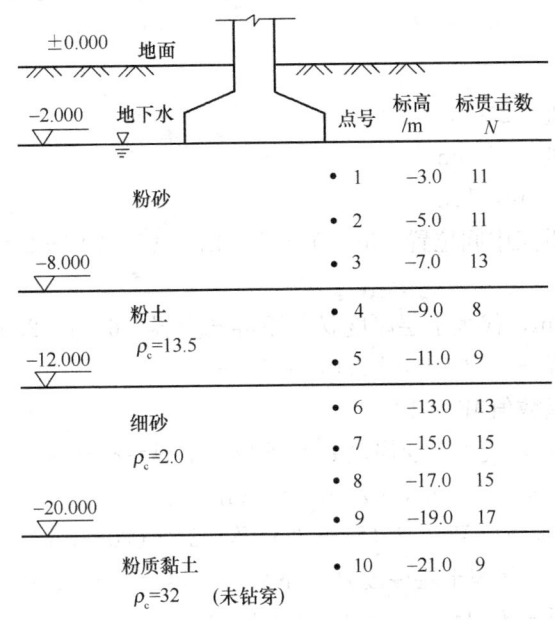

题 2003 D34 图

【解】初判，地震设防烈度为 8 度
粉土层黏粒含量为 13.5＞13，故不液化
液化复判的地面下深度 15m
因此只需复判粉砂层和细砂层
设计基本地震加速度 $0.20g$，标准贯入锤击数基准值 $N_0=12$
设计地震第一组，调整系数 $\beta=0.8$
地下水位埋深 $d_w=2.0m$
临界标贯击数计算公式 $N_{cr}=N_0\beta[\ln(0.6d_s+1.5)-0.1d_w]\cdot\sqrt{3/\rho_c}$
标贯深度 $d_{si}=3.0m$，粉土，黏粒含量 $\rho_{ci}=3$
$N_{cri}=12\times0.8\times[\ln(0.6\times3+1.5)-0.1\times2]\times\sqrt{3/3}=9.54<$ 实测击数 $N_i=11$，故不液化
标贯深度 $d_{si}=5.0m$，粉土，黏粒含量 $\rho_{ci}=3$
$N_{cri}=12\times0.8\times[\ln(0.6\times5+1.5)-0.1\times2]\times\sqrt{3/3}=12.52>$ 实测击数 $N_i=11$，故液化
标贯深度 $d_{si}=7.0m$，砂土，黏粒含量取 $\rho_{ci}=3$
$N_{cri}=12\times0.8\times[\ln(0.6\times7+1.5)-0.1\times2]\times\sqrt{3/3}=14.79>$ 实测击数 $N_i=13$，故液化

11 抗震工程专题

标贯深度 $d_{si}=13.0\text{m}$，粉土，黏粒含量 $\rho_{ci}=3$
$N_{cri}=12\times0.8\times[\ln(0.6\times13+1.5)-0.1\times2]\times\sqrt{3/3}=19.49>$ 实测击数 $N_i=13$，故液化

标贯深度 $d_{si}=15.0\text{m}$，粉土，黏粒含量 $\rho_{ci}=3$
$N_{cri}=12\times0.8\times[\ln(0.6\times15+1.5)-0.1\times2]\times\sqrt{3/3}=20.65>$ 实测击数 $N_i=15$，故液化

找全分界深度：
① 地下水位深度处：2.0m
② 液化最终深度处：15.0m
③ 土层分界处：8.0m，12m
④ 同层土两个标贯点中间位置（3+5）÷2=4m，（5+7）÷2=6m；（13+15）÷2=14m

标贯深度 $d_{si}=5.0\text{m}$，代表土层厚度 $d_i=$ 下界-上界=6-4=2.0m
中点深度 $d'_s=$ 上界+$d_i/2=4.0+2.0/2=5.0\text{m}$
$0<d'_s\leqslant5$ 影响权函数值 $W_i=10$

标贯深度 $d_{si}=7.0\text{m}$，代表土层厚度 $d_i=$ 下界-上界=8-6=2.0m
中点深度 $d'_s=$ 上界+$d_i/2=6.0+2.0/2=7.0\text{m}$
$5<d'_s\leqslant20$ 影响权函数值 $W_i=2(20-d'_s)/3=2\times(20-7.0)/3=8.67$

标贯深度 $d_{si}=13\text{m}$，代表土层厚度 $d_i=$ 下界-上界=14-12=2.0m
中点深度 $d'_s=$ 上界+$d_i/2=12.0+2.0/2=13.0\text{m}$
$5<d'_s\leqslant20$ 影响权函数值 $W_i=2(20-d'_s)/3=2\times(20-13.0)/3=4.67$

标贯深度 $d_{si}=15.0\text{m}$，代表土层厚度 $d_i=$ 下界-上界=15-14=1.0m
中点深度 $d'_s=$ 上界+$d_i/2=14+1.0/2=14.5\text{m}$
$5<d'_s\leqslant20$ 影响权函数值 $W_i=2(20-d'_s)/3=2\times(20-14.5)/3=3.67$

液化指数
$$I_{lE}=\sum_{i=1}^{n}\left(1-\frac{N_i}{N_{cri}}\right)d_iW_i=\left(1-\frac{11}{12.5}\right)\times2\times10+\left(1-\frac{13}{14.79}\right)\times2\times8.67$$
$$+\left(1-\frac{13}{19.49}\right)\times2\times4.67+\left(1-\frac{15}{20.65}\right)\times1\times3.67=8.64$$

2004C35

某一高层建筑物箱形基础建于天然地基上，基底标高-6.0m，地下水埋深-8.0m，如题图所示；地震设防烈度为8度，基本地震加速度为0.20g，设计地震分组为第一组，为判定液化等级进行标准贯入试验结果如题图所示，按《建筑抗震设计规范》计算液化指数并划分液化等级，下列（　　）是正确的。

(A) $I_{lE}=5.7$，轻微液化 (B) $I_{lE}=6.23$，中等液化
(C) $I_{lE}=12.72$，中等液化 (D) $I_{lE}=15.81$，中等液化

【解】高层建筑物箱形基础，液化复判的地面下深度20m；
设计基本地震加速度0.20g，标准贯入锤击数基准值 $N_0=12$

设计地震第一组，调整系数 $\beta=0.8$
地下水位埋深 $d_w=8.0m$
临界标贯击数计算公式 $N_{cr} = N_0\beta[\ln(0.6d_s+1.5)-0.1d_w]\cdot\sqrt{3/\rho_c}$

标贯深度 $d_{si}=10.0m$，细砂，黏粒含量 $\rho_{ci}=3$

$N_{cri}=12\times0.8\times[\ln(0.6\times10+1.5)-0.1\times8]\times\sqrt{3/3}=11.66>$ 实测击数 $N_i=8$，故液化

标贯深度 $d_{si}=12.0m$，细砂，黏粒含量 $\rho_{ci}=3$

题 2004 C35 图

$N_{cri}=12\times0.8\times[\ln(0.6\times12+1.5)-0.1\times8]\times\sqrt{3/3}=13.09>$ 实测击数 $N_i=10$，故液化

标贯深度 $d_{si}=18.0m$，粉土，黏粒含量 $\rho_{ci}=3.5$

$N_{cri}=12\times0.8\times[\ln(0.6\times18+1.5)-0.1\times8]\times\sqrt{3/3.5}=15.19>$ 实测击数 $N_i=5$，故液化

找全分界深度：
① 地下水位深度处：8.0m
② 液化最终深度处：20.0m
③ 土层分界处：14.0m/16.0m
④ 同层土两个标贯点中间位置 $(10+12)\div2=11.0m$

标贯深度 $d_{si}=10.0m$，代表土层厚度 $d_i=$ 下界－上界$=11.0-8.0=3.0m$
中点深度 $d'_s=$ 上界$+d_i/2=8.0+3.0/2=9.5m$
$5<d'_s\leqslant20$ 影响权函数值 $W_i=2(20-d'_s)/3=2\times(20-9.5)/3=7$

标贯深度 $d_{si}=12.0m$，代表土层厚度 $d_i=$ 下界－上界$=14.0-11.0=3.0m$
中点深度 $d'_s=$ 上界$+d_i/2=11.0+3.0/2=12.5m$
$5<d'_s\leqslant20$ 影响权函数值 $W_i=2(20-d'_s)/3=2\times(20-12.5)/3=5$

标贯深度 $d_{si}=18.0m$，代表土层厚度 $d_i=$ 下界－上界$=20-16=4.0m$
中点深度 $d'_s=$ 上界$+d_i/2=16.0+4.0/2=18m$
$5<d'_s\leqslant20$ 影响权函数值 $W_i=2(20-d'_s)/3=2\times(20-18)/3=1.33$

液化指数

$$I_{lE}=\sum_{i=1}^n\left(1-\frac{N_i}{N_{cri}}\right)d_iW_i$$

$$=\left(1-\frac{8}{11.66}\right)\times3\times7+\left(1-\frac{10}{13.09}\right)\times3\times5+\left(1-\frac{5}{15.19}\right)\times4\times1.33=13.7$$

2012D29

某场地设计基本地震加速度为 $0.15g$，设计地震分组为第一组，地下水位深度 $2.0m$，

地层分布和标准贯入点深度及锤击数见下表。按照《建筑抗震设计规范》进行液化判别得出的液化指数和液化等级最接近下列哪个选项？

(A) 12.0、中等 (B) 15.0、中等
(C) 16.5、中等 (D) 20.0、严重

土层序号		土层名称	层底深度（m）	标贯深度 d_s（m）	标贯击数 N
①		填土	2.0		
②	②-1	粉土	8.0	4.0	5
	②-2	（黏粒含量为6%）		6.0	6
③	③-1	粉细砂	15.0	9.0	12
	③-2			12.0	18
④		中粗砂	20.0	16.0	24
⑤		卵石			

【解】按液化复判至地面下深度20米进行计算；

设计基本地震加速度 $0.15g$，标准贯入锤击数基准值 $N_0=10$

设计地震第一组，调整系数 $\beta=0.8$

地下水位埋深 $d_w=2.0\text{m}$

临界标贯击数计算公式 $N_{cr}=N_0\beta[\ln(0.6d_s+1.5)-0.1d_w]\cdot\sqrt{3/\rho_c}$

标贯深度 $d_{si}=4.0\text{m}$，粉土，黏粒含量 $\rho_{ci}=6>3$

$N_{cri}=10\times0.8\times[\ln(0.6\times4+1.5)-0.1\times2]\times\sqrt{3/6}=6.75>$实测击数 $N_i=5$，故液化

标贯深度 $d_{si}=6.0\text{m}$，粉土，黏粒含量 $\rho_{ci}=6>3$

$N_{cri}=10\times0.8\times[\ln(0.6\times6+1.5)-0.1\times2]\times\sqrt{3/6}=8.09>$实测击数 $N_i=6$，故液化

标贯深度 $d_{si}=9.0\text{m}$，粉细砂，黏粒含量 $\rho_{ci}=3$

$N_{cri}=10\times0.8\times[\ln(0.6\times9+1.5)-0.1\times2]\times\sqrt{3/3}=13.85>$实测击数 $N_i=12$，故液化

标贯深度 $d_{si}=12.0\text{m}$，粉细砂，黏粒含量取 $\rho_{ci}=3$

$N_{cri}=10\times0.8\times[\ln(0.6\times12+1.5)-0.1\times2]\times\sqrt{3/3}=15.71<$实测击数 $N_i=18$，故不液化

标贯深度 $d_{si}=16.0\text{m}$，中粗砂，黏粒含量 $\rho_{ci}=3$

$N_{cri}=10\times0.8\times[\ln(0.6\times16+1.5)-0.1\times2]\times\sqrt{3/3}=17.66<$实测击数 $N_i=18$，故不液化

找全分界深度：

① 地下水位深度处：2.0m

② 液化最终深度处：20.0m

③ 土层分界处：8.0m、15m

④ 同层土两个标贯点中间位置 $(4+6)\div2=5\text{m}$，$(9+12)\div2=10.5\text{m}$

标贯深度 $d_{si}=4.0\text{m}$，代表土层厚度 $d_i=$ 下界 — 上界 $=5-2=3.0\text{m}$
中点深度 $d'_s=$ 上界 $+d_i/2=2.0+3.0/2=3.5\text{m}$
$0<d'_s\leq 5$ 影响权函数值 $W_i=10$
标贯深度 $d_{si}=6.0\text{m}$，代表土层厚度 $d_i=$ 下界 — 上界 $=8-5=3.0\text{m}$
中点深度 $d'_s=$ 上界 $+d_i/2=5.0+3.0/2=6.5\text{m}$
$5<d'_s\leq 20$ 影响权函数值 $W_i=2(20-d'_s)/3=2\times(20-6.5)/3=9$
标贯深度 $d_{si}=9\text{m}$，代表土层厚度 $d_i=$ 下界 — 上界 $=10.5-8=2.5\text{m}$
中点深度 $d'_s=$ 上界 $+d_i/2=8.0+3.5/2=9.25\text{m}$
$5<d'_s\leq 20$ 影响权函数值 $W_i=2(20-d'_s)/3=2\times(20-9.25)/3=7.17$
液化指数

$$I_{lE}=\sum_{i=1}^{n}\left(1-\frac{N_i}{N_{cri}}\right)d_i W_i$$

$$=\left(1-\frac{5}{6.75}\right)\times 3\times 10+\left(1-\frac{6}{8.09}\right)\times 3\times 9+\left(1-\frac{12}{13.85}\right)\times 2.5\times 7.17=16.5$$

【注】此题未给出具体的建筑形式，也未指明液化复判的深度，从安全角度考虑，按液化复判到地面下深度 20m 进行计算。

2013C29

某建筑场地设计基本地震加速度 $0.30g$，设计地震分组为第二组，基础埋深小于 2m。某钻孔揭示地层结构如题图所示。勘察期间地下水位埋深 5.5m，近期内年最高水位埋深 4.0m；在地面下 3.0m 和 5.0m 处实测标准贯入试验锤击数均为 3 击，经初步判别认为需对细砂土进一步进行液化判别。若标准贯入锤击数不随土的含水率变化而变化，试按《建筑抗震设计规范》计算该钻孔的液化指数最接近下列哪项指数？（只需判别 15m 深度范围以内的液化）

(A) 3.9 (B) 8.2
(C) 16.4 (D) 31.5

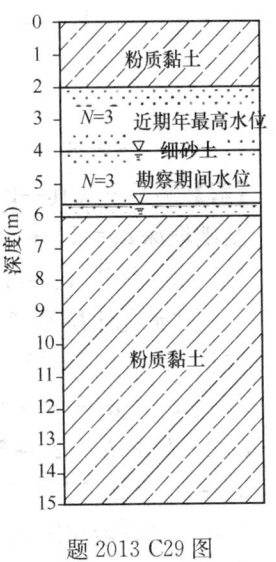

题 2013 C29 图

【解】近期年最高地下水位埋深 $d_w=4.0\text{m}$，水位之上细砂无需进行液化判别

因此只需对 5.0m 处标贯点进行液化复判；
设计基本地震加速度 $0.30g$，标准贯入锤击数基准值 $N_0=12$
设计地震第二组，调整系数 $\beta=0.95$
临界标贯击数计算公式 $N_{cr}=N_0\beta[\ln(0.6d_s+1.5)-0.1d_w]\cdot\sqrt{3/\rho_c}$
标贯深度 $d_{si}=5.0\text{m}$，细砂土，黏粒含量 $\rho_{ci}=3$
$N_{cri}=16\times 0.95\times[\ln(0.6\times 5+1.5)-0.1\times 4]\times\sqrt{3/3}=16.782>$ 实测击数 $N_i=3$，故液化

标贯深度 $d_{si}=5.0\text{m}$，上界为水位埋深 4.0m，下界为土层分界处 6.0m，代表土层厚度 $d_i=$ 下界 — 上界 $=6-4=2.0\text{m}$

中点深度 $d'_s =$ 上界 $+ d_i/2 = 4.0 + 2.0/2 = 5.0\text{m}$
$0 < d'_s \leqslant 5$ 影响权函数值 $W_i = 10$
液化指数

$$I_{lE} = \sum_{i=1}^{n}\left(1 - \frac{N_i}{N_{cri}}\right)d_iW_i = \left(1 - \frac{3}{16.782}\right) \times 2 \times 10 = 16.4$$

2014C27

某乙类建筑位于抗震烈度 8 度地区，设计基本地震加速度值为 $0.2g$，设计地震分组为第一组，钻孔揭露的土层分布及实测的标贯锤击数如下表所示，近期内年最高地下水埋深 6.5m，拟建建筑基础埋深 1.5m，根据钻孔资料下列哪个选项的说法是正确的？
(A) 可不考虑液化影响 (B) 轻微液化
(C) 中等液化 (D) 严重液化

各深度处膨胀土的工程特性指数表

层序	岩土名称和形状	层厚（m）	标贯试验深度（m）	实测标贯锤击数
1	粉质黏土	2	—	—
2	黏土	4	—	—
3	粉砂	3.5	8	10
4	细砂	15	13	23
			16	25

【解】 满足下式其一即可不考虑液化影响。
基础埋深 $d_b = 1.5 < 2\text{m}$，取 $d_b = 2\text{m}$
地下水位埋深 $d_w = 6.5\text{m}$
上覆非液化土层厚度 $d_u = 2.0 + 4.0 = 6.0\text{m}$
饱和土为细砂，设防烈度为 8 度，液化土层特征深度 $d_0 = 8\text{m}$
$d_w > d_0 + d_b - 3 \rightarrow 6.5 > 8 + 2.0 - 3 \rightarrow$ 不满足
$d_u > d_0 + d_b - 2 \rightarrow 6.0 > 8 + 2.0 - 2 \rightarrow$ 不满足
$d_u + d_w > 1.5d_0 + 2d_b - 4.5 \rightarrow 6.5 + 6.0 > 1.5 \times 8 + 2 \times 2.0 - 4.5 \rightarrow$ 满足
故可不考虑液化影响。

【注】 此题经初判可不考虑液化影响，因此不用再进行液化标贯复判。因此对于液化判别的题目，一定要先结合题干已知条件，进行液化初判，避免做液化复判的无用功，除非题目直接指明进行液化复判。

2016D29

某建筑场地地震设防烈度为 7 度，设计基本地震加速度 $0.15g$，设计地震分组为第三组，拟建建筑基础埋深 2m，某钻孔揭示的地层结构，以及间隔 2m（为方便计算所做的假设）测试得到的实测标准贯入锤击数（N）如题图所示，已知 20m 深度范围内地基土均为全新世冲积地层，粉土、粉砂和粉质黏土层的黏粒含量（ρ_c）分别为 13%、11% 和 22%。近期内年最高地下水位埋深 1.0m，试按《建筑抗震设计规范》计算该钻孔内的液化指数最接近下列哪个选项？

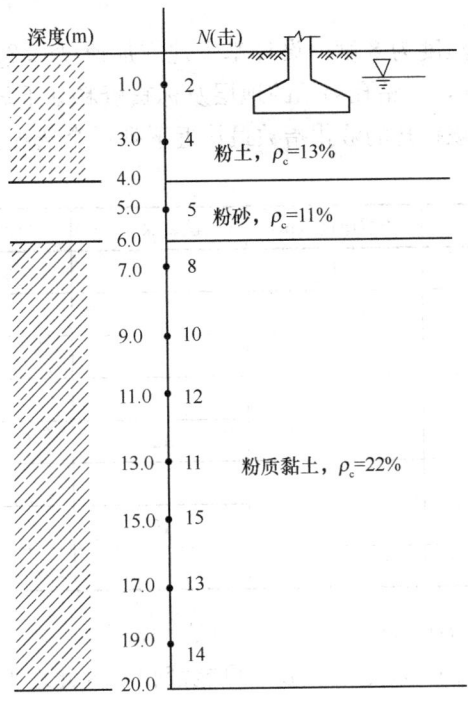

题 2016 D29 图

(A) 7.0　　　　(B) 13.2　　　　(C) 18.7　　　　(D) 22.5

【解】初判，地震设防烈度为 7 度

粉土层黏粒含量为 13＞10，故不液化

综上只需要对粉砂层标贯点进行液化复判

设计基本地震加速度 $0.15g$，标准贯入锤击数基准值 $N_0=10$

设计地震第三组，调整系数 $\beta=1.05$

地下水位埋深 $d_w=2.0$m

临界标贯击数计算公式 $N_{cr}=N_0\beta[\ln(0.6d_s+1.5)-0.1d_w]\cdot\sqrt{3/\rho_c}$

标贯深度 $d_{si}=5.0$m，粉砂，黏粒含量 $\rho_{ci}=3$

$N_{cri}=10\times1.05\times[\ln(0.6\times5+1.5)-0.1\times1]\times\sqrt{3/3}=14.74＞$实测击数 $N_i=5$，故液化

标贯深度 $d_{si}=5.0$m，上界为土层分界处 4.0m，下界为土层分界处 6.0m，代表土层厚度 $d_i=$下界－上界$=6-4=2.0$m

中点深度 $d'_s=$上界$+d_i/2=4.0+2.0/2=5.0$m

$0＜d'_s\leq5$ 影响权函数值 $W_i=10$

液化指数

$$I_{lE}=\sum_{i=1}^{n}\left(1-\frac{N_i}{N_{cri}}\right)d_iW_i=\left(1-\frac{5}{14.74}\right)\times2\times10=13.21$$

2017C29

某建筑场地抗震设防烈度为8度,设计基本地震加速度0.2g,设计地震分组为第二组,地下水位于地表下3m,某钻孔揭示的地层及标贯资料如下表所示,经初判,场地饱和砂土可能液化,试计算该钻孔的液化指数最接近下列哪个选项?(为简化计算,表中试验点数及深度为假设)

土层序号	土名	土层厚度（m）	标贯试验深度（m）	标贯击数	黏粒含量（%）
①	黏土	1			
②	粉土	10	6	6	14
			8	7	
③	粉砂	5	12	18	3
			14	24	
④	细砂	6	17	25	2
			19	25	
⑤	黏土	3			

(A) 0　　　　(B) 1.6　　　　(C) 13.7　　　　(D) 19

【解】 由题干知,经初判,场地饱和砂土可能液化,因此地下水位的粉土无需进行液化复判。

设计基本地震加速度0.20g,标准贯入锤击数基准值 $N_0=12$

设计地震第二组,调整系数 $\beta=0.95$

地下水位埋深 $d_w=3.0m$

临界标贯击数计算公式 $N_{cr}=N_0\beta[\ln(0.6d_s+1.5)-0.1d_w]\cdot\sqrt{3/\rho_c}$

标贯深度 $d_{si}=12m$,粉砂,黏粒含量 $\rho_{ci}=3$

$N_{cri}=12\times0.95\times[\ln(0.6\times12+1.5)-0.1\times3.0]\times\sqrt{3/3}=21.24>$ 实测击数 $N_i=18$,故液化

标贯深度 $d_{si}=14m$,粉砂,黏粒含量 $\rho_{ci}=3$

$N_{cri}=12\times0.95\times[\ln(0.6\times14+1.5)-0.1\times3.0]\times\sqrt{3/3}=22.71<$ 实测击数 $N_i=24$,故不液化

标贯深度 $d_{si}=17m$,细砂,黏粒含量 $\rho_{ci}=3$

$N_{cri}=12\times0.95\times[\ln(0.6\times17+1.5)-0.1\times3.0]\times\sqrt{3/3}=24.61<$ 实测击数 $N_i=25$,故不液化

标贯深度 $d_{si}=19m$,细砂,黏粒含量 $\rho_{ci}=3$

$N_{cri}=12\times0.95\times[\ln(0.6\times19+1.5)-0.1\times3.0]\times\sqrt{3/3}=25.73>$ 实测击数 $N_i=25$,故液化

找全分界深度:

① 地下水位深度处: 3.0m

② 液化最终深度处: 20.0m

③ 土层分界处：11.0m、16.0m
④ 同层土两个标贯点中间位置$(12+14)\div2=13m$，$(17+19)\div2=18m$

标贯深度 $d_{si}=12m$，代表土层厚度 $d_i=$ 下界－上界$=13-11=2m$
中点深度 $d'_s=$ 上界$+d_i/2=11+2/2=12m$
$5<d'_s\leq20$ 影响权函数值 $W_i=2(20-d'_s)/3=2\times(20-12)/3=5.33$
标贯深度 $d_{si}=19m$，代表土层厚度 $d_i=$ 下界－上界$=20-18=2m$
中点深度 $d'_s=$ 上界$+d_i/2=18+2/2=19m$
$0<d'_s\leq20$ 影响权函数值 $W_i=2(20-d'_s)/3=2\times(20-19)/3=0.67$
液化指数
$$I_{lE}=\sum_{i=1}^n\left(1-\frac{N_i}{N_{cri}}\right)d_iW_i$$
$$=\left(1-\frac{18}{21.24}\right)\times2\times5.33+\left(1-\frac{25}{25.73}\right)\times2\times0.67=1.664$$

2018D23

某建筑场地抗震设防烈度为8度，设计基本地震加速度值0.20g，设计地震分组第一组，场地地下水位埋深6.0m，地层资料如下表所示。按照《建筑抗震设计规范》GB 50011—2010（2016年版）用标准贯入试验进行进一步液化判别，该场地液化等级为下列哪个选项？

序号	名称	层底埋深（m）	标准贯入试验点深度（m）	标贯试验锤击数实测值N（击）	黏粒含量（%）
①	粉砂	5.0	3.0	5	5
			4.5	6	5
②	粉质黏土	10.0	7.0	8	20
			9.0	9	20
③	饱和粉土	15.0	12.0	9	8
			13.0	8	8
④	粉质黏土	20.0	18.0	9	25
⑤	饱和细砂	25.0	22.0	13	5
			24.0	12	5

(A) 轻微　　　　(B) 一般　　　　(C) 中等　　　　(D) 严重

【解】按液化复判至地面下深度20m进行计算

设计基本地震加速度0.20g，标准贯入锤击数基准值 $N_0=12$
设计地震第一组，调整系数 $\beta=0.80$
地下水位埋深 $d_w=6.0m$
临界标贯击数计算公式 $N_{cr}=N_0\beta[\ln(0.6d_s+1.5)-0.1d_w]\cdot\sqrt{3/\rho_c}$
标贯深度 $d_{si}=12m$，粉土，黏粒含量 $\rho_{ci}=8$
$N_{cri}=12\times0.80\times[\ln(0.6\times12+1.6)-0.1\times6]\times\sqrt{3/8}=9.19>$ 实测击数 $N_i=9$，故液化

标贯深度 $d_{si}=13m$，粉土，黏粒含量 $\rho_{ci}=8$

$N_{cr} = 12 \times 0.80 \times [\ln(0.6 \times 13 + 1.5) - 0.1 \times 6] \times \sqrt{3/8} = 9.58 >$ 实测击数 $N_i = 8$,故液化

找全分界深度：
① 地下水位深度处：6.0m
② 液化最终深度处：20.0m
③ 土层分界处：10.0m，15.0m
④ 同层土两个标贯点中间位置$(12+13) \div 2 = 12.5$m

标贯深度 $d_{si} = 12$m，代表土层厚度 $d_i = $ 下界—上界$=12.5-10=2.5$m
中点深度 $d'_s = $ 上界$+ d_i/2 = 10 + 2.5/2 = 11.25$m
$5 < d'_s \leqslant 20$ 影响权函数值 $W_i = 2(20-d'_s)/3 = 2 \times (20-11.25)/3 = 5.83$
标贯深度 $d_{si} = 13$m，代表土层厚度 $d_i = $ 下界—上界$=15-12.5=2.5$m
中点深度 $d'_s = $ 上界$+ d_i/2 = 12.5 + 2.5/2 = 13.75$m
$5 < d'_s \leqslant 20$ 影响权函数值 $W_i = 2(20-d'_s)/3 = 2 \times (20-13.75)/3 = 4.17$

液化指数
$$I_{lE} = \sum_{i=1}^{n}\left(1 - \frac{N_i}{N_{cri}}\right)d_i W_i = \left(1 - \frac{9}{9.19}\right) \times 2.5 \times 5.83 + \left(1 - \frac{8}{9.58}\right) \times 2.5 \times 4.17$$
$$= 2.02$$

【注】一定要先根据初判条件确定需要进行复判的标贯点，避免做无用功。比如此题，黏性土，水位之上的粉砂，20m之下细砂均不需进行液化复判。

11.3.3.3 打桩后标贯击数的修正及液化判别

2004C33

某建筑场地抗震设防烈度为7度地基设计基本地震加速度为$0.15g$，设计地震分组为二组，地下水位埋深2.0m，未打桩前的液化判别等级如下表所示，采用打入式混凝土预制桩，桩截面为$400\text{mm} \times 400\text{mm}$，桩长$l = 15$m，桩间距$s = 1.6$m，桩数$20 \times 20$根，置换率$\rho = 0.063$，打桩后液化指数由原来的12.9降为下列(　　)。

(A) 2.7　　　　(B) 4.5　　　　(C) 6.8　　　　(D) 8.0

地质年代	土层名称	层底深度(m)	标准贯入试验深度(m)	实测击数	临界击数	计算层厚(m)	权函数	液化指数
新近	填土	1						
	黏土	3.5						
Q₄	粉砂	8.5	4	5	11	1.0	10	5.45
			5	9	12	1.0	10	2.5
			6	14	13	1.0	9.3	
			7	6	14	1.0	8.7	4.95
			8	16	15	1.0	8.0	
Q₃	粉质黏土	20						

【解】 打桩后标贯实测击数修正值 $N_1 = N + 100\rho(1-e^{-0.3N})$

4m 处 $N_1 = N+100\rho(1-e^{-0.3N}) = 5+100\times 0.063(1-e^{-0.3\times 5}) = 9.89 < 11$ 液化

5m 处 $N_1 = N+100\rho(1-e^{-0.3N}) = 9+100\times 0.063(1-e^{-0.3\times 9}) = 14.88 > 12$ 不液化

7m 处 $N_1 = N+100\rho(1-e^{-0.3N}) = 6+100\times 0.063(1-e^{-0.3\times 6}) = 11.26 < 14$ 液化

$$I_{lE} = \sum_{i=1}^{n}\left(1-\frac{N_i}{N_{cri}}\right)d_i W_i = \left(1-\frac{9.89}{11}\right)\times 1\times 10 + \left(1-\frac{11.26}{14}\right)\times 1\times 8.7 = 2.71$$

2010C29

在存在液化土层的地基中的低承台群桩基础，若打桩前该液化土层的标准贯入锤击数为 10 击，打入式预制桩的面积置换率为 3.3%，按照《建筑抗震设计规范》计算，试问打桩后桩间土的标准贯入试验锤击数最接近于下列何项数值？

(A) 10 击   (B) 18 击   (C) 13 击   (D) 30 击

【解】 打桩后标贯实测击数修正值
$$N_1 = N + 100\rho(1-e^{-0.3N}) = 10 + 100\times 0.033(1-e^{-0.3\times 10}) = 13.1$$

2014D29

某场地设计基本地震加速度为 $0.15g$，设计地震分组为第一组，其地层如下，①层黏土，可塑，层厚 8m；②层粉砂，层厚 4m，稍密状，在其埋深 9.0m 处标贯击数为 7 击，场地地下水位埋深 2.0m，拟采用正方形布置，截面为 300mm×300mm 预制桩进行液化处理，根据《建筑抗震设计规范》，问其桩距至少不小于下列哪一个选项时才能达到不液化？

(A) 800mm   (B) 1000mm   (C) 1200mm   (D) 1400mm

【解】 设计基本地震加速度 $0.15g$，标准贯入锤击数基准值 $N_0 = 10$

设计地震第一组，调整系数 $\beta = 0.8$

地下水位埋深 $d_w = 2.0\text{m}$

临界标贯击数计算公式 $N_{cr} = N_0\beta[\ln(0.6d_s + 1.5) - 0.1d_w]\cdot\sqrt{3/\rho_c}$

标贯深度 $d_{si} = 9.0\text{m}$，粉砂，黏粒含量 $\rho_{ci} = 3$

$$N_{cr} = 10\times 0.8[\ln(0.6\times 9 + 1.5) - 0.1\times 2]\times\sqrt{3/3} = 13.85$$

打桩后不液化，则要求打桩后标贯实测击数修正值
$N_1 = N + 100\rho(1-e^{-0.3N}) = 7 + 100\times\rho(1-e^{-0.3\times 7}) = 7 + 87.75\rho > N_{cr} = 13.85$

$\rightarrow \rho > 0.0781$

正方形布桩，面积置换率
$$\rho = \frac{d^2}{(1.13s)^2} = \frac{(1.13\times 0.3)^2}{(1.13s)^2} > 0.0781 \rightarrow s < 1.073\text{m} = 1073\text{mm}$$

11.3.4 天然地基抗震承载力验算

2003C34

某 15 层建筑物筏板基础尺寸为 30m×30m，埋深 6m。地基土由中密的中粗砂组成，

基础底面以上土的有效重度为 19kN/m³，基础底面以下土的有效重度为 9kN/m³。地基承载力特征值 f_{ak} 为 300kPa。在进行天然地基基础抗震验算时，地基抗震承载力 f_{aE} 最接近（　　）。

(A) 390kPa　　　(B) 540kPa　　　(C) 980kPa　　　(D) 1090kPa

【解】第一步确定地基抗震承载力

已给的地基承载力特征值 $f_{ak}=300$kPa

基础短边 $b=30$m ∉ [3, 6]，要求 $b \in$ [3, 6]，取 $b=6$m

基础埋深 $d=6$m

基础底面以下土的重度 $\gamma=9$kN/m³

基础底面以上土的加权平均重度 $\gamma_m=19$kN/m³

持力层为中密的中粗砂，由持力层土性查表宽度修正系数 $\eta_b=3.0$

深度修正系数 $\eta_d=4.4$

宽深度修正后地基承载力特征值

$f_a = f_{ak} + \eta_b \gamma (b-3) + \eta_d \gamma_m (d-0.5) = 300 + 3 \times 9 \times (6-3) + 4.4 \times 19 \times (6-0.5)$
$= 840.8$kPa

中密的中粗砂，查表得地基抗震承载力调整系数 $\xi_a=1.3$

地基抗震承载力 $f_{aE}=f_a \xi_a=840.8 \times 1.3=1093.04$kPa

2005D30

某建筑物按地震作用效应标准组合的基础底面边缘最大压力 $p_{max}=380$kPa，地基土为中密状态的中砂，问该建筑物基础深宽修正后的地基承载力特征值 f_a 至少应达到下列哪一个数值时，才能满足验算天然地基地震作用下的竖向承载力要求？

(A) 200kPa　　　(B) 245kPa　　　(C) 290kPa　　　(D) 325kPa

【解】第一步确定地基抗震承载力

中密的中砂，查表得地基抗震承载力调整系数 $\xi_a=1.3$

地基抗震承载力 $f_{aE}=f_a \xi_a=1.3 f_a$　　　　　　　　　　　　　　①

第二步计算基底压力及验算

要求 $p_{kmin}=380 \leqslant 1.2 f_{aE}$　　　　　　　　　　　　　　②

①②两式联立，即解得 $380 \leqslant 1.2 \times 1.3 \times f_a \rightarrow f_a \geqslant 243.6$kPa

2006D29

高层建筑高 42m，基础宽 10m，深宽修正后的地基承载力特征值 $f_a=300$kPa，地基抗震承载力调整系数 $\xi_a=1.3$，按地震作用效应标准组合进行天然地基基础抗震验算，问下列哪一选项不符合抗震承载力验算的要求？并说明理由。

(A) 基础底面平均压力不大于 390kPa

(B) 基础边缘最大压力不大于 468kPa

(C) 基础底面不宜出现拉应力

(D) 基础底面与地基土之间零应力区面积不应超过基础底面面积的 15%

【解】第一步确定地基抗震承载力

宽深度修正后地基承载力特征值 $f_a=300\text{kPa}$
地基抗震承载力调整系数 $\xi_a=1.3$
地基抗震承载力 $f_{aE}=f_a\xi_a=300\times1.3=390\text{kPa}$
第二步计算基底压力及验算
基底平均压力
$$p_k\leqslant f_{aE}=390\text{kPa}，\text{A 符合}$$
$$p_{k\max}\leqslant 1.2f_{aE}=1.2\times390=468\text{kPa}，\text{B 符合}$$
当高层建筑高宽比$=42/10=4.2>4$，不宜出现零压力区，即不宜出现大偏心的情况，C 符合。

2008D28

某 8 层建筑物高 24m，筏板基础宽 12m，长 50m，地基土为中密~密实细砂，深度修正后的地基承载力特征值 $f_a=250\text{kPa}$。按《建筑抗震设计规范》验算天然地基抗震竖向承载力。问在容许最大偏心距（短边方向）的情况下，按地震作用效应标准组合的建筑物总竖向作用力应不大于下列哪个选项的数值？

(A) 76500kN　　　　　　　　(B) 99450kN
(C) 117000kN　　　　　　　(D) 195000kN

【解】第一步确定地基抗震承载力
宽深度修正后地基承载力特征值 $f_a=250\text{kPa}$
中密~密实细砂，查表得地基抗震承载力调整系数 $\xi_a=1.3$
地基抗震承载力 $f_{aE}=f_a\xi_a=250\times1.3=325\text{kPa}$
第二步计算基底压力及验算
基底平均压力
$$p_k=\frac{F_k+G_k}{bl}\leqslant f_{aE}=325\rightarrow F_k+G_k\leqslant 325\times12\times50=195000\text{kN}$$

当高层建筑高宽比 $24\div12=2<4$，可以出现零压力区，此时要求 $3l\left(\dfrac{b}{2}-e\right)\geqslant 0.85bl$

$$p_{k\max}=\frac{2(F_k+G_k)}{3l\left(\dfrac{b}{2}-e\right)}\leqslant 1.2f_{aE}\rightarrow \frac{2(F_k+G_k)}{50\times12\times0.85}\leqslant 1.2\times325\rightarrow F_k+G_k\leqslant 99450\text{kN}$$

综上，建筑物总竖向作用力 $F_k+G_k\leqslant 99450\text{kN}$

2011C29

某 8 层建筑物高 25m，筏板基础宽 12m，长 50m。地基上为中密细砂层。已知按地震作用效应标准组合传至基础底面的总竖向力（包括基础自重和基础上的土重）为 100MN。基底零压力区达到规范规定的最大限度时，该地基上经深宽修正后的地基土承载力特征值 f_a 至少不能小于下列哪个选项的数值，才能满足《建筑抗震设计规范》关于天然地基基础抗震验算的要求？

(A) 128kPa　　　(B) 167kPa　　　(C) 252kPa　　　(D) 392kPa

11 抗震工程专题

【解】 第一步确定地基抗震承载力
宽深度修正后地基承载力特征值 f_a 待求
中密细砂，查表得地基抗震承载力调整系数 $\xi_a=1.3$
地基抗震承载力 $f_{aE}=f_a\xi_a$
第二步计算基底压力及验算
基底平均压力

$$p_k=\frac{F_k+G_k}{bl}\leqslant f_{aE}\to\frac{100000}{12\times50}\leqslant1.3f_a\to f_a\geqslant128.2\text{kPa}$$

当高层建筑高宽比 $25\div12=2.08<4$，可以出现零压力区，此时要求 $3l\left(\dfrac{b}{2}-e\right)\geqslant0.85bl$

$$p_{k\max}=\frac{2(F_k+G_k)}{3l\left(\dfrac{b}{2}-e\right)}\leqslant1.2f_{aE}\to\frac{2\times100000}{50\times12\times0.85}\leqslant1.2\times1.3f_a\to f_a\geqslant251.4\text{kPa}$$

综上 $f_a\geqslant251.4\text{kPa}$

2017C28

某 8 层民用建筑，高度 30m，宽 10m，场地抗震设防烈度为 7 度，拟采用天然地基，基础底面上下均为硬塑黏性土，重度为 19kN/m³，孔隙比 $e=0.80$，地基承载力特征值 $f_{ak}=150$kPa，条形基础底面宽度 $b=2.5$m，基础埋置深度 $d=5.5$m，按地震作用效应标准组合进行抗震验算时，在容许最大偏心情况下，基础底面处所能承受的最大竖向荷载最接近下列哪个选项？

(A) 250kN/m (B) 390kN/m
(C) 470kN/m (D) 500kN/m

【解】 第一步确定地基抗震承载力
已给的地基承载力特征值 $f_{ak}=150$kPa
基础短边 $b=2.5$m $\notin$ [3m，6m]，取 $b=3$m
基础埋深 d，未给出其他信息，按一般情况处理，$d=5.5$m>0.5m
地下水位无
基础底面以下土的重度 $\gamma=19$kN/m³
基础底面以上土的加权平均重度 $\gamma_m=19$kN/m³
基底下持力层为硬塑黏性土，天然孔隙比 $e_0=0.80<0.85$
由持力层土性质查表 $\eta_b=0.3$，$\eta_d=1.6$
修正后地基承载力特征值

$$f_a=f_{ak}+\eta_b\gamma(b-3)+\eta_d\gamma_m(d-0.5)$$
$$=150+0.3\times19\times(3-3)+1.6\times19\times(5.5-0.5)=302\text{kPa}$$

150kPa$\leqslant f_{ak}<300$kPa 的黏性土，查表得地基抗震承载力调整系数 $\xi_a=1.3$
地基抗震承载力 $f_{aE}=f_a\xi_a=302\times1.3=392.6$kPa
第二步计算基底压力及验算
基底平均压力

$$p_k = \frac{F_k + G_k}{bl} \leqslant f_{aE} = 392.6 \rightarrow F_k + G_k \leqslant 392.6 \times 2.5 \times 1 = 981.5 \text{kN}$$

当高层建筑高宽比 $30 \div 10 = 3 < 4$，可以出现零压力区，此时要求 $3l\left(\dfrac{b}{2} - e\right) \geqslant 0.85bl$

$$p_{k\max} = \frac{2(F_k + G_k)}{3l\left(\dfrac{b}{2} - e\right)} \leqslant 1.2 f_{aE} \rightarrow \frac{2(F_k + G_k)}{0.85 \times 2.5 \times 1}$$

$$\leqslant 1.2 \times 392.6 \rightarrow F_k + G_k \leqslant 500.6 \text{kN}$$

综上，基础底面处所能承受的最大竖向荷载 $F_k + G_k \leqslant 500.6 \text{kN}$

【注】对地基承载力进行宽深度修正时，b 表示基础短边，且必须满足 $b \in [3\text{m}, 6\text{m}]$，即若 $b < 3\text{m}$ 取 $b = 3\text{m}$，若 $b > 6\text{m}$ 取 $b = 6\text{m}$，当取 $b = 3\text{m}$ 时，此时宽度修正系数 η_b 可不用确定；且在基底压力计算公式中，b 表示偏心荷载方向的边长，不一定为短边，且取实际值。

2017D28

某建筑场地，地面下为中密中砂，其天然重度为 18kN/m^3，地基承载力特征值为 200kPa，地下水位埋深 1.0m，若独立基础尺寸为 $3\text{m} \times 2\text{m}$，埋深 2m，需进行天然地基基础抗震验算，请验算天然地基抗震承载力最接近下列哪个选项？

(A) 260kPa (B) 286kPa (C) 372kPa (D) 414kPa

【解】已给的地基承载力特征值 $f_{ak} = 200\text{kPa}$

基础短边 $b = 2\text{m} \notin [3\text{m}, 6\text{m}]$，取 $b = 3\text{m}$

基础埋深 d，未给出其他信息，按一般情况处理，$d = 2\text{m} > 0.5\text{m}$

地下水位埋深 1.0m

基础底面以下土的重度 $\gamma = 18\text{kN/m}^3$

基础底面以上土的加权平均重度 $\gamma_m = \dfrac{18 \times 1 + 8 \times 1}{2} = 13\text{kN/m}^3$

持力层为中密中砂，由持力层土性质查表 $\eta_b = 3.0$，$\eta_d = 4.0$

修正后地基承载力特征值

$$f_a = f_{ak} + \eta_b \gamma (b - 3) + \eta_d \gamma_m (d - 0.5) = 200 + 0 + 4.4 \times 13 \times 1.5 = 285.8\text{kPa}$$

中密中砂，查表得地基抗震承载力调整系数 $\xi_a = 1.3$

地基抗震承载力 $f_{aE} = f_a \xi_a = 285.3 \times 1.3 = 371.54\text{kPa}$

11.3.5 桩基液化效应和抗震验算

2012D28

8 度地区地下水位埋深 4m，某钻孔桩桩顶位于地面以下 1.5m，桩顶嵌入承台底面 0.5m，桩直径 0.8m，桩长 20.5m，地层资料见下表，桩全部承受地震作用，问按《建筑抗震设计规范》的规定，单桩竖向抗震承载力特征值最接近于下列哪个选项？

(A) 1680kN (B) 2100kN (C) 3110kN (D) 3610kN

11 抗震工程专题

土层名称	层底埋深(m)	土层厚度(m)	标准贯入锤击数 N	临界标准贯入锤击数 N_{cr}	极限侧阻力标准值（kPa）	极限端阻力标准值（kPa）
粉质黏土①	5.0	5	—	—	30	
粉土②	15.0	10	7	10	20	
密实中砂③	30.0	15	—	—	50	4000

【解】①确定液化土层液化折减系数 ψ_l

粉土，液化指数 $\lambda_N = N/N_{cr} = 7/10 = 0.7$

粉土埋深 5～10m，即当 $d_L \leqslant 10$m 时，$\psi_l = 1/3$

粉土埋深 10～15m，即当 $10 < d_L \leqslant 20$m 时，$\psi_l = 2/3$

②计算液化土层单桩极限承载力标准值 Q_{uk}

$$Q_{uk} = Q_{sk} + Q_{pk} = u\sum\psi_{li}l_iq_{sik} + u\sum l_jq_{sjk} + A_pq_{pk}$$

$$= 3.14\times0.8\times\left(\frac{1}{3}\times5\times20 + \frac{2}{3}\times5\times20\right) + 3.14\times0.8\times(3\times30 + 7\times50)$$

$$+ 3.14\times0.4^2\times4000 = 3366.08\text{kN}$$

单桩竖向承载力特征值

$$R_a = Q_{uk}/2 = 3366.08/2 = 1683.04\text{kN}$$

③ 单桩竖向抗震承载力特征值 R_E，可比非抗震设计时提高 25%，即

$$R_E = 1.25R_a = 1.25\times1683.04 = 2103.8\text{kN}$$

2013D13

某承台埋深 1.5m，承台下为钢筋混凝土预制方桩，断面 0.3m×0.3m，有效桩长 12m，地层分布如题图所示，地下水位于地面下 1m。在粉细砂和中粗砂层进行了标准贯入试验，结果见图。根据《建筑桩基技术规范》，计算单桩极限承载力最接近下列何值？

(A) 589kN　　(B) 789kN
(C) 1129kN　　(D) 1329kN

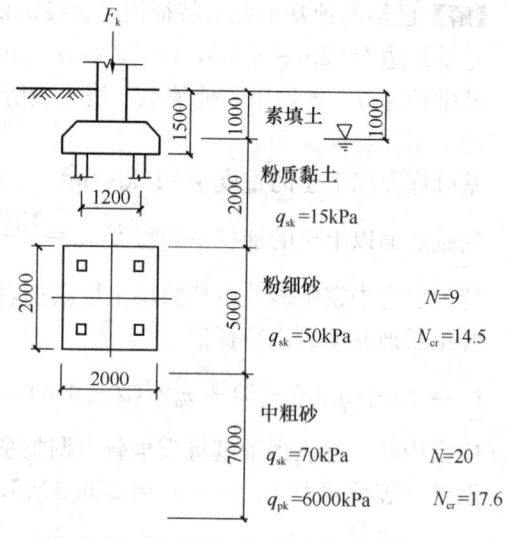

题 2013 D13 图

【解】①确定液化土层液化折减系数 ψ_l

粉细砂，$N = 9 < N_{cr} = 14.5$，液化

中粗砂，$N = 20 < N_{cr} = 17.6$，非液化

粉细砂，液化指数 $\lambda_N = N/N_{cr} = 9/14.5 = 0.62$

粉细砂埋深 3～8m，即当 $d_L \leqslant 10$m 时，$\psi_l = 1/3$

② 计算液化土层单桩极限承载力标准值 Q_{uk}

$$Q_{uk} = Q_{sk} + Q_{pk} = u\sum\psi_{li}l_iq_{sik} + u\sum l_jq_{sjk} + A_pq_{pk}$$

$$= 1.2\times\frac{1}{3}\times5\times50 + 1.2\times(1.5\times15 + 5.5\times70) + 0.09\times6000 = 1129\text{kN}$$

2016D11

某基桩采用混凝土预制实心方桩,桩长16m,边长0.45m,土层分布及极限侧阻力标准值、极限端阻力标准值如题图所示,按《建筑桩基技术规范》规定的单桩竖向极限承载力标准值最接近下列哪个选项?(不考虑沉桩挤土效应液化影响)

(A) 780kN   (B) 1430kN
(C) 1560kN   (D) 1830kN

【解】①确定液化土层液化折减系数 ψ_l

粉土,液化指数 $\lambda_N = N/N_{cr} = 10/14 = 0.71$

粉土埋深 5~10m,即当 $d_L \leqslant 10m$ 时,$\psi_l = 1/3$

② 计算液化土层单桩极限承载力标准值 Q_{uk}

$Q_{uk} = Q_{sk} + Q_{pk} = u\sum \psi_{li} l_i q_{sik} + u\sum l_j q_{sjk} + A_p q_{pk}$

$= 1.8 \times \left(\dfrac{1}{3} \times 5 \times 45\right) + 1.8 \times (3 \times 25 + 6 \times 50 + 2 \times 70) + 0.2025 \times 2500$

$= 1568.25 \text{kN}$

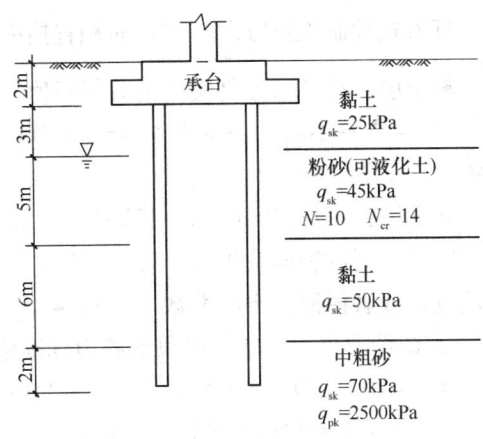

题 2016 D11 图

2017D11

某工程采用低承台打入预制实心方桩,桩的截面尺寸 500mm×500mm,有效桩长18m,桩为正方形布置,距离 1.5m×1.5m。地质条件及各层土的极限侧阻力、极限端阻力以及桩的入土深度、布桩方式如题图所示。根据《建筑桩基技术规范》JGJ 94—2008 和《建筑抗震设计规范》GB 50011—2010,在轴心竖向力作用下,进行桩基抗震验算时所取用的单桩竖向承载力特征值最接近下列哪个选项?(地下水位于地表下1m)

(A) 1830kN   (B) 1520kN   (C) 1440kN   (D) 1220kN

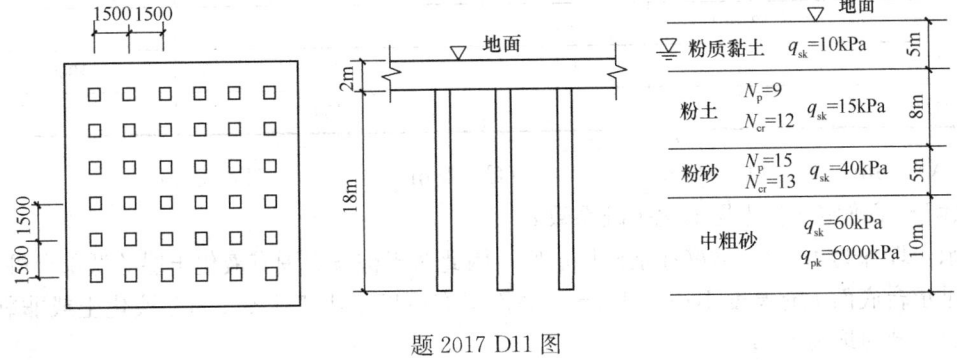

题 2017 D11 图

【解】①判断是否液化

打入式预制桩正方形布置，面积置换率 $\rho = \dfrac{(1.13 \times 0.5)^2}{(1.13 \times 1.5)^2} = 0.111$

粉土层：打桩后标贯实测击数修正值
$N_1 = N + 100\rho(1 - e^{-0.3N}) = 9 + 100 \times 0.111 \times (1 - e^{-0.3 \times 9}) = 19.35 > N_{cr} = 12$，不液化

砂土层：本身实测值 $N = 15 > N_{cr} = 13$，不液化

所以可判定场地液化土层为不液化，因此单桩极限承载力标准值 Q_{uk} 不用乘液化折减系数 ψ_l，或者说液化折减系数 $\psi_l = 1$。

② 计算液化土层单桩极限承载力标准值 Q_{uk}

$$Q_{uk} = Q_{sk} + Q_{pk} = u\sum \psi_{li} l_i q_{sik} + u\sum l_j q_{sjk} + A_p q_{pk}$$
$$= 0.5 \times 4 \times (3 \times 10 + 8 \times 15 + 5 \times 40 + 2 \times 60) + 0.5 \times 0.5 \times 6000 = 2440 \text{kN}$$

单桩竖向承载力特征值
$$R_a = Q_{uk}/2 = 2440/2 = 1220 \text{kN}$$

③ 单桩竖向抗震承载力特征值 R_E，可比非抗震设计时提高 25%，即
$$R_E = 1.25 R_a = 1.25 \times 1220 = 1525 \text{kN}$$

【注】抗震验算遇到液化土层，一定要先判断液化土层是否液化，防止"坑"。一定要熟练各知识点的解题思维流程，不要跳步骤和漏步骤，才是不掉坑的制胜法宝。

2018D9

某建筑采用灌注桩基础，桩径 0.8m，承台底埋深 4.0m，地下水位埋深 1.5m，拟建场地地层条件如下表所示。按照《建筑桩基技术规范》JGJ 94—2008 规定，如需单桩竖向承载力特征值达到 2300kN，考虑液化效应时，估算最短桩长与下列哪个选项最为接近？

地层	层底埋深（m）	N/N_{cr}	桩的极限侧阻力标准值（kPa）	桩的极限端阻力标准值（kPa）
黏土	1.0		30	
粉土	4.0	0.6	30	
细砂	12.0	0.8	40	
中粗砂	20.0	1.5	80	1800
卵石	35.0		150	3000

(A) 16m (B) 20m (C) 23m (D) 26m

【解】① 确定液化土层液化折减系数 ψ_l

承台埋深为 4.0m，恰好在细砂层层底，因此对于桩身周围有液化土层的低承台桩基，不满足承台底面上有厚度不小于 1.5m，底面下有厚度不小于 1.0m 的非液化土或非软弱土层时，此时取 $\psi_l = 0$；

② 按题意液化土层单桩极限承载力标准值 Q_{uk} 需满足
$$Q_{uk} = Q_{sk} + Q_{pk} = u\sum \psi_{li} l_i q_{sik} + u\sum l_j q_{sjk} + A_p q_{pk}$$
$3.14 \times 0.8 \times (8 \times 80 + \Delta l \times 150) + 3.14 \times 0.16 \times 3000 \geqslant 2300 \times 2 \rightarrow \Delta l \geqslant 3.94$

→ $l \geqslant 8+8+3.94 = 19.94$

因此桩长需满足 $l \geqslant 8+8+3.94=19.94$m

【注】确定液化土层液化折减系数 ψ_l，一定要按照解题思维流程首先确定是否为特殊地基基础情况，防止后面的无用功。

2019D9

某建筑场地设计基本地震加速度为 $0.2g$，设计地震分组为第一组，采用直径 800mm 的钻孔灌注桩基础，承台底面埋深 3.0m，承台底面以下桩长 25.0m，场地地层资料如表所示，地下水位埋深 4.0m，按照《建筑抗震设计规范》GB 50011—2010（2016 年版）的规定，地震作用按水平地震影响系数最大值的 10% 采用时，单桩竖向抗震承载力特征值最接近下列哪个选项？

土层名称	层底埋深 (m)	实测标准贯入击数 N	临界标准贯入锤击数 N_{cr}	极限侧阻力标准值 (kPa)	极限端阻力标准值 (kPa)
①粉质黏土	5	—	—	35	
②粉土	8	9	13	40	
③密实中砂	50	—	—	70	2500

(A) 2380kN (B) 2650kN
(C) 2980kN (D) 3320kN

【解】据《建筑抗震设计规范》4.4.3 条第 2 款中第 2 项，地震作用按水平地震影响系数最大值的 10% 采用，桩基承载力应扣除液化土层的全部摩阻力及桩承台下 2m 深度范围内非液化土的桩周摩阻力。

$N = 9 < N_{cr} = 13$，粉土层液化

$Q_{uk} = 3.14 \times 0.8 \times 20 \times 70 + 3.14 \times 0.16 \times 2500 = 4772.8$kN

$R_E = 1.25 \times \dfrac{Q_{uk}}{2} = 1.25 \times \dfrac{4772.8}{2} = 2983$kN

【注】核心知识点非常规题。稳中有变。一定要对概念真题很熟练，根据题干已知条件"地震作用按水平地震影响系数最大值的 10% 采用时"，敏锐地觉察到可能有"坑"，才能避免入"坑"。

11.4 公路工程抗震设计

11.4.1 场地类别划分

11.4.2 设计反应谱

2013D27

抗震设防烈度为 8 度地区的某高速公路特大桥，结构阻尼比为 0.05，结构自振周期

(T) 为 0.45s；场地类型为Ⅱ类，特征周期（T_g）为 0.35s；水平向设计基本地震加速度峰值为 0.30g，进行 E2 地震作用下的抗震设计时，按《公路桥梁抗震设计细则》JTG/TB 02—01—2008 确定竖向设计加速度反应谱最接近下列哪项数值？

(A) 0.30g   (B) 0.45g   (C) 0.89g   (D) 1.15g

【解】区划图上的特征周期为 0.35s，场地类型为Ⅱ类，设计特征周期 $T_g = 0.35$s
水平向设计基本地震动加速度峰值 $A_h = 0.30g$
E2 地震，高速公路特大桥，桥梁抗震重要性修正系数 $C_i = 1.7$
场地类型为Ⅱ类，设计基本地震动峰值加速度 $A_h = 0.30g$，场地系数 $C_s = 1.0$
桥梁阻尼比 $\zeta = 0.05$
阻尼调整系数 $C_d = 1 + \dfrac{0.05 - \zeta}{0.06 + 1.7\zeta} = 1 \geqslant 0.55$
水平设计加速度反应谱最大值 $S_{max} = 2.25 C_i C_s C_d A_h = 2.25 \times 0.30g \times 1.7 \times 1.0 \times 1 = 1.15g$
桥梁自振周期 $T = 0.45$s
$T_g < T$ 水平设计加速度反应谱 $S = S_{max}\left(\dfrac{T_g}{T}\right) = 1.15g \times \left(\dfrac{0.35}{0.45}\right) = 0.89g$
土层且 $0.3s \leqslant T$，竖向/水平向谱比函数 $R = 0.5$
竖向设计加速度反应谱 $S_v = S \cdot R = 0.89g \times 0.5 = 0.445g$

2016C29

某高速公路单跨跨径 140m 的桥梁，其阻尼比为 0.04，场地水平向设计基本地震动峰值加速度为 0.20g，设计地震分组为第一组，场地类别为Ⅲ类。根据《公路工程抗震规范》JTG B02—2013，试计算在 E1 地震作用下的水平设计加速度反应谱最大值 S_{max} 最接近下列哪个选项？

(A) 0.16g   (B) 0.24g   (C) 0.29g   (D) 0.32g

【解】
水平向设计基本地震动加速度峰值 $A_h = 0.20g$
E1 地震，高速公路单跨跨径 140m 的桥梁，未超过 150m，属于大桥，桥梁抗震重要性修正系数 $C_i = 0.5$
场地类型为Ⅲ类，设计基本地震动峰值加速度 $A_h = 0.20g$，场地系数 $C_s = 1.2$
桥梁阻尼比 $\zeta = 0.04$
阻尼调整系数 $C_d = 1 + \dfrac{0.05 - \zeta}{0.06 + 1.7\zeta} = 1 + \dfrac{0.05 - 0.04}{0.06 + 1.7 \times 0.04} = 1.078 \geqslant 0.55$
水平设计加速度反应谱最大值
$$S_{max} = 2.25 C_i C_s C_d A_h = 2.25 \times 0.20g \times 1.2 \times 1.078 \times 0.5 = 0.29g$$

2017D29

某高速公路桥梁，单跨跨径 150m，基岩场地，区划图上的特征周期 $T_g = 0.35$s，结构自振周期 $T = 0.30$s，结构阻尼比 $\zeta = 0.05$，水平向设计基本地震动峰值加速度 $A_h = 0.30g$，进行 E1 地震作用下的抗震设计时，按《公路工程抗震规范》JTG B02—2013 确定该桥梁水平向和竖向设计加速度反应谱为哪一选项?

(A) $0.218g$；$0.131g$ (B) $0.253g$，$0.152g$
(C) $0.304g$；$0.182g$ (D) $0.355g$，$0.213g$

【解】区划图上的特征周期为 $0.35s$，基岩场地，则场地类型为Ⅰ类，设计特征周期 $T_g = 0.25$

水平向设计基本地震动加速度峰值 $A_h = 0.30g$

E1地震，高速公路单跨跨径150m的桥梁，未超过150m，桥梁抗震重要性修正系数 $C_i = 0.5$

场地类型为Ⅰ类，设计基本地震动峰值加速度 $A_h = 0.30g$，场地系数 $C_s = 0.9$

桥梁阻尼比 $\zeta = 0.05$

阻尼调整系数 $C_d = 1 + \dfrac{0.05 - \zeta}{0.06 + 1.7\zeta} = 1 \geqslant 0.55$

水平设计加速度反应谱最大值 $S_{\max} = 2.25 C_i C_s C_d A_h = 2.25 \times 0.5 \times 0.9 \times 1 \times 0.30g = 0.304g$

桥梁自振周期 $T = 0.35s$

$T_g < T$，水平向和竖向设计加速度反应谱 $S = S_{\max}\left(\dfrac{T_g}{T}\right) = 0.304g \times \left(\dfrac{0.25}{0.30}\right) = 0.253g$

基岩场地，竖向/水平向谱比函数 $R = 0.6$

竖向设计加速度反应谱 $S_v = S \cdot R = 0.253g \times 0.6 = 0.152g$

11.4.3 液化判别

11.4.3.1 液化初判

2007C29

高度为3m的公路挡土墙，基础的设计埋深1.80m，场区的抗震设防烈度为8度。自然地面以下深度1.50m为黏性土，深度1.50~5.00m为一般黏性土，深度5.00~10.00m为粉土，下卧地层为砂土层。根据《公路工程抗震设计规范》，在地下水位埋深至少大于以下何值时，可初判不考虑场地土液化影响?

(A) 5.5m (B) 6.5m (C) 7.5m (D) 8.5m

【解】①进行粉土层的初判

基础埋深 $d_b = 1.8m < 2m$ 取 $d_b = 2m$

地下水位埋深 d_w 待求

扣除淤泥及淤泥质土，上覆非液化土层厚度 $d_u = 5m$

饱和土为粉土，设防烈度为8度，液化土层特征深度 $d_0 = 7m$

满足下式其一即可

$d_w > d_b + d_0 - 3 = 2 + 7 - 3 = 6m$

$d_u > d_b + d_0 - 2 \to 5 > 2 + 7 - 2 \to$ 不满足

$d_w + d_u > 2d_b + 1.5d_0 - 4.5 \to d_w + 5 > 1.5 \times 7 + 2 \times 2 - 4.5 \to d_w > 5m$

满足一个式子即可，故 $d_w>5$m
② 进行砂土层的初判
基础埋深 $d_b=1.8$m<2m 取 $d_b=2$m
地下水位埋深 d_w 待求
扣除淤泥及淤泥质土，上覆非液化土层厚度 $d_u=5$m
饱和土为粉土，设防烈度为 8 度，液化土层特征深度 $d_0=8$m
满足下式其一即可
$d_w > d_b+d_0-3 = 2+8-3 = 7$m
$d_u > d_b+d_0-2 \to 5>2+8-2 \to$ 不满足
$d_w+d_u > 2d_b+1.5d_0-4.5 \to d_w+5 > 1.5\times 8+2\times 2-4.5 \to d_w>6.5$m
满足一个式子即可，故 $d_w>6.5$m
要求粉土和砂土均不液化，因此取并集，最终 $d_w>6.5$m

11.4.3.2 液化复判

2008D29

某公路桥梁场地地面以下 2m 深度内为粉质黏土，重度 18kN/m³；深度 2~9m 为粉砂、细砂，重度 20kN/m³；深度 9m 以下为卵石。实测 7m 深度处砂层的标贯值为 10。设计基本地震加速度为 0.20g，区划图上特征周期为 0.45s。地下水位埋深为 2.0m。按《公路工程抗震设计规范》，7m 深度处砂层的标准贯入锤击数临界值 N_{cr} 最接近的结果和正确的判别结论应是下列哪个选项？

(A) N_{cr} 为 10.2，不液化　　(B) N_{cr} 为 10.2，液化
(C) N_{cr} 为 16.8，液化　　　(D) N_{cr} 为 16.8，不液化

【解】按液化复判至地面下深度 20m 进行计算
设计基本地震加速度为 0.20g，区划图上特征周期为 0.45s。
查表得标准贯入锤击数基准值 $N_0=12$
地下水位埋深 $d_w=2.0$m
15m 深度范围内：$N_{cr}=N_0[0.9+0.1(d_s-d_w)]\cdot\sqrt{3/\rho_c}$
标贯深度 $d_{si}=7$m，砂土，黏粒含量均取 $\rho_{ci}=3$
$N_{cr}=12\times[0.9+0.1\times(7-2)]\times\sqrt{3/3}=16.8>$ 实测击数 $N_i=10$，故液化

11.4.4　天然地基抗震承载力

11.4.5　桩基液化效应和抗震验算

2002C23

某场地地面下的黏性土层厚 5m，其下的粉砂层厚 10m。整个粉砂层都可能在地震中发生液化。已知粉砂层的液化抵抗系数 $C_e=0.7$。若采用摩擦桩基础，桩身穿过整个粉砂层范围深入其下的非液化土层中。根据《公路工程抗震规范》，由于液化影响，桩侧摩阻

力将予以折减。请问在通过粉砂层的桩长范围内，桩侧摩阻力总的折减系数约等于下列（　　）比值。

(A) 1/6　　　(B) 1/3　　　(C) 1/2　　　(D) 2/3

【解】粉砂层，液化指数 $C_e=0.7$

粉砂层埋深 5~10m，即当 $d_L \leq 10m$ 时，$\psi_l=1/3$

粉砂层埋深 10~15m，即当 $10m<d_L \leq 20m$ 时，$\psi_l=2/3$

桩侧摩阻力总的折减系数按厚度加权平均 $\psi_l = \dfrac{\dfrac{1}{3}\times 5+\dfrac{2}{3}\times 5}{10}=0.5$

2006C30

与 2002C23 完全相同。

2014D28

某公路桥梁采用摩擦桩基础，场地地层如下：①0~3m 为可塑性粉质黏土，②3~14m 为稍密至中密状粉砂，其实测标贯锤击数击 $N_1=8$ 击，地下水位埋深为 2.0m，桩基穿过②层后进入下部持力层，根据《公路工程抗震规范》，计算②层粉砂桩长范围内桩侧摩阻力液化影响平均折减系数最接近下列哪项？（假设②层土经修正的液化判别标贯击数临界值 $N_{cr}=9.5$ 击）

(A) 1.00　　　(B) 0.83　　　(C) 0.79　　　(D) 0.67

【解】粉砂层，液化指数 $C_e=N/N_{cr}=8/9.5=0.842$

粉砂层埋深 3~10m，即当 $d_L \leq 10m$ 时，$\psi_l=2/3$

粉砂层埋深 10~14m，即当 $10m<d_L \leq 20m$ 时，$\psi_l=1$

桩侧摩阻力总的折减系数按厚度加权平均 $\psi_l = \dfrac{\dfrac{2}{3}\times 7+1\times 4}{7+4}=0.789$

2017C27

某公路工程场地地面下的黏土层厚 4m，其下为细砂，层厚 12m，再下为密实的卵石层，整个细砂层在 8 度地震条件下将产生液化。已知细砂层的液化抵抗系数 $C_e=0.7$，若采用桩基础，桩身穿过整个细砂层范围，进入其下的卵石层中。根据《公路工程抗震规范》JTG B02—2013，试求桩长范围内细砂层的桩侧阻力折减系数最接近下列哪个选项？

(A) $\dfrac{1}{4}$　　　(B) $\dfrac{1}{3}$　　　(C) $\dfrac{1}{2}$　　　(D) $\dfrac{2}{3}$

【解】细砂层，液化指数 $C_e=N/N_{cr}=0.7$

细砂层埋深 4~10m，即当 $d_L \leq 10m$ 时，$\psi_l=1/3$

细砂层埋深 10~16m，即当 $10m<d_L \leq 20m$ 时，$\psi_l=2/3$

桩侧摩阻力总的折减系数按厚度加权平均 $\psi_l = \dfrac{\dfrac{1}{3}\times 6+\dfrac{2}{3}\times 6}{12}=\dfrac{1}{2}$

11.4.6 地震作用

11.4.6.1 挡土墙水平地震作用
11.4.6.2 挡土墙地震土压力
11.4.6.3 挡土墙稳定性
11.4.6.4 路基土条的地震作用及抗震稳定性验算

11.5 水利水电水运工程抗震设计

11.5.1 场地类别划分

11.5.2 设计反应谱

2009C27

某混凝土重力坝场地，在《中国地震动参数区划图》上特征周期为 0.40s，地震动峰值加速度为 0.20g，在初步设计的建基面标高以下深度 15m 范围内地层和剪切波速见下表。已知该重力坝的基本自振周期为 0.9s，在考虑设计反应谱时，下列特征周期 T_g 和设计反应谱的代表值 β_{max} 的不同组合中正确的是（　　）。

层序	地层	层底深度	剪切波速
1	中砂	6	235
2	圆砾	9	336
3	卵石	12	495
4	基岩	>15	720

题 2009 C27 图

(A) $T_g=0.20s$；$\beta_{max}=2.50$ (B) $T_g=0.20s$；$\beta_{max}=2.00$
(C) $T_g=0.40s$；$\beta_{max}=2.50$ (D) $T_g=0.40s$；$\beta_{max}=2.00$

【解】第一步：判断场地类别

① 确定覆盖层厚度（从基础底面算起）$d_0=12m$

② 土层等效剪切波速 $v_{se}=\dfrac{d_0}{\sum\limits_{i=1}^{n}\dfrac{d_i}{v_i}}=\dfrac{12}{\dfrac{6}{235}+\dfrac{3}{336}+\dfrac{3}{495}}=296.14m/s$

③ 查表，$500 \geqslant v_{se} > 250$，$15 > d_0 > 5$，得场地类别为Ⅱ类

第二步：设计反应谱分析

① 确定特征周期值 T_g

在《中国地震动参数区划图》上特征周期为 0.40s，场地类别为Ⅱ类，$T_g=0.40s$

② 重力坝，标准设计反应谱最大的代表值 $\beta_{max}=2.0$

2019C23

某土石坝场地，根据《中国地震动参数区划图》GB 18306—2015，Ⅱ类场地基本地震动峰值加速度 0.15g，基本地震加速度反应谱特征周期 0.40s，土石坝建基面以下的地层及剪切波速如表所示。根据《水电工程水工建筑物抗震设计规范》NB 35047—2015，该土石坝的基本自振周期为 1.8s 时，标准设计反应谱 β 最接近下列哪个选项？

层序	岩土名称	层底深度（m）	剪切波速（m/s）
1	粉质黏土	1.5	220
2	粉土	3.2	270
3	黏土	4.8	310
4	花岗岩	>4.8	680

(A) 0.50　　(B) 0.55　　(C) 0.60　　(D) 0.65

【解】第一步：判断场地类别

① 确定覆盖层厚度（从基础底面算起）$d_0 = 4.8\text{m}$

② 土层等效剪切波速 $v_{se} = \dfrac{d_0}{\sum\limits_{i=1}^{n}\dfrac{d_i}{v_i}} = \dfrac{4.8}{\dfrac{1.5}{220}+\dfrac{1.7}{270}+\dfrac{1.6}{310}} = 262.6\text{m/s}$

③ 查表，$500 > 262.6 > 250$，$5 > 4.8 > 3$，场地类别属于 I_1 类

第二步：设计反应谱分析

① 确定特征周期值 T_g

在《中国地震动参数区划图》上特征周期为 0.40s，场地类别为 I_1 类，$T_g = 0.30\text{s}$

② 土石坝 $\beta_{\max} = 1.60$

$$T = 1.80\text{s} > T_g = 0.30\text{s}$$

$$\beta = 1.60 \times \left(\dfrac{0.30}{1.80}\right)^{0.6} = 0.55 \geqslant 0.2 \times 1.60 = 0.32$$

【注】核心知识点常规题，直接使用相关知识点解题思维流程快速解答。

11.5.3　液化判别

11.5.3.1　液化初判

2013D28

某水工建筑物场地地层 2m 以内为黏土，2～20m 为粉砂，地下水埋深 1.5m，场地地震动峰值加速度 0.2g。钻孔内深度 3m、8m、12m 处实测土层剪切波速分别为 180m/s、220m/s、260m/s。请用计算说明地震液化初判结果最合理的是下列哪一项？

(A) 3m 处可能液化，8m、12m 处不液化

(B) 8m 处可能液化，3m、12m 处不液化

(C) 12m 处可能液化，3m、8m 处不液化

(D) 3m、8m、12m 处均可能液化

【解】 地震动峰值加速度系数 $K_H = 0.2$

土层位置深度 $Z = 3m$ 时 $0 \leqslant Z \leqslant 10$

折减系数 $\gamma_d = 1 - 0.01Z = 1 - 0.01 \times 3 = 0.97$

此时上限剪切波速度 $v_{st} = 291\sqrt{Z\gamma_d K_H} = 291\sqrt{3 \times 0.97 \times 0.2} = 222.0 > 180$，可能液化

土层位置深度 $Z = 8m$ 时 $0 \leqslant Z \leqslant 10$

折减系数 $\gamma_d = 1 - 0.01Z = 1 - 0.01 \times 8 = 0.92$

此时上限剪切波速度 $v_{st} = 291\sqrt{Z\gamma_d K_H} = 291\sqrt{8 \times 0.92 \times 0.2} = 353.1 > 220$，可能液化

土层位置深度 $Z = 12m$ 时 $10 < Z \leqslant 20$

折减系数 $\gamma_d = 1.1 - 0.02Z = 1.1 - 0.02 \times 12 = 0.86$

此时上限剪切波速度 $v_{st} = 291\sqrt{Z\gamma_d K_H} = 291\sqrt{12 \times 0.86 \times 0.2} = 418.1 > 260$，可能液化

11.5.3.2 液化复判

2009C29

某水利工程位于 8 度地震区，抗震设计按近震考虑，勘察时地下水位在当时地面以下的深度为 2.0m，标准贯入点在当时地面以下的深度为 6m，实测砂土（黏粒含量 $\rho_c < 3\%$）标准贯入锤击数为 20 击，工程正常运行后，下列四种情况下，哪一选项在地震液化复判中应将该砂土判为液化土？

(A) 场地普遍填方 3.0m   (B) 场地普遍挖方 3.0m
(C) 地下水位普遍上升 3.0m   (D) 地下水位普遍下降 3.0m

【解】 抗震设防烈度 8 度，按近震考虑，标准贯入锤击数基准值 $N_0 = 10$

(A)

工程正常运用时，标贯点深度 $d_s = 9m$

工程正常运用时，地下水位埋深 $d_w = 5m$

黏粒含量 $\rho_c < 3\%$ 取 $\rho_c = 3\%$

临界标贯击数

$N_{cr} = N_0[0.9 + 0.1(d_s - d_w)] \cdot \sqrt{3\%/\rho_c} = 10 \times [0.9 + 0.1 \times (9 - 5)] \times \sqrt{3\%/3\%}$
$= 13$

$d_s = 9m \geqslant 5m$ 取 $d_s = 9m$

做标贯时，试验点深度 $d'_s = 6m$

做标贯时，地下水位埋深 $d'_w = 2m$

未经杆长修正的实测标贯击数 $N' = 20$

$$N = N'\left(\frac{d_s + 0.9 d_w + 0.7}{d'_s + 0.9 d'_w + 0.7}\right) = 20 \times \left(\frac{9 + 0.9 \times 5 + 0.7}{6 + 0.9 \times 2 + 0.7}\right) = 33.4$$

做比较，$N_{cr} < N$ 非液化

(B)

工程正常运用时，标贯点深度 $d_s = 3m$

工程正常运用时，水位位于地面上，地下水位埋深取 $d_w=0$m
黏粒含量 $\rho_c<3\%$ 取 $\rho_c=3\%$
临界标贯击数
$$N_{cr}=N_0[0.9+0.1(d_s-d_w)]\cdot\sqrt{3\%/\rho_c}=10\times[0.9+0.1\times(5-0)]\times\sqrt{3\%/3\%}$$
$$=14$$
$d_s=3m<5m$ 取 $d_s=9m$
做标贯时，试验点深度 $d'_s=6m$
做标贯时，地下水位埋深 $d'_w=2m$
未经杆长修正的实测标贯击数 $N'=20$
$$N=N'\left(\frac{d_s+0.9d_w+0.7}{d'_s+0.9d'_w+0.7}\right)=20\times\left(\frac{3+0.9\times0+0.7}{6+0.9\times2+0.7}\right)=8.7$$
做比较，$N_{cr}>N$ 液化

(C)
工程正常运用时，标贯点深度 $d_s=6m$
工程正常运用时，水位位于地面上，地下水位埋深取 $d_w=0$m
黏粒含量 $\rho_c<3\%$ 取 $\rho_c=3\%$
临界标贯击数
$$N_{cr}=N_0[0.9+0.1(d_s-d_w)]\cdot\sqrt{3\%/\rho_c}$$
$$=10\times[0.9+0.1\times(6-0)]\times\sqrt{3\%/3\%}=15$$
$d_s=6m\geqslant 5m$ 取 $d_s=6m$
做标贯时，试验点深度 $d'_s=6m$
做标贯时，地下水位埋深 $d'_w=2m$
未经杆长修正的实测标贯击数 $N'=20$
$$N=N'\left(\frac{d_s+0.9d_w+0.7}{d'_s+0.9d'_w+0.7}\right)=20\times\left(\frac{6+0.9\times0+0.7}{6+0.9\times2+0.7}\right)=15.76$$
做比较，$N_{cr}<N$ 非液化

(D)
工程正常运用时，标贯点深度 $d_s=6m$
工程正常运用时，地下水位埋深 $d_w=5m$
黏粒含量 $\rho_c<3\%$ 取 $\rho_c=3\%$
临界标贯击数
$$N_{cr}=N_0[0.9+0.1(d_s-d_w)]\cdot\sqrt{3\%/\rho_c}$$
$$=10\times[0.9+0.1\times(6-5)]\times\sqrt{3\%/3\%}=10$$
$d_s=6m\geqslant 5m$ 取 $d_s=6m$
做标贯时，试验点深度 $d'_s=6m$
做标贯时，地下水位埋深 $d'_w=2m$
未经杆长修正的实测标贯击数 $N'=20$
$$N=N'\left(\frac{d_s+0.9d_w+0.7}{d'_s+0.9d'_w+0.7}\right)=20\times\left(\frac{6+0.9\times5+0.7}{6+0.9\times2+0.7}\right)=26.35$$

做比较，$N_{cr} < N$ 非液化

2010D28

某拟建工程建成后正常蓄水深度3.0m。该地区抗震设防烈度为7度，只考虑近震影响，因地层松散，设计采用挤密法进行地基处理，处理后保持地面标高不变，勘察时地下水位埋深3m，地下5m深度处粉细砂的标准贯入试验实测击数为5，取扰动样室内测定黏粒含量<3%。按照《水利水电工程地质勘察规范》，问处理后该处标准贯入试验实测击数至少达到哪个选项时，才能消除地震液化影响？

(A) 5击　　　(B) 13击　　　(C) 19击　　　(D) 30击

【解】抗震设防烈度7度，按近震考虑，标准贯入锤击数基准值 $N_0 = 6$

工程正常运用时，标贯点深度 $d_s = 5m$

工程正常运用时，蓄水深度3.0m，水位位于地面上，地下水位埋深取 $d_w = 0m$

黏粒含量 $\rho_c < 3\%$ 取 $\rho_c = 3\%$

临界标贯击数

$$N_{cr} = N_0[0.9 + 0.1(d_s - d_w)] \cdot \sqrt{3\%/\rho_c}$$
$$= 6 \times [0.9 + 0.1 \times (5-0)] \times \sqrt{3\%/3\%} = 8.4$$

$d_s = 5m \geqslant 5m$ 取 $d_s = 5m$

做标贯时，试验点深度 $d'_s = 5m$

做标贯时，地下水位埋深 $d'_w = 3m$

未经杆长修正的实测标贯击数 N'

$$N = N'\left(\frac{d_s + 0.9d_w + 0.7}{d'_s + 0.9d'_w + 0.7}\right) = N'\left(\frac{5 + 0.9 \times 0 + 0.7}{5 + 0.9 \times 3 + 0.7}\right)$$

做比较，要求非液化，则

$$N_{cr} < N \text{ 即 } N'\left(\frac{5 + 0.9 \times 0 + 0.7}{5 + 0.9 \times 3 + 0.7}\right) > 8.4 \rightarrow N' > 12.4$$

2012C28

某水利工程场地勘察，在进行标准贯入试验时，标准贯入点在当时地面以下的深度为5m，地下水位在当时地面以下的深度为2m。工程正常运用时，场地已在原地面上覆盖了3m厚的填土。地下水位较原水位上升了4m。已知场地地震设防烈度为8度，比相应的震中烈度小2度，现需对该场地粉砂（黏粒含量 $\rho_c = 6\%$）进行地震液化复判。按照《水利水电工程地质勘察规范》，当时实测的标准贯入锤击数至少要不小于下列哪个选项的数值时，才可将该粉砂复判为不液化土？

(A) 14　　　(B) 13　　　(C) 12　　　(D) 11

【解】

抗震设防烈度8度，建筑物所在地区的地震设防烈度比相应的震中烈度小2度或2度以上时定为远震，标准贯入锤击数基准值 $N_0 = 12$

工程正常运用时，标贯点深度 $d_s = 8m$

工程正常运用时，地下水位埋深 $d_w = 1m$

黏粒含量 $\rho_c = 6\% > 3\%$ 取 $\rho_c = 6\%$
临界标贯击数
$$N_{cr} = N_0[0.9 + 0.1(d_s - d_w)] \cdot \sqrt{3\%/\rho_c} = 12 \times [0.9 + 0.1 \times (8-1)] \times \sqrt{3\%/6\%}$$
$$= 13.6$$
$d_s = 8\text{m} \geqslant 5\text{m}$ 取 $d_s = 8\text{m}$
做标贯时，试验点深度 $d'_s = 5\text{m}$
做标贯时，地下水位埋深 $d'_w = 2\text{m}$
未经杆长修正的实测标贯击数 N'
$$N = N'\left(\frac{d_s + 0.9d_w + 0.7}{d'_s + 0.9d'_w + 0.7}\right) = N'\left(\frac{8 + 0.9 \times 1 + 0.7}{5 + 0.9 \times 2 + 0.7}\right) = 1.28N'$$
做比较，要求非液化，则 $N_{cr} < N$ 即 $1.28N' > 13.6 \to N' > 10.6$

11.5.4 地震作用

11.5.4.1 水平向和竖向设计地震加速度代表值

11.5.4.2 水平向地震惯性力代表值

11.5.4.3 其他地震作用及抗震稳定性

12 特殊性岩土专题

<table>
<tr><td colspan="3" align="center">12 特殊性岩土专题专业案例真题按知识点分布汇总</td></tr>
<tr><td rowspan="6">12.1 湿陷性土</td><td>12.1.1 新近堆积黄土的判断</td><td>2013C27</td></tr>
<tr><td>12.1.2 黄土湿陷性指标</td><td>2003D3；2005C26；2005D2；2006D3；2008C1；2009D4；2011C27；2018D22</td></tr>
<tr><td>12.1.3 黄土湿陷性评价及处理厚度</td><td>2002C4；2003C29；2005D25；2006D27；2007C24；2009C24；2016D26</td></tr>
<tr><td>12.1.4 设计</td><td>2019C22</td></tr>
<tr><td>12.1.5 地基处理</td><td>2013D15</td></tr>
<tr><td>12.1.6 其他湿陷性土</td><td>2008C25；2017C24</td></tr>
<tr><td rowspan="5">12.2 膨胀土</td><td>12.2.1 膨胀土工程特性指标</td><td>2004C31；2008D25；2013D26</td></tr>
<tr><td>12.2.2 大气影响深度及大气影响急剧层深度</td><td>2010D26；2018C22</td></tr>
<tr><td>12.2.3 基础埋深</td><td>2007D25；2019C21</td></tr>
<tr><td>12.2.4 变形量</td><td>2003D28；2005C28；2006D28；2011D26；2014D27；2016D25</td></tr>
<tr><td>12.2.5 桩端进入大气影响急剧层深度</td><td>2017D26</td></tr>
<tr><td rowspan="5">12.3 冻土</td><td>12.3.1 冻胀性等级和类别</td><td></td></tr>
<tr><td>12.3.2 冻土物理性指标及试验</td><td></td></tr>
<tr><td>12.3.3 冻胀性等级和类别</td><td>2009C25；2011D25；2013D24；2016D24；2017C25</td></tr>
<tr><td>12.3.4 融沉性分级</td><td>2003D29；2004C30；2017D25</td></tr>
<tr><td>12.3.5 冻土浅基础基础埋深</td><td>2006C7；2007D9；2009D9；2018D20</td></tr>
<tr><td rowspan="3">12.4 盐渍土</td><td>12.4.1 盐渍土分类</td><td>2005C5；2012D25</td></tr>
<tr><td>12.4.2 盐渍土溶陷性</td><td>2017D24；2018D19；2019D21</td></tr>
<tr><td>12.5 红黏土</td><td>2013D25</td></tr>
<tr><td colspan="2">12.6 软土</td><td></td></tr>
<tr><td colspan="2">12.7 混合土</td><td>2011C3</td></tr>
<tr><td colspan="2">12.8 填土</td><td></td></tr>
<tr><td colspan="2">12.9 风化岩和残积土</td><td>2006D2；2014C26</td></tr>
<tr><td colspan="2">12.10 污染土</td><td>2016C4</td></tr>
</table>

12.1 湿 陷 性 土

12.1.1 新近堆积黄土的判断

2013C27

有四个黄土场地，经试验其上部土层的工程特性指标代表值分别见下表。
根据《湿陷性黄土地区建筑规范》判定，下列哪一个黄土场地分布有新近堆积黄土？
(A) 场地一　　(B) 场地二　　(C) 场地三　　(D) 场地四

土的指标	e	a_{50-150} (MPa^{-1})	γ (kN/m³)	w (%)
场地一	1.120	0.62	14.3	17.6
场地二	1.090	0.62	14.3	12.0
场地三	1.051	0.51	15.2	15.5
场地四	1.120	0.51	15.2	17.6

【解】 满足下式即可判定为新近堆积黄土

$$R = -68.45e + 10.98a - 7.16\gamma + 1.18w > -154.80$$

场地一
$R = -68.45 \times 1.120 + 10.98 \times 0.62 - 7.16 \times 14.3 + 1.18 \times 17.6$
$= -151.48 > -154.80$ 满足

场地二
$R = -68.45 \times 1.090 + 10.98 \times 0.62 - 7.16 \times 14.3 + 1.18 \times 12.0$
$= -156.03 > -154.80$ 不满足

场地三
$R = -68.45 \times 1.051 + 10.98 \times 0.51 - 7.16 \times 15.2 + 1.18 \times 12.5$
$= -156.88 < -154.80$ 不满足

场地四
$R = -68.45 \times 1.120 + 10.98 \times 0.51 - 7.16 \times 15.2 + 1.18 \times 17.6$
$= -159.13 < -154.80$ 不满足

12.1.2 黄土湿陷性指标

2003D3

某黄土试样室内双线法压缩试验的成果数据如题表所示，试用插入法求算此黄土的湿陷起始压力 p_{sh} 与下列哪一个数值最为接近？
(A) 37.5kPa　　(B) 85.7kPa　　(C) 125kPa　　(D) 200kPa

压力 p (kPa)	0	50	100	150	200	300	300浸水
天然湿度下试样高度 h (mm)	20.00	19.81	19.55	19.28	19.01	18.75	18.38
浸水状态下试样高度 h' (mm)	20.00	19.61	19.28	18.95	18.64	18.38	—

【解】 原始土样起始高度 $h_0 = 20$mm

$p = 100$kPa 时，保持天然湿度和结构的试样，下沉稳定后的高度 $h_{p100} = 19.55$mm

在浸水（饱和）作用下，附加下沉稳定后的高度 $h'_{p100} = 19.28$mm

所对应湿陷系数 $\delta_{s100} = \dfrac{h_{p100} - h'_{p100}}{h_0} = \dfrac{19.55 - 19.28}{20} = 0.0135$

$p = 150$kPa 时对应的保持天然湿度和结构的试样，下沉稳定后的高度 $h_{p150} = 19.28$mm

在浸水（饱和）作用下，附加下沉稳定后的高度 $h'_{p150} = 18.95$mm

所对应湿陷系数 $\delta_{s150} = \dfrac{h_{p150} - h'_{p150}}{h_0} = \dfrac{19.28 - 18.95}{20} = 0.0165$

满足 $\delta_{s100} < 0.015 < \delta_{s150}$

$p_{sh} = 100 + \dfrac{0.015 - \delta_{s100}}{\delta_{s150} - \delta_{s100}}(150 - 100) = 100 + \dfrac{0.015 - 0.0135}{0.0165 - 0.0135} \times (150 - 100) = 125$kPa

2005C26

对取自同一土样的五个环刀试样按单线法分别加压，待压缩稳定后浸水，由此测得相应的湿陷系数 δ_n 见下表，试问按《湿陷性黄土地区建筑规范》求得的湿陷起始压力最接近下列（　）选项中的值。

(A) 120kPa　　(B) 130kPa　　(C) 140kPa　　(D) 155kPa

试验压力（kPa）	50	100	150	200	250
湿陷系数 δ_n	0.003	0.009	0.019	0.035	0.060

【解】 原始土样起始高度 $h_0 = 20$mm

$p = 100$kPa 时，所对应湿陷系数 $\delta_{s100} = 0.009$

$p = 150$kPa 时，所对应湿陷系数 $\delta_{s100} = 0.019$

满足 $\delta_{s100} < 0.015 < \delta_{s150}$

$p_{sh} = 100 + \dfrac{0.015 - \delta_{s100}}{\delta_{s150} - \delta_{s100}}(150 - 100) = 100 + \dfrac{0.015 - 0.009}{0.019 - 0.009} \times (150 - 100) = 130$kPa

2005D2

与 2003D3 完全相同。

2006D3

在湿陷性黄土地区建设场地初勘时，在探井地面下 4.0m 取样，其试验成果为：天然含水量 w（%）为 14，天然密度 ρ（g/cm³）为 1.50，相对密度为 $G_s = 2.70$，孔隙比 e_0 为 1.05，其上覆黄土的物理性质与此土相同，对此土样进行室内自重湿陷系数 δ_{zs} 测定时，应在多大的压力下稳定后浸水（浸水饱和度取为 85%）

(A) 70kPa　　(B) 75kPa　　(C) 80kPa　　(D) 85kPa

【解1】 自重湿陷系数 δ_{sz}，需保持天然湿度和结构的试样，加至该试样上覆土饱和自重压力（85%饱和度）。

浸水饱和至饱和度为85%；利用"一条公式"

$$e = \frac{G_s w_2}{S_r} = 1.05 = \frac{2.7 \times w_2}{0.85} \to w_2 = 0.33$$

$$e = \frac{G_s(1+w)\rho_w}{\rho_2} - 1 = 1.05 = \frac{2.7 \times (1+0.33) \times 1}{\rho_2} - 1 \to \rho_2 = 1.75 \text{g/cm}^3$$

所以自重压力 $p = 1.75 \times 10 \times 4 = 70.0 \text{kPa}$

【解2】初始状态，利用"一条公式"先求得干密度

$$e = \frac{G_s \rho_w}{\rho_d} - 1 = 1.05 = \frac{2.7 \times 1}{\rho_d} - 1 \to \rho_d = 1.317$$

浸水饱和至饱和度为85%：$\rho_s = \rho_d \left(1 + \frac{S_r e}{G_s}\right) = 1.317 \times \left(1 + \frac{0.85 \times 1.05}{2.7}\right) = 1.75 \text{g/cm}^3$

所以自重压力 $p = 1.75 \times 10 \times 4 = 70.0 \text{kPa}$

2008C1

某黄土试样进行室内双线法压缩试验，一个试样在天然湿度下压缩至200kPa，压力稳定后浸水饱和，另一个试样在浸水饱和状态下加荷至200kPa，试验数据见下表。若该土样上覆土的饱和自重压力为150kPa，其湿陷系数与自重湿陷系数最接近下列哪个选项的数据组合？

(A) 0.015，0.015
(B) 0.019，0.017
(C) 0.021，0.019
(D) 0.075，0.058

压力	0	50	100	150	200	200浸水饱和
天然湿度下试样高度 h_p (mm)	20.00	19.79	19.50	19.21	18.92	18.50
浸水饱和状态下试样高度 h'_p (mm)	20.00	19.55	19.19	18.83	18.50	—

【解】原始土样起始高度 $h_0 = 20 \text{mm}$

该土样上覆土的饱和自重压力为150kPa，$p = 150 \text{kPa}$ 时湿陷系数即为自重湿陷系数。此压力下保持天然湿度和结构的试样，下沉稳定后的高度 $h_z = 19.21 \text{mm}$

在浸水（饱和）作用下，附加下沉稳定后的高度 $h'_z = 18.83 \text{mm}$

所对应自重湿陷系数 $\delta_{zs} = \frac{h_z - h'_z}{h_0} = \frac{19.21 - 18.83}{20} = 0.019$

$p = 200 \text{kPa}$ 时对应的保持天然湿度和结构的试样，下沉稳定后的高度 $h_p = 18.92 \text{mm}$

在浸水（饱和）作用下，附加下沉稳定后的高度 $h'_p = 18.95 \text{mm}$

所对应湿陷系数 $\delta_s = \frac{h_p - h'_p}{h_0} = \frac{18.92 - 18.50}{20} = 0.021$

2009D4

某湿陷性黄土试样取样深度8.0m，此深度以上的天然含水率19.8%，天然密度为1.57g/cm³，土样相对密度2.70，在测定土样的自重湿陷系数时施加的最大压力最接近下列哪个选项？

(A) 105kPa　　　　(B) 126kPa　　　　(C) 140kPa　　　　(D) 216kPa

【解1】 自重湿陷系数 δ_{sz}，需保持天然湿度和结构的试样，加至该试样上覆土饱和自重压力（85%饱和度）。

利用"一条公式"先求得孔隙比

$$e = \frac{G_s(1+w)\rho_w}{\rho} - 1 = \frac{2.7(1+0.198)\times 1}{1.57} - 1 = 1.06$$

浸水饱和至饱和度为85%：利用"一条公式"

$$e = \frac{G_s w_2}{S_r} = 1.06 = \frac{2.7 \times w_2}{0.85} \to w_2 = 0.333$$

$$e = \frac{G_s(1+w)\rho_w}{\rho_2} - 1 = 1.06 = \frac{2.7\times(1+0.333)\times 1}{\rho_2} - 1 \to \rho_2 = 1.747$$

所以自重压力 $p = 1.747\times 10\times 8 = 139.76\text{kPa}$

【解2】 初始状态，利用"一条公式"先求得干密度

$$e = \frac{G_s(1+w)\rho_w}{\rho} - 1 = \frac{2.7\times(1+0.198)\times 1}{1.57} - 1 = 1.06$$

$$e = \frac{G_s \rho_w}{\rho_d} - 1 = 1.06 = \frac{2.7\times 1}{\rho_d} - 1 \to \rho_d = 1.31$$

浸水饱和至饱和度为85%：$\rho_s = \rho_d\left(1 + \dfrac{S_r e}{G_s}\right) = 1.31\times\left(1 + \dfrac{0.85\times 1.06}{2.7}\right) = 1.747$

所以自重压力 $p = 1.747\times 10\times 8 = 139.76\text{kPa}$

【注】 这道题要和2006D3进行对比，可以发现已知的三相比指标是不同的，但不论题目给出哪些三相比指标，只要利用"一条公式"涉及三相比的题目均可求出。

2011C27

某黄土试样的室内双线法压缩试验数据如下表所示。其中一个试样保持在天然湿度下分级加荷至200kPa，下沉稳定后浸入饱和；另一个试样在浸水饱和状态下分级加荷至200kPa。按此表计算黄土湿陷起始压力最接近下列哪个选项的数据？

(A) 75kPa　　　　(B) 100kPa　　　　(C) 125kPa　　　　(D) 150kPa

压力 p（kPa）	0	50	100	150	200	200 浸水饱和
天然湿度下试样高度 h_p（mm）	20	19.79	19.53	19.25	19.00	18.60
浸水饱和状态下试样高度 h'_p（mm）	20	19.58	19.26	18.92	18.60	—

【解】 原始土样起始高度 $h_0 = 20\text{mm}$

$p = 100\text{kPa}$ 时，保持天然湿度和结构的试样，下沉稳定后的高度 $h_{p100} = 19.53\text{mm}$

在浸水（饱和）作用下，附加下沉稳定后的高度 $h'_{p100} = 19.26\text{mm}$

所对应湿陷系数 $\delta_{s100} = \dfrac{h_{p100} - h'_{p100}}{h_0} = \dfrac{19.53 - 19.26}{20} = 0.0135$

$p = 150\text{kPa}$ 时对应的保持天然湿度和结构的试样，下沉稳定后的高度 $h_{p150} = 19.25\text{mm}$

在浸水（饱和）作用下，附加下沉稳定后的高度 $h'_{p150} = 18.92\text{mm}$

所对应湿陷系数 $\delta_{s150} = \dfrac{h_{p150} - h'_{p150}}{h_0} = \dfrac{19.25 - 18.92}{20} = 0.0165$

满足 $\delta_{s100} < 0.015 < \delta_{s150}$

$p_{sh} = 100 + \dfrac{0.015 - \delta_{s100}}{\delta_{s150} - \delta_{s100}}(150 - 100) = 100 + \dfrac{0.015 - 0.0135}{0.0165 - 0.0135} \times (150 - 100) = 125\text{kPa}$

2018D22

某黄土试件进行室内双线法压缩试验，一个试样在天然湿度下压缩至200kPa，压力稳定后浸水饱和，另一个试样在浸水饱和状态下加荷至200kPa，试验数据如下表所示，黄土的湿陷起始压力及湿陷程度最接近下列哪个选项？

p（kPa）	25	50	75	100	150	200	200 浸水
h_p（mm）	19.950	19.890	19.745	19.650	19.421	19.220	17.50
h_{wp}（mm）	19.805	19.457	18.956	18.390	17.555	17.025	

(A) $p_{sh} = 42\text{kPa}$；湿陷性强烈　　(B) $p_{sh} = 108\text{kPa}$；湿陷性强烈
(C) $p_{sh} = 132\text{kPa}$；湿陷性中等　　(D) $p_{sh} = 156\text{kPa}$；湿陷性轻微

【解】本题属于给出 h_p 和 h_{wp} 数据表格，最终浸水饱和压缩稳定高度是不一致的。

修正指标 $k = \dfrac{h_{w1} - h_{p2}}{h_{w1} - h_{w2}} = \dfrac{19.805 - 17.50}{19.805 - 17.025} = 0.829 \in [0.8, 1.2]$，且 $0.829 \in [0.8, 1.2]$ 符合要求。

计算各级压力下修正后浸水饱和压缩稳定高度 $h'_p = h_{w1} - k(h_{w1} - h_{wp})$

25kPa 压力作用下 $h'_{p25} = 19.805 - 0.829 \times (19.805 - 19.805) = 19.805\text{mm}$
50kPa 压力作用下 $h'_{p50} = 19.805 - 0.829 \times (19.805 - 19.457) = 19.517\text{mm}$
200kPa 压力作用下 $h'_{p200} = 19.805 - 0.829 \times (19.805 - 17.025) = 17.50\text{mm}$，与题干给的数据 17.50mm 也是一致的。

$\delta_{s25} = \dfrac{19.95 - 19.805}{20} = 0.00725$；$\delta_{s50} = \dfrac{19.89 - 19.517}{20} = 0.01865$

因为 $\delta_{s25} = 0.00725 < 0.015 < \delta_{s50} = 0.01865$，所以线性插值可得

$$p_{sh} = 25 + \dfrac{0.015 - 0.00725}{0.01865 - 0.00725} \times (50 - 25) = 41.996\text{kPa}$$

200kPa 压力作用下湿陷系数 $\delta_{s200} = \dfrac{19.22 - 17.5}{20} = 0.086$，$0.086 > 0.07$，湿陷性强烈

【注】注意此题数据表格中 h_{wp} 和以往真题的 h'_p 物理意义是不同的，h'_p 是相当于 h_{wp} 修正后的值，计算湿陷系数需使用 h'_p。为何要修正？可以对比此题 2018D22 与历年真题如 2100C27 等给的试验数据之间的区别，历年真题中，天然湿度试样在最后一级压力下浸水饱和附加下沉稳定高度与浸水饱和试样在最后一级压力下的下沉稳定高度是一致的（如 2011C27，均是 18.60），所以可以不用修正，或者说给出的数值是修正后的数值，计算湿陷系数和湿陷起始压力时直接使用即可。而此题中，是不一致的（分别是 17.025 与 17.50），这也是与实际试验数据相符的，所以必须修正。此题取自规范 4.3.4 条条文说明，大家应仔细阅读和理解。

12.1.3 黄土湿陷性评价及处理厚度

12.1.3.1 自重湿陷量计算
12.1.3.2 湿陷量计算

2002C4

某一黄土塬（因土质地区而异的修正系数 β_0 取 0.5）上进行场地初步勘察，在一探井中取样进行黄土湿陷性试验，成果如下表所示。

请计算得出该探井处的总湿陷量 Δ_s（不考虑地质分层）最接近下列哪一个数值？

(A) $\Delta_s = 18.9$ cm (B) $\Delta_s = 31.8$ cm
(C) $\Delta_s = 21.9$ cm (D) $\Delta_s = 20.7$ cm

取样深度 (m)	自重湿陷系数 δ_{zs}	湿陷系数 δ_s
1.00	0.032	0.044
2.00	0.027	0.036
3.00	0.022	0.038
4.00	0.020	0.030
5.00	0.001	0.012
6.00	0.005	0.022
7.00	0.004	0.020
8.00	0.001	0.006

【解】① 自重湿陷量计算并判断黄土场地湿陷类型

起算深度：自天然地面（挖、填方场地应自设计地面）算起

终止深度：至其下非湿陷性黄土层的顶面止，按此原则本题即至地面下 8.0m

地面下第 i 层计算深度起始	地面下第 i 层计算深度终止	基底下第 i 层计算深度 h_i	第 i 层修正系数 β_0	第 i 层湿陷系数第 i 层湿陷系数 δ_{zsi} ($\delta_{zsi} < 0.015$ 不计)
0	1.5	1.5	0.5	0.032
1.5	2.5	1	0.5	0.027
2.5	3.5	1	0.5	0.022
3.5	4.5	1	0.5	0.020
4.5	5.5	1	0.5	0.001(不计)
5.5	6.5	1	0.5	0.005(不计)
6.5	7.5	1	0.5	0.004(不计)
7.5	8.0	1	0.5	0.001(不计)

自重湿陷量

$$\Delta_{zs} = \beta_0 \sum \delta_{zsi} h_i$$
$$= 0.5 \times 0.032 \times 1.5 + 0.5 \times (0.027 + 0.022 + 0.020) \times 1$$
$$= 0.0585 \text{m} = 58.5 \text{mm} < 70 \text{mm}$$

属于非自重湿陷性黄土

② 湿陷量计算

非自重湿陷性黄土，起算深度：从基底起算，基底未知，则自地面下 1.50m

终止深度：至基底下 10m 或地基压缩层，按此原则本题即至基底下 6.5m
由 β_0 取 0.5，可知属于湿陷性黄土工程地质区分的"其他地区"

基底下第i层计算深度起始	基底下第i层计算深度终止	基底下第i层计算深度h_i	第i层浸水机率系数α_i	第i层修正系数β_i	第i层湿陷系数δ_{si} $\delta_{si}<0.015$不计
0	1	1	1.0	1.5	0.036
1	2	1	1.0	1.5	0.038
2	3	1	1.0	1.5	0.030
3	4	1	1.0	1.5	0.012(不计)
4	5	1	1.0	1.5	0.022
5	6	1	1.0	1.0	0.020
6	6.5	1	1.0	1.0	0.006(不计)

湿陷量
$$\Delta_s = \sum \alpha_i \beta_i \delta_{si} h_i$$
$$= 1.0 \times 1.5 \times (0.036+0.038+0.030+0.022) \times 1 + 1.0 \times 1.0 \times 0.020 \times 1$$
$$= 0.209\text{m} = 20.9\text{cm}$$

【注】 自重湿陷量和湿陷量的计算需注意的细节颇多，特别是 h_i、α_i、β_i 分深度段确定，因此一定要尽量按照申申老师总结的解题流程去思考，去写步骤。考场上上述解答中表格可以不写在考卷上，但一定要在草稿纸上列一下，这样细节不容易出错，且逻辑清晰。借此题再次强调，本书解答都极其详细，是按照解题思维流程的顺序作答，因此在考场上很多文字表述可以不写，刷题熟练之后，步骤也可以合起来写。

2005D25

在陕北地区一自重湿陷性黄土场地上拟建一乙类建筑，基础埋置深度为 1.5m，建筑物下一代表性探井中土样的湿陷性成果如下表所示，其湿陷量 Δ_s 最接近下列（　　）。

(A) 656mm　　(B) 787mm　　(C) 732mm　　(D) 880mm

取样深度（m）	自重湿陷系数δ_{zs}	湿陷系数δ_s
1	0.012	0.075
2	0.010	0.076
3	0.012	0.070
4	0.014	0.065
5	0.016	0.060
6	0.030	0.060
7	0.035	0.055
8	0.030	0.050
9	0.040	0.045
10	0.042	0.043
11	0.040	0.042
12	0.040	0.040
13	0.050	0.050
14	0.010	0.010
15	0.008	0.008

【解】 陕北，自重湿陷性黄土

湿陷量计算起算深度：从基底起算，基底为地面下 1.5m

终止深度：至非湿陷性黄土层顶面，按此原则本题即至基底下 13.5m

基底下第 i 层计算深度起始	基底下第 i 层计算深度终止	基底下第 i 层计算深度 h_i	第 i 层浸水机率系数 α_i	第 i 层修正系数 β_i	第 i 层湿陷系数 δ_{si} $\delta_{si}<0.015$ 不计
0	1	1	1.0	1.5	0.076
1	2	1	1.0	1.5	0.070
2	3	1	1.0	1.5	0.065
3	4	1	1.0	1.5	0.060
4	5	1	1.0	1.5	0.060
5	6	1	1.0	1.2	0.055
6	7	1	1.0	1.2	0.050
7	8	1	1.0	1.2	0.045
8	9	1	1.0	1.2	0.043
9	10	1	1.0	1.2	0.042
10	11	1	0.9	1.2	0.040
11	12	1	0.9	1.2	0.050
12	13	1	0.9	1.2	0.010(不计)
13	13.5	0.5	0.9	1.2	0.008(不计)

湿陷量

$$\Delta_s = \sum \alpha_i \beta_i \delta_{si} h_i$$
$$= 1.0 \times 1.5 \times (0.076 + 0.070 + 0.065 + 0.060 + 0.060) \times 1$$
$$+ 1.0 \times 1.2 \times (0.055 + 0.050 + 0.045 + 0.043 + 0.042) \times 1$$
$$+ 0.9 \times 1.2 \times (0.040 + 0.050) \times 1$$
$$= 0.8757 \text{m} = 875.7 \text{mm}$$

2009C24

陇西地区某湿陷性黄土场地的地层情况为：0～12.5m 为湿陷性黄土，12.5m 以下为非湿陷性土，探井资料如下表所示，假设场地地层水平、均匀，地面标高与±0.00 标高相同，根据《湿陷性黄土地区建筑规范》的规定，试判断湿陷性黄土地基的湿陷等级为下列何项？

(A) Ⅰ类   (B) Ⅱ类   (C) Ⅲ类   (D) Ⅳ类

取样深度 (m)	δ_s	δ_{zs}
1	0.076	0.011
2	0.070	0.013
3	0.065	0.016
4	0.055	0.017

续表

取样深度（m）	δ_s	δ_{zs}
5	0.050	0.018
6	0.045	0.019
7	0.043	0.020
8	0.037	0.022
9	0.011	0.010
10	0.036	0.025
11	0.018	0.027
12	0.014	0.016
13	0.006	0.010
14	0.002	0.005

【解】①自重湿陷量计算并判断黄土场地湿陷类型

陇西地区

起算深度：自天然地面（挖、填方场地应自设计地面）算起

终止深度：至其下非湿陷性黄土层的顶面止，按此原则本题即至地面下12.5m

地面下第i层计算深度起始	地面下第i层计算深度终止	基底下第i层计算深度 h_i	第i层修正系数 β_0	第i层湿陷系数第i层湿陷系数 δ_{zsi} ($\delta_{zsi}<0.015$不计)
0	1.5	1.5	1.5	0.011(不计)
1.5	2.5	1	1.5	0.013(不计)
2.5	3.5	1	1.5	0.016
3.5	4.5	1	1.5	0.017
4.5	5.5	1	1.5	0.018
5.5	6.5	1	1.5	0.019
6.5	7.5	1	1.5	0.020
7.5	8.5	1	1.5	0.022
8.5	9.5	1	1.5	0.010(不计)
9.5	10.5	1	1.5	0.025
10.5	11.5	1	1.5	0.027
11.5	12.5	1	1.5	0.016

自重湿陷量

$\Delta_{zs} = \beta_0 \sum \delta_{zsi} h_i$

$= 1.5 \times (0.016+0.017+0.018+0.019+0.020+0.022+0.025$

$+0.027+0.016) \times 1$

$= 0.27\text{m} = 270\text{mm} > 70\text{mm}$

属于自重湿陷性黄土

② 湿陷量计算

陇西地区，自重湿陷性黄土

湿陷量计算起算深度：从基底起算，基底未知，则自地面下 1.50m

终止深度：至非湿陷性黄土层顶面，按此原则本题即至基底下 11m

基底下第 i 层计算深度起始	基底下第 i 层计算深度终止	基底下第 i 层计算深度 h_i	第 i 层浸水机率系数 α_i	第 i 层修正系数 β_i	第 i 层湿陷系数 δ_{si} $\delta_{si}<0.015$ 不计
0	1	1	1.0	1.5	0.070
1	2	1	1.0	1.5	0.065
2	3	1	1.0	1.5	0.055
3	4	1	1.0	1.5	0.050
4	5	1	1.0	1.5	0.045
5	6	1	1.0	1.5	0.043
6	7	1	1.0	1.5	0.037
7	8	1	1.0	1.5	0.011(不计)
8	9	1	1.0	1.5	0.036
9	10	1	1.0	1.5	0.018
10	11	1	0.9	1.5	0.014(不计)

$$\Delta_s = \sum \alpha_i \beta_i \delta_{si} h_i$$
$$= 1.0 \times 1.5 \times (0.070+0.065+0.055+0.050+0.045) \times 1$$
$$+ 1.0 \times 1.5 \times (0.043+0.037+0.036+0.018) \times 1$$
$$= 0.6285\text{m} = 628.5\text{mm}$$

③ 查表 $70 < \Delta_{zs} = 270 < 300$，$600 < \Delta_s = 628.5 < 700$，得湿陷等级为 II 类

12.1.4 设计

12.1.4.1 总平面设计

2019C22

陕北某县拟新建一座影剧院，基础埋深为 2.0m。经计算湿陷性黄土场地自重湿陷量为 320.5mm，不同深度土样的湿陷系数 δ_{si} 如表所示（勘探试验深度已穿透湿陷性土层），试问该建筑与已有水池的最小防护距离为下列哪个选项？

试验深度（m）	$d\delta_{si}$	试验深度（m）	$d\delta_{si}$
1.0	0.109	8.0	0.042
2.0	0.112	9.0	0.025
3.0	0.093	10.0	0.014
4.0	0.087	11.0	0.039
5.0	0.051	12.0	0.030
6.0	0.012	13.0	0.014
7.0	0.055	14.0	0.011

12.1 湿陷性土

(A) 4m　　　　(B) 5m　　　　(C) 6m　　　　(D) 8m

【解】自重湿陷量 $\Delta_{zs}=320.5\text{mm}>70\text{mm}$，属于自重湿陷性黄土

湿陷量计算起算深度：从基底起算，基底为地面下 2.0m

终止深度：至非湿陷性黄土层顶面，按此原则本题即至基底下 12m

陕北地区

基底下第 i 层计算深度起始	基底下第 i 层计算深度终止	基底下第 i 层计算深度 h_i	第 i 层浸水机率系数 α_i	第 i 层修正系数 β_i	第 i 层湿陷系数 δ_{si} $\delta_{si}<0.015$ 不计
0	0.5	0.5	1.0	1.5	0.112
0.5	1.5	1	1.0	1.5	0.093
1.5	2.5	1	1.0	1.5	0.087
2.5	3.5	1	1.0	1.5	0.051
3.5	4.5	1	1.0	1.5	0.012(不计)
4.5	5	0.5	1.0	1.2	0.055
5	5.5	0.5	1.0	1.2	0.055
5.5	6.5	1	1.0	1.2	0.042
6.5	7.5	1	1.0	1.2	0.025
7.5	8.5	1	1.0	1.2	0.014(不计)
8.5	9.5	1	1.0	1.2	0.039
9.5	10	0.5	1.0	1.2	0.030
10	10.5	0.5	0.9	1.2	0.030
10.5	11.5	1	0.9	1.2	0.014(不计)
11.5	12	1	0.9	1.2	0.011(不计)

$$\Delta_s = \sum \alpha_i \beta_i \delta_{si} h_i$$
$$= 1.0 \times 1.5 \times [0.112 \times 0.5 + (0.093 + 0.087 + 0.051) \times 1 + 0.055 \times 0.5]$$
$$+ 1.0 \times 1.2 \times [0.055 \times 0.5 + (0.042 + 0.025 + 0.039) \times 1 + 0.030 \times 0.5]$$
$$+ 0.9 \times 1.2 \times 0.030 \times 0.5$$
$$= 0.66615\text{m} = 666.15\text{mm}$$

$300 < \Delta_{zs} = 320.5 < 350$，$600 < \Delta_s = 666.15 < 700$，得湿陷等级为Ⅲ类

某县一座影剧院，查附录 A，属于丙类建筑

查规范表 5.2.4，防护距离为 6～7m

【注】核心知识点非常规题。"披着狼皮的羊"，终点求最小防护距离，本质是确定湿陷等级，剩下的工作查表即可。

12.1.4.2 地基计算
12.1.4.3 桩基

2010D24

某单层湿陷性黄土场地，黄土的厚度为 10m，该层黄土的自重湿陷量计算值 $\Delta=300\text{mm}$。在该场地上拟建建筑物拟采用钻孔灌注桩基础，桩长 45m，桩径 1000mm，桩端

土承载力特征值为 1200kPa，黄土以下的桩周土的摩擦力特征值为 25kPa，根据《湿陷性黄土地区建筑规范》估算该单桩竖向承载力特征值最接近于下列哪一项？

(A) 4474.5kN　　　　　　　　(B) 3689.5kN
(C) 3064.5kN　　　　　　　　(D) 3218.5kN

【解】桩径 $d=1\text{m}$

桩身计算长度 $l=45\text{m}$

桩在自重湿陷性黄土层的长度 $Z=10\text{m}$

桩端横截面面积 $A_p=3.14\times0.5\times0.5=0.785\text{m}^2$

桩端土的承载力特征值 $q_{pa}=1200\text{kPa}$

桩身周长 $u=3.14\times1=3.14\text{m}$

查表确定，桩周平均负摩阻力特征值 $\bar{q}_{sa}=15\text{kPa}$

桩周平均摩阻力特征值 $q_{sa}=25\text{kPa}$

则 $R_a=q_{pa}A_p+uq_{sa}(l-Z)-u\bar{q}_{sa}Z$

$=1200\times0.785+3.14\times25\times(45-10)-3.14\times15\times10$

$=3218.5\text{kN}$

2012C10

某甲类建筑物拟采用干作业钻孔灌注桩基础，桩径 0.8m，桩长 50.0m，拟建场地土层如题图所示，其中土层②、③层为湿陷性黄土状粉土，这两层土自重湿陷量 $\Delta_{zs}=440\text{mm}$，④层粉质黏土无湿陷性，桩基设计参数见下表，请根据《建筑桩基技术规范》和《湿陷性黄土地区建筑规范》规定，单桩所能承受的竖向力 N_k 最大值最接近下列哪个数值？（注：黄土状粉土的中性点深度比取 $l_n/l_0=0.5$）

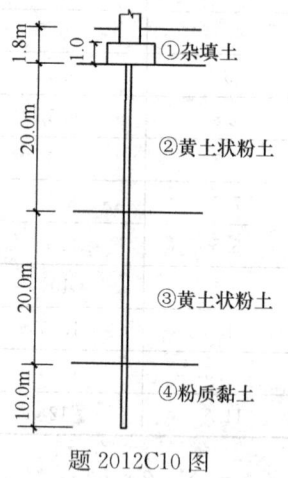

题 2012C10 图

(A) 2110kN　　(B) 2486kN　　(C) 2864kN　　(D) 3642kN

地层编号	地层名称	天然重度 γ (kN/m³)	干作业钻孔灌注桩	
			桩的极限侧阻力标准值 q_{sik} (kPa)	桩的极限端阻力标准值 q_{pk} (kPa)
②	黄土状粉土	18.7	31	—
③	黄土状粉土	19.2	42	—
④	粉质黏土	19.3	100	2200

【解】根据《建筑桩基技术规范》JGJ 94—2008 第 5.4.4 条，中性点深度 $l_n=0.5\times40=20\text{m}$

根据《湿陷性黄土地区建筑标准》GB 50025—2018 表 5.7.6，自重湿陷量 $\Delta_{zs}=440\text{mm}$，大于 200mm，桩侧负摩阻力特征值为 15kPa；

根据《建筑桩基技术规范》JGJ 94—2008 第 5.3.5 条计算单桩所能承受的最大竖向力：

$$N_k \leqslant R_a - Q_g^n = \frac{1}{2}Q_{uk} - Q_g^n = \frac{1}{2}Q_{uk} - Q_g^n = \frac{1}{2}(u\sum l_i q_{sik} + A_p q_{pk}) - Q_g^n$$
$$= \frac{1}{2} \times [3.14 \times 0.8 \times (42 \times 20 + 100 \times 10) + 2200 \times 3.14 \times 0.4^2]$$
$$- 15 \times 20 \times 3.14 \times 0.8$$
$$= 2110.1 \text{kN}$$

【注】①该题为综合题，考查单桩承载力特征值和负摩阻力计算。容易出现错误处：未考虑负摩阻力；或由于在《湿陷性黄土地区建筑标准》中给的桩侧摩阻力为特征值，与极限摩阻力标准值出现混淆，在查规范表 5.7.6 时，易将负摩阻力特征值混淆为极限侧阻力标准值计算。

② 以上解法为官方标准答案，但本答案有争议，具体争议为，自重湿陷量 Δ_{zs} = 440mm>70mm，属于自重湿陷性黄土，在《湿陷性黄土地区建筑规范》中规定在自重湿陷性黄土场地，不计湿陷性黄土层内的桩长按饱和状态下的正侧阻力。显然本题答案未考虑此点。

12.1.5 地基处理

12.1.5.1 湿陷性黄土场地上建筑物分类

12.1.5.2 地基压缩层厚度

12.1.5.3 处理厚度

2003C29

陇东陕北地区的一自重湿陷性黄土场地上，一口代表性探井土样的湿陷性试验数据（见题图），对拟建于此的乙类建筑来说，应消除土层的部分湿陷量。试问从基底算起的下列地基处理厚度中（　　）能满足上述要求。

(A) 7m　　　　(B) 8m　　　　(C) 9m　　　　(D) 10

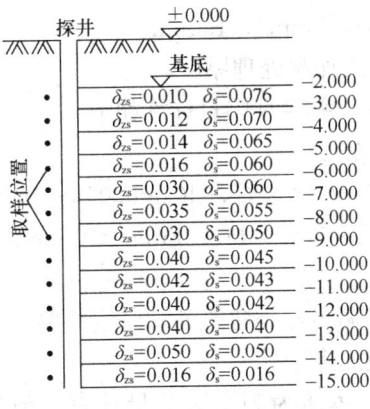

题 2003 C29 图

【解】处理厚度相关规定

基底下湿陷性黄土层为 15－2=13m，为一般厚度湿陷性黄土地基

乙类建筑，自重湿陷性黄土，处理深度不应小于基底下湿陷性土层的 2/3

且下部未处理湿陷性黄土层的剩余湿陷量不应大于150mm

基底下湿陷性土层的 2/3 即为 $2/3 \times 13 = 8.7$m

陇东陕北，自重湿陷性黄土

湿陷量计算起算深度：从基底起算，则自地面下 2.0m

终止深度：至非湿陷性黄土层顶面，按此原则本题即至基底下13m

基底下第i层计算深度起始	基底下第i层计算深度终止	基底下第i层计算深度h_i	第i层浸水机率系数 α_i	第i层修正系数 β_i	第i层湿陷系数 δ_{si} $\delta_{si}<0.015$
0	1	1	1.0	1.5	0.076
1	2	1	1.0	1.5	0.070
2	3	1	1.0	1.5	0.065
3	4	1	1.0	1.5	0.060
4	5	1	1.0	1.5	0.060
5	6	1	1.0	1.2	0.055
6	7	1	1.0	1.2	0.050
7	8	1	1.0	1.2	0.045
8	9	1	1.0	1.2	0.043
9	10	1	1.0	1.2	0.042
10	11	1	0.9	1.2	0.040
11	12	1	0.9	1.2	0.050
12	13	1	0.9	1.2	0.016

当处理厚度到基底下 $8.7\text{m} \approx 9\text{m}$，剩余湿陷量计算如下

$$\Delta'_s = \sum \alpha_i \beta_i \delta_{si} h_i$$
$$= 1.0 \times 1.2 \times 0.042 \times 1 + 0.9 \times 1.2 \times (0.040 + 0.050 + 0.016) \times 1$$
$$= 0.16488\text{m} = 164.88\text{mm} > 150\text{mm}$$

不满足剩余湿陷量要求，故加深处理厚度

当处理厚度到基底下10m，剩余湿陷量计算如下

$$\Delta'_s = \sum \alpha_i \beta_i \delta_{si} h_i$$
$$= 0.9 \times 1.2 \times (0.040 + 0.050 + 0.016) \times 1$$
$$= 0.11448\text{m} = 114.48\text{mm} < 150\text{mm}$$

满足剩余湿陷量要求

故处理厚度到基底下10m满足乙类建筑处理厚度的要求

【注】①处理深度是自基底起算。

② 关于处理厚度的问题，本质为剩余湿陷量计算。剩余湿陷量和湿陷量计算方法一致。

2006D27

关中地区某自重湿陷性黄土场地的探井资料如题图所示，从地面下 1.0m 开始取样，取样间距均为 1.0m，假设地面标高与建筑物±0.00 标高相同，基础埋深为 2.5m，当基

底下地基处理厚度为 4.0m 时,下部未处理湿陷性黄土层的剩余湿陷量最接近下列选项中的哪一个值?

(A) 103mm (B) 118mm (C) 122mm (D) 132mm

题 2006 D27 图

【解】 关中地区,自重湿陷性黄土

湿陷量计算起算深度:从基底起算,则自地面下 2.5m

终止深度:至非湿陷性黄土层顶面,按此原则本题即至基底下 11m

基底下第 i 层计算深度起始	基底下第 i 层计算深度终止	基底下第 i 层计算深度 h_i	第 i 层浸水机率系数 α_i	第 i 层修正系数 β_i	第 i 层湿陷系数 δ_{si} $\delta_{si}<0.0015$
0	1	1	1.0	1.5	0.059
1	2	1	1.0	1.5	0.043
2	3	1	1.0	1.5	0.054
3	4	1	1.0	1.5	0.047
4	5	1	1.0	1.5	0.023
5	6	1	1.0	1.0	0.019
6	7	1	1.0	1.0	0.014(不计)
7	8	1	1.0	1.0	0.018
8	9	1	1.0	1.0	0.016
9	10	1	1.0	1.0	0.015
10	11	1	0.9	0.9	0.017

当处理厚度到基底下4m，剩余湿陷量计算如下
$$\Delta'_s = \sum \alpha_i \beta_i \delta_{si} h_i$$
$$= 1.0 \times 1.5 \times 0.023 \times 1 + 1.0 \times 1.0 \times (0.019 + 0.018 + 0.016 + 0.015) \times 1$$
$$+ 0.9 \times 0.9 \times 0.017 \times 1$$
$$= 0.11627\text{m} = 116.27\text{mm}$$

【注】剩余湿陷量和湿陷量计算方法一致。

2007C24

在关中地区某空旷地带，拟建一多层住宅楼，基础埋深为现地面下1.50m。勘察后某代表性探井的试验数据如下表所示。经计算黄土地基的湿陷量$\Delta_s = 369.5$mm。为消除地基湿陷性，下列哪个选项的地基处理方案最合理？

(A) 强夯法，地基处理厚度为2.0m
(B) 强夯法，地基处理厚度为3.0m
(C) 土或灰土垫层法，地基处理厚度为2.0m
(D) 土或灰土垫层法，地基处理厚度为3.0m

土样编号	取样深度（m）	饱和度（%）	自重湿陷系数	湿陷系数	湿陷起始压力（kPa）
3-1	1.0	42	0.007	0.068	54
3-2	2.0	71	0.011	0.064	62
3-3	3.0	68	0.012	0.049	70
3-4	4.0	70	0.014	0.037	77
3-5	5.0	69	0.013	0.048	101
3-6	6.0	67	0.015	0.025	104
3-7	7.0	74	0.017	0.018	112
3-8	8.0	80	0.013	0.014	—
3-9	9.0	81	0.010	0.017	183
3-10	10.0	95	0.002	0.005	—

【解】查标准表6.1.11，强夯法只适合饱和度≤60%的湿陷性黄土
因此处理方案选垫层法。
自重湿陷量计算并判断湿陷等级
起算深度：自天然地面（挖、填方场地应自设计地面）算起
终止深度：至其下非湿陷性黄土层的顶面止，按此原则本题即至地面下10.0m
关中地区

地面下第i层计算深度起始	地面下第i层计算深度终止	基底下第i层计算深度h_i	第i层修正系数β_0	第i层湿陷系数第i层湿陷系数δ_{zsi} ($\delta_{zsi}<0.015$不计)
0	1.5	1.5	0.9	0.007(不计)
1.5	2.5	1	0.9	0.011(不计)
2.5	3.5	1	0.9	0.012(不计)

续表

地面下第 i 层计算深度起始	地面下第 i 层计算深度终止	基底下第 i 层计算深度 h_i	第 i 层修正系数 β_0	第 i 层湿陷系数第 i 层湿陷系数 $\delta_{zsi}(\delta_{zsi}<0.015$ 不计$)$
3.5	4.5	1	0.9	0.014(不计)
4.5	5.5	1	0.9	0.013(不计)
5.5	6.5	1	0.9	0.015
6.5	7.5	1	0.9	0.017
7.5	8.0	1	0.9	0.013(不计)

自重湿陷量

$\Delta_{zs} = \beta_0 \sum \delta_{zsi} h_i = 0.9 \times (0.015 + 0.017) \times 1 = 0.0288\text{m} = 28.8\text{mm} < 70\text{mm}$

确定其为非自重湿陷性场地

$\Delta_{zs} = 28.8\text{mm} < 70\text{mm}$，$300\text{mm} < \Delta_s = 369.5\text{mm} < 600\text{mm}$，得湿陷等级为 II 类

对多层建筑，无其他要求，属丙类建筑。湿陷等级为 II 类

非自重湿陷性场地：处理厚度 $\geq 2.0\text{m}$

且下部未处理湿陷性黄土层的湿陷起始压力不宜小于 100kPa

5.0m 取样点，湿陷起始压力为 101kPa>100kPa

5.0m 取样点代表 4.5~5.5m 深度范围，所以处理深度到 4.5m

基础埋深为 1.5m，所以最终处理范围 4.5－1.5＝3m

2016D26

关中地区某黄土场地内 6 层砖混住宅楼室内地坪标高为 0.00m，基础埋深为 －2m，勘察时某探井土样室内试验如下表所示，探井井口标高为 －0.5m，按照《湿陷性黄土地区建筑标准》，对该建筑物进行地基处理时最小处理厚度为下列哪一个选项？

(A) 2.0m　　　(B) 3.0m　　　(C) 4.0m　　　(D) 5.0m

编号	取样深度（m）	e	γ（kN/m³）	δ_s	δ_{zs}	p_{sh}（kPa）
1	1.0	0.941	16.2	0.018	0.002	65
2	2.0	1.032	15.4	0.068	0.003	47
3	3.0	1.006	15.2	0.042	0.002	73
4	4.0	0.952	15.9	0.014	0.005	85
5	5.0	0.969	15.7	0.062	0.020	90
6	6.0	0.954	16.1	0.026	0.013	110
7	7.0	0.864	17.1	0.017	0.014	138
8	8.0	0.914	16.9	0.012	0.007	150
9	9.0	0.939	16.8	0.019	0.018	165
10	10.0	0.853	17.1	0.029	0.015	182
11	11.0	0.860	17.1	0.016	0.005	198
12	12.0	0.817	17.7	0.014	0.014	
12m 以下为非湿陷性土层						

【解】注意此题，一定要进行标高换算

探井井口标高可以认为是室外标高为-0.5m，因此基础埋深为2-0.5=1.5m

自重湿陷量计算

起算深度：自天然地面（挖、填方场地应自设计地面）算起

终止深度：至其下非湿陷性黄土层的顶面止，按此原则本题即至室外地面下12.0m

关中地区

地面下第i层计算深度起始	地面下第i层计算深度终止	基底下第i层计算深度h_i	第i层修正系数β_0	第i层湿陷系数第i层湿陷系数δ_{zsi}（$\delta_{zsi}<0.015$不计）
0	1.5	1.5	0.9	0.002(不计)
1.5	2.5	1	0.9	0.003(不计)
2.5	3.5	1	0.9	0.002(不计)
3.5	4.5	1	0.9	0.005(不计)
4.5	5.5	1	0.9	0.020
5.5	6.5	1	0.9	0.013(不计)
6.5	7.5	1	0.9	0.014(不计)
7.5	8.5	1	0.9	0.007(不计)
8.5	9.5	1	0.9	0.018
9.5	10.5	1	0.9	0.015
10.5	11.5	1	0.9	0.005(不计)
11.5	12	0.5	0.9	0.014(不计)

自重湿陷量

$$\Delta_{zs} = \beta_0 \sum \delta_{zsi} h_i = 0.9 \times (0.020 + 0.018 + 0.015) \times 1$$
$$= 0.0477\text{m} = 47.7\text{mm} < 70\text{mm}$$

确定其为非自重湿陷性场地

关中地区，非自重湿陷性黄土

湿陷量计算起算深度：从基底起算，则自地面下2.5m

终止深度：至基底下10m或地基压缩层，按此原则本题即至基底下10m

基底下第i层计算深度起始	基底下第i层计算深度终止	基底下第i层计算深度h_i	第i层浸水机率系数α_i	第i层修正系数β_i	第i层湿陷系数δ_{si} $\delta_{si}<0.015$
0	1	1	1.0	1.5	0.068
1	2	1	1.0	1.5	0.042
2	3	1	1.0	1.5	0.014(不计)
3	4	1	1.0	1.5	0.062
4	5	1	1.0	1.5	0.026
5	6	1	1.0	1.0	0.017
6	7	1	1.0	1.0	0.012(不计)
7	8	1	1.0	1.0	0.019
8	9	1	1.0	1.0	0.029
9	10	1	1.0	1.0	0.016

湿陷量
$$\Delta_s' = \Sigma \alpha_i \beta_i \delta_{si} h_i$$
$$= 1.0 \times 1.5 \times (0.068 + 0.042 + 0.062 + 0.026) \times 1 + 1.0 \times 1.0$$
$$\times (0.017 + 0.019 + 0.029 + 0.016) \times 1$$
$$= 0.378m = 378mm$$

$\Delta_{zs} = 47.7mm < 70mm$,$300mm < \Delta_s = 378mm < 600mm$,得湿陷等级为Ⅱ类

6层砖混住宅楼,属丙类建筑,湿陷等级为Ⅱ类

非自重湿陷性场地:处理厚度≥2.0m

且下部未处理湿陷性黄土层的湿陷起始压力不宜小于100kPa

6.0m取样点,湿陷起始压力为110kPa>100kPa

6.0m取样点代表5.5~6.5m深度范围,所以处理深度到5.5m

基础埋深为1.5m,所以最终处理范围5.5−1.5=4m

12.1.5.4 平面处理范围
12.1.5.5 具体地基处理方法和计算

2013D15

某场地湿陷性黄土厚度为10~13m,平均干密度为$1.24g/cm^3$,设计拟采用灰土挤密桩法进行处理,要求处理后桩间土最大干密度达到$1.60g/cm^3$。挤密桩正三角形布置,柱长为13m,预钻孔直径为300mm,挤密填料孔直径为600mm。问满足设计要求的灰土桩的最大间距应取下列哪个值?(桩间土平均挤密系数取0.93)

(A) 1.2m (B) 1.3m (C) 1.4m (D) 1.5m

【解】$s = 0.95 \sqrt{\dfrac{\eta_c \rho_{dmax} D^2 - \rho_{d0} d^2}{\eta_c \rho_{dmax} - \rho_{d0}}} = 0.95 \times \sqrt{\dfrac{0.93 \times 1.6 \times 0.6^2 - 1.24 \times 0.3^2}{0.93 \times 1.6 - 1.24}}$

$= 1.242m$

【注】本题主要考查有预钻孔的灰土挤密法的使用规范,由于《建筑地基处理技术规范》JGJ 79—2012 无预钻孔内容,不适用本题。

12.1.6 其他湿陷性土

2008C25

某场地基础底面以下分布的湿陷性砂厚度为7.5m,按厚度平均分3层,采用$0.50m^2$的承压板进行了浸水载荷试验,其附加湿陷量分别为6.4cm、8.8cm和5.4cm。该地基的湿陷等级为下列哪个选项?

(A) Ⅰ(轻微) (B) Ⅱ(中等)
(C) Ⅲ(严重) (D) Ⅳ(很严重)

【解】承压板面积为$0.5m^2$,则承压板边长$b = \sqrt{0.5} = 0.707m = 70.7cm$

修正系数$\beta = 0.014cm^{-1}$

第 i 层土厚度 h_i，从基础底面算

其中 $\Delta F_{si}/b<0.023$ 即 $\Delta F_{si}<0.023b=0.023\times70.7=1.63$cm 不计，但所有的附加湿陷量 ΔF_{si} 均大于 1.63cm

总湿陷量 $\Delta_s=\sum\beta\Delta F_{si}h_i=0.014\times(6.4+8.8+5.4)\times\dfrac{750}{3}=72.1$cm

查表，$60<\Delta_s$，湿陷性土总厚度>3m，故湿陷等级为Ⅲ。

2017C24

某湿陷性砂土上的厂房采用独立柱基础，基础尺寸为 2m×1.5m，埋深 2m，在地上采用面积为 0.25m² 的方形承压板进行浸水荷载试验，试验结果如下表所示。按照《岩土工程勘察规范》GB 50021—2001（2009版），该地基的湿陷等级为下列哪个选项？

深度（m）	岩土类型	附加湿陷量（cm）
0~2	砂土	8.5
2~4	砂土	7.8
4~6	砂土	5.2
6~8	砂土	1.2
8~10	砂土	0.9
>10	基岩	—

(A) Ⅰ级　　　(B) Ⅱ级　　　(C) Ⅲ级　　　(D) Ⅳ级

【解】承压板面积为 0.25m²，则承压板边长 $b=\sqrt{0.25}=0.5$m=50cm

修正系数 $\beta=0.020$cm^{-1}

第 i 层土浸水载荷试验的附加湿陷量 ΔF_{si} 题干表格已给

第 i 层土厚度 h_i，从基础底面算，基础埋深为 2m，因此 0~2m 厚度不计

其中 $\Delta F_{si}/b<0.023$ 即 $\Delta F_{si}<0.023b=0.023\times50=1.15$cm 不计，因此 8~10m 厚度不计

总湿陷量 $\Delta_s=\sum\beta\Delta F_{si}h_i=0.020\times(7.8+5.2+1.2)\times200=56.8$cm

查表，$30<\Delta_s\leqslant60$，湿陷性土总厚度>3m，故湿陷等级为Ⅱ。

12.2　膨　胀　土

12.2.1　膨胀土工程特性指标

2004C31

某组原状土样室内压力与膨胀率 δ_{ep}（%）的关系如下表所示。按《膨胀土地区建筑技术规范》计算，膨胀力 P_p 最接近下列（　　）。（可用作图或插入法近似求得）

(A) 90kPa　　　　(B) 98kPa　　　　(C) 110kPa　　　　(D) 120kPa

试验次序	膨胀率 δ_{ep}	垂直压力 P (kPa)
1	8%	0
2	4.7%	25
3	1.4%	75
4	-0.6%	125

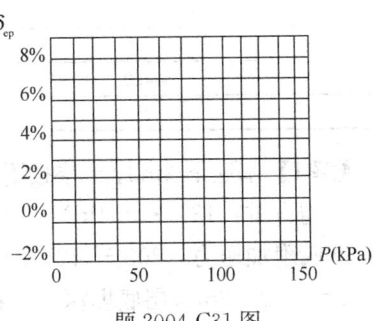

题 2004 C31 图

【解】 膨胀力 P_p 为 $\delta_{ep}=0$ 时所对应的压力，直接插值计算

$$\frac{P_p - 75}{0 - 1.4} = \frac{125 - 75}{-0.6 - 1.4} \rightarrow P_p = 110\text{kPa}$$

2008D25

某不扰动膨胀土试样在室内试验后得到含水量 w 与竖向线缩率 δ_s 的一组数据见下表，按《膨胀土地区建筑技术规范》该试样的收缩系数 λ，最接近下列哪个数值？

(A) 0.05　　　　(B) 0.13　　　　(C) 0.20　　　　(D) 0.40

试验次序	含水量 w (%)	竖向线缩率 δ_s (%)
1	7.2	6.4
2	12.0	5.8
3	16.1	5.0
4	18.6	4.0
5	22.1	2.6
6	25.1	1.4

【解】 收缩系数 λ：环刀土样在直线收缩阶段，竖向线缩率随含水量变化的斜率的绝对值；3~6 为线性变化

$$\lambda_i = \frac{\Delta \delta_s}{\Delta w} = \frac{\delta_{s2} - \delta_{s1}}{w_1 - w_2} = \frac{5 - 1.4}{25.1 - 16.1} = 0.4$$

【注】 从收缩系数 λ 图形来看，当含水量越大时，越能保证线性变化，所以可以直接取最大的两个含水量进行计算

$$(2.6 - 1.4) \div (25.1 - 22.1) = 0.4$$

不放心的话，可以在草稿纸上再试算

$$(4.0 - 2.6) \div (22.1 - 18.6) = 0.4$$

2013D26

膨胀土地基上的独立基础尺寸 2m×2m，埋深为 2m，柱上荷载 300kN，在地面以下 4m 内为膨胀土，4m 以下为非膨胀土，膨胀土的重度 $\gamma=18\text{kN/m}^3$，室内试验求得的膨胀率 δ_{ep} (%) 与压力 P (kPa) 的关系如下表所示，建筑物建成后其基底中心点下，土在平均自重压力与平均附加压力之和作用下的膨胀率最接近下列哪个选项？（基础的重度按 20kN/m³ 考虑）

(A) 5.3%　　　　(B) 5.2%　　　　(C) 3.4%　　　　(D) 2.9%

膨胀率 δ_{ep} (%)	压力 P (kPa)
10	5
6.0	60
4.0	90
2.0	120

【解1】基底下2m厚土层按附加压力成曲线分布

平均自重：$18 \times 3 = 54$kPa

基底附加压力：$300 \div (2 \times 2) + 20 \times 2 - 18 \times 2 = 79$kPa

$z = 4 - 2 = 2$m（层底埋深－基础埋深），将矩形基础平均分成四块，每一块短边 $b' = 1$m，每一块长边 $l' = 1$m，则 $z/b' = 2$，$l'/b' = 1$，查得角点平均附加应力系数 $\overline{\alpha} = 0.1746$

平均附加压力：$79 \times 0.1746 \times 4 = 55.17$kPa

平均自重压力与平均附加压力之和：$54 + 55.17 = 109.17$kPa

自由膨胀率插值得 $\delta_{ep} = 4.0 + \dfrac{109.17 - 90}{120 - 90} \times (2 - 4) = 2.72$

【解2】基底下2m厚土层按附加压力成直线分布

平均自重：$18 \times 3 = 54$kPa

基底附加压力：$300 \div (2 \times 2) + 20 \times 2 - 18 \times 2 = 79$kPa

$z = 4 - 2 = 2$m（层底埋深－基础埋深），将矩形基础平均分成四块，每一块短边 $b' = 1$m，每一块长边 $l' = 1$m，则 $z/b' = 2$，$l'/b' = 1$，查得角点附加应力系数 $\alpha = 0.084$

基底下2m处附加压力：$79 \times 0.084 \times 4 = 26.544$kPa

平均自重压力与平均附加压力之和 $= 54 + (79 + 26.544) \div 2 = 106.772$kPa

自由膨胀率插值得 $\delta_{ep} = 4.0 + \dfrac{106.772 - 90}{120 - 90} \times (2 - 4) = 2.88$

【解3】基底下土层从2.0～4.0m，直接取基底下3m位置处附加压力代表平均附加压力，$z = 3 - 2 = 1$m（3m埋深－基础埋深），将矩形基础平均分成四块，每一块短边 $b' = 1$m，每一块长边 $l' = 1$m，则 $z/b' = 1$，$l'/b' = 1$，查得角点附加应力系数 $\alpha = 0.175$

基底下3m处附加应力：$79 \times 0.175 \times 4 = 55.3$kPa

平均自重压力与平均附加压力之和：$54 + 55.3 = 109.3$kPa

自由膨胀率插值得 $\delta_{ep} = 4.0 + \dfrac{109.3 - 90}{120 - 90} \times (2 - 4) = 2.71$

【注】基底下附加压力实际上是曲线分布的，所以解1是最准确的，这种解法求得的平均附加压力，本质上是通过积分，求得按厚度加权平均值。解2是假定基底压力直线分布，不准确，这和解3比较也可以看出，如果是直线分布，那么解2和解3数值理论上是一致的，但求解的数值并不一致，这和事实相符。此题一定要认真学习，仔细思考，会对基底附加压力理解得更加深刻。

12.2.2 大气影响深度及大气影响急剧层深度

2010D26

某膨胀土地区的多年平均蒸发力和降水量值详见下表。请根据《膨胀土地区建筑技术规范》确定该地区大气影响急剧层深度最接近下列哪个选项的数值?

(A) 4.0m (B) 3.0m (C) 1.8m (D) 1.4m

项目	月份											
	1月	2月	3月	4月	5月	6月	7月	8月	9月	10月	11月	12月
蒸发力 (mm)	14.2	20.6	43.6	60.3	94.1	114.8	121.5	118.1	57.4	39.0	17.6	11.9
降水量 (mm)	7.5	10.7	32.2	68.1	86.6	110.2	158.0	141.7	146.9	80.3	38.0	9.3

【解】

$$\alpha = \frac{9月至次年2月蒸发力之和}{全年蒸发力之和}$$

$$= \frac{57.4+39+17.6+11.9+14.2+20.6}{57.4+39+17.6+11.9+14.2+20.6+43.6+60.3+94.1+114.8+121.5+118.1}$$

$$= \frac{160.7}{713.1} = 0.225$$

(月平均气温小于0℃的不统计在内)

全年中蒸发力与降水量差值之和(只统计蒸发力大于降水量且平均气温大于0℃的月份)

$c = (14.2-7.5)+(20.6-10.7)+(43.6-32.2)+(94.1-86.6)+(114.8-110.2)+(11.9-9.3)=42.7$

土的湿度系数 $\psi_w = 1.152-0.726\alpha-0.00107c = 1.152-0.726\times0.225-0.00107\times42.7 = 0.94$

故查表得大气影响深度 $d_a = 3m$

大气影响急剧层深度 $= 0.45 d_a = 0.45\times 3 = 1.35m$

2018C22

某膨胀土地区,统计近10年平均蒸发力和降水量如下表所示,根据《膨胀土地区建筑技术规范》GB 50112—2013,该地区大气影响急剧层深度接近于下列哪个选项?

项目	月份										次年1月	次年2月
	3月	4月	5月	6月	7月	8月	9月	10月	11月	12月		
月平均气温 (℃)	10	12	15	20	31	30	28	15	5	1	-1	5
蒸发力 (mm)	45.6	65.2	101.5	115.3	123.5	120.2	68.6	47.5	25.2	18.9	20.8	30.9
降水量 (mm)	34.5	55.3	89.4	120.6	145.8	132.1	130.5	115.2	33.5	7.2	8.4	10.8

(A) 2.25m (B) 1.80m (C) 1.55m (D) 1.35m

【解】

$$\alpha = \frac{9月至次至2月蒸发力之和}{全年蒸发力之和}$$

$$= \frac{68.6+47.5+25.2+18.9+30.9}{68.6+47.5+25.2+18.9+30.9+45.6+65.2+101.5+115.3+123.5+120.2}$$

$$= 0.251$$

(月平均气温小于0℃的不统计在内)

全年中蒸发力与降水量差值之和（只统计蒸发力大于降水量且平均气温大于0℃的月份）
$c=(45.6-34.5)+(65.2-55.3)+(101.5-89.4)+(18.9-7.2)+(30.9-10.8)$
$=64.9$

土的湿度系数 $\psi_w=1.152-0.726\alpha-0.00107c=1.152-0.726\times0.251-0.00107\times64.9=0.94$

故查表得大气影响深度 $d_a=3m$

大气影响急剧层深度 $=0.45d_a=0.45\times3=1.35m$

12.2.3 基础埋深

2007D25

某拟建砖混结构房屋，位于平坦场地上，为膨胀土地基，根据该地区气象观测资料算得：当地膨胀土湿度系数 $\psi_w=0.9$。问当以基础埋深为主要，一般基础埋深至少应达到以下哪一深度值？

(A) 0.50m　　　(B) 1.15m　　　(C) 1.35m　　　(D) 3.00m

【解】任何场地，膨胀土地基上基础埋深最低要求 $d\geqslant 1m$；

据湿度系数 $\psi_w=0.9$ 查表得大气影响深度为 $d_a=3.0m$

平坦场地的多层建筑，基础埋深不应小于大气影响急剧层深度，

即 $d\geqslant 0.45d_a=3.0\times0.45=1.35m$

综上，基础埋深至少达到 1.35m。

2019C21

在某膨胀土场地修建多层厂房，地形坡度 $\beta=10°$，独立基础外边缘至坡肩的水平距离 $L_p=6m$，如题图所示。该地区 30 年蒸发力和降水量月平均值见下表。按《膨胀土地区建筑技术规范》GB 50112—2013，以基础埋深为主要防治措施时，该独立基础埋置深度应不小于下列哪个选项？

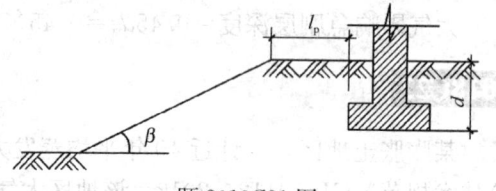

题 2019C21 图

某地区 30 年蒸发力和降雨量月平均值统计表（月平均气温大于0℃）

月份	1	2	3	4	5	6	7	8	9	10	11	12
蒸发力（mm）	32.5	31.2	47.7	61.6	91.5	106.7	138.4	133.5	106.9	78.5	42.9	33.5
降雨量（mm）	55.6	76.1	134	279.7	318.4	315.8	224.2	166.9	65.2	97.3	83.2	56.6

(A) 3.3m　　　(B) 2.5m　　　(C) 1.5m　　　(D) 1.0m

【解】

$\alpha=\dfrac{9月至次年2月蒸发力之和}{全年蒸发力之和}$

$=\dfrac{106.9+78.5+42.9+33.5+32.5+31.2}{106.9+78.5+42.9+33.5+32.5+31.2+47.7+61.6+91.5+106.9+138.4+133.5}$

$=0.36$

（月平均气温小于0℃的不统计在内）

全年中蒸发力与降水量差值之和（只统计蒸发力大于降水量且平均气温大于0℃的月份）

$$c = 106.9 - 65.2 = 41.7$$

土的湿度系数 $\psi_w = 1.152 - 0.726 \times 0.36 - 0.00107 \times 41.7 = 0.85$

故查表的大气影响深度 $d_a = \dfrac{3.5 + 3.0}{2} = 3.25\text{m}$

任何场地，膨胀土地基上基础埋深最低要求 $d \geqslant 1\text{m}$

对于坡地，当坡地坡角为 $5°\sim14°$，基础外边缘至坡肩的水平距离为 $5\sim10\text{m}$ 时

基础埋深 $d = 0.45 \times 3.25 + (10-6) \times \tan10° + 0.30 = 2.47\text{m}$

综上，基础埋深至少达到2.47m。

【注】核心知识点常规题。直接使用解题思维流程快速求解。

12.2.4 变形量

2003D28

利用题表中所给的数据，按《膨胀土地区建筑规范》规定，计算膨胀土地基的分级变形量，其结果应最接近（　　）。

(A) 24mm　　　(B) 36mm　　　(C) 48mm　　　(D) 60mm

层序	层厚 h_i (m)	层底深度 (m)	第i层的含水量变化 w_i	第i层的收缩系数 λ_{si}	第i层在50kPa下的膨胀率 δ_{epi}
1	0.64	1.60	0.0273	0.28	0.0084
2	0.86	2.50	0.0211	0.48	0.0223
3	1.00	3.50	0.014	0.35	0.0249

【解】未给出天然含水量和塑限含水量，可按胀缩变形量计算

胀缩变形经验系数 ψ_{es}，未指定可取 0.7

$$\begin{aligned}
\text{胀缩变形量 } s_{es} &= \psi_{es} \sum_{i=1}^{n}(\delta_{epi} + \lambda_{si}\Delta w_i)h_i \\
&= 0.7 \times (0.0084 + 0.28 \times 0.0273) \times 640 + 0.7 \times (0.0223 + 0.48 \\
&\quad \times 0.0211) \times 860 + 0.7 \times (0.0249 + 0.35 \times 0.014) \times 1000 \\
&= 47.57\text{mm}
\end{aligned}$$

2005C28

某单层建筑位于平坦场地上，基础埋深 $d = 1.0\text{m}$，按该场地的大气影响深度取胀缩变形的计算深度 $z_n = 3.6\text{m}$，计算所需的数据列于下表，试问按《膨胀土地区建筑技术规范》计算所得的胀缩变形量最接近下列（　　）数值。

(A) 20mm　　　(B) 26mm　　　(C) 44mm　　　(D) 63mm

层号	分层深度 z_i (m)	分层厚度 h_i (mm)	膨胀率 δ_{epi}	第i层可能发生的含水量变化均值 Δw_i	收缩系数 λ_{si}
①	1.64	640	0.00075	0.0273	0.28
②	2.28	640	0.0245	0.0223	0.48
③	2.92	640	0.0195	0.0177	0.40
④	3.60	680	0.0215	0.0128	0.37

【解】未给出天然含水量和塑限含水量,可按胀缩变形量计算

胀缩变形经验系数 ψ_{es},未指定可取 0.7

收缩变形计算深度 $z_{sn}=3.6$m

胀缩变形量 $s_{es} = \psi_{es} \sum\limits_{i=1}^{n}(\delta_{epi} + \lambda_{si}\Delta w_i)h_i$

$= 0.7 \times (0.00075 + 0.28 \times 0.0273) \times 640 + 0.7 \times (0.0245 + 0.48 \times 0.0211) \times 640 + 0.7 \times (0.0195 + 0.40 \times 0.0177) \times 640 + 0.7 \times (0.0215 + 0.37 \times 0.0128) \times 680$

$= 43.9$mm

【注】变形计算深度和变形计算厚度概念要分清,变形计算深度是从天然地面起算,变形计算厚度是从基底起算,计算至变形计算深度。

2006D28

某膨胀土场地有关资料如下表所示,若大气影响深度为 4.0m,拟建建筑物为两层,基础埋深为 1.2m,按《膨胀土地区建筑技术规范》的规定,计算膨胀土地基胀缩变形量最接近下列哪个选项中的值?

(A) 17mm (B) 20mm (C) 28mm (D) 51mm

分层号	层底深度 z_i (m)	天然含水量 w (%)	塑限含水量 w_p (%)	含水量变化值 Δw_i (%)	膨胀率 δ_{epi}	收缩系数 λ_{si}
1	1.8	23	18	0.0298	0.0006	0.50
2	2.5			0.0250	0.0265	0.46
3	3.2			0.0185	0.0200	0.40
4	4.0			0.0125	0.0180	0.30

【解】首先确定变形量计算类型

由第一层土的天然含水量和塑限含水量可以确定,离地表1m处,天然含水率(23)>地面1.2倍塑限含水率($18 \times 1.2 = 21.6$),此时,可按收缩变形量计算

收缩变形计算深度 z_{sn},自天然地面算起,一般情况下,计算至大气影响深度,故 $z_{sn}=4.0$m

收缩变形经验系数 ψ_s,未指定可取 0.8

收缩变形量 $s_s = \psi_s \sum\limits_{i=1}^{n}\lambda_{si}\Delta w_i h_i$

$= 0.8 \times 0.50 \times 0.0298 \times 600 + 0.8 \times 0.46 \times 0.0250 \times 700 + 0.8 \times 0.40 \times 0.0185 \times 700 + 0.8 \times 0.30 \times 0.0125 \times 800$

$= 20.136$mm

2011D26

某单层住宅楼位于一平坦场地,基础埋置深度 $d=1\mathrm{m}$,各土层厚度及膨胀率,收缩系数列于下表。已知地表下 1m 处土的天然含水量和塑限含水量分别为 $w_1=22\%$,$w_p=17\%$,按此场地的大气影响深度取胀缩变形计算深度 $z_n=3.6\mathrm{m}$。试问根据《膨胀土地区建筑技术规范》计算地基上的胀缩变形量最接近下列哪个选项?

(A) 16mm (B) 30mm (C) 49mm (D) 60mm

土层分层指标

层号	分层深度 z_i (m)	分层厚度 h_i (mm)	各分层发生的含水量变化均值 Δw_i	膨胀率 δ_{epi}	收缩系数 λ_{si}
1	1.64	640	0.0285	0.0015	0.28
2	2.28	640	0.0272	0.0240	0.48
3	2.92	640	0.0179	0.0250	0.31
4	3.60	680	0.0128	0.0260	0.37

【解】 首先确定变形量计算类型

离地表 1m 处,天然含水率(22)>地面 1.2 倍塑限含水率(17×1.2=21.4),此时,可按收缩变形量计算

收缩变形计算深度 $z_{sn}=3.6\mathrm{m}$

收缩变形经验系数 ψ_s,未指定可取 0.8

收缩变形量 $s_s = \psi_s \sum_{i=1}^{n} \lambda_{si} \Delta w_i h_i$
$= 0.8\times0.28\times0.0285\times640 + 0.8\times0.48\times0.0272\times640 + 0.8\times0.31$
$\times 0.0179\times640 + 0.8\times0.37\times0.0128\times680$
$=16.18\mathrm{mm}$

2014D27

某三层建筑物位于膨胀场地,基础为浅基础,埋深 1.2m,基础的尺寸为 $2.0\mathrm{m}\times2.0\mathrm{m}$,湿度系数 $\psi_w=0.6$,地表下 1m 处的天然含水量 $w=26.4\%$,塑限含水量 $w_p=20.5\%$,各深度处膨胀土的工程特性指标如下表所示。该地基的分级变形量最接近下列哪个选项?

(A) 30mm (B) 34mm (C) 38mm (D) 80mm

各深度处膨胀土的工程特性指标表

土层深度	土性	重度 γ (kN/m³)	膨胀率 δ_{ep} (%)	收缩系数 λ_i
0~2.5m	膨胀土	18.0	1.5	0.12
2.5~3.5m	膨胀土	17.8	1.3	0.11
3.5m 以下	泥灰岩	—	—	—

【解】 首先确定变形量计算类型

离地表 1m 处，天然含水率（26.4）＞地面 1.2 倍塑限含水率（20.5×1.2＝24.6），此时，可按收缩变形量计算

土的湿度系数 ψ_w＝0.6

故查表得大气影响深度 d_a＝5.0m

收缩变形计算深度 z_{sn}，自天然地面算起，一般情况下，计算至大气影响深度，但 3.5m 以下为泥灰岩，因此 z_{sn}＝min(3.5，5.0)＝3.5m

地表下 1m 处土的含水量变化值 $\Delta w_1 = w_1 - \psi_w w_p$ ＝0.264－0.6×0.205＝0.141

当地表下 4m 存在不透水基岩时，各膨胀土土层含水量变化平均值 $\Delta w_i = \Delta w_1$ ＝0.141 收缩变形经验系数 ψ_s，未指定可取 0.8

收缩变形量

$$s_s = \psi_s \sum_{i=1}^{n} \lambda_{si} \Delta w_i h_i$$

$\quad$ ＝0.8×0.12×0.141×1300＋0.8×0.11×0.141×1000＝30mm

2016D25

某膨胀土场地拟建 3 层住宅，基础埋深为 1.8m，地表下 1.0m 处地基土的天然含水量为 28.9%，塑限含水量为 22.4%，土层的收缩系数为 0.2，土的湿度系数为 0.7，地表下 15m 深度处为基岩层，无热源影响，计算地基变形量最接近下列哪个选项？

(A) 10mm $\qquad$ (B) 15mm $\qquad$ (C) 20mm $\qquad$ (D) 25mm

【解】 首先确定变形量计算类型

离地表 1m 处，天然含水率（28.9）＞地面 1.2 倍塑限含水率（22.4×1.2＝26.88），此时，可按收缩变形量计算

土的湿度系数 ψ_w＝0.7

故查表得大气影响深度 d_a＝4.0m

收缩变形计算深度 z_{sn}，自天然地面算起，一般情况下，计算至大气影响深度，因此 z_{sn}＝4.0m

所以变形计算厚度为基础埋深 1.8～4.0m

地表下 1m 处土的含水量变化值 $\Delta w_1 = w_1 - \psi_w w_p$ ＝0.289－0.7×0.224＝0.1322

土层中间深度 (1.8＋4)÷2＝2.9m

该膨胀土含水量变化平均值

$$\Delta w_i = \Delta w_1 - \frac{z_i - 1}{z_{sn} - 1}(\Delta w_1 - 0.01) = 0.1322 - \frac{2.9 - 1}{4 - 1} \times (0.1322 - 0.01) = 0.0548$$

收缩变形经验系数 ψ_s，未指定可取 0.8

收缩变形量

$$s_s = \psi_s \sum_{i=1}^{n} \lambda_{si} \Delta w_i h_i$$

$\quad$ ＝0.8×0.2×0.0548×(4000－1800)＝19.29mm

12.2.5 桩端进入大气影响急剧层深度

2017D26

某膨胀土地基上建一栋三层房屋，采用桩基础，桩顶位于大气影响急剧层内。桩径为500mm，桩端阻力特征值为500kPa，桩侧阻力特征值为35kPa，抗拔系数为0.70，桩顶竖向力为150kN，经试验测得大气影响急剧层内桩侧土的最大抗拔力标准值为195kN。按胀缩变形计算时，桩端进入大气影响急剧层深度以下的长度应不小于下列哪一选项？

(A) 0.94m   (B) 1.17m   (C) 1.50m   (D) 2.00m

【解】三层房屋，满足规范建筑物要求

桩直径 $d=0.5$m；桩身周长 $u_p=3.14\times 0.5$m

桩端直径 d_k，桩端无扩大时 $d_k=d=0.5$m；桩端截面积 $A_p=3.14\times 0.5^2\div 4 \text{m}^2$

桩顶的竖向力标准值 $Q_k=150$kN

桩的端阻力特征值 $q_{pa}=500$kPa；桩的侧阻力特征值 $q_{sa}=35$kPa

在大气影响急剧层内桩侧土的最大胀拔力标准值 $v_e=195$kN

桩侧土的抗拔系数 $\lambda=0.70$

桩端进入大气影响急剧层深度以下的长度 l_a

① 按膨胀变形计算

$$l_a \geq \frac{v_e-Q_k}{u_p \lambda q_{sa}} = \frac{195-150}{3.14\times 0.5\times 0.70\times 35} = 1.17\text{m}$$

② 按收缩变形计算

$$l_a \geq \frac{Q_k-A_p q_{pa}}{u_p q_{sa}} = \frac{150-3.14\times 0.25^2\times 500}{3.14\times 0.5\times 35} = 0.944\text{m}$$

③ 按胀缩变形计算

$l_a=\max(\text{膨胀变形计算 }l_a,\text{收缩变形计算 }l_a,4d,d_k)=\max(1.17,0.944,4\times 0.5,0.5)=2$m

综上，l_a 不应小于 2m。

12.3 冻　　土

12.3.1 冻土类别

12.3.2 冻土物理性指标及试验

12.3.3 冻胀性等级和类别

2009C25

某季节性冻土地基实测冻土厚度为2.0m，冻前原地面标高为186.128m，冻后实测地面标高186.288m，试问该土层平均冻胀率接近下列哪个选项？

(A) 7.1%　　　　(B) 8.0%　　　　(C) 8.7%　　　　(D) 8.5%

【解】冻土层厚度（是冻土层冻后实测厚度）$h=2$m

地表冻胀量 $\Delta z=$ 冻后地面标高－冻前地面标高$=186.288-186.128=0.160$m

平均冻胀率 $\eta=\dfrac{\Delta z}{z_d}\times 100\%=\dfrac{\Delta z}{h-\Delta z}\times 100\%=\dfrac{0.160}{2-0.160}\times 100\%=8.69\%$

2011D25

某季节性冻土地基冻土层冻后的实测厚度为 2.0m，冻前原地面标高为 195.426m，冻后实测地面标高为 195.586m，按《铁路工程特殊岩土勘察规程》确定该土层平均冻胀率最接近下列哪个选项？

(A) 7.1%　　　　(B) 8.0%　　　　(C) 8.7%　　　　(D) 9.2%

【解】冻土层厚度（是冻土层冻后实测厚度）$h=2$m

地表冻胀量 $\Delta z=$ 冻后地面标高－冻前地面标高$=195.586-195.426=0.160$m

平均冻胀率 $\eta=\dfrac{\Delta z}{z_d}\times 100\%=\dfrac{\Delta z}{h-\Delta z}\times 100\%=\dfrac{0.160}{2-0.160}\times 100\%=8.69\%$

2013D24

某季节性冻土层为黏土层，测得地表冻胀前标高为 160.67m，土层冻前天然含水率为 30%，塑限为 22%，液限为 45%，其粒径小于 0.005mm 的颗粒含量小于 60%，当最大冻深出现时，场地最大冻土层厚度为 2.8m，地下水位埋深为 3.5m，地面标高为 160.85m，按《建筑地基基础设计规范》，该土层的冻胀类别为下列哪个选项？

(A) 弱冻胀　　　(B) 冻胀　　　(C) 强冻胀　　　(D) 特强冻胀

【解】冻土层厚度（是冻土层冻后实测厚度）$h=2.8$m

地表冻胀量 $\Delta z=$ 冻后地面标高－冻前地面标高$=195.586-195.426=0.160$m

平均冻胀率 $\eta=\dfrac{\Delta z}{z_d}\times 100\%=\dfrac{\Delta z}{h-\Delta z}\times 100\%=\dfrac{0.18}{2.8-0.18}\times 100\%=6.87\%$

地下水位距离冻结面距离 $h_w=3.5-2.8=0.7<2$m

$$w_P+5=27<w=30<w_P+9=31$$

划分强冻胀土

由于 $I_P=45-22=23>22$，冻胀性降低一级，为冻胀土。

2016D24

某多年冻土层为黏性土，冻结土层厚度为 2.5m，地下水埋深 3.2m，地表标高为 194.75m，已测得地表冻胀前标高为 194.65m，土层冻前天然含水率 $w=27\%$，塑限 $w_P=23\%$，液限 $w_L=46\%$，根据《铁路工程特殊岩土工程勘察规程》该土层的冻胀类别为下列哪个选项？

(A) 不冻胀　　　(B) 弱冻胀　　　(C) 冻胀　　　(D) 强冻胀

【解】冻土层厚度（是冻土层冻后实测厚度）$h=2.5$m

地表冻胀量 $\Delta z=$ 冻后地面标高－冻前地面标高$=194.75-194.65=0.1$m

平均冻胀率 $\eta = \dfrac{\Delta z}{z_d} \times 100\% = \dfrac{\Delta z}{h - \Delta z} \times 100\% = \dfrac{0.1}{2.5 - 0.1} \times 100\% = 4.17\%$

地下水位距离冻结面距离 $h_w = 3.2 - 2.5 = 0.7 < 2\mathrm{m}$

$w_P + 2 = 25 < w = 27 < w_P + 5 = 28$，划分冻胀土

由于 $I_P = 46 - 22 = 23 > 22$，冻胀性降低一级，为弱胀土。

2017C25

某季节冻土层为黏性土，冻前地面标高为 250.235m，$w_P = 21\%$，$w_L = 45\%$，冬季冻结后地面标高为 250.396m，冻土层底处标高为 248.181m，根据《建筑地基基础设计规范》GB 50007—2011，该季节性冻土层的冻胀等级和类别为下列哪个选项？

(A) Ⅱ级，弱冻胀
(B) Ⅲ级，冻胀
(C) Ⅳ级，强冻胀
(D) Ⅴ级，特强冻胀

【解】地表冻胀量 $\Delta z = $ 冻后地面标高 $-$ 冻前地面标高 $= 250.396 - 250.235 = 0.161\mathrm{m}$

设计冻深 $z_d = $ 冻前地面标高 $-$ 冻土层底面标高 $= 250.235 - 248.181 = 2.054\mathrm{m}$

平均冻胀率 $\eta = \dfrac{\Delta z}{z_d} \times 100\% = \dfrac{0.161}{2.054} \times 100\% = 7.8\%$

$6 < 7.8 \leq 12$，故划分Ⅳ级，强冻胀

由于 $I_P = 45 - 21 = 23 > 22$，冻胀性降低一级，为Ⅲ级，冻胀。

12.3.4 融沉性分级

2003D29

铁路路基通过多年冻土区，地基土为粉质黏土，相对密度（比重）为 2.7，质量密度 ρ 为 2.0g/cm³，冻土总含水量 w_0 为 40%，冻土起始融沉含水量 w 为 21%，塑限含水量 w_P 为 20%，按《铁路工程特殊岩土勘察规程》，该段多年冻土融沉系数 δ_0 及融沉等级应符合（　　）。

(A) 11.4(Ⅳ)　　(B) 13.5(Ⅳ)　　(C) 14.3(Ⅳ)　　(D) 29.3(Ⅴ)

【解】先利用"一条公式"求得融化前后的孔隙比

$$e_0 = \dfrac{G_s(1 + w_0)\rho_w}{\rho} - 1 = \dfrac{2.7 \times (1 + 0.4)}{2.0} - 1 = 0.89$$

$$e_1 = \dfrac{G_s(1 + w_1)\rho_w}{\rho} - 1 = \dfrac{2.7 \times (1 + 0.21)}{2.0} - 1 = 0.6335$$

融沉系数 $\delta_0 = \dfrac{h_1 - h_2}{h_1} = \dfrac{e_1 - e_2}{1 + e_1} = \dfrac{0.89 - 0.6335}{1 - 0.89} \times 100\% = 13.57\%$

粉质黏土，满足 $w_P + 15 \leq w_0 < w_P + 35$，$10 < \delta_0 \leq 25$，融沉等级为Ⅳ。

【注】这道题稍微有些不严谨，暗含融化前后冻土密度不变，不考虑体积的变化。

2004C30

某路堤的地基土为薄层均匀冻土层，稳定融土层深度为 3.0m，融沉系数为 10%，融沉后体积压缩系数为 0.3MPa^{-1}，即 $E_s = 3.33$MPa，基底平均总压力为 180kPa，该层的

融沉及压缩总量接近下列( )。

(A) 16cm (B) 30cm (C) 46cm (D) 192cm

【解】根据土力学基本概念和原理
$$s = \delta_0 h + m_v p_0 h = 0.1 \times 300 + 0.3 \times 0.18 \times 300 = 46.2 \text{cm}$$

2017D25

东北某地区多年冻土地基为粉土层,取冻土试样后测得冻土相对密度为2.7,天然密度为1.9g/cm³,冻土总含水量为43.8%,土样融化后测得密度为2.0g/cm³,含水量为25.0%,根据《岩土工程勘察规范》GB 50021—2001(2009年版),该多年冻土的类型为下列哪一选项?

(A) 少冰冻土 (B) 多冰冻土 (C) 富冰冻土 (D) 饱冰冻土

【解】先利用"一条公式"求得融化前后的孔隙比

$$e_0 = \frac{G_s(1+w_0)\rho_w}{\rho} - 1 = \frac{2.7 \times (1+0.438) \times 1}{1.9} - 1 = 1.043$$

$$e_1 = \frac{G_s(1+w_1)\rho_w}{\rho} - 1 = \frac{2.7 \times (1+0.25) \times 1}{2.0} - 1 = 0.6875$$

融沉系数 $\delta_0 = \dfrac{h_1-h_2}{h_1} = \dfrac{e_1-e_2}{1+e_1} = \dfrac{1.043-0.6875}{1+1.043} \times 100\% = 17.4\%$

粉土,满足 $32 < w_0 = 43.8$,$10 < \delta_0 \leq 25$,为饱冰冻土。

12.3.5 冻土浅基础基础埋深

2006C7

季节性冻土地区在城市近郊拟建一开发区,地基土主要为黏性土,冻胀性分类为强冻胀,采用方形基础,基底压力为130kPa,不采暖,若标准冻深为2.0m,基础的最小埋深最接近下列哪个数值?

(A) 0.4m (B) 0.6m (C) 0.97m (D) 1.22m

【解】标准冻结深度 $z_0 = 2.0$m

黏性土,土的类别对冻深的影响系数 $\psi_{zs} = 1.0$

强冻胀,土的冻胀性对冻深的影响系数 $\psi_{zw} = 0.85$

城市近郊,环境对冻深的影响系数 $\psi_{ze} = 0.95$

季节性冻土地基的场地冻结深度
$$z_d = z_0 \cdot \psi_{zs} \cdot \psi_{zw} \cdot \psi_{ze} = 2.0 \times 1 \times 0.85 \times 0.95 = 1.615 \text{m}$$

强冻胀土和特冻胀土地基,基底下不允许残留冻土层,即 $h_{max} = 0$

基础最小埋深 $d_{min} = z_d - h_{max} = 1.615 - 0 = 1.615$m

2007D9

位于季节性冻土地区的某城市市区内建设住宅楼。地基土为黏性土,标准冻深为

1.60m。冻前地基土的天然含水量 $w=21\%$,塑限含水率为 $w_P=17\%$,冻结期间地下水位埋深 $h_w=3m$,该场区的设计冻深应取以下哪个选项的数值?

(A) 1.2m　　　(B) 1.30m　　　(C) 1.40m　　　(D) 1.80m

【解】标准冻结深度 $z_0=1.6m$

黏性土,土的类别对冻深的影响系数 $\psi_{zs}=1.0$

查表确定冻土冻胀性等级和类别

含水量满足 $19=w_P+5<w=21<w_P+5=17+5=22$

冻结期间地下水位距冻结面的最小距离 $h_w=3-1.6=1.4m$

查表得地基土冻胀性类别为冻胀

则土的冻胀性对冻深的影响系数 $\psi_{zw}=0.90$

城市市区,环境对冻深的影响系数 $\psi_{ze}=0.90$

季节性冻土地基的场地冻结深度

$$z_d=z_0 \cdot \psi_{zs} \cdot \psi_{zw} \cdot \psi_{ze}=1.6\times1\times0.90\times0.90=1.296m$$

2009D9

某25万人口的城市,市区内某四层结构建筑物,有采暖,采用方形基础,基底平均压力130kPa,地面下5m范围内的黏性土为弱冻胀土,该地区的标准冻结深度为2.2m,问在考虑冻胀的情况下,根据《建筑地基基础设计规范》GB 50007—2002,该建筑基础最小埋深最接近下列哪个选项?

(A) 0.8m　　　(B) 1.0m　　　(C) 1.2m　　　(D) 1.4m

【解】标准冻结深度 $z_0=1.2m$

黏性土,土的类别对冻深的影响系数 $\psi_{zs}=1.0$

弱冻胀,土的冻胀性对冻深的影响系数 $\psi_{zw}=0.95$

城市市区人口为20万~50万时,市区,环境对冻深的影响系数 $\psi_{ze}=0.95$

季节性冻土地基的场地冻结深度

$$z_d=z_0 \cdot \psi_{zs} \cdot \psi_{zw} \cdot \psi_{ze}=2.2\times1.0\times0.95\times0.95=1.9855m$$

弱冻胀,方形基础,有采暖,基底平均压力130kPa,查表得基础底面下允许冻土层的最大厚度 $h_{max}=0.95m$

冻土地基的最小埋深 $d_{min}=z_d-h_{max}=1.9855-0.95=1.0355m$

2018D20

某季节性弱冻胀土地区采用条形基础,无采暖要求,该地区多年实测资料表明,最大冻深出现时冻土层厚度和地表冻胀量分别为3.2m和120mm,而基底所受永久作用的荷载标准组合值为130kPa,若基底允许有一定厚度的冻土层,满足《建筑地基基础设计规范》GB 50007—2011相关要求的基础最小埋深最接近于下列哪个选项?

(A) 0.6m　　　(B) 0.8m　　　(C) 1.0m　　　(D) 1.2m

【解】最大冻深出现时场地冻土层厚度 $h=3.2m$;

最大冻深出现时场地地表冻胀量 $\Delta z=0.12m$;

季节性冻土地基的场地冻结深度 $z_d=h-\Delta z=3.2-0.12=3.08m$

弱冻胀，条形基础，无采暖

基底平均压力取永久作用组合乘以 0.9 即为 $130 \times 0.9 = 117 \text{kPa}$，查表得基础底面下允许冻土层的最大厚度 $h_{\max} = 2.20 + \dfrac{117-110}{130-110} \times (2.5-2.2) = 2.305 \text{m}$

冻土地基的最小埋深 $d_{\min} = z_d - h_{\max} = 3.08 - 2.305 = 0.775 \text{m}$

12.4 盐 渍 土

12.4.1 盐渍土分类

2005C5

在一盐渍土地段，地表 1.0m 深度内分层取样，化验含盐成分如下表所示。按《岩土工程勘察规范》计算该深度范围内取样厚度加权平均盐分比值 $D_1 = [c(\text{Cl}^-)/2c(\text{SO}_4^{2-})]$ 并判定该盐渍土应属于下列（　）种盐渍土。

(A) 氯盐渍土　　　　　　　　(B) 亚氯盐渍土
(C) 亚硫酸盐渍土　　　　　　(D) 硫酸盐渍土

取样深度 (m)	盐分摩尔浓度（mmol/100g）	
	$c(\text{Cl}^-)$	$c(\text{SO}_4^{2-})$
0～0.05	78.43	111.32
0.05～0.25	35.81	81.15
0.25～0.5	6.58	13.92
0.5～0.75	5.97	13.80
0.75～1.0	5.31	11.89

【解】按《岩土工程勘察规范》GB 50021—2001（2009 年版）第 6.8.2 条

计算深度范围内 Cl^- 含量加权平均值 $c(\text{Cl}^-) = \dfrac{\sum c(\text{Cl}^-)_i h_i}{\sum h_i}$

计算深度范围内 SO_4^{2-} 含量加权平均值 $c(\text{SO}_4^{2-}) = \dfrac{\sum c(\text{SO}_4^{2-})_i h_i}{\sum h_i}$

因此

$$D_1 = \dfrac{c(\text{Cl}^-)}{2c(\text{SO}_4^{2-})}$$

$$= \dfrac{78.84 \times 0.05 + 35.81 \times 0.20 + 6.58 \times 0.25 + 5.97 \times 0.25 + 5.31 \times 0.25}{2 \times (111.32 \times 0.05 + 81.15 \times 0.20 + 13.92 \times 0.25 + 13.80 \times 0.25 + 11.89 \times 0.25)}$$

$$= 0.245 < 0.3$$

按盐的化学成分分类，属于硫酸盐渍土。

2012D25

某滨海盐渍土地区修建一级公路，料场土料为细粒氯盐渍土或亚氯盐渍土，对料场深度 2.5m 以内采取土样进行含盐量测定，结果见下表。根据《公路工程地质勘察规范》，判断料场盐渍土作为路基填料的可用性为下列哪项？

取样深度（m）	0～0.05	0.05～0.25	0.25～0.5	0.5～0.75	0.75～1.0	1.0～1.5	1.5～2.0	2.0～2.5
含盐量（%）	6.2	4.1	3.1	2.7	2.1	1.7	0.8	1.1

注：离子含量以 100g 干土内的含盐量计。

(A) 0～0.80m 可用　　　　　　　　(B) 0.8～1.50m 可用
(C) 1.50m 以下可用　　　　　　　　(D) 不可用

【解】① 按《公路工程地质勘察规范》JTG C20—2011 第 8.4.9 条公式（8.4.9-1）

土料中易溶盐平均含量 $\overline{DT} = \dfrac{0.05\times6.2+0.2\times4.1+0.25\times3.1+0.25\times2.7+0.25\times2.1+0.5\times1.7+0.5\times0.8+0.5\times1.1}{2.5} = 1.96$

② 根据土料含盐量及盐渍土名称（按化学成分分类的类别），按该规范表 8.4.4 对盐渍土进行分类，属中盐渍土。

③ 按表 8.4.9-2 判定该细粒氯盐亚氯盐盐渍土土料作为一级公路路基的可用性为 1.50m 以下可用。

【注】此题虽指明依据《公路工程地质勘察规范》求解，要求盐渍土作为路基填料的可用性，因此不受"地面下 1m 范围内土层"限制的影响，直接按 2.5m 范围进行平均含盐量计算。

12.4.2　盐渍土溶陷性

2017D24

某厂房场地初勘揭露覆盖土层为厚度 13m 的黏性土，测试得出所含易溶盐为石盐（NaCl）和无水芒硝（Na_2SO_4），测试结果见下表。当厂房基础埋深按 1.5m 考虑时，试判定盐渍土类型和溶陷等级为下列哪个选项？

(A) 强盐渍土，Ⅰ级弱溶陷　　　　　(B) 强盐渍土，Ⅱ级中溶陷
(C) 超盐渍土，Ⅰ级弱溶陷　　　　　(D) 超盐渍土，Ⅱ级中溶陷

取样深度（m）	盐分摩尔浓度（mmol/100g）		溶陷系数 δ_{rs}（%）	含盐量（%）
	$c(Cl^-)$	$c(SO_4^{2-})$		
0～1	35	80	0.040	13.408
1～2	30	65	0.035	10.985
2～3	15	45	0.030	7.268
3～4	5	20	0.025	3.133
4～5	3	5	0.020	0.886
5～7	1	2	0.015	0.343
7～9	0.5	1.5	0.008	0.242
9～11	0.5	1	0.006	0.171
11～13	0.5	1	0.005	0.171

【解1】 按《铁路工程特殊岩土勘察规范》7

①仅按地面下 1m 范围内盐渍土平均含盐量确定盐渍土类型

$$D_1 = \frac{c(\mathrm{Cl}^-)}{2c(\mathrm{SO}_4^{2-})} = \frac{35 \times 1}{2 \times 80 \times 1} = 0.219 \leqslant 0.3，查表属于硫酸盐渍土$$

$$\overline{DT} = \frac{13.408\% \times 1}{1} = 13.408\% > 5.0\%，查表属于超盐渍土$$

②盐渍土地基总溶陷量 s_{rx} 计算

易溶盐含量≥0.3%才为盐渍土，因此 7~11m 范围内土层为非盐渍土，自基础底面起算，按 1.5~7m 范围计算 s_{rx}

$$s_{rx} = \sum_{i=1}^{n} \delta_{rxi} h_i$$
$$= 0.035\% \times 0.5 + 0.030\% \times 1 + 0.025\% \times 1 + 0.020\% \times 1 + 0.015\% \times 2$$
$$= 0.1225\mathrm{m} = 122.5\mathrm{mm}$$

$70 < s_{rx} = 122.5 \leqslant 150$，溶陷等级查表得 Ⅰ 级弱溶陷。

【解2】 按《盐渍土地区建筑技术规范》3 和 4.2 节

按地面下所有盐渍土平均含盐量确定盐渍土类型

易溶盐含量≥0.3%才为盐渍土，因此 7~11m 范围内土层为非盐渍土，按 0~7m 范围计算

$$\frac{c(\mathrm{Cl}^-)}{2c(\mathrm{SO}_4^{2-})} = \frac{35 \times 1 + 30 \times 1 + 15 \times 1 + 5 \times 1 + 3 \times 1 + 1 \times 2}{2(80 \times 1 + 65 \times 1 + 45 \times 1 + 20 \times 1 + 5 \times 1 + 2 \times 2)} = 0.205$$

$$\overline{DT} = \frac{13.408 \times 1 + 10.985 \times 1 + 7.268 \times 1 + 3.133 \times 1 + 0.886 \times 1 + 0.343 \times 2}{7} = 5.195$$

溶陷等级判断同解 1。

【注】 ① 盐渍土按含盐量划分时，需先判定出盐渍土按盐的化学成分分类类别。

② 此题有争议，争议的原因就是因为未指明规范，在判断盐渍土类型上到底是否仅根据"地表以下 1m 范围内的土层"这点有争议。2017 年人工阅卷极其严格，选择了解 1，让人匪夷所思，按道理解 1 和解 2 都应算对的，但这不是岩友们可以控制的，只能"尽人力，听天命"，这一点大家知晓就好了，这是有争议的题，可喜的是，后面 2018D19 又考到盐渍土的知识点，就严谨多了，直接指明了规范，出题组也是"与时俱进，不断完善"的。

③ 此题能否用公路工程的相关规范求解呢，此时 D_1 计算公式略微有了变化，试下按《公路路基设计规范》7.11 或《公路工程地质勘察规范》8.4

仅按地面下 1m 范围内盐渍土平均含盐量确定盐渍土类型

$$D_1 = \frac{c(\mathrm{Cl}^-)}{c(\mathrm{SO}_4^{2-})} = \frac{35 \times 1}{80 \times 1} = 0.4375，1 > 0.4375 > 0.3，查表属于亚硫酸盐渍土$$

$$\overline{DT} = \frac{13.408\% \times 1}{1} = 13.408\% > 5.0\%，查表属于过盐渍土。溶陷等级判断同解 1。$$

可见选项为"超盐渍土"，显然和公路工程相关规范称呼不同，因此不要根据公路工程的相关规范求解，这点算是对题目的拓展，大家知晓即可。这里也提醒大家，对每一年

注岩真题，不能泛泛而做，感觉和所谓的"答案"能对上就行了，很有必要做深入的研究，尽量"纵向延伸"，理解真题的方方面面。

2018D19

某土样质量为134.0g，对土样进行蜡封，蜡封后试样的质量为140.0g，蜡封试样沉入水中后的质量为60g，已知土样烘干后质量为100g，试样含盐量为3.5%，该土样的最大干密度为1.5g/cm³，根据《盐渍土地区建筑技术规范》，其溶陷系数最接近下列哪个选项？（注：水的密度取1.0g/cm³，蜡的密度取0.82g/cm³，K_G取0.85）

(A) 0.08　　　　(B) 0.10　　　　(C) 0.14　　　　(D) 0.17

【解】

试样的湿密度 $\rho_0 = \dfrac{m_0}{\dfrac{m_w - m'}{\rho_{w1}} - \dfrac{m_w - m_0}{\rho_w}} = \dfrac{134}{\dfrac{140-60}{1} - \dfrac{140-134}{0.82}} = 1.844 \text{g/cm}^3$

试样的干密度 $\rho_d = \dfrac{\rho_0}{1+w} = \dfrac{1.844}{1+\dfrac{134-100}{100}} = 1.376 \text{g/cm}^3$

试样溶陷系数 $\delta_{rx} = K_G \dfrac{\rho_{dmax} - \rho_d(1-C)}{\rho_{dmax}} = 0.85 \times \dfrac{1.5 - 1.376 \times (1-0.035)}{1.5}$

$= 0.0978 \approx 0.10$

【注】此题比较简单，虽然这是第一次考查此知识点：盐渍土溶陷系数 δ_{rx} "液体排开法"测定。但是属于查规范"翻到就赚到"，这个题没做对，那真是太可惜了。

2019D21

在盐渍土地基上个拟建一多层建筑，基础埋深为1.5m，拟建场地代表性勘探孔揭露深度内地层共分为5个单元层，各层土的土样室内溶陷系数试验结果如表所示（试样原始高度20mm），该建筑溶陷性盐渍土地基总溶陷量最接近下列哪个选项？（勘探孔9.8m以下为非盐渍土层）

单元层	层底深度（m）	压力P作用下变形稳定后土样高度（mm）	压力P作用下浸水溶滤变形稳定后土样高度（mm）
1	2.3	18.8	18.5
2	3.9	18.2	17.8
3	5.1	18.4	18.2
4	7.6	18.7	18.6
5	9.8	18.9	17.7

(A) 176mm　　　　(B) 188mm　　　　(C) 210mm　　　　(D) 249mm

【解】《盐渍土地区建筑技术规范》条文说明 4.2.4～4.2.6，溶陷系数 $\delta_{rx} < 0.01$ 时，为非溶陷性盐渍土，变形不计入总溶陷量内

1.5～2.3m，$\delta_{rx} = \dfrac{\Delta h_p}{h_0} = \dfrac{18.8 - 18.5}{20} = 0.015$，该层计算厚度：2.3-1.5=0.8m

$2.3 \sim 3.9 \text{m}, \delta_{rx} = \dfrac{18.2-17.8}{20} = 0.02$，该层计算厚度：$3.9-2.3=1.6\text{m}$

$3.9 \sim 5.1 \text{m}, \delta_{rx} = \dfrac{18.4-18.2}{20} = 0.01$，该层计算厚度：$5.1-3.9=1.2\text{m}$

$5.1 \sim 7.6 \text{m}, \delta_{rx} = \dfrac{18.7-18.6}{20} = 0.005$，不计入

$7.6 \sim 9.8 \text{m}, \delta_{rx} = \dfrac{18.9-17.7}{20} = 0.06$，该层计算厚度：$9.8-7.6=2.2\text{m}$

总溶陷量 $s_{rx} = \sum\limits_{i=1}^{n}\delta_{rx}h_i = 0.015\times0.8+0.02\times1.6+0.01\times1.2+0.06\times2.2 = 0.188\text{m} = 188\text{mm}$

【注】①一定要注意第一层土计算厚度：$1.5\sim2.3\text{m}$，即 $2.3-1.5=0.8\text{m}$。而不是 $1.5\sim(2.3+3.9)\text{m}/2$，不可同计算湿陷性黄土沉降某处计算厚度同样的处理方式，因为题干已经明确分为 5 个地层单元，因此无需取中点确定各取样点的计算厚度。

12.5 红 黏 土

2013D25

某红黏土的天然含水率 51%，塑限 35%，液限 55%，该红黏土状态及复浸水特征类别为下列哪个选项？

(A) 软塑，Ⅰ类 (B) 可塑，Ⅰ类
(C) 软塑，Ⅱ类 (D) 可塑，Ⅱ类

【解】天然含水量 $w=51$；塑限含水量 $w_P=35$；液限含水量 $w_L=55$；

液性指数 $I_L = \dfrac{w-w_P}{w_L-w_P} = \dfrac{51-35}{55-35} = 0.80 \in (0.75, 1]$，查表属于软塑；

含水比 $a_w = \dfrac{w}{w_L} = \dfrac{51}{55} = 0.93 \in (0.85, 1]$，查表属于软塑；

利用 I_L 和 a_w 判别结果一致

指标 $I_r = w_L/w_P = 55/35 = 1.57$

指标 $I'_r = 1.4+0.0066w_L = 1.4+0.0066\times55 = 1.76$

$I_r < I'_r$，红黏土的复浸水特性分类为Ⅱ类。

12.6 软 土

12.6.1 软土的定义

12.6.2 饱和状态的淤泥性土重度

12.6.3 软土地区相关规定

12.7 混 合 土

2011C3

取某土试样 2000g，进行颗粒分析试验，测得各级筛上质量见下表，筛底质量为 560g，已知土样中的粗颗粒以棱角形为主，细颗粒为黏土。问下列哪一选项对该土样的定名最准确？

颗粒分析试验结果

孔径（mm）	20	10	5	2.0	1.0	0.5	0.25	0.075
筛上质量（g）	0	100	600	400	100	50	40	150

(A) 角砾　　　　(B) 砾砂　　　　(C) 含黏土角砾　　　(D) 角砾混黏土

【解1】 据《岩土工程勘察规范》3.3.2 及条文说明、6.4.1 条
首先看颗粒级配，大于 2mm 颗粒含量 =（100+600+400）/2000 = 55% > 50%
粗颗粒以棱角形为主，属角砾
小于 0.075mm 的细颗粒含量为 560÷2000 = 28% > 25%，属混合土
细颗粒为黏土，定名为含黏土角砾
【解2】 据《水运工程岩土勘察规范》4.2.6
小于 0.075mm 的细颗粒含量为 560÷2000 = 28%，属混合土，定名为：角砾混黏土
【注】 ①据《岩土工程勘察规范》3.3.6 及条文说明，6.4.1 条
含量少的，加"含"字写在前，定名为：含黏土角砾。
②据《水运工程岩土勘察规范》4.2.6
含量少的，中间加"混"字写在后，定名为：角砾混黏土。

12.8 填　　土

12.9 风化岩和残积土

2006D2

已知花岗岩残积土土样的天然含水量 $w = 30.6\%$，粒径小于 0.5mm，细粒土的液限 $w_L = 50\%$，塑限 $w_P = 30\%$，粒径大于 0.5mm 的颗粒质量占总质量的百分比 $P_{0.5} = 40\%$，该土样的液性指数 I_L 最接近以下哪个数值？

(A) 0.03　　　　(B) 0.04　　　　(C) 0.88　　　　(D) 1.00

【解】 花岗岩残积土（包括粗、细粒土）的天然含水量（%） $w = 30.6$
粒径大于 0.5mm 颗粒吸着水含水量（%） $w_A = 5$
粒径大于 0.5mm 颗粒质量占总质量的百分比（%） $P_{0.5} = 40$

细粒土（粒径小于0.5mm）的天然含水量（%）

$$w_\mathrm{f} = \frac{w - w_\mathrm{A} 0.01 P_{0.5}}{1 - 0.01 P_{0.5}} = \frac{30.6 - 5 \times 0.01 \times 40}{1 - 0.01 \times 40} = 47.7$$

细粒土塑限含水量（%）$w_\mathrm{P} = 30$

细粒土液限含水量（%）$w_\mathrm{L} = 50$

细粒土的液性指数 $I_\mathrm{L} = \dfrac{w_\mathrm{f} - w_\mathrm{P}}{w_\mathrm{L} - w_\mathrm{P}} = \dfrac{47.7 - 30}{50 - 30} = 0.885$

2014C26

花岗岩残积土场地，场地勘察资料表明，土的天然含水量18%，其中细粒土（粒径小于0.5mm）的质量百分含量为70%，细粒土的液限为30%，细粒土的塑限为18%，该花岗岩残积土的液性指数最接近下列哪个选项？

(A) 0　　　　　(B) 0.23　　　　　(C) 0.47　　　　　(D) 0.64

【解】花岗岩残积土（包括粗、细粒土）的天然含水量（%）$w = 18$

粒径大于0.5mm颗粒吸着水含水量（%）$w_\mathrm{A} = 5$

粒径大于0.5mm颗粒质量占总质量的百分比（%）$P_{0.5} = 100 - 70 = 30$

细粒土（粒径小于0.5mm）的天然含水量（%）

$$w_\mathrm{f} = \frac{w - w_\mathrm{A} 0.01 P_{0.5}}{1 - 0.01 P_{0.5}} = \frac{18 - 5 \times 0.01 \times 30}{1 - 0.01 \times 30} = 23.6$$

细粒土塑限含水量（%）$w_\mathrm{P} = 18$

细粒土液限含水量（%）$w_\mathrm{L} = 30$

细粒土的液性指数　　$I_\mathrm{L} = \dfrac{w_\mathrm{f} - w_\mathrm{P}}{w_\mathrm{L} - w_\mathrm{P}} = \dfrac{23.6 - 18}{30 - 18} = 0.47$

【注】本题已知的是细粒土含量为70%，需简单换算为粗粒土含量 $1 - 70\% = 30\%$，则 $P_{0.5} = 100 - 70 = 30$。

12.10　污　染　土

2016C4

某污染土场地，土层中检测出重金属及含量如下：

重金属名称	Pb	Cd	Cu	Zn	As	Hg
含量（mg/kg）	47.56	0.54	20.51	93.56	21.95	0.23

土中重金属含量的标准值按下表取值：

重金属名称	Pb	Cd	Cu	Zn	As	Hg
含量（mg/kg）	250	0.3	50	200	30	0.3

根据《岩土工程勘察设计规范》，按内梅罗污染指数评价，该场地的污染等级符合下列哪一项？

(A) Ⅱ级,尚清洁　　　　　　　　(B) Ⅲ级,轻度污染
(C) Ⅳ级,重度污染　　　　　　　(D) Ⅴ级,重度污染

【解】根据《岩土工程勘察规范》6.10.13条文说明

计算单项污染指数 Pl

Pb: $Pl = \dfrac{47.56}{250} = 0.19$; Cd: $Pl = \dfrac{0.54}{0.3} = 1.80$; Cu: $Pl = \dfrac{20.51}{50} = 0.41$

Zn: $Pl = \dfrac{93.56}{200} = 0.47$; As: $Pl = \dfrac{21.95}{30} = 0.73$; Hg $Pl = \dfrac{0.23}{0.3} = 0.77$

所以 $Pl_{平均} = \dfrac{0.19 + 0.180 + 0.41 + 0.47 + 0.73 + 0.77}{6} = 0.73$; $Pl_{最大} = 1.80$

内梅罗污染指数: $P_N = \sqrt{\dfrac{Pl_{平均}^2 + Pl_{最大}^2}{2}} = \sqrt{\dfrac{0.73^2 + 1.80^2}{2}} = 1.37$

$1.0 < P_N = 1.37 < 2.0$,查表判断污染等级为Ⅲ级,轻度污染

13 不良地质专题

13 不良地质专题专业案例真题按知识点分布汇总

13.1 岩溶与土洞	13.1.1	溶洞顶板稳定性验算	2019C20
	13.1.2	溶洞距路基的安全距离	2003C30；2007C25；2013C20；2016D27
	13.1.3	注浆量计算	
	13.1.4	岩溶发育程度	2019C3
13.2 危岩与崩塌			
13.3 泥石流	13.3.1	密度的测定	
	13.3.2	流速的计算	
	13.3.3	流量的计算	2003C32；2004C29；2008D26；2013C24；2016C25；2019D22
13.4 采空区	13.4.1	采空区场地的适宜性评价	2007D26；2009D24；2018C20
	13.4.2	采空区地表移动变形最大值计算	
	13.4.3	小窑采空区场地稳定性评价	

13.1 岩溶与土洞

13.1.1 溶洞顶板稳定性验算

2019C20

某溶洞在平面上的形状近似为矩形，长5m、宽4m，顶板岩体厚5m，重度23kN/m³，岩体计算抗剪强度为0.2MPa，顶板岩体上覆土层厚度为5.0m，重度为18kN/m³，为防止在地面荷载作用下该溶洞可能沿洞壁发生剪切破坏，溶洞平面范围内允许的最大地面荷载最接近下列哪个选项？（地下水位埋深12.0m，不计上覆土层的抗剪力）

(A) 13900 kN (B) 15700kN
(C) 16200 kN (D) 18009kN

【解】《工程地质手册》（第五版）P645页

溶洞平面的周长 $L = (5+4) \times 2 = 18$m

岩体计算抗剪强 $S = 200$kPa

顶板岩体厚 $H = 5$m

溶洞顶板的总抗剪力 $T = HSL = 5 \times 18 \times 200 = 18000$

设溶洞平面范围内允许的最大地面荷载为 P_0

溶洞顶板所受总荷载 $P = P_0 + (5\times18 + 5\times23)\times4\times5 = P_0 + 4100\text{kN}$

根据验算要求 $T = HSL \geqslant P$ 得
$$18000 \geqslant P_0 + 4100 \rightarrow P_0 \leqslant 13900\text{kN}$$

【注】偏门知识点，但是原理理解并不难。

13.1.2 溶洞距路基的安全距离

2003C30

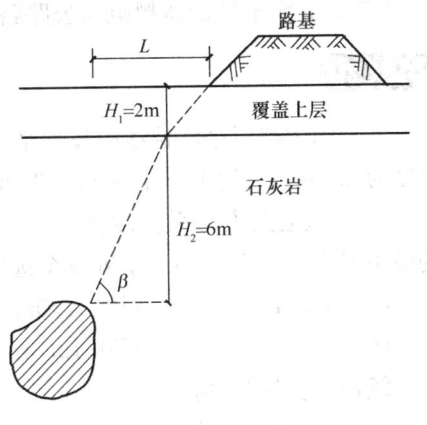

题 2003C30 图

某段铁路路基位于石灰岩地层形成的地下暗河附近，如题图所示。暗河洞顶埋深 8m，顶板基岩为节理裂隙发育的不完整的散体结构，基岩面以上覆盖层厚 2m，土层综合内摩擦角为 35°，石灰岩体内摩擦角 φ 为 60°。计算安全系数取 1.25，按《铁路特殊路基设计规范》或《公路路基设计规范》，用坍塌时扩散角进行估算，路基坡脚距暗河洞边缘的安全距离 L 最接近（　　）。

(A) 10.5m　　　(B) 11.5m
(C) 12.5m　　　(D) 13.5m

【解】坍塌扩散角 $\beta = \dfrac{45° + \varphi/2}{K} = \dfrac{45° + 60°/2}{1.25} = 60°$

最终 $L = H\cot\beta + h\cot\varphi' + 5 = 6\times\cot60° + 2\times\cot35° + 5 = 11.32\text{m}$

【注】此题根据最新规范《公路路基设计规范》2015 年版本，做了适当调整。

2007C25

高速公路附近有一覆盖型溶洞（如题图所示），为防止溶洞坍塌危及路基，按现行《公路路基设计规范》要求，溶洞边缘距路基坡脚的安全距离应不小于下列哪个数值？（灰岩 φ 取 37°，安全系数 K 取 1.25，土层综合内摩擦角为 35°）

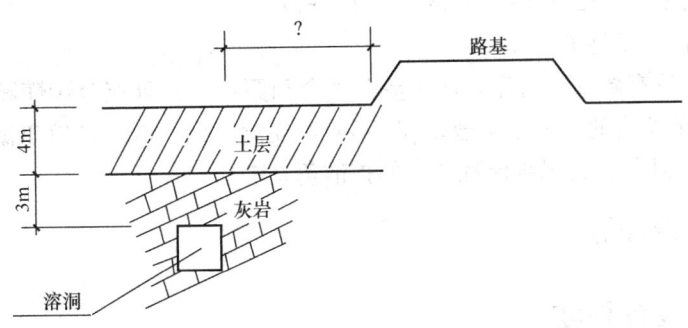

题 2007C25 图

(A) 10.5m　　　(B) 11.5m　　　(C) 12.5m　　　(D) 13.5m

【解】坍塌扩散角 $\beta=\dfrac{45°+\varphi/2}{K}=\dfrac{45°+37°/2}{1.25}=50.8°$

最终 $L=H\cot\beta+h\cot\varphi'+5=3\times\cot50.8°+4\times\cot35°+5=13.16\text{m}$

【注】此题根据最新规范《公路路基设计规范》2015年版本，做了适当调整。

2013C20

某高填方路堤公路选线时发现某段路堤附近有一溶洞（如题图所示），溶洞顶板岩层厚度为2.5m，岩层上覆土厚度为3.0m，土体稳定坡率为1:1.50，顶板岩体内摩擦角为40°，对一级公路安全系数取为1.25，根据《公路路基设计规范》，该路堤坡脚与溶洞间的最小安全距离L不小于下列哪个选项？

(A) 10.5m　　　(B) 11.0m
(C) 11.5m　　　(D) 12.0m

【解】坍塌扩散角

$$\beta=\dfrac{45°+\varphi/2}{K}=\dfrac{45°+40°/2}{1.25}=52°$$

最终 $L=H\cot\beta+hx+5=2.5\times\cot52°+3\times1.5+5=11.45\text{m}$

【注】此题根据最新规范《公路路基设计规范》2015年版本，做了适当调整。

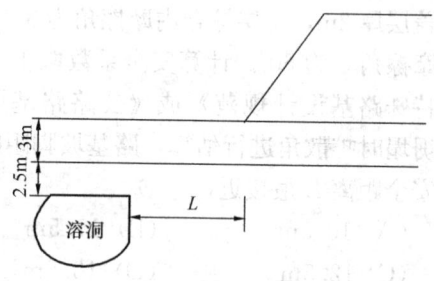

题 2013C20 图

2016D27

某场地中有一土洞，洞穴顶埋深12.0m，洞穴高度3m，土层应力扩散角25°，当拟建建筑物基础埋深为2.0m时，若不让建筑物荷载扩散到洞体上，基础外缘距该洞边的水平距离最小值接近下列哪个选项？

(A) 4.7m　　　(B) 5.6m　　　(C) 6.1m　　　(D) 7.0m

【解】土层应力扩散角 $\varphi'=25°$

按洞顶计算：$L=(12-2)\tan25°=4.66\text{m}$

按洞底计算：$L=(12-2+3)\tan25°=6.06\text{m}$

取最不利情况，最终 $L=6.06\text{m}$

【注】此题比较有新意，需深刻理解基本概念和原理，并且充分读懂题意。这里是应力扩散角，与本节所讲的"坍塌扩散角 β"不同，注意区别。应力扩散角概念的理解，可参考"6.3软弱下卧层解题思维流程"中的扩散角 θ。

13.1.3 注浆量计算

13.1.4 岩溶发育程度

2019C3

某建筑场地位于岩溶区域，共布置钻孔 8 个，钻孔间距为 15m，场地平整，钻孔回次深度和揭示岩芯（基岩岩性均为灰岩）完整性、溶洞、溶隙等如表所示，请根据《建筑地基基础设计规范》GB 50007—2011 的要求按线岩溶率判断场地岩溶发育等级为哪一选项？

深度 (m)	ZK1	ZK2	ZK3	ZK4	ZK5	ZK6	ZK7	ZK8
0.0～2.0	素填土	素填土	素填土	素填土	红黏土	红黏土	素填土	素填土
2.0～4.0	红黏土	素填土	长柱状基岩	风化裂隙发育	长柱状基岩	长柱状基岩	素填土	素填土
4.0～6.0	长柱状基岩	风化裂隙发育	长柱状基岩	长柱状基岩	掉钻	长柱状基岩	长柱状基岩	风化裂隙发育
6.0～8.0	长柱状基岩	长柱状基岩	掉钻	长柱状基岩	黏性土	长柱状基岩	溶蚀裂隙发育	长柱状基岩
8.0～10.0	掉钻	长柱状基岩	溶蚀裂隙发育	长柱状基岩	黏性土	长柱状基岩	长柱状基岩	长柱状基岩
10.0～12.0	长柱状基岩	长柱状基岩	长柱状基岩		长柱状基岩	长柱状基岩	长柱状基岩	长柱状基岩
12.0～14.0	长柱状基岩		长柱状基岩		长柱状基岩			
14.0～16.0	长柱状基岩		长柱状基岩		长柱状基岩			

(A) 强发育
(B) 中等发育
(C) 微发育
(D) 不发育

【解】查《建筑地基基础设计规范》6.6.2 条及条文说明

$$\text{线岩溶率} = \frac{2 \times 7}{16 \times 3 + 12 \times 4 + 10 - 4 \times 4 - 2 \times 4} = \frac{14}{82} = 0.171 = 17.1\%$$

$20\% > 17.1\% > 5\%$，因此查表得中等发育

【错解】

$$\text{线岩溶率} = \frac{2 \times 7}{16 \times 3 + 12 \times 4 + 10} = \frac{14}{106} = 0.132 = 13.2\%$$

$20\% > 13.2\% > 5\%$，因此查表得中等发育

【注】①线岩溶率的概念《建筑地基基础设计规范》表述不太严谨，具体可见《岩溶地区建筑地基基础技术标准》GB/T 51238—2018 第 3.0.3 条条文说明中表 1 中注：

线岩溶率=钻孔中所遇岩溶洞隙长度/钻孔穿过可溶岩的长度。因此计算线岩溶率中钻探总进尺，指的是钻孔穿过可溶岩的总长度，要减去总进尺中非可溶岩的总长度。错解就是未充分理解线岩溶率概念。掉钻、溶洞中有黏性土和溶蚀裂隙发育都说明已形成溶洞或将来会形成溶洞，应该都计入钻孔中所遇岩溶洞隙长度，但是风化裂隙不计入。此知识点为2019年第一次考查的新知识点，正确解答不容易，如果在岩溶地区做过勘察或者基础设计，做对应该没问题，否则只看规范，没有深入理解条文，很难做对，此题也是间接考查工程经验。另外可以肯定的是，按上面错解解答不给分。

②需要特别说明的是，《建筑地基基础设计规范》6.6.2条和《岩溶地区建筑地基基础技术标准》3.0.3条及条文说明，岩溶发育程度各指标分类标准是一致的。根据《岩溶地区建筑地基基础技术标准》3.0.3条条文说明中表1，可见《工程地质手册》（第五版）P637 表6-2-2中数据可能是印刷错误。

13.2 危岩与崩塌

13.3 泥石流

13.3.1 密度的测定

13.3.1.1 称量法
13.3.1.2 体积比法
13.3.1.3 经验公式法

13.3.2 流速的计算

13.3.2.1 根据泥石流流经弯道计算
13.3.2.2 稀性泥石流流速的计算
13.3.2.3 黏性泥石流流速的计算
13.3.2.4 泥石流中石块运动速度的计算

13.3.3 流量的计算

13.3.3.1 泥石流峰值流量计算
13.3.3.2 一次泥石流过程总量计算

2003C32

一小流域山区泥石流沟，泥石流中固体物质占总体积80%，固体物质的密度为2.7×10^3 kg/m³，洪水设计流量为100m³/s，泥石流沟堵塞系数为2.0，用雨洪修正法估算泥石流流量Q应等于（　　）。

(A) 360m³/s　　　　(B) 500m³/s　　　　(C) 630m³/s　　　　(D) 1000m³/s

【解】据《工程地质手册》（第五版）P691

$$\rho_m = \frac{(d_s f + 1)\rho_w}{f+1} = \frac{(2.7 \times 4 + 1) \times 1}{4+1} = 2.36 \text{t/m}^3$$

$$\phi = \frac{\rho_m - 1}{d_s - \rho_m} = \frac{2.36 - 1}{2.7 - 2.36} = 4$$

$$Q_m = Q_w(1+\phi)D_m = 100 \times (1+4) \times 2 = 1000 \text{m}^3/\text{s}$$

【注】《工程地质手册》对不良地质介绍较全，考试时若题干未指明规范，对不良地质均可查《工程地质手册》（第五版）第六篇相应章节内容。

2004C29

调查确定泥石流中固体体积占总体积60%，固体密度为 $\rho = 2.7 \times 10^3 \text{kg/m}^3$，液体密度为 $1 \times 10^3 \text{kg/m}^3$，假定泥石流总体积为固体体积和液体体积之和，该泥石流的流体密度（固液混合体的密度）为（　　）。

(A) $2.0 \times 10^3 \text{kg/m}^3$
(B) $1.6 \times 10^3 \text{kg/m}^3$
(C) $1.5 \times 10^3 \text{kg/m}^3$
(D) $1.1 \times 10^3 \text{kg/m}^3$

【解】$\rho = \dfrac{m}{V} = \dfrac{2.7 \times 10^3 \times 0.6 + 1 \times 10^4 \times 0.4}{0.6 + 0.4} = 2.0 \times 10^3 \text{kg/m}^3$

2008D26

根据泥石流痕迹调查测绘结果，在一弯道处的外侧泥位高程为1028m，内侧泥位高程为1025m，泥面宽度22m，弯道中心线曲率半径为30m，按现行《铁路工程不良地质勘察规程》公式计算，该弯道处近似的泥石流流速最接近下列哪一个选项的数值？

(A) 8.2m/s　　(B) 7.3m/s　　(C) 6.4m/s　　(D) 5.5m/s

【解】根据规程7.3.3条文说明：泥面宽度 $B = 22$m

弯道中心线曲率半径 $R_0 = 30$m

两岸泥位高差 $\sigma = 1028 - 1025 = 3$m

该弯道处近似的泥石流流速 $v_c = \sqrt{\dfrac{R_0 \sigma g}{B}} = \sqrt{\dfrac{30 \times 3 \times 10}{22}} = 6.40 \text{m/s}$

2013C24

西南地区某沟谷中曾遭受过稀性泥石流灾害，铁路勘察时通过调查，该泥石流中固体物质相对密度为2.6，泥石流流体重度为13.8kN/m³，泥石流发生时沟谷过水断面宽为140m。面积为560m²，泥石流流面纵坡为4.0%，粗糙系数为4.9，试计算该泥石流的流速最接近下列哪一选项？（可按公式 $v_m = \dfrac{m_m}{\alpha} R_m^{2/3} I^{1/2}$ 进行计算）

(A) 1.20m/s　　(B) 1.52m/s　　(C) 1.83m/s　　(D) 2.45m/s

【解】采用题干给定的公式进行计算：

① 泥石流水力半径 $R_m = \dfrac{F}{x} = \dfrac{560}{140} = 4.0$m

② 阻力系数 $\alpha = (\phi d_s + 1)^{\frac{1}{2}} = \left(\dfrac{\rho_m - \rho_w}{d_s \rho_w - \rho_m} d_s + 1\right)^{\frac{1}{2}} = \left(\dfrac{1.38 - 1}{2.6 \times 1 - 1.38} \times 2.6 + 1\right)^{\frac{1}{2}} = 1.35$

③ 泥水流流速 $v_m = \dfrac{m_m}{\alpha} R_m^{2/3} I^{1/2} = \dfrac{4.9}{1.35} \times 4^{\frac{2}{3}} \times 0.04^{\frac{1}{2}} = 1.83 \text{m/s}$

【注】此公式可详见《工程地质手册》(第五版) P686。此题首先根据泥石流沟谷过水断面的宽度和面积求出泥石流水力半径，再求出阻力系数，将这两个计算出的参数及题干中的其他参数代入泥石流流速公式中即可得到答案。

2016C25

某泥石流沟调查时，取代表性泥石流流体，测得样品总体积 0.5m^3，总质量 730kg，痕迹调查测绘见堆积有泥球，在一弯道两岸泥位高差为 2m，弯道外侧曲率半径为 35m，泥面宽度为 15m，按《铁路工程不良地质勘察规程》TB 10027—2012，泥石流流体性质及弯道处泥石流流速为下列哪个选项？(重力加速度 g 取 10m/s^2)

(A) 稀性泥流，6.8m/s (B) 稀性泥流，6.1m/s；
(C) 黏性泥石流，6.8m/s (D) 黏性泥石流，6.1m/s

【解】根据《铁路工程不良地质勘察规程》7.4.5 条文说明

泥石流流体密度 $\rho_c = G_c/V = 730/0.5 = 1460 \text{kg/m}^3$

查本规范附录 C.0.1-5 可知为稀性泥流

根据 7.3.3 条文说明，泥面宽度 $B = 15\text{m}$

弯道外侧曲率半径为 35m，则弯道中心线曲率半径 $R_0 = 35 - 15/2 = 27.5\text{m}$

两岸泥位高差 $\sigma = 2\text{m}$

泥石流流速 $v_e = \sqrt{\dfrac{R_0 \sigma g}{B}} \sqrt{\dfrac{27.5 \times 2 \times 10}{15}} = 6.055 \text{m/s}$

2019D22

某拟建铁路选线需跨一条高频黏性泥石流沟。调查发现，在流通区弯道的沟坡上存在泥痕，其中断面③北岸的曲率半径为 10m，泥面宽度为 6m，泥位高度南北侧分别为 6m、4m。(泥位高度指泥痕距沟底的垂直高度，重力加速度 $g = 10\text{m/s}^2$，假定泥石流固体物质颗粒相对密度 2.7，水的重度 10kN/m^3)，依据《铁路不良工程地质勘察规程》TB 10027—2012，断面③处近似泥石流流速最接近下列哪个选项？

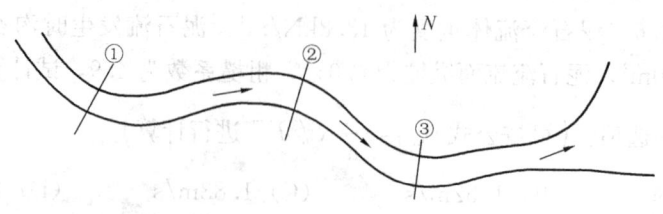

题 2019D22 图

(A) 4.8m/s (B) 5.8m/s (C) 6.6m/s (D) 7.3m/s

【解】弯道中心曲率半径 $R_0 = 10 + \dfrac{6}{2} = 13\text{m}$

两岸泥位高差 $\sigma = 6 - 4 = 2\text{m}$

泥面宽度 $B = 6\text{m}$

泥石流流速 $v_\text{c} = \sqrt{\dfrac{R_0 \sigma g}{B}} = \sqrt{\dfrac{13 \times 2 \times 10}{6}} = 6.6\text{m/s}$

【注】核心知识点常规题。直接使用解题思维流程快速求解。

13.4 采 空 区

13.4.1 采空区场地的适宜性评价

2007D26

某场地属煤矿采空区范围，煤层倾角为 15°，开采深度 $H = 110\text{m}$，移动角（主要影响角）：$\beta = 60°$，地面最大下沉值 $\eta_{\max} = 1250\text{mm}$，如拟作为一级建筑物建筑场地，问按《岩土工程勘察规范》判定该场地的适宜性属于下列哪一选项？并通过计算说明理由。

(A) 不宜作为建筑场地　　　　(B) 可作为建筑场地
(C) 对建筑物采取专门保护措施后兴建　　(D) 条件不足，无法判断

【解】据《岩土工程勘察规范》第 5.5.5 条及《工程地质手册》（第五版）P697

地表影响范围半径 $r = \dfrac{H}{\tan\beta} = \dfrac{110}{\tan 60°} = 63.58\text{m}$

倾斜率：$i = \dfrac{\eta_{\max}}{r} = \dfrac{1250}{63.58} = 19.66\text{mm/m} > 10\text{mm/m}$，因此不宜作为建筑场地

2009D24

某采空区场地倾向主断面上每隔 20m 间距顺序排列 A、B、C 三点，地表移动前测量的高程相同，地表移动后测量的垂直移动分量为：B 点较 A 点多 42mm，较 C 点少 30mm，水平移动分量，B 点较 A 点少 30mm，较 C 点多 20mm，根据《岩土工程勘察规范》判定该场地的适宜性为（　　）。

(A) 不宜建筑的场地
(B) 相对稳定的场地
(C) 作为建筑场地，应评价其适宜性
(D) 无法判定

【解】根据《岩土工程勘察规范》第 5.5.5 条及《工程地质手册》（第五版）P697

垂直移动：AB 段 $\Delta\eta_{AB} = \eta_B - \eta_A = 42\text{mm}$；$BC$ 段 $\Delta\eta_{BC} = \eta_C - \eta_B = 30\text{mm}$

倾斜：AB 段 $i_{AB} = \dfrac{\Delta\eta_{AB}}{l_{AB}} = \dfrac{42}{20} = 2.1\text{mm/m} < 3\text{mm/m}$

BC 段 $i_{BC} = \dfrac{\Delta\eta_{BC}}{l_{BC}} = \dfrac{30}{20} = 1.5\text{mm/m} < 3\text{mm/m}$

B 点曲率 $K_B = \dfrac{i_{AB} - i_{BC}}{l_{1-2}} = \dfrac{2.1 - 1.5}{\dfrac{20+20}{2}} = 0.03\text{mm/m}^2 < 0.2\text{mm/m}^2$

水平移动：AB 段 $\Delta\xi_{AB} = \xi_A - \xi_B = 30$；$BC$ 段 $\Delta\xi_{BC} = \xi_B - \xi_C = 20$

水平变形：AB 段 $\varepsilon_{AB} = \dfrac{\Delta\xi_{AB}}{l_{AB}} = \dfrac{30}{20} = 1.5\text{mm/m} < 2\text{mm/m}$

BC 段 $\varepsilon_{BC} = \dfrac{\Delta\xi_{BC}}{l_{BC}} = \dfrac{20}{20} = 1\text{mm/m} < 2\text{mm/m}$

因此综合判定该场地为相对稳定场地。

2018C20

某拟建二级公路下方存在一煤矿采空区，A、B、C 依次为采空区主轴断面上的三个点（如题图所示），其中 $AB=15\text{m}$，$BC=20\text{m}$，采空区移动前三点在同一高程上，地表移动后 A、B、C 的垂直移动量分别为 23mm、75.5mm、131.5mm，水平移动量分别为 162mm、97mm、15mm，根据《公路路基设计规范》JTG D30—2015，试判断该场地作为公路路基建设场地的适宜性为下列哪个选项？并说明判断过程。

(A) 不宜作为公路路基建设场地
(B) 满足公路路基建设场地要求
(C) 采取处治措施后可作为公路路基建设场地
(D) 无法判断

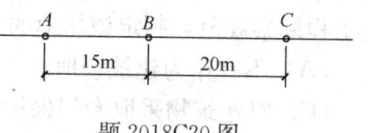

题 2018C20 图

【解】据《公路路基设计规范》第 7.16.3 条及《工程地质手册》（第五版）P697

垂直移动：AB 段 $\Delta\eta_{AB} = \eta_B - \eta_A = 75.5 - 23 = 52.5\text{mm}$

BC 段 $\Delta\eta_{BC} = 131.5 - 75.5 = 56\text{mm}$

倾斜：AB 段 $i_{AB} = \dfrac{\Delta\eta_{AB}}{l_{AB}} = \dfrac{52.5}{15} = 3.5\text{mm/m} < 6\text{mm/m}$

BC 段 $i_{BC} = \dfrac{\Delta\eta_{BC}}{l_{BC}} = \dfrac{56}{20} = 2.8\text{mm/m} < 6\text{mm/m}$

B 点曲率 $K_B = \dfrac{i_{AB} - i_{BC}}{l_{1-2}} = \dfrac{i_{AB} - i_{BC}}{(l_{AB}+l_{BC})/2} = \dfrac{3.5 - 2.8}{\dfrac{15+20}{2}} = 0.04\text{mm/m}^2 < 0.3\text{mm/m}^2$

水平移动：AB 段 $\Delta\xi_{AB} = \xi_A - \xi_B = 162 - 97 = 65\text{mm}$
BC 段 $\Delta\xi_{BC} = \xi_B - \xi_C = 97 - 15 = 82\text{mm}$

水平变形：AB 段 $\varepsilon_{AB} = \dfrac{\Delta\xi_{AB}}{l_{AB}} = \dfrac{65}{15} = 4.33\text{mm/m} > 4\text{mm/m}$，但 $< 6\text{mm/m}$

BC 段 $\varepsilon_{BC} = \dfrac{\Delta\xi_{BC}}{l_{BC}} = \dfrac{82}{20} = 4.1\text{mm/m} > 4\text{mm/m}$ 但 $< 6\text{mm/m}$

因此综合判定该场地采取处治措施后可作为公路路基建设场地。

13.4.2 采空区地表移动变形最大值计算

13.4.3 小窑采空区场地稳定性评价

14 公路工程专题

14 公路工程专题专业案例真题按知识点分布汇总

14.1 公路工程地质勘察			
14.2 公路桥涵地基与基础设计	14.2.1 地基承载力特征值及修正值		2012D5；2018C6
	14.2.2 基底压力及地基承载力验算		2003C5；2003C6；2014D9
	14.2.3 桩基础	14.2.3.1 摩擦桩单桩轴向受压承载力特征值	2009D11；2012C12；2016C11
		14.2.3.2 嵌岩桩单桩轴向受压承载力特征值	2008D11；2013D10；2018C11
		14.2.3.3 摩擦桩单桩轴向受拉承载力特征值	2014D12
	14.2.4 沉井基础		2005C14；2007D13；2008C12；2010D13
14.3 公路路基设计	14.3.1 滑坡地段路基		2014D26
	14.3.2 软土地区路基		2014D15；2019D5
	14.3.3 膨胀土地基		2016C26
14.4 公路隧道设计	14.4.1 公路隧道围岩级别		
	14.4.2 公路隧道围岩级别的应用		2013C21；2016C22；2019D17
	14.4.3 公路隧道围岩压力		
	14.4.4 公路隧道涌水量计算		2003C31；2018D4
14.5 公路工程抗震规范			

14.1 公路工程地质勘察

14.2 公路桥涵地基与基础设计

14.2.1 地基承载力特征值及修正值

2012D5

天然地基上的桥梁基础，底面尺寸为2m×5m，基础埋置深度、地层分布及相关参数见图示，地基承载力特征值为200kPa，根据《公路桥涵地基与基础设计规范》JTG 3363—2019，计算修正后的地基承载力特征值最接近于下列哪个选项？

14　公路工程专题

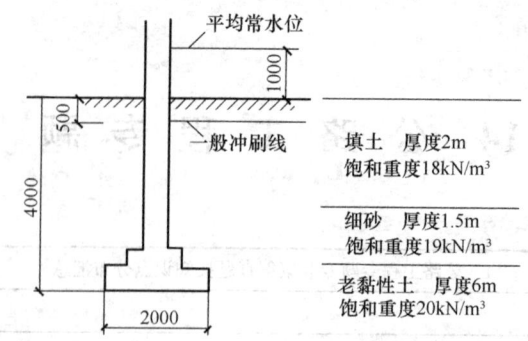

题 2012D5 图

(A) 200kPa　　　(B) 220kPa　　　(C) 238kPa　　　(D) 356kPa

【解】地基承载力特征值 $[f_{a0}]=200$kPa，基础宽度 $b=2$m

基础埋深 h 有水冲刷时自一般冲刷线起算，则 $h=4.5-0.5=3.5$m

满足 $h>3$m，$h/b=3.5/2=1.75<4$

基底持力层为老黏性土，不透水，故基底持力层土的重度取饱和重度 $\gamma_1=20$kN/m³

基础埋深 h 范围内土的加权平均重度 $\gamma_2=\dfrac{1.5\times18+1.5\times19+0.5\times20}{3.5}=18.7$kN/m³

基底持力层为老黏性土，查表得 $k_1=0$，$k_2=2.5$

修正后地基承载力特征值

$f_a=f_{a0}+k_1\gamma_1(b-2)+k_2\gamma_2(h-3)=200+0+2.5\times18.7\times(3.5-3)$

$\quad=223.4$kPa

当基础位于水中不透水地层上时，f_a 按平均常水位至一般冲刷线的水深每米再增大 10kPa

所以最终 $f_a=223.4+10\times(1+0.5)=238.4$kPa

【注】此题中 γ_2 的计算取基础底面以上（从基础底面起算）3.5m 范围内土的加权平均重度，而不是 4m 范围内土的加权平均重度。

2018C6

桥梁墩台基础底面尺寸为 5m×6m，埋深 5.2m。地面以下均为一般黏性土，按不透水考虑，天然含水量 $w=24.7\%$，天然重度 $\gamma=19.0$kN/m³，土粒相对密度 $G_s=2.72$，液性指数 $I_L=0.6$，饱和重度为 19.44kN/m³，平均常水位在地面上 0.3m，一般冲刷线深度 0.7m，水的重度 $\gamma_w=9.8$kN/m³。按《公路桥涵地基与基础设计规范》JTG 3363—2019 确定修正后的地基承载力特征值 f_a，其值最接近下列哪个选项？

(A) 275kPa　　　(B) 285kPa　　　(C) 294kPa　　　(D) 303kPa

【解】持力层为一般黏性土，按不透水考虑，需根据孔隙比 e 和液性指数 I_L 查表确定其地基承载力特征值 f_{a0}

利用"一条公式" $e=\dfrac{G_s(1+w)\rho_w}{\rho}-1=\dfrac{2.72\times(1+0.247)\times1}{19/9.8}-1=0.749$

$I_L=0.6$，查表得 $f_{a0}=\dfrac{270+230}{2}=250$kPa

基础宽度 $b=2$m

基础埋深 h 有水冲刷时自一般冲刷线起算,则 $h=5.2-0.7=4.5$m

满足 $h>3$m,$h/b=4.5/2=2.25<4$

不透水,基础埋深 h 范围内土的饱和重度 $\gamma_2=19.44$kN/m³

基底持力层为一般黏性土,$I_L=0.6\geqslant0.5$,查表得 $k_1=0$,$k_2=1.5$

修正后地基承载力特征值

$$f_a = f_{a0} + k_1\gamma_1(b-2) + k_2\gamma_2(h-3) = 250 + 0 + 1.5 \times 19.44 \times (4.5-3)$$
$$= 293.74\text{kPa}$$

当基础位于水中不透水地层上时,f_a 按平均常水位至一般冲刷线的水深每米再增大 10kPa

所以最终 $f_a = 293.74 + 10 \times (0.3+0.7) = 303.74$kPa

【注】 此题已给出水的重度为 $\gamma_w=9.8$kN/m³,因此不能取 10kN/m³。但规范规定"按平均常水位至一般冲刷线的水深每米再增大 10kPa",给的是定值,不受题干中给出的 $\gamma_w=9.8$kN/m³ 的影响,所以要注意细节。

14.2.2 基底压力及地基承载力验算

2003C5

某公路桥台基础宽度 4.3m,作用在基底的合力的竖向分力为 7620.87kN,对基底重心轴的弯矩为 4204.2kN·m。在验算桥台基础的合力偏心距 e_0 并与桥台基底截面核心半径 ρ 相比较时,下列论述中( )是正确的。

(A) e_0 为 0.55m,$e_0<0.75\rho$
(B) e_0 为 0.55m,$0.75\rho<e_0<\rho$
(C) e_0 为 0.72m,$e_0<0.75\rho$
(D) e_0 为 0.72m,$0.75\rho<e_0<\rho$

【解】 偏心距 $e_0 = \dfrac{M}{N} = \dfrac{4204.2}{7620.87} = 0.55$m

单向偏心 $\rho = \dfrac{b}{6} = \dfrac{4.3}{6} = 0.72$,$0.75\rho = 0.75 \times 0.72 = 0.54 < e_0 < \rho$

2003C6

某公路桥台基础,基底尺寸为 4.3m × 9.3m,荷载作用情况如题图所示。已知地基土修正后的承载力特征值为 270kPa。按照《公路桥涵地基与基础设计规范》验算基础底面土的承载力时,得到的正确结果应该是下列论述中的( )。

(A) 基础底面平均压力小于修正后的承载力特征值;基础底面最大压力大于修正后的承载力特征值

(B) 基础底面平均压力小于修正后的承载力特征值;基础底面最大压力小于修正后的承载力特征值

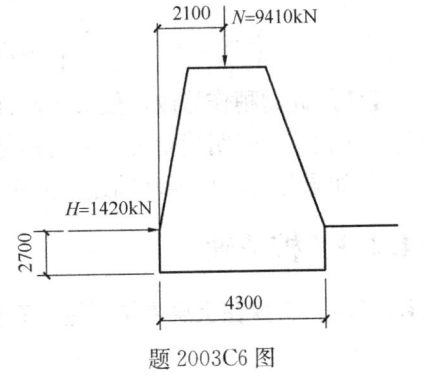

题 2003C6 图

(C) 基础底面平均压力大于修正后的承载力特征值；基础底面最大压力大于修正后的承载力特征值

(D) 基础底面平均压力小于修正后的承载力特征值；基础底面最小压力大于修正后的承载力特征值

【解】$p = \dfrac{N}{A} = \dfrac{9410}{4.3 \times 9.3} = 235.31 \text{kPa} < f_a = 270 \text{kPa}$

单向受压，先判断大偏心还是小偏心，因为大小偏心，最大基底压力计算公式不一样

偏心距 $e_0 = \dfrac{M}{N} = \dfrac{1420 \times 2.7 - 9410 \times (4.3 \div 2 - 2.1)}{9410} = 0.36 < \dfrac{b}{6} = \dfrac{4.3}{6} = 0.72$，为小偏心

$p_{\max} = \dfrac{N}{A} + \dfrac{M}{W} = 235.31 + \dfrac{1420 \times 2.7 - 9410 \times (4.3 \div 2 - 2.1)}{\dfrac{1}{6} \times 9.3 \times 4.3^2} = 352.67 \text{kPa} > f_a = 270 \text{kPa}$

2014D9

公路桥涵基础建于多年压实未经破坏的岩石旧桥基础上，基础平面尺寸为 $2\text{m} \times 3\text{m}$，修正后地基承载力特征值 f_a 为 160kPa，基底双向偏心受压，承受的竖向作用为图中 O 点，根据《公路桥涵地基与基础设计规范》JTG 3363—2019，按基底最大压应力计算时，能承受的最大竖向力最接近下列哪个选项的数值？

(A) 300kN　　　(B) 400kN
(C) 500kN　　　(D) 600kN

【解】双向受压，先判断大偏心还是小偏心，因为大小偏心，最大基底压力计算公式不一样。$p_{\min} = \dfrac{N}{A} - \dfrac{M_x}{W_x} - \dfrac{M_y}{W_y} = \dfrac{N}{2 \times 3} - \dfrac{0.4N}{2 \times 3^2/6} - \dfrac{0.2N}{2^2 \times 3/6} = -0.07N < 0$，故为大偏心

岩石旧桥基，抗力系数均可取 $\gamma_R = 1.0$

按题目要求，只验算基底最大压应力

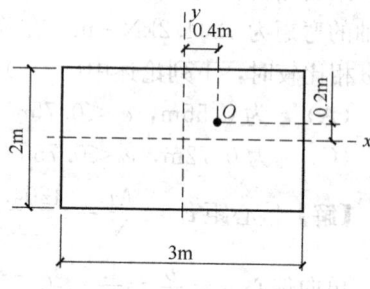

题 2014D9 图

矩形基础：$\dfrac{e_x}{b} = \dfrac{0.4}{3} = 0.133$，$\dfrac{e_y}{d} = \dfrac{0.2}{2} = 0.1$，查表 G.0.1，得 $\lambda = 2.43$

$p_{\max} = \lambda \dfrac{N}{A} = 2.43 \times \dfrac{N}{2 \times 3} \leqslant \gamma_R f_a = 1.0 \times 160 = 160 \text{kPa}$，得 $N \leqslant 395 \text{kN}$

【注】此题稍作修改，使其更严谨，原题是"公路桥涵基础建于多年压实未经破坏的旧桥基础上"，未明确是否为岩石地基，因为是否为岩石地基，直接决定着抗力系数 γ_R 的取值。如果是公路桥涵基础建于多年压实未经破坏的非岩石旧桥基础上，则 $\gamma_R = 1.5$。

14.2.3 桩基础

14.2.3.1 支撑在土层中钻（挖）孔灌注桩单桩轴向受压承载力特征值

2009D11

某公路桥梁钻孔桩为摩擦桩，桩径为 1.0m，桩长 35m，土层分布及桩侧摩阻力标准值 q_{ik}，桩端处土的承载力特征值 f_{a0} 如题图所示，桩端以上各土层的加权平均重度 $\gamma_2=20kN/m^3$，桩端处土的承载力特征值深度修正系数 $k_2=5.0$，根据《公路桥涵地基和基础设计规范》JTG 3363—2019 计算，试问单桩轴向受压承载力特征值最接近下列哪一选项？（取修正系数 $\lambda=8$，清底系数 $m_0=0.8$）

(A) 5620kN　　(B) 5780kN
(C) 5940kN　　(D) 6280kN

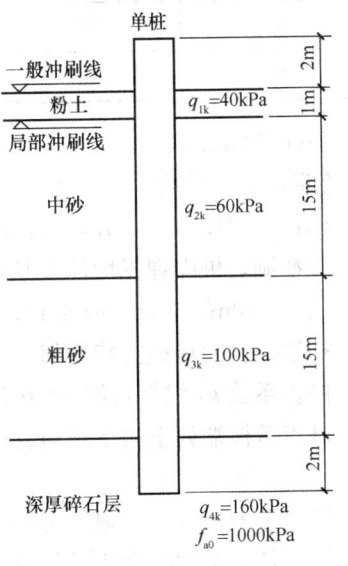

题 2009D11 图

【解】清底系数 $m_0=0.8$；修正系数 $\lambda=0.80$

桩端埋置埋深有水冲刷时自局部冲刷线算起，则 $h=32m<40m$

桩端以上各土层的加权平均有效重度 $\gamma_2=20-10=10kN/m^3$

桩端处土的承载力特征值 $f_{a0}=1000kPa$

修正系数 $k_2=5.0$

修正后桩端处土的承载力特征值

$$q_r = m_0\lambda[f_{a0}+k_2\gamma_2(h-3)]$$
$$= 0.8\times 0.8\times[1000+5.0\times 10\times(32-3)]$$
$$=1568kPa$$

桩端土为碎石土 q_r 限值为 2750kPa，2750>1568，故取 $q_r=1568kPa$

桩周各土层的厚度从局部冲刷线或承台底面起算

单桩轴向受压承载力特征值

$$R_a = \frac{1}{2}u\sum_{i=1}^{n}l_iq_{ik}+A_pq_r$$
$$=\frac{1}{2}\times 3.14\times 1\times(15\times 60+15\times 100+2\times 160)+\frac{3.14\times 1^2}{4}\times 1568=5501kN$$

未指明受荷阶段，因此不乘抗力系数 γ_R。

【注】此处桩基承载力特征值的确定需要注意的点众多，比如桩端埋置埋深 h 的取值，从局部冲刷线起算，在埋深 h 范围内下加权平均重度 γ_2 的取值、桩周各土层的厚度 l_i 从承台底面或局部冲刷线起算，且扩孔部分不计等，因此一定要按照解题思维流程走，才不至于掉入所谓的"坑"。

2012C12

某公路桥（跨河），采用钻孔灌注桩，直径为 1.2m，桩端入土深度为 50m，桩端为密实粗砂，地层参数见下表，桩基位于水位以下，无冲刷，假定清底系数为 0.8，桩周土的平均浮重度 $9.0kN/m^3$，根据《公路桥涵地基与基础设计规范》JTG 3363—2019 计算施工阶段单桩轴向抗压承载力特征值最接近哪个选项？

土层厚度	岩性	q_{ik}	f_{a0}承载力特征值
35	黏土	40	
10	粉土	60	
20	粗砂	120	500

(A) 6000kN　　(B) 7000kN　　(C) 8000kN　　(D) 9000kN

【解】清底系数 $m_0=0.8$

$l/d=50/1.2=41.67$，且桩端土为粗砂，透水，修正系数 $\lambda=0.85$

无冲刷，桩端埋置埋深 h 从天然地面起算

故 $h=50\text{m}>40\text{m}$，取 40m，桩周土的平均浮重度 $\gamma_2=9.0\text{kN/m}^3$

桩端处土的承载力特征值 $f_{a0}=500\text{kPa}$

修正系数 k_2 根据桩端土为密实粗砂查得 $k_2=6.0$

修正后桩端处土的承载力特征值

$q_r=m_0\lambda[[f_{a0}]+k_2\gamma_2(h-3)]=0.8\times0.85\times[500+6.0\times9.0\times(40-3)]=1698.64\text{kPa}$

桩端土为粗砂，q_r 限值为 1450kPa，1698.64>1450，故取 $q_r=1450\text{kPa}$

桩周各土层的厚度从局部冲刷线或承台底面起算

单桩轴向受压承载力特征值

$R_a=\dfrac{1}{2}u\sum\limits_{i=1}^{n}l_iq_{ik}+A_pq_r$

$=\dfrac{1}{2}\times3.14\times1.2\times(35\times40+10\times60+5\times120)+\dfrac{3.14\times1.2^2}{4}\times1450$

$=6537.48\text{kN}$

施工阶段，抗力系数 $\gamma_R=1.25$

则最终单桩轴向抗压承载力特征值 $=\gamma_R\cdot R_a=1.25\times6537.48=8171.85\text{kN}$

2016C11

某公路桥梁基础采用摩擦钻孔灌注桩，设计桩径为 1.5m，勘察报告揭露的地层条件岩土参数和基桩的入土情况如题图所示。根据《公路桥涵地基与基础设计规范》JTG 3363—2019，在施工阶段时的单桩轴向受压承载力特征值最接近下列哪个选项？（不考虑冲刷影响，清底系数 $m_0=1.0$，修正系数 λ 取 0.85，深度修正系数 $k_1=4.0$，水的重度取 10kN/m³）

(A) 9500kN　　(B) 10600kN
(C) 11900kN　　(D) 13700kN

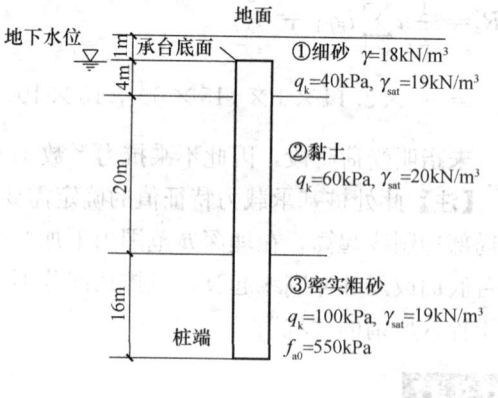

题 2016C11 图

【解】清底系数 $m_0=1.0$；修正系数 $\lambda=0.85$
无冲刷，桩端埋置埋深 h 从天然地面起算
故 $h=1+4+20+16=41\text{m}>40\text{m}$，取 40m
持力层在水面以下，且透水时，水中部分土层则应取浮重度，
则 $\gamma_2=\dfrac{4\times9+20\times10+9\times16}{40}=9.5\text{kN/m}^3$
桩端处土的承载力特征值 $f_{a0}=550\text{kPa}$
修正系数 k_2 根据桩端土为密实粗砂查得 $k_2=6.0$
修正后桩端处土的承载力特征值
$q_r=m_0\lambda[f_{a0}+k_2\gamma_2(h-3)]=1.0\times0.85\times[550+6.0\times9.5\times(40-3)]=2260.15\text{kPa}$
桩端土为粗砂，q_r 限值为 1450kPa，$2260.15>1450$，故取 $q_r=1450\text{kPa}$
桩周各土层的厚度从局部冲刷线或承台底面起算
单桩轴向受压承载力特征值

$$R_a=\dfrac{1}{2}u\sum_{i=1}^{n}l_iq_{ik}+A_pq_r$$
$$=\dfrac{1}{2}\times3.14\times1.5\times(4\times40+20\times60+16\times100)+\dfrac{3.14\times1.5^2}{4}\times1450$$
$$=9531.9\text{kN}$$

施工阶段，抗力系数 $\gamma_R=1.25$
则最终单桩轴向抗压承载力特征值$=\gamma_R\cdot R_a=1.25\times9531.9=11914.875\text{kN}$

【注】此题中 γ_2 的计算取桩端以上（从桩端起算）40m 范围内土的加权平均重度，而不是 41m 范围内土的加权平均重度。

14.2.3.2 支撑在基岩上或嵌入基岩中的钻（挖）孔桩、沉桩轴向受压承载力特征值

2008D11

某公路桥梁嵌岩钻孔灌注桩基础，岩石较完整，河床岩层有冲刷，桩径 $d=1000\text{mm}$，在基岩顶面处，桩承受的弯矩 $M_H=500\text{kN}\cdot\text{m}$，无水平力，基岩的天然湿度单轴极限抗压强度 40MPa，按《公路桥涵地基与基础设计规范》JTG 3363—2019 计算，单桩轴向受压承载力特征值 R_a 与下列哪个选项的数值最为接近？（取：$\beta=0.6$，系数 c_1、c_2 不需考虑降低采用）

(A) 12350kN　　　　(B) 16350kN　　　　(C) 19350kN　　　　(D) 22350kN

【解】桩端岩石饱和单轴抗压强度标准值 $f_{rk}=40000\text{kPa}>2000\text{kPa}$
满足嵌岩桩要求
系数 $\beta=0.6$，圆形桩，无水平力即 $H=0$

$$h_r=\dfrac{1.27H+\sqrt{3.81\beta f_{rk}dM_H+4.84H^2}}{0.5\beta f_{rk}d}$$
$$=\dfrac{0+\sqrt{3.81\times0.5\times0.6\times40000\times500}+0}{0.5\times0.6\times40000\times1}=0.56\text{m}>0.5\text{m}$$

或 $h_r=\sqrt{\dfrac{M_H}{0.656\beta f_{rk}d}}=\sqrt{\dfrac{500}{0.656\times0.6\times40000\times1}}=0.56\text{m}>5\text{m}$

取 $h = h_r = 0.56m$

岩石较完整，查表得 $c_1 = 0.6$，$c_2 = 0.05$，且题目已明确不考虑降低采用

岩层上覆盖土层信息未给出，按无覆盖土层考虑

$$R_a = c_1 A_p f_{rk} + u \sum_{i=1}^{m} c_{2i} h_i f_{rik} + \frac{1}{2} \xi_s u \sum_{i=1}^{n} l_i q_{ik}$$

$= 0.6 \times 3.14 \times 0.5^2 \times 40000 + 3.14 \times 1 \times 0.05 \times 0.56 \times 40000 = 22356.8 kN$

题目未明确受荷阶段，不需要乘抗力系数 γ_R

【注】①此题若未明确则系数 c_1、c_2 不考虑降低采用。则对于钻孔桩，均应乘以 0.8 的折减系数。

②若基岩顶面处无水平荷载，则 $h_r =$ 表达式可化简如下：

$$h_r = \frac{1.27H + \sqrt{3.81\beta f_{rk} d M_H + 4.84 H^2}}{0.5\beta f_{rk} d} = \sqrt{\frac{M_H}{0.656 \beta f_{rk} d}}$$

2013D10

某公路桥梁河床表层分布有 8m 厚的卵石，其下为微风化花岗岩，节理不发育，饱和单轴抗压强度标准值为 25MPa，考虑河床岩层有冲刷，设计采用嵌岩桩基础，桩直径为 1.0m，计算得到桩在基岩顶面处的弯矩设计值为 1000kN·m，无水平力，问桩嵌入基岩的有效深度最小为下列何值？

(A) 0.69m (B) 0.78m (C) 0.98m (D) 1.10m

【解】桩端岩石饱和单轴抗压强度标准值 $f_{rk} = 25000$Pa

系数 $\beta = 0.5 \sim 1.0$，节理不发育的取大值，则取 $\beta = 1.0$

圆形桩，无水平力即 $H = 0$

$$h_r = \frac{1.27H + \sqrt{3.81\beta f_{rk} d M_H + 4.84 H^2}}{0.5\beta f_{rk} d} = \sqrt{\frac{M_H}{0.656 \beta f_{rk} d}}$$

$$= \sqrt{\frac{1000}{0.0656 \times 1.0 \times 25000 \times 1}} = 0.78m > 0.5m$$

2018C11

某公路桥拟采用钻孔灌注桩基础，桩径 1.0m，桩长 26m，桩顶以下的地层情况如题图所示，施工控制桩端沉渣厚度不超过 45mm，按照《公路桥涵地基与基础设计规范》JTG 3363—2019。估算单桩轴向受压承载力特征值最接近下列哪个选项？

(A) 12390kN (B) 14350kN
(C) 15160kN (D) 15800kN

【解】桩端岩石饱和单轴抗压强度标准值 $f_{rk} = 18000$kPa；系数 $\beta = 0.6$

桩嵌入基岩中（不计强风化层和全风化层）

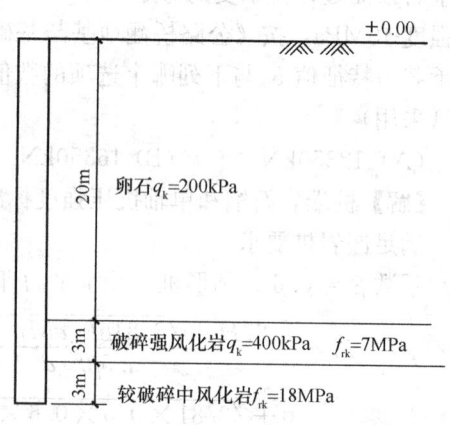

题 2018C11 图

的有效深度 $h=3\text{m}>0.5\text{m}$

查表，按较破碎考虑，则岩石端阻发挥系数 $c_1=0.5$，岩石侧阻发挥系数 $c_2=0.04$，且应注意调整

桩长 $d=1\text{m}\leqslant1.5\text{m}$，桩底沉渣厚度不超过 45mm，满足 $t\leqslant0.05\text{m}$

① 对于钻孔桩，均应乘以 0.8 的折减系数
② 对于中风化层作为持力层的情况，均应乘以 0.75 的折减系数

所以最终 $c_1=0.5\times0.8\times0.75=0.3$

$$c_2=0.04\times0.8\times0.75=0.024$$

$f_{rk}=18\text{MPa}$，覆盖层土的侧阻力发挥系数 $\xi_s=0.8+\dfrac{18-15}{30-15}\times(0.5-0.8)=0.74$

$$R_a=c_1A_pf_{rk}+u\sum_{i=1}^{m}c_{2i}h_if_{rki}+\dfrac{1}{2}\xi_s u\sum_{i=1}^{n}l_iq_{ik}$$

$$=0.3\times3.14\times0.5^2\times18000+3.14\times1\times0.024\times3\times18000+\dfrac{1}{2}\times0.74\times3.14$$

$$\times1\times(20\times200+3\times400)$$

$$=14349.8\text{kN}$$

题目未明确受荷阶段，不需要乘抗力系数 γ_R。

【注】确定系数 c_1、c_2 是关键，需要折上折。尚应注意强风化和全风化岩按土层考虑。

14.2.3.3 摩擦型桩单桩轴向受拉承载力特征值

2014D12

某公路桥梁采用振动沉入预制桩，桩身截面尺寸为 $400\text{mm}\times400\text{mm}$，地面条件和桩入土深度如题图所示，桩基可能承受拉力，根据《公路桥涵地基与基础设计规范》JTG 3363—2019，桩基受拉承载力特征值最接近下列何值？

(A) 98kN (B) 138kN
(C) 188kN (D) 228kN

【解】桩身周长 $u=0.4\times4=1.6\text{m}$，无扩底 $0.8\geqslant b=0.4$，故振动沉桩对各土层桩侧摩阻力的影响系数 α_i，黏土取 0.6，粉土取 0.9，粉质黏土取 0.7，砂土取 1.1

题 2014D12 图

$$R_t=0.3u\sum_{i=1}^{n}\alpha_il_iq_{ik}$$

$$=0.3\times1.6\times(0.6\times2\times30+0.9\times6\times35+0.7\times2\times40+1.1\times2\times50)$$

$$=187.68\text{kN}$$

14.2.4 沉井基础

2005C14

沉井靠自重下沉，若不考虑浮力及刃脚反力作用，则下沉系数 $K=Q/T$，式中 Q 为沉井自重，T 为沉井与土间的摩阻力（假设 $T=\pi D(H-2.5)f$），某工程地质剖面及设计沉井尺寸如题图所示，沉井外径 $D=20\text{m}$，下沉深度为 16.5m，井身混凝土体积为 977m^3，混凝土重度为 24kN/m^3，请验算沉井在下沉到题图所示位置时的下沉系数 K 最接近下列（　　）选项中的值。

(A) 1.10　　　　(B) 1.20　　　　(C) 1.28　　　　(D) 1.35

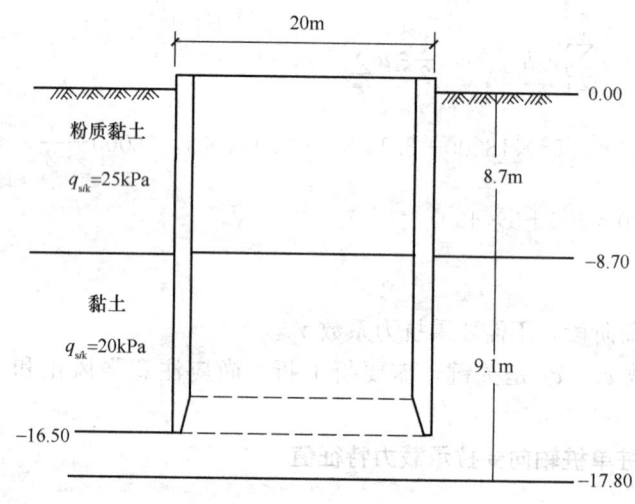

题 2005C14 图

【解】 侧阻 f 的加权平均值：$f=\dfrac{8.7\times25+7.8\times20}{8.7+7.8}=22.64\text{kPa}$

摩阻力：$T=\pi D(H-2.5)f=3.14\times20\times(16.5-2.5)\times22.64=19905.1\text{kN}$

沉井自重：$Q=\gamma V=24\times977=23448\text{kN}$

下沉系数：$K=\dfrac{Q}{T}=\dfrac{23448}{19905.1}=1.18$

2007D13

一处于悬浮状态的浮式沉井（落入河床前），其所受外力矩 $M=48\text{kN}\cdot\text{m}$，排水体积 $V=40\text{m}^3$，浮体排水截面的惯性矩 $I=50\text{m}^4$，重心至浮心的距离 $a=0.4\text{m}$（重心在浮心之上），按《铁路桥涵地基和基础设计规范》或《公路桥涵地基与基础设计规范》计算，沉井浮体稳定的倾斜角最接近下列何值？（水重度：$\gamma_w=10\text{kN/m}^3$）

(A) 5°　　　　(B) 6°　　　　(C) 7°　　　　(D) 8°

【解】 $\rho=\dfrac{I}{V}=\dfrac{50}{40}=1.25\text{m}$

$$\varphi = \arctan = \frac{M}{\gamma_w V(\rho-a)} = \arctan\frac{48}{10\times 40\times(1.25-0.4)} = 8°$$

【注】此题虽然求解得到 $\varphi=8°$，但是不满足 $\varphi \leqslant 6°$，出题不严谨。

2008C12

一圆形等截面沉井排水挖土下沉过程中处于如题图所示状态，刃脚完全掏空，井体仍然悬在土中，假设井壁外侧摩阻力呈倒三角形分布，沉井自重 $G_0=1800$kN，问地表下 5m 处井壁所受拉力最接下列何值？（假定沉井自重沿深度均布分布）

(A) 300kN　　(B) 450kN
(C) 600kN　　(D) 800kN

【解】按题意，已假定井壁外侧摩阻力呈倒三角形分布排水挖土下沉，不用扣除浮力，故 $G_0=1800$kN

沉井高度 $H=12$m；井壁摩阻力分布高度 $h=10$m

地表下 5m 处即距刃脚底面 $x=10-5=5$m 处井壁的拉力

$$P_x = \frac{Gx}{H} - \frac{Gx^2}{h^2} = \frac{1800\times 5}{12} - \frac{1800\times 5^2}{10^2}$$

$$= 300\text{kN}$$

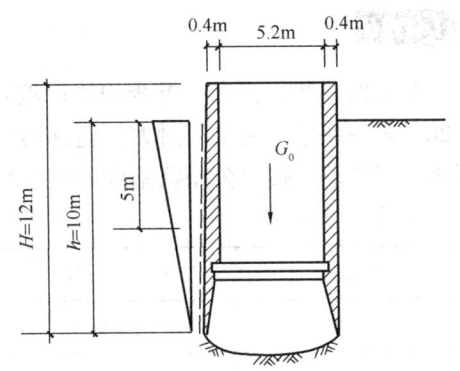

题 2008C12 图

2010D13

铁路桥梁采用钢筋混凝土沉井基础，沉井壁厚 0.4m，高度 12m，排水挖土下沉施工完成后，沉井顶和河床面平齐，假定井壁四周摩擦力分布为倒三角，施工中沉井井壁截面的最大拉应力与下列何项数值最为接近？（注：井壁重度为 25kN/m³）

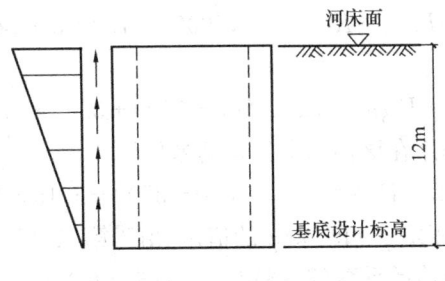

题 2010D13 图

(A) 0kPa　　(B) 75kPa
(C) 150kPa　　(D) 300kPa

【解】按题意，已假定井壁外侧摩阻力呈倒三角形分布
排水挖土下沉，不用扣除浮力，故沉井自重应力 $p_k=25\times 12=300$kPa

当沉井高度与入土深度相等时

最大竖向拉应力 $p_{\max}=\dfrac{p_k}{4}=\dfrac{300}{4}=75\text{kPa}$

14.3 公路路基设计

14.3.1 滑坡地段路基

2014D26

某公路路堑，存在一折线均质滑坡，计算参数如下表所示，若滑坡推力安全系数为1.20，第一块滑体剩余下滑力传递到第二块滑体的传递系数为0.85，在第三块滑体前设置重力式挡墙，按《公路路基设计规范》计算作用在该挡墙上的每延米作用力最接近下列哪个选项？

滑体编号	下滑力（kN/m）	抗滑力（kN/m）	滑面倾角
①	5000	2100	35
②	6500	5100	26
③	2800	3500	26

(A) 3900kN (B) 4970kN (C) 5870kN (D) 6010kN

【解】均质滑坡，则滑坡黏聚力和内摩擦角 φ 每一滑块是相同的

传递系数

$(1\to 2)\psi_2=\cos(\theta_1-\theta_2)-\sin(\theta_1-\theta_2)\tan\varphi=\cos(35°-26°)-\sin(35°-26°)\tan\varphi=0.85$

解得 $\tan\varphi=0.88$

$(2\to 3)\psi_3=\cos(\theta_2-\theta_3)-\sin(\theta_2-\theta_3)\tan\varphi=\cos(26°-26°)-\sin(26°-26°)\times 0.85=1$

第一块剩余下滑力

$$P_1=F_sT_1-R_1=1.2\times 5000-2100=3900\text{kN}$$

第二块剩余下滑力

$$P_2=F_sT_2-R_2+P_1\psi_2=1.2\times 6500-5100+3900\times 0.85=6015\text{kN}$$

第三块剩余下滑力即作用在该挡墙上的每延米作用力

$$P_3=F_sT_3-R_3+P_2\psi_3=1.2\times 2800-3500+6015\times 1=5875\text{kN}$$

【注】也可不求出内摩擦角 φ（即 $\tan\varphi$ 的值），由于第二块和第三块滑动面倾角相同，直接得到第二块到第三块的传递系数$(2\to 3)\psi_3=\cos(\theta_2-\theta_3)-\sin(\theta_2-\theta_3)\tan\varphi=1$。

14.3.2 软土地区路基

2014D15

某公路路堤位于软土地区，路基中心高度 $H=3.5\text{m}$，路基填料重度为20kN/m³，填

土速率约为 0.04m/d，路线地表下 0~2.0m 为硬塑黏土，2.0~8.0m 为流塑状态软土，软土不排水抗剪强度为 18kPa，路基地基采用常规预压法处理，用分层总和法计算的地基主固结沉降量为 20cm，如公路通车时软土固结度达到 70%，根据《公路路基设计规范》，则此时的地基沉降量最接近下列哪个选项？

(A) 14cm (B) 17cm
(C) 19cm (D) 20cm

【解】填料重度 $\gamma=20\text{kN/m}^3$；路堤中心高度 $H=3.5\text{m}$
一般预压时，地基处理类型系数 $\theta=0.9$
填土速率约为 0.04m/d=40mm/d，加载速率修正系数 $v=0.025$
满足软土层不排水抗剪强度=18kPa<25kPa、软土层的厚度=8-2=6m>5m、硬壳层厚度=2-0=2m<2.5m 三个条件时，地质因素修正系数 $Y=0$
沉降系数 $m_s = 0.123\gamma^{0.7}(\theta H^{0.2}+vH)+Y$
$= 0.123\times 20^{0.7}\times(0.9\times 3.5^{0.2}+0.025\times 3.5)+0=1.246$
地基平均固结度 $U_t=70\%$
此时地基沉降量 $S_t=(m_s-1+U_t)S_e=(1.246-1+0.7)\times 20=18.92\text{cm}$

2019D5

某软土层厚度 4m，在其上用一般预压法修筑高度为 5m 的路堤，路堤填料重度 18kN/m³，以 18mm/d 的平均速率分期加载填料，按照《公路路基设计规范》JTG D30—2015，采用分层总和法计算的软土层主固结沉降为 30cm，则采用沉降系数法估算软土层的总沉降最接近下列何值？

(A) 30.7 cm (B) 32.4 cm
(C) 34.2 cm (D) 41.6 cm

【解】填料重度 $\gamma=18\text{kN/m}^3$；路堤中心高度 $H=5\text{m}$
一般预压时，地基处理类型系数 $\theta=0.9$
填土速率约为 18mm/d<20mm/d，加载速率修正系数 $v=0.005$
不满足软土层不排水抗剪强度=18kPa<25kPa、软土层的厚度=8-2=6m>5m、硬壳层厚度=2-0=2m<2.5m 三个条件时，地质因素修正系数 $Y=-1$
沉降系数 $m_s=0.123\gamma^{0.7}(\theta H^{0.2}+vH)+Y$
$=0.123\times 18^{0.7}\times(0.90\times 5^{0.2}+0.005\times 5)-0.1=1.08$
此时地基沉降量 $S_t=mV_sS_e=1.08\times 30=32.4\text{cm}$

【注】核心知识点常规题。直接使用解题思维流程快速求解。

14.3.3 膨胀土地基

2016C26

某高速公路通过一膨胀土地段，该路段膨胀土的自由膨胀率试验成果如下表所示（假设仅按自由膨胀率对膨胀土进行分级），按设计方案，开挖后将形成高度约 8m 的永久路堑膨胀土边坡，拟采用坡率法处理。问，按《公路路基设计规范》JTG D30—2015，下列哪个选项的坡率是合理的？

试样编号	干土质量(g)	量筒编号	不同时间（h）体积读数（mL）					
			2	4	6	8	10	12
SY1	9.83	1	18.2	18.6	19.0	19.2	19.3	19.3
	9.87	2	18.4	18.8	19.1	19.3	19.4	19.4

(A) 1:1.50　　(B) 1:1.75　　(C) 1:2.25　　(D) 1:2.75

【解】题目已明确假设仅按自由膨胀率对膨胀土进行分级

自由膨胀率 $\delta_{ef1} = \frac{19.3-10}{10} \times 100 = 93.0\%$；$\delta_{ef2} = \frac{19.4-10}{10} \times 100 = 94.0\%$

根据《公路工程地质勘察规范》表 8.3.4，为强膨胀土

查《公路路基设计规范》表 7.9.7-1

膨胀土挖方路基，坡高 8m，插值的坡率 $\left(\frac{1}{2} + \frac{1}{2.5}\right) \div 2 = \frac{1}{2.25}$

【注】①此题为跨规范综合题，虽然题目指明使用《公路路基设计规范》，但所涉及知识点的相关条文又指明使用《公路工程地质勘察规范》对膨胀土进行分级，因此增加了此题难度。

②已经指明了规范，此题尽量不要去使用《膨胀土地区建筑技术规范》，此规范更多是对建筑工程的规定，虽然所涉及知识点的基本概念相同，但有些知识点还是存在规定上的差别。因此对于指明规范的题目，即便是再熟悉的知识点，也不要用错规范。另外在平时学习时，对同一个知识点，一定要从不同规范去解读，找到不同规范的差别之处，才能在考场上游刃有余，当然为了使大家更好地备考，我们一直在研究和完善这方面总结。

14.4 公路隧道设计

14.4.1 公路隧道围岩级别

14.4.2 公路隧道围岩级别的应用

2013C21

两车道公路隧道采用复合式衬砌，埋深 12m，开挖高度和宽度分别为 6m 和 5m。围岩重度为 22kN/m³，岩石单轴饱和抗压强度为 35MPa，岩体和岩石的弹性纵波速度分别为 2.8km/s 和 4.2km/s。试问施筑初期支护时拱部和边墙喷射混凝土厚度范围宜选用下列哪个选项？（单位：cm）

(A) 5~8　　(B) 8~12　　(C) 12~20　　(D) 15~25

【解】首先确定围岩类别

岩体完整性指数 $K_v = \left(\dfrac{2.8}{4.2}\right)^2 = 0.44$，完整程度为较破碎；岩石单轴饱和抗压强度 $R_c = 35\text{MPa}$，属于较坚硬岩。

调整 $R_c = \min(90K_v + 30, R_c) = \min(90 \times 0.44 + 30, 35) = \min(69.6, 35) = 35\text{MPa}$

调整 $K_v = \min(0.04R_c + 0.4, K_v) = \min(0.04 \times 35 + 0.4, 0.44)$
$= \min(1.8, 0.44) = 0.44$

则 $BQ = 100 + 3R_c + 250K_v = 100 + 3 \times 35 + 250 \times 0.44 = 315$

查规范表 3.6.4，可知围岩级别为Ⅳ级。

查规范附录 P 表 P.0.1，可知拱部和边墙喷射混凝土厚度宜选用 12~20cm，因此答案选 C。

【注】在围岩级别判断上，一定要确定使用哪一本规范。水利水电工程、铁路公路、公路工程，都有各自的相应规范。

2016C22

在岩体破碎、节理裂隙发育的砂岩岩体内修建的两车道公路隧道，拟采用复合式衬砌，岩石饱和单轴抗压强度为 30MPa，岩体和岩石的弹性纵波速度分别为 2400m/s 和 3500m/s，按工程类比法进行设计，试问满足《公路隧道设计规范》要求时，最合理的复合式衬砌设计数据是下列哪个选项？

(A) 拱部和边墙喷射混凝土厚度 8cm，拱、墙二次衬砌混凝土厚度 30cm
(B) 拱部和边墙喷射混凝土厚度 10cm，拱、墙二次衬砌混凝土厚度 35cm
(C) 拱部和边墙喷射混凝土厚度 15cm，拱、墙二次衬砌混凝土厚度 35cm
(D) 拱部和边墙喷射混凝土厚度 20cm，拱、墙二次衬砌混凝土厚度 45cm

【解】首先确定围岩类别

岩体完整性指数 $K_v = \left(\dfrac{2400}{3500}\right)^2 = 0.47$；岩石单轴饱和抗压强度 $R_c = 30\text{MPa}$；

调整 $R_c = \min(90K_v + 30, R_c) = \min(90 \times 0.47 + 30, 30) = \min(72.3, 30) = 30\text{MPa}$

调整 $K_v = \min(0.04R_c + 0.4, K_v) = \min(0.04 \times 30 + 0.4, 0.47)$
$= \min(1.6, 0.47) = 0.47$

则 $BQ = 100 + 3R_c + 250K_v = 100 + 3 \times 30 + 250 \times 0.47 = 307.5$

查规范表 3.6.4，可知围岩级别为Ⅳ级。

查规范附录 P 表 P.0.1，可知拱部和边墙喷射混凝土厚度宜选用 12~20cm，拱、墙二次衬砌混凝土厚度 35~40cm，因此答案选 C。

2019D17

两车道公路隧道埋深 15m，开挖高度和宽度分别为 10m 和 12m。围岩重度为 22kN/m³，岩石单轴饱和抗压强度为 30MPa，岩体和岩石的弹性纵波速度分别为 2400m/s 和 3500m/s。洞口处的仰坡设计开挖高度为 15m，根据《公路隧道设计规范》JTG D70—2004 相关要求，仰坡坡角不宜大于下列哪个选项的数值？

(A) 37°　　　　(B) 45°　　　　(C) 53°　　　　(D) 63°

【解】岩体完整性指数 $K_v = \left(\dfrac{2400}{3500}\right)^2 = 0.47$；岩石单轴饱和抗压强度 $R_c = 30\text{MPa}$

调整 $R_c = \min(90K_v + 30, R_c) = \min(90 \times 0.47 + 30, 30) = 30\text{MPa}$

调整 $K_v = \min(0.04R_c + 0.4, K_v) = \min(0.04 \times 30 + 0.4, 0.47) = 0.47$

则 $BQ = 90 + 3R_c + 250K_v = 90 + 3 \times 30 + 250 \times 0.47 = 297.5$

未给出修正条件，因此不需要修正

查表确定，隧道围岩级别 Ⅳ

查《公路隧道设计规范》JTG D70—2004 表 7.2.1

隧道埋深 15m，因此 $\tan\alpha = 1:0.75 \to \alpha = 53.13°$

【注】此题用的是老规范的表 7.2.1，在新规范中已取消掉。重点练习隧道围岩级别判定即可。

14.4.3 公路隧道围岩压力

14.5 公路隧道涌水量计算

2003C31

一铁路隧道通过岩溶化极强的灰岩，由地下水补给的河泉流量 Q' 为 50 万 m^3/d，相应于 Q' 的地表流域面积 F 为 100km^2，隧道通过含水体的地下集水面积 A 为 10km^2，年降水量 w 为 1800mm，降水入渗系数 α 为 0.4。按《铁路工程地质手册》(1999年版)，用降水入渗法估算，并用地下径流模数 (M) 法核对，隧道通过含水体地段的正常涌水量 Q 最接近（　　）。

(A) $2.0 \times 10^4 \text{m}^3/\text{d}$
(B) $5.4 \times 10^4 \text{m}^3/\text{d}$
(C) $13.5 \times 10^4 \text{m}^3/\text{d}$
(D) $54.0 \times 10^4 \text{m}^3/\text{d}$

【解】据《铁路工程地质手册》P197 相关内容计算如下

① 用降水入渗法计算

降水入渗面积 $A = 10\text{km}^2$

年平均降水 $\alpha = 0.40$

年平均降水量 $W = 1800\text{mm}$

隧道通过含水体地段的正常涌水量

$$Q = 2.74\alpha WA = 2.74 \times 0.4 \times 1800 \times 10 = 19728 \text{m}^3/\text{d}$$

② 用地下径流模数法计算

地下水补给的河流的流量或下降泉流量 $Q' = 50 \times 10^4 \text{m}^3/\text{d}$

与 Q' 的地表水或下降泉流量相当的地表流域面积 $F = 100\text{km}^2$

地下径流模数 $M = Q'/F = 50 \times 10^4/100 = 5 \times 10^3 \text{m}^3/(\text{d} \cdot \text{km}^2)$

隧道通过含水体地段的正常涌水量

$$Q_s = MA = 5 \times 10^3 \times 10 = 5 \times 10^4 \text{m}^3/\text{d}$$

采用核对之后的值，因此答案 B 正确。

【注】在学习过程中一定要学会"量纲分析法",才会对公式中一些参数是否带单位以及它的来源理解深刻,年降水量 W 单位为 mm,且不用除以 365,其实单位为 mm/年;隧道通过含水体地段的集水面积 A 单位为 km²,这样计算出来的正常涌水量 Q_s 则为 m³/d。使用 $Q_s = 2.74\alpha \cdot W \cdot A$,不可以将所有的长度单位化为 m 再进行计算,否则公式就变为 $Q_s = \alpha \cdot \dfrac{W}{365} \cdot A$,其中 W 单位为 m,A 单位为 m²,Q_s 单位为 m³/d。为何"W 单位为 mm/年,A 单位为 km²,且最终能得到的正常涌水量 Q_s 单位 m³/d"?因为其实 2.74 这个数值是有单位的,此数值得到的过程为:$\dfrac{1000}{365 d} = 2.74 d^{-1}$。

2018D4

某拟建公路隧道工程穿越碎屑岩地层,平面上位于地表及地下分水岭以南 1.6km,长约 4.3km,埋深约 240m,年平均降水量 1245mm,试按大气降水入渗法估算大气降水引起的拟建隧道日平均涌水量接近下列哪个值?(该地层降水影响半径按 $R = 1780$m,大气降水入渗系数 $\lambda = 0.10$ 计算,汇水面积近似取水平投影面积且不计隧道两端入渗范围)

(A) 4600m³/d   (B) 4960m³/d
(C) 5220m³/d   (D) 5450m³/d

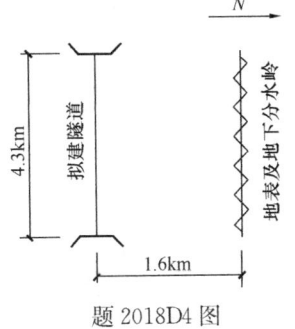

题 2018D4 图

【解1】据《供水水位地质勘察规范》9.2.4 条

降水入渗面积 $F = (1600 + 1780) \times 4300 = 14534000$ m²

年平均降水 $\alpha = 0.10$

年平均降水量 $X = 1245$ mm $= 1.245$ m

$$Q = F\alpha X / 365 = 14534000 \times 0.1 \times 1.245 / 365 = 4957.5 \text{ m}^3/\text{d}$$

【解2】据《铁路工程地质手册》P197,大气降水入渗法

降水入渗面积 $A = (1.6 + 1.78) \times 4.3 = 1.4534$ km²

年平均降水 $\alpha = 0.10$

年平均降水量 $W = 1245$ mm

$$Q = 2.74\alpha W A = 2.74 \times 0.1 \times 1245 \times 1.4534 = 4957.5 \text{ m}^3/\text{d}$$

【注】①此题为 2018 年案例真题一道偏题怪题,几乎无人做对,《工程地质手册》(第五版)和《公路隧道设计规范 第一册土建工程》中均无大气降水入渗法相关计算公式。唯一有联系的就是 2003C31,还是根据《铁路工程地质手册》求解,太偏了。2018 年考试还未指定《供水水位地质勘察规范》,应该没人带这本规范。

②解1和解2中所用公式其实是相同的,只不过公式中各量采用的单位不同。在学习过程中一定要学会"量纲分析法",才会对公式中一些参数是否带单位以及它的来源理解深刻,比如解2中2.74。

解2年降水量 W 单位为 mm,且不用除以 365,其实单位为 mm/年;隧道通过含水体地段的集水面积 A 单位为 km²,这样计算出来的正常涌水量 Q_s 则为 m³/d。使用 $Q_s = 2.74\alpha \cdot W \cdot A$,不可以将所有的长度单位化为 m 再进行计算,否则公式就变为 $Q_s = \alpha \cdot$

$\frac{W}{365} \cdot A$，即解1中公式，其中W单位为m，A单位为m²，Q_s单位为m³/d。为何"W单位为mm/年，A单位为km²，且最终能得到的正常涌水量Q_s单位m³/d"？因为其实2.74这个数值是有单位的，此数值得到的过程为：$\frac{1000}{365d} = 2.74 d^{-1}$。

14.6 公路工程抗震规范

15 铁路工程专题

15 铁路工程专题专业案例真题按知识点分布汇总

15.1 铁路工程地质勘察			2019D1
15.2 铁路工程不良地质勘察			
15.3 铁路工程特殊岩土勘察	15.3.1 软土路基临界高度		2004D30；2006D4；2014D25
15.4 铁路桥涵地基与基础设计	15.4.1 地基基本承载力及容许承载力		2016D6
	15.4.2 软土地基容许承载力		2008D10；2012D4
	15.4.3 基础稳定性		2016C7
	15.4.4 桩基础	15.4.4.1 按岩土的阻力确定钻（挖）孔灌注摩擦桩单桩轴向受压容许承载力	2014C13
		15.4.4.2 群桩作为实体基础的检算	2008C13
	15.4.5 特殊地基		2019C9
15.5 铁路路基设计			
15.6 铁路路基支挡结构设计	15.6.1 重力式挡土墙		
	15.6.2 加筋挡土墙		2005D23；2008D21；2012D20；2014D20；2019C16
	15.6.3 土钉墙		2005C19；2005D20；2011C21；2014D17
	15.6.4 锚杆挡土墙		2005C20
	15.6.5 预应力锚索		2007C26；2007D19；2008D27；2010C24
15.7 铁路隧道设计	15.7.1 铁路隧道围岩级别		2011D4
	15.7.2 隧道围岩压力	15.7.2.1 非偏压隧道围岩压力按规范求解	2012C22；2019C18
		15.7.2.2 偏压荷载隧道围岩压力	2017C23
		15.7.2.3 非偏压隧道围岩压力其他解法	2006C20；2007C23；2012D23
		15.7.2.4 明洞荷载计算方法	2018C19
		15.7.2.5 洞门墙计算方法	2014D22

15.1 铁路工程地质勘察

2019D1

某 Q_3 冲积黏土的含水量为 30%，密度为 1.9g/cm³，土颗粒相对密度为 2.70，在侧限压缩试验下，测得压缩系数 $\alpha_{1-2}=0.23$ MPa⁻¹，同时测得该黏土的液限为 40.5%，塑限为 23.0%。按《铁路工程地质勘察规范》TB 10012—2007 确定黏土的地基极限承载力

值 p_u 最接近下列哪项?

(A) 240kPa　　(B) 446kPa　　(C) 484kPa　　(D) 730kPa

【解】查《铁路工程地质勘察规范》表 D.0.2-5、表 D.0.2-6

孔隙比 $e = \dfrac{G_s(1+w)\rho_w}{\rho} - 1 = \dfrac{2.70 \times (1+0.3) \times 1}{1.9} - 1 = 0.85$

压缩模量 $E_s = \dfrac{1+e}{a} = \dfrac{1+0.85}{0.23} = 8\text{MPa} < 10\text{MPa}$

液性指数 $I_L = \dfrac{w - w_P}{w_L - w_P} = \dfrac{30 - 23}{40.5 - 23} = 0.4$

地基极限承载力值 $p_u = \dfrac{481 + 409}{2} = 446.5\text{kPa}$

【注】2019 年第一次考到的知识点,指明了规范,属于"翻到就赚到"的题目。

15.2　铁路工程不良地质勘察

15.3　铁路工程特殊岩土勘察

15.3.1　软土路基临界高度

2004D30

某地段软黏土厚度超过 15m,软黏土重度 $\gamma = 16\text{kN/m}^3$,内摩擦角 $\varphi = 0°$,内聚力 $C_u = 12\text{kPa}$,假设土堤及地基土为同一均质软土,若采用泰勒稳定数图解法确定土堤临界高度近似解公式(见《铁路工程特殊岩土勘察规程》),建筑在该软土地基上且加荷速率较快的铁路路堤临界高度 H_c 最接近下列(　　)。

(A) 3.5m　　(B) 4.1m　　(C) 4.8m　　(D) 5.6m

【解】$H_c = \dfrac{5.52 C_u}{\gamma} = \dfrac{5.52 \times 12}{16} = 4.14\text{m}$

2006D4

在均质厚层软土地基上修筑铁路路堤,当软土的不排水抗剪强度 $C_u = 8\text{kPa}$,路堤填料压实后的重度为 18.5kN/m³ 时,如不考虑列车荷载影响和地基处理,路堤可能填筑的临界高度接近下列哪个选项?

(A) 1.4m　　(B) 2.4　　(C) 3.4m　　(D) 4.4m

【解】

$H_c = \dfrac{5.52 C_u}{\gamma} = \dfrac{5.52 \times 8}{18.5} = 2.4\text{m}$

2014D25

某铁路需通过饱和软黏土地段,软黏土的厚度为 5m,路基土重度 $\gamma = 17.5\text{kN/m}^3$,

内摩擦角 $\varphi=0°$，不固结不排水抗剪强度为 $C_u=13.6\text{kPa}$，若土堤和路堤土为同一种软黏土，填筑时采用泰勒（Taylor）稳定数图解法估算土堤临界高度最接近下列哪个选项？

(A) 3.6m　　　(B) 4.3m　　　(C) 4.6m　　　(D) 5.5m

【解】
$$H_c = \frac{5.52 C_u}{\gamma} = \frac{5.52 \times 13.6}{17.5} = 4.3\text{m}$$

15.4 铁路桥涵地基与基础设计

15.4.1 地基基本承载力及容许承载力

2016D6

某铁路桥墩台为圆形，半径为 2.0m，基础埋深 4.5m，地下水埋深 1.5m，不受水流冲刷，地面以下相关地层及参数见下表，根据《铁路桥涵地基和基础设计规范》，该墩台基础的地基容许承载力最接近下列哪个选项？

地层编号	地层岩性	层底深度（m）	天然重度（kN/m³）	饱和重度（kN/m³）
①	粉质黏土	3.0	18	20
②	稍松砾砂	7.0	19	20
③	黏质粉土	20.0	19	20

(A) 270kPa　　　(B) 280kPa　　　(C) 300kPa　　　(D) 340kPa

【解】地基持力层为②稍松砾砂，查表得地基基本承载力 $\sigma_0=200\text{kPa}$

圆形基础 $b=\sqrt{F}=\sqrt{3.14\times 2\times 2}=3.54\text{m}$；

不受水流冲刷，基础埋深 $h=4.5\text{m}$，满足 $h>3\text{m}$，$h/b=4.5/3.54=1.27<4$

基底持力层为②稍松砾砂透水，故基底持力层土的重度取浮重度 $\gamma_1=10\text{kN/m}^3$

基础埋深 h 范围内土的加权平均重度 $\gamma_2=\dfrac{1.5\times 18+1.5\times 10+1.5\times 10}{4.5}=12.67\text{kN/m}^3$

基底持力层为②稍松砾砂，查表得 $k_1=3\times 0.5=1.5$，$k_2=5\times 0.5=2.5$

修正后地基承载力容许值
$[\sigma] = \sigma_0 + k_1\gamma_1(b-2) + k_2\gamma_2(h-3)$
$\quad = 200 + 1.5\times 10\times(3.54-2) + 2.5\times 12.67\times(4.5-3) = 270.6\text{kPa}$

15.4.2 软土地基容许承载力

2008D10

某铁路涵洞基础位于深厚淤泥质黏土地基上，基础埋置深度 1m，地基土不排水抗剪强度 C_u 为 35kPa，地基土天然重度 18kN/m^3，地下水位在地面下 0.5m 处，按照《铁路桥涵地基基础设计规范》，安全系数 m' 取 2.5，涵洞基础地基容许承载力 $[\sigma]$ 的最小值接近于下列哪个选项？

(A) 60kPa　　　(B) 70kPa　　　(C) 80kPa　　　(D) 90kPa

【解】淤泥质黏土在计算承载力时按不透水层处理

软土地基按抗剪强度指标确定修正后容许承载力

$$[\sigma] = \frac{5.14C_u}{m'} + \gamma_2 h = \frac{5.14 \times 35}{2.5} + 18 \times 1 = 89.96 \text{kPa}$$

2012D4

某铁路工程地质勘察中，揭示地层如下：①粉细砂层，厚度4m；②软黏土层，未揭穿。地下水位埋深为2m，粉细砂层的土粒相对密度 $G_s = 2.65$，水上部分的天然重度为 19.0kN/m^3，含水量 $w = 15\%$，整个粉细砂层密实程度一致，软黏土层的不排水抗剪强度 $C_u = 20 \text{kPa}$。问软黏土层黏土的容许承载力为下列何值？(取安全系数 $m' = 1.5$)

(A) 69kPa　　　(B) 98kPa　　　(C) 127kPa　　　(D) 147kPa

【解】与土的三相比公式相结合，使用"一条公式"，先求得①层在水下部分的饱和重度

$$e = \frac{G_s(1+w)\rho_w}{\rho} - 1 = \frac{2.65 \times (1+0.15) \times 1}{1.9} - 1 = 0.6$$

$$e = \frac{G_s \rho_w}{\rho_{sat} - \frac{e\rho_w}{e+1}} - 1 = 0.6 = \frac{2.65 \times 1}{\rho_{sat} - \frac{0.6 \times 1}{0.6+1}} - 1 \rightarrow \rho_{sat} = 2\text{g/cm}^3$$

得 $\gamma_{sat} = 20 \text{kN/m}^3$

软黏土在计算承载力时按不透水层处理

$$\gamma_2 = \frac{19 \times 2 + 20 \times 2}{4} = 19.5 \text{kN/m}^3$$

软黏土顶面地基按抗剪强度指标确定容许承载力

$$[\sigma] = \frac{5.14C_u}{m'} + \gamma_2 h = \frac{5.14 \times 20}{1.5} + 19.5 \times 4 = 146.5 \text{kPa}$$

15.4.3 基础稳定性

2016C7

某铁路桥墩台基础，所受的外力如题图所示，其中 $P_1 = 140\text{kN}$，$P_2 = 120\text{kN}$，$F_1 = 190\text{kN}$，$T_1 = 30\text{kN}$，$T_2 = 45\text{kN}$ 基础自重 $W = 150\text{kN}$，基底为砂类土，根据《铁路桥涵地基和基础设计规范》，该墩台基础的滑动稳定系数最接近下列哪个选项的数值？

(A) 1.25　　　(B) 1.30
(C) 1.35　　　(D) 1.40

【解】基底为砂类土，查表得基础底面与地基土间的摩擦系数 $f = 0.4$

$$K_c = \frac{f \sum P_i}{\sum T_i}$$

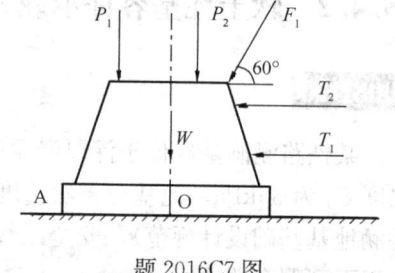

题 2016C7 图

$$=\frac{0.4\times(140+120+190\times\sin60°+150)}{190\times\cos60°+30+45}=1.35$$

15.4.4 桩基础

15.4.4.1 按岩土的阻力确定钻（挖）孔灌注摩擦桩单桩轴向受压容许承载力

2014C13

某铁路桥梁采用钻孔灌注桩基础，地层条件和基桩入土深度如题图所示，成孔桩径和设计桩径均为 1.0m，柱底支撑力折减系数 m_0 取 0.7，如果不考虑冲刷及地下水的影响，根据《铁路桥涵地基和基础设计规范》，计算基桩的容许承载力最接近下列何值？

(A) 1700kN (B) 1800kN
(C) 1900kN (D) 2000kN

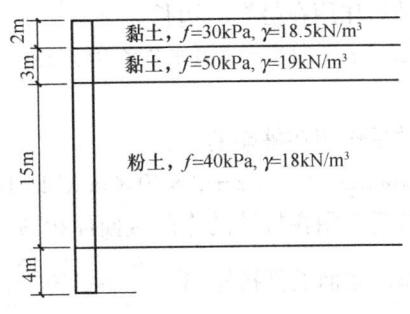

题 2014C13 图

【解】桩径 $d=1$m

桩端埋置埋深 $h=2+3+15+4=24$m

不考虑冲刷及地下水的影响，桩端以上（准确是指 h 范围内）土的加权平均重度

$$\gamma_2=\frac{2\times18.5+3\times19+15\times18+4\times20}{24}=18.5\text{kN/m}^3$$

桩端处土的基本承载力 $[\sigma_0]=180$kPa

根据桩端土土性为中密细砂，查表确定修正系数 $k_2=3$；$k_2'=k_2/2=1.5$；
$10d=10$m $<h=24$m，则桩底地基土的容许承载力

$[\sigma]=\sigma_0+k_2\gamma_2(4d-3)+k_2'\gamma_2(6d)$

$=180+3\times18.5\times(4\times1-3)+1.5\times18.5\times6\times1=402$ kPa

钻孔灌注桩桩底支承力折减系数 $m_0=0.7$

单桩容许承载力

$[P]=\frac{1}{2}u\sum l_i f_i+m_0 A[\sigma]$

$=\frac{1}{2}\times3.14\times1\times(2\times30+3\times50+15\times40+4\times50)+0.7\times3.14\times0.5^2\times402$

$=1806.6$kN

15.4.4.2 群桩作为实体基础的检算

2008C13

某铁路桥梁桩基如题图所示，作用于承台顶面的竖向力和承台底面处的力矩分别为 6000kN 和 2000kN·m，桩长 40m，桩径 0.8m，承台高度 2m，地下水位与地表齐平，桩基所穿过土层的按厚度加权平均内摩擦角为 $\varphi=24°$，假定实体深基础范围内承台、桩和

土的混合平均重度取 20kN/m³，根据《铁路桥涵地基和基础设计规范》按实体基础检算，桩端底面处地基容许承载力至少应接近下列哪个选项的数值才能满足要求？

(A) 465kPa   (B) 890kPa
(C) 1100kPa   (D) 1300kPa

【解】桩群外围边长 $b' = 0.4 + 2.4 + 2.4 + 0.4 = 5.6\text{m}$

桩群外围边长 $l' = 0.4 + 0.4 + 2.4 = 3.2\text{m}$

应力扩散后作用在桩端的边长
$b = b' + 2l_0 \tan(\overline{\varphi}/4) = 5.6 + 2 \times 40 \times \tan(24°/4) = 14.0\text{m}$

应力扩散后作用在桩端的边长
$l = l' + 2l_0 \tan(\overline{\varphi}/4) = 3.2 + 2 \times 40 \times \tan(24°/4) = 11.6\text{m}$

应力扩散后作用在桩端的作用截面面积 $A = b \times l = 14.0 \times 11.6 = 162.4\text{m}^2$

桩端的作用截面的抵抗矩 $W = \dfrac{lb^2}{6} = \dfrac{11.6 \times 14.0^2}{6} = 378.9\text{m}^3$

地下水位下土体和桩取浮重度，则作用于桩基底面（即桩端）的竖向力
$$N = 6000 + (20-10) \times 162.4 \times (40 + 2) = 74208\text{kN}$$

外力对承台底面处桩基重心的力矩 $M = 2000\text{kN·m}$

承载力检算：$[\sigma] \geqslant \dfrac{N}{A} + \dfrac{M}{W} = \dfrac{74208}{162.4} + \dfrac{2000}{378.9} = 462.2\text{kPa}$

15.4.5 特殊地基

2019C9

某铁路桥梁位于多年少冰冻土区，自地面起土层均为不融沉多年冻土，土层的月平均最高温度为 1.0℃，多年冻土天然上限埋深 1.0m，下限埋深 30m。桥梁拟采用钻孔灌注桩基础，设计桩径 800mm，桩顶位于现地面下 5.0m，有效桩长 8.0m（如题图所示）。根据《铁路桥涵地基和基础设计规范》TB 10093—2017，按岩土阻力计算单桩轴向受压容许承载力最接近下列哪个选项？（不融沉冻土与桩侧表面的冻结强度按多年冻土与混凝土基础表面的冻结强度 S_m 降低 10%考虑，冻结力修正系数取 1.3，桩底支承力折减系数取 0.5）

(A) 2000kN   (B) 1800kN
(C) 1640kN   (D) 1340kN

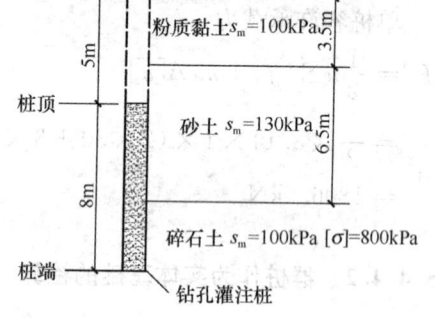

题 2019C9 图

【解】据《铁路桥涵地基和基础设计规范》9.3.7
$m'' = 1.3, m'_0 = 0.5, \tau_砂 = 130 \times 0.9 = 117, \tau_{碎石} = 110 \times 0.9 = 99$

$$[P] = \frac{1}{2} \times 3.14 \times 0.8 \times 1.3 \times (117 \times 5 + 99 \times 3) + 3.14 \times 0.16 \times 0.5 \times 800 = 1641.1 \text{kN}$$

【注】偏门题，此知识点 2019 年第一次考查。

15.5 铁路路基设计

15.6 铁路路基支挡结构设计

15.6.1 重力式挡土墙

15.6.2 加筋挡土墙

2005D23

在加筋挡土墙中，水平布置的塑料土工格栅置于砂土中，已知单位宽度的拉拔力为 $T = 130 \text{kN/m}$，作用于格栅上的垂直应力为 $\sigma_v = 155 \text{kPa}$，土工格栅与砂土间摩擦系数为 $f = 0.35$，问当抗拔安全系数为 1.0 时，按《铁路路基支挡结构设计规范》该土工格栅的最小锚固长度最接近下列(　　)值。

(A) 0.7m　　　　(B) 1.2m　　　　(C) 1.7m　　　　(D) 2.4m

【解】抗拔安全系数为 1.0，即拉筋拉力 $T_i = 130$ 与拉筋抗拔力 S_{fi} 相等

因此拉筋抗拔力 $S_{ft} = K_s T = 1 \times 130 = 130 \text{kN/m}$

拉筋宽度取单位宽度 $a = 1\text{m}$；作用于格栅上的垂直应力为 $\sigma_v = 155 \text{kPa}$；

土工格栅与砂土间摩擦系数为 $f = 0.35$

拉筋抗拔力 $S_{ft} = 2\sigma_{vi} a L_b f \rightarrow L_b = \dfrac{S_{ft}}{2\sigma_{vi} a f} = \dfrac{130}{2 \times 155 \times 1 \times 0.35} = 1.2\text{m}$

2008D21

题图所示的加筋挡土墙，拉筋间水平及垂直间距 $S_x = S_y = 0.4\text{m}$，填料重度 $\gamma = 19 \text{kN/m}^3$，综合内摩擦角 $\varphi_b = 35°$，按《铁路支挡结构设计规范》，深度 4m 处的拉筋拉力最接近下列哪一选项？（拉筋拉力峰值附加系数取 $K = 1.5$）

(A) 3.9kN　　　　(B) 4.9kN
(C) 5.9kN　　　　(D) 6.9kN

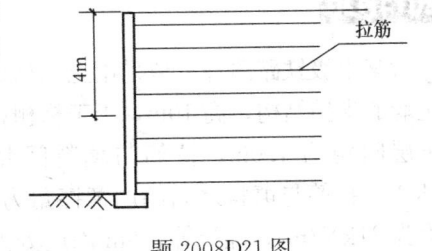

题 2008D21 图

【解】静止土压力系数
$\lambda_0 = 1 - \sin\varphi_0 = 1 - \sin 35° = 0.426$

主动土压力系数
$\lambda_a = \tan^2(45° - 35°/2) = 0.271$

计算深度 $h_i = 4\text{m} < 6\text{m}$

4m 深度处的土压力系数

$\lambda_i = \lambda_0(1-h_i/6) + \lambda_a(h_i/6) = 0.426 \times (1-4/6) + 0.271 \times (4/6) = 0.323$

水平土压应力 $\sigma_{h1i} = \lambda_i \gamma h_i = 0.323 \times 19 \times 4 = 24.548\text{kPa}$

挡墙后填土无附加荷载时，

作用于路肩挡土墙墙面板的水平土压应力 $\sigma_{hi} = \sigma_{h1i} = 24.548\text{kPa}$

深度 4m 处拉筋拉力 $T_i = KE_{xi} = K\sigma_{hi}S_xS_y = 1.5 \times 24.548 \times 0.4 \times 0.4 = 5.89\text{kN}$

2012D20

如题图所示，某场地的填筑体的支挡结构采用加筋挡土墙。复合土工带拉筋间的水平间距与垂直间距分别为 0.8m 和 0.4m，土工带宽 10cm。填料重度 18kN/m^3，综合内摩擦角 $32°$。拉筋与填料间的摩擦系数为 0.26，拉筋拉力峰值附加系数为 2.0。根据《铁路路基支挡结构设计规范》，按照内部稳定性验算，问深度 6m 处的最短拉筋长度接近下列哪一选项？

(A) 3.5m (B) 4.2m (C) 5.0m (D) 5.8m

【解】主动土压力系数 $\lambda_a = \tan^2(45°-32°/2) = 0.307$

计算深度 $h_i = 6\text{m}$

6m 深度处的土压力系数 $\lambda_i = \lambda_a = 0.307$

水平土压应力 $\sigma_{h1i} = \lambda_i \gamma h_i = 0.307 \times 18 \times 6 = 33.156\text{kPa}$

挡墙后填土无附加荷载时，

作用于路肩挡土墙墙面板的水平土压应力 $\sigma_{hi} = \sigma_{h1i} = 33.156\text{kPa}$

深度 6m 处拉筋拉力 $T_i = KE_{xi} = K\sigma_{hi}S_xS_y = 2.0 \times 33.156 \times 0.8 \times 0.4 = 21.22\text{kN}$

当挡墙后填土无附加荷载时，

深度 6m 处所对应拉筋上的垂直压应力 $\sigma_{vi} = \gamma h_i = 18 \times 6 = 108\text{kPa}$

拉筋抗拔力 $S_{fi} = 2\sigma_{vi}aL_bf = 2 \times 108 \times 0.1 \times L_b \times 0.26 = 5.616L_b$

按照内部稳定性验算，要求 $S_{fi} \geq T_i$，可得 $5.616L_b \geq 21.22$ 即 $L_b \geq 3.77\text{m}$

加筋土挡墙墙高 $H = 8\text{m}$

当 $h_i = 6\text{m} > H/2 = 4\text{m}$ 时，非锚固段长度 $L_a = 0.6(H-h_i) = 0.6 \times (8-6) = 1.2\text{m}$

深度 6m 处单根拉筋长度 $L = L_a + L_b \geq 1.2 + 3.77 = 4.97\text{m}$

【注】本题只要求按照内部稳定性验算，故无需考虑构造要求。

2014D20

某Ⅰ级铁路路基，拟采用土工格栅加筋挡土墙的支挡结构，高 10m，土工格栅拉筋的上下层间距为 1.0m，拉筋与填料间黏聚力为 5kPa，拉筋与填料之间的内摩擦角为 $15°$，重度为 21kN/m^3。经计算，6m 深度处的水平土压应力为 75kPa，根据《铁路路基支挡结构设计规范》，深度 6m 处的拉筋的水平回折包裹长度的计算值最接近下列哪个选项？

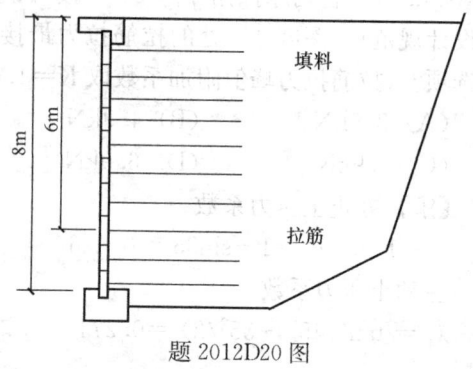

题 2012D20 图

(A) 1.0m (B) 1.5m (C) 2.0m (D) 2.5m

【解】土工格栅包裹式加筋挡土墙筋材回折包裹长度

$$l_0 = \frac{D\sigma_{hi}}{2(c+\gamma h_i \tan\delta)} = \frac{1 \times 75}{2 \times (5+21 \times 6\tan 15°)} = 0.96\text{m}$$

【注】此题是考查老规范公式 8.2.14，新规范中已经删除，为尽量保持真题的原汁原味，此题申申老师没有改编，但可以不再学习。

2019C16

某加筋土挡土墙墙高 10m，墙后加筋土的重度为 19.7kN/m³，内摩擦角 30°，筋材为土工格栅，其与填土的摩擦角 δ 为 18°，拉筋宽度 $a=10$cm，设计要求拉筋的抗拔力 $S_A=28.5$kN。假设加筋土挡土墙墙顶无荷载，按照《铁路路基支挡结构设计规范》TB 10025—2019 的相关要求，距墙顶面下 7m 处土工格栅的拉筋长度最接近下列哪个选项？

(A) 4.0m (B) 5.0m (C) 6.0m (D) 7.0m

【解】设拉筋的有效锚固长度 L_b
加筋土挡土墙墙顶无荷载时，7m 处土工格栅的拉筋所对应拉筋上的垂直压应力

$$\sigma_{vi} = \gamma h_i = 19.7 \times 7 = 137.9$$

拉筋宽度 $a=10$m；拉筋与填料间的摩擦系数 $f=\tan 18°$
拉筋抗拔力 $S_{fi} = 28.5 = 2\sigma_{vi} a L_b f = 2 \times 19.7 \times 7 \times 0.1 \times L_b \times \tan 18°$ → $L_b = 3.2$
当 $h_i = 7\text{m} > H/2 = 5\text{m}$ 时，非锚固段长度 $L_a = 0.6 \times (H-h_i) = 0.6 \times (10-7) = 1.8\text{m}$
总长度 $L=3.2+1.8=5\text{m}<\min(0.6\times 10, 4)=6\text{m}$
最终取 $L=6\text{m}$

【注】核心知识点常规题。直接使用解题思维流程快速求解。

15.6.3 土钉墙

2005C19

采用土钉加固一破碎岩质边坡，其中某根土钉有效锚固长度 $L_e=4.0$m，该土钉计算承受拉力 E 为 188kN，锚孔直径 $D=108$mm，锚孔壁对砂浆的极限剪应力 $f_{rb}=0.25$MPa，钉材与砂浆间粘结力 $f_b=2.0$MPa，钉材直径 $d=32$mm，该土钉抗拔安全系数最接近下列（　）选项中的值。

(A) $K=0.55$ (B) $K=1.80$ (C) $K=2.37$ (D) $K=4.28$

【解】有效锚固力 $F_{i1} = \pi \cdot D \cdot L_e \cdot f_{rb} = 3.14 \times 0.108 \times 4 \times 250 = 339.12$kN
有效锚固力 $F_{i2} = \pi \cdot d \cdot L_e \cdot f_b = 3.14 \times 0.032 \times 4 \times 2000 = 803.84$kN
土钉抗拔力 F_i 取 F_{i1} 和 F_{i2} 中的小值，即 $F_i = 339.12$kN
土钉抗拔验算，安全系数 $= F_i/E = 339.12/188 = 1.80$

2005D20

某风化破碎严重的岩质边坡高 $H=12$m，采用土钉加固，水平与竖直方向均为每间隔

15 铁路工程专题

1m 打一排土钉,共 12 排,如题图所示,按《铁路路基支挡结构设计规范》提出的潜在破裂面估算方法,请问下列土钉非锚固段长度 L ( ) 选项的计算有误。

(A) 第 2 排 $L_2=1.4$m
(B) 第 4 排 $L_4=3.5$m
(C) 第 6 排 $L_6=4.2$m
(D) 第 8 排 $L_8=4.2$m

【解】土钉墙墙高 $H=12$m

潜在破裂面距墙面的距离 l,当坡体渗水较严重或岩体风化破碎严重、节理发育时取大值

第 2 排土钉距墙顶的高度 $h_i=10$m$>H/2=6$m,$l=0.7\times(12-10)=1.4$m

第 4 排土钉距墙顶的高度 $h_i=8$m$>H/2=6$m,$l=0.7\times(12-8)=2.8$m

第 6 排土钉距墙顶的高度 $h_i=6$m$=H/2=6$m,$l=0.35H=4.2$m

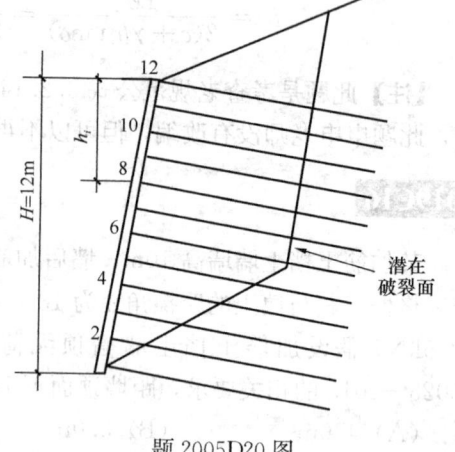

题 2005D20 图

第 8 排土钉距墙顶的高度 $h_i=4$m$<H/2=6$m,$l=0.35H=4.2$m

2011C21

与 2005C19 完全相同。

2014D17

题图所示某铁路边坡高 8m,岩体节理发育,重度 22kN/m³,主动土压力系数为 0.36。采用土钉墙支护,坡面坡率 1:0.4,墙背摩擦角 25°,土钉成孔直径 90mm,其方向垂直于墙面,水平和垂直间距均为 1.5m。浆体与孔壁间粘结强度设计值为 200kPa,采用《铁路路基支挡结构设计规范》,计算距墙顶 4.5m 处 6m 长钉 AB 的抗拔安全系数最接近于下列哪个选项?

(A) 1.1   (B) 1.4
(C) 1.7   (D) 2.0

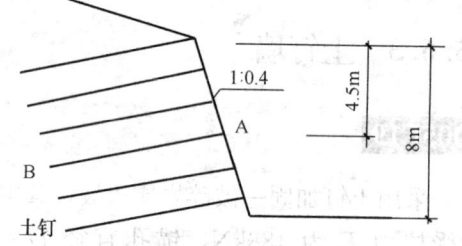

题 2014D17 图

【解】土钉墙墙高 $H=8$m

坡面坡率 1:0.4,则墙背与竖直面间的夹角 $\alpha=\arctan(0.4/1)=21.8°$

4.5m 处土钉距墙顶的高度 $h_i=4.5$m$>H/3=2.67$m

作用于土钉墙墙面板土压水平应力

$$\sigma_i=\frac{2}{3}\lambda_a\gamma H\cos(\delta-\alpha)=\frac{2}{3}\times 0.36\times 22\times 8\times\cos(25°-21.8°)=42.2\text{kPa}$$

土钉方向垂直于墙面,通过几何关系可得到土钉与水平面的夹角 $\beta=\alpha=21.8°$

4.5m 处土钉的拉力 $E_i=\sigma_i S_x S_y/\cos\beta=42.2\times 1.5\times 1.5/\cos 21.8°=102.26$kN

潜在破裂面距墙面的距离 l，当岩体节理发育时取大值
4.5m 处土钉距墙顶的高度 $h_i=4.5\text{m}>H/2=4\text{m}$，$l=0.7\times(8-4.5)=2.45\text{m}$
即土钉有效锚固长度 $L_e=6-l=6-2.45=3.55\text{m}$
有效锚固力 $F_i=\pi\cdot d\cdot L_e\cdot f_b=3.14\times 0.09\times 3.55\times 200=200.646\text{kN}$
题目未给出锚孔的相关数值，所以土钉抗拔力直接取 $F_i=200.646\text{kN}$
土钉抗拔验算，安全系数 $=F_i/E_i=200.646/102.26=1.96$

15.6.4 锚杆挡土墙

2005C20

如题图所示，一锚杆挡墙肋柱的某支点处垂直于挡墙面的反力 R_n 为 250kN，锚杆对水平方向的倾角 $\beta=25°$，肋柱的竖直倾角 α 为 15°，锚孔直径 D 为 108mm，砂浆与岩层面的极限剪应力 $\tau=0.4\text{MPa}$，计算安全系数 $K=2.5$，当该锚杆非锚固段长度为 2.0m 时，问锚杆设计长度最接近下列选项中的（　　）值。

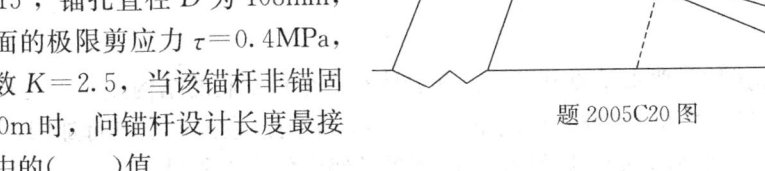

题 2005C20 图

(A) $l\geqslant 1.9\text{m}$　　　(B) $l\geqslant 3.9\text{m}$
(C) $l\geqslant 4.7\text{m}$　　　(D) $l\geqslant 6.7\text{m}$

【解】由图可知锚杆轴向承载力设计值
$$N_t=\frac{R_n}{\cos(25°-15°)}=\frac{250}{\cos(25°-15°)}=253.86\text{kN}$$

有效锚固长度 $L_a=\dfrac{KN_t}{\pi D f_{rb}}=\dfrac{2.5\times 253.86}{3.14\times 0.108\times 400}=4.68\text{m}$

且满足构造要求：有效锚固长度 L_a 不宜小于 4.0m，且不宜大于 10m
锚杆设计长度 $L_a=4.68+2.0=6.68\text{m}$

15.6.5 预应力锚索

2007C26

已知预应力锚索的最佳下倾角，对锚固段为 $\beta_1=\varphi-\alpha$，对自由段为 $\beta_2=45°+\varphi/2-\alpha$，某滑坡采用预应力锚索治理，其滑动面内摩擦角 $\varphi=18°$，滑动面倾角 $\alpha=27°$，方案设计中锚固段长度为自由段长度的 1/2，问依据现行铁路规范全锚索的最佳下倾角 β 计算值为以下哪一数值？

(A) 9°　　　(B) 12°　　　(C) 15°　　　(D) 18°

【解】锚索的锚固段长度与自由段长度之比 $A=1/2$
全锚索最佳计算下倾角
$$\beta=\frac{45°}{A+1}+\frac{2A+1}{2A+2}\varphi-\alpha=\frac{45°}{0.5+1}+\frac{2\times 0.5+1}{2\times 0.5+2}\times 18°-27°=15°$$

15 铁路工程专题

2007D19

在题图所示的铁路工程岩石边坡中，上部岩体沿着滑动面下滑，剩余下滑力为 $F=1220\text{kN}$，为了加固此岩坡，采用预应力锚索，滑动面倾角及锚索的方向如图所示。滑动面处的摩擦角为 $18°$，则此锚索的最小锚固力最接近于下列哪一个数值？

(A) 1200kN　　　(B) 1400kN　　　(C) 1600kN　　　(D) 1700kN

【解】滑坡下滑力 $F=1220\text{kN}$；折减系数 $\lambda=1$
滑动面倾角 $\alpha=35°$；锚索与水平面的夹角 $\beta=30°$
滑动面内摩擦角 $\varphi=18°$

$$P_1 = \frac{F}{\lambda\sin(\alpha+\beta)\tan\varphi + \cos(\alpha+\beta)}$$

$$= \frac{1220}{1\times\sin(30°+35°)\tan18° + \cos(30°+35°)}$$

$$= 1701.3\text{kN}$$

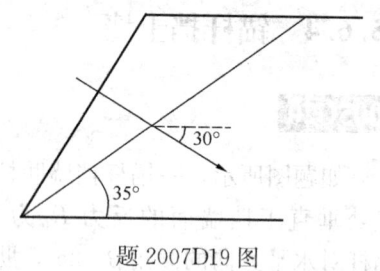

题 2007D19 图

2008D27

有一岩体边坡，要求垂直开挖。已知岩体有一个最不利的结构面为顺坡方向，与水平方向夹角为 $55°$，岩体有可能沿此向下滑动，现拟采用预应力锚索进行加固，锚索与水平方向的下倾夹角为 $20°$，问在距坡底 10m 高处的锚索的自由段设计长度应考虑不小于下列哪个选项？（注：锚索自由段应伸入滑动面以下不小于 1m）

(A) 5m　　　(B) 7m　　　(C) 8m　　　(D) 9m

【解】画出边坡示意图，如图所示。
由图中几何关系可得

$$l_{AC} = \frac{10\sin(90°-55°)}{\cos(90°-55°-20°)} = 5.94\text{m}$$

要求锚索自由段伸入该潜在滑动面长度不小于 1m，则在 10m 高处的该锚索的自由段总长度 $=5.94+1.0=6.94\text{m}$。

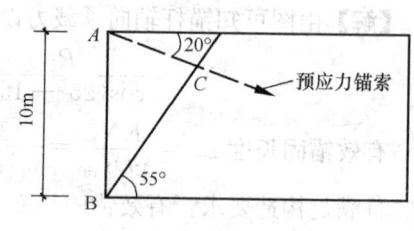

题 2008D27 示意图

2010C24

与 2008D27 完全相同。

15.7 铁路隧道设计

15.7.1 铁路隧道围岩级别

2011D4

某新建铁路隧道埋深较大，其围岩的勘察资料如下：①岩石饱和单轴抗压强度 $R_c=55\text{MPa}$，岩体纵波波速 3800m/s，岩石纵波波速 4200m/s。②围岩中地下水涌流状出水。

③围岩的应力状态为极高应力。试问其围岩的级别为下列哪个选项？
(A) Ⅰ级　　　(B) Ⅱ级　　　(C) Ⅲ级　　　(D) Ⅳ级

【解】岩石饱和单轴抗压强度 $R_c = 55\text{MPa}$

岩体完整性指数 $K_v = \left(\dfrac{3800}{4200}\right)^2 = 0.82$

调整 $R_c = \min(90K_v + 30, R_c) = \min(90 \times 0.82 + 30, 55) = \min(73.8, 55) = 55\text{MPa}$

调整 $K_v = \min(0.04R_c + 0.4, K_v) = \min(0.04 \times 55 + 0.4, 0.82) = \min(2.6, 0.82) = 0.82$

则 $BQ = 100 + 3R_c + 250K_v = 100 + 3 \times 55 + 250 \times 0.82 = 470$

根据 BQ 值查表对应围岩基本质量分级为Ⅱ级

进行调整：

① 据地下水影响调整：涌流状出水，Ⅱ级降为Ⅲ级

② 据初始地应力调整：极高应力，Ⅱ级不变

故最终围岩的级别为Ⅲ级。

15.7.2 隧道围岩压力

15.7.2.1 非偏压隧道围岩压力按规范求解

2012C22

某公路Ⅳ级围岩单线隧道，拟采用矿山法开挖施工，其标准断面衬砌顶距地面13m，隧道开挖宽度6.4m，衬砌结构高度6.5m，围岩重度24kN/m³，计算摩擦角50°。根据《公路隧道设计规范》，求隧道水平围岩压力最小值最接近下列哪一个选项？

(A) 14.8kPa　　(B) 41.4kPa　　(C) 46.8kPa　　(D) 98.5kPa

【解】

按非偏压荷载计算

①判断隧道埋深类型（深埋、浅埋还是超浅埋）

围岩级别 $s=4$；隧道宽度 $B=6.4\text{m} > 5\text{m}$

宽度影响系数 $\omega = 1 + 0.1 \times (6.4 - 5) = 1.14$

深埋隧道垂直荷载计算高度 $h_a = 0.45 \times 2^{s-1}\omega = 0.45 \times 2^{4-1} \times 1.14 = 4.104\text{m}$

矿山法施工条件下，Ⅳ级围岩浅、深埋临界高度取 $H_p = 2.5h_a = 2.5 \times 4.104 = 10.26\text{m}$

隧道洞顶离地面的高度 $h = 13\text{m} > H_p = 10.26\text{m}$，故该断面应按深埋隧道计算

②深埋隧道围岩压力计算

围岩重度 $\gamma = 24\text{kN/m}^3$，洞顶垂直压力 $q = \gamma h_a = 24 \times 4.104 = 98.50\text{kPa}$

水平围岩压力按规范取侧压系数 K_0，Ⅳ级围岩，系数为 $0.15 \sim 0.30$，最小值取 0.15

则隧道水平围岩压力最小值为 $e = K_0 p = 0.15 \times 98.50 = 14.78\text{kPa}$

【注】对于公路隧道围岩压力的计算，首先要判定隧道的深埋、浅埋类型。其次，要注意，当深埋隧道围岩压力为松散荷载时，其垂直均布压力应按围岩塌方高度 $h_a = 0.45 \times 2^{s-1}\omega$ 而不是隧道埋藏深度计算。水平围岩压力按规范查取测压系数，取小值计算即可。

2019C18

某铁路Ⅴ级围岩中的单洞隧道，地表水平，拟采用矿山法开挖施工。其标准断面衬砌

顶距地面距离为 8.0m，考虑超挖影响时的隧道最大开挖宽度为 7.5m，高度为 6.0m，围岩重度为 24kN/m³，计算摩擦角为 40°。假设垂直和侧向压力按均布考虑，试问根据《铁路隧道设计规范》TB 10003—2016，计算该隧道围岩水平压力值最接近下列哪个数值？

(A) 648kN/m （B) 344kN/m （C) 253kN/m （D) 192kN/m

【解1】非偏压荷载

① 判断隧道埋深类型（深埋、浅埋还是超浅埋）

围岩级别 $S=5$；隧道宽度 $B=7.5m>5m$

宽度影响系数 $\omega=1+0.1\times(7.5-5)=1.25$

标准断面衬砌顶距地面距离为 $h=8.0m$

深埋隧道垂直荷载计算高度 $h_a=0.45\times 2^{s-1}\omega=0.45\times 2^{5-1}\times 1.25=9m>h=8m$

故属于超浅埋隧道

② 隧道围岩水平压力值计算

隧道高度 $H_t=6m$，围岩重度 $\gamma=24kN/m^3$，计算摩擦角 $\varphi_c=40°$

按均布考虑侧向压力

$$e=\gamma\left(h+\frac{H_t}{2}\right)\tan^2\left(45°-\frac{\varphi_c}{2}\right)=24\times\left(8+\frac{6}{2}\right)\tan^2\left(45°-\frac{40°}{2}\right)=57.4kPa$$

总水平压力 $E=eH_t=57.4\times 6=344.4$ kN/m

【解2】① 判断隧道埋深类型（深埋、浅埋还是超浅埋），同解1

② 隧道围岩水平压力值计算

此时取顶板土柱两侧摩擦角 $\theta=0°$，计算摩擦角 $\varphi_c=40°$

$$\tan\beta=\tan\varphi_c+\sqrt{\frac{(\tan^2\varphi_c+1)\tan\varphi_c}{\tan\varphi_c-\tan\theta}}=\tan\varphi_c+\sqrt{\tan^2\varphi_c+1}$$

$$=\tan40°+\sqrt{\tan^2 40°+1}=2.145$$

$$\lambda=\frac{\tan\beta-\tan\varphi_c}{\tan\beta[1+\tan\beta(\tan\varphi_c-\tan\theta)+\tan\varphi_c\tan\theta]}=\frac{2.145-\tan40°}{2.145[1+2.145\times\tan40°]}$$

$$=0.22$$

8.0m 位置处土压力 $e_1=\gamma h_i\lambda=24\times 8\times 0.22=42.24$

8.0m+6.0m 位置处土压力 $e_1=\gamma h_i\lambda=24\times 14\times 0.22=73.92$

总水平压力 $E=\frac{1}{2}\times(42.24+73.92)\times 6=348.48kN/m$

【注】核心知识点常规题。直接使用解题思维流程快速求解。

15.7.2.2 偏压荷载隧道围岩压力

2017C23

如题图所示的傍山铁路单线隧道，岩体属V级围岩，地面坡率 1:2.5，埋深 16m，隧道跨度 $B=7m$，隧道围岩计算摩擦角 $\varphi_c=45°$，重度 $\gamma=20kN/m^3$。隧道顶板土柱两侧内摩擦角 $\theta=30°$。试问作用在隧道上方的垂直压力 q 值宜选用下列哪个选项？

(A) 150kPa (B) 170kPa
(C) 190kPa (D) 220kPa

【解】图示铁路隧道地形偏压

① 判断是否采用偏压隧道荷载计算

地形坡率 $\tan\alpha = \dfrac{1}{2.5} \to \cos\alpha = \dfrac{2.5}{\sqrt{1^2+2.5^2}} = 0.93$

外侧覆盖厚度 $\dfrac{t}{16} = \cos\theta = 0.93 \to t = 0.93 \times 16 = 14.88\text{m}$

查表：V 级围岩，单线隧道，坡率为 1 : 2.5，则 $t=14.88\text{m} > 10\text{m}$，因此即便地形是偏压的，但围岩压力计算仍按非偏压荷载考虑。

② 判断隧道埋深类型（深埋、浅埋还是超浅埋）

围岩级别 $s=5$；隧道宽度 $B=7\text{m} > 5\text{m}$

宽度影响系数 $\omega = 1 + 0.1 \times (7-5) = 1.2$

深埋隧道垂直荷载计算高度（m）$h_a = 0.45 \times 2^{s-1} \omega = 0.45 \times 2^{5-1} \times 1.2 = 8.64\text{m}$

铁路浅、深埋临界高度取 $H_p = 2.5 h_a = 2.5 \times 8.64 = 21.6\text{m}$

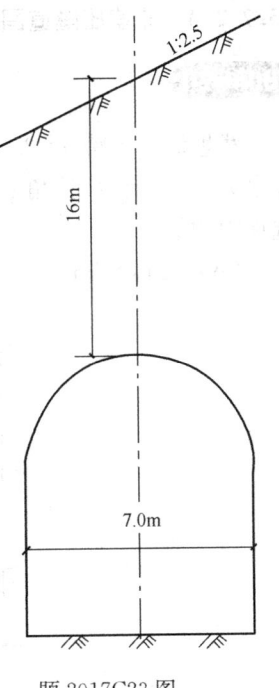

题 2017C23 图

隧道洞顶离地面的高度 h 满足 $H_p = 21.6\text{m} > h = 16\text{m} > h_a = 8.64\text{m}$，故该断面应按浅埋隧道计算。

③ 浅埋隧道围岩压力计算

顶板土柱两侧摩擦角 $\theta = 30°$；围岩计算摩擦角 $\varphi_c = 45°$

产生最大推力时的破裂角

$$\tan\beta = \tan\varphi_c + \sqrt{\dfrac{(\tan^2\varphi_c + 1)\tan\varphi_c}{\tan\varphi_c - \tan\theta}} = \tan 45° + \sqrt{\dfrac{(\tan^2 45° + 1)\tan 45°}{\tan 45° - \tan 30°}} = 3.175$$

侧压力系数

$$\lambda = \dfrac{\tan\beta - \tan\varphi_c}{\tan\beta[1 + \tan\beta(\tan\varphi_c - \tan\theta) + \tan\varphi_c \tan\theta]}$$

$$= \dfrac{3.175 - \tan 45°}{3.175 \times [1 + 3.175(\tan 45° - \tan 30°) + \tan 45° \tan 30°]} = 0.235$$

洞顶垂直压力

$$q = \gamma h \left(1 - \dfrac{\lambda h \tan\theta}{B}\right) = 20 \times 16 \times \left(1 - \dfrac{0.236 \times 16 \times \tan 30°}{7}\right) = 220.76\text{kPa}$$

【注】此题虽然地形是偏压的，但仍是不符合偏压荷载计算的要求，所以按非偏压荷载计算即可，降低了题目本身的难度。因此当遇到偏压地形时，题目未明确按照偏压荷载计算，此时需自行判断是否按非偏压荷载计算，以免入"坑"，假如此题地形设置为水平的，相信大部分岩友就能做对了。

15.7.2.3 非偏压隧道围岩压力其他解法

2006C20

浅埋洞室半跨 $b=3.0$m，高 $h=8$m，上覆松散体厚度 $H=20$m，重度 $\gamma=18$kN/m³，黏聚力 $c=0$，内摩擦角 $\varphi=20°$，用太沙基理论求 AB 面上的均布压力最接近于下列哪个选项中的值？

（A）421kN/m² （B）382kN/m² （C）315kN/m² （D）300kN/m²

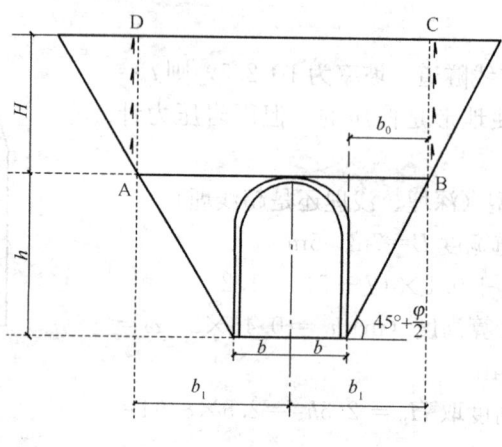

题 2006C20 图

【解】太沙基法求解

洞室埋深 $H=20$m；洞室高度 $h=8$m；洞室跨度之半 $b=3$m

土的重度 $\gamma=18$kN/m³；土的黏聚力 $c=0$kPa；土的内摩擦角 $\varphi=20°$

土柱宽度之半 $b_1 = b + h\tan\left(45°-\dfrac{\varphi}{2}\right) = 3 + 8\times\tan\left(45°-\dfrac{20°}{2}\right) = 8.6$m

上覆为土体，侧压力系数 $\lambda = \tan^2\left(45°-\dfrac{\varphi}{2}\right) = \tan^2\left(45°-\dfrac{20°}{2}\right) = 0.49$

地面无附加荷载，即 $q=0$kPa

洞顶垂直均布土压力

$$q_v = \dfrac{b_1\gamma - c}{\lambda\tan\varphi}\left[1 - e^{-\frac{\lambda\tan\varphi}{b_1}H}\right] + q e^{-\frac{\lambda\tan\varphi}{b_1}H} = \dfrac{8.6\times 18 - 0}{0.49\times\tan 20°}\left[1 - e^{-\frac{0.49\times\tan 20°}{8.6}\times 20}\right] + 0$$
$$= 294.7\text{kPa}$$

【注】①此题已明确使用太沙基解法，但为了理解《工程地质手册》松动土柱法，按松动土柱法解答示意如下，各位岩友也可以先尝试求解

土的黏聚力 $c=0$kPa

$$K_1 = \tan\varphi\tan^2\left(45°-\dfrac{\varphi}{2}\right) = \tan 20°\tan^2\left(45°-\dfrac{20°}{2}\right) = 0.178$$

$$q_v = \gamma H\left[1 - \dfrac{H}{2b_1}K_1 - \dfrac{c}{b_1\gamma}(1-2K_2)\right] = 18\times 20\times\left[1 - \dfrac{20}{2\times 8.6}\times 0.178 - 0\right]$$
$$= 285.5\text{kPa}$$

② 可以看出太沙基法计算结果较松动土柱法计算结果偏大，这是因为太沙基法未考虑两侧的摩阻力。

③ 当题目未指明使用规范和哪种方法求解围岩压力时，优先使用规范法，其次为《工程地质手册》上的松动土柱法，最后才是太沙基法。

2007C23

有一宽10m、高15m的地下隧道，位于碎散的堆积土中，洞顶距地面深12m，堆积土的强度指标 $c=0$，$\varphi=30°$，天然重度 $\gamma=19\text{kN/m}^3$，地面无荷载，无地下水，用太沙基理论计算作用于隧洞顶部的垂直压力最接近于(　　)。(土的侧压力采用朗肯主动土压力系数计算)

(A) 210kPa　　(B) 230kPa
(C) 250kPa　　(D) 270kPa

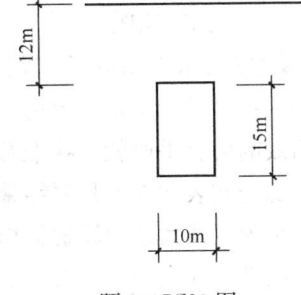

题2007C23图

【解】太沙基法求解

洞室埋深 $H=12\text{m}$；洞室高度 $h=15\text{m}$；洞室跨度之半 $b=10\div2=5\text{m}$

土的重度 $\gamma=19\text{kN/m}^3$；土的黏聚力 $c=0\text{kPa}$；土的内摩擦角 $\varphi=30°$

土柱宽度之半 $b_1=b+h\tan\left(45°-\dfrac{\varphi}{2}\right)=5+15\times\tan\left(45°-\dfrac{30°}{2}\right)=13.7\text{m}$

上覆为土体，侧压力系数 $\lambda=\tan^2\left(45°-\dfrac{\varphi}{2}\right)=\tan^2\left(45°-\dfrac{30°}{2}\right)=0.33$

地面无附加荷载，即 $q=0\text{kPa}$

洞顶垂直均布土压力

$$q_v=\dfrac{b_1\gamma-c}{\lambda\tan\varphi}(1-e^{-\frac{\lambda\tan\varphi}{b_1}H})+qe^{-\frac{\lambda\tan\varphi}{b_1}H}=\dfrac{13.7\times19-0}{0.33\times\tan30°}(1-e^{-\frac{0.33\times\tan30°}{13.7}\times12})+0=210\text{kPa}$$

【注】感兴趣的岩友也可以尝试下《工程地质手册》松动土柱法，最终答案为208.8kPa。

2012D23

一地下结构置于无地下水的均质砂土中，砂土的 $\gamma=20\text{kN/m}^3$、$c=0$、$\varphi=30°$，上覆砂土厚度 $H=20\text{m}$，地下结构宽 $2a=8\text{m}$、高 $h=5\text{m}$。假定从洞室的底角起形成一与结构侧壁成 $(45°-\varphi/2)$ 的滑移面，并延伸到地面(题图所示)，取 ABCD 为下滑体。作用在地下结构顶板上的竖向压力最接近下列哪个选项？

(A) 65kPa　　(B) 200kPa
(C) 290kPa　　(D) 400kPa

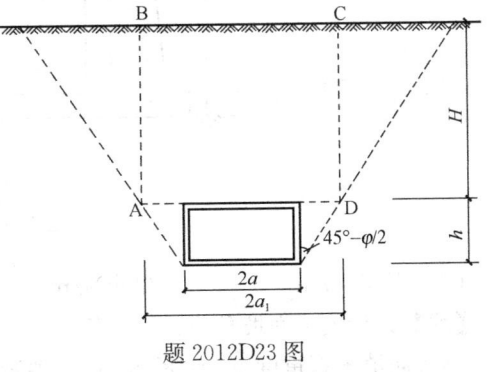

题2012D23图

【解】使用《工程地质手册》松散土

柱法求解

洞室埋深 $H=20\mathrm{m}$；洞室高度 $h=5\mathrm{m}$；洞室跨度之半 $b=8\div2=4\mathrm{m}$

土的重度 $\gamma=20\mathrm{kN/m^3}$；土的黏聚力 $c=0\mathrm{kPa}$；土的内摩擦角 $\varphi=30°$

土柱宽度之半 $b_1 = b + h\tan\left(45°-\dfrac{\varphi}{2}\right) = 4 + 5 \times \tan\left(45°-\dfrac{30°}{2}\right) = 6.89\mathrm{m}$

$K_1 = \tan\varphi \tan^2\left(45°-\dfrac{\varphi}{2}\right) = \tan30° \tan^2\left(45°-\dfrac{30°}{2}\right) = 0.192$

$q_v = \gamma H\left[1 - \dfrac{H}{2b_1}K_1 - \dfrac{c}{b_1\gamma}(1-2K_2)\right] = 20 \times 20 \times \left[1 - \dfrac{20}{2\times 6.89}\times 0.192 - 0\right]$

$= 288.5\mathrm{kPa}$

【注】①符号表达的问题，如果题目中量的符号与解题思维流程不一致，可以根据题目中符号进行调整，也可以直接使用解题思维流程中的符号表达，完全没有问题。当然最高效的解题手段就是找准数据，直接将数据代入到相应公式表达式中，不用列出用符号表示的公式表达式，只要结果对，完全没问题。考场上如何写过程，见前言。再次强调，本书是为了使大家理解解题思维流程，理解知识点的本质，所以每道题解答极其详细，考场上没必要这么详细，考场上最重要的是两点：会思维，有速度。

②感兴趣的岩友也可以尝试太沙基法求解，最终答案为 307kPa。

15.7.2.4 明洞荷载计算方法

2018C19

如题图所示的单线铁路明洞，外墙高 $H=9.5\mathrm{m}$，墙背直立，拱部填土坡率 1:5，重度 $\gamma_1=18\mathrm{kN/m^3}$，内墙高 $h=6.2\mathrm{m}$，墙背光滑，墙后填土重度 $\gamma_2=20\mathrm{kN/m^3}$，内摩擦角 40°。试问填土作用在内墙背上的总土压力 E_a 最接近下列哪个选项？

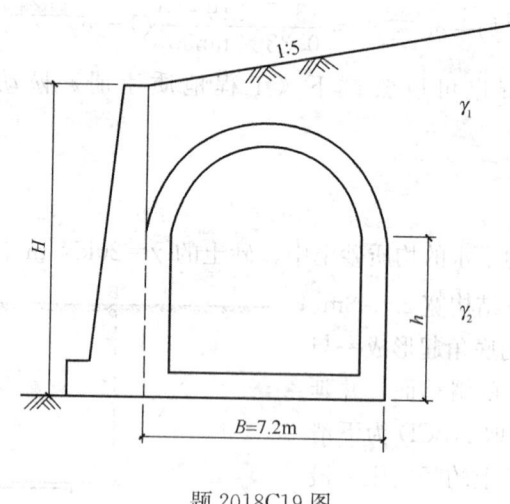

题 2018C19 图

(A) 175kN/m　　(B) 220kN/m　　(C) 265kN/m　　(D) 310kN/m

【解】设计填土面坡角 $\tan\alpha = 1/5$

拱背回填土石重度 $\gamma_1=18\mathrm{kN/m^3}$；墙背回填土石重度 $\gamma_2=20\mathrm{kN/m^3}$

墙背回填土石重度计算内摩擦角 $\varphi_2 = 40°$

计算参数 $\alpha' = \arctan\left(\dfrac{\gamma_1}{\gamma_2}\tan\alpha\right) = \arctan\left(\dfrac{18}{20} \times \dfrac{1}{5}\right) = 10.2°$

内墙侧填土坡面向上倾斜计算参数

$$\lambda = \dfrac{\cos^2\varphi_2}{\left[1+\sqrt{\dfrac{\sin\varphi_2 \cdot \sin(\varphi_2-\alpha')}{\cos\alpha}}\right]^2} = \dfrac{\cos^2 40°}{\left[1+\sqrt{\dfrac{\sin 40° \times \sin(40°-10.2°)}{\cos 10.2°}}\right]^2}$$

$$= \dfrac{\cos^2 40°}{[1+0.57]^2} = 0.238$$

填土坡面至内墙顶的垂直高度 $h_1 = H - h + B\tan\alpha = 9.5 - 6.2 + 7.2 \times \dfrac{1}{5} = 4.74\text{m}$

① 计算内墙顶部处侧向土压力 e_1

墙顶至计算位置的高度 $h''_1 = 0\text{m}$

计算点换算高度 $h'_1 = h''_1 + \dfrac{\gamma_1}{\gamma_2}h_1 = 0 + \dfrac{18}{20} \times 4.74 = 4.266\text{m}$

内墙顶部处侧向土压力 $e_1 = \gamma_2 h'_1 \lambda = 20 \times 4.266 \times 0.238 = 20.3\text{kPa}$

② 计算内墙底部处侧向土压力 e_2

墙顶至计算位置的高度 $h''_2 = h = 6.2\text{m}$

计算点换算高度 $h'_2 = h''_2 + \dfrac{\gamma_1}{\gamma_2}h_1 = 6.2 + \dfrac{18}{20} \times 4.74 = 10.466\text{m}$

内墙底部处侧向土压力 $e_2 = \gamma_2 h'_2 \lambda = 20 \times 10.466 \times 0.238 = 49.8\text{kPa}$

③ 填土作用在内墙背上的总土压力

$$E_a = \dfrac{1}{2}(e_1+e_2)h = \dfrac{1}{2} \times (20.3+49.8) \times 6.2 = 217.31\text{kN/m}$$

15.7.2.5　洞门墙计算方法

2014D22

题图所示的某铁路隧道的端墙洞门墙高 8.5m，最危险破裂面与竖直面的夹角 $\omega = 38°$，墙背面倾角 $\alpha = 10°$，仰坡倾角 $\varepsilon = 34°$，墙背顶距仰坡坡脚 $a = 2.0\text{m}$，墙后土体重度 $\gamma = 22\text{kN/m}^3$，内摩擦角 $\varphi = 40°$，取洞门墙体计算条带宽度为 1m，作用在墙体上的土压力是下列哪个选项？

(A) 81kN　　　(B) 119kN
(C) 135kN　　　(D) 175kN

【解】地面坡角 $\varepsilon = 34°$；墙面倾角 $\alpha = 10°$；地面坡脚点距墙背水平距离 $a = 2.0\text{m}$

计算 $h_0 = \dfrac{a\tan\varepsilon}{1-\tan\varepsilon\tan\alpha} = \dfrac{2.0 \times \tan 34°}{1-\tan 34°\tan 10°}$

$= 1.53\text{m}$

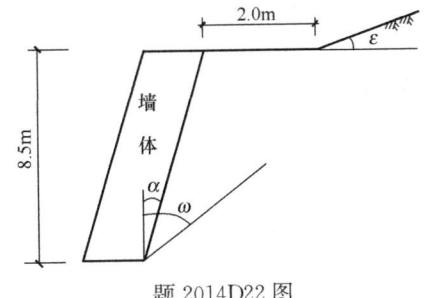

题 2014D22 图

门墙总高度高度 $H' = 8.6\mathrm{m}$

门墙计算高度 $H = H' - h_0 = 8.5 - 1.53 = 6.97\mathrm{m}$

最危险破裂面与垂直面之间的夹角 $\omega = 38°$

洞门墙计算条带宽度取 $b = 1\mathrm{m}$

墙后土体内摩擦角 $\varphi = 40°$

墙后土体重度 $\gamma = 22\mathrm{kN/m^3}$

参数 $\lambda = \dfrac{(\tan\omega - \tan\alpha)(1 - \tan\alpha\tan\varepsilon)}{\tan(\omega + \varphi)(1 - \tan\omega\tan\varepsilon)} = \dfrac{(\tan38° - \tan10°)(1 - \tan10°\tan34°)}{\tan(38° + 40°)(1 - \tan38°\tan34°)} = 0.24$

高度 $h' = \dfrac{a}{\tan\omega - \tan\alpha} = \dfrac{2.0}{\tan38° - \tan10°} = 3.31\mathrm{m}$

由题图可看出，破裂面交于斜坡底，此时当 a 较小时考虑

$$E = \frac{1}{2}b\gamma H^2\lambda + \frac{1}{2}b\gamma h_0(h' - h_0)\lambda$$

$$= \frac{1}{2} \times 1 \times 22 \times 6.97^2 \times 0.24 + \frac{1}{2} \times 1 \times 22 \times 1.53 \times (3.31 - 1.53) \times 0.24$$

$$= 135.4\mathrm{kN}$$

16 水利水电水运工程专题

16 水利水电水运工程专题专业案例真题按知识点分布汇总		
16.1 水利水电工程地质勘察	16.1.1 水利水电工程围岩级别确定	2002D20; 2002D23; 2003D25; 2007D23; 2010C18; 2010D22; 2011D22; 2014C22; 2014D4
16.2 水运工程岩土勘察		
16.3 水运工程地基设计		
16.4 水电工程水工建筑物抗震设计		

16.1 水利水电工程地质勘察

16.1.1 水利水电工程围岩级别确定

2002D20

某水利水电地下工程围岩为花岗岩，岩石饱和单轴抗压强度 R_b 为 83MPa，岩体完整性系数 K_v 为 0.78，围岩的最大主应力 σ_m 为 25MPa，按《水利水电工程地质勘察规范》的规定，其围岩强度应力比 S 为（　　）。
(A) S 为 2.78，中等初始应力状态　　(B) S 为 2.59，中等初始应力状态
(C) S 为 1.98，强初始应力状态　　(D) S 为 4.10，弱初始应力状态

【解】饱和单轴抗压强度 $R_b = 83$MPa
岩体完整系数 $K_v = 0.78$
围岩最大主应力 $\sigma_m = 25$MPa
围岩强度应力比 $S = \dfrac{R_b K_v}{\sigma_m} = \dfrac{83 \times 0.78}{25} = 2.59$

2002D23

某一水利水电地下工程，围岩岩石强度评分为 25，岩体完整程度评分为 30，结构面状态评分为 15，地下水评分为 −2，主要结构面产状评分为 −5，按《水利水电工程地质勘察规范》应属于（　　）类围岩类别。
(A) Ⅰ类　　(B) Ⅱ类　　(C) Ⅲ类　　(D) Ⅳ类

【解】围岩岩石强度评分为 $A = 25$
岩体完整程度评分为 $B = 30$
结构面状态评分为 $C = 15$

地下水评分为 $D=-2$

主要结构面产状评分为 $E=-5$

围岩总评分 $T=A+B+C+D+E=25+30+15-2-5=63$

初判为Ⅲ类，未给出围岩强度应力比的信息，因此不用考虑是否降级。

2003D25

按水工建筑物围岩工程地质分类法，已知岩石强度评分为25、岩体完整程度为30、结构面状态评分为15、地下水评分为-2、主要结构面产状评分为-5，围岩强度应力比$S<2$，问其总评分是多少？属何类围岩？下列（　　）是正确的。

(A) 63，Ⅳ类围岩　　(B) 63，Ⅲ类围岩　　(C) 68，Ⅱ类围岩　　(D) 70，Ⅱ类围岩

【解】围岩岩石强度评分为 $A=25$

岩体完整程度评分为 $B=30$

结构面状态评分为 $C=15$

地下水评分为 $D=-2$

主要结构面产状评分为 $E=-5$

围岩总评分 $T=A+B+C+D+E=25+30+15-2-5=63$

初判为Ⅲ类

围岩强度应力比 $S<2$

需要降级，最终判定为Ⅳ类围岩。

2007D23

某电站引水隧洞，围岩为流纹斑岩，其各项评分见下表，实测岩体纵波波速平均值为3320m/s，岩块的波速为4176m/s。岩石的饱和单轴抗压强度$R_b=55.8$MPa，围岩最大主应力$\sigma_m=11.5$MPa，试按《水利水电工程地质勘察规范》的要求进行的围岩分类是下列哪一选项？

项目	岩石强度	岩体完整程度	结构面状态	地下水状态	主要结构面产状
评分	20分	28分	24分	-3分	-2分

(A) Ⅳ类　　　　(B) Ⅲ类　　　　(C) Ⅱ类　　　　(D) Ⅰ类

【解】围岩岩石强度评分为 $A=20$

岩体完整程度评分为 $B=23$

结构面状态评分为 $C=24$

$60 \geqslant R_b=55.8 > 30$，$B+C=28+24=52 < 65$，不需调整；

地下水评分为 $D=-3$

主要结构面产状评分为 $E=-2$

围岩总评分 $T=A+B+C+D+E=20+28+24-3-2=67$

初判为Ⅱ类

围岩强度应力比 $S=\dfrac{R_b K_v}{\sigma_m}=\dfrac{R_b\left(\dfrac{V_{pm}}{V_{pr}}\right)^2}{\sigma_m}=\dfrac{55.8\times\left(\dfrac{3320}{4176}\right)^2}{11.5}=3.1<4$

需要降级，最终判定为Ⅲ类围岩。

【注】当题中给出饱和单轴抗压强度的值时，一定要判断$B+C$是否需要调整。

2010C18

水电站的地下厂房围岩为白云质灰岩，饱和单轴抗压强度为50MPa，围岩岩土完整性系数$K_v=0.50$，结构面宽度3mm，填充物为岩屑，裂隙面平直光滑，结构面延伸长度7m。岩壁渗水，围岩的最大主应力为8MPa。根据《水利水电工程地质勘察规范》，该厂房围岩的工程地质类别应为下列何项所述？

(A) Ⅰ类   (B) Ⅱ类   (C) Ⅲ类   (D) Ⅳ类

【解】

饱和单轴抗压强度为$R_b=50\in(30,60]$，属硬质岩，查表插值得

围岩岩石强度评分为$A=10+\dfrac{50-30}{60-30}\times(20-10)=16.67$

硬质岩，围岩岩土完整性系数$K_v=0.50\in(0.35,0.55]$，查表插值得

岩体完整程度评分为$B=14+\dfrac{0.5-0.35}{0.55-0.35}\times(22-14)=20$

硬质岩，结构面宽度3mm，填充物为岩屑，裂隙面平直光滑，

查表得结构面状态评分为$C=12$

$60\geqslant R_b=50>30$，$B+C=32<65$，不需调整；

$T'=A+B+C=16.67+20+12=48.67$

岩壁渗水，地下水评分为$D=-2$

当岩体完整程度分级为完整性差，较破碎和破碎的围岩，即$K_v\leqslant 0.55$，不进行主要结构面产状的评分，即$E=0$

围岩总评分$T=16.67+20+12-2=46.67\in[45,65]$

初判为Ⅲ类

围岩强度应力比$S=\dfrac{R_b K_v}{\sigma_m}=\dfrac{50\times 0.5}{8}=3.1>2$

不需要降级，最终判定为Ⅲ类围岩。

【注】①A可根据饱和单轴抗压强度为R_b插值选取；

②B可根据围岩岩土完整性系数K_v插值选取；

③C无须插值，直接查表得到的就是具体值；

④D是根据水量Q或压力水头H插值确定的，而不是根据T'，题目给的水量状态是"岩壁渗水"，再结合T'所处的范围，直接取$D=-2$；再举例假如$T'=10$，属于$T'\leqslant 25$这个范围，岩壁渗水状态下，$D=-10$；

⑤E无需插值，直接查表得到的就是具体值。

2010D22

某洞段围岩，由厚层砂岩组成。围岩总评分T为80，岩石的饱和单轴抗压强度$R_b=55$MPa，围岩的最大主应力$\sigma_m=9$MPa，岩体的纵波速度为3000m/s，岩石的纵波速度为4000m/s，按照《水利水电工程地质勘察规范》，该洞段围岩的类别是下列哪一选项？

(A) Ⅰ类围岩　　(B) Ⅱ类围岩　　(C) Ⅲ类围岩　　(D) Ⅳ类围岩

【解】围岩总评分 $T=80\in(65,85]$，初判为Ⅱ类

围岩强度应力比 $S=\dfrac{R_b K_v}{\sigma_m}=\dfrac{R_b\left(\dfrac{V_{pm}}{V_{pr}}\right)^2}{\sigma_m}=\dfrac{55\times\left(\dfrac{3000}{4006}\right)^2}{9}=3.44<4$

需要降级，最终判定为Ⅲ类围岩。

2011D22

与 2007D23 完全相同。

2014C22

某水利建筑物洞室由厚层砂岩组成，其岩石的饱和抗压强度 R_b 为 30kPa，围岩的最大主应力 σ_m 为 9MPa，岩体的纵波速度为 2800m/s，岩石的纵波速度为 3500m/s，结构面状态评分为 25，地下水评分为 -2，主要结构面产状评分为 -5。根据《水利水电工程地质勘察规范》GB 50487—2008，该洞室围岩的类别是下列哪一选项？

(A) Ⅰ类围岩　　(B) Ⅱ类围岩　　(C) Ⅲ类围岩　　(D) Ⅳ类围岩

【解】饱和单轴抗压强度为 $R_b=30\in(15,30]$，极软岩，查表得

围岩岩石强度评分为 $A=10$

极软岩，围岩岩土完整性系数 $K_v=\left(\dfrac{2800}{3500}\right)^2=0.64\in(0.55,0.75]$，查表并插值得

岩体完整程度评分为 $B=14+\dfrac{0.64-0.55}{0.75-0.55}\times(19-14)=16.25$

结构面状态评分为 $C=25$

$30\geqslant R_b=30>15$，$B+C=16.25+25=41.25<55$，不需调整

地下水评分为 $D=-2$

主要结构面产状的评分 $E=-5$

围岩总评分 $T=A+B+C+D+E=10+16.25+25-2-5=44.25$

初判为Ⅳ类

围岩强度应力比 $S=\dfrac{R_b K_v}{\sigma_m}=\dfrac{30\times 0.64}{9}=2.13>2$

不需要降级，最终判为Ⅳ类围岩。

2014D4

某大型水电站坝基位于花岗岩上，其饱和单轴抗压强度为 50MPa，岩体弹性纵波波速 4200m/s，岩块弹性纵波波速 4800m/s，岩石质量指标 RQD=80%。地基岩体结构面平直且闭合，不发育，勘探时未见地下水。根据《水利水电工程地质勘察规范》，该坝基岩体的工程地质类别为下列哪一项？

(A) Ⅰ类　　(B) Ⅱ类　　(C) Ⅲ类　　(D) Ⅳ类

【解】注意此题与前面的不同，前面是确定围岩的类别，此题是确定坝基岩体的级别。注意要找准规范中条文，此题查附录Ⅴ，前面的内容是查附录Ⅳ。

饱和单轴抗压强度为 $R_b=50$，中硬岩

围岩岩土完整性系数 $K_v=\left(\dfrac{4200}{4800}\right)^2=0.766$，岩体完整

岩石质量指标 RQD=80%>70%，查表确定为 Ⅱ 类。

16.2　水运工程岩土勘察

16.3　水运工程地基设计

16.4　水电工程水工建筑物抗震设计

17 其他规范专题

17 其他规范专题专业案例真题按知识点分布汇总

17.1 城市轨道交通岩土工程勘察			
17.2 城市轨道交通工程监测技术			
17.3 供水水文地质勘察			2019C2
17.4 碾压式土石坝设计	17.4.1 渗透稳定计算	17.4.1.1 渗透变形初步判断	2005D5
		17.4.1.2 双层结构地基排水盖重层	2007D17；2013C19
		17.4.1.3 坝体和坝基中的孔隙压力	2014C18
17.5 土工合成材料应用技术	17.5.1 反滤与排水		2019D13
	17.5.2 加筋挡土墙内部稳定验算		2012C20；2017C14
	17.5.3 加筋土坡设计		2008C19；2010D19；2014C20
17.6 生活垃圾卫生填埋处理技术			
17.7 岩土工程勘察安全			
17.8 地质灾害危险性评估			

17.1 城市轨道交通岩土工程勘察

17.2 城市轨道交通工程监测技术

17.3 供水水文地质勘察

2019C2

题图为某含水层的颗粒分析曲线，若对该层进行抽水，根据《供水水文地质勘察规

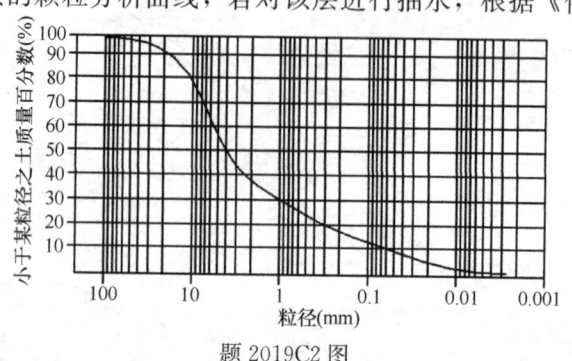

题 2019C2 图

范》GB 50027—2001 的要求，对填砾过滤器的滤料规格 D_{50} 取哪项最适合？

(A) 0.2mm　　　　(B) 2mm　　　　(C) 8mm　　　　(D) 20mm

【解】根据《供水水文地质勘察规范》附录 D 和 5.3.8 条

由颗粒分析曲线可知，粒径小于 2mm 土质量百分数小于 40%，

因此粒径大于 2mm 土质量百分数大于 60%，因此属于碎石类土

$d_{20} = 0.3\text{mm} < 2\text{mm}$，因此 $D_{50} = (6\sim 8)d_{20} = (6\sim 8)\times 0.3 = 1.8\sim 2.4\text{mm}$

【注】①偏门题，此知识点 2019 年第一次考查，但属于"翻到就赚到"。

②此题首先要判断出土的类别。

③一定要注意颗粒级配曲线的横坐标即粒径轴，并不是均匀分布的。

17.4　碾压式土石坝设计

17.4.1　渗透稳定计算

17.4.1.1　渗透变形初步判断

2005D5

四个坝基土样的孔隙率 n 和细颗粒含量 P_c（以质量百分率计）如下，试按《碾压式土石坝设计规范》计算判别下列（　　）选项的土的渗透变形的破坏形式属于管涌。

(A) $n_1 = 0.203$；$P_{c1} = 38.1$　　　　(B) $n_2 = 0.258$；$P_{c2} = 37.5$

(C) $n_3 = 0.312$；$P_{c3} = 38.5$　　　　(D) $n_4 = 0.355$；$P_{c4} = 38.0$

【解】流土：$P_c \geqslant \dfrac{1}{4(1-n)}$　　管涌：$P_c < \dfrac{1}{4(1-n)}$

A：$P_c = 38.1 \geqslant \dfrac{1}{4(1-n)} \times 100 = \dfrac{1}{4\times(1-0.203)} \times 100 = 31.4$，属流土

B：$P_c = 37.5 \geqslant \dfrac{1}{4(1-n)} \times 100 = \dfrac{1}{4\times(1-0.258)} \times 100 = 33.7$，属流土

C：$P_c = 38.5 \geqslant \dfrac{1}{4(1-n)} \times 100 = \dfrac{1}{4\times(1-0.312)} \times 100 = 36.3$，属流土

D：$P_c = 38.0 < \dfrac{1}{4(1-n)} \times 100 = \dfrac{1}{4\times(1-0.355)} \times 100 = 38.8$，属管涌

17.4.1.2　双层结构地基排水盖重层

2007D17

某土坝坝基有两层土组成，上层土为粉土，孔隙比 0.667，相对密度 2.67，层厚 3.0m，第二层土为中砂，土石坝上下游水头差为 3.0m，为保证坝基的渗透稳定，下游拟采用排水盖重层措施，如安全系数取 2.0，根据《碾压式土石坝设计规范》，排水盖重层（其重度 18.5kN/m³）的厚度最接近下列哪一个数值？

题 2007D17 图

(A) 1.62m　　　　　　　　　　　　(B) 2.30m
(C) 3.50m　　　　　　　　　　　　(D) 3.80m

【解】满足前提：坝基表层土的渗透系数小于下层土的渗透系数

表层土的土粒相对密度 $G_{s1}=2.67$；表层土的孔隙率 $n_1=\dfrac{e_1}{1+e_1}=\dfrac{0.667}{1+0.667}=0.4$

安全系数 $K=2.0$；土石坝上下游水头差为3.0m；表层土层厚度 $t_1=3.0$m

表层土在坝下游坡脚渗透坡降 $J_{ax}=\Delta h/t_1=3.0/3.0=1$

$(G_{s1}-1)(1-n_1)/K=(2.67-1)\times(1-0.4)/2.0=0.501$

所以 $J_{ax}=\Delta h/t_1>(G_{s1}-1)(1-n_1)/K$，应设置排水盖重层

排水盖重层的重度，水下用浮重度 $\gamma=18.5-10=8.5$kN/m³

排水盖重层的厚度

$$t=[KJ_{ax}t_1\gamma_w-(G_{s1}-1)(1-n_1)t_1\gamma_w]/\gamma$$
$$=[2\times1\times3\times10-(2.67-1)\times(1-0.4)\times3\times10]/8.5=3.52\text{m}$$

2013C19

如题图所示某碾压土石坝的地基为双层结构，表层土④的渗透系数 k_1 小于下层土⑤的渗透系数 k_2，表层土④厚度为4m，饱和重度为19kN/m³，孔隙率为0.45；土石坝下游坡脚处表层土④的顶面水头为2.5m、该处底板水头为5m。安全系数取2.0，按《碾压式土石坝设计规范》，计算下游坡脚排水盖重层②的厚度不小于下列哪个选项？（盖重层②饱和重度取19kN/m³）

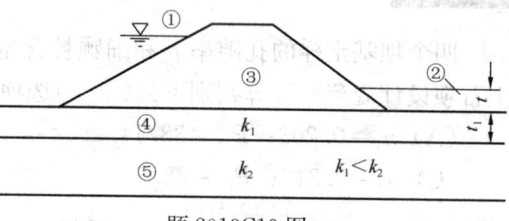

题 2013C19 图

(A) 0m　　　(B) 0.7m　　　(C) 1.55m　　　(D) 2.65m

【解】满足前提：坝基表层土的渗透系数小于下层土的渗透系数

与三相比相结合，由"一条公式"可得

$$e=\dfrac{n_1}{1-n_1}=\dfrac{0.45}{1-0.45}=0.82$$

$$e=\dfrac{G_{s1}\rho_w}{\rho_{sat}-\dfrac{e\rho_w}{e+1}}-1 \rightarrow 0.82=\dfrac{G_{s1}\times1}{1.9-\dfrac{0.82\times1}{0.82+1}}-1 \rightarrow G_{s1}=2.638$$

下游渗透出逸坡降

$$J_{ax}=\dfrac{h_2-h_1}{t_1}=\dfrac{5-2.5}{4}=0.625>(G_{s1}-1)(1-n_1)/K$$
$$=(2.638-1)\times(1-0.45)/2.0=0.45$$

应设置排水盖重层

表层土④的顶面水头为2.5m，先假定排水盖重层全部在水位下，即 $t\leqslant2.5$m

排水盖重层的重度，水下用浮重度 $\gamma=19-10=9$kN/m³

排水盖重层的厚度

$$t = [KJ_{ax}t_1\gamma_w - (G_{sl}-1)(1-n_1)t_1\gamma_w]/\gamma$$
$$= [2 \times 0.625 \times 4 \times 10 - (2.638-1) \times (1-0.45) \times 4 \times 10]/9 = 1.55\text{m} \leqslant 2.5\text{m}$$

可见，$t=1.55\text{m} \leqslant 2.5\text{m}$ 满足要求。

【注】本题也可不用根据三相比求得土粒相对密度 G_{sl}，直接使用 $(G_{sl}-1)(1-n_1)/K = (\gamma'_1/\gamma_w)/K$ 代入到公式中计算即可，请大家自行计算尝试，具体计算公式间的联系可见本节"解题思维流程"。

17.4.1.3 坝体和坝基中的孔隙压力

2014C18

某土坝的坝体为黏性土，坝壳为砂土，其有效孔隙率 $n_e = 40\%$，原水位（Δl）时流网如题图所示，根据《碾压式土石坝设计规范》，当水库水位骤降至 B 点以下时，坝内 A 点的孔隙水压力最接近以下哪个选项？

(A) 300kPa　　(B) 330kPa
(C) 370kPa　　(D) 400kPa

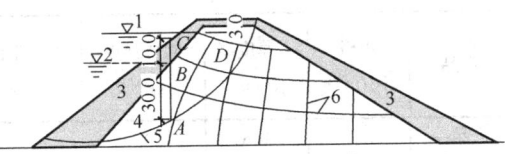

1—原水位；2—骤降后水位；3—坝壳（砂土）；
4—坝体（黏性土）；5—滑裂面；
6—水位降落前的流网
注：图中尺寸单位为 m；
D 点到原水位线的垂直距离为 3.0m。
题 2014C18 图

【解】A 点上部黏性填土的土柱高度 $h_1 = 30\text{m}$

A 点上部无黏性填土（砂壳）的土柱高度 $h_2 = 10\text{m}$

大坝无黏性填土（砂壳）的有效孔隙率 $n_e = 0.4$

在稳定渗流期水库水流达 A 点时的水头损失值 $h' = 3.0\text{m}$

当水库水位降落到 B 点以下时，则坝内某点 A 的孔隙压力

$$u = \gamma_w[h_1 + h_2(1-n_e) - h'] = 10 \times [30 + 10 \times (1-0.40) - 3.0] = 330\text{kPa}$$

【注】求在稳定渗流期水库水流达 A 点时的水头损失值 h' 时，需要用到流网知识点，可结合土力学专题"1.2.4 二维渗流与流网"。

17.5　土工合成材料应用技术

17.5.1　反滤与排水

17.5.1.1　用作反滤的无纺土工织物基本要求
17.5.1.2　反滤材料的具体要求
17.5.1.3　反滤材料的排水

2019D13

某换填垫层采用无纺土工织物作为反滤材料，已知其下土层渗透系数 $k=1\times10^{-4}\text{cm/s}$，颗分曲线如题图所示，水位长期保持在地面附近，则根据《土工合成材料应用技术规范》GB/T 50290—2014 及土工织物材料参数表（如下表所示）确定合理的产品是下列哪个选项？

17 其他规范专题

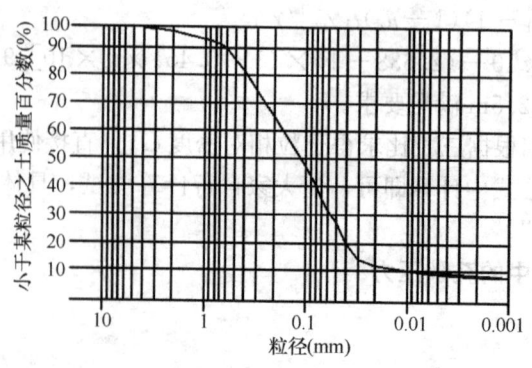

题 2019D13 图

产品	规格 (g/m²)	厚度 (mm)	握持强度 (kN)	断裂伸长率 e（%）	穿刺强度 (kN)	撕裂强度 (kN)	等效孔径 (O_{95}) (mm)	垂直渗透系数 (cm/s)
产品一	300	1.6	10.0	60	1.8	0.28	0.07	1.0
产品二	250	2.2	12.5	60	2.6	0.35	0.20	2.0
产品三	300	2.2	15.0	40	1.0	0.42	0.20	1.0
产品四	300	2.2	17.5	40	3.0	0.49	0.20	2.0

(A) 产品一   (B) 产品二   (C) 产品三   (D) 产品四

【解】根据规范 4.1.5 条：

根据无纺土工织物单位面积质量不应小于 300g/m²，产品二不合格

应变<50%时，穿刺长度≥2200kN，产品三不合格

根据规范 4.2.2、4.2.4 条：

产品二和产品四，根据题干曲线知级配良好

$O_{95} \geqslant 3d_{15} = 3 \times 0.03 = 0.09$mm，产品一不合格

综上，产品四合格

【注】偏门知识点，2019 年第一次考，但此题新颖多变，第一次明确地根据规范条文使用"排除法"求解，对这种考查方式应引起充分的重视。

17.5.2 加筋挡土墙内部稳定验算

2012C20

某加筋挡土墙高 7m，加筋土的重度 $\gamma = 19.5$kN/m³，内摩擦角 $\varphi = 30°$，筋材与填土的摩擦系数 $f = 0.35$，筋材宽度为 $B = 10$cm，设计要求筋材的抗拔力为 $T = 35$kN。按《土工合成材料应用技术规范》的相关要求，距墙顶面下 3.5m 处加筋筋材的有效长度最接近下列哪个选项？

(A) 5.5m   (B) 7.5m
(C) 9.5m   (D) 11.5m

【解】3.5m 处筋材所受土的垂直自重压力 $\sigma_{vi} = \gamma z_i = 19.5 \times 3.5 = 68.25$kPa

筋材与土的摩擦系数 $f = 0.35$；筋材宽度 $B = 0.1$m

筋材有效长度 L_{ei} 待求

3.5m 处筋材的抗拔力 $T_{pi}=2\sigma_{vi}BL_e f \rightarrow 35=2\times 68.25\times 0.1\times L_e\times 0.35 \rightarrow L_e=7.3\text{m}$

【注】 注意第 i 层单位墙长筋材承受的水平拉力 T_i 与第 i 层筋材的抗拔力 T_{pi} 之间的区别和联系，如题中已知是筋体水平拉力 $T_i=35\text{kN}$，计算有效长度最小值时需利用筋材抗拔稳定性安全系数 $F_s=T_{pi}/T_i\geqslant 1.5$ 进行转化，即 $T_{pi}\geqslant 1.5T_i$。解题时需认真读题，注意题干已知条件和"解题思维流程"具体概念相结合，切勿乱套公式和数值。

2017C14

某高填土路堤，填土高度 5m，上部等效附加荷载按 30kPa，无水平附加荷载，采用满铺水平复合土工织物按 1m 厚度等间距分层加固，已知填土重度为 18kN/m³，侧压力系数 $K_a=0.6$，不考虑土工布自重，地下水位在填土以下，综合强度折减系数为 3.0，则按《土工合成材料应用技术规范》选用的土工织物极限抗拉强度及铺设合理组合方式最接近下列哪个选项？

(A) 上面 2m 单层 80kN/m，下面 3m 双层 80kN/m
(B) 上面 3m 单层 100kN/m，下面 2m 双层 100kN/m
(C) 上面 2m 单层 120kN/m，下面 3m 双层 120kN/m
(D) 上面 3m 单层 120kN/m，下面 2m 双层 120kN/m

【解1】 第 i 层单位墙长筋材承受的水平拉力按式 $T_i=[(\sigma_{vi}+\Sigma\Delta\sigma_{vi})K_i+\Delta\sigma_{vi}]s_{vi}/A_r$ 进行计算，其中第 i 层筋材所受土的垂直自重压力 $\sigma_{vi}=\gamma z_i$

超载引起的垂直附加压力 $\Sigma\Delta\sigma_{vi}=30$；水平附加荷载 $\Delta\sigma_{hi}=0$

筋材垂直间距 $s_{vi}=1\text{m}$，满铺筋材面积覆盖率取 $A_r=1$，所以

1m 深度处 $T_1=[(18\times 1+30)\times 0.6+0]\times 1/1=28.8\text{kN/m}$

2m 深度处 $T_2=[(18\times 2+30)\times 0.6+0]\times 1/1=39.6\text{kN/m}$

3m 深度处 $T_3=[(18\times 3+30)\times 0.6+0]\times 1/1=50.4\text{kN/m}$

4m 深度处 $T_4=[(18\times 4+30)\times 0.6+0]\times 1/1=61.2\text{kN/m}$

5m 深度处 $T_5=[(18\times 5+30)\times 0.6+0]\times 1/1=72\text{kN/m}$

筋材本身强度应满足的要求：$T_a/T_i\geqslant 1$

所以每层处设计应用的土工织物允许抗拉（拉伸）强度 $T_a\geqslant T_i$

综合强度折减系数 $PF=3$，根据 $T_a=T'/PF$

则要求每层土工织物实测的极限抗拉强度 $T'=3T_a\geqslant 3T_i$

所以每层土工织物实测的极限抗拉强度

$T'_1\geqslant 3T_1=3\times 28.8=86.4\text{kN/m}$

$T'_2\geqslant 3T_2=3\times 39.6=118.8\text{kN/m}$

$T'_3\geqslant 3T_3=3\times 50.4=151.2\text{kN/m}$

$T'_4\geqslant 3T_4=3\times 61.2=183.6\text{kN/m}$

$T'_5\geqslant 3T_5=3\times 72=216\text{kN/m}$

综上只有 C 选项上面 2m 单层 120kN/m，下面 3m 双层 120kN/m 满足要求

【解2】 第 i 层单位墙长筋材承受的水平拉力

按式 $T_i=[(\sigma_{vi}+\Sigma\Delta\sigma_{vi})K_i+\Delta\sigma_{vi}]s_{vi}/A_r$ 进行计算

17 其他规范专题

其中第 i 层筋材所受土的垂直自重压力 $\sigma_{vi} = \gamma z_i$，
超载引起的垂直附加压力 $\sum \Delta \sigma_{vi} = 30$，水平附加荷载 $\Delta \sigma_{hi} = 0$
筋材垂直间距 $s_{vi} = 1\text{m}$，满铺筋材面积覆盖率取 $A_r = 1$，所以

0.5m 深度处 $T_1 = [(18 \times 0.5 + 30) \times 0.6 + 0] \times 1/1 = 23.4\text{kN/m}$

1.5m 深度处 $T_2 = [(18 \times 1.5 + 30) \times 0.6 + 0] \times 1/1 = 34.2\text{kN/m}$

2.5m 深度处 $T_3 = [(18 \times 2.5 + 30) \times 0.6 + 0] \times 1/1 = 45.0\text{kN/m}$

3.5m 深度处 $T_4 = [(18 \times 4 + 30) \times 0.6 + 0] \times 1/1 = 55.8\text{kN/m}$

4.5m 深度处 $T_5 = [(18 \times 4.5 + 30) \times 0.6 + 0] \times 1/1 = 66.6\text{kN/m}$

筋材本身强度应满足的要求：$T_a/T_i \geqslant 1$

所以每层处设计应用的土工织物允许抗拉（拉伸）强度 $T_a \geqslant T_i$

综合强度折减系数 $PF = 3$，根据 $T_a = T'/PF$

则要求每层土工织物实测的极限抗拉强度 $T' = 3T_a \geqslant 3T_i$

所以每层土工织物实测的极限抗拉强度

$T'_1 \geqslant 3T_1 = 3 \times 23.4 = 70.2\text{kN/m}$

$T'_2 \geqslant 3T_2 = 3 \times 34.2 = 102.6\text{kN/m}$

$T'_3 \geqslant 3T_3 = 3 \times 45.0 = 135.0\text{kN/m}$

$T'_4 \geqslant 3T_4 = 3 \times 55.8 = 167.4\text{kN/m}$

$T'_1 \geqslant 3T_1 = 3 \times 66.6 = 199.8\text{kN/m}$

综上 C 选项上面 2m 单层 120kN/m，下面 3m 双层 120kN/m 满足要求

【注】①对题意要深刻理解，双层 120kN/m，就相当于土工织物极限抗拉强度为 240 kN/m。

②题干给出"采用满铺水平复合土工织物按 1m 厚度等间距分层加固"，未明确铺的起点，因此解 1 和解 2 均可。当然从实际工程中来看，解 2 更符合实际。

17.5.3 加筋土坡设计

2008C19

一填方土坡相应于题图的圆弧滑裂面时，每延米滑动土体的总重量 $W = 250\text{kN/m}$，重心距滑弧圆心水平距离为 6.5m，计算的安全系数为 $F_{su} = 0.8$，不能满足抗滑稳定而要采取加筋处理，要求安全系数达到 $F_{sr} = 1.3$。按照《土工合成材料应用技术规范》，采用设计容许抗拉强度为 19kN/m 的土工格栅以等间距布置时，土工格栅的最少层数接近下列哪个选项？

(A) 5　　　　(B) 6

(C) 7　　　　(D) 8

【解】土坡高度 $H = 7.2\text{m}$

计算的安全系数为 $F_{su} = 0.8$；要求安全系数达到 $F_{sr} = 1.3$

根据题目示意图，安全系数 $F_{su} = 0.8$ 所对应滑动力矩 $M_D = Wx = 250 \times 6.5 =$

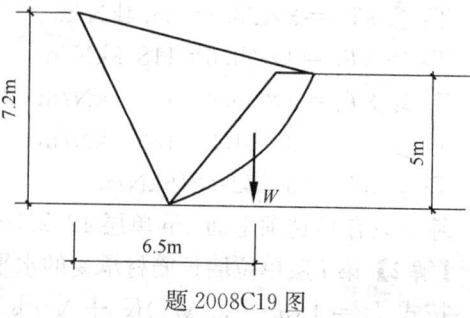

题 2008C19 图

1625kN·m/m

滑弧中心到地面的竖直距离 $Z=7.2$m

筋材为土工格栅，T_s 对于滑动圆心的力臂 $D=Y=Z-\frac{1}{3}H=7.2-\frac{1}{3}\times 5=5.53$m

所需筋材总拉力（单宽）$T_s=(F_{sr}-F_{su})M_D/D=(1.3-0.8)\times 1625/5.53=146.9$kN/m

设计材料抗拉（拉伸）强度 $T_a=19$kN/m

等间距布置，加筋材料的最小层数要求 $n\geq \frac{146.9}{19}=7.73$ 层，取 $n=8$ 层

【注】当筋材为独立条带（如土工格栅）时，T_s 作用点可设定在坡高的 1/3 处。即此时 $D=Y=Z-\frac{1}{3}H$，此处 Z 不是滑弧对应半径，而是滑弧中心到坡脚水平面的竖直距离。

2010D19

设计一个坡高为 15m 的填方土坡，用圆弧条分法计算得到的最小安全系数为 0.89，对应的滑动力矩为 36000kN·m/m，圆弧半径为 37.5m，为此需要对土坡进行加筋处理，如题图所示，如果要求的安全系数为 1.3，按照《土工合成材料应用技术规范》计算，1 延米填方需要的筋材总加筋力最接近于下面哪一个选项？

(A) 1400kN/m (B) 1000kN/m
(C) 454kN/m   (D) 400kN/m

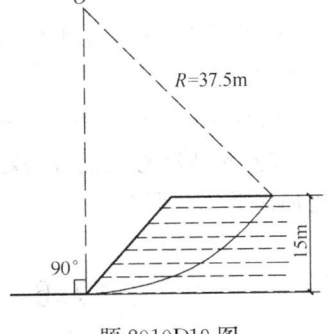

题 2010D19 图

【解】土坡高度 $H=15$m

未加筋土坡最小安全系数为 $F_{su}=0.89$；要求安全系数达到 $F_{sr}=1.3$

根据题目示意图，安全系数 $F_{su}=0.89$ 所对应滑动力矩 $M_D=36000$kN·m/m

滑弧中心到地面的竖直距离 $Z=R=37.5$m

看题目示意图，筋材为独立条带，T_s 对于滑动圆心的力臂

$$D=Y=Z-\frac{1}{3}H=37.5-\frac{1}{3}\times 15=32.5\text{m}$$

所需筋材总拉力（单宽）$T_s=(F_{sr}-F_{su})M_D/D=(1.3-0.89)\times 36000/32.5=454$kN/m

2014C20

如题图所示，某填土边坡，高 12m，设计验算时拟采用圆弧条分法分析，其最小安全系数为 0.88，对应每延米的抗滑力矩为 22000kN·m，圆弧半径为 25.0m，不能满足该边坡稳定要求，拟采用加筋处理，等间距布置 10 层土工格栅，每层土工格栅的水平拉力按 45kN/m 考虑，按照《土工合成材料应用技术规范》GB 50290—2014，计算该边坡加筋处理后稳定安全系数最接近下列哪个选项？

(A) 1.1 (B) 1.2 (C) 1.3 (D) 1.4

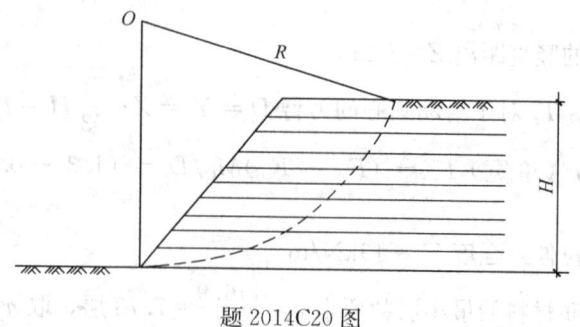

题 2014C20 图

【解】土坡高度 $H=12\text{m}$

未加筋土坡最小安全系数为 $F_{su}=0.88$；对应每延米的抗滑力矩为 $22000\text{kN}\cdot\text{m}$

所以安全系数 $F_{su}=0.88$ 所对应滑动力矩 $M_D=\dfrac{22000}{0.88}=25000\text{kN}\cdot\text{m}$

滑弧中心到地面的竖直距离 $Z=R=25\text{m}$

筋材为土工格栅，T_s 对于滑动圆心的力臂 $D=Y=Z-\dfrac{1}{3}H=25-\dfrac{1}{3}\times 12=21\text{m}$

等间距布置 10 层土工格栅，每层土工格栅的水平拉力按 45kN/m 考虑

筋材总拉力（单宽）

$$T_s=(F_{sr}-F_{su})M_D/D \rightarrow 10\times 45=(F_{sr}-0.88)\times 25000/21 \rightarrow F_{sr}=1.258$$

【注】本题题意设置得很好，根据抗滑力矩反求滑动力矩，但数据设置得不太好，如果更加接近 1.3 那么选 C，心里应该更有底。

17.6 生活垃圾卫生填埋处理技术

17.7 岩土工程勘察安全

17.8 地质灾害危险性评估

附录 2020年注册岩土工程师专业考试真题解答
（数字资源）

附录 2020年注册岩土工程师专业考试真题解答
（якулары下午卷）